Große Dampfkraftwerke

Planung, Ausführung und Bau

Kraftwerksbeschreibungen und Ausführungsbeispiele
Lehre vom Kraftwerksbau · Kombinations- und Spezialtechnik
Bauelemente

Herausgegeben von

Karl Schröder

Direktor der Kraftwerksabteilung
der Siemens-Schuckertwerke AG, Erlangen

Erster Band

Kraftwerksatlas

Springer-Verlag Berlin Heidelberg GmbH
1959

Kraftwerksatlas

mit Kennwerten von 200 Kraftwerken 98 Kraftwerksbeschreibungen und 6 Ausführungsbeispielen

Von

Karl Schröder

mit Beiträgen von

Herbert Bachl · Heinrich Ernst · Hans Heinrich Pohl

Herbert Queisser · Karl Rudolf Schmidt

Mit 978 Abbildungen

Springer-Verlag Berlin Heidelberg GmbH

1959

Additional material to this book can be downloaded from http://extras.springer.com

ISBN 978-3-642-52091-4 ISBN 978-3-642-52090-7 (eBook)
DOI 10.1007/978-3-642-52090-7

Ursprünglich erschienen bei Springer-Verlag OHG.,Berlin/Göttingen -/Heidelberg 1959
Softcover reprint of the hardcover 1st edition 1959

Meines Lehrmeisters

Hans Gleichmann

* 6. 2. 1879 † 3. 9. 1945

sei in Dankbarkeit gedacht

Er war ein Pionier des neuzeitlichen Kraftwerksbaues
und schöpferischer Gestalter
des Bensonkessels

Vorwort

Rund 75 Jahre[1] sind vergangen
von der ersten Beleuchtungszentrale, die mit geringem Nutzeffekt einen Straßen„block“ mit elektrischem Licht versorgte, bis zu dem Einkessel-Einturbinen-„Block“, der in Ausnutzung aller physikalischen Möglichkeiten des Energie-Umwandlungsprozesses den erzeugten Strom in ein großes Verbundnetz liefert.

Ungefähr 50 Jahre sind es her,
seit die Dampfturbine — die Kolbendampfmaschine allmählich ablösend — den Weg zur Großenergieerzeugung öffnete.

Vor rund 35 Jahren
wurden die Maßnahmen eingeleitet, die in stetig sich vervollkommnender Weise das heutige Kraftwerk prägen, und die u. a. durch die Stichworte: Übergang zu hohen Drücken und Temperaturen, neue Bauarten von Kesseln und Turbinen, Kohlenstaubfeuerung, Vorwärmung des Speisewassers durch Anzapfdampf und der Verbrennungsluft durch Rauchgas, Zwischenüberhitzung, Entsalzung und Entkieselung des Speisewassers, Werkstoffe für höchste Drücke und Temperaturen usw. gekennzeichnet sind.

In den letzten 10 Jahren
hat sich der Kraftwerksblock als schaltungs-, strömungs- und regelungstechnische Betriebseinheit immer mehr durchgesetzt.

Von besonderer Bedeutung für den Kraftwerksbau waren die zwanziger Jahre dieses Jahrhunderts. Das klassische Buch von KLINGENBERG[2] ist ein lebendiges Zeugnis für den seinerzeitigen Stand der Technik. Es berichtet über eine vor dem Abschluß stehende, anscheinend stabilisierte Periode des Kraftwerksbaues. In einer ähnlichen Phase, in der sich der Kraftwerksbau ebenfalls zu konsolidieren schien, hat MUSIL[3] während des zweiten Weltkriegs den Stand der Kraftwerkstechnik beschrieben.

In den Nachkriegsjahren löste sich der Kraftwerksbau wieder aus seiner vorübergehenden Erstarrung. Es folgte der entscheidende Übergang vom Sammelschienenkraftwerk zum Kraftwerksblock. Die letzten Perioden des Kraftwerksbaues sind auch vom Verfasser in einer Reihe von Aufsätzen seit 1930 geschildert worden[4].

---

[1] Pearl Station New York lieferte den ersten Strom am 4. 9. 1882. Die „Berliner Elektrizitätswerke“ wurden am 4. 5. 1884 gegründet.

[2] KLINGENBERG: „Bau großer Elektrizitätswerke“, 2. vermehrte und verbesserte Auflage. Berichtigter Neudruck. Springer-Verlag, Berlin, 1926.

[3] MUSIL: „Die Gesamtplanung von Dampfkraftwerken“, 2. neubearbeitete Auflage. Springer-Verlag: Berlin/Göttingen/Heidelberg, 1948.

[4] SCHRÖDER: Die Wärme, 1930, S. 907—911: „Großkraftwerke“; 1934, S. 529—534: „Neue Wege im Dampfkraftwerksbau“.
Archiv für Wärmewirtschaft, 1934, S. 147—149: „Betriebsbereitschaft von Dampfturbosätzen“.
Siemens-Zeitschrift, 1936, S. 487: „Vom Trommelkessel zum Röhrenkessel“.
Brennstoff und Wärmewirtschaft, 1936, Heft 11, 12: „Entwicklung der neuzeitlichen Dampftechnik in ihrer Auswirkung auf die Industrien der Wirtschaftsgruppe der Papier-, Pappen-, Zellstoff- und Holzstofferzeugung“.
Die Wärme, 1936, S. 156—161: „Der innere Aufbau von Dampfkraftwerken“; 1936, S. 339—345: „Der äußere Aufbau von Dampfkraftwerken“.
Elektrotechnische Zeitschrift, 1937, S. 595—598: „Der innere und äußere Aufbau von Dampfkraftwerken“.
Die Wärme, 1938, S. 311—317: „Überblick über neuzeitliche Dampferzeugungsanlagen“.
VDI-Zeitschrift, 1939, S. 666: „Werkstoffaufwand und Eigenleistungsbedarf im Dampfkesselbau“.
Archiv für Wärmewirtschaft und Dampfkesselwesen: Die Auswirkung energiewirtschaftlicher Einflüsse auf die Planung und Gestaltung von Dampfkraftwerken, 1941, S. 205—209, Teil 1: „Der Einfluß des Energie-

Das vorliegende Buch soll den heutigen und kommenden Stand der Technik behandeln. KLINGENBERG hat, den Gepflogenheiten seiner Zeit folgend, sein Buch „Bau großer Elektrizitätswerke" betitelt. Das vorliegende Buch heißt, den heutigen Voraussetzungen entsprechend, „Große Dampfkraftwerke". Da heute für die „Großenergieerzeugung" bis auf örtlich bedingte Ausnahmen nur noch Kraftwerksblocks in Betracht kommen, beschäftigt sich das Buch bevorzugt mit diesem Kraftwerkstyp. Auf die Beschreibung der Umspannwerke, Schaltanlagen, Hochspannungs- und Ortsnetze, die im Buch von KLINGENBERG noch ausführlich behandelt wurden, mußte hier verzichtet werden, da der vorliegende Stoff schon zwei Bände füllt.

Der erste Band mit dem Untertitel „Kraftwerksatlas" gibt einen Überblick über die neuen und neuesten im Bau und im Betrieb befindlichen Kraftwerke in aller Welt. Er bringt die wichtigsten charakteristischen Daten von 200 Kraftwerken, Beschreibungen von 98 Kraftwerken und 6 Ausführungsbeispiele. Hiermit steht dem Kraftwerksbauer eine Fülle von aktuellem Material zur Verfügung. Zusammenfassend findet sich im ersten Abschnitt eine sachliche Analyse der verschiedenen Probleme und Tendenzen, die für das heutige Kraftwerk wesentlich sind. Auf eine kritische Stellungnahme wurde hingegen verzichtet. Aus Gründen der Objektivität werden Lieferfirmen nicht genannt.

Der zweite Band erhält den Untertitel „Lehre vom Kraftwerksbau". Er gibt eine allgemeine Einführung in die Aufgaben, die dem Kraftwerksbauer gestellt sind. Die Planung von Dampfkraftwerken wurde erst allmählich zu einer eigenen Disziplin. Man verstand früher unter Kraftwerksbau vielfach nur die Beschäftigung mit den Bestandteilen eines Kraftwerkes. Die einzelnen Elemente der maschinentechnischen und elektrischen Ausrüstung wurden unabhängig voneinander behandelt, ohne die weitgehende Verflechtung und Vermaschung und damit die gegenseitigen Beeinflussungsmöglichkeiten genügend zu beachten. Heute weiß man, daß diese einzelnen Kraftwerksglieder nicht Selbstzweck sind, sondern zu einer wirtschaftlich arbeitenden Gesamtanlage optimal miteinander verbunden werden müssen, so daß ein gut projektiertes Kraftwerk mehr ist als die Summe seiner Einzelteile. Die Kraftwerkselemente dürfen also nicht „addiert", sondern müssen „integriert" werden. Erst durch eine wohlverstandene Kombinations- und Koordinationstechnik wachsen diese Kraftwerksteile zu einer organischen Einheit höherer Ordnung zusammen. Nur hierdurch lassen sich optimale Herstellungs- und Betriebskosten bei höchster Betriebssicherheit erreichen. Der zweite Band

---

bedarfs auf die Planung und Gestaltung von Dampfkraftwerken"; 1941, S. 247—251, Teil 2: Die „Auswirkungen des Brennstoffs auf den Kraftwerksbau".

VDI-Zeitschrift „Planung und Gestaltung von Dampfkraftwerken", 1941, S. 819—826, Teil I: „Entwicklung und Aufbau des Dampfkraftwerks"; 1941, S. 941—946, Teil II: „Ausführungsbeispiele und Kennwerte von Dampfkraftwerken"; 1942, S. 473—480, Teil III: „Auswirkung der Vorbedingungen auf den äußeren Aufbau von Dampfkraftwerken"; 1942, S. 511—518, Teil IV: „Wärmeverbrauch und Herstellkosten".

Vortragsreihe „Probleme der Stadt- und Fernheizung" Arbeitstagung Wien, Januar 1943: „Planung und Gestaltung von Heizkraftwerken".

Stahl und Eisen, 1944, S. 2 —10 und S. 24—29: „Planung und Gestaltung von Hütten-Dampfkraftwerken".

Siemens-Zeitschrift, 1951, S. 3—16: „Die Weiterentwicklung des Dampfkraftwerks".

Elektrizitätswirtschaft, 1953, S. 470—478: „Grenzleistungs- und Wirtschaftlichkeitsprobleme von Blockkraftwerken".

Die Entwicklung der Starkstromtechnik bei den Siemens-Schuckertwerken (zum 50jährigen Jubiläum), 1953, S. 125—154: „Dampfkraftwerke".

Starkstromtechnik I, Taschenbuch für Elektrotechniker, 8. Auflage, 1954, S. 621—722: „Wärmekraftanlagen".

SSW-Buch (Elektrizitätswirtschaft, Heft 17/18), 1955 „Neuzeitliche Dampfkraftwerke"; Die Vollendung des Wasserdampf-Kreisprozesses in Kraftwerken. (Mitteilungen der VGB, Heft 39), 1955: „Der Dampferzeuger im Rahmen der Kraftwerksentwicklung".

Siemens-Zeitschrift, 1955, S. 97—99: „Das Blockkraftwerk".

Elektrotechnik und Maschinenbau, 1956, S. 249—260: „Neuzeitlicher Dampfkraftwerksbau".

Energietechnik, Heft 1, 1957, S. 11—12: „Stand der technischen Entwicklung im Kraftwerksbau".

Technische Rundschau, Heft 21, 1957, S. 3 und 5.: „Die bisherigen und zukünftige Entwicklung im Bau von Dampfkraftwerken".

West-Ost-Handel, Heft 4, 1957, S. 6, 7, 8, 10: „Entwicklungslinien im Dampfkraftwerksbau".

Der Volkswirt, Beilage zu Nr. 36, 1957, S. 20—22: „Stromerzeugungsblocks heute und morgen".

soll diese inneren Zusammenhänge näher beleuchten. Für diejenigen, die sich vor Erscheinen dieses Bandes mit solchen Problemen näher beschäftigen wollen, sei auf die Arbeiten des Verfassers aufmerksam gemacht. Im zweiten Band wird diese Materie auf den neuesten Stand gebracht und ausführlich dargestellt.

Der Verfasser war bestrebt, aus dem reichen, zur Verfügung stehenden Material das Wesentliche zu erfassen und wiederzugeben. Der leitende Gedanke war, möglichst weitgehend sich der Sprache des Ingenieurs: also der Zeichnungen, Kurven und Tabellen zu bedienen. Ebenso wie ein Kraftwerk nicht von einer Einzelperson geplant und gebaut werden kann, mußte auch das vorliegende Buch in Gemeinschaftsarbeit entstehen. Hierbei erwiesen sich die Erfahrungen, die der Verfasser in seiner Berufsarbeit bei vielen Hunderten von Projekten und über 120 Kraftwerksaufträgen sammeln konnte, als sehr nützlich. Diese ständige Berührung mit der Praxis hat den Vorteil, daß die bei der Planung, der Abwicklung und dem Betrieb gewonnenen Erfahrungen und Erkenntnisse mit verarbeitet werden konnten.

Die trotz starker Beanspruchung weitgehende Hilfsbereitschaft aller am Kraftwerksbau beteiligten Kräfte war dem Verfasser ein Beweis dafür, daß ein solches zusammenfassendes Werk über den Kraftwerksbau einem allgemeinen Bedürfnis entspricht.

Der Verfasser ist einer großen Zahl von Kraftwerksingenieuren, die an der Gestaltung des Buches mitgearbeitet haben, zu Dank verpflichtet. Besonderer Dank gilt Herrn Dr.-Ing. Dr. h. c. Walter von Mangoldt, Vorstandsmitglied der Siemens-Schuckertwerke AG, für seine jederzeit verständnisvolle Förderung der Arbeiten. Außer den im Titel des Buches genannten Mitverfassern haben an der Gestaltung des Buches mitgewirkt: Herr Dr.-Ing. Weingärtner, der erste Entwürfe der Beschreibungen auf Grund der ihm zur Verfügung gestellten Unterlagen verfaßte und die Druckfahnen einer Durchsicht unterzog, sowie die Herren Hamann und Scotti, die mit ihren Gruppen die Zeichnungen und Schaltpläne anfertigten. Herr Henschel hat aus den verschiedenartigsten Unterlagen vereinfachte elektrische Übersichtsschaltpläne entwickelt. Fast alle perspektivischen Zeichnungen der Kraftwerke wurden von Herrn Architekt Neitzsch entworfen.

Zeichnungen der Kraftwerke sind mir im großem Umfang direkt von den Bauherren und Betreibern der Kraftwerke überlassen worden. Ich darf den maßgebenden Herren dieser Unternehmen an dieser Stelle meinen verbindlichsten Dank zum Ausdruck bringen.

Für die Anfertigung bzw. Übermittlung der Unterlagen waren zum Teil auch Beratende Ingenieure, die am Bau der Kraftwerke beteiligt waren, eingeschaltet, und zwar die Kraftwerksabteilung der Siemens-Schuckertwerke Aktiengesellschaft, Erlangen der Allgemeinen Elektricitäts-Gesellschaft Berlin, der Brown, Boveri & Cie Aktiengesellschaft Mannheim und von Burns & Roe Inc., New York. Wertvolle Unterlagen erhielt ich:

über englische Kraftwerke von der „Central Electricity Authority“ London,
über französische Kraftwerke von der „Electricité de France“ Paris,
über russische Kraftwerke von dem „Ministerium der Kraftwerke der UdSSR“ Moskau.

Nicht zuletzt danke ich dem Springer-Verlag für die jederzeit freundschaftliche und harmonische Zusammenarbeit.

Erlangen, im Januar 1959

Karl Schröder

Inhaltsverzeichnis

I. Teil

Überblick über Technik und Wirtschaftlichkeit neuzeitlicher Kraftwerke

II. Teil

Beschreibungen von 98 Kraftwerken

III. Teil

Ausführungsbeispiele

Erstes Ausführungsbeispiel

Kraftwerk Eddystone der Philadelphia Electric Co., Philadelphia, Pa, USA

Von Direktor Dipl.-Ing. KARL SCHRÖDER und Dr. rer. nat. K. R. SCHMIDT, Erlangen

Zweites Ausführungsbeispiel

Die Kraftwerke Fortuna der Rheinische Aktiengesellschaft für Braunkohlenbergbau und Brikettfabrikation, Köln, BRD

Von Oberbaudirektor Dr.-Ing. H. BACHL, München

Drittes Ausführungsbeispiel

Kraftwerk Emden der Nordwestdeutsche Kraftwerke AG., Hamburg, BRD

Von Obering. H. Ernst, Erlangen

Viertes Ausführungsbeispiel

Die Dampfkraftwerke der Tennessee Valley Authority (TVA) Knoxville, Tenn., USA

Kraftwerk Gallatin

Von Direktor Dipl.-Ing. Karl Schröder, Erlangen

Seite

Fünftes Ausführungsbeispiel

Kraftwerk Città di Roma der Società Mineraria del Trasimeno, Mailand, Italien

Von Direktor Dipl.-Ing. K. SCHRÖDER und Obering. Dipl.-Ing. H. H. POHL, Erlangen

Sechstes Ausführungsbeispiel

Kraftwerk San Nicolás der Agua y Energía Eléctrica, Buenos Aires, Argentinien

Von Obering. Dr.-Ing. H. QUEISSER, Erlangen

I. Teil

Überblick über Technik und Wirtschaftlichkeit neuzeitlicher Kraftwerke

A. Die Kraftwerksleistung und die Stromerzeugung der Welt im Jahr 1956

Aus Erfahrungen und Beobachtungen während der letzten Jahrzehnte hat man das Entwicklungsgesetz abgeleitet, nach dem sich die Erzeugung von elektrischer Energie in einem Jahrzehnt verdoppelt. Dieses Gesetz ist zwar nur bedingt richtig, gibt aber dem Kraftwerksbauer einen Anhalt für die Größenordnung der bevorstehenden Aufgaben. Der Stand dieses dynamischen Entwicklungsvorganges wird in den Tab. 1 und 2 für den Zeitraum von 1948 bis 1956 aufgezeigt[1].

In Tab. 1 sind die installierten Kraftwerksleistungen und in Tab. 2 die jährlich erzeugten Strommengen der Jahre 1948 und 1956 für 8 hochentwickelte Länder gegenübergestellt. Ergänzend sind die installierten Leistungen in den 5 Erdteilen und in der Welt in die Tabellen mit aufgenommen. Die Reihenfolge der Länder ist verschieden, je nachdem, ob die Kraftwerksleistungen oder die erzeugten Strommengen verglichen werden. Die prozentualen Zuwachsraten können, wie die Tabellen zeigen, erheblich von dem Verdoppelungsgesetz nach oben oder unten abweichen. Für die einzelnen Kontinente hat sich die Stromerzeugung für den Zeitraum von 9 Jahren um rund 102 bis 146%, für die ganze Welt um 116,7% erhöht. Die installierte Leistung hat dagegen nur um rund 88 bis 106% für die Kontinente und um rund 98% für die ganze Welt zugenommen.

Tabelle 1. *Die Energieerzeugung der Welt in den Jahren 1948 und 1956*
Länder mit größter installierter Leistung und Zusammenfassung nach Gebieten

Land und Reihenfolge		Bevölkerung × 1000	Installierte Leistung 1948 MW	1956 MW	Prozentualer Zuwachs 1948/1956 %	je Kopf W	Erzeugung je Leistungseinheit (kW) kWh
USA	1	168 091	69 615	136 996	96,8	815	4992
UdSSR	2	200 200	18 000	42 795	137,8	214	4487
Großbritannien	3	51 208	13 300	27 450	106,4	536	3490
Bundesrepublik Deutschland	4	51 000	6 175	**18 900**	206,1	371	4521
Frankreich	5	43 600	10 910	17 070	56,5	392	3162
Japan	6	90 000	10 061	15 500	54,1	172	4651
Kanada	7	16 081	9 404	15 280	62,5	950	5808
Italien	8	48 223	6 190	13 593	119,6	282	3053
Zusammenfassung nach Gebieten							
Amerika		370 393	85 947	165 187	92,2	446	4962
Europa, einschließlich UdSSR		613 980	84 761	174 642	106,0	284	3931
Afrika		219 014	3 615	7 466	106,5	34	3782
Asien		1 366 453	15 136	28 487	88,2	21	4058
Ozeanien		138 936	3 553	6 723	89,2	48	4115
Welt		2 708 776	193 012	382 505	98,2	141	4386

[1] Auszug aus einem Bericht des Bureau of Power, Federal Power Commission 1956, nach einer Veröffentlichung in Combustion, Oktober 1957. Auch die Tab. 3 und 4 sind dieser Quelle entnommen.

Tabelle 2. *Die Energieerzeugung der Welt in den Jahren 1948 und 1956*
Länder mit der größten Energieerzeugung und Zusammenfassung nach Gebieten

Land und Reihenfolge		Bevölkerung ×1000	Erzeugung 1948 Mio kWh	1956 Mio kWh	Prozentualer Zuwachs 1948/56 %	je Kopf kWh
USA	1	168 091	336 808	683 894	103,1	4069
UdSSR	2	200 200	62 500	192 000	207,2	959
Großbritannien	3	51 208	46 536	95 812	105,9	1871
Kanada	4	16 081	50 850	88 750	74,5	5519
Bundesrepublik Deutschland	5	51 000	31 332	85 440	172,7	1675
Japan	6	90 000	31 680	72 084	127,5	801
Frankreich	7	43 600	30 058	53 980	79,6	1238
Italien	8	48 223	23 413	41 500	77,3	861
Zusammenfassung nach Gebieten						
Amerika		370 393	406 156	819 651	101,8	2213
Europa, einschließlich UdSSR		613 980	295 952	686 449	131,9	1118
Afrika		219 014	11 885	28 235	137,6	129
Asien		1 366 453	46 915	115 588	146,4	85
Ozeanien		138 936	13 322	27 663	107,5	199
Welt		2 708 776	774 230	1 677 586	116,7	619

Tabelle 3. *Die Energieerzeugung der Welt im Jahr 1956*
Aufteilung der installierten Kraftwerksleistung und der jährlichen Energieerzeugung auf Dampf- und Wasserkraftwerke im Jahr 1956

Land	Frequenz- Hz	Installierte Leistung Wasser MW	Dampf MW	gesamt MW	Anteil der Dampfkraftwerke %	Energieerzeugung Wasser Mio kWh	Dampf Mio kWh	gesamt Mio kWh	Anteil der Dampfkraftwerke %
USA	60–25	26 299	110 697	136 996	80,8	125 223	558 671	683 894	81,7
UdSSR	50	8 370	34 425	42 795	80,4	29 050	162 950	192 000	84,7
Großbritannien	50	928	26 522	27 450	96,6	2 268	93 544	95 812	97,6
Bundesrepublik Deutschland	50	2 960	15 940	18 900	84,3	12 890	72 550	85 440	84,9
Frankreich	50	8 050	9 020	17 070	52,8	25 945	28 035	53 980	51,9
Japan	50–60	9 500	6 000	15 500	38,7	51 500	20 584	72 084	28,6
Kanada	60–25	13 450	1 830	15 280	12,0	83 250	5 500	88 750	6,2
Italien	50	10 786	2 807	13 593	20,7	33 200	8 300	41 500	20,0
Zusammenfassung nach Gebieten									
Amerika		45 460	119 727	165 187	72,5	233 091	586 550	819 651	71,6
Europa, einschließlich UdSSR		55 265	119 377	174 642	68,4	202 203	484 246	686 449	70,5
Afrika		1 369	6 097	7 466	81,7	3 994	24 241	28 235	85,9
Asien		13 992	14 495	28 487	50,9	67 847	47 741	115 588	41,3
Ozeanien		2 110	4 613	6 723	68,6	8 500	19 163	27 663	69,3
Welt		118 196	264 309	382 505	69,1	515 645	1 161 941	1 677 586	69,3

Für den Erbauer von Kraftwerken ist es wichtig zu wissen, wie sich die Gesamtleistung auf Dampf- und Wasserkraftwerke aufteilt. Das ist der Tab. 3 für das Jahr 1956 zu entnehmen. In den USA, in der UdSSR und in Deutschland liegt der Anteil der Dampfkraftwerke bei über 80%, in der gesamten Welt bei 70%. In Tab. 4 sind die Länder nach der jährlichen Stromerzeugung in kWh je Kopf der Bevölkerung geordnet.

Aus diesen Tabellen lassen sich wichtige Schlußfolgerungen ziehen. Es ist aber nicht Aufgabe des Buches, dieses Thema eingehender zu behandeln. Es genügt festzustellen,

Tabelle 4. *Die Energieerzeugung der Welt im Jahr 1956*
Länder mit der größten Energieerzeugung je Kopf der Bevölkerung — Leistung und Erzeugung für 1956

Land und Reihenfolge		Bevölkerung	Installierte Leistung	Erzeugung		
				absolut	je Kopf	je Leistungs-einheit (kW)
		× 1000	MW	Mio kWh	kWh	kWh
Norwegen	1	3 462	4 869	23 375	6752	4801
Kanada	2	16 081	15 280	88 750	5519	5808
USA	3	168 091	136 996	683 894	4069	4992
Luxemburg	4	312	216	1 169	3747	5412
Schweden	5	7 316	6 630	27 120	3707	4090
Schweiz	6	5 023	3 950	14 895	2965	3771
Saar	7	992	630	2 453	2473	3894
Neuseeland	8	2 174	1 267	5 000	2300	3946

daß nach dem Verdoppelungsgesetz, das nach allgemeiner Anschauung für viele Länder auch weiterhin Geltung behält, in der Zeit von 1956 bis 1965 in der gesamten Welt mehr als 400 Millionen kW, im Mittel also rund 40 Millionen kW/Jahr neue Leistung in Kraftwerken installiert werden müßten. Hierbei ist nicht berücksichtigt, daß überalterte Kraftwerke durch neue zu ersetzen sind. Der auf die Dampfkraftwerke entfallende Anteil liegt, unter Annahme, daß die gleiche Verhältniszahl von rund 70% erhalten bleibt, bei rund 30 Millionen kW/Jahr.

Die Ausweitung des elektrischen Energiebedarfes kann in den kommenden Jahrzehnten ein Ausmaß annehmen, von dem man sich heute nur schwer ein Bild machen kann. Nach den „Gompertz"-Voraussagen[1] soll die jährliche Energieerzeugung in den USA von 632 Milliarden kWh im Jahr 1957 auf rund 1760 Milliarden kWh im Jahr 1977 und auf rund 3600 Milliarden kWh im Jahr 1997 steigen. Die eingebaute Kraftwerksleistung würde im gleichen Zeitraum von 135 Millionen kW auf 365 bzw. 735 Millionen kW anwachsen. Nach der gleichen Voraussage klingt der jährliche Zuwachs in den USA allmählich ab, wobei aber erst im Jahr 2250 eine Sättigung des Bedarfs bei rund 15000 Milliarden kWh pro Jahr erreicht wird.

Diese überaus starke Ausweitung des Leistungsbedarfes könnte zu der Vermutung führen, daß der Kraftwerksbau hierdurch strukturell umgeformt werden müßte, um den größeren Aufgaben gewachsen zu sein. Das ist jedoch nicht der Fall. Der innere und äußere Aufbau von Kraftwerken sowie die neuesten Bauarten von Kesseln und Turbinen können bei Steigerung der Einheitsleistungen der Einwellensätze von 300 MW auf 500 MW und der Zweiwellensätze auf 1000 MW in ihren heutigen Grundformen erhalten bleiben. Diese Großturbinen sind heute schon in allen Einzelheiten berechnet und konstruiert.

Die bisher größten Kraftwerksblocks der Welt haben Leistungen von 450 bis 550 MW. In den meisten Ländern wird noch manches Jahr vergehen, bis ihre Kraftwerke in das Leistungsniveau dieser Kraftwerke hineinwachsen. Eine größere Anzahl der in diesem Buch beschriebenen Kraftwerke dürfte also noch lange Zeit als beispielhaft gelten können.

Die gewaltigen Steigerungen der Blockleistungen umreißen die Größe der Aufgaben, die den Energieversorgungsunternehmungen und den Industriekraftwerken sowie den Herstellerfirmen gestellt sind. Der Bedarf an Kapital und Material, an Menschen und Brennstoff ist so groß, daß diese Aufgabe nur gelöst werden kann, wenn alle erforderlichen Maßnahmen getroffen werden, die zu den jeweilig wirtschaftlichsten und betriebssichersten Kraftwerken führen können. Um diesen Anforderungen gerecht zu werden, ist es für den Kraftwerksbauer wichtig, den heutigen Stand und die Entwicklungsmöglichkeiten an Hand der neuesten im Betrieb und im Bau befindlichen Kraftwerke eingehend zu studieren.

[1] Krieg, E. H.: A Look at the Future of Power-Station Design, Mechanical Engineering, Bd. 80, November 1958, S. 66/70.

B. Analyse von 200 Dampfkraftwerken

Von den Dampfkraftwerken der Welt, die zur Zeit Strom erzeugen, entspricht nur ein Teil den heutigen technischen Möglichkeiten. Nur dieser Teil ist also für Neuplanungen auswertbar. Besonders aus den Planungs- und Betriebserfahrungen mit Kraftwerken, die in ihrer Technik, dem Gros vorauseilend, als Pionieranlagen gelten können, lassen sich wichtige Folgerungen für die Projektierung neuer Kraftwerke ziehen.

Es wurde versucht, die Kraftwerke, die im letzten Jahrzehnt gebaut wurden bzw. noch im Bau sind, zu analysieren und dadurch dem planenden Ingenieur die Möglichkeit zu geben, eigene Vorstellungen über die zweckmäßigsten, sich neu entwickelnden Kraftwerkstypen der kommenden Jahre zu gewinnen. Solche Dampfkraftwerke wurden in einer Liste (Tab. 5, S. 44—59) zusammengefaßt. Diese Kraftwerksliste enthält die wichtigsten Auslegungsdaten von 200 Dampfkraftwerken. Sie repräsentieren eine Gesamtleistung von rund 90 Millionen kW, also von nahezu einem Drittel der gesamten Leistung, die in allen Dampfkraftwerken der Welt im Jahre 1956 eingebaut war.

Tabelle 5 ist nach dem Betriebsdruck am Turbineneintritt der jeweiligen letzten Ausbaustufe geordnet. Die Kesseldrücke sind also immer entsprechend höher anzusetzen. Bei gleichem Druck ist eine Untergliederung nach der Dampftemperatur, bei gleichem Druck und gleicher Temperatur nach der Leistung und bei Gleichheit aller dieser Voraussetzungen nach der Inbetriebsetzungszeit durchgeführt. In Tabelle 5a (S. 60/61) sind die 200 Kraftwerke alphabetisch geordnet.

Trotz aller Bemühungen, eindeutige Unterlagen zu erhalten, können sich Fehler oder Irrtümer eingeschlichen haben. Der Stoff wurde zwar auf Grund von Literaturangaben und von Mitteilungen der Bauherren und Lieferfirmen zusammengestellt; zu berücksichtigen ist jedoch u. a., daß die Auslegungsdaten nicht immer eindeutig definierbar sind.

Die Terminologie läßt vielfach Unklarheiten bzw. verschiedene Auslegungen zu. Unterschiedliche Auffassungen findet man z. B. bei den Leistungsangaben für die Turbosätze[1]. Es gibt für EVU-Anlagen in den USA die „Handbuch"-Maschinen, deren Typenwerte zwischen den Herstellerfirmen und den Betreibern vereinbart worden waren. Seit ihrer Festlegung stieg die Typenleistung der Generatoren mit dem Wasserstoffbetriebsdruck, der von 0,35 kg/cm² über 1,06 kg/cm², 2,1 kg/cm² bis auf 3,2 kg/cm² und mehr gesteigert wurde. Hieraus entwickelten sich die „Preferred-Standard"-Einheiten. Die Folge war, daß die Generatoren auf den Fabrikschildern zum Teil drei verschiedene Leistungsangaben zeigen. Zwischen der höchsten Dauerleistungsfähigkeit und der Fabrikschildleistung besteht sowohl bei Turbinen wie bei Kesseln ein Unterschied von 5 bis 25%.

Alle diese Leistungsangaben stimmen aber mit der tatsächlichen Dauernettoleistung des Kraftwerkes nicht überein. Ursache hierfür sind u. a. der Netzleistungsfaktor, etwaige Beschränkungen in der Kühlwasserversorgung, die Betriebsbedingungen, abweichende Dampfzustände, der Eigenbedarf, das Alter und der Allgemeinzustand der maschinentechnischen und elektrotechnischen Ausrüstung.

In den USA laufen die Bemühungen weiter, eine Klärung dieser verschiedenen Leistungsbegriffe zu vereinbaren. Einige Unternehmungen haben interne Entscheidungen getroffen, wie z. B. die American Electric Co., die mit Wirkung vom 31. 5. 1957 alle Firmenschildleistungen berichtigt hat. Nur die Leistungen werden geführt, die bei dem höchsten Wasserstoffdruck vorliegen. Hierdurch ist eine Annäherung der Firmenschildleistungen an die Nettobetriebsleistungen erreicht worden. Vor dieser Berichtigung betrug die Gesamtfirmenschildleistung aller Kraftwerke, die in das Verbundnetz arbeiten, 3611 MW, nachher 4028 MW, so daß sich bei der gleichen Nettobetriebsleistung ein Zuwachs von 417 MW oder 11,5% ergab.

Auch in Deutschland hat man sich bemüht, die gebräuchlichen elektrizitätswirtschaftlichen Begriffsbestimmungen zu klären und festzulegen. Diese sind in einem von

[1] Ausführlich sind die hiermit verbundenen Probleme in "Steam Electric Plant Construction Cost and Annual Production Expenses (Ninth annual supplement)" 1956 der Federal Power Commission, Washington, dargestellt.

der Vereinigung Deutscher Elektrizitätswerke — VDEW — berufenen Ausschuß, dessen Leitung Herr Dr.-Ing. Dr. jur. M. WOLF hatte, einheitlich definiert worden[1]. Es handelt

Tabelle 6. *Elektrizitätswirtschaftliche Begriffsbestimmungen nach VDEW*

A. Leistungsbegriffe

Ziffer	Bezeichnung	Definition
I	Nennleistung (höchste Dauerleistung)	Leistungsfähigkeit von Kesseln, Turbinen, Stromerzeugern, Umspannern usw., für die sie benannt und mindestens bemessen und gebaut sind. Sie ist oft auf dem Leistungsschild gekennzeichnet Als Nennleistung gilt bei Kesseln und Turbinen die höchste Dauerleistung. Der in der Dampftechnik übliche Begriff der Regelleistung wird in einem vH-Satz der höchsten Dauerleistung ausgedrückt (s. DIN 2910)
II	Installierte Leistung	Die Summe aller in dem Kraftwerk vorhandenen Nennleistungen. Sie kann getrennt für Kessel oder Turbinen oder Stromerzeuger oder Umspanner usw. festgestellt werden. Hausturbinen zur Deckung des Eigenbedarfes sind eingeschlossen
III	Bestleistung	Die Leistung, bei der der höchste Wirkungsgrad der Maschine oder der Anlage erreicht wird
IV	Engpaßleistung	Die durch den leistungsschwächsten Anlageteil eines Kraftwerkes begrenzte, höchste ausfahrbare Leistung
V	Verfügbare Leistung	Engpaßleistung abzüglich der Leistung der in Reparatur und Überholung befindlichen Anlageteile eines Kraftwerkes, soweit sie die Engpaßleistung herabsetzen
VI	Betriebsbereite Leistung	Engpaßleistung abzüglich der Leistung der in Reparatur und Überholung befindlichen Anlageteile eines Kraftwerkes, soweit sie die Engpaßleistung herabsetzen, *und* abzüglich der Leistungsminderung infolge mangelhafter Betriebsverhältnisse (z. B. Kohle- oder Kühlwassermangel, Verschlechterung der Kohlequalität, Verschmutzung der Kessel oder Kondensatoren)
VII	Gesicherte Leistung	Im allgemeinen die verfügbare Leistung des Kraftwerkes nach Ausfall der größten Einheit (Kessel, Turbine oder Umspanner)

B. Zeitbegriffe und Verhältniszahlen

Ziffer	Bezeichnung	Definition
I	Ausnutzungsdauer (Ausnutzungsstundenzahl)	$\frac{\text{Gesamtarbeit in einem Zeitraum}}{\text{Engpaßleistung}}$
II	Benutzungsdauer (Benutzungsstundenzahl)	$\frac{\text{Gesamtarbeit in einem Zeitraum}}{\text{Gefahrene Höchstlast in dem (gleichen) Zeitraum}}$
III	Ausnutzungsfaktor	
a	Ausnutzungsfaktor, bezogen auf die *Gesamt*zeit	$\frac{\text{Gesamtarbeit in einem Zeitraum}}{\text{Engpaßleistung} \times \text{Dauer des (gleichen) Zeitraumes}}$ oder auch $\frac{\text{Ausnutzungsdauer der Engpaßleistung in einem Zeitraum}}{\text{Dauer des (gleichen) Zeitraumes}}$
b	Ausnutzungsfaktor, bezogen auf die *Betriebs*zeit	
1	bei *einer* Maschine	$\frac{\text{Gesamtarbeit in einem Zeitraum}}{\text{Nennleistung} \times \text{Betriebsdauer in dem (gleichen) Zeitraum}}$
2	bei *mehreren* Maschinen	$\frac{\text{Gesamtarbeit in einem Zeitraum}}{\text{Summe der Produkte aus den Nennleistungen der einzelnen Maschinen und Betriebsdauer jeder Maschine}}$
IV	Belastungsfaktor	$\frac{\text{Gesamtarbeit in einem Zeitraum}}{\text{(Vorgesehene oder gefahrene) Höchstlast in dem (gleichen) Zeitraum} \times \text{Dauer des Zeitraumes}}$
V	Lastverhältnis	$\frac{\text{Tiefstlast}}{\text{Gefahrene Höchstlast}}$
VI	Verfügbarkeitsgrad	$\frac{\text{Betriebsstundenzahl} + \text{Bereitschaftsstundenzahl eines Kraftwerkes in einem Zeitraum}}{\text{Dauer des (gleichen) Zeitraumes}}$

[1] „Begriffsbestimmungen in der Energiewirtschaft", herausgegeben von der Vereinigung Deutscher Elektrizitätswerke — VDEW —, Band 1, 2. Ausgabe, 1956, Verlags- und Wirtschaftsgesellschaft der Elektrizitätswerke m. b. H., Frankfurt a. Main.

sich, dem Vorwort entsprechend, um Vorschläge, zu denen Stellungnahme und Anregungen erwartet werden. In der Tab. 6 sind in abgekürzter Form einige solcher Begriffsbestimmungen aufgeführt, die hier von Bedeutung sind und die einer eindeutigen Definition am meisten bedürfen. Die amerikanischen und deutschen Begriffsbestimmungen stimmen nicht vollständig überein.

In ähnlicher Weise ist es nicht immer eindeutig klar, ob der angegebene Dampfzustand z. B. vor der Turbine oder hinter dem Überhitzer zu verstehen ist bzw. ob diese Drücke und Temperaturen bei maximaler oder normaler Leistung des Turbosatzes vorliegen. Auf Abweichungsmöglichkeiten dieser und ähnlicher Art sei ausdrücklich aufmerksam gemacht.

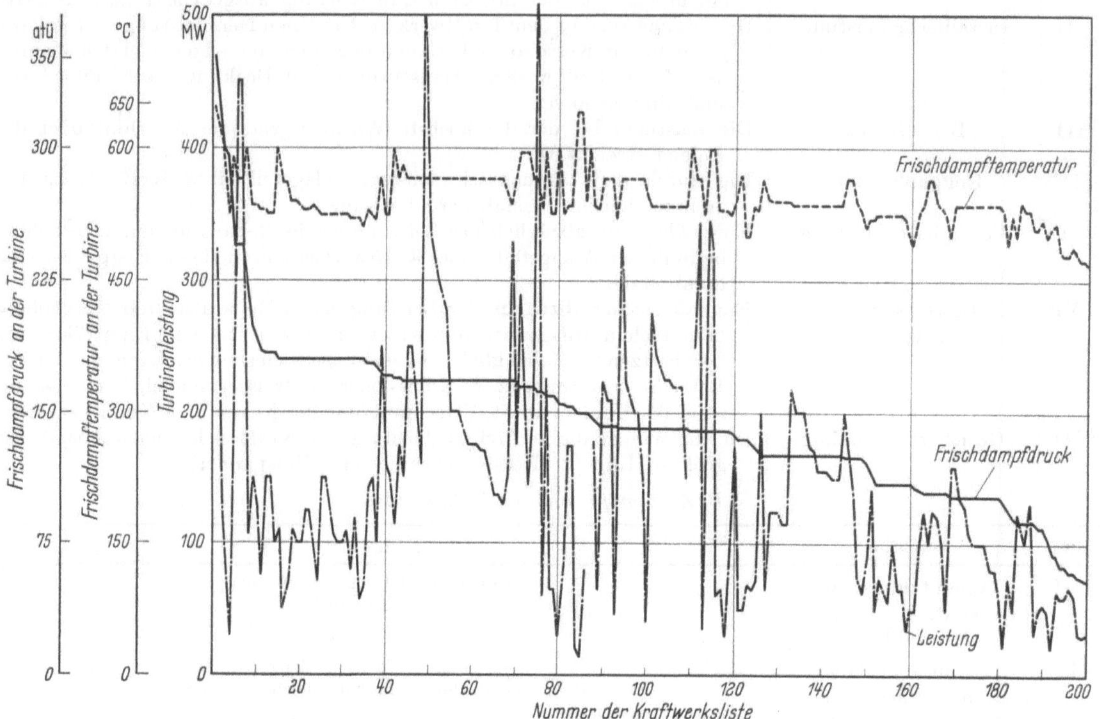

Abb. 1. Druck, Temperatur und Leistung

Die graphische Darstellung Abb. 1 gibt einen Überblick über die Leistung der 200 Kraftwerke, wobei die Listennummer als Abszisse dient. Voraussetzungsgemäß ist der Turbineneintrittsdruck Parameter. Auch die Dampftemperaturen an den Turbinen sind eingetragen. Der große Streubereich zeigt, daß eine starre Kupplung zwischen Leistung, Druck und Temperatur nicht vorhanden ist. Hohe Drücke bzw. hohe Temperaturen sind zum Teil mit geringen Leistungen gepaart und umgekehrt. Die Erklärung liegt darin, daß die Kraftwerkstechnik sich in einem Entwicklungsprozeß befindet, der mit verschieden großer Wandlungsgeschwindigkeit fortschreitet und zum Teil kleinere Kraftwerke schneller erfaßt hat als größere.

Die Erfahrung lehrt, daß es keine zwei vollkommen gleiche Kraftwerke gibt. Die beeinflussenden Faktoren sind zu verschiedenartig — die Standortprobleme, wie sie durch die Brennstoff- und Wassereigenschaften, die geologischen Bedingungen, die Lastvoraussetzungen und die Zeitverhältnisse, in denen das Kraftwerk geplant und gebaut wird, usw. gegeben sind, üben einen ausschlaggebenden Einfluß aus. Von Bedeutung ist ferner, ob das Kraftwerk in einem industriell unterentwickelten oder hochindustrialisierten Land erstellt wird (unterschiedlich ausgebildetes Fachpersonal, schnelle Ersatzteillieferung usw.), ob das Kraftwerk im Verbundnetz mit Wasserkraftwerken zusammen oder im

Inselbetrieb arbeitet. Auch die Initiative der leitenden Persönlichkeit kann sich entscheidend auswirken.

Kraftwerke, die unter angenähert gleichartigen Bedingungen innerhalb desselben Energieversorgungsunternehmens entstehen, können sich in ihrem inneren und äußeren Aufbau und in der Bauart und Größe der Kraftwerkselemente gleichen oder ähneln; Abweichungen sind jedoch auch hier durch die örtlichen und zeitlichen Einflüsse gegeben. Besonders stark wirkt sich der technische Fortschritt aus, der von Jahr zu Jahr größere Kraftwerksblocks und Verbesserungen in Konstruktion und Bauart der Betriebselemente sowie in der Kombinations- und Wärmetechnik bringt. Es gibt somit noch kein Idealkraftwerk für alle Zwecke.

Tabelle 7. *Die 90 Kraftwerke mit Beschreibungen*
(Die Ziffern entsprechen der Kraftwerksliste Tabelle 5, S. 44—59)

1. Eddystone, USA
2. Philo, USA
3. Hüls II, BRD
5. Avon, USA
6. Breed, USA
7. Philip Sporn, USA
8. Hattingen, BRD
15. Neuhof, BRD
16. Herrenhausen, BRD
17. Bremen Hafen, BRD
18. Heilbronn, BRD
20. Karlsruhe Rheinhafen, BRD
22. Maascentrale, Niederlande
24. Blachownia, Polen
25. Fortuna III (Kondensationsanlage), BRD
30. Mainz, BRD
31. St. Andrä, Österreich
32. Emden, BRD
33. Klöckner-Kraftwerk, BRD
34. Gersteinwerk (4. Erweiterung), BRD
36. Tavazzano II, Italien
40. Weisweiler, BRD
41. Frimmersdorf II, BRD
44. Gebietskraftwerk, UdSSR
45. Thos H. Allen, USA
47. Eastlake, USA
48. Portland, USA
50. St. Clair, USA
51. River Rouge, USA
68. Tscherepetsk, UdSSR
71. Bergen, USA
72. Burlington, USA
73. Kearny, USA
74. High Marnham, Großbritannien
77. Linden, USA
79. Gustav Knepper, BRD
81. Aschaffenburg, BRD
85. Leverkusen, BRD
87. Arnsberg, BRD
89. Kassel, BRD
91. Kanawha River, USA
93. Mannheim II, BRD
111. Gallatin, USA
112. Astoria, USA
113. Città di Roma, Italien
114. Joliet, USA
115. Fisk, USA
118. Wölfersheim, BRD
122. Reuter (West), Westberlin
123. Ost-Hannover, BRD
125. Fenne, BRD
129. Beautor, Frankreich
132. Porcheville, Frankreich
144. Shawnee, USA
145. Colbert, USA
146. Joppa, USA
147. Asnaesvaerket, Dänemark
149. Tavazzano I, Italien
150. Unterweser, BRD
151. Fortuna II (Vorschaltanlage), BRD
156. Goldenberg-Werk III (Kondensationsanlage), BRD
157. Hermann Wenzel, BRD
158. Offleben, BRD
159. Goldenberg-Werk II (Vorschaltanlage), BRD
160. Wilhelm
161. Gebersdorf, BRD
163. Sewaren, USA
164. Castle Donington, Großbritannien
166. Blyth „A", Großbritannien
167. Ferrybridge „B", Großbritannien
168. Gelsenberg, BRD
181. Schkopau, DDR
182. San Nicolàs, Argentinien
183. Lignitkraftwerk, Tschechoslowakei
184. Creil, Frankreich
185. Arrighi, Frankreich
186. Gennevilliers, Frankreich
187. Martins Creek, USA
188. Tuncbilek, Türkei
189. Monceau, Belgien
190. Karnap, BRD
191. Dieppedalle, Frankreich
193. Kairo-Süd, Vereinigte Arabische Republik
194. Marchwood, Großbritannien
195. Keadby, Großbritannien
196. Badalona, Spanien
197. Southwestern, USA
198. Rourkela, Indien
199. Kairo-Nord, Vereinigte Arabische Republik
200. Porto Vesme, Italien

Weitere 8 Kraftwerke mit Beschreibungen im Anhang

23. Heyden, BRD
26. Rheinstahl-Kraftwerk, BRD
27. Stade, BRD
28. Gersteinwerk (5. Erweiterung), BRD
37. Westerholt, BRD
43. Amercentrale, Niederlande
75. Thorpe Marsh, Großbritannien
192. München, Müllerstr., BRD

Die Zahl von 200 Kraftwerken ist für eine eingehendere Behandlung zu groß. Es wurden darum aus dieser Liste 90 Kraftwerke[1] ausgewählt, die die wichtigsten charakteristischen Merkmale der verschiedenen Kraftwerkstypen zeigen (Tab. 7). Die Verteilung der 200 bzw. 90 Kraftwerke[1] auf die einzelnen Länder geht aus Tab. 8 hervor. Auf

[1] Während des Druckes eingegangene Unterlagen von 8 Kraftwerken werden im Anhang beschrieben.

den Landkarten (Abb. 2 bis 4) ist der jeweilige geographische Standort der 90 Kraftwerke in Deutschland, Europa und den USA eingetragen.

Tabelle 8. *Aufteilung der Kraftwerke auf Länder*

Land	Kraftwerksliste Anzahl	Beschreibungen Anzahl
USA	90	25
BRD und Westberlin	59	34
Frankreich	9	6
Belgien	5	1
Großbritannien	7	6
Italien	5	4
Niederlande	5	1
Dänemark	2	1
Finnland	2	—
Österreich	2	1
UdSSR	2	2
Polen	2	1
Vereinigte Arabische Republik	2	2
Argentinien	1	1
Chile	1	—
DDR	1	1
Japan	1	—
Indien	1	1
Spanien	1	1
Tschechoslowakei	1	1
Türkei	1	1
	200	90

Von den 8 Kraftwerken des Anhanges liegen 6 in der Bundesrepublik Deutschland und je ein Kraftwerk in Großbritannien und in den Niederlanden.

Diese 90 Kraftwerke sind in der gleichen Reihenfolge wie die der „Kraftwerksliste" gegliedert. Die Ziffern der Tab. 7 entsprechen also denen der Liste Tab. 5 (S. 44—59). Bei der Beschreibung wird die Vorgeschichte, die zum Bau des Kraftwerkes führte, kurz behandelt. Die örtlichen Voraussetzungen, wie die Brennstoff- und Wasserversorgung, werden beschrieben. Ferner werden der innere und äußere Aufbau sowie die wichtigsten Kraftwerkselemente und der bautechnische Teil erläutert, wobei kennzeichnende Einzelheiten besonders betont werden.

Die Darstellung umfaßt jeweils 6 Seiten[1]. Es wurde angestrebt, nur das Wesentliche unter Verzicht auf Einzelheiten von geringerer Bedeutung hervorzuheben. Die erste Seite enthält die perspektivische Architekturskizze und eine Tabelle mit den Auslegungs- und Betriebsdaten. Auf der zweiten Seite folgt der Lageplan. Den Wärmegrundschaltplan findet man auf der dritten Seite, den elektrischen Übersichtsschaltplan auf der vierten Seite. Der äußere Aufbau des Kraftwerkes ist durch den Grundriß auf der fünften und den Querschnitt auf der sechsten Seite gekennzeichnet. Alle Abbildungen sind vereinheitlicht. Für die Wärmeschaltbilder und die elektrischen Schaltbilder werden die gültigen deutschen Normen[2] verwendet. Auch die Darstellungsart des Grundrisses und Querschnittes ist soweit wie möglich gleichartig gewählt. Der Maßstab ist der besseren Vergleichsmöglichkeiten halber überwiegend der gleiche. Der Brennstoff wird immer auf der linken Seite zugeführt, der Strom auf der rechten abgeführt. Dementsprechend ist das Kesselhaus links und das Maschinenhaus rechts angeordnet. Die Seitenzahl der Beschreibungen ist in Tab. 5a (S. 60/61) angegeben.

[1] Bei fehlenden Unterlagen: 4 Seiten, bei einem Werk: 2 Seiten.

[2] Siehe Auszug aus DIN 2481 und DIN 40710, 40712, 40713 „Sinnbilder für Schaltpläne von Wärmekraftanlagen" (S. 62—68).

Bei der Auswahl der Kraftwerke wurde angestrebt, dem Leser ein Bild von der Vielgestaltigkeit der Probleme aufzuzeigen, die trotz der Gleichartigkeit in den Entwicklungslinien und trotz der Vereinheitlichungsbestrebungen durch die Standortbedingungen gegeben sind. Das eine oder andere Werk wird dem Kraftwerksbauer als Prototyp für

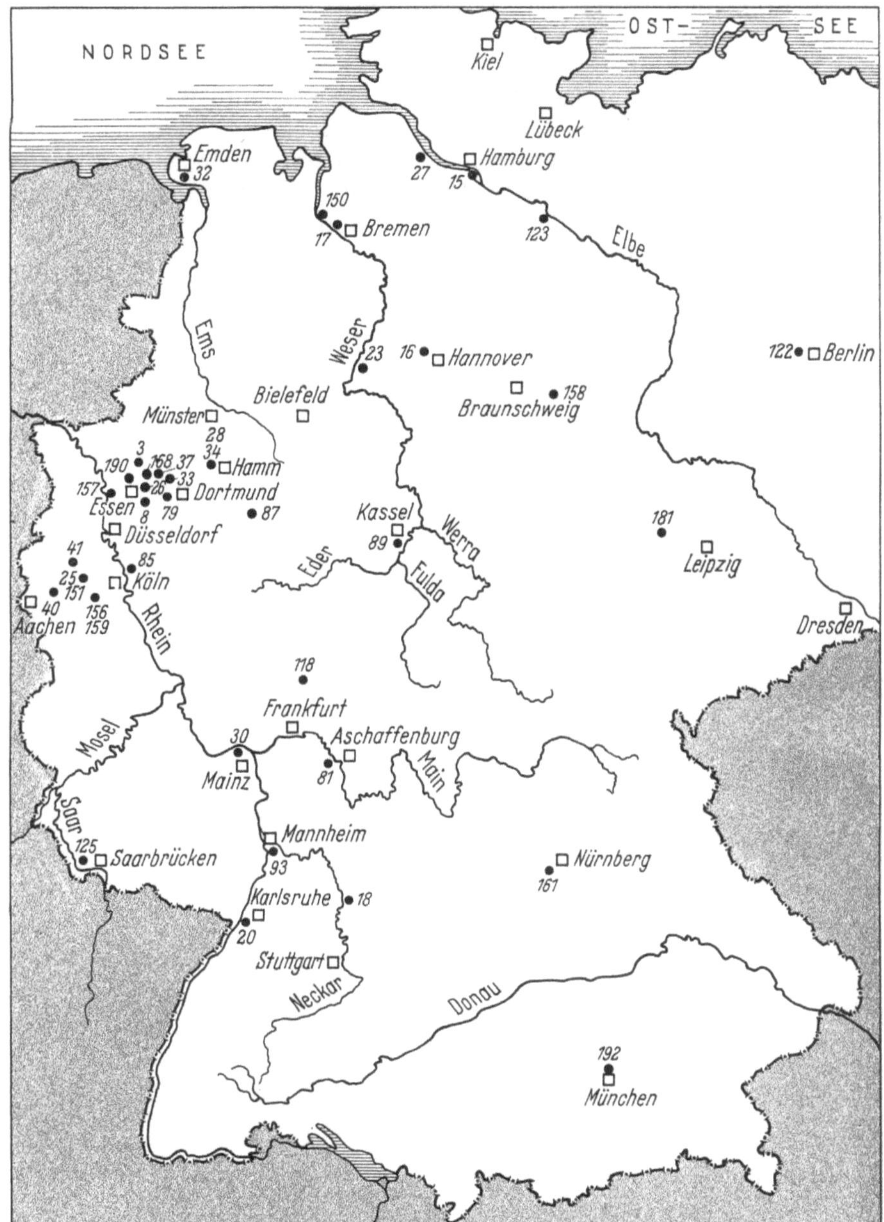

Abb. 2. Standortübersicht der beschriebenen deutschen Kraftwerke

sein eigenes, neu zu entwerfendes Kraftwerk dienen oder ihm Anregungen für einzelne Lösungsmöglichkeiten geben können. Für Auswertungen ist es zweckmäßig, Vergleiche z.B. unter den Wärmeschaltplänen bzw. den Grundrissen und Querschnitten durchzuführen.

Um die Mannigfaltigkeit der Kraftwerksgestaltung zu zeigen, werden nicht nur die in der Kraftwerkstechnik voreilenden Kraftwerke beschrieben, sondern auch diejenigen, die der heutigen Technik nicht mehr ganz entsprechen. Nicht nur die neuesten und größten Blocks, wie sie in hochindustrialisierten Ländern und großen Verbundnetzen vorhanden sind, werden dargestellt, sondern auch kleinere und mittelgroße Kraftwerke, zum Teil in Sammelschienenanordnung, wie sie auch heute noch in den industriell unter- bzw. mittelentwickelten Ländern notwendig sein können.

Das Industriekraftwerk wird nur an wenigen Beispielen behandelt. Die Kraftwerke Schkopau (Nr. 181), Gelsenberg (168), Leverkusen (85) und Hüls II (3) sind Kraftwerke der chemischen Großindustrie, in denen ein erheblicher Fabrikations- und Heizdampfbedarf gedeckt werden muß.

Zwei Kraftwerke, und zwar Rourkela (198) und Hermann Wenzel (157), sind Kraftwerke, die den Energiebedarf von Hüttenwerken decken.

Bei dem Kraftwerk Linden (77) handelt es sich um ein Kraftwerk der öffentlichen Energiewirtschaft, das an Industrieabnehmer große Dampfmengen liefert.

Im Anhang wird ein in der Innenstadt von München erbautes Heizkraftwerk (192) beschrieben, das sich den Umweltbedingungen besonders stark anpassen mußte.

Abb. 3. Standortübersicht der beschriebenen nichtdeutschen Kraftwerke in Europa und im Mittelmeerraum

Die meisten Kraftwerke, die in der Liste und im Atlas enthalten sind, stammen aus dem Jahrzehnt von 1950 bis 1960, wie Tab. 9 nachweist. Auch aus der Zeit von 1940 bis 1950 sind Kraftwerke aufgenommen, um die Anfänge der heutigen Kraftwerkstechnik und die Übergangsstufen zu dem heutigen Zwischenüberhitzungsblock aufzuzeigen.

Die Kraftwerke Karnap (190), Monceau (189) und Dieppedalle (191) haben als erste Großkraftwerke Durchlaufkessel[1] als Dampferzeuger. Bei dem Kraftwerk Karnap handelt es sich um 8 Blocks, die mit einer Ausgleichsammelschiene verbunden sind, bei

[1] An Stelle des gebräuchlicheren Wortes „Zwangdurchlaufkessel" wird hier das Wort „Durchlaufkessel" gewählt, da ein „Durchlauf" immer den „Zwang" voraussetzt. Bei Umlaufkesseln gibt es den Naturumlauf- und den Zwangumlaufkessel.

Monceau und Dieppedalle um reine Blocks — alle ohne Zwischenüberhitzung. Das Kraftwerk Wilhelm (160) ist eines der 5 Einheitskraftwerke, die im zweiten Weltkrieg in Deutschland durch eine übergeordnete Kommission von Fachleuten nach fortschrittlichen Grundsätzen geplant und gebaut, nach Kriegsschluß aber demontiert wurden. Eingebaut wurden Zweiwellenturbosätze mit Zwischenüberhitzung und Blockschaltung der Hochdruckturbinen unter Verwendung von Durchlaufkesseln. Das Kraftwerk Ost-Hannover (123) wurde nach ähnlichen Grundsätzen zugleicher Zeit in Auftrag gegeben und kurz nach Beendigung des Weltkrieges in Betrieb gesetzt. Das gilt im Prinzip auch für den ersten Ausbau des Kraftwerkes Heyden (23)

Tabelle 9. *Inbetriebsetzung*

Inbetriebsetzung	Kraftwerksliste		Beschreibungen	
	Anzahl	%	Anzahl	%
1960 bis 1961	29	14,5	4	4,4
1955 bis 1959	147	73,5	63	70,0
1950 bis 1954	17	8,5	16	17,8
vor 1949	7	3,5	7	7,8
	200	100,0	90	100,0

Abb. 4. Standortübersicht der beschriebenen Kraftwerke in den USA

Im Kraftwerk Reuter (122) liegt das Beispiel eine Kraftwerkes vor, das durch Vorschaltung von Hochdruckturbinen vor die alten Kondensationsturbinen eine Modernisierung der alten Anlage erreichte. Durchlaufkessel ersetzten die alte Kesselanlage. Im gleichen Sinn haben die Kraftwerke Fortuna II (151) und Goldenberg-Werk II (159) eine Lösung des Problems der mit der Mehrerzeugung gekuppelten Wirtschaftlichkeitsverbesserungen durch Vorschaltanlagen gefunden. Bei den letztgenannten Kraftwerken handelt es sich um die vielfach verwendeten Zwischenstufen zwischen dem alten Niederdruck- bzw. Mitteldruck-Sammelschienen-Kraftwerk und dem heutigen Hochdruck-Zwischenüberhitzungs-Blockkraftwerk.

Tabelle 10. *Kraftwerksleistung*

Leistungsstufe	Kraftwerksliste		Beschreibungen	
	Anzahl	%	Anzahl	%
über 1000 MW	14	7,1	9	10,4
500 bis 999 MW	31	15,7	16	18,3
100 bis 499 MW	130	66,5	54	62,1
unter 99 MW	21	10,7	8	9,2
	196[1]	100,0	87[1]	100,0

[1] Die in der Kraftwerksliste unter je zwei Ziffern aufgeführten Kraftwerke Fortuna, Gersteinwerk, Goldenberg-Werk und Tavazzano sind hier in ihrer Gesamtleistung zusammengefaßt, so daß sich die Gesamtzahl der behandelten Kraftwerke auf 196 bzw. 87 vermindert.

Tabelle 11. *Kraftwerke mit und ohne Zwischenüberhitzung*

Zwischenüberhitzung	Kraftwerksliste		Beschreibungen	
	Anzahl	%	Anzahl	%
Zweifache Zwischenüberhitzung .	6	3,0	6	6,7
Einfache Zwischenüberhitzung ..	170	85,0	62	68,8
Ohne Zwischenüberhitzung	24	12,0	22	24,5
	200	100,0	90	100,0

Tabelle 12. *Schaltung der Frischdampfleitung*

Schaltung der Frischdampfleitung	Kraftwerksliste		Beschreibungen	
	Anzahl	%	Anzahl	%
Block.............	190	95,0	80	89,0
Sammelschiene	10	5,0	10	11,0
	200	100,0	90	100,0

Tabelle 13. *Turbinenleistung*

Leistungsstufe	Kraftwerksliste		Beschreibungen	
	Anzahl	%	Anzahl	%
300 bis 500 MW	14	7,0	10	11,1
150 bis 299 MW	70	35,0	16	17,7
100 bis 149 MW	51	25,5	25	28,1
50 bis 99 MW	51	25,5	29	32,0
unter 49 MW	14	7,0	10	11,1
	200	100,0	90	100,0

Tabelle 14. *Turbinen in Einwellen- bzw. Zweiwellenausführung*

Anzahl der Wellen	Kraftwerksliste		Beschreibungen	
	Anzahl	%	Anzahl	%
Eine Welle	155	77,5	66	73,5
Zwei Wellen	45	22,5	24	26,5
	200	100,0	90	100,0

Die Tab. 10 bis 26 bringen einen statistischen Überblick über wichtige Auslegungskennwerte und charakteristische Aufbaumerkmale der 200 bzw. 90 Anlagen. Sie zeigen, daß die ausgewerteten Kraftwerke einen großen Bereich der im Kraftwerksbau liegenden Möglichkeiten abdecken.

Nach Tab. 10 haben die meisten der untersuchten Kraftwerke eine Leistung zwischen 100 und 500 MW. Die Mehrzahl der Kraftwerke hat nach Tab. 11 einfache Zwischenüberhitzung. Nach Tab. 12 sind Blockanlagen beherrschend. Die Hälfte der Turbosätze hat Leistungen zwischen 50 und 150 MW (Tab. 13). Aber auch die größeren und kleineren Leistungsgruppen sind entsprechend berücksichtigt. Über drei Viertel aller Aggregate sind Einwellenturbosätze (Tab. 14). Das bevorzugte Druckgebiet liegt zwischen 100 und 200 atü, das meistgewählte Temperaturgebiet zwischen 520 und 560 °C (Tab. 15 und 16). Die Mehrzahl der Kraftwerke hat Frischwasserkühlung (Tab. 17). Die Dampfturbinen werden meistens an 6 bis 8 Stufen angezapft (Tab. 18). Die Kesselleistung liegt überwiegend zwischen 200 und 500 t/h, wie Tab. 19 zeigt. Als Brennstoff überwiegt bei weitem die Steinkohle (Tab. 20).

Trotz aller Bestrebungen, die Baukosten durch die Freiluftbauweise zu verringern, werden die meisten Kraftwerke noch in der konventionellen Bauweise gebaut, also in der Innenraumausführung (Tab. 21).

Bei den folgenden statistischen Auswertungen wurden nur die 90 Kraftwerke der Beschreibungen berücksichtigt. Es zeigt sich, daß rund 50% dieser Kraftwerke Durchlaufkessel haben (Tab. 22). Bei den Kesseln mit

Kohlenstaubfeuerung wird der gemahlene Staub überwiegend in Ecken- bzw. Frontalbrennern verfeuert. Die prozentuale Aufteilung auf beide Feuerungsbauarten ist ziemlich gleich groß (Tab. 23). Die Kohle kommt meistens mit der Bahn auf dem Kraftwerksgelände an (Tab. 24). Bei der Hälfte aller Anlagen wird das Zusatzwasser vollentsalzt (Tab. 25).

Die Ausführung der Aufspannanlage in der Freiluftbauweise überwiegt bei weitem (Tab. 26). Die elektrischen Schaltbilder von Kraftwerken aus vielen Ländern der Welt zeigen, daß das Prinzip der reinen Blockschaltung nach Abb. 5 sich weitgehend durchgesetzt hat. Im Idealfall sind dem Kessel und der Turbine ein Generator, ein Blocktransformator, ein Leistungsschalter auf der Oberspannungsseite, ein an die Generatorklemmen angeschlossener Eigenbedarfstransformator, eine Eigenbedarfs-Schaltanlage und die Hilfsmaschinen zugeordnet. Durch die historische Entwicklung und die Standortverhältnisse bedingt, sind Abweichungen und Eigenheiten bei einer Reihe von Kraftwerken vorhanden.

Bei den früheren Kraftwerken mit Dampfsammelschiene und ebenfalls bei heutigen Industriekraftwerken findet man auch Sammelschienen auf der Generatorseite. Der Zweck war u. a., die nahe liegenden Verbraucher mit der Generatorspannung zu versorgen. Eine Oberspannung wurde oft nachträglich eingeführt, um weiter entfernt liegende Verbraucher zu versorgen bzw. um eine Kupplung mit anderen Kraftwerken im Verbundbetrieb zu erreichen. Dazu wurden neue Schaltanlagen z. B. für 30 oder 110 kV errichtet und über Transformatoren mit den Generatorsammelschienen verbunden.

Tabelle 15. *Frischdampfdruck an der Turbine*

Druckstufe	Kraftwerksliste		Beschreibungen	
	Anzahl	%	Anzahl	%
200 bis 350 atü	9	4,5	7	7,8
150 bis 199 atü	75	37,5	31	34,5
100 bis 149 atü	98	49,0	34	37,7
50 bis 99 atü	18	9,0	18	20,0
	200	100,0	90	100,0

Tabelle 16. *Frischdampftemperatur an der Turbine*

Temperaturstufe	Kraftwerksliste		Beschreibungen	
	Anzahl	%	Anzahl	%
590 bis 650° C	16	8,0	12	13,3
560 bis 589° C	51	25,5	20	22,3
520 bis 559° C	111	55,5	37	41,1
480 bis 519° C	19	9,5	18	20,0
unter 479° C	3	1,5	3	3,3
	200	100,0	90	100,0

Tabelle 17. *Kühlmittel*

Art des Kühlmittels	Beschreibungen	
	Anzahl	%
Frischwasser (Fluß-, See-, Meerwasser) ..	68	75,5
Rückgekühltes Wasser	21	23,4
Luft	1	1,1
	90	100,0

Tabelle 18. *Speisewasservorwärmung bei reinen Kondensationsanlagen*

Anzahl der Anzapfstufen	Kraftwerksliste		Beschreibungen	
	Anzahl	%	Anzahl	%
10	1	0,6	1	1,2
9	8	4,8	4	4,7
8	22	13,4	15	17,8
7	63	38,4	24	28,5
6	29	17,8	13	15,5
5	31	18,9	18	21,6
4	10	6,1	9	10,7
	164[1]	100,0	84[2]	100,0

[1] Ausgeschieden 11 Industrie- und Vorschaltanlagen. Bei weiteren 25 Anlagen fehlen die Angaben.

[2] Ausgeschieden 6 Industrie- und Vorschaltanlagen.

Tabelle 19. *Kesselleistung*

Leistungsstufe	Kraftwerksliste		Beschreibungen	
	Anzahl	%	Anzahl	%
1000 bis 1750 t/h	6	3,0	5	5,5
500 bis 999 t/h	70	35,0	20	22,2
200 bis 499 t/h	91	45,5	42	46,7
100 bis 199 t/h	28	14,0	19	21,1
unter 99 t/h	5	2,5	4	4,5
	200	100,0	90	100,0

Tabelle 20. *Brennstoffe*

Brennstoffart	Kraftwerksliste		Beschreibungen	
	Anzahl	%	Anzahl	%
Steinkohle	118	63,1	54	60,0
Braunkohle	16	8,6	14	15,6
Öl	9	4,8	5	5,5
Gas	6	3,2	1	1,1
Steinkohle und Öl	21	11,2	13	14,5
Steinkohle und Gas	3	1,6	—	—
Steinkohle, Öl und Gas	3	1,6	2	2,2
Gas und Öl	11	5,9	1	1,1
	187[1]	100,0	90	100,0

[1] Bei 13 Anlagen fehlen die Angaben.

Tabelle 21. *Bauweise*

Bauweise	Kraftwerksliste		Beschreibungen	
	Anzahl	%	Anzahl	%
Innenraum-Kraftwerke	135	76,3	74	82,2
Halbfreiluft-Kraftwerke	19	10,7	13	14,5
Freiluft-Kraftwerke	23	13,0	3	3,3
	177[1]	100,0	90	100,0

[1] Bei 23 Anlagen fehlen die Angaben.

In anderen Fällen hat ein Blockturbosatz zwei oder mehrere Transformatoren entsprechend kleinerer Leistung. Maßgebend hierfür war z. B. ein Sicherungsbedürfnis, um bei Ausfall eines Transformators weiterfahren zu können. Ein weiterer Grund war, daß im alten Kraftwerk kleinere Turbosätze mit kleineren Transformatoren vorhanden waren, so daß bei Wahl eines Transformators der vorhandenen Type eine Reihe von auswechselbaren Transformatoren gleichwertiger Leistung zur Verfügung stand. Die Reservehaltung konnte hierdurch vergrößert werden. Bei einigen Kraftwerken wurde von dieser Möglichkeit Gebrauch

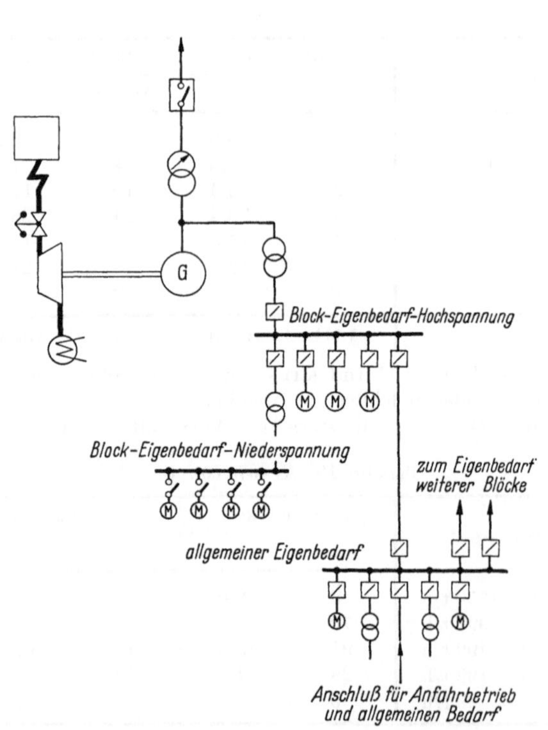

Abb. 5. Grundschaltung eines Kraftwerksblocks

Tabelle 22. *Kesselsystem*

Kesselsystem	Beschreibungen	
	Anzahl	%
Durchlauf	44	48,9
Zwangumlauf	8	8,8
Naturumlauf	38	42,3
	90	100,0

Tabelle 23. *Feuerungsart*

Feuerungsart	Beschreibungen	
	Anzahl	%
Zyklonfeuerung	9	10,0
Eckenbrenner	39	43,4
Frontalbrenner	34	37,7
Deckenbrenner	8	8,9
	90	100,0

Tabelle 24. *Kohlezufuhr*

Kohlezufuhr	Beschreibungen	
	Anzahl	%
Schiff	3	3,3
Bahn	55	61,3
Bahn und Schiff	32	35,4
	90	100,0

Tabelle 25. *Speisewasseraufbereitung*

Speisewasseraufbereitung	Beschreibungen	
	Anzahl	%
Chemische Aufbereitung und Verdampfer	50	55,0
Vollentsalzung	40	45,0
	90	100,0

Tabelle 26. *Anordnung der Aufspannanlage*

Anordnung der Schaltanlage	Beschreibungen	
	Anzahl	%
Freiluft	68	75,5
Innenraum	22	24,5
	90	100,0

gemacht, um von einem Generator aus zwei Netzteile mit verschiedenen Spannungen mit Strom zu versorgen.

Umgekehrt kann es vorkommen, daß zwei Generatoren zusammengeschlossen auf einen Transformator mit einem Schalter auf der Oberspannungsseite arbeiten. Allerdings ergibt sich dann häufig die Notwendigkeit, auf der Generatorspannungsseite für jeden Generator einen eigenen Leistungsschalter vorzusehen, mit dem man ihn einzeln synchronisieren und parallel schalten kann. Die Leistungsschalter können wegfallen, wenn es sich um Zweiwellenturbosätze handelt, die parallelgeschaltet hochgefahren und auch bei Störungen gleichzeitig abgesetzt werden können.

Eine weitere Notwendigkeit, mehrere Turbosätze auf einen Transformator arbeiten zu lassen, kann sich bei einer Steigerung der Übertragungsspannung z. B. auf 380 kV ergeben, denn bei dieser Spannung liegt die wirtschaftliche Mindestleistung des Transformators schon höher als 200 MVA.

Das äußere Bild eines Kraftwerkes wird durch den Grund- und Aufriß geprägt. In den letzten Jahrzehnten hat sich dieses Bild mehrfach grundlegend gewandelt.

Bei früheren ,,Großkraftwerken" fand sich häufig die kammartige Form des Grundrisses, bei der einige Kesselhäuser senkrecht zum Maschinenhaus standen. Die Ursache dieser Bauform lag in der Mehrzahl bzw. Vielzahl der Kessel, die zu einem einzigen Turbosatz gehörten.

In einer späteren Entwicklungsstufe wurde das doppelreihige Kesselhaus parallel zum Maschinenhaus errichtet. Das Verhältnis Kessel- zur Turbinenzahl hatte sich inzwischen verkleinert.

Bei dem neuzeitlichen Kraftwerk findet man fast nur noch das einreihige Kesselhaus parallel zum Maschinenhaus. Trotzdem bestehen in diesem äußeren Aufbau noch einige Spielarten. Einen Überblick über diese verschiedenen Aufbaumethoden gibt Abb. 6. Es handelt sich um eine Analyse der 90 Kraftwerke, die in den Beschreibungen behandelt werden. Die Unterteilung erfolgte nach 28 Gesichtspunkten. Die prozentuale Häufigkeit des Auftretens verschiedener Bauformen bzw. besonderer Merkmale ist jeweils angegeben.

Die Anzahl der Kesselzüge hat einen besonders großen Einfluß auf die Kraftwerksgestaltung. Die hierdurch gegebene Kesselbauform entscheidet letztlich über die Hoch- bzw. Flachbauweise des Kraftwerkes. Diese verschiedenen Kesselbauformen werden in ihrer prozentualen Aufteilung gebracht.

Abbildung 6 zeigt auch einige wichtige andere bautechnische Merkmale, z. B., daß die Kühlwasserpumpen meistens außerhalb des eigentlichen Kraftwerksgebäudes stehen, ferner die Art, wie die Netzwarten und die Nebengebäude angeordnet werden.

Eine Auswertung dieser Unterlagen und ein Eingehen auf die zweckmäßigsten Bauformen wird im zweiten Band dieses Buches durchgeführt.

Aufschlußreich ist eine Untersuchung über den spezifischen Raum- und Grundflächenbedarf. Diese Kennwerte wurden bei denjenigen Kraftwerken der ,,Beschreibungen" durchgeführt, die im inneren und äußeren Aufbau vergleichbar sind. Die Ermittlung wurde nach gleichen Richtlinien vorgenommen. Die Ergebnisse sind in den Abb. 7 und 8 in Abhängigkeit von der installierten Leistung der Kraftwerke aufgetragen. Obgleich Fehler ausgeschaltet sind, die sich dadurch ergeben können, daß verschiedene Personen die Rechnungen durchführten, ergibt sich ein sehr großes Streufeld.

1	2	3	3a	3b	4	5	6	7
Kessel ∥ zur Maschinenhaus-Achse	Kessel ⊥ zur Maschinenhaus-Achse	Turbosätze ∥ zur Maschinenhaus-Achse	Turbosätze spiegelbildlich	Turbosätze in Reihe	Turbosätze ⊥ zur Maschinenhaus-Achse	2 Wellenanordnung (Vorschaltmaschine)	Schornstein und E-Filter außen	Schornstein und E-Filter auf dem Schwerbau
12,2%	87,8%	52,2%	40,2%	46,8%	47,8%	22,6%	59%	41%

8	9	10	11	12	13	14	15	16	17	18
1 Zug-Kessel	1½-1²⁄₂-2 bzw. 2½ Zug-Kessel	3 Zug-Kessel	4 Zug-Kessel	Kessel eingebaut	Kesselkonstruktion mit leichter Verschalung	Kessel im Freien	Kessel und Maschine im Freien	Bunker an der Außenseite	Bunker zwischen Kessel- und Maschinenhaus	Bunker zwischen den Kesseln
4,5%	70%	22%	3,5%	79%	3,5%	14,5%	3,3%	38%	46,5%	15,5%

19	20	21	22	22a	23	24	25	26	27	28
Kühlwasserpumpen innen	Kühlwasserpumpen außen	Vorwärmer und Speisewasserpumpen im Zwischenbau	Vorwärmer und Speisewasserpumpen im Maschinenhaus		Wärmewarte und Eigenbedarf zwischen den Kesseln	Wärmewarte und Eigenbedarf unter den Bunkern	Lage der E-Warte a	Lage der E-Warte b	Nebengebäude angebaut	Nebengebäude einzeln
33%	67%	25%	37%	38%	24,5% / außer Rahmen 13,5%	62%	35,5% / nicht vorh. bzw. nicht zu ermitteln 40%	24,5%	36,5% / kombiniert 13,5%	50%

Abb. 6. Analyse des äußeren Aufbaues der 90 Kraftwerke der Tabelle 7

Untere Begrenzungskurven der erreichten spezifischen Werte sind eingetragen. Obwohl der Standort, der Brennstoff und die Bauzeit einen maßgebenden Einfluß ausüben, kann man sich nicht des Eindruckes erwehren, daß dem Planer der äußere Aufbau nicht immer mit besonders gutem Erfolg gelungen ist. Die Tatsache, daß ein verbesserter spezifischer Wärmeverbrauch den Raumbedarf verringert, findet anscheinend noch nicht allgemein die notwendige Beachtung.

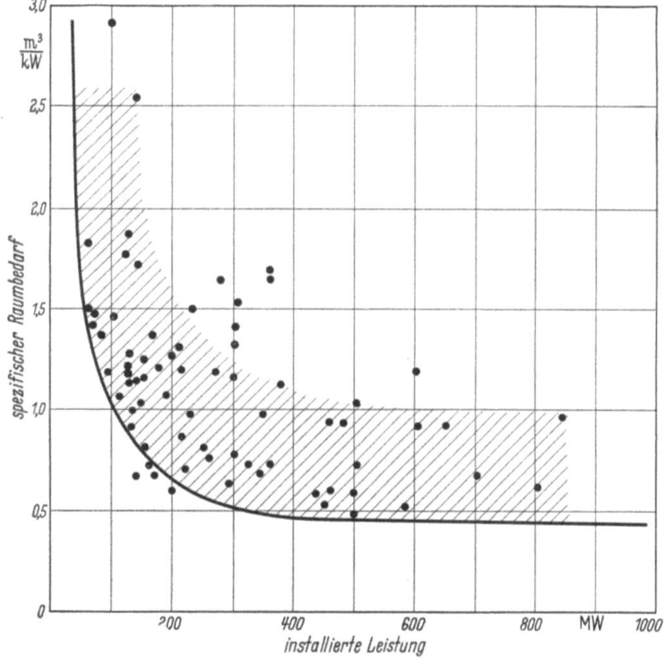

Abb. 7. Spezifischer Raumbedarf von Kraftwerken der Tabelle 7

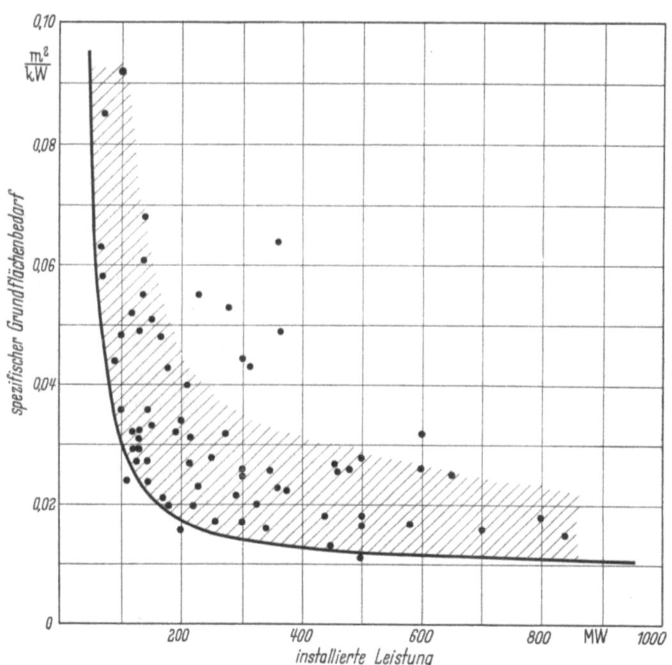

Abb. 8. Spezifischer Grundflächenbedarf von Kraftwerken der Tabelle 7

Dieser spezifische Wärmeverbrauch liegt, wie Abb. 9 zeigt, ebenfalls in verhältnismäßig weiten Grenzen. Als Abszisse dient wieder die Nummer der Kraftwerksliste. Von den 200 Kraftwerken sind diejenigen aufgenommen, bei denen diese Angabe verfügbar war. Eine Anzahl kleinerer Werke hat bessere Wärmeverbrauchszahlen als größere. Die besonderen Verhältnisse, auf die mehrfach hingewiesen wurde, und insbesondere das Planungsjahr haben hier ihren maßgebenden Einfluß ausgeübt.

Abschließend zu dieser Analyse von Kraftwerken aus aller Welt sei besonders darauf aufmerksam gemacht, daß alle behandelten Werke in Betrieb bzw. im Bau sind. Dieser referierende Bericht über den gegenwärtigen Stand läßt dementsprechend die lebhafte Dynamik, in der sich der Kraftwerksbau befindet, nicht genügend deutlich werden. Wenn man sich kritisch mit der umfangreichen Materie beschäftigt, erkennt man jedoch, daß die seit Jahrzehnten im Kraftwerksbau vorliegende Entwicklungslinie, die in einer stetigen Leistungs-, Druck- und Temperaturerhöhung ihren Ausdruck findet, sich weiter fortsetzt. Von Jahr zu Jahr läßt sich eine Vervollkommnung im inneren und äußeren Aufbau feststellen. Die letzten im Bau befindlichen, als Pionieranlagen zu wertenden Blocks nähern sich dem Optimum der Energieumwandlung, das mit dem reinen Wasser-Dampf-Prozeß überhaupt erreichbar ist. Auch der Schrumpfungsprozeß an Material und Personal schöpft allmählich die letzten Möglichkeiten aus, so daß alle spezifischen Werte asymptotisch den Grenzmöglichkeiten zustreben.

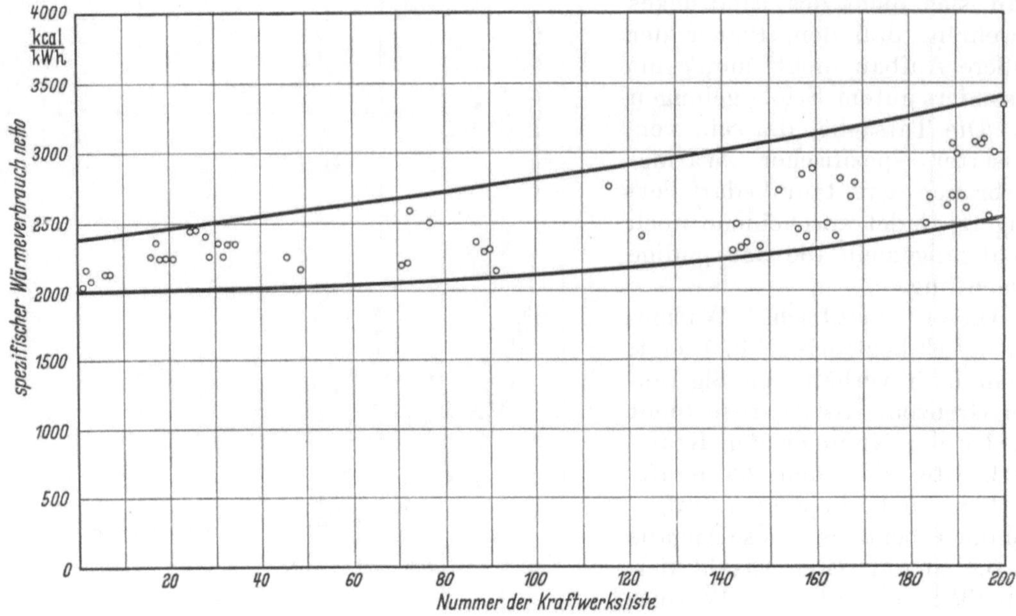

Abb. 9. Spezifischer Wärmeverbrauch von Kraftwerken der Tabelle 7

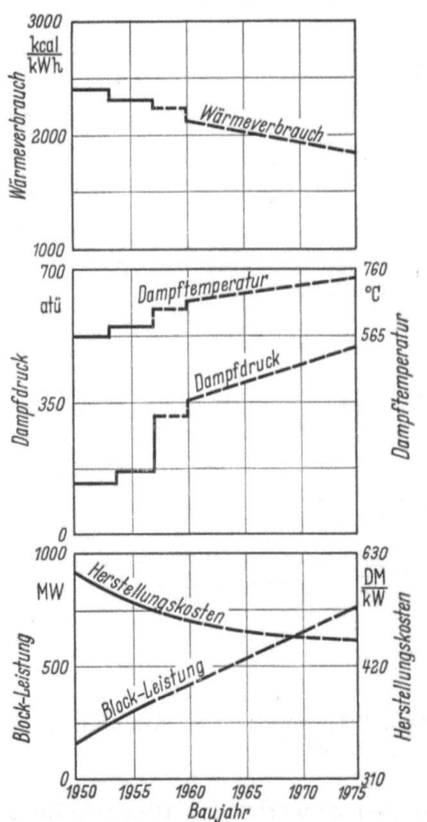

Abb. 10. Kraftwerksentwicklung in den USA von 1950 bis 1975

Aus dem Einblick in die Entwicklungsgesetze läßt sich die Folgerung ziehen, daß das häufigst vorkommende Kraftwerk der Jahre 1960/65 mit Kesseldrücken zwischen 160 und 250 atü betrieben werden wird. Die Möglichkeiten, die das ferritische Material bietet, werden mit 535 bis 565 °C für die Frischdampftemperatur nahezu voll ausgenutzt. Die Zwischenüberhitzungstemperatur entspricht der Frischdampftemperatur. Das Speisewasser wird in 7 bis 9 Vorwärmstufen auf 250 bis 300 °C aufgewärmt. Ein kleinerer Teil der neuen Kraftwerke, die unter günstigen Voraussetzungen arbeiten, wird mit Dampftemperaturen von 590 bis 650 °C unter Verwendung von austenitischen Werkstoffen betrieben. Der Druck wird entsprechend heraufgesetzt, wobei dann eine zweifache Zwischenüberhitzung gewählt wird. Das Feld zwischen dem heute vorherrschenden Druck von 160 bis 200 atü und dem in einigen Fällen heute schon gewählten Druckgebiet von 250 bis 350 atü wird sich allmählich auffüllen. Das sind die Nahziele, die in den nächsten Jahren erreicht werden können.

Das Kraftwerk der Endphase mit optimaler Auslegung und bestem betrieblichem Verhalten muß allerdings noch gebaut werden. Vielfach wird versucht, nach einer bestimmten Richtung hin das Kraftwerk zu verbessern. Man vermeidet verständlicherweise, an allen Stellen gleichzeitig die letzten entscheidenden Schritte durchzuführen. Viele Kraftwerke machen z. B. einen Vorstoß in Richtung auf höchste Temperaturen, andere wiederum auf sehr hohe Betriebsdrücke, wiederum andere in Richtung auf sehr große Blockleistungen. Es ist zwar nicht immer gelungen, die Koordination und Integration aller Kraftwerkselemente zu einem Optimum zu steigern, d. h. die vorteilhaftesten Lösungen im inneren und äußeren Aufbau zu erreichen. Eindeutig ist aber klar, daß es auf Grund der vorliegenden Planungserfahrungen und Betriebsergebnisse in Zukunft möglich sein müßte, Kraftwerke zu bauen, die in ihrer Gesamtheit die bestmöglichen geschlossenen Lösungen darstellen.

Das wird jedem deutlich, der sich laufend mit der Planung und dem Bau von Kraftwerken zu befassen hat. Bisher hat die optimistische Einstellung des Kraftwerksingenieurs die Entwicklung sehr gefördert. Auch für die Zukunft hat diese bejahende Stellungnahme zu den kommenden Problemen ihre sachliche Berechtigung. Diesen Optimismus findet man besonders auch in Vorausblicken der Veröffentlichungen in den USA. Als eine dieser Prognosen über die zukünftige Entwicklung sei nur die Vorausschau angeführt, die in der Jubiläumsnummer der Zeitschrift ,,Power" 1957[1] enthalten ist. Sie besagt, daß im Jahr 1975 Blockeinheiten mit 750-MW-Kesseln und -Turbosätzen laufen werden. Man findet auch Veröffentlichungen über Blocks bis zu 1000 MW. Bei einem Dampfzustand von rund 500 atü, 750 °C, zweifacher Zwischenüberhitzung und zwölfstufiger Speisewasservorwärmung lassen sich spezifische Wärmeverbrauchszahlen von ungefähr 1850 kcal/Netto-kWh erreichen (Abb. 10). Ausgehend von Mittelwerten von rund 620 DM/kW für das Kraftwerk von 1950 soll es möglich sein, die spezifischen Herstellungskosten auf 475 DM/kW (Preisbasis 1957) zu verringern. Der spezifische Personalaufwand soll 0,2 Mann/MW unterschreiten. Der bisherige ,,trend" für Leistung, Druck, Temperatur usw. wird sich also mit verlangsamter Anstiegsgeschwindigkeit in MW, at und °C je Satz fortsetzen.

C. Vergleichende Übersicht über amerikanische Kraftwerke

Die Vorplanung und der baureife Entwurf, die Ausführungsbearbeitung, die Montage und der Probebetrieb eines Kraftwerkes beanspruchen einen Zeitraum von 3 bis 5 Jahren. Zwischen dem Entschluß zur Neuplanung und der gesicherten Stromerzeugung liegt somit eine lange Periode, in der die Kraftwerkstechnik weitere Fortschritte gemacht hat. Manche Auslegungsmerkmale des neuen Kraftwerkes sind somit schon bei der Inbetriebnahme nicht mehr von gleicher Aktualität, so daß seine Betriebserfahrungen nur bedingt nutzbar gemacht werden können. Trotzdem sind diese unentbehrlich. Sie stehen vielfach nur dem unmittelbar beteiligten Personenkreis zur Verfügung. Bekanntgabe an die Allgemeinheit geschieht häufig gar nicht oder nur in einem bescheidenen Umfang.

Es ist darum besonders anzuerkennen, daß die Amerikaner gewohnt sind, mit großem Freimut ihre Erfahrungen und Erkenntnisse zu veröffentlichen. Diese Planungs- und Betriebsergebnisse sind besonders wertvoll, da die USA die Kraftwerke mit den größten Einheitsleistungen der Kessel und Turbinen und mit einer auf breiter Basis fortgeschrittenen neuzeitlichen Technik besitzen. Es soll darum nicht versäumt werden, das zur Verfügung stehende Erfahrungsgut im Auszug zu bringen. Der jährlich sich wiederholende Überblick über die neuen Kraftwerksaufträge in ,,Power"[2], die periodisch veröffentlichten Übersichten in ,,Electrical World"[3] und insbesondere die Statistiken der ,,Federal Power Commission"[4] haben den nachfolgenden Tabellen und Aussagen als Grundlage gedient.

[1] "The spectacular story of Energy-USA". Power: 75th Anniversary September 1957, B 6 und 7.

[2] Power: Modern plant survey 1957, Dezember 1957.

[3] Electrical World: Electrical World's 10th Steam Station Cost Survey, Oktober 1957. — Electrical World's 4th Steam Station Design Study, Oktober 1956.

[4] Federal Power Commission: Steam-Electric Plant Construction Cost and Annual Production Expenses Ninth annual supplement) 1956.

I. Auslegungskennwerte und Konstruktionsmerkmale

Der Vergleich der Auslegungskennwerte und der Konstruktionsmerkmale der neuen Kraftwerksaufträge in den jährlichen Übersichten und Ausblicken läßt deutlich die stetigen Fortschritte auf allen Gebieten erkennen.

Triebfeder aller Bestrebungen sind und bleiben wirtschaftliche Erwägungen mit dem Ziel der Verbilligung des erzeugten Stromes und Fragen der betrieblichen Sicherheit. Am auffälligsten ist der „trend" zu immer größerer Einheitsleistung, der wiederum einige Forderungen auslöst:

1. Die wärmewirtschaftlichen Verbesserungen, wie z. B. die an kleineren Einheiten erprobte und bewährte Erhöhung von Druck und Temperatur des Frischdampfes und Zwischenüberhitzerdampfes und der Speisewassertemperatur. Hierbei wird beachtet, daß die Wärmeverbrauchsverbesserung eine Verringerung der umlaufenden Betriebsstoffmengen und damit wiederum eine Schrumpfung des maschinen- und bautechnischen Teiles im Gefolge hat.
2. Die Zunahme an Zweiwellenmaschinen mit 3600/3600 U/min, da u. a. der Austrittsquerschnitt von Einwellenturbinen zur Erreichung eines günstigen Vakuums nicht mehr ausreicht.
3. Die Verwendung von Turbokesselspeisepumpen, die mit Anzapfdampf betrieben werden, um die Dampfmenge zu verringern, die durch die letzten Hauptturbinenschaufeln strömt.
4. Doppelstrang für die Hochdruckvorwärmer.
5. Zwillingsbrennkammern der Großkessel und ihre Ausrüstung mit 2 bis 4 Luftvorwärmern und Gebläsen.
6. Höhere Generatorspannung.
7. Innengekühlte Generatoren.
8. Flüssigkeitskühlung der Ständerwicklung.
9. Getrennt aufgestellte, motorisch angetriebene Erregermaschinen.
10. Die Verwendung von mehr als einem Aufspanntransformator.

Die nachfolgenden Tabellen enthalten wichtige konstruktive Merkmale, Auslegungskennwerte und Betriebsdaten von Kraftwerken der Energieversorgungsunternehmen. Nach Angaben in „Power" konnten die neu bestellten Kraftwerke zu einem sehr hohen Prozentsatz erfaßt werden. Nicht alle Kraftwerksbetreiber haben allerdings sämtliche Punkte der Fragebogen ausgefüllt, so daß einige Lücken blieben.

Tabelle 27. *Turbinen*
(Anzahl, unterteilt nach Leistung)

Leistungsstufe MW	Anzahl	Gesamtleistung MW	Mittlere Leistung des Turbosatzes MW
0 bis 49	90	2200	rund 24,5
50 bis 99	48	3300	rund 69
100 bis 149	67	8100	rund 121
150 bis 199	56	9150	rund 163
200 bis 249	35	7600	rund 217
250 bis 299	16	4350	rund 272
300 bis 349	14	4800	rund 342
350 bis 399	—	—	—
450	2	900	450
500	1	500	500
	329	40 900	125

Die mittlere Leistung sämtlicher Turbosätze liegt bei 125 MW (Tab. 27). Von der gesamten Turbinenleistung (40 900 MW) entfällt ungefähr die Hälfte (21 000 MW) auf Blockleistungen zwischen 150 und 300 MW. Die größten Turbosätze haben Leistungen von 450 und 500 MW (in England 550 MW). Geplant sind Turbosätze bis 750 MW.

Nach der „Power"-Übersicht von Ende 1957 waren 46 Turbinen mit einer Gesamtleistung von 10 700 MW mit Eintrittsdrücken von 169 atü und mehr im Bau. 80 Turbosätze mit 17 200 MW sollen mit einer Dampftemperatur von 565° C betrieben werden (Tab. 28).

Tabelle 28. *Turbinen*
Anzahl und Leistung in MW, unterteilt nach Eintrittsdruck und -temperatur

Druck	Eintrittstemperatur in °C																	
	unter 453		453		481		509		537		565		593		621		649	
atü	Anzahl	MW	Anzahl	MW	Anzahl	MW	Anzahl	MW	Anzahl	MW	Anzahl	MW	Anzahl	MW	Anzahl	MW	Anzahl	MW
unter 56	34	500	1	*	1	*												
56	1				41	1300	1	*										
70																		
84	1	*			1	*	22	1100										
98							1	*	52	5000								
112																		
126									72	9600	4	400						
140									15	3000	32	6600						
154									2	300	2	600						
169									1	300	39	8400	1	200				
211																		
236											3	1200	1	300				
281																		
316																		
352																	1	300
	36	500	1	*	43	1300	24	1100	142	18200	80	17200	2	500	—	—	1	300

* In „Power“, Dez. 1957, Leistung mit 00 MW angegeben

Die Turbinen mit einfacher Zwischenüberhitzung haben mit rund 90% der gesamten Leistung das absolute Übergewicht (Tab. 29). Turbinen mit 50 MW und mehr werden fast ausnahmslos mit Zwischenüberhitzung betrieben. Sie werden in der Mehrzahl an 5 bis 7 Stufen angezapft. Neuerdings findet man häufig 8 bis 9 Anzapfstufen (Tab. 30). Üblich ist bisher, nur einen Vorwärmstrang zu verwenden, wobei zum Teil die Niederdruckvorwärmer, hauptsächlich aber die Hochdruckvorwärmer, eine Bypassleitung erhalten. Bei den größten Turbosätzen werden die Hochdruckvorwärmer doppelsträngig angeordnet.

Tabelle 29. *Turbinentypen*
Anzahl und Leistung

Anzahl und Leistung	Anzahl	Gesamtleistung MW
Gegendruck	1	30
Doppelte Zwischenüberhitzung	4	1600
Einfache Zwischenüberhitzung	223	35800
Keine Zwischenüberhitzung	108	3500
	336	40930

Das mittlere Druckgebiet, bei dem das Speisewasser entgast wird, liegt zwischen 3,5 und 7,7 ata (Tab. 31). Diese Anordnung findet man bei 149 Anlagen. Bei ungefähr 20% aller Einheiten wird das Kondensat im Kondensator entgast. Gegenüber früheren Berichten ist die Kondensatorentgasung rückläufig. Für das Absaugen der Luft aus dem Kondensator wird der Dampfstrahler bei weitem bevorzugt.

Tabelle 30. *Anzapfstufen*, unterteilt nach Drücken
Anzahl der Einheiten bei Eintrittsdrücken in atü von

Zahl der Anzapfstufen	unter 70	70 bis 105	über 105	Gesamtanzahl
0			2	2
1	1	1		2
2	6			6
3	20			20
4	32	5	5	42
5	20	48	29	97
6		9	53	62
7			65	65
8		2	19	21
				317

Tabelle 31. *Speisewasserentgasung*
Anzahl, unterteilt nach Drücken

Entgasungsdruck ata	Anzahl der Einheiten
Kondensationsentgasung	48
0,7 bis 1,3	7
1,4 bis 2,0	20
2,1 bis 2,7	12
2,8 bis 3,4	13
3,5 bis 4,1	22
4,2 bis 4,8	21
4,9 bis 5,5	33
5,6 bis 6,2	21
6,3 bis 6,9	20
7,0 bis 7,7	32
7,8 bis 8,4	7
8,5 bis 9,1	12
9,2 bis 9,8	8
9,9 bis 10,5	3
10,6 bis 11,2	7
11,3 bis 11,9	5
12,0 bis 12,6	2
12,7 bis 13,3	4
	297

Entlüftungsvorrichtungen für den Kondensator

	Anzahl
Dampfstrahler	227
Kreiselpumpen	32
Kolbenpumpen	28
Dampfstrahler und Kreiselpumpen	9
Dampfstrahler und Kolbenpumpen	7
	303

Tabelle 32. *Kessel*
Anzahl, unterteilt nach Leistung

Leistungsstufe t/h	Anzahl	Gesamtleistung t/h
0 bis 90	37	1810
91 bis 181	31	3630
182 bis 272	48	10000
273 bis 362	46	14100
363 bis 453	40	15900
454 bis 544	41	20000
545 bis 635	32	18100
636 bis 726	27	18300
727 bis 817	8	6400
818 bis 907	10	8600
908 bis 997	12	11300
998	2	1996
1089	2	2178
über 1134	4	5900
	340	138214

Die Dampferzeugung der Kessel wächst proportional mit der Turbinenleistung, da fast ausnahmslos der Einkessel-Einturbinenblock gewählt wird. Die mittlere Kesselleistung liegt bei 400 t/h, die größte bei 1750 t/h Dampf (Tab. 32). Die Feuerraumbelastung der Kessel schwankt in einem verhältnismäßig großen Bereich (Tab. 33). Es besteht jedoch die Tendenz zu verhältnismäßig geringen spezifischen Belastungen. Die Anzahl der kohlegefeuerten Kessel nimmt prozentual zu.

Tabelle 33. *Feuerraumbelastungen*
unterteilt nach Feuerungsarten

Feuerraumbelastung kcal/m³ h · 10³	Anzahl der Kessel bei Kohlefeuerungen	Gas- und Ölfeuerungen	Gesamtanzahl
89 bis 106	3	—	3
107 bis 123	27	1	28
124 bis 141	30	1	31
142 bis 159	45	1	46
160 bis 177	25	9	34
178 bis 194	10	16	26
195 bis 212	7	10	17
213 bis 230	5	15	20
231 bis 248	5	6	11
249 bis 266	3	6	9
267 bis 283	—	12	12
284 bis 301	1	4	5
302 bis 319	—	—	—
320 bis 336	—	5	5
337 bis 354	1	1	2
355 und mehr	—	2	2
	162	89	251

In Tab. 34 sind verschiedene Konstruktionsmerkmale der Dampferzeuger enthalten. Sie zeigt die Unterteilung nach Feuerung und Kesselbauart. Das Bestreben ist unverkennbar, mehr Kessel in der Durchlauf- und in der Zwangumlaufbauart zu erstellen. Eine USA-Kesselfirma meldet, daß sie im Oktober 1958 33 Dampferzeuger mit einer Leistung von insgesamt 6 592 000 kW als Zwangumlauf- und Durchlaufkessel mit 169 atü (2400 psig) in Betrieb und im Bau hat.

Tabelle 34. *Dampfkessel*
unterteilt nach Feuerungs- und Kesselbauart und der Art der Nachschaltheizfläche

	Anzahl		Anzahl
Feuerung:		Kesselbauart:	
Unterschubfeuerung	2	Naturumlauf	227
Spreaderfeuerung	7	Druckfeuerung	95
Spreaderfeuerung mit Wanderrost	2	Zwangumlauf	72
Wanderrost	3	Durchlauf	7
Wanderrost mit Gasfeuerung	7	Doppelter Umlauf	5
Ölfeuerung	24		
Gasfeuerung	30	Nachschaltheizfläche	
Gas- und Ölfeuerung	69	Economiser allein	11
Kohlenstaub-, Öl- und Gasfeuerung	6	Luftvorwärmer allein	40
Kohlenstaub- und Ölfeuerung	13	Economiser und Luftvorwärmer	215
Kohlenstaub- und Gasfeuerung	20		
Kohlenstaubfeuerung	131	Art der Luftvorwärmer	
Zyklonfeuerung	16	Regenerativluftvorwärmer	255
Zyklon- und Gasfeuerung	4	Röhrenluftvorwärmer	50
Zyklon- und Ölfeuerung	3	Plattenluftvorwärmer	2
Zyklon-, Öl- und Gasfeuerung	3		
	340		

Kessel über 600 t/h erhalten vielfach Zwillingsbrennkammern. Jedoch findet man auch bei sehr großen Einheiten Einzelbrennkammern großer Breite mit Frontalfeuerungen. Die Druckfeuerung dringt vor. Von einer vergrößerten Nachschaltheizfläche mit verringerter Abgastemperatur wird immer mehr Gebrauch gemacht. Der Regenerativluftvorwärmer ist beherrschend. In zunehmendem Maße wird das Kesselspeisewasser in Vollentsalzungsanlagen aufbereitet (Tab. 35).

Tabelle 35. *Wasseraufbereitung*

Wasseraufbereitung	Anzahl
Vollentsalzungsanlagen	173
Verdampfer	62
Verdampfer und Enthärtungsanlagen	52
Enthärtungsanlagen	15
Verdampfer- und Entsalzungsanlagen	4
Entsalzungs- und Enthärtungsanlage und Verdampfer	2
	308

Diesen amerikanischen Angaben sei eine deutsche Statistik gegenübergestellt[1]. Nach dieser Statistik wurden 1957 zur Aufstellung im Bundesgebiet und West-Berlin 32 (32 im Jahr 1956) Kessel mit Dampfleistungen von je 60 t/h und mehr für eine maximale Dauerleistung von 5715 (6200) t/h bestellt. Die durchschnittliche Leistung beträgt also 178,6 t/h gegenüber 194 t/h im Jahr 1956.

23 (22) Kessel mit 3686 (4475) t/h haben Steinkohlenfeuerungen, in zwei Fällen kombiniert mit Ölfeuerungen, 4 (9) Kessel mit 1515 (1550) t/h Braunkohlenfeuerungen und 5 (1) Kessel mit 514 (175) t/h reine Ölfeuerungen.

Von den 23 Steinkohlenkesseln sind 13 Naturumlaufkessel mit 1472 t/h und 10 Bensonkessel mit 2214 t/h; 4 mit 492 t/h haben trockenen, 19 mit 3194 t/h flüssigen Aschenabzug, und zwar 12 mit 1879 t/h Schmelzkammern und 7 mit 1315 t/h Zyklonfeuerungen. Ein vorhandener Steinkohlenkessel wurde durch Umbau auf Schmelzkammerfeuerung in der Leistung von 115 t/h auf 220 t/h erhöht.

Von den 4 Braunkohlenkesseln sind 2 Naturumlaufkessel mit 605 t/h, 1 Benson- und 1 Sulzerkessel mit je 455 t/h. Diese 4 Braunkohlenkessel haben trockenen Aschenabzug.

[1] WEBER, F.: Die deutsche Wasserrohrkesselindustrie im Jahre 1957. Technische Mitteilungen aus dem Dampfkessel-, Behälter- und Rohrleitungsbau. Wasserrohrkesselverband, Düsseldorf, im Juni 1958.

Von der Gesamtdampfleistung der im Jahre 1957 bestellten Kessel für 60 t/h und mehr entfallen 61% auf Durchlaufkessel und 39% auf Naturumlaufkessel.

Die durchschnittliche Leistung der Durchlaufkessel beträgt 232 t/h bei einem mittleren Genehmigungsdruck von 196 atü, die größte Leistung einer Einheit 475 t/h, der höchste Druck 330 atü. Die durchschnittliche Leistung der Naturumlaufkessel beträgt 131 t/h bei 105 atü mittlerem Genehmigungsdruck, die größte Leistung 325 t/h, der höchste Druck 150 atü.

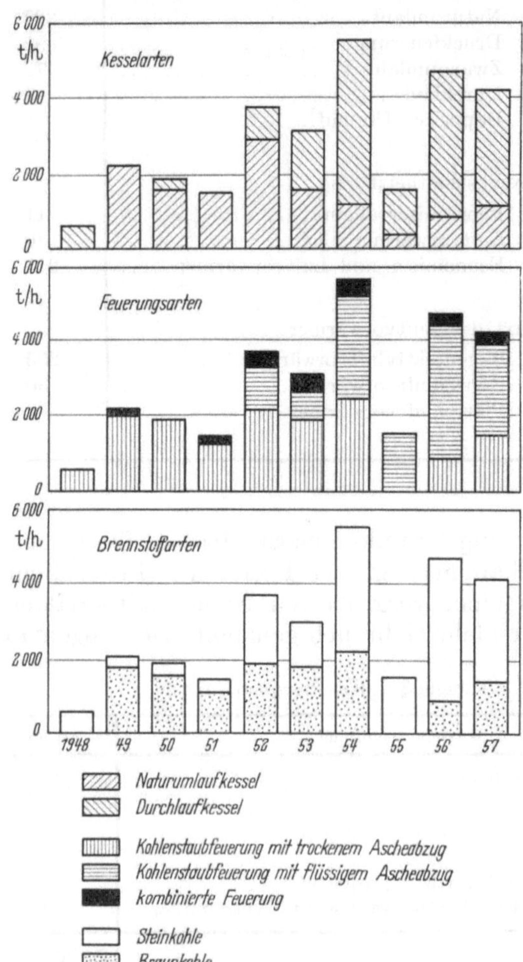

Abb. 11. Kessel-, Feuerungs- und Brennstoffarten der in den Jahren 1948—1957 in Auftrag gegebenen deutschen Kessel über 150 t/h

Für große Kraftwerke kommen heute fast ausschließlich Kessel mit einer Dampfleistung ab 150 t/h in Betracht. Die sich für diese größeren Dampferzeuger ergebenden Verhältnisse sind in den Abb. 11 bis 13 für das Jahrzehnt von 1948 bis 1957 veranschaulicht.

Abb. 11 zeigt das Überwiegen der Durchlaufkessel und der Kohlenstaubfeuerung mit flüssigem Schlackenabzug. Aus Abb. 12 erkennt man den stetigen Anstieg von Leistung, Druck und Temperatur, aus Abb. 13 die Entwicklung wichtiger Garantiewerte.

In gewissen Teilen der USA wird der Freiluftbauart von Kraftwerken eindeutig der Vorzug gegeben. Die letzten Jahre scheinen jedoch, für das ganze Land gesehen, einen Stillstand in dem prozentualen Verhältnis gebracht zu haben. Tab. 36 zeigt, wie nach der Übersicht des Jahres 1957 die Bauarten sich aufteilen. Der konventionelle Typ ist die Innenraumanlage. Bei der Halbfreiluftanlage stehen die Kessel mit Gebläsen, Entstaubern und sonstigem Zubehör im Freien. Bei den reinen Freiluftanlagen sind auch die Turbinen nicht mehr überdacht. Es gibt eine ganze Reihe von Zwischenlösungen, die nicht ganz in diese generelle Klassifikation passen. Künstliche Belüftung wird bei einer großen Anzahl von Innenraumkraftwerken durchgeführt. Fast allgemein haben die Kraftwerke einen bzw. zwei Bedienungsflure. Von Gitterrostbühnen und -fluren wird sehr viel Gebrauch gemacht. Die Außenwände bestehen zum Teil aus Ziegeln. Leichtbauwände aus Aluminium bzw. Stahlkassetten oder Asbestzementplatten werden wegen ihrer Billigkeit immer mehr gewählt. Auch die gleichzeitige Verwendung verschiedener Baumaterialien ist beliebt. Sehr gebräuchlich sind Stahlschornsteine, wenn es sich um Gas- und Ölfeuerung handelt. In den Fällen, in denen das Flugaschenproblem oder der Auswurf von SO_2 akut werden kann, werden hohe Betonschornsteine bevorzugt.

Tabelle 36. *Kraftwerksbauweise*

Bauweise	Anzahl
Innenraumanlagen	184
Freiluftanlagen	66
Halbfreiluftanlagen	60

Eine nicht so viele Kraftwerke berücksichtigende, aber mehr in einzelne Details gehende Untersuchung bringt „Electrical World". Einen Auszug aus den analysierten 67 neuzeitlichen Kraftwerken enthält Tab. 37 (S. 25—31). Die Gliederung der Kraftwerke ist wieder nach dem Frischdampfdruck durchgeführt. Es ist eine Fülle konstruktiver Merkmale und anlagetechnischer Einzelheiten aufgenommen, so daß die Tabelle einen guten Einblick in die heutigen Prinzipien bringt, die den Kraftwerksbau beherrschen.

Die neuen großen Kraftwerke machen fast ausschließlich von Planierraupen und ähnlichen Raupenfahrzeugen Gebrauch, um den Brennstoff auf dem Lagerplatz aufzuschichten bzw. ihn wieder aufzunehmen. Die Größe der Kesselhausbunker wird relativ immer kleiner. Das Fassungsvermögen liegt zwischen 14 bis 30 Betriebsstunden.

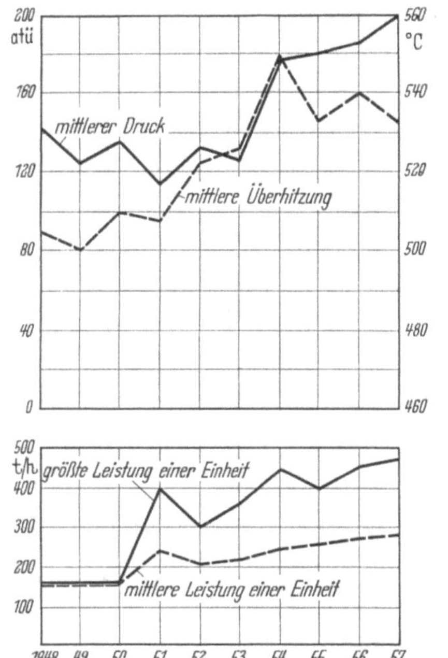

Abb. 12. Mittlerer Druck, mittlere Überhitzung, mittlere und größte Leistung der in Auftrag gegebenen deutschen Kessel über 150 t/h (1948—1957)

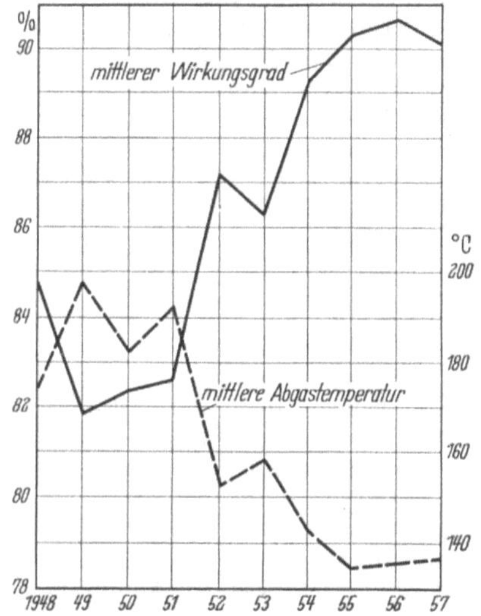

Abb. 13. Mittlerer Wirkungsgrad und mittlere Abgastemperatur der in Auftrag gegebenen deutschen Kessel über 150 t/h (1948—1957)

Für die Regelung der Überhitzungstemperatur wird fast immer die Einspritzmethode angewandt. Zusätzlich findet man Regelung mit Klappen, Rezirkulationsgebläsen, Schwenkbrenner usw. Fernsehgeräte zur Beobachtung des Wasserstandes und der Feuerung und in weniger Fällen der austretenden Rauchgase findet man in vielen Kraftwerken.

Tabelle 37. *Auslegungsdaten amerikanischer Kraftwerke*
Angaben über die aufgeführten Kraftwerke und zugehörigen Unternehmen

Lfd. Nr.	Nr. nach Electrical World	Kraftwerk	Unternehmen
1	30	Avon (Nr. 8)	Cleveland Electric Illuminating Company
2	40	ohne Namen	Memphis Light, Gas & Water Division
3	17	Huntley (Nr. 67 u. 68)	Niagara Mohawk Power Corporation
4	34	River Rouge (Nr. 3)	Detroit Edison Company
5	22	Silas C. McMeckin	South Carolina Electric & Gas Company
6	31	Ashtabula (Nr. 5)	Cleveland Electric Illuminating Company
7	9	Schuylkill (Nr. 1)	Philadelphia Electric Company
8	27	Frank M Tait	Dayton Power & Light Company
9	13	Bergen	Public Service Electric & Gas Company (N. J.)
10	12	Linden (Nr. 1 u. 2)	Public Service Electric & Gas Company (N. J.)
11	16	Astoria (Nr. 3)	Consolidated Edison Company of New York
12	33	BC Cobb (Nr. 4)	Consumers Power Company
13	32	JC Weadock (Nr. 7)	Consumers Power Company
14	37	Bay Shore	Toledo Edison Company
15	10	Lovett (Nr. 3)	Rockland Light & Power Company

Tabelle 37. *Auslegungsdaten*

Kraftwerk	1	2	3	4	5
Gesamtleistung, erste Ausbaustufe .... MW	250	862	400	300	275
Zahl der Einheiten, erste Ausbaustufe/Endausbau	1/—	3/6	2/—	3/6	2/4
Betriebsbeginn	12.58	58	57	2.56	4.58
Frischdampfdruck .... atü	245	169	169	169	169
Dampftemperatur hinter Überhitzer (Frischdampf) °C	593	565	565	565	565
Dampftemperatur hinter Zwischenüberhitzer °C	565	537	537	537	537
Brennstoff (Steinkohle, Gas, Öl)	St	St, G	St	St, G, Ö	St
Zahl der Kessel je Turbine	1	1	1	1	1
Zahl der Bunker je Kessel	1	7	1	1	1
Zahl der Mühlen je Kessel	8	7	6	6	4
Zahl der Turbinenanzapfstufen	8	8	7	7	7
Wasserstoffdruck im Generator .... atü	3,2 bis 4,2	3,4 bis 4,2	—	2,1	1,1 bis 2,1
Betriebspersonal je Schicht und MW	0,012	0,02	—	—	0,033
Generatorspannung .... kV	22	24	13,8	18	13,8
Zahl der Hauptumspanner je Einheit	1	1	1	1	1
Allgemeine Angaben					
Zahl der Bedienungsbühnen	3	8	2	1	2
Hoch- oder Flachbauweise	F	H	F	H	H
Kraftwerkselemente in Freiluftausführung (Kessel, Turbinen, Gebläse, Pumpen, Luftvorwärmer, Entstauber, Kühlwasserpumpen, Rechenanlage)	E	L, E, Kü, R		G, E, R	G, L, Kü E
Anordnung der Turbine in Freiluftausführung, mit Portalkran					
Material der Außenwände (Aluminium, Ziegelsteine, Asbest-Zement)	A, Z		A	A	Z, AZ
Tragkraft des Kranes mit Angabe der Lasthaken t	125/2	125/2	100/2	110/2	150, 30/2
Werkstoff des Schornsteins (Ziegelsteine, Beton, Stahl)	B	B	B	B	B
Schornsteinhöhe	122	122	106	129	91
Bekohlungs- und Mahlanlage					
Brennstoffzufuhr durch Schiene, Kahn, Lastkraftwagen, Rohrleitung	Sch, L	K	Sch, K	Sch	Sch
Dampferzeuger					
Kessel in Freiluft- bzw. Halbfreiluftbauweise ...		H		H	H
Anzahl der Trommeln je Kessel	keine	1	1	2	1
Anzahl der Brenner	8	7 Cyk	24	24	16
Anordnung der Brenner (horizontal, vertikal, tangential)	t	h	t	h	t
Regelung der Überhitzertemperatur durch Klappen, Schwenkbrenner, Einspritzen, Gasrückführung, Zwillingsfeuerraum, kondensierenden Dampf ..	Zw	Kl, E, Gr	Zw, E	ko	E
Regelung der Zwischenüberhitzertemperatur durch Klappen, Schwenkbrenner, Einspritzen, Gasrückführung, Zwillingsfeuerraum	Schb, E	Kl, E, Gr	Zw, E	Zw	Schb, E
Natur-, Zwangumlauf oder Durchlauf	D	N	Z	N	Z
Zündbrenner für Gas bzw. Öl	—	G, Ö	Ö	G	Ö
Entaschung und Entstaubung					
Schlackenabzug (trocken, flüssig)	tr	fl	tr	tr	tr
Rußbläser einziehbar	e	e	e	e	e
Entstaubung mechanisch, elektrisch	e	e	me	me	m
Entstaubung in Freiluftausführung mechanisch, elektrisch	—	e	—	me	m
Spülentaschung	ja	ja	ja	ja	ja

amerikanischer Kraftwerke

6	7	8	9	10	11	12	13	14	15
225	175	150	550	450	335	156	156	135	66
1/—	4/5	1/2	2/—	2/6	3/6	1/—	1/2	1/6	3/4
12.58	5.58	10.57	58	2.57	5.58	8.56	4.55	8.55	55
169	169	169	166	166	140	140	140	140	126
565	565	565	593	593	565	565	565	565	565
565	537	537	565	565	537	537	537	537	537
St	Ö	St	St	Ö	St, Ö, G	St	St	St	St, Ö, G
1	1	1	1	3 und 1	1	1	1	1	1
1	—	1	6 Silos	—	1	1	1	4	1
8		4	3		8	4	4	4	4
7	6	—	8	6; 8	7	7	7	8	6
2,1 bis 3,2	0,03 bis 2,1	2,1	1,1 bis 3,2	1,1 bis 3,2	2,1 bis 3,2	0,03 bis 2,1	0,03 bis 2,1	0,03 bis 2,1	0,03 bis 1,8
0,013	—	0,02	—	0,026	—	0,032	0,032	0,07	—
18	13,8	16	18	18	20	18	18	18	13,8
1	2	1	1	1	2	1	1	1	
2	12	5	2	2	1	9	9	1	2
F	H	H	F	F	H	H	H	F	
E	G, R, E	Ke, G, L E, R FP	Ke, G, L Kü, R, E	Ke, G, L Kü, R	E			L, E	
A, Z	A, Z	A, Z		Z	Z	Z	Z	A	Z
150/2	90/2	75/2	125/2	200/2	200/2	200/2	200/2	250/2	100/15
B	St	B	Z	St	St	St	St	Z	St
122	83	68	93	68	91	76	76	68	53
Sch, L	K, R	Sch	Sch	R	K			Sch, K	Sch, L
		H	F	H					
1	1	keine	2	1	1	1	1	1	1
8	24	16	24	12, 24	32	16	16	12	24
t	t	t	h	h	h	t	t	v	t
Schb, E, Zw	Schb, E, Gr	E	ko	E, Gr	Gr, E	Schb, E	Schb, E	Kl, Gr	Schb, E
Schb, E, Zw	Schb, E, Gr	Schb	Zw	Zw	Zw, E	Schb, E	Schb, E	Kl, Gr	Schb, E
Z	Z	Z	N	N	N	Z	Z	N	N
Ö	Ö	G	Ö	G	G	Ö	Ö	Ö	G, Ö
tr	tr	tr	fl	fl	tr	tr	tr	tr	fl
e	e	e	e	e	e	e	e	e	e
e	m	me	me		me	m	m	me	m
—	m	me	me	—	me	—	—	me	—
ja	—	ja	ja	—	—	ja	ja	ja	ja

Tabelle 37.

Kraftwerk	1	2	3	4	5
Speisewasserkreislauf					
Speisewasseraufbereitung durch **V**erdampfer, **B**asenaustauscher, **Vo**llentsalzung, **s**onstige Aufbereitung	Vo	Vo	Vo	Vo	Vo
pH-Wert des Speisewassers	9,0 bis 9,5	8		9,0	8,8 bis 9,0
pH-Wert im Economiser				9,0	8,8
Speisewasserendtemperatur bei Dauerlast ..... °C	293	297	270	245	269
Bypassleitungen an den **H**ochdruck-, **N**iederdruckvorwärmern	H	H	N	H	HN
Zwei parallele Systeme bei den Hochdruckvorwärmern	ja	—	ja	ja	—
Anordnung der Hochdruckvorwärmer im **T**urbinenraum (**o**ben, **u**nten)	u	—	o	o	T, o, u
Anordnung der Niederdruckvorwärmer im **T**urbinenraum (**o**ben, **u**nten)	u	—	—	T, u	T, o, u
Verwendung von **H**ydrazin bzw. **M**orpholin	H	—	M	—	M
Kondensation, Kühlwasser					
Rechenhaus direkt am Kraftwerk				ja	
Kühlwasserpumpen am Rechenhaus	—	ja	ja	—	—
Kühlwasser (**S**üß-, **M**eer- und **B**rackwasser)	S	S	S	S	S
Gebläse und Pumpen					
Zahl der Saugzug- und Frischluftgebläse je Kessel	2/2	2/0	2/2	2/2	2/2
Freiluftausführung der **S**augzug- und **Fr**ischluftgebläse	—	—	—	Fr	S, Fr
Anzahl der Speisepumpen je Kessel	3	3	2	3	3
Antrieb der Speisepumpen durch **E**lektromotor, **H**ilfsturbine, **G**etriebe, Kupplung mit **T**urbogenerator	E, H	E	H	E	E, G
Turbinenölpumpe, direkt vom **T**urbogenerator bzw. vom **E**lektromotor angetrieben	T	T	E, T	E	T, E
Kondensatpumpen mit senkrechter Welle	ja	ja	ja	ja	—
Dampfleitungen und Absperrorgane					
Hauptdampfleitung (ge**sch**miedet und gebohrt, **h**ohl geschmiedet, **n**ahtlos gezogen)	n	sch, h	sch	—	h
Material der Hauptdampfleitung (**f**erritisch, **a**ustenitisch)	a	f	f	f	f
Ventil zwischen Überhitzer und Schnellschluß	—	kein	—	kein	—
Isolierung der Hochdruckleitung (**St**einwolle, Aluminiummantel)		St	St	St	St
Turbine					
Einwellen- oder **Z**weiwellensatz	E	E	Z	Z	Z
Gegenläufige Dampfströmung, **2** bzw. **3** Teilsströme	3	3	—	G2	—
Einrichtung für Schnellstart	ja	ja		ja	
Generator					
Ständerkühlung mit Hilfe eines durch **K**anäle oder **L**eiter geführten Mediums (**G**as oder **F**lüssigkeit)	G, L	G, L	G, K	G, L	G
Läuferkühlung mit Hilfe eines durch **K**anäle oder **L**eiter geführten **G**ases	G, L	G, L	G, K	G	G
Kühlung des Mediums durch **K**ondensat oder **B**runnenwasser	K	K	K		B

(Fortsetzung)

6	7	8	9	10	11	12	13	14	15
Vo	Vo	Ve	Vo	Vo, S	Ve, B	Vo	Vo	Vo	Ve
8,8 bis 9,2	10,0	9,0	6,5 bis 9,5	6,5 bis 9,5		8,8 bis 9,0	8,8 bis 9,0	8,8 bis 9,1	8,8 bis 9,2
	8,9	9,0			7 bis 11	8,8 bis 9,0	8,8 bis 9,0		
238	272	238	268	273	256	248	248	254	278
H	—	N	HN	HN	N	N	N	HN	H
ja	ja	—	—	ja	ja	—	—	ja	—
T u	o	o	T	T	Kessel-haus	u	u	o	o
T, u	o, u	u	—	—	u	u	u	u	T, u
H	H	—	H	H	—	M	M	—	H
		ja							ja
ja	ja	—	ja	ja	ja	—		ja	ja
S	S	S	B	M	M	S	S	S	B
2/2	2/2	2/2	2/0	2/0	4/0	2/2	2/2	2/2	2/2
—	Fr	S, Fr	S	S	—	—	—	—	—
3	2	2	3	4, 3	1	3	3	3	2
E	E	E	E, G, T	E, G	E, T	E	E	E	E
T	T	T	T, E	T, E	E, T	E	E	T, E	T
ja	ja	ja	ja	ja	ja	ja	ja	ja	ja
n	h	h	h	h	h	sch	sch	n	n
f	f	f	a	f, a	f	f	f	f	
—	—	—	kein	kein	kein	kein	kein	—	—
St	St	St	St, A	St, A	St	St	St	St, A	St
E	E	E	Z	E	Z	E	E	E	E
3	2	2	2	3	2	3	3	3	2
	ja							ja	
F, L	G	G	G, L	Fl, L	G, L	G	G	G, K	G
G, L	G	G	G, L	G, L	G, L	G	G	G	G
K		B	K	K					K

Tabelle 37.

Kraftwerk	1	2	3	4	5
Erregung					
Haupterregung durch Motorgenerator, Gleichrichter (Static)	M	G	M	G	M
Hilfserregung durch direkten Antrieb, Motorgenerator		M			
Warte					
Anzahl der Sätze, die in einer Warte zusammengefaßt sind	1	2	2	1	2
Ausstattung der Warte mit Klimaanlage, mit Geräuschdämpfung	K	K, G	K	K, G	K
Anzahl des Schichtpersonals für den maschinellen und elektrischen Teil	3	3		7	

Die Kesselschlacke wird überwiegend trocken aus der Brennkammer abgezogen. Nur etwa ein Viertel der Kessel hat flüssigen Aschenabzug.

Meistens werden Stoßrußbläser für die Heizflächenreinigung verwandt. Für die Rauchgasreinigung findet man sowohl Elektrofilter wie auch mechanische Entstauber und kombinierte Verfahren, abhängig vom Aschen- und Gasgehalt der Kohle und den Umweltbedingungen. Die Flugasche wird nur bei wenigen Kraftwerken verkauft bzw. als Zuschlagstoff verarbeitet.

Bei der überwiegenden Zahl der Kraftwerke scheinen mechanische Gebläsekupplungen vorzuherrschen. Aber auch die hydraulische Regelkupplung dringt immer mehr vor. Die heutigen Kraftwerke haben fast alle elektrischen Speisepumpenantrieb; als Ausnahme erscheinen nur Blocks der größten Leistung. Vielfach wurden 3 Halblast-Kesselspeisepumpen gewählt. Diese Anordnung nimmt aber leicht zugunsten der Aufstellung von 2 Vollastpumpen ab.

Die Frage, ob auf der Frischdampfseite Absperrorgane zwischen Überhitzeraustritt und Turbineneintrittsventilen eingebaut werden sollen, ist umstritten. Man findet beide Lösungen.

Die vorherrschende Generatorspannung ist 13,8 kV. Es macht sich jedoch die Tendenz bemerkbar, zu höheren Spannungen überzugehen. Einige Kraftwerke haben Generatoren mit 20 bzw. 23 kV. Von 67 Generatoren haben 53 konventionelle Wasserstoffkühlung. 12 sind direkt gekühlt; bei 9 von diesen wird Wasserstoff und bei dreien Flüssigkeit als Kühlmittel verwendet.

Rund 70% aller Blocks haben nur einen einzigen Aufspanntransformator, 11 je 2 Dreiphasentransformatoren und 5 je 3 Einphasentransformatoren. Fast ein Drittel aller Haupterregermaschinen haben Motorantrieb. Bei 56 von den untersuchten 67 Kraftwerken wird der Eigenbedarf durch Abspanntransformatoren gedeckt. Über Eigenbedarfsgeneratoren auf der Hauptgeneratorwelle liegen keine Angaben vor. Die Hilfsspannung ist bei 34 Kraftwerken 4,16 kV und bei 30 Kraftwerken 2,4 kV.

Bei weitem die meisten Kraftwerke haben zentrale Warten mit Überwachung und Steuerung für je 2 Blocks für den wärmetechnischen Teil und den Eigenbedarf. Die Netzwarten liegen meistens getrennt.

II. Herstellungs- und Stromerzeugungskosten

Entscheidend für den Wert der Neuplanung ist der Vergleich der Herstellungs- und der Stromerzeugungskosten von älteren und neueren Kraftwerken. Jede technische Entwicklung findet nur dann ihre Berechtigung, wenn es gelingt, die Selbstkosten gegenüber älteren Werken zu senken. Bisher haben diese neuen, stetig weiterentwickelten Kraftwerke diese Bewährungsprobe bestanden, wie die Statistiken beweisen. In den USA ist

(Fortsetzung)

6	7	8	9	10	11	12	13	14	15
M	M	M	M	M	M	G	G	G	M
	—	M			M	d	d		M
1	2	2	2	2	2			2	3
K	K, G	K, G	K	K	K, G			K, G	K
3		6		12	2	5	5	8	3

es üblich, neben den Betriebserfahrungen auch die Herstellungs- und Stromerzeugungskosten zu veröffentlichen.

Bei der Analyse dieser Werte und ihrer Nutzbarmachung für eigene Zwecke muß man allerdings mit einem gewissen Vorbehalt vorgehen. Es darf nicht verkannt werden, daß die nicht einheitlich definierten Leistungsbegriffe, die in allen Ländern stetig vorhandene Kaufkraftentwertung und die Verschiedenheiten in dem Verhältnis: Lohnkosten zum Werkstoffpreis nur eine beschränkte Auswertung zulassen. Aber immerhin dürfte das große zur Verfügung stehende Material den Interessierten eine Bereicherung ihres Wissens bringen und ihnen eine Auswertung nach verschiedenen Richtungen hin ermöglichen.

An erster Stelle stehen die statistischen Berichte, die das Bundesamt für die Elektrizitätsversorgung, die „Federal Power Commission", jährlich herausgibt. Diese Daten werden den „jährlichen finanziellen und statistischen Berichten und den EVU-Netzangaben" entnommen, die die Energieversorgungsunternehmen einreichen.

Die Berichterstattung über die Betriebsergebnisse wird auf Fragebogen durchgeführt, von denen Tab. 38 ein Beispiel wiedergibt (Monatsbericht eines Kraftwerkes[1]). Die Erläuterung der Begriffsbestimmungen ist in dem Formular enthalten.

Die wichtigsten Begriffe sind „Ausnutzungsfaktor" und „Belastungsfaktor". Der „Ausnutzungsfaktor" gibt das Verhältnis der durchschnittlich gefahrenen Leistung zur „Fabrikschildleistung" an, während der „Belastungsfaktor" das Verhältnis der durchschnittlich gefahrenen Leistung zur tatsächlich gefahrenen höchsten Dauerleistung darstellt. Da die „Fabrikschildleistung" um 5 bis 20% kleiner als die höchste Dauerleistung sein kann, ist der „Ausnutzungsfaktor" häufig größer als 100%.

Nachfolgend werden zunächst die Herstellungskosten und dann die Stromerzeugungskosten auf Grund der statistischen Erhebungen behandelt.

a) Herstellungskosten

Die Herstellungskosten werden, um Unklarheiten und Mißverständnisse zu vermeiden, so definiert, daß alle Ausgaben hierunter verstanden werden, die für den Bau des neuen Werkes erforderlich waren. Neben dem eigentlichen Kraftwerksblock werden also auch Grundstückskosten einschließlich Aufschlußarbeiten, die Kosten der Bekohlungs-, Entaschungs- und Kühlwasseranlagen, der Werkstätten, Lager und Büros usw. erfaßt. Die Aufspannanlage ist dagegen in den Gesamtkosten nicht enthalten.

In den letzten 50 Jahren sind nach den üblicherweise verwendeten Indizes die Kosten der für die Herstellung und den Betrieb erforderlichen Materialien, Löhne und Brennstoffe um mehr als 600% angestiegen. Während der 20jährigen Periode von 1920 bis 1940

[1]) RKW Heft 8 (Rationalisierungs-Kuratorium der Deutschen Wirtschaft) „Amerikanische Dampfkraftwerke", Carl Hanser-Verlag, München 1952

Tabelle 38. Monatsbericht eines Kraftwerkes

Kraftwerk ______

Statistischer Betriebsbericht

Berichtzeit ______ Std. Betriebsdauer ______ Std. Blindleistung ______ Std. Monat ______

Brennstoff	t
Bestand am Monatsanfang	
Zugang	
Berichtigung vom Vormonat[1]	
Gesamtbestand	
Verbrauch für Stromerzeugung	
Verbrauch für andere Zwecke	
Gesamtverbrauch	
Bestand am Monatsende	

Brennstoffuntersuchung

Nr.	Feuchtigk.	Flücht. Best.	C	Asche	Heizwert

Allgem. Angaben	max.	min.	mittel
Barometerstand			
Außentemperatur			
Kühlwassereintrittstemperatur			
Maschinenhaustemperatur			
Lufttemperatur vor Luvo			

Erzeugte kWh			
Gesamterzeugung[2] kWh			
Gesamter Eigenverbrauch	%		
Werkabgabe[3]			
Höchstwerte	kWh	Zeit	Datum
Höchste Tageserzeugung			
Höchste Stundenerzeugung			
Leistungsfaktor während der höchsten stündl. Erzeugung			%
Verhältniszahlen			
Belastungsfaktor		s. Fußnote 4	
Ausnutzungsfaktor		s. Fußnote 5	
Betriebszeitfaktor		s. Fußnote 6	
Verfügbarkeitsgrad		s. Fußnote 7	
Ausnutzungsfaktor der Betriebszeit*		s. Fußnote 8	
Wirtschaftlichkeit der Anlage		auf Erz.	auf Werkabg.
Kohlenverbrauch je kWh			
Wärmeverbrauch je kWh			
Dampfverbrauch je kWh			
Therm. Gesamtwirkungsgrad		—	
Verdampfungsziffer			
Kesselwirkungsgrad ohne Eko		s. Fußn. 9	
Gesamtkesselwirkungsgrad		s. Fußn. 9	
Dampf- und Wasserverbrauch		t	
Gemessene Gesamtwassermenge			
Gesamte Dampferzeugung			
Dampfverbrauch f. andere Zwecke			
Gesamtzusatzwasser	%		
Zusatzwasser f. Kraftwerk	%		

Turbinenbetrieb

Nr.	Inst. Leistung kW	Erzeugung kWh	Betr.-Std. h	Max. stündl. Erz. kWh	Belast.-Faktor %	Anzahl Anfahr-Std.	Druck an Turb.	Temp. an Turb.	Abdampf Druck	Abdampf Temp.	Kond.-Temp.	Kühlw. Austr.-Temp.	Dampfverbrauch je kWh

Kesselbetrieb

Nr.	Nenn-Leistung	Betriebsstd. mit Dampfabgabe	Betriebsstd. ohne Dampfabgabe	Anfahrten aus kaltem Zustand	Dampferzeugung	Ges. Kohlenverbrauch	Dampftemp. am Überhitz.-Austritt	Speisewasser Eko Eintritt	Speisewasser Eko Austritt	Lufttemp. hinter Luvo	Gesamtwirkungsgrad	Verfügbarkeitsgrad
											s. Fußn. 9	

[1] Tatsächlicher Mehr- oder Minderverbrauch gegen Buchung des Vormonats

[2] An Generatorklemmen

[3] Werkabgabe = Gesamterzeugung − Gesamteigenverbrauch

[4] $\frac{\text{Gesamterzeugung}}{\text{Berichtszeit in Stunden} \cdot \text{Stündliche Höchstlast}}$

[5] $\frac{\text{Gesamterzeugung}}{\text{Berichtszeit in Stunden} \cdot \Sigma \text{ der installierten Leistung}}$

[6] $\frac{\Sigma \text{ der Betriebsstd. einschl. Blindleistungsstd. aller Maschinen}}{\text{Berichtszeit in Stunden} \cdot \text{Anzahl der Maschinen}}$

[7] $\frac{\text{Betriebs-} + \text{Bereitschaftsstd.} \cdot \text{aller Maschinen}}{\text{Berichtszeit in Stunden} \cdot \text{Anzahl der Maschinen}}$

[8] $\frac{\text{Gesamterzeugung}}{\text{Betriebsdauer in Stunden} \cdot \Sigma \text{ der installierten Leistung}}$

[9] Bezogen auf *oberen* Heizwert

* Übersetzung von Station Use Factor (vgl. auch Tabelle 6, Ziff. B III b 2, S. 5). Es wurde bereits darauf hingewiesen, daß die amerikanischen und deutschen Begriffsbestimmungen nicht immer einheitlich sind.

betrugen die Herstellungskosten mittelgroßer Kraftwerke in den USA im Mittel etwa 420 DM/kW. In der Zeit von 1939 bis 1953 haben sich Materialpreise und Löhne verdoppelt. Durch die Verbesserung im spezifischen Wärmeverbrauch, die technologischen Fortschritte und die sonstigen Verbesserungen war es jedoch möglich, diese allgemeinen Kostenerhöhungen zum Teil zu neutralisieren und die Verteuerung auf etwa 50% im Mittel zu begrenzen, so daß für 1953 als mittlerer Kraftwerkspreis 630 DM/kW galt. Tab. 39 gibt an, wie diese mittleren Herstellungskosten sich auf die einzelnen Anlagen und Ausrüstungen im Durchschnitt aufteilen.

Tabelle 39. *Zusammensetzung der spez. Herstellungskosten*

	Spez. Herstellungskosten	
	DM/kW	%
Grundstücke und Geländeerschließung	8,40	1,3
Baulichkeiten	126,—	20,0
Kesselhausausrüstung	252,—	40,0
Turbosätze	189,—	30,0
Elektrische Ausrüstung (ohne Aufspannanlage)	42,—	6,7
Sonstige Kraftwerksausrüstung	12,60	2,0
Insgesamt	630,—	100,0

In Tab. 40 sind auf Grund der Berichte der „Federal Power Commission" die durchschnittlichen Herstellungskosten öffentlicher Dampfkraftwerke für die Jahre 1940, 1950 und 1953 wiedergegeben. Es sind somit kleine und große Kraftwerke mit gutem und schlechtem Wirkungsgrad erfaßt. Nach dem Hinweis sollen diese Einheitskosten nur allgemeinen Vergleichszwecken dienen. In Wirklichkeit streuen die Herstellungskosten außerordentlich stark.

Tabelle 40. *Durchschnittliche Herstellungs- und Stromerzeugungskosten aller Dampfkraftwerke*[1]

		1953	1950	1940
Gesamte installierte Leistung aller Kraftwerke (Nennleistung)	Mio MW	56,8	42,6	25,2
Mittlere Herstellungskosten	DM/kW	525	580	403
Wärmepreis	DM/Mio kcal	4,20	4,10	—
Betriebskosten				
a) Brennstoff	Pf/kWh	1,40	1,47	0,93
b) Betriebslöhne und -materialien	Pf/kWh	0,27	0,29	0,28
c) Unterhaltung (Löhne, Materialien usw.)	Pf/kWh	0,21	0,24	0,17
Betriebskosten insgesamt	Pf/kWh	1,88	2,00	1,38
Kapitaldienst (12,5%)	Pf/kWh	1,31	1,24	1,41
Stromerzeugungskosten	Pf/kWh	3,19	3,24	2,79
Anrechenbare Verwaltungs- und allgemeine Kosten	Pf/kWh	0,10	0,11	0,10
Gesamte Stromerzeugungskosten vor Abgabe an das Netz	Pf/kWh	3,29	3,35	2,89

[1] Zusammengestellt aus den Jahresberichten der Federal Power Commission „Statistics of Electric Utilities in the United States — Privateley Owned" und „Steam Electric Plant Construction Cost and Annual Production Expenses".

Der letzte vorliegende Bericht der „Federal Power Commission" für das Betriebsjahr 1956 umfaßt 463 Dampfkraftwerke mit einer installierten Leistung von 81677 MW. Es handelt sich hierbei um rund 88% der in den USA installierten Kraftwerksleistung sämtlicher Energieversorgungsunternehmen. Die Netto-Stromerzeugung dieser Kraftwerke betrug 446 Milliarden kWh; das sind 94% der gesamten Netto-Stromerzeugung aller EVU-Dampfkraftwerke.

Tabelle 41 a. *Betriebsdaten und Kosten amerikanischer Kraftwerke I*

Nr.	Kraftwerk	Unternehmen	Lage des Kraftwerkes	Spez. Wärmeverbrauch netto[1]	Installierte Leistung nach Leistungsschild	Netto-Erzeugung	Ausnutzungsfaktor	Netto-Dauerleistung	Spez. Personalbedarf
				kcal/kWh	kW	Mio kWh	%	MW	Mann/MW
1	Tanners Creek	Indiana and Michigan Electric Company	Lawrenceburg, Indiana	2295	425,8	3466,8	93	525,0	0,47
2	Kanawha River	Appalachian Electric Power Co	Glasgow, West Virginia	2297	351,5	3060,9	99	430,0	0,36
3	Kyger Creek	Ohio Valley Electric Company	Gallipolis, Ohio	2312	900,0	8638,8	109	1058,0	0,42
4	Muskingum River	Ohio Power Company	Mc Connelsville, Ohio	2312	351,5	3352,6	109	430,0	0,43
5	Clifty Creek	Indiana-Kentucky Electric Corporation	Madison, Indiana	2318	1080,0	9137,2	—	1284,0	0,31
6	St. Clair	Detroit Edison Company	East China Twp, Michigan	2318	625,0	4287,3	78	656,0	0,27
7	River Rouge	Detroit Edison Company	River Rouge, Michigan	2321	260,0	1443,3	—	265,0	0,47
8	John Servier	Tennessee Valley Authority	Rogersville, Tennessee	2324	540,0	3224,5	—	570,0	0,36
9	Shawville	Pennsylvania Electric Company	Shawville, Pennsylvania	2329	265,0	2090,3	90	—	0,29
10	Bayshore (Harbor View)	Toledo Edison Company	Toledo, Ohio	2339	125,0	992,2	90	133,0	0,35
11	Philip Sporn	Ohio Power and Appalachian Electric Power Co	Graham, West Virginia	2353	500,0	3811,3	87	600,0	0,52
12	Eastlake	Cleveland Electric Illuminating Company	Eastlake, Ohio	2360	575,5	3713,9	—	—	0,23
13	Colbert	Tennessee Valley Authority	Colbert County, Alabama	2372	720,0	5624,3	—	—	0,36
14	El Segundo	Southern California Edison Company	El Segundo Beach, California	2390	332,5	1784,9	—	350,0	0,07
15	Albany	Niagara-Mohawk Power Corporation	Albany, New York	2393	320,0	2533,8	90	408,0	0,43
16	Milliken	New York State Electric and Gas Corporation	Lake Ridge, New York	2395	135,0	1028,8	87	135,0	0,43
17	Dunkirk	Niagara-Mohawk Power Corporation	Dunkirk, New York	2396	160,0	1419,6	101	204,0	0,63
18	Barry	Alabama Power Company	Bucks, Alabama	2404	250,0	1782,1	81	260,0	0,35
19	Oak Creek	Wisconsin Electric Power Company	Oak Creek, Wisconsin	2407	370,0	2406,0	74	360,0	0,42
20	J. R. Whiting	Consumers Power Company	Bay City, Michigan	2408	325,0	2316,8	81	325,0	0,34
21	Will County	Commonwealth Edison Company	Lockport, Illinois	2411	300,0	2061,8	78	320,0	0,48
22	Cromby	Philadelphia Electric Company	Phoenixville, Pennsylvania	2415	350,0	2509,0	82	385,0	0,15
23	Kearny „B"	Public Service Electric and Gas Company	Kearny, New York	2418	300,0	1847,7	70	300,0	0,76[2]
24	Kingston	Tennessee Valley Authority	Kingston, Tennessee	2429	1440,0	10845,1	—	—	0,37
25	Astoria	Consolidated Edison Company of New York, Inc.	Astoria, New York	2429	360,0	2673,5	85	364,0	0,30

[1] Bezogen auf oberen Heizwert.

[2] Einschließlich Kearny „A" (312,0 MW), gesamte installierte Leitung also 612,0 MW.

Tabelle 41b. *Betriebsdaten und Kosten amerikanischer Kraftwerke I*

Nr.	Kraftwerk	Herstellungskosten				Wärmepreis			Betriebskosten				
		Grunderwerb mit Nebenkosten DM/kW	Bautechnische Anlagen DM/kW	Maschinen- und elektrotechnische Ausrüstung DM/kW	Insgesamt DM/kW	Kohle $\frac{DM}{10^6\ kcal}$	Öl $\frac{DM}{10^6\ kcal}$	Gas $\frac{DM}{10^6\ kcal}$	Brennstoffe Pf/kWh	Betriebslöhne und Gehälter Pf/kWh	Material einschließlich Wasser Pf/kWh	Unterhaltungslöhne und Material Pf/kWh	Insgesamt Pf/kWh
1	Tanners Creek	1	155	497	653	3,18	—	—	0,722	0,067	0,013	0,126	0,928
2	Kanawha River	6	121	509	636	2,91	—	—	0,672	0,047	0,008	0,080	0,807
3	Kyger Creek	2	94	460	556	3,63	—	—	0,844	0,034	0,021	0,059	0,958
4	Muskingum River	1	104	490	595	2,63	—	—	0,609	0,051	0,008	0,084	0,752
5	Clifty Creek	2	94	441	537	3,15	—	—	0,731	0,034	0,021	0,071	0,857
6	St. Clair	5	171	467	643	4,98	—	—	1,155	0,092	0,013	0,088	1,348
7	River Rouge	21	168	431	620	4,93	—	—	1,146	0,160	0,063	0,088	1,457
8	John Servier	11	109	445	565	3,28	—	—	0,760	0,071	0,025	0,042	0,898
9	Shawville	1	110	456	567	2,97	—	—	0,697	0,054	0,013	0,080	0,844
10	Bayshore (Harbor View)	33	236	730	999	4,71	—	—	1,100	0,135	0,025	0,088	1,348
11	Philip Sporn	1	98	432	531	3,07	—	—	0,722	0,076	0,017	0,189	1,004
12	Eastlake	2	122	407	531	4,45	—	—	1,050	0,071	0,017	0,076	1,214
13	Colbert	2	103	443	548	3,19	—	—	0,756	0,050	0,013	0,055	0,874
14	El Segundo	5	32	448	485	—	4,92	—	1,176	0,042	0,063	0,071	1,352
15	Albany	6	182	575	763	5,73	—	—	1,369	0,097	0,013	0,092	1,571
16	Milliken	2	150	490	642	5,48	—	—	1,310	0,093	0,025	0,050	1,478
17	Dunkirk	11	155	523	689	5,18	—	—	1,239	0,105	0,017	0,130	1,491
18	Barry	6	89	439	534	3,54	—	—	0,848	0,080	0,013	0,046	0,987
19	Oak Creek	1	176	434	611	5,04	—	—	1,214	0,143	0,013	0,155	1,525
20	J. R. Whiting	3	164	387	554	5,03	—	—	1,214	0,076	0,012	0,046	1,348
21	Will County	9	211	636	856	4,58	—	—	1,105	0,122	0,029	0,075	1,331
22	Cromby	1	124	596	721	5,53	7,85	—	1,340	0,059	0,012	0,130	1,541
23	Kearny „B"	5[1]	123[1]	399[1]	527[1]	5,82	5,75	—	1,436	0,101	0,025	0,298	1,860
24	Kingston	3	98	420	521	3,27	—	—	0,794	0,055	0,012	0,063	0,924
25	Astoria	6	221	572	799	6,22	6,87	5,55	1,500	0,088	0,025	0,084	1,697

[1] Einschließlich Kearny „A" (312,0 MW), gesamte installierte Leistung also 612,0 MW.

In Tab. 41 sind die 25 wärmewirtschaftlich besten Kraftwerke mit einem spezifischen Wärmeverbrauch von 2295 bis 2429 kcal/Netto-kWh aus diesem Bericht herausgezogen. 47 Kraftwerke mit einer Gesamtleistung von 18510 MW hatten einen durchschnittlichen jährlichen spezifischen Wärmeverbrauch von weniger als 2520 kcal/Netto-kWh. Der durchschnittliche Wert lag bei allen 463 Dampfkraftwerken bei 2900 kcal/Netto-kWh, während sämtliche Kraftwerke im Jahr 1938 noch einen mittleren spezifischen Wärmeverbrauch von 4158 kcal/Netto-kWh aufwiesen.

Tabelle 42. *Merkmale der 44 erfaßten Kraftwerke* (Electrical World 1957)

	Anzahl	%
Freiluftkessel	19	43
Freiluftturbosatz	8	18
Freiluftkondensator	5	11
Freiluftgebläse	26	59
Kühlturm	15	34
Vollentsalzung	21	48
Zwangumlauf	5	11
Überdruckfeuerung	10	23
Zyklonfeuerung	2	5
Rauchgasrückführung	21	48
Mechanische Flugascheabscheidung	20	46
Elektrische Flugascheabscheidung	11	25
Schnellstart	6	14
Erregermaschine auf Turbowelle	37	84
Erregermaschine mit Motorantrieb	14	32
Zweiwellensatz	4	9
Ohne Saugzuggebläse	6	14
Kesselspeisepumpen mit Turboantrieb	5	11

Eingehendere Analysen bringen die Statistiken, die die „Electrical World" periodisch herausgibt. Die 10. Übersicht 1957 berichtet über die Herstellungskosten und die Betriebsverhältnisse von 44 Dampfkraftwerken. Die konstruktiven Merkmale dieser 44 Kraftwerke können aus Tab. 42 entnommen werden. Der spezifische Wärmeverbrauch dieser Werke liegt höher als bei den in Tab. 41 genannten Kraftwerken. Auch aus dieser Aufstellung wurden die 25 besten Kraftwerke ausgewählt (Tab. 43). Die Abhängigkeit des spezifischen Wärmeverbrauches von der Leistung ist tendenzmäßig in Abb. 14 erfaßt.

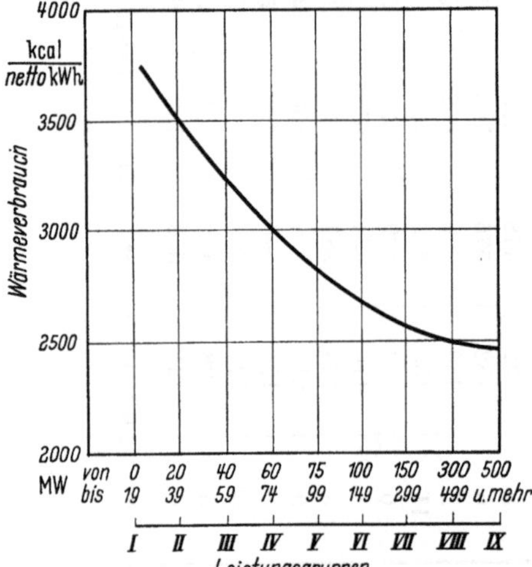

Abb. 14. Tendenz des spezifischen Wärmeverbrauchs bei den 44 erfaßten amerikanischen Kraftwerken

Die durchschnittlichen spezifischen Herstellungskosten aller 44 Kraftwerke liegen bei 613 DM/kW. Das billigste Kraftwerk kostet etwa 400 DM/kW, das teuerste etwa 1000 DM/kW. Die Hälfte der erfaßten Kraftwerke soll weniger als 570 DM/kW gekostet haben (Abb. 15). Die weite Streuung der Preise ist dadurch zu erklären, daß

1. die Standortbedingungen sich verschieden stark auswirken,
2. kleine und große Kraftwerke verglichen werden,
3. die Kraftwerke sowohl in Freiluft- wie auch in Innenraumausführung verglichen werden,
4. bei einigen Kraftwerken Kosten für weitere Ausbaustufen vorweggenommen sind.

Den Einfluß der Kraftwerksgröße zeigt Abb. 16. Hiernach sollen Kraftwerke bis zu 60 MW 800 bis 1000 DM/kW kosten, während Kraftwerke von 150 bis 500 MW zwischen 550 und 600 DM/kW liegen. Die allgemeinen Preiserhöhungen von 1950 bis 1957 haben sich bei kleineren Kraftwerken stärker ausgewirkt als bei größeren.

Aus der Analyse geht weiter hervor, daß die durchschnittlichen Kosten eines Freiluft-Kraftwerkes bei 350 DM/kW gegen 660 DM/kW bei Innenraum-Kraftwerken liegen.

Additional material from *Kraftwerksatlas mit Kennwerten von 200 Kraftwerken, 98 Kraftwerksbeschreibungen und 6 Ausführungsbeispielen*
ISBN 978-3-642-52091-4, is available at http://extras.springer.com

Der Durchschnittspreis eines gas- oder ölgefeuerten Kraftwerkes betrug 504 DM/kW gegen 693 DM/kW bei einem kohlegefeuerten. Das gasgefeuerte Freiluft-Kraftwerk

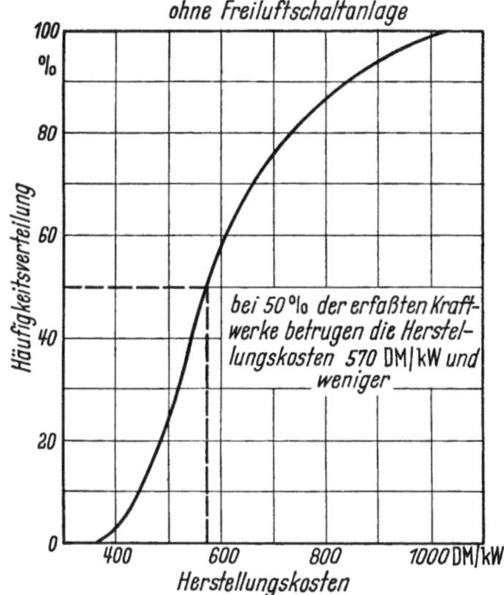

Abb. 15. Häufigkeitsverteilung der Herstellungskosten von 44 Kraftwerken

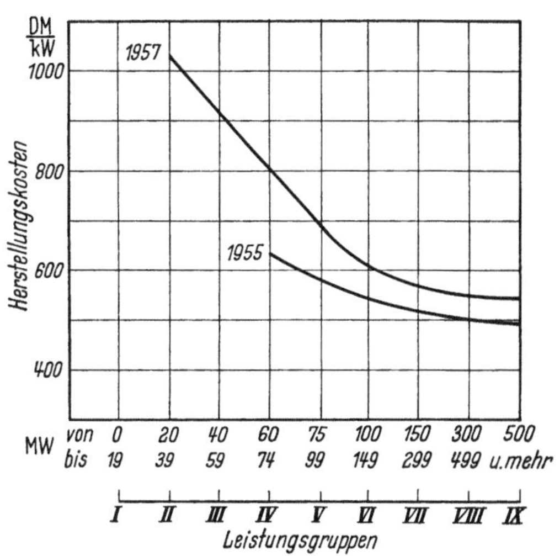

Abb. 16. Tendenz der Herstellungskosten von 44 Kraftwerken

großer Leistung mit günstigem Standort und gutem Wärmeverbrauch ist erfahrungsgemäß am billigsten. Es wird besonders darauf aufmerksam gemacht, daß alle diese Vergleichszahlen nur die Tendenz widerspiegeln sollen.

In Abb. 17 sind die mittleren Herstellungskosten der 44 Werke auf die wichtigsten Komponenten aufgeteilt. Die maschinentechnische Ausrüstung kostet mit rund 67 bis 75% am meisten. Hierunter hat die Kesselanlage mit rund 38 bis 40% den höchsten Anteil. Die bautechnischen Anlagen kosten bei kohlegefeuerten Kraftwerken im Mittel rund 23%, bei öl- und gasgefeuerten nur rund 14%.

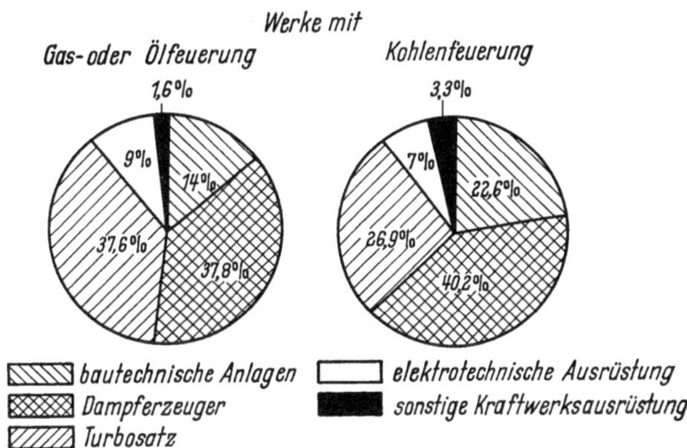

Abb. 17. Aufteilung der Herstellungskosten von 44 Kraftwerken

Die statistischen Erhebungen zeigen immer wieder, daß die Einflüsse des Standortes, der Kraftwerks- und Blockleistung sowie des Brennstoffes sich sehr stark und zum Teil ausschlaggebend auf die Herstellungskosten auswirken können. Auf die Beziehungen zwischen spezifischem Wärmeverbrauch und spezifischen Herstellungskosten wird aber nicht näher eingegangen. Aus der Gegenüberstellung von Kraftwerken geringen und höheren Wärmeverbrauches läßt sich jedoch eindeutig folgern, daß mit der wärmewirtschaftlichen Verbesserung auch eine Verringerung der Herstellungskosten verbunden ist. Die spezifischen Wärmeverbrauchszahlen und die spezifischen Herstellungskosten aus den Tab. 41 und 43 wurden in Tab. 44 gegenübergestellt und durch eine dritte Zahlentafel ergänzt, die dem Heft 8 RKW (Rationalisierungs-Kuratorium der Deutschen Wirtschaft) „Amerikanische Kraftwerke“ aus dem Jahr 1952, S. 154, Tab. 32 und 33, entnommen wurde. Es handelt sich hier um Erhebungen aus dem Jahr 1948. Der spezifische Wärmeverbrauch liegt zwischen 2295 kcal/kWh und 3740 kcal/kWh. Der arith-

Tabelle 44. *Spezifische Herstellungskosten und spezifischer Wärmeverbrauch amerikanischer Kraftwerke*

Nr.	Kraftwerk[1]	Spez. Wärmeverbrauch kcal/kWh[2]	Spez. Herstellungskosten DM/kW	Nr.	Kraftwerk[3]	Spez. Wärmeverbrauch kcal/kWh[2]	Spez. Herstellungskosten DM/kW	Nr.	Kraftwerk[4]	Spez. Wärmeverbrauch kcal/kWh[2]	Spez. Herstellungskosten DM/kW
1	Tanners Creek	2295	653	1	El. World-Nr. 304	2327	620	1	Osten	2632	546
2	Kanawha River	2297	636	2	El. World-Nr. 293	2344	643	2	Port Washington	2662	388
3	Kyger Creek	2312	556	3	El. World-Nr. 301	2353	567	3	Mittelwesten	2791	907
4	Muskingam River	2312	595	4	El. World-Nr. 294	2363	508	4	Osten	2802	929
5	Clifty Creek	2318	537	5	El. World-Nr. 313	2363	838	5	Mittelwesten	2809	589
6	St. Clair	2318	643	6	El. World-Nr. 290	2400	493	6	Osten	2893	785
7	River Rouge	2321	620	7	El. World-Nr. 298	2414	506	7	Weadock	2902	370
8	John Sevier	2324	565	8	El. World-Nr. 314	2419	642	8	Süden	2902	424
9	Shawville	2329	567	9	El. World-Nr. 297	2435	778	9	Paz. Küste	2914	966
10	Bayshore	2339	999	10	El. World-Nr. 296	2440	647	10	Südwesten	2981	407
11	Philip Sporn	2353	531	11	El. World-Nr. 288	2443	468	11	Osten	3093	697
12	Eastlake	2360	531	12	El. World-Nr. 310	2485	551	12	Twin Branch	3048	378
13	Colbert	2372	548	13	El. World-Nr. 289	2489	562	13	Osten	3088	846
14	El Segundo	2390	485	14	El. World-Nr. 299	2527	549	14	Venice II	3120	639
15	Albany	2393	763	15	El. World-Nr. 300	2537	559	15	F. R. Philips	3140	773
16	Milliken	2395	642	16	El. World-Nr. 305	2560	654	16	Conners Creek	3180	344
17	Dunkirk	2396	689	17	El. World-Nr. 308	2605	633	17	Süden	3183	605
18	Barry	2404	534	18	El. World-Nr. 291	2617	794	18	Delray	3185	340
19	Oak Creek	2407	611	19	El. World-Nr. 292	2630	474	19	Osten	3281	857
20	J. R. Whiting	2408	554	20	El. World-Nr. 321	2665	699	20	Osten	3363	907
21	Will County	2411	856	21	El. World-Nr. 312	2667	418	21	Essex	3365	374
22	Cromby	2415	721	22	El. World-Nr. 303	2672	607	22	Richmond	3440	430
23	Kearny „B“	2418	527	23	El. World-Nr. 306	2719	495	23	Pulliam	3540	411
24	Kingston	2429	521	24	El. World-Nr. 317	2732	879	24	Trenton Channel	3640	462
25	Astoria	2429	799	25	El. World-Nr. 295	2746	604	25	Paz. Küste	3740	836

[1] Federal Power Commission „Steam Electric Plant Construction and Annual Production Expenses (Ninth Annual Supplement) 1956“
[2] Bezogen auf den oberen Heizwert
[3] Electrical World „10 th Steam Station Cost Survey“ 7. Okt. 1957, S. 115/30
[4] RKW Heft 8 (Rationalisierungs-Kuratorium der Deutschen Wirtschaft) „Amerikanische Dampfkraftwerke“, Carl Hanser-Verlag, München, 1952

metische Mittelwert liegt bei den Kraftwerken der „Federal Power Commission" bei 627 DM/kW, bei den Kraftwerken in „Electrical World" bei 620 DM/kW und bei den Kraftwerken des RKW-Buches bei 604 DM/kW. Das bedeutet also, daß alle diese Kraftwerke im Durchschnitt gleich viel kosten, unabhängig davon, ob sie einen guten oder schlechten Wärmeverbrauch haben. Wenn man aber die Geldentwertung zwischen 1948 und 1956 berücksichtigt, sind die Kraftwerke mit dem besseren Wärmeverbrauch billiger als diejenigen mit höherem Wärmeverbrauch.

In Tabelle 45 wurde nach Angaben aus „Electrical World" der Quotient aus den gesamten Investitionskosten aller Dampfkraftwerke der öffentlichen Energieversorgung und der gesamten neu installierten Kraftwerksleistung gebildet. Die so ermittelten spezifischen Herstellungskosten sind für die Jahre 1946 bis 1953 in DM/kW und in Prozent festgelegt. Um eine Vergleichmäßigung der Preisauspendelungen nach beiden Seiten zu erreichen, wurde jeweils ein mittlerer 3-Jahres-Wert gebildet, so daß in der Tabelle nur die Jahre 1947 bis 1952 stehen.

Hiernach gingen die spezifischen Herstellungskosten um rund 33 % zurück. Wenn man aber eine Preisbereinigung an Hand der Preisindizes für Metall und Metallegierungen bzw.

Tabelle 45. *Neu installierte Leistung und spezifische Herstellungskosten der öffentlichen Elektrizitätswerke in den USA. (Gleitende 3-Jahres-Werte)*

Jahr	Neu installierte Leistung	Spezifische Herstellungskosten		Spezifische Herstellungskosten, preisbereinigt mit:			
				Preisindex für Metalle und Metallerzeugnisse		Lebenshaltungskosten Index	
	kW	DM/kW	%	DM/kW	%	DM/kW	%
1947	6 166 000	etwa 980	100	etwa 1050	100	etwa 1010	100
1948	11 587 000	etwa 840	86	etwa 830	79	etwa 840	84
1949	14 554 000	etwa 820	84	etwa 770	74	etwa 800	80
1950	16 592 000	etwa 755	77	etwa 670	64	etwa 720	72
1951	17 982 000	etwa 685	78	etwa 645	62	etwa 700	70
1952	23 098 000	etwa 770	70	etwa 510	52	etwa 605	60

Tabelle 46. *Spezifischer Raumbedarf amerikanischer Kraftwerke*

Leistungsbereich MW	Höchst m^3/kW	Mindest m^3/kW	Durchschnitt m^3/kW	Leistungsbereich MW	Höchst m^3/kW	Mindest m^3/kW	Durchschnitt m^3/kW
Kesselhaus				Turbinenhaus			
0 bis 19			0,533	0 bis 19			0,346
20 bis 39				20 bis 39			
40 bis 59				40 bis 59			0,283
60 bis 74	0,736	0,082	0,468	60 bis 74	0,453	0,209	0,326
75 bis 99	0,424	0,033	0,213	75 bis 99	0,165	0,074	0,135
100 bis 149	0,374	0,052	0,403	100 bis 149	0,347	0,116	0,209
150 bis 299	0,509	0,281	0,385	150 bis 299	0,473	0,144	0,255
300 bis 499	0,537	0,135	0,370	300 bis 499	0,272	0,163	0,211
500 u. mehr	0,412	0,057	0,329	500 u. mehr	0,343	0,182	0,241
Schalthaus				Büro			
0 bis 19			0,060	0 bis 19			0,015
20 bis 39			0,020	20 bis 39			0,024
40 bis 59			0,113	40 bis 59			0,057
60 bis 74	0,062	0,003	0,025	60 bis 74	0,059	0,021	0,043
75 bis 99			0,006	75 bis 99	0,127	0,012	0,052
100 bis 149	0,082	0,004	0,023	100 bis 149	0,124	0,002	0,037
150 bis 299	0,020	0,004	0,008	150 bis 299	0,038	0,001	0,014
300 bis 499	0,011	0,004	0,007	300 bis 499	0,033	0,009	0,002
500 u. mehr	0,019	0,001	0,008	500 u. mehr	0,087	0,008	0,031

Tabelle 47. *Spezifischer Grundflächenbedarf amerikanischer Kraftwerke*

Leistungsbereich MW	Höchst m²/kW	Mindest m²/kW	Durchschnitt m²/kW
	Gebäude, Grundfläche		
0 bis 19			2,60
20 bis 39			0,04
40 bis 59			1,11
60 bis 74	0,06	0,03	0,04
75 bis 99	0,06	0,02	0,03
100 bis 149	1,11	0,01	0,21
150 bis 299	0,05	0,01	0,03
300 bis 499	0,03	0,02	0,02
500 u. mehr	0,05	0,004	0,02
	Schaltanlage		
0 bis 19			0,18
20 bis 39			0,08
40 bis 59			0,09
60 bis 74	0,11	0,008	0,06
75 bis 99	0,14	0,01	0,06
100 bis 149	0,11	0,004	0,05
150 bis 299	0,06	0,002	0,02
300 bis 499	0,05	0,01	0,03
500 u. mehr	0,07	0,01	0,03
	Kohlenlagerplatz		
0 bis 19			0,10
20 bis 39			0,95
40 bis 59			1,67
60 bis 74	0,57	0,07	0,24
75 bis 99	0,19	0,01	0,11
100 bis 149	0,33	0,02	0,11
150 bis 299	0,22	0,06	0,12
300 bis 499	0,28	0,02	0,13
500 u. mehr	0,19	0,09	0,14

Tabelle 48. *Kohlenlagerhaltung amerikanischer Kraftwerke*

Leistungsbereich MW	Höchst t/kW	Mindest t/kW	Durchschnitt t/kW
0 bis 19			
20 bis 39			3,63
40 bis 59			
60 bis 74	2,47	0,35	
75 bis 99	1,27	0,68	
100 bis 149	1,26	0,42	0,78
150 bis 299	2,09	0,30	1,01
300 bis 499	1,27	0,53	0,90
500 u. mehr	2,46	0,55	1,05

des Lebenshaltungsindex durchführt, beträgt die Verbilligung rd. 48 bzw. rd. 40%. Die Erklärung liegt neben der wachsenden Größe der Kraftwerksteile u. a. in der Schrumpfung der maschinentechnischen Ausrüstung und der bautechnischen Anlagen, die sich aus den kleiner werdenden Brennstoff-, Luft-, Rauchgas-, Wasser- und Dampfmengen ergibt. Im gleichen Sinn wirkt sich auch die Leistungserhöhung aus. Auf die inneren gesetzmäßigen Zusammenhänge wird im zweiten Band eingegangen.

Beide Einflüsse zusammen verringern den Raum- und Grundflächenbedarf. In Tab. 46 ist für die verschiedenen Leistungsgruppen der spezifische Raumbedarf, unterteilt auf Kessel- und Maschinenhaus, Schalthaus und Büro, wiedergegeben. Tab. 47 enthält für die gleichen Kraftwerke den spezifischen Grundflächenbedarf der wichtigsten Anlageteile. Der Kohlenlagerplatz und die Kohlenbevorratung kosten ebenfalls sehr viel Geld. Aus Tab. 48 ist zu ersehen, wieviel Brennstoff in t/kW installierte Leistung bei den einzelnen Kraftwerkstypen auf Vorrat liegt.

b) Stromerzeugungskosten

Die 44 Kraftwerke in der „Electrical World"-Statistik haben im Jahr 1956 im Mittel den Strom zu 2,94 Pf/kWh erzeugt. Hiervon entfallen ungefähr 1,37 Pf/kWh auf die Betriebskosten und 1,57 Pf/kWh auf den Kapitaldienst. Eine genaue Analyse zeigt, daß 63% aller berichtenden Werke den Strom zu 3,36 Pf/kWh an das Netz abgeben. Rund 28% der Kraftwerke haben nur 2,5 Pf/kWh und weniger erzielt.

Die großen Werke hatten im Durchschnitt einen Stromerzeugungspreis von 2,31 Pf/Netto-kWh und die kleineren von rund 3,78 Pf/Netto-kWh.

Ein Einblick in die Kostenstruktur des erzeugten Stromes ergibt, daß zwei Einflußgrößen von besonderer Bedeutung sind:

1. Der *Kapitaldienst,* der sich aus Zinsen, Abschreibungen, Steuern, Versicherung usw. zusammensetzt. Es ist hier auch der Ausdruck „feste Kosten" gebräuchlich.

2. Die *Betriebskosten.* Sie bestehen aus den Ausgaben für den Brennstoff sowie für Löhne und Betriebsmaterialien jeder Art, Überwachung und Instandhaltung des Werkes. Hier findet man oft den Ausdruck „veränderliche" Kosten.

3. Häufig kommt noch ein dritter Kostenfaktor hinzu. Es handelt sich hierbei um die „allgemeinen und Verwaltungskosten", die je nach den einzelnen Fällen berücksichtigt oder getrennt geführt werden. Die Größenordnung dieses Kostenfaktors liegt aber nur bei rund 3% der gesamten Erzeugungskosten.

Zu 1. Tab. 41 enthält keine Angaben über den Kapitaldienst. Bei der Gegenüberstellung der Betriebsjahre 1940 und 1950, die praktisch alle Kraftwerke der USA umfaßt (Tab. 40), wurden diese festen Kosten mit durchschnittlich 12,5% des gesamten investierten Kapitals angesetzt. Aus dem Vergleich der Kraftwerke, die „Electrical World" durchgeführt hat und die im Auszug in Tab. 43 wiedergegeben ist, ersieht man, daß dieser Kapitaldienst bei den einzelnen EVU sehr unterschiedlich eingesetzt wird. Der niedrigste Satz liegt ohne Anrechnung der Abschreibung bei 2,8%. Rund 75% aller erfaßten Werke rechnen jedoch mit einem Kapitaldienst von 12 bis 15%.

Zu 2. Die Betriebskosten liegen bei den 44 Kraftwerken des „Electrical World"-Berichtes im Mittel bei 1,37 Pf/Netto-kWh. Der Brennstoffanteil ist an diesen Preisen im Durchschnitt mit 83% beteiligt. Von den restlichen 17% entfallen 11% auf die Bedienungskosten, 5,5% auf die Instandhaltung und 0,5% auf Wasser, Schmierstoffe usw.

Wenn bei Vergleichen mit anderen Ländern zur Vorsicht gemahnt wurde, so gilt das besonders für die Betriebskosten. Der Wärmepreis liegt z. B. in Deutschland nicht zwischen 2,50 bis 5,— DM/Mio kcal wie bei den USA, sondern zwischen 8,— bis 15,— DM/Mio kcal (von Braunkohle abgesehen). Es sei noch erwähnt, daß die Personalkosten in Deutschland meistens bei den festen Kosten berücksichtigt werden, in den Tabellen der USA aber bei den veränderlichen Kosten.

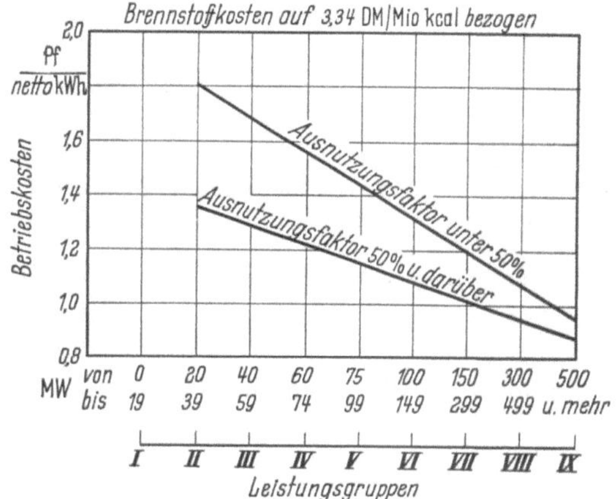

Abb. 18. Tendenz der Betriebskosten von 44 Kraftwerken

Diese Betriebskosten nehmen mit steigender Kraftwerksleistung und steigendem Ausnutzungsfaktor des Werkes ab. Einen Anhalt geben die Tendenzkurven der Abb. 18. Die Brennstoffkosten wurden, um den Einfluß des Brennstoffpreises zu eliminieren, auf 3,34 DM/Mio kcal umgerechnet.

Die Abb. 19 enthält die Stromerzeugungskosten der in der „Electrical World"-Statistik von 1957 gebrachten Kraftwerke, unterteilt in Kapitaldienst und Betriebskosten. Das Verhältnis: Betriebskosten zu feste Kosten liegt bei ungefähr 50% aller Werke zwischen 0,8 bis 1,2. Bei anderen Kraftwerken sind jedoch größere Unterschiede vorhanden.

Die Gesamtzahl an Arbeitskräften je MW ist bei den Nachkriegs-Kraftwerken stark zurückgegangen. Die Gründe liegen u. a. in der großen Blockleistung, in der Ein- bzw. Zweiflurbedienung, in der zentralen Gemeinschaftswarte und der verstärkten Automatisierung. Auch die neuzeitlichen Bekohlungsanlagen sind kräftesparend. Bei größeren EVU werden zentrale Instandsetzungskolonnen für mehrere Kraftwerke eingesetzt.

In der Zeit von 1924 bis 1930 war ungefähr eine Arbeitskraft je MW erforderlich, heute 0,3 bis 0,6 Mann je MW. Die Verringerung beträgt also rund 40 bis 70%. Der Bedarf an Arbeitskräften betrug im Jahr 1956 nach den „Electrical World"-Statistiken für Betriebs- und Verwaltungspersonal 0,37 Mann je MW gegenüber 0,5 im Jahr 1954 und 0,62 im Jahr 1952. Zum Teil wird die Zahl von 0,3 Mann je MW noch unterschritten. Die Ausgaben für Betriebs- und Unterhaltungslöhne stehen ungefähr im Verhältnis von 56 zu 44%.

Der Bedarf an Arbeitskräften sinkt mit der wachsenden Größe des Kraftwerkes infolge der Leistungskonzentration auf wenige Einheiten. Die in Abb. 20 wiedergegebene

Tendenzkurve zeigt an, daß bei kleinen Kraftwerken bis zu fünfmal mehr Arbeitskräfte für den Betrieb und die Instandhaltung je MW erforderlich sind als bei großen. Aber auch hier ist eine asymptotische Annäherung an eine kaum unterschreitbare Grenze

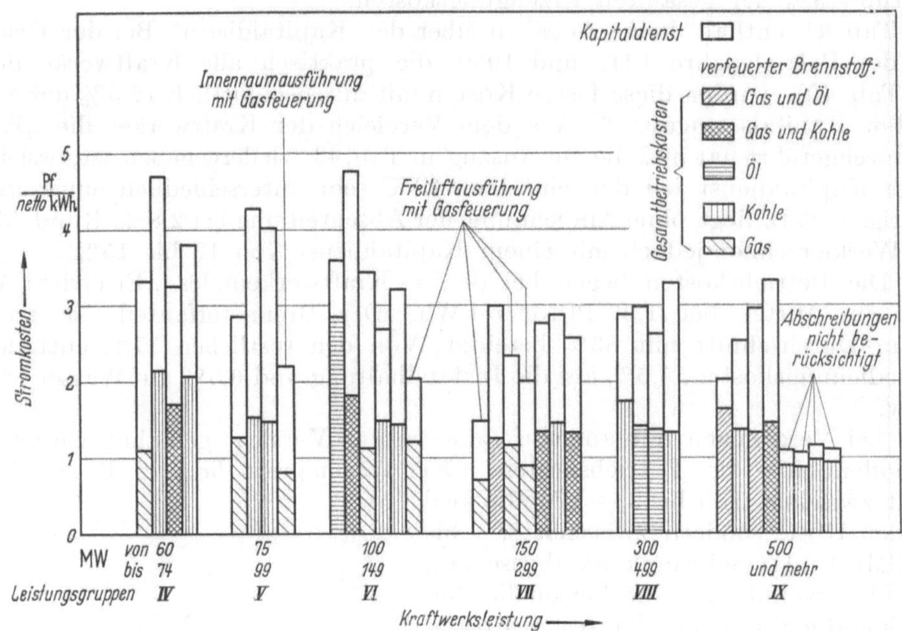

Abb. 19. Stromerzeugungskosten an der Sammelschiene von 44 Kraftwerken

zu erkennen. Der Arbeitsaufwand für die Wartung und Unterhaltung läßt sich bei größeren Kraftwerken nur verhältnismäßig wenig verringern.

Die Blockgröße hat auch auf den Bedarf an aufsichtführenden Arbeitskräften für Betrieb und Wartung einen gleichartigen Einfluß. Nach der Tendenzkurve, die in Abb. 21

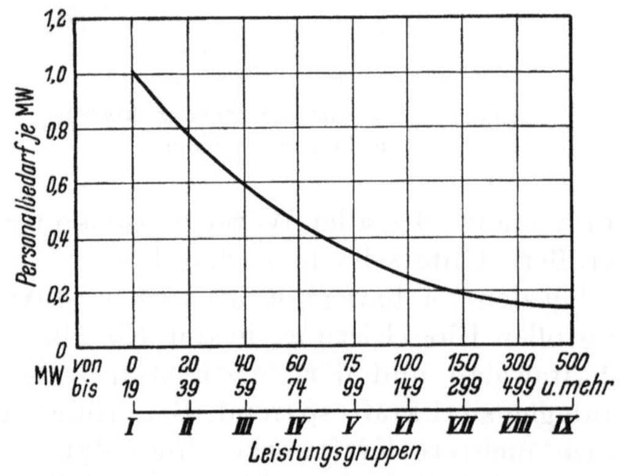

Abb. 20. Tendenz des Personalbedarfes für Betrieb und Instandhaltung bei 44 Kraftwerken

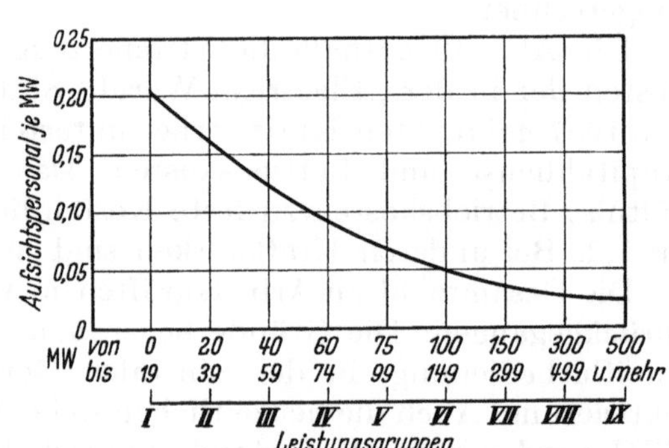

Abb. 21. Tendenz des Bedarfes an Aufsichtspersonal bei 44 Kraftwerken

wiedergegeben ist, können je MW kleine Kraftwerke bis zum Zehnfachen der großen Werke an Aufsichtspersonal beanspruchen. Der Vergleich ergibt, daß in der kleinsten Leistungsgruppe ungefähr ein Aufsichtführender für 5 Arbeiter, dagegen bei der größten Leistungsgruppe für 10 Arbeiter erforderlich ist.

D. Auslegungskennwerte von 200 Dampfkraftwerken

Tabelle 5. Kraftwerksliste
(nach Drücken, Temperaturen und Leistungen geordnet)

Tabelle 5 a. Kraftwerksliste
(nach dem Alphabet geordnet)

Anhang enthält zusätzlich Daten von acht Kraftwerken

(Näheres s. S. 4 und folgende)

Tabelle 5.

Lfd. Nr.	Kraftwerk Name	Unternehmen	Baujahr	Turbinen Dampfzustand Druck atü	Temperatur °C
1	Eddystone, USA	Philadelphia Electric Co	1957/60 1957/60	352 245	649/565/565 565/565/565
2	Philo, USA	Ohio Power Company	1953/57	315	620/565/537
3	Hüls II, BRD	Chemische Werke Hüls Aktiengesellschaft	1954/56	299	600/560/560
4	Uerdingen, BRD	Farbenfabriken Bayer Aktiengesellschaft	1957/59	294/5	525/525
5	Avon, USA	Cleveland Electric Illuminating Co	1955/58	245	593/565
6	Breed, USA	Indiana & Michigan Electric Co	1956/59	245	565/565/565
7	Philip Sporn, USA	Ohio Power and Appalachian Electric Power Co	1957/59 1948/52	245 139	565/565/565 565/537
8	Hattingen, BRD	Gemeinschaftswerk Hattingen GmbH	1956/58 1949/50	224 145/22	600/525 500/400*
9	Prinzregent, BRD	Bochumer Bergbau Aktiengesellschaft	1958/61	200	535/535
10	Naantali, Finnland	Imatran Voima Oy	1957/59	190	535/540
11	Herdecke, BRD	Kommunales Elektrizitätswerk „Mark" Aktiengesellschaft	1956/58 1954/56	185 180/37*	530/530 525/470*
12	Walsum, BRD	Bergwerksgesellschaft Walsum mbH	1957/59 1955/57	184 110	530/530 525/525
13	St. Barbara, BRD	Saarbergwerke	1955/57	184	525/525
14	Rheinpreußen, BRD	Rheinpreußen Aktiengesellschaft für Bergbau und Chemie	1955/57	184	525/525
15	Neuhof, BRD	Hamburgische Electricitäts-Werke AG	1955/57 1957/59	180 180	600/520 520/520
16	Herrenhausen, BRD	Stadtwerke Hannover	1955/57	180	560/525
17	Bremen Hafen, BRD	Stadtwerke Bremen AG	1955/57	180	560/520
18	Heilbronn, BRD	Energie-Versorgung Schwaben AG	1956/59 1952/56	180 110 110	540/520 525/485 525/510
19	Gaisburg, BRD	Technische Werke der Stadt Stuttgart	1955/57	180	540/540
20	Karlsruhe, Rheinhafen, BRD	Badenwerk AG	1957/59 1955/56 1952/54	180 110 110	535/535 530/530 520/515
21	Buggenum, Niederlande	Provinciale Limburgische Electriciteits Maatschappij N. V.	1958/61	180	530/530
22	Maascentrale, Niederlande	Provinciale Limburgische Electriciteits Maatschappij N. V.	1958/60 1956/59 1951/55	180 140 69	530/530 530/530 490
23	Heyden, BRD	Preußische Elektrizitäts-Aktiengesellschaft	1958/60	180	530/525
24	Blachownia, Polen	Elektrim	1957/59 1955/57	180 95	530/525 510
25	Fortuna III, (Kondensationsanlage), BRD	Rheinische Aktiengesellschaft für Braunkohlenbergbau und Brikettfabrikation	1955/57 1952/54	180 109	525/525 525

[1] Zweiwellensatz gleicher Drehzahl [2] Zweiwellensatz ungleicher Drehzahl

Kraftwerksliste[3]

Leistung	Turbinen					Kessel			Wärmeverbrauch netto	Literaturangaben Bemerkungen
MW	Anzahl	Anzapfstufen	Kond.-Druck ata	Kühlwasser-Temp. °C	Speisewasser-Temp. °C	Leistung t/h	Anzahl	Brennstoff	kcal/kWh	
325[2]	1	8	0,035	15	295	908	1	St	2020	s. Ausführungsbeispiel
325[1]	1	8			297,2	985	1	St	2080	und Beschreibung
125	1	7	0,034		260	304	1	St	2160	s. Beschreibung
78[1]	1	8	0,025	10,5	337,4	275	1	St	2080	s. Beschreibung
27,8	1(V)	3	—	—	—	175	1	Öl		
250	1	8	0,035		293	775	1	St		s. Beschreibung
450[1]	1	9	0,051		296	1320	1	St	2130	s. Beschreibung
450[1]	1	9	0,051		296	1320	1	St	2130	
125[2]	4	7		20	208	425	4	St	2360	s. Beschreibung
107	2	10	0,031	12	303	350	2	St		s. Beschreibung
25	1(V)	1				135	2	St		* nach Zwischenüberhitzung hinter Vorschaltturbine
150	2	8		20	250	485	2	St		
125	1			5						
75	1					230	1	St		
21	1(V)	—	—	—	—	230	1	St		* nach Zwischenüberhitzung hinter Vorschaltturbine
150	1	7		12		475	1	St		
64	1	6		12		225	1	St		
150	1	7		21		450	1	St		
100	1	7		20,8		160	2	St		
80	1	7	0,025	11	260	225	1	St	2250*	s. Beschreibung
110	1	8	0,025	11	260	300	1	St		* bei Bestlast
51	1	6	0,036	12	250	155	1	St	2350	s. Beschreibung
64	2	7; 8	0,02	9	263	190	2	St	2240	s. Beschreibung
110	2	7	0,028	12	264	350	2	St	2240*	s. Beschreibung
65	1	7	0,032	12	220	212	1	St	2480*	* bei Bestlast
65	1	7	0,025	12	220	215	1	St	2340*	
100	1			12		400	1	St		
100	1	7		9	250	300	1	St	2240	s. Beschreibung
66	1	7		9	241	210	1	St	2300	
64	1	7		12	241	210	1	St	2400	
125	1			12						
125	1	8	0,029	12	250	400	1	St, Öl		s. Beschreibung
80	1	8		12	246	270	1	St, Öl		
57	2	5		15	190	230	2	St	2850	
100	1	9	0,026	12	282,6	170	2	St	2350	s. Beschreibung im Anhang
70	2	6	0,066	24	240	237	2	St	2440	s. Beschreibung
55	4	5	0,076	27	210	120	8	St	2773	
150	2	7	0,055	21	230	450	2	Br	2450	s. Ausführungsbeispiel
100	2	5	0,055	21	190	360	2	Br	2690	und Beschreibung

[3] *Abkürzungen:* Br Braunkohle, EK Entnahme-Kondensationsturbine, G Gegendruckturbine, N Nachschaltturbine, St Steinkohle, V Vorschaltturbine.

Tabelle 5.

Lfd. Nr.	Kraftwerk Name	Unternehmen	Baujahr	Turbinen Dampfzustand Druck atü	Temperatur °C
26	Rheinstahl-Kraftwerk, BRD	Rheinstahl Bergbau AG	1958/60	180	525/525
27	Stade, BRD	Nordwestdeutsche Kraftwerke Aktiengesellschaft	1958/60	180	525/525
28	Gersteinwerk, BRD (5 Erweiterung)	Vereinigte Elektrizitätswerke Westfalen Aktiengesellschaft	1958/60	180	525/530
29	Spandau, Westberlin	Berliner Kraft- und Licht (Bewag-) Aktiengesellschaft	1958/60	180	525/525
30	Mainz, BRD	Kraftwerke Mainz-Wiesbaden Aktiengesellschaft	1956/58 1952/54	180 72	525/525 515
31	St. Andrä, Österreich	Österreichische Draukraftwerke AG	1956/58 1949/52	180 35*	525/520 450
32	Emden, BRD	Nordwestdeutsche Kraftwerke Aktiengesellschaft	1957/58 1955/56	180 125	520/525 520/510
33	Klöckner-Kraftwerk, BRD	Klöcknerwerke Aktiengesellschaft	1956/58	180	520/520
34	Gersteinwerk, BRD (4 Erweiterung)	Vereinigte Elektrizitätswerke Westfalen Aktiengesellschaft	1952/55	180	520/490
35	Neukirchen, BRD	Niederrheinische Bergwerke Aktiengesellschaft	1954/56	180	510/510
36	Tavazzano II, Italien	Società Termo-Elettrica Italiana	1957/59	179	530/530
37	Westerholt, BRD	Bergwerksgesellschaft Hibernia AG	1957/59	179	525/525
38	Graf Bismarck, BRD	Deutsche Erdöl Aktiengesellschaft, Steinkohlenbergwerk Graf Bismarck	1953/56	175	520/520
39	Dan E Kan, USA	Consumers Power Co	1958/60	172	565/537
40	Weisweiler, BRD	Rheinisch-Westfälisches Elektrizitätswerk Aktiengesellschaft	1956/58 1953/54 1953/54	171 110 110	525/525 525 525
41	Frimmersdorf II, BRD	Rheinisch-Westfälisches Elektrizitätswerk Aktiengesellschaft	1957/61 1954/57 1952/55	171 171 110	525/525 525/525 525
42	Baudour, Belgien	Centrale Mixte de Production d'Electricité du Borinage	1955/57	170	600/570
43	Amercentrale, Niederlande	N. V. Provinciale Noordbrabantsche Electriciteits Maatschappij	1948/58	170 102 80	565/540 540/540 500
44	Gebietskraftwerk, UdSSR	Ministerium für Kraftwerke der UdSSR	1956/58	169	580/535
45	Thos H Allen, USA	Memphis Light, Gas and Water Division	1957/60	169	565/565
46	Ashtabula, USA	Cleveland Electric Illuminating Co	1956/58	169	565/565
47	Eastlake, USA	Cleveland Electric Illuminating Company	1952/54 1951/53	169 125	565/565 565/537
48	Portland, USA	Metropolitan Edison Company	1956/58	169	565/565

[2] Zweiwellensatz ungleicher Drehzahl

Kraftwerksliste (Fortsetzung)

Turbinen						Kessel			Wärmeverbrauch netto	Literaturangaben Bemerkungen
Leistung MW	Anzahl	Anzapfstufen	Kond.-Druck ata	Kühlwasser-Temp. °C	Speisewasser-Temp. °C	Leistung t/h	Anzahl	Brennstoff	kcal/kWh	
150	1	8	0,047	17	259	235	2	St	2385	s. Beschreibung im Anhang
125	1	9	0,025	10	285	407	1	Öl, St*	2290	s. Beschreibung im Anhang
										* vorgesehen
100	2	9	0,0315	12	300,5	325	2	St	2218	s. Beschreibung im Anhang
100	1	9	0,028	12,5	297					
100	1	7	0,035	12	255	160	2	St		s. Beschreibung
50	1	4	0,043	15	180	110	2	St		
110	1	8	0,0245	8	257	330	1	Br	2350	s. Beschreibung
(20	3	4		25	156	100	3	Br	3720	* Dampfsammelschienen
7,5	1	4		25	149	50	1			
80	1	8	0,027	12	295	(273	1	St	2250	s. Ausführungsbeispiel und
70	1	6	0,027	12	228	{(190	1	St, Torf)}	2370	Beschreibung
						{ 30	1	Öl) }		
120	1	8	0,054	21	255,8	200	2	St	2350	s. Beschreibung
24,8	2(V)	1			230	135	4	St	2346	s. Beschreibung
56,1	2(N)	4		15						
64	1					220	1	St		
140	1	8	0,032	12	250	430	1	Methan	2200	s. Beschreibung
								Naphtha	2250	
150	1	8	0,9395	18,5	261	232	2	St		s. Beschreibung im Anhang
100	1	8		15	240	160	2	St		
250	1	8	0,053			790	1	St		Power Survey 1957
157	1	7	0,05	21		455	1	Br		s. Beschreibung
150	1	6	0,055	21	215	300	2	Br	} 2745	
100	2	5	0,055	21	200	200	4	Br		
150	5	7	0,05	21	241	455	5	Br		s. Beschreibung
150	2	7	0,05	21	241	455	2	Br		
100	2	5	0,055	21	200	200	4	Br	2799	
115	1	6				340	1	St		
175	1	7	0,037	15	225	500	1	St, Öl		s. Beschreibung im Anhang
120	1	7	0,038	13	220	360	1	St, Öl	2140	
58	2	6	0,038	13	204	130	4	St	2350	
150	4	7			228	260	8	St		s. Beschreibung
250	3	9	0,052		286	910	3	St		s. Beschreibung
250	1	7	0,035			680	1	St		Power Survey 1957
208	1	7		26		665	1	St	} 2360	s. Beschreibung
125	3	6				400	3	St		
167[2]	1	7	0,0345		272	520	1	St	2250*	s. Beschreibung * Bestlast

Tabelle 5.

Lfd. Nr.	Kraftwerk Name	Unternehmen	Baujahr	Turbinen Dampfzustand Druck atü	Turbinen Dampfzustand Temperatur °C
49	Widow's Creek, USA	Tennessee Valley Authority	1958/60	169	565/537
50	St. Clair, USA	Detroit Edison Co.	1957/60 1952/54	169 126	565/537 537/537
51	River Rouge, USA	Detroit Edison Co	1956/57 1954/56	169 140	565/537 565/537
52	Pittsburg, USA	Pacific Gas & Electric Co	1958/61	169	565/537
53	Allen, USA	Duke Power Co	1957/60 1955/57	169 169	565/537 565/537
54	Oak Creek, USA	Wisconsin Electric Power Company	1957/59 1955/57	169 140	565/537 537/537
55	Mandaly, USA	Southern California Edison Co	1957/59	169	565/537
56	Dunkirk, USA	Niagara Mohawk Power Corp.	1957/59	169	565/537
57	Huntington Beach, USA	Southern California Edison Co	1956/58	169	565/537
58	Shawville, USA	Pennsylvania Electric Co	1957/59	169	565/537
59	Dickerson, USA	Potomac Electric Power Co	1957/59	169	565/537
60	Lee, USA	Duke Power Co	1956/58	169	565/537
61	Shuylkill, USA	Philadelphia Electric Co	1955/57	169	565/537
62	Miami Fort, USA	Cincinnati Gas & Electric Company	1957/59	169	565/537
63	Stratton, USA	Ohio Edison Co	1959/61	169	565/537
64	Walter C Beckjord, USA	Cincinnatti Gas & Electric Company	1955/57	169	565/537
65	Danskammer, USA	Central Hudson Gas & Electric Company	1957/59	169	565/537
66	Silas C McMeckin, USA	South Carolina Electric & Gas Company	1956/58	169	565/537
67	Frank M Tait, USA	Dayton Power & Light Co	1955/58	169	565/537
68	Tscherepetsk, UdSSR	Mosenergo	1954/56	169	550/520
69	Brunner Island, USA	Pennsylvania Power & Light Company	1958/60	169	537/537
70	Chiba, Japan	Tokyo Elektrizitäts AG	1956/58	168	565/537
71	Bergen, USA	Public Service Electric & Gas Company	1956/59	165	593/565
72	Burlington, USA	Public Service Electric & Gas Company	1953/55	165	593/565
73	Kearny, USA	Public Service Electric & Gas Company	1951/53	165	593/565
74	High Marnham, Großbritannien	Central Electricity Authority, East Midlands Division	1955/59	165	565/537
75	Thorpe Marsh Großbritannien	Central Electricity Authority, Yorkshire Division	bis 1963	162	565/565
76	Pomorzany, Polen	Elektrim	1957/59	162	530/525
77	Linden, USA	Public Service Electric & Gas Company	1955/57	160 136	593/565 565
78	Hamborn, BRD	Hamborner Bergbau Aktiengesellschaft	1956/58	160	525/515
79	Gustav Knepper, BRD	Bochumer Bergbau Aktiengesellschaft	1956/58 1950/55	160 68*	525/510 485

[1] Zweiwellensatz gleicher Drehzahl [2] Zweiwellensatz ungleicher Drehzahl

Kraftwerksliste (Fortsetzung)

Turbinen						Kessel			Wärme-verbrauch netto	Literaturangaben Bemerkungen
Leistung MW	Anzahl	An-zapf-stufen	Kond.-Druck ata	Kühl-wasser-Temp. °C	Speise-wasser-Temp. °C	Lei-stung t/h	An-zahl	Brennstoff	kcal/kWh	
500²	1	8	0,052			1750	1			Power Survey 1957/58
338²	1	7	0,035	250		950	1	St		s. Beschreibung
125²	4	6	0,035			485	4	St		
320²	1	7	0,035		245	910	1	St, Öl*	2170	s. Beschreibung
260²	2	7	0,035		240	780	2	St, Öl*	2235	* u. Gichtgas
300¹	2	7	0,053			980	2	Gas, Öl		Power Survey 1957
290²	2	7	0,053			815	2	St		Power Survey 1957
175	2	6	0,053			525	2	St		
275²	1	7	0,018			810	1	St		Power Survey 1956/57
140	1	6	0,018			360	1	St		
200²	2	7	0,035			705	2	Öl		Power Survey 1957
200²	2	7	0,053			665	2	St		Power Survey 1957
200²	2	6	0,053			705	2	Öl, G		Power Survey 1957
185	2	7				545	2	St		Power Survey 1957
175²	1	7	0,07			590	1	St		Power Survey 1957
175	1	6	0,053			525	1	St, G		Power Survey 1956
175	1	6	0,035			635	1	St, Öl		Power Survey 1956
172	1	7	0,053			455	1	St		Power Survey 1957
170	2	8				565	2	St		Power Survey 1956/57
156	1	7	0,053			455	1	St		Power Survey 1956
138	1	7	0,035			430	1	St		Power Survey 1956/57
137,5	2	7	0,035			410	2	St		Power Survey 1956/57
130	2		0,053			425	2	St		Power Survey 1956
150	2	7				240	4	Br		s. Beschreibung
330¹	1	7	0,053			950	1	St		Power Survey 1957
175	1									
290¹	2	8	0,052		278	860	2	St		s. Beschreibung
185	1	8	0,0571		264	555	1	St, Öl	2200	s. Beschreibung
147,5	2	8	0,038		264	433	2	St, Öl	2220	s. Beschreibung
200	5	6	0,045	15	238	635	5	St	2580	s. Beschreibung
550¹	1	7	0,045	15	258	1700	1	St		Beschreibung im Anhang
60	2	6		12		206	2	St		
225	1 (EK)	8		33	275	865	1	Öl (St)		s. Beschreibung
225	1 (EK)	6		33	271	455	3	Öl (St)		
64	1			20		200	1	St		
64	2	6	0,054	20	238	220	2	St	2500	s. Beschreibung
32	3	4		20	190	{(160	2)}	St	3150	* Dampfsammelschinen
						{(145	2)}			

Tabelle 5.

Lfd. Nr.	Kraftwerk Name	Unternehmen	Baujahr	Turbinen Dampfzustand	
				Druck atü	Temperatur °C
80	Ludwigshafen, BRD	Badische Anilin- & Soda-Fabrik AG	1954/56	156/18	600/520
81	Aschaffenburg, BRD	a) Preußische Elektrizitäts-Aktiengesellschaft	1953/55	155	525/500
		b) Bayernwerk Aktiengesellschaft	1955/57 1951/53	74* 74*	520 520
82	Porthmouth, USA	Virginia Electric & Power Company	1957/59	154	537/537
83	Bremo, USA	Virginia Electric & Power Company	1956/58	154	537/537
84	Dormagen, BRD	Farbenfabriken Bayer Aktiengesellschaft	1957/60	150/5	640
85	Leverkusen, BRD	Farbenfabriken Bayer Aktiengesellschaft	1954/58 1949/51	150/30 150/30	640 600
86	Masnedoe, Dänemark	SEAS	1956/58	150	540/530
87	Arnsberg, BRD	Feldmühle Papier- und Zellstoffwerke Aktiengesellschaft	1955/56	149	600
88	Tulsa, USA	Public Service Co of Oklahoma	1954/58	146	537/537
89	Kassel, BRD	Kraftwerk Kassel GmbH	1956/59	144	530/520
90	Kammer, USA	Ohio Power Company	1956/58	142	565/565
91	Kanawha River, USA	Appalachian Electric Power Company	1951/54	142	565/565
92	Muskingum River, USA	Ohio Power Company	1951/54	142	565/565
93	Mannheim II, BRD	Großkraftwerk Mannheim AG	1952/54	142	520/485/485*
94	Waukegan, USA	Commonwealth Edison Co	1956/58	141	565/565
95	Clinch River, USA	Appalachian Electric Power Company	1956/58	141	565/565
96	Crawford, USA	Commonwealth Edison Co	1956/58	141	565/565
97	Hennepin, USA	Illinois Power Co	1957/59	141	565/565
98	Meredosia, USA	Central Illinois Public Service Co	1958/60	141	565/537
99	Johnsonville, USA	Tennessee Valley Authority	1956/59	141	565/537
100	Ruien, Belgien	Soc. Intercommunale Belge d'Electricité	1954/56	141	546/546
101	Smithers Lake, USA	Houston Lighting & Power Co	1959/61 1957/59	141 126	537/537 537/537
102	Rex Brown, USA	Mississippi Power & Light Co	1957/59	141	537/537
103	Mustang, USA	Oklahoma Gas & Electric Co	1957/59	141	537/537
104	Segco, No 1, USA	Southern Electric Generating Co	1958/60	141	537/537
105	Barry, USA	Alabama Power Co	1957/59	141	537/537
106	Graham, USA	Texas Electric Service Co	1958/60	141	537/537
107	North Houston, USA	Houston Lighting & Power Co	1958/60 1956/58	141 88	537/537 509

[1] Zweiwellensatz gleicher Drehzahl [2] Zweiwellensatz ungleicher Drehzahl

Kraftwerksliste (Fortsetzung)

Turbinen						Kessel			Wärme-verbrauch netto	Literaturangaben Bemerkungen
Leistung MW	Anzahl	Anzapf-stufen	Kond.-Druck ata	Kühl-wasser-Temp. °C	Speise-wasser-Temp. °C	Lei-stung t/h	An-zahl	Brennstoff	kcal/kWh	
{(28,7	1(V))					200	2	St		
(29,4	1(V))}									
75	1	5	0,03	12	238	250	1	St		s. Beschreibung
25**	2	5		12	185	100	1			* Dampfsammelschinen
25	3	5		12	185	150	1	St		** Bahnstrom $16^2/_3$ Hz
						125	3			
175	1	7	0,053			530	1	St		Power Survey 1956
175	1	7	0,053			530	1	St		Power Survey 1956
20	1(V)	2				120	1	St*		* u. Braunkohlenbriketts
14	3(V)					130	3	St*		s. Beschreibung
12	1(V)					130	1	St*		* u. Braunkohlenbriketts
80	1			10						
(V)*	1	1				*	2	St**		s. Beschreibung
(EK)*	1	3		12	230					* Leistung nicht bekannt ** Öl u. Ferngas vorgesehen
175	2	5	0,070			520	2	Gas, Öl		Power Survey 1957
64	2	7	0,03	15	282	210	2	Br	2360	s. Beschreibung
225[2]	2		0,053			690	2	St		Power Survey 1956/57
219[2]	2	7	0,025		238	605	2	St	2297	s. Beschreibung
219[2]	2	7	0,025		238	605	2	St	2312	s. auch Beschreibung Kanawna River
43	1(V)	2			282	200	2	St	2160***	s. Beschreibung
40**	2(N)	4	0,0315	12						* doppelte Zwischenüberhitzung mit Dampf ** teilweise Bahnstrom $16^2/_3$ Hz *** Bestwert
325[2]	1	7	0,035			930	1	St		Power Survey 1957
225[2]	1	7	0,053			690	1	St		Power Survey 1957
219,5	1	7	0,035			655	1	St		Power Survey 1957
200[2]	1	7				610	1	St		Power Survey 1957
200	1	7	0,053			610	1	St		Power Survey 1957
150	4	7	0,07			500	4	St		Power Survey 1957
60	2	6				185	2	St		
275	1	7				885	1	Gas, Öl		Power Survey 1957
156	2	6				545	2	Gas, Öl		Power Survey 1956
243	1	7	0,053			705	1	Öl, Gas		Power Survey 1957
236	1	7	0,070			710	2	St		Power Survey 1957
225[2]	2	5	0,070			770	2	St		Power Survey 1957
225[1]	1	5	0,070			770	1	St		Power Survey 1957
220	1	7				700	1	Gas, Öl		Power Survey 1957
220	1	7				700	1	Gas, Öl		Power Survey 1957
66	1	5	0,051			295		Gas		

Tabelle 5.

Lfd. Nr.	Kraftwerk Name	Unternehmen	Baujahr	Turbinen Dampfzustand	
				Druck atü	Temperatur °C
108	Sam Bertron, USA	Houston Lighting & Power Co	1957/60 1954/58	141 126	537/537 537/537
109	Norwalk Harbor, USA	Connecticut Light & Power Co	1957/59	141	537/537
110	Reisholz, BRD	Feldmühle Papier- und Zellstoffwerke Aktiengesellschaft	1954/56	140	600
111	Gallatin, USA	Tennessee Valley Authority	1952/56	140	565/565
112	Astoria, USA	Consolidated Edison Comp. of New York	1956/58 1951/53	140 127	565/537 537/537
113	Città di Roma, Italien	Società Mineraria del Trasimeno	1956/58	140	525/520
114	Joliet, USA	Commonwealth Edison Company	1956/59	140	565/537
115	Fisk, USA	Commonwealth Edison Company	1956/58	140	565/540
116	Leeuwarden, Niederlande	Provincial Electriciteitsbedrijf in Friesland		140	530/530
117	Borken, BRD	Preußische Elektrizitäts-Aktiengesellschaft	1954/56	140	530/510
118	Wölfersheim, BRD	Preußische Elektrizitäts-Aktiengesellschaft	1952/54	140	528/465
119	Duisburg, BRD	Stadtwerke Duisburg	1957/59	140	525/525
120	Ologah, USA	Public Service Company of Oklahoma	1959/61	139	537/537
121	Tocopilla, Chile	Chile Exploration Comp.	1956/58	135	570/525
122	Reuter (West), Westberlin	Berliner Kraft- und Licht (Bewag-) Aktiengesellschaft	1942/49	135	500/425
			1955/56	65	450
123	Ost-Hannover	Hamburgische Electricitäts-Werke AG	1942/46	135	500/440
124	Voitsberg, Österreich	Österreichische Draukraftwerke AG	1954/56	132	535/525
125	Fenne, BRD	Saarbergwerke	1955/57	130	525/525
126	John Sevier, USA	Tennessee Valley Authority	1955/57	126	565/565
127	Merxem, Belgien	Societé de Traction et d'Electricité à Bruxelles	1954/56	126	545/540
128	Hornaing, Frankreich	Houillères du Bassin du Nord et du Pas-de-Calais	1955/57	126	540/540
129	Beautor, Frankreich	Electricité de France, Bezirk Seine et Oise	1954/56	126	540/540
130	Emil Huche, Frankreich	Houillères du Bassin de Lorraine	1956/58	126	540/540
131	Yainville, Frankreich	Electricité de France, Bezirk Seine-Inférieure	1955/57	126	540/540
132	Porcheville, Frankreich	Electricité de France, Bezirk Seine et Oise	1954/55	126	540/540
133	Sterlington, USA	Louisiana Power & Light Co	1955/57	126	537/537

[2] Zweiwellensatz ungleicher Drehzahl

Kraftwerksliste (Fortsetzung)

Turbinen						Kessel			Wärmeverbrauch netto	Literaturangaben Bemerkungen
Leistung MW	Anzahl	Anzapfstellen	Kond.-Druck ata	Kühlwasser-Temp. °C	Speisewasser-Temp. °C	Leistung t/h	Anzahl	Brennstoff	kcal/kWh	
220	2	7				700	2	Gas, Öl		Power Survey 1957
156	2	6				545	2	Gas, Öl		Power Survey 1956
150	1	6				520	1	St		Power Survey 1957
*	1 (V)	5		12	245	+	2	St, Br, Öl		Mitt. Ver. Großkesselbes. Heft 53, 1958, S. 69/80 * Leistung nicht bekannt
250	2	8	0,069	23	260	750	2	St	2300	s. Ausführungsbeispiel und Beschreibung
344[2]	1	7	0,035	23		1090	1	St, Öl*		s. Beschreibung
180[2]	2	7	0,035	23	232	620	2			* und Naturgas
36	2	5	0,06	*	228	120	2	Öl, Lignit	3030	s. Ausführungsbeispiel und Beschreibung * Luftkondensator
342[2]	1	7	0,035		252	1000	1	St		s. Beschreibung
325[2]	1	7	0,035	26	240	1000	1	St		s. Beschreibung
60	1	7								
64	1					200	1	Br		
30	2	5	0,035	15	183	95	2	Br	2768	s. Beschreibung
64	1	7	0,033	12	230	225	1	St		Brennstoff, Wärme, Kraft 10 (1958) S. 453/65
175	1	5	0,070			520	1	Gas, Öl		Power Survey 1957
50	1			16						
29	2 (V)				152	180	4	St	2900	s. Beschreibung
36	4 (N)	2	0,04	12						
18	1 (G)									
50	2	3	0,04	12	152	210	2	St	3350	Spitzenanlage
{ 20,5	2 (V)				225	125	4	St		s. Beschreibung
{ 48,2	2 (N)	4		11						
65	1			12						
72,5	2	7	0,034	12	223	225	2	St	2397	s. Beschreibung
200	1	8	0,070			580	1	St		Power Survey 1956
65	1									
125	2									
125	3	6	0,037	15	240	400	3	St		s. Beschreibung
125	1									
115	2	7	0,035	15	237	360	2	St Masut		
115	4	7	0,035	15	235	360	4	St, Öl		s. Beschreibung
220	1	7	0,053			700	1	Gas		Power Survey 1957

Tabelle 5.

Lfd. Nr.	Kraftwerk Name	Unternehmen	Baujahr	Turbinen Dampfzustand Druck atü	Temperatur °C
134	R L Heam, USA	Hydro-Electric Power Comp. of Ontario	1957/60	126	537/537
135	Lake Creek, USA	Texas Power & Light Co	1957/59	126	537/537
136	Kingston, USA	Tennessee Valley Authority	1953/55 1952/54	126 126	537/537 537/537
137	Morgan Creek, USA	Texas Electric Service Co	1957/59	126	537/537
138	High Bridge, USA	Northern States Power Co	1957/59	126	537/537
139	Edward F Barret, USA	Long Island Lighting Co	1959/61	126	537/537
140	Port Jefferson, USA	Long Island Lighting Co	1958/60	126	537/537
141	Armstrong, USA	West Penn Power Co	1957/59	126	537/537
142	Lon C Hill, USA	Central Power & Light Co	1957/59	126	537/537
143	New Albany, USA	Public Service Company of Indiana, Inc.	1956/60	126	537/537
144	Shawnee, USA	Tennessee Valley Authority	1951/56	126	537/537
145	Colbert, USA	Tennessee Valley Authority	1951/56	125	565/565
146	Joppa, USA	Electric Energy Inc.	1952/54	125	565/537
147	Asnaesvaerket, Dänemark	Electricitetsselskabet Isefjordværket Interessentskab	1954/61	125	540/540
148	Hanasaari, Finnland	Elektrizitätswerk Helsinki	1956/58	125	530/530
149	Tavazzano I, Italien	Società Termo-Elettrica Italiana	1950/52	125	510/510
150	Unterweser, BRD	Nordwestdeutsche Kraftwerke Aktiengesellschaft	1950/56	122 122 122	520/450 500/500 495/440
151	Fortuna II, (Vorschaltanlage), BRD	Rheinische Aktiengesellschaft für Braunkohlenbergbau und Brikettfabrikation	1950/55	115 115/16*	520/440 500/400*
152	Hengelo, Niederlande	Ijsselcentrale	1956/58	110	525/525
153	Schwandorf, BRD	Bayernwerk Aktiengesellschaft	1954/56	110	525/515
154	Moabit, Westberlin	Berliner Kraft- und Licht (Bewag-) Aktiengesellschaft	1956/58 1952/54	110 90	525/515 510
155	Charlottenburg, Westberlin	Berliner Kraft- und Licht (Bewag-) Aktiengesellschaft	1956/58 1952/54	110 90	525/515 515
156	Goldenberg-Werk III (Kondensationsanlage), BRD	Rheinisch-Westfälische Elektrizitätswerk Aktiengesellschaft	1950/52	110	525
157	Hermann Wenzel, BRD	Phoenix Rheinrohr AG Vereinigte Hütten- und Röhrenwerke AG	1953/55	110	525/515
158	Offleben, BRD	Braunschweigische Kohlen-Bergwerke	1956/58 1952/54	110 110	520 520

[1] Zweiwellensatz gleicher Drehzahl

Kraftwerksliste (Fortsetzung)

Turbinen						Kessel			Wärme-verbrauch netto	Literaturangaben Bemerkungen
Leistung MW	Anzahl	An-zapf-stufen	Kond.-Druck ata	Kühl-wasser-Temp. °C	Speise-wasser-Temp. °C	Lei-stung t/h	An-zahl	Brennstoff	kcal/kWh	
200	3	6	0,053			610	3	St		Power Survey 1957
200	1	7				725	1	Gas		Power Survey 1957
200	2	8	0,070			580	2	St		Power Survey 1954
150	1	7	0,070			455	1	St		
175	1	7				590	1	Öl, Gas		Power Survey 1957
172	1	6	0,053			540	1	St, Öl		Power Survey 1957
156	1	6	0,053			520	1	St		Power Survey 1957
156	1	6	0,053			520	1	St, Öl		Power Survey 1957
156	1	7				545	1	St		Power Survey 1957
150	1	6				500	1	G		Power Survey 1957
150	4	6	0,053			455	4	St		Power Survey 1957
150	10	7	0,069	26	253	455	10	St	2350	s. Beschreibung
200	4	8	0,069	26	254	580	4	St	2300	s. Beschreibung
163	4	6	0,05	4—29		545	4	St*	2480	s. Beschreibung * Öl und Naturgas vorges.
135	2	7		10	240	400	2	St, Öl	2325	s. Beschreibung
75	1			2		250	1	St, Öl		
62,5	2	5		15	210	215	2	Öl*	2325	s. Beschreibung * in erster Linie Naturgas
70	1	5		12	206	225	1	St		
40	1	6		12	235	125	1	St		s. Beschreibung
86[1]	1	4		12	155	150	2	St		
142[1]	1	4		21	180	250	2	Br	2450	s. Ausführungsbeispiel und Beschreibung
35	4(V)					175	8	Br		* nach Zwischenüberhitzung hinter Vorschaltturbine
50	1			22	240	185	1	St, Öl		
75	1					225	1	Br		
66	1	4		16	245	200	1	St		
60	1	4	0,034	15	150	190	1	St		Spitzenanlage
55	1			16		200	1	St		
55	1			15		210	1	St		
100	2	5	0,08	27	193	400	2	Br	2850	s. Beschreibung
64	2	6	0,038	12	233	210	2	St*	2400	s. Beschreibung * in erster Linie Gichtgas
64	1	6	0,065	24	230	135	3	Br	2878 (für beide)	s. Beschreibung
33,5	3	5	0,065	24	230	135	3	Br		

Tabelle 5.

Lfd. Nr.	Kraftwerk Name	Unternehmen	Baujahr	Turbinen Dampfzustand Druck atü	Temperatur °C
159	Goldenberg-Werk II (Vorschaltanlage), BRD	Rheinisch-Westfälische Elektrizitätswerk Aktiengesellschaft	1950/51	110/16*	500/365*
160	Wilhelm	ehemalige Energieversorgung Oberschlesien AG	1942/43	110	490/415
161	Gebersdorf, BRD	Großkraftwerk Franken Aktiengesellschaft	1954/56	109	530/505
162	Leon Creek, USA	San Antonio Public Service Board	1957/59	107	537/537
163	Sewaren, USA	Public Service Electric & Gas Company	1946/51	105 105	565/537 565
164	Castle Donington, Großbritannien	Central Electricity Authority, East Midland Division	1952/59	105	565
165	St. Barbara, Italien	Comunione Selt-Valdarno-Romano di Elettricita	1955/57	105	540/540
166	Blyth „A“, Großbritannien	Central Electricity Authority, North Eastern Division	1955/57	105	537/537
167	Ferrybridge „B“, Großbritannien	Central Electricity Authority, Yorkshire Division	1954/57	105	524/510
168	Gelsenberg, BRD	Gelsenberg Benzin AG	1938/49	105*	500/415+
169	Sandford, USA	Florida Power & Light Co	1957/59	102	537/537
170	Ft. Myers, USA	Florida Power & Light Co	1956/58	102	537/537
171	Conesville, USA	Columbus & Southern Ohio Electric Co	1956/59	102	537/537
172	Gannon, USA	Tampa Electric Co	1955/58	102	537/537
173	Cherokee, USA	Public Service Co of Colorado	1955/59	102	537/537
174	Green River, USA	Kentucky Utilities Co	1957/59	102	537/537
175	Mission Road, USA	San Antonio Public Service Board	1956/58	102	537/537
176	Carbon, USA	Utah Power & Light Co	1955/57	102	537/537
177	Dave Johnston, USA	Pacific Power & Light Co	1956/58	102	537/537
178	Council Bluffs, USA	Iowa Power & Light Co	1956/58	102	537/537
179	Alma, USA	Dairiland Power Cooperative	1957/59	102	537/537
180	Auvelais, Belgien	Sofina	1954/56	102	530/515
181	Schkopau, DDR	VEB-Chemische Werke Buna, Schkopau	1941/42	99	490
182	San Nicolàs, Argentinien	Agua y Energía Eléctrica	1952/56	95	525
183	Lignitkraftwerk, Tschechoslowakei		1952/54	90	500
184	Creil, Frankreich	Electricité de France, Bezirk Seine et Oise	1953/56	88	540

+ Der 180 t/h-Kessel hat als einziger einen Zwischenüberhitzer. Der zwischenüberhitzte Dampf wird der

Kraftwerksliste (Fortsetzung)

Turbinen						Kessel			Wärme-verbrauch netto	Literaturangaben Bemerkungen
Leistung MW	Anzahl	An-zapf-stufen	Kond.-Druck ata	Kühl-wasser-Temp. °C	Speise-wasser-Temp. °C	Lei-stung t/h	An-zahl	Brennstoff	kcal/kWh	
35	6(V)					175	12	Br		s. Beschreibung *nach Zwischenüberhitzung hinter Vorschaltturbinen
{25 {50	2(V)} 2(N)}	4		27	180	145	4	St		s. Beschreibung
50	3	5	0,035	12	240	185	3	St	2500	s. Beschreibung
100	1	5				362	1	Gas		Power Survey 1957
125	1			13			1	St, Öl	2400	s. Beschreibung
110	3	8	0,05	13	235	385	3	St, Öl	2500	
100	6	6	0,038	15	205	380	6	St	2820	s. Beschreibung
125	2					375	1	St		
120	4	6	0,038	13	244	390	4	St	2680	s. Beschreibung
100	3	6	0,038	15	224	345	3	St	2780	s. Beschreibung
17,5	6(V)					180^{+}	1	St		s. Beschreibung
15	3(N)	1	0,07	27	155	130	2	St		* Dampfsammelschinen
50^{+}	1(N)	1	0,07	27	155	90	6	St		
35	1(EK)	1	0,07	27	155					
160	1	6				500	1	Öl		Power Survey 1957
160	1	6				500	1	Öl		Power Survey 1957
{135 {125	1 1	6} 5}				453	2	St		Power Survey 1957
{130 {120	1 1	5} 5}	0,07			430	2	St		Power Survey 1957
{110 {100	1 1	5} 5}	0,053			388	2	{St, Gas} {Lignit}		Power Survey 1957
100	1	5	0,053			340	1	St		Power Survey 1957
100	1	5				340	1	Gas		Power Survey 1957
100	1	5				347	1	St		Power Survey 1957
100	1	5				340	1	St		Power Survey 1957
82	1	5	0,053			287	1	St, Gas		Power Survey 1957
80	1	5	0,035			263	1	St		Power Survey 1957
60	1									
23	3(V)	1				100	6	Br		s. Beschreibung
20	3(N)	3	0,07	27	180					
9	1(G)									
75	4	5	0,065	22	220	300	4	Öl, St	2502	s. Ausführungsbeispiel und Beschreibung
50	2	5		15	200	125	4	Lignit		s. Beschreibung
125	4	7				400	4	St		s. Beschreibung

50 MW-Nachschaltturbine zugeführt.

Tabelle 5.

Lfd. Nr.	Kraftwerk Name	Unternehmen	Baujahr	Turbinen Dampfzustand Druck atü	Temperatur °C
185	Arrighi, Frankreich	Electricité de France, Bezirk Paris	1951/54 1949/51	88 88	520/520 520
186	Gennevilliers, Frankreich	Electricité de France, Bezirk Paris	1948	88	520
187	Martins Creek, USA	Pennsylvania Power & Light Co	1952/56	88	510
188	Tuncbilek, Türkei	Etibank	1953/56	88	510
189	Monceau, Belgien	Societé Intercommunale Belge d'Electricité	1947/49	84*	520
190	Karnap, BRD	Rheinisch-Westfälisches Elektrizitätswerk AG	1938/49	85	500
191	Dieppedalle, Frankreich	Electricité de France, Bezirk Seine-Inferieure	1946/49	79	510
192	München, Müllerstr., BRD	Stadtwerke München	1954/56	70	515
193	Kairo-Süd, Vereinigte Arabische Republik	Cairo City Electricity & Gas Administration	1954/57	70	485
194	Marchwood, Großbritannien	Central Electricity Authority, Southern Division	1952/59	63	482
195	Keadby, Großbritannien	Central Electricity Authority, Yorkshire Division	1948/55	63	482
196	Badalona, Spanien	Fuerzas Eléctricas de Cataluña S. A.	1955/58	60	490
197	Southwestern, USA	Public Service Company of Oklahoma	1950/54	60	480
198	Rourkela, Indien	Hindustan Steel Private Ltd.	1957/59	57*	475
199	Kairo-Nord, Vereinigte Arabische Republik	Cairo City Electricity & Gas Administration	1953/54	56	475
200	Porto Vesme, Italien	Società Termoelettrica Sarda	1953/55	55	465

Abkürzungen:

Br Braunkohle
EK Entnahme-Kondensationsturbine
G Gegendruckturbine
N Nachschaltturbine
St Steinkohle
V Vorschaltturbine

Kraftwerksliste (Fortsetzung)

Turbinen						Kessel			Wärme-verbrauch netto	Literaturangaben Bemerkungen
Leistung MW	Anzahl	An-zapf-stufen	Kond.-Druck ata	Kühl-wasser-Temp. °C	Speise-wasser-Temp. °C	Lei-stung t/h	An-zahl	Brennstoff	kcal/kWh	
107 110	1 1	6 5	0,035 0,036	15 15	245 238	415 450	1 1	St, Öl St, Öl		s. Beschreibung
100	2	5	0,034	15	230	265	6	St	2640	s. Beschreibung
132,5	2	5	0,07		216	542	2	St	3080	s. Beschreibung
32	2	5	0,076	27	220	135	2	Br	3000	s. Beschreibung
50	2	4		12	219	210	2	St	2700	s. Beschreibung
55	5	4	0,067	27	180	130 150	8 2	St	2700	s. Beschreibung * Dampfsammelschienen
50	2	5	0,0385		219	105	4	St Masut	2619	s. Beschreibung
{20 {22	1} 1}	2			165	90	4	St*		s. Beschreibung im Anhang * sowie Öl und Ferngas
66	2	5		27	227	200	4	Masut		s. Beschreibung
60	8	5	0,038	15	196	250	8	St, Öl	3080	s. Beschreibung
60	6	5	0,045* 0,038**	15,5	196	250	6	St	3080	s. Beschreibung * Satz 1 bis 3 ** Satz 4 bis 6
{34 {69	2 1	4 5	0,054 0,058	18 18	220} 220}	145	4	St, Öl	3096* 3071**	s. Beschreibung * Öl 2925 ** Öl 2898
60	2	4	0,0518		176	152 300	2 1	Gas, Öl	2564	s. Beschreibung
32+	3	4	0,085	32	170	150	4	Koksgruß, Öl		s. Beschreibung * Dampfsammelschienen
30	2	4	0,082	30	180	85	4	Masut	3020	s. Beschreibung
32	2	4	0,066	24	220	80	4	St	3100 bis 3300	s. Beschreibung

+ außerdem 4 Turbokompressoren je 160000 m³/h 3,25 ata

Nachtrag. Folgende Unterlagen gingen während des Druckes noch ein:

Kraftwerk	Unternehmen	Baujahr	Turbinen					Kessel (Benson)	
			Dampfzustand		Leistung	Kühlwasser-temperatur	An-zahl	Leistung	An-zahl
			Druck atü	Temperatur °C	MW	°C		t/h	
Dormagen	Erdölchemie GmbH.	1958/60	{199/65 {59/6	550 525	17,8 (G) 25,0 (EG)	— —	1} 1}	125	2
Wedel	Hamburgische Electricitäts-Werke AG.	1958/60	180	535/535	125	11	1	390	1
Neapel	Società Meridionale di Elettricità	1958/60	180	530/530	140	—	2	500	2
Zeltweg	Österreichische Draukraftwerke AG.	1959/61	180	530/530	130	—	1	410	1
Altbach	Neckarwerke Elektrizitäts-Versorgungs-AG.	1958/60	180	530/530	80	12	1	280	1
Simmering	Wiener Stadtwerke	1959/61	180	530/525	64	—	1	210	1

Tabelle 5a. *Kraftwerksliste* (nach dem Alphabet geordnet)

Kraftwerk	Kraftwerksliste Nr.	Beschreibung Seite
Allen, USA	53	—
Alma, USA	179	—
Amercentrale, Niederlande	43	630
Armstrong, USA	141	—
Arnsberg, BRD	87	290
Arrighi, Frankreich	185	510
Aschaffenburg, BRD	81	278
Ashtabula, USA	46	—
Asnaesvaerket, Dänemark	147	396
Astoria, USA	112	320
Auvelais, Belgien	180	—
Avon, USA	5	86
Badalona, Spanien	196	570
Baudour, Belgien	42	—
Barry, USA	105	—
Beautor, Frankreich	129	368
Bergen, USA	71	242
Blachownia, Polen	24	142
Blyth „A“, Großbritannien	166	468
Borken, BRD	117	—
Breed, USA	6	90
Bremen Hafen, BRD	17	118
Bremo, USA	83	—
Brunner Island, USA	69	—
Buggenum, Niederlande	21	—
Burlington, USA	72	248
Carbon, USA	176	—
Castle Donington, Großbritannien	164	462
Charlottenburg, Westberlin	155	—
Cherokee, USA	173	—
Chiba, Japan	70	—
Città di Roma, Italien	113	326[1]
Clinch River, USA	95	—
Colbert, USA	145	384
Conesville, USA	171	—
Council Bluffs, USA	178	—
Crawford, USA	96	—
Creil, Frankreich	184	504
Dan E Kan, USA	39	—
Danskammer, USA	65	—
Dave Johnston, USA	177	—
Dickerson, USA	59	—
Dieppedalle, Frankreich	191	546
Dormagen (Farbenfabriken Bayer AG), BRD	84	—
Duisburg, BRD	119	—
Dunkirk, USA	56	—
Eastlake, USA	47	214
Eddystone, USA	1	70[2]
Edward F. Barret, USA	139	—
Emden, BRD	32	166[3]
Emil Huche, Frankreich	130	—
Fenne, BRD	125	362
Ferrybridge, Großbritannien	167	474
Fisk, USA	115	338
Fortuna II (Vorschaltanlage), BRD	151	414[4]
Fortuna III (Kondensationsanlage), BRD	25	148[4]
Frank M. Tait, USA	67	—
Frimmersdorf II, BRD	41	196
Ft. Myers, USA	170	—
Gaisburg, BRD	19	—
Gannon, USA	172	—
Gallatin, USA	111	314[5]
Gebersdorf, BRD	161	450
Gebietskraftwerk, UdSSR	44	202
Gelsenberg, BRD	168	480
Gennevilliers, Frankreich	186	516
Gersteinwerk (4. Erweiterung), BRD	34	178
Gersteinwerk (5. Erweiterung), BRD	28	618
Goldenberg-Werk II (Vorschaltanlage), BRD	159	438
Goldenberg-Werk III (Kondensationsanlage), BRD	156	420
Graf Bismarck, BRD	38	—
Graham, USA	106	—
Green River, USA	174	—
Gustav Knepper, BRD	79	272
Hamborn, BRD	78	—
Hanassari, BRD	148	—
Hattingen, BRD	8	100
Heilbronn, BRD	18	124
Hengelo, Niederlande	152	—
Hennepin, USA	97	—
Herdecke, BRD	11	—
Hermann Wenzel, BRD	157	426
Herrenhausen, BRD	16	112
Heyden, BRD	23	600
High Bridge, USA	138	—
High Marnham, Großbritannien	74	260
Hornaing, Frankreich	128	—
Hüls II, BRD	3	80
Huntington Beach, USA	57	—
John Sevier, USA	126	—
Johnsonville, USA	99	—
Joliet, USA	114	332
Joppa, USA	146	390
Kairo-Nord, Vereinigte Arabische Republik	199	588
Kairo-Süd, Vereinigte Arabische Republik	193	552
Kammer, USA	90	—
Kanawha River, USA	91	302
Karlsruhe Rheinhafen, BRD	20	130
Karnap, BRD	190	540
Kassel, BRD	89	296
Keadby, Großbritannien	195	564
Kearny, USA	73	254
Kingston, USA	136	—
Klöckner-Kraftwerk, BRD	33	172
Lake Creek, USA	135	—
Lee, USA	60	—
Leeuwarden, Niederlande	116	—
Leon Creek, USA	162	—
Leverkusen, BRD	85	284
Lignitkraftwerk, Tschechoslowakei	183	498
Linden, USA	77	266
Lon C. Hill, USA	142	—
Ludwigshafen, BRD	80	—
Maascentrale, Niederlande	22	136
Mainz, BRD	30	154
Mandaly, USA	55	—
Mannheim II, BRD	93	308
Marchwood, Großbritannien	194	558
Martins Creek, USA	187	522

[1] Ausführungsbeispiel S. 950. [2] Ausführungsbeispiel S. 648. [3] Ausführungsbeispiel S. 781. [4] Ausführungsbeispiel S. 690. [5] Ausführungsbeispiel S. 904.

Tabelle 5a (*Fortsetzung*)

Kraftwerk	Kraftwerksliste Nr.	Beschreibung Seite
Masnedoe, Dänemark	86	—
Meredosia, USA	98	—
Merxem, Belgien	127	—
Miami Fort, USA	62	—
Mission Road, USA	175	—
Moabit, Westberlin	154	—
Monceau, Belgien	189	534
Morgan Creek, USA	137	—
München, BRD	192	638
Muskingum River, USA	92	—
Mustang, USA	103	—
Naantali, Finnland	10	—
Neuhof, BRD	15	106
Neukirchen, BRD	35	—
New Albany, USA	143	—
North Houston, USA	106	—
Norwack Harbor, USA	109	—
Oak Creek, USA	54	—
Offleben, BRD	158	432
Ologah, USA	120	—
Ost-Hannover, BRD	123	356
Philip Sporn, USA	7	94
Philo, USA	2	76
Pittsburg, USA	52	—
Pomorzany, Polen	76	—
Porcheville, Frankreich	132	374
Porthmouth, USA	82	—
Port Jefferson, USA	140	—
Portland, USA	48	220
Porto Vesme, Italien	200	594
Prinzregent, BRD	9	—
Reisholz, BRD	110	—
Reuter (West), Westberlin	122	350
Rex Brown, USA	102	—
Rheinpreußen, BRD	14	—
Rheinstahl-Kraftwerk, BRD	26	606
River Rouge, USA	51	232
R L Hean, USA	134	—
Rourkela, Indien	198	582
Ruien, Belgien	100	—
Sam Bertram, USA	108	—
Sandfort, USA	169	—
San Nicolás, Argentinien	182	492[6]
Schkopau, DDR	181	486
Schwandorf, BRD	153	—
Segco No. 1, USA	104	—
Sewaren, USA	163	456
Shawnee, USA	144	380
Shawville, USA	58	—
Shuylkill, USA	61	—
Silas C McMeckin, USA	66	—
Smithers Lake, USA	101	—
Southwestern, USA	197	576
Spandau, Westberlin	29	—
Stade, BRD	27	612
St. Andrä, Österreich	31	160
St. Barbara, BRD	13	—
St. Barbara, Italien	165	—
St. Clair, USA	50	226
Stratton, USA	63	—
Sterlington, USA	133	—
Tavazzano I, Italien	149	402
Tavazzano II, Italien	36	184
Thorpe Marsh, Großbritannien	75	636
Thos. H. Allen, USA	45	208
Tocopilla, Chile	121	—
Tschereptsk, UdSSR	68	238
Tulsa, USA	88	—
Tuncbilek, Türkei	188	528
Uerdingen, BRD	4	—
Unterweser, BRD	150	408
Voitsberg, Österreich	124	—
Walsum, BRD	12	—
Walter C Beckjord, USA	64	—
Waukegan, USA	94	—
Weisweiler, BRD	40	190
Westerholt, BRD	37	624
Widow's Creek, USA	49	—
Wilhelm	160	444
Wölfersheim, BRD	118	344
Yainville, Frankreich	131	—

[6] Ausführungsbeispiel S. 1005.

E. Sinnbilder für Schaltpläne von Wärmekraftanlagen

Auszug aus DIN 2481 und DIN 40710, 40712, 40713

Leitungen		*Kessel und Apparate*	
Sinnbild	Erklärung	Sinnbild	Erklärung
	Dampf		Dampfkessel mit Ölfeuerung
	Kondensat, Speisewasser		
	Rohwasser		Dampfkessel mit Gasfeuerung
	Lösungen, Chemikalien		
	Schlammwasser, Schmutzwasser, Lauge		Dampfkessel mit Kohlenstaubfeuerung
	Regelimpulse		Elektrokessel
	Steuer- oder Wirkleitungen		
	Brennbare Gase		Rauchgasbeheizter Dampfüberhitzer
	Rauchgas		Wärmeaustauscher, die Stoff-Flüsse kreuzen sich. Durch den gezackten Linienzug fließt der wärmeaufnehmende Stoff.
	Luft		
	Öl		Speisewasservorwärmer, dampfbeheizt
	Kohle		Speisewasservorwärmer, Mischvorwärmer, Entgaser
	Sonstige Stoffe, Schlacken, Asche		
	Gestrichelte Linien gelten für Erweiterungen der Anlagen		Wärmeaustauscher, keine Kreuzung der Stoff-Flüsse. Durch den gezackten Linienzug fließt der wärmeaufnehmende Stoff
	Kreuzung zweier Leitungen mit Verbindungsstelle		Wasservorwärmer, dampfbeheizt
	Abzweigstelle		Dampfkühler mit Wassereinspritzung
	Kreuzung zweier Leitungen ohne Verbindungsstelle		

Kessel und Apparate | *Kessel und Apparate*

Sinnbild	Erklärung	Sinnbild	Erklärung
	Kühlturm		Druckloser Behälter
			Behälter, offen
			Behälter, geschlossen, mit Gasschutz oder Dampfpolster
	Verdampfer mit Heizfläche bzw. Dampfumformer		Behälter für Überdruck
	Abscheider, allgemein		
			Wasserspeicher mit Mischvorwärmer
	Ausdampfgefäß, Entspanner		Gefällespeicher
	Wärmeverbraucher ohne Heizfläche		
	Wärmeverbraucher mit Heizfläche		Stehender Speicher, z. B. Gasspeicher, Gleichdruckspeicher
	Rußbläser		Dampfstrahlapparat zur Luftabsaugung
	Raumheizung		
			Wasserstrahlapparat zur Luftabsaugung
	Oberflächenkondensator		
			Kondenswasserableiter
	Oberflächenkondensator mit Rückkühlung		Überlauf in einem Behälter
			Zusammenfassung parallellaufender Leitungen
	Luftgekühlter Kondensator		
	Auspuff		Chemische Aufbereitung, allgemein

Kessel und Apparate

Sinnbild	Erklärung
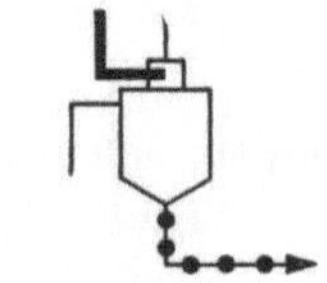	Reaktionsbehälter mit Kaskadenvorwärmer
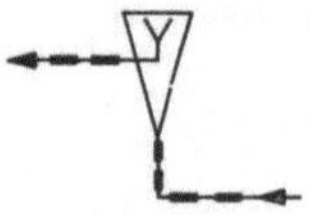	Kalksättiger, Schnellreaktor
	Rührwerk
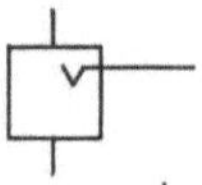	Verteiler
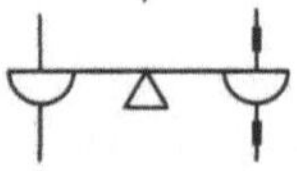	Dosiereinrichtung
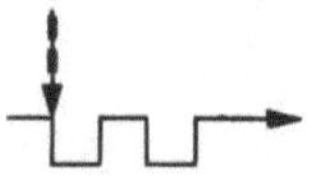	Mischschleife für Dosierung
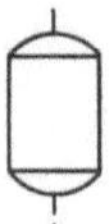	Flüssigkeitsfilter, allgemein
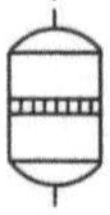	Filter zur mechanischen Reinigung
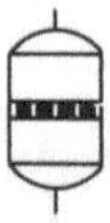	Aktivkohlefilter zur Entölung
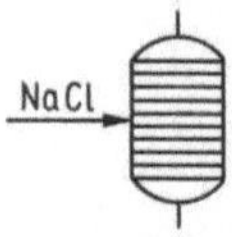 NaCl	Filter mit chemischer Umsetzung. Stoff zur Regenerierung wird angeschrieben
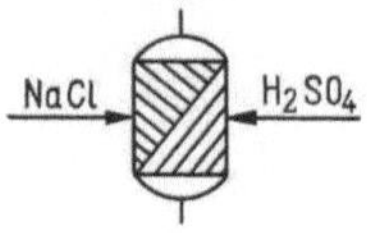 NaCl, H_2SO_4	Mischbettfilter

Maschinen

Sinnbild	Erklärung
	Antriebsmaschine mit Expansion des Arbeitsstoffes, allgemein
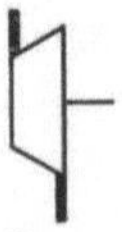	Dampfturbine
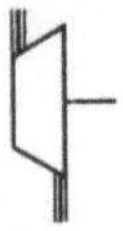	Gasturbine
	Luftturbine
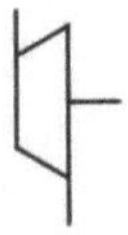	Flüssigkeitsturbine
	Kolbenmaschine, allgemein
	Kolbendampfmaschine
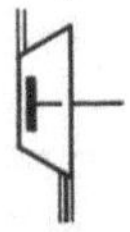	Dieselmaschine, Ottomotor
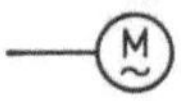 M	Wechselstrommotor
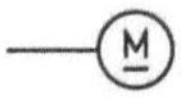 M	Gleichstrommotor
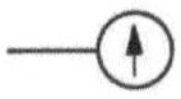	Flüssigkeitspumpe als Kreiselpumpe
	Flüssigkeitspumpe als Kolbenpumpe
	Mühle

Maschinen

Sinnbild	Erklärung
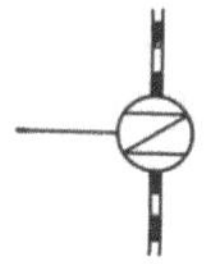	Zuteiler, z. B. für Kohle
	Turboverdichter
	Kolbenverdichter
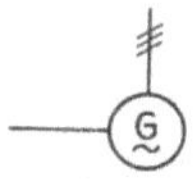	Wechselstromgenerator
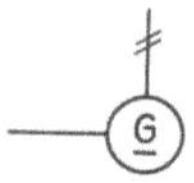	Gleichstromgenerator
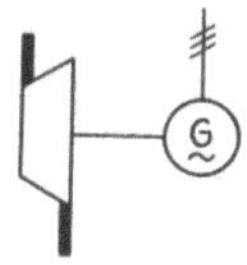	Turbogenerator mit fester Kupplung
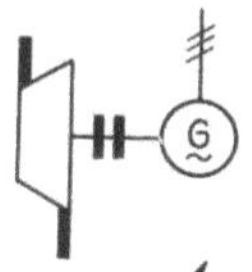	Turbogenerator mit ausrückbarer Kupplung
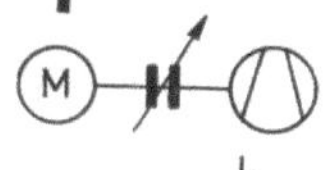	Verdichter mit Motorantrieb und regelbarer Kupplung
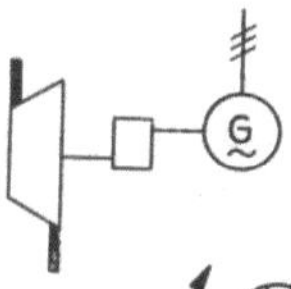	Turbogenerator mit Getriebe und festem Übersetzungsverhältnis
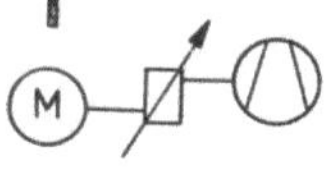	Verdichter mit Motorantrieb und regelbarem Getriebe

Absperrorgane

Sinnbild	Erklärung
	Absperrorgan, allgemein
	mit Membransteuerung
	mit Motorantrieb
	mit Magnetantrieb
	mit Kolbenantrieb
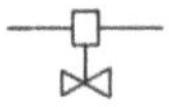	mit hydraulischem Antrieb
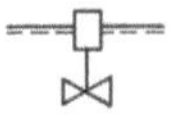	mit Druckluftantrieb
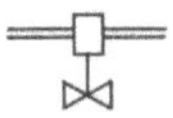	mit Druckölantrieb
	Absperrventil
	Sicherheitsventil
	Sicherheitseckventil
	Federbelastetes Sicherheitsventil
	Druckminderventil
	Dampfumformventil
	Absperrschieber
	Rückschlagorgan
	Rückschlagklappe
	Rückschlagventil
	Drosselklappe

Meßinstrumente

Sinnbild	Erklärung
	Manometer, (Membran-, Röhren-, Feder-, Kolben)
	Temperaturmesser, allgemein
	Temperaturmesser mit örtlicher Anzeige
	Flüssigkeitsthermometer
	Thermoelement
	Widerstandsthermometer
	Mengenmesser, Durchflußmesser, allgemein
	Meßblende bzw. Meßdüse mit örtlicher Anzeige
	Flüssigkeitsstand
	Flüssigkeits- bzw. Höhenstand mit örtlicher Anzeige
	Leitfähigkeitsmesser
	Drehzahlmesser
	Messer elektrischer Größen, allgemein
	Spannungsmesser
	Strommesser
	Leistungsmesser
	Zeichen für Fernübertragung
	Zeichen für schreibendes Gerät
	Zeichen für Zählung
	Zeichen für Schalter

Regelgeräte

Sinnbild	Erklärung
	Regler, allgemein
	Geschwindigkeitsregler
	Impulszeichen
	Hauptimpulse: öffnet bei steigendem Druck, Temperatur, Menge usw. (bei Zunahme der Regelgröße)
	Hauptimpulse: öffnet bei sinkendem Druck, Temperatur, Menge usw. (bei Abnahme der Regelgröße)
	Grenzimpulse: öffnet bei steigendem Druck usw. über ...
	Grenzimpulse: öffnet bei sinkendem Druck usw. unter ...
	Grenzimpulse: schließt bei steigendem Druck usw. über ...
	Grenzimpulse: schließt bei sinkendem Druck usw. unter ...
	Beispiele
	Drehzahlgeregeltes Ventil
	Ablaufregler zur Konstanthaltung des Wasserstandes
	Dampfkühler mit Wassereinspritzung und Temperaturregler
	Reduzierventil öffnet bei steigendem Druck in Leitung *a*
	Reduzierventil öffnet bei sinkendem Druck in Leitung *b*
	Reduzierventil mit Dampfkühler öffnet bei sinkendem Druck in Leitung *b*, öffnet aber unabhängig hiervon, wenn der Druck in Leitung *a* einen bestimmten Betrag überschreitet. Das Wassereinspritzventil regelt selbsttätig die Dampftemperatur hinter dem Kühler.

Generatoren

Sinnbild	Erklärung	Sinnbild	Erklärung
G	Generator, allgemein	1~ G	Einphasengenerator mit Permanenterregung
G 3~	Drehstromgenerator, allgemein	G	Gleichstromgenerator, fremderregt
3~ G	Drehstromsynchrongenerator	G	Gleichstromgenerator, eigenerregt

Motoren

Sinnbild	Erklärung
M	Motor, allgemein
M 3~Y	Drehstromasynchronmotor, Ständerwicklung in Sternschaltung
3~Y M	Drehstrommotor mit Schleifringläufer, Ständerwicklung in Sternschaltung
M 3~ 8/4P	Polumschaltbarer Drehstromasynchronmotor in Dahlanderschaltung
M 3~ (8/4+6)P	Polumschaltbarer Drehstromasynchronmotor mit zwei getrennten Wicklungen
M 1~	Einphasenmotor mit Anlaufkondensator
M	Gleichstrommotor
M 3~ G	Umformersatz, bestehend aus Drehstromasynchronmotor und Gleichstromgenerator (selbsterregt)

Transformatoren

Sinnbild	Erklärung
	Transformator mit zwei getrennten Wicklungen, allgemein
	Transformator mit drei getrennten Wicklungen, allgemein
	Spartransformator, allgemein
	Drehstromtransformator mit Umsteller (nicht betriebsmäßig schaltbar)
	Drehstromtransformator mit Sternpunktsklemme, mit Stufenschalter (betriebsmäßig schaltbar)
	Drehstromtransformator mit Ausgleichswicklung
	Drehstromspartransformator in Y-Schaltung mit Stufenschalter
	Drosselspule, allgemein

Schalter

Sinnbild	Erklärung
	Trennlasche
	Lastschalter, allgemein
	Umschalter
	Umschalter mit Mittelstellung
	Trenner
	Lasttrenner
	Dreipoliger Hochspannungsleistungsschalter

Wandler

Sinnbild	Erklärung
	1 Stromwandler mit 1 Kern
	1 Stromwandler mit umschaltbarer Primärwicklung mit 1 Kern
RST	3 Stromwandler mit je 2 Kernen
	1 zweipoliger Spannungswandler
	2 zweipolige Spannungswandler in V-Schaltung
	3 einpolige Spannungswandler in Sternschaltung
	3 einpolige Spannungswandler mit je 1 Sekundärwicklung in Sternschaltung und 1 Sekundärwicklung in offener Dreieckschaltung. Primärwicklung in Sternschaltung
	Zwischenwandler, Kleintrafo

Meldegeräte und Meßgeräte

Sinnbild	Erklärung
⊗	Meldeleuchte mit Glühlampe
⊜	Meldeleuchte mit Glimmlampe
⦸	Stellungsanzeiger
	Wecker
	Hupe
Ⓥ	Spannungsmesser
Ⓐ	Strommesser
Ⓦ	Wirkleistungsmesser
ⓕ	Frequenzmesser
ⓝ	Drehzahlmesser

II. Teil

Beschreibungen von 98 Kraftwerken

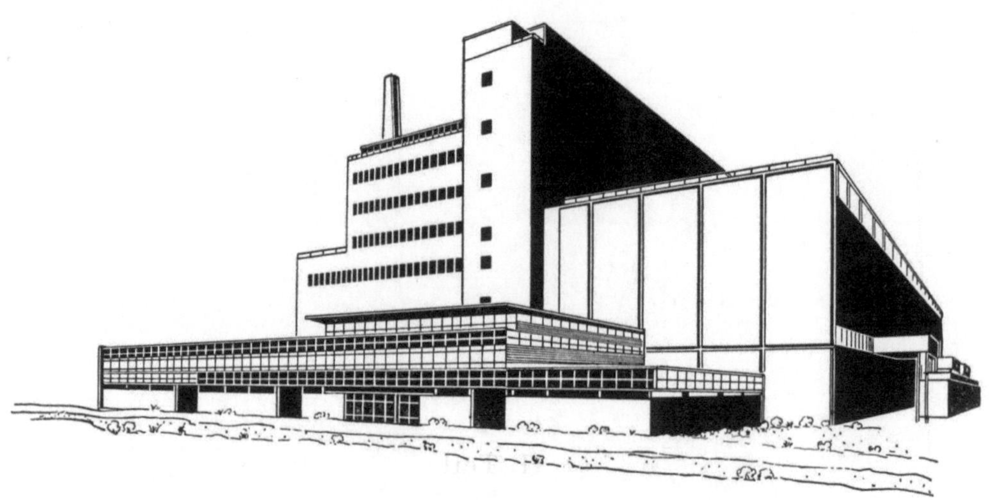

Schaubild

1

Kraftwerk Eddystone, USA

(Philadelphia Electric Co., Philadelphia, Pa)

Baujahr 1957/60

Kessel		Block 1	Block 2
Anzahl		1	1
Leistung	t/h	908	985
Art		Durchlauf	
Genehmigungsdruck	atü	—	—
Dampfzustand bei Austritt	atü	352	245
	°C	649	565
Dampfzustand hinter ZWÜ	atü	69,6/16,7	64,8/21,1
	°C	565/565	565/565
Brennstoff:			
Art		Steinkohle	
oberer Heizwert	kcal/kg	7600	7600
Feuerung		Ecken	Ecken
Schlackenabzug		trocken	trocken
Luftvorwärmung	°C	—	—
Abgastemperatur	°C	97,7	—
Wirkungsgrad	%	—	—

Rauchgasentstaubung: mechanisch und elektrisch
Wasseraufbereitung: Vollentsalzung
Bauweise: Stahlbeton
Vorgesehene Gesamtleistung: rund 2000 MW

Turbinen		Block 1		Block 2	
Anzahl		1		1	
Leistung	MW	149,5	175,5	162,5	162,5
Leistung	MVA	184,3	231,7	208	208
Art		HD	ND	Welle 1	Welle 2
Drehzahl	U/min	3600	1800	3600	3600
Dampfdurchsatz	t/h	908	—	985	—
Dampfzustand bei Eintritt	atü	352	16,7	245	64,8
	°C	649	565	565	565
Dampfzustand bei Wiedereintritt	atü	69,6	—	21,1	21,1
	°C	565	—	565	565
Kühlwassertemperatur		—	15	—	—
Dampfzustand bei Austritt	atü	20	0,035	—	—
	°C	274	—	—	—
Gehäusezahl		2	2	3	3
Abdampfstutzen (flutig)		1	2	3	3
Vorwärmstufen		5	3	8	
Entgasungstemperatur	°C	141		149	
Speisewassertemperatur	°C	301		297	
Kennzahlen					
Spez. Wärmeverbrauch netto	kcal/kWh	2020		2080	
„ Flächenbedarf	m^2/kW	0,025		—	
„ Raumbedarf	m^3/kW	0,925		—	

Die größte Dauerleistung beider Blocks beträgt je 358 MW [Gubler, J.: Technische Rundschau Sulzer Bd. 41 (1959), Heft 1, S. 3/20].

Zur Beachtung: In allen Fällen, in denen nur *ein* Dampfzustand bekannt war (entweder am Kesselaustritt *oder* am Turbineneintritt), sind an *beiden* Stellen die gleichen Werte eingesetzt worden.

Das Kraftwerk Eddystone, das z. Zt. von der Philadelphia Electric Co. errichtet wird, verdient dadurch besondere Beachtung, daß in ihm 2 Blocks mit überkritischem Druck aufgestellt werden. Beide Blocks mit doppelter Zwischenüberhitzung leisten je 325 MW; sie sind jedoch hinsichtlich ihres Dampfzustandes und des Aufbaus der Zweiwellensätze voneinander verschieden.

Das Kraftwerk liegt am Zusammenfluß des Delaware River und des Crum Creek, es kann sich daher auf Frischwasserkühlung stützen. Die Kohle wird vorab jedoch ausschließlich auf dem Schienenwege zum Kraftwerk befördert.

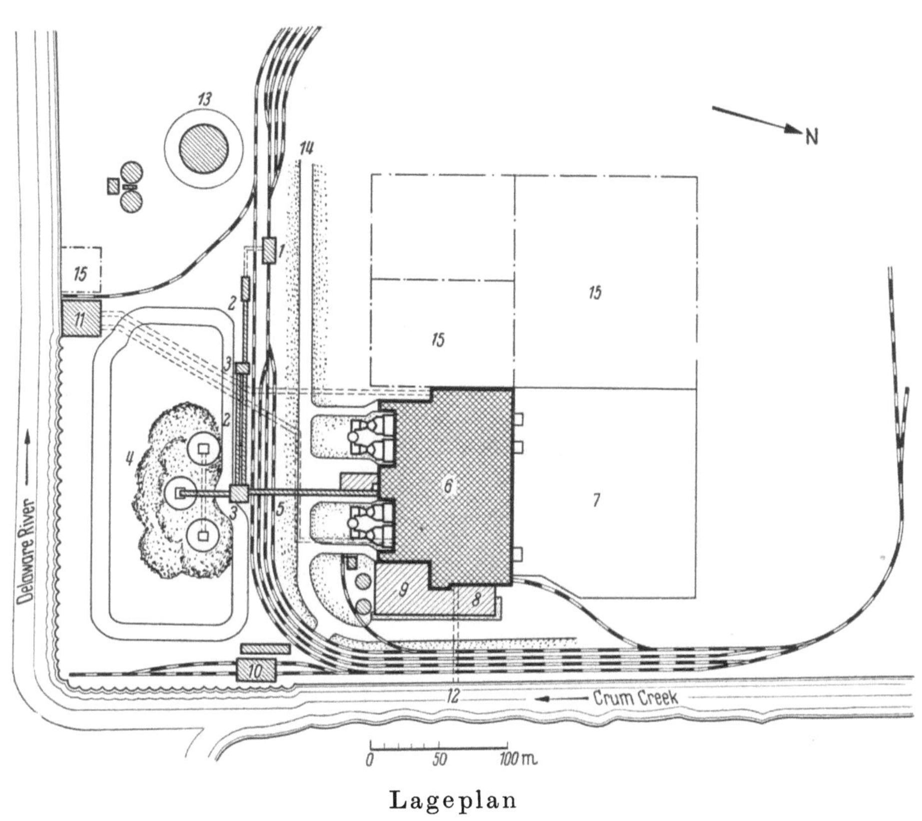

Lageplan

1 Waggonkipper
2 Förderbänder
3 Übergabeturm
4 Kohlelagerplatz
5 Schrägbandbrücke
6 Kraftwerk
7 Freiluftschaltanlage
8 Verwaltungsgebäude
9 Wasseraufbereitungsanlage
10 Aschebunker
11 Einlaufbauwerk
12 Kühlwasserauslauf
13 zukünftiger Öltank
14 Zufahrtsstraße
15 Erweiterungsraum

Die Turbine des ersten Blocks wird mit Dampf von 352 atü, 649 ° C gespeist. Der Kessel leistet 908 t/h. Im Höchstdruckteil der Turbine expandiert der Dampf auf 175 atü bei 538 ° C. Nach Durchlaufen einer weiteren Stufengruppe hat er noch einen Druck von rund 70 atü. Der Dampf wird nunmehr erstmalig auf 565 ° C zwischenüberhitzt. In der letzten Stufengruppe der ersten Welle entspannt sich der Dampf auf etwa 20 atü bei 274 ° C. Vor Eintritt in die Stufen der zweiten Welle wird der Dampf wiederum auf 565 ° C überhitzt. Der Mitteldruckteil ist zweiflutig. Die beiden Teilströme passieren dann noch je einen Niederdruckteil, ohne sich vorher wieder vereinigt zu haben. Die erste Welle läuft mit 3600 U/min, die zweite mit 1800 U/min. Es sind insgesamt 9 Anzapfungen vorhanden. Das ganze Vorwärmsystem ist in zwei parallele Stränge aufgeteilt. Das Wärmeschaltbild und die nachfolgenden Ausführungen beziehen sich auf einen Strang. Fünf mit Kondensatkühlern ausgestattete Vorwärmer liegen hinter dem Entgaser. Der erforderliche Speisewasserdruck wird von drei hintereinandergeschalteten Pumpen erzeugt, von denen die beiden ersten durch je einen Elektromotor, die letzte durch eine Turbine angetrieben werden. Die erste dieser Pumpen liegt hinter dem Entgaser, die beiden anderen unmittelbar vor dem Kessel. Die genannte Speisepumpenturbine nutzt das Druckgefälle aus, das zwischen dem Eintritt in den ersten und den zweiten Zwischenüberhitzer besteht. Die Turbine wird drehzahlgeregelt. Von dieser Lösung versprach man sich gegenüber einer Regelkupplung geringere Verluste, insbesondere bei Teillast. In dem unteren Teil des Vorwärmsystems wird ein Teil der Wärme der Abgase auf das Speisewasser übertragen. Das Zusatzspeisewasser ist vollentsalzt.

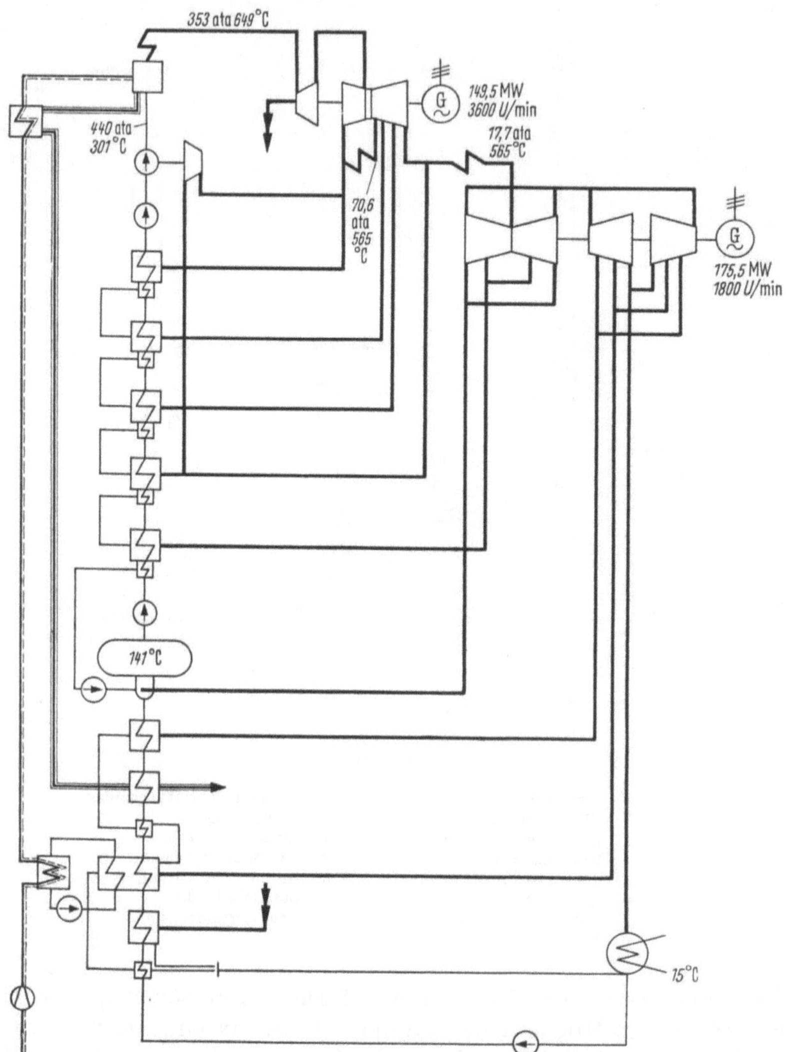

Wärmegrundschaltplan von Block 1

Der Kessel ist ein Zweizug-Durchlaufkessel, Bauart Sulzer. Er besteht aus zwei getrennten Teilkesseln, die mit schwenkbaren Eckenbrennern ausgestattet sind. In jedem Teilkessel befindet sich einer der beiden Zwischenüberhitzer.

Der Höchsttemperatur werden im wesentlichen die Endüberhitzer, die Rohrleitungen und die erste Stufengruppe der Turbine ausgesetzt. Für diese Anlageteile wurde durchweg der austenitische Stahl Type 316 mit 17 % Cr, 12 % Ni, 2 % Mo verwendet. Das äußere Gehäuse des Höchstdruckteils ist angenähert kugelig und besteht aus ferritischem

Stahl ($2^1/_4$% Cr, 1% Mo, $^1/_4$% V). Der Dampf wird durch vier eingesetzte Rohre aus T 316 den aus gleichem Material bestehenden Düsenkästen zugeführt.

Über den zweiten Block des Kraftwerks Eddystone wird in der ausführlichen Beschreibung Näheres gesagt. Die Turbine mit einer Leistung von ebenfalls 325 MW wird mit Dampf von 245 atü, 565° C aus einem Doppelkessel mit einer Leistung von 985 t/h gespeist. Beide Wellen laufen mit 3600 U/min und übertragen die gleiche Leistung auf die Kupplung. Die beiden Generatoren sind also gleich groß. In der auf der ersten Welle befindlichen Höchstdruck-Stufengruppe expandiert der Dampf auf 68 atü bei 382° C. Nach Zwischenüberhitzung auf 565° C durchläuft der Dampf eine weitere Stufengruppe auf der zweiten Welle, die er mit 22 atü, 415° C verläßt. Nach nochmaliger Zwischenüberhitzung auf 565° C verteilt sich der Dampf gleichmäßig auf beide Wellen, jeder Teilstrom passiert noch einen Mitteldruckteil und einen dreiflutigen Niederdruckteil

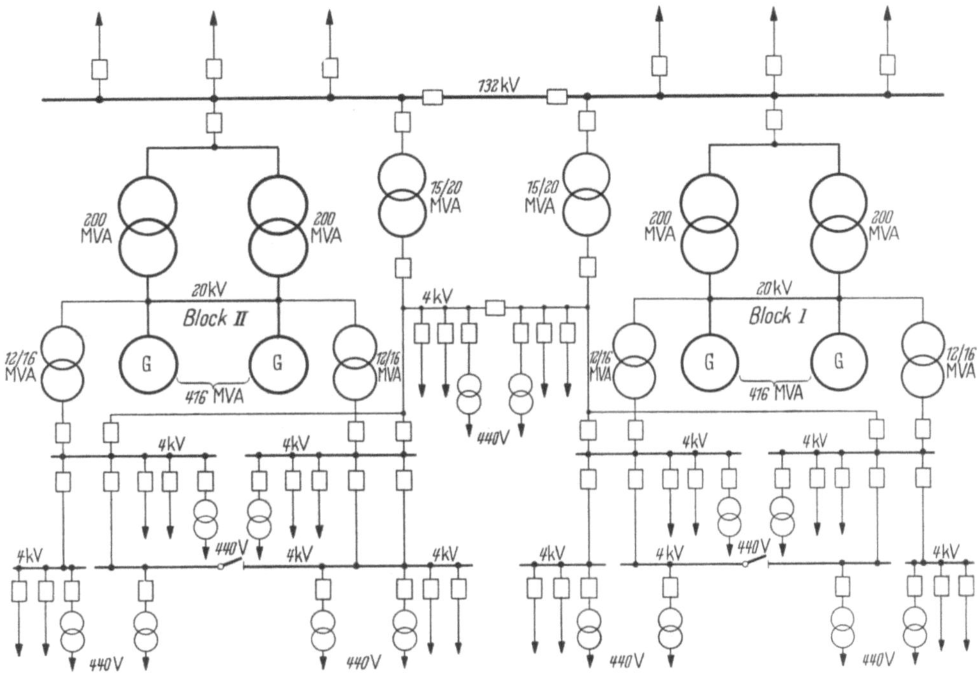

Elektrischer Übersichtsschaltplan

mit 655 mm-Schaufeln. Der gesamte Dampf gelangt also in 6 Teilströmen mit ungefähr dem gleichen Austrittsquerschnitt wie bei der Maschine mit 1800 U/min in den Kondensator. Der Doppelsatz hat insgesamt 8 Anzapfungen. Bei der Beschränkung der Dampftemperatur auf 565° C erübrigt sich die Verwendung austenitischer Stähle. Bei Block 1 erwartet man einen Wärmeverbrauch von 2020 kcal/kWh netto, bei Block 2 einen solchen von 2080 kcal/kWh netto. Der zweite Block soll 1960 in Betrieb gehen.

Beide Generatoren des ersten Blocks sind über getrennte Umspanner auf das 132 kV-Netz geschaltet. Von jedem Generator ist der Eigenbedarf über einen Umspanner unmittelbar abgenommen. Der Eigenbedarf kann auch aus dem 132 kV-Netz gespeist werden.

Die Bunker und Mühlen liegen zwischen den Kesseln jedes Blocks. Die Turbinen sind quergestellt. In einem Zwischenbau von gleicher Höhe wie das Kesselhaus sind Speisepumpen und Speisewasserbehälter aufgestellt. Die Vorwärmer befinden sich in unmittelbarer Nähe der Turbinen. Das Gebäude ist in Stahlbeton erstellt.

Das Kraftwerk Eddystone ist im III. Teil als Erstes Ausführungsbeispiel (S. 648) ausführlich beschrieben.

Schrifttum

Kearny, John J.: Electr. Wld., Bd. 146, 10. 12. 1956, S. 103/10.

Powell, E. M.: Electr. Wld., Bd. 146, 10. 12. 1956, S. 111/13.

Campbell, C. B., C. C. Franck sr. u. J. C. Spahr: Electr. Wld., Bd. 146, 10. 12. 1956, S. 114/17.

Myers, F. W. A.: Electr. Wld., Bd. 146, 10. 12. 1056, S. 118/19.

Harlow, J. H., C. B. Campbell, C. C. Franck sr., J. C. Spahr, E. M. Powell, H. S. Blumberg: Zweitschrift der Trans. ASME, Aug. 1957, S. 1377/97 u. 1410/57 mit Erlaubnis der „Copyright Owner".

Downs, J. E.: Design of the Eddystone No. 2 Steam Turbine-Generator Unit; Vorgelegt dem Power Symposium „Progress Report of Eddystone Station", Philadelphia Section, ASME, Philadelphia, PA., 23. 4. 1957.

Harlow, J. H.: Engineering the Eddystone Plant for 5000-Lb, 1200-Deg Steam, Paper No. 56-A-165 der ASME 1956.

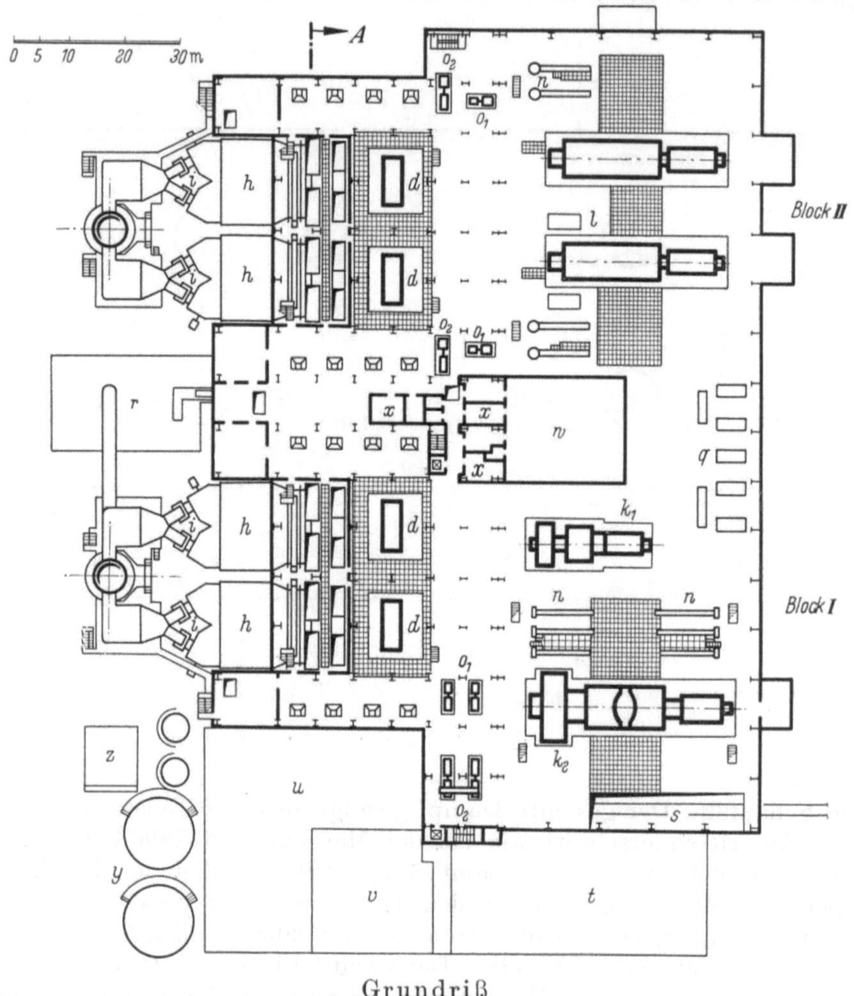

Grundriß

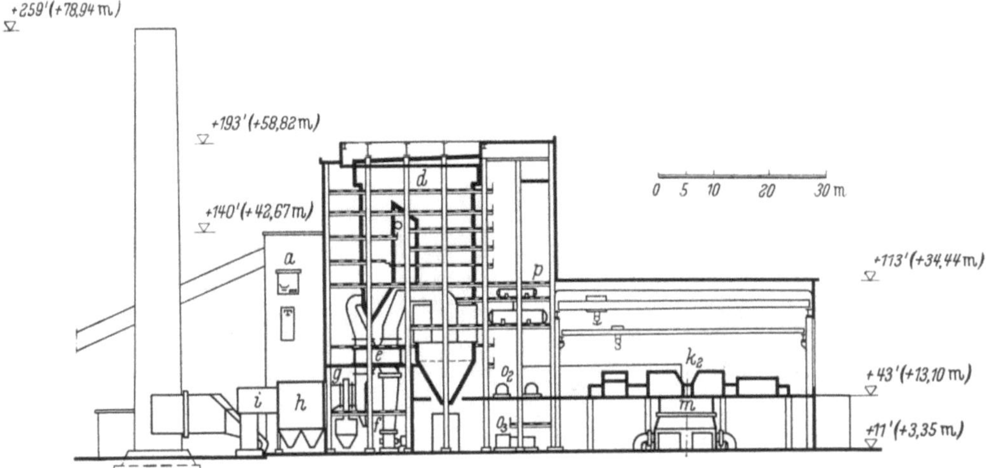

Querschnitt Block I

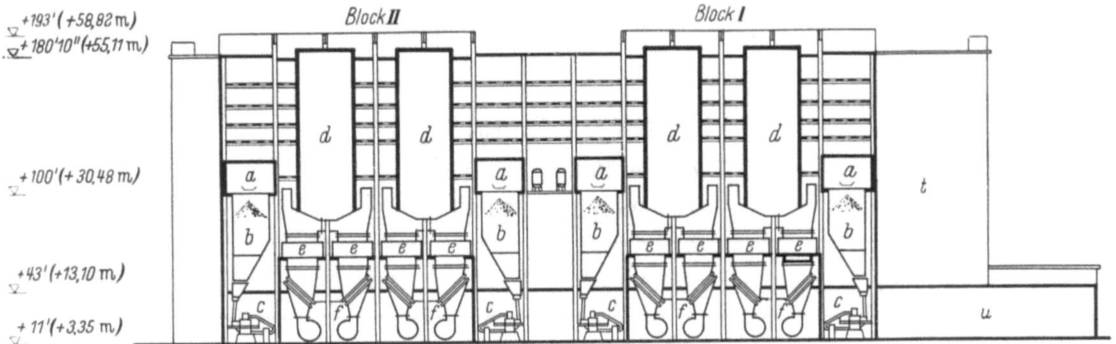

Längsschnitt A-A Luftvorwärmer und Frischluftgebläse

Legende zum Grundriß, Quer- und Längsschnitt

a	Bekohlung	o_1	Hochdruck-Kesselspeisepumpen
b	Kohlebunker	o_2	Mitteldruck-Kesselspeisepumpen
c	Kohlemühle	o_3	Niederdruck-Kesselspeisepumpen
d	Kessel	*p*	Speisewasserbehälter mit Entgaser
e	Luftvorwärmer	*q*	Erregersätze
f	Frischluftgebläse	*r*	Hilfskesselhaus
g	Rauchgasfilter, mechanisch	*s*	Montageöffnung
h	Rauchgasfilter, elektrisch	*t*	Verwaltungsgebäude
i	Saugzuggebläse	*u*	Wasseraufbereitungsanlage
k_1	Hochdruck-Turbine	*v*	Lagerraum
k_2	Niederdruck-Turbine	*w*	Wärmewarte
l	Zweiwellenturbosatz	*x*	Ingenieur- und Meisterräume
m	Kondensator	*y*	Werkwasserbehälter
n	Speisewasser-Vorwärmer	*z*	Chemikalienlager

Schaubild

2 **Kraftwerk Philo, USA**

(Ohio Power Company)

Baujahr 1953/57

Kessel		Block 6
Anzahl		1
Leistung	t/h	304
Art		Durchlauf
Genehmigungsdruck	atü	—
Dampfzustand bei Austritt	atü	315
	°C	620
Dampfzustand hinter ZWÜ	atü	86/13
	°C	565/537
Brennstoff:		
Art		Steinkohle
oberer Heizwert	kcal/kg	5900
Feuerung		Zyklon
Schlackenabzug		flüssig
Luftvorwärmung	°C	362
Abgastemperatur	°C	—
Wirkungsgrad	%	89,6

Rauchgasentstaubung:
Wasseraufbereitung: Vollentsalzung
Bauweise: Stahlkonstruktion
Vorgesehene Gesamtleistung: — MW

Turbinen		Block 6
Anzahl		1
Leistung	MW	125
Leistung	MVA	156
Art		K
Drehzahl	U/min	3600
Dampfdurchsatz	t/h	—
Dampfzustand bei Eintritt	atü	315
	°C	620
bei Wiedereintritt	atü	86/13
	°C	565/537
Kühlwassertemperatur	°C	—
Dampfzustand bei Austritt	ata	0,034
	°C	—
Gehäusezahl		3
Abdampfstutzen (flutig)		2
Vorwärmstufen		7
Entgasungstemperatur	°C	200
Speisewassertemperatur	°C	260
Kennzahlen		
Spez. Wärmeverbr. netto	kcal/kWh	2160
„ Flächenbedarf	m²/kW	0,027
„ Raumbedarf	m³/kW	1,20

Das Kraftwerk Philo der Ohio Power Co. liegt in der Nähe von Zanesville am Ohio im Mittelpunkt des Versorgungsgebietes der American Electric Power Co. Philo ist dadurch bekannt geworden, daß es zum Standort des ersten Blocks für überkritischen Betrieb in den USA gewählt wurde. Es erregte allgemein großes Aufsehen, als im Juni 1953 der Plan, einen großen Block für die höchsten Dampfdrücke und Dampftemperaturen, die je gewählt wurden, für einen wirtschaftlichen Dauerbetrieb im Kraftwerk Philo aufzustellen, bekannt wurde.

Diese Anlage war das Endergebnis einer großen Zahl von Verbesserungen in bezug auf Leistungserhöhung, Druck- und Temperaturerhöhung und Verringerung des spezifischen Wärmeverbrauchs bei den Kraftwerken der American Electric Power Co. Der neue Block von 125 MW wurde an Stelle der ersten Einheit gesetzt, die im Jahr 1923 als erste Zwischenüberhitzungsmaschine aufgestellt wurde. Die jetzige Turbine 6 nimmt einen nur geringfügig größeren Raum als die demontierte 40 MW-Maschine ein.

Der neue Block mit dem überkritischen Druck ist seit März 1957 in Betrieb. Die Erfahrungen bei der Planung, bei dem Bau und in der Einlaufzeit haben erwiesen, daß ein sicherer und wirtschaftlicher Betrieb mit dieser überkritischen Einheit möglich ist. Dies führte zu Bestellungen von zwei neuen überkritischen Blocks mit einer Leistung von je 450 MW in den Kraftwerken Breed und Philip Sporn (Nr. 6 u. 7, S. 90 u. 94) der American Electric Power Co.

Der Dampfzustand des in die Turbine eintretenden Dampfes beträgt 315 atü, 620° C. Der Durchlaufkessel, Bauart Benson, leistet 304 t/h, die dreigehäusige Einwellenturbine 125 MW. Ihre Drehzahl ist 3600 U/min. Der Dampf expandiert zunächst im Höchstdruckteil und verläßt diesen mit 420° C. Er wird dann dem ersten Zwischenüberhitzer zugeführt und dort bei 86 atü auf 565° C vor der Turbine wieder überhitzt. Nach Durchlaufen der zweiten Stufengruppe tritt der Dampf in den zweiten Zwischenüberhitzer ein und wird hier bei 13 atü nunmehr auf 537° C gebracht. Schließlich wird der Dampf in dem doppelflutigen Niederdruckteil auf den Kondensatordruck entspannt. Sieben Anzapfungen dienen der Vorwärmung des Speisewassers auf 260° C. Zwei Vorwärmer liegen hinter dem Entgaser. Der erforderliche Speisewasserdruck wird in zwei hintereinandergeschalteten Pumpen erzeugt. Die Niederdruckpumpe (3550 U/min) liegt hinter dem Entgaser, die Hochdruckpumpe (6500 U/min) hinter dem letzten Hochdruckvorwärmer. Beide Pumpen werden gemeinsam von einem Elektromotor angetrieben, die Hochdruckpumpe unter Zwischenschaltung eines Flüssigkeitsgetriebes.

Die Speisewassertemperatur von 260° C wurde verhältnismäßig niedrig gewählt, damit der Übergang der flüssigen Phase in die Dampfphase in eine verhältnismäßig kühle Zone fällt. Die drei waagerechten Zyklone des Bensonkessels befinden sich an seiner Stirnwand. Der Verminderung der Verschlackung in den Berührungsheizflächen und der besseren Temperaturreglung dient eine Rauchgasrückführung. Gase mit einer Temperatur von 430° C werden hinter der Berührungsheizfläche entnommen und mit den Gasen im Verbrennungsraum von 1630° C gemischt. Mit einer Temperatur von 980° C wird das Gemisch den Schottenheizflächen zugeführt. Diese Temperatur liegt unterhalb des Ascheschmelzpunktes. Wegen des hohen Schwefelgehaltes der Kohle (4 bis 5%) mußten Maßnahmen zur Vermeidung von Korrosionen des Röhrenlufterhitzers ergriffen werden, damit eine zu geringe Eintrittstemperatur der Luft die der Rauchgase nicht unter den Taupunkt sinken läßt. Zu diesem Zweck wurde in den Frischluftkanal hinter dem Gebläse eine mit Dampf beheizte Rohrschlange eingebaut, durch die die in den Lufterhitzer eintretende Luft auf einer Mindesttemperatur von 21° C gehalten werden kann.

Thermisch hochbeanspruchte Teile der Dampfturbine werden nach Möglichkeit mit Dampf von 480° C gekühlt. Bei Vollast werden etwa 27 t/h Kühldampf verbraucht. Gekühlt werden die Dampfzuleitungen zu den Düsenkästen, diese selbst, das Innengehäuse und die Höchstdruck-Labyrinthe. Durch diese Dampfkühlung konnte die Verwendung austenitischen Materials auf die Frischdampfleitungen, die Ventile, die

Düsenkästen und die ersten 3 Trennwände beschränkt werden. Verwendet wurde der Austenit T 347 mit 0,07% C, 18% Cr, 0,7% Nb/Ta und 10,5% Ni.

Die räumliche Anordnung war durch die früheren Bauten vorbestimmt. Es war erforderlich, sich den gegebenen örtlichen Verhältnissen anzupassen. Hieraus ergab sich z. B. zwangläufig die horizontale Einzugbauart des Kessels.

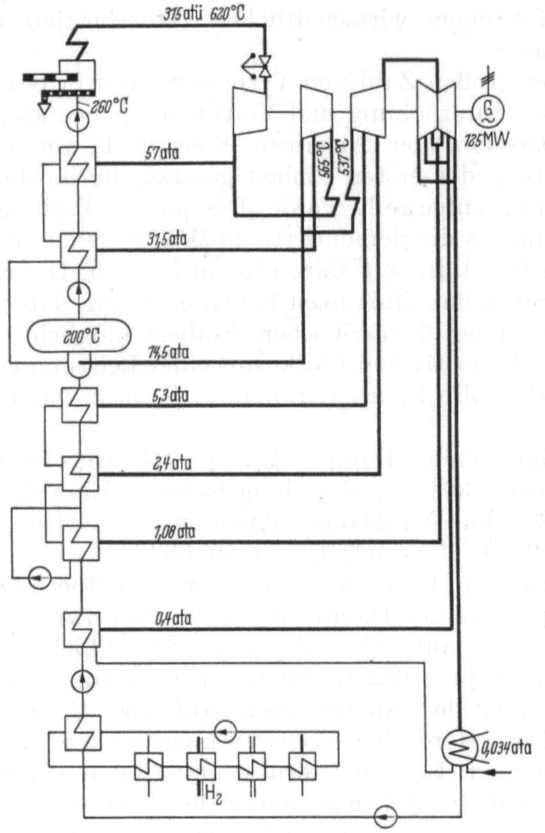

Der Lageplan ist nicht eingezeichnet, da die gesamte Anordnung den Verhältnissen nach dem ersten Weltkrieg entspricht und den heutigen Erfordernissen keine Rechnung trägt. Auch die elektrische Eigenbedarfsanlage des alten Kraftwerks ist früheren Gepflogenheiten angepaßt und wird nicht näher erläutert. Der Bunkerbau liegt zwischen Kessel- und Maschinenhaus. Rauchgasseitig hinter dem Kessel ist der Röhrenlufterhitzer geschaltet. Die Turbine ist quergestellt. Das Gebäude wurde im wesentlichen in Stahlkonstruktion erstellt.

Wärmegrundschaltplan

Schrifttum

SPORN, PH.: Electr. Wld. Bd. 139, 29. 6. 1953, S. 72/76, 138 u. 140.

ROWAND, H. W.: First Commercial Supercritical Pressure Steam Generator for Philo Plant. Paper No. 55–A–135 der ASME 1955.

FIALA, S. N.: First Commercial Supercritical Pressure Steam-Electric Generating Unit for Philo Plant. Paper No. 55–A–137 der ASME 1955.

ELSTON, C. W., u. R. SHEPPARD: First Commercial Supercritical-Pressure Steam Turbine Built for the Philo Plant. Paper No. 55–A–159 der ASME 1955.

PORTER, F. M.: Electr. Wld. Bd. 145, 7. 5. 1956, S. 48/49 u. 51.

Electr. Wld. Bd. 147, 3. 6. 1957, S. 72.

EARLE, CH. R.: Pwr. Eng. Bd. 62, Juli 1957, S. 60/62 u. 96.

Engineer Bd. 204 (1957) S. 175/77, 211/13 u. 247/49.

FRANKENBERG, T. T., A. G. LLOYD u. E. B. MORRIS: Electr. Wld. Bd. 149, 31. 3. 1958, S. 41/45 u. 94.

SHEPPARD, R.: Operating Explience with the First Commercial Supercritical-Pressure Steam Turbine Built for the Philo Plant. American Power Conference 1958.

ANDREW JR., J. D., P. H. KOCH u. E. A. PIRSH: Operating Experience with the First Commercial Universal Pressure Steam Generator at Philo. American Power Conference 1958.

FRANKENBERG, T. T., A. G. LLOYD, E. B. MORRIS: Operating Experience with the First Supercritical Pressure Steam-Electric Generating Unit at the Philo Plant. American Power Conference 1958.

Elektizitatsch. Bd. 57 (1958) S. 94/97.

DICKISON, N. L., W. A. KEILBAUGH u. F. J. POCOCK: Some Physico-Chemical Phenomena in Supercritical Water. Paper No. 58–A–267 der ASME 1958.

LOUCKS, C. M., E. B. MORRIS u. E. A. PIRSH: Organic Acids for Cleaning Power-Plant Equipment. Paper No. 58–A–282 der ASME 1958.

GRIMES, A. S., u. J. A. TILLINGHAST: Thermal Performance of the Philo Supercritical Unit. Paper No. 58–A–297 der ASME 1958.

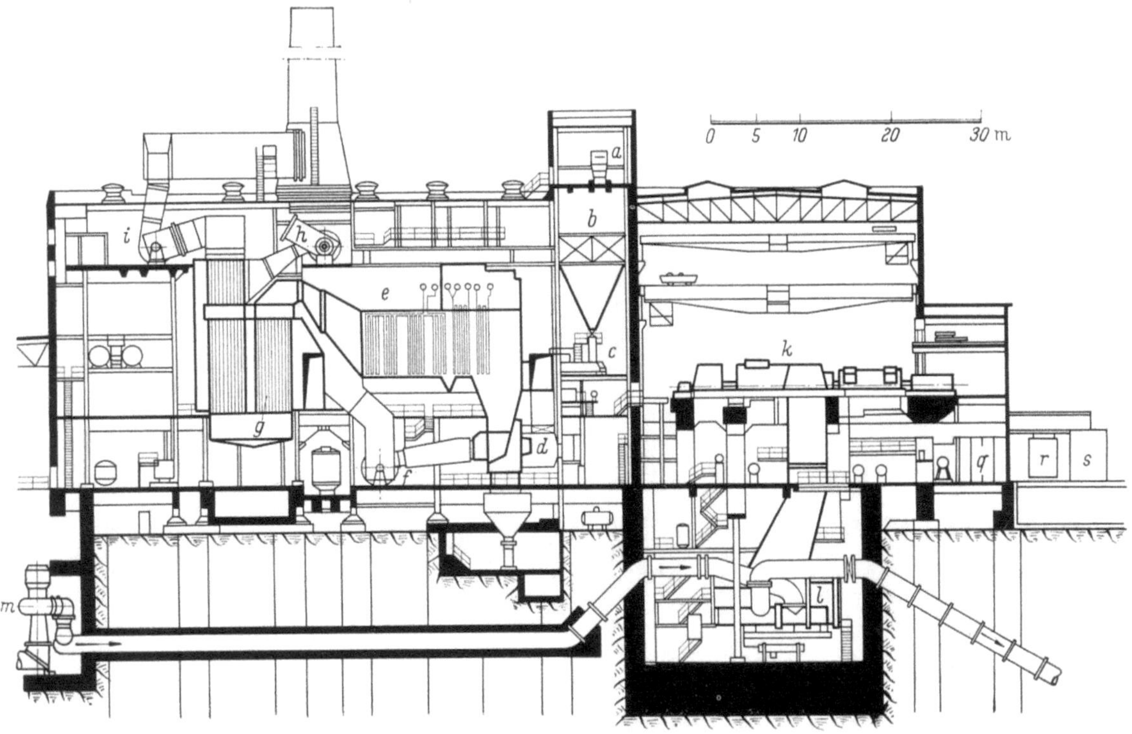

Querschnitt

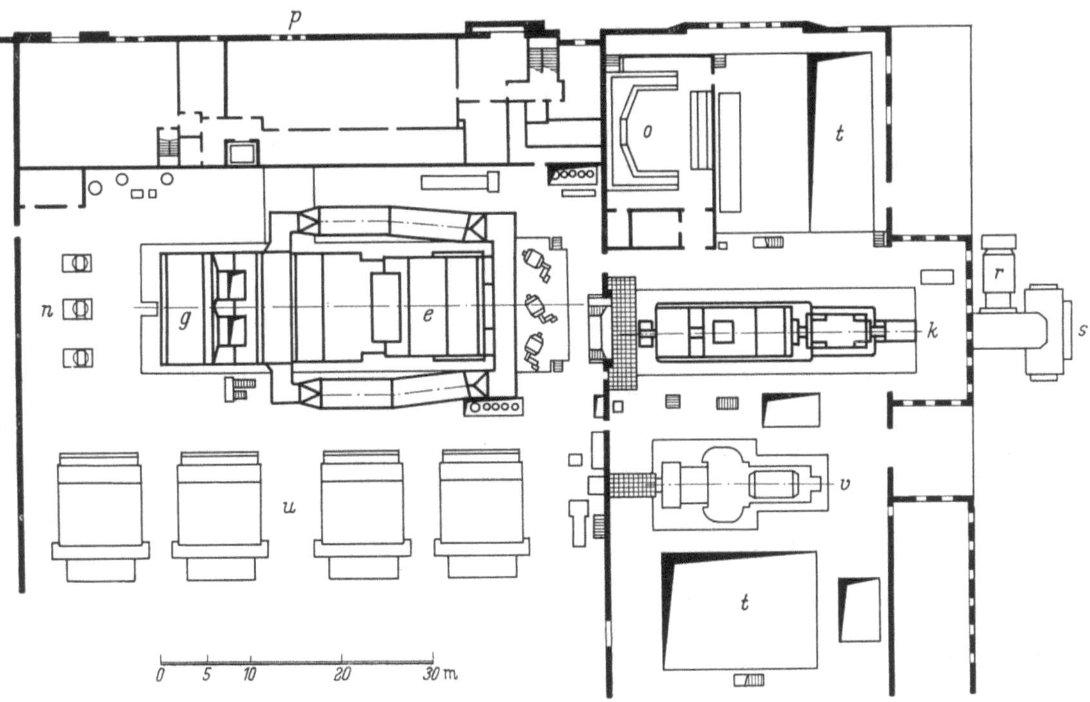

Grundriß

Legende zum Querschnitt und Grundriß

a Bekohlung
b Bunker
c Kohlezuteiler
d Zyklonbrenner
e Kessel
f Rauchgasrücksaugung
g Röhrenlufterhitzer
h Frischluftgebläse
i Saugzuggebläse
k Turbogenerator Nr. 6 125 MW
l Kondensator
m Kühlwasserpumpe
n Druckluftanlage
o Wärmewarte
p Betriebsgebäude
q Eigenbedarfschaltanlage
r Eigenbedarfumspanner
s Hauptumspanner
t Montageöffnung
u Kesselanlage des älteren Kraftwerkteiles
v Älterer Turbogenerator Nr. 2 40 MW

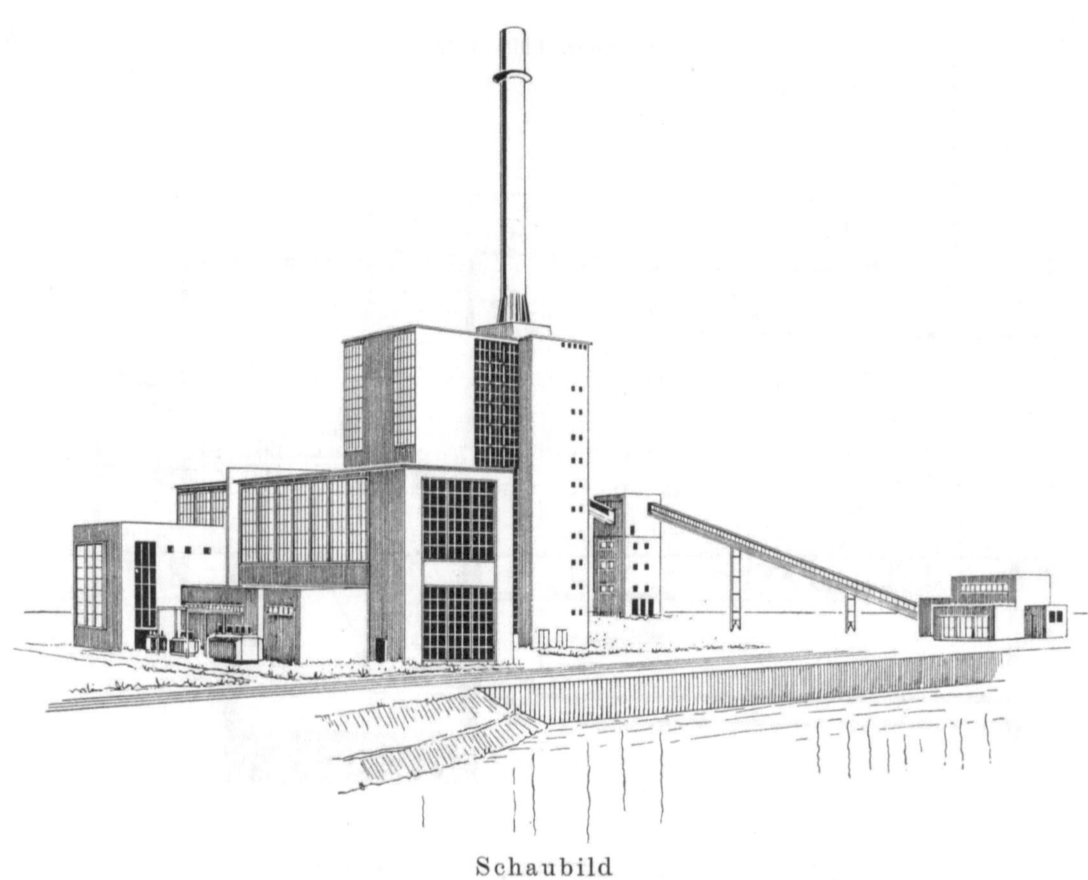

Schaubild

3 **Kraftwerk II der Chemische Werke Hüls AG., Marl, BRD**

Baujahr 1954/56

Kessel		**Turbinen**			
Anzahl	1	Anzahl	1	1	1
Leistung t/h	275	Leistung MW	16	72	16
Art	Durchlauf	Leistung MVA	20	100	20
		Art	HD	K	G
Genehmigungsdruck atü	340	Drehzahl U/min	3000	3000	3000
Dampfzustand bei Austritt atü	309	Dampfdurchsatz t/h	260	225	196
Dampfzustand bei Austritt °C	605	Dampfzustand bei Eintritt atü	299	107	107
Dampfzustand hinter ZWÜ atü	109,4/29,4	Dampfzustand bei Eintritt °C	600	560	510
Dampfzustand hinter ZWÜ °C	565/565	Dampfzustand bei Wiedereintritt atü	—	28,7	—
Brennstoff:		Dampfzustand bei Wiedereintritt °C	—	560	—
Art	Steinkohle, Öl	Kühlwassertemperatur ...	—	10,5	—
unterer Heizwert kcal/kg	5000–6500, 10000	Dampfzustand bei Austritt ata	116	0,025	25
		Dampfzustand bei Austritt °C	452	—	316
Feuerung	Ecken	Gehäusezahl	1	4	1
Schlackenabzug	flüssig	Abdampfstutzen (flutig) ..	1	3	1
Luftvorwärmung °C	450	Vorwärmstufen	—	8	9
Abgastemperatur °C	130	Entgasungstemperatur °C	—	168	—
Wirkungsgrad %	92	Speisewassertemperatur °C	—	337,4	—

Rauchgasentstaubung: elektrisch
Wasseraufbereitung: Vollentsalzung
Bauweise: Beton und Stahlkonstruktion
Vorgesehene Gesamtleistung: etwa 280 MW

Kennzahlen

Spez. Wärmeverbrauch netto ... kcal/kWh	2080
„ Flächenbedarf m²/kW	0,044[1]
„ Raumbedarf m³/kW	1,18[1]

[1] bezogen auf die Leistung der Kondensationsanlage

Die Chemische Werke Hüls AG. errichtete in den Jahren 1954/56 ein Dampfkraftwerk mit überkritischem Druck. Es war das erste Kraftwerk der Welt, das mit diesem überkritischen Dampfzustand 1956 in Betrieb ging. Das Kraftwerk dient auch zur

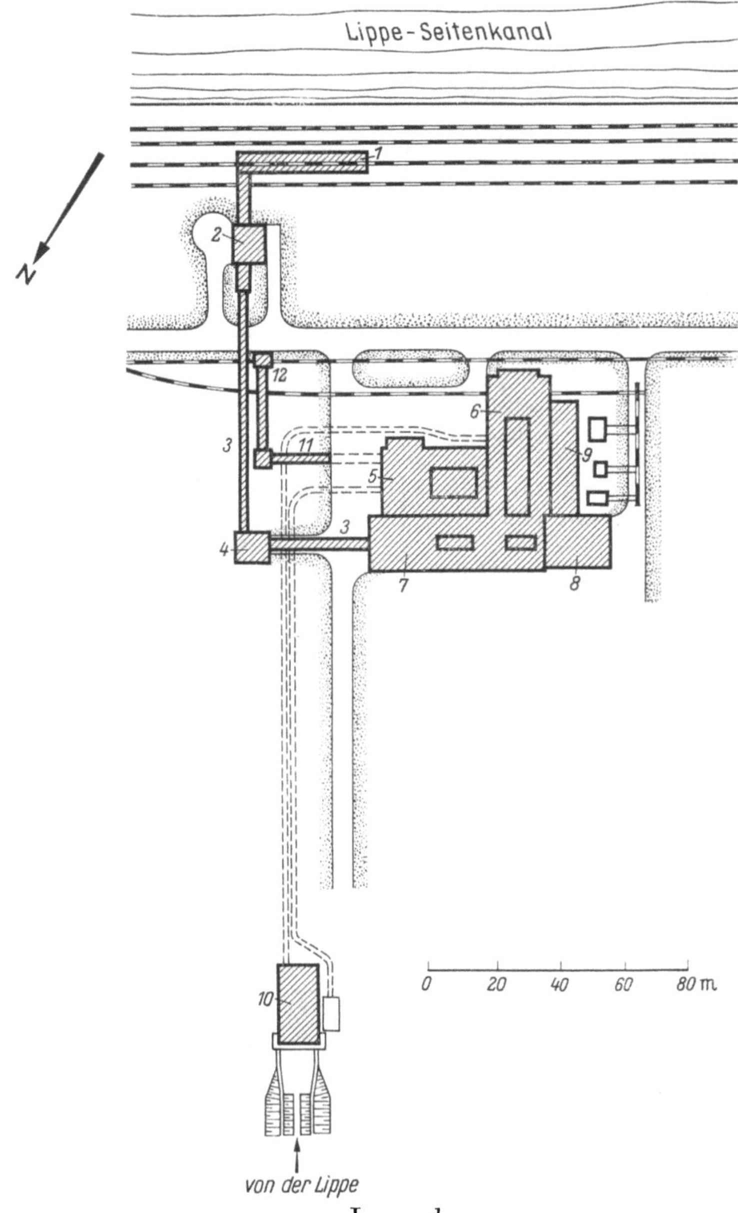

Lageplan

1	Kohletiefbunker	*7*	Vorwärmerhaus
2	Brecheranlage	*8*	Elektro- und Wärmewarte
3	Schrägbandbrücke	*9*	Schaltanlage
4	Übergabeturm	*10*	Kühlwasserpumpenhaus
5	Kesselhaus	*11*	Ascheförderanlage
6	Maschinenhaus	*12*	Aschebunker

Deckung des Strombedarfs der neuerbauten Bunawerke Hüls. Die Neuanlage liegt zwischen Lippe und Lippe-Seitenkanal, etwa 2 km von dem im Jahr 1938 begonnenen Kraftwerk der Gesellschaft in Marl am Nordrand des Rheinisch-Westfälischen Industriebezirks. Der Brennstoff, im wesentlichen Ballastkohle, kann auf dem Lippe-Seitenkanal oder auch auf dem Schienenwege vom Werk I herangeschafft werden. Ein Kohlenlagerplatz mit Kohlenmischanlage ist für den weiteren Ausbau des Kraftwerks geplant. Die Wasserführung der Lippe ist nur für 2 Kondensationsturbosätze ausreichend. Für weitere Ausbaustufen muß dann auf Rückkühlbetrieb übergegangen werden.

Das neue Werk kann im Gegendruckbetrieb mit Dampflieferung über die Fernleitung an das Werk I oder im Kondensationsbetrieb gefahren werden. Bei beiden Betriebsweisen wird der Dampf zunächst der Höchstdruckturbine (16 MW) zugeführt, die mit einem Dampfzustand von 299 atü, 600° C betrieben wird. Der Dampf wird in dieser Turbine auf 115 atü bei 452° C entspannt und erstmalig auf 560° C überhitzt. Er wird

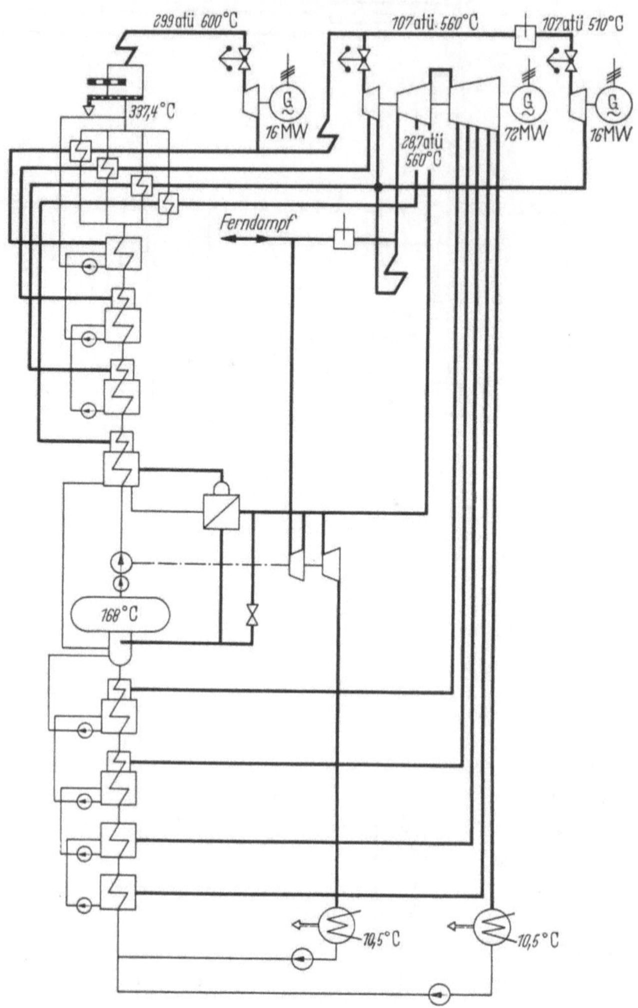

Wärmegrundschaltplan

dann bei Kondensationsbetrieb einer dreigehäusigen 72 MW-Turbine zugeführt, bei der der Dampf, nachdem er im ersten Gehäuse auf 31,5 atü bei 391° C entspannt wurde, nochmals auf 560° C erhitzt wird. Diesem Turbosatz kann ein fünftes Gehäuse zur Entspannung des Dampfes von 300 atü, 600° C auf 116 ata vorgebaut werden. Der Niederdruckteil ist dreigehäusig. Bei Gegendruckbetrieb, der nicht als Normalbetrieb zu betrachten ist, wird der gleichfalls zwischenüberhitzte Dampf in eine 16 MW-Gegendruckturbine geleitet, die er mit 24 atü, 316° C verläßt. Da aber diese bereits vorhandene Turbine für eine Eintrittstemperatur von 510° C ausgelegt ist, muß der Dampf vorher einen Dampfkühler durchlaufen. Der Abdampf dieser Turbine durchströmt den bereits erwähnten zweiten Zwischenüberhitzer und wird dann vor Verlassen des Kraftwerks wieder auf 400° C heruntergekühlt.

Die Kondensationsturbine hat 8 Anzapfungen, wodurch das Speisewasser auf 337,4 °C aufgewärmt wird. Vier Hochdruckvorwärmern sind dampfseitig Enthitzer vorgeschaltet; wasserseitig sind jeweils 4 Vorwärmerelemente parallel geschaltet. Jeder dieser 4 Stränge ist notfalls einzeln absperrbar. Die Rückspeisepumpe für die Vorwärmerkondensate der letzten Vorwärmstufe mit einem dampfseitigen Druck von 110 atü muß das in den drei letzten Hochdruckvorwärmern anfallende Kondensat gegen den Druck der Speisepumpe fördern. Hierbei wird eine Antriebsleistung von 1,2 MW benötigt. Alle Rückspeisepumpen im Hochdruckbereich sind drehzahlgeregelt. Die Entgasung geschieht bei 7,7 ata. Dem Entgaserdampf wird in einem Enthitzerverdampfer die Überhitzungswärme entzogen. Der Druck im Entgaser und Speisewasserspeicher wird konstant gehalten.

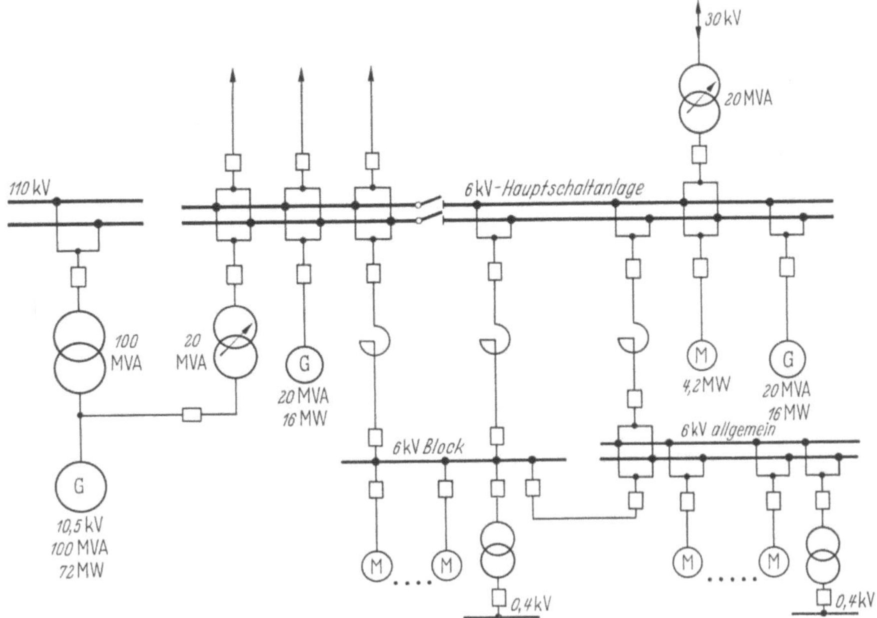

Elektrischer Übersichtsschaltplan

Von den beiden Kesselspeisepumpen mit einem Enddruck von max. 410 ata wird die eine durch eine Dampfturbine, die andere durch einen Elektromotor angetrieben. Die Turbine ist eine Zweidruck-Kondensationsturbine von 4,28 MW bei einer Höchstdrehzahl von 5060 U/min. Das erste Gehäuse wird mit Ferndampf, das zweite mit Anzapfdampf aus der 72 MW-Kondensationsturbine beaufschlagt. Der Hochdruckteil kann abgekuppelt werden. Mit der Hauptpumpe ist eine Vorpumpe über ein Zwischengetriebe gekuppelt. Die zweite Kesselspeisepumpe wird von einem 4200 kW-Kurzschlußläufermotor angetrieben. Die Drehzahl der Vor- und Hauptpumpe wird über eine Voith-Sinclair-Kupplung geregelt.

Der Dreizug-Bensonkessel ist mit Eckenbrennern und Schmelzkammer ausgerüstet. Für eine beschränkte Kessellast kann der Kessel auch mit Öl betrieben werden. Als Zündfeuer steht Gas zur Verfügung. Der Dampf wird in sechs parallelen, austenitischen Rohrleitungen mit einer lichten Weite von je 77 mm Durchmesser der Turbine zugeführt.

Da mit Gleitdruck gefahren wird, konnte bei der Turbine auf eine Regelstufe verzichtet werden. Für Betriebszustände über 220 atü, 550 ° C wurden austenitische Werkstoffe verwendet. In diesem Bereich ist der ferritischen Welle eine austenitische Laufbüchse aufgesetzt. Der Hochdruckteil ist als sog. Topfturbine mit senkrechtem Flansch im Bereich der niedrigen Temperaturen ausgebildet.

Das vollentsalzte Zusatzwasser wird durch eine Leitung vom Werk I zugeführt.

Der Generator der Kondensationsturbine speist über entsprechende Umspanner in 110 und 6 kV-Sammelschienen ein. Die beiden 16 MW-Turbinen arbeiten unmittelbar auf die genannten 6 kV-Sammelschienen. Diese sind über einen Umspanner auch an ein

30 kV-Netz angeschlossen, von dem auch Strom bezogen werden kann, so daß auch die Versorgung des Eigenbedarfs, der über Drosselspulen von den 6 kV-Sammelschienen gespeist wird, auf jeden Fall gesichert ist.

Der beherrschende Baukörper ist das etwa 50 m hohe Kessel- und Bunkerhaus. Das Elektrofilter befindet sich oberhalb des Kessels. Der Schornstein ist dem Bunker-

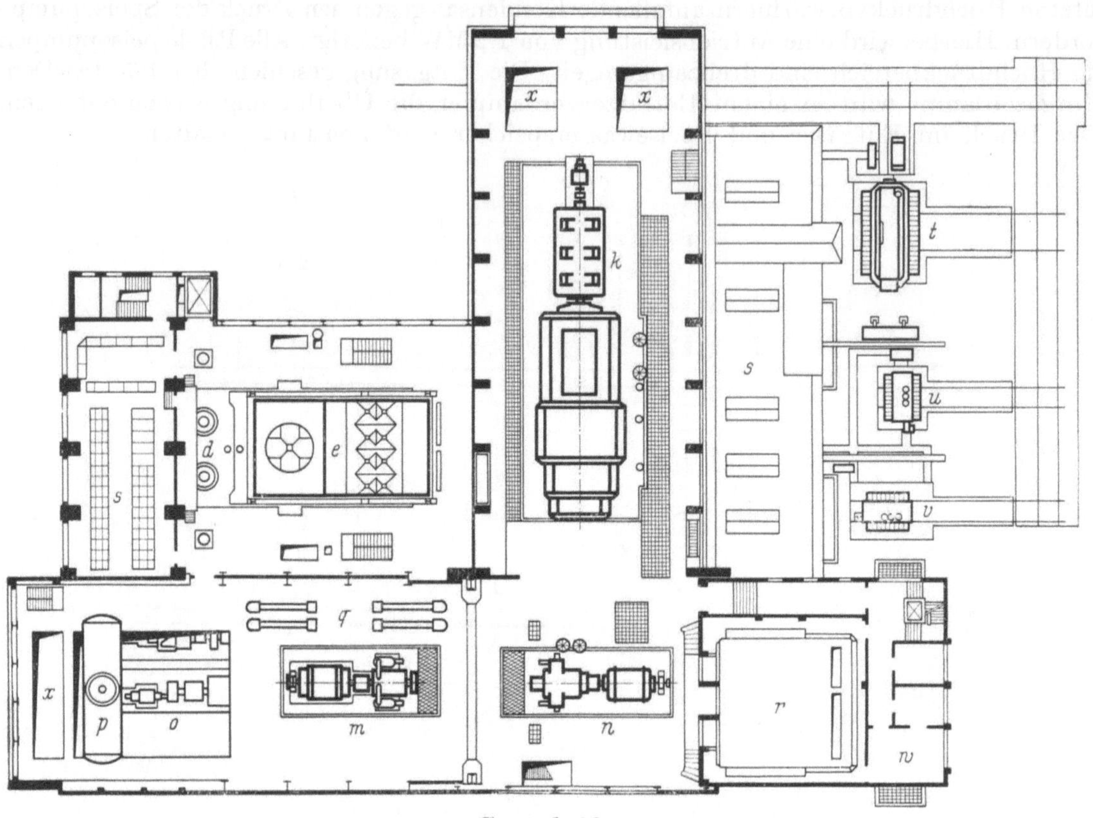

Grundriß

haus aufgesetzt. Oberhalb der Bunker befinden sich die Frischluft- und Saugzuggebläse, unterhalb befindet sich eine 6 kV-Schaltanlage. An das Bunker- und Kesselhaus schließt sich das mit ihren Längsachsen um 90° versetzte Vorwärmer- und Hilfsmaschinenhaus an. In diesem sind neben der Vorwärmturbine und den Vorwärmern die Speisepumpen und Speisewasserbehälter eingebaut. Die Kondensationsturbine steht in der Längsachse des Maschinenhauses; die Höchstdruckturbine ist quergestellt. Weiter folgen die Umspanner. Alle Bauwerke sind bis auf das Kessel- und Vorwärmerhaus in Stahlbeton ausgeführt. Das Kraftwerk steht im Bergbaugebiet. Jedes Bauwerk wurde darum für sich gegründet. Die Einzelfundamente wurden durch eine Zerrplatte verbunden. Die Grundplatte der 72 MW-Turbine wurde an drei Punkten nachstellbar aufgelagert.

Bei der Planung wurde darauf Rücksicht genommen, daß das Kraftwerk um drei weitere Kondensations-Turbosätze gleicher Leistung erweitert werden kann.

Die Herstellungskosten der Kondensationsanlage (ohne die zusätzliche Gegendruckturbine) werden mit 39,5 Mio DM oder 464 DM/kW angegeben. Eine mit einem heute allgemein üblichen Dampfzustand ausgelegte Anlage hätte etwa 35,7 Mio DM (420 MM/kW) kostet. Den um 3,8 Mio DM erhöhten Herstellungskosten entspricht bei einer Anuität von 15% eine Erhöhung der Jahreskosten von 570000 DM. Da die überkritische Anlage etwa 200 kcal/kWh weniger verbraucht, beginnt auch bei dem relativ niedrigen Wärmepreis von 10 DM/10^6 kcal ihre wirtschaftliche Überlegenheit gegenüber einer normalen Anlage bereits bei einer Vollastausnutzung von 3400 Stunden.

Ein zweiter Block wurde im Herbst 1958 in Auftrag gegeben. Die Dampftemperatur wurde wegen des in den letzten Jahren stark erhöhten Preises des Austenits herabgesetzt.

Schrifttum

Brennstoff, Wärme, Kraft Bd. 8 (1956) S. 616.
SCHULTES, K.: Siemens-Zeitschrift Bd. 30 (1956) S. 248/61.
BRACHETTI, H. E.: Z. VDI Bd. 98 (1956) S. 1298/1301.
BRENNECKE, C., u. R. SCHINN: Z. VDI Bd. 99 (1957) S. 1335/42.
NOETZLIN, G.: Mitt. Ver. Großkesselbes. Heft 54 (1958) S. 4/6.
NOETZLIN G., u. A. ENGL: Brennstoff, Wärme, Kraft Bd. 10 (1958) S. 481/87.
NOETZLIN, G.: Mitt. Ver. Großkesselbes. Heft 55 (1958) S. 230/55.
ENGL, A.: Mitt. Ver. Großkesselbes. Heft 55 (1958) S. 255/64.

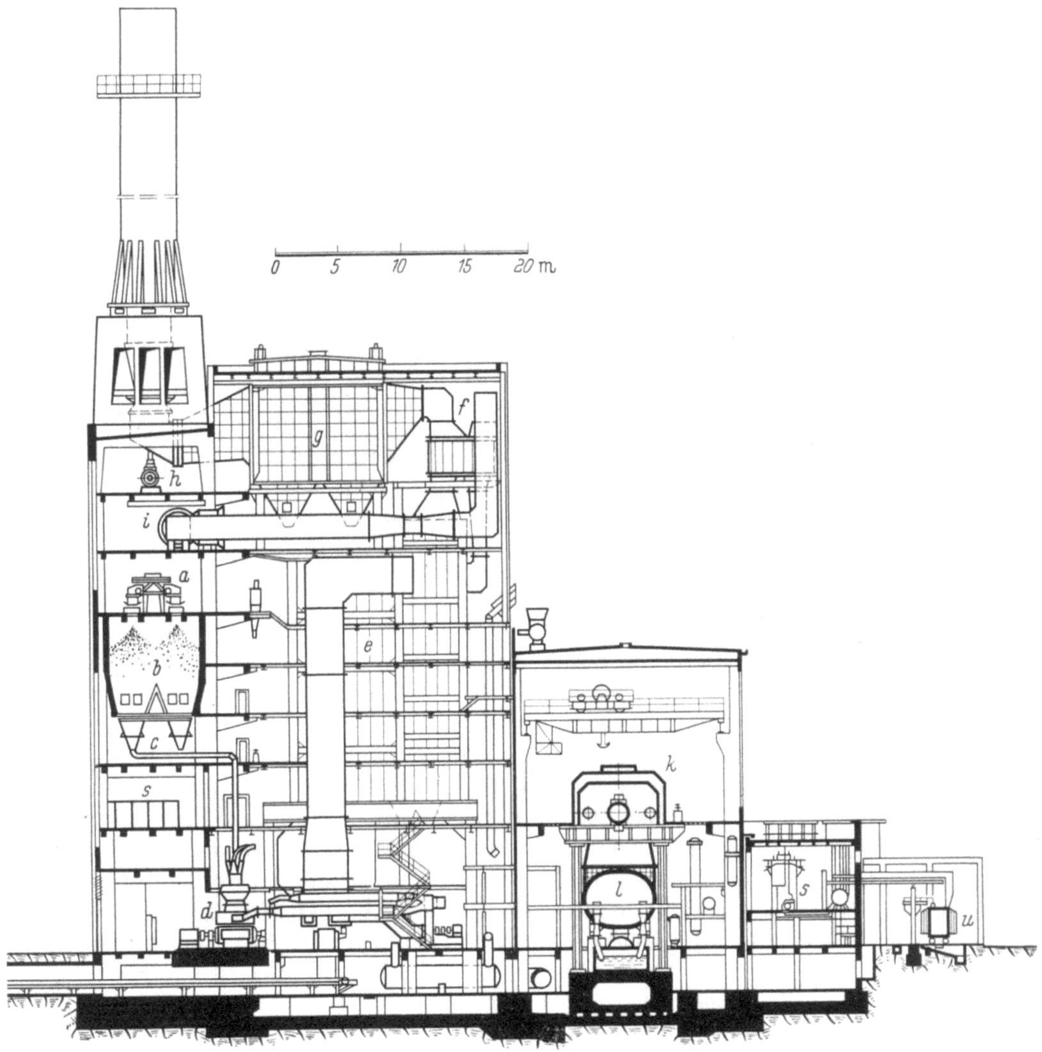

Querschnitt

Legende zum Grundriß und Querschnitt

a	Bekohlung	*i*	Frischluftgebläse	*r*	Wärme- und Elektrowarte
b	Bunker	*k*	Turbogenerator 72 MW	*s*	Eigenbedarfschaltanlage 6 kV
c	Kohlezuteiler	*l*	Kondensator	*t*	Hauptumspanner
d	Kohlemühle	*m*	Gegendruckturbosatz 16 MW	*u*	Eigenbedarfumspanner
e	Kessel	*n*	Hochdruck-Vorschaltturbosatz 16 MW	*v*	Anfahrumspanner
f	Luftvorwärmer	*o*	Kesselspeisepumpen	*w*	Büroräume
g	Elektrofilter	*p*	Speisewasserbehälter mit Entgaser	*x*	Montageöffnung
h	Saugzuggebläse	*q*	Vorwärmer		

5

Kraftwerk Avon, USA

(Cleveland Electric Illuminating Co., Cleveland)

Baujahr 1955/58

Kessel	
Anzahl	1
Leistung t/h	775
Art	Durchlauf
Genehmigungsdruck atü	—
Dampfzustand bei Austritt atü	245
Dampfzustand bei Austritt °C	593
Dampfzustand hinter ZWÜ atü	53
Dampfzustand hinter ZWÜ °C	565
Brennstoff:	
Art	Steinkohle
oberer Heizwert kcal/kg	6900
Feuerung	Ecken
Schlackenabzug	trocken
Luftvorwärmung °C	—
Abgastemperatur °C	—
Wirkungsgrad %	—

Rauchgasentstaubung: —
Wasseraufbereitung: Vollentsalzung
Bauweise: Stahlkonstruktion
Vorgesehene Gesamtleistung: — MW

Turbine	
Anzahl	1
Leistung MW	250
Leistung MVA	273
Art	K
Drehzahl U/min	3600
Dampfdurchsatz t/h	775
Dampfzustand bei Eintritt atü	245
Dampfzustand bei Eintritt °C	593
bei Wiedereintritt atü	53
bei Wiedereintritt °C	565
Kühlwassertemperatur °C	—
Dampfzustand bei Austritt ata	0,035
Dampfzustand bei Austritt °C	—
Gehäusezahl	4
Abdampfstutzen (flutig)	3
Vorwärmstufen	8
Entgasungstemperatur °C	175
Speisewassertemperatur °C	293
Kennzahlen	
Spez. Wärmeverbr. netto kcal/kWh	2169
„ Flächenbedarf m²/kW	—
„ Raumbedarf m³/kW	—

Das Kraftwerk Avon, dessen erster Ausbau auf das Jahr 1925 zurückgeht, liegt 32 km westlich der Stadt Cleveland am Eriesee im Staate Ohio. Ende 1958 soll ein 250 MW-Einwellensatz als achte Einheit in Betrieb gehen. Der Dampfdruck wurde mit 245 atü gleich hoch wie bei den Zweiwellenturbinen Eddystone 2, Breed und Philip Sporn gewählt. Im Gegensatz zu diesen Einheiten hat die Turbine aber nur eine einzige Zwischenüberhitzung anstatt zwei auf je 565° C bei den genannten anderen Turbosätzen. Dafür wurde die Frischdampftemperatur mit 593° C, also 28° C höher als bei den anderen Turbinen, gewählt. Die Turbine wird erstmalig für eine so hohe Eintrittstemperatur bei überkritischem Druck ausschließlich aus ferritischen Werkstoffen gebaut. Sie besteht aus 4 Gehäusen, hat 3 Abdampfstutzen und 8 Anzapfungen zur Speisewasseraufwärmung.

Im überkritischen Turbinenteil wird der Dampf auf 140 ata entspannt, im anschließenden Höchstdruckteil auf 53 ata. Nach der Zwischenüberhitzung durchläuft der Dampf den Hoch- und Mitteldruckteil und tritt dann mit 3,2 ata in den dreiflutigen Niederdruckteil ein. Das Vakuum im Kondensator ist 95%. Hinter den Speisepumpen wird das Speisewasser auf zwei Stränge aufgeteilt; in jedem liegen 4 Hochdruckvorwärmer mit Enthitzern und Kondensatkühlern. Die 3 Speisepumpen haben eine Fördermenge von je 656 t/h und eine normale Drehzahl von 7575 U/min. Zwei Pumpen werden durch je eine Turbine angetrieben, welche das Wärmegefälle zwischen dem Hochdruckteil und der letzten Anzapfung ausnutzt. Überschüssiger Dampf, der nicht in dem entsprechenden Niederdruckvorwärmer niedergeschlagen werden kann, wird wieder in die

Hauptturbine geleitet. Die dritte Pumpe wird durch zwei auf einer gemeinsamen Welle sitzenden Asynchronmotoren von je 4000 PS über eine hydraulische Kupplung angetrieben. Beim Anfahren wird zunächst der eine Motor eingeschaltet, der zweite erst nach Erreichung der vollen Drehzahl. Hierdurch wird der Einschaltstrom niedriger gehalten.

Die angeschlossene Heizanlage wird mit Heißwasser betrieben. Die Wärme wird in einem Wärmeaustauscher übertragen, der von einem Dampfstrom beaufschlagt wird, welcher am Eingang eines Niederdruckteiles entnommen wird.

Der Durchlaufkessel in der Sulzer-Bauart mit einer Leistung von 775 t/h hat zwei getrennte Feuerräume mit je 2 Zügen. Jeder Feuerraum ist mit schwenkbaren Eckenbrennern ausgestattet. Das Speisewasser durchströmt in jedem Feuerraum zunächst zwei parallelgeschaltete Vorwärmer, alsdann die Kühlwände im unteren Teil des Feuerraumes. Der Übergangsteil liegt im zweiten Zug vor den Vorwärmern. Der anschließend in insgesamt vier parallelen Systemen durchströmte Strahlungsüberhitzer befindet sich im oberen Teil des ersten Zuges. Anschließend folgt der hängende Plattenüberhitzer und der Endüberhitzer, letzterer liegt im Verbindungsteil zwischen dem ersten und zweiten Zug. Zwischen dem Platten- und Endüberhitzer ist der Zwischenüberhitzer angeordnet.

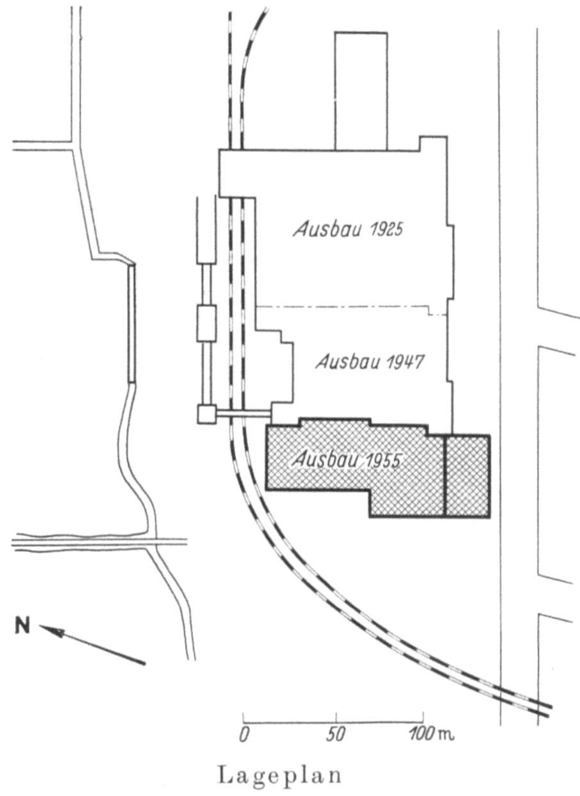

Lageplan

Die Regelung der Verbrennung geschieht elektropneumatisch; sie wirkt auf die Brennstoffzufuhr und die Verbrennungsluft ein. Die Überhitzungstemperatur hat eine elektrische Regelung. Sie wirkt auf die Schwenkbrenner und die Wassereinspritzung. Jeder der 4 Speisewasserströme wird durch ein Druckdifferenz-Regelventil gesteuert, wodurch unterschiedliche Wasserströme in den einzelnen Kreisen ausgeglichen werden. Die Drehzahl der Speisepumpen steht in Abhängigkeit von der Stellung dieser Regelventile.

Vom Kessel strömt der Dampf in acht austenitischen Leitungen von 168 mm Außendurchmesser und 102 mm Innendurchmesser, also mit einer Wandstärke von 33 mm, Material ASTM, Sorte A-312, Type TP 316 mit 16% Cr, 2% Mo und 14% Ni, zu je einem Kesselabsperrventil. Jede dieser Leitungen ist rund 90 m lang. Auf der anderen Seite der Absperrventile ist das Übergangsstück vom austenitischen zum ferritischen Material angeschweißt. Die anschließenden ferritischen Rohrleitungen haben den gleichen Innendurchmesser wie die vorgenannten austenitischen, jedoch eine Wandstärke von 74 mm; sie bestehen aus ASTM, Sorte A 335, Type P 22 mit $2^1/_4$% Cr und 1% Mo und gegebenenfalls $^1/_4$% Va. Sie führen zu einem gleichfalls ferritischen Mischsammler mit einem Außendurchmesser von 584 mm und einem Innendurchmesser von 254 mm, also einer Wandstärke von 165 mm. Von dem Mischsammler führen vier ferritische Leitungen (Außendurchmesser 292 mm, Innendurchmesser 127 mm, Wandstärke also 82,5 mm) zu den Turbinen. Bei diesen Dampfleitungen wurden Tulpennahtschweißungen nach dem Schutzgasverfahren mit Wolframelektroden ohne Vorwärmung angebracht.

Besonderer Wert wurde auf die Reinheit des Speisewassers, das durch einen Zusatz von Ammoniak oder Hydrazin auf einen p_H-Wert von 9,0 bis 9,5 gehalten wird, gelegt.

Der Kondensator, die beiden Wasserkästen und der Kondensatsammler werden durch eine senkrechte, parallel zu den Rohren verlaufende Trennwand unterteilt. Daneben befinden sich im Kondensatsammler noch zwei niedrigere Trennwände senkrecht zu den Rohren. Durch die Unterteilungen kann das sich bildende Kondensat an sechs voneinander unabhängigen Stellen abgeführt werden. Die niedrigen Trennwände sollen das an den beiden Enden des Kondensators sich bildende Kondensat, das durch undichte Einwalzstellen mit Kühlwasser verunreinigt sein kann, von dem in der Mitte des Kondensators anfallenden Kondensat trennen. Das an den Enden des Kondensators ablaufende Kondensat wird im Normalfall über eine besondere Filter- und Entsalzungsanlage geleitet. Es wird dann dem Mittelteil des Kondensators, von dem das Wasser den Kondensatpumpen zuläuft, wieder zugeführt. Das Kondensat wird ständig durch Leitfähigkeitsmesser überwacht. Die Längstrennwand ermöglicht einen Teilbetrieb der einen Kondensatorhälfte, bis ein Rohrschaden in der anderen Hälfte beseitigt ist. Bei einem Rohrbruch, der auch den Mittelteil des Kondensators in Mitleidenschaft zieht, kann die Filter- und Entsalzungsanlage auch das gesamte Kondensat reinigen. Auch das Zusatzwasser, das in einer Vollentsalzungsanlage aufbereitet wurde, durchläuft vor seinem Eintritt in den Kondensator noch die erwähnte Filteranlage. Die Heizdampfkondensate der Niederdruckvorwärmer werden nicht, obwohl dies wärmewirtschaftlich günstiger wäre, durch eine Pumpe dem Speisewasserkreislauf unter Vermeidung des Kondensators wieder zugeführt, sondern letzterem zugeleitet, damit sie in der Filter- und Entsalzungsanlage von etwaigen Kupfer- und Eisenbestandteilen befreit werden.

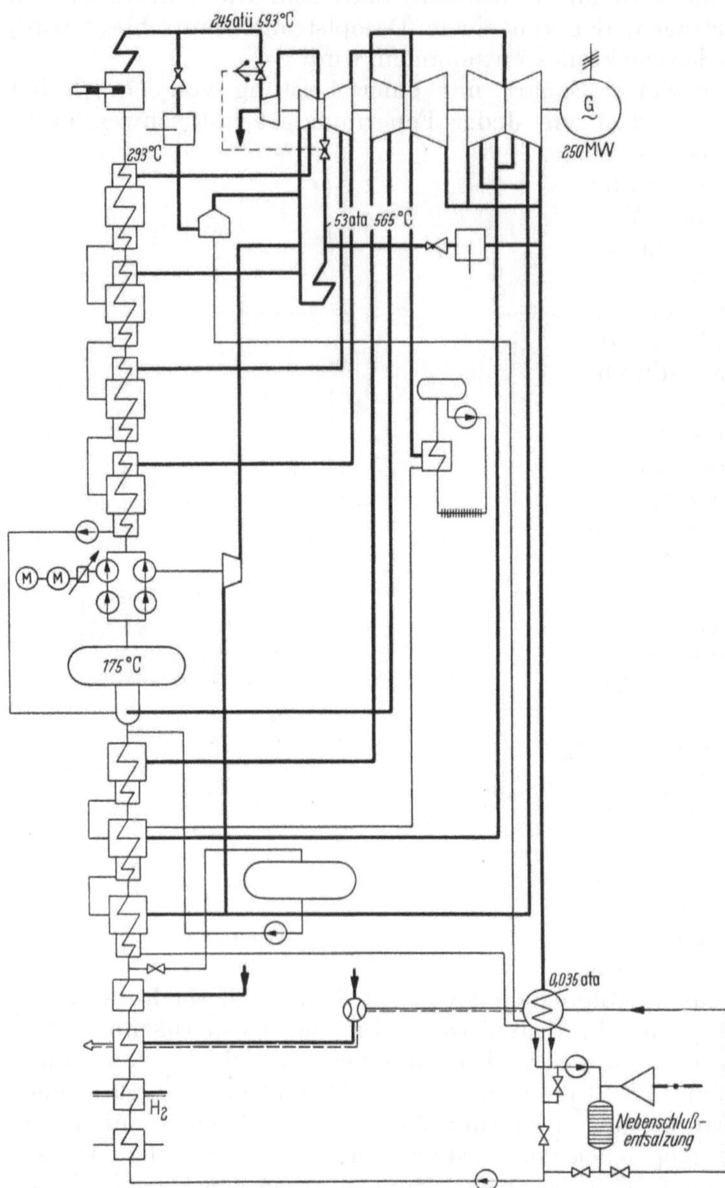

Wärmegrundschaltplan

Die Turbine wird ölhydraulisch geregelt. Die Drosselventile geben bei allen Belastungen stets gleiche Querschnitte frei, um eine gleichmäßige Beaufschlagung über den ganzen Umfang des ersten Turbinenrades sicherzustellen. Hierdurch ist der Drosselverlust bei

Teillast etwas größer gegenüber einer Turbine, deren Drosselventile sich nacheinander öffnen.

Der innengekühlte Generator hat bei einem Wasserstoffdruck von 3,15 atü eine Leistung von 273 MVA. Die 1,2 MVA-Erregermaschine wird von einem Asynchronmotor mit 1750 U/min angetrieben.

Die Bunkeranlage liegt zwischen Kessel- und Maschinenhaus. Der Ljungström-Luftvorwärmer wird unterhalb des zweiten Kesselzuges innerhalb des Kesselhauses angeordnet. Die Verbrennungsluft wird mittels der unten aufgestellten Gebläse durch Kanäle unterhalb der Decke des Kesselhauses angesaugt. Die Rauchgase durchströmen im Freien

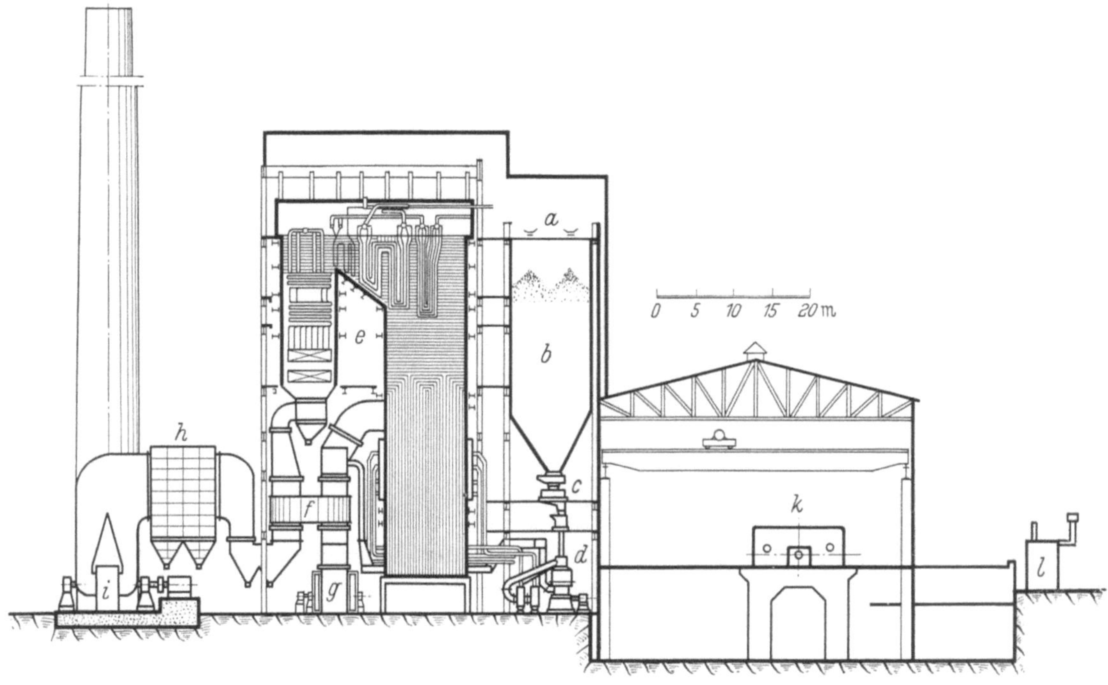

Querschnitt

a Bekohlung
b Kohlenbunker
c Kohlenzuteiler
d Kohlenmühle
e Kessel
f Luftvorwärmer
g Frischluftgebläse
h Rauchgasfilter
i Saugzuggebläse
k Einwellenturbosatz
l Umspanner

aufgestellte Rauchgasfilter und treten dann über Saugzuggebläse in den frei stehenden Betonschornstein ein, der eine Ausmauerung aus Ziegeln erhält. Die Turbine wird in Längsanordnung aufgestellt. Die mit Klimaanlage ausgestattete Wärmewarte liegt zwischen Kessel und Turbine in Höhe des Maschinenhausflures und kann auch die Instrumente für die Überwachung eines weiteren Blockes aufnehmen. In die vorhandene Elektrowarte werden die für die Neuanlage erforderlichen Einrichtungen eingebaut. Die Bauten werden in Stahlkonstruktion erstellt. Die Wände werden mit rostfreien Stahlplatten mit Wärmeisolierung verkleidet.

Schrifttum

Dauber, C. A.: Electr. Wld. 2. 7. 1956, S. 18, 20, 24 u. 26.
Dauber, C. A.: Combustion. Aug. 1957, S. 47/56.
Brennecke, C. u. R. Schinn: Z. VDI Bd. 99 (1957) S. 1611/19.
Energie Bd. 9 (1957) S. 275/76.
Mitt. Ver. Großkesselbes. Heft 51, 1957, S. 436.
Skrotzki: BGA, Power Bd. 102, Okt. 1958, S. 157/59.

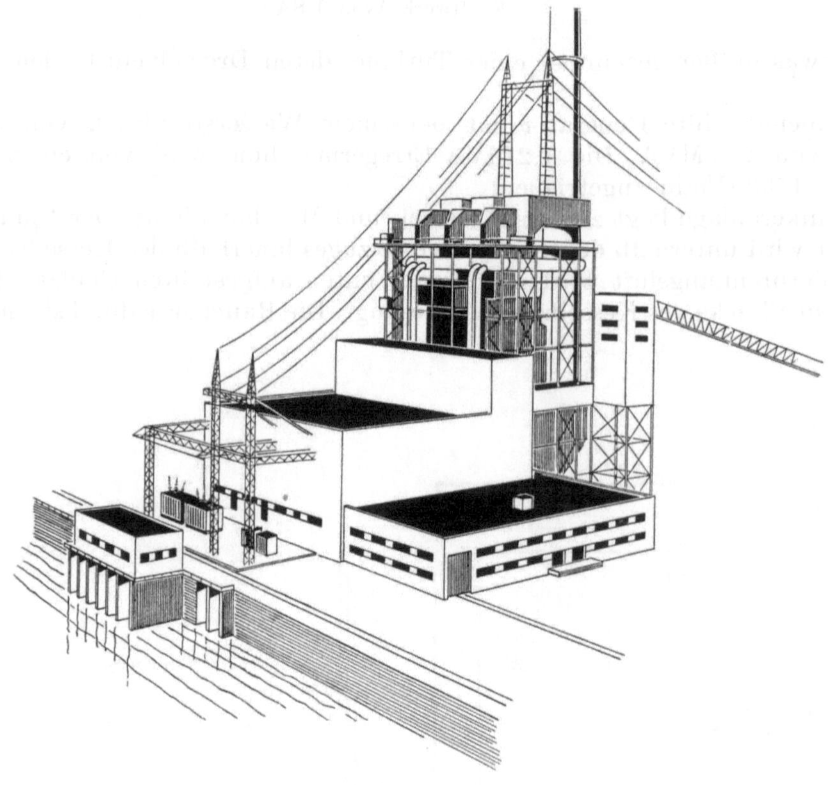

Schaubild

6 **Kraftwerk Breed[1], USA**

(Indiana & Michigan Electric Co., Verbundnetz der American Electric Power Co.)

Baujahr 1956/59

Kessel	
Anzahl	1
Leistung t/h	1320
Art	Durchlauf
Genehmigungsdruck atü	—
Dampfzustand bei Austritt atü	245
Dampfzustand bei Austritt °C	565
Dampfzustand hinter ZWÜ atü	66/20
Dampfzustand hinter ZWÜ °C	565/565
Brennstoff:	
Art	Steinkohle
oberer Heizwert kcal/kg	—
Feuerung	Zyklon
Schlackenabzug	flüssig
Luftvorwärmung °C	—
Abgastemperatur °C	—
Wirkungsgrad %	—

Rauchgasentstaubung
Wasseraufbereitung: chemisch und Verdampfung
Bauweise: —
Vorgesehene Gesamtleistung MW

Turbinen		
Anzahl	1	1
Leistung MW	225	225
Leistung MVA	Welle 1	Welle 2
Art	K	K
Drehzahl U/min	3600	3600
Dampfdurchsatz t/h	—	—
Dampfzustand bei Eintritt atü	245	66
Dampfzustand bei Eintritt °C	565	565
bei Wiedereintritt atü	20	20
bei Wiedereintritt °C	565	565
Kühlwassertemperatur °C	—	—
Dampfzustand bei Austritt ata	0,051	0,051
Dampfzustand bei Austritt °C	—	—
Gehäusezahl	3	3
Abdampfstutzen (flutig)	3	3
Vorwärmstufen	9	
Entgasungstemperatur °C	—	
Speisewassertemperatur °C	296	
Kennzahlen		
Spez. Wärmeverbr. netto kcal/kWh	2130	
„ Flächenbedarf m²/kW	0,013	
„ Raumbedarf m³/kW	0,51	

[1] Die Auslegungsdaten gelten auch für den 450 MW-Block des Kraftwerks Philip Sporn (Nr. 7, S. 94).

Die Indiana & Michigan Electric Co. erstellt in ihrem Kraftwerk Breed am Wabash River einen Block mit einer Einheitsleistung von 450 MW, der Mitte 1959 in Betrieb gehen soll. Der Dampf tritt in die Turbine mit dem überkritischen Druck von 245 atü bei 565° C ein und wird zweimal auf die gleiche Temperatur zwischenüberhitzt. Die Ohio Power Co. and Appalachian Electric Co. stellt in ihrem Kraftwerk Philip Sporn

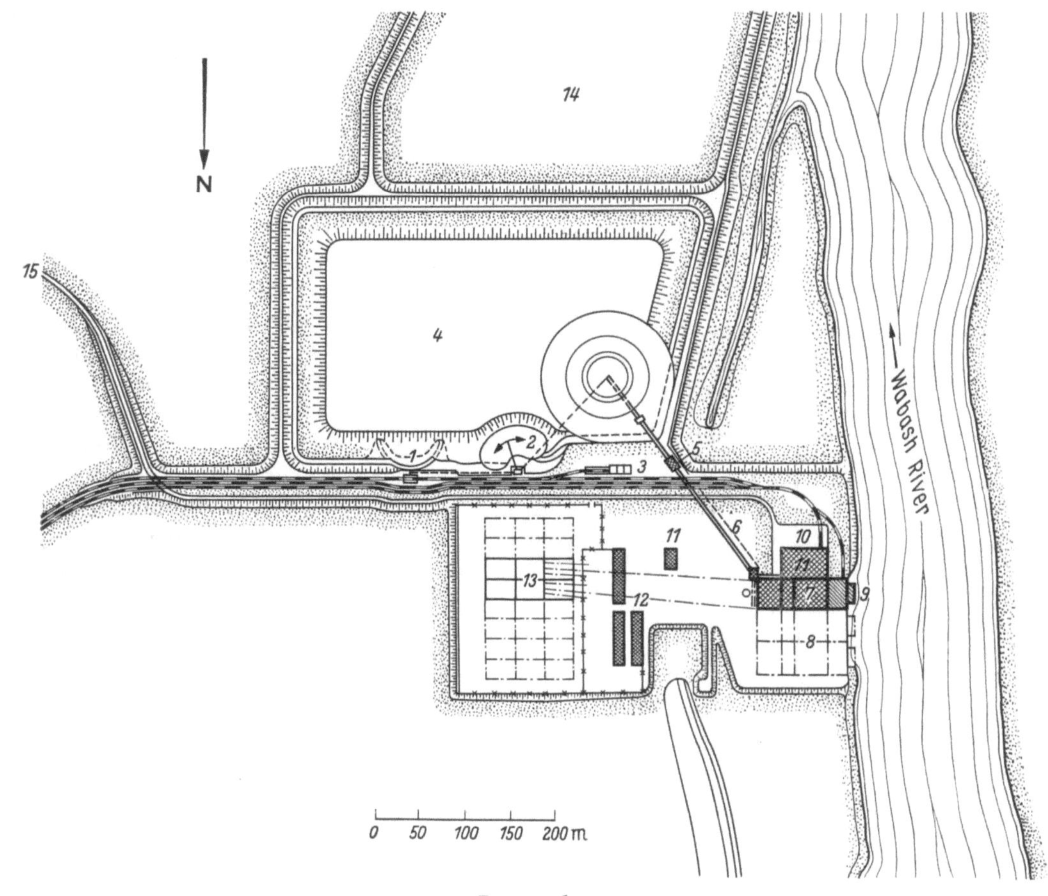

Lageplan

1 Waggonkipper
2 Schwenkbares Förderband
3 Traktorenstation
4 Kohlelagerplatz
5 Brecheranlage
6 Schrägbandbrücke
7 Kraftwerk
8 Erweiterungsraum
9 Einlaufbauwerk
10 Parkplatz
11 Bürogebäude
12 Lager
13 330 kV-Freiluftschaltanlage
14 Aschelagerplatz
15 Zufahrtsstraße

einen gleich großen Block mit der gleichen wärmetechnischen Auslegung auf. Er wird ein Jahr später den Betrieb aufnehmen.

Die Steinkohle wird dem Kraftwerk Breed auf dem Schienenweg zugeführt. Das Kühlwasser wird dem Wabash River entnommen.

Der Dampferzeuger ist ein Einzug-Durchlaufkessel Bauart Benson mit fast quadratischem Feuerraum mit Überdruckverbrennung und Zyklonfeuerung. Er leistet 1320 t/h und hat eine Höhe von etwa 80 m. Auf jeder Seite der Brennkammer sind 4 Zyklone angeordnet. In seiner oberen Hälfte ist der Feuerraum dreifach unterteilt. In der Richtung der Feuergase wird zunächst der den ganzen Querschnitt des Feuerraums ausfüllende Überhitzer durchlaufen. Anschließend folgt im mittleren Teil der Übergangsteil, in den äußeren Teilen liegen der erste bzw. zweite Zwischenüberhitzer. Schließlich folgt der den ganzen Querschnitt ausfüllende Vorwärmer.

Der konstruktive und wärmetechnische Aufbau des zweiwelligen Turbosatzes stimmt mit dem des Blocks 2 im Kraftwerk Eddystone (Nr. 1, S. 70) mit einer Leistung von

325 MW überein. Beide Wellen haben also bei gleicher Drehzahl (3600 U/min) gleiche Kupplungsleistung, so daß zwei gleiche Generatortypen aufgestellt werden können. Jede Welle hat einen besonderen Kondensator. Es sind 9 Vorwärmstufen vorhanden. Hinter dem Entgaser liegen 4 Vorwärmer. Die Speisepumpen sind in 2 Stufen unterteilt; die erste liegt hinter dem Entgaser, die zweite zwischen dem zweiten und dritten Hochdruckvorwärmer. In das Vorwärmsystem ist ein einstufiger Verdampfer eingeschaltet.

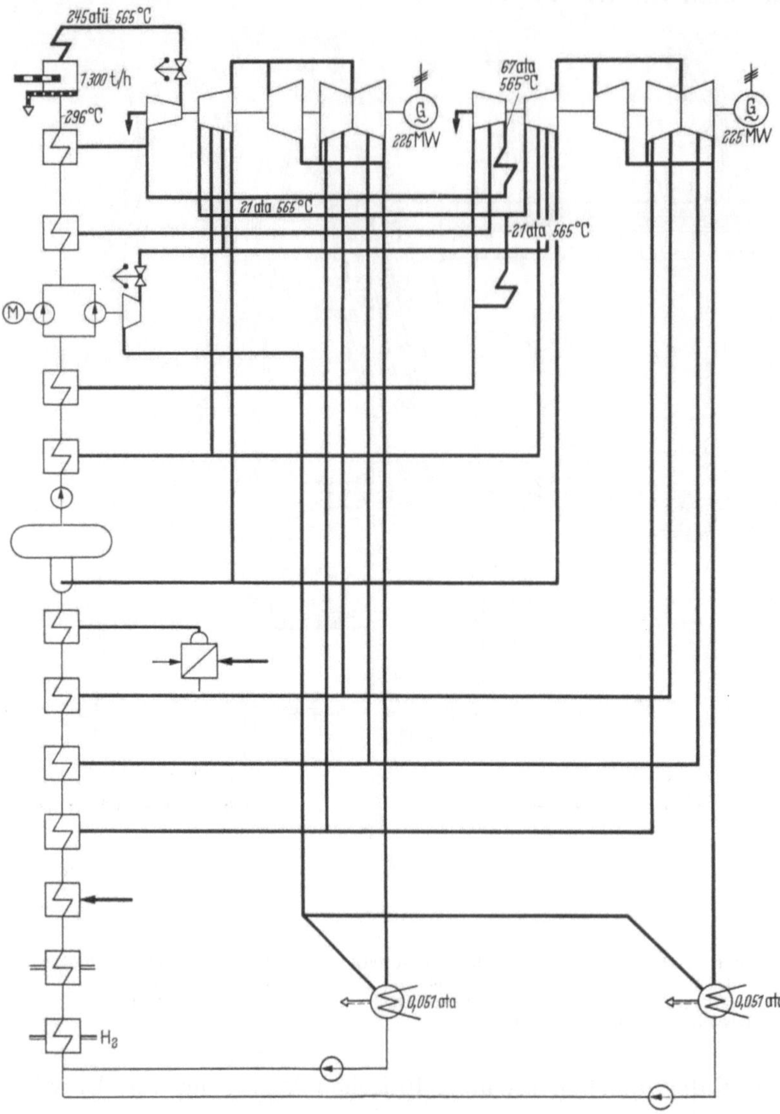

Wärmegrundschaltplan

Die Beschränkung der Temperaturen auf 565 °C gegenüber 620 °C (wie bei Philo) (Nr. 2, S. 76) führte zu einer erheblichen Gewichtsverringerung und Ersparnis bei den Frischdampfrohrleitungen.

Zwischen dem Kessel- und Maschinenhaus liegt ein Zwischenbau, der die Vorwärmer- und Speisewasserbehälter aufnimmt. In der Höhe des Maschinenhausflures befindet sich die Wärmewarte. Die Bunker liegen auf beiden Seiten des Kessels oberhalb der Zyklone. Über dem Kessel, der in Freiluftausführung erstellt ist, befinden sich Frischluftgebläse, Ljungström-Luftvorwärmer und Rauchgasfilter. Von letzterem gelangen die Rauchgase durch einen horizontalen Kanal in den frei stehenden Schornstein. Die Verbindungsleitung zwischen den jenseits des Maschinenhauses aufgestellten Umspannern und der 330 kV-Schaltanlage führt über das Kraftwerksgebäude hinweg.

Man erwartet einen Nettowärmeverbrauch von 2130 kcal/kWh. Nachrechnungen haben ergeben, daß die Ausstattung des Kraftwerks mit einem einzigen 450 MW-Block zu einer Verringerung des umbauten Raums um 38% gegenüber einem Kraftwerk mit zwei 225 MW-Blocks geführt hat. Das Verbundsystem der A. E. P. besitzt bisher 11 Blocks von je 225 MW, so daß eine gute Vergleichsmöglichkeit vorlag.

Schrifttum

Sporn, Ph.: Electr. Wld. Bd. 146, 24. 12. 1956, S. 74/79.
Skrotzki: BGA, Power Bd. 102, Okt. 1958, S. 157/59.

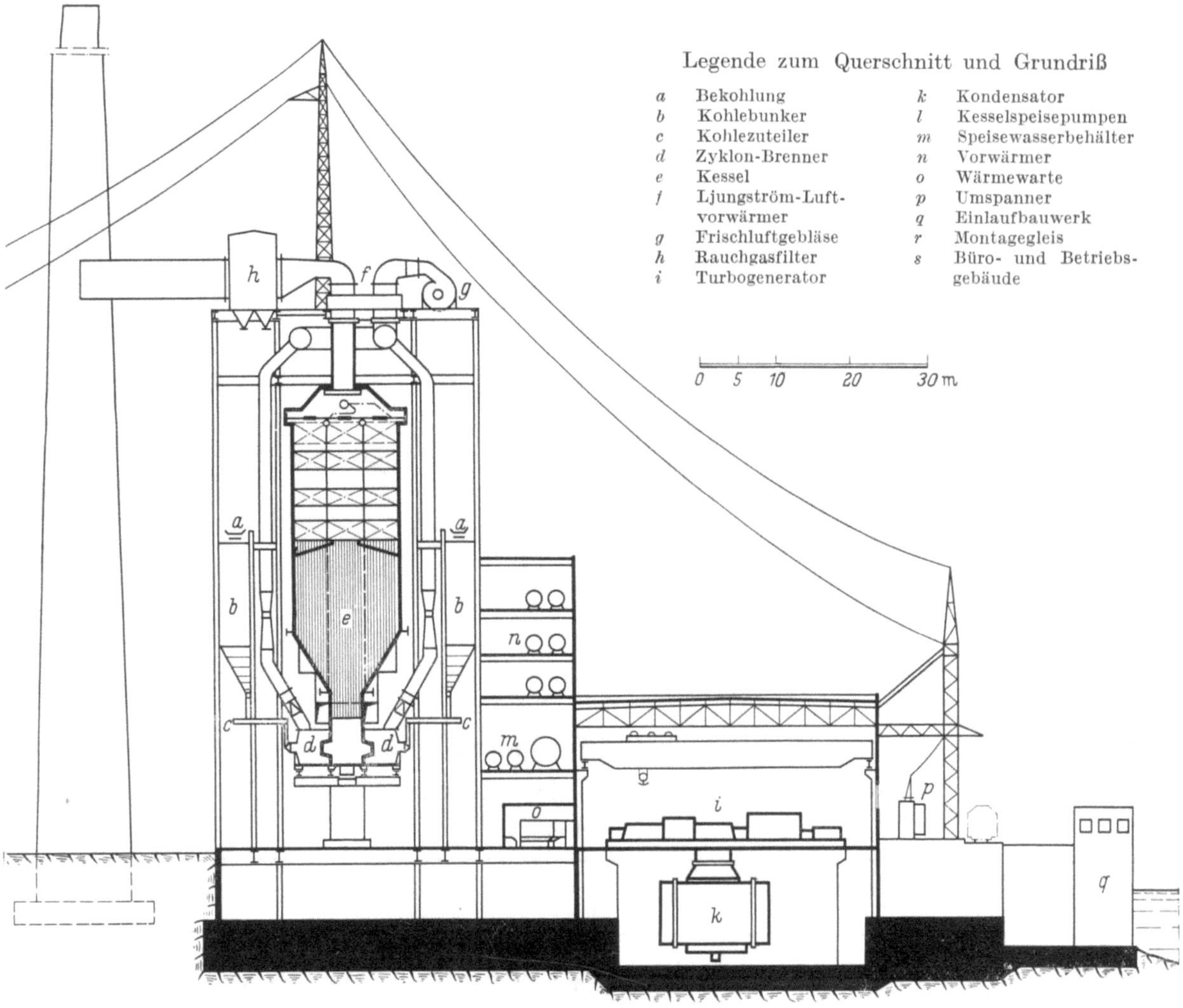

Legende zum Querschnitt und Grundriß

a	Bekohlung	*k*	Kondensator
b	Kohlebunker	*l*	Kesselspeisepumpen
c	Kohlezuteiler	*m*	Speisewasserbehälter
d	Zyklon-Brenner	*n*	Vorwärmer
e	Kessel	*o*	Wärmewarte
f	Ljungström-Luftvorwärmer	*p*	Umspanner
g	Frischluftgebläse	*q*	Einlaufbauwerk
h	Rauchgasfilter	*r*	Montagegleis
i	Turbogenerator	*s*	Büro- und Betriebsgebäude

0 5 10 20 30 m

Querschnitt

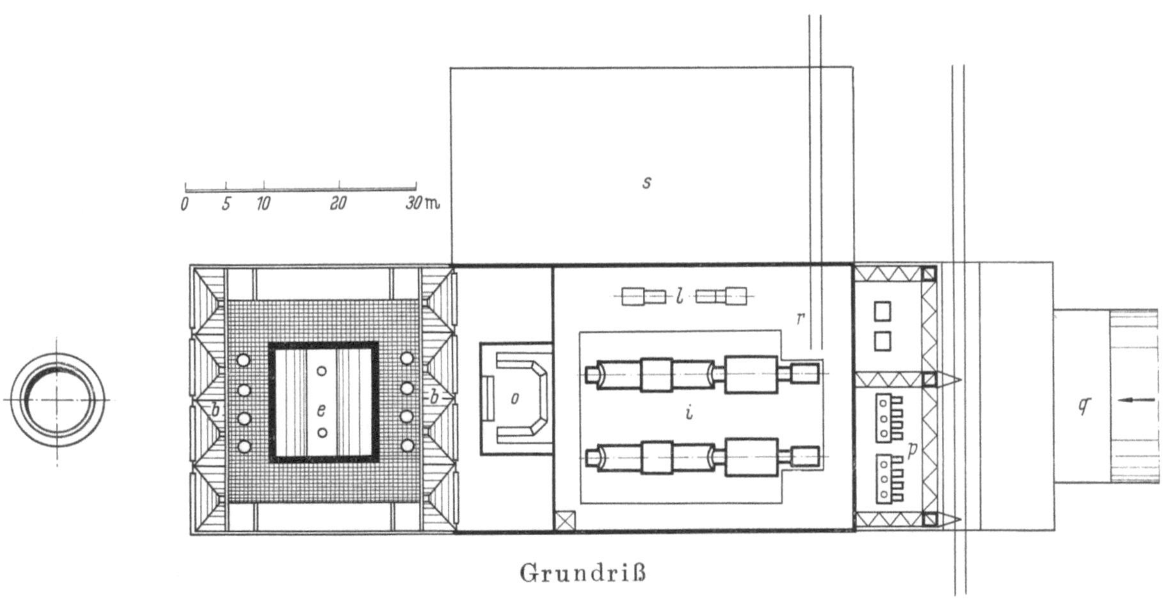

Grundriß

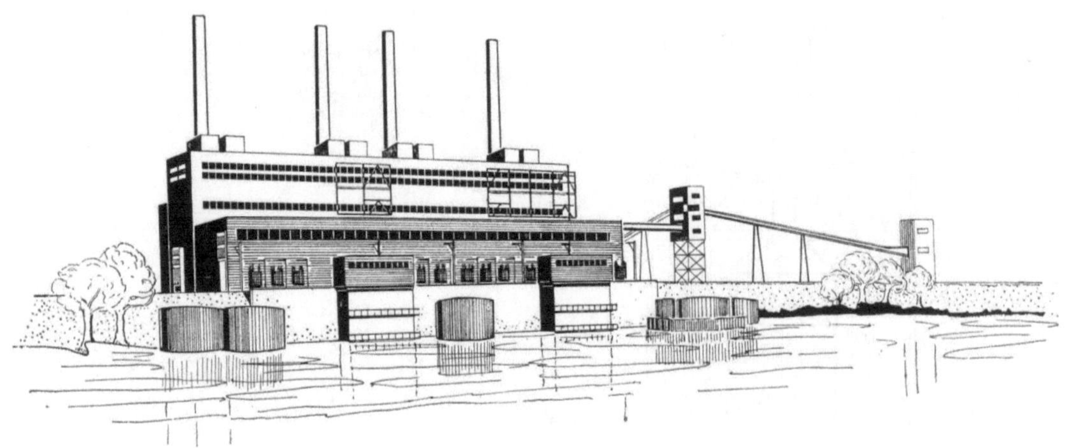

Schaubild

7 Kraftwerk Philip Sporn, USA

(Ohio Power Co. und Appalachian Electric Power Co.)

Baujahr 1948/52

Kessel*	Block I bis IV
Anzahl	4
Leistung t/h	425
Art	Naturumlauf
Genehmigungsdruck atü	—
Dampfzustand bei Austritt atü	139
Dampfzustand bei Austritt °C	565
Dampfzustand hinter ZWÜ atü	26
Dampfzustand hinter ZWÜ °C	540
Brennstoff:	
Art	Steinkohle
oberer Heizwert kcal/kg	6200
Feuerung	Brenner
Schlackenabzug	trocken
Luftvorwärmung °C	294
Abgastemperatur °C	112
Wirkungsgrad %	90,0

Turbinen*	Block I bis IV	
Anzahl	4	4
Leistung MW	35	90
Leistung MVA	43,75	112,5
Art	HD	ND
Drehzahl U/min	3600	1800
Dampfdurchsatz t/h	—	—
Dampfzustand bei Eintritt atü	139	25,6
Dampfzustand bei Eintritt °C	565	537
bei Wiedereintritt atü	—	—
bei Wiedereintritt °C	—	—
Kühlwassertemperatur °C	—	20
Dampfzustand bei Austritt ata	29	—
Dampfzustand bei Austritt °C	345	—
Gehäusezahl	1	2
Abdampfstutzen (flutig)	1	2
Vorwärmstufen	1	6
Entgasungstemperatur °C	—	—
Speisewassertemperatur °C	—	228

Rauchgasentstaubung: mechanisch
Wasseraufbereitung: chemisch und Verdampfung
Bauweise: Stahlbeton
Vorgesehene Gesamtleistung: 1050 MW

Kennzahlen

Spez. Wärmeverbr. netto kcal/kWh	2360[1]
„ Flächenbedarf m²/kW	0,028
„ Raumbedarf m³/kW	1,04

[1] im Jahre 1955

* Block V (Baujahr 1956/59) mit 450 MW hat die gleichen Auslegungsdaten (245 atü, 565/565/565° C) wie Block I des Kraftwerks Breed (Beschreibung Nr. 6, S. 90). Weitere Veröffentlichungen über diese Erweiterung des Kraftwerks Philip Sporn sind nicht bekannt.

Das Kraftwerk Philip Sporn, das von der Ohio Power Co. und der Appalachian Electric Power Co. gemeinsam errichtet wurde, liegt am Ohio. Der erste Zweiwellensatz ist seit 1. 1. 1950, der vierte seit Juli 1952 in Betrieb. Bei der Nennleistung von 125 MW entfallen 35 MW auf den Hochdruckteil mit 3600 U/min, 90 MW auf den Niederdruckteil mit 1800 U/min. Der Dampfzustand beim Eintritt in den Hochdruckteil beträgt

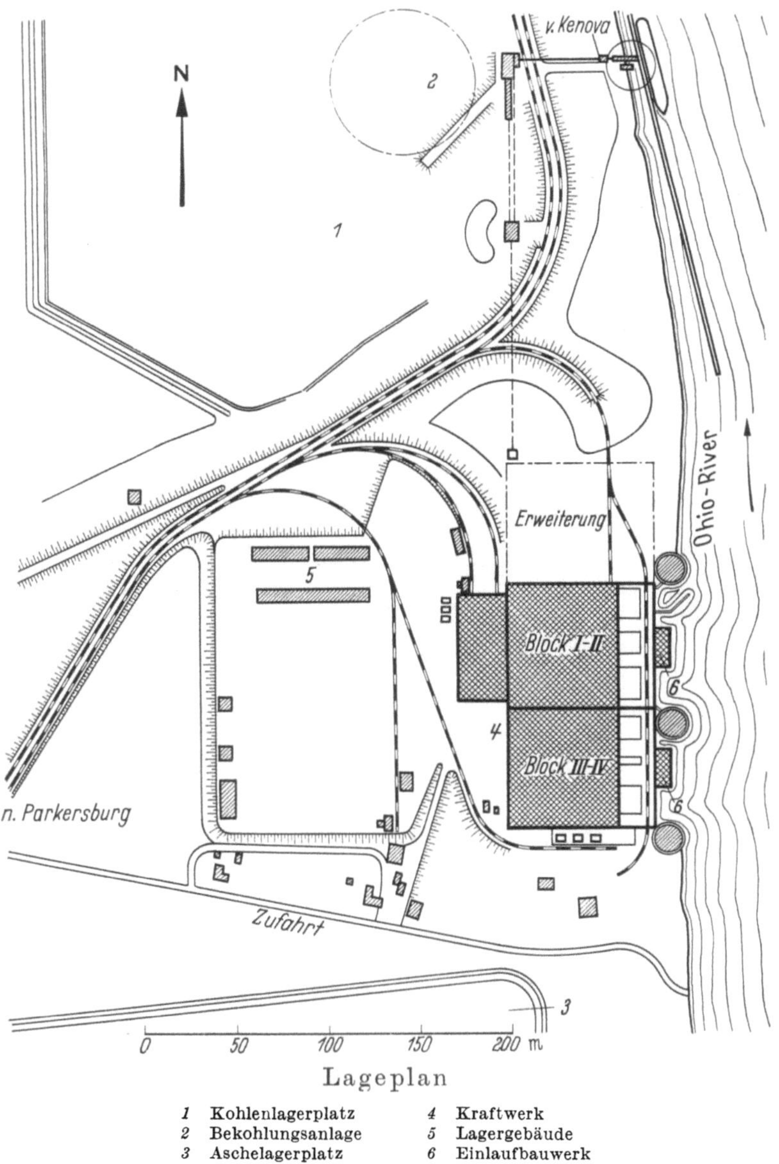

Lageplan

1 Kohlenlagerplatz
2 Bekohlungsanlage
3 Aschelagerplatz
4 Kraftwerk
5 Lagergebäude
6 Einlaufbauwerk

139 atü, 565° C, er expandiert dort auf 29 atü, 345° C und tritt dann größtenteils nach Zwischenüberhitzung mit 25,6 atü, 537° C in den Niederdruckteil ein. Block V mit 450 MW, 245 atü, 565/565/565° C wird z. Z. installiert (s. Bemerkung auf S. 94).

Die Kohle wird mittels eines Becherwerkes von der Grube zum Kraftwerk gefördert. Hierdurch ergibt sich auch die Lage des Kraftwerks mit landeinwärts gelegenem Kesselhaus.

Die Kessel haben eine zur Zeit der Errichtung beachtliche Leistung von je 425 t/h. Überhitzer und Zwischenüberhitzer liegen in dem zweiten aufsteigenden Zug. Bei Unterbrechung des Dampfdurchsatzes im Überhitzer wird die Mühlenleistung automatisch auf 25% herabgesetzt. Die Kessel sind grundsätzlich für ausschließlichen Betrieb mit Frischluftgebläsen ausgelegt, wenngleich auch Saugzuggebläse vorgesehen sind. Für die Überdruckfeuerung sprachen folgende Vorteile:

1. Fortfall des Einströmens von Falschluft in der Größenordnung von 10 bis 25%, wodurch sich eine Verminderung des Wirkungsgrades um 0,6 bis 1,5% ergeben würde.
2. Verminderung des Eigenbedarfs durch Fortfall des Saugzuggebläses um etwa 800 kW.

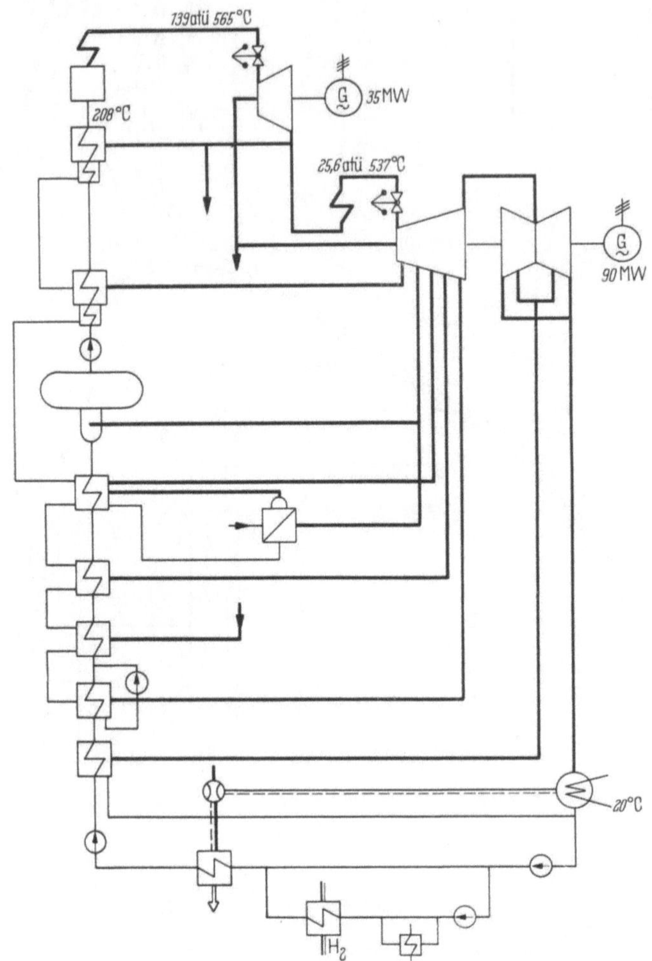

Wärmegrundschaltplan

Erstmalig wurde bei Philip Sporn die Absaugung eines Teiles der Rauchgase hinter dem Economiser und ihre Beimengung zur Zweitluft durchgeführt, wodurch auch eine Beeinflussung der Temperaturen des überhitzten und zwischenüberhitzten Dampfes ermöglicht wird. Im vorliegenden Fall wurde bei dem ersten Satz bei Halblast ein wärmewirtschaftlicher Gewinn von 2,2% erzielt, wenn die abgesaugte Rauchgasmenge auf 17% gesteigert wurde.

Die Hochdruckturbine ist eingehäusig, die Niederdruckturbine zweigehäusig mit doppeltem Abdampfstutzen und 6 Anzapfungen. Hierzu ist zu bemerken, daß die siebente Vorwärmstufe von einem Teilstrom des aus der Hochdruckturbine austretenden Dampfes beaufschlagt wird. Die beiden hinter den Speisepumpen liegenden Vorwärmer haben eingebaute Kondensatkühler. Das Kondensat der ersten Vorwärmstufe wird in den Kondensator geleitet, das der übrigen durch eine Pumpe in die Speisewasserleitung gedrückt. An die zweite Anzapfung ist ein einstufiger Verdampfer angeschlossen. Da dessen Betrieb bei Teillast wärmewirtschaftliche Nachteile beim Aufschalten einer höheren Anzapfstufe mit sich bringt, ist noch eine weitere Verdampferanlage vorgesehen, die nach dem Prinzip der Wärmepumpe arbeitet. Der im Verdampfergefäß oberhalb der Wasserfüllung vorhandene Dampfschwaden wird in einem Kompressor verdichtet und in die im Inneren des Verdampfers befindlichen Rohrschlangen gedrückt.

Die Generatoren der Niederdruckturbinen haben zwei getrennte Wicklungen, an die je ein 62,5 MVA-Umspanner mit einer Oberspannung von 132 kV sowie je ein Eigenbedarfsumspanner (8 MVA bei den Blöcken I und II, 6,667 MVA bei den Blöcken III und IV) angeschlossen sind. Die Spannung des Eigenbedarfes beträgt 2,3 kV. Die Generatoren des Hochdruckteiles sind mit je einem 52,5 MVA-Umspanner verbunden. Die

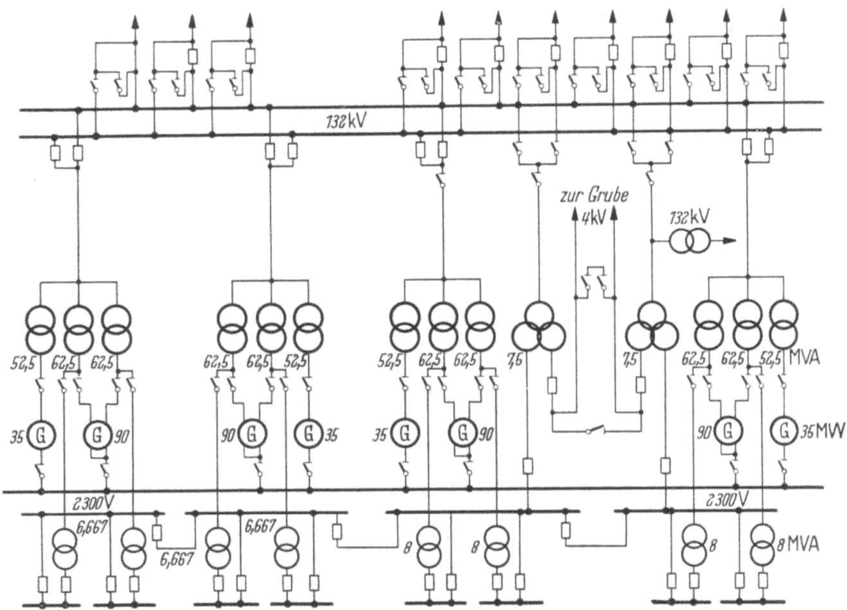

Elektrischer Übersichtsschaltplan

drei 132 kV-Umspanner jedes Blockes sind gemeinsam auf die zugehörige Doppelsammelschiene geschaltet. Zwei Dreiwicklungs-Umspanner (2,3/4/132 kV; 7,5 kVA) sind an die 132 kV-Sammelschienen, den Eigenbedarf und an die 4 kV-Seite einer 132/4 kV-Station angeschlossen. Mit 4 kV wird auch die Grube des Kraftwerkes versorgt.

Die räumliche Anordnung der Anlage entspricht dem Verlauf der Energieumwandlung. Das Bunkerhaus, auf dem die Schornsteine aufgesetzt sind, befindet sich an der Außenwand des Kesselhauses. Die Speisepumpen stehen im Kesselhaus durch die Entaschungsanlage von den Mühlen getrennt. Die Wärmewarte ist 2 Kesseln gemeinsam und zwischen diesen eingebaut. Die Turbinen sind quergestellt. Die Hauptumspanner stehen außerhalb des Turbinenhauses. Die 132 kV-Freiluftanlage liegt etwa 640 m entfernt. Umspanner und Schaltanlage sind durch Freileitungen miteinander verbunden.

Die Besitzerin des Kraftwerkes Philip Sporn, die Ohio Power Co. und Appalachian Electric Power Co., gehört zu dem Konzern der American Gas und Electric Corporation. Seit Errichtung dieses Kraftwerkes wurde in anderen Werken der A. E. P. eine große Anzahl 225 MW-Sätze aufgestellt. Inzwischen hat man sich entschlossen, diese Leistung der Zweiwellensätze zu verdoppeln. Der zweite in Auftrag gegebene Satz von 450 MW wird als fünfter Turbosatz im Kraftwerk Philip Sporn aufgestellt wie schon erwähnt. Hierdurch erhöht sich die installierte Leistung von 600 MW auf 1050 MW. Der Baubeginn fällt in das Jahr 1957, die Inbetriebsetzung ist im Jahr 1959 zu erwarten. Der erste Teil des Kraftwerkes kostete rund 465 DM/kW, die 450 MW-Erweiterung wurde mit 540 DM/kW berechnet. Die spezifische Verteuerung dürfte eine Auswirkung der allgemeinen Kostenerhöhung in den USA sein. Der zur Turbine gehörende Kessel hat eine Leistung von rund 1320 t/h Dampf. Der neue Block wird mit überkritischem Dampf (245 atü, 565° C Frischdampftemperatur mit doppelter Zwischenüberhitzung auf die gleiche Temperatur) betrieben.

Schrifttum

Sporn, Ph., Th. Baumeister, S. N. Fialla, T. T. Frankenburg, Fr. A. Lane u. H. A. Kammer: Electr. Wld. Bd. 133, 5. 6. 1950, S. 81/108.

Electr. Wld. Bd. 146, 26. 11. 1956, S. 70.

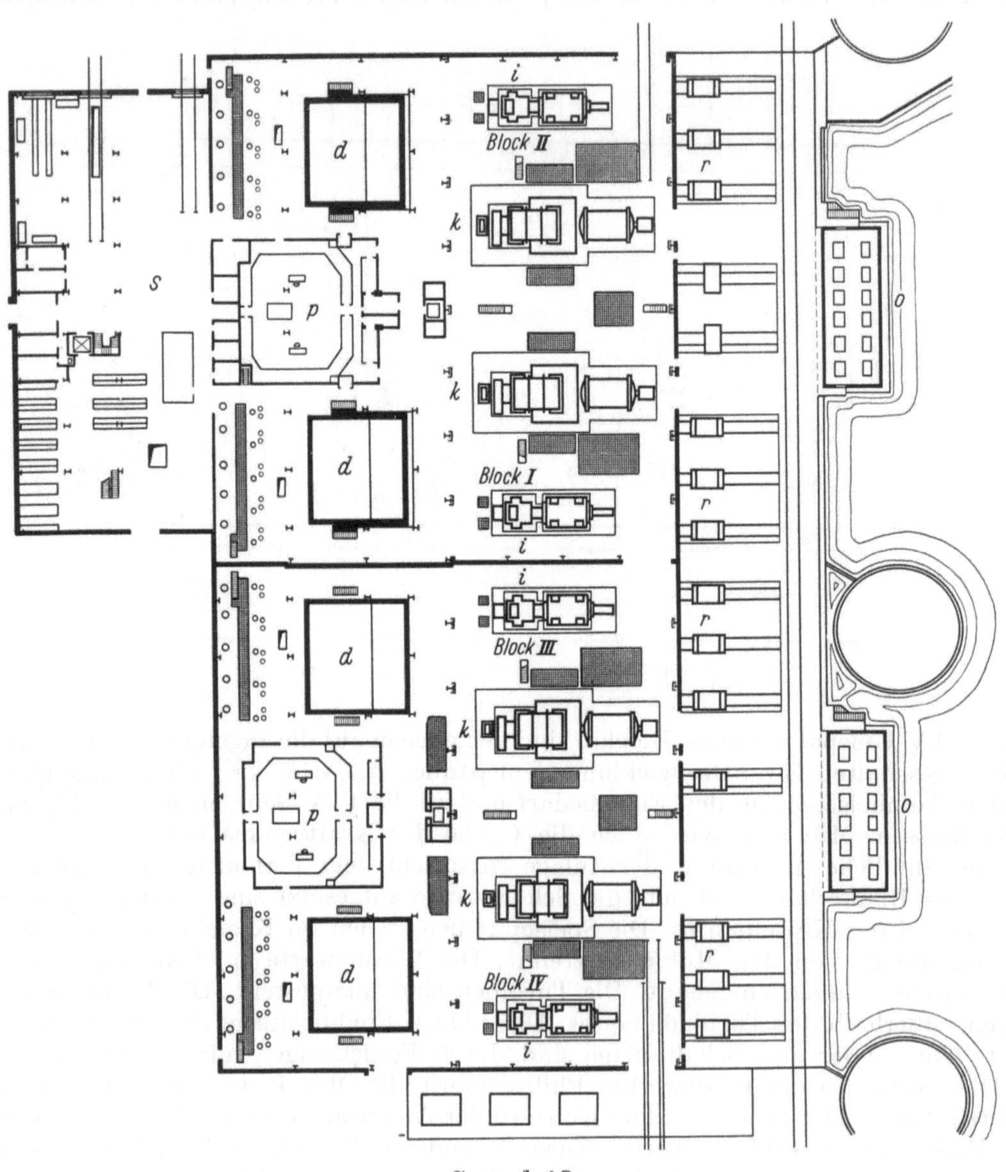

Grundriß

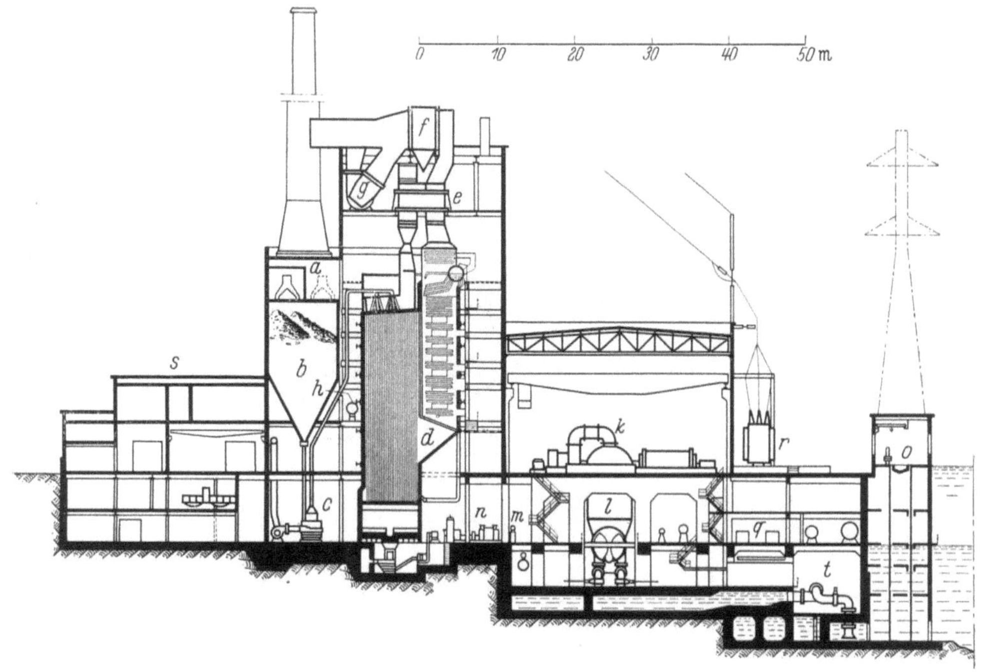

Querschnitt

Legende zum Grundriß und Querschnitt

a	Bekohlung	*k*	Niederdruck-Turbogenerator
b	Bunker	*l*	Kondensator
c	Kohlenmühle	*m*	Vorwärmer
d	Kessel	*n*	Kühlwasserkanäle
e	Luftvorwärmer	*o*	Rechenhaus
f	Rauchgasfilter (mechanisch)	*p*	Wärmewarte
g	Saugzuggebläse	*q*	Elektrowarte
h	Verdampfer	*r*	Hauptumspanner
i	Hochdruck-Turbogenerator	*s*	Werkstatt und Nebenräume

Schaubild

8

Kraftwerk Hattingen, BRD

(Gemeinschaftswerk Hattingen GmbH)

Baujahr 1949/50 und 1956/58

Kessel	Vorsch.-Anlage	Kond.-Anlage
Anzahl	2	2
Leistung t/h	135	350
Art	Durchlauf	
Genehmigungsdruck atü	165	260
Dampfzustand bei Austritt atü	150	235
Dampfzustand bei Austritt °C	510	605
Dampfzustand hinter ZWÜ atü	22	44
Dampfzustand hinter ZWÜ °C	400	530
Brennstoff:		
Art	Steink.	Steink.
unterer Heizwert kcal/kg	6400—6700	
Feuerung	Ecken	Ecken
Schlackenabzug	flüssig	flüssig
Luftvorwärmung °C	—	400
Abgastemperatur °C	—	120
Wirkungsgrad %	—	93,6

Rauchgasentstaubung: elektrisch
Wasseraufbereitung: chemisch und Verdampfung
Bauweise: Beton, Stahlfachwerk
Vorgesehene Gesamtleistung: — MW

Turbinen	Vorsch.-Anlage	Kond.-Anlage
Anzahl	1	2
Leistung MW	25	107
Leistung MVA	—	135
Art	V	K
Drehzahl U/min	3000	3000
Dampfdurchsatz t/h	—	—
Dampfzustand bei Eintritt atü	145	224
Dampfzustand bei Eintritt °C	500	600
bei Wiedereintritt atü	—	42
bei Wiedereintritt °C	—	525
Kühlwassertemperatur °C	—	12
Dampfzustand bei Austritt ata	23	0,031
Dampfzustand bei Austritt °C	260	—
Gehäusezahl	1	4
Abdampfstutzen (flutig)	1	2
Vorwärmstufen	1	10
Entgasungstemperatur °C	185	185
Speisewassertemperatur °C	210	303
Kennzahlen		
Spez. Wärmeverbr. netto kcal/kWh	—	—
„ Flächenbedarf m²/kW	—	0,027
„ Raumbedarf m³/kW	—	0,87

Die Gemeinschaftswerk Hattingen GmbH wurde in den Jahren 1911/12 gemeinsam von den Rechtsvorgängern der Vereinigten Elektrizitätswerke Westfalen AG. (VEW) und der Wuppertaler Stadtwerke AG errichtet. Entscheidend für die Wahl des Standorts an der Ruhr bei Hattingen war die günstige Lage zur Kohle, zum Wasser und zu den Absatzgebieten. In einem Umkreis von 10 km liegen sieben sogenannte Südrandzechen.

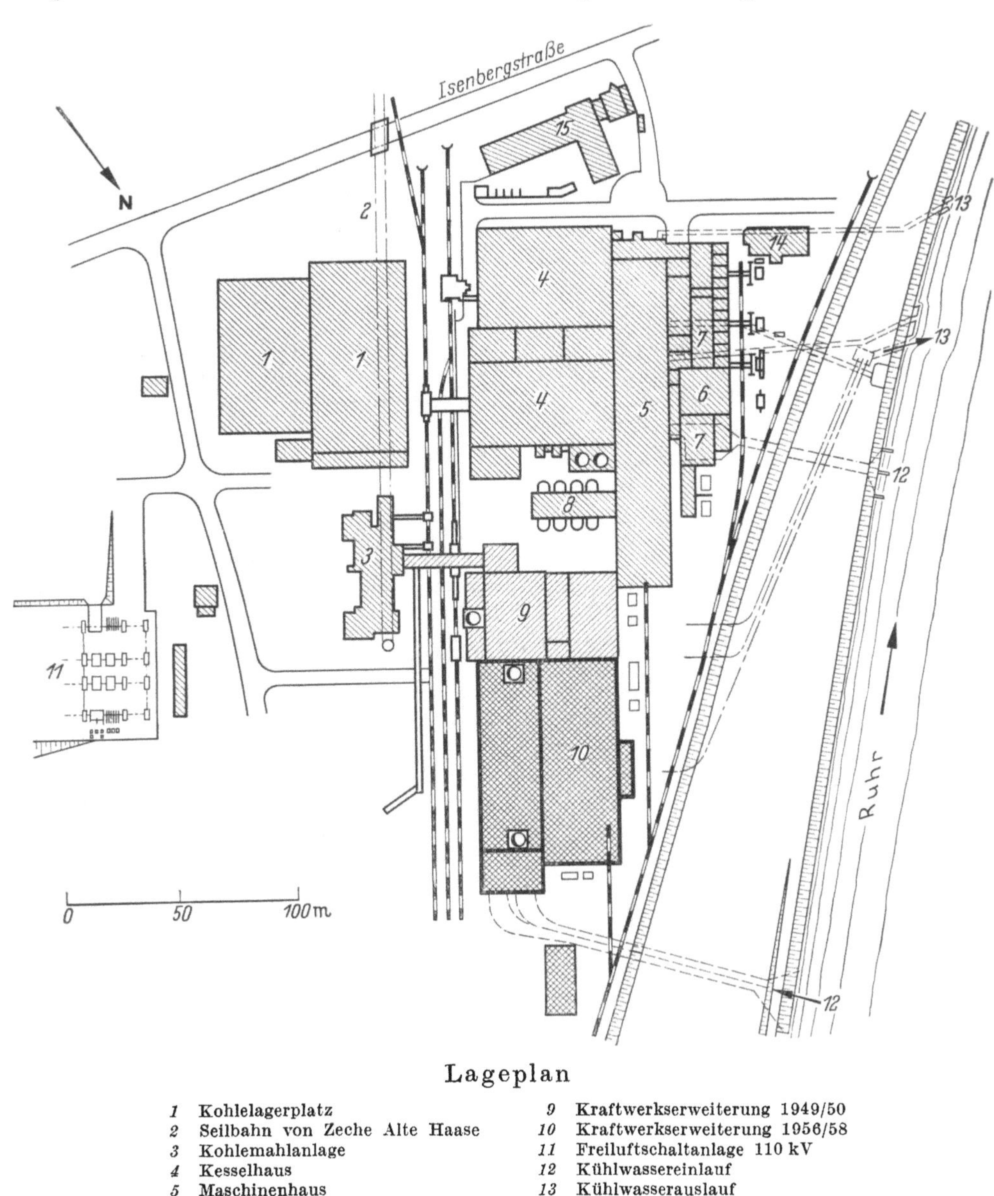

Lageplan

1 Kohlelagerplatz
2 Seilbahn von Zeche Alte Haase
3 Kohlemahlanlage
4 Kesselhaus
5 Maschinenhaus
6 Schaltwarte
7 Schaltanlagen
8 Dampfspeicher
9 Kraftwerkserweiterung 1949/50
10 Kraftwerkserweiterung 1956/58
11 Freiluftschaltanlage 110 kV
12 Kühlwassereinlauf
13 Kühlwasserauslauf
14 Waschräume
15 Werkstatt und Lager

Mit der VEW-Zeche Alte Haase ist das Kraftwerk durch eine Seilbahn verbunden. Die umliegenden Zechen fördern Magerfeinkohle mit einem Gasgehalt von 10 bis 12%. Die erste Anlage arbeitete mit einem Dampfzustand von 15 atü, 375° C; die Erweiterungen in den Jahren 1923/24 und 1926/27 wurden für einen Dampfzustand von 21 atü, 400° C ausgelegt. Installiert waren in diesen Anlagen 24,9 bzw. 75,6 MW. In den Jahren 1929/30 kam noch eine Dampfspeicheranlage, bestehend aus 4 Ruthsspeichern von je

308 m³ für ingesamt 160 t Speicherdampf von 14 at und einer Speicherdampfturbine mit einer Leistung von 20 MW hinzu.

In den Jahren 1949/51 wurde das Kraftwerk durch eine Vorschaltanlage erweitert und modernisiert. Aufgestellt wurden 2 Bensonkessel in $1^1/_2$-Zugbauweise mit einer Leistung von je 135 t/h für einen Dampfzustand von 145 atü, 500° C an der Turbine. Jeder

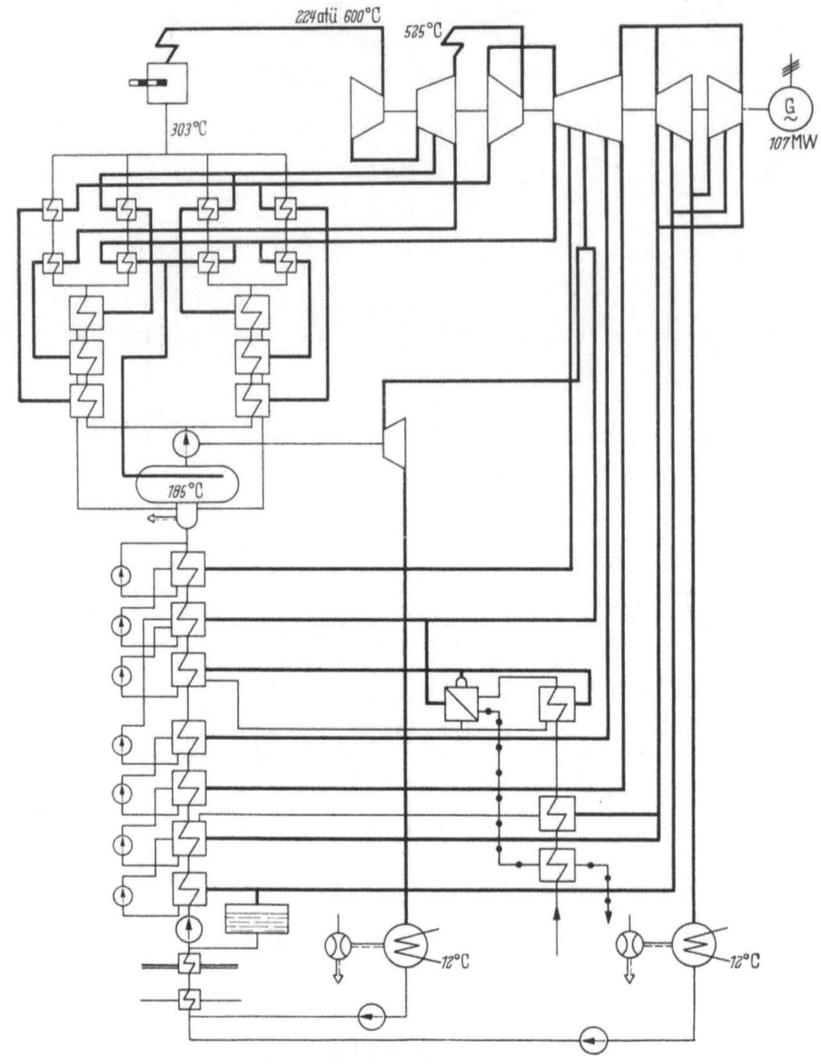

Wärmegrundschaltplan
eines 107 MW-Blocks

Kessel erhielt eine Rohrmühle mit Zwischenbunkerung. Die Vorschaltturbine leistet 25 MW. Der mit 22 atü, 260° C austretende Dampf wird vor Einleitung in das 21 atü-Netz auf 400° C zwischenüberhitzt. Durch den Abdampf der Vorschaltturbine wird das bei 185° C entgaste Speisewasser an einem Hochdruckvorwärmer auf 210° C erhitzt.

Im Jahr 1956 wurde die letzte Erweiterung des Gemeinschaftswerkes in Angriff genommen. Jeder der beiden Blocks leistet 107 MW. Der Dampfzustand am Kesselaustritt wurde zu 235 atü, 605° C festgelegt; er liegt also bereits im überkritischen Bereich. Jeder der beiden Bensonkessel leistet 350 t/h. Sie arbeiten mit direkter Einblasung der gemahlenen Kohle. Die Turbinen haben 4 Gehäuse mit 2 Abdampfstutzen und

10 Vorwärmstufen. Das Speisewasser wird bei gleichfalls 185° C entgast. Die 3 Hochdruckstufen sind in zwei parallele Systeme aufgeteilt. Diese Vorwärmer sind unter Zwischenschaltung von Enthitzern an die Anzapfungen angeschlossen. Die Speisewassertemperatur beträgt 303° C. Auf jede der beiden HD-Vorwärmergruppen entfallen 4 Enthitzer, von denen jeweils zwei hintereinandergeschaltet sind. Die dem Kessel zufließende Speisewassermenge ist also in insgesamt 4 Teilströme zerlegt. Die an eine Anzapfung im mittleren Bereich angeschlossenen Antriebsturbinen der Kesselspeisepumpen — jeder Block hat 2 Speisepumpen mit Dampfantrieb, eine mit Elektroantrieb — haben einen besonderen Kondensator. Die Anzapfkondensate der Niederdruckstufen werden in den nächsthöheren Vorwärmer gepumpt; dem Kondensator fließt also kein Vorwärmerkondensat zu. Die Kondensate der Hochdruckvorwärmer werden dem Entgaser zugeführt. In das Vorwärmersystem ist ein einstufiger Verdampfer eingeschaltet.

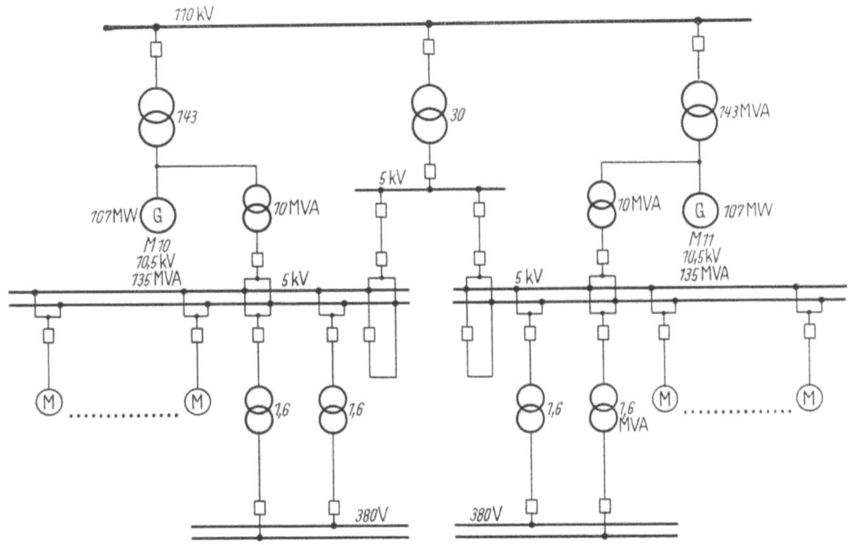

Elektrischer Übersichtsschaltplan

Die beiden Generatoren sind über 143 MVA-Umspanner auf eine 110 kV-Sammelschiene geschaltet. Der Eigenbedarf (5 kV) ist in üblicher Weise über 10 MVA-Umspanner unmittelbar hinter den Generatorklemmen abgezweigt. Daneben kann der Eigenbedarf beider Blocks über einen an die 110 kV-Sammelschiene angeschlossenen 30 MVA-Umspanner gedeckt werden.

Die beiden letzten Erweiterungen von Hattingen mußten an die bestehenden Anlagen in nordöstlicher Richtung, in der sich das Gelände, bedingt durch den Verlauf der Straße und der Ruhr, verengt, angefügt werden. Hierdurch waren der Breitenausdehnung der Erweiterung erhebliche Grenzen gezogen.

Bei der Vorschaltanlage ergeben sich hierdurch noch keine erheblichen Schwierigkeiten. Die beiden Kessel erhielten einen gemeinsamen Schornstein. Bei der Höchstdruckanlage mußten die 350 t/h-Zweizugkessel mit Rücksicht auf die geringe Breite des Kesselhauses längsgestellt werden. Die Elektrofilter sind oberhalb des Kessels angeordnet. Das Kesselhaus der letzten Erweiterung erreichte dadurch eine Höhe von fast 54 m. Die beiden Schornsteine sind auf dem Kesselhaus angeordnet. Die kurze Vorschaltturbine konnte quergestellt werden, während die Höchstdruckturbinen in der Längsachse des Maschinenhauses angeordnet werden mußten. Ihre Kondensatoren sind längsgeteilt. Dadurch konnten die Niederdruckvorwärmer unmittelbar unter den Turbinen untergebracht werden. Die Speisepumpen stehen in einem Zwischenbau in der Höhe der

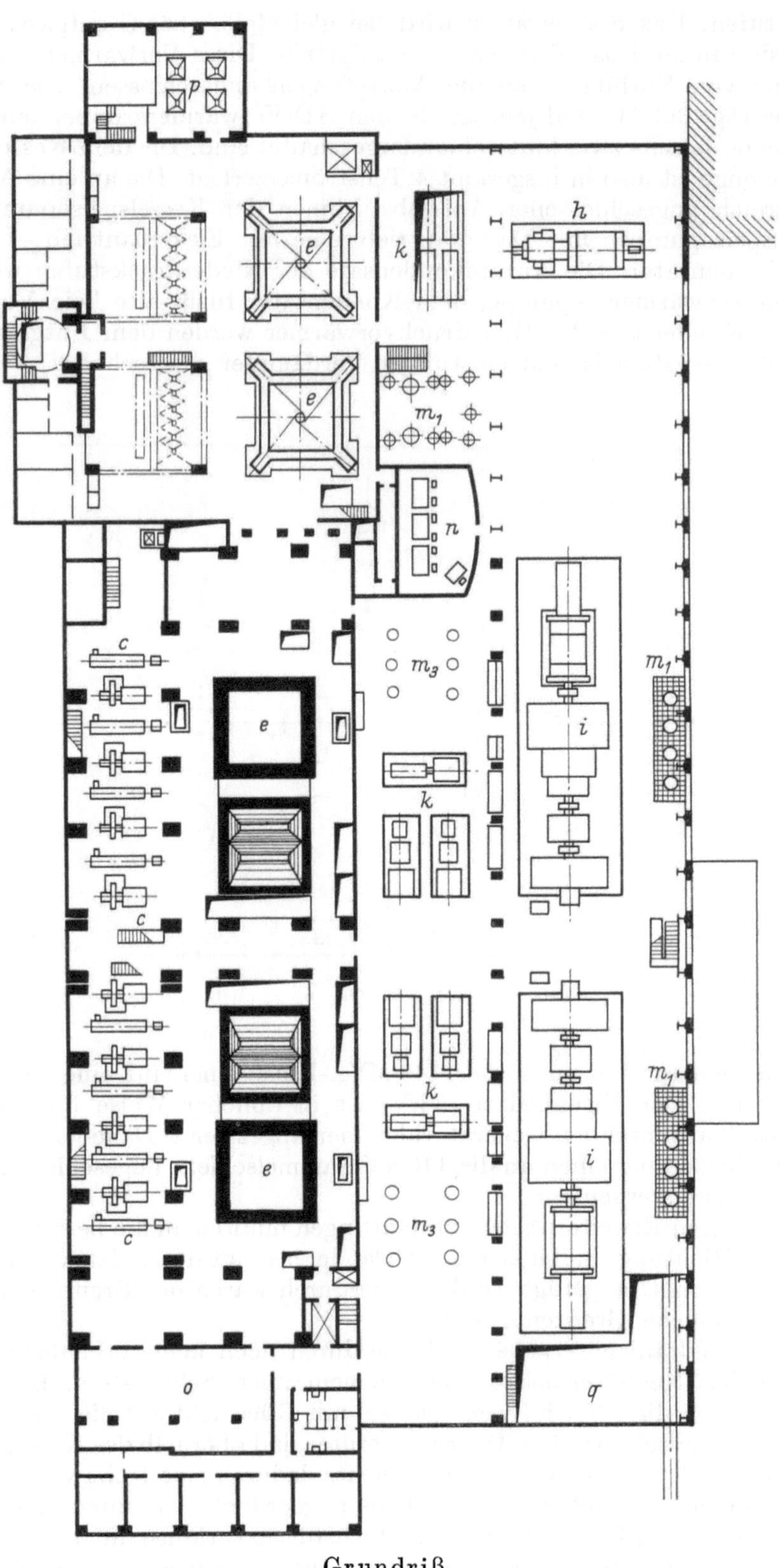

Grundriß

Turbinen. Die übrigen Vorwärmer und sonstige das Speisewasser betreffende Apparate sind teils im Pumpenhaus, teils im Maschinenhaus aufgestellt. Die Wärmewarte liegt im Pumpenhaus; sie ist für die beiden letzten Erweiterungen gemeinsam. Bunker- und Kesselhaus sind als Schwerbau ausgebildet.

Schrifttum

Gemeinschaftswerk Hattingen: Druckschrift der Vereinigten Elektrizitätswerke Westfalen. Nov. 1952.
Brennstoff, Wärme, Kraft Bd. 4 (1952) S. 188/89.
HINZ, F.: Elektrizitätswirtschaft Bd. 56 (1957) S. 831/33.

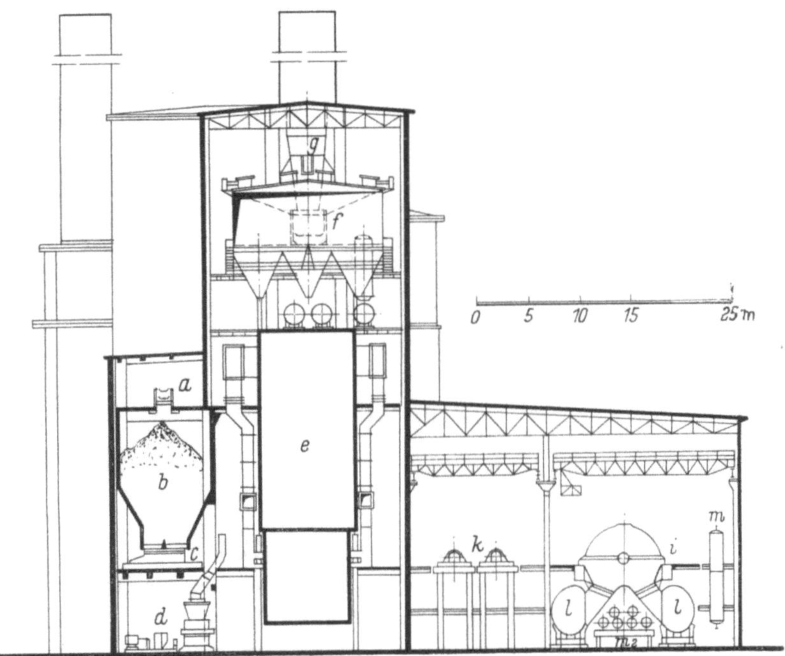

Querschnitt

Legende zum Grundriß und Querschnitt

a	Bekohlung	*k*	Kesselspeisepumpen
b	Bunker	*l*	Kondensator
c	Kohlezuteiler	m_1	Vorwärmer- und Verdampferanlage
d	Kohlemühle	m_2	Niederdruckvorwärmer
e	Kessel	m_3	Hochdruckvorwärmer
f	Elektrofilter	*n*	Wärmewarte
g	Saugzuggebläse	*o*	Betriebsgebäude
h	Vorschaltturbosatz 25 MW	*p*	Aschebunkerhaus
i	Turbogenerator 107 MW	*q*	Montageöffnung

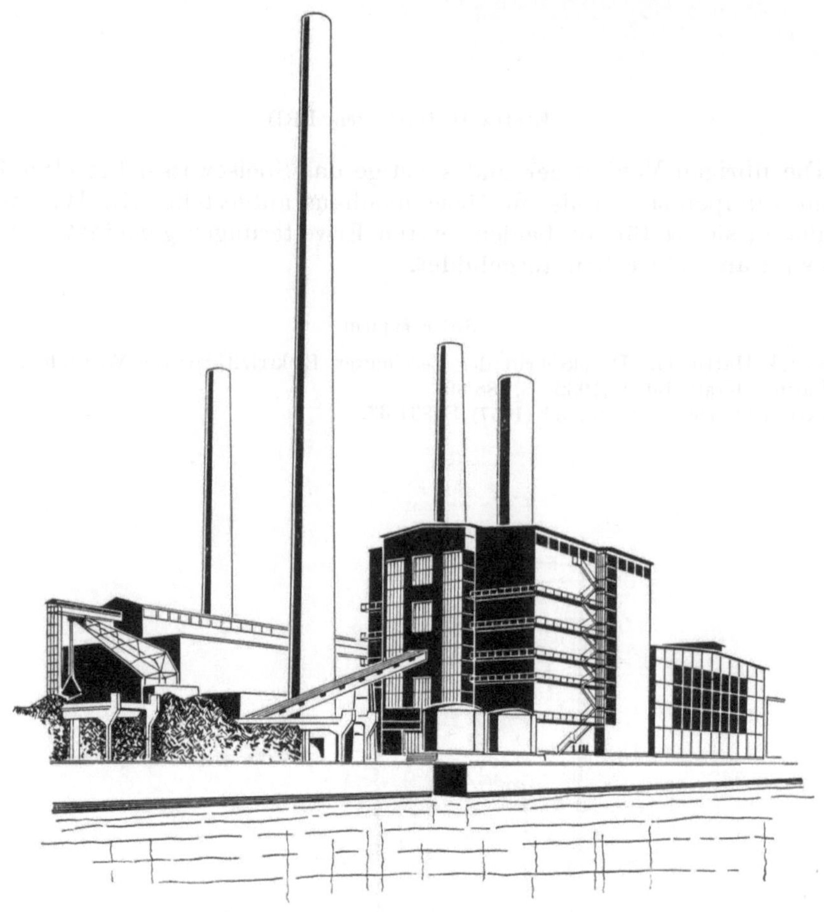

Schaubild

15 **Kraftwerk Neuhof, BRD**

(Hamburgische Electricitäts-Werke Aktiengesellschaft)

Baujahr 1955/57 und 1957/59

Kessel	Block I	Block II
Anzahl	1	1
Leistung t/h	225	300
Art	Durchlauf	
Genehmigungsdruck atü	206	206
Dampfzustand bei Austritt atü	185	185
Dampfzustand bei Austritt °C	605	525
Dampfzustand hinter ZWÜ atü	45	34
Dampfzustand hinter ZWÜ °C	525	525
Brennstoff:		
Art	Steinkohle, Öl	
unterer Heizwert kcal/kg	6800–7400, 10000	
Feuerung	Brenner	
Schlackenabzug	trocken	
Luftvorwärmung °C	380	400
Abgastemperatur °C	145	130
Wirkungsgrad %	90,5	92,0

Turbinen	Block I	Block II
Anzahl	1	1
Leistung MW	80	110
Leistung MVA	100	138
Art	K	K
Drehzahl U/min	3000	3000
Dampfdurchsatz t/h	—	—
Dampfzustand bei Eintritt atü	180	180
Dampfzustand bei Eintritt °C	600	520
bei Wiedereintritt atü	43	32
bei Wiedereintritt °C	520	520
Kühlwassertemperatur °C	11	11
Dampfzustand bei Austritt ata	0,025	0,025
Dampfzustand bei Austritt °C	—	—
Gehäusezahl	3	3
Abdampfstutzen (flutig)	2	2
Vorwärmstufen	7	8
Entgasungstemperatur °C	154	143
Speisewassertemperatur °C	260	260
Kennzahlen		
Spez. Wärmeverbr. netto kcal/kWh	2250[1]	—
„ Flächenbedarf m^2/kW	0,032	
„ Raumbedarf m^3/kW	1,08	

Rauchgasentstaubung: Elektrofilter
Wasseraufbereitung: Vollentsalzung
Bauweise: Beton und Stahlkonstruktion
Vorgesehene Gesamtleistung: — MW

[1] bei 65 MW

Das Kraftwerk Neuhof, dessen erste Stromerzeugungsanlage mit einem Dampfdruck von 35 atü auf das Jahr 1925 zurückgeht, bildet neben dem Kraftwerk Tiefstack die wichtigste Stromquelle im Versorgungsgebiet der Hamburgischen Electricitäts-Werke. Dieses Unternehmen erstellte in Neuhof in den Jahren 1955/57 die erste Höchsttemperatur-Kondensationsanlage im Bereich der deutschen öffentlichen Elektrizitätswerke. Der Dampfzustand an der Turbine wurde mit 180 atü, 600° C mit Zwischenüberhitzung auf 520° C gewählt. Der Einwellensatz leistet 80 MW; den erforderlichen

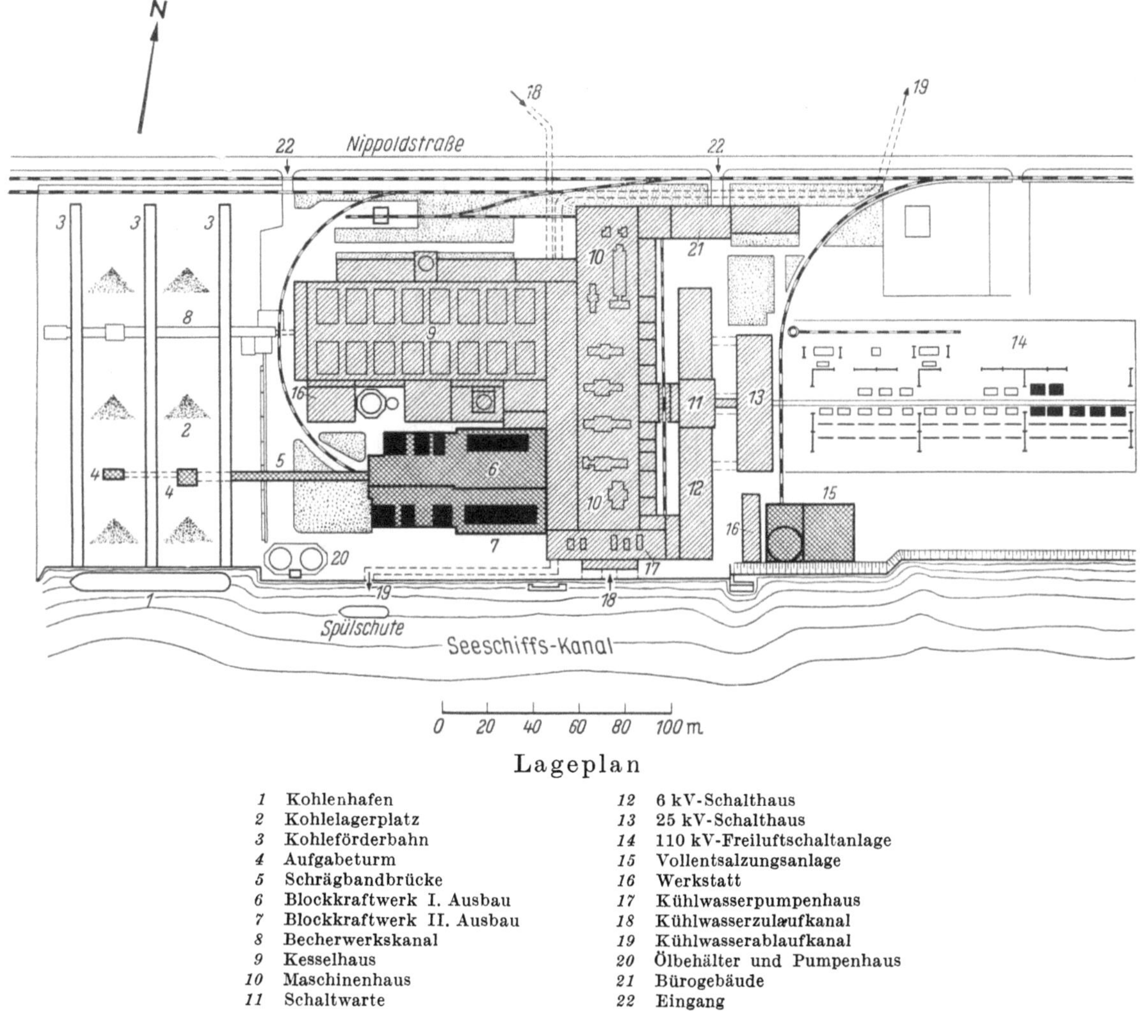

Lageplan

1	Kohlenhafen	*12*	6 kV-Schalthaus
2	Kohlelagerplatz	*13*	25 kV-Schalthaus
3	Kohleförderbahn	*14*	110 kV-Freiluftschaltanlage
4	Aufgabeturm	*15*	Vollentsalzungsanlage
5	Schrägbandbrücke	*16*	Werkstatt
6	Blockkraftwerk I. Ausbau	*17*	Kühlwasserpumpenhaus
7	Blockkraftwerk II. Ausbau	*18*	Kühlwasserzulaufkanal
8	Becherwerkskanal	*19*	Kühlwasserablaufkanal
9	Kesselhaus	*20*	Ölbehälter und Pumpenhaus
10	Maschinenhaus	*21*	Bürogebäude
11	Schaltwarte	*22*	Eingang

Dampf liefert ein Bensonkessel mit einer Leistung von 225 t/h Dampf. Der Block soll in einem Jahr etwa 100mal angefahren und abgestellt werden können.

Im Jahre 1959 wird ein zweiter Block mit einer Leistung von 110 MW in Betrieb kommen, bei dem der Frischdampfzustand auf 180 atü, 520° C mit Zwischenüberhitzung auf die gleiche Temperatur festgesetzt wurde. Die Herabsetzung der Dampftemperatur im zweiten Block erfolgte nicht aus Betriebsgründen, sondern wegen des derzeitigen hohen Preises des Austenitmaterials.

Die Turbine des ersten Blocks ist dreigehäusig; die Zwischenüberhitzung liegt zwischen dem ersten und zweiten Gehäuse. Das Speisewasser wird in 7 Stufen, von denen vier hinter den Speisepumpen liegen, auf 260° C aufgewärmt. Jede der beiden Speisepumpen ist für die höchste Dauerleistung ausgelegt, beide werden durch Kurzschlußläufermotoren mit einer Leistung von je 3 MW angetrieben. Der erforderliche Pumpenenddruck von 266 atü bei einem Durchsatz von 225 t/h ließ sich bei einer Drehzahl von 2950 U/min nur durch zwei hintereinandergeschaltete Pumpensätze erreichen. Bei einem Pumpensatz wird die Vorpumpe über eine Voith-Regelkupplung angetrieben, die eine Regelung zwischen 0 und 2850 U/min gestattet. Bei Förderleistungen bis 135 t/h wird nur mit einer Hauptpumpe gefahren. Hierdurch wird bei Kessellasten zwischen 90 und 135 t/h ein Leistungsaufwand von etwa 700 PS eingespart.

Im Interesse der Einfachheit der Anlage und der Betriebsführung wurde von dem Einbau von Enthitzern abgesehen. Ebenso wurde das Kondensat der Niederdruck-

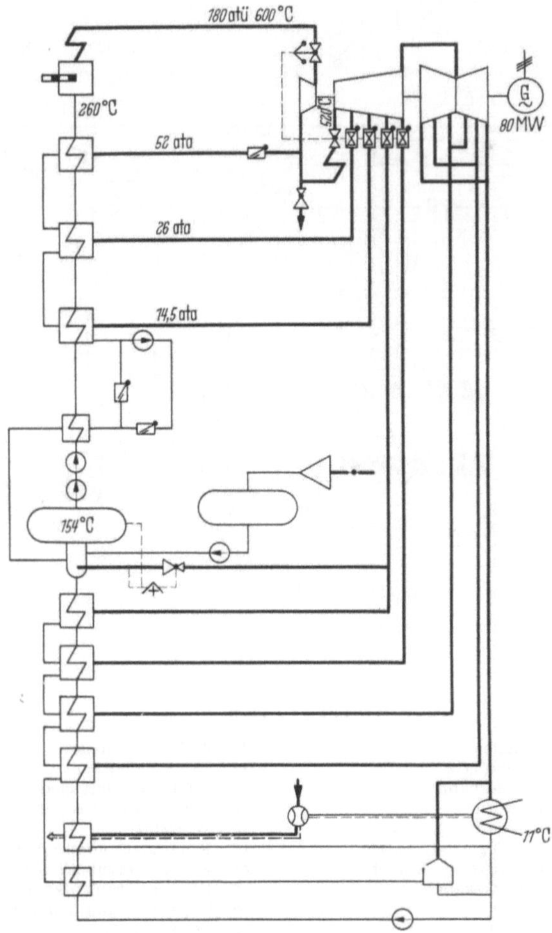

Wärmegrundschaltplan von Block I

vorwärmer in den Kondensator geleitet. Nachrechnungen hatten ergeben, daß durch diese beiden Vereinfachungen eine Verschlechterung des Wärmeverbrauchs um höchstens 8 kcal/kWh auftreten kann.

Der Dreizug-Bensonkessel ist für eine Feuerung mit Kohlenstaub und Heizöl eingerichtet. Der austenitische Endüberhitzer (Material X 8 Cr Ni Nb 1613) wurde mit Rücksicht auf das häufige Anfahren aus dem Strahlungsbereich des Feuerraums herausgenommen und in den zweiten Zug als erste Berührungsheizfläche gelegt. Die Übergangsstelle zwischen ferritischem und austenitischem Material befindet sich über der Kesseldecke und wurde im Lieferwerk hergestellt, so daß auf der Baustelle nur gleichartiges Material verschweißt zu werden brauchte. Der Dampf wird in sechs parallelen Leitungen aus X Cr Ni Mo V Nb 1613 einem Dampfsammler zugeführt.

Bei der Wahl des austenitischen Materials für den Endüberhitzer war in erster Linie eine große Zunderbeständigkeit anzustreben, weil bei ungleicher Verteilung der Dampfströme in den einzelnen Rohrschlangen mit dem Auftreten von Übertemperaturen zu rechnen ist. Diese Gefahr besteht hingegen bei den Verbindungsleitungen zwischen Kessel und Turbine nicht, so daß hier ein Austenit mit Zusatz von Molybdän und Vanadium verwendet wurde, der sich bei verminderter Zunderbeständigkeit durch eine größere Zeitstandfestigkeit auszeichnet. Gleichzeitig konnten hierdurch die Rohrleitungskosten erheblich gesenkt werden. Die Zunderbeständigkeit reicht hier bis 630° C (gegenüber 800° C bei dem Überhitzermaterial).

Die Sicherheitsventile des Kessels, die Reduzierstationen und die Anfahrventile werden über Dampfleitungen von 10 mm innerem Durchmesser warmgehalten, um das Reißen der Sitze und Kegel durch Temperaturschocks zu vermeiden.

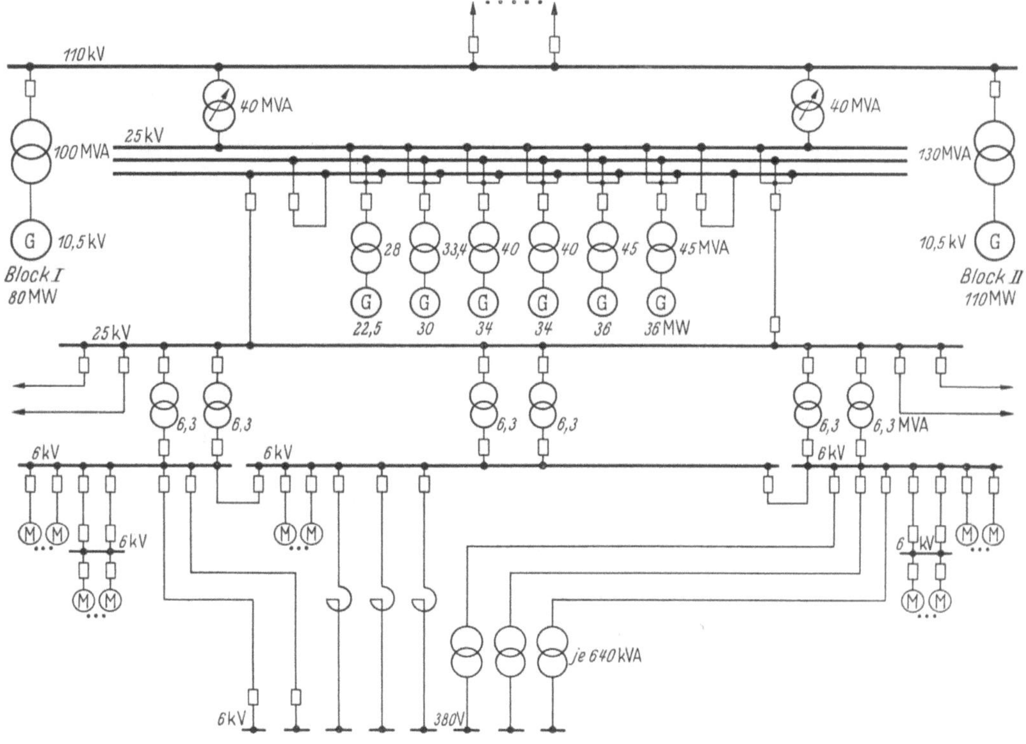

Elektrischer Übersichtsschaltplan

Der Höchstdruckteil der Turbine ist mit Topfgehäuse nach Art der 650° C-Gegendruckturbine der Farbenfabriken Bayer Leverkusen (Nr. 85, S. 284) entworfen. Das Außengehäuse ist aus Stahlguß, nur der vordere Teil der Stufengruppe einschließlich der zugehörigen Leit- und Laufschaufelträger ist aus austenitischem Material. Das zweite und dritte Gehäuse weisen keine Besonderheiten auf.

Die beiden Generatoren speisen über 10,5/110 kV-Umspanner auf die Sammelschienen. Der Eigenbedarf wird von dem gesonderten Eigenbedarfsnetz (25 kV) mit besonderen Kondensationsturbinen bestritten; die Spannung wird im Kraftwerk auf 6 kV herabgesetzt.

Der Schwerbau aus Beton reicht bis zu der Bühne mit der Kote 39,8 m und geht von da in Stahlkonstruktion über. Innerhalb des Schwerbaus liegen die Bunker, die Eigenbedarfs-Schaltanlage (6 kV), die senkrecht angeordneten Speisewasserbehälter nebst Entgasern sowie der gleichfalls senkrecht aufgestellte Elektrofilter. Auf der erwähnten Bühne sind die Frisch- und Mühlenluftgebläse sowie die Saugzuggebläse untergebracht.

Die Stahlkonstruktion trägt das Kesselhausdach und die Schornsteine. Das Maschinenhaus nimmt die quergestellten Turbinen, die Speisepumpen und die Vorwärmer auf. Letztere sind in einer Eisenkonstruktion parallel zu der Maschine untergebracht, wobei die Niederdruckvorwärmer neben den Hoch- und Mitteldruckteil, die Hochdruckwärmer neben den Generator gelegt wurden. Das Gebäude hat eine Gründung aus Franki- und Betonrammpfählen.

Schrifttum

BRENNECKE, C., u. R. SCHINN: Z. VDI Bd. 99 (1957) S. 1335/42.
BEYERLEIN, H.: Brennstoff, Wärme, Kraft Bd. 10 (1958) S. 49/57.

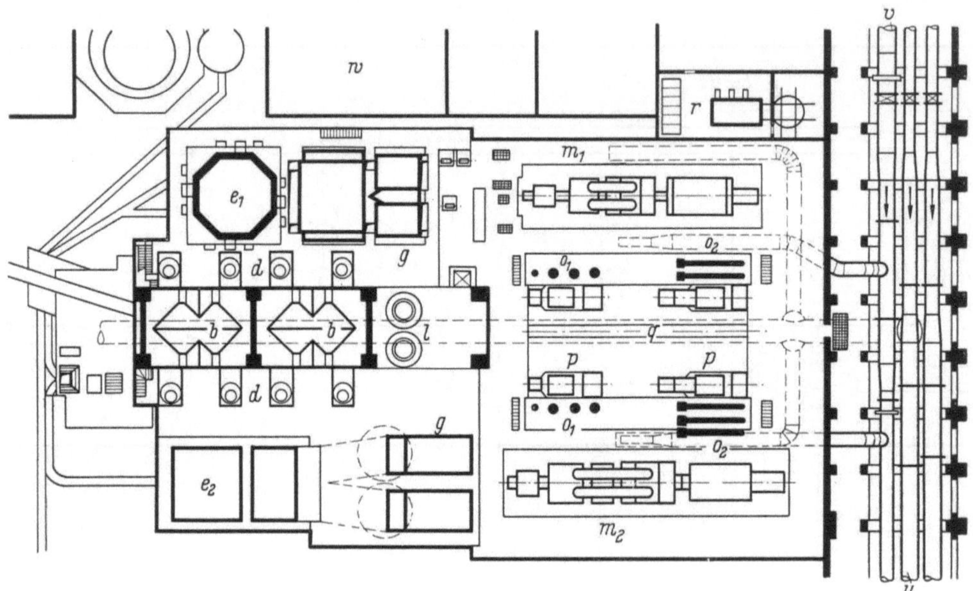

Grundriß

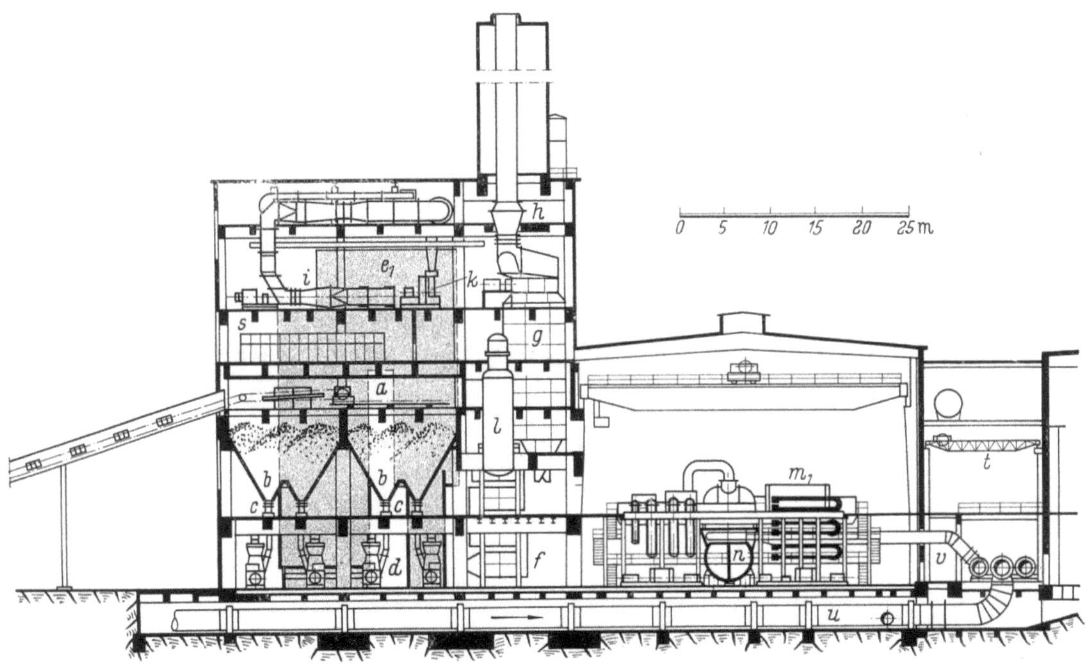

Querschnitt

Legende zum Grundriß und Querschnitt

a	Bekohlung	m_2	Turbogenerator 110 MW
b	Kohlebunker	n	Kondensator
c	Kohlezuteiler	o_1	Niederdruckvorwärmer
d	Kohlemühlen	o_2	Hochdruckvorwärmer
e_1	Kessel 225 t/h	p	Kesselspeisepumpen
e_2	Kessel 320 t/h	q	Montageöffnung
f	Luftvorwärmer	r	Hauptumspanner
g	Rauchgasfilter	s	6 kV-Eigenbedarfschaltanlage
h	Saugzuggebläse	t	Zwischenbau
i	Frischluftgebläse	u	Kühlwasser-Zuflußleitung
k	Mühlenluftgebläse	v	Kühlwasser-Abflußleitung
l	Speisewasserbehälter mit Entgaser	w	Lagerhaus
m_1	Turbogenerator 80 MW		

Schaubild

16

Kraftwerk Herrenhausen, BRD

(Stadtwerke Hannover)

Baujahr 1955/57

Kessel		Turbinen	
Anzahl	1	Anzahl	1
Leistung t/h	155	Leistung MW	51
Art	Durchlauf	Leistung MVA	64
		Art	K
Genehmigungsdruck atü	210	Drehzahl U/min	3000
Dampfzustand bei Austritt atü	190	Dampfdurchsatz t/h	155
Dampfzustand bei Austritt °C	565	Dampfzustand bei Eintritt atü	180
Dampfzustand hinter ZWÜ atü	37	Dampfzustand bei Eintritt °C	560
Dampfzustand hinter ZWÜ °C	530	bei Wiedereintritt atü	36
Brennstoff:		bei Wiedereintritt °C	525
Art	Steinkohle	Kühlwassertemperatur °C	12
unterer Heizwert kcal/kg	7000	Dampfzustand bei Austritt ata	0,036
		Dampfzustand bei Austritt °C	—
Feuerung	Ecken	Gehäusezahl	3
Schlackenabzug	trocken	Abdampfstutzen (flutig)	2
Luftvorwärmung °C	330	Vorwärmstufen	6
Abgastemperatur °C	135	Entgasungstemperatur °C	125
Wirkungsgrad %	91,5	Speisewassertemperatur °C	250

Kennzahlen

Spez. Wärmeverbr. netto kcal/kWh	2300
„ Flächenbedarf m²/kW	—
„ Raumbedarf m³/kW	—

Rauchgasentstaubung: elektrisch
Wasseraufbereitung: Vollentsalzung
Bauweise: Stahlkonstruktion
Vorgesehene Gesamtleistung: 187 MW

Das Kraftwerk der Stadtwerke Hannover liegt im Nordwesten der Stadt, unmittelbar an der Bahnstrecke Köln–Berlin. Es wurde bereits im Jahr 1902 errichtet. Im Jahr 1955 standen 4 Turbinen mit einer Leistung von je 32 MW und eine Hausturbine von 8 MW in Sammelschienenanordnung für einen Dampfzustand von 60 atü, 500° C für die Stromerzeugung zur Verfügung.

Bei der Erweiterung im Jahr 1955 wurde ein 51 MW-Block für einen Dampfzustand an der Turbine von 180 atü, 560° C mit Zwischenüberhitzung auf 525° C erstellt; den Dampf erzeugt ein Bensonkessel mit einer Leistung von 155 t/h. Damit verfügt das Kraftwerk über eine installierte Leistung von 187 MW.

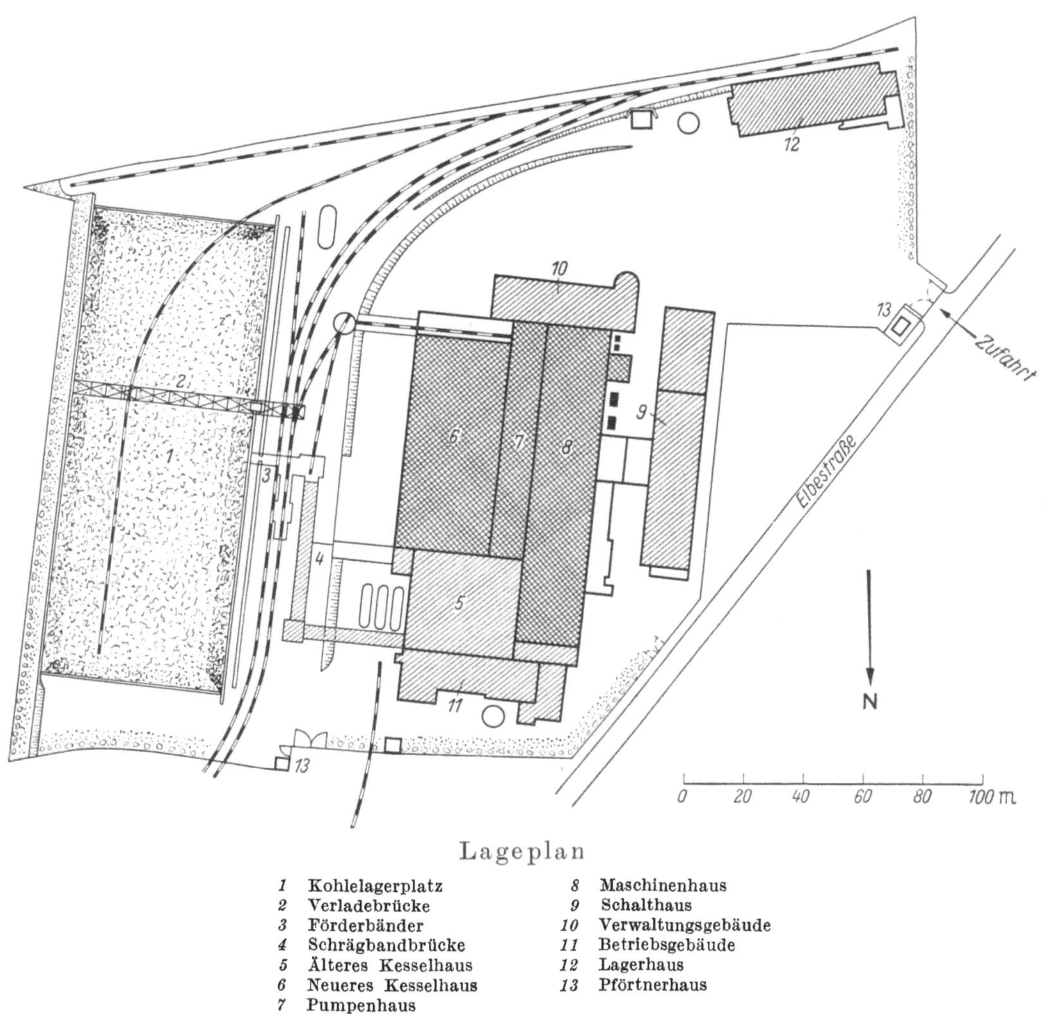

Lageplan

1 Kohlelagerplatz
2 Verladebrücke
3 Förderbänder
4 Schrägbandbrücke
5 Älteres Kesselhaus
6 Neueres Kesselhaus
7 Pumpenhaus
8 Maschinenhaus
9 Schalthaus
10 Verwaltungsgebäude
11 Betriebsgebäude
12 Lagerhaus
13 Pförtnerhaus

Die Steinkohle wird auf dem Schienenweg herangeführt. Sie gelangt entweder direk von einem Waggonkipper oder vom Band des Kohlenlagerplatzes über eine Schrägbrücke in die Kesselbunker der Neuanlage. Das Kühlwasser wird der in einem Abstand von etwa 500 m vorbeifließenden Leine entnommen.

Der Bensonkessel hat zwei Züge und ist mit Eckenfeuerung ausgestattet. Die Asche wird trocken abgeführt.

Die Turbine ist dreigehäusig mit einem zweiflutigen Niederdruckteil. Die Zwischenüberhitzung liegt hinter dem Hochdruckteil. Das Speisewasser wird in 6 Vorwärmern, von denen drei hinter den Speisepumpen bzw. dem Entgaser liegen, auf 250° C vorgewärmt. Der Entgaser arbeitet mit konstantem Druck bei einer Temperatur von 125° C.

Das Zusatzwasser wird in einer Vollentsalzungsanlage aufbereitet und durchläuft einen auf dem Speisewasserbehälter angeordneten Entgaser.

Der Generator ist über einen Umspanner an eine 110 kV-Sammelschiene angeschlossen. Demgegenüber sind die vier 32 MW-Generatoren der 60 atü-Anlage über Umspanner an 30 kV-Sammelschienen gelegt. Beide Sammelschienen sind über einen Dreiwicklungs-Regelumspanner miteinander verbunden, die dritte Wicklung ist für 10 kV ausgelegt. Der neue Generator versorgt seinen Eigenbedarf (5 kV) unmittelbar über einen Regelumspanner. Eine Querverbindung besteht mit den Eigenbedarfs-Sammelschienen

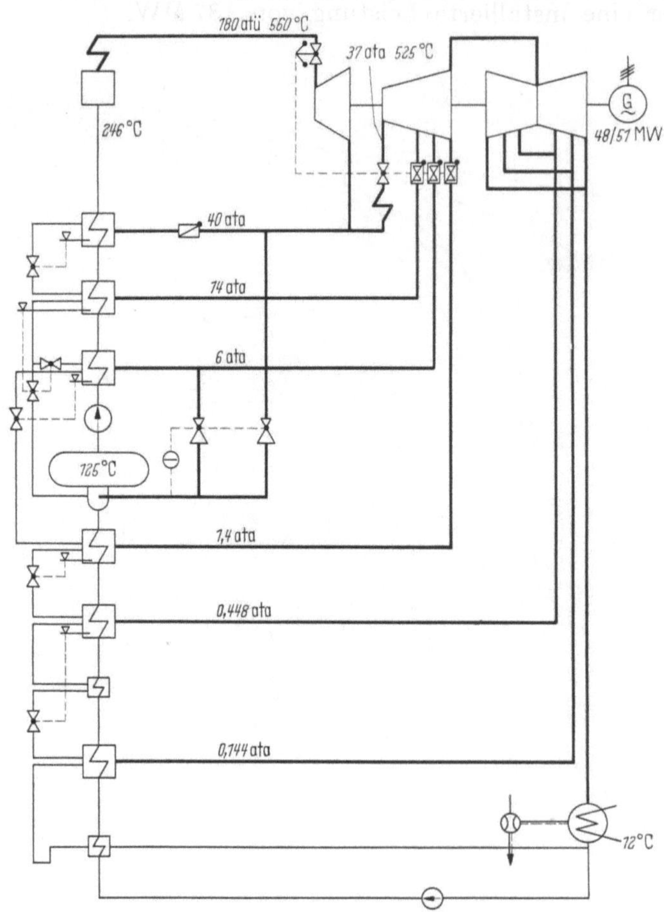

Die eingetragenen Werte gelten für Bestlast (48 MW

Wärmegrundschaltplan

der 60 atü-Anlage, die ihrerseits einen Notanschluß an das nahe gelegene Kraftwerk Ahlem der Preußischen Elektrizitäts-Aktiengesellschaft (Preag) hat. Hierdurch ist die Versorgung des Eigenbedarfs beim Anfahren und in Störungsfällen gesichert.

Der Turbosatz konnte in dem vorhandenen Maschinenhaus, das wegen der größeren Länge des 51 MW-Satzes geringfügig verbreitert werden mußte, aufgestellt werden. In dem in Richtung auf das Kesselhaus anschließenden Hilfsmaschinenhaus, auf dessen Dach die Speisewasserbehälter mit Entgaser Aufstellung gefunden haben, sind die beiden Vollastspeisepumpen untergebracht. Diese mit Flüssigkeitsregel- und Übersetzungsgetrieben ausgestatteten Pumpensätze von etwa 8 m Länge sind auf Stahlfundamenten montiert, die federnd auf den Stahlträgern der Hilfsmaschinen-Bedienungsbühne gelagert sind. Die Wärme- und Elektrowarte befindet sich gleichfalls im Hilfsmaschinenhaus in Höhe des Maschinenhausflurs.

Trotz der geringen Kellerhöhe von 6,5 m konnten sämtliche Einrichtungen gut untergebracht werden. Die Bunkeranlage liegt zwischen Hilfsmaschinen- und Kesselhaus. Das senkrecht angeordnete Elektrofilter leitet die unten aus dem Zweizugkessel austretenden Rauchgase über das Saugzuggebläse zu dem auf dem Kesselhaus aufgesetzten Schornstein.

Das neugebaute Kessel- und Hilfsmaschinenhaus wurde in Stahlkonstruktion ausgeführt.

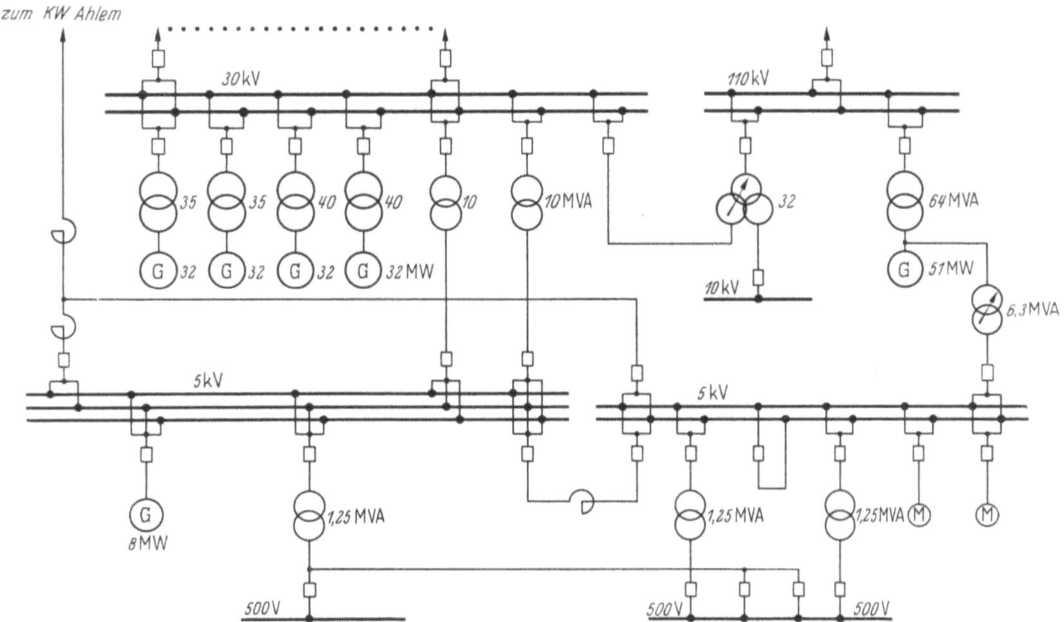

Elektrischer Übersichtsschaltplan

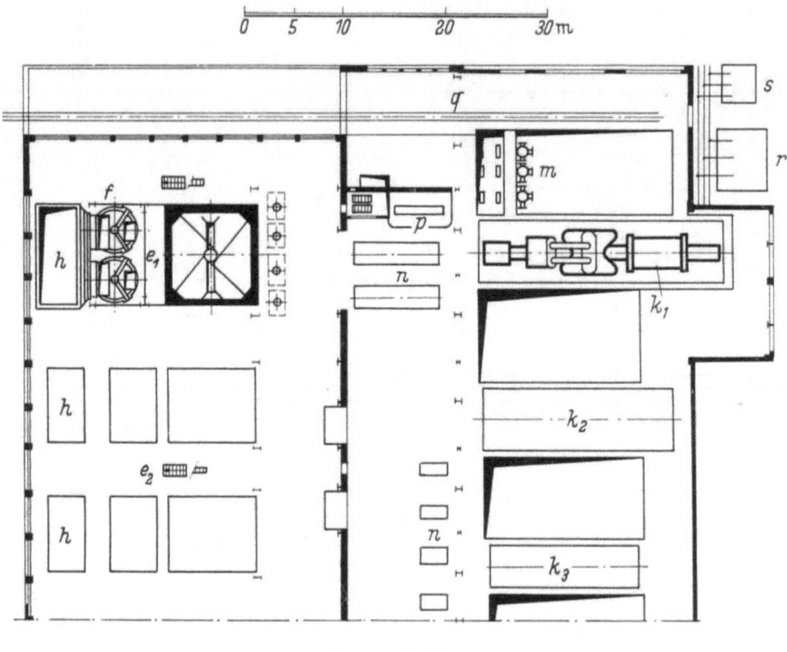

Grundriß

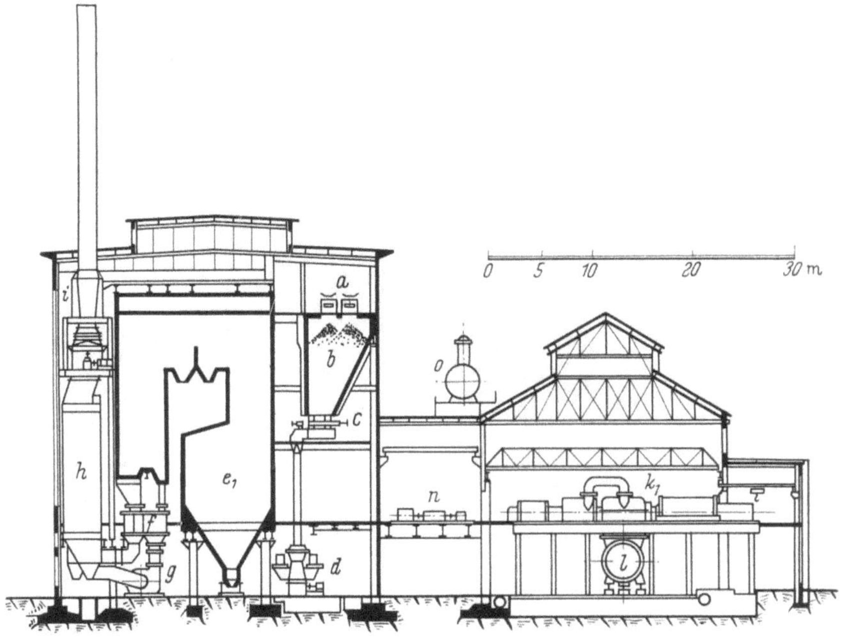

Querschnitt

Legende zum Grundriß und Querschnitt

- *a* Bekohlung
- *b* Kohlebunker
- *c* Kohlezuteiler
- *d* Kohlemühle
- e_1 Kessel 155 t/h
- e_2 Kessel 80 t/h
- *f* Ljungström-Luftvorwärmer
- *g* Frischluftgebläse
- *h* Elektrofilter
- *i* Saugzuggebläse
- k_1 Turbogenerator 51 MW
- k_2 Turbogenerator 32 MW
- k_3 Hausturbosatz 8 MW
- *l* Kondensator
- *m* Vorwärmeranlage
- *n* Kesselspeisepumpen
- *o* Speisewasserbehälter mit Entgaser
- *p* Blockwarte
- *q* Montageöffnung
- *r* Hauptumspanner
- *s* Eigenbedarfumspanner

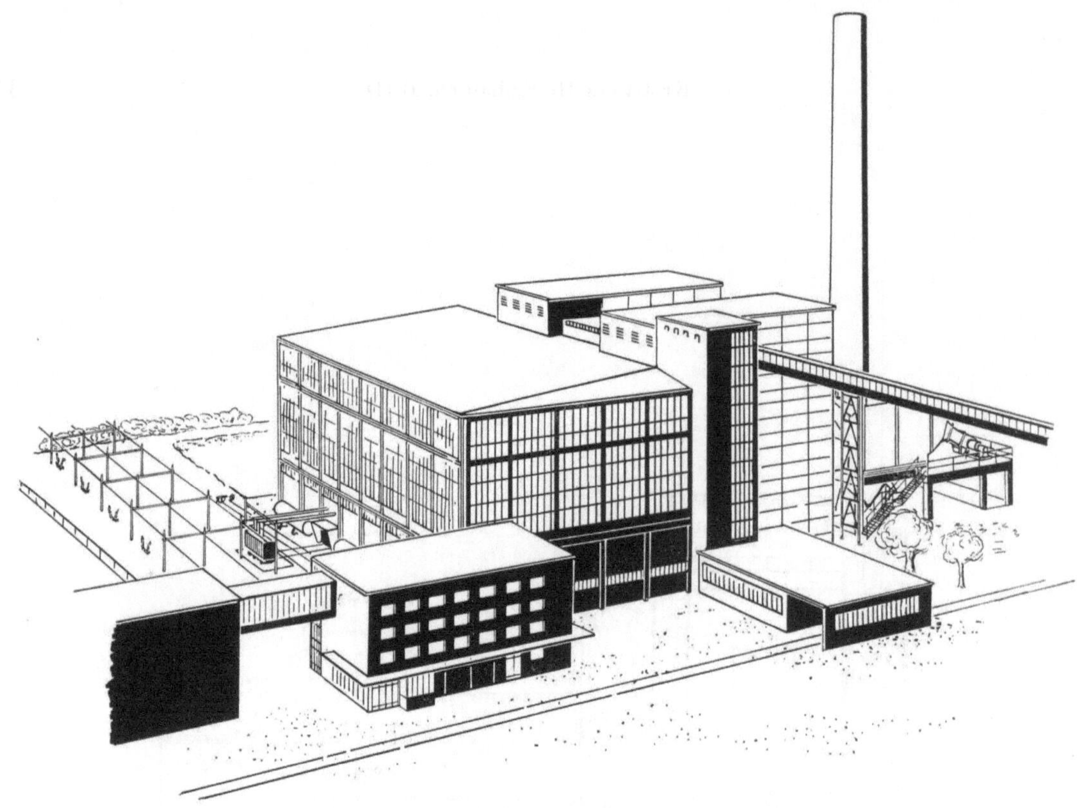

Schaubild

17 Kraftwerk Bremen Hafen, BRD

(Stadtwerke Bremen AG.)

Baujahr 1955/57

Kessel

Anzahl	2
Leistung t/h	190
Art	Durchlauf
Genehmigungsdruck atü	204
Dampfzustand bei Austritt atü	185
Dampfzustand bei Austritt °C	565
Dampfzustand hinter ZWÜ atü	50,0
Dampfzustand hinter ZWÜ °C	525
Brennstoff:	
Art	Steinkohle
unterer Heizwert kcal/kg	6380—7000
Feuerung	Zyklon
Schlackenabzug	flüssig
Luftvorwärmung °C	370
Abgastemperatur °C	135
Wirkungsgrad %	91,5

Rauchgasentstaubung: elektrisch
Wasseraufbereitung: Vollentsalzung
Bauweise: Stahlkonstruktion
Vorgesehene Gesamtleistung: — MW

Turbinen

Anzahl	2
Leistung MW	64
Leistung MVA	80
Art	K
Drehzahl U/min	3000
Dampfdurchsatz t/h	—
Dampfzustand bei Eintritt atü	180
Dampfzustand bei Eintritt °C	560
bei Wiedereintritt atü	48
bei Wiedereintritt °C	520
Kühlwassertemperatur °C	9
Dampfzustand bei Austritt ata	0,02
Dampfzustand bei Austritt °C	—
Gehäusezahl	3
Abdampfstutzen (flutig)	2
Vorwärmstufen	7; 8
Entgasungstemperatur °C	140
Speisewassertemperatur °C	263

Kennzahlen

Spez. Wärmeverbr. netto kcal/kWh	2240
„ Flächenbedarf m^2/kW	0,031
„ Raumbedarf m^3/kW	1,11

Die Stadt Bremen wurde bisher im wesentlichen von dem im Osten der Stadt gelegenen Kraftwerk Hastedt mit einer Kapazität von 130 MW (insgesamt 142 MW) versorgt. Bei dem starken Anstieg ihres Strombedarfes sahen sich die Stadtwerke veranlaßt, in dem neuen Belastungsschwerpunkt, der im Hafengelände im Westen liegt, ein neues Kraftwerk zu erstellen. Die Errichtung eines großen Walzwerks durch Klöckner hat diese Entwicklung beschleunigt. Aus dem Walzwerksbetrieb sind kurzzeitige Lastschwankungen bis zu 32 MW mit einer Anstiegszeit von 6 bis 12 Sekunden zu erwarten. Hierdurch wurden besondere Maßnahmen bei der Planung erforderlich. Mit dem Bau des Kraftwerks wurde 1955 begonnen. Der erste Block ging Ende 1956, der zweite im Herbst 1957 in Betrieb.

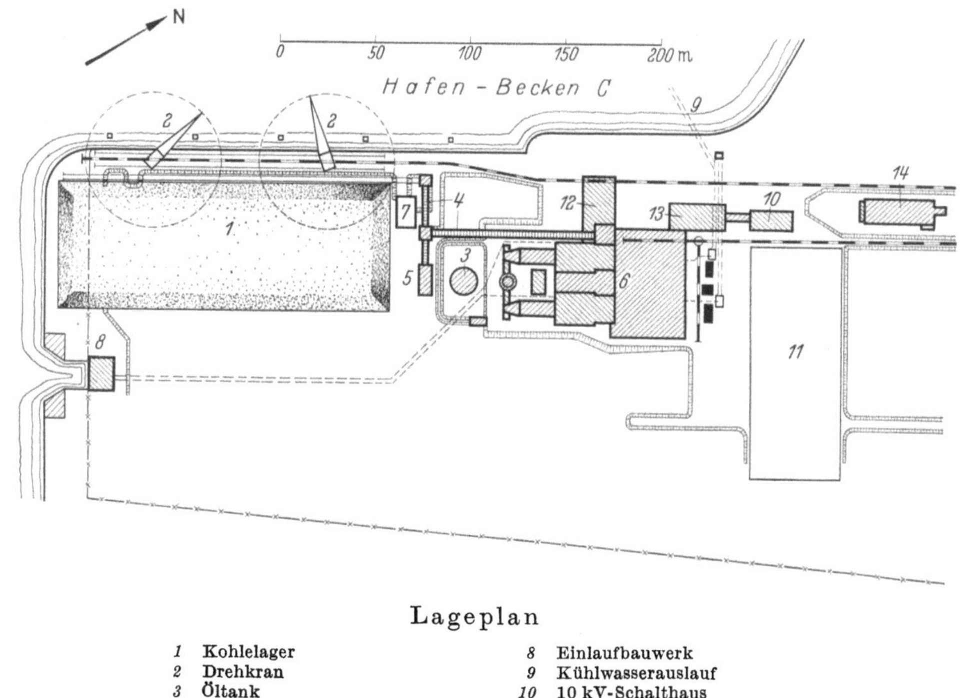

Lageplan

1	Kohlelager	8	Einlaufbauwerk
2	Drehkran	9	Kühlwasserauslauf
3	Öltank	10	10 kV-Schalthaus
4	Schrägbandbrücke	11	Freiluft-Schaltanlage
5	Mischanlage	12	Wasseraufbereitung, Werkstatt und Lager
6	Kraftwerk	13	Verwaltungsgebäude
7	Aschebecken	14	Luftschutzbunker

Das Kraftwerk liegt unmittelbar an einem Hafenbecken. Die Kohle kann durch See- und Flußschiffe sowie auf dem Bahnweg angeliefert werden. Zwei Vollportal-Greifer-Wippdrehkräne vermitteln den Umschlag auf den Lagerplatz oder den unmittelbaren Transport über Bänder einer Leistung von je 100 t/h in die Kohlenbunker. Der Einbau eines Kohlenbrechers ist möglich. In einer Mischanlage können die verschiedenen Kohlensorten, die hauptsächlich aus dem Ausland eingeführt werden, gemischt werden. Die Verteilung der Kohle auf dem Lagerplatz und der Rücktransport in den Bereich der Krane wird durch Bulldozer bewerkstelligt. Dem Hafenbecken wird das Kühlwasser (etwa 18000 m³/h) entnommen. Das Zusatzwasser für die Kesselspeisung stammt aus einem weiter entfernt liegenden Brunnen, da das beim Kraftwerk anstehende Grundwasser einen zu starken Salzgehalt aufweist. Es ist möglich, bei Schwachlastbetrieb mit Heizöl zu arbeiten. Hierfür sind Heizölbehälter für 2000 m³ Inhalt vorgesehen.

Jeder der beiden Kraftwerksblocks leistet 64 MW. Der Dampfzustand an der Turbine beträgt 180 atü, 560° C mit Zwischenüberhitzung auf 520° C. Das Speisewasser wird in 7 bzw. 8 Stufen auf 263° C aufgewärmt. Die 3 Hochdruckvorwärmer liegen hinter den Speisepumpen, denen das Kesselspeisewasser mit 140° C aus dem Speisewasserbehälter zuläuft.

Zur Aufnahme der Belastungsstöße des Hüttenwerks erhält jeder Block einen Ruthsspeicher mit einem Inhalt von 65 m³. Dieser ist zwischen Hochdruck- und Niederdruckteil der Turbine eingeschaltet und daher für einen Konzessionsdruck von 58 atü ausgelegt. Sobald die Walzwerkstöße auftreten, werden die 3 Hochdruckanzapfungen geschlossen.

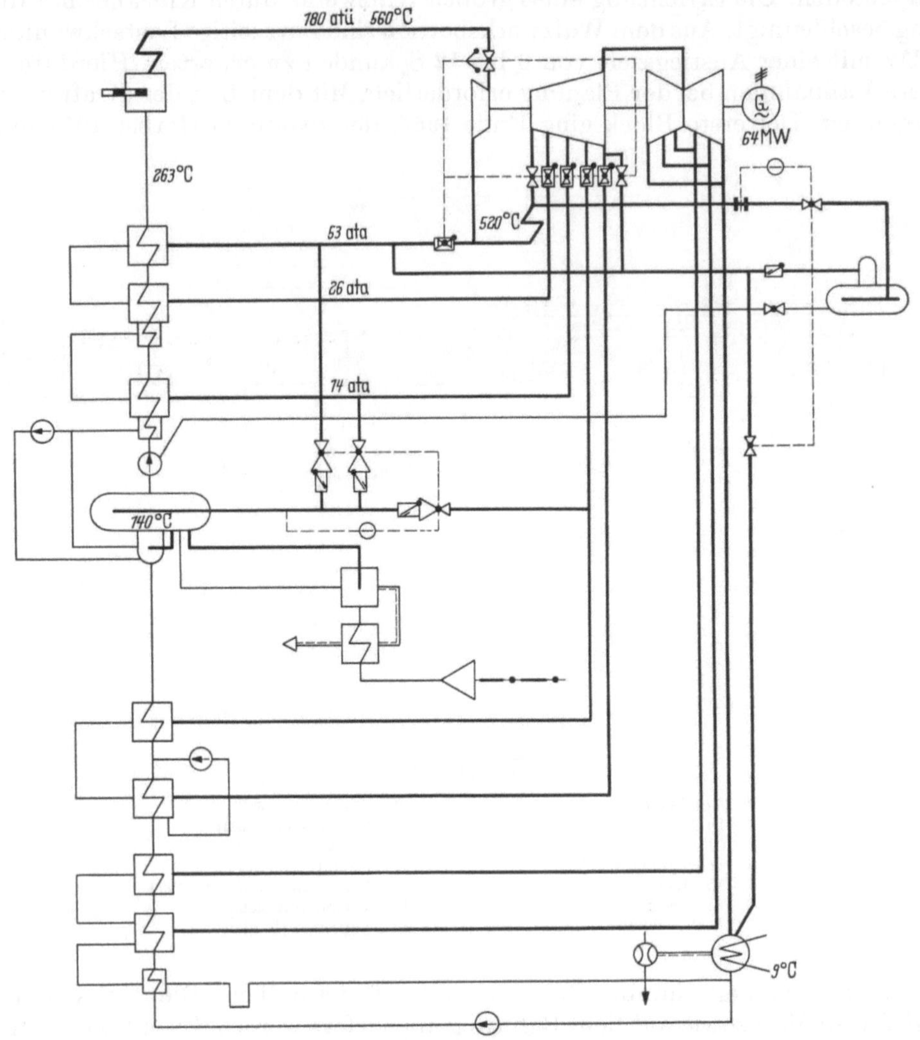

Wärmegrundschaltplan

Die beiden oberen Vorwärmstufen und der Entgaser werden dann ausschließlich vom Ruthsspeicher aus mit Dampf versorgt, die untere Hochdruckstufe wird nicht beaufschlagt.

Bei einer Lastabsenkung wird die Zufuhr des zwischenüberhitzten Dampfes gedrosselt, so daß die aus dem Hochdruckteil nachströmende Dampfmenge, die noch der größeren Last entspricht, nicht mehr in den Mitteldruckteil der Turbine, sondern in den Ruthsspeicher gelangt. Wenn der Speicher z. B. bei einem länger andauernden Lasttal voll geladen ist, kann die überschüssige Dampfmenge in den Kondensator abgeleitet werden. Bei Auftreten der Laststöße wird die Ladeleitung des Speichers gesperrt und die frei werdende Dampfmenge über den Mitteldruck- und Niederdruckteil der Turbine dem Kondensator zugeführt. Bei sehr hohem Spitzendampfbedarf kann ein kleiner Teil des Speicherdampfes direkt in den Niederdruckteil gelangen.

Eine besondere Einrichtung sorgt dafür, daß sich die Laststöße gleichmäßig auf die beiden Turbinen verteilen. Keiner der beiden Blocks soll einen größeren Laststoß als 16 MW aufnehmen. Die Ruthsspeicheranlage soll nach dem weiteren Ausbau des Werkes, der dem erwarteten allgemeinen Lastanstieg Rechnung trägt, außer Betrieb gesetzt werden. Die Laststöße des Walzwerks werden dann weniger ins Gewicht fallen. Die mit dem Speicherbetrieb verbundenen Wärmeverluste können dann vermieden werden. Beim Anfahren und Abstellen der Kessel werden die Ruthsspeicher als Entspannungsgefäße benutzt. Die Anlage hat sich inzwischen voll bewährt.

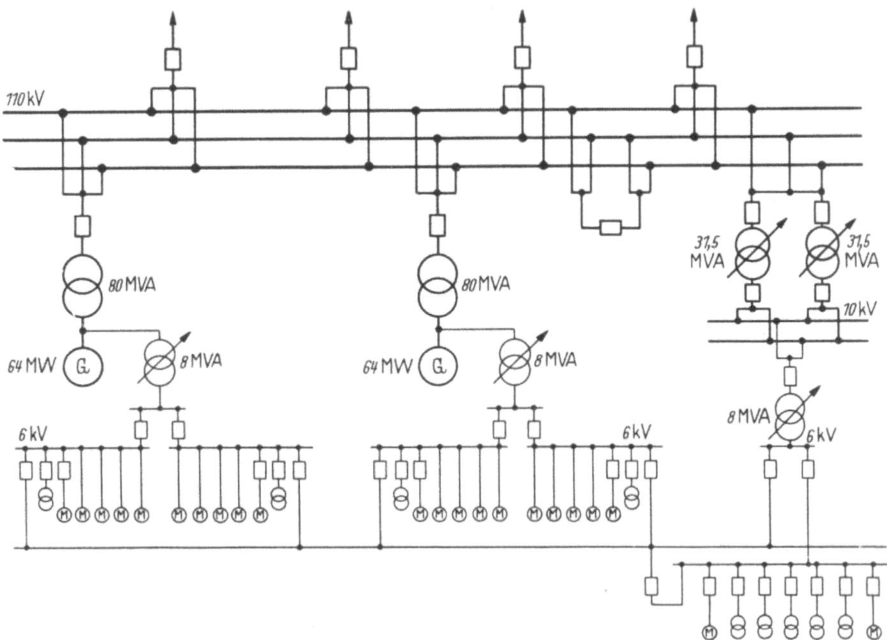

Elektrischer Übersichtsschaltplan

Die beiden Generatoren sind über 80 MVA-Blockumspanner auf eine 110 kV-Dreifach-Sammelschiene geschaltet. Der Eigenbedarf ist über 8 MVA-Regelumspanner unmittelbar an die Generatorklemmen angeschlossen. Eine weitere Einspeisung besteht von einer 10 kV-Netzstation über einen 8 MVA-Regelumspanner.

Die Frischdampfleitung zwischen den Bensonkesseln und den dreigehäusigen Turbinen besteht wegen der hohen Dampftemperatur aus austenitischem Material. Neben jedem Turbosatz steht ein in sich geschlossener Speisepumpen-Vorwärmblock mit Speisewasserbehältern und Entgaser. Jeder Kessel hat 2 Rohkohlebunker, zwischen denen je ein Staubbunker und ein Flugkoksbunker liegen. Der Staub wird in je 2 Zyklonen der Bensonkessel verbrannt. Der Bunkertrakt ist unterbrochen, da zwischen den Kesseln ein niedriger Bau eingeschaltet ist, der die gemeinsame Wärme- und Elektrowarte und die Elektroschaltanlage aufnimmt. Die Kessel stehen in Kojen. Es ist also kein geschlossenes Kesselhaus vorhanden. Die Kessel tragen ihr eigenes Dach und die Seitenwände. Elektrofilter und Saugzüge sowie der Schornstein sind außerhalb des Kraftwerks aufgestellt. Das Gebäude ist in Stahlkonstruktion ausgeführt.

Schrifttum:

Schröder, K.: Neuzeitliche Dampfkraftwerke. Siemens-Schuckertwerke AG.
Brandes, B.: Elektrizitätswirtschaft Bd. 57 (1958) S. 663/66.

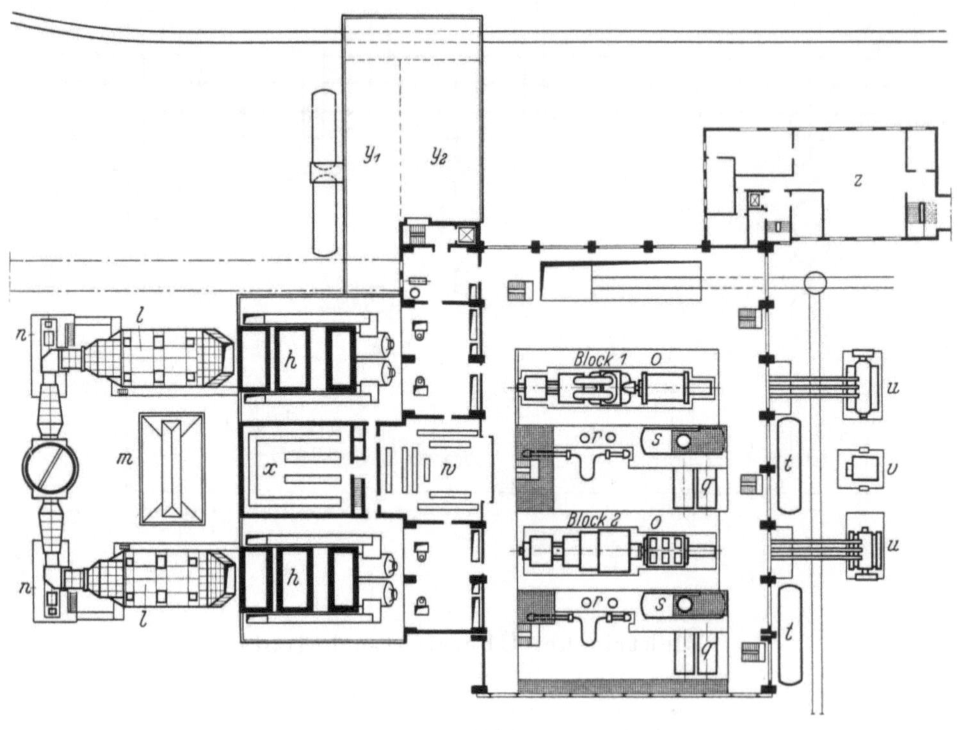

Grundriß

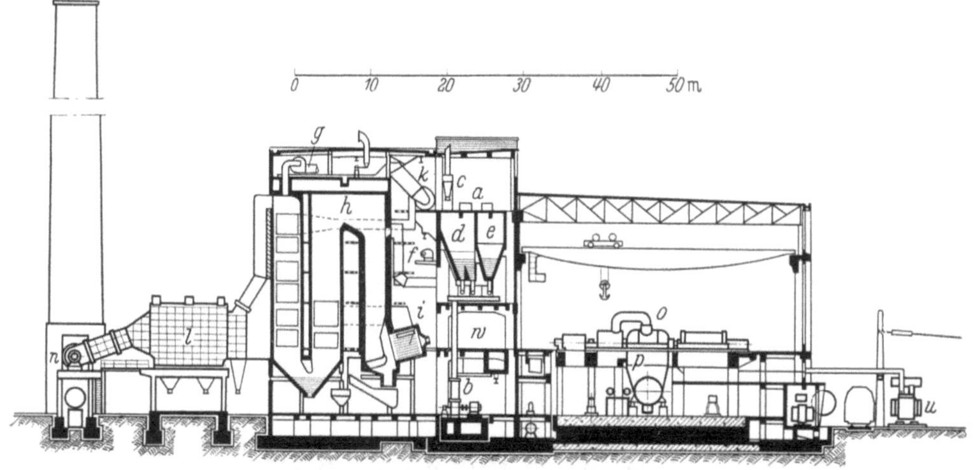

Querschnitt

Legende zum Grundriß und Querschnitt

a Bekohlung
b Kohlemühle
c Staubsichter
d Staubbunker
e Flugaschebunker
f Brüdengebläse
g Abgasgebläse
h Kessel
i Zyklonbrenner
k Frischluftgebläse
l Elektrofilter
m Filter-Hochspannungsraum
n Saugzuggebläse
o Turbogenerator
p Kondensator
q Kesselspeisepumpe
r Vorwärmer
s Speisewasserbehälter und Entgaser
t Ruthsspeicher
u Blockumspanner
v Eigenbedarfsumspanner
w Warte
x Eigenbedarfschaltanlage
y_1 Wasseraufbereitungsanlage
y_2 Werkstatt
z Verwaltung

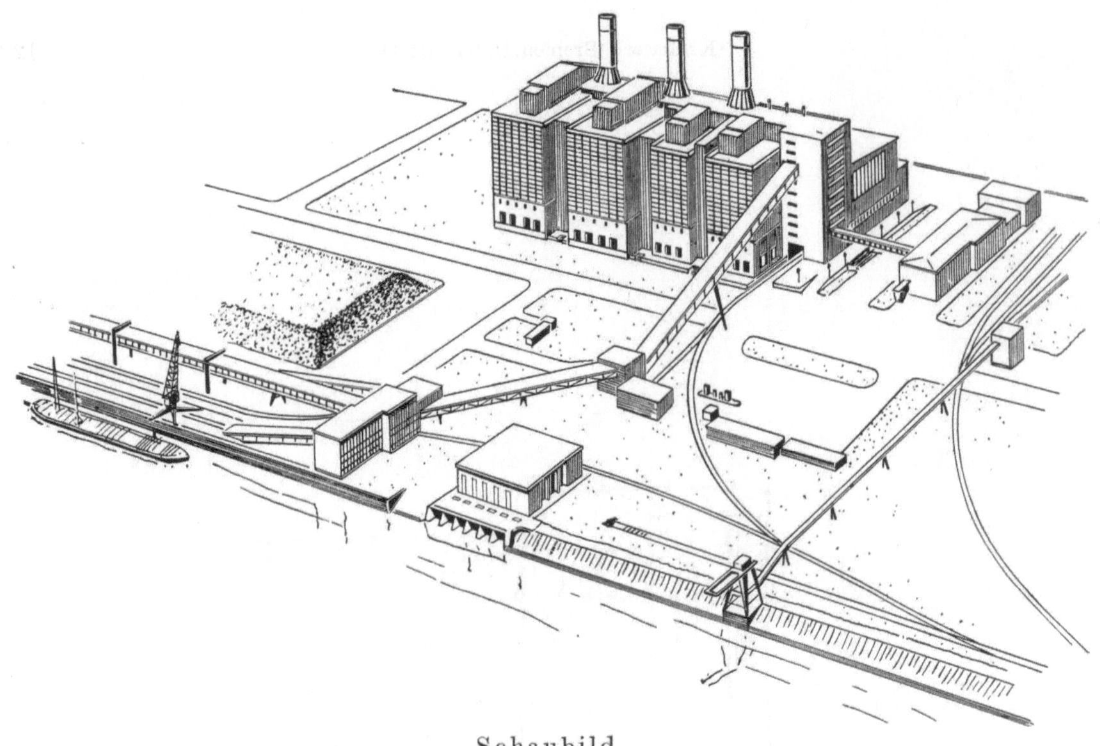

Schaubild

18

Kraftwerk Heilbronn, BRD

(Energie-Versorgung Schwaben Aktiengesellschaft, Stuttgart)

Baujahr 1952/59

Kessel	Block 1	Block 2	Block 3 und 4
Anzahl	1	1	2
Leistung t/h	212	215	350
Art	Naturumlauf	Naturumlauf	Durchlauf
Genehmigungsdruck atü	136	136	206
Dampfzustand bei Austritt atü	115	115	187
Dampfzustand bei Austritt °C	530	530	545
Dampfzustand hinter ZWÜ atü	31	31	47
Dampfzustand hinter ZWÜ °C	490	515	525
Brennstoff:			
Art	Steink.	Steink.	Steink.
unterer Heizwert kcal/kg	7000	7000	7000
Feuerung	Schmelzkammer		
Schlackenabzug	flüssig	flüssig	flüssig
Luftvorwärmung °C	325	325	420
Abgastemperatur °C	120	120	110
Wirkungsgrad:			
bei Maximallast %	92	92	93,5
bei Regellast	93	93	93

Rauchgasentstaubung: elektrisch
Wasseraufbereitung: chemisch und Verdampfung, Vollentsalzung
Bauweise: Beton, Fachwerk
Vorgesehene Gesamtleistung: etwa 800 MW

Turbinen	Block 1	Block 2	Block 3 und 4
Anzahl	1	1	2
Leistung MW	65	65	110
Leistung MVA[1]	85	91	145
Art	K	K	K
Drehzahl U/min	3000	3000	3000
Dampfdurchsatz t/h	—	—	—
Dampfzustand bei Eintritt atü	110	110	180
Dampfzustand bei Eintritt °C	525	525	540
Dampfzustand bei Wiedereintritt atü	30	30	45,5
Dampfzustand bei Wiedereintritt °C	485	510	520
Kühlwassertemperatur	12	12	12
Dampfzustand bei Austritt ata	0,032[2]	0,025[2]	0,028[2]
Dampfzustand bei Austritt °C	—	—	—
Gehäusezahl	3	3	3
Abdampfstutzen (flutig)	2	2	3
Vorwärmstufen	7	7	7; 8
Entgasungstemperatur °C	150	150	153
Speisewassertemperatur °C	220	220	264
Kennzahlen			
Spez. Wärmeverbrauch kcal netto kcal/kWh	2480[2]	2340[2]	2240[2]
„ Flächenbedarf m^2/kW	0,028	0,028	(0,020)
„ Raumbedarf m^3/kW	1,00	1,00	(0,070)
„ Personalbedarf Mann/MW	1		

[1] Bei 1 atü H_2-Druck
[2] Bei Bestlast

Die Energie-Versorgung Schwaben AG (EVS) beschloß im Jahre 1952, ein weiteres Dampfkraftwerk mit 6 Blocks bei Heilbronn in mehreren Baustufen zu errichten. Das Werk sollte im Verbund mit den übrigen Wasser- und Dampfkraftwerken der EVS so

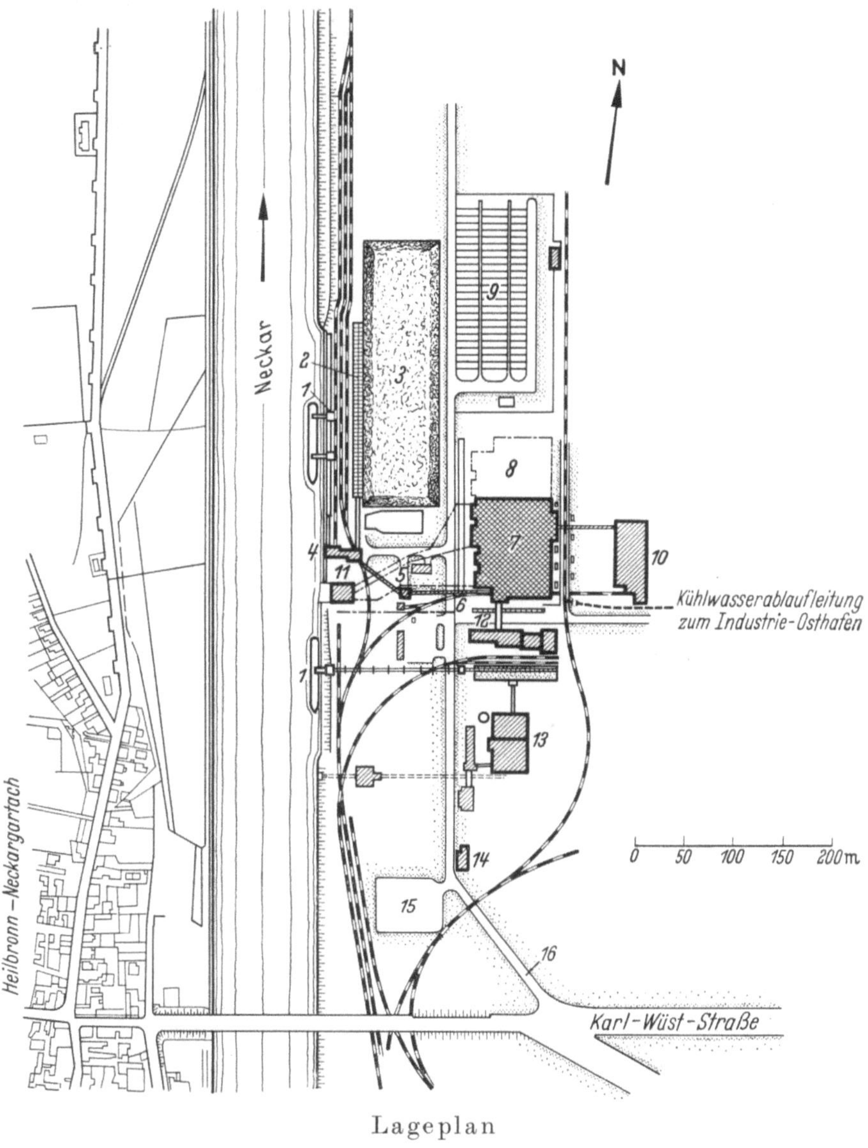

Lageplan

1 Entladestation
2 Kohletiefbunker
3 Kohlelagerplatz
4 Überwachungsstation der Bekohlungsanlage
5 Brecheranlage
6 Schrägbandbrücke
7 Kraftwerk
8 Erweiterungsraum
9 Freiluftschaltanlage
10 Werkstatt
11 Einlaufbauwerk
12 Verwaltungs- und Betriebsgebäude
13 Ältere Kraftanlage
14 Pförtnerhaus
15 Parkplatz
16 Zufahrtsstraße

betrieben werden, daß mindestens die ersten Maschinensätze zur Spitzendeckung eingesetzt werden können. Die Größe dieser ersten Sätze wurde dadurch bestimmt, daß bei Ausfall einer dieser Einheiten die dann noch verfügbare Reserveleistung ausreichen mußte.

Demgemäß wurden zunächst 2 Einwellenblocks mit einem Dampfzustand von 110 atü, 525° C an der Turbine mit Zwischenüberhitzung auf 485° C bzw. 510° C mit einer Leistung von je 65 MW erstellt. Der zweite dieser Blocks kam 1956 in Betrieb. Inzwischen war mit der Erstellung eines dritten Blocks mit einem Dampfzustand von 180 atü, 540/520° C und einer Leistung von 110 MW begonnen worden, der 1958 in Betrieb gegangen ist. Im Frühjahr 1957 wurde der vierte Block gleicher Auslegung in Auftrag gegeben. Zwei weitere Sätze mit einer Leistung von je rund 130 MW sind in Planung.

Auf dem Gelände befand sich bereits ein kleineres von der EVS übernommenes Werk der Growag, so daß sich der Bau verschiedener Nebenanlagen erübrigte. Die Lage

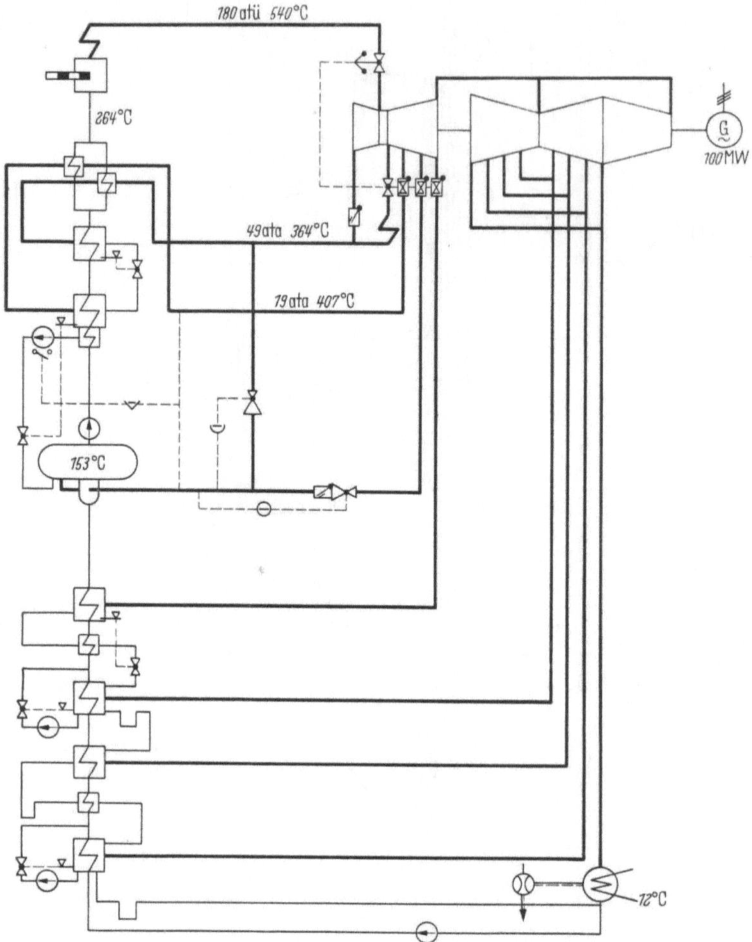

Wärmegrundschaltplan Block 3

des Werkes am Neckar sichert dem Werk die Zufuhr der Kohle per Schiff sowie die ausreichende Versorgung mit Frischwasser zum Niederschlagen des Dampfes in den Kondensatoren.

In ihrer Auslegung zeigen die beiden Ausbaustufen in einigen Punkten eine Übereinstimmung, in anderen wesentlichen Punkten jedoch nicht. In beiden Fällen wurden Schmelzkammerkessel mit flüssigem Ascheabzug aufgestellt. Bei den ersten beiden Blocks hat man 2 Schmelzkammern je Kessel eingebaut. Man kann sich auf diese Weise einem Betrieb mit Schwachlast besser anpassen. Bei Eindrittellast wird die Schlacke noch flüssig ausgetragen. Längere Zeit kann bei Einsechstellast trocken gefahren werden. Bei den dritten und vierten Blocks haben die Kessel jedoch nur je eine Schmelzkammer. Die beiden ersten Blocks erhielten Naturumlaufkessel, der dritte und vierte Block Bensonkessel. Die

Speisewasservorwärmung ist bei Block 3 mit 7 Stufen, bei Block 4 mit 8 Stufen ausgestattet, von denen zwei hinter den Speisepumpen liegen. Den beiden Hochdruckstufen des dritten Blocks sind Enthitzer vorgeschaltet. Die Speisewassertemperatur wurde von 225 auf 264° C bei Maximallast gesteigert. Die 110 MW-Turbine des dritten Blocks hat im dritten Gehäuse einen dreiflutigen Niederdruckteil. Während bei den ersten Blocks das chemisch aufbereitete Wasser noch verdampft wurde, hat der dritte Block eine Vollentsalzungsanlage erhalten.

Der Generator speist bei Block 3 und 4 über einen 150 MW-Regelumspanner unmittelbar in das Höchstspannungsnetz (200 kV). Der Eigenbedarf wird über einen 10/12,5 MVA-Umspanner unmittelbar nach den Generatorklemmen abgezweigt; er besitzt noch eine zweite unabhängige Speisung von einem 110 kV-Netz, auf das die Generatoren der Blocks 1 und 2 arbeiten.

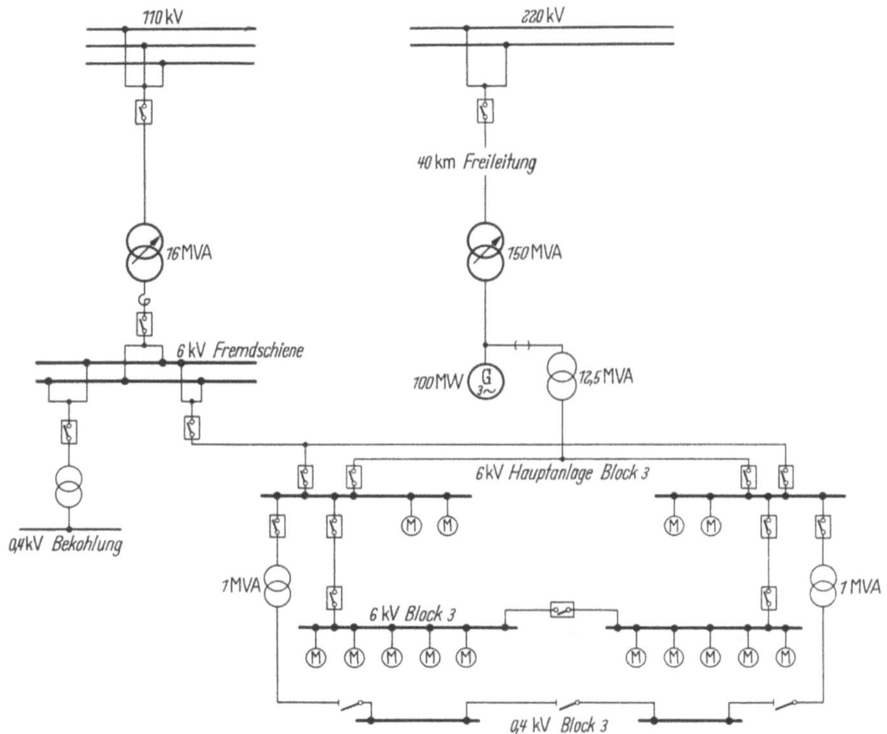

Elektrischer Übersichtsschaltplan

Die räumliche Anordnung ist bei beiden Druckstufen die gleiche. Das Kesselhaus der 180 atü-Anlage ist rund 6 m breiter und rund 4 m höher als das der 110 atü-Anlage. Das Bunkerhaus liegt als Schwerbau zwischen Kessel- und Maschinenhaus; es trägt die 3 Schornsteine. Ein Schornstein führt die Abgase der beiden ersten Blocks ab, die weiteren Blocks erhalten jeder einen eigenen Schornstein. Die Kessel der beiden ersten Blocks haben je 3 Schlagrad-Mühlen (12,75 t/h) erhalten, beim dritten und vierten Block werden je 4 Ringwalzen-Mühlen (13,6 t/h) etwa gleicher Größe aufgestellt. Die Bunker sind sechs- bzw. achtfach unterteilt. Jede Mühle hat einen Auslauf von 2 Bunkerteilen, so daß bei entsprechender Verteilung der Rohkohle der Anteil des Staubes z. B. an gasarmer und gasreicher Kohle während des Mahlvorgangs entsprechend der Belastung geändert werden kann. Diese Anordnung gestattet eine große Elastizität im Betrieb. Die Kessel sind Dreizugkessel, so daß die Rauchgase in die oberhalb des Kessels angeordneten Elektrofilter eintreten können. Durch diese Anordnung erhält das Kraftwerk den Charakter eines Hochbaues. Das Kesselgerüst ist so dimensioniert, daß es die auftretenden

Winddrücke und Schneelasten aufnehmen kann. Für die Außenwände des Kesselhauses genügte daher ein einfacher, auf das Kesselgerüst abgestützter Fachwerksverband.

Die Turbinen sind quer zur Längsachse des Maschinenhauses angeordnet, wobei die Vorwärmer in unmittelbarer Nähe der zugehörigen Turbine aufgestellt sind. Eigenbedarfs-Schaltanlage und Wärmewarte befinden sich im Schwerbau unterhalb der Bunkerausläufe.

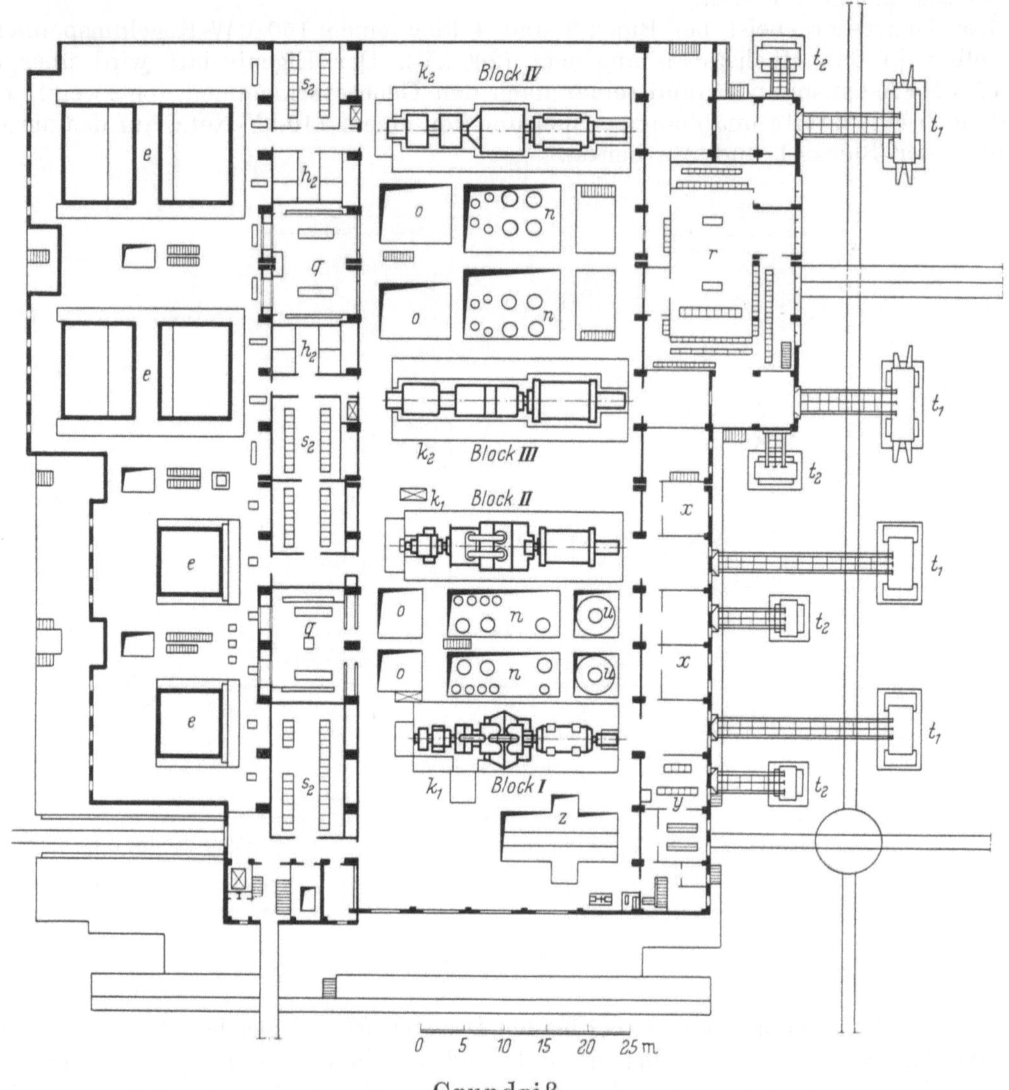

Grundriß

Der garantierte spezifische Wärmeverbrauch sinkt bei der 180 atü-Anlage gegenüber der von 110 atü von 2480 bzw. 2340 auf 2240 kcal je kWh, der spezifische Flächenbedarf von 0,028 auf 0,020 m²/kW, der spezifische Raumbedarf von 1,00 auf 0,70 m³/kW.

Schrifttum

(über die ersten beiden Blocks)

Woernle, O.: Elektrizitätswirtschaft Bd. 54 (1955) S. 769/74.
Energie Bd. 8 (1956) S. 19/22.
Energieversorgung Schwaben AG., Blockkraftwerk Heilbronn (Druckschrift).

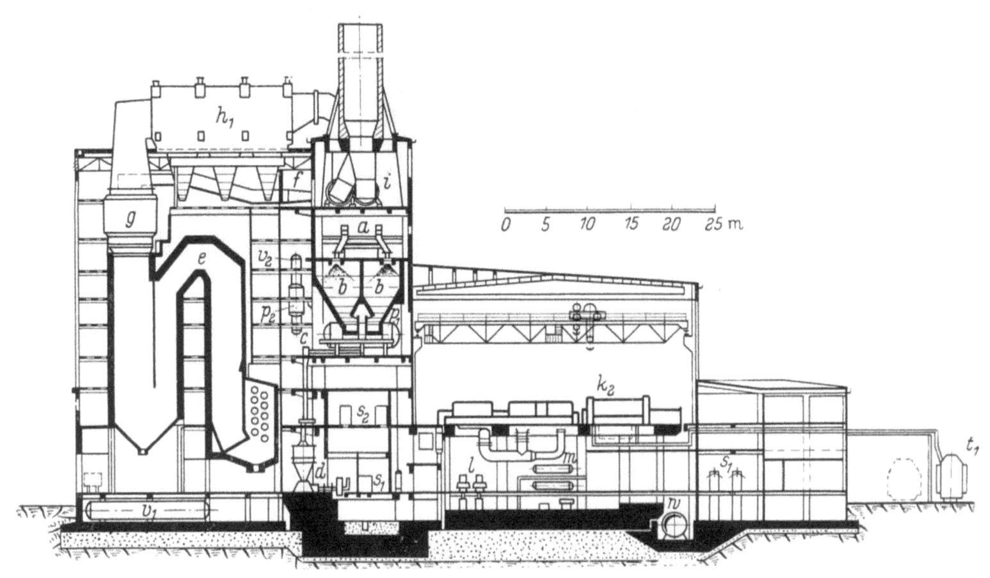

Querschnitt

Legende zum Grundriß und Querschnitt

a	Bekohlung	p_1	Speisewasserbehälter
b	Bunker	p_2	Entgaser
c	Kohlezuteiler	*q*	Wärmewarte
d	Kohlemühle	*r*	Elektrowarte
e	Kessel	s_1	Eigenbedarfschaltanlage 6 kV
f	Frischluftgebläse	s_2	Eigenbedarfschaltanlage 380 V
g	Ljungström-Luftvorwärmer	t_1	Hauptumspanner
h_1	Elektrofilter	t_2	Eigenbedarfumspanner
h_2	Hochspannungsräume für Elektrofilter	*u*	Kondensatspeicher
i	Saugzuggebläse	v_1	Anfahrbehälter
k_1	Turbogenerator 64 MW	v_2	Anfahrentspanner
k_2	Turbogenerator 100 MW	*w*	Kühlwasserleitung
l	Hauptkondensatpumpen	*x*	Nebenräume
m	Niederdruckvorwärmer	*y*	Gleichstromanlage
n	Hochdruckvorwärmer	*z*	Montageöffnung
o	Kesselspeisepumpen		

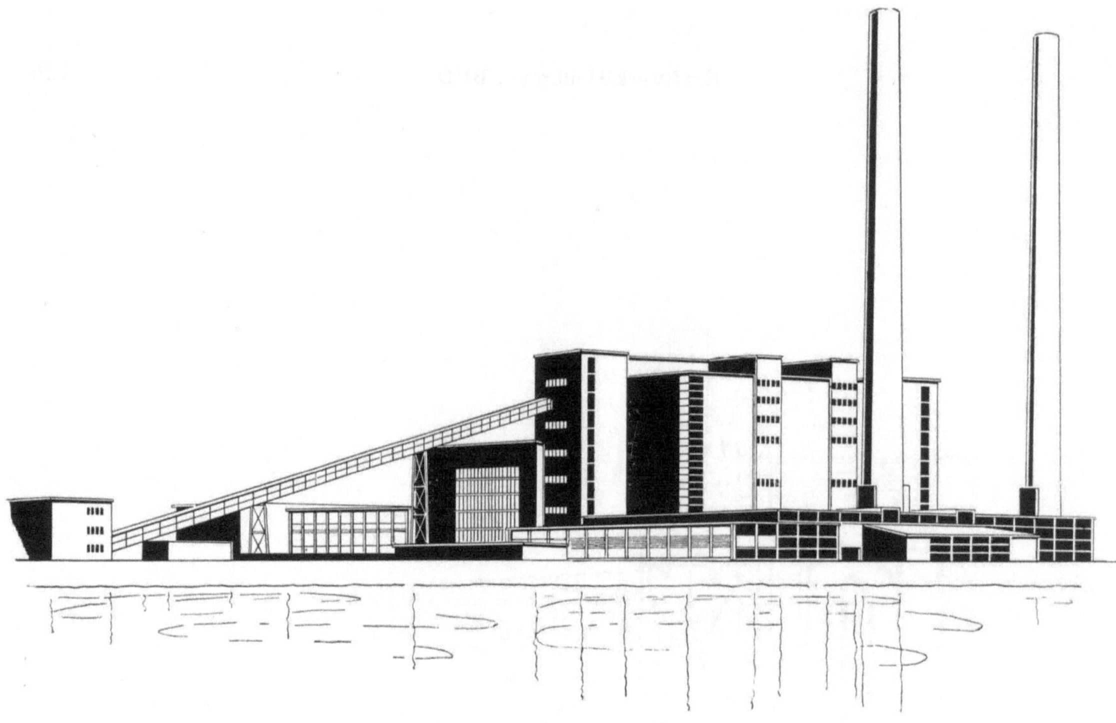

Schaubild

20 Kraftwerk Karlsruhe Rheinhafen, BRD

(Badenwerk AG, Karlsruhe)

Baujahr 1953/59

Kessel	Block I	Block II	Block III	Turbinen	Block I	Block II	Block III
Anzahl	1	1	1	Anzahl	1	1	1
Leistung ... t/h	210	210	300	Leistung ... MW	64	66	100
Art	Durchlauf			Leistung ... MVA	85	90	135
				Art	K	K	K
Genehmigungsdruck .. atü	127	127	207	Drehzahl ... U/min	3000	3000	3000
Dampfzustand bei Austritt atü	115	115	188	Dampfdurchsatz ... t/h	—	—	—
Dampfzustand bei Austritt °C	525	535	540	Dampfzustand bei Eintritt atü	110	110	180
Dampfzustand hinter ZWÜ atü	31	31	39,5	Dampfzustand bei Eintritt °C	520	530	535
Dampfzustand hinter ZWÜ °C	520	535	540	Dampfzustand bei Wiedereintritt atü	29	29	37,5
Brennstoff:				Dampfzustand bei Wiedereintritt °C	515	530	535
Art	Steink.	Steink.	Steink.	Kühlwassertemperatur ...	12	9	9
unterer Heizwert kcal/kg	5500—7200			Dampfzustand bei Austritt ata	—	—	—
				Dampfzustand bei Austritt °C	—	—	—
Feuerung	Ecken, Schmelzkammer			Gehäusezahl	3	4	4
Schlackenabzug	flüssig	flüssig	flüssig	Abdampfstutzen (flutig) ..	2	3	4
Luftvorwärmung ... °C	400	450	450	Vorwärmstufen	7	7	7
Abgastemperatur ... °C	130	130	130	Entgasungstemperatur °C	190	190	175
Wirkungsgrad ... %	—	—	—	Speisewassertemperatur °C	241	241	250

Rauchgasentstaubung: elektrisch
Wasseraufbereitung: Vollentsalzung
Bauweise: Stahlbeton
Vorgesehene Gesamtleistung: — MW

Kennzahlen

	Block I	Block II	Block III
Spez. Wärmeverbrauch netto .... kcal/kWh	2400	2300	2240
„ Flächenbedarf m²/kW	0,055		
„ Raumbedarf m³/kW	1,50		

Zur Beseitigung des bei der Badenwerk AG seit 1948 besonders fühlbar gewordenen Untergewichts an eigener Grundkraft wurde in den Jahren 1953/54 mit dem Ausbau dieses neuen Kraftwerks begonnen, und zwar zunächst mit einem Block mit 64 MW. Es ist dazu bestimmt, die Unregelmäßigkeit der Laufwasserkraft am Rhein und Neckar auszugleichen, den Fernstrombezug davon zu entlasten und den erhöhten Winterbedarf zu decken. In Zeiten großer Wasserdarbietung wird das Werk ruhen und kann trotzdem für die verbleibende mittlere jährliche Benutzungszeit von 5000 Stunden in seiner Betriebsweise einem Grundlastwerk gleichgestellt werden.

Der fortgesetzte Mangel an Winterenergie führte schon 1955/56 zur Erweiterung des Kraftwerks um einen zweiten Block von 66 MW. Im Jahre 1957 wurde mit dem Bau eines dritten Blocks von 100 MW begonnen, der 1959 in Betrieb kommt.

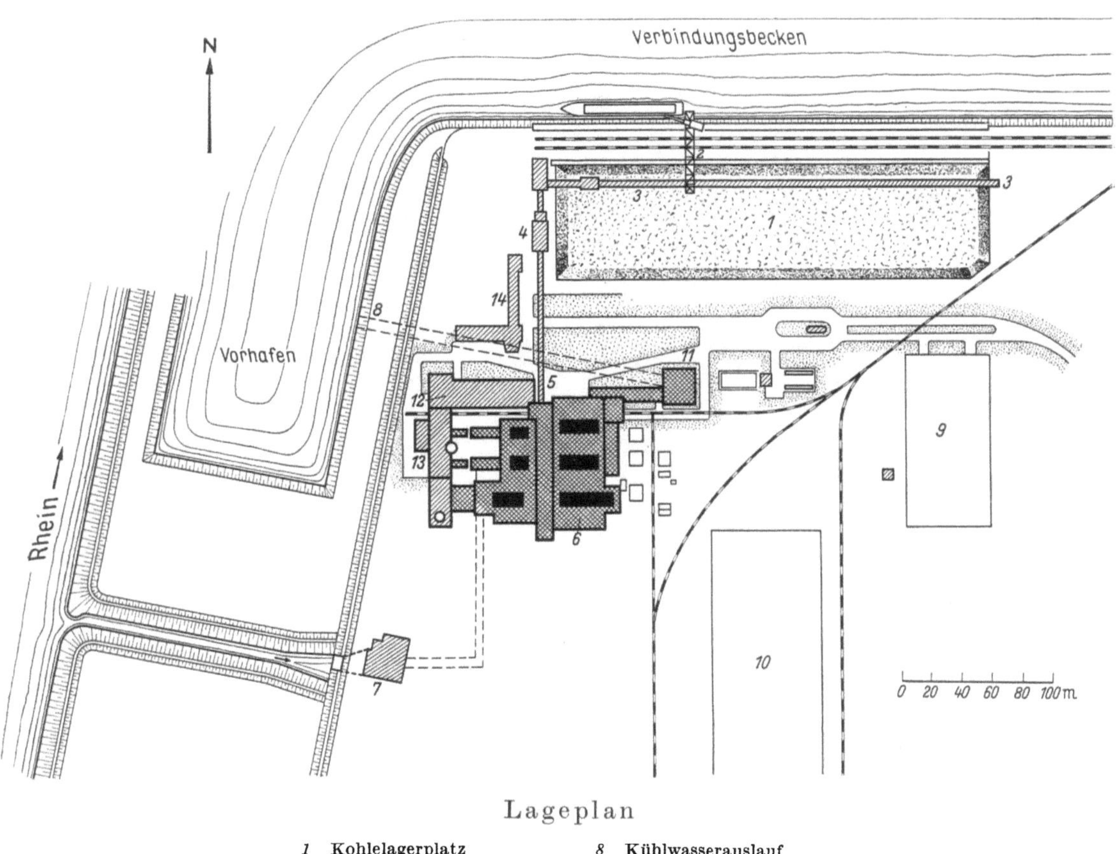

Lageplan

1	Kohlelagerplatz	8	Kühlwasserauslauf
2	Portalbrückenkran	9	Freiluftschaltanlage 110 kV
3	Förderbänder	10	Freiluftschaltanlage 220 kV
4	Brecheranlage	11	Elektrowarte und Verwaltungsgebäude
5	Schrägbandbrücke	12	Werkstatt
6	Kraftwerk	13	Wasseraufbereitungsanlage und Lagerhaus
7	Einlaufbauwerk	14	Garagen

Die Lage unmittelbar am Rhein bietet den großen Vorteil billigen Kohlentransports und unbeschränkter Kühlwasserversorgung mit einer mittleren Jahrestemperatur von 9 °C. Der Rhein führt an dieser Stelle im Minimum 350 m^3/s; davon werden in den ersten beiden Bauabschnitten 5 m^3/s benötigt.

Zum anderen werden durch die günstige Lage zum Landesnetz größere Leitungsbauten vermieden und die beim Energietransport auftretenden Verluste verringert.

Das Kühlwasser fließt über einen Kanal der Kühlwasserreinigungs- und Pumpenanlage zu. Die Pumpen sind mit im Betrieb verstellbaren Laufschaufeln ausgerüstet. Für die Verladung der per Schiff angelieferten Steinkohle aus in- und ausländischen

Revieren (hauptsächlich Feinkohle) sind 2 Verladebrücken mit eingebauter Bandanlage erstellt. Die Verteilung der Kohle auf dem Lagerplatz geschieht mit Bulldozern. Für den Abzug der Kohle ist ein längs des gesamten Lagerplatzes verlaufender Schlitzbunker mit Ausräumwagen vorhanden.

Die beiden ersten Blocks, also mit einer Leistung von 64 und 66 MW, arbeiten mit einem Frischdampfdruck von 110 atü an der Turbine und Frischdampftemperaturen von 520 bzw. 530° C; nach der Zwischenüberhitzung betragen die Temperaturen 515

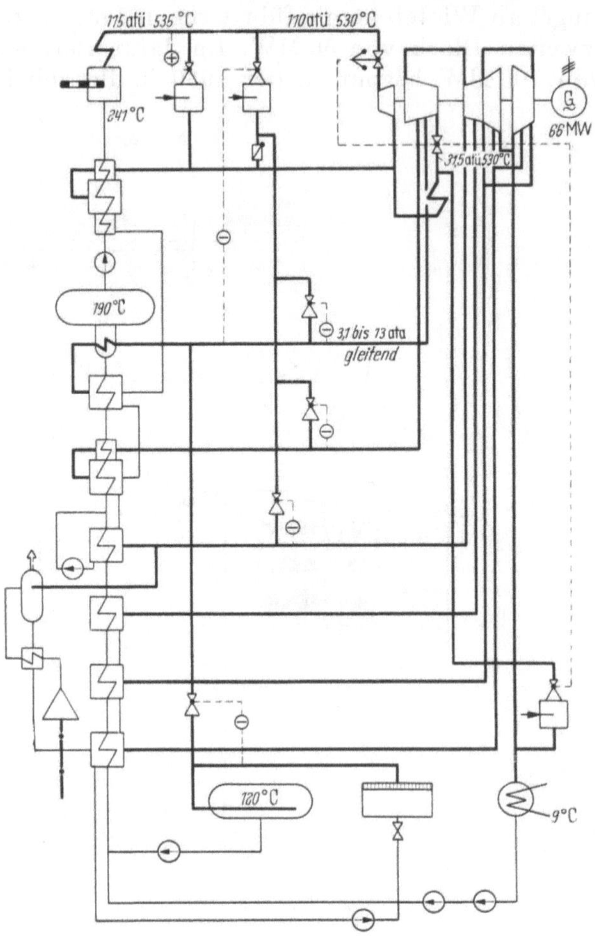

Wärmegrundschaltplan Block II

bzw. 530° C. Beim dritten Block (100 MW) wurde der Zustand des Dampfes an der Turbine auf 180 atü, 535° C mit Zwischenüberhitzung auf die gleiche Temperatur gesteigert.

Der erste Turbosatz ist dreigehäusig, der zweite und dritte viergehäusig. Das Speisewasser wird bei allen Turbinen in 7 Stufen aufgewärmt, wobei der Entgaserdruck lastabhängig gleitet. Die Entgaser sind als Oberflächen-Wärmetauscher ausgeführt. Das in einer mehrstufigen Vollentsalzungsanlage aufbereitete Zusatzwasser wird vor der Einführung in den Kreislauf thermisch entgast.

Für die beiden 110 atü-Blocks sind je 2 Vollast-Speisepumpen mit elektrischem Antrieb aufgestellt, von denen jeweils eine mit einer Turbokupplung für die Drehzahlregelung ausgestattet ist. Die wegen der geringen Zulaufhöhe erforderlichen Vorpumpen sind über ein Getriebe mit der Hauptpumpe gekuppelt. Für den 180 atü-Block wurden eine Turbospeisepumpe für Vollast und zwei elektrisch angetriebene Halblast-Speisepumpen in Auftrag gegeben.

Sämtliche Kessel sind Durchlaufkessel, Bauart Benson, mit Schmelzkammerfeuerung. Die Brenner sind in den Ecken angeordnet. Der Kessel des ersten Blocks hat Zwischenbunkerung, die beiden anderen Kessel sind mit Einblasemühlen ausgestattet.

Die Generatoren sind über nicht regelbare Umspanner auf die 110 kV-Sammelschienen geschaltet. Der Eigenbedarf (6 kV) wird unmittelbar hinter den Klemmen jedes Generators über Regelumspanner abgezweigt. Außerdem ist eine Versorgung des Eigenbedarfs über das 20 und 110 kV-Netz beim Anfahren und in Störungsfällen möglich.

Die Stromerzeuger sind wasserstoffgekühlt, wobei die Läufer der Blocks 2 und 3 noch mit direkter Wasserstoffkühlung versehen sind. Die Generatoren des ersten und zweiten

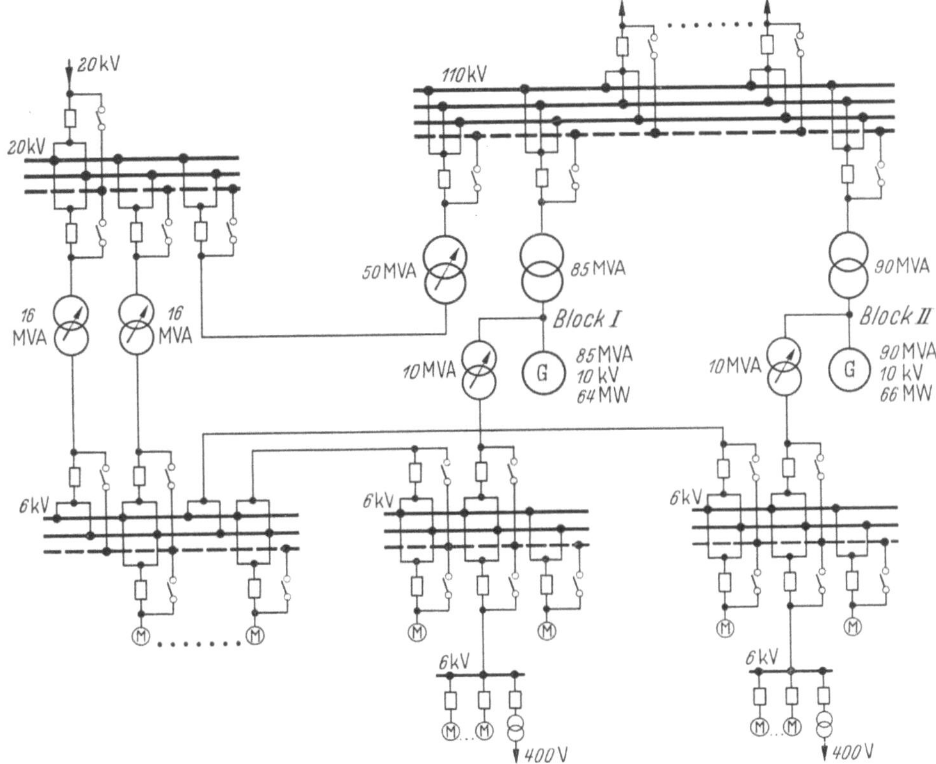

Elektrischer Übersichtsschaltplan

Blocks können abgekuppelt werden, so daß sie bei Bedarf auch als Phasenschieber verwendet werden können. Als Anwurfmotor dient hierbei die zugehörige Erregermaschine, die von einem Leonard-Umformer mit Gleichstrom versorgt wird. Nach dem Hochfahren auf etwa 5% Überdrehzahl erfolgt die Erregung. Beim Durchlaufen durch die synchrone Drehzahl kann dann parallelgeschaltet werden.

Der Bunkerbau liegt zwischen Kessel- und Maschinenhaus. In ihm befinden sich in der Höhe des Maschinenhausflurs auch die Kesselleitstände und die zugehörige Eigenbedarfs-Schaltanlage. Zwischen den beiden frei stehenden Schornsteinen und dem Kesselhaus sind die Elektrofilter und Saugzuggebläse eingeordnet. Die Turbinen sind quergestellt. Zwischen ihnen steht genügend Raum zur Verfügung für die Unterbringung der Speisepumpen, Vorwärmer und Speisewasserbehälter nebst Entgasern. An das Maschinenhaus schließen sich die Elektrowarte und eine weitere Eigenbedarfs-Schaltanlage an. Die Umspanner sind im Freien aufgestellt. Für die Verteilung der erzeugten Energie ist noch eine Netz- und Lastverteilerwarte eingebaut.

Der Bunkerschwerbau und das Maschinenhaus sind in Stahlbeton erstellt, das Kesselhaus in Stahlfachwerk.

Schrifttum

LELTNER, W., u. G. ERLE: Brennstoff, Wärme, Kraft Bd. 10 (1958) S. 68/76.

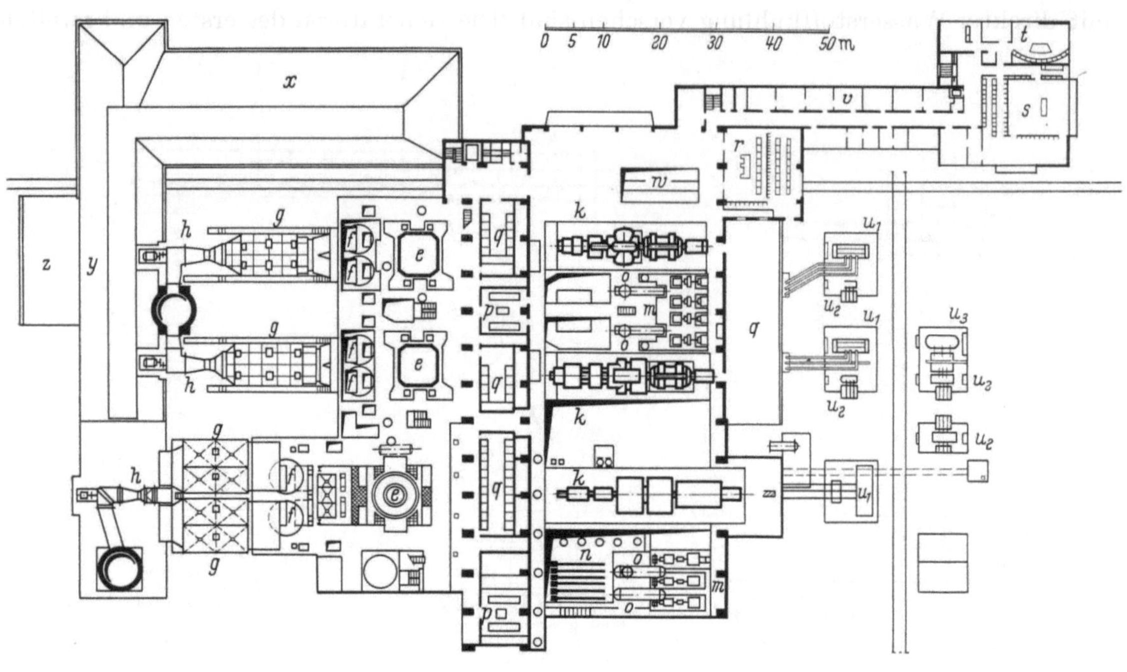

Grundriß

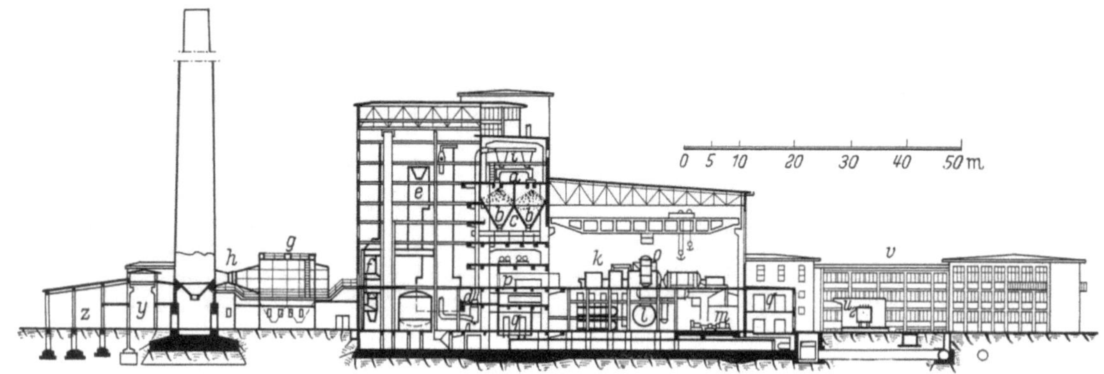

Querschnitt

Legende zum Grundriß und Querschnitt

a Bekohlung
b Rohkohlebunker
c Kohlezuteiler
d Kohlemühle
e Kessel
f Luftvorwärmer
g Elektrofilter
h Saugzuggebläse
i Staubabscheider zur Zwischenbunkerung
k Turbogenerator
l Kondensator
m Kesselspeisepumpen
n Vorwärmer
o Speisewasserbehälter mit Entgaser
p Leitstand
q Eigenbedarfschaltanlage
r Kraftwerkswarte
s Netzwarte
t Lastverteilerwarte
u Hauptumspanner
u_2 Eigenbedarfumspanner
u Regelumspanner
v Verwaltung
w Montageöffnung
x Werkstatt
y Lager
z Chemische Wasseraufbereitungsanlage

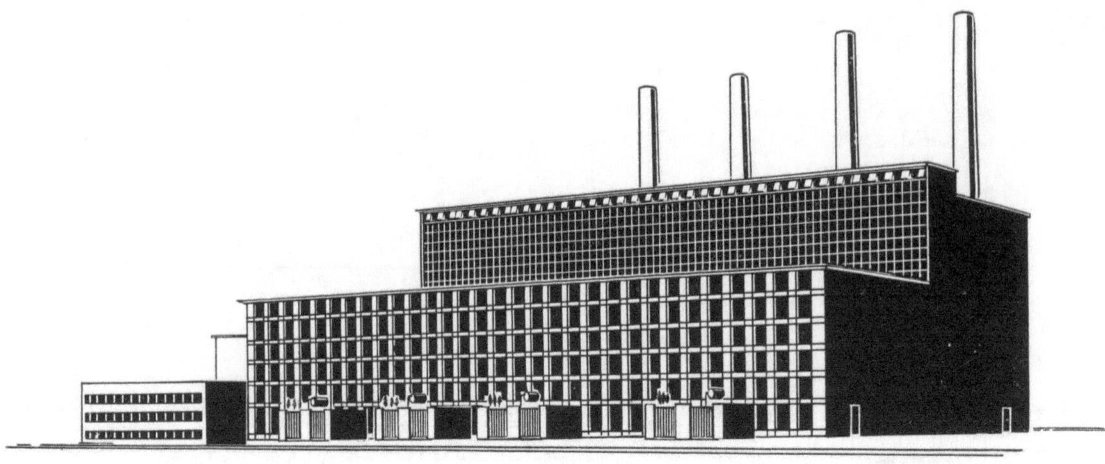

Schaubild

22

Kraftwerk Maascentrale, Niederlande

(N. V. Provinciale Limburgsche Electriciteits-Maatschappij Maastricht)

Baujahr 1951/55, 1956/59, 1958/60

Kessel	Block I und II	Block III
Anzahl	2	1
Leistung t/h	230	270
Art	Naturumlauf	Durchlauf
Genehmigungsdruck atü	85	165
Dampfzustand bei Austritt atü	80	148
Dampfzustand bei Austritt °C	500	535
Dampfzustand hinter ZWÜ atü	—	35
Dampfzustand hinter ZWÜ °C	—	535
Brennstoff:		
Art	Steink.	Steink.,Öl
unterer Heizwert kcal/kg	5000	5000
Feuerung	Brenner	Brenner
Schlackenabzug	trocken	trocken
Luftvorwärmung °C	250	250
Abgastemperatur °C	140	140
Wirkungsgrad %	83	—

Rauchgasentstaubung: mechanisch[1] u. elektrisch[2]
Wasseraufbereitung: Verdampfung[1] und Vollentsalzung[2]
Bauweise: Beton, Frankipfähle, Stahlkonstruktion
Vorgesehene Gesamtleistung: 400 MW

Turbinen	Block I	Block II	Block III
Anzahl	1	1	1
Leistung MW	57	57[3]	80
Leistung MVA	72	67	106
Art	K	K	K
Drehzahl U/min	3000	3000	3000
Dampfdurchsatz t/h	227	227	245
Dampfzustand bei Eintritt atü	69	69	140
Dampfzustand bei Eintritt °C	490	490	530
Dampfzustand bei Wiedereintritt atü	—	—	32
Dampfzustand bei Wiedereintritt °C	—	—	530
Kühlwassertemperatur	15	15	12
Dampfzustand bei Austritt ata	—	—	—
Dampfzustand bei Austritt °C	—	—	—
Gehäusezahl	3	2	3
Abdampfstutzen (flutig)	2	2	2
Vorwärmstufen	5	5	8
Entgasungstemperatur °C	154	154	150
Speisewassertemperatur °C	190	190	246

Kennzahlen

	Block I und II	Block III
Spez. Wärmeverbrauch netto .... kcal/kWh	2850	—
„ Flächenbedarf m²/kW	0,060	0,039
„ Raumbedarf m³/kW	1,76	1,37

[1] Block I und II
[2] Block III

[3] mit angekuppeltem Hausgenerator 4,1 MW

Die N. V. Provinciale Limburgsche Electriciteits-Maatschappij wurde zur Stromversorgung der Provinz Limburg im Jahr 1909 gegründet. Die Gesellschaft verfügte zunächst über keine eigenen Stromerzeugungsanlagen; sie bezog den Strom von den Kraftwerken der Südniederländischen Kohlengruben. Der starke Anstieg des Strombedarfes veranlaßte jedoch die Gesellschaft im Jahr 1951 zur Errichtung eines eigenen Kraftwerkes an der Maas bei Roermond.

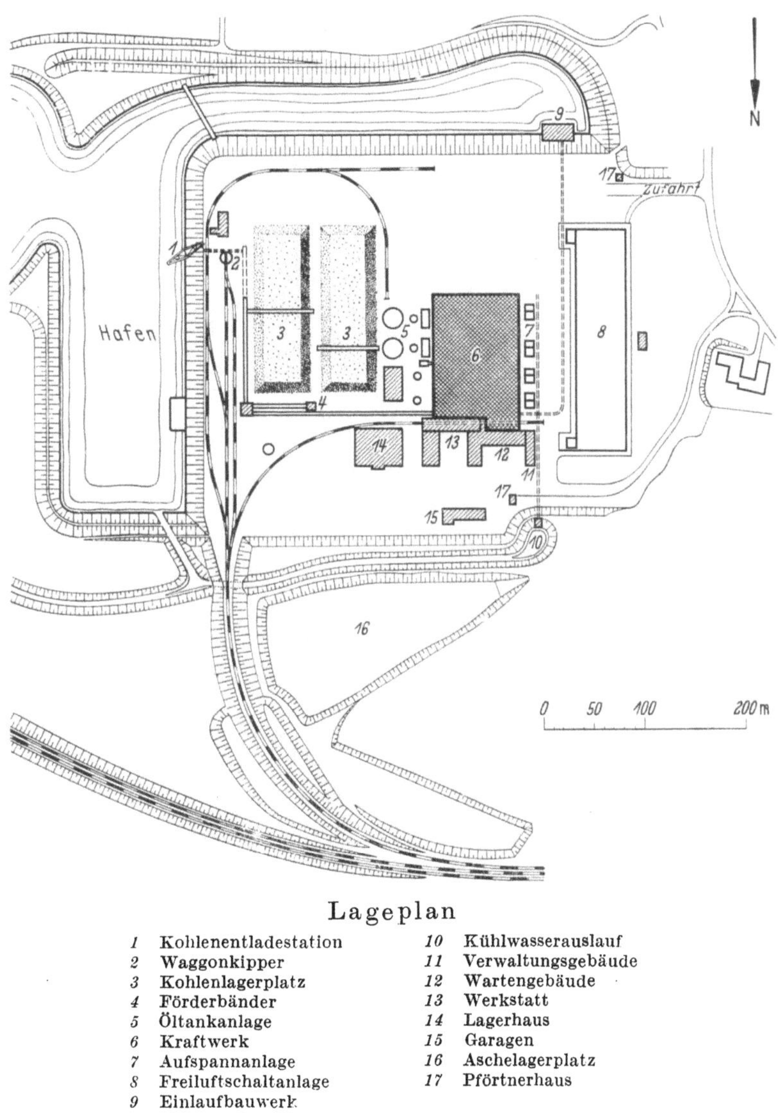

Lageplan

1	Kohlenentladestation	*10*	Kühlwasserauslauf
2	Waggonkipper	*11*	Verwaltungsgebäude
3	Kohlenlagerplatz	*12*	Wartengebäude
4	Förderbänder	*13*	Werkstatt
5	Öltankanlage	*14*	Lagerhaus
6	Kraftwerk	*15*	Garagen
7	Aufspannanlage	*16*	Aschelagerplatz
8	Freiluftschaltanlage	*17*	Pförtnerhaus
9	Einlaufbauwerk		

Zunächst wurden 2 Blocks mit einer Leistung von je 57 MW für einen Dampfzustand von 69 atü, 490 °C an der Turbine ohne Zwischenüberhitzung erstellt. Jeder Block erhielt einen Naturumlaufkessel mit einer Leistung von 230 t/h. Diese Einheiten sind in den Jahren 1954/55 in Betrieb gegangen. Im Jahr 1956 wurde mit der Erstellung eines dritten Blockes mit einer Leistung von 80 MW begonnen, der im Jahre 1959 betriebsbereit sein wird. An der Turbine, die von einem Durchlaufkessel mit einer Leistung von 270 t/h gespeist wird, besteht ein Dampfzustand von 140 atü, 530 °C. Der Dampf wird auf die gleiche Temperatur zwischenüberhitzt. Anfang 1958 wurde ein vierter Block in Auftrag gegeben. Seine Leistung beträgt 125 MW, der Dampfzustand an der Turbine 180 atü, 530 °C mit Zwischenüberhitzung auf die gleiche Temperatur. Die Turbine erhält 3 Gehäuse sowie 8 Anzapfungen zur Speisewasseraufwärmung. Der Dampferzeuger arbeitet nach dem Durchlaufsystem. Weitere Angaben über den vierten Block können noch nicht gemacht werden, so daß er in der Tabelle nicht berücksichtigt wurde. Dagegen ist er in der Darstellung des Grundrisses eingezeichnet.

Der Kohlenlagerplatz, den 2 Brückenkrane bestreichen, kann auf dem Wasser- und Schienenweg beschickt werden. Die Kähne können an einem besonderen Hafenbecken anlegen und mittels eines Drehkranes entladen werden. Für die Waggons steht eine Kippvorrichtung zur Verfügung. Die Kohle gelangt auf Bändern in die Bunker. Kühlwasserein- und -auslauf liegen an zwei gegenüberliegenden Seiten des von drei Seiten vom

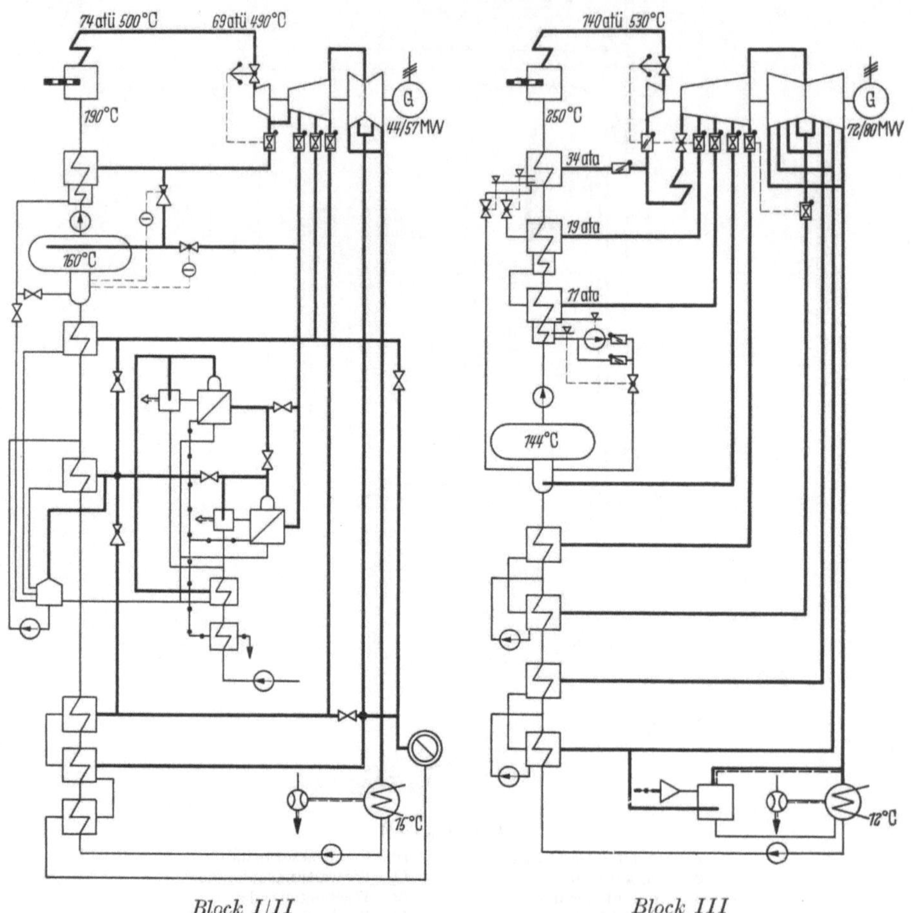

Block I/II *Block III*

Wärmegrundschaltpläne

Wasser umgebenen Kraftwerksgeländes. Dieses mußte wegen der Hochwassergefährdung aufgeschüttet werden. Die Kühlwasserpumpen haben senkrechte Wellen.

Die erste Turbine ist dreigehäusig, die zweite zweigehäusig. Beide sind mit 2 Abdampfstutzen und 5 Anzapfungen zur Speisewasseraufwärmung ausgestattet. Hinter dem Speisewasserbehälter nebst Entgaser liegt noch ein Hochdruckvorwärmer, der die Temperatur des Speisewassers von 154° C auf 190° C erhöht. An die zweite Anzapfung ist eine zweistufige Verdampferanlage angeschlossen.

Die Turbine des dritten Blocks hat 3 Gehäuse, 2 Abdampfstutzen sowie 8 Anzapfungen. Die Zwischenüberhitzung liegt zwischen dem ersten und zweiten Gehäuse. Es sind 3 Hochdruckvorwärmer vorhanden, die das Speisewasser von 150° C auf 246° C aufwärmen. Statt der Verdampferanlage ist eine Vollentsalzungsanlage vorgesehen, die an den Hotwell des Kondensators angeschlossen ist.

Die beiden Kessel des ersten Ausbaues sind Zweizug-Naturumlaufkessel. Jedem sind 2 Trommelmühlen mit einer Leistung von je 15 t/h zugeordnet. Der Staub wird zwischengebunkert. Jeder Kessel hat drei von einem Elektromotor angetriebene Halblastspeisepumpen, von denen zwei mit einer Vulkan-Sinclair-Kupplung ausgestattet sind. Die Rauchgase werden auf mechanischem Wege entstaubt.

Der Bensonkessel des dritten Blocks kann auch mit Öl gefeuert werden. Die Kohle wird gleichfalls in 2 Trommelmühlen vermahlen; jede leistet 22 t/h. Die Entstaubung der Rauchgase geschieht hier auf elektrischem Wege. Die 3 Vollast-Kesselspeisepumpen von je 280 t/h haben elektrischen Antrieb über Vulkan-Sinclair-Kupplungen.

Die 3 Generatoren mit Leistungen von 72, 67 und 106 MVA sind über Blockumspanner an die 150 kV-Sammelschienen angeschlossen. Die Generatoren des ersten und dritten Satzes versorgen über Regelumspanner den Eigenbedarf mit einer Spannung von 2 kV.

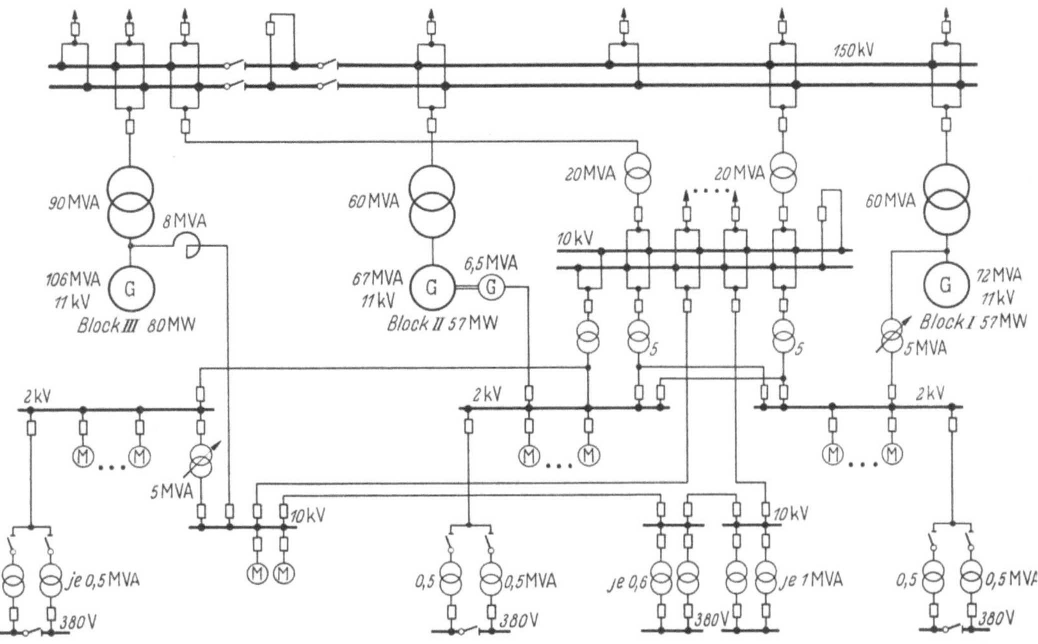

Elektrischer Übersichtsschaltplan

Der an den zweiten Satz unmittelbar angekuppelte Hausgenerator mit einer Leistung von 4,1 MW speist unmittelbar den Eigenbedarf. Außerdem ist letzterer über eine dazwischenliegende 10 kV-Sammelschiene mit der 150 kV-Sammelschiene verbunden.

Zwischen Kessel- und Maschinenhaus befinden sich zwei durchgehende Trakte. Der dem Kesselhaus zugewandte enthält die Bunker- und Mahlanlage sowie den Zyklonabscheider, der andere die Speisewasserbehälter und die Wärmewarten, die für jeweils 2 Blocks gemeinsam sind. Frischluft- und Saugzuggebläse sowie Rauchgasfilter liegen an der Außenwand des Kesselhauses. Jedem Kessel ist ein frei stehender Schornstein zugeordnet. Die Turbinen sind quergestellt. Zwischen ihnen liegen Vorwärmer und Speisepumpen. Die Elektrowarte schließt sich an die eine Stirnwand des Maschinenhauses an. Die Umspanner stehen im Freien.

Das Gebäude ist in Stahlkonstruktion erstellt. Es ruht auf einer Betonplatte und mußte auf Franki-Pfählen gegründet werden.

Schrifttum

Angaben der N. V. Provinciale Limburgsche Electriciteits-Maatschappij, Maastricht. (Diese Angaben beziehen sich nur auf den ersten Ausbau des Kraftwerkes.)

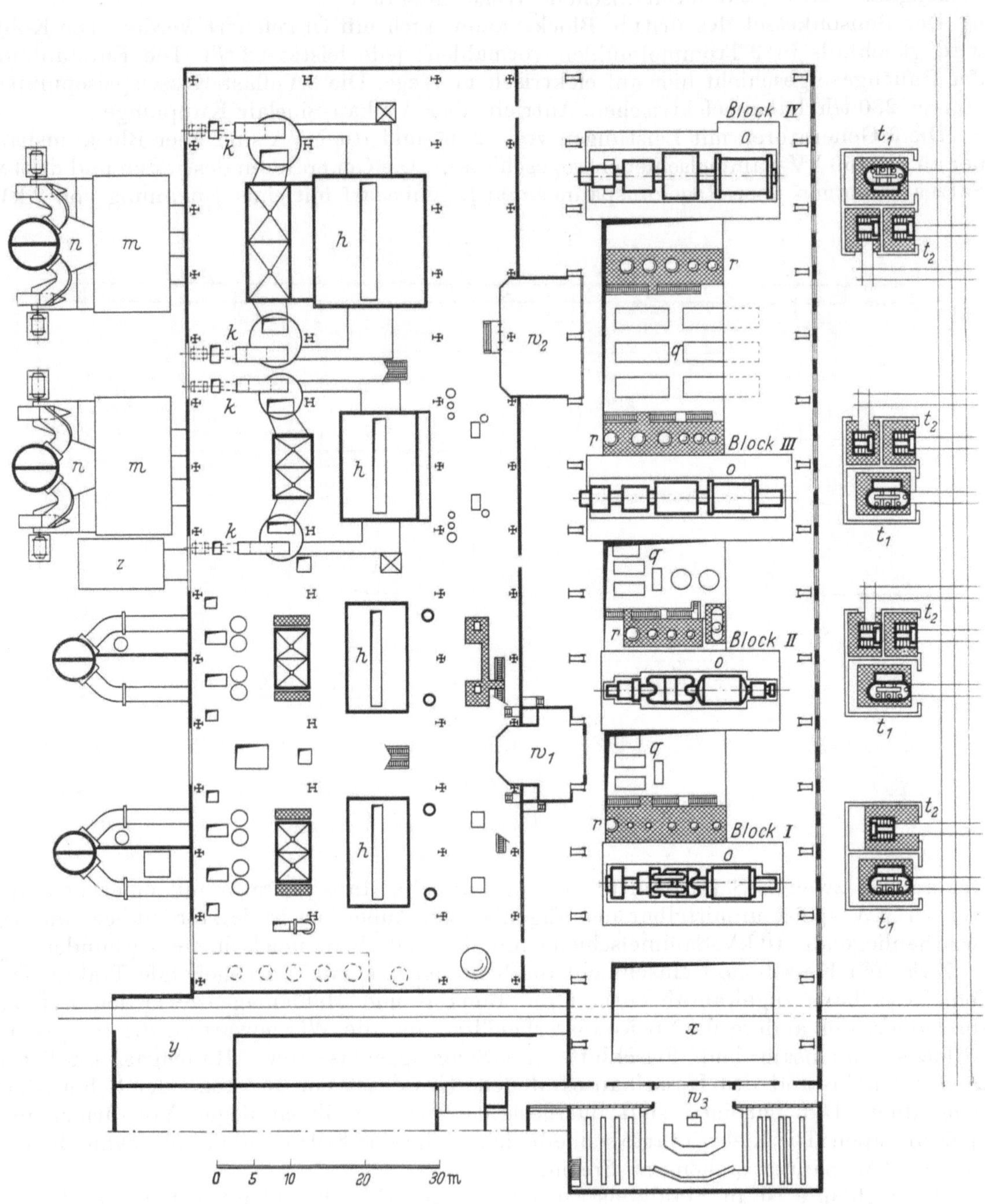
Block IV
o
t1
t2
k
n
m
h
r
w2
q
k
k
Block III
n
m
h
o
t2
t1
k
z
q
h
r
Block II
o
t2
t1
h
w1
q
r
Block I
h
o
t2
t1
x
y
w3
0 5 10 20 30 m

Grundriß

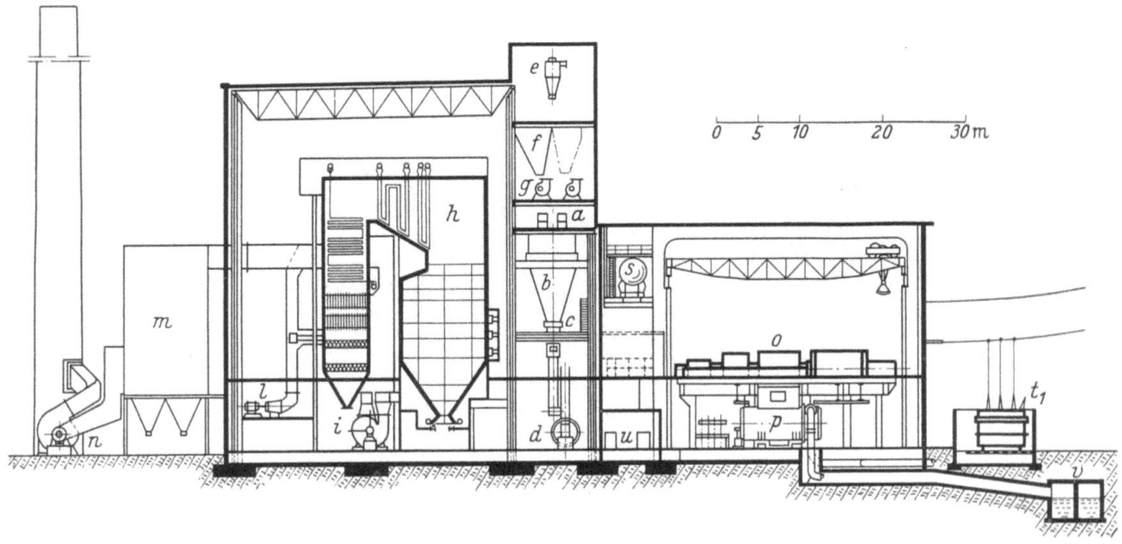

Querschnitt

Legende zum Grundriß und Querschnitt

a Bekohlung
b Rohkohlenbunker
c Kohlenzuteiler
d Rohrmühle
e Sichter
f Kohlenstaubbunker
g Mühlengebläse
h Kessel
i Rezirkulationsgebläse
k Luftvorwärmer
l Frischluftgebläse
m Elektrofilter
n Saugzuggebläse
o Turbogenerator
p Kondensatoren
q Kesselspeisepumpen
r Vorwärmeranlage
s Speisewasserbehälter
t_1 Hauptumspanner
t_2 Eigenbedarfsumspanner
u Eigenbedarfsschaltanlage
v Kühlwasserablaufkanal
w_1 Wärmewarte für Block I und II
w_2 Wärmewarte für Block III und IV
w_3 Elektroschaltwarte
x Montageöffnung
y Werkstatt und Lager
z Aschebunker

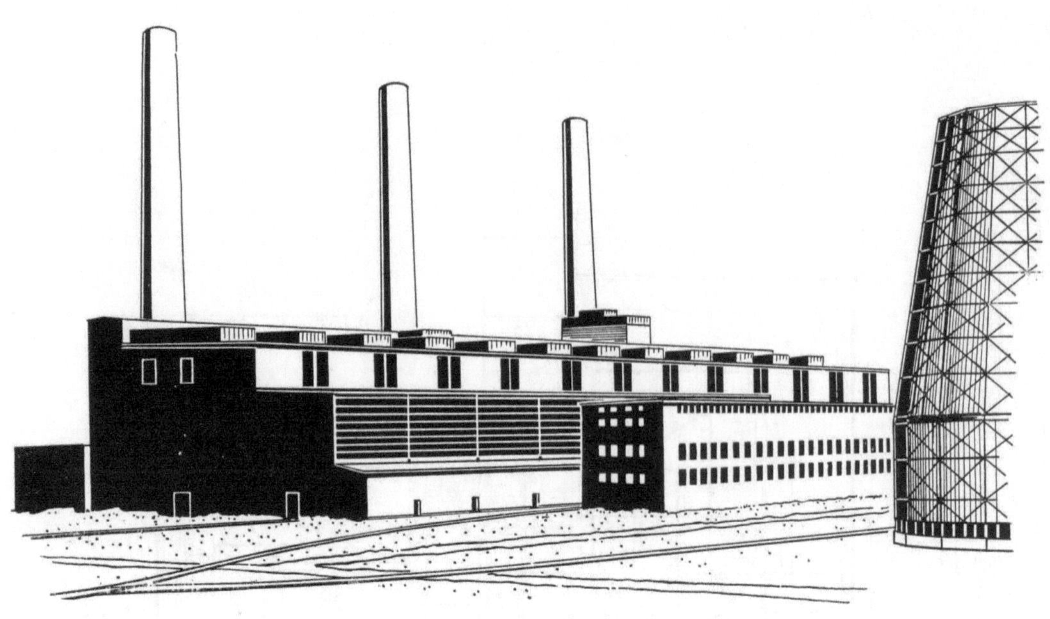

Schaubild

Kraftwerk Blachownia, Polen

(Elektrim Warschau)

Baujahr 1955/57/59

Kessel	Block 1 bis 4	Block 5 und 6
Anzahl	8	2
Leistung t/h	120	237
Art	Naturumlauf	Durchlauf
Genehmigungsdruck atü	—	—
Dampfzustand bei Austritt atü	100	190
Dampfzustand bei Austritt °C	515	535
Dampfzustand hinter ZWÜ atü	—	34
Dampfzustand hinter ZWÜ °C	—	530
Brennstoff:		
Art	Steink.	Steink.
unterer Heizwert kcal/kg	5600	5600
Feuerung	Brenner	Brenner
Schlackenabzug	trocken	trocken
Luftvorwärmung °C	—	—
Abgastemperatur °C	150	—
Wirkungsgrad %	88	90

Rauchgasentstaubung: elektrisch
Wasseraufbereitung: Vollentsalzung[1]
Bauweise: Beton und Eisenfachwerk
Vorgesehene Gesamtleistung 360 MW

Turbinen	Block 1 bis 4	Block 5 und 6
Anzahl	4	2
Leistung MW	55	70
Leistung MVA	69	87,5
Art	K	K
Drehzahl U/min	3000	3000
Dampfdurchsatz t/h	225	222
Dampfzustand bei Eintritt atü	95	180
Dampfzustand bei Eintritt °C	510	530
bei Wiedereintritt ata	—	32
bei Wiedereintritt °C	—	525
Kühlwassertemperatur °C	27	24
Dampfzustand bei Austritt ata	0,076	0,066
Dampfzustand bei Austritt °C	—	—
Gehäusezahl	2	3
Abdampfstutzen (flutig)	1	2
Vorwärmstufen	5	6
Entgasungstemperatur °C	135	138
Speisewassertemperatur °C	210	240
Kennzahlen		
Spez. Wärmeverbr. netto kcal/kWh	2773	2440
„ Flächenbedarf m²/kW	0,064	
„ Raumbedarf m³/kW	1,67	

[1] Block 1 bis 4 vorerst Verdampfer, Umstellung auf Vollentsalzung nach Inbetriebnahme von Block 5 und 6 vorgesehen.

Das Kraftwerk liegt zwischen dem oberschlesischen Industriegebiet und der Oder. Die Elektrim übernahm das vorhandene demontierte Kraftwerksgebäude, eines großen Industriewerks, in dem ursprünglich 6 Entnahme-Kondensationsturbosätze mit einer Leistung von je 24 MW und 12 Dampfkessel mit einer Leistung von je 80 t/h aufgestellt waren, und baute in zwei Abschnitten, beginnend in den Jahren 1955 und 1957, 4 bzw. 2 Blocks mit Kondensationsturbinen, die also ausschließlich der Stromerzeugung dienen, ein.

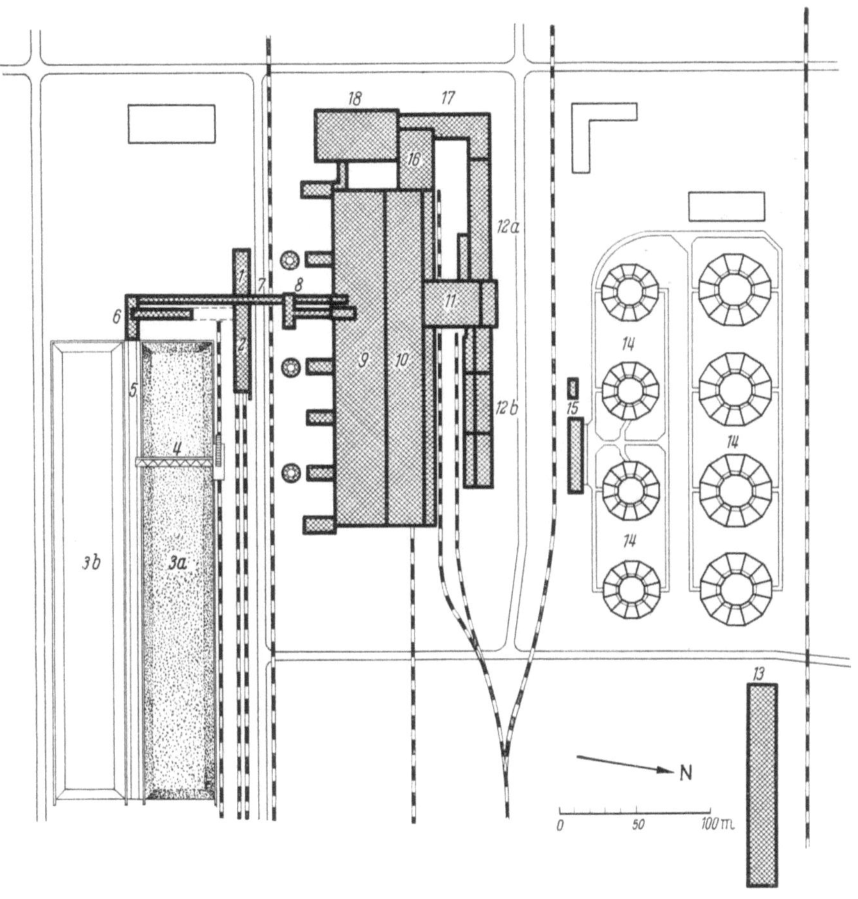

Lageplan

1 Waggonkipper
2 Tiefbunker mit Wagenkippeinrichtung
3a Kohlelagerplatz
3b Reserve-Kohlelagerplatz
4 Bekohlungsbrücke
5 Bandbrücke
6 Übergabestation
7 Schrägbandbrücke
8 Brecheranlage
9 Kesselhaus
10 Maschinenhaus
11 Wartengebäude
12a 6 kV-Innenraumschaltanlage
12b 30 kV-Innenraumschaltanlage
13 110 kV-Innenraumschaltanlage
14 Kühltürme
15 Kühlwasserpumpenhaus
16 Wasseraufbereitungsanlage
17 Bürogebäude
18 Kasino

Da das Kraftwerk nicht an einem Flußlauf liegt, ist es auf Rückkühlung des Kühlwassers angewiesen. Die Kohle kann nur auf dem Schienenweg zum Kraftwerk befördert werden. Hierzu werden Selbstentlader-Spezialwaggons benutzt.

Im ersten Ausbau wurden 4 Turbinen mit einer Leistung von je 55 MW für einen Dampfzustand von 95 atü, 510° C ohne Zwischenüberhitzung erstellt. Jede Turbine wird von 2 Naturumlaufkesseln mit einer Leistung von je 120 t/h gespeist. Die Turbinen sind zweigehäusig mit einem Abdampfstutzen und 5 Anzapfungen. Die beiden letzten Vorwärmstufen liegen hinter den Speisepumpen. Für das Speisewasser wurden zunächst Verdampfer vorgesehen; nach Inbetriebnahme des zweiten Ausbaues wird das Zusatzwasser für das gesamte Kraftwerk vollentsalzt.

Der zweite Ausbau entspricht dem neuesten Stand der Kraftwerkstechnik. Der Dampfdruck wurde auf fast das Doppelte gesteigert, die Turbinen mit einer Leistung von je 70 MW wurden für einen Dampfzustand von 180 atü, 530 ° C mit Zwischenüberhitzung auf 525 ° C ausgelegt. Jeder Turbine ist nunmehr ein einziger Kessel mit einer

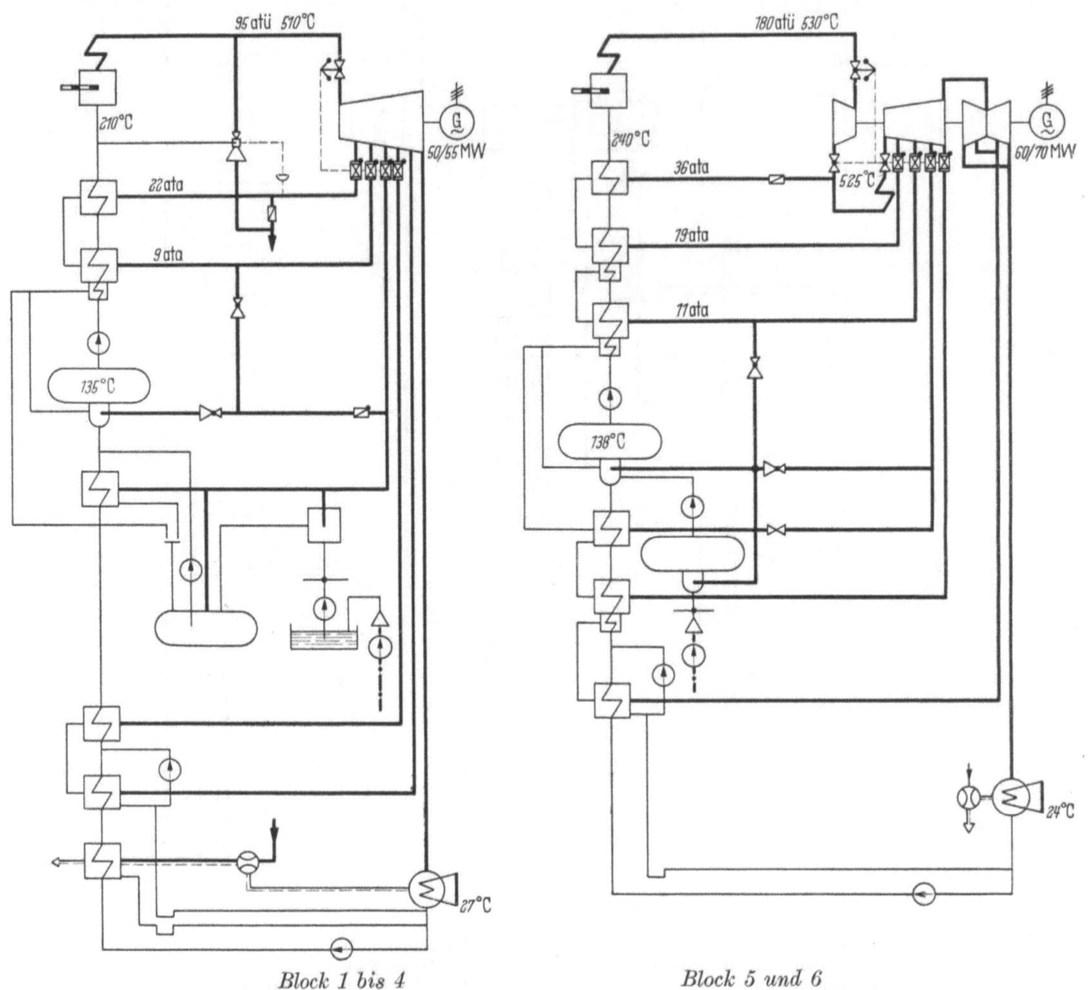

Block 1 bis 4 *Block 5 und 6*

Wärmegrundschaltpläne

Leistung von 237 t/h zugeordnet. Zur Aufstellung gelangten jetzt Bensonkessel. Die beiden Turbinen sind dreigehäusig mit 2 Abdampfstutzen und 6 Vorwärmstufen. Drei Vorwärmer liegen hinter den Speisepumpen. Hier wird von vornherein vollentsalztes Speisewasser verwendet.

Der größte Teil der erzeugten Energie wird einer 110 kV-Dreifach-Sammelschiene zugeführt. Bei den 70 MW-Generatoren sind 87,5 MVA-Blockumspanner zwischengeschaltet. Zwei der 55 MW-Generatoren speisen über 69 MVA-Umspanner auf die erwähnte Sammelschiene. Die beiden anderen 55 MW-Generatoren sind auf Dreiwicklungsumspanner der gleichen Leistung geschaltet, die nicht nur auf 110 kV, sondern auch auf 30 kV zur Speisung einer Doppelsammelschiene umspannen. Der Eigenbedarf wird unmittelbar von den Klemmen der 6 Generatoren unter Zwischenschaltung von 8 MVA- bzw. 6,3 MVA-Regelumspannern versorgt. Außerdem sind die Eigenbedarfssammelschienen über zwei 6,3 MVA- und einen 8 MVA-Umspanner an die 30 kV-Sammelschiene angeschlossen.

Die Unterbringung der Anlagen in das vorhandene Gebäude gestattet einige Bemerkungen grundsätzlicher Art. Der erste Ausbau mit Blocks aus je 2 Kesseln für jede Turbine konnte in das vorhandene Gebäude ohne große Schwierigkeiten eingefügt werden. Demgegenüber mußte die Unterbringung der Kesseleinheiten des zweiten Ausbaus mit Blocks aus je einem Kessel je Turbine zu einer individuellen Lösung führen. Die Kessel mußten wegen ihrer größeren Länge mit ihrer Längsachse parallel zu der Achse des Maschinenhauses aufgestellt werden. Dabei wurden die Heizerstände

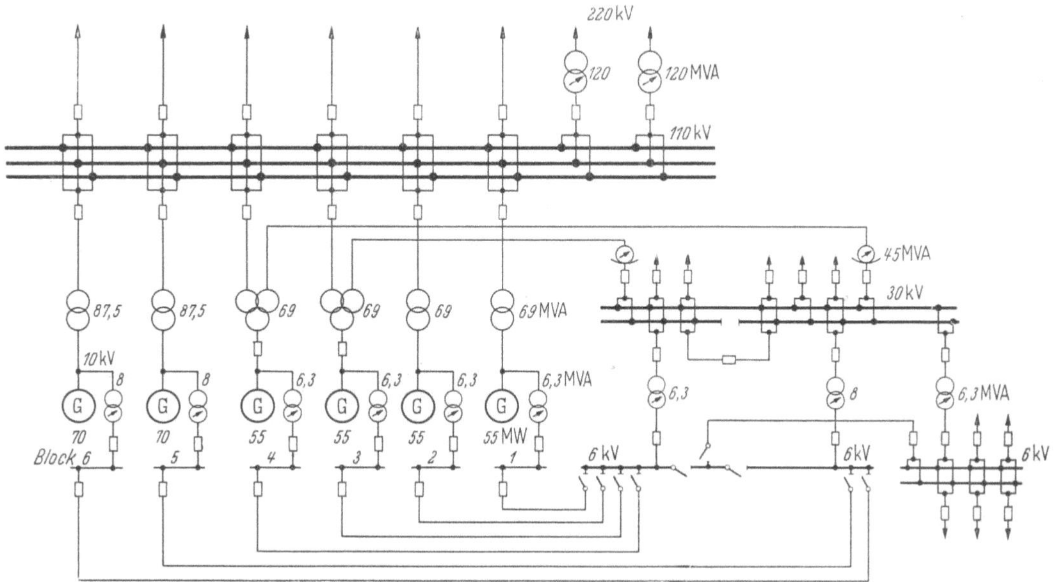

Elektrischer Übersichtsschaltplan

der beiden Kessel einander gegenübergelegt. Das vorhandene Kesselhaus wird hierbei in seiner Breite nicht voll ausgenutzt. Trotzdem konnte die Wärmewarte nicht im Mittelpunkt von je 2 Blocks aufgestellt werden, es wurde vielmehr eine gemeinsame Wärmewarte zwischen Maschinenhaus und der Elektrowarte gebaut. Die frühere Disposition mußte grundsätzlich beibehalten werden, z. B. konnten die Speisewassergruppen nicht bei der Turbine aufgestellt werden, Speisewasserbehälter stehen hoch im Mitteltrakt, die Kesselspeisepumpen auf Maschinenhausflur. Nebenanlagen sind reichlich vorhanden, insbesondere Raum für Schaltanlagen. Für die 110 kV-Innenraum-Schaltanlage wurde ein neues Gebäude abseits vom Hauptbau errichtet. Die Verbindung von den Trafos wurde mit 110 kV-Ölkabeln hergestellt.

Als Schwerbauten sind das Bunker- und Pumpenhaus ausgebildet. Infolgedessen genügte für das Dach des Kessel- und Maschinenhauses eine leichte Tragkonstruktion aus Eisenfachwerk.

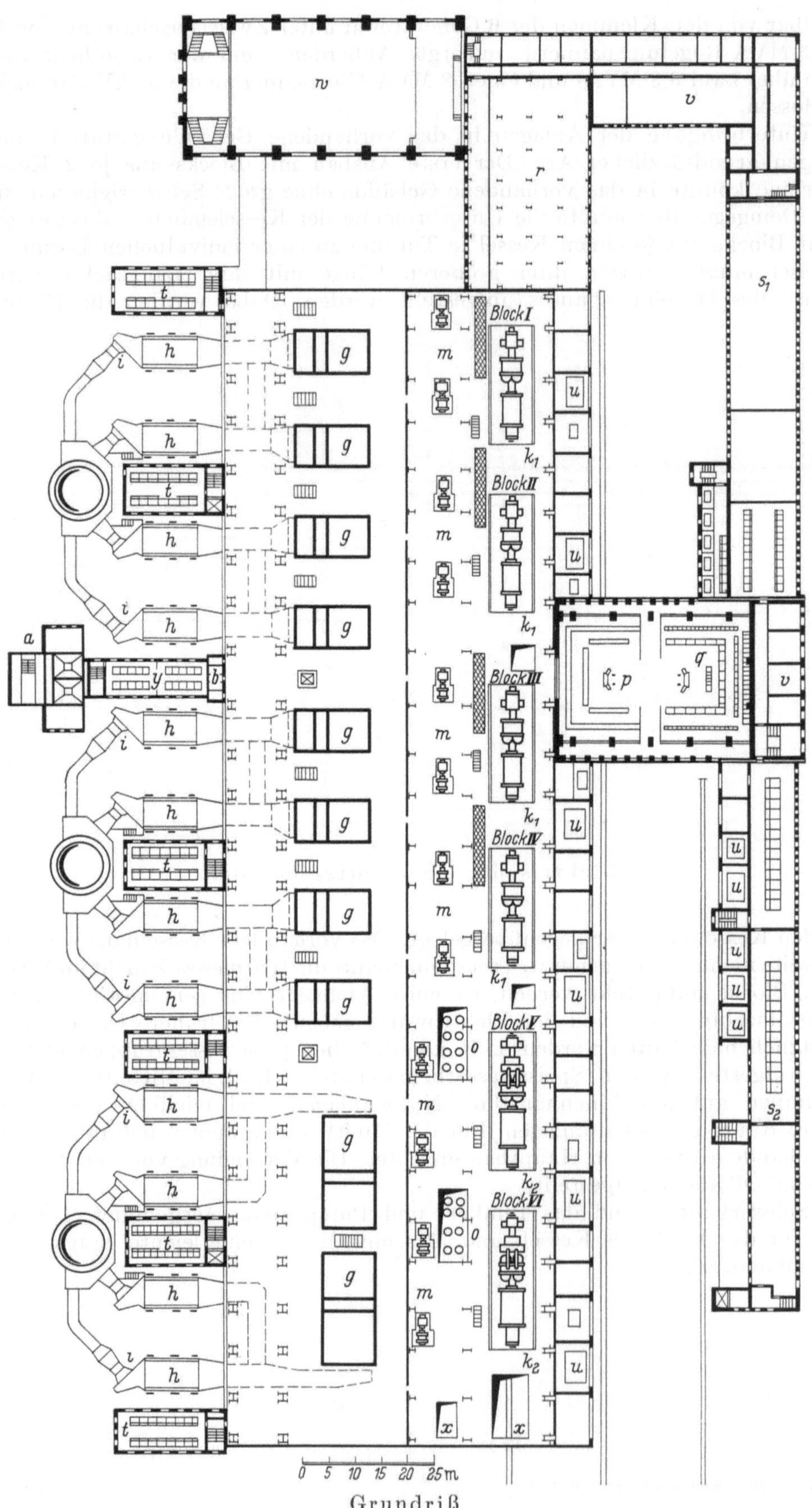
w
v
r
s_1
t
Block I
h
g
m
u
i
k_1
Block II
a
y
b
Block III
p
q
Block IV
Block V
Block VI
o
k_2
s_2
x
0 5 10 15 20 25 m

Grundriß

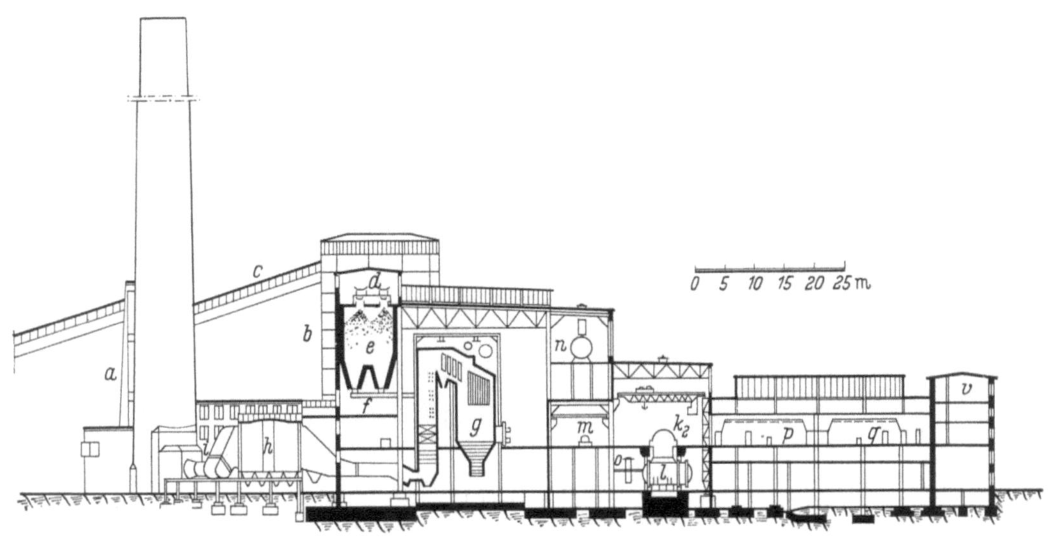

Querschnitt

Legende zum Grundriß und Querschnitt

a Brecheranlage
b Becherwerk
c Schrägbandbrücke
d Bunkerbekohlung
e Kohlebunker
f Kohlezuteiler
g Kessel
h Elektrofilter
i Saugzuggebläse
k_1 Turbogenerator 50/55 MW
k_2 Turbogenerator 60/70 MW
l Kondensator
m Kesselspeisepumpe
n Speisewasserbehälter mit Entgaser
o Vorwärmer
p Wärmewarte
q Elektrowarte
r Wasseraufbereitungsanlage
s_1 Schalthaus I
s_2 Schalthaus II
t Block-Eigenbedarfschaltanlage 6 kV
u Umspanner
v Büroräume
w Kasino
x Montageöffnung
y Nebenräume

Schaubild

25 Kraftwerk Fortuna III (Kondensationsanlage), BRD

(Rheinische Aktiengesellschaft für Braunkohlenbergbau und Brikettfabrikation, Köln)

Baujahr 1952/57

Kessel	Block III, IV	Block I, II
Anzahl	2	2
Leistung t/h	360	450
Art	Naturumlauf	Durchlauf
Genehmigungsdruck atü	136	205
Dampfzustand bei Austritt atü	115	185
Dampfzustand bei Austritt °C	530	530
Dampfzustand hinter ZWÜ atü	—	32
Dampfzustand hinter ZWÜ °C	—	530
Brennstoff:		
Art	Braunkohle	
unterer Heizwert kcal/kg	1650	1650
Feuerung	Ecken	Decken
Schlackenabzug	trocken	trocken
Luftvorwärmung °C	280	280
Abgastemperatur °C	160	160
Wirkungsgrad %	84,5	85

Rauchgasentstaubung: elektrisch
Wasseraufbereitung: chemisch und Verdampfung
Bauweise: Beton, Stahlfachwerk
Vorgesehene Gesamtleistung: — MW

Turbinen	Block III, IV	Block I, II
Anzahl	2	2
Leistung MW	100	150
Leistung MVA	143	214
Art	K	K
Drehzahl U/min	3000	3000
Dampfdurchsatz t/h	—	—
Dampfzustand bei Eintritt atü	109	180
Dampfzustand bei Eintritt °C	525	525
bei Wiedereintritt atü	—	30
bei Wiedereintritt °C	—	525
Kühlwassertemperatur °C	21	21
Dampfzustand bei Austritt ata	0,055	0,055
Dampfzustand bei Austritt °C	—	—
Gehäusezahl	3	3
Abdampfstutzen (flutig)	2	2
Vorwärmstufen	5	7
Entgasungstemperatur °C	130	139
Speisewassertemperatur °C	200	230
Kennzahlen		
Spez. Wärmeverbr. netto kcal/kWh	2690	2450
„ Flächenbedarf m²/kW	0,025	0,017
„ Raumbedarf m³/kW	1,18	0,77

Nachdem die Rheinische Aktiengesellschaft für Braunkohlenbergbau und Brikettfabrikation in den Jahren 1950/55 das Vorschaltwerk Fortuna II (Nr. 151, S. 414) errichtet hatte, konnten die beiden alten Kesselhäuser des ersten Ausbaus außer Betrieb gesetzt und abgebrochen werden. Auf dem hierdurch frei gewordenen Gelände wurde in den Jahren 1952/57 ein Blockwerk erstellt, das mit Fortuna III bezeichnet wurde. Man plante

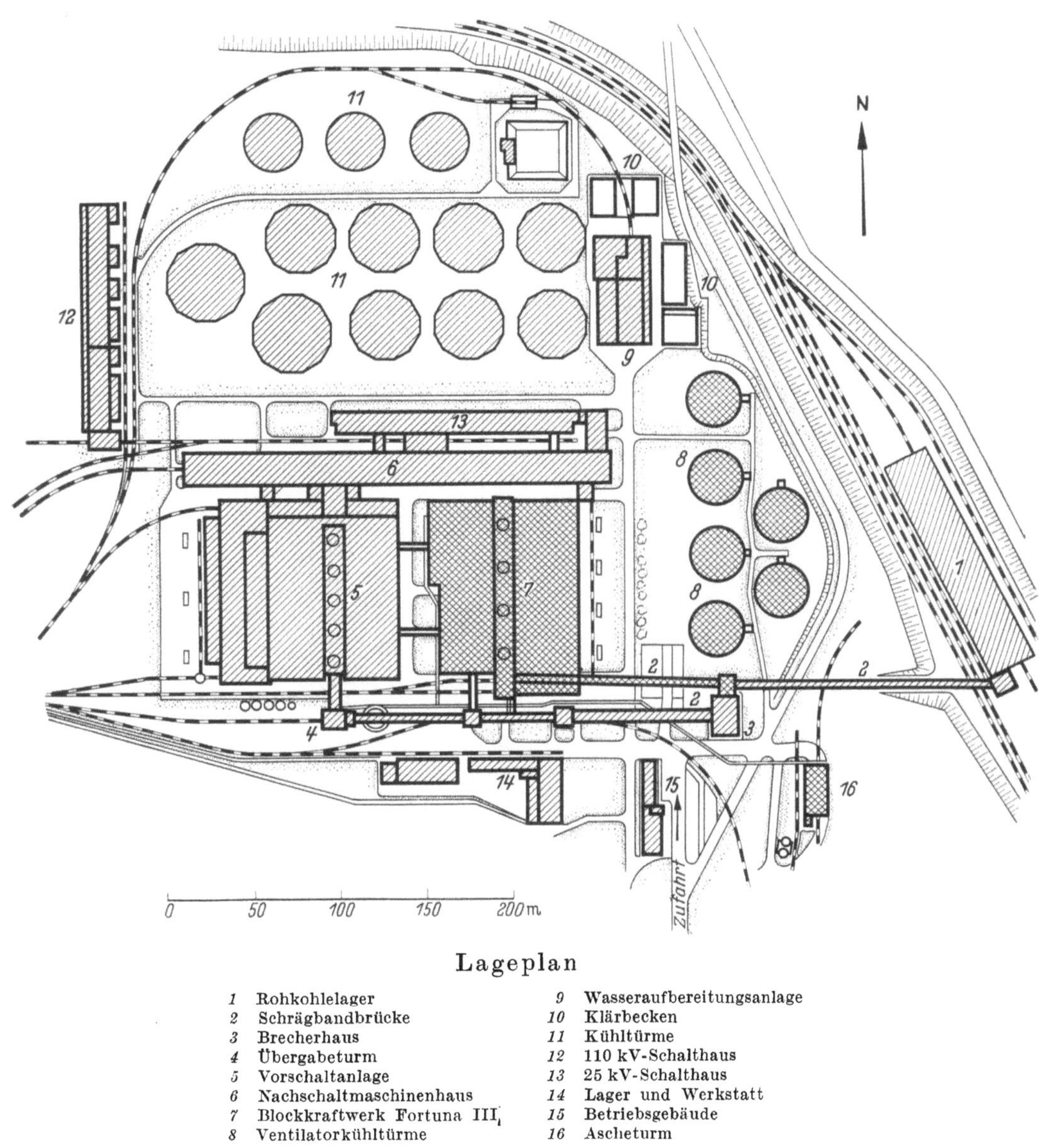

Lageplan

1	Rohkohlelager	*9*	Wasseraufbereitungsanlage
2	Schrägbandbrücke	*10*	Klärbecken
3	Brecherhaus	*11*	Kühltürme
4	Übergabeturm	*12*	110 kV-Schalthaus
5	Vorschaltanlage	*13*	25 kV-Schalthaus
6	Nachschaltmaschinenhaus	*14*	Lager und Werkstatt
7	Blockkraftwerk Fortuna III	*15*	Betriebsgebäude
8	Ventilatorkühltürme	*16*	Ascheturm

zunächst die Aufstellung von 4 Blocks mit je einem Trommelkessel für eine Leistung von 360 t/h und je einer Kondensationsturbine mit einer Leistung von je 100 MW. Von diesen gelangten nur zwei mit Block III und IV bezeichnete Einheiten zur Aufstellung. Ihr Dampfzustand wurde zu 110 atü, 525 °C an der Turbine gewählt. Die Blocks I und II, die zwei Jahre später erstellt wurden, erhielten der fortschreitenden Entwicklung entsprechend Bensonkessel mit einer Leistung von je 450 t/h und Turbinen mit einer Leistung von je 150 MW. Letztere werden mit Dampf von 180 atü, 525 °C bei Zwischenüberhitzung auf die gleiche Temperatur versorgt.

Die Bekohlung wurde an die des Kraftwerkes Fortuna II hinter dem Brecherturm angeschlossen. Für die Rückkühlung des Kühlwassers wurden 6 Ventilatorkühltürme für eine Abkühlung von 30,5° C auf 20,5° C aufgestellt. Das Vakuum kann im Mittel auf 0,055 ata gehalten werden.

Die 4 Turbinen sind dreigehäusig mit 2 Abdampfstutzen. Die Blocks III und IV haben 5 Anzapfungen mit einer Schwebeentgasung in der mittleren Stufe. Die Verdampferanlage wird von der zweiten Anzapfstufe beheizt. Über Dampfumformerstationen

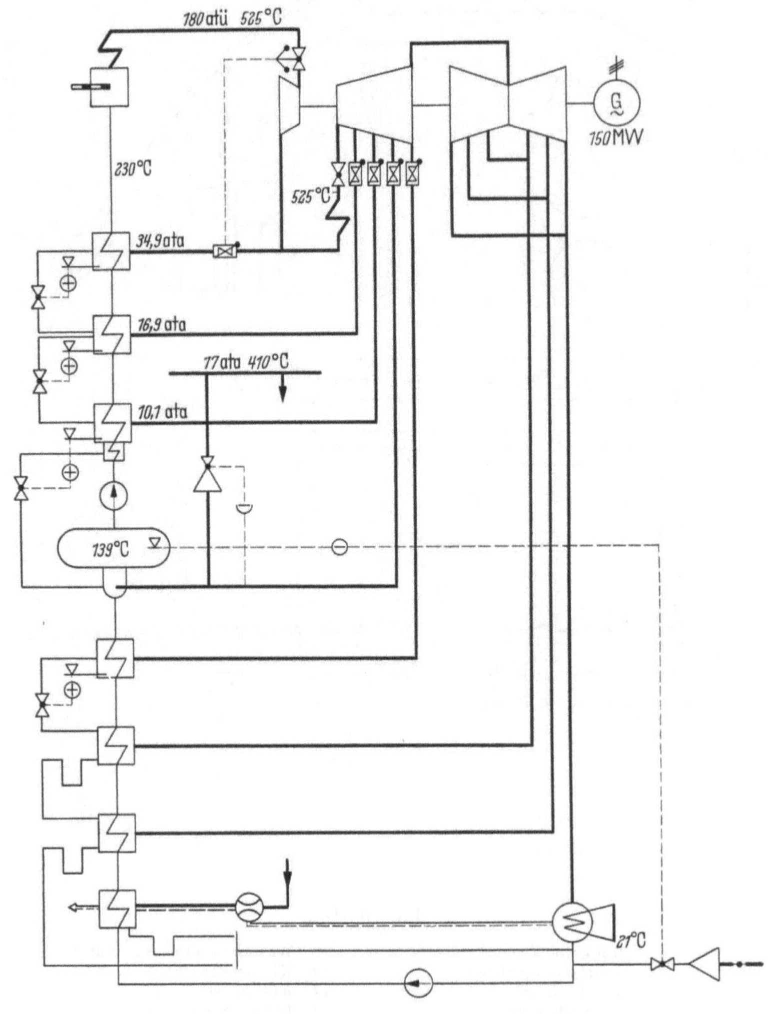

Block I und II

Wärmegrundschaltplan

können die beiden Kessel bei Ausfall des betreffenden Turbosatzes Dampf nach Fortuna II abgeben. Diese Verbindungsleitung kann gleichzeitig in umgekehrter Richtung zur Versorgung der Dampfstrahler sowie der Stopfbuchsen sowie zum Kesselvorwärmen beim Anfahren von Fortuna III verwendet werden.

Die Blocks I und II haben je 7 Vorwärmstufen. Eine Verdampferanlage wurde bei diesen Blocks nicht eingebaut, weil die in Fortuna II eingebaute sich als ausreichend erwiesen hatte.

Der zweite Zug der 360 t/h-Kessel wurde als Leerzug ausgebildet, die Wände also nur mit Rohren verkleidet. Man erreichte hierdurch, daß die Temperatur beim Eintritt in die Berührungsheizflächen des dritten Zuges unter 750° C liegt, wodurch infolge geringerer Verschmutzung die Reisezeiten des Kessels verlängert werden. Bei Fortuna II liegt die Temperatur an der genannten Stelle um 100° C höher.

Ein Kessel des ersten Ausbaus hat Frontalfeuerung, der andere Eckenfeuerung. Die beiden Bensonkessel haben Deckenbrenner und 4 Züge, der zweite und dritte Zug sind nur an den Wänden mit wärmeaufnehmenden Heizflächen ausgekleidet.

Die beiden 150 MW-Sätze des zweiten Ausbaus werden im Austrittsquerschnitt von ungefähr dem gleichen Dampfvolumen durchströmt wie die 90 MW-Nachschaltturbine in Fortuna II. Die Endschaufeln des doppelflutigen Niederdruckteils haben eine Länge von 600 mm. Der Hochdruckteil hat ein Topfgehäuse.

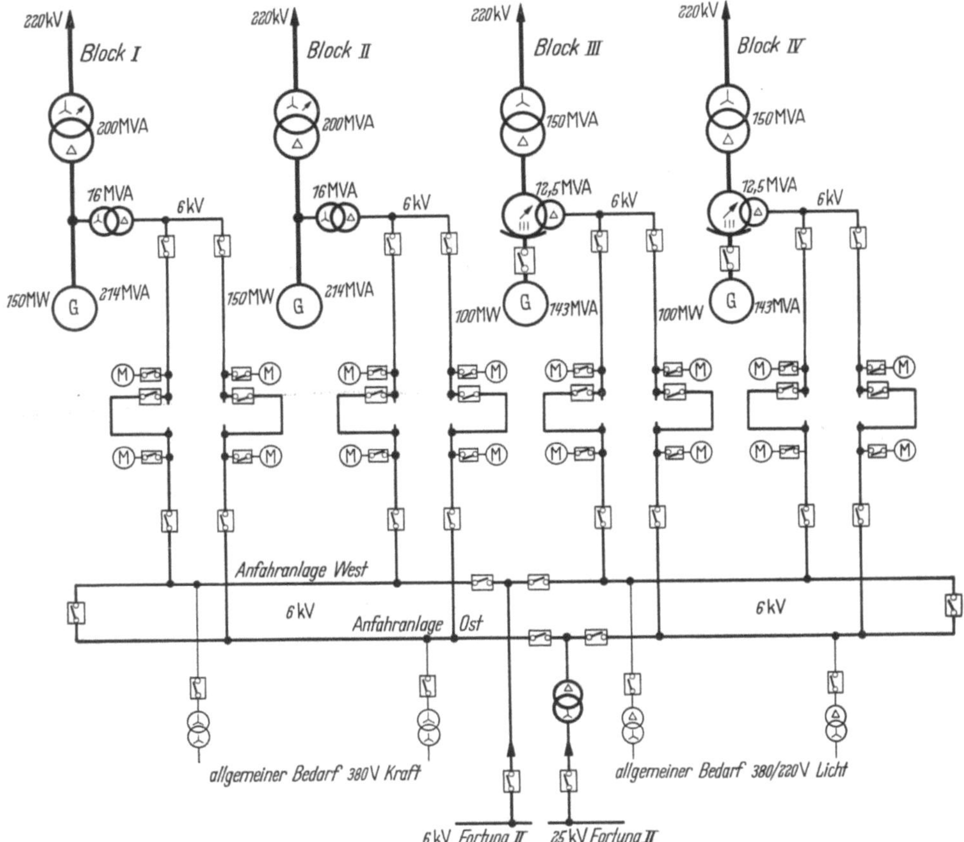

Elektrischer Übersichtsschaltplan

Die Generatoren des Kraftwerks Fortuna III speisen über 200 kVA-Regelumspanner in die Schaltstationen Brauweiler und Rommerskirchen, wo sich auch die Leistungsschalter befinden. Der Eigenbedarf ist jeweils zwischen Generator und Hauptumspanner über einen Umspanner abgezweigt. Je Block sind zwei 6 kV-Gruppen vorhanden, auf welche die einzelnen Antriebe so aufgeteilt sind, daß auch bei Ausfall einer Gruppe der Block weitergefahren werden kann. Die beiden Gruppen können auch über die 6- und 25 kV-Anlagen des Kraftwerks Fortuna II versorgt werden.

Der Bunkerschwerbau liegt zwischen Kessel- und Maschinenhaus. Die Frischluft- und Saugzuggebläse sind oberhalb der Bunker, die Elektrofilter oberhalb der Kessel untergebracht.

Die Turbinen sind quergestellt. Speisewasser- und Kühlwasserpumpen, Vorwärmer und Wasserspeicher befinden sich in unmittelbarer Nähe der zugehörigen Turbinen.

Die Blockwarten für je 2 Blocks liegen im Bunkerbau in Höhe des Maschinenhausflurs. Beiderseits der Blockwarten befinden sich die Eigenbedarfs-Schaltanlagen. Die 220 kV-Regelumspanner stehen außerhalb des Maschinenhauses. Auf dem als Schwerbau ausgebildeten Bunkerbau stützen sich die Stahlfachwerksbinder des Maschinenhauses ab.

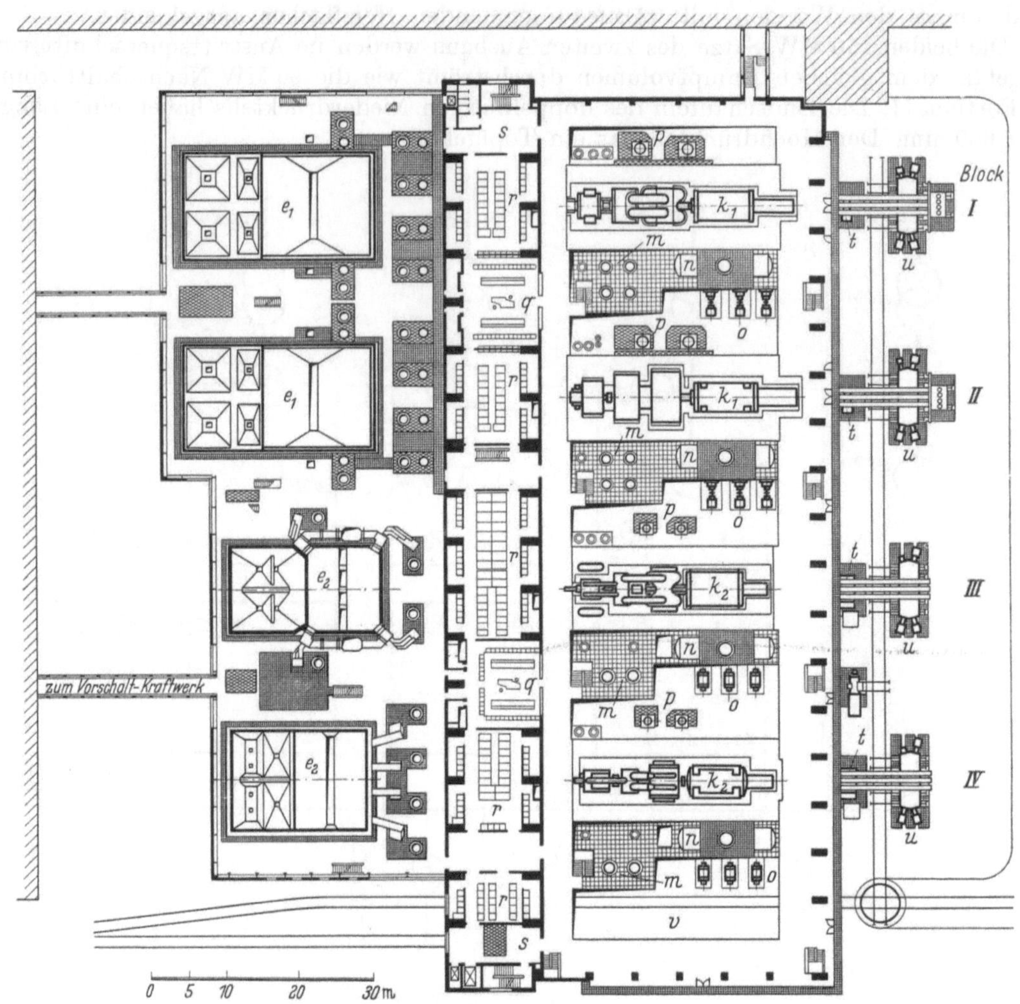

Grundriß

Die beiden 150 MW-Sätze konnten ohne Verbreiterung des Maschinenhauses untergebracht werden. Demgegenüber zwang die größere Tiefe der beiden 450 t/h-Kessel zu einer Verbreiterung des Kesselhauses um etwa 7 m.

Der absolute Flächen- und Raumbedarf der beiden Ausbaustufen unterscheiden sich daher nicht wesentlich voneinander. Infolgedessen verhalten sich die spezifischen Werte ungefähr wie 3 : 2, also umgekehrt wie die Blockleistungen (0,025 m^2/kW und 1,18 m^3/kW bzw. 0,017 m^2/kW und 0,77 m^3/kW).

Das Kraftwerk Fortuna III ist unter Zweites Ausführungsbeispiel (III. Teil, S. 690) gemeinsam mit Fortuna II eingehender beschrieben.

Schrifttum

Schröder, K.: Neuzeitliche Dampfkraftwerke. Siemens-Schuckertwerke AG.
Bachl, H., u. E. Weise: Siemens-Z. Bd. 30 (1956) S. 214/32.
Schultes, K.: Siemens-Z. Bd. 30 (1956) S. 248/61.

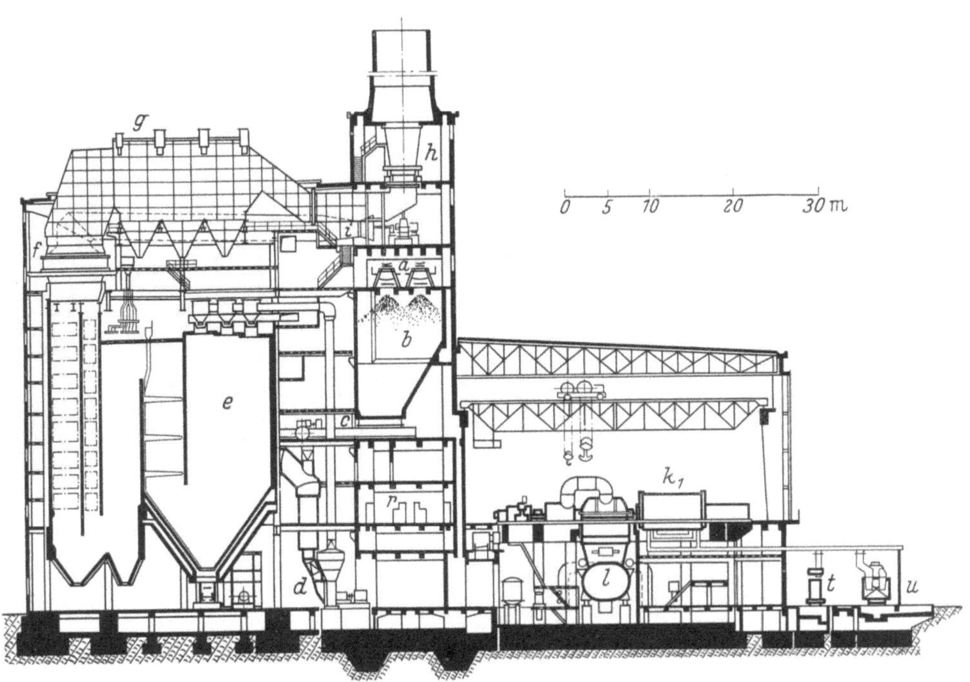

Querschnitt

Legende zum Grundriß und Querschnitt

a	Bekohlung	*l*	Kondensator
b	Bunker	*m*	Vowärmer
c	Kohlezuteiler	*n*	Speisewasserbehälter mit Entgaser
d	Kohlemühle	*o*	Kesselspeisepumpen
e	Kessel	*p*	Kühlwasserpumpen
f	Luftvorwärmer	*q*	Wärmewarte
g	Elektrofilter	*r*	Eigenbedarfschaltanlage
h	Saugzuggebläse	*s*	Treppenhaus mit Aufzügen
i	Frischluftgebläse	*t*	Eigenbedarfumspanner
k_1	Turbogenerator 150 MW	*u*	Hauptumspanner
k_2	Turbogenerator 100 MW	*v*	Montageöffnung

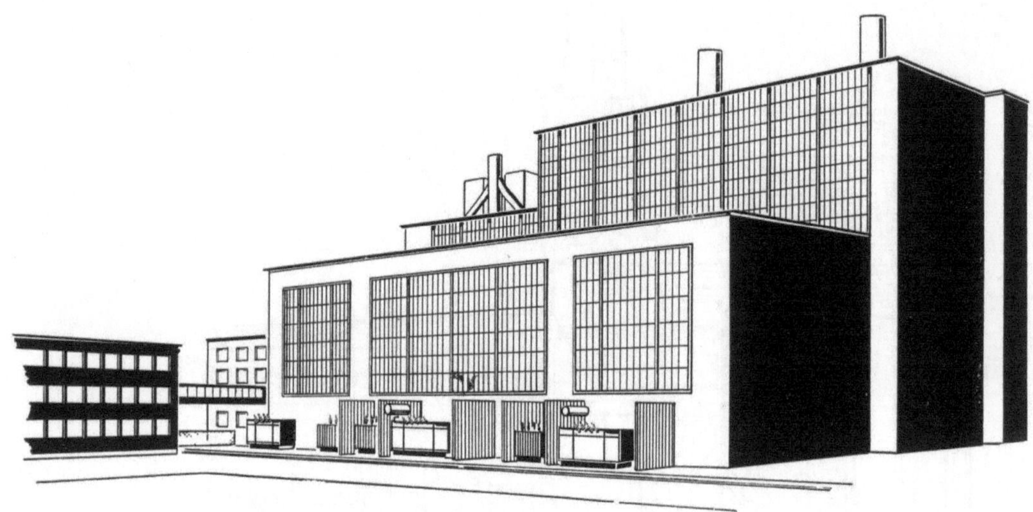

Schaubild

30 **Kraftwerk Mainz, BRD**

(Kraftwerke Mainz-Wiesbaden AG., Mainz)

Baujahr 1952/54 und 1956/58

Kessel

Anzahl	2	2
Leistung t/h	110	160
Art	Naturumlauf	Durchlauf
Genehmigungsdruck atü	86	205
Dampfzustand bei Austritt atü	76	185
Dampfzustand bei Austritt °C	520	530
Dampfzustand hinter ZWÜ atü	—	44,3
Dampfzustand hinter ZWÜ °C	—	530
Brennstoff:		
Art	Steink.	Steink.
unterer Heizwert kcal/kg	7200	
Feuerung	Zyklon	Zyklon
Schlackenabzug	flüssig	flüssig
Luftvorwärmung °C	—	400
Abgastemperatur °C	140	140
Wirkungsgrad %	91	—

Rauchgasentstaubung: mechanisch
Wasseraufbereitung: chemisch und Verdampfung
Bauweise: Beton, Stahlkonstruktion
Vorgesehene Gesamtleistung: 260 MW

Turbinen

Anzahl	1	1
Leistung MW	50	100
Leistung MVA	68	137
Art	K	K
Drehzahl U/min	3000	3000
Dampfdurchsatz t/h	190	317
Dampfzustand bei Eintritt atü	72	180
Dampfzustand bei Eintritt °C	515	525
bei Wiedereintritt atü	—	42,8
bei Wiedereintritt °C	—	530
Kühlwassertemperatur °C	15	12
Dampfzustand bei Austritt ata	0,043	0,035
Dampfzustand bei Austritt °C	—	—
Gehäusezahl	2	2
Abdampfstutzen (flutig)	1	2
Vorwärmstufen	4	7
Entgasungstemperatur °C	105	135
Speisewassertemperatur °C	180	255

Kennzahlen

Spez. Wärmeverbr. netto kcal/kWh	—
„ Flächenbedarf m^2/kW	0,017
„ Raumbedarf m^3/kW	0,75

Die Stromerzeugung in den beiden alten Kraftwerken Mainz und Wiesbaden verlagerte sich immer mehr in das Kraftwerk Mainz, das wegen seiner Lage am Rhein die Zufuhr der Kohle auch per Schiff und die Beaufschlagung der Kondensatoren mit Flußwasser ermöglicht. Demgegenüber war das Kraftwerk Wiesbaden auf Bahnanschluß und Rückkühlbetrieb angewiesen, es ist nunmehr stillgelegt.

Das Kraftwerk Mainz wurde demgemäß in den letzten Jahren in erheblichem Maße ausgebaut und modernisiert. Man entschied sich zunächst für die Erhöhung des Dampfdrucks auf 76 atü am Kessel für die weiteren Ausbauten.

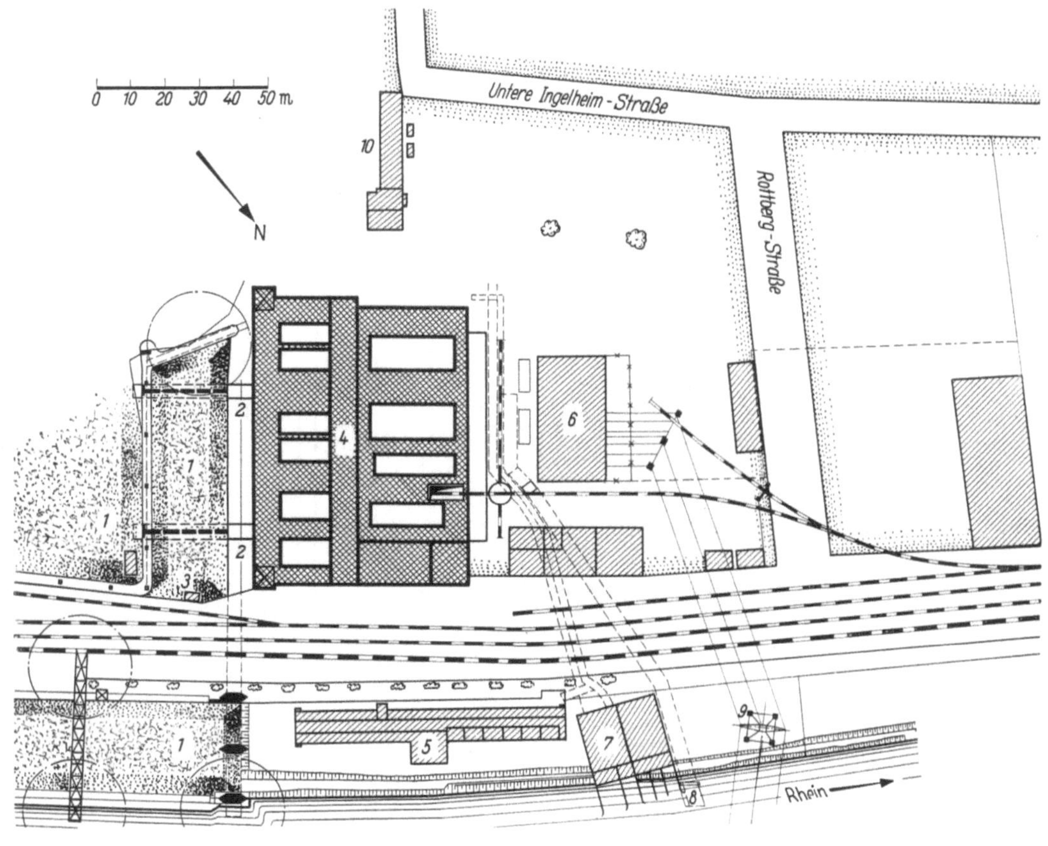

Lageplan

1	Kohlelagerplatz	6	110 kV-Schaltanlage
2	Becherwerk	7	Einlaufbauwerk
3	Brecheranlage	8	Kühlwasserauslauf
4	Kraftwerk	9	Freileitungen
5	20 kV-Schaltanlage	10	Lagerhaus

In dem 1953 durchgeführten Ausbau wurden zwei 110 t/h-Zyklonkessel zur Versorgung einer 50 MW-Turbine mit einem Dampfzustand von 72 atü, 515° C aufgestellt. Hierbei mußte ein Teil des vorhandenen Betriebsgebäudes niedergelegt werden. Zur Sicherung des Eigenbedarfs und der Versorgung eigener und fremder Netze mit 14 atü-Dampf wurde eine 9 MW-Turbine der neuen Druckstufe aufgestellt.

Bei der nächsten Erweiterung — die Steigerung des Strombedarfs zwang zur Aufstellung einer 100 MW-Turbine — wählte man einen Dampfzustand von 180 atü, 525° C an der Turbine mit Zwischenüberhitzung auf 530° C. Der Dampf wird in 2 Bensonkesseln mit Zyklonfeuerung und einer Leistung von je 160 t/h erzeugt. Der erforderliche Raum konnte wiederum nur durch einen Neubau unter Niederlegung eines weiteren Teiles des vorhandenen Betriebsgebäudes gewonnen werden. Dieser Block ist Mitte 1958 in

Betrieb gegangen. Es ist beabsichtigt, bei weiterer Steigerung des Strombedarfs einen zweiten 100 MW-Block mit den gleichen Auslegungsdaten zu erstellen.

In der Darstellung ist angenommen, daß dieser zweite 100 MW-Block bereits aufgestellt wäre. Der Lageplan läßt die beengte Lage des Kraftwerks erkennen. Das Gelände wird durch eine öffentliche Straße in zwei Teile zerschnitten, über die die Kohlenlöschanlage hinweggeführt werden mußte. Einer der beiden Kohlenlagerplätze, das Einlaufbauwerk und das Schalthaus liegen zwischen Straße und Rhein.

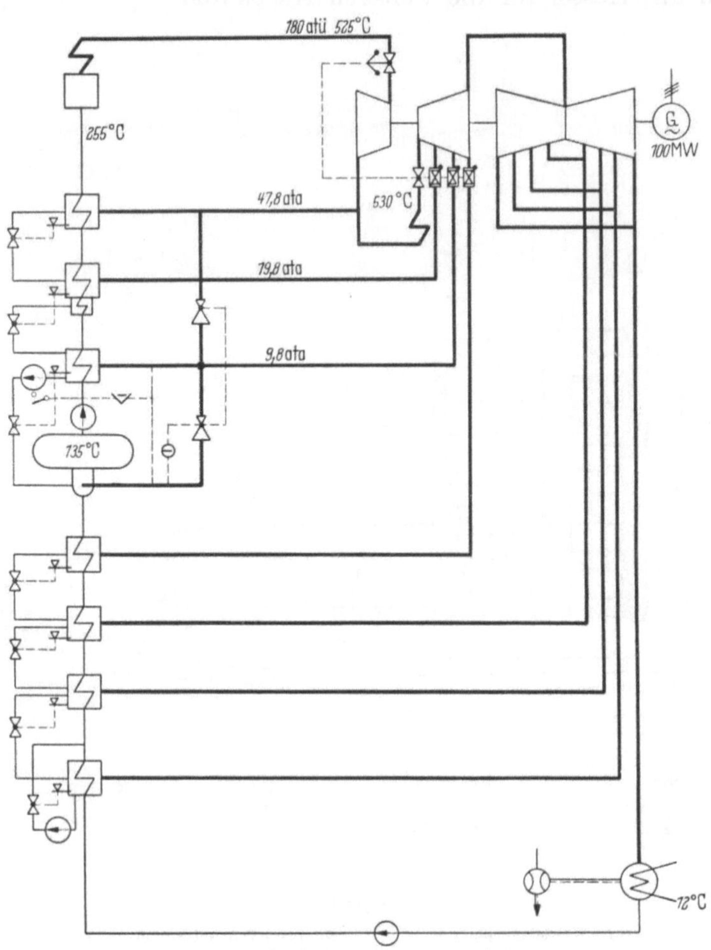

Wärmegrundschaltplan

Die 100MW-Turbine ist zweigehäusig mit 7 Vorwärmstufen, von denen drei hinter dem Speisewasserbehälter bzw. den Speisepumpen liegen. Das Zusatzwasser wird in der 80 atü-Anlage in Verdampfern auch für die 180 atü-Anlage bereitet.

Der elektrische Schaltplan läßt erkennen, daß die 50- und 100 MW-Maschinen über Regelumspanner in die 110 kV-Sammelschiene einspeisen. Ihr Eigenbedarf wird durch unmittelbar hinter den Generatorklemmen abgehende Abzweige versorgt. Querverbindungen mit der Eigenbedarfssammelschiene, auf die die Hausturbine und ein von den Hauptsammelschienen gespeister Umspanner geschaltet sind, sichern insbesondere das Anfahren der Blöcke.

Die Notwendigkeit, eine große Maschinenleistung auf kleinem Raum unterzubringen, führte zur Hochbauweise. Die mechanischen Filter liegen also oberhalb der Kessel. An dieser Stelle wird auch die Frischluft für die Versorgung der Zyklone entnommen. Die

Turbinen sind quergestellt. Trotz der hierdurch erzielten geringen Ausdehnung der Turbinenanlage in der Längsachse war man gezwungen, die Hochdruckvorwärmer des 180 atü-Blocks zwischen den Kesseln aufzustellen, während die Niederdruckvorwärmer unterhalb der Turbine untergebracht werden konnten. Kessel- und Elektrowarte sowie die Relaistafeln wurden vor die rheinseitige Stirnwand des Maschinenhauses gelegt, in welcher Richtung keine Erweiterungen zu erwarten sind. Die 5 kV-Eigenbedarfsschaltanlage wurde unterhalb der Kessel eingebaut.

Wegen der gedrängten Bauweise erreichten der Flächen- und Raumbedarf beachtlich geringe Werte (0,017 m^2/kW bzw. 0,75 m^3/kW).

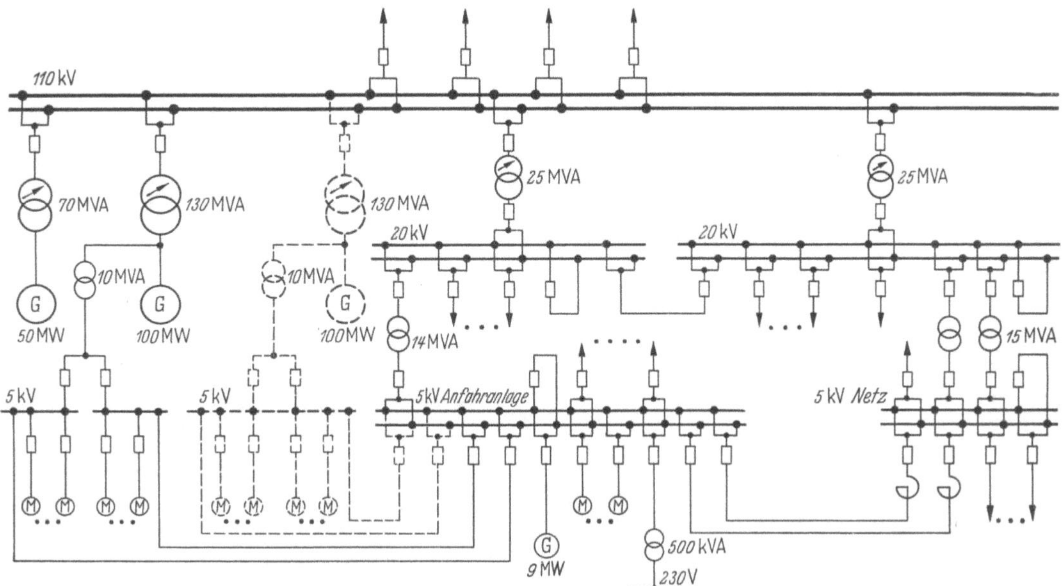

Elektrischer Übersichtsschaltplan

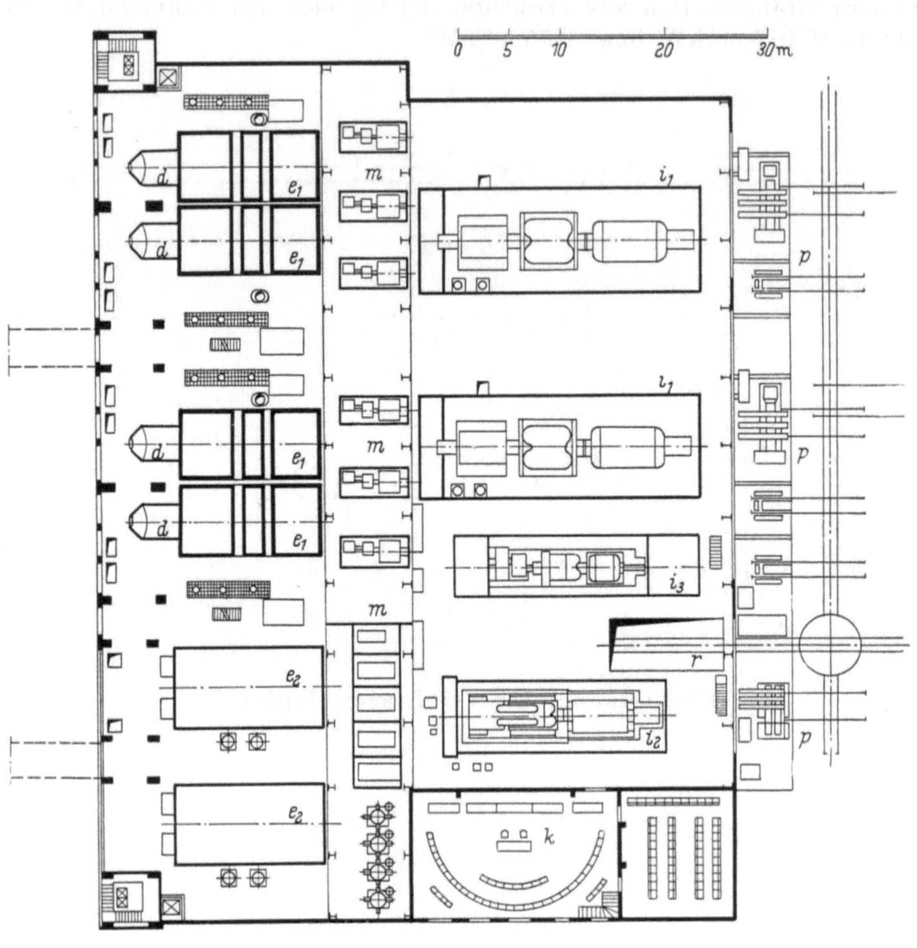

Grundriß

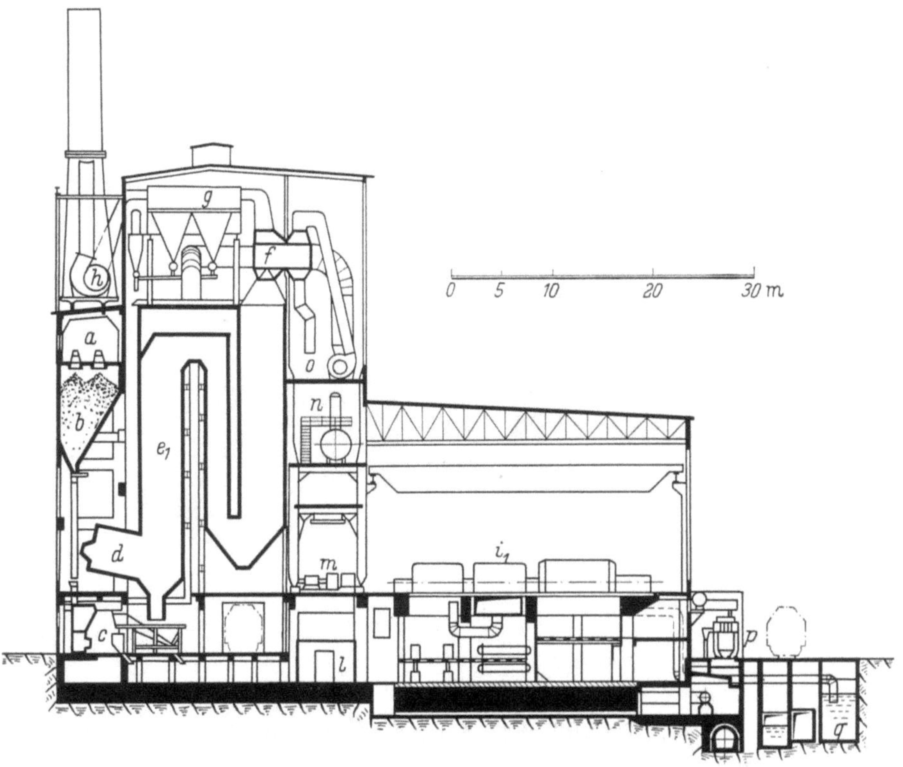

Querschnitt

Legende zum Grundriß und Querschnitt

a	Bekohlung	i_2	Turbogenerator 50 MW
b	Bunker	i_3	Turbogenerator 9 MW
c	Kohlemühle	*k*	Schaltwarte
d	Zyklon	*l*	Eigenbedarfschaltanlage
e_1	Kessel 160 t/h	*m*	Kesselspeisepumpen
e_2	Kessel 110 t/h	*n*	Speisewasserbehälter mit Entgaser
f	Luftvorwärmer	*o*	Frischluftgebläse
g	Rauchgasfilter	*p*	Umspanner
h	Saugzuggebläse	*q*	Kühlwasserablaufkanal
i_1	Turbogenerator 100 MW	*r*	Montageöffnung

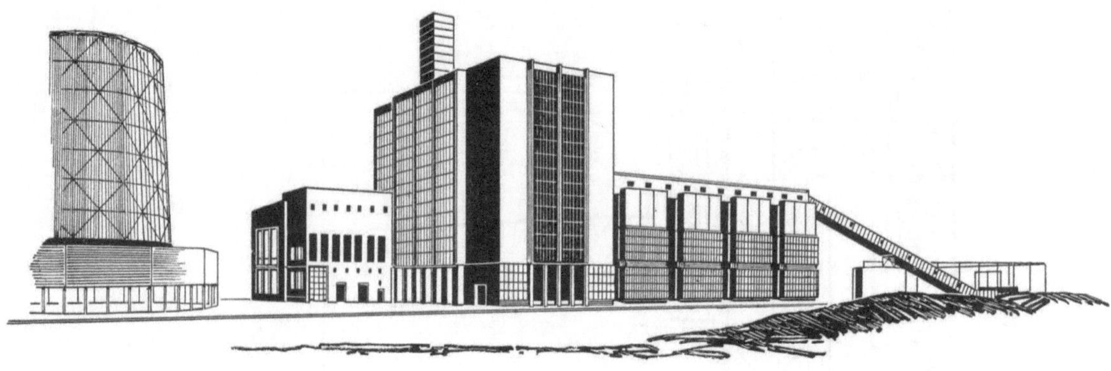

Schaubild

31

Kraftwerk St. Andrä, Österreich

(Österreichische Draukraftwerke AG, Klagenfurt)

Baujahr 1949/52 und 1956/58

Kessel	Ausbaustufe 1		2
Anzahl	3	1	1
Leistung t/h	100	50	330
Art	Naturumlauf	Naturumlauf	Durchlauf
Genehmigungsdruck atü	43	43	207
Dampfzustand bei Austritt atü	38	38	188
Dampfzustand bei Austritt °C	465	465	530
Dampfzustand hinter ZWÜ atü	—	—	39,5
Dampfzustand hinter ZWÜ °C	—	—	525
Brennstoff:			
Art	Braunkohle		
unterer Heizwert kcal/kg	2800	2800	2700
Feuerung	Eckenbrenner		
Schlackenabzug	trocken	flüssig	trocken
Luftvorwärmung °C	250	250	280
Abgastemperatur °C	170	200	140
Wirkungsgrad %	85	85	91

Rauchgasentstaubung: elektrisch
Wasseraufbereitung: Vollentsalzung
Bauweise: Stahlbeton
Vorgesehene Gesamtleistung 177,5 MW

Turbinen	Ausbaustufe 1		2
Anzahl	3	1	1
Leistung MW	20	7,5	110
Leistung MVA	25	10	125
Art	K	K	K
Drehzahl U/min	3000	3000	3000
Dampfdurchsatz t/h	86	37	330,7
Dampfzustand bei Eintritt atü	35	35	180
Dampfzustand bei Eintritt °C	450	450	525
Dampfzustand bei Wiedereintritt atü	—	—	38,7
Dampfzustand bei Wiedereintritt °C	—	—	520
Kühlwassertemperatur	25	25	8
Dampfzustand bei Austritt atü	—	—	0,0245
Dampfzustand bei Austritt °C	—	—	—
Gehäusezahl	1	1	4
Abdampfstutzen (flutig)	1	1	3
Vorwärmstufen	4	4	8
Entgasungstemperatur °C	156	149	160
Speisewassertemperatur °C	156	149	257

Kennzahlen

	1	2
Spez. Wärmeverbrauch netto kcal/kWh	3720	2350
„ Flächenbedarf m²/kW	0,082	0,024
„ Raumbedarf m³/kW	2,01	0,96

Das Dampfkraftwerk St. Andrä soll im Verbundbetrieb mit den Laufwasserkraftwerken der Österreichischen Draukraftwerke eingesetzt werden. Im ersten Ausbau in den Jahren 1949/52 wurden drei Sätze von je 20 MW und eine Hausturbine von 7,5 MW erstellt; der Dampfzustand an der Turbine betrug 35 atü, 450° C.

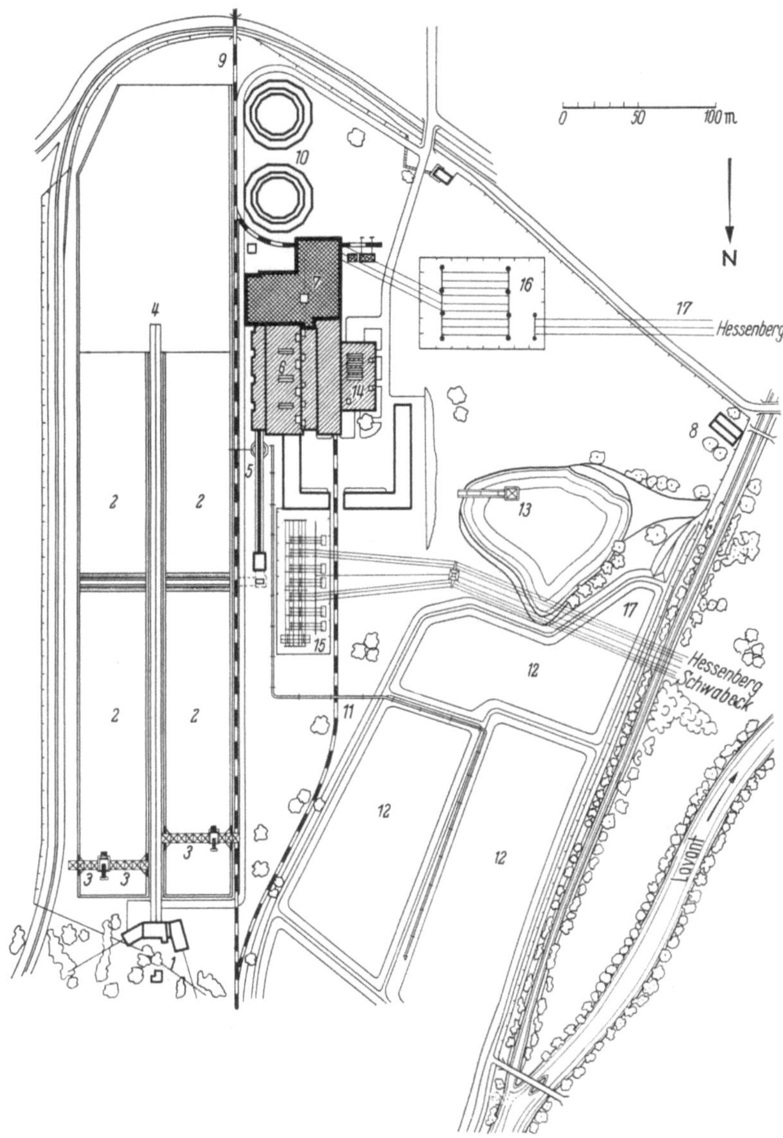

Lageplan

1 Seilbahn-Endstelle
2 Kohlelagerplatz
3 Portalbrückenkran
4 Förderbänder
5 Schrägbandbrücke
6 Kraftwerk
7 Kraftwerkserweiterung 1958
8 Einlaufbauwerk
9 Schleppbahnanschluß
10 Kühltürme
11 Aschenspülleitung
12 Aschelagerplatz
13 Pumpstation für Reservekühlwasser
14 Schalthaus und Verwaltungsgebäude
15 6 kV-Freiluftschaltanlage
16 220 kV-Freiluftschaltanlage
17 Freileitungen

Im Jahre 1956 wurde ein 110 MW-Block der Druckstufe 180 atü, 525° C an der Turbine mit Zwischenüberhitzung auf 520° C bestellt, der Anfang 1959 in Betrieb gesetzt wird.

Das Werk verfeuert lignitartige Braunkohle mit einem Heizwert von rund 2700 kcal/kg. Der Brennstoff wird durch eine etwa 2 km lange Seilbahn von der Grube der Lavantaler Kohlenbergbaugesellschaft herangebracht. Ein Doppellängsband teilt den Kohlenplatz in zwei Hälften, über die je eine Entladebrücke läuft. Über ein unterirdisches Querband gelangt die Kohle zu dem Schrägband, das zu den Bunkern führt.

Während im ersten Ausbau Kühltürme aufgestellt wurden, verwendet man bei der Blockanlage Frischwasser. Das Wasser ist chemisch und mechanisch durch die Aufnahme von Abwässern aus Gerbereien und Zellstoffabriken verunreinigt, weswegen man

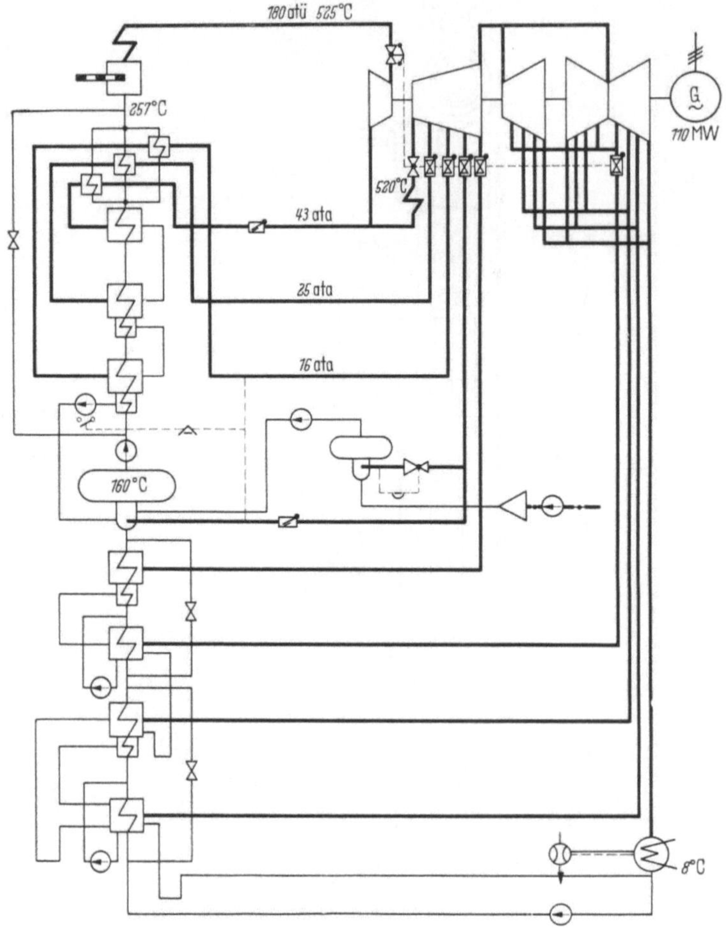

Wärmegrundschaltplan des 110 MW-Blocks

im ersten Ausbau von der Verwendung dieses Wassers abgesehen hatte. Bei der Projektierung des zweiten Ausbaus kam man jedoch zu dem Ergebnis, daß durch die Verwendung dieses Wassers keine Beeinträchtigung des Betriebes zu befürchten ist. Ferner liegt die Temperatur des Kühlwassers wegen seines Ursprungs aus Gletschern ungewöhnlich niedrig (bis auf 6° C herab). Die Turbine wurde daher wegen des großen spezifischen Dampfvolumens im Abdampfquerschnitt dreiflutig mit Endschaufeln von 600 mm Länge ausgebildet. Bei der der Auslegung zugrunde gelegten Kühlwassertemperatur von 8° C beträgt der Kondensatordruck 0,0245 ata. Die Turbine erhielt 4 Gehäuse und 8 Vorwärmstufen. Von diesen liegen drei hinter den Speisepumpen. Vor dem letzten Vorwärmer liegen noch drei Enthitzer, die wasserseitig parallelgeschaltet sind. Fast alle Vorwärmer sind mit Kondensatkühlern ausgestattet. Die Anzapfkondensate werden unter Umgehung des Kondensators mittels zweier Pumpen unmittelbar in den Speisewasserkreislauf gedrückt. Das vollentsalzte Zusatzspeisewasser wird dem Hotwell des Kondensators zugeführt.

Der Kessel ist ein Durchlaufkessel, Bauart Benson, mit $1^1/_2$ Zügen und Zwischenüberhitzer in Schottenform. Die Eckenfeuerung wird von 4 Mühlen mit Rauchgasrücksaugung versorgt. Für das Anfahren ist noch ein Dampfluvo vorgesehen.

Der Generator ist über einen 125 MVA-Umspanner auf die 220 kV-Sammelschiene geschaltet. Der Eigenbedarf ist über einen 12,5 MVA-Umspanner unmittelbar hinter den Generatorklemmen abgenommen. Daneben ist der Eigenbedarf über eine Reaktanz an die 6 kV-Sammelschiene des ersten Ausbaus angeschlossen.

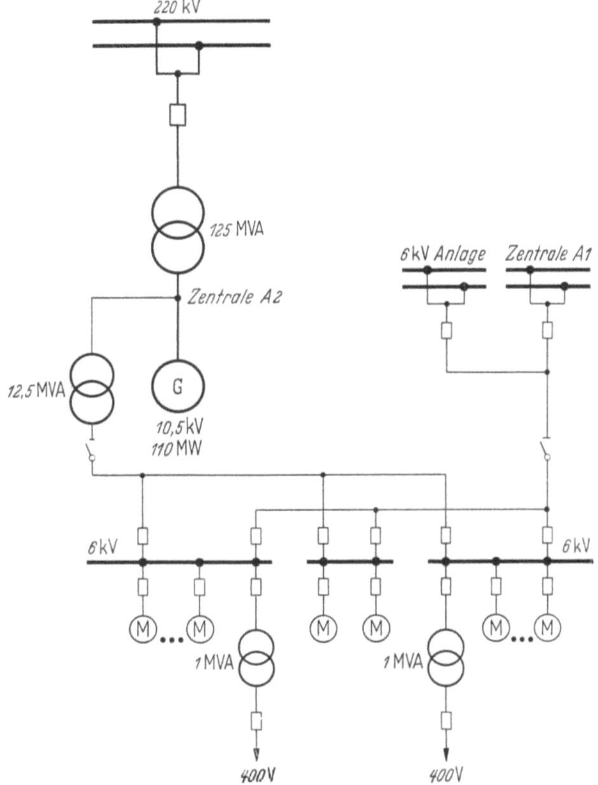

Elektrischer Übersichtsschaltplan

Die Anordnung der Anlageteile entspricht dem Weg der Energieumwandlung. Dem Kesselhaus ist auf der einen Seite das Bunkerhaus, auf der anderen, dem Maschinenhaus zugewandten Seite, ein Zwischenbau vorgelagert. Bunkerbau und Zwischenbau sind unter sich von gleicher Breite und von gleicher Höhe wie das Kesselhaus. Hierbei sind die beiden Frischluftgebläse in den Bunkerbau, die beiden Saugzuggebläse in den Zwischenbau gerückt; sie stehen jeweils auf der obersten Bühne. Auch die elektrische Rauchgasentstaubung ist in zwei Filtereinheiten aufgeteilt, die sich längs der beiden Seitenwände des Kessels unterhalb des Daches befinden. Der Blechschornstein ist auf den Bunkerbau aufgesetzt. Das Maschinenhaus, in dem die Turbine in Übereinstimmung mit der Anordnung im ersten Ausbau längsgestellt ist, konnte gerade noch bei der gedrängten Bauweise der Turbinen- und Vorwärmeranlage in gleicher Breite weitergeführt werden. Die Vorwärmer befinden sich im Maschinenhaus. Die Speisepumpen haben im Maschinenhauskeller Aufstellung gefunden. Die Eigenbedarfsschaltanlage befindet sich im Zwischenbau in der Höhe des Maschinenhausflurs. Die Wärmewarte schließt sich an, sie bildet einen selbständigen Baukörper. Bunker- und Zwischenbau sind als Schwerbauten ausgebildet. Das Dach des Kesselhauses wird von Stahlfachwerkbindern, die sich auf die beiden Schwerbauten abstützen, getragen. Auch das Dach des Maschinenhauses stützt sich einseitig auf den Zwischenbau ab. Die Gebäude sind in Stahlbeton ausgeführt.

Schrifttum

Dampfkraftwerk St. Andrä. Herausgegeben vom Bundesministerium für Verkehr und verstaatlichte Betriebe. Wien 1956.
(Diese Literaturangabe betrifft jedoch nur die erste Ausbaustufe.)

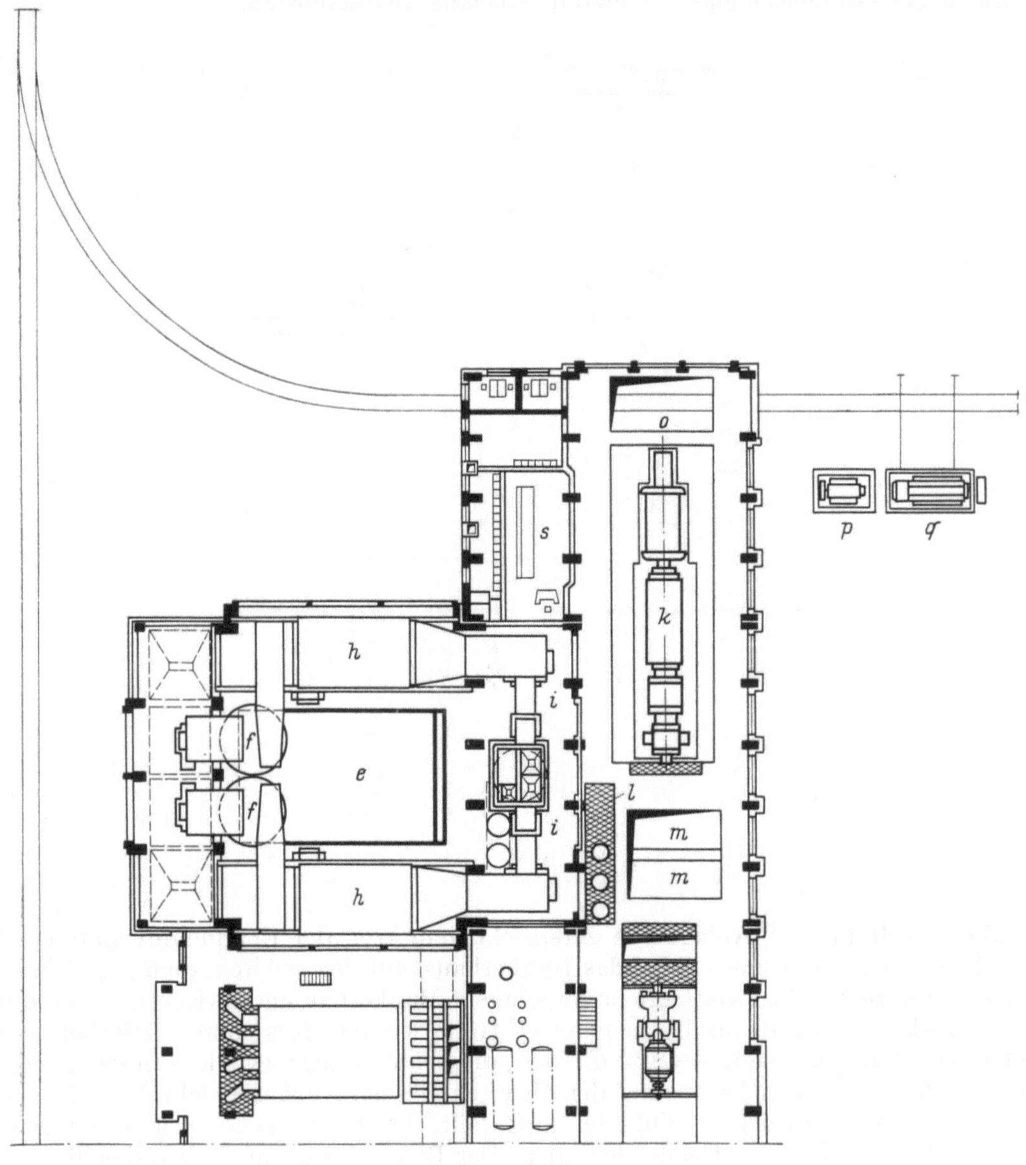

Grundriß

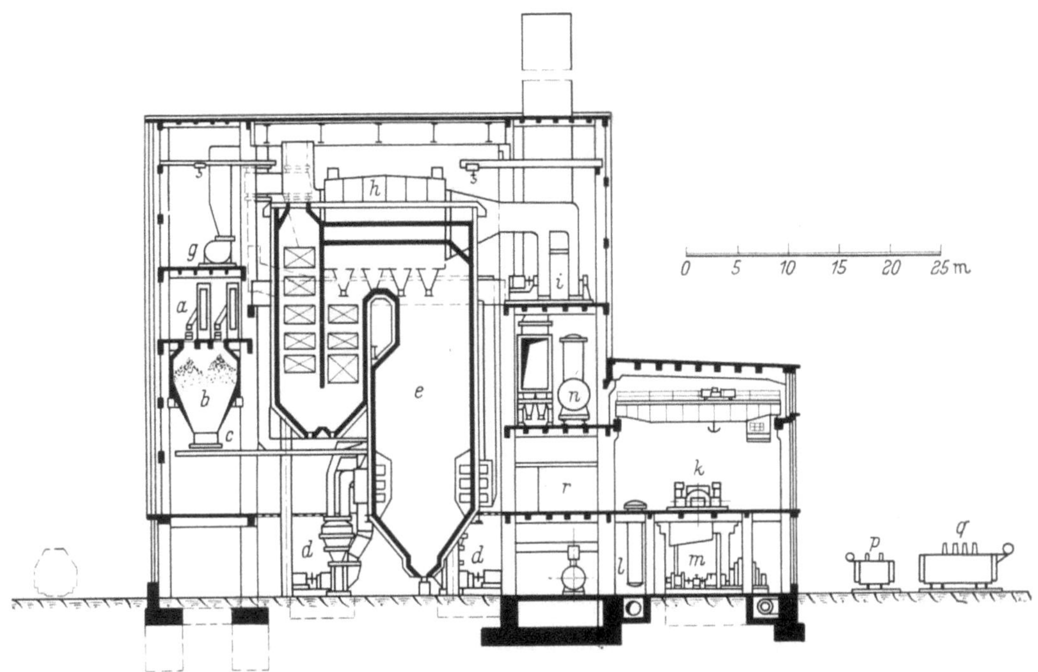

Querschnitt

Legende zum Grundriß und Querschnitt

a	Bekohlung	*k*	Turbogenerator 110 MW
b	Bunker	*l*	Vorwärmer
c	Kohlezuteiler	*m*	Kesselspeisepumpe
d	Kohlemühle	*n*	Speisewasserbehälter mit Entgaser
e	Kessel 330 t/h	*o*	Montageöffnung
f	Luftvorwärmer	*p*	Eigenbedarfsumspanner
g	Frischluftgebläse	*q*	Hauptumspanner
h	Elektrofilter	*r*	Eigenbedarfschaltanlage
i	Saugzuggebläse	*s*	Wärmewarte

Schaubild

32

Kraftwerk Emden, BRD

(Nordwestdeutsche Kraftwerke AG, Hamburg)

Baujahr 1955/56 und 1957/58

Kessel	Block I		Block II
Anzahl	1	1	1
Leistung t/h	190	30	273
Art	Durchlauf		
Genehmigungsdruck atü	150	150	210
Dampfzustand bei Austritt atü	135	135	190
Dampfzustand bei Austritt °C	525	525	530
Dampfzustand hinter ZWÜ atü	18,8	—	48,5
Dampfzustand hinter ZWÜ °C	512	—	520
Brennstoff:			
Art	Steink., Torf	Öl	Steink.
unterer Heizwert kcal/kg	6500 3200	10000	6500
Feuerung	Ecken	Brenner	Ecken
Schlackenabzug	trocken	—	trocken
Luftvorwärmung °C	300	220	325
Abgastemperatur °C	140	160	120
Wirkungsgrad %	90,5[1]	91	92
	90,0[2]	—	—

Rauchgasentstaubung: mechanisch
Wasseraufbereitung: Vollentsalzung
Bauweise: Beton, Stahlfachwerk
Vorgesehene Gesamtleistung: 350 MW

Turbinen	Block I	Block II
Anzahl	1	1
Leistung MW	70	80
Leistung MVA	93,5	100
Art	K	K
Drehzahl U/min	3000	3000
Dampfdurchsatz t/h	210	273
Dampfzustand bei Eintritt atü	125	180
Dampfzustand bei Eintritt °C	520	520
bei Wiedereintritt atü	28,3	45,8
bei Wiedereintritt °C	510	525
Kühlwassertemperatur °C	12	12
Dampfzustand bei Austritt ata	0,027	0,027
Dampfzustand bei Austritt °C	—	—
Gehäusezahl	3	3
Abdampfstutzen (flutig)	2	2
Vorwärmstufen	6	8
Entgasungstemperatur °C	135	125
Speisewassertemperatur °C	218	295
Kennzahlen		
Spez. Wärmeverbr. netto kcal/kWh	2370	2250
„ Flächenbedarf m²/kW	0,033	
„ Raumbedarf m³/kW	1,16	

[1] 100% Steinkohle
[2] 60% Steinkohle, 40% Torf

Der Entschluß der Nordwestdeutsche Kraftwerke AG, Hamburg, ein Kraftwerk bei Emden zu errichten, entsprang dem Bedürfnis, eine leistungsfähige Stromquelle im Westen ihres Versorgungsgebietes zu schaffen. Die Lage am Emdener Seeschiff-Binnenhafen gewährleistet einen von den Gezeiten unabhängigen Wasserstand. Für das Kraftwerk mußte zum Entladen der Binnenschiffe ein eigenes Hafenbecken angelegt werden.

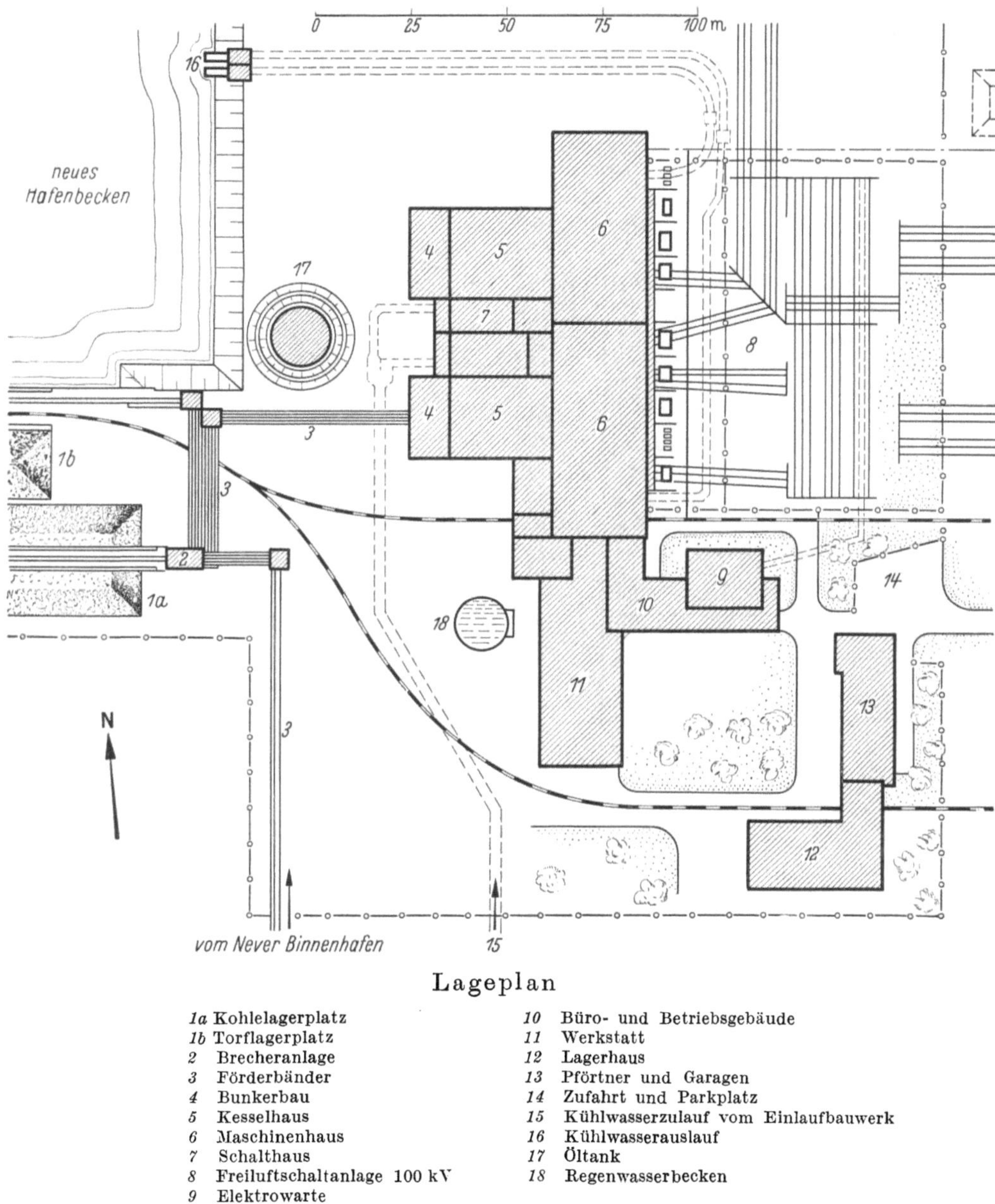

Lageplan

1a	Kohlelagerplatz	*10*	Büro- und Betriebsgebäude
1b	Torflagerplatz	*11*	Werkstatt
2	Brecheranlage	*12*	Lagerhaus
3	Förderbänder	*13*	Pförtner und Garagen
4	Bunkerbau	*14*	Zufahrt und Parkplatz
5	Kesselhaus	*15*	Kühlwasserzulauf vom Einlaufbauwerk
6	Maschinenhaus	*16*	Kühlwasserauslauf
7	Schalthaus	*17*	Öltank
8	Freiluftschaltanlage 100 kV	*18*	Regenwasserbecken
9	Elektrowarte		

Der Dortmund-Ems-Kanal ermöglicht die Anfuhr der Ruhrkohle auf dem Wasserwege. Seeschiffe werden in dem benachbarten Binnenhafen mit vorhandenen Entladevorrichtungen entladen. Neben hochwertiger Steinkohle sollte im ersten Block auch der in der Nähe gewinnbare Torf verfeuert werden können.

Infolge der Lage des Kraftwerks geschieht die Wärmeabführung aus dem in den Kondensatoren erwärmten Kühlwasser im wesentlichen durch die Kühlteichwirkung des Hafenbeckens. Die Erhöhung der Wassertemperatur im Hafenbecken wird im Endausbau (rund 350 MW) voraussichtlich etwa 2 ° C betragen. Das Kühlwasser ist aggressiv; daher mußte der Werkstoffauswahl der Kühlwasser führenden Teile große Sorgfalt gewidmet werden.

Als Rohwasser für die Herstellung des Zusatzspeisewassers wird Stadtwasser verwendet, soweit das von den Gebäudedächern aufgefangene Regenwasser nicht ausreicht.

Der erste Block mit einer Leistung von 70 MW (Dampfzustand an der Turbine 125 atü, 520 ° C mit Zwischenüberhitzung auf 510 ° C) wurde in den Jahren 1955/56 erstellt. Bereits im Jahr 1956 wurde der Bau eines weiteren Blocks mit einer Leistung von

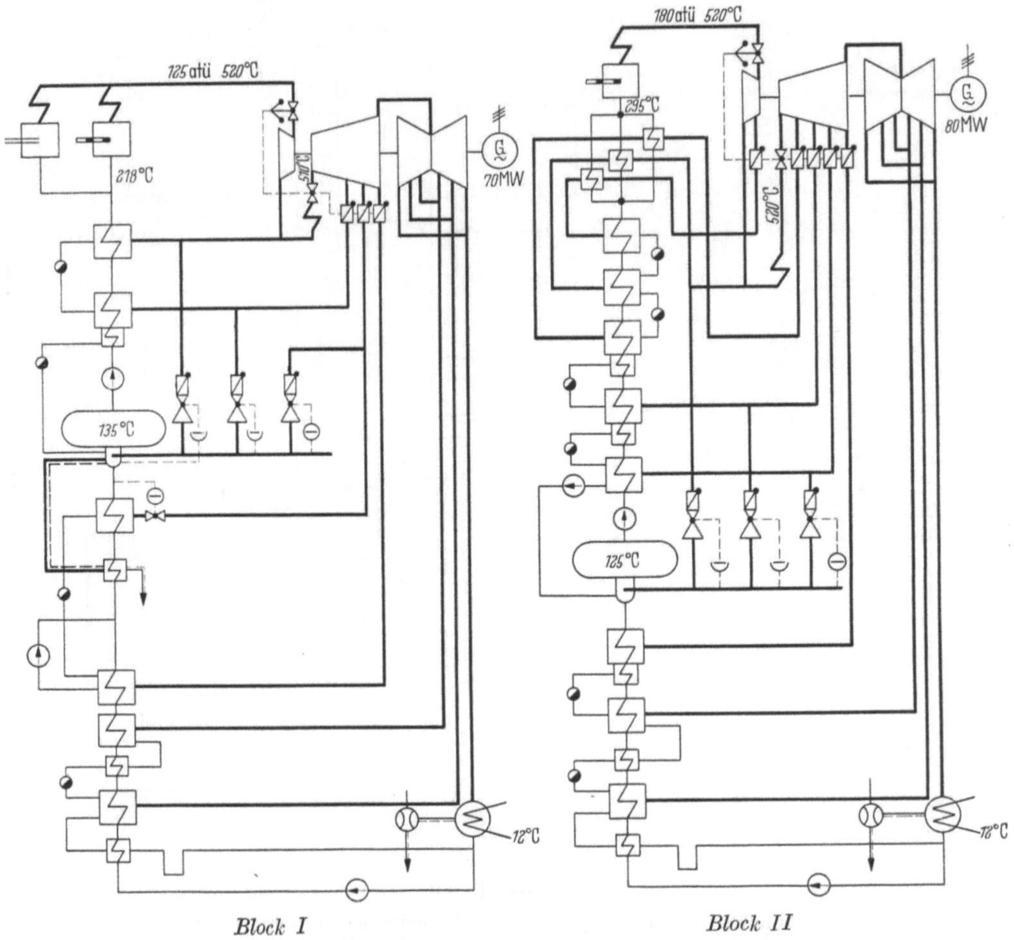

Block I *Block II*

Wärmegrundschaltpläne

80 MW in Angriff genommen, der 1958 in Betrieb gegangen ist. Der Dampfdruck an der Turbine des zweiten Blocks wurde auf 180 atü gesteigert; die Temperaturen des Frischdampfes und des zwischenüberhitzten Dampfes betragen 520 bzw. 525 ° C. Aus Gründen der Sicherheit, vor allem zur Sicherstellung der Raumheizung, wurden im ersten Ausbau ein Bensonkessel für Steinkohlen- und Torffeuerung für eine Leistung von 190 t/h und ein ölgefeuerter Bensonkessel (ohne Zwischenüberhitzer) für eine Leistung von 30 t/h erstellt. Bei alleinigem Betrieb des kleinen Bensonkessels kann der Generator bei vollem Betrieb der Raumheizung 6 MW leisten. Der Generator (93,5 MVA) kann dann als Phasenschieber verwendet werden.

Die Turbinen beider Blocks sind dreigehäusig mit doppelflutigem Abdampfteil. Die 70 MW-Turbine hat 6, die 80 MW-Turbine 8 Vorwärmstufen. Bei Block I liegen 4 Vorwärmer vor dem Entgaser, in dem die Speisewassertemperatur konstant gehalten wird, bei Block II beträgt die Zahl der Niederdruckvorwärmer nur 3, die Speisewassertemperatur im Entgaser liegt mit 125 ° C um 10 ° C niedriger als bei Block I. Somit hat Block II 5 Hochdruckvorwärmer; der Dampf der ersten 3 Hochdruckanzapfungen wird zunächst durch Enthitzer geleitet. Entsprechend den verschiedenen Überhitzungswärmen sind diese verschieden groß und werden in wasserseitiger Parallelschaltung von unterschiedlichen Wassermengen durchströmt. Die Strömungswiderstände sind gleich groß, so daß sich die unterschiedlichen Speisewassermengen bei jeder Belastung im gleichen Verhältnis auf die 3 Enthitzer verteilen. Durch zusätzlich eingebaute Schieber kann man die wasserseitigen Strömungswiderstände und damit die Einzeldurchflußmengen der Enthitzer verändern.

Das Speisewasser wird in Block II bis auf 295 ° C erhitzt, während bei Block I 218 ° C erreicht werden. Das Zusatzwasser wird durch Vollentsalzung aufbereitet. Verdampferanlagen sind nicht eingebaut.

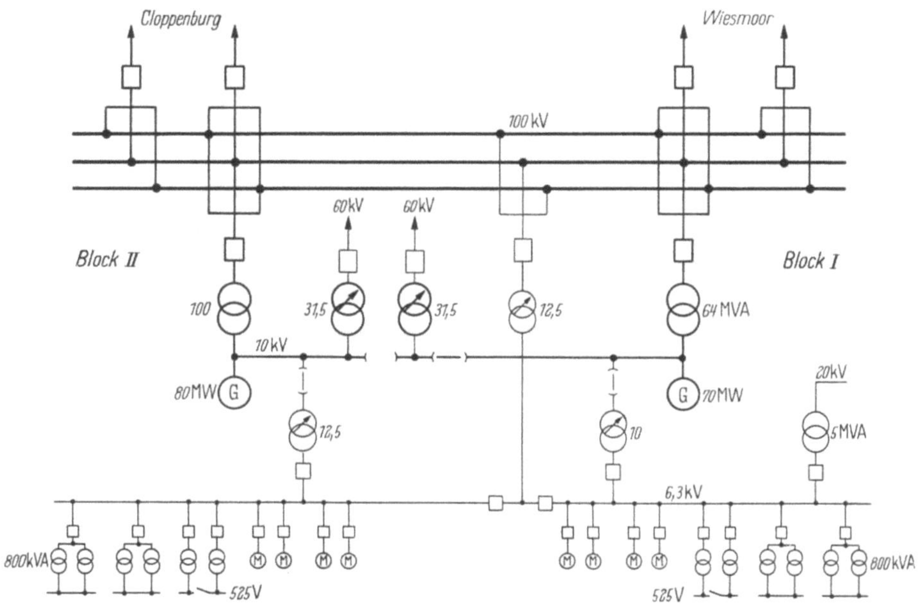

Elektrischer Übersichtsschaltplan

Die beiden großen Kessel sind Dreizug-Bensonkessel mit Eckenfeuerung, deren Brenner in drei Ebenen übereinander angeordnet sind; der Hauptkessel des ersten Blocks hat eine zusätzliche Brennerebene für die Verfeuerung des Torfs. Der kleine Kessel ist ein Einzugkessel. Alle Kesselspeisepumpen haben hydraulische Regelkupplungen.

Beide Generatoren speisen teils über Regelumspanner unmittelbar in 60 kV-Freileitungen, teils über Umspanner auf eine 110 kV-Sammelschiene, die zunächst 4 Abgänge hat. Der Eigenbedarf (6,3 kV und 525 V) wird, wie üblich, über Regelumspanner unmittelbar von den Generatoren versorgt. Als zweite Stromquelle, vor allem für das Anfahren, besteht ein unmittelbarer Anschluß über einen Regelumspanner an die 110 kV-Sammelschiene.

In beiden Blocks bildet das Bunker- und Kesselhaus je einen einheitlichen Baukörper, zwischen denen die Eigenbedarfsschaltanlagen und Wärmewarten als niedriger Bauteil liegen. Die Elektrowarte ist in einem besonderen Bauwerk (Betriebsgebäude) untergebracht, das auch die Labors enthält. Jeder Bunkerbau trägt einen Schornstein, dem die Rauchgase durch oberhalb des Kessels befindliche Kanäle zugeführt werden. Vor den Saugzuggebläsen liegen mechanische Rauchgasfilter. Die Turbinen sind längsgestellt. Die Speisewasserbehälter nebst Entgasern sowie Hochdruckvorwärmer haben im Maschinenhaus längs der Außenwand Aufstellung gefunden. Das Bunkerhaus sowie der untere Teil des Kessel- und Maschinenhauses sind aus Stahlbeton, die übrigen Gebäudeteile als Stahlbau ausgeführt, die Außenwände sind weitgehend aus Glas. Für sämtliche Bauteile war eine Pfahlgründung erforderlich. Die Sohle des Unterkellers liegt in gleicher Höhe wie der Hafenwasserspiegel.

Das Kraftwerk ist unter Drittes Ausführungsbeispiel eingehender beschrieben (III. Teil, S. 781).

Schrifttum

SCHRÖDER, K.: Neuzeitliche Dampfkraftwerke. Siemens-Schuckertwerke AG.

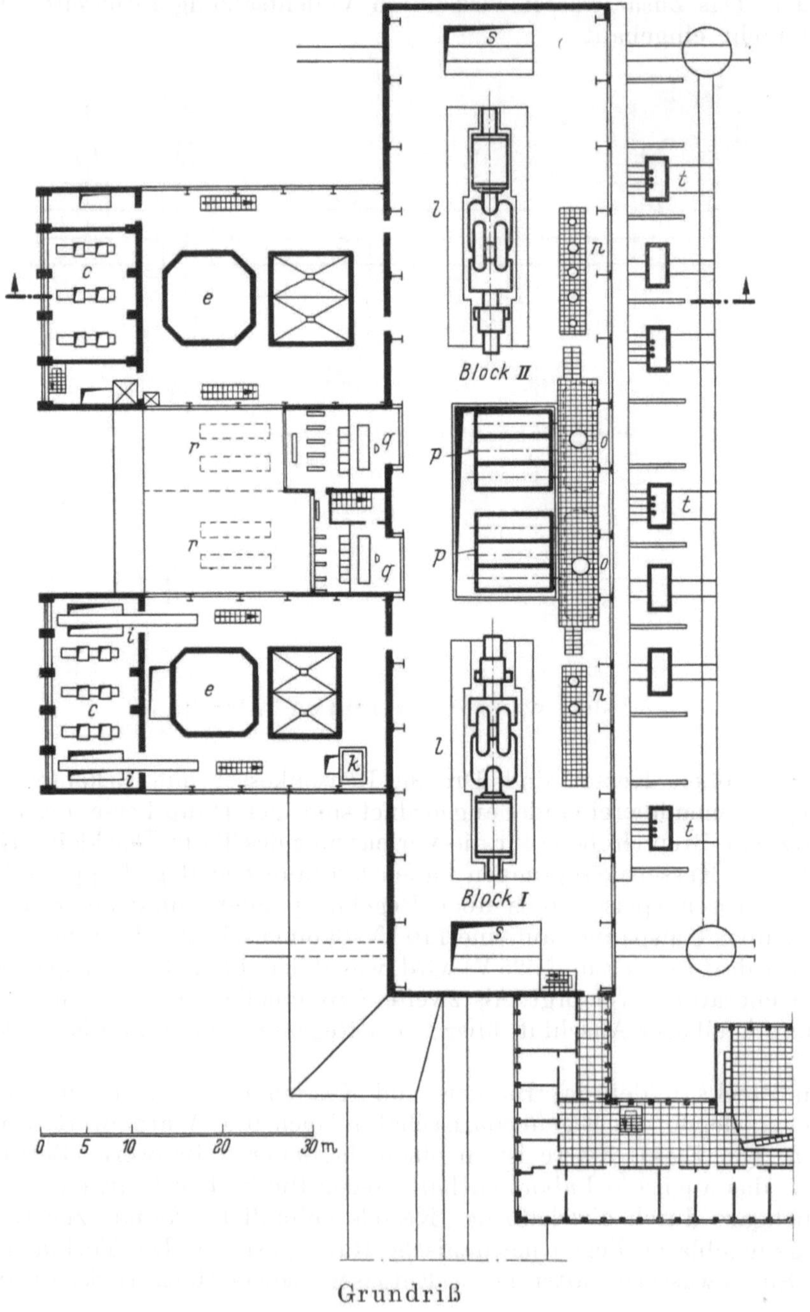

Grundriß

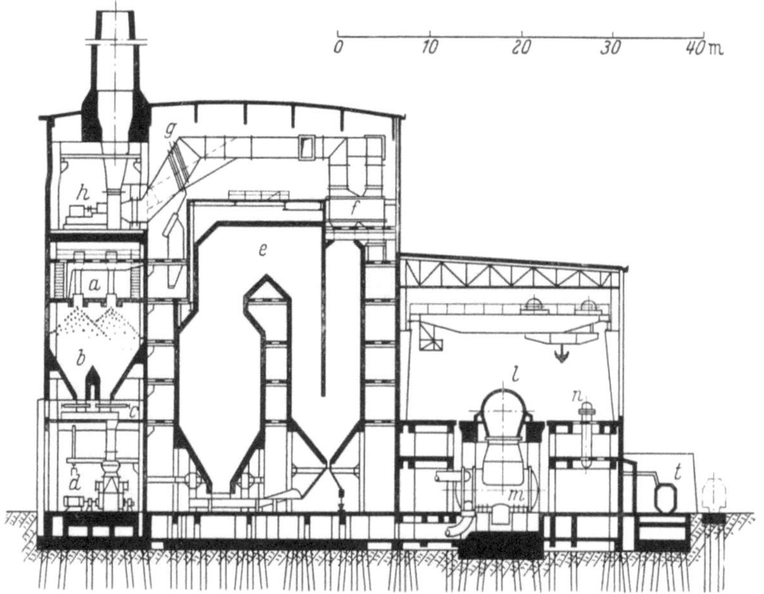

Querschnitt

Legende zum Grundriß und Querschnitt

a	Bekohlung	*l*	Turbogenerator
b	Bunker	*m*	Kondensator
c	Kohlezuteiler	*n*	Vorwärmer
d	Kohlemühle	*o*	Speisewasserbehälter mit Entgaser
e	Kessel	*p*	Kesselspeisepumpen
f	Luftvorwärmer	*q*	Block-Wärmewarte
g	Rauchgasfilter, mechanisch	*r*	Eigenbedarfsschaltanlage
h	Saugzuggebläse	*s*	Montageöffnung
i	Torfmühle	*t*	Umspanner
k	Hilfskessel		

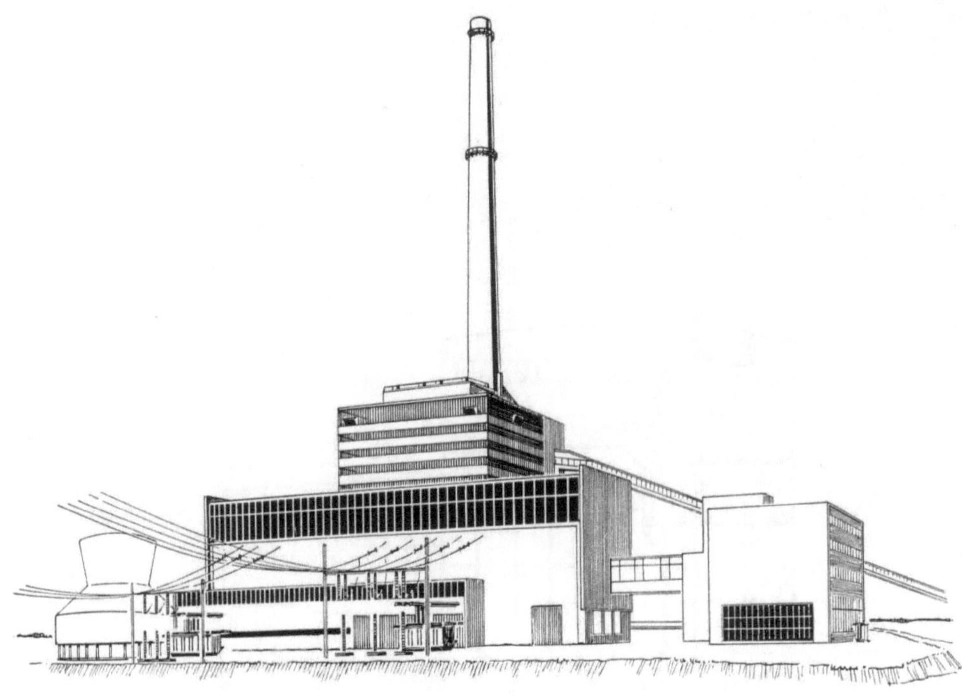

Schaubild

33

Klöckner-Kraftwerk, BRD
(Klöcknerwerke Aktiengesellschaft)
Baujahr 1956/58

Kessel	Block I	Turbinen	Block I
Anzahl	2	Anzahl	1
Leistung t/h	200	Leistung MW	120
Art	Durchlauf	Leistung MVA	160
		Art	K
Genehmigungsdruck atü	209	Drehzahl U/min	3000
Dampfzustand bei Austritt atü	190	Dampfdurchsatz t/h	377,5
Dampfzustand bei Austritt °C	527	Dampfzustand bei Eintritt atü	180
Dampfzustand hinter ZWÜ atü	43,8	Dampfzustand bei Eintritt °C	520
Dampfzustand hinter ZWÜ °C	527	bei Wiedereintritt atü	43,4
Brennstoff:		bei Wiedereintritt °C	520
Art	Steinkohle	Kühlwassertemperatur °C	21
unterer Heizwert kcal/kg	5000	Dampfzustand bei Austritt atü	0,054
		Dampfzustand bei Austritt °C	—
Feuerung	Zyklon	Gehäusezahl	3
Schlackenabzug	flüssig	Abdampfstutzen (flutig)	2
Luftvorwärmung °C	450	Vorwärmstufen	8
Abgastemperatur °C	130	Entgasungstemperatur °C	125
Wirkungsgrad %	91,0	Speisewassertemperatur °C	255,8
		Kennzahlen	
Rauchgasentstaubung: elektrisch		Spez. Wärmeverbr. netto kcal/kWh	2350
Wasseraufbereitung: Vollentsalzung		„ Flächenbedarf m²/kW	0,028
Bauweise: Stahlbeton/Stahl		„ Raumbedarf m³/kW	0,8
Vorgesehene Gesamtleistung: 500 MW		„ Personalbedarf Mann/MW	1,0

Der ständig größer werdende Anfall an schwer verkäuflicher Ballastkohle veranlaßte die Leitung der Klöckner-Bergbau Victor Ickern AG., ein Hochdruckkraftwerk zu errichten, das nicht nur den Strombedarf des eigenen Betriebes decken, sondern

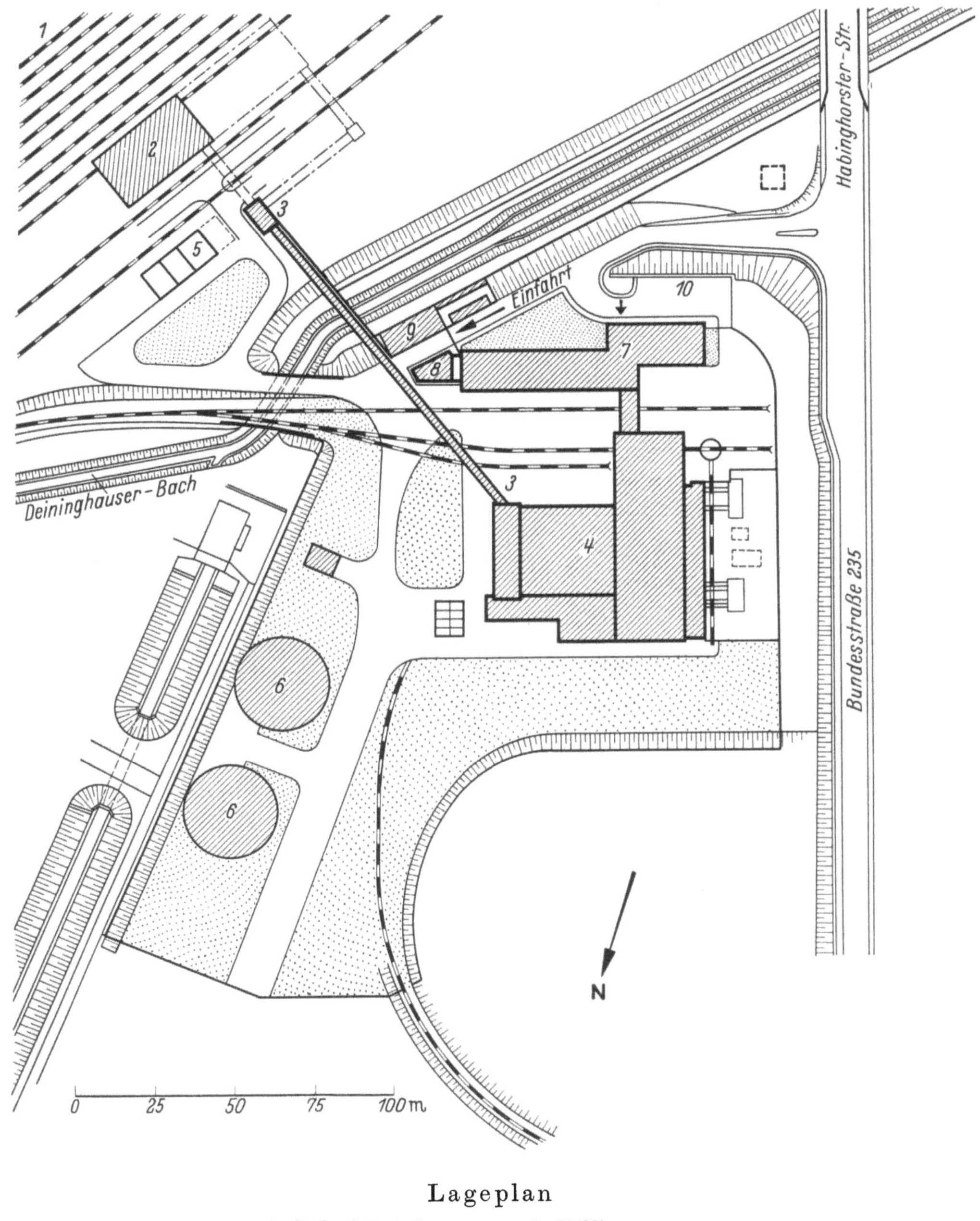

Lageplan

1 Zechenbahnhof
2 Kohlemischbunker
3 Schrägbandbrücke
4 Kraftwerk
5 Aschebunker
6 Kühlturm
7 Verwaltungs- und Betriebsgebäude
8 Pförtnerhaus
9 Garagen
10 Parkplatz

den größten Teil der durch die Verfeuerung der anfallenden Ballast- und Staubkohle erzeugten elektrischen Energie der öffentlichen Versorgung zuführen soll.

Das Kraftwerk liegt am Übergabebahnhof des Bergbauunternehmens. Hier befindet sich ein Mischbunker, in dem die verschiedenen Kohlensorten, vor allem Staub- und

Ballastkohle, getrennt gelagert werden. Vor der Aufgabe auf das Förderband werden die einzelnen Kohlensorten durch eine Mischschnecke gemischt.

Mit dem Kraftwerksgebäude ist ein fünfstöckiges Nebengebäude durch eine Brücke verbunden. Letzteres enthält außer der Wasseraufbereitungsanlage, der Werkstatt und dem Lager die Räume für die Verwaltung. Die beiden Kühltürme befinden sich östlich vom Kraftwerk, damit der aufsteigende Schwaden bei dem vorherrschenden Westwind nicht auf die Kraftwerksanlagen getrieben wird.

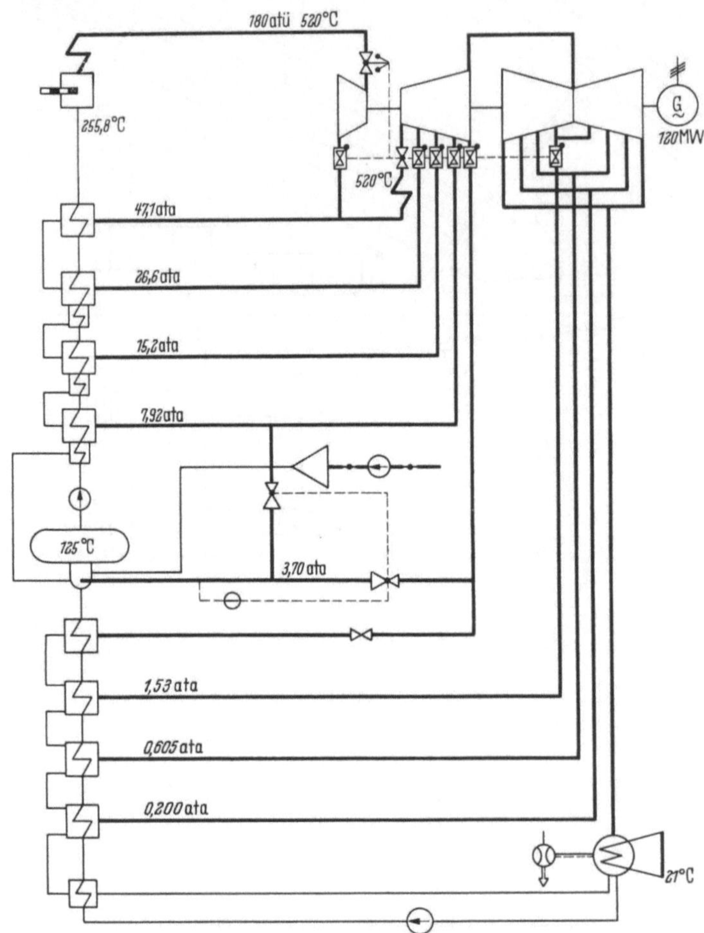

Wärmegrundschaltplan

Der Dampf wird in 2 Durchlaufkesseln, Bauart Benson, mit einer Leistung von je 200 t/h mit 3 Zügen und Zyklon-Brennkammer erzeugt und tritt mit 180 atü, 520° C in den Hochdruckteil der Turbine ein. Der mit 47,1 ata austretende Dampf wird zum kleinen Teil in die erste Vorwärmstufe geleitet, zum größten Teil wird er nach Zwischenüberhitzung auf wiederum 520° C dem Mitteldruckteil der Turbine zugeführt. Dieser erhielt 4 Anzapfungen für die Speisewasseraufwärmung. Der anschließende Niederdruckteil ist zweiflutig mit drei weiteren Anzapfungen. Die Einströmung in den Mitteldruckteil wie auch sämtliche 5 Anzapfungen im Überdruckgebiet haben vom Schnellschluß betätigte Ventile, die ein Rückströmen des Dampfes von den Vorwärmern in die Turbine verhindern.

Vor dem Speisewasserbehälter liegen 4 Vorwärmstufen. Die in den Vorwärmern anfallenden Kondensate werden durch Ablaufregler gesteuert, die letzte Stufe erhält statt dessen eine Wasserschleife.

Der Entgaserdruck wird auf 2,38 ata, entsprechend 125° C, konstant gehalten. Der Entgaser wird nach Möglichkeit von der letzten Stufe des Mitteldruckteiles gespeist. Bei schwächerer Last, also bei geringerem Druck in dieser Stufe, wird die Versorgung des Entgasers von der nächsthöheren Stufe übernommen. Da wegen des konstanten Entgaserdruckes das Kondensat der untersten Hochdruckstufe bei schwächerer Last nicht in den Entgaser ablaufen kann, schaltet sich in diesem Falle eine Hilfspumpe ein. Das Zusatzspeisewasser wird vollentsalzt.

Die 3 Kesselspeisepumpen von je 210 t/h und einem Enddruck von 265 atü, von denen eine als Reserve dient und auf beide Kessel umschaltbar ist, werden durch zweipolige Elektromotoren mit einer Leistung von je 2400 kW angetrieben. Die Vorpumpen sind

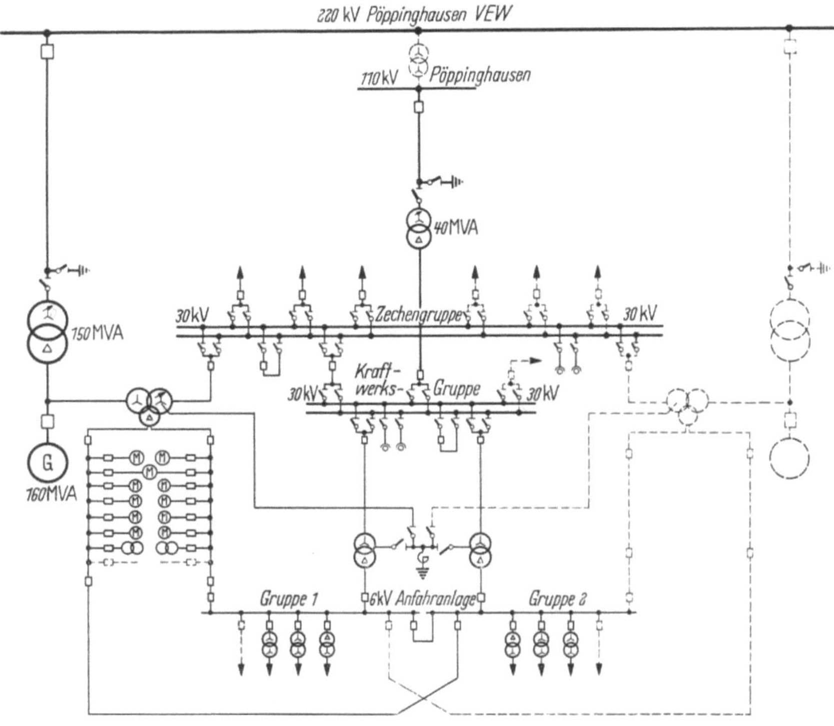

Elektrischer Übersichtsschaltplan

mit den Antriebsmotoren fest gekuppelt. Die Hauptpumpen mit einer Umdrehungszahl von max. 2905 U/min sind mittels Voith-Turbokupplungen im Verhältnis 3 : 1 regelbar.

Die im Klöckner-Kraftwerk aufzustellenden Stromerzeuger speisen über 220 kV-Freileitungen in das 4,5 km entfernte Umspannwerk Pöppinghausen ein. Außerdem werden die Zechen- und Nebenbetriebe der Klöckner-Bergbau Victor Ickern AG. über eine 30 kV-Anlage versorgt.

Im ersten Ausbau wird der Strom von einem wasserstoffgekühlten 160 MVA-Generator erzeugt. Der 220 kV-Leistungsschalter ist im Umspannwerk Pöppinghausen aufgestellt. Am kraftwerkseitigen Ende der Leitung ist lediglich ein Trennschalter mit Erdung eingebaut. Zur Deckung des Zechen- und Eigenbedarfs dient ein Dreiwicklungsumspanner, der an die Verbindung zwischen Generator und Blockumspanner angeschlossen ist. Dieser Umspanner besitzt eine regelbare 50 MVA-Wicklung zur Aufspannung auf 30 kV für die Versorgung des Zechenbedarfs sowie eine 13 MVA-Wicklung für den 6 kV-Eigenbedarf des Kraftwerks.

Zwischen Generator und Ableitung zum Dreiwicklungsumspanner ist ein 9000 A-Leistungsschalter vorgesehen, der bei Ausfall des Generators diesen abtrennt und die

Versorgung des Zechennetzes und der 6 kV-Anlagen ohne Umschaltung aus dem 220 kV-Netz ermöglicht.

Als zweite unabhängige Verbindung mit dem öffentlichen Netz ist ein 40 MVA-Umspanner vorhanden; das Übersetzungsverhältnis beträgt 110/30 kV. Die 30 kV-Seite ist an eine besondere Kraftwerksgruppe angeschlossen, die vor allem der Sicherstellung des Eigenbedarfs der Blocks dient. An diese Gruppe sind zwei 12,5 MVA-Umspanner angeschlossen, die die 6 kV-Anfahranlage versorgen. Diese Kraftwerksgruppe kann mit der erwähnten Zechengruppe zur Versorgung der Betriebe der Klöckner-Bergbau Victor Ickern AG. gekuppelt werden.

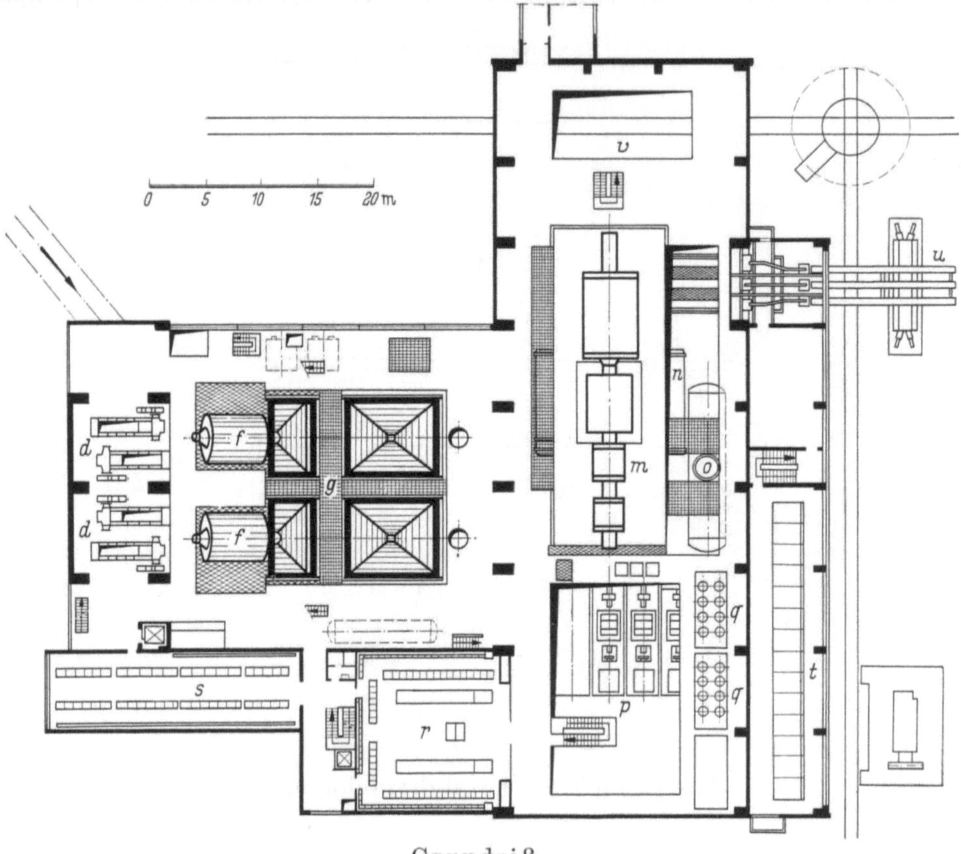

Grundriß

Die Eigenbedarfsversorgung ist entweder über das 220 kV- oder 110 kV-Netz sichergestellt. Wegen dieser Sicherung beim Anfahren konnte auf eine dampfangetriebene Speisepumpe verzichtet werden.

Der Bunkerbau befindet sich an der Außenseite des Kesselhauses. Die Elektrofilter liegen oberhalb des Kessels und leiten die Rauchgase zu dem Schornstein auf dem Bunkerbau. Durch die Anordnung der Filter oberhalb des Kessels erhält die Anlage den Charakter eines Hochbaues.

Die Turbine ist längsgestellt. Der Kondensator ist in zwei Hälften aufgeteilt. Hierdurch bleibt unmittelbar unter der Turbine noch Raum für die Unterbringung der Niederdruckvorwärmer. Infolge dieser Anordnung können die unter Unterdruck stehenden Anzapfleitungen kurz gehalten werden, wodurch die Betriebssicherheit der Anlage erhöht wird. Die 4 Hochdruckvorwärmer sind in je vier parallele Einheiten aufgeteilt, wobei je zwei einer Kesselhälfte zugeordnet sind. Speisewasserbehälter, Speisepumpen und Hochdruckvorwärmer befinden sich unmittelbar neben der Turbine in einer Gruppenanordnung.

Bei der Projektierung ist die Aufstellung eines zweiten Blocks bereits berücksichtigt. Die Warte wurde daher in die Mittelachse dieses Zweiblock-Kraftwerkes, zwischen die beiden Kesselhäuser, gelegt. Hinter der Warte befindet sich noch die Eigenbedarfsschaltanlage.

Die elektrische Verteilungsanlage für die Versorgung des Zechenbetriebes schließt sich an das Maschinenhaus an. Zwei Umspanner stehen im Freien.

Kessel- und Bunkerhaus wurden als Schwerbau ausgebildet.

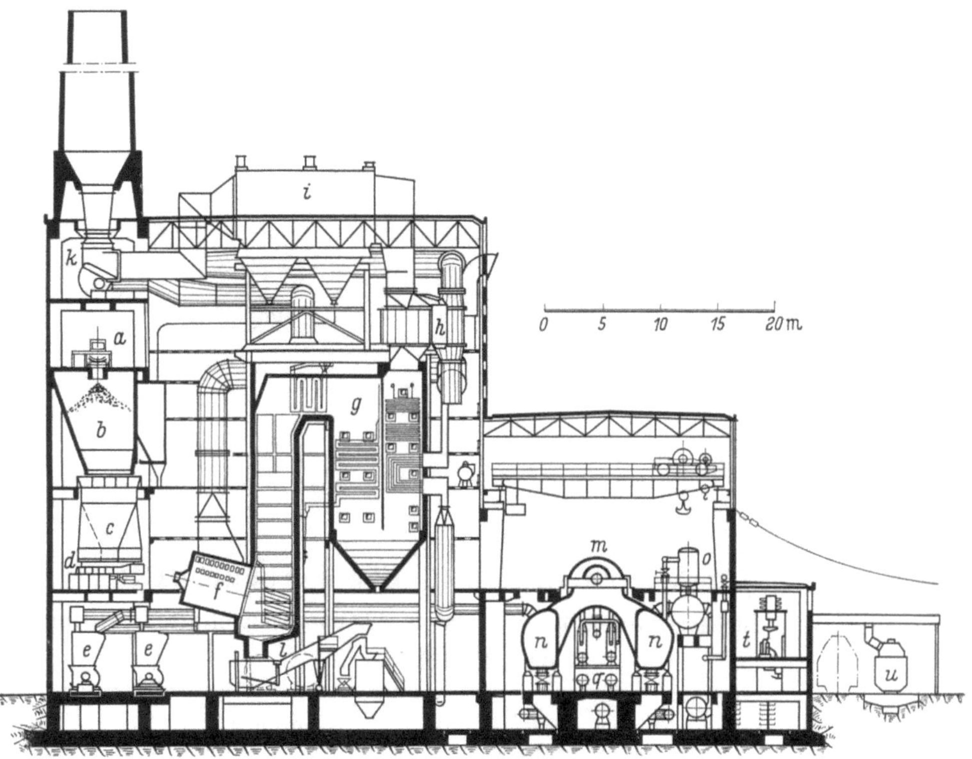

Querschnitt

Legende zum Grundriß und Querschnitt

a	Bekohlung	*m*	Turbogenerator
b	Bunker	*n*	Kondensatorhälften
c	Schurre	*o*	Speisewasserbehälter mit Entgaser
d	Kohlezuteiler	*p*	Kesselspeisepumpen
e	Kohlemühle	*q*	Vorwärmer
f	Zyklon	*r*	Schaltwarte
g	Kessel	*s*	Eigenbedarfsschaltanlage
h	Luftvorwärmer	*t*	30 kV-Schalthaus
i	Elektrofilter	*u*	Hauptumspanner
k	Saugzuggebläse	*v*	Montageöffnung
l	Naßentschlacker		

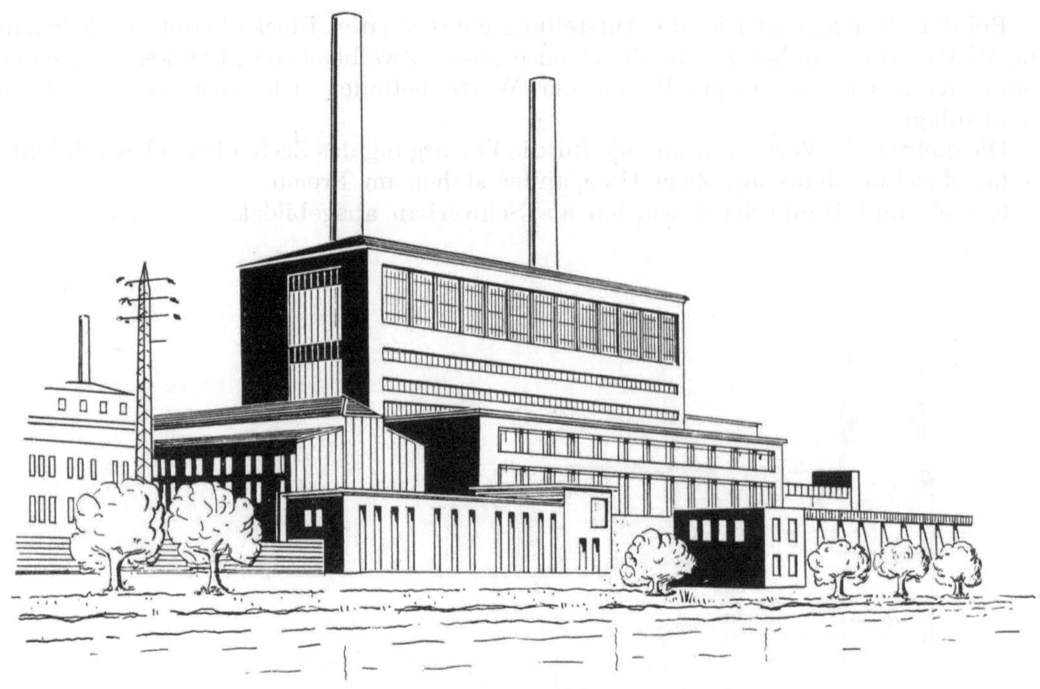

Schaubild

34 Kraftwerk Gersteinwerk (4. Erweiterung), BRD

(Vereinigte Elektrizitätswerke Westfalen Aktiengesellschaft, Dortmund)

Baujahr 1952/55

Kessel	Block B u. C
Anzahl	4
Leistung t/h	125
Art	Durchlauf
Genehmigungsdruck atü	207
Dampfzustand bei Austritt atü	188
Dampfzustand bei Austritt °C	525
Dampfzustand hinter ZWÜ atü	33
Dampfzustand hinter ZWÜ °C	495
Brennstoff:	
Art	Steinkohle
unterer Heizwert kcal/kg	7000
Feuerung	Schmelzkammer
Schlackenabzug	flüssig
Luftvorwärmung °C	—
Abgastemperatur °C	135
Wirkungsgrad %	—

Turbinen	Block B u. C	
Anzahl	2	2
Leistung MW	24,8	56,1
Leistung MVA	37,6	80,0
Art	HD	ND
Drehzahl U/min	3000	3000
Dampfdurchsatz t/h	—	—
Dampfzustand bei Eintritt atü	180	29,8
Dampfzustand bei Eintritt °C	520	490
bei Wiedereintritt atü	—	—
bei Wiedereintritt °C	—	—
Kühlwassertemperatur °C	—	15
Dampfzustand bei Austritt ata	35	0,037
Dampfzustand bei Austritt °C	265	—
Gehäusezahl	1	2
Abdampfstutzen (flutig)	1	2
Vorwärmstufen	1	4
Entgasungstemperatur °C	—	185
Speisewassertemperatur °C	—	235

Kennzahlen

Spez. Wärmeverbr. netto kcal/kWh	2346[1]
„ Flächenbedarf m²/kW	0,02
„ Raumbedarf m³/kW	0,71

Rauchgasentstaubung: mechanisch
Wasseraufbereitung: chemisch und Verdampfung
Bauweise: Beton, Stahlbeton
Vorgesehene Gesamtleistung: 500 MW

[1] November 1955

Das Gersteinwerk ist die größte Stromerzeugungsanlage der Vereinigten Elektrizitätswerke Westfalen Aktiengesellschaft (VEW). Es liegt im Mittelpunkt des Versorgungsgebietes der VEW am Nordostrand des Ruhrgebietes an der Lippe zwischen Hamm und

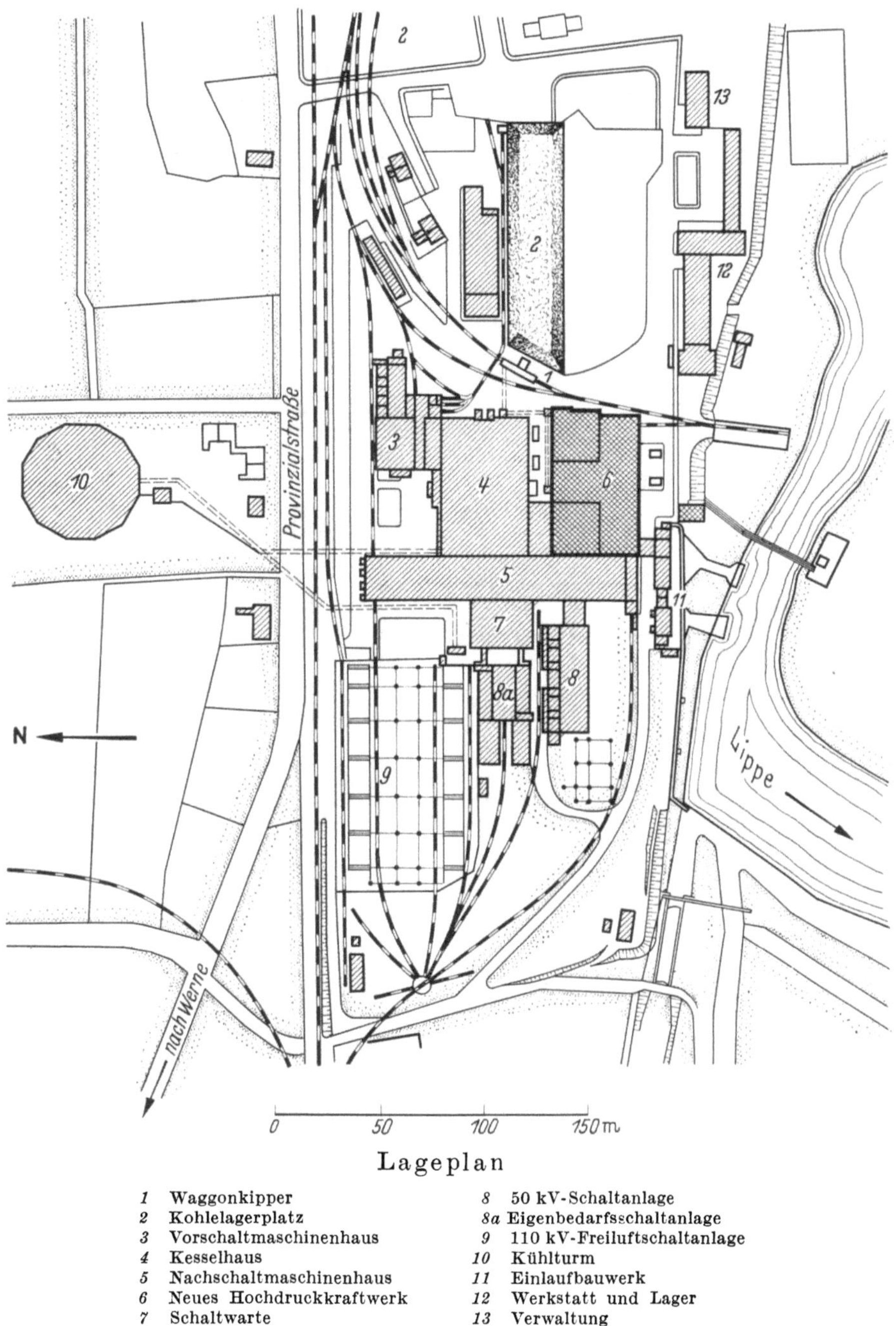

Lageplan

1 Waggonkipper
2 Kohlelagerplatz
3 Vorschaltmaschinenhaus
4 Kesselhaus
5 Nachschaltmaschinenhaus
6 Neues Hochdruckkraftwerk
7 Schaltwarte
8 50 kV-Schaltanlage
8a Eigenbedarfsschaltanlage
9 110 kV-Freiluftschaltanlage
10 Kühlturm
11 Einlaufbauwerk
12 Werkstatt und Lager
13 Verwaltung

Werne. Die erste Anlage wurde im Jahr 1914 erstellt. Das Kraftwerk wurde mehrfach erweitert. Die erste und zweite Erweiterung in den Jahren 1924 und 1927/28 bestimmten den Trenndruck der im Jahr 1939 erstellten Zweiwellenanlage mit einem Dampfzustand von 120 atü, 500° C und Zwischenüberhitzung auf 400° C bei 21 atü, bei der erstmalig in diesem Kraftwerk Bensonkessel aufgestellt wurden.

Auch bei der Erweiterung in den Jahren 1952/55 blieb man bei der Zweiwellenanordnung. Der Dampfzustand an der Turbine wurde zu 180 atü, 520 °C mit Zwischenüberhitzung auf 490 C° gewählt.

Diese vierte Erweiterung mußte auf der beschränkten Grundfläche des Kesselhauses der Erstanlage errichtet werden.

Die Kohle wird zum Teil auf dem Schienenweg von der rund 20 km entfernt liegenden Zeche Königsborn herangeschafft. Es wird aber noch Kohle anderer Herkunft verbrannt.

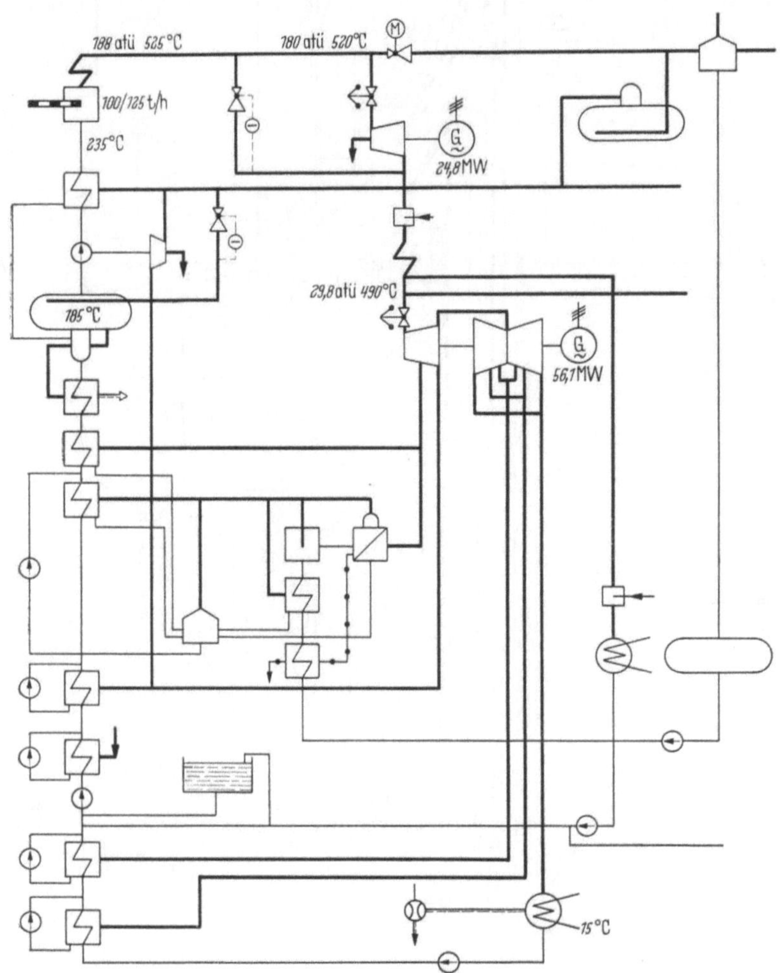

Wärmegrundschaltplan

Aufgestellt wurden bei der vierten Erweiterung 2 Blocks mit einer Leistung von je 80 MW. Jeder Block erhielt zwei Bensonkessel mit Eckenfeuerung und Schmelzkammer für eine Leistung von je 125 t/h. Das Wärmegefälle wird in zwei Stufen verarbeitet. Die Hochdruckturbine leistet 24,8 MW, die Niederdruckturbine 56,1 MW. Für die Zweiwellenanordnung waren im wesentlichen zwei Gründe maßgebend: man wollte bei Störungen an den Turbinen den vollen Ausfall der Maschinenleistung vermeiden und auch eine Mitteldruckverbindung mit den übrigen Anlagen herstellen. Vor- und Nachschaltmaschinen fahren im allgemeinen im reinen Blockbetrieb mit gleitendem Trenndruck, wodurch der thermodynamische Wirkungsgrad gegenüber der Einwellenanordnung keine Einbuße erfährt, da ja keine Drosselverluste auftreten. Im Notfall kann man unter Einbeziehung der früher erstellten Anlageteile mit Festdruck fahren. Hierbei beträgt der

Trenndruck bei Bestlast 21,5 atü. Der zwischenüberhitzte Dampf durchströmt eine Mischflasche, um eine Gewähr für eine gleiche Temperatur in den Nachschaltturbinen zu haben, auch wenn die Dampftemperaturen der beiden Kessel verschieden sind.

Die Nachschaltturbinen sind zweigehäusig mit 2 Abdampfstutzen und 4 Anzapfungen. In das Vorwärmsystem ist ein einstufiger Verdampfer einbezogen. Der Entgaser arbeitet mit Festdruck.

Die Kessel mußten mit Rücksicht auf die kleine zur Verfügung stehende Grundfläche als Turmkessel mit einer Höhe von 41 m ausgebildet werden. Die Luftvorwärmer hängen mit einem kurzen zweiten Zug über dem Bunkerschwerbau. Die Kessel sind in halber Höhe auf hochstegige Kastenträger abgestützt. Diese Art der Aufhängung ermöglicht eine freie Wärmeausdehnung des Kessels nach oben und unten. Durch den Fort-

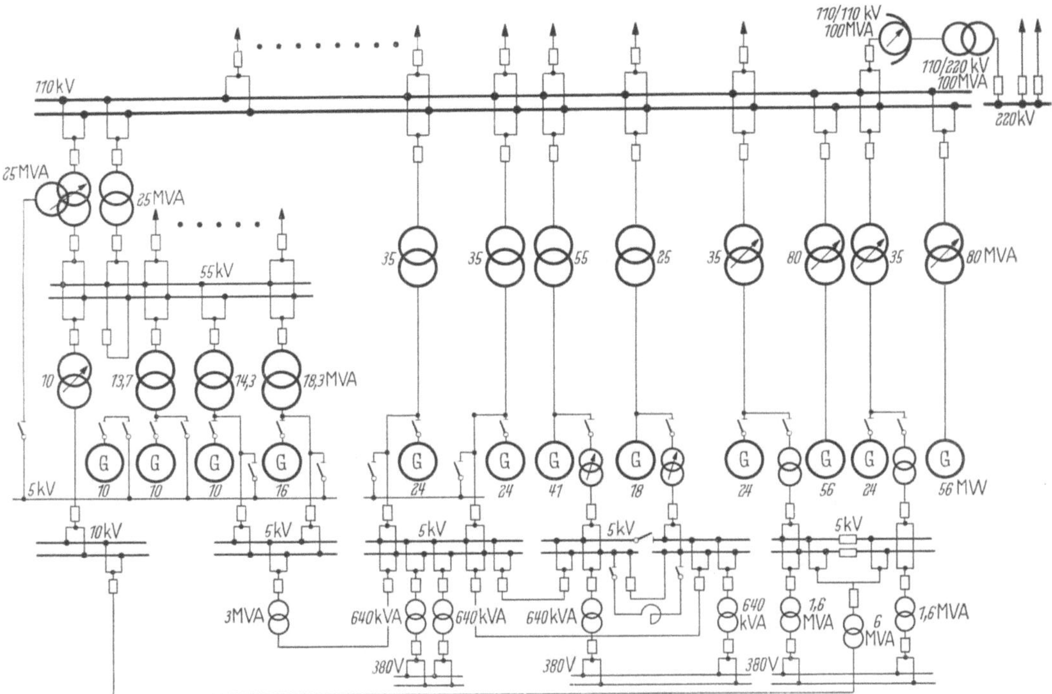

Elektrischer Übersichtsschaltplan

fall der Kesselstützen ergibt sich außerdem mehr Platz zur Unterbringung der Entaschungsanlage. Jedem Kessel sind 3 Schlägermühlen zugeordnet, von denen eine bei voller Kessellast in Reserve stehen kann. Die in den Zyklonentstaubern ausgeschiedene Flugasche wird den Mühlen wieder zugeführt. Die Vorschaltturbinen sind Radial-Topfturbinen, die Nachschaltturbinen haben axiale Bauart.

Die Generatoren der Vorschalt- und Nachschaltturbinen sind über Regelumspanner auf die 110 kV-Doppelsammelschienen geschaltet. Der Eigenbedarf (5 kV) wird unmittelbar an den Klemmen der Vorschaltgeneratoren über Umspanner abgezweigt. Daneben bestehen noch Verbindungen mit den Eigenbedarfssammelschienen der älteren Anlagen.

Die Einordnung in den durch die Verhältnisse vorgeschriebenen Raum führte dazu, die Speisepumpen zwischen den beiden Kesseln jedes Blocks aufzustellen. Die Vorschalt- und Nachschaltturbinen stehen in der Längsachse des Maschinenhauses. Die geringere Länge der Vorschaltturbinen ermöglichte die Unterbringung der Vorwärmer zwischen diesen. Die Kesselleitstände sind im Bunkerbau zwischen den Mühlen jedes Blocks untergebracht.

Der Bunkerbau wurde als Schwerbau aus Beton erstellt. Dieser trägt die beiden 80 m hohen Schornsteine. Auch die erwähnten Kesselträger sind auf der einen Seite auf den Schwerbau abgestützt. Im übrigen ist die Erweiterung in Stahlbeton ausgeführt.

Inzwischen ist ein weiterer Ausbau des Kraftwerks mit zwei Turbosätzen in Auftrag gegeben. Es handelt sich, den heutigen Voraussetzungen entsprechend, um 2 Blocks mit je einem Einwellenturbosatz von 107 MW und je einen Bensonkessel. Diese 5. Erweiterung ist im Anhang (Nr. 28, S. 618) beschrieben.

Schrifttum

HAKE, B.: Elektrizitätswirtsch. Bd. 55 (1956) S. 787/92.
STICKEL, C.: Energiewirtschaftliche Tagesfragen Bd. 6, Heft 53, S. 207/13.

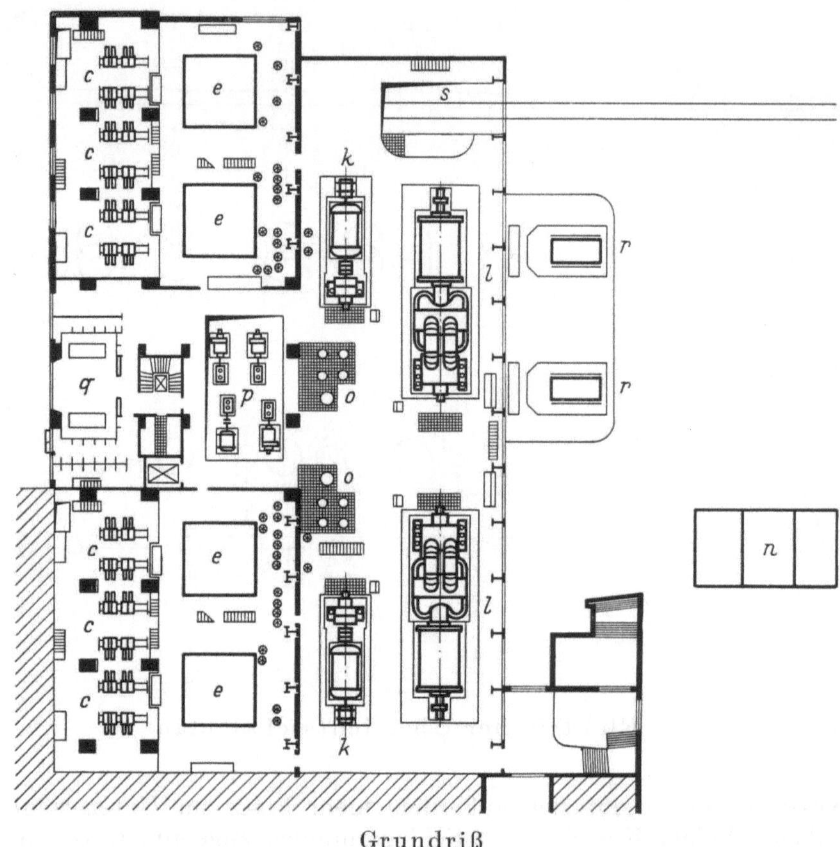

Grundriß

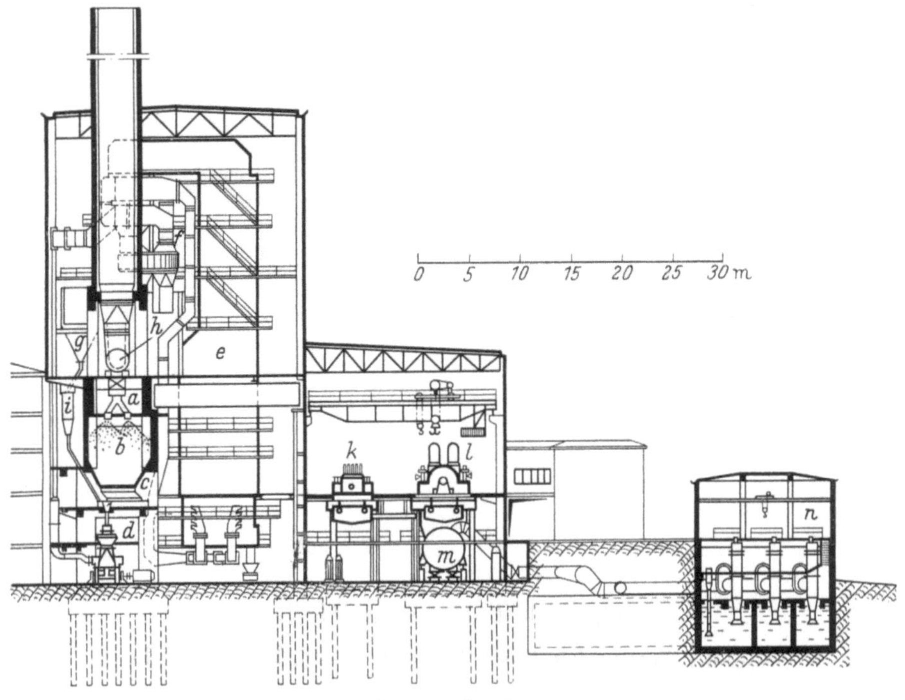

Querschnitt

Legende zum Grundriß und Querschnitt

a	Bekohlung	*k*	Vorschaltturbosatz
b	Bunker	*l*	Nachschaltturbosatz
c	Kohlezuteiler	*m*	Kondensator
d	Kohlemühle	*n*	Kühlwasserpumpenhaus
e	Kessel	*o*	Vorwärmer
f	Luftvorwärmer	*p*	Kesselspeisepumpen
g	Rauchgasfilter	*q*	Wärmewarte
h	Saugzuggebläse	*r*	Hauptumspanner
i	Flugaschebunker	*s*	Montageöffnung

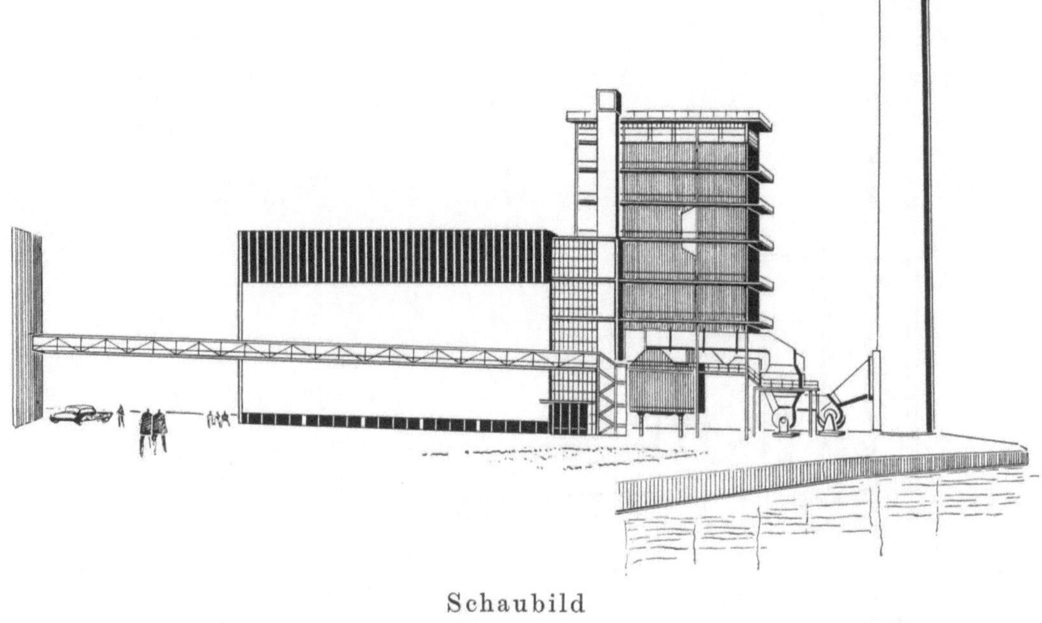

Schaubild

36

Kraftwerk Tavazzano II, Italien

(Società Termo-Elettrica Italiana [S. T. E. I.], Mailand)

Baujahr 1957/59

Kessel	
Anzahl	1
Leistung ... t/h	430
Art	Durchlauf
Genehmigungsdruck ... atü	210
Dampfzustand bei Austritt atü	179
Dampfzustand bei Austritt °C	535
Dampfzustand hinter ZWÜ atü	39,15
Dampfzustand hinter ZWÜ °C	535
Brennstoff:	
Art	Methan, Naphtha
unterer Heizwert ... kcal/kg	—
Feuerung	Ecken
Schlackenabzug	—
Luftvorwärmung ... °C	—
Abgastemperatur ... °C	—
Wirkungsgrad ... %	93,5[1], 91,5[2]

Rauchgasentstaubung: —
Wasseraufbereitung: Vollentsalzung
Bauweise: Beton
Vorgesehene Gesamtleistung: — MW

[1] Methan
[2] Naphtha

Turbinen	
Anzahl	1
Leistung ... MW	140
Leistung ... MVA	165
Art	K
Drehzahl ... U/min	3000
Dampfdurchsatz ... t/h	420,4
Dampfzustand bei Eintritt atü	179
Dampfzustand bei Eintritt °C	530
bei Wiedereintritt atü	39,15
bei Wiedereintritt °C	530
Kühlwassertemperatur ... °C	12
Dampfzustand bei Austritt ata	0,032
Dampfzustand bei Austritt °C	—
Gehäusezahl	3
Abdampfstutzen (flutig)	3
Vorwärmstufen	8
Entgasungstemperatur ... °C	150
Speisewassertemperatur ... °C	250
Kennzahlen	
Spez. Wärmeverbr. netto kcal/kWh	2200[1]; 2250[2]
„ Flächenbedarf ... m^2/kW	0,023
„ Raumbedarf ... m^3/kW	0,67

Nach der wirtschaftlichen Bewährung und dem erfolgreichen Betrieb des Kraftwerkes Tavazzano I (Nr. 149, S. 402) mit 2 Blocks mit je 62,5 MW Leistung bestellte die STEI im Jahr 1957 den ersten 140 MW-Block des Kraftwerkes Tavazzano II für einen Dampf-

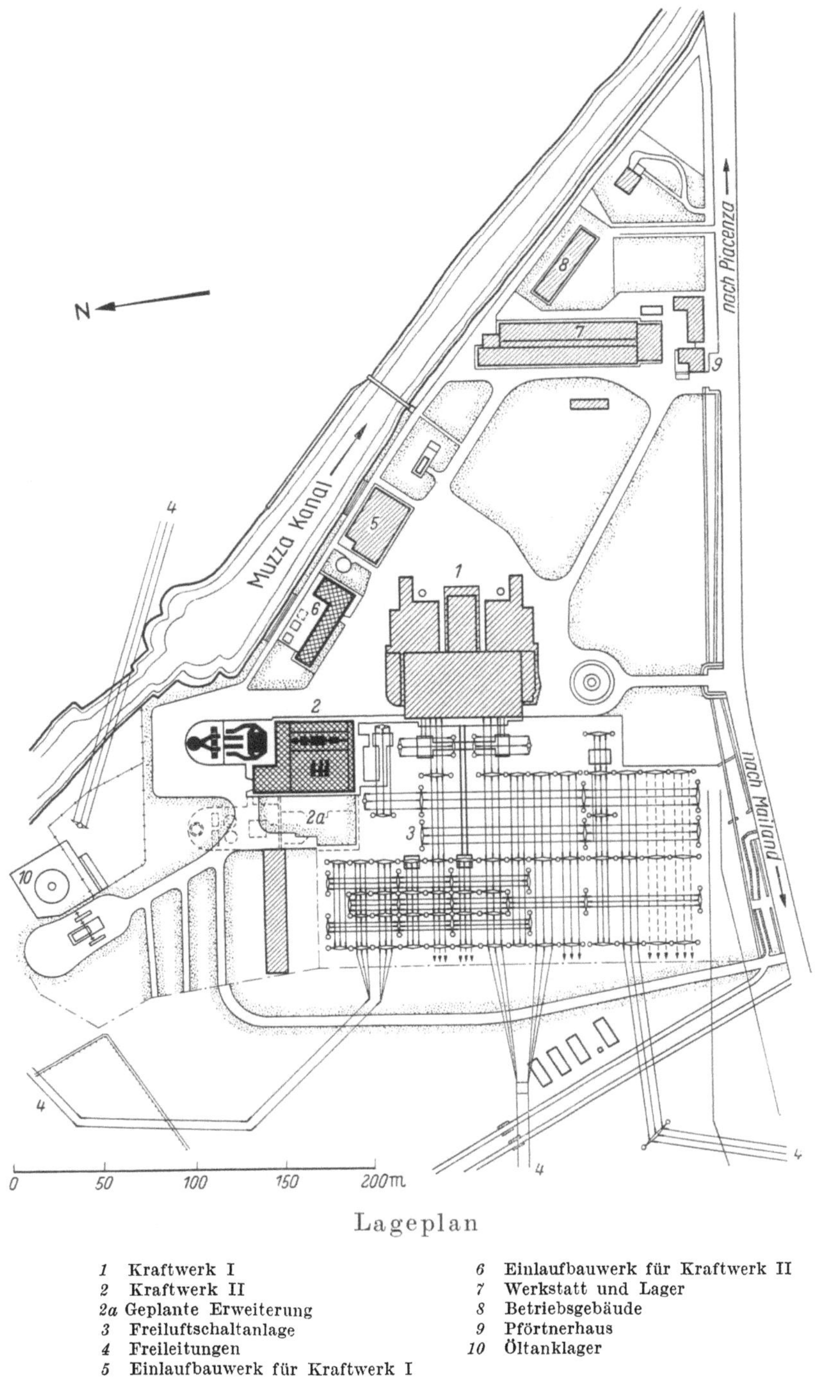

Lageplan

1 Kraftwerk I
2 Kraftwerk II
2a Geplante Erweiterung
3 Freiluftschaltanlage
4 Freileitungen
5 Einlaufbauwerk für Kraftwerk I
6 Einlaufbauwerk für Kraftwerk II
7 Werkstatt und Lager
8 Betriebsgebäude
9 Pförtnerhaus
10 Öltanklager

zustand von 179 atü, 530° C mit Zwischenüberhitzung auf die gleiche Temperatur. Der Kessel leistet 430 t/h. Der Block, der Mitte 1959 in Betrieb gehen wird, soll in erster Linie der Erzeugung der Grundlast dienen. Der innere und äußere Aufbau des Blocks ist eine folgerichtige Weiterentwicklung der Gedanken, die bei Tavazzano I maßgebend waren. Das neue Kraftwerk wurde in unmittelbarer Nähe des ersten Kraftwerks neben der Freiluftschaltanlage errichtet. Als Brennstoff kommt wiederum Naturgas (Methan) und Naphtha (Bunkeröl C) in Frage. Das Kühlwasser wird ebenfalls dem Muzza-Kanal entnommen. Hierfür dient ein neues Einlaufbauwerk neben dem vorhandenen. Der Wasserspiegel kann so eingestellt werden, daß ein Abreißen des Kühlwasserkreislaufes verhindert wird.

Die Turbine ist dreigehäusig mit 3 Abdampfstutzen ausgeführt. Sie hat 8 Anzapfungen zur Speisewasseraufwärmung auf 250° C. Der Dampf wird zwischen dem ersten und zweiten Gehäuse zwischenüberhitzt. Hinter dem Hauptentgaser und den Speisepumpen

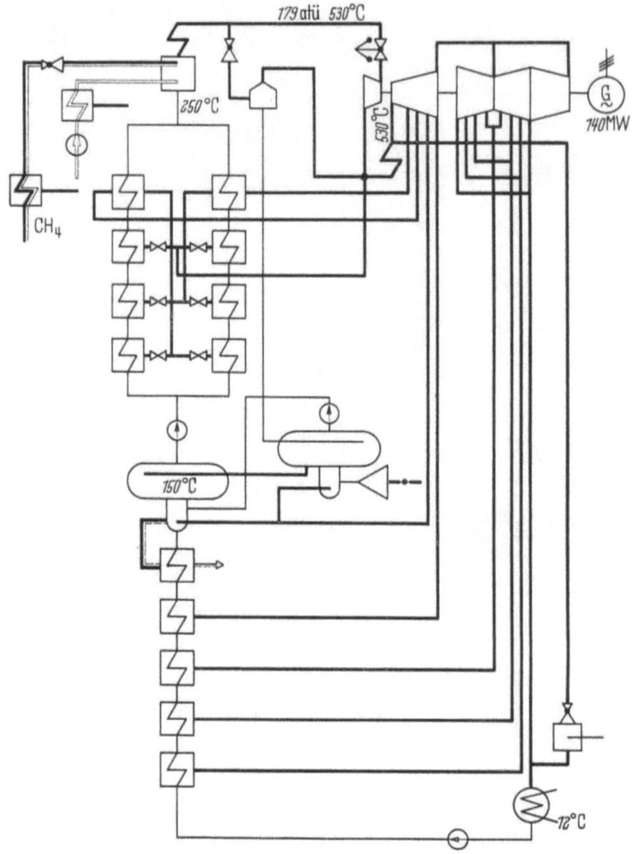

Wärmegrundschaltplan

liegen 3 Hochdruckvorwärmer, die in zwei parallele Stränge aufgeteilt sind. Die Vorwärmer der zweiten und dritten Stufe haben vorgeschaltete Enthitzungsstufen. Das vollentsalzte Zusatzwasser durchläuft vor seinem Eintritt in den Hauptentgaser einen Entgaser, der gleichzeitig beim Anfahren des Blocks als Anfahrbehälter verwendet wird. Ein Dampfumformer, welcher von der ersten Anzapfung oder von reduziertem Frischdampf gespeist wird, erzeugt Sattdampf mit einem Druck von 12 atü. Er dient zur Aufwärmung des Naphtha. Jede der drei elektrisch angetriebenen Speisepumpen kann 250 t/h fördern. Die Vorpumpe wird unter Zwischenschaltung eines Untersetzungsgetriebes von dem gleichen Elektromotor angetrieben, mit dem auch die Hauptpumpe unter Zwischenschaltung eines Übersetzungsgetriebes und einer hydraulischen Voith-Regelkupplung verbunden ist.

Der Durchlaufkessel, Bauart Sulzer, hat 2 Rauchgaszüge und ist mit Eckenfeuerung ausgestattet. Für den Betrieb wird das Naphtha 16 Brennern, das Methan 32 Brennern zugeführt. Diese Brenner können um 60° zur Regelung der Dampftemperatur geschwenkt werden. Außerdem werden 16 Hilfsbrenner mit elektrischer Zündung über eine besondere Methanleitung dauernd in Betrieb gehalten, damit auf jeden Fall nach kurzzeitigem Ausfall der Versorgung der Hauptbrenner mit Methan oder Naphtha die Ansammlung eines unverbrannten Gasgemisches im Feuerraum und damit Verpuffungen beim Wiederzünden vermieden werden.

Der Hochdruckteil der Turbine mit axialem Dampffluß hat ein Topfgehäuse mit senkrechtem Flansch, der im Bereich der niedrigsten Temperaturen liegt. Der Kondensator ist in zwei Hälften mit nierenförmigen Querschnitten aufgeteilt. Bei Ausfall der einen Hälfte kann der Turbosatz noch mit 60% der Höchstlast gefahren werden.

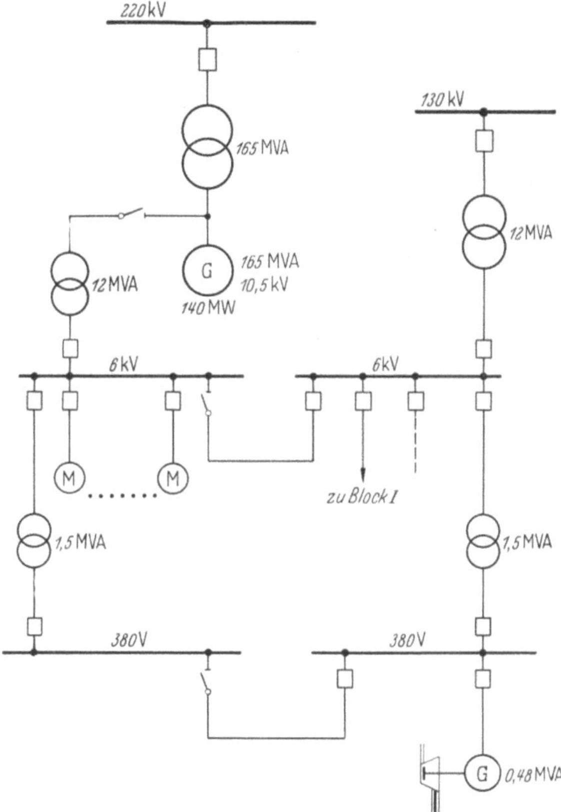

Elektrischer Übersichtsschaltplan

Der bei einem Wasserstoffdruck von 2 atü mit 165 MVA belastbare Generator ist über einen Umspanner gleicher Leistung an eine 220 kV-Sammelschiene angeschlossen. Der Eigenbedarf (6 kV) ist über einen 12 MVA-Umspanner unmittelbar hinter den Generatorklemmen abgezweigt. Beim Anfahren und bei Störungen kann der Eigenbedarf von einem 130 kV-Fremdnetz über einen Umspanner von gleichfalls 12 MVA versorgt werden.

Das Kesselhaus wurde in Freiluftbauweise erstellt. Hierdurch wird unter anderem die Explosionsgefährdung beim Betrieb mit Methan vermindert. Die Verbrennungsluft, die in zwei im Freien stehenden Ljungström-Vorwärmern aufgeheizt wird, kann der Außenluft oder dem Maschinenhaus entnommen werden. Die beiden Saugzuggebläse stehen gleichfalls im Freien. Der Turbosatz ist quergestellt. Die Niederdruckvorwärmer stehen unter der Turbine zwischen den beiden Kondensatorhälften. Unmittelbar neben den Turbosätzen sind die Speisepumpen und die Hochdruckvorwärmer untergebracht. Die Gemeinschaftswarte liegt neben dem Kesselhaus, so daß sie bei der Erstellung des zweiten Blocks eine zentrale Lage in dem dann spiegelbildlich aufgebauten Zweiblock-Kraftwerk erhält.

Das Gebäude wurde in Beton erstellt; es mußte auf Pfählen gegründet werden.

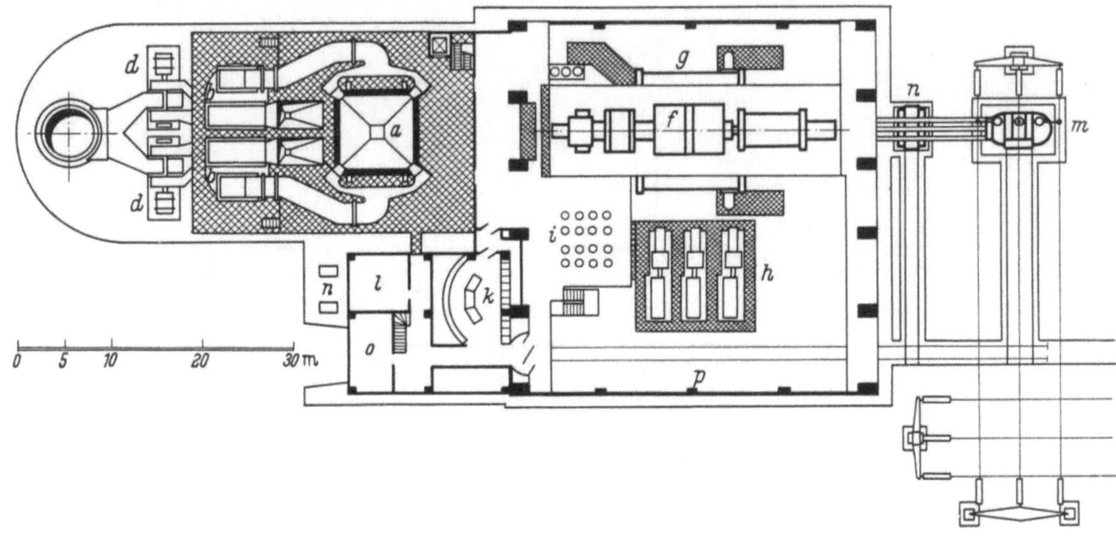

Grundriß

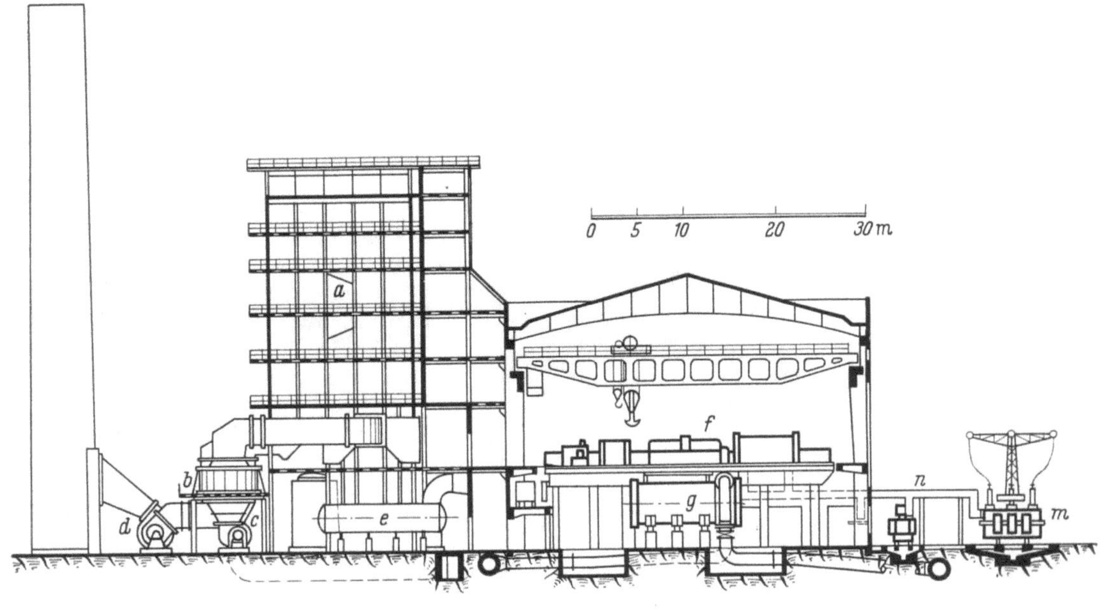

Querschnitt

Legende zum Grundriß und Querschnitt

a Kessel
b Ljungström-Luftvorwärmer
c Frischluftgebläse
d Saugzuggebläse
e Anfahrbehälter
f Turbogenerator
g Kondensator
h Kesselspeisepumpen
i Vorwärmeranlage
k Blockwarte
l Büro des Schichtingenieurs
m Hauptumspanner
n Eigenbedarfumspanner
o Nebenraum
p Montageöffnung

Schaubild

40

Kraftwerk Weisweiler, BRD

(Rheinisch-Westfälisches Elektrizitätswerk AG., Essen)

Baujahr 1953/54

Kessel		Block I und II	Block III
Anzahl		4	2
Leistung	t/h	200	300
Art		Naturumlauf	Durchlauf
Genehmigungsdruck	atü	136	127
Dampfzustand bei Austritt	atü	115	115
	°C	530	530
Dampfzustand hinter ZWÜ	atü	—	—
	°C	—	—
Brennstoff:			
Art		Braunkohle	
unterer Heizwert	kcal/kg	1400—1550	
Feuerung		Brenner	Brenner
Schlackenabzug		trocken	trocken
Luftvorwärmung	°C	—	—
Abgastemperatur	°C	175	—
Wirkungsgrad	%	83,5	84

Turbinen		Block I und II	Block III
Anzahl		2	1
Leistung	MW	100	150
Leistung	MVA	143	188
Art		K	K
Drehzahl	U/min	3000	3000
Dampfdurchsatz	t/h	—	—
Dampfzustand bei Eintritt	atü	110	110
	°C	525	525
bei Wiedereintritt	atü	—	—
	°C	—	—
Kühlwassertemperatur	°C	21	21
Dampfzustand bei Austritt	ata	0,055	0,055
	°C	—	—
Gehäusezahl		3	3
Abdampfstutzen (flutig)		3	3
Vorwärmstufen		5	6
Entgasungstemperatur	°C	140	140
Speisewassertemperatur	°C	200	215

Rauchgasentstaubung: elektrisch
Wasseraufbereitung: Vollentsalzung
Bauweise: Beton
Vorgesehene Gesamtleistung: — MW

Kennzahlen

Spez. Wärmeverbr. netto kcal/kWh	2745
„ Flächenbedarf ..... m^2/kW	0,026
„ Raumbedarf ...... m^3/kW	0,97

Das Kraftwerk Weisweiler der Rheinisch-Westfälischen Elektrizitätswerk AG. wurde in den Jahren 1953/54 errichtet. In ihm gelangte erstmalig in Europa ein Einwellensatz mit einer Leistung von 150 MW zur Aufstellung. Daneben wurden noch zwei 100 MW-Blocks erstellt. Jeder der 3 Blocks erhielt 2 Kesseleinheiten. Der Dampfzustand

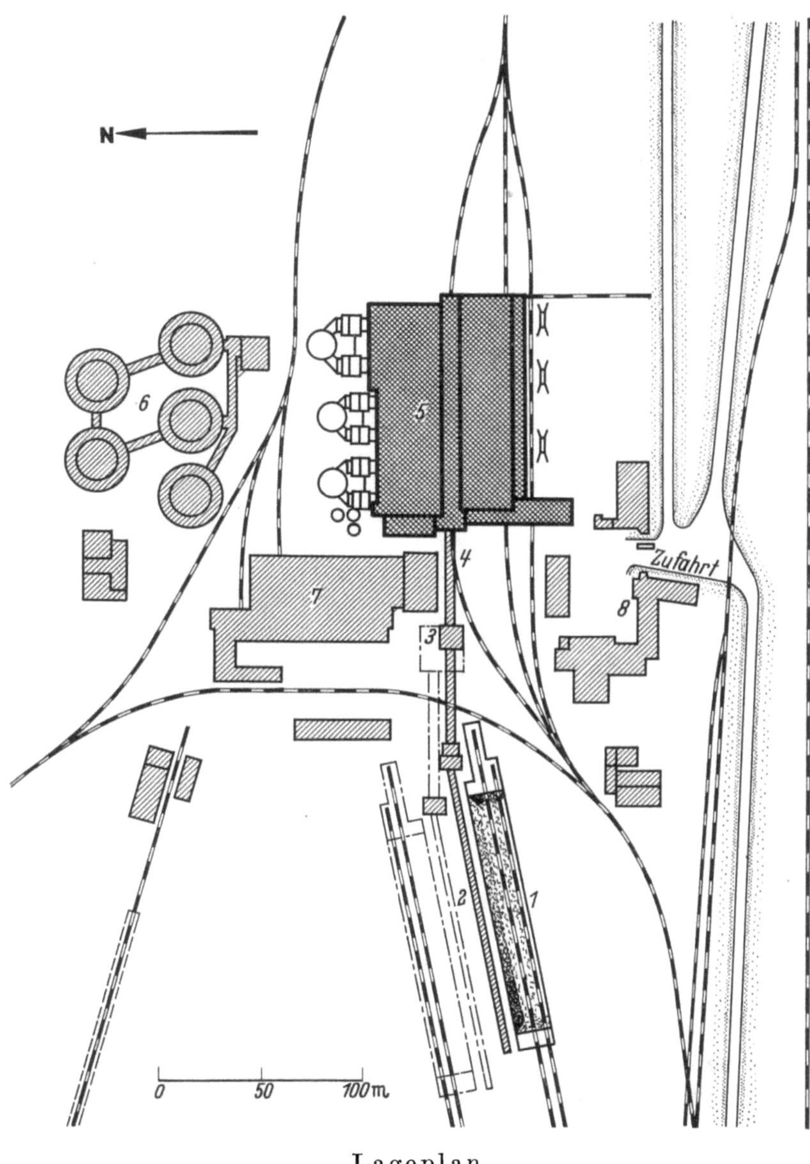

Lageplan

1 Grabenbunker-Kohlenlager
2 Förderbänder
3 Brecheranlage
4 Schrägbandbrücke
5 Kraftwerk
6 Kühltürme
7 Werkstatt und Lager
8 Verwaltungs- und Betriebsgebäude

beträgt 110 atü, 525° C an der Turbine, Zwischenüberhitzung ist nicht vorhanden. Ein weiterer 157 MW-Block wurde in Auftrag gegeben, jedoch für einen Dampfzustand von 171 atü, 525° C mit Zwischenüberhitzung auf die gleiche Temperatur und 7 Anzapfstufen.

Die auf Bahnwagen ankommende Braunkohle wird zunächst in Grabenbunkern gelagert und über Schrägbänder mit zwischengeschalteten Brechern den Kesselbunkern zugeführt. Der Zusatzwasserbedarf für den Wasserdampf- und Kühlwasserkreislauf wird der Rur über eine rund 10 km lange Rohrleitung entnommen.

Die Turbinen sind dreigehäusig mit 3 Abdampfstutzen. Die 100 MW-Sätze haben 5 Anzapfungen; die 150 MW-Sätze sind mit 6 Anzapfungen ausgestattet. Durch die Aufstellung von Ventilatorkühltürmen kann entsprechend einer Kühlwassertemperatur von 21 ° C ein Kondensatordruck von 0,055 ata erreicht werden. Bei dem 150 MW-Block ist der Speisewasserstrom zu den beiden Kesseln bereits hinter dem Warmwasserspeicher aufgeteilt, da bei den beiden zum Block gehörenden Bensonkesseln die Drehzahlverstellung

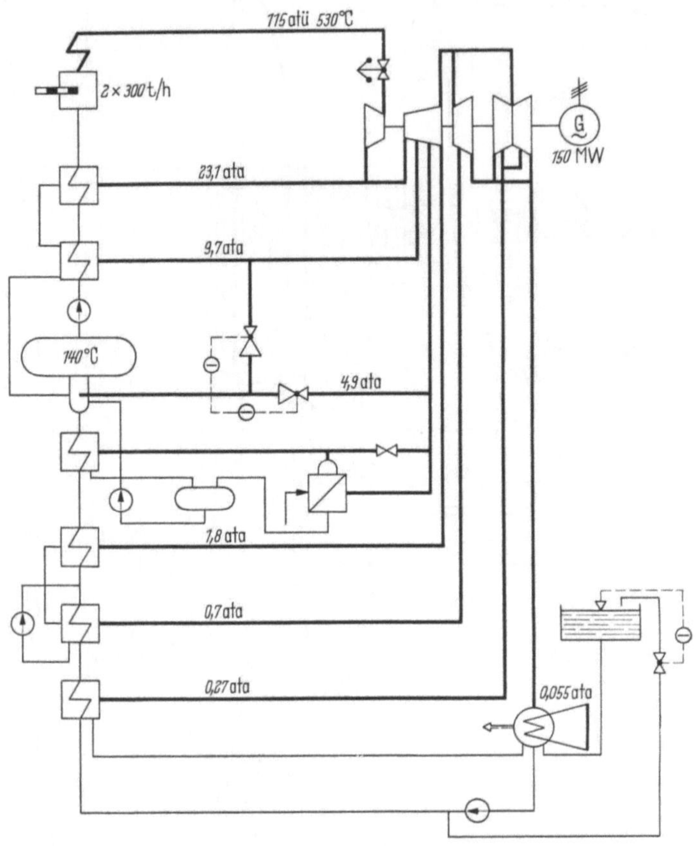

Wärmegrundschaltplan des 150 MW-Blocks

der Speisepumpen bereits in die Kesselregelung einbezogen ist. Zur Sicherung des Speisewasserbedarfes bei plötzlich auftretenden größeren Verlusten dienen Kaltkondensatspeicher, die an die Hotwells der Kondensatoren angeschlossen sind. Sie werden automatisch über den Wasserstand der Warmwasserspeicher oder von Hand eingesetzt.

Die 4 Kessel der beiden 100 MW-Blocks sind Naturumlaufkessel, des 150 MW-Blocks Durchlaufkessel, wobei je ein Sulzer- und Benson-Kessel aufgestellt wurden. Alle Kessel sind mit Braunkohle-Mühlenfeuerungen versehen, wobei in den Mühlen gleichzeitig die Trocknung der Kohle durch aus dem oberen Teil des Feuerungsraumes rückgesaugte Gase erfolgt.

Die Aufteilung der Stufengruppen der Turbinen auf die 3 Gehäuse ist bei allen 3 Sätzen die gleiche: das mittlere Gehäuse enthält nicht nur den Mitteldruckteil, sondern auch bereits einen der 3 Niederdruckteile. Bei dem 188 MVA-Generator des 150 MW-Blocks ist der Wasserstoffkühler mit Rücksicht auf das Bahnprofil in die Generatorstirnverschalung senkrecht eingebaut. Der Induktor ist mit direkter Kühlung des Kupfers innerhalb der Nuten ausgestattet.

Jeder der 3 Generatoren ist über einen Regelumspanner (Bereich ±11 v. H.) mit je einem 10,5/220 kV-Hauptumspanner (150 bzw. 200 MVA) verbunden. Der größere Umspanner hat zwei getrennte voneinander isolierte Unterspannungswicklungen. Die Leistungsschalter befinden sich in den 220 kV-Schaltstationen. Generator- und Umspannerschutz werden mit Schwachstrom über Telephonkabel ausgelöst. Der Eigenbedarf jedes Blockes ist in üblicher Weise unmittelbar hinter den Generatorklemmen abgezweigt. Bei einer Störung wird der Eigenbedarf automatisch auf das Kraftwerk der Biag-Zukunft umgeschaltet.

Nachdem die Rauchgase jedes Kessels den im Freien aufgestellten Elektrofilter durchlaufen haben, werden sie dem je 2 Blocks gemeinsamen Schornstein zugeführt. Die

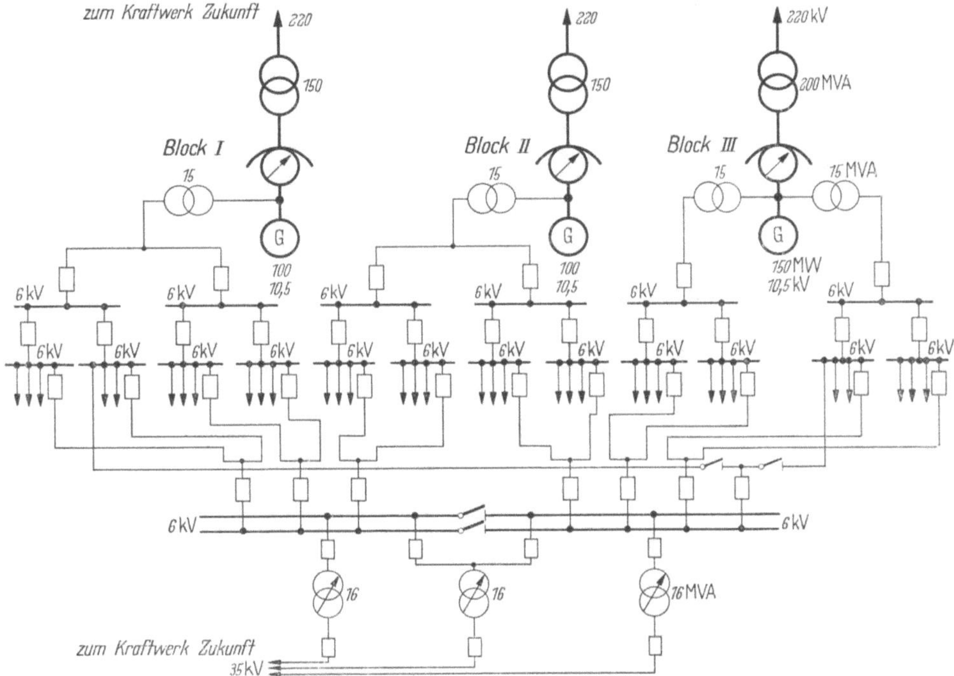

Elektrischer Übersichtsschaltplan

Speisepumpen stehen neben den längsgestellten Turbinen. Auf gleicher Höhe befinden sich auch die unterhalb der Bunker liegenden Eigenbedarfsschaltanlagen sowie die zentrale Warte. Das aus Stahlbeton als Schwerbau erstellte Bunkerhaus, das in seinem oberen Teil auch die Speisewasserbehälter nebst Entgasern trägt, liegt zwischen Kessel- und Maschinenhaus. Man hat davon abgesehen, eine besondere Tragkonstruktion für das Kesselhaus selbst zu erstellen. Das Kesselgerüst trägt vielmehr gleichzeitig das Dach des Kesselhauses. Hierdurch war es auch möglich, die Außenwand des Kesselhauses lediglich mit einer leichten, aus gewellten Asbest-Zementplatten bestehende Bekleidung zu versehen. Das Dach des Maschinenhauses, das von Spannbetonbindern getragen wird, konnte auf der einen Seite auf dem Bunkerschwerbau abgestützt werden. Nur die Außenlängswand des Maschinenhauses mußte Stützenreihe erhalten. Der Maschinenhauskran ist für eine Last von nur 80 t bemessen; für die Generatorständer ist eine besondere hydraulische Hebevorrichtung (Tragkraft 250 t) vorhanden.

Schrifttum

KRETSCHMANN, W.: Braunkohle, Wärme, Energie (1953) S. 395/418.
KRETSCHMANN, W.: Elektrizitätswirtsch. Bd. 54 (1955) S. 342/50.
Energie Bd. 7 (1955) S. 224/25.

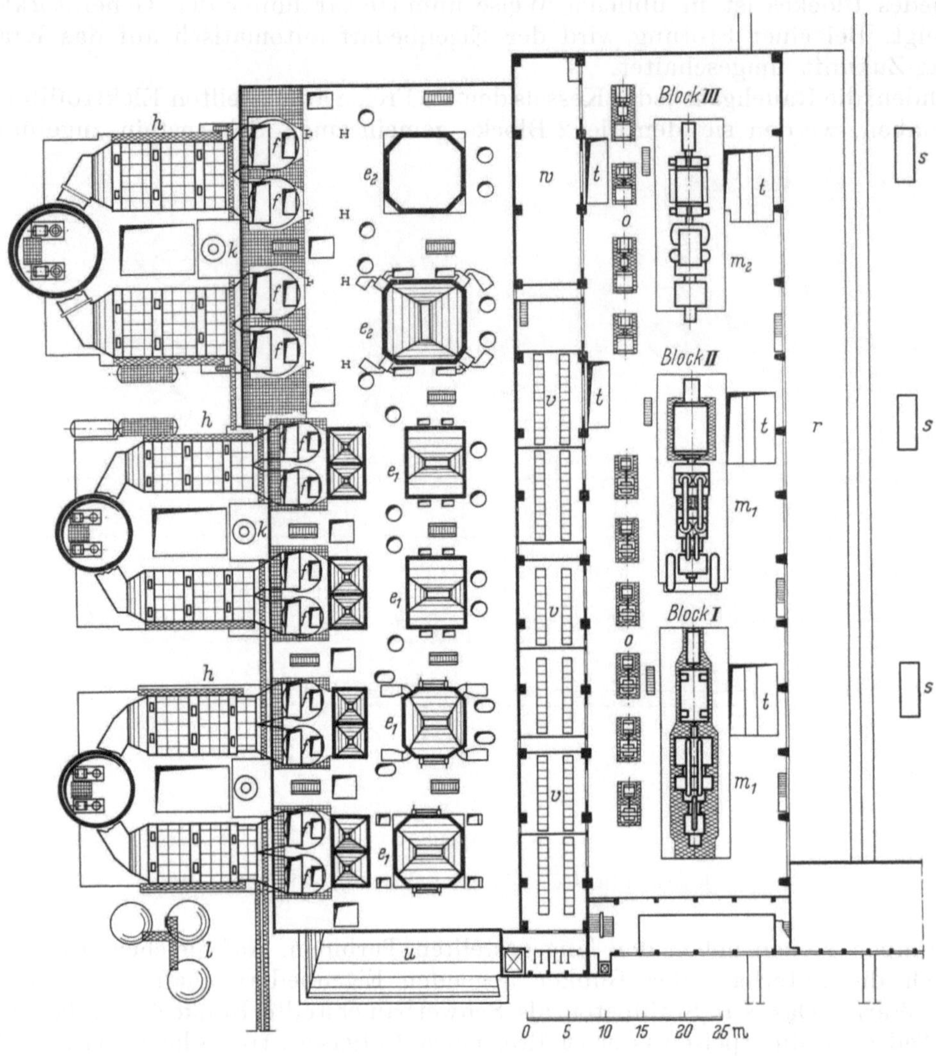
Block III
Block II
Block I
h
k
f
H
e_2
e_1
w
t
o
m_2
m_1
v
r
s
l
u
0 5 10 15 20 25 m

Grundriß

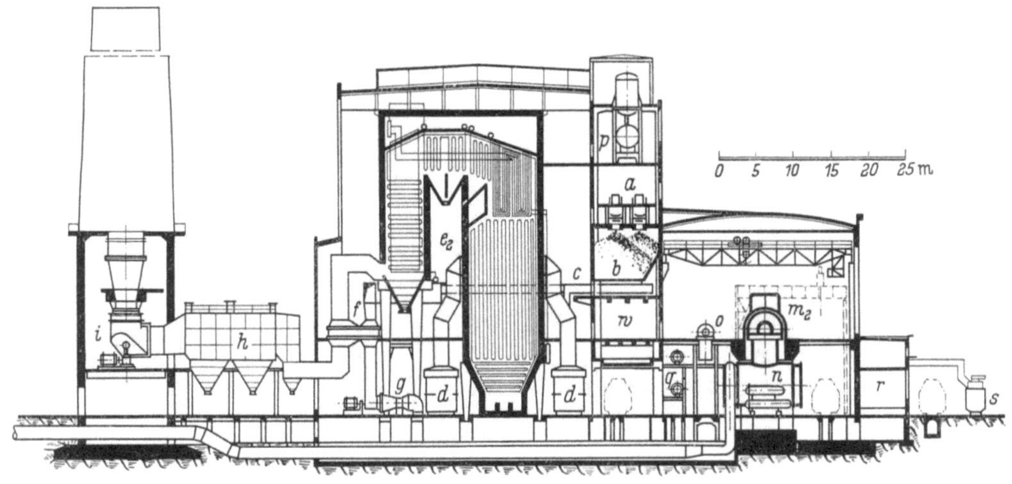

Querschnitt

Legende zum Grundriß und Querschnitt

a	Bekohlung	m_1	Turbogenerator 100 MW
b	Bunker	m_2	Turbogenerator 150 MW
c	Kohlenzuteiler	*n*	Kondensator
d	Kohlenmühle	*o*	Kesselspeisepumpen
e_1	Kessel 200 t/h	*p*	Speisewasserbehälter mit Entgaser
e_2	Kessel 300 t/h	*q*	Vorwärmer
f	Luftvorwärmer	*r*	Umspannerhaus
g	Frischluftgebläse	*s*	Hauptumspanner
h	Elektrofilter	*t*	Montageöffnung
i	Saugzuggebläse	*u*	Wasseraufbereitungsanlage
k	Kohlenstaubbehälter	*v*	Eigenbedarfsschaltanlage
l	Kondensatbehälter	*w*	Schaltwarte

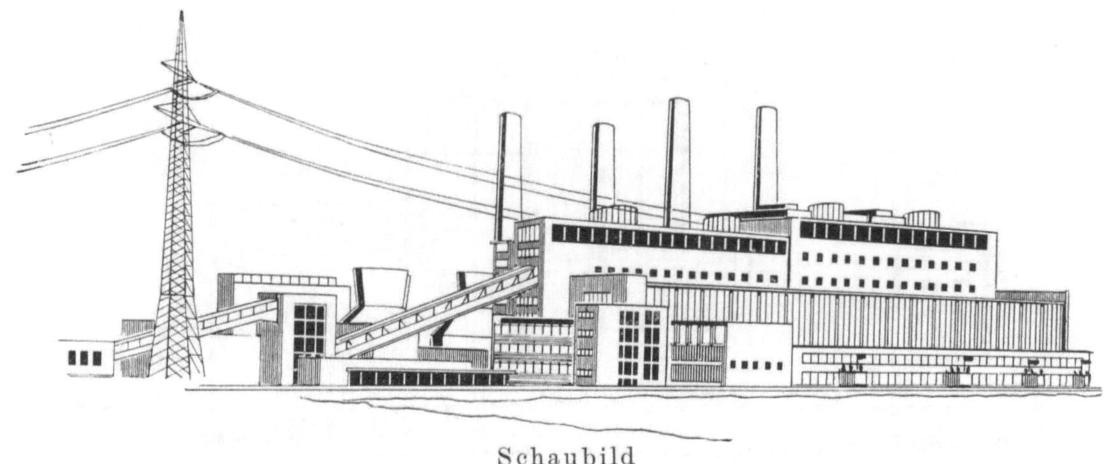

Schaubild

41 **Kraftwerk Frimmersdorf II, BRD**

(Rheinisch-Westfälisches Elektrizitätswerk AG., Essen)

Baujahr 1952/54, 1954/57, 1957/61

Kessel	Block 1 und 2	Block 3 und 4
Anzahl	4	2
Leistung t/h	200	455
Art	Durchlauf	
Genehmigungsdruck atü	136	205
Dampfzustand bei Austritt atü	115	180
Dampfzustand bei Austritt °C	530	530
Dampfzustand hinter ZWÜ atü	—	37,8
Dampfzustand hinter ZWÜ °C	—	530
Brennstoff:		
Art	Braunkohle	
unterer Heizwert kcal/kg	1400—1550	
Feuerung	Brenner	Brenner
Schlackenabzug	trocken	trocken
Luftvorwärmung °C	—	—
Abgastemperatur °C	—	—
Wirkungsgrad %	83.5	—

Rauchgasentstaubung: elektrisch
Wasseraufbereitung: Vollentsalzung
Bauweise: Beton
Vorgesehene Gesamtleistung: 1750 MW

Turbinen	Block 1 und 2	Block 3 und 4
Anzahl	2	2
Leistung MW	100	150
Leistung MVA	143	—
Art	K	K
Drehzahl U/min	3000	3000
Dampfdurchsatz t/h	—	—
Dampfzustand bei Eintritt atü	110	171
Dampfzustand bei Eintritt °C	525	525
bei Wiedereintritt atü	—	35,8
bei Wiedereintritt °C	—	530
Kühlwassertemperatur °C	21	—
Dampfzustand bei Austritt ata	0,055	0,05
Dampfzustand bei Austritt °C	—	—
Gehäusezahl	3	3
Abdampfstutzen (flutig)	2	3
Vorwärmstufen	5	7
Entgasungstemperatur °C	140	174
Speisewassertemperatur °C	200	241
Kennzahlen		
Spez. Wärmeverbr. netto kcal/kWh	2799	—
„ Flächenbedarf m^2/kW	0,033	0,026
„ Raumbedarf m^3/kW	1,46	1,15

Zur verstärkten Ausnutzung der Braunkohlenvorkommen errichtete das Rheinisch-Westfälische Elektrizitätswerk in den Jahren ab 1952 das Kraftwerk Frimmersdorf II. Im ersten Ausbau, der 1954 beendet war, wurden zwei 100 MW-Blocks aufgestellt, die im wesentlichen denen im gleichzeitig errichteten Kraftwerk Weisweiler (Nr. 40, S. 190)

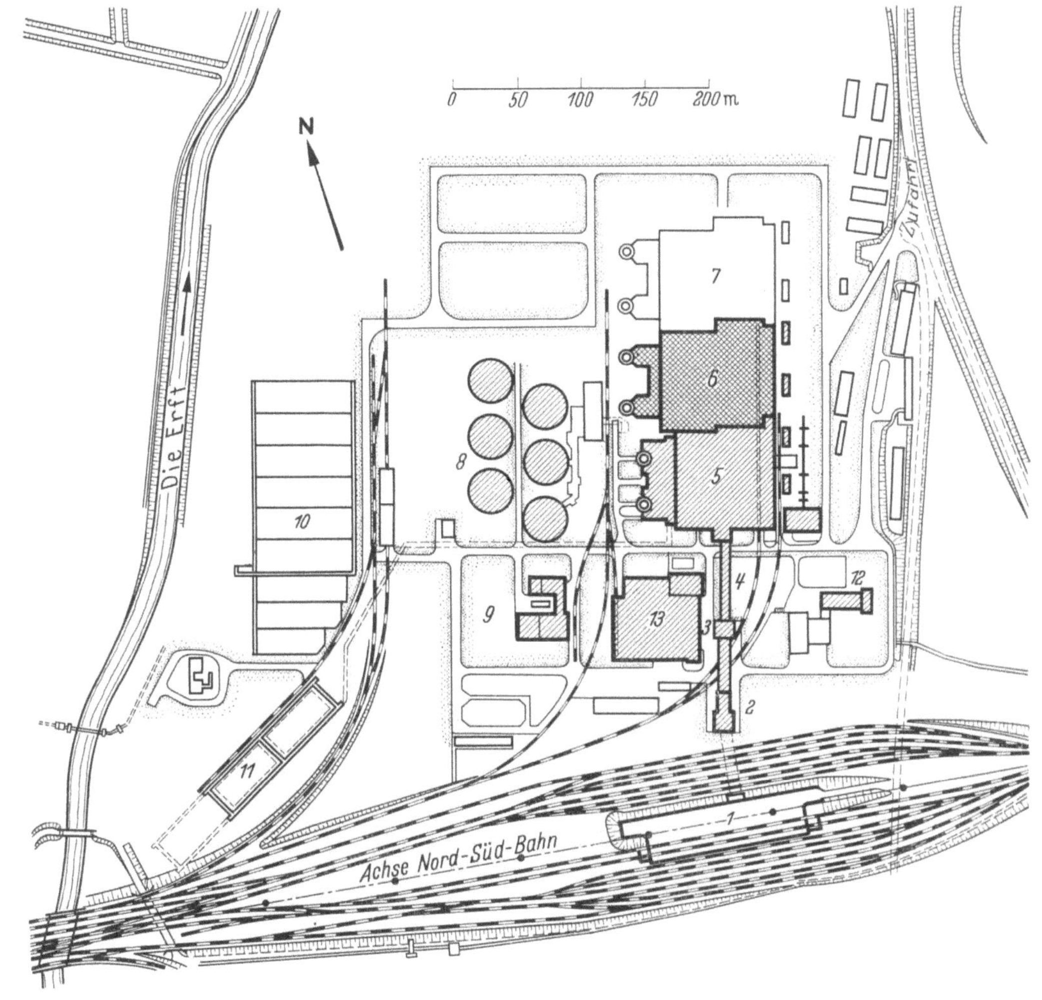

Lageplan

1 Grabenbunker-Kohlelager
2 Eisenausscheidung
3 Brecheranlage
4 Schrägbandbrücke
5 Kraftwerk, 1. Ausbaustufe
6 Kraftwerk, 2. Ausbaustufe
7 Kraftwerk, 3. Ausbaustufe
8 Kühltürme
9 Chemische Wasseraufbereitung
10 Klärbecken für Betriebswasser
11 Ascheabsetzbecken
12 Bürogebäude
13 Werkstatt und Lager

glichen: Dampfzustand am Turbineneintritt 110 atü, 525 °C (ohne Zwischenüberhitzung). Jeder Block erhielt zwei 200 t/h-Kessel. Im Gegensatz zu Weisweiler kamen jedoch Bensonkessel zur Aufstellung.

Bereits zwei Jahre später wurden zwei weitere Blocks von je 150 MW in Auftrag gegeben mit einem Dampfzustand an der Turbine von 171 atü, 525 °C mit Zwischenüberhitzung auf die gleiche Temperatur. Jeder Block erhielt einen einzigen Bensonkessel mit einer Leistung von 455 t/h.

Die auf der Nord-Südbahn herangeführte Braunkohle wird zunächst in einem Grabenbunker gelagert und dann über Schrägbänder dem Kraftwerk zugeführt. Auch hier ermöglichen die aufgestellten Ventilator-Kühltürme die Erreichung eines Kondensatordruckes von nur 0,055 ata. Das Zusatzwasser wird der am Kraftwerk vorbeifließenden Erft entnommen.

Die 150 MW-Turbinen sind mit 3 Gehäusen, 3 Abdampfstutzen und 7 Anzapfstufen ausgestattet. Die beiden letzten Vorwärmer liegen hinter den Speisepumpen; sie sind mit Enthitzern und Kondensatkühlern versehen. Auch der letzte vor dem Ent-

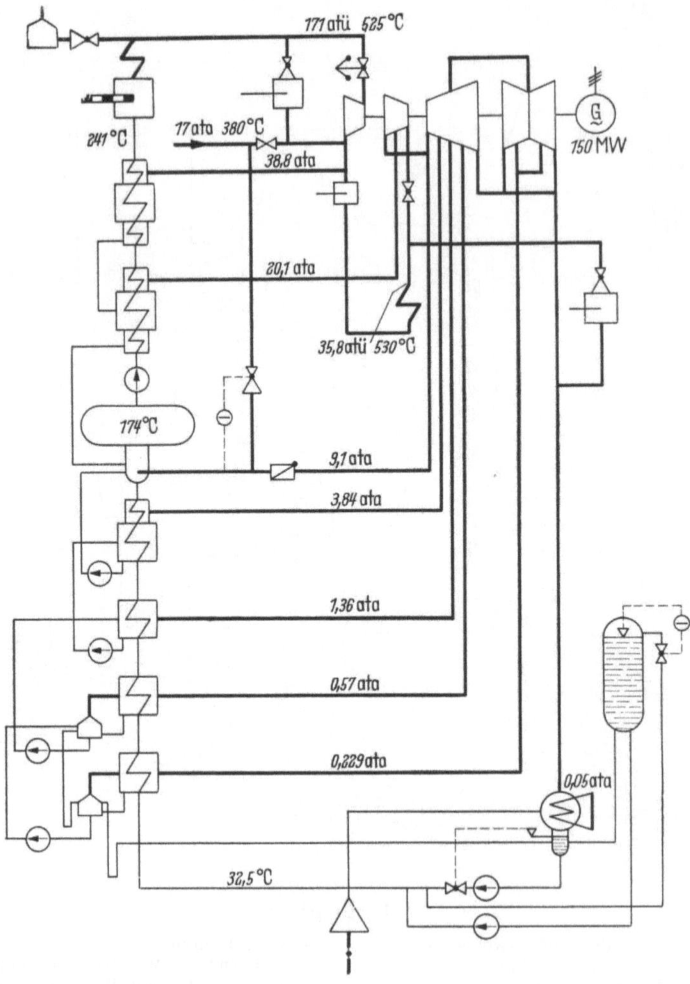

Block 3 und 4

Wärmegrundschaltplan

gaser liegende Vorwärmer hat einen Enthitzer. Das Zusatzspeisewasser wird vollentsalzt dem Kreislauf zugesetzt. Wie in Weisweiler kann auch hier kaltes Kondensat in die Hotwells der Kondensatoren eingeleitet werden, wenn die im Warmspeicher vorhandene Wassermenge in Sonderfällen nicht ausreichen sollte.

Die in jedem Generator erzeugte elektrische Energie wird auf 220 kV aufgespannt, die Spannung kann geregelt werden. In das 220 kV-Umspannwerk wird die Energie je eines 100 und 150 MW-Blocks gemeinsam übertragen. Der Eigenbedarf jedes Blocks wird in üblicher Weise hinter den Generatorklemmen abgezweigt. Daneben besteht ein Anschluß an das alte Werk Frimmersdorf für Störungsfälle.

Die Anordnung der Anlageteile sowie die Bauweise entsprechen dem Kraftwerk Weisweiler. Nur hat man die quergestellten Speisepumpen in den Bunkerbau gerückt, wo sich auch die Wärmewarten — jeweils für 2 Blocks — befinden. Die Eigenbedarfsschaltanlage wurde daher in Frimmersdorf in einen Gebäudeteil verlegt, der sich an die Außenlängswand des Maschinenhauses anschließt.

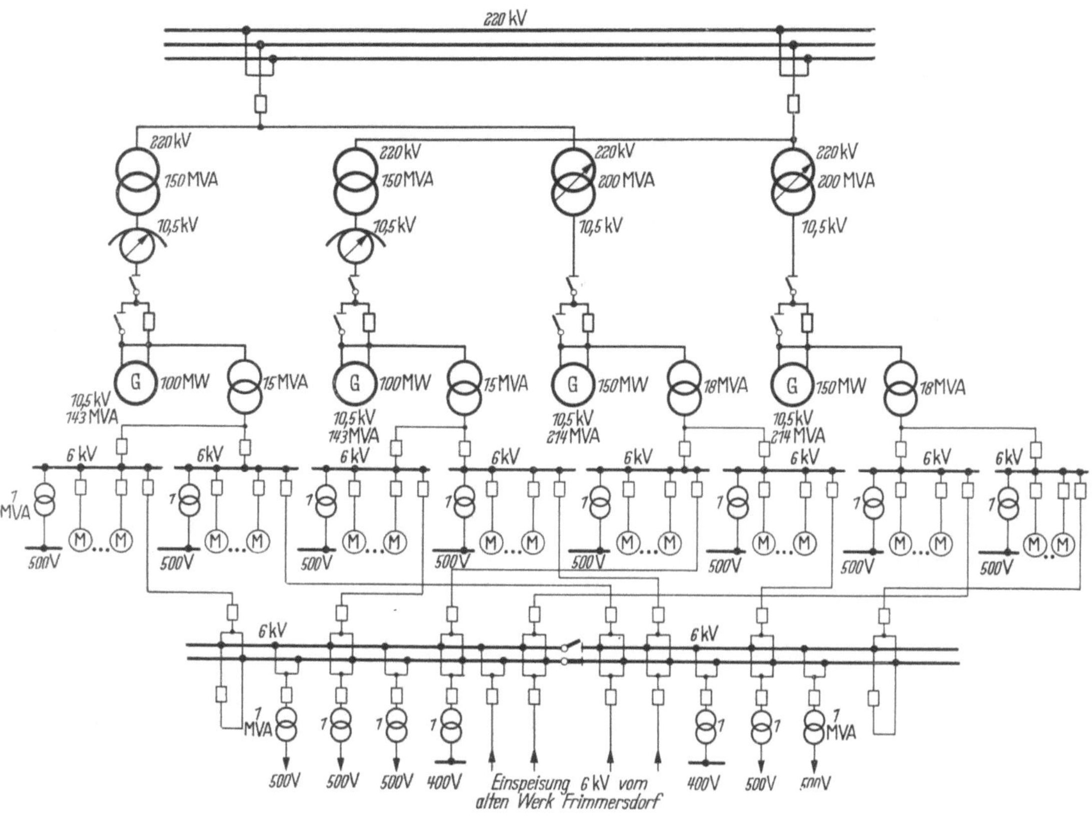

Elektrischer Übersichtsschaltplan

Zwei weitere Blocks werden 1959 in Betrieb kommen; drei weitere gleich große sind bestellt. Die installierte Leistung des Kraftwerks soll 1750 MW im Jahre 1961 betragen.

Schrifttum

KRETSCHMANN, W.: Braunkohle, Wärme und Energie 1953, Heft 19/20, S. 395/418.
Brennstoff, Wärme, Kraft Bd. 10 (1958) S. 205.
SCHULTES, K.: Siemens-Zeitschrift Bd. 30 (1956) S. 248/61.
KRAEMER, K.: BBC-Nachrichten Bd. 40 (1958), S. 430/37.

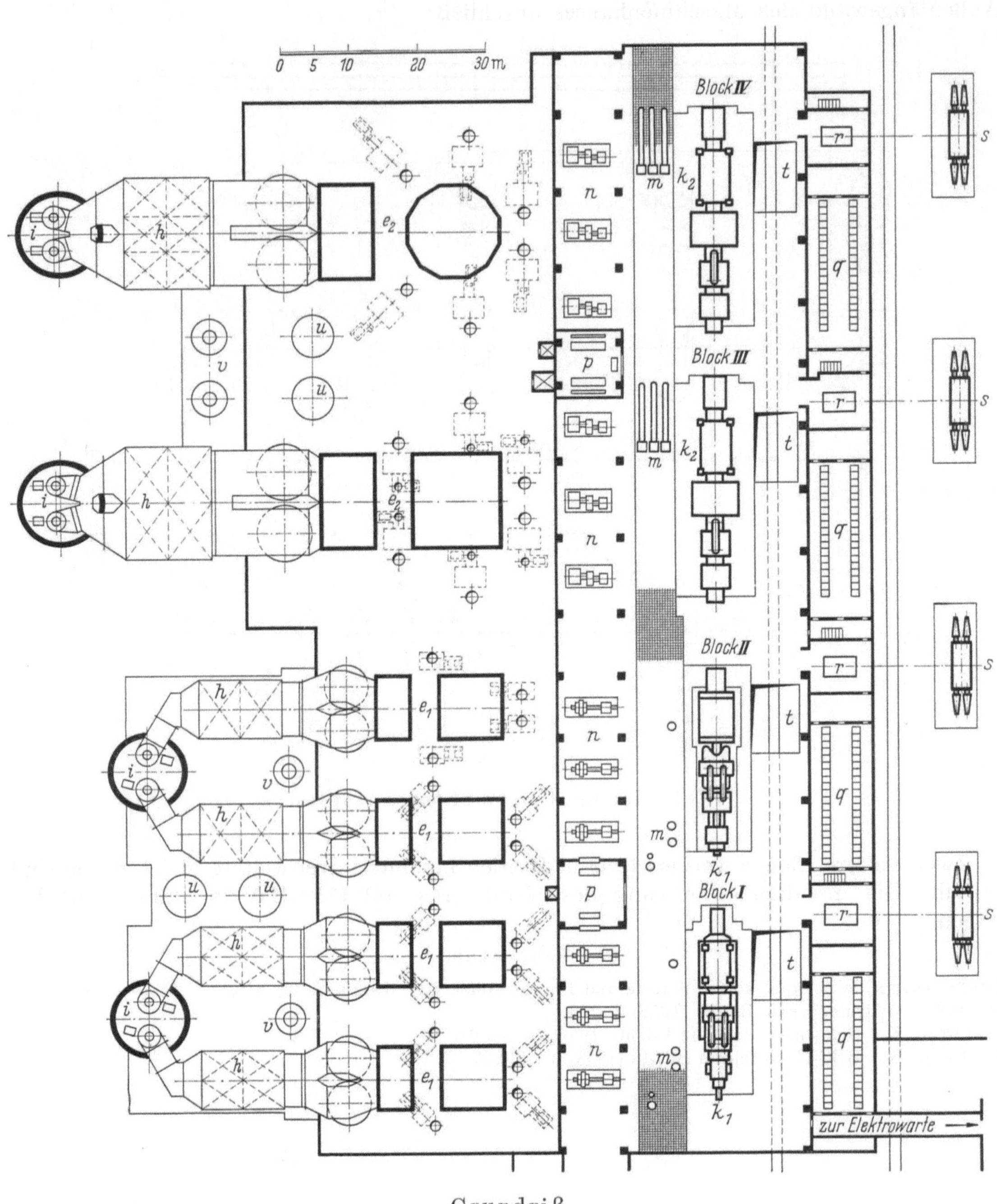
0 5 10 20 30 m
Block IV
Block III
Block II
Block I
zur Elektrowarte

Grundriß

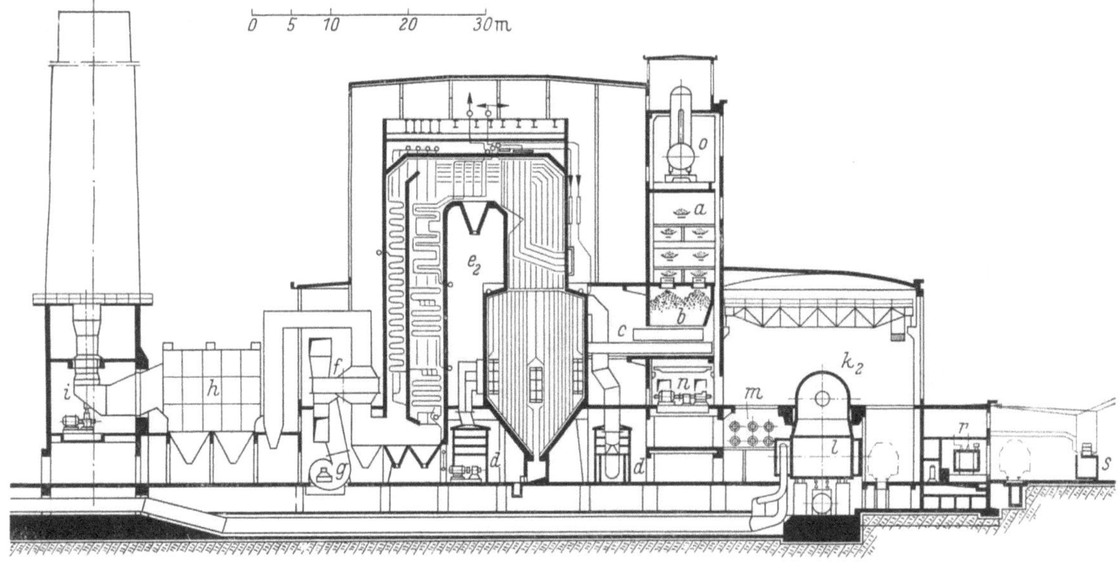

Querschnitt

Legende zum Grundriß und Querschnitt

a	Bekohlung	*l*	Kondensator
b	Bunker	*m*	Vorwärmer
c	Kohlezuteiler	*n*	Kesselspeisepumpen
d	Kohlemühle	*o*	Speisewasserbehälter mit Entgaser
e_1	Kessel 200 t/h	*p*	Wärmewarte
e_2	Kessel 455 t/h	*q*	Eigenbedarfsschaltanlage
f	Luftvorwärmer	*r*	Eigenbedarfumspanner
g	Frischluftgebläse	*s*	Hauptumspanner
h	Elektrofilter	*t*	Montageöffnung
i	Saugzuggebläse	*u*	Kondensatbehälter
k_1	Turbogenerator 100 MW	*v*	Kohlestaubbehälter
k_2	Turbogenerator 150 MW		

Schaubild

44

Gebietskraftwerk, UdSSR

(Ministerium für Kraftwerke der UdSSR, Moskau)

Baujahr 1956/58

Kessel		Turbinen	
Anzahl	8	Anzahl	4
Leistung t/h	260	Leistung MW	150
Art	Durchlauf	Leistung MVA	180
		Art	K
Genehmigungsdruck atü	—	Drehzahl U/min	3000
Dampfzustand bei Austritt atü	184	Dampfdurchsatz t/h	—
Dampfzustand bei Austritt °C	590	Dampfzustand bei Eintritt atü	169
Dampfzustand hinter ZWÜ atü	—	Dampfzustand bei Eintritt °C	580
Dampfzustand hinter ZWÜ °C	545	bei Wiedereintritt atü	—
Brennstoff:	—	bei Wiedereintritt °C	535
Art	Steinkohle	Kühlwassertemperatur °C	—
unterer Heizwert kcal/kg	—	Dampfzustand bei Austritt ata	—
		Dampfzustand bei Austritt °C	—
Feuerung	Brenner	Gehäusezahl	3
Schlackenabzug	trocken	Abdampfstutzen (flutig)	2
Luftvorwärmung °C	—	Vorwärmstufen	7
Abgastemperatur °C	—	Entgasungstemperatur °C	—
Wirkungsgrad %	—	Speisewassertemperatur °C	228

Rauchgasentstaubung: naß
Wasseraufbereitung: Vollentsalzung sowie chemisch und Verdampfung
Bauweise: Beton
Vorgesehene Gesamtleistung: 1300 MW

Kennzahlen

Spez. Wärmeverbr. netto kcal/kWh	—
„ Flächenbedarf m²/kW	0,026
„ Raumbedarf m³/kW	1,19

Das Ministerium für Kraftwerke der UdSSR hat Drücke und Temperaturen sowie Kessel- und Turbinenleistungen weitgehend genormt und typisiert. Es wurden auch einheitliche Richtlinien für den inneren und äußeren Aufbau der Kraftwerke geschaffen. Das beschriebene Kraftwerk kann als Prototyp für eine Reihe von Dampfkraftwerken gelten, die nach neuzeitlichen technischen Richtlinien für die Gebietsversorgung in

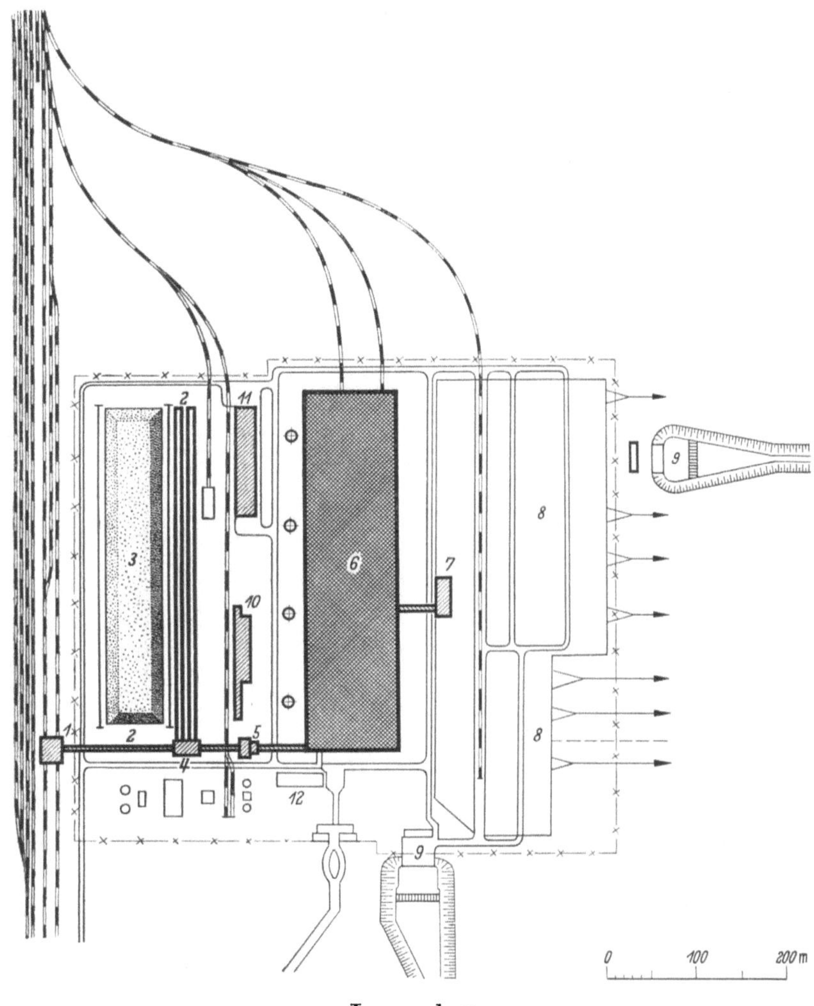

Lageplan

1 Kohleentladestation (Waggonkipper)
2 Förderbänder
3 Kohlelagerplatz
4 Übergabeturm
5 Brecheranlage
6 Kraftwerk
7 Wartengebäude
8 Freiluftschaltanlage 110 und 220 kV
9 Einlaufbauwerk
10 Wasseraufbereitungsanlage
11 Werkstätten und Nebenräume
12 Büro und Betriebsgebäude

großen Verbundsystemen in oder in der Nähe von Kohlenrevieren bestimmt sind und im Laufe des 6. Fünfjahrplanes in der UdSSR errichtet werden. Je nach den örtlichen Vorbedingungen können naturgemäß gewisse Abweichungen von der Standardtype auftreten.

Zunächst werden in dem beschriebenen „Gebietskraftwerk“ 4 Blocks mit einer Leistung von je 150 MW erstellt. Jede Turbine wird von 2 Durchlaufkesseln mit einer Leistung von je 260 t/h versorgt. Der Dampfzustand an der Turbine beträgt 169 atü, 580 ° C mit Zwischenüberhitzung auf 535 ° C. Für den zweiten Ausbau wird die Möglichkeit geprüft, 200 MW-Blocks für einen Dampfdruck von 219 atü aufzustellen, die jeweils von einem einzigen Kessel mit einer Leistung von 640 t/h mit Dampf beliefert werden sollen.

In dem Kraftwerk werden minderwertige Kohlen mit einem Aschegehalt bis zu 15% und einer Feuchtigkeit bis zu 25 bis 28% verfeuert, die in großen Lieferwagen herangebracht werden. Für die Leerung der Kohle stehen 2 Waggonkippvorrichtungen mit einer Leistungsfähigkeit von je 1000 t/h zur Verfügung. Der maximale Tagesbedarf liegt bei 12000 t. Das Kohlenlager kann 1 Million t Kohle aufnehmen. Zwei Brecher-

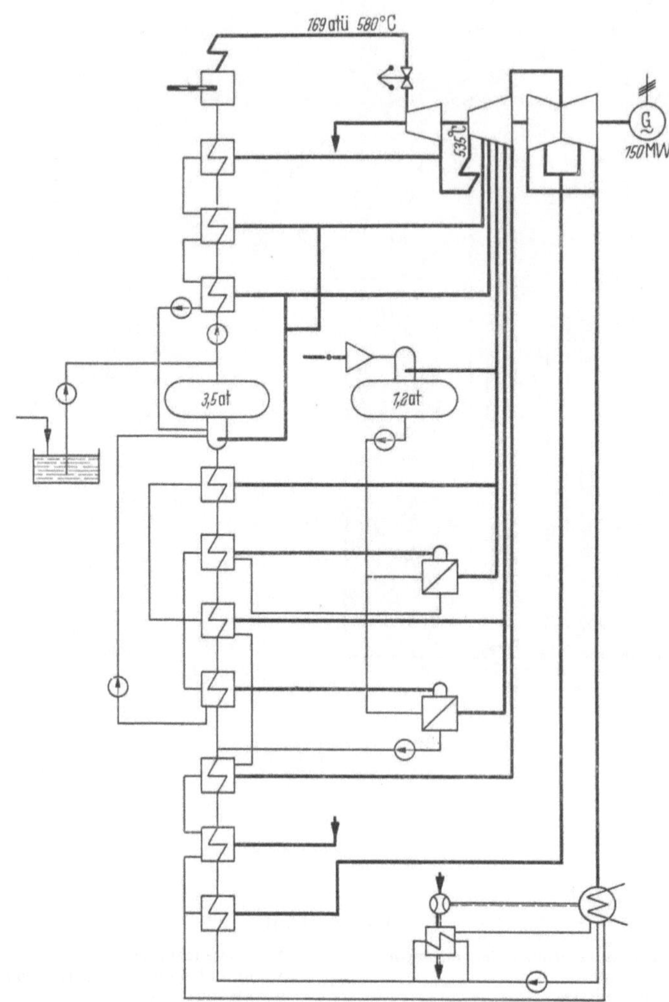

Wärmegrundschaltplan

anlagen sind eingebaut. Für die Kühlwasserversorgung werden 2 Pumpenanlagen mit insgesamt 12 Flügelradpumpen für eine Leistung von je 1800 m³/h aufgestellt.

Die 150 MW-Einwellenturbinen mit 3000 U/min sind dreigehäusig mit je 2 Abdampfstutzen und 7 Anzapfungen. Zwischen dem ersten und dem zweiten Gehäuse wird der Dampf auf 535° C zwischenüberhitzt. Hinter dem Speisewasserbehälter nebst Entgaser liegen 3 Vorwärmer. An die dritte Anzapfung ist auch der Entgaser angeschlossen. Jeder Block hat drei durch Elektromotoren angetriebene Speisepumpen. Für die Sicherung der Beschaffung des Zusatzwassers wurden besondere Vorkehrungen getroffen: Im allgemeinen wird vollentsalztes Wasser zugesetzt, daneben sind zur Reserve zwei an die fünfte bzw. sechste Anzapfung angeschlossene einstufige Verdampferanlagen vorhanden.

Jedem Kessel sind 2 Trommelmühlen zugeordnet. Demgemäß sind Zyklonabscheider und Zwischenbunker vorgesehen. Die Rauchgase werden in Naßentstaubern mit einem Abscheidungsgrad von 95% gereinigt. Auch das Kesselhaus ist mit einem Kran für eine Schnellmontage ausgestattet.

Der elektrische Schaltplan zeigt den mit der Aufstellung von sechs 150 MW-Blocks und zwei 200 MW-Blocks angenommenen Endausbau des Kraftwerks. Jeder Generator mit einer Klemmenspannung von 18 kV ist über 3 Einphasen-Umspanner mit den 110 kV- bzw. 220 kV-Sammelschienen verbunden. Für die Blockumspanner der beiden 220 MW-Sätze sind Zweiwickler in Sparschaltung auf der Oberspannungsseite für 220/110 kV vorgesehen. Die Sparschaltung gewährleistet die Elastizität der Anlage bei

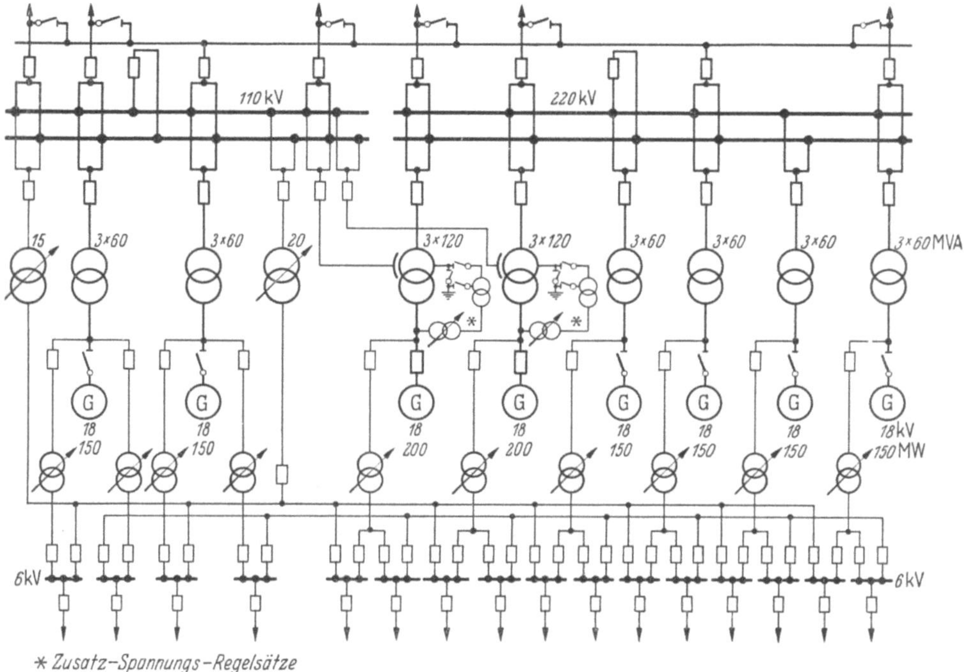

Elektrischer Übersichtsschaltplan

plötzlichen Belastungsänderungen in den beiden Höchstspannungsnetzen. Die Spannungsregelung unter Last geschieht durch ein besonderes Zusatzregelaggregat, bestehend aus einem Regelumspanner 18/18 kV und einem Festumspanner 18/242 kV, wobei letzterer in die offene Oberspannungswicklung von 220/110 kV eine regelbare Zusatzspannung liefert. Der Eigenbedarf (6 kV) jedes Blocks wird teilweise über einen und noch über 2 Dreiphasen-Regelumspanner von den Generatorklemmen unmittelbar versorgt. Zwischen den 110 kV-Sammelschienen und den Eigenbedarfs-Sammelschienen besteht noch eine Verbindung über je einen 15 MVA- bzw. 20 MVA-Regelumspanner.

Die Darstellung des Grundrisses beschränkt sich auf drei 150 MW-Blocks. Die Bunkeranlage befindet sich auf der dem Maschinenhaus zugewandten Seite des Kesselhauses. Oberhalb der Kohle- und Staubbunker sind nicht nur die Zyklonabscheider für die Zwischenbunkerungsanlage, sondern auch die Speisewasserbehälter nebst Entgasern untergebracht. Die Naßentstauber und die Saugzuggebläse befinden sich in einem Vorbau an der Außenseite des Kesselhauses. Von dort gelangen die Rauchgase zu dem frei stehenden, 120 m hohen Schornstein, an den jeweils 4 Kessel angeschlossen sind. Die Turbinen sind quergestellt, die beiden Kondensatoren jedes Satzes hingegen längsgestellt. Zwischen den einzelnen Sätzen im Maschinenhaus verbleibt nicht nur Platz für die Unterbringung der Speisepumpen, Vorwärmer und Verdampfer, sondern auch für den Einbau der Wärmewarten und Eigenbedarfsschaltanlagen. Diese letzteren liegen also auch im Bereich des Maschinenhauskranes, der eine Länge von über 40 m hat.

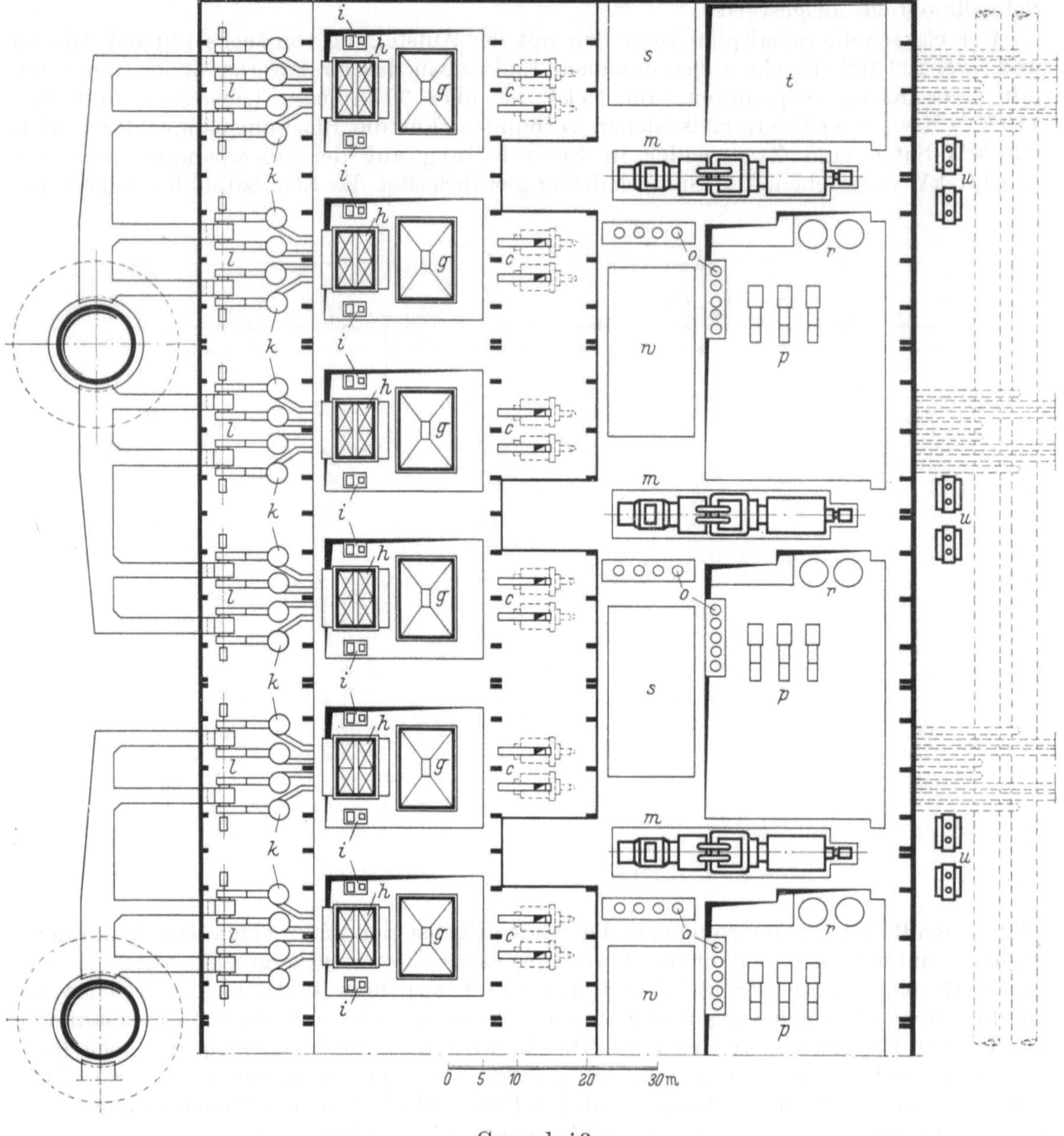

Grundriß

Warten und Eigenbedarfsschaltanlagen wechseln miteinander ab, wobei jede Einheit die Ausrüstung für 2 Blocks aufnimmt.

Die Bauten sind aus Stahlbetonelementen mit einem Gewicht bis zu 40 t zusammengesetzt; als Wandfüllung werden Blöcke aus Leichtbeton bis zu 5 t verwendet. Durch diese Anwendung des Baukastenprinzips können die Kosten und Herstellungszeiten der Bauten erheblich vermindert werden.

Das Schaubild wurde auf Grund der Grundriß- und Schnittzeichnungen sowie perspektivischer Skizzen, die ähnliche Kraftwerke darstellen, entwickelt. Es wird also nicht genau mit der Wirklichkeit übereinstimmen.

Schrifttum

Ministerium für Kraftwerke der UdSSR: Übergroßes staatliches Gebiets-Elektrizitätswerk.

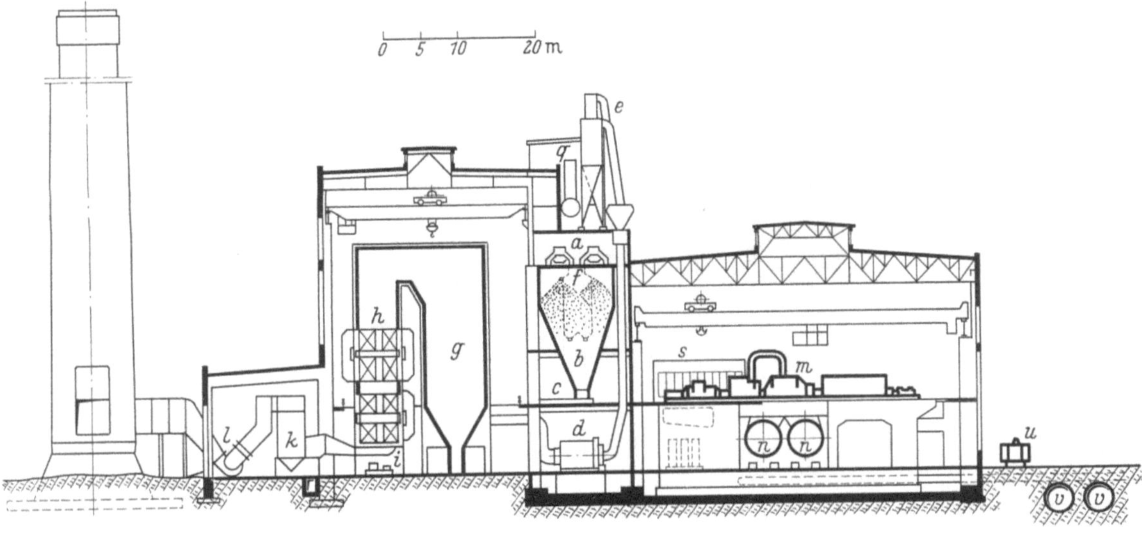

Querschnitt

Legende zum Grundriß und Querschnitt

a	Bekohlung	*m*	Turbogenerator
b	Rohkohlebunker	*n*	Kondensator
c	Kohlezuteiler	*o*	Vorwärmeranlage
d	Rohrmühle	*p*	Kesselspeisepumpen
e	Zyklonabscheider	*q*	Speisewasserbehälter mit Entgaser
f	Kohlestaubbunker	*r*	Verdampfer
g	Kessel	*s*	Eigenbedarfsschaltanlage
h	Luftvorwärmer	*t*	Montageöffnung
i	Frischluftgebläse	*u*	Umspanner
k	Saugzugfilter	*v*	Kühlwasserleitungen
l	Rauchgasgebläse	*w*	Wärmewarte

Schaubild

45 Kraftwerk Thos. H. Allen, USA

(Memphis Light, Gas and Water Division, Memphis, Tenn.)

Baujahr 1957/60

Kessel		Block I bis III
Anzahl		3
Leistung	t/h	910
Art		Naturumlauf
Genehmigungsdruck	atü	—
Dampfzustand bei Austritt	atü	174
	°C	567
Dampfzustand hinter ZWÜ	atü	31,3
	°C	567
Brennstoff:		
Art		Kohle, Naturgas
oberer Heizwert	kcal/kg	6700
Feuerung		Zyklon
Schlackenabzug		flüssig
Luftvorwärmung	°C	—
Abgastemperatur	°C	—
Wirkungsgrad	%	—

Rauchgasentstaubung: elektrisch
Wasseraufbereitung: Vollentsalzung
Bauweise: Beton, Stahlkonstruktion
Vorgesehene Gesamtleistung: 1500 MW

Turbinen		Block I bis III
Anzahl		3
Leistung	MW	250
Leistung	MVA	320
Art		K
Drehzahl	U/min	3600
Dampfdurchsatz	t/h	—
Dampfzustand bei Eintritt	atü	169
	°C	565
bei Wiedereintritt	atü	30,5
	°C	565
Kühlwassertemperatur	°C	17,2
Dampfzustand bei Austritt	atü	0,052
	°C	17,2
Gehäusezahl		3
Abdampfstutzen (flutig)		3
Vorwärmstufen		9
Entgasungstemperatur	°C	143
Speisewassertemperatur	°C	286

Kennzahlen

Spez. Wärmeverbr. netto	kcal/kWh	—
„ Flächenbedarf	m^2/kW	0,016
„ Raumbedarf	m^3/kW	0,675

Die starke Zunahme des Strombedarfs der Stadt Memphis im Staate Tennessee veranlaßte die Memphis Light, Gas and Water Division im Jahre 1956, ein Kraftwerk zu errichten, das nicht nur den augenblicklichen Bedarf decken, sondern auch vor allem der zu erwartenden Entwicklung gerecht werden sollte. Bis 1960 sollen 3 Blocks mit einer Leistung von je 250 MW in Betrieb gehen. Bis 1965 sollen weitere 3 Sätze dieser Größe zur Stromerzeugung bereitstehen, so daß die installierte Leistung des Kraftwerkes dann 1500 MW beträgt. Die Kosten des ersten Ausbaus werden auf 675 DM/kW

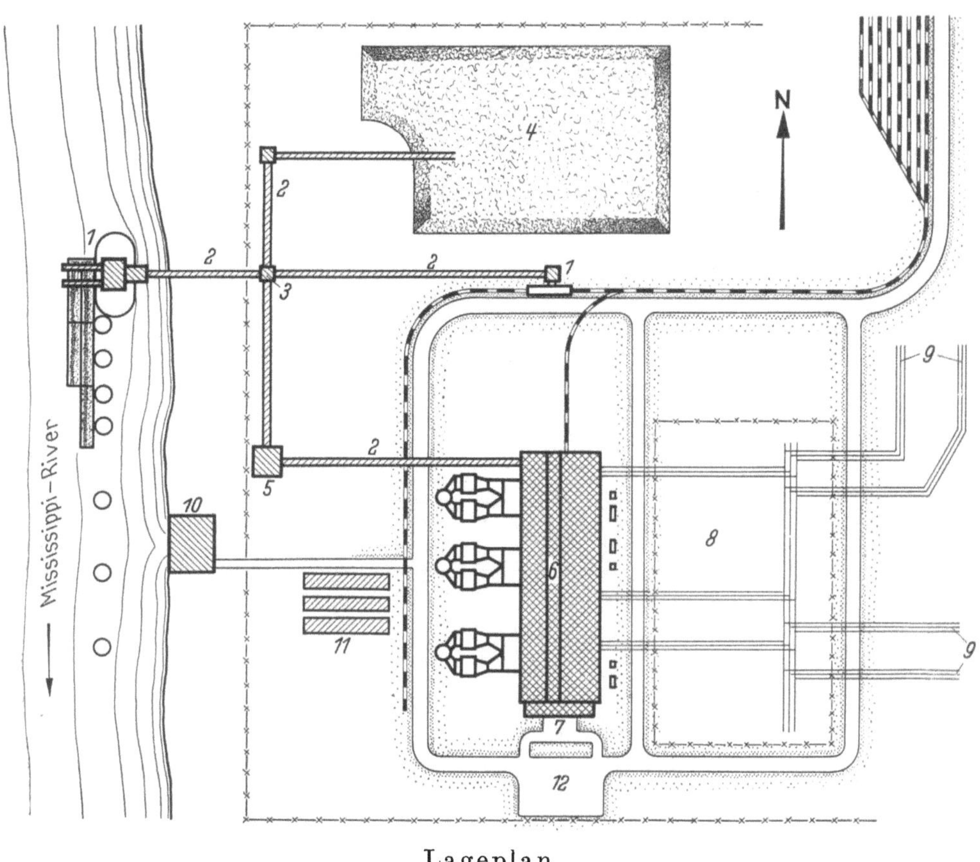

Lageplan

1	Entladestation	7	Verwaltung
2	Förderbandbrücke	8	Freiluftschaltanlage
3	Übergabeturm	9	Freileitungen
4	Kohlelagerplatz	10	Einlaufbauwerk
5	Brecheranlage	11	Werkstatt und Lager
6	Kraftwerk	12	Parkplatz

geschätzt. Der Dampfzustand an der Turbine beträgt 169 atü, 565° C mit Zwischenüberhitzung auf die gleiche Temperatur. Jede Turbine wird von einem Naturumlaufkessel mit einer Leistung von 910 t/h gespeist.

Als Brennstoff werden Kohle und Naturgas verwendet. Das Kühlwasser wird dem Mississippi entnommen. Für den ersten Ausbau werden 6 Kühlwasserpumpen mit senkrechter Welle und einer Leistung von je 14500 m³/h aufgestellt.

Die Einwellenturbinen sind dreigehäusig mit 3 Abdampfstutzen und 9 Vorwärmstufen. Sie gleichen im wesentlichen den im Kraftwerk Gallatin der Tennessee Valley Authority (Nr. 111, S. 314, außerdem III. Teil, Viertes Ausführungsbeispiel, S. 904) aufgestellten. Bei gleicher Leistung und gleichen Dampftemperaturen ist der Frischdampfdruck von 140 auf 169 atü, die Zahl der Vorwärmstufen von acht auf neun gesteigert. Die Zwischenüberhitzung erfolgt vor dem Mitteldruckteil bei einem Druck von 34 atü.

Die untere Vorwärmergruppe umfaßt neben den Wasserstoff- und Ölkühlern, den Dampfstrahl- und Stopfbuchs-Dampfkondensatoren vier senkrechte Niederdruckvorwärmer, die als Mischvorwärmer ausgebildet sind. Die Förderung des Turbinenkondensats und der diesem stufenweise beigemischten Vorwärmerkondensate in die Speisewasserleitung geschieht in einer gemeinsamen vierstufigen Pumpe mit senkrechter Welle. Im Entgaser, der an die fünfte Anzapfung angeschlossen ist, herrscht bei einer Last von 250 MW eine Temperatur von 143 ° C, entsprechend einem Druck von 4,05 ata.

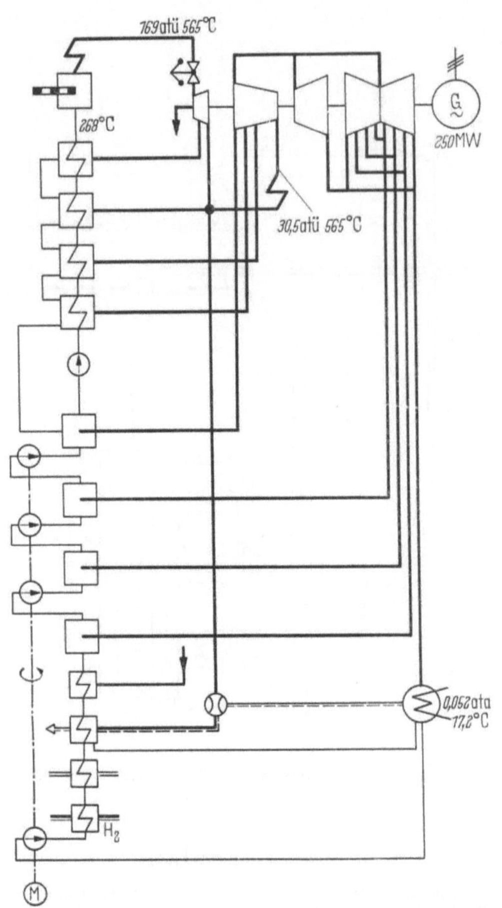

Wärmegrundschaltplan

Hinter den Speisepumpen folgen noch vier waagerechte Hochdruckvorwärmer mit Kondensatkühlern, die das Speisewasser auf 286 ° C aufwärmen. Das Zusatzwasser wird vollentsalzt.

Die Kessel sind als Einzugkessel mit Naturumlauf und Zyklonfeuerung ausgebildet. Vier Zyklone sind an der Stirnwand, drei an der Rückwand angeordnet. Die Asche wird flüssig abgezogen. Die Kessel arbeiten mit Überdruck im Feuerraum und Rauchgasrückführung. Saugzuggebläse sind nicht vorhanden. Kohlenmühlen zwischen Bunkerauslauf und Zyklon sind ebenfalls nicht vorhanden.

Jedem Kessel sind drei motorgetriebene Kesselspeisepumpen mit hydraulischer Kupplung zugeordnet. Jede leistet 478 t/h, der Förderdruck beträgt 222 ata.

Der Wärmeverbrauch des Turbosatzes wird mit 1908 kcal/kWh erwartet. Die Klemmenspannung der wasserstoffgekühlten Generatoren beträgt 24 kV. Die Erreger- und Hilfserregermaschinen werden über ein Untersetzungsgetriebe für 3600/780 U/min angetrieben. Zur Reserve stehen zwei motorgetriebene Sätze bereit.

Die Spannung der Generatoren (24 kV) wird in Blockumspannern auf 161 kV erhöht. Neben der 161 kV-Hauptsammelschiene ist eine Hilfssammelschiene vorhanden, die eine größere Elastizität des Betriebes in Störungsfällen auf der elektrischen Seite gewährleistet. So kann der Eigenbedarf (4,16 kV) über einen 20 MVA-Umspanner wahlweise von einer der beiden genannten Sammelschienen gespeist werden. Eine Störung an der Hauptsammelschiene bzw. im Netz legt also die Versorgung des Eigenbedarfs von der 161 kV-Seite her nicht lahm. Im Normalfall wird jedoch der Eigenbedarf wie üblich unmittelbar hinter den Generatoren über 24/4,16 kV-Umspanner versorgt. Die Umspanner haben zwei Sekundärwicklungen, um für jeden Block zwei Eigenbedarfsgruppen mit voneinander unabhängigen Einspeisungen, wenigstens auf der 4,16 kV-Seite, betreiben zu

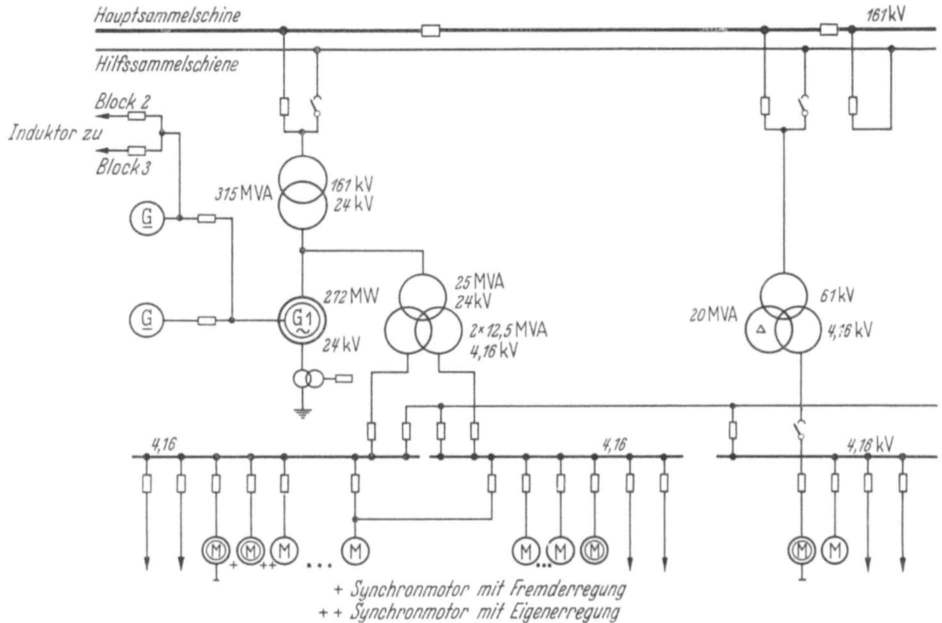

Elektrischer Übersichtsschaltplan

können. Auch die beiden Erregermaschinen mit elektromotorischem Antrieb sind so auf die drei Generatoren geschaltet, daß Umschaltmöglichkeiten in Störungsfällen bestehen.

Das Kesselhaus erreicht oberhalb der Kessel eine Höhe von 65 m. Jeder Kessel besitzt einen Doppelbunker, von denen einer vor dem Kessel und einer hinter dem Kessel steht. Der dem Maschinenhaus zugewandte Bautrakt enthält unter dem Bunker die Eigenbedarfsschaltanlagen und die Wärmewarten, der andere, nach außen liegende, unter dem zweiten Bunker die Rauchgas-Rückführungsgebläse. In den rückwärtigen Anbauten, die etwa die Breite der Kessel haben, sind die Frischluftgebläse und Ljungström-Vorwärmer untergebracht. Jedem Kessel sind 2 Frischluft- und Rauchgas-Rückführungsgebläse sowie 2 Vorwärmer zugeordnet. Die Elektrofilter stehen im Freien. Jeder Kessel hat einen Schornstein mit einer Höhe von 122 m. Die Turbinen sind längsgestellt. Die Niederdruck-Mischvorwärmer stehen auf einem Podest unterhalb des Maschinenhausflurs zwischen den Turbinen und dem Bunkerbau. An der Außenlängswand des Maschinenhauses stehen die Haupt- und Eigenbedarfsumspanner. Entlang der Kesselhauslängsseite verläuft der Kühlwasserzuflußkanal, unterhalb der Umspanner der Kühlwasserablaufkanal.

Das Gebäude hat eine durchgehende Betonplatte, die auf einer Pfahlgründung ruht. Rings um diese Betonplatte sind rund 15 m hohe Stahlbetonwände bis auf Geländehöhe hochgezogen, um das Kraftwerk vor eindringendem Hochwasser zu schützen. Das aufgehende Bauwerk ist in Stahlkonstruktion erstellt, die durch Platten verkleidet ist.

Schrifttum

Druckschriften der Memphis Light, Gas and Water Division: Progress Report 1957, Progress Report 1958 und Principal Power Plant Equipment.

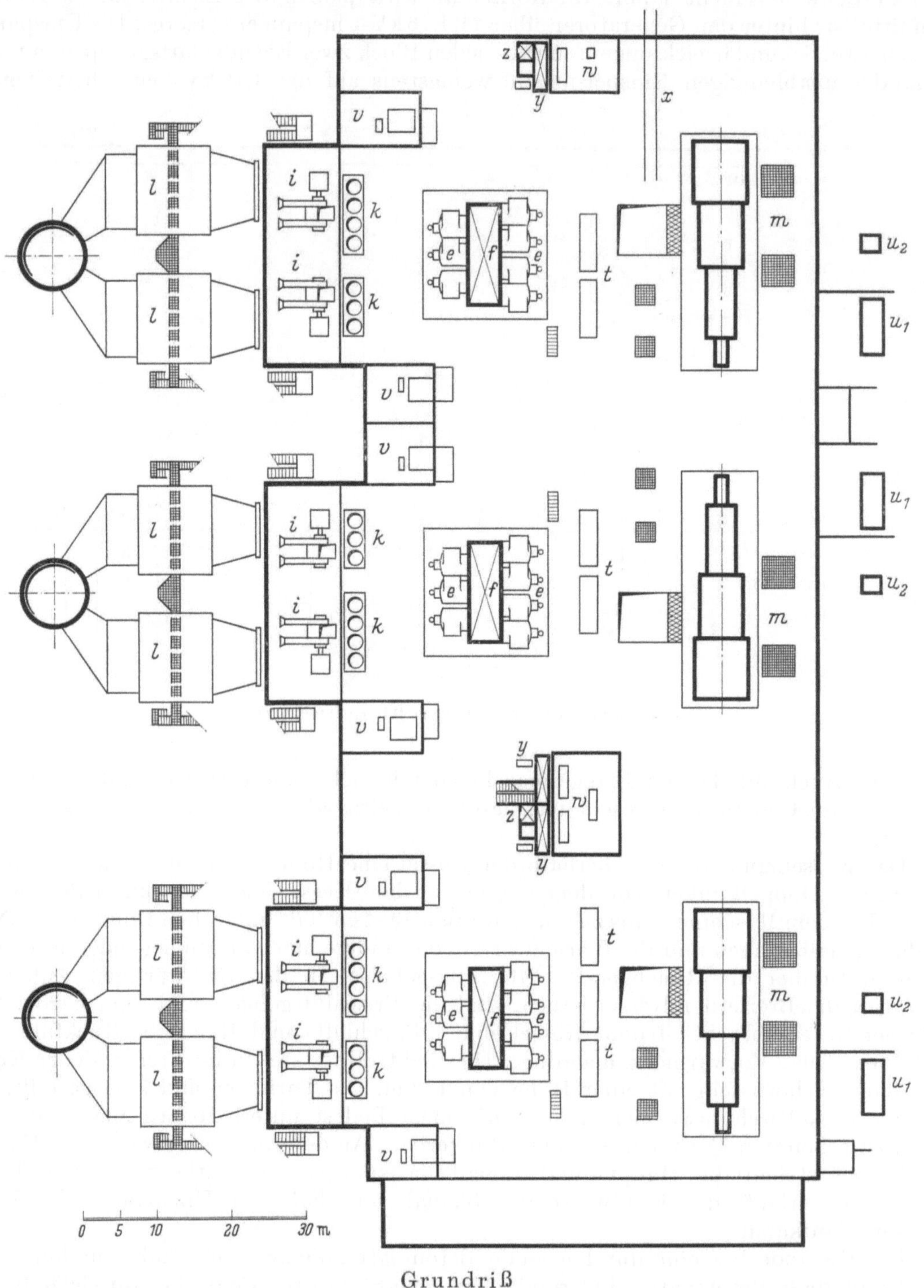

Grundriß

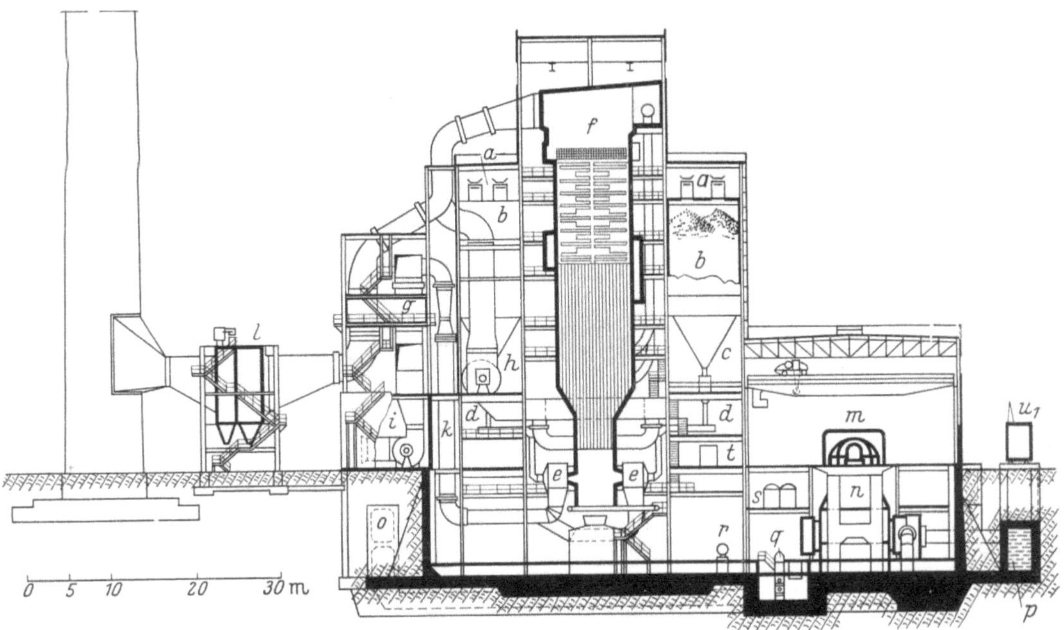

Querschnitt

Legende zum Grundriß und Querschnitt

a	Bekohlung	*o*	Kühlwasserzulaufkanal
b	Kohlebunker	*p*	Kühlwasserablaufkanal
c	Kohlewaage	*q*	Kondensatpumpen
d	Kohlezuteiler	*r*	Kondensatkühler
e	Zyklonbrenner	*s*	Vorwärmer
f	Kessel	*t*	Eigenbedarfsschaltanlage
g	Luftvorwärmer	u_1	Hauptumspanner
h	Rezirkulationsgebläse	u_2	Eigenbedarfumspanner
i	Frischluftgebläse	*v*	Lüfter
k	Sekundärluftleitungen	*w*	Wärmewarte
l	Elektrofilter	*x*	Montagegleis
m	Turbogenerator	*y*	Rohrleitungsschacht
n	Kondensator	*z*	Aufzug

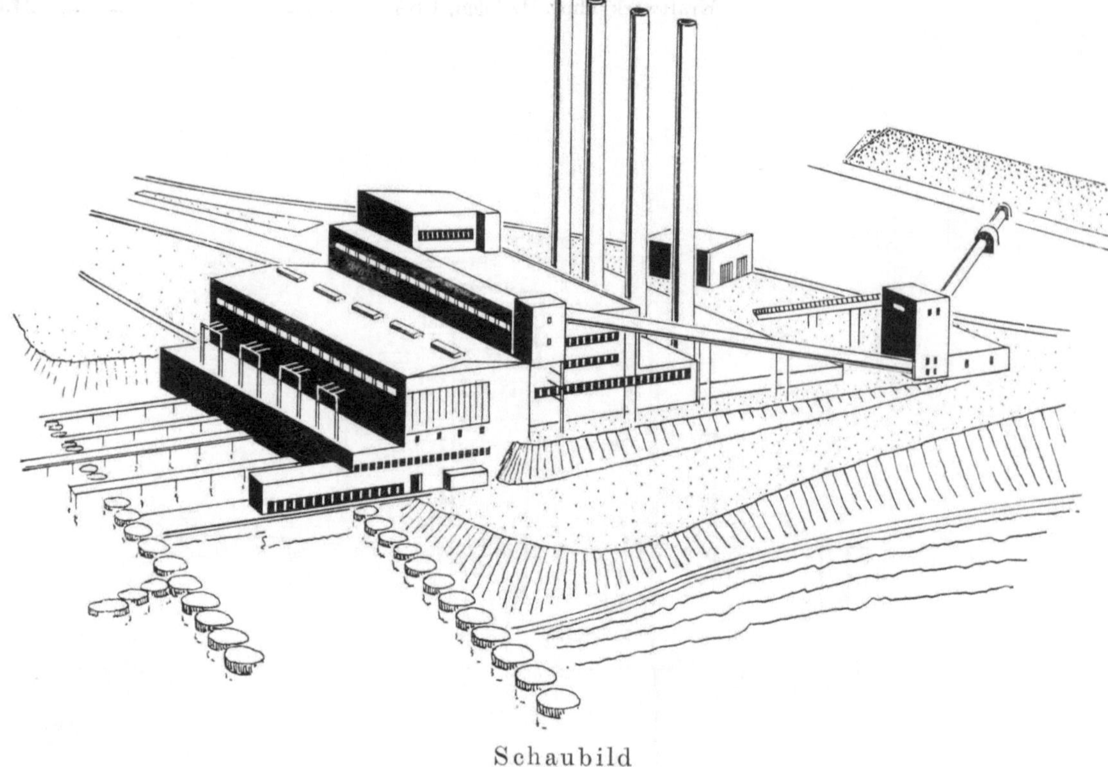

Schaubild

47

Kraftwerk Eastlake, USA

(Cleveland Electric Illuminating Company, Cleveland, Ohio)

Baujahr 1951/54

Kessel	Block I bis III	Block IV	Turbinen	Block I bis III	Block IV
Anzahl	3	1	Anzahl	3	1
Leistung t/h	400	685	Leistung MW	125	208
Art	Zwangumlauf		Leistung MVA	156,25	260
			Art	K	K
Genehmigungsdruck atü	—	—	Drehzahl U/min	3600	3600
Dampfzustand bei Austritt atü	129	174	Dampfdurchsatz t/h	—	—
Dampfzustand bei Austritt °C	565	565	Dampfzustand bei Eintritt atü	125	169
Dampfzustand hinter ZWÜ atü	—	—	Dampfzustand bei Eintritt °C	565	565
Dampfzustand hinter ZWÜ °C	537	565	bei Wiedereintritt atü	—	—
Brennstoff:			bei Wiedereintritt °C	537	565
Art	Steink.	Steink.	Kühlwassertemperatur °C	—	26
oberer Heizwert kcal/kg	6350	—	Dampfzustand bei Austritt ata	—	—
			Dampfzustand bei Austritt °C	—	—
Feuerung	Brenner	Brenner	Gehäusezahl	3	3
Schlackenabzug	trocken	trocken	Abdampfstutzen (flutig)	3	3
Luftvorwärmung °C	—	—	Vorwärmstufen	6	7
Abgastemperatur °C	135	121	Entgasungstemperatur °C	—	142
Wirkungsgrad %	86,6	89,4	Speisewassertemperatur °C	—	238

Rauchgasentstaubung: elektrisch
Wasseraufbereitung: chemisch und Verdampfung
Bauweise: Vollentsalzung
Vorgesehene Gesamtleistung 1000 MW

Kennzahlen

Spez. Wärmeverbr. netto kcal/kWh	2360[1]
„ Flächenbedarf m^2/kW	0,017
„ Raumbedarf m^3/kW	0,506
Personalbedarf Mann/MW	0,195

[1] im Jahr 1955

Das Kraftwerk Eastlake ist eines von 4 Kraftwerken der Gesellschaft, die alle am Erisee liegen (außer dem hier beschriebenen Avon (Nr. 5, S. 86), Ashtabula, Lake Shore). Es soll im Endausbau eine Leistung von 1000 MW aufweisen. Bei der Planung des Kraftwerkes — es liegt etwa 25 km östlich von Cleveland — im Jahr 1951 war beabsichtigt, 8 Einheiten zu je 125 MW aufzustellen; die Steigerung der Einheitsleistungen

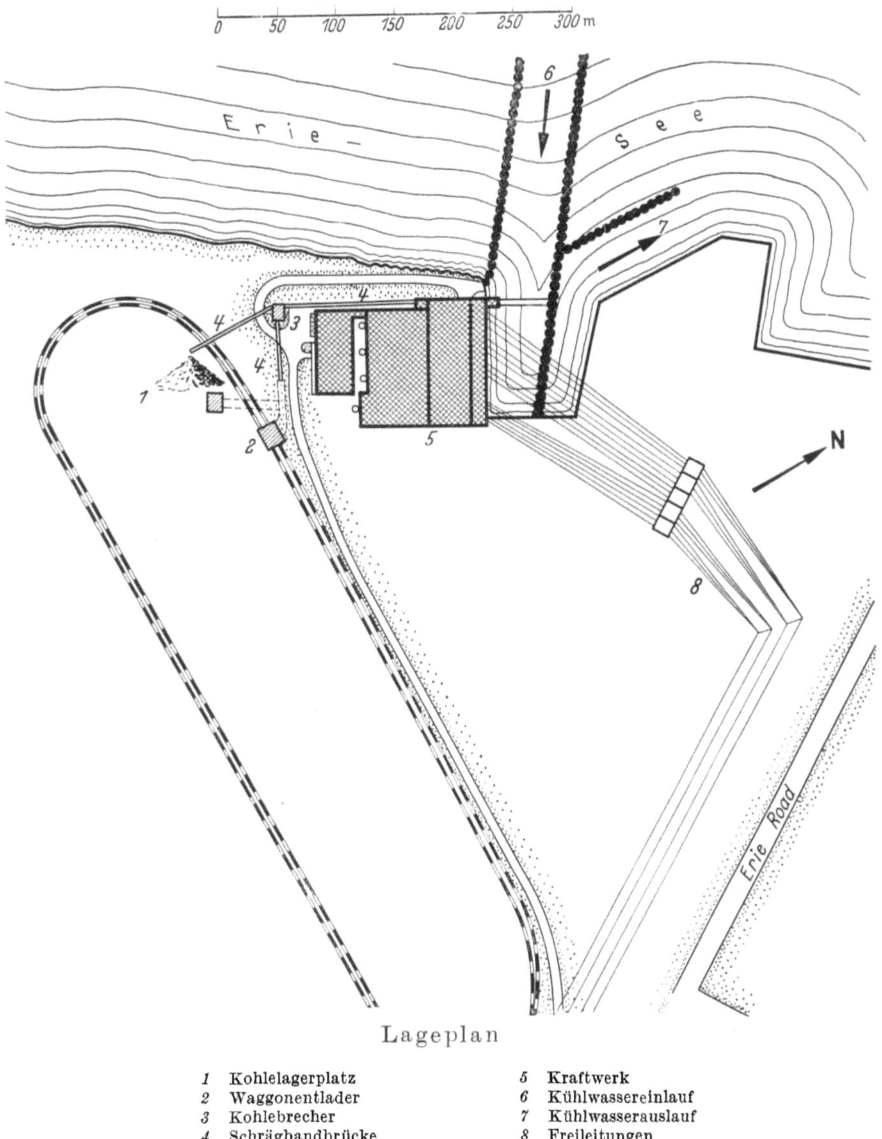

Lageplan

1 Kohlelagerplatz
2 Waggonentlader
3 Kohlebrecher
4 Schrägbandbrücke
5 Kraftwerk
6 Kühlwassereinlauf
7 Kühlwasserauslauf
8 Freileitungen

führte jedoch dazu, daß der vierte Satz für eine erheblich größere Leistung ausgelegt wurde. Augenblicklich sind 4 Blocks aufgestellt: die drei ersten, mit einem Dampfzustand von 125 atü, 565 °C an der Turbine mit Zwischenüberhitzung auf 537 ° C, leisten je 125 MW, der vierte Block hat eine Leistung von 208 MW (Dampfzustand an der Turbine 169 atü, 565/565 ° C).

Die Kohle wird von den Gruben der Pittsburgh Consolidation Coal Company bei Cadiz durch eine etwa 173 km lange Leitung mit einem Durchmesser von 280 mm zum Werk gefördert. Sie wird vorher zu gleichen Teilen mit Wasser gemischt. Längs der

Leitung befinden sich 3 Pumpstationen. Durch diese Leitung können 250000 t Kohle im Jahr gefördert werden. Auf dem Kraftwerksgelände selbst wird die Kohle durch ein Förderband entweder zum Lagerplatz oder sogleich zum Brecherhaus und anschließend in die Kohlenbunker gefördert. Auf dem Kohleplatz wird die Kohle durch Bulldozer bewegt.

In den See hinaus sind, ausgehend vom Kühlwassereinlauf und -auslauf, Spundwände angebracht, die ein unmittelbares Wiedereinströmen des aufgewärmten Kühlwassers in den Einlaufkanal verhindern.

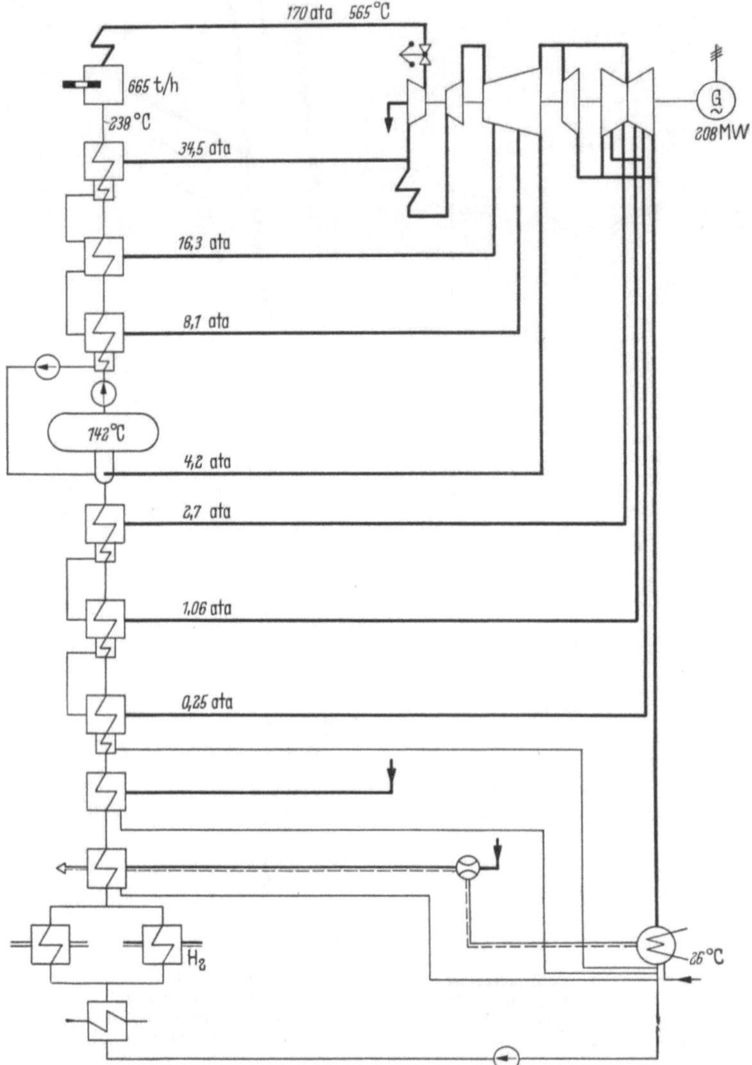

Wärmegrundschaltplan von Block IV

Die 4 Kessel haben Zwangumlauf. Hierdurch ergeben sich geringere Rohrdurchmesser und auch eine bessere Temperaturverteilung als bei Naturumlaufkesseln. Während bei den ersten 3 Kesseln der Feuerraum eine Rohrwand als Trennwand erhalten hat, besteht der Kessel 4 aus zwei getrennten Hälften. Der erste Teil des Hochdrucküberhitzers ist auf beide Hälften aufgeteilt, während der Hochtemperaturteil des Frischdampfüberhitzers und der Zwischenüberhitzer nur jeweils in einer Hälfte vorhanden sind. Der Kessel hat einen Wirkungsgrad von 89,4 %.

Bei diesem Kessel wird der Wasserstand in der Trommel durch ein Fernsehgerät in die Warte übertragen.

Sämtliche bisher aufgestellten Turbinen haben je eine Welle und 3 Abdampfstutzen. Die Sätze 1 bis 3 sind mit 6 Anzapfungen ausgestattet, während die Turbine 4 sieben Anzapfungen aufweist. Die ersten 3 Turbinen sind mit Verdampfern ausgerüstet; beim letzten Block wird das Speisewasser vollentsalzt.

Der Stator des Generators des vierten Blocks mit einer Leistung von 260 MVA ist mit hohlen Stäben ausgestattet, durch die Öl zur Kühlung geleitet wird. Die übliche

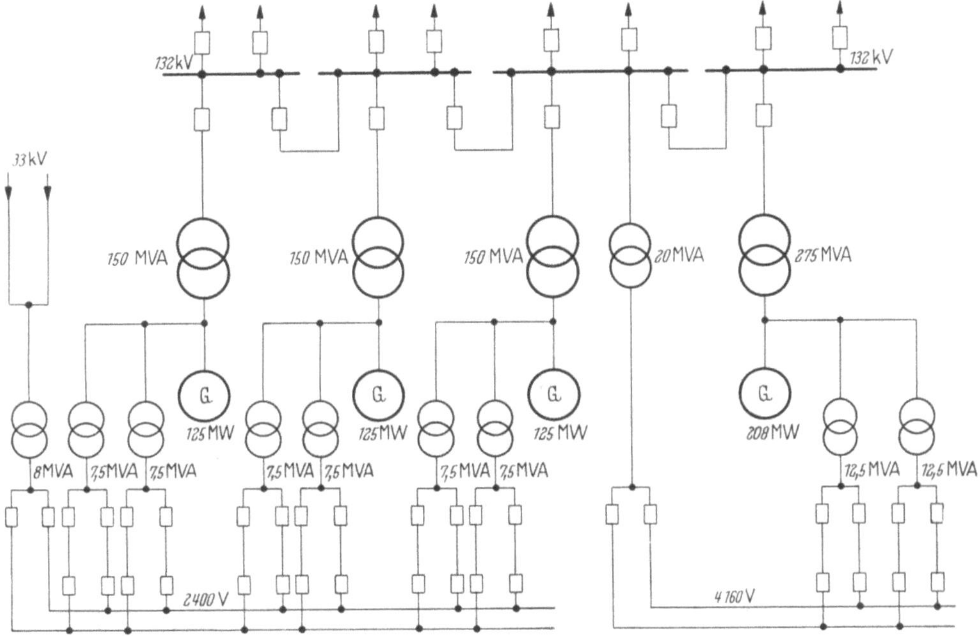

Elektrischer Übersichtsschaltplan

Wasserstoffkühlung des Generators mit einer Spannung von 18 kV ist dadurch erweitert worden, daß der Wasserstoff auch die Hohlräume in den Induktornuten durchspülen kann.

Das elektrische Schaltbild zeigt die übliche Anordnung. Die 4 Generatoren speisen über entsprechende Umspanner auf die 132 kV-Sammelschienen. Die Eigenbedarfssammelschienen der ersten 3 Sätze haben neben ihrer Verbindung mit den Generatoren über je 2 Umspanner noch eine Einspeisung von zwei 33 kV-Leitungen. Der Eigenbedarf des 208 MW-Satzes ist statt dessen zusätzlich mit der 132 kV-Sammelschiene verbunden.

Die räumliche Anordnung läßt erkennen, daß die Bunker zwischen Kessel- und Maschinenhaus angeordnet sind. Zwischen den frei stehenden Schornsteinen und dem Kesselhaus sind die Elektrofilter im Freien aufgestellt. Die Hauptumspanner stehen an der Außenwand des Maschinenhauses. Die 132 kV-Schaltanlage, von der 8 Leitungen abgehen, ist weiter abseits erstellt. Die Wärmewarte ist wie üblich zwischen je 2 Blocks aufgestellt, die Elektrowarte auf der anderen Seite des Maschinenhauses. Die Vorwärmer stehen neben den Turbinen. Diese haben Stahlfundamente. Auch die Bunker und das gesamte Gebäude sind in Stahl ausgeführt. Das Kraftwerk soll im Endausbau rund 500 DM/kW kosten.

Schrifttum

Power April 1951, S. 103.

Druckschriften der Cleveland Electric Illuminating Company: Eastlake Power Plant. Unit 1 bis 4; Unit Nr. 4, General Description.

Holley, C. H.: Electr. Wld. Bd. 147, 27. 5. 1957, S. 82/84, 142.

Dauber, C. A.: Combustion, Bd. 28, April 1957, S. 39/42.

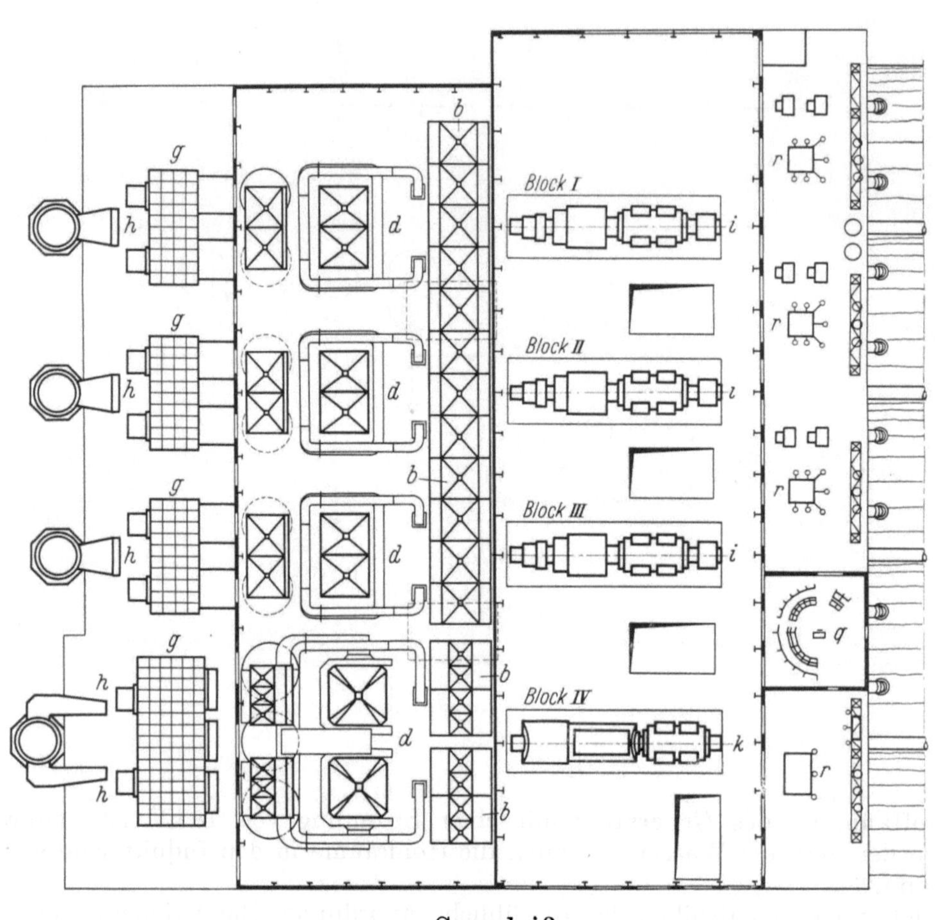

Grundriß

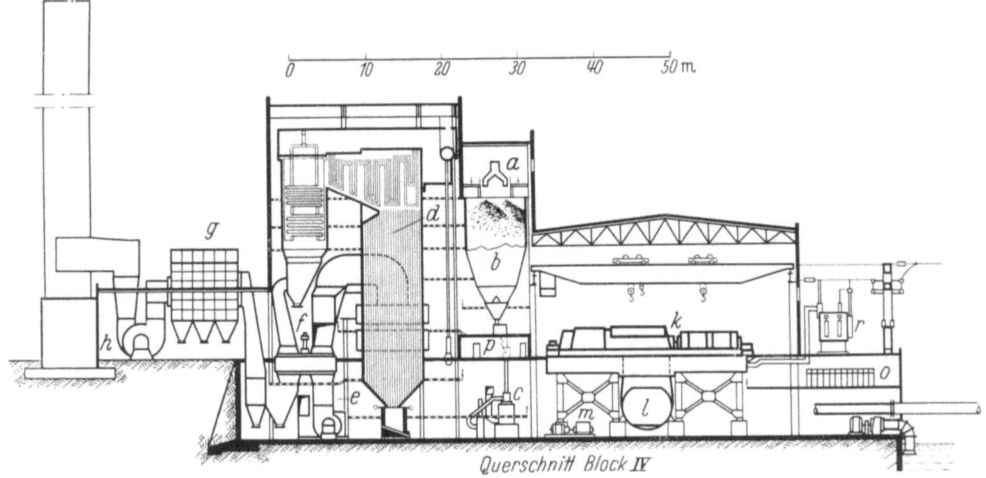

Querschnitt

Legende zum Grundriß und Querschnitt

a	Bekohlung	*i*	Turbogenerator 125 MW
b	Bunker	*k*	Turbogenerator 208 MW
c	Kohlemühle	*l*	Kondensator
d	Kessel	*m*	Kesselspeisepumpe
e	Frischluftgebläse	*o*	Eigenbedarfsschaltanlage
f	Luftvorwärmer	*p*	Wärmewarte
g	Elektrofilter	*q*	Elektrowarte
h	Saugzuggebläse	*r*	Hauptumspanner

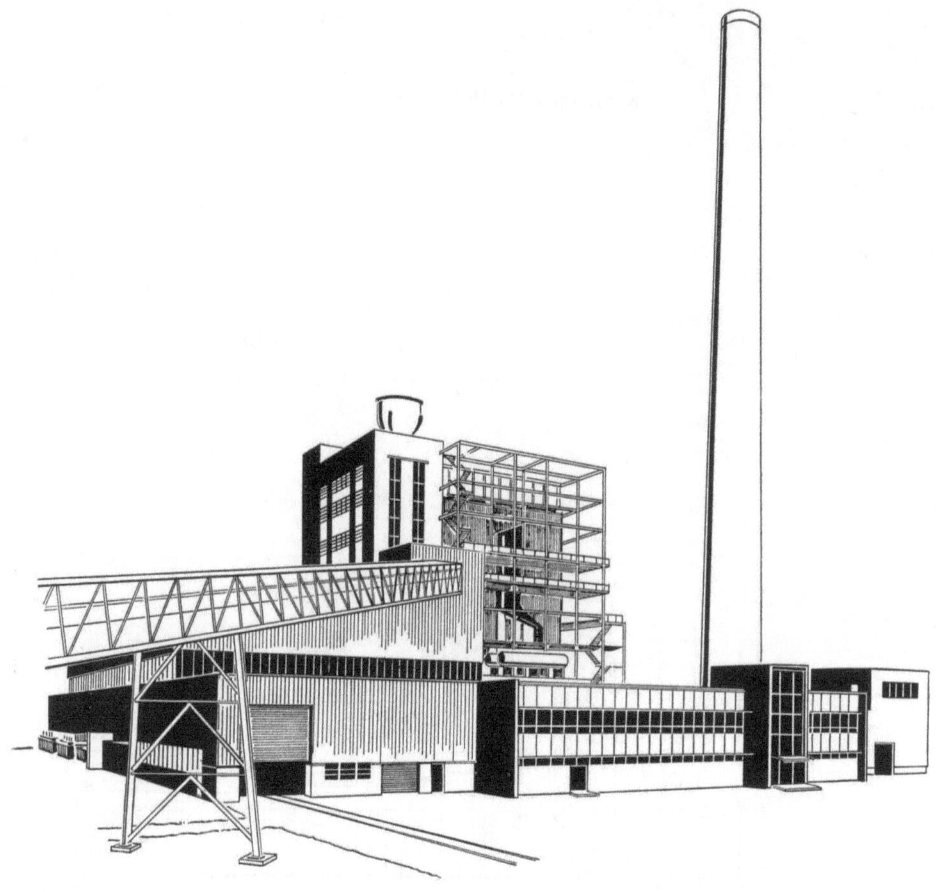

Schaubild

48

Kraftwerk Portland, USA
(Metropolitan Edison Company, Reading, Pa.)
Baujahr 1956/58

Kessel	Block I
Anzahl	1
Leistung t/h	520
Art	Durchlauf
Genehmigungsdruck atü	—
Dampfzustand bei Austritt atü	183
Dampfzustand bei Austritt °C	571
Dampfzustand hinter ZWÜ atü	37
Dampfzustand hinter ZWÜ °C	571
Brennstoff:	
Art	Steinkohle
oberer Heizwert kcal/kg	7350
Feuerung	Ecken
Schlackenabzug	trocken
Luftvorwärmung °C	—
Abgastemperatur °C	—
Wirkungsgrad bezogen auf H_0 %	89,5

Turbinen	Block I	
Anzahl	1	
Leistung MW	83	84
Leistung MVA	100	102
Art	HD	ND
Drehzahl U/min	3600	1800
Dampfdurchsatz t/h	485	—
Dampfzustand bei Eintritt atü	169	11,3
Dampfzustand bei Eintritt °C	565	—
bei Wiedereintritt atü	37	—
bei Wiedereintritt °C	565	—
Kühlwassertemperatur °C	—	—
Dampfzustand bei Austritt atü	12,3	0,0345
Dampfzustand bei Austritt °C	—	—
Gehäusezahl	2	1
Abdampfstutzen (flutig)	1	1
Vorwärmstufen	3	4
Entgasungstemperatur °C	181	—
Speisewassertemperatur °C	272	—

Kennzahlen

Spez. Wärmeverbr. netto kcal/kWh	2250[1]
,, Flächenbedarf m²/kW	0,019
,, Raumbedarf m³/kW	0,67

[1] Bestlast

Rauchgasentstaubung: mechanisch und elektrisch
Wasseraufbereitung: Vollentsalzung
Bauweise: Stahlkonstruktion
Vorgesehene Gesamtleistung: 1000 MW

Die Metropolitan Edison Company begann im Jahr 1956 mit dem Bau eines bei Portland im Staate Pennsylvania am Delaware gelegenen Kraftwerkes, dessen erster 167 MW-Block im Jahr 1958 in Betrieb gehen soll. Die Zweiwellenturbine wurde für 169 atü, 565° C mit Zwischenüberhitzung auf die gleiche Temperatur ausgelegt. Der Durchlaufkessel leistet 520 t/h, der Betriebsdruck kann auf 184 atü und die Dampftemperatur auf 570° C erhöht werden. Das Flußwasser reicht für eine Kraftwerksleistung von 1000 MW aus. Vorläufig ist der Einbau von 6 Blocks geplant. Mit

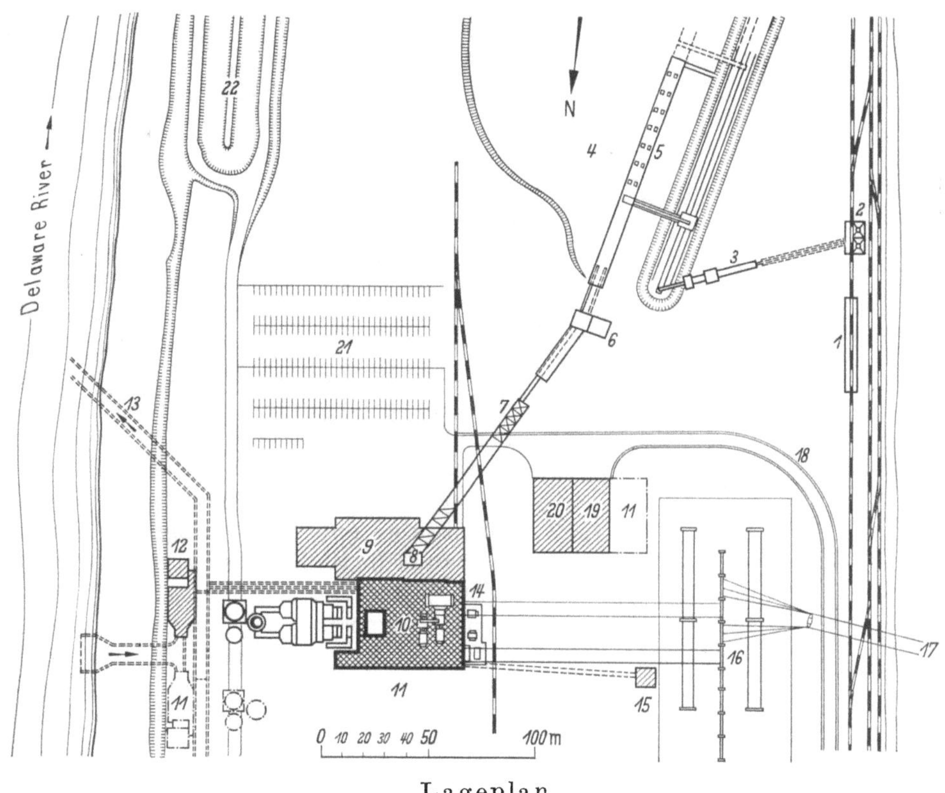

Lageplan

1 Auftauhalle
2 Waggonkipper
3 Brecheranlage
4 Kohlelagerplatz
5 Förderanlage
6 Überwachungsstation der Bekohlungsanlage
7 Schrägbandbrücke
8 Übergabeturm
9 Wasseraufbereitungsanlage und Betriebsgebäude
10 Kraftwerk
11 Erweiterungsraum
12 Einlaufbauwerk
13 Kühlwasserauslauf
14 Aufspannanlage
15 Wartengebäude
16 Freiluftschaltanlage
17 Freileitungen
18 Zufahrtsstraße
19 Lagerhaus
20 Garage
21 Parkplatz
22 Ascheabsetzbecken

dem wachsenden Energiebedarf kann die Blockleistung erhöht werden. Auch größere Sätze lassen sich bei den vorliegenden Kessel- und Maschinenhausabmessungen einbauen. Diese werden voraussichtlich mit überkritischem Betriebsdruck betrieben, der bei dem Dampfdurchsatz der 167 MW-Turbine noch nicht wirtschaftlich war.

Die Kohle wird auf dem Schienenweg herangeführt und gelangt über Waggonkipper und Brecher zum Kohlenplatz. Die Förderung der Kohle in die Bunker ist weitgehend automatisiert. Sie wird von dem Bedienungspersonal in der Warte überwacht. Nach Inbetriebnahme von 3 Blocks kann die Bebunkerungsanlage ständig durchlaufen.

Der Hochdruckteil der Turbine hat 2 Gehäuse; er leistet 83 MW bei 3600 U/min. Zwischen den beiden Gehäusen wird der Dampf zwischenüberhitzt. Der eingehäusige Niederdruckteil ist einflutig, seine Leistung beträgt 84 MW, die Drehzahl 1800 U/min.

Der Druck in dem Überströmbogen liegt bei 11,3 atü. Hinter dem Speisewasserbehälter mit Entgaser und den Speisewasserpumpen sind 2 Hochdruckvorwärmer eingeschaltet. Unmittelbar vor dem Kessel liegt noch ein Wärmeaustauscher, der von dem in dem Wasserabscheider des Sulzerkessels ausgeschiedenen Wasser — etwa 4% des gesamten Durchsatzes — durchflossen wird. Es läuft gemeinsam mit den Kondensaten der Hochdruckvorwärmer in den Entgaser. Das vollentsalzte Wasser wird dem Hotwell des Kondensators zugeführt. Der elektrische Eigenbedarf ohne Kesselspeisepumpe beträgt 3,25%, der spezifische Wärmeverbrauch für den Turbosatz allein 1943 kcal/kWh und für das gesamte Kraftwerk 2250 kcal/kWh bei Bestlast.

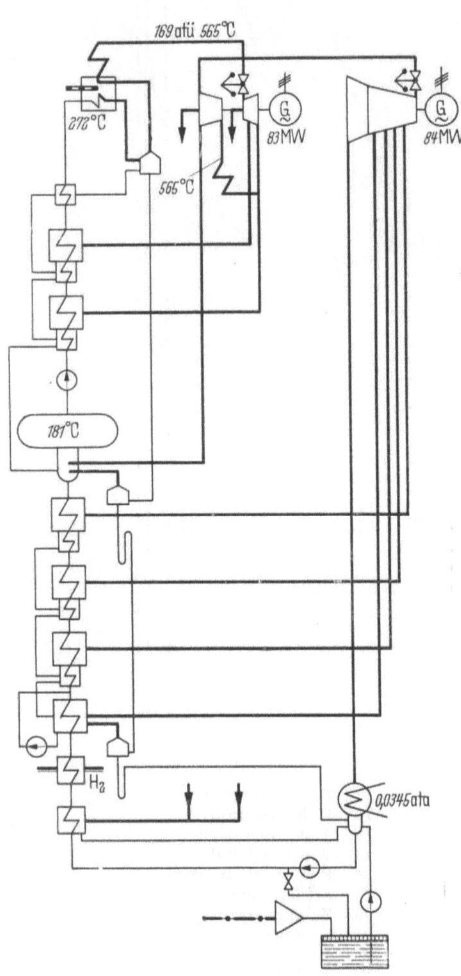

Wärmegrundschaltplan

Der Kessel hat 2 Züge und zwei getrennte Rohrsysteme. Die Eckenbrenner können zur Regelung der Dampftemperatur geschwenkt werden. Sicherheitshalber sind noch Einspritzkühler vorgesehen. Das Rauchgasfilter, das den Staub auf mechanischem und elektrischem Wege reinigt, soll einen Abscheidungsgrad von 99% erreichen. Die Betriebssicherheit der Kesselspeisepumpen wurde so hoch eingeschätzt, daß man sich auf die Aufstellung von 2 Halblastpumpen beschränkte und nur die Möglichkeit der Aufstellung einer dritten Pumpe bei der Planung berücksichtigte. Während die Vorpumpe mit 3600 U/min umläuft, beträgt die normale Drehzahl der Hauptpumpe 6800 U/min. Sie ist über ein Übersetzungsgetriebe und eine hydraulische Kupplung mit dem Antriebsmotor gekuppelt.

Die Niederdruckturbine erhielt einen axialen, diffusorartig ausgebildeten Abdampfstutzen zum Kondensator, der nicht unter, sondern hinter dem Niederdruckteil aufgestellt ist. Durch diese Anordnung wurden die Umlenkverluste des Abdampfes beim Eintritt in den Kondensator vermieden und ein Höchstmaß an Geschwindigkeitsenergie zurückgewonnen.

Die beiden Generatoren mit einer Leistung von 100 MVA bzw. 102 MVA sind über einen gemeinsamen 200 MVA-Umspanner mit der 115 kV-Sammelschiene verbunden. Ebenso wird der Eigenbedarf über einen einzigen Umspanner, der die Klemmenspannung (13,8 kV) auf 4,16 kV abspannt, versorgt. Außerdem besteht eine unmittelbare Verbindung der 115 kV-Sammelschiene mit dem Eigenbedarf über einen 15 MVA-Umspanner. Für die Erregung stehen 3 Umformersätze mit einer Leistung von je 300 kW zur Verfügung.

Die Einordnung der Anlageteile in das Gebäude ist so getroffen, daß Kessel und Turbine so dicht wie möglich zusammenstehen und beim weiteren Ausbau jeweils 2 Blocks einander spiegelbildlich zugeordnet werden können. Die Bunkeranlage und die anschließende neben dem Maschinenhaus angeordnete Warte werden dann zwischen einem Kesselpaar liegen. Beide sind jeweils für 2 Blocks in einem Trakt vereinigt. Die Rauchgase werden, nachdem sie den Ljungström-Vorwärmer durchströmt haben, über das Filter und die beiden Saugzuggebläse zum frei stehenden Schornstein geleitet. Der Kessel ist in seinem oberen Teil in Freiluftbauweise ausgeführt. Die Höhe des Kondensators über dem normalen Wasserstand bestimmte die Kote des Maschinenhauses. Sie liegt 2,5 m unter dem Erdboden. Der Maschinenhauskeller benötigt infolge des axial angeordneten Kondensators nur eine Höhe von rund 5,5 m. Infolgedessen liegt der Bedienungsflur des Kesselhauses rund 4 m über dem des Maschinenhauses. In letzterem

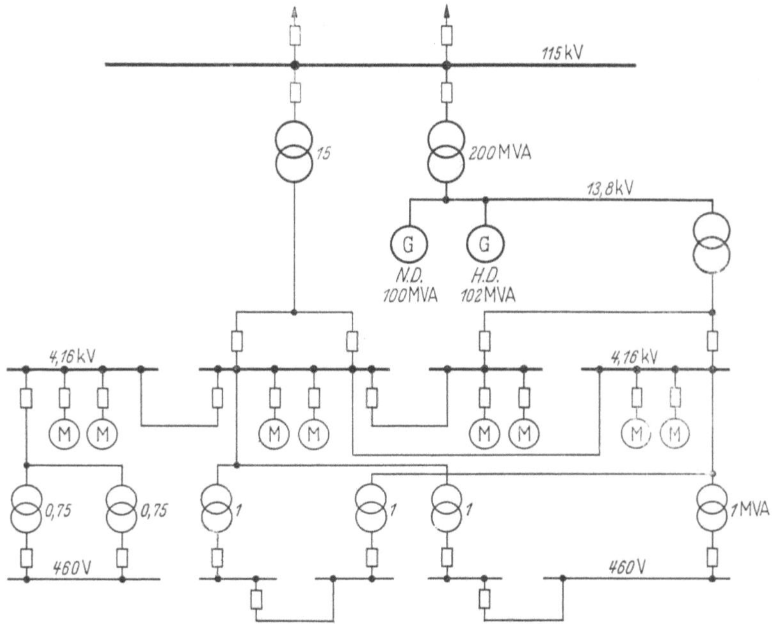

Elektrischer Übersichtsschaltplan

ist der Turbosatz in geschlossener Verbundbauweise längsgestellt. An seinen beiden Längsseiten befinden sich die Hochdruck- und Niederdruckvorwärmer. An der generatorseitigen Stirnseite stehen die Erregersätze, im Keller des Pumpenhauses sind die Speisepumpen untergebracht.

Schrifttum

MILLER, J. G.: Axial-Flow Exhaust Turbine and Monotube Boiler are Basic Considerations of Portland Generating Stations. Paper No. 57-PWR-3 der ASME.

FOWLER, J. E.: Design Features and Development of the Cross Compound, Single Flow Turbine with Axial Exhaust for the Portland Station. Paper No. 57-PWR-6 der ASME.

SCUTT, E. D.: Unusual Features of the Portland Combustion Control System. Paper No. 57-PWR-8 der ASME.

JONES, G. T.: The Condenser at Portland. Paper No. 57-PWR-14 der ASME.

MILLER, J. G., u. R. H. KREISINGER: Mechanical Engineering, Bd. 80, Febr. 1958, S. 64/70.

Power Engineering, Bd. 62, Jan. 1958, S. 66/68.

Power, Bd. 102, Okt. 1958, S. 164/67.

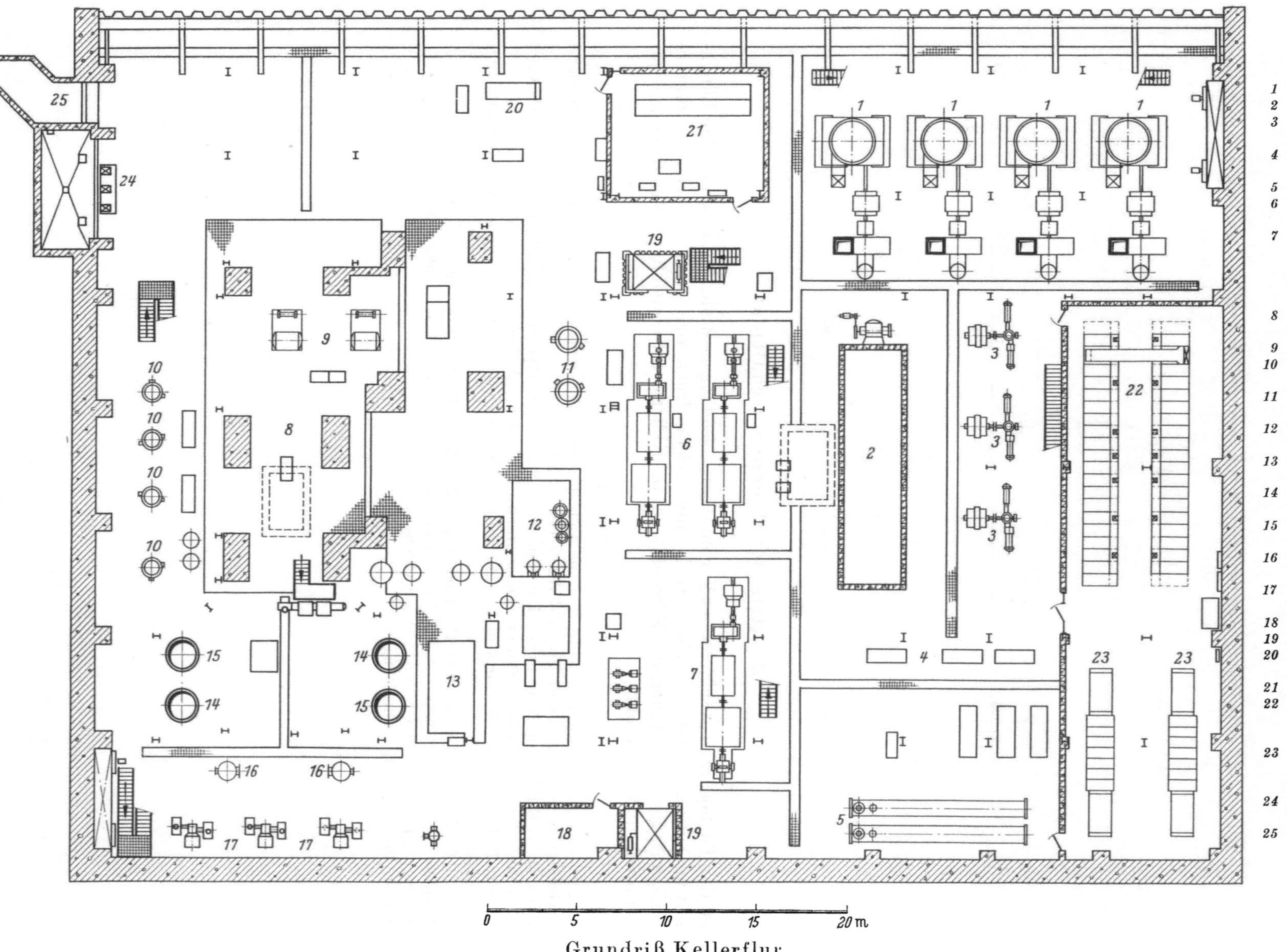

Grundriß Kellerflur

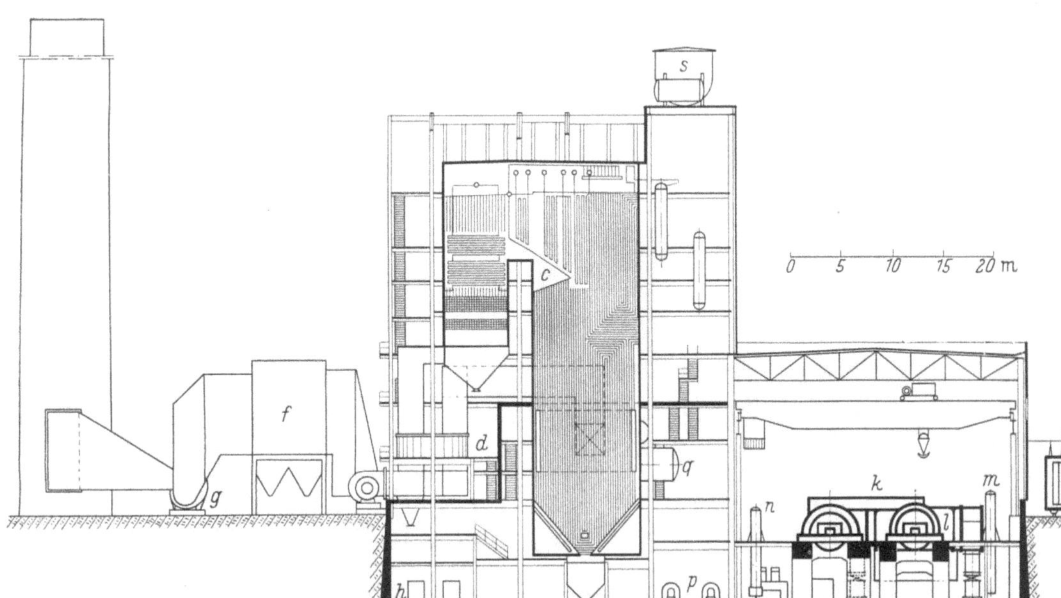

Querschnitt

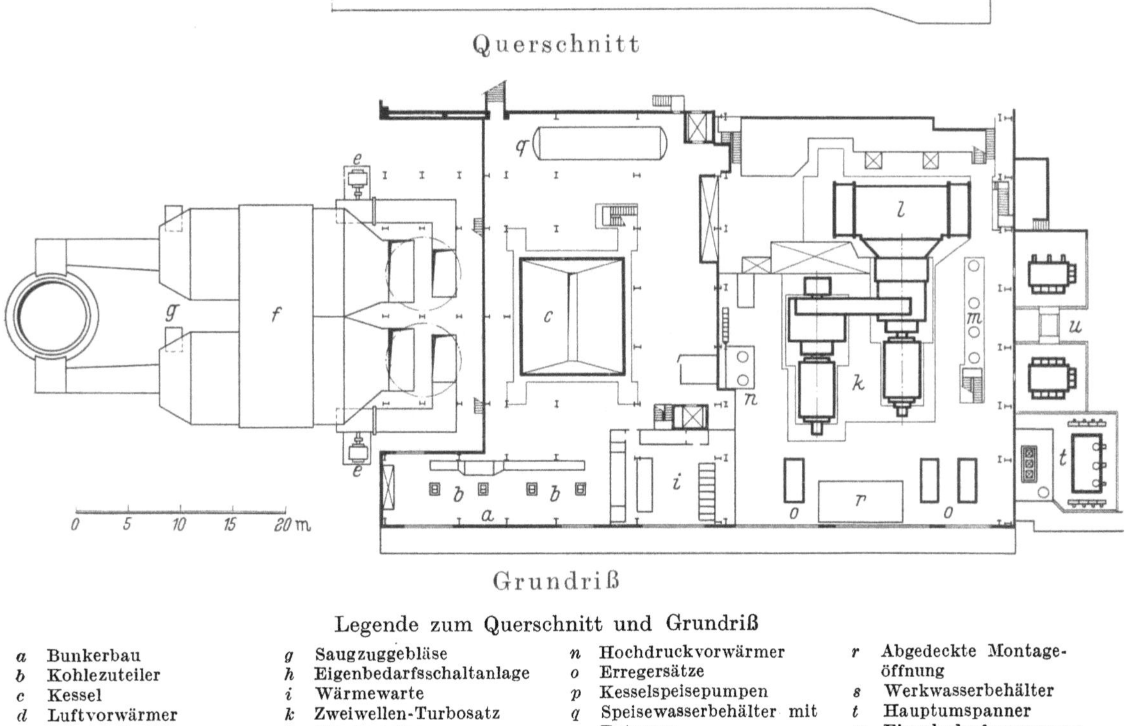

Grundriß

Legende zum Querschnitt und Grundriß

a Bunkerbau
b Kohlezuteiler
c Kessel
d Luftvorwärmer
e Frischluftgebläse
f Rauchgasfilter
g Saugzuggebläse
h Eigenbedarfsschaltanlage
i Wärmewarte
k Zweiwellen-Turbosatz
l Kondensator
m Niederdruckvorwärmer
n Hochdruckvorwärmer
o Erregersätze
p Kesselspeisepumpen
q Speisewasserbehälter mit Entgaser
r Abgedeckte Montageöffnung
s Werkwasserbehälter
t Hauptumspanner
u Eigenbedarfumspanner

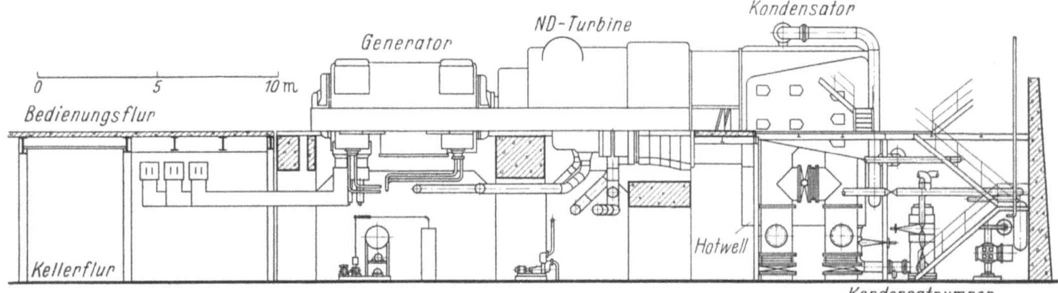

Längsansicht der Niederdruckturbine

Schaubild

50 **Kraftwerk St. Clair, USA**

(Detroit Edison Co., Detroit, Mi.)

Baujahr 1952/54 und 1957/60

Kessel	Block I bis IV	Block V
Anzahl	4	1
Leistung t/h	485	950
Art	Naturumlauf	
Genehmigungsdruck .. atü	—	—
Dampfzustand bei Austritt atü	130	172
°C	537	565
Dampfzustand hinter ZWÜ atü	34	36
°C	537	537
Brennstoff:		
Art	Steinkohle	
oberer Heizwert kcal/kg	6500	6500
Feuerung	Brenner	Zyklon
Schlackenabzug	trocken	flüssig
Luftvorwärmung °C	300	—
Abgastemperatur °C	130	—
Wirkungsgrad %	—	—

Turbinen	Block I bis IV		Block V	
Anzahl	4	4	1	1
Leistung MW	35	90	176	162
Leistung MVA	44	106	209	212
Art	HD	ND	HD	ND
Drehzahl U/min	3600	1800	3600	1800
Dampfdurchsatz t/h	—	—	—	—
Dampfzustand bei Eintritt atü	126	34	169	—
°C	537	537	565	—
Dampfzustand bei Wiedereintritt atü	—	—	34,8	—
°C	—	—	537	—
Kühlwassertemperatur ...	—	—	—	26,4
Dampfzustand bei Austritt ata	35	0,035	—	0,035
°C	360	—	—	—
Gehäusezahl °C	1	2	2	1
Abdampfstutzen (flutig) ..	1	2	1	2
Vorwärmstufen	1	5	3	4
Entgasungstemperatur °C	—	—	—	—
Speisewassertemperatur °C	—	—	—	250

Rauchgasentstaubung: mechanisch
Wasseraufbereitung: chemisch und Verdampfung, Vollentsalzung
Bauweise: Stahlbau
Vorgesehene Gesamtleistung: 1176 MW

Kennzahlen

Spez. Wärmeverbrauch netto .... kcal/kWh	—	
„ Flächenbedarf m^2/kW	0,011	Block I bis VI
„ Raumbedarf m^3/kW	0,85	Block I bis VI

Im Kraftwerk St. Clair der Detroit Edison Co. wurden in den Jahren 1952/54 vier Blocks in Zweiwellenanordnung mit einer Leistung von je 125 MW bei einem Dampfzustand an der Turbine von 126 atü, 537° C mit Zwischenüberhitzung auf die gleiche Temperatur aufgestellt. Im Bau sind zwei weitere Blocks mit einer Leistung von je 338 MW und einem Dampfzustand von 169 atü, 565° C mit Zwischenüberhitzung auf 537° C. Diese beiden Sätze werden 1959 bzw. 1960 in Betrieb gehen.

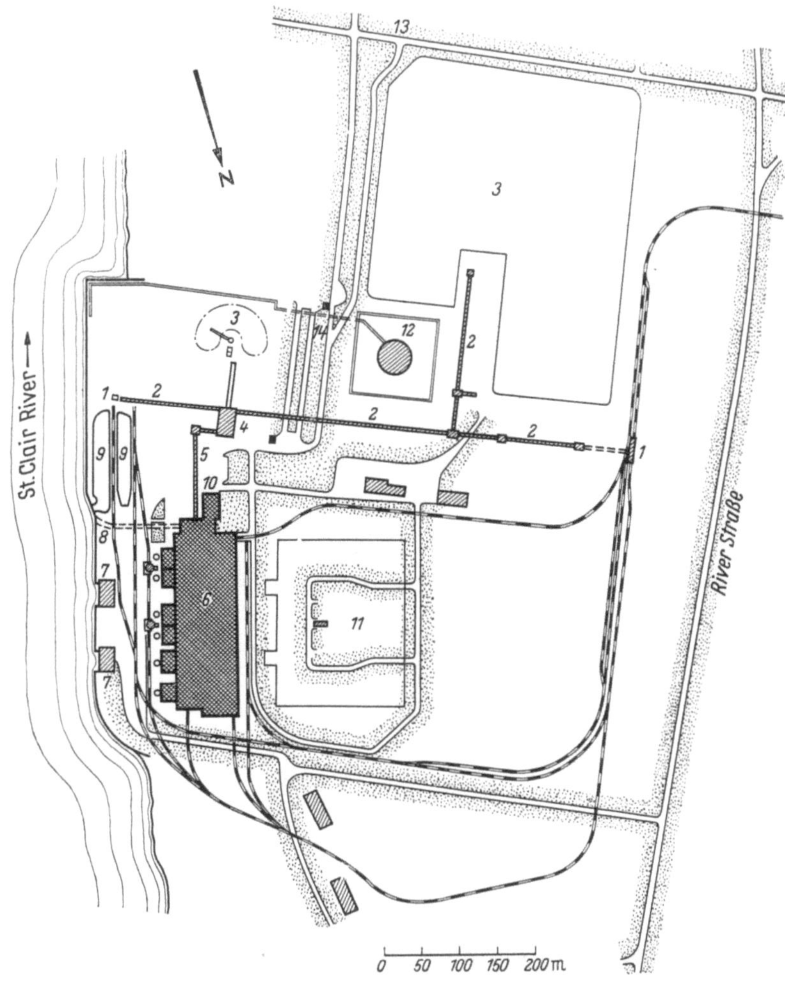

Lageplan

1	Kohleentladestation	*8*	Kühlwasserauslauf
2	Förderband	*9*	Ascheabsetzbecken
3	Kohlelagerplatz	*10*	Bürogebäude
4	Brecheranlage	*11*	120 kV-Freiluftschaltanlage
5	Schrägbandbrücke	*12*	Öltank
6	Kraftwerk	*13*	Zufahrt zum Kraftwerk
7	Einlaufbauwerk	*14*	Pförtnerhaus und Parkplätze

Die Kohle wird mittels Kähnen auf dem St.-Clair-Fluß zum Kraftwerk befördert. Für die Wintermonate, in denen mit einem Ausfall der Zufuhr auf dem Wasserwege gerechnet werden muß, können zusätzlich etwa $1^1/_2$ Mill. t Kohle gelagert werden. Der Brennstoff kann auch auf dem Schienenwege herangeschafft werden. Die Beschickung der Kraftwerksbunker geschieht mittels Bändern, in die eine Brecheranlage eingeschaltet ist. Die Kühlwasserpumpen stehen im Siebhaus.

Die eingehäusigen Hochdruckturbinen der ersten 4 Blocks leisten je 35 MW, die zugehörigen Nachschaltturbinen mit Mittel- und Niederdruckteil je 90 MW. Der Trenndruck für die Zwischenüberhitzung liegt bei 34 atü. Das Speisewasser wird in 6 Stufen aufgewärmt, der Mitteldruckteil besitzt 5 Anzapfungen; die letzte Vorwärmstufe wird von einem Teil des aus dem Hochdruckteil austretenden Dampfes beaufschlagt. In das Vorwärmsystem ist eine Verdampferanlage einbezogen.

Bei dem Block V ist der Mitteldruckteil auf der Welle des Hochdruckteils untergebracht. Die beiden Generatoren haben fast die gleiche Leistung (176 bzw. 162 MW),

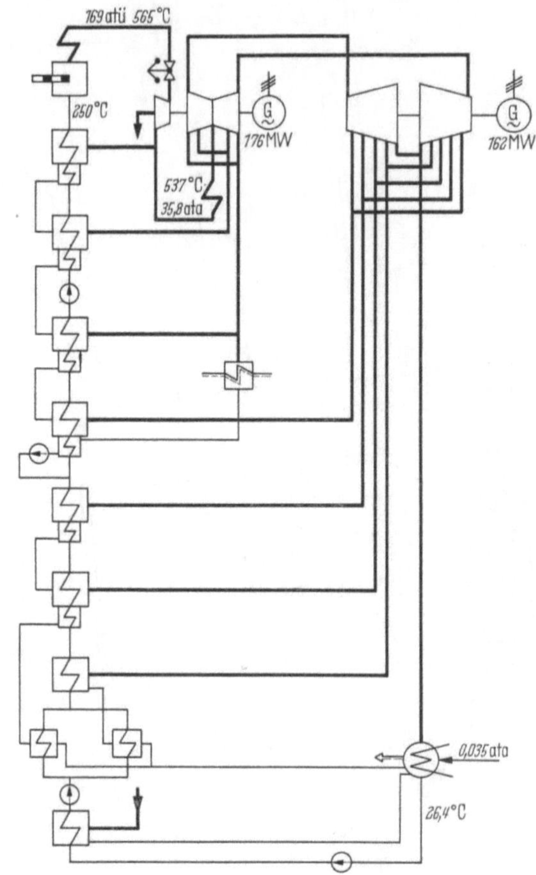

Wärmegrundschaltplan Block V

wobei aber wie bei den ersten 4 Blocks der Vorschaltteil mit 3600 U/min, der Nachschaltteil mit 1800 U/min umläuft. Die Zwischenüberhitzung liegt auch hier zwischen Hoch- und Mitteldruckteil. Der letztere sowie der Niederdruckteil sind doppelflutig; eine Vermischung der beiden Teilströme tritt beim Übergang zum Niederdruckteil nicht ein. Es sind 7 Vorwärmstufen vorhanden, von denen vier hinter den Speisepumpen liegen. Das Speisewasser wird auf 250° C vorgewärmt. Das Zusatzwasser wird vollentsalzt.

Der Block VI soll die gleiche Leistung wie Block V erhalten.

Bei den Kesseln der ersten 4 Blocks ist der Feuerraum durch eine Trennwand aus Rohren unterteilt. Die Brenner für Kohle und Öl sind waagerecht angeordnet. Der Kessel des Blocks V ist mit 8 Zyklonen ausgestattet.

Die Generatoren jedes Blocks sind über einen Umspanner an die 135 kV-Sammelschiene angeschlossen. Jeder Generator speist über einen Umspanner in die Eigenbedarfssammelschienen mit 2,4 kV. Beide Sammelschienen sind über Umspanner miteinander verbunden, der Eigenbedarf zusätzlich mit einem 40 kV-Netz, so daß eine unabhängige Einspeisung beim Anfahren und bei Störungsfällen vorhanden ist.

Das Bunkerhaus liegt auf der dem Maschinenhaus zugewandten Seite des Kesselhauses. Der Kessel 5 hat einen Doppelbunker. Zwischen Bunker- und Maschinenhaus ist noch ein Zwischenbau eingeschoben, der die Vorwärmer aufnimmt. Die Turbinen sind zur Maschinenhausachse quer aufgestellt.

Bei den ersten vier vollkommen gleichen Blocks wurde eine spiegelbildlich symmetrische Anordnung der Aggregate gewählt. Im Schwerpunkt des Blocks liegt je eine Wärme-

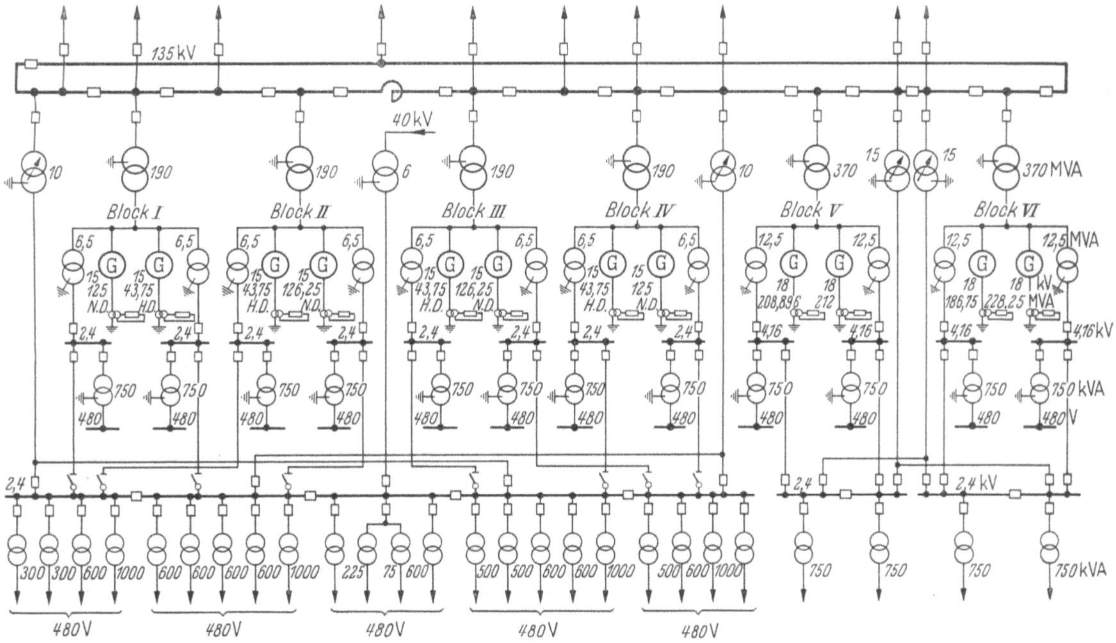

Elektrischer Übersichtsschaltplan

warte. Die Elektrowarte ist für alle 4 Blocks gemeinsam im Zentrum dieses ersten Kraftwerksteils ebenfalls auf Maschinenhausflur in den Zwischentrakt eingeschaltet.

Für die Blocks V und VI hat man die für den ersten Ausbau gültigen Leitgedanken aufgegeben. Es wurden zwei verschiedene Kessel- und Turbinenbauarten gewählt. Jeder Block hat seine eigene Wärmewarte.

Die Entstaubungs- und Saugzuganlagen stehen im Freien. Das Kraftwerksgebäude in Stahlbauweise mußte auf Pfählen gegründet werden.

Schrifttum

Wagner, H. A., u. W. W. Brown: Electr. Wld. Bd. 140, 3. 8. 1953, S. 32/34.
Pwr. Eng. Bd. 58, März 1954, S. 71.

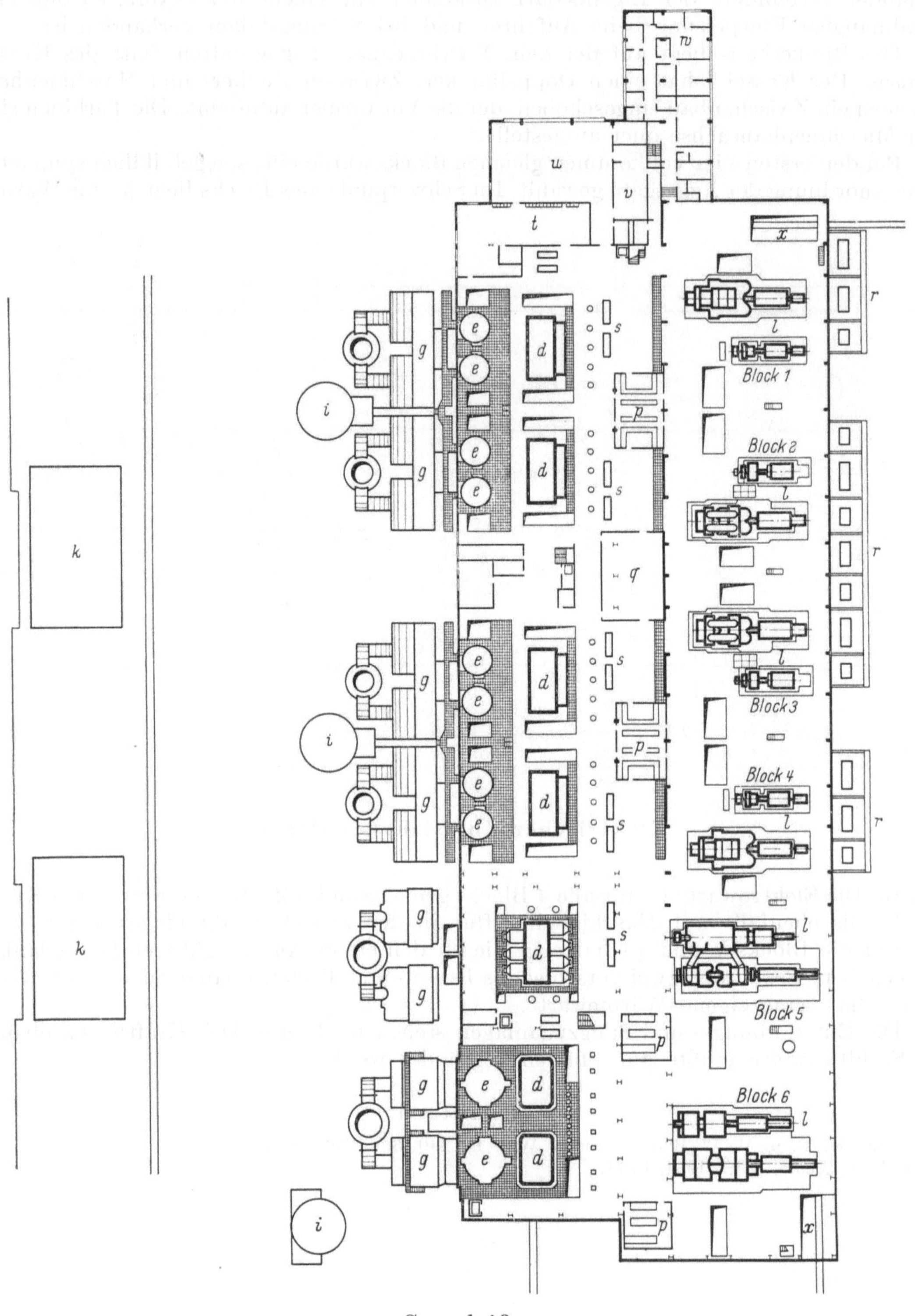
w
u
v
t
x
r
l
Block 1
Block 2
Block 3
Block 4
Block 5
Block 6
s
p
q
d
e
g
i
k

Grundriß

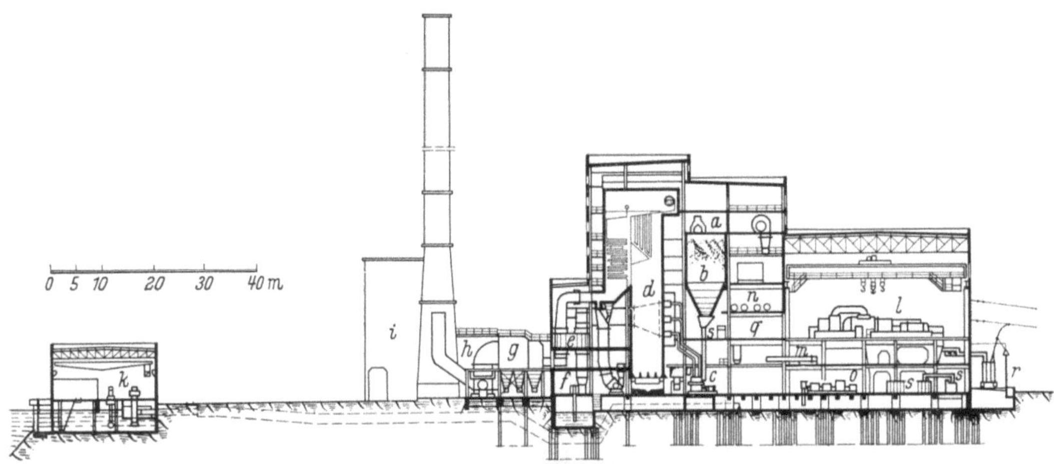

Querschnitt

Legende zum Grundriß und Querschnitt

a Bekohlung
b Bunker
c Kohlemühle
d Kessel
e Luftvorwärmer
f Frischluftgebläse
g Rauchgasfilter
h Saugzuggebläse
i Flugaschebunker
k Einlaufbauwerk
l Turbogeneratoren
m Niederdruckvorwärmer
n Hochdruckvorwärmer
o Kesselspeisepumpe
p Block-Wärmewarte
q Elektrowarte
r Umspanner
s Eigenbedarfsschaltanlage
t Lagerraum
u Werkstatt
v Werkzeuglager
w Bürogebäude
x Montageöffnung

Schaubild

51 **Kraftwerk River Rouge, USA**

(Detroit Edison Company, Detroit, Mi.)

Baujahr 1954/56/57

Kessel	Block I	Block II	Block III
Anzahl	1	1	1
Leistung t/h	780	780	910
Art	Naturumlauf	Zwangumlauf	Naturumlauf
Genehmigungsdruck .. atü	163	163	190
Dampfzustand bei Austritt atü	144	144	172
Dampfzustand bei Austritt °C	565	565	565
Dampfzustand hinter ZWÜ atü	32	32	33
Dampfzustand hinter ZWÜ °C	537	537	537
Brennstoff:			
Art	Steinkohle, Öl, Gichtgas		
oberer Heizwert kcal/kg	6500	6500	6500
Feuerung	Brenner	Brenner	Brenner
Schlackenabzug	trocken	trocken	trocken
Luftvorwärmung °C	306	306	315
Abgastemperatur °C	130	130	95
Wirkungsgrad %	89,17	89,17	91

Rauchgasentstaubung: mechanisch und elektrisch
Wasseraufbereitung: Vollentsalzung
Bauweise: Stahlbeton und Stahlkonstruktion
Vorgesehene Gesamtleistung: etwa 1500 MW

Turbinen	Block I	Block II	Block III
Anzahl	1	1	1
Leistung MW	260	260	320
Leistung MVA	325	325	400
Art	K	K	K
Drehzahl U/min	3600/1800		
Dampfdurchsatz t/h	750	750	910
Dampfzustand bei Eintritt atü	140	140	169
Dampfzustand bei Eintritt °C	565	565	565
Dampfzustand bei Wiedereintritt atü	32	32	32
Dampfzustand bei Wiedereintritt °C	535	535	535
Kühlwassertemperatur °C	—	—	—
Dampfzustand bei Austritt ata	0,035	0,035	0,035
Dampfzustand bei Austritt °C	26,3	26,3	26,3
Gehäusezahl	4	4	3
Abdampfstutzen (flutig)	2	2	2
Vorwärmstufen	7	7	7
Entgasungstemperatur °C	—	—	—
Speisewassertemperatur °C	240	240	245
Kennzahlen			
Spez. Wärmeverbrauch netto kcal/kWh	2235	2235	2170
„ Flächenbedarf m^2/kW	0,015		
„ Raumbedarf m^3/kW	0,67		

Turbosatz		I	II	III
Hochdruckteil	3600 U/min	135 MW	156 MW	178 MW
Niederdruckteil	1800 U/min	125 MW	104 MW	142 MW
		260 MW	260 MW	320 MW

Das Kraftwerk River Rouge gehört zu den fortschrittlichsten Kraftwerksanlagen der USA. Die bereits aufgestellten Turbosätze (Zweiwellenausführung) mit einer Leistung von 260 und 320 MW zählen hinsichtlich ihres Wärmeverbrauchs mit 2235 und 2170 kcal/kWh zu den besten der Welt. Für den Endausbau sind 5 Blockeinheiten vorgesehen, so daß das Kraftwerk eine installierte Leistung von rund 1500 MW aufweisen wird.

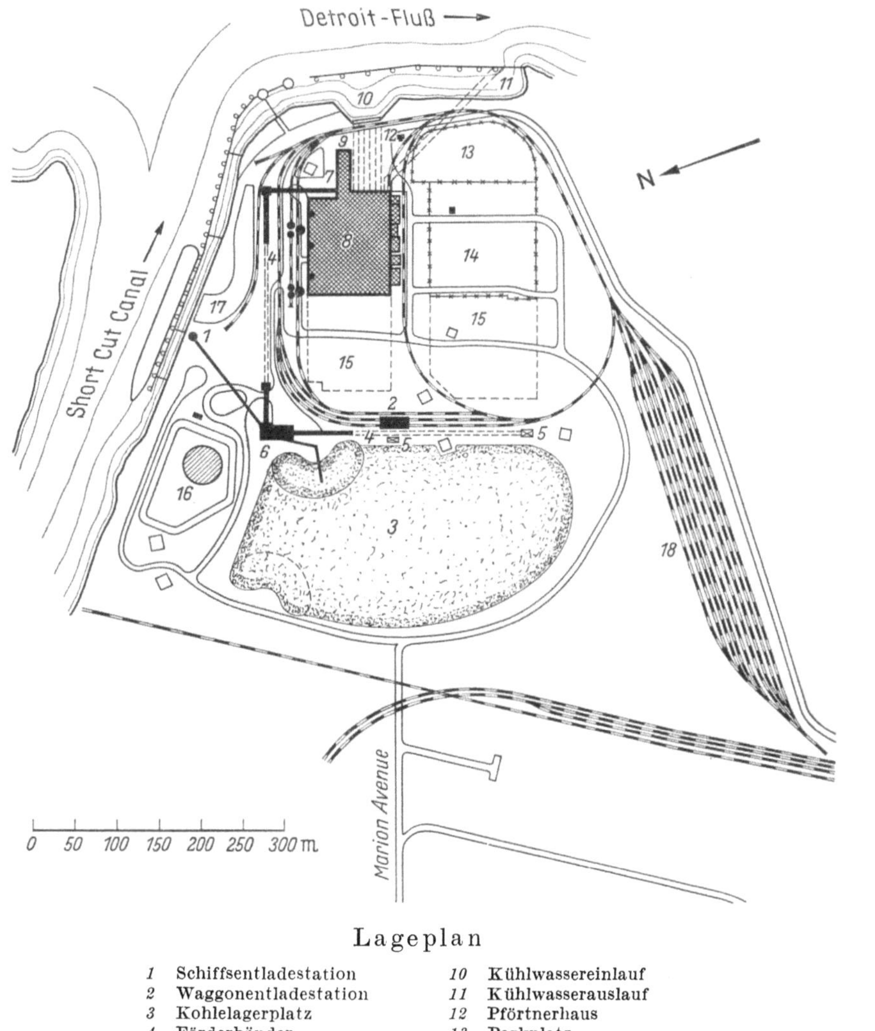

Lageplan

1	Schiffsentladestation	10	Kühlwassereinlauf
2	Waggonentladestation	11	Kühlwasserauslauf
3	Kohlelagerplatz	12	Pförtnerhaus
4	Förderbänder	13	Parkplatz
5	Kohleaufgabe	14	120 kV-Freiluftschaltanlage
6	Brecheranlage	15	Erweiterungsraum
7	Schrägbandbrücke	16	Öltank
8	Kraftwerk	17	Ascheabsetzbecken
9	Bürogebäude	18	Abstellgleise für Kohletransporte mit Auftauanlage

Das Kraftwerk liegt im Staate Michigan in der Nähe von Detroit. Die Kühlwasserversorgung erfolgt vom Detroitfluß aus. Das Kühlwasser gelangt mit 34000 bis 40000 m³/h je Block über Siebbandanlagen durch überdeckte Kanäle in die Kühlwassergruben unter dem Maschinenhauskeller, wo es durch die neben den Kondensatoren stehenden Kühlwasserpumpen entnommen wird.

Die Kohle wird auf dem Wasserweg herangebracht. Zur Sicherung der Brennstoffversorgung während der kalten Jahreszeit wurde ein Kohlelagerplatz von 1,8 Mill. t vorgesehen. Der erzeugte Strom wird in das 130 kV-Netz zur Versorgung der benachbarten Industriegebiete eingespeist.

Die Auslegung der Maschinen I und II, die je über eine Leistung von 260 MW verfügen, erfolgte für einen Frischdampfzustand von 140 atü, 565° C bei einem Vakuum von 0,035 ata. Etwa 90% der Frischdampfmenge werden hinter dem ersten Turbinengehäuse auf 537° C zwischenüberhitzt. Das Speisewasser wird in 7 Stufen durch Anzapfdampf auf 240° C vorgewärmt. In der unteren Vorwärmgruppe, die den Stopfbuchsdampf-Kondensator, den Kondensatkühler sowie die ersten 5 Vorwärmstufen enthält, wird das Speisewasser auf 171° C aufgewärmt. Hinter den Kesselspeisepumpen teilt sich der Speisewasserstrom auf jeweils 2 Halblast-Hochdruckvorwärmer jeder Stufe. Hochdruck-

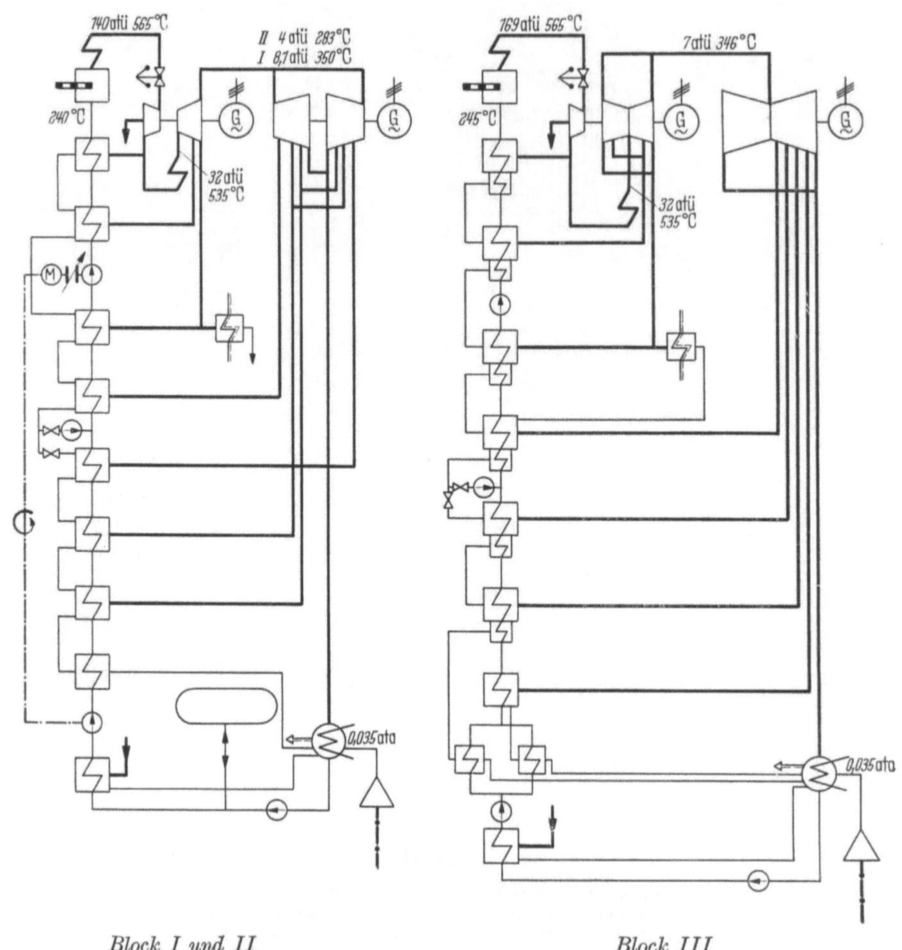

Block I und II *Block III*

Wärmegrundschaltpläne

speisewasserbehälter und Hochdruckentgaser sind nicht vorhanden. Die Abstimmung der Fördermengen der Niederdruck- und Hochdruck-Kesselspeisepumpen aufeinander geschieht durch Drehzahlregelung an der hydraulischen Kupplung zwischen Motor und Kesselspeisepumpe. Installiert wurden drei Halblastsätze mit folgenden Auslegungswerten: Hochdruck-Kesselspeisepumpen 540 t/h auf 180 at, Niederdruckpumpen 405 t/h auf 35 at.

Die Wärmeschaltung von Block III mit einer Leistung von 320 MW entspricht im grundsätzlichen Aufbau derjenigen des ersten Blocks; der Frischdampfzustand am Turbineneintritt wurde jedoch auf 169 atü, 565° C entsprechend der seit 1956 in den USA üblichen Praxis gesteigert. Für Maschine III wurde ein Wärmeverbrauch von 1860 kcal/kWh ermittelt.

Die Turbosätze sind in geschlossener Verbundbauweise mit Unterflur-Dampfüberleitung senkrecht zur Maschinenhausachse aufgestellt. Bei den Maschinen I und II sind die Läufer zum Zwecke des Schubausgleichs gegeneinander geschaltet, während bei Maschine III, abgesehen vom Hochdruckgehäuse, der Schubausgleich durch doppelflutige Ausführung von Mittel- und Niederdruckgehäuse erreicht wurde. Die Endschaufeln des letzten Turbinenrades haben eine Länge von 1170 mm.

Die Zweizugkessel besitzen außer der Kohlenstaubfeuerung noch Öl- und Gichtgasbrenner. Das Gichtgas wird in einer Menge von 71000 m³ je Stunde und Kessel angeliefert, was etwa 10% des Brennstoffbedarfs bei Vollast entspricht. Die Zündung der Kohlenstaubbrenner erfolgt mit Naturgas. Die 3 Kessel weisen folgende Besonderheiten auf: Kessel I hat Naturumlauf; 6 Kohlenmühlen blasen den Brennstoff frontal in die wassergekühlte Brennkammer ein. Überhitzer- und Zwischenüberhitzertemperaturen werden durch Rauchgasrückführung und Heißdampfkühlung geregelt. Kessel II ist

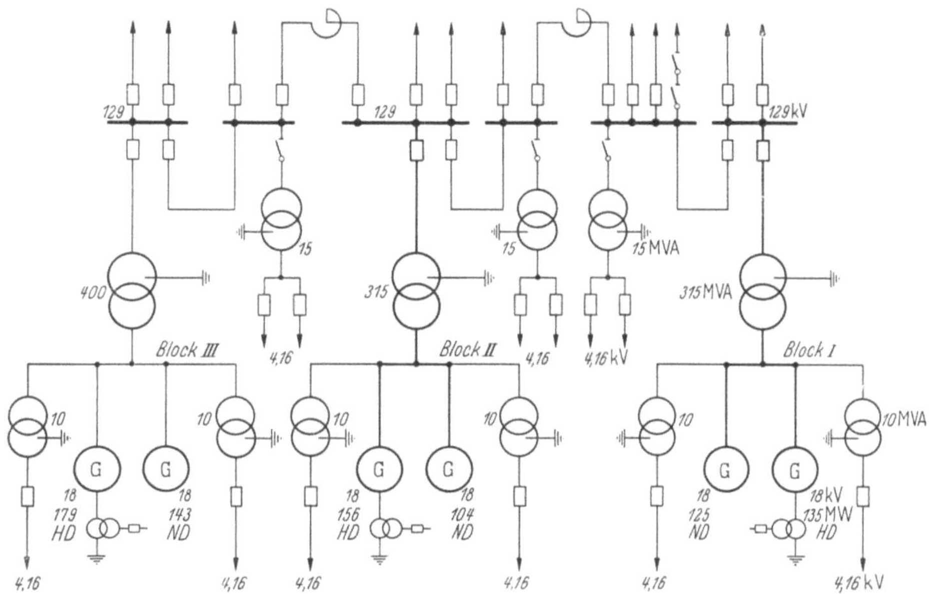

Elektrischer Übersichtsschaltplan

mit Zwangumlauf (4 Umwälzpumpen) ausgerüstet. Die beiden Brennkammern erhalten ihren Brennstoff von 8 Kohlenmühlen über schwenkbare Eckenbrenner. Kessel III ist ebenfalls mit Doppelbrennkammer ausgerüstet und in zwei völlig getrennte Systeme unterteilt, wobei der einen Brennkammer der Überhitzer und der anderen der Zwischenüberhitzer zugeordnet ist. Das Rauchgas wird über die Ljungström-Vorwärmer, die kombinierten Rauchgasfilter und die Saugzuggebläse den Schornsteinen zugeführt. Bei Block III sind zwischen den Saugzuggebläsen und dem Schornstein zwei weitere Ljungström-Luvos, die den üblichen Luvos vorgeschaltet sind, installiert, wodurch eine Absenkung der Rauchgastemperatur auf etwa 95° C und eine Verbesserung des Kesselwirkungsgrades um rund $1^3/_4$% bewirkt wird.

Für die Aufbereitung des erforderlichen Zusatzwassers wurde eine Vollentsalzungsanlage mit einer Leistung von 57 t/h installiert. Die Turbinenkondensatentgasung arbeitet bei einem Überdruck von 0,14 atü und bewirkt gleichzeitig die Entgasung des Zusatzwassers.

Die wasserstoffgekühlten Generatoren sind mit ihren Erregermaschinen entweder direkt (1800 U/min) oder über Untersetzungsgetriebe (3600 U/min) gekuppelt. Hilfserregermaschinen sind nicht vorhanden. Zum Anfahren der Anlage aus dem Stillstand sind zwei motorgetriebene Erregersätze zusätzlich aufgestellt.

Das elektrische Schaltbild zeigt ebenfalls eine blockweise Zuordnung der einzelnen Elemente. Die in den Zweiwellenmaschinen erzeugte elektrische Leistung wird durch 315 bzw. 400 MVA-Umspanner auf 129 kV aufgespannt. Die einzelnen Sammelschienenabschnitte sind zum Niedrighalten der Kurzschlußleistung über Strombegrenzungsdrosseln miteinander verbunden. Jeder Sammelschienenabschnitt verfügt über durchschnittlich 3 Abgänge.

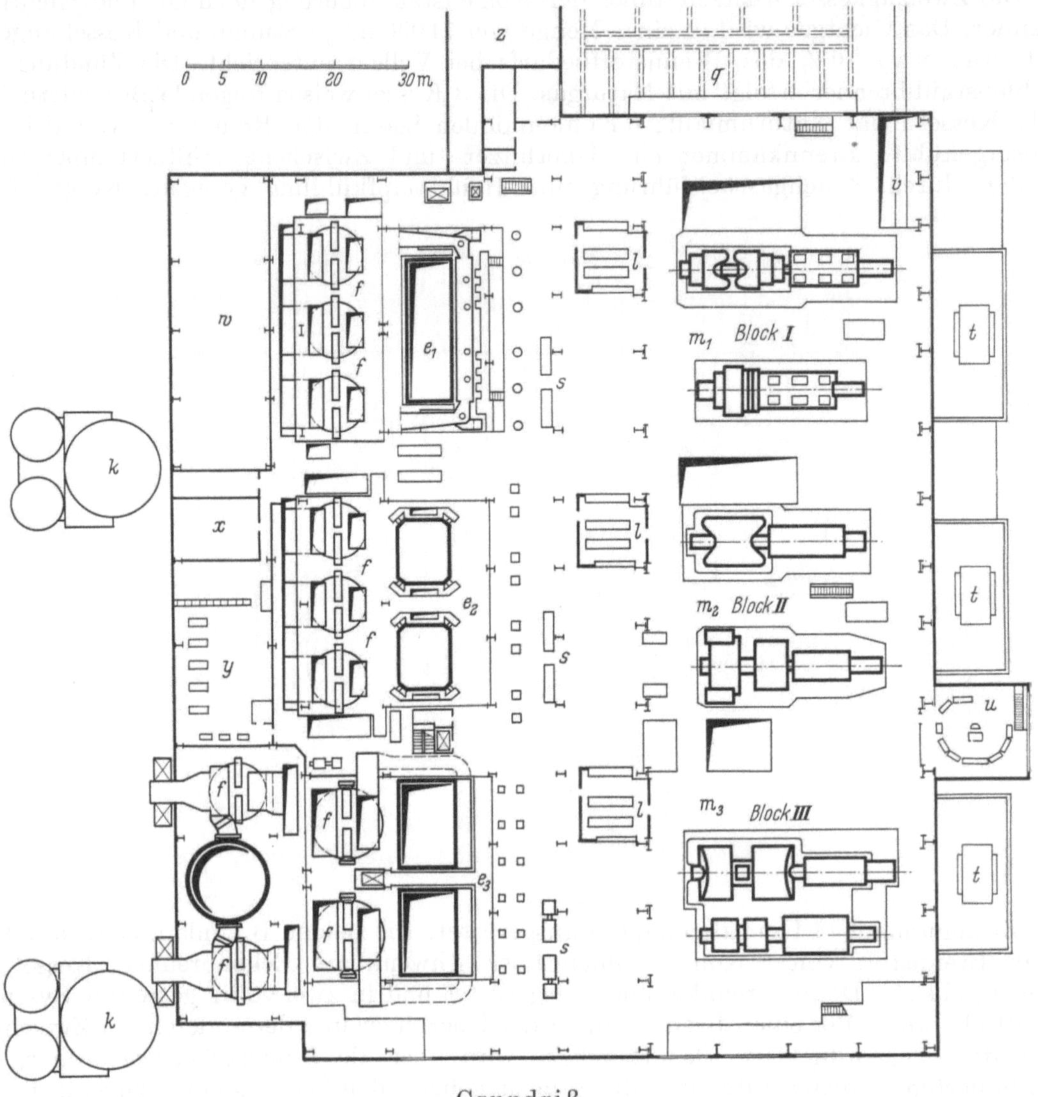

Grundriß

Der zwischen Kessel- und Maschinenhaus befindliche Bunkerbau enthält die Bekohlung, die Kohlebunker, die Kohlezuteiler und die Mahlanlage. Die Schornsteine sind auf einem separaten Gebäudetrakt im Anschluß an das Kesselhaus aufgesetzt. Im gleichen Trakt sind die Rauchgasfilter, die Saugzüge sowie die Werkstätten untergebracht. Runde Aschebunker an der Außenfront dienen zur Aufnahme der Flugasche aus den Elektrofiltern.

Die Turbosätze sind senkrecht zur Achse des Maschinenhauses aufgestellt. Die Vorwärmanlage ist auf einer Zwischenbühne unter Maschinenhausflur untergebracht. Hochdruckvorwärmer und Kesselspeisepumpen stehen in einem besonderen Trakt des Maschinenhauses. Auf dem Maschinenhausflur sind in den Schwerpunkten der einzelnen Kraftwerksblocks die Eigenbedarfsschaltanlagen sowie die Blockwarten angeordnet. Von letzteren aus erfolgt die Überwachung und Steuerung der gesamten maschinentechnischen Ausrüstung. Für die Überwachung der Generatoren und der Freiluftschaltanlage ist eine zentrale Warte vorgesehen, die in einem Vorbau des Maschinenhauses untergebracht ist. Die Umspanner stehen vor dem Maschinenhaus auf Höhe der einzelnen Maschinensätze.

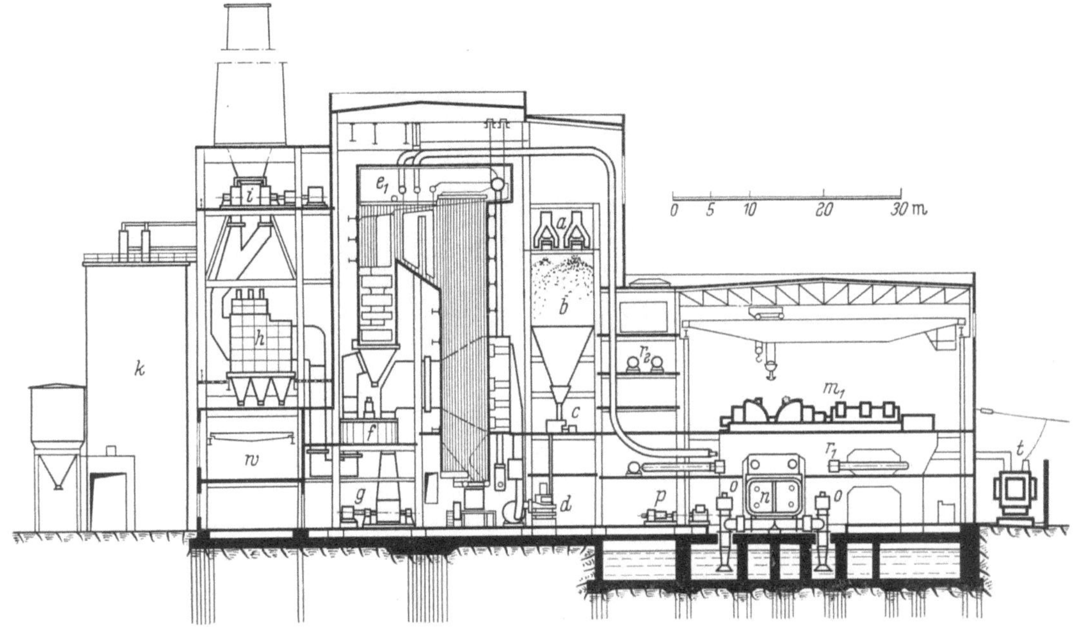

Querschnitt

Legende zum Grundriß und Querschnitt

b	Bekohlung	m_3	Zweiwellen-Turbogenerator, Gesamtleistung 320 MW
a	Kohlebunker	*n*	Kondensator
c	Kohlezuteiler	*o*	Kühlwasserpumpen
d	Kohlemühle	*p*	Kesselspeisepumpen
e_1	Kessel 780 t/h	*q*	Einlaufbauwerk (Rechenanlage)
e_2	Kessel mit Zwillingsfeuerraum 780 t/h	r_1	Niederdruckvorwärmer
e_3	Kessel mit Zwillingsfeuerraum 910 t/h	r_2	Hochdruckvorwärmer
f	Ljungström-Luftvorwärmer	*s*	Eigenbedarfsschaltanlage
g	Frischluftgebläse	*t*	Umspanner
h	Rauchgasfilter, Kombination mechanisch-elektrisch	*u*	Elektrowarte
i	Saugzuggebläse	*v*	Montageöffnung
k	Flugaschebunker	*w*	Werkstatt
l	Wärmewarte	*x*	Nebenräume
m_1	Zweiwellen-Turbogenerator, Gesamtleistung 260 MW	*y*	Lager
m_2	Zweiwellen-Turbogenerator, Gesamtleistung 260 MW	*z*	Bürogebäude

Eine schwere durchgehende Fundamentplatte aus Stahlbeton ist auf Betonpfählen aufgesetzt. Eine zweite Platte, die etwa 1,2 m über der ersten angeordnet ist, bildet den eigentlichen Kellerflur. Der Raum zwischen diesen Platten dient als Unterkeller zur Verlegung von Kabeln und Rohrleitungen. Das aufgehende Bauwerk ist in verzinkter Stahlkonstruktion ausgeführt; ihre Verkleidung erfolgte mit Aluminiumplatten. Die Blechschornsteine der Blocks I und II sind mit Ziegelsteinen ausgemauert, während der Schornstein von Block III mit einer Höhe von 130 m aus Stahlbeton hergestellt ist.

Schrifttum

WINGERT, W. L., W. J. CAMPBELL u. E. ZAVITZ: Electr. Wld. Bd. 143, 4. 4. 1955, S. 69/73.
Electric Light and Power Bd 32 (1954) S. 74/78.
WINGERT, W. L.: Electr. Wld. Bd. 146, 3. 12. 1956, S. 40, 43 u. 47.
Power Bd. 101, Mai 1957, S. 18/19.

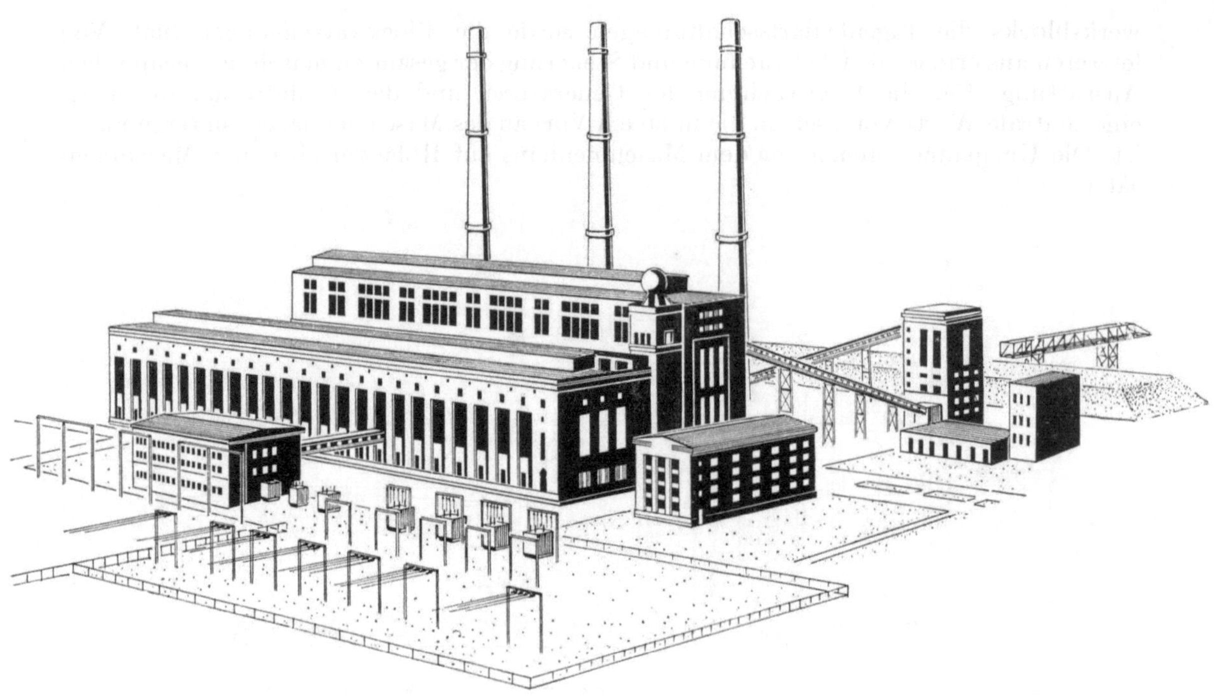

Schaubild

68

Kraftwerk Tscherepetsk, UdSSR

(Mosenergo, Moskau)

Baujahr 1954/56

Kessel	Block I und II	Turbinen	Block I und II
Anzahl	4	Anzahl	2
Leistung t/h	240	Leistung MW	150
Art	Naturumlauf	Leistung MVA	167
		Art	K
Genehmigungsdruck atü	—	Drehzahl U/min	3000
Dampfzustand bei Austritt atü	174	Dampfdurchsatz t/h	—
Dampfzustand bei Austritt °C	555	Dampfzustand bei Eintritt atü	169
Dampfzustand hinter ZWÜ atü	—	Dampfzustand bei Eintritt °C	550
Dampfzustand hinter ZWÜ °C	525	bei Wiedereintritt atü	—
Brennstoff:		bei Wiedereintritt °C	520
Art	Braunkohle	Kühlwassertemperatur °C	—
unterer Heizwert kcal/kg	2500	Dampfzustand bei Austritt ata	—
		Dampfzustand bei Austritt °C	—
Feuerung	Ecken	Gehäusezahl	3
Schlackenabzug	trocken	Abdampfstutzen (flutig)	2
Luftvorwärmung °C	—	Vorwärmstufen	7
Abgastemperatur °C	—	Entgasungstemperatur °C	—
Wirkungsgrad %	—	Speisewassertemperatur °C	—

Kennzahlen

Spez. Wärmeverbr. netto kcal/kWh	—
„ Flächenbedarf m²/kW	—
„ Raumbedarf m³/kW	—

Rauchgasentstaubung: elektrisch
Wasseraufbereitung: Vollentsalzung
Bauweise: Stahlkonstruktion
Vorgesehene Gesamtleistung: 600 MW

Das Kraftwerk Tscherepetsk gehört zum Versorgungsgebiet der Mosenergo, welche das zentrale Industriegebiet des europäischen Teils der Sowjetunion mit elektrischer Energie versorgt. Das Kraftwerk befindet sich im Tuller Gebiet in der Nähe der Schachtanlagen des Moskauer Kohlenreviers. Es verfeuert die hier anfallende Braunkohle mit einem Heizwert von etwa 2500 kcal/kg mit einem Aschegehalt bis zu 30% und einem Wassergehalt bis zu 35 bis 45%. Das Kühlwasser wird über einen Kühlteich rückgekühlt.

In Betrieb befinden sich bereits zwei 150 MW-Blocks. Die Turbinen sind für einen Dampfzustand von 169 atü, 550° C mit Zwischenüberhitzung auf 520° C ausgelegt.

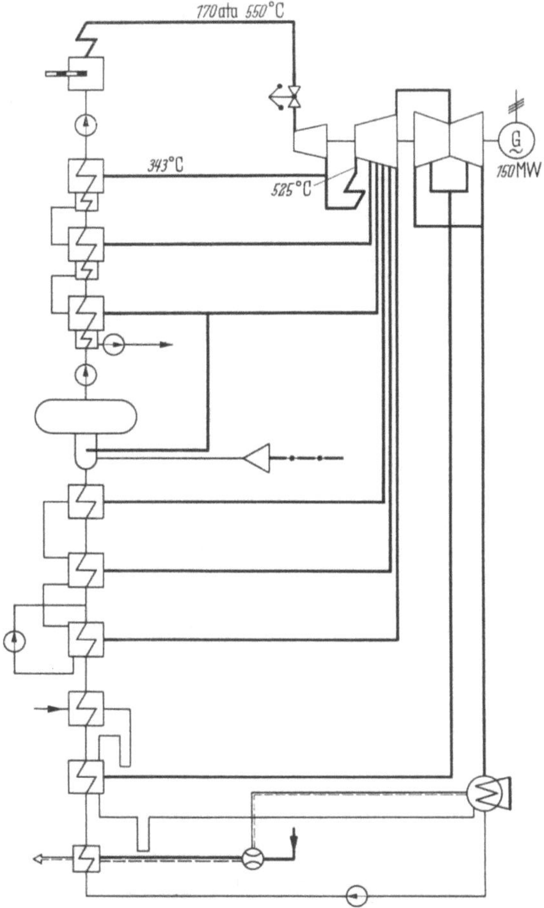

Wärmegrundschaltplan

Jeder Turbosatz wird von 2 Naturumlaufkesseln mit einer Leistung von je 240 t/h gespeist. Im Laufe des 6. Fünfjahrplanes wird das Kraftwerk um zwei weitere Blocks von 150 MW erweitert, so daß dann die installierte Gesamtleistung 600 MW ist.

Die beiden Einwellenturbinen mit 3000 U/min sind mit 3 Gehäusen, 2 Abdampfstutzen und 7 Anzapfungen zur Speisewasseraufwärmung ausgestattet. Die drei hinter dem Entgaser liegenden Hochdruckvorwärmer haben eingebaute Enthitzerstufen. Die Vorpumpen des Speisepumpensystems liegen vor, die Hauptpumpen hinter den Hochdruckvorwärmern. Das vollentsalzte Zusatzwasser wird dem Entgaser zugeführt.

Die Zweizugkessel sind mit schwenkbaren Eckenbrennern und trockenem Aschenabzug ausgestattet. Die Art des Brennstoffes erfordert eine Aufbereitung in Zwischenbunkerungsanlagen. Zwei Rohrmühlen mit Zyklonabscheidern sind jedem Kessel zugeordnet. Die Verbrennungsluft wird dem oberen Teil des Kesselhauses entnommen.

Auch im Kesselhaus befindet sich ein Laufkran zur Erleichterung und Beschleunigung der Kesselmontage.

Die Generatoren mit einer Leistung von je 167 MVA sind über je 3 Einphasenumspanner auf die 220 kV-Sammelschienen geschaltet. Die Eigenbedarfssammelschienen haben die gleiche Spannung wie die Generatoren (18 kV). Auf 6 kV abspannende Dreiphasen

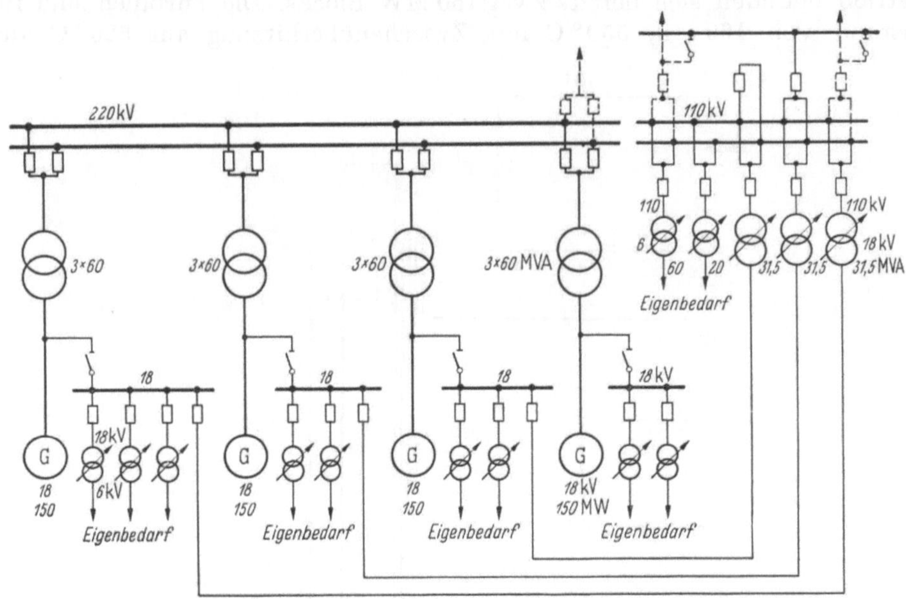

Elektrischer Übersichtsschaltplan

Regelumspanner versorgen die Antriebe des Eigenbedarfs. Die Eigenbedarfssammelschienen können auch über Regelumspanner von einem unabhängigen 110 kV-Netz gespeist werden.

Zwischen Kessel- und Maschinenhaus liegt das Bunkerhaus mit den Mühlen und Zyklonentstaubern sowie ein Zwischenbau, der die Wärmewarte und die Speisewasserbehälter nebst Entgasern sowie einen Rohrboden aufnimmt. Die Turbosätze mit querangeordneten Kondensatoren sind parallel zur Maschinenhausachse aufgestellt, wie es bei Blocks mit 2 Kesseln je Turbine üblich ist. Die Vorwärmer in senkrechter Bauart und die auf einem Podest angeordneten Kesselspeisepumpen sind im Maschinenhaus in unmittelbarer Nachbarschaft der Turbinen untergebracht. Die Rauchgase durchströmen hinter dem Luftvorwärmer das im Freien stehende Elektrofilter sowie die überdachten Saugzuggebläse, von wo sie in den frei stehenden Schornstein eintreten.

Das Gebäude ist in Stahlkonstruktion (Vollwand- und Fachwerkträger) erstellt.

Schrifttum

Elektrizitätswirtschaft Bd. 57 (1958) S. 589/90.

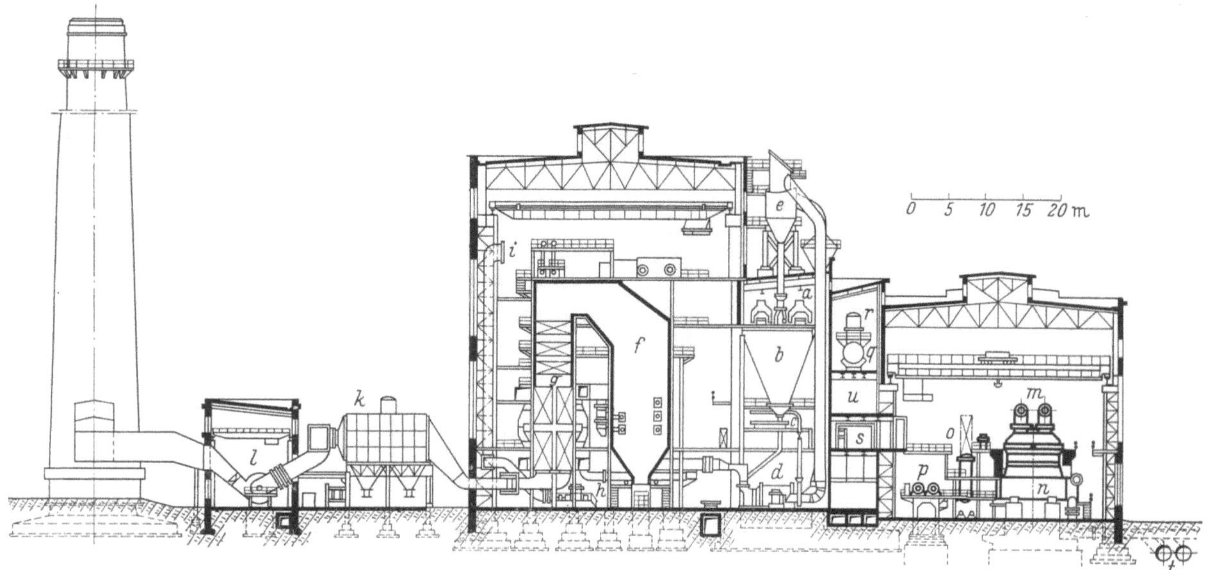

Querschnitt

a	Bekohlung	*l*	Saugzuggebläse
b	Rohkohlebunker	*m*	Einwellenturbosatz
c	Kohlezuteiler	*n*	Kondensator
d	Rohrmühle	*o*	Vorwärmer
e	Zyklonabscheider	*p*	Kesselspeisepumpen
f	Kessel	*q*	Speisewasserbehälter
g	Luftvorwärmer	*r*	Entgaser
h	Frischluftgebläse	*s*	Wärmewarte
i	Luftansaugekanal	*t*	Kühlwasserzulaufleitungen
k	Elektrofilter	*u*	Rohrboden

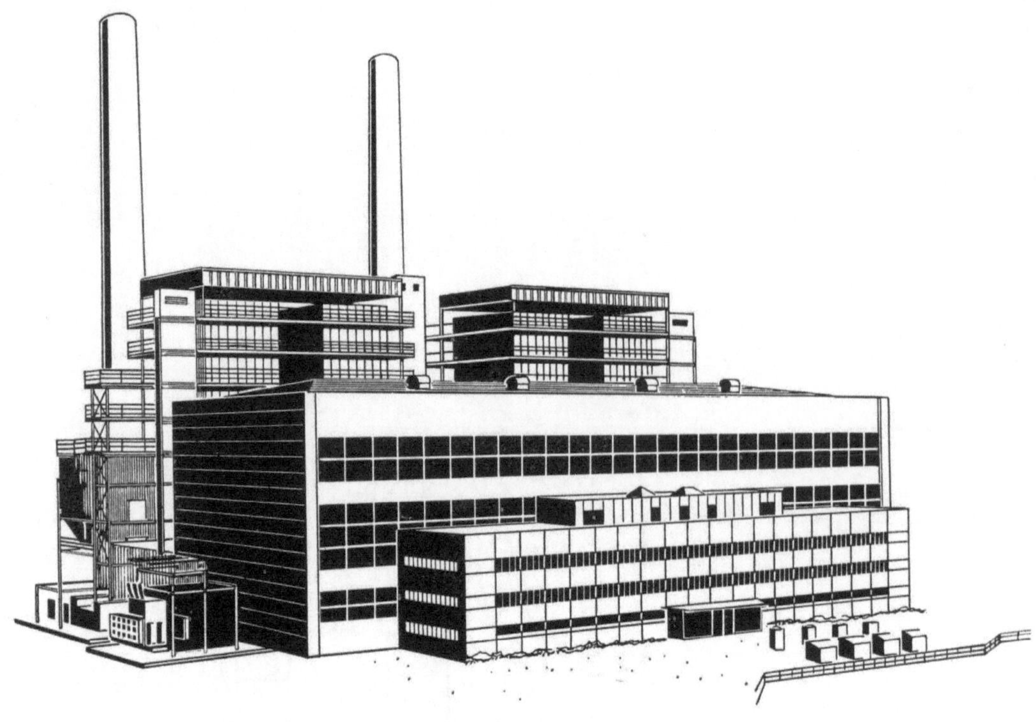

Schaubild

71 Kraftwerk Bergen, USA

(Public Service Electric and Gas Company, Newark, N. J.)

Baujahr 1956/59

Kessel	Block 1 und 2
Anzahl	2
Leistung t/h	860
Art	Naturumlauf
Genehmigungsdruck atü	191
Dampfzustand bei Austritt atü	165
Dampfzustand bei Austritt °C	593
Dampfzustand hinter ZWÜ atü	33,5
Dampfzustand hinter ZWÜ °C	565
Brennstoff:	
Art	Steinkohle
oberer Heizwert kcal/kg	—
Feuerung	Brenner
Schlackenabzug	—
Luftvorwärmung °C	—
Abgastemperatur °C	97
Wirkungsgrad %	—

Rauchgasentstaubung:
Wasseraufbereitung: Vollentsalzung
Bauweise: Stahlbau
Vorgesehene Gesamtleistung: — MW

Turbinen	Block 1 und 2	
Anzahl	2	2
Leistung MW	143,7	143,7
Leistung MVA	162,5	162,5
Art	Welle 1	Welle 2
Drehzahl U/min	3600	3600
Dampfdurchsatz t/h	860	—
Dampfzustand bei Eintritt atü	165	33,5
Dampfzustand bei Eintritt °C	593	565
bei Wiedereintritt atü	—	—
bei Wiedereintritt °C	—	—
Kühlwassertemperatur °C	33,2	33,2
Dampfzustand bei Austritt ata	0,052	0,052
Dampfzustand bei Austritt °C	—	—
Gehäusezahl	2	2
Abdampfstutzen (flutig)	2	2
Vorwärmstufen	2	6
Entgasungstemperatur °C	—	—
Speisewassertemperatur °C	278	—

Kennzahlen

Spez. Wärmeverbr. netto kcal/kWh	—
„ Flächenbedarf m²/kW	0,011
„ Raumbedarf m³/kW	0,465

Die Public Service Electric & Gas Company errichtete im Jahr 1956 bei Bergen (N. J.) ein neues Kraftwerk. Dieses wird 1959 in Betrieb gehen.

Das Kühlwasser wird dem Overpeck Creek entnommen, die Kohle wird jedoch ausschließlich auf dem Schienenweg herangeführt. Sie wird durch einen Kran mit einem schwenkbaren, mit einem Förderband ausgestatteten Arm auf den Platz verteilt.

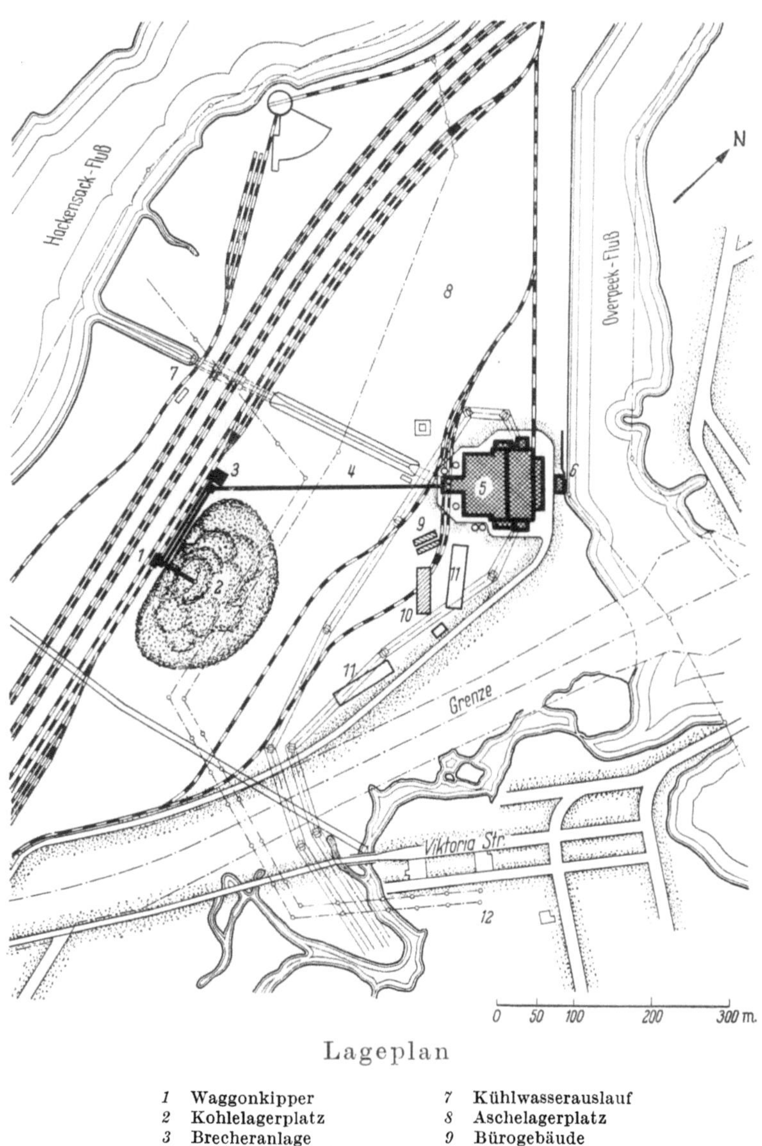

Lageplan

1	Waggonkipper	*7*	Kühlwasserauslauf
2	Kohlelagerplatz	*8*	Aschelagerplatz
3	Brecheranlage	*9*	Bürogebäude
4	Schrägbandbrücke	*10*	Lagerhaus
5	Kraftwerk	*11*	Betriebsgebäude
6	Einlaufbauwerk	*12*	Freiluftschaltanlage

Aufgestellt wurden 2 Zweiwelleneinheiten mit einer Leistung von je 287,4 MW, 325 MVA. Der Dampfzustand am Turbineneintritt beträgt 165 atü, 593° C mit Zwischenüberhitzung auf 565° C bei 33,5 atü. Bemerkenswert ist der Aufbau der Zweiwelleneinheiten. Jeder Satz ist für die gleiche Leistung und Drehzahl (3600 U/min) ausgelegt. Der Dampf durchströmt zunächst den auf der einen Welle befindlichen Hochdruckteil, tritt dann nach Zwischenüberhitzung in den auf der zweiten Welle angebrachten doppelflutigen Mitteldruckteil ein. Jede der beiden Wellen hat einen doppelflutigen Niederdruckteil mit gleichen Abmessungen, von denen jeder von einem der beiden aus dem Mitteldruckteil austretenden Teilströme beaufschlagt wird. Die Endschaufeln der Niederdruckteile haben eine Länge von 630 mm.

Die Entscheidung für einen Turboblock mit 2 Turbinen mit je 3600 U/min bei dieser Endschaufellänge führt zu einem geringeren Austrittsquerschnitt und damit zu einer Verschlechterung des Wärmeverbrauchs (1870 kcal/kWh an der Turbine gemessen) gegenüber der bisher üblichen Anordnung mit einer Kondensationsturbine mit

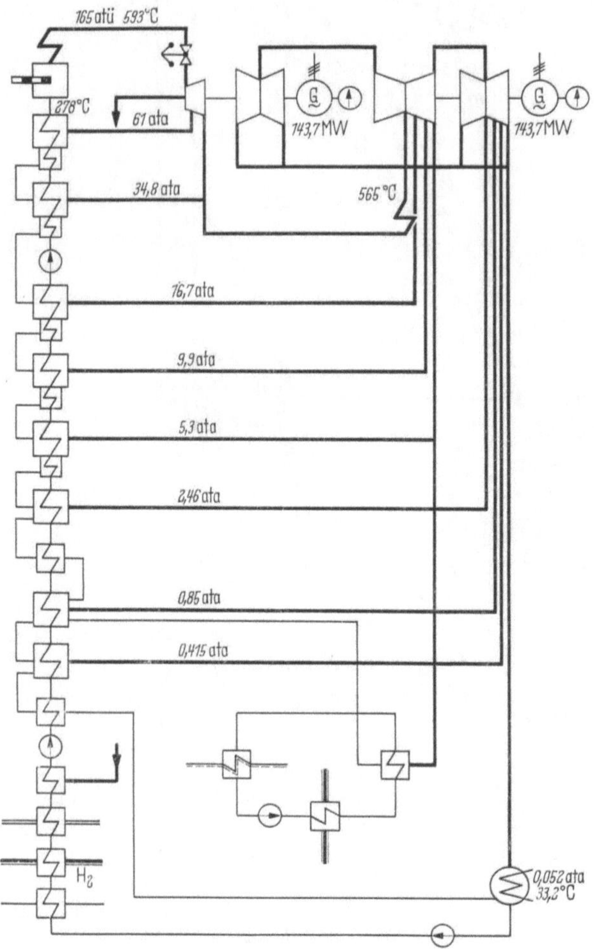

Wärmegrundschaltplan

1800 U/min. Ein großer Vorteil ergibt sich dadurch, daß sich die Lagerhaltung vereinfacht, da beide Niederdruckteile und beide Generatoren gleich sind. Außerdem konnte durch die gewählte Anordnung die Länge der beiden Sätze verringert werden. Durch die geringere Länge war es möglich, mit jedem Generator über ein Flüssigkeitsgetriebe noch eine Kesselspeisepumpe jeweils der halben Blockleistung zu kuppeln. Zwischen diesen beiden direkt angetriebenen Speisepumpen befindet sich noch eine dritte, ebenfalls mit halber Blockleistung. Sie erhält jedoch elektrischen Antrieb. Diese Pumpe wird nur beim Anfahren und bei Störungen eingesetzt.

Der Hochdruckteil hat 2 Anzapfungen, der Mittel- und Niederdruckteil haben je 3 Anzapfungen. Zwei Vorwärmer liegen hinter den Speisepumpen. Die letzten 5 Vorwärmer sind mit Kondensatkühlern ausgestattet. In einem Hilfskreislauf wird ein Teil der Wärme der Rauchgase und die Kondensationswärme der letzten Mitteldruckanzapfung auf die Verbrennungsluft übertragen. Hierdurch werden die Abgase auf 97° C abgekühlt.

Die beiden gleich großen Generatoren jedes Satzes sind auf einen gemeinsamen Umspanner geschaltet. Auf der Unterspannungsseite ist über einen Umspanner der Eigenbedarf jedes Blockes abgezweigt. Von einem 26 kV-Netz wird über zwei Umspanner der allgemeine Eigenbedarf gespeist. Von hier bestehen Verbindungen mit dem Eigenbedarf jedes Blockes.

Die Kesselleistung jedes Blockes von 860 t/h ist auf 2 Hälften in Zweizugbauart mit 2 Brennkammern unterteilt, von denen die eine als Nachschaltheizfläche den Über-

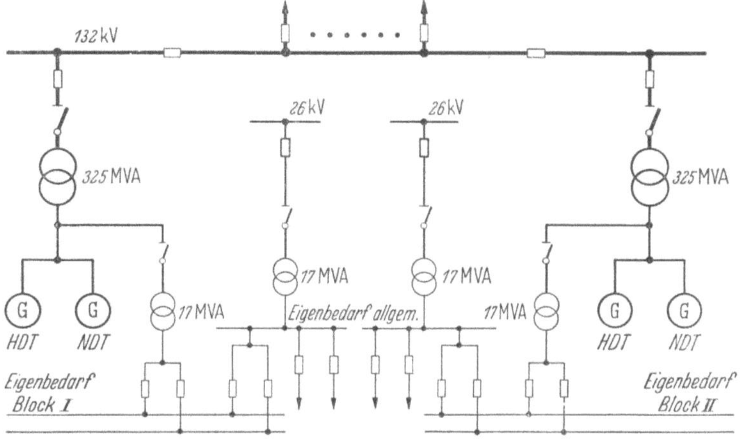

Elektrischer Übersichtsschaltplan

hitzer, die andere den Zwischenüberhitzer enthält. In den Feuerräumen herrscht ein Überdruck von 460 mm WS.

Die Kohlenbunker sind außerhalb des eigentlichen Kesselbereiches zwischen den Luftvorwärmern, Rauchgasfiltern und den Schornsteinen der beiden Blocks eingeschoben. Sie sind für eine Kohlenmenge ausgelegt, die für einen vierstündigen Betrieb bei Höchstlast ausreicht. Die Kohlemühlen in Freiluftausführung sind ebenso wie die Frischluftgebläse unterhalb eines Vorsprunges der Bedachung des Bedienungsganges untergebracht. Auch die Kessel stehen im Freien. Der Bedienungsgang der Kessel liegt auf der vom Maschinenhaus abgewandten Seite. Infolge dieser Anordnung konnten die Hauptdampfleitungen seitlich der Kessel verlegt werden, wodurch deren Länge nicht unerheblich vermindert werden konnte. Zwischen den Turbinen liegen Hochdruckvorwärmer, Kondensatpumpen, Kompressoren und Erregersätze. Die Mitteldruckvorwärmer sowie die Eigenbedarfsschaltanlage befinden sich zwischen den Turbinen und den Stirnwänden des Maschinenhauses. Die gemeinsame Wärmewarte liegt auf der Längsachse zwischen den beiden Kesselblocks. Das ganze Kraftwerk ist spiegelbildlich symmetrisch aufgebaut.

Das Kraftwerk soll 437 DM/kW kosten. Dieser Preis ist für die hochwertig ausgelegte Anlage gering.

Schrifttum

Electr. Wld. Bd. 146, 12. 11. 1956, S. 112/13 u. 241.
Westinghouse Engineer, Mai 1957, S. 86/87.

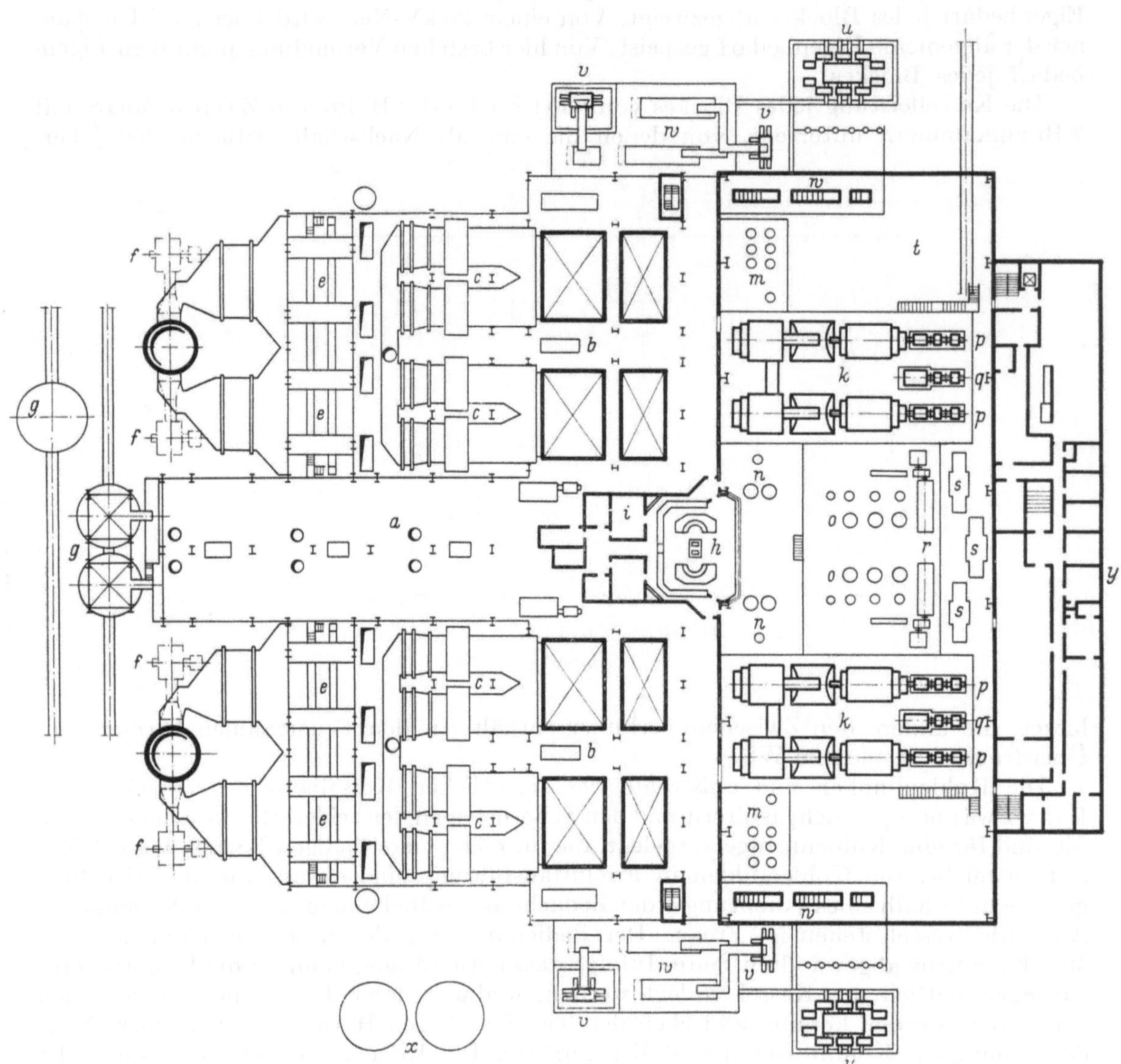

Grundriß

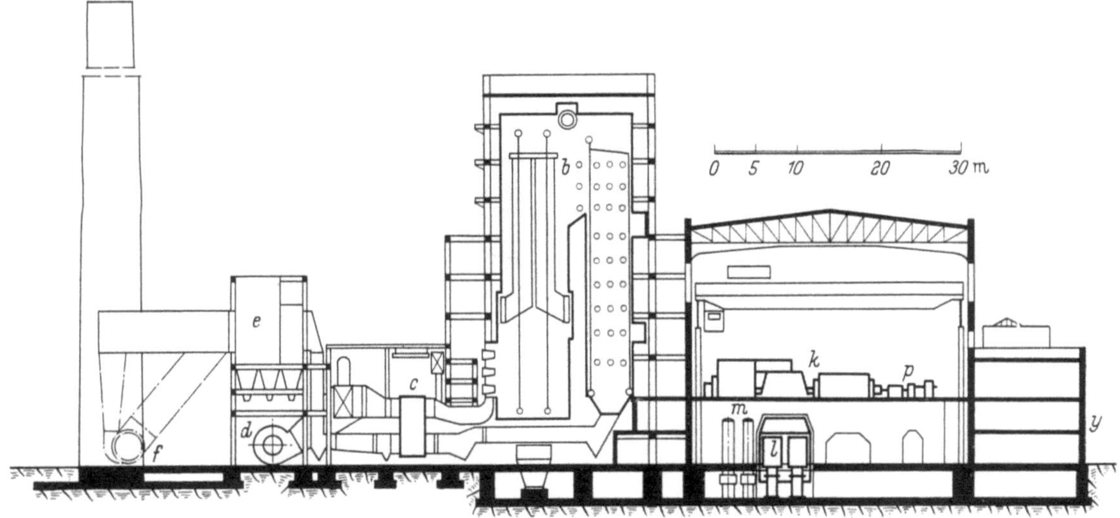

Querschnitt

Legende zum Grundriß und Querschnitt

a	Bunkerbau	*n*	Hochdruckvorwärmer
b	Kessel mit Zwillingsfeuerraum	*o*	Kondensatpumpen
c	Ljungström-Luftvorwärmer	*p*	Turbo-Kesselspeisepumpe
d	Frischluftgebläse	*q*	Elektro-Kesselspeisepumpe
e	Rauchgasfilter	*r*	Kompressoren
f	Saugzuggebläse-Einbaumöglichkeit	*s*	Erregersatz
g	Aschehochbunker	*t*	Montageöffnung
h	Wärmewarte	*u*	Hauptumspanner
i	Büro des Schichtingenieurs	*v*	Eigenbedarfsumspanner
k	Turbogeneratoren	*w*	Eigenbedarfsschaltanlage
l	Kondensator	*x*	Weichwasserbehälter
m	Mitteldruckvorwärmer	*y*	Verwaltungs- und Betriebsgebäude

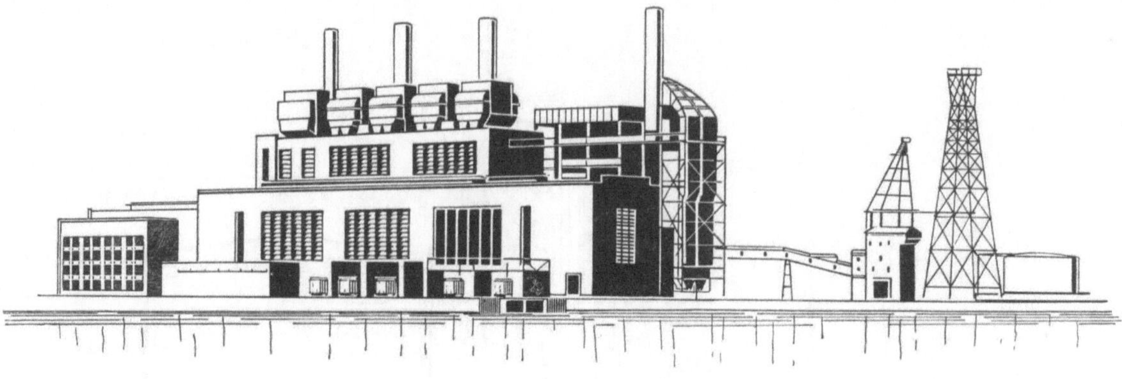

Schaubild

Kraftwerk Burlington, USA

(Public Service Electric and Gas Company, Newark, N. I.)

Baujahr 1953/55

Kessel		Turbinen	
Anzahl	1	Anzahl	1
Leistung t/h	555	Leistung MW	185
Art	Naturumlauf	Leistung MVA	222
		Art	K
Genehmigungsdruck atü	190	Drehzahl U/min	3600
Dampfzustand bei Austritt atü	168	Dampfdurchsatz t/h	525
Dampfzustand bei Austritt °C	593	Dampfzustand bei Eintritt atü	165
Dampfzustand hinter ZWÜ atü	—	Dampfzustand bei Eintritt °C	593
Dampfzustand hinter ZWÜ °C	565	bei Wiedereintritt atü	30,6
Brennstoff:		bei Wiedereintritt °C	565
Art	Kohle, Öl	Kühlwassertemperatur °C	—
oberer Heizwert kcal/kg	—	Dampfzustand bei Austritt ata	0,0517
		Dampfzustand bei Austritt °C	—
Feuerung	Brenner	Gehäusezahl	3
Schlackenabzug	flüssig	Abdampfstutzen (flutig)	3
Luftvorwärmung °C	—	Vorwärmstufen	8
Abgastemperatur °C	—	Entgasungstemperatur °C	33[1]
Wirkungsgrad %	91,2	Speisewassertemperatur °C	264

Rauchgasentstaubung: mechanisch und elektrisch
Wasseraufbereitung: Vollentsalzung
Bauweise: Stahlfachwerk
Vorgesehene Gesamtleistung: — MW

Kennzahlen

Spez. Wärmeverbr. netto kcal/kWh	2200
„ Flächenbedarf m^2/kW	0,016
„ Raumbedarf m^3/kW	0,60

[1] Kondensator-Austritt

Das Kraftwerk Burlington der Public Service Electric and Gas Company liegt am Delaware-Fluß im Staate New Jersey. Es erhielt 1940 im dritten Ausbau 2 Zweiwellenturbosätze mit je 120 MW, nachdem es mit 3 Sätzen von je 10 MW vor rund 40 Jahren begonnen hatte. Ende 1955 wurde als vierte Ausbaustufe ein weiterer Einwellenturbosatz (Einheit 7) mit einer Leistung von 185 MW in Betrieb genommen. Mit den zeitlich nachfolgenden Kraftwerken Linden und Bergen verfügt die Public Service Electric 1958 über eine gesamte installierte Leistung von rund 3000 MW in ihren 7 Kraftwerken.

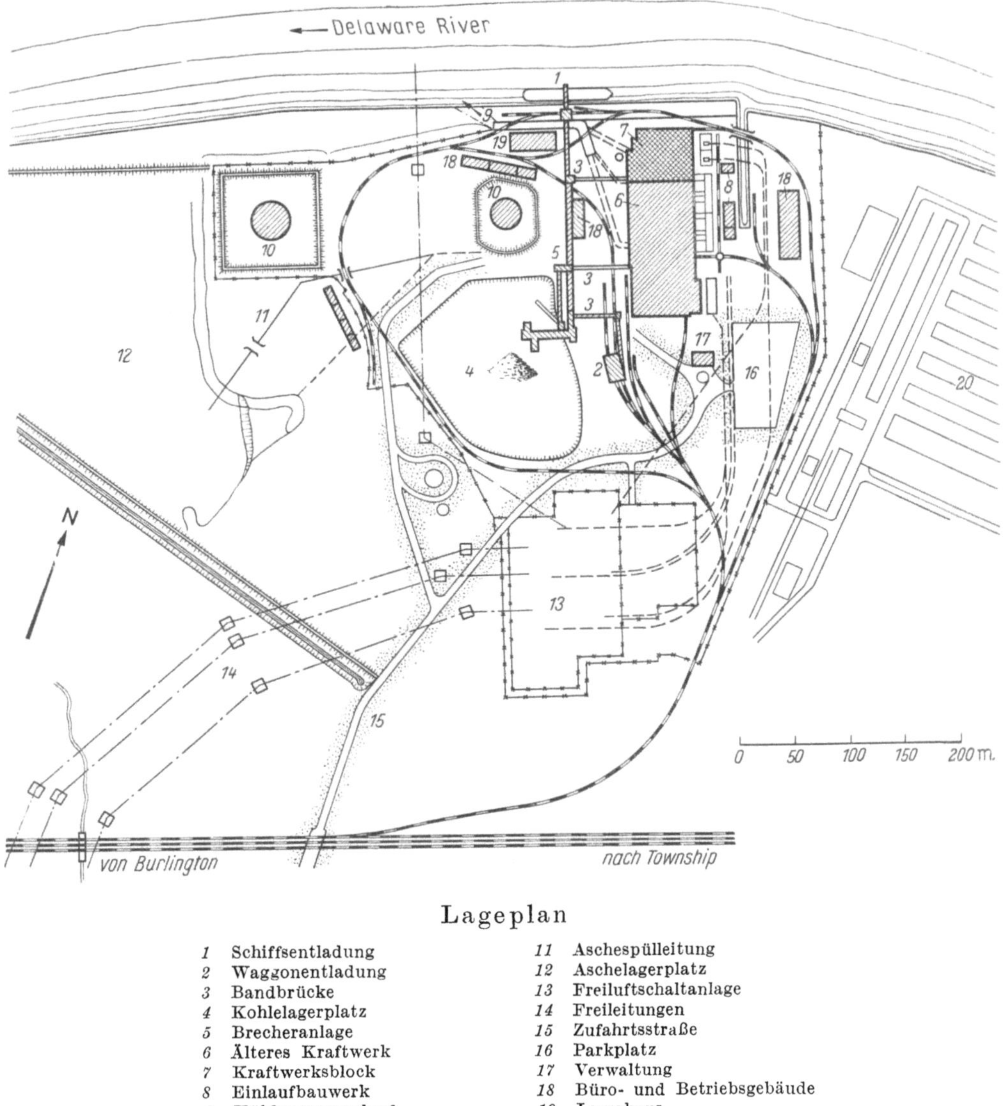

Lageplan

1	Schiffsentladung	11	Aschespülleitung
2	Waggonentladung	12	Aschelagerplatz
3	Bandbrücke	13	Freiluftschaltanlage
4	Kohlelagerplatz	14	Freileitungen
5	Brecheranlage	15	Zufahrtsstraße
6	Älteres Kraftwerk	16	Parkplatz
7	Kraftwerksblock	17	Verwaltung
8	Einlaufbauwerk	18	Büro- und Betriebsgebäude
9	Kühlwasserauslauf	19	Lagerhaus
10	Öltanklager	20	Fabrikanlagen

Die Zufuhr von Kohle und Öl ist sowohl auf dem Wasser- als auch auf dem Schienenweg möglich. Zur Bekohlung des neuen Blocks ist eine Freiluftbunkeranlage vorhanden, bei der ein schwenkbares Förderband etwa 25000 t Kohle auf eine nierenförmige Halde bis zu 18 m hoch stapelt. Davon können etwa 4500 t unmittelbar durch drei unter dieser Halde angeordnete Trichter über Förderbänder automatisch zu den fünf 50 t-Bunkern im Kesselhaus gefördert werden, unter denen jeweils eine Kohlemühle steht. Die Halde über den Tiefbunkertrichtern kann auch durch Bulldozer von dem Kohlelager, welches die nierenförmige Halde umgibt, aufgeschüttet werden. Eine automatische Nebelsprüheinrichtung für den Feuerschutz ist bei der Brecheranlage und den benachbarten Förderbändern vorgesehen. Mit Rücksicht auf die neue Einheit wurde der Kühlwassereinlaufkanal verlängert. Der Kanal ist nicht abgedeckt; Siebe, Kühlwasserpumpen und deren Antriebsmotoren sind im Freien aufgestellt. Um das Zufrieren des Einlaufkanals zu vermeiden, kann durch eine Zweigleitung vom Kühlwasseraustritt zum Einlaufkanal das im Kondensator aufgewärmte Wasser zugeführt werden.

Die Turbine ist eine dreigehäusige 185 MW-Kondensationsturbine mit Zwischenüberhitzung. Sie hat einen Hochdruckteil, einen einflutigen Mitteldruckteil und einen dreiflutigen Niederdruckteil auf einer Welle. Der Dampfeintrittszustand ist 165 atü, 593° C bei einer Zwischenüberhitzung auf 565° C. Die Speisewasservorwärmung erfolgt in 8 Stufen auf 264° C. Es ist keine Heißwasserspeicherung, sondern nur eine Kaltwasserbevorratung vorhanden. Die Entgasung wird im Hauptkondensator vorgenommen. Das Zusatzwasser wird vollentsalzt. Die Kühlwassermenge beträgt 27400 m³/h. Bei der hohen Frischdampftemperatur mußte das Frischdampfsystem vom Überhitzeraustritt bis zur ersten Düsenstufe der Hochdruckturbine aus hochtemperaturbeständigem, austenitischem Werkstoff (mit Niob stabilisiertem V2A-Stahl) gefertigt werden.

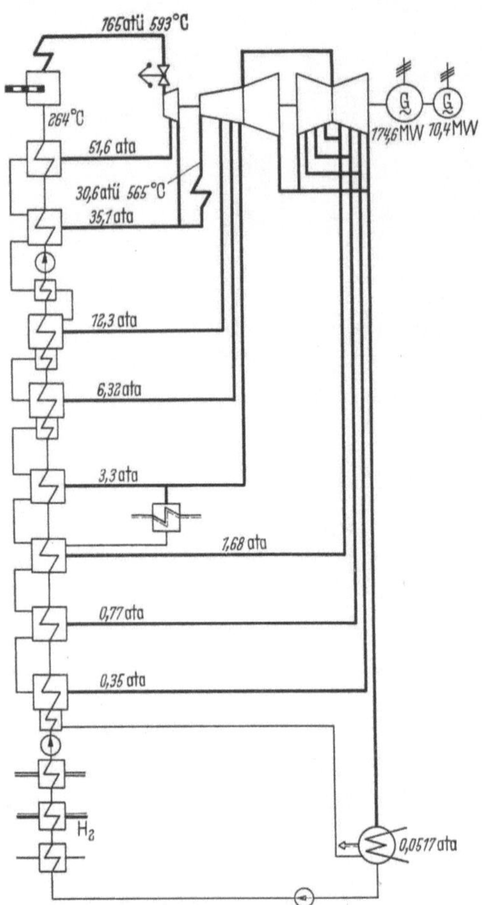

Wärmegrundschaltplan

Der spezifische Wärmeverbrauch ist mit rund 2200 kcal/kWh sehr gering. Dieser Erfolg ist neben der Auswirkung der hohen Frischdampftemperatur auf die sehr sorgfältige Planung auch der Auslegungsdetails zurückzuführen.

Der Kessel ist ein Zweizug-Naturumlaufkessel mit einer Leistung von etwa 555 t/h mit einer vierstündigen Überlastungsfähigkeit auf 615 t/h. Er ist mit je 20 Brennern für Kohlenstaub- bzw. Ölfeuerung ausgestattet und hat flüssigen Ascheabzug. Die Überdruckbrennkammer ist in ihrem oberen Teil durch eine Trennwand geteilt. Die Hochtemperaturstufe des Überhitzers ist in schottenartig angeordneten, hängenden Siederohren am Ausgang der Brennkammer untergebracht, während Zwischenüberhitzer- und Überhitzerheizflächen niederer Temperatur in Parallelanordnung im Rauchgasstrom dahinter liegen. Es folgen Economiser und 2 Ljungström-Luftvorwärmer. Durch jeden der zwei übereinander angeordneten Rauchgasfilter, die den Staub auf elektrischem wie auch auf mechanischem Weg ausscheiden, wird der halbe Rauchgasstrom geschickt, um dann in dem auf das Luvogerüst aufgesetzten Blechschornstein wieder vereinigt zu werden. Der Kessel wird normalerweise mit Überdruck betrieben, d. h. nur mit den Frischluftgebläsen gefahren. Für Notbetrieb sind Saugzuggebläse vorhanden. Rauchgas-Rückführungsgebläse und Einspritzenthitzung sind als Mittel zur Dampftemperaturregelung vorgesehen. Die Antriebsmotoren der drei Halblast-Kesselspeise- und Kondensatpumpen sind paarweise an den gleichen Schalter gelegt und werden demgemäß gleichzeitig angefahren und stillgesetzt. Für die Wasseraufbereitung ist eine vollautomatische Mischbett-Entsalzungsanlage mit einer Leistung von etwa 11 t/h vorhanden.

Die Turbine treibt einen Haupt- und einen Hilfsgenerator mit einer Drehzahl von 3600 U/min an. Der Hauptgenerator mit einer Klemmenspannung von 13,8 kV hat eine Leistung von 174,6 MW; die Scheinleistung ist etwa 206 MVA bei einem Wasserstoffdruck von 2,1 atü. Durch Erhöhung des Wasserstoffdruckes kann die Generatorleistung auf 226,5 MVA bei 192,5 MW gesteigert werden. Der Generatorläufer hat Wasserstoffinnenkühlung. Der direkt gekuppelte Hilfsgenerator ist luftgekühlt und für eine Leistung von etwa 15,6 MVA bzw. 10,4 MW bei einem cos phi von 0,8 ausgelegt. Er dient zur Eigenbedarfsversorgung des Kraftwerksblockes. Die Erregerspannungen von 275 bzw. 250 V für Haupt- und Hilfsgenerator werden von 2 Erregermaschinen mit 850 und 75 kW Leistung geliefert, welche von einem gemeinsamen Drehstrommotor angetrieben werden. Für die Haupterregermaschine ist Magnetverstärkerregelung vorgesehen. Von den zwei 130 MVA-Maschinenumspannern, die neben dem Maschinenhaus aufgestellt sind, führen

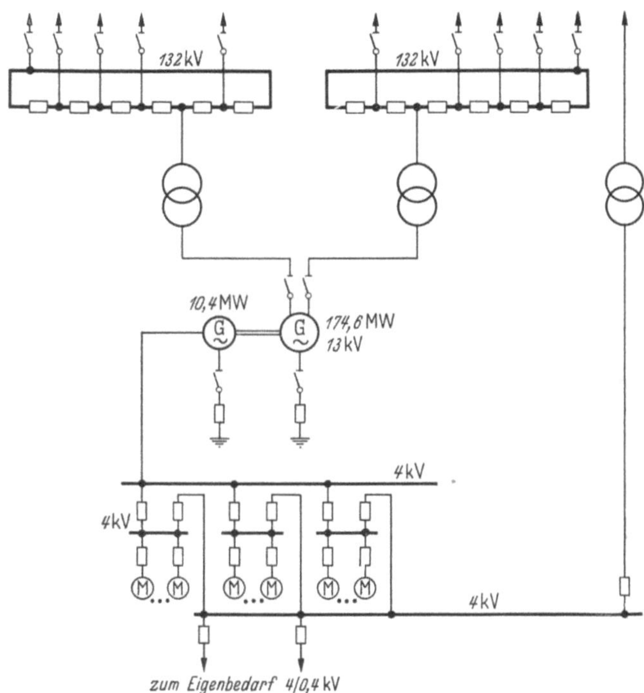

Elektrischer Übersichtsschaltplan

132 kV-Ölkabel zu der etwa 300 m südlich des Werks gelegenen Freiluftschaltanlage. Die 4 kV- und die Niederspannungsverbraucher des Blockeigenbedarfes werden bei Normalbetrieb vom Hilfsgenerator gespeist. Für das Anfahren und zur Notversorgung ist ein fremdgespeister 9 MVA-Umspanner vorhanden. Durch eine Verriegelungsschaltung werden Schaltfehler der Umschaltautomatik verhindert, welche bei Unterspannung an der Eigenbedarfssammelschiene und Störungen am Hilfs- oder Hauptgenerator auf den Anfahrumspanner umschaltet.

Der neue 185 MW-Block wurde an den Kopf des alten Kraftwerksgebäudes gesetzt. Das vorhandene Maschinenhaus wurde verlängert, so daß es in seiner Längsachse den Turbosatz aufnehmen konnte, während der Kessel in Halbfreiluftausführung parallel zur Maschinenhausachse aufgestellt wurde. Der Blechschornstein überragt den etwa 40 m hohen Kessel um 30 m. Die Kohlebunker mit den darunterliegenden Mühlen schließen an das alte Kesselhaus an; der rückwärtige Teil des Kessels mit Luftvorwärmern und Filtern ist in offener Bauweise ausgeführt. Die Kesselspeise- und Kondensatpumpen sind in Höhe der Niederdruckturbine auf Kellerflur aufgestellt, die Hochdruckvorwärmer stehen neben der Hochdruckturbine, während die Niederdruckvorwärmer quer über dem Kondensator liegend angeordnet sind. Der Kaltwasserspeicher steht als zylindrischer Behälter neben dem Kesselhaus. Die Eigenbedarfsschaltanlagen liegen zwischen Maschinenhaus und Kessel. Die kombinierte Gemeinschaftswarte wurde an der Stirnwand des alten Kesselhauses mit Ausblick auf Turbine und Kessel eingebaut. Auf einem halbkreisförmigen Schaltpult sind die für die Bedienung des Blocks erforderlichen Instrumente und Schalter in gedrängter Form untergebracht. Schreibende Geräte sind in den Seitenflügeln des Raumes angeordnet. Fernsehgeräte werden zur Überwachung der Kesselfeuerung eingesetzt.

Das Gebäude ist in Stahlfachwerkbau ausgeführt.

Schrifttum

Electr. Wld. Bd. 145, 14. 5. 1956, S. 110/11.
Pwr. Engr. Bd. 60, Juni 1956, S. 88/89.
Engineer Bd. 202 (1957) S. 382/85.

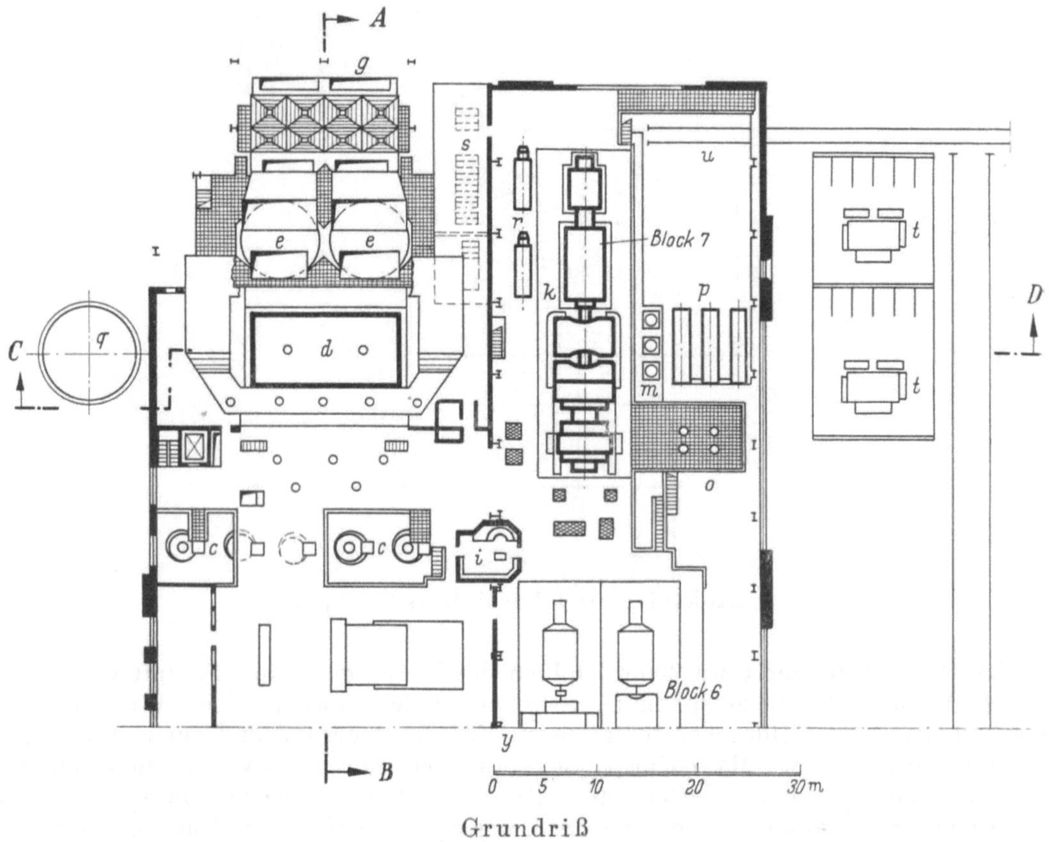

Grundriß

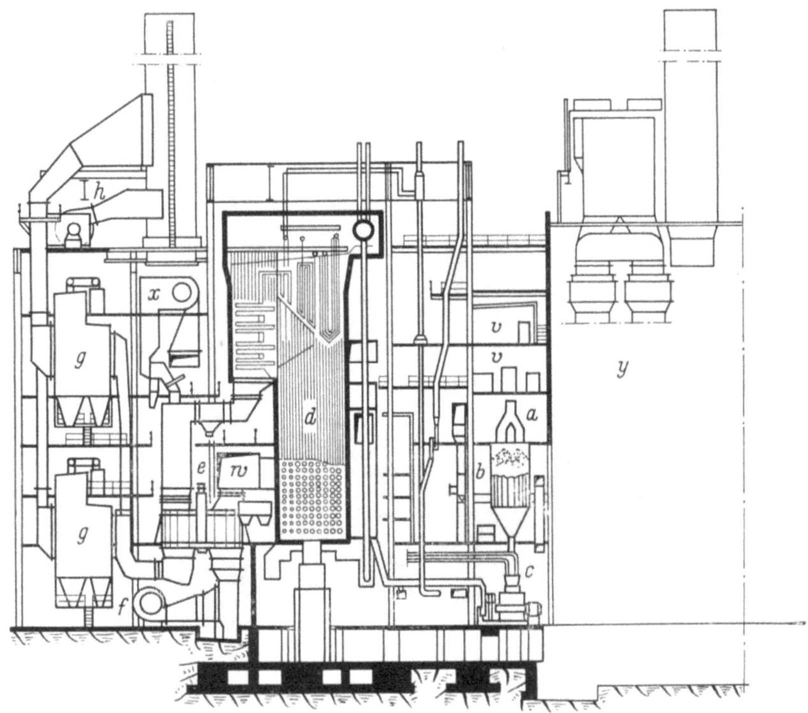

Längsschnitt *A–B*

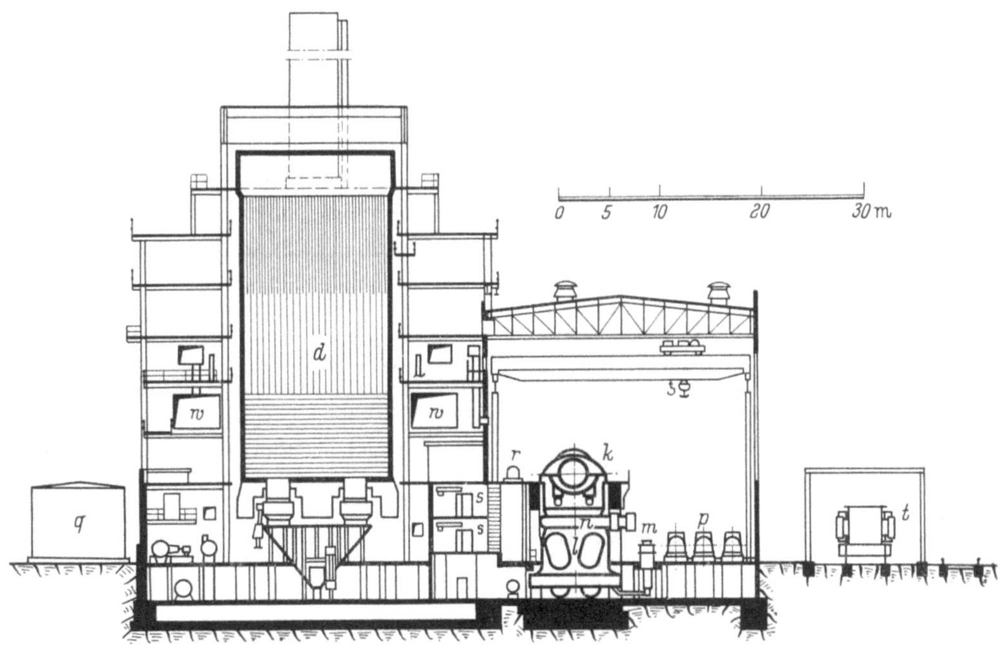

Querschnitt *C–D*

Legende zum Grundriß, Längs- und Querschnitt

a Bekohlung
b Kohlebunker
c Kohlemühlen
d Kessel
e Ljungström-Lufterhitzer
f Frischluftgebläse
g Rauchgasfilter
h Saugzuggebläse
i Wärmewarte
k Turbogenerator
l Kondensator
m Kondensatpumpen
n Niederdruckvorwärmer
o Hochdruckvorwärmer
p Kesselspeisepumpen
q Kaltkondensatspeicher
r Erregersätze
s Eigenbedarfsschaltanlage
t Umspanner
u Montageöffnung
v Ventilatorraum
w Warmluftkanal
x Rezirkulationsgebläse
y Älterer Kraftwerksblock

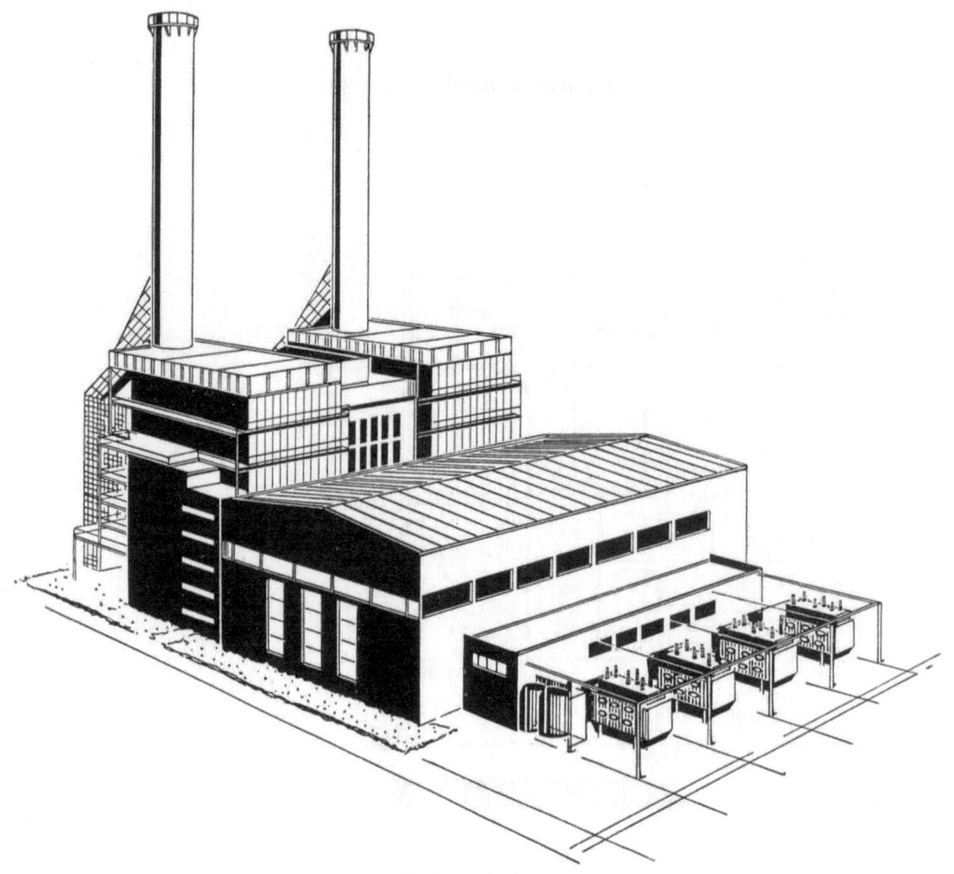

Schaubild

73

Kraftwerk Kearny, USA

(Public Service Electric and Gas Company, Newark, N. J.)

Baujahr 1951/53

Kessel	Einheiten 7 und 8 (New Kearny)	Turbinen	Einheiten 7 und 8 (New Kearny)
Anzahl	2	Anzahl	2
Leistung t/h	433	Leistung MW	147,5
Art	Zwangumlauf	Leistung MVA	160
		Art	K
Genehmigungsdruck atü	—	Drehzahl U/min	3600
Dampfzustand bei Austritt atü	165	Dampfdurchsatz t/h	410
Dampfzustand bei Austritt °C	600	Dampfzustand bei Eintritt atü	165
Dampfzustand hinter ZWÜ atü	565	Dampfzustand bei Eintritt °C	593
Dampfzustand hinter ZWÜ °C	—	bei Wiedereintritt atü	—
Brennstoff:		bei Wiedereintritt °C	565
Art	Kohle, Öl	Kühlwassertemperatur °C	15
oberer Heizwert kcal/kg	7400	Dampfzustand bei Austritt ata	0,038
		Dampfzustand bei Austritt °C	—
Feuerung	Ecken	Gehäusezahl	2
Schlackenabzug	trocken	Abdampfstutzen (flutig)	3
Luftvorwärmung °C	—	Vorwärmstufen	8
Abgastemperatur °C	—	Entgasungstemperatur °C	202
Wirkungsgrad %	—	Speisewassertemperatur °C	264

Rauchgasentstaubung: mechanisch und elektrisch
Wasseraufbereitung: Vollentsalzung
Bauweise: Stahlskelettbau
Vorgesehene Gesamtleistung: 624 MW

Kennzahlen

Spez. Wärmeverbr. netto kcal/kWh	2220
„ Flächenbedarf m^2/kW	0,022
„ Raumbedarf m^3/kW	0,62

Das Kraftwerk Kearny der Public Service Electric and Gas Companie liegt im Norden des Staates New Jersey und trägt zur Versorgung des dortigen Industriegebietes über das 132 kV-Netz bei. Im Jahre 1951 wurde die bestehende Anlage um 2 Blockeinheiten von je rund 150 MW erweitert. Im März und November 1953 wurden diese Einheiten (7 und 8) als „New Kearny“ in Betrieb genommen. In diesem neuen, weiter vervoll-

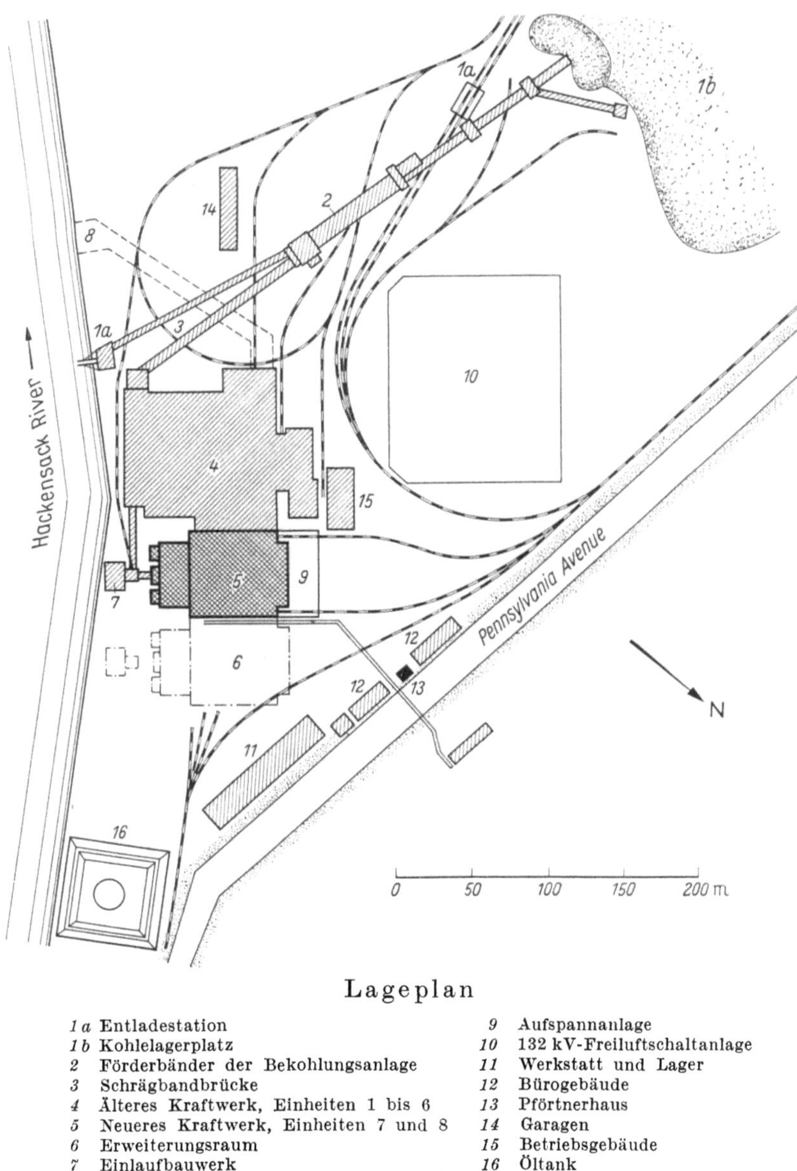

Lageplan

1a	Entladestation	*9*	Aufspannanlage
1b	Kohlelagerplatz	*10*	132 kV-Freiluftschaltanlage
2	Förderbänder der Bekohlungsanlage	*11*	Werkstatt und Lager
3	Schrägbandbrücke	*12*	Bürogebäude
4	Älteres Kraftwerk, Einheiten 1 bis 6	*13*	Pförtnerhaus
5	Neueres Kraftwerk, Einheiten 7 und 8	*14*	Garagen
6	Erweiterungsraum	*15*	Betriebsgebäude
7	Einlaufbauwerk	*16*	Öltank
8	Kühlwasserauslauf		

kommneten Kraftwerk sollten alle Planungs- und Betriebserfahrungen des Kraftwerkes Sewaren des gleichen Unternehmens (Nr. 163, S. 456) ausgewertet werden.

Das Kraftwerk liegt am Hackensack River, so daß der Antransport der Kohle und des Öls durch Schiffe und auf dem Bahnweg erfolgen kann. Die Kohlenförderbänder für die zwei neuen Blocks sind an die Bekohlungsanlage des alten Werkes angeschlossen.

Für die Kühlwasserversorgung der Einheiten 7 und 8 wurde ein neues Einlaufbauwerk errichtet. Die Kühlwassertemperatur beträgt im Mittel 15° C.

Die Maschinen 7 und 8 sind Einwellen-Kondensationsturbinen mit Zwischenüberhitzung und dreiflutigem Niederdruckteil mit einer Leistung von je 147,5 MW, einer Drehzahl von 3600 U/min, einem Dampfeintrittsdruck von 165 atü, einer Eintrittstemperatur von 593° C und einer Zwischenüberhitzungstemperatur von 565° C. Der Dampfdurchsatz beträgt 410 t/h. Der Nettowärmeverbrauch liegt bei 2220 kcal/kWh. Das Kraftwerk wurde als erstes Kraftwerk in den USA für diese hohe Dampftemperatur gebaut.

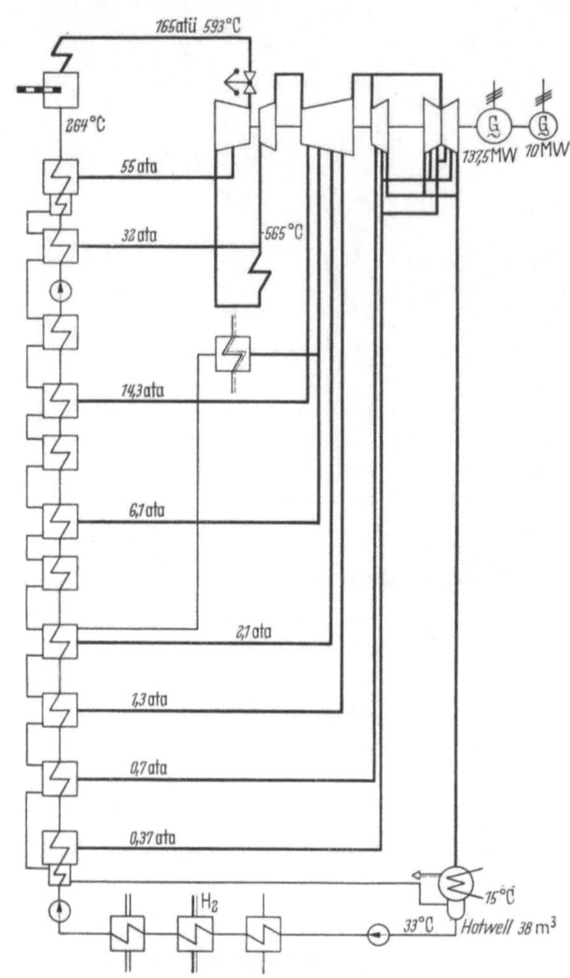

Wärmegrundschaltplan

Die Speisewasservorwärmanlagen sind 8-stufig ausgeführt, wobei 6 Vorwärmer vor den Kesselspeisepumpen liegen und zwei nachgeschaltet sind. Die Endvorwärmtemperatur beträgt 264° C. Es ist kein Speisewasserbehälter zwischengeschaltet. Die Entgasung wird im Hotwell des Kondensators vorgenommen. Es sind je 2 Halblast-Kesselspeisepumpen und -Kondensatpumpen für jeden Block vorhanden, von denen jeweils eine Speise- und eine Kondensatpumpe elektrisch gemeinsam versorgt werden. Damit ist sichergestellt, daß bei Ausfall einer der beiden Pumpen auch die zugehörige Speise- bzw. Kondensatpumpe stillgelegt wird. Der Betrieb wird dann mit einem Halblast-Pumpensatz aufrechterhalten. Eine Reservespeisepumpe kann mit jeder der 4 Kondensatpumpen der beiden Einheiten gemeinsam betrieben werden.

Die Kessel sind Zwangumlaufkessel mit einer Dampfleistung von 433 t/h. Sie haben Überdruckfeuerung, Zwillingsbrennkammer und Rauchgasrückführung in Halbfreiluftbauweise. Sie sind für Kohle- und Ölfeuerung ausgelegt. Bei Normalbetrieb werden sie als Überdruckkessel nur mit Frischluftgebläsen gefahren. Es sind jedoch auch Saugzuggebläse für den Notfall vorgesehen. Die 2 Rauchgas-Rückführgebläse jedes Kessels blasen einen Teil der aus dem Economiser austretenden Abgase zwischen den in verschiedener Höhe und verstellbar angebrachten Tangential-Eckenbrennern wieder ein. Mit Hilfe dieser Luftregelung kann die Dampftemperatur bei Kohlen- und Ölfeuerung auf den Nennwert eingeregelt werden. Außerdem ist Einspritzkühlung in Überhitzer und Zwischenüberhitzer möglich.

Für den Zwangumlauf sind je Kessel 2 Vollast-Umwälzpumpen und eine Reservepumpe vorhanden.

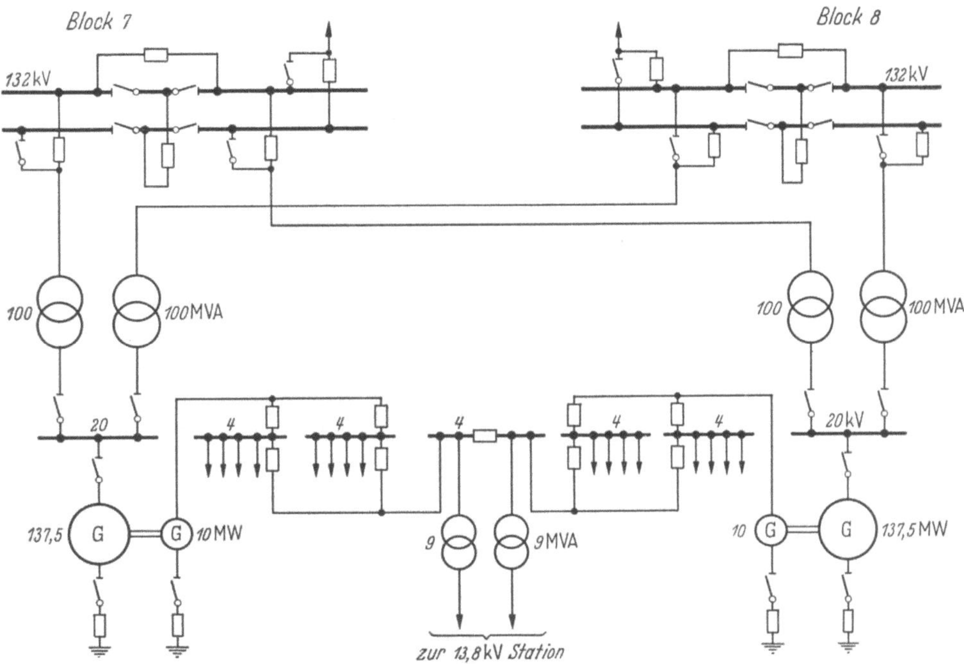

Elektrischer Übersichtsschaltplan

Eine zentrale Wärme- und Elektrowarte ist für beide Einheiten zwischen den Kraftwerksblocks angeordnet. Sie ist mit einer Fernsehüberwachungsanlage für die Kesselfeuerung ausgestattet.

Die elektrische Schaltung des Kraftwerks New Kearny ist klar und übersichtlich. Die beiden wasserstoffgekühlten Hauptgeneratoren mit einer Leistung von 137,5 MW bei 2,1 atü H_2-Druck sind über Generatorableitungen und eine 20 kV-Blocksammelschiene mit je 2 Hauptumspannern von 100 MVA verbunden. Von der 132 kV-Oberspannungsseite der Umspanner führen Ölkabel zur Freiluftschaltanlage des alten Werkes, wobei durch Überkreuzschaltung jeweils einer der Hauptumspanner auf die Doppelsammelschiene des anderen Blockes einspeist. Bei beiden Turbosätzen liegt auf gleicher Welle ein Hilfsgenerator von 10 MW Leistung für die Block-Eigenbedarfsversorgung bei Normalbetrieb. Für das Anfahren und bei Ausfall des Hilfsgenerators stehen außerdem zwei 9 MVA-Transformatoren als Eigenbedarfsumspanner zur Verfügung, über die Fremdenergie von der 13,8 kV-Station des alten Werkes bezogen werden kann. Eine Umschaltautomatik sorgt bei jedem Block dafür, daß diese Transformatoren bei Ausfall der Hilfsgeneratoren selbsttätig sofort die Eigenbedarfslast übernehmen.

Kennzeichnend für die Auslegungsgrundsätze sind auch die seitlich austretenden Abdampfstutzen der Niederdruckturbinen in Verbindung mit flachbauenden Zwillingskondensatoren (wodurch die Kellerhöhe von etwa 8 m auf etwa 4,5 m und die Baukosten gesenkt werden konnten), kein Dehnungs-Verbindungsstück zwischen Turbine und

Kondensator, eine hochtourige (3465 U/min) Kesselspeisepumpe und die Ausführung des Heißdampf-Rohrleitungssystems vom Überhitzeraustritt bis zur ersten Drosselstufe der Turbine aus austenitischem Stahl.

Aus dem Grundriß geht die Blockteilung klar hervor. Die Turbosätze stehen senkrecht zur Maschinenhauslängsachse in der Achsenmitte vor den zugehörigen Kesseln. Zwischen den Blocks sind die Bunker- und Mühlenanlage, die zentrale Warte und die Vorwärmer-, Kondensat- und Kesselspeisepumpem sowie die Erregermaschinensätze angeordnet.

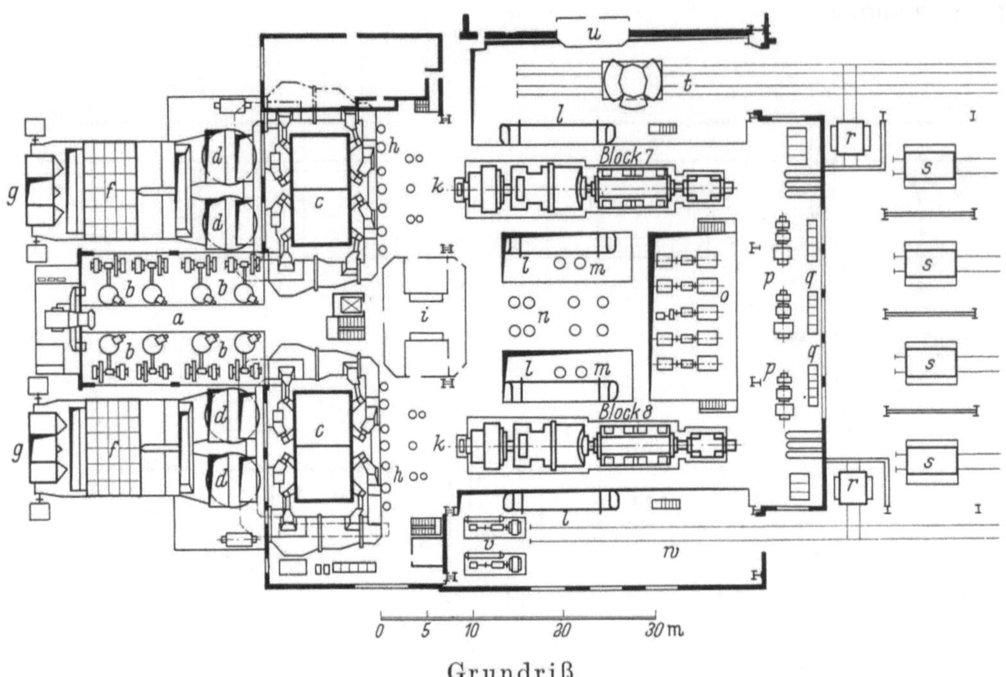

Grundriß

Der Querschnitt läßt die Zweiflurbedienung und die niedrige Kellerhöhe besonders deutlich erkennen. Ungewöhnlich sind der Kesselaufbau mit dem aufgesetzten Blechschornstein und die Anordnung der doppelten Rauchgasfilter mit Gebläsen und Rauchgasableitungen. Das 290 MW-Kraftwerk kostete rund 650 DM/kW.

Schrifttum

New Kearny Station in Service, Combustion. Mai 1953.

Fairchild, F. P.: The New Kearny Generating Station, Paper No. 53-A-71 der ASME.

Technical Description No. 7 and 8 Units New Kearny Generating Station (Druckschrift der Public Service Electric and Gas Co.)

Electric Light and Power Bd. 32, Febr. 1954, S. 101/04.

New Reheat Turbines at Kearny. Power Bd. 98, April 1954, S. 100/04.

Pwr. Engr. April 1954, S. 66/68, 106 u. 108.

Engineer Bd. 197 (1954) S. 559/61 u. 597/600.

Brennstoff, Wärme, Kraft Bd. 7 (1955) S. 138.

Z. VDI Bd. 99 (1957) S. 1279/80.

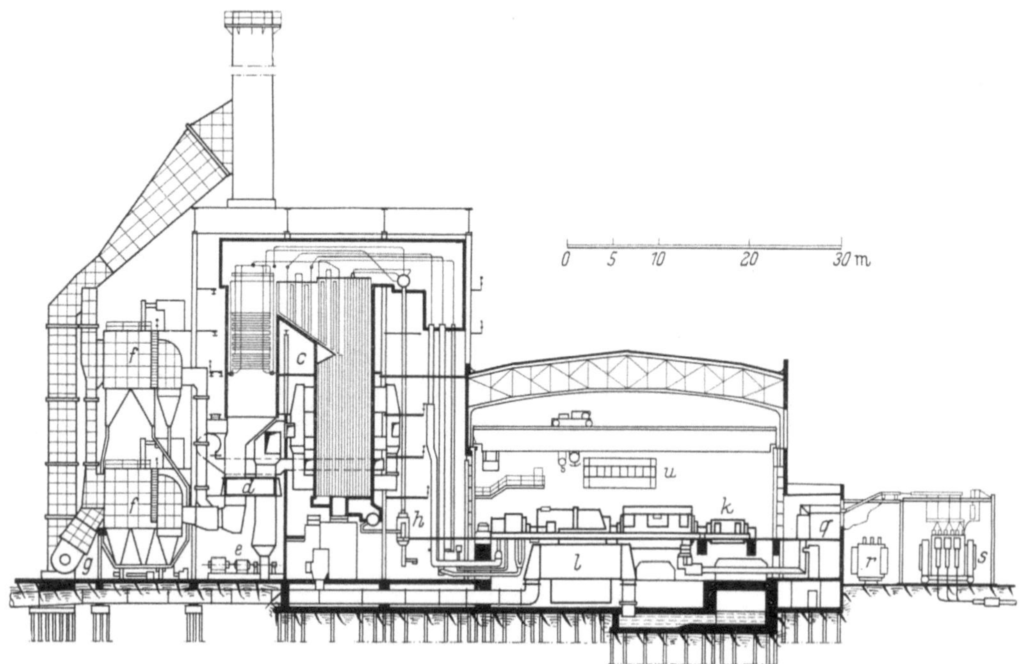

Querschnitt

Legende zum Grundriß und Querschnitt

a	Bunkerbau	*m*	Kondensatpumpen
b	Kohlemühlen	*n*	Vorwärmer
c	Kessel	*o*	Kesselspeisepumpen
d	Luftvorwärmer	*p*	Erregersätze
e	Frischluftgebläse	*q*	Eigenbedarfsschaltanlage
f	Rauchgasfilter	*r*	Eigenbedarfsumspanner
g	Saugzuggebläse	*s*	Hauptumspanner
h	Umwälzpumpe	*t*	Umspanner-Reparaturwerkstatt
i	Wärmewarte	*u*	Büro des Schichtingenieurs
k	Turbogenerator	*v*	Druckluftanlage
l	Kondensatorhälften	*w*	Montageöffnung

Schaubild

74

Kraftwerk High Marnham, Großbritannien

(Central Electricity Authority, London, East Midlands Division, London)

Baujahr 1955/59

Kessel	Block I bis V	**Turbinen**	Block I bis V
Anzahl	5	Anzahl	5
Leistung t/h	635	Leistung MW	200
Art	Zwangumlauf	Leistung MVA	220
		Art	K
Genehmigungsdruck atü	194	Drehzahl U/min	3000
Dampfzustand bei Austritt atü	172	Dampfdurchsatz t/h	580
Dampfzustand bei Austritt °C	572	Dampfzustand bei Eintritt atü	165
Dampfzustand hinter ZWÜ atü	33,5	Dampfzustand bei Eintritt °C	565
Dampfzustand hinter ZWÜ °C	540	bei Wiedereintritt atü	30,0
Brennstoff:		bei Wiedereintritt °C	537
Art	Steinkohle	Kühlwassertemperatur °C	15
unterer Heizwert kcal/kg	5560	Dampfzustand bei Austritt ata	0,045
		Dampfzustand bei Austritt °C	—
Feuerung	Ecken	Gehäusezahl	3
Schlackenabzug	trocken	Abdampfstutzen (flutig)	3
Luftvorwärmung °C	240	Vorwärmstufen	6
Abgastemperatur °C	141	Entgasungstemperatur °C	138
Wirkungsgrad %	88	Speisewassertemperatur °C	238

Rauchgasentstaubung: mechanisch und elektrisch
Wasseraufbereitung: chemisch und Verdampfung
Bauweise: Stahlkonstruktion
Vorgesehene Gesamtleistung: 1000 MW

Kennzahlen

Spez. Wärmeverbr. netto kcal/kWh	2580
„ Flächenbedarf m^2/kW	0,031
„ Raumbedarf m^3/kW	1,10
„ Personalbedarf Mann/MW	0,74

Das nach dem Krieg auch in England in verstärktem Maße einsetzende Bestreben, billigen Strom bei wirtschaftlichstem Kapitalaufwand zu erzeugen, führte zu der Planung des Kraftwerks High Marnham mit 5 × 200 MW-Einheitsturbosätzen. Im Vergleich mit Anlagen früherer Einheitsgrößen wurde für High Marnham eine Kohleersparnis von einer Million Tonnen pro Jahr errechnet. Die Anlage wurde 1955 begonnen und soll 1959 mit dem ersten Block in Betrieb gehen.

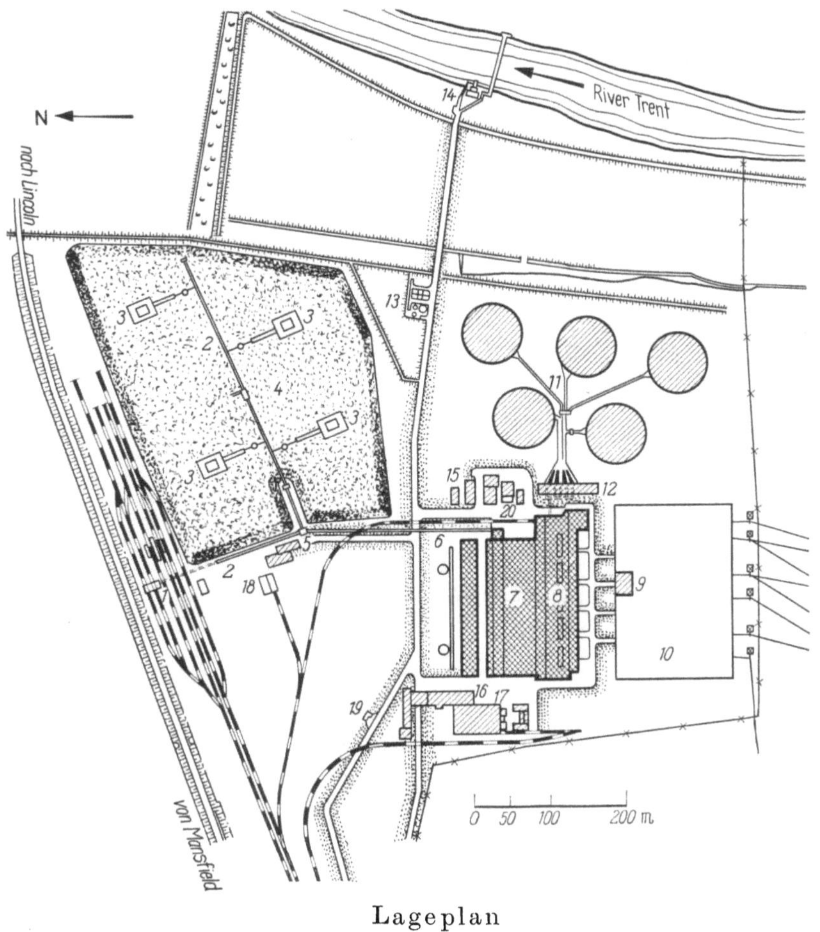

Lageplan

1	Waggonentladestation	11	Kühltürme
2	Kohleförderband	12	Kühlwasserpumpenhaus
3	Kohleeinfülltrichter	13	Abwasserpumpenhaus
4	Kohlelagerplatz	14	Zusatzkühlwasserpumpenhaus
5	Übergabeturm und Überwachung	15	Wasseraufbereitung
6	Schrägbandbrücke	16	Büro- und Betriebsgebäude
7	Kesselhaus	17	Werkstatt und Lager
8	Maschinenhaus	18	Lokschuppen
9	Elektrowarte	19	Pförtnerhaus
10	275 kV-Freiluftschaltanlage und Freileitungen	20	Entaschungsanlage

Der Standort des Kraftwerks in Mittelengland, westlich von Lincoln am Flusse Trent, ist sowohl verkehrstechnisch als auch im Hinblick auf die Stromabführung zentral. Die Versorgung mit Brennstoff erfolgt von den in der weiteren Umgebung gelegenen mittelenglischen Kohlegebieten aus per Bahn. Die Wasserführung des Trent ist für ein Kraftwerk mit 1 Million kW Gesamtleistung zu gering. Es wurde daher ein geschlossenes Kühlwassersystem mit 5 Naturzugkühltürmen bei Einheitsleistungen von etwa 25000 m³/h vorgesehen. Zusatzwasser in der Größenordnung von 150000 m³/Tag wird stetig dem Trentfluß entnommen, dem Kühlkreislauf zugesetzt und in einer um die Verdunstungsverluste verringerten Menge wieder an den Fluß zurückgegeben.

Bei einer mittleren Kühlwassertemperatur von 15° C wurde ein Frischdampfzustand von 165 atü, 565° C am Turbineneintritt gewählt. Die 3000tourigen Maschinen sind in 3 Gehäuse unterteilt; die Zwischenüberhitzung erfolgt zwischen dem ersten und zweiten Gehäuse. Im zweiten Gehäuse teilt sich der Dampfstrom hinter dem Mitteldruckteil. Ein Teil des Arbeitsdampfes durchströmt den Niederdruckteil im gleichen Gehäuse. Der größte Teil wird dem doppelflutigen Niederdruckteil im dritten Gehäuse zugeführt. Bei einem Trenndruck von 34 atü (bei Vollast) erfolgt die Zwischenüberhitzung von 90% der Frischdampfmenge auf 537° C. Durch die Anzapfdampf-Speisewasservorwärmung in 6 Stufen wird eine Endtemperatur von 238° C erreicht.

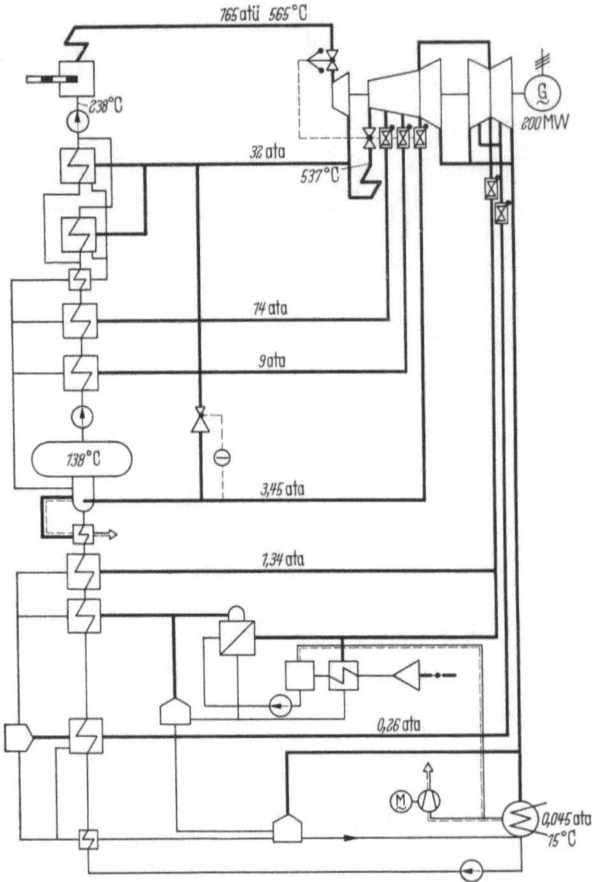

Wärmegrundschaltplan

Die untere Vorwärmgruppe umfaßt die Niederdruckvorwärmer, Kondensat- und Wrasenkühler sowie den Brüdenkondensator. An letzterem hängt die Verdampferanlage, die die Deckung der Verluste des Kreislaufes sicherstellen soll. Die dritte Vorwärmstufe mit einem Anzapfdruck von 3,45 ata dient gleichzeitig der Entgasung; ihr entspricht eine Speisewasserbehälter-Temperatur von 138° C. Bei der oberen Vorwärmgruppe sind 3 Vorwärmer hintereinandergeschaltet, wobei die letzte Stufe in zwei parallele Apparate unterteilt ist. Die Speisewasserförderung durch die oberen Gruppen wird durch Druckerhöhungspumpen bewirkt, während die eigentlichen Speisepumpen unmittelbar vor den Kesseln installiert sind. Durch diese Anordnung konnten die Hochdruckvorwärmer wasserseitig für niedrigere Nenndrücke ausgelegt werden. Für den Maschinensatz wird ein spezifischer Wärmeverbrauch von 1975 kcal/kWh angegeben. Die Dampfleistung jedes Kessels beträgt 635 t/h bei einem Dampfzustand von 172 atü, 572° C am Überhitzeraustritt. Die Kessel sind in sich in zwei parallele Feuerräume unterteilt, wobei dem einen der Überhitzer, dem anderen der Zwischenüberhitzer zugeordnet ist. Darüber ist der mit Zwangumlauf versehene Verdampferteil untergebracht. Der zweite Zug enthält die Economiser. Jeder Kessel wird durch 6 Kohlemühlen versorgt, wobei der Kohlenstaub durch 48 Eckenbrenner in die beiden Brennkammern eingeblasen wird.

Der direkt gekuppelte Generator mit einer Klemmenspannung von 16,5 kV ist mit Wasserstoffkühlung (Arbeitsdruck 3,1 ata) ausgerüstet. Die Generatorspannung von 16,5 kV wird durch Blocktransformatoren auf 275 kV erhöht. Haustransformatoren liefern die jeweilige Block-Eigenbedarfsleistung bei einer Spannung von 6,6 kV. Der allgemeine Eigenbedarf, der zu einer eigenen Gruppe zusammengefaßt wurde, ist mit den einzelnen Blocksammelschienen quer verbunden. Ferner besteht über 2 Stationstrafos eine Verbindung zum Hochspannungsnetz, wodurch der Fremdstrombezug zum Anfahren der Anlage und bei Ausfall der Eigenversorgung sichergestellt ist.

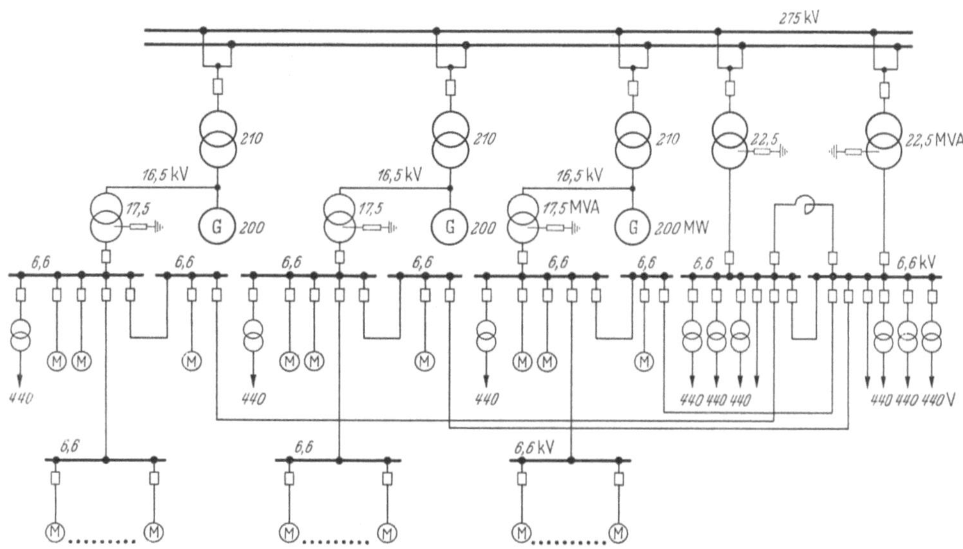

Elektrischer Übersichtsschaltplan

Dem äußeren Aufbau ist der Grundsatz des kürzesten geradlinigen Energieflusses von Kohle, Dampf und Strom zugrunde gelegt. Senkrecht zu dieser Hauptflußrichtung erfolgt die Zufuhr von Brennstoff und Kühlwasser. Der Kesselhaustrakt umfaßt auf der Außenseite den Bunkerbau mit Kohlebunkern, Zubringern, Mahlanlage und Frischluftgebläse. In der Mitte sind die Zweizug-Strahlungskessel nebeneinander aufgestellt. Die Brennkammern liegen auf der Maschinenhausseite. Das Rauchgas wird über die Ljungström-Luftvorwärmer, Grobabscheider, Elektrofilter und Saugzuggebläse den beiden Schornsteinen zugeführt.

Die Längsaufstellung der fünf großen Einwellenaggregate brachte kostenmäßige Ersparnisse gegenüber der in der englischen Kraftwerkspraxis bei den kleinen Sätzen gewohnten Queraufstellung. Die Speisewasserblocks sind den Turbosätzen zugeordnet, wobei lediglich die Speisewasserbehälter in einem zwischen Maschinen- und Kesselhaus eingeschobenen Mitteltrakt hoch aufgestellt sind. Im gleichen Mitteltrakt ist auf Höhe des Machinenhausflures für jeden Block eine eigene Wärmewarte eingebaut.

Die elektrische Eigenversorgung erfolgt über 2 Schaltanlagen. Letztere sind räumlich getrennt in Anbauten am Maschinen- und am Kesselhaus untergebracht. In der Energie-Hauptflußrichtung sind hinter dem Maschinenhaus die Transformatoren und die Freiluftschaltanlage mit der Elektrowarte aufgestellt.

Für die Fundamentierung des Kraftwerkes war eine Pfahlgründung erforderlich. Die aufgehenden Gebäude wurden in Leichtgewichtsbauweise unter Verwendung von Stahlkonstruktionen erstellt; die Verkleidung erfolgte mit Zement- bzw. Aluminiumplatten. Die Kühltürme und die 137 m hohen Schornsteine wurden in Stahlbeton ausgeführt.

Schrifttum

Engineer Bd. 201 (1956) S. 19/21.
Electrical Review Bd. 163 (1958) S. 317/21 u. 355/59.

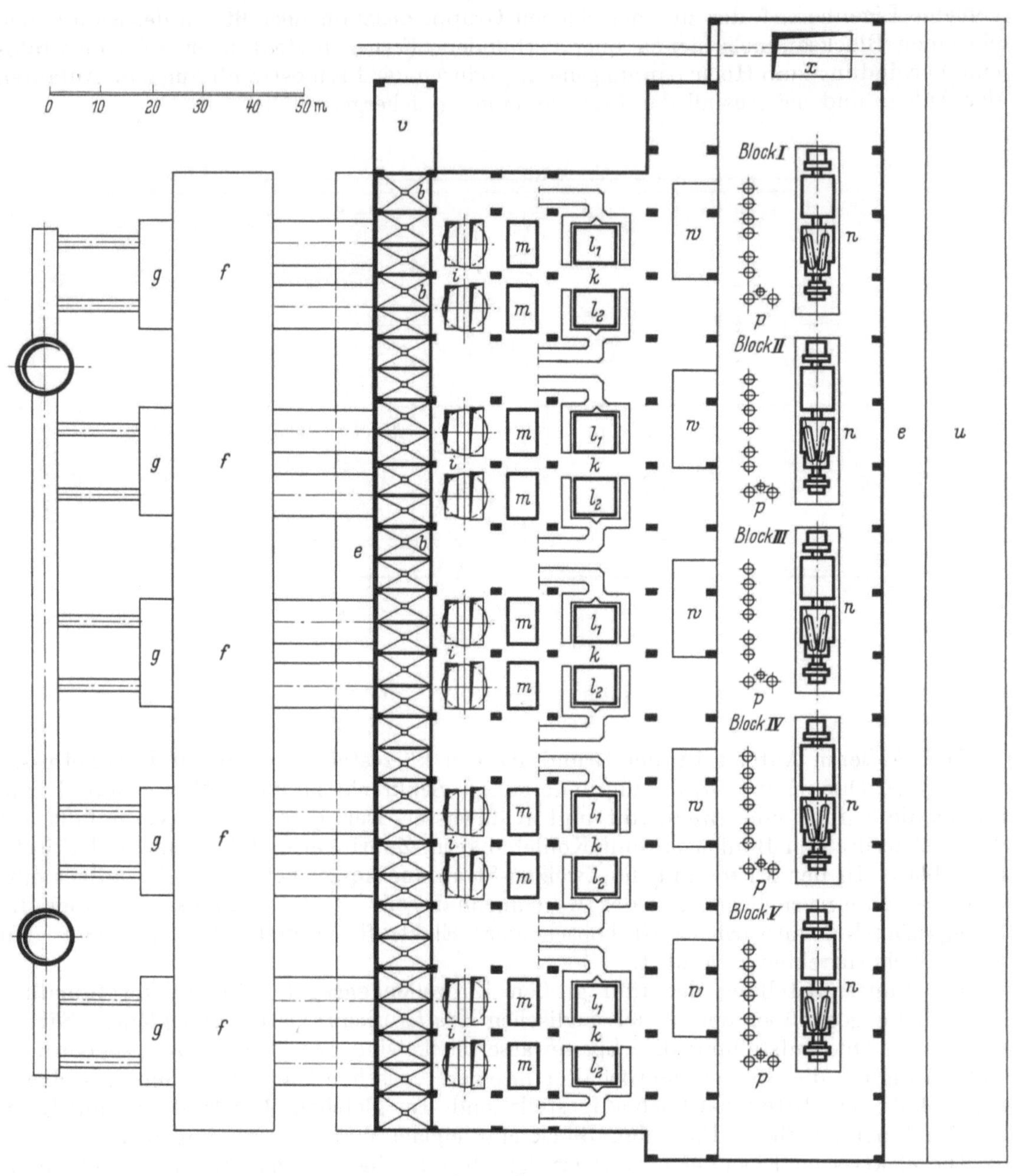

Grundriß

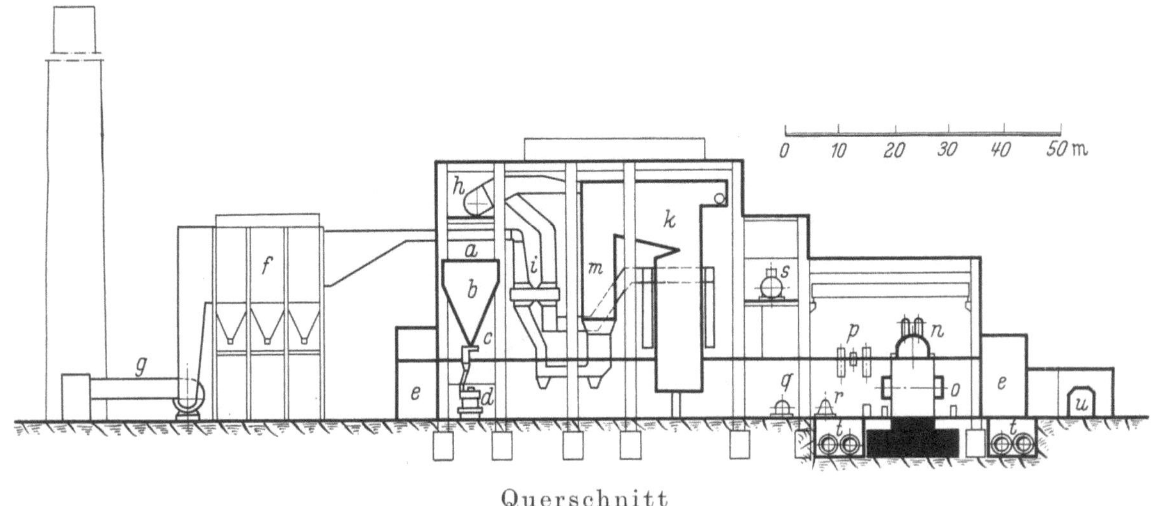

Querschnitt

Legende zum Grundriß und Querschnitt

a	Bekohlung	*m*	Nachschaltheizflächen
b	Bunker	*n*	Turbogenerator
c	Kohlezuteiler	*o*	Kondensator
d	Kohlemühle	*p*	Vorwärmer
e	Eigenbedarfsschaltanlage	*q*	Druckerhöhungspumpe
f	Elektrofilter	*r*	Kesselspeisepumpe
g	Saugzuggebläse	*s*	Speisewasserbehälter mit Entgaser
h	Frischluftgebläse	*t*	Kühlwasserleitungen
i	Luftvorwärmer	*u*	Umspanner
k	Kessel	*v*	Kohleübergabeturm
l_1	Feuerraum für Überhitzer	*w*	Block-Wärmewarte
l_2	Feuerraum für Zwischenüberhitzer	*x*	Montageöffnung

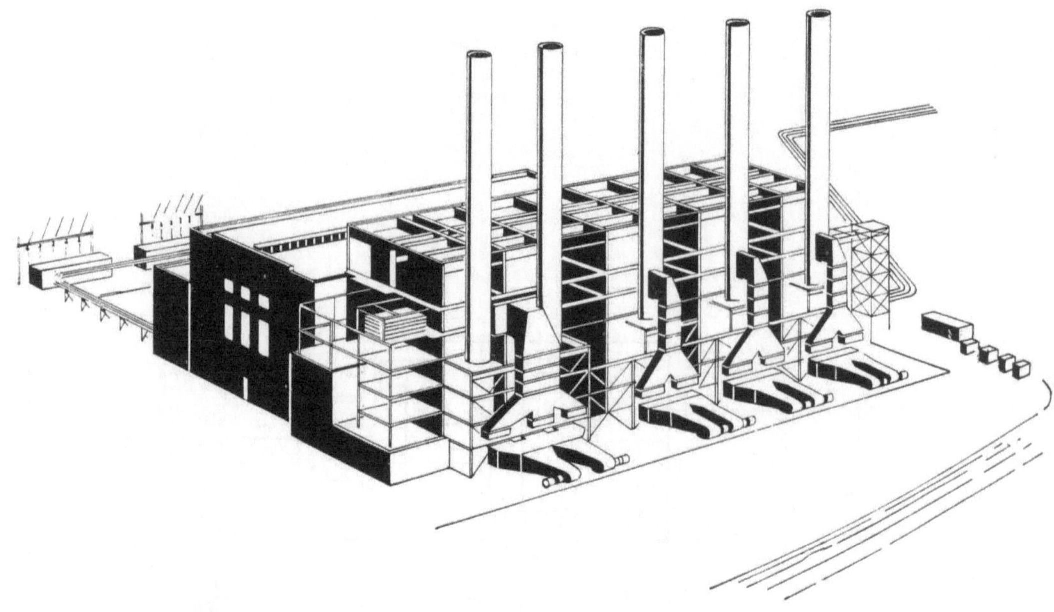

Schaubild

77 **Kraftwerk Linden, USA**

(Public Service Electric and Gas Company, Newark, N. I.)

Baujahr 1955/57

Kessel		Block 1	Block 2
Anzahl		3	1
Leistung	t/h	455	865
Art		Naturumlauf	
Genehmigungsdruck	atü	—	—
Dampfzustand bei Austritt	atü	142	166
	°C	570	593
Dampfzustand hinter ZWÜ	atü	—	30
	°C	—	565
Brennstoff:			
Art		Öl (St)	Öl (St)
oberer Heizwert	kcal/kg	9700	9700
Feuerung		Brenner	Brenner
Schlackenabzug		—	—
Luftvorwärmung	°C	—	—
Abgastemperatur	°C	—	—
Wirkungsgrad	%	—	—

Turbinen		Block 1	Block 2
Anzahl		1	1
Leistung	MW	225	225
Leistung	MVA	291	291
Art		EK	EK
Drehzahl	U/min	3600	3600
Dampfdurchsatz	t/h	1240	800
Dampfzustand bei Eintritt	atü	136	160
	°C	565	593
bei Wiedereintritt	atü	—	30
	°C	—	565
Kühlwassertemperatur	°C	33	33
Dampfzustand bei Austritt	ata	10,5	10,5
	°C	0,05	0,05
Gehäusezahl		4	4
Abdampfstutzen (flutig)		3	3
Vorwärmstufen		6	8
Entgasungstemperatur	°C	188	—
Speisewassertemperatur	°C	271	275

Kennzahlen

Spez. Wärmeverbr. netto	kcal/kWh	—
„ Flächenbedarf	m^2/kW	0,028
„ Raumbedarf	m^3/kW	0,51

Rauchgasentstaubung:
Wasseraufbereitung: Vollentsalzung
Bauweise: Stahlskelettbau
Vorgesehene Gesamtleistung: 450 MW

Das im Staate New Jersey gelegene Werk soll in erster Linie der Dampf- und Stromlieferung an die Bayway-Raffinerie der Esso Standard Oil Co. dienen. Der Heizdampf wird mit 52,0 und 11,2 ata an die Esso geliefert. Den Überschuß an elektrischer Energie soll das öffentliche Netz aufnehmen. Die Raffinerie stellt dem Kraftwerk ihre Ölrückstände mit hoher Viskosität als Brennstoff zur Verfügung. Wenn die Ölrückstände zum Betrieb des Kraftwerkes nicht ausreichen, wird noch Bunkeröl C bezogen.

Man entschied sich, zunächst 2 Sätze aufzustellen, von denen der erste vor allem der Versorgung der Raffinerie mit Dampf, der zweite mehr der Versorgung des öffentlichen Netzes dienen soll.

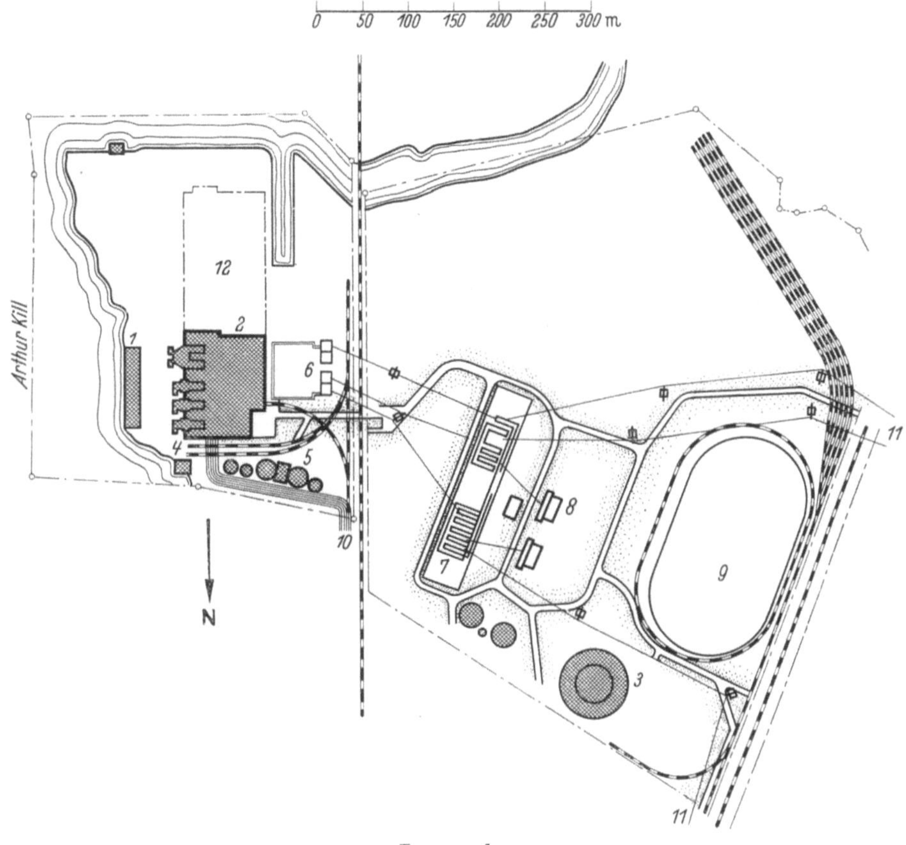

Lageplan

1	geplante Kohlenaufbereitung	7	138 kV-Schaltanlage
2	Kraftwerk	8	26 kV-Schaltanlage
3	Brennstofftank	9	geplanter Kohlelagerplatz
4	Einlaufbauwerk	10	Dampfleitungen zur Esso Standard Oil Co.
5	Wasseraufbereitung	11	Freileitungen
6	Umspanner	12	Erweiterungsraum

Die Möglichkeit der Umstellung der Kessel von Öl- auf Kohlenstaubfeuerung wurde bei der Auslegung bereits berücksichtigt. Das Werk hat im Jahr 1957 seinen Betrieb aufgenommen.

Jede Einheit leistet 225 MW. Die Turbine des ersten Blocks wird mit Dampf von 136 atü, 565° C versorgt, für dessen Erzeugung 3 Kessel von je 455 t/h zur Verfügung stehen. Für die Aufteilung der Kesselleistung auf 3 Einheiten entschied man sich aus Gründen der Betriebssicherheit. Von einer höheren Temperatur und Zwischenüberhitzung hatte man s. Zt. mit Rücksicht auf die damit verbundenen betrieblichen Schwierigkeiten und die höheren Kosten für Armaturen und Rohrleitungen aus austenitischem Material abgesehen. Um die Dampftemperatur über einen großen Bereich konstant halten zu können, wurden die Überhitzer der Kessel so ausgelegt, daß die normale Temperatur bereits bei 65% der Nennlast erreicht wird. Zwischen dieser Last und Nennlast wird Wasser eingespritzt. Bei der Umstellung von Öl- auf Kohlenstaubfeuerung würde sich der Wärmeübergang im Feuerraum wegen der Abdeckung seines unteren Teiles durch die Asche verringern. In diesem Fall soll daher die Heizfläche des Strahlungsüberhitzers gegen Feuerraumheizfläche ausgetauscht werden. Die viergehäusige Entnahme-Kondensationsturbine hat einen höchsten

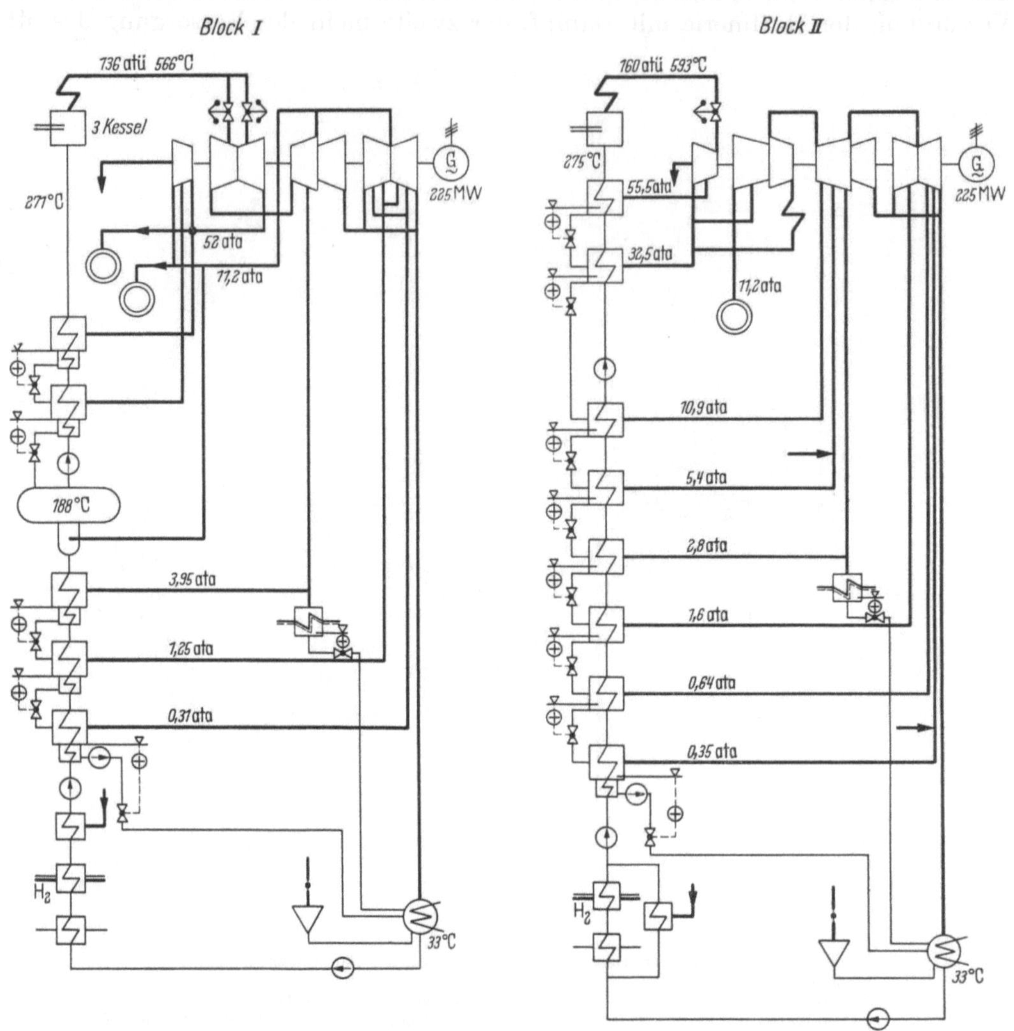

Wärmegrundschaltplan

Dampfdurchsatz von 1240 t/h. Man läßt den Dampf in 2 Teilströme in die Turbine eintreten. Hierdurch wird erreicht, daß die Regelventile kleiner ausgebildet werden können, was bei dem erheblichen Dampfdurchsatz von großer Bedeutung ist. Der eine Teilstrom dient in erster Linie der Versorgung der beiden Dampfnetze. Die 52 ata-Entnahme beträgt maximal 273 t/h, die 11,2 ata-Entnahme maximal 455 t/h, wobei die größte gleichzeitige Entnahme auf 525 t/h begrenzt ist. In der ersten Stufengruppe, die von dem einen Teilstrom durchströmt ist, wird der Dampf auf 52 ata entspannt. Soweit der Dampf nicht in das 52 ata-Netz strömt, wird er in einer weiteren Stufengruppe auf 11,2 ata entspannt. Der nicht durch die Entnahmen abgeführte Dampf strömt in den gemeinsamen Niederdruckteil. Dieser wird auch von dem anderen Dampfstrom, der vorher gleichfalls in

2 Stufengruppen entspannt wurde, beaufschlagt. Der Niederdruckteil ist dreiflutig. Das Speisewasser wird in 6 Stufen, darunter 2 Hochdruckstufen, auf 271 ° C aufgewärmt.

Der zweite Block ist demgegenüber für einen Dampfzustand von 164 atü, 593 ° C mit Zwischenüberhitzung auf 565 ° C ausgelegt. Die gleichfalls viergehäusige Turbine erhält auch eine 11,2 ata-Entnahme, jedoch nur für 182 t/h. Erstere kann 800 t/h Dampf durchsetzen, der in einem Doppelkessel erzeugt wird. Der eine Kesselteil enthält den Hochtemperaturteil des Überhitzers, der andere den vollständigen Zwischenüberhitzer. Die Niedertemperaturteile des Überhitzers sind auf beide Kesselhälften aufgeteilt. Jeder Feuerraum besitzt in seinem unteren Teil eine Trennwand. Die Turbine hat für die Entspannung des Entnahmedampfes eine besondere Stufengruppe. Der in der Turbine verbleibende Dampf gelangt unter Umgehung dieser Stufengruppe unmittelbar in den

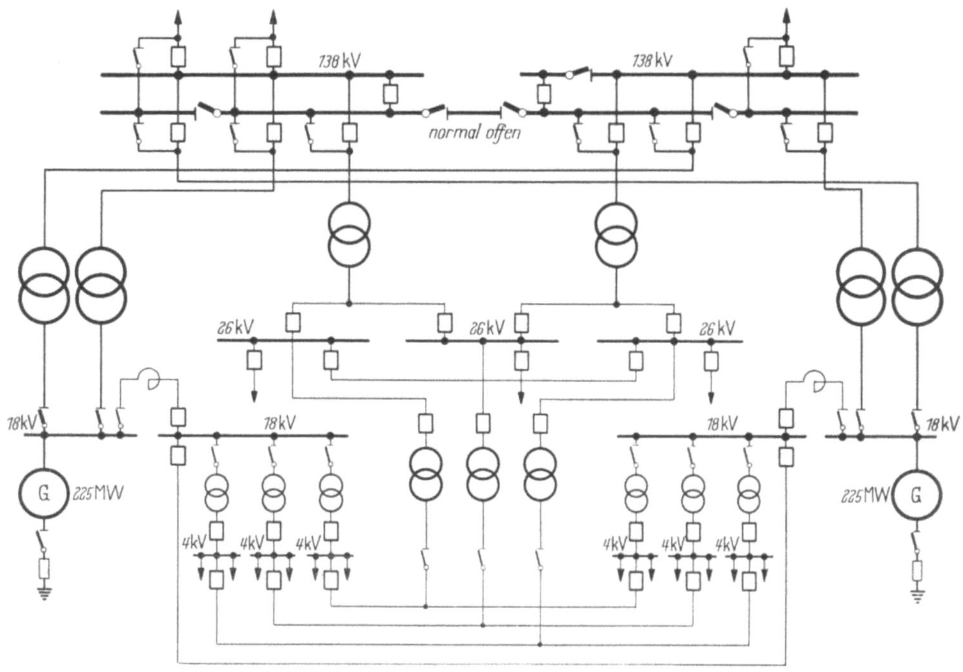

Elektrischer Übersichtsschaltplan

Mitteldruckteil. Der Niederdruckteil ist gleichfalls dreiflutig. Das Speisewasser wird in 8 Stufen auf 275 ° C aufgewärmt.

Das von der Raffinerie gelieferte Zusatzwasser wird vollentsalzt und dem Kreislauf beim Kondensator zugeführt.

Die beiden Generatoren sind direkt über entsprechende Umspanner auf das 138 kV-Netz geschaltet. Der Eigenbedarf jedes Satzes ist unmittelbar hinter den Generatorklemmen abgezweigt. Er kann aber auch von einer 26 kV-Sammelschiene versorgt werden, die ihrerseits wiederum mit der erwähnten 138 kV-Sammelschiene über 2 Umspanner gekuppelt ist.

Die Kessel sind in Freiluftbauweise erstellt. Die Luftvorwärmer liegen außerhalb der Kessel. Die Turbinen sind quergestellt. Sie stehen längs der Stirnwände des Maschinenhauses, damit zwischen ihnen der erforderliche Raum zur Unterbringung der Speisepumpen und Vorwärmer verbleibt. Im Schwerpunkt des Kraftwerkes liegt die Warte auf der Mittelachse. Den beiden Stirnseiten des Maschinenhauses ist die Eigenbedarfsschaltanlage vorgelagert. Die Hauptumspanner — zwei je Generator — stehen außerhalb in der Verlängerung der Längsachse der Turbinen.

Es wird damit gerechnet, daß das Heizkraftwerk 54% der im Brennstoff vorhandenen Energie nutzbar machen kann.

Schrifttum

BRENNECKE, C. u. R. SCHINN: Z. VDI, Bd. 99 (1957), S. 1611/19; Engineer, Bd. 205 (1958), S. 909/11 und 949/51.

FAIRCHILD, F. P.: Electr. Wld. (Bd. 145) 9. 4. 1956, S. 16/18, 20 u. 24.

FAIRCHILD, F. P.: Linden Generating Station. (Druckschrift der Public Service Electric & Gas Co.) Power, Bd. 102, Okt. 1958, S. 160/63.

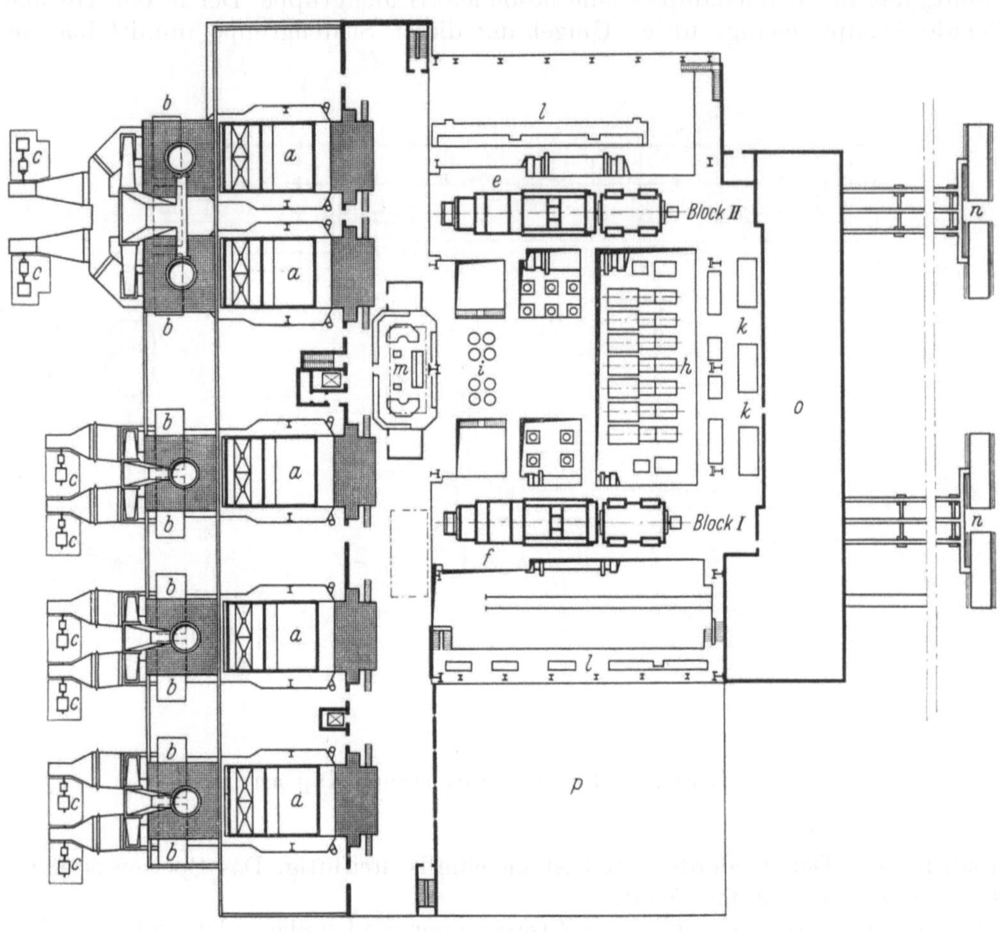

Grundriß

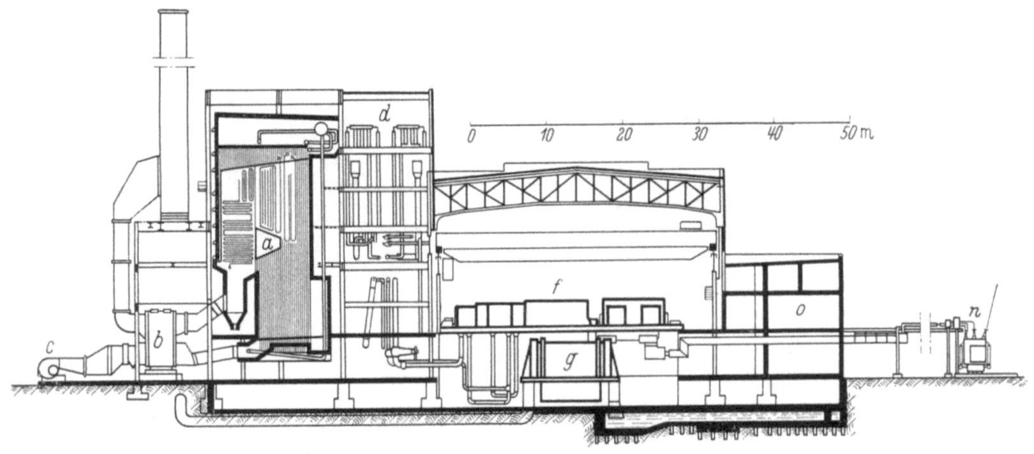

Querschnitt

Legende zum Grundriß und Querschnitt

- *a* Kessel
- *b* Luftvorwärmer
- *c* Frischluftgebläse
- *d* Reduzierstationen
- *e* Turbogenerator I
- *f* Turbogenerator II
- *g* Kondensator
- *h* Kesselspeisepumpen
- *i* Vorwärmer
- *k* Erregermaschinen
- *l* Eigenbedarfsschaltanlage
- *m* Warte
- *n* Hauptumspanner
- *o* Betriebsgebäude
- *p* Wasseraufbereitungsanlage

Schaubild

79

Kraftwerk Gustav Knepper, BRD

(Bochumer Bergbau AG, Bochum)

Baujahr 1950/55 und 1956/58

Kessel	1. Halbwerk		2. Halbwerk
Anzahl	2	2	2
Leistung t/h	145	160	220
Art	Naturumlauf		Durchlauf
Genehmigungsdruck atü	82	82	185
Dampfzustand bei Austritt atü	80	80	168
Dampfzustand bei Austritt °C	500	500	530
Dampfzustand hinter ZWÜ atü	—	—	31,3
Dampfzustand hinter ZWÜ °C	—	—	520
Brennstoff:			
Art	Steink.	Steink.	Steink.
unterer Heizwert kcal/kg	6300	6300	6300
Feuerung	Schmelzkammer		
Schlackenabzug	flüssig	flüssig	flüssig
Luftvorwärmung °C	—	—	400
Abgastemperatur °C	200	200;135	125
Wirkungsgrad %	85,5	87,0	89,0

Rauchgasentstaubung: elektrisch
Wasseraufbereitung: chemisch und Verdampfung; Vollentsalzung
Bauweise: Beton
Vorgesehene Gesamtleistung: —MW

Turbinen	1. Halbwerk	2. Halbwerk
Anzahl	3	2
Leistung MW	35	64
Leistung MVA	40; 50[1]	100
Art	K	K
Drehzahl U/min	3000	3000
Dampfdurchsatz t/h	—	—
Dampfzustand bei Eintritt atü	68	160
Dampfzustand bei Eintritt °C	485	525
bei Wiedereintritt atü	—	30,5
bei Wiedereintritt °C	—	510
Kühlwassertemperatur °C	20	20
Dampfzustand bei Austritt ata	—	0,054
Dampfzustand bei Austritt °C	—	—
Gehäusezahl	3	3
Abdampfstutzen (flutig)	1	2
Vorwärmstufen	4	6
Entgasungstemperatur °C	190	125
Speisewassertemperatur °C	190	238
Kennzahlen		
Spez. Wärmeverbr. netto kcal/kWh	3150	2500
„ Flächenbedarf m²/kW	0,067	0,032
„ Raumbedarf m³/kW	1,97	1,21

[1] Turbine 3

Das Kraftwerk Gustav Knepper in Mengede bei Dortmund enthält zwei typische Entwicklungsstufen des Dampfkraftwerksbaues in einer Anlage. Der erste Teil des Kraftwerkes ist kennzeichnend für die Vorkriegs-, der letzte für die Nachkriegsentwicklung. Die für den Ausbau entscheidende Planung des ersten Halbwerkes ging noch auf die Vorkriegsjahre zurück. Der Vergleich läßt sowohl die Entwicklung der Kraftwerkstechnik bezüglich des gewählten Dampfzustandes, der Kesselbauart, der Wasseraufbereitung

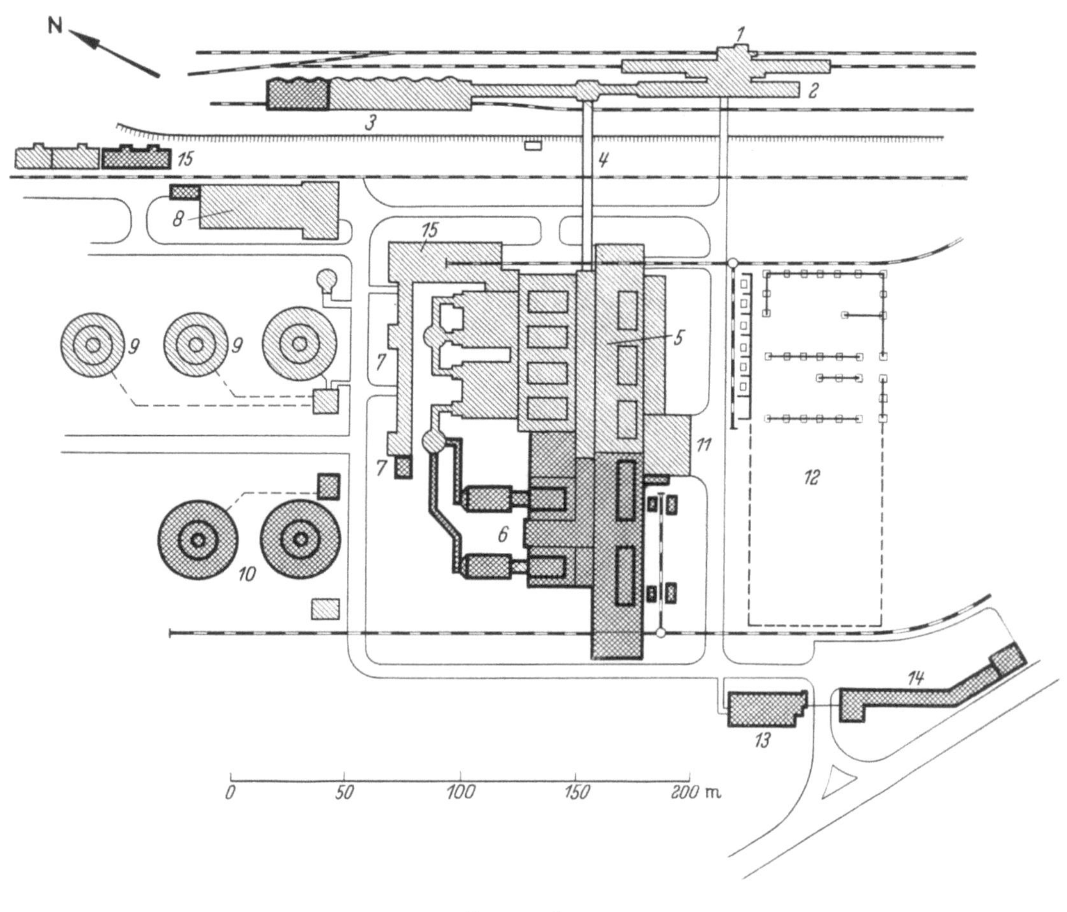

Lageplan

1 Kohletiefbunker
2 Auftauhalle und Brecheranlage
3 Kohlehochbunker
4 Schrägbandbrücke
5 Erstes Halbwerk
6 Zweites Halbwerk
7 Pumpenhaus für Rückkühlung
8 Wasseraufbereitungsanlage
9 Kühltürme des ersten Halbwerkes
10 Kühltürme des zweiten Halbwerkes
11 Netzwarte
12 Freiluftschaltanlage 110 kV
13 Bürogebäude
14 Garagen
15 Schlackenklärbecken

sowie des äußeren Aufbaues mit Auswirkung auf den spezifischen Flächen-, Raum- und Wärmebedarf erkennen.

Die auf dem Bahnweg ankommende Kohle wird in Tiefbunker gekippt. Um die Entladung eingefrorener Kohle zu erreichen, ist eine Auftauhalle vorgesehen. Kohlensorten der verschiedensten Herkunft und Zusammensetzung müssen verfeuert werden. Es ist darum Vorsorge getroffen, daß sie gemischt und gelagert werden können. Hierfür dient eine Reihe von Hochbunkern, von denen der Brennstoff dann in die Kesselbunker weiterbefördert wird. Da nicht genügend Kühlwasser vorhanden ist, mußten Kühltürme (Ventilatorkühler) aufgestellt werden. Als Zusatzwasser steht Leitungswasser (Ruhrwasser) zur Verfügung. Außerdem kann über eine 5 km lange Leitung Wasser aus dem Rhein-Herne-Kanal entnommen werden.

Das erste Halbwerk, das in 3 Ausbaustufen von 1950/55 erstellt wurde, hat Naturumlaufkessel mit Schmelzfeuerung. Die Bauten selbst und ein großer Teil der maschinentechnischen Montage waren schon in den Kriegsjahren ausgeführt worden. Nach dem Krieg trat ein erzwungener Stillstand bis zur Wiederaufnahme der Arbeiten ein. Der Frischdampfdruck beträgt 68 atü, 485° C an der Turbine. Die 4 Kessel sind über Sammelschienen auf die Turbinen geschaltet. Diese sind dreigehäusig und besitzen 4 Anzapfungen

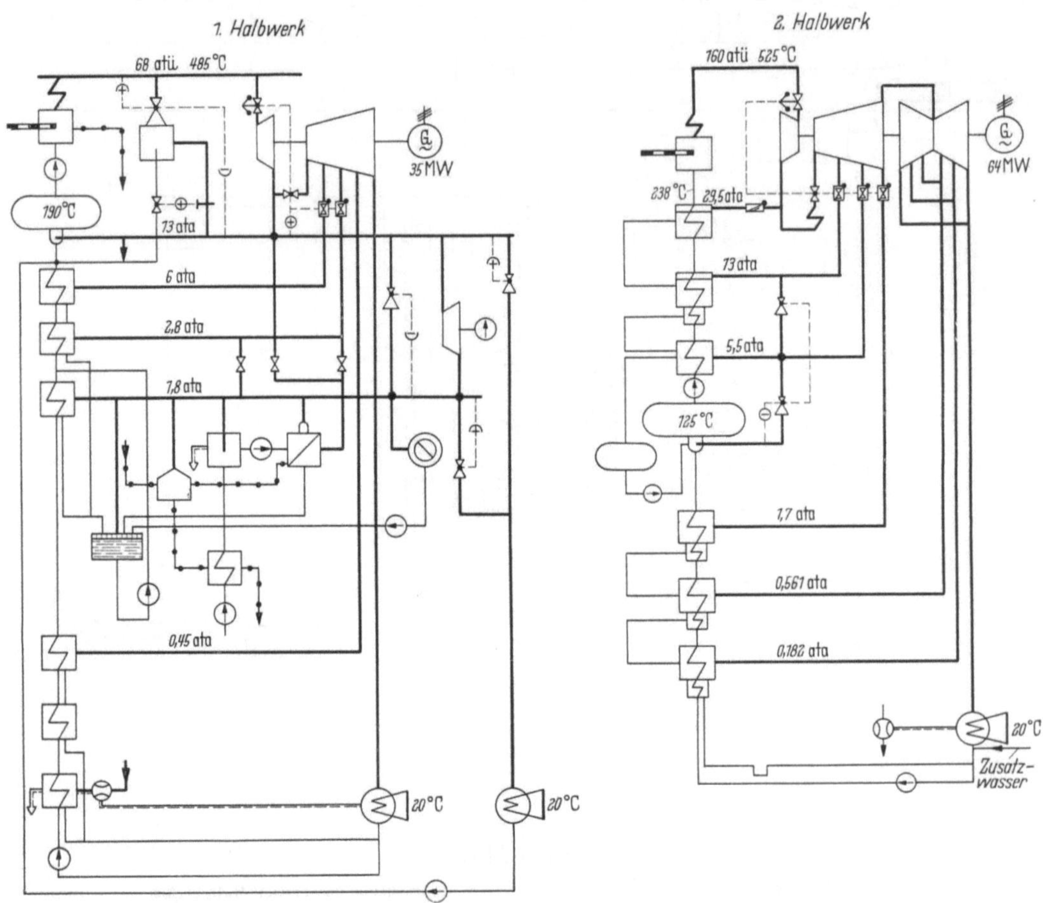

Wärmegrundschaltpläne

zur Speisewasservorwärmung. Das chemisch aufbereitete Wasser wird durch Anzapfdampf der dritten Stufe verdampft und in einem Brüdenkondensator niedergeschlagen. Dieses erste Halbwerk hat 1956 im Betrieb einen Netto-Wärmeverbrauch von 3150 kcal je kWh erzielt.

Das zweite Halbwerk hat einen Dampfzustand an der Turbine von 160 atü, 525° C mit Zwischenüberhitzung auf 510° C. Die beiden Sätze arbeiten in Blockschaltung. Die Dampferzeuger sind Bensonkessel mit Schmelzkammerfeuerung. Die dreigehäusigen Turbinen haben einen zweiflutigen Niederdruckteil. Von den 6 Vorwärmstufen liegen drei hinter den Speisepumpen. Das Speisewasser wird auf 238° C aufgewärmt. Eine Verdampferanlage ist nicht mehr vorhanden. Das Zusatzwasser wird vollentsalzt dem Kreislauf hinter dem Kondensator zugeführt. Von dieser Höchstdruckanlage wird ein Netto-Wärmeverbrauch von etwa 2500 kcal/kWh erwartet.

Sämtliche Generatoren sind über entsprechende Umspanner auf eine 110 kV-Sammelschiene geschaltet. Beim ersten Halbwerk wird der Eigenbedarf über 2 Umspanner von je 16 MVA von der erwähnten 110 kV-Sammelschiene gespeist. Beim zweiten Halbwerk sind die Eigenbedarfsumspanner unmittelbar hinter den Generatorklemmen angeschlossen. Störungen an der Sammelschiene übertragen sich also nicht mehr auf die Versorgung des Eigenbedarfs der beiden Blockanlagen.

Die Einordnung der einzelnen Anlageteile ist bei den beiden Halbwerken grundsätzlich die gleiche. Es fällt nur der erheblich geringere Flächenbedarf der Höchstdruckanlage auf, insbesondere bei der Kesselanlage. So war es möglich, beim zweiten Halbwerk die Wärmewarte zwischen die beiden Kessel zu legen, während beim ersten Halbwerk die Kesselanlage fast die gleiche Breite wie die zugehörige Turbinenanlage erforderte.

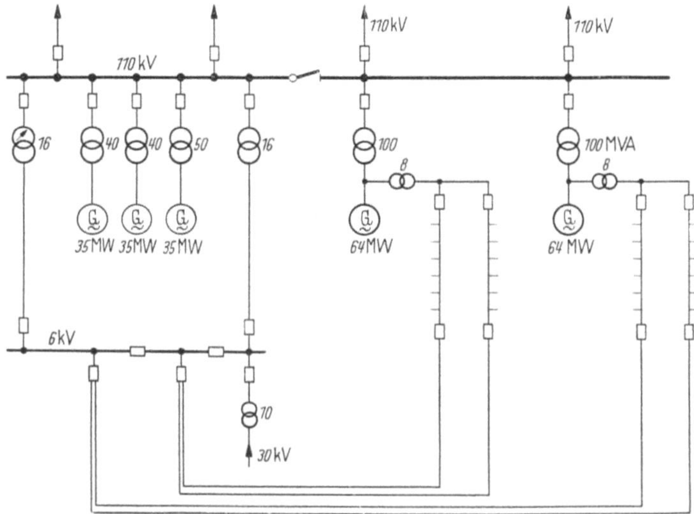

Elektrischer Übersichtsschaltplan

Da ausreichend Gelände zur Verfügung stand, konnten die Elektrofilter außerhalb des Gebäudes untergebracht werden. Die Rauchgase dreier Kessel werden hinter den Saugzugventilatoren in einen gemeinsamen Schornstein geleitet. Beim zweiten Halbwerk befinden sich die horizontalen Niederdruckvorwärmer unmittelbar beim Kondensator, dessen Längsachse mit der der Turbinen einen Winkel von 90° bildet. Im übrigen stehen die Vorwärmer und Verdampfer beim ersten Halbwerk, die Hochdruckvorwärmer beim zweiten Halbwerk und allgemein die Speisepumpen in unmittelbarer Nähe der Turbinen. Das Maschinenhaus des zweiten Halbwerkes ist künstlich belüftet; etwa drei Viertel der Frischluft werden dem Maschinenhaus an dessen Außenlängswand zugeführt, der Rest dem Kondensatorkeller. Die durch die Wärmestrahlung der Turbine erwärmte Luft wird unterhalb der Decke abgeleitet und den Frischluftgebläsen zugeführt.

Über die erhebliche Senkung des Flächen- bzw. Raumbedarfes je installiertes kW beim zweiten Halbwerk seien noch Zahlenwerte angegeben: Flächenbedarf 0,032 gegen 0,067 m^2/kW, Raumbedarf 1,21 gegen 1,97 m^3/kW. Hierbei muß allerdings berücksichtigt werden, daß der erste Ausbau stets aufwändiger ist, da vor allem Nebengebäude im zweiten Ausbau im allgemeinen nicht erweitert zu werden brauchen. Jedoch ist dieser Einfluß im vorliegenden Fall nicht erheblich.

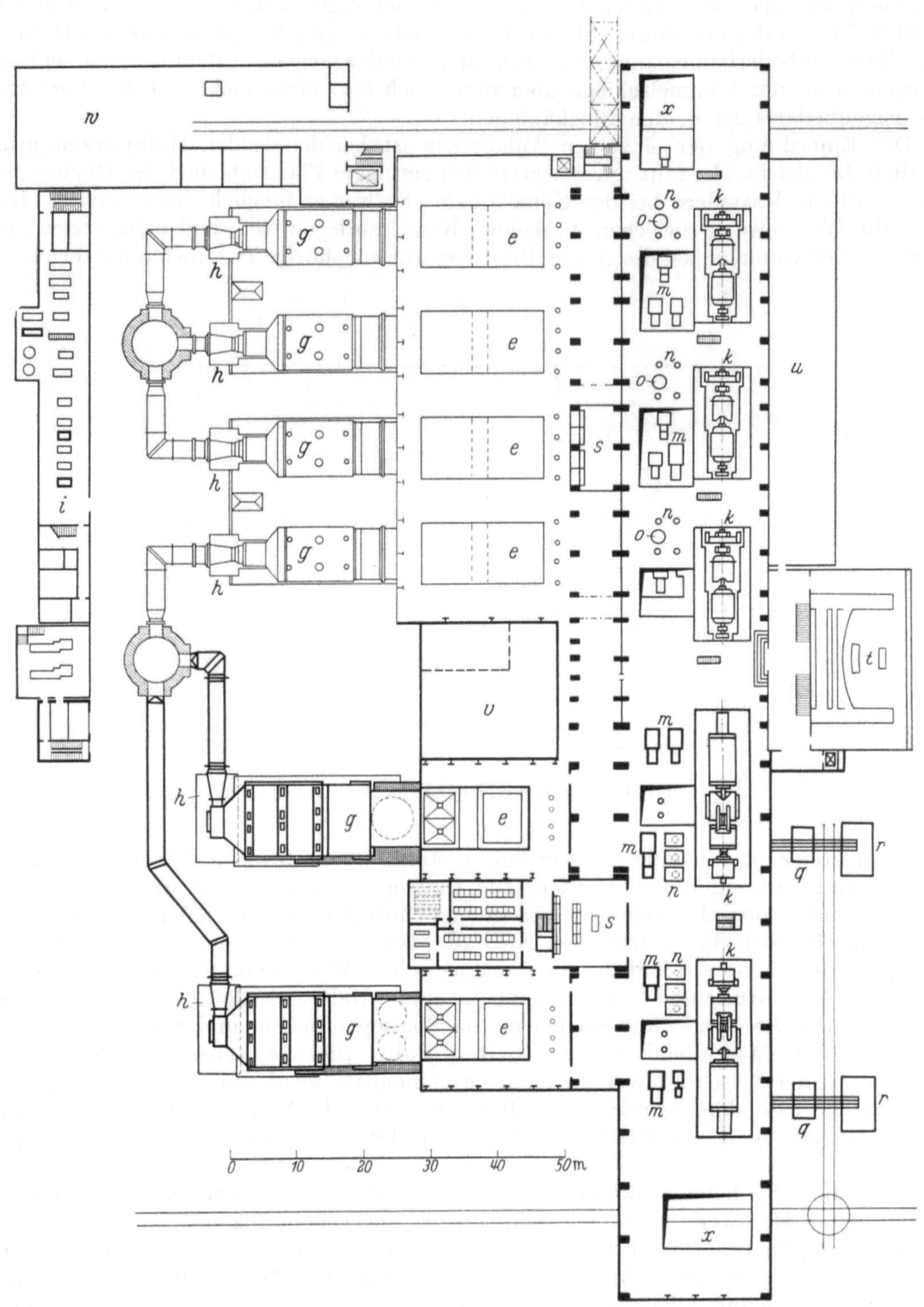

Grundriß

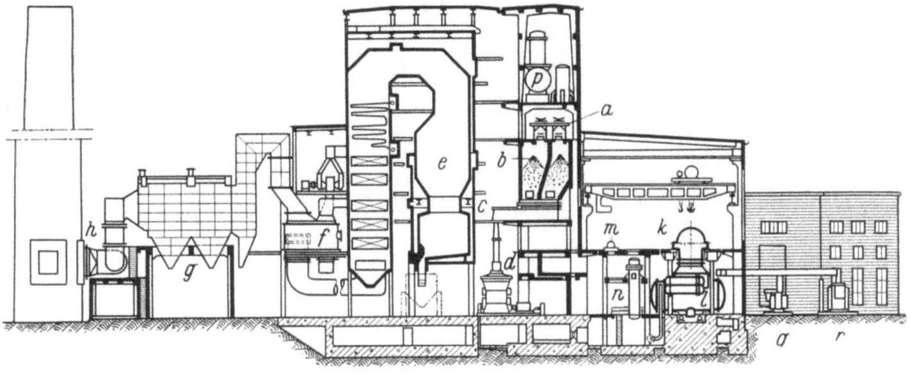

Querschnitt

Legende zum Grundriß und Querschnitt

a	Bekohlung	*n*	Vorwärmer
b	Bunker	*o*	Verdampfer
c	Kohlezuteiler	*p*	Speisewasserbehälter und Entgaser
d	Kohlemühle	*q*	Eigenbedarfsumspanner
e	Kessel	*r*	Hauptumspanner
f	Luftvorwärmer	*s*	Wärmewarte
g	Elektrofilter	*t*	Elektrowarte
h	Saugzuggebläse	*u*	Umspannerhaus
i	Pumpenhaus für Rückkühlung	*v*	Lager
k	Turbogenerator	*w*	Werkstatt
l	Kondensator	*x*	Montageöffnung
m	Kesselspeisepumpen		

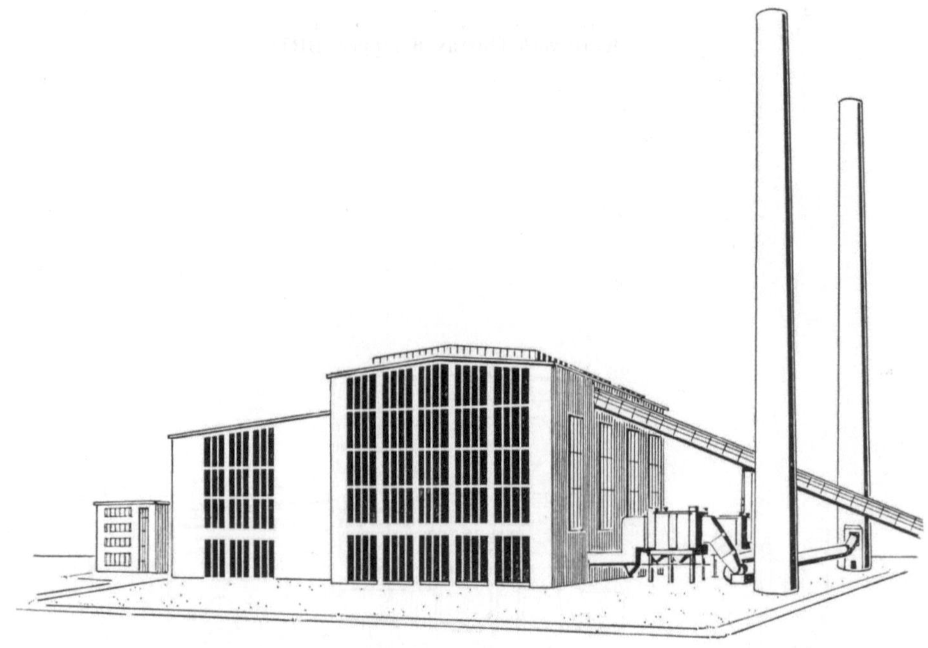

Schaubild

81 **Kraftwerk Aschaffenburg, BRD**

(Bayernwerk Aktiengesellschaft, München und Preußische Elektrizitäts-Aktiengesellschaft, Hannover)

Baujahr 1951/57

Kessel	Bayernwerk		Preag
	Drehstrom	Bahnstrom	Drehstrom
Anzahl	3	2	1
Leistung t/h	125	100; 150	250
Art	Naturumlauf	Naturumlauf	Durchlauf
Genehmigungsdruck atü	—	—	193
Dampfzustand bei Austritt atü	86	86	160
Dampfzustand bei Austritt °C	530	530	530
Dampfzustand hinter ZWÜ atü	—	—	36,4
Dampfzustand hinter ZWÜ °C	—	—	505
Brennstoff: Art	Steink.	Steink.	Steink.
Brennstoff: unterer Heizwert kcal/kg	7000	7000	7000
Feuerung	Brenner	Brenner	Zyklon
Schlackenabzug	flüssig	flüssig	flüssig
Luftvorwärmung °C	—	—	—
Abgastemperatur °C	125	125	—
Wirkungsgrad %	—	—	91,5

Rauchgasentstaubung: elektrisch
Wasseraufbereitung: chemisch und Verdampfung; Vollentsalzung
Bauweise: Stahlbeton
Vorgesehene Gesamtleistung: etwa 350 MW

Turbinen	Bayernwerk		Preag
	Drehstrom	Bahnstrom	Drehstrom
Anzahl	3	2	1
Leistung MW	28	25	75
Leistung MVA	46	29,5; 32	108
Art	K	K	K
Drehzahl U/min	3000	$\frac{3000}{1000}$	3000
Dampfdurchsatz t/h	—	—	—
Dampfzustand bei Eintritt atü	74	74	155
Dampfzustand bei Eintritt °C	520	520	525
Dampfzustand bei Wiedereintritt atü	—	—	28
Dampfzustand bei Wiedereintritt °C	—	—	500
Kühlwassertemperatur °C	12	12	12
Dampfzustand bei Austritt ata	—	—	0,03
Dampfzustand bei Austritt °C	—	—	—
Gehäusezahl	2	2	3
Abdampfstutzen (flutig)	2	1	2
Vorwärmstufen	5	5	5
Entgasungstemperatur °C	130	145	130
Speisewassertemperatur °C	185	185	238

Kennzahlen

Spez. Wärmeverbrauch netto kcal/kWh	—
„ Flächenbedarf m²/kW	0,04
„ Raumbedarf m³/kW	1,32

Für die Errichtung und die Standortwahl des Kraftwerkes waren folgende Überlegungen maßgebend: Der jährliche Strombedarf des Landes Bayern kann zur Zeit zu 55 bis 60 % aus Wasserkraftwerken gedeckt werden. Diese liegen im wesentlichen im Süden des Landes, während der Belastungsschwerpunkt des Landesnetzes im Norden liegt. Daher wurde das Kraftwerk im Nordwesten des Landes bei Aschaffenburg errichtet, in unmittelbarer Nähe des 110/220 kV-Umspannwerkes im Zuge der das ganze Bundes-

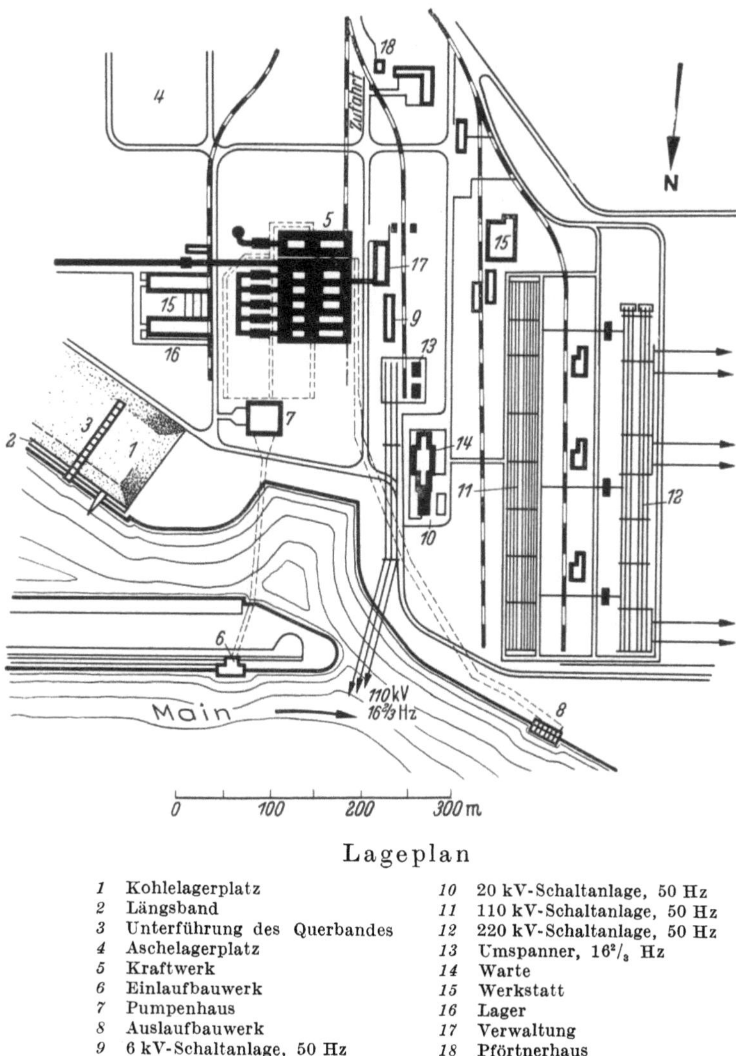

Lageplan

1	Kohlelagerplatz	10	20 kV-Schaltanlage, 50 Hz
2	Längsband	11	110 kV-Schaltanlage, 50 Hz
3	Unterführung des Querbandes	12	220 kV-Schaltanlage, 50 Hz
4	Aschelagerplatz	13	Umspanner, $16^2/_3$ Hz
5	Kraftwerk	14	Warte
6	Einlaufbauwerk	15	Werkstatt
7	Pumpenhaus	16	Lager
8	Auslaufbauwerk	17	Verwaltung
9	6 kV-Schaltanlage, 50 Hz	18	Pförtnerhaus

gebiet durchziehenden Höchstspannungsleitungen. Die Lage am Main ermöglicht den Antransport der Kohle auch per Schiff und die Kühlung der Kondensatoren mit Flußwasser. Wegen seiner Lage an der kürzlich elektrifizierten Bahnstrecke Frankfurt a. M.-Nürnberg ist das Kraftwerk auch für die Erzeugung von Bahnstrom geeignet. Gleichzeitig konnte das Kraftwerk noch zu einem Stützpunkt des südlichen Teiles des anstoßenden Versorgungsgebietes der Preußischen Elektrizitäts-Aktiengesellschaft (Preag) ausgestaltet werden.

Der Ausbau des Kraftwerkes Aschaffenburg kann als beispielgebend dafür angesehen werden, wie sich die Befriedigung der verschiedenartigsten Interessen gewissermaßen unter einem Dach ermöglichen läßt, woraus allen Beteiligten wirtschaftliche Vorteile erwachsen.

Zur Entladung der Kohle aus den Schiffen oder Güterwagen stehen 2 Verladebrücken und bis zu 6, am Kai entlanglaufende Portaldrehkräne zur Verfügung. Auf der Wasserseite des Kohlelagerplatzes befindet sich ein mit Einwurftrichtern ausgestattetes Längsband, von dem die Kohle durch ein Querband zu den Bunkern gelangt. Das Einlaufbauwerk befindet sich unmittelbar am Main, das dazwischenliegende Hafenbecken ist unterdükert. Man befürchtete bei der Wasserentnahme aus dem Hafenbecken in diesem eine zusätzliche Strömung und Verschlammung.

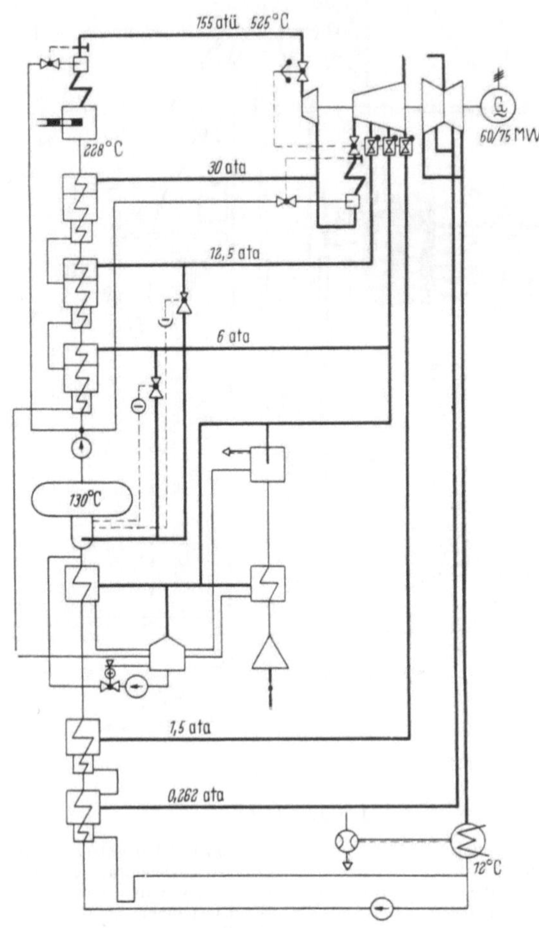

Wärmegrundschaltplan des Preagblocks

Der Ausbau des Kraftwerkes wurde in 3 Stufen durchgeführt. Die erste diente der Versorgung des Netzes des Bayernwerkes, die zweite des der Preag, die einen eigenen Block in das Kraftwerk einbaute. Schließlich wurden noch 2 Bahnstromsätze aufgestellt. Diese bilden mit denen des Bayernwerknetzes dampfseitig ein Sammelschienen-Kraftwerk, dessen größere Elastizität den Anforderungen des unruhigen Bahnbetriebes am ehesten gerecht wird. Bei diesem Sammelschienen-Kraftwerk wurde von einer Zwischenüberhitzung des Dampfes abgesehen, man wählte den Dampfzustand an den Turbinen zu 74 atü, 520° C. Demgegenüber wird die Turbine des Preagblockes mit einem Dampf von 155 atü, 525° C mit Zwischenüberhitzung auf 500° C versorgt.

Sämtliche Kessel erhielten flüssigen Aschenabzug, was schon aus dem Grunde erforderlich war, daß die Ablagerung der Asche in die Umgebung von Aschaffenburg Schwierigkeiten bereitet hätte. Von dem im ersten, im Jahre 1953 abgeschlossenen Bauabschnitt erstellten 3 Naturumlaufkesseln erhielt ein Kessel Schmelztrichterfeuerung, ein weiterer Schmelztischfeuerung und der dritte eine geschlossene Schmelzkammer. Der gemahlene Staub wird zwischengebunkert. Die zugehörigen 3 Turbosätze sind zweigehäusig mit 2 Abdampfstutzen und 5 Anzapfungen. Speisepumpen und Speisewasserbehälter liegen vor der letzten Vorwärmstufe.

Demgegenüber ist der Kessel des Preagblockes — der Staub wird gleichfalls zwischengebunkert — ein Bensonkessel mit Zyklonfeuerung. Drei Vorwärmer liegen hinter den Speisepumpen; sie sind mit Enthitzern und Kondensatkühlern ausgestattet. Das Zusatzwasser wird vollentsalzt ohne Verdampfer dem Kreislauf zugeführt. Die zugehörige Turbine ist dreigehäusig mit 5 Anzapfungen und 2 Abdampfstutzen. Diese Anlage kam im Sommer 1955 in Betrieb.

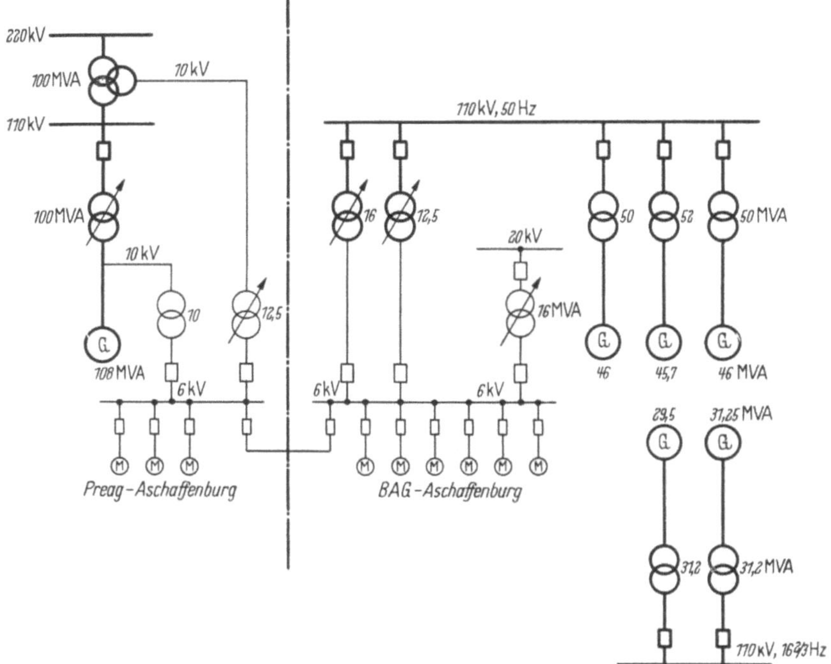

Elektrischer Übersichtsschaltplan

Die beiden Bahnsätze gleichen dampfseitig den übrigen des Bayernwerkes. Sie haben jedoch nur einen Abdampfstutzen. Zu ihrer Versorgung wurden zwei weitere Kessel unterschiedlicher Leistung aufgestellt. Diese wurden mit Einblasemühlen ausgestattet. Dieser dritte Ausbau wurde 1957 beendet.

Die Generatoren der Drehstromsätze des Bayernwerkes können von ihren Turbinen abgekuppelt und als Phasenschieber benutzt werden. Sie werden dann von einem noch gekuppelten Turbosatz hochgefahren. Diese Sätze sind über Umspanner unmittelbar an die 110 kV-Sammelschiene angeschlossen. Der 6 kV-Eigenbedarf wird von diesen Sammelschienen über 2 Regelumspanner versorgt. Als zweite Stromquelle dient eine Verbindung, gleichfalls über einen Regelumspanner, mit dem örtlichen 20 kV-Bayernwerksnetz. Der Preag-Generator speist gleichfalls über einen Regelumspanner auf eine 110 kV-Sammelschiene. An diese ist ein Dreiwicklungsumspanner für 110, 220 und 10 kV angeschlossen. Diese letzte Wicklung ist über einen Regelumspanner mit der Eigenbedarfssammelschiene verbunden, die im Normalfall unmittelbar von dem Generator gespeist wird; ein 10/6 kV-Umspanner ist zwischengeschaltet. Die Eigenbedarfssammelschienen des Bayernwerkes und der Preag können miteinander gekuppelt werden. Die beiden Bahngeneratoren, die Einphasenstrom von $16^2/_3$ Hz liefern, speisen über je einen Blockumspanner auf eine 110 kV-Sammelschiene. Der Eigenbedarf dieser Sätze ist an die 50 Hz-Eigenbedarfssammelschienen des Bayernwerkes angeschlossen, da normale Drehstrommotoren begreiflicherweise für den Antrieb geeigneter sind.

Die Bunker liegen an der Außenwand des Kesselhauses. Die Elektrofilter befinden sich im Freien. Die Abgase sämtlicher 5 Kessel des Bayernwerkes werden einem gemeinsamen Schornstein zugeführt. Demgegenüber hat der Kessel der Preag einen gesonderten

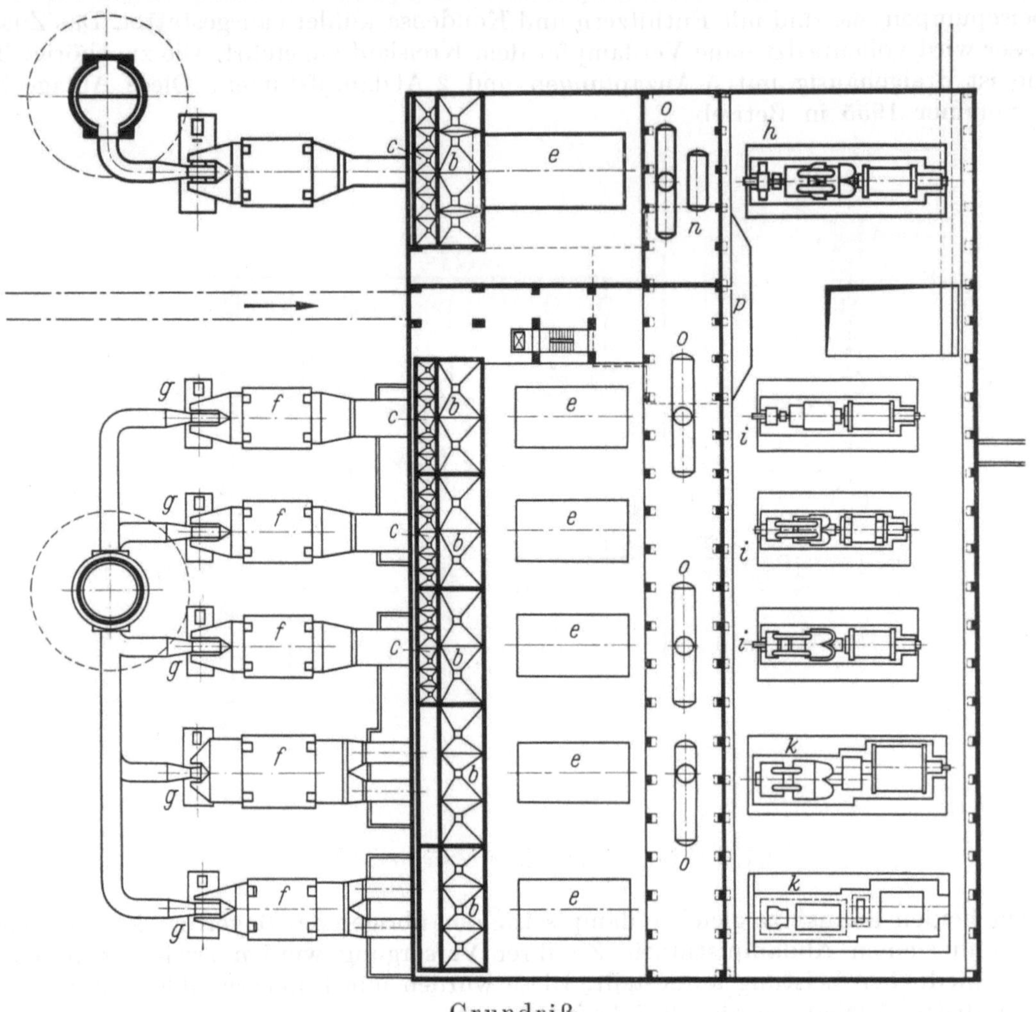

Grundriß

Schornstein. Vorwärmer, Verdampfer und Speisewasserbehälter befinden sich in einem Trakt zwischen Kessel- und Maschinenhaus.

Bunker und Zwischenbau sind in Stahlbetonbauweise ausgeführt. Das Kesselhaus brauchte daher nur durch eine leichte Stahlbinderkonstruktion überdacht zu werden. Beim Maschinenhaus war zusätzlich eine Stahlbetonstützenreihe an der Außenlängswand zur Abstützung der Stahlbinder erforderlich.

Schrifttum

Das Dampfkraftwerk Aschaffenburg. Druckschrift der Bayernwerk AG, 1952.

Wolf, L.: Elektrizitätswirtsch. Bd. 52 (1953) S. 62/69.

Schneider, A.: ETZ A 1953, S. 235/37.

Die angeführten Veröffentlichungen betreffen nur die 50 Hz-Sätze des Bayernwerkes.

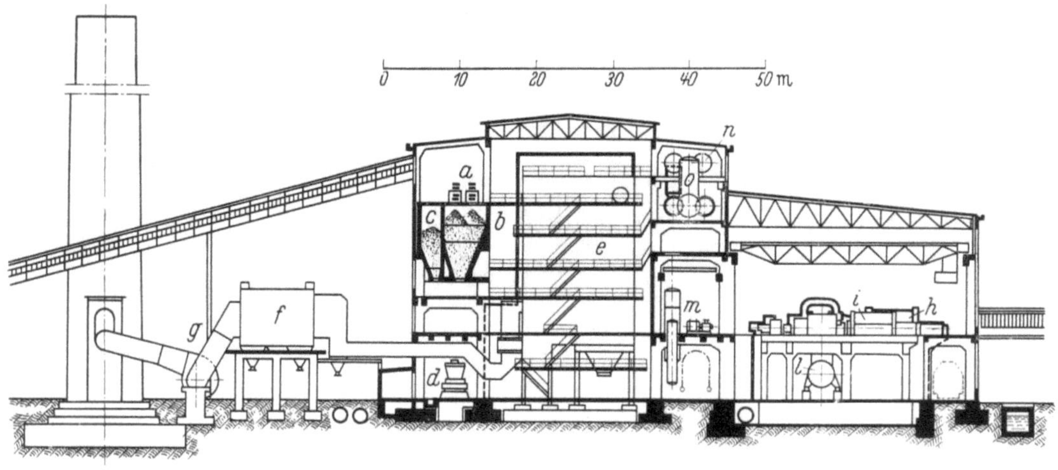

Querschnitt

Legende zum Grundriß und Querschnitt

a	Bekohlung	*i*	Turbogenerator 50 Hz (Bayernwerk)
b	Kohlebunker	*k*	Bahnturbosatz $16^2/_3$ Hz (Bayernwerk)
c	Staubbunker	*l*	Kondensator
d	Kohlemühle	*m*	Vorwärmer
e	Kessel	*n*	Rohwasserbehälter
f	Elektrofilter	*o*	Speisewasserbehälter und Entgaser
g	Saugzuggebläse	*p*	Warte
h	Turbogenerator (Preag)		

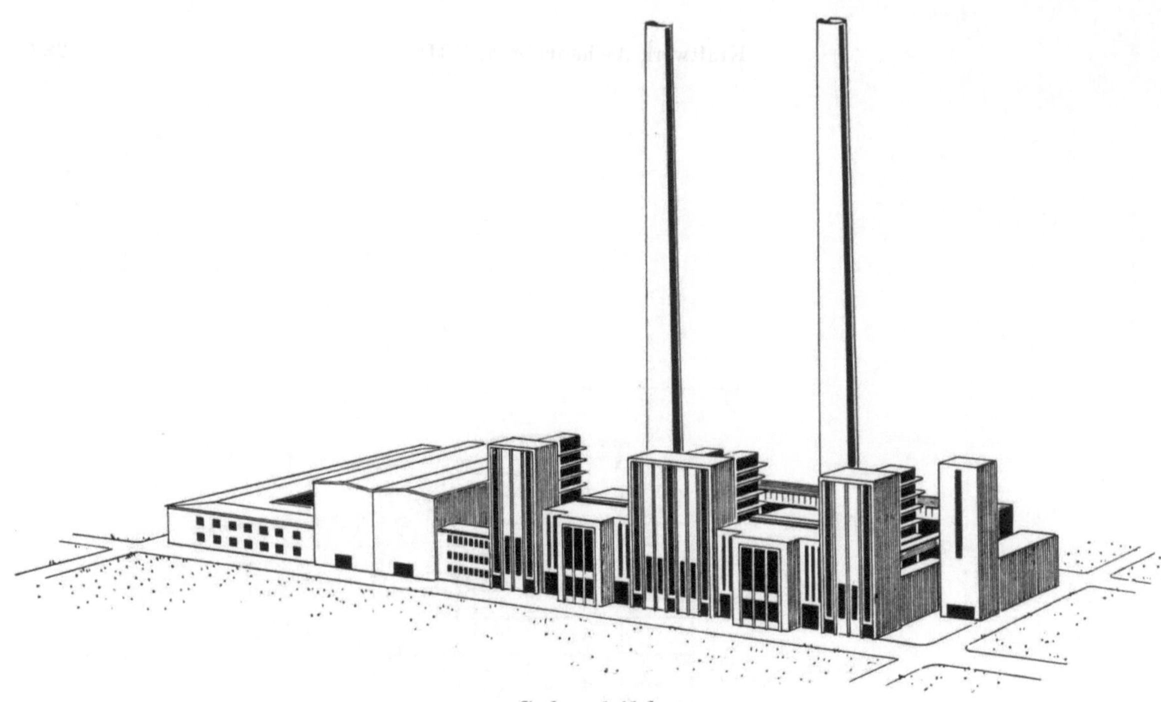

Schaubild

85 Kraftwerk Leverkusen, BRD

(Farbenfabriken Bayer AG., Leverkusen)

Baujahr 1949/51; 1954/58

Kessel	Anlage 1	Anlage 2 und 3	Anlage 4
Anzahl	1	2	1
Leistung t/h	130	130	130
Art	Durchlauf		
Genehmigungsdruck atü	175	175	175
Dampfzustand bei Austritt atü	159	159	159
Dampfzustand bei Austritt °C	610	650	650
Dampfzustand hinter ZWÜ atü	—	—	—
Dampfzustand hinter ZWÜ °C	—	—	—
Brennstoff: Art	Steink. und Braunk.-Brikett in jedem Mischungsverh.		
Brennstoff: unterer Heizwert kcal/kg	—	—	—
Feuerung	Ecken	Ecken	Ecken
Schlackenabzug	flüssig	flüssig	flüssig
Luftvorwärmung °C	400	500	400
Abgastemperatur °C	150	130	130
Wirkungsgrad (bei 100% Steinkohle) %	91	92	92

Rauchgasentstaubung: elektrisch
Wasseraufbereitung: Vollentsalzung, z. T. vorherige Verdampfung
Bauweise: Stahlbau
Vorgesehene Gesamtleistung: — MW

Turbinen	Anlage 1	Anlage 2 und 3	Anlage 4
Anzahl	1	2	1
Leistung MW	12	14	14
Leistung MVA	18,8	20 und 22,5	20
Art	V, rad[1]	V, ax[1]	V, ax[2])
Drehzahl U/min	3000	3000	3000
Dampfdurchsatz t/h	130	130	130
Dampfzustand bei Eintritt atü	150	150	150
Dampfzustand bei Eintritt °C	600	640	640
Dampfzustand bei Wiedereintritt atü	—	—	—
Dampfzustand bei Wiedereintritt °C	—	—	—
Kühlwassertemperatur	—	—	—
Dampfzustand bei Austritt ata	31	31	31
Dampfzustand bei Austritt °C	410	430	430
Gehäusezahl	1	1	1
Abdampfstutzen (flutig)	1	1	1
Vorwärmstufen	—	—	—
Entgasungstemperatur °C	—	—	—
Speisewassertemperatur °C	220	220	220

Kennzahlen

Spez. Wärmeverbrauch netto kcal/kWh	—
„ Flächenbedarf m^2/kW	—
„ Raumbedarf m^3/kW	—

[1] Topfgehäuse

[2] Geteiltes Gehäuse; diese Turbine steht einstweilen als Reserveturbine der Anlage 1 und 2 im Mittelfeld Maschinenhaus I.

In dem Industriekraftwerk der Farbenfabriken Bayer AG., Leverkusen, wurde in den Jahren 1949/51 erstmalig in der Welt eine Vorschaltanlage für einen Dampfaustrittszustand am Kessel von 610 °C bei 159 atü erstellt. Die Vorschaltturbine (Dampfeintrittszustand 150 atü, 600 °C) leistet bei einem Dampfdurchsatz von rund 130 t/h und 30 atü Gegendruck 12 MW.

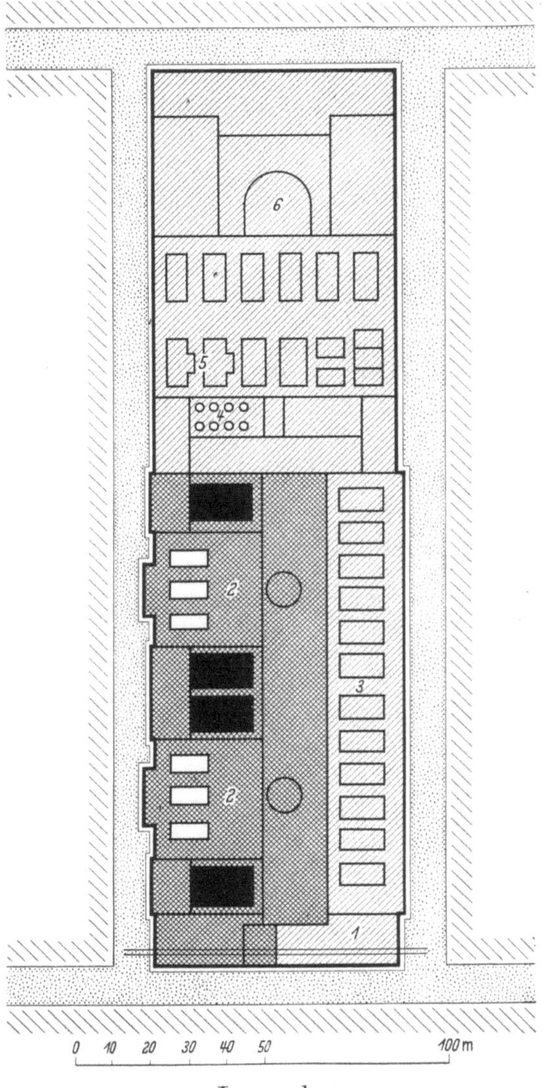

Lageplan

1	Bekohlungsanlage	*4*	Dampfumformeranlage
2	Vorschaltanlage	*5*	Nachschaltanlage
3	Alte Kesselanlage	*6*	Schaltwarte

Der Kessel ist ein Durchlaufkessel, Bauart Benson, mit 2 Zügen, Eckenbrennern und flüssigem Aschenabzug (Schmelztrichterfeuerung). Verfeuert wird Steinkohle jeder Sorte, allein oder beliebig gemischt mit Braunkohlen-Brikett-Abrieb. Das Rohrsystem beginnt mit dem Vorwärmer, der zwischen Ljungström- und Röhrenluftvorwärmer liegt. Das Speisewasser durchfließt dann das Kühlsystem des Schmelztrichters und den Strahlteil. Es tritt anschließend in den Übergangsteil, der im zweiten Zug oberhalb des Röhrenluftvorwärmers liegt, ein. Nach Durchlaufen der Aufhängerohre folgen der erste Strahlungsüberhitzer sowie die Vorder- und Rückwand des zweiten

Strahlungsüberhitzers. Für diese Überhitzerteile mit Wandtemperaturen bis zu 550° C reicht der niedriglegierte Chrommolybdänstahl 13 Cr Mo 44 mit 0,85% Cr und 0,45% Mo noch aus. Für die Seitenwände des zweiten Strahlungsüberhitzers und den nachgeschalteten Berührungsüberhitzer wurde der austenitische Chromnickelstahl 16/13-Nb gewählt.

Der aus 224 parallelen Schlangen bestehende Endüberhitzer des Kessels mündet in 28 Flaschen. An jede ist ein Zuleitungsrohr (63,5 mm Außendurchmesser und 12 mm

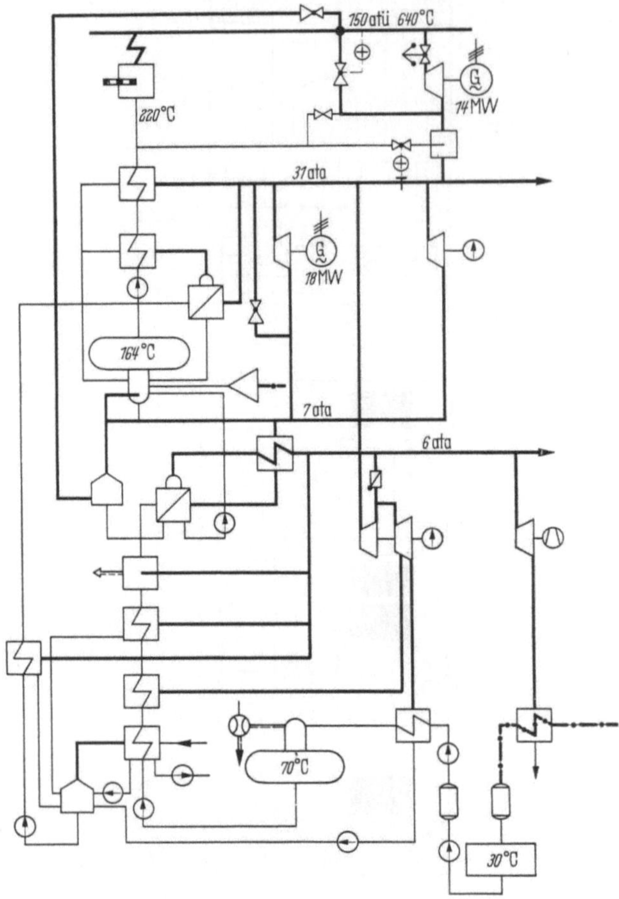

Wärmegrundschaltplan

Wandstärke) zu einem kurz vor der Turbine angeordneten Sammler, der gleichzeitig ein Dampfsieb enthält, angeschlossen.

Die Turbine hat radiale Bauart mit Topfgehäuse, bei dem der senkrechte Flansch in den Bereich der niedrigsten Temperatur fällt. Der Anteil des austenitischen Materials bei der Turbine ist relativ gering. Aus ihm wurden im wesentlichen nur die Schnellschluß- und Steuerventile mit den verbindenden Rohrleitungen sowie das erste Lauf- und Leitrad mit den Beschaufelungen gefertigt. Das Gehäuse wurde aus ferritischem Stahlguß hergestellt. Im Temperaturbereich über 560° C wurde es zum Schutz gegen Verzunderung alitiert.

In den Jahren 1954/56 bzw. 1957 wurden zwei weitere Anlagen, bestehend aus 2 Bensonkesseln je 130 t/h und 3 Vorschaltturbinen von je 14 MW, erstellt. Bei gleichbleibendem Druck (159 atü) wurde hier ebenfalls erstmalig in der Kraftwerkstechnik eine Dampftemperatur von 650° C am Kesselaustritt verwirklicht. Ein vierter Kessel mit den gleichen Auslegungsdaten ist 1958 in Betrieb gegangen. Die Aufstellung eines fünften Turbosatzes ist vorgesehen.

Die 3 Vorschaltturbinen (150 atü, 640° C Dampfeintrittszustand) sind Axialturbinen.

Das rotationssymmetrische Topfgehäuse zweier Turbinen besteht aus martensitischem Material mit 12% Chromzusatz. Im Hochtemperaturbereich ist auch hier austenitisches Material, und zwar der Stahl ATS_2, verwendet worden. Bei den 650° C-Kesseln wird der Frischdampf in acht austenitischen Leitungen (95 mm Außendurchmesser, 17 mm Wandstärke) aus 16/16/2-Nb-Material vom Austritt Kessel dem Sammler vor der Turbine zugeführt. Von hier aus wird er über 6 Leitungen auf die rechts und links von der Turbine zu je drei angeordneten und miteinander gekuppelten Schnellschlußventilen verteilt. Er gelangt dann zu den 6 Regelventilen, die sich ebenfalls zu je drei auf jeder Gehäuseseite befinden.

Die dritte Turbine mit geteiltem Gehäuse ist vollaustenitisch ausgeführt worden. Die Welle ist hohlgeschmiedet und geschweißt, während das zweiteilige Gehäuse gegossen hergestellt wurde.

Die Anlagen 1 bis 3 werden mit Dampfumformern betrieben, während Anlage 4 vollständig mit chemisch vollentsalztem, entkieseltem und entgastem Wasser gespeist wird. Als Zusatzwasser wird bei den Anlagen 1 bis 3 doppelt verdampftes Brüdenkondensat und chemisch vollentsalztes, entkieseltes und entgastes Wasser verwendet. Zur Entfernung der etwa durch das Zusatzwasser eingeführten Gase findet im Speisewasserbehälter bei 164° C eine thermische Entgasung statt.

Das Speisewasser wird zusätzlich durch Zugabe von Hydrazinhydrat (0,5 mg/l) und Ammoniak (3 bis 5 mg/l) chemisch hinsichtlich des Restsauerstoffes desoxydiert bzw. alkalisiert und auf einen pH-Wert zwischen 8,5 und 9 gehalten. Der Salzgehalt des Speisewassers wird photometrisch und durch Leitfähigkeitsmessung überwacht. Sein Sauerstoffgehalt wird durch Beobachtung der Rostbildung eines Eisenstäbchens, das von einer kleinen Teilmenge des Speisewassers von konstanter Temperatur von 80° C umspült wird, kontrolliert.

Der erzeugte Strom wird auf die einzelnen Werksanlagen des Bayerwerkes Leverkusen direkt verteilt.

Die Höchsttemperaturanlage wurde als Erweiterung eines vorhandenen Gegendruckkraftwerkes (30/5 atü) unter Weiterverwendung der vorhandenen beiden Schornsteine errichtet. Das alte Kesselhaus und das vorhandene Maschinenhaus, in dem u. a. die Gegendruckturbinen stehen, sind erhalten geblieben. Die in Halbfreiluftbauweise erstellten neuen Kessel ragen über das alte Kesselhaus hinaus. Die Anordnung der Kessel-Turbinen-Blocks wurde so getroffen, daß sich möglichst kurze Höchsttemperatur-Dampfleitungen ergeben. Dementsprechend liegt zwischen je 2 Kesseln ein Maschinenhaus mit den zugehörigen Vorschaltturbinen und Speisepumpen. Die Speisewasservorwärmer stehen im Maschinenhaus auf der Bühne unter den Speisepumpen. Die Dampfumformeranlage ist in einem Lichthof zwischen dem alten Maschinenhaus und der neuen Anlage untergebracht. Die Speisewasser-Aufbereitungsanlage für die Dampfumformer ist die gleiche wie für die alte 30 atü-Kesselanlage und liegt in dem Gebäudeteil zwischen den beiden Schornsteinen. Das chemisch vollentsalzte, entkieselte und entgaste Wasser wird über eine Fernleitung aus einer gesondert aufgestellten zentralen Wasseraufbereitungsanlage bezogen.

Schrifttum

TIETZ, H., H. BUCHHOLTZ, M. WERNER, W. RUTTMANN, R. SCHINN: Z. VDI Bd. 95 (1953) S. 801/31.
BRENNECKE, C., u. R. SCHINN: Siemens-Z. Bd. 28 (1954) S. 233/50.
WEINGÄRTNER, W.: Bericht zur 5. Weltkraftkonferenz Wien 1956, Nr. 80 G 1/9.
BRACHETTI, H. E.: Z. VDI Bd. 98 (1956) S. 1298/1301.
BRENNECKE, C., u. R. SCHINN: Z. VDI Bd. 99 (1957) S. 1275/83 u. 1335/42.

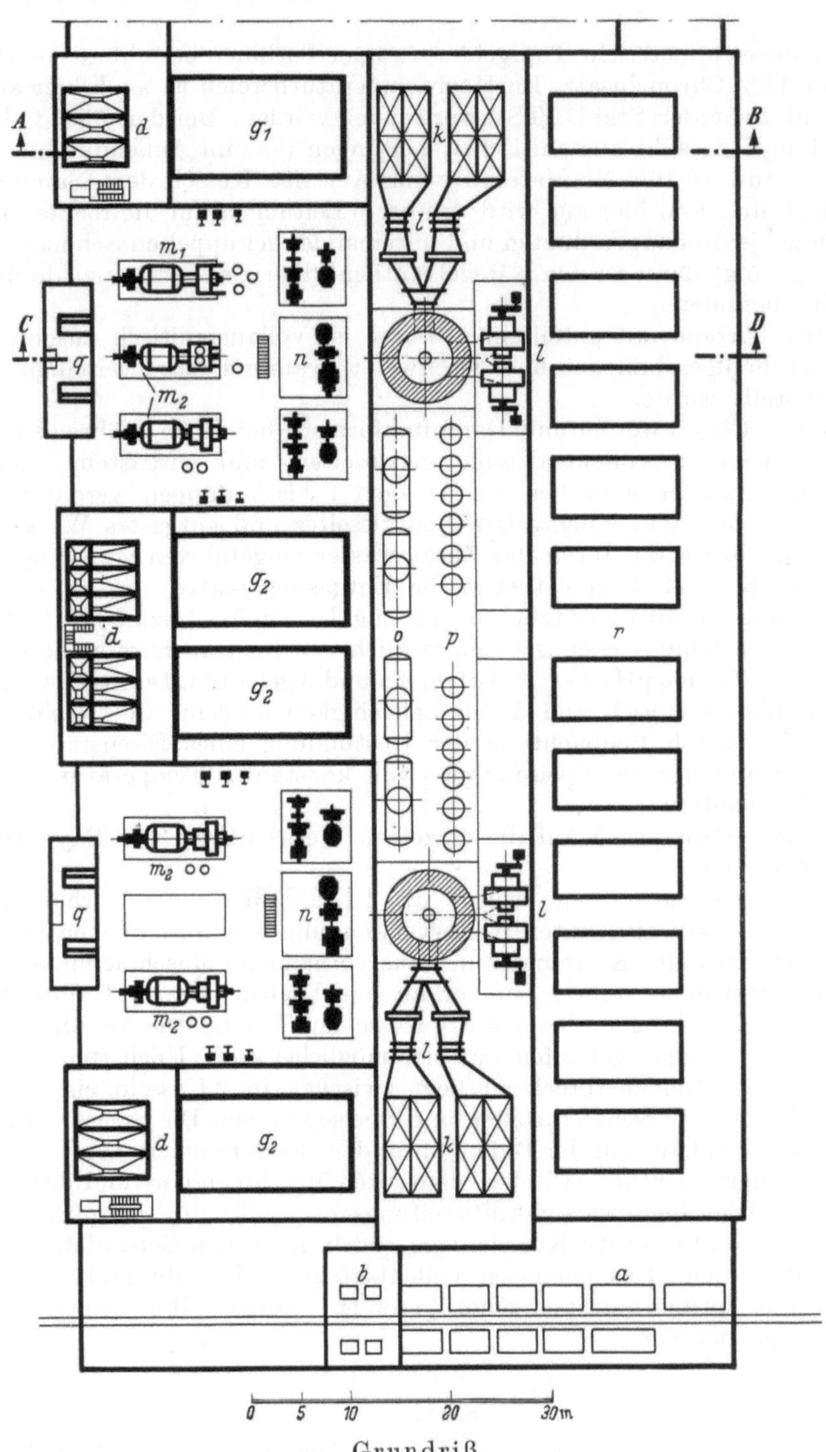

Grundriß

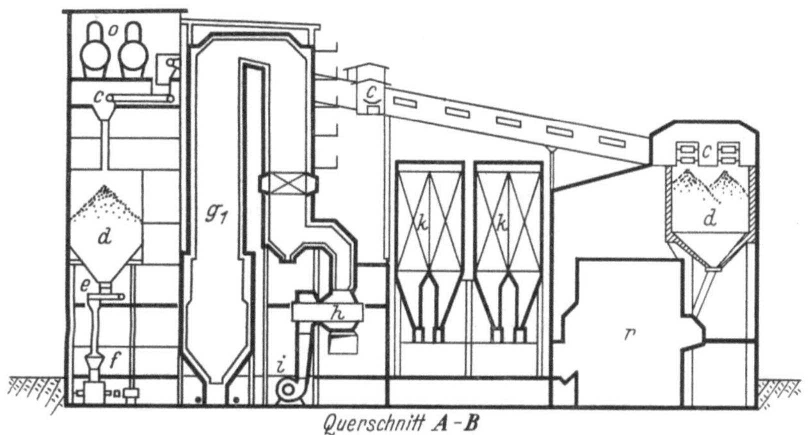

Querschnitt A-B

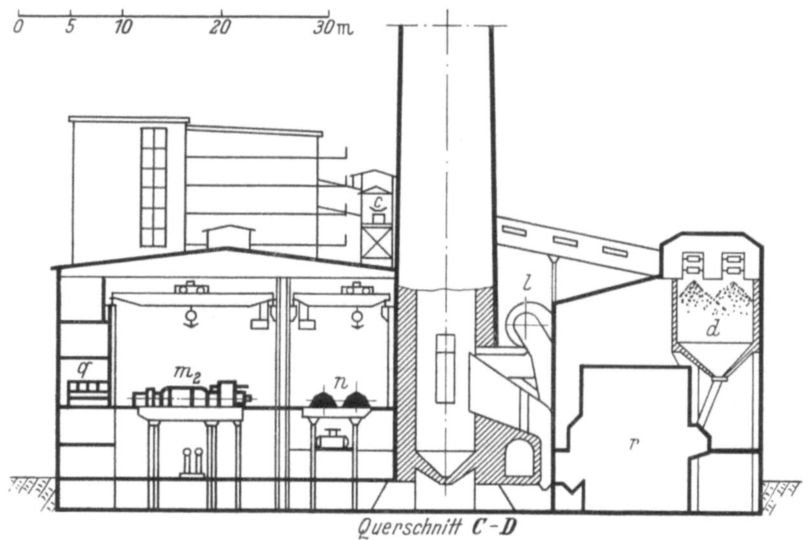

Querschnitt C-D

Querschnitte AB und CD

Legende zum Grundriß und zu den Querschnitten

a	Waggonentladung	*k*	Elektrofilter
b	Becherwerk	*l*	Saugzuggebläse
c	Bekohlungsbänder	m_1	Vorschalt-Turbogenerator 600° C
d	Kohlebunker	m_2	Vorschalt-Turbogenerator 640° C
e	Kohlezuteiler	*n*	Kesselspeisepumpe
f	Kohlemühle	*o*	Speisewasserbehälter mit Entgaser
g_1	Bensonkessel der Vorschaltanlage 610° C	*p*	Vorwärmer- und Verdampferanlage
g_2	Bensonkessel der Vorschaltanlage 650° C	*q*	Wärmewarte
h	Ljungström-Luftvorwärmer	*r*	Alte Kesselanlage
i	Frischluftgebläse		

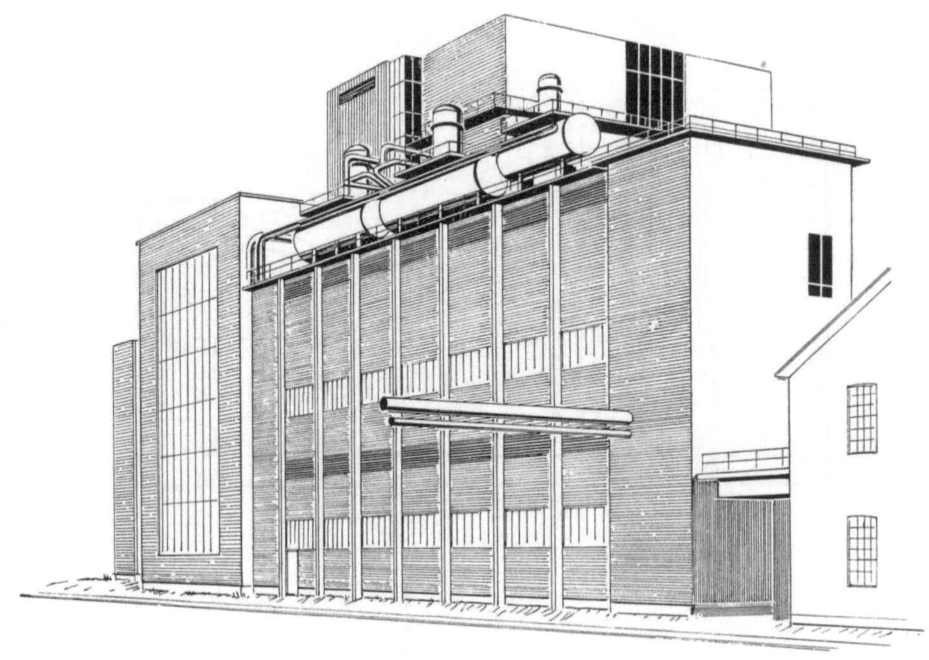

Schaubild

87 **Kraftwerk Arnsberg, BRD**

der Feldmühle Papier- und Zellstoffwerke AG, Düsseldorf

Baujahr 1955/56

Kessel

Anzahl	2
Leistung t/h	—
Art	Durchlauf
Genehmigungsdruck atü	176
Dampfzustand bei Austritt atü	160
Dampfzustand bei Austritt °C	610
Dampfzustand hinter ZWÜ atü	—
Dampfzustand hinter ZWÜ °C	—
Brennstoff:	
Art	Steink. (Öl, Ferngas)
unterer Heizwert kcal/kg	5100
Feuerung	Ecken
Schlackenabzug	flüssig
Luftvorwärmung °C	360
Abgastemperatur °C	130
Wirkungsgrad %	90,5

Rauchgasentstaubung: elektrisch
Wasseraufbereitung: chemisch und Verdampfung
Bauweise: Stahlkonstruktion
Vorgesehene Gesamtleistung: —

Turbinen

Anzahl	1	1
Leistung MW	—	—
Leistung MVA	—	—
Art	V	EK
Drehzahl U/min	7000/1500	3000
Dampfdurchsatz t/h	—	—
Dampfzustand bei Eintritt atü	149	44/26
Dampfzustand bei Eintritt °C	600	460/399
bei Wiedereintritt atü	—	—
bei Wiedereintritt °C	—	—
Kühlwassertemperatur °C	—	12
Dampfzustand bei Austritt ata	44/26	—
Dampfzustand bei Austritt °C	460/399	—
Gehäusezahl	1	1
Abdampfstutzen (flutig)	1	1
Vorwärmstufen	1	3
Entgasungstemperatur °C	—	130
Speisewassertemperatur °C	—	230

Kennzahlen

Spez. Wärmeverbr. netto kcal/kWh	—
„ Flächenbedarf m^2/kW	—
„ Raumbedarf m^3/kW	—

Der Zwang zur Selbstkostenverringerung in der Industrie führt u. a. dazu, den Produktionsprozeß so wirtschaftlich wie möglich zu gestalten. Wird in der Produktion nicht nur Kraft, sondern auch Wärme benötigt, so bietet die Wärme-Kraft-Kupplung eine hervorragende Möglichkeit zur Senkung der Produktionskosten. Je höher der Druck in den Fabrikations- und Heizdampfnetzen gewählt werden muß, um so höher wird man mit dem Druck und der Temperatur des Frischdampfes gehen, um noch ein ausreichendes Gefälle für die Energieerzeugung verfügbar zu haben. Wenn auch das Buch fast ausschließlich große Dampfkraftwerke behandelt, so bietet das Heizkraftwerk Arnsberg ein so bemerkenswertes Beispiel für die wirtschaftliche Energieerzeugung in Industrieanlagen, daß es gleichfalls aufgenommen werden soll.

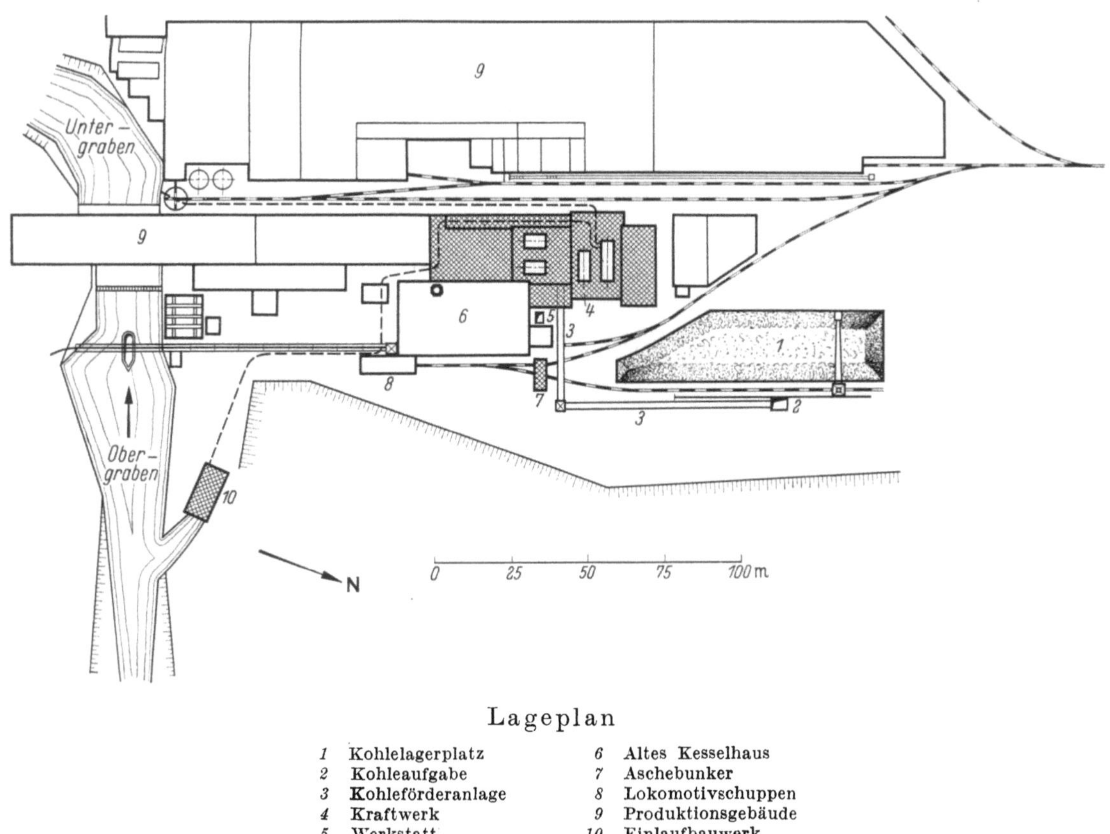

Lageplan

1	Kohlelagerplatz	6	Altes Kesselhaus
2	Kohleaufgabe	7	Aschebunker
3	Kohleförderanlage	8	Lokomotivschuppen
4	Kraftwerk	9	Produktionsgebäude
5	Werkstatt	10	Einlaufbauwerk

In dem Werk Arnsberg der Feldmühle wird neben dem Produktionsdampf von 3 ata noch solcher von 8 ata benötigt. Bei der Modernisierung ihrer Heizkraftanlage entschloß sich die Feldmühle, einen Frischdampfzustand von 149 atü, 600° C an der Turbine zu wählen. Die Vorschaltturbine hat wegen ihres geringen Dampfdurchsatzes eine Drehzahl von 7000 U/min; der Generator läuft mit 1500 U/min. Die eingehäusige Nachschaltturbine besitzt zwei gesteuerte Entnahmen bei 12 und 3 ata und eine ungesteuerte Anzapfung bei 0,3 ata. Das 8 ata-Betriebsnetz, an das eine zweistufige Verdampferanlage angeschlossen ist, wird von der 12 ata-Entnahme versorgt. Die Spanne von 4 at dient zum Ausgleich der Last- und Druckschwankungen im Gleitdruckbetrieb. Der Trenndruck zwischen Vorschalt- und Nachschaltturbine liegt bei 44 atü. Es ist vorgesehen, daß der Trenndruck bis zu 26 atü abgesenkt werden kann.

Der Dampf wird in zwei Bensonkesseln erzeugt. Die Möglichkeit des Betriebes mit Öl und Ferngas wurde vorgesehen.

Das aus dem Fabrikationsbetrieb zurückfließende Kondensat wird ständig selbsttätig auf seinen Salzgehalt überwacht, wobei ein im Nebenschluß liegendes Mischbettfilter mit einem Teilstrom von solcher Größe beaufschlagt wird, daß der zulässige Salzgehalt des Kondensats nicht überschritten wird.

Der elektrische Eigenbedarf wird unter Zwischenschaltung von Drosseln von der 6 kV-Sammelschiene abgezweigt. Diese ist über zwei 2 MVA-Umspanner mit dem Netz der Vereinigten Elektrizitätswerke Westfalen (VEW) verbunden. So kann Überschußstrom in das öffentliche Netz eingespeist bzw. Strom von dort bezogen werden.

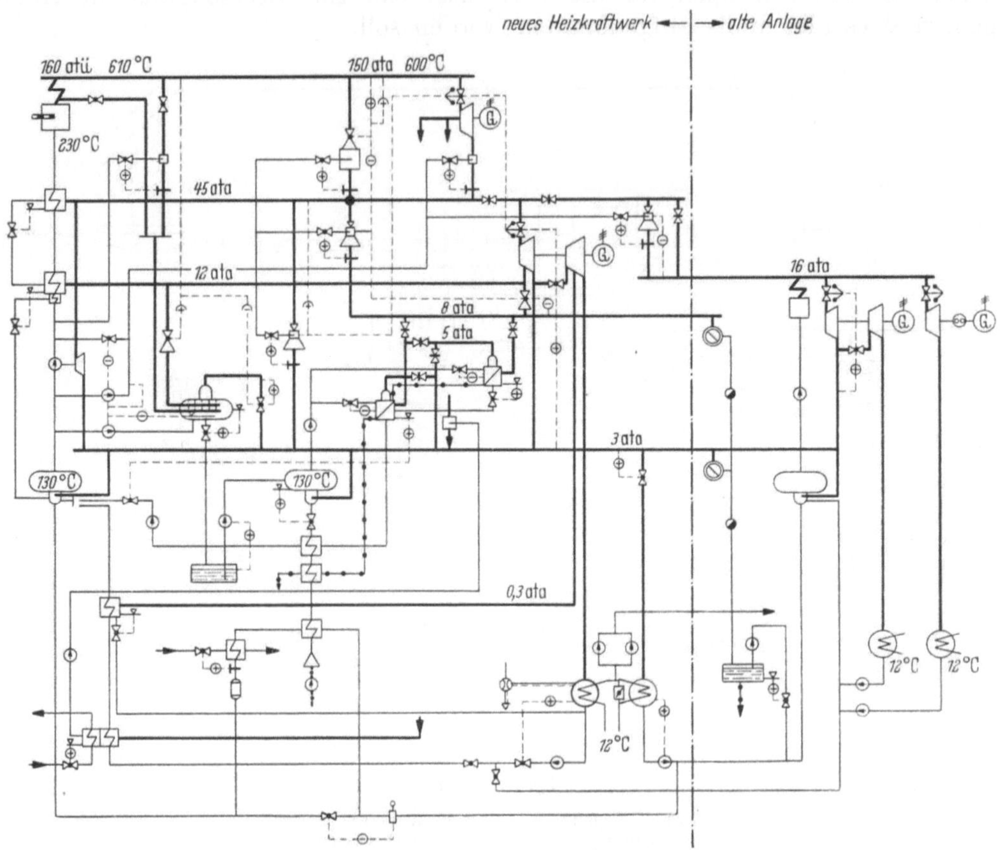

Wärmegrundschaltplan

Das neue Heizkraftwerk wurde innerhalb des Werksgeländes auf einem beschränkten Raum zwischen den einzelnen Fabrikationsstätten gebaut. Es mußte die Forderung erfüllt werden, daß der Betrieb während des Baues ungestört weiterlief. Gleichzeitig mußte dafür Sorge getragen werden, daß zu einem späteren Zeitpunkt die vorgesehene Erweiterung unter Fortfall der alten Kessel und Maschinen für einen Dampfzustand von 16 ata, 375° C durchgeführt werden kann. Aus diesen Bedingungen ergibt sich die im Lageplan dargestellte Lage des neuen Heizkraftwerkes.

Die räumliche Gestaltung mußte den vorhandenen Gebäuden angepaßt werden. Der Bunker liegt zwischen Kessel- und Turbinenhaus; die Elektrofilter konnten zwischen den Kesseln und dem gemeinsamen Schornstein im Freien untergebracht werden. Die Kessel sind von einem etwa 15 m hohen Umbau zum Schutze des Bedienungspersonals umgeben. Der rückseitige obere Teil hat keinen besonderen Schutz gegen Witterungseinflüsse. Der Umschlag der Kohle erfolgt mit einem Drehkran, der die Kohle auf 2 Bänder gibt, die sie über eine Schrägbrücke und reversierbare Bänder in die Kesselhausbunker weiterleiten. Die gemeinsame Wärme- und Elektrowarte ist so gelegt, daß sie nach der in Aussicht genommenen Erweiterung zentral liegt. Das gesamte Gebäude wurde in Stahlkonstruktion hergestellt.

Schrifttum

BRENECKE, C., u. R. SCHINN: ZVDI Bd. 99 (1957) S. 1335/42.
WEHRBERGER, F.: Brennstoff, Wärme, Kraft Bd. 10 (1958) S. 466/74.

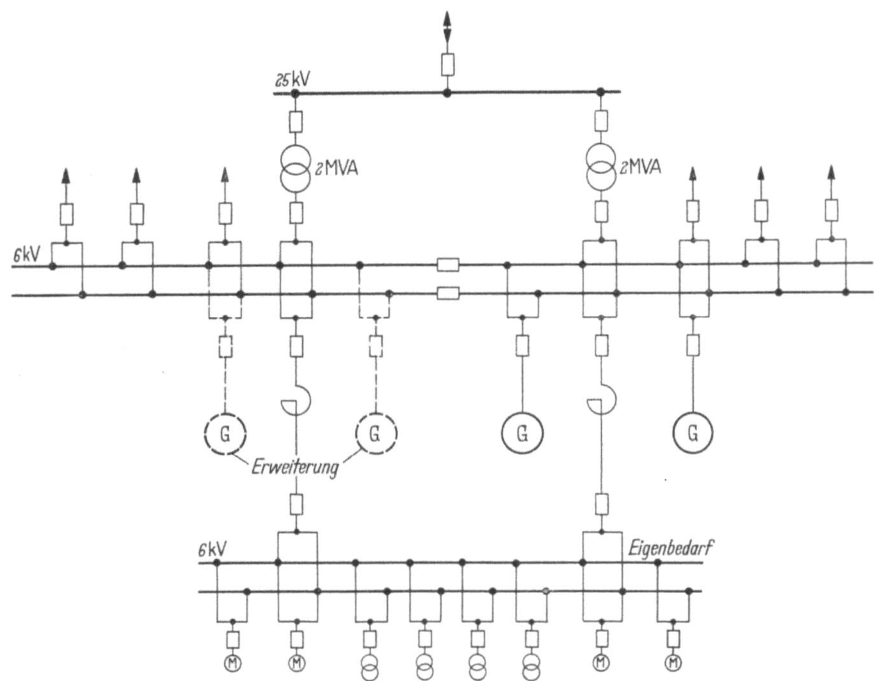

Elektrischer Übersichtsschaltplan

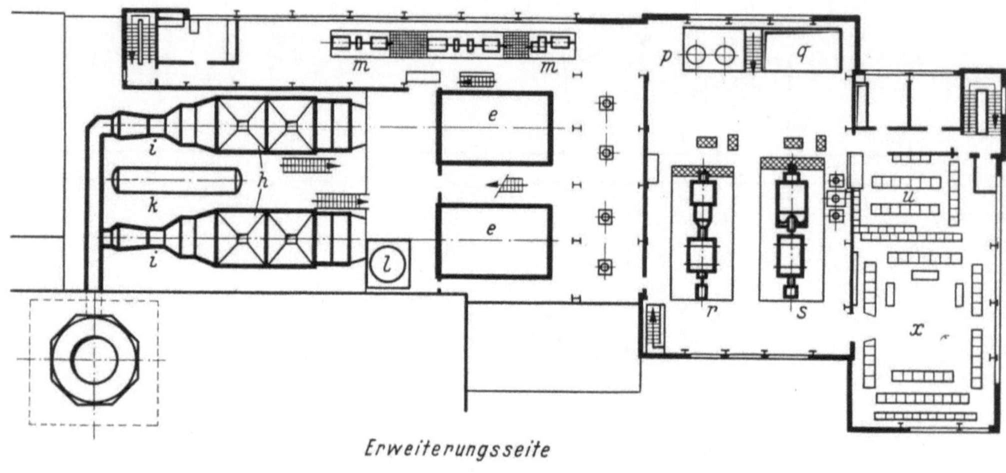

Grundriß

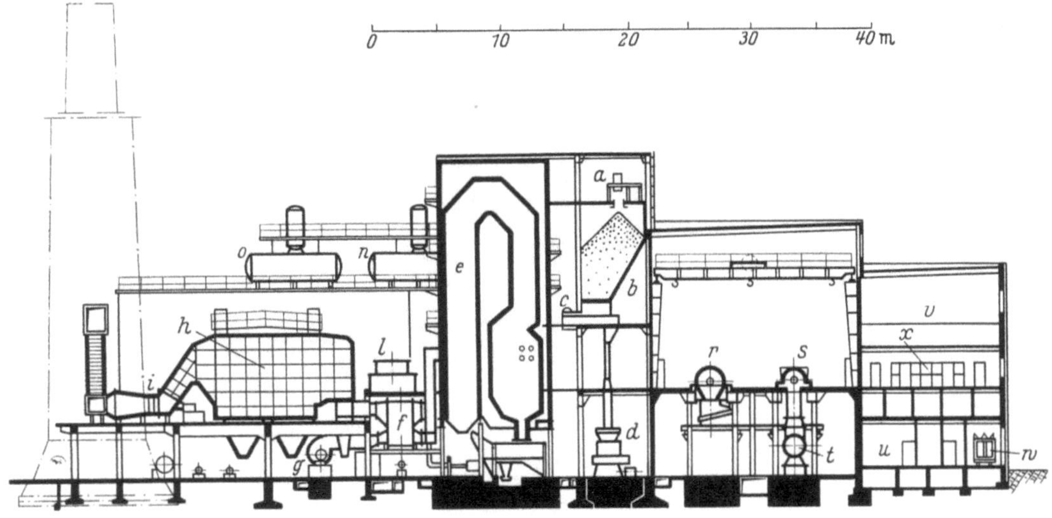

Querschnitt

Legende zum Grundriß und Querschnitt

a	Bekohlung	*n*	Speisewasserbehälter mit Entgaser
b	Bunker	*o*	Weichwasserbehälter mit Entgaser
c	Kohlezuteiler	*p*	Verdampferanlage, zweistufig
d	Kohlemühle	*q*	Montageöffnung
e	Kessel	*r*	Vorschaltturbosatz
f	Luftvorwärmer	*s*	Nachschaltturbosatz
g	Frischluftgebläse	*t*	Kondensator
h	Elektrofilter	*u*	Eigenbedarfsschaltanlage
i	Saugzuggebläse	*v*	Nebenräume
k	Anfahrbehälter	*w*	Hauptumspanner
l	Anfahrölbehälter	*x*	Schaltwarte
m	Kesselspeisepumpe		

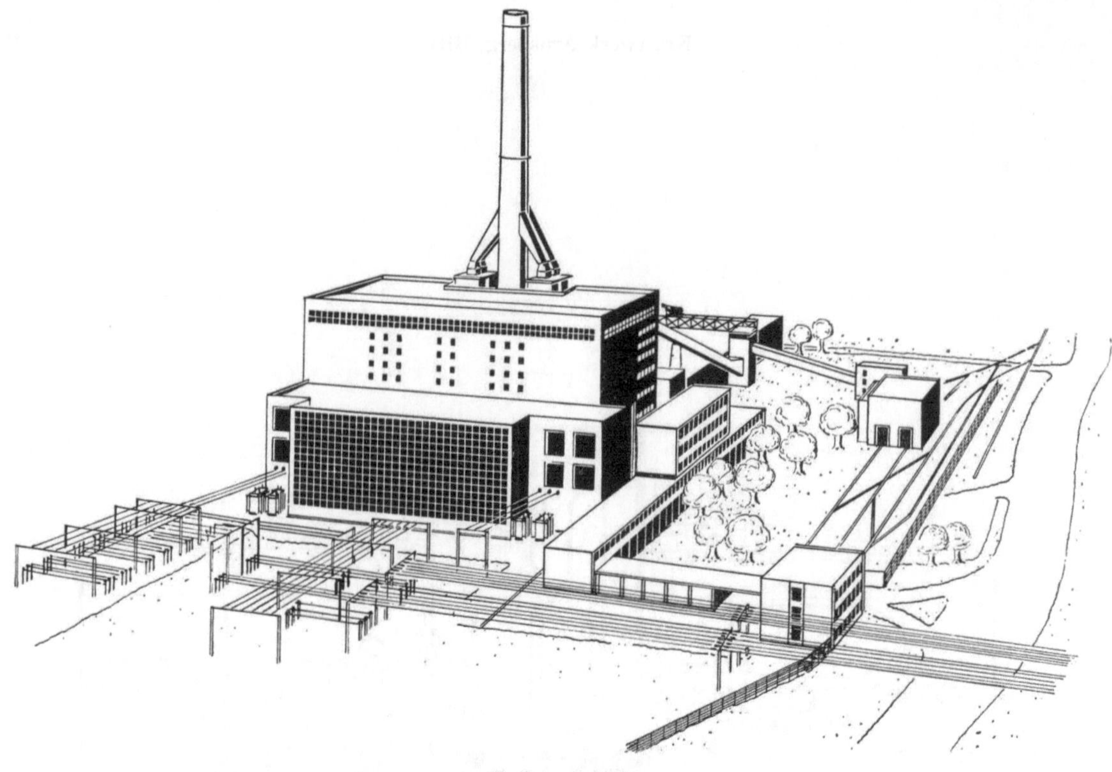

Schaubild

89

Kraftwerk Kassel, BRD

(Kraftwerk Kassel GmbH, Kassel)

Baujahr 1956/59

Kessel	Block I	Block II
Anzahl	1	1
Leistung t/h	210	210
Art	Durchlauf	
Genehmigungsdruck atü	171	171
Dampfzustand bei Austritt atü	148	148
Dampfzustand bei Austritt °C	535	535
Dampfzustand hinter ZWÜ atü	35,5	35,6
Dampfzustand hinter ZWÜ °C	525	525
Brennstoff:		
Art	Braunkohle	
unterer Heizwert kcal/kg	2500	2500
Feuerung	Zyklon	Zyklon
Schlackenabzug	flüssig	flüssig
Luftvorwärmung °C	400	400
Abgastemperatur °C	150	150
Wirkungsgrad %	89,5	90,0

Rauchgasentstaubung: elektrisch
Wasseraufbereitung: Vollentsalzung
Bauweise: Stahlbeton, Stahlkonstruktion
Vorgesehene Gesamtleistung: 128 MW

Turbinen	Block I und II
Anzahl	2
Leistung MW	64
Leistung MVA	80
Art	K
Drehzahl U/min	3000
Dampfdurchsatz t/h	210
Dampfzustand bei Eintritt atü	144
Dampfzustand bei Eintritt °C	530
bei Wiedereintritt atü	35
bei Wiedereintritt °C	520
Kühlwassertemperatur °C	15
Dampfzustand bei Austritt ata	0,03
Dampfzustand bei Austritt °C	—
Gehäusezahl	3
Abdampfstutzen (flutig)	2
Vorwärmstufen	7
Entgasungstemperatur °C	161
Speisewassertemperatur °C	282
Kennzahlen	
Spez. Wärmeverbr. netto kcal/kWh	2360
„ Flächenbedarf m²/kW	0,049
„ Raumbedarf m³/kW	1,86

Der steigende Energiebedarf Nordhessens, insbesondere der Stadt Kassel, hat zur Gründung der Kraftwerk Kassel GmbH geführt. Das Werk kann sich auf die nahegelegenen Braunkohlenvorkommen stützen.

Der Brennstoff wird auf dem Schienenweg angeliefert. Da über das ganze Jahr täglich die gleiche Braunkohlenmenge abgenommen werden muß, entsteht im Sommer ein Überschuß an Brennstoff, der in einem Großraumbunker mit einer Speicherfähigkeit von 40000 t gelagert werden kann. Der Bunker wird mittels eines auf einer fahrbaren Brücke befindlichen Bandes beschickt. Zur Wiederaufnahme der Kohle dient ein

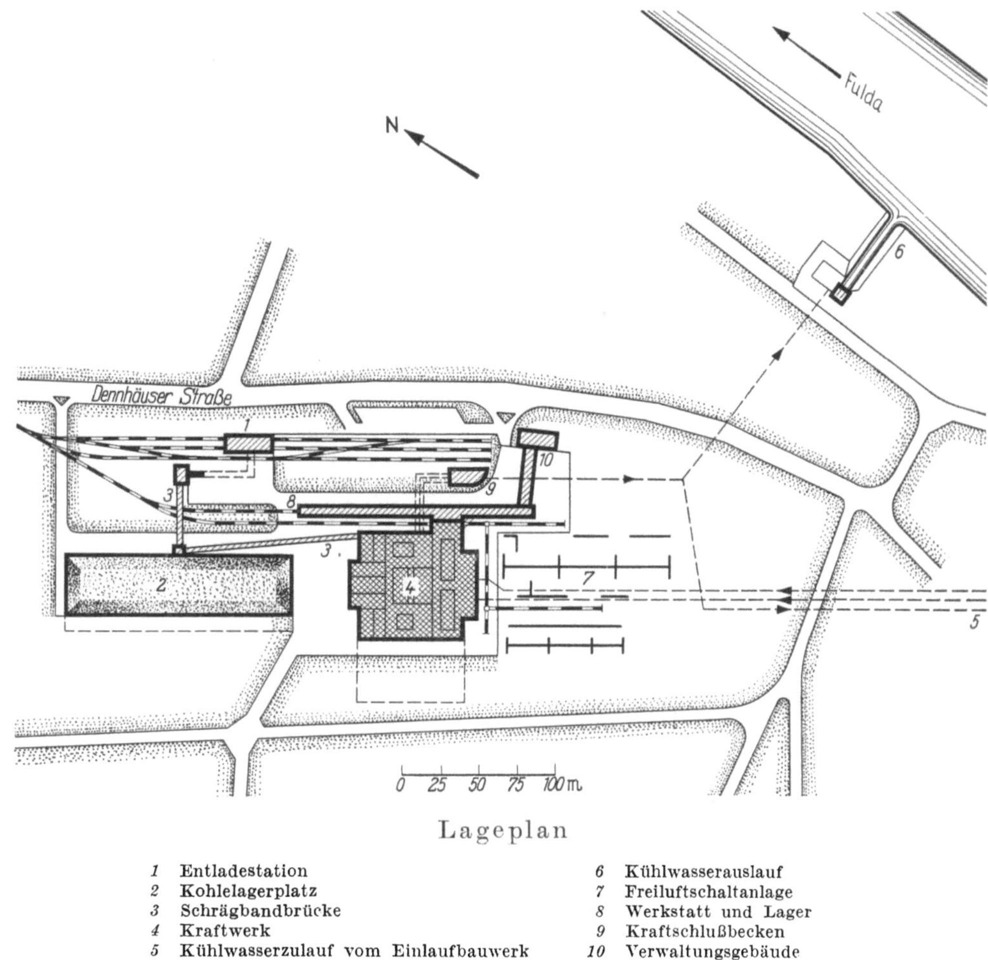

Lageplan

1	Entladestation	*6*	Kühlwasserauslauf
2	Kohlelagerplatz	*7*	Freiluftschaltanlage
3	Schrägbandbrücke	*8*	Werkstatt und Lager
4	Kraftwerk	*9*	Kraftschlußbecken
5	Kühlwasserzulauf vom Einlaufbauwerk	*10*	Verwaltungsgebäude

auf der gleichen Brücke angeordneter Eimerkettenbagger. Das Kühlwasser aus der Fulda wird durch verstellbare Propellerpumpen in die Leitungen gedrückt. Bei dem großen Höhenunterschied zwischen Fluß und Kraftwerk wird ein Teil der Pumparbeit durch eine in den Kühlwasserrücklauf eingebaute Wasserturbine wiedergewonnen.

Aufgestellt wurden 2 Blocks, bestehend aus je einem Durchlaufkessel mit einer Leistung von 210 t/h und je einer Turbine mit einer Leistung von 64 MW für einen Dampfzustand von 144 atü, 530° C mit Zwischenüberhitzung auf 520° C. Beide Blocks werden 1959 in Betrieb gehen. Der eine Block dient der Versorgung der Städtische Werke Kassel AG, der andere der der Preußische Elektrizitäts-Aktiengesellschaft (Preag).

Die Turbinen sind dreigehäusig mit 2 Abdampfstutzen und 7 Vorwärmstufen. Drei Vorwärmer liegen hinter dem Speisewasserbehälter bzw. den Speisepumpen. Dem letzten

Vorwärmer ist ein Enthitzer vorgeschaltet. Die Heizdampfkondensate der untersten Vorwärmstufen werden in die Kondensatdruckleitung bzw. in den Entgaser gepumpt. Die Einleitung der Heizdampfkondensate in den Kondensator ist vermieden. Das Zusatzspeisewasser wird vollentsalzt zugeführt.

Die beiden Durchlaufkessel sind von der Bauart Sulzer bzw. Benson; der erste besitzt einen Vertikalzyklon, der zweite 2 Horizontalzyklone. Wegen des hohen Wassergehaltes der Braunkohle wird die Braunkohle getrocknet und der Staub zwischengebunkert. Beide Kessel besitzen elektrische Rauchgas- und Brüdenfilter.

Die beiden Generatoren sind über je einen Regelumspanner auf die 110 kV- bzw. 90 kV-Sammelschienen geschaltet. Von dieser Freiluftanlage wird die Energie in das

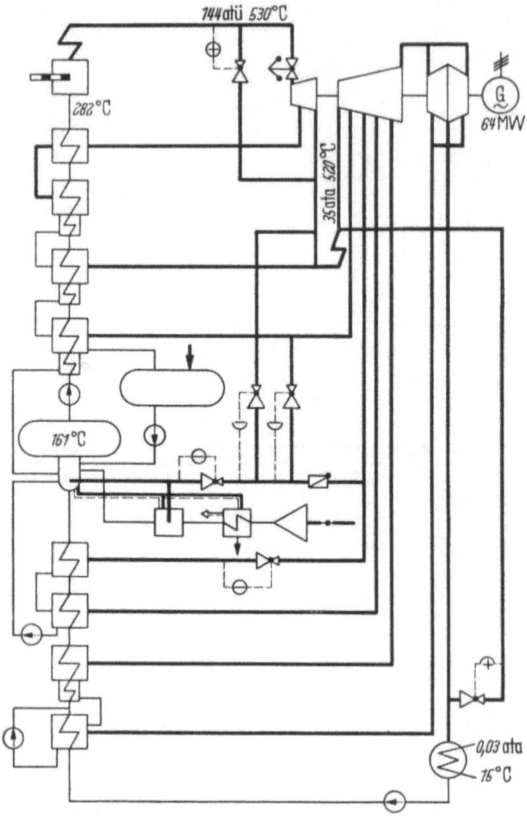

Wärmegrundschaltplan

Netz der Preag bzw. das der Städtischen Werke Kassel geleitet. Jeder Block hat seine besondere Eigenbedarfsversorgung, die unmittelbar hinter den Klemmen des Generators abgezweigt ist. Daneben besteht für das Anfahren und für Störungsfälle eine unmittelbare Verbindung des Eigenbedarfes jedes Blockes mit den beiden genannten Sammelschienen, die über 2 Dreiwicklungsumspanner mit je einem Zusatzregelumspanner auf der Unterspannungsseite geschaffen wurde. Da die beiden Sammelschienen über die Dreiwicklungsumspanner nicht parallel geschaltet werden dürfen, ist eine automatische Umschaltvorrichtung nach der Kurzunterbrechungsmethode vorgesehen.

Der Bunkerbau mit den Mühlen befindet sich auf der vom Maschinenhaus abgewandten Seite des Kesselhauses. Dem Bunkerbau ist ein Kaminvorbau vorgelagert. Auf seinem Dach trägt er den für beide Kessel gemeinsamen Schornstein. In dem Vorbau befinden sich neben den Saugzuggebläsen die Heizöl-Versorgungsanlage, die Vollentsalzungs- und Entkieselungsanlage, die Zwischenbunker sowie ein ölgefeuerter Hilfskessel (Dampfleistung 10 t/h, Konzessionsdruck 13 atü). Die Elektrofilter befinden sich oberhalb der

Kessel. Zwischen letzteren liegen die Wärme- und Elektrowarte. Im Maschinenhaus sind die Turbosätze längsgestellt. In einem Anbau an das Maschinenhaus, der sich an dessen Außenlängswand anschließt, sind die Vorwärmer, Kesselspeisepumpen und die Speisewasserbehälter mit den Entgasern untergebracht.

Das Kraftwerksgebäude ist bis zur Hauptbedienungsbühne auf +9 m, die in der gleichen Höhe durchlaufend angeordnet ist, massiv in Stahlbeton ausgeführt. Maschinenhaus und Maschinenhausvorbau sind bis zur Höhe von +22 m ebenfalls in einer massiven

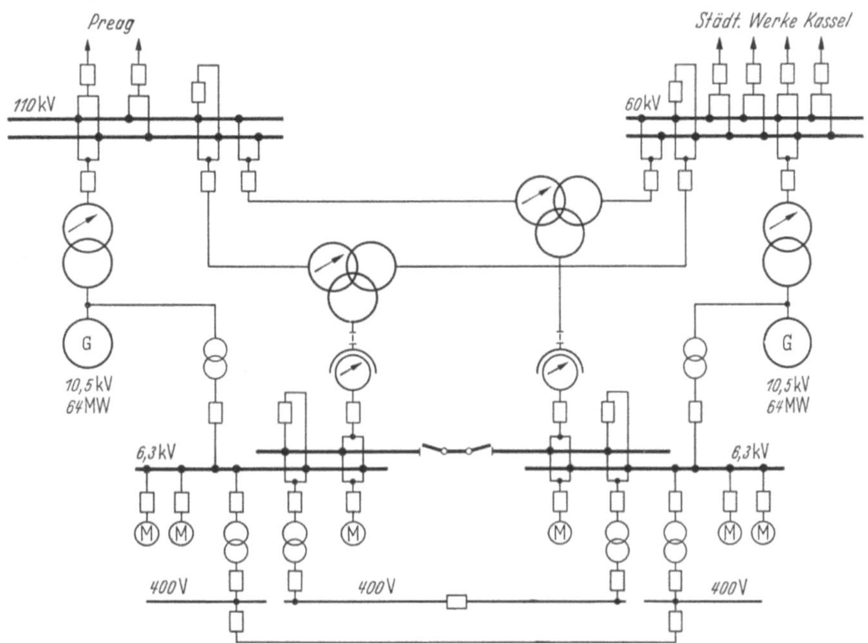

Elektrischer Übersichtsschaltplan

Stahlbeton-Rahmenkonstruktion ausgeführt, ebenso der Kaminunterbau bis zu einer Höhe von +30 m. Die oberen Teile bis zur Höhe von +40 m sind in Stahlkonstruktion errichtet.

Das Maschinenhaus wird an seiner Giebelseite mit Klinkermauerwerk ausgefacht. Die gesamte Stahlkonstruktion wird an den Außenwänden mit Eternit verkleidet; als mechanischer Schutz für diese Eternitverkleidung und zur Wärmedämmung sind Bimsbetonplatten vorgesehen.

Dem Kraftwerksblock vorgelagert ist ein langgestrecktes Bauwerk, in dem die sozialen Einrichtungen, die Werkstatt, das Lager und der Lokomotivschuppen untergebracht sind. Die Fortsetzung dieses Gebäudes bilden die Garagen.

Schrifttum

Braunkohle, Wärme, Energie 1958, S. 404/05.

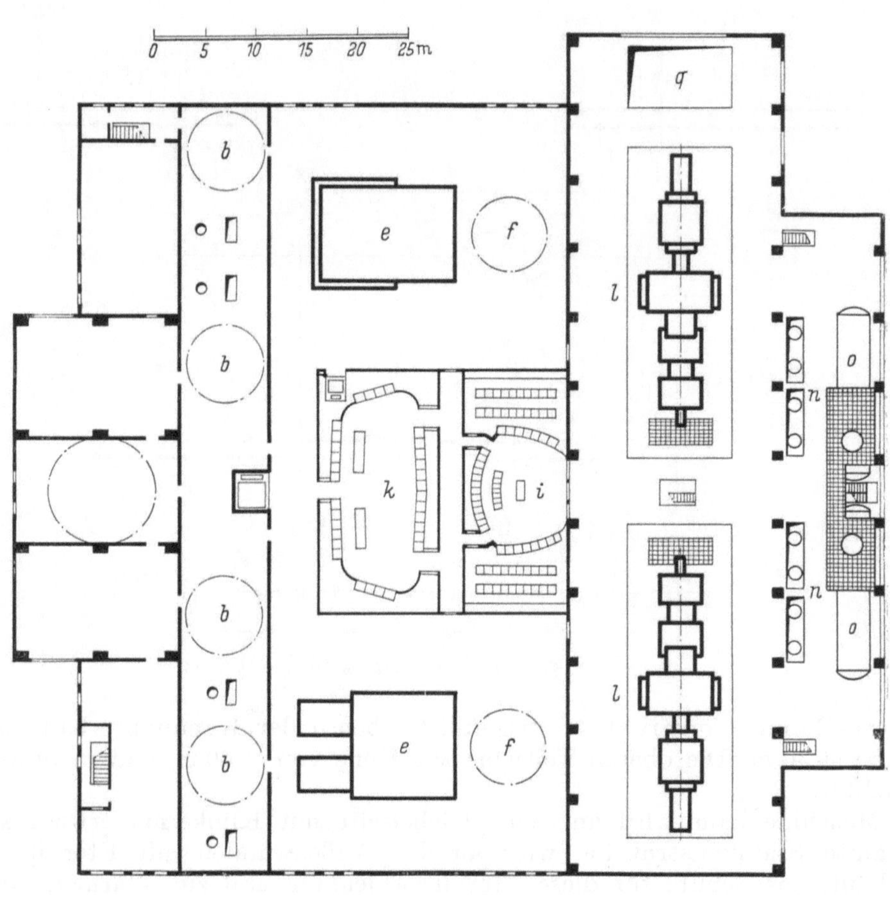

Grundriß

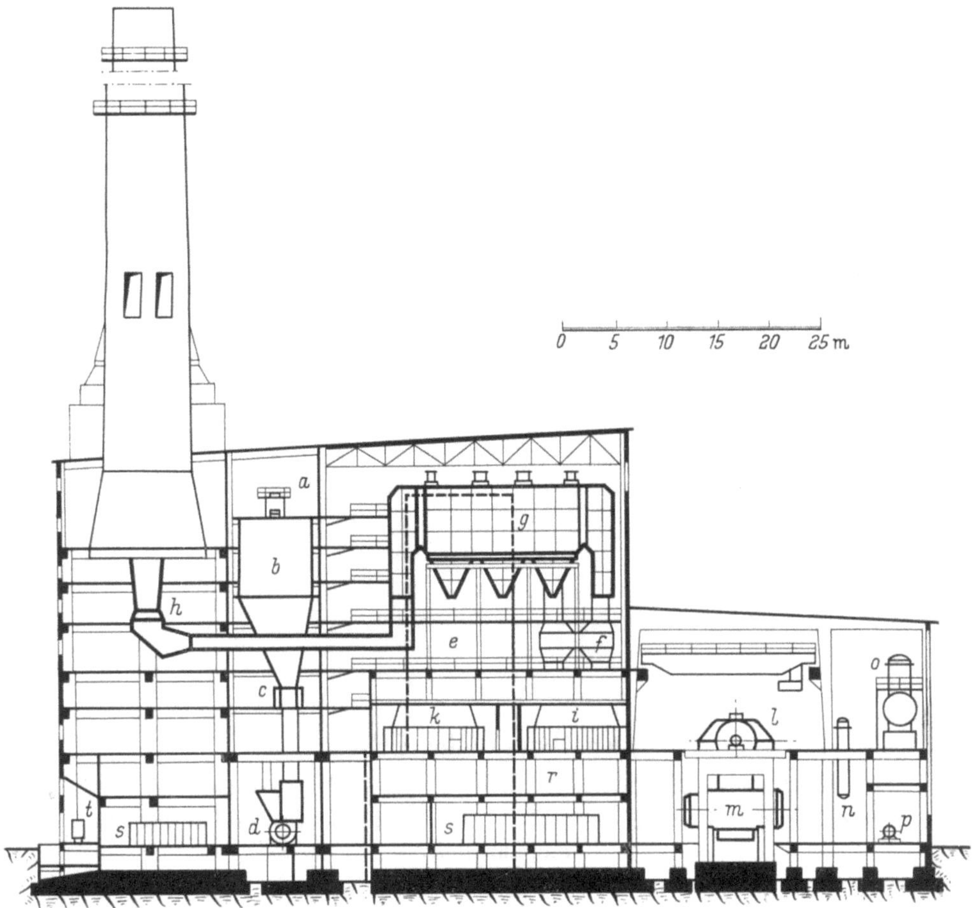

Querschnitt

Legende zum Grundriß und Querschnitt

a	Bekohlung	*l*	Turbogenerator
b	Bunker	*m*	Kondensator
c	Kohlezuteiler	*n*	Vorwärmer
d	Kohlemühle	*o*	Speisewasserbehälter mit Entgaser
e	Kessel	*p*	Kesselspeisepumpe
f	Luftvorwärmer	*q*	Montageöffnung
g	Elektrofilter	*r*	Kabelboden
h	Saugzuggebläse	*s*	Eigenbedarfsschaltanlage
i	Elektrowarte	*t*	Eigenbedarfsumspanner
k	Wärmewarte		

Schaubild

Kraftwerke der USA

91 Kanawha River und 92 Muskingum River

(Appalachian Electric Power Company) (Ohio Power Company)

Baujahr 1951/54

Kessel	Block I und II
Anzahl	2
Leistung t/h	605
Art	—
Genehmigungsdruck atü	—
Dampfzustand bei Austritt atü	142
Dampfzustand bei Austritt °C	565
Dampfzustand hinter ZWÜ atü	34
Dampfzustand hinter ZWÜ °C	565
Brennstoff:	
Art	Steinkohle
oberer Heizwert kcal/kg	5850
Feuerung	Brenner
Schlackenabzug	trocken[1], flüssig[2]
Luftvorwärmung °C	292
Abgastemperatur °C	—
Wirkungsgrad %	—

Rauchgasentstaubung: mechanisch und elektrisch
Wasseraufbereitung: chemisch und Verdampfung
Bauweise: Stahlkonstruktion
Vorgesehene Gesamtleistung: 1000 MW

Turbinen	Block I und II	
Anzahl	2	2
Leistung MW	80	137
Leistung MVA	93	175
Art	HD	ND
Drehzahl U/min	3600	1800
Dampfdurchsatz t/h	—	—
Dampfzustand bei Eintritt atü	142	19,5
Dampfzustand bei Eintritt °C	565	500
bei Wiedereintritt atü	34	—
bei Wiedereintritt °C	565	—
Kühlwassertemperatur °C	—	—
Dampfzustand bei Austritt ata	20,5	0,025
Dampfzustand bei Austritt °C	490	—
Gehäusezahl	1	2
Abdampfstutzen (flutig)	1	2
Vorwärmstufen	1	6
Entgasungstemperatur °C	—	146
Speisewassertemperatur °C	—	238
Kennzahlen		
Spez. Wärmeverbr. netto kcal/kWh	2297[1,3], 2312[2,3]	
„ Flächenbedarf m²/kW	0,018	
„ Raumbedarf m³/kW	0,58	

[1] Kanawha River. [2] Muskingum River. [3] Jahresdurchschnitt 1956.

Die Kraftwerke Kanawha River der Appalachian Electric Power Company und Muskingum River der Ohio Power Company gehören zum American Electric Power-Verbundsystem, das diese beiden Kraftwerke gleichzeitig baute. Sie unterscheiden sich nur durch die verschiedenen örtlichen Voraussetzungen. Insoweit gilt die Beschreibung nur für das Kraftwerk Kanawha River. Die American Electric Power Co. hat sich, nachdem sie 7 Blocks mit einer Leistung von je 150 MW in ihren Kraftwerken Philip Sporn und Tanners Creek aufgestellt hatte, zu den größeren Zweiwellensätzen entschlossen. In den Jahren bis 1958 wurden inzwischen 12 Zweiwellen-Turbosätze mit einer Leistung von 215 bis 225 MW in den zu dem American Electric Power-Verbundsystem gehörenden

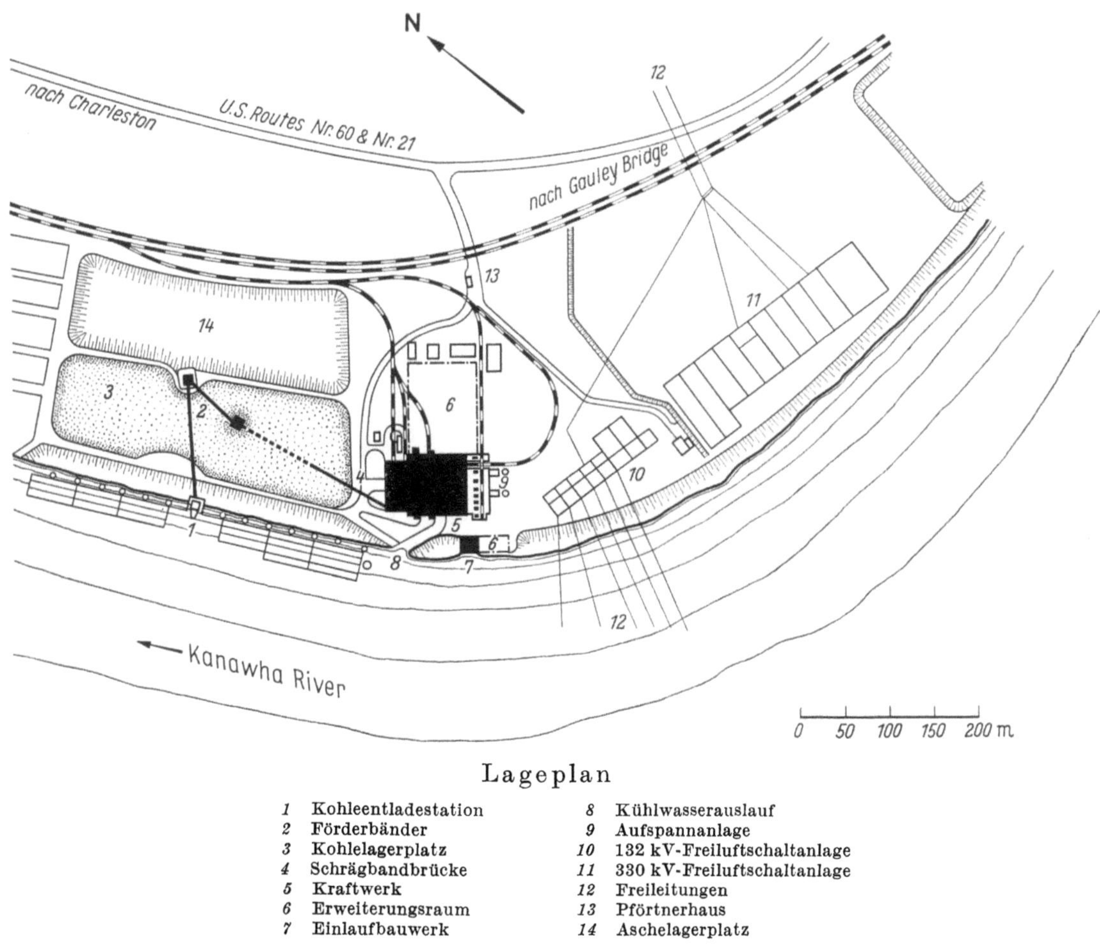

Lageplan

1	Kohleentladestation	8	Kühlwasserauslauf
2	Förderbänder	9	Aufspannanlage
3	Kohlelagerplatz	10	132 kV-Freiluftschaltanlage
4	Schrägbandbrücke	11	330 kV-Freiluftschaltanlage
5	Kraftwerk	12	Freileitungen
6	Erweiterungsraum	13	Pförtnerhaus
7	Einlaufbauwerk	14	Aschelagerplatz

Kraftwerken Kanawha River und Muskingum River, Tanners Creek, Kammer und Clinch River aufgestellt. Das Kraftwerk Kanawha River kann somit als Prototyp dieser Reihe von Kraftwerken in dem genannten Zeitraum gelten.

Das Kraftwerk liegt an dem gleichnamigen Fluß etwa 35 km oberhalb von Charleston in West Virginia.

Die Kohle wird auf dem Wasserwege herangeschafft und zum Kohlenplatz gefördert, von wo sie auf Bändern in die Bunker des Kraftwerkes gelangt.

Erstellt wurden in den Jahren 1951/54 in beiden Werken 2 Blocks mit einer Leistung von je 217 MW in Zweiwellenanordnung mit einem Dampfzustand von 142 atü, 565° C mit Zwischenüberhitzung auf die gleiche Temperatur. Der Kessel jedes Blockes leistet 605 t/h. Der Dampf wird nach Durchlaufen der ersten Stufengruppe zwischenüberhitzt und tritt dann mit etwa 34 atü wieder in die Hochdruckturbine ein, die 80 MW leistet.

Erst nach weiterer Entspannung auf 19,5 atü bei 490 ° C durchläuft der Dampf den Mitteldruckteil und den doppelflutigen Niederdruckteil der 137 MW-Turbine. Das Speisewasser wird in 7 Vorwärmstufen auf 238 ° C aufgewärmt. Die letzten 3 Vorwärmer liegen hinter dem Entgaser bzw. den Speisepumpen. Das Zusatzspeisewasser wird über eine einstufige Verdampferanlage zugeführt.

Die Zweizugkessel haben natürlichen Umlauf. Wegen des hohen Ascheschmelzpunktes sind die Kessel in Kanawha River für trockenen Aschenabzug ausgelegt, während im Kraftwerk Muskingum River wegen des niedrigeren Schmelzpunktes der Asche diese

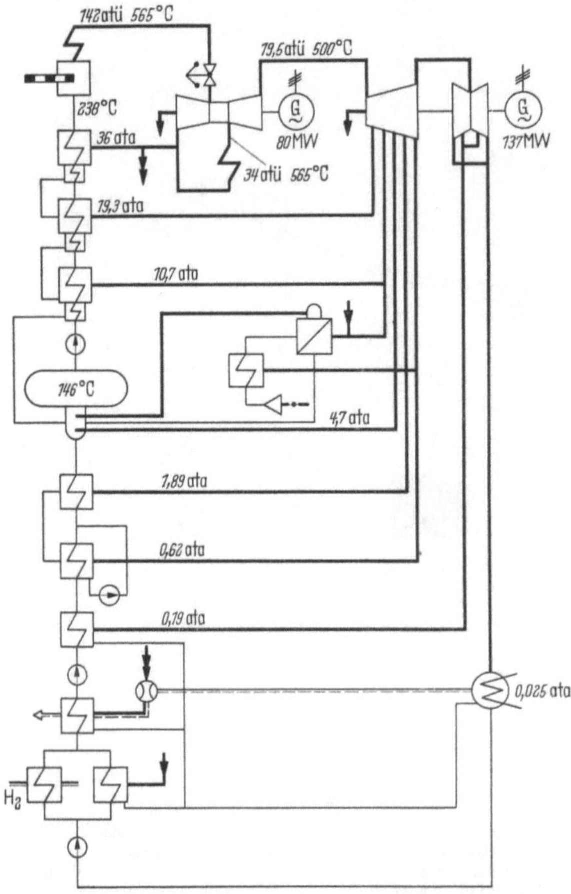

Wärmegrundschaltplan

flüssig abgezogen wird. Die Überhitzer und Zwischenüberhitzer sind Teile der Berührungsheizflächen. In dem Feuerraum der Kessel herrscht Überdruck. Jedem Kessel sind 8 Mühlen-, 2 Verbrennungsluft- und 3 Saugzuggebläse sowie 3 Ljungström-Luftvorwärmer zugeordnet.

Nur die Innenteile der Regel- und Schnellschlußventile sind aus austenitischem Material hergestellt.

Die Klemmenspannung der Generatoren (18 kV) wird auf die Sammelschienenspannung von 132 kV aufgespannt, wobei jeder Generator des Hochdruckteiles auf einen 85 kVA-Umspanner, jeder Generator des Niederdruckteiles — ersterer trägt zwei Wicklungen — auf 2 Umspanner von je 77,5 MVA geschaltet ist. Erst die zusammengefaßte Leistung der 3 Umspanner jedes Blockes wird den 132 kV-Sammelschienen zugeführt. Ebenso wird der Eigenbedarf (4 kV) über drei 7,5 MVA-Umspanner, die primärseitig unmittelbar an die Generatorklemmen angeschlossen sind, entnommen.

Auf eine möglichst geschlossene und raumsparende Einordnung der einzelnen Anlageteile in das Gebäude wurde besonderer Wert gelegt. Das außenliegende Bunkergebäude trägt gleichzeitig die Saugzuggebläse und die beiden Schornsteine. Das Frischluftgebläse sowie die hintereinandergeschalteten mechanischen und elektrischen Rauchgasentstauber befinden sich oberhalb der Kessel. Die Zweiwellen-Turbosätze sind quer zur Längsachse des Maschinenhauses aufgestellt. Die Schaltwarte liegt auf dem Dach des Maschinenhauses. Dem Bunkergebäude ist ein Bau vorgelagert, der u. a. die Wasseraufbereitung und Bürogebäude enthält. Die Gebäude sind in Stahlkonstruktion erstellt.

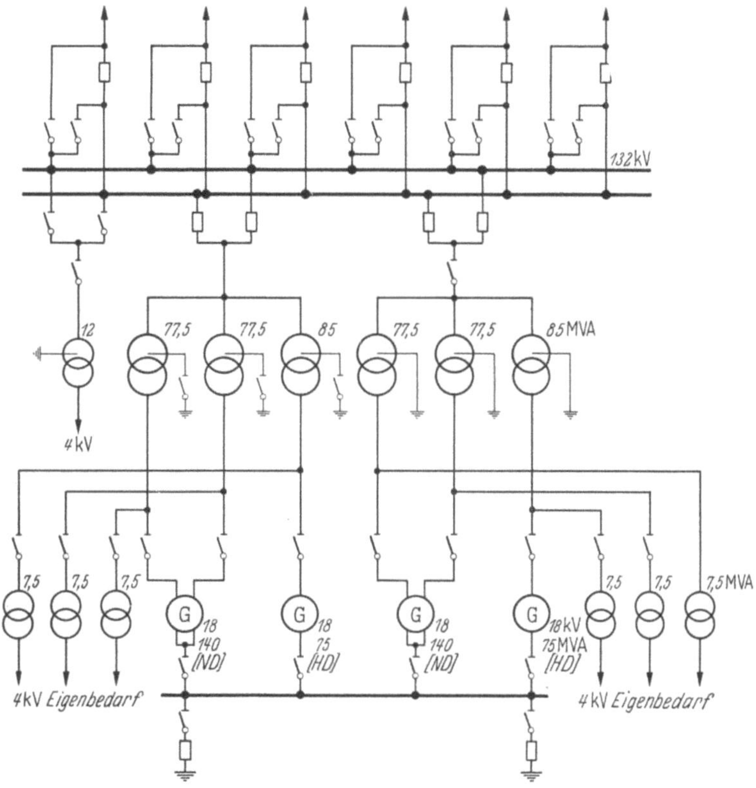

Elektrischer Übersichtsschaltplan

Die obenerwähnten Kraftwerke des American Electric Power-Verbundnetzes gehören nach den Feststellungen der Federal Power Commission zu den besten Kraftwerken der USA. An der Spitze lag 1956 das Kraftwerk Tanners Creek mit 2294 kcal/kWh im Jahresdurchschnitt, an zweiter Stelle liegt das Kraftwerk Kanawha River mit 2297 kcal/kWh und an dritter Stelle das Kraftwerk Muskingum River mit 2312 kcal/kWh.

Schrifttum

Sporn, Ph., H. A. Kammer, S. N. Fiala: The Development and Implementation of a Generation Program on the American Gas and Electric Company System, Neudruck der Transactions der ASME, Juli 1952, mit Erlaubnis des Copyright Owner.

Electr. Wld. Bd. 148, 7. 10. 1957, S. 100.

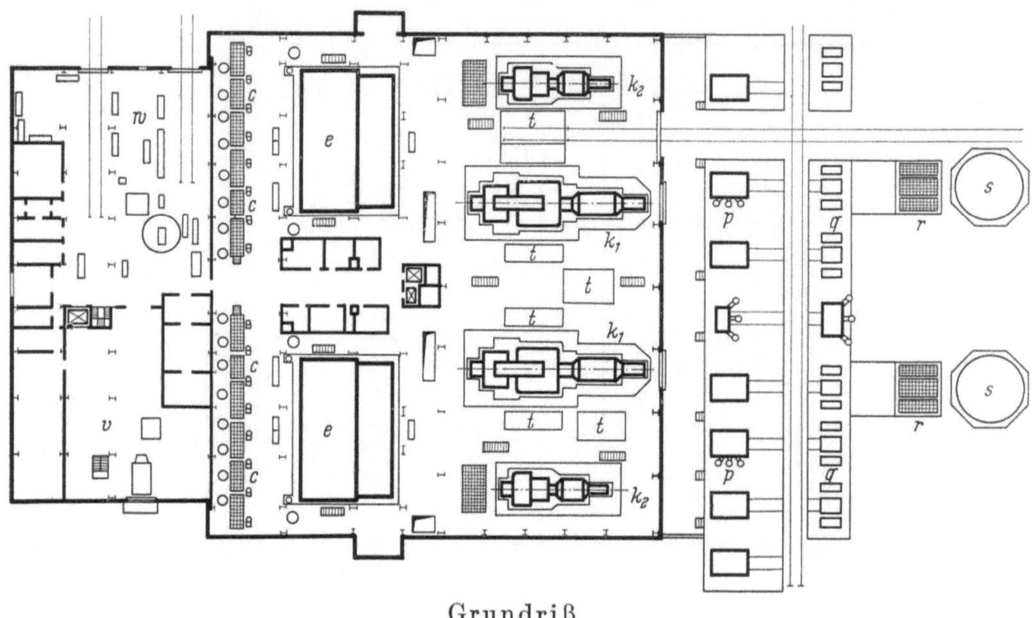

Grundriß

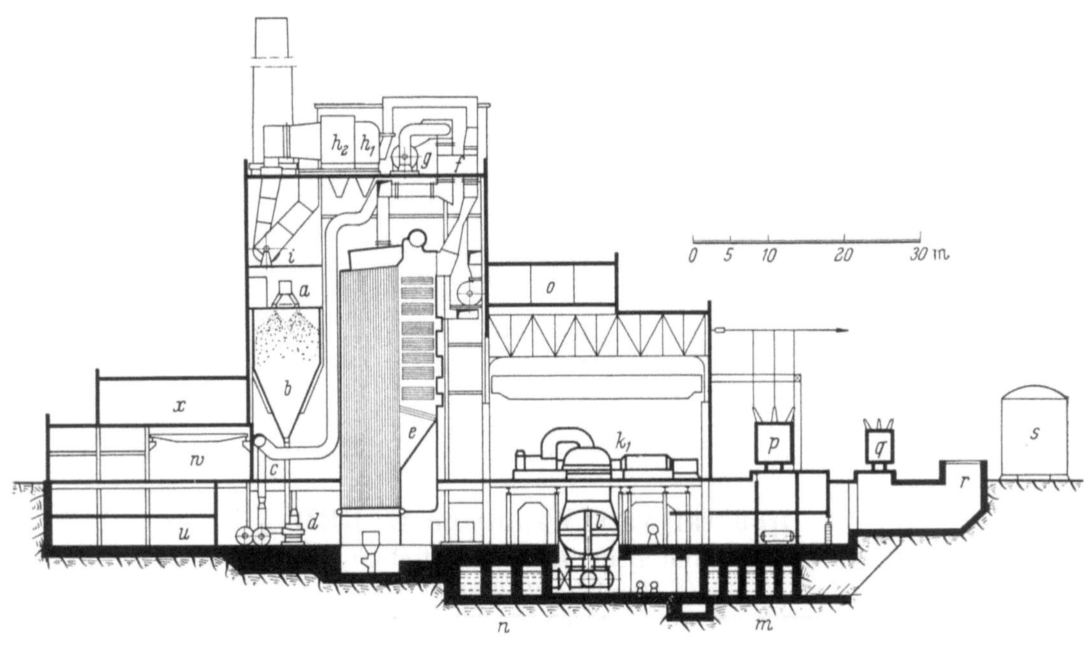

Querschnitt

Legende zum Grundriß und Querschnitt

a	Bekohlung	*m*	Kühlwasserzulaufkanäle
b	Bunker	*n*	Kühlwasserablaufkanäle
c	Kohlenzuteiler	*o*	Schaltwarte
d	Kohlenmühle	*p*	Hauptumspanner
e	Kessel	*q*	Eigenbedarfsumspanner
f	Luftvorwärmer	*r*	Frischlufteintritt
g	Frischluftgebläse	*s*	Kondensatspeicher
h_1	Rauchgasfilter, mechanisch	*t*	Montageöffnung, abgedeckt
h_2	Rauchgasfilter, elektrisch	*u*	Wasseraufbereitungsanlage
i	Saugzuggebläse	*v*	Lager
k_1	Turbogenerator 137 MW	*w*	Werkstatt
k_2	Turbogenerator 80 MW	*x*	Büroräume
l	Kondensator		

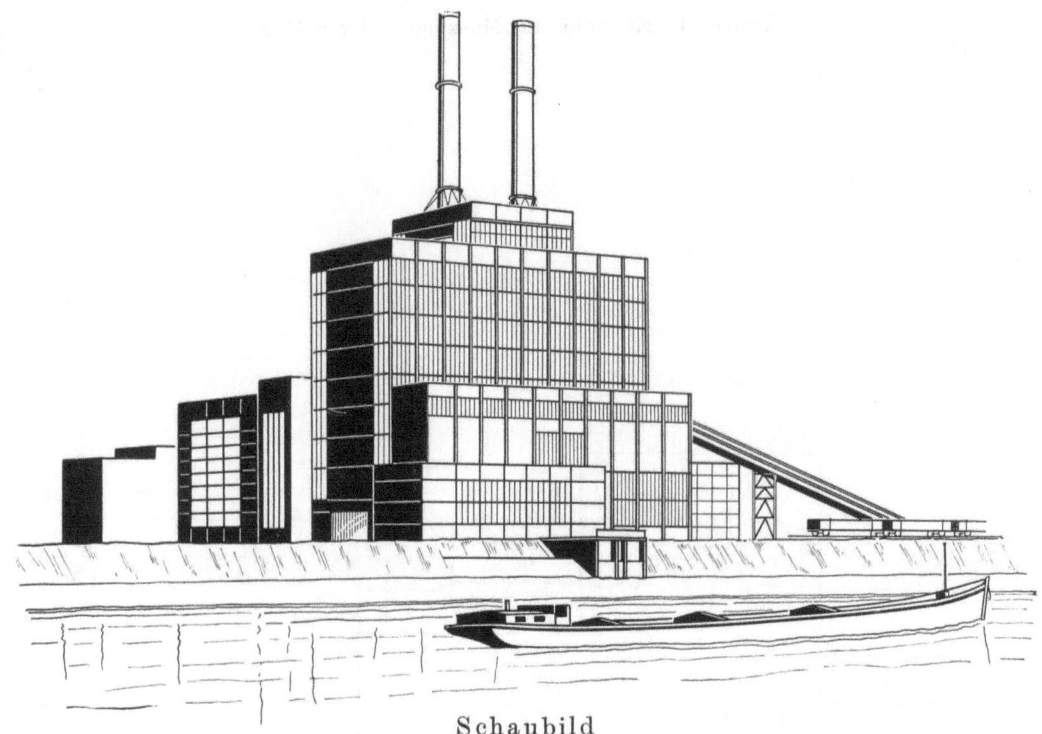

Schaubild

93 **Großkraftwerk Mannheim II, BRD**

(Großkraftwerk Mannheim Aktiengesellschaft, Mannheim)

Baujahr 1952/54

Kessel	
Anzahl	2
Leistung t/h	200
Art	Naturumlauf
Genehmigungsdruck atü	182
Dampfzustand hinter Überh. atü	153
Dampfzustand hinter Überh. °C	530
Dampfzustand hinter ZWÜ[1] atü	140
Dampfzustand hinter ZWÜ[1] °C	520
Brennstoff:	
Art	Steinkohle
unterer Heizwert kcal/kg	—
Feuerung	Schmelzkammer
Schlackenabzug	flüssig
Luftvorwärmung °C	405
Abgastemperatur °C	135
Wirkungsgrad %	91

Rauchgasentstaubung: mechanisch
Wasseraufbereitung: Vollentsalzung
Bauweise: Eisenkonstruktion
Vorgesehene Gesamtleistung: — MW

Turbinen	Vorschaltteil Drehstrom	Nachschaltteil Drehstrom	Nachschaltteil Bahnstrom
Anzahl	1	2	
Leistung MW	43	33[2]	12[2]; 17[2]
Leistung MVA	64	40	16,2; 21,5
Art	HD	ND	
Drehzahl U/min	3000	3000	$\frac{3000}{1000}$
Dampfdurchsatz t/h	375	168	
Dampfzustand bei Eintritt atü	142	18,2	
Dampfzustand bei Eintritt °C	520	485	
Dampfzustand bei Wiedereintritt atü	—	—	
Dampfzustand bei Wiedereintritt °C	—	—	
Kühlwassertemperatur °C	—	12	
Dampfzustand bei Austritt ata	18,5	0,0315	
Dampfzustand bei Austritt °C	330	—	
Gehäusezahl	2	3	
Abdampfstutzen (flutig)	1	3	
Vorwärmstufen	2	4	
Entgasungstemperatur °C	—	206	
Speisewassertemperatur °C	—	282	

Kennzahlen

Spez. Wärmeverbrauch netto kcal/kWh	2160[3]
„ Flächenbedarf m²/kW	0,052
„ Raumbedarf m³/kW	1,77

Dampftemperatur hinter den beiden dampfbeheizten ZWÜ 485° C (bei 58 bzw. 18,2 atü).

[1] rauchgasbeheizt, vor Hochdruckturbine. [2] Höchstlast der Niederdruckturbinen je 40 MW.
[3] bei Bestlast.

Das am Rhein gelegene Großkraftwerk Mannheim, dessen erste Planung auf das Jahr 1921 zurückgeht, dient im wesentlichen der Versorgung der Stadt Mannheim, der Pfalzwerke und des Badenwerkes. Bei der Erweiterung im Jahr 1926 ging man erstmalig in der öffentlichen Elektrizitätswirtschaft auf einen Dampfzustand von 100 atü, 475 ° C über. Das Werk verfügte Anfang der 50er Jahre über eine installierte Leistung von rund 200 MW.

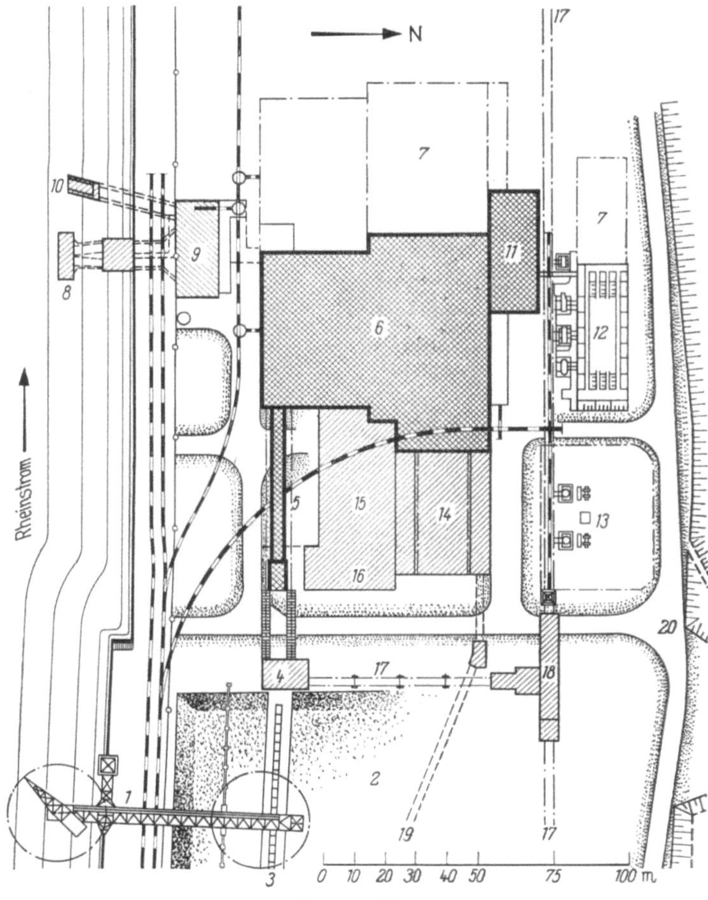

Lageplan

1 Verladebrücke für Waggon- und Schiffsentladung
2 Kohlenlagerplatz
3 Förderbandtunnel
4 Siebstation
5 Schrägbandbrücke
6 Kraftwerk
7 Erweiterungsraum
8 Kühlwassereinlauf
9 Kühlwasser-Siebmaschinen- und Pumpenhaus
10 Kühlwasserauslauf
11 Elektrowarte
12 100 kV-Drehstrom-Innenraum-Schaltanlage
13 100 kV-Einphasenstrom-Schaltanlage
14 Werkstatt
15 Lagergebäude
16 Verwaltung
17 Seilbahn für Schlackenförderung
18 Seilbahn-T-Station
19 Dampfleitungskanal zwischen Werk I und Werk II
20 Werkstraße

Zur Deckung des weiteren Strombedarfes wurde in den Jahren 1952/54 auf dem Kraftwerksgelände rheinabwärts im Anschluß an den vorhandenen Kohlenplatz das Werk II errichtet. Bei der Projektierung spielte das vorhandene und noch stark ausbaufähige 18 atü-Fernheiznetz eine wichtige Rolle. Es war mit entscheidend für die Wahl einer Dreiwellenanlage mit dem Trenndruck von 18 atü. Der Trommeldruck wurde mit 174 atü festgelegt, die Dampftemperatur mit 530 ° C mit zweimaliger Zwischenüberhitzung auf 485 ° C bei 60 und 18,2 atü. Bei einem Dampfdurchsatz von 375 t/h ergab sich an der Vorschaltmaschine eine Leistung von 43 MW, für den Nachschalt-Kondensationsteil eine solche von rund 80 MW, die auf 2 Turbosätze unterteilt wurde.

Hierbei treibt jede Turbine einen Drehstromgenerator sowie einen Bahnstromgenerator an, wobei die maximale Leistung der Turbine nicht größer als 40 MW sein kann.

Zwischen den beiden Überhitzerhälften durchläuft der Frischdampf die Kessellüfterturbine (Serienturbine) zum Antrieb der Verbrennungsluft- und Saugzuggebläse; sie verursacht einen Druckabfall von etwa 7 at. Sie hat die Eigenschaft, von selbst bei jeder Kessellast die erforderlichen Luftmengen zu fördern und verlustlos die Teillasten

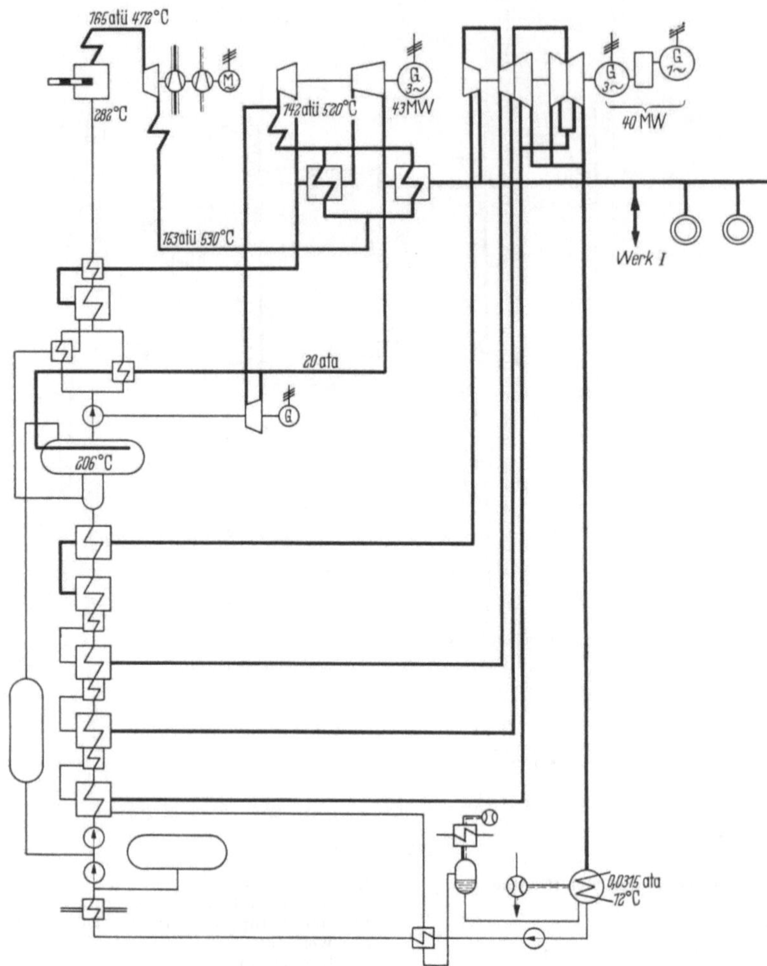

Wärmegrundschaltplan

zu beherrschen. Die doppelte Zwischenüberhitzung geschieht nicht im Kessel, sondern in zwei dampfbeheizten Wärmeaustauschern, die primärseitig in Parallelschaltung vom Frischdampf beaufschlagt werden. Vor dem Eintritt in die Turbine, also nach der Temperatursenkung in den Zwischenüberhitzern, wird der Frischdampf im Kessel wieder auf 520° C erhitzt. Zum Entgasen der Vorwärmerkondensate, die stufenweise auf Vakuum entspannt werden, dient ein an den Kondensator angeschlossener Behälter. Parallel zu der Vorwärmergruppe liegt ein Verdrängungsspeicher. Sein Wasserinhalt wird in Schwachlastzeiten aufgewärmt, so daß zu Zeiten der Spitzenlast die Vorwärmer abgeschaltet werden können und der Kessel aus dem Speicher versorgt wird. Der gesamte in die Turbine eingeleitete Dampf strömt in den Kondensator. Die Mehrleistung der Turbine beträgt hierdurch etwa 14 MW. Die zusätzlichen Kapitalkosten belaufen sich bei einer

Speichergröße, die das Ausfahren einer zweistündigen Dreiecksspitze gestattet, auf rund 34 DM/kW.

Die beiden Zweitrommelkessel je 200 t/h wurden als Einzugkessel mit Eckenfeuerung und Schmelzkammer ausgebildet. Zu jedem Kessel gehört eine Rohrmühle mit Zwischenbunkerung.

Die Drehstromgeneratoren sind über Regelumspanner auf die 100 kV-Sammelschiene geschaltet. Der Eigenbedarf (6 kV) wird von den Drehstrom-Generatoren der Nachschaltturbine geliefert, wobei jeweils der eine oder andere Generator auf den Eigenbedarfsumspanner geschaltet wird. Auf den Eigenbedarf arbeiten auch die an die dampfangetriebenen Speisepumpen angekuppelten Generatoren. Darüber hinaus kann der

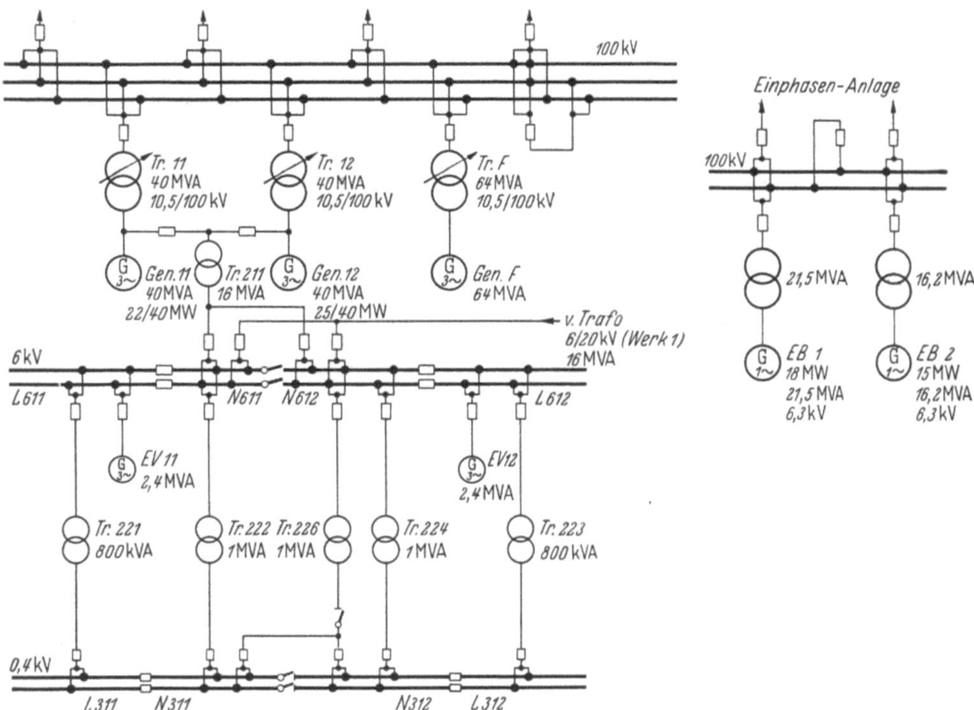

Elektrischer Übersichtsschaltplan

Eigenbedarf auch vom Werk I versorgt werden. Die Einphasengeneratoren sind über Umspanner gleichfalls auf eine 100 kV-Sammelschiene geschaltet.

Der Einphasengenerator (16 $/_3$ Hz) ist mittels eines Getriebes (Übersetzungsverhältnis 3 : 1,02) und einer Voith-Marguerre-Kupplung an den Drehstromgenerator angekuppelt. Die Kupplung gestattet die Anpassung an das schwankende Verhältnis zwischen Netz- und Bahnfrequenz. Die Erregermaschinen des Ein- und Dreiphasenteiles sowie die Hilfserregermaschine werden von einem Hilfsritzel des Getriebes angetrieben. Der Drehstromgenerator kann auch von der Turbine abgekuppelt werden, so daß eine Netzkupplung ohne Dampfantrieb möglich ist. Hochgefahren werden die Generatoren durch die Erregermaschine des Einphasenteiles.

Die Anordnung der Anlageteile folgt dem Weg der Energieumwandlung. Die Vorschaltmaschine ist quergestellt, die beiden etwa 34 m langen Nachschaltsätze stehen dagegen in der Längsachse des Maschinenhauses. Die dampfbeheizten Zwischenüberhitzer sind unter und neben der Vorschaltturbine im Maschinenhauskeller untergebracht. Die 100 kV-Dreiphasen-Schaltanlage in Innenraumanordnung schließt sich an die Elektrowarte an. Demgegenüber ist die 100 kV-Einphasen-Schaltanlage als Freiluftanlage erstellt. Das Kraftwerksgebäude wurde in Eisenkonstruktion ausgeführt.

Die im Lageplan skizzierte Erweiterung des Kraftwerkes ist in Ausführung begriffen.

Schrifttum

MARGUERRE, F.: Z. VDI Bd. 96 (1954) S. 414/19 u. 457/64.

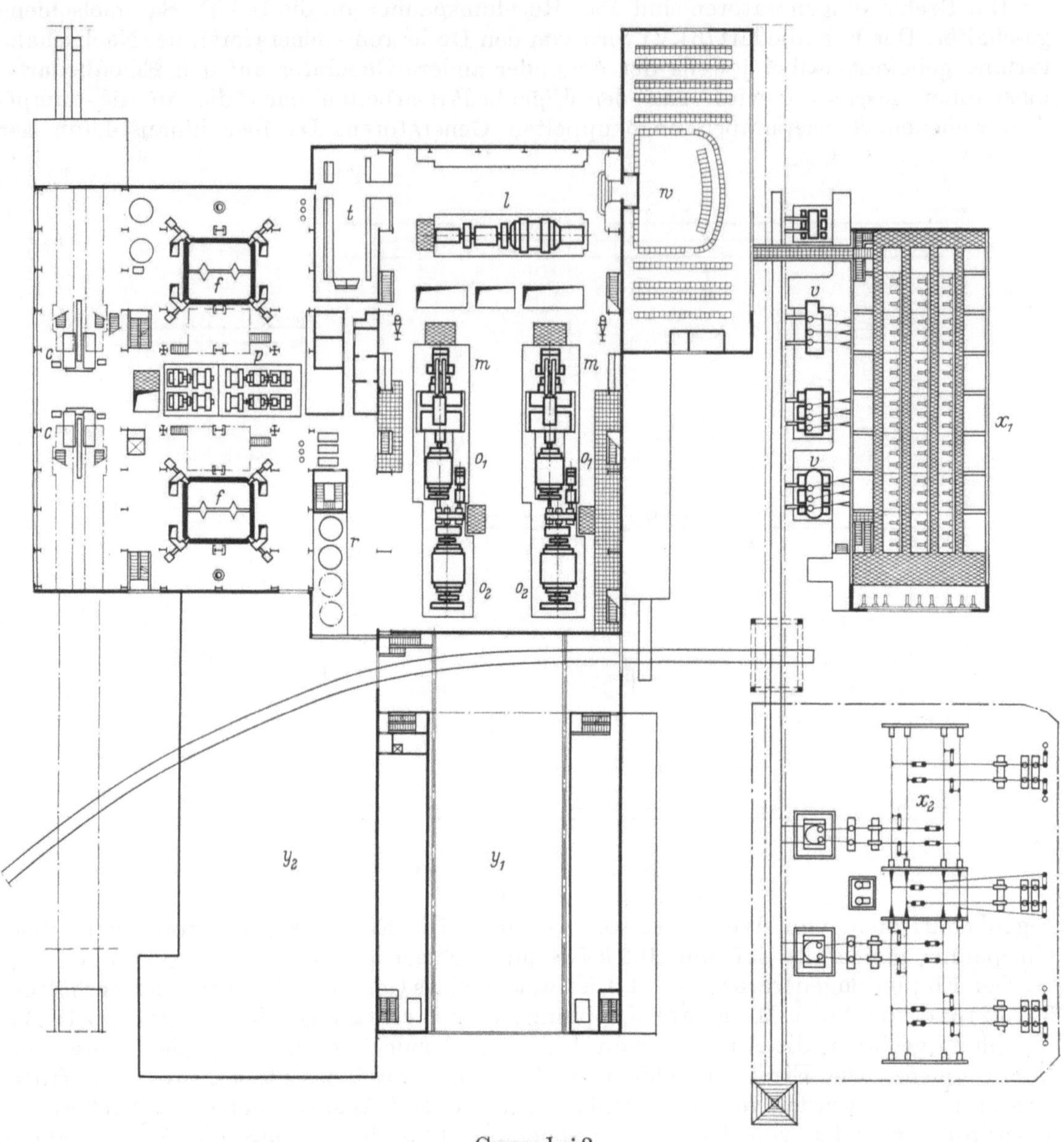

Grundriß

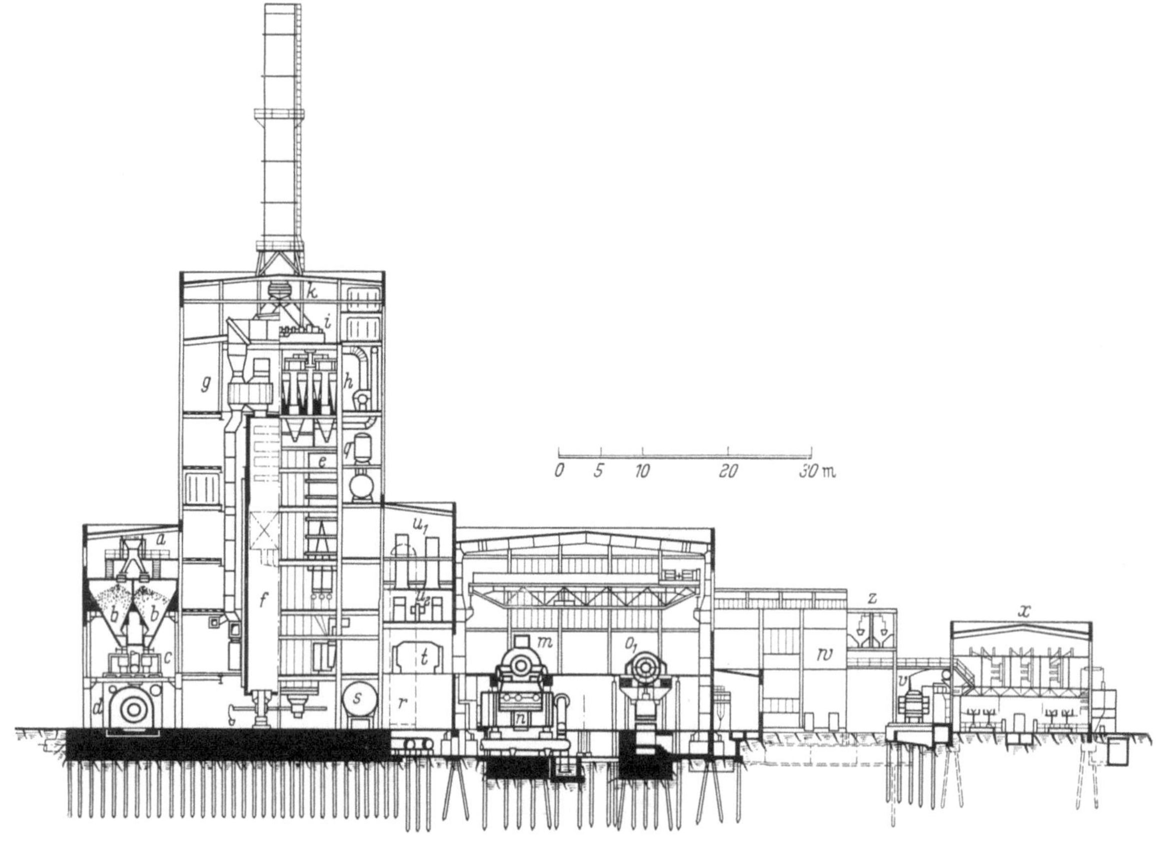

Querschnitt

Legende zum Grundriß und Querschnitt

- *a* Bekohlung
- *b* Rohkohlenbunker
- *c* Kohlenzuteiler
- *d* Rohrmühle
- *e* Kohlenstaub-Zwischenbunker
- *f* Kessel
- *g* Ljungström-Luftvorwärmer
- *h* Rauchgas-Zyklonentstauber
- *i* Frischluftgebläse
- *k* Saugzuggebläse
- *l* Vorschaltturbosatz 43 MW
- *m* Nachschaltturbosatz 40 MW
- *n* Kondensator
- o_1 Drehstromgenerator
- o_2 Einphasenstromgenerator
- *p* Kesselspeisepumpen
- *q* Speisewasserbehälter mit Entgaser
- *r* Verdrängungsspeicher
- *s* Kaltkondensatspeicher
- *t* Wärmewarte
- u_1 6 kV-Eigenbedarfsschaltanlage
- u_2 380 V-Eigenbedarfsschaltanlage
- *v* Umspanner
- *w* Elektrowarte
- x_1 100 kV-Drehstrom-Innenraum-Schaltanlage
- x_2 100 kV-Einphasenstrom-Schaltanlage
- y_1 Werkstatt
- y_2 Lagergebäude
- *z* Seilbahn für Schlackenförderung

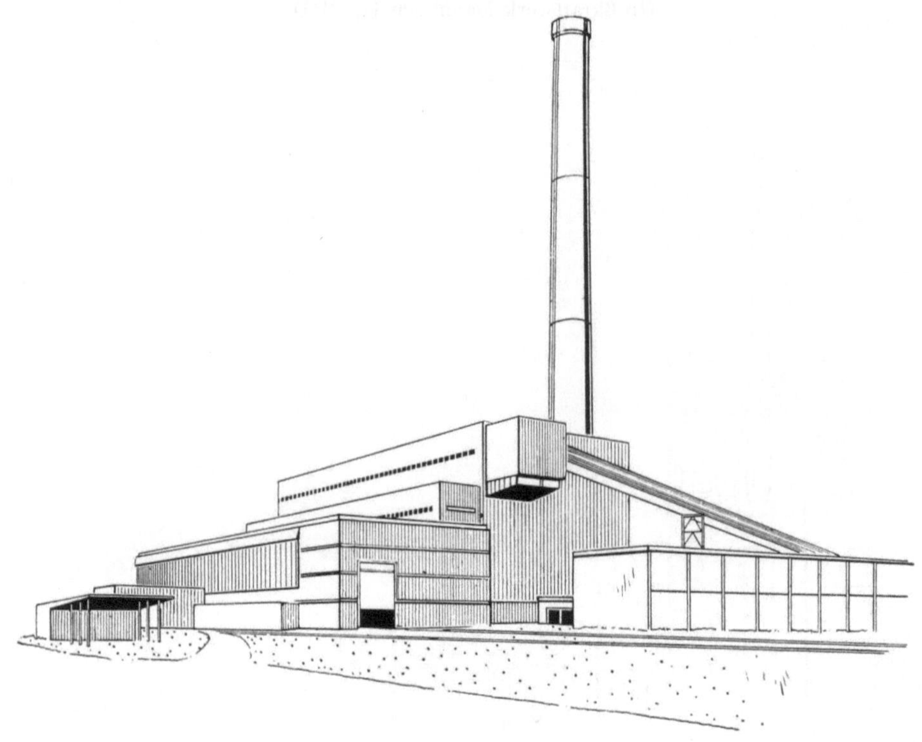

Schaubild

111

Kraftwerk Gallatin, USA

(Tennessee Valley Authority Knoxville, Tenn.)

Baujahr 1952/56

Kessel	Block I und II	**Turbinen**	Block I und II
Anzahl	2	Anzahl	2
Leistung t/h	750	Leistung MW	250
Art	Zwangumlauf	Leistung MVA	278
		Art	K
Genehmigungsdruck atü	160	Drehzahl U/min	3600
Dampfzustand bei Austritt atü	143	Dampfdurchsatz t/h	—
Dampfzustand bei Austritt °C	567	Dampfzustand bei Eintritt atü	140
Dampfzustand hinter ZWÜ atü	29,0	Dampfzustand bei Eintritt °C	565
Dampfzustand hinter ZWÜ °C	567	bei Wiedereintritt atü	27,5
Brennstoff:		bei Wiedereintritt °C	565
Art	Steinkohle	Kühlwassertemperatur °C	23
oberer Heizwert kcal/kg	6200	Dampfzustand bei Austritt ata	0,069
		Dampfzustand bei Austritt °C	—
Feuerung	Ecken	Gehäusezahl	3
Schlackenabzug	trocken	Abdampfstutzen (flutig)	3
Luftvorwärmung °C	278	Vorwärmstufen	8
Abgastemperatur °C	150	Entgasungstemperatur °C	167
Wirkungsgrad %	88,5	Speisewassertemperatur °C	260

Rauchgasentstaubung: mechanisch
Wasseraufbereitung: chemisch und Verdampfung
Bauweise: Stahlbau
Vorgesehene Gesamtleistung: 2500 MW

Kennzahlen

Spez. Wärmeverbr. netto kcal/kWh	2320
„ Flächenbedarf m²/kW	0,017
„ Raumbedarf m³/kW	0,59

Die Dampfkraftwerke der Tennessee Valley Authority arbeiten im Verbundbetrieb mit Wasserkraftwerken des gleichen Unternehmens, wobei bereits zwei Drittel der Erzeugung auf die Dampfkraftwerke entfallen. Das Kraftwerk Gallatin ist das letzte, am weitesten entwickelte Kraftwerk der TVA. Es war geplant für 10 Sätze von je 250 MW, also insgesamt für 2,5 Mio kW. Die nachfolgend beschriebenen Kraftwerke Shawnee und Colbert des gleichen Unternehmens (Nr. 144 und 145, S. 380 und S. 384) repräsentieren Kraftwerke mit 150 MW- bzw. 200 MW-Einwellenblocks aus fast gleicher Planungs- und Bauzeit.

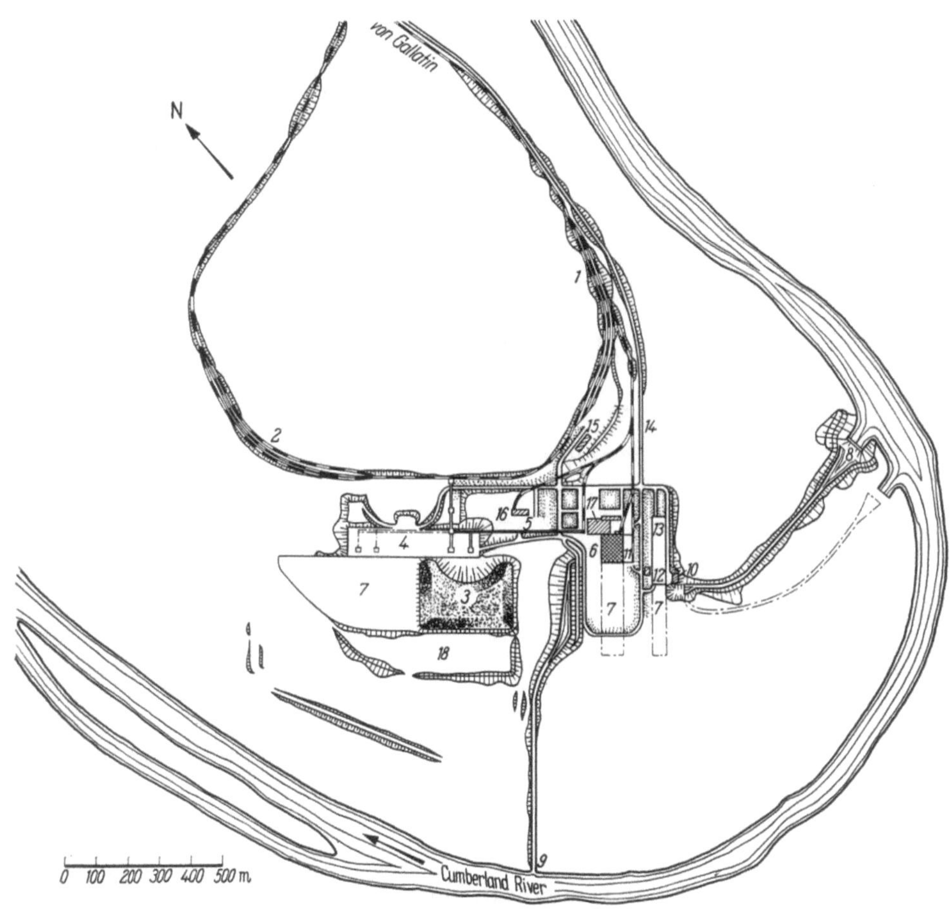

Lageplan

1	Abstellgleise für beladene Wagen	10	Wasseraufbereitungsanlage
2	Abstellgleise für entladene Wagen	11	Aufspannanlage
3	Kohlenlagerplatz	12	Elektrowarte
4	Bekohlungsanlage	13	Freiluftschaltanlage
5	Schrägbandbrücke	14	Zufahrtstraße
6	Kraftwerk	15	Lagerhaus
7	Erweiterungsraum	16	Werkstatt
8	Kühlwasserzulaufkanal	17	Betriebsgebäude
9	Kühlwasserablaufkanal	18	Aschelagerplatz

Das Kraftwerk Gallatin liegt am nordöstlichen Ufer des Cumberland-Flusses (Old Hickory Lake), rund 8 km südlich von Gallatin im Staate Tennessee. Die Steinkohle wird von nahe gelegenen Gruben auf dem Schienenwege herangeschafft. Auf einem neu angelegten Kanal wird die Kohle später auch mittels Lastkähnen zum Kraftwerk befördert werden können. Zur Vorzerkleinerung der Kohle stehen 2 Hammermühlen zur Verfügung. Die Kohle wird mittels Bändern zu den Kesselbunkern befördert. Zur Bedienung des Kohlenlagerplatzes dienen Traktoren und Planierraupen. Die Asche wird zunächst auf dem Kraftwerksgelände abgelagert. Das Kühlwasser wird durch unterirdische zum Teil in Fels gehauene Kanäle zum und vom Kraftwerk gefördert. Infolge einer Krümmung des Cumberland-Flusses liegen Kühlwasserein- und -auslauf etwa 2,5 km auseinander.

Im ersten Ausbau in den Jahren 1952/56 wurden 2 Einwellenblocks mit einer Leistung von je 250 MW aufgestellt. Zur Zeit der Aufstellung waren dies die größten Einwellensätze. Der Dampfzustand am Turbineneintritt beträgt 141 atü, 565° C mit Zwischenüberhitzung auf die gleiche Temperatur. Der Kessel jedes Blockes leistet 750 t/h.

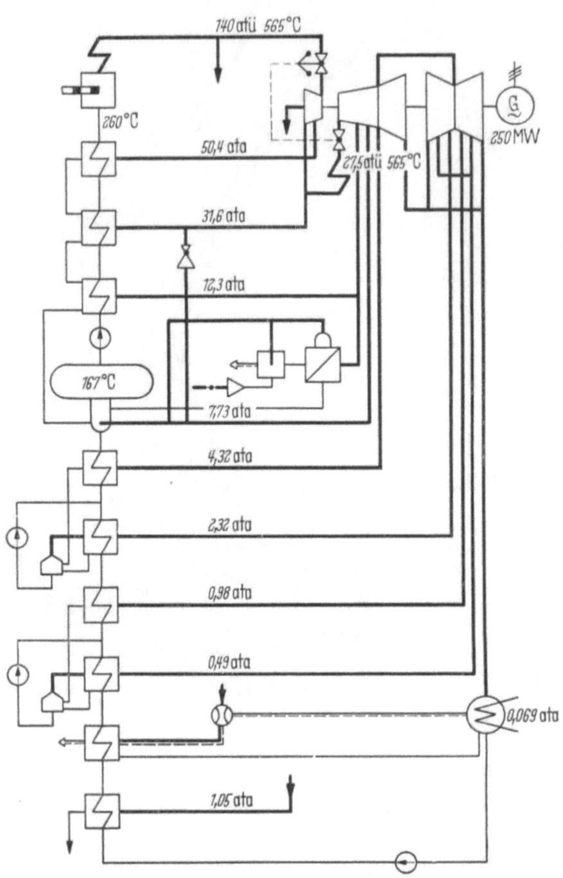

Wärmegrundschaltplan

Die Turbinen sind dreigehäusig mit 3 Abdampfstutzen und 8 Anzapfungen zur Speisewasservorwärmung. Drei Vorwärmer liegen hinter den Speisewasserpumpen. Das chemisch aufbereitete Wasser wird einer einstufigen Verdampferanlage zugeführt.

Die beiden Generatoren sind über je einen Umspanner auf die 161 kV-Sammelschienen geschaltet. Der Eigenbedarf jedes Blockes ist über je einen Umspanner unmittelbar hinter den Generatorklemmen abgezweigt. Der allgemeine Eigenbedarf wird den Hauptsammelschienen über 2 Dreiwicklungs-Umspanner mit zwei 4,16 kV-Wicklungen entnommen. Von hier kann auch der eigentliche Blockbedarf beim Anfahren und bei Störungsfällen gedeckt werden.

Die beiden Dampferzeuger haben je 2 Brennkammern. Es handelt sich um Zweizug-Trommelkessel mit Zwangumlauf durch Umwälzpumpen. In jedem der beiden Feuerräume sind die Speisewasservorwärmer und die ersten Überhitzerstufen untergebracht. Dagegen ist in der einen Brennkammer der Endüberhitzer, in der anderen der Zwischenüberhitzer eingebaut. Durch die schwenkbaren Eckenbrenner können die Dampftemperaturen im Überhitzer und Zwischenüberhitzer weitgehend ohne Verwendung von Einspritzwasser konstant gehalten werden.

Das Kraftwerksgebäude wirkt durch die Betonung großer Flächen ohne Vorsprünge ruhig und harmonisch. Zwischen Kessel- und Maschinenhaus liegen der Bunkerbau und ein Zwischenbau, der die Kondensatbehälter, Speisepumpen, Speisewasserbehälter mit Entgasern und Weichwasserbehälter, die Eigenbedarfsschaltanlage, die Wärmewarte sowie Räume für die Betriebsingenieure enthält. Die mechanischen Entstaubungsanlagen sind im Freien aufgestellt; der Einbau von Elektrofiltern ist in Aussicht genommen.

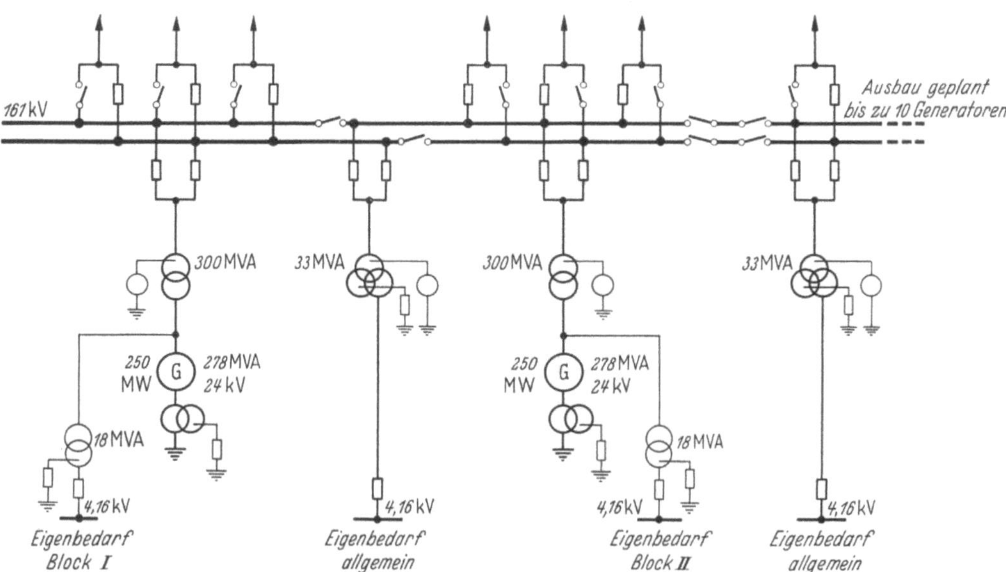

Elektrischer Übersichtsschaltplan

Der frei stehende Schornstein ist beiden Doppelkesseln gemeinsam. Im Maschinenhaus sind die Turbinen längsgestellt. Ihre Länge übersteigt die Breite der Zwillingskessel um ein geringes. Das Gebäude wurde in Stahlkonstruktion und Mauerwerk ausgeführt. Die Fundamente bestehen aus Stahlbeton, ebenso die Übergabebunker.

Im Jahre 1958 werden voraussichtlich zwei weitere Turbosätze von je 275 MW in Betrieb gehen, so daß das Kraftwerk dann über eine vorläufige Gesamtleistung von 1050 MW verfügt.

Das Kraftwerk ist an anderer Stelle ausführlich beschrieben. (Viertes Ausführungsbeispiel, III. Teil, S. 904.)

Schrifttum

Engineering Data TVA Steam Plants, Druckschrift der Tennessee Valley Authority, Knoxville, Tennessee, Nov. 1955.

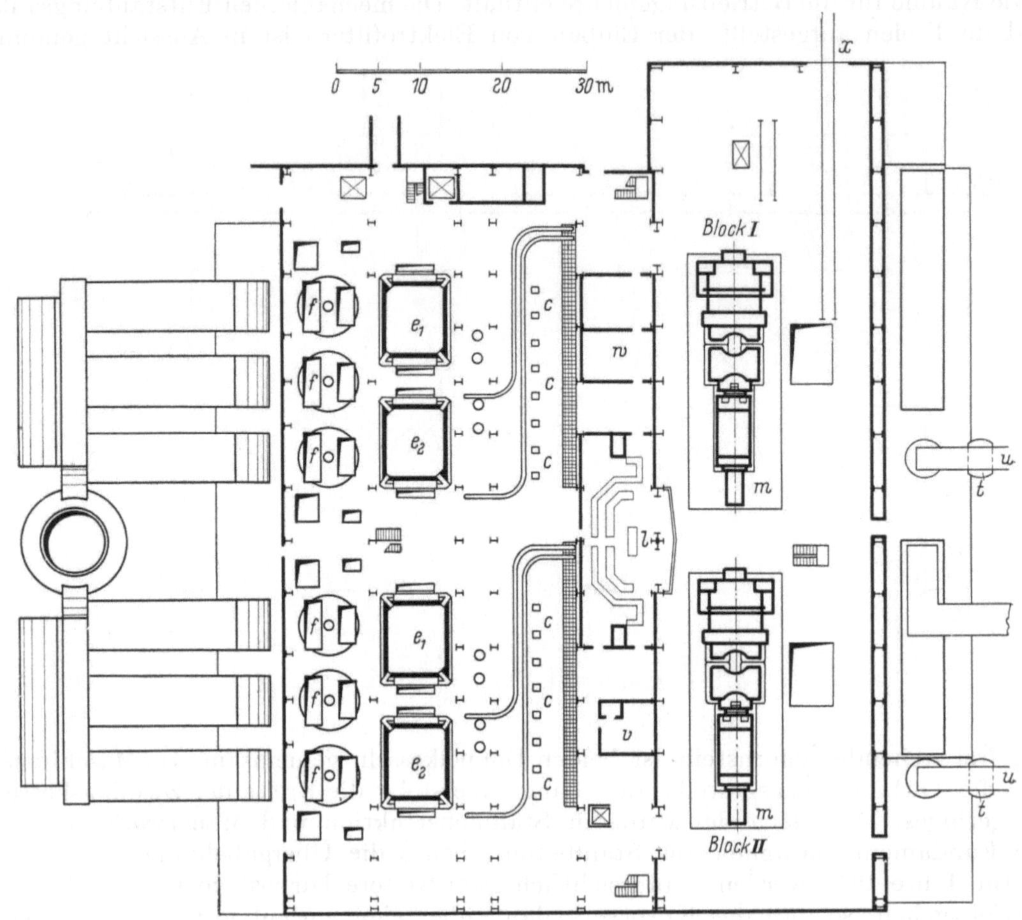

Grundriß

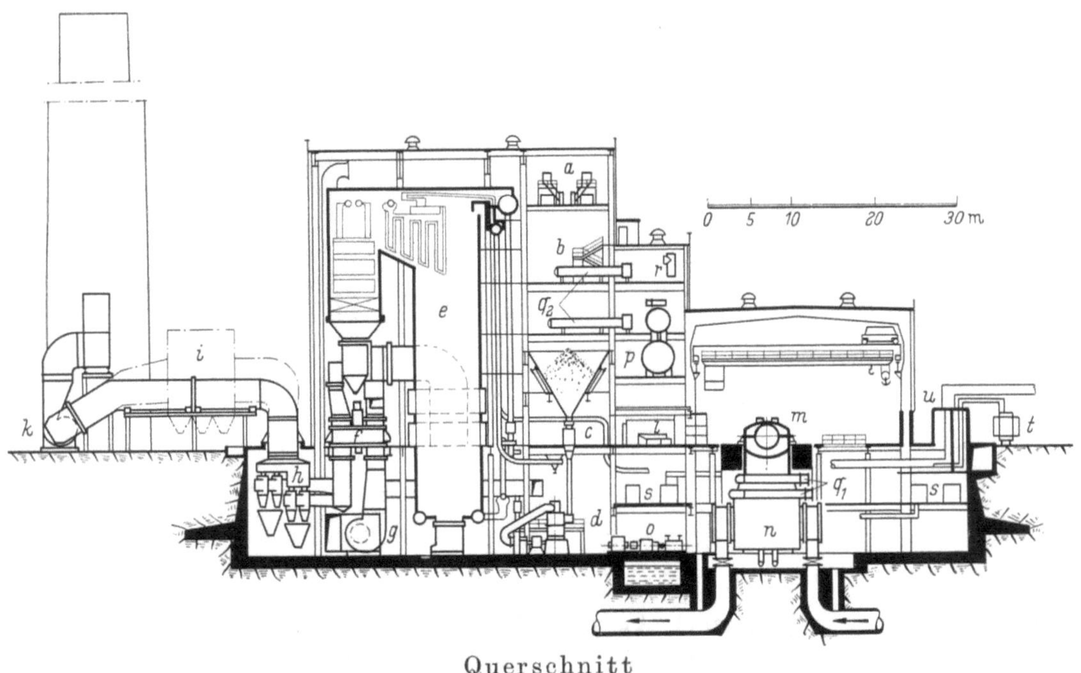

Querschnitt

Legende zum Grundriß und Querschnitt

- *a* Bekohlung
- *b* Bunker
- *c* Kohlenzuteiler und Waage
- *d* Kohlenmühle
- *e* Kessel mit Zwillingsfeuerraum
- e_1 Feuerraum für Überhitzer
- e_2 Feuerraum für Zwischenüberhitzer
- *f* Luftvorwärmer
- *g* Frischluftgebläse
- *h* Rauchgasfilter, mechanisch
- *i* Einbaumöglichkeit für Elektrofilter
- *k* Saugzuggebläse
- *l* Wärmewarte
- *m* Turbogenerator 250 MW
- *n* Kondensator
- *o* Kesselspeisepumpe
- *p* Speisewasserbehälter mit Entgaser
- q_1 Niederdruckvorwärmer
- q_2 Hochdruckvorwärmer
- *r* Weichwasservorwärmer
- *s* Eigenbedarfsschaltanlage
- *t* Eigenbedarfsumspanner
- *u* Stromschienenkanal zum Hauptumspanner
- *v* Büro des Schichtingenieurs
- *w* Nebenräume
- *x* Montagegleis

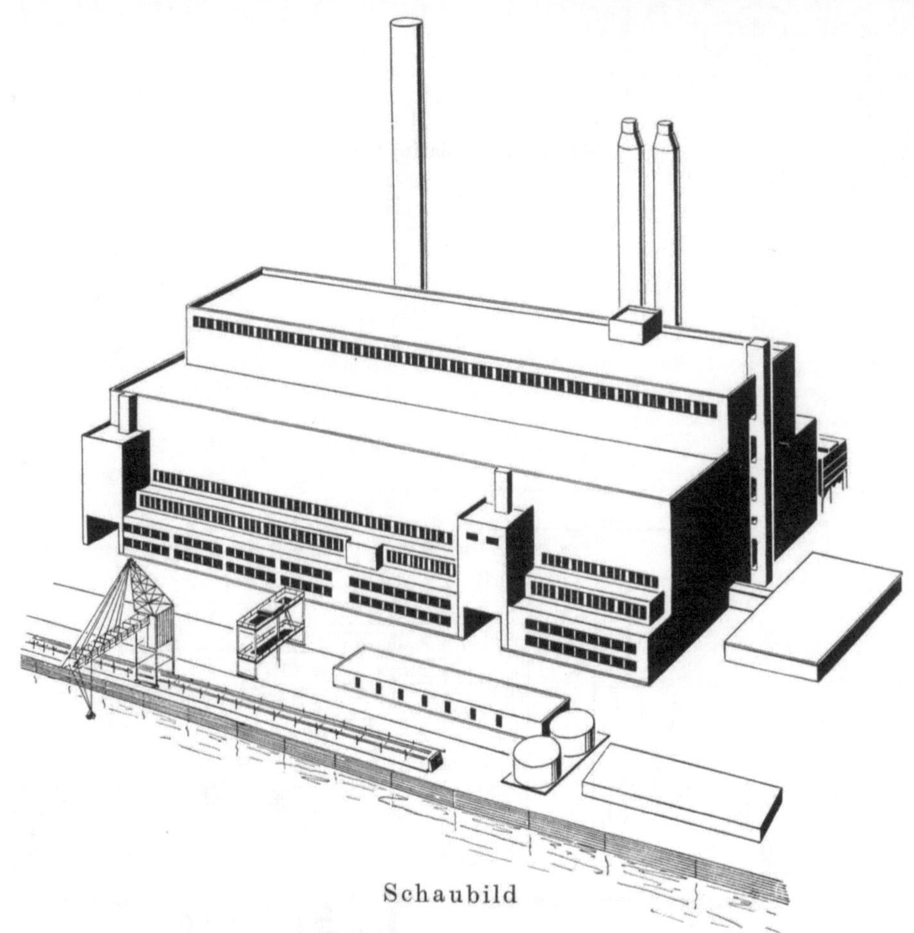

Schaubild

112

Kraftwerk Astoria (New Astoria), USA
(Consolidated Edison Company of New York, Inc.)
Baujahr 1951/58

Kessel	Block I und II	Block III
Anzahl	2	1
Leistung t/h	544(620[1])	1090
Art	Naturumlauf	
Genehmigungsdruck atü	144	176
Dampfzustand bei Austritt atü	130	151
Dampfzustand bei Austritt °C	537	565
Dampfzustand hinter ZWÜ atü	31,6	36,5
Dampfzustand hinter ZWÜ °C	537	537
Brennstoff:		
Art	Kohle, Öl, Naturgas	
oberer Heizwert kcal/kg	—	—
Feuerung	Brenner	Brenner
Schlackenabzug	trocken	—
Luftvorwärmung °C	—	—
Abgastemperatur °C	—	—
Wirkungsgrad %	—	—

Rauchgasentstaubung: mechanisch und elektrisch
Wasseraufbereitung: Enthärtung und Teilentsalzung
Bauweise: Stahlfachwerk
Vorgesehene Gesamtleistung: 1000 MW

[1] Bei Ölfeuerung

Turbinen	Block I und II	Block III
Anzahl	2	1
Leistung [2] MW	180	344
Leistung [2] MVA	226	428
Art	Zweiwellen-Kond.	
Drehzahl U/min	3600/3600	3600/1800
Dampfdurchsatz der Einheit t/h	—	1010
Dampfzustand bei Eintritt atü	127	140
Dampfzustand bei Eintritt °C	537	537
bei Wiedereintritt atü	31,6	36,5
bei Wiedereintritt °C	537	537
Kühlwassertemperatur °C	23	23
Dampfzustand bei Austritt ata	0,035	0,035
Dampfzustand bei Austritt °C	—	—
Gehäusezahl	4	—
Abdampfstutzen (flutig)	4	—
Vorwärmstufen	7	7
Entgasungstemperatur °C	156	—
Speisewassertemperatur °C	232	—

Kennzahlen

Spez. Wärmeverbr. netto kcal/kWh	2420
„ Flächenbedarf m²/kW	0,023
„ Raumbedarf m³/kW	0,71

[2]

Turbosatz	I und II MW	I und II MVA	III MW	III MVA
Hochdruckteil	90	113	169	210
Niederdruckteil	90	113	175	218

Das Kraftwerk Astoria der Consolidated Edison Company of New York, Inc., liegt am East River in New York City. Die ersten beiden Kraftwerksblocks mit je 180 MW laufen seit 1953; 1958 sollte der im zweiten Ausbau errichtete 344 MW-Block in Betrieb gehen.

Als Brennstoff sind Kohle bzw. Öl und Naturgas vorgesehen. Der Kohle- und Ölantransport kann sowohl auf dem Wasser- als auch auf dem Schienenweg erfolgen. Zur Kohleversorgung der ersten 3 Blocks ist auf dem neuen Kai ein beweglicher Kohleentladeturm vorhanden, von dem die Kohle über ein System von Förderbändern zum Brecherhaus und den Kesselhausbunkern gefördert wird. Außerdem ist ein Transportband von einem benachbarten Kohlenlagerplatz vorgesehen. Das Bunkeröl für die Kesselfeuerung wird in 4 Tanks mit je 7500 m^3 Fassungsvermögen gespeichert, die etwa 1,5 km vom Kraftwerk entfernt liegen. Die Naturgasleitungen werden direkt an die Brenner jeder Kesseleinheit herangeführt. Das Kühlwasser wird dem East River entnommen. Das Sieb- und Kühlwasserpumpenhaus liegt zwischen Maschinenhaus und Kaianlagen. Zwischen der Entstaubungsanlage und den Block-Freiluftschaltanlagen mit den Maschinenumspannern liegt die Pumpstation der Entaschungsanlage, von der die Asche zu den am Kai gelegenen Ascheabsetzbecken und Flugaschebunkern gefördert wird.

Die Turbinen der Blocks I und II sind 180 MW-Zweiwellenmaschinen mit je 3600 U/min. Sie haben einen Hochdruck- und Mitteldruckteil, die einen der 90 MW-Generatoren antreiben und einen vierflutigen Niederdruckteil mit einer Leistung von ebenfalls 90 MW. Die Turbinen arbeiten mit einem Eintrittsdruck von 127 atü, einer Frischdampftemperatur von 537° C und gleicher Temperatur des zwischenüberhitzten Dampfes. Das Speisewasser wird in 7 Stufen auf 232° C vorgewärmt. Hinter den 4 Niederdruckvorwärmern ist ein Speisewasserbehälter mit Entgaser geschaltet. Die Speisepumpen drücken das Wasser durch die 2 Hochdruckvorwärmer in den Kessel. Für die Speisewasseraufbereitung ist eine Enthärtungs- und Teilentsalzungsanlage vorgesehen.

Die Generatoren sind für eine Leistung von 113 MVA ausgelegt bei einem Leistungsfaktor von 0,8, einer Klemmenspannung von 13,8 kV bei 0,035 atü Wasserstoffdruck. Durch Erhöhung des Wasserstoffdruckes kann die Generatorleistung gesteigert werden. Die Haupt- und Hilfserregermaschinen sind mit den Hauptgeneratoren direkt gekuppelt. Ein Motorgenerator liefert die Erregerspannung beim Anfahren. Der Blockeigenbedarf wird von der Generatorschiene abgezweigt, welche die Klemmen der beiden Hauptgeneratoren verbindet. Für den Anfahrvorgang ist eine Fremdeinspeisung vorhanden. Von den je zwei 100 MVA-Maschinenumspannern führen 138 kV-Ölkabel zu der etwa 750 m entfernt liegenden North-Queens-Schaltanlage.

Die Kessel der Blocks I und II sind Naturumlaufkessel mit einer Leistung von etwa 544 t/h (maximal 620 t/h bei Ölfeuerung). Sie sind mit 22 Brennern für Öl-, Gas- bzw. Kohlenstaubfeuerung ausgerüstet und werden unter Überdruck betrieben. Es sind keine Saugzuggebläse vorhanden. Ein automatischer Schutz der Blockeinheiten faßt alle Einzelschutzeinrichtungen der Kessel, Turbinen und Generatoren elektrisch zusammen, um Schäden insbesondere beim Anfahren oder Abfahren zu vermeiden. Die Einheiten sind für ein Schnellanfahren in 15 bis 20 Minuten eingerichtet.

Der neue Kraftwerksblock III erhält als Turbine eine Zweiwellenmaschine mit Zwischenüberhitzung, die bei einem Eintrittsdruck von 140 atü, einer Frischdampftemperatur von 565° C, einer Temperatur des zwischenüberhitzten Dampfes von 537° C, einem Kondensatordruck von 0,07 ata und bei Entnahme von Heizdampf in 3 Druckstufen für das benachbarte Astoria-Gaswerk eine Leistung von etwa 300 MW hat. Ohne Heizdampfentnahme für das Gaswerk würde die Maschine bei einem maximalen Dampfdurchsatz von 1010 t/h und einem Vakuum von 0,035 ata eine Leistung von 344 MW abgeben. Der Hochdruckteil hat 9 Stufen. Er treibt mit dem zweiflutigen Mitteldruckteil einen der Hauptgeneratoren (169 MW) mit 3600 U/min, der zweiflutige Niederdruckteil mit 10 Stufen den anderen Hauptgenerator (175 MW) mit 1800 U/min an.

Hochdruck- und Mitteldruckturbine haben Doppelgehäuse. Zwei durch eine Druckausgleichsleitung verbundene Kondensatoren sind unter den Enden der Niederdruckturbine angeordnet. Die Speisewasservorwärmung erfolgt in 7 Stufen. Zwischen 2 Hochdruck- und 4 Niederdruckvorwärmern liegt eine Entgaservorwärmstufe bei etwa 10 ata. Als besonderes Merkmal des Blockes ist die Anordnung der Kesselspeisepumpen zu erwähnen. Die fünfstufige Vollastspeisepumpe mit einer Förderleistung von 1435 m³/h und einer Förderhöhe von 1950 m, bei einer Speisewassertemperatur von 184° C und einer Drehzahl von 3510 U/min ist über ein Flüssigkeitsgetriebe von etwa 12000 PS (9000 kW) direkt mit dem Hochdruck-Turbosatz gekuppelt. Für das Anfahren und als

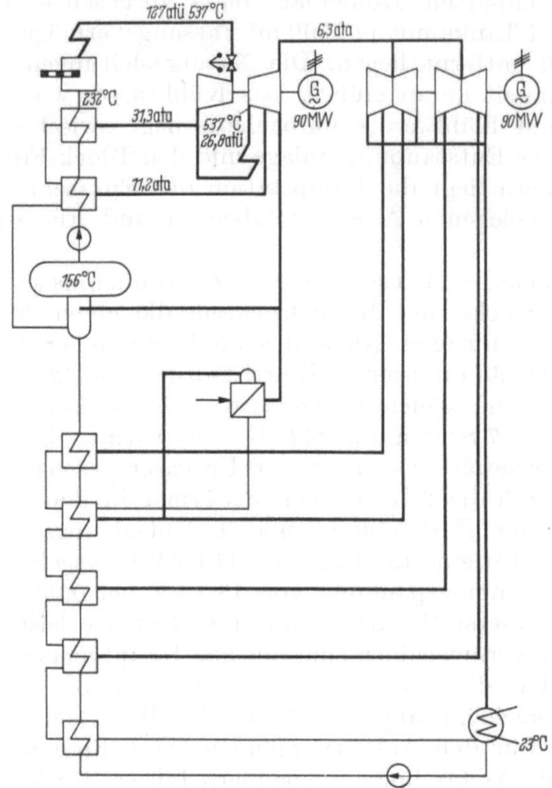

Wärmegrundschaltplan Block I und II

Reserve stehen zwei neunstufige Halblastspeisepumpen mit Förderleistungen von 720 m³/h und einer Förderhöhe von 200 atü zur Verfügung. Jede Pumpe wird von einem 4500 kW-Elektromotor angetrieben.

Die elektrische Gesamtleistung der beiden Hauptgeneratoren beträgt 428 MVA bei einem Leistungsfaktor 0,8 und 2,1 atü Wasserstoffdruck. Die Generatorläufer werden mit Wasserstoff-Innenkühlung versehen. Die Erregerspannung wird von einem Motorgeneratorsatz geliefert.

Der Kessel des neuen Blockes III ist ein Naturumlaufkessel mit einer Leistung von 1090 t/h. Er hat zwei getrennte Feuerräume, aber eine gemeinsame, durchgehende Trommel. Die Zwillingsbauweise bedingt, daß die Überhitzerheizfläche in dem Feuerraum des einen Kessels und die Zwischenüberhitzer-Heizfläche am Ende des Feuerraumes des anderen Kessels liegt. Dadurch ergeben sich günstige Möglichkeiten für Last- und Temperaturregelung. Die 32 Brenner des Zwillingskessels werden von 8 Kohlenmühlen versorgt. Der Kessel wird mit Überdruck gefahren, der von 4 Frischluftgebläsen erzeugt wird, von denen jedes bei einem statischen Druck von etwa 1000 mm eine Förderleistung von 7000 m^3/h hat. Die Gebläsemotoren (1180 U/min) haben eine Leistung von je 1500 kW. Wie bei den Kesseln des Blockes I und II wurde auch hier auf Saugzuggebläse verzichtet.

Für die Ausführung des Kraftwerkes war seine Lage im Stadtgebiet New Yorks bestimmend. Wegen der unmittelbaren Nachbarschaft eines Wohnbezirkes und eines Flugplatzes mußten besondere Maßnahmen durchgeführt werden (z. B. zur Lärmminderung und zur Verringerung der Rauchgas- und Staubbelästigung). Von einer Freiluft- bzw. Halbfreiluftausführung der Kessel wurde abgesehen. Durch Fortfall der Saugzuggebläse wurden die höheren Kosten für die gasdichten Kesselwände bei Innenraumaufstellung ausgeglichen. Von den Lieferfirmen für Transformatoren und Maschinen wurden geräuscharme Konstruktionen gefordert. Eine umfangreiche Entstaubungsanlage wurde aufgestellt. Durch Düsen im Schornsteinkopf wird eine hohe Austrittsgeschwindigkeit (bis zu 36,5 m/s) der Rauchgase aus den Blechschloten, die wegen des Flugplatzes nur 90 m hoch sein durften, erreicht. Die austretenden Rauchgase wurden durch Fernsehgeräte überwacht.

Die Anordnung der Turbosätze, erfolgte in der Längsachse des Maschinenhauses, die beiden ersten Einheiten spiegelbildlich mit dazwischenliegender Gemeinschaftswarte für die Blocks I und II. Zwischen Maschinen- und Kesselhaus sind unter den Kohlebunkern auf der Höhe des Bedienungsflures die Kesselspeisepumpen aufgestellt. Vorwärmer und Verdampfer liegen auf der Seite der Niederdruckturbinen. Dort liegt gegenüber der Warte auch die Montageöffnung, zu der ein Zugang unter dem Fertigwasserbehälter besteht, welcher an der flußseitigen Außenwand des Maschinenhauses zwischen den Anbauten für Wasseraufbereitung und Werkstatt angeordnet ist.

Das Gebäude wurde als Stahlfachwerkbau ausgeführt. Grundriß und Querschnitt stellen weitgehend die Gesamtanlage dar, so daß ein besonderer Lageplan entfallen konnte.

Im Jahre 1961 wird noch ein vierter Block in Betrieb gehen. Er hat den gleichen Dampfzustand wie der besprochene Block III. Der Kessel leistet 1130 t/h, die Turbine — gleichfalls in Zweiwellenanordnung und mit 7 Anzapfungen — 340 MW. Die Leistungen stimmen also in den wesentlichsten Punkten mit denen von Block III überein. Die geringen Abweichungen sind dadurch begründet, daß andere Firmen mit der Lieferung des Kessels und der Turbine beauftragt wurden. Der Block IV konnte im Grundriß noch nicht eingezeichnet werden.

Schrifttum

Astoria Electric Generating Plant – Statistic and Construction Data Units 1 + 2, Consolidated Edison Company of New York, Inc.

Features of Consolidated Edison's Astoria Station. The Babcock & Wilcox Co. – Bulletin 3 — 560.

KNECHT, H., u. J. G. NOEST: Con Edison's Astoria Station Features. Electr. Wld. 27. 7. 1953, S. 92/95 u. 173.

Power Bd. 100, Jan. 1956, S. 84/85.

Power, Dez. 1957, S. 79/95 (Power Survey 1957).

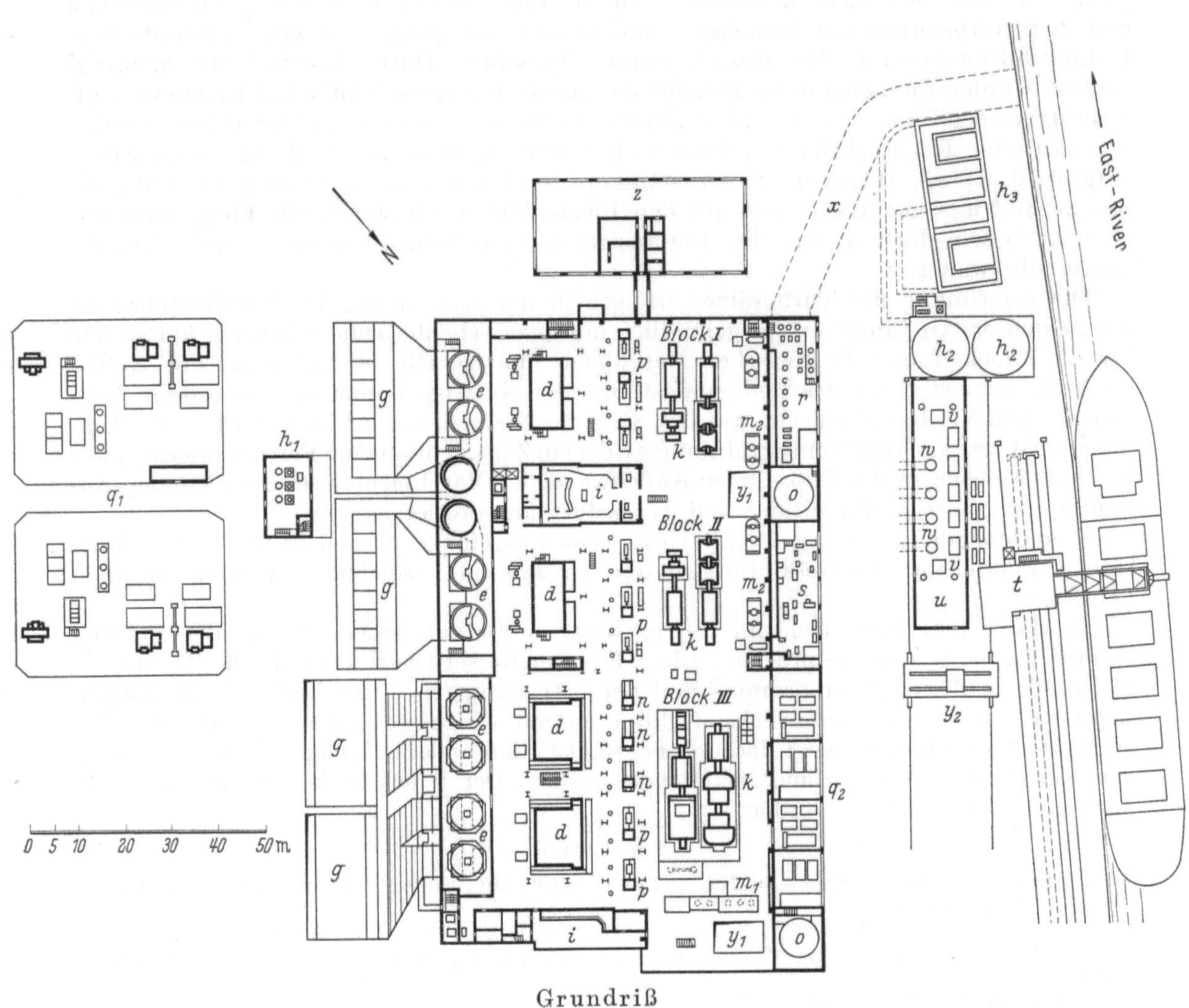
z
N
x
h_3
East-River
h_1
g
e
d
p
Block I
k
m_2
r
h_2
h_2
v
w
i
y_1
o
Block II
s
t
u
q_1
y_2
Block III
n
q_2
m_1
0 5 10 20 30 40 50 m

Grundriß

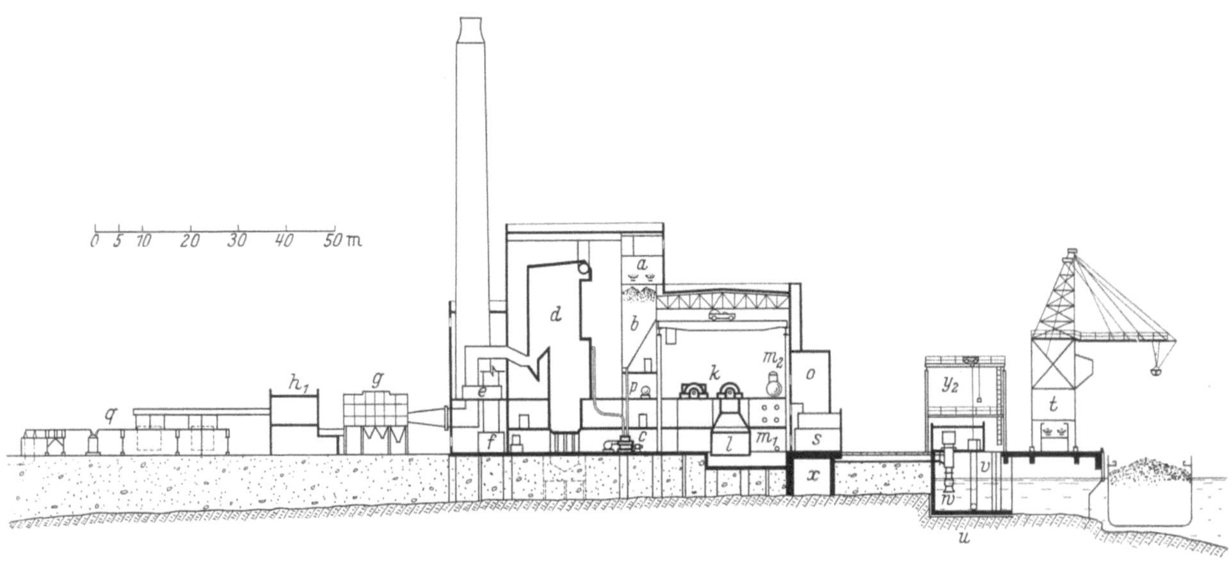

Querschnitt

Legende zum Grundriß und Querschnitt

a Bekohlung
b Kohlenbunker
c Kohlenmühle
d Kessel
e Ljungström-Luftvorwärmer
f Frischluftgebläse
g Rauchgasfilter, Kombination mechanisch-elektrisch
h_1 Pumpstation der Entaschungsanlage
h_2 Flugaschebunker
h_3 Ascheabsetzbecken
i Wärmewarte
k Zweiwellen-Turbosatz
l Kondensator
m_1 Vorwärmeranlage
m_2 Verdampfer
n Erregersätze
o Speisewasserbehälter
p Kesselspeisepumpen
q_1 Aufspann- und Freiluftschaltanlage
q_2 Eigenbedarfsschaltanlage
r Wasseraufbereitungsanlage
s Werkstatt
t Kohleentladeturm
u Einlaufbauwerk
v Siebbandanlage
w Kühlwasserpumpen
x Kühlwasserauslaufkanal
y_1 Montageöffnung
y_2 Bockkran
z Verwaltungsgebäude

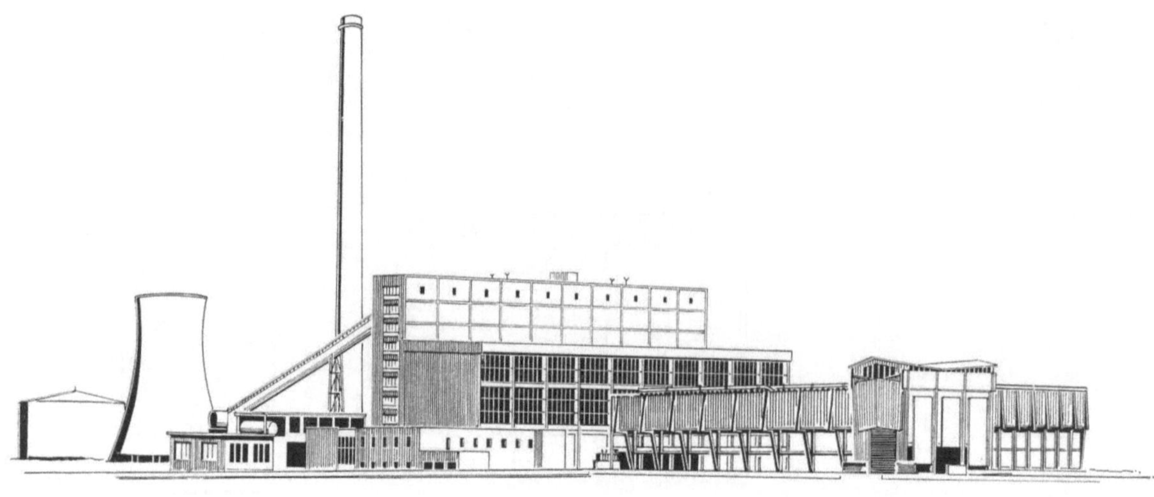

Schaubild

113

Kraftwerk Città di Roma, Italien
(Società Mineraria del Trasimeno, Mailand)
Baujahr 1956/58

Kessel	Block 1 und 2	Turbinen	Block 1 und 2
Anzahl	2	Anzahl	2
Leistung t/h	120	Leistung MW	36
Art	Durchlauf	Leistung MVA	50
		Art	K
Genehmigungsdruck atü	160	Drehzahl U/min	3000
Dampfzustand bei Austritt atü	145	Dampfdurchsatz t/h	120
Dampfzustand bei Austritt °C	530	Dampfzustand bei Eintritt atü	140
Dampfzustand hinter ZWÜ atü	28,8	Dampfzustand bei Eintritt °C	525
Dampfzustand hinter ZWÜ °C	525	bei Wiedereintritt atü	27,7
Brennstoff:		bei Wiedereintritt °C	520
Art	Lignit, Öl	Kühlwassertemperatur °C	—
unterer Heizwert kcal/kg	1300, 10000	Dampfzustand bei Austritt ata	0,06 [1]
		Dampfzustand bei Austritt °C	—
Feuerung	Ecken	Gehäusezahl	2
Schlackenabzug	trocken	Abdampfstutzen (flutig)	1
Luftvorwärmung °C	350	Vorwärmstufen	5
Abgastemperatur °C	150	Entgasungstemperatur °C	140
Wirkungsgrad %	85	Speisewassertemperatur °C	228

Rauchgasentstaubung: elektrisch
Wasseraufbereitung: chemisch und Verdampfung
Bauweise: Beton
Vorgesehene Gesamtleistung: 140 MW

Kennzahlen

Spez. Wärmeverbr. netto kcal/kWh	2970
„ Flächenbedarf m²/kW	0,085
„ Raumbedarf m³/kW	2,32

[1] Luftkondensation

Das Kraftwerk soll ein kleineres Lignitvorkommen in der Nähe von Perugia der Grundlastversorgung von Rom nutzbar machen. Die Erzeugungsbedingungen sind aus mehrfachen Gründen nicht gerade günstig: Der verwendete Brennstoff enthält bis zu 60% Wasser und 10 bis 30% Asche, sein Heizwert liegt bei 1300 kcal/kg. Die Wasserarmut in der Umgebung der im Tagebau betriebenen Grube führte zur Aufstellung luftgekühlter Kondensatoren. Aufgestellt wurden 2 Blocks von je 36 MW. Zur Erzielung einer guten Wärmewirtschaftlichkeit legte man die Turbosätze mit einem Dampfzustand von 140 atü, 525° C an der Turbine mit Zwischenüberhitzung auf 520° C aus. Der Dampfzustand

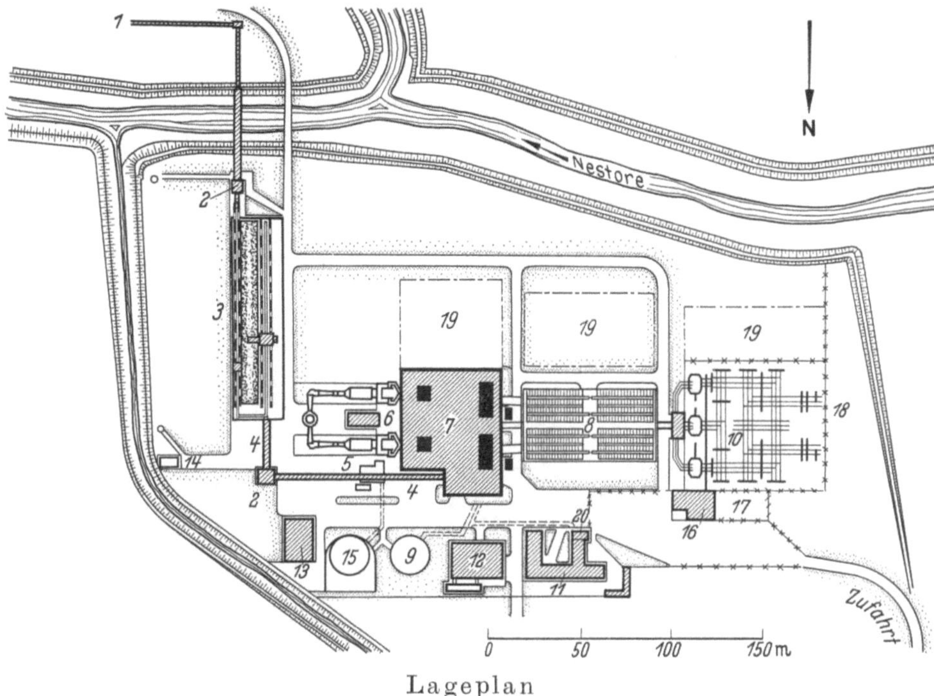

Lageplan

1 Kohlenanlieferung von der Grube
2 Brecheranlage
3 Kohlenübergabebunker
4 Schrägbandbrücke
5 Heizöl-Übernahmestation
6 Kompressorenstation
7 Kraftwerk
8 Luftkondensationsanlage
9 Kühlturm
10 Freiluftschaltanlage
11 Verwaltungsgebäude
12 Wasseraufbereitungsanlage
13 Werkstatt
14 Kiesbecken
15 Öltank
16 Reparaturstation für Hochspannungsanlage
17 Anfahrumspanner
18 Freileitungen
19 Erweiterungsraum
20 Pförtner

liegt also bei den verhältnismäßig kleinen Sätzen beachtlich hoch. Der Dampf wird in 2 Bensonkesseln mit einer Leistung von je 120 t/h erzeugt. Die Anlage ist 1958 in Betrieb gegangen. Sie ähnelt in mancher Hinsicht (Größe der Sätze, Brennstoffart) dem Kraftwerk Wölfersheim (Nr. 118, S. 344).

Die Kohle wird mittels Bändern von der Grube zum Kraftwerk gefördert. Sie durchläuft, bevor sie in die Kraftwerksbunker gelangt, einen Vor- und Nachbrecher. Die Luftkondensationsanlage ist in der sogenannten Dachbauweise erstellt. Die Kühlelemente sind auf einen länglichen Unterbau dachartig aufgesetzt. Der Turbinenabdampf wird den einzelnen Elementen über den First zugeführt. Die Kühlluft wird von Lüftern mit senkrechter Welle (am Getriebe hängend) erzeugt, sie sind in dem oberen Teil des Unterbaues angeordnet. Die Lüfter haben einen Durchmesser von 5,5 m. Der Abdampf jeder Turbine wird mittels 16 Lüftern niedergeschlagen. In dem freien Raum zwischen den beiden

Lüftergruppen sind die Verbindungskabel zur 150 kV-Freiluftanlage verlegt. Für sonstige Kühlzwecke dient ein üblicher Kaminkühler.

Die Turbinen sind zweigehäusig mit einem Abdampfstutzen und 5 Anzapfungen. Die beiden letzten Vorwärmer liegen hinter den Speisewasserpumpen. Der einstufige Verdampfer wird im Normalfall von dem Anzapfdampf der dritten Stufe gespeist.

Zum Betrieb der Luftkondensatoren — die im Kraftwerk Città di Roma aufgestellten

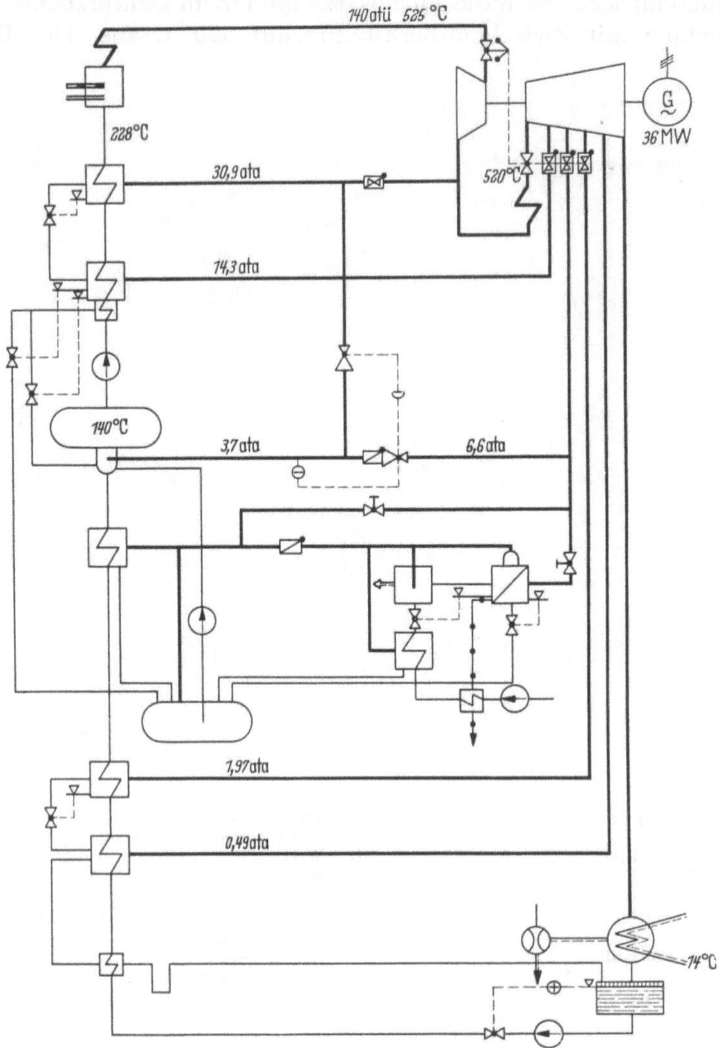

Wärmegrundschaltplan

dürften die größten bisher gebauten sein — ist noch zu bemerken, daß zu einer bestimmten Belastung ein bestimmtes, von der Lufttemperatur abhängiges wirtschaftlichstes Vakuum gehört. Bei sehr niedrigen Außenlufttemperaturen läßt sich durch Abschalten von Lüftern ein Einsparen an Eigenbedarf erreichen, ohne daß das ausnutzbare Vakuum sich verschlechtert.

Der erwartete Wärmeverbrauch von 2850 kcal/kg kWh bei Bestlast (29 MW) und von 2970 kcal/kWh bei Nennlast (36 MW) muß unter den gegebenen Verhältnissen als günstig bezeichnet werden.

Die Energie wird über 50 MVA-Umspanner, 10/150 kV, und eine etwa 200 km lange Doppelfreileitung nach Rom geleitet. Die Versorgung des Eigenbedarfs entspricht der üblichen Anordnung: einmal eine unmittelbare Verbindung mit den Generatorklemmen über je 8 MVA-Regelumspanner, ferner ein Anschluß an das örtliche Netz über einen Regelumspanner der gleichen Leistung.

Das Bunkerhaus liegt zwischen den Kesseln und dem Maschinenhaus. Die Kessel sind in Freiluftausführung aufgestellt. Zwischen diesen und dem frei stehenden Schornstein liegen die Elektrofilter. Anschließend werden die Rauchgase über das Saugzuggebläse in den gemeinsamen Schornstein geführt. In der Turbinenhalle sind die Sätze längsgestellt. Sie liegen mehr zur äußeren Längswand des Maschinenhauses hin. Dadurch wird die zu den Luftkondensatoren führende Abdampfleitung kürzer. Auf der den Kesseln zugewandten Seite der Turbinen befinden sich die Speisepumpen, Vorwärmer und Speisewasserbehälter mit Entgasern. Die Warte liegt unter den Kohlebunkern.

Das Kraftwerk ist als Fünftes Ausführungsbeispiel im III. Teil auf S. 950 eingehender beschrieben.

Schrifttum

Elektrizitätswirtsch. Bd. 55 (1956) S. 834.
ROMA, F.: Il calore, Bd. 29 (1958) S. 99/131.

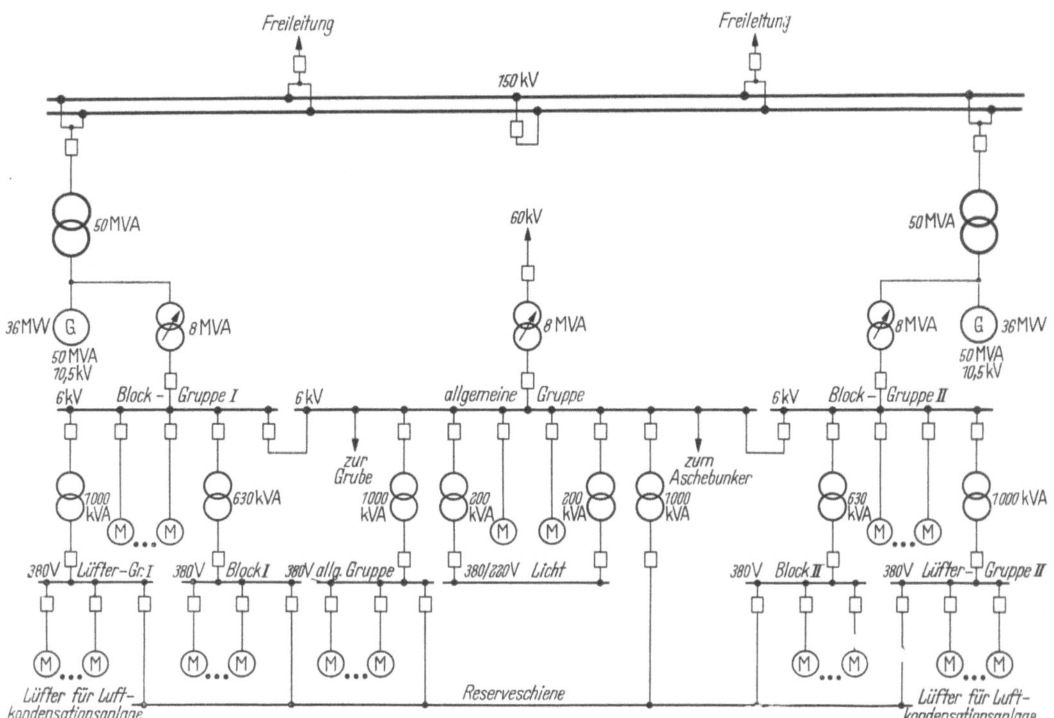

Elektrischer Übersichtsschaltplan

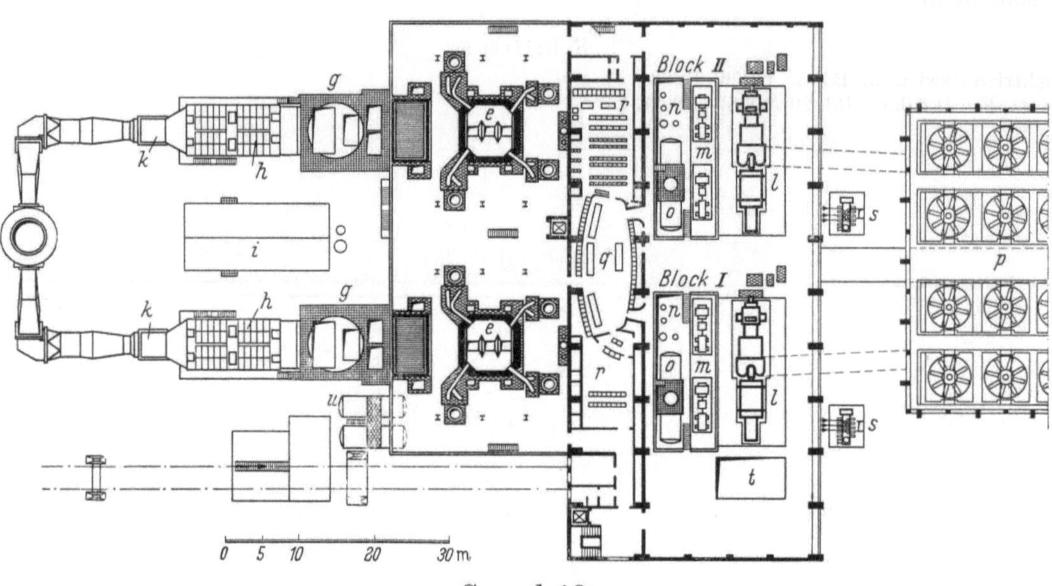

Grundriß

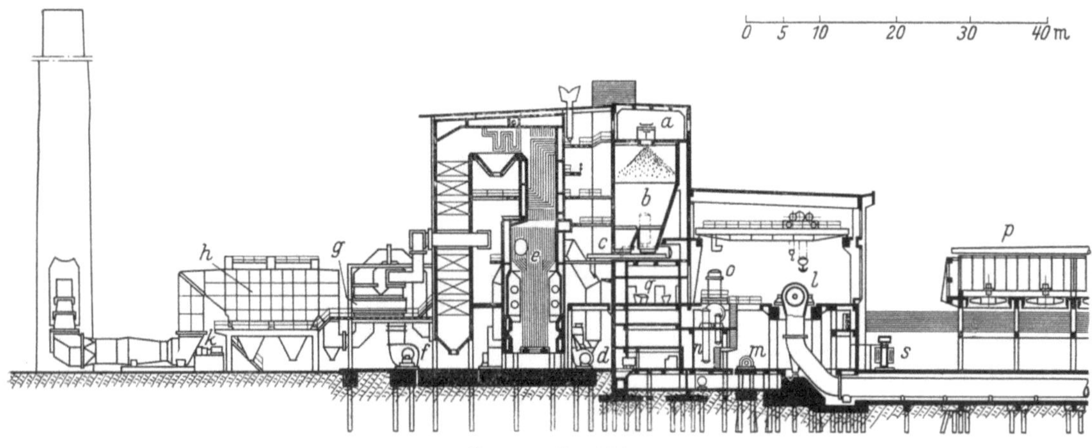

Querschnitt

Legende zum Grundriß und Querschnitt

a	Bekohlung	*l*	Turbogenerator
b	Bunker	*m*	Kesselspeisepumpe
c	Kohlenzuteiler	*n*	Vorwärmer
d	Kohlenmühle	*o*	Speisewasserbehälter mit Entgaser
e	Kessel	*p*	Luftkondensationsanlage
f	Frischluftgebläse	*q*	Warte
g	Luftvorwärmer	*r*	Eigenbedarfsschaltanlage
h	Elektrofilter	*s*	Hauptumspanner
i	Hochspannungsanlage für Elektrofilter	*t*	Montageöffnung
k	Saugzuggebläse	*u*	Kaltkondensatbehälter

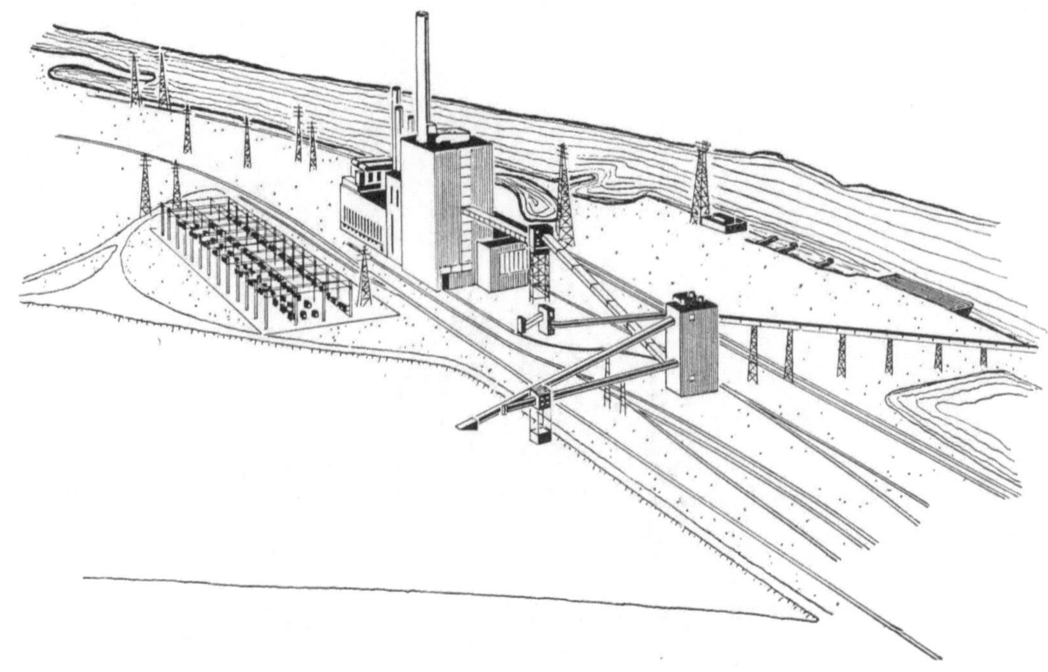

Schaubild

114

Kraftwerk Joliet, USA

(Commonwealth Edison Company, Chicago, Ill.)

Baujahr 1956/59

Kessel	Block VI
Anzahl	1
Leistung t/h	1000
Art	Naturumlauf
Genehmigungsdruck atü	167
Dampfzustand bei Austritt atü	148
Dampfzustand bei Austritt °C	570
Dampfzustand hinter ZWÜ atü	—
Dampfzustand hinter ZWÜ °C	540
Brennstoff:	
Art	Steinkohle
oberer Heizwert kcal/kg	—
Feuerung	Zyklon
Schlackenabzug	flüssig
Luftvorwärmung °C	—
Abgastemperatur °C	—
Wirkungsgrad %	—

Rauchgasentstaubung: elektrisch vorgesehen
Wasseraufbereitung: Vollentsalzung
Bauweise: Stahlfachwerkbau
Vorgesehene Gesamtleistung: 524 MW

Turbinen	Block VI	
Anzahl	1	
Leistung MW	342	
Leistung MVA	424	
Art	HD	ND
Drehzahl U/min	3600	1800
Dampfdurchsatz t/h	940	—
Dampfzustand bei Eintritt atü	140	—
Dampfzustand bei Eintritt °C	565	538
bei Wiedereintritt atü	—	—
bei Wiedereintritt °C	—	—
Kühlwassertemperatur °C	—	—
Dampfzustand bei Austritt ata	—	0,035
Dampfzustand bei Austritt °C	—	—
Gehäusezahl	2	2
Abdampfstutzen (flutig)	2	2
Vorwärmstufen	4	3
Entgasungstemperatur °C	—	—
Speisewassertemperatur °C	252	—

Kennzahlen

Spez. Wärmeverbr. netto kcal/kWh	—
„ Flächenbedarf m²/kW	0,016
„ Raumbedarf m³/kW	0,68

Das Kraftwerk Joliet der Commonwealth Edison Company mit einer installierten Leistung von bisher rund 130 MW liegt im Norden des Staates Illinois. Der fünfte Turbosatz leistet 107 MW bei 94 atü, 557° C. Im Jahr 1956 wurde mit der Planung eines weiteren Kraftwerksblockes mit einer garantierten Normalleistung von 325 MW (Einheit 6) begonnen, der im Mai 1959 in Betrieb gehen soll.

Da das Kraftwerk am Des Plaines River liegt, kann die Kohle auf dem Wasserweg herangeführt werden. Zur Vergrößerung der Leistungsfähigkeit der Bekohlungsanlage

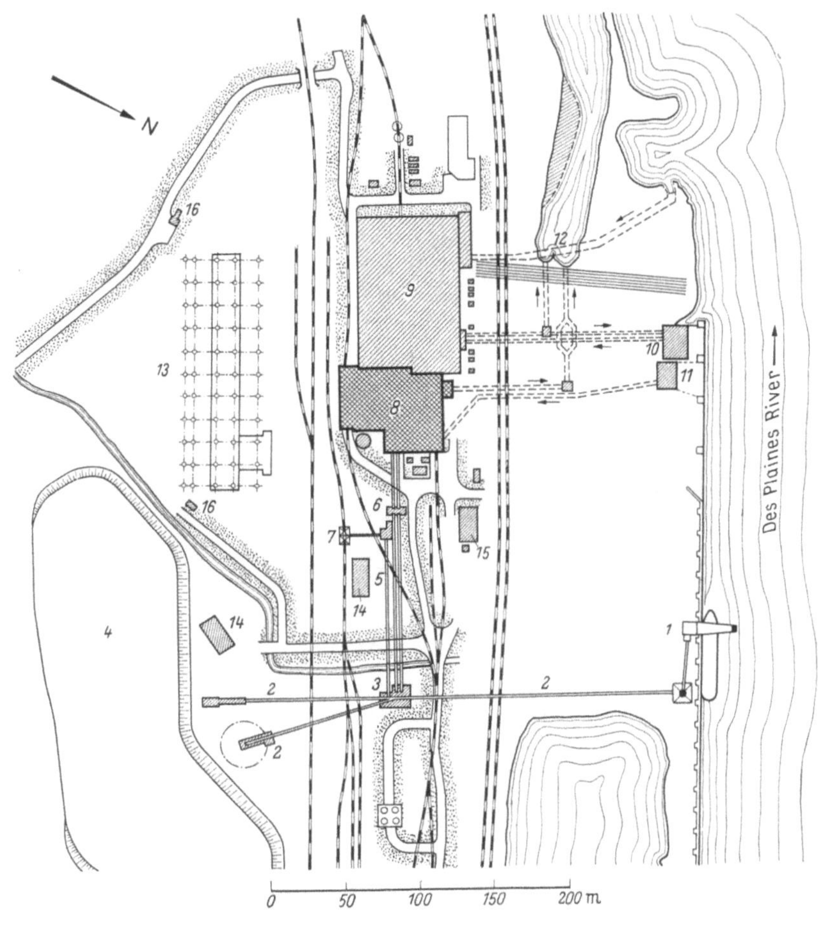

Lageplan

1 Schiffsentladestation
2 Förderbänder
3 Brecheranlage
4 Kohlenlagerplatz
5 Schrägbandbrücke
6 Übergabeturm
7 Waggonentladestation
8 Kraftwerksblock
9 Ältere Kraftanlage
10 Älteres Einlaufbauwerk
11 Einlaufbauwerk für Block VI
12 Kühlwasserauslauf
13 132 kV-Freiluftschaltanlage
14 Lagerhaus
15 Bürogebäude
16 Pförtnerhaus

werden ein Entladekran und weitere Förderbänder erstellt. Für die neue Einheit wird ein besonderes Einlaufbauwerk errichtet.

Der Hoch- und Mitteldruckteil des Zweiwellenaggregats läuft mit 3600 U/min, der doppelflutige Niederdruckteil mit 1092 mm langen Endschaufeln mit 1800 U/min. Es wird erwartet, daß die Turbine maximal 342 MW leisten kann. Der Eintrittsdruck ist 140 atü, die Frischdampftemperatur 565° C und die Temperatur des zwischenüberhitzten Dampfes 538° C. Das Speisewasser wird in 7 Stufen auf 252° C aufgewärmt, wobei zwischen die 3 Hochdruckvorwärmer und die 3 Niederdruckvorwärmer ein Speisewasserbehälter mit Mischvorwärmer-Entgaser zwischengeschaltet ist. Eine Vollentsalzungsanlage deckt die Substanzverluste der Anlage. Die Hochdruckvorwärmer mit eingebauten Kühlern sind in 2 Stränge ohne Umführung aufgeteilt. Bei Ausfall eines Hochdruckvorwärmers kann der betreffende Strang außer Betrieb gesetzt und die gesamte Speisewassermenge durch den anderen Strang gefördert werden. Zur Steigerung der Leistungsabgabe kann die erste Entnahme geschlossen werden. Die Leistung kann dann bis auf 363 MW ansteigen. Diese Betriebsweise soll jedoch jeweils nur 1 bis 2 Stunden (80 bis 100 Stunden im Jahr) gefahren werden. Der Dampf wird in 2 Kondensatoren von je 8800 m² Oberfläche niedergeschlagen. Kühlwasserpumpen mit einer Förderleistung von

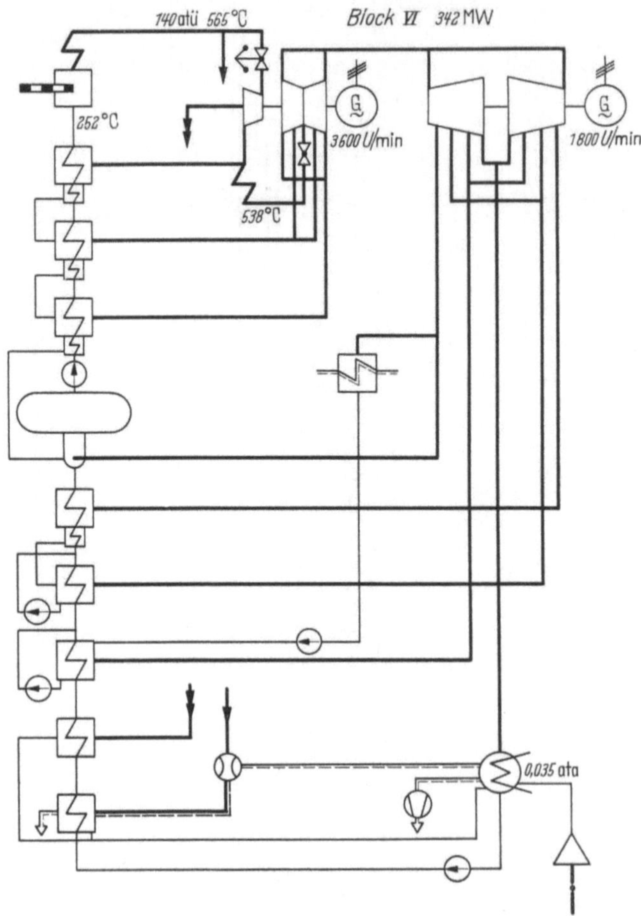

Wärmegrundschaltplan von Block VI

je 29600 m³/h liefern die erforderliche Kühlwassermenge. Es sind 3 Kondensatpumpen und Halblast-Kesselspeisepumpen mit hydraulischen Regelkupplungen für je 540 t/h vorgesehen.

Der 74 m hohe Kessel ist ein Einzug-Naturumlaufkessel mit einer Leistung von 1000 t/h. Er ist mit 9 Zyklonbrennern ausgestattet, von denen vier auf der einen, fünf auf der gegenüberliegenden Seite der Brennkammer angeordnet sind. In ihrem oberen Teil ist die Brennkammer durch eine Trennwand unterteilt. Beide Teile erhalten Economiser- und Überhitzerheizflächen, die eine zusätzlich noch die Zwischenüberhitzerheizfläche. Für die Temperaturregelung ist ein Rauchgas-Rückführungsgebläse vorhanden. Das Anfahren der Zyklone geschieht mit Gas. Außer den Luftvorwärmern, Bauart Ljungström, sind hinter den Frischluftgebläsen dampfbeheizte Rohrschlangen vorgesehen, um die Verbrennungsluft vor dem Luvo unter allen Umständen auf etwa 65 °C zu halten. Ein Elektrofilter kann gegebenenfalls später auf dem Dach des Kesselhauses angeordnet werden. Für den flüssigen Schlackenabzug sind 3 Behälter angebracht, von denen die Schlacke in Absetzbecken gepumpt wird.

Der neue Turbosatz kann mit seinen beiden wasserstoffgekühlten Drehstromgeneratoren bei 1,35 atü Wasserstoffdruck mit 424 MVA belastet werden. Die Generatorspannung beträgt 18 kV. Drei Erregersätze von je 600 kW liefern die Erregerspannung von 375 V. Beide Generatoren sind auf den gemeinsamen 375 MVA-Maschinentransformator geschaltet. Oberspannungsseitig speist der Umspanner in die 138 kV-Freiluftschaltanlage südlich des Kraftwerkes. Zwei 12,5/16,67 MVA-Eigenbedarfsumspanner übernehmen etwa die Hälfte des Eigenbedarfes des Blockes. Sie sind oberspannungsseitig an die Generator-

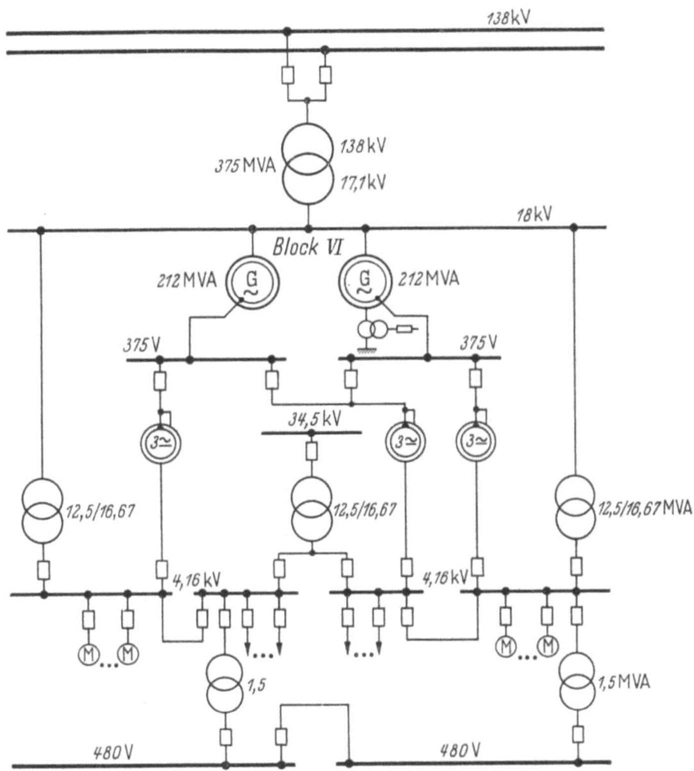

Elektrischer Übersichtsschaltplan

ableitungen angeschlossen. Ein dritter 12,5/16,67 MVA-Eigenbedarfsumspanner wird von dem vorhandenen 34,5 kV-Netz fremdgespeist; er übernimmt den Eigenbedarf beim Anfahren, ergänzt die Eigenbedarfsleistung bei Überlast und dient als Reserve. Die Block- und der Reserve-Eigenbedarfsumspanner speisen vier verschiedene 4,16 kV-Sammelschienenabschnitte, welche durch Kuppelschalter miteinander verbunden werden können. Eine automatische Umschaltung ist nicht vorgesehen.

Die Bunker befinden sich zu beiden Seiten des Kessels oberhalb der Zyklone. Der Blechschornstein mit einer Eigenhöhe von 63 m ist über dem außenliegenden Bunker auf das etwa 75 m hohe Kesselhaus aufgesetzt. Die Eigenbedarfsschaltanlage befindet sich an der einen Stirnwand des Kesselhauses; die liegenden Hochdruckvorwärmer sind an der anderen angeordnet. Unter den letzteren stehen auf Aschenkellersohle die drei elektrisch angetriebenen, drehzahlgeregelten Halblastpumpen. Die beiden Turbinen in geschlossener Verbundanordnung sind nebeneinander in der Längsachse des unterteilten Maschinenhauses so angeordnet, daß jedes Teilaggregat seinen eigenen Maschinenhauskran erhält.

Die stehenden Niederdruckvorwärmer sind in unmittelbarer Nähe der Niederdruckturbine untergebracht. Die Wärmewarte liegt zwischen Kessel und Hochdruckturbine.

Der Block wird in Stahlfachwerk auf Felsuntergrund gebaut. Die Herstellungskosten betragen rund 610 DM/kW.

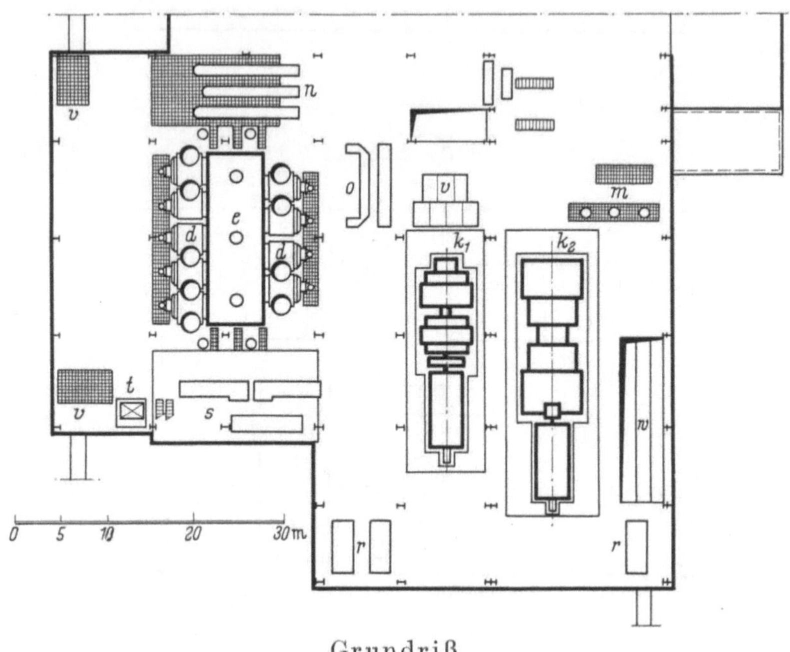

Grundriß

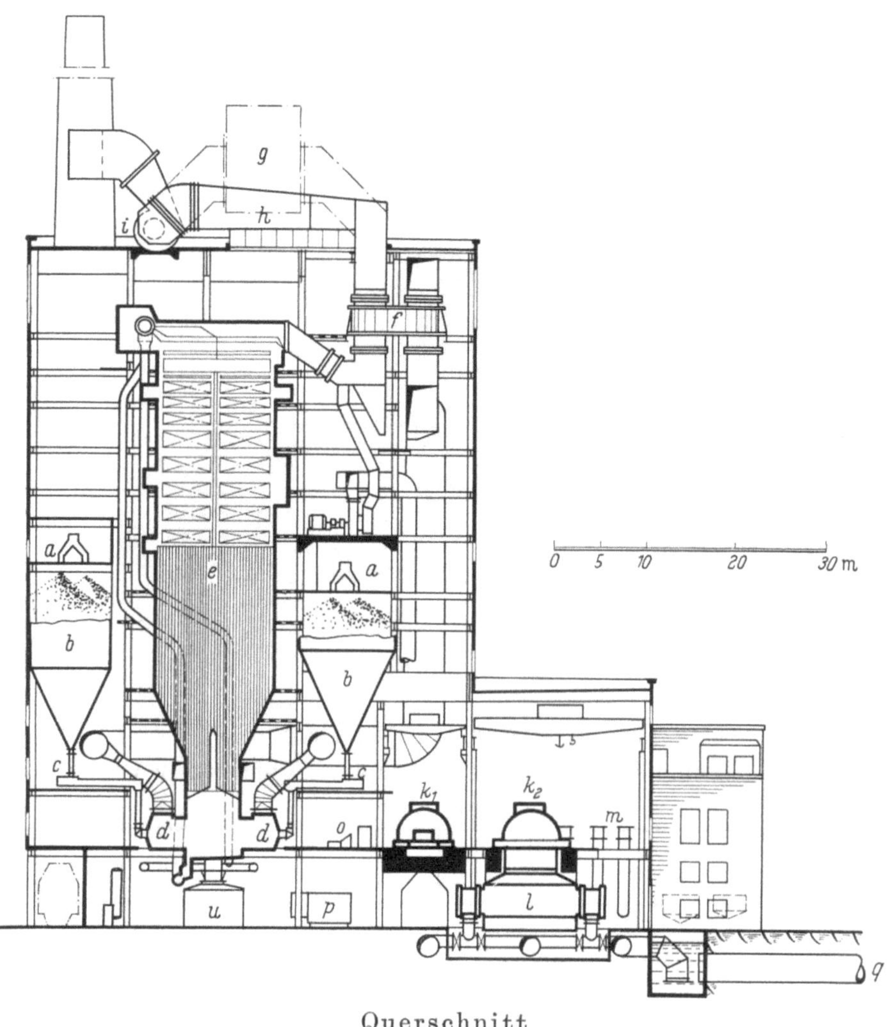

Querschnitt

Legende zum Grundriß und Querschnitt

a	Bekohlung	*m*	Niederdruckvorwärmer
b	Kohlenbunker	*n*	Hochdruckvorwärmer
c	Kohlenzuteiler	*o*	Wärmeleitstand
d	Zyklonbrenner	*p*	Druckluftanlage
e	Kessel	*q*	Kühlwasserablauf
f	Ljungström-Luftvorwärmer	*r*	Erregersätze
g	Rauchgasfilter-Einbaumöglichkeit	*s*	Eigenbedarfsschaltanlage
h	Rauchgaskanal	*t*	Aufzug
i	Saugzuggebläse	*u*	Schlackenabzug
k_1	Hochdruck-Turbosatz	*v*	abgedeckte Öffnungen
k_2	Niederdruck-Turbosatz	*w*	Montageöffnung
l	Kondensatoren		

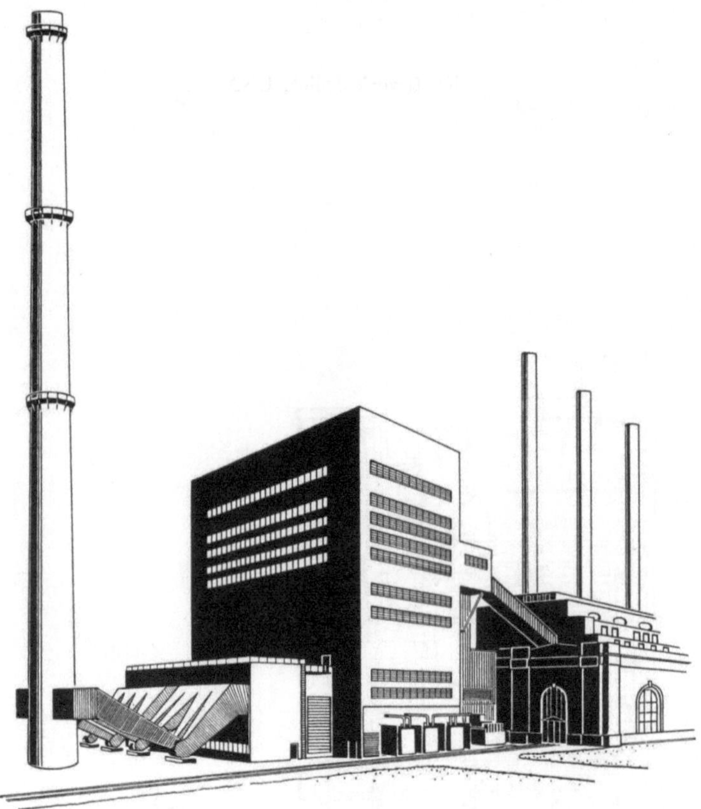

Schaubild

115

Kraftwerk Fisk, USA

(Commenwealth Edison Company, Chicago, Ill.)

Baujahr 1956/58

Kessel		**Turbinen**	
Anzahl	1	Anzahl	1
Leistung t/h	1000	Leistung MW	325[1]
Art	Trommel	Leistung MVA	440[1]
	Zwangumlauf	Art	Kond. Zweiwellen
Genehmigungsdruck atü	172	Drehzahl U/min	3600/1800
Dampfzustand bei Austritt atü	146	Dampfdurchsatz t/h	950
Dampfzustand bei Austritt °C	570	Dampfzustand bei Eintritt atü	140
Dampfzustand hinter ZWÜ atü	37	Dampfzustand bei Eintritt °C	565
Dampfzustand hinter ZWÜ °C	544	bei Wiedereintritt atü	34
Brennstoff:		bei Wiedereintritt °C	540
Art	Steinkohle	Kühlwassertemperatur °C	14,5
oberer Heizwert kcal/kg	—	Dampfzustand bei Austritt ata	0,035
		Dampfzustand bei Austritt °C	26
Feuerung	Staubbrenner	Gehäusezahl	4
Schlackenabzug	trocken	Abdampfstutzen (flutig)	2
Luftvorwärmung °C	—	Vorwärmstufen	7
Abgastemperatur °C	—	Entgasungstemperatur °C	168
Wirkungsgrad %	89,41	Speisewassertemperatur °C	240

Kennzahlen

Spez. Wärmeverbr. netto kcal/kWh	2260
„ Flächenbedarf m²/kW	0,020
„ Raumbedarf m³/kW	0,710

Rauchgasentstaubung: elektrisch und mechanisch
Wasseraufbereitung: Vollentsalzung
Bauweise: Stahlbeton und Stahlkonstruktion
Vorgesehene Gesamtleistung: — MW

	MW	MVA
[1] Hochdruckteil	161	254
Niederdruckteil	164	186
	325	440

Die Erweiterung des Kraftwerkes Fisk der Commonwealth Edison Company Chicago durch einen neuen 325 MW-Block wurde 1956 in Angriff genommen. Dieser sollte 1958 in Betrieb kommen.

Der Standort des Kraftwerkes befindet sich am Chicago-River in der Nähe von Chicago (Illinois). Für den neuen Block wurde im nördlichen Anschluß an das ältere Kraftwerk ein eigenes Gebäude errichtet. Die Kohlenzufuhr erfolgt von der Brennstoffversorgung des alten Kraftwerkes aus über eine Schrägbandbrücke, die auf dem neuen Maschinenhaus abgestützt ist. Das Kühlwasser wird durch ein neues Einlaufbauwerk

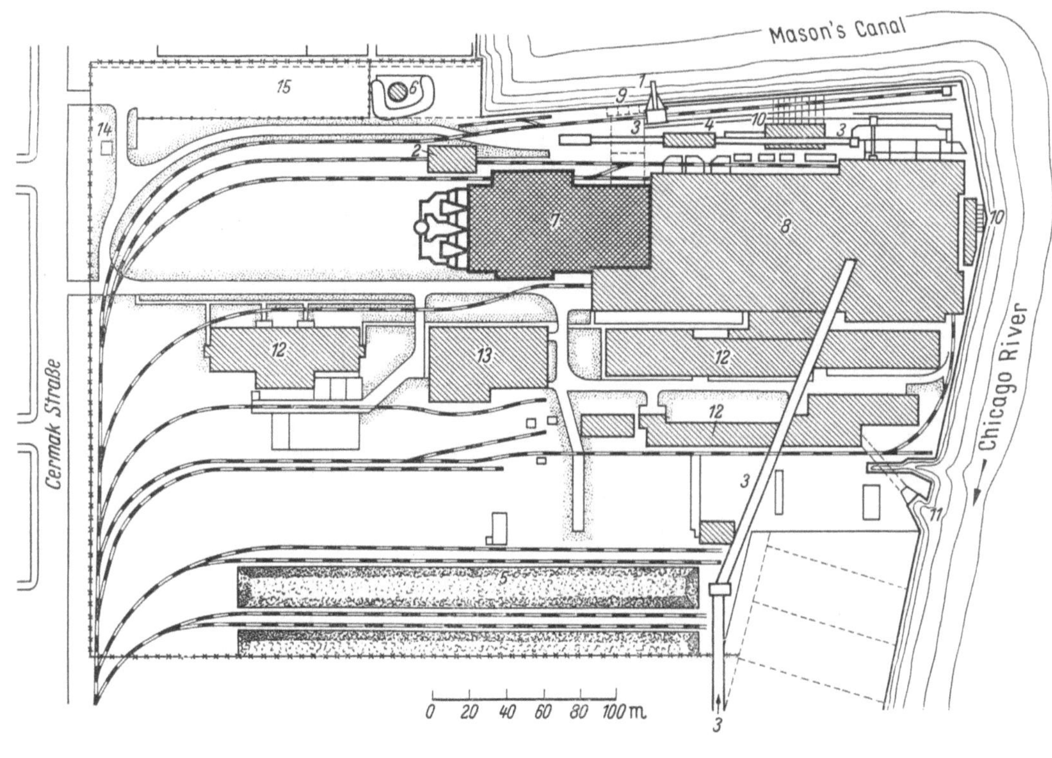

Lageplan

1	Schiffsentladestation	9	Neues Einlaufbauwerk
2	Waggonkipper	10	Älteres Einlaufbauwerk
3	Bandbrücke	11	Kühlwasserauslauf
4	Brecheranlage	12	Schalthaus
5	Kohlelagerplatz	13	Lagerhaus
6	Öltank	14	Pförtnerhaus
7	Kraftwerksausbau 1956/58	15	Parkplatz
8	Älteres Kraftwerk		

dem Mason's Canal mit einer Menge von etwa 30000 m³/h entnommen. Die erzeugte elektrische Energie wird an das 69 kV-Netz zur Versorgung der umliegenden Industriegebiete abgegeben.

Die Anlage wurde bei einer durchschnittlichen Kühlwassertemperatur von 14,5° C und einem entsprechenden Vakuum von 0,035 ata für einen Frischdampfzustand von 140 atü, 565° C am Turbineneintritt ausgelegt. Zwischenüberhitzung von etwa 90% der Frischdampfmenge erfolgt hinter dem ersten Turbinengehäuse bei einem Trenndruck von etwa 38 atü auf 544° C. Durch eine siebenstufige Speisewasservorwärmung mittels Anzapfdampf in liegenden Oberflächenvorwärmern wird eine Endtemperatur von 240° C erreicht.

Die untere Vorwärmgruppe umfaßt den Dampfstrahlkondensator, die Stopfbuchsdampf-Kondensatoren sowie 4 Niederdruckvorwärmer. Die fünfte Vorwärmstufe mit einem Heizdampfdruck von 7,7 ata dient der Entgasung bei 168° C. Auch die dampfbeheizten Luftvorwärmer sind an diese Entnahme angeschlossen.

Für den Block sind 3 Kesselspeisepumpen je 5000 PS (Fördermenge 800 t/h, Förderdruck 180 at) installiert. Die beiden Hochdruck-Vorwärmstufen liegen in 2 parallel geschalteten Druckleitungen.

Der 3600tourige Hochdruckturbosatz mit 161 MW ist in 2 Gehäuse unterteilt, wobei das zweite doppelflutig ausgeführt ist. Das Niederdruckaggregat mit einer Leistung von

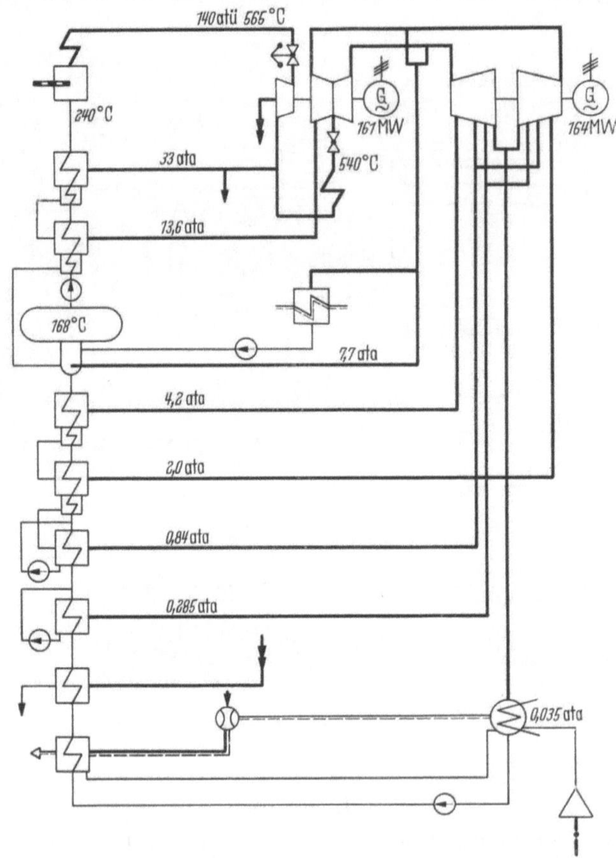

Wärmegrundschaltplan

164 MW und einer Drehzahl von 1800 U/min hat ebenfalls 2 Gehäuse aufzuweisen; die beiden Abdampfstutzen der letzteren sind an einem gemeinsamen Kondensator angeschlossen.

Der Kessel ist in 2 Parallelsysteme unterteilt, wobei der einen Brennkammer der Überhitzer, der anderen der Zwischenüberhitzer zugeordnet ist. Durch 8 Kohlenmühlen wird der Brennstoff über 64 schwenkbare Eckenbrenner in die beiden Brennkammern eingeblasen. Der im oberen Teil des Kessels untergebrachte Verdampferteil hat Zwangumlauf; die 4 Umwälzpumpen sind im Grundriß zu erkennen.

Die Rauchgasabführung erfolgt über die unter dem zweiten Kesselzug eingebauten Ljungström- und dampfbeheizten Luftvorwärmer, die mechanischen und elektrischen Staubabscheider sowie die Saugzuggebläse zum Schornstein. Die in den Dampf- und Ljungström-Luvos vorgewärmte Verbrennungsluft wird durch 4 Frischluftgebläse in die Brennkammern eingeblasen.

Das Zusatzwasser zur Deckung der Kreislaufverluste wird in einer Vollentsalzungsanlage aufbereitet und im Kondensator dem Kreislauf zugeführt.

Die beiden Generatoren mit einer Leistung von 254 bzw. 186 MVA und einer Klemmenspannung von 18 kV speisen gemeinsam in die Unterspannungswicklung eines Dreiwicklungsumspanners ein. Diese Unterspannungswicklung ist für 380 MVA ausgelegt. Die beiden anderen Wicklungen für je 210 MVA spannen auf 69 kV auf. Jede Wicklung ist getrennt an eine Sammelschiene angeschlossen. Daneben versorgt jeder Generator unmittelbar über je einen 10/12,5 MVA-Umspanner den Eigenbedarf (4,16 kV). Dieser kann auch über einen Umspanner mit einer Leistung von gleichfalls 10/12,5 MVA von

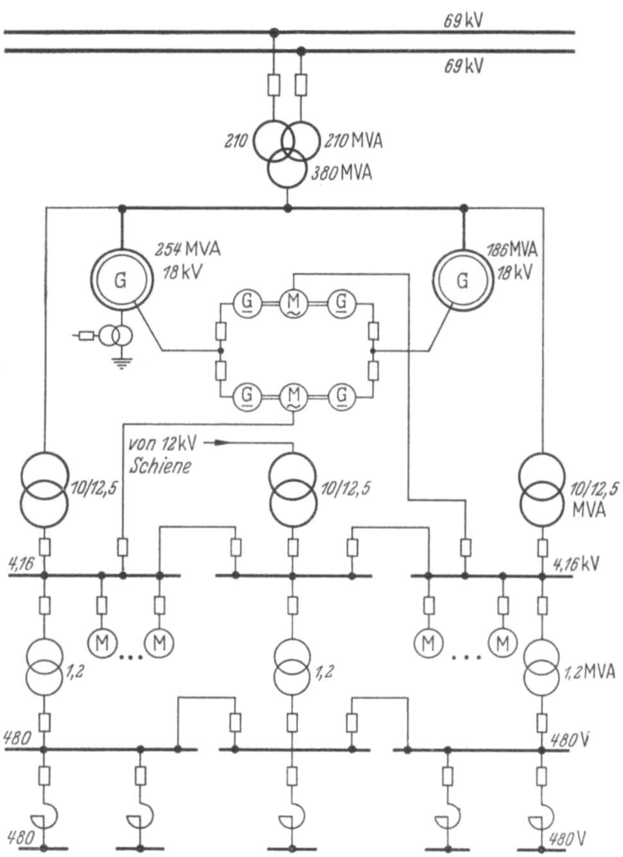

Elektrischer Übersichtsschaltplan

einem 12 kV-Netz versorgt werden. An die Eigenbedarfssammelschienen sind auch die Motoren der Erregermaschinen angeschlossen. Die Eigenbedarfsleistung beträgt 16,375 MW.

Der äußere Aufbau zeigt ein stufenförmiges Anwachsen der Höhe vom Maschinenhaus über den Zwischenbau und den Bunkertrakt zum Kesselhaus. Das Bunkergebäude liegt auf der dem Maschinenhaus zugewandten Seite des Kesselhauses. Im Maschinenhaus sind Turbinenhoch- und -niederdruckteil in geschlossener Verbundbauweise sowie die an der Außenwand getrennt angeordneten Haupt- und Hilfserregermaschinen parallel zur Längsachse aufgestellt. Die Vorwärmanlage ist auf einer Zwischenbühne unter Maschinenhausflur installiert; lediglich die beiden Hochdruckvorwärmer der siebenten Vorwärmstufe wurden in der Nordostecke des Maschinenhauses untergebracht. Entgaser- und Speisewasserbehälter sind in einem Zwischenbau zwischen Maschinen- und Kesselhaus hoch aufgestellt; die Kesselspeisepumpen stehen im Kellergeschoß des Zwischentrakts.

Im gleichen Gebäudeteil befinden sich auf Maschinenhausflur die Blockwarte und im Anschluß daran die 480 V-Eigenbedarfsschaltanlage. Der Hochspannungseigenbedarf ist in einem Raum unter dem Maschinenhausflur, der durch Einzug einer Zwischendecke geschaffen wurde, untergebracht. Haupt- und Eigenbedarfsumspanner stehen in einem Anbau in Verlängerung des Kesselhauses, die Hochspannungsschaltanlage in einem eigenen Gebäude.

Die Fundamente sind in Stahlbeton, das aufgehende Bauwerk in Stahlkonstruktion errichtet. Der 140 m hohe Schornstein wurde mit einem unteren lichten Durchmesser von 10 m und einem oberen lichten Durchmesser von 4,5 m in Stahlbeton ausgeführt.

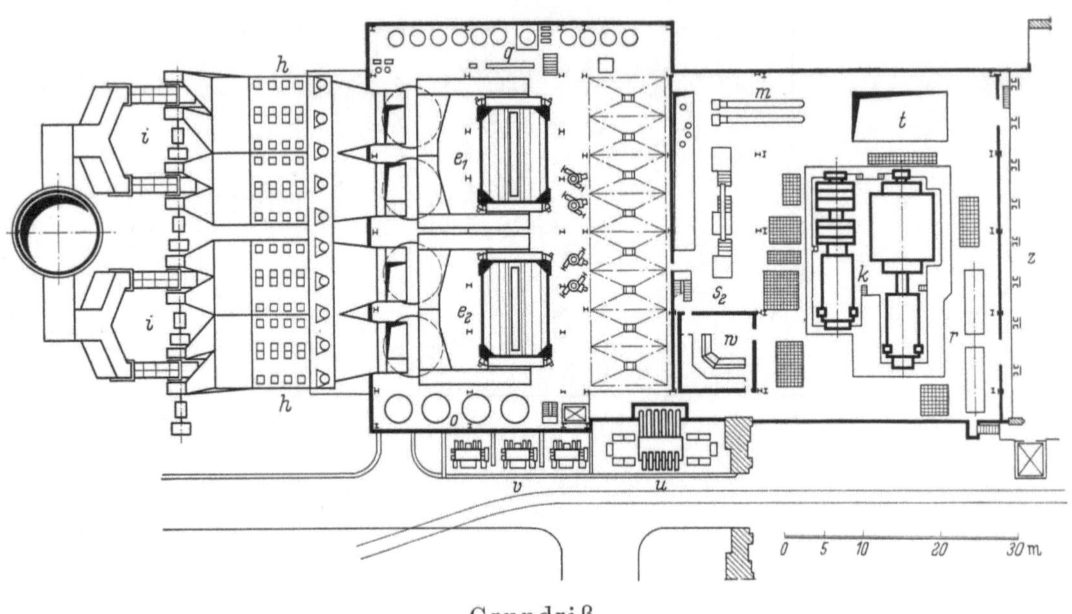

Grundriß

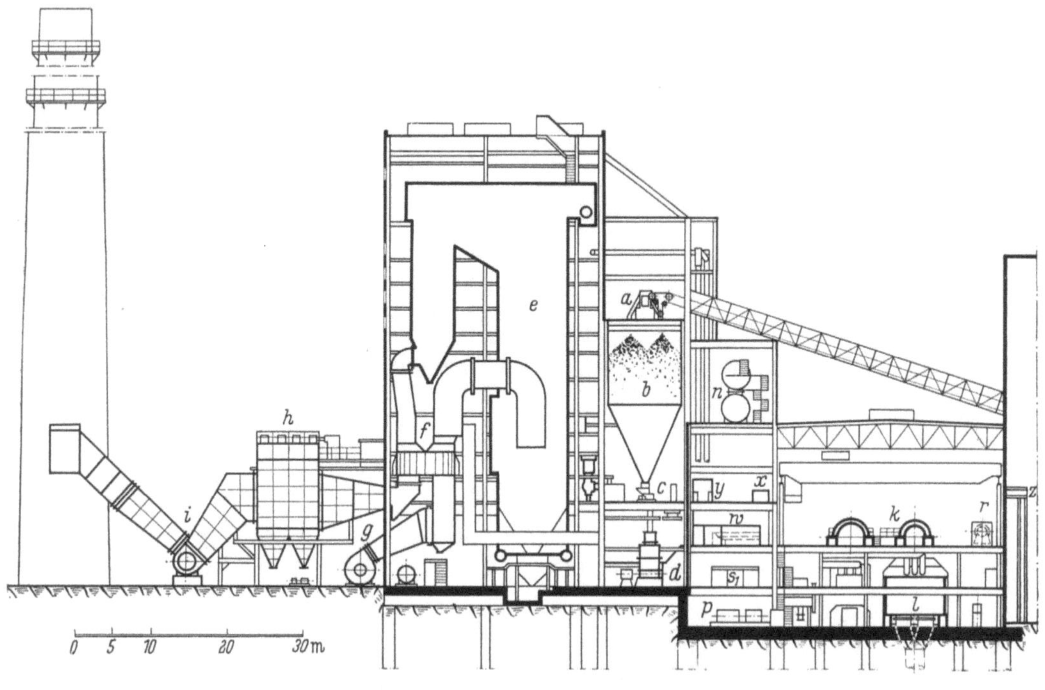

Querschnitt

Legende zum Grundriß und Querschnitt

a Bekohlung
b Kohlenbunker
c Kohlenzuteiler
d Kohlenmühle
e Kessel mit Zwillingsfeuerraum
e_1 Feuerraum für Überhitzer
e_2 Feuerraum für Zwischenüberhitzer
f Ljungström-Luftvorwärmer
g Frischluftgebläse
h Rauchgasfilter, kombiniert mechanisch-elektrisch
i Saugzuggebläse
k Zweiwellen-Turbogenerator
l Kondensator
m Hochdruckvorwärmer
n Speisewasserbehälter mit Entgaser
o Kondensatbehälter
p Kesselspeisepumpe
q Chemische Wasseraufbereitung
r Erregersätze
s_1 Eigenbedarfsschaltanlage 4160 V
s_2 Eigenbedarfsschaltanlage 480 V
t Montageöffnung
u Hauptspanner
v Eigenbedarfsumspanner
w Wärmewarte
x Klimaanlage
y Batterieraum
z Gebäudeanschluß zum älteren Kraftwerk

Schaubild

Kraftwerk Wölfersheim, BRD

(Preußische Elektrizitäts-Aktiengesellschaft, Hannover)

Baujahr 1952/54

Kessel		Block 1 und 2
Anzahl		2
Leistung	t/h	95
Art		Durchlauf
Genehmigungsdruck	atü	160
Dampfzustand bei Austritt	atü	145
	°C	530
Dampfzustand hinter ZWÜ	atü	26
	°C	470
Brennstoff:		
Art		Braunkohle
unterer Heizwert	kcal/kg	1500
Feuerung		Ecken
Schlackenabzug		trocken
Luftvorwärmung	°C	300
Abgastemperatur	°C	170
Wirkungsgrad	%	83,0

Rauchgasentstaubung: elektrisch
Wasseraufbereitung: Vollentsalzung
Bauweise: Beton
Vorgesehene Gesamtleistung: 60 MW

Turbinen		Block 1 und 2
Anzahl		2
Leistung	MW	30
Leistung	MVA	40
Art		K
Drehzahl	U/min	3000
Dampfdurchsatz	t/h	95
Dampfzustand bei Eintritt	atü	140
	°C	528
bei Wiedereintritt	atü	21
	°C	465
Kühlwassertemperatur	°C	15
Dampfzustand bei Austritt	ata	0,035
	°C	—
Gehäusezahl		2
Abdampfstutzen (flutig)		1
Vorwärmstufen		5
Entgasungstemperatur	°C	115—123
Speisewassertemperatur	°C	183—227

Kennzahlen

Spez. Wärmeverbr. netto	kcal/kWh	2768 [1]
„ Flächenbedarf	m²/kW	0,063
„ Raumbedarf	m³/kW	1,51

[1] Bestpunkt

Dieses Kraftwerk wurde von der Preußischen Elektrizitäts-AG auf einem Vorkommen ballastreicher Braunkohle mit einem Heizwert von etwa 1500 kcal/kg in der Nähe von Bad Nauheim in den Jahren 1952/54 erstellt. Die Größe der zu installierenden Leistung war durch die förderungswürdige Kohlenmenge bestimmt. Um eine möglichst hohe Stromausbeute aus dem begrenzten Kohlenvorkommen zu erzielen, war bestmögliche thermische Auslegung des Kraftwerkes erforderlich.

Wölfersheim ist das erste in Deutschland in Betrieb genommene Zwischenüberhitzungs-Blockkraftwerk. Als Frischdampfzustand wurde 140 atü, 528° C am Turbineneintritt gewählt und eine Zwischenüberhitzung auf 465° C vorgesehen. Die Blocks

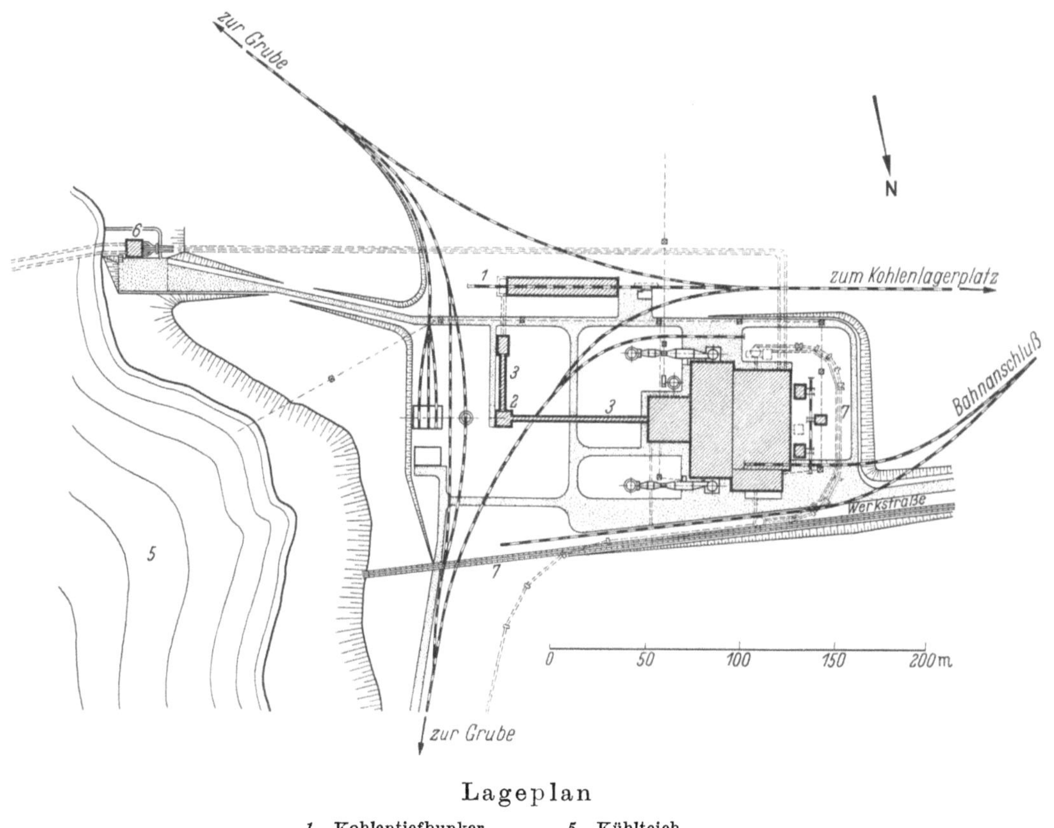

Lageplan

1 Kohlentiefbunker
2 Brecherturm
3 Schrägbandbrücke
4 Kraftwerk
5 Kühlteich
6 Einlaufbauwerk
7 Kühlwasserauslauf

können entsprechend der Belastung mit gleitendem Frischdampfdruck bei konstanter Frischdampftemperatur arbeiten, ein Verfahren, das bei den zur Aufstellung gelangten Bensonkesseln mit Vorteil angewendet werden kann. Dieser Gleitdruckbetrieb ermöglicht es, die Turbinen über einen großen Lastbereich mit voll geöffneten Steuerventilen, also ohne Drosselverluste, zu fahren. Um auch Drosselverluste des Entnahmedampfes zu vermeiden, ändert sich die Entgasungstemperatur des Speisewassers gleichfalls mit der Belastung von 115 bis 123° C, ebenso kann die Speisewassertemperatur vor den Kesseln im Lastbereich von 13 bis 30 MW zwischen 183 und 227° C schwanken. Die Kesselspeisepumpen sind drehzahlgeregelt, so daß ein verlustarmer Teillastbetrieb möglich ist. Der Erfolg aller dieser Maßnahmen ist ein sehr flacher Verlauf der Wirkungsgradkurve des gesamten Kraftwerkes. Der spezifische Wärmeverbrauch der gesamten Anlage beträgt im Bestpunkt trotz der verhältnismäßig kleinen Leistung und des schlechten Brennstoffes 2768 kcal/Nutz-kWh. Hierbei ist noch zu berücksichtigen, daß das

Kraftwerk nicht an einem Fluß liegt, also das sonst mögliche Vakuum nicht erreicht werden kann.

Das Kühlwasser wird einem großen Teich, der sich in einem ausgekohlten Tagebau gebildet hat, entnommen und in diesen wieder eingeleitet. Die spezifische Kühlfläche des Teiches beträgt etwa 0,6 ha/MW. In die Rückleitung zu dem tiefer gelegenen Teich ist eine Wasserturbine mit Generator eingeschaltet, die einen Teil der Kühlwasserpumpenarbeit wieder zurückgewinnt.

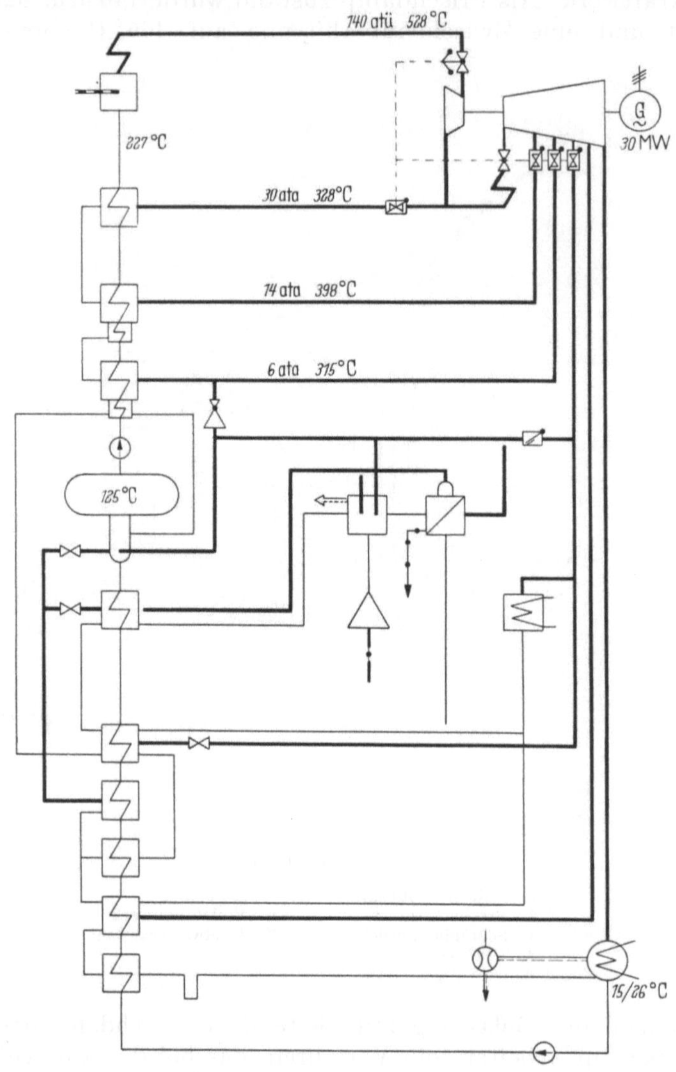

Wärmegrundschaltplan

Die Regenerativvorwärmung des Speisewassers erfolgt in 5 Stufen, von denen drei als Hochdruckstufen ausgebildet sind. Der zweite und dritte Hochdruckvorwärmer haben eingebaute Kondensatkühler. Das vollentsalzte Zusatzwasser wird in einem gesonderten Entgaser vorentgast und anschließend dem Hauptkreislauf vor dem Speisewasserentgaser zugeführt.

Der elektrische Übersichtsschaltplan zeigt die für ein Blockkraftwerk charakteristischen Züge. Die Energie wird über direkt mit den Generatoren verbundene Umspanner auf 110 kV aufgespannt. Erst über die Hochspannungssammelschiene sind die beiden Blöcke elektrisch zusammengeschaltet. Der Eigenbedarf jedes Blockes wird von den Generatorklemmen direkt über eine Kurzschluß-Begrenzungsdrossel gespeist. Zur Versorgung des allgemeinen Eigenbedarfes sowie für die zusätzliche Sicherung des blockgebundenen Eigenbedarfes dient eine weitere Einspeisung von einem vorhandenen 5 kV-Netz.

Da nicht beabsichtigt war, dieses Kraftwerk, beschränkt durch das Kohlenvorkommen, weiter auszubauen, ist eine spiegelbildliche Ausführung der beiden Blocks gewählt worden. Es besteht jedoch die Möglichkeit, bei Änderung der brennstofftechnischen Voraussetzungen, einen weiteren Doppelblock auf dem Gelände zu errichten. Durch Verzicht auf einen durchgehenden Schwerbau und ein besonderes Pumpen- und Vorwärmerhaus wurde eine kostensparende Bauweise ermöglicht. Die Speisewassergruppen, bestehend aus Vorwärmern, Speisewasserbehältern und Kesselspeisepumpen, sind im Maschinenhaus zwischen den Turbosätzen aufgestellt. Wegen der hieraus sich

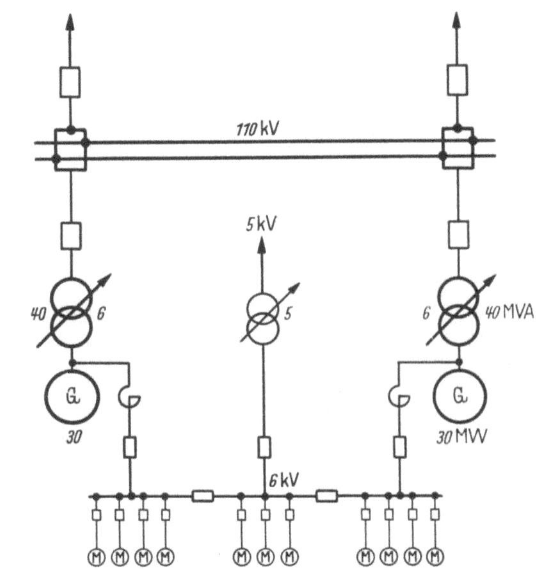

Elektrischer Übersichtsschaltplan

ergebenden geringen Zulaufhöhe für die Kesselspeisepumpen haben diese Vorpumpen erhalten, die mit gleicher Drehzahl wie die Hauptpumpen laufen.

Die Kohle kommt in Selbstentladerwaggons an und wird aus diesen in einen Tiefbunker entleert. Von hier gelangt sie über einen Kohlenbrecher und Gurtbandförderer in die Kesselbunker. Diese liegen zwischen den Kesseln über der Warte und der Eigenbedarfsschaltanlage. Sie sind als schmiedeeiserne, konische Rundbunker ausgeführt, die durch besondere konstruktive Maßnahmen ein gutes Nachrutschen der wasserreichen Braunkohle ermöglichen.

Die Rauchgase werden an beiden Seiten des Kesselhauses herausgeführt und über Elektrofilter und axiale Saugzuggebläse in die Schornsteine geleitet. Die Blocktransformatoren stehen vor der Front des Maschinenhauses. Von hier wird die Energie über Freileitungen zu der weiter entfernt liegenden 110 kV-Schaltanlage abgeführt.

Schrifttum

Schröder, K.: Dampfkraftwerke, Sonderdruck aus dem Werk: Die Entwicklung der Starkstromtechnik, Siemens-Schuckertwerke AG.

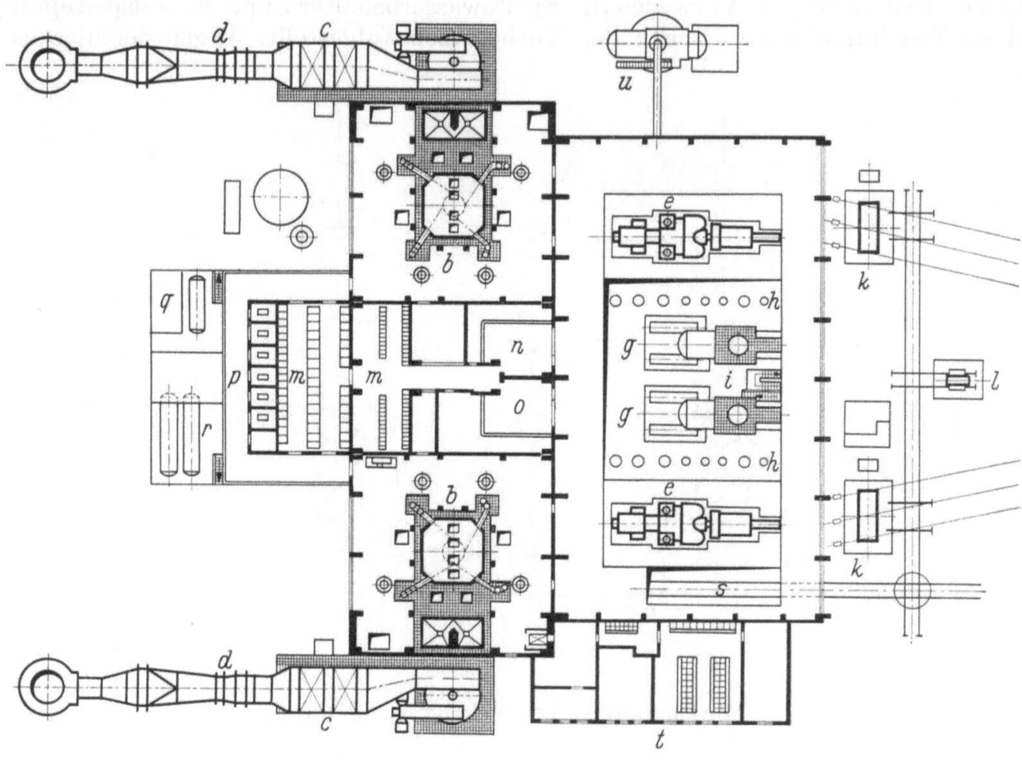

Grundriß

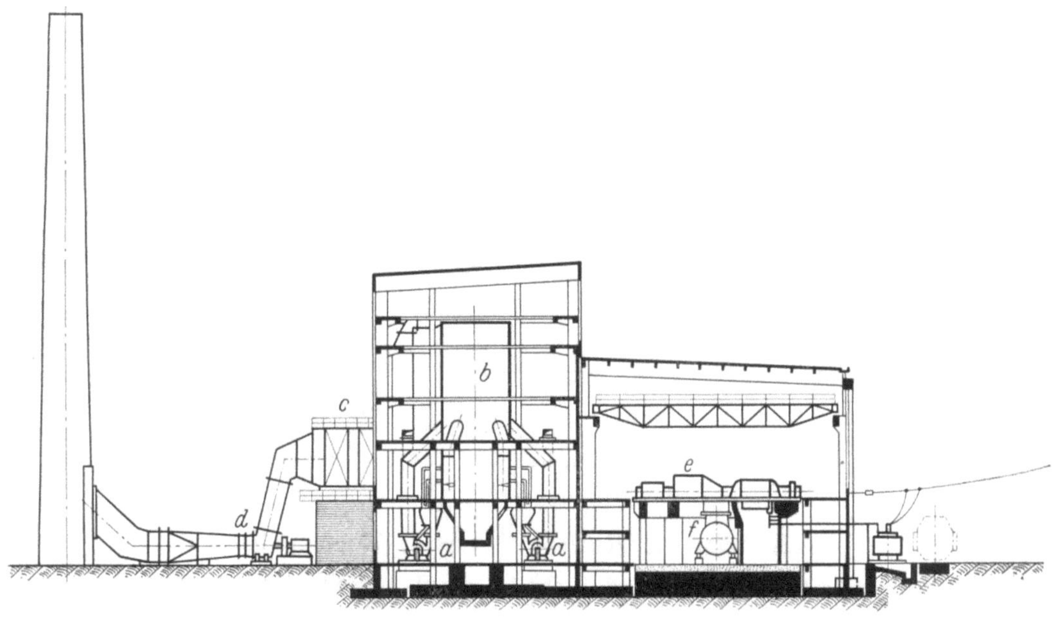

Querschnitt

Legende zum Grundriß und Querschnitt

a	Kohlenmühlen	*l*	Anfahrumspanner
b	Kessel	*m*	Eigenbedarfsschaltanlage
c	Elektrofilter	*n*	Wärmewarte
d	Saugzuggebläse	*o*	Elektrowarte
e	Turbogenerator	*p*	Eigenbedarfsumspanner
f	Kondensator	*q*	Chemikalienlager
g	Kesselspeisepumpen	*r*	Ölbehälter
h	Vorwärmer	*s*	Montageöffnung
i	Speisewasserbehälter und Entgaser	*t*	Werkstatt und Betriebsgebäude
k	Blockumspanner	*u*	Anfahrbehälter

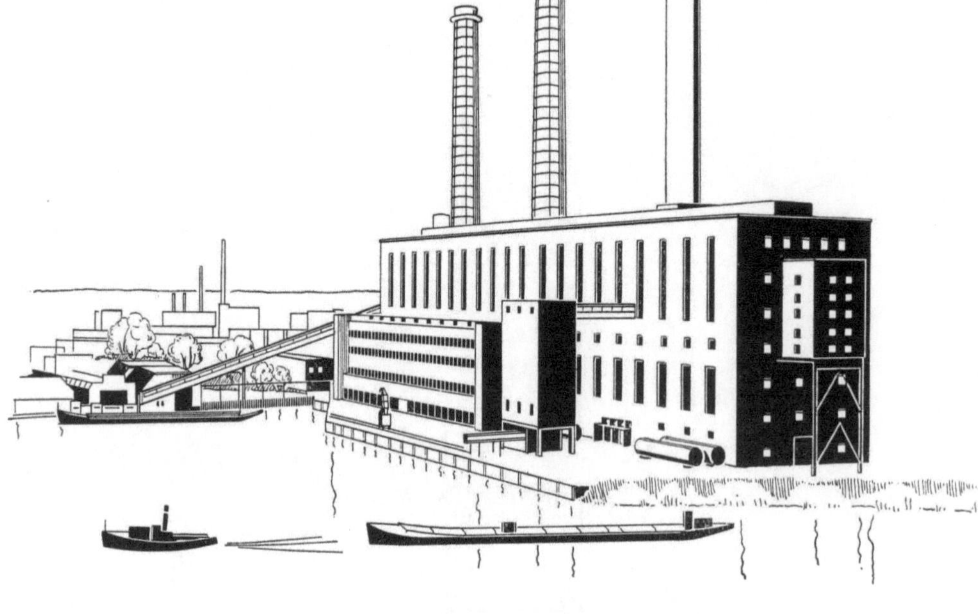

Schaubild

122 Kraftwerk Reuter (West), Westberlin

(Berliner Kraft- und Licht [Bewag]-Aktiengesellschaft)

Baujahr 1943/56

Kessel

Anzahl	4	2
Leistung t/h	180	210
Art	Durchlauf	Naturumlauf
Genehmigungsdruck atü	160	70
Dampfzustand bei Austritt atü	135	65
Dampfzustand bei Austritt °C	500	450
Dampfzustand hinter ZWÜ atü	22,5	—
Dampfzustand hinter ZWÜ °C	435	—
Brennstoff:		
Art	Steink.	Steink.
unterer Heizwert kcal/kg	5500—7600	
Feuerung	Brenner	Brenner
Schlackenabzug	2[1] 2[2]	trocken
Luftvorwärmung °C	330	400
Abgastemperatur °C	175[1] 145[2]	190 —
Wirkungsgrad %	89,5[1] 91,5[2]	88,0 —

Rauchgasentstaubung: elektrisch
Wasseraufbereitung: chemisch und Verdampfung
Bauweise: Stahlbeton
Vorgesehene Gesamtleistung: 332 MW

Turbinen

Anzahl	2	4	1	2
Leistung MW	29	36	18	50
Leistung MVA	32	40	20	56
Art	V	K	G	K
Drehzahl U/min	3000	3000	3000	3000
Dampfdurchsatz t/h	338	147	102	205
Dampfzustand bei Eintritt atü	135	22	22/65	65
Dampfzustand bei Eintritt °C	500	425	425/450	450
Dampfzustand bei Wiedereintritt atü	—	—	—	—
Dampfzustand bei Wiedereintritt °C	—	—	—	—
Kühlwassertemperatur	—	12	—	12
Dampfzustand bei Austritt ata	25	0,04	0,4–1,2	0,04
Dampfzustand bei Austritt °C	310	—	—	—
Gehäusezahl	1	2	1	2
Abdampfstutzen (flutig)	2	2	1	2
Vorwärmstufen	—	2	1	3
Entgasungstemperatur °C	—	150	150	150
Speisewassertemperatur °C	—	152	152	152
Kennzahlen				
Spez. Wärmeverbrauch netto kcal/kWh	2900			3350
„ Flächenbedarf m^2/kW	0,040			
„ Raumbedarf m^3/kW	1,41			

1 Haus- (Kondensations-) Turbine 12 MW für 22 atü, 425° C mit einer gesteuerten Entnahme.

[1] trockene Entaschung

[2] flüssige Entaschung

In den Jahren 1929/31 errichtete die Berliner Kraft- und Licht (Bewag)-Aktiengesellschaft an der Spree bei Spandau das Kraftwerk West mit einer Gesamtleistung von 228 MW bei einem Frischdampfdruck von 28 atü, 8 Kesseln mit Stoker-Feuerung für Steinkohle, 6 Kondensationsturbosätzen und 2 Hausturbosätzen.

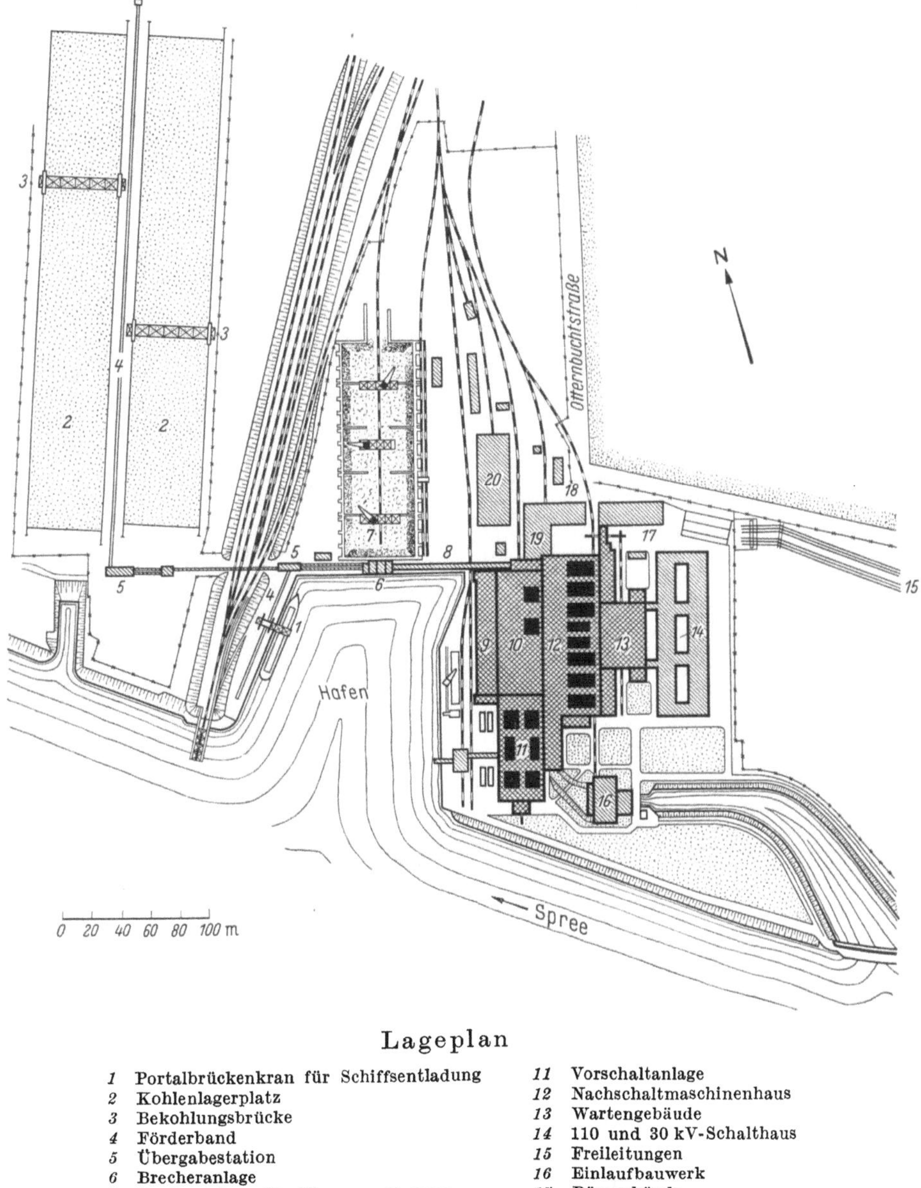

Lageplan

1 Portalbrückenkran für Schiffsentladung
2 Kohlenlagerplatz
3 Bekohlungsbrücke
4 Förderband
5 Übergabestation
6 Brecheranlage
7 Bunkeranlage für Waggonentladung
8 Schrägbandbrücke
9 6 kV-Schalthaus
10 Kesselhaus
11 Vorschaltanlage
12 Nachschaltmaschinenhaus
13 Wartengebäude
14 110 und 30 kV-Schalthaus
15 Freileitungen
16 Einlaufbauwerk
17 Bürogebäude
18 Einfahrt und Hauptpforte
19 Werkstatt
20 Lagerhaus

Die Lage des Kraftwerkes an der Spree bedeutet einen zweifachen Vorteil: Ausnutzung des billigen Wassertransportweges für die Kohle und einfachste Ausbildung der Kühlwasserversorgung. Für das Heranbringen der Kohle auf dem Wasserweg wurde ein besonderes Hafenbecken geschaffen, das durch den dort einmündenden Kühlwasserauslauf auch im Winter eisfrei gehalten wird. Die Antransportmöglichkeit der Kohle auf dem Bahnweg ist ebenfalls vorgesehen. Durch ein vielgestaltiges Fördersystem wird die Kohle wahlweise von den Entladestellen direkt in das Kraftwerk, in den Außenbunker oder auf den neu geschaffenen Kohlenlagerplatz befördert.

Im Jahr 1943 wurde zur Modernisierung des Kraftwerkes mit dem Bau einer Vorschaltanlage begonnen. Bis zum Kriegsende war das neue Kesselhaus im Rohbau vollendet und ein Kessel fast völlig aufgestellt. Im Jahre 1945 wurde das Kraftwerk demontiert.

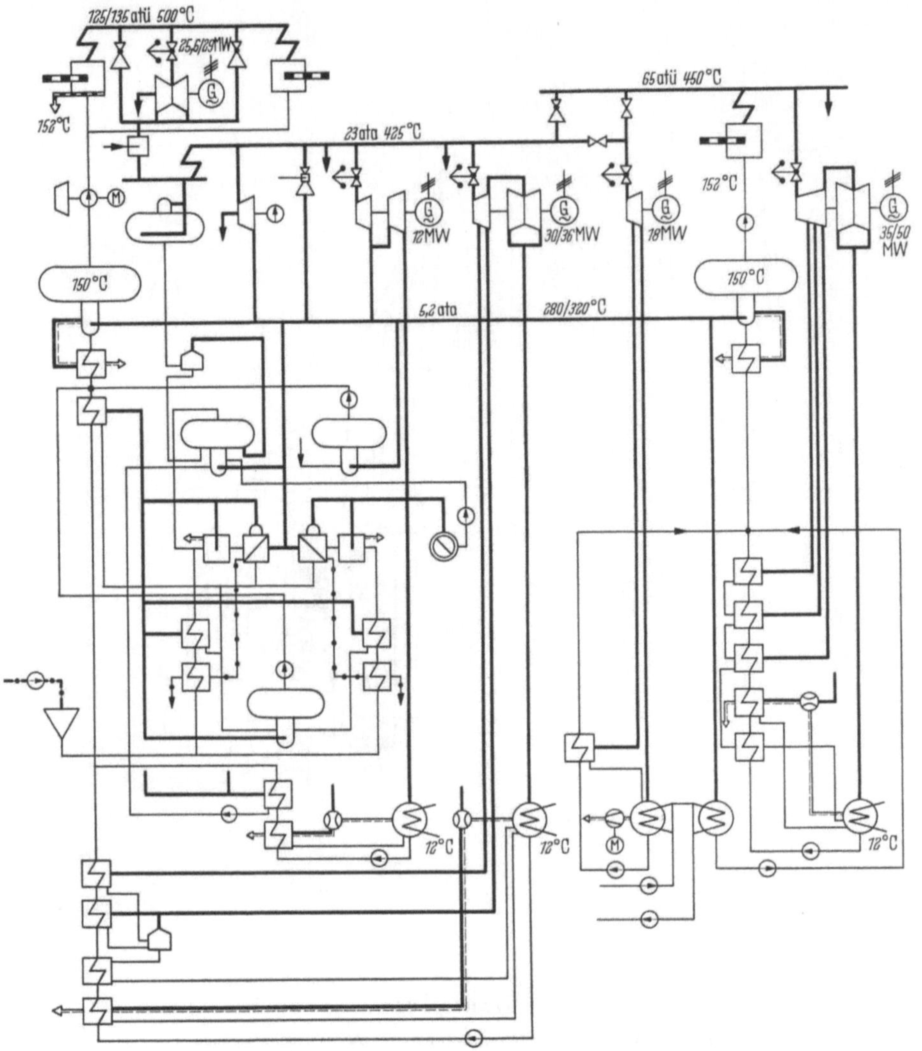

Wärmegrundschaltplan

Bei dem 1948 in Angriff genommenen Wiederaufbau mußte man sich einerseits an die vorhandene bauliche Disposition, die auch bereits den Erweiterungsbau für die Vorschaltanlage umfaßte, halten und andererseits auch den inneren Aufbau der früheren Planung entsprechend durchführen, um die bei verschiedenen Lieferfirmen noch lagernden wichtigen Teile der Vorschaltanlage, insbesondere der Turbosätze, verwenden zu können. Es wurde daher in 2 Ausbaustufen die aus 4 Bensonkesseln und 2 Turbosätzen von je 29 MW bestehende Vorschaltanlage (Dampfzustand normal 125 atü, 500 °C) erstellt. Hierzu kamen zunächst 4 Kondensationsturbosätze von je 36 MW und eine Hausmaschine von 12 MW für einen Dampfzustand von 22 atü, 425 °C. An Stelle der beiden letzten demontierten Kondensationsturbosätze wurden 1953 und 1954 zwei Mitteldruckblocks (65 atü, 450 °C) von je 50 MW zur Spitzendeckung erstellt. 1956 wurde eine 18 MW-Heizturbine in

Betrieb genommen, die wahlweise von den Spitzenkesseln bzw. dem 23 ata-Netz der Benson-Anlage gefahren werden kann. Somit hat das jetzige Kraftwerk Reuter eine Turbinenleistung von insgesamt 332 MW.

Aus den erwähnten Gründen mußte sich der wärmetechnische Aufbau der früheren Konzeption anpassen, die auf den Betrieb eines Mehrzwecke-Kraftwerkes zugeschnitten war. Bei kommunalen Kraftwerken muß eine wirtschaftliche Grundlasterzeugung mit einer hohen Bereitschaft zur Deckung plötzlicher Belastungsspitzen gekoppelt werden. Man bediente sich im vorliegenden Fall hierbei der Sammelschienenschaltung, um die inneren Reserven zu erhöhen. Außerdem wurden an das Mitteldrucknetz Ruths-Speicher angeschlossen. Eine zusätzliche Deckung weiterer Belastungsspitzen besteht in der Anwendung des Gleitdruckbetriebes bis auf 135 atü. Als im Zuge der weiteren Steigerung

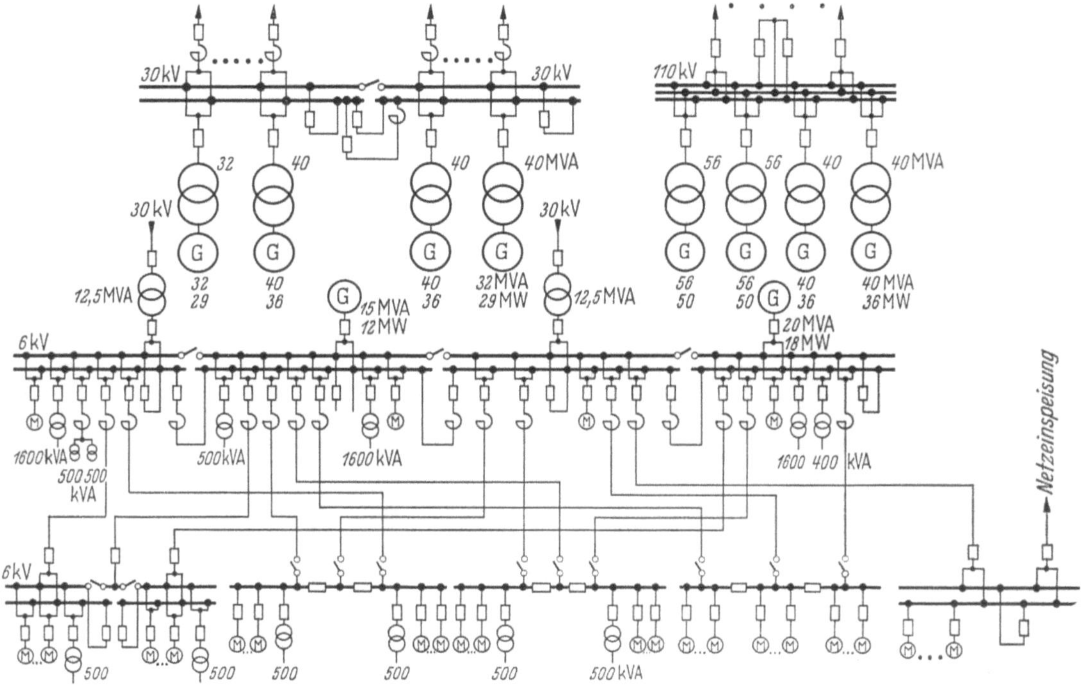

Elektrischer Übersichtsschaltplan

des Energiebedarfes der Stadt Berlin diese Maßnahmen nicht mehr als ausreichend angesehen werden konnten, kam es zur Aufstellung der 2 Spitzenlastblocks, deren Turbinen sich durch besonders hohe Überlastungsfähigkeit und schnelle Einsatzbereitschaft auszeichnen.

Wie aus dem Wärmeschaltbild hervorgeht, ist durch weitgehende Kopplung der einzelnen Dampfnetze die größtmögliche Sicherheit gegen Ausfälle geschaffen worden. So kann das 23 ata-Netz über Reduzierstationen von den Spitzenkesseln gestützt und die Spitzenmaschinen im Bedarfsfall mit 23 ata-Dampf als Nachschaltmaschinen der Benson-Anlage gefahren werden.

Der Eigenbedarf liegt an der 6 kV-Sammelschiene. Sie wird von der Hausmaschine direkt gespeist und ist über zwei 30/6 kV-Transformatoren mit dem 30 kV-Netz verbunden. Im Störungsfall deckt die Hausmaschine allein den Eigenbedarf der Benson-Kesselanlage. Die Hausmaschine versorgt über eine gesteuerte Entnahme die Verdampfer und die Entgaser der Benson- und Spitzenanlage.

Die elektrische Energie der ersten Ausbaustufe wird entsprechend der früheren Planung in das 30 kV-Stadtnetz geliefert. Im Zuge des weiteren Ausbaues erwies es sich jedoch als notwendig, eine 110 kV-Verbindung über Freileitungen und Ölkabel mit den anderen Berliner Kraftwerken herzustellen.

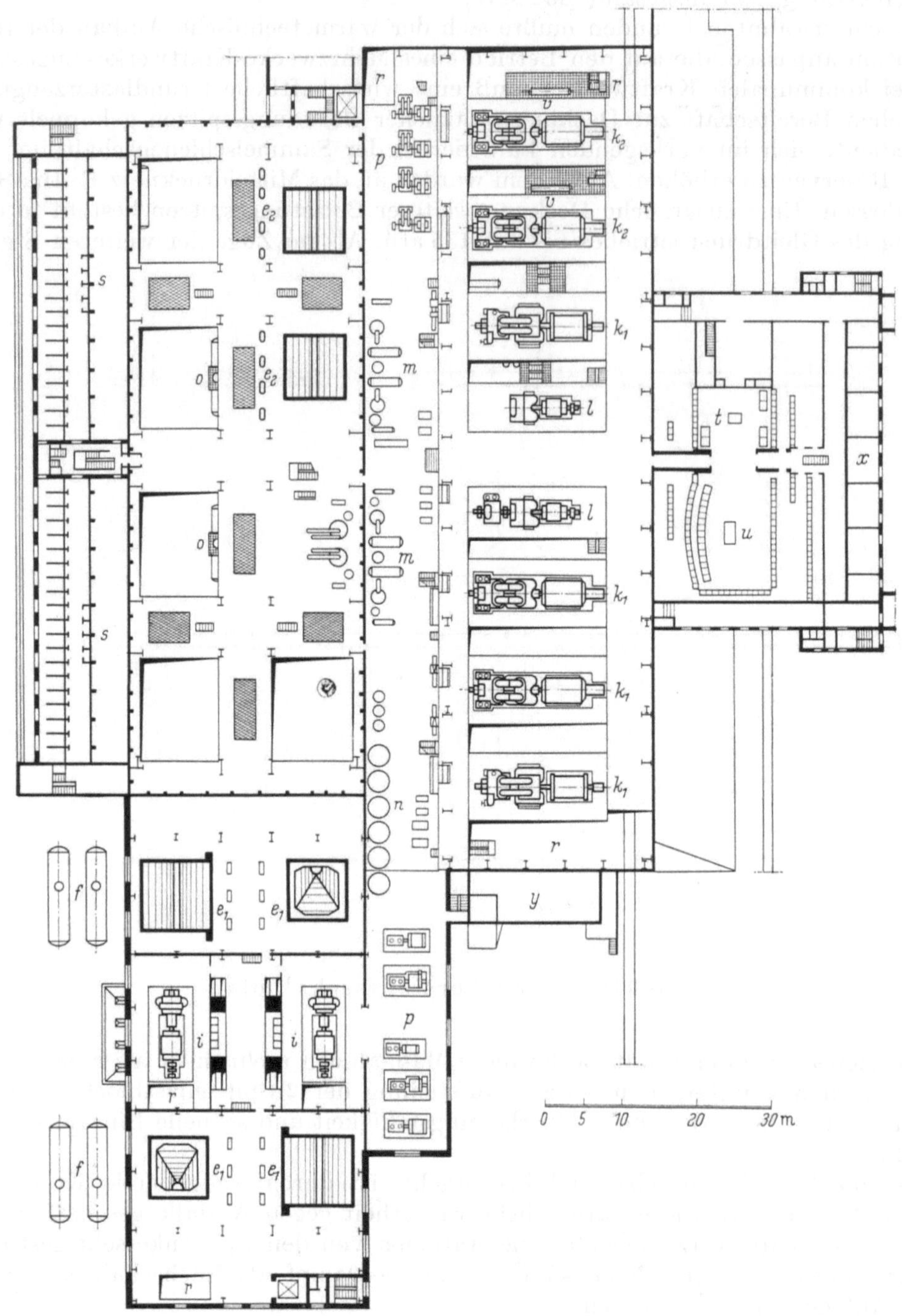

Grundriß

Zur Erreichung einer möglichst kleinen Grundfläche für den Kraftwerksblock wurde s. Zt. die Hochbauweise gewählt, wobei die Schornsteine auf den mittleren Bunkerschwerbau aufgesetzt sind. Während die Hochbauweise beibehalten wurde, steht der Schornstein der Vorschaltanlage zur Ersparnis von Stahl auf Betonrahmen. Hier sind jedoch die Vorschaltmaschinen im Interesse möglichst kurzer Frischdampfleitungen zwischen den

Kesseln angeordnet. Das eigentliche Maschinenhaus umfaßt daher nur die Mittel- und Niederdruckturbosätze. Das ursprüngliche Pumpenhaus dient heute nur der Aufnahme von Vorwärmern, Verdampfern und Hilfspumpen. Lediglich im nördlichen Teil, der die beiden Spitzenblocks aufgenommen hat, sind die zugehörigen Kesselspeisepumpen installiert, während für die Speisepumpen der Vorschaltanlage eine Verlängerung des Pumpenhauses vorgesehen wurde. Die Gemeinschaftswarte für das gesamte Kraftwerk gliedert sich deutlich in die Wärmewarte und die Elektrowarte. Beide Teile sind durch einen breiten Mittelgang miteinander verbunden.

Schrifttum

ELLRICH, W.: Brennstoff, Wärme, Kraft (1950) S. 147/159.

Energie Bd. 4 (1952) S. 10/11 und Bd. 7 (1955) S. 32.

SCHRÖDER, K.: Dampfkraftwerke, Sonderdruck aus dem Werk: Die Entwicklung der Starkstromtechnik, Siemens-Schuckertwerke AG.

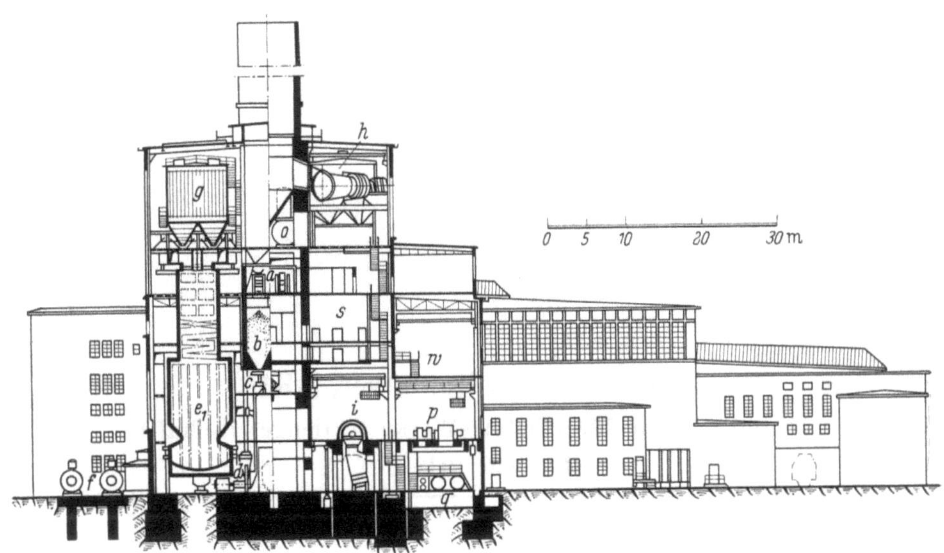

Querschnitt

Legende zum Grundriß und Querschnitt

a	Bekohlung	*m*	Verdampferanlage
b	Bunker	*n*	Wasseraufbereitungsanlage
c	Kohlenzuteiler	*o*	Speisewasserbehälter mit Entgaser
d	Kohlenmühle	*p*	Kesselspeisepumpen
e_1	Kessel 180 t/h (Vorschaltanlage)	*q*	Kühlwasserleitungen
e_2	Kessel 210 t/h (Spitzenanlage)	*r*	Montageöffnung
f	Regelspeicher	*s*	6 kV-Eigenbedarfsschaltanlage
g	Elektrofilter	*t*	Wärmewarte
h	Saugzuggebläse	*u*	Elektrowarte
i	Vorschaltturbosatz 29 MW	*v*	Vorwärmer
k_1	Nachschaltturbosatz 36 MW	*w*	Rohrbühne
k_2	Turbogenerator 50 MW	*x*	Büroräume
l	Hausturbosatz	*y*	Wasseraufbereitungsanlage

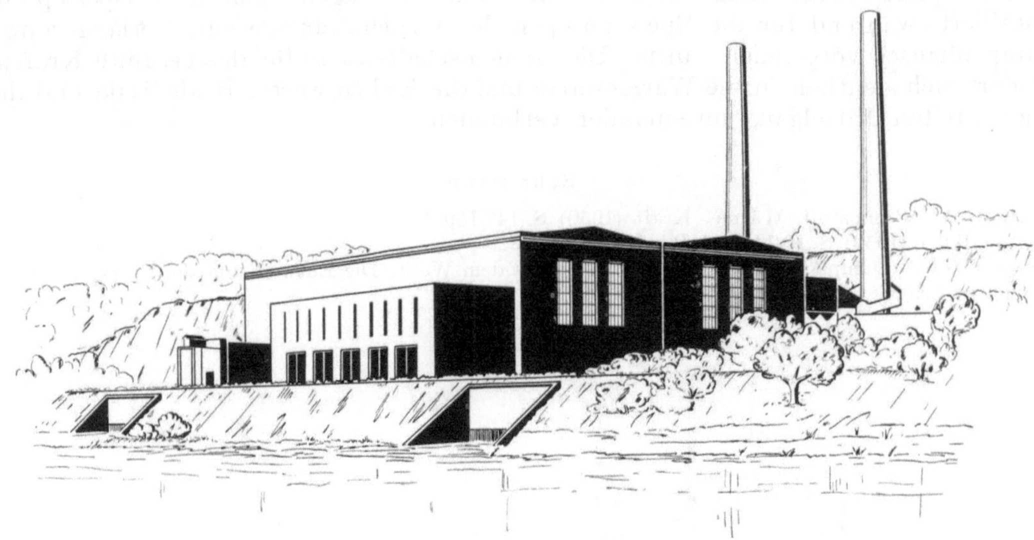

Schaubild

123 **Kraftwerk Ost-Hannover, BRD**

(Hamburgische Electricitäts-Werke Aktiengesellschaft)

Baujahr 1942/46

Kessel	Satz 1 und 2
Anzahl	4
Leistung t/h	125
Art	Durchlauf
Genehmigungsdruck atü	—
Dampfzustand bei Austritt atü	140
Dampfzustand bei Austritt °C	510
Dampfzustand hinter ZWÜ atü	26,5
Dampfzustand hinter ZWÜ °C	445
Brennstoff:	
Art	Steinkohle
unterer Heizwert kcal/kg	5700—7300
Feuerung	Ecken
Schlackenabzug	trocken
Luftvorwärmung °C	—
Abgastemperatur °C	—
Wirkungsgrad %	91

Rauchgasentstaubung: elektrisch
Wasseraufbereitung: chemisch und Verdampfung
Bauweise: Beton
Vorgesehene Gesamtleistung: 280 MW

Turbinen	Satz 1 und 2	
Anzahl	2	2
Leistung MW	20,5	48,2
Leistung MVA	25	64
Art	HD	ND
Drehzahl U/min	3000	3000
Dampfdurchsatz t/h	254	222
Dampfzustand bei Eintritt atü	135	26
Dampfzustand bei Eintritt °C	500	440
bei Wiedereintritt atü	—	—
bei Wiedereintritt °C	—	—
Kühlwassertemperatur °C	—	11
Dampfzustand bei Austritt ata	29	—
Dampfzustand bei Austritt °C	310	—
Gehäusezahl	1	2
Abdampfstutzen (flutig)	1	2
Vorwärmstufen	—	4
Entgasungstemperatur °C	—	136
Speisewassertemperatur °C	—	225

Kennzahlen

Spez. Wärmeverbr. netto kcal/kWh	3250
„ Flächenbedarf m²/kW	0,055
„ Raumbedarf m³/kW	1,15

Mit dem Bau des als Grundlastwerk entworfenen Kraftwerkes wurde 1942 begonnen. Der erste der beiden Sätze kam nach einer durch die Kriegsereignisse bedingten Unterbrechung erst 1946 in Betrieb. Der Dampfzustand an der Turbine beträgt maximal 135 atü, 500 °C bei Vollast; bei Bestlast wird der Druck auf 110 atü gesenkt (Gleitdruckbetrieb).

Unter den Gegebenheiten der Kriegsjahre wurde mit Rücksicht auf eine geringere Gefährdung der Kraftwerksanlagen durch Fliegerangriffe gefordert, daß Bekohlungsanlage, Kraftwerk und Freiluftschaltanlage räumlich getrennt errichtet wurden. Der Kohlenlagerplatz liegt an einem toten Elbarm etwa 1,7 km vom Kraftwerk entfernt; die Entfernung zwischen diesem und der Freiluftanlage beträgt etwa 2 km.

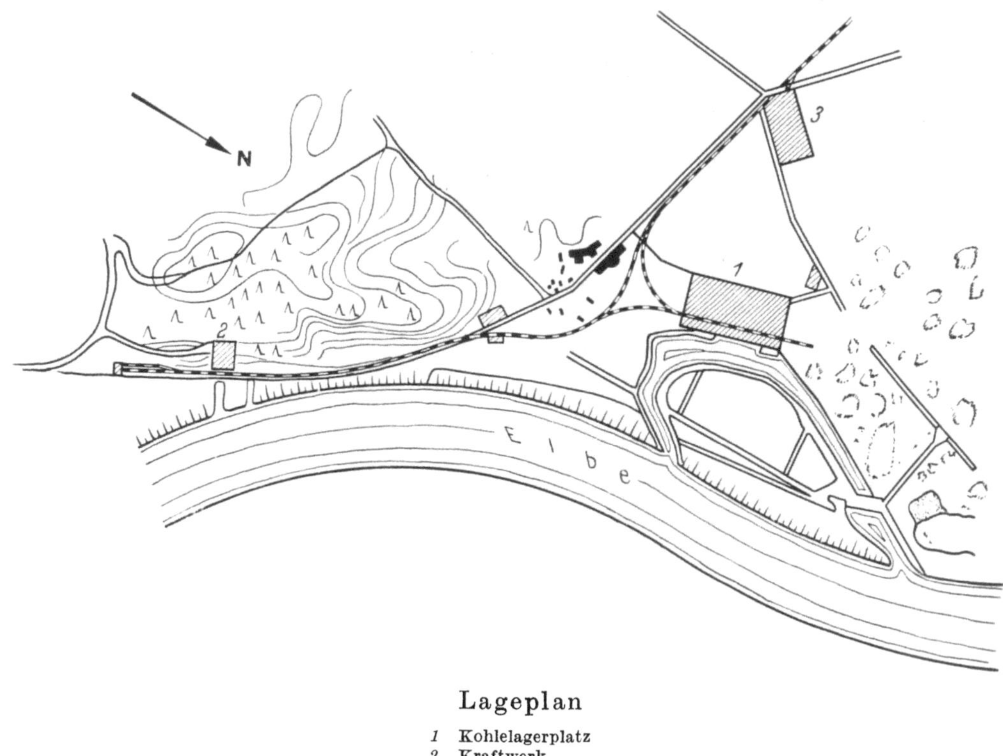

Lageplan

1 Kohlelagerplatz
2 Kraftwerk
3 Freiluftschaltanlage

Die Auslegung des Kraftwerkes hat den sogenannten Einheitskraftwerken als Grundlage gedient. Das Wärmegefälle ist auf 2 Turbinen aufgeteilt. Der Abdampf der beiden von je zwei Bensonkesseln gespeisten Hochdruckturbinen tritt mit etwa 28 atü, 310 °C aus und wird nach Zwischenüberhitzung auf 440 °C einer Sammelschiene zugeführt, an die die beiden Nachschaltturbinen angeschlossen sind. Bei einer Störung an den Vorschaltturbinen kann auch reduzierter Frischdampf in die Sammelschiene eingespeist werden.

Das Speisewasser wird in 5 Vorwärmstufen aufgewärmt, von denen zwei hinter den Speisepumpen liegen. Die unmittelbar vor den Kesseln liegende Stufe wird von dem aus den Hochdruckturbinen austretenden, nicht zwischenüberhitzten Dampf gespeist. Die Nachschaltturbinen haben 3 Anzapfungen. Eine weitere Stufe, deren Druck zwischen dem der ersten und zweiten Anzapfung der Nachschaltturbinen liegt, wird durch den Abdampf der Speisepumpenturbinen geschaffen. Durch diesen Abdampf werden Verdampfer und Entgaser betrieben. Durch den mit der Belastung sich ändernden Dampfanfall der Speisepumpenturbinen wird die Entgasungstemperatur nur in einem verhältnismäßig geringen Bereich gehalten. Eine weitere Angleichung ist durch entsprechenden Einsatz der elektromotorisch angetriebenen Speisepumpen möglich. Hierdurch kann das Überleiten von Dampfmengen in Netze mit niedrigeren Druckstufen, womit also Drosselverluste verbunden sind, in erheblichem Umfang vermieden werden.

Jeder Stromerzeuger speist über entsprechende Transformatoren auf eine 110 kV-Doppelsammelschiene. Unmittelbar an die Generatoren der Nachschaltturbinen sind

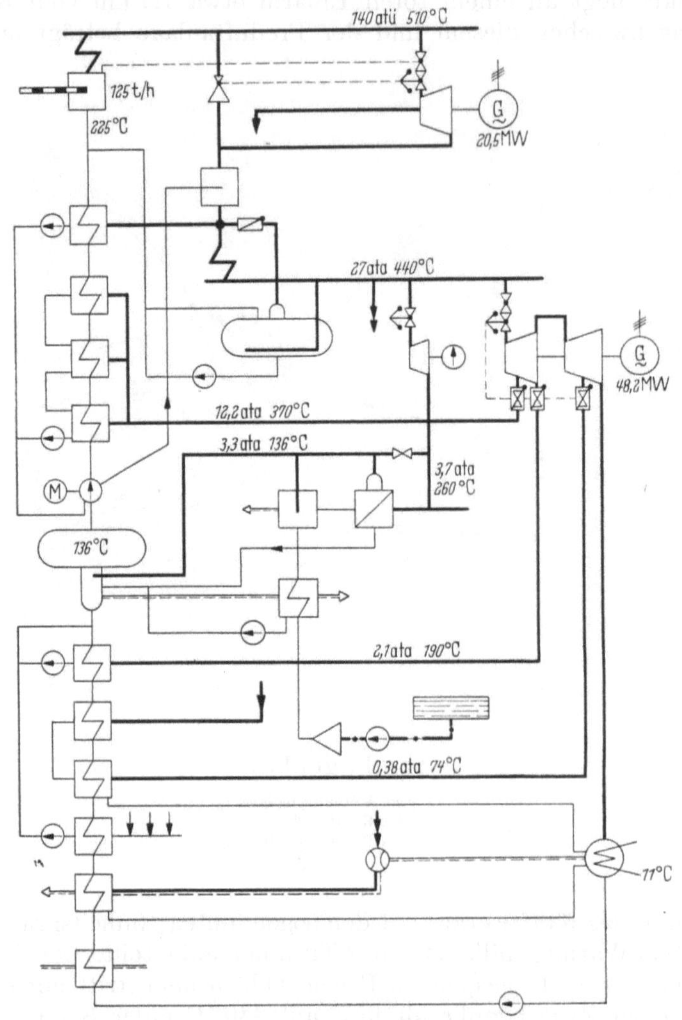

Wärmegrundschaltplan

2 Regelumspanner mit einer Leistung von je 6,3 MVA angeschlossen, die auf getrennte Eigenbedarfssammelschienen arbeiten. Die Eigenbedarfsmotoren jedes Blockes sind dabei so geschaltet, daß sie von zwei getrennten Quellen gespeist werden können.

Bei der räumlichen Anordnung ist zu beachten, daß das Kraftwerk ursprünglich durch dicke Betonwände und Decken unter Ausnutzung des vom Elbufer ansteigenden Geländes luftschutzmäßig gesichert werden sollte. Von diesem Vorhaben hat man jedoch zuletzt Abstand genommen, ohne daß die Zuordnung der einzelnen Anlageteile zueinander geändert wurde. Hierdurch ergibt sich die in mancher Hinsicht vom üblichen abweichende Anordnung. Die Kohle wird mittels Großraumwagen, deren Gleise in der

Höhe des Maschinenhausflures liegen, in die darunterliegenden Kesselbunker entladen. Die Rauchgaskanäle der Kessel verlaufen oberhalb des Bahnprofils zu den waagerecht liegenden Elektrofiltern. Hinter dem Saugzuggebläse werden die Rauchgase dem zwei Kesseln gemeinsamen Schornstein zugeführt. Zwischen den beiden Kesselpaaren liegen die Wärme- und Elektrowarte. Jenseits des Bunkergleises schließt sich die Eigenbedarfsschaltanlage an.

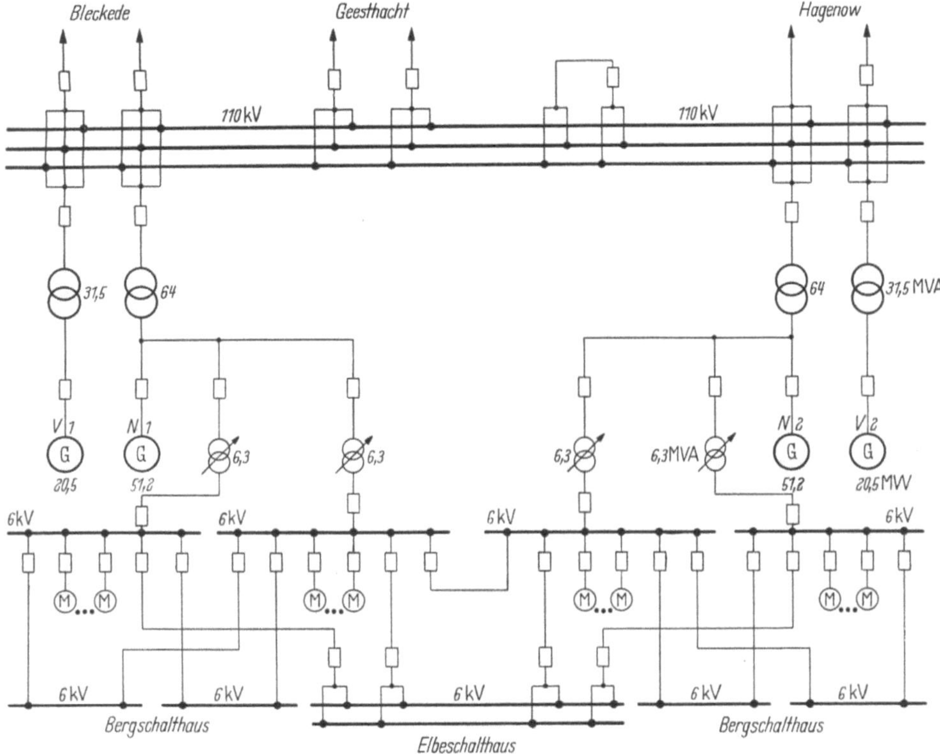

Elektrischer Übersichtsschaltplan

Die verhältnismäßig geringe Höhe der einzelnen Bauteile und ihre fast waagerecht verlaufende obere Begrenzungslinie sind durch den geschilderten Verlauf der Planung bedingt. Als Schwerbau ist die Warte mit den darüberliegenden Speisewasserbehältern und den darunter befindlichen Speisepumpen und Hochdruckvorwärmern anzusprechen.

Schrifttum

Stegemann, M.: Z. VDI Bd. 90 (1948) S. 161/68.

Schröder, K.: Dampfkraftwerke. Sonderdruck aus dem Werk: Die Entwicklung der Starkstromtechnik, Siemens-Schuckertwerke AG.

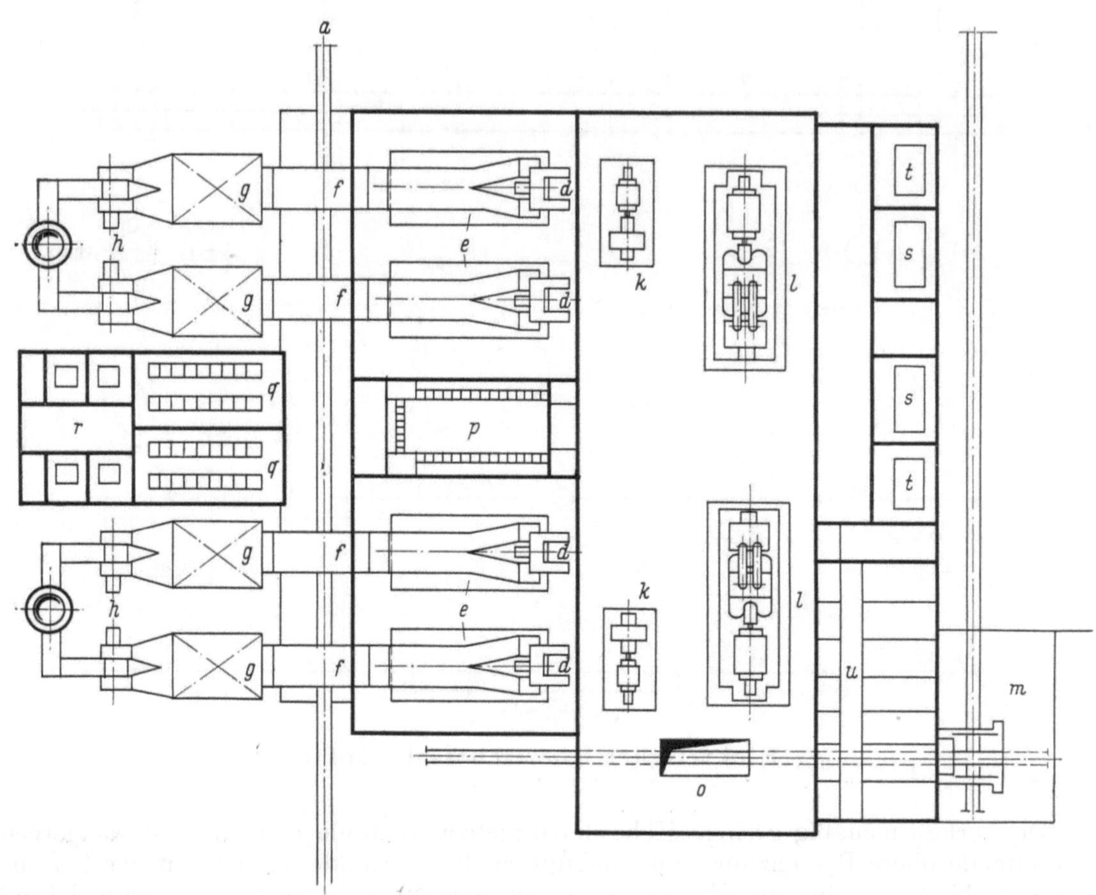

Grundriß

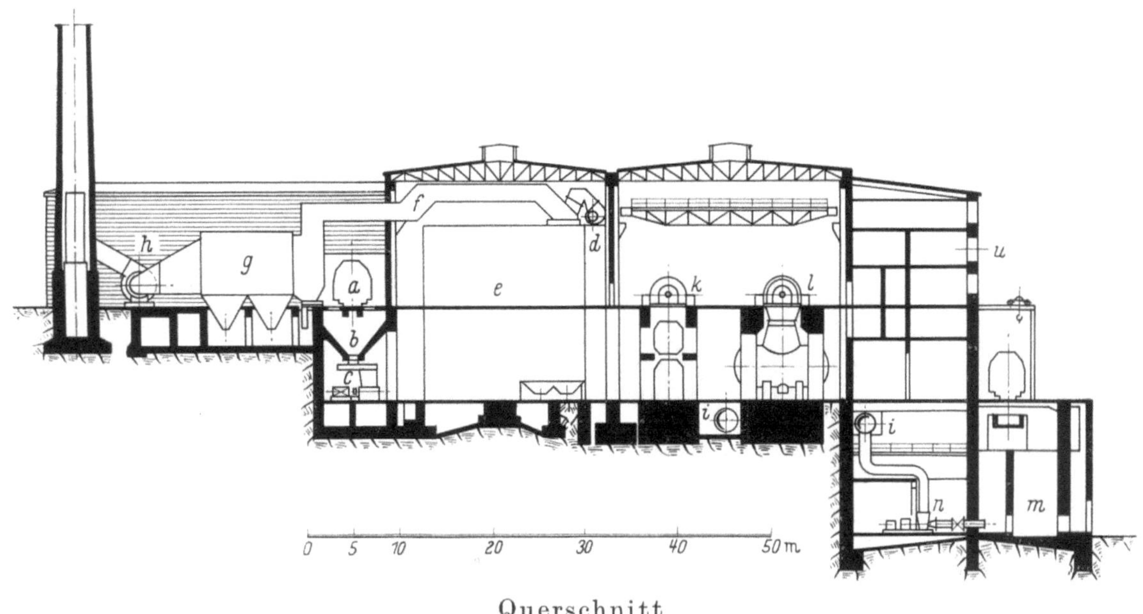

Querschnitt

Legende zum Grundriß und Querschnitt

a	Kohlenantransport in Großraumwagen	*l*	Nachschaltturbosatz 50 MW
b	Bunker	*m*	Einlaufbauwerk
c	Kohlenmühle	*n*	Kühlwasserpumpen
d	Frischluftgebläse	*o*	Montageöffnung
e	Kessel	*p*	Schaltwarte
f	Rauchgaskanal	*q*	Eigenbedarfsschaltanlage
g	Elektrofilter	*r*	Eigenbedarfsumspanner
h	Saugzuggebläse	*s*	Umspanner 64 MVA, 110 kV
i	Kühlwasserleitung	*t*	Umspanner 32 MVA, 110 kV
k	Vorschaltturbosatz 20 MW	*u*	Betriebsgebäude

Schaubild

125

Kraftwerk Fenne, BRD
(Saarbergwerke, Saarbrücken)
Baujahr 1955/57

Kessel	Block I und II	Turbinen	Block I und II
Anzahl	2	Anzahl	2
Leistung t/h	225	Leistung MW	72,5
Art	Durchlauf	Leistung MVA	96,6
		Art	K
Genehmigungsdruck atü	150	Drehzahl U/min	3000
Dampfzustand bei Austritt atü	135	Dampfdurchsatz t/h	225
Dampfzustand bei Austritt °C	535	Dampfzustand bei Eintritt atü	130
Dampfzustand hinter ZWÜ atü	33,4	Dampfzustand bei Eintritt °C	525
Dampfzustand hinter ZWÜ °C	535	bei Wiedereintritt atü	32,9
Brennstoff:		bei Wiedereintritt °C	525
Art	Steinkohle	Kühlwassertemperatur °C	12
unterer Heizwert kcal/kg	4250	Dampfzustand bei Austritt ata	0,034
		Dampfzustand bei Austritt °C	—
Feuerung	Schmelzkammer	Gehäusezahl	3
Schlackenabzug	flüssig	Abdampfstutzen (flutig)	2
Luftvorwärmung °C	380	Vorwärmstufen	7
Abgastemperatur °C	140	Entgasungstemperatur °C	125
Wirkungsgrad %	89,5	Speisewassertemperatur °C	223

Rauchgasentstaubung: elektrisch
Wasseraufbereitung: Vollentsalzung
Bauweise: Bunker und Zwischenbau Beton, Kesselhaus Stahl
Vorgesehene Gesamtleistung: — MW

Kennzahlen

Spez. Wärmeverbr. netto kcal/kWh	2397
„ Flächenbedarf m²/kW	0,027
„ Raumbedarf m³/kW	0,80

Zur Deckung des Strombedarfes der Saarbergwerke dienen mehrere Kraftwerke, die zum großen Teil aus der Vorkriegszeit stammen. Nachdem diese aber zur Be-

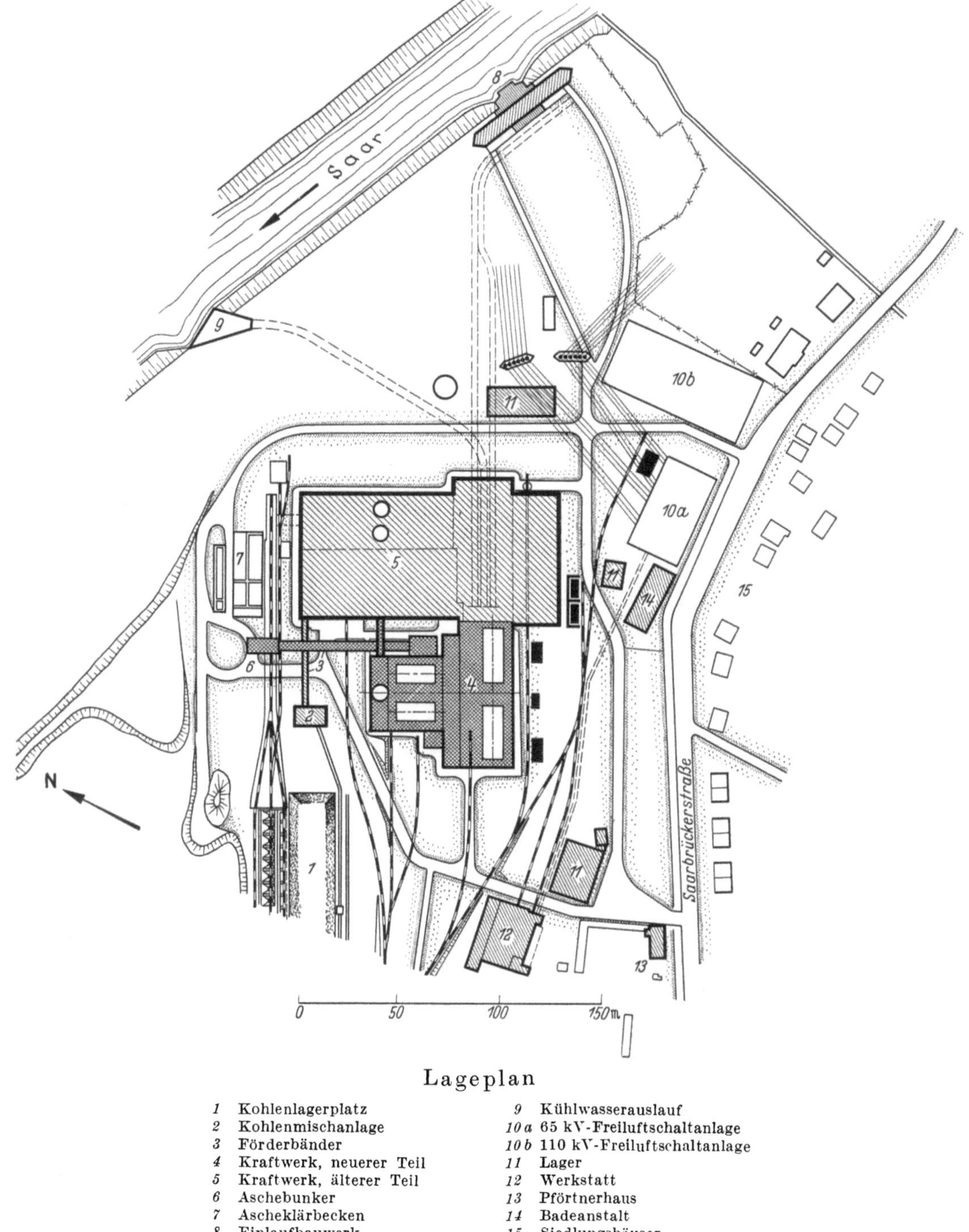

Lageplan

1	Kohlenlagerplatz	*9*	Kühlwasserauslauf
2	Kohlenmischanlage	*10a*	65 kV-Freiluftschaltanlage
3	Förderbänder	*10b*	110 kV-Freiluftschaltanlage
4	Kraftwerk, neuerer Teil	*11*	Lager
5	Kraftwerk, älterer Teil	*12*	Werkstatt
6	Aschebunker	*13*	Pförtnerhaus
7	Ascheklärbecken	*14*	Badeanstalt
8	Einlaufbauwerk	*15*	Siedlungshäuser

friedigung des stetig wachsenden Zecheneigenbedarfes nicht mehr genügten und auch ein Teil der erzeugten Energie in das öffentliche Netz abgegeben werden sollte, beschlossen die Saarbergwerke die Erstellung eines neuen Kraftwerkes im Anschluß an das vorhandene alte Kraftwerk Fenne. Der Bau des Kraftwerkes erfolgte in den Jahren 1955/57.

Das Kraftwerk sollte schwer verkäufliche, ballastreiche Kohle verwerten, die einen Aschegehalt bis zu 30% und einen Feuchtigkeitsgehalt bis zu 12% aufweist.

Die Lage des Werkes an der Saar ermöglichte den Betrieb mit Frischwasserkühlung. Der Frischdampfzustand ist 130 atü, 525° C am Turbineneintritt. Es wurde Zwischenüberhitzung auf ebenfalls 525° C vorgesehen.

Die Regenerativvorwärmung des Speisewassers erfolgt in jedem Block in 7 Stufen bis auf 223° C. Die drei obersten Stufen sind in die Speisewasser-Druckleitung eingeschaltet. Das Heizkondensat dieser Hochdruckvorwärmer fließt einem Zwischenbehälter zu, der unter gleichem Druck wie der Speisewasserbehälter steht und auch das

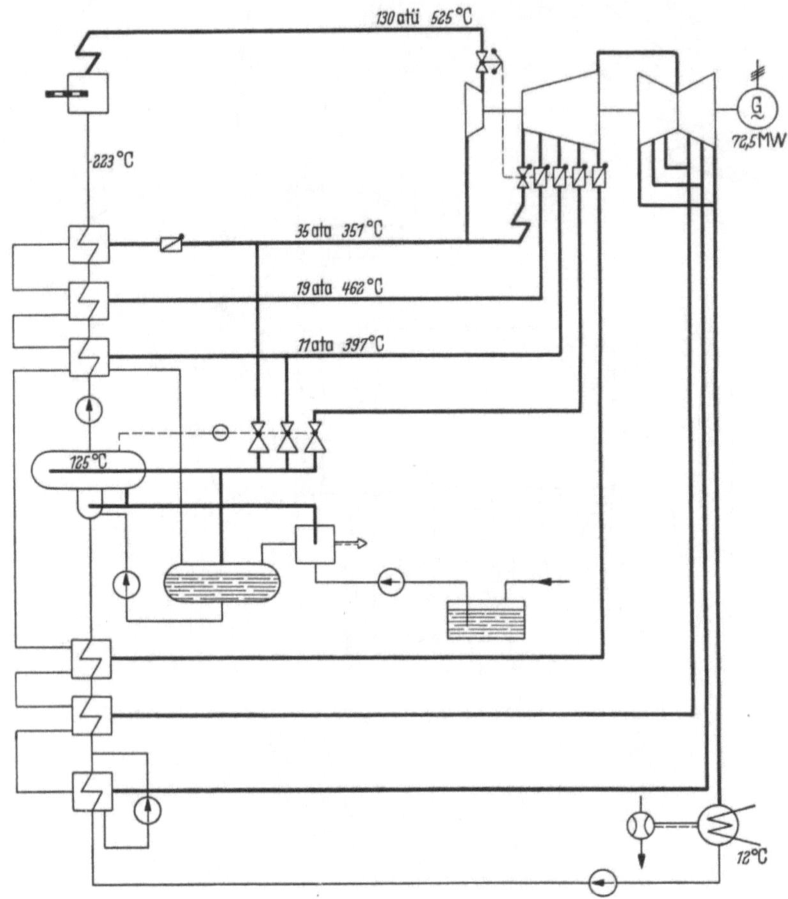

Wärmegrundschaltplan

vollentsalzte und vorentgaste Zusatzwasser aufnimmt. Aus diesem Zwischenbehälter wird das Wasser mittels einer Pumpe in den Hauptentgaser befördert. Die Kondensate aus den Niederdruckvorwärmern, in die bei Schwachlastbetrieb auch das Kondensat aus den Hochdruckvorwärmern eingeleitet wird, werden mittels einer Rückspeisepumpe dem Hauptkondensatstrom hinter dem Vakuumvorwärmer wieder zugeführt. Durch diese Maßnahme wird eine gewisse Verbesserung des Wärmeverbrauches erreicht. Die Entgasung des Speisewassers erfolgt bei konstantem Druck, der bei kleiner Last über Reduzierstationen aus zwei höheren Entnahmen gehalten wird.

Die beiden Dreizug-Benson-Kessel mit je 225 t/h haben Frontalfeuerung mit U-Flamme und zwei getrennte Rohrsysteme. Bei ungleichmäßiger Feuerlage wird durch einen Schieflagenregler eine Steuerung der Wasserströme durch die beiden Systeme derart bewirkt, daß die Austrittstemperatur am Überhitzerende in beiden Systemen stets die gleiche ist. Die Zwischenüberhitzungstemperatur kann durch Zu- oder Abschalten eines Parallelzuges über den Lastbereich konstant gehalten werden.

Die elektrische Schaltung sieht die völlige Trennung der beiden Blocks vor, indem der eine Generator über einen regelbaren Blockumspanner in das öffentliche 110 kV-Netz und der andere Generator über einen Blockumspanner mit konstantem Übersetzungsverhältnis in das 65 kV-Netz der Saarbergwerke einspeist. Der Eigenbedarf jedes Blockes wird, wie bei Blockkraftwerken üblich, von den Generatorklemmen über Regelumspanner versorgt. Zur Speisung des allgemeinen Eigenbedarfes sowie zur Sicherstellung der Versorgung des Eigenbedarfes des Blöcke im Fall des Ausfalles der Versorgung vom Generator her dient ein Regelumspanner, der an das 35 kV-Netz des Zechenbetriebes angeschlossen ist, in das auch das alte Kraftwerk Fenne einspeist.

Die Hochbauweise des Kraftwerkes bedingt, daß die Elektrofilter auf die Kessel gesetzt werden und der Schornstein auf dem Schwerbau steht. Dieser nimmt unterhalb

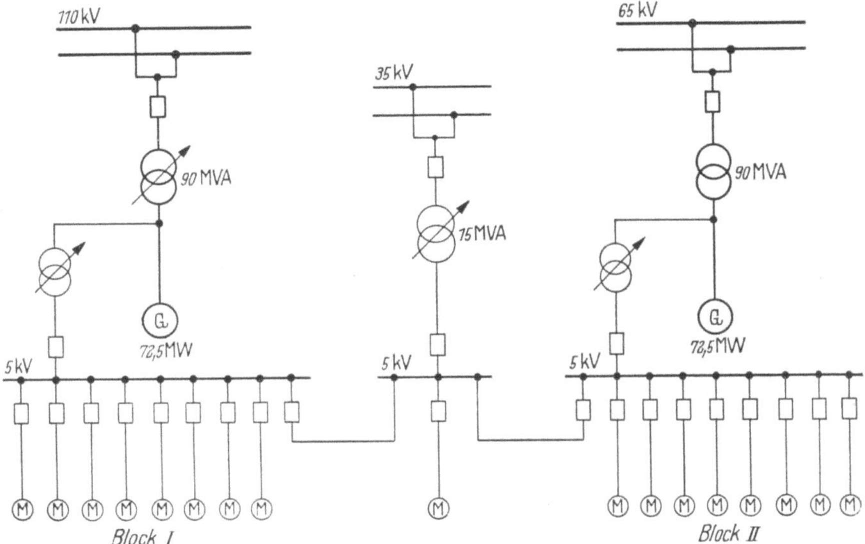

Elektrischer Übersichtsschaltplan

des Schornsteins die Saugzug- und Frischluftgebläse und unter diesen die Kohlenbunker auf.

Die beiden dreigehäusigen Turbosätze mit doppelflutigem Niederdruckteil stehen in Längsrichtung des Maschinenhauses. Neben den Turbosätzen sind die Hochdruckvorwärmer und die Kesselspeisepumpen angeordnet. Die letzteren haben hydraulische Kupplungen zur verlustarmen Drehzahlregelung.

Das alte Maschinenhaus bestimmte die Breite des neuen. Zwischen dem neuen Maschinenhaus und dem Kesselhaus liegt ein Trakt, der die Wärmewarte, die Eigenbedarfsschaltanlage und die Speisewasserbehälter aufnimmt. Die Blockumspanner sowie der Reserve-Eigenbedarfs-Umspanner stehen im Freien vor der Maschinenhausfront. Die Block-Eigenbedarfs-Umspanner sind unmittelbar unter den Generatorableitungen noch innerhalb des Maschinenhauses angeordnet.

Wegen des schlechten Baugrundes mußte der gesamte Gebäudekomplex des Kraftwerkes auf Pfählen gegründet werden. Außer dem Bunkerschwerbau wurden auch der Bau zwischen Kessel- und Maschinenhaus und das Maschinenhaus selbst aus Beton erstellt. Die Dächer des Maschinenhauses und des Kesselhauses sowie die Kesselhausseitenwände bestehen aus leichten Stahlkonstruktionen, wobei die Seitenwände mit Ziegelmauerwerk ausgefacht sind.

Eine Anordnung der Hochspannungschaltanlagen unmittelbar am Kraftwerksgebäude war aus räumlichen Gründen nicht möglich. Die Entfernung zwischen den Blockumspannern und den Freiluftschaltanlagen wurde durch Ölkabel überbrückt.

Da die Strombedarfsentwicklung weiter günstig verläuft, beschlossen die Saarbergwerke im Jahr 1957, in ihrem Kraftwerk Barbara einen neuen Zwischenüberhitzungsblock mit einem Turbosatz von 150 MW und einem Bensonkessel aufzustellen. Dieser Block soll 1959 in Betrieb kommen. Der Dampfzustand am Eintrittsstutzen der Turbine beträgt 184 atü, 525° C bei einer Zwischenüberhitzung auf 525° C.

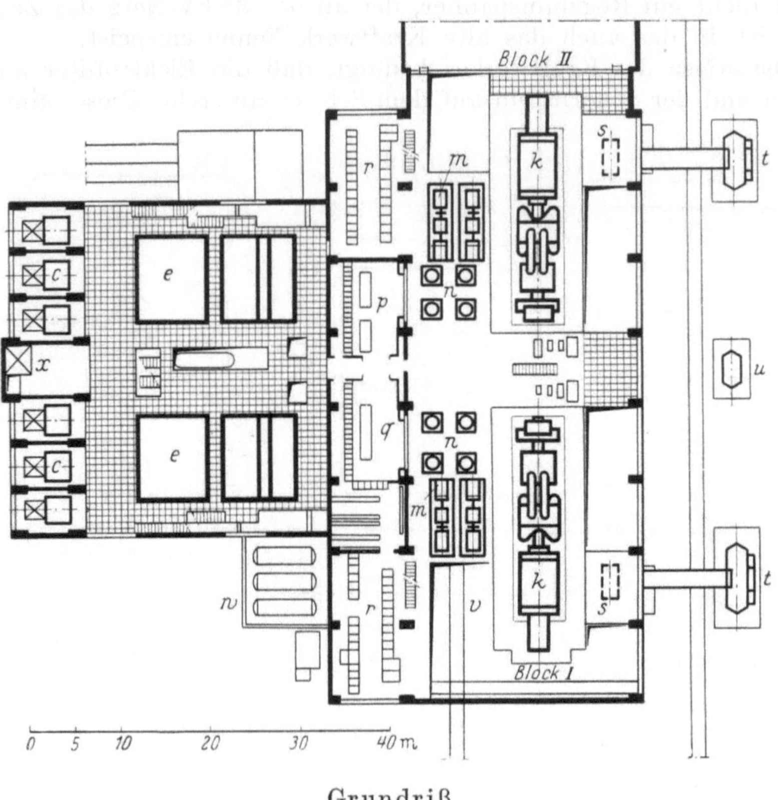

Grundriß

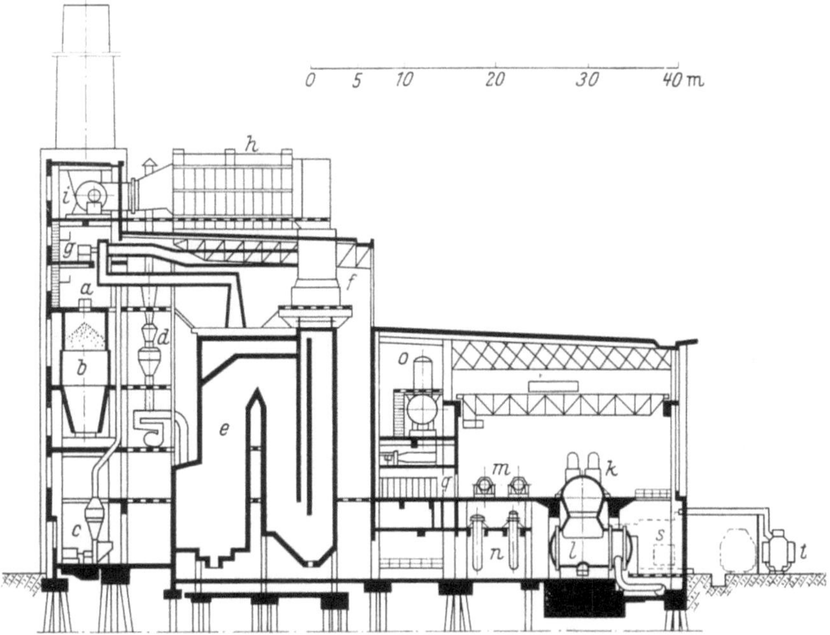

Querschnitt

Legende zum Grundriß und Querschnitt

a Bekohlung
b Bunker
c Kohlenmühlen
d Staubabscheider und Zwischenbunker
e Kessel
f Luftvorwärmer
g Frischluftgebläse
h Elektrofilter
i Saugzuggebläse
k Turbogenerator
l Kondensator
m Kesselspeisepumpen
n Vorwärmer
o Speisewasserbehälter mit Entgaser
p Wärmewarte
q Elektrowarte
r Eigenbedarfsschaltanlage
s Eigenbedarfsumspanner
t Hauptumspanner
u Anfahrumspanner
v Montageöffnung
w Chemikalienlager
x Aufzug

Schaubild

129 Kraftwerk Beautor, Frankreich

(Electricité de France, Paris, Bezirk Seine et Oise)

Baujahr 1954/56

Kessel	Block I bis III
Anzahl	3
Leistung t/h	400
Art	Naturumlauf
Genehmigungsdruck atü	—
Dampfzustand bei Austritt atü	132
Dampfzustand bei Austritt °C	545
Dampfzustand hinter ZWÜ atü	30
Dampfzustand hinter ZWÜ °C	545
Brennstoff:	
Art	Steinkohle
unterer Heizwert kcal/kg	—
Feuerung	Brenner
Schlackenabzug	trocken
Luftvorwärmung °C	260
Abgastemperatur °C	120
Wirkungsgrad %	88,4

Rauchgasentstaubung: elektrisch
Wasseraufbereitung: Vollentsalzung
Bauweise: Beton
Vorgesehene Gesamtleistung: — MW

Turbinen	Block I bis III
Anzahl	3
Leistung MW	125
Leistung MVA	156
Art	K
Drehzahl U/min	3000
Dampfdurchsatz t/h	—
Dampfzustand bei Eintritt atü	126
Dampfzustand bei Eintritt °C	540
bei Wiedereintritt atü	28
bei Wiedereintritt °C	540
Kühlwassertemperatur °C	15
Dampfzustand bei Austritt ata	0,037
Dampfzustand bei Austritt °C	—
Gehäusezahl	3
Abdampfstutzen (flutig)	3
Vorwärmstufen	6
Entgasungstemperatur °C	—
Speisewassertemperatur °C	240
Kennzahlen	
Spez. Wärmeverbr. netto kcal/kWh	—
„ Flächenbedarf m^2/kW	0,022
„ Raumbedarf m^3/kW	0,675

Das am Saint-Quentin-Kanal gelegene alte Kraftwerk wurde im Jahr 1954 durch einen Neubau erweitert. Durch den örtlichen Abstand des neuen Kraftwerks vom alten

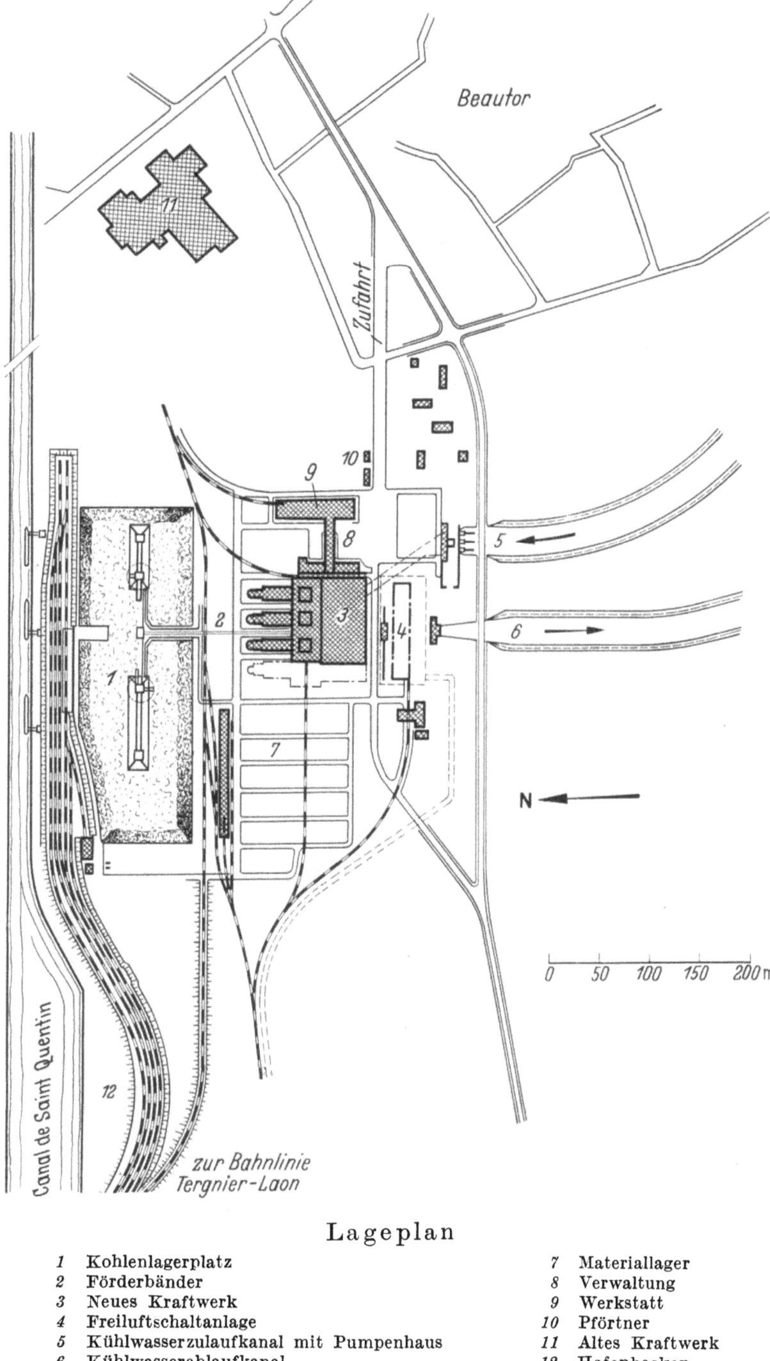

Lageplan

1 Kohlenlagerplatz
2 Förderbänder
3 Neues Kraftwerk
4 Freiluftschaltanlage
5 Kühlwasserzulaufkanal mit Pumpenhaus
6 Kühlwasserablaufkanal
7 Materiallager
8 Verwaltung
9 Werkstatt
10 Pförtner
11 Altes Kraftwerk
12 Hafenbecken

war eine völlige Freizügigkeit in der Planung der neuen Anlage gewährleistet. Aufgestellt wurden drei Sätze mit einer Leistung von je 125 MW und einem Dampfzustand von 126 atü, 540 ° C mit Zwischenüberhitzung auf die gleiche Temperatur. Sätze dieser Auslegung sind auch in anderen französischen Kraftwerken erstellt worden, so daß sie als Einheitssätze gelten können.

Die Kohle kann auf dem Kanal per Schiff oder auch auf Bahnwaggons herangeschafft werden. Das Wasser der in der Nähe vorbeifließenden Oise wird der Kondensatorkühlung nutzbar gemacht. Für den Zu- und Abfluß des Wassers wurden offene Kanäle von etwa 500 m Länge angelegt. Durch die Ausnutzung einer Schleife der Oise konnten Ein- und Auslauf in erheblichem Abstand voneinander angelegt werden.

Die 3 Kessel mit einer Leistung von 400 t/h sind Naturumlaufkessel mit 2 Zügen. Jedem Kessel sind 5 Mühlen zugeordnet, von denen drei an Bunker angeschlossen sind,

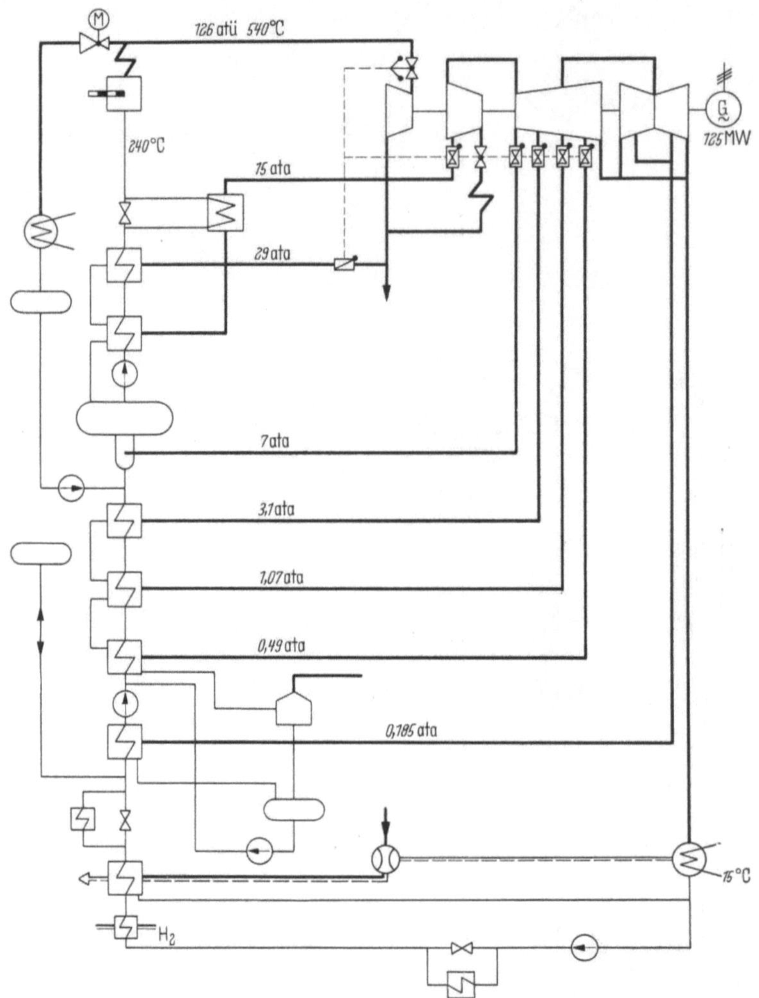

Wärmegrundschaltplan

welche Kohle mit einem hohen Gehalt an flüchtigen Bestandteilen enthalten. Die beiden anderen Mühlen können nicht nur von diesen Bunkern versorgt werden, sondern auch von solchen, die mit Kohle mit einem niedrigen Gehalt an flüchtigen Bestandteilen gefüllt sind. An der Stirnwand des Kessels befinden sich 4 Brennerreihen mit je 4 Brennern. Die oberste Reihe erhielt Ölbrenner zum Anfahren. Die nächstuntere Reihe wird mit Staub mit einem hohen Gehalt an flüchtigen Bestandteilen gespeist. Die beiden restlichen Reihen haben Doppelringbrenner, wobei durch den äußeren Ring Kohlenstaub mit hohen, durch den inneren Ring Kohle mit niedrigem Gehalt an flüchtigen Bestandteilen austritt. Auf diese Weise wird die Zündung des Kohlenstaubes mit geringem Gehalt an flüchtigen Bestandteilen erleichtert. Die gröberen Ascheteilchen werden wieder in den Feuerraum eingeblasen.

Die Turbinen sind dreigehäusig mit 3 Abdampfstutzen und 6 Vorwärmstufen. Von den Vorwärmern liegen zwei hinter den Speisepumpen. Dem Vorwärmer, der von der hinter dem Zwischenüberhitzer liegenden Anzapfung gespeist wird, ist noch ein unmittelbar vor dem Kessel liegender Enthitzer vorgeschaltet. Die Heizdampfkondensate der Hochdruckvorwärmer fließen in den Speisewasserbehälter, die der übrigen Vorwärmer in einen besonderen Behälter, von denen sie in den Speisewasserkreislauf gepumpt werden können. An diesen ist ein Ausgleichsbehälter angeschlossen. Der Anfahrdampf wird in einem besonderen Kondensator niedergeschlagen. Das Kondensat sammelt sich in einem Behälter, von dem es in den Kreislauf vor dem Entgaser durch eine Pumpe gedrückt werden kann.

Ein Generator speist über einen 140 MVA-Umspanner in das 63 kV-Netz, die beiden anderen ebenso in das 150 kV-Netz. Die Eigenbedarfssammelschienen sind über 12 MVA-

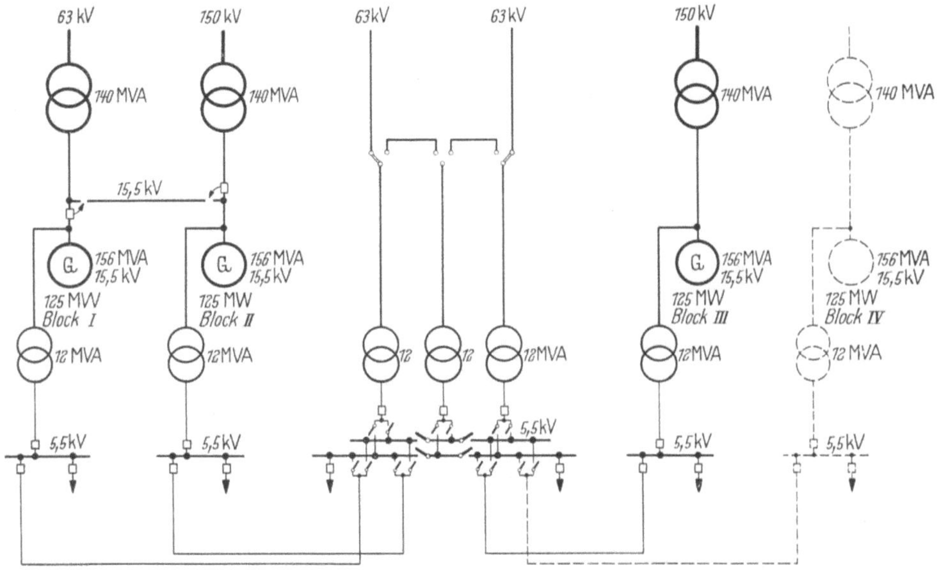

Elektrischer Übersichtsschaltplan

Umspanner unmittelbar an die Generatorklemmen angeschlossen. Zum Anfahren können die Eigenbedarfssammelschienen von dem 63 kV-Netz aus versorgt werden.

Die Bunker und die Mahlanlagen befinden sich an der dem Maschinenhaus zugewandten Seite des Kesselhauses. Zwischen beide Bauteile ist noch das Pumpenhaus eingeschoben. Das Maschinenhaus, in dem die Sätze quergestellt sind, ist also von Nebenanlagen frei gehalten. Auf der anderen Seite des Kesselhauses befindet sich in einem Vorbau vor jedem Kessel der Ljungström-Vorwärmer, an den sich das im Freien aufgestellte Elektrofilter anschließt. Von dort gelangen die Rauchgase in den frei stehenden Schornstein.

Schrifttum

Angaben der Electricité de France, Sept. 1955.
Archiv für Energiewirtschaft, 1957, S. 469/71.

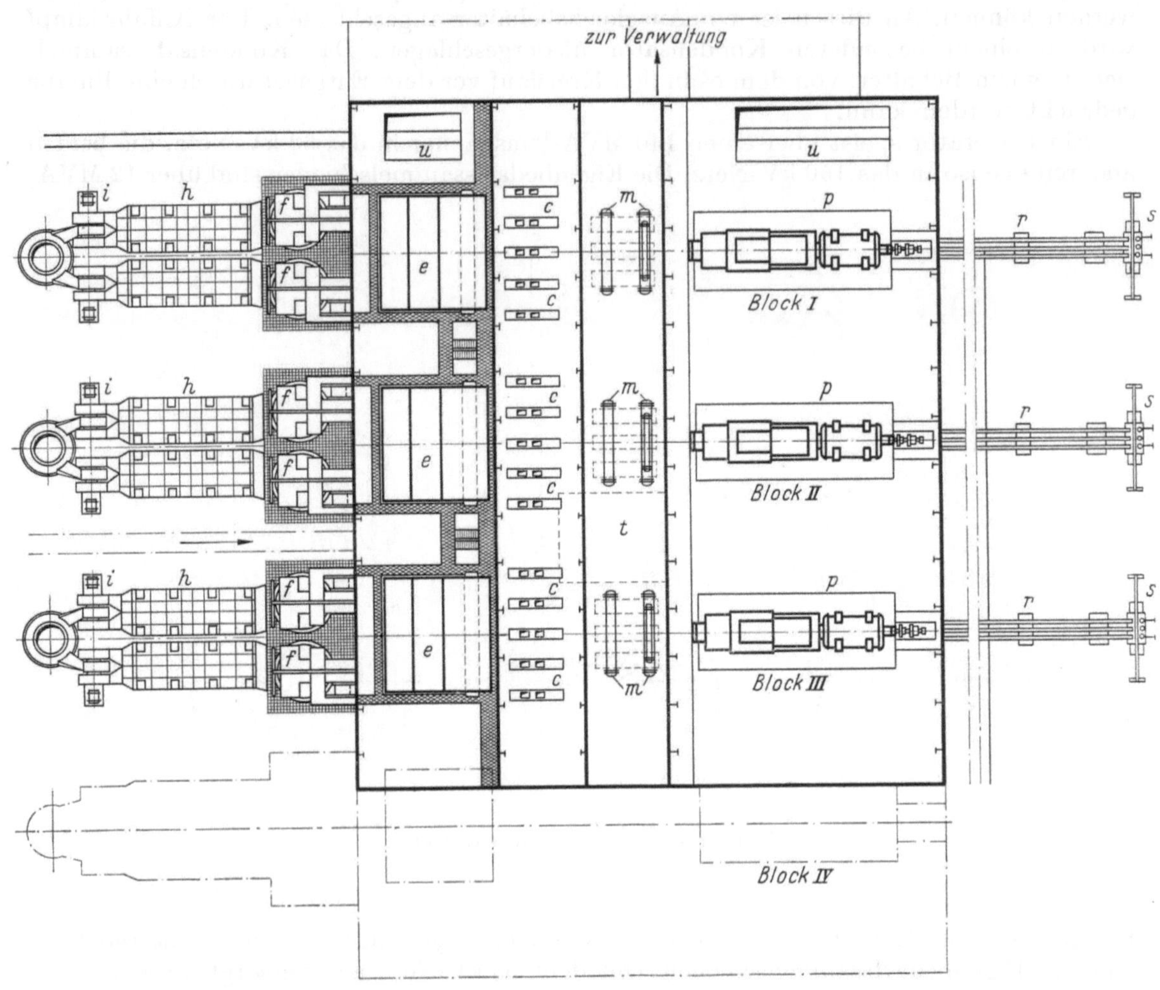
zur Verwaltung
u
u
i
h
f
e
c
m
p
r
s
Block I
Block II
Block III
Block IV
t

Grundriß

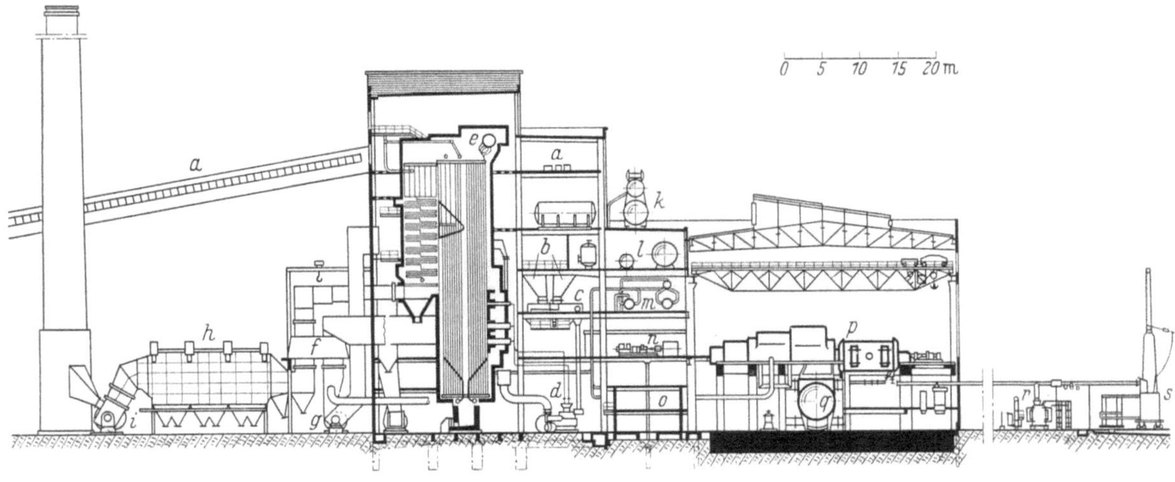

Querschnitt

Legende zum Grundriß und Querschnitt

a	Bekohlung	*l*	Anfahrbehälter
b	Bunker	*m*	Hochdruckvorwärmer
c	Kohlenzuteiler	*n*	Kesselspeisepumpe
d	Kohlenmühle	*o*	Eigenbedarfsschaltanlage
e	Kessel	*p*	Turbogenerator
f	Luftvorwärmer	*q*	Kondensator
g	Frischluftgebläse	*r*	Eigenbedarfsumspanner
h	Elektrofilter	*s*	Hauptumspanner
i	Saugzuggebläse	*t*	Warte
k	Speisewasserbehälter mit Entgaser	*u*	Montageöffnung

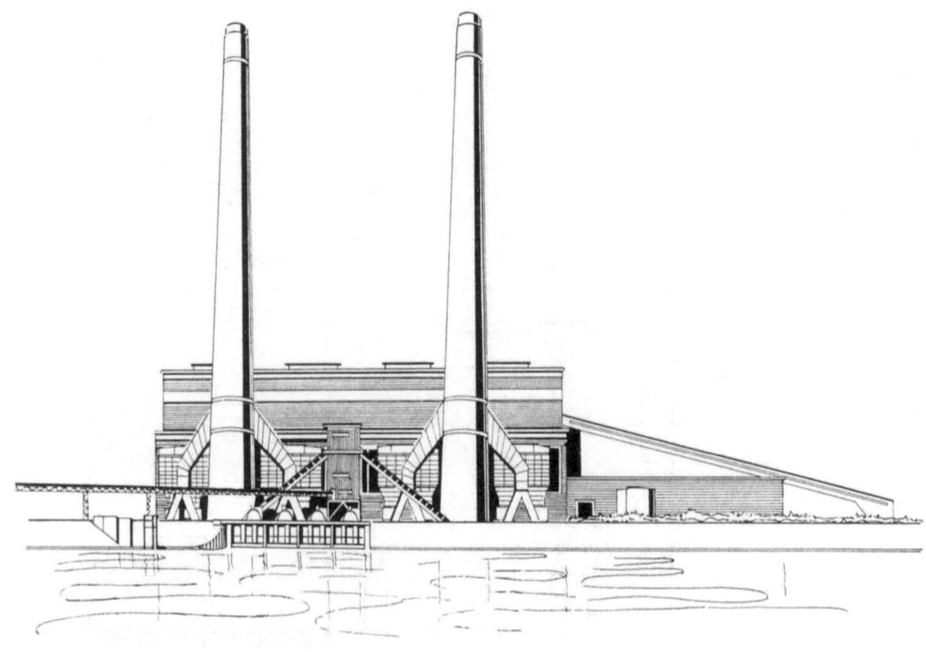

Schaubild

132

Kraftwerk Porcheville, Frankreich

(Electricité de France, Paris, Bezirk Seine et Oise)

Baujahr 1954/55

Kessel	Block I bis IV	**Turbinen**	Block I bis IV
Anzahl	4	Anzahl	4
Leistung ... t/h	360	Leistung ... MW	115
Art	Naturumlauf	Leistung ... MVA	144
		Art	K
Genehmigungsdruck ... atü	—	Drehzahl ... U/min	3000
Dampfzustand bei Austritt atü	139	Dampfdurchsatz ... t/h	—
Dampfzustand bei Austritt °C	543	Dampfzustand bei Eintritt atü	126
Dampfzustand hinter ZWÜ atü	33	Dampfzustand bei Eintritt °C	540
Dampfzustand hinter ZWÜ °C	542	bei Wiedereintritt atü	25
Brennstoff:		bei Wiedereintritt °C	540
Art	Steinkohle, Öl	Kühlwassertemperatur ... °C	15
unterer Heizwert ... kcal/kg	7300	Dampfzustand bei Austritt ata	0,035
		Dampfzustand bei Austritt °C	—
Feuerung	Brenner	Gehäusezahl	3
Schlackenabzug	trocken	Abdampfstutzen (flutig)	3
Luftvorwärmung ... °C	272	Vorwärmstufen	7
Abgastemperatur ... °C	118	Entgasungstemperatur ... °C	—
Wirkungsgrad ... %	88,7	Speisewassertemperatur ... °C	235

Rauchgasentstaubung: mechanisch und elektrisch
Wasseraufbereitung: chemisch und Verdampfung
Bauweise: Beton
Vorgesehene Gesamtleistung: — MW

Kennzahlen

Spez. Wärmeverbr. netto kcal/kWh	—
„ Flächenbedarf ... m^2/kW	0,026
„ Raumbedarf ... m^3/kW	0,59

Das Kraftwerk Porcheville liegt an der Seine, etwa 30 km nordwestlich von Paris. Auf dem Wasserweg kann die Kohle vom nördlichen Kohlenrevier oder aus Lothringen und auch aus dem Ausland herangeführt werden. Außerdem liegt das Kraftwerk an der Bahnlinie Paris–Mantes. Die Kessel sind auch für Ölfeuerung eingerichtet. Somit besteht die Möglichkeit, das Kraftwerk an die Ölleitung Le Havre–Paris anzuschließen.

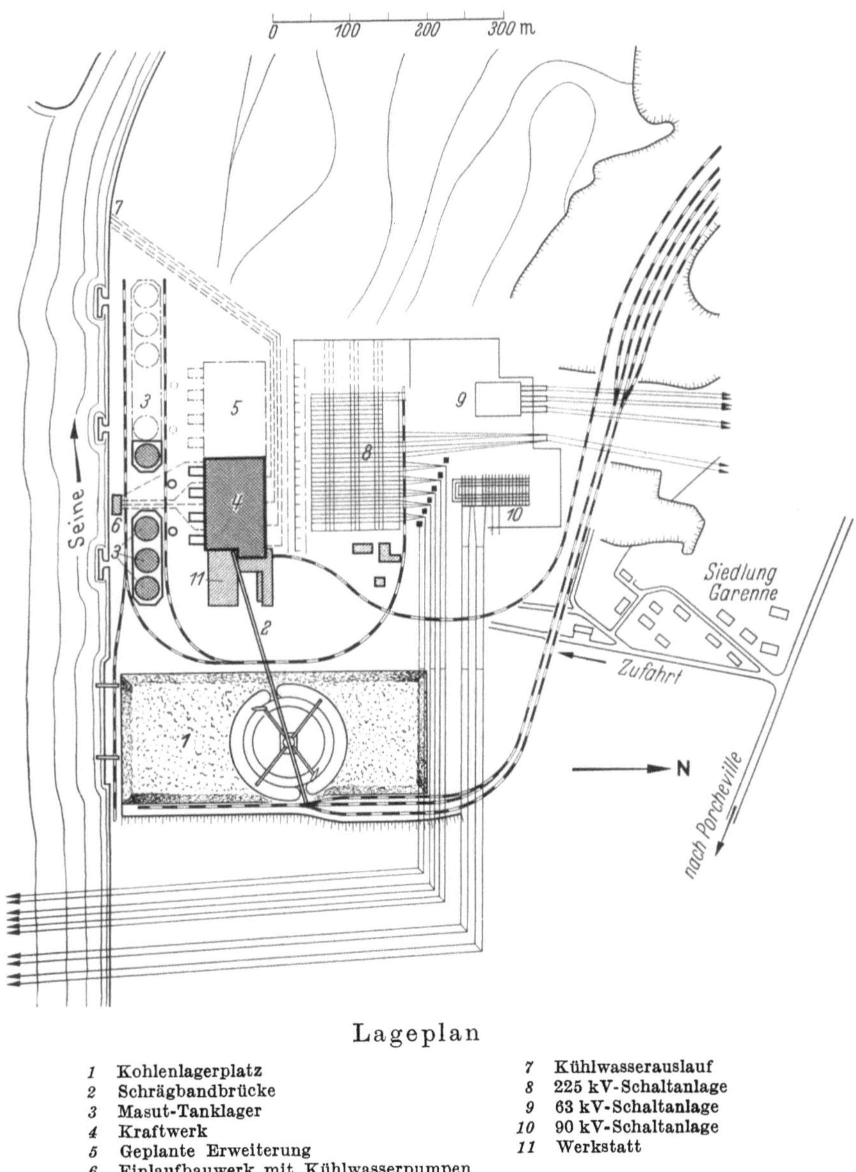

Lageplan

1 Kohlenlagerplatz
2 Schrägbandbrücke
3 Masut-Tanklager
4 Kraftwerk
5 Geplante Erweiterung
6 Einlaufbauwerk mit Kühlwasserpumpen
7 Kühlwasserauslauf
8 225 kV-Schaltanlage
9 63 kV-Schaltanlage
10 90 kV-Schaltanlage
11 Werkstatt

Die Lage des Kraftwerkes ermöglicht die Einspeisung in die regionalen 63 und 90 kV-Netze sowie in die 225 kV-Doppelleitung, die die Verbindung mit dem Umspannwerk Paris-Süd herstellt.

Die 4 Blocks leisten je 115 MW; die Turbinen werden mit Dampf von 126 atü, 540° C mit Zwischenüberhitzung auf die gleiche Temperatur versorgt. Die Kesselleistung beträgt je 360 t/h.

Die 4 Zweizug-Naturumlaufkessel haben eine in 4 Reihen angeordnete Frontalfeuerung, der größte Teil der Brenner ist für Kohle und Öl eingerichtet. Die Regulierung der

Temperaturen des überhitzten und zwischenüberhitzten Dampfes soll bevorzugt durch Steuerung der an dem ersten Teil des Überhitzers und an dem Zwischenüberhitzer vorbeistreichenden Gasmengen mittels Klappen erfolgen. Der Sicherheit halber sind Einspritzkühler zwischen die beiden Überhitzerteile und hinter den Zwischenüberhitzern eingebaut. Jedem Kessel sind 4 Mühlen zugeordnet, von denen bei Nennlast eine in Reserve

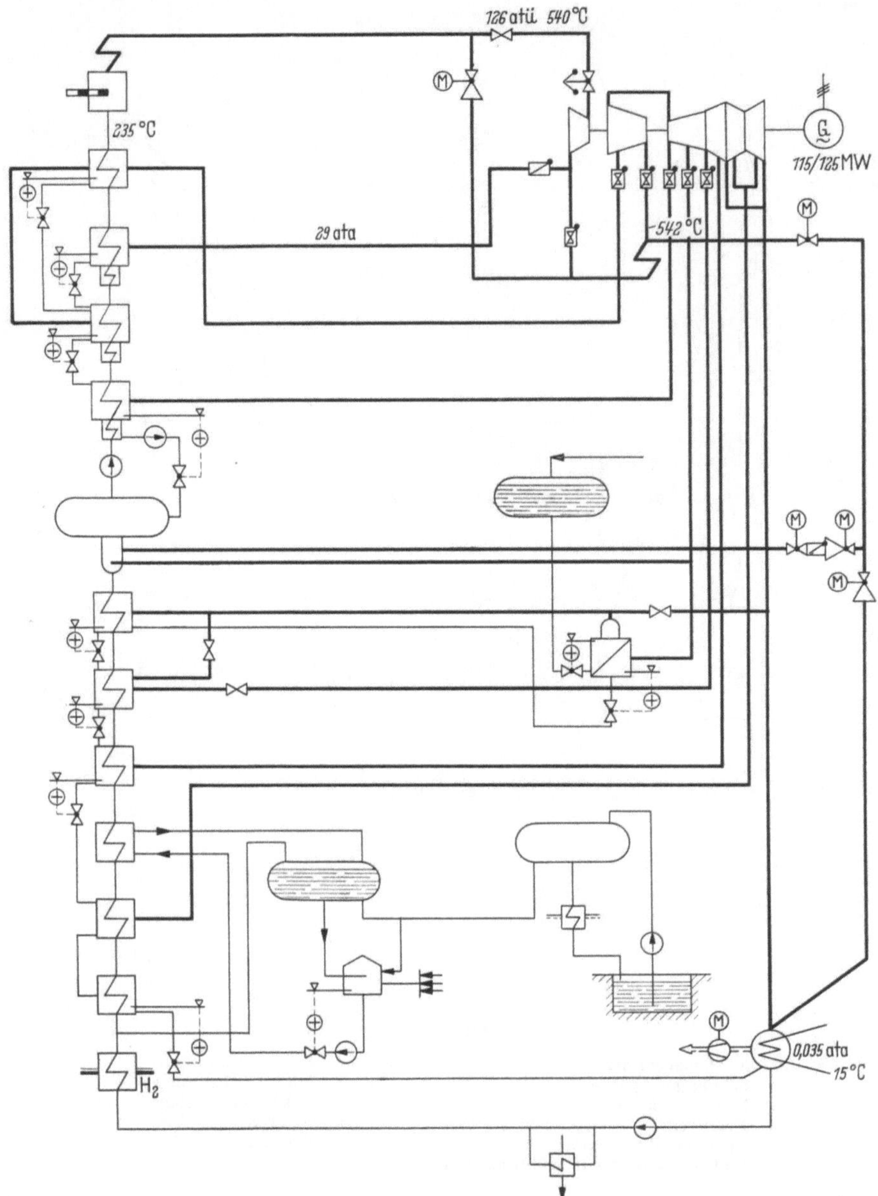

Wärmegrundschaltplan

steht. Für die Rauchgasentstaubung jedes Kessels sind ein mechanisches und ein Elektrofilter hintereinandergeschaltet. Bei Verfeuerung von Öl wird das Filter durch einen Bypaß umgangen.

Die Turbinen sind dreigehäusig mit 3 Abdampfstutzen und 7 Anzapfungen. Besonderer Wert wurde auf schnelles Anfahren gelegt. Die hinter den Speisepumpen liegenden Wärmeaustauscher sind in zwei parallele Systeme aufgeteilt. Es sind dies drei Vorwärmer sowie ein Enthitzer für die erste Anzapfung hinter der Zwischenüberhitzung. Zwischen der ersten und zweiten Vorwärmstufe ist noch ein Wärmeaustauscher eingeschaltet, durch den verschiedene anfallende Wärmemengen nutzbar gemacht werden.

Wie aus dem elektrischen Übersichtsschaltplan hervorgeht, sind die 4 Generatoren über 140 MVA-Umspanner auf 3 Doppelsammelschienen von 63, 90 und 225 kV geschaltet. Generator 1 speist in die 63 kV-Sammelschiene, die Generatoren 2 und 3 versorgen die 225 kV-Sammelschiene, Generator 4 ist auf die 90 kV-Sammelschiene geschaltet. Unmittelbar an den Klemmen der 4 Generatoren ist zur Versorgung des Eigenbedarfes je ein 12,5 MVA-Umspanner angeschlossen. Der Eigenbedarf ist in zwei unabhängige Gruppen

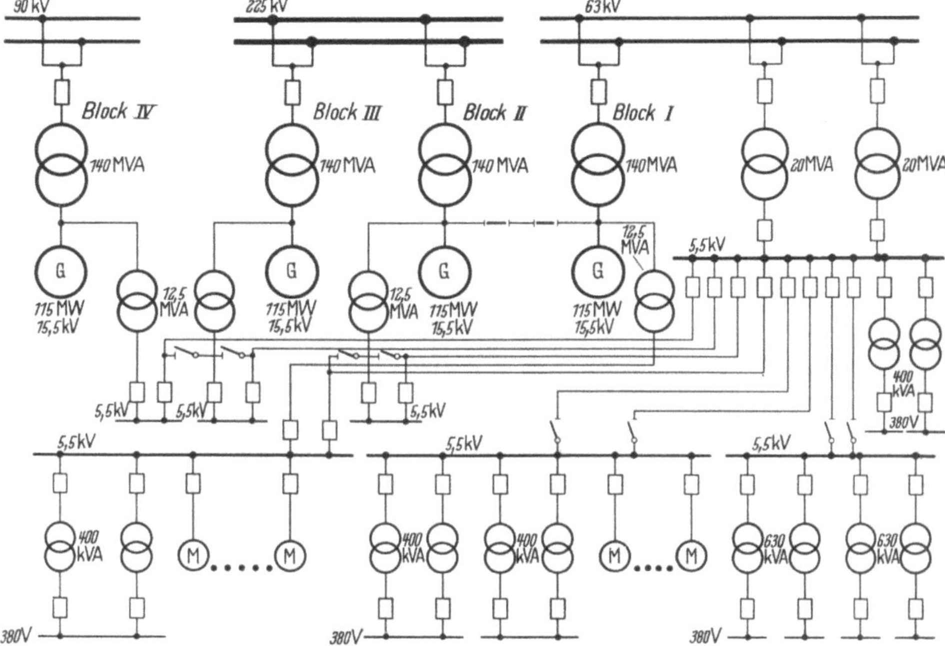

Elektrischer Übersichtsschaltplan

aufgeteilt, von denen die eine noch über zwei 20 kV-Umspanner mit der 63 kV-Sammelschiene verbunden ist. Für die Aufschaltung der Eigenbedarfsumspanner auf die Sammelschiene bestehen verschiedene Möglichkeiten.

Die Bunker- und Mahlanlage liegt auf der dem Maschinenhaus zugewandten Seite des Kesselhauses. Auf der anderen Seite befindet sich der Röhrenluftvorwärmer in einem Anbau. Hinter den im Freien aufgestellten Rauchgasfiltern werden die Abgase zweier Kessel einem gemeinsamen Schornstein zugeführt. In dem Maschinenhaus sind die Sätze quergestellt. Oberhalb der Kesselbunker sind noch Behälter für gefiltertes Wasser und Speisewasser untergebracht.

Schrifttum

Mesnard, G.: Genie civ. Bd. 132 (1955) S. 191/93.
Teste, Y., u. F. M. Lavallée: La Technique Moderne, Nov. 1954 u. Jan. 1955.
Lavallée, F. M.: Construction, Okt. 1955.
Elektrizitätswirtschaft Bd. 57 (1958) S. 592/93.

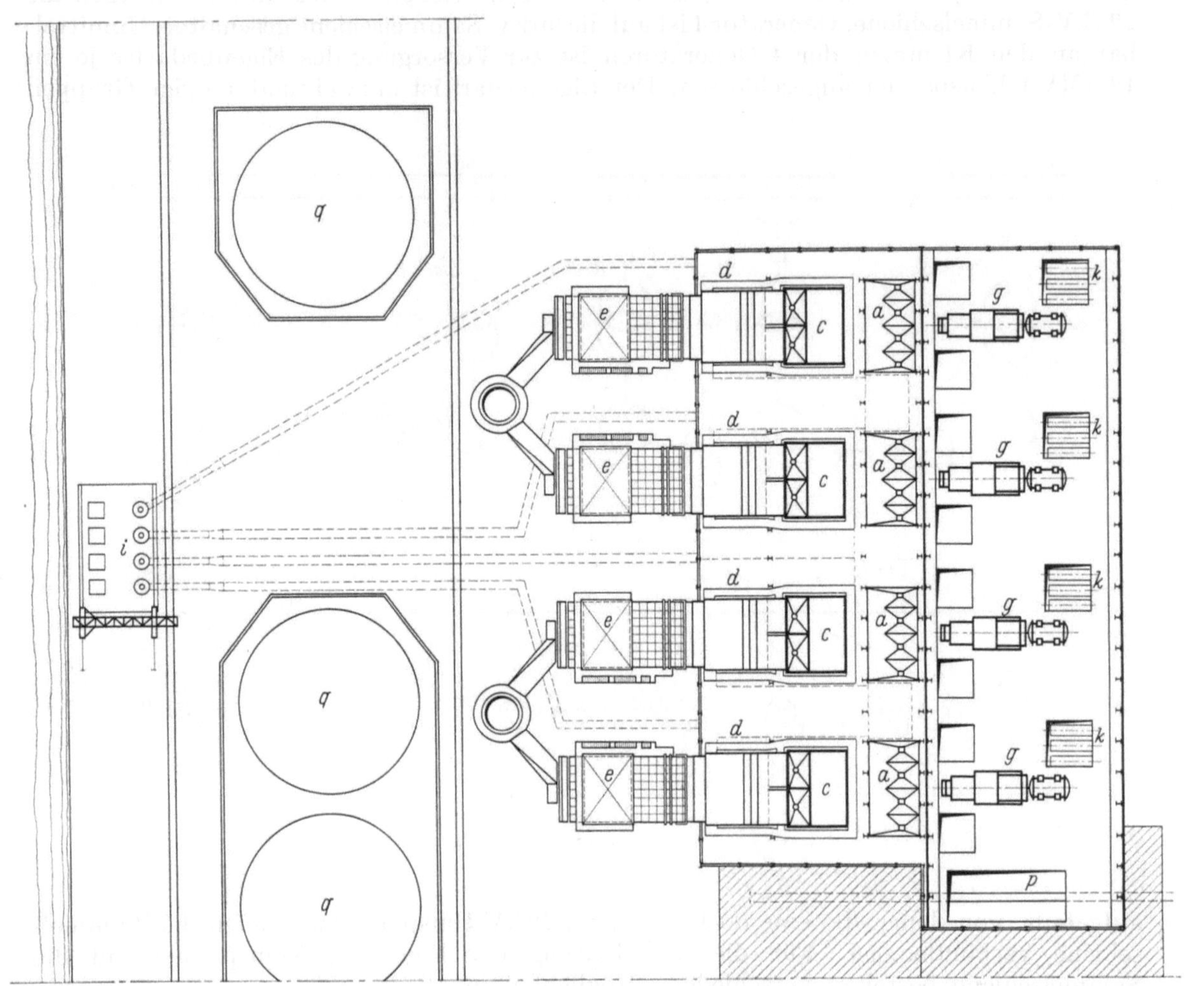

Grundriß

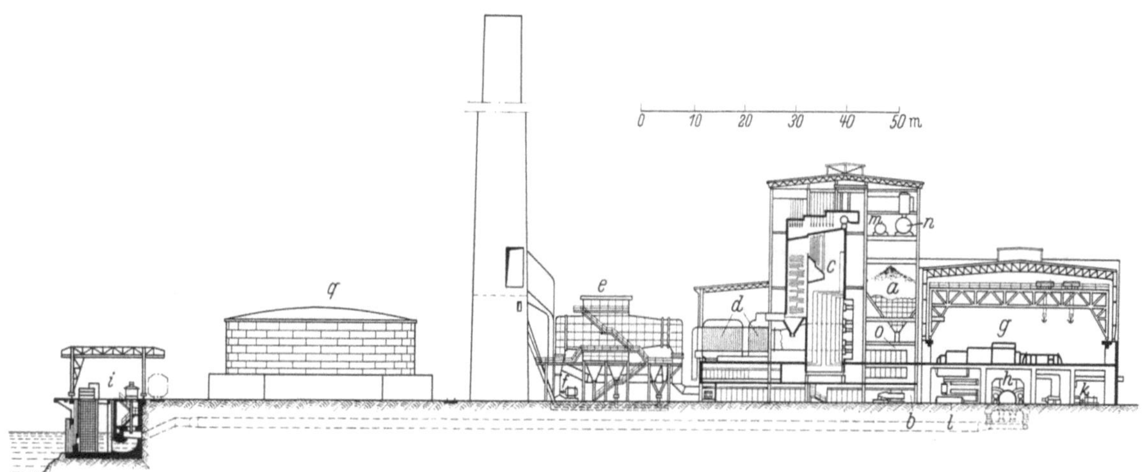

Querschnitt

Legende zum Grundriß und Querschnitt

a	Kohlenbunker	*i*	Einlaufbauwerk mit Kühlwasserpumpen
b	Kohlenmühle	*k*	Kesselspeisepumpen
c	Kessel	*l*	Vorwärmer
d	Röhrenluftvorwärmer	*m*	Behälter für gefiltertes Wasser
e	Rauchgasfilter (mechanisch und elektrisch)	*n*	Speisewasserbehälter und Entgaser
f	Saugzuggebläse	*o*	Warte
g	Turbogenerator	*p*	Montageöffnung
h	Kondensator	*q*	Masut-Tanklager

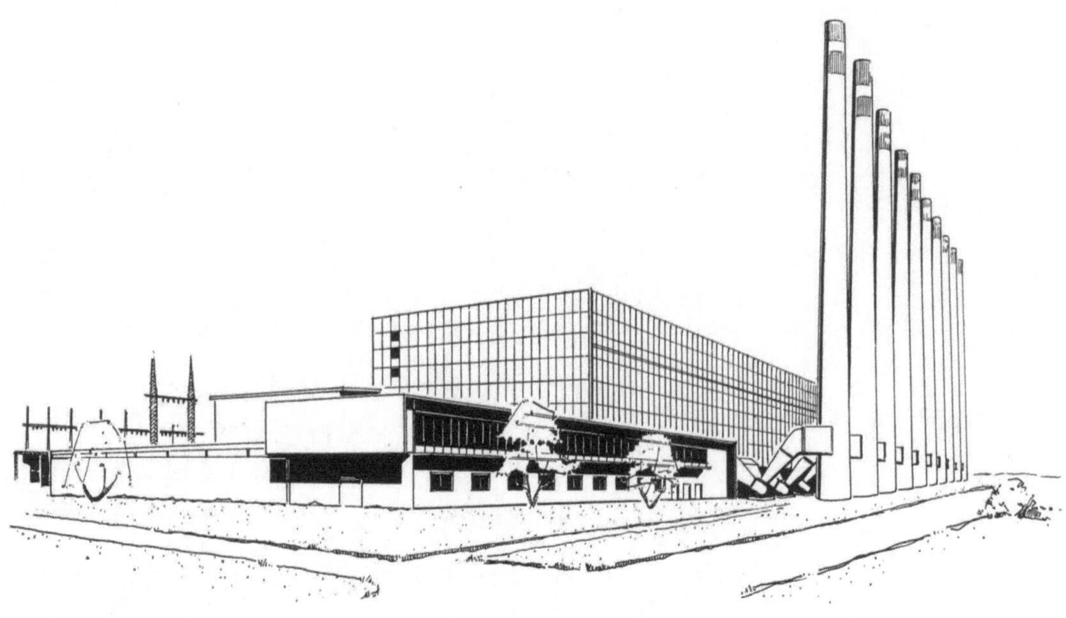

Schaubild

144 Kraftwerk Shawnee, USA

(Tennessee Valley Authority, Knoxville, Tenn.)

Baujahr 1951/56

Kessel	Block I bis X	Turbinen	Block I bis X
Anzahl	10	Anzahl	10
Leistung t/h	455	Leistung MW	150
Art	Naturumlauf	Leistung MVA	169
		Art	K
Genehmigungsdruck atü	144	Drehzahl U/min	3600
Dampfzustand bei Austritt atü	128	Dampfdurchsatz t/h	—
Dampfzustand bei Austritt °C	540	Dampfzustand bei Eintritt atü	126
Dampfzustand hinter ZWÜ atü	28,2	Dampfzustand bei Eintritt °C	537
Dampfzustand hinter ZWÜ °C	540	bei Wiedereintritt atü	27,5
Brennstoff:		bei Wiedereintritt °C	537
Art	Steinkohle	Kühlwassertemperatur °C	26
oberer Heizwert kcal/kg	6700	Dampfzustand bei Austritt ata	0,069
		Dampfzustand bei Austritt °C	—
Feuerung	Brenner	Gehäusezahl	3
Schlackenabzug	trocken	Abdampfstutzen (flutig)	3
Luftvorwärmung °C	320	Vorwärmstufen	7
Abgastemperatur °C	151	Entgasungstemperatur °C	150
Wirkungsgrad %	88,33	Speisewassertemperatur °C	253

Kennzahlen

Spez. Wärmeverbr. netto kcal/kWh	2350
„ Flächenbedarf m²/kW	0,019
„ Raumbedarf m³/kW	0,63

Rauchgasentstaubung: mechanisch
Wasseraufbereitung: chemisch und Verdampfung
Bauweise: Stahlbau
Vorgesehene Gesamtleistung: 1500 MW

Im Zuge der Kraftwerksbauten der Tennessee Valley Authority (TVA) wurde in den Jahren 1951/56 das Kraftwerk Shawnee errichtet. Es ist dies das am weitesten nördlich gelegene Kraftwerk der Gesellschaft. Es wurde am linken Ufer des Ohio, etwa 21 km unterhalb der Mündung des Tennessee bei Paducah im Staate Kentucky erbaut. Planungsbeginn war der 6. 1. 1951, die letzte Einheit ging im Jahr 1956 in Betrieb. Mit 1,5 Millionen kW ist es zur Zeit noch das größte der TVA-Kraftwerke.

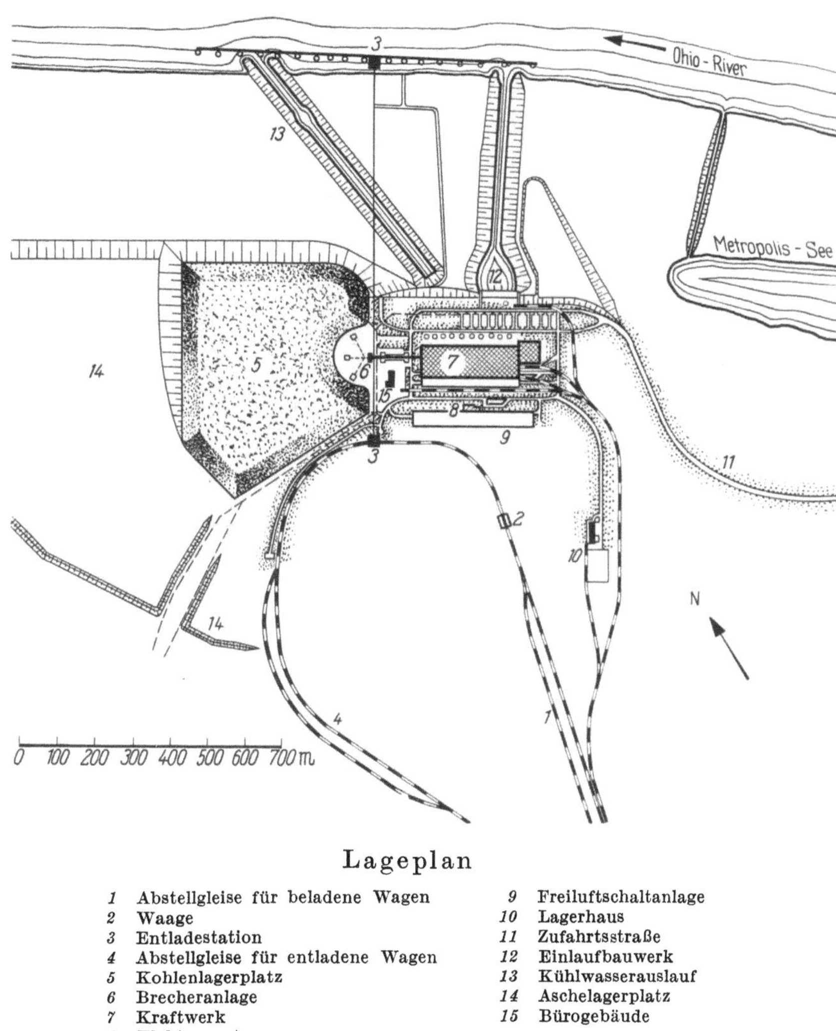

Lageplan

1	Abstellgleise für beladene Wagen	9	Freiluftschaltanlage
2	Waage	10	Lagerhaus
3	Entladestation	11	Zufahrtsstraße
4	Abstellgleise für entladene Wagen	12	Einlaufbauwerk
5	Kohlenlagerplatz	13	Kühlwasserauslauf
6	Brecheranlage	14	Aschelagerplatz
7	Kraftwerk	15	Bürogebäude
8	Elektrowarte		

Die Kohle kann auf dem Schienenweg (rund 6 km neue Gleisanlage) und auf einem neu erbauten Kanal herangeschafft werden. Der jährliche Kohlenverbrauch ist rund 4,1 Millionen t.

Aufgestellt wurden 10 Blocks mit einer Leistung von je 150 MW bei einem Dampfzustand von 126 atü, 537° C an der Turbine mit Zwischenüberhitzung auf die gleiche Temperatur. Jeder der 10 Kessel leistet 455 t/h.

Die Turbinen sind dreigehäusig mit 3 Abdampfstutzen und 7 Anzapfungen. Drei Vorwärmstufen liegen hinter den Speisepumpen. Die Kondensatoren sind einflutig, die Wassergeschwindigkeit ist 2,15 m/sec.

Die Zweizugstrahlungskessel mit natürlichem Umlauf besitzen in der Mitte der Brennkammer eine Trennwand. Die 16 Brenner sind frontal angeordnet. Jeder Kessel ist mit 4 Kohlenmühlen und je 2 Luvos, Frischluft- und Saugzuggebläsen ausgerüstet.

Die Einordnung der Anlageteile in das Kraftwerksgebäude stimmt im wesentlichen mit derjenigen des Kraftwerkes Colbert (Nr. 145, S. 384), das etwas später gebaut wurde, überein.

Schrifttum

Engineering Data TVA Steam Plants, Druckschrift der Tennessee Valley Authority, Knoxville, Tennessee, Nov. 1955.

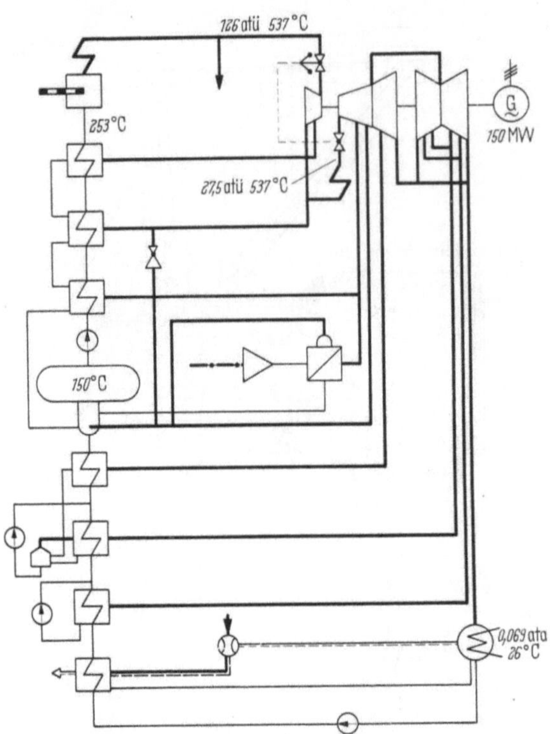

Wärmegrundschaltplan

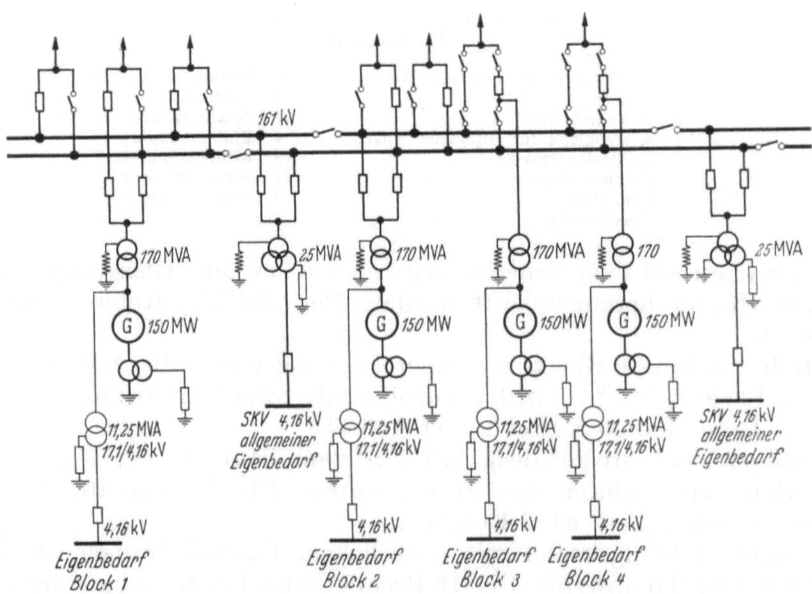

Elektrischer Übersichtsschaltplan

Querschnitt

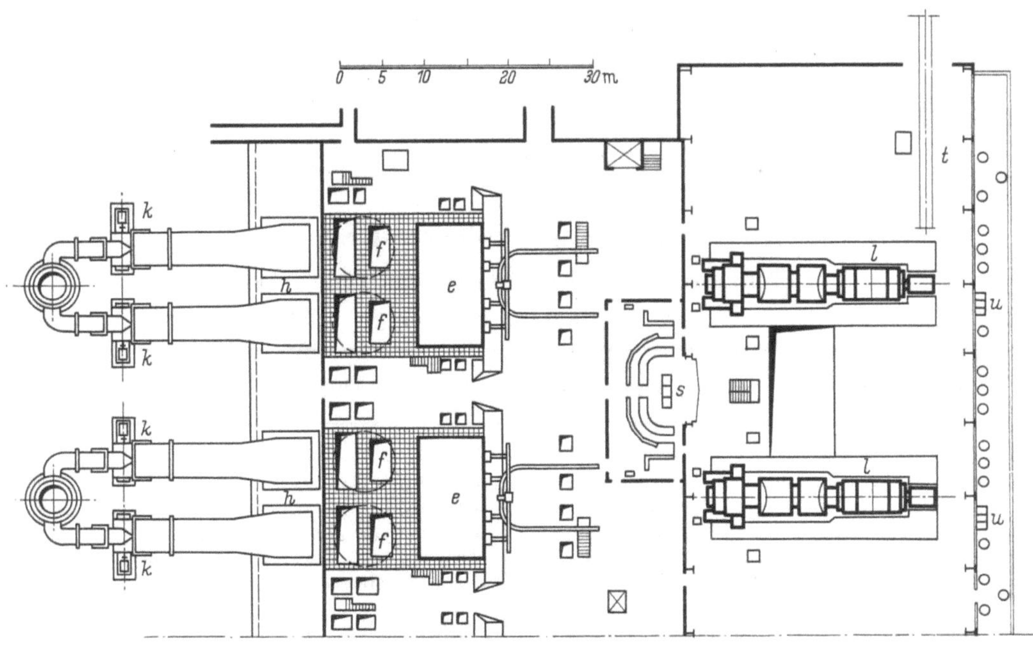

Grundriß

Legende zum Querschnitt und Grundriß

a	Bekohlung	*m*	Kondensator
b	Bunker	n_1	Niederdruckvorwärmer
c	Waage und Kohlenzuteiler	n_2	Hochdruckvorwärmer
d	Kohlenmühle	*o*	Verdampfer
e	Kessel	*p*	Speisewasserbehälter mit Entgaser
f	Luftvorwärmer	*q*	Kesselspeisepumpe
g	Frischluftgebläse	*r*	Eigenbedarfsschaltanlage
h	Rauchgasfilter, mechanisch	*s*	Wärmewarte
i	Einbaumöglichkeit für Elektrofilter	*t*	Montagegleis
k	Saugzuggebläse	*u*	Stromschienenkanal
l	Turbogenerator		

Schaubild

145

Kraftwerk Colbert, USA

(Tennessee Valley Authority Knoxville, Tenn.)

Baujahr 1951/55

Kessel	Block I bis IV	Turbinen	Block I bis IV
Anzahl	4	Anzahl	4
Leistung t/h	580	Leistung MW	200
Art	Naturumlauf	Leistung MVA	217
		Art	K
Genehmigungsdruck atü	144	Drehzahl U/min	3600
Dampfzustand bei Austritt atü	128	Dampfdurchsatz t/h	—
Dampfzustand bei Austritt °C	567	Dampfzustand bei Eintritt atü	125
Dampfzustand hinter ZWÜ atü	24,5	Dampfzustand bei Eintritt °C	565
Dampfzustand hinter ZWÜ °C	567	bei Wiedereintritt atü	24,2
Brennstoff:		bei Wiedereintritt °C	565
Art	Steinkohle	Kühlwassertemperatur °C	26
oberer Heizwert kcal/kg	6700	Dampfzustand bei Austritt ata	0,069
		Dampfzustand bei Austritt °C	—
Feuerung	Brenner	Gehäusezahl	3
Schlackenabzug	trocken	Abdampfstutzen (flutig)	3
Luftvorwärmung °C	310	Vorwärmstufen	8
Abgastemperatur °C	152	Entgasungstemperatur °C	158
Wirkungsgrad %	88,5	Speisewassertemperatur °C	254

Rauchgasentstaubung: mechanisch
Wasseraufbereitung: chemisch und Verdampfung
Bauweise: Stahlbau
Vorgesehene Gesamtleistung: 2000 MW

Kennzahlen

Spez. Wärmeverbr. netto kcal/kWh	2300
„ Flächenbedarf m^2/kW	0,018
„ Raumbedarf m^3/kW	0,63

Das Kraftwerk Colbert liegt am Südwestufer des Pickwicksees, etwa 19 km südwestlich des Wilsondammes im Staate Alabama. Es mußten ein neuer Straßenanschluß mit rund 1,7 km, ein neuer Bahnanschluß mit rund 2 km und ein schiffbarer Kanal mit 2,8 m Tiefe gebaut werden.

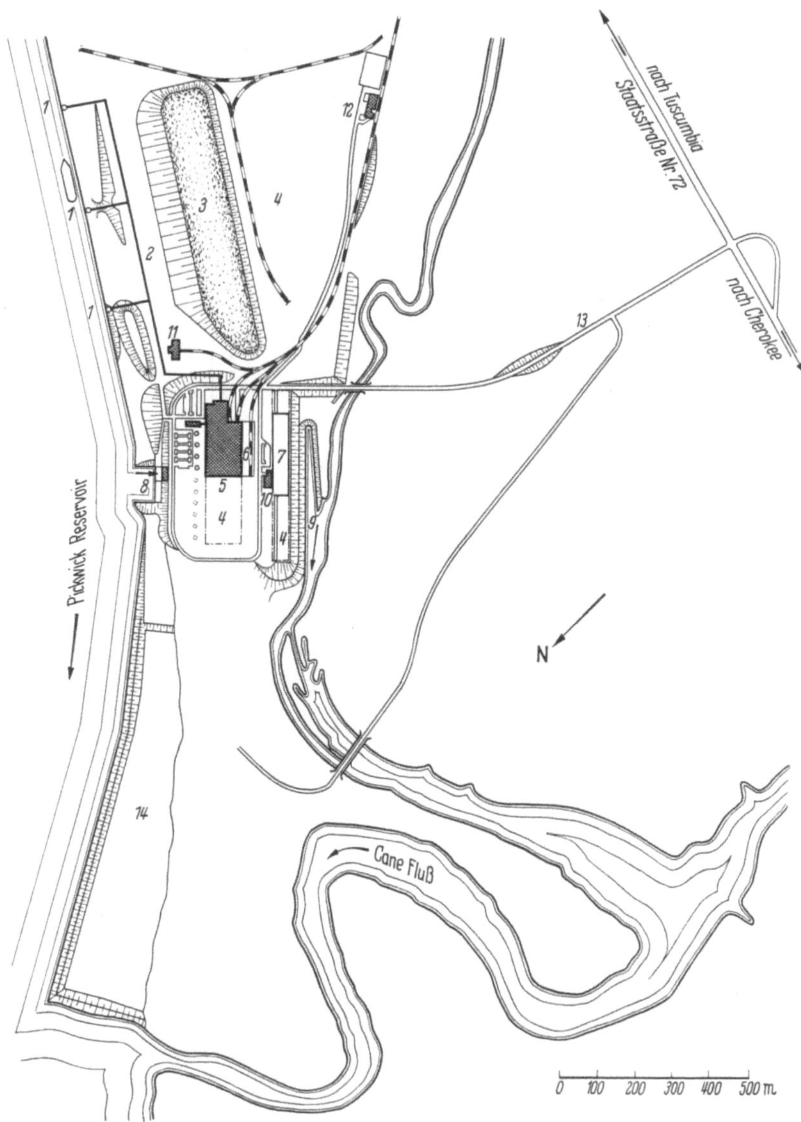

Lageplan

1	Entladestation	*8*	Einlaufbauwerk
2	Bandbrücke	*9*	Kühlwasserauslauf
3	Kohlenlagerplatz	*10*	Wartengebäude
4	Erweiterungsraum	*11*	Verwaltungs- und Betriebsgebäude
5	Kraftwerk	*12*	Lager
6	Aufspannanlage	*13*	Zufahrtsstraße
7	Freiluftschaltanlage	*14*	Aschelagerplatz

Das Kraftwerk entspricht in seinen wesentlichen Zügen dem inneren und äußeren Aufbau des Kraftwerkes Gallatin der Tennessee Valley Authority, das an anderer Stelle ausführlicher behandelt wird[1].

[1] Beschreibung **Nr. 111**, S. **314**; Viertes Ausführungsbeispiel, III. Teil, S. 904.

Die Kohle kann dem Kraftwerk per Bahn oder Schiff zugeführt werden. Es verbraucht bei den zur Zeit eingebauten vier Einheiten 76 t/h und 2,1 Mill. t im Jahr. Das Kohlenlager kann 740000 t Kohle aufnehmen. Die Entlademöglichkeiten sind für eine Leistung von 700 t/h dimensioniert. Die Wasserspiegelschwankungen zwischen höchstem und niedrigstem Wasserstand betragen ungefähr 8,3 m.

Bis Ende 1955 wurden 4 Blocks, bestehend aus je einem Kessel mit einer Leistung von 580 t/h und je einer Einwellenturbine mit einer Leistung von 200 MW aufgestellt. Der Endausbau ist für 10 Sätze von je 200 MW, also insgesamt für 2 Mio kW geplant.

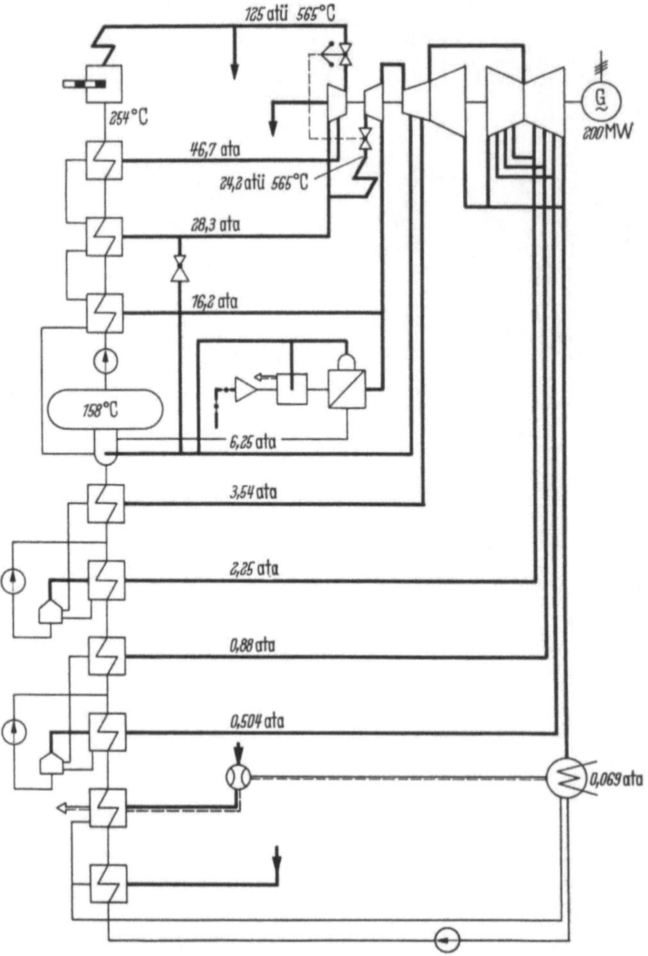

Wärmegrundschaltplan

Der Dampfdruck an der Turbine ist der gleiche wie im Kraftwerk Shawnee der gleichen Gesellschaft[1], jedoch wurde die Temperatur des Frischdampfes und des zwischenüberhitzten Dampfes auf 565° C wie bei dem Kraftwerk Gallatin erhöht. Die Turbinen sind dreigehäusig mit 3 Abdampfstutzen und 8 Anzapfungen. Der quergestellte einflutige Kondensator hat eine Kühlfläche von rund 6800 m².

Die Strahlungskessel mit natürlichem Umlauf haben zwei Züge. Der Feuerraum ist dreifach unterteilt. Jeder Kessel wird aus 6 Mühlen mit Staub versorgt. Die 18 Brenner sind an der Vorderwand der Kessel angebracht. Für jeden Kessel sind 2 Saugzug- und 2 Frischluftgebläse vorhanden.

[1] Beschreibung Nr. 144, S. 380.

Der elektrische Übersichtsschaltplan stimmt weitgehend mit den Schaltplänen der Kraftwerke Shawnee und Gallatin überein.

Auch in der räumlichen Anordnung der Kraftwerke Colbert, Shawnee und Gallatin sind viele gleichartige Züge zu erkennen. Es sei auf die Ausführungen bei Kraftwerk Gallatin verwiesen.

Schrifttum

Engineering Data TVA Steam Plants. Druckschrift der Tennessee Valley Authority, Knoxville, Tennessee Nov. 1955.

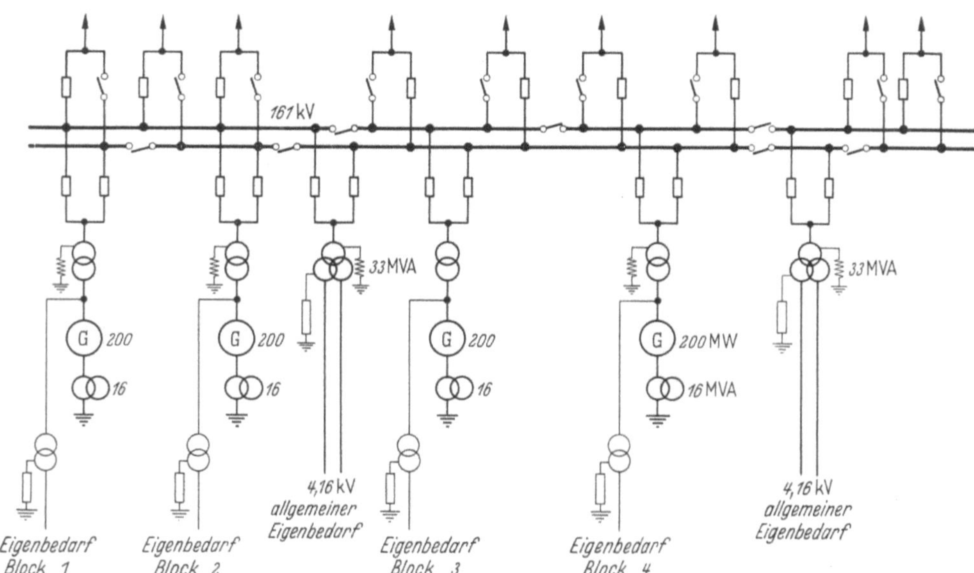

Elektrischer Übersichtsschaltplan

Nachtrag

Kurz vor Beendigung der Drucklegung wird noch bekannt, daß die TVA einen 500/550 MW-Turbosatz für das Kraftwerk Colbert Anfang Februar 1959 in Auftrag gegeben hat[1]. Der Dampfzustand beträgt 169 atü, 565° C mit Zwischenüberhitzung auf 537° C. Jede der beiden Wellen läuft mit 3600 U/min um und ist mit einem 250 MW-Generator gekuppelt. Jede Welle erhält drei doppelflutige Gehäuse; die erste Welle trägt ein Hochdruck- und zwei Niederdruckgehäuse, die zweite ein Mitteldruck- und gleichfalls zwei Niederdruckgehäuse. Hoch- und Mitteldruckteil erhalten doppelte Schalen. Die hohlen Statorstäbe der Generatoren werden durch eine Flüssigkeit gekühlt; der Wasserstoff in den Generatoren steht unter einem Druck von 3,2 ata. Der Turbosatz wird von einem Bensonkessel mit einer Leistung von 1750 t/h mit Dampf versorgt.

[1] The Engineer, Bd. 207 (1959) S. 477.

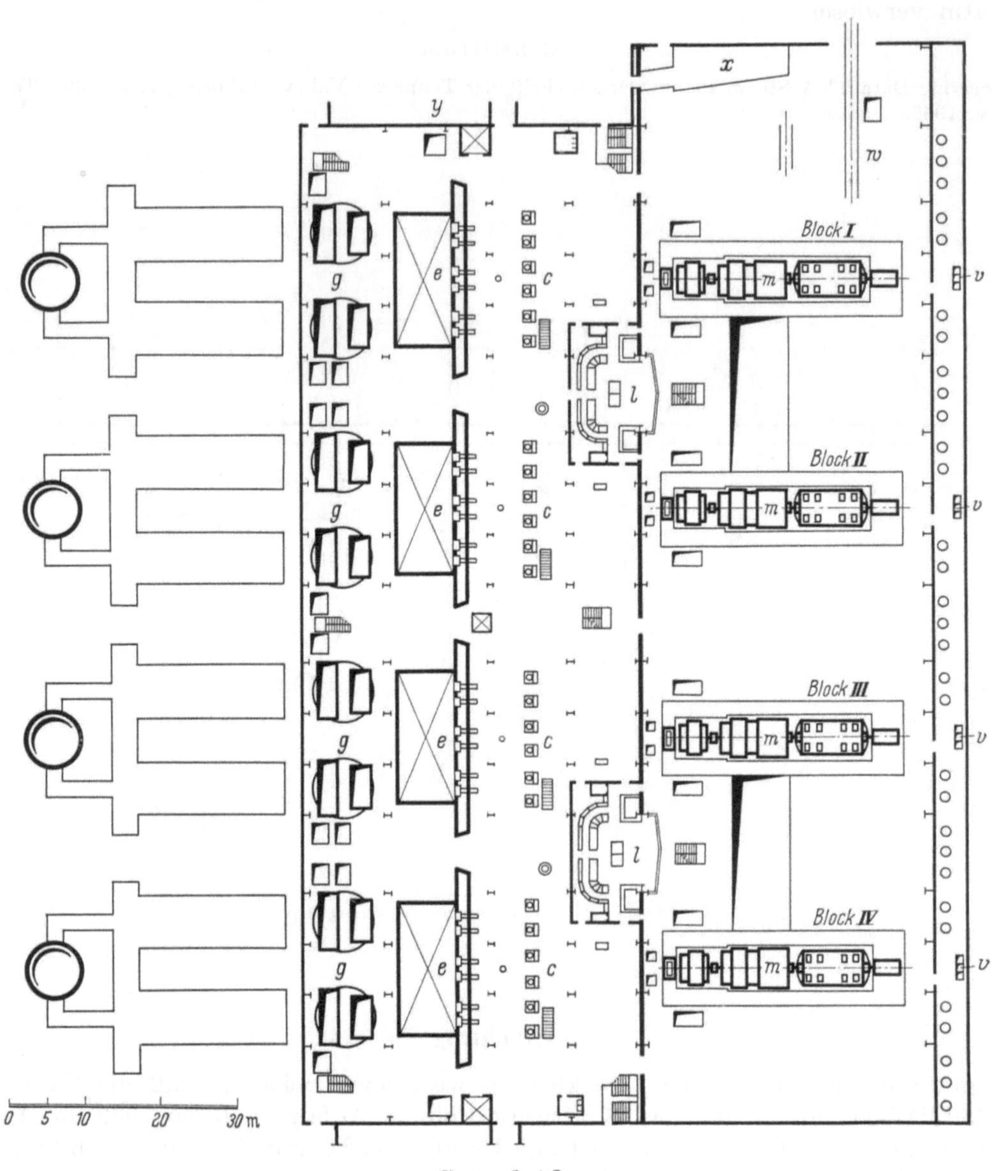

Grundriß

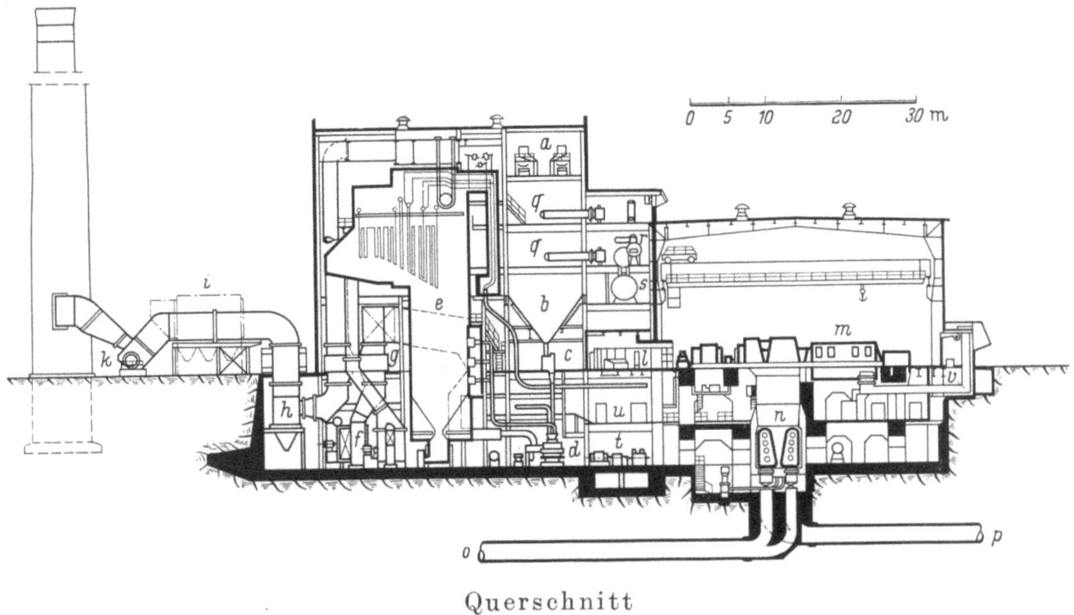

Querschnitt

Legende zum Grundriß und Querschnitt

a Bekohlung
b Bunker
c Kohlenzuteiler
d Kühlemühle
e Kessel
f Frischluftgebläse
g Luftvorwärmer
h Rauchgasfilter, mechanisch
i Einbaumöglichkeit für Elektrofilter
k Saugzuggebläse
l Wärmewarte
m Turbogenerator
n Kondensator
o Kühlwasserzulauf
p Kühlwasserablauf
q Vorwärmer
r Verdampfer
s Speisewasserbehälter mit Entgaser
t Kesselspeisepumpe
u Eigenbedarfsschaltanlage
v Stromschiene zum Hauptumspanner
w Montagegleis
x Aussichtsplattform für Besucher
y Werkstatt

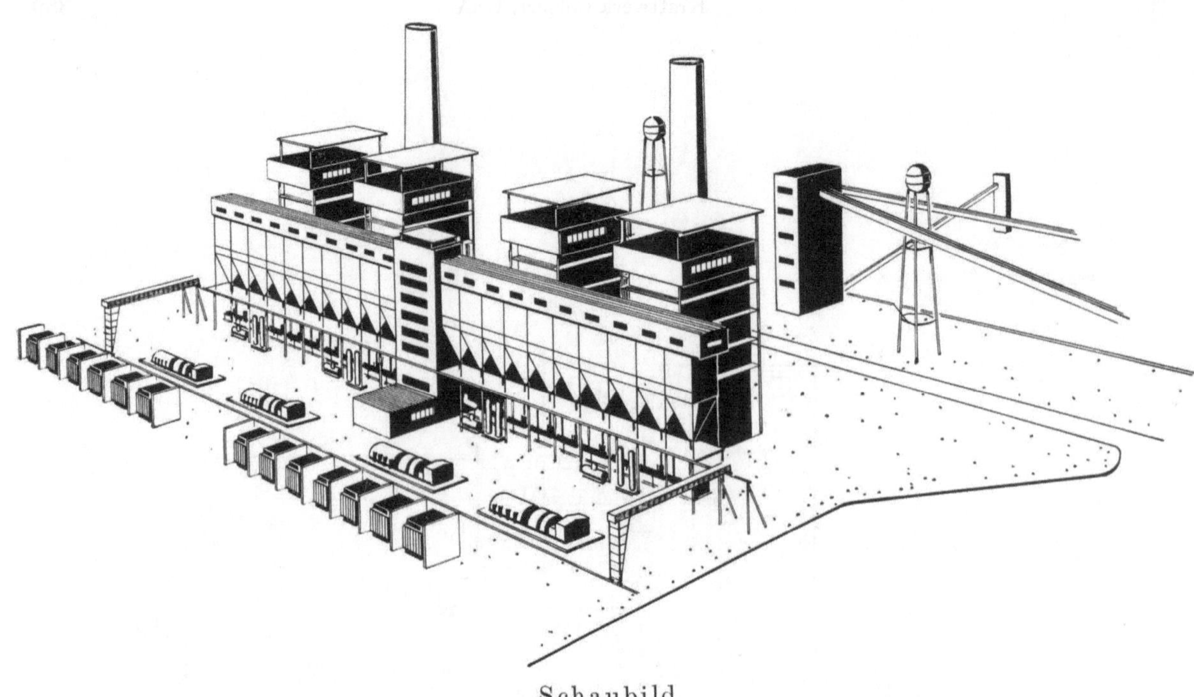

Schaubild

146 Kraftwerk Joppa, USA

(Electric Energy Inc. Paducah, Ky.)

Baujahr 1952/54

Kessel	Block I bis IV
Anzahl	4
Leistung t/h	545
Art	Naturumlauf
Genehmigungsdruck atü	—
Dampfzustand bei Austritt atü	135
Dampfzustand bei Austritt °C	568
Dampfzustand hinter ZWÜ atü	—
Dampfzustand hinter ZWÜ °C	545
Brennstoff:	
Art	Steinkohle[1]
oberer Heizwert kcal/kg	5560
Feuerung	Brenner
Schlackenabzug	trocken
Luftvorwärmung °C	—
Abgastemperatur °C	—
Wirkungsgrad %	—

Rauchgasentstaubung: mechanisch
Wasseraufbereitung: chemisch und Verdampfung
Bauweise:
Vorgesehene Gesamtleistung: 1000 MW

Turbinen	Block I bis IV
Anzahl	4
Leistung MW	163
Leistung MVA	216
Art	K
Drehzahl U/min	3600
Dampfdurchsatz t/h	—
Dampfzustand bei Eintritt atü	125
Dampfzustand bei Eintritt °C	565
bei Wiedereintritt atü	—
bei Wiedereintritt °C	537
Kühlwassertemperatur °C	4,5—29,5
Dampfzustand bei Austritt ata	0,035—0,087
Dampfzustand bei Austritt °C	—
Gehäusezahl	3
Abdampfstutzen (flutig)	3
Vorwärmstufen	6
Entgasungstemperatur °C	—
Speisewassertemperatur °C	—
Kennzahlen	
Spez. Wärmeverbr. netto kcal/kWh	2480[2]
„ Flächenbedarf m²/kW	—
„ Raumbedarf m³/kW	—

[1] Öl und Naturgas vorgesehen

[2] 1955 lt. Federal Power Commission

Für die Errichtung und den Betrieb des Kraftwerkes Joppa am Ohio wurde unter Beteiligung von fünf Stromversorgungsunternehmen die Electric Energy Inc. gegründet. Es mußte eine Leistung von etwa 650 MW für die A. E. P. C. bereitgestellt werden. Aufgestellt wurden 4 Blocks von je 163 MW mit einem Dampfzustand von 125 atü, 565° C an der Turbine mit Zwischenüberhitzung auf 537° C. Anfang 1954 waren alle 4 Sätze in Betrieb. Der Endausbau war mit 6 Blocks von insgesamt 1000 MW vorgesehen.

Das Kraftwerk Joppa ist vor allem durch seine Bauweise in Freiluftanordnung, die sich auch auf die Turbinen und sonstige empfindliche Anlageteile erstreckt, bekannt

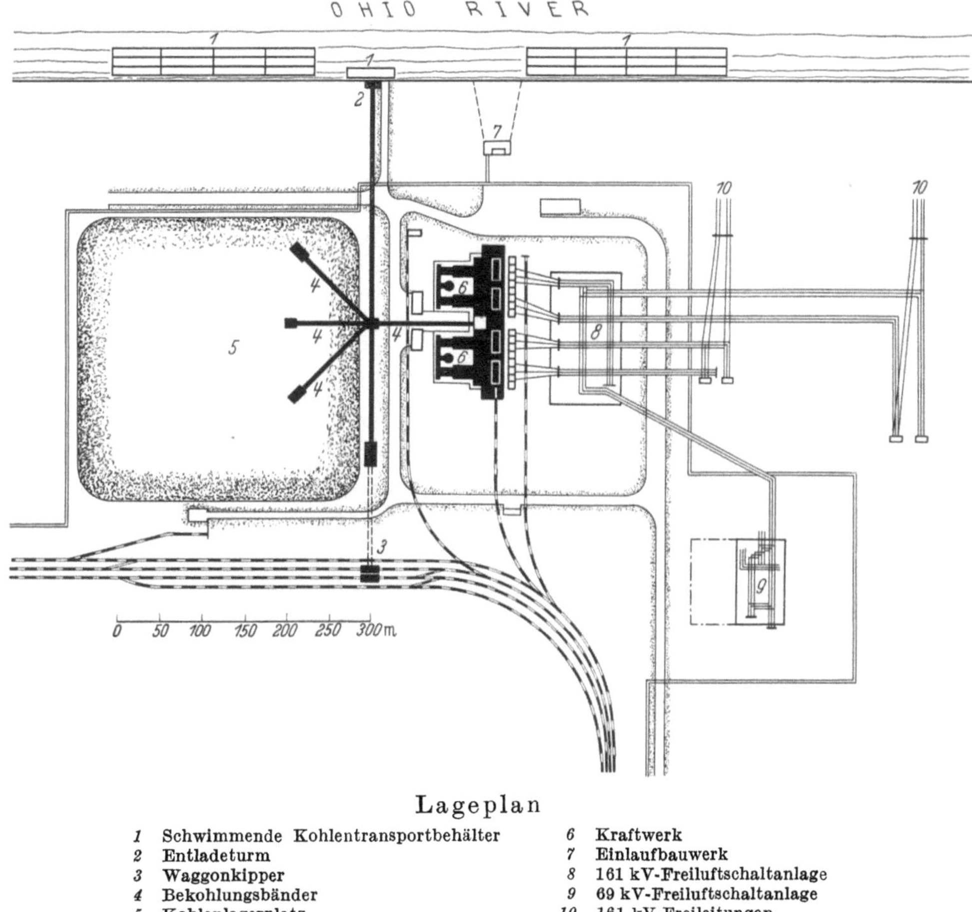

Lageplan

1	Schwimmende Kohlentransportbehälter	6	Kraftwerk
2	Entladeturm	7	Einlaufbauwerk
3	Waggonkipper	8	161 kV-Freiluftschaltanlage
4	Bekohlungsbänder	9	69 kV-Freiluftschaltanlage
5	Kohlenlagerplatz	10	161 kV-Freileitungen

geworden. Zu dieser Bauweise entschloß man sich wegen der dadurch erzielbaren kürzeren Bauzeiten und geringeren Anlagekosten.

Über Kraftwerke in Freiluftbauweise hat ein Ausschuß der American Society of Mechanical Engineers (ASME) getagt, dessen Feststellungen wegen ihrer allgemeinen Bedeutung hier kurz angeführt werden sollen. Die Aussprache betraf nicht die Ausführbarkeit derartiger Anlagen — diese galt als erwiesen —, sondern der Herausstellung der Vor- und Nachteile. Hierüber waren die Auffassungen jedoch nicht einheitlich. Die Rückwirkung der im Freien stehenden Anlagen auf die Gesundheit und Leistungsfähigkeit des Personals wurde unterschiedlich beurteilt. Auf der einen Seite wurde eine größere Anfälligkeit gegenüber Erkältungen vermerkt, auf der anderen Seite wurde behauptet, daß kühlere Temperaturen die Aktivität des Personals vergrößerten.

Bezüglich der Wirtschaftlichkeit und Betriebssicherheit wurde festgestellt, daß eine Verlängerung der Ausfallzeiten bei Freiluftanlagen — besonders wohl beim Auftreten schlechten Wetters bei Reparaturarbeiten — Kosten verursacht, mit denen die erhöhten Kosten für Anlagen mit Gebäuden in gewissen Grenzen bezahlt werden könnten. Andererseits haben Sandstürme in Freiluftanlagen keine größeren Schwierigkeiten verursacht als in umbauten Anlagen, in deren Betriebsräumen sich der Sand noch obendrein ansammelte.

Die Kohle kann dem Kraftwerk Joppa per Schiff oder Bahn angeliefert werden. Bevor die Kohle den Bunkern zugeführt wird, durchläuft sie einen Brecher. Die Asche wird hydraulisch befördert. Die Kühlwasserpumpen befinden sich unmittelbar am Einlaufbauwerk.

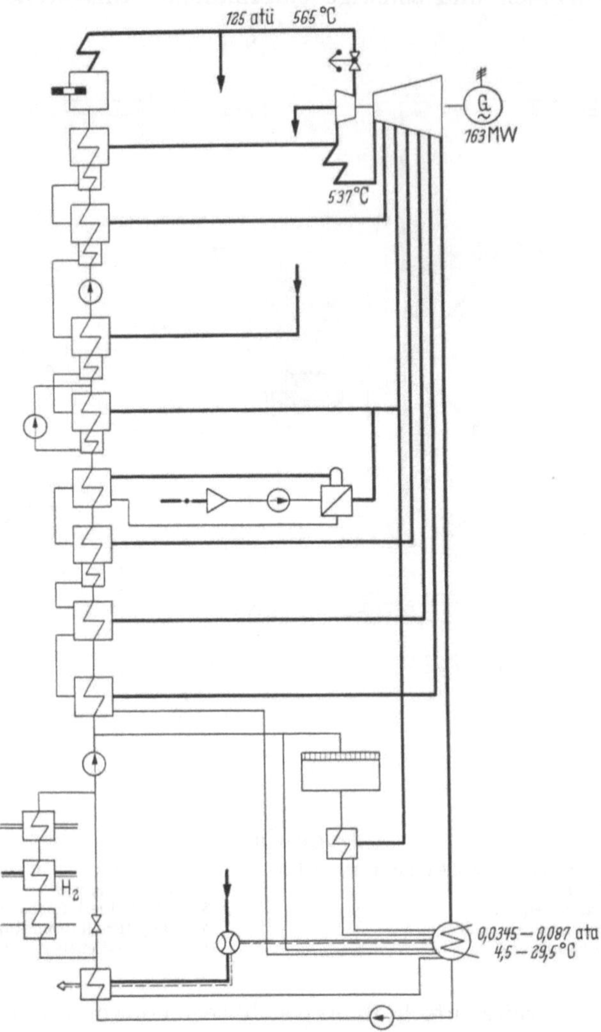

Wärmegrundschaltplan

Die Turbinen sind dreigehäusig mit 6 Anzapfungen und 3 Abdampfstutzen. Zwei Vorwärmer liegen hinter den Speisepumpen. Der einstufige Verdampfer wird von der dritten Anzapfung gespeist. Die Naturumlaufkessel haben schwenkbare Brenner, Ljungström-Luftvorwärmer und mechanische Rauchgasfilter.

Die Generatoren sind über 217 MVA-Regelumspanner unmittelbar auf die 161 kV-Sammelschiene geschaltet. Jeder Umspanner besteht aus einer Gruppe von 4 Einphasentransformatoren, von denen jeweils einer in Reserve steht. Die Versorgung des 4,16 kV-Eigenbedarfes wird über entsprechende Umspanner unmittelbar hinter den Generatorklemmen abgenommen. Eine zweite Versorgung des Eigenbedarfes ist durch den Anschluß an das 69 kV-Netz sichergestellt.

Von besonderem Interesse ist die Anordnung der Anlageteile in der Ausführung als Freiluftanlage. Die Maschinensätze, die beiden Kräne, die stehenden Hochdruckvorwärmer, die Mühlen, die Kessel, die Frischluft- und Saugzuggebläse, die Rauchgasfilter und die Ölbehälter befinden sich sämtlich im Freien. Um die Kessel sind Gerüste mit Bühnen in der Höhe der Brenner und Trommeln angebracht. Die Bunker sind überdacht. Die Kohlenförderbänder sind umbaut. Die Turbinen haben eine Umkleidung. Unterhalb der Turbinen befindet sich ein Raum zur Aufnahme des Kondensators, der Kondensatpumpen, der Speisewasserpumpen, der waagerechten Niederdruckvorwärmer, der Erregermaschinen und des größten Teiles der Eigenbedarfsschaltanlage. Ferner befinden sich

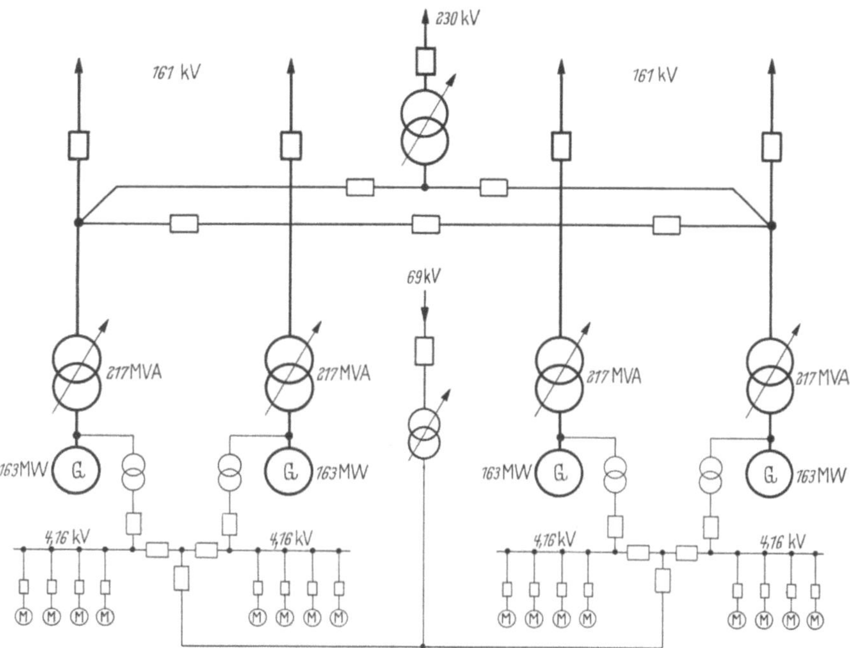

Elektrischer Übersichtsschaltplan

hier noch Kanäle für die Kühlwasser- und Luftleitungen. Die Warte ist in der Mittelachse, also zwischen den Blöcken II und III, der Bunkerreihe vorgelagert angeordnet. Zwischen den Bunkern der Kessel 2 und 3 befinden sich die Werkstatt und die Luftkompressoren für die Rußbläser; darüber sind Laboratorien, Büros und Versammlungsräume eingebaut.

Schrifttum

Gourdon, P. E.: Electr. Wld. Bd. 136, 8. 10. 1951, S. 116/20.
Gourdon, P. E.: Power Engng. Bd. 56, Nov. 1952, S. 60/63.
Ziemke, P C.: Power Engng. Bd. 58, Sept. 1954, S. 72/73.
Pwr. Engr. Juni 1954, Bd. 58, S. 68/70 (Grundsätzliche Bemerkungen über Freiluftkraftwerke).

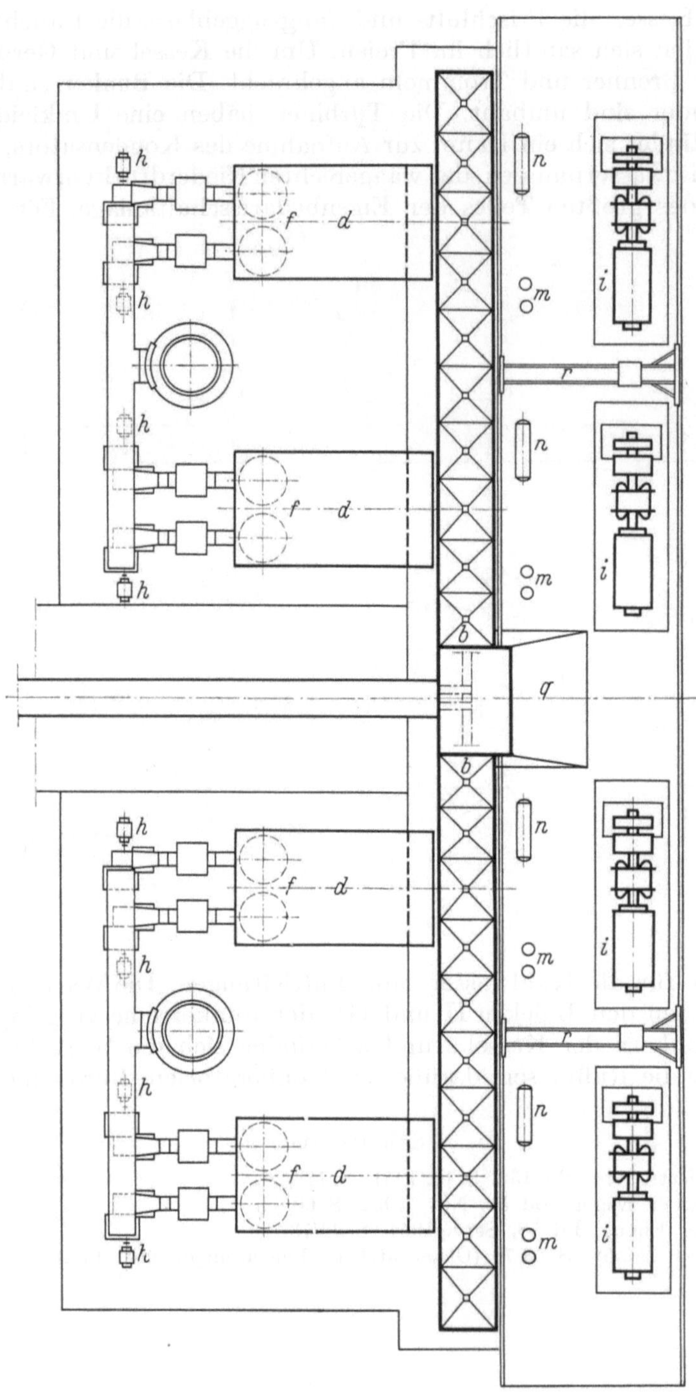

Grundriß

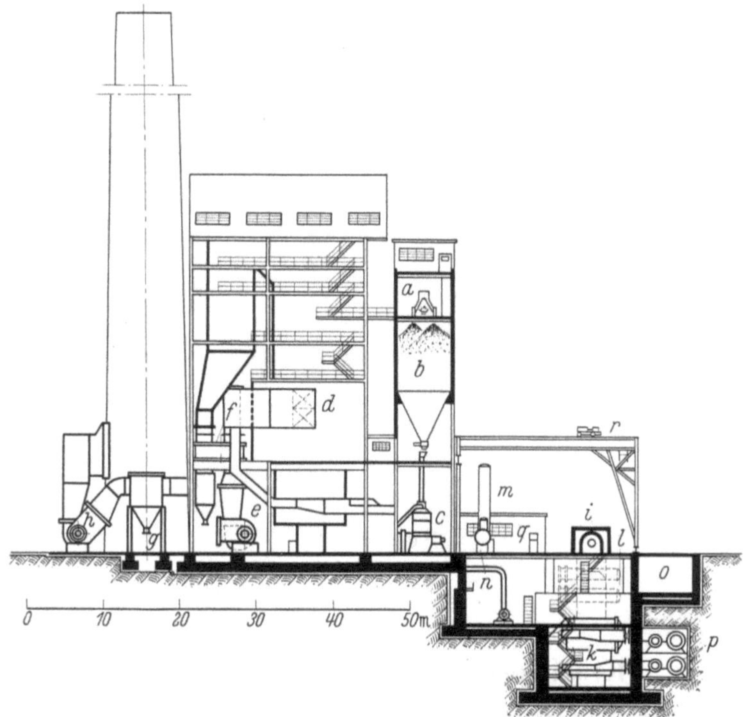

Querschnitt

Legende zum Grundriß und Querschnitt

a Bekohlung
b Bunker
c Kohlenmühle
d Kessel
e Frischluftgebläse
f Luftvorwärmer
g Rauchgasfilter
h Saugzuggebläse
Turbogenerator
k Kondensator
l Niederdruckvorwärmer
m Hochdruckvorwärmer
n Verdampfer
o Lüfterraum
p Kühlwasserleitungen
q Warte
r Kran, Tragkraft 125 t

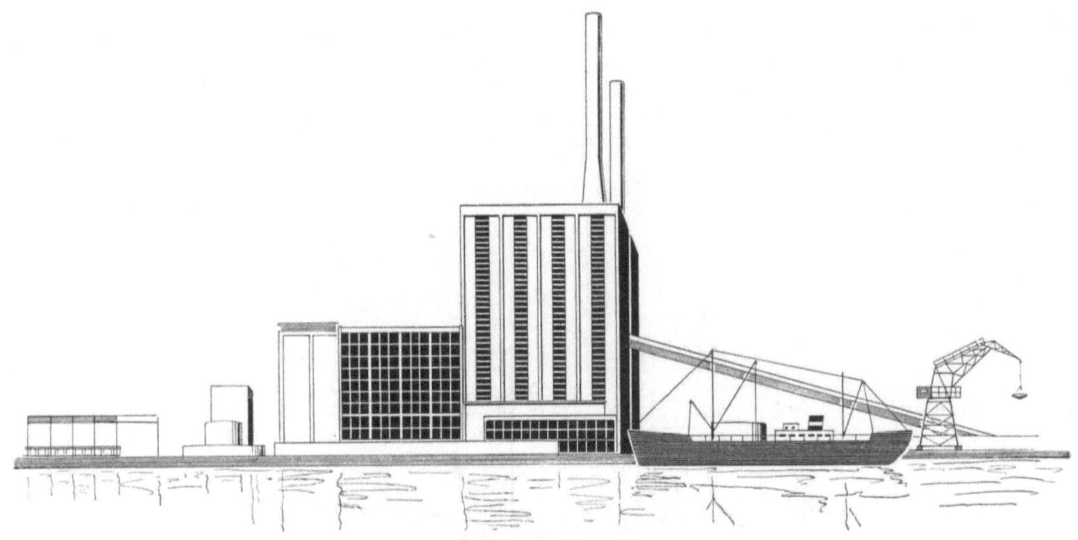

Schaubild

147 Kraftwerk Asnaesvaerket, Dänemark

(Elektricitetsselskabet Isefjordvaerket Interessentskab)

Baujahr 1954/61

Kessel		Block 1	Block 2
Anzahl		1	1
Leistung	t/h	400	400
Art		Naturumlauf	Durchlauf
Genehmigungsdruck	atü	—	—
Dampfzustand bei Austritt	atü	130	130
	°C	545	545
Dampfzustand hinter ZWÜ	atü	23	23
	°C	545	545
Brennstoff:			
Art		Steinkohle, Öl	
unterer Heizwert	kcal/kg	4440	9700
Feuerung		Brenner	Brenner
Schlackenabzug		trocken	trocken
Luftvorwärmung	°C	—	315
Abgastemperatur	°C	—	150
Wirkungsgrad	%	—	92

Rauchgasentstaubung: elektrisch
Wasseraufbereitung: Vollentsalzung
Bauweise: Beton
Vorgesehene Gesamtleistung: 270 MW

Turbinen		Block 1 und 2
Anzahl		2
Leistung	MW	135
Leistung	MVA	150
Art		K
Drehzahl	U/min	3000
Dampfdurchsatz	t/h	—
Dampfzustand bei Eintritt	atü	125
	°C	540
bei Wiedereintritt	atü	21,5
	°C	540
Kühlwassertemperatur	°C	10
Dampfzustand bei Austritt	ata	—
	°C	—
Gehäusezahl		3
Abdampfstutzen (flutig)		3
Vorwärmstufen		7
Entgasungstemperatur	°C	—
Speisewassertemperatur	°C	240
Kennzahlen		
Spez. Wärmeverbr. netto	kcal/kWh	2325
„ Flächenbedarf	m^2/kW	0,032
„ Raumbedarf	m^3/kW	1,18

Die Elektricitetsselskabet Isefjordvaerket Interessentskab, deren am Isefjord gelegenes Kraftwerk Kyndbyvaerket — in ihm sind 7 Kessel und 6 Turbinen mit 270 MW installiert — keine Möglichkeiten für einen weiteren Ausbau bot, begann im Jahr 1954 auf der Insel Seeland mit der Errichtung eines Kraftwerkes an der Südseite des Kalundborgfjords, 3 km südlich der Stadt gleichen Namens. Die Gesellschaft unterhält einen Verbundbetrieb mit den Kraftwerken der Insel, insbesondere mit den Kraftwerken Masnedövaerket und Kopenhagen. Außerdem wird Strom von Schweden über den

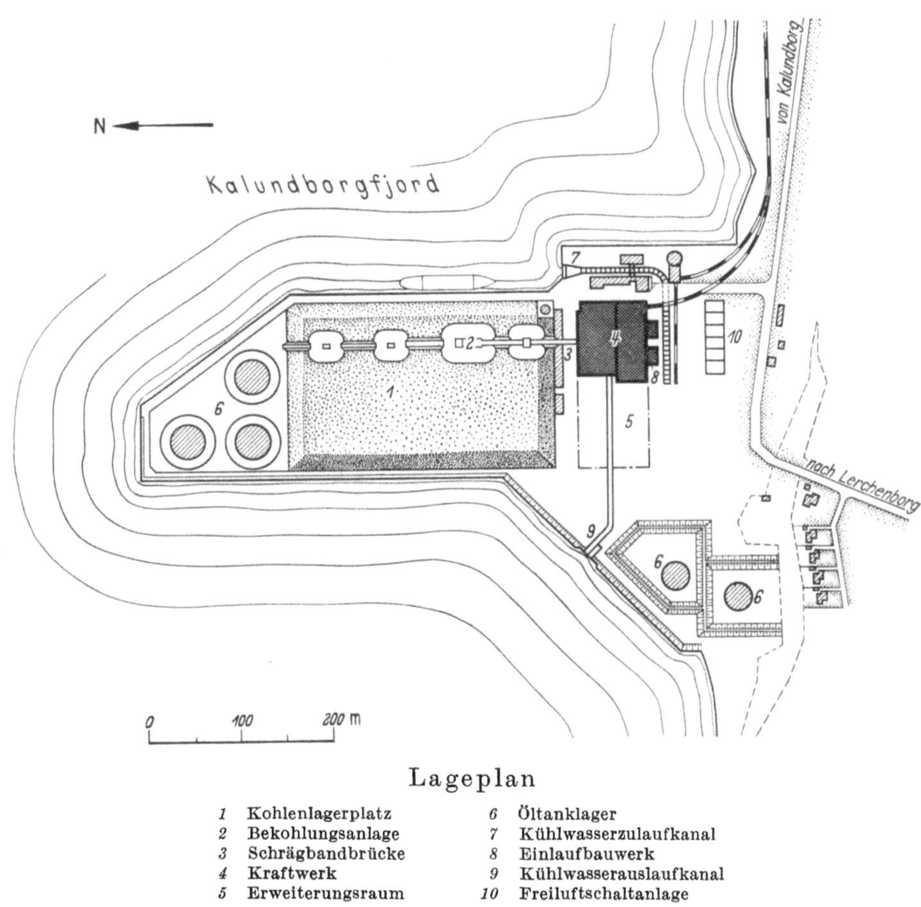

Lageplan

1 Kohlenlagerplatz
2 Bekohlungsanlage
3 Schrägbandbrücke
4 Kraftwerk
5 Erweiterungsraum
6 Öltanklager
7 Kühlwasserzulaufkanal
8 Einlaufbauwerk
9 Kühlwasserauslaufkanal
10 Freiluftschaltanlage

Öresund durch zwei 120 kV-Seekabel bezogen. Der Leistungsfähigkeit dieser Kraftübertragung (130 MW) sollte die Leistung der ersten in Asnaesvaerket aufzustellenden Einheit entsprechen. Man konnte die Leistung unbedenklich in dieser Größenordnung wählen, weil auf Seeland eine Leistung von 670 MW ständig miteinander gekuppelt ist.

So entschloß man sich zur Aufstellung eines Blockes mit einer Leistung von 135 MW bei einem Dampfzustand von 125 atü, 540 °C an der Turbine mit Zwischenüberhitzung auf die gleiche Temperatur. Der zugehörige Kessel leistet 400 t/h. Neben Steinkohle soll auch Öl verfeuert werden. Dieser Block wird 1958 in Betrieb gehen. Im Jahr 1961 soll ein zweiter, gleich großer Block zur Stromerzeugung bereitstehen.

Die Kohle wird mittels zweier Wippdrehkrane unmittelbar von den Seeschiffen auf den Platz mit einer Lagerfähigkeit von 500000 t gefördert. Es kann u. a. englische und amerikanische Kohle verfeuert werden. Die Verteilung auf dem Kohlenlagerplatz geschieht mittels Bulldozer. Zu den Kraftwerksbunkern führen Schrägbänder. Das Öl kann vorläufig in 3 Tanks mit einem Fassungsvermögen von je 20000 m^3 gespeichert werden. Als Kühlwasser wird Meerwasser verwendet. Zu- und Ablauf sind durch die Landzunge, auf der das Kraftwerk errichtet wird, voneinander getrennt.

Die Turbinen sind dreigehäusig mit 3 Abdampfstutzen und 7 Anzapfungen zur Speisewasseraufwärmung. Drei Vorwärmer liegen hinter dem Entgaser. Die Speisepumpen sind in eine Vor- und Hauptpumpe unterteilt, wobei die Vorpumpe vor, die Hauptpumpe hinter den Hochdruckvorwärmern liegt.

Der erste Block erhält einen Naturumlaufkessel, der zweite einen Durchlaufkessel der Benson-Bauart mit trockenem Aschenabzug. Hinter der Brennkammer sind 2 Rauch-

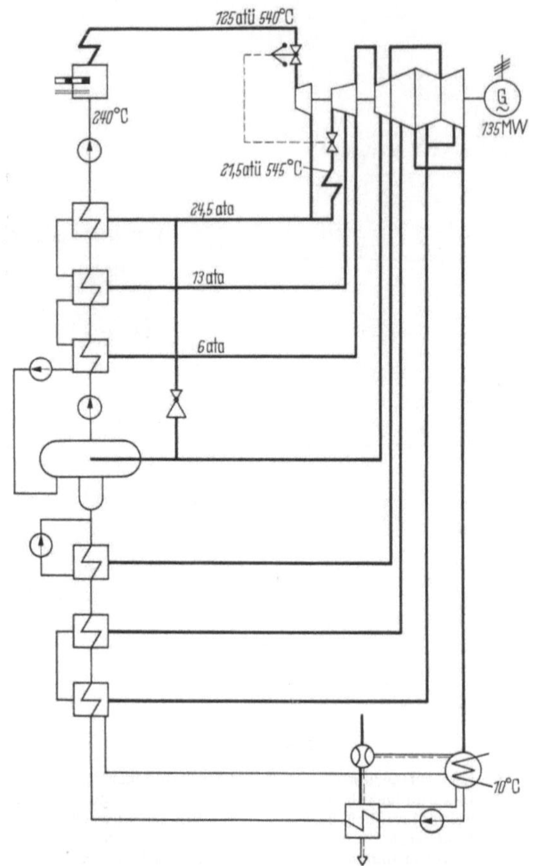

Wärmegrundschaltplan

gaszüge nachgeschaltet, in denen die Berührungsheizflächen und die Röhrenlufterhitzer angeordnet sind. Der Naturumlaufkessel wird mit 5 Ringkugelmühlen, der Bensonkessel mit 4 Ringwalzenmühlen ausgerüstet.

Jeder Generator mit einer Leistung von 150 MVA ist über einen 159 MVA-Umspanner an die 132 kV-Sammelschiene angeschlossen. Der Eigenbedarf (10 kV) wird über einen 10 MVA-Regelumspanner unmittelbar von den Generatorklemmen gespeist. Ferner besteht eine unmittelbare Verbindung zwischen der Haupt- und Eigenbedarfssammelschiene über einen 12 MVA-Regelumspanner, so daß die Versorgung des Eigenbedarfes auch beim Anfahren und in Störungsfällen gesichert ist.

Der Bunkerbau bildet mit dem Kesselhaus einen gemeinsamen Baukörper, der oberhalb der außenliegenden Bunker die beiden Schornsteine trägt. Das waagerechte Elektrofilter und die Frischluftgebläse liegen oberhalb der Kessel, die Saugzuganlage über den Bunkern. Zwischen den Kesseln in der Höhe des Maschinenhausflures ist die Wärme- und Elektrowarte untergebracht. Die beiden Turbosätze werden in der Längsachse des Maschinenhauses aufgestellt mit querliegenden Kondensatoren. Die Speisepumpen stehen unmittelbar bei den Turbinen auf der vom Kesselhaus abgewandten Seite. An der Außenwand des Maschinenhauses befinden sich 2 Vorbauten — je ein Vorbau für jeden Block —, der in seinem unteren Teil die Siebbandanlage und die Kühlwasserpumpen aufnimmt. Darüber sind Speisewasserbehälter und die Speisewasser-Aufbereitungsanlage untergebracht. Der Kühlwassereinlaufkanal führt an den erwähnten Vorbauten unmittelbar vorbei. Der Kühlwasserauslaufkanal liegt unter der Aschenkellersohle unmittelbar neben der Maschinenhauswand. Die Eigenbedarfsumspanner werden beiderseits dieser Vorbauten aufgestellt. Die Hauptumspanner stehen jenseits des Kühlwassereinlaufkanals.

Das Gebäude wird in Beton erstellt.

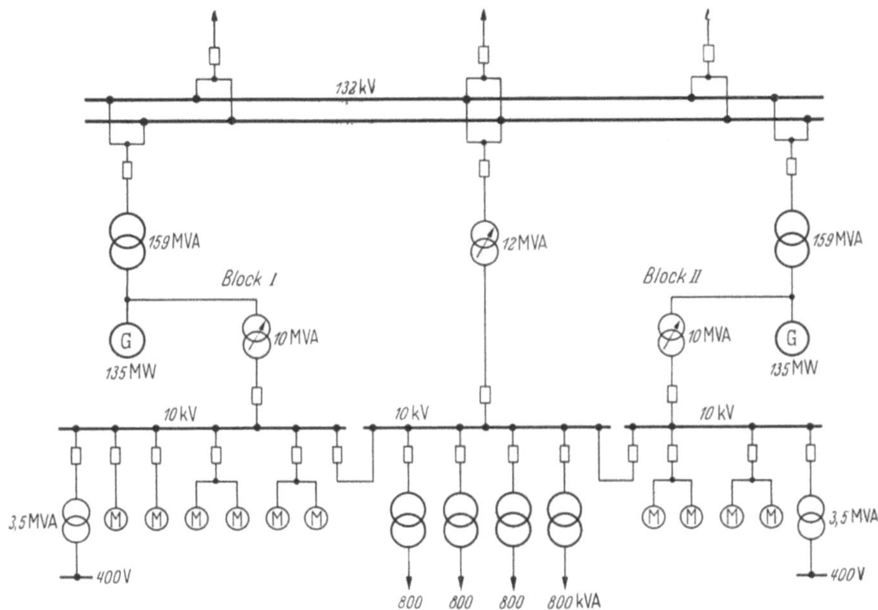

Elektrischer Übersichtsschaltplan

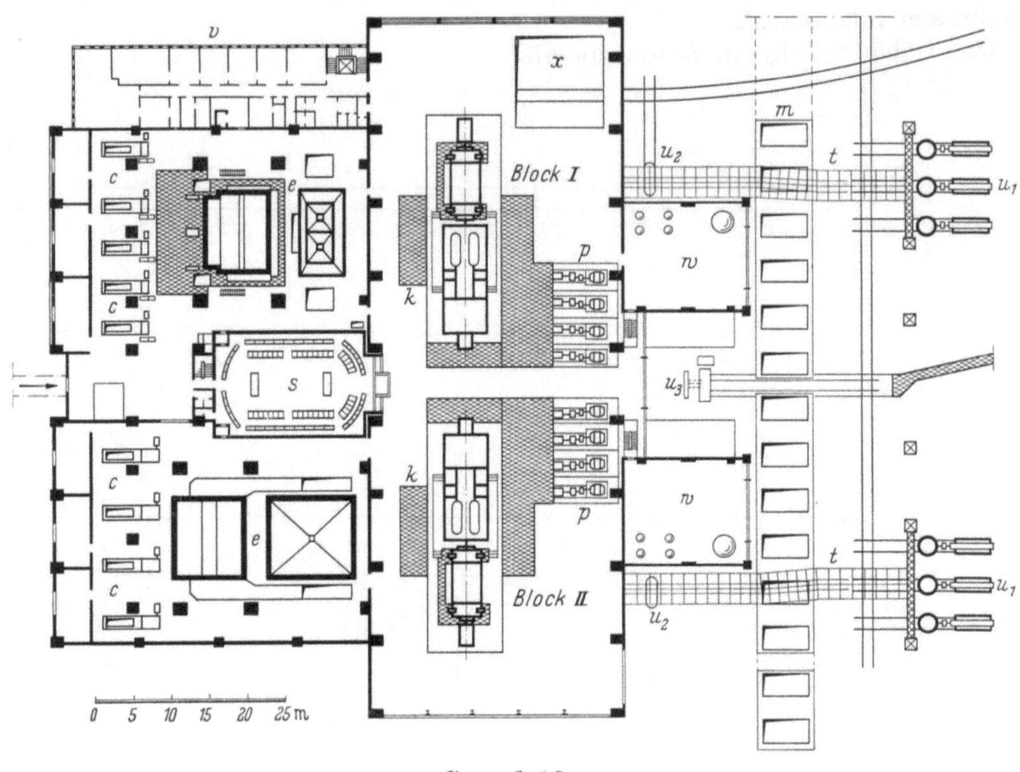
v
x
m
Block I
u2
t
u1
c
e
p
w
k
c
c
s
u3
k
w
c
e
p
t
c
Block II
u2
u1
0 5 10 15 20 25 m

Grundriß

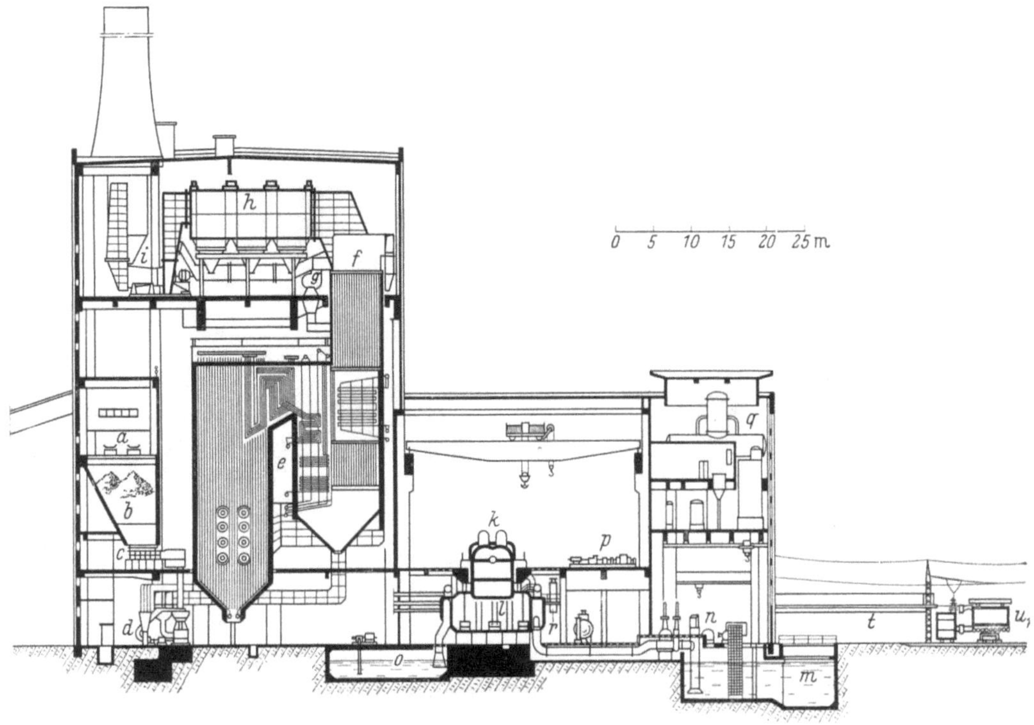

Querschnitt

Legende zum Grundriß und Querschnitt

a	Bekohlung	*o*	Kühlwasserauslaufkanal
b	Kohlenbunker	*p*	Kesselspeisepumpen
c	Kohlenzuteiler	*q*	Speisewasserbehälter mit Entgaser
d	Kohlenmühle	*r*	Vorwärmer
e	Kessel	*s*	Wärme- und Elektrowarte
f	Luftvorwärmer	*t*	Stromschienenkanal
g	Frischluftgebläse	u_1	Hauptumspanner
h	Elektrofilter	u_2	Eigenbedarfsumspanner
i	Saugzuggebläse	u_3	Regelumspanner
k	Turbogenerator	*v*	Bürogebäude
l	Kondensator	*w*	Wasseraufbereitungsanlage
m	Kühlwasserzulaufkanal	*x*	Montageöffnung
n	Siebbandanlage und Kühlwasserpumpen		

Schaubild

149

Kraftwerk Tavazzano I, Italien

(Società Termo-Elettrica Italiana, Mailand)

Baujahr 1950/52

Kessel	Block 1 und 2
Anzahl	2
Leistung t/h	215
Art	Naturumlauf
Genehmigungsdruck atü	147
Dampfzustand bei Austritt atü	125
Dampfzustand bei Austritt °C	520
Dampfzustand hinter ZWÜ atü	19
Dampfzustand hinter ZWÜ °C	515
Brennstoff:	
Art	Naturgas, Öl
unterer Heizwert kcal/kg	—
Feuerung	Ecken
Schlackenabzug	—
Luftvorwärmung °C	—
Abgastemperatur °C	—
Wirkungsgrad %	—

Rauchgasentstaubung —
Wasseraufbereitung: chemisch und Verdampfung
Bauweise: Beton
Vorgesehene Gesamtleistung: 125 MW

Turbinen	Block 1 und 2
Anzahl	2
Leistung MW	62,5
Leistung MVA	—
Art	K
Drehzahl U/min	3000
Dampfdurchsatz t/h	—
Dampfzustand bei Eintritt atü	125
Dampfzustand bei Eintritt °C	510
bei Wiedereintritt atü	19
bei Wiedereintritt °C	510
Kühlwassertemperatur °C	15
Dampfzustand bei Austritt ata	—
Dampfzustand bei Austritt °C	—
Gehäusezahl	3
Abdampfstutzen (flutig)	2
Vorwärmstufen	5
Entgasungstemperatur °C	145
Speisewassertemperatur °C	210

Kennzahlen

Spez. Wärmeverbr. netto kcal/kWh	2325[1]
„ Flächenbedarf m²/kW	0,032
„ Raumbedarf m³/kW	0,92

[1] Jahresmittel 1954

Das Kraftwerk liegt etwa 30 km südostwärts von Mailand in der Nähe der Naturgasquellen der Po-Ebene. Die Ausbeute an Naturgas, das als fast reines Methan anfällt, ist seit 1945 sprunghaft angestiegen. Durch die Verwendung des Gases zur Stromerzeugung wird seine Energie einem bedeutend erweiterten Abnehmerkreis zugeführt. Das Kraftwerk ist mit mehreren Methanquellen durch Hochdruckleitungen verbunden. Das Kühlwasser wird dem aus der Adda gespeisten Canale Muzza mit normal 15° C entnommen.

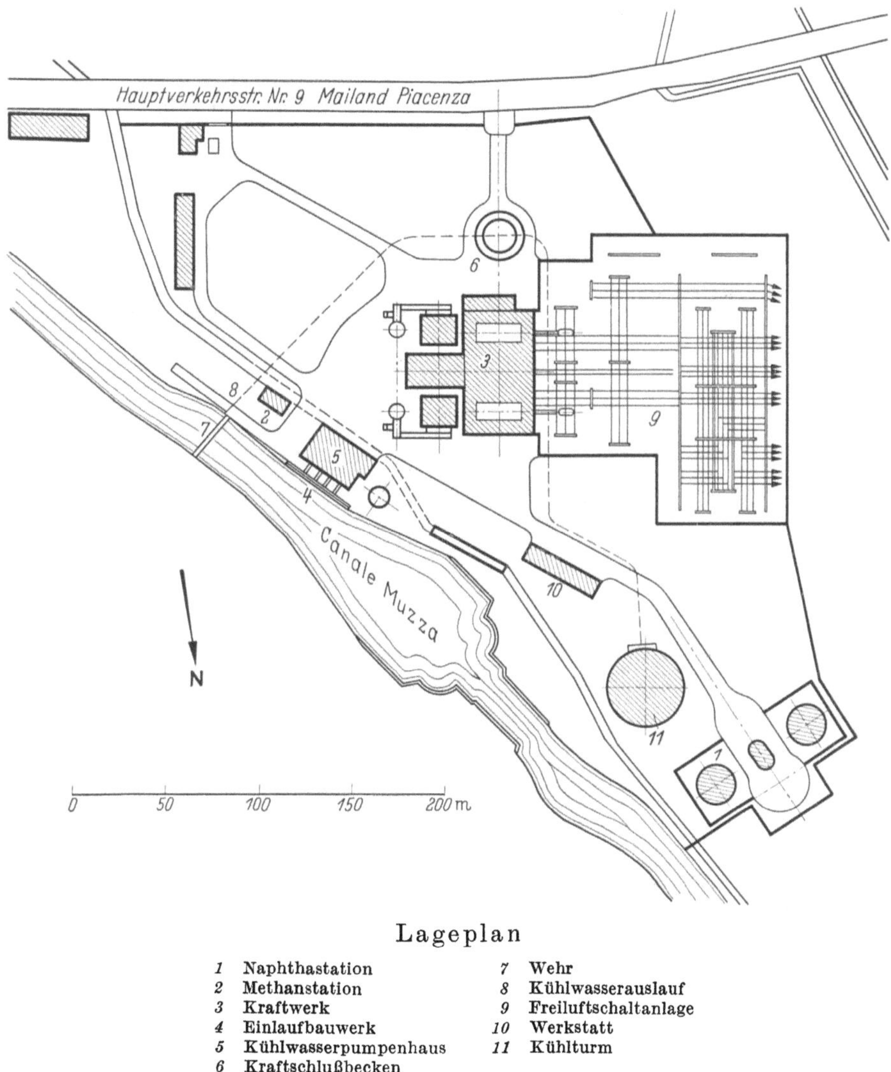

Lageplan

1	Naphthastation	*7*	Wehr
2	Methanstation	*8*	Kühlwasserauslauf
3	Kraftwerk	*9*	Freiluftschaltanlage
4	Einlaufbauwerk	*10*	Werkstatt
5	Kühlwasserpumpenhaus	*11*	Kühlturm
6	Kraftschlußbecken		

Die besonderen Kennzeichen des Kraftwerkes, die es zur seinerzeit modernsten Anlage Europas machten, sind einerseits die Blockbauweise mit Aufstellung der Kessel und Umspanner im Freien und andererseits der vorher in Europa noch nicht erreichte niedrige spezifische Wärmeverbrauch. Er betrug nach mehrjährigem Betrieb im Jahresmittel 1954 bei 5400 Vollastbetriebsstunden 2325 kcal/Netto-kWh und ist auch in den letzten Jahren praktisch auf dem gleichen Stand geblieben. Dieser niedrige Wärmeverbrauch ist möglich durch die hohen Wirkungsgrade der methangefeuerten Kessel, der Turbinen und der wasserstoffgekühlten Generatoren, verbunden mit der Wahl einer seiner Zeit hohen Frischdampf- und gleich hohen Zwischenüberhitzungstemperatur. Das

Druckgefälle des in den ersten Jahren mit rund 50 atü anstehenden Methans wurde in dieser Zeit in einer Gasentspannungsturbine für jeden Block ausgenutzt. Die Leistung dieser Turbinen wurde über einen Asynchrongenerator für den Eigenbedarf verwertet, der durch den Entfall von Bekohlungs- und Mahleinrichtungen an sich niedrig liegt. Der Druck des Methans ist inzwischen gefallen, so daß die weitere Ausnutzungsmöglichkeit in Frage gestellt ist. Die Regenerativvorwärmung des Speisewassers erfolgt in 5 Stufen bis zu 210° C,

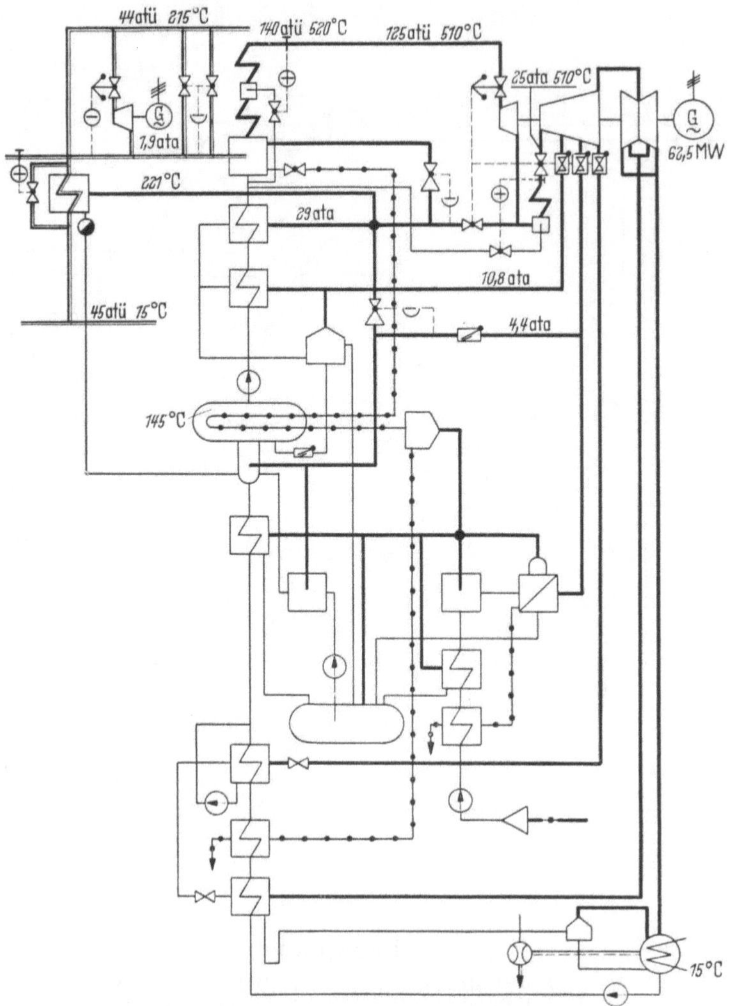

Wärmegrundschaltplan

wobei im oberen Lastbereich das Speisewasser bei einem mit der Turbinenbelastung schwankenden Druck (Schwebentgasung) entgast wird.

Jeder Hauptgenerator ist mit seinem Blockumspanner ohne Trennstelle fest verbunden. Die Blockumspanner können oberspannungsseitig auf 132 kV oder 230 kV arbeiten. Die benötigte Eigenbedarfsleistung wird an den Generatorklemmen eines jeden Blockes über einen Umspanner 10,5/6,3 kV entnommen. Zur Sicherstellung des Eigenbedarfes und zum Anfahren besteht ein besonderer Reserveanschluß an die 132 kV-Sammelschiene der Hochspannungsschaltanlage über einen Umspanner 132/6,3 kV. Bei Störungen erfolgt die Umschaltung des Eigenbedarfes auf den Reserveanschluß automatisch.

Das eigentliche Kraftwerksgebäude ist symmetrisch aufgebaut und besteht im wesentlichen aus dem Maschinenhaus, in dem die beiden Turbosätze mit ihrer Achse senkrecht zur Maschinenhausachse aufgestellt sind. In der Mitte des Maschinenhauses ist eine große, teilweise abdeckbare Montageöffnung vorhanden. An den beiden Längsseiten dieser Öffnung stehen im Kellergeschoß die 3 Kesselspeisepumpen eines jeden Blockes, die damit auch innerhalb des Kranbereiches liegen. An die Kesselspeisepumpen schließt sich räumlich jeweils ein besonderer dreistöckiger Vorwärmerblock an, der die gesamten Apparate der Vorwärmer- und Verdampferanlage sowie auf Kellerflur die verschiedenen kleinen Pumpen aufnimmt. Die Vorwärmerblöcke grenzen unmittelbar an die Turbosätze. Zwischen den beiden im Freien stehenden Kesseln, die den Turbosätzen zugeordnet sind, ist ein Zwischenbau an das Maschinenhaus angegliedert, der im Kellergeschoß in einem gemeinsamen Raum die gesamten Eigenbedarfs-Hauptschaltanlagen und getrennt davon einige kleinere Hilfsbetriebe aufnimmt. Auf dem Hauptbedienungsflur befindet sich in diesem Gebäude die kombinierte Wärme-Elektro-Warte, die einen

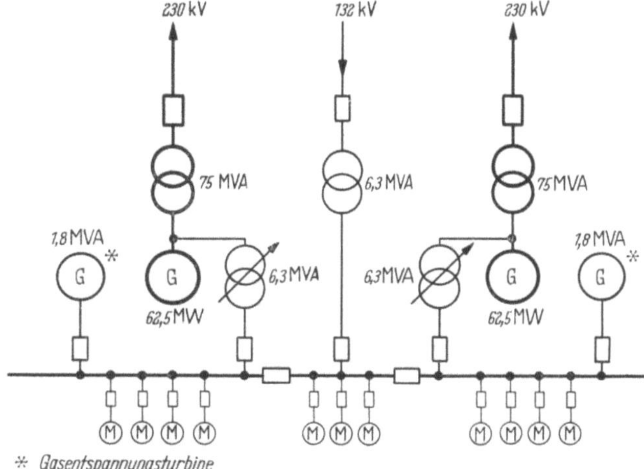

Elektrischer Übersichtsschaltplan

fast ovalen Grundriß hat, und das chemische Laboratorium. Darunter befindet sich neben dem Kabelboden und dem Relaisraum für die Kesselregelung ein technisches Laboratorium.

Die beiden Entspannungsanlagen für das Methan einschließlich der Entspannungsturbinen und der Methanvorwärmer stehen unmittelbar unter den Kesseln, also auch im Freien. Damit soll erreicht werden, daß auch bei etwaigen Undichtheiten an den Rohrleitungen und Apparaten der Anlage die Gefahr einer Entzündung oder Explosion auf ein Mindestmaß herabgesetzt wird.

Das Hauptgebäude ist ein Eisenbetonskelettbau, der mit Ziegeln ausgemauert und mit Blendsteinen verkleidet wurde. Auf eine architektonisch eindrucksvolle äußere und innere Gestaltung des Kraftwerkes wurde besonderer Wert gelegt. Ein Beispiel hierfür ist die Ausbildung des Kraftschlußbeckens für den Kühlwasserablauf in Form eines architektonisch sehr wirksamen Auslaufbrunnens mit kreisförmigem Grundriß.

Im Jahr 1956 wurde ein neues Kraftwerk auf dem gleichen Gelände bestellt, das der technischen Weiterentwicklung entsprechend mit Durchlaufkesseln ausgerüstet ist und mit einem höheren Dampfzustand arbeitet. Diese Anlage ist gesondert als Tavazzano II unter Nr. 36, S. 184, beschrieben.

Schrifttum

CASTELLANI, CL., u. H. H. POHL: Elektrizitätswirtsch. 52 (1953) S. 136/39 u. 164/67.

SCHRÖDER, K.: Dampfkraftwerke, Sonderdruck aus dem Werk: Die Entwicklung der Starkstromtechnik, Siemens-Schuckertwerke AG.

CASTELLANI, CL.: Bericht zur 4. Weltkraftkonferenz London 1950.

Druckschrift der Società Termo-Elettrica Italiana.

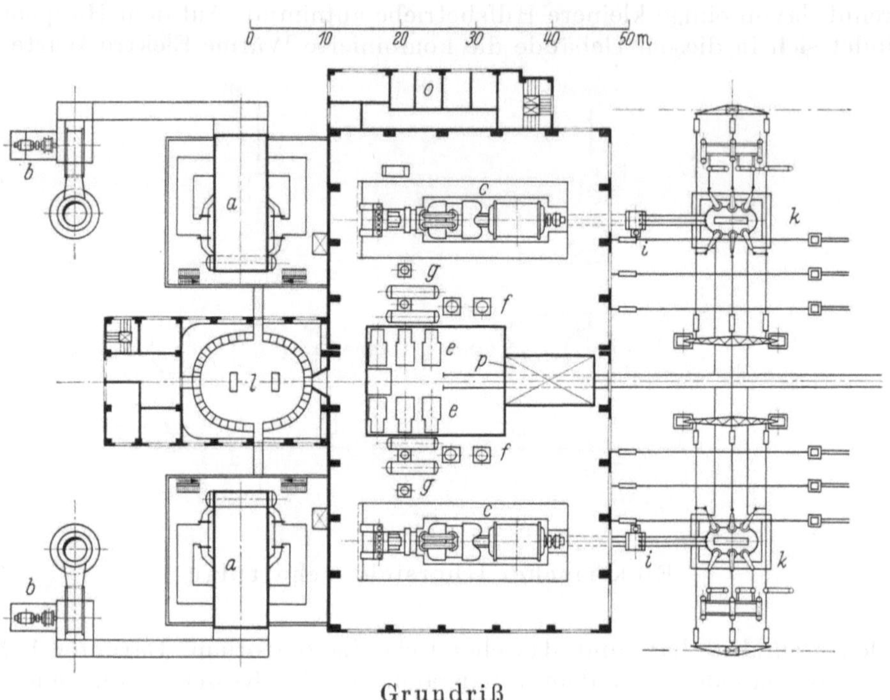

Grundriß

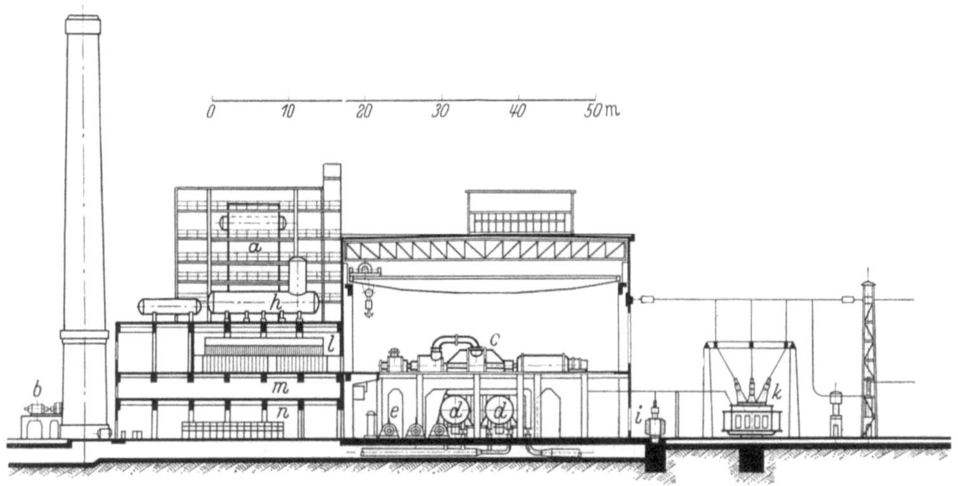

Querschnitt

Legende zum Grundriß und Querschnitt

a	Kessel	*i*	Eigenbedarfsumspanner
b	Saugzuggebläse	*k*	Hauptumspanner
c	Turbogenerator	*l*	Gemeinschaftswarte
d	Kondensator	*m*	Kabelboden
e	Kesselspeisepumpen	*n*	Eigenbedarfsschaltanlage
f	Verdampfer	*o*	Bürogebäude
g	Hochdruckvorwärmer	*p*	Montageöffnung
h	Speisewasserbehälter und Entgaser		

Schaubild

Kraftwerk Unterweser, BRD

(Nordwestdeutsche Kraftwerke Aktiengesellschaft, Hamburg)

Baujahr 1950/56

Kessel		
Anzahl	3	1
Leistung t/h	} *	225
Art		Naturumlauf
Genehmigungsdruck atü	145	145
Dampfzustand bei Austritt atü	125	125
Dampfzustand bei Austritt °C	} *	525
Dampfzustand hinter ZWÜ atü		24
Dampfzustand hinter ZWÜ °C		465
Brennstoff:		
Art	Steinkohle (Öl)	
unterer Heizwert kcal/kg	6800—7300	
Feuerung	Ecken	Zyklon
Schlackenabzug	trocken	flüssig
Luftvorwärmung °C	250	350
Abgastemperatur °C	180	140
Wirkungsgrad %	86	93

Turbinen	Zweiwellensatz Vorschaltteil	Zweiwellensatz Nachschaltteil		Einwellensätze	
Anzahl	1	1	1	1	1
Leistung MW	20	50	16	70	40
Leistung MVA	25	64	16	85	42,5
Art	HD	ND	ND	K	K
Drehzahl U/min	3000	3000	3000	3000	3000
Dampfdurchsatz t/h	300	218	—	—	—
Dampfzustand bei Eintritt atü	122	36	36	122	122
Dampfzustand bei Eintritt °C	495	440	440	520	500
Dampfzustand bei Wiedereintritt atü	—	—	—	22	33
Dampfzustand bei Wiedereintritt °C	—	—	—	450	500
Kühlwassertemperatur	—	12	12	12	12
Dampfzustand bei Austritt ata	41	—	—	—	—
Dampfzustand bei Austritt °C	340	—	—	—	—
Gehäusezahl	1	2	2	3	2
Abdampfstutzen (flutig)	1	2	1	2	1
Vorwärmstufen	—	4	2	5	6
Entgasungstemperatur °C	—	155	155	155	—
Speisewassertemperatur °C	—	155	155	206	235

Kennzahlen

Spez. Wärmeverbrauch netto kcal/kWh	2400[1]
„ Flächenbedarf m^2/kW	0,043
„ Raumbedarf m^3/kW	1,21

Rauchgasentstaubung: mechanisch
Wasseraufbereitung: chemisch und Verdampfung
Bauweise: Beton; Eisenfachwerk
Vorgesehene Gesamtleistung: 218 MW

* 1 Durchlaufkessel, 125 t/h, 125 atü, 505/500° C für den 40 MW Einwellensatz
2 Naturumlaufkessel je 150 t/h, 125 atü, 500/450° C für den 86 MW-Zweiwellensatz (Vorschaltteil 20 MW, Nachschaltteil 50+16 MW)

[1] Bestpunkt

Das Kraftwerk wurde 1923 an der Weser bei Bremen-Farge errichtet. Es wurde dem damaligen Stand der Technik entsprechend zunächst für 18 atü gebaut. In den Jahren 1937/44 kamen Erweiterungen mit einem Dampfzustand von 40 atü, 450° C hinzu, durch die die 18 atü-Anlage schrittweise ersetzt wurde. Die Druckstufe 125 atü wurde im Jahr 1950 eingeführt. Zunächst wurde durch diese Druckstufe eine Zweiwellenanlage betrieben, bei der eine Vorschaltturbine ihren Abdampf in die 40 atü-Sammelschiene einspeiste. Im Jahr 1954 wurde ein 70 MW-Block aufgestellt und 1956 eine neue 125 atü-Dampfturbine für einen vorhandenen 40 MW-Generator beschafft. Letztere

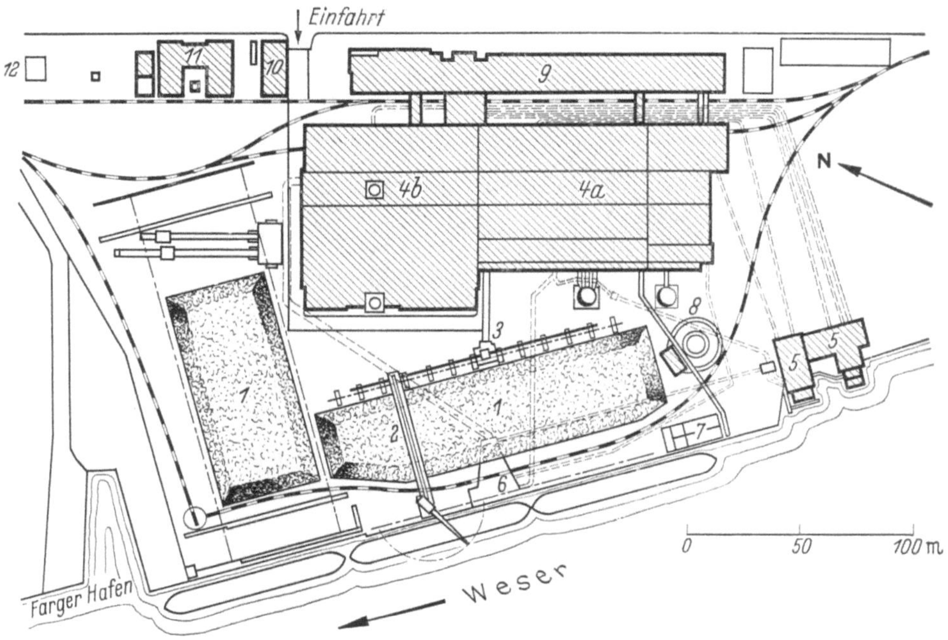

Lageplan

1 Kohlenlagerplatz
2 Bekohlungsbrücke
3 Brecheranlage
4a Kraftwerk, neuerer Teil
4b Kraftwerk, älterer Teil
5 Einlaufbauwerk
6 Kühlwasserauslauf
7 Ascheklärbecken
8 Heizöltank
9 Schalthaus
10 Pförtnerhaus
11 Werkstatt und Hauptlager
12 Rohwasserpumpenwerk

wurde an einen vorhandenen 125 t/h-Kessel, Bauart Benson, angeschlossen. So bestehen heute im Kraftwerk Unterweser Ein- und Zweiwellenanlagen nebeneinander. Zwei 150 t/h-Kessel speisen eine 20 MW-Vorschaltturbine, die ihrerseits eine 50 MW- und eine 16 MW-Kondensationsturbine versorgt. Der Trenndruck liegt bei 40 atü. Außerdem sind 2 Einwellenblocks mit einer Leistung von 40 und 70 MW vorhanden.

Seiner Entwicklung entsprechend besteht das Kraftwerk aus einem älteren und neueren Teil; in dem letzten ist die 125 atü-Anlage untergebracht. Das Werk verfeuert in- und ausländische Steinkohle. Die Kaianlagen sind 1956 weiter ausgebaut worden, so daß Seeschiffe bis zu 15000 t direkt gelöscht werden können.

Besondere Beachtung verdient der 70 MW-Block, dessen Zyklonkessel als erster in Deutschland mit Zwischenüberhitzung ausgestattet wurde. Die dreigehäusige Turbine hat 5 Anzapfungen zur Speisewasseraufwärmung, von denen zwei hinter dem Speisewasserbehälter bzw. den Speisepumpen liegen. Das chemisch aufbereitete Wasser wird in einem einstufigen Verdampfer verdampft.

Der 85 MVA-Generator speist über 2 parallelgeschaltete 42,5 MVA-Umspanner in eine 110 kV-Sammelschiene, auf die auch der 64 MVA-Generator der erwähnten Nachschaltturbine über einen 64 MVA-Umspanner geschaltet ist. Die übrigen Generatoren versorgen eine 60 kV-Sammelschiene. Beide Sammelschienen sind über einen 50 MVA-Regelumspanner miteinander verbunden.

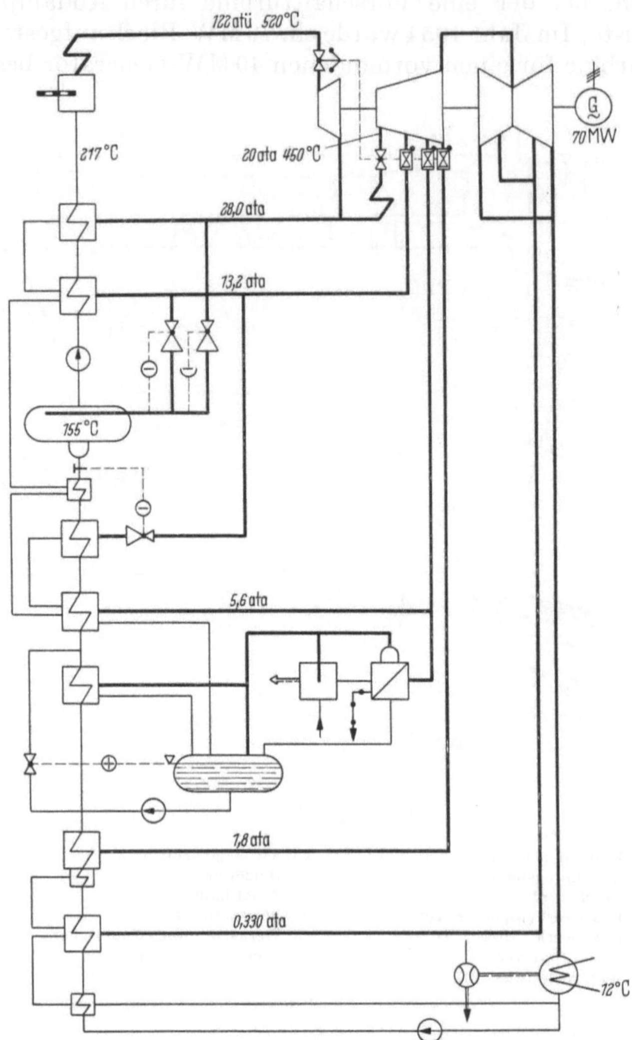

Wärmegrundschaltplan des 70 MW-Blocks

Der Eigenbedarf ist in Gruppen unterteilt. Die Versorgung dieser Gruppen zweigt unmittelbar an den Klemmen der zugehörigen Generatoren ab. Zwischengeschaltet sind Regelumspanner bzw. bei gleicher Spannung Reaktanzen zur Begrenzung des Kurzschlußstromes. Der Eigenbedarf der 50 und 70 MW-Sätze ist über eine Reaktanz miteinander verbunden, so daß eine Querverbindung beim Anfahren der Blöcke besteht.

Die Anordnung der Anlageteile entspricht dem Erzeugungsprozeß. Zwischen Kessel- und Maschinenhaus liegt, vorgeschrieben durch die Bauweise des alten Werkes, ein besonderer Trakt für die Aufnahme der Speisepumpen und Vorwärmer. Für die 3 ersten Hochdruckkessel wurde eine Zwischenbunkerung mit Rohrmühlen vorgesehen. Der Zyklonkessel erhielt Einblasemühlen. Das Schalthaus ist durch einen Schienenstrang vom Maschinenhaus getrennt.

Bunker- und Pumpenhaus sind bis zu den Bühnen, die die Bekohlungsanlage bzw. die Speisewasserbehälter tragen, in Beton ausgeführt. Alle übrigen Bauteile bestehen aus Eisenfachwerk. Das ganze Gebäude ist mit Klinkern verkleidet.

Schrifttum

SCHRÖDER, K.: Dampfkraftwerke. Sonderdruck aus dem Werk: Die Entwicklung der Starkstromtechnik, Siemens-Schuckert-Werke AG.

Nordwestdeutsche Kraftwerke AG: Das Kraftwerk Unterweser in Bremen-Farge (Druckschrift).

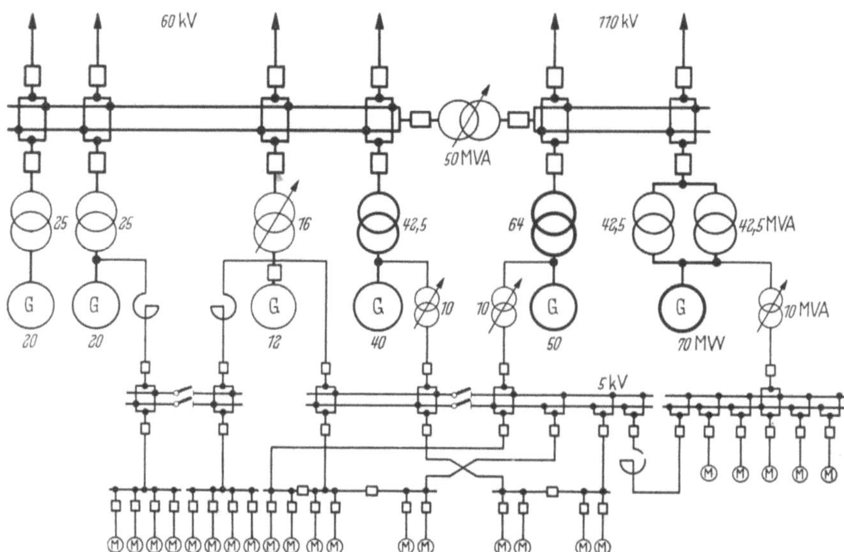

Elektrischer Übersichtsschaltplan

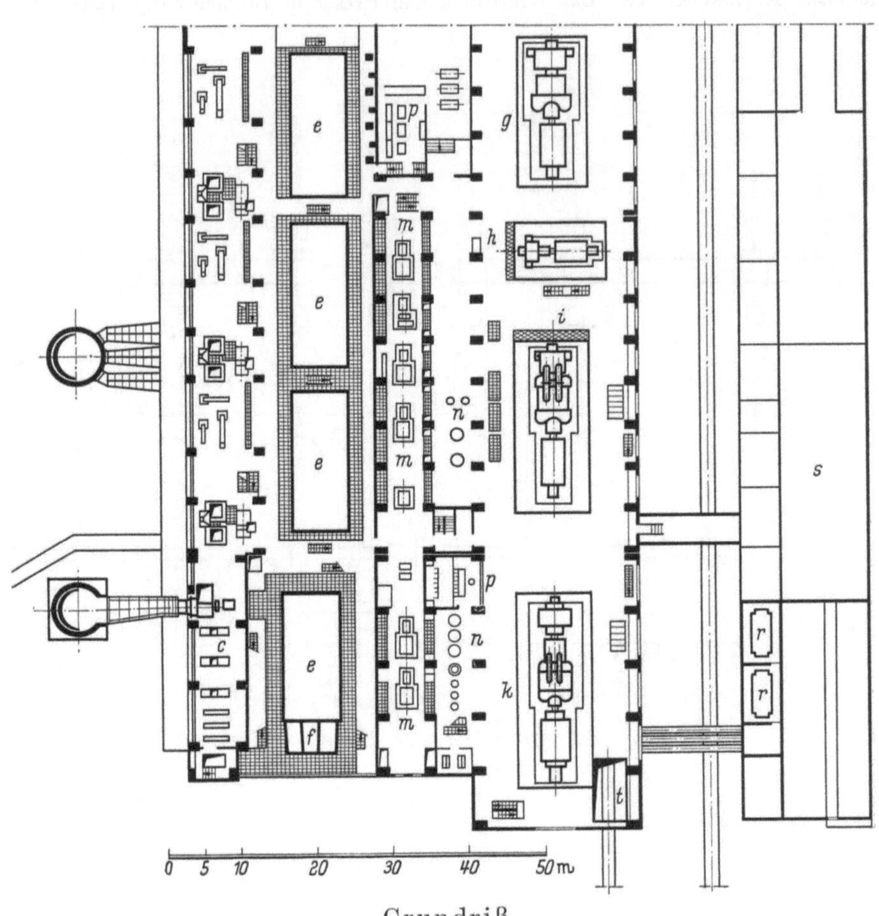

Grundriß

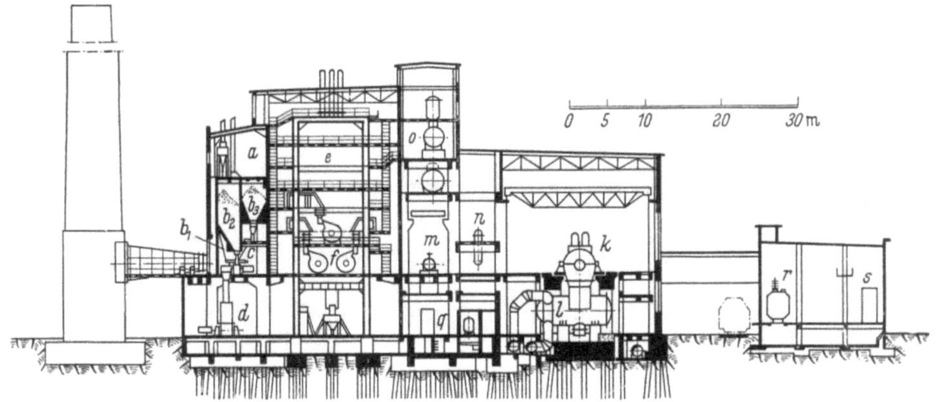

Querschnitt

Legende zum Grundriß und Querschnitt

a Bekohlung
b_1 Rohkohlenbunker
b_2 Kohlenstaubbunker
b_3 Flugaschenbunker
c Kohlenzuteiler
d Kohlenmühle
e Kessel
f Zyklonbrenner
g Turbogenerator 40 MW
h Vorschaltturbosatz 20 MW
i Nachschaltturbosatz 50 MW
k Turbogenerator 70 MW
l Kondensator
m Kesselspeisepumpen
n Vorwärmer und Verdampfer
o Speisewasserbehälter mit Entgaser
p Wärmewarte
q Eigenbedarfsschaltanlage
r Hauptumspanner
s Schalthaus
t Montageöffnung

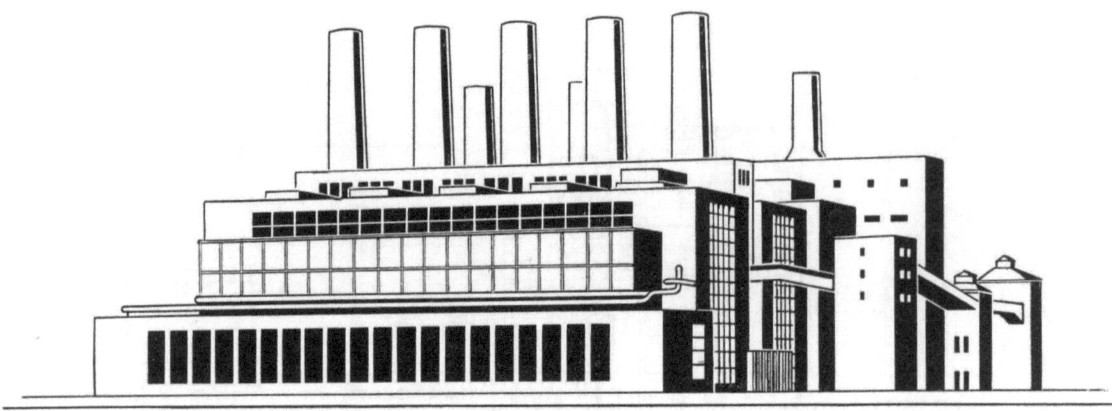

Schaubild

151 Kraftwerk Fortuna II (Vorschaltanlage), BRD

(Rheinische Aktiengesellschaft für Braunkohlenbergbau und Brikettfabrikation, Köln)

Baujahr 1950/55

Kessel	Block I bis IV	Block V
Anzahl	8	2
Leistung t/h	175	250
Art	Naturumlauf	Naturumlauf
Genehmigungsdruck atü	134	136
Dampfzustand bei Austritt atü	115	115
Dampfzustand bei Austritt °C	510	530
Dampfzustand hinter ZWÜ atü	17	17
Dampfzustand hinter ZWÜ °C	410	480
Brennstoff:		
Art	Braunk.	Braunk.
unterer Heizwert kcal/kg	1650	1650
Feuerung	Ecken	Ecken
Schlackenabzug	trocken	trocken
Luftvorwärmung °C	268	275
Abgastemperatur °C	180	160
Wirkungsgrad %	82	84,5

Turbinen	Block I bis IV	Block V	
Anzahl	4	1	1
Leistung MW	35	52	90
Leistung MVA	43	64	129
Art	V	V	K
Drehzahl U/min	3000	3000	3000
Dampfdurchsatz t/h	—	—	—
Dampfzustand bei Eintritt atü	115	115	12,75
Dampfzustand bei Eintritt °C	500	520	440
Dampfzustand bei Wiedereintritt atü	—	—	—
Dampfzustand bei Wiedereintritt °C	—	—	—
Kühlwassertemperatur	—	—	20,5
Dampfzustand bei Austritt ata	19	19	0,055
Dampfzustand bei Austritt °C	280	280	—
Gehäusezahl	1	1	2
Abdampfstutzen (flutig)	1	1	2
Vorwärmstufen	—	—	4
Entgasungstemperatur °C	—	—	150
Speisewassertemperatur °C	150	—	180

Kennzahlen

Spez. Wärmeverbrauch netto kcal/kWh	2450
„ Flächenbedarf m^2/kW	0,099
„ Raumbedarf m^3/kW	3,04

Rauchgasentstaubung: elektrisch
Wasseraufbereitung: chemisch und Verdampfung
Bauweise: Beton; Stahlfachwerk
Vorgesehene Gesamtleistung: — MW

Die Rheinische Aktiengesellschaft für Braunkohlenbergbau und Brikettfabrikation hatte im Jahr 1920 in Ergänzung ihres Kraftwerkes Fortuna I mit dem Bau des Kraftwerkes Fortuna II begonnen. Zur Dampferzeugung wurden 28 Kessel in zwei Kesselhäusern erstellt. Aufgestellt wurden 4 Turbosätze von je 16 MW. Das Speisewasser wurde in einer Vorwärmstufe auf 70° C vorgewärmt.

Das alte Kraftwerk wurde in mehreren Ausbaustufen durch Neuaufstellung von Turbosätzen und Umstellung der Kesselanlage auf eine Gesamtleistung von 164 MW allmählich erweitert. Die bereits vor dem zweiten Weltkrieg bestehende Absicht, die vorhandene Anlage durch Errichtung eines Vorschaltteiles zu modernisieren, konnte erst 1950 verwirklicht werden. Aufgestellt wurden zunächst 8 Naturumlaufkessel mit einer Leistung von je 175 t/h und 4 Vorschaltturbinen von je 35 MW mit einem Eintrittszustand von 115 atü, 500° C. Im normalen Betrieb bilden 2 Kessel und eine Vorschaltturbine einen Block. Der Dampf tritt mit 19 ata, 280° C aus der Vorschaltturbine aus und wird anschließend auf 400° C zwischenüberhitzt und dann mit einem Druck von 17 ata der Altanlage zugeführt.

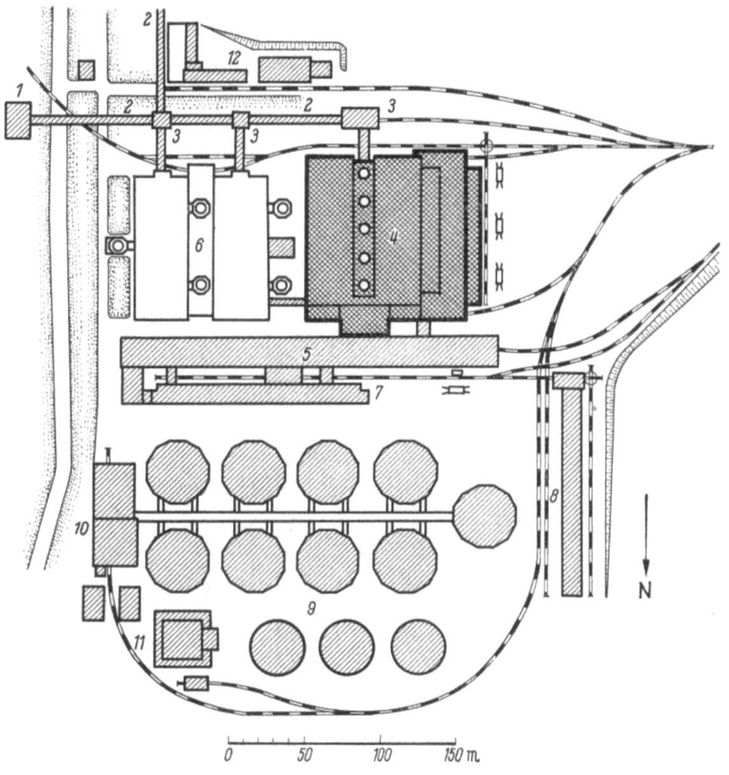

Lageplan

1	Brecheranlage	7	25 kV-Schalthaus
2	Bandbrücke	8	110 kV-Schalthaus
3	Übergabeturm	9	Kühltürme
4	Vorschaltkraftwerk	10	Chemische Wasseraufbereitungsanlage
5	Nachschaltturbinenhaus	11	Klärbecken
6	Kesselhaus, erbaut 1923; abgetragen 1953	12	Werkstatt und Lager

Im Endausbau wurde ein mit Block V bezeichneter Turbosatz mit einer Leistung von 140 MW in Zweiwellenanordnung erstellt, bestehend aus 2 Kesseln von je 250 t/h, einer Vorschaltturbine von 52 MW und einer Nachschaltturbine von 90 MW. Die Frischdampftemperatur wurde auf 520° C, die des zwischenüberhitzten Dampfes auf 440° C gesteigert.

Die Kohle wird unmittelbar von der Grube in Großraumwagen einem Rohkohlenbunker zugeführt. Dieser ist durch Schrägbänder mit einem Brecherhaus verbunden, von dem weitere Bänder zum Kraftwerk führen.

Bei den ersten 4 Blocks mußte zur Erhöhung der Wirtschaftlichkeit die Speisewassertemperatur gesteigert werden. Das von der Altanlage zufließende Speisewasser wird zunächst einer Zwischenkondensatpumpe zugeführt, welche die Strömungswiderstände der zusätzlichen Vorwärmer decken muß. Durch Speisepumpenturbinen, die an das 17 ata-Netz angeschlossen sind, wird zunächst ein Vorwärmer von 1,4 ata be-

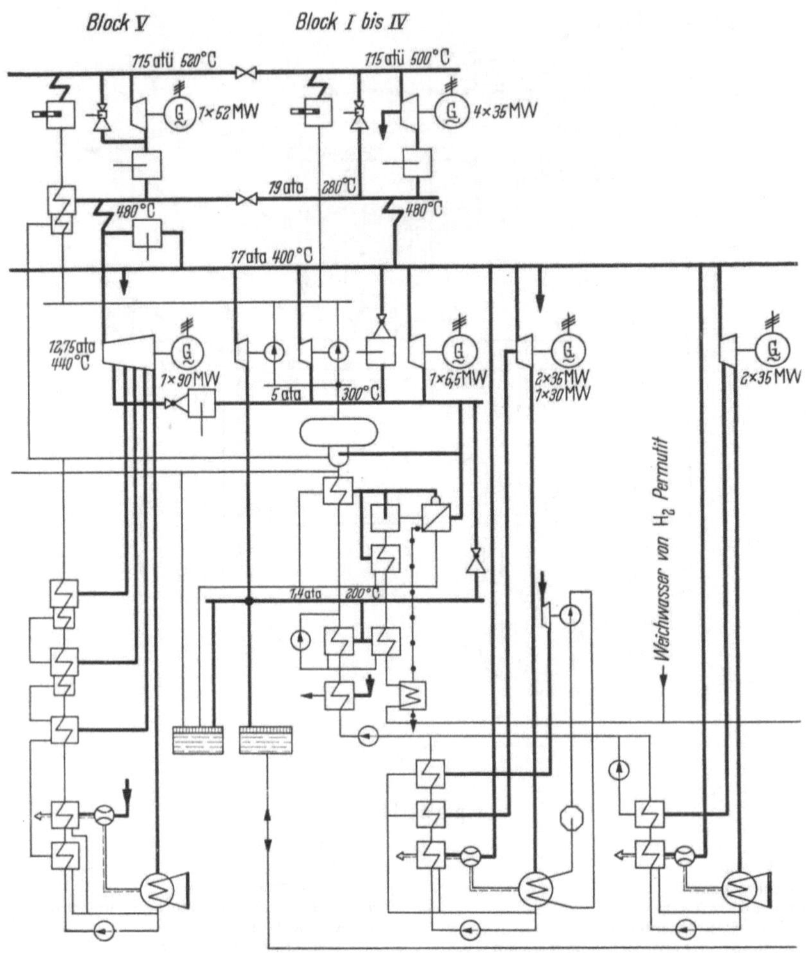

Wärmegrundschaltplan

schickt. Ferner wird durch eine Vorwärmturbine mit einer Leistung von 6,5 MW und durch Speisepumpenturbinen — beide sind gleichfalls an das 17 ata-Netz angeschlossen — ein 5 ata-Netz geschaffen, an das ein weiterer Niederdruckvorwärmer und die zentrale Verdampferanlage angeschlossen sind. Das Speisewasser fließt den acht 175 t/h-Kesseln mit 150° C zu. Die 90 MW-Nachschaltturbine des fünften Blockes hat 4 Anzapfungen. Die erste mit einem Druck von 5 ata speist auch in das erwähnte 5 ata-Netz. Ein Hochdruckvorwärmer, der von dem aus der Vorschaltturbine austretenden Dampf beaufschlagt wird, erwärmt das Speisewasser für die beiden 250 t/h-Kessel auf 180° C.

Das Vorschaltkraftwerk Fortuna II gibt seine Leistung in 25, 110 und 220 kV-Netze ab. Die Schaltanlage für die beiden erstgenannten Spannungen befindet sich im Kraftwerk selbst. Für 220 kV sind keine Schaltanlagen im Kraftwerk vorhanden. Die entsprechenden

Schalter befinden sich in den 10 bzw. 5 km entfernten Hauptschaltstationen Brauweiler und Rommerskirchen des RWE. Für die Versorgung des Eigenbedarfes des Blockes I bis IV sind 2 Umspanner mit einem Übersetzungsverhältnis 110/6 bzw. 25/6 kV vorhanden. Diese werden oberspannungsseitig auf einen besonderen Sammelschienenabschnitt mit einem Nachschaltturbosatz zusammengeschaltet. Bei Netzstörungen können diese Gruppen vom Netz abgetrennt werden und selbständig nur zu Zwecken der Erzeugung des Eigenbedarfes betrieben werden. Die beiden Umspanner speisen in zwei 6 kV-Hauptschaltanlagen, auf die die angeschlossenen Unterverteilungen wahlweise geschaltet werden können. Demgegenüber wird der Eigenbedarf des Blockes V normalerweise von einem Abzweig zwischen Generator und Blockumspanner der Nachschaltturbine unter

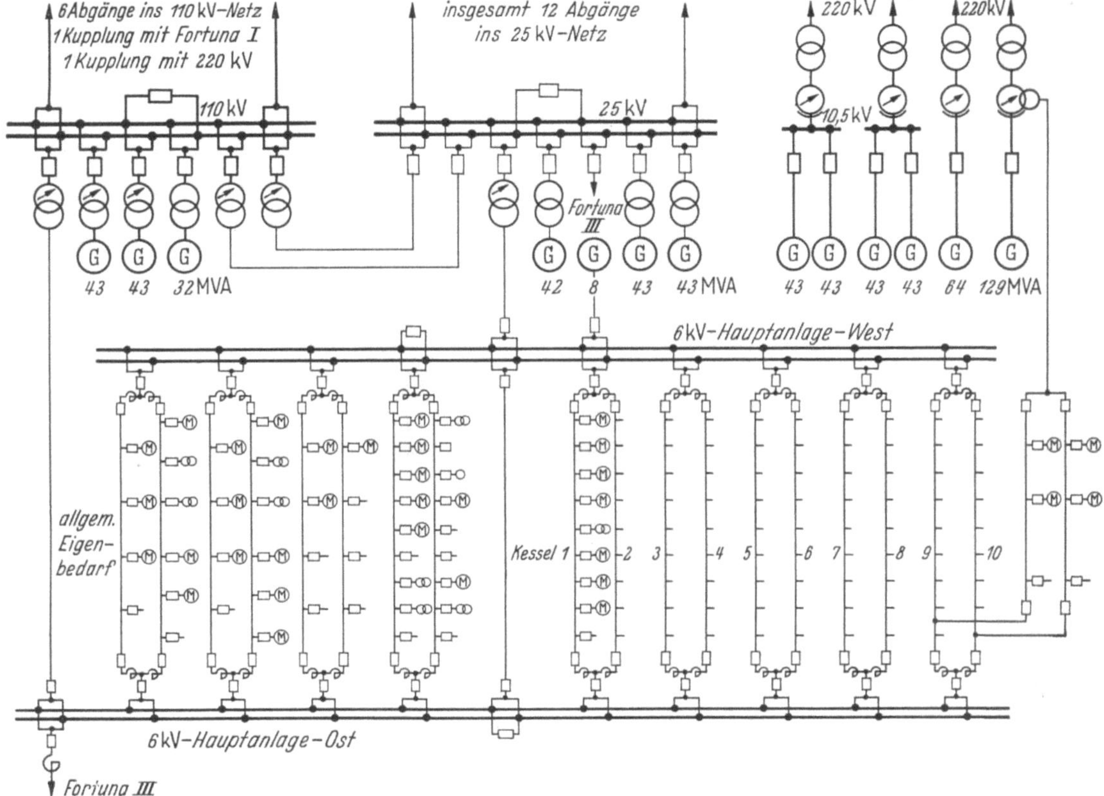

Elektrischer Übersichtsschaltplan

Umspannung von 10,5 auf 6 kV gespeist. Daneben bestehen für Störungsfälle Verbindungen zu den Eigenbedarfsschaltanlagen der Blocks I bis IV.

Die Kessel der Blocks I bis IV sind in 1 2/2-Zugbauweise mit hängenden Überhitzern ausgeführt. Die Kessel des Blockes V, bei denen der zweite und dritte Zug bis auf den Heizerstand heruntergezogen wurde, konnten trotz der um 40% gesteigerten Leistung auf der gleichen Grundfläche untergebracht werden, nur ihre Höhe ist um 3 m größer. Das zur Verfügung stehende Gelände führte zu einem zweireihigen Kesselhaus, dessen die Bunker tragender Mittelteil als Schwerbau ausgeführt wurde.

Der Bunkerschwerbau nimmt in seinem unteren Teil die Eigenbedarfsschaltanlage auf und trägt auf seiner Decke die Axialluftgebläse und die vertikal angeordneten Axialsaugzuggebläse sowie die 5 Schornsteine. Die Elektrofilter sind auf die Kesselgerüste abgestützt. Vorwärmturbinen, Speisepumpen und Warmwasserspeicher sind in einem Trakt zwischen Kessel- und Vorschaltmaschinenhaus untergebracht. Die Nachschaltturbinen stehen in einem Gebäude längs der einen Stirnwand des Kesselhauses, jenseits der Außenwände der Maschinenhäuser stehen die Hauptumspanner.

Der Bunker wurde, wie bereits erwähnt, als Schwerbau ausgebildet. Das Kesselhaus wurde in Stahlprofilen erstellt. Das Dach des Maschinenhauses erhielt Stahlfachwerksbinder.

Die Kondensationsanlage Fortuna III ist bereits unter Nr. 25 auf S. 148 beschrieben worden.

Die Kraftwerke Fortuna II und III sind im Zweiten Ausführungsbeispiel, III. Teil, S. 690, eingehender behandelt worden.

Schrifttum

Brennstoff, Wärme, Kraft, Bd. 4 (1952) S. 121/23.
Bachl, H., und E. Weise: Siemens-Z. Bd. 30 (1956) S. 214/32.
Kretschmann, W.: Braunkohle, Wärme, Energie 1953, S. 395/418.

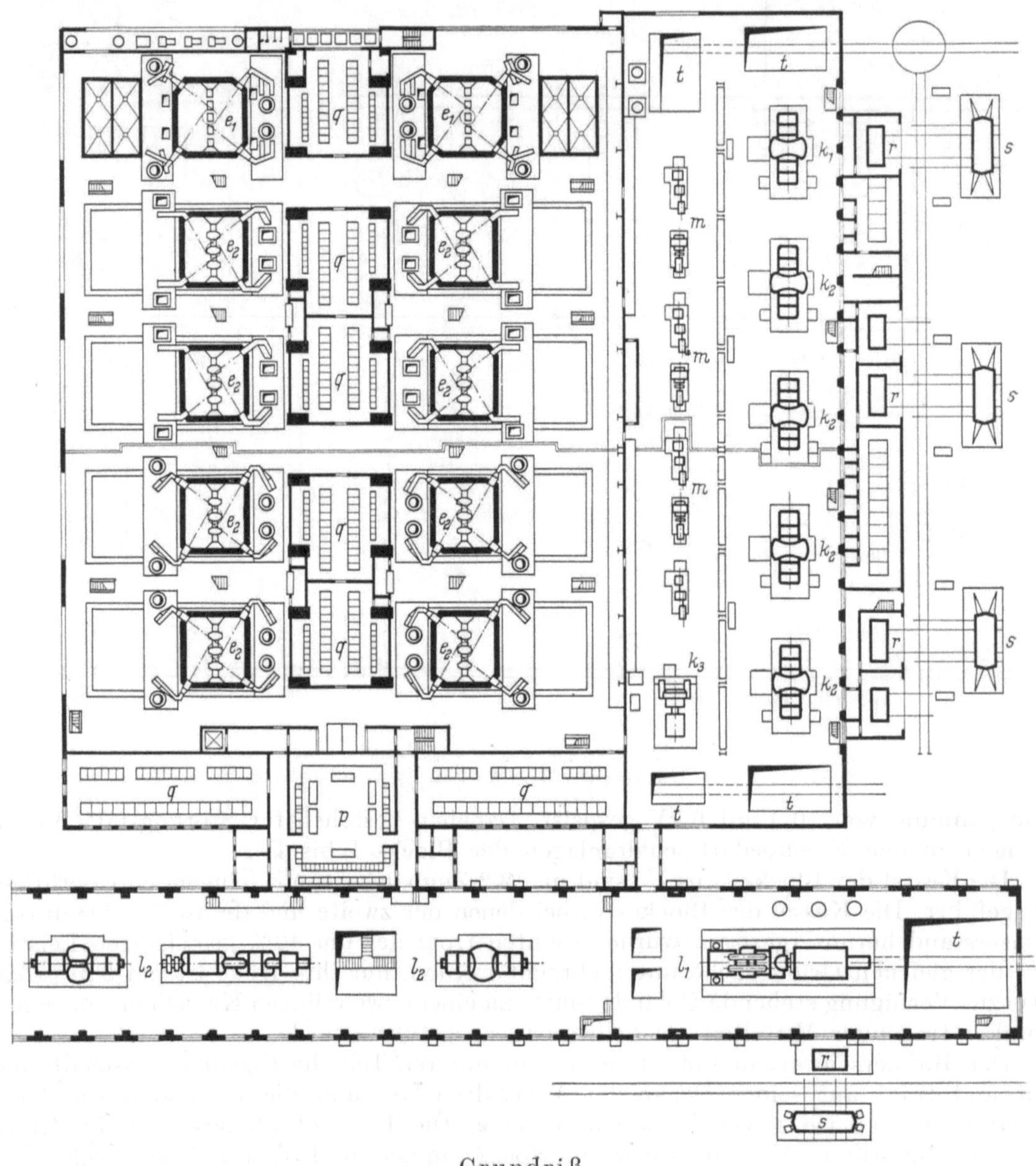

Grundriß

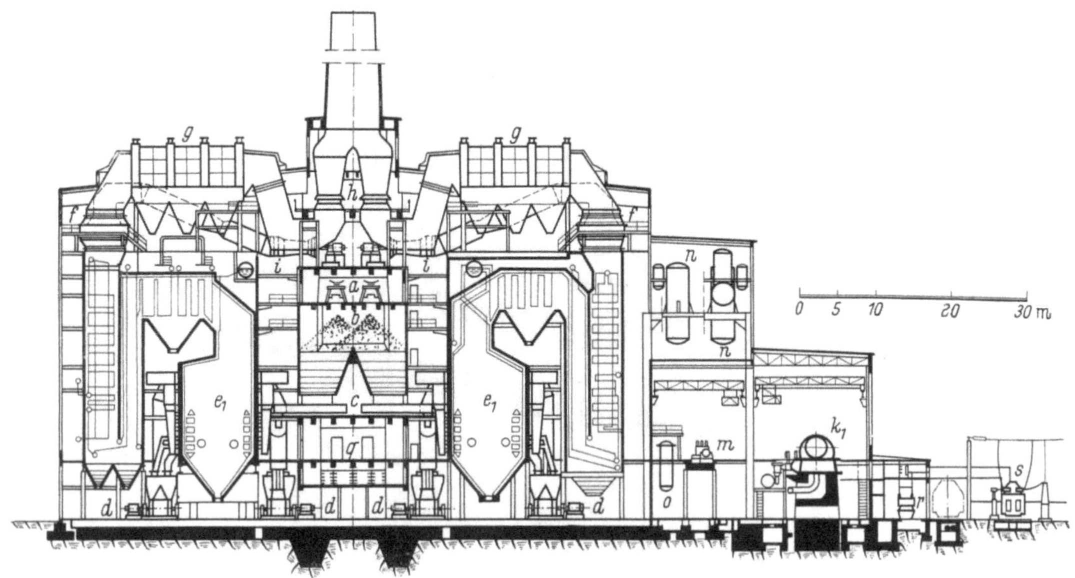

Querschnitt

Legende zum Grundriß und Querschnitt

a	Bekohlung	k_3	Vorwärmturbosatz
b	Bunker	l_1	Nachschalturbosatz 90 MW
c	Kohlenzuteiler	l_2	Nachschaltturbosatz 35 MW
d	Kohlenmühle	*m*	Kesselspeisepumpen
e_1	Kessel 250 t/h	*n*	Verdampferanlage
e_2	Kessel 175 t/h	*o*	Vorwärmer
f	Luftvorwärmer	*p*	Schaltwarte
g	Elektrofilter	*q*	Eigenbedarfsschaltanlage
h	Saugzuggebläse	*r*	Eigenbedarfsumspanner
i	Frischluftgebläse	*s*	Hauptumspanner
k_1	Vorschaltturbosatz 52 MW	*t*	Montageöffnung
k_2	Vorschaltturbosatz 35 MW		

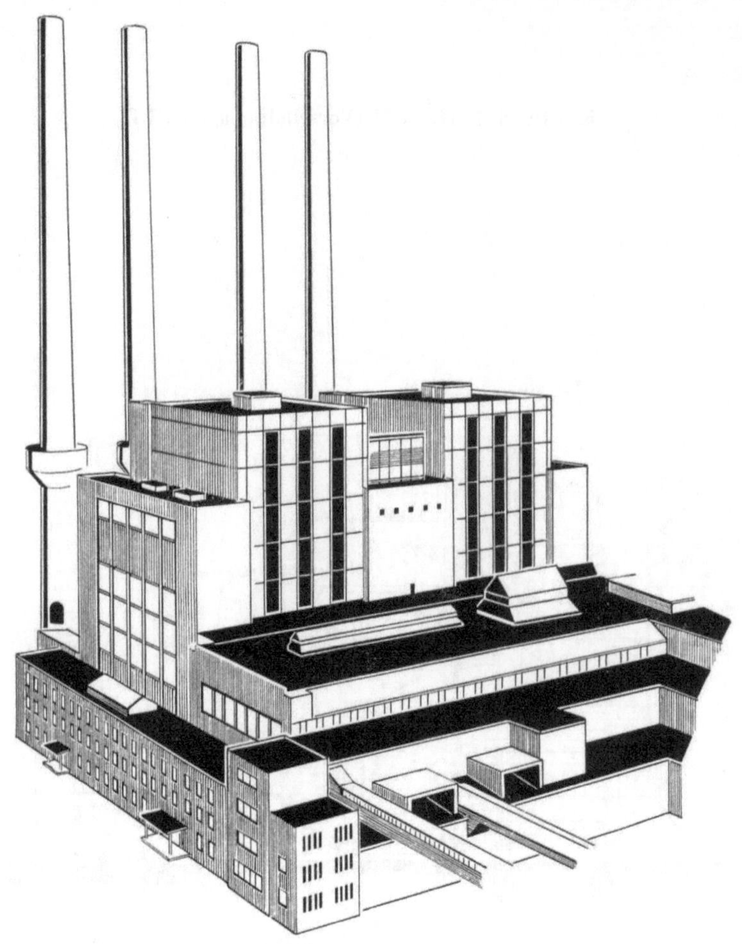

Schaubild

156 **Goldenberg-Werk III (Kondensationsanlage), BRD**

(Rheinisch-Westfälisches Elektrizitätswerk AG., Essen)

Baujahr 1950/52

Kessel	Block I und II	Turbinen	Block I und II
Anzahl	2	Anzahl	2
Leistung t/h	400	Leistung MW	100
Art	Naturumlauf	Leistung MVA	144
		Art	K
Genehmigungsdruck atü	136	Drehzahl U/min	3000
Dampfzustand bei Austritt atü	115	Dampfdurchsatz t/h	—
Dampfzustand bei Austritt °C	530	Dampfzustand bei Eintritt atü	110
Dampfzustand hinter ZWÜ atü	—	Dampfzustand bei Eintritt °C	525
Dampfzustand hinter ZWÜ °C	—	bei Wiedereintritt atü	—
Brennstoff:		bei Wiedereintritt °C	—
Art	Braunkohle	Kühlwassertemperatur °C	27
unterer Heizwert kcal/kg	1650	Dampfzustand bei Austritt ata	0,08
		Dampfzustand bei Austritt °C	—
Feuerung	Brenner	Gehäusezahl	3
Schlackenabzug	trocken	Abdampfstutzen (flutig)	2
Luftvorwärmung °C	280	Vorwärmstufen	5
Abgastemperatur °C	170	Entgasungstemperatur °C	135
Wirkungsgrad %	83,5	Speisewassertemperatur °C	193

Rauchgasentstaubung: elektrisch
Wasseraufbereitung: chemisch und Verdampfung
Bauweise: Beton
Gesamtleistung der Vorschalt- und Kondensationsanlage: etwa 1 Mill. kW

Kennzahlen

Spez. Wärmeverbr. netto kcal/kWh	2850
„ Flächenbedarf m²/kW	0,034
„ Raumbedarf m³/kW	1,28

Nach Fertigstellung der Vorschaltanlage (Kraftwerks-Nr. 159, S. 438) wurde zur Leistungserhöhung und zur weiteren Steigerung der Wirtschaftlichkeit in den Jahren 1950/52 eine 200 MW-Kondensationsanlage unter Weiterverwendung des vorhandenen Maschinenhauses und der alten Schornsteine erstellt. Die gesamte installierte Leistung beträgt nunmehr über eine Million kW.

Die Kohlenzufuhr erfolgt von dem in der Nähe der Vorschaltanlage errichteten Hauptbunker über Bandbrücken zu den zu beiden Seiten der beiden Kessel angeordneten

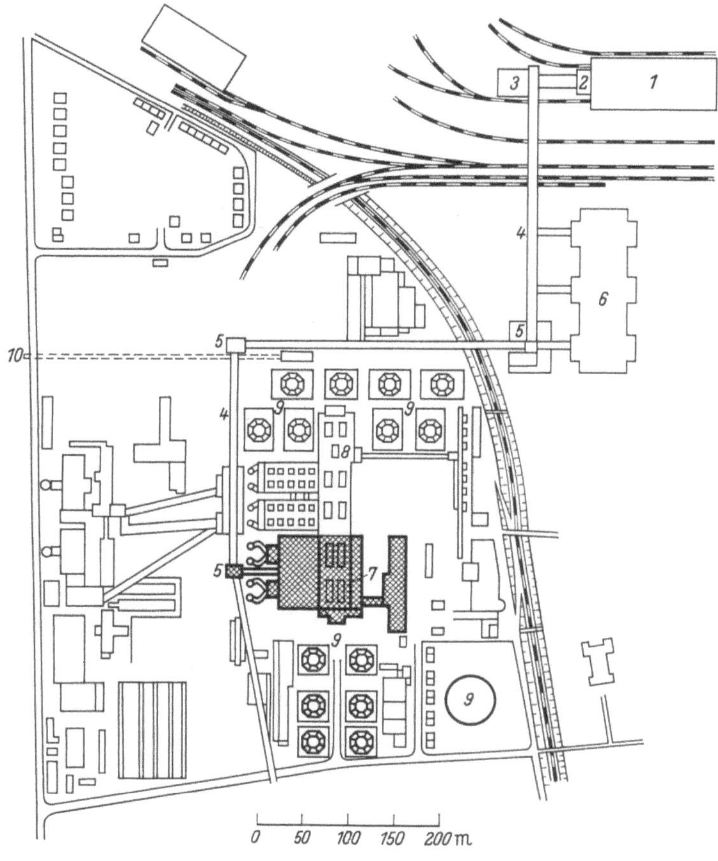

Lageplan

1	Kohlenbunker	6	Hochdruckvorschaltanlage
2	Vorbrecher	7	Hochdruckkondensationsanlage
3	Nachbrecher	8	Mitteldruckkraftwerk
4	Bandbrücke	9	Kühltürme
5	Übergabestation	10	Entaschungsstollen

Querbunkerbauten. Der neu aufgestellte 16000 m³/h-Kühlturm erhielt statt der üblichen hölzernen Tropflatten eingehängte plattenförmige Rieselflächen aus Asbestzement. Dieser hyperbolische Betonkühlturm hat einen unteren Durchmesser von 56 m und eine Höhe von 72 m.

Eingebaut wurden zwei 100 MW-Sätze für einen Dampfzustand von 110 atü, 525 °C ohne Zwischenüberhitzung an Stelle von rund 30 Jahre alten Niederdruck-Kondensationsturbinen. Die Turbinen sind dreigehäusig mit 5 Anzapfungen und 2 Abdampfstutzen. Zwei der Vorwärmer liegen hinter den Speisepumpen. Die Einleitung der Heizdampfkondensate in den Kondensator ist auch bei dem ersten Vorwärmer vermieden. Das Zusatzspeisewasser wird von der Vorschaltanlage geliefert. Für Störungsfälle (Rohrreißer, undichte Kondensatorrohre) sind Kaltkondensatspeicher vorgesehen, deren Inhalt über den

Hotwell des Kondensators bzw. auch unmittelbar über Pumpen dem Speisewasserkreislauf zugeführt werden kann. Der Hochdruckdampf kann über Reduzier- und Kühlstationen auch den noch vorhandenen Niederdruckkondensationsturbinen zur Verfügung gestellt werden.

Die Kessel hatten als die seinerzeit größten Kessel mit Braunkohlenfeuerung in der Fachwelt erhebliche Beachtung gefunden, da die Leistung der größten bisher in Betrieb befindlichen Braunkohlenkessel (175 t/h) mehr als verdoppelt wurde. Sie wurden auf der Grundfläche der zwei alten Kesselhäuser mit insgesamt 20 Niederdruckkesseln errichtet.

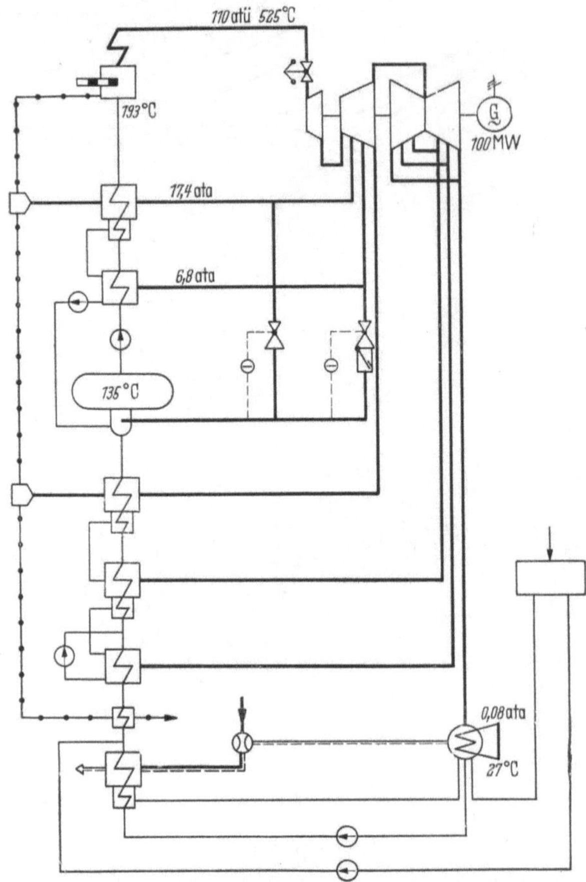

Wärmegrundschaltplan

Der eine der beiden 400 t/h-Kessel hat einen achteckigen Feuerraum mit einem inneren Durchmesser von 11,9 m; die 8 Brenner sind gleichmäßig über den Umfang verteilt. Bei dem anderen Kessel hat die Brennkammer einen rechteckigen Querschnitt (12,3 mal 9,6 m); hier sind die Brenner in zwei Ebenen in den Ecken angeordnet. In den Feuerraum ragen Schottenüberhitzer. Im waagerechten Zug liegen die Berührungsüberhitzer, im absteigenden die Economiser. Beide Kessel werden von je 8 Mühlen mit einer Leistung von je 30 t/h mit Rauchgasrücksaugung beschickt.

Die erzeugte elektrische Energie wird über je einen 145 MVA-Blockumspanner mit vorgeschaltetem Regelumspanner auf 220 kV aufgespannt. Der Eigenbedarf wird durch ein besonderes 25 kV-Netz, das auch mit der Vorschaltanlage im Zusammenhang steht, versorgt. Die beiden 144 MVA-Generatoren sind an den Eigenbedarf nicht angeschlossen.

Für die 48 m hohen Kessel mußte ein neues Gebäude errichtet werden. Die Kessel stützen sich mit ihrem Gewicht von je 3000 t durch portalartige Konstruktionen auf die Querbunkerbauten ab. An den Längstraversen dieser Konstruktion sind außer den Überhitzern und nachgeschalteten Heizflächen die Trommeln und der aus Strahlungsrohren gebildete Feuerraum aufgehängt, welche ihrerseits die in Leichtbauweise erstellte Einmauerung tragen. Eine äußere, dicht verschweißte Blechverkleidung verhindert den Eintritt von Falschluft. Die Montage des Kessels erfolgte von oben nach unten mittels verstellbarer Bühnen. Die Aufstellung der Mühlen im Aschekeller war dadurch erleichtert. daß dieser wegen der geschilderten Aufhängung des Kessels von Stützen frei geblieben ist,

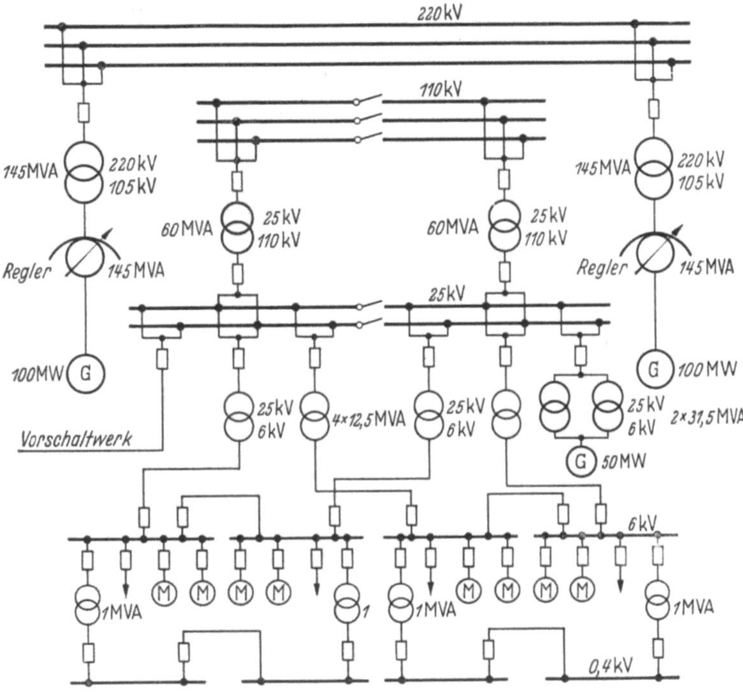

Elektrischer Übersichtsschaltplan

In den beiden äußeren Bunkerbauten, an denen Montagegleise entlangführen, sind Umspanner, Schalt- und Eigenbedarfsanlagen untergebracht. Unter dem Bunkermittelbau liegt das Speisepumpenhaus mit der Vorwärmanlage. Zwischen Kessel- und Maschinenhaus ist auf einem höheren Flur die Wärmewarte untergebracht. Zu jedem Kessel gehören 2 Ljungström-Luftvorwärmer, 2 Elektrofilter und 2 Saugzuggebläse. Durch diese Anordnung werden die Rauchgase jedes Kessels zu zwei von der früheren Kesselanlage noch vorhandenen, frei stehenden Schornsteinen mit 120 m Höhe geleitet. Die Turbosätze konnten in Längsstellung in dem vorhandenen Maschinenhaus nebeneinander aufgestellt werden, wobei auf die geringe Kellerhöhe von nur 7,5 m Rücksicht zu nehmen war.

Das neuerrichtete Kessel- bzw. Bunkerhaus wurde als Schwerbau in Beton erstellt. Aus diesem Material besteht auch das bereits vorhandene Maschinenhaus.

Schrifttum

Kretschmann, W.: Braunkohle, Wärme, Energie 1953, S. 395/418.

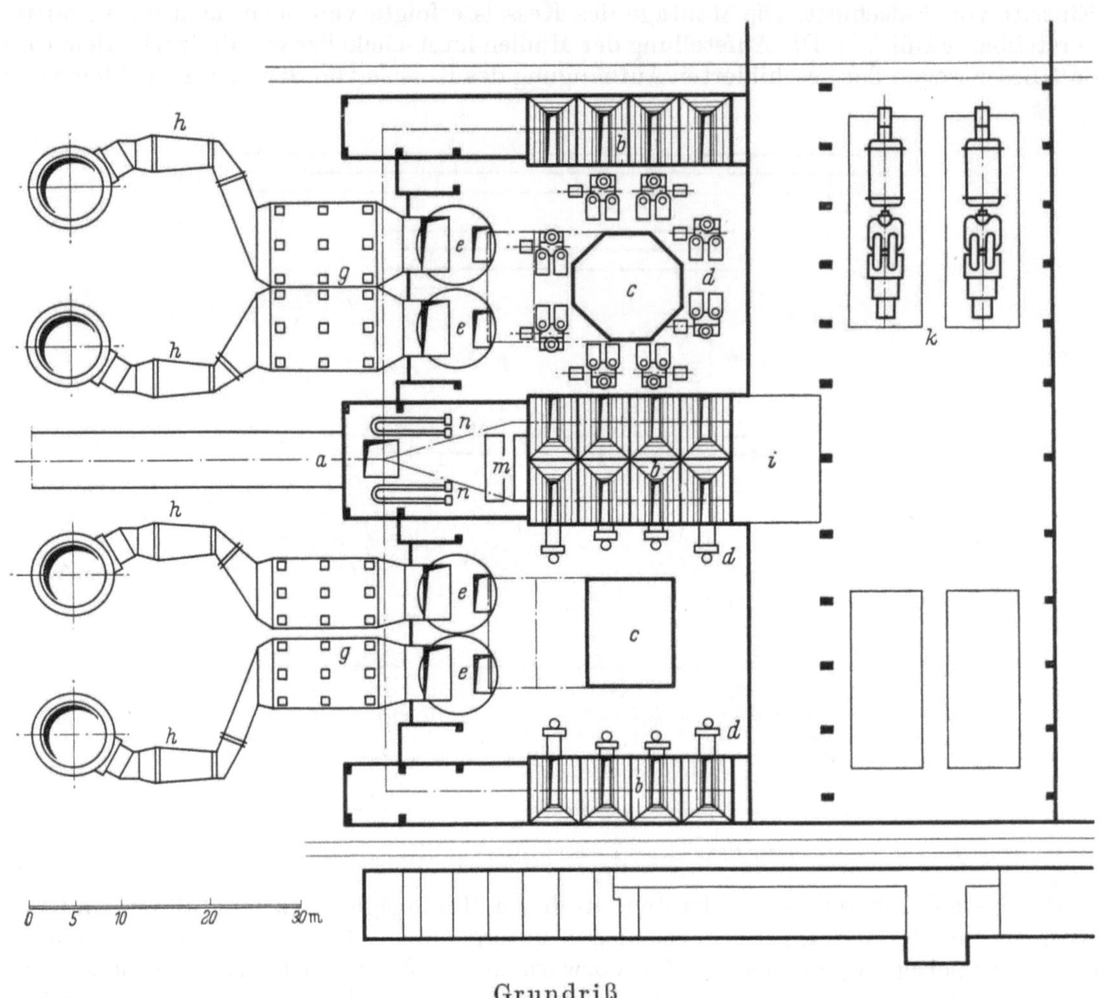

Grundriß

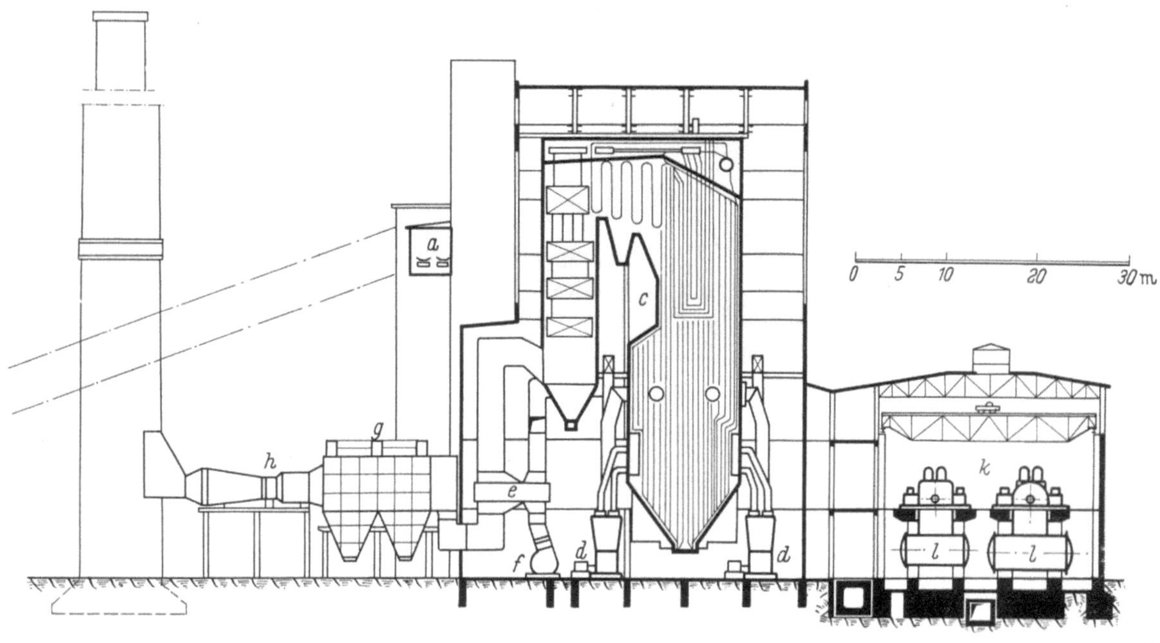

Querschnitt

Legende zum Grundriß und Querschnitt

a Bekohlung
b Kohlenbunker
c Kessel
d Kohlenmühlen
e Ljungström-Luftvorwärmer
f Frischluftgebläse
g Elektrofilter
h Saugzuggebläse
i Wärmewarte
k Turbogeneratoren
l Kondensator
m Kesselspeisepumpen
n Vorwärmer

Schaubild

157 Kraftwerk Hermann Wenzel, BRD

(Phoenix-Rheinrohr Aktiengesellschaft Vereinigte Hütten- und Röhrenwerke, Düsseldorf)

Baujahr 1953/55

Kessel		Block I	Block II
Anzahl		1	1
Leistung	t/h	210	210
Art		Durchlauf	
Genehmigungsdruck	atü	127	132
Dampfzustand bei Austritt	atü	115	115
	°C	530	530
Dampfzustand hinter ZWÜ	atü	30	30
	°C	520	520
Brennstoff:			
Art		Gichtgas,	Steink.
unterer Heizwert	kcal/kg	1040	5500
Feuerung		Schmelzkammer	
Entaschung		trocken	flüssig
Luftvorwärmung	°C	420	420
Gichtgasvorwärmung	°C	200	200
Abgastemperatur	°C	130	130
Wirkungsgrad	%	90	90

Rauchgasentstaubung: elektrisch
Wasseraufbereitung: Vollentsalzung
Bauweise: Stahlkonstruktion, Beton
Vorgesehene Gesamtleistung: — MW

Turbinen		Block I und II
Anzahl		2
Leistung	MW	64
Leistung	MVA	90
Art		K
Drehzahl	U/min	3000
Dampfdurchsatz	t/h	210
Dampfzustand bei Eintritt	atü	110
	°C	525
bei Wiedereintritt	atü	29,4
	°C	515
Kühlwassertemperatur	°C	12
Dampfzustand bei Austritt	ata	0,038
	°C	—
Gehäusezahl		3
Abdampfstutzen (flutig)		2
Vorwärmstufen		6
Entgasungstemperatur	°C	172
Speisewassertemperatur	°C	233

Kennzahlen

Spez. Wärmeverbr. netto	kcal/kWh	2400
„ Flächenbedarf	m^2/kW	0,029
„ Raumbedarf	m^3/kW	1,00

Das Kraftwerk Hermann Wenzel der Phoenix-Rheinrohr AG in Duisburg-Ruhrort ersetzt überalterte, mit Gaskolbenmaschinen arbeitende Energieerzeugungsanlagen der Hütte. Das Kraftwerk liegt am Rande des Hüttengeländes, dicht am Rhein, so daß sich besonders günstige Verhältnisse für die Brennstoff- und Kühlwasserzufuhr sowie die Ableitung der elektrischen Energie ergeben.

Das Kühlwasser für die Kondensatoren wird über ein Einlaufbauwerk dem Rhein entnommen und durch 2 Stahlleitungen, die als Düker unter der Einfahrt eines Hafenbeckens hindurchgeführt sind, über das Pumpenhaus zu den Kondensatoren gepumpt. Von dort aus fließt es über 2 Schleuderbetonrohre wieder zum Rhein zurück, nachdem ein Teil seiner Strömungsenergie in einer Wasserturbine ausgenutzt wurde. Wegen der starken Wasserspiegelschwankungen des Rheines ist für Kühlwasserpumpen und Turbine die Kaplan-Bauart gewählt worden.

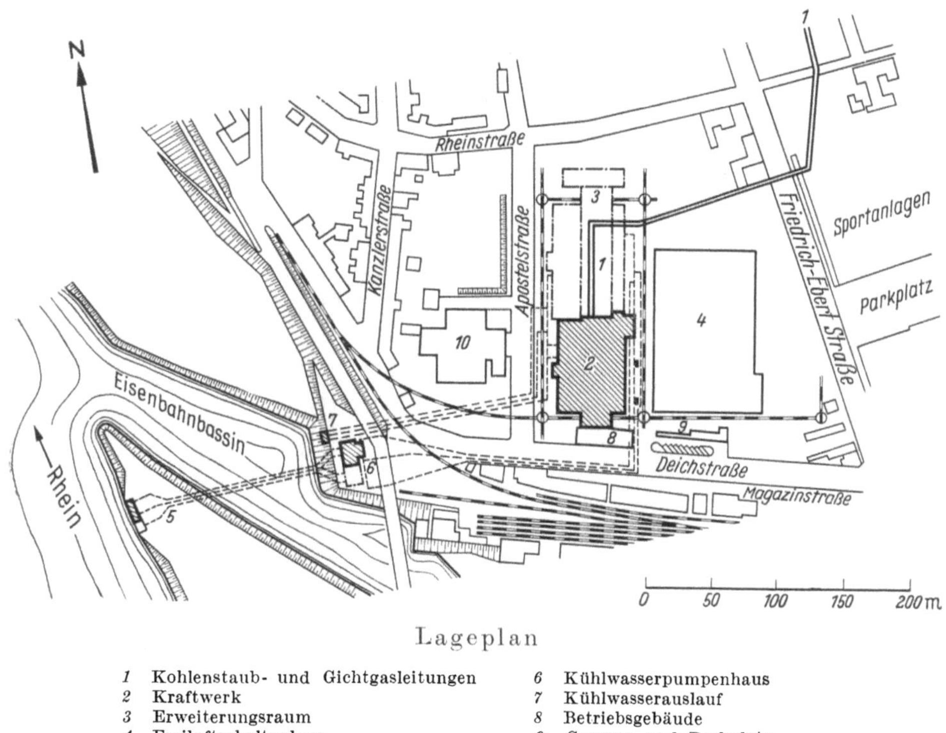

Lageplan

1	Kohlenstaub- und Gichtgasleitungen	6	Kühlwasserpumpenhaus
2	Kraftwerk	7	Kühlwasserauslauf
3	Erweiterungsraum	8	Betriebsgebäude
4	Freiluftschaltanlage	9	Garagen und Parkplatz
5	Einlaufbauwerk	10	Badeanstalt

Der Ausbau ist in 2 Stufen geplant. In der ersten Ausbaustufe wurden 2 Durchlaufkessel, Bauart Benson bzw. Sulzer, mit je einer im Block nachgeschalteten 64 MW-Turbogruppe erstellt. Die Kessel haben eine Leistung von 210 t/h und sind in erster Linie mit Gichtgas gefeuert, das früher in großen Mengen abgefackelt werden mußte. Bis zu 40% der Kesselleistung kann mit Steinkohlenstaub erzeugt werden. Die in den Elektrofiltern abgeschiedene Flugasche kann in einer Schmelzkammer, die unter dem Feuerraum angeordnet ist, eingeschmolzen werden.

Das Gichtgas wird dem Kraftwerk durch zwei über Gelände verlegte Leitungen von etwa 1 km Länge zugeführt. Die Rohrbrücke trägt gleichzeitig die 110 kV-Druckkabel für die Energieversorgung des Hüttenwerkes.

Die zur Verfeuerung gelangende Kohle ist überwiegend Mittelprodukt mit einem Aschegehalt bis zu 30% und stammt aus einer auf Hüttenwerksgelände liegenden Zeche. Die Kohle wird in einer neben der Zeche liegenden Zentralmahlanlage aufbereitet. Der brennfertige Staub wird durch eine etwa 1 km lange Rohrleitung ebenfalls über die Gasleitungsbrücke pneumatisch zu den Bunkern im Schwerbau gefördert.

Die 64 MW-Turbinen für einen Dampfzustand von 110 atü, 525° C mit Zwischenüberhitzung auf 515° C sind dreigehäusig ausgeführt und haben einen zweiflutigen Niederdruckteil. Die Speisewasservorwärmung erfolgt in 6 Stufen auf 233° C. Der Entgaser arbeitet mit gleitendem Druck.

Jeder Block hat 2 Vollastspeisepumpen. Die Hauptbetriebspumpe ist durch eine Dampfturbine direkt angetrieben, die den Dampf aus dem Zwischennetz erhält und in den Hauptkondensator gibt. Die zweite Pumpe hat Elektromotorantrieb. Sie hat keine Drehzahlregelung.

Die wasserstoffgekühlten Generatoren geben eine Leistung von 64 MW bzw. 90 MVA mit einer Spannung von 10,5 kV ab. Sie arbeiten in Blockschaltung auf Regelumspanner

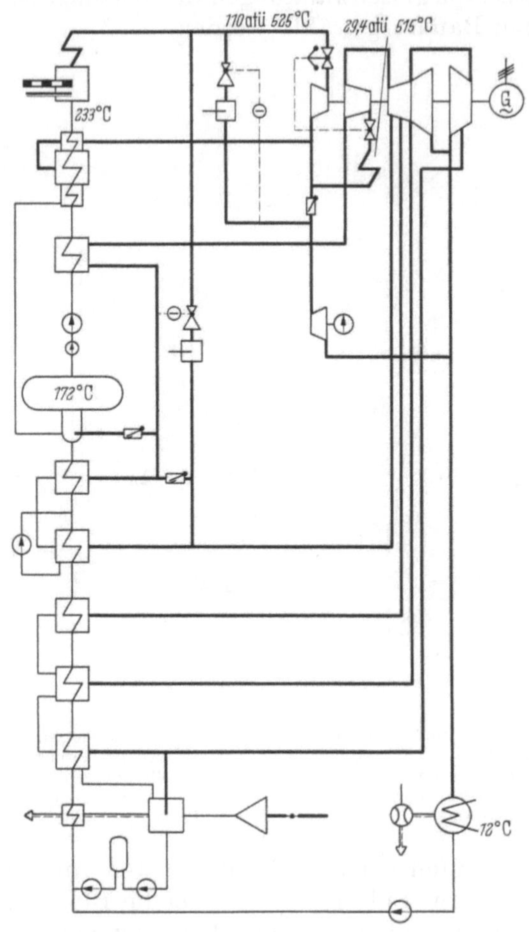

Wärmegrundschaltplan

mit einem Übersetzungsverhältnis von 10,5/110 kV in Freiluftausführung ausgebildet. Die gesamte elektrische Energie wird einer 110 kV-Freiluftschaltanlage direkt neben dem Kraftwerk zugeführt. An diese Schaltanlage ist das Rheinisch-Westfälische Elektrizitätswerk mit zwei 110 kV-Freileitungen angeschlossen. Von der Freiluftschaltanlage wird die elektrische Energie über elf 110 kV-Druckkabel den Stromverbrauchern auf dem Hüttengelände zugeführt.

Mit dem RWE besteht ein Stromlieferungs- und Bezugsvertrag. Der Bedarf der Hütte und die vertraglich festgelegte Lieferung an das RWE werden nach Möglichkeit von dem zwischen 140 und 300 $10^3 Nm^3/h$ schwankenden Gichtgasanfall bestritten. Der während der Nacht und an Sonn- und Feiertagen anfallende Überschußstrom wird in das RWE-Netz eingespeist. Beim Verbundbetrieb werden die starken Belastungsstöße fast in voller Höhe vom RWE übernommen. Andererseits müssen sich die beiden Sätze des Hüttenwerkes an der Frequenzhaltung des RWE-Netzes beteiligen. Infolgedessen arbeiten die beiden Blocks, soweit sie nicht voll ausgelastet sind, auf Regellast. Bei Spitzenlast wird der eine Block auf Vordruck- und Überströmregelung umgeschaltet, wobei also bei gegebener Kessellast der Kesseldruck durch Veränderung der Turbinenleistung konstant gehalten wird. Der zweite Block wird während der Spitzenzeit auf die Hütte geschaltet und von der Elektrowarte nach dem Kesseldruck gesteuert, während der zugehörige Dampferzeuger auf Festlast fährt. Durch diese Art der Betriebsführung kann eine Abschaltung vom RWE-Netz regeltechnisch am besten beherrscht werden. Beim Inselbetrieb, also nach Abschaltung vom öffentlichen Netz, muß jeder der beiden Blocks in der Lage sein, Laststöße der Hütte bis 20 MW allein zu decken.

Das Kraftwerk liegt im Bergsenkungsgebiet. Darauf wurde durch bergschadensichere Ausführung und bei der allgemeinen Disposition des Kraftwerkes Rücksicht genommen. Das Kraftwerk konnte so angeordnet werden, daß seine Längsachse etwa mit einer

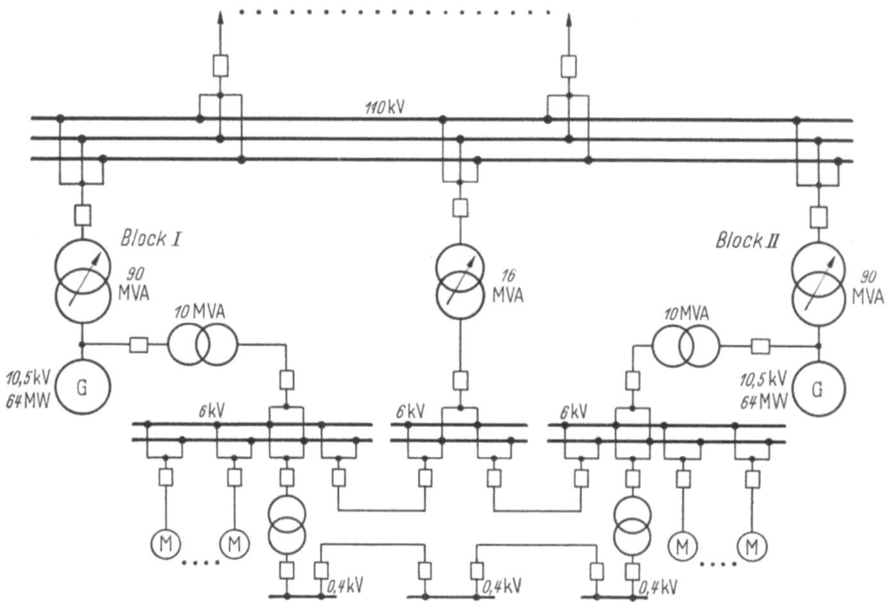

Elektrischer Übersichtsschaltplan

Linie gleich großer Absenkung zusammenfällt. Dadurch ist es leichter möglich, notfalls erforderliche Nachrichtarbeiten an Maschinen, Kranbahnschienen u. dgl. durchzuführen.

Das langgestreckte Kesselhaus liegt neben dem Maschinenhaus, an das sich der Schalthausanbau anschließt. Die 1 2/2-Zug-Kessel stehen frontal gegeneinander parallel zur Maschinenhausachse. Zwischen ihnen liegt der Bunkerschwerbau, in dem der Kesselleitstand untergebracht ist und der auch den gemeinsamen, 70 m hohen Schornstein für beide Kessel trägt. Die Gebläse sind auf dem Schwerbau, die Elektrofilter auf den Kesseln angeordnet.

Die Kesselgerüste tragen die Dachkonstruktion des Kesselhauses; auch die Fachwerkkonstruktion der Kesselhauswände stützt sich auf die Kesselgerüste ab.

Die Turbogruppen sind in Längsrichtung aufgestellt. Der Speisewasserbehälter, die Vorwärmer und Kesselspeisepumpen sind im Maschinenhaus untergebracht und liegen im Bereich des Maschinenhauskranes.

Das Maschinenhaus und die Eigenbedarfsschaltanlage sind Betonbauten.

Schrifttum

Wittwer, W., und W. Krüger: Brennstoff, Wärme, Kraft, Bd. 10 (1958) S. 58/67.
Wittwer, W: Mitt. Ver. Großkesselbes. Heft 48 (1957) S. 186/93.
Liebknecht, O., u. W. Stürmer: BBC-Nachr. Bd. 40 (1958) S. 60/66.

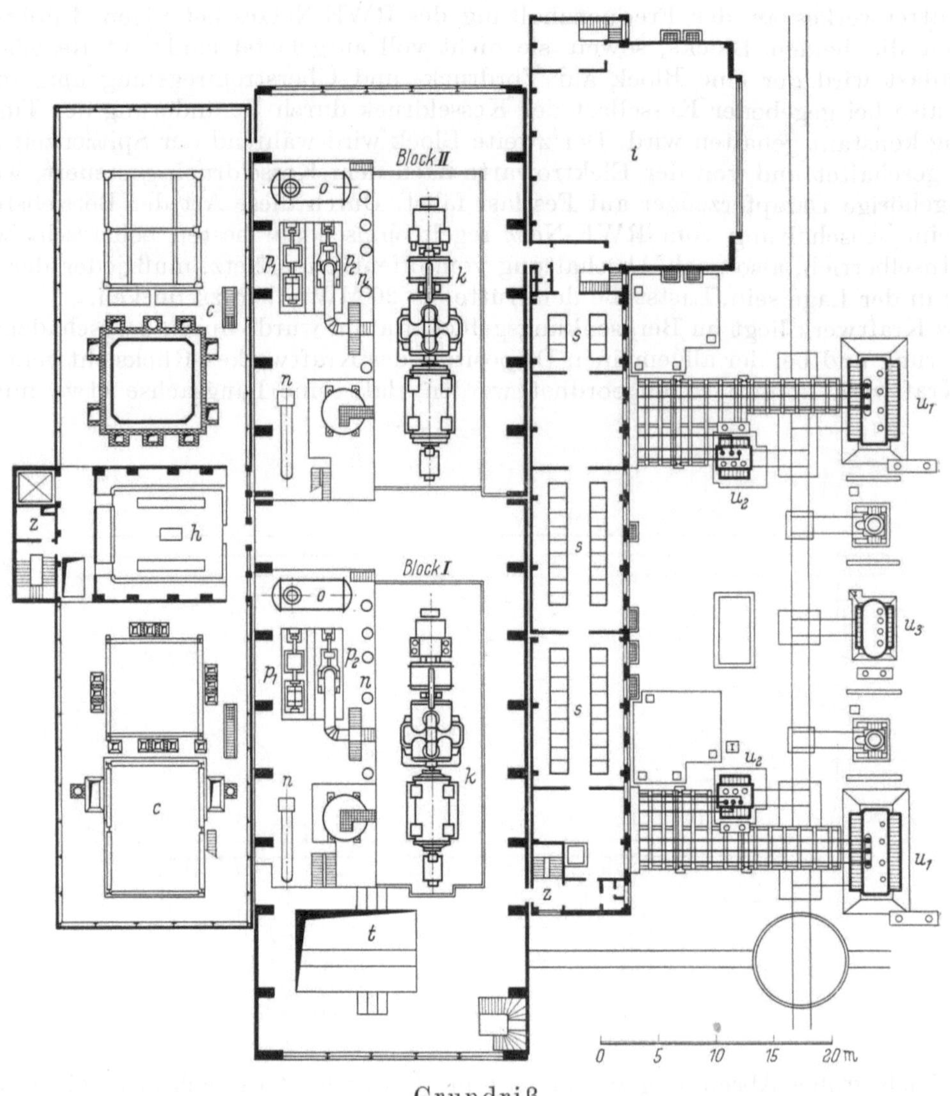

Grundriß

Legende zum Grundriß und Quer- und Längsschnitt

- *a* Gichtgasleitung
- *b* Kohlenstaubbunker
- *c* Kessel
- *d* Ljungström-Luftvorwärmer
- *e* Elektrofilter
- *f* Frischluftgebläse
- *g* Saugzuggebläse
- *h* Wärmewarte
- *i* Elektrowarte
- *k* Turbogenerator
- *l* Kondensator
- m_1 Kühlwasserzulaufleitung
- m_2 Kühlwasserablaufleitung
- *n* Vorwärmer
- *o* Speisewasserbehälter mit Entgaser
- p_1 Elektrokesselspeisepumpe
- p_2 Turbokesselspeisepumpe
- *q* Vollentsalzungsanlage
- *r* Kühlwasserbehälter
- *s* Eigenbedarfsschaltanlage
- *t* Montageöffnung
- *u* Hauptumspanner
- u_2 Eigenbedarfsumspanner
- u_3 Regelumspanner
- *v* Anfahrentspanner
- *w* Kabelboden
- *x* Druckluftbehälter
- *y* Aschebunker
- *z* Treppenhaus mit Aufzug

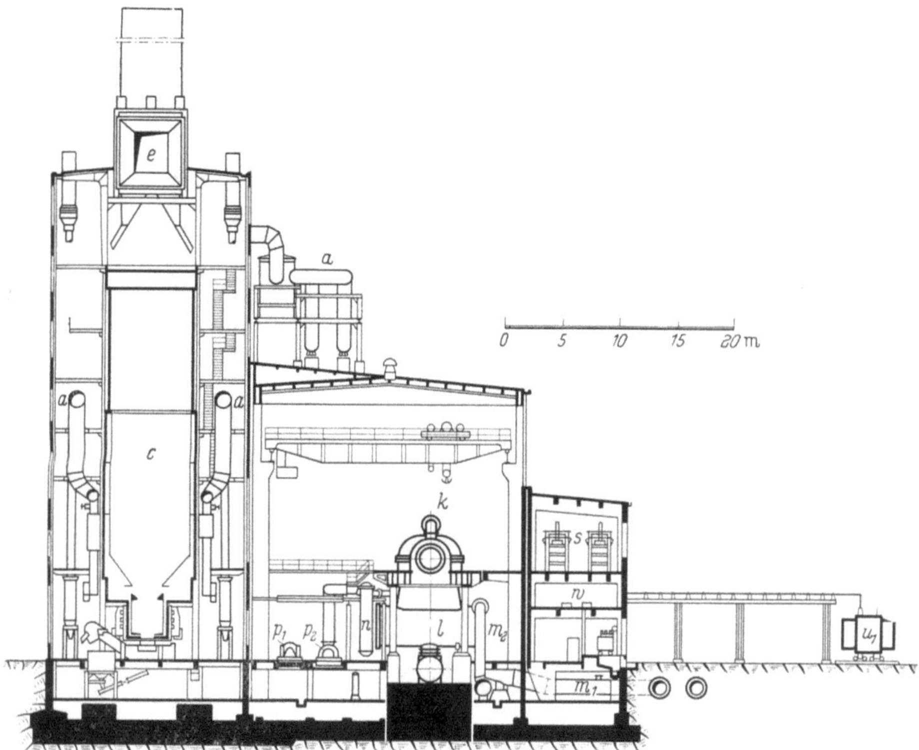

Querschnitt

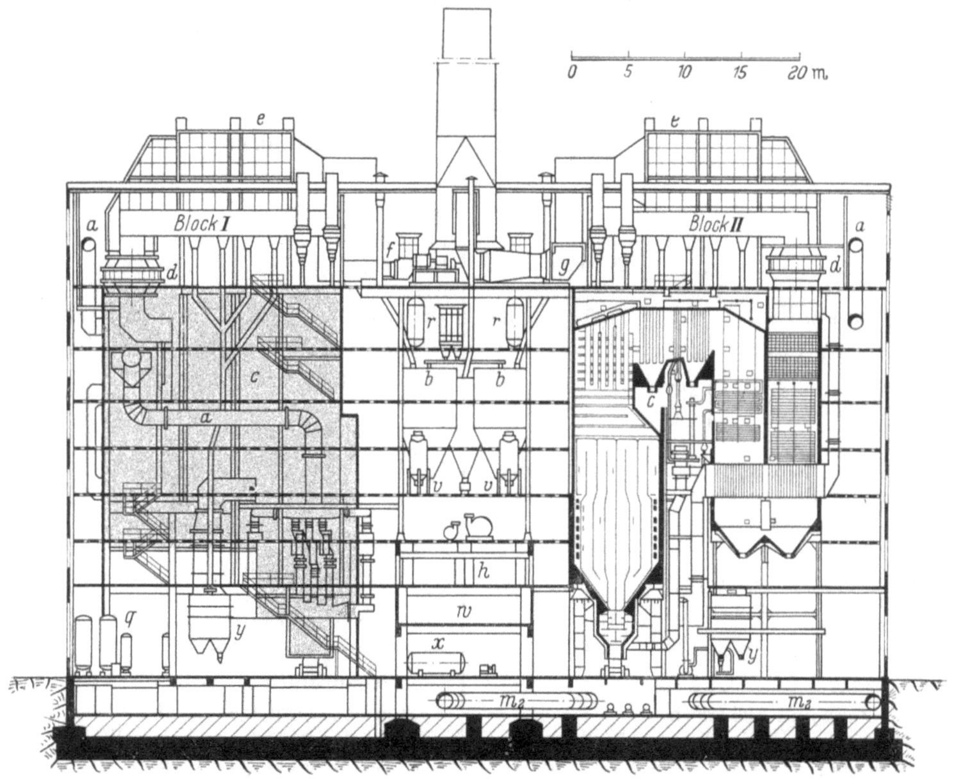

Längsschnitt

Schaubild

Kraftwerk Offleben, BRD

(Braunschweigische Kohlen-Bergwerke, Braunschweig)

Baujahr 1952/58

Kessel	Block I bis III	Block IV
Anzahl	3	3
Leistung t/h	135	135
Art	Naturumlauf	
Genehmigungsdruck atü	133	133
Dampfzustand bei Austritt atü	115	115
Dampfzustand bei Austritt °C	525	525
Dampfzustand hinter ZWÜ atü	—	—
Dampfzustand hinter ZWÜ °C	—	—
Brennstoff:		
Art	Braunkohle	
unterer Heizwert kcal/kg	1950	1950
Feuerung	Ecken	Ecken
Schlackenabzug	trocken	trocken
Luftvorwärmung °C	330	330
Abgastemperatur °C	160	160
Wirkungsgrad %	84	84

Rauchgasentstaubung: elektrisch
Wasseraufbereitung: chemisch und Verdampfung
Bauweise: Beton
Vorgesehene Gesamtleistung: — MW

Turbinen	Block I bis III	Block IV
Anzahl	3	1
Leistung MW	33,5	64
Leistung MVA	42	80
Art	K	K
Drehzahl U/min	3000	3000
Dampfdurchsatz t/h	135	250
Dampfzustand bei Eintritt atü	110	110
Dampfzustand bei Eintritt °C	520	520
bei Wiedereintritt atü	—	—
bei Wiedereintritt °C	—	—
Kühlwassertemperatur °C	24	24
Dampfzustand bei Austritt ata	0,065	0,065
Dampfzustand bei Austritt °C	—	—
Gehäusezahl	2	3
Abdampfstutzen (flutig)	1	2
Vorwärmstufen	5	6
Entgasungstemperatur °C	150	150
Speisewassertemperatur °C	230	230

Kennzahlen

Spez. Wärmeverbr. netto kcal/kWh	2870
„ Flächenbedarf m²/kW	0,048
„ Raumbedarf m³/kW	1,38
„ Personalbedarf .. Mann/MW	2—1,5

Das Kraftwerk Offleben sollte Braunkohle mit einem Aschegehalt bis zu 20%, die für andere Zwecke nicht verwertet werden konnte, der Stromerzeugung nutzbar machen. Es wurde in unmittelbarer Nähe des Schwelwerks Offleben der gleichen Gesellschaft errichtet, um einerseits die vorhandenen Zufuhrstraßen und Bahnanschlüsse zu benutzen, andererseits später eine Dampflieferung an das Schwelwerk aufnehmen zu können. Auch die Nähe des 220/110/50 kV-Umspannwerkes Helmstedt spielte bei der Standortfrage eine Rolle.

Aufgestellt wurden zunächst in den Jahren 1952/54 3 Blocks mit einer Leistung von je 33,5 MW für einen Dampfzustand von 110 atü, 520° C an der Turbine ohne Zwischenüberhitzung. Jeder der Zweizug-Naturumlaufkessel leistet 135 t/h. In den Jahren 1956/58

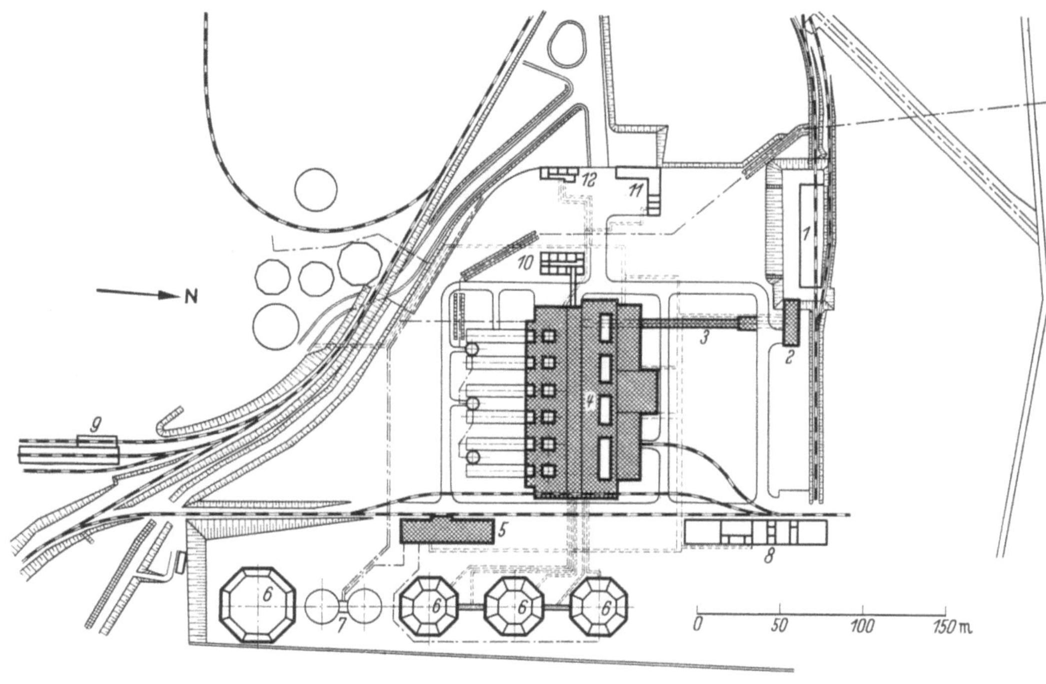

Lageplan

1 Grabenbunker
2 Brecheranlage
3 Schrägbandbrücke
4 Kraftwerk
5 Wasseraufbereitungsanlage
6 Kühlturm
7 Rohwasserbehälter
8 Werkstatt und Lager
9 Schwelwerk-Bunker
10 Verwaltungsgebäude
11 Garagen
12 Pförtnerhaus

wurden drei weitere Kessel der gleichen Leistung und eine 64 MW-Turbine in Auftrag gegeben bzw. aufgestellt. Der Dampfzustand blieb unverändert. Ein Kessel steht in Reserve. Entsprechende Querverbindungen sind vorhanden.

Die in Großraumwagen angelieferte Rohbraunkohle wird zunächst einem Grabenbunker zugeführt. Auf dem Wege zu den Kesselbunkern wird die Kohle bis auf eine Stückgröße von 60 mm vorgebrochen. Das Kraftwerk ist auf Rückkühlbetrieb angewiesen. Das Rohwasser wird größtenteils aus den Gruben der Tagebaue zur Verfügung gestellt. Für Notfälle besteht eine rund 40 km lange Leitung (NW 400) zum Mittellandkanal.

Die Turbinen 1 bis 3 sind zweigehäusig mit einem Abdampfstutzen und 5 Anzapfungen. Der dritte Vorwärmer kann wahlweise von dem Brüdendampf des einstufigen Verdampfers oder mit Anzapfdampf beaufschlagt werden. Die beiden letzten Vorwärmer liegen hinter dem Speisewasserbehälter bzw. den Speisepumpen. Die Heizdampfkondensate dieser Hochdruckvorwärmer werden den Entgasern zugeführt.

Die Kessel sind mit Eckenfeuerung ausgestattet. Die Brenner werden durch Krämermühlen mit Rauchgasrücksaugung beschickt. Da die Rauchgase mit Rücksicht auf den niedrigen Erweichungspunkt der Kohle mit höchstens 850° C in den Berührungsteil des Überhitzers eintreten sollen, wurde dem Berührungsüberhitzer ein entwässerbarer Schottenüberhitzer vorgeschaltet. Die Speisepumpen werden sämtlich elektrisch angetrieben. Die trocken anfallende Asche wird hydraulisch in eine Grube gespült.

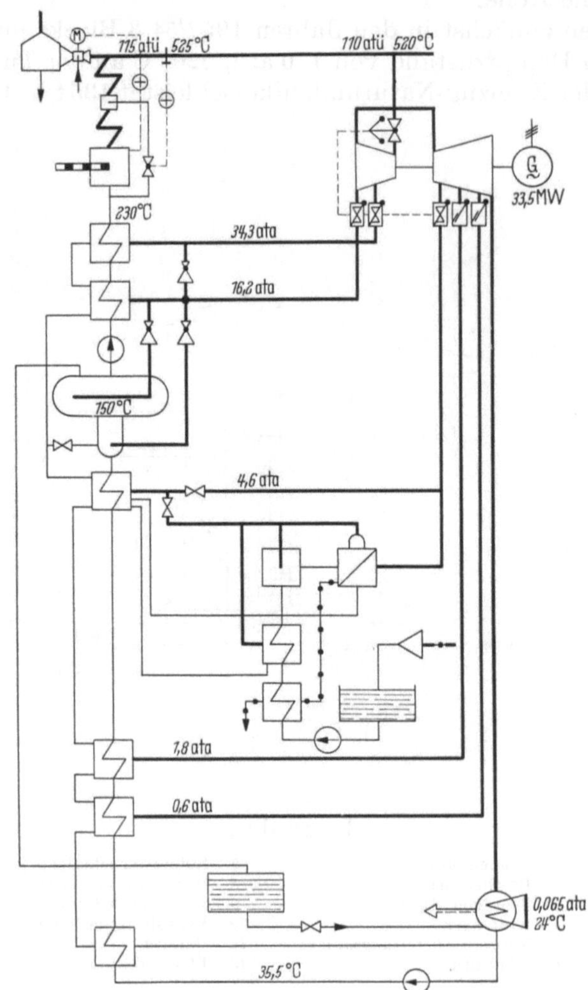

Wärmegrundschaltplan
eines 33,5 MW-Blockes

Die 4 Generatoren sind über je einen 10,5/110 kV-Regelumspanner über 110 kV-Freileitungen auf die im Umspannwerk Helmstedt befindliche 110 kV-Sammelschiene geschaltet. Die im Umspannwerk aufgestellten Leistungsschalter werden vom Kraftwerk ferngesteuert. Bei einem Schaden zwischen Regelumspanner und Sammelschiene kann der betreffende Generator über eine im Kraftwerk befindliche Hilfssammelschiene und einen Regelumspanner seine Energie an die Netzsammelschiene des benachbarten Schwelwerkes und damit unmittelbar in das 50 kV-Landesnetz abgeben. Der Eigenbedarf (5 kV) ist unmittelbar hinter den Generatorklemmen abgezweigt. Eine zweite Versorgung des Eigenbedarfes ist durch eine Verbindungsleitung mit dem Schwelwerk gesichert. Im Fall von Störungen greift eine thyatrongesteuerte, selbsttätig arbeitende

Schnellumschalteinrichtung ein, die nicht nur auf das Schwelwerk, sondern auch auf einen anderen Block umschalten kann.

Wegen der Nähe des Schwelwerkes, aus dem vielfach schwefelhaltige Gase sowie Kohleteilchen an die Luft abgeführt werden, sind die Umspanner in Zellen untergebracht. Für die Umspanner ist daher auch Wasserkühlung gewählt worden. Alle Schaltanlagen werden unter Überdruck mit gefilterter Luft gehalten. Die sonst üblichen Blechtüren an den Zellen der Großumspanner wurden mit Rücksicht auf die Korrosion durch die aggressive Luft vermieden. Die Zellen wurden vielmehr nach dem Einbringen der Umspanner mit Leichtmauerwerk geschlossen.

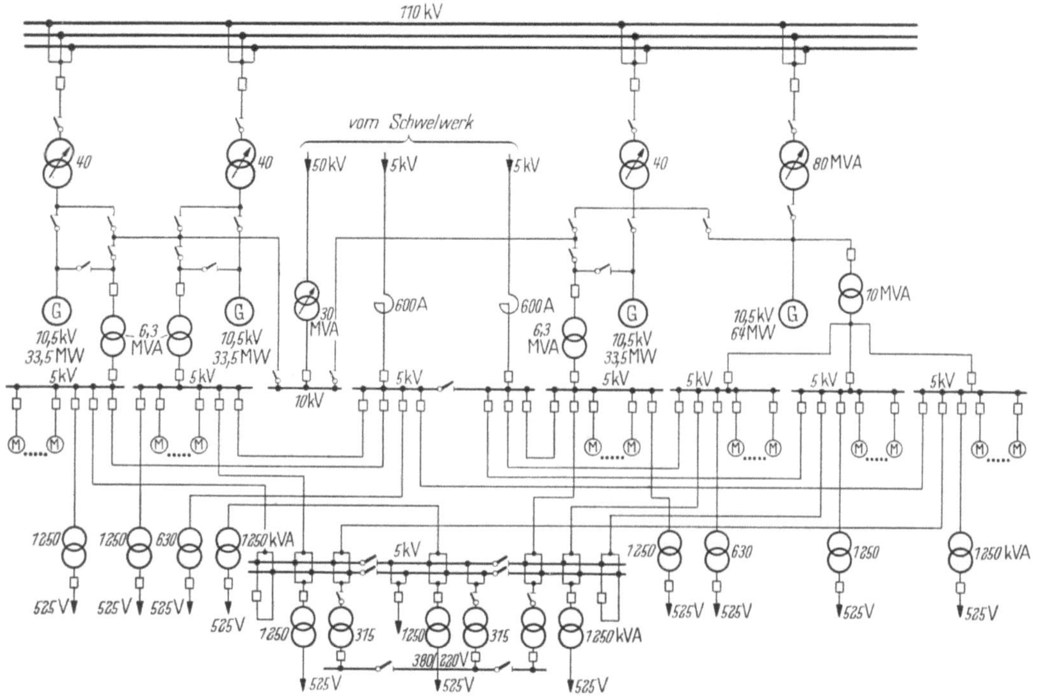

Elektrischer Übersichtsschaltplan

Das Bunkerhaus liegt zwischen Kessel- und Maschinenhaus. In seinem unteren Teil sind die Wärmewarten und ein Teil der Eigenbedarfsschaltanlagen untergebracht. Die frei stehenden Schornsteine sind für je 2 Kessel gemeinsam. Die Elektrofilter befinden sich im Freien. Die Turbinen sind längsgestellt. Kesselspeisepumpen und Kühlwasserpumpen sowie die Vorwärmer- und Verdampferanlagen sind im Maschinenhaus aufgestellt. Das Bunkerhaus ist als Schwerbau erstellt; auf dieses stützt sich das Maschinenhausdach ab.

Schrifttum

Kretschmann, W.: Braunkohle, Wärme, Energie 1953, S. 395/418.
Köchling, J.: Elektrizitätswirtsch. Bd. 53 (1954) S. 675/79 u. 722/24.
Die Angaben beziehen sich nur auf den ersten Ausbau.

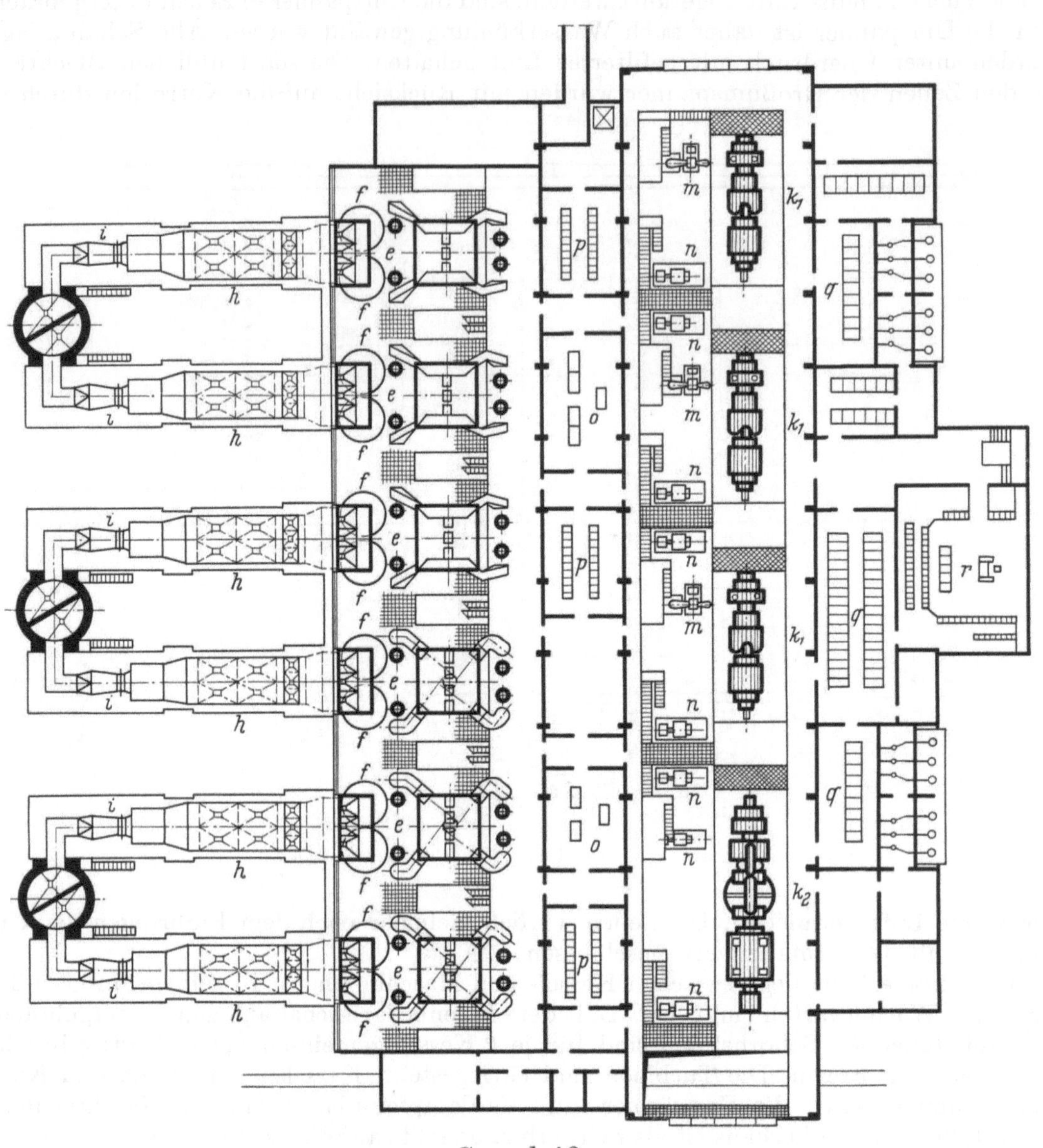

Grundriß

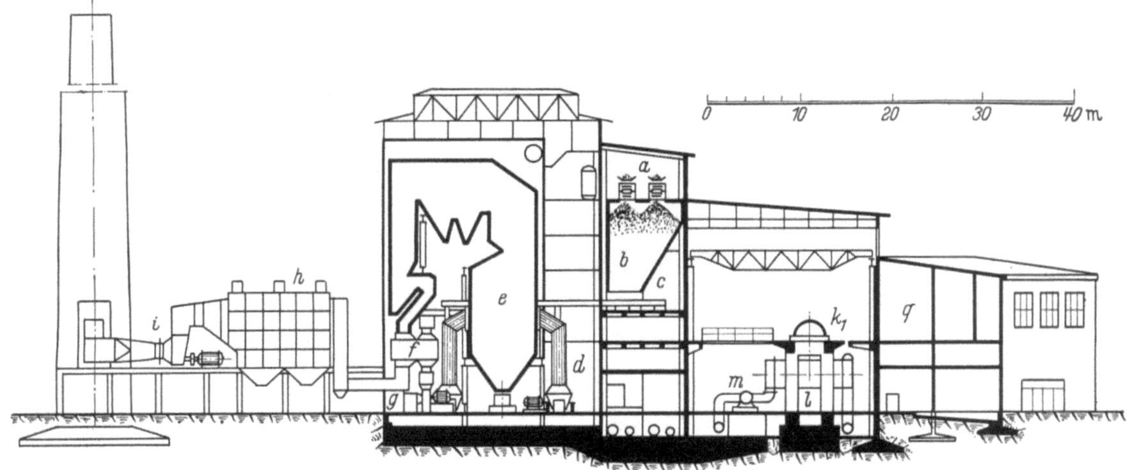

Querschnitt

Legende zum Grundriß und Querschnitt

a	Bekohlung	k_1	Turbogenerator 33,5 MW
b	Bunker	k_2	Turbogenerator 64 MW
c	Kohlenzuteiler	*l*	Kondensator
d	Kohlenmühle	*m*	Kühlwasserpumpe
e	Kessel	*n*	Kesselspeisepumpe
f	Ljungström-Luftvorwärmer	*o*	Wärmewarte
g	Frischluftgebläse	*p*	Eigenbedarfsschaltanlage 0,5 kV
h	Elektrofilter	*q*	Eigenbedarfsschaltanlage 5 kV
i	Saugzuggebläse	*r*	Elektrowarte

Schaubild

159

Goldenberg-Werk II (Vorschaltanlage), BRD

(Rheinisch-Westfälisches Elektrizitätswerk AG., Essen)

Baujahr 1950/51

Kessel	Satz 1 bis 6
Anzahl	12
Leistung t/h	175
Art	Naturumlauf
Genehmigungsdruck atü	132
Dampfzustand bei Austritt atü	114
Dampfzustand bei Austritt °C	510
Dampfzustand hinter ZWÜ atü	16
Dampfzustand hinter ZWÜ °C	365
Brennstoff:	
Art	Braunkohle
unterer Heizwert kcal/kg	1650
Feuerung	Ecken
Schlackenabzug	trocken
Luftvorwärmung °C	—
Abgastemperatur °C	—
Wirkungsgrad %	84,5

Rauchgasentstaubung: elektrisch
Wasseraufbereitung: chemisch und Verdampfung
Bauweise: Beton
Gesamtleistung der Vorschalt- und Kondensationsanlage: etwa 1 Mill. kW

Turbinen	Satz 1 bis 6
Anzahl	6
Leistung MW	34,3
Leistung MVA	43
Art	Vorschalt
Drehzahl U/min	3000
Dampfdurchsatz t/h	350
Dampfzustand bei Eintritt atü	110
Dampfzustand bei Eintritt °C	500
bei Wiedereintritt atü	—
bei Wiedereintritt °C	—
Kühlwassertemperatur °C	—
Dampfzustand bei Austritt ata	19
Dampfzustand bei Austritt °C	270
Gehäusezahl	1
Abdampfstutzen (flutig)	1
Vorwärmstufen	—
Entgasungstemperatur °C	—
Speisewassertemperatur °C	140
Kennzahlen	
Spez. Wärmeverbr. netto kcal/kWh	3350[1]
„ Flächenbedarf m²/kW	—
„ Raumbedarf m³/kW	—

[1] Einschl. Vorwärm- und Nachschaltturbinen

Außerdem 3 Vorwärm- (Gegendruck-) Turbinen 19 ata, 270° C je 5,8 MW, 60 t/h.

Das im Köln-Aachener Braunkohlenrevier gelegene Goldenberg-Werk hatte bis zum Kriegsende seinen ursprünglichen Frischdampfzustand von 13,5 atü, 350° C unverändert beibehalten. Die Ausbauleistung war von den 4 Turbosätzen je 15 MW in der sogenannten „Vorgebirgszentrale" auf 514 MW angewachsen. Für diese Maschinenleistung standen 98 Dampfkessel zur Verfügung. Nach der Beseitigung der Kriegsschäden stand das

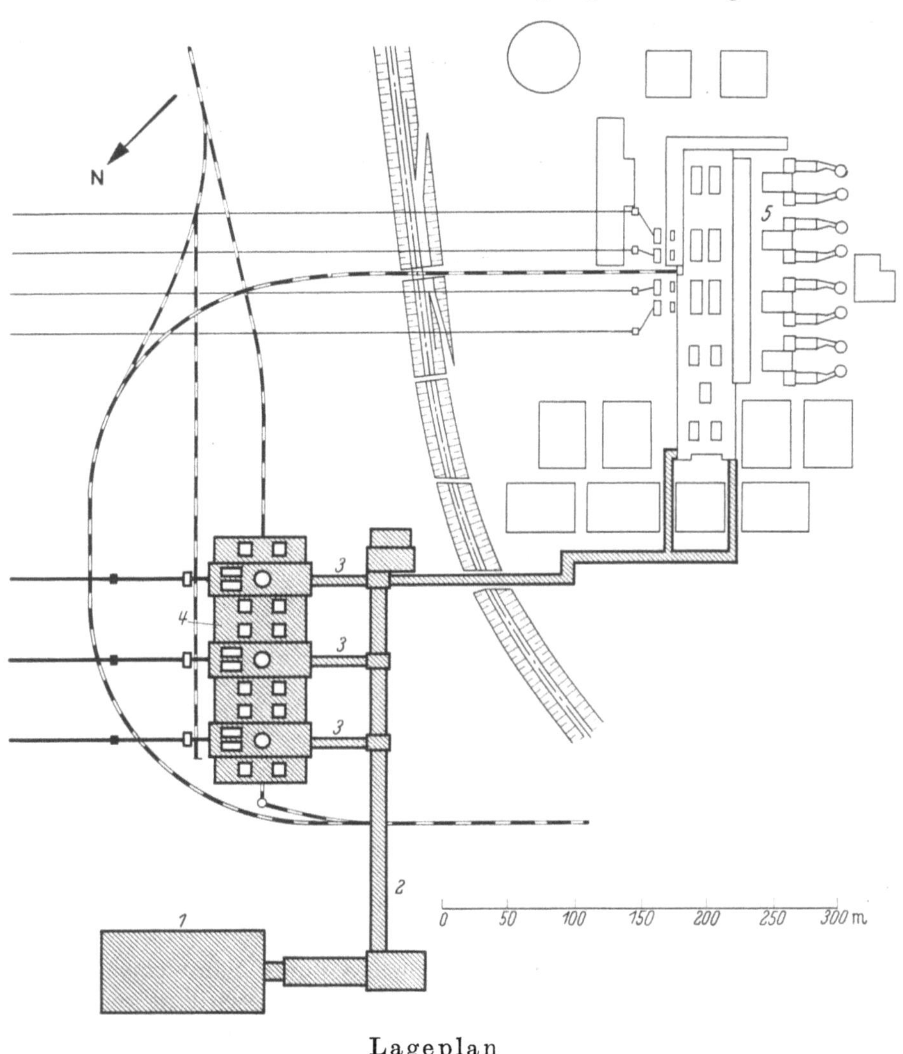

Lageplan

1 Kohlenbunker
2 Bandbrücke
3 Bunkerbekohlung
4 Vorschaltanlage
5 Kondensationskraftwerk

RWE vor der Aufgabe, die rasch anwachsenden Anforderungen an elektrischer Energie durch eine Erweiterung und Modernisierung des Goldenberg-Werkes zu erfüllen. Von den drei Möglichkeiten: Vorschaltanlage oder Hochdruckkondensationsanlage mit oder ohne Beibehaltung eines Teiles der vorhandenen Niederdruckanlage wurde aus zeitbedingten Gründen eine Vorschaltanlage ausgewählt. Entscheidend war hierbei, daß die Vorschaltanlage auf wichtige Vorratsteile und ausgereifte Konstruktionen bei den Lieferfirmen zurückgreifen konnte, während die Entwicklung von Hochdruckkondensationsanlagen um diese Zeit noch im Fluß war.

Für die Vorschaltanlage wurde ein Frischdampfzustand von 110 atü, 500° C am Turbineneintritt gewählt. Der Abdampf der Vorschaltturbinen wird mit Rücksicht auf die zulässige Dampftemperatur der Nachschaltmaschinen auf 365° C zwischenüberhitzt. Durch die Vorschaltanlage stieg die Leistung des Goldenberg-Werkes um 225 MW.

Standort und äußere Disposition der Vorschaltanlage waren durch die Richtungen der Kohlenzufuhr aus den neu zu erschließenden Kohlenfeldern und der Energieabfuhr sowie durch die Lage zur vorhandenen Anlage bestimmt.

Jeder der 6 Vorschaltturbosätze mit einem Schluckvermögen von 350 t/h wird durch 2 Kessel mit Frischdampf versorgt, die mit einer Leistung von je 175 t/h zur Zeit ihrer Aufstellung die größten Braunkohlenkessel waren. Je 4 Kessel und 2 Turbosätze sind zu einer Gruppe zusammengefaßt. Die 3 Gruppen sind sowohl frischdampfseitig als auch

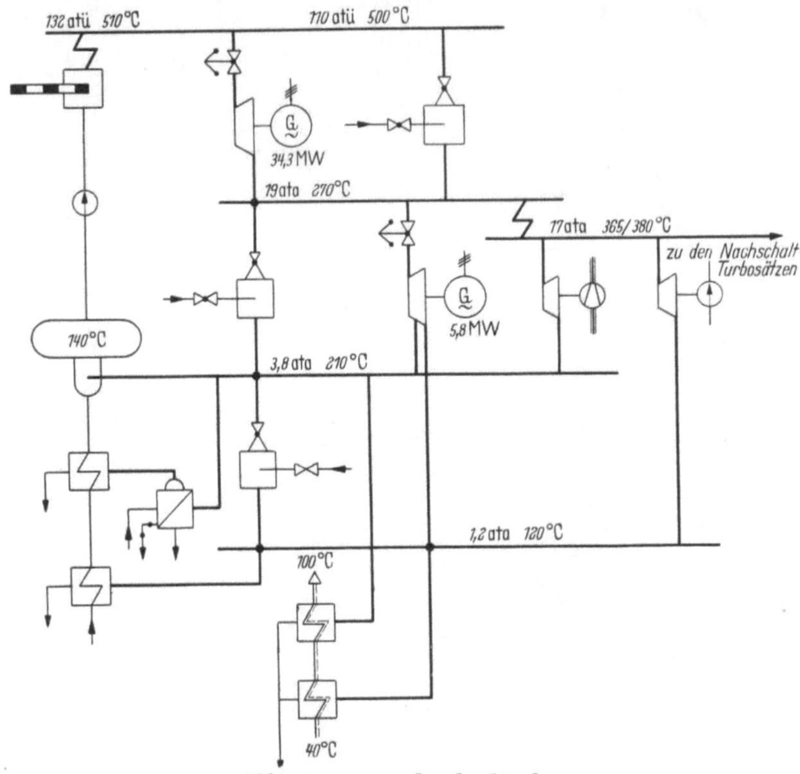

Wärmegrundschaltplan

auf der Niederdruckdampf- und Speisewasserseite durch Sammelschienen verbunden. Der zwischenüberhitzte Abdampf der Vorschaltturbinen wird in sechs Rohrleitungen über eine Rohrbrücke dem alten Niederdruckwerk zugeführt.

Die zur Erhöhung der Wirtschaftlichkeit notwendige Vorwärmung des Speisewassers machte die Aufstellung eines besonderen Vorwärmturbosatzes je Einheit erforderlich. Die im Gegendruck arbeitende Turbine beliefert 2 Vorwärmstufen, wobei die obere Stufe durch den Mischvorwärmerentgaser gebildet wird. An diese Stufe ist auch der Zusatzwasserverdampfer angeschlossen. Die beiden Vorwärmstufen nehmen auch den Abdampf der Antriebsturbinen der Kesselspeisepumpen und der Saugzuggebläse auf. Durch diese Schaltung ergibt sich neben dem wärmewirtschaftlichen Gewinn auch noch die Möglichkeit, die turbinengetriebenen Hilfsmaschinen im Teillastbetrieb verlustlos zu regeln. Die Vorwärmendtemperatur beträgt 140° C. Die Niederdruckdampfnetze dienen außerdem noch zur Beheizung von Luftvorwärmern, mit denen ein schnelleres Hochfahren der Kessel möglich ist.

Auf der elektrischen Seite werden bei 2 Gruppen je 2 Vorschaltgeneratoren zu einer Einheit zusammengefaßt. Sie speisen über einen gemeinsamen Umspanner in das 220 kV-Verbundnetz. Der fünfte und sechste Generator versorgen dagegen über getrennte

Umspanner, die auf der Oberspannungsseite verbunden sind, ein 110 kV-Netz. Die Versorgung des Eigenbedarfes erfolgt für jede Gruppe von dem Generator der betreffenden Vorwärmturbine. Außer Querverbindungen zwischen den Gruppen besteht noch die Möglichkeit einer Einspeisung vom vorhandenen 25 kV-Netz über insgesamt 6 Umspanner. Zwei weitere Umspanner versorgen ständig den allgemeinen Eigenbedarf.

Da die abbauwürdige Braunkohle bis nahe an das für den Neubau in Frage kommende Gelände heranreicht, mußte die in Anspruch genommene Grundfläche auf ein Mindestmaß beschränkt werden. Die räumliche Anordnung führte zu einem Hochbau. Von der Ausbildung eines Längsbunkers und eines besonderen Maschinenhauses wurde abgesehen. Der bauliche Teil stützt sich auf drei voneinander unabhängige, querliegende Bunkerschwerbauten. Unterhalb der Bunkerausläufe ergibt sich zwanglos der Platz zur Unter-

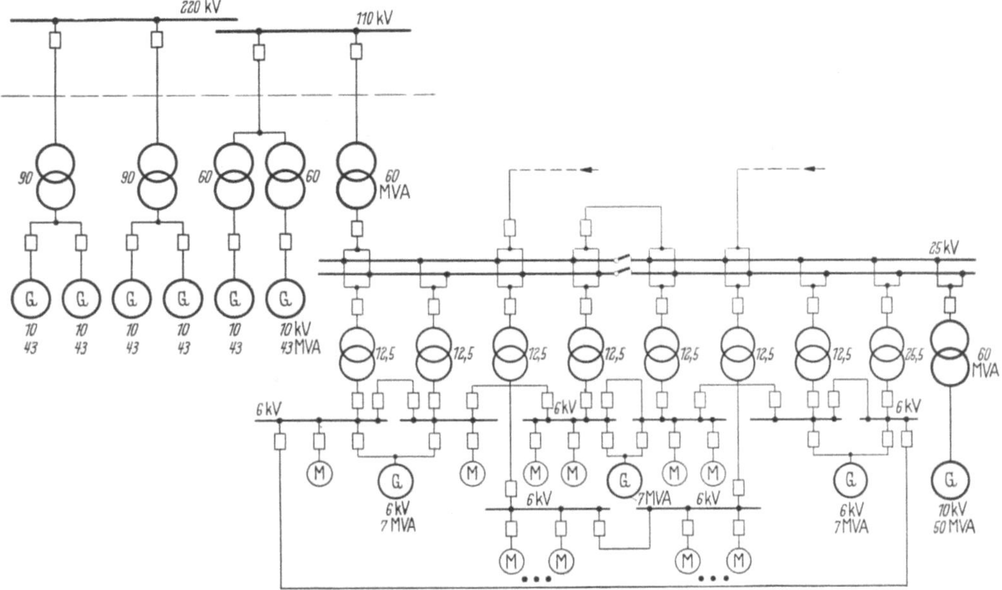

Elektrischer Übersichtsschaltplan

bringung der 2 Vorschaltturbosätze mit der zugehörigen Vorwärmturbine, den Speisepumpen, den Verdampfern und der Blockwarte. Beiderseits des Schwerbaues sind jeweils 2 Kessel nebeneinander angeordnet. Die zu einer Einheit gehörenden 4 Kessel sind über Elektrofilter an den gemeinsamen, auf der Mitte des Bunkerbaues befindlichen Schornstein angeschlossen. So entstanden drei voneinander unabhängige Doppelblöcke, wodurch die Arbeiten an jedem Bauabschnitt ohne Störung der Nachbarabschnitte ausgeführt werden konnten. Die Kessel sind nur durch eine leichte Verkleidung vor den Witterungseinflüssen geschützt. Von der ursprünglich vorgesehenen Freiluftausführung der Kessel hatte man zuletzt noch aus witterungsbedingten Gründen abgesehen.

Durch den Einbau der Vorschaltanlage konnte der auf die Nutzarbeit bezogene Wärmeverbrauch um etwa ein Drittel, von 5025 auf 3350 kcal/kWh vermindert werden.

Über die Kondensationsanlage (Goldenberg-Werk III) ist unter Nr. 156 auf S. 420 bereits berichtet.

Schrifttum

Kretschmann, W.: Energiewirtschaftliche Tagesfragen 1952, Nr. 10, S. 49/56.
Kretschmann, W.: Braunkohle, Wärme, Energie, 1953, S. 395/418.

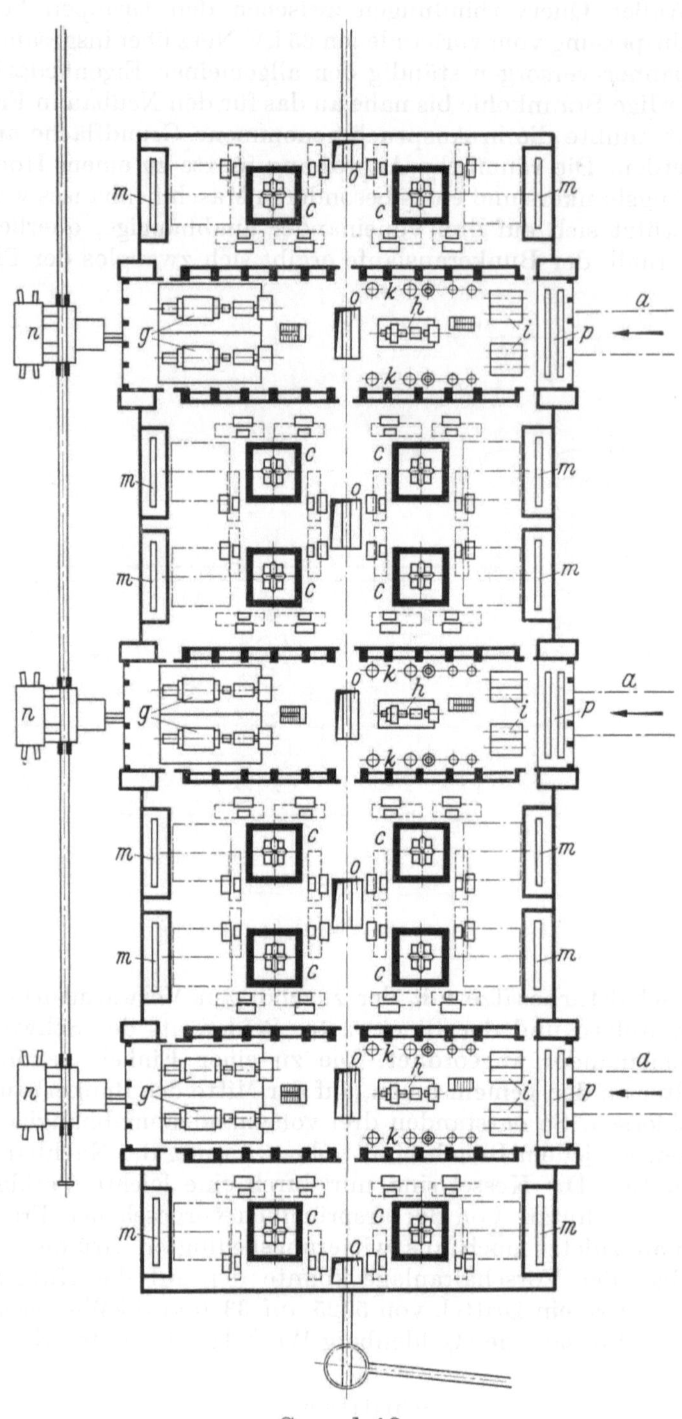

Grundriß

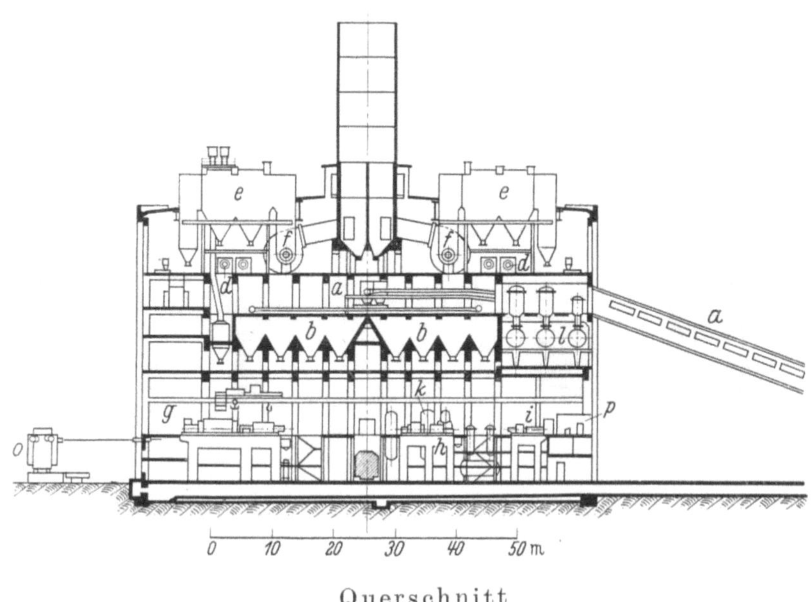

Querschnitt

Legende zum Grundriß und Querschnitt

a Bekohlung
b Bunker
c Kessel
d Frischluftgebläse
e Elektrofilter
f Saugzuggebläse
g Vorschaltturbosatz
h Vorwärmturbosatz
i Kesselspeisepumpe
k Vorwärmer und Verdampfer
l Speisewasserbehälter
m Kessel-Eigenbedarfsschaltanlage
n Umspanner
o Montageöffnung
p Wärmewarte

Schaubild

160 **Kraftwerk Wilhelm**

(ehemalige Energieversorgung Oberschlesien AG., Kattowitz)

Baujahr 1943

Kessel

Anzahl		4
Leistung	t/h	145
Art		Durchlauf
Genehmigungsdruck	atü	140
Dampfzustand bei Austritt	atü	125
	°C	500
Dampfzustand hinter ZWÜ	atü	18
	°C	425
Brennstoff:		
Art		Steinkohle
unterer Heizwert	kcal/kg	—
Feuerung		Brenner
Schlackenabzug		—
Luftvorwärmung	°C	—
Abgastemperatur	°C	—
Wirkungsgrad	%	—

Rauchgasentstaubung: elektrisch
Wasseraufbereitung: chemisch und Verdampfung
Bauweise: Stahlfachwerk
Vorgesehene Gesamtleistung: 300 MW

Turbinen

Anzahl		2	2
Leistung	MW	25	50
Leistung	MVA	32	64
Art		HD	ND
Drehzahl	U/min	3000	3000
Dampfdurchsatz	t/h	—	—
Dampfzustand bei Eintritt	atü	110	17,5
	°C	490	415
bei Wiedereintritt	atü	—	—
	°C	—	—
Kühlwassertemperatur	°C	—	27
Dampfzustand bei Austritt	ata	21	—
	°C	—	—
Gehäusezahl		1	2
Abdampfstutzen (flutig)		1	2
Vorwärmstufen		4	
Entgasungstemperatur	°C	180	
Speisewassertemperatur	°C	180	

Kennzahlen

Spez. Wärmeverbr. netto	kcal/kWh	—
„ Flächenbedarf	m^2/kW	0,051
„ Raumbedarf	m^3/kW	1.24

Um die Steigerung der deutschen Energieerzeugung während des zweiten Weltkrieges auf wirtschaftlichste Weise und mit geringstem Aufwand an Projektierungsarbeiten vornehmen zu können, wurde 1942 ein gemischter Arbeitsausschuß mit der Planung des sogenannten Einheitskraftwerkes beauftragt. Es sollte der Prototyp eines Kraftwerkes geschaffen werden, der die nach dem damaligen Stand der Kraftwerkstechnik bestmögliche Umsetzung der Brennstoffenergie in elektrische Energie und die

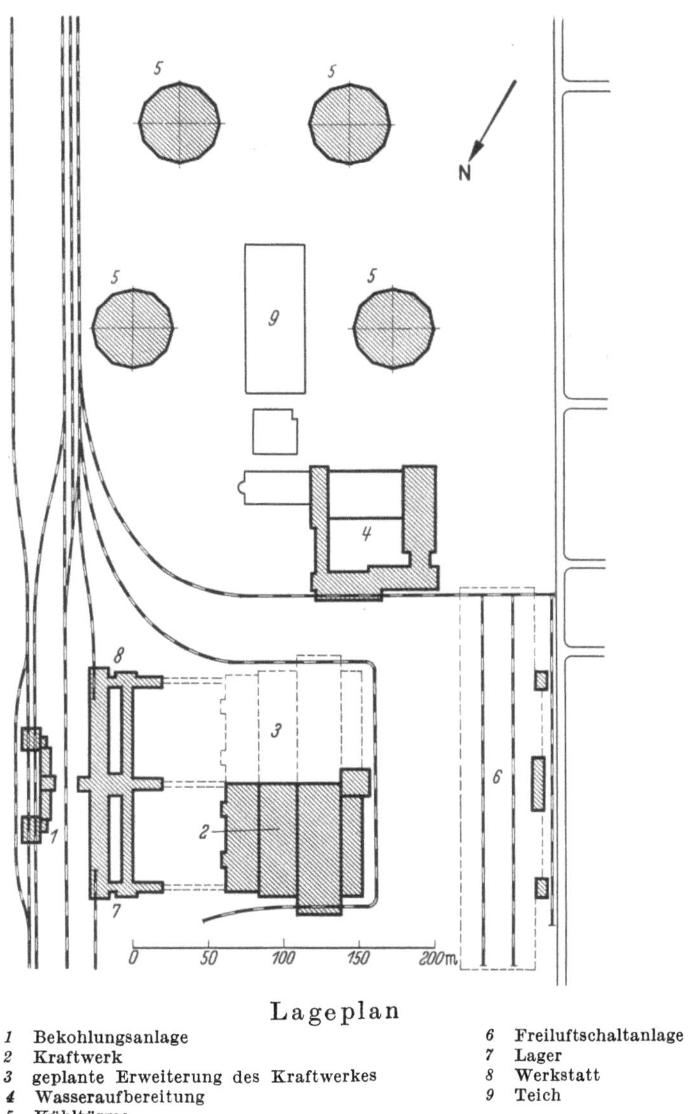

Lageplan

1 Bekohlungsanlage
2 Kraftwerk
3 geplante Erweiterung des Kraftwerkes
4 Wasseraufbereitung
5 Kühltürme
6 Freiluftschaltanlage
7 Lager
8 Werkstatt
9 Teich

beste Ausnutzung der verwendeten Werk- und Baustoffe versprach. Von dem Lastverteiler wurden besonders scharfe Anforderungen in bezug auf Laständerungsgeschwindigkeiten aufgestellt.

Aus der Entwicklung der Kraftwerkstechnik hatte sich die Zweiwellenanordnung als logische Fortentwicklung der Vorschaltanlagen ergeben. Diese wurde auch hier zugrunde gelegt. Diese Lösung ermöglichte den Einbau von Ruthsspeichern. Diese Gefällespeicher sind in der Lage, Druckschwankungen im Mitteldrucknetz infolge von plötzlichen Belastungsänderungen sehr schnell durch Abgabe oder Aufnahme von Dampf auszugleichen. Die größte Leistung des Nachschaltturbosatzes ergab sich einmal aus dem größten damals ausführbaren Abdampfquerschnitt der Turbine sowie aus der größtmöglichen Generatorleistung, die mit Luftkühlung noch einen befriedigenden Wirkungsgrad ergab. Es wurde somit die Leistung des Nachschaltturbosatzes mit 50 MW und hiernach die Vorschaltleistung mit 25 MW festgelegt, so daß das Zweiwellenaggregat eine Leistung von 75 MW aufwies. Dieser Einheit wurden 2 Kessel zugeordnet. Die Einheitskraftwerke sollten im Endausbau vier derartige Einheiten, also eine Gesamtleistung von 300 MW, erhalten. Zunächst waren Halbwerke mit 2 Einheiten zu erstellen. Es wurden 4 Grundtypen geschaffen, die sich aus der Verwendung von Steinkohle oder Braun-

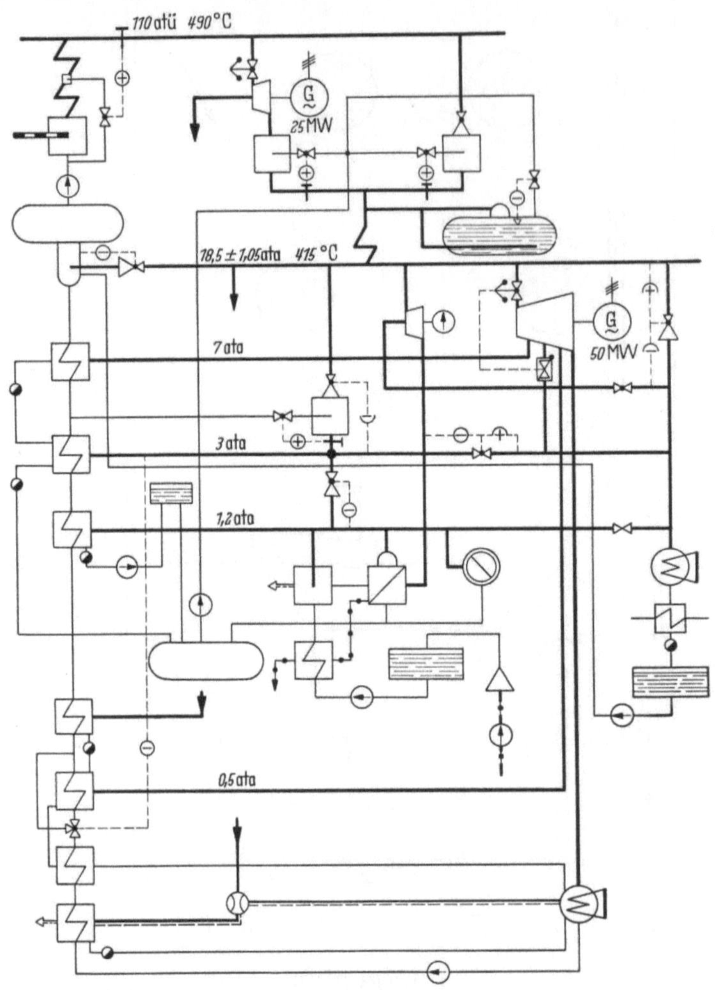

Wärmegrundschaltplan

kohle als Brennstoff und aus dem Betrieb mit Frischwasser oder Rückkühlung ergaben. Der innere und äußere Aufbau erfolgte bei allen Kraftwerken nach einheitlichen Grundsätzen und Planungen.

Als Beispiel eines dieser Einheitskraftwerke, die also für den Stand der Kraftwerkstechnik um 1940 charakteristisch sind und deswegen im Kraftwerksatlas erwähnt werden müssen, dient das Kraftwerk Wilhelm, dessen Bau durch die damalige Energieversorgung Oberschlesien AG im Kattowitzer Bezirk 1943 begonnen wurde. Das Kraftwerk wurde während des Krieges nicht mehr vollendet und dann demontiert.

Der Frischdampfzustand wurde mit 110 atü, 490° C vor der Turbine und die Zwischenüberhitzung mit 415° C bei 17,5 atü in Übereinstimmung mit der grundsätzlichen Planung dieses Kraftwerkstyps festgelegt.

Die Vorschaltturbine ist mit dem Kessel im Block geschaltet. Parallel zur Vorschaltmaschine ist eine Reduzier- und Kühlstation angeordnet, damit bei Ausfall der Vorschaltturbine der Nachschaltsatz mit reduziertem und gekühltem Frischdampf weiterbetrieben werden kann. Für die Kondensationsturbinen wurde die Sammelschienenanordnung gewählt. Die Einschaltung des Ruthsspeichers, dessen Dampfabgabe durch den Zwischenüberhitzer geleitet wird, ist im Wärmeschaltplan erkennbar. Die Regelung der Zwischenüberhitzungstemperatur erfolgt nach den damaligen Grundsätzen durch einen in der Abdampfleitung der Vorschaltturbine eingeschalteten Regelkühler. Die Regenerativvorwärmung des Speisewassers erfolgt in 4 Stufen auf 180° C. Eine der Vorwärmstufen sowie der Zusatzwasserverdampfer sollen in erster Linie durch den Abdampf der Turbo-

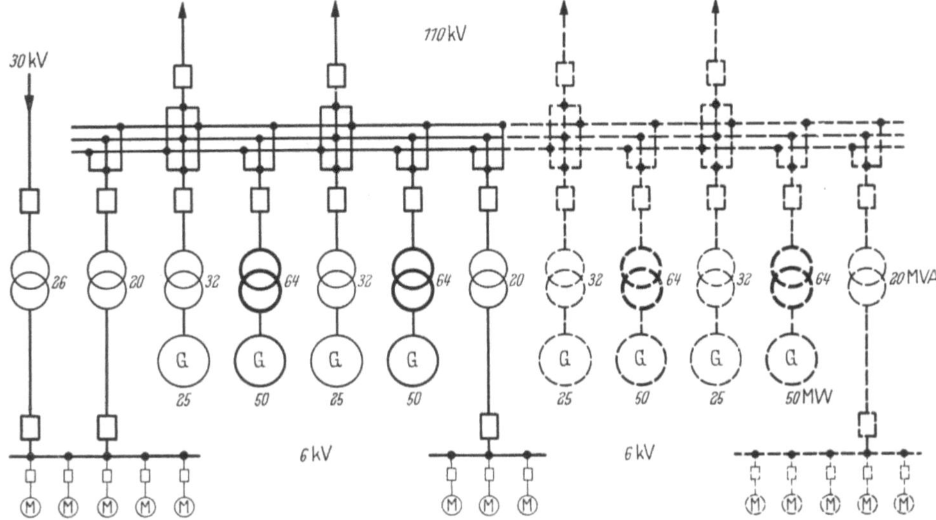

Elektrischer Übersichtsschaltplan

speisepumpe geliefert werden. Zum Niederschlagen des Anfahrdampfes sowie etwaigen Überschußdampfes dient ein besonderer Hilfskondensator. Das Kühlwasser wird rückgekühlt.

Die Kessel sind Durchlaufkessel, Bauart Benson. Die Kohle wird in Rohrmühlen gemahlen. Der Staub wird zwischengebunkert.

Auf der elektrischen Seite sind die Generatoren mit den dazugehörigen Maschinenumspannern jeweils im Block geschaltet. Die Speisung des Eigenbedarfes erfolgt über Umspanner von den 110 kV-Sammelschienen. Außerdem ist hier eine Reserveeinspeisung von einem vorhandenen 30 kV-Netz über einen weiteren Umspanner vorgesehen.

Der äußere Aufbau ist durch 2 Schwerbauten beiderseits des Kesselhauses gekennzeichnet, von denen der außenliegende die Kohlenbunker und die Elektrofilter aufnimmt, während in dem zwischen Kessel- und Maschinenhaus gelegenen Schwerbau die Speisewasserbehälter und unter diesen in Höhe des Maschinenhausflures die Kesselspeisepumpen aufgestellt sind. Im Maschinenhaus sind Vor- und Nachschaltturbosätze jeweils nebeneinander in Längsrichtung und spiegelbildlich zueinander aufgestellt. In der Mitte jedes Halbwerkes vor den Turbinen wurden die Vorwärmer für beide Einheiten angeordnet. Die Kühlwasserpumpen stehen auf $\pm 0{,}0$ m in dem freien Raum zwischen den Vorschaltturbinen und sind durch große Öffnungen in der Maschinenhausdecke für den Maschinenhauskran zugänglich. Eine besondere Wärmewarte ist nicht vorgesehen. Die elektrische Netzwarte ist dem Maschinenhaus in der Symmetrieachse des Gesamtwerkes vorgelagert. In einem Vorbau längs des Maschinenhauses sind die Umspanner und die Eigenbedarfsschaltanlagen untergebracht.

In der hier behandelten grundsätzlichen Ausführung wurden verschiedene Einheitskraftwerke geplant; für einige weitere Kraftwerke wurden wesentliche Elemente der Planung übernommen, ohne daß diese jedoch als ausgesprochene Einheitskraftwerke anzusehen waren.

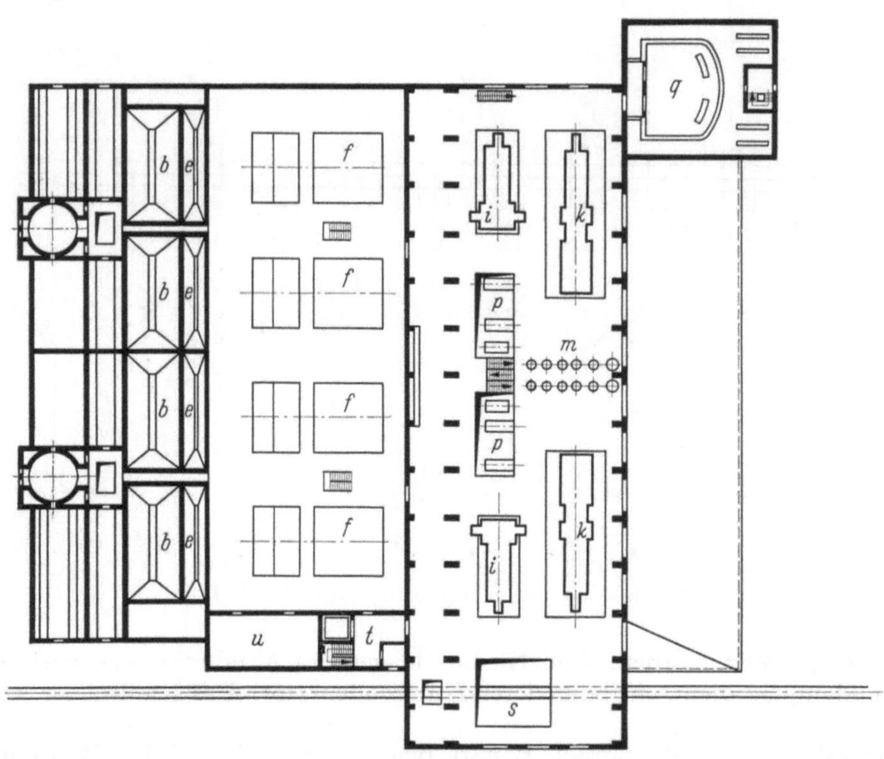

Grundriß

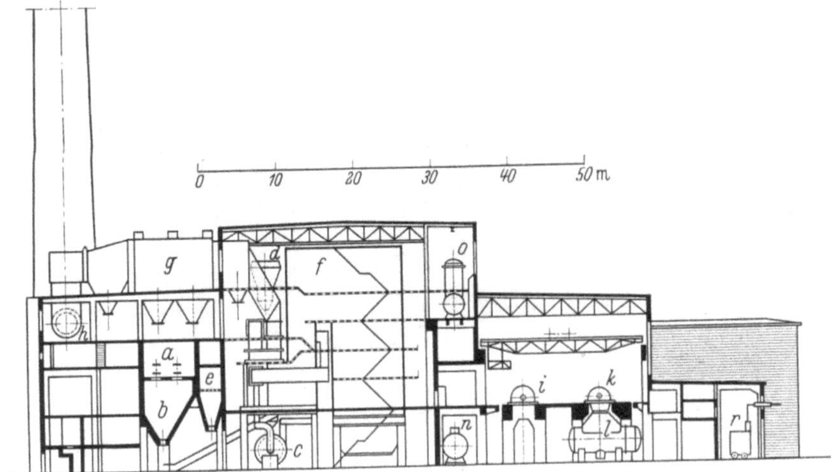

Querschnitt

Legende zum Grundriß und Querschnitt

a	Bekohlung	*l*	Kondensator
b	Kohlenbunker	*m*	Vorwärmer und Verdampfer
c	Rohrmühle	*n*	Ruthsspeicher
d	Sichter	*o*	Speisewasserbehälter und Entgaser
e	Staubbunker	*p*	Kesselspeisepumpen
f	Kessel	*q*	Elektrowarte
g	Elektrofilter	*r*	Umspanner
h	Saugzuggebläse	*s*	Montageöffnung
i	Vorschaltturbosatz	*t*	Treppenhaus mit Aufzug
k	Nachschaltturbosatz	*u*	Laboratorium

Schaubild

161

Kraftwerk Gebersdorf II, BRD

(Großkraftwerk Franken Aktiengesellschaft, Nürnberg)

Baujahr 1954/56

Kessel	Block I bis III	Turbinen	Block I bis III
Anzahl	3	Anzahl	3
Leistung t/h	185	Leistung MW	50
Art	Naturumlauf	Leistung MVA	63,8
		Art	K
Genehmigungsdruck atü	132	Drehzahl U/min	3000
Dampfzustand bei Austritt atü	115	Dampfdurchsatz t/h	174
Dampfzustand bei Austritt °C	530	Dampfzustand bei Eintritt atü	109
Dampfzustand hinter ZWÜ atü	29,5	Dampfzustand bei Eintritt °C	530
Dampfzustand hinter ZWÜ °C	500	bei Wiedereintritt atü	26,5
Brennstoff:		bei Wiedereintritt °C	505
Art	Steinkohle	Kühlwassertemperatur °C	12
unterer Heizwert kcal/kg	—	Dampfzustand bei Austritt ata	0,035
Feuerung	Brenner und Hilfswanderrost	Dampfzustand bei Austritt °C	—
		Gehäusezahl	3
Schlackenabzug	trocken	Abdampfstutzen (flutig)	2
Luftvorwärmung °C	320	Vorwärmstufen	5
Abgastemperatur °C	130	Entgasungstemperatur °C	130
Wirkungsgrad %	93	Speisewassertemperatur °C	240

Rauchgasentstaubung: elektrisch
Wasseraufbereitung: chemisch und Verdampfung
Bauweise: Beton, Stahlbau
Vorgesehene Gesamtleistung: 250 MW

Kennzahlen

Spez. Wärmeverbr. netto kcal/kWh	2500
„ Flächenbedarf m^2/kW	0,025[1]
„ Raumbedarf m^3/kW	0,83[1]
„ Personalbedarf .. Mann/MW	0,4

[1] Einschließlich des geplanten vierten Blocks

Die Großkraftwerk Franken AG wurde im Jahre 1911 zur Stromversorgung der Städte Nürnberg und Fürth sowie der Fränkisches Überlandwerk AG gegründet. Die Stromerzeugung stützt sich im wesentlichen auf das bei Nürnberg an der Bahnlinie nach Stuttgart gelegene Dampfkraftwerk Gebersdorf, das in den Jahren 1912/13 entstand; es wurde mehrfach erweitert. Bis 1952 war eine Leistung von rund 150 MW installiert, die sich fast gleichmäßig auf eine 50 und eine 84 atü-Stufe verteilt.

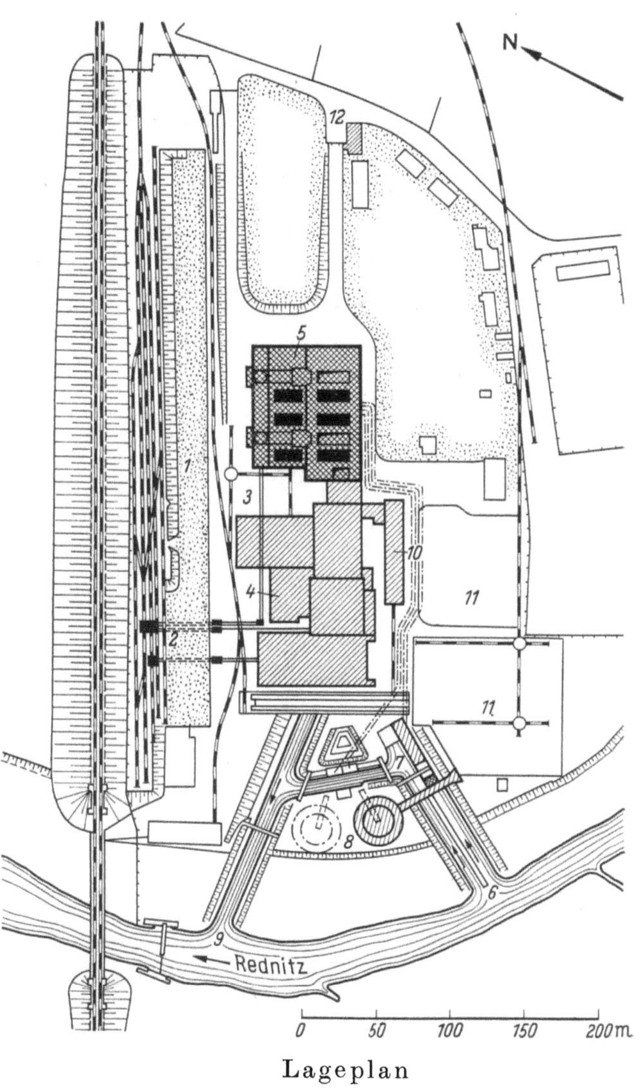

Lageplan

1	Kohlenlagerplatz	7	Einlaufbauwerk
2	Bekohlungsanlage	8	Ventilatorkühlturm
3	Schrägbandbrücke	9	Kühlwasserablauf
4	Kraftwerk I	10	20 kV-Innenraumschaltanlage
5	Kraftwerk II	11	110 kV-Freiluftschaltanlage
6	Kühlwasserzulauf	12	Pförtnerhaus

Der weitere Anstieg des Strombedarfes veranlaßte das Großkraftwerk Franken im Jahr 1954, für eine nochmalige Erweiterung ein neues Gebäude auf dem Kraftwerksgelände zu erstellen, das sich in nördlicher Richtung an das bestehende Werk I anschließt. Das neue Werk II wurde mit drei 50 MW-Blocks ausgestattet, deren letzter im Jahr 1956 in Betrieb ging. Die Aufstellung eines vierten Blocks von 100 MW ist vorgesehen.

Der Dampfzustand an der Turbine beträgt 109 atü, 530° C mit Zwischenüberhitzung auf 505° C. Jeder der 3 Naturumlaufkessel leistet 185 t/h.

Die Kohle wird auf der erwähnten Bahnlinie herangeführt. Die Bekohlungsanlage verfügt über 2 Verladebrücken und über längs des Kohlenplatzes verlegte Bänder. Die Kesselbunker werden gleichfalls durch Schrägbänder beschickt. Die am Kraftwerk vorbeifließende Rednitz wird nach Möglichkeit zum Niederschlagen des Dampfes in den Kondensatoren herangezogen. Daneben ist ein Ventilatorkühlturm für eine Leistung von 10000 m³/h vorhanden.

Die Turbinen sind dreigehäusig mit 2 Abdampfstutzen und 5 Anzapfungen zur Speisewasservorwärmung. Drei Vorwärmer liegen hinter dem Speisewasserbehälter bzw.

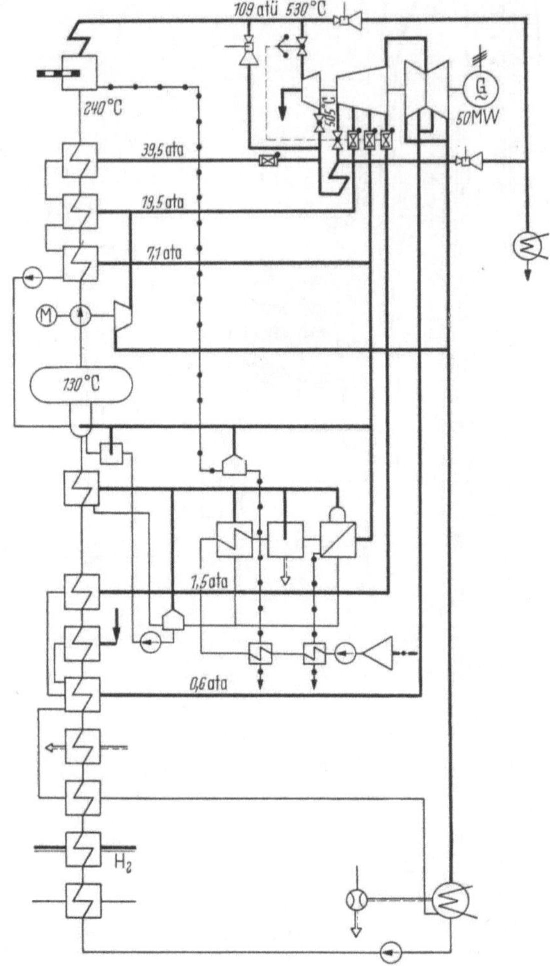

Wärmegrundschaltplan

den Speisepumpen. Unmittelbar vor dem Entgaser liegt der Kondensator zum Niederschlagen des Brüdens, der in einem einstufigen Verdampfer erzeugt wird.

Jeder Block ist mit 2 Vollastpumpen und einer Teillastpumpe ausgerüstet. Erstere werden durch je einen 1300 kW-Kurzschlußläufermotor angetrieben. Als zweiter Antrieb ist eine an die zweite Anzapfung angeschlossene Dampfturbine mit Curtisrad, deren Abdampf auf Kondensatordruck expandiert, vorhanden. Sie schaltet sich bei Ausfall des Elektromotors selbsttätig ein. Die Teillastpumpen können etwa 70% des Vollastdurchsatzes fördern; sie sind mit einer regelbaren Voith-Sinclair-Turbokupplung versehen.

Die Kessel sind $1^2/_2$-Zug-Steilrohrkessel, die mit schwenkbaren Eckenbrennern ausgerüstet sind. Durch die eingebauten Hilfswanderroste kann die Kleinstlast der Kessel bis auf etwa 15% abgesenkt werden, eine Möglichkeit, die bei geringer Nachtlast für die Betriebsführung des Werkes von besonderer Bedeutung ist. Durch die gewählte kombinierte Feuerung können die Blocks in Lastbereichen zwischen 0 und 4 MW bzw. zwischen 8 und 50 MW bei normalen Kohlensorten betrieben werden. Bei Verwendung von mageren Kohlen beginnt der obere Bereich erst bei 12 MW. Bei dazwischenliegenden Belastungen entstehen dadurch Schwierigkeiten, daß der Wanderrost allein nicht mehr voll ausreicht, andererseits die Staubfeuerung allein noch nicht stabil genug arbeitet. Beim Anfahren des Blockes wird nur die Wanderrostfeuerung betrieben. Erst nach Synchronisierung und Lastaufnahme von 3 bis 4 MW wird die Staubfeuerung zugeschaltet.

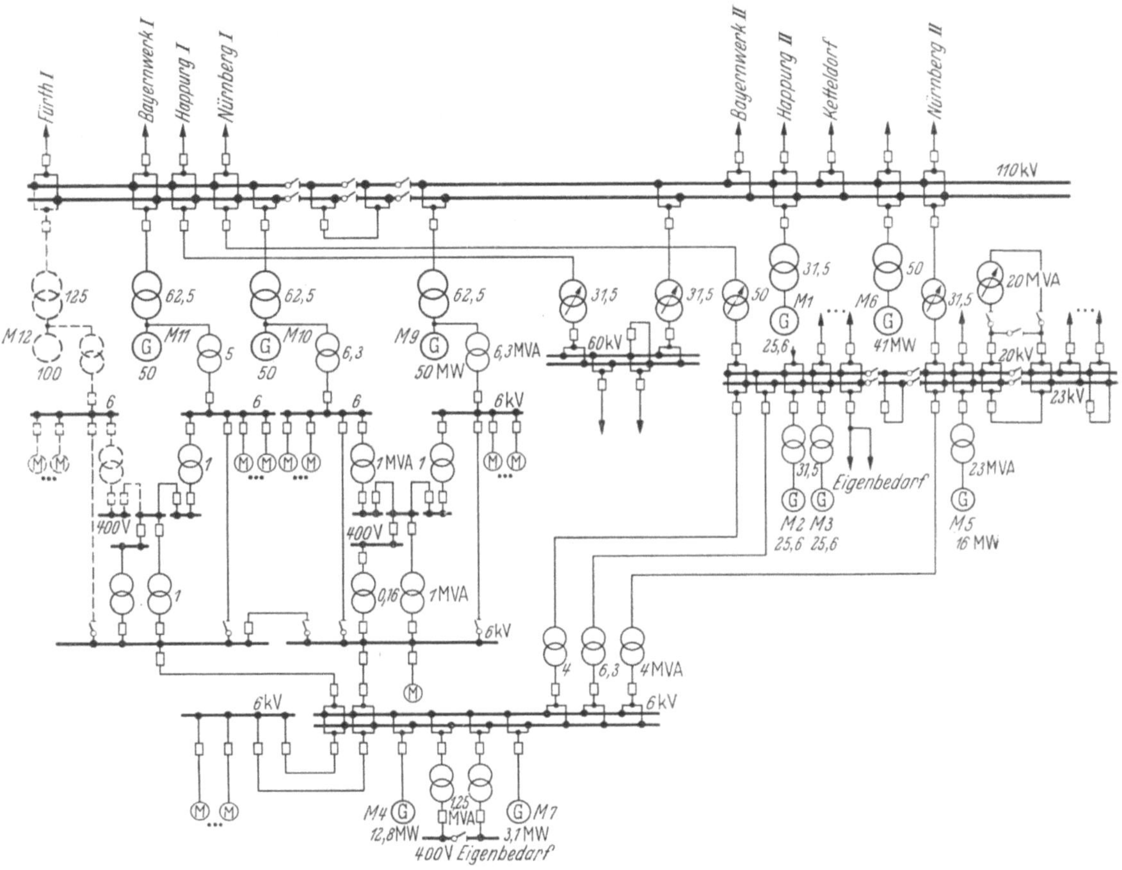

Elektrischer Übersichtsschaltplan

Die Lufttemperatur wird durch eingebaute Ljungström- und Gußrippenluftvorwärmer auf 320° C gebracht. Der in den Elektrofilter ausgeschiedene Staub wird dem Feuerraum pneumatisch zur Einbindung zugeführt. Die Rostschlacke wird mittels Druckwasser weggespült.

Die 3 Generatoren des Werkes II sind über 62,5 MVA-Umspanner an die 110 kV-Sammelschiene angeschlossen, von der Abzweige nach Nürnberg, Fürth, zum Umspannwerk des Bayernwerkes, ins Gebiet des Fränkischen Überlandwerkes und zum Pumpspeicherwerk Happurg führen. Der Eigenbedarf (6 kV) ist, wie üblich, unmittelbar hinter den Generatorklemmen unter Zwischenschaltung von Umspannern abgezweigt. Außerdem ist der Eigenbedarf an die 6 kV-Sammelschiene des Werkes I angeschlossen. Von der 20 kV-Schiene des Werkes aus werden ein Teil des Fränkischen Überlandwerkes, der Städtischen Elektrizitätswerke Nürnberg und Fürth sowie industrielle Sonderabnehmer versorgt. Die 20 kV-Sammelschiene wird von den Generatoren des Werkes I gespeist, außerdem sind die 20 und 110 kV-Sammelschienen über Regelumspanner miteinander gekuppelt. Ebenso wird von der 110 kV-Sammelschiene noch ein 60 kV-Netz versorgt.

Der Bunkerbau ist an der Außenwand des Kesselhauses angeordnet. Die Turbinen sind quergestellt. Zwischen jeweils 2 Turbinen sind die zugehörigen Vorwärmer- und Verdampferanlagen untergebracht. Die Wärmewarte ist zwischen je 2 Kesseln eingeschoben. Die Kesselspeisepumpen stehen ebenfalls zwischen den Kesseln. Sie füllen

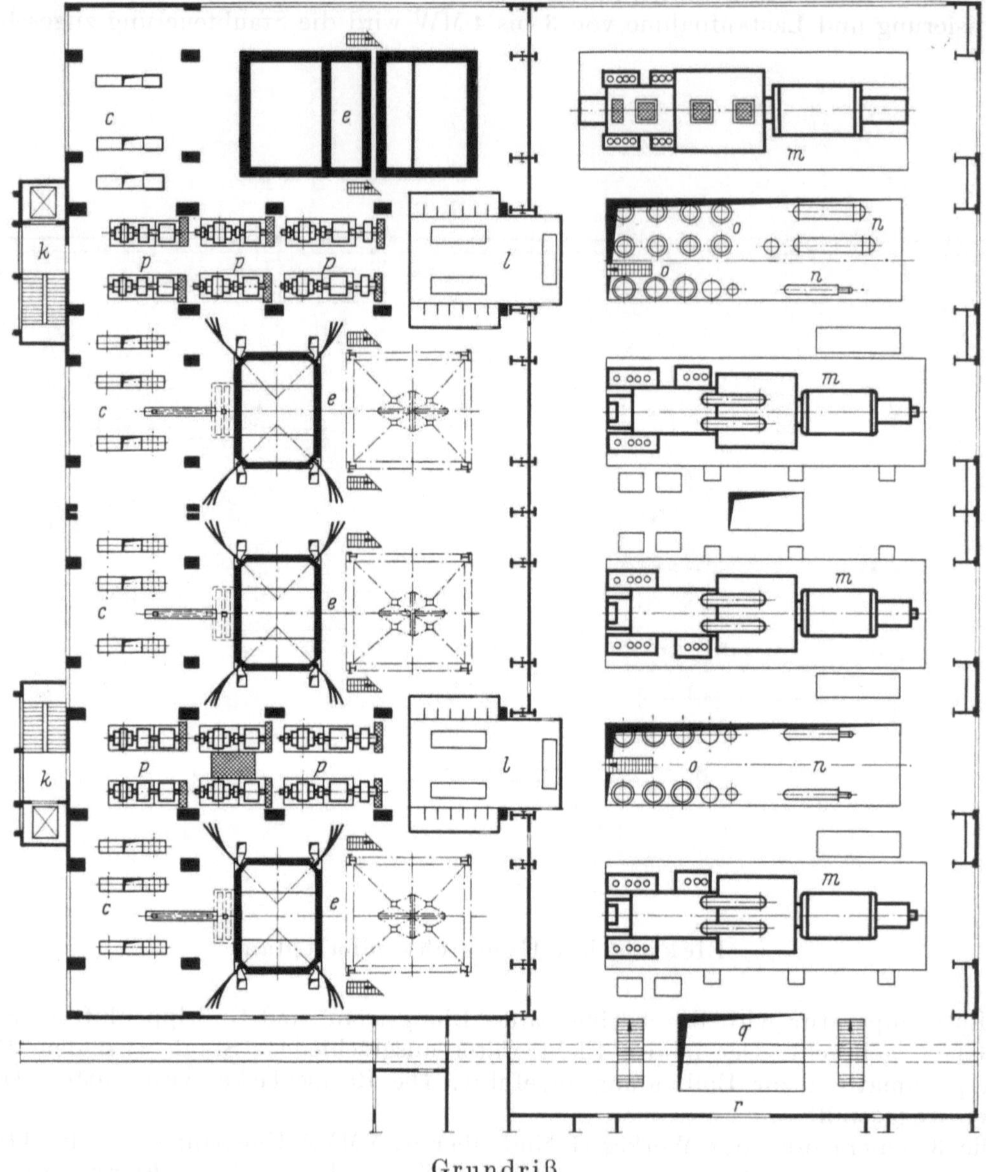

Grundriß

den Raum bis zur Kesselhauswand aus. Die Elektrofilter sind auf dem Dach des Kesselhauses aufgestellt. Von dort werden die Rauchgase über ein Saugzuggebläse zu den beiden auf den Bunkerbau aufgesetzten Schornsteinen geleitet. Der Schwerbau des Kesselhauses wurde in Beton, der übrige Teil und das Maschinenhaus wurden in Stahlbau ausgeführt.

Schrifttum

NOVAK, H.: Brennstoff, Wärme, Kraft Bd. 10 (1958) S. 77/84.
STIEPEL, F.: Energie Bd. 10 (1958) S. 2/8.

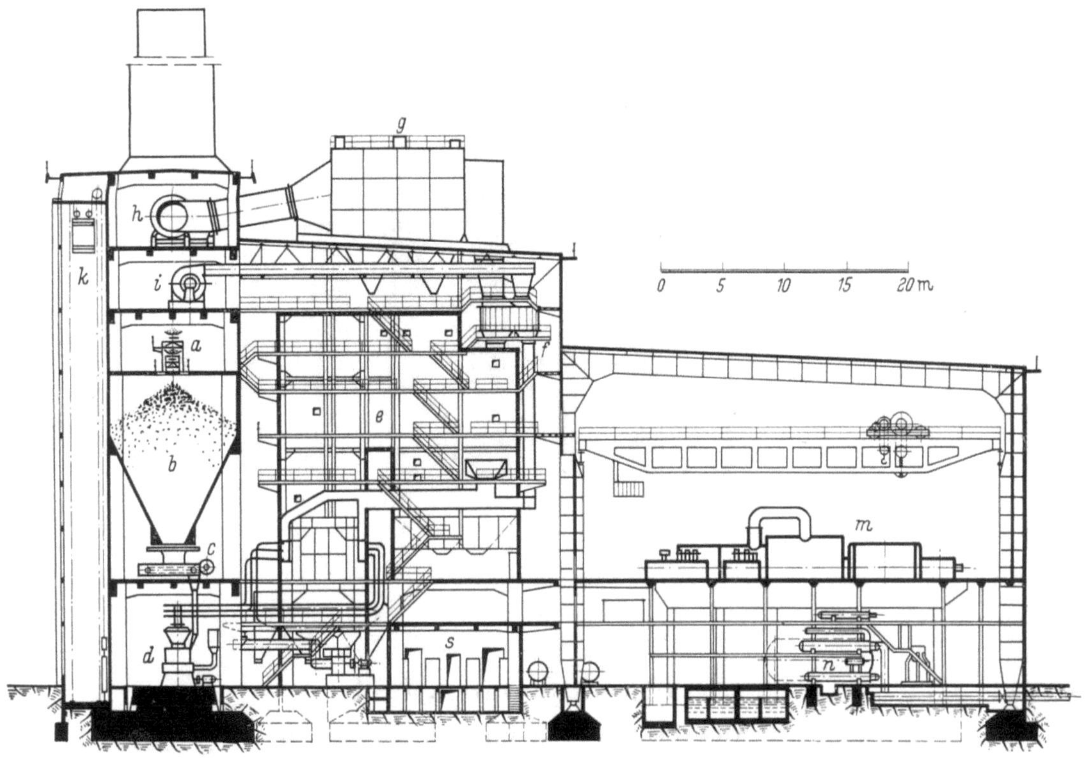

Querschnitt

Legende zum Grundriß und Querschnitt

a Bekohlung
b Bunker
c Kohlenzuteiler
d Kohlenmühle
e Kessel
f Luftvorwärmer
g Elektrofilter
h Saugzuggebläse
i Frischluftgebläse
k Treppenhaus mit Aufzug
l Wärmewarte
m Turbogenerator
n Niederdruckvorwärmer
o Hochdruckvorwärmer und Verdampferanlage
p Kesselspeisepumpen
q Montageöffnung
r Eingang zur Elektrowarte
s Eigenbedarfsschaltanlage

Schaubild

163

Kraftwerk Sewaren, USA

(Public Service Electric and Gas Comp. Newark, N. J.)

Baujahr 1946/51

Kessel	Block I bis III	Block IV
Anzahl	3	1
Leistung t/h	385	—
Art	Naturumlauf	
Genehmigungsdruck atü	—	—
Dampfzustand bei Austritt atü	105	105
Dampfzustand bei Austritt °C	565	565
Dampfzustand hinter ZWÜ atü	—	—
Dampfzustand hinter ZWÜ °C	—	537
Brennstoff:		
Art	Kohle, Öl	Steink.
oberer Heizwert kcal/kg	—	—
Feuerung	Ecken	—
Schlackenabzug	—	—
Luftvorwärmung °C	—	—
Abgastemperatur °C	—	—
Wirkungsgrad %	—	—

Rauchgasentstaubung: mechanisch
Wasseraufbereitung: chemisch und Verdampfung
Bauweise: Stahlfachwerk
Vorgesehene Gesamtleistung: 455 MW

Turbinen	Block I bis III	Block IV
Anzahl	3	1
Leistung MW	110	125
Leistung MVA	112	140
Art	K	K
Drehzahl U/min	3600	3600
Dampfdurchsatz t/h	—	—
Dampfzustand bei Eintritt atü	105	105
Dampfzustand bei Eintritt °C	565	565
bei Wiedereintritt atü	—	—
bei Wiedereintritt °C	—	537
Kühlwassertemperatur °C	13	13
Dampfzustand bei Austritt ata	0,05	—
Dampfzustand bei Austritt °C	—	—
Gehäusezahl	2	—
Abdampfstutzen (flutig)	2[1] 3[2]	3
Vorwärmstufen	8	—
Entgasungstemperatur °C	117	—
Speisewassertemperatur °C	235	—
Kennzahlen		
Spez. Wärmeverbr. netto kcal/kWh	2500	2400
„ Flächenbedarf m^2/kW	0,025	
„ Raumbedarf m^3/kW	0,93	

[1] Turbine 1
[2] Turbinen 2 und 3

Das Kraftwerk Sewaren ist von der Public Service Electric and Gas Company in den Jahren 1946/51 südostwärts von New York errichtet worden. Mit 455 MW installierter Leistung sollte das Werk im Endausbau seiner 4 Blockeinheiten das größte der Gesellschaft sein. Das Kraftwerk speist in das 132 kV-Netz des EVU ein, welches vorwiegend das Industriegebiet im Norden New Jerseys versorgt.

Mit den Planungsarbeiten für das Kraftwerk wurde Anfang 1946 begonnen, mit dem Bau 1947.

Die ersten zwei 110 MW-Blockeinheiten gingen Ende 1948 in Betrieb. Der dritte 110 MW-Block wurde im Oktober 1949, ein vierter Block mit 125 MW im Juli 1951 in Betrieb genommen.

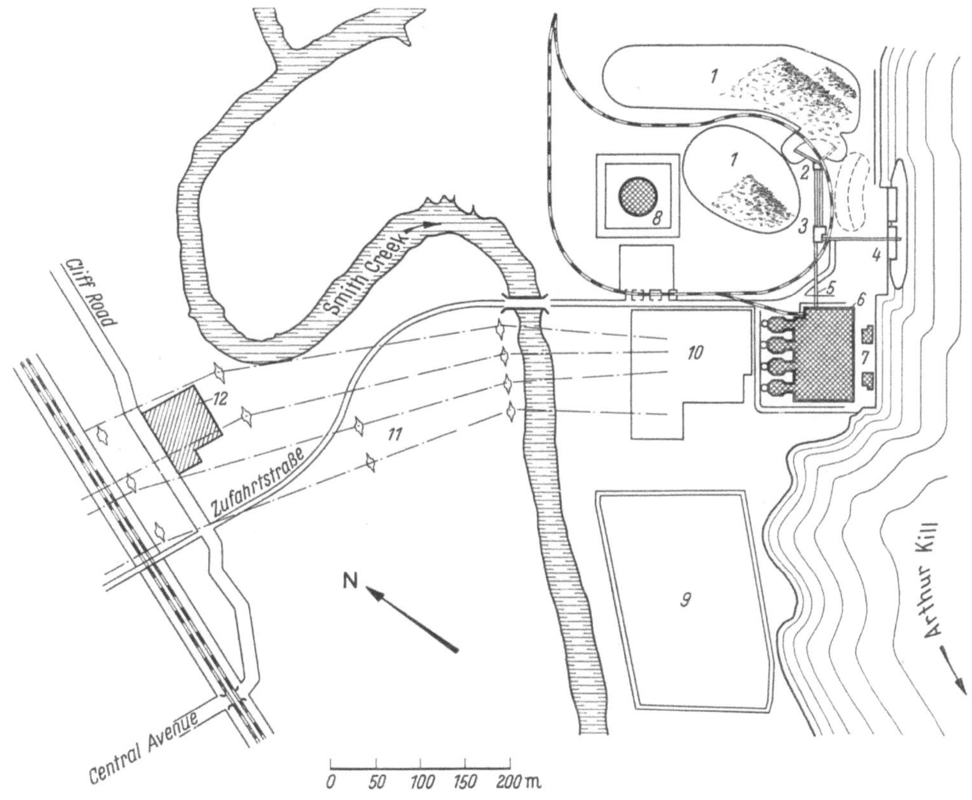

Lageplan

1	Kohlenlagerplatz	*7*	Einlaufbauwerk I und II
2	Bekohlungsturm	*8*	Öltank
3	Brecheranlage	*9*	Aschelagerplatz
4	Entladestation	*10*	Aufspannanlage
5	Schrägbandbrücke	*11*	Freileitungen
6	Kraftwerk	*12*	Schaltanlage

Das Kraftwerk liegt unmittelbar an der Küste des Arthur Kill. Die Kohle kann durch Schiffe sowie auf dem Bahnweg angeliefert werden. Schiffe werden am Kai durch den Becherkettenförderer des Entladeturmes entladen, von dem eine Schrägbandbrücke zum Brecherhaus führt. Von hier wird die Kohle entweder direkt in die Kohlenbunker des Kesselhauses oder auf den Kohlenlagerplatz befördert. Die Verbindung zum oder vom Kohlenlagerplatz ist durch je eine Schrägbandbrücke gegeben. Ein Auslegerdrehkran am Bekohlungsturm besorgt den Umschlag auf 2 Lagerplätze. Für die Entladung von Bahntransportfahrzeugen und die Aufgabe von gelagerter Kohle zum Brecherhaus ist ein Zwischenbunker mit Schütt-Trichtern und einem Transportband zum Brecherhaus vorhanden. Vom Brecherhaus führt eine Schrägbandbrücke zum Kraftwerk. Die

Verteilung der Kohle auf den Lagerplätzen und der Rücktransport zum Zwischenbunker wird mit Planierraupen vorgenommen. Ein Öltank mit einem Fassungsvermögen von etwa 20000 m³ ist nördlich des Kraftwerkes neben den Kohlenlagerplätzen aufgestellt. Als Kühlwasser wird gechlortes Seewasser mit einer Durchschnittstemperatur von 13° C verwendet. Es sind 2 Einlaufbauwerke für je 2 Kraftwerksblocks vorhanden.

Das Speisewasser wird in 8 Stufen auf 235° C vorgewärmt. Die Kesselspeisepumpe liegt jeweils zwischen den 4 Niederdruck- und 4 Hochdruckvorwärmern. Es ist kein Speisewasserbehälter zwischengeschaltet. Die Entgasung erfolgt im Hotwell. Der letzte

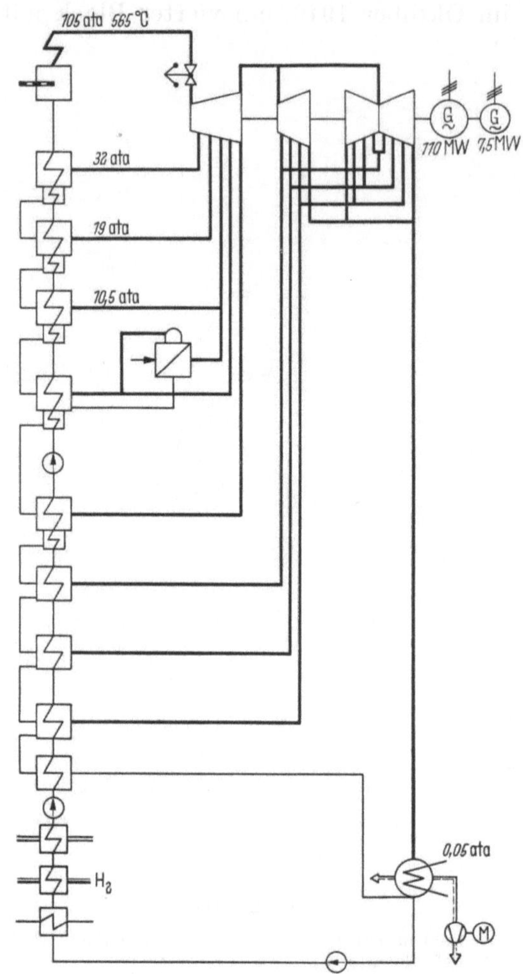

Wärmegrundschaltplan Block I bis III

Niederdruckvorwärmer und die Hochdruckvorwärmer sind stehend angeordnet und mit eingebauten Kondensatkühlern ausgestattet. Die Kondensatpumpen sind für Vollast, die Kesselspeisepumpen für Halblast ausgelegt. Von Entnahme 3 wird Heizdampf für einen Verdampfer entnommen, der zusätzlich auch Dampf für die Heizöl- und Chemikalienaufwärmung sowie für die Raumheizung liefert. Für die ersten drei Blocks wurden 3-Trommel-Strahlungskessel mit 385 t/h Dampfleistung mit kombinierter Kohlenstaub- und Öleckenfeuerung aufgestellt.

Der Dampfzustand vor Turbineneintritt ist bei allen 4 Maschinen 105 atü, 565° C. Während Maschine 1 nur einen zweiflutigen Niederdruckteil hat, erhielten die Maschinen 2 bis 4 dreiflutige Niederdruckteile. Bei Maschine 4 wurde Zwischenüberhitzung auf 537° C angewendet.

Die elektrische Schaltung des Kraftwerkes ist dadurch gekennzeichnet, daß die 4 Hauptgeneratoren die Mittelanzapfung je einer Drossel speisen, welche eine Stromverteilung auf die Aufspanntransformatoren über je 2 Verbindungsleitungen mit Leistungsschaltern bewirken. Hierdurch ist es möglich, alle wesentlichen Schaltmaßnahmen auf der Unterspannungsseite (13 kV) — zwischen Generator und Umspanner — auszuführen. Eine Ausnahme bildet ein Kuppelschalter, welcher zwei 132 kV-Leitungen bei Ausfall der Kraftwerksblocks 1 und 2 verbindet.

Die wasserstoffgekühlten Hauptgeneratoren der ersten 3 Blocks haben gleiche Scheinleistungen von 111,8 MVA (95 MW bei cos phi = 0,85) bei 13,8 kV Spannung. Der vierte Turbogenerator gibt eine maximale Leistung von 140 MVA ab bei 16,5 kV. Durch die höhere Betriebsspannung wird die Stromstärke etwa auf gleicher Höhe gehalten wie bei den anderen Generatoren. Die Generatorableitungen werden als Ölkabel über etwa 150 m durch Kabelkanäle zur Umspannstation geführt. Als Hauptumspanner sind vier 51 MVA-,

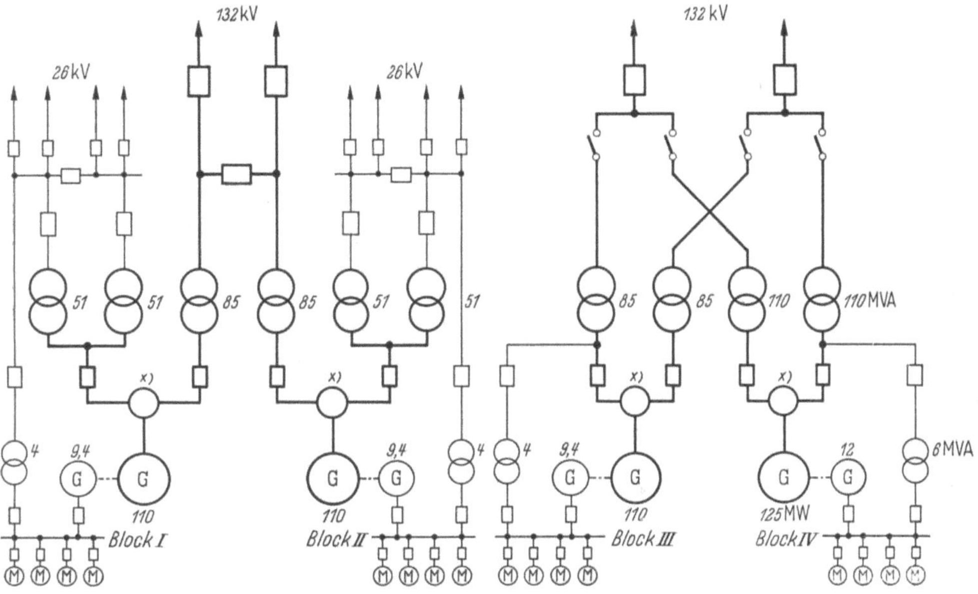

Elektrischer Übersichtsschaltplan

vier 85 MVA- und zwei 110 MVA-Dreiphasentransformatoren vorhanden, welche die Generatorspannung auf die Netzspannung aufspannen. Bei allen Turbosätzen liegt auf gleicher Welle ein Hilfsgenerator (3 × 9,4 MVA, 1 × 12 MVA) für die Blockeigenbedarfsversorgung bei Normalbetrieb. Für das Anfahren dienen drei 4 MVA-Transformatoren (Block I bis III) und ein 6 MVA-Transformator (Block IV) als Eigenbedarfsumspanner, die Fremdenergie aus dem 26 kV- bzw. 132 kV-Netz beziehen können. Bei jedem Block sorgt eine Umschaltautomatik dafür, daß nur der Hilfsgenerator oder der zugehörige Eigenbedarfstransformator die Eigenbedarfssammelschiene (2,4 kV) speist. Für jeden Kraftwerksblock ist eine Personenrufanlage vorhanden, deren Lautsprecherkreise neun verschiedene Betriebszentren erfassen. Die Steuerung erfolgt von der Warte.

Für die Kraftwerksanlage charakteristisch ist die Halbfreiluftausführung der Kessel bei der Lage auf dem 41. Breitengrad. Als Vorzüge dieser Bauweise werden besonders die Kostenersparnis durch kleineren Bauumfang (etwa 1 Million Dollar bei 3 Einheiten), Verminderung der Strahlungswärme im Kesselhaus sowie bessere Lüftungs- und Reinigungsmöglichkeiten angegeben. Im Grundriß ist die klare Blockteilung erkennbar. Die Turbosätze sind senkrecht zur Maschinenhauslängsachse aufgestellt, jeweils mittig vor dem zugehörigen Kessel mit Saugzuggebläse, Abscheider und frei stehendem Schornstein.

Zwischen je 2 Blocks ist die gemeinsame Wärme- und Elektrowarte angeordnet sowie die zugehörigen Vorwärmeranlagen, Kesselspeisepumpen und Erregermaschinensätze. Vor dem Maschinenhaus und dem angebauten Betriebsgebäude liegen zwischen je 2 Kraftwerksblocks die gemeinsamen Einlaufbauwerke für die Kühlwasserversorgung. Die architektonische Gestaltung der Frontansicht ist einfach, geradlinig und klar. Das Kraftwerk ist in Stahlskelettbauweise ausgeführt.

Schrifttum

Druckschrift der Public Service Electric and Gas Company, Sewaren, Generating Station, April 1949.

Sewaren has Semi-Outdoor-Layout. Pwr., Bd. 93, Aug. 1949, S. 98/102.

Fairchild, F. P.: The Design of Sewaren Generating Station and No. 1 Unit at Essex Station, Public Service Electric and Gas Comp., Trans. ASME (1950) S. 247/65.

Fairchild, F. P.: The New Kearny Generating Station (enthält auch Hinweise auf Sewaren). Trans. ASME Paper No. 53-A-71 (1953).

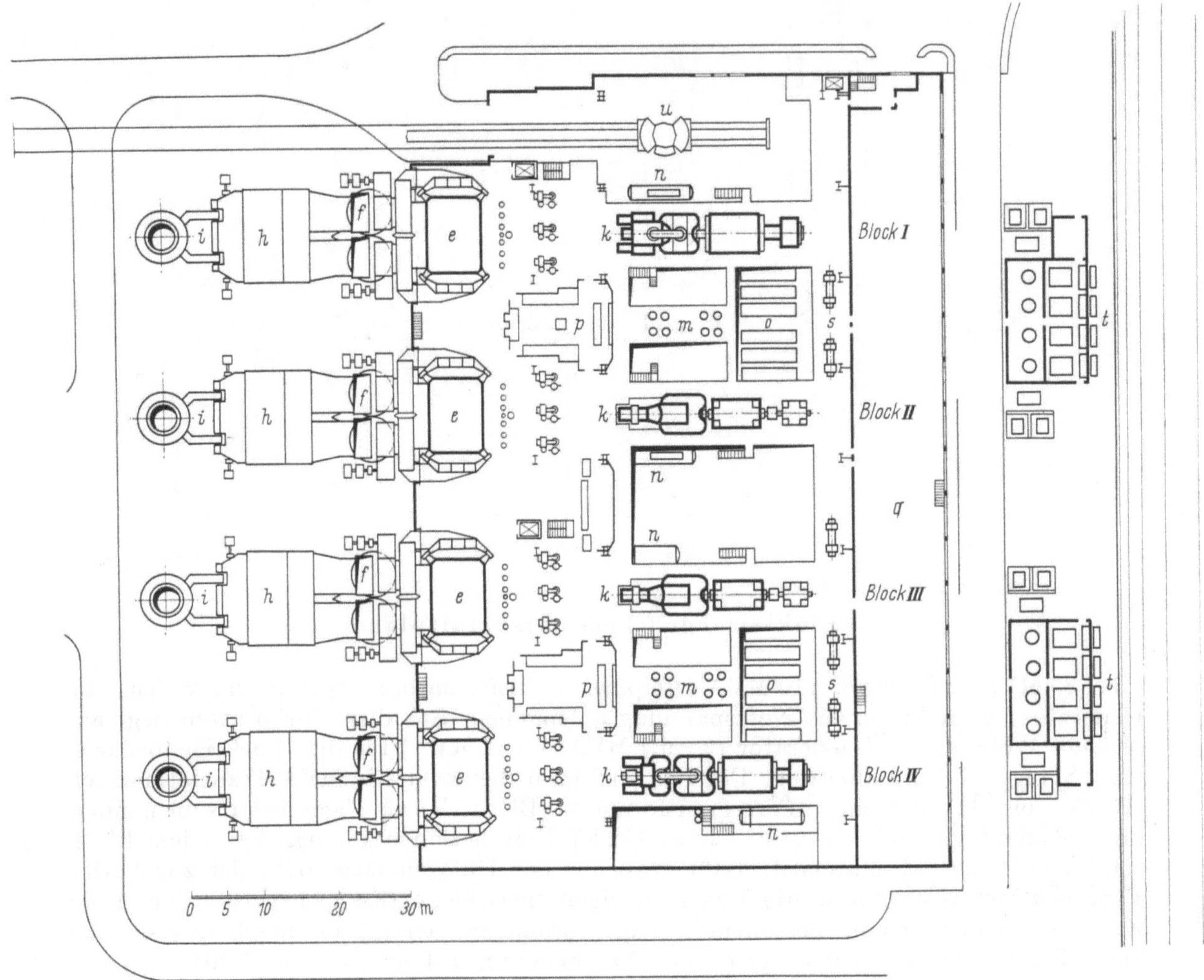

Grundriß

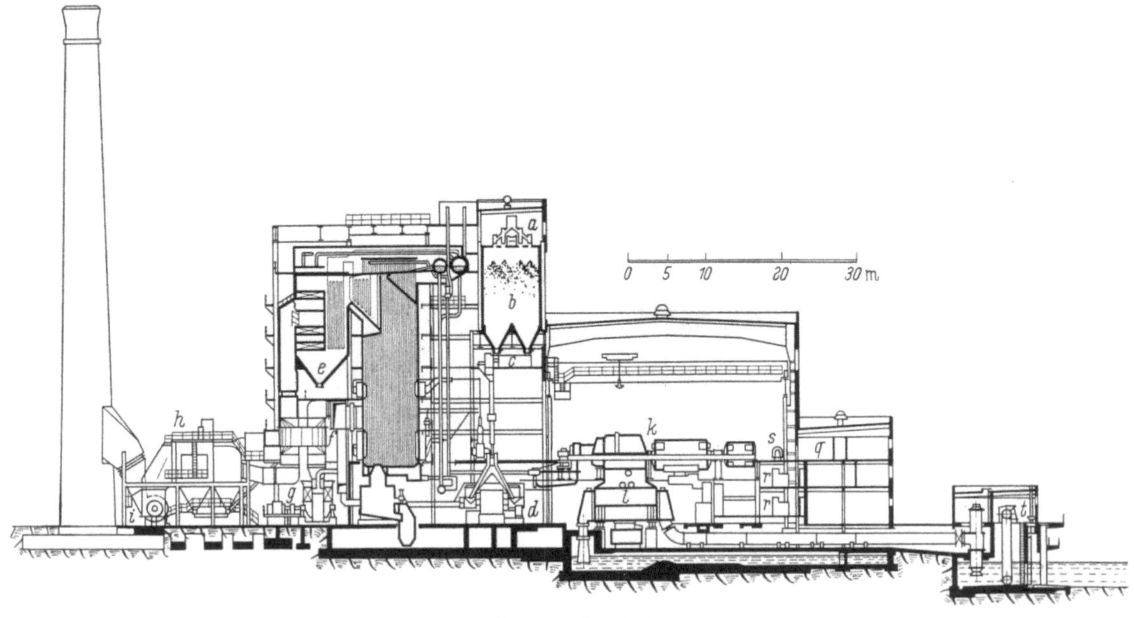

Querschnitt

Legende zum Grundriß und Querschnitt

a	Bekohlung	*l*	Kondensator
b	Bunker	*m*	Vorwärmer
c	Kohlenzuteiler und Waage	*n*	Verdampfer
d	Kohlenmühle	*o*	Kesselspeisepumpen
e	Kessel	*p*	Wärmewarte
f	Luftvorwärmer	*q*	Betriebsgebäude
g	Frischluftgebläse	*r*	Eigenbedarfsschaltanlage
h	Rauchgasfilter	*s*	Erregersatz
i	Saugzuggebläse	*t*	Einlaufbauwerk
k	Turbogenerator	*u*	Montageöffnung

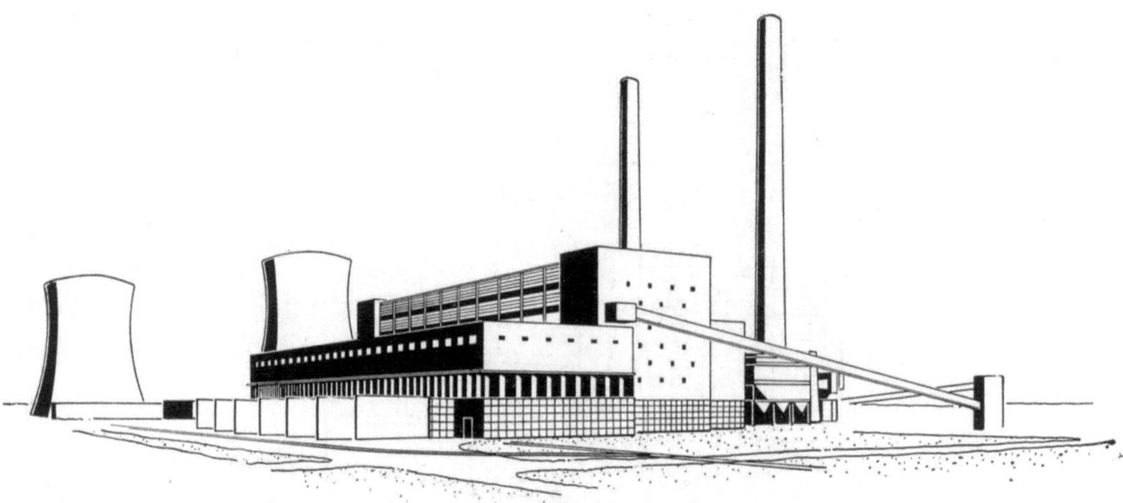

Schaubild

164 **Kraftwerk Castle Donington, Großbritannien**

(Central Electricity Authority, London, East Midlands Division)

Baujahr 1952/59

Kessel	Block I bis IV	**Turbinen**	Block I bis IV
Anzahl	6	Anzahl	6
Leistung t/h	380	Leistung MW	100
Art	Naturumlauf	Leistung MVA	125
		Art	K
Genehmigungsdruck atü	130	Drehzahl U/min	3000
Dampfzustand bei Austritt atü	112	Dampfdurchsatz t/h	336
Dampfzustand bei Austritt °C	570	Dampfzustand bei Eintritt atü	105
Dampfzustand hinter ZWÜ atü	—	Dampfzustand bei Eintritt °C	565
Dampfzustand hinter ZWÜ °C	—	bei Wiedereintritt atü	—
Brennstoff:		bei Wiedereintritt °C	—
Art	Steinkohle	Kühlwassertemperatur °C	15
unterer Heizwert kcal/kg	5750	Dampfzustand bei Austritt ata	0,038
		Dampfzustand bei Austritt °C	—
Feuerung	Brenner	Gehäusezahl	2
Schlackenabzug	trocken	Abdampfstutzen (flutig)	2
Luftvorwärmung °C	230	Vorwärmstufen	6
Abgastemperatur °C	130	Entgasungstemperatur °C	130
Wirkungsgrad %	86	Speisewassertemperatur °C	205
		Kennzahlen	
		Spez. Wärmeverbr. netto kcal/kWh	2820
		„ Flächenbedarf m²/kW	0,032
		„ Raumbedarf m³/kW	0,91
		„ Personalbedarf Mann/MW	0,95

Rauchgasentstaubung: elektrisch
Wasseraufbereitung: chemisch und Verdampfung
Bauweise: Stahlkonstruktion
Vorgesehene Gesamtleistung: 600 MW

Das Kraftwerk Castle Donington der Central Electricity Authority war bei der Inbetriebnahme des ersten Satzes Mai 1956 das erste Blockkraftwerk in England mit Maschineneinheiten von 100 MW.

Die Kessel mit einer maximalen Dauerleistung von je 380 t/h und einem Dampfzustand von 112 atü, 570° C am Überhitzeraustritt sind von beträchtlich größerer

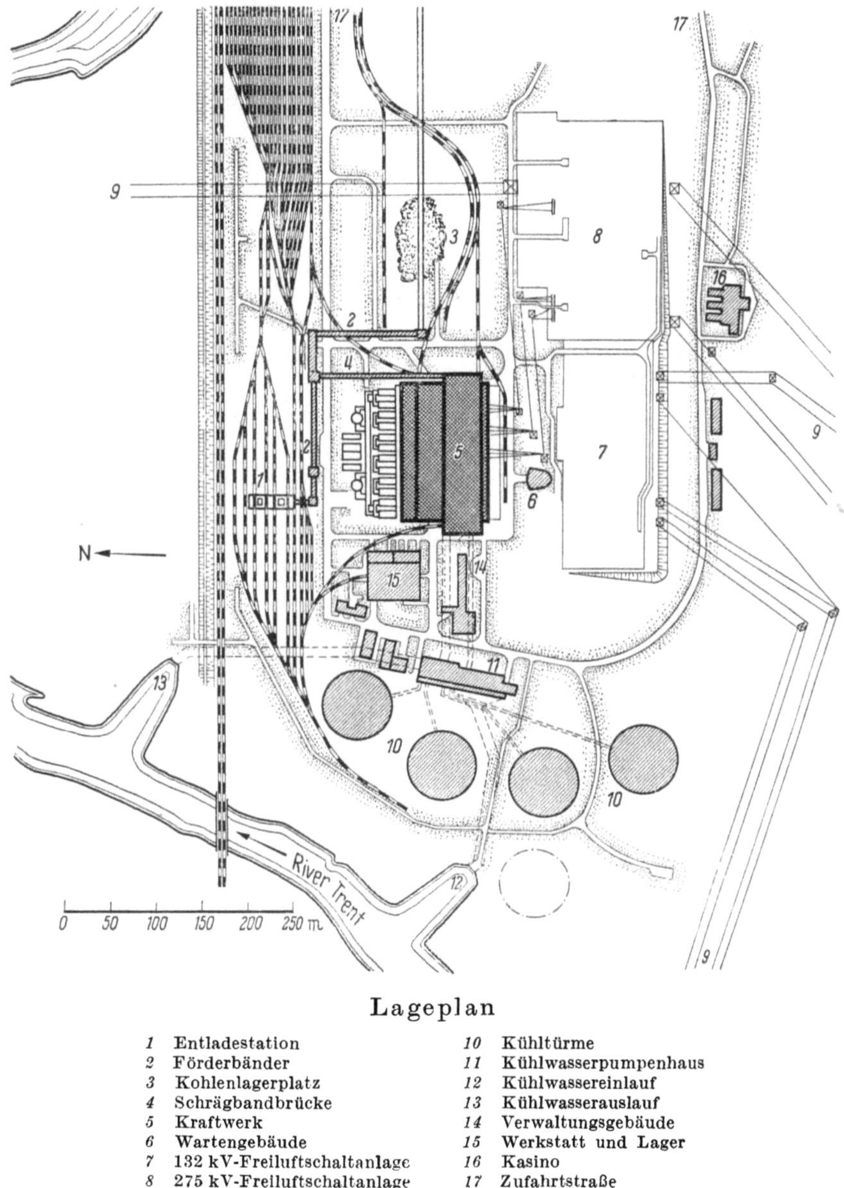

Lageplan

1 Entladestation
2 Förderbänder
3 Kohlenlagerplatz
4 Schrägbandbrücke
5 Kraftwerk
6 Wartengebäude
7 132 kV-Freiluftschaltanlage
8 275 kV-Freiluftschaltanlage
9 Freileitungen
10 Kühltürme
11 Kühlwasserpumpenhaus
12 Kühlwassereinlauf
13 Kühlwasserauslauf
14 Verwaltungsgebäude
15 Werkstatt und Lager
16 Kasino
17 Zufahrtstraße

Leistung, als sie vor Planungsbeginn 1951 in England installiert waren. Der Endausbau des Kraftwerkes beträgt bei 6 Blocks 600 MW. Das Kraftwerk soll 1959 voll in Betrieb sein.

Das Kraftwerk in Leicestershire am Südufer des Trent liegt verkehrstechnisch günstig direkt an der Eisenbahnlinie von Nottingham. Als Hauptbrennstoff dient Kohle, die von den ganz in der Nähe liegenden Kohlenfeldern von South Nottinghamshire per Bahn herangeschafft wird. Das Kühlwasser wird dem Trent entnommen. Da der Gesamtbedarf 114000 m³/h beträgt und die Wasserführung des Trent im Sommer bis auf etwa 40000 m³/h absinken kann, wurde die Aufstellung von 4 Kühltürmen erforderlich.

Seiner Auslegung sowie den Netzerfordernissen entsprechend, dient das Kraftwerk dem Grundlastbetrieb. Ein täglicher Belastungsfaktor von 100% und ein voraussichtlicher jährlicher Belastungsfaktor von 85% werden angegeben. Der erzeugte Strom wird über 132 kV- und 275 kV-Hochspannungsleitungen in das Landesnetz eingespeist.

Für die wärmetechnische Auslegung der Anlage wurde bei einer mittleren Flußwassertemperatur von 15° C bzw. einer Rückkühltemperatur von 22° C ein Frischdampfzustand von 105 atü, 565° C am Turbineneintritt gewählt. Das Speisewasser

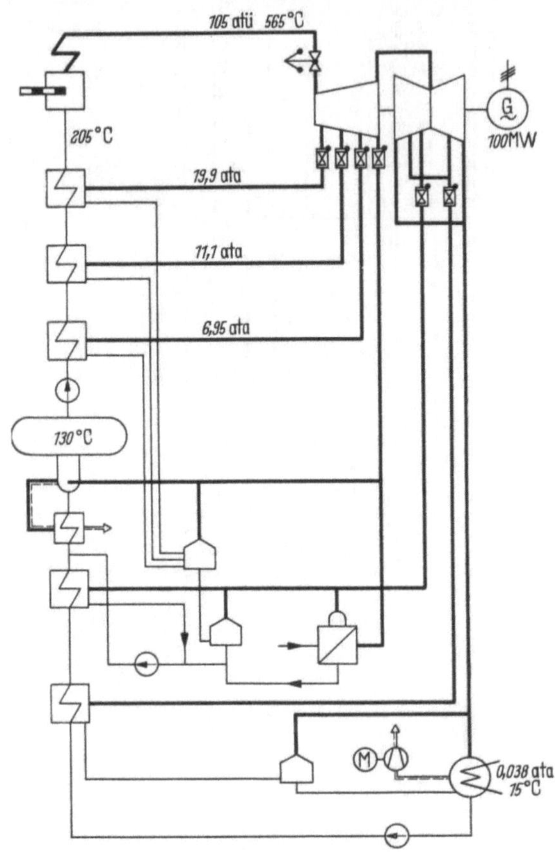

Wärmegrundschaltplan

wird in 6 Vorwärmstufen auf 205° C gebracht. In die dritte Stufe, die gleichzeitig der Überdruckentgasung dient, wird der Entspannungsdampf des Hochdruckvorwärmerkondensates eingeführt. Hinter den Kesselspeisepumpen, von denen je Kraftwerksblock 2 Vollasteinheiten (Fördermenge 410 t/h, Förderdruck 138 at) installiert sind, wurden 3 Hochdruckvorwärmerstufen in zwei parallelen Teilsträngen (für je 50% der Speisewassermenge) angeordnet. Die Kreislaufverluste werden durch einstufige Verdampfer gedeckt.

Die 6 Turbosätze, je 100 MW (125 MVA), sind 3000tourige Einwellenmaschinen von zweigehäusiger Bauart mit doppelflutigem Niederdruckteil, wobei die Abdampfstutzen zu getrennten Kondensatoren führen. Der spezifische Wärmeverbrauch ist 2150 kcal/kWh für den Turbosatz allein.

Die Kessel sind kohlenstaubgefeuerte Zweizug-Strahlungskessel mit Naturumlauf. In 5 Kohlenstaubmühlen (je 13 t/h Mahlleistung) wird die Kohle gemahlen und über 20 Brenner in die geteilte Brennkammer (Zwillingsfeuerung) eingeblasen. Zwölf weitere

Ölbrenner dienen als Zündbrenner und für den Schwachlastbetrieb von 10% der maximalen Dauerleistung.

Die Generatoren sind wasserstoffgekühlt; Haupt- und Hilfserregermaschine werden untersetzt mit 1000 U/min angetrieben.

Über Blocktransformatoren von 120 und 106 MVA wird die Leistung von jeweils 3 Generatoren auf 132 kV bzw. 275 kV aufgespannt. Die Eigenbedarfsleistung wird jedem Generator über 10 MVA-Trafos abgenommen und dem Eigenverbrauch bei 3,3 kV zugeführt. Zur Sicherstellung der Eigenbedarfsversorgung im Störungsfall und zum Anfahren der Anlage wurden zusätzlich 2 Stations- und 2 Anfahrtrafos von je 10 MVA, 132/3,3 kV aufgestellt, die die Versorgung des Eigenbedarfes mit Fremdstrom gestatten.

Der Bunkerbau liegt zwischen Kessel- und Maschinenhaus; in letzterem sind die Turbinen quergestellt. Die Kessel sind in der Gebäudekonstruktion aufgehängt.

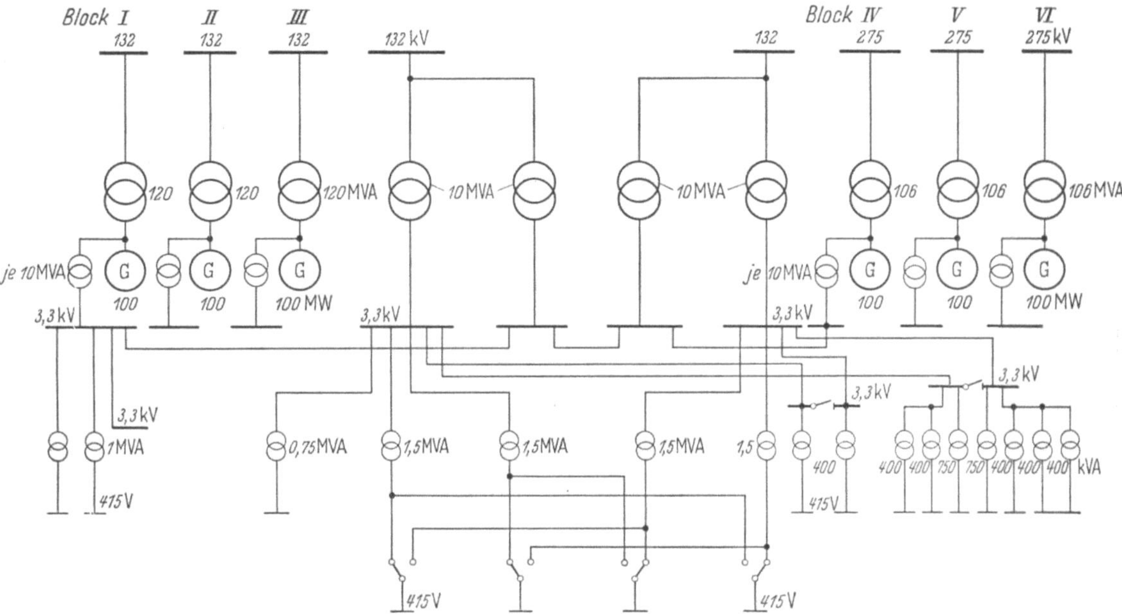

Elektrischer Übersichtsschaltplan

Die Vorwärmer- und Verdampferanlagen sind zwischen Maschinen- und Kesselhaus unter dem Hauptbedienungsflur angeordnet. Die Kesselspeisepumpen sind auf Kellerflur neben den Turbosätzen und die Speisewasserbehälter in einem besonderen Trakt zwischen Kessel- und Maschinenhaus aufgestellt.

In diesen Trakt sind auch die 3 Blockwarten auf Höhe des Maschinenhausflures in den Schwerpunkten von jeweils 2 Kraftwerksblocks einbezogen. Dem Maschinenhaus vorgelagert ist die Eigenbedarfsschaltanlage und daran angeschlossen eine Gebäude für die Umspanner. Von hier aus erfolgt die Stromabführung zu den im Süden bzw. Südosten des Kraftwerkes gelegenen Freiluftschaltanlagen von 132 und 275 kV. In einem besonderen Gebäude zwischen Kraftwerk und Freiluftschaltanlagen ist die Elektrowarte untergebracht; von hier aus erfolgt die Überwachung und Schaltung der Hochspannungsanlage sowie der Eigenbedarfsschaltanlage.

Die Rauchgase (Endtemperatur 130° C) werden über die beiden Ljungström-Luftvorwärmer (Luftvorwärmung 230° C), die Elektrofilter und die Saugzuggebläse dem die Schornsteine quer verbindenden Rauchgaskanal zugeführt. Saugzuggebläse und Elektrofilter, je 2 Einheiten je Kessel, sind im Freien aufgestellt. Für letztere wird ein Entstaubungsgrad von 96% angegeben; bemerkenswert ist die Ausführung ihrer Gehäuse in Stahlbeton. Die Schornsteine sind in Stahlbeton ausgeführt und innen mit Ziegelsteinen ausgekleidet. Sie haben eine Höhe von 130 m und an der Spitze einen Austrittsdurchmesser von 7,50 m. Das Gesamtgewicht eines Schornsteines einschließlich seines Fundamentes beträgt 8200 t.

Die Gebäudefundamente wurden bis zur Höhe des Maschinenhausflures in Stahlbeton ausgeführt; für den Hochbau wurde weitgehend von geschweißten Konstruktionsteilen Gebrauch gemacht. Die Verkleidung erfolgte in Asbestzementplatten.

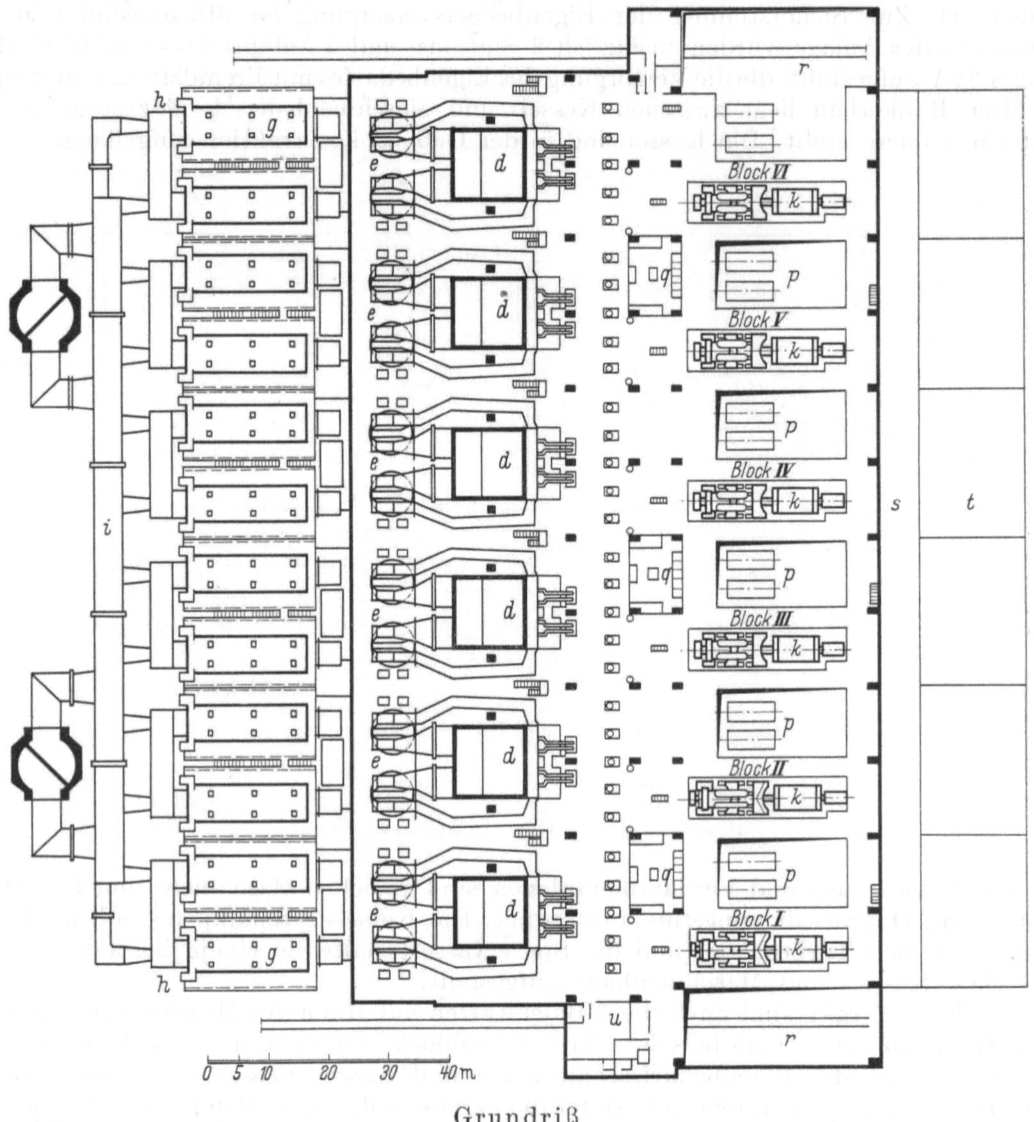

Grundriß

Die Gesamtbaukosten wurden mit 424 Mio DM angegeben, was einem spezifischen Herstellungskostenaufwand von 705 DM/kW entspricht.

Schrifttum

Castle Donington Power Station. Druckschrift der Central Electricity Authority, East Midlands Division.
Engineering and Boiler House Review, April 1957.
Electrical Review Bd. 163 (1958), S. 788.

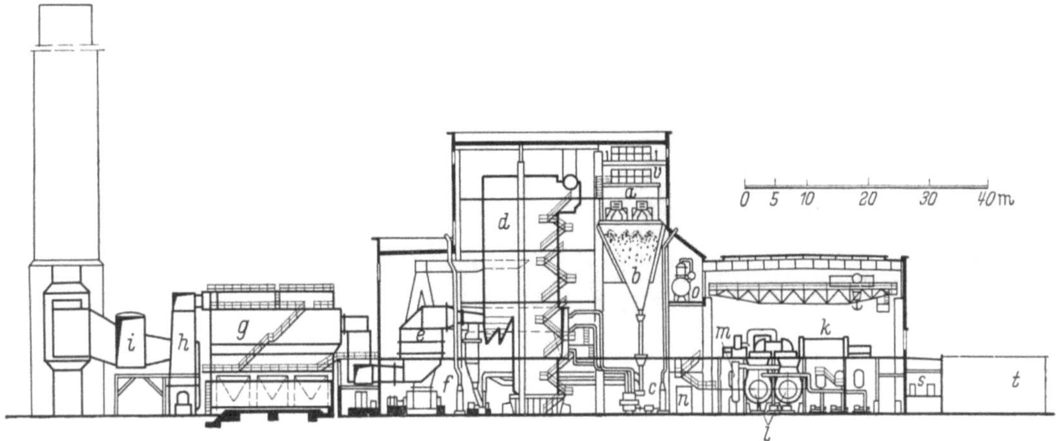

Querschnitt

Legende zum Grundriß und Querschnitt

a	Bekohlung	*m*	Vorwärmer
b	Bunker	*n*	Verdampferanlage
c	Kohlenmühle	*o*	Speisewasserbehälter mit Entgaser
d	Kessel	*p*	Kesselspeisepumpen
e	Frischluftgebläse	*q*	Wärmewarte
f	Luftvorwärmer	*r*	Montageöffnung
g	Elektrofilter	*s*	Eigenbedarfsschaltanlage
h	Saugzuggebläse	*t*	Umspannerhaus
i	Hauptrauchgaskanal	*u*	Betriebsgebäude
k	Turbogenerator	*v*	Werkwasserbehälter
l	Kondensator		

Schaubild

166

Kraftwerk Blyth „A", Großbritannien

(Central Electricity Authority, London, North Eastern Division)

Baujahr 1955/57

Kessel	Block I bis IV
Anzahl	4
Leistung t/h	390
Art	Naturumlauf
Genehmigungsdruck atü	137
Dampfzustand bei Austritt atü	112
Dampfzustand bei Austritt °C	544
Dampfzustand hinter ZWÜ atü	27,6
Dampfzustand hinter ZWÜ °C	540
Brennstoff:	
Art	Steinkohle
unterer Heizwert kcal/kg	5740
Feuerung	Brenner
Schlackenabzug	trocken
Luftvorwärmung °C	240
Abgastemperatur °C	132
Wirkungsgrad %	88,5

Rauchgasentstaubung: mechanisch und elektrisch
Wasseraufbereitung: Vollentsalzung
Bauweise: Stahlbeton, Stahlkonstruktion
Vorgesehene Gesamtleistung: 480 MW

Turbinen	Block I bis IV
Anzahl	4
Leistung MW	120
Leistung MVA	150
Art	K
Drehzahl U/min	3000
Dampfdurchsatz t/h	362
Dampfzustand bei Eintritt atü	105
Dampfzustand bei Eintritt °C	537
bei Wiedereintritt atü	25,2
bei Wiedereintritt °C	537
Kühlwassertemperatur °C	13
Dampfzustand bei Austritt ata	0,038
Dampfzustand bei Austritt °C	—
Gehäusezahl	3
Abdampfstutzen (flutig)	2
Vorwärmstufen	6
Entgasungstemperatur °C	122
Speisewassertemperatur °C	244
Kennzahlen	
Spez. Wärmeverbr. netto kcal/kWh	2680
„ Flächenbedarf m^2/kW	0,026
„ Raumbedarf m^3/kW	0,92

Eine der neuesten Kraftwerksanlagen der Central Electricity Authority ist Blyth „A" mit 4 × 120 MW-Turbosätzen.

Das Kraftwerk liegt im Nordosten von England unmittelbar an der Nordseeküste bei Newcastle. Kühlwasser aus der Nordsee steht daher in unbegrenzter Menge zur Verfügung. Da dem Bezug von Kohle, die aus dem umliegenden Kohlengebiet von

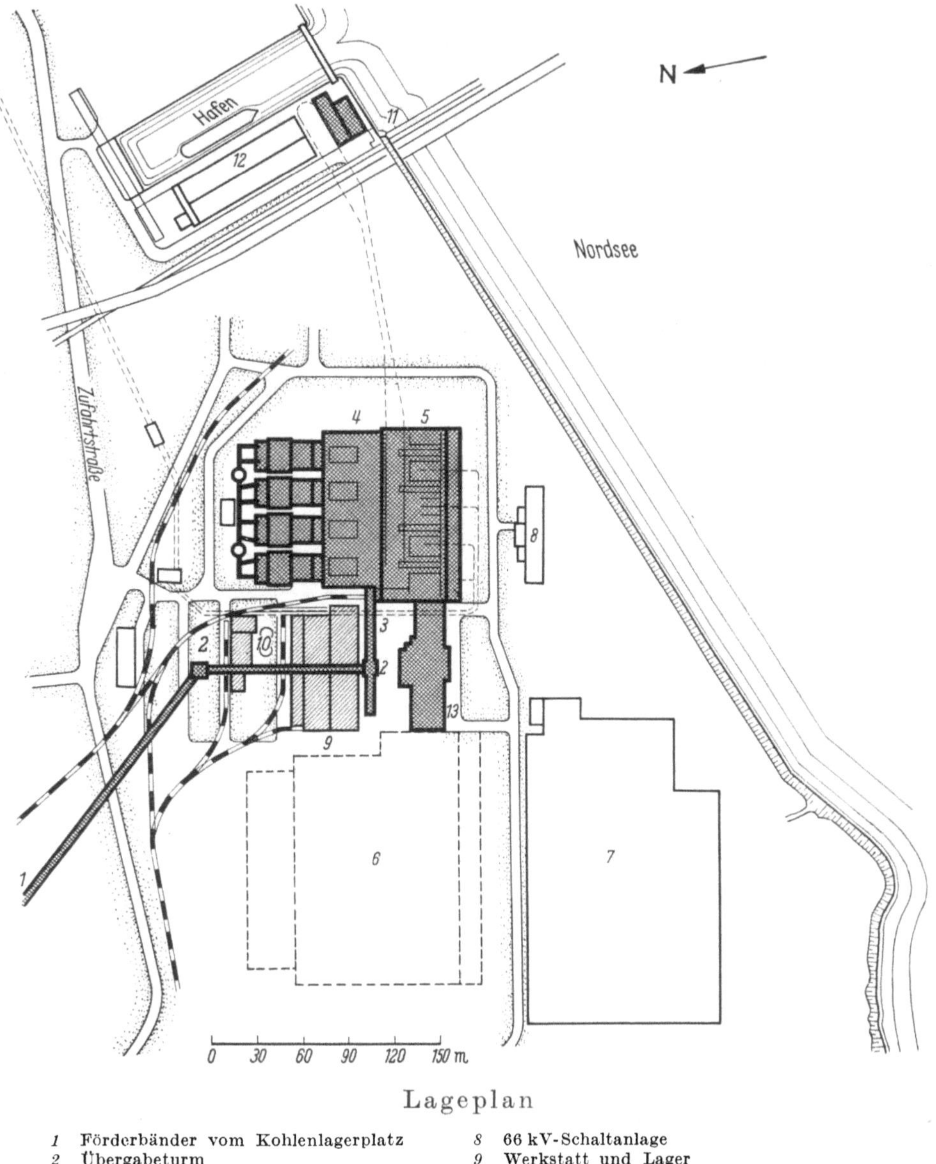

Lageplan

1 Förderbänder vom Kohlenlagerplatz
2 Übergabeturm
3 Schrägbandbrücke
4 Kesselhaus
5 Maschinenhaus
6 Erweiterungsraum
7 275/66 kV-Freiluftschaltanlage
8 66 kV-Schaltanlage
9 Werkstatt und Lager
10 Wasseraufbereitungsanlage und Chemikalienlager
11 Einlaufbauwerk
12 Aschebecken
13 Elektrowarte und Verwaltung

Nordhumberland kommt, ebenfalls keine Beschränkung auferlegt ist, sind die Voraussetzungen für eine Erweiterung günstig. Diese ist in großem Umfang geplant.

An einem zum Kraftwerk gehörenden Hafen wurden das Einlaufbauwerk, die Kühlwasserreinigungsanlage sowie das Kühlwasserpumpenhaus angeordnet. Neben dem Hafenbecken ist ein Platz für die Lagerung der Asche vorgesehen; diese wird von Zeit zu Zeit mittels Lastkähnen fortgeschafft und im Meer versenkt.

Die 4 Sätze wurden bei einer mittleren Kühlwassertemperatur von etwa 13 ° C und einfacher Zwischenüberhitzung für einen Frischdampfzustand am Turbineneintritt von 105 atü, 537 ° C ausgelegt. Die Zwischenüberhitzung von rund 90% der Frischdampfmenge erfolgt bei einem Druck von 28 atü auf den Frischdampfwert von 537 ° C und bei einem Druckabfall im Zwischenüberhitzer von etwa 3 ata. Das Speisewasser wird in 6 Vorwärmstufen durch Anzapfdampf auf 244 ° C vorgewärmt. In die untere Vorwärmgruppe, die neben der Entgasung zwei Niederdruckvorwärmstufen enthält, ist auch ein Stopfbuchskondensator einbezogen. Druckerhöhungspumpen (zwei je Block) fördern das Speisewasser durch die drei oberen Vorwärmstufen. Die eigentlichen Kesselspeisepumpen (zwei je Block) sind unmittelbar vor den Kesseln installiert. Die Einspeisung des in einer

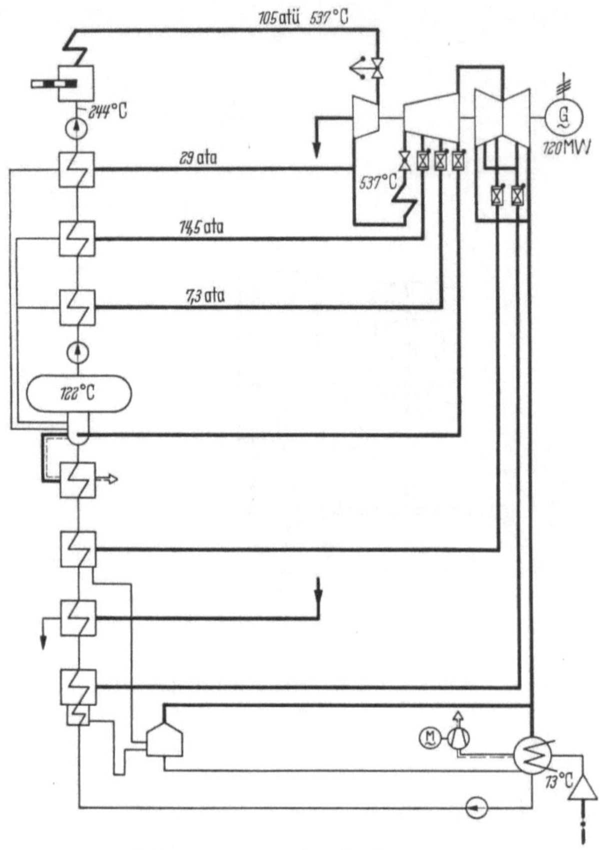

Wärmegrundschaltplan

Vollentsalzungsanlage aufbereiteten Zusatzwassers erfolgt über ein besonderes System direkt in die Kondensatoren. Für die Luftabsaugung der letzteren sind Elmo-Pumpen eingesetzt.

Den elektrischen Generatoren (Klemmenspannung 13,8 kV) sind die Aufspanntransformatoren blockweise zugeordnet. Hiervon speisen 3 Einheiten in das 66 kV-Netz, welches vorzugsweise der Versorgung der umliegenden Industriegebiete dient. Der vierte Block ist oberspannungsseitig an das 275 kV-Landesversorgungsnetz angeschlossen. Die elektrische Eigenbedarfsleistung wird blockweise den Generatoren abgenommen. Von den 3,3 kV-Eigenbedarfssammelschienen bestehen Querverbindungen zu der 3,3 kV-Sammelschiene für den allgemeinen Eigenbedarf; letztere ist zum Zwecke der Notstromversorgung über Kuppeltransformatoren mit dem 66 kV-Netz verbunden.

Der äußere Aufbau läßt die Parallelanordnung der 4 Zweizugstrahlungskessel erkennen. Jeder Kessel hat seinen Bunker aus Schmiedeeisen, der in einem durchgehenden Längstrakt aus Eisenkonstruktion aufgehängt ist. Über die Kohlenzuteiler, die Wiegevorrichtung und die Kohlenmühlen, von denen 5 je Kessel installiert sind, wird der Brennstoff den Brennkammern der einzelnen Kessel zugeführt. Die Rauchgasabführung erfolgt über die an der Außenseite der Kessel installierten Röhrenluftvorwärmer, die Elektrofilter und Saugzuggebläse in den die beiden Schornsteine querverbindenden Hauptkanal.

Die Turbosätze sind in Verlängerung der Kesselachsen und quer zur Maschinenhausachse aufgestellt. Die 3 Gehäuse der Maschinen sind auf einer Welle angeordnet; dem doppelflutigen Niederdruckteil sind getrennte Kondensatoren nachgeschaltet. Der Wärmeverbrauch der Maschinen wird mit 2075 kcal/kWh angegeben. Die Generatoren arbeiten mit einem Wasserstoffdruck von 2,1 ata.

Die Speisewassergruppen sind neben den Turbosätzen im Maschinenhaus untergebracht, die Kesselspeisepumpen stehen auf Kellerflur. Die Speisewasserbehälter wurden in einem Mitteltrakt, der zwischen Bunkerbau und Maschinenhaus eingeschoben ist, hoch aufgestellt.

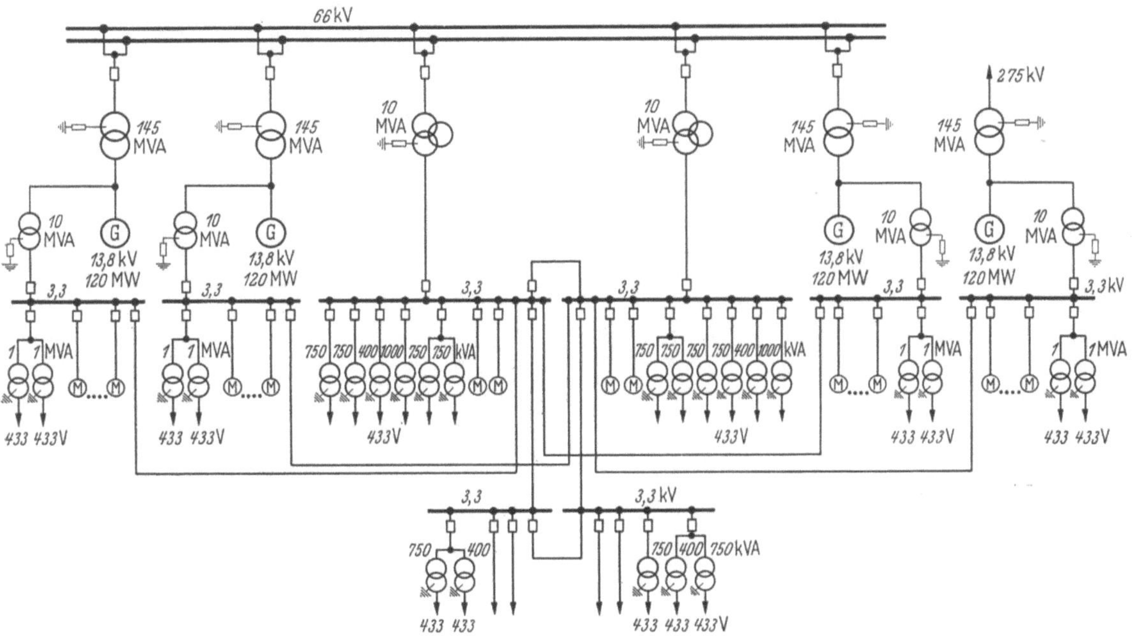

Elektrischer Übersichtsschaltplan

Im gleichen Mitteltrakt auf Höhe des Maschinenhausflures sind 2 Blockwarten je 2 Turbosätzen zugeordnet. Im Raum über den Warten ist die Eigenbedarfsschaltanlage aufgestellt, wobei durch Einzug einer Zwischendecke ein eigener Kabelraum geschaffen wurde. Die Eigenbedarfsumspanner stehen in einem Anbau am Maschinenhaus. Die 66 kV-Schaltanlage ist in einem gesonderten Gebäude untergebracht. Die 275 kV-Freiluftschaltanlage befindet sich westlich hiervon gegenüber dem für die spätere Erweiterung vorgesehenen Gelände. Das Elektrowartengebäude mit Büroräumen liegt schwerpunktartig zwischen dem Maschinenhaus und dem der künftigen Erweiterung.

Bei der Bauausführung wurde weitgehend von der Stahlbetonbauweise Gebrauch gemacht. Das aufgehende Bauwerk des Kesselhauses wurde in Stahlkonstruktion ausgeführt und mit Aluminiumplatten verkleidet. Auch sonst wurde Aluminium als Verkleidungsmaterial reichlich benützt.

Das Kraftwerk Blyth „A" wird demnächst durch Blyth „B" erweitert, in dem zwei 275 MW-Blocks — die zur Zeit größten Einwellensätze in Europa — mit einem Dampfzustand an der Turbine von 161 atü, 565° C mit Zwischenüberhitzung auf die gleiche Temperatur erstellt werden sollen.

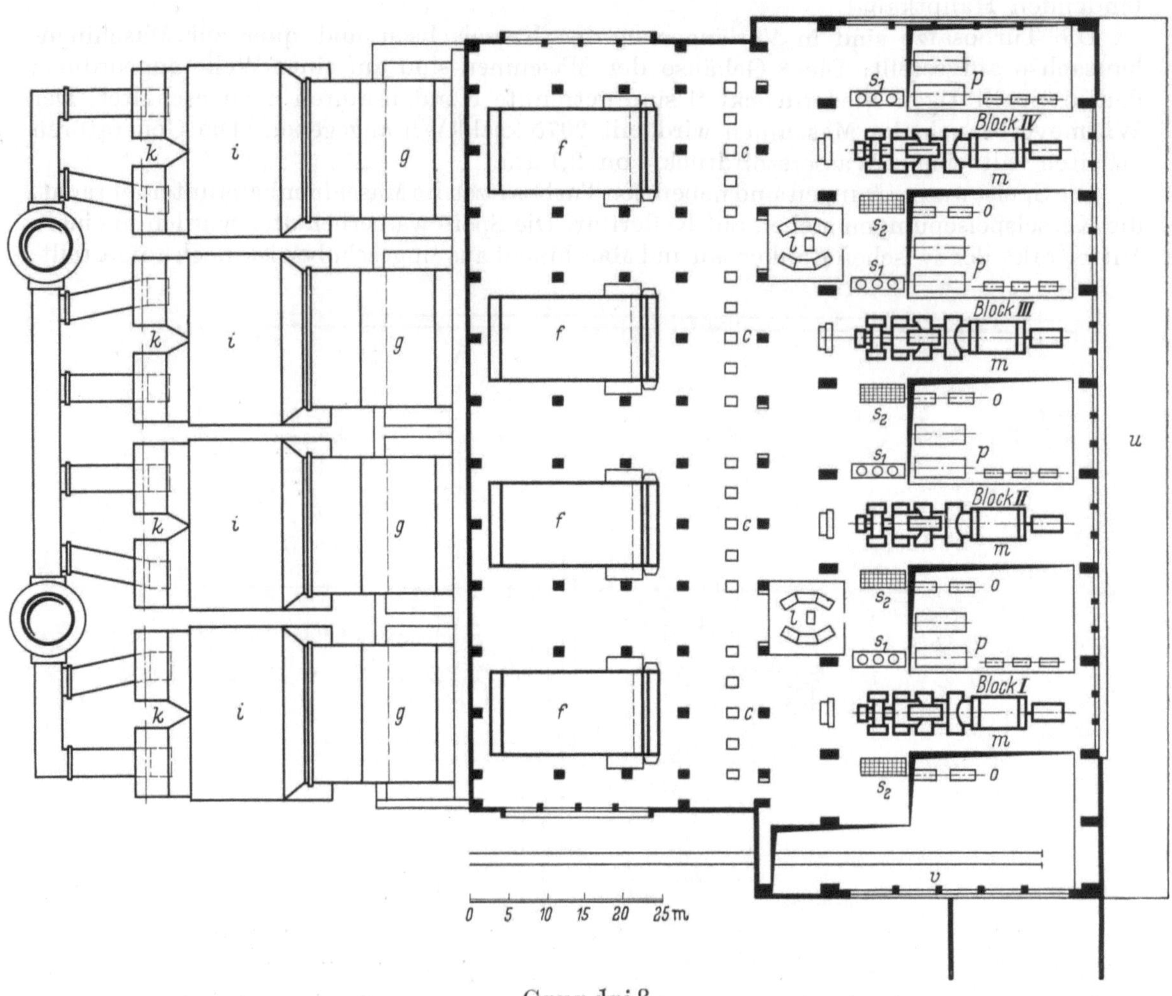
k
i
g
f
c
l
s1
s2
p
o
m
Block IV
Block III
Block II
Block I
u
v
0 5 10 15 20 25 m

Grundriß

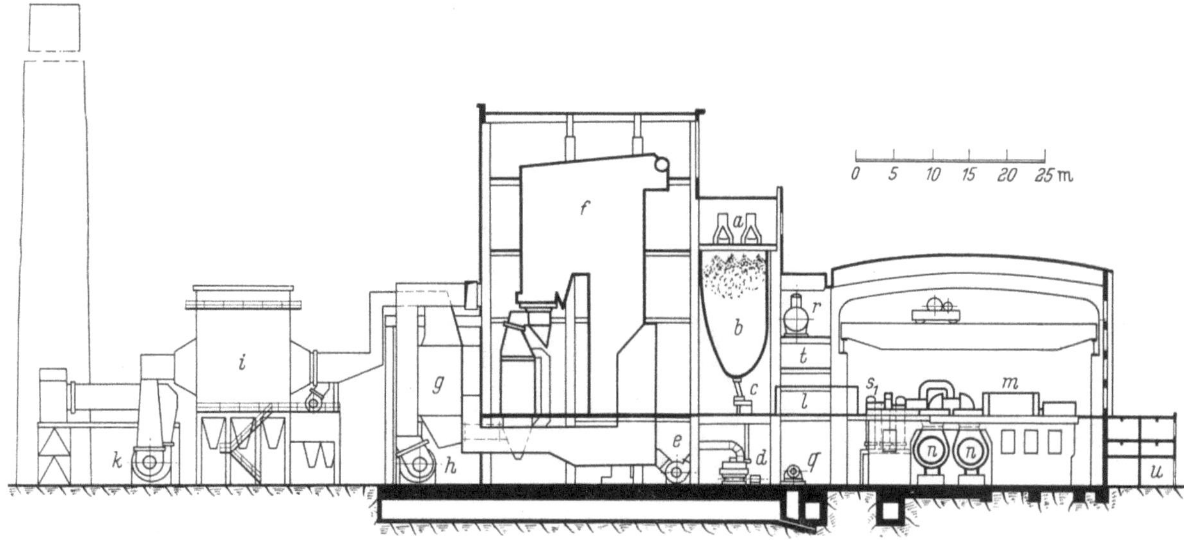

Legende zum Grundriß und Querschnitt

a	Bekohlung	*m*	Turbogenerator
b	Bunker	*n*	Kondensator
c	Kohlenzuteiler und Waage	*o*	Kondensatpumpen
d	Kohlenmühle	*p*	Kesselspeisepumpen
e	Mühlengebläse	*q*	Druckerhöhungspumpen
f	Kessel	*r*	Speisewasserbehälter mit Entgaser
g	Luftvorwärmer	s_1	Hochdruckvorwärmer
h	Frischluftgebläse	s_2	Niederdruckvorwärmer
i	Elektrofilter	*t*	Eigenbedarfsschaltanlage
k	Saugzuggebläse	*u*	Umspanneranbau
l	Wärmewarte	*v*	Montageöffnung

Schaubild

167 **Kraftwerk Ferrybridge „B", Großbritannien**

(Central Electricity Authority, London, Yorkshire Division)

Baujahr 1954/57

Kessel	Block I bis III	Turbinen	Block I bis III
Anzahl	3	Anzahl	3
Leistung t/h	345	Leistung MW	100
Art	Naturumlauf	Leistung MVA	125
		Art	K
Genehmigungsdruck atü	130	Drehzahl U/min	3000
Dampfzustand bei Austritt atü	112	Dampfdurchsatz t/h	313
Dampfzustand bei Austritt °C	528	Dampfzustand bei Eintritt atü	105
Dampfzustand hinter ZWÜ atü	28,5	Dampfzustand bei Eintritt °C	524
Dampfzustand hinter ZWÜ °C	513	bei Wiedereintritt atü	25,6
Brennstoff:		bei Wiedereintritt °C	510
Art	Steinkohle	Kühlwassertemperatur °C	15,5
unterer Heizwert kcal/kg	5850	Dampfzustand bei Austritt ata	0,038
		Dampfzustand bei Austritt °C	—
Feuerung	Brenner	Gehäusezahl	2
Schlackenabzug	trocken	Abdampfstutzen (flutig)	3
Luftvorwärmung °C	257	Vorwärmstufen	6
Abgastemperatur °C	140	Entgasungstemperatur °C	127
Wirkungsgrad %	87	Speisewassertemperatur °C	224

Rauchgasentstaubung: elektrisch
Wasseraufbereitung: chemisch und Verdampfung
Bauweise: Stahlbeton, Stahlkonstruktion
Vorgesehene Gesamtleistung: 300 MW

Kennzahlen

Spez. Wärmeverbr. netto kcal/kWh	2780
„ Flächenbedarf m^2/kW	0,044
„ Raumbedarf m^3/kW	1,40
„ Personalbedarf Mann/MW	0,81

In der Nähe des Werkes „A“ wurde 1954 mit dem Bau des Kraftwerkes Ferrybridge „B“ mit drei 100 MW-Blockeinheiten begonnen. Es wurde 1957 in Betrieb genommen.

Das Kraftwerk ist in Mittelengland am Flusse Aire gelegen, dem auch ein Teil des Kühlwassers entnommen wird. Darüber hinaus war die Aufstellung von Kühltürmen

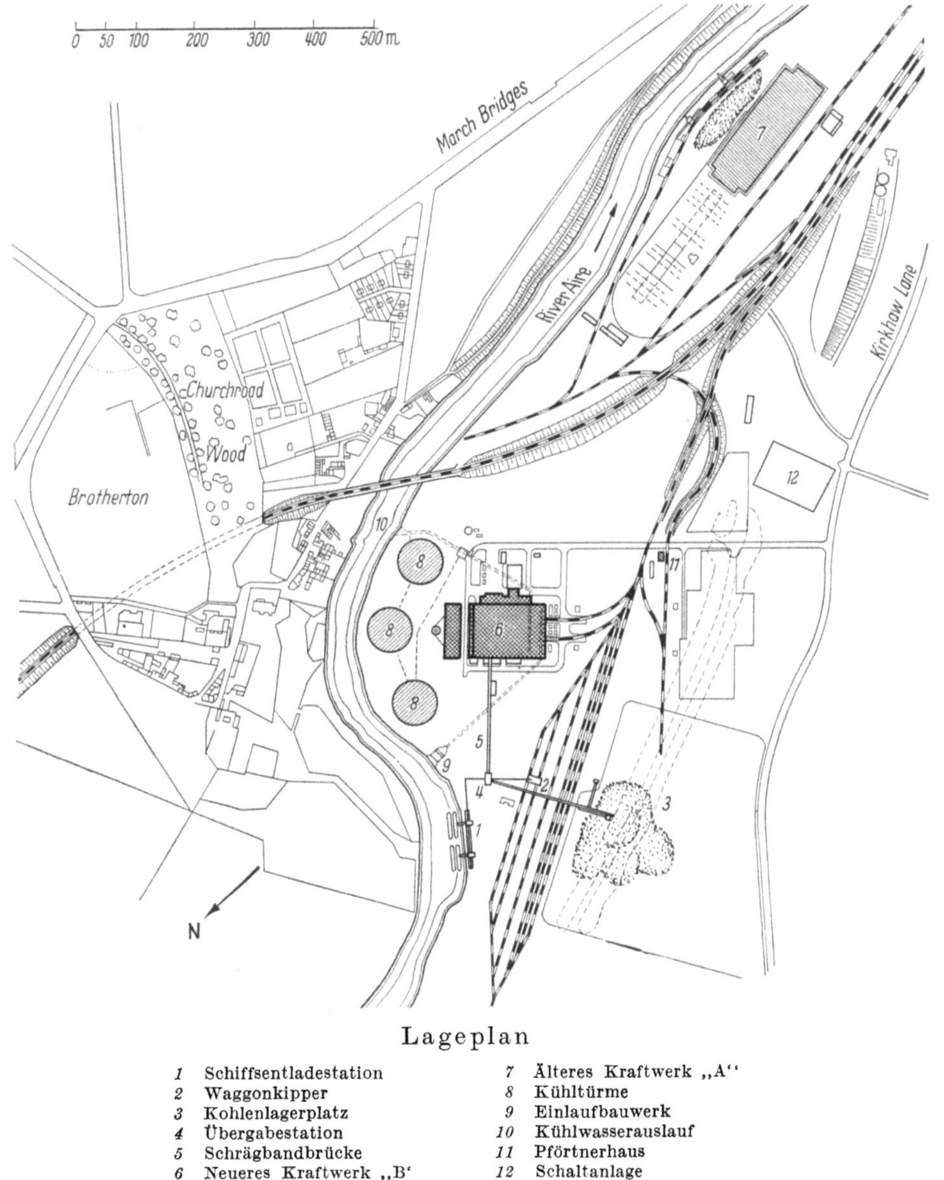

Lageplan

1	Schiffsentladestation	*7*	Älteres Kraftwerk „A“
2	Waggonkipper	*8*	Kühltürme
3	Kohlenlagerplatz	*9*	Einlaufbauwerk
4	Übergabestation	*10*	Kühlwasserauslauf
5	Schrägbandbrücke	*11*	Pförtnerhaus
6	Neueres Kraftwerk „B‘	*12*	Schaltanlage

erforderlich. Die Kohle wird mit Schiff und Bahn herangebracht. Eine eigene Schiffsanlegestelle sowie eine Entladestation für die Eisenbahnwaggons stehen zur Verfügung.

Die Anlage wurde für einen Frischdampfzustand von 105 atü, 524° C und eine Zwischenüberhitzung auf 510° C ausgelegt. Das Kühlwasser steht mit einer Temperatur von 15,5° C zur Verfügung.

Die Turbinen sind dreigehäusige Einwellenaggregate mit dreiflutigen Abdampfstutzen. Die Zwischenüberhitzung auf 510° C erfolgt zwischen erstem und zweitem Gehäuse. Letzteres enthält den Mittel- und einen Niederdruckteil, während ein weiterer doppelflutiger Niederdruckteil im dritten Gehäuse untergebracht ist. Der Generator ist direkt gekuppelt und treibt die Erregermaschinen über Untersetzungsgetriebe an.

In 6 Vorwärmstufen wird das Speisewasser auf 224° C mittels Anzapfdampf vorgewärmt. In der dritten Vorwärmstufe erfolgt gleichzeitig Überdruckentgasung bei einem Heizdampfdruck von 2,5 ata. Die Deckung der Kreislaufverluste geschieht durch eine zweistufige Verdampferanlage, die von der zweiten Vorwärmstufe beheizt wird.

Die elektrische Schaltung hat eine blockweise Zuordnung von Generatoren und Aufspanntransformatoren. Oberspannungsseitig sind 2 Blocks an das 132 kV-Netz und ein Block an das 275 kV-Netz angeschlossen. Der Hochspannungseigenbedarf wird mit

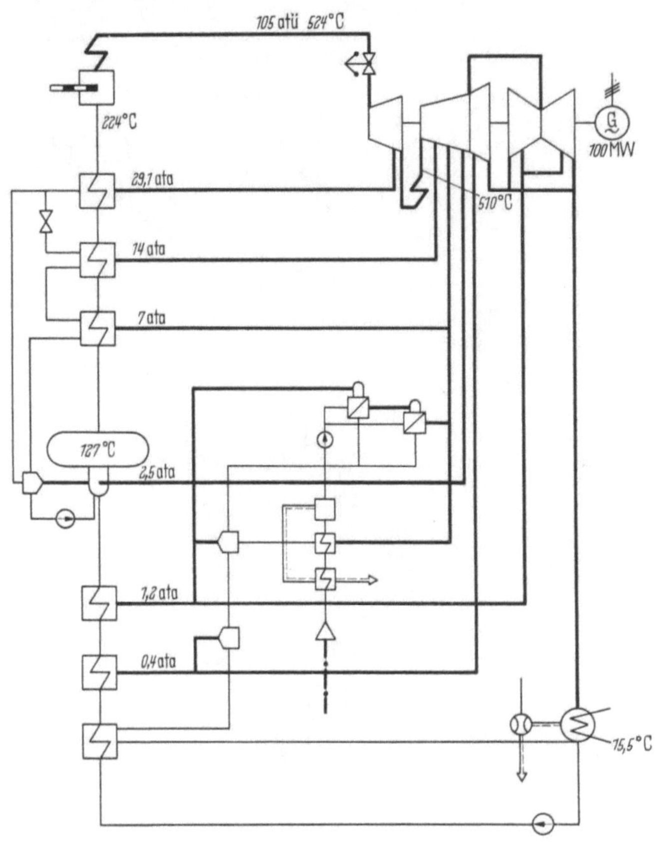

Wärmegrundschaltplan

einer Spannung von 6,6 kV blockweise versorgt. Der allgemeine Eigenbedarf ist über Kuppeltransformatoren mit dem Netz verbunden.

Drei Zweizugstrahlungskessel sind senkrecht zur Gehäuseachse nebeneinander aufgestellt. An der Außenseite des Kesselhaustraktes befindet sich die Brennstoffversorgung mit Bekohlung, schmiedeeisernen Kohlenbunkern, Kohlenzuteilern, Kohlenmühlen und Mühlengebläsen. Im Anschluß daran sind Luftvorwärmer, mechanische und elektrische Rauchgasfilter sowie Saugzuggebläse aufgestellt.

Die Turbosätze stehen quer zur Maschinenhausachse in Verlängerung der Kessel. Die Speisewasservorwärmer sind neben den Turbosätzen aufgestellt. In einem Zwischentrakt zwischen Kessel- und Maschinenhaus stehen die Speisewasserbehälter auf Höhe des Maschinenhauskranes. Im gleichen Gebäude befinden sich auf Maschinenhausflurhöhe die 3 Blockwarten.

Die elektrische Eigenversorgung sieht getrennte Anlagen für Kessel- und Maschinenhaus vor. Eigenbedarfsumspanner, Eigenbedarfsschaltanlagen und Unterverteilungen sind an den Gebäudeenden untergebracht und fassen die Gesamtanlage beiderseitig ein. Aufspann- und Kuppeltrafos sind vor dem Maschinenhaus aufgestellt. Die Elektrowarte zur zentralen Überwachung der elektrischen Anlagenteile befindet sich in einem getrennten Gebäudeteil im Anschluß an die Maschinenhausstirnwand.

Schrifttum

Electrical Review Bd 163 (1958) S. 603/10.

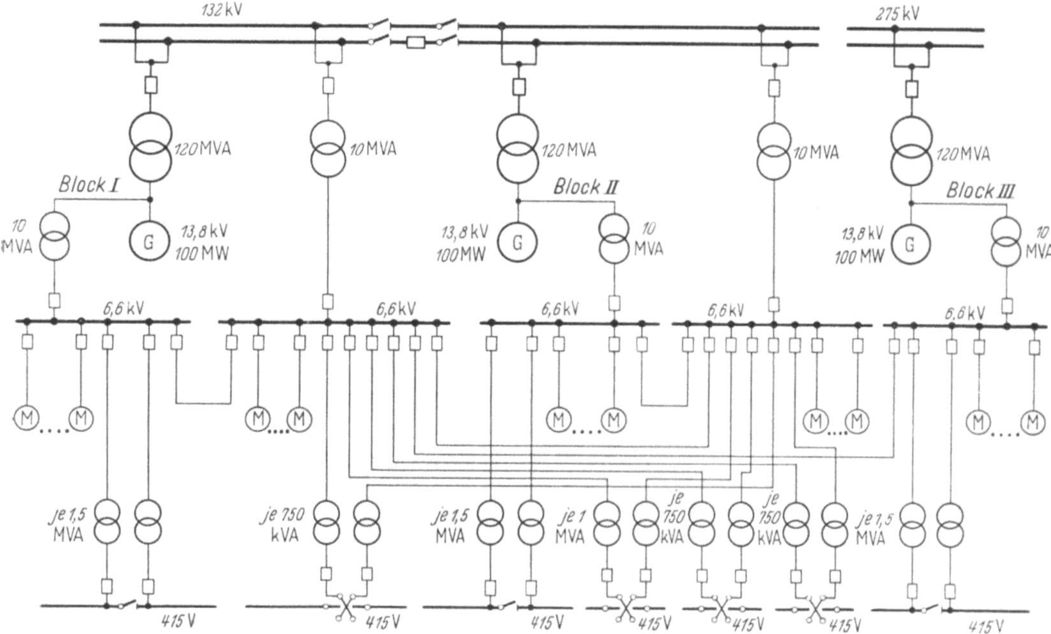

Elektrischer Übersichtsschaltplan

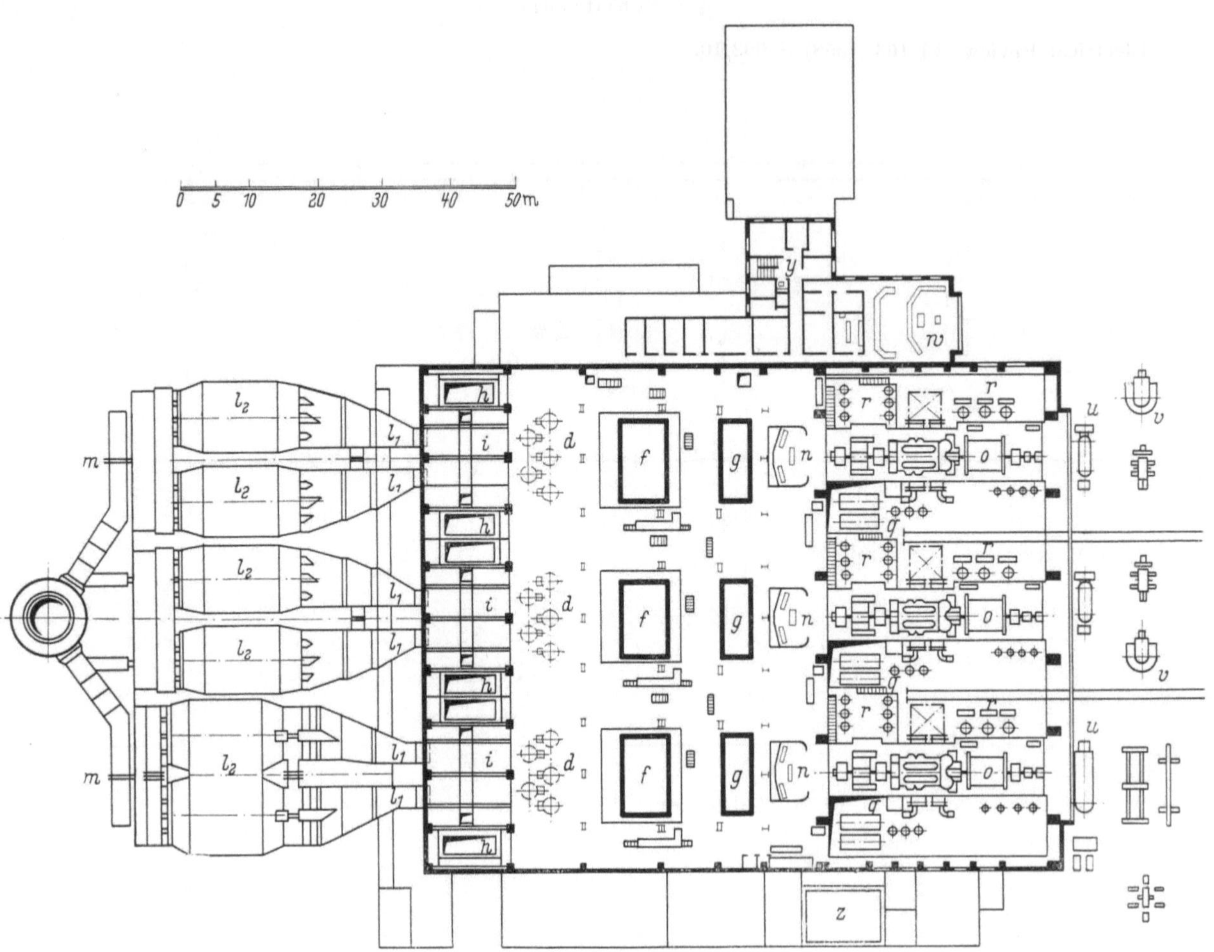

Grundriß

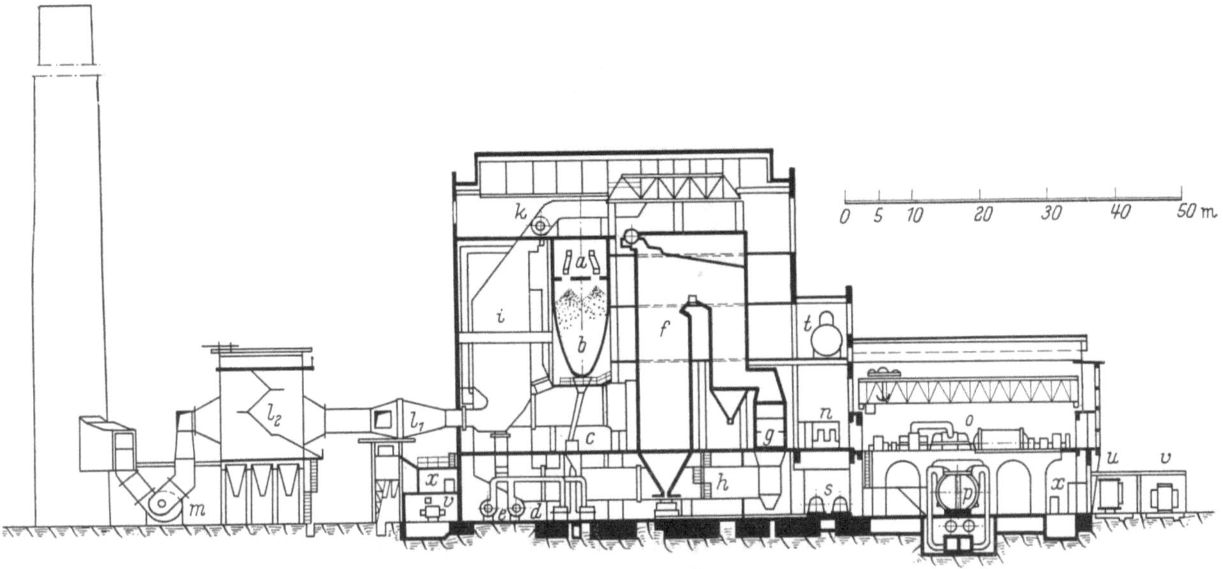

Querschnitt

Legende zum Grundriß und Querschnitt

a	Bekohlung	*n*	Wärmewarte
b	Kohlenbunker	*o*	Turbogenerator
c	Kohlenzuteiler	*p*	Kondensator
d	Kohlenmühle	*q*	Kondensatpumpen
e	Mühlengebläse	*r*	Vorwärmer- und Verdampferanlage
f	Kessel	*s*	Kesselspeisepumpen
g	Economiser	*t*	Speisewasserbehälter mit Entgaser
h	Rauchgaskanal	*u*	Hauptumspanner
i	Luftvorwärmer	*v*	Eigenbedarfsumspanner
k	Frischluftgebläse	*w*	Elektrowarte
l_1	Rauchgasfilter, mechanisch	*x*	Eigenbedarfsschaltanlage
l_2	Rauchgasfilter, elektrisch	*y*	Büro- und Betriebsgebäude
m	Saugzuggebläse	*z*	Feuerlöschbehälter

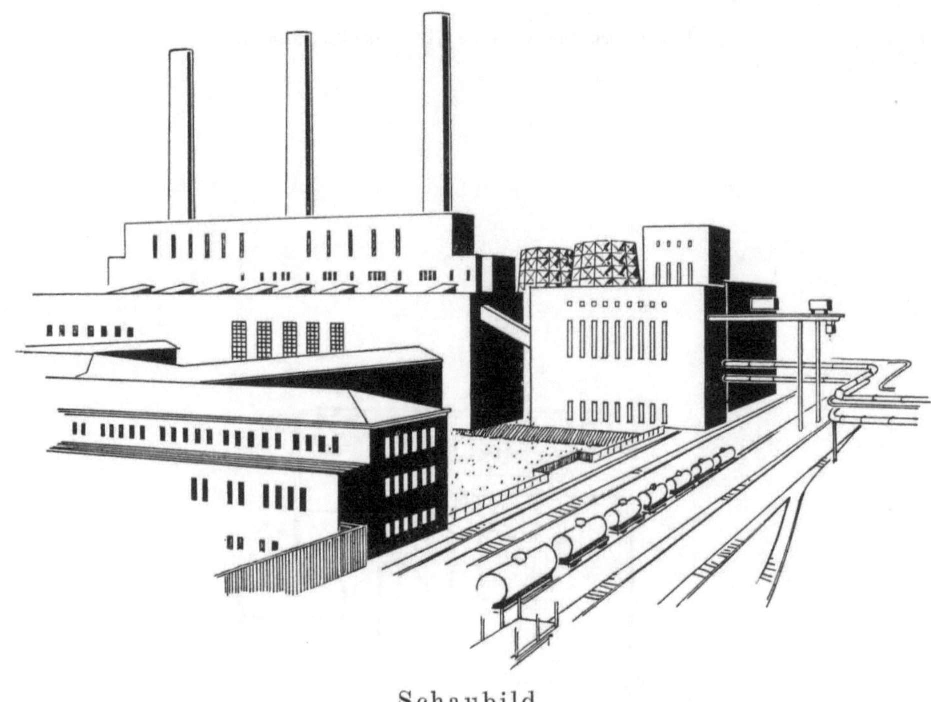

Schaubild

168 Kraftwerk der Gelsenberg Benzin Aktiengesellschaft, Gelsenkirchen, BRD

Baujahr 1938, 1941/42 und 1948/50

Kessel

Anzahl	8	1
Leistung t/h	*	180
Art	Durchlauf	
Genehmigungsdruck atü	125	125
Dampfzustand bei Austritt atü	110	110
Dampfzustand bei Austritt °C	500	500
Dampfzustand hinter ZWÜ atü	—	18
Dampfzustand hinter ZWÜ °C	—	415
Brennstoff:		
Art	Steink.	Steink.
unterer Heizwert kcal/kg	5900	5900
Feuerung	Brenner	Brenner
Schlackenabzug	4 trocken 4 flüssig	flüssig
Luftvorwärmung °C	350–390	275
Abgastemperatur °C	165–195	165
Wirkungsgrad %	85–88	88

Rauchgasentstaubung: **
Wasseraufbereitung: chemisch und Verdampfung
Bauweise: Beton
Vorgesehene Gesamtleistung: 230 MW

Turbinen

Anzahl	6	3	1	1
Leistung MW	17,5	15	50	35
Leistung MVA	20	20	64	40
Art	HD[1]	ND	ND	EK
Drehzahl U/min	3000	3000	3000	3000
Dampfdurchsatz t/h	125/200[1]	100	235	185
Dampfzustand bei Eintritt atü	90/105[1]	4,5	17	95
Dampfzustand bei Eintritt °C	500	200	415	500
Dampfzustand bei Wiedereintritt atü	—	—	—	—
Dampfzustand bei Wiedereintritt °C	—	—	—	—
Kühlwassertemperatur	—	27	27	27
Dampfzustand bei Austritt ata	5,5/18[1]	0,07	0,07	0,07
Dampfzustand bei Austritt °C	200/300	—	—	—
Gehäusezahl	1	1	2	2
Abdampfstutzen (flutig)	1	1	2	1
Vorwärmstufen	—	1	1	1
Entgasungstemperatur °C	—	155	155	155
Speisewassertemperatur °C	—	155	155	155

Kennzahlen

Spez. Wärmeverbrauch netto kcal/kWh	—
„ Flächenbedarf m²/kW	0,057
„ Raumbedarf m³/kW	1,45
„ Personalbed. Mann/MW	1,5

* 6 je 90 t/h, 2 je 130 t/h
** 2 Filter elektrisch und mechanisch, die übrigen elektrisch
[1] Bauart Ljungström: 4 Sätze 125 t/h, 90/4,5 atü; 2 Sätze 200 t/h, 105/17 atü

Das Werk wurde zur Versorgung der Hydrieranlage der Gelsenberg Benzin AG. mit Dampf und Strom errichtet. Nach dem ersten Ausbau, der in den Jahren 1938/40 mit 6 Bensonkesseln durchgeführt wurde, stand unter Berücksichtigung der Dampfabgabe an die Hydrierung eine elektrische Leistung von 75 MW zur Verfügung. Während der Kriegsjahre fand eine Erweiterung statt. Weitere Ausbauten wurden in den Jahren 1948/50 durchgeführt. Hierbei wurde die elektrische Leistung auf etwa 230 MW gesteigert. Hierdurch war es möglich, erhebliche Strommengen in das Netz des RWE einzuspeisen.

Für die wärmetechnische Auslegung des Werkes war die Bedingung entscheidend, daß zwei Fabrikationsdampfnetze mit Drücken von 18 ata und 3,5 ata beliefert werden

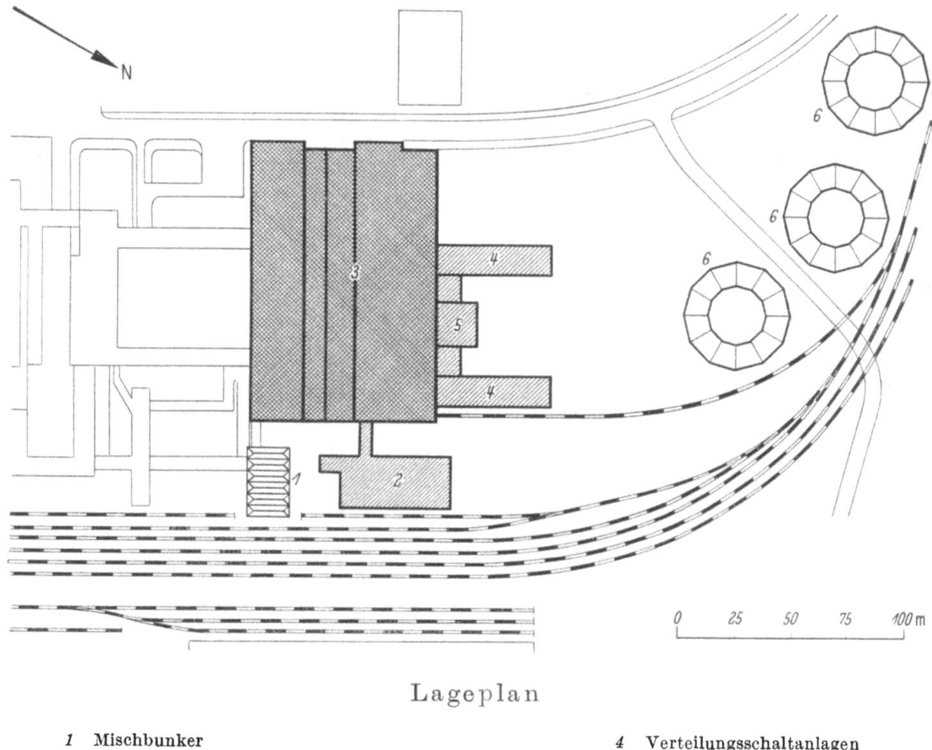

Lageplan

1 Mischbunker
2 Wasseraufbereitungsanlage und Dampfumformer
3 Kraftwerk
4 Verteilungsschaltanlagen
5 Schaltwarte
6 Kühlturm

mußten. Diese Netze werden unter Zwischenschaltung von Dampfumformern versorgt, um den Primärkreislauf nicht mit den Verunreinigungen durch den Fabrikationsbetrieb zu belasten.

Beim ersten Ausbau wurde die Unterteilung des Wärmegefälles auf hintereinandergeschaltete Turbinen konsequent durchgeführt. Eingehende Wirtschaftlichkeitsberechnungen erwiesen es als vorteilhaft, 4 Vorschaltturbinen mit einer Leistung von je 17,5 MW auf die 4,5 atü-Sammelschiene arbeiten zu lassen. Die beide diesem Druck nachgeschalteten Kondensationsmaschinen leisten je 15 MW. Das 18 ata-Dampfnetz wurde zunächst von Abhitzekesseln und über die Reduzierstation versorgt. Die Vorschaltmaschinen erhalten ihren Dampf aus Sammelschienen, die von 6 Bensonkesseln mit einer Leistung von je 90 t/h Dampf versorgt werden. Im Kriege kamen drei weitere Bensonkessel von je 130 t/h, zwei weitere Vorschaltsätze von je 17,5 MW und eine weitere Nachschaltmaschine von 15 MW hinzu. In Abweichung von den bisherigen Planungsgrundsätzen wurde noch eine 95 atü-Entnahme-Kondensationsturbine mit einer Leistung von 35 MW, deren Entnahmedampf in das 18 ata-Netz geht, aufgestellt.

Nach der weitgehenden Zerstörung am Kriegsende wurde das Kraftwerk wieder aufgebaut und erweitert. Eine aus dem Einheitskraftwerksprogramm frei gewordene 50 MW-Kondensationsturbine wurde neu erstellt und an das 18 ata-Netz angeschlossen. Zur Deckung des Dampfbedarfes des so erweiterten Mitteldruckdampfnetzes wurden 2 Ljungström-Vorschaltsätze auf 18 ata Gegendruck umgestellt. Ein zerstörter 130 t/h-Kessel wurde unter Steigerung seiner Leistung auf 180 t/h wieder aufgebaut und mit einem Zwischenüberhitzer für die 50 MW-Kondensationsturbine ausgestattet.

Die beiden Hausturbinen mit einer Leistung von je 3,75 MW werden durch Brüdendampf — der Verdampfer ist an die 4,5 atü-Schiene angeschlossen — angetrieben. Der

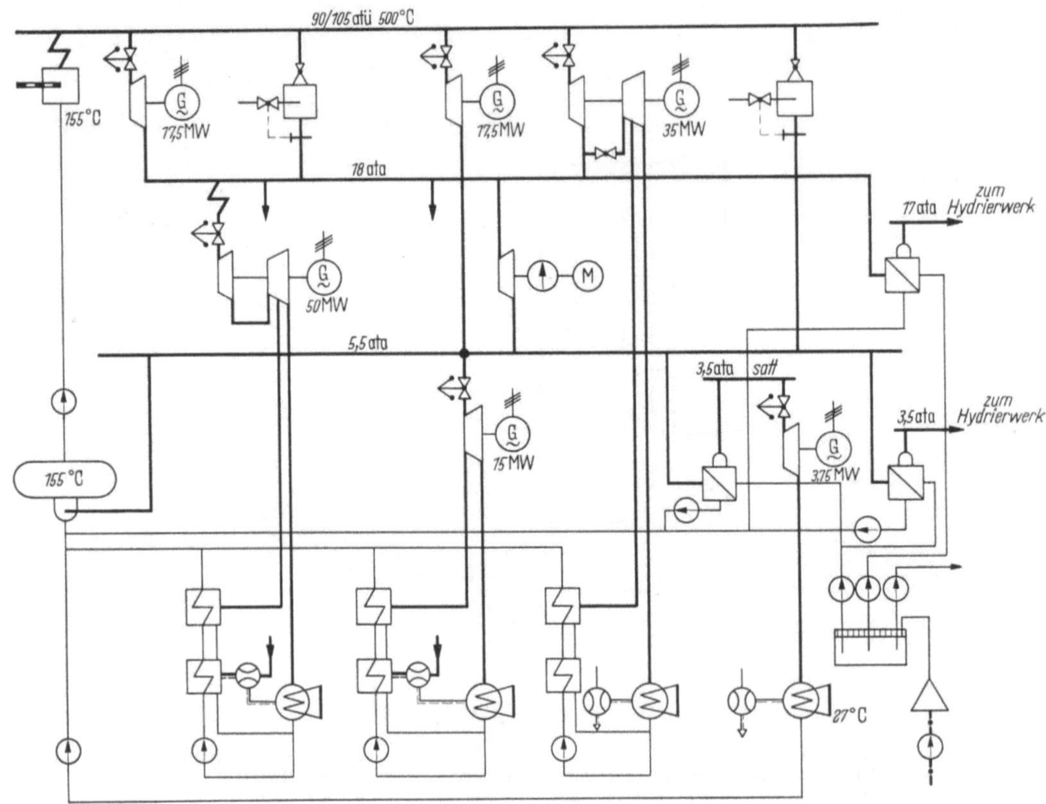

Wärmegrundschaltplan

Dampfzustand am Eintrittsstutzen beträgt 3,5 ata. Der Abdampf wird in einem Kondensator niedergeschlagen, das Kondensat dem Speisewasserbehälter über den Mischvorwärmer-Entgaser zugeführt. Die einzelnen Dampfnetze sind durch Reduzierstationen, eine Vorwärmturbine sowie über die Turbinen der dampfangetriebenen Speisepumpen miteinander verbunden.

Nach dem elektrischen Übersichtsschaltplan speist der 35 MW-Generator über eine 10 kV-Sammelschiene und einen 60 MVA-Regelumspanner in das 110 kV-Netz, der 50 MW-Generator ebenso über eine zweite 10 kV-Sammelschiene und einen 90 MVA-Regelumspanner in das 220 kV-Netz. Die übrigen Generatoren sind unmittelbar auf die 5 kV-Sammelschiene geschaltet. Diese steht gleichfalls mit dem 110 kV-Netz über zwei 50 kVA-Regelumspanner in Verbindung. Auch die beiden erstgenannten Generatoren sind über je einen 20 MVA-Umspanner mit der 5 kV-Sammelschiene verbunden. Haupt- und Eigenbedarfssammelschienen sind über Reaktanzen miteinander verbunden. Die auf die

Eigenbedarfssammelschienen speisenden Hausgeneratoren reichen nicht aus, um den Eigenbedarf allein zu decken.

Das Kraftwerk ist in seinen ersten Ausbaustufen ein typisches Industriekraftwerk mit einer größeren Anzahl von Kesseln und Turbinen, die den Dampf- und Strombedarf einer großen Hydrieranlage sicherstellen sollen. Alle Kessel und Turbinen sind quer aufgestellt. Hierdurch ergibt sich die gleiche Länge für das Kessel- und Maschinenhaus.

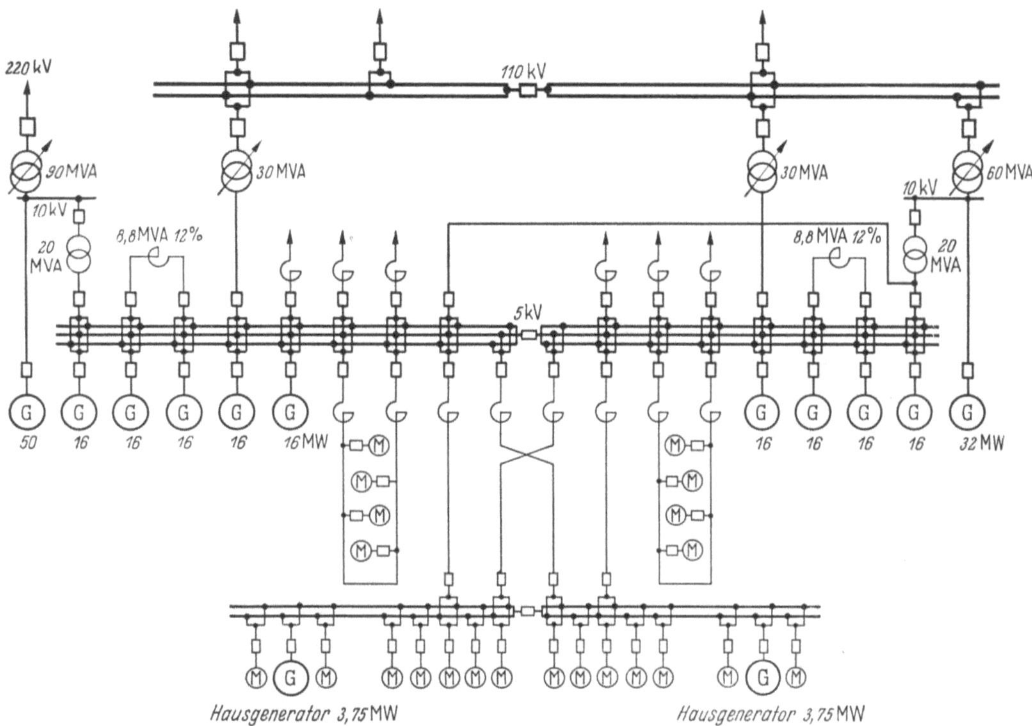

Zwischen diesen sind 2 Trakte eingeschoben. In dem Trakt, der mit dem Kesselhaus verbunden ist, stehen die Elektrofilter, die Speisewasserbehälter mit Entgasern und Rauchgasventilatoren. Dieser Elektrofiltertrakt ist als Schwerbau ausgebildet und trägt die 3 Schornsteine. Der zweite Trakt steht in Verbindung mit dem Maschinenhaus und nimmt die Speisepumpe sowie die Eigenbedarfsschaltanlage und die Wärmewarte auf. Auf der anderen Seite des Maschinenhauses befindet sich die umfangreiche Schaltanlage mit zugehöriger Elektrowarte. Das gesamte Kraftwerk wurde in Stahlbeton hergestellt. Das Kesselhausdach ruht auf den beiden Schwerbauten für den Schornsteinunterbau und den Bunkertrakt.

Schrifttum

Schröder, K.: Dampfkraftwerke. Sonderdruck aus dem Werk: Die Entwicklung der Starkstromtechnik. Siemens-Schuckertwerke AG.

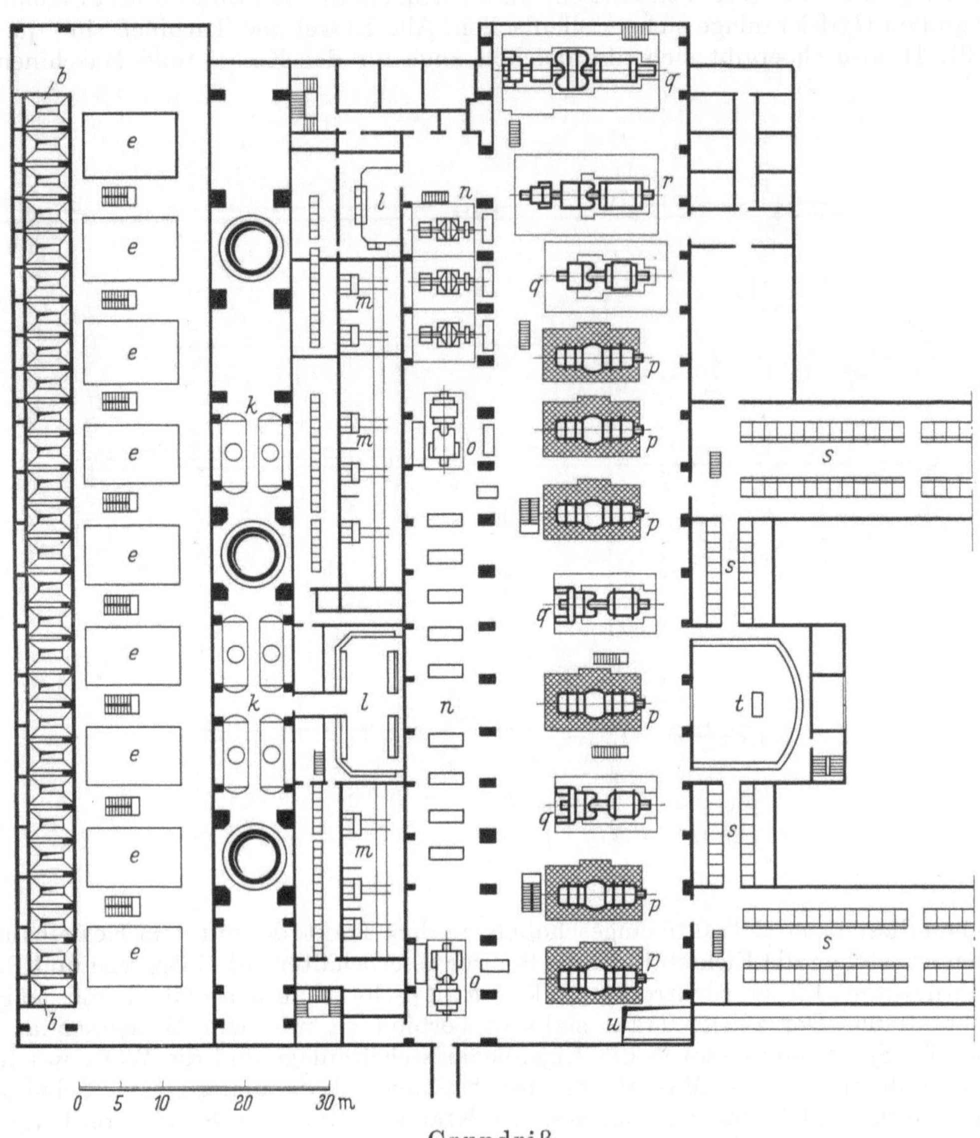

Grundriß

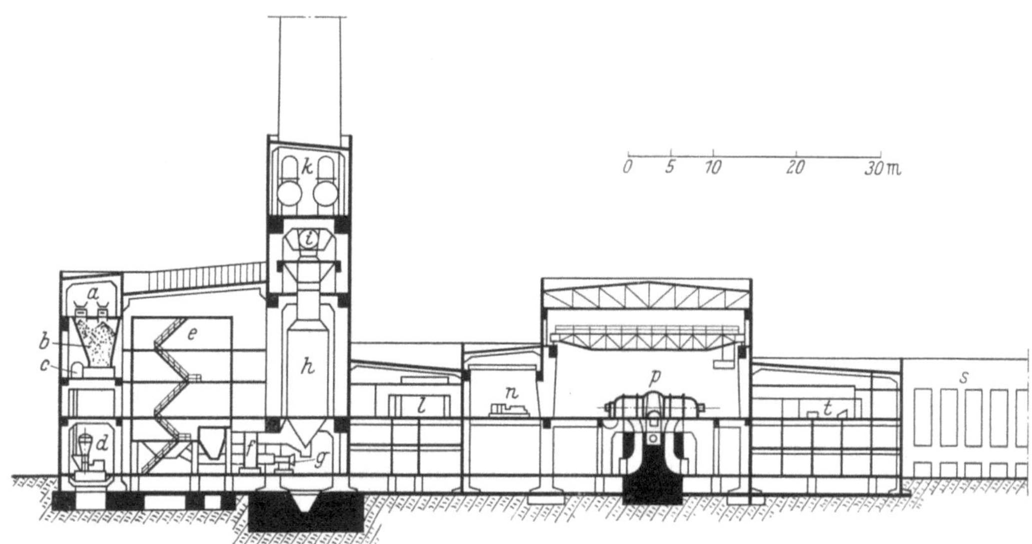

Querschnitt

Legende zum Grundriß und Querschnitt

a	Bekohlung	*l*	Wärmewarte
b	Bunker	*m*	Eigenbedarfsumspanner
c	Kohlenzuteiler	*n*	Kesselspeisepumpen
d	Kohlenmühle	*o*	Hausturbosatz
e	Kessel	*p*	Vorschaltturbosatz
f	Luftvorwärmer	*q*	Nachschaltturbosatz
g	Frischluftgebläse	*r*	Hochdruckkondensationsturbine
h	Elektrofilter	*s*	Verteilerschaltanlage
i	Saugzuggebläse	*t*	Elektrowarte
k	Speisewasserbehälter mit Entgaser	*u*	Montageöffnung

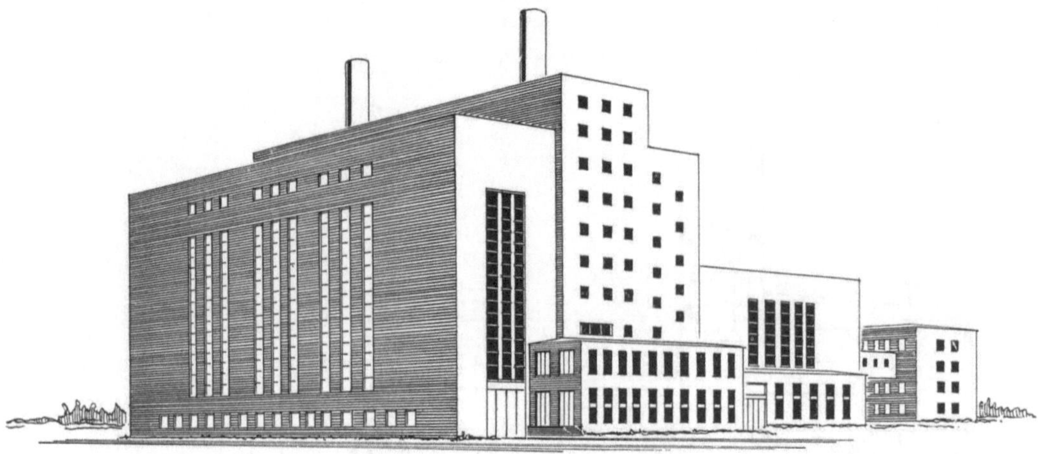

Schaubild

181 Kraftwerk Schkopau II, DDR

(VEB Chemische Werke Buna, Schkopau)

Baujahr 1941/42

Kessel

Anzahl	6
Leistung t/h	100
Art	Naturumlauf
Genehmigungsdruck atü	125
Dampfzustand bei Austritt atü	110
Dampfzustand bei Austritt °C	500
Dampfzustand hinter ZWÜ atü	—
Dampfzustand hinter ZWÜ °C	—
Brennstoff:	
Art	Braunkohle
unterer Heizwert kcal/kg	—
Feuerung	Ecken
Schlackenabzug	—
Luftvorwärmung °C	—
Abgastemperatur °C	—
Wirkungsgrad %	—

Rauchgasentstaubung: elektrisch
Wasseraufbereitung: chemisch und Verdampfung
Bauweise: Beton
Vorgesehene Gesamtleistung: 138 MW

Turbinen

Anzahl	3	1	3
Leistung MW	23	9	20
Leistung MVA	25	12	20
Art	HD	G	K
Drehzahl U/min	3000	3000	3000
Dampfdurchsatz t/h	—	—	—
Dampfzustand bei Eintritt atü	100	16	15
Dampfzustand bei Eintritt °C	490	270	300
Dampfzustand bei Wiedereintritt atü	—	—	—
Dampfzustand bei Wiedereintritt °C	—	—	—
Kühlwassertemperatur °C	—	—	27
Dampfzustand bei Austritt ata	17	5,8	0,07
Dampfzustand bei Austritt °C	—	—	—
Gehäusezahl	1	1	1
Abdampfstutzen (flutig)	1	1	1
Vorwärmstufen	—	4	—
Entgasungstemperatur °C	—	155	—
Speisewassertemperatur °C	—	180	—

Kennzahlen

Spez. Wärmeverbrauch netto kcal/kWh	—
„ Flächenbedarf m^2/kW	0,068
„ Raumbedarf m^3/kW	2,53

Die stromintensive Erzeugung von synthetischem Kautschuk machte es erforderlich, daß mit einer Erweiterung der Produktionsanlagen des Buna-Werkes Schkopau auch ein zweites Kraftwerk errichtet werden mußte, da das in den Jahren 1937/39 erbaute erste Kraftwerk mit seiner Leistung von 94 MW für eine Ausweitung der Produktion nicht ausreichte. Die Errichtung des zweiten Kraftwerkes wurde 1941 beschlossen.

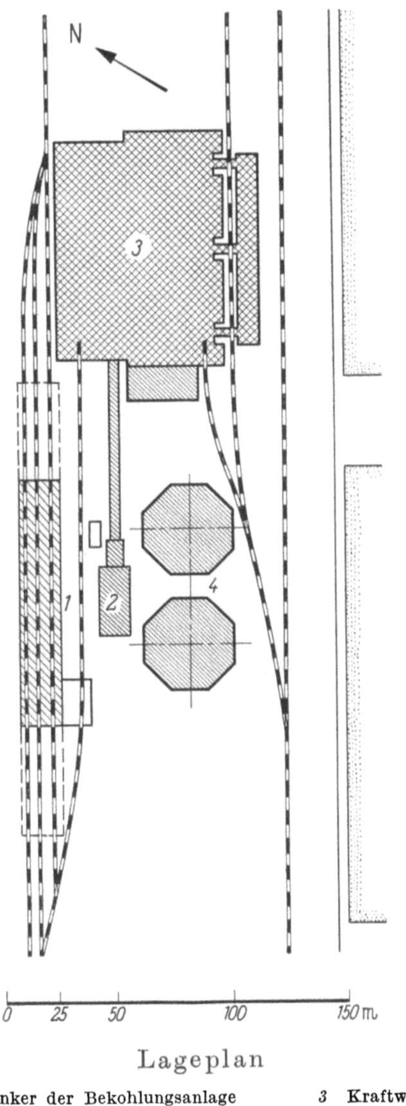

Lageplan

1 Tiefbunker der Bekohlungsanlage
2 Brecheranlage
3 Kraftwerk
4 Kühltürme

Dieses Kraftwerk mußte, ebenso wie das Kraftwerk Schkopau I, den Bedarf der Fabrikation an elektrischer Energie sowie an Heizdampf in verschiedenen Druckstufen decken.

Die Brennstoffbasis des Kraftwerkes bildet Braunkohle aus dem Merseburger Bezirk, die in Großraumwaggons angeliefert und zunächst in einem überdachten, heizbaren Tiefbunker entladen wird. Diese besondere Konstruktion des Tiefbunkers ist notwendig, damit die im Winter wegen ihres hohen Wassergehaltes gefrorene Kohle aufgetaut werden kann. Aus dem Tiefbunker gelangt die Kohle über eine Brecheranlage und einen Gurtförderer in die Kesselbunker. Verfeuert werden sollte auch Salzkohle, für die eine Mischanlage unter Zusatz von Ton geplant und in Betrieb gesetzt wurde.

Für die Kühlung mußten Kühltürme errichtet werden, da Frischwasser nicht zur Verfügung steht.

Als Frischdampfzustand wurde wie beim Kraftwerk I 100 atü, 490° C vor der Turbine gewählt. Der Dampf wird in 6 Naturumlaufkesseln in Einzugbauart mit einer Leistung von je 100 t/h erzeugt und in 3 Vorschaltturbinen von je 23 MW bis auf 17 ata entspannt. Von hier aus wird ein Teil über einen dampfbeheizten Zwischenüberhitzer mit einer Temperatur von 300° C den 3 Nachschalt-Kondensationsturbinen von je 20 MW zugeleitet. Der Rest dient ohne Zwischenüberhitzung der direkten Belieferung von Wärmeverbrauchern und der Speisung einer 9 MW-Gegendruckturbine, deren Abdampf im wesentlichen zu

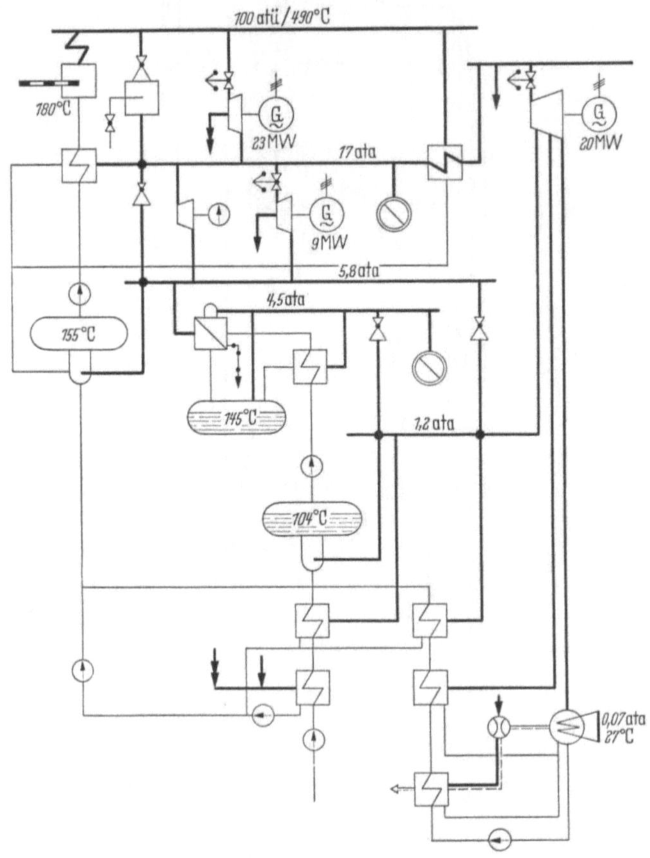

Wärmegrundschaltplan

Dampfumformern für die Erzeugung des Fabrikationsdampfes von 4,5 ata geleitet wird. Parallel zu dieser Gegendruckturbine sind die Turbinen der Kesselspeisepumpen geschaltet.

Das Wärmeschaltbild eines Industriekraftwerkes wird naturgemäß durch die Anforderungen der Fabrikation bestimmt. Hieraus ergibt sich der Abdampfdruck der Vorschaltturbine, der gleichzeitig der Zudampfdruck für die Nachschalt-Gegendruckturbine ist, sowie der Gegendruck der letzteren. Der Dampfdurchsatz dieser Gegendruckturbine und somit ihre Leistung werden im wesentlichen durch den von der Fabrikation verlangten Dampfbedarf bestimmt. Der Dampfdurchsatz und die Leistung der Vorschaltturbinen richtet sich nicht nur nach den Anforderungen an Fabrikationsdampf, sondern auch nach dem Dampfbedarf der Kondensationsturbinen. Diese Sätze müssen so ausgelegt sein, daß sie den restlichen Bedarf an elektrischer Energie decken können.

Da die Kondensate des Fabrikationsdampfes nicht zurückgewonnen werden, wurde für den Bedarf an Niederdruckdampf ein Sekundärkreislauf mit Dampfumformern vorgesehen. Der Ausfall an Kondensat aus dem verhältnismäßig geringen Bedarf an Fabrikationsdampf von 17 ata wird durch Kondensation einer entsprechenden Menge von Niederdruck-Fabrikationsdampf in Vorwärmern ausgeglichen. Die Dampfumformer dienen also gleichzeitig als Zusatzwasserverdampfer und die mit Sekundärdampf beheizten Vorwärmer als Brüdenkondensatoren. Die thermische Aufbereitung des Kesselspeisewassers setzt sich aus der Regenerativvorwärmung des Eigenkondensates der Nachschaltturbinen in 2 Stufen und aus der Entgasung des gesamten Kesselspeisewassers, d. h. Turbinenkondensat, Heizdampfkondensate der Dampfumformer und Dampfüberhitzer, Brüdendestillat und Nebenkondensate sowie seiner weiteren Vorwärmung, in einer Hochdruckstufe zusammen. Die Vorwärmendtemperatur ist 180° C, wobei die Entgasung bei 155° C vorgenommen wird. Hierzu kommt die Vorwärmung und Entgasung des Speisewassers für die Dampfumformer in insgesamt 4 Stufen, deren Beheizung teils mit dem Stopfbuchsendampf der Gegendruckturbinen, teils mit Anzapfdampf aus den Nachschaltturbinen und teils mit Sekundärdampf erfolgt. Verschiedene Umschaltmöglichkeiten sind, u. a. auch zur Steuerung der Zusatzwassererzeugung, vorgesehen.

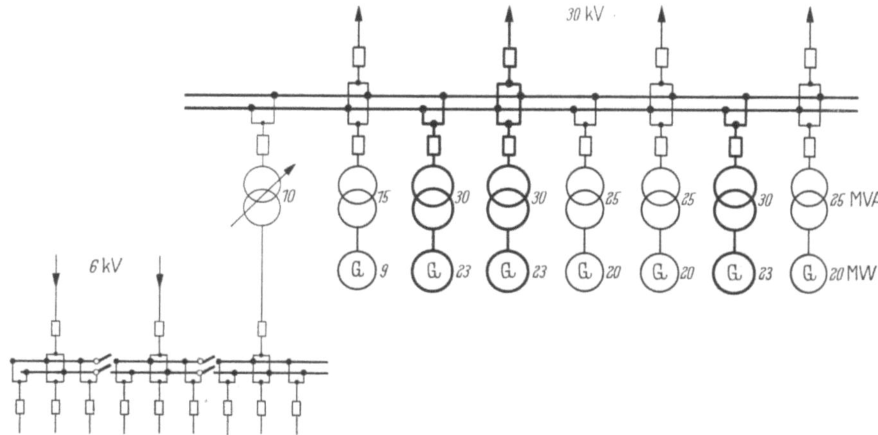

Elektrischer Übersichtsschaltplan

Auch das elektrische Schaltbild wird durch die Anforderungen der Fabrikation bestimmt. Sämtliche Generatoren sind mit Maschinenumspannern im Block geschaltet und arbeiten auf eine 30 kV-Sammelschiene, von der der Eigenbedarf über einen Umspanner gespeist wird.

Um den Grundflächenbedarf des Kraftwerkes, das mitten im Werksgelände zwischen 2 Werksstraßen steht, möglichst gering zu halten, wurde die Hochbauweise gewählt. Auf den zentralen Schwerbau stützt sich einerseits das Kesselhaus und andererseits das Maschinenhaus ab. Die über den Kesseln liegenden Elektrofilter werden von der Kesselhauskonstruktion getragen. Der Schwerbau besteht aus 2 Teilen und nimmt in dem nach den Kesseln zu gelegenen Teil die Bunker und Schornsteine und in Höhe des Maschinenhausflures die Gemeinschaftswarte und die Eigenbedarfsschaltanlagen auf. Der nach dem Maschinenhaus zu gelegene Teil des Schwerbaues enthält die Speise- und Hilfspumpen, die Vorwärmer und in seinem oberen Teil die Speisewasserbehälter. Die Dampfumformer sind an einer Stirnseite des Maschinenhauses neben der Montageöffnung untergebracht. Für die Turbosätze wurde die Queraufstellung vorgesehen, um die Länge des Maschinenhauses der Länge des Kesselhauses anzupassen. Vor dem Maschinenhaus sind die Umspanner in geschlossenen Zellen untergebracht. Durch eine Durchfahrt vom Maschinenhaus getrennt und mit diesem durch Übergänge verbunden, befindet sich das 30 kV-Schalthaus. Die Disposition wurde insgesamt so getroffen, daß das Kraftwerk im wesentlichen symmetrisch zu seiner Mittelachse aufgebaut ist. Dieser Aufbau konnte gewählt werden, weil eine Erweiterung über den 1946 vollendeten Endausbau hinaus nicht beabsichtigt war.

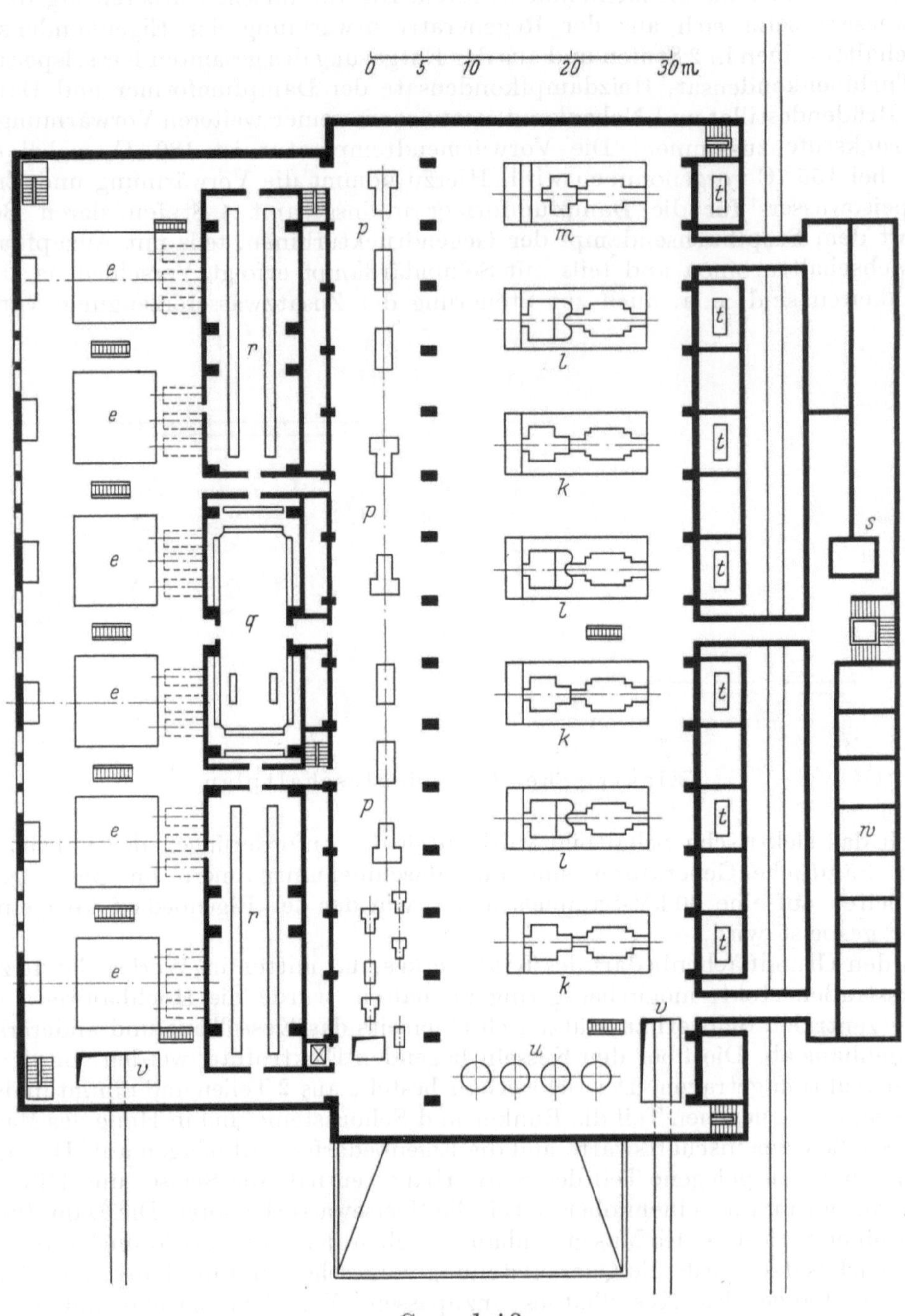

Grundriß

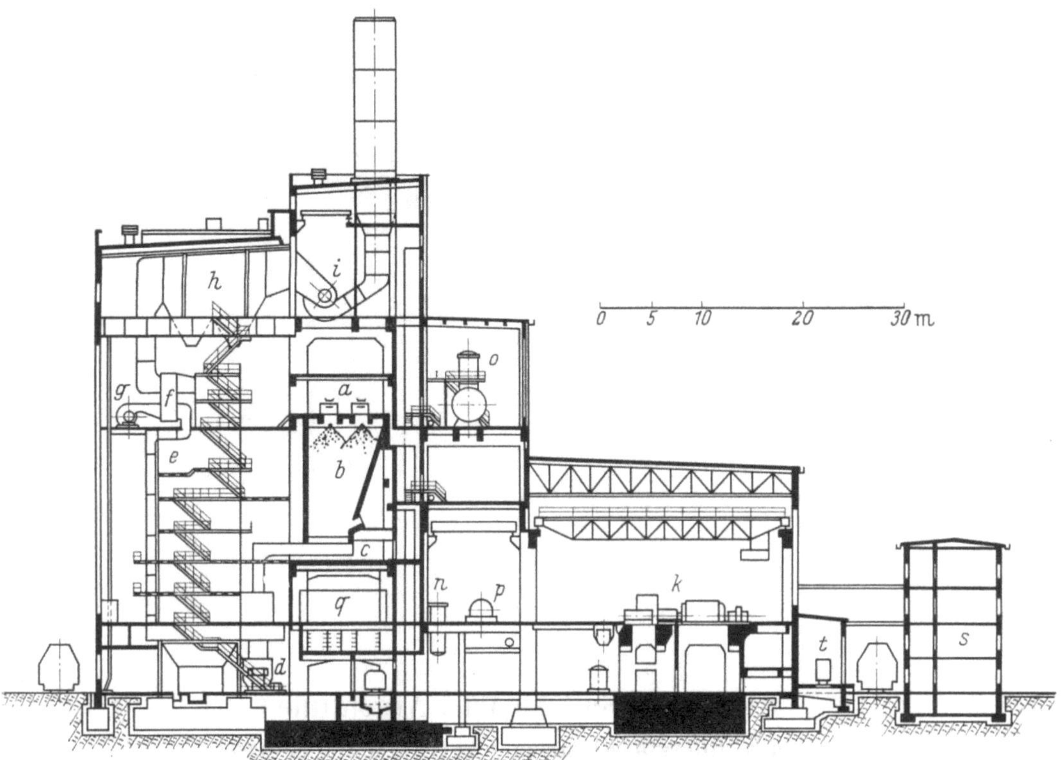

Querschnitt

Legende zum Grundriß und Querschnitt

a Bekohlung
b Kohlebunker
c Kohlezuteiler
d Kohlemühle
e Kessel
f Luftvorwärmer
g Frischluftgebläse
h Elektrofilter
i Saugzuggebläse
k Vorschaltturbosatz 23 MW
l Kondensationsturbosatz 20 MW
m Gegendruckturbosatz 9 MW
n Vorwärmer
o Speisewasserbehälter mit Entgaser
p Kesselspeisepumpe
q Wärmewarte
r Eigenbedarfsschaltanlage
s Schaltanlage
t Umspanner
u Dampfumformer
v Montageöffnung
w Büroräume

Schaubild

183

Kraftwerk San Nicolás, Argentinien

(Agua y Energía Eléctrica [AyEE], Buenos Aires)

Baujahr 1952/56

Kessel		Block I bis IV
Anzahl		4
Leistung	t/h	300
Art		Naturumlauf
Genehmigungsdruck	atü	117
Dampfzustand bei Austritt	atü	100
	°C	530
Dampfzustand hinter ZWÜ	atü	—
	°C	—
Brennstoff:		
Art		Öl, Steinkohle
unterer Heizwert	kcal/kg	9700, 7501
Feuerung		Ecken
Schlackenabzug		flüssig
Luftvorwärmung	°C	350
Abgastemperatur	°C	150
Wirkungsgrad	%	92[1], 89[2]

Rauchgasentstaubung: elektrisch
Wasseraufbereitung: chemisch und Verdampfung
Bauweise: Beton
Vorgesehene Gesamtleistung: 450 MW

[1] Kohle [2] Öl

Turbinen		Block I bis IV
Anzahl		4
Leistung	MW	75
Leistung	MVA	100
Art		K
Drehzahl	U/min	3000
Dampfdurchsatz	t/h	295
Dampfzustand bei Eintritt	atü	95
	°C	525
bei Wiedereintritt	atü	—
	°C	—
Kühlwassertemperatur	°C	22
Dampfzustand bei Austritt	ata	0,065
	°C	—
Gehäusezahl		3[3]; 2[4]
Abdampfstutzen (flutig)		2
Vorwärmstufen		5
Entgasungstemperatur	°C	135
Speisewassertemperatur	°C	220

Kennzahlen

Spez. Wärmeverbr. netto	kcal/kWh	2502[2]
„ Flächenbedarf	m²/kW	0,034
„ Raumbedarf	m³/kW	1,16

[3] Block I und II
[4] Block III und IV

Das Kraftwerk wurde in den Jahren 1952/56 für die argentinische Staatsbehörde Agua y Energía Eléctrica (AyEE) errichtet. Es sollte nicht nur den stark ansteigenden Strombedarf des Industriegebietes im Raum von Rosario und San Nicolás decken, sondern auch einen Teil der Grundlast der von San Nicolás etwa 200 km entfernt liegenden Hauptstadt Buenos Aires übernehmen, wohin der Strom zunächst mit einer Spannung

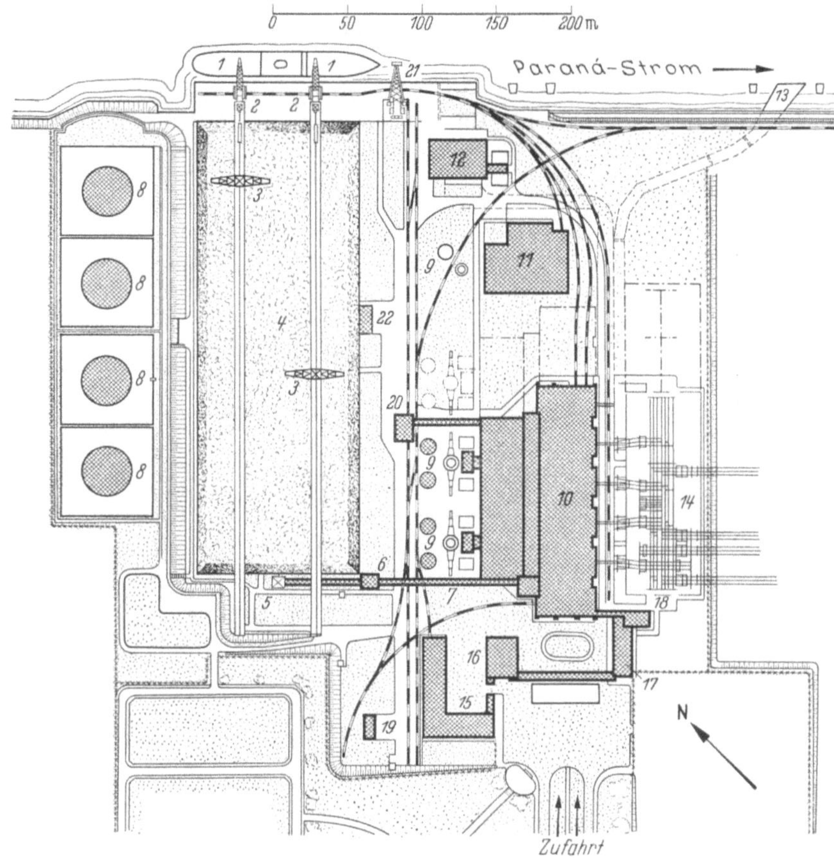

Lageplan

1 Wippdrehkran
2 Bunkerwagen
3 Fahrbarer Ausleger
4 Kohlen agerplatz
5 Kohlenübergabestation
6 Brecherhaus
7 Schrägbandbrücke
8 Hauptölbehälter
9 Tagesölbehälter
10 Kraftwerk
11 Altes 20 MW-Kraftwerk
12 Einlaufbauwerk mit Wasseraufbereitung
13 Kühlwasserablauf
14 Freiluftschaltanlage
15 Lager und Werkstatt
16 Betriebsgebäude
17 Verwaltung
18 Netzwarte
19 Öllager
20 Aschehochbunker
21 Derrick-Kran, Tragkraft 200 t
22 Umspannstation

von 132 kV übertragen wird. Diese Doppelleitung soll später im Zuge der geplanten Verbindung mit den Wasserkräften in den Kordilleren auf 380 kV umgestellt werden.

Das Kraftwerk liegt am rechten Ufer des Paraná, etwa 200 km oberhalb seiner Mündung. Auf dem Gelände befand sich bereits ein kleineres Kraftwerk mit 2 Einheiten von je 10 MW im Bau. Hochseeschiffe können unmittelbar am Kraftwerk anlegen. Als Brennstoff stehen Öl und Steinkohle zur Verfügung.

Die Längsachsen des Kraftwerkes und seiner Nebenanlagen stehen senkrecht zum Kai. In dem Einlaufbauwerk befinden sich die Vorpumpen. In räumlicher Verbindung hiermit sind auch die Wasserreinigungsanlagen untergebracht.

Aufgestellt wurden 4 Blocks mit einer Leistung von je 75 MW, der Dampfzustand an den Turbinen beträgt 95 atü, 525° C. Jeder Kessel leistet 300 t/h. Die Turbinen des Blockes I und II sind dreigehäusig, die der Blocks III und IV zweigehäusig. Sämtliche Turbinen haben 2 Abdampfstutzen und 5 Anzapfstufen. Die einstufige Verdampferanlage ist an die mittlere Anzapfung angeschlossen. Diese speist auch den Mischvorwärmerentgaser und den ersten Hochdruckvorwärmer. Im Mischvorwärmerentgaser wird entsprechend der konstanten Mischtemperatur von 135° C ein Entgasungsdruck von 2,19 atü gehalten.

Die Kessel haben 2 Züge und sind mit Schmelztrichtern ausgestattet. Bei der Verfeuerung von Öl wird dieses auf 80 bis 150° C erwärmt und mit einem Druck von 30 atü

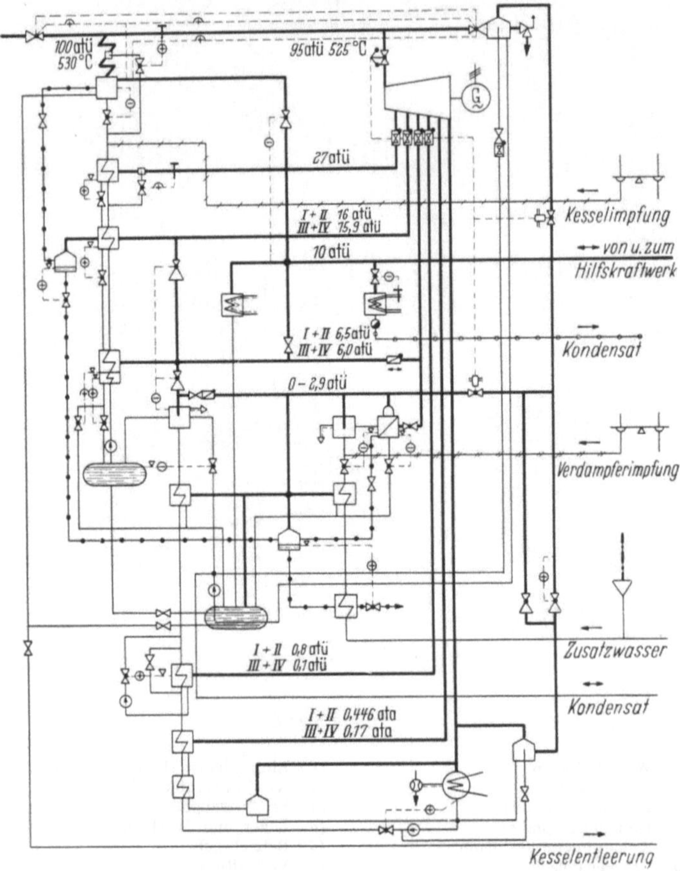

Wärmegrundschaltplan

in den 20 Brennern zerstäubt. Für die Vermahlung von Kohle stehen 4 Mühlen je Kessel bereit. Die 32 Staubbrenner sind paarweise in den Ecken des Feuerraumes in 4 Ebenen untergebracht, wobei jeder Brennerebene eine Mühle zugeordnet ist. Der Ljungström-Luftvorwärmer ist dem Kessel vorgelagert.

Die 100 MVA-Generatoren der 4 Blocks sind über Umspanner der gleichen Leistung auf eine 132 kV-Sammelschiene geschaltet. Zwischen Generator und Umspanner sind jeweils die Abgänge zu den Eigenbedarfssammelschienen über 10 MVA-Regelumspanner unmittelbar angeschlossen. Diese Sammelschienen können auch über zwei 6,3 MVA-Umspanner für das Anfahren von dem erwähnten 20 MW-Kraftwerk gespeist werden.

Die Kessel sind im Freien aufgestellt. Nur die Heizerstände sind überdacht. Die Überdachung schützt auch empfindliche Nebenanlagen, wie Heizölanlage, Frischluftgebläse und Entaschungseinrichtungen. Auch die Elektrofilter und Saugzuggebläse stehen im Freien. Je 2 Kessel haben einen gemeinsamen Schornstein.

Die Turbinen sind quergestellt. Die Vorwärmer- und Verdampferanlage einschließlich des Speisewasserbehälters und der Kesselspeisepumpen sind unmittelbar neben der zugehörigen Turbine aufgestellt.

Die Eigenbedarfsanlagen sind jeweils für 2 Blocks zusammengefaßt und liegen zwischen den zugehörigen Kesseln. Für die Steuerung der elektrischen Anlagen sind eine Zentralwarte und 2 Blockwarten vorhanden. Erstere dient der Steuerung der Freiluftschaltanlage und hat den Charakter einer Netz- und Lastverteilerwarte. Ihr steht auch die Auswahl der Sammelschienen und der Generatorabzweige zu. Von hier aus wird auch der

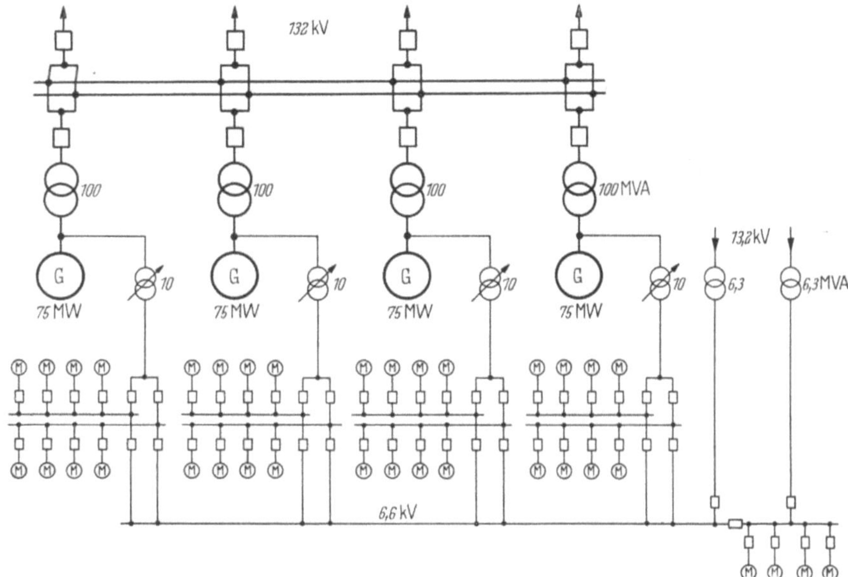

Elektrischer Übersichtsschaltplan

Einsatz der einzelnen Maschinen bestimmt. Die Durchführung der eigentlichen Schaltmanöver ist jedoch Aufgabe der beiden Blockwarten. Diese enthalten die gesamten Einrichtungen für die Steuerung und Überwachung je zweier Blocks vom Kessel bis zum Umspanner.

Die Zentralwarte liegt in der Verlängerung des Verwaltungsgebäudes mit Blick auf die Freiluftanlage. Die beiden Blockwarten befinden sich in dem Bunkerschwerbau mit Ausblick auf die Turbinensätze.

Das Kraftwerksgebäude mußte auf 7500 Betonpfählen gegründet werden. Das Bunkergebäude wurde als Schwerbau ausgeführt. An diesen lehnt sich das Maschinenhaus an, das von Dachbindern aus Beton überspannt wird.

Das Kraftwerk ist unter ,,Sechstes Ausführungsbeispiel'', III. Teil, S. 1005, ausführlich behandelt.

Schrifttum

Dampfkraftwerk San Nicolás, Siemens-Schuckertwerke AG.
HOFMANN, A.: Siemens-Z. Bd. 30 (1956) S. 233/47.
Brennstoff, Wärme, Kraft Bd. 10 (1958) S. 84/86.

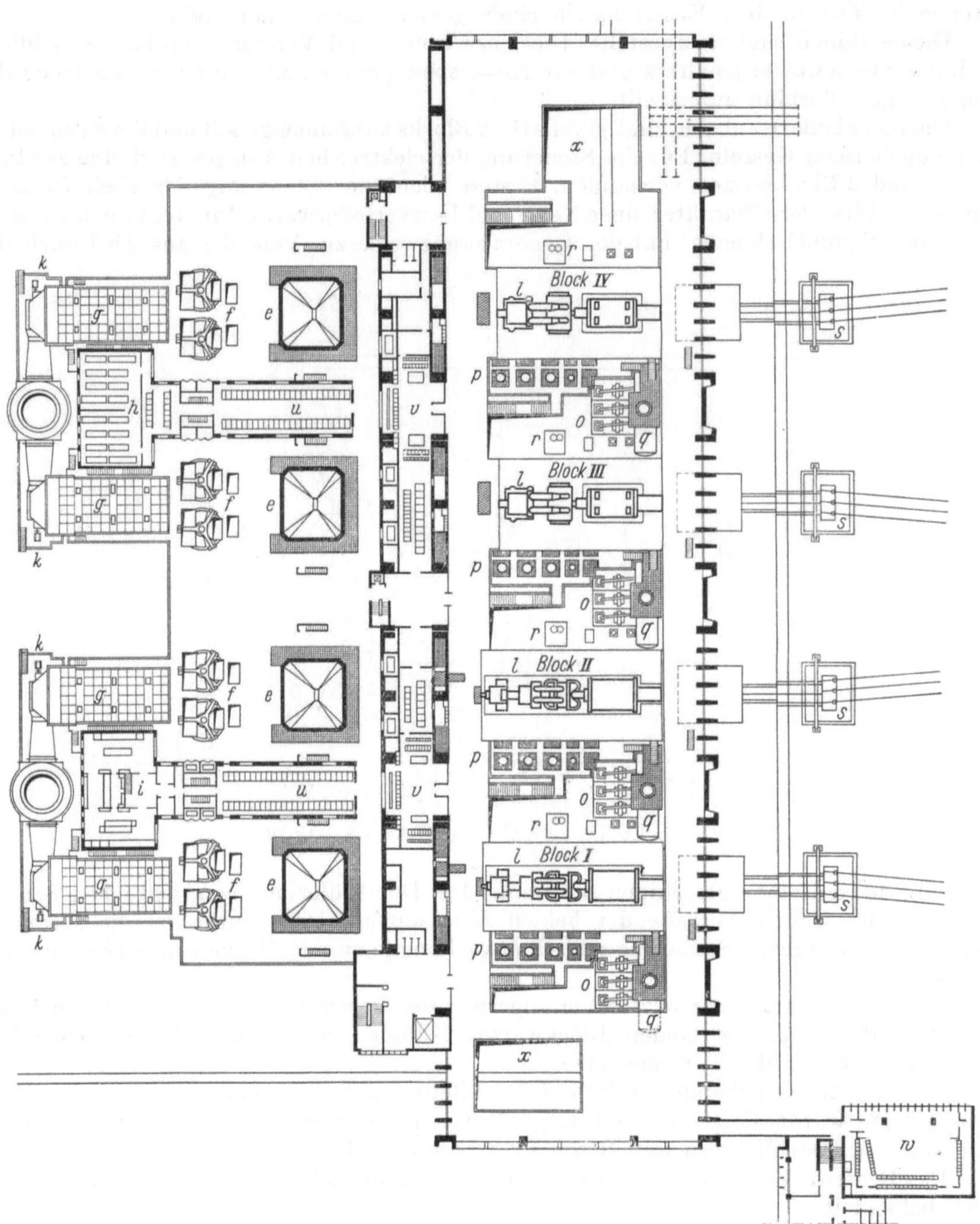

Grundriß

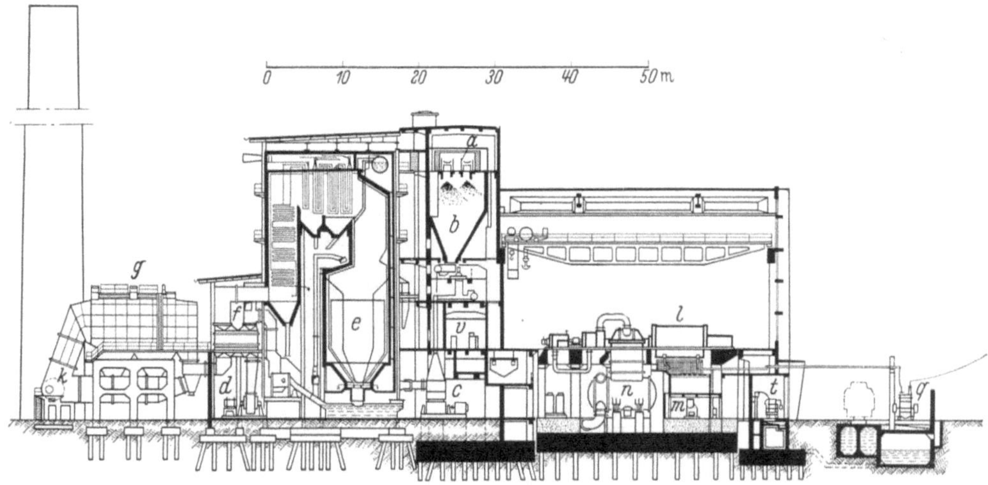

Querschnitt

Legende zum Grundriß und Querschnitt

a Bekohlung
b Kohlenbunker
c Kohlenmühle
d Frischluftgebläse
e Kessel
f Luftvorwärmer
g Elektrofilter
h Hochspannungsraum für Elektrofilter, darüber Batterieraum
i Hochspannungsraum für Elektrofilter, darüber Laboratorium
k Saugzuggebläse
l Turbogenerator
m Dichtölanlage
n Kondensator
o Kesselspeisepumpen
p Vorwärmer
q Speisewasserbehälter mit Entgaser
r Kühlwasserpumpe
s Blockumspanner
t Eigenbedarfsumspanner
u Eigenbedarfsschaltanlage
v Wärmewarte für 2 Blocks
w Netzwarte
x Montageöffnung

Schaubild

183

Lignitkraftwerk
(Tschechoslowakei)
Baujahr 1952/54

Kessel		Turbinen	
Anzahl	4	Anzahl	2
Leistung t/h	125	Leistung MW	50
Art	Naturumlauf	Leistung MVA	62,5
		Art	K
Genehmigungsdruck atü	—	Drehzahl U/min	3000
Dampfzustand bei Austritt atü	95	Dampfdurchsatz t/h	190
Dampfzustand bei Austritt °C	510	Dampfzustand bei Eintritt atü	90
Dampfzustand hinter ZWÜ atü	—	Dampfzustand bei Eintritt °C	500
Dampfzustand hinter ZWÜ °C	—	bei Wiedereintritt atü	—
Brennstoff:		bei Wiedereintritt °C	—
Art	Lignit	Kühlwassertemperatur °C	15
unterer Heizwert kcal/kg	1700—2300	Dampfzustand bei Austritt ata	—
		Dampfzustand bei Austritt °C	—
Feuerung	Brenner	Gehäusezahl	2
Schlackenabzug	trocken	Abdampfstutzen (flutig)	2
Luftvorwärmung °C	—	Vorwärmstufen	5
Abgastemperatur °C	180	Entgasungstemperatur °C	145
Wirkungsgrad %	83	Speisewassertemperatur °C	200

Rauchgasentstaubung: elektrisch
Wasseraufbereitung: chemisch und Verdampfung
Bauweise: Stahlkonstruktion
Vorgesehene Gesamtleistung: — MW

Kennzahlen

Spez. Wärmeverbr. netto kcal/kWh	—
„ Flächenbedarf m²/kW	0,092
„ Raumbedarf m³/kW	2,9

In der Tschechoslowakei ist man gleichfalls bestrebt, minderwertige Brennstoffe der Stromerzeugung nutzbar zu machen. Einige neuere Kraftwerke verfeuern Lignit, also Braunkohle mit erkennbarer Holzstruktur. Das hier beschriebene, seit 1954 mit seinen beiden ersten Sätzen in Betrieb befindliche Kraftwerk nimmt insofern eine Sonderstellung ein, als die Verfeuerung eines minderwertigen Brennstoffes — das verfeuerte Lignit hat einen unteren Heizwert zwischen 1700 und 2300 kcal/kg mit einem Wasser-

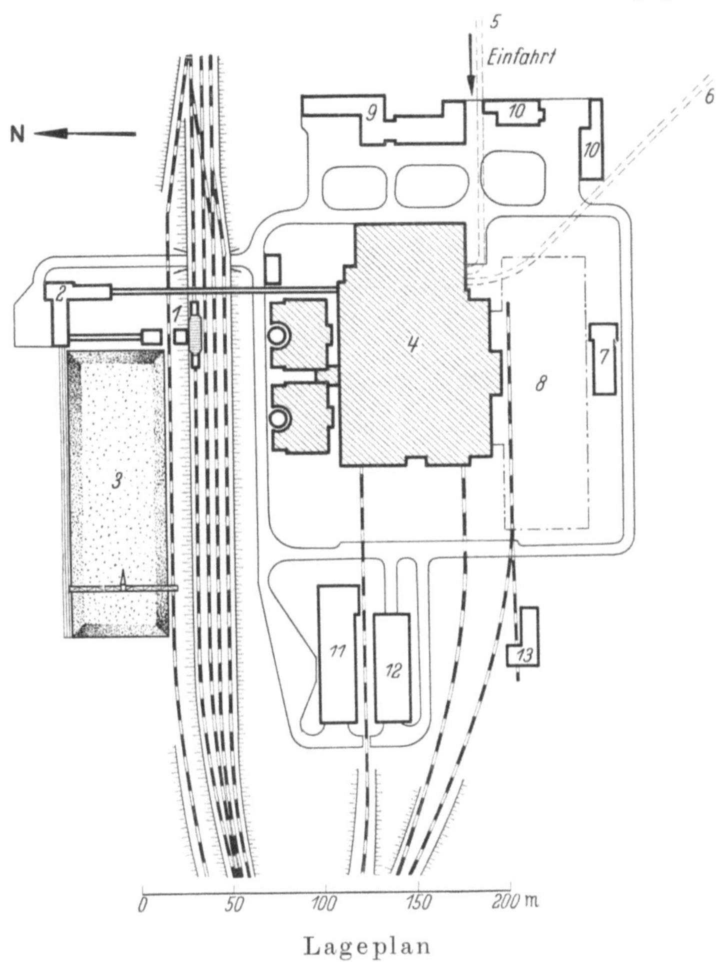

Lageplan

1 Waggonkipper
2 Brecherstation
3 Kohlenlagerplatz mit Portalbrückenkran
4 Kraftwerk
5 Kühlwasserzulauf
6 Kühlwasserablauf
7 22 kV-Schalthaus
8 100 kV-Freiluftschaltanlage
9 Verwaltung
10 Feuerlöschgeräte und Garagen
11 Lager
12 Werkstatt
13 Öllager

gehalt bis zu 47% — mit Flußwasserkühlung verbunden werden konnte. Im allgemeinen liegen die Vorkommen ballastreicher Brennstoffe in erheblichem Abstand von Flüssen oder Kanälen. Da ein weiter Transport derartiger Brennstoffe im Gegensatz zur Steinkohle unwirtschaftlich ist, muß im allgemeinen das Kühlwasser rückgekühlt werden.

Ausgelegt wurde das Kraftwerk für einen Dampfzustand von 90 atü, 500° C an der Turbine ohne Zwischenüberhitzung. Aufgestellt wurden 4 Kessel mit einer Leistung von je 125 t/h zur Speisung von zwei 50 MW-Turbinen. Bei Normalblockbetrieb wird im Block — wobei 2 Kessel auf eine Turbine geschaltet sind — gefahren, jedoch sind Verbindungsleitungen verlegt, die es ermöglichen, in Störungsfällen die beiden Turbinen von

3 Kesseln zu speisen, deren Dampferzeugung zum vollen Ausfahren dieser beiden Sätze ausreicht.

Die Kohle wird mittels Waggons von dem etwa 15 km entfernten Vorkommen zum Kraftwerk befördert und dort mittels Stirnkipper auf Gummiförderbänder aufgegeben. Sie gelangt dann entweder unmittelbar zum Brecher oder mittels eines auf einer Fachwerkkonstruktion gelagerten Stahlbandförderers auf den Kohlenplatz. Dieser wird von

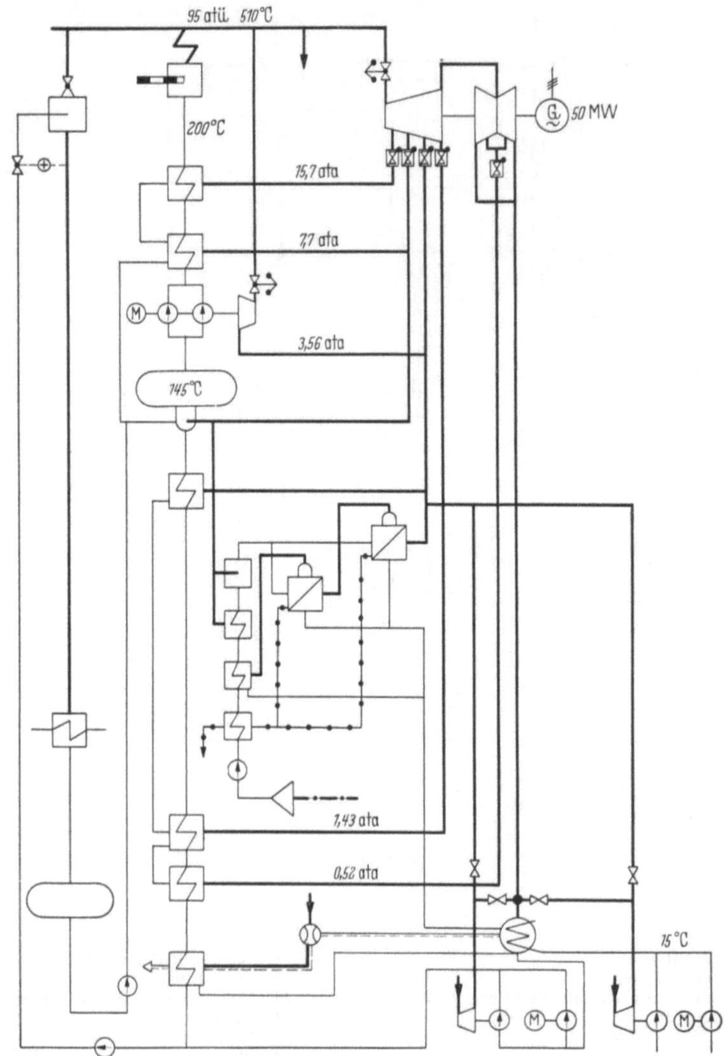

Wärmegrundschaltplan

einem Portalbrückenkran bestrichen, der auch eine unmittelbare Entladung von längs des Kohlenplatzes abgestellten Bahnwagen gestattet.

Das Kühlwasser läuft dem Werk durch einen etwa 400 m langen Kanal zu und wird ebenso dem Fluß wieder zugeleitet. Hierbei kann das natürliche Gefälle ausgenutzt werden. Schlacke und Flugasche werden hydraulisch in Becken gespült. Der Brennstoff wird durch ein regelbares Gemisch von Feuer- und Abgasen vorgetrocknet, bevor er auf eine Körnung von 3 mm gebrochen und anschließend gemahlen wird.

Die beiden Turbinen haben 2 Gehäuse, 5 Anzapfungen und 2 Abdampfstutzen. Zwei Vorwärmstufen liegen hinter dem Speisewasserbehälter bzw. den Speisepumpen. Im

Normalfall werden die elektrisch angetriebenen Pumpen benutzt. Die dritte Anzapfung speist den zweistufigen Verdampfer. Die eine der beiden Kühlwasserpumpen hat einen kombinierten Dampf- und elektrischen Antrieb.

Die beiden Generatoren speisen über je einen 63 MVA-Umspanner unmittelbar in die 100 kV-Freiluftsammelschienen. Der Eigenbedarf jeder Einheit ist wie üblich unmittelbar an die Generatorklemmen über einen 12,5 MVA-Regelumspanner angeschlossen. Eine zweite Einspeisung des Eigenbedarfes besteht von der 100 kV-Sammelschiene über einen Regelumspanner von gleichfalls 12,5 MVA. Das 22 kV-Schalthaus wird von der 100 kV-Sammelschiene über zwei 25 MVA-Regelumspanner versorgt.

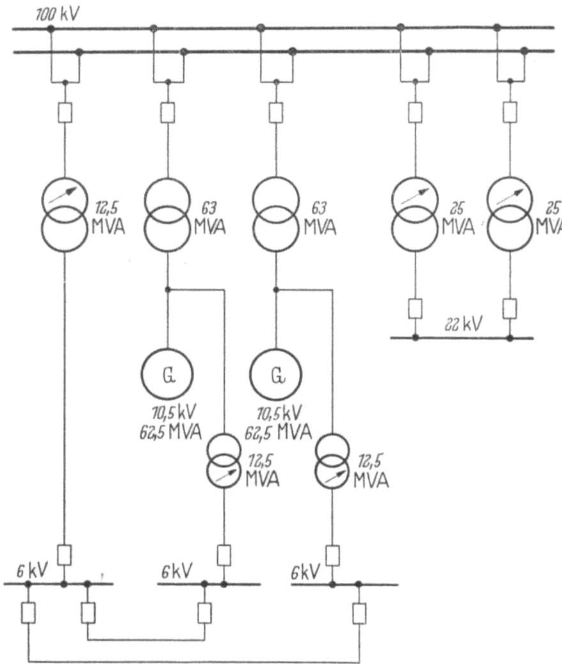

Elektrischer Übersichtsschaltplan

Das Kraftwerk wurde in Flachbauweise errichtet. Die beiden 100 m hohen Schornsteine sind frei stehend und für je 2 Kessel gemeinsam. Die Elektrofilter stehen im Freien. Im übrigen folgt die Anordnung dem Erzeugungsvorgang: Die Bunker liegen an der Außenseite des Kesselhauses. Speisepumpen und Speisewasserbehälter befinden sich in einem besonderen, zwischen Kessel- und Maschinenhaus eingeschobenen Gebäudetrakt. Zwischen den Speisepumpen liegt die Wärmewarte. Die Turbinen sind längsgestellt. Zwischen ihnen befinden sich die Niederdruckvorwärmer. Die Eigenbedarfsschaltanlage und die Elektrowarte sind in einem Gebäude, das sich an die Außenwand des Maschinenhauses anschließt, untergebracht. Die Umspanner stehen im Freien. Kessel- und Maschinenhaus haben künstliche Belüftung, die Schaltwarte hat eine Klimaanlage.

Schrifttum

Schwerindustrie in der Tschechoslowakei 1956, Heft 11, S. 1/20.

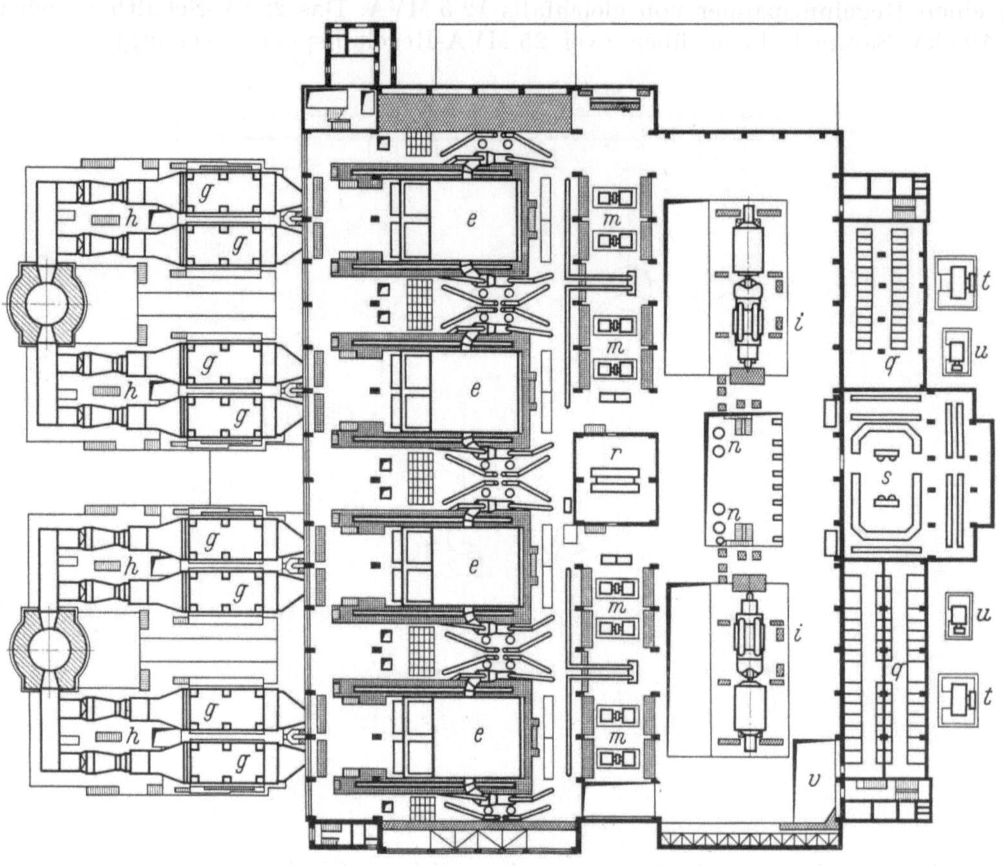

Grundriß

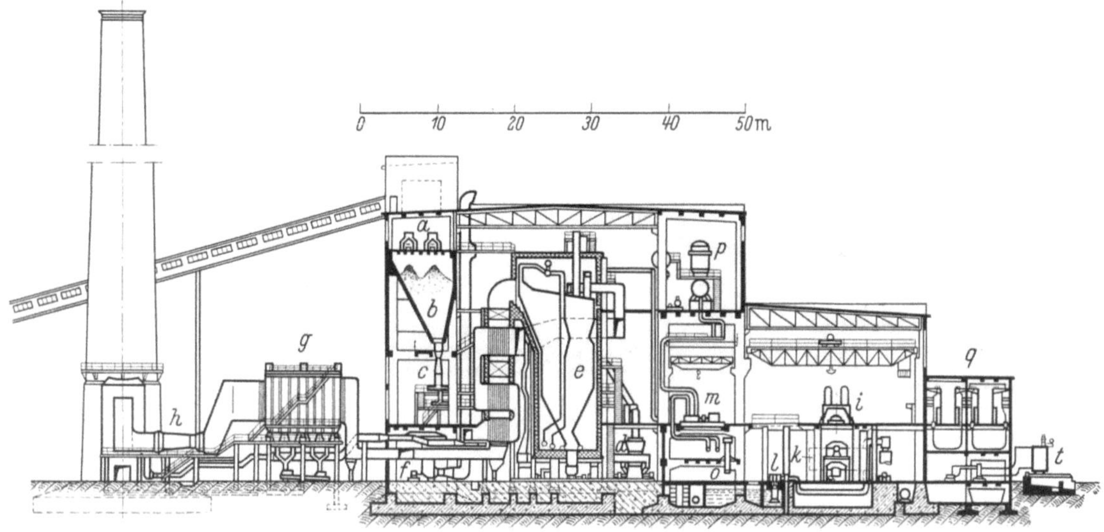

Querschnitt

Legende zum Grundriß und Querschnitt

a	Bekohlung	*m*	Kesselspeisepumpe
b	Bunker	*n*	Niederdruckvorwärmer
c	Kohlenzuteiler	*o*	Hochdruckvorwärmer
d	Kohlenmühle	*p*	Speisewasserbehälter und Entgaser
e	Kessel	*q*	Eigenbedarfsschaltanlage
f	Frischluftgebläse	*r*	Wärmewarte
g	Elektrofilter	*s*	Elektrowarte
h	Saugzuggebläse	*t*	Hauptumspanner
i	Turbogenerator	*u*	Eigenbedarfsumspanner
k	Kondensator	*v*	Montageöffnung
l	Kühlwasserpumpe		

Schaubild

184 **Kraftwerk Creil, Frankreich**

(Electricité de France, Paris, Bezirk Seine et Oise)

Baujahr 1953/56

Kessel	Block I bis IV
Anzahl	4
Leistung t/h	400
Art	Naturumlauf
Genehmigungsdruck atü	105
Dampfzustand bei Austritt atü	95
Dampfzustand bei Austritt °C	545
Dampfzustand hinter ZWÜ atü	18
Dampfzustand hinter ZWÜ °C	545
Brennstoff:	
Art	Steinkohle
unterer Heizwert kcal/kg	—
Feuerung	Brenner
Schlackenabzug	trocken
Luftvorwärmung °C	—
Abgastemperatur °C	—
Wirkungsgrad %	89 (Bestlast)

Rauchgasentstaubung: elektrisch
Wasseraufbereitung: chemisch und Verdampfung
Bauweise: Stahlbeton
Vorgesehene Gesamtleistung: 500 MW

Turbinen	Block I bis IV
Anzahl	4
Leistung MW	125
Leistung MVA	156
Art	K
Drehzahl U/min	3000
Dampfdurchsatz t/h	—
Dampfzustand bei Eintritt atü	88
Dampfzustand bei Eintritt °C	540
bei Wiedereintritt atü	15
bei Wiedereintritt °C	540
Kühlwassertemperatur °C	—
Dampfzustand bei Austritt ata	—
Dampfzustand bei Austritt °C	—
Gehäusezahl	3
Abdampfstutzen (flutig)	2
Vorwärmstufen	7
Entgasungstemperatur °C	148
Speisewassertemperatur °C	241
Kennzahlen	
Spez. Wärmeverbr. netto kcal/kWh	—
„ Flächenbedarf m^2/kW	0,018
„ Raumbedarf m^3/kW	0,72

Das an der Oise gelegene Kraftwerk ging im Jahr 1955 mit dem ersten Satz, im Jahr 1956 mit den übrigen 3 Sätzen in Betrieb. Jeder Satz leistet 125 MW. Die Ausbaugröße des Werkes ist bei ausschließlicher Frischwasserkühlung auf diese Leistung begrenzt. Die 4 Sätze arbeiten mit einem Dampfzustand von 88 atü, 540° C mit Zwischenüberhitzung auf die gleiche Temperatur bei 15 atü.

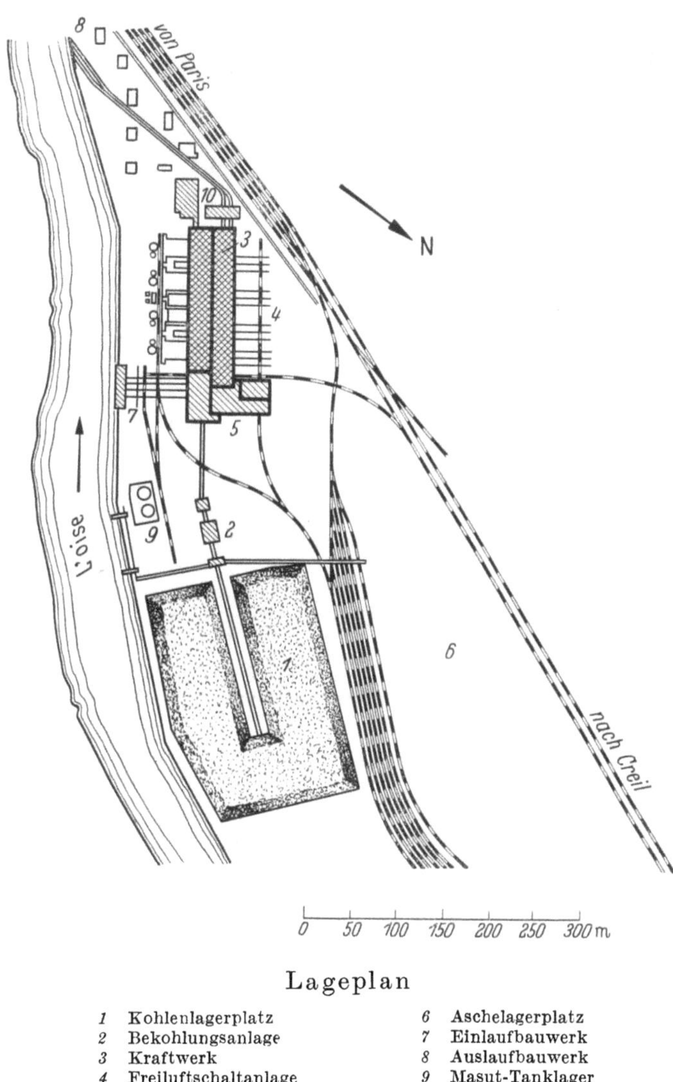

Lageplan

1	Kohlenlagerplatz	*6*	Aschelagerplatz
2	Bekohlungsanlage	*7*	Einlaufbauwerk
3	Kraftwerk	*8*	Auslaufbauwerk
4	Freiluftschaltanlage	*9*	Masut-Tanklager
5	Lager und Werkstätten	*10*	Verwaltung

Wie der Lageplan erkennen läßt, hat das Kraftwerksgelände, bedingt durch seine Lage am Ufer der Oise und an der Bahnlinie Paris–Creil, eine dreieckförmige Gestalt. Das Kraftwerk wurde in den spitzen Winkel zwischen Fluß und Schienenweg gelegt. Der Kohlenlagerplatz mußte daher seitlich vom Kraftwerk angelegt werden.

Jeder Turbine ist ein 400 t/h-Trommelkessel zugeordnet. Dieser enthält 4 Reihen von Eckenbrennern. Zum Anfahr- und Schwachlastbetrieb sind noch Ölbrenner vorhanden. Jeder Kessel wird von 4 Raymond-Mühlen mit einer Leistung von 14,5 t/h versorgt. Die Turbinen sind dreigehäusig mit 2 Abdampfstutzen und 7 Anzapfungen. Drei Vorwärmer liegen hinter den Speisepumpen. Der erste Hochdruckvorwärmer, der von der ersten hinter dem Zwischenüberhitzer liegenden Anzapfung beaufschlagt wird, hat einen Enthitzer, den das Speisewasser vor seinem Eintritt in den Kessel durchläuft.

Von den 4 Generatoren sind drei über je einen 150 MVA-Umspanner auf die 225 kV-Sammelschiene geschaltet. Der vierte Generator versorgt ebenso die 63 kV-Sammelschiene. Die beiden Sammelschienen sind durch zwei 100 MVA-Umspanner miteinander

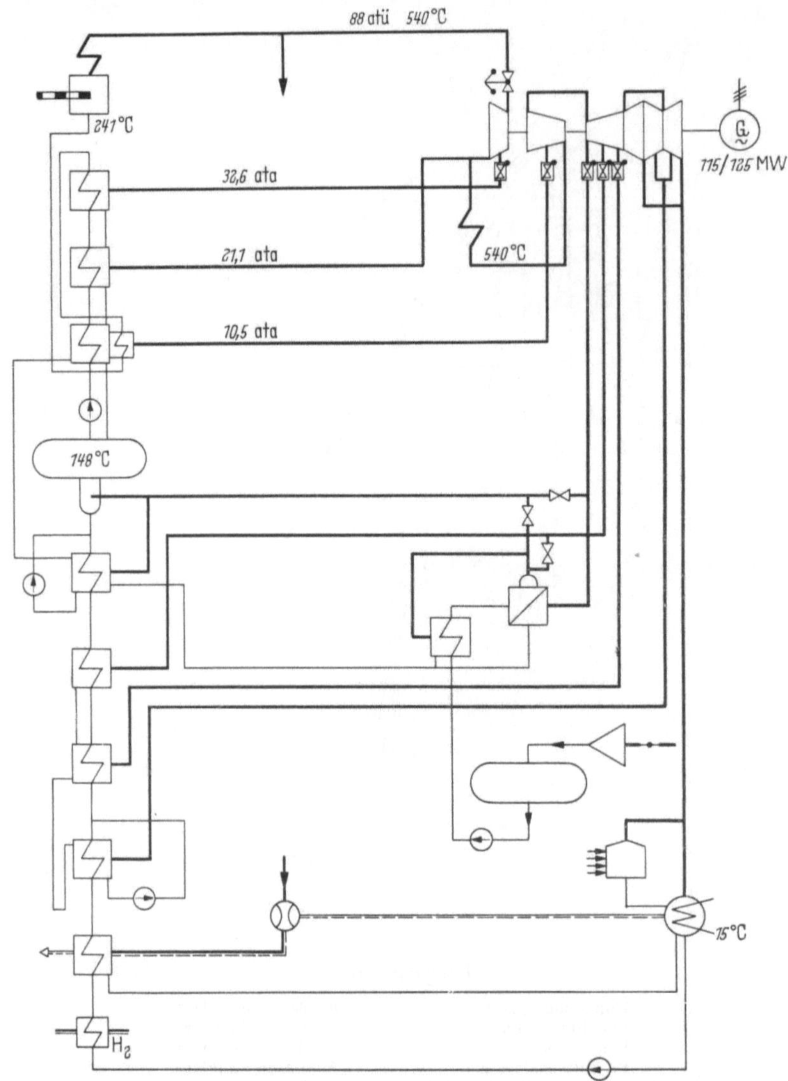

Wärmegrundschaltplan

verbunden. Der Eigenbedarf jedes Generators ist über 12,5 MVA-Umspanner unmittelbar hinter den Generatorklemmen abgezweigt. Daneben sind zwei auf 5 kV abspannende 16 MVA-Umspanner an die 63 kV-Sammelschiene angeschlossen.

Das Kraftwerk ist in Flachbauweise errichtet. Die Bunker sind zwischen den Kesseln angeordnet. Unter ihnen stehen die Kohlenstaubmühlen. Die Rauchgasfilter und die Saugzugventilatoren stehen im Freien. Jeder Kessel hat seinen eigenen Schornstein. Im Schwerpunkt zwischen je 2 Blocks befinden sich besonders gut ausgestattete Wärmewarten, die eine weitgehende Kontrolle und Steuerung der Stromerzeugung ermöglichen.

Die Turbinen sind längsgestellt. Die Nebenapparate des Speisewasserkreislaufes sind im Maschinenhaus untergebracht. Es ist kein besonderer Trakt zwischen Kessel- und Maschinenhaus zur Unterbringung von Kesselspeisepumpen, Vorwärmern, Behältern und Entgaser vorhanden. Die Freiluftanlage einschließlich der Trafos steht direkt neben dem Maschinenhaus.

Schrifttum

Genie civ. Bd. 132 (1955) S. 395.

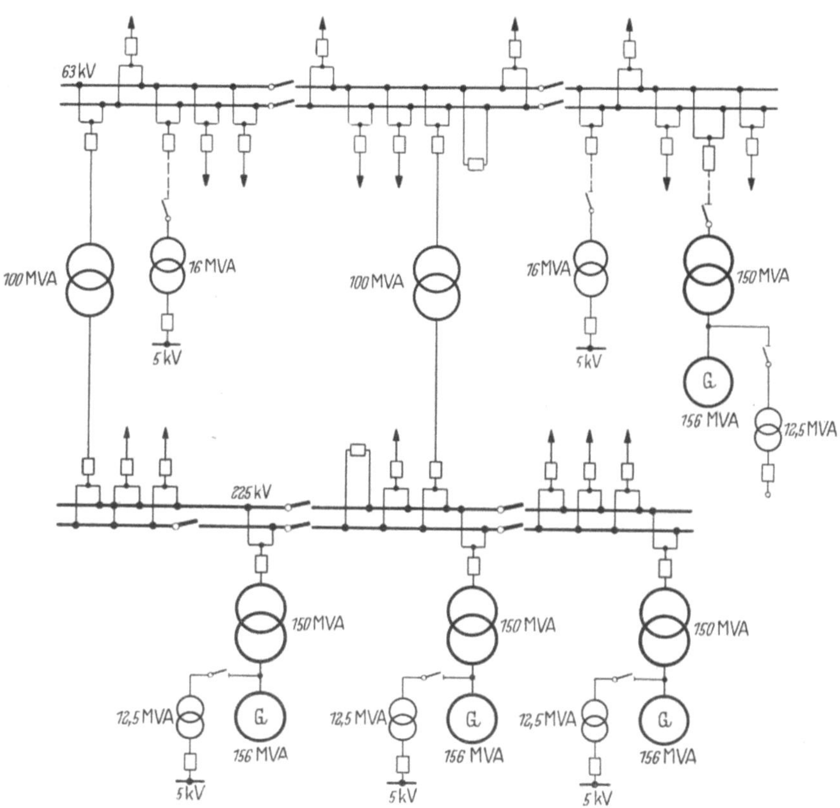

Elektrischer Übersichtsschaltplan

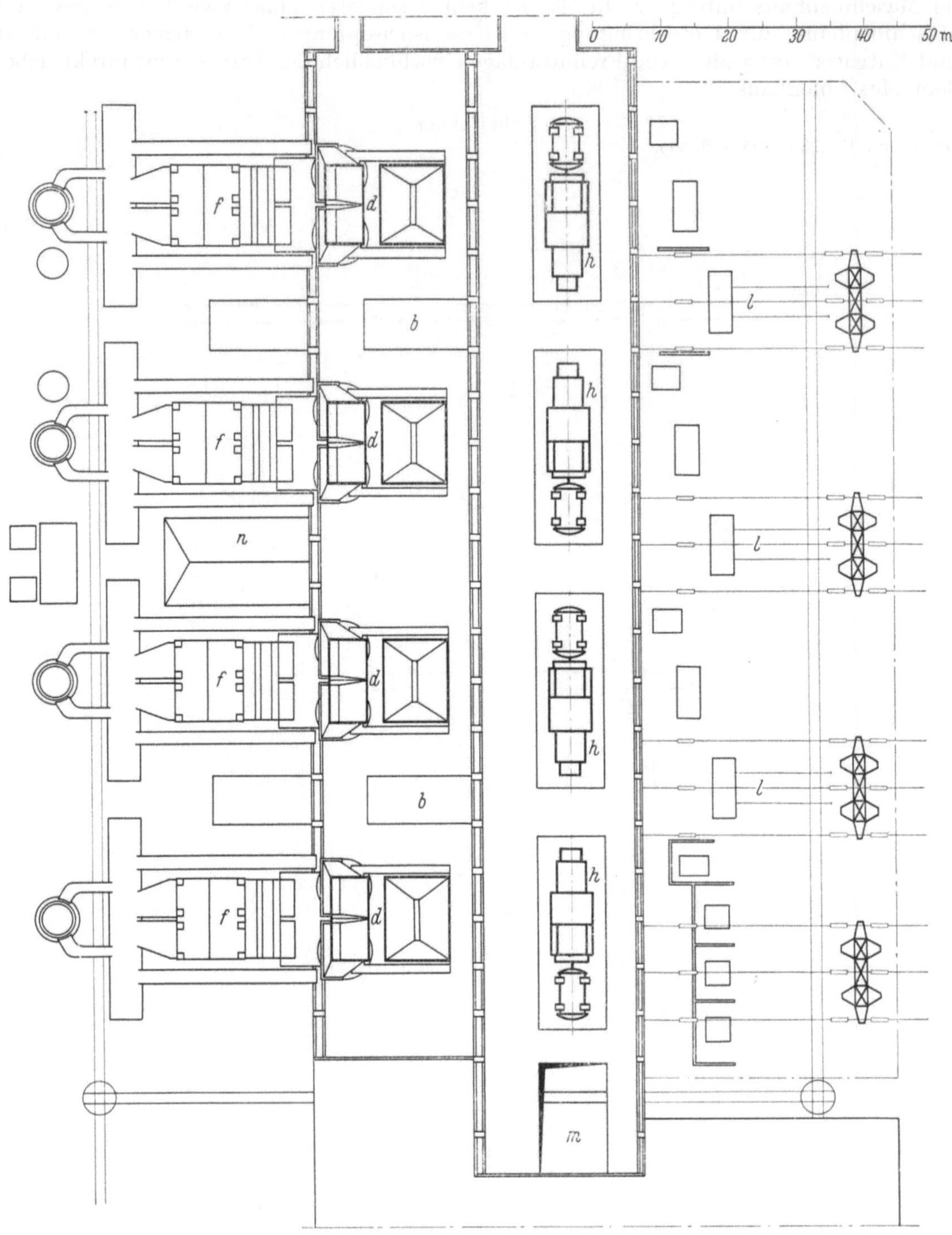

Grundriß

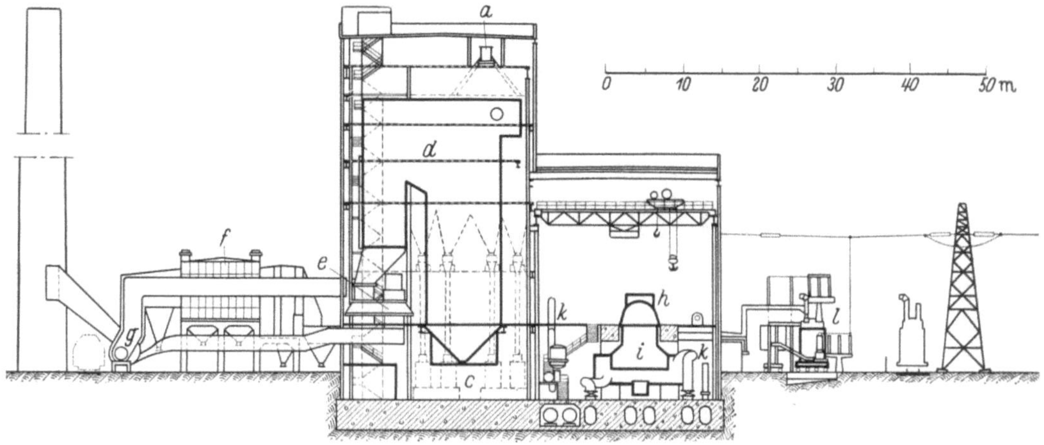

Querschnitt

Legende zum Grundriß und Querschnitt

a	Bekohlung	*h*	Turbogenerator
b	Bunker	*i*	Kondensator
c	Kohlenmühlen	*k*	Vorwärmer
d	Kessel	*l*	Hauptumspanner
e	Luftvorwärmer	*m*	Montageöffnung
f	Rauchgasfilter	*n*	Warte
g	Rauchgasgebläse		

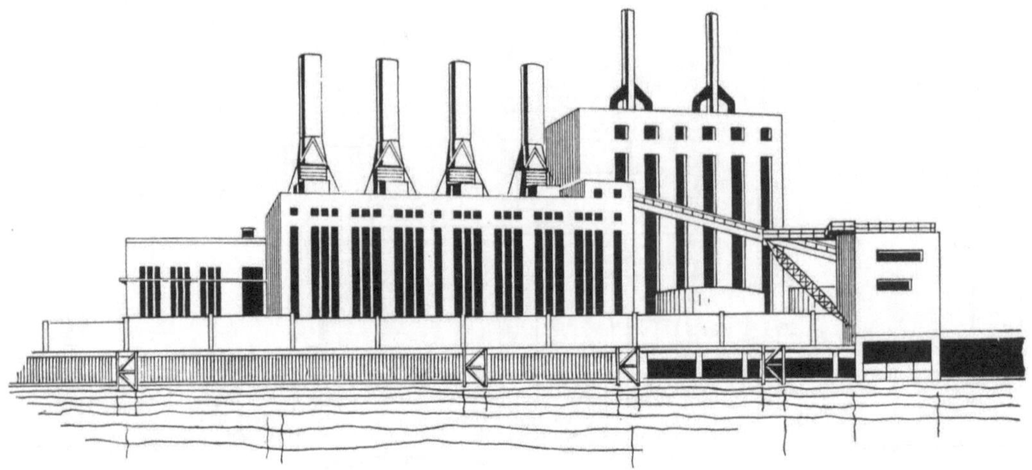

Schaubild

185

Kraftwerk Arrighi, Frankreich

(Electricité de France, Paris, Bezirk Paris)

Baujahr 1949/54

Kessel		Satz 5	Satz 6
Anzahl		1	1
Leistung	t/h	450	415
Art		Naturumlauf	
Genehmigungsdruck	atü	—	—
Dampfzustand bei Austritt	atü	92	92
	°C	525	525
Dampfzustand hinter ZWÜ	atü	—	19
	°C	—	525
Brennstoff:			
Art		Kohle, Öl	
unterer Heizwert	kcal/kg	—	—
Feuerung		Brenner	
Schlackenabzug		trocken	trocken
Luftvorwärmung	°C	—	279
Abgastemperatur	°C	—	115
Wirkungsgrad	%	—	88,7

Rauchgasentstaubung: elektrisch
Wasseraufbereitung: chemisch und Verdampfung
Bauweise: Beton, Stahlfachwerk
Vorgesehene Gesamtleistung: 500 MW

Turbinen		Satz 5	Satz 6
Anzahl		1	1
Leistung	MW	110	107
Leistung	MVA	—	146
Art		K	K
Drehzahl	U/min	3000	3000
Dampfdurchsatz	t/h	—	—
Dampfzustand bei Eintritt	atü	88	88
	°C	520	520
bei Wiedereintritt	atü	—	16
	°C	—	520
Kühlwassertemperatur	°C	15	15
Dampfzustand bei Austritt	ata	0,036	0,035
	°C	—	—
Gehäusezahl		2	3
Abdampfstutzen (flutig)		2	3
Vorwärmstufen		5	6
Entgasungstemperatur	°C	158	—
Speisewassertemperatur	°C	238	245

Kennzahlen

Spez. Wärmeverbr. netto	kcal/kWh	—
„ Flächenbedarf	m^2/kW	0,023
„ Raumbedarf	m^3/kW	0,99

Das Kraftwerk, dessen Errichtung im Jahr 1927 beschlossen wurde, liegt bei dem Pariser Vorort Vitry-Sud. Es wurde zunächst mit 4 Turbosätzen von je 55 MW für einen Dampfzustand von 32 atü, 425 ° C an der Turbine ausgestattet. Der Dampf wurde von

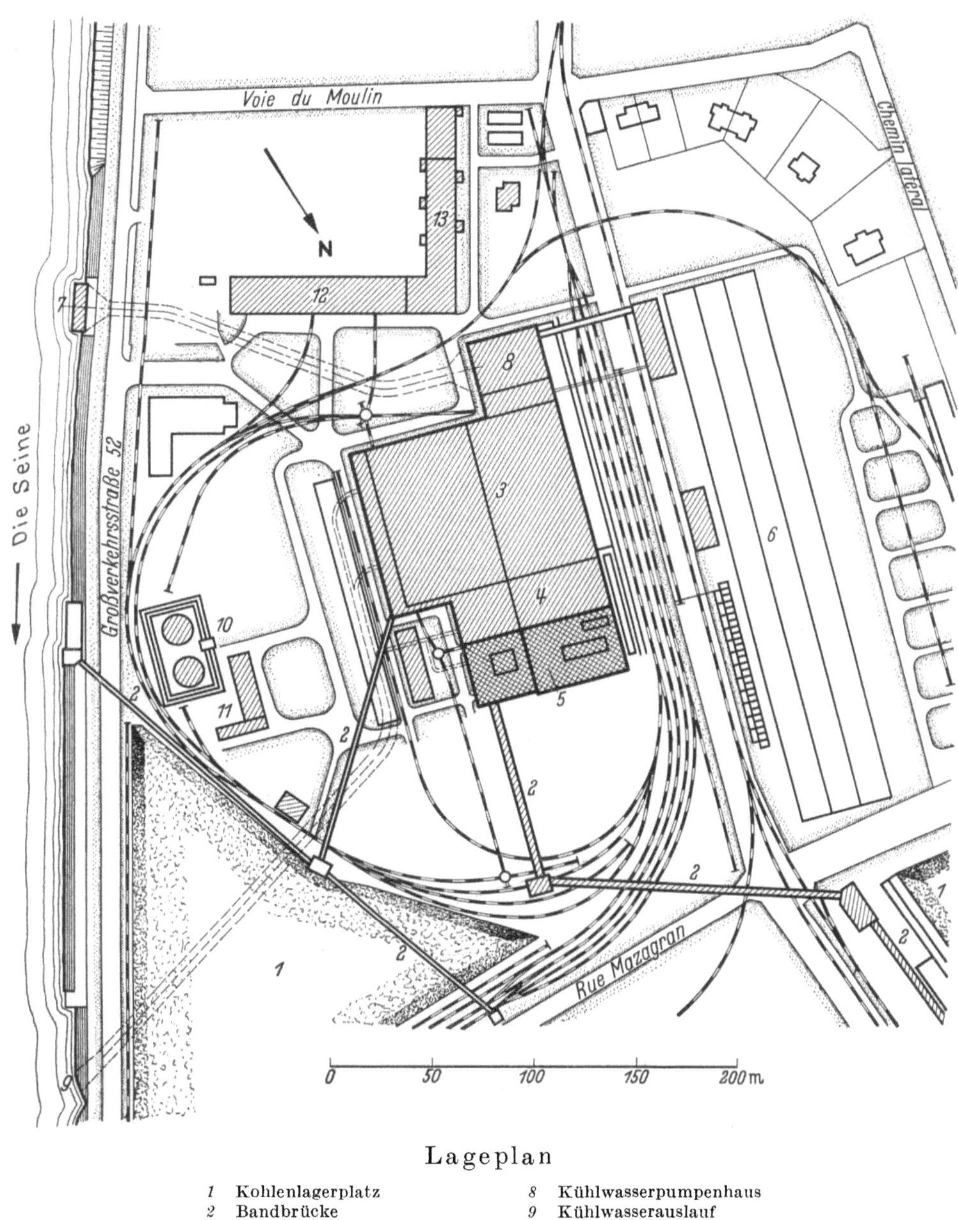

Lageplan

1	Kohlenlagerplatz	8	Kühlwasserpumpenhaus
2	Bandbrücke	9	Kühlwasserauslauf
3	Kraftwerk, Ausbau 1910/30	10	Öltanklager
4	Kraftwerk, Ausbau 1949/51	11	Bürogebäude
5	Kraftwerk, Ausbau 1952/54	12	Werkstatt und Lager
6	60 kV-Freiluftschaltanlage	13	Waschräume
7	Einlaufbauwerk		

9 Kesseln mit einer Leistung von 135 t/h erzeugt. Sie waren in 2 Reihen im Kesselhaus angeordnet. Die Leistungen der Einheiten waren für die damalige Zeit beachtlich. Schon damals war vorgesehen, das Kraftwerk mit einer Leistung von 500 MW auszustatten.

Bei der Erweiterung in den Jahren 1949/53 lehnte man sich an die vorhandene Anlage an. Das Pumpen- und Maschinenhaus konnten verlängert werden. Beim Kesselhaus mußte man begreiflicherweise die alte Anordnung verlassen. Während der erste Satz für einen Dampfzustand von 88 atü, 520° C an der Turbine und eine Leistung von 110 MW im Jahr 1951 in Betrieb kam, wurde der zweite Satz mit einer Leistung von 107 MW im Jahr 1954 angefahren. Dieser erhielt jedoch eine Zwischenüberhitzung auf gleichfalls 520° C.

Für die Kraftwerkserweiterung wurde eine besondere Bekohlungsanlage mit getrenntem Kohlenplatz angelegt. Bei der Kühlwasserversorgung — das Wasser wird der Seine entnommen — wurde die Neuanlage an das bereits vorhandene System angeschlossen.

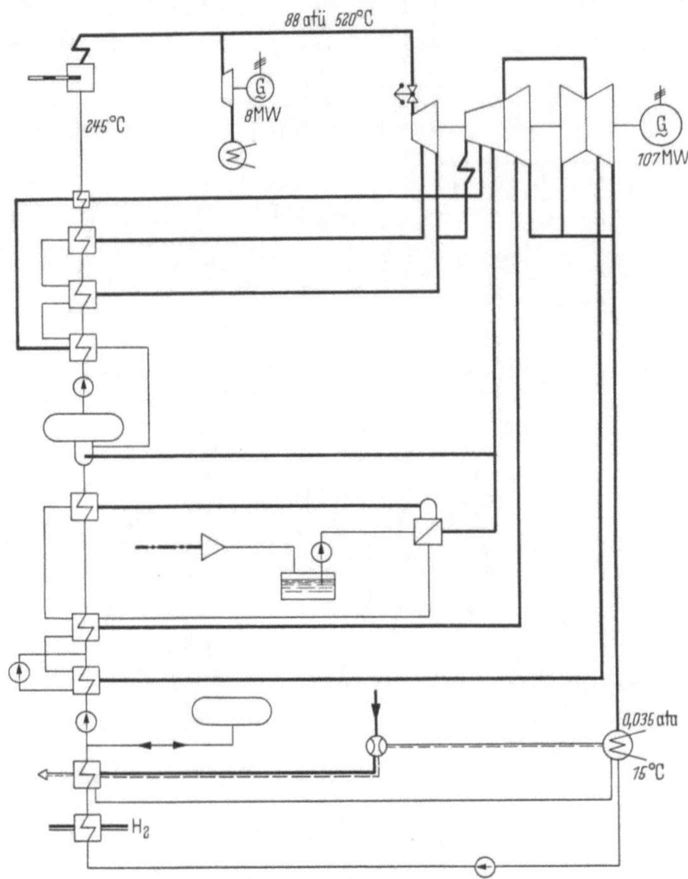

Wärmegrundschaltplan Satz 6

Die Bauart der beiden Kessel ist die gleiche: Zweizug-Naturumlaufkessel mit Deckenfeuerung und Ljungström-Luftvorwärmern. Die ohne Zwischenüberhitzung arbeitende Turbine hat 2 Gehäuse, 2 Abdampfstutzen sowie 5 Vorwärmstufen. Zwei Vorwärmer liegen hinter den Speisepumpen. Die Wärmeschaltung zeigt keine Besonderheiten. Parallel zu den ersten 3 Vorwärmstufen liegt ein Ausgleichbehälter. Der einstufige Verdampfer ist an die dritte Vorwärmstufe angeschlossen.

Die Turbine mit Zwischenüberhitzung ist dreigehäusig mit 3 Abdampfstutzen und 6 Anzapfungen. In dem mittleren Gehäuse befindet sich der Mitteldruckteil sowie ein Niederdruckteil, die beiden übrigen sind im dritten Gehäuse untergebracht. Die Zahl der Hochdruckvorwärmer beträgt nunmehr drei. Der hinter dem Zwischenüberhitzer entnommene Dampf durchläuft vor dem Eintritt einen Enthitzer. Dieser liegt wasserseitig unmittelbar vor dem Kessel. Auch hier ist der einstufige Verdampfer an die drittletzte Vorwärmstufe angeschlossen. Zwei Hausturbinen mit einer Leistung von je 8 MW, die für den gleichen Frischdampfzustand wie die Hauptturbinen ausgelegt sind, versorgen den Eigenbedarf; sie sind zweigehäusig ohne Anzapfungen.

Die beiden Generatoren sind über Blockumspanner an eine 60 kV-Doppelsammelschiene angeschlossen. Die beiden Hilfsmaschinen sind auf je eine Eigenbedarfssammelschiene geschaltet, zwischen denen vor allem für Störungsfälle eine Kupplungsmöglichkeit besteht.

Das Bunker- und Kesselhaus bildet baulich eine Einheit. Der Bunker liegt an der Außenwand. Die Elektrofilter befinden sich oberhalb der Kessel. Von dort werden die

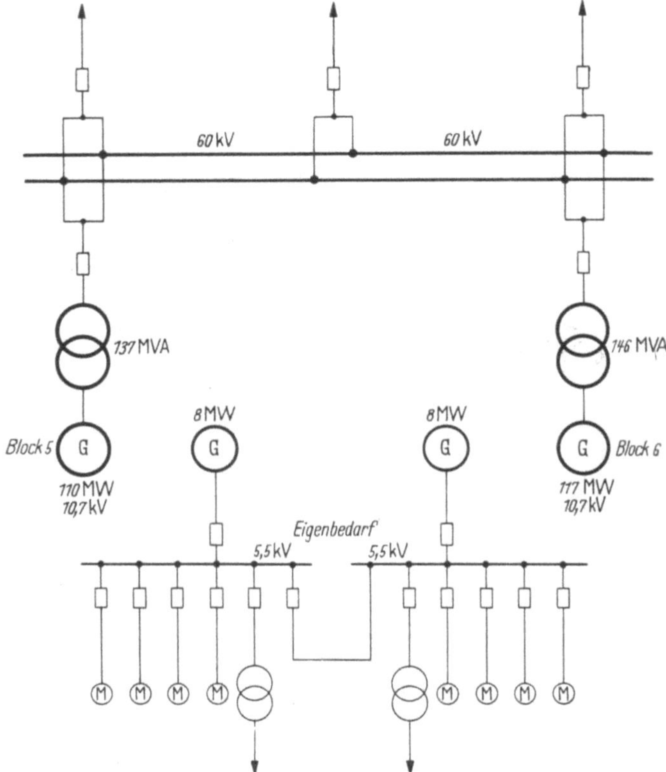

Elektrischer Übersichtsschaltplan

Rauchgase zu den oberhalb der Bunker befindlichen Schornsteinen geleitet; jeder Kessel hat einen Schornstein. Der Querschnitt des Pumpen- und Maschinenhauses stimmt, wie bereits erwähnt, mit dem der älteren Anlage überein. Haupt- und Hilfsturbinen sind quergestellt. Oberhalb des Hauptkranes mit einer Tragkraft von 130 t läuft nur ein weiterer mit einer Tragkraft von nur 20 t. Die Elektrowarte befindet sich im Pumpenhaus in der Höhe des Maschinenhausflures.

Schrifttum

La centrale Arrighi (Vitry Sud) de l'union d'Electricité, Ausgabe der Union d'Electricité 1932.
Techn. mod. Bd. 46, April 1954, Nr. 4.
Génie civ. Bd. 133 (1956) S. 58.

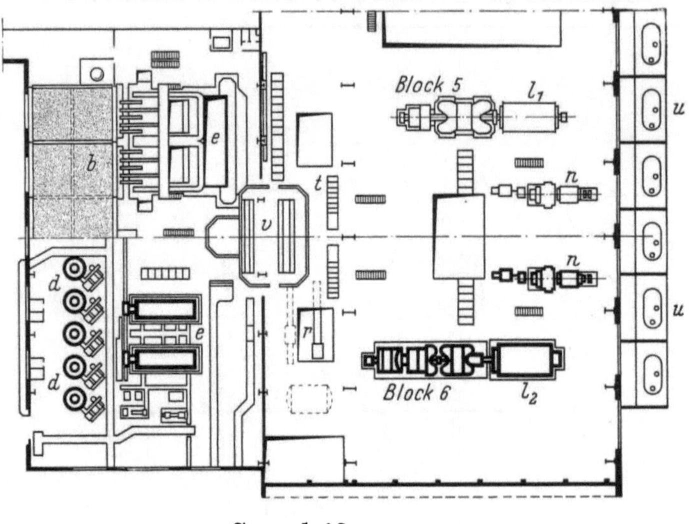

Grundriß

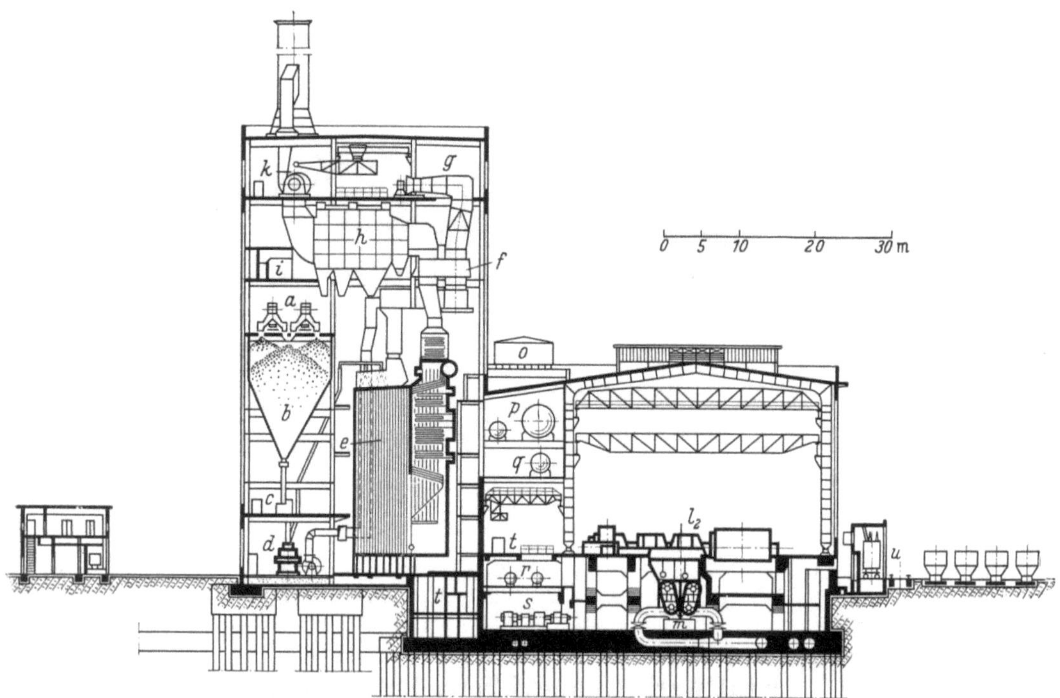

Querschnitt

Legende zum Grundriß und Querschnitt

a	Bekohlung	l_2	Turbogenerator Nr. 6
b	Bunker	*m*	Kondensator
c	Kohlenzuteiler und Waage	*n*	Hausturbosatz
d	Kohlenmühle	*o*	Rohwasserbehälter
e	Kessel	*p*	Anfahrbehälter
f	Luftvorwärmer	*q*	Reinwasserbehälter
g	Frischluftgebläse	*r*	Vorwärmer
h	Elektrofilter	*s*	Kesselspeisepumpe
i	Hochspannungsräume	*t*	Eigenbedarfsschaltanlage
k	Saugzuggebläse	*u*	Umspanner
l_1	Turbogenerator Nr. 5	*v*	Wärmewarte

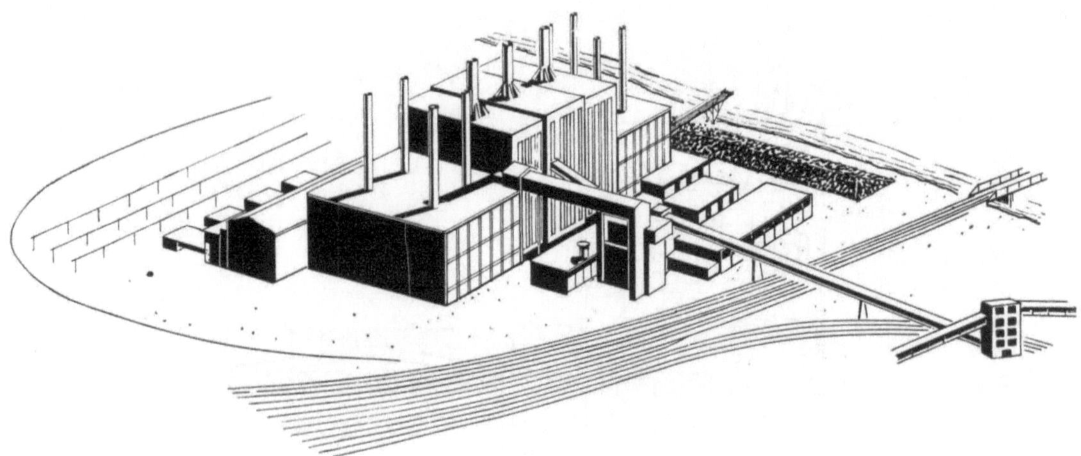

Schaubild

186

Kraftwerk Gennevilliers, Frankreich

(Electricité de France, Paris, Bezirk Paris)

Baujahr 1948

Kessel			Turbinen		
Anzahl		6	Anzahl		2
Leistung	t/h	265	Leistung	MW	100
Art		Naturumlauf	Leistung	MVA	125
			Art		K
Genehmigungsdruck	atü	—	Drehzahl	U/min	3000
Dampfzustand bei Austritt	atü	92	Dampfdurchsatz	t/h	—
	°C	527	Dampfzustand bei Eintritt	atü	88
Dampfzustand hinter ZWÜ	atü	—		°C	520
	°C	—	bei Wiedereintritt	atü	—
Brennstoff:				°C	—
Art		Steinkohle	Kühlwassertemperatur	°C	15
unterer Heizwert	kcal/kg	—	Dampfzustand bei Austritt	ata	0,034
				°C	—
Feuerung		Brenner	Gehäusezahl		2
Schlackenabzug		trocken	Abdampfstutzen (flutig)		2
Luftvorwärmung	°C	315	Vorwärmstufen		5
Abgastemperatur	°C	138	Entgasungstemperatur	°C	160
Wirkungsgrad	%	88	Speisewassertemperatur	°C	230

Kennzahlen

Spez. Wärmeverbr. netto	kcal/kWh	2640
„ Flächenbedarf	m^2/kW	0,031
„ Raumbedarf	m^3/kW	1,19

Rauchgasentstaubung: —
Wasseraufbereitung: chemisch und Verdampfung
Bauweise: Beton
Vorgesehene Gesamtleistung: — MW

Zwei Entnahme-Kondensationsturbinen 88 atü, 520° C, je 8 MW, Entnahme 0—82 t/h, Entnahmedruck 16 bis 30 ata.

Das Kraftwerk wurde im Jahr 1921 errichtet und mehrfach erweitert. Im Zusammenhang mit den Stromerzeugungsanlagen entwickelte sich ein bedeutender Knotenpunkt des elektrischen Verteilungsnetzes. Die Lage an der Seine, zumal im Bereich von Paris, rechtfertigte nach dem zweiten Weltkrieg eine nochmalige Erweiterung durch Aufstellung zweier 100 MW-Sätze und Übergang zu höheren Drücken und Temperaturen (88 atü, 520° C an der Turbine). Mit der Erweiterung der Stromerzeugungsanlage mußte auch eine wirtschaftliche Belieferung der umliegenden Industriebetriebe mit Heizdampf sichergestellt werden.

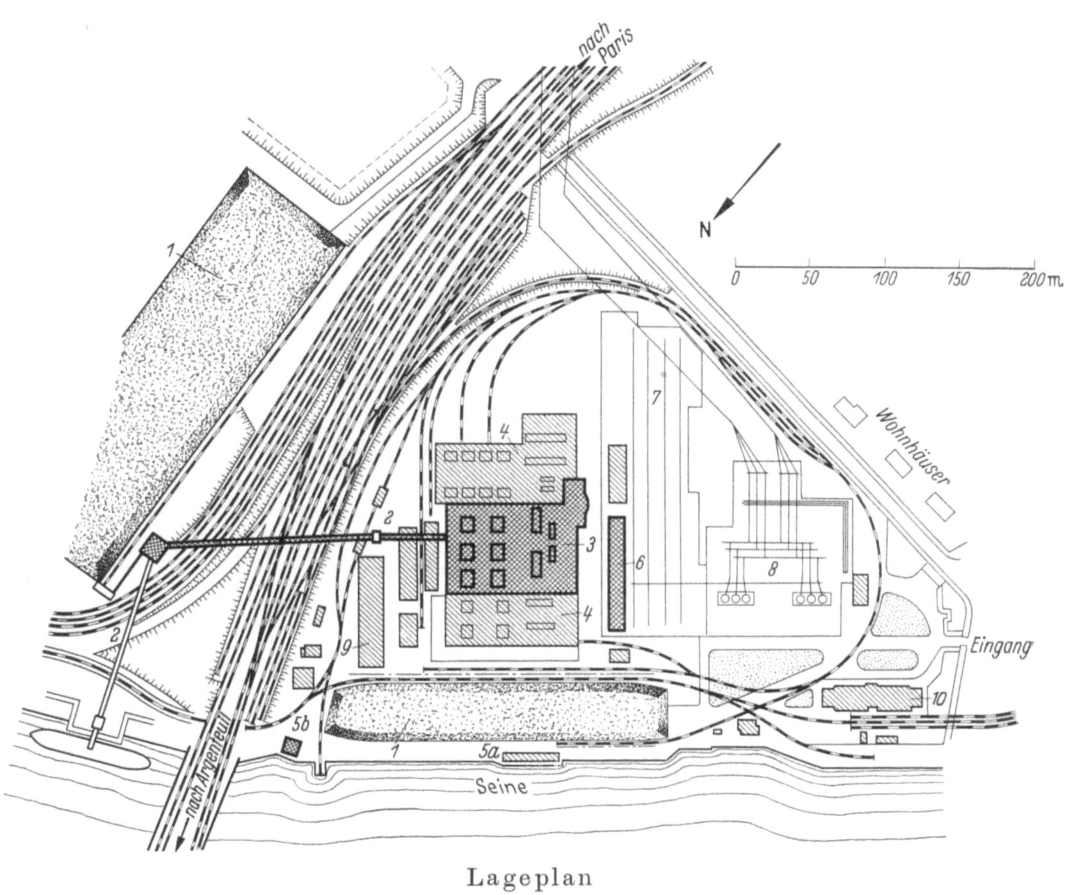

Lageplan

1 Kohlenlagerplatz
2 Bekohlungsbänder
3 Neues Kraftwerk
4 Altes Kraftwerk
5a Altes Einlaufbauwerk
5b Neues Einlaufbauwerk
6 60 kV-Umspannstation
7 60 kV-Schaltanlage
8 220 kV-Schaltanlage
9 Lager
10 Kasino

Das Kraftwerk Gennevilliers gehört zu den ersten europäischen Kraftwerken, in denen 100 MW-Blocks zur Aufstellung kamen. Die Erweiterung wurde unter weitestmöglicher Ausnutzung der vorhandenen Gebäude durchgeführt, wobei das Kesselhaus erhöht werden mußte.

Die Kohle kann per Bahn oder Schiff angeliefert werden. Das Kraftwerk liegt an der Bahnlinie Paris–Argenteuil. An das Betriebsgebäude schließen sich umfangreiche Schaltanlagen für 60 und 220 kV an.

Man stellte 6 Dreizug-Naturumlaufkessel mit einer Leistung von je 265 t/h auf, so daß 2 Einheiten für die Speisung einer Turbine ausreichen, also insgesamt 2 Kessel in Reserve gehalten werden können. Jeder Kessel hat 2 Frischluft- und 2 Saugzuggebläse. Zwecks wirtschaftlicher Drehzahlregelung haben die Motoren der Saugzuggebläse Motoren mit unterschiedlichen Drehzahlen (750 und 600 U/min).

Die Turbinen sind zweigehäusig mit 2 Abdampfstutzen und 5 Vorwärmstufen. Zwei Vorwärmer liegen hinter den Speisepumpen. Zur Versorgung der Industrieabnehmer sind zwei zweigehäusige Entnahmekondensationsturbinen für einen Dampfdurchsatz von je 92 t/h aufgestellt. Der Dampf wird zwischen den beiden Gehäusen entnommen.

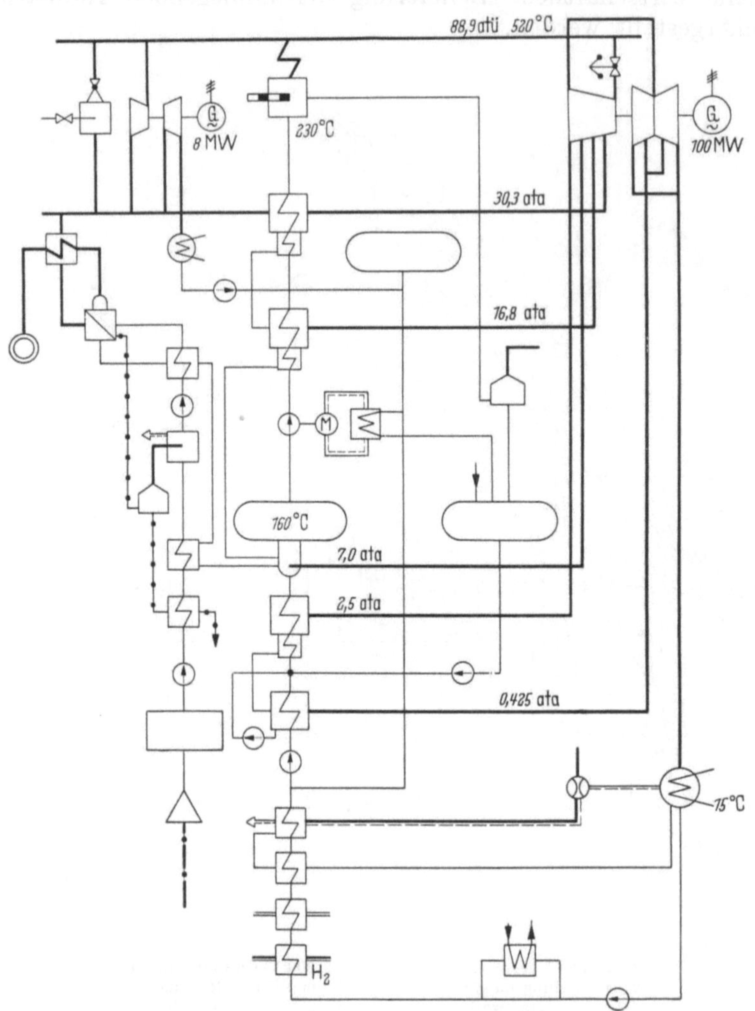

Wärmegrundschaltplan

Der Niederdruckteil kann noch 30 t/h verarbeiten. Jede Turbine leistet bei geschlossener Entnahme 8 MW. Die Dampfentnahme schwankt zwischen 0 und 82 t/h, der Druck zwischen 16 und 30 ata. Der Entnahmedampf wird nicht unmittelbar den Wärmeverbrauchern zugeführt, es sind vielmehr 2 Dampfumformer zwischengeschaltet, deren Sekundärdampf von dem Primärdampf vor dessen Eintritt in die Dampfumformer überhitzt wird. Die Dampfumformer können bei Stillstand der Turbine von reduziertem und abgekühltem Frischdampf beaufschlagt werden. Der Sekundärdampf kann auch zur Aufwärmung des Speisewassers verwendet werden, da er in die zweite Hochdruckstufe eingeführt werden kann.

Die beiden Generatoren sind über 3 Einphasenumspanner auf die 60 kV-Doppelsammelschienen geschaltet. Diese sind unterteilt, können jedoch unmittelbar oder auch über Reaktanzen zusammengeschaltet werden. Eine dritte Sammelschiene ermöglicht unter anderem Umschaltungen von Anlageteilen bei aufgetretenen Störungen. Die Energie wird teilweise mit der Sammelschienenspannung, teilweise mit 11 und 220 kV über 2 Dreiwicklungsumspanner abgegeben. Auch die Eigenbedarfsschaltanlage ist unterteilt. Sie wird von den Entnahme-Kondensationsturbinen im Normalfall versorgt. Außerdem bestehen Verbindungen mit der 60 kV-Sammelschiene.

Die räumliche Anordnung läßt das Bestreben erkennen, an den vorhandenen Gebäuden möglichst wenig Änderungen vorzunehmen. Eine Erhöhung des Kesselhauses ließ sich nicht vermeiden. Die Ausnutzung der Fläche des vorhandenen Kesselhauses

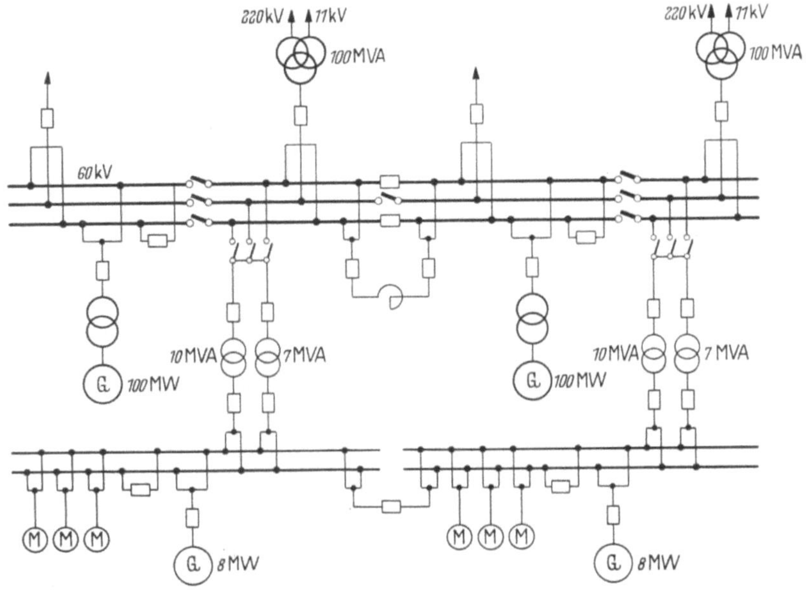

Elektrischer Übersichtsschaltplan

führte zu einer zweireihigen Anordnung der Kessel, die in 2 Gruppen von je 3 Einheiten an den Längswänden des Kesselhauses aufgestellt wurden. Die Bunkeranlage wurde daher zwischen die Kessel gelegt. Diese Anordnung läßt sich bei künftigen Erweiterungen weiter durchführen, so daß sich dann auch weiterhin eine befriedigende räumliche Gestaltung ergibt. Frischluft- und Saugzuggebläse sind oberhalb der Kessel angeordnet. Zwei gegenüberliegende Kessel haben einen gemeinsamen, auf der Mitte des Kesselhauses angeordneten Schornstein. Haupt- und Hilfsturbinen sind gleichfalls in der Längsachse angeordnet. Die Wärmewarte befindet sich zwischen den Kesselspeisepumpen vor der Mitte des Kesselhauses. Die Elektrowarte liegt an der Außenwand des Maschinenhauses.

Schrifttum

Stolz, J.: Revue gén. Electr. Bd. 60 (1951) S. 89/106 u. 129/46.

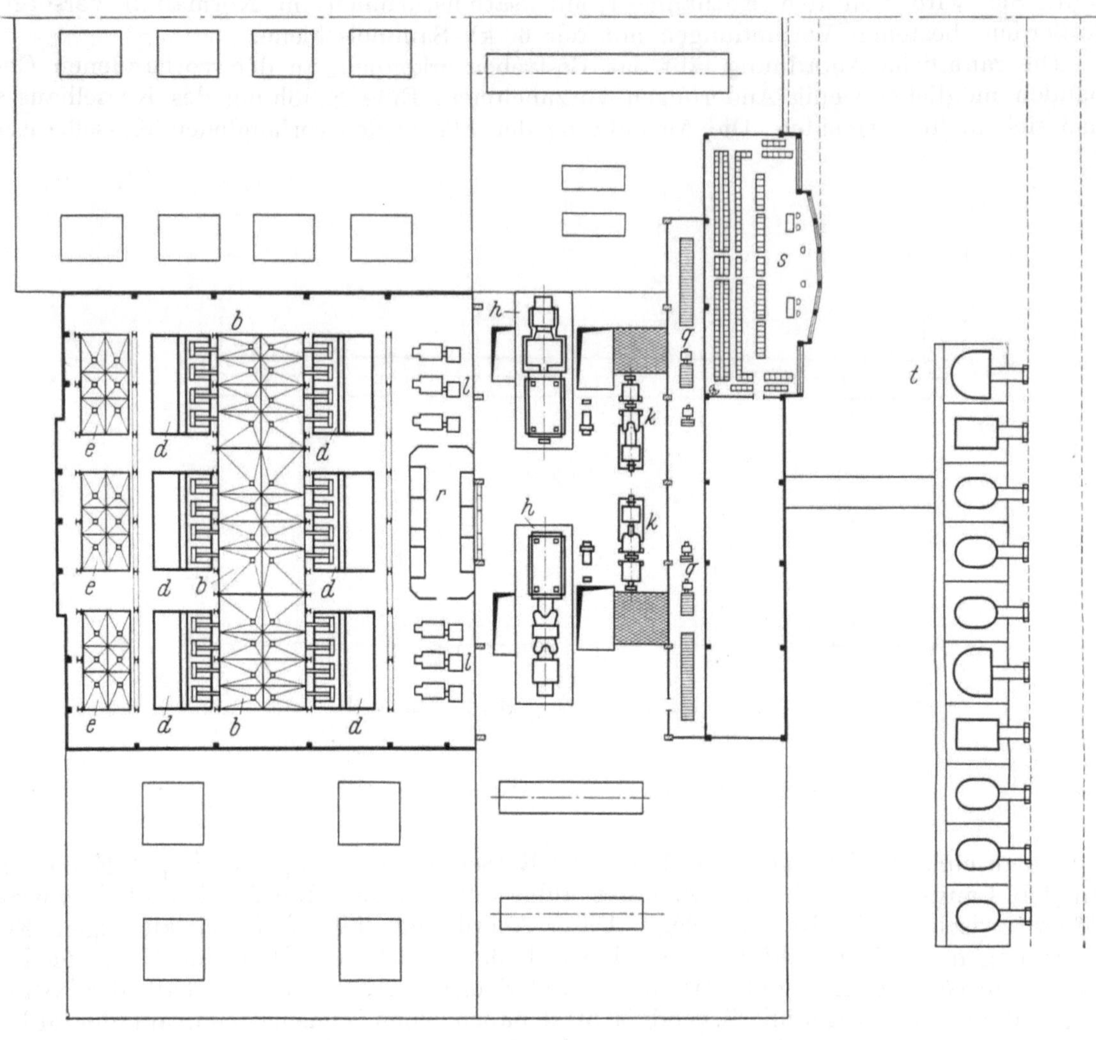

Grundriß

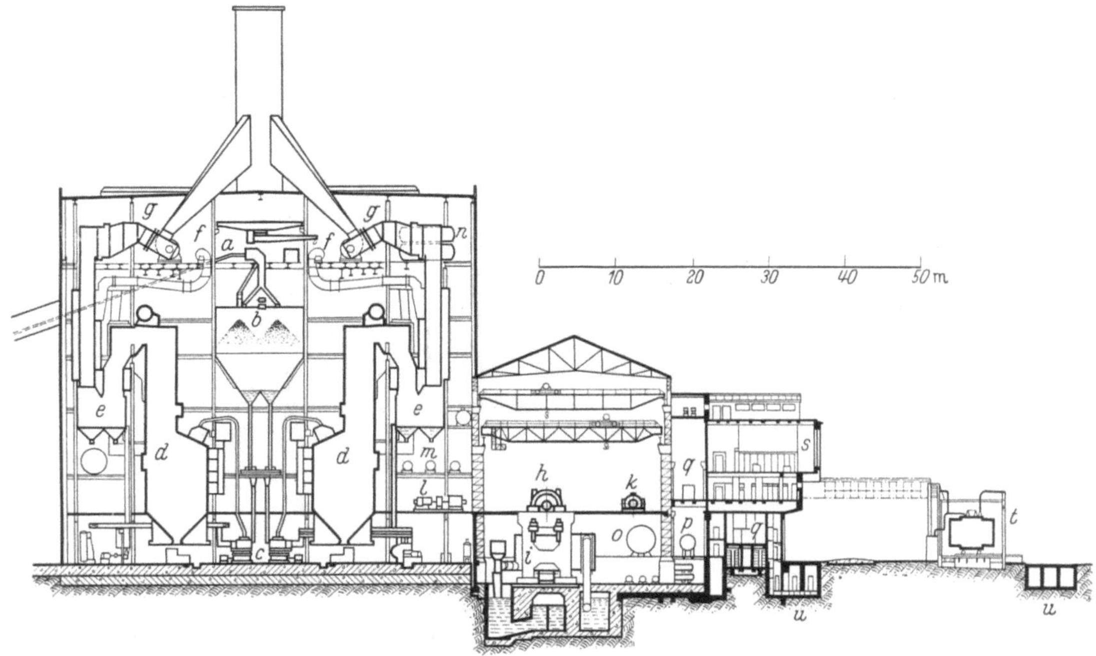

Querschnitt

Legende zum Grundriß und Querschnitt

a Bekohlung
b Bunker
c Kohlenmühlen
d Kessel
e Nachschaltheizfläche
f Frischluftgebläse
g Rauchgasgebläse
h Turbogenerator
i Kondensator
k Hausturbosatz
l Kesselspeisepumpen
m Vorwärmer
n Speisewasserbehälter mit Mischvorwärmer-Entgaser
o Kondensatbehälter
p Dampfumformer
q Eigenbedarfsschaltanlage
r Wärmewarte
s Elektrowarte
t Umspanner
u Kabelkanal

Schaubild

187

Kraftwerk Martins Creek, USA

(Pennsylvania Power & Light Company Allentown, Pa.)

Baujahr 1952/56

Kessel	Block I und II	Turbinen	Block I und II
Anzahl	2	Anzahl	2
Leistung t/h	542	Leistung MW	132,5
Art	Naturumlauf	Leistung MVA	169
		Art	K
Genehmigungsdruck atü	—	Drehzahl U/min	3600
Dampfzustand bei Austritt atü	93	Dampfdurchsatz t/h	542
Dampfzustand bei Austritt °C	513	Dampfzustand bei Eintritt atü	88
Dampfzustand hinter ZWÜ atü	—	Dampfzustand bei Eintritt °C	510
Dampfzustand hinter ZWÜ °C	—	bei Wiedereintritt atü	—
Brennstoff:		bei Wiedereintritt °C	—
Art	Steinkohle	Kühlwassertemperatur °C	—
oberer Heizwert kcal/kg	7600	Dampfzustand bei Austritt ata	0,067
		Dampfzustand bei Austritt °C	—
Feuerung	Brenner	Gehäusezahl	2
Schlackenabzug	trocken	Abdampfstutzen (flutig)	2
Luftvorwärmung °C	—	Vorwärmstufen	5
Abgastemperatur °C	140	Entgasungstemperatur °C	152
Wirkungsgrad %	88	Speisewassertemperatur °C	216

Rauchgasentstaubung: elektrisch
Wasseraufbereitung: chemisch und Verdampfung
Bauweise: Beton
Vorgesehene Gesamtleistung: 795 MW

Kennzahlen

Spez. Wärmeverbr. netto kcal/kWh	2760
„ Flächenbedarf m^2/kW	—
„ Raumbedarf m^3/kW	—

Die Pennsylvania Power & Light Company begann im Jahr 1952 mit der Errichtung eines Kraftwerkes im Osten ihres Versorgungsgebietes am Westufer des Delaware, etwa 5 km oberhalb der Stadt Martins Creek. Da die Gesellschaft über andere Grundlast-Dampfkraftwerke und Wasserkraftwerke verfügt, sollte das neue Kraftwerk als Spitzen-

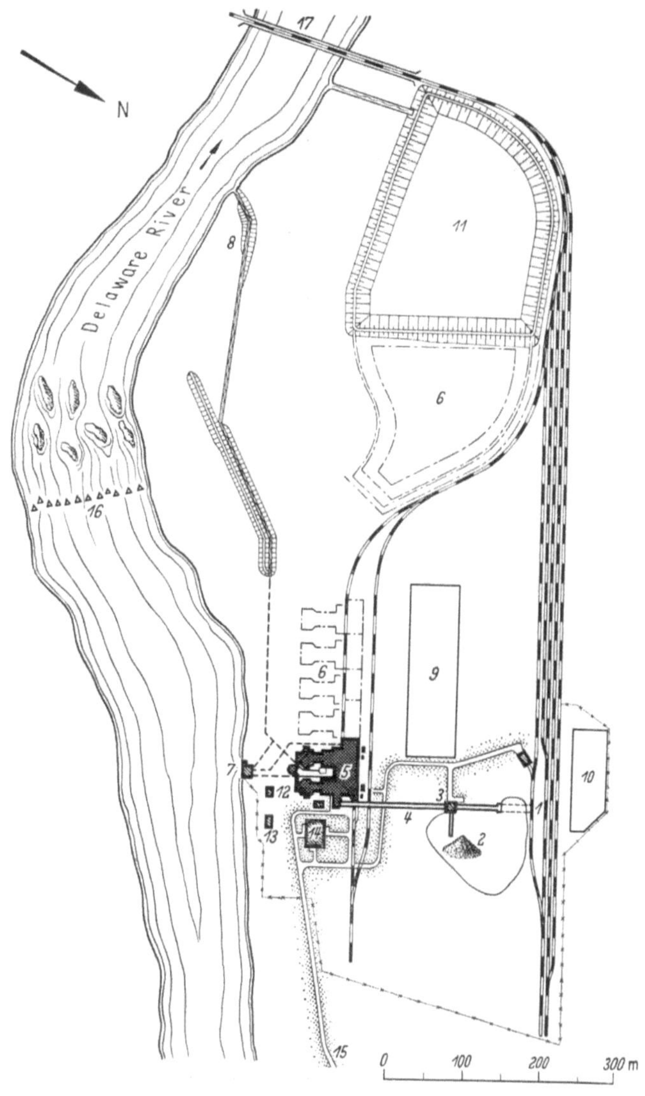

Lageplan

1	Kohlenentladestation	10	66 kV-Freiluftschaltanlage
2	Kohlenlagerplatz	11	Aschelagerplatz
3	Brecheranlage	12	Wasseraufbereitungsanlage
4	Schrägbandbrücke	13	Öllager
5	Kraftwerk	14	Büro- und Betriebsgebäude
6	Erweiterungsraum	15	Zufahrtstraße
7	Einlaufbauwerk	16	Natürlicher Stau
8	Kühlwasserauslaufkanal	17	Eisenbahnbrücke
9	220 kV-Freiluftschaltanlage		

kraftwerk ausgelegt werden, das nachts und über das Wochenende stillgesetzt wird. Der Ausnutzungsfaktor des Werkes liegt demgemäß zwischen 20 und 40 %. Die Anlagekosten sollten möglichst gering gehalten werden. Daher entschloß man sich zur Ausführung als Freiluftanlage, die bisher nur in südlicheren Gegenden gebaut worden waren. Aus dem gleichen Grund wurden die Kessel für Fettkohle, nicht für Anthrazit ausgelegt.

Zunächst wurden 2 Sätze mit einer Leistung von je 132,5 MW und einem Dampfzustand an der Turbine von 88 atü, 510° C aufgestellt, die von je einem Trommelkessel mit einer Leistung von 542 t/h gespeist werden. Der erste Block ist im Jahr 1954, der zweite im Jahr 1956 in Betrieb gegangen.

Die Kohle wird in 50 bis 70 t-Waggons angeliefert und in Trichter entleert. Sie gelangt von dort entweder zum Kohlenlagerplatz oder unmittelbar zu den Bunkern. Die Kohle auf dem Platz wird mittels Bulldozern bewegt. Die Wasserdarbietung des Delaware reicht für eine Kraftwerksleistung von 1000 MW aus. Jede der vier senkrechten Kühlwasserpumpen leistet 6700 m³/h. Bei Vereisung der Rechenanlage kann das Kühlwasser unmittelbar aus den Auslaufleitungen in die Einlaufleitungen geleitet werden.

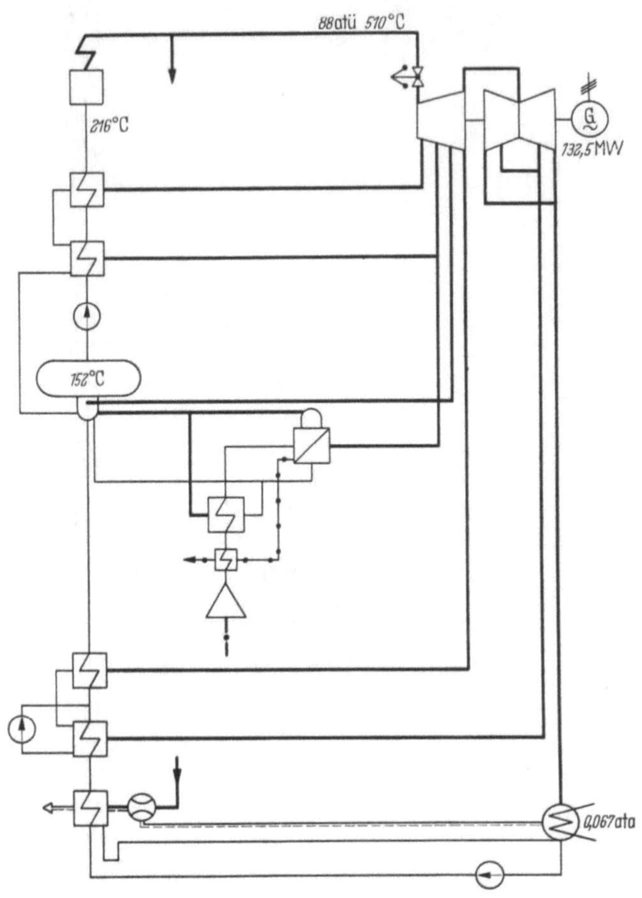

Wärmegrundschaltplan

Die beiden Turbinen sind zweigehäusig mit doppelflutigem Niederdruckteil. Fünf Anzapfungen dienen der Speisewasseraufwärmung. Zwei der Vorwärmer liegen hinter dem Speisewasserbehälter mit Entgaser und den Speisewasserpumpen. Die zweite Anzapfung liefert gleichzeitig den Heizdampf für den einstufigen Verdampfer.

Die beiden Zweizug-Naturumlaufkessel sind an der Vorderwand mit 12 Wirbelbrennern ausgerüstet, die in 2 Reihen übereinander angeordnet sind. Die Kohle wird in Trommelmühlen mit einer Leistung von je 30 t/h gemahlen. Für jeden Kessel stehen 2 Mühlen bereit. Ferner sind jedem Kessel drei elektrisch angetriebene Speisepumpen mit einer Leistung von je 345 t/h zugeordnet.

Aus Gründen der Kostenersparnis wurden die Kondensatoren und entsprechend auch die Leistung der Kühlwasserpumpen klein gehalten; demgemäß beträgt der normale Austrittsdruck des Dampfes 0,067 ata, der Auslegungsdruck 0,14 ata.

Die Rechenanlage und die bei dieser aufgestellten Kühl- und Rohwasserpumpen sind im Freien ohne Bedachung aufgestellt. Hieraus haben sich während dreier Winter keine Nachteile ergeben. Bei der Wasseraufbereitungsanlage sind Reaktionsgefäß, Filter und Reinwasserpumpe außerhalb eines kleinen Gebäudes aufgestellt, das die Dosierungseinrichtung für die Chemikalien enthält.

Die Generatoren leisten bei einem Wasserstoffdruck von 1,05 atü je 169 MVA. Die Klemmspannung beträgt 18 kV. Block 1 speist über einen 174 MVA-Umspanner auf eine 66 kV-Doppelsammelschiene, Block 2 über einen gleich großen Umspanner auf eine 220 kV-Doppelsammelschiene. Beide Generatoren versorgen ihren Eigenbedarf (4 kV) unmittelbar über je einen 10 MVA-Umspanner. Beide Gruppen können auch beim Anfahren sowie in Störungsfällen über einen gemeinsamen Umspanner von gleichfalls 10 MVA von den 66 kV-Sammelschienen versorgt werden.

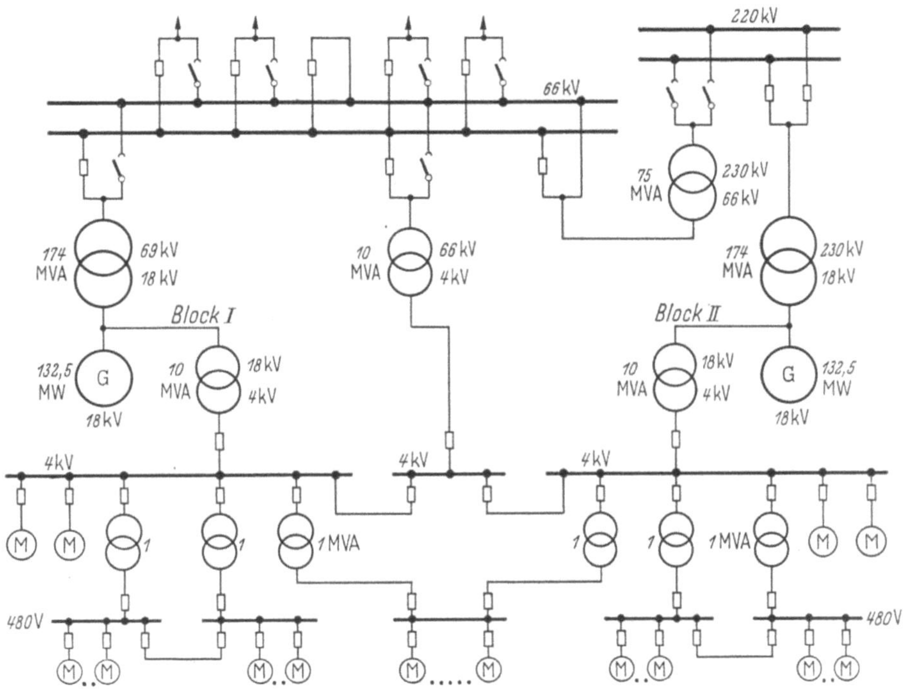

Elektrischer Übersichtsschaltplan

Beim eigentlichen Kraftwerk wurden die Tiefbauten auf ein Mindestmaß beschränkt. Die Bunkeranlage liegt zwischen den Kesseln und Turbinen. Die 4 Rundbunker sind nach Art eines Silos aus Beton in Gleitbauweise hergestellt. Diese tragen unmittelbar die Bebunkerungsanlage; besondere Stahlkonstruktionen sind nicht vorhanden. Die Bebunkerung ist mit gewellten Zement-Asbestplatten abgedeckt. Die Bunker stützen sich auf einen Gebäudeteil ab, in dem die Trommelmühlen mit ihren Zuteilern, auf einem Podest die Mühlengebläse untergebracht sind. Von dort aus sind auch die Brenner der Kessel zugänglich. Unter den Kesseln wurde an Stelle eines festen Belages eine Schotterdecke aufgebracht, die bei etwaigen Senkungen ohne erhebliche Kosten wieder begradigt werden kann. Jeder Kessel hat zwei vorgebaute Ljungström-Vorwärmer und einen Elektrofilter. Von dort werden die Rauchgase zu dem gemeinsamen Schornstein aus Stahlblech geleitet, der im Innern mit Spritzbeton ausgekleidet ist. Die längsgestellten Turbinen stehen auf der Decke eines niedrigen Bauwerkes, in dem die Kondensatoren, Speisewasserpumpen, Kondensat- und sonstige kleine Pumpen, Wasserstoff- und Ölkühler, der motorgetriebene Erregersatz und die Eigenbedarfsschaltanlage untergebracht sind. Der Boden dieses Raumes liegt nur 1.50 m unterhalb des Erdbodens.

Zwischen Kessel und Turbinen sind die Vorwärmer und Verdampfer, darüber die Speisewasserbehälter mit den Entgasern untergebracht. Die Turbinen werden von einem Bockkran bestrichen. Für die übrigen maschinen- und elektrotechnischen Anlageteile steht ein auf Raupen fahrbarer Kran zur Verfügung. Für die Außenwände wurden Betonplatten, die mit einem wasserdichten Überzug aus Spritzbeton versehen wurden, gewählt.

Schrifttum

Druckschrift der Pennsylvania Power & Light Company. Okt. 1954.

ENGLE, M. D.: Martins Creek Steam Electric Station, New Ideas to Reduce Cost of Construction and of Operation. Paper No. 57-PWR-2 der ASME, 1957.

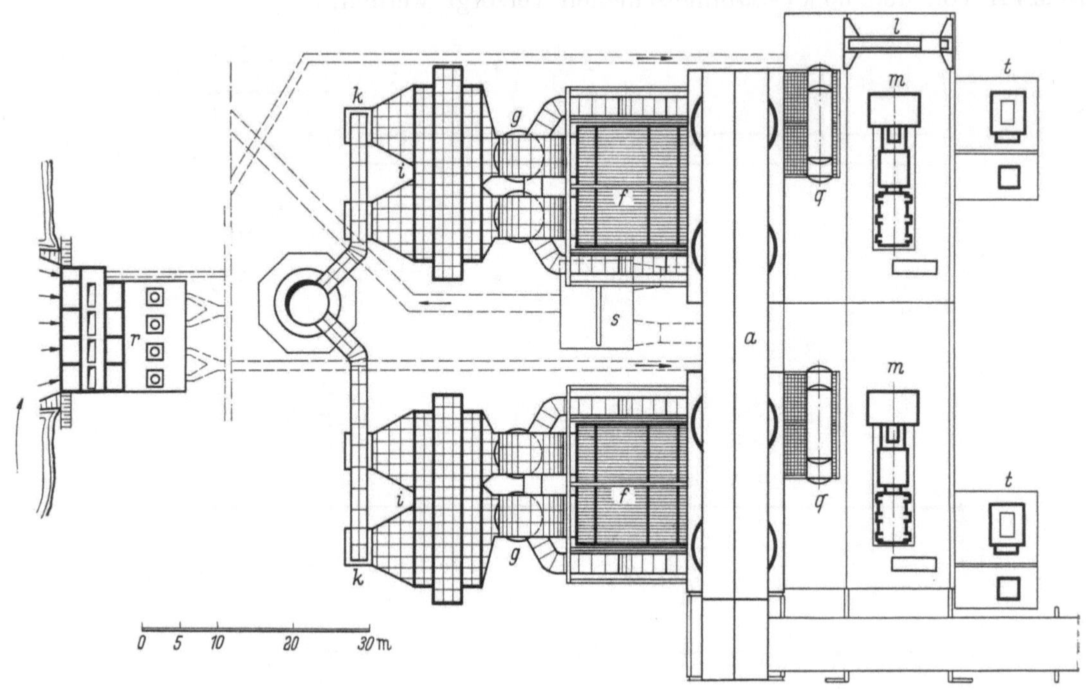

Grundriß

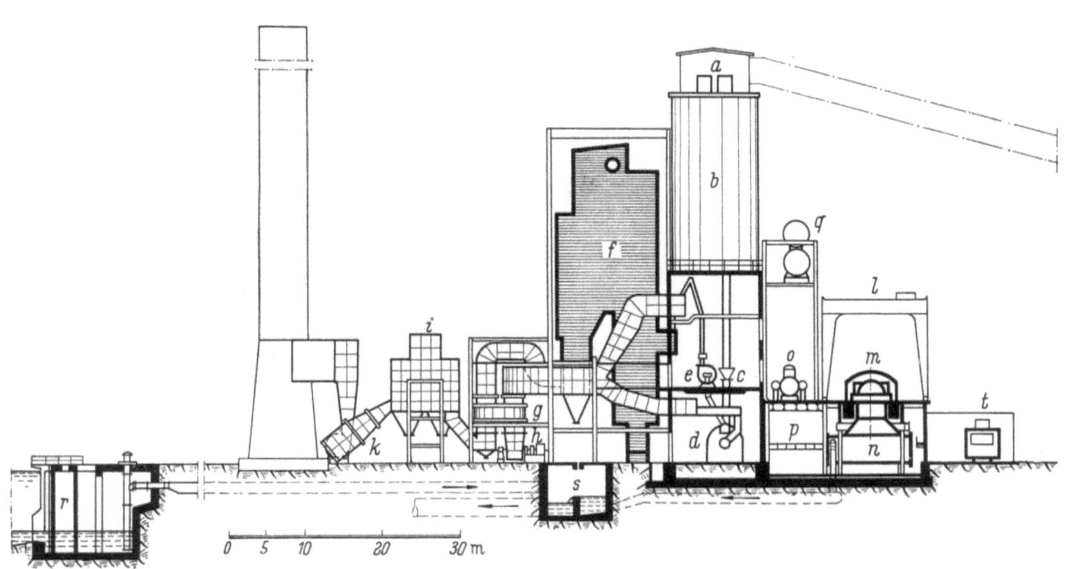

Querschnitt

Legende zum Grundriß und Querschnitt

a	Bekohlung	*l*	Bockkran
b	Kohlenbunker	*m*	Turbogenerator
c	Kohlenzuteiler	*n*	Kondensator
d	Kohlenmühle	*o*	Vorwärmer- und Verdampferanlage
e	Mühlengebläse	*p*	Rohrboden
f	Kessel	*q*	Speisewasserbehälter mit Entgaser
g	Luftvorwärmer	*r*	Einlaufbauwerk
h	Frischluftgebläse	*s*	Kraftschlußbecken
i	Elektrofilter	*t*	Umspanner
k	Saugzuggebläse		

Schaubild

188

Kraftwerk Tuncbilek, Türkei

(Etibank, Ankara)

Baujahr 1953/56

Kessel	Block 1 und 2	Turbinen	Block 1 und 2
Anzahl	2	Anzahl	2
Leistung t/h	135	Leistung MW	32
Art	Naturumlauf	Leistung MVA	40
		Art	K
Genehmigungsdruck atü	110	Drehzahl U/min	3000
Dampfzustand bei Austritt atü	93	Dampfdurchsatz t/h	132
Dampfzustand bei Austritt °C	515	Dampfzustand bei Eintritt atü	88
Dampfzustand hinter ZWÜ atü	—	Dampfzustand bei Eintritt °C	510
Dampfzustand hinter ZWÜ °C	—	bei Wiedereintritt atü	—
Brennstoff:		bei Wiedereintritt °C	—
Art	Braunkohle	Kühlwassertemperatur °C	27
unterer Heizwert kcal/kg	2600	Dampfzustand bei Austritt ata	0,076
		Dampfzustand bei Austritt °C	—
Feuerung	Brenner	Gehäusezahl °C	1
Schlackenabzug	trocken	Abdampfstutzen (flutig)	1
Luftvorwärmung °C	300	Vorwärmstufen	5
Abgastemperatur °C	135	Entgasungstemperatur	148
Wirkungsgrad %	90	Speisewassertemperatur °C	220

Rauchgasentstaubung: elektrisch
Wasseraufbereitung: chemisch und Verdampfung
Bauweise: Stahlbeton, Stahlbau
Vorgesehene Gesamtleistung: 96 MW

Kennzahlen

Spez. Wärmeverbr. netto kcal/kWh	3000
„ Flächenbedarf m^2/kW	0,055
„ Raumbedarf m^3/kW	1,47

Das Kraftwerk Tuncbilek, das in den Jahren 1953/56 von der Etibank errichtet wurde, dient der Belieferung von Nordwest-Anatolien mit elektrischer Energie. Bisher bestanden in diesem Gebiet nur städtische und industrielle Kraftwerke kleinerer Leistung. Aufgestellt wurden 2 Blocks mit einer Leistung von je 32 MW, 40 MVA, die von je einem Kessel mit einer Leistung von 135 t/h versorgt werden. Der Dampfzustand an der Turbine beträgt 88 atü, 510° C. Die Aufstellung eines dritten Blockes ist vorgesehen.

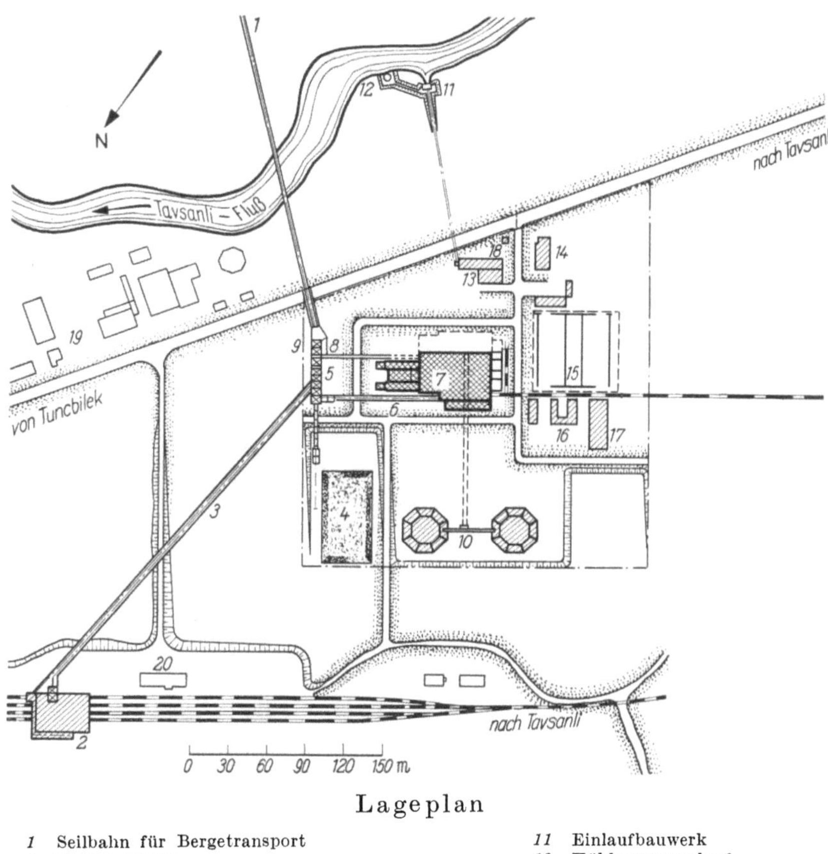

Lageplan

1 Seilbahn für Bergetransport
2 Kohlenwäsche
3 Bandbrücke für Berge- und Kohlentransport
4 Kohlenlagerplatz
5 Kohlenmischbunker
6 Schrägbandbrücke
7 Kraftwerk
8 Aschebandbrücke
9 Schlacken- und Flugaschebunker
10 Kühltürme
11 Einlaufbauwerk
12 Kühlwasserauslauf
13 Wasseraufbereitungsanlage
14 Verwaltungsgebäude
15 Freiluftschaltanlage
16 Werkstatt
17 Lagerhalle
18 Pförtnerhaus
19 Alte Kraftanlage
20 Bahnhof Tuncbilek

Zwischen den beiden Blocks bestehen frischdampf- und speisewasserseitig Querverbindungen.

Das Kraftwerk liegt, bedingt durch ein Vorkommen von Braunkohle mit einem unteren Heizwert von 2600 kcal/kg, 800 m über dem Meeresspiegel. Die Kohle wird mit Gurtförderern von der etwa 300 m entfernt liegenden Kohlenwäsche bzw. vom Kohlenlager über einen Mischvorwärmer zum Kraftwerk gefördert. Die über Naßentstauber ausgetragene Asche wird durch ein Gurtband, die über Düsenförderer abgezogene Flugasche pneumatisch abtransportiert. Der gesamte Aschenanfall wird gemeinsam mit den Bergen aus der Wäsche mittels einer Drahtseilbahn weggeschafft und in einem etwa 3 km entfernt liegenden Tal abgelagert. Die Wasserführung eines am Kraftwerksgelände vorbeifließenden Baches reicht zum Niederschlagen des Dampfes in den Kondensatoren nicht aus; es mußten daher 2 Kühltürme erstellt werden.

Wegen des verhältnismäßig billigen Brennstoffes und der verkehrstechnisch ungünstigen Lage des Kraftwerkes wurde auf eine einfache Bauform der Turbinen besonderer Wert gelegt. Sie sind daher eingehäusig mit einem Abdampfstutzen und 5 Anzapfungen. Zwei Vorwärmer liegen hinter den Speisepumpen. In das Vorwärmsystem ist eine einstufige Verdampferanlage einbezogen.

Die beiden Naturumlaufkessel sind mit Ljungström-Luftvorwärmern ausgestattet. Die Kohle wird in Rohrmühlen gemahlen, der Staub wird zwischengebunkert.

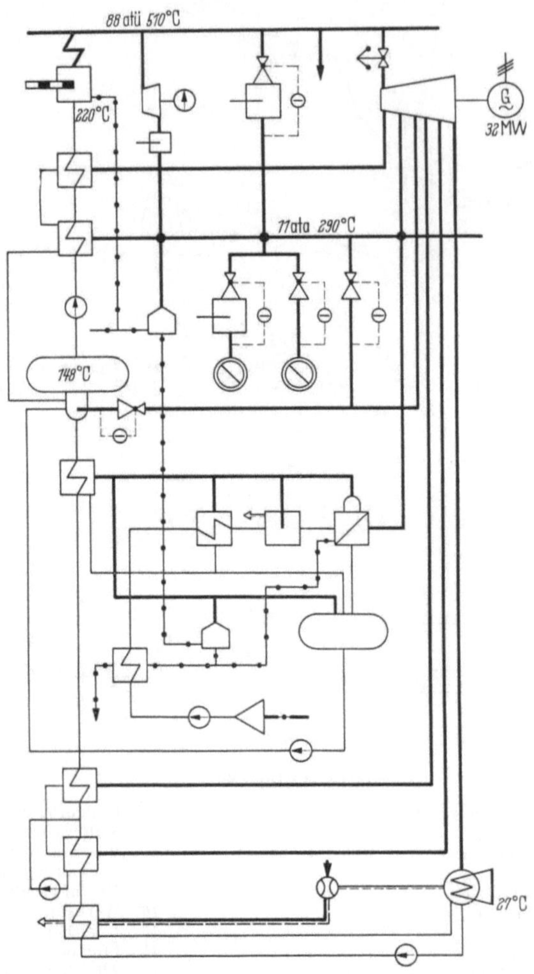

Wärmegrundschaltplan

Die beiden Generatoren sind über je einen Umspanner auf eine 161 kV-Sammelschiene geschaltet, die an das anatolische Verbundnetz angeschlossen ist. Die Spannung des Kraftwerkes wird durch die Generatoren geregelt. Der Eigenbedarf jedes Blockes wird über einen Umspanner unmittelbar hinter den Generatorklemmen abgezweigt; er ist in je eine blockgebundene und eine allgemeine Gruppe aufgeteilt. Zum Anfahren und bei Störungen kann der Eigenbedarf einem Dieselsatz entnommen werden.

Der als Schwerbau ausgebildete Bunkerbau liegt auf der dem Maschinenhaus zugewandten Seite des Kesselhauses. Zwischen beiden Bauteilen liegt ein Trakt, der die Speisepumpen und Speisewasserbehälter enthält. Wärmewarte und Eigenbedarfsschaltanlage sind auch in diesem Gebäudeteil in der Höhe des Maschinenhausflures untergebracht. Die Turbinen sind quergestellt; in ihrer unmittelbaren Nähe stehen die

Verdampfer- und Vorwärmeranlagen. Der einen Stirnwand des Maschinenhauses sind die Elektrowarte und Nebenräume vorgelagert. Die Umspanner stehen an der Außenlängswand des Maschinenhauses. Die beiden Elektrofilter sind im Freien aufgestellt; von dort werden die Rauchgase über Saugzuggebläse zu den Blechschornsteinen geleitet.

Der Bunkerbau ist in Stahlbeton ausgeführt. Die schweren unteren Teile des Maschinen- und Kesselhauses sind ebenfalls in Stahlbeton, die oberen Konstruktionsteile in Stahl erstellt.

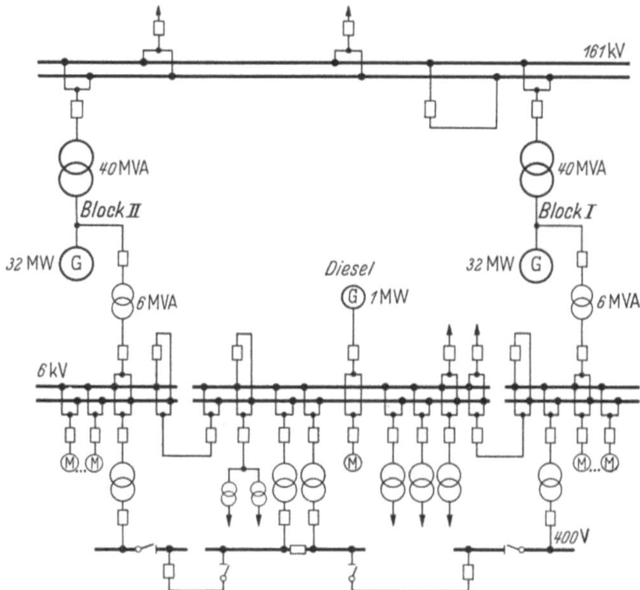

Elektrischer Übersichtsschaltplan

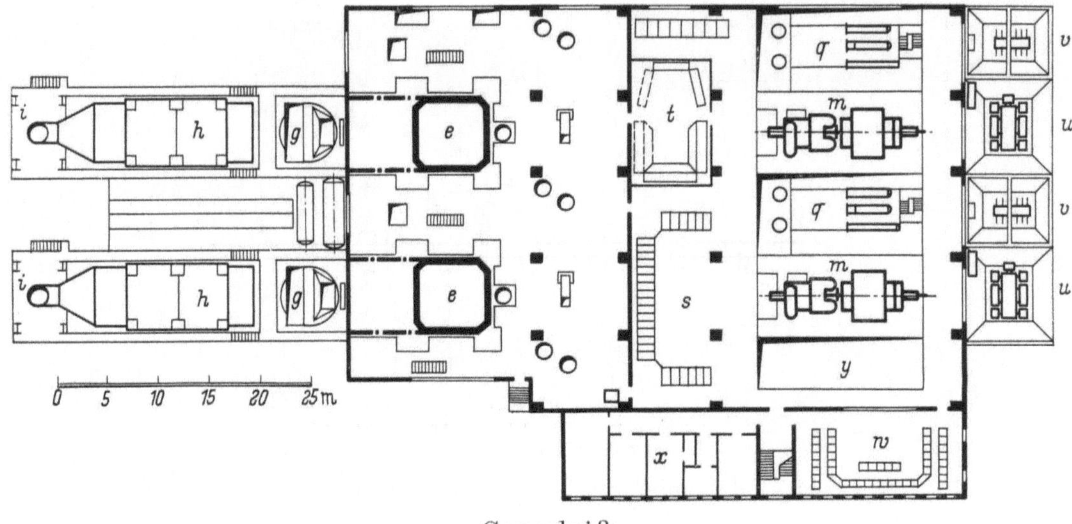

Grundriß

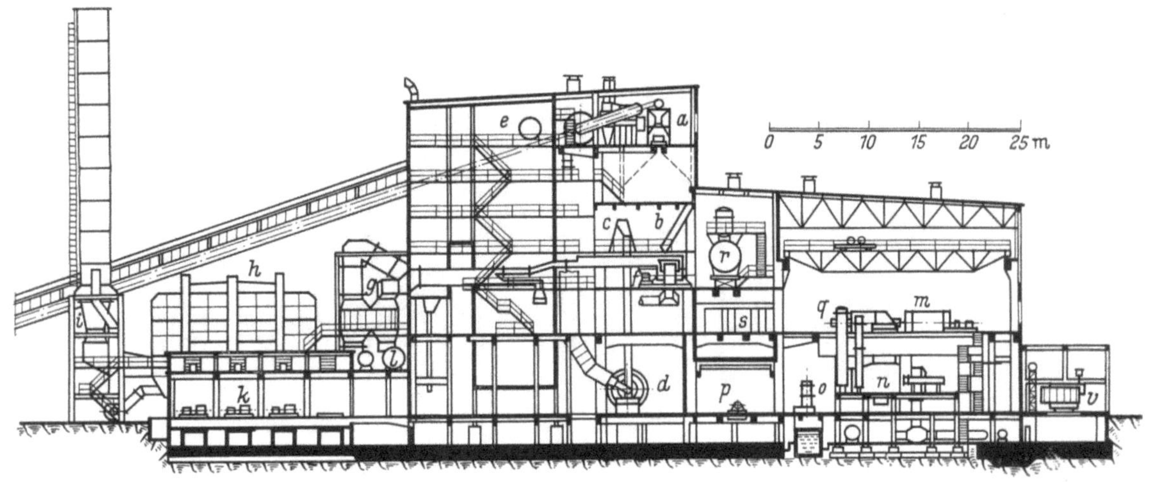

Querschnitt

Legende zum Grundriß und Querschnitt

a	Bekohlung	*n*	Kondensator
b	Rohkohlenbunker	*o*	Kühlwasserpumpen
c	Kohlenstaubbunker	*p*	Kesselspeisepumpen
d	Rohrmühle	*q*	Vorwärmer- und Verdampferanlage
e	Kessel	*r*	Speisewasserbehälter mit Entgaser
f	Frischluftgebläse	*s*	Eigenbedarfsschaltanlage
g	Luftvorwärmer	*t*	Wärmewarte
h	Elektrofilter	*u*	Hauptumspanner
i	Saugzuggebläse	*v*	Eigenbedarfsumspanner
k	Kompressorenraum	*w*	Elektrowarte
l	Druckluftbehälter	*x*	Chemisches Laboratorium und Nebenräume
m	Turbogenerator	*y*	Montageöffnung

Schaubild

189 Kraftwerk Monceau, Belgien

(Societé Intercommunale Belge d'Electricité)

Baujahr 1947/49

Kessel	Block I und II
Anzahl	2
Leistung t/h	210
Art	Durchlauf
Genehmigungsdruck atü	—
Dampfzustand bei Austritt atü	92
Dampfzustand bei Austritt °C	525
Dampfzustand hinter ZWÜ atü	—
Dampfzustand hinter ZWÜ °C	—
Brennstoff:	
Art	Steinkohle
unterer Heizwert kcal/kg	4000
Feuerung	Brenner
Schlackenabzug	trocken
Luftvorwärmung °C	263
Abgastemperatur °C	131
Wirkungsgrad %	—

Rauchgasentstaubung: naß
Wasseraufbereitung: chemisch und Verdampfung
Bauweise: Beton, Stahlbeton
Vorgesehene Gesamtleistung: — MW

Turbinen	Block I und II
Anzahl	2
Leistung MW	50
Leistung MVA	62,5
Art	K
Drehzahl U/min	3000
Dampfdurchsatz t/h	—
Dampfzustand bei Eintritt atü	85
Dampfzustand bei Eintritt °C	520
bei Wiedereintritt atü	—
bei Wiedereintritt °C	—
Kühlwassertemperatur °C	12
Dampfzustand bei Austritt ata	—
Dampfzustand bei Austritt °C	—
Gehäusezahl	2
Abdampfstutzen (flutig)	2
Vorwärmstufen	4
Entgasungstemperatur °C	—
Speisewassertemperatur °C	219
Kennzahlen	
Spez. Wärmeverbr. netto kcal/kWh	2700
„ Flächenbedarf m²/kW	0,036
„ Raumbedarf m³/kW	1,19
„ Personalbedarf Mann/MW	0,55

Die Zunahme des Strombedarfes veranlaßte die Societé Intercommunale Belge d'Electricité, im Jahr 1947 ihr im Westen des Landes an der Sambre bei Monceau gelegenes Kraftwerk zu erweitern. Die neue Kesselanlage sollte in der Lage sein, Kohle mit hohem Asche- und Feuchtigkeitsgehalt unter günstigen Bedingungen zu verbrennen.

Erstellt wurden 2 Blocks mit einer Leistung von je 50 MW und einem Dampfzustand von 85 atü, 520° C an der Turbine ohne Zwischenüberhitzung. Die Kessel sind als Durchlauf-Dampferzeuger, Bauart Sulzer, gebaut.

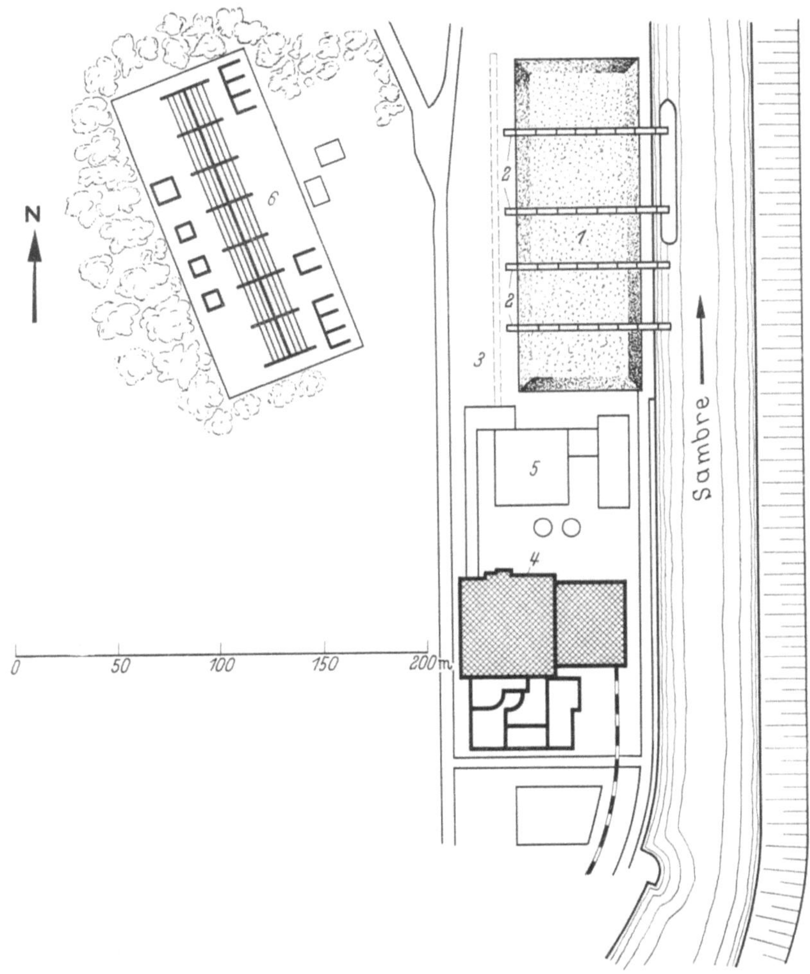

Lageplan

1 Kohlenlagerplatz
2 Bekohlungskranbahn
3 Förderbänder
4 Kraftwerk
5 Altes Kesselhaus
6 Freiluftschaltanlage

Die Kohle wird in Trommelmühlen — eine je Kessel — gemahlen und anschließend in einem Abscheider gesichtet. Die genügend feine Kohle gelangt in den Staubbunker mit einem Fassungsvermögen von 252 t. Hinter dem Ljungström-Vorwärmer wird ein Teil der Heißluft den Brennern zugeführt, ein anderer zur Trocknung der Kohle in der Mühle verwendet, ein weiterer wird als Sekundärluft in den Verbrennungsraum geleitet. Zwischen den beiden Verdampferteilen ist die Entsalzung eingeschaltet. Druck- und Temperaturmeßstellen übertragen ihre Meßwerte auf ein Ölsystem, das die für das Gleichgewicht des Systems maßgebenden Ventile (Speisewasser, Dampf, Einspritzwasser) steuert.

Die Turbinen sind zweigehäusig mit 2 Abdampfstutzen und 4 Anzapfungen. Die Entgasung des Speisewassers erfolgt im Kondensator. Ein besonderer Entgaser ist nicht vorhanden. Das Kondensat gelangt über die Niederdruckvorwärmer zu einem Zwischenbehälter, von dort über Druckerhöhungspumpen zu dem eigentlichen Speisewasserbehälter. Auf dem Dampfdom dieses Behälters wird der Dampf für die beiden Dampfstrahler des Kondensators entnommen. Dieser dient gleichzeitig als Anfahrbehälter.

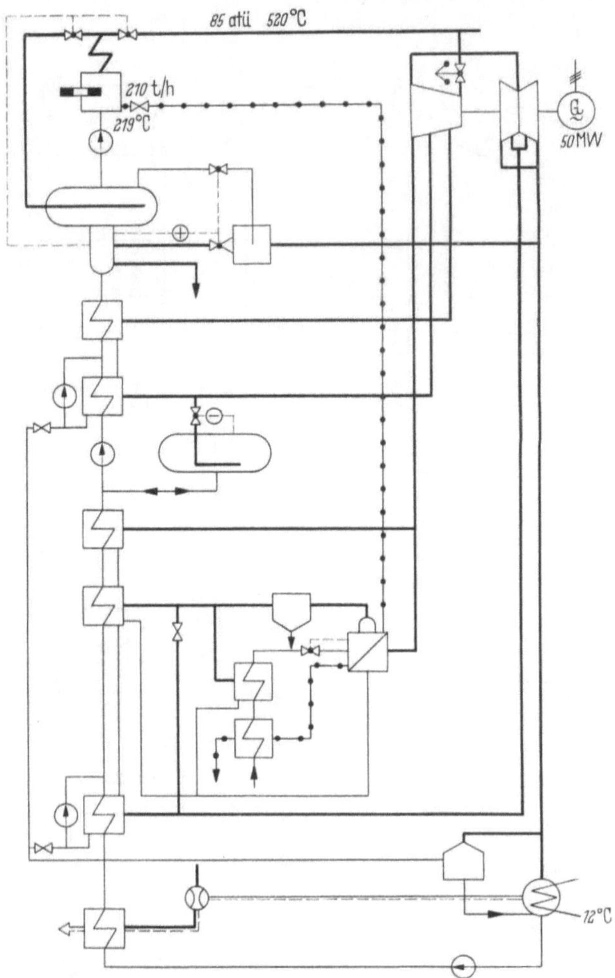

Wärmegrundschaltplan

Bei Überschreitung des Behälterdruckes bläst der Anfahrdampf nach Kühlung mit Einspritzwasser und Entspannung in den Kondensator ab. Diese Verbindung ist im Schaltplan nicht eingetragen. Den gleichen Weg nimmt der bei plötzlichen Lastabwürfen frei werdende Dampf. Der einstufige Verdampfer wird von der dritten Anzapfung gespeist. Die Kessellauge wird dem Sekundärteil des Verdampfers zugeleitet, was wegen ihres geringen Salzgehaltes zu keinerlei Schwierigkeiten führt.

Die Speisepumpen liegen unmittelbar vor den Kesseln. Das von ihnen geförderte Wasser hat eine Temperatur von 219° C.

Die beiden Generatoren speisen über je einen 60 MVA-Umspanner in eine 70 kV-Freiluftanlage. Die Verbindung zwischen den außerhalb des Maschinenhauses aufgestellten Umspannern mit der Schaltanlage ist als Freileitung ausgeführt, die zunächst das Kraftwerksgebäude überquert. Die Leistungsschalter stehen in der Freiluftanlage.

Der Eigenbedarf (3 kV) jedes Blockes wird über 5,5 MVA-Umspanner unmittelbar an den Generatorklemmen abgezweigt. Eine zweite Versorgung des Eigenbedarfes besteht durch den Anschluß an das örtliche Netz mit einer Spannung von 6 kV über entsprechende Umspanner.

Die Einordnung der Anlageteile in das Gebäude folgt dem Erzeugungsvorgang. Die Bunker liegen an der Außenwand des Kesselhauses. Die Frischluftgebläse haben senkrechte Wellen. Die Rauchgasentstaubung geschieht in Naßentstaubern. Die Turbinen

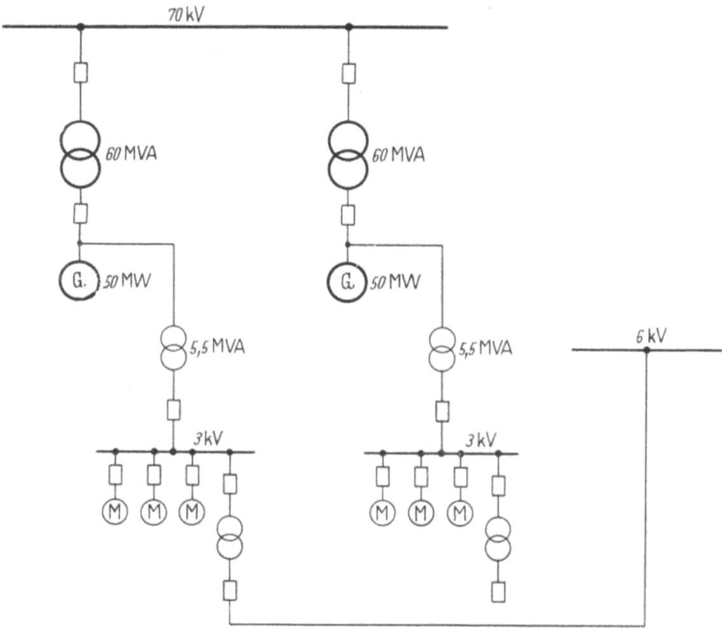

Elektrischer Übersichtsschaltplan

sind quergestellt; zwischen ihnen befinden sich Speisepumpen, Vorwärmer und Verdampfer. Ein besonderes Pumpenhaus ist also nicht vorhanden.

Schrifttum

Union des Exploitations Electriques en Belgique. Juni 1949, S. 6/27.
Escher-Wyss-Mitt. 1950/51, S. 3/20.
Revue de la Societé Royale Belge des Ingénieurs et des Industriels 1955, S. 381/402.

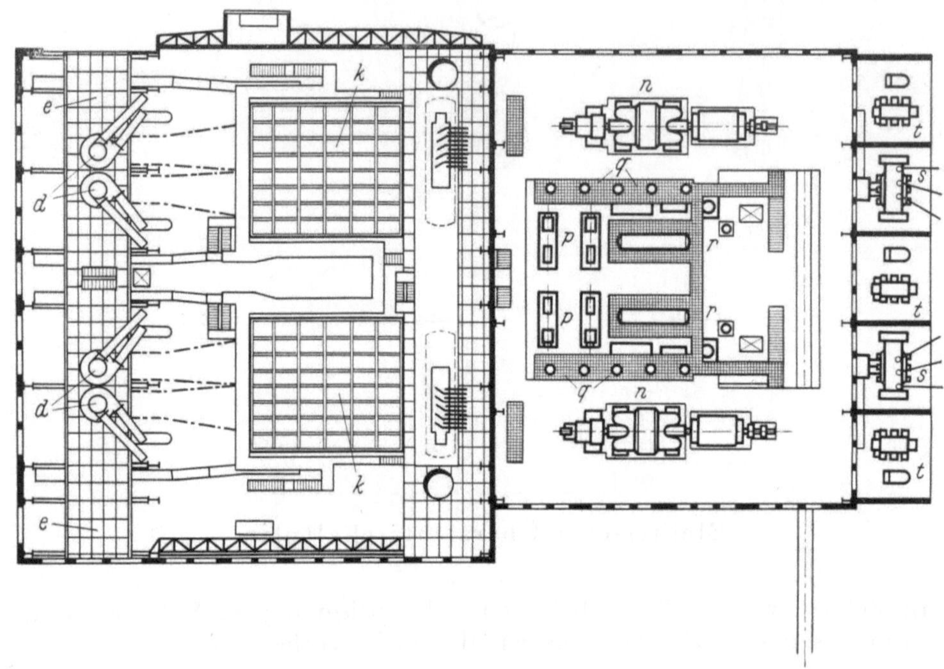

Grundriß

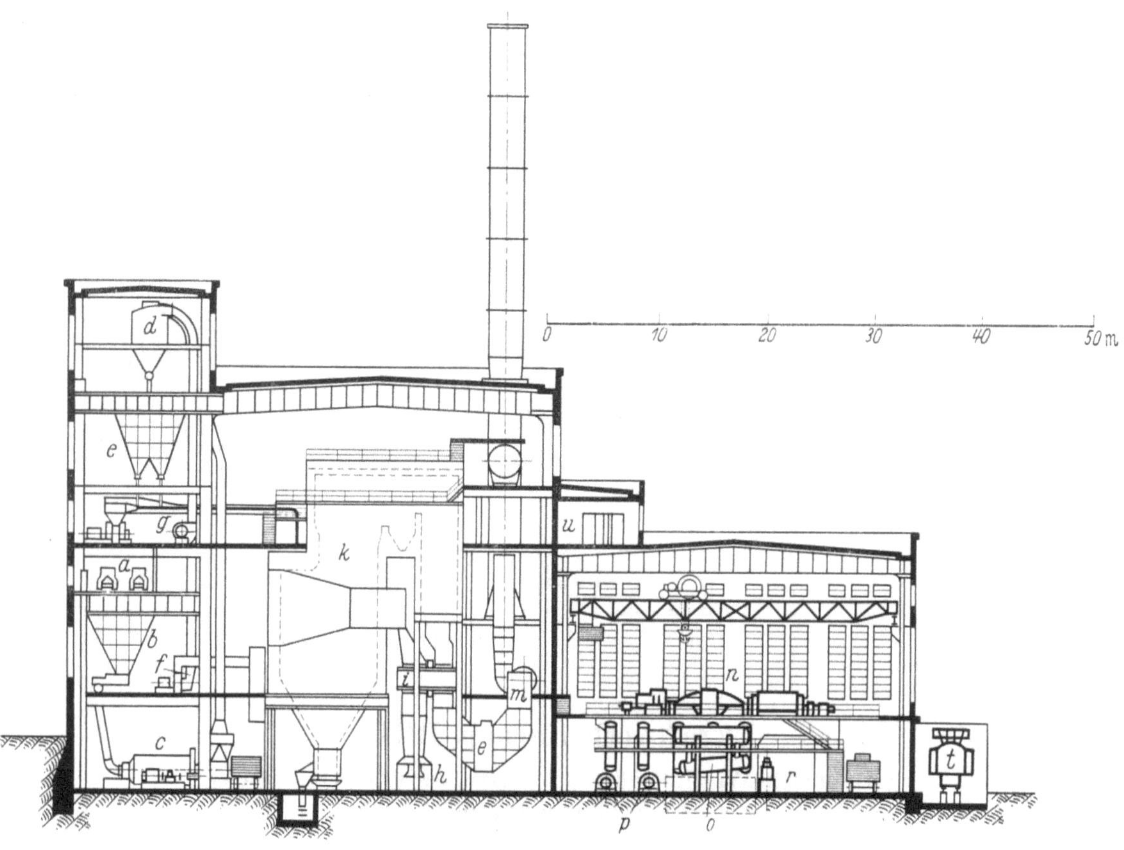

Querschnitt

Legende zum Grundriß und Querschnitt

a	Bekohlung	*l*	Naßentstauber
b	Kohlenbunker	*m*	Saugzuggebläse
c	Rohrmühle	*n*	Turbogenerator
d	Sichter	*o*	Verdampfer
e	Staubbunker	*p*	Kesselspeisepumpen
f	Umluftventilator	*q*	Vorwärmer
g	Mühlenventilator	*r*	Kühlwasserpumpe
h	Frischluftgebläse	*s*	Hauptumspanner
i	Luftvorwärmer	*t*	Eigenbedarfsumspanner
k	Kessel	*u*	Warte

Schaubild

190 **Kraftwerk Karnap, BRD**

(Rheinisch-Westfälisches Elektrizitätswerk AG, Essen)

Baujahr 1938/49

Kessel

Anzahl	8	2
Leistung t/h	130	150
Art	Durchlauf	
Genehmigungsdruck atü	115	115
Dampfzustand bei Austritt atü	90	90
Dampfzustand bei Austritt °C	510	510
Dampfzustand hinter ZWÜ atü	—	—
Dampfzustand hinter ZWÜ °C	—	—
Brennstoff:		
Art	Steinkohle	
unterer Heizwert kcal/kg	6800—7000	
Feuerung	Ecken	Ecken
Schlackenabzug	flüssig	trocken
Luftvorwärmung °C	350	350
Abgastemperatur °C	190	180
Wirkungsgrad %	85,5	86,0

Rauchgasentstaubung: elektrisch
Wasseraufbereitung: chemisch und Verdampfung
Bauweise: Beton
Vorgesehene Gesamtleistung: 275 MW

Turbinen

Anzahl	5
Leistung MW	55
Leistung MVA	62,5
Art	K
Drehzahl U/min	3000
Dampfdurchsatz t/h	—
Dampfzustand bei Eintritt atü	84
Dampfzustand bei Eintritt °C	500
bei Wiedereintritt atü	—
bei Wiedereintritt °C	—
Kühlwassertemperatur °C	27
Dampfzustand bei Austritt ata	0,07
Dampfzustand bei Austritt °C	—
Gehäusezahl	2
Abdampfstutzen (flutig)	1
Vorwärmstufen	4
Entgasungstemperatur °C	180
Speisewassertemperatur °C	180

Kennzahlen

Spez. Wärmeverbr. netto kcal/kWh	2700 i. Mittel
„ Flächenbedarf m²/kW	0,053
„ Raumbedarf m³/kW	1,65

Der Standort des Kraftwerkes Karnap ergab sich aus dem Wunsch des RWE, in Essen, einem der Verbraucherschwerpunkte des Rheinisch-Westfälischen Industriegebietes, eine Stromquelle zu schaffen. Hierdurch konnten die Übertragungsverluste durch den Stromtransport von den Kraftwerken des Köln-Aachener Braunkohlenreviers zum Teil vermieden werden.

Als Brennstoffgrundlage ergab sich für das Kraftwerk Karnap also, durch die Lage bedingt, Steinkohle, im wesentlichen Fett- und Gaskohle, daneben aber auch Mittel-

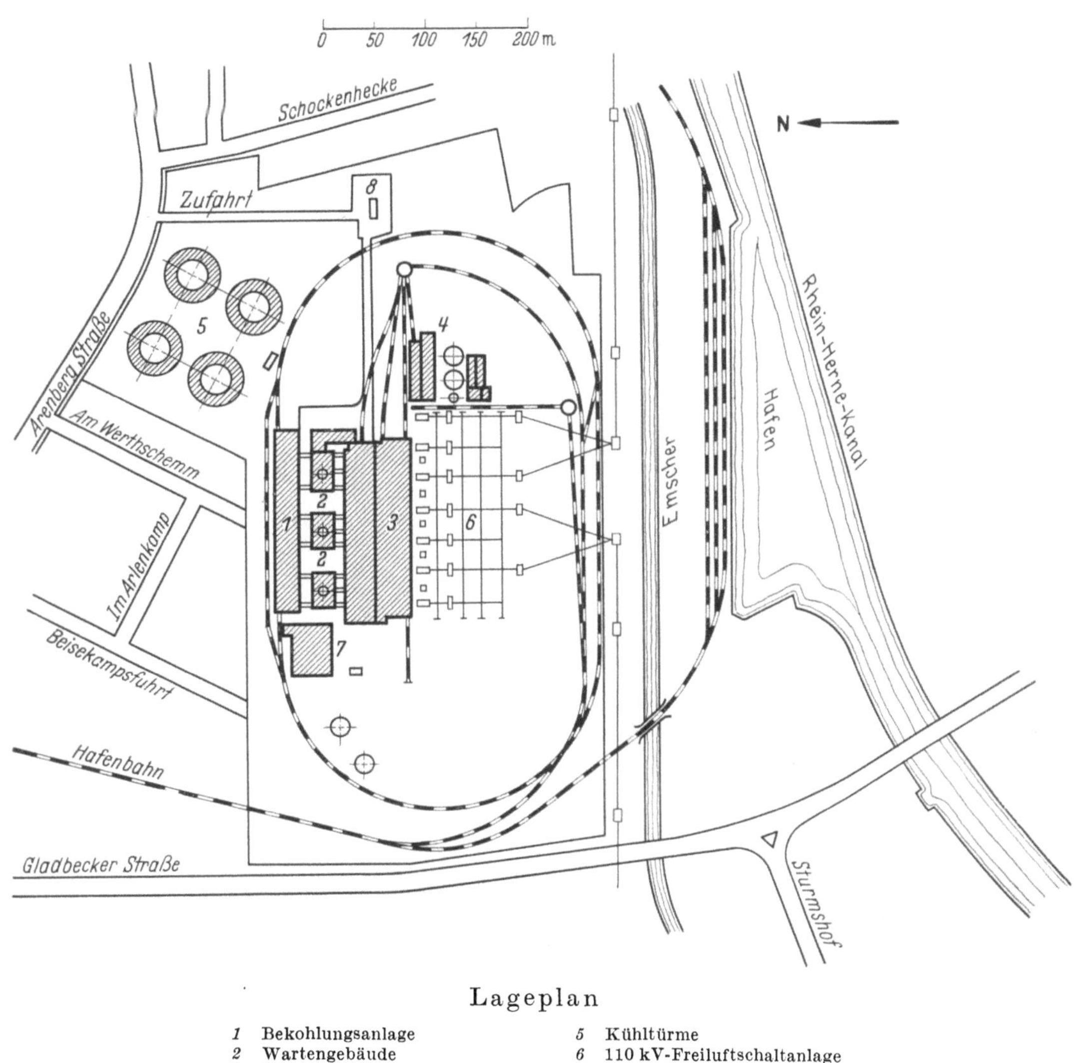

Lageplan

1	Bekohlungsanlage	5	Kühltürme
2	Wartengebäude	6	110 kV-Freiluftschaltanlage
3	Kraftwerk	7	Werkstatt und Lager
4	Wasseraufbereitung	8	Pförtnerhaus

produkte. Die gegenüber der billigen Braunkohle hohen Brennstoffkosten mußten durch größtmögliche Wirtschaftlichkeit des neuen Kraftwerkes ausgeglichen werden. Da die Braunkohlenkraftwerke zur Zeit der Planung des Kraftwerkes Karnap noch mit niedrigen Drücken arbeiteten, sollte das neue Werk Grundlast fahren. Inzwischen haben sich entwicklungsbedingt die Anforderungen geändert. Das Kraftwerk Karnap arbeitet seit einigen Jahren als reines Spitzenkraftwerk. Die Last schwankt zwischen 25 und 250 MW.

Das Kraftwerk liegt am Rhein-Herne-Kanal, von dem es durch die Emscher getrennt ist. Beide Wasserläufe sind jedoch durch Industrieabwässer derart verunreinigt, daß sie zur Kühlung nicht benutzt werden können. Es mußten daher Kühltürme aufgestellt werden. Die in Spezialkübelwaggons ankommende Kohle wird zunächst in einem besonderen Bunkerhaus gelagert und von dort durch Becherwerke in die eigentlichen Kesselbunker gefördert. Die Gesamtanordnung der Kraftwerksanlage ist so getroffen, daß die Kühlturmschwaden normalerweise weder die Gebäude noch die Hochspannungsschaltanlagen berühren.

Um eine größtmögliche Wirtschaftlichkeit des Kraftwerkes zu erreichen, wurde die Frischdampftemperatur am Kesselaustritt, die um 1938 mit 500° C genormt war, bei diesem Bauvorhaben erstmals um 10° C überschritten. Da sich die Zwischenüberhitzung

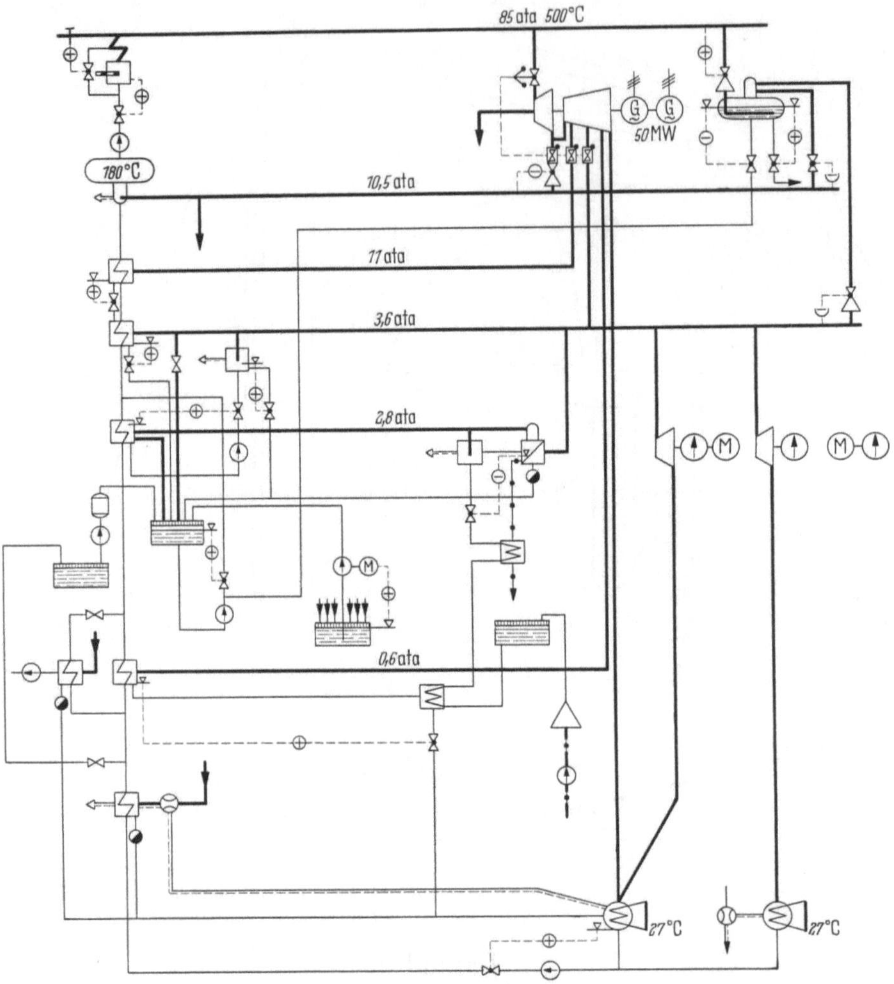

Wärmegrundschaltplan

erst in späterer Zeit zusammen mit der Einführung der reinen Blockbauweise durchsetzte, wurde für das Kraftwerk Karnap keine Zwischenüberhitzung vorgesehen. Hierdurch war der Frischdampfdruck, mit Rücksicht auf die zulässige Erdnässe im Niederdruckteil der Turbinen, mit 84 atü vor der Turbine begrenzt. Er lag damit aber um 14 at über der Norm für Kraftwerke ohne Zwischenüberhitzung.

Im ersten Ausbau, der 1943 abgeschlossen wurde, gelangten 8 Durchlaufkessel, Bauart Benson, von je 130 t/h sowie 5 zweigehäusige Turbinen von je 55 MW zur Aufstellung. Zwei weitere Bensonkessel mit einer Leistung von 150 t/h waren 1949 betriebsbereit.

Bezüglich der Zusammenschaltung der Kessel und Turbinen besteht die eine Möglichkeit, je eine Turbine von 2 Kesseln zu speisen. Man hielt jedoch auch Querverbindungen für zweckmäßig, um bei Laststößen die inneren Reserven der Gesamtanlage einsetzen und in Zeiten schwächerer Belastung einzelne Kessel abstellen zu können. Die Speisewasservorwärmung erfolgt in 4 Stufen auf 180° C. Bei der gleichen Temperatur findet die Entgasung statt. Das Zusatzwasser wird in einstufigen Verdampfern erzeugt und dem Hauptkreislauf zwischen dem zweiten und dritten Vorwärmer zugeführt. Die Kesselspeisepumpen und die Kühlwasserpumpen werden normalerweise durch Kondensationsturbinen angetrieben; als Reserve stehen elektromotorische Antriebe zur Verfügung.

Die erzeugte Energie wird von jedem Generator im Block über einen Regelumspanner auf die 110 kV-Schaltanlage geleitet. Ein weiterer Umspanner stellt von hier aus die Verbindung zum 220 kV-Netz her. Für die Versorgung des Eigenbedarfes sind 4 Turbosätze neben dem Hauptgenerator mit einem 4MVA-Hausgenerator versehen. Außerdem ist bei zwei dieser Turbosätze noch eine Speisung der Eigenbedarfssammelschiene von den

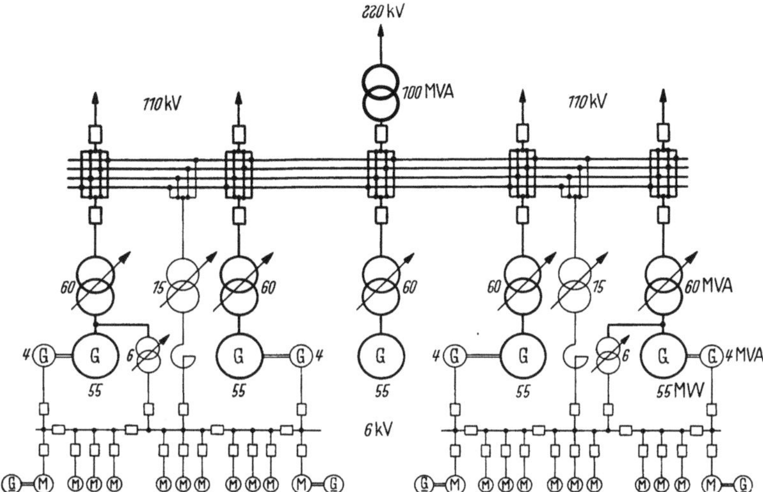

Elektrischer Übersichtsschaltplan

Generatorklemmen über Regelumspanner vorhanden. Schließlich dienen 2 Regelumspanner 110/6 kV zum Anfahren des Kraftwerkes und zur Notversorgung im Falle eines Totalzusammenbruches.

Nachdem in den Jahren nach 1950 das auf der Braunkohle stehende Goldenberg-Werk durchgreifend modernisiert wurde und weitere moderne Großkraftwerke im Braunkohlenrevier vom RWE erstellt wurden, haben diese Kraftwerke die Erzeugung der Grundlast übernommen. Das Kraftwerk Karnap dient heute im wesentlichen zur Deckung der Verbrauchsspitzen, wobei einige Turbosätze täglich an- und abgestellt werden.

Der äußere Aufbau des Kraftwerkes folgt dem Energiefluß in Querrichtung. An der dem Kohlenlagerhaus zugewandten Seite des Hauptbauwerkes liegt der Schwerbau mit den Kesselbunkern; es folgen Kesselhaus, Vorwärmer- und Pumpenhaus, Maschinenhaus und vor diesem die Blockumspanner. Zwischen Kessel- und Maschinenhaus ist keine Trennwand vorhanden. Die Elektrofilter sind auf den Kesseln aufgebaut. Da die 3 Schornsteine getrennt von dem Hauptbau angeordnet sind, ergibt sich unterhalb des hoch gelegenen Rauchgaseintrittes ein freier Raum im Schornsteinsockel, der zur Unterbringung der 3 Wärmewarten für die betreffenden Blocks ausgenutzt worden ist. Der Gesamtbau wurde in Stahlbeton erstellt und mit Klinkern verkleidet. Das Kraftwerk Karnap ist auch heute noch in vieler Beziehung als durchaus neuzeitlich anzusehen.

Schrifttum

SCHRÖDER, K.: Dampfkraftwerke, Sonderdruck aus dem Werk: Die Entwicklung der Starkstromtechnik Siemens-Schuckertwerke AG.

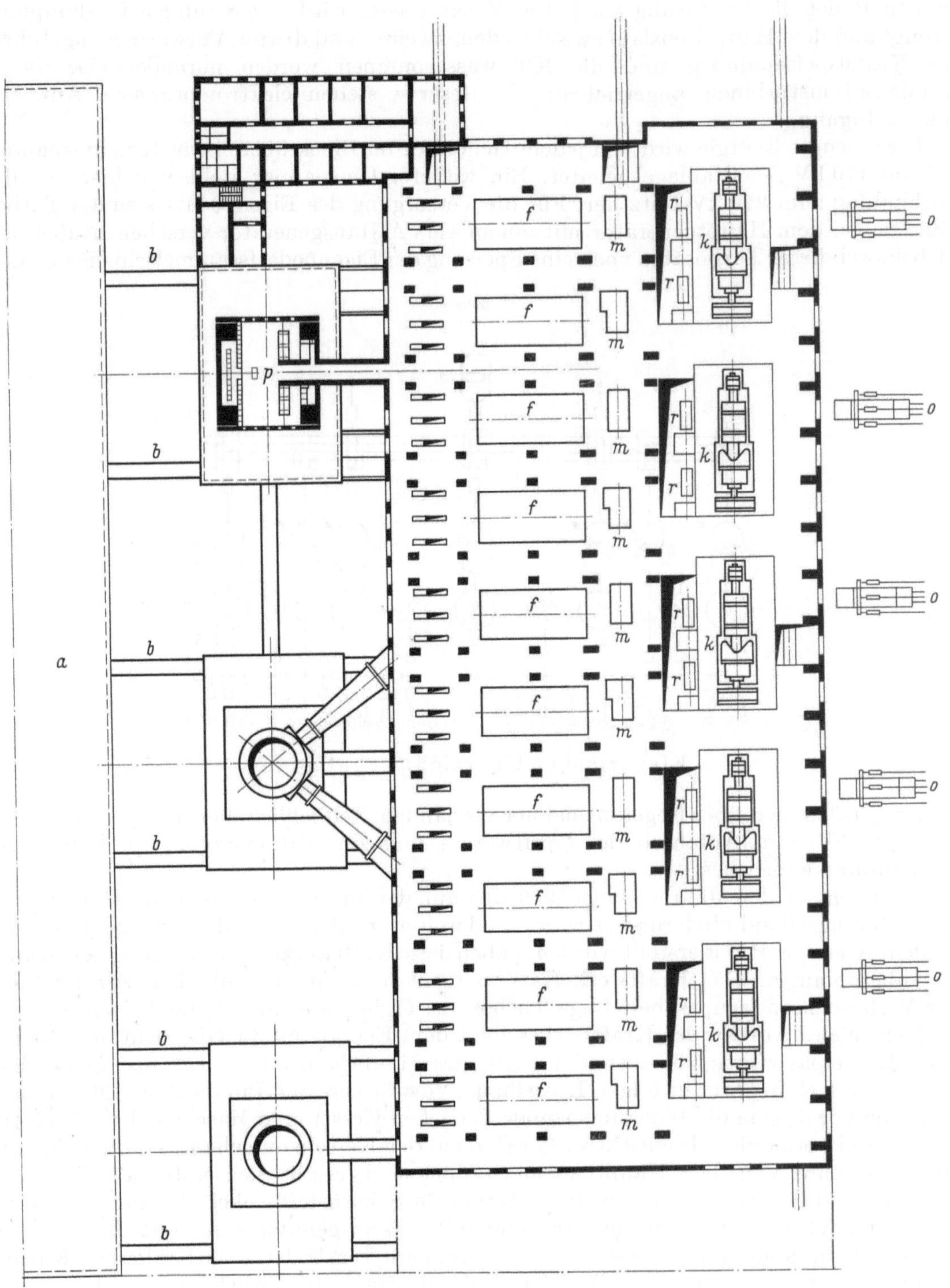

Grundriß

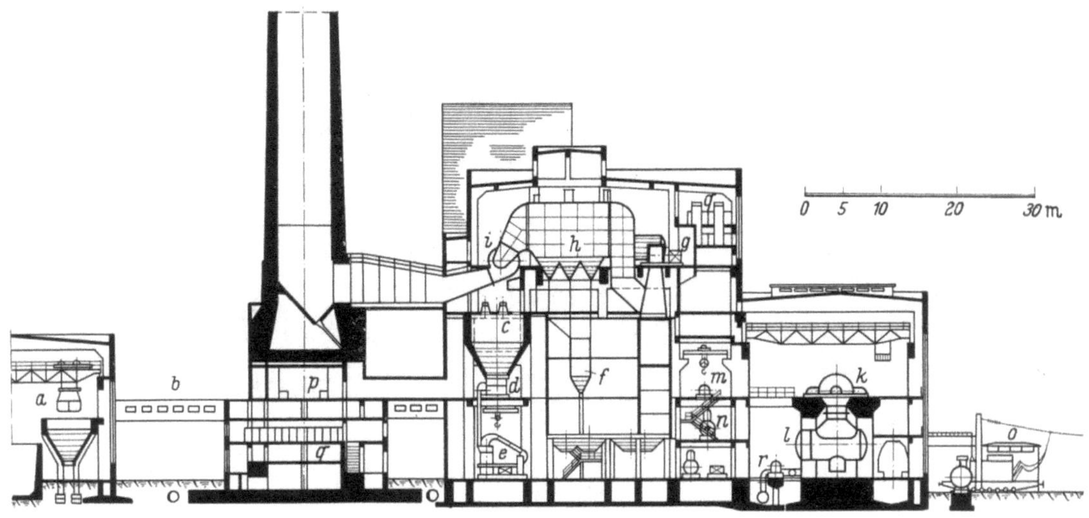

Querschnitt

Legende zum Grundriß und Querschnitt

a	Bekohlungsanlage	*k*	Turbogenerator
b	Becherwerk	*l*	Kondensator
c	Kohlenbunker	*m*	Kesselspeisepumpe
d	Kohlenzuteiler	*n*	Verdampfer
e	Kohlenmühle	*o*	Hauptumspanner 110 kV
f	Kessel	*p*	Wärmewarte
g	Frischluftgebläse	*q*	Eigenbedarfsschaltanlage
h	Elektrofilter	*r*	Kühlwasserpumpe
i	Saugzuggebläse		

Schaubild

191 **Kraftwerk Dieppedalle, Frankreich**

(Electricité de France, Paris, Bezirk Seine-Inférieure)

Baujahr 1946/49

Kessel	Block I und II
Anzahl	4
Leistung t/h	105
Art	Durchlauf
Genehmigungsdruck atü	—
Dampfzustand bei Austritt atü	84
Dampfzustand bei Austritt °C	510
Dampfzustand hinter ZWÜ atü	—
Dampfzustand hinter ZWÜ °C	—
Brennstoff:	
Art	Steink., Masut
unterer Heizwert kcal/kg	—
Feuerung	Brenner
Schlackenabzug	—
Luftvorwärmung °C	—
Abgastemperatur °C	—
Wirkungsgrad %	—

Rauchgasentstaubung: naß
Wasseraufbereitung: chemisch und Verdampfung
Bauweise: Stahlbeton
Vorgesehene Gesamtleistung: — MW

Turbinen	Block I und II
Anzahl	2
Leistung MW	50
Leistung MVA	—
Art	K
Drehzahl U/min	3000
Dampfdurchsatz t/h	—
Dampfzustand bei Eintritt atü	—
Dampfzustand bei Eintritt °C	79
bei Wiedereintritt atü	500
bei Wiedereintritt °C	—
Kühlwassertemperatur °C	15
Dampfzustand bei Austritt ata	0,0385
Dampfzustand bei Austritt °C	—
Gehäusezahl	2
Abdampfstutzen (flutig)	2
Vorwärmstufen	5
Entgasungstemperatur °C	219
Speisewassertemperatur °C	219
Kennzahlen	
Spez. Wärmeverbr. netto kcal/kWh	2619
„ Flächenbedarf m^2/kW	0,048
„ Raumbedarf m^3/kW	1,47

Das an der Seine gelegene Kraftwerk soll in erster Linie der Versorgung der Stadt Rouen und der umliegenden Industrie dienen. Der erste Satz kam Ende 1949 in Betrieb. Als Brennstoff werden Masut sowie Kohle verwendet. Die beiden Turbosätze sind für einen Dampfzustand von 79 atü, 500° C ohne Zwischenüberhitzung ausgelegt, sie leisten je 50 MW. Der Dampf wird in 4 Durchlaufkesseln, Bauart Sulzer, mit einer Leistung von je 105 t/h erzeugt. Je 2 Kessel und je eine Turbine bilden einen Block.

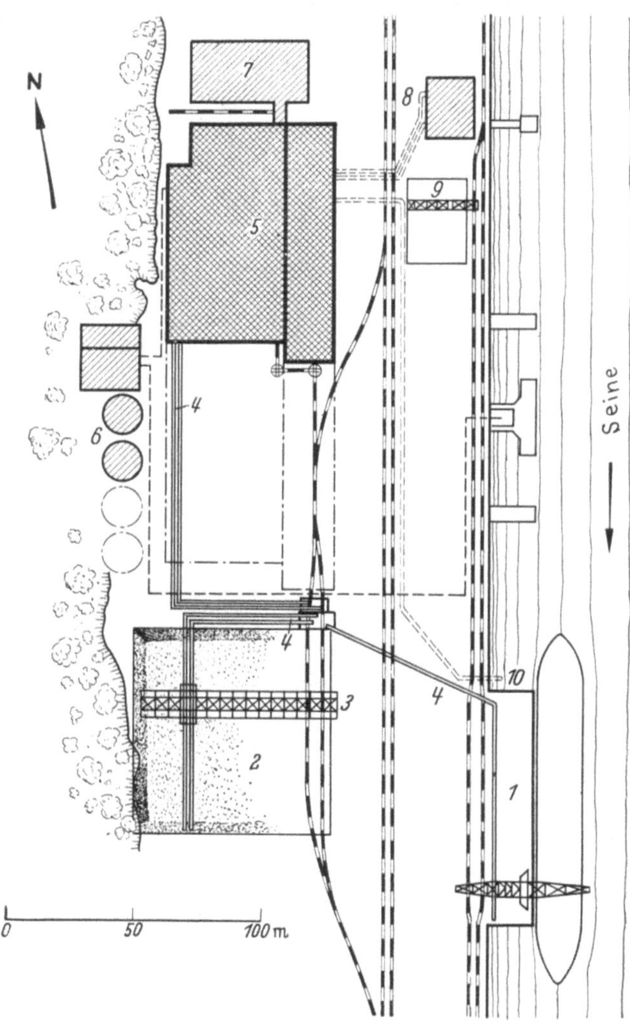

Lageplan

1	Entladekaianlage	6	Öltanklager
2	Kohlenlagerplatz	7	Verwaltungsgebäude
3	Bekohlungsbrücke	8	Einlaufbauwerk
4	Förderbänder	9	Ascheklärbecken
5	Kraftwerk	10	Kühlwasserauslauf

Für das Kraftwerk stand nur ein schmaler Geländestreifen zwischen der Seine und dem ansteigenden Gelände zur Verfügung, so daß das Kraftwerksgebäude in Hochbauweise erstellt werden mußte.

Mit Rücksicht auf die häufigen Netzstörungen durch Gewitter wurde vom Auftraggeber verlangt, daß das Kraftwerk eine plötzliche Mehrbelastung von 10 MW, also von 10% der gesamten installierten Leistung, übernehmen und bei Ausfall sämtlicher Verbindungen mit dem Landesnetz die Frequenz selbständig konstant halten müsse. Die

Anlage wurde daher mit Ruthsspeichern ausgerüstet, die zwischen den Hoch- und Niederdruckteil der Turbinen, die mit 2 Abdampfstutzen und 5 Anzapfungen ausgestattet wurden, gelegt wurde. Demgemäß ist der Ruthsspeicher für einen Druck von 15 at ausgelegt. Bei steigender Last, also sinkender Frequenz, öffnet der Drehzahlregler das Entladeventil des Ruthsspeichers, wodurch Speicherdampf zusätzlich in den Niederdruckteil der Turbine geleitet wird. Hierdurch steigt die Leistungsabgabe entsprechend an. Gleichzeitig bewirkt der sinkende Speicherdruck eine Vergrößerung der Feuerleistung. Bei sinkender Last wirkt der Regelmechanismus in umgekehrtem Sinn.

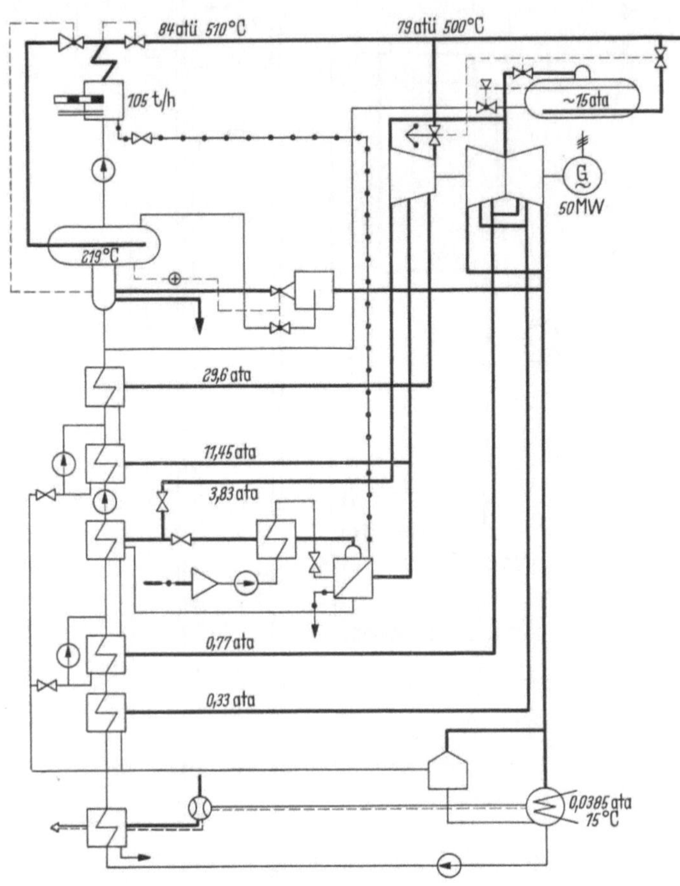

Wärmegrundschaltplan

Der Staub wird zwischengebunkert. Die Rauchgase werden durch einen Naßentstauber geleitet.

Der Speisewasserbehälter ist gleichzeitig als Anfahrgefäß ausgestattet. Bei Druckanstieg in diesem über das zulässige Maß hinaus bläst der entspannte und gekühlte Dampf in den Kondensator ab. Der Verdampfer ist an die zweite Anzapfung angeschlossen. In ihm wird nicht nur das chemisch aufbereitete Wasser, sondern auch die Kessellauge verdampft, was wegen ihres geringen Salzgehaltes zu keinen Schwierigkeiten führt. Der Verdampferbrüden durchläuft vor seiner Kondensation noch einen Dampfwäscher.

Der elektrische Übersichtsschaltplan läßt erkennen, daß die beiden Generatoren auf Doppelsammelschienen arbeiten. Diese können derart aufgetrennt werden, daß jeder Generator unabhängig von dem anderen betrieben werden kann. An die erwähnten Sammelschienen (16 kV) sind über Umspanner die Verteilungs-Doppelsammelschienen für Spannungen von 16, 33 und 90 kV angeschlossen. Jeder Generator hat eine Eigenbedarfsversorgung, die über je 3 Regelumspanner an die Generatorsammelschienen angeschlossen ist.

Die räumliche Anordnung folgt dem Erzeugungsvorgang. Das Bunkerhaus liegt an der Außenseite des Kesselhauses. Die Schornsteine befinden sich auf dem Pumpenhaus.

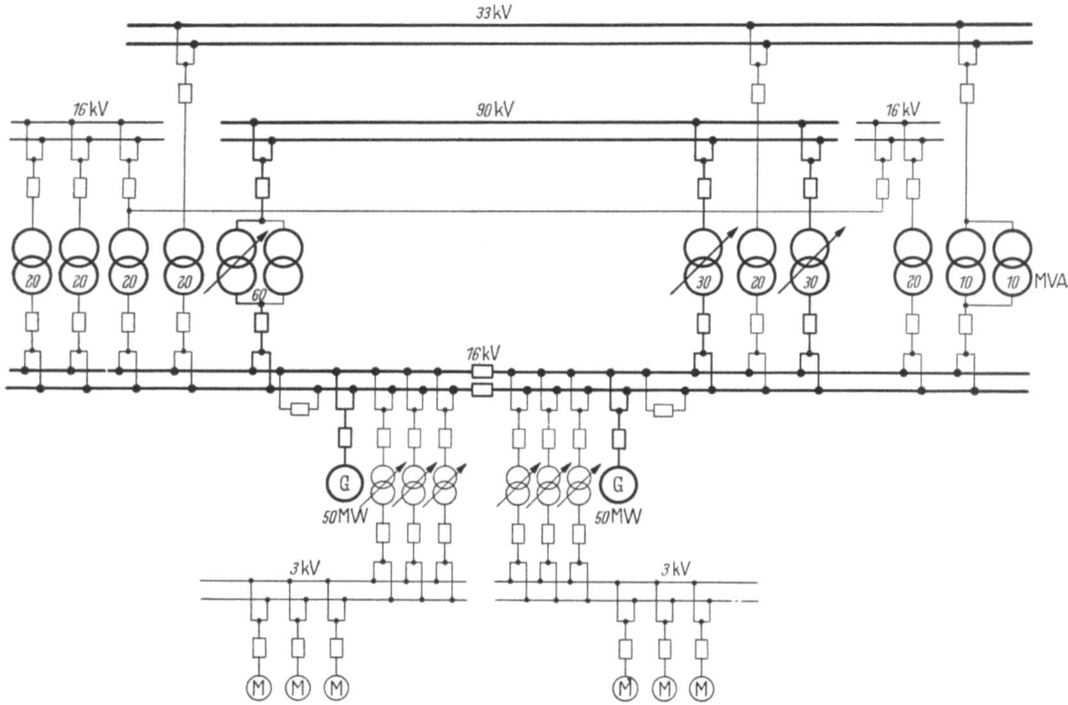

Elektrischer Übersichtsschaltplan

Die Rauchgase werden durch einen Leerzug hochgeführt. Die beiden Turbinen sind parallel zur Längsachse des Maschinenhauses aufgestellt.

Bunker- und Pumpenhaus sind als Schwerbau ausgeführt. Kessel- und Maschinenhaus erhielten daher eine Dachkonstruktion aus Fachwerksträgern, die nur beim Maschinenhaus an der äußeren Längswand abgestützt werden mußte.

Schrifttum

Escher Wyss-Mitt. 1950/51 S. 3/20.
Genie civ. Bd. 128 (1951) S. 78.

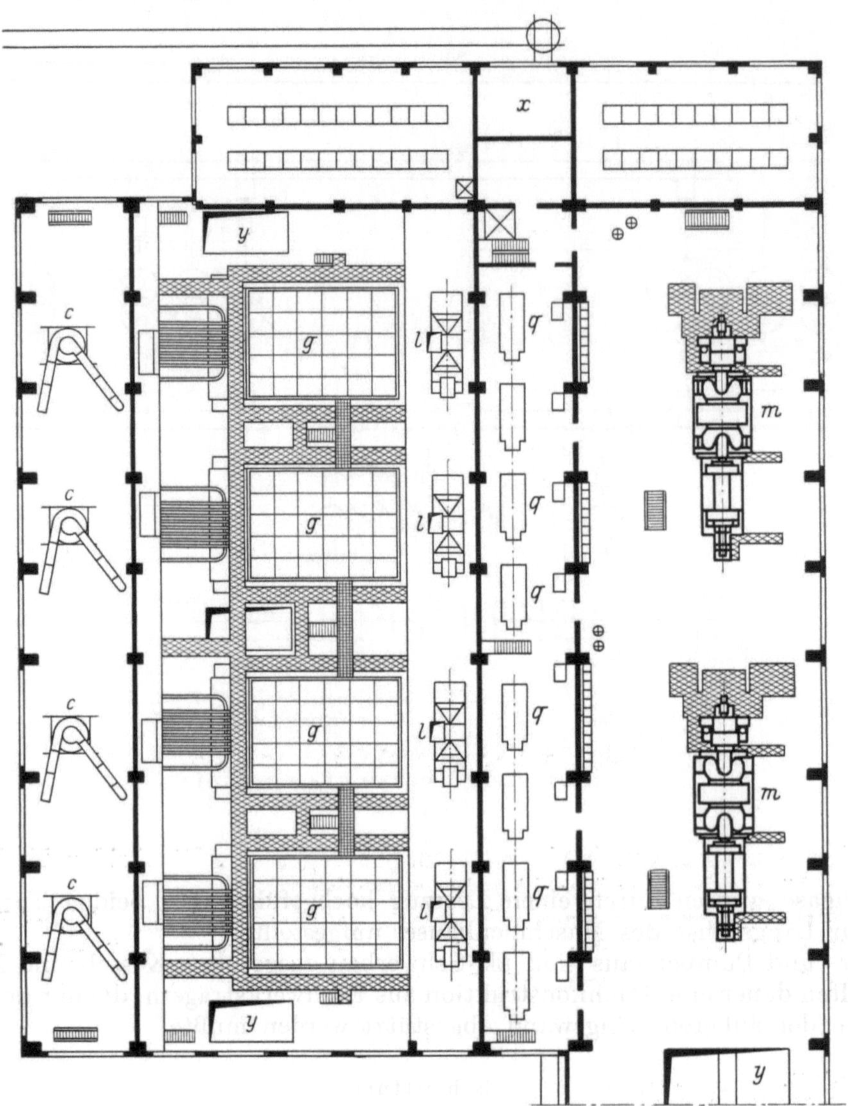

Grundriß

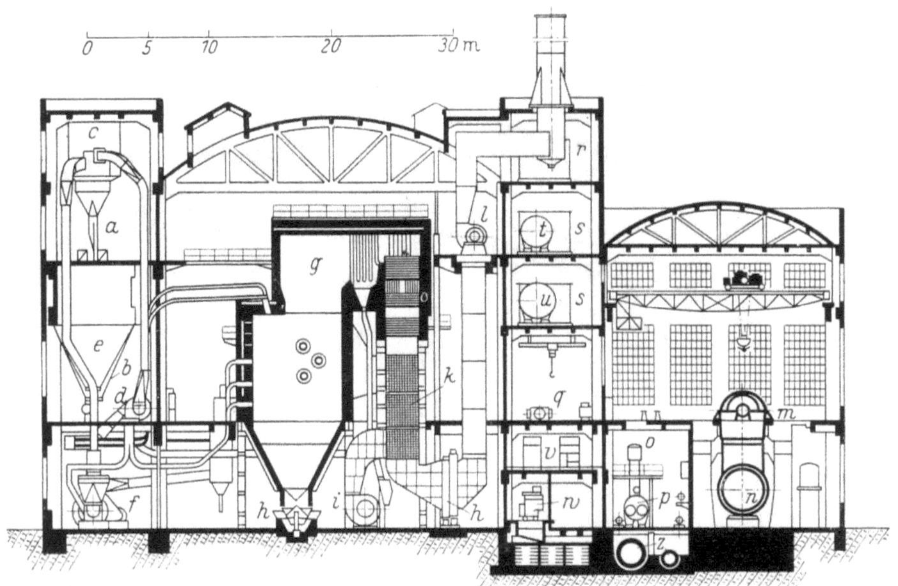

Querschnitt

Legende zum Grundriß und Querschnitt

a	Bekohlung	*o*	Vorwärmer
b	Rohkohlenbunker	*p*	Verdampfer
c	Sichter	*q*	Kesselspeisepumpen
d	Staubluftgebläse	*r*	Rohwasserbehälter
e	Staubbunker	*s*	Kondensatbehälter
f	Rohrmühle	*t*	Anfahrbehälter
g	Kessel	*u*	Dampfspeicher
h	Naßentascher	*v*	Eigenbedarfsschaltanlage
i	Frischluftgebläse	*w*	Eigenbedarfsumspanner
k	Luftvorwärmer	*x*	Schalthaus
l	Saugzuggebläse	*y*	Montageöffnung
m	Turbogenerator	*z*	Kühlwasserleitungen
n	Kondensator		

Schaubild

193 Kraftwerk Kairo-Süd, Vereinigte Arabische Republik

(Cairo City Electricity & Gas Administration)

Baujahr 1954/57

Kessel	Block 1 und 2
Anzahl	4
Leistung t/h	200
Art	Naturumlauf
Genehmigungsdruck atü	84
Dampfzustand bei Austritt atü	74
Dampfzustand bei Austritt °C	500
Dampfzustand hinter ZWÜ atü	—
Dampfzustand hinter ZWÜ °C	—
Brennstoff:	
Art	Masut
oberer Heizwert kcal/kg	9400
Feuerung	—
Schlackenabzug	—
Luftvorwärmung °C	235
Abgastemperatur °C	150
Wirkungsgrad %	93

Turbinen	Block 1 und 2	Hausturbinen
Anzahl	2	2
Leistung MW	66	7,5
Leistung MVA	82,5	9,5
Art	K	K
Drehzahl U/min	3000	3000
Dampfdurchsatz t/h	280	30
Dampfzustand bei Eintritt atü	70	70
Dampfzustand bei Eintritt °C	485	485
bei Wiedereintritt atü	—	—
bei Wiedereintritt °C	—	—
Kühlwassertemperatur °C	27	27
Dampfzustand bei Austritt ata	—	—
Dampfzustand bei Austritt °C	—	—
Gehäusezahl	2	1
Abdampfstutzen (flutig)	2	1
Vorwärmstufen	5	—
Entgasungstemperatur °C	148	—
Speisewassertemperatur °C	227	—

Kennzahlen

Spez. Wärmeverbr. netto kcal/kWh	2820[1]
„ Flächenbedarf m²/kW	0,036
„ Raumbedarf m³/kW	1,02

Rauchgasentstaubung: —
Wasseraufbereitung: chemisch und Verdampfung
Bauweise: Stahlbeton
Vorgesehene Gesamtleistung: — MW

[1] bezogen auf einen oberen Heizwert von 10000 kcal/kg

Zur Versorgung der Stadt Kairo sowie des umliegenden Industriegebietes ließ die Cairo-City Electricity & Gas Administration, Kairo, in den Jahren 1954/57 etwa 20 km südlich der Stadt am Ostufer des Nils ein Kraftwerk errichten. Dieses wird mit Öl (Masut) betrieben, das auf dem Schiffs- oder Bahnweg zum Kraftwerk befördert wird. Die Zuführung durch eine Pipeline ist vorgesehen. Die Öltransport- und Speicheranlagen dienen nicht nur den Zwecken des Kraftwerkes, da der Brennstoff auf dem Kraftwerks-

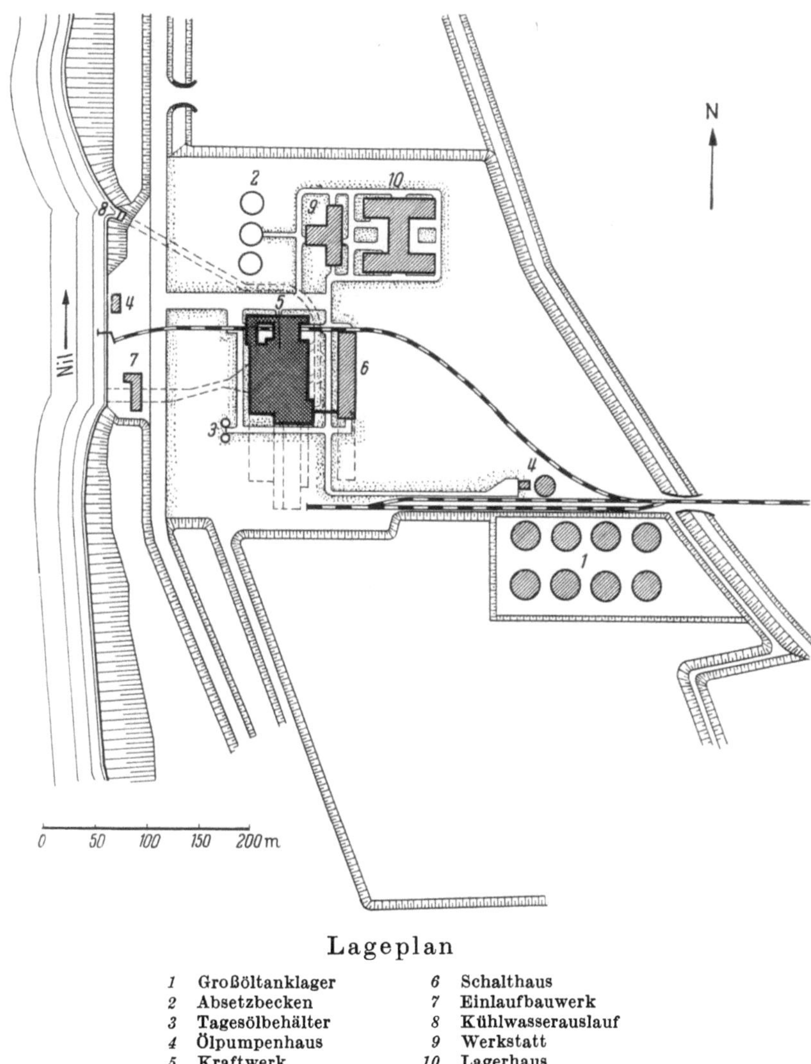

Lageplan

1	Großöltanklager	*6*	Schalthaus
2	Absetzbecken	*7*	Einlaufbauwerk
3	Tagesölbehälter	*8*	Kühlwasserauslauf
4	Ölpumpenhaus	*9*	Werkstatt
5	Kraftwerk	*10*	Lagerhaus

gelände auch umgeschlagen wird. Das Kühlwasser wird dem Nil entnommen. Die Kondensatoren mußten für eine Kühlwassertemperatur von 27° C ausgelegt werden.

Aufgestellt wurden zunächst 2 Blocks, bestehend aus je 2 Trommelkesseln von 200 t/h, je einer Kondensationsturbine von 66 MW und je einer Hausturbine von 7,5 MW; die gesamte installierte Leistung beträgt also 147 MW. Zwischen den beiden Blocks bestehen frischdampfseitig und speisewasserseitig Querverbindungen. Der Dampfzustand an den Turbinen wurde mit 70 atü, 485° C festgelegt.

Die beiden Hauptturbinen sind zweigehäusig mit 2 Abdampfstutzen und 5 Anzapfungen zur Speisewasservorwärmung. Die beiden letzten Vorwärmer liegen hinter den Speisepumpen. In das Vorwärmsystem ist eine zweistufige Verdampferanlage einbezogen.

Die Verbrennungsluft jedes Kessels wird nicht nur durch 2 Ljungström-Vorwärmer, sondern wegen der Gefährdung der Lufterhitzer durch Korrosion auch durch zwei Dampf-luvos vorgewärmt. Das sehr zähflüssige Öl muß mittels Dampf auf eine Temperatur von etwa 130° C gebracht werden. Die Hausturbinen verarbeiten das ganze verfügbare Wärmegefälle; sie haben eigene Kondensatoren.

Die in die Kessel eingebauten Ölbrenner sind Druckzerstäuber ohne rotierende Teile.

Jeder Hauptgenerator ist über je einen Umspanner auf die 63 kV-Sammelschienen geschaltet. Die Hausgeneratoren versorgen den 6,3 kV-Eigenbedarf, auf den auch noch ein Dieselsatz geschaltet ist. Beide Sammelschienen sind noch über 2 Umspanner miteinander gekuppelt.

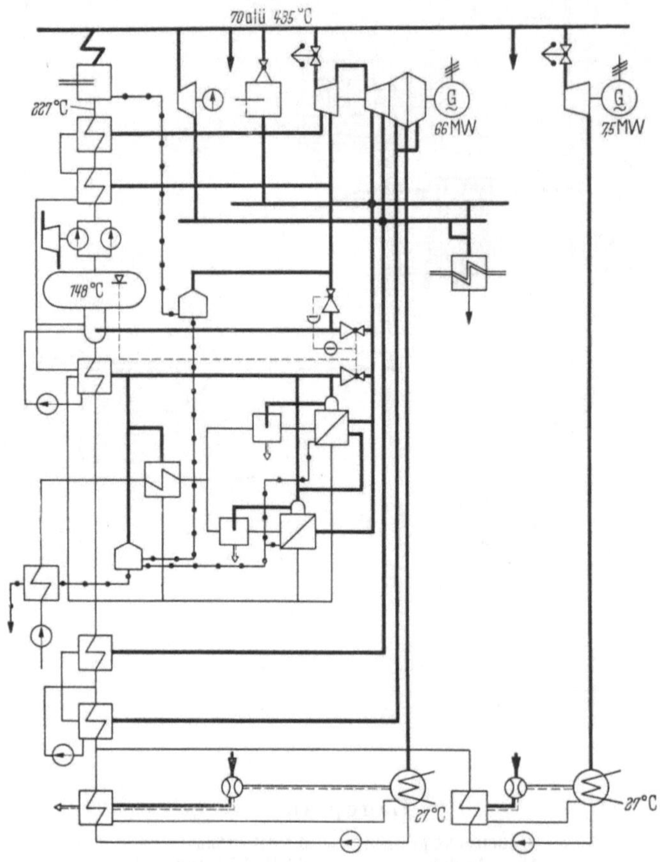

Wärmegrundschaltplan

Zwischen Kessel- und Maschinenhaus ist ein Zwischenbau von der gleichen Höhe des Maschinenhauses eingeschoben. Dieser enthält die Speisewasserbehälter, die Frischluftgebläse und die Vorwärmanlage. Auf dem Dach dieses Zwischenbaues sind die Saugzuggebläse mit den anschließenden Blechschloten aufgestellt. Im Maschinenhaus stehen die Hauptturbinen in der Längsachse. Zwischen ihnen stehen die quergestellten beiden Hausturbinen. An die Außenwand des Maschinenhauses schließen sich die Trafokammern und die Elektrowarte an. Von der letzteren führt eine Kabelbrücke zu dem räumlich getrennten 63 kV-Schaltraum. Die Elektrowarte liegt an der Stirnwand des Kraftwerksgebäudes, an die der beabsichtigte zweite Ausbau angeschlossen werden soll. Die Warte wird also im Endausbau in der Mittelachse des Kraftwerkes liegen. Die Wärmewarte befindet sich im Zwischenbau gegenüber den Hilfsturbinen.

Das Gebäude wurde in Stahlbeton-Skelettbauweise erstellt und mit Ziegelmauerwerk ausgefacht. Das Kesselhaus besteht aus einer Rahmenkonstruktion von rund 33 m Höhe. Die Bedienungsbühne +7,5 m wird durch das ganze Kraftwerk als feste Betondecke durchgeführt. Zur bequemen Verlegung der Kühlwasser- und Entwässerungsleitungen, Kabel usw. ist das ganze Kraftwerk unterkellert.

Unter den umfangreichen Außenanlagen sind hervorzuheben: 8 Öltanks (aus vorgespanntem Beton) von je 5000 m³, ein dreistöckiges Lagergebäude mit einer Grundfläche von rund 3650 m² und eine Werkstätte von rund 1300 m². Wegen des schlechten Baugrundes wurde der größte Teil der Anlage auf Stahlbetonpfählen gegründet, während die Öl- und Wasserbehälter auf künstlich verdichtetem Boden errichtet wurden.

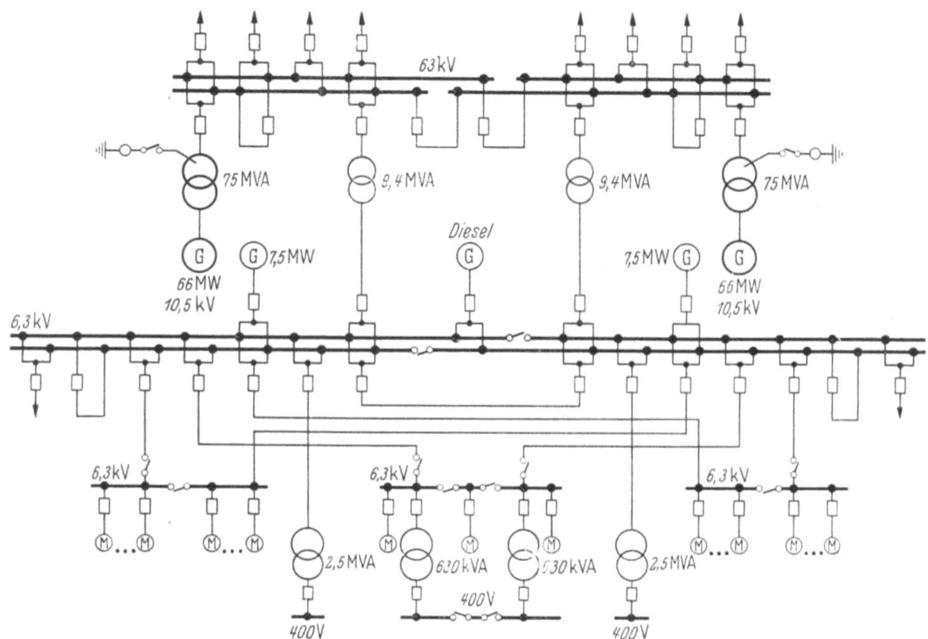

Elektrischer Übersichtsschaltplan

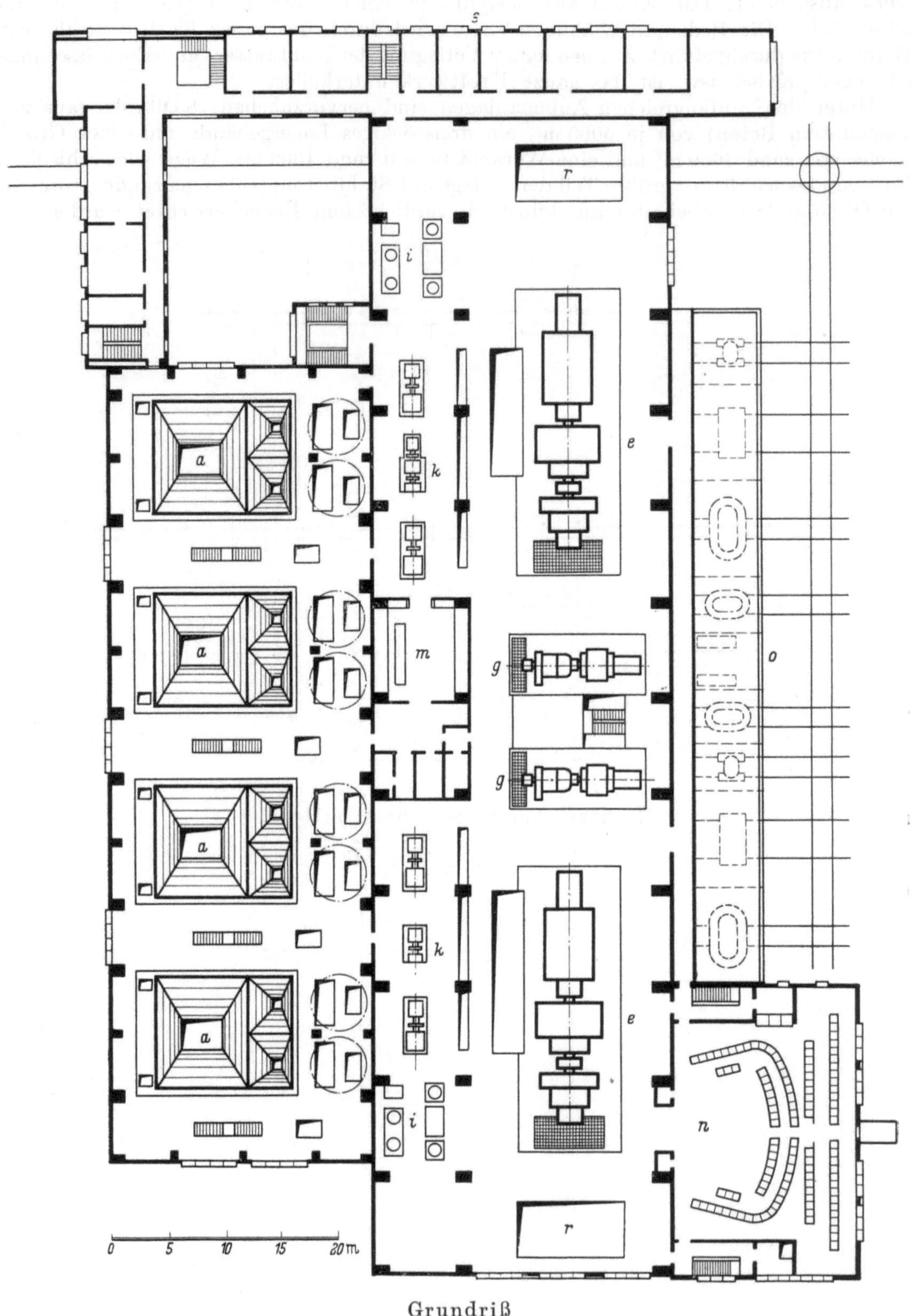

Grundriß

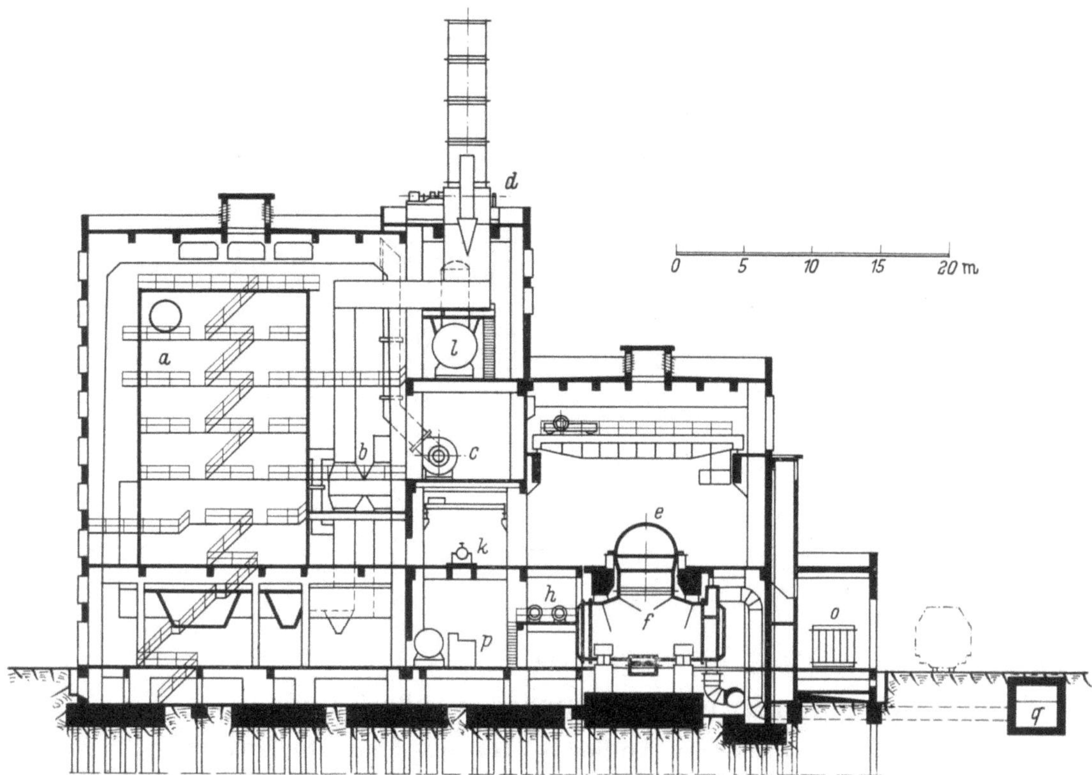

Querschnitt

Legende zum Grundriß und Querschnitt

a	Kessel	*k*	Kesselspeisepumpen
b	Ljungström-Luftvorwärmer	*l*	Speisewasserbehälter mit Entgaser
c	Frischluftgebläse	*m*	Wärmewarte
d	Saugzuggebläse	*n*	Elektrowarte
e	Turbogenerator 66 MW	*o*	Umspanneranbau
f	Kondensator	*p*	Eigenbedarfsschaltanlage
g	Hausturbogenerator 7,5 MW	*q*	Kühlwasserabflußkanal
h	Niederdruckvorwärmer	*r*	Montageöffnung
i	Hochdruckvorwärmer- und Verdampferanlage	*s*	Büro- und Betriebsgebäude

Schaubild

194 Kraftwerk Marchwood, Großbritannien

(Central Electricity Authority, London, Southern Division)

Baujahr 1952/59

Kessel	Block I bis V	Block VII bis VIII
Anzahl	5	3
Leistung t/h	250	250
Art	Naturumlauf	Naturumlauf
Genehmigungsdruck atü	78	78
Dampfzustand bei Austritt atü	67	67
Dampfzustand bei Austritt °C	496	496
Dampfzustand hinter ZWÜ atü	—	—
Dampfzustand hinter ZWÜ °C	—	—
Brennstoff:		
Art	Steinkohle; Öl	
unterer Heizwert kcal/kg	7150; 9650	
Feuerung	Brenner	Brenner
Schlackenabzug	trocken	trocken
Luftvorwärmung °C	252	252
Abgastemperatur °C	124	124
Wirkungsgrad %	87,5; 84	87,5; 84

Rauchgasentstaubung: mechanisch und elektrisch
Wasseraufbereitung: chemisch und Verdampfung
Bauweise: Stahlkonstruktion
Vorgesehene Gesamtleistung 480 MW

Turbinen	Block I bis V	Block VII bis VIII
Anzahl	5	3
Leistung MW	60	60
Leistung MVA	75	75
Art	K	K
Drehzahl U/min	3000	3000
Dampfdurchsatz t/h	236	236
Dampfzustand bei Eintritt atü	63	63
Dampfzustand bei Eintritt °C	482	482
bei Wiedereintritt atü	—	—
bei Wiedereintritt °C	—	—
Kühlwassertemperatur °C	15	15
Dampfzustand bei Austritt ata	0,038	0,038
Dampfzustand bei Austritt °C	—	—
Gehäusezahl	3	3
Abdampfstutzen (flutig)	2	2
Vorwärmstufen	5	5
Entgasungstemperatur °C	122	122
Speisewassertemperatur °C	196	196

Kennzahlen

Spez. Wärmeverbr. netto kcal/kWh	3080
„ Flächenbedarf m²/kW	0,044
„ Raumbedarf m³/kW	1,31
„ Personalbedarf Mann/MW	1,02

Mit dem Bau des Kraftwerkes wurde im Sommer 1952 begonnen. Ende 1955 ging es mit einem Block und Mitte 1957 mit vier weiteren Blocks von je 60 MW in Betrieb. Der Endausbau mit insgesamt 8 Blocks bei einer Gesamtleistung von 480 MW wird voraussichtlich bis 1959 verwirklicht werden. Marchwood ist die erste Anlage der Central Electricity Authority, die mit kombinierter Öl- und Kohlenstaubfeuerung ausgerüstet ist.

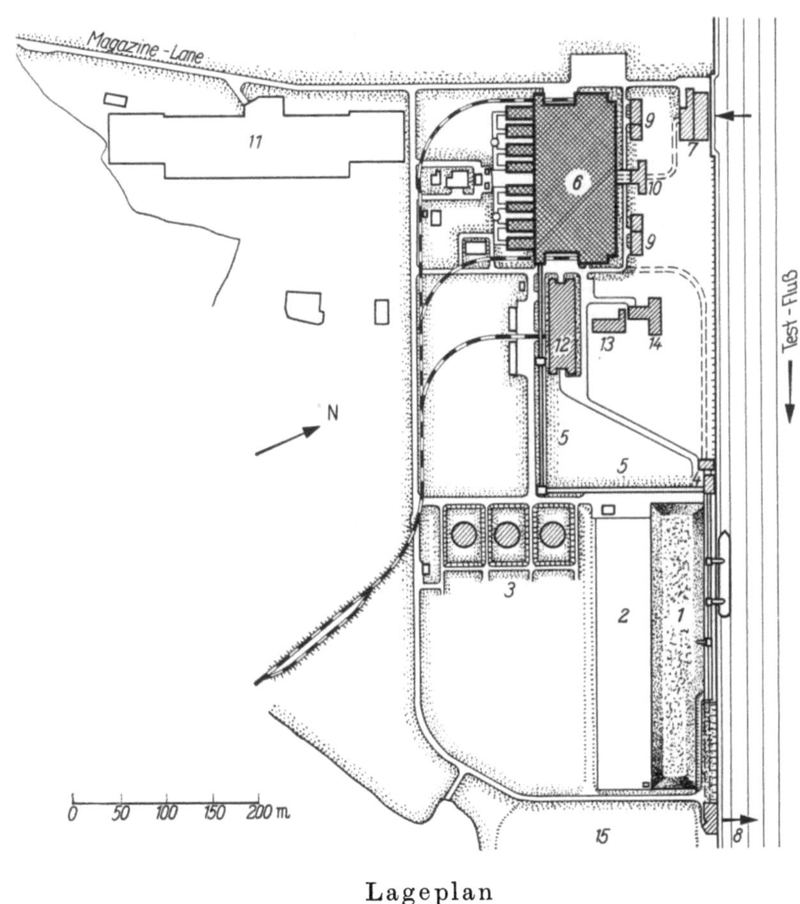

Lageplan

1	Kohlenlagerplatz	*9*	Umspanner
2	Erweiterungsraum	*10*	Elektrowarte und Verwaltung
3	Öltanklager	*11*	132 kV-Schaltanlage
4	Übergabeturm	*12*	Werkstatt und Lager
5	Schrägbandbrücke	*13*	Betriebsgebäude
6	Kraftwerk	*14*	Kasino
7	Einlaufbauwerk	*15*	Aschelagerplatz
8	Kühlwasserauslauf		

Das Kraftwerk liegt verkehrstechnisch günstig an der Einmündung des Testflusses in den Meeresarm bei Southampton. Die Anlage wird in erster Linie mit Öl betrieben, das von der in der Nähe liegenden Esso-Raffinerie von Fawley mit Tankschiffen herangebracht wird. Daher verfügt das Kraftwerk über eine eigene Schiffsanlegestelle, an der die Löschung von Öl und Kohle erfolgen kann. Das Kühlwasser wird im Endausbau mit einer Gesamtmenge von etwa 112000 m³/h dem Testfluß entnommen. Die erzeugte elektrische Energie wird über 132 kV-Hochspannungsleitungen dem Landesnetz zugeführt.

Der Frischdampfzustand ist 63 atü, 482° C am Turbineneintritt. Das Speisewasser wird in 5 Vorwärmstufen auf 196° C vorgewärmt. Die untere Vorwärmgruppe umfaßt die beiden Niederdruckvorwärmer, die Kondensatkühler sowie den Dampfstrahlkondensator. Parallel zur Kondensatleitung zwischen den letztgenannten Apparaten ist ein

Reservekondensatsystem angeordnet, das der Deckung der Kreislaufverluste dient und an das auch die Verdampferanlage angeschlossen ist. Die dreistufige Verdampferanlage, die mit einer Leistungsfähigkeit von etwa 28 t/h in der Lage ist, 1,4% der maximalen Kesselleistung an Zusatzwasser zu liefern, wird mit Frischdampf von 63 atü, 482° C betrieben. Die dritte Vorwärmstufe dient gleichzeitig der Entgasung. Um hierbei infolge des relativ hohen Dampfdruckes von 2,6 ata Wrasenverluste zu vermeiden, ist dem Entgaser ein Wrasenkondensator nachgeschaltet. Die Kesselspeisepumpen (Fördermenge

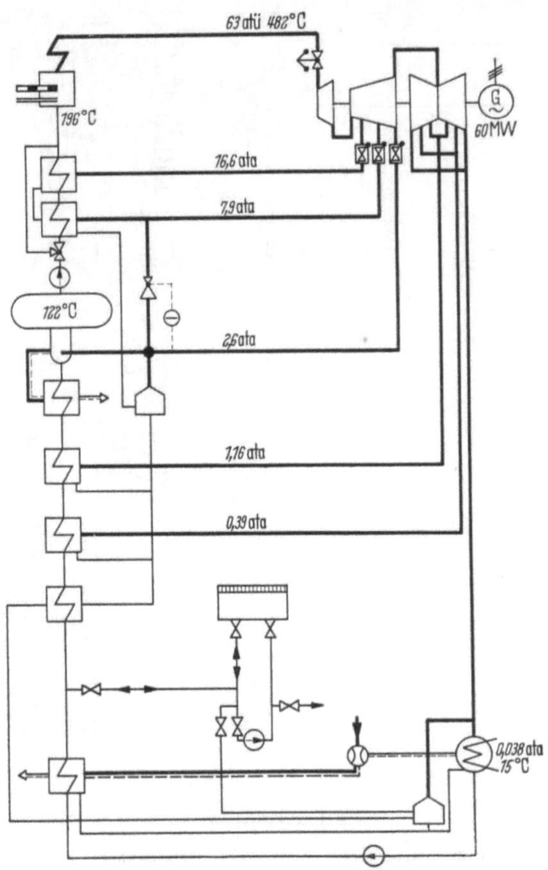

Wärmegrundschaltplan

295 t/h, Förderdruck 90 at) drücken das Speisewasser durch die beiden Hochdruckvorwärmstufen. Diese können im Störungsfall durch automatische Bypaßventile umführt werden.

Die Ausführung der Turbosätze erfolgte in Einwellenbauart mit einer Unterteilung in 3 Gehäuse, wobei der Niederdruckteil doppelflutig ausgeführt ist. Der spezifische Wärmeverbrauch wird mit 2310 kcal/kWh angegeben. Die Generatoren sind wasserstoffgekühlt und treiben ihre Erregermaschinen über Untersetzungsgetriebe an.

Die Zweigungsstrahlungskessel haben an gegenüberliegenden Wänden 16 kombinierte Öl-Kohlenstaubbrenner, von denen bei Verfeuerung von Öl 14 dem Betrieb und zwei der Reserve dienen. Beim Befeuern mit Kohlenstaub sind 12 Brenner eingesetzt, während die restlichen vier mit Öl betrieben als Zünd- und Schwachlastbrenner dienen. Die Verbrennungsluft wird der Brennkammer durch 2 Frischlüfter über die hinter dem Kessel installierten Röhrenlufterhitzer zugeführt. Je 4 Elektrofiltergruppen und Saugzuggebläse wurden den beiden Schornsteinen zugeordnet. Die Ölvorwärmung auf 155° C erfolgt in zwei Ölvorwärm- und Pumpstationen. Zur Beheizung der Vorwärmer sowie des Öltanklagers wird 14 atü-Sattdampf verwendet, der von eigens für diesen Zweck aufgestelltem La-Mont-Kessel geliefert wird.

Der elektrische Übersichtsschaltplan zeigt eine blockweise Zuordnung von Generatoren und Aufspanntransformatoren. Über Eigenbedarfsumspanner 11,8/3,42 kV wird die Eigenbedarfsleistung ebenfalls blockweise abgenommen. Ein Zwischensystem für den allgemeinen Eigenbedarf, das über 132/3,42 kV-Kuppeltransformatoren mit dem Netz verbunden ist, dient gleichzeitig der Sicherstellung der Eigenversorgung bei Ausfall der Stromerzeugung und zum Anfahren der Anlage.

Die Kohlenbunker liegen an der Außenseite des Kesselhauses. Die Turbinen sind quergestellt. Die Speisewasserblocks stehen neben den Turbosätzen. Die Speisewasserbehälter sind in einem Mitteltrakt zwischen Kessel- und Maschinenhaus in Höhe des Maschinen-

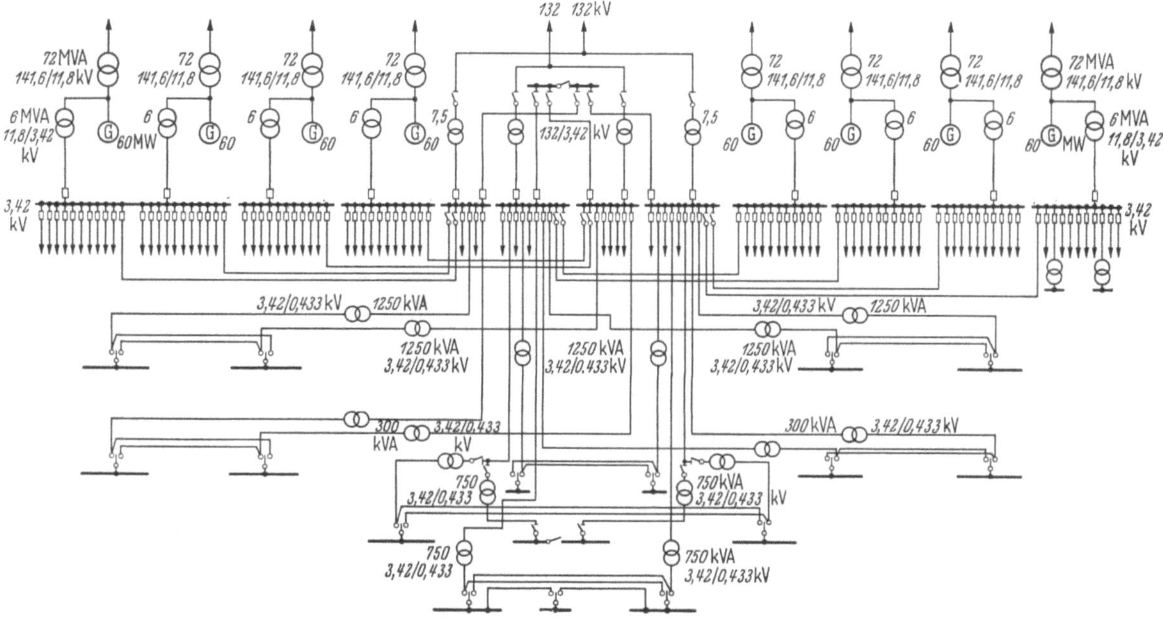

Elektrischer Übersichtsschaltplan

hauskranes aufgestellt. Die Kesselspeisepumpen stehen auf Kellerflur unter den Speisewasserbehältern. Im gleichen Trakt sind auf Höhe des Maschinenhausflures 4 Blockwarten in den Schwerpunkten von jeweils 2 Blöcken angeordnet. Von den Warten aus kann auch die Überwachung der Flammenbildung durch Fernseheinrichtungen erfolgen.

Dem Maschinenhaus vorgelagert ist die Eigenbedarfsschaltanlage mit den Eigenbedarfsumspannern auf Kellerflur. Im Anschluß daran befinden sich in besonderen Gebäuden die Blocktransformatoren sowie die Elektrowarte; von letzterer aus erfolgt die Überwachung bzw. Steuerung sämtlicher elektrischer Anlagenteile.

Bei der Bauausführung mußte von einer Pfahlgründung Gebrauch gemacht werden. Die Gebäude wurden in Stahlkonstruktion ausgeführt und bis zur Höhe von rund 9 m mit Betonsteinen ausgemauert. Aus Gründen der Gewichtsersparnis wurde das aufgehende Bauwerk durchweg mit Aluminiumplatten und Glas verkleidet. Die Anbringung dieser Platten erfolgte dabei in der Art, daß die Stirnseiten der Wände jeweils Sägezahnprofile bilden. Die äußeren schrägen Seiten sind mit Aluminium und die oberen horizontalen Flächen mit Glas verkleidet. Durch diese Anordnung wurde ein besonderer architektonischer Effekt sowie ein Höchstmaß der Ausnutzung des natürlichen Lichtes erreicht.

Die beiden Schornsteine sind in Stahlbeton ausgeführt und haben eine Höhe von 128 m aufzuweisen.

Schrifttum

Engineer Bd. 198 (1954) S. 391.
Electr. Rev. Bd. 160 (1957) S. 1051.
Engineer Bd. 203 (1957) S. 908.

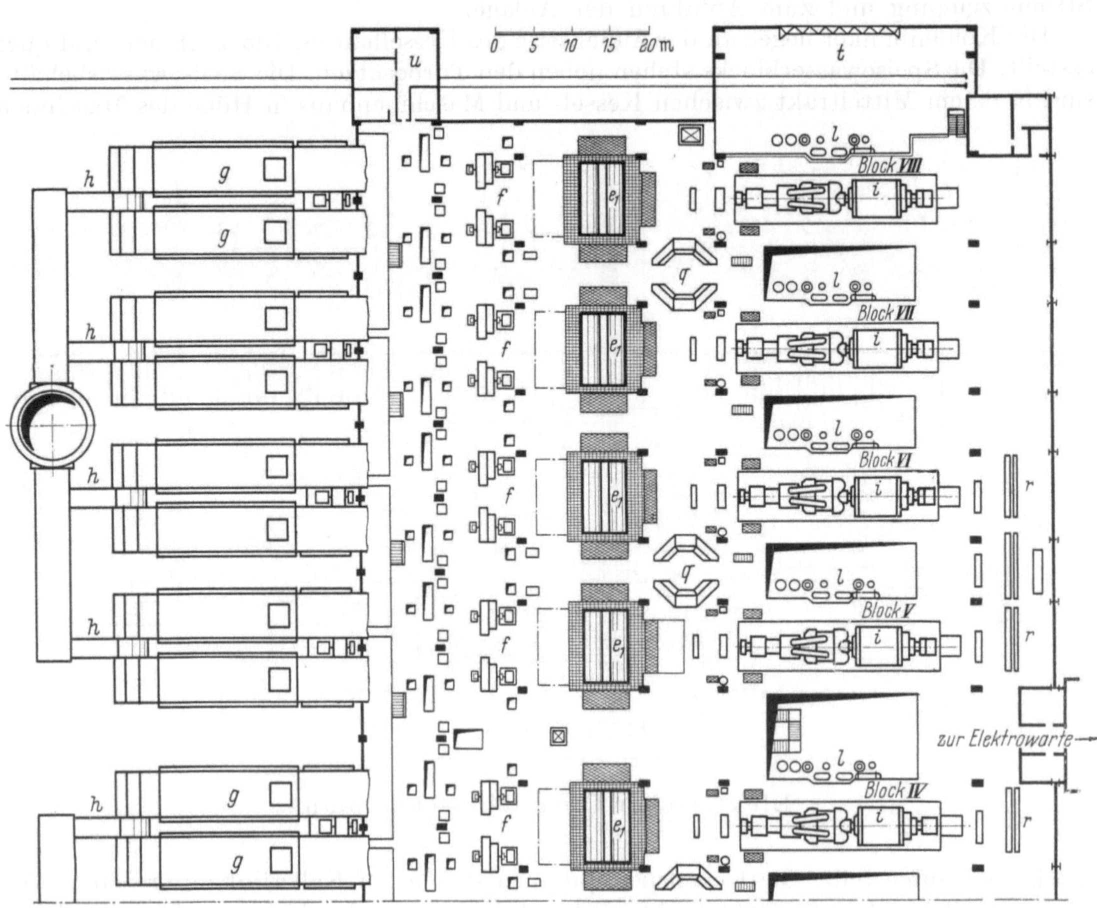

Grundriß

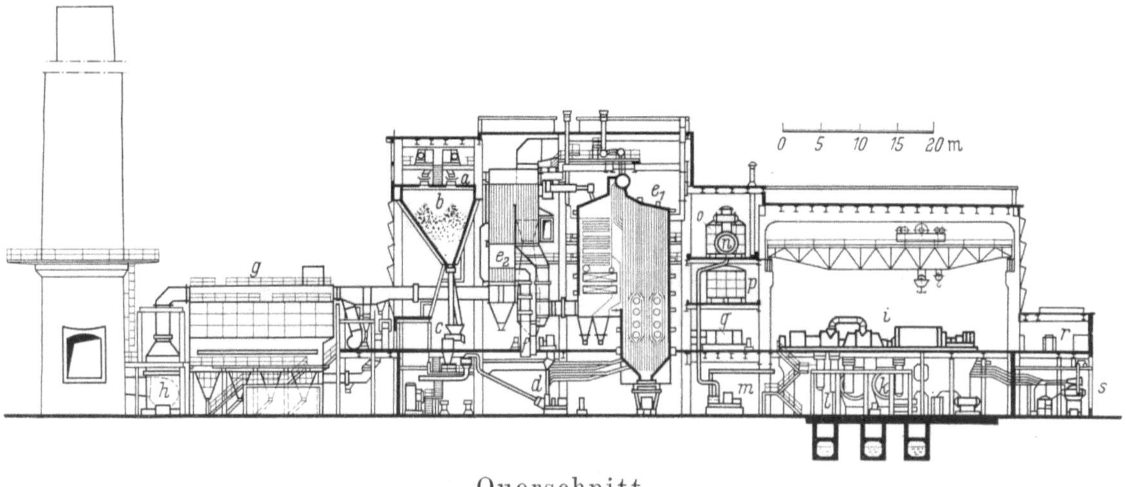

Querschnitt

Legende zum Grundriß und Querschnitt

a	Bekohlung	*l*	Vorwärmer
b	Bunker	*m*	Kesselspeisepumpe
c	Waage und Kohlenzuteiler	*n*	Speisewasserbehälter mit Entgaser
d	Mühlengebläse	*o*	Weichwasserbehälter
e_1	Kessel	*p*	Reservekondensatbehälter
e_2	Luftvorwärmer	*q*	Wärmewarte
f	Frischluftgebläse	*r*	Eigenbedarfsschaltanlage
g	Elektrofilter	*s*	Umspanner
h	Saugzuggebläse	*t*	Montageöffnung
i	Turbogenerator	*u*	Büroräume
k	Kondensator		

Schaubild

195 **Kraftwerk Keadby, Großbritannien**

(Central Electricity Authority, London, Yorkshire Division)

Baujahr 1948/55

Kessel	Block I bis IV	**Turbinen**	Block I bis IV
Anzahl	6	Anzahl	6
Leistung t/h	250	Leistung MW	60
Art	Zwangumlauf	Leistung MVA	75
		Art	K
Genehmigungsdruck atü	77	Drehzahl U/min	3000
Dampfzustand bei Austritt atü	65	Dampfdurchsatz t/h	226[1] 236[2]
Dampfzustand bei Austritt °C	490	Dampfzustand bei Eintritt atü	63,2
Dampfzustand hinter ZWÜ atü	—	Dampfzustand bei Eintritt °C	482
Dampfzustand hinter ZWÜ °C	—	bei Wiedereintritt atü	—
Brennstoff:		bei Wiedereintritt °C	—
Art	Steinkohle	Kühlwassertemperatur °C	15
unterer Heizwert kcal/kg	6450	Dampfzustand bei Austritt ata	0,045[1] 0,038[2]
		Dampfzustand bei Austritt °C	—
Feuerung	Brenner	Gehäusezahl	3
Schlackenabzug	trocken	Abdampfstutzen (flutig)	2
Luftvorwärmung °C	288	Vorwärmstufen	5
Abgastemperatur °C	162	Entgasungstemperatur °C	—
Wirkungsgrad %	85,5	Speisewassertemperatur °C	196

Rauchgasentstaubung: mechanisch und elektrisch
Wasseraufbereitung: chemisch und Verdampfung
Bauweise: Stahlkonstruktion
Vorgesehene Gesamtleistung: 360 MW

Kennzahlen

Spez. Wärmeverbr. netto kcal/kWh	3080
„ Flächenbedarf m²/kW	0,049
„ Raumbedarf m³/kW	1,63
„ Personalbedarf . . Mann/MW	0,87

[1] Satz 1—3
[2] Satz 4—6

Keadby war eine der ersten Anlagen, die nach dem Krieg in England in Angriff genommen wurden. Die Bauarbeiten begannen 1948. Im Jahr 1952 gingen 2 Blockeinheiten von je 60 MW in Betrieb; der Endausbau der 6 Kraftwerksblocks mit einer Gesamt-

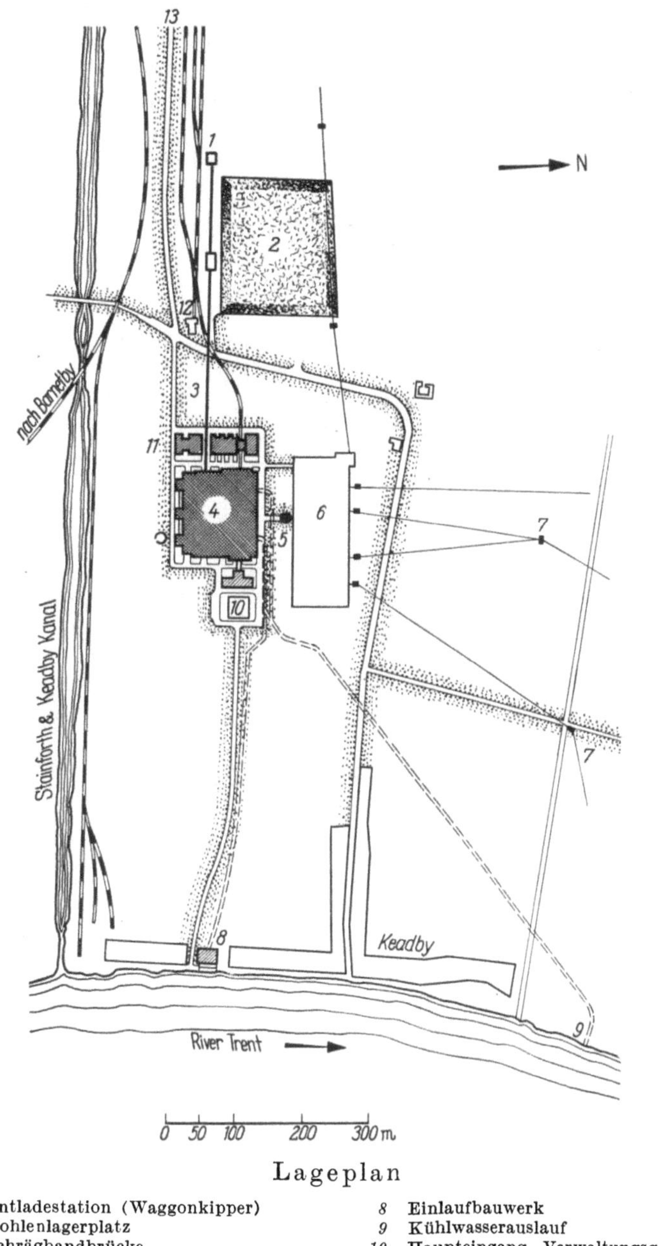

Lageplan

1 Entladestation (Waggonkipper)
2 Kohlenlagerplatz
3 Schrägbandbrücke
4 Kraftwerk
5 Elektrowarte
6 132 kV-Freiluftschaltanlage
7 Freileitungen
8 Einlaufbauwerk
9 Kühlwasserauslauf
10 Haupteingang, Verwaltungsgebäude
11 Werkstatt und Lager
12 Lokschuppen
13 Zufahrtstraße

leistung von 360 MW war 1955 beendet. Keadby ist eines der ersten englischen Kraftwerke, die für reine Blockschaltung geplant wurden.

Das Kraftwerk liegt in Lincolnshire (Mittelengland) am Trentfluß, südwestlich der Hafenstadt Hull. Das Kühlwasser wird von einem Einlaufbauwerk aus dem Trent entnommen und nach Vorbehandlung in einer Reinigungs- und Chlorierungsanlage den Kondensatoren zugeführt. Die Kohle wird durch Eisenbahn und Lastkraftwagen von verschiedenen Kohlengruben herangebracht. Es ist dadurch die Möglichkeit gegeben, eine Mischung der Brennstoffe vorzunehmen. Der Kohlenverbrauch der Gesamtanlage wird mit etwa einer Million Tonnen pro Jahr angegeben.

Der Frischdampfzustand beträgt 63,2 atü, 482° C am Turbineneintrittsstutzen. Bei einer mittleren Kühlwassertemperatur von 15° C wird ein Vakuum von 0,045 ata bei den ersten 3 Blocks erzielt. Die Sätze 4 bis 6 sind für ein Vakuum von 0,038 ata ausgelegt. Das Speisewasser wird in 5 Stufen auf 196° C vorgewärmt. Die parallel zur Hauptspeiseleitung angeordneten beiden Niederdruckstufen arbeiten nach dem Mischvorwärmverfahren und dienen gleichzeitig der Entgasung. Zwischen diesen beiden Vorwärmstufen

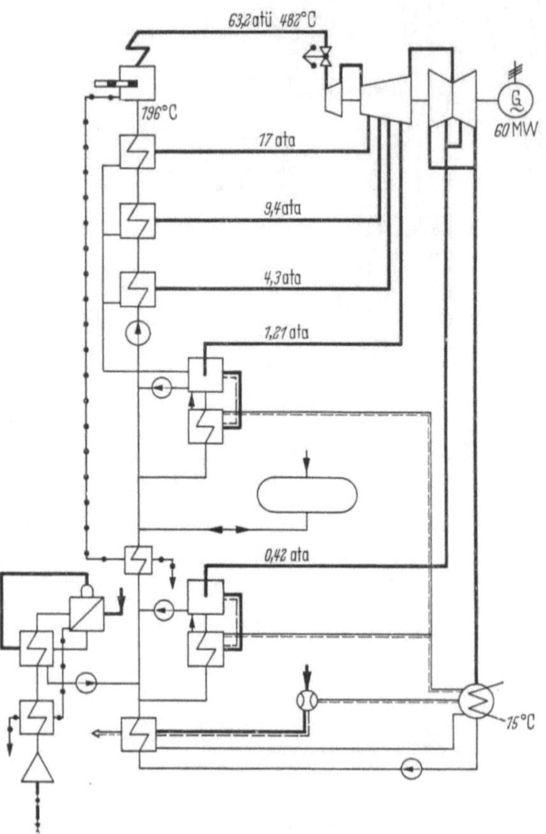

Wärmegrundschaltplan

ist für die Deckung der Kreislaufverluste ein Speicher am Hauptstrang angeschlossen. Die obere Vorwärmgruppe hinter den Kesselspeisepumpen umfaßt drei hintereinandergeschaltete Oberflächenvorwärmer. Eine zentrale Weichwasser- und Verdampferanlage dient der zusätzlichen Speisewasserergänzung sämtlicher Blockeinheiten.

Die Einwellensätze mit einer Leistung von je 60 MW (75 MVA) sind in 3 Gehäuse unterteilt. Die beiden Abdampfstutzen des doppelflutigen Niederdruckteiles sind an einen gemeinsamen Kondensator angeschlossen. Die wasserstoffgekühlten Generatoren werden mit einer Drehzahl von 3000 U/min angetrieben. Die Erregermaschinen laufen mit 1000 U/min.

Die Eintrommelstrahlungskessel sind mit Zwangumlauf und Deckenfeuerung ausgestattet. In die Zwillingsbrennkammern wird der Kohlenstaub durch 8 Brenner eingeblasen. Die Rauchgase durchströmen im zweiten Zug aufwärts die Überhitzer und Economiser und werden am oberen Kesselende abgeführt.

Generatoren und Aufspanntransformatoren sind in Block geschaltet; letztere sind oberspannungsseitig mit dem 132 kV-Doppelsammelschienensystem verbunden. Die Eigenbedarfsversorgung bei 3,3 kV und 415 V ist ebenfalls nach dem Blockprinzip aufgebaut. Zwei Anfahrtransformatoren stellen den Strombezug bei Ausfall der Eigenversorgung sowie für das Anfahren der Anlage aus dem Stillstand sicher.

Die Turbosätze sind achsengleich mit den Kesseln quer im Maschinenhaus aufgestellt. Bunker, Kohlenzubringer und Mühlen sind in der Mitte des Kesselhaustraktes untergebracht. Die Kessel sind in der Kesselhauskonstruktion aufgehängt. Die Rauchgase werden oberhalb des Bunkertrakts auf die andere Seite geführt und strömen hier über die Vorabscheider, Ljungström-Luftvorwärmer, Elektrofilter und Saugzuggebläse in den Schornstein mit einer Temperatur von etwa 162° C. Die Frischluft wird mit 32° C dem oberen Kesselraum entnommen und nach Vorwärmung auf 288° C den Brennkammern zugeführt.

Die Vorwärmanlagen sind auf Kellerflur neben den Turbosätzen sowie auf Maschinenhausflur zwischen Turbinen und Kesseln aufgestellt, während die Zusatzwasserbehälter

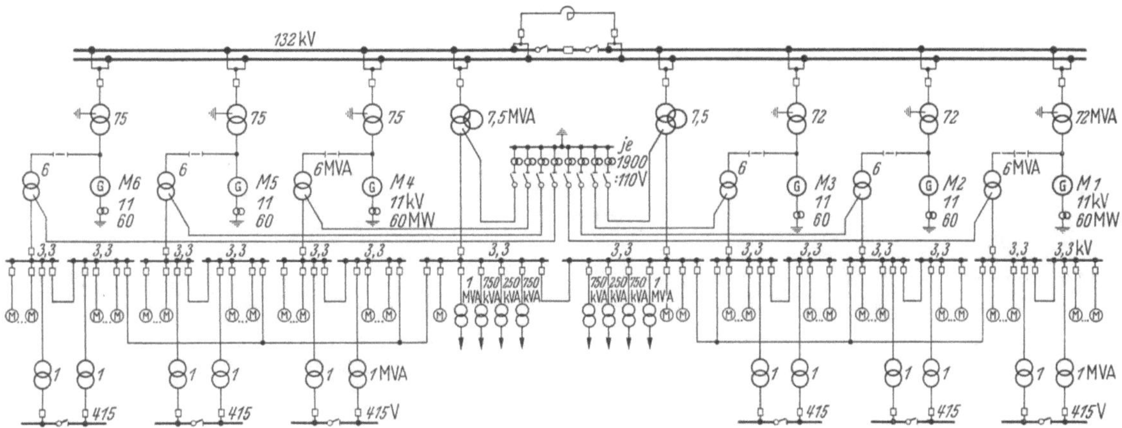

Elektrischer Übersichtsschaltplan

in dem Gebäudeteil zwischen Maschinen- und Kesselhaus auf Kranhöhe angeordnet wurden. Die Kesselspeisepumpen stehen im gleichen Trakt auf Kellerhöhe. Auf dem Maschinenhausflur sind Leitstände den einzelnen Blocks schwerpunktartig zugeordnet.

Dem Maschinenhaus ist ein Gebäude vorgebaut, in dem die Eigenbedarfsschaltanlage auf Höhe des Hauptbedienungsflures und die Umspanner auf Kellerflur untergebracht sind. Die Freiluftschaltanlage steht auf einem Gelände nördlich des Kraftwerkes; dazwischen befindet sich in einem eigenen Gebäude die Elektrowarte zur Überwachung der elektrischen Ausrüstung.

Auf einer Pfahlgründung wurde eine durchgehende Stahlbetonplatte aufbetoniert. Der eigentliche Kellerflur liegt etwa 2,50 m über dieser Grundplatte. Der so gebildete Zwischenraum wurde als Unterkeller für die Verlegung von Rohrleitungen und Kabeln ausgenutzt. Der Hochbau ist in Stahlkonstruktion ausgeführt und mit Betonsteinen verkleidet.

Die Schornsteine sind aus Ziegelsteinen aufgemauert und haben bei einer Höhe von 100 m einen freien Austrittsdurchmesser an der Spitze von etwa 6 m.

Schrifttum

Keadby Power Station. Druckschrift der Central Electricity Authority, Yorkshire Division, April 1956.
Keadby Generating Station. New 360 MW Installation. Engineering and Boiler House Review, März 1955.

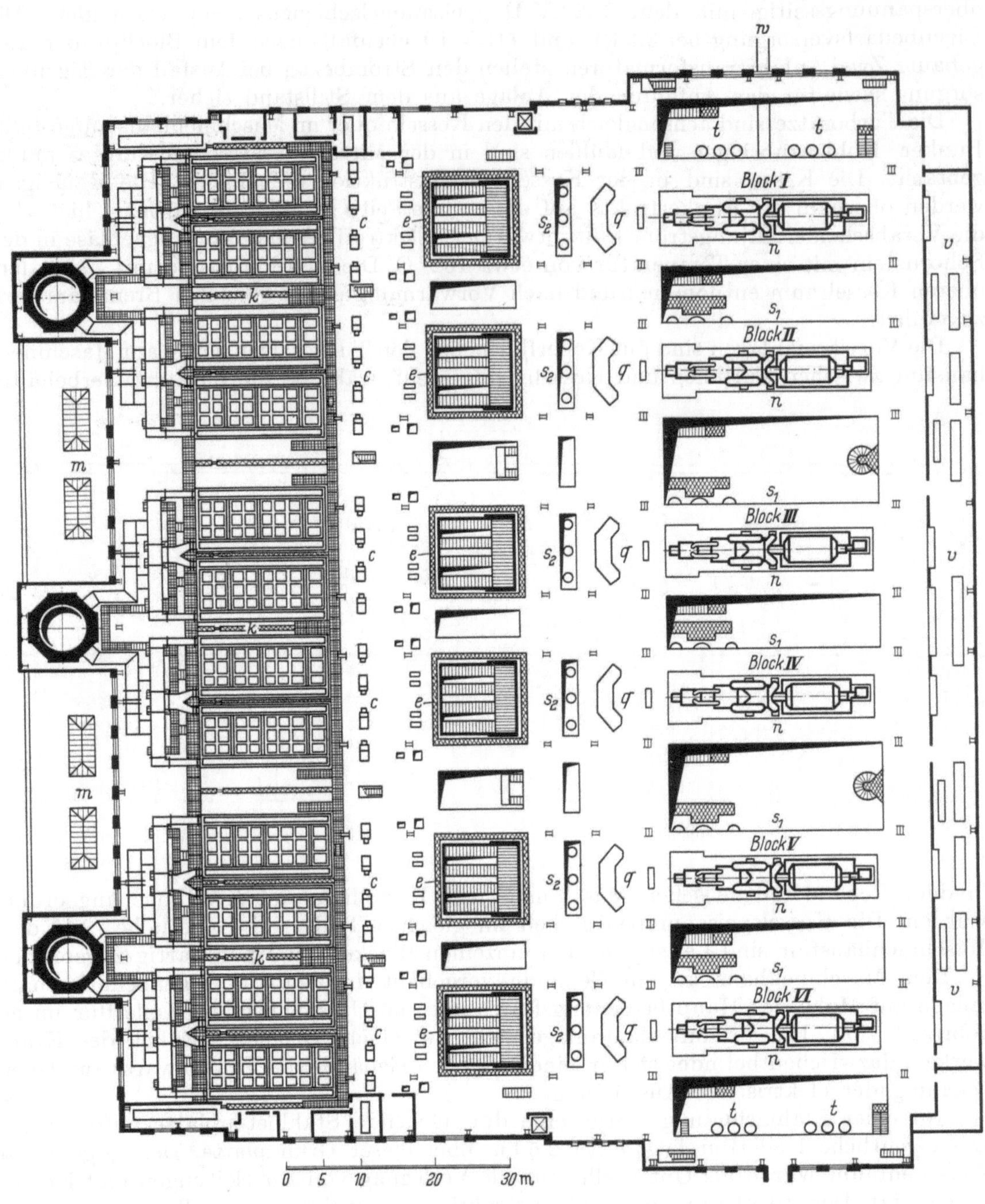
w
t
t
Block I
c
e
s2
q
n
v
k
s1
Block II
m
Block III
Block IV
Block V
Block VI
0 5 10 20 30 m

Grundriß

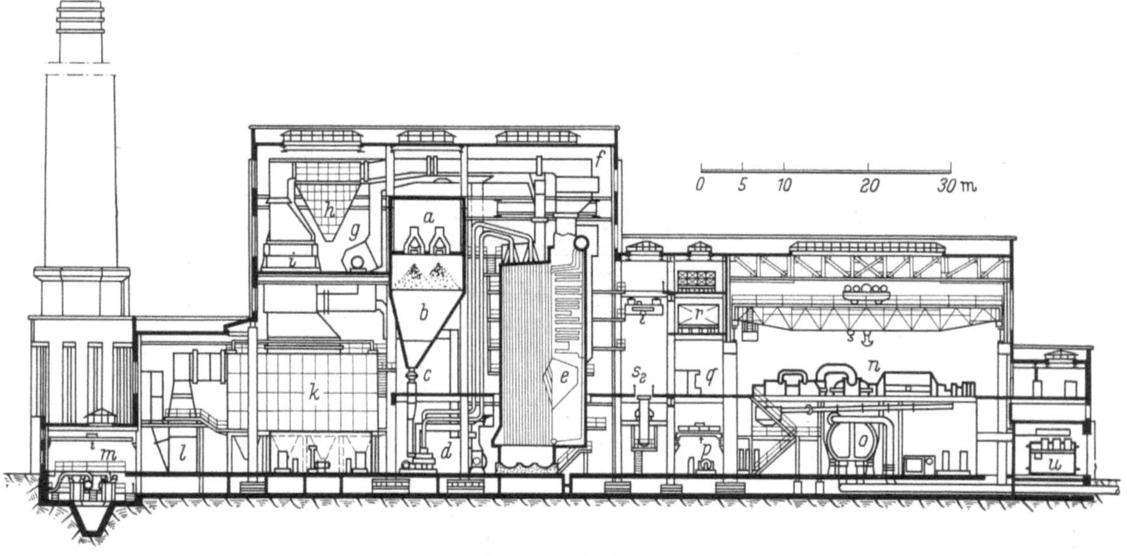

Querschnitt

Legende zum Grundriß und Querschnitt

a	Bekohlung	*n*	Turbogenerator
b	Bunker	*o*	Kondensator
c	Kohlenzuteiler	*p*	Kesselspeisepumpe
d	Kohlenmühle	*q*	Block-Leitstand
e	Kessel	*r*	Speisewasserbehälter
f	Rauchgaskanal	s_1	Mitteldruckvorwärmer
g	Frischluftgebläse	s_2	Hochdruckvorwärmer
h	Rauchgasfilter, mechanisch	*t*	Verdampferanlage
i	Luftvorwärmer	*u*	Umspanner
k	Rauchgasfilter, elektrisch	*v*	Eigenbedarfsschaltanlage
l	Saugzuggebläse	*w*	Montagegleis
m	Spülentaschungsanlage		

Schaubild

Kraftwerk Badalona, Spanien

(Fuercas Eléctricas de Cataluña S. A., Barcelona)

Baujahr 1955/58

Kessel	Block I bis III
Anzahl	4
Leistung t/h	145
Art	Naturumlauf
Genehmigungsdruck atü	75
Dampfzustand bei Austritt atü	64
Dampfzustand bei Austritt °C	500
Dampfzustand hinter ZWÜ atü	—
Dampfzustand hinter ZWÜ °C	—
Brennstoff:	
Art	Steinkohle, Öl
unterer Heizwert kcal/kg	4100—5400
Feuerung	Ecken
Schlackenabzug	trocken
Luftvorwärmung °C	350
Abgastemperatur °C	190
Wirkungsgrad %	84[1], 89[2]

Turbinen	Block I und II	Block III
Anzahl	2	1
Leistung MW	34	69
Leistung MVA	42,5	86
Art	K	K
Drehzahl U/min	3000	3000
Dampfdurchsatz t/h	145	290
Dampfzustand bei Eintritt atü	60	60
Dampfzustand bei Eintritt °C	490	490
bei Wiedereintritt atü	—	—
bei Wiedereintritt °C	—	—
Kühlwassertemperatur °C	18	18
Dampfzustand bei Austritt ata	0,054	0,058
Dampfzustand bei Austritt °C	—	—
Gehäusezahl	2	3
Abdampfstutzen (flutig)	1	2
Vorwärmstufen	4	5
Entgasungstemperatur °C	130	130
Speisewassertemperatur °C	220	220
Kennzahlen		
Spez. Wärmeverbr. netto kcal/kWh	3096[1] 2925[2]	3071[1] 2898[2]
„ Flächenbedarf m²/kW	0,061	
„ Raumbedarf m³/kW	1,72	

Rauchgasentstaubung: mechanisch
Wasseraufbereitung: chemisch und Verdampfung
Bauweise: Stahlbeton
Vorgesehene Gesamtleistung: 206 MW

[1] Kohle
[2] Öl

Das Kraftwerk Badalona soll in Ergänzung von Wasserkraftstrom der Versorgung vor allem der Stadt Barcelona dienen. Beide Städte liegen etwa 8 km voneinander ent-

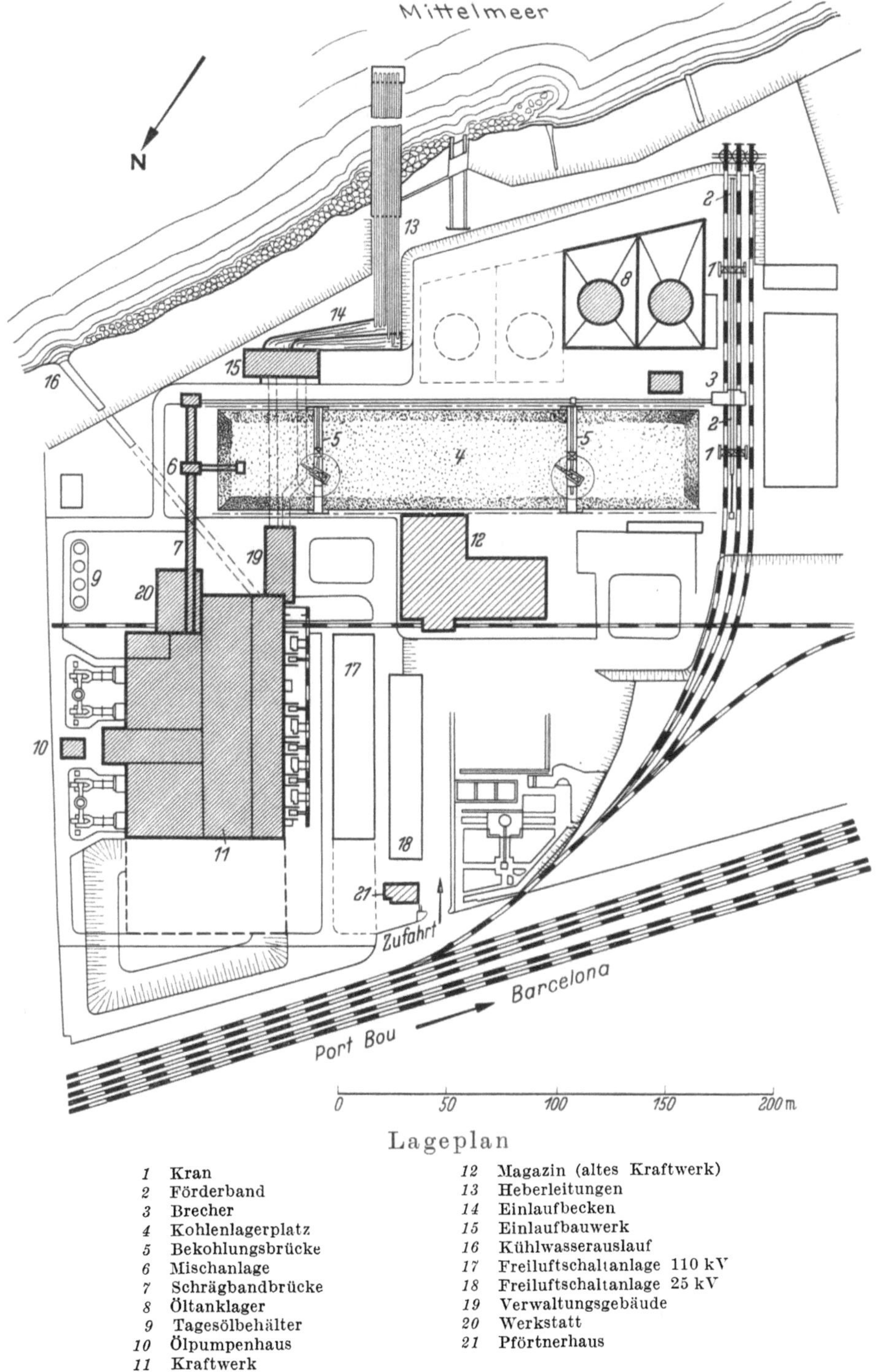

Lageplan

1 Kran
2 Förderband
3 Brecher
4 Kohlenlagerplatz
5 Bekohlungsbrücke
6 Mischanlage
7 Schrägbandbrücke
8 Öltanklager
9 Tagesölbehälter
10 Ölpumpenhaus
11 Kraftwerk
12 Magazin (altes Kraftwerk)
13 Heberleitungen
14 Einlaufbecken
15 Einlaufbauwerk
16 Kühlwasserauslauf
17 Freiluftschaltanlage 110 kV
18 Freiluftschaltanlage 25 kV
19 Verwaltungsgebäude
20 Werkstatt
21 Pförtnerhaus

fernt. Wegen seiner Lage unmittelbar am Mittelmeer muß das Kraftwerk zum Kühlen der Kondensatoren Meerwasser verwenden. Für die Kondensatorrohre wurde daher Marinemessing Ms 70.29.1, eine Legierung mit 70% Kupfer, 29% Zink, 1% Zinn verwendet. Das Zusatzspeisewasser wird dem örtlichen Leitungsnetz entnommen. Die zur Verfügung stehende Kohle, die nach ihrer Zusammensetzung und ihrem Alter zwischen Braun- und Steinkohle liegt, hat einen Heizwert zwischen 4100 und 5400 kcal/kg. Neben Kohle soll auch Öl verfeuert werden.

Aufgestellt wurden 2 Sätze zu je 34 MW und ein Satz zu 69 MW. Die beiden 34 MW-Sätze wurden im Herbst bzw. Ende 1957 in Betrieb gesetzt, der 69 MW-Satz ist Ende 1958 in Betrieb gegangen. Der Dampfzustand am Turbineneintritt wurde zu 60 atü, 490° C

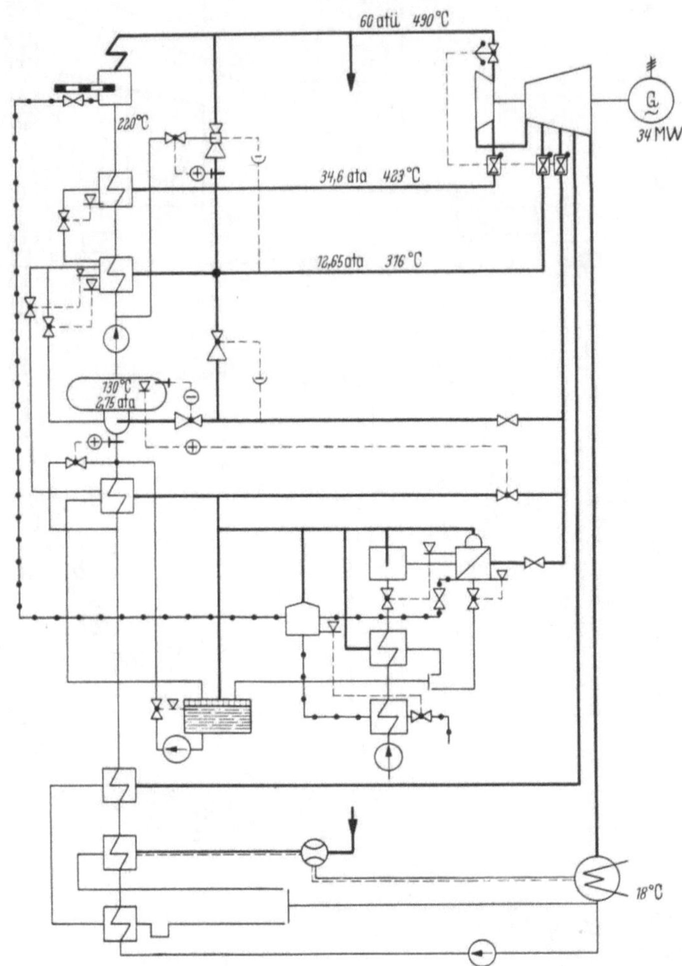

Wärmegrundschaltplan

gewählt. Die Turbinen werden von 4 Kesseln mit einer Leistung von je 145 t/h versorgt. Hierbei wird den kleineren Turbosätzen je ein Kessel zugeordnet, während für die 69 MW-Maschine 2 Kessel bereitgestellt werden. Für den Normalfall ist Blockbetrieb vorgesehen, es sind jedoch Hilfssammelschienen vorhanden, die bei Störungen Ausweichmöglichkeiten bieten. Die Aufstellung eines zweiten 69 MW-Blockes ist geplant.

Das Kraftwerk wurde auf dem Gelände eines alten, außer Betrieb gesetzten und demontierten Kraftwerkes aufgestellt. Für die Auslegung des Kraftwerkes waren die Netzverhältnisse entscheidend.

Die Kohle wird ausschließlich auf dem Bahnwege zum Kraftwerk befördert. Da die Bahnwagen nicht gekippt werden können, weil das Lageröl sonst auslaufen würde, müssen die Wagen mittels Kranen entladen werden. Die Kohle gelangt zunächst auf ein unterhalb der Geleise verlegtes Band, von da über eine Brecheranlage auf ein weiteres, längs des Kohlenplatzes verlaufendes Band. Von dort kann die Kohle entweder mittels zweier Portalkrane auf den Kohlenplatz oder unmittelbar über eine Mischanlage zum Kraftwerk gefördert werden.

Das Meerwasser wird durch eine Heberleitung in ein vor dem Einlaufbauwerk liegendes Becken gefördert.

Der Wärmegrundschaltplan gilt für eine 34 MW-Turbine. Diese ist zweigehäusig mit einem Abdampfstutzen und 4 Anzapfungen. Die einstufige Verdampferanlage wird im Normalfall von der dritten Anzapfung gespeist. Die beiden letzten Vorwärmstufen liegen hinter dem Speisewasserbehälter bzw. den Speisewasserpumpen. Die 69 MW-Turbine ist dreigehäusig mit 2 Abdampfstutzen und 5 Anzapfungen. Die Entgasungs- und Speisewassertemperaturen sind die gleichen wie bei den 34 MW-Turbinen (130 bzw. 220° C).

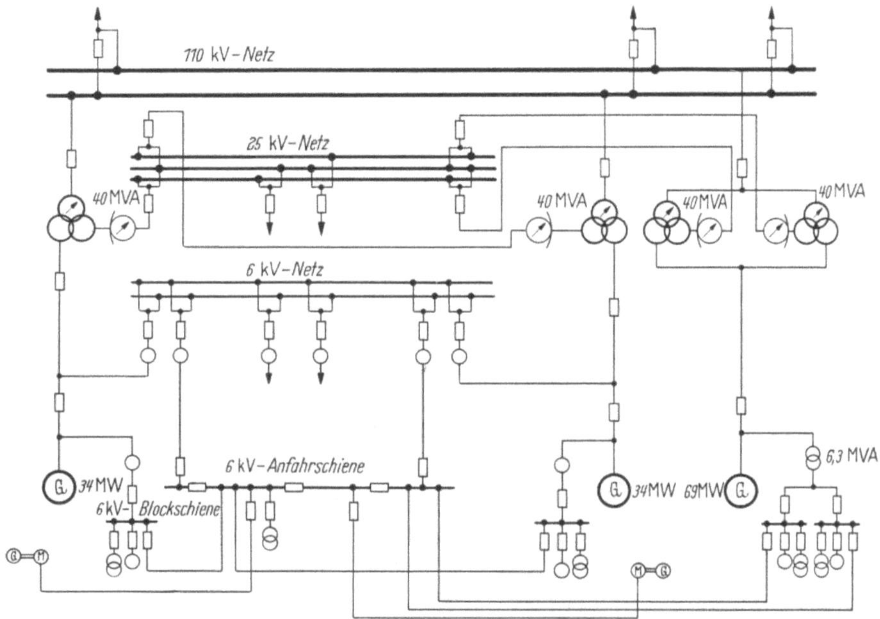

Elektrischer Übersichtsschaltplan

Die 3 Generatoren sind auf Dreiwicklungumspanner zur Speisung der 25 und 110 kV-Sammelschienen geschaltet. Zur Spannungsregelung im 25 kV-Netz sind noch Regelspartransformatoren zwischengeschaltet. Die 6 kV-Sammelschienen werden unmittelbar von den beiden 34 MW-Generatoren versorgt. Der Eigenbedarf ist in üblicher Weise unmittelbar an die Generatorklemmen angeschlossen. Bei der 69 MW-Turbine war die Zwischenschaltung eines 11/6 kV-Umspanners erforderlich. Zum Anfahren der Sätze besteht noch eine Verbindung mit dem 6 kV-Netz. Die 34 MW-Generatoren können auch als Phasenschieber zur örtlichen Erzeugung von Blindstrom verwendet werden.

Wegen des schlechten Baugrundes ruht das Kraftwerksgebäude auf einer Grundplatte. Die Bunkeranlage liegt in dem Schwerbau zwischen Kessel- und Maschinenhaus. Die frei stehenden Schornsteine sind für 2 Kessel gemeinsam. Die Turbinen sind längsgestellt. Zwischen ihnen und dem Kesselhaus sind die Vorwärmer, die Verdampfer sowie die Speisewasserbehälter mit Entgasern in einer geschlossenen Anordnung aufgestellt. Die Dreiwicklungs- und Sparumspanner stehen im Freien, außerhalb der längs der Außenwand des Maschinenhauses angeordneten umfangreichen 6 kV-Schaltanlage, die bereits den Zwecken der örtlichen Verteilung dient. Die 25 und 100 kV-Schaltanlagen befinden sich auf dem Kraftwerksgelände ohne Verbindung mit dem Betriebsgebäude.

Schrifttum

Elektrizitätswirtsch. Bd. 56 (1957) S. 848.

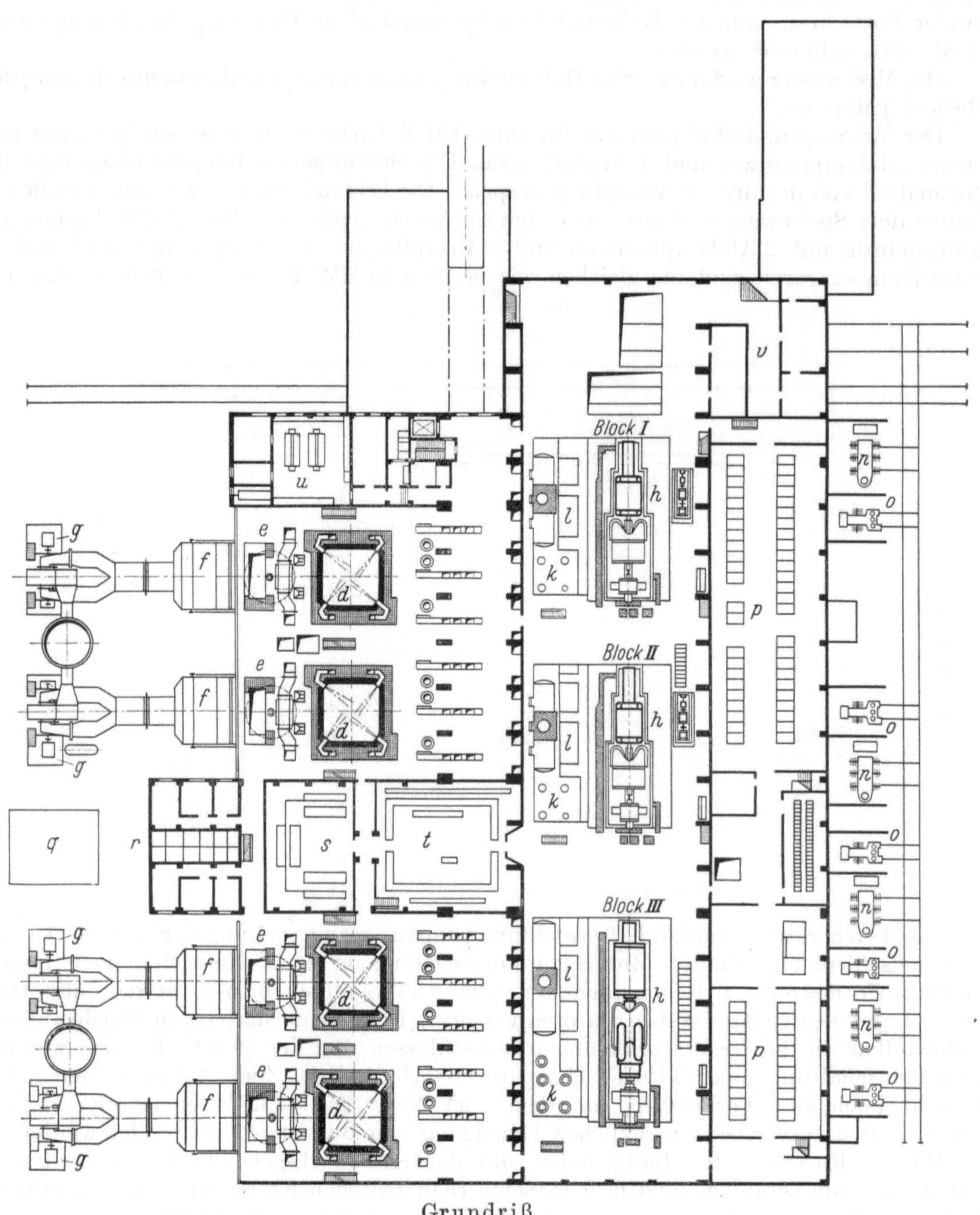

Grundriß

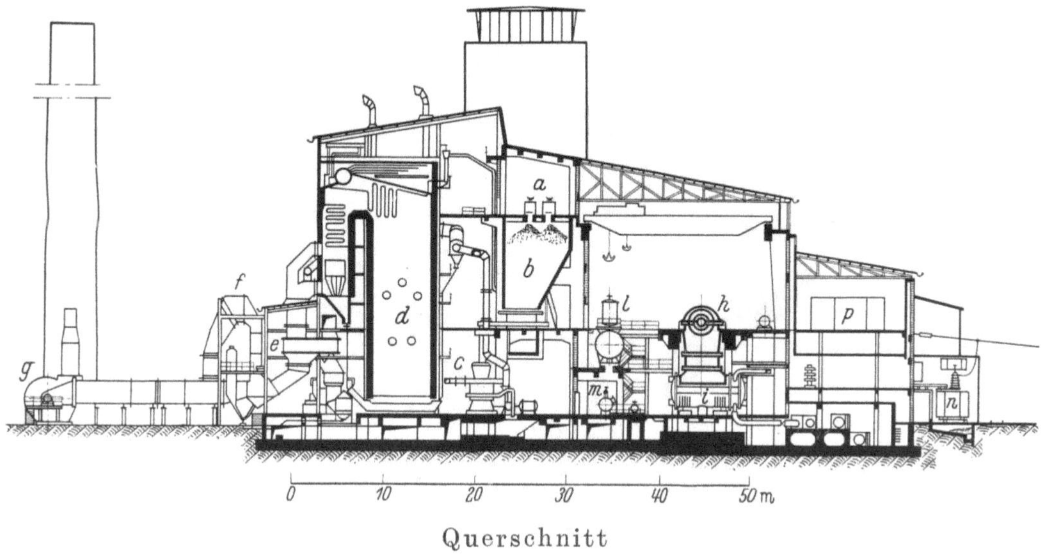

Querschnitt

Legende zum Grundriß und Querschnitt

a Bekohlung
b Kohlenbunker
c Kohlenmühle
d Kessel
e Luftvorwärmer
f Rauchgasentstaubung (mechanische)
g Saugzuggebläse
h Turbogenerator
i Kondensator
k Vorwärmer
Speisewasserbehälter mit Entgaser

m Verdampfer
n Dreiwicklungs-Umspanner
o Regel-Sparumspanner
p 6 kV-Eigenbedarfsschaltanlage
q Ölpumpenhaus
r Eigenbedarfsumspanner
s Wärmewarte
t Elektrowarte
u Laboratorium
v Nebenräume

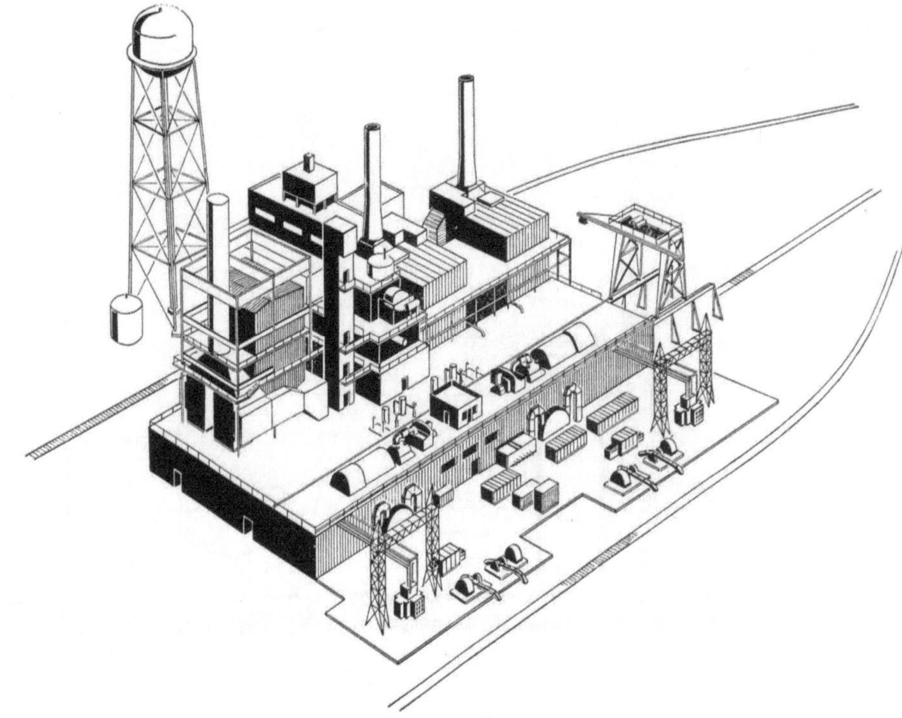

Schaubild

197 **Kraftwerk Southwestern, USA**

(Public Service Company of Oklahoma, Caregie, Okla.)

Baujahr 1950/54

Kessel			**Turbinen**	
Anzahl	2	1	Anzahl	2
Leistung t/h	152	300	Leistung MW	60
Art	Naturumlauf		Leistung MVA	—
			Art	K
Genehmigungsdruck atü	—	—	Drehzahl U/min	3600
Dampfzustand bei Austritt atü	63	63	Dampfdurchsatz t/h	225
Dampfzustand bei Austritt °C	485	485	Dampfzustand bei Eintritt atü	60
Dampfzustand hinter ZWÜ atü	—	—	Dampfzustand bei Eintritt °C	480
Dampfzustand hinter ZWÜ °C	—	—	bei Wiedereintritt atü	—
Brennstoff:			bei Wiedereintritt °C	—
Art	Naturgas, Öl		Kühlwassertemperatur °C	—
oberer Heizwert kcal/kg	—	9800	Dampfzustand bei Austritt ata	0,0518
			Dampfzustand bei Austritt °C	—
Feuerung	Brenner	Brenner	Gehäusezahl	2
Schlackenabzug	—	—	Abdampfstutzen (flutig)	2
Luftvorwärmung °C	—	—	Vorwärmstufen	4
Abgastemperatur °C	—	—	Entgasungstemperatur °C	150
Wirkungsgrad %	—	—	Speisewassertemperatur °C	176
			Kennzahlen	
			Spez. Wärmeverbr. netto kcal/kWh	2564
			„ Flächenbedarf m^2/kW	—
			„ Raumbedarf m^3/kW	—

Rauchgasentstaubung: —
Wasseraufbereitung: chemisch und Verdampfung
Bauweise: —
Vorgesehene Gesamtleistung: 340 MW

Das Unternehmen begann im Jahr 1950 mit dem Bau eines Kraftwerkes im Südwesten des Staates Oklahoma, das eines der größten zwischen dem Mississippi und den Rocky Mountains werden sollte. Hierdurch sollte der unwirtschaftliche Transport der elektrischen Energie aus dem östlichen Teil des Versorgungsgebietes vermieden werden.

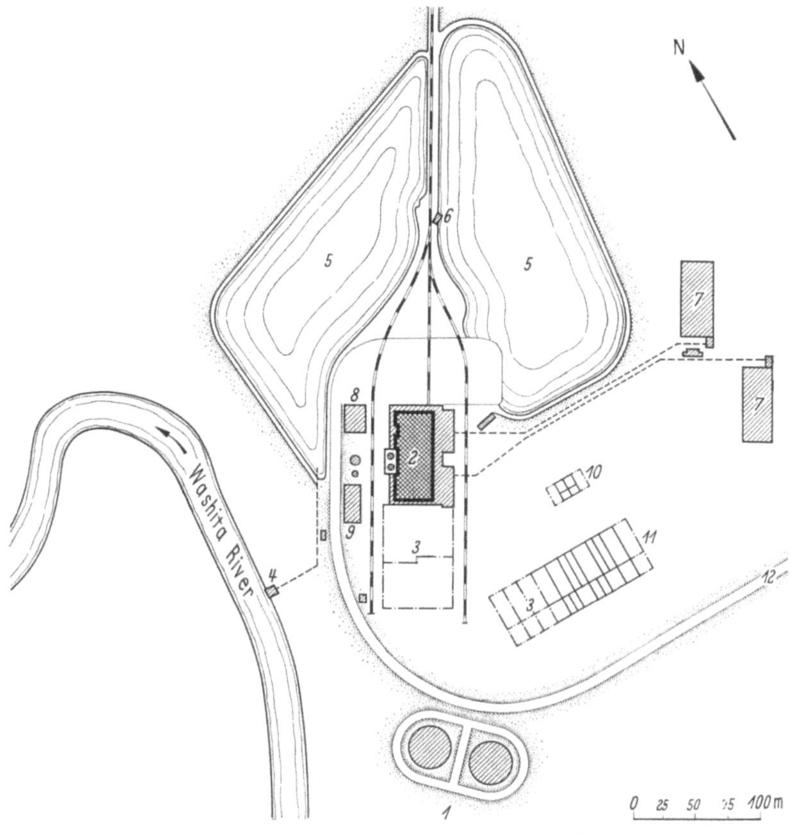

Lageplan

1	Öltanklager	*7*	Ventilatorkühler
2	Kraftwerk	*8*	Wasseraufbereitungsanlage
3	Erweiterungsraum	*9*	Bürogebäude
4	Einlaufbauwerk	*10*	69 kV-Freiluftschaltanlage
5	Wasserreservoir	*11*	138 kV-Freiluftschaltanlage
6	Pumpstation	*12*	Zufahrtstraße

Der erste Satz mit einer Nennleistung von 60 MW für einen Dampfzustand von 60 atü, 480° C kam im Jahr 1952, der zweite im Jahr 1954 in Betrieb. Die maximale Dauerleistung ist 85 MW. Der Ausbau um zwei weitere Sätze ist vorgesehen. Zur Dampferzeugung wurden 2 Naturumlaufkessel mit einer Leistung von je 152 t/h sowie ein Trommelkessel von 300 t/h aufgestellt. Die Kessel werden mit Naturgas und Öl gefeuert. Eine spätere Aufstellung von Kohlenbunkern ist möglich. Das für den Betrieb erforderliche Wasser wird dem Washita River entnommen und in zwei Teichen gespeichert. Für jeden der beiden Turbosätze ist zusätzlich ein Kühlturm vorhanden.

Die Turbinen sind zweigehäusig mit je 2 Abdampfstutzen und je 4 Anzapfungen zur Speisewasseraufwärmung. Hinter dem Speisewasserbehälter mit Entgaser und der Speisepumpe liegt ein Hochdruckvorwärmer. An die erste Anzapfung ist ein einstufiger Verdampfer angeschlossen. Ein großer Vorrat an destilliertem Wasser ist in zwei zylindrischen Behältern mit einem Speichervolumen von je 270 m³, die neben der Warte aufgestellt sind, vorhanden.

Die beiden Generatoren liefern über je einen 88,5 MVA-Umspanner den erzeugten Strom in eine 138 kV-Freiluftanlage. Der Eigenbedarf (2,4 kV) wird über je einen 6 MVA-Umspanner unmittelbar an den Generatorklemmen abgezweigt. Ein 50 MVA-Dreiwicklungsumspanner mit Wicklungen für 13,8, 69 und 138 kV wird von der Hauptsammelschiene gespeist. Er versorgt eine 69 kV-Freiluftanlage und 13,8 kV-seitig über einen weiteren 6 MVA-Umspanner den Eigenbedarf beim Anfahren und in Störungsfällen.

Das Kraftwerk ist als Freiluftanlage gebaut, so daß auch die maschinentechnischen Anlageteile, wie z. B. Turbosätze, Kühlwasserpumpen, Kondensatorein- und -austritt usw., weitgehend sich im Freien befinden. Der bauliche Teil beschränkt sich auf den

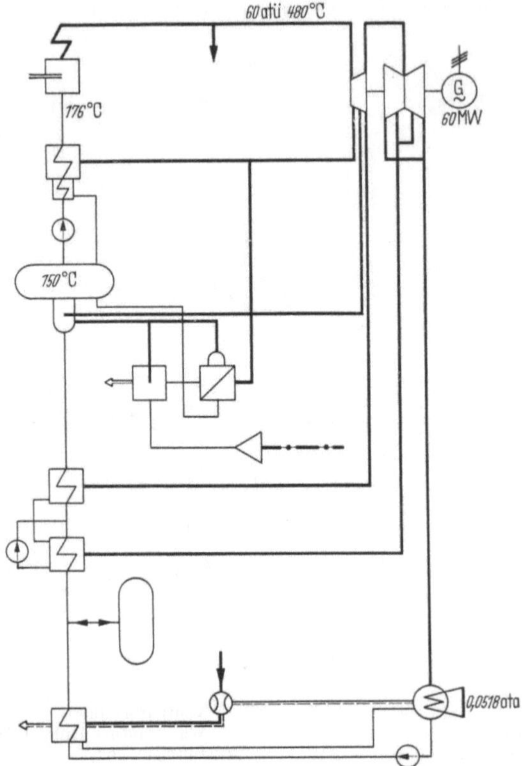

Wärmegrundschaltplan

Schutz der empfindlichsten Anlageteile und des Wartungspersonals. Ein etwa 6 m hoher Bau umschließt den untersten Teil der Kessel und des Raumes unter den Turbosätzen. Während die beiden kleinen Kessel quer aufgestellt sind, ist die Achse des großen Kessels um 90° gedreht. Der Heizerstand und der Maschinistenstand sind zusätzlich auf Heizer- und Maschinenflurhöhe umbaut. Die Luftvorwärmer mit den unmittelbar aufgesetzten Blechschloten liegen jeweils auf der Rückseite der Kessel. Die Kessel haben Überdruckfeuerung, so daß Saugzuggebläse entfallen. Auch Rauchgasfilter sind nicht vorgesehen. Die Gemeinschaftswarte liegt zwischen den beiden Blocks, und zwar zwischen dem einen kleinen und dem großen Kessel. Über der Warte sind die Verdampfer und Speisewasserbehälter mit ihren Entgasern ebenfalls im Freien angeordnet. Unter der Warte sind die drei elektrisch angetriebenen Kesselspeisepumpen aufgestellt. Auch die Frischluftgebläse liegen unter den Kesseln in dem umbauten Raum, der außerdem verschiedene Hilfspumpen und sonstige Apparaturen aufnimmt. Die senkrechten Vorwärmer stehen neben den zugehörigen Turbinen. Sie ragen in den Unterbau hinein. Über den Maschinen und den Vorwärmern läuft ein Bockkran. Eigenbedarfsschaltanlage und Umspanner liegen zur ebenen Erde jenseits der Turbinen. Die Kühlwasserpumpen befinden sich noch weiter abseits. Auf der anderen Seite der Kraftwerksanlage, also jenseits der Kessel, befinden sich Gebäude für die Wasseraufbereitung und die Betriebsführung. Dort ist auch ein Wasserbehälter auf einem turmartigen Gerüst aufgestellt.

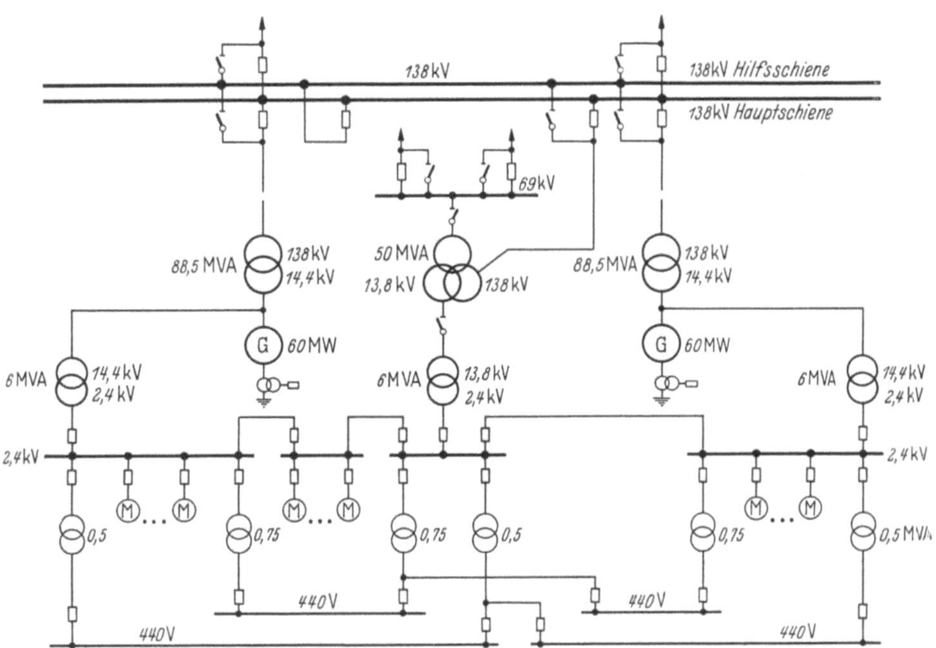

Elektrischer Übersichtsschaltplan

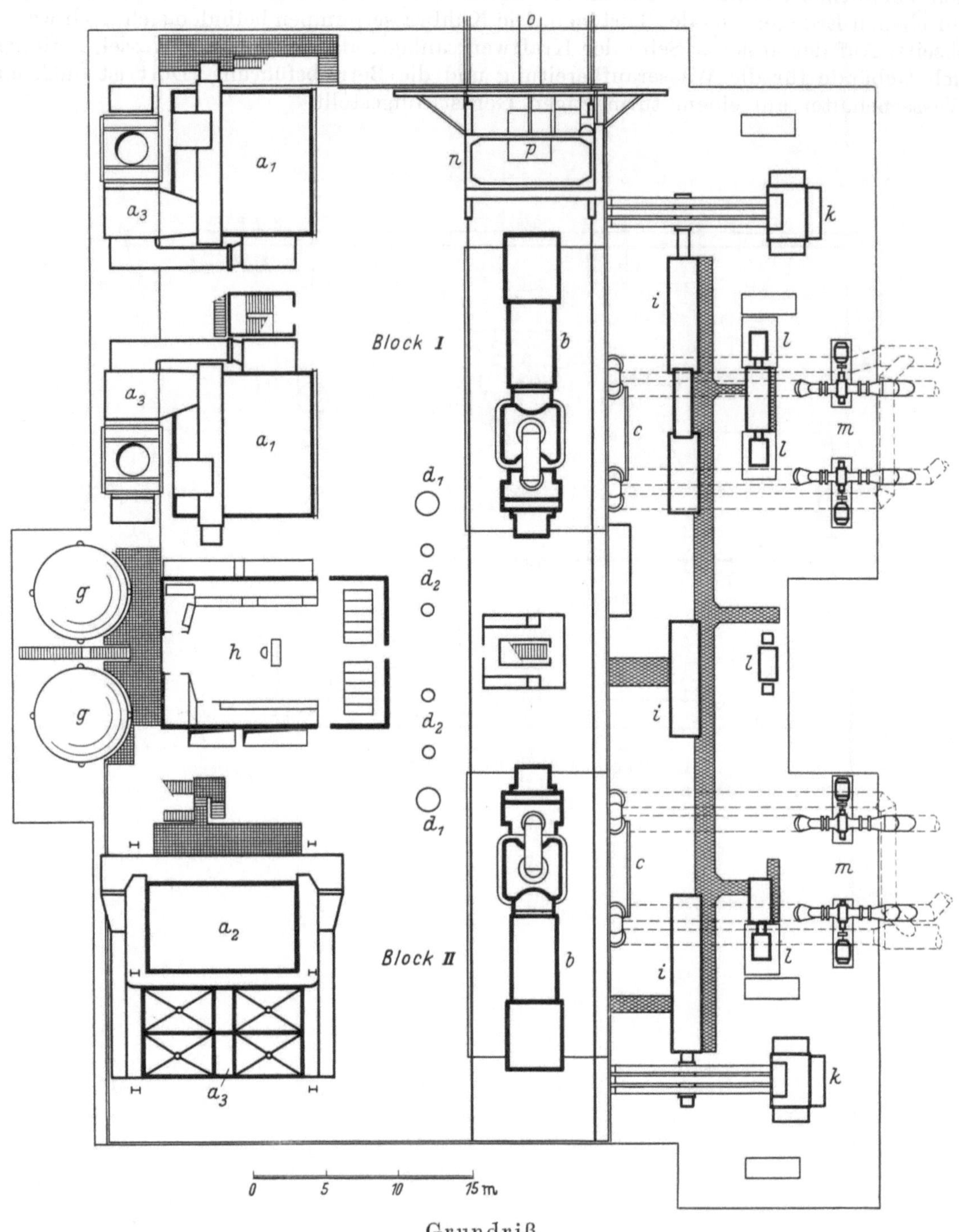
o
p
n
k
a1
a3
i
Block I
b
l
a3
a1
c
m
l
d1
d2
g
h
l
d2
d1
c
m
a2
Block II
b
i
l
k
a3
0
5
10
15 m

Grundriß

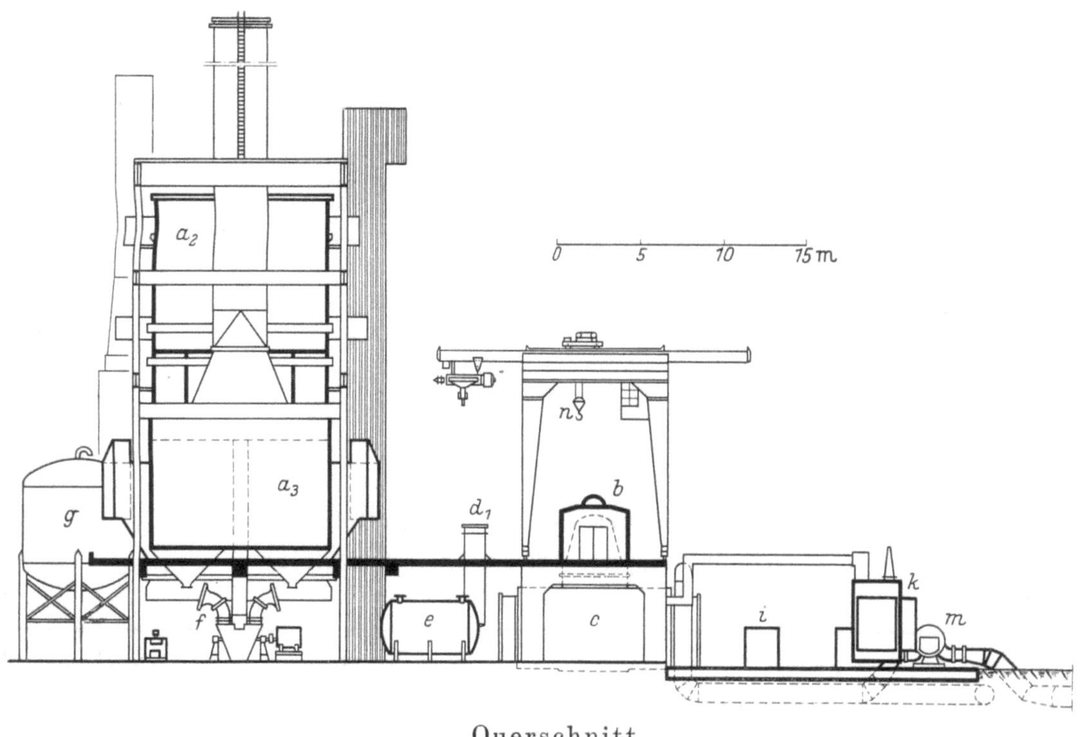

Querschnitt

Legende zum Grundriß und Querschnitt

a_1	Kessel 152 t/h	g	Kaltkondensatspeicher
a_2	Kessel 300 t/h	h	Wärmewarte
a_3	Luftvorwärmer	i	Eigenbedarfsschaltanlage
b	Turbogenerator	k	Hauptumspanner
c	Kondensator	l	Eigenbedarfsumspanner
d_1	Hochdruckvorwärmer	m	Kühlwasserpumpen
d_2	Niederdruckvorwärmer	n	Bockkran, Tragkraft 30/10 t
e	Rückspeisebehälter	o	Montagegleis
f	Frischluftgebläse	p	Abgedeckte Montageöffnung

Schaubild

198 Kraftwerk Rourkela, Indien

(Hindustan Steel Private Ltd., Neudelhi)

Baujahr 1957/59

Kessel	
Anzahl	4
Leistung t/h	150
Art	Naturumlauf
Genehmigungsdruck atü	67
Dampfzustand bei Austritt atü	59
Dampfzustand bei Austritt °C	485
Dampfzustand hinter ZWÜ atü	—
Dampfzustand hinter ZWÜ °C	—
Brennstoff:	
Art	Koksgruß, Öl[1]
unterer Heizwert kcal/kg	5800 9000
Feuerung	Wanderrost Brenner
Schlackenabzug	trocken
Luftvorwärmung °C	279
Abgastemperatur °C	150
Wirkungsgrad %	89[2]

Rauchgasentstaubung: —
Wasseraufbereitung: Vollentsalzung
Bauweise: Stahlfachwerk
Vorgesehene Gesamtleistung: 119 MW

Turbinen	Turbo- Gener.	Turbo- Kompr.
Anzahl	3	4
Leistung[2] MW	25	*
Leistung MVA	32	*
Art	K	K
Drehzahl U/min	3000	3000
Dampfdurchsatz t/h	105	47
Dampfzustand bei Eintritt atü	57	57
Dampfzustand bei Eintritt °C	475	475
bei Wiedereintritt atü	—	—
bei Wiedereintritt °C	—	—
Kühlwassertemperatur °C	32	32
Dampfzustand bei Austritt ata	0,085	0,088
Dampfzustand bei Austritt °C	—	—
Gehäusezahl	1	1
Abdampfstutzen (flutig)	1	1
Vorwärmstufen	4	3
Entgasungstemperatur °C	170	170
Speisewassertemperatur °C	170	170

Kennzahlen

Spez. Wärmeverbr. netto kcal/kWh	—
„ Flächenbedarf m²/kW	—
„ Raumbedarf m³/kW	—

[1] Außerdem Gichtgas Koksgas
unterer Heizwert kcal/Nm³ 950 3850

[2] Bei 60% Gichtgas, 25% Koksgas, 15% Koksgruß.

* je 160000 m³/h, 3,25 ata (äquivalente elektrische Leistung rund 11 MW).

Weitere Maschinen:
1 Gegendruckturbine 58/18 ata, 45 t/h, 3 MW, 3,75 MVA,
2 Dieselsätze je 0,50 MW.

Das Kraftwerk dient der Versorgung des Hütten- und Walzwerkes mit Strom, Wind und Heizdampf. Der angeschlossene Walzwerksbetrieb verursacht erhebliche Belastungs-

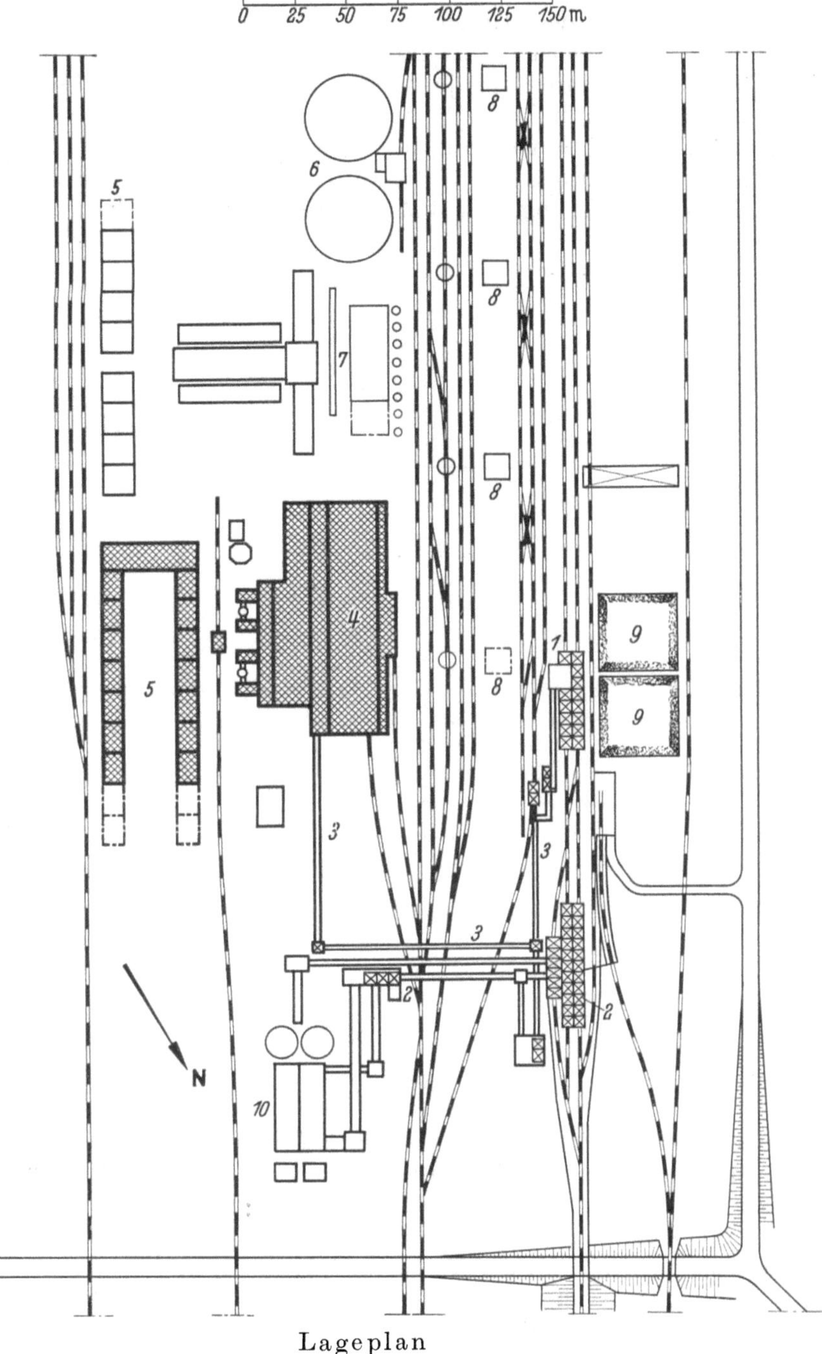

Lageplan

1 Kohlentiefbunker für Kraftwerk
2 Bunkeranlagen für Hüttenwerk
3 Förderbänder
4 Kraftwerk
5 Ventilatorkühltürme
6 Staubeindicker
7 Gasreinigungsanlage
8 Hochöfen
9 Erzlager
10 Sinteranlage

stöße bis zu 10 MW innerhalb von 10 Sekunden. Die Kessel werden deswegen mit überdimensionierten Trommeln ausgestattet.

Das Kraftwerk ist mit den Turbogebläsen Anfang 1959 in Betrieb gegangen.

Der Lageplan zeigt das Kraftwerk mit dem in unmittelbarer Nähe liegenden Hochofenwerk.

Der Dampfzustand an den Turbinen wurde zu 57 atü, 475° C gewählt. Das Kühlwasser muß rückgekühlt werden. Aufgestellt wurden 4 Kessel mit einer Leistung von je 150 t/h, 3 Turbogeneratoren für je 25 MW sowie 4 Turbogebläse mit einer Förderleistung von je 160000 m³/h bei 3,25 ata, was einer elektrischen Leistung von etwa 11 MW entspricht. Für die Versorgung des Dampfnetzes erstellte man eine Gegendruckturbine mit einem Gegendruck von 18 ata für einen Dampfdurchsatz von 45 t/h. Hierbei kann eine elektrische Leistung von 3 MW bereitgestellt werden.

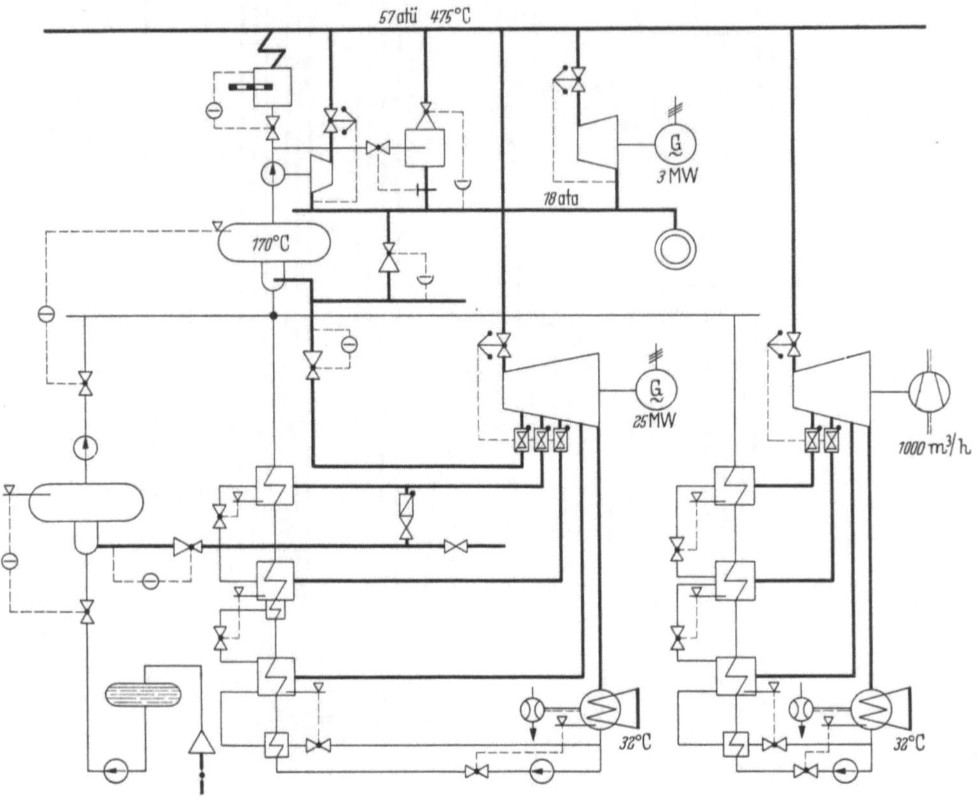

Wärmegrundschaltplan

Drei Kessel reichen für den Betrieb von 3 Turbogeneratoren und 3 Turbogebläsen aus, so daß ein Kessel und ein Gebläse in Reserve gehalten werden können.

Die Kessel sind für kombinierte Feuerung ausgelegt: auf einem Hilfswanderrost, der 25% der Feuerungsleistung übernehmen kann, soll der im Betrieb anfallende Koksgrus verfeuert werden. Ferner kann der Wärmebedarf des Kessels bis zu 60% aus Gichtgas, bis zu 25% aus Koksgas und bis zu der gleichen Höhe aus Öl gedeckt werden.

Das 18 ata-Dampfnetz wird nicht nur von der erwähnten Gegendruckturbine, sondern auch von der dampfgetriebenen Speisepumpe gespeist. Die Turbinen sind eingehäusig mit einem Abdampfstutzen. Die Turbinen zum Antrieb der Stromerzeuger haben 4 Anzapfungen, die zum Antrieb der Gebläse 3 Anzapfungen. Die erste Anzapfung der Turbogeneratoren speist den unmittelbar vor den Kesseln liegenden Entgaser. Die Temperatur des Speisewassers beträgt 170° C. Das Zusatzspeisewasser wird vollentsalzt einem Behälter mit Entgaser zugeführt, von wo es nach Bedarf dem Kreislauf in Abhängigkeit vom Stand des Hauptbehälters zugeteilt wird.

Wie aus dem elektrischen Übersichtsschaltplan hervorgeht, sind die 3 Turbogeneratoren über 32 MVA-Umspanner auf eine 33 kV-Doppelsammelschiene geschaltet, von der das im Lageplan nicht eingezeichnete Walzwerk versorgt wird. Drei 16 MVA-Umspanner mit einem Übersetzungsverhältnis 33/66, kV sind teils an die Sammelschienen des Hochofenbetriebes, teils an den Eigenbedarf angeschlossen. Auf die ersteren ist auch

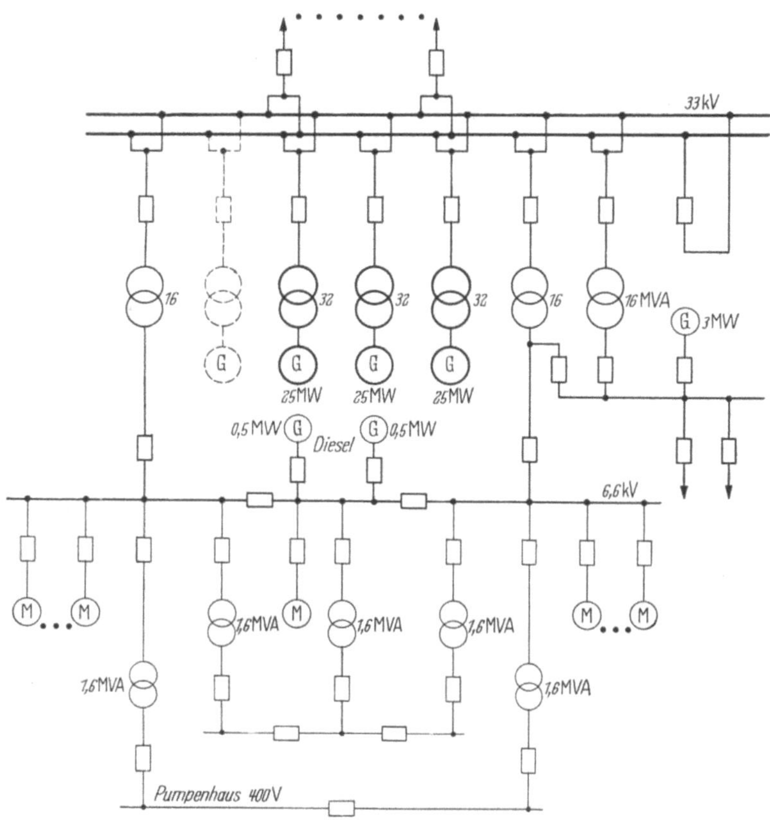

Elektrischer Übersichtsschaltplan

der Generator der Gegendruckturbine geschaltet. Seine Leistung reicht für einen Notbetrieb des Hochofenwerkes aus. Zur Sicherung des Eigenbedarfes dienen 2 Dieselsätze mit einer Leistung von je 0,50 MW.

Der Heizerstand mit den Bunkern liegt auf der dem Maschinenhaus zugewandten Seite des Kesselhauses. An der anderen Seite der Kessel befinden sich die Ljungström-Luftvorwärmer in einem Vorbau. Je 2 Kessel haben einen frei stehenden Schornstein gemeinsam. Bei der Vielzahl der Turbosätze ergab sich eine Querstellung der Einheiten im Maschinenhaus. Speisepumpen und Speisewasserbehälter konnten im Bunkerbau untergebracht werden. Die Wärmewarte liegt zwischen den Kesseln und Turbinen, die Schaltanlage nebst Elektrowarte jenseits des Maschinenhauses.

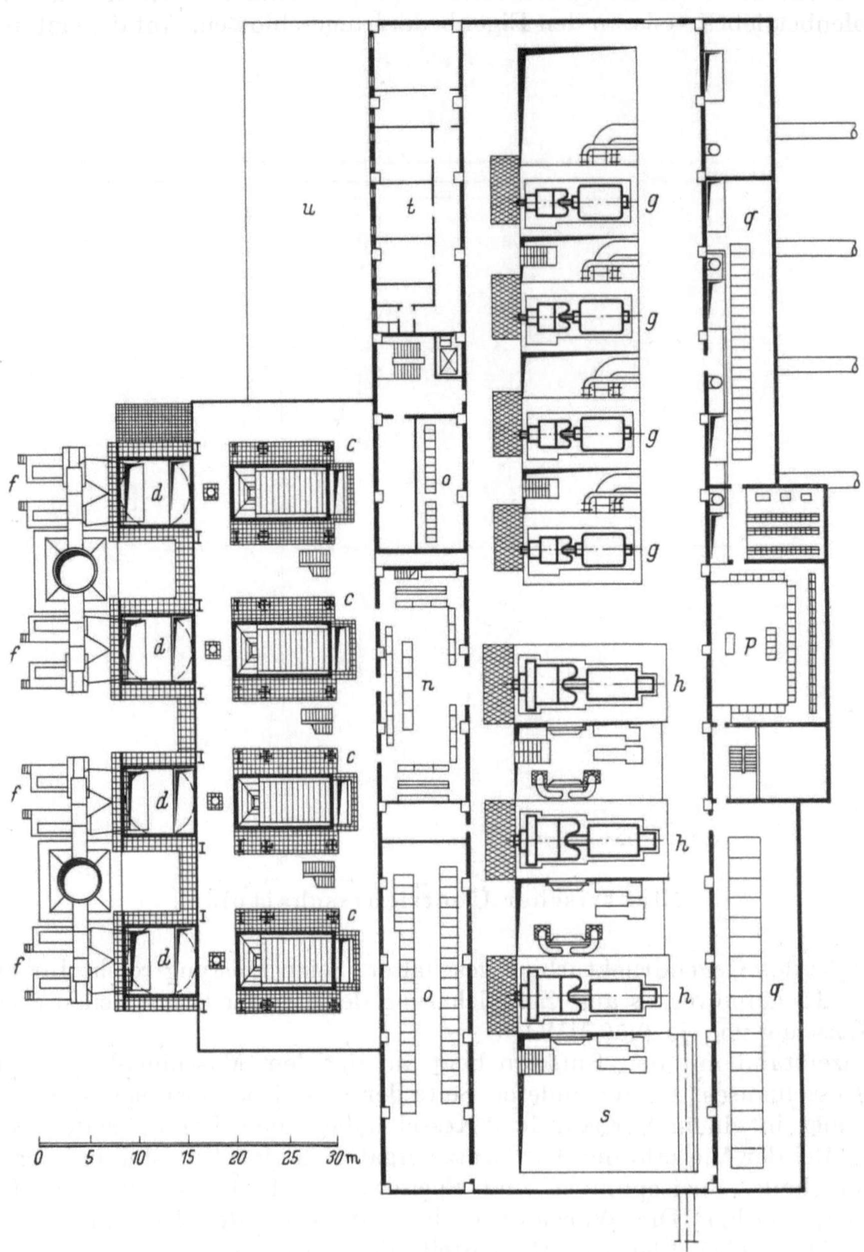

Grundriß

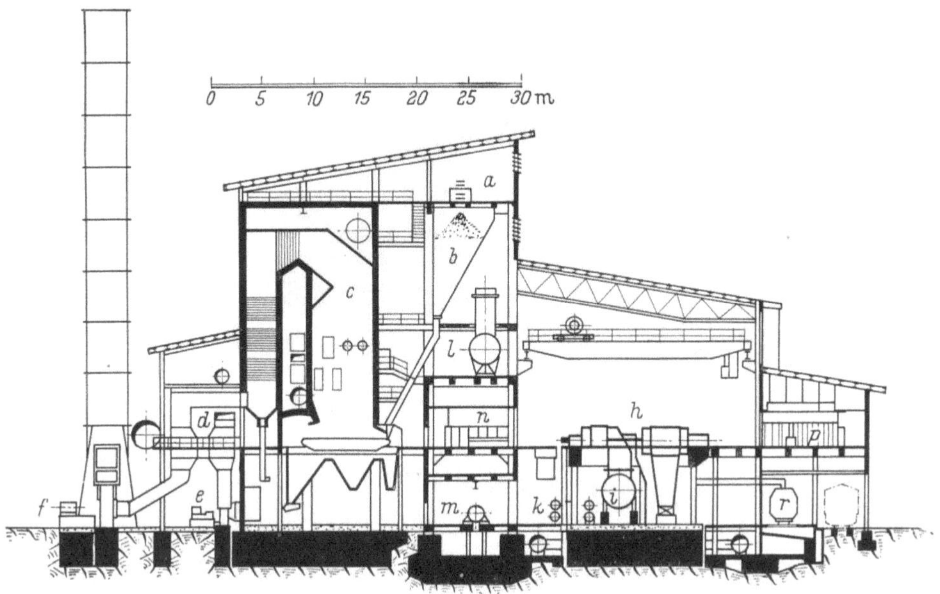

Querschnitt

Legende zum Grundriß und Querschnitt

a	Bekohlung	*l*	Speisewasserbehälter mit Entgaser
b	Bunker	*m*	Kesselspeisepumpen
c	Kessel	*n*	Wärmewarte
d	Luftvorwärmer	*o*	Eigenbedarfsschaltanlage 6,6 kV
e	Frischluftgebläse	*p*	Elektrowarte
f	Saugzuggebläse	*q*	Schaltanlage 33 kV
g	Turbogebläse	*r*	Hauptumspanner
h	Turbogenerator	*s*	Montageöffnung
i	Kondensator	*t*	Büroräume
k	Vorwärmer	*u*	Wasseraufbereitungsanlage

Schaubild

199 Kraftwerk Kairo-Nord, Vereinigte Arabische Republik

(Cairo City Electricity and Gas Administration)

Baujahr 1953/55

Kessel	
Anzahl	4
Leistung t/h	85
Art	Naturumlauf
Genehmigungsdruck atü	67
Dampfzustand bei Austritt atü	64
Dampfzustand bei Austritt °C	490
Dampfzustand hinter ZWÜ atü	—
Dampfzustand hinter ZWÜ °C	—
Brennstoff: Art	Masut
Brennstoff: unterer Heizwert kcal/kg	9700
Feuerung	Brenner
Schlackenabzug	—
Luftvorwärmung °C	—
Abgastemperatur °C	160
Wirkungsgrad %	91

Rauchgasentstaubung: —
Wasseraufbereitung: chemisch und Verdampfung
Bauweise: Betonskelett
Vorgesehene Gesamtleistung: 105 MW

Turbinen	Haupt-turbinen	Haus-turbine
Anzahl	2	1
Leistung MW	30	5
Leistung MVA	37,5	6,25
Art	K	K
Drehzahl U/min	3000	3000
Dampfdurchsatz t/h	124,3	—
Dampfzustand bei Eintritt atü	56	34
Dampfzustand bei Eintritt °C	475	425
bei Wiedereintritt atü	—	—
bei Wiedereintritt °C	—	—
Kühlwassertemperatur °C	30	30
Dampfzustand bei Austritt ata	0,082	—
Dampfzustand bei Austritt °C	—	—
Gehäusezahl	2	1
Abdampfstutzen (flutig)	1	1
Vorwärmstufen	4	0
Entgasungstemperatur °C	180	—
Speisewassertemperatur °C	180	—

Kennzahlen

Spez. Wärmeverbr. netto kcal/kWh	3020[1]
„ Flächenbedarf m²/kW	0,058
„ Raumbedarf m³/kW	1,82

[1] Mittelwert

Der stark zunehmende Energiebedarf Kairos nach dem zweiten Weltkrieg veranlaßte das „Ministry of Public Works", die vorhandenen überalterten Kraftwerke durch größere und wirtschaftlichere zu ersetzen. Als erstes modernes Großkraftwerk entstand in den Jahren 1950/55 nördlich der Stadt Kairo das Kraftwerk Kairo Nord mit einer Gesamtleistung von 105 MW. Die Erstellung erfolgte in 2 Ausbaustufen von 40 und 65 MW. Das Kraftwerk liegt am Südufer des Ismailia-Kanals.

Als Brennstoff dient Masut, ein bei normaler Temperatur dickflüssiges Heizöl. Die Anlieferung erfolgt vorwiegend auf dem Wasserweg, zum Teil auch mit der Bahn. Zur

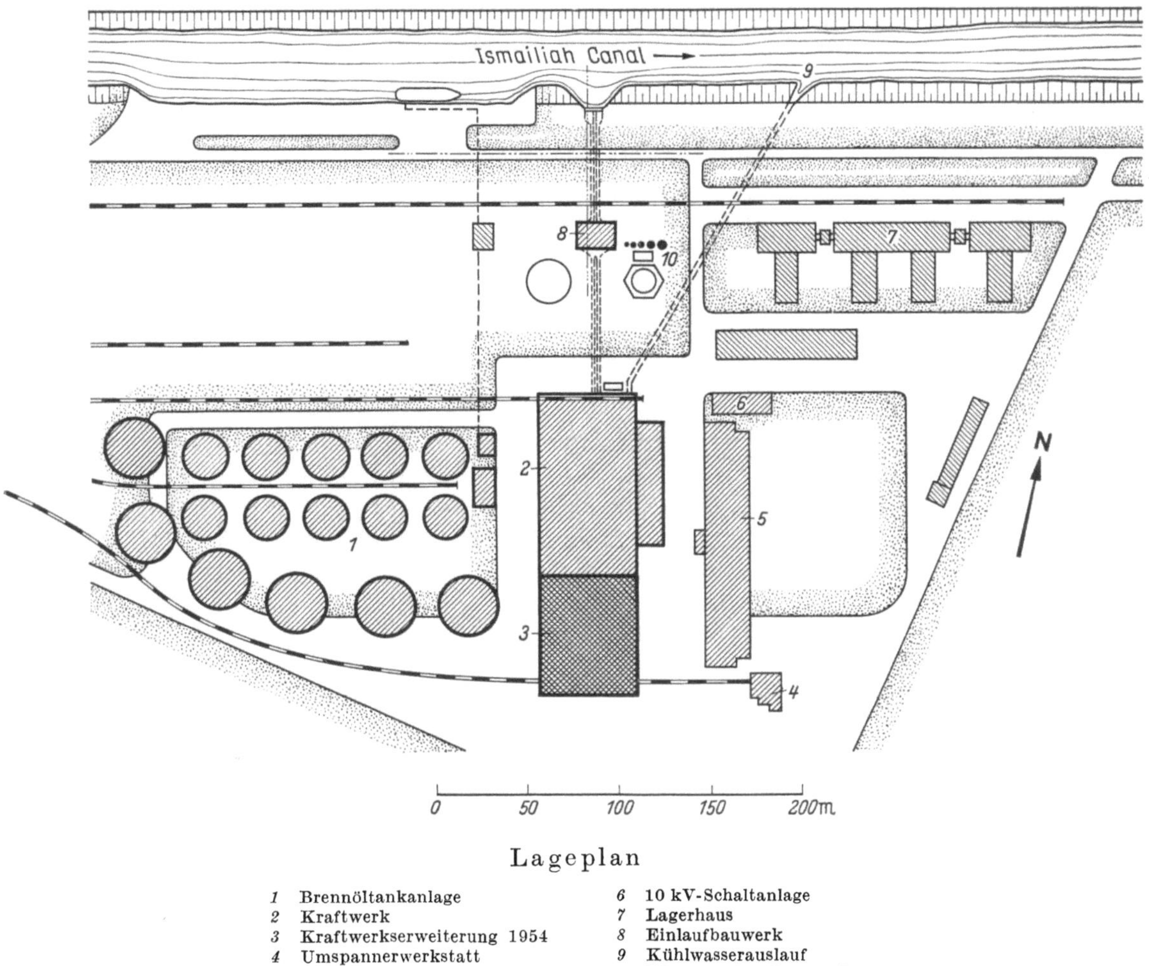

Lageplan

1	Brennöltankanlage	6	10 kV-Schaltanlage
2	Kraftwerk	7	Lagerhaus
3	Kraftwerkserweiterung 1954	8	Einlaufbauwerk
4	Umspannerwerkstatt	9	Kühlwasserauslauf
5	63 kV-Schaltanlage	10	Wasseraufbereitungsanlage

Speicherung des Heizöles dienen 16 Lagertanks von je 1600 m³ bzw. 3000 m³ Fassungsvermögen, die zwischen Kraftwerk und Kanal aufgestellt sind. Diese Behälter bestehen aus Beton, der durch besondere Zusätze öldicht gemacht wurde.

Das Kühlwasser wird mit einer maximalen Temperatur von 30 °C, die auch für die Kondensatorauslegung zugrunde gelegt wurde, dem Ismailia-Kanal entnommen und gelangt über eine mechanische Siebbandreinigungsanlage und einen doppelten Betoneinlaufkanal zu den Kühlwasserpumpen, die geschlossen im Maschinenhaus aufgestellt sind. Für Werkwasserzwecke wird das Nilwasser mittels Kalk- und Aluminium-Sulfat-Zusatz vorenthärtet und durch Kiesfilter gereinigt. Ein Teil dieses vorbehandelten Wassers wird nach weiterer Enthärtung in Basenaustauschern als Verdampferspeisewasser verwendet.

Die Notwendigkeit der Unterhaltung eines umfangreichen Reserveteillagers sowie der Durchführung aller Reparaturen an Ort und Stelle zwangen zur Errichtung ausgedehnter Lagergebäude und Werkstattanlagen.

Während die erste Ausbaustufe für einen Frischdampfzustand von 34 atü, 425° C ausgelegt war, wurde für die Erweiterung 56 atü, 475° C als Turbineneintrittszustand gewählt. Der Erweiterungsteil besteht aus zwei zweigehäusigen 30 MW-Kondensationsturbosätzen mit 4 Anzapfungen für Speisewasservorwärmung sowie einem Hausturbo-

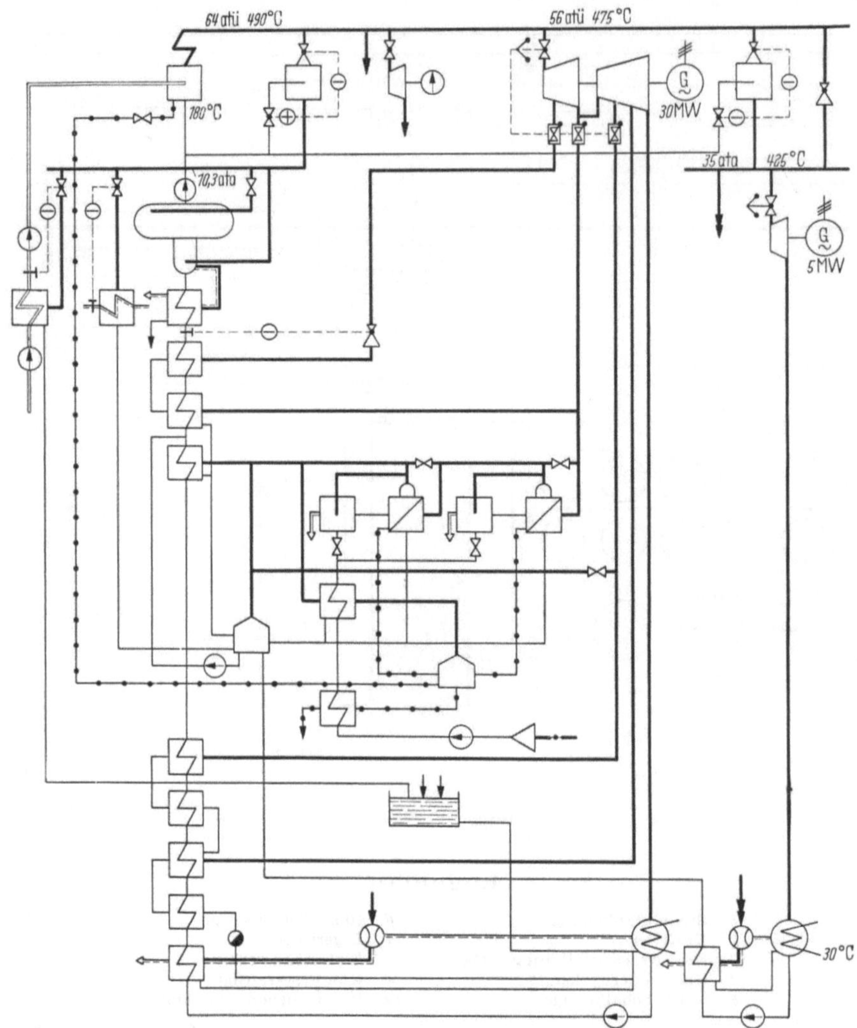

Wärmegrundschaltplan

satz; letzterer, ebenfalls für Kondensationsbetrieb eingerichtet, wird frischdampfseitig jedoch aus dem 34 atü-Netz der ersten Ausbaustufe versorgt.

Als Dampferzeuger dienen vier ölgefeuerte Naturumlaufkessel mit einer Leistung von je 85 t/h und 67 atü Konzessionsdruck. Die Kessel sind konstruktiv so ausgeführt, daß eine spätere Umstellung auf Kohlenstaubfeuerung möglich ist. Die Kessel besitzen vollautomatische Regelung. Das Heizöl wird in dampfbeheizten Ölvorwärmern auf 120° C vorgewärmt. Wegen des hohen Schwefelgehaltes und der damit verbundenen Gefahr von Schwefelkorrosionen bei Taupunktunterschreitung wird die Verbrennungsluft von einem Dampflufterhitzer aufgewärmt.

Bezüglich der Betriebsweise wurde Sammelschienenschaltung gewählt, wobei frischdampfseitig der erste Ausbauteil über eine Reduzier- und Kühlstation mit dem Erweiterungsteil verbunden ist.

Die Aufwärmung des Speisewassers erfolgt in 4 Vorwärmstufen, wobei an der zweiten Entnahme außer dem Mitteldruckvorwärmer noch eine zweistufige Verdampferanlage angeschlossen ist. Sämtliche Vorwärmer liegen vor den Speisewasserbehältern mit Hauptentgasern. Die Speisewassertemperatur im Behälter beträgt 180° C.

Wegen der bei Sammelschienenbetrieb erforderlichen dampf- und wasserseitigen Verbindung der Speisewasserbehälter und der hierdurch bedingten Einhaltung eines gleichen Entgaserdruckes wird der Entgaserheizdampf einem gemeinsamen 10 ata-Netz entnommen, das mit reduziertem Frischdampf gespeist wird. Um die Menge an reduziertem

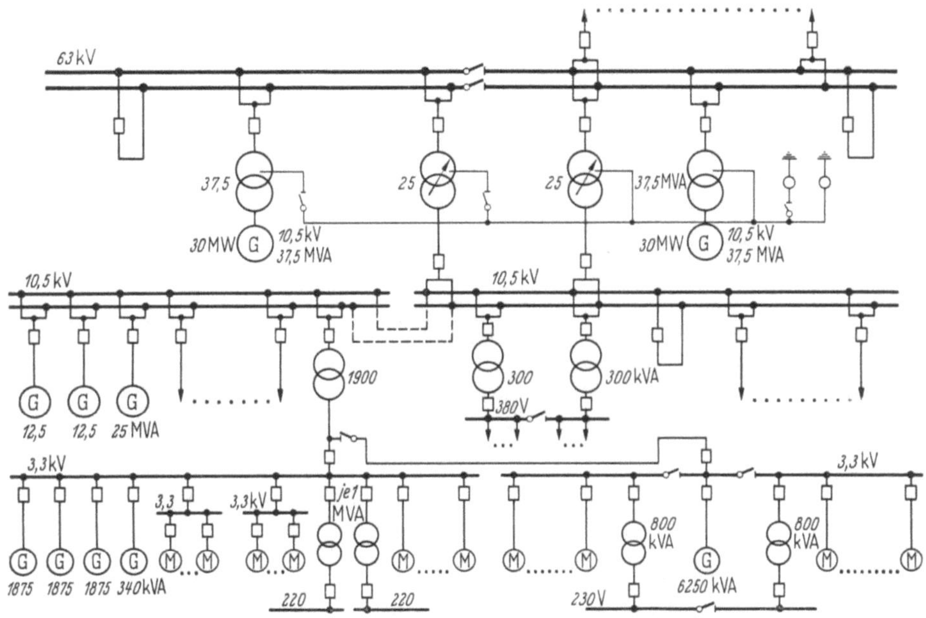

Elektrischer Übersichtsschaltplan

Frischdampf möglichst gering zu halten, besitzt der letzte Vorwärmer vor dem Hauptentgaser eine Temperaturregelung, durch die die Speisewassertemperatur konstant 5° C unter Entgasungstemperatur gehalten wird.

Die 30 MW-Generatoren sind über je einen Haupttransformator an das 63 kV-Netz angeschlossen, während der Hausturbosatz direkt in das 3,3 kV-Eigenbedarfsnetz einspeist. Das Eigenbedarfsnetz kann außerdem von den beiden 63 kV-Sammelschienen über zwei 10,5 kV-Schienen, in die die vorhandenen alten Maschinen einspeisen, versorgt werden.

Das Kraftwerksgebäude ist auf Betonpfählen (Benoto-Pfählen) gegründet und in Stahlbeton-Skelettbauweise errichtet. Es besteht aus dem Kesselhaus, einem Zwischenbau und dem Maschinenhaus. Im Maschinenhaus befinden sich lediglich die Turbosätze, die in Längsanordnung aufgestellt sind, sowie die Kühlwasserpumpen und sonstige Hilfspumpen. Im Zwischenbau sind untergebracht: die Vorwärmer- und Verdampferanlage einschließlich der Speisewasserbehälter, die Speisepumpen und die Eigenbedarfsschaltanlage einschließlich Eigenbedarfstransformatoren. Ferner befindet sich im Zwischenbau eine Überwachungstafel für das gesamte Speisewassersystem, in der auch etwa 30 elektrische Regler untergebracht sind.

Für die 63 kV-Schaltanlage wurde ein besonderes Gebäude parallel zum Maschinenhaus errichtet. An Nebengebäuden sind ferner vorhanden: die ausgedehnten Werkstatt- und Lagergebäude, ein Wasserturm mit 3 Speicherbehältern, in dessen Unterbau die chemische Wasseraufbereitungsanlage untergebracht ist.

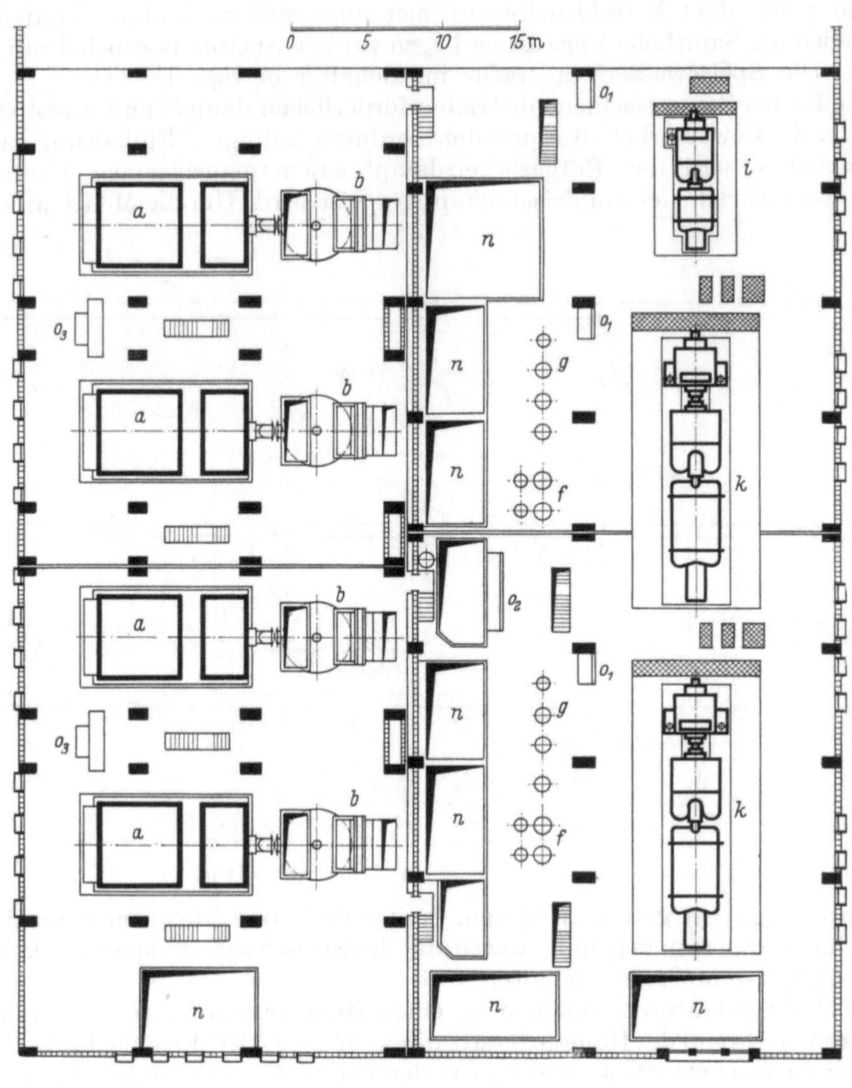

Grundriß

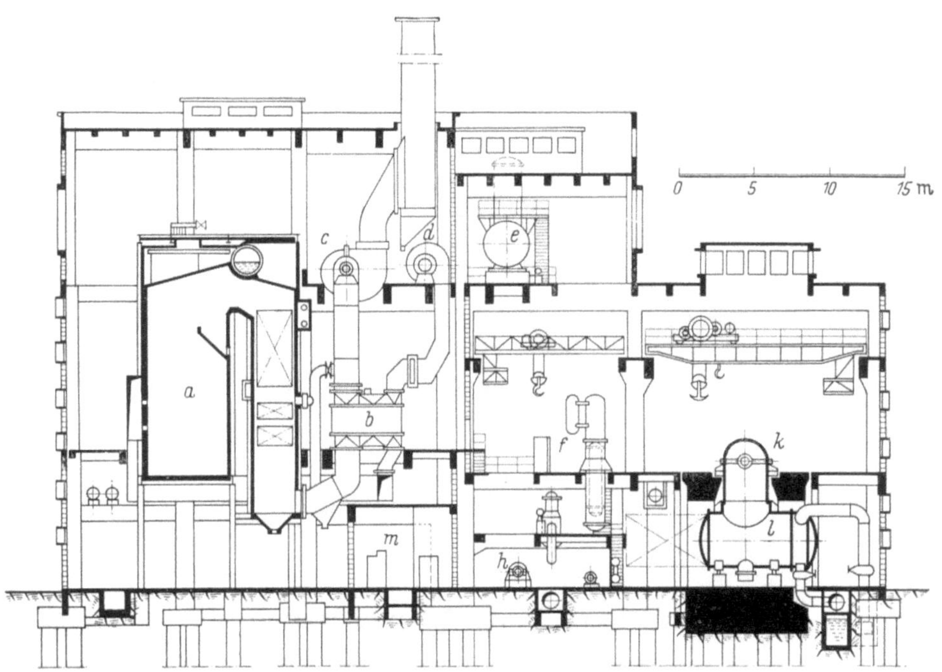

Querschnitt

Legende zum Grundriß und Querschnitt

a	Kessel	*i*	Hausturbosatz 5 MW
b	Luftvorwärmer	*k*	Turbogenerator 30 MW
c	Saugzuggebläse	*l*	Kondensator
d	Frischluftgebläse	*m*	Eigenbedarfsschaltanlage
e	Speisewasserbehälter mit Entgaser	*n*	Montageöffnung
f	Verdampferanlage, zweistufig	o_1	Turbinenüberwachungstafel
g	Vorwärmer	o_2	Vorwärmerüberwachungstafel
h	Kesselspeisepumpe	o_3	Kesselüberwachungstafel

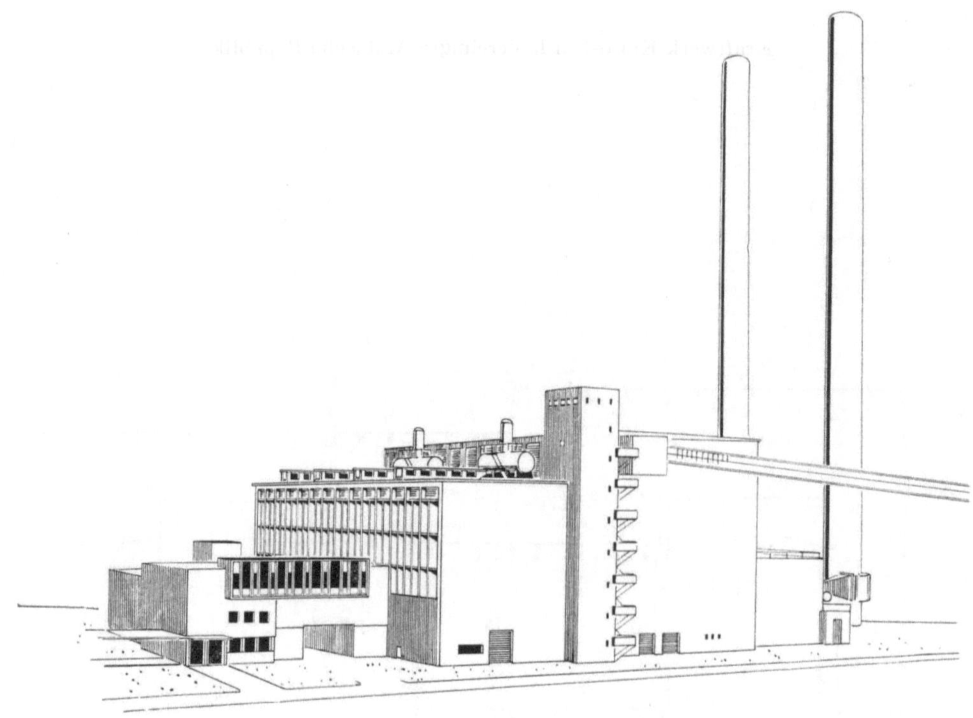

Schaubild

200

Kraftwerk Porto Vesme, Italien

(Società Termoelettrica Sarda, Cagliari)

Baujahr 1953/55

Kessel

Anzahl	4
Leistung t/h	80
Art	Naturumlauf
Genehmigungsdruck atü	67
Dampfzustand bei Austritt atü	59
Dampfzustand bei Austritt °C	475
Dampfzustand hinter ZWÜ atü	—
Dampfzustand hinter ZWÜ °C	—
Brennstoff:	
Art	St (8% S)
unterer Heizwert kcal/kg	3300
Feuerung	Brenner
Schlackenabzug	trocken
Luftvorwärmung °C	320
Abgastemperatur °C	240[1]
Wirkungsgrad %	82

Rauchgasentstaubung: Beruhig.-Kammer
Wasseraufbereitung: chemisch und Verdampfung
Bauweise: Hauptbau Stahlbeton
Vorgesehene Gesamtleistung 128 MW

Turbinen

Anzahl	2
Leistung MW	32
Leistung MVA	40
Art	K
Drehzahl U/min	3000
Dampfdurchsatz t/h	145
Dampfzustand bei Eintritt atü	55
Dampfzustand bei Eintritt °C	460
bei Wiedereintritt atü	—
bei Wiedereintritt °C	—
Kühlwassertemperatur °C	24 (Seewasser)
Dampfzustand bei Austritt ata	0,06
Dampfzustand bei Austritt °C	—
Gehäusezahl	2
Abdampfstutzen (flutig)	2
Vorwärmstufen	4
Entgasungstemperatur °C	130
Speisewassertemperatur °C	220

Kennzahlen

Spez. Wärmeverbr. netto kcal/kWh	3100—3300
„ Flächenbedarf m²/kW	0,056
„ Raumbedarf m³/kW	1,43

[1] Hoch mit Rücksicht auf Taupunktkorrosionen

Dieses Kraftwerk kann als Prototyp des robusten, wenig komplizierten und trotzdem wirtschaftlichen Mitteldruckkraftwerkes angesehen werden. Dieser Kraftwerkstyp ist namentlich in solchen Gebieten angebracht, die zunächst nicht über hochqualifiziertes Betriebspersonal, andererseits aber über preiswerte Brennstoffe verfügen.

Das Kraftwerk Porto Vesme war für die Verwertung von praktisch nicht verkäuflichen Rückständen aus den Kohlenwäschen des Sulcisbeckens im Südwesten von

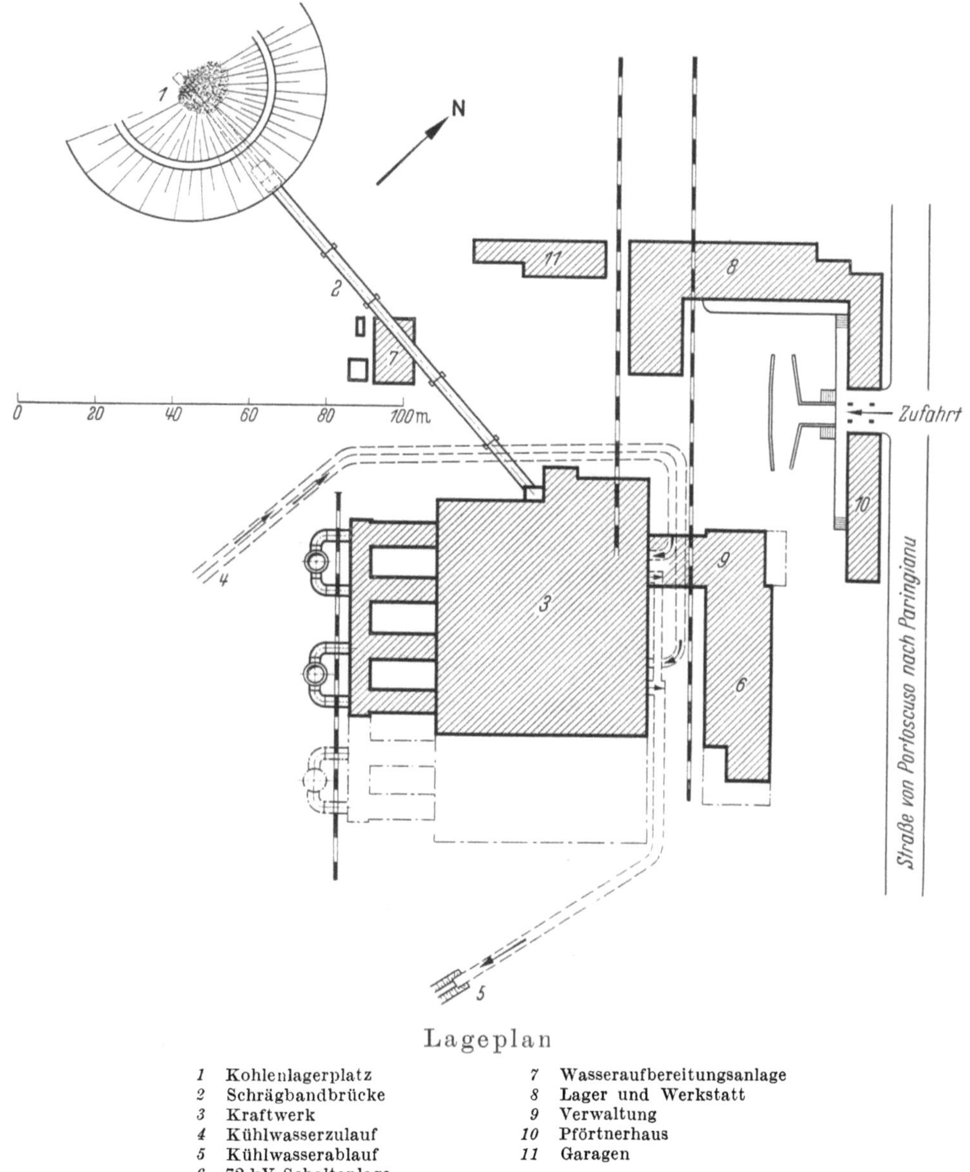

Lageplan

1 Kohlenlagerplatz
2 Schrägbandbrücke
3 Kraftwerk
4 Kühlwasserzulauf
5 Kühlwasserablauf
6 72 kV-Schaltanlage
7 Wasseraufbereitungsanlage
8 Lager und Werkstatt
9 Verwaltung
10 Pförtnerhaus
11 Garagen

Sardinien geplant. Diese Abfallkohle weist bei einem unteren Heizwert von 3300 kcal/kg einen Aschegehalt von 40 bis 45% und einen Schwefelgehalt von 7 bis 8% auf. Infolge der seit der Planung dieser Anlage eingetretenen Entwicklung wird jetzt in zunehmendem Maße auch hochwertigere Kohle verbrannt. Zur Kühlung dient Seewasser von normal 24° C. Diese erzeugte Energie wird teils an die Zechen und teils in das öffentliche Netz geliefert, wobei mit den vorhandenen Wasserkraftwerken parallel gearbeitet wird. Das Kraftwerk muß in diesem Verbundnetz von beschränkter Größe sowohl wirtschaftliche Grundlast fahren können als auch unempfindlich gegen Belastungsschwankungen sein.

Aufgestellt wurden in den Jahren 1953/55 zunächst 2 zweigehäusige Turbinen mit 2 Abdampfstutzen von je 32 MW für einen Dampfzustand von 55 atü, 460° C, die von 4 Trommelkesseln von je 80 t/h gespeist werden.

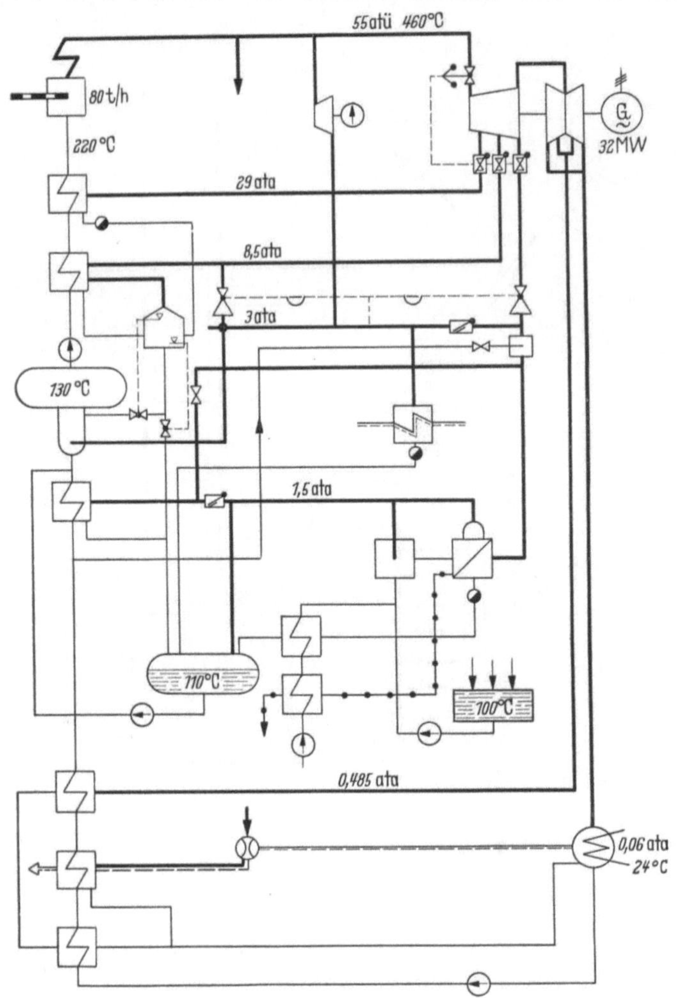

Wärmegrundschaltplan

Die beiden Einheiten werden grundsätzlich im Blockbetrieb gefahren. Mit Rücksicht darauf, daß sie die größten Einheiten im Netz von Sardinien darstellen, wurden jedoch im Interesse einer erhöhten Betriebselastizität durchlaufende Sammelschienen auf der Frischdampf- und Speisewasserseite sowie in der Eigenbedarfsschaltanlage vorgesehen.

Bei dem hohen Schwefelgehalt der Kohle war mit der Gefahr von Taupunkt-Korrosionen in den Rauchgaswegen bei zu niedriger Abgastemperatur zu rechnen. Sie wurde daher zunächst mit 220° C bei Normalleistung und 240° C bei Maximalleistung des Kessels festgelegt. Gleichzeitig wurde die Möglichkeit vorgesehen, bei günstigen Betriebserfahrungen durch Vergrößerung des Luftvorwärmers eine Senkung der Abgastemperatur um 40° C vorzunehmen. Dies ist inzwischen z.T. erfolgt, wodurch der Kesselwirkungsgrad um 4 Punkte verbessert werden konnte. Beim Anfahren und bei kleiner Teillast des Kessels wird eine zu starke Absenkung der Rauchgastemperatur durch einen dampfbeheizten

Luftvorwärmer verhindert, der die Verbrennungsluft vor Eintritt in den Rauchgas-Luftvorwärmer auf 90° C erwärmt. Während des normalen Betriebes wird der Dampfluvo luftseitig umgangen.

Das Speisewasser wird in 4 Stufen bis auf 220° C bei Regellast vorgewärmt. Diese im Verhältnis zum Frischdampfzustand ziemlich hohe Temperatur (vgl. Tab. 5, S. 44—59) ist durch die hohe Abgastemperatur bedingt, damit noch genügend Abgaswärme für die Erhitzung der Verbrennungsluft verfügbar bleibt.

Die beiden obersten Vorwärmstufen sind als Hochdruckvorwärmer ausgeführt; der Dampf aus der dritten Entnahme wird auf den konstanten Druck von 3 ata reduziert und zur Beheizung des Entgasers sowie der Verdampfer benutzt. Die 3 ata-Druckstufe hat eine Querverbindung, um beim Anfahren Heizdampf vom Nachbarblock entnehmen zu können.

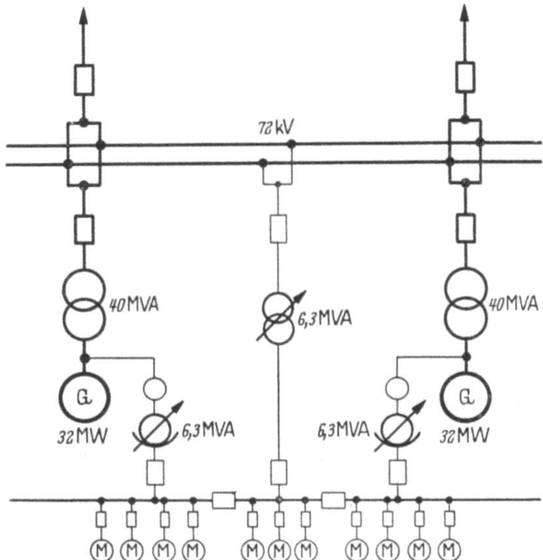

Elektrischer Übersichtsschaltplan

Die Zusatzwasser-Verdampferanlage ist für den Betrieb mit Seewasser ausgelegt; sie kann auch wahlweise mit chemisch aufbereitetem Brunnenwasser gespeist werden.

Die Generatoren geben die elektrische Energie mit einer Spannung von 6,3 kV über je einen Umspanner an das 72 kV-Netz ab. Der Eigenbedarf wird von den Generatorklemmen über Durchgangsregler entnommen. Bei Ausfall der Erzeugung und zum Anfahren steht ein automatisch sich einschaltender Regelumspanner 72/6,3 kV zur Verfügung. Die 6 kV-Eigenbedarfsschaltanlage befindet sich im Schwerpunkt des Kraftwerkes und ist, analog der Rohrleitungsanlage, mit durchlaufenden Sammelschienen ausgerüstet.

Der spezifische Wärmeverbrauch des gesamten Kraftwerkes liegt im Bestpunkt je nach der Qualität des Brennstoffes zwischen 3100 und 3300 kcal/kWh, wobei der Abgasverlust beim Verfeuern des besseren Brennstoffes durch geeignete Maßnahmen gesenkt werden kann. Sämtliche Anlageteile mußten, um die Korrosionserscheinungen durch die salzhaltige Seeluft zu vermindern, in geschlossenen Gebäuden untergebracht werden.

Alle Hauptgebäude ruhen auf einem Pfahlrost. Kessel- und Maschinenhaus stützen sich auf den zentral gelegenen Schwerbau aus Stahlbeton ab, der die Kohlenbunker und die Speisewasserbehälter trägt und in seinem unteren Teil den Speisepumpen- und Vorwärmerraum sowie die Eigenbedarfsschaltanlagen aufnimmt. Die 72 kV-Anlage ist mit den Umspannern in einem besonderen Gebäude untergebracht; der brückenartige Verbindungsbau zwischen den beiden Gebäudekomplexen enthält die Netzwarte. Eine zentrale Wärmewarte ist nicht vorgesehen; die Überwachung und automatische Regelung ist für je 2 Kessel auf einem Leitstand zusammengefaßt.

Bemerkenswert ist die erstmalige Ausführung der seewasserführenden Rohrleitungen größeren Durchmessers in Schmiedeeisen mit einer Auskleidung aus Kunststoff.

Es ist geplant, das Kraftwerk durch Aufstellung eines 64 MW-Blocks zu erweitern. Dampfdruck und Temperatur werden der Entwicklung entsprechend wesentlich erhöht, Zwischenüberhitzung wird vorgesehen.

Schrifttum

Brennstoff, Wärme, Kraft Bd. 4 (1952) S. 322.

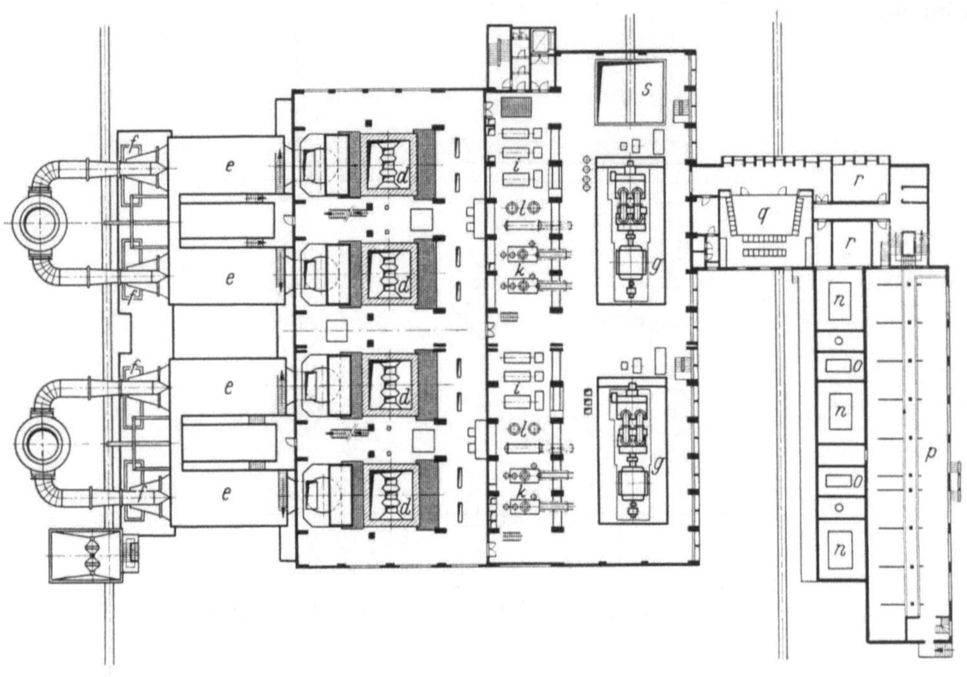

Grundriß

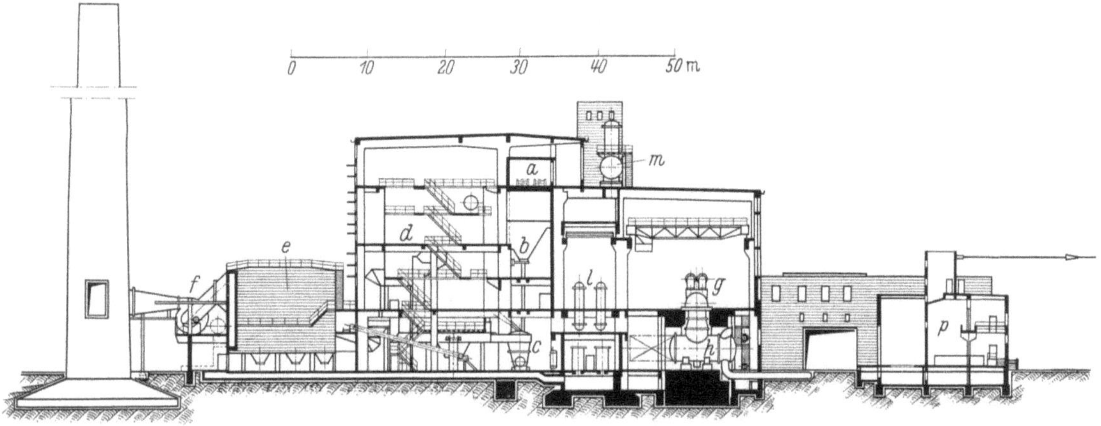

Querschnitt

Legende zum Grundriß und Querschnitt

a	Bekohlung	*l*	Hochdruckvorwärmer
b	Bunker	*m*	Speisewasserbehälter und Entgaser
c	Kohlenmühle	*n*	Hauptumspanner und Anfahrumspanner
d	Kessel	*o*	Durchgangsregler
e	Beruhigungskammer	*p*	Schalthaus
f	Rauchgasgebläse	*q*	Elektrowarte
g	Turbogenerator	*r*	Büroräume
h	Kondensator	*s*	Montageöffnung
i	Kesselspeisepumpen	*t*	Flugaschebunker
k	Verdampfer		

Anhang
8 Kraftwerke

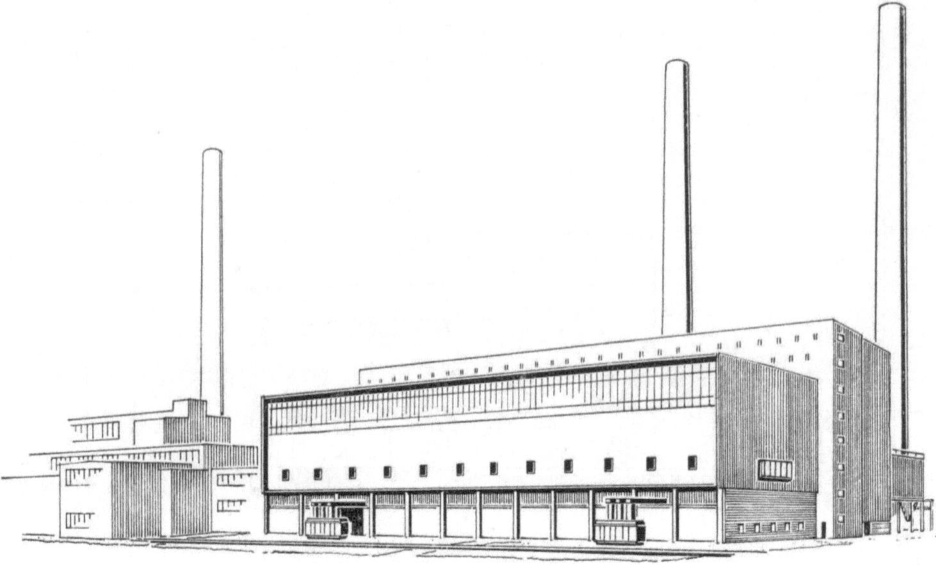

Schaubild

23

Kraftwerk Heyden, BRD

(Preußische Elektrizitäts-Aktiengesellschaft, Hannover)

Baujahr 1958/60

Kessel		Block I
Anzahl		2
Leistung	t/h	170
Art		Durchlauf
Genehmigungsdruck	atü	210
Dampfzustand bei Austritt	atü	185
	°C	535
Dampfzustand hinter ZWÜ	atü	39
	°C	530
Brennstoff:		
Art		Steinkohle
unterer Heizwert	kcal/kg	4600
Feuerung		Ecken
Schlackenabzug		flüssig
Luftvorwärmung	°C	460
Abgastemperatur	°C	120
Wirkungsgrad	%	90

Rauchgasentstaubung: elektrisch
Wasseraufbereitung: Vollentsalzung
Bauweise: Beton, Stahlskelett
Vorgesehene Gesamtleistung: 200 MW

Turbinen		Block I
Anzahl		1
Leistung	MW	100
Leistung	MVA	133
Art		K
Drehzahl	U/min	3000
Dampfdurchsatz	t/h	—
Dampfzustand bei Eintritt	atü	180
	°C	530
bei Wiedereintritt	atü	38,6
	°C	525
Kühlwassertemperatur	°C	12
Dampfzustand bei Austritt	ata	0,026
	°C	—
Gehäusezahl		3
Abdampfstutzen (flutig)		3
Vorwärmstufen		9
Entgasungstemperatur	°C	154,7
Speisewassertemperatur	°C	282,6
Kennzahlen		
Spez. Wärmeverbr. netto	kcal/kWh	2350
„ Flächenbedarf	m^2/kW	0,040[1]
„ Raumbedarf	m^3/kW	1,12[1]

[1] einschließlich des inzwischen in Auftrag gegebenen zweiten Blocks

Das Kraftwerk Heyden — ursprünglich Lahde genannt — liegt an einem Schleusenkanal der Weser, etwa 12 km nördlich von Minden. Der erste Ausbau, mit dem im Jahr 1943 begonnen wurde, kam infolge der Kriegsereignisse erst 1950 in Betrieb. Er umfaßt 4 Kessel für je 135 t/h, 2 Vorschaltturbinen je 19 MW (Eintrittszustand 105 atü, 490 °C) und 3 Nachschaltturbinen für 36, 40 und 6 MW, letztere als Hausturbine (Dampfzustand 20 atü, 435 °C). Vor Eintritt in die Nachschaltturbinen wird der Dampf zwischenüberhitzt.

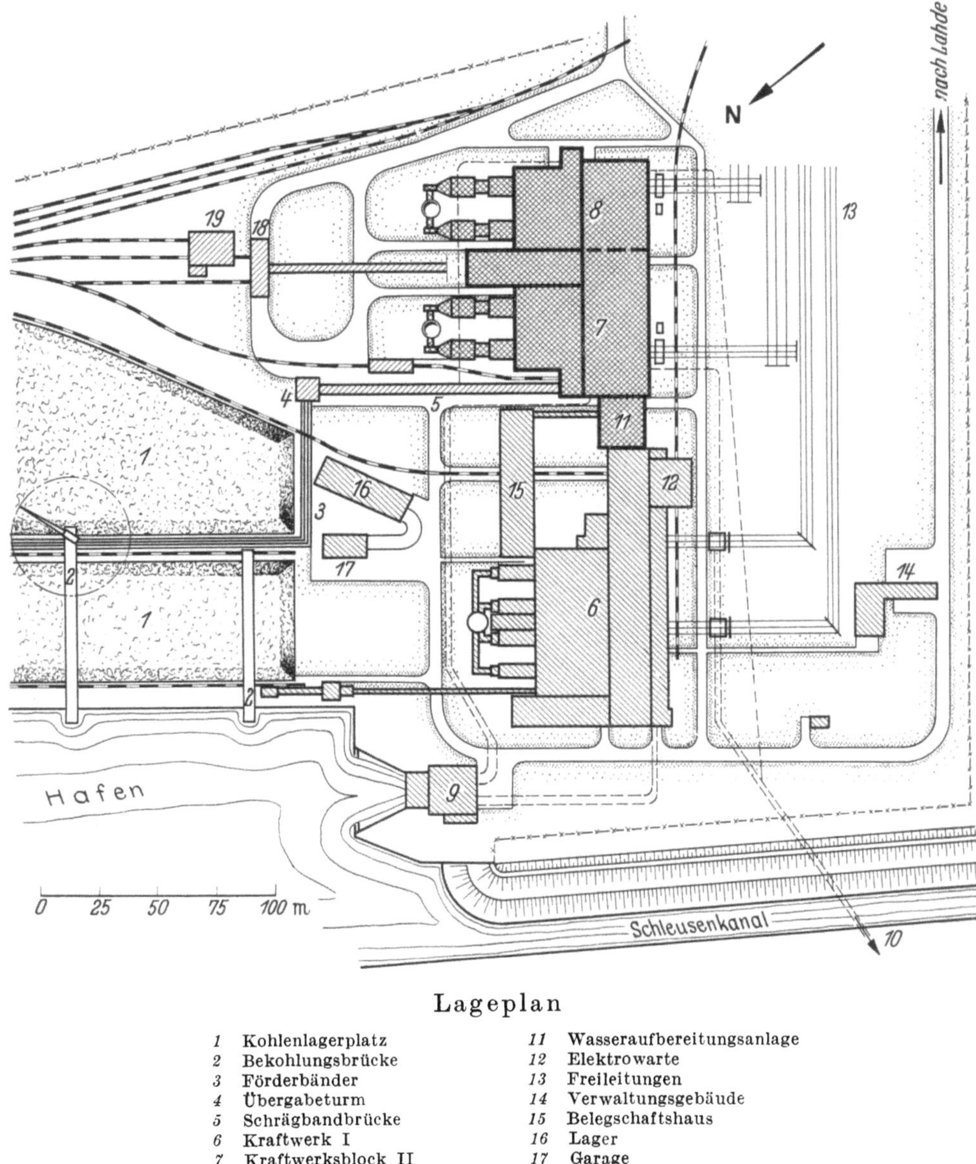

Lageplan

1 Kohlenlagerplatz
2 Bekohlungsbrücke
3 Förderbänder
4 Übergabeturm
5 Schrägbandbrücke
6 Kraftwerk I
7 Kraftwerksblock II
8 Kraftwerksblock III
9 Einlaufbauwerk
10 Kühlwasserauslauf
11 Wasseraufbereitungsanlage
12 Elektrowarte
13 Freileitungen
14 Verwaltungsgebäude
15 Belegschaftshaus
16 Lager
17 Garage
18 Aschebunker
19 Lokomotivschuppen

Im Jahr 1958 wurde mit dem Bau eines 100 MW-Blocks begonnen, der in einem getrennten Gebäude aufgestellt wird. Er soll 1960 in Betrieb gehen. Der Dampfzustand an der Turbine beträgt 180 atü, 530 °C mit Zwischenüberhitzung auf 525 °C. Der Dampf wird von zwei Bensonkesseln von je 170 t/h geliefert. Mit der Errichtung eines weiteren Blocks gleicher Größe mit den gleichen Auslegungsdaten wird im Jahre 1959 begonnen.

Während der erste Ausbau auf die ausschließliche Verfeuerung von Ruhrkohle abgestellt war, soll bei den weiteren Ausbauten vor allem das örtliche Kohlevorkommen bei Lüdersfeld nutzbar gemacht werden. Diese Kohlesorte hat ungünstige Eigenschaften, da bei ihr der Schlackenfließpunkt bei etwa 1600 ° C — gegenüber 1300 bis 1400 ° C bei Ruhrkohle — liegt und sie außerdem etwa 34% Asche enthält. Der Heizwert beträgt etwa 4600 kcal/kg.

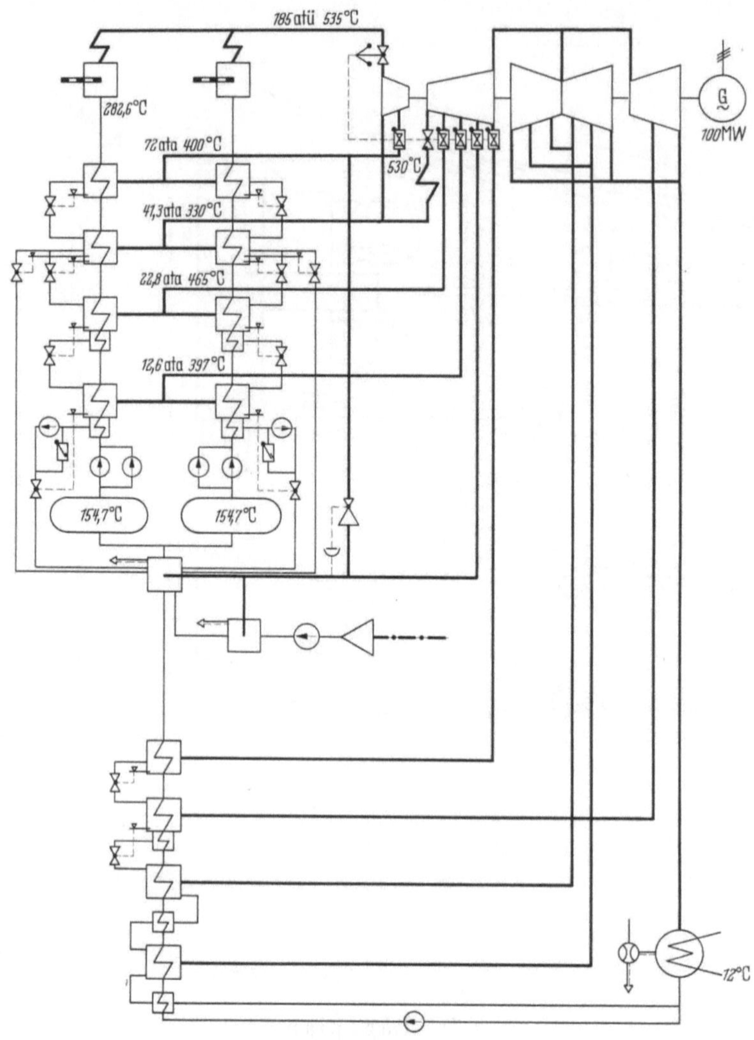

Wärmegrundschaltplan

Die Kohle kann auf dem Wasser- und Schienenweg angeliefert werden. Die vorhandene Bekohlungsanlage wird durch Aufstellung einer zweiten Brücke mit Drehkran und einer neuen Förderbandstraße erweitert. Bulldozer sollen zur Verteilung der Kohle eingesetzt werden. Das Kühlwasser wird dem erwähnten Schleusenkanal entnommen und in einem Abstand von etwa 2 km unmittelbar der Weser wieder zugeleitet.

Mit Rücksicht auf die Verfeuerung zweier Kohlensorten werden zwei getrennte Kohlenbunker vorgesehen, deren Ausläufe wahlweise auf die Mühlen, von denen drei je Kessel vorhanden sind, geschaltet werden können. Wegen der großen Verschlackungsgefahr der örtlichen Kohle muß im Notfall in kurzer Zeit auf die Verfeuerung von Ruhrkohle übergegangen werden.

Die Eigenschaften der Lüdersfelder Kohle erfordern eine hohe Temperatur der Verbrennungsluft — gewählt wurden 460 ° C —, die auch bei Schwachlast nicht wesentlich absinken darf. Der zweite Zug der mit Eckenfeuerung und Schmelzkammer ausgestatteten Kessel ist daher oberhalb der Speisewasservorwärmer dreifach unterteilt. Die beiden äußeren Züge sind mit Röhrenluftvorwärmern ausgestattet, über denen sich die Berührungsheizflächen des Zwischenüberhitzers befinden. Der mittlere Zug enthält Restverdampferheizflächen. Bei Teillast wird der mittlere Zug durch eine Klappe abgeschlossen, damit der kleinere Rauchgasstrom dann ausschließlich der Hochhaltung der Temperaturen des zwischenüberhitzten Dampfes und vor allem der Verbrennungsluft nutzbar gemacht werden kann. Neben dem erwähnten Röhrenluftvorwärmer ist außerhalb der Kessel je ein Ljungström-Vorwärmer vorhanden.

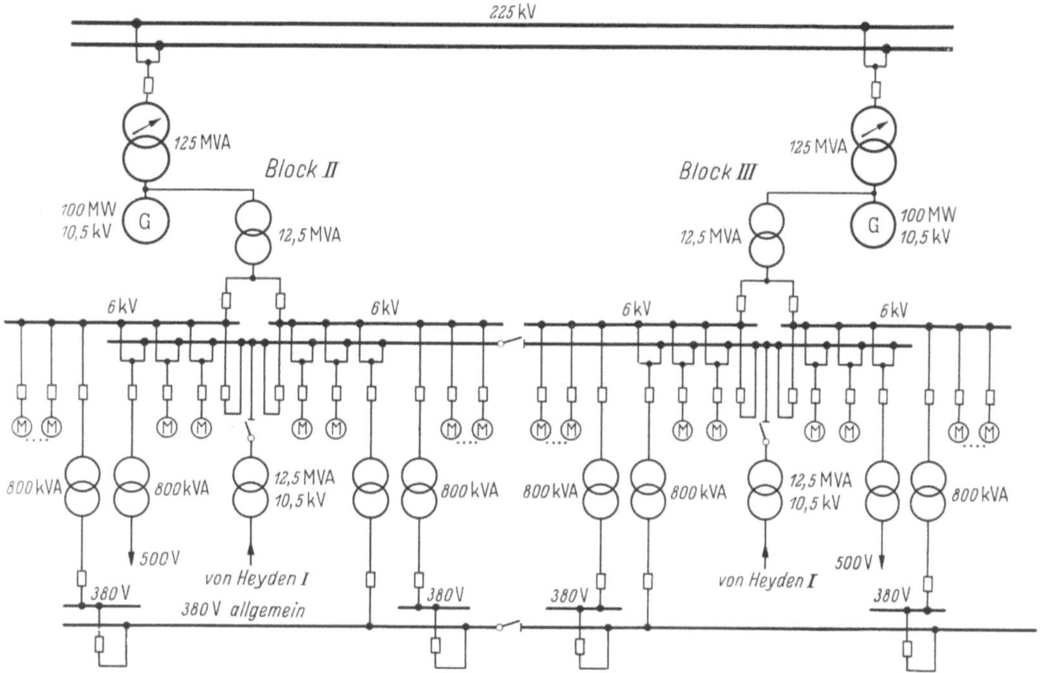

Elektrischer Übersichtsplan

Die Turbine des 100 MW-Blocks hat drei Gehäuse, drei Abdampfstutzen und neun Vorwärmstufen. Das vierstufige System der Hochdruckvorwärmer ist in zwei parallele Stränge entsprechend der Aufteilung der Kesselleistung auf zwei Einheiten aufgelöst. Jeder Strang wird mit zwei Vollastspeisepumpen mit Motorantrieb und hydraulischer Drehzahlregelung ausgestattet. Es ist in Aussicht genommen, die in der Schlacke vorhandene Wärme der Vorwärmung des Speisewassers nutzbar zu machen. Der zweite Niederdruckvorwärmer könnte dann zeitweilig stillgesetzt werden. Das Zusatzwasser wird vollentsalzt.

Der elektrische Übersichtsschaltplan zeigt die übliche Anordnung: ein 125 MW-Blockumspanner spannt die erzeugte Energie von 10,5 auf 225 kV auf, die dann zu dem in rund 16 km entfernt gelegenen Umspannwerk Bierde des Unternehmens übertragen wird. Der Eigenbedarf wird unmittelbar am Generator abgenommen und auf 6 kV abgespannt. Außerdem kann der Eigenbedarf von der ersten Ausbaustufe aus versorgt werden.

Das Bunkerhaus wird zwischen Kessel- und Maschinenhaus gelegt, es bildet mit dem Kesselhaus einen Baukörper. Die Turbine wird längsgestellt. Der V-förmig ausgebildete Kondensator ermöglicht die Unterbringung der Niederdruckvorwärmer unmittelbar unterhalb der Turbine. Die Speisepumpen, die senkrechten Hochdruckvorwärmer und

Speisewasserbehälter mit Entgaser werden längs der Turbine zwischen dieser und der Außenwand des Maschinenhauses untergebracht. Die Warte, die auch die Instrumente des zweiten Blocks aufnehmen soll, sowie die Eigenbedarfsschaltanlage werden zwischen die Kesselhäuser der beiden Blocks gelegt. Vor dem Kesselhaus befinden sich die Ljungström-Vorwärmer sowie die Elektrofilter jedes Kessels, von denen die Rauchgase über

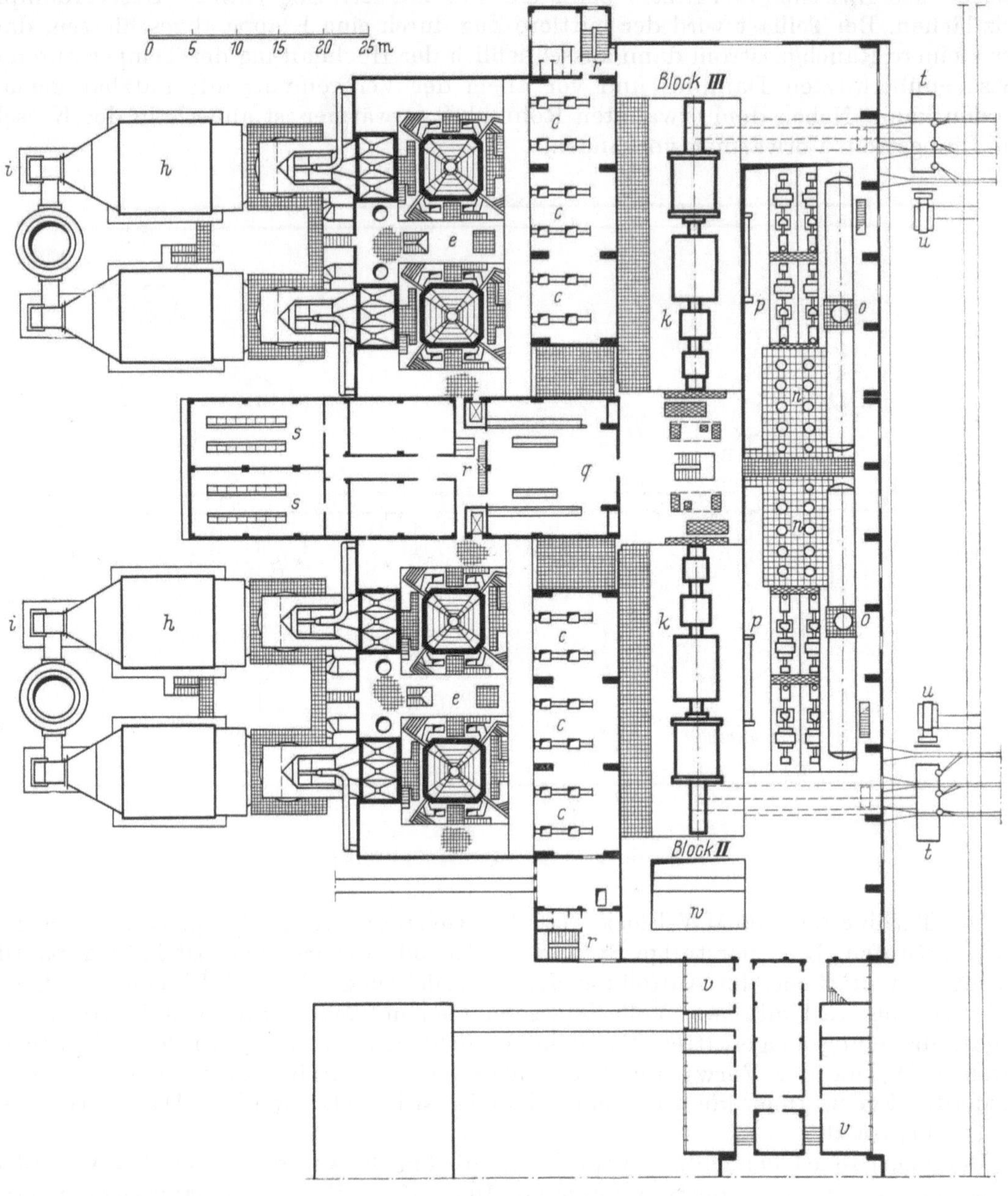

Grundriß

ein Saugzuggebläse zu dem frei stehenden Schornstein geleitet werden. Jeder Block erhält einen besonderen Schornstein.

Das Kraftwerksgebäude wird als Beton- und Stahlskelettbau erstellt. Auf dem Betonfundament wird das Kesselhaus in Stahlkonstruktion errichtet. Dagegen werden das Bunkerhaus bis zur Höhe der Bunker, das Maschinenhaus bis zur Höhe der Kranfahrbahn in Beton erstellt.

Es sei besonders darauf aufmerksam gemacht, daß die endgültigen Kraftwerkszeichnungen noch einige Abweichungen von den Planungszeichnungen aufweisen können.

Schrifttum

Energie 3 (1951) S. 102/103
(Die Ausführungen beziehen sich nur auf den ersten Ausbau.)

Querschnitt

Legende zum Grundriß und Querschnitt

a	Bekohlung	*m*	Niederdruckvorwärmer
b	Kohlenbunker	*n*	Hochdruckvorwärmer
c	Kohlenzuteiler	*o*	Speisewasserbehälter mit Entgaser
d	Kohlenmühle	*p*	Kesselspeisepumpen
e	Kessel	*q*	Wärmewarte
f	Frischluftgebläse	*r*	Treppenhaus
g	Luftvorwärmer	*s*	Eigenbedarfsschaltanlage
h	Elektrofilter	*t*	Hauptumspanner
i	Saugzuggebläse	*u*	Eigenbedarfsumspanner
k	Turbogenerator	*v*	Büroräume
l	Kondensator	*w*	Montageöffnung

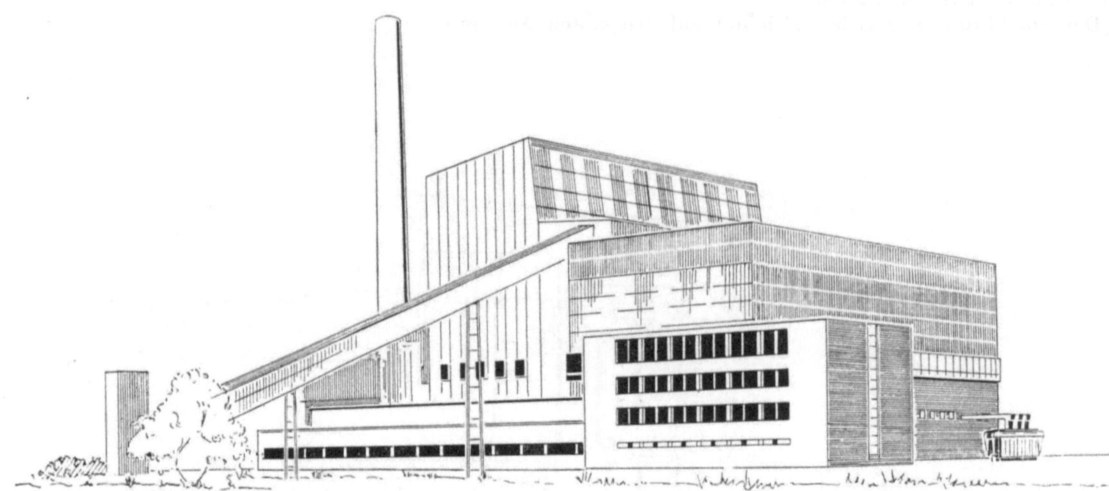

Schaubild

26 **Rheinstahl-Kraftwerk, BRD**

(Rheinstahl Bergbau AG, Essen)

Baujahr 1958/60

Kessel		Block I
Anzahl		2
Leistung	t/h	235
Art		Durchlauf
Genehmigungsdruck	atü	209
Dampfzustand bei Austritt	atü	190
	°C	530
Dampfzustand hinter ZWÜ	atü	40,1
	°C	530
Brennstoff:		
Art		Steinkohle
unterer Heizwert	kcal/kg	4000
Feuerung		Zyklon
Schlackenabzug		flüssig
Luftvorwärmung	°C	310
Abgastemperatur	°C	130
Wirkungsgrad	%	89,5

Rauchgasentstaubung: elektrisch
Wasseraufbereitung: Vollentsalzung
Bauweise: Beton, Stahlkonstruktion
Vorgesehene Gesamtleistung: 300 MW

Turbinen		Block I
Anzahl		1
Leistung	MW	150
Leistung	MVA	204
Art		K
Drehzahl	U/min	3000
Dampfdurchsatz	t/h	465,6
Dampfzustand bei Eintritt	atü	180
	°C	525
bei Wiedereintritt	atü	39,1
	°C	525
Kühlwassertemperatur	°C	17
Dampfzustand bei Austritt	ata	0,047
	°C	—
Gehäusezahl		3
Abdampfstutzen (flutig)		2
Vorwärmstufen		8
Entgasungstemperatur	°C	145
Speisewassertemperatur	°C	259
Kennzahlen		
Spez. Wärmeverbr. netto	kcal/kWh	2385
„ Flächenbedarf	m²/kW	0,025
„ Raumbedarf	m³/kW	0,72

Mit der Errichtung des ersten Blocks des Rheinstahl-Kraftwerkes wurde 1958 begonnen; er soll 1960 in Betrieb gehen. Das Kraftwerk liegt bei der Zeche Brassert I bei Marl am Nordrand des Rheinisch-Westfälischen Industriebezirkes.

Ebenso wie das Klöckner-Kraftwerk und das Kraftwerk Gustav Knepper anderer Bergbau-Unternehmen, die an anderer Stelle beschrieben sind, soll das geplante Kraftwerk die auf den Zechen des gleichen Unternehmens anfallende Ballastkohle mit ungünstigen Brenneigenschaften an Ort und Stelle verfeuern und den erzeugten Strom

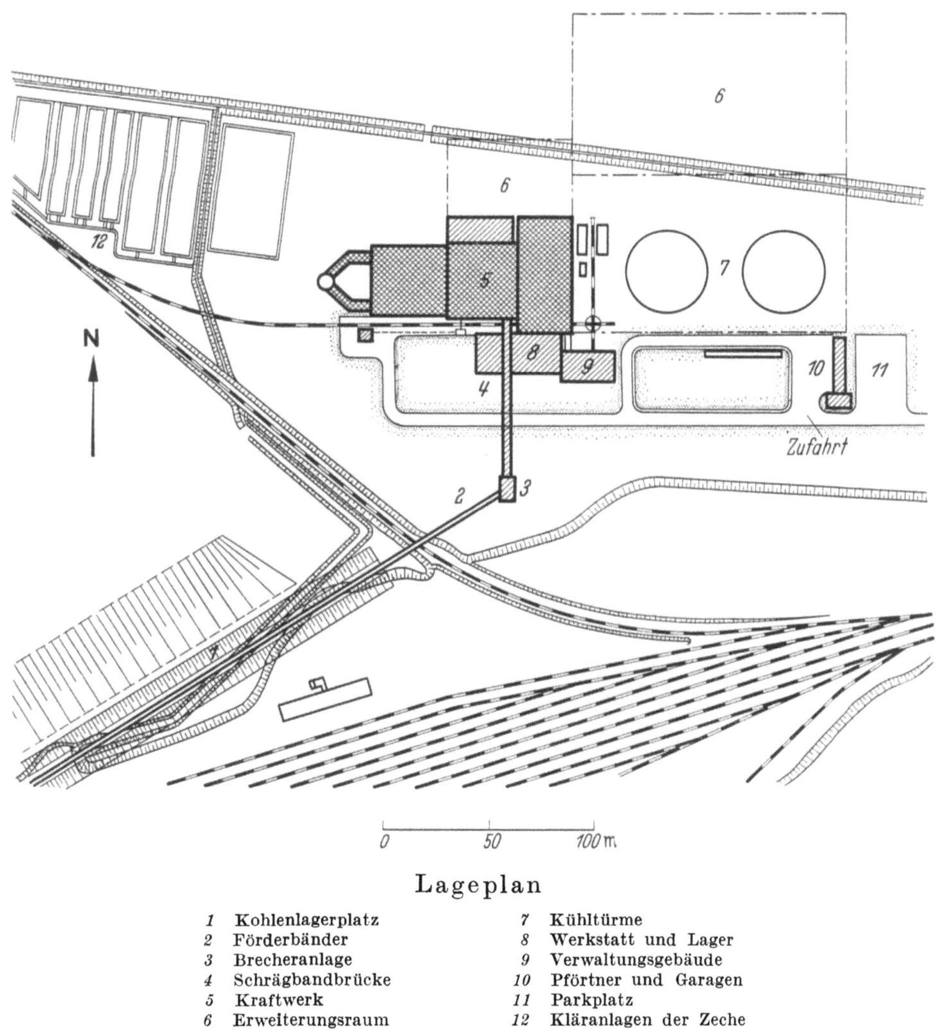

Lageplan

1	Kohlenlagerplatz	7	Kühltürme
2	Förderbänder	8	Werkstatt und Lager
3	Brecheranlage	9	Verwaltungsgebäude
4	Schrägbandbrücke	10	Pförtner und Garagen
5	Kraftwerk	11	Parkplatz
6	Erweiterungsraum	12	Kläranlagen der Zeche

dem Netz des örtlichen Versorgungsunternehmens — beim Rheinstahl-Kraftwerk sind dies die Vereinigten Elektrizitätswerke Westfalen AG — zur Verfügung stellen.

Aufgestellt werden Ventilatorkühltürme, die das Kühlwasser in den Wintermonaten bis auf 17° C herabkühlen. Dieser Temperatur entspricht ein Kondensatordruck von 0,047 ata. Die Turbine leistet 150 MW, der Dampfzustand beträgt 180 atü, 525° C mit Zwischenüberhitzung auf die gleiche Temperatur. Der Dampf wird in 2 Durchlaufkesseln mit einer Leistung von je 235 t/h erzeugt.

Die Turbine erhält 3 Gehäuse, 2 Niederdruckteile mit 750 mm langen Endschaufeln und 8 Vorwärmstufen. Drei Vorwärmerstufen liegen hinter den Speisepumpen. Der letzte Hochdruckvorwärmer erhält einen angebauten Enthitzer, die beiden anderen besitzen angebaute Kondensatkühler, mit denen auch 2 Niederdruckvorwärmer ausgestattet sind.

Die beiden ersten hinter dem Zwischenüberhitzer liegenden Anzapfungen versorgen die zugehörigen Vorwärmer über getrennte Enthitzer, die unmittelbar vor den Kesseln liegen und speisewasserseitig parallelgeschaltet sind. Das vollentsalzte Zusatzwasser wird im Kondensator entgast (im Gegensatz zum Schaltplan). Die Kesselanlage enthält vier elektromotorisch angetriebene Vollastspeisepumpen.

Die Durchlaufkessel, Bauart Sulzer, haben 2 Züge und einen senkrechten Zyklon. Sechs tangential angeordnete Brennergruppen blasen das Staub-Luft-Gemisch in einen

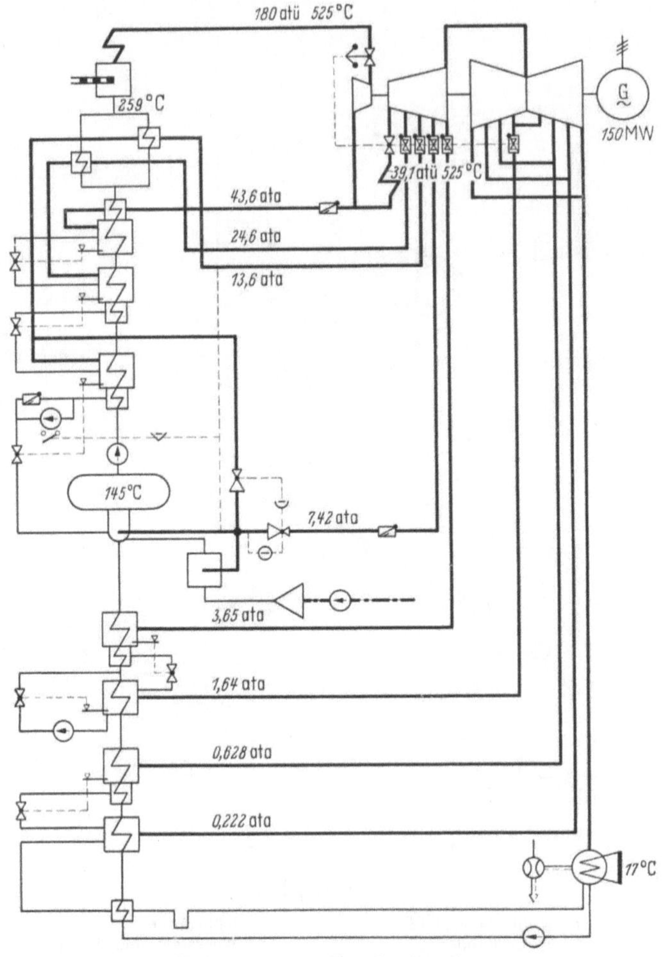

Wärmegrundschaltplan

Ringraum, aus dem die Staubflamme von unten in den eigentlichen Verbrennungsraum eintritt. Jede der 3 Schlagradmühlen mit einer Leistung von je 18 t/h versorgt sämtliche Brennergruppen. Bei diesen liegen die Brenner jeder Mühle senkrecht übereinander.

Der elektrische Übersichtsschaltplan zeigt die übliche Blockanordnung, bei der der Eigenbedarfsumspanner (20/12,5/12,5 MVA, 10,5/6,3 kV) direkt an die Schienenverbindung zwischen Generator und Aufspanner (200 MVA, 10,5/220 kV) angeschlossen ist. Ein weiterer, ebenfalls an diese Schienenverbindung angeschlossener Umspanner (40 MVA, 10,5/31,5 kV) versorgt eine 30 kV-Zechenschaltanlage. Für den Anfahrbetrieb und in Störungsfällen werden die Eigenbedarfsanlagen über zwei Umspanner je 12,5 MVA aus dem 30 bzw. 110 kV-Netz versorgt.

Die Bunkeranlage ist zwischen Kessel- und Maschinenhaus eingefügt. Die beiden Ljungström-Vorwärmer und Elektrofilter sind im Freien angeordnet. Die Turbine ist längsgestellt. Der V-förmig ausgebildete Kondensator ermöglicht die Unterbringung der

Niederdruckvorwärmer unmittelbar unter der Turbine. Die Hochdruckvorwärmer, Speisewasserbehälter und Kesselspeisepumpen sind in einer übersichtlichen und leicht bedienbaren Gruppe zwischen der Turbine und der Außenwand des Maschinenhauses aufgestellt.

Die Warte und die Eigenbedarfsschaltanlage liegen an der einen Seitenwand des Kesselhauses, so daß diese Anlageteile nach Erstellung des zweiten Blockes in der Mittelachse des Kraftwerkes liegen.

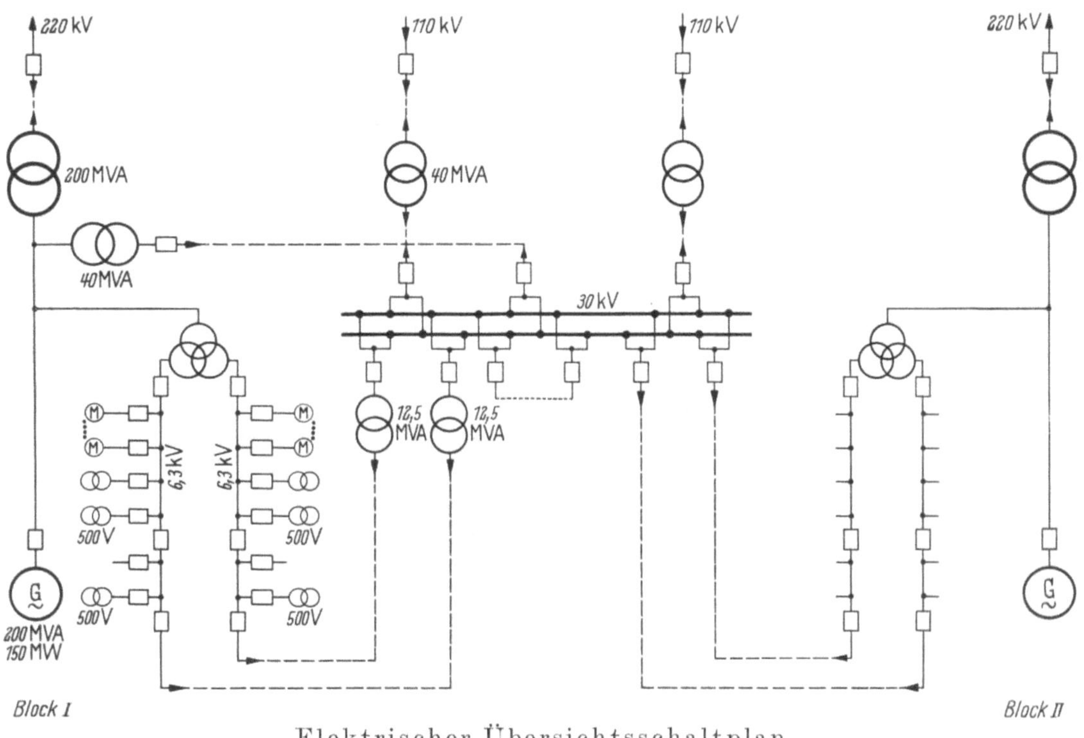

Elektrischer Übersichtsschaltplan

Bunker- und Maschinenhaus werden in Beton erstellt. Die Kessel tragen das Dach und die daran hängenden Außenwände des Kesselhauses. Das Gebäude wird weitgehend gegen Bergschäden abgesichert. Bunker- und Maschinenhaus bilden zwei voneinander unabhängige statische Systeme. Auch die Schaltwarte und Eigenbedarfsschaltanlage stellen einen selbständigen Baukörper dar.

Bei der Ausführung können sich in den Einzelheiten noch gewisse Änderungen ergeben, da die Aufträge zur Zeit noch nicht alle vergeben sind. Es wurde inzwischen z. B. festgelegt, daß das Kondensatorkühlwasser nicht, wie im Lageplan angedeutet, in Ventilatorkühltürmen hyperbolischer Bauart, sondern in Zellenbauart rückgekühlt wird.

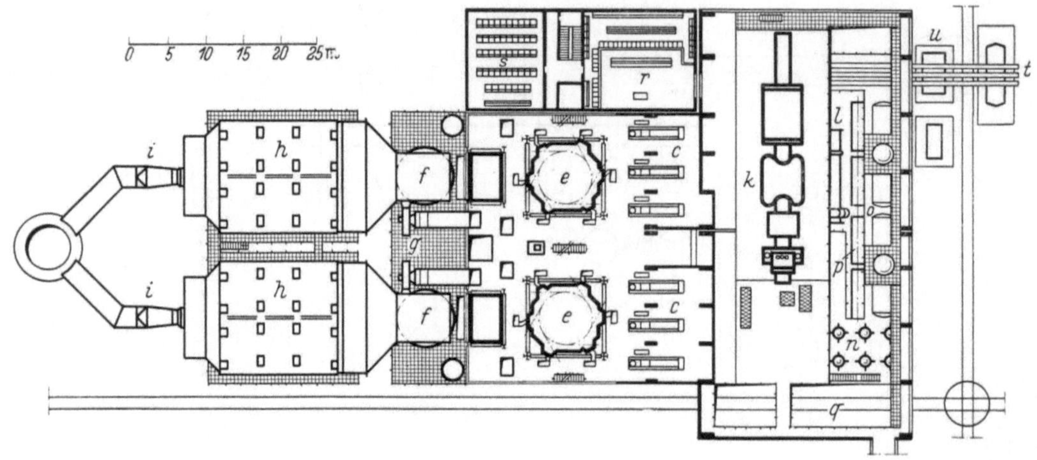

Grundriß

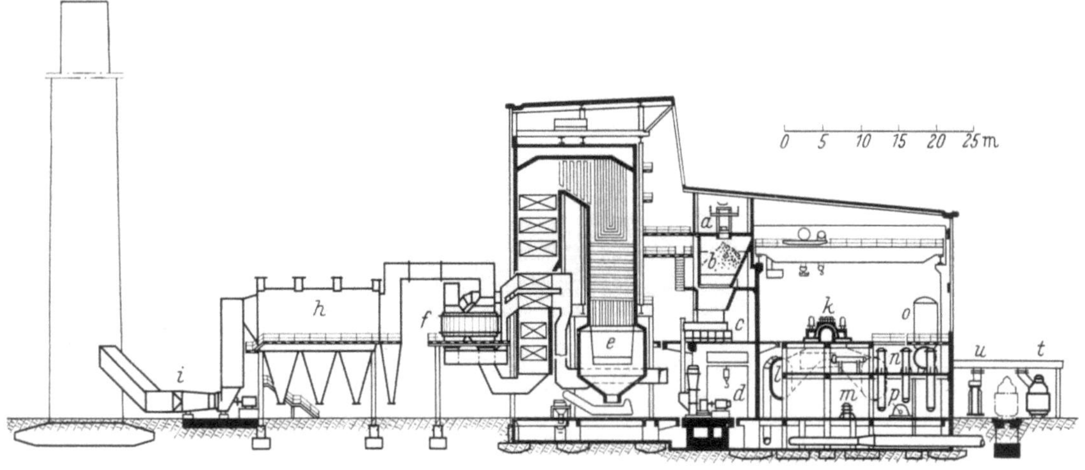

Querschnitt

Legende zum Grundriß und Querschnitt

a	Bekohlung	*l*	Kondensator
b	Kohlebunker	*m*	Strahlwasserpumpen
c	Kohlezuteiler	*n*	Vorwärmer
d	Kohlemühlen	*o*	Speisewasserbehälter mit Entgaser
e	Kessel	*p*	Kesselspeisepumpen
f	Luftvorwärmer	*q*	Montageöffnung
g	Frischluftgebläse	*r*	Wärmewarte
h	Elektrofilter	*s*	Eigenbedarfsschaltanlage
i	Saugzuggebläse	*t*	Hauptumspanner
k	Turbogenerator	*u*	Eigenbedarfumspanner

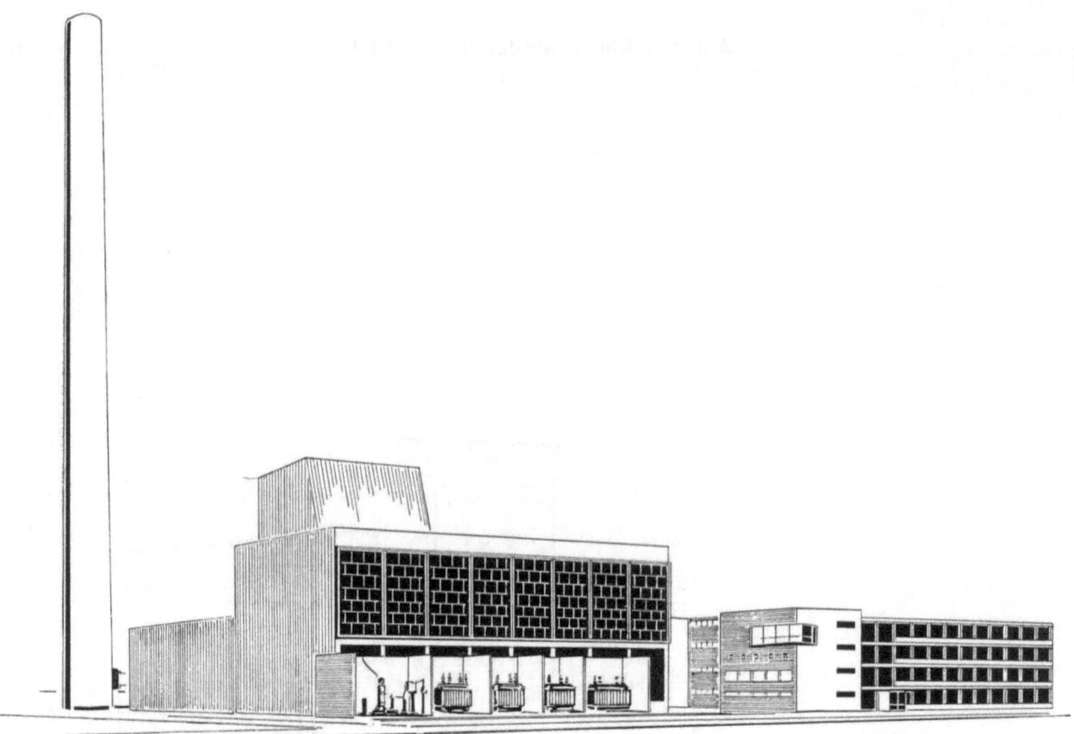

Schaubild

27

Kraftwerk Stade, BRD

(Nordwestdeutsche Kraftwerke AG, Hamburg)

Baujahr 1958/60

Kessel	Block I
Anzahl	1
Leistung t/h	400
Art	Durchlauf
Genehmigungsdruck atü	220
Dampfzustand bei Austritt atü	190
Dampfzustand bei Austritt °C	530
Dampfzustand hinter ZWÜ atü	41
Dampfzustand hinter ZWÜ °C	530
Brennstoff:	
Art	Öl (St)
unterer Heizwert kcal/kg	9800
Feuerung	Brenner
Entaschung	trocken
Luftvorwärmung °C	315 (325)[1]
Abgastemperatur °C	175 (120)[1]
Wirkungsgrad %	90,5 (92)[1]

Rauchgasentstaubung: (elektrisch)[1]
Wasseraufbereitung: Vollentsalzung
Bauweise: Beton, Stahlkonstruktion
Vorgesehene Gesamtleistung: rd. 1250 MW

Turbinen	Block I
Anzahl	1
Leistung MW	125
Leistung MVA	156
Art	K
Drehzahl U/min	3000
Dampfdurchsatz t/h	400
Dampfzustand bei Eintritt atü	180
Dampfzustand bei Eintritt °C	525
bei Wiedereintritt atü	40
bei Wiedereintritt °C	525
Kühlwassertemperatur °C	10
Dampfzustand bei Austritt ata / °C	0,025
Gehäusezahl	3
Abdampfstutzen (flutig)	3
Vorwärmstufen	9
Entgasungstemperatur °C	135
Speisewassertemperatur °C	285
Kennzahlen	
Spez. Wärmeverbr. netto kcal/kWh	2250
„ Flächenbedarf m²/kW	0,042
„ Raumbedarf m³/kW	0,84

[1] Bei Betrieb mit Steinkohle, vorerst nicht vorgesehen.

Im Jahr 1958 beschlossen die Nordwestdeutschen Kraftwerke, ein Kraftwerk an der Unterelbe zu errichten. Das Werk kann im Endausbau auf eine installierte Leistung von etwa 1250 MW gebracht werden. Zunächst wird ein 125 MW-Block erstellt, der 1961 in Betrieb gehen soll. Als Brennstoff für den ersten Block wird Öl verwendet. Die Auslegung wird jedoch so getroffen, daß nach Einbau einer Kohlenförder-, Bunker- und Mühlenanlage die Verfeuerung von Steinkohle möglich ist. Für das Anlegen der Kohlenschiffe und zur Kohlenlagerung ist der Bau einer Halbinsel von etwa 250 m Länge und

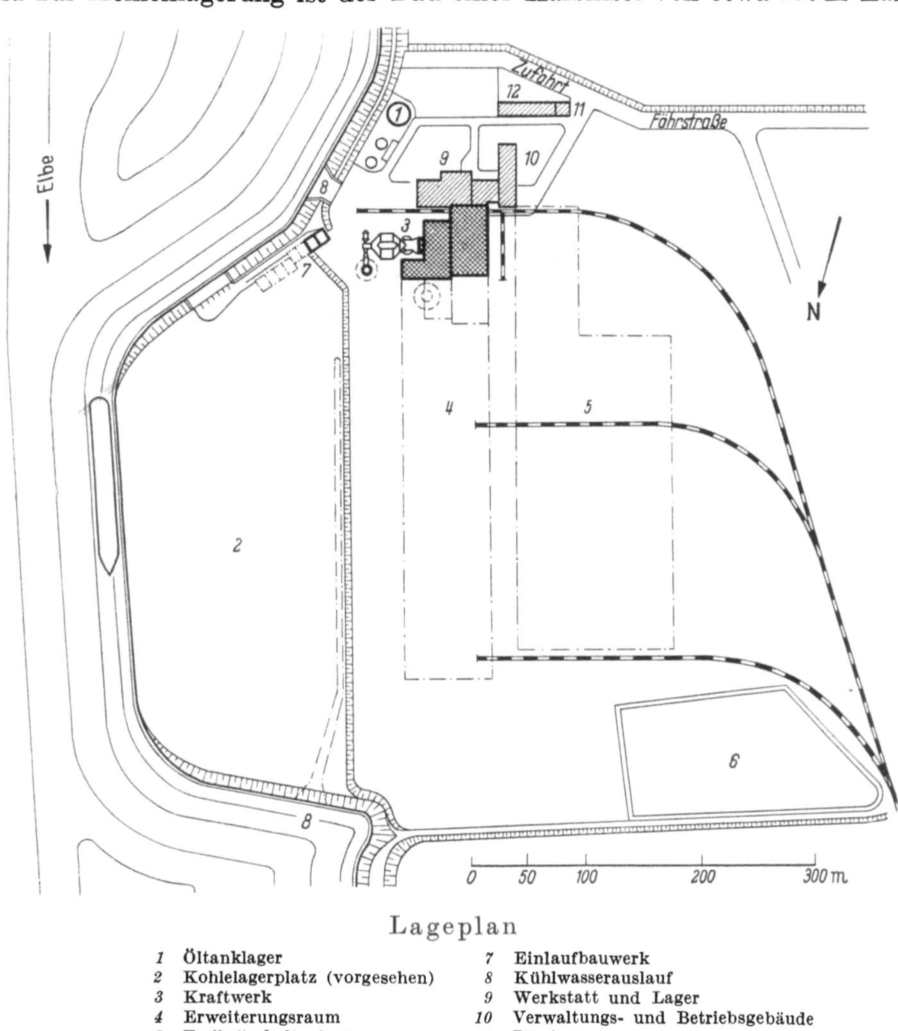

Lageplan

1	Öltanklager	*7*	Einlaufbauwerk
2	Kohlelagerplatz (vorgesehen)	*8*	Kühlwasserauslauf
3	Kraftwerk	*9*	Werkstatt und Lager
4	Erweiterungsraum	*10*	Verwaltungs- und Betriebsgebäude
5	Freiluftschaltanlage	*11*	Pförtner
6	Aschespülgelände	*12*	Parkplatz und Garagen

ausreichender Breite (etwa 150 m) vorgesehen, damit den Kohlenschiffen eine genügende Wassertiefe im Flußbett zur Verfügung steht. Die Ausführung des ersten Blockes mit reiner Ölfeuerung hat neben der Preiswürdigkeit des Heizöles ihren Grund in der Einsparung erheblicher Baukosten bei der ersten Ausbaustufe. Das Heizöl wird von einem in unmittelbarer Nachbarschaft vorhandenen Großtanklager bezogen. Im Kraftwerk selbst werden Öltanks für den Bedarf weniger Tage erstellt.

Der Schiffanleger wird im ersten Bauabschnitt nur soweit erstellt, wie es für den Kühlwassereinlauf, die Anordnung des Einlaufbauwerkes mit den Kühlwasserpumpen und die Unterbringung der Tagesöltanks nötig ist.

Die Turbine des ersten Blockes erhält aus einem Bensonkessel mit 400 t/h Leistung Dampf von 180 atü, 525° C mit Zwischenüberhitzung auf die gleiche Temperatur. Sie hat 3 Gehäuse, 9 Anzapfungen zur Speisewasservorwärmung und einen dreiflutigen Niederdruckteil. Hinter den Speisepumpen liegen 5 Vorwärmstufen; die letzte besteht aus zwei parallelgeschalteten Vorwärmern mit eingebautem Enthitzerteil. Zwischen diesen Vorwärmern und dem Kessel liegen zwei getrennte, wasserseitig parallelgeschaltete Enthitzer, die auf der Dampfseite von den ersten beiden hinter dem Zwischen-

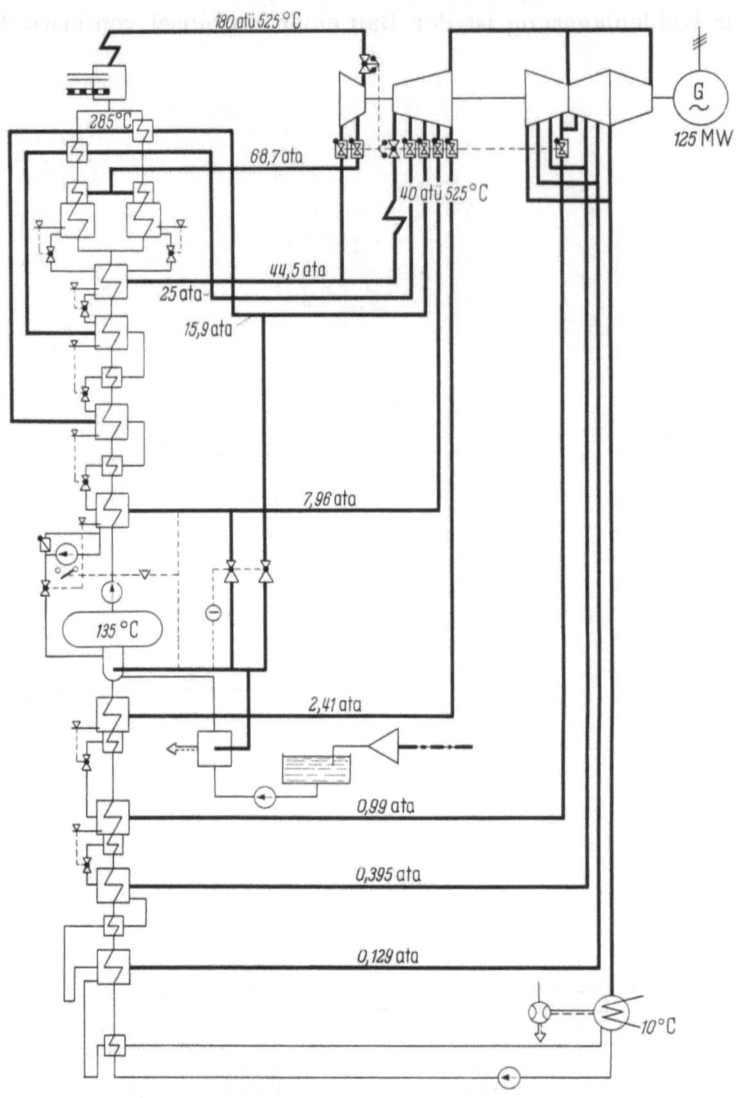

Wärmegrundschaltplan

überhitzer liegenden Anzapfungen beaufschlagt werden. Das Zusatzwasser wird voll entsalzt über einen kleinen Entgaser dem Hauptentgaser zugeführt.

Der Bensonkessel hat 2 Züge. Der zweite Zug ist in zwei in waagerechter Richtung versetzte Halbzüge aufgeteilt. Die Brenner sind frontal angeordnet. Zum Teil fällt die Wandung des Kessels mit der des Kesselhauses zusammen. Es werden 3 Halblastspeisepumpen mit Motorantrieb aufgestellt.

Damit beim Anfahren ausreichend dünnflüssiges Öl zur Verfügung steht, wird ein beim Start mit Leichtöl gefeuerter Heizkessel für etwa 10 t/h Dampfleistung bei 15 atü, 250 °C beschafft. Dieser Kessel übernimmt auch die Raumheizung des Verwaltungsgebäudes, falls im Winter der große Kessel einmal ausfallen sollte.

Der 156 MVA-Generator versorgt 2 Umspanner: der eine mit einer Leistung von 135 MVA speist in eine 110 kV-Sammelschiene, der andere (40 MVA) versorgt ein 60 kV-Netz. Der Eigenbedarf (6 kV) wird, wie üblich, unmittelbar von den Generatorklemmen über einen 12,5 MVA-Regelumspanner gespeist. Zum Anfahren und für Störungsfälle kann der Eigenbedarf auch von der 110 kV-Sammelschiene über 2 Umspanner je 16 M VA versorgt werden. Die geplanten weiteren Blocks werden größtenteils in eine 220 kV-Sammelschiene einspeisen.

In unmittelbarer Nähe des Kraftwerkes wird die Elbe durch eine 220 kV-Hochspannungsleitung überquert.

Die Ausbildung der Gebäude wird so getroffen, daß jederzeit der Übergang auf Verfeuerung von Steinkohle möglich ist. So wird der frei stehende, 220 m hohe Schornstein so weit vom Kesselhaus entfernt angeordnet, daß später ein Elektrofilter auf Terrainhöhe

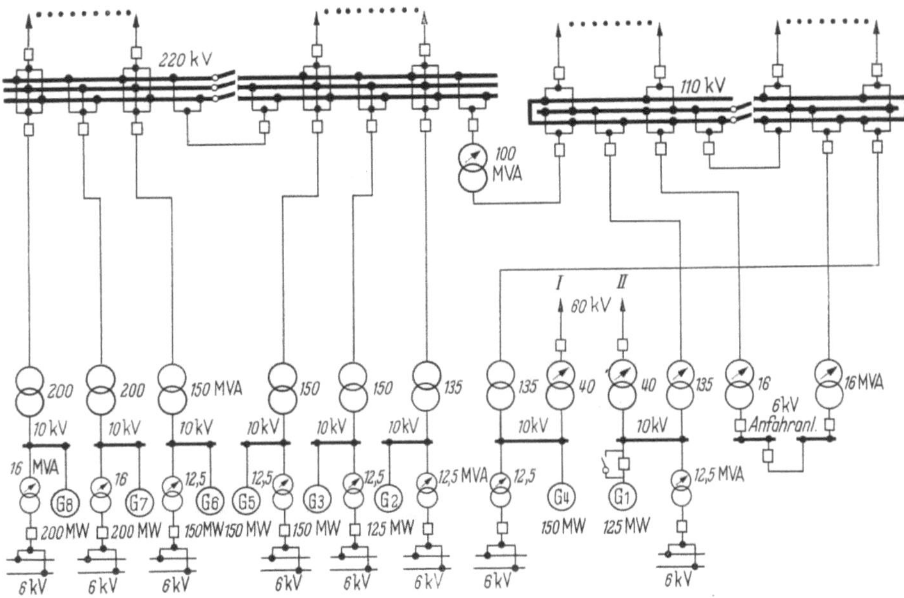

Elektrischer Übersichtsschaltplan

eingebaut werden kann. Die ungewöhnliche Höhe des Schornsteins liegt im Interesse der Lufthygiene. Kohlebunker und Mühlen können in einem Anbau längs der Südwand des Kesselhauses untergebracht werden.

Das Kraftwerksgebäude wird ohne Schwerbau ausgebildet. Das Kesselgerüst ist so ausgelegt, daß es auch das Kesselhausdach und die Windkräfte der Seitenwände aufnehmen kann. Die Verbrennungsluft wird oberhalb des Kessels durch einen Kanal angesaugt. Zwischen dem Kessel- und dem Maschinenhaus befindet sich ein verhältnismäßig schmaler Bedienungsgang, dessen Bedachung durch schräge Fachwerkbinder bewerkstelligt wird. Die letzteren ruhen einerseits auf den Kesselstützen, andererseits auf der Tragkonstruktion des Maschinenhauses. Dieses wird in Beton erstellt, nur die Dachbinder bestehen aus Stahlkonstruktion. Die Turbine wird längsgestellt. Zwischen dieser und der Außenwand des Maschinenhauses ist die geschlossene Gruppe der Speisepumpen, Hochdruckvorwärmer und Speisewasserbehälter untergebracht, während die Niederdruckvorwärmer unmittelbar unter der Turbine aufgestellt werden, was durch die V-förmige Ausbildung des Kondensators möglich gemacht wird. An die nördliche Seitenwand des Kesselhauses schließen sich Wärmewarte und Eigenbedarfsschaltanlage an, die auch für den zweiten Block ausgelegt sind. Die Haupt- und Eigenbedarfsumspanner finden längs der Außenwand des Maschinenhauses im Freien Aufstellung. Die Elektrowarte wird in einem querliegenden Trakt untergebracht, der auch die Wasseraufbereitungsanlage sowie Werkstatt- und Lagerräume aufnimmt.

Da das Kraftwerk zur Zeit der Drucklegung noch in der Projektierungsperiode ist, können sich für die endgültige Ausführung noch Abweichungen ergeben.

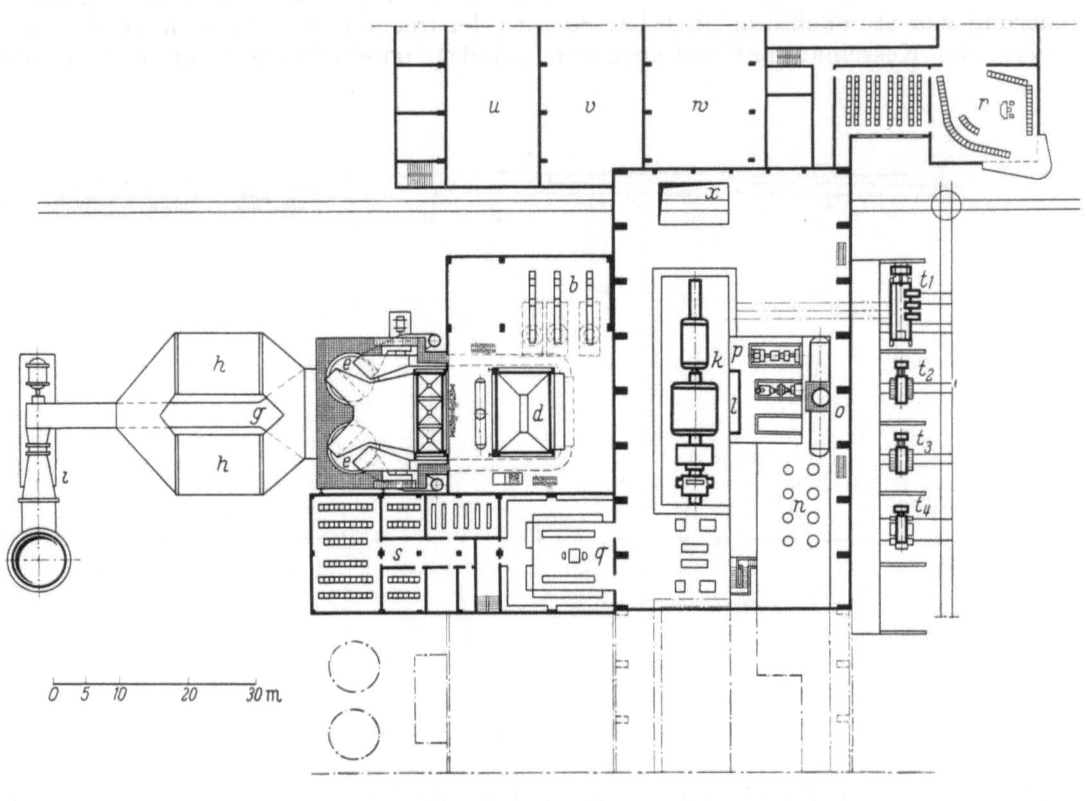

Grundriß

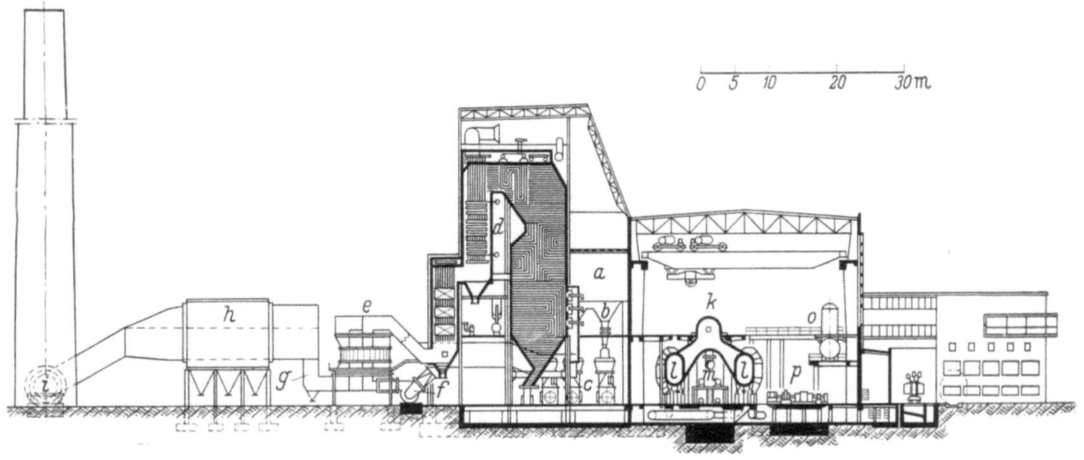

Querschnitt

Legende zum Grundriß und Querschnitt

a	Bunkerbau	*o*	Speisewasserbehälter mit Entgaser
b	Kohlezuteiler	*p*	Kesselspeisepumpen
c	Kohlemühlen	*q*	Wärmewarte
d	Kessel	*r*	Elektrowarte
e	Luftvorwärmer	*s*	Eigenbedarfschaltanlagen
f	Frischluftgebläse	t_1	Hauptumspanner 135 MVA
g	Rauchgaskanal	t_2	Eigenbedarfumspanner 12,5 MVA
h	Elektrofilter	t_3	Anfahrumspanner 16 MVA
i	Saugzuggebläse	t_4	Maschinenumspanner 40 MVA
k	Turbogenerator	*u*	Wasseraufbereitungsanlage
	Kondensator	*v*	Lager
m	Niederdruckvorwärmer	*w*	Werkstatt
n	Hochdruckvorwärmer	*x*	Montageöffnung

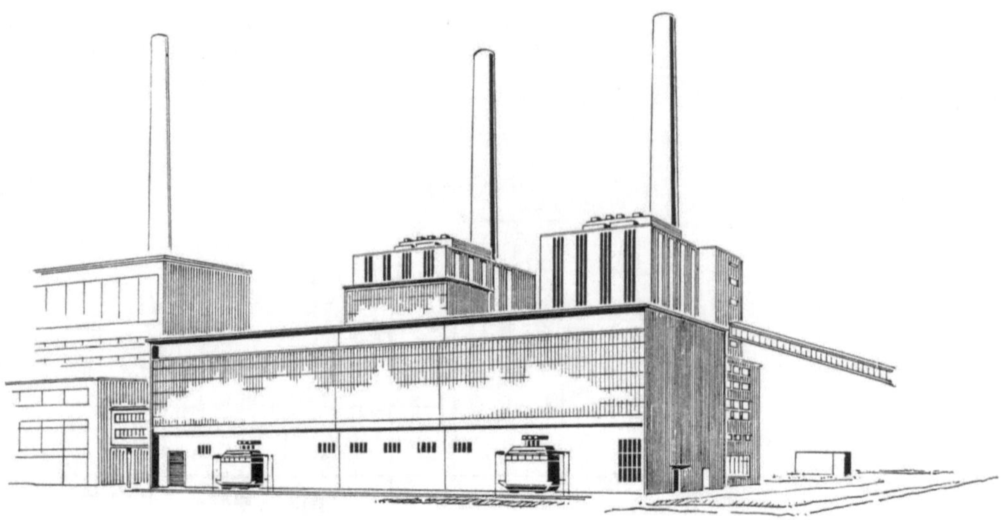

Schaubild

28 Kraftwerk Gersteinwerk (5. Erweiterung), BRD

(Vereinigte Elektrizitätswerke Westfalen Aktiengesellschaft, Dortmund)

Baujahr 1958/60

Kessel	Block D und E
Anzahl	2
Leistung ..... t/h	375
Art	Durchlauf
Genehmigungsdruck ..... atü	210
Dampfzustand bei Austritt atü	190
Dampfzustand bei Austritt °C	530
Dampfzustand hinter ZWÜ atü	40
Dampfzustand hinter ZWÜ °C	535
Brennstoff:	
Art	Steinkohle
unterer Heizwert ..... kcal/kg	7000
Feuerung	Schmelzkammer
Schlackenabzug	flüssig
Luftvorwärmung ..... °C	400
Abgastemperatur ..... °C	120
Wirkungsgrad ..... %	93,5

Rauchgasentstaubung: elektrisch
Wasseraufbereitung: Vollentsalzung
Bauweise: Beton u. Stahlkonstruktion
Vorgesehene Gesamtleistung: 214 MW

Turbinen	Block D und E
Anzahl	2
Leistung ..... MW	100
Leistung ..... MVA	143
Art	K
Drehzahl ..... U/min	3000
Dampfdurchsatz ..... t/h	375
Dampfzustand bei Eintritt atü	180
Dampfzustand bei Eintritt °C	525
bei Wiedereintritt ..... atü	37,4
bei Wiedereintritt ..... °C	530
Kühlwassertemperatur ..... °C	12
Dampfzustand bei Austritt ata	0,03
Dampfzustand bei Austritt °C	—
Gehäusezahl	3
Abdampfstutzen (flutig)	2
Vorwärmstufen	9
Entgasungstemperatur ..... °C	184
Speisewassertemperatur ..... °C	300
Kennzahlen	
Spez. Wärmeverbr. netto kcal/kWh	2218
„ Flächenbedarf ..... m²/kW	0,033
„ Raumbedarf ..... m³/kW	1,09

Wie in der Beschreibung der vierten Erweiterung geschildert (Kraftwerks-Nr. 34, S. 178), wurden in den Jahren 1952 bis 1955 auf der Grundfläche einer 1915 errichteten Kesselanlage 2 Zweiwellenblocks von je 80 MW für einen Dampfzustand von 180 atü, 520° C mit Zwischenüberhitzung auf 490° C erstellt. Der Trenndruck liegt mit Rücksicht

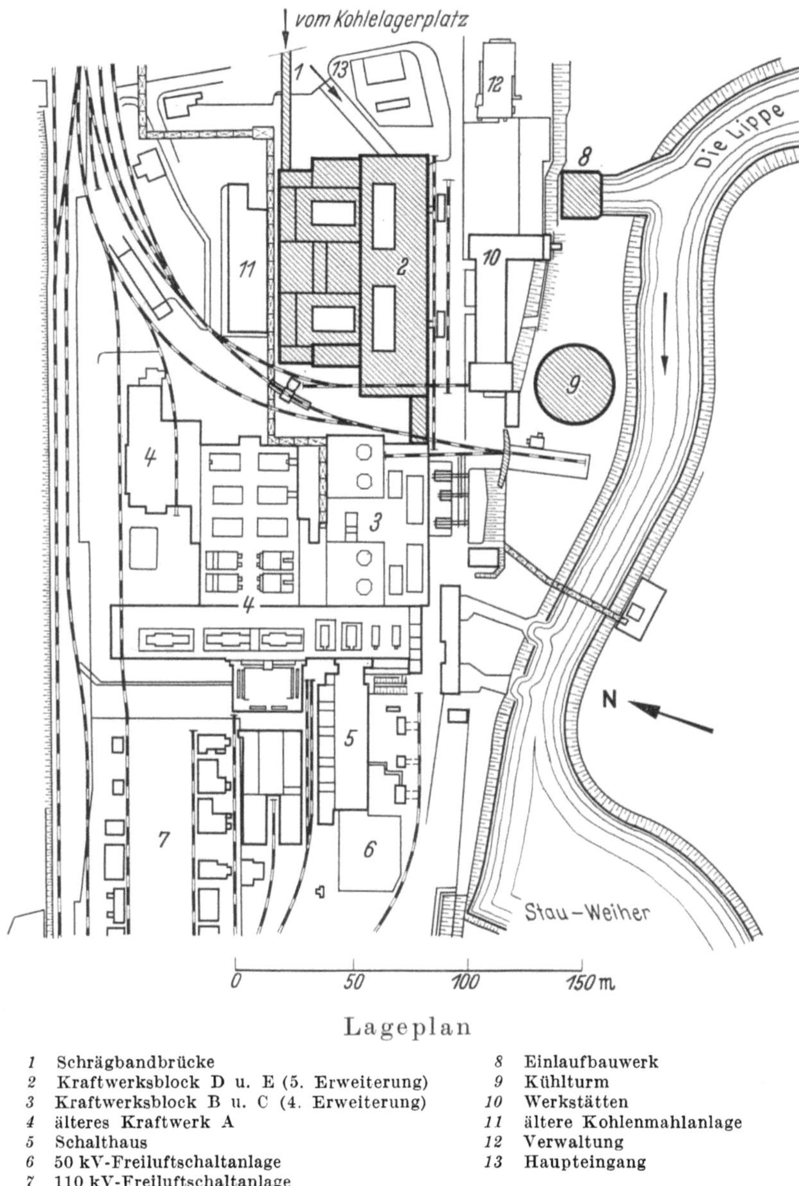

Lageplan

1	Schrägbandbrücke	8	Einlaufbauwerk
2	Kraftwerksblock D u. E (5. Erweiterung)	9	Kühlturm
3	Kraftwerksblock B u. C (4. Erweiterung)	10	Werkstätten
4	älteres Kraftwerk A	11	ältere Kohlenmahlanlage
5	Schalthaus	12	Verwaltung
6	50 kV-Freiluftschaltanlage	13	Haupteingang
7	110 kV-Freiluftschaltanlage		

auf die Möglichkeit einer dampfseitigen Zusammenschaltung mit früher erstellten Anlagen bei 21,5 atü. Nach Möglichkeit fahren diese Zweiwellensätze jedoch im Blockbetrieb mit gleitendem Trenndruck.

Der stetige Anstieg der Belastung veranlaßten die VEW, im Jahre 1958 zwei weitere Blocks von je 100 MW in Auftrag zu geben, für die ein besonderes Gebäude, das sich östlich an das vorhandene Kraftwerk anschließt, errichtet wird. Der Frischdampfdruck an der Turbine beträgt wie bei der vierten Erweiterung 180 atü, die Temperatur des Frischdampfes 525° C, die des zwischenüberhitzten Dampfes 530° C. Es werden nunmehr Einwellensätze aufgestellt.

Bei der Erweiterung macht die Beschaffung des Kühlwassers besondere Schwierigkeiten. Im Zuge der Lippe verläuft der Lippe-Seitenkanal, der oberhalb des Kraftwerkes bei Hamm mit Lippewasser gespeist wird. Der hierdurch bedingte Wasserentzug der Lippe erschwerte schon immer die Versorgung des Kraftwerkes mit Frischwasser zu Kühlzwecken. Man hatte deswegen in einer früheren Ausbaustufe bereits einen Kühlturm aufgestellt. Falls dem Unternehmen nicht eine Mindestwasserführung der Lippe von 10 m³/sec garantiert werden kann, wäre die Aufstellung weiterer Kühltürme nicht zu umgehen. Hierbei bestehen zwei Möglichkeiten:

1. Das in den Kondensatoren der geplanten Erweiterung aufgewärmte Lippewasser wird vor seinem Wiedereintritt in den Fluß *im offenen Kreislauf* gekühlt, wobei ihm etwa die Hälfte der in den Kondensatoren aufgenommenen Wärme entzogen wird. Das Lippewasser steht dann also mit entsprechend niedrigerer Temperatur den Kondensatoren der vorhandenen Anlage wieder zur Verfügung.
2. Das Kühlwasser der Neuanlage wird in dem üblichen *geschlossenen Kühlwasserkreislauf* rückgekühlt.

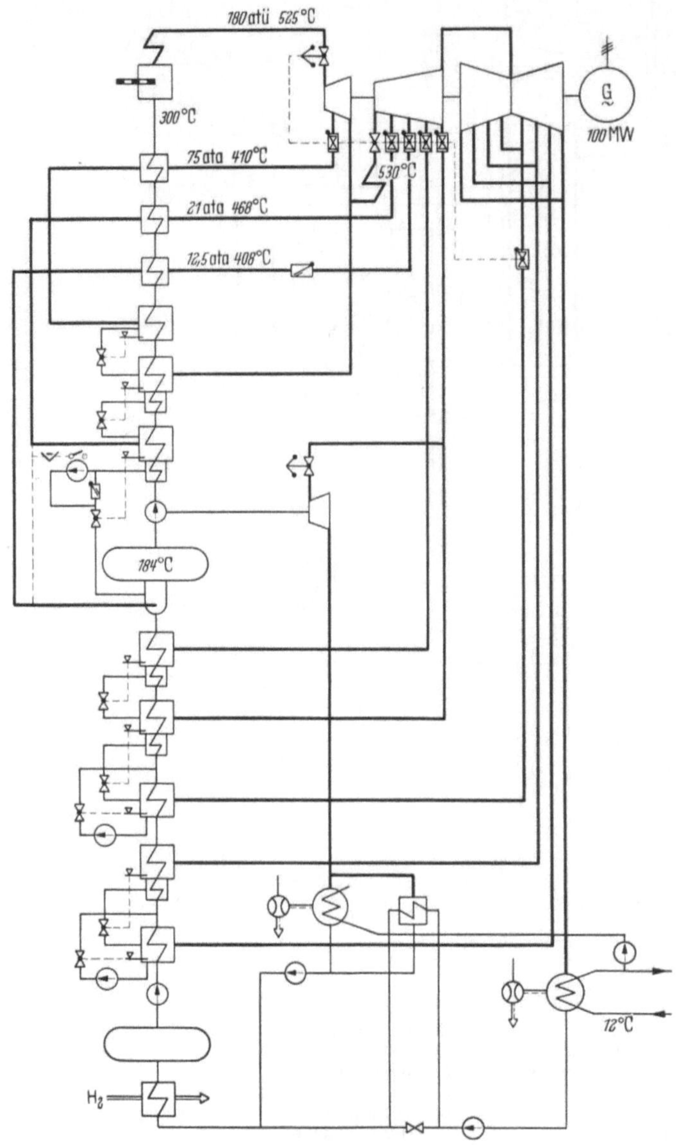

Wärmegrundschaltplan

Die Turbinen werden mit 3 Gehäusen, 2 Abdampfstutzen und 9 Anzapfungen ausgestattet. Der Dampf wird bei etwa 35 atü zwischenüberhitzt. Zwei Hochdruckstufen sind Enthitzer vorgeschaltet, eine Hochdruckstufe wird unmittelbar ohne Enthitzer versorgt. Der dritte Enthitzer liegt vor dem Entgaser. Die Hochdruckvorwärmer sind auf 2 Doppelstränge aufgeteilt. Jedes Hochdruckvorwärmsystem eines Blockes besteht aus 18 Wärmeaustauschern. Das Speisewasser wird auf 300° C aufgewärmt.

Jeder Block erhält eine Turbospeisepumpe für Vollast, außerdem zwei elektromotorisch angetriebene Speisepumpen, jede für 60% der größten Speisewassermenge. Die Turbine der Speisepumpe ist an die Überströmung vom Mitteldruck- zum Niederdruckteil angeschlossen. Der Dampfdruck beträgt hier etwa 2,6 ata. Der Abdampf wird in getrennten Kondensatoren niedergeschlagen. Das Kühlwasser wird der warmen Kühlwasserleitung des Hauptkondensators entnommen, das Vakuum des Nebenkondensators liegt somit um 0,15 ata höher. Daher kann ein Teil des Abdampfes in einem in das

Vorwärmsystem als erste Stufe eingeschalteten Vorwärmer niedergeschlagen werden. Durch diese Maßnahme kann die Kondensationswärme dem Kreislauf teilweise nutzbar gemacht werden. Durch die Anordnung der Speisepumpenturbine verringert sich der in den Hauptkondensator eintretende Dampfstrom so erheblich, daß zwei Abdampfstutzen ausreichen.

Besondere Vorkehrungen werden zum Abfangen kurzfristiger Laststöße getroffen. Zu diesem Zweck kann die im unteren Teil des Vorwärmsystems bis zum Entgaser durchgesetzte Kondensatmenge im gewissen Umfang unabhängig von der jeweiligen Kesselbelastung gehalten werden: Durch eine vor der untersten Vorwärmstufe liegende Zwischenpumpe kann der Kondensatstrom in den Niederdruckvorwärmern in weiten Grenzen — nach oben bis zu 200% der bei Höchstlast des Kessels erforderlichen Menge — geregelt werden. Diese Maßnahme erfordert einen zusätzlichen Kondensatspeicher vor

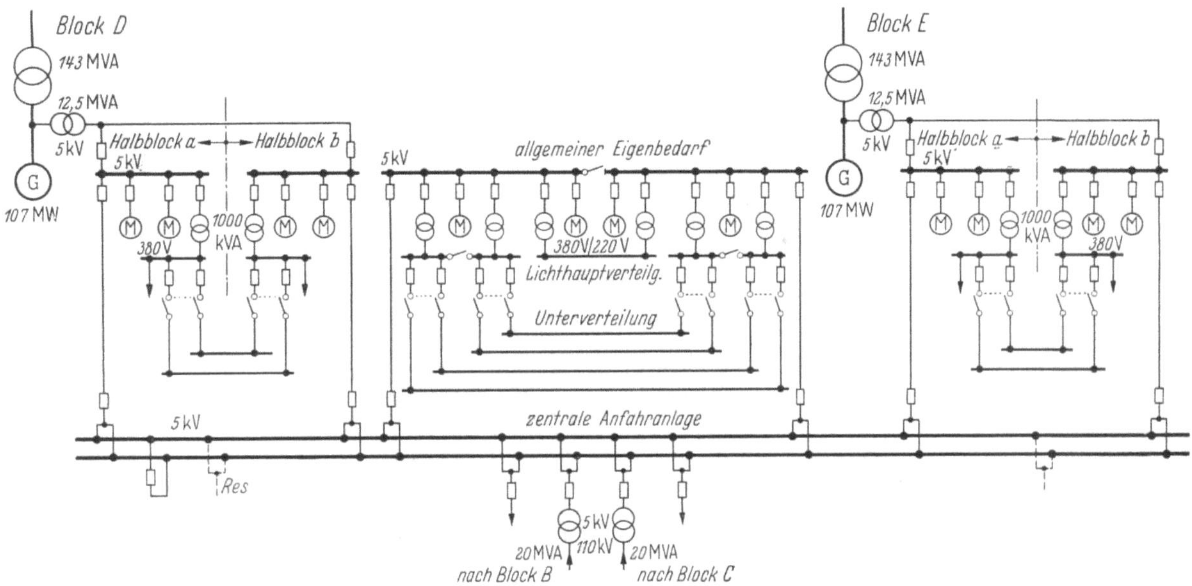

Elektrischer Übersichtsschaltplan

der erwähnten Zwischenpumpe und eine Verdoppelung des Inhalts des Speisewasserbehälters vor den Speisepumpen.

Bei einem plötzlichen Lastanstieg wird der Durchsatz der Zwischenpumpe automatisch vermindert. Hierdurch wird in den Niederdruckvorwärmern weniger Dampf niedergeschlagen, es strömt daher auch weniger Dampf durch die Anzapfungen. Der größere, den hinteren Teil der Turbine durchströmende Dampfdurchsatz bewirkt eine Leistungssteigerung. Hierdurch wird also der Lastanstieg mehr oder weniger aufgefangen, jedenfalls ohne momentane Rückwirkung auf den Kessel, der diesen kurzfristigen Lastschwankungen nicht so schnell folgen könnte. Umgekehrt wird bei einer plötzlichen Lastabsenkung der Durchsatz der Pumpe gesteigert, was zu einem verstärkten Dampfstrom aus den Anzapfungen führt, wodurch die elektrische Leistung der Turbine entsprechend absinkt.

Die Benson-Kessel mit einer Leistung von je 375 t/h haben 3 Züge. Die Schmelzkammer ist zylindrisch ausgebildet. Die 12 Brenner sind auf der ringförmigen Decke der Schmelzkammer angeordnet. Jedem Kessel werden 4 Mühlen, von denen eine in Reserve steht, zugeordnet.

Jeder Generator ist auf einem 143 MVA-Blockumspanner geschaltet. Der Eigenbedarf (5 kV) ist, wie üblich, unmittelbar an den Generatorklemmen über einen 12,5 MVA-Umspanner abgezweigt. Jeder Block hat zwei getrennte Eigenbedarfssammelschienen, auf die die stets paarweise vorhandenen Antriebe hälftig geschaltet sind. Bei Ausfall einer Sammelschienengruppe kann also noch ein Teillastbetrieb durchgeführt werden. Die Anfahrdoppelsammelschiene ist mit jeder Eigenbedarfssammelschiene verbunden. Hier sind 2 Einspeisungen über zwei 20 MVA-Umspanner vom 110 kV-Netz vorgesehen.

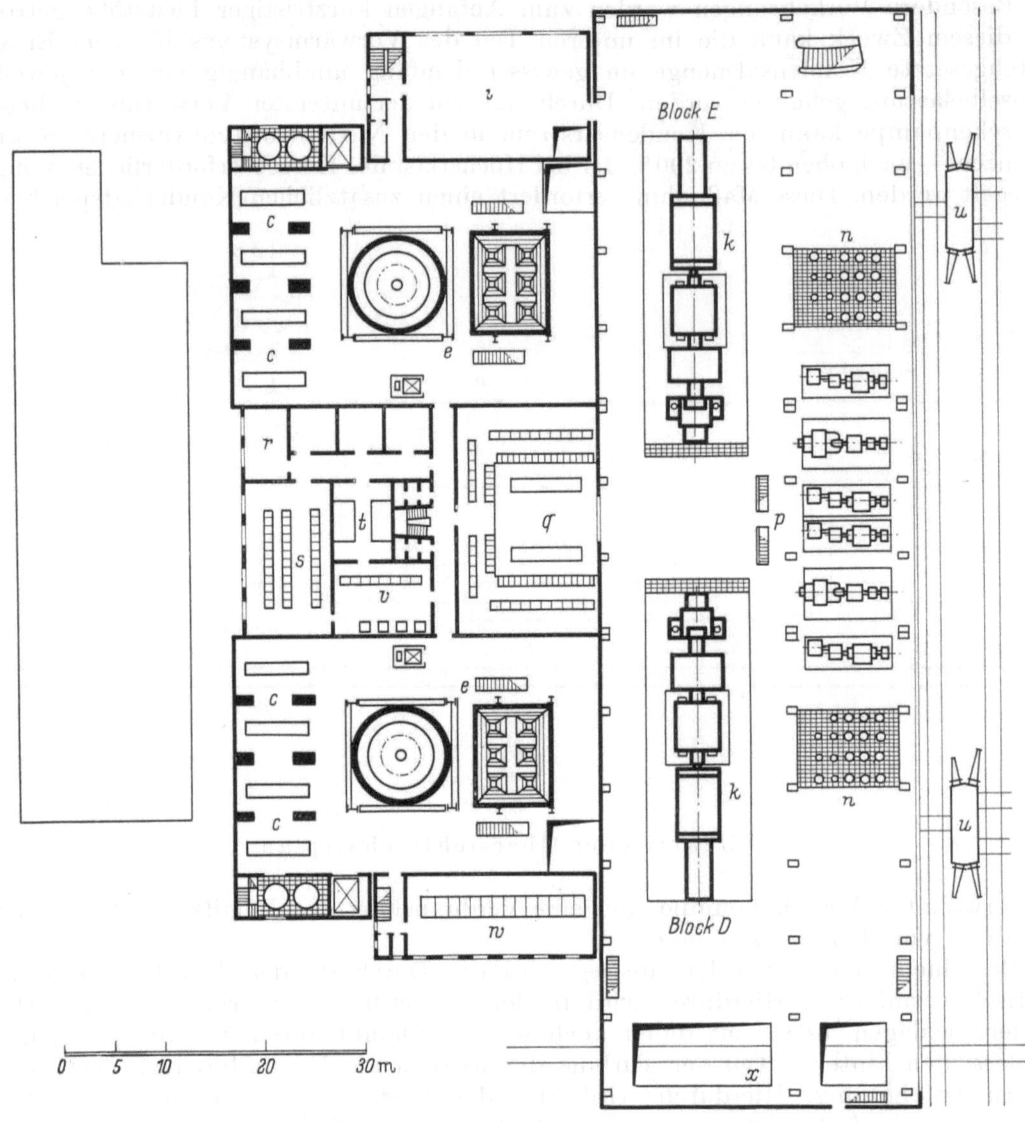

Grundriß

Das als Schwerbau in Stahlbeton ausgebildete, außenliegende Bunkerhaus trägt die Schornsteine. Die Elektrofilter liegen oberhalb der Kesseldecke, die Ljungström-Vorwärmer oberhalb des dritten Zuges. Warte und Eigenbedarfsschaltanlage liegen zentral zwischen den Kessel- und Bunkerhäusern jedes Blockes. Die Turbinen sind längsgestellt. Die vier liegenden Niederdruckvorwärmer befinden sich unterhalb der Turbinen zwischen den beiden Kondensatorhälften. Die stehenden Hochdruckvorwärmer und die Speisepumpen befinden sich in einem außenliegenden Gebäudetrakt, der in seinem oberen Teil die Speisewasserbehälter und Entgaser aufnimmt. Durch diese Anordnung ergibt sich eine übersichtliche und sinngemäße Aufteilung und Führung der Rohrleitungen: Zwischen Kessel und Turbinen befinden sich nur die Frischdampf- und Zwischenüberhitzerleitungen, auf der anderen Seite die umfangreichen Rohrleitungen der Speisewasservorwärmung. Von dem Schwerbau abgesehen, wird das Gebäude im wesentlichen in Stahlkonstruktion erstellt.

Mit Rücksicht auf seine Lage im Ruhrgebiet erhält das Gebäude eine Bergbausicherung. Bunkerschwerbau, Kesselhaus und Schaltanlage stellen getrennte Baukörper dar. Das Maschinenhaus ist dreifach aufgeteilt. Zwischen den einzelnen Abschnitten werden 15 cm breite Trennfugen vorgesehen. Die Grundplatten der Turbinenfundamente werden an 3 Punkten gelagert.

Da die Aufträge zur Zeit noch nicht sämtlich vergeben sind, ist es möglich, daß sich noch gewisse Änderungen gegenüber den Ausführungen ergeben.

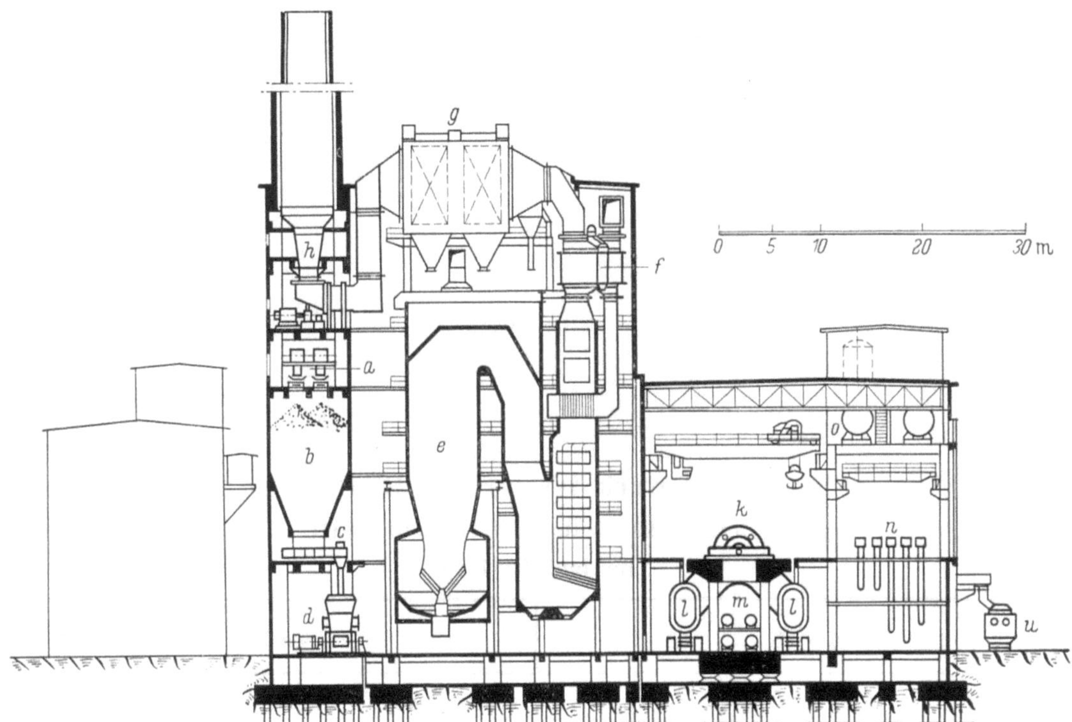

Querschnitt

Legende zum Grundriß und Querschnitt

a	Bekohlung	*n*	Hochdruckvorwärmer
b	Kohlenbunker	*o*	Speisewasserbehälter mit Entgaser
c	Kohlenzuteiler	*p*	Kesselspeisepumpen
d	Kohlenmühle	*q*	Wärmewarte
e	Kessel	*r*	Nebenräume
f	Luftvorwärmer	*s*	Eigenbedarfsschaltanlage
g	Elektrofilter	*t*	Notumformer
h	Rauchgasgebläse	*u*	Maschinenumspanner
i	Werkstatt	*v*	Gleichstromverteilung
k	Turbogenerator	*w*	Anfahrschaltanlage
l	Kondensator	*x*	Montageöffnung
m	Niederdruckvorwärmer		

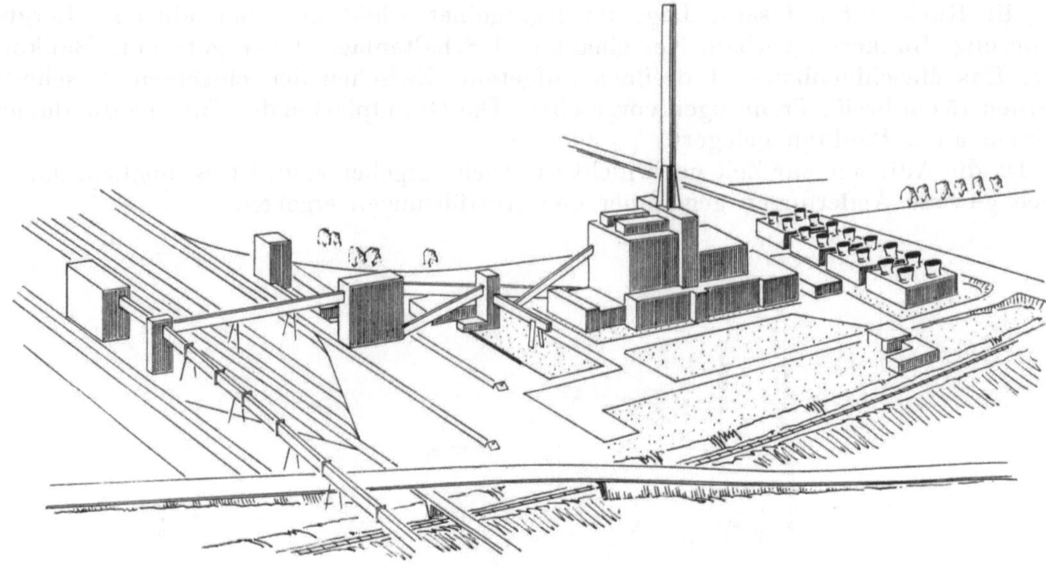

Schaubild

37

Kraftwerk Westerholt, BRD

(Bergwerksgesellschaft Hibernia AG)

Baujahr 1947/49

Kessel			Turbinen		
Anzahl		2	Anzahl		1
Leistung	t/h	232	Leistung	MW	150
Art		Durchlauf	Leistung	MVA	218
			Art		K
Genehmigungsdruck	atü	215	Drehzahl	U/min	3000
Dampfzustand bei Austritt	atü	190	Dampfdurchsatz	t/h	462,0
	°C	530	Dampfzustand bei Eintritt	atü	179
Dampfzustand hinter ZWÜ	atü	39,9		°C	525
	°C	530	bei Wiedereintritt	atü	39,9
Brennstoff:				°C	525
Art		Steinkohle	Kühlwassertemperatur	°C	18,5
unterer Heizwert	kcal/kg	5800	Dampfzustand bei Austritt	ata	0,0395
				°C	28,2
Feuerung		Brenner	Gehäusezahl	°C	3
Schlackenabzug		flüssig	Abdampfstutzen (flutig)		2
Luftvorwärmung	°C	420	Vorwärmstufen		8
Abgastemperatur	°C	135	Entgasungstemperatur	°C	145
Wirkungsgrad	%	91,5	Speisewassertemperatur	°C	260
			Kennzahlen		
Rauchgasentstaubung: elektrisch			Spez. Wärmeverbr. netto	kcal/kWh	—
Wasseraufbereitung: Vollentsalzung			„ Flächenbedarf	m^2/kW	0,038
Bauweise: Beton			„ Raumbedarf	m^3/kW	0,89
Vorgesehene Gesamtleistung: — MW					

Die Kraftwerke der Bergwerksgesellschaft Hibernia AG wurden in der Zeit von 1936 bis 1948 in Betrieb genommen und arbeiteten mit dem damals gebräuchlichen Dampfzustand von 80 atü und 500° C. Die Kesselgröße betrug dabei 40 bis 90 t/h. Die größten Turbosätze hatten eine Leistung von 32 MW. Diese Kraftwerke dienten zunächst hauptsächlich für die Versorgung der Hibernia-Verbundwirtschaft.

1955/56 wurde das Kraftwerk Shamrock 3/4 erstellt. Dieses Kraftwerk arbeitet mit einem Frischdampfzustand von 140 atü und 525° C und einer Zwischenüberhitzung bei

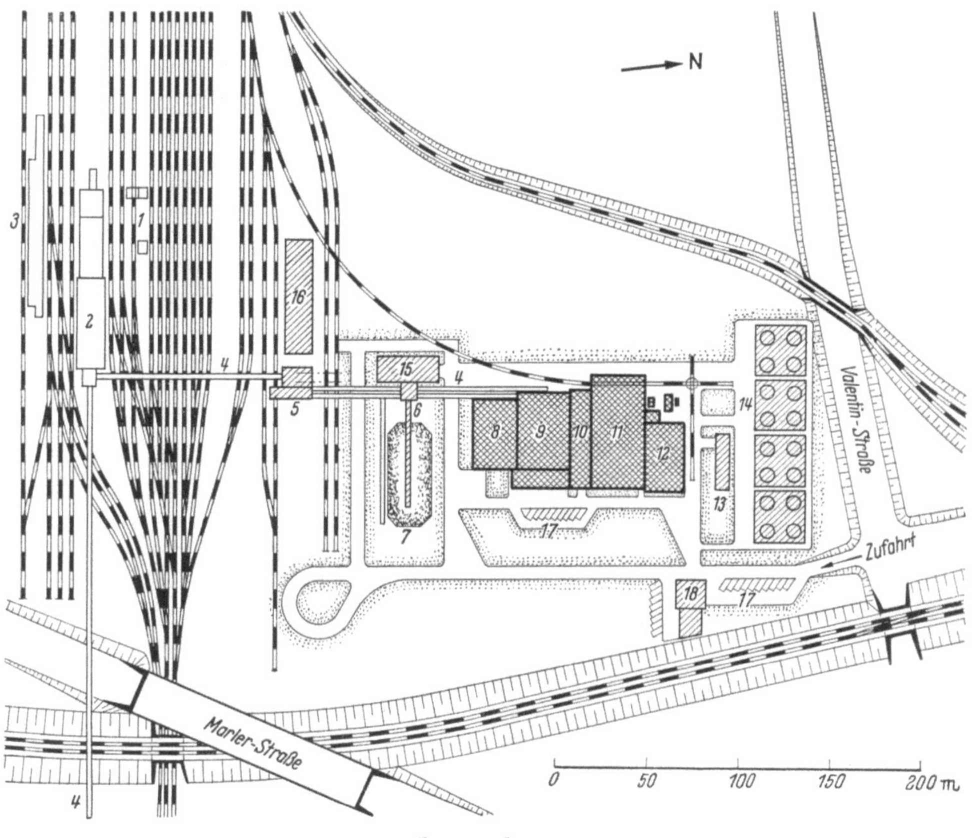

Lageplan

1	Kohleentladestation	10	Bunkerschwerbau
2	Misch- und Mahlanlage	11	Maschinenhaus
3	Kokerei	12	Wasseraufbereitungsanlage
4	Bandbrücke	13	Kühlwasser-Pumpenhaus
5	Bekohlungsanlage	14	Ventilator-Kühltürme
6	Übergabestation	15	Lager
7	Kohlenlagerplatz	16	Kläranlage
8	Werkstatt	17	Parkplatz
9	Kesselhaus	18	Pförtnerhaus

18 atü auf 450° C. Die Dampferzeugung erfolgt in diesen Kraftwerken in Durchlaufkesseln, Bauart Benson. Insgesamt sind 25 Bensonkessel bisher aufgestellt worden. Alle diese in Betrieb befindlichen Hibernia-Kraftwerke sind als Industrie-Kraftwerke für zusätzliche Dampfabgabe und Drucklufterzeugung gebaut.

Um mit den Kraftwerken der öffentlichen Versorgung in Wettbewerb bleiben zu können, wurde das Kraftwerk Westerholt am Nordrande des rheinisch-westfälischen Industriegebietes als reines Kondensations-Kraftwerk für eine Leistung von 150 MW für Grundlastbetrieb geplant. Die erzeugte Energie soll zum größten Teil an die öffentliche Versorgung abgegeben werden, während die alten Kraftwerke hauptsächlich zur Spitzendeckung herangezogen werden sollen.

Mit dem Bau des Kraftwerkes wurde im Jahre 1957 begonnen. Der erste Block soll 1959 in Betrieb gehen.

Die Bekohlung erfolgt mittels Bandbrücke über eine Mischanlage direkt von der Schachtanlage Westerholt. Außerdem ist vorgesehen, daß die Kohle, die von den übrigen Schachtanlagen auf dem Zechenbahnhof Hassel ankommt, mittels Kübelkran in die Mischbunkeranlage entladen werden kann.

Das Kühlwasser wird in Ventilatorkühlern rückgekühlt. Diese Kühler werden in Zellenbauart ausgeführt; je vier Zellen sind zu einer Gruppe zusammengefaßt.

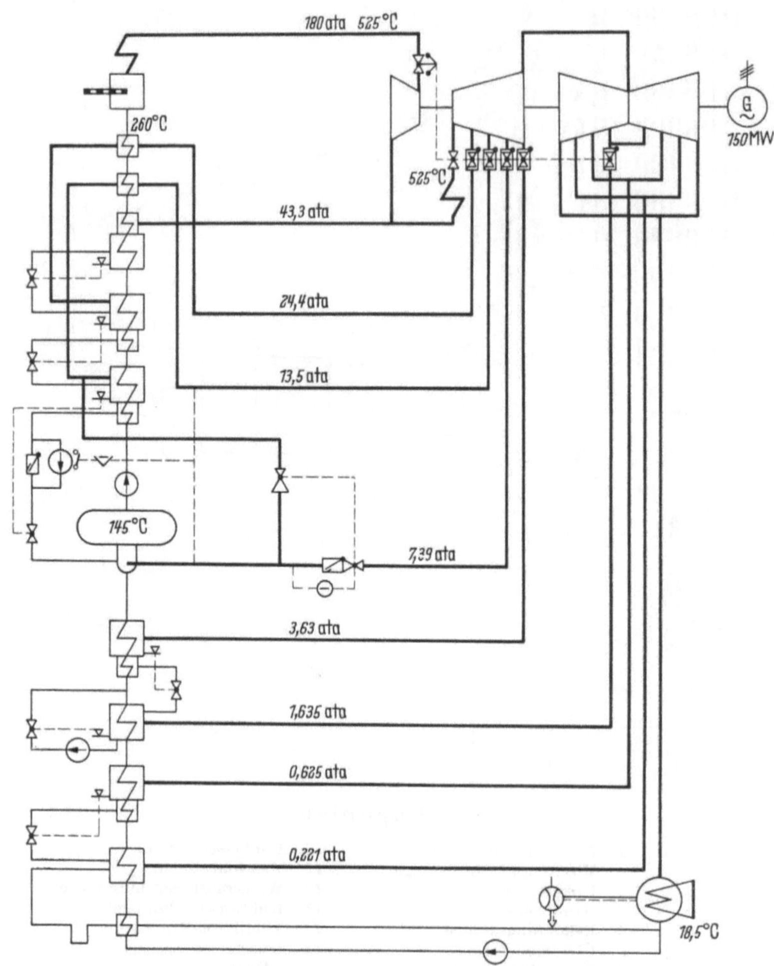

Wärmegrundschaltplan

Die dreigehäusige Turbine ist mit zwei Abdampfstutzen und acht Vorwärmstufen für eine Kühlwassertemperatur von 18,5° C ausgelegt. Der Zustand des Frischdampfes beträgt 179 atü, 525° C. Der zwischenüberhitzte Dampf hat die gleiche Temperatur. Der zweiflutige Niederdruckteil besitzt Endschaufeln von 750 mm Länge. Von den acht Vorwärmstufen liegen fünf Niederdruck-Vorwärmstufen vor der Speisepumpe und drei Hochdruck-Vorwärmstufen hinter dieser. Vor dem letzten Hochdruckvorwärmer liegen noch zwei Enthitzer. Die Hochdruckvorwärmer sind in vier Strängen angeordnet und können einzeln abgeschaltet werden. Die Anzapfkondensate werden unmittelbar, zum Teil mittels Pumpen, in den Speisewasserkreislauf gedrückt.

Das vollentsalzte Wasser wird dem Hotwell des Kondensators zugeführt. Für den Kondensatkreislauf ist ein Mischbettfilter vorgesehen.

Es sind zwei Durchlaufkessel, Bauart Benson, mit Schmelzkammerfeuerung mit einer Leistung von je 232 t/h vorgesehen. Je Kessel gelangen vier Schlägermühlen mit Sichter zur Aufstellung. Die Kessel werden als Dreizugkessel ausgeführt, wobei im ersten Zug nur Strahlungsheizfläche untergebracht ist, während im zweiten Zug der Zwischenüberhitzer an den Wänden angeordnet und der Frischdampfüberhitzer als Schottenheizfläche ausgebildet ist. Der dritte Zug ist als Regelzug ausgebildet, und zwar sind in der einen Hälfte die Berührungsheizfläche des Zwischenüberhitzers, der Gußluvo und ein Teil des Vorwärmers und in der anderen Hälfte der Verdampfer und der restliche Vorwärmer angeordnet.

Der wasserstoffgekühlte Generator (218 MVA, 10 kV) ist über einen 200 MVA-Regelumspanner auf 220 kV geschaltet. Der Eigenbedarf (5 kV) ist über einen 20 MVA-

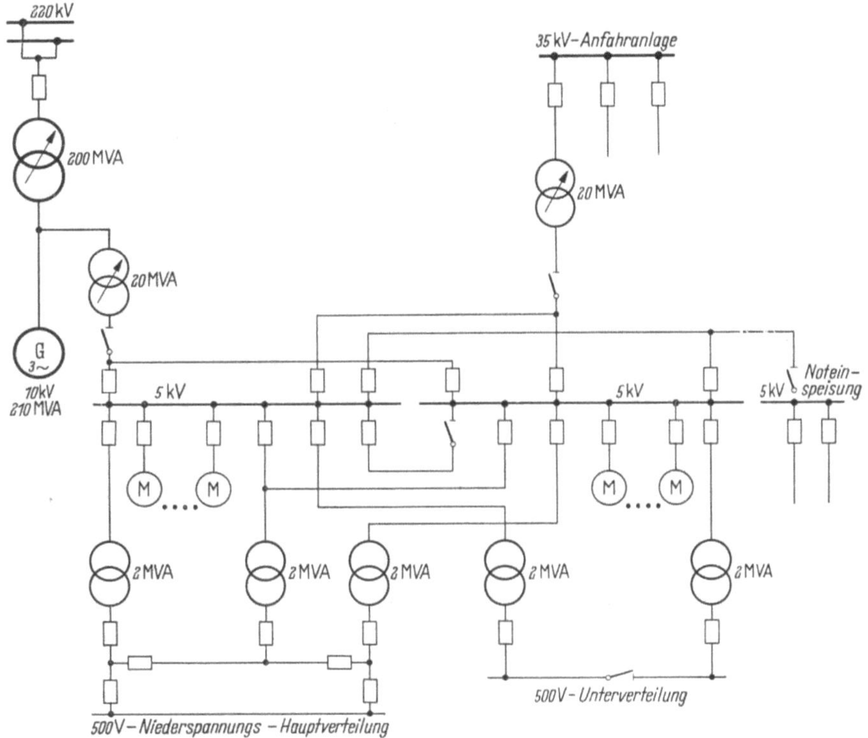

Elektrischer Übersichtsschaltplan

Regelumspanner vor dem Maschinenumspanner abgenommen. Zum An ahren und in Störungsfällen wird der Eigenbedarf vom 35 kV-Verbundnetz der Hibernia über einen 20 MVA-Anfahrtransformator versorgt. Außerdem ist eine Noteinspeisung von einem anderen Hibernia-Kraftwerk über einen 10 MVA-Transformator vorgesehen.

Die Einordnung der Anlageteile in das Kraftwerksgebäude entspricht dem Weg der Energieumwandlung.

Im Schwerbau, der in Stahlbeton ausgeführt ist, sind auf der obersten Bühne Frischluft- und Saugzuggebläse angeordnet. Darunter befinden sich die Kohlenbunker und die Kohlenzuteiler der Mühlen. Weiter unterhalb sind in Höhe des Heizerstandes und des Maschinenhausflures die Warte und die 500 V-Eigenbedarfsschaltanlage untergebracht. Auf dem Schwerbau ist der gemauerte Kamin mit einer Gesamthöhe von 140 m aufgesetzt. Auf der einen Seite des Schwerbaues sind die beiden Kessel angeordnet.

Das Kesselhaus ist in Leichtbauweise mit Wellasbest-Außenwänden ausgeführt. Der Winddruck und die übrigen statischen Kräfte werden von der Stahlkonstruktion des Kessels aufgenommen. Auf dem Kessel sind auch die Elektrofilter aufgestellt.

Auf der anderen Seite des Schwerbaues befindet sich das in Stahlbeton ausgeführte Maschinenhaus. Der Turbosatz ist in der Längsachse des Maschinenhauses aufgestellt, daneben, nach der Außenwand zu, die Speisepumpen und die stehenden Hochdruckvorwärmer. Die liegenden Niederdruckvorwärmer sind unter dem geteilten Maschinenkondensator angeordnet. In einem Anbau an das Maschinenhaus befinden sich die chemische Speisewasserreinigung und darüber der Speisewasserspeicher mit Entgaser. Das 35 kV- bzw. 5 kV-Schalthaus und Bürogebäude sind auf der Ostseite des Kraftwerkes vor dem Kesselhaus und Maschinenhaus angeordnet.

Da sich das Kraftwerk noch in der letzten Planungsperiode befindet, können sich noch gewisse Änderungen ergeben.

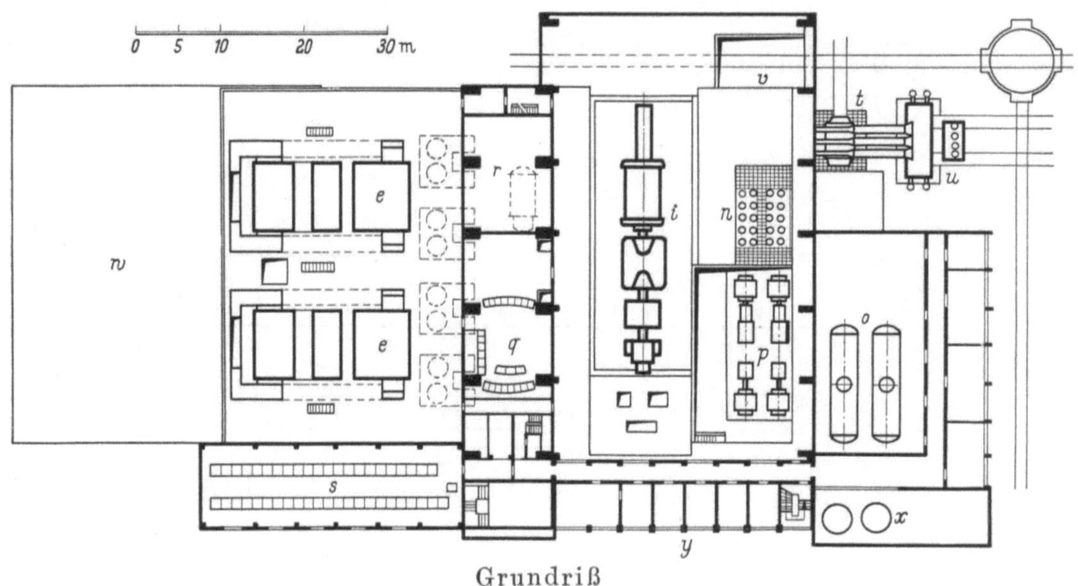

Grundriß

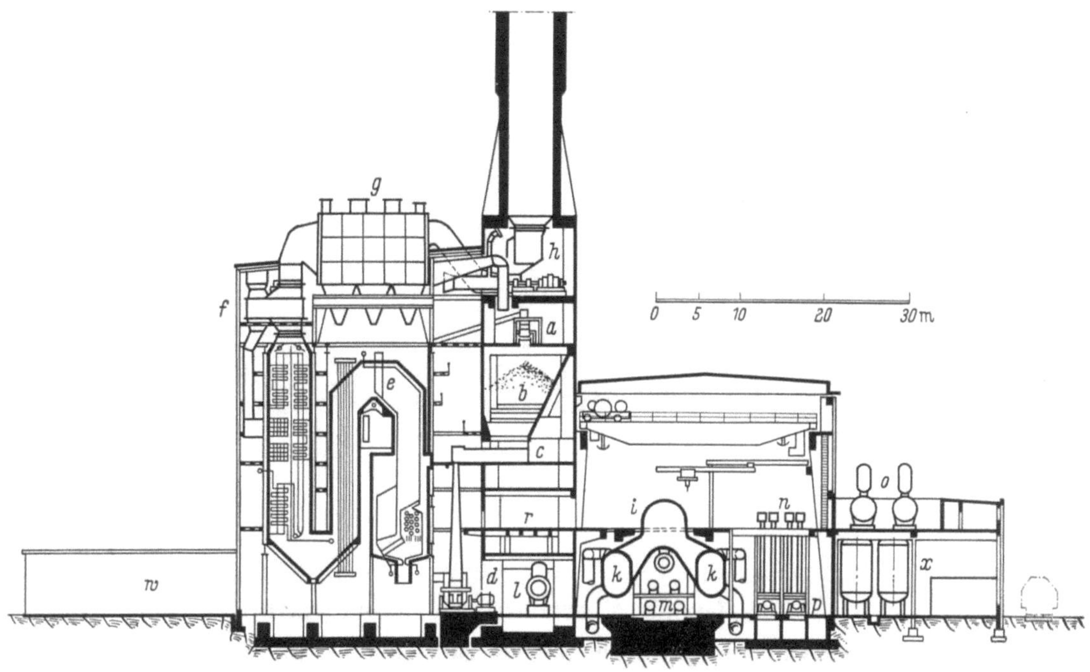

Querschnitt

Legende zum Grundriß und Querschnitt

a	Bekohlung	*n*	Hochdruckvorwärmer
b	Kohlenbunker	*o*	Speisewasserbehälter mit Entgaser
c	Kohlenzuteiler	*p*	Kesselspeisepumpen
d	Kohlenmühle	*q*	Blockwarte mit Relaisraum
e	Kessel	*r*	500 V-Eigenbedarfsschaltanlage
f	Luftvorwärmer	*s*	Schalthaus
g	Elektrofilter	*t*	Eigenbedarfsumspanner
h	Gebläsebühne	*u*	Hauptumspanner
i	Turbosatz	*v*	Montageöffnung
k	Kondensator	*w*	Werkstatt
l	Hilfskondensator	*x*	Wasseraufbereitungsanlage
m	Niederdruckvorwärmer	*y*	Büro- und Betriebsgebäude

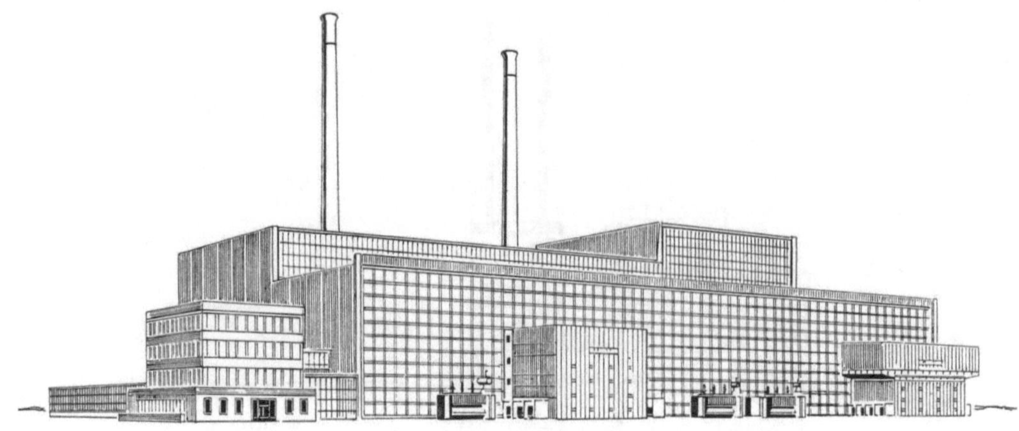

Schaubild

43 **Kraftwerk Amercentrale, Niederlande**

(N. V. Provinciale Noordbrabantsche Electriciteits-Maatschappij)

Baujahr 1948/58

Kessel	Ausbaustufe 1	2	3
Anzahl	4	1	1
Leistung t/h	130	360	500
Art	Naturumlauf		Durchlauf
Genehmigungsdruck atü	98	117	—
Dampfzustand bei Austritt atü	88	108	180
Dampfzustand bei Austritt °C	510	543	570
Dampfzustand hinter ZWÜ atü	—	28,7	35
Dampfzustand hinter ZWÜ °C	—	543	543
Brennstoff: Art	Steink.	Steink., Öl	Steink., Öl
Brennstoff: unterer Heizwert kcal/kg	6100—7500		b. Steink.
Feuerung	Brenner	Brenner	Brenner
Schlackenabzug	trocken	trocken	trocken
Luftvorwärmung °C	327	303	304[1]
Abgastemperatur °C	87	90[2]	90[2]
Wirkungsgrad %	87	89	91

Rauchgasentstaubung: naß
Wasseraufbereitung: Vollentsalzung
Bauweise: Stahlbau, Pfahlgründung
Vorgesehene Gesamtleistung: 410 MW

Turbinen	Ausbaustufe 1	2	3
Anzahl	2[3]	1	1
Leistung MW	58	120	175
Leistung MVA	70	150	220
Art	K	K	K
Drehzahl U/min	3000	3000	3000
Dampfdurchsatz t/h	224	360	500
Dampfzustand bei Eintritt atü	80	102	170
Dampfzustand bei Eintritt °C	500	540	565
Dampfzustand bei Wiedereintritt atü	—	27,8	34,4
Dampfzustand bei Wiedereintritt °C	—	540	540
Kühlwassertemperatur °C	3 bis 23 (Gar. 15)		
Dampfzustand bei Austritt ata	0,038	0,038	0,037
Dampfzustand bei Austritt °C	—	—	—
Gehäusezahl	3	3	3
Abdampfstutzen (flutig)	2	3	3
Vorwärmstufen	6	7	7
Entgasungstemperatur °C	134	134	146
Speisewassertemperatur °C	204	220	255
Kennzahlen			
Spez. Wärmeverbrauch netto kcal/kWh	2320	2140	—
„ Flächenbedarf m²/kW	0,035		
„ Raumbedarf m³/kW	0,925		

[1] bei Kohle, bei Öl 322 °C
[2] bei Kohle hinter Naßentstauber, bei Öl ohne Naßentstauber 187 °C bzw. 172 °C
[3] 2 Hausturbinen 37 t/h, 9 MW, 10,5 MVA

Das Unternehmen deckte seinen Strombedarf zunächst durch ein am Donge-Fluß gelegenes Kraftwerk. Im Jahre 1948 wurde am Amerfluß, der günstigere Kühlwasserverhältnisse gewährleistete, in einer Entfernung von 1,5 km von dem Donge-Kraftwerk ein weiteres errichtet, das zur Zeit auf rund 410 MW ausgebaut wird.

Das Gelände wurde um etwa 5 m aufgespült. Das hierfür erforderliche Erdreich wurde aus dem für die Kohlenversorgung angelegten, etwa 7 m tiefen Hafenbecken gewonnen. Daneben besteht auch ein Gleisanschluß. Die auf dem Wasserwege ankommende Kohle wird mittels eines Portalkranes mit einer Leistungsfähigkeit von 200 t/h gelöscht.

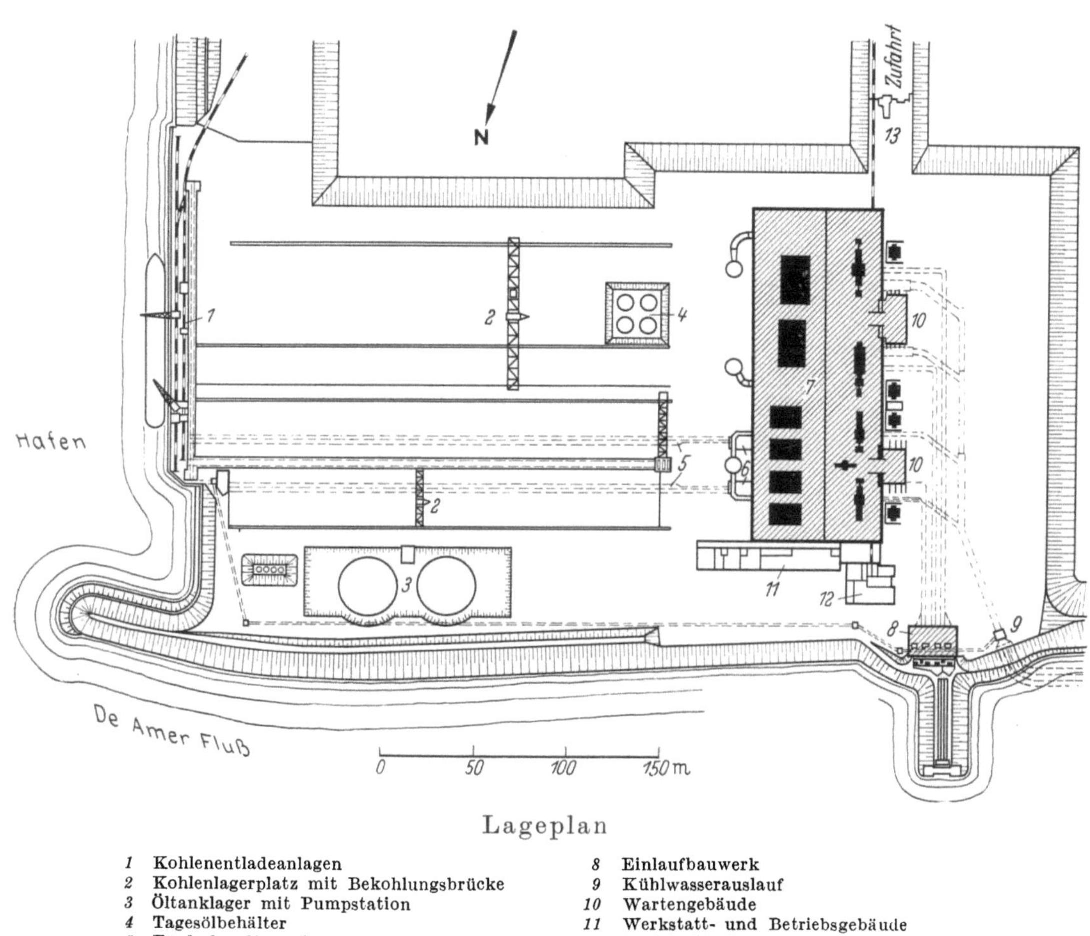

Lageplan

1	Kohlenentladeanlagen	*8*	Einlaufbauwerk
2	Kohlenlagerplatz mit Bekohlungsbrücke	*9*	Kühlwasserauslauf
3	Öltanklager mit Pumpstation	*10*	Wartengebäude
4	Tagesölbehälter	*11*	Werkstatt- und Betriebsgebäude
5	Förderbandtunnel	*12*	Sozialgebäude
6	Becherwerk	*13*	Pförtnerhaus
7	Kraftwerk		

Durch einen fahrbaren Trichter gelangt die Kohle über ein in der Mitte des Lagerplatzes verlegtes Transportband und über zwei weitere senkrecht dazu verlaufende Bänder auf den Lagerplatz. Von hier fällt sie durch Luken auf ein unterirdisch verlegtes Transportband. Dieses führt die Kohle in ein Pendelbecherschöpfwerk, das sie auf die Höhe der Kesselhausbänder bringt.

Das Einlaufbauwerk enthält die Rechenanlage und die vertikalen Kühlwasserpumpen. Im Winter kann durch eine besondere Leitung warmes Kühlwasser in das Hafenbecken geleitet werden, um dieses nach Möglichkeit eisfrei zu halten.

Das Kraftwerk wurde in 3 Stufen ausgebaut. Zunächst wurden 2 Turbinen mit einer Leistung von je 58 MW für einen Dampfzustand von 80 atü, 500° C ohne Zwischenüberhitzung erstellt. Der Dampf wird von 4 Naturumlaufkesseln mit einer Leistung von je 130 t/h, die über Sammelschienen auf die Turbinen geschaltet sind, geliefert. Der

Eigenbedarf des Kraftwerkes wird durch eine besondere Hausturbine mit einer Leistung von 9 MW sichergestellt. Die beiden Hauptturbinen sind dreigehäusig mit 2 Abdampfstutzen und 6 Vorwärmstufen, von denen die beiden letzten hinter den Speisepumpen liegen. In das Vorwärmsystem ist eine Verdampferanlage einbezogen.

Im zweiten Ausbau wurde ein 120 MW-Block für einen Dampfzustand von 102 atü, 540° C mit Zwischenüberhitzung auf die gleiche Temperatur aufgestellt. Der zugehörige Trommelkessel leistet 360 t/h, die dreigehäusige Turbine erhielt 3 Abdampfstutzen mit 7 Anzapfungen. Es sind nunmehr 3 Hochdruckvorwärmer vorhanden.

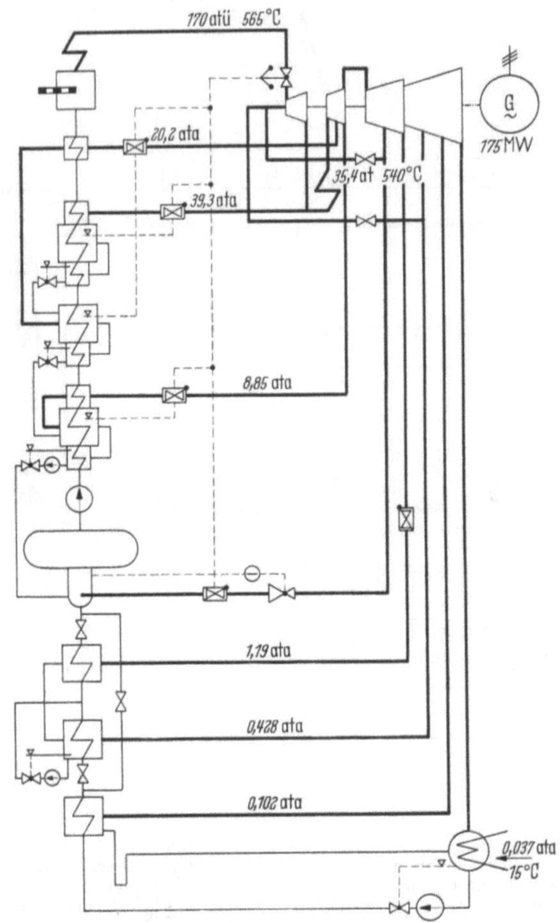

Wärmegrundschaltplan 175 MW-Block

Der zweite Block ist für eine Leistung von 175 MW ausgelegt. Der Frischdampfzustand wurde auf 170 atü, 565° C erhöht, die Temperatur des zwischenüberhitzten Dampfes wurde mit 540° C beibehalten. Der Durchlaufkessel, Bauart Sulzer, leistet 500 t/h. Die Zahl der Gehäuse, der Abdampfstutzen und der Vorwärmstufen ist die gleiche. Die erste Anzapfung des Mitteldruckgehäuses ist an einem unmittelbar vor dem Kessel liegenden Enthitzer angeschlossen, von wo der Dampf zu dem mittleren der 3 Hochdruckvorwärmer geleitet wird. Sämtliche Hochdruckvorwärmer sind mit Kondensatkühlern ausgestattet; der erste und dritte haben außerdem unmittelbar angebaute Enthitzer. Die Hochdruckkondensate gelangen in den Speisewasserbehälter. Nur das Kondensat der untersten Vorwärmstufe wird dem Kondensator zugeführt, die Kondensate der beiden anderen Niederdruckvorwärmer werden unmittelbar in den Kreislauf über eine Hilfspumpe eingespeist. Eine Vollentsalzungsanlage für alle Blöcke ist vorhanden.

Die 4 Generatoren sind über je einen Blockumspanner auf die 150 kV-Doppelsammelschienen geschaltet. Die Umspanner stehen an der Außenwand des Maschinenhauses im Freien. Die 150 kV-Schalter und -Sammelschienen befinden sich in dem 1,5 km entfernten Umspannwerk Geertruidenberg bei der Donge-Centrale. Der Eigenbedarf wird unabhängig von den Hauptgeneratoren durch Hausmaschinen — bei den weiteren Ausbauten kam noch eine zweite hinzu — sichergestellt. Jeder der 4 Hauptgeneratoren hat eine besondere 10 kV-Eigenbedarfssammelschiene, die untereinander beliebig gekuppelt werden können. An diese sind Umspanner angeschlossen, die teils auf 3 kV, teils auf 0,38 kV abspannen.

Die Breite des Kessel- und Maschinenhauses wurde auch beim zweiten und dritten Ausbau, also beim Übergang zum Einkessel-Einturbinensystem beibehalten. Die größeren

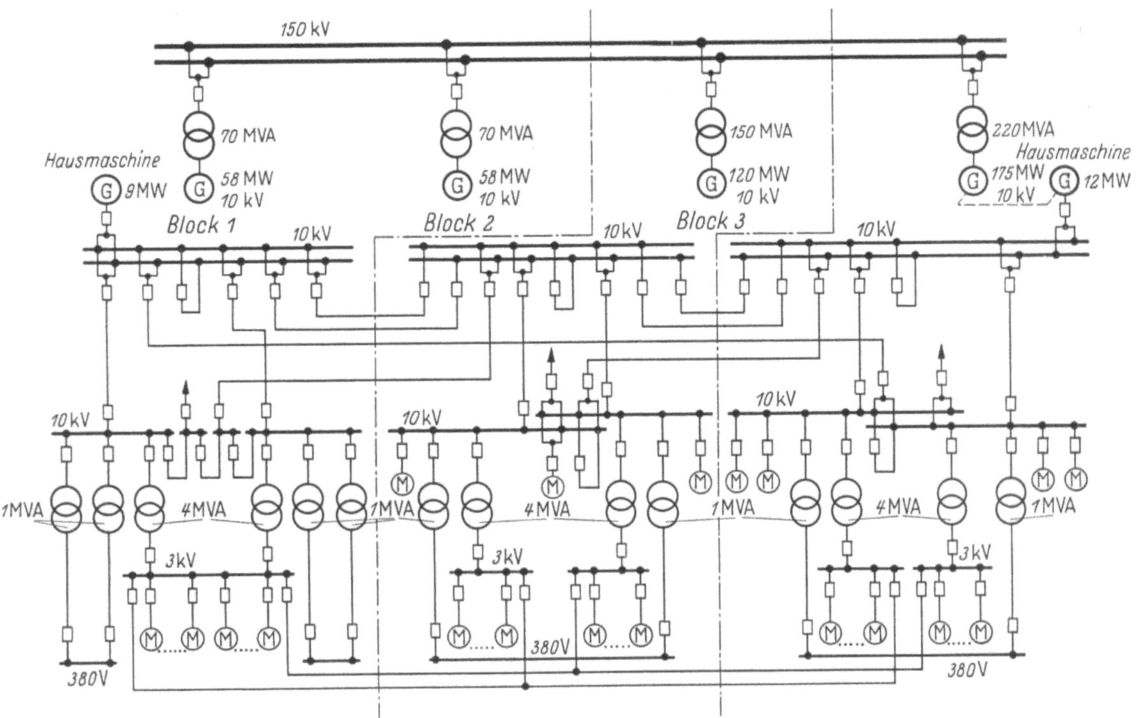

Elektrischer Übersichtsschaltplan

Kessel ließen sich nur bei einer Drehung der Längsachsen um 90° unterbringen. Infolgedessen liegen die Heizerstände der beiden Blockkessel einander gegenüber. Die Ljungström-Luftvorwärmer und die Saugzuggebläse stehen hinter den Kesseln. Auch die Turbinen sind längsgestellt. Speisepumpen und Vorwärmer stehen auf einem Podest neben den Turbinen auf der Kesselhausseite. Die auf der anderen Seite der Turbinen liegenden Warten sind für je 2 Turbinen gemeinsam.

Das Gebäude wurde in Stahlskelettbau erstellt. Es ist auf einer 40 cm starken Betonplatte mit über 600 Franki-Pfählen mit einer Länge zwischen 6 und 8 m gegründet. Die Außenwand des Maschinenhauses ist aus einzelnen Betonelementen mit Außenabmessungen von 2,25 × 9 m zusammengesetzt, in denen sich Fensteröffnungen von 2 × 2 m befinden. Hierdurch wird die große Mauerfläche wirkungsvoll aufgelockert.

Schrifttum

de Amercentrale te Geertruidenberg
Druckschrift der N. V. Provinciale Noordbrabantsche Electriciteits-Maatschappij
De Amer-Centrale, Sonderdruck aus „De Ingenieur" Nr. 18 vom 1. 5. 1953
(Diese Druckschriften behandeln nur den ersten Ausbau.)

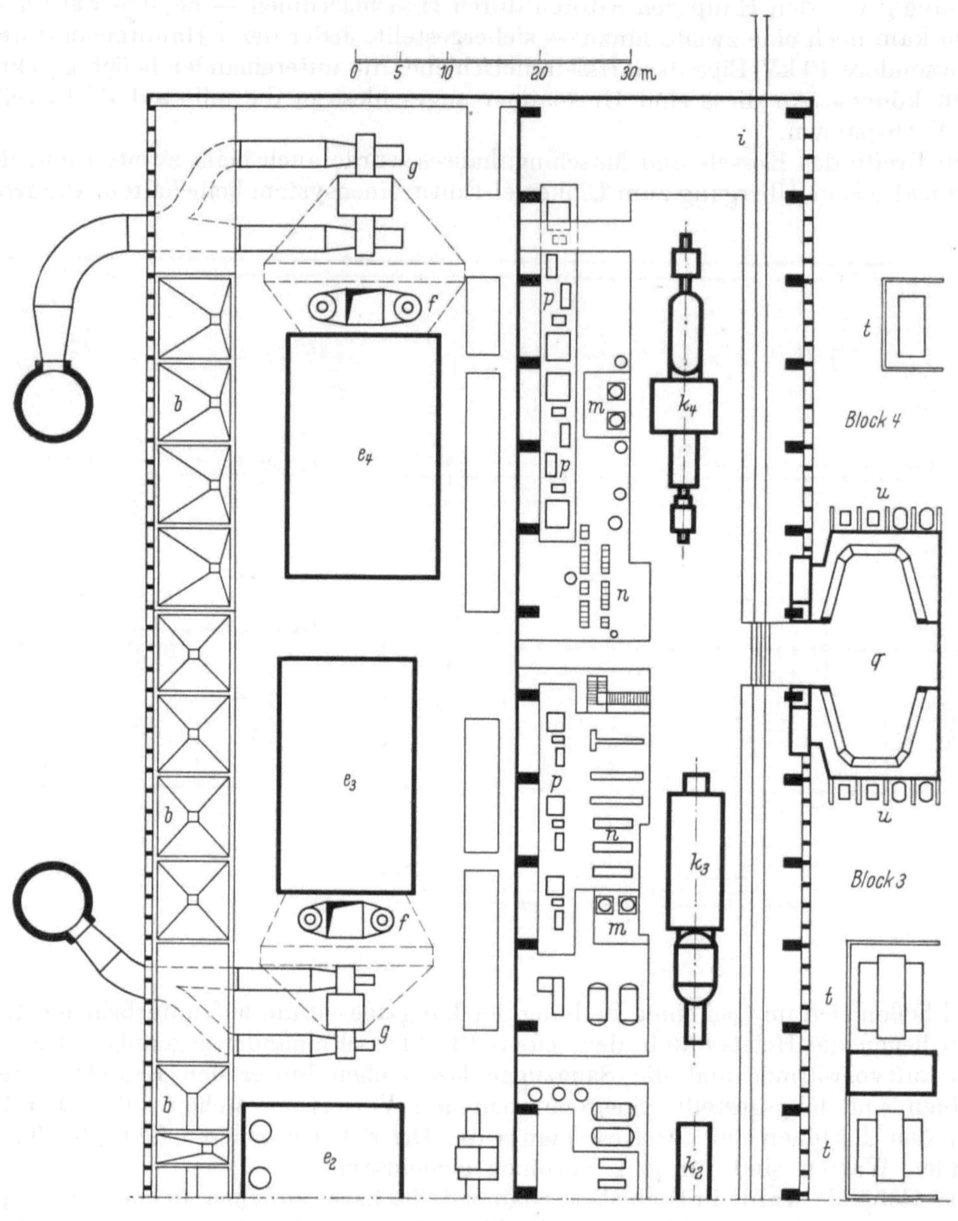
0
5
10
20
30 m
i
g
f
p
t
m
k_4
Block 4
b
e_4
p
n
u
q
e_3
p
n
k_3
b
Block 3
f
m
t
g
b
e_2
k_2
t

Grundriß

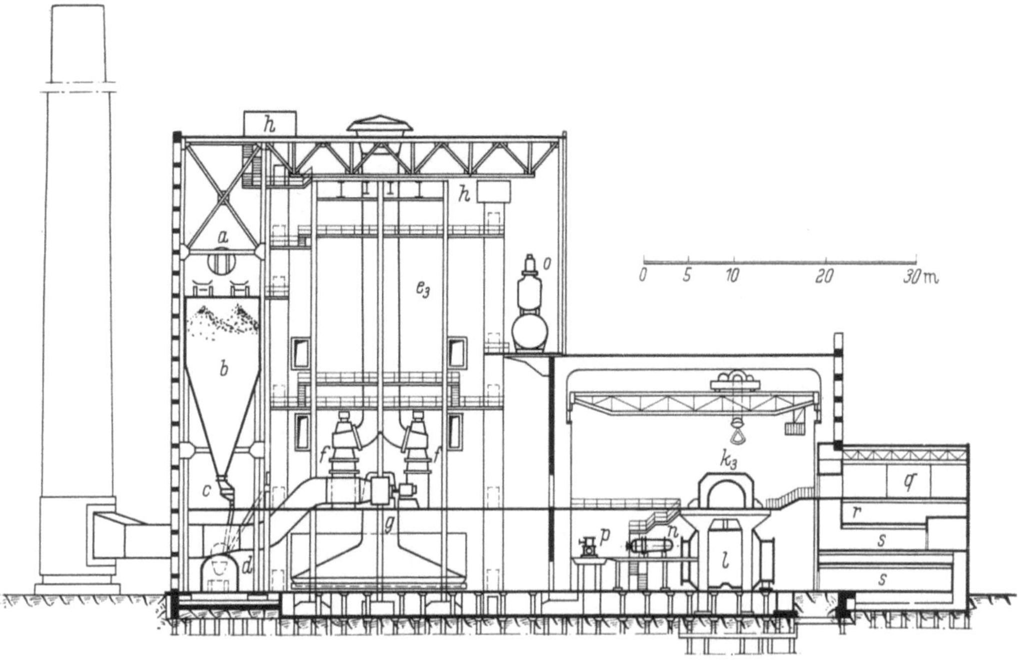

Querschnitt

Legende zum Grundriß und Querschnitt

a	Bekohlung	k_3	Turbogenerator 120 MW
b	Kohlenbunker	k_4	Turbogenerator 175 MW
c	Kohlenzuteiler	*l*	Kondensator
d	Kohlenmühle	*m*	Kondensatpumpen
e_2	Kessel 130 t/h	*n*	Vorwärmeranlage
e_3	Kessel 360 t/h	*o*	Speisewasserbehälter mit Entgaser
e_4	Kessel 500 t/h	*p*	Kesselspeisepumpen
f	Frischluftgebläse	*q*	Schaltwarte
g	Saugzuggebläse	*r*	Kabelboden
h	Aufzug	*s*	Eigenbedarfsschaltanlage
i	Montagegleis	*t*	Maschinenumspanner
k_2	Turbogenerator 58 MW	*u*	Eigenbedarfsumspanner

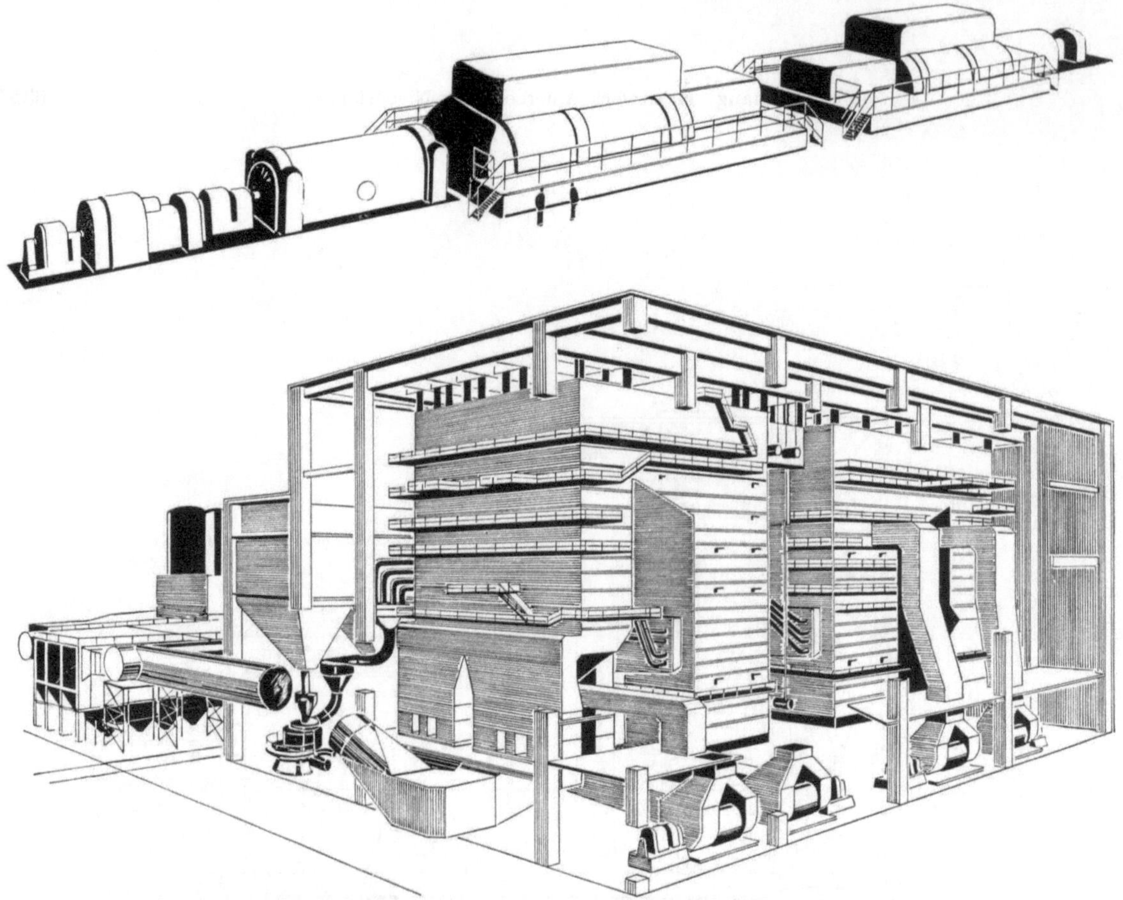

Schaubilder des Zweiwellensatzes und des Kessels

75

Kraftwerk Thorpe Marsh, Großbritannien

(Central Electricity Authority, London, Yorkshire Division)

Betriebsbeginn 1963

Kessel	Block I	Turbinen	Block I	
Anzahl	1	Anzahl	1	1
Leistung t/h	1700	Leistung MW	275	275
Art	Zwangumlauf	Leistung MVA	325	325
		Art	1. Welle	2. Welle
Genehmigungsdruck atü	190	Drehzahl U/min	3000	3000
Dampfzustand bei Austritt atü	169	Dampfdurchsatz t/h	1640	1640
Dampfzustand bei Austritt °C	568	Dampfzustand bei Eintritt atü	162	—
Dampfzustand hinter ZWÜ atü	—	Dampfzustand bei Eintritt °C	565	—
Dampfzustand hinter ZWÜ °C	568	bei Wiedereintritt atü	—	39
Brennstoff:		bei Wiedereintritt °C	—	565
Art	Steinkohle	Kühlwassertemperatur °C	15,5	15,5
unterer Heizwert kcal/kg	5840	Dampfzustand bei Austritt ata	0,045	0,045
		Dampfzustand bei Austritt °C	—	—
Feuerung	Ecken	Gehäusezahl	4	4
Entaschung	—	Abdampfstutzen (flutig)	4	4
Luftvorwärmung °C	238	Vorwärmstufen	7	7
Abgastemperatur °C	141	Entgasungstemperatur °C	126	126
Wirkungsgrad %	90	Speisewassertemperatur °C	258	258

Rauchgasentstaubung: mechanisch und elektrisch
Wasseraufbereitung
Bauweise
Vorgesehene Gesamtleistung: 1100 MW

Kennzahlen

Spez. Wärmeverbr. netto kcal/kWh	2220
„ Flächenbedarf .... m^2/k n	—
„ Raumbedarf ...... m^3/kW	—

Die Central Electricity Generating Board (C. E. G. B.) plant bei Thorpe Marsh in der Nähe von Doncaster ein Kratfwerk für eine Leistung von 1100 MW mit 2 Blocks von je 550 MW zu errichten. Je ein Kessel und Turbosatz sind Anfang 1958 in Auftrag gegeben worden. Die Größe dieser Einheiten übersteigt die Leistung der beiden 450 MW-Blocks in den amerikanischen Kraftwerken Breed und Philip Sporn (Nr. 6 u. 7, S. 90 u. 94) um volle 100 MW. Der Dampfzustand an der Turbine soll 162 atü, 565 ° C mit Zwischenüberhitzung auf die gleiche Temperatur betragen. Der Dampfdurchsatz der Turbine liegt bei 1640 t/h. Der Betriebsbeginn ist für 1963 vorgesehen.

Dieses Kraftwerk ist wegen der großen Einheitsleistungen von besonderem Interesse. Es muß allerdings darauf aufmerksam gemacht werden, daß nach den Angaben der Central Electricity Generating Board noch Änderungen durchgreifender Art denkbar sind. Hierzu gehört z. B. auch die Druck- und Temperaturfrage am Turbineneintritt. Es werden für die Kraftwerke der C. E. G. B. u. a. Untersuchungen durchgeführt für einen Eintrittszustand von 267 atü, 599 ° C mit doppelter Zwischenüberhitzung auf 568 ° C. Auch die Art des äußeren Aufbaues liegt noch nicht eindeutig fest.

Der Weg zu diesen großen Turbosätzen führte über die 200 MW-Blocks, die in einigen Kraftwerken aufgestellt werden, zu den Einwellensätzen von 275 MW. Die Generatorleistung konnte durch Wasserkühlung des Ständers und Wasserstoffkühlung des Läufers gesteigert werden, ohne die Abmessungen und das Gewicht des 200 MW-Generators erheblich zu vergrößern. Ein solcher 275 MW-Block ist für das Kraftwerk Blyth „B“ in Auftrag gegeben. Weitere Ersparnisse können erzielt werden, wenn zwei solche Generatoren zu einem Zweiwellensatz mit einer Leistung von 550 MW vereinigt werden, wie es für das Thorpe Marsh-Kraftwerk vorgesehen ist. Die beiden Turbosätze dieser Einheit stehen in Kiellinie, wie die perspektivische Zeichnung anzeigt. Die Generatoren sind für 18 kV bei $\cos\varphi = 0{,}85$ ausgelegt.

Der Dampf durchläuft zunächst den Hochdruckteil auf der einen Welle; nach der Zwischenüberhitzung tritt er mit 39 atü, 565 ° C in den ersten Mitteldruckteil auf der anderen Welle ein. Anschließend verteilt sich der Dampf gleichmäßig auf beide Wellen, von denen jede noch einen zweiten Mitteldruckteil und zwei doppelflutige Niederdruckteile erhält. Jede Welle hat also insgesamt vier Gehäuse. Der aus insgesamt 8 Abdampfstutzen austretende Dampf wird in 4 Kondensatoren niedergeschlagen. Sieben Vorwärmstufen sollen das Speisewasser auf 258 ° C aufwärmen. Das Hochdruckgehäuse und das erste Mitteldruckgehäuse erhalten besondere Leitschaufelträger.

Die zur Verfügung stehende Steinkohle hat einen Heizwert von 5840 kcal/kg, einen Aschegehalt zwischen 6 und 30% und einen Wassergehalt zwischen 4 und 20%. Sie soll in einem einzigen Kessel für 1700 t/h mit zwei getrennten Brennkammern und Zwangumlauf verfeuert werden (s. Schaubild). Der stündliche Brennstoffbedarf beträgt etwa 225 t. Jeder der beiden Feuerräume mit einer Breite von rund 21 m, einer Tiefe von rund 9 m und einer Höhe von rund 30 m ist durch eine Rohrwand unterteilt. Die eine Brennkammer erhält den Überhitzer, die andere den Zwischenüberhitzer. Jeder werden 4 Mühlen mit einer Leistung von 50 t/h zugeordnet, von denen jeweils eine in Reserve steht. Jeder Kessel soll 4 Ljungström-Vorwärmer und 4 Gebläsesätze erhalten. Die Rauchgase sollen mechanisch und elektrisch entstaubt werden.

Die spezifischen Herstellungskosten des 1100 MW-Kraftwerkes werden auf 435DM/kW geschätzt.

Schrifttum

550 MW Reheat Boiler. Electrical Review Bd. 162 (1958) S. 301/02
550 MW Turbo-Generator Set. The Engineer Bd. 205 (1958) S. 706/07
550 MW Turbo-Generator for Thorpe Marsh. Electrical Review Bd. 162 (1958) S. 883
Ein Dampferzeuger von 1700 t/h für das Britische Elektrizitätsnetz. Brennstoff, Wärme, Kraft Bd. 10 (1958) S. 231
550 MW Reheat Boiler, The Engineer Bd. 206 (1958) S. 804/05

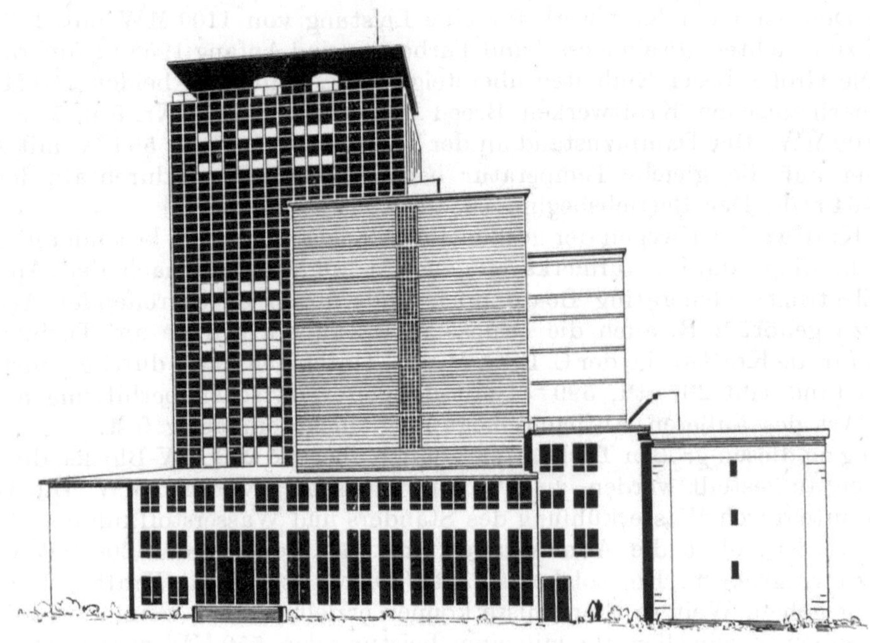

Schaubild

192 Heizkraftwerk München, Müllerstraße, BRD

(Stadtwerke München)

Baujahr 1954/56

Kessel

Anzahl		4
Leistung	t/h	90
Art		Naturumlauf
Genehmigungsdruck	atü	84
Dampfzustand bei Austritt	atü	74
	°C	525
Dampfzustand hinter ZWÜ	atü	—
	°C	—
Brennstoff:		
Art		St., Öl, Erdgas
unterer Heizwert	kcal/kg	—
Feuerung		Brenner
Schlackenabzug		flüssig
Luftvorwärmung	°C	—
Abgastemperatur	°C	—
Wirkungsgrad	%	—

Rauchgasentstaubung: elektrisch
Wasseraufbereitung: Vollentsalzung
Bauweise: Stahlbeton, Stahlskelett
Gesamtleistung: 49 MW

Turbinen

Anzahl		2	1
Leistung	MW	20; 22	7
Leistung	MVA	25; 31,5	10
Art		G	K
Drehzahl	U/min	3000	3000
Dampfdurchsatz	t/h	—	—
Dampfzustand bei Eintritt	atü	70	3
	°C	515	190
bei Wiedereintritt	atü	—	—
	°C	—	—
Kühlwassertemperatur	°C	—	—
Dampfzustand bei Austritt	ata	4	—
	°C	190	—
Gehäusezahl		1	1
Abdampfstutzen (flutig)		1	1
Vorwärmstufen		2	—
Entgasungstemperatur	°C	—	—
Speisewassertemperatur	°C	165	—

Kennzahlen

Spez. Wärmeverbr. netto	kcal/kWh	—
„ Flächenbedarf	m^2/kW	—
„ Raumbedarf	m^3/kW	—

Das in den Jahren 1954 bis 1956 erbaute Heizkraftwerk Müllerstraße bildet das erste Teilstück im Rahmen der Ausstattung der Innenstadt Münchens mit verbrauchernahen gekuppelten Wärme- und Stromerzeugungsanlagen.

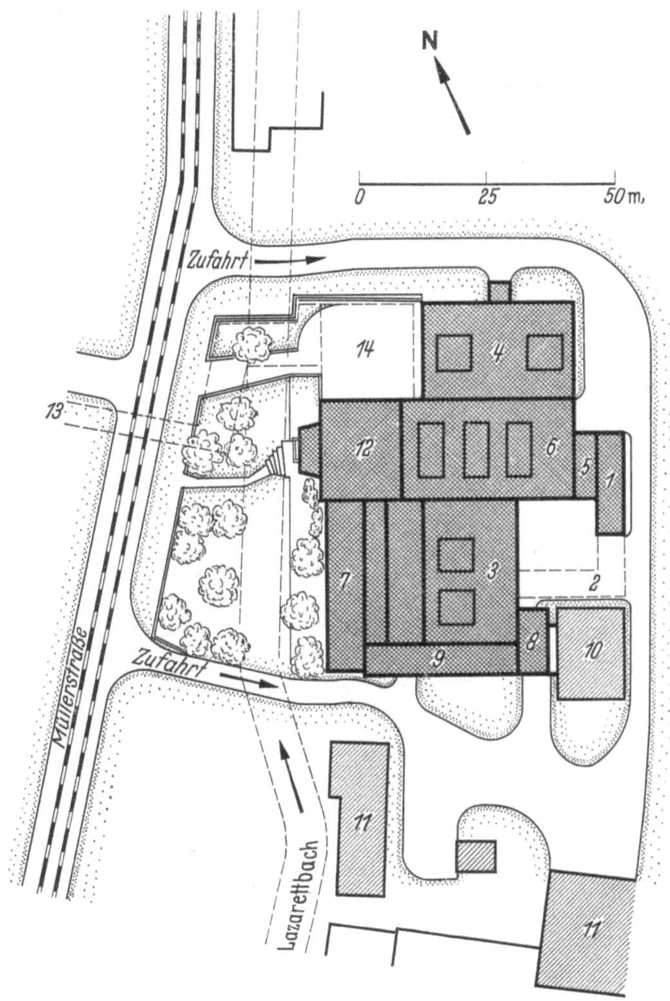

Lageplan

1	Bekohlungsanlage	8	Eigenbedarfsanlage
2	Förderbandtunnel	9	Werkstätten und Sozialgebäude
3	Kesselhaus 1 und 2	10	Luftschutzbunker
4	Kesselhaus 3 und 4	11	Nebengebäude
5	Entaschungsanlage	12	Turmhochbau mit Eingangshalle und Bürotrakt
6	Maschinenhaus	13	Kanal der abgehenden Heizleitungen
7	25 kV-Schaltanlage	14	Parkplatz

Die Benutzungsdauer der Wärmespitze einer Stadtversorgung kann mit etwa 1800 Stunden angenommen werden. Zur Erhöhung der Wirtschaftlichkeit der Heizkraftwerke wurden im vorliegenden Fall drei Maßnahmen ergriffen:

1. Einbau von Begrenzungsreglern bei den Abnehmern, die nach deren Wärmebedürfnis eingestellt werden, wodurch die Benutzungsdauer der Wärmelieferung auf etwa 2500 Stunden gesteigert werden kann.
2. Übernahme der kurzzeitigen Wärmespitzen durch reine Heizwerke. Bei der Deckung dieser Spitzen fallen nur geringe Wärmemengen an, deren Ausnutzung im gekuppelten Betrieb nur eine unbedeutende Strommenge ergeben würde. Der Kapitaldienst würde diese kWh zu unwirtschaftlich machen. Das Auslegungs-

verhältnis Heizkraftwerk : Heizwerk ist vorerst 80 : 20; vorgeplant ist das Verhältnis 67 : 33.

3. Beschränkung des Wärmeversorgungsgebietes jedes Heizkraftwerks auf eine Fläche von 1 bis 2 km². Hierdurch werden die Größe der Versorgungsleitungen und damit die Netzkosten verringert. Außerdem wird eine zu große Zusammenballung der Abgase in einem bestimmten Stadtteil verhindert.

Ein nahe gelegenes reines Heizwerk mit einer Leistung von 120 t/h Dampf steht den Stadtwerken bereits zur Verfügung. Außerdem sollen große Gebäude mit Ölheizungen ausgestattet werden, die an kalten Tagen, wenn die Grenze der Leistungsfähigkeit der

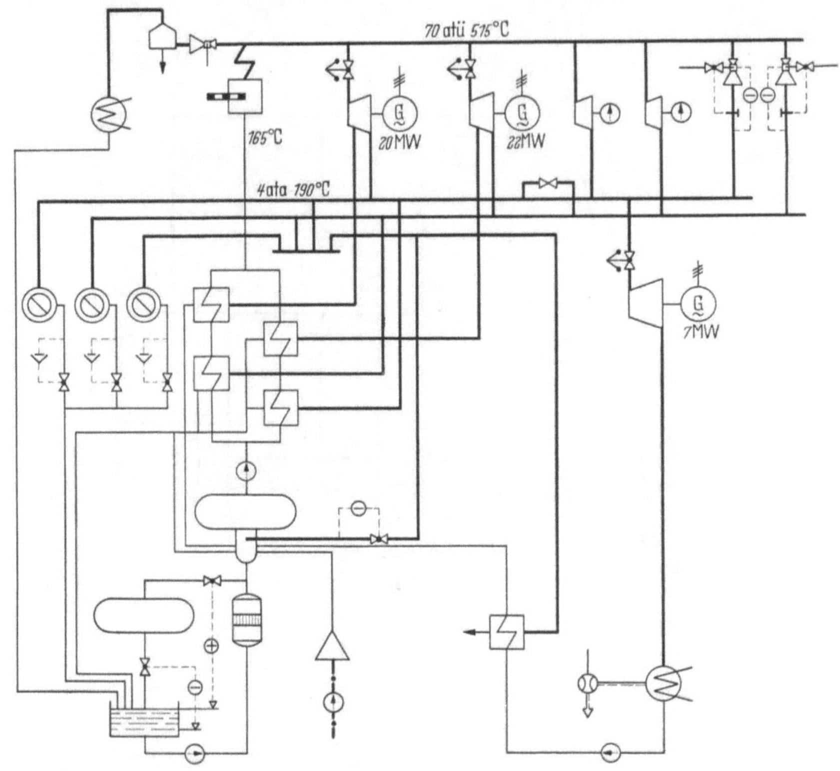

Wärmegrundschaltplan

zentralen Wärmebelieferung erreicht ist, in Betrieb genommen werden. Grundsätzlich soll beim weiteren Ausbau ein reines Heizwerk für zwei bis drei Heizkraftwerke errichtet werden.

Durch diese drei Maßnahmen konnte die Benutzungsdauer des Heizkraftwerkes auf über 3000 Stunden gesteigert werden.

Als Wärmeträger wurde Dampf gewählt, da ein erheblicher Teil der Verbraucher (44%) die Wärmeenergie in Form von Dampf benötigt und Dampfleitungen in den engen Straßen der Innenstadt leichter untergebracht werden können. Außerdem kann das Kondensat einwandfrei gemessen werden.

Das Werk Müllerstraße mußte für eine Leistung von 240 t/h Dampf oder für 145 Mio kcal/h ausgelegt werden. Die jährlichen Dampf- und Wärmemengen betragen 720000 t bzw. 435×10^9 kcal.

Das gesamte Projekt sieht die Versorgung der Innenstadt von München mit einer Fläche von etwa 12 km² vor. Benötigt werden dann etwa 2000 t/h Dampf bzw. 1×10^9 kcal/h, wobei eine elektrische Leistung von 250 MW bei einer jährlichen Erzeugung von 750 Mio kWh anfällt. Die hierbei entstehende jährliche Ersparnis an Kohle wird auf 290000 t geschätzt.

Der Heizdampfdruck am Turbinenaustritt beträgt max 4 ata, im Jahresdurchschnitt 3 ata; an der Bezirksgrenze besteht noch ein Dampfdruck von 2 ata. Als wirtschaftlichster Dampfzustand wurden 74 atü, 525 °C am Kesselaustritt, also etwa 70 atü, 515 °C am Turbineneintritt gewählt. Zwischenüberhitzung wurde nicht vorgesehen, da die Anlage möglichst unkompliziert sein sollte, um Ausfälle der Dampflieferung soweit wie möglich auszuschließen.

Das angegebene Gefälle wird in 2 Gegendruckturbinen mit einer Leistung von 20 MW bzw. 22 MW ausgenutzt. Der Dampf tritt mit 190 ° C aus der Turbine aus. Jede Turbine hat eine umschaltbare Anzapfung zur Speisewasservorwärmung. Die benötigte Kesselleistung von 280 t/h wurde mit Rücksicht auf eine größtmögliche Anpassung an die schwankenden Belastungsverhältnisse auf 4 Einheiten unterteilt. Je zwei der mit Schmelzfeuerung ausgestatteten Naturumlaufkessel sind im normalen Betrieb auf eine Gegendruckturbine geschaltet.

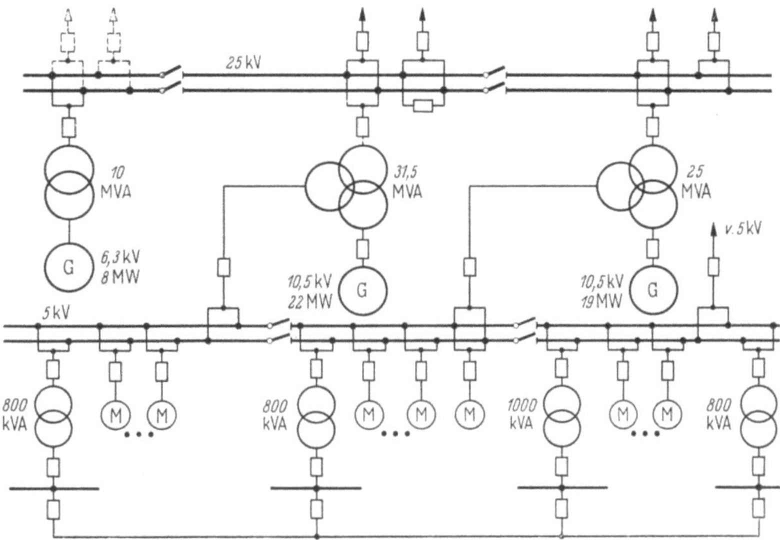

Elektrischer Übersichtsschaltplan

Alle Kessel können bis zu 30% ihrer Leistung mit Öl betrieben werden. Zwei Kessel besitzen eine Erdgasfeuerung, die bis zu 60 % der Belastung übernehmen kann.

Zwischen den Frischdampf- und Heizdampfsammelschienen liegen noch 2 Antriebsturbinen für Kesselspeisepumpen. An die Heizdampfsammelschiene ist eine 7 MW-Kondensationsturbine angeschlossen, so daß ein Minderbedarf an Dampf im Heiznetz bis zur Schluckfähigkeit dieser Turbine zur Stromerzeugung nutzbar gemacht werden kann. Zum Niederschlagen des Dampfes der Kondensationsturbine wird das Wasser eines Baches (Wasserführung 13 m³/sec) benutzt.

Das Speisewasser wird auf 165 ° C vorgewärmt. Das Zusatzwasser wird in einer Vollentsalzungsanlage aufbereitet. Das Heizkraftwerk kann jährlich etwa 120 Mio kWh Gegendruckstrom und 30 Mio kWh Kondensationsstrom ins Stadtnetz liefern.

Die erzeugte elektrische Energie (10,5 kV) wird in Blockumspannern auf die Netzspannung von 25 kV aufgespannt. Die beiden Umspanner der Gegendruckturbinen haben noch eine 5 kV-Wicklung, an die der Eigenbedarf angeschlossen ist.

Die Errichtung des Heizkraftwerkes in der Innenstadt erforderte begreiflicherweise besondere Maßnahmen, um die beste technische Lösung mit den berechtigten Ansprüchen der Anlieger hinsichtlich Rauch-, Staub- und Geräuschfreiheit und mit einer architektonisch befriedigenden Einordnung des Baukörpers in die Stadtmitte mit ihren zahlreichen kunstgeschichtlich wertvollen Gebäuden in Übereinstimmung zu bringen.

Das Maschinenhaus wurde zur Geräuschabschirmung in die Mitte des Grundrisses gelegt, es liegt teilweise im Bereich des den architektonischen Mittelpunkt bildenden 56 m hohen Turmbaues, an den sich beiderseits je ein Kesselhaus für je 2 Kessel mit um 90 ° versetzten Achsen anschließt. In dem Turmbau liegen die Elektro- und Wärmewarte, Büros, Rauchgasfilter und Saugzuganlagen. Etwa 5 m oberhalb des Turmbaues befindet sich eine waagerechte sogenannte Abströmplatte. Die Rauchgasstutzen enden etwa 2 m

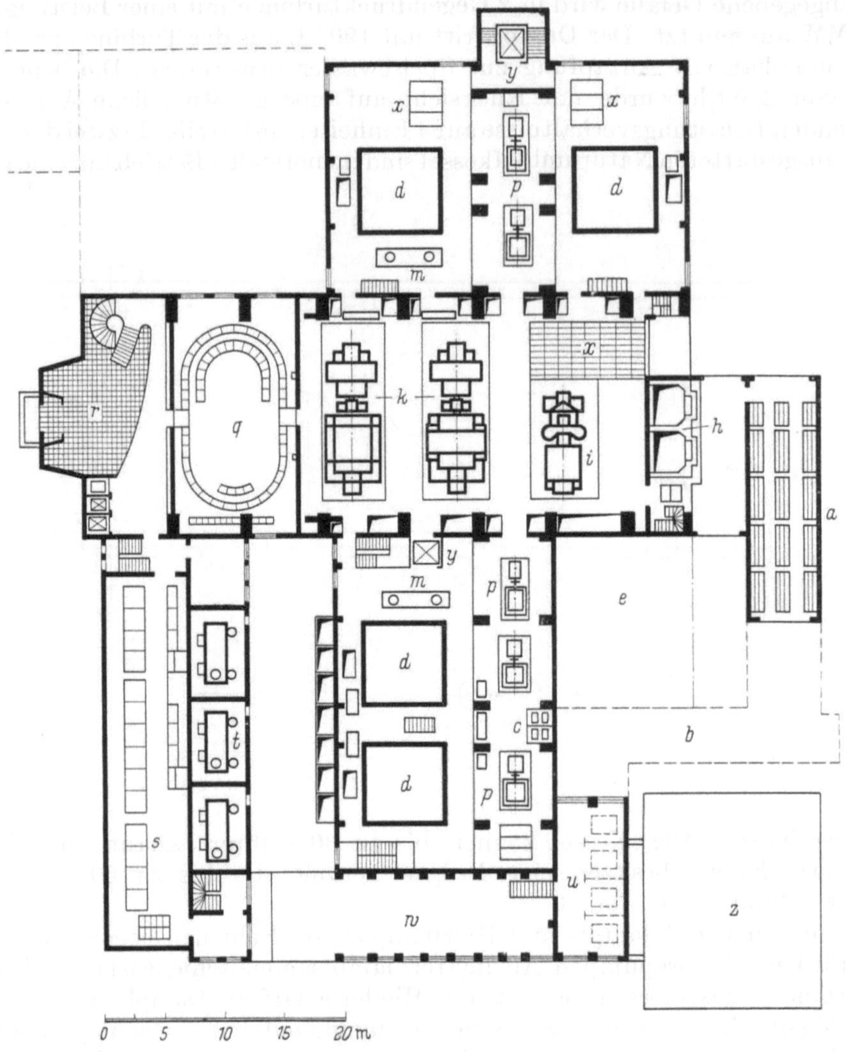

Grundriß

oberhalb dieser Platte. Diese bewirkt, daß die Rauchgase auch bei schräg zur Erdoberfläche gerichteten Winden waagerecht abgeführt werden und nicht in den Bereich der Wohnungen gelangen. Die Rauchgasstutzen können vom Erdboden nicht gesehen werden; das Stadtbild wird also durch Schornsteine nicht beeinträchtigt („schornsteinloses“ Kraftwerk). In einem zur Vermeidung von Geräusch- und Staubbelästigung allseitig abschließbaren Raum wird die in einem unten entleerbaren Speziallastwagen angefahrene Kohle in Tiefbunker entleert. In einem weiteren Nebengebäude sind die Umspanner und die 25 kV-Schaltanlage untergebracht.

Das Gebäude wurde auf einer Flachfundierung bis zur Oberkante der Kohlenbunker in Stahlbeton und darüber als Stahlskelett ausgeführt. Bemerkenswert ist die wegen der Schalldämpfung fensterlose Ausführung des Maschinenhauses, dessen Rahmenbinder die

Wasserspeicher tragen. Die Fensteröffnungen der Kesselhäuser sind mit Doppelglassteinen ausgemauert. Die Außenwände wurden mit Vollziegeln ausgemauert; die Sicherheitsventile wurden mit Schalldämpfern ausgerüstet. Der Geräuschpegel, gemessen an der Außenmauer, konnte durch diese Maßnahmen auf 40 Phon begrenzt werden. Die fensterlose Ausführung bedingte eine besondere Be- und Entlüftungsanlage. Die Warte wurde außerdem mit einer Klimaanlage ausgestattet.

Das Heizkraftwerk Müllerstraße ist das einzige städtische Heizkraftwerk, das in diesem Band behandelt wird. Es sei jedoch darauf aufmerksam gemacht, daß einige neue Heizkraftwerke gebaut sind bzw. geplant werden, die auf der Basis der ausschließlichen Warmwasserlieferung normale Kraftwerksblocks besitzen, bei denen parallel zu den Vakuum- bzw. Niederdruckvorwärmern Wärmeaustauscher für die Vorwärmung des Heizwassers geschaltet sind. Heizkraftwerke dieser Art ergeben eine wesentlich erhöhte Stromausbeute in kWh/Mio kcal Wärmelieferung (Näheres s. II. Band).

Schrifttum

HENCKY, K.: Elektrizitätswirtschaft Bd. 57 (1958) S. 269/79.

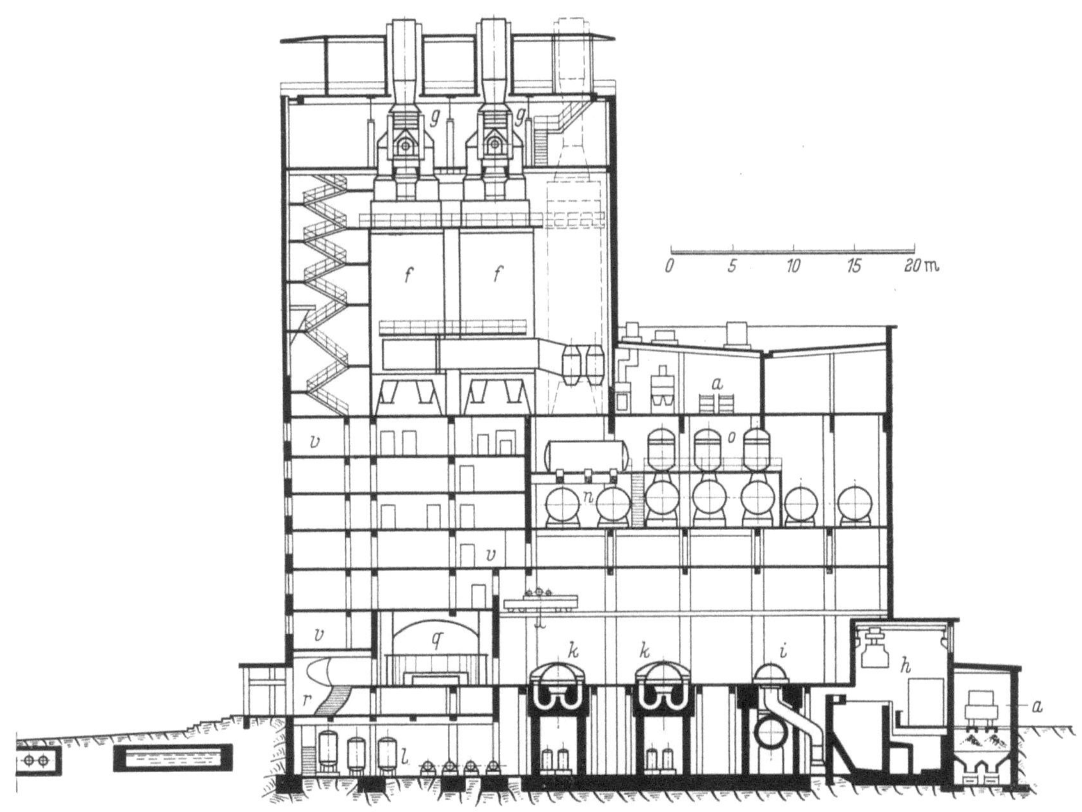

Querschnitt

Legende zum Grundriß und Querschnitt

a	Bekohlungsanlage	*k*	Turbogeneratoren 20 bzw. 32 MW	*s*	25 kV-Schaltanlage
b	Förderbandtunnel	*l*	Wasseraufbereitungsanlage	*t*	Hauptumspanner
c	Becherwerk	*m*	Hochdruckvorwärmer	*u*	Eigenbedarfsumspanner
d	Kessel	*n*	Kondensatbehälter	*v*	Bürotrakt
e	Raum für weiteren Kessel	*o*	Speisewasserbehälter mit Entgaser	*w*	Werkstatt
f	Elektrofilter	*p*	Kesselspeisepumpen	*x*	Abdeckung
g	Saugzuggebläse	*q*	Elektro- und Wärmewarte	*y*	Lastenaufzug
h	Entaschungsanlage	*r*	Eingangshalle	*z*	Luftschutzbunker
i	Turbogenerator 7 WM				

III. Teil

Ausführungsbeispiele

Einleitung

Von den 98 Kraftwerken im Teil II, die den jetzigen und den kommenden Stand der Kraftwerkstechnik der Welt kennzeichnen, wurden 6 Kondensationskraftwerke ausgesucht und eingehend in ihrem inneren und äußeren Aufbau, in der bautechnischen Ausführung sowie ihrer maschinen- und elektrotechnischen Ausrüstung behandelt. Die Auswahl geschah nicht willkürlich, sondern nach bestimmten, nachfolgend aufgeführten Gesichtspunkten.

Ein Kraftwerk ist in seiner endgültigen Gestaltung das Ergebnis von Einflüssen verschiedenster Art. Die elektrischen Netzverhältnisse bestimmen meistens die Größe des Kraftwerkes und seiner Einheiten. Die Leistungen der Turbosätze der ausgewählten Kraftwerke liegen bei 36 MW[1] (Città di Roma), 70 und 80 MW (Emden), 75 MW (San Nicolas), 100 und 150 MW (Fortuna III), 250 und 275 MW (Gallatin) sowie 325 MW (Eddystone). Es wird also ein Leistungsband im Verhältnis von ungefähr 1 : 10 behandelt.

Für die Wirtschaftlichkeit ist der Dampfzustand am Eintrittstutzen der Turbine von ausschlaggebender Bedeutung. Dieser Dampfzustand liegt in aufsteigender Reihenfolge im Kraftwerk San Nicolas bei 95 atü, 525° C, im Kraftwerk Città di Roma bei 141 atü, 525/520° C, in dem Kraftwerk Gallatin bei 141 atü, 565/565° C, in den Kraftwerken Emden und Fortuna III bei 180 atü, 525/525° C und im Kraftwerk Eddystone bei 352 atü, 649/565/565° C bzw. bei 245 atü, 565/565/565° C. Die Blocks von San Nicolas werden ohne Zwischenüberhitzung, die der Kraftwerke Città di Roma, Gallatin, Emden und Fortuna mit einfacher und die beiden Blocks des Kraftwerkes Eddystone mit zweifacher Zwischenüberhitzung betrieben.

Im Kraftwerk San Nicolas sind Trommelkessel mit Naturumlauf aufgestellt, im Kraftwerk Gallatin Trommelkessel mit Zwangumlauf, in den anderen Kraftwerken Durchlaufkessel. Die Turbosätze sind Einwellenmaschinen; nur das Kraftwerk Eddystone hat wegen der großen Leistung Zweiwellenmaschinen.

Die Brennstoffbasis der Werke ist verschieden. Für das Kraftwerk Città di Roma wird die ballastreiche Braunkohle aus der benachbarten Grube ausschließlich für die Zwecke der Energieerzeugung gefördert. Die Kraftwerke Fortuna stehen in dem ausgedehnten niederrheinischen Braunkohlenrevier. Das Kraftwerk Gallatin wird von benachbarten Steinkohlengruben beliefert, das Kraftwerk Eddystone mit Kohle aus weiter entfernten Bezirken. Das Kraftwerk Emden liegt an einer Stelle, an der ein Wassertransport der Kohle aus dem Ruhrgebiet möglich ist. Dieses Kraftwerk ist aber auch darauf ausgerichtet, Brennstoffe, die mit Überseeschiffen angeliefert werden, zu verfeuern. Das gleiche gilt in noch stärkerem Maße für das Kraftwerk San Nicolas, das wegen der Brennstoffarmut Argentiniens so gebaut wurde, daß es mit dem jeweils am billigsten auf dem Weltmarkt zur Verfügung stehenden Brennstoff, gleichgültig ob Kohle oder Öl, voll betrieben werden kann. Auch die anderen Kraftwerke — bis auf Fortuna — können zusätzlich Öl verfeuern.

Die Kondensationsanlage mußte jeweils den örtlichen Verhältnissen angepaßt werden. Die Kraftwerke San Nicolas, Gallatin und Eddystone liegen an großen Flußläufen, denen Kühlwasser in hinreichend großen Mengen entnommen werden kann. Das Kraftwerk Emden benutzt Kühlwasser (Brackwasser) aus einem Innenhafen, in dem das aufgewärmte Wasser zum Teil durch Verdunstung abgekühlt wird. Die Kraftwerke Fortuna werden ausschließlich mit in Ventilatorkühlern rückgekühltem Wasser betrieben. Für das

[1] Leistungsbeschränkung durch schmale Brennstoffbasis; siehe 5. Ausführungsbeispiel.

Kraftwerk Città di Roma steht überhaupt kein Kühlwasser für die Kondensatoren und nur eine geringe Menge für die Rückkühlung des Werkwassers zur Verfügung. Das Kraftwerk hat ausschließlich luftgekühlte Kondensatoren.

Die beiden nordamerikanischen und die beiden deutschen Kraftwerke arbeiten auf große Verbundnetze. Das italienische liefert seinen Strom über eine Fernleitung an die Stadt Rom. Das Kraftwerk San Nicolas dient in einem in der Entwicklung begriffenen Land sowohl zur Aufschließung eines neuen Industriegebietes als auch zur Strombelieferung der Hauptstadt Buenos Aires.

Im äußeren Aufbau unterscheiden sich die 6 Kraftwerke in verschiedener Hinsicht. Die Turbosätze sind in Fortuna, San Nicolas und Eddystone im Maschinenhaus quer und in den Kraftwerken Città di Roma, Emden und Gallatin längs aufgestellt. Bei den Kraftwerken Città di Roma, Emden, San Nicolas und Fortuna ist die Speisewasserbehälter-, Entgaser-, Vorwärmer- und Pumpengruppe als geschlossene Einheit jeweils neben dem Turbosatz aufgestellt. Dagegen sind die Vorwärmer, Speisewasserbehälter und Kesselspeisepumpen bei den Kraftwerken Gallatin und Eddystone verstreut im Kessel- und Maschinenhaus sowie in einem besonderen Pumpenhaus eingebaut, auf das die deutschen Kraftwerke vollkommen verzichten. Bei allen Kraftwerken wird die Wärme- und Eigenbedarfswarte im Schwerpunkt von je 2 Blocks untergebracht. Im Anschluß an diese Gemeinschaftswarte findet man die Eigenbedarfsschaltanlage entweder in Längsanordnung unter den Bunkern bzw. als besonderes Bauwerk zwischen den Kesseln.

Die Kessel stehen in allen 6 Kraftwerken senkrecht zur Maschinenhausachse. Die Bunker liegen bei den Kraftwerken Città di Roma, San Nicolas, Fortuna und Gallatin zwischen Maschinen- und Kesselhaus, bei dem Kraftwerk Emden an der Außenseite des Kesselhauses und im Kraftwerk Eddystone beiderseits der Doppelkessel. In den Kraftwerken Fortuna und Emden stehen die Entstauber über den Kesseln und die Schornsteine auf den Bunkern. Die Kraftwerke Città di Roma, San Nicolas, Gallatin und Eddystone besitzen außerhalb des Hauptgebäudes frei stehende Entstaubungs- und Saugzuganlagen sowie Schornsteine. Die Kraftwerke Città di Roma und San Nicolas haben Dampferzeuger in Freiluft-, die anderen Kraftwerke in Innenraumausführung. In den Kraftwerken Emden und Eddystone sind die Einzelkesselhäuser in Anlehnung an das durchlaufende Maschinen- bzw. Pumpenhaus kojenartig ausgebildet. Bei den beiden amerikanischen Kraftwerken sind die Kessel in außenliegenden Gerüsten aufgehängt; bei den vier anderen Kraftwerken tragen die Kessel ihr eigenes Dach, bei den Kraftwerken Emden und Fortuna außerdem die Seitenwände des Kesselhauses.

Die Kraftwerke Città di Roma, Fortuna, Emden und San Nicolas entsprechen deutscher Kraftwerkspraxis. Sie sind in ihrer endgültigen Gestaltung eine Synthese aus den Erfahrungen und Anschauungen der Bauherren und Betreiber sowie dem Einblick in viele gleichzeitig im Bau und in Betrieb befindliche Kraftwerke, der bei beratenden Ingenieuren vorliegt. Die beiden amerikanischen Kraftwerke wurden in dem Gedankenkreis und den Gepflogenheiten amerikanischer Praxis entwickelt. Der Gesamtüberblick zeigt aber eine starke Angleichung der Gedankengänge und Entwicklungslinien, die sich im Kraftwerksbau durchgesetzt haben.

Die Reihenfolge der Ausführungsbeispiele entspricht der im II. Teil eingehaltenen Ordnung nach fallenden Drücken.

Erstes Ausführungsbeispiel

Das Kraftwerk Eddystone der Philadelphia Electric Company, Philadelphia, Pa., USA

Von KARL SCHRÖDER und KARL RUDOLF SCHMIDT

A. Vorgeschichte, Aufgabenstellung, Standort

Das Versorgungsgebiet der Philadelphia Electric Company mit dem Sitz in Philadelphia, Pa., ist seit etwa 1949 wiederum in einer starken industriellen Expansion begriffen. Während der Jahre 1940/50 hatte die Einwohnerzahl um 15% zugenommen; von 1950

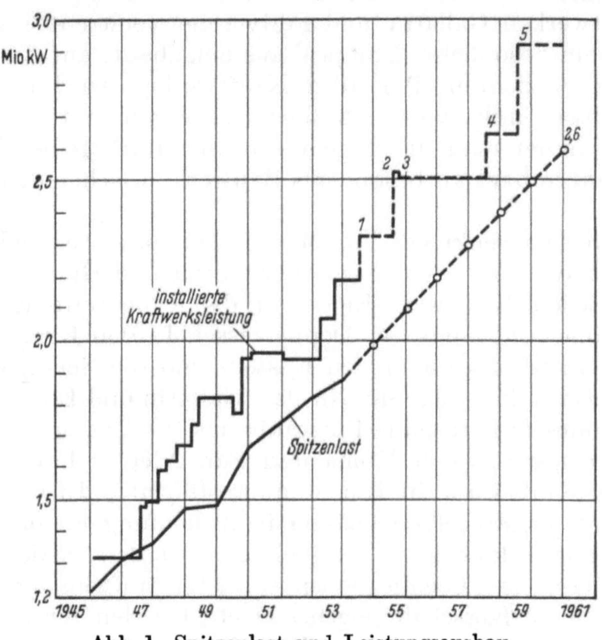

Abb. 1. Spitzenlast und Leistungsausbau der Philadelphia Electric Co[1].

Größere Erweiterungen der Ausbauleistung:

Nr.	Kraftwerk	Block	kW_{inst}	Geplante Fertigstellung
1	Cromby	1	150000	1954
2	Cromby	2	200000	1955
3	Schuylkill	4	44000	1955
4	Schuylkill	5	150000	1958
5	Eddystone	1	275000	1959

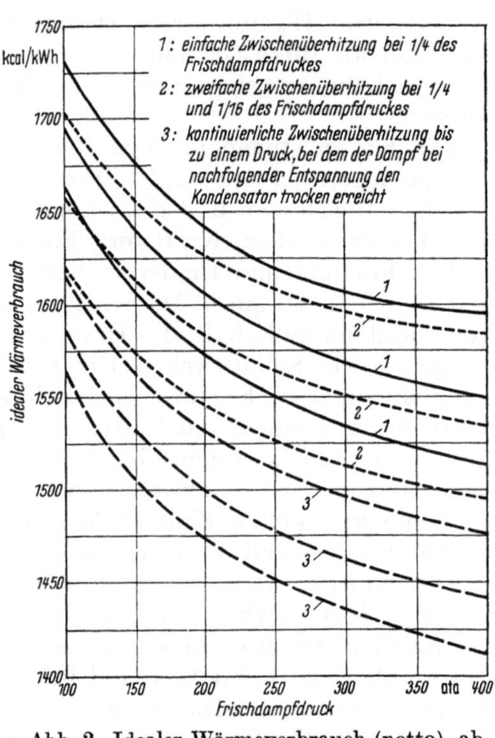

Abb. 2. Idealer Wärmeverbrauch (netto), abhängig von Frischdampfzustand und der Anzahl der Zwischenüberhitzungen

bis 1960 wird ein weiterer Zuwachs bis zu 20% erwartet. Auf Grund der seinerzeit angestellen Vorausschätzungen, deren Ergebnis hinsichtlich Stromverbrauch und Bedarf an installierter Leistung in Abb. 1 wiedergegeben ist, entschloß sich die Gesellschaft 1954 zum Bau eines neuen Dampfkraftwerkes.

Das neue Werk soll vornehmlich Grundlast fahren und dementsprechend den Strom zu einem niedrigen Preis erzeugen. Das setzt einen möglichst geringen spezifischen

[1] Abweichend von diesen ursprünglichen Schätzungen und den darauf gegründeten Absichten wurden dann in Schuylkill ein 175 MW- und in Eddystone zwei 325 MW-Sätze installiert. Es mag noch interessieren, daß folgende Spitzenlasten später dann wirklich auftraten: 1954: 1984 MW; 1955: 2183 MW; 1956: 2168 MW; 1958: 2306 MW.

Wärmeverbrauch voraus. Auf Grund eingehender Wirtschaftlichkeitsberechnungen, deren Ergebnis in Abb. 2 wiedergegeben ist, entschied man sich unter Berücksichtigung aller betrieblichen Belange für die Anwendung überkritischer Drücke. Da die Höhe des Dampfdruckes erst bei sehr großen Leistungseinheiten den Wärmeverbrauch entscheidend beeinflußt, waren zunächst 275 MW-Einwellen-Turbosätze geplant, endgültig wurden aber 325 MW-Zweiwellen-Turbosätze gewählt. Diese Blockleistung schien vertretbar, da die Gesellschaft kein isoliertes Netz betreibt, sondern im Verbundbetrieb innerhalb der Pennsylvania-New Jersey Interconnection arbeitet. Der erste Block wird mit einem Frischdampfzustand von 353 ata, 649° C bei zweifacher Zwischenüberhitzung auf je 565° C betrieben; für den zweiten ist ein Frischdampfzustand von 246 ata, 565° C bei ebenfalls zweifacher Zwischenüberhitzung auf die gleiche Temperatur vorgesehen.

Eine grundsätzliche Vorbedingung zu dieser Entscheidung bestand darin, daß die Betriebssicherheit auch bei den angegebenen sehr hohen Drücken und Temperaturen nicht gefährdet ist. Daher gingen dieser Festlegung zahlreiche Untersuchungen voraus, die sich auf die konstruktive Ausbildung und Auslegung der verschiedenen Einzelelemente des Kraftwerkes erstreckten.

Abb. 3 zeigt, daß die Bemühungen der Gesellschaft, die Wirtschaftlichkeit ihrer verschiedenen Kraftwerke zu steigern, den Erfolg hatten, daß der spezifische Wärme-

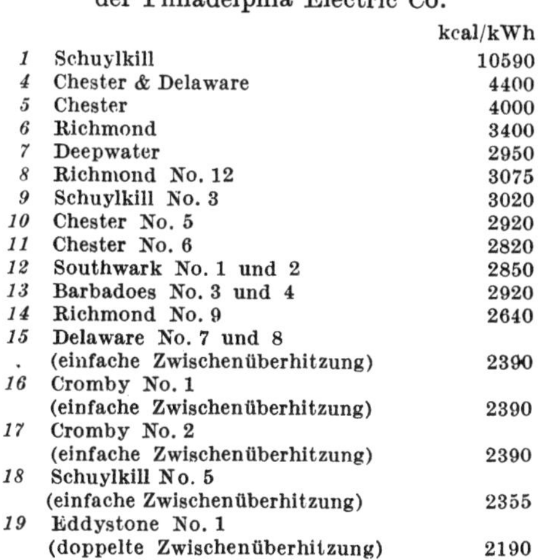

Abb. 3. Abnahme des Netto-Wärmeverbrauches bei den Dampfkraftwerken der Philadelphia Electric Co.

		kcal/kWh
1	Schuylkill	10590
4	Chester & Delaware	4400
5	Chester	4000
6	Richmond	3400
7	Deepwater	2950
8	Richmond No. 12	3075
9	Schuylkill No. 3	3020
10	Chester No. 5	2920
11	Chester No. 6	2820
12	Southwark No. 1 und 2	2850
13	Barbadoes No. 3 und 4	2920
14	Richmond No. 9	2640
15	Delaware No. 7 und 8 (einfache Zwischenüberhitzung)	2390
16	Cromby No. 1 (einfache Zwischenüberhitzung)	2390
17	Cromby No. 2 (einfache Zwischenüberhitzung)	2390
18	Schuylkill No. 5 (einfache Zwischenüberhitzung)	2355
19	Eddystone No. 1 (doppelte Zwischenüberhitzung)	2190

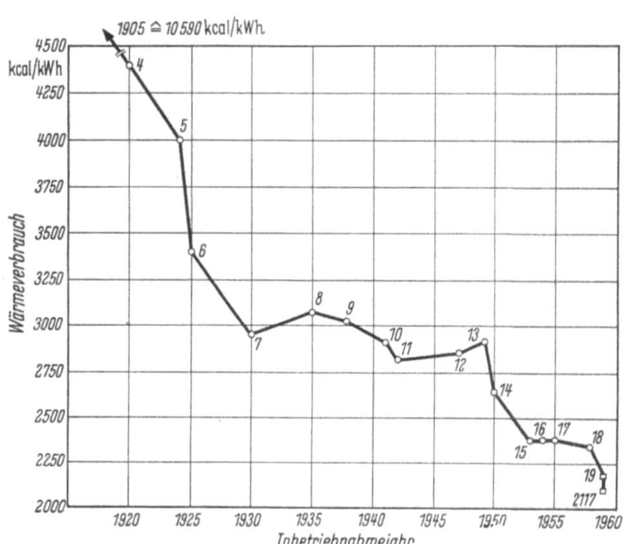

verbrauch in etwa 40 Jahren von rund 10600 kcal/kWh auf rund 2200 kcal/kWh herabgesetzt werden konnte. Die angegebenen Wärmeverbrauchszahlen beinhalten die Verluste durch ungenügende Beharrung, Anfahren, Abstellen, Lastschwankungen, verschiedene Vakua bei Änderung der Kühlwassertemperatur, Verschmutzungen usw. Der beste spezifische Wärmeverbrauch soll in Eddystone bei 0,035 ata Gegendruck für Block I bei 2020 kcal/kWh und für Block II bei 2080 kcal/kWh liegen. Im Endeffekt hofft man, bei einer Temperatur von 621°C einen Wärmeverbrauch von 2117 kcal/kWh zu erreichen. Die angegebenen Wärmeverbrauchszahlen (ausgenommen der Grenzwert von 2117 kcal/kWh) wurden tatsächlich ermittelt bzw. werden erwartet.

Der erste Satz soll 1959, der zweite 1960 in Betrieb gehen. Als Lageplatz wurde ein Grundstück von 40,5 ha Größe in Eddystone Borough am Delaware River ausgewählt, das mit einer Länge von 430 m an den Fluß angrenzt. Eddystone Borough liegt, wie Abb. 4 zeigt, am östlichen Stadtausgang von Chester, südwestlich von Philadelphia.

Planung und Aufbau des Eddystone-Kraftwerkes gelten als Musterbeispiel für eine vorbildliche Gemeinschaftsarbeit aller an Bau und Lieferungen beteiligten Firmen, gesteuert von einer Planungsgruppe unter Führung der Philadelphia Electric Company.

In den folgenden Abschnitten soll die Anlage Eddystone so weitgehend, wie es nach den Literaturangaben und den von der Philadelphia Electric Company freundlicherweise zur Verfügung gestellten Unterlagen möglich ist, näher beschrieben werden. Hierbei wurden in erster Linie diejenigen Teile des Kraftwerkes berücksichtigt, die durch die Wahl des Betriebes mit überkritischen Dampfzuständen von besonderem Interesse sind. Die Behandlung verschiedener weiterer Fragen mußte u. a. auch aus dem Grunde zurückgestellt werden, weil das Kraftwerk noch in der Ausführungsbearbeitung ist, so daß

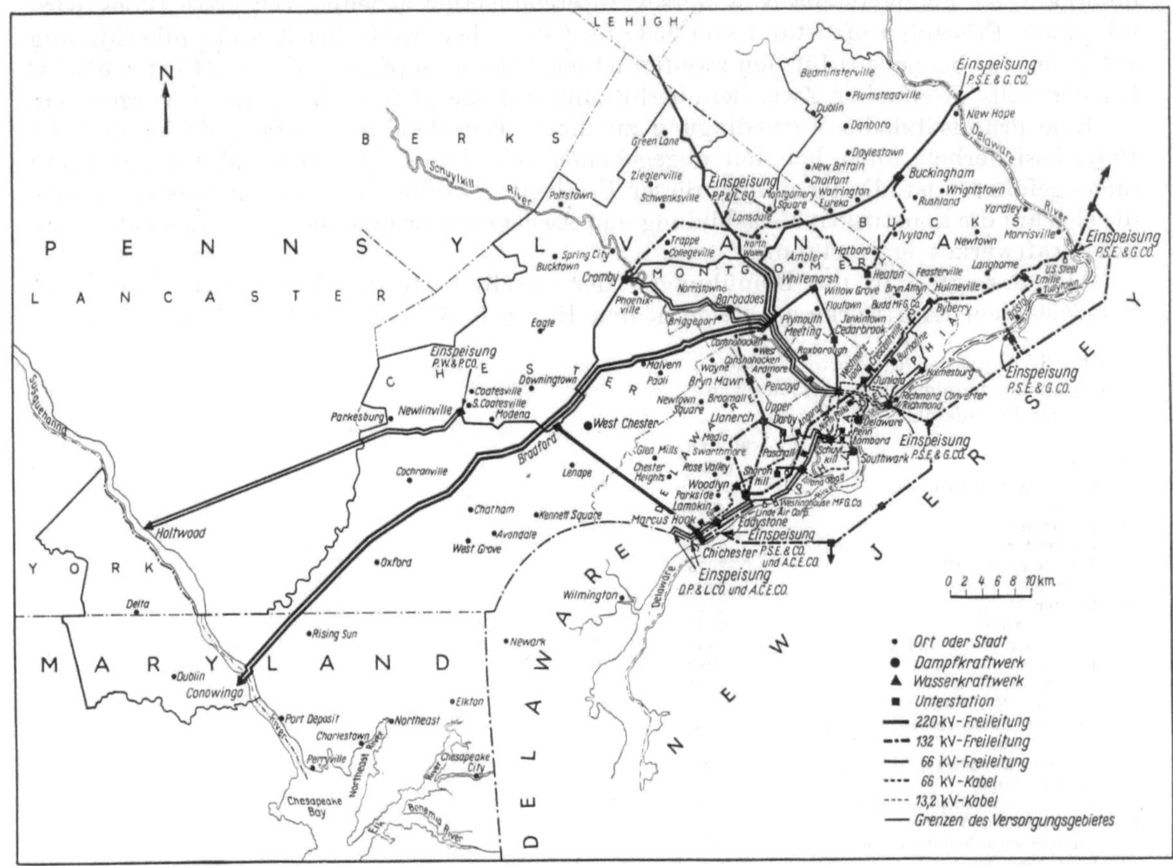

Abb. 4. Lage des Eddystone Kraftwerkes im Netz der Philadelphia Electric Co. Stand Anfang 1959

noch gewisse Abweichungen und Änderungen auftreten können. Die allgemeine Erfahrung lehrt, daß jeder Kraftwerksplaner bestrebt ist, die neuesten, während des Baues in anderen Kraftwerken gemachten Erfahrungen noch mit zu verwerten, so daß das endgültig in Betrieb befindliche Kraftwerk gegenüber dem ersten Planungsentwurf gewisse Änderungen aufweist.

B. Kombinationstechnik

I. Innerer Aufbau

a) Wärmetechnische Schaltung und Auslegung

Im Kraftwerk Eddystone werden zunächst 2 Blockeinheiten aufgestellt. Eine Erweiterung auf 4 Blocks ist vorgesehen, auf 6 Blocks möglich.

Jeder Block besitzt einen Durchlaufkessel als Dampferzeuger. Die beiden Doppelkessel stimmen aufbaumäßig weitgehend überein, unterscheiden sich jedoch in der wärmetechnischen Auslegung.

Die beiden Turbosätze haben zwar die gleiche elektrische Leistung, weichen aber sonst grundsätzlich und in allen Einzelheiten voneinander ab. Die Leistungsaufteilung auf die beiden Wellen und die einzelnen Gehäuse sowie die Drehzahlen sind verschieden, ebenso die Dampfdrücke und -temperaturen. Die Auslegungswerte für Kessel und Turbosätze sind in Tabelle 1 enthalten.

Tabelle 1. *Auslegungsdaten*

	Block I	Block II
Inbetriebnahme	1959	1960
Kessel:		
Anzahl	1 (Doppelkessel)	1 (Doppelkessel)
Bauart	Durchlauf	Durchlauf
Dampfleistung	908 t/h	985 t/h
Frischdampf	353 ata; 649° C	246 ata; 565° C
Zwischenüberhitzung	zweifach auf 565° C bei 70,6 ata und bei 17,7 ata	zweifach auf 565° C bei 65,8 ata und bei 22,1 ata
Abgastemperatur	97,7° C	97,7° C
Turbosatz:		
Gesamtleistung	325 MW	325 MW
Wellenleistung	149,5 u. 175,5 MW	162,5 u. 162,5 MW
Drehzahl	3600/1800 U/min	3600/3600 U/min
Gehäusezahl	4	6
Spez. Wärmeverbrauch	2020 kcal/kWh	2080 kcal/kWh

Der jeweilige Entspannungsverlauf des Dampfes in den beiden Dampfturbinen ist in der *is*-Tafel Abb. 5 eingezeichnet. Die Wärmeschaltung beider Blocks zeigen die Abb. 6a und b.

Das bei Block I im Kondensator *i* der Turbine anfallende Kondensat wird von der Kondensatpumpe *k* über den Kondensatkühler *l'*, den Stopfbüchsendampfkondensator *m*, den Vakuumvorwärmer *n*, den Kondensatkühler *l*, den rauchgasbeheizten Vorwärmer *o* und einen Niederdruckvorwärmer *p* sowie den Entgaser in den Speisewasserbehälter *s* gefördert. Die Niederdruck-Kesselspeisepumpe *t* drückt das Speisewasser durch die 5 Hochdruckvorwärmer *u*, die alle mit Enthitzungsstufen und Kondensatkühlereinbauten ausgerüstet sind, zur Mitteldruck-Kesselspeisepumpe *v*. Das daraus mit einem Druck von 311 ata austretende Kesselspeisewasser wird von der Höchstdruck-Kesselspeisepumpe *w* auf 440 ata gefördert. Die Antriebsturbine *x* der Hochdruckpumpe ist zwischen die erste und vierte Entnahme geschaltet. Der Block I besitzt 8 Entnahmestufen für die Regenerativvorwärmung. Abweichend von der normalen Auslegung hat der Vakumvorwärmer *n* einen eingebauten Wasservorwärmer für die Vorwärmung der Verbrennungsluft von 13° C auf 50° C. Die übertragene Wärme kann durch eine Regelung der umlaufenden Wassermenge in Abhängigkeit von den jeweils vorherrschenden Wetterverhältnissen den Erfordernissen angepaßt werden. Auf diese Weise ist es möglich, Korrosionen des rauchgasbeheizten Luftvorwärmers infolge Taupunktsunterschreitung zu verringern bzw. zu vermeiden. Es wurde sehr großer Wert darauf gelegt, die

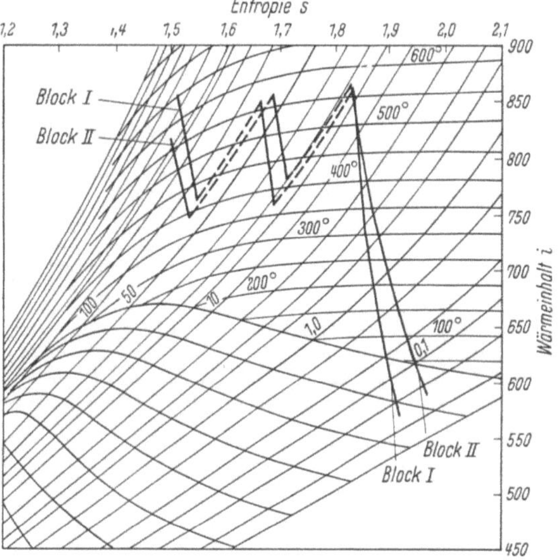

Abb. 5. Entspannungsverlauf bei den Blocks Eddystone I und II im *is*-Diagramm

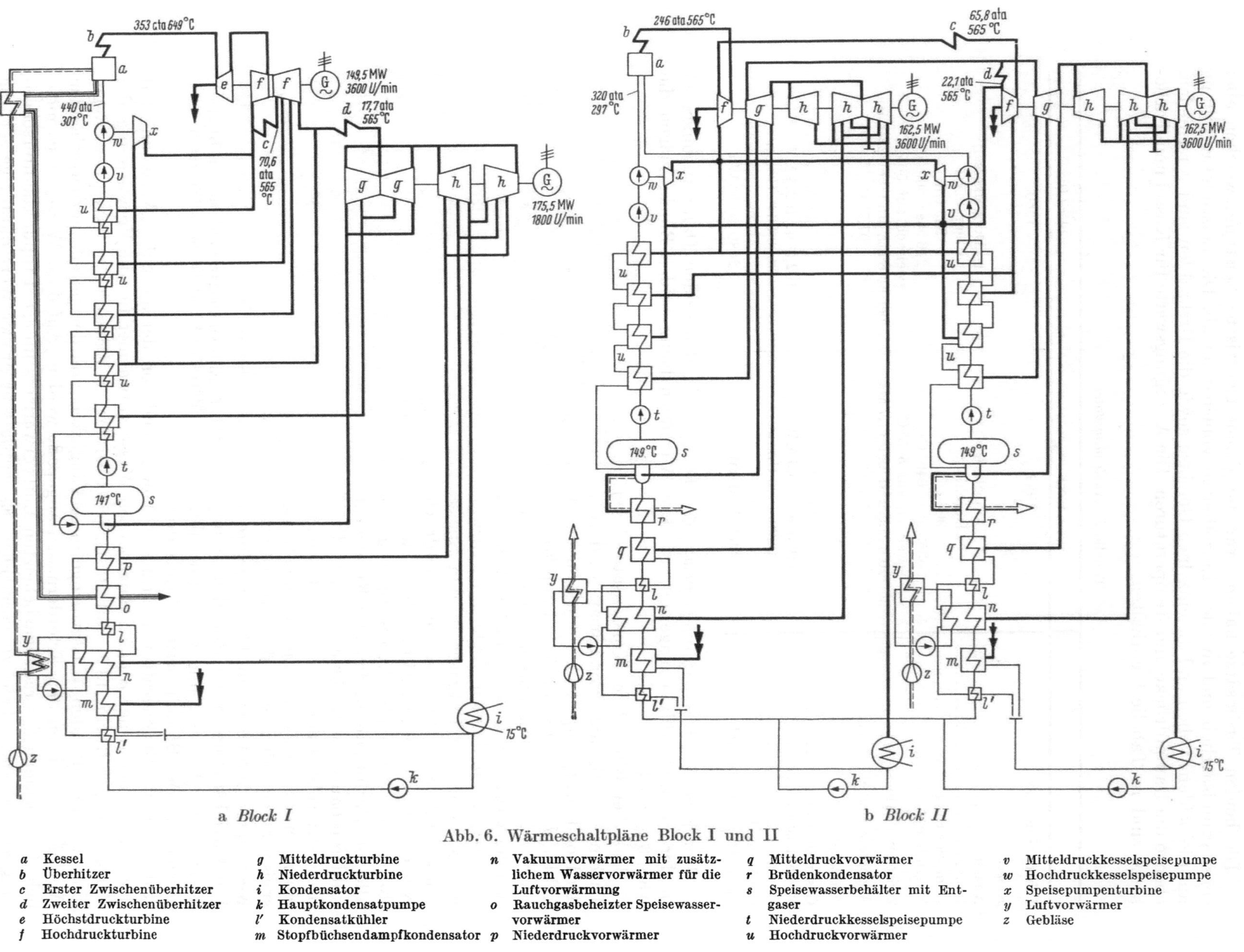

a *Block I* b *Block II*

Abb. 6. Wärmeschaltpläne Block I und II

a Kessel
b Überhitzer
c Erster Zwischenüberhitzer
d Zweiter Zwischenüberhitzer
e Höchstdruckturbine
f Hochdruckturbine
g Mitteldruckturbine
h Niederdruckturbine
i Kondensator
k Hauptkondensatpumpe
l' Kondensatkühler
m Stopfbüchsendampfkondensator
n Vakuumvorwärmer mit zusätzlichem Wasservorwärmer für die Luftvorwärmung
o Rauchgasbeheizter Speisewasservorwärmer
p Niederdruckvorwärmer
q Mitteldruckvorwärmer
r Brüdenkondensator
s Speisewasserbehälter mit Entgaser
t Niederdruckkesselspeisepumpe
u Hochdruckvorwärmer
v Mitteldruckkesselspeisepumpe
w Hochdruckkesselspeisepumpe
x Speisepumpenturbine
y Luftvorwärmer
z Gebläse

Abgastemperatur niedrig zu halten, was nur durch den Einbau sehr großer Luftvorwärmerheizflächen möglich war. Die Abgastemperatur wird durch den im Schornstein eingebauten Wärmeaustauscher y auf 93,7° C herabgesetzt.

Bei Block II wird das Kondensat durch die Kondensatpumpe k über den Kondensatkühler l', den Stopfbuchsendampfkondensator m, den Vakuumvorwärmer n, den Kühler l, die Niederdruckvorwärmer q und den Brüdenkondensator r dem Speisewasserbehälter s mit Entgaser zugeführt. Die Niederdruck-Kesselspeisepumpe t drückt das Kesselspeisewasser durch die 4 Hochdruckvorwärmer u der Mitteldruckpumpe v zu, die der durch die Dampfturbine x angetriebenen Höchstdruck-Kesselspeisepumpe w vorgeschaltet ist. Das Kesselspeisewasser tritt mit 320 ata, 297° C in den Kessel ein. Die Regenerativvorwärmung erfolgt in 8 Stufen unter Verwendung des Abdampfes der Hochdruck-Speisepumpenturbine und des Stopfbuchsendampfes. Im Niederdruckteil ist eine zusätzliche Entnahmemöglichkeit vorgesehen, um gegebenenfalls einen weiteren Niederdruckvorwärmer einschalten zu können. Die Speisepumpenantriebsturbine erhält ihren Dampf aus der ersten Entnahme am Austritt des Hochdruckteiles. Ihr Abdampf wird der drittletzten Vorwärmstufe zugeleitet, die zusätzliche Dampfmengen aus dem zweiten kalten Zwischenüberhitzer bezieht. Der Niederdruckvorwärmer n besitzt ebenfalls eine zusätzliche Wasservorwärmung zur Vorwärmung der Verbrennungsluft. Jeder der beiden Blocks besitzt zwei parallele Vorwärmerreihen, von denen in Abb. 6a für Block I jedoch nur eine dargestellt ist.

b) Aufbereitung des Wassers

Das Verhalten der mit dem Zusatzwasser eingeführten Salze beim überkritischen Phasenübergang und ihr Einfluß auf die gewählten Werkstoffe sind z. T. noch nicht hinreichend bekannt. Daher möchte man die Menge der in den Kreislauf eingeführten Fremdstoffe möglichst klein halten. Auf Grund zahlreicher Versuche und auf Grund von in anderen Kraftwerken gesammelten Erfahrungen wurde eine Vollentsalzungsanlage vorgesehen, die aus einem Kationen-, einem Anionen- und einem Mischbettfilter in Hintereinanderschaltung besteht. Mit einer derartigen Anlage hat man z. B. im Cromby-Kraftwerk der Philadelphia Electric Co. einen Salzgehalt von 0,05 mg/l im Dauerbetrieb erzielt. Das würde beim Eddystone-Kraftwerk einer eingeführten Salzmenge von rund 25 kg/Jahr entsprechen. Um die Wasseraufbereitung zu entlasten, wurden drei besondere Kleinkessel mit einer Leistung von je 18 t/h aufgestellt, die Dampf von 35 ata zur Gebäudeheizung, für die Rußbläser und für andere Niederdruckabnehmer liefern.

Besondere Sorgfalt verwendet man bei der Konstruktion, bei der Fertigung und im Betrieb auf die Leckdichtheit des Kondensators. Zur Abdichtung der eingewalzten Rohre wurde ein besonderes Verfahren ausgearbeitet; die Einwalzstellen sollen gegebenenfalls noch durch einen gummiähnlichen Stoff geschützt werden. Da im Betrieb Kühlwasserrohre aus verschiedenen Ursachen undicht werden bzw. Schwingungsbrüche auftreten können, leitet man einen Teil des Kondensats im Bypaß durch das somit gleichzeitig als „Polizeifilter" wirkende Mischbett, das für einen Durchfluß von etwa einem Drittel des Kondensatflusses bei Vollast ausgelegt ist. In Abb. 7 ist das vorgeschlagene Schaltbild der Wasser- und Kondensataufbereitungsanlage dargestellt. Im Betrieb soll der Fertigwasserbehälter voll und der Zwischenkondensatbehälter leer sein. Die beiden Tanks sollen zusammen ein Fassungsvermögen erhalten, das dem Durchlauf von zwei Stunden entspricht.

Die Leckentdeckung bereitet Schwierigkeiten, da die Empfindlichkeit der Leitfähigkeitsmesser so gering ist, daß im Laufe eines Jahres mehr als eine halbe Tonne Festkörper in den Kessel gelangen könnte, ohne bemerkt zu werden. Überdies muß bei einem Leitfähigkeitsanstieg unterschieden werden, ob die Ursache in Undichtigkeiten besteht oder ob der Anstieg durch die Dosierung von Hydrazin bzw. Ammoniak hervorgerufen ist, die beide eine beträchtliche Erhöhung der Leitfähigkeit verursachen können. Aus diesem Grund soll das von den Kondensatorrohren abtropfende Kondensat in etwa 20 Abteilungen mit Durchgängen an der Innenseite der Rohrböden zum Hotwell aufgefangen werden. Das Leckwasser aus einer undichten Rohreinwalzstelle fließt also an der Innenseite des Rohrbodens herunter in den Durchgang. Da in jedem Durchgang eine Leitfähigkeitsmeßstelle eingebaut ist, wird die Auswirkung jeder Undichtigkeit gegenüber einem Meßgerät für die gesamte Kondensatmenge in der Kondensatsammelleitung um etwa einen Faktor 20 vergrößert. Durch eine derartige Anordnung ist es möglich, den Grund eines Leitfähigkeitsanstieges zu erkennen und im Falle eines Lecks dieses schneller aufzufinden.

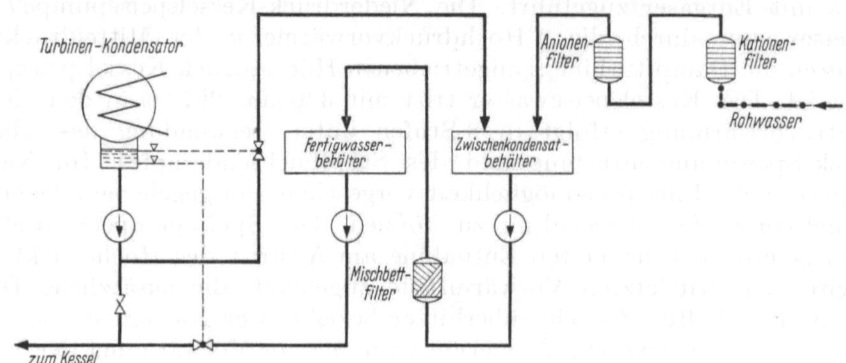

Abb. 7. Wasser- und Kondensataufbereitung Eddystone I

Zeigen alle Zellen die Leitfähigkeitsänderung an, so ist diese durch die chemische Wasserbehandlung verursacht, da ein Leck eine Anzeigeänderung nur in einer oder zwei Zellen bewirken kann. Der Hotwell ist zusätzlich in 3 Abteilungen unterteilt, so daß eine einzige Pumpe das in einem Drittel des Kondensators anfallende Wasser erfassen und im Falle eines Lecks durch das Polizeifilter fördern kann. Die anderen beiden Drittel des anfallenden Kondensats werden in einem solchen Falle direkt in den Kreislauf gepumpt.

c) Anfahren und Abstellen

Die Vorgänge beim Anfahren und Abstellen der Anlage, bei Betriebsschwankungen von Leistung, Druck und Temperatur sowie bei Lastzusammenbrüchen mußten wegen des überkritischen Dampfdruckes und der ungewöhnlich hohen Dampftemperatur besondere Beachtung finden, um Störungen — z. B. durch zu starke Temperaturbeanspruchungen des Werkstoffes — zu vermeiden. Erschwerend wirkt sich im vorliegenden Fall die große Turbinenleistung, der Betrieb mit einem Doppelkessel und die für amerikanische Verhältnisse zur Zeit der Planung ungewohnte Fahrweise mit Durchlaufkesseln aus.

Bevor der Dampf-Wasser-Kreislauf gemäß dem Wärmeschaltbild Abb. 6 einsetzt, muß der Block über ein Bypaßsystem unter Umgehung der Turbine mit einer Speisewassermenge, die bei Block I rund 30% der vollen Dampferzeugung entspricht, angefahren werden. Das Kesselspeisewasser wird gemäß Abb. 8 zunächst durch die Vorwärmer p, den Ekonomiser a und durch den Hauptüberhitzer b–c in die Frischdampfleitung gepumpt, die aber durch den Absperrschieber v_2 gegen die Turbine abgeschlossen ist. Von hier aus wird es durch das offene Bypaßventil v_3 zum Abfahrentspanner s und durch das Ablaufventil v_4 direkt zum Kondensator k geleitet. Aus dem Hotwell des Kondensators wird das Wasser durch die Kondensatpumpe l über die Vorwärmer m zu der Kesselspeisepumpe zurückbefördert. Nach Herstellung des Wasserkreislaufes über das Bypaßsystem und den Kondensator wird die Kesselfeuerung gezündet. Mit zunehmender Wärmezufuhr steigt die Temperatur des im Anfahrentspanner ankommenden Wassers. Der bei der Drosselung in v_3 entstehende Dampf strömt durch die beiden Zwischenüberhitzer d und e und die Absperrorgane v_5 und v_6 sowie über den Einspritzkühler t zum Kondensator k und wird dort niedergeschlagen. Mit zunehmender Wärmeentwicklung nimmt die Wassermenge ab und die Dampfmenge zu, bis schließlich nur noch Dampf erzeugt wird.

Besitzt der aus dem Endüberhitzer c austretende Dampf den vorgeschriebenen Druck- und Temperaturzustand, so öffnet die Temperaturregelung die Absperr- und Schnellschluß-ventile v_7 des Turbosatzes. Dieses Öffnen kann in jedem gewünschten Maß durch einen Handeingriff verhindert oder begrenzt werden. Durch eine derartige Handverstellung werden die Frischdampfschieber beim Anfahren zuerst nur wenig geöffnet, um die Frischdampfleitung und die Turbine anzuwärmen. Bei Erreichen der vorgeschriebenen Temperatur wird der Schieber langsam weitergeöffnet, um die Turbine anzustoßen. Die Frischdampfschieber bleiben während des normalen Betriebes ganz geöffnet. Die Rückschlagventile in den kalten sowie die Absperrorgane und Schnellschlußventile in den heißen Zwischenüberhitzungsleitungen legen den Weg und die Menge des Dampfstromes durch Bypaßsystem und Turbine fest. Beim Anstoßen und Anfahren der

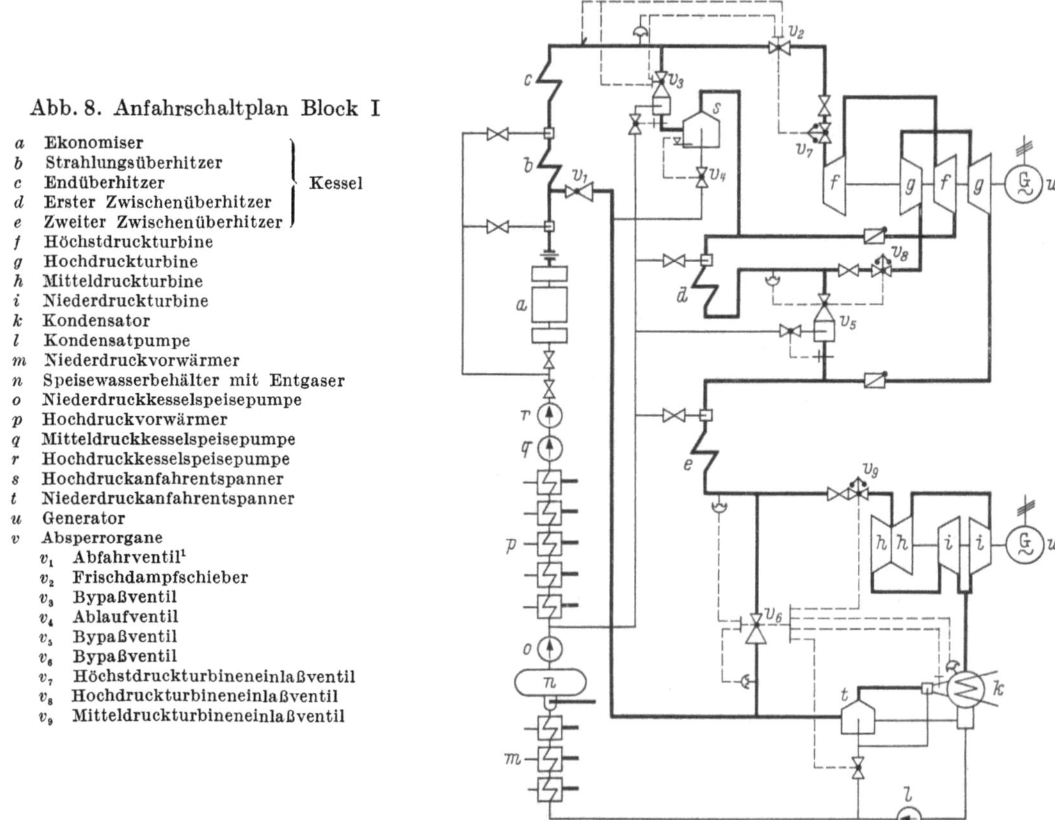

Abb. 8. Anfahrschaltplan Block I

- *a* Ekonomiser
- *b* Strahlungsüberhitzer
- *c* Endüberhitzer
- *d* Erster Zwischenüberhitzer
- *e* Zweiter Zwischenüberhitzer

(*a*–*e*: Kessel)

- *f* Höchstdruckturbine
- *g* Hochdruckturbine
- *h* Mitteldruckturbine
- *i* Niederdruckturbine
- *k* Kondensator
- *l* Kondensatpumpe
- *m* Niederdruckvorwärmer
- *n* Speisewasserbehälter mit Entgaser
- *o* Niederdruckkesselspeisepumpe
- *p* Hochdruckvorwärmer
- *q* Mitteldruckkesselspeisepumpe
- *r* Hochdruckkesselspeisepumpe
- *s* Hochdruckanfahrentspanner
- *t* Niederdruckanfahrentspanner
- *u* Generator
- *v* Absperrorgane
  - v_1 Abfahrventil[1]
  - v_2 Frischdampfschieber
  - v_3 Bypaßventil
  - v_4 Ablaufventil
  - v_5 Bypaßventil
  - v_6 Bypaßventil
  - v_7 Höchstdruckturbineneinlaßventil
  - v_8 Hochdruckturbineneinlaßventil
  - v_9 Mitteldruckturbineneinlaßventil

Turbine wird der Dampfstrom beim Hauptturbinenventil v_7 und vor dem Wiedereintritt des vom ersten Zwischenüberhitzer kommenden Dampfes v_8 sowie ebenfalls vor dem Wiedereintritt des vom zweiten Zwischenüberhitzer kommenden Dampfes v_9 geregelt. Während des Umschaltvorganges vom Bypaß auf die Turbine arbeiten die Schnellschlußventile als Regelventile, während die eigentlichen Regelventile voll geöffnet sind. Der Dampfzustrom zur Turbine soll in allen 3 Leitungen in gleicher Weise zunehmen. Mit steigendem Dampfdurchfluß durch die Turbine nimmt die durch das Anfahrsystem strömende Dampfmenge ab, bis schließlich die gesamte vom Kessel gelieferte Dampfmenge durch die Turbine geht. Mit steigender Leistungsaufnahme der Turbine wächst der Druck in dem Zwischenüberhitzer verhältnisgleich zum Dampfdurchsatz.

Während des Betriebes wirkt das Bypaßsystem als Sicherungseinrichtung. Die Ventile öffnen sich selbsttätig bei Übertemperaturen und bei einem 5%igen Überdruck in der

[1] Endgültige Schaltung siehe Abb. 10.

Frischdampfleitung. Durch das Öffnen des Ventils v_3 wird der Dampfstrom durch den Überhitzer vergrößert, so daß der Dampfdruck sinkt. Mit Erreichen der vorgeschriebenen Sollwerte schließt das Ventil selbsttätig. Das Hochdruck-Bypaßventil v_5 sorgt dafür, daß der Zwischenüberhitzer auch nach einem Ansprechen des Schnellschlusses von Dampf durchströmt, also gekühlt wird. Das Ventil öffnet sich gleichfalls bei einem 5%igen Überdruck im Zwischenüberhitzer. Die Sollwertverstellung hierfür erfolgt automatisch entsprechend der Last bzw. dem zugehörigen Sollwert des Druckes vor der Turbine. Bei Druckabsenkungen unter einen Minimalsollwert schließt das Ventil wieder. Das Niederdruck-Bypaßventil v_6 stellt in der gleichen Weise den Dampfdurchfluß und damit die Kühlung im zweiten Zwischenüberhitzer sicher. Das Bypaßsystem schützt die Überhitzer und die Turbine auch bei abnormalen Betriebsfällen. Bei plötzlicher Lastverringerung, die bis zum Lastzusammenbruch gehen kann, schließen die Turbinen-Regel- und -Schnellschlußventile; die Bypaßventile öffnen sich und geben den Dampf durch das Bypaßsystem frei. Dieser Dampf besitzt die volle Betriebstemperatur und muß vor dem Eintritt in den Anfahrentspanner und die Zwischenüberhitzer gekühlt werden. Hierzu dient ein Einspritztemperaturregler vor dem Entspanner, der die Dampftemperatur auf die normale Eintrittstemperatur des ersten Zwischenüberhitzers absenkt. Steigt aus irgendeinem Grunde die Dampftemperatur um einen vorgegebenen Prozentsatz über das zulässige Temperaturmaximum an, so schließt das Höchstdruck-Bypaßventil; der Dampf wird über die Sicherheitsventile abgeblasen. Die bereits erwähnten Rückschlagventile in den kalten Zwischenüberhitzerleitungen verhindern ein Zurückströmen des Dampfes in die Turbine.

Das Niederdruck-Bypaßventil gibt den Weg zum Einspritzkühler und zum Kondensator frei. Die Drücke im zweiten Zwischenüberhitzer sind abhängig von der Maschinenleistung und der Einstellung des Turbinenventils v_9. Bei voller Öffnung der Niederdruck-Bypaßventile kann eine Überlastung der Einspritzkühler und des Kondensators auftreten. Um eine solche zu verhindern, wird die Öffnung des Bypaßventiles so begrenzt, daß der Druck im Einspritzkühler 3,1 ata nicht überschreiten kann. Mit fallendem Zwischenüberhitzerdruck übernimmt das Bypaßventil die Aufrechterhaltung eines Mindestdruckes.

Ursprünglich war vorgesehen (siehe Abb. 8), daß das in den Kessel eingespeiste Wasser beim Abstellen auf dem Kurzschlußweg über das Ventil v_1 direkt in den Kondensator geleitet werden sollte, um den Feuerraum zu kühlen, ohne einen Temperaturschock im austenitischen Überhitzer zu erzeugen. In der endgültigen Ausführung hat man dann aber (siehe Abb. 10) das Abfahrventil v_1 mit dem Hochdruckanfahrentspanner s verbunden.

d) Blockregelung

In neuzeitlichen Kraftwerksblocks sind Kessel, Feuerung und Turbine sowie Blockzubehör zu einer Schaltungs-, Betriebs- und Regelungseinheit zusammengewachsen. Beim Kraftwerk Eddystone mußte eine Anpassung des bisher gewohnten Betriebs- und Regelverfahrens bei Trommelkesseln an die durch den Durchlaufverdampfer und den überkritischen Dampfzustand verursachten Voraussetzungen durchgeführt werden. Es sollen zwei Methoden zur Anwendung kommen, die nachfolgend beschrieben sind.

Während des Betriebes kann von einer Regelmethode auf die andere umgeschaltet werden.

1. Bisher gebräuchliche Methode (Abb. 9a).

Das Lastkommando geht entsprechend der geforderten Leistung gleichzeitig auf Turbine und Feuerung, wobei die Feuerung außerdem vom Frischdampfdruck korrigiert wird. Bei dieser Anordnung folgt der Kessel der verlangten Turbinenleistung.

2. Vordruckregelung (Abb. 9b).

Der Lasteinfluß geht nur auf die Kesselfeuerung, während die Turbine unter dem Einfluß des Vordruckreglers steht.

Bei dieser Anordnung folgt die Turbine der jeweiligen Kesselleistung.

Die Blockregelung erfordert eine beträchtliche Anzahl von Reglern, deren Arbeitsweise in Abb. 10 dargestellt ist. Das dem Speisepumpenaggregat zulaufende Wasser gelangt über das Speisewasserregelventil in den Kessel. Um jedoch die regeltechnisch ungünstige Gegenläufigkeit der Q-H-Linie der Speisepumpe und der Druck-Durchflußcharakteristik des Kessels zu kompensieren, wird der Druckverlust im Speisewasserregelventil durch ein vorgeschaltetes Druckdifferenz-Regelventil konstant gehalten. Dadurch läßt sich die Speisewassermenge der Öffnung des Speisewasserregelventils eindeutig zuordnen.

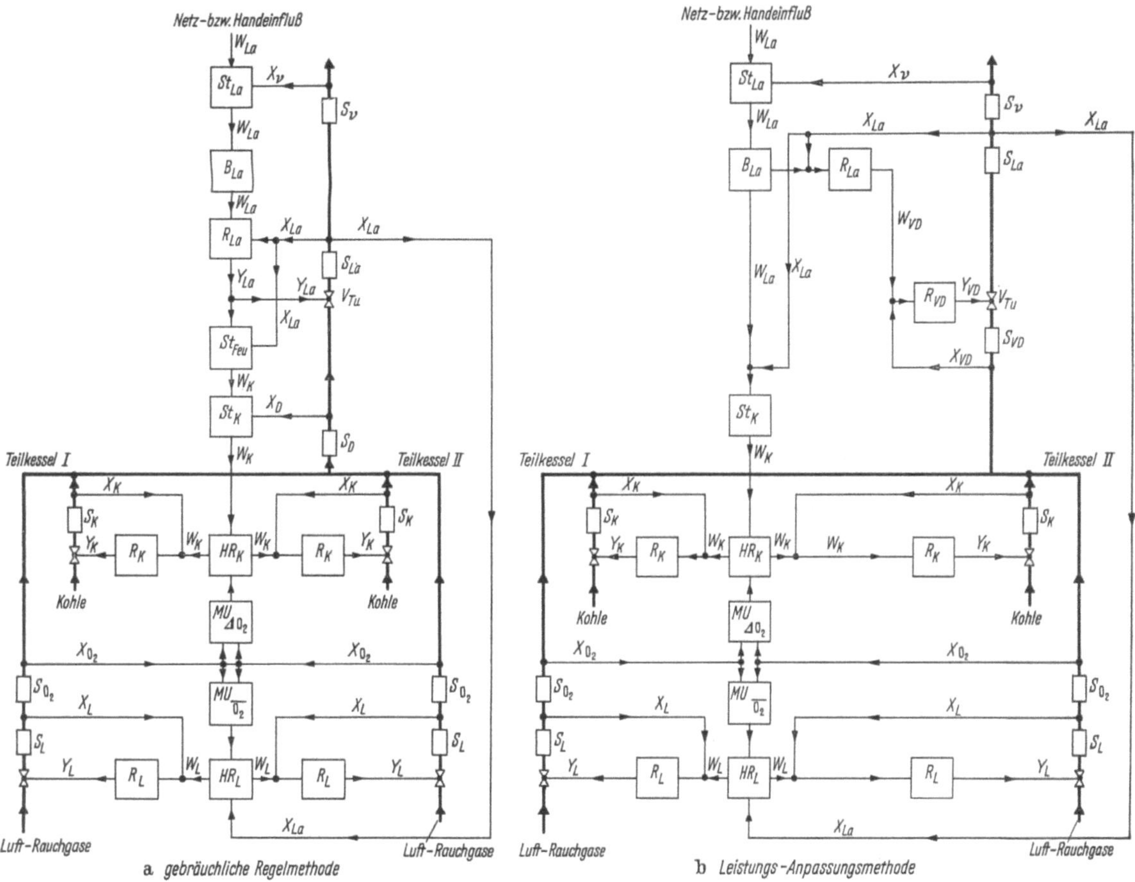

Abb. 9. Regelmethoden Eddystone I

B	Begrenzer	*D*	Frischdampfdruck
HR	Hauptregler	*Feu*	Feuerung
MU	Meßwertumformer	*K*	Kohle
R	Regler	*L*	Luft
S	Regelgröße	*La*	Last
St	Steuergerät	O_2	O_2-Gehalt der Rauchgase
V	Ventil	$\overline{O_2}$	O_2-Gehalt; Mittelwert, Teilkessel I und II
W	Führungsgröße	ΔO_2	O_2-Gehaltsdifferenz Rauchgase, Teilkessel I und II
X	Meßgröße	*Tu*	Turbine
Y	Stellgröße	$\bar{\nu}$	Generatorfrequenz
		VD	Vordruck Frischdampfdruck

Die Wassermenge wird durch die hinter dem Übergangsteil gemessene Dampfmenge grob eingestellt und endgültig durch die an der gleichen Stelle gemessene Temperatur bestimmt.

Die Regelung der Dampftemperatur erfolgt durch Einspritzungen vor dem Strahlungsüberhitzer *b* und vor dem Schottenendüberhitzer *c*, wobei jedes System eigene voneinander unabhängig geregelte Einspritzstellen besitzt. Das Einspritzwasser wird aus der Speiseleitung zwischen Druckdifferenzregelventil und Speisewasserregelventil entnommen. Der ersten Einspritzung werden als Steuerimpuls die Temperatur vor und als Regelgröße die Temperatur hinter dem Strahlungsüberhitzer zugeführt. Von diesem Regelkreis wird außerdem das Abfahrventil beeinflußt, über welches Dampf direkt in den Kondensator geleitet werden kann. Die maßgebende Regelgröße für die zweite Einspritzung ist die Frischdampftemperatur, während die Temperaturmeßstelle im Endüberhitzer als Hilfsregelgröße dient.

Die Kessellast wird durch die vom Wasser-Dampf-Kreislauf unabhängige Feuerungsregelung bestimmt.

Die Überwachung sämtlicher Regelvorgänge für Kessel und Turbine sowie den elektrischen Eigenbedarf wird für beide Blöcke in einer zentralen Warte (Abb. 11) zusammengefaßt.

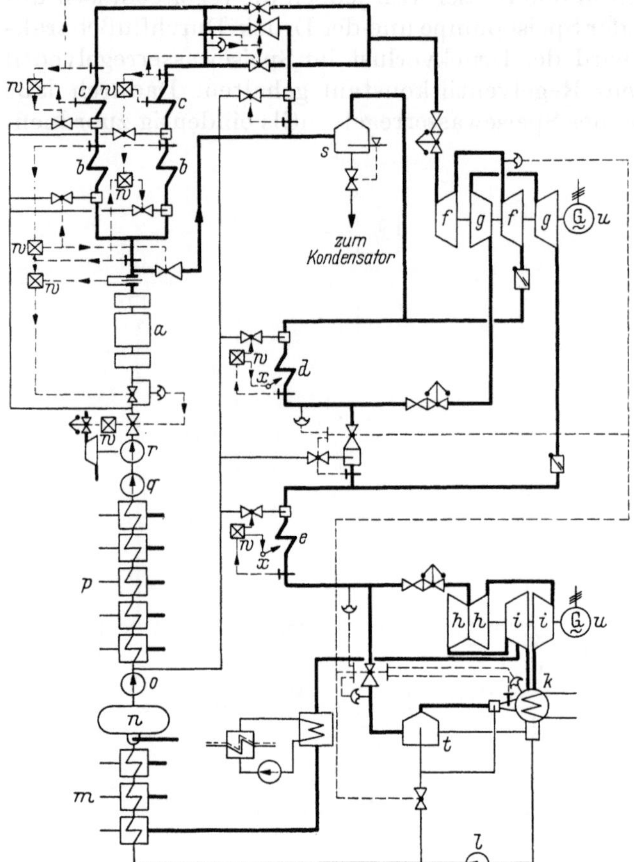

Abb. 10. Grundschaltplan der Blockregelung

- *a* Ekonomiser } Kessel
- *b* Strahlungsüberhitzer } Kessel
- *c* Endüberhitzer } Kessel
- *d* Erster Zwischenüberhitzer } Kessel
- *e* Zweiter Zwischenüberhitzer } Kessel
- *f* Höchstdruckturbine
- *g* Hochdruckturbine
- *h* Mitteldruckturbine
- *i* Niederdruckturbine
- *k* Kondensator
- *l* Kondensatpumpe
- *m* Niederdruckvorwärmer
- *n* Speisewasserbehälter mit Entgaser
- *o* Niederdruckkesselspeisepumpe
- *p* Hochdruckvorwärmer
- *q* Mitteldruckkesselspeisepumpe
- *r* Hochdruckkesselspeisepumpe
- *s* Hochdruckanfahrentspanner
- *t* Niederdruckanfahrentspanner
- *u* Generator
- *w* Regler
- *x* Schwenkbrenner

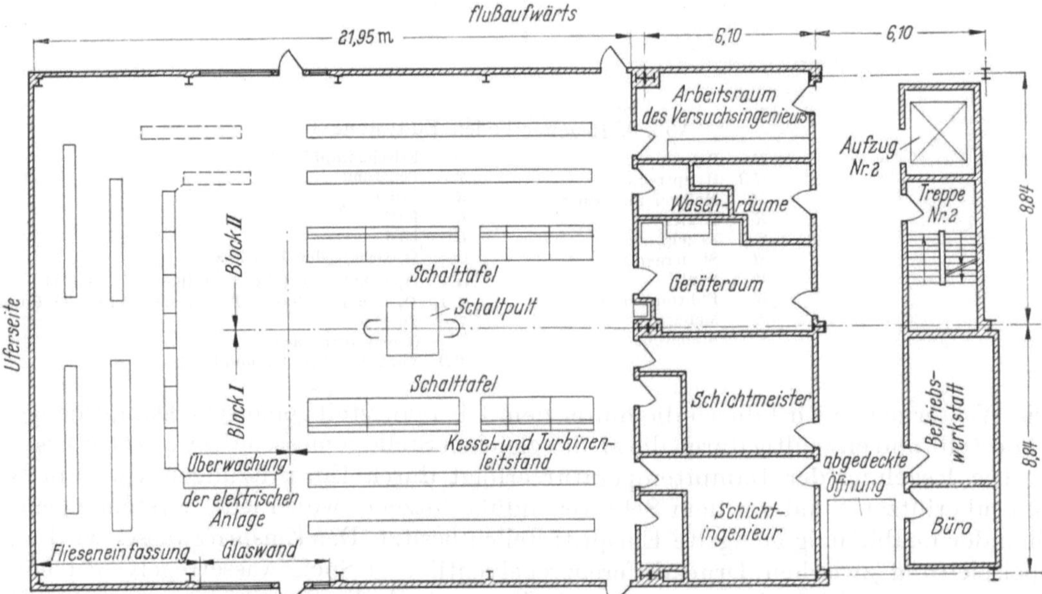

Abb. 11. Zentrale Warte für die Blöcke I und II

e) Elektrische Schaltung und Auslegung

Die beiden Generatoren des Verbundsatzes (3600 und 1800 U/min) weisen eine Leistung von 416 MVA bei 20 kV auf. Sie sind elektrisch miteinander und mit 2 gleichen Transformatoren von je 200 MVA gekoppelt, die mit 132 kV ins Netz einspeisen. Außerdem arbeiten die Generatoren auf je einen Eigenbedarfstransformator von je 16 MVA mit einer Ausgangsspannung von 4 kV, der Arbeitsspannung der Eigenbedarfsanlage. Abb. 12 zeigt den elektrischen Übersichtsschaltplan für Block I des Eddystone-Kraftwerkes. In

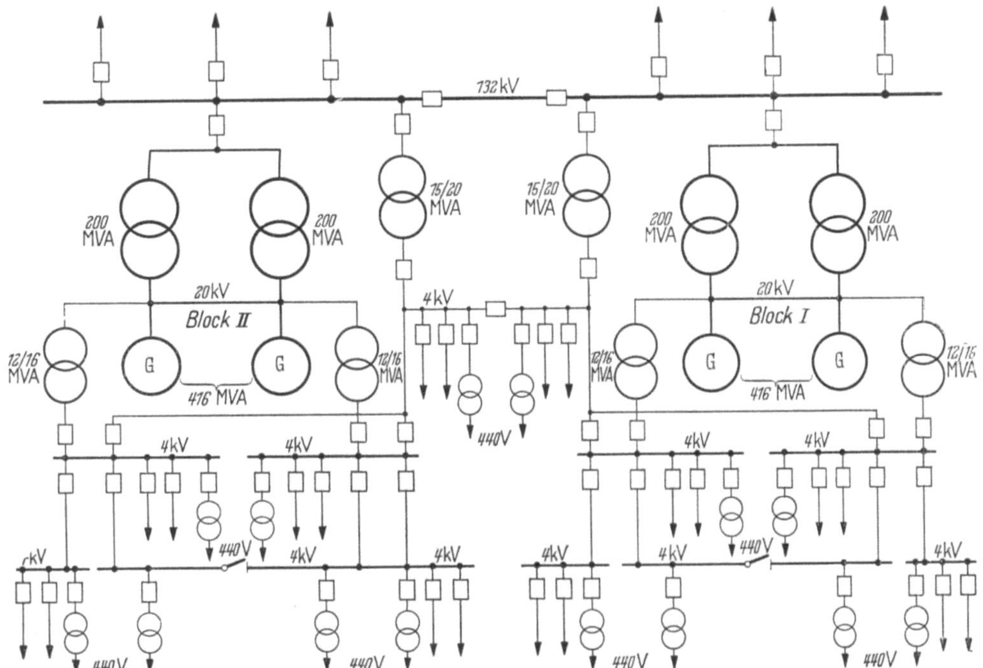

Abb. 12. Elektrischer Übersichtsschaltplan Block I

jeder der beiden Hochspannungsleitungen ist ein Unterbrechungsschalter eingebaut. Die beiden 132 kV-Sammelschienen sind über eine Drosselspule miteinander verbunden und arbeiten auf drei abgehende Leitungen und zwei 132/4 kV-Anfahr-Eigenbedarfstransformatoren. Die beiden Eigenbedarfstransformatoren versorgen die Hilfsmaschinen, die Öl-, die Kondensat- und die Speisewasserpumpen, die Lüfter, die Kohlemühlen, die Regelung usw. Beim Anschluß der einzelnen Motoren an die beiden Eigenbedarfstransformatoren wurde große Sorgfalt darauf verwendet, zusammengehörige Motoren und Motorengruppen zusammenzufassen. So werden z. B. alle zu einer Vorwärmerreihe gehörigen Pumpenmotoren aus einem Transformator gespeist, und die Hälfte aller Gebläse- und Mühlenmotoren jedes Kesselteiles ist mit je einem Transformator verbunden. Der gesamte Eigenbedarf des Blockes I beträgt — ohne Berücksichtigung der Leistungsaufnahme der 5000 PS dampfangetriebenen Hochdruck-Speisewasserpumpe — etwa 27 MVA. Für Block II rechnet man mit 25 MVA.

II. Äußerer Aufbau

a) Lageplan und Bebauung des Geländes

Das Kraftwerk steht direkt an der Einmündung des Crum Creek in den Delaware River. Das Grundstück gehört zur Gemeinde Eddystone Borough und liegt östlich der Stadt Chester. Der Delaware River und der Crum Creek bilden die nord- und südöstliche Grundstücksgrenze. Zwischen Einlaufbecken und Kühlwasserauslauf werden die Ufer des Delaware River und des Crum Creek durch Spundbohlen befestigt, die so ausgebildet sind, daß später — bei Bedarf — am Delaware River Kohleschiffe entladen werden können.

Die Gliederung der Kraftwerksanlage ist aus dem Lageplan Abb. 13 ersichtlich. Parallel zum Crum Creek steht das Verwaltungsgebäude, an welches sich nach Südosten die chemische Speisewasser-Aufbereitungsanlage anschließt. Hinter diesen Gebäuden erhebt sich der Kraftwerksblock.

Der Kohlenlagerplatz liegt südlich des Hauptbaues parallel zum Delaware River, ein Öltank westlich hiervon. Das Kraftwerk hat Gleisanschluß von Nordwesten. Die Gleise verlaufen zwischen Kohlenlagerplatz und Kraftwerksgebäude und biegen dann

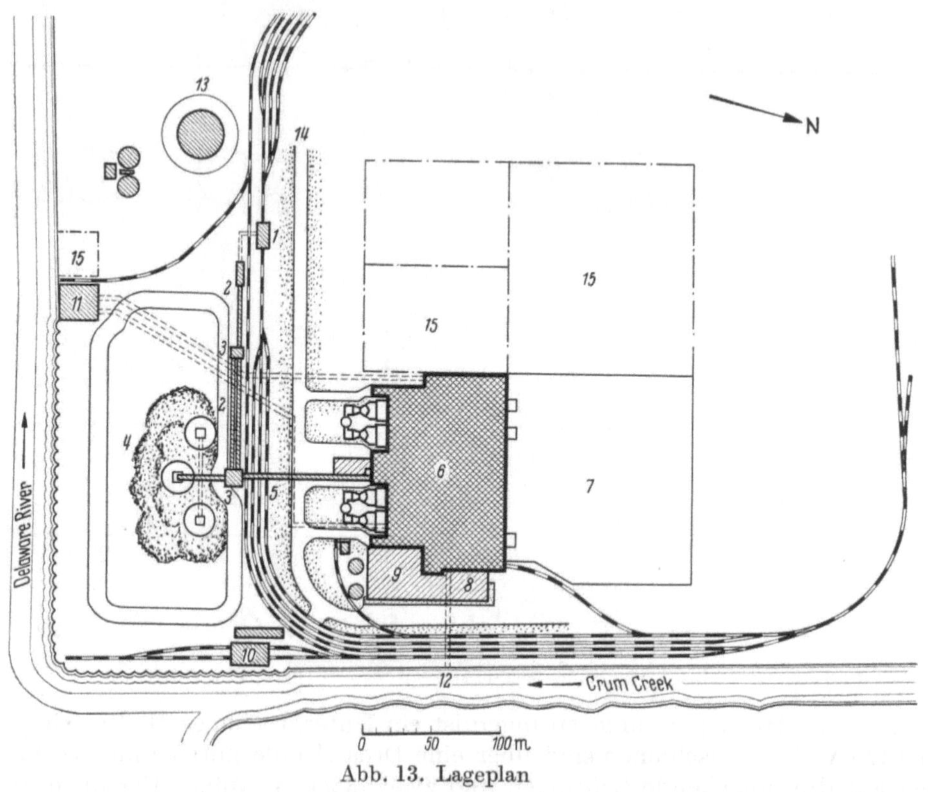

Abb. 13. Lageplan

1 Waggonkipper
2 Förderbänder
3 Übergabeturm
4 Kohlelagerplatz
5 Schrägbandbrücke
6 Kraftwerk
7 Freiluftschaltanlage
8 Verwaltungsgebäude
9 Wasseraufbereitungsanlage
10 Aschebunker
11 Einlaufbauwerk
12 Kühlwasserauslauf
13 Öltank (geplant)
14 Zufahrtsstraße
15 Erweiterungsraum

nach Nordwesten ab. Ein besonderer Gleisanschluß ist zum Einlaufbauwerk am Delaware River, zu der Wasseraufbereitungsanlage, zu den Aschebunkern und zum Maschinenhaus vorgesehen. Die ankommenden Kohlewaggons werden mittels Waggonkipper in Tiefbunker entladen. Der Kohlenumschlag auf dem Kohlenlagerplatz geschieht unter Verwendung von Buldozzern, welche die Kohle in Trichter schieben, aus denen sie durch Förderbänder über das Brecherhaus und eine Bandbrücke in die Kohlenbunker des Kesselhauses transportiert wird. Flugasche und Kesselschlacke werden über eine Rohrbrücke hydraulisch zu den Aschebunkern am Ufer gebracht, von wo aus sie per Bahn oder Schiff abgefahren werden können. Nördlich des Kraftwerkgebäudes wird die Freiluftschaltanlage errichtet. Die Haupttrafos stehen vor der Maschinenhaus-Nordwestwand im Freien.

Das Einlaufbauwerk mit den Rechenanlagen und den Kühlwasserpumpen befindet sich am Delaware River. Das Kühlwasser wird durch Stahlbetonrohre zu den Kondensatoren des Kraftwerkes gepumpt. Nach Aufwärmung in den Kondensatoren läuft es durch Stahlbetonkanäle zum Crum Creek.

b) Das Kraftwerksgebäude

Das Kraftwerksgebäude ist im Sinne der fortschreitenden Energieumwandlung von der Kohle zum Strom zweckentsprechend gestaltet. In den Abb. 14 bis 19 ist das Kraftwerksgebäude im Grundriß in sechs verschiedenen Höhenkoten, in den Abb. 20

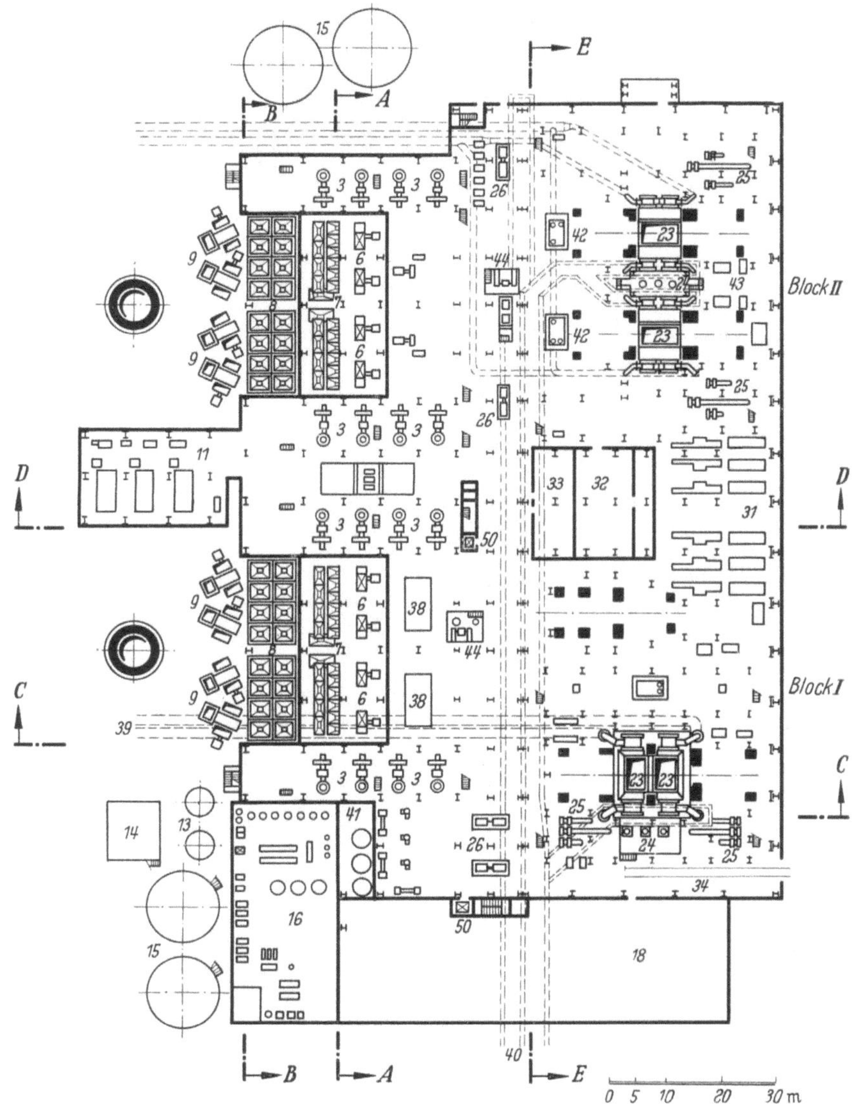

Abb. 14. Grundriß Block I und II; Aschen- und Kondensatorkeller +11′ (+3,35 m)

Legende (zugleich für Abb. 15 bis 24):

1 Förderanlagen der Bunkerbekohlung
2 Kohlebunker
3 Kohlemühlen
4 Kessel mit Zwillingsfeuerraum
5 Ljungström-Luftvorwärmer
6 Frischluftgebläse
7 Rauchgasentstauber, mechanisch
8 Rauchgasentstauber, elektrisch
9 Rauchgasgebläse
10 Rauchgasbeheizte Vorwärmer
11 Hilfskesselhaus
12 Hochspannungsraum
13 Fertigwasserbehälter
14 Chemikalienlager
15 Werkwasserbehälter
16 Wasseraufbereitungsanlage
17 Lager
18 Verwaltung
19 Hochdruckturbine } Zweiwellenturbosatz Block I
20 Mittel- und Niederdruckturbine } Zweiwellenturbosatz Block I
21 Erste Turbine } Zweiwellenturbosatz Block II
22 Zweite Turbine } Zweiwellenturbosatz Block II
23 Turbinenkondensator
24 Kondensatpumpen
25 Vorwärmeranlage
26 Niederdruckkesselspeisepumpen
27 Mitteldruckkesselspeisepumpen
28 Hochdruckkesselspeisepumpen
29 Speisewasserbehälter mit Entgaser
30 Erregersätze
31 Eigenbedarfschaltanlage
32 Batterieraum
33 Relaisraum
34 Montagegleis
35 Montageöffnung
36 Maschinenhauskran, 20 t Tragkraft
37 Maschinenhauskran, 100 t Tragkraft (zwei Laufkatzen je 75 t)
38 Entschlacker
39 Kühlwasser-Zulaufrohre
40 Kühlwasser-Ablaufkanäle
41 Schmieröllager
42 Ölkühler
43 Dichtölanlage
44 Versorgungsanlage der ölhydraulischen Kesselregelung
45 Maschinenhaus-Dachaufsicht
46 Wärmewarte
47 Betriebs- und Belegschaftsräume
48 Transportschiene mit Elektrozug
49 Schichtmeister- und Ingenieurräume
50 Aufzug

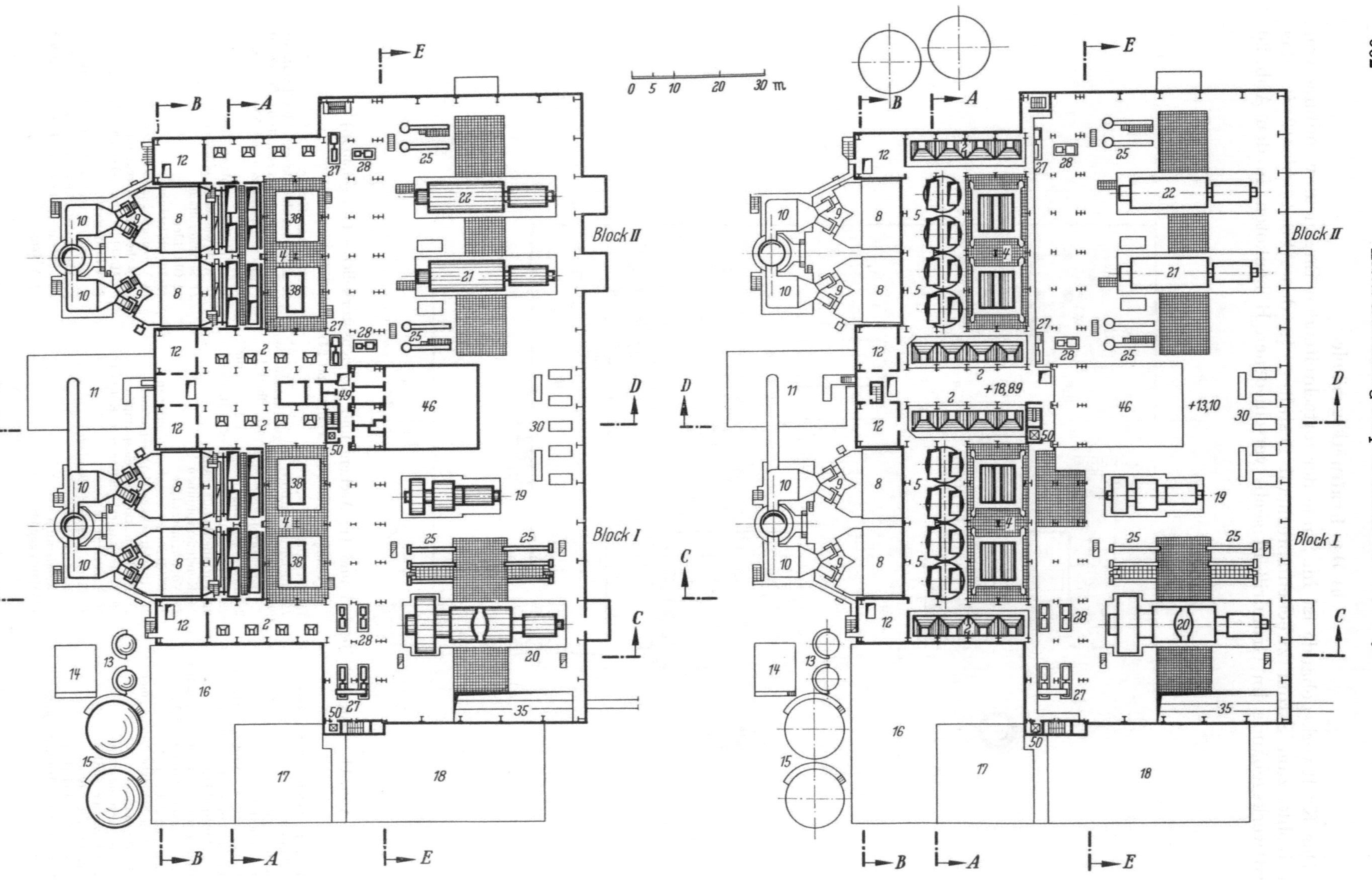

Abb. 15. Grundriß Block I und II; Hauptbedienungsflur +43′ (+13,10 m) Abb. 16. Grundriß Block I und II; Luftvorwärmerbühne +62′ (+18,89 m)
(Legende bei Abb. 14)

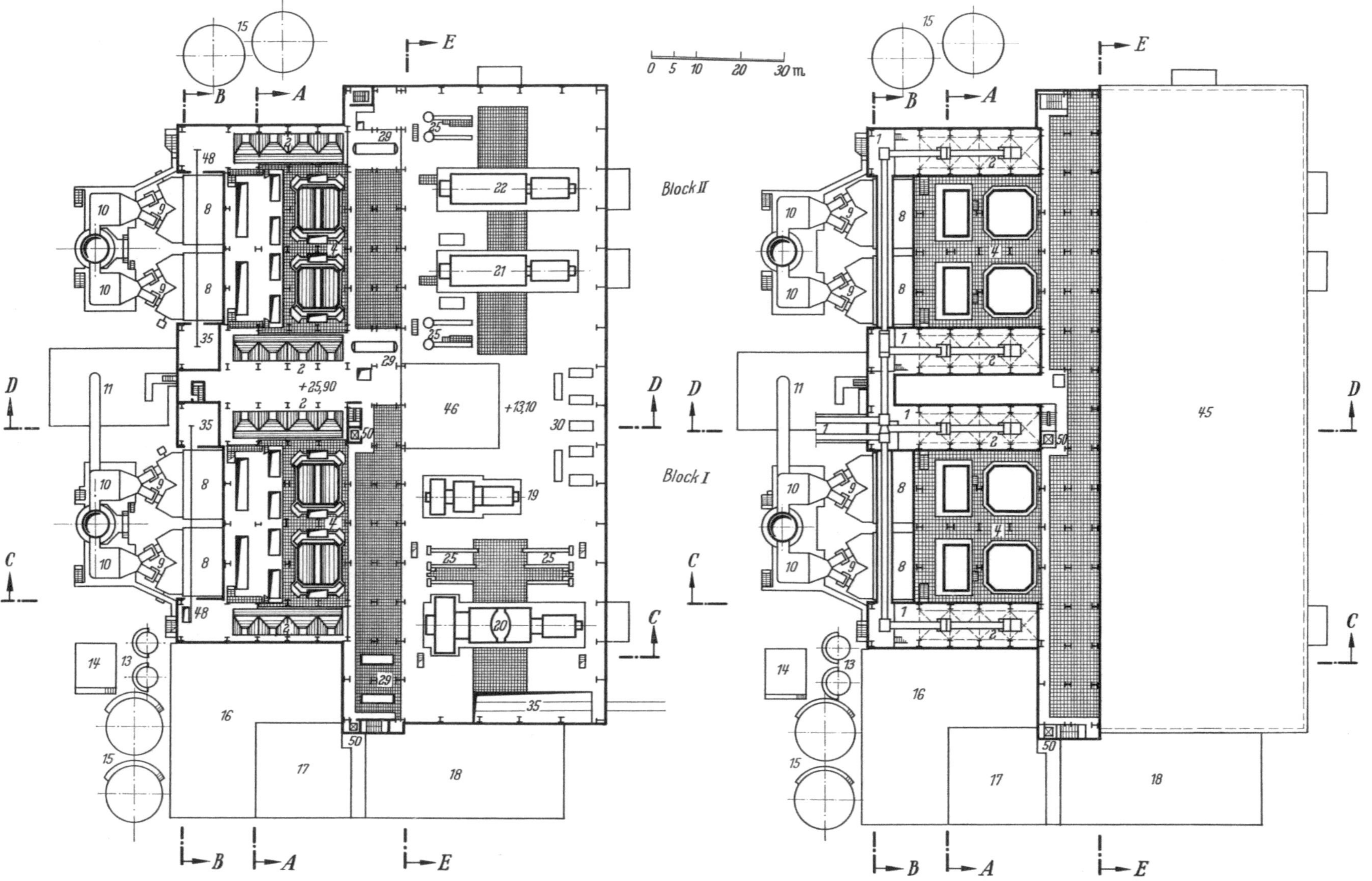

Abb. 17. Grundriß Block I und II; Obere Brennerbühne +85′ (+25,90 m)
(Legende bei Abb. 14)

Abb. 18. Grundriß Block I und II; Bekohlungsbühne +110′ (+33,53 m)

und 21 in zwei verschiedenen Schnitten und in den Abb. 22 bis 24 in drei Längsschnitten durch das Maschinen- und Kesselhaus sowie durch den Luftvorwärmer und den Frischluftgebläseteil des Kesselhauses dargestellt. Eine Gesamtansicht von Nordosten zeigt Abb. 25.

Als genereller Aufbaugedanke zeichnet sich ein großes, weiträumiges Maschinenhaus mit den beiden quergestellten Zweiwellenturbosätzen und der zugehörigen Vorwärmer-

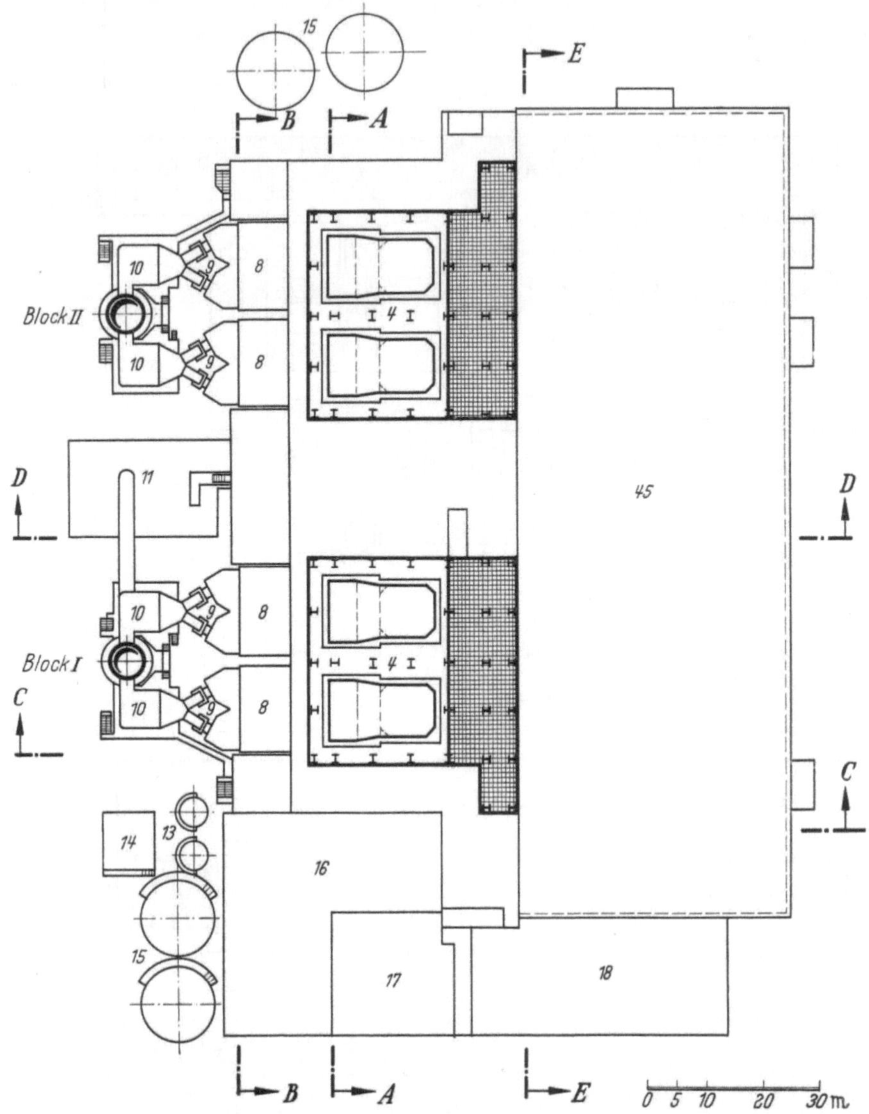

Abb. 19. Grundriß Block I und II; Kesseldecke +180′ 10″ (+55,11 m)

(Legende bei Abb. 14)

anlage sowie einem angebauten Pumpenhaus ab, dem die beiden in außenliegenden Kesselgerüsten hängenden Dampferzeuger vorgelagert sind. Das Maschinenhaus enthält in der Mitte zwischen den beiden Zweiwellenaggregaten die Wärmewarte mit Nebenräumen und im Kondensatorkeller die elektrischen Eigenbedarfs-Schaltanlagen. Die Erregermaschinen stehen ebenfalls in der Maschinenhausmitte auf Heizerstandflur. Die Maschinenhausbreite genügt nicht zum Ausziehen der Generatorläufer, so daß hierfür Ausbuchtungen in der Maschinenhauswand vorgesehen werden mußten. Die Kondensatoren liegen teilweise unter Kondensatorkellerflur. Das Kühlwasser fließt einseitig den Kondensatoren zu. Nach Aufwärmung strömt es in die unter dem Pumpenhaus

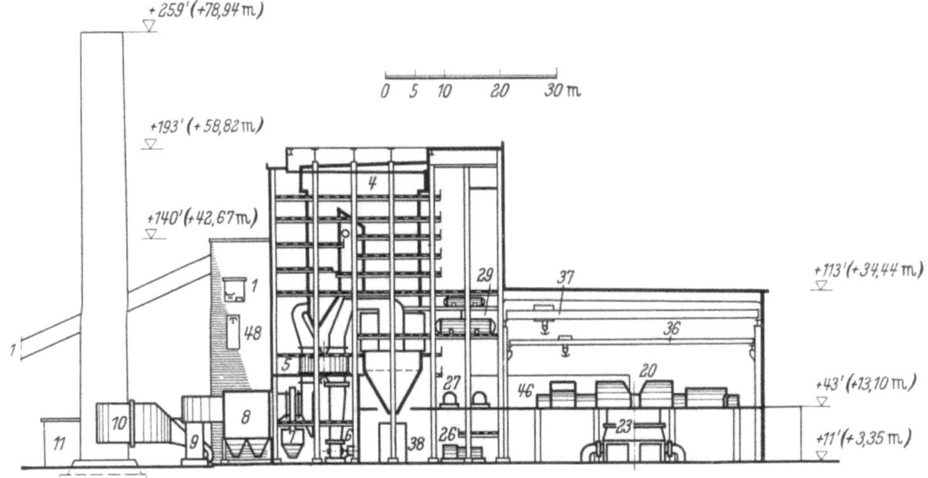

Abb. 20. Schnitt CC Querschnitt Block I

(Legende bei Abb. 14)

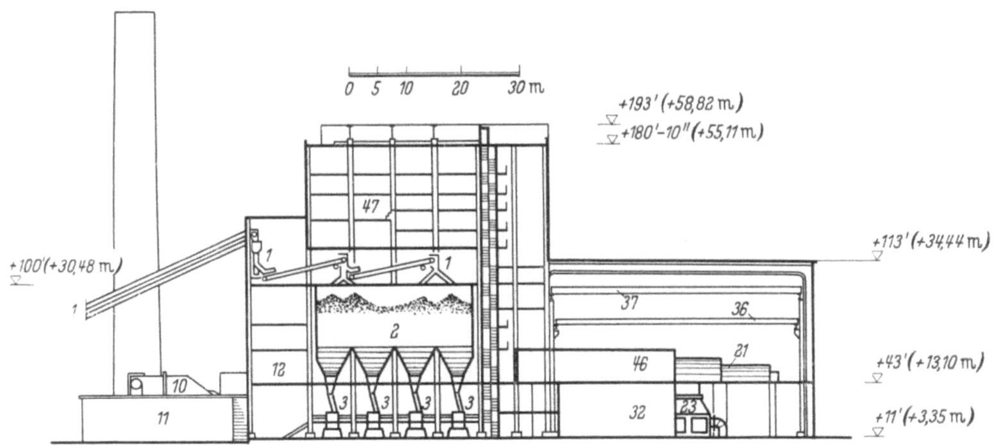

Abb. 21. Schnitt DD Querschnitt Bunkerbau Block I

(Legende bei Abb. 14)

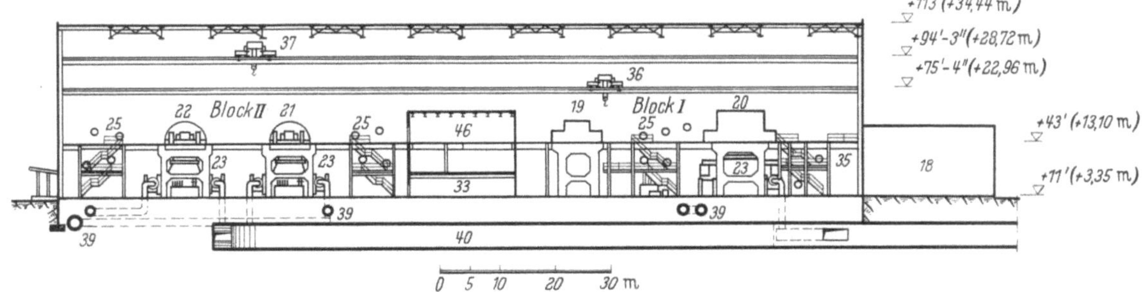

Abb. 22. Schnitt EE; Längsschnitt Maschinenhaus Block I und II

(Legende bei Abb. 14)

angeordneten Kanäle ab. Die hintereinandergeschalteten Kesselspeisepumpen sind im Pumpenhaus auf der Höhe $+3{,}35$ bzw. 13,1 m und die Speisewasserbehälter ungefähr in Kranhöhe aufgestellt. Jeder Kessel ist beiderseitig durch senkrecht zur Maschinenhausachse stehende Bunkertrakte flankiert, unter denen die Mühlen auf Aschenkellerflur aufgestellt sind. Die Abgase gehen durch Ljungström-Lufterhitzer, durch mechanische und elektrostatische Filter sowie die Saugzugventilatoren in die freistehenden Schornsteine. Die Kohle wird in der Mitte des Doppelblockes zugeführt und nach beiden Seiten

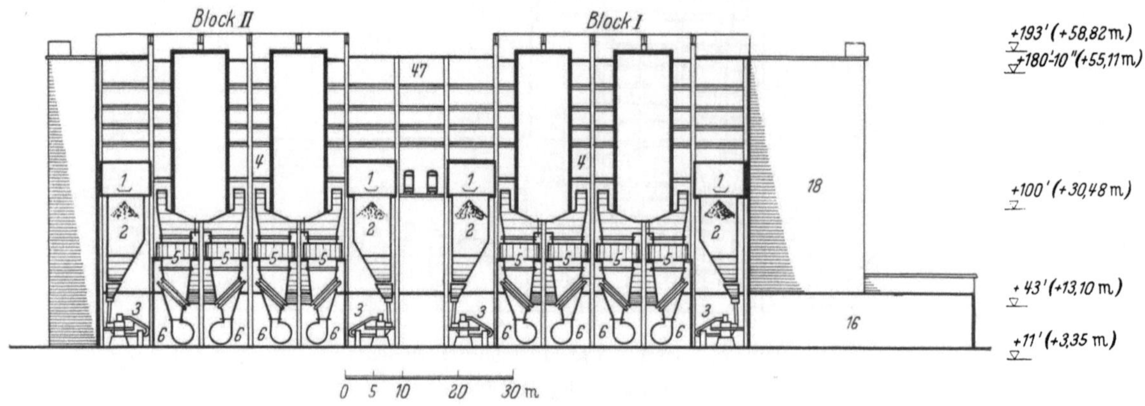

Abb. 23. Schnitt AA; Längsschnitt durch Block I und II; Luftvorwärmer und Frischluftgebläse (Legende bei Abb. 14)

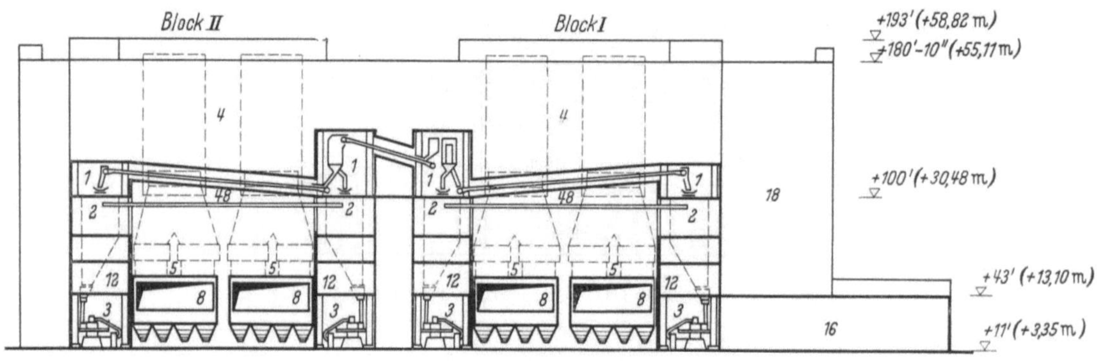

Abb. 24. Schnitt BB; Längsschnitt durch Block I und II; Elektrofilter und Bunkerbekohlung (Legende bei Abb. 14)

auf die vier querstehenden Bunkerreihen verteilt. Die ölgefeuerte Hilfskesselanlage ist zwischen den beiden Schornsteinen vor dem mittleren Bunkertrakt angeordnet. Die Abgase werden in den Schornstein des Blockes I abgeleitet.

Das Bestreben, den Kessel möglichst dicht an die Turbine heranzubringen, ist unverkennbar. Das wäre bei Fortfall des Pumpenhauses noch besser gelungen. Voraussetzung hierzu wäre allerdings gewesen, daß Kesselspeisepumpen, Speisewasserbehälter und Entgaser — mit den Vorwärmern zu einer organischen geschlossenen Einheit verbunden — im Maschinenhaus neben dem Turbosatz aufgestellt worden wären.

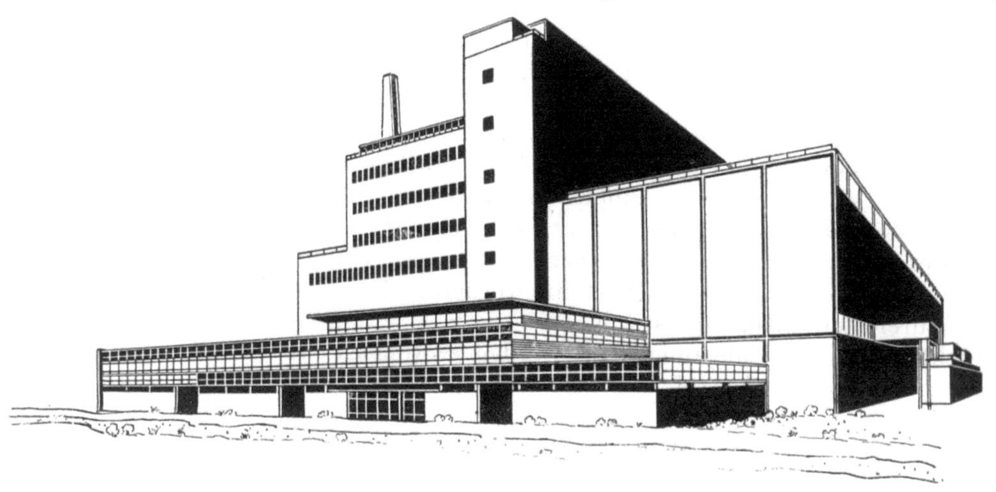

Abb. 25. Gesamtansicht von Nordosten

C. Spezialtechnik

I. Bautechnische Ausführung

Der Baugrund besteht in der Hauptsache aus Flußsand, unter dem jedoch in etwa 13 m Tiefe guter Fels ansteht. Das Kraftwerk wird auf Stahlrammpfählen (Breitflanschprofile) gegründet.

Maschinenhaus. Das Maschinenhaus für die beiden Zweiwellenturbosätze ist etwa 142 m lang. Seine Breite beträgt etwa 45 m und die Höhe über Gelände etwa 29 m. Es liegt 3,35 m über $\pm 0{,}0$ und ist nicht unterkellert. Seine Ausführung erfolgt in Stahlskelettbau. Die Geschoßdecke des Bedienungsflurs soll als Stahlbetondecke auf Stahlträgern ausgeführt werden. In Stahlkonstruktion sind alle Teile unter dem Aschekeller sowie die Turbinenfundamente vorgesehen. Die Dachplatten werden ebenfalls auf Stahlträgern verlegt. Die Außenwände des Maschinenhauses sollen mit Ziegelplatten verkleidet werden und Glasfenster erhalten. Die Verwendung von Glasbausteinen wurde abgelehnt, da diese nicht durchsichtig sind und nicht für die Lüftung herangezogen werden können. Die Umfassungswände der Warten sind abgemauert. Nur auf den beiden Längsseiten ist je ein verglastes Feld mit Tür und Durchblickmöglichkeit zu den Turbinen vorgesehen.

Als Hebezeuge dienen 2 Maschinenhauskräne in $+22{,}96$ m und in $+28{,}72$ m Höhe. Der größere der beiden wird mit 2 Laufkatzen ausgerüstet, die beide für Lasten von 75 t ausgelegt sind. Eine der beiden besitzt ein zusätzliches Hilfshebezeug für 15 t. Der leichtere Kran, der unter dem schwereren angeordnet wird, besitzt eine Laufkatze für 20 t Traglast.

Pumpenhaus. Das Pumpenhaus besitzt, wie das Maschinenhaus, eine Länge von etwa 142 m. Seine Breite beträgt etwa 15 m und die Höhe etwa 55 m über Gelände. Auch dieses Gebäude wird in Stahlkonstruktion mit Außenverkleidung errichtet. Die Bühnen oberhalb des Turbinenbedienungsflures werden weitgehend mit Gitterrosten ausgelegt.

Kesselhaus mit Bunkeranlage. Das Kesselhaus hat die gleiche Bauhöhe wie das Pumpenhaus, während die Bunkertrakte nur etwa 42 m hoch werden. Das für Kessel und Bunker gemeinsame Gebäude ist etwa 117 m lang, im Bereich der Kessel 30 m und im Bereich der Mittelbunker 40 m breit. Die Stahlblechbunker beinhalten den Vorrat für jeweils 24 Stunden Betriebszeit. Unterhalb der Bunker, auf Höhe des Asche- und Kondensatorkellers, stehen die 8 Kohlenmühlen. Die Beschickung der Bunker geschieht mittels Bandanlagen auf etwa 33 m Höhe.

Das gemeinsame Gebäude für Kessel und Bunker ist wiederum als Stahlskelettbau vorgesehen, der außen mit unisolierten, gewellten Aluminiumblechen verkleidet werden soll. Die Zwischenbühnen sind gleichfalls überwiegend als Gitterrostbühnen vorgesehen. Zum Schutz gegen Witterungseinflüsse hat man sich zur Aufstellung der Kessel in Innenräumen entschlossen und den Gedanken, Freiluftkessel aufzustellen, fallengelassen.

Schornsteine. Die Schornsteinhöhe von 55 m war durch die Nähe des Zivilflughafens von Philadelphia bedingt, der nur etwa 5 km vom geplanten Kraftwerk entfernt ist. Für jeden Doppelkessel wird ein Schornstein mit einem oberen lichten Durchmesser von etwa 5 m gebaut. Die Schornsteine werden in Beton ausgeführt und erhalten innen einen säurefesten Bitumenanstrich.

Elektrofilter und Saugzuggebläse werden zwischen dem Kesselhaus und den Schornsteinen im Freien aufgestellt.

II. Maschinentechnische Ausrüstung

a) Dampferzeugungsanlage

Die Dampferzeugung erfolgt für jeden Block in einem Doppelkessel mit Durchlaufsystem, Bauart Sulzer (Abb. 26 u. 27). Beide Kessel haben Kohlenstaub-Eckenfeuerung mit trockenem Ascheabzug. In dem einen der Teilkessel ist jeweils der Hochdruck-Zwischenüberhitzer und in dem anderen der Niederdruck-Zwischenüberhitzer eingebaut. Die Kombination von Strahlungs- und Berührungsheizflächen sowie die Verwendung von Schwenkbrennern gestatten, die Zwischendampftemperaturen in einem Belastungsbereich von 50 bis 100% konstant zu halten. Hierdurch entsteht ein hoher Gesamtwirkungsgrad bei Teillast. Die Frischdampftemperatur wird durch Einstellung des Kohle-Wasser-Verhältnisses über den gesamten Belastungsbereich konstant gehalten. 65% der im Kessel zugeführten Wärme werden an den Hochdrucküberhitzer und die Zwischenüberhitzer abgegeben, so daß große Strahlungs-Überhitzerheizflächen im oberen Teil der Brennkammer sowie Schottenüberhitzer zur Anwendung kommen müssen.

Anordnung und Größe der Hochdruckheizflächen sind bei Block I in beiden Teilkesseln gleich. Nach dem Ekonomiser und den Seitenwänden des zweiten Zuges durchfließt das Wasser den unteren Teil der Brennkammerwände in einem auf- und abwärts geführten Band. Anschließend werden die Vorder- und Rückwand des zweiten Zuges gekühlt. Der Übergang von Wasser in Dampf erfolgt dann in der Berührungsheizfläche im oberen Teil des zweiten Zuges bei niedriger Rauchgastemperatur und geringer Wärmebelastung. Das obere Drittel der Brennkammerwände und die Decke bilden den Strahlungsvorüberhitzer, dessen Rohre horizontal verlegt sind. Von dort strömt der Dampf durch den Schottenüberhitzer, der den Raum in der Nähe der Kesselvorderwand über der Brennkammer einnimmt. Die Endüberhitzerschleifen im Querzug werden im Gegenstrom durchflossen. Die Wärmezufuhr über den ganzen Rohrumfang und die geringe Temperaturdifferenz zwischen Rauchgas und Dampf setzen die Rohrwand-Übertemperaturen und somit die Materialbeanspruchung stark herab.

Jeder Teilkessel besitzt wasserseitig zwei Systeme, die am Überhitzereintritt nochmals unterteilt sind. Auf diese Weise besitzt die Gesamtanlage acht Überhitzersysteme, die durch eine erste Einspritzung vor dem Strahlungsüberhitzer und eine zweite Einspritzung vor dem Schottenüberhitzer getrennt geregelt werden können.

Die Zwischenüberhitzer beider Kessel sind in gleicher Weise angeordnet. Zwischen Ekonomiser und Übergangszone liegt der Konvektionsteil der Zwischenüberhitzer. Der Strahlungsteil hängt als Schottenheizfläche in dem vom Hochdrucküberhitzer nicht beanspruchten Raum über der Brennkammer.

Jeder Kessel besitzt 2 Ljungström-Vorwärmer, und das Leitungssystem ist so gebaut, daß die Luftzufuhr zu beiden Kesseln getrennt geregelt werden kann.

Wie in den USA allgemein üblich, wurde auch für die Eddystone-Anlage eine Hängekonstruktion angewandt, um das Kesselgerüst zu vereinfachen und Ausdehnungsschwierigkeiten zu umgehen. Das Bestreben, jedes Eindringen von Falschluft möglichst zu unterbinden und so einen hohen Kesselwirkungsgrad und einen guten Ausbrand mit nur geringem Luftüberschuß zu erzielen, führte zur Verwendung einer mit den Rohren fest

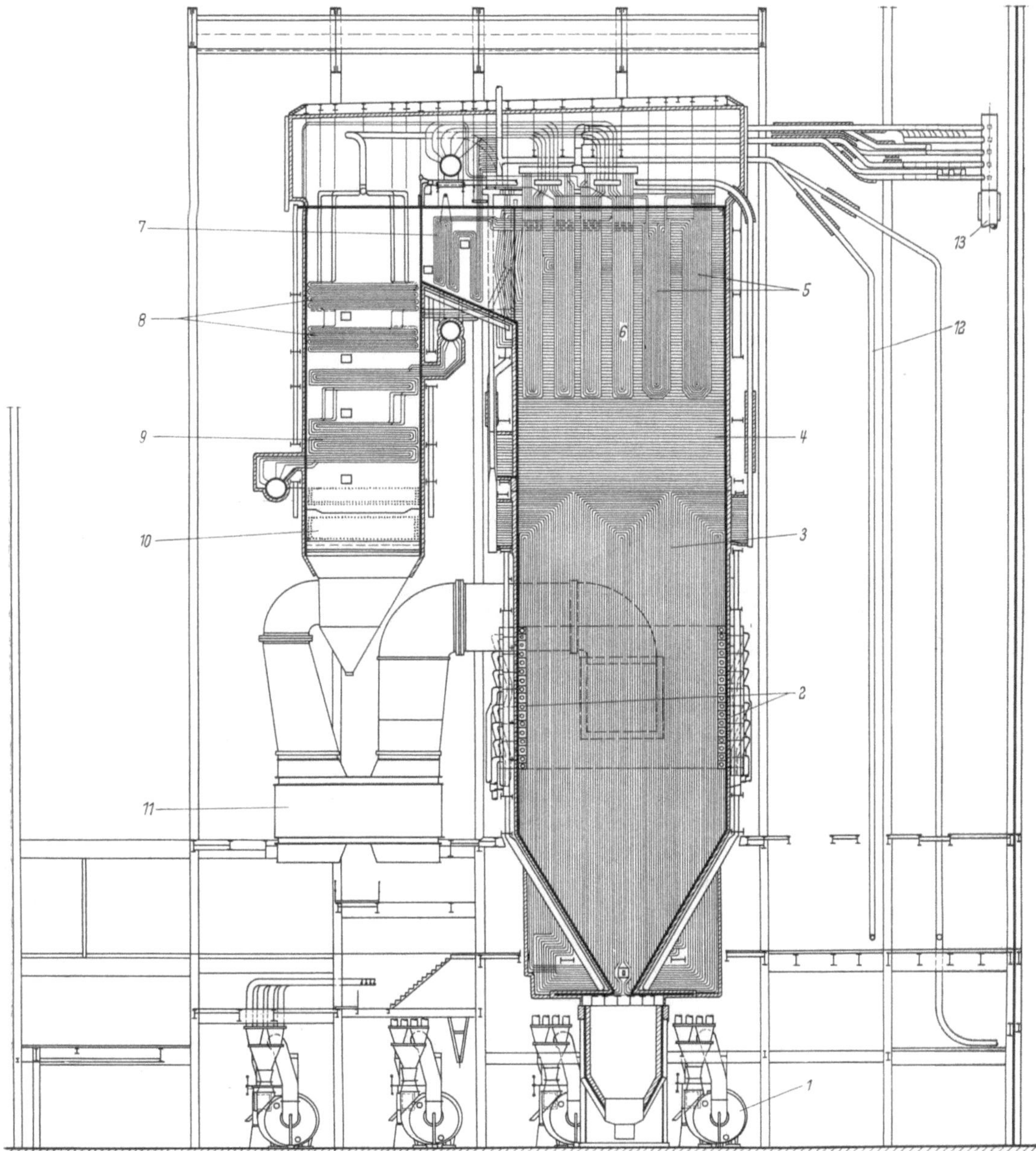

Abb. 26. Vertikalschnitt durch einen der beiden Teilkessel Block I

verschweißten Blechverkleidung. Eine derartige Verkleidung dehnt sich bei Umlaufkesseln wegen der konstanten Rohrwandtemperatur der Siederohre praktisch genauso aus wie die Heizfläche. Da beim überkritischen Durchlaufkessel die Temperatur über die Rohrlänge zunimmt, wurden einige Abweichungen von der herkömmlichen Bauart erforderlich, um die unterschiedlichen Dehnungen aufzufangen und eine freie Bewegungsmöglichkeit der einzelnen Rohre zu gewährleisten.

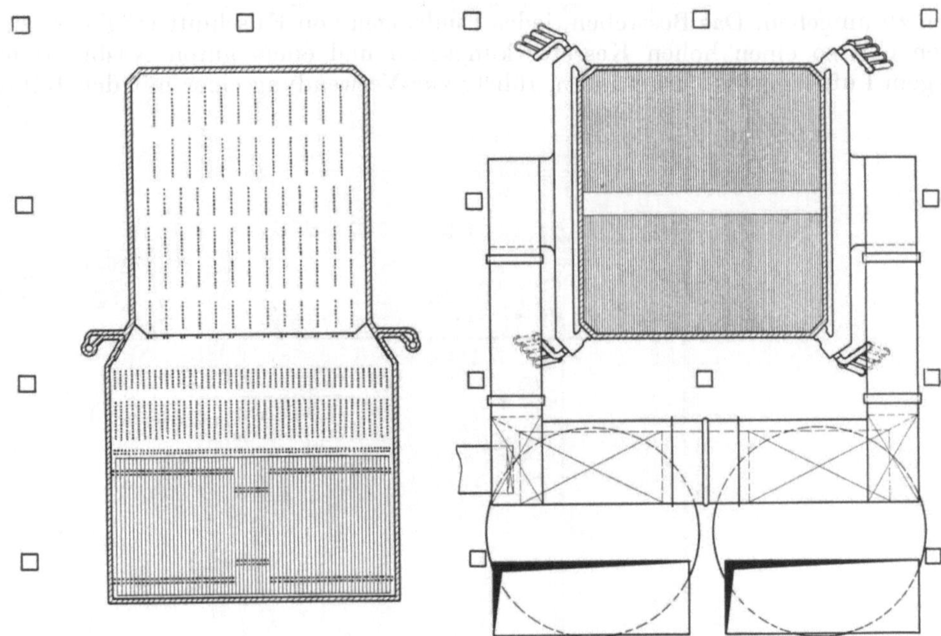

Abb. 27. Horizontalschnitt durch beide Teilkessel Block I

Wegen der Brennkammergröße ist die Rauchgastemperatur am Brennkammeraustritt so niedrig, daß für die anschließende Konvektionsheizfläche keine Verschmutzungsgefahr durch klebrige Ascheteilchen mehr besteht. Die Rohre der Wandkühlung liegen so dicht, daß die Ausmauerung zwischen ihnen nicht hervorschaut und die Reinigung mit Wandrußbläsern möglich ist.

An jeder Seite der Kesselanlage befindet sich ein Kohlenbunker. Beide Bunker zusammen können einen 24-Stunden-Vorrat aufnehmen. Neben jedem Kessel stehen 4 Mühlen. Die Rauchgase werden mechanisch und elektrostatisch entstaubt. Die Flugasche wird von den Ascheausläufen zu besonderen Aufnahmebehältern transportiert, die sich in einem angemessenen Abstand von der Anlage befinden. Die in der Brennkammer anfallende Asche wird in Trichtern gesammelt und hydraulisch weitertransportiert. Der Abtransport der gesamten Asche kann sowohl mit der Eisenbahn als auch mit Prähmen erfolgen.

b) Turbinenanlage

Der Aufbau bzw. die Gehäuseanordnung des Turbosatzes I geht aus der schematischen Darstellung Abb. 28 hervor. Eine Architektur-

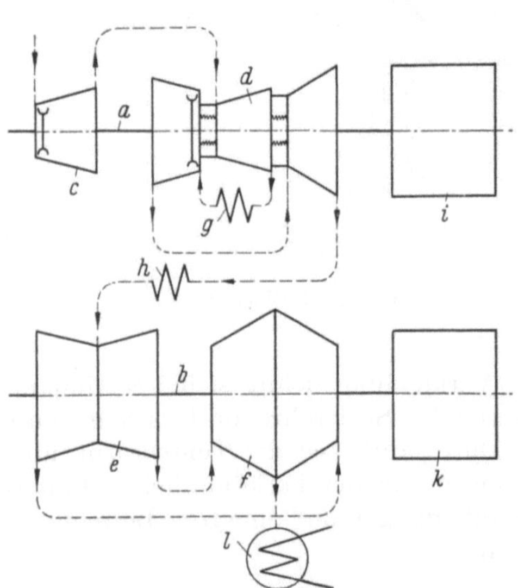

Abb. 28. Schema der Zweiwellen-Kondensationsturbine Eddystone I

a, b Welle des Hochdruck- bzw. des Niederdruckteiles
c, d erstes und zweites Gehäuse des Hochdruckteiles
e, f erstes und zweites doppelflutiges Gehäuse des Niederdruckteiles
g, h erster bzw. zweiter Zwischenüberhitzer
i, k Stromerzeuger des Hochdruckteiles (Leistung 146 MW, Drehzahl 3600 U/min) bzw. des Niederdruckteiles (Leistung 179 MW, Drehzahl 1800 U/min)
l Kondensator

Der Weg des Dampfes ist durch den gestrichelten Linienzug mit Pfeilspitzen gekennzeichnet

skizze, Abb. 29, vermittelt einen äußeren Eindruck der Zweiwellenmaschine, deren Hochdruckteile mit 3600 U/min und deren Mitteldruck- und Niederdruckteile mit 1800 U/min laufen.

Die heute bei Turbinen dieser Größenordnung mit hohen Drücken, Temperaturen und Zwischenüberhitzung geübte Praxis, die Expansion in drei nacheinandergeschalteten Gehäusen vorzunehmen, hätte bei dem sehr großen Entspannungsgefälle bis zur ersten Zwischenüberhitzung ein Hochdruckgehäuse mit beträchtlichen Abmessungen ergeben. Gerade derartige Gehäuse müssen aber im Hinblick

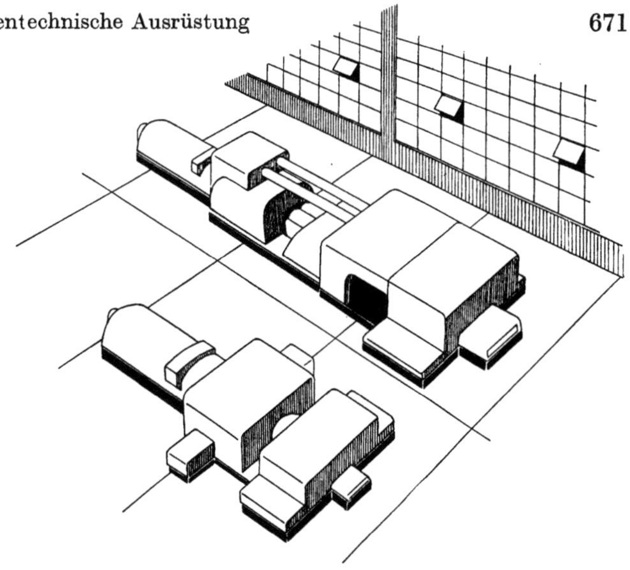

Abb. 29. Zweiwellen-Turbosatz Eddystone I Architekturskizze

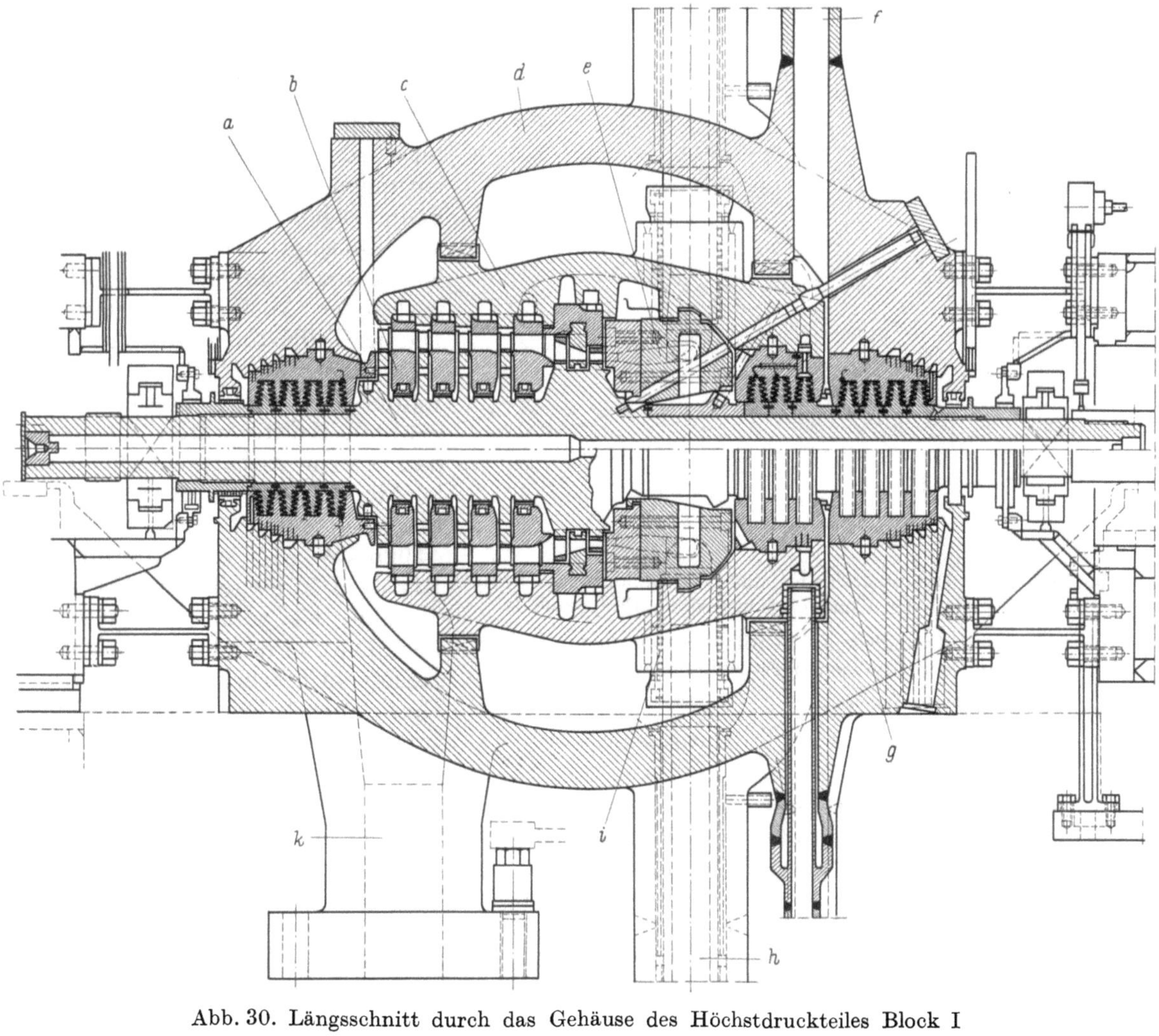

Abb. 30. Längsschnitt durch das Gehäuse des Höchstdruckteiles Block I

a Turbinenwelle, *b* Leitscheiben, *c* Innengehäuse, *d* Außengehäuse, *e* Düsenkammer, *f* Hilfsaustritt, *g* Stopfbuchsen, *h* Einströmrohre, *i* Kolbenringdichtung, *k* Dampfaustritt

auf den extrem hohen Eintrittszustand vermieden werden. Man hat sich deshalb entschlossen, den Hochdruckteil in zwei Gehäuse aufzulösen und damit eine viergehäusige Ausführung mit nachstehenden Vorteilen erhalten:

a) Für das erste Gehäuse Freizügigkeit in der Auswahl hochlegierter austenitischer Werkstoffe, die zum Teil nur in geringeren Mengen verfügbar sind.

b) Die Möglichkeit, bereits ausgeführte und bewährte Konstruktionen anzuwenden.

c) Wegen des kurzen Höchstdruckgehäuses kann die Welle einen kleineren Durchmesser erhalten. So können auch die Verluste in den Höchstdruckstopfbüchsen, die bei dem sehr hohen Druck eine nicht zu unterschätzende Rolle spielen, klein gehalten werden.

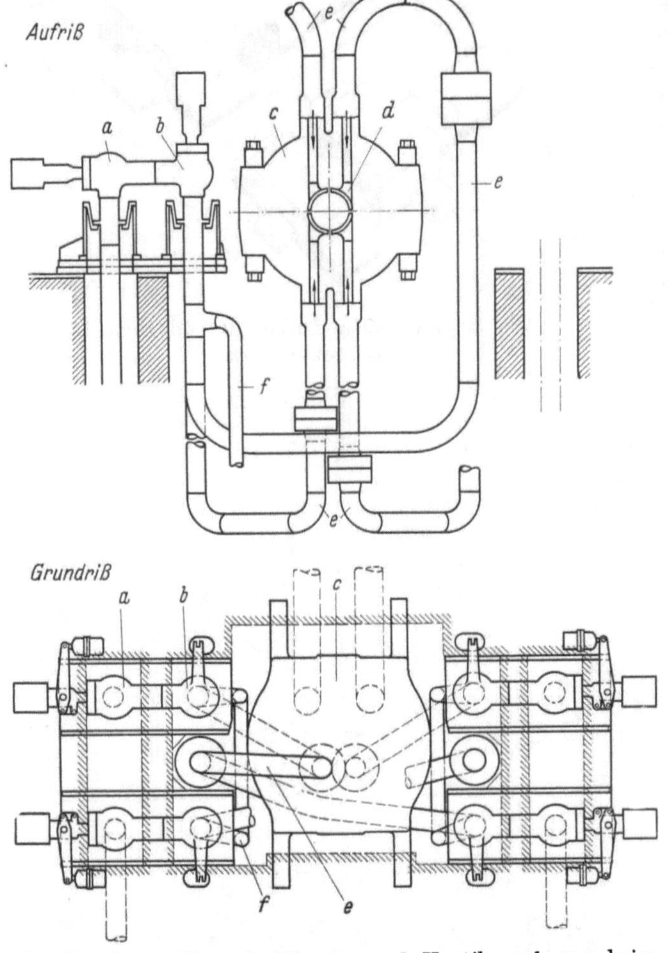

Abb. 31 (oben). Dampfzuführung und Ventilanordnung beim Höchstdruckteil der Kondensationsturbine Eddystone I

Abb. 32 (unten). Grundriß der Ventilanordnung beim Höchstdruckteil der Kondensationsturbine Eddystone I

a Schnellschlußventile
b Regelventile
c Turbinengehäuse
d Düsenkammern
e Dampfleitungen
f Ausgleichleitungen

Abb. 30 zeigt das Höchstdruckgehäuse, das angenähert Kugelform aufweist. Einem zweikränzigen Curtisrad sind vier Gleichdruckstufen nachgeschaltet. Jede der vier Frischdampfleitungen führt zu einem eigenen Schnellschluß- und Regelventil. Von Düsengruppenregulierungen wurde nach eingehenden Untersuchungen Abstand genommen. Die bei Teillasten und abgesenktem Radraumdruck auf den Läufer und die Schaufeln ausgeübten Kräfte wären so groß, daß man in Anbetracht des sehr leichten Läufers — er entwickelt bei nicht ganz 1700 kg Gewicht 44000 kW — ein überhöhtes Risiko nicht eingehen wollte. Die Turbine ist somit drosselreguliert. Die vier parallelgeschalteten Regelventile arbeiten gleichzeitig. Eine der 4 Frischdampfzuführungen ist in Abb. 31 dargestellt. Die Anordnung der Schnellschluß- und Regelventile mit Dampf- und Ausgleichsleitungen zeigt Abb. 32 im Grundriß. Die austenitischen Frischdampfleitungen sind mit dem ferritischen Außengehäuse unter Zwischenschaltung mehrerer Verbindungsstücke verschweißt. Abb. 33 vermittelt ein eindrucksvolles Bild an Hand eines Modellphotos über die Führung der Frischdampfleitungen und der verschiedenen Ventile. Das Material der Leitungen wurde so gewählt, daß ihre Eigenschaften von denen des jeweiligen Nachbarstückes nicht sehr stark abweichen. Damit sind zuverlässige Schweißungen sichergestellt. Die trotzdem nicht zu vermeidende Schweißung Austenit-Ferrit kann im Röhrenwerk unter günstigsten Bedingungen ausgeführt werden.

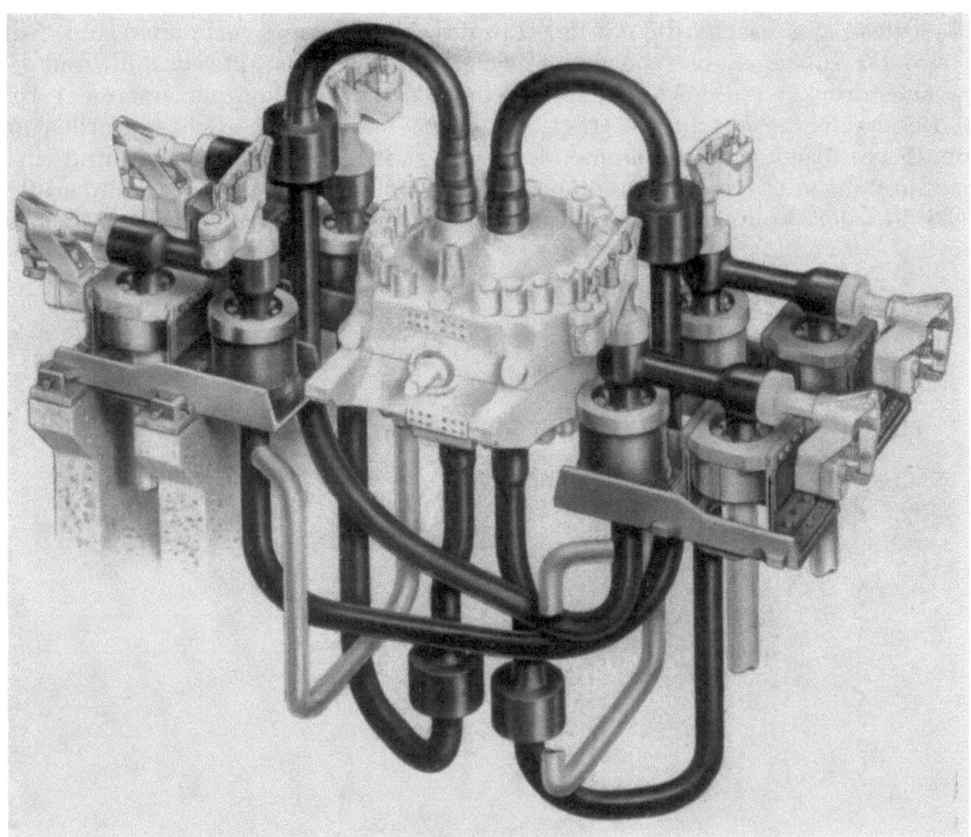

Abb. 33. Dampfzuführung und Ventilanordnung beim Höchstdruckteil Eddystone I

Die Frischdampfleitungen ragen mit langen Hälsen in die Stutzen der Düsenkammern hinein (Abb. 34). Die Abdichtung gegen den Innenraum des Außengehäuses wird von Ringen übernommen, die abwechselnd mit Spiel gegen das Frischdampfrohr und mit Spiel gegen die Bohrung der Düsenkammer ausgeführt sind und daher eine Verschiebung in seitlicher Richtung zulassen. Hiervon unabhängig ist eine Verschiebung des Halses in der Düsenkammer in radialer Richtung möglich. Die Hälse der Frischdampfleitungen verlaufen über eine nicht unbedeutende Länge in enger Nachbarschaft der Übergangsstücke aus Material geringerer Warmfestigkeit und der Schweißverbindungen. Um diese gegen die Strahlung der mit 650° C beaufschlagten Hälse der Frischdampfleitungen abzuschirmen, sind in dem Spalt Leitbleche eingebaut, an denen austretender Dampf mit entsprechend verringerter Temperatur entlanggeführt wird. Die Strömung wird durch Anschluß an einen Punkt niedrigeren Druckes im zweiten Gehäuse aufrechterhalten. Damit die Wärmestrahlung des Innengehäuses nicht stagnierenden Dampf und durch diesen das ferritische Außengehäuse unzulässig aufheizt, sind auf der Eintrittsseite des Gehäuses noch zwei Hilfs-

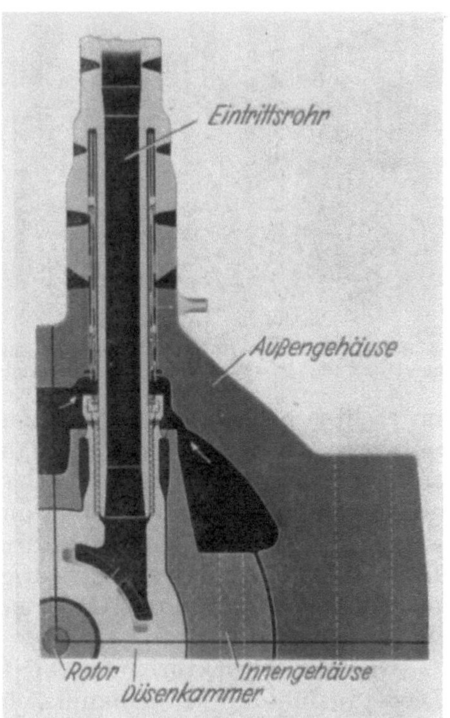

Abb. 34. Einführung der Frischdampfleitungen Höchstdruckteil Block I

austrittsstutzen angebracht, die mit der Hauptabdampfleitung verbunden sind. Auf diese Weise wird das Außengehäuse von einem Zweigstrom des Abdampfes bespült und gekühlt.

Das Hochdruckgehäuse Abb. 35 zeigt einen wesentlich komplizierteren Aufbau, da es drei Beschaufelungsabschnitte trägt, die gegeneinander abgedichtet werden müssen. Der vom Höchstdruckgehäuse kommende Dampf tritt in der Mitte (*A*) ein und wird nach Entspannung im mittleren Beschaufelungsabschnitt zum ersten Zwischenüberhitzer geführt (*B*). Von dort kommend werden Interceptventile passiert (*C*). Der Dampf entspannt

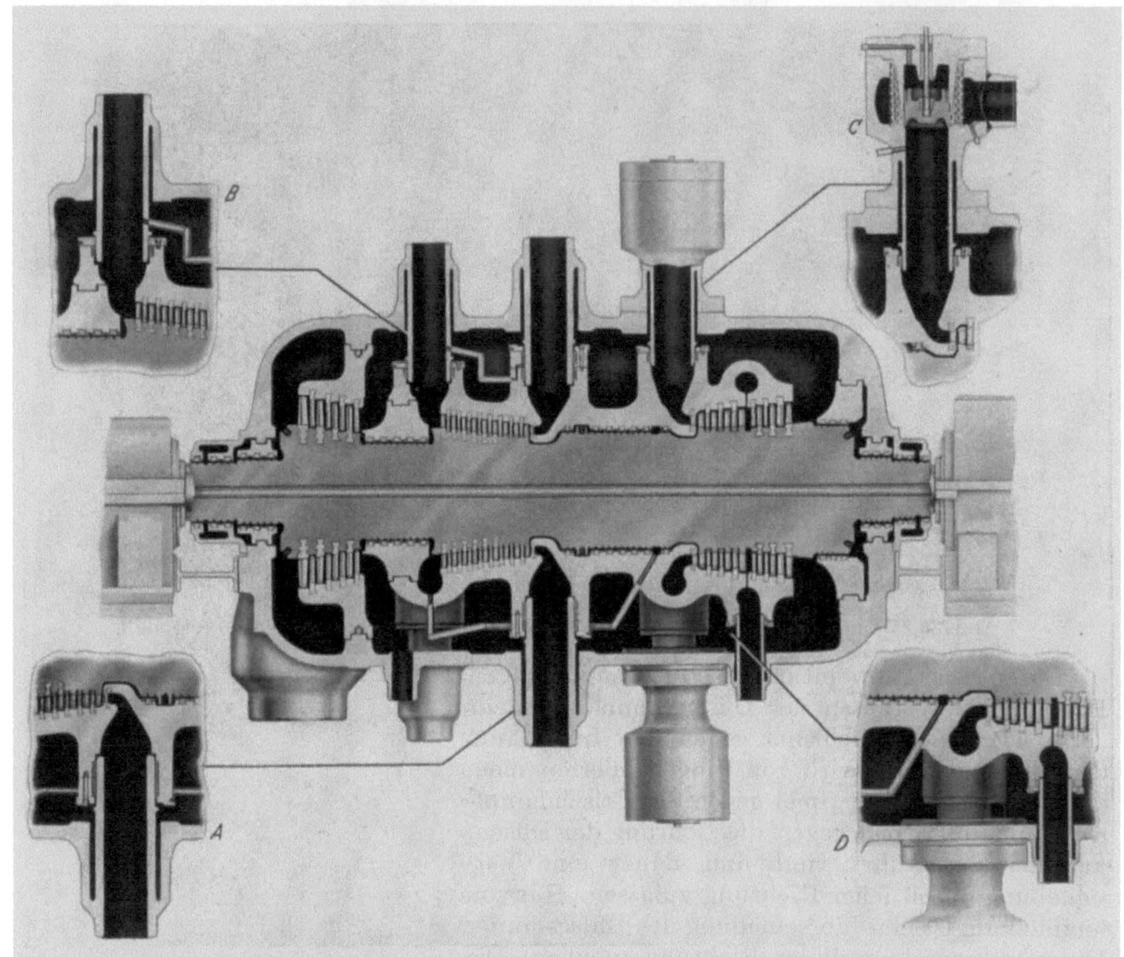

Abb. 35. Längsschnitt durch Hochdruckteil Kondensationsturbine Eddystone I

A Dampfeintritt vom Höchstdruckteil; *B* Austritt zum ersten Zwischenüberhitzer; *C* Eintritt vom ersten Zwischenüberhitzer mit Interceptventil; *D* Dampfeintritt und Schaufelbefestigung am Eintritt vom ersten Zwischenüberhitzer

im rechten Schaufelteil, strömt zum linken über und kühlt dabei die großen Teile des mittleren Innengehäuses. Die Axialschübe der Laufbeschaufelungen werden durch die getroffene Anordnung der drei Schaufelteile weitgehend aufgehoben. Die Abdichtungen an den Dampfein- und -ausführungen am Innengehäuse sind aus ähnlichen Elementen aufgebaut wie jene am Höchstdruckgehäuse. Der in den Dichtungsringen anfallende Leckdampf wird mit Stellen niedrigeren Druckes verbunden und abgesaugt. Das Modellphoto (Abb. 36) zeigt die Anordnung des Höchstdruckgehäuses mit allen Zuström- und Abströmleitungen.

Die Mitteldruckturbine (Abb. 37 u. 38) arbeitet mit 1800 U/min im Doppelfluß. Diese Ausführung wurde hauptsächlich mit Rücksicht auf die Konstruktion des Läufers gewählt. Die Doppelflußbeschaufelung gestattet die Anordnung kleiner Durchmesser für Läufer und Beschaufelung, womit der Rohling noch annehmbare Abmessungen für

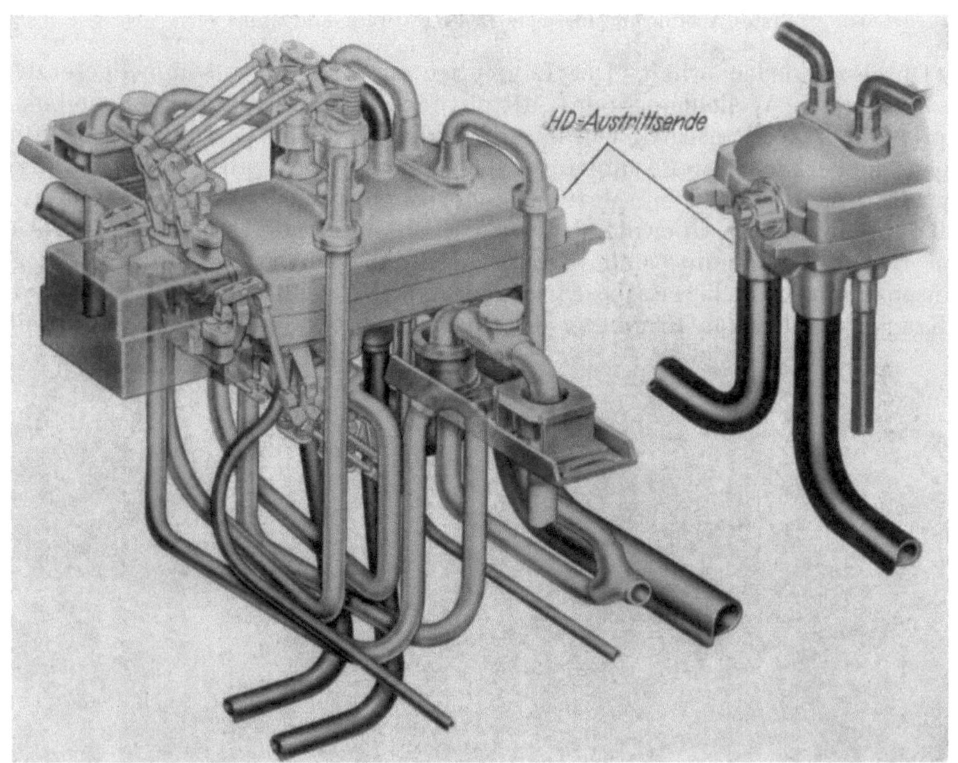

Abb. 36. Modellfoto Hochdruckteil Eddystone I

Abb. 37. Längsschnitt durch Mitteldruckteil Eddystone I

ein gutes Durchschmieden erhält. Der Läufer ist aus 3 Teilen zusammengesetzt. Auf die ausgeschmiedeten Wellenenden des Mittelstückes sind zwei starke Scheiben aufgeschrumpft. Für das Mittelstück wurde ein Werkstoff hoher Warmfestigkeit, für die Endscheiben, die bei niedrigerer Temperatur die größeren Fliehkräfte der bereits längeren Schaufeln aufnehmen müssen, ein Material hoher Zugfestigkeit verwendet. Um zu verhüten, daß der vom zweiten Überhitzer mit 565° C ankommende Dampf mit dem Außengehäuse in Berührung kommt, sind besondere Düsenkammern vorgesehen, die gegen den Gehäuseinnenraum in bereits beschriebener Weise abgedichtet sind. Lange, dünnwandige Kragen werden zur Erhöhung der Elastizität verwendet. Der heiße Teil des

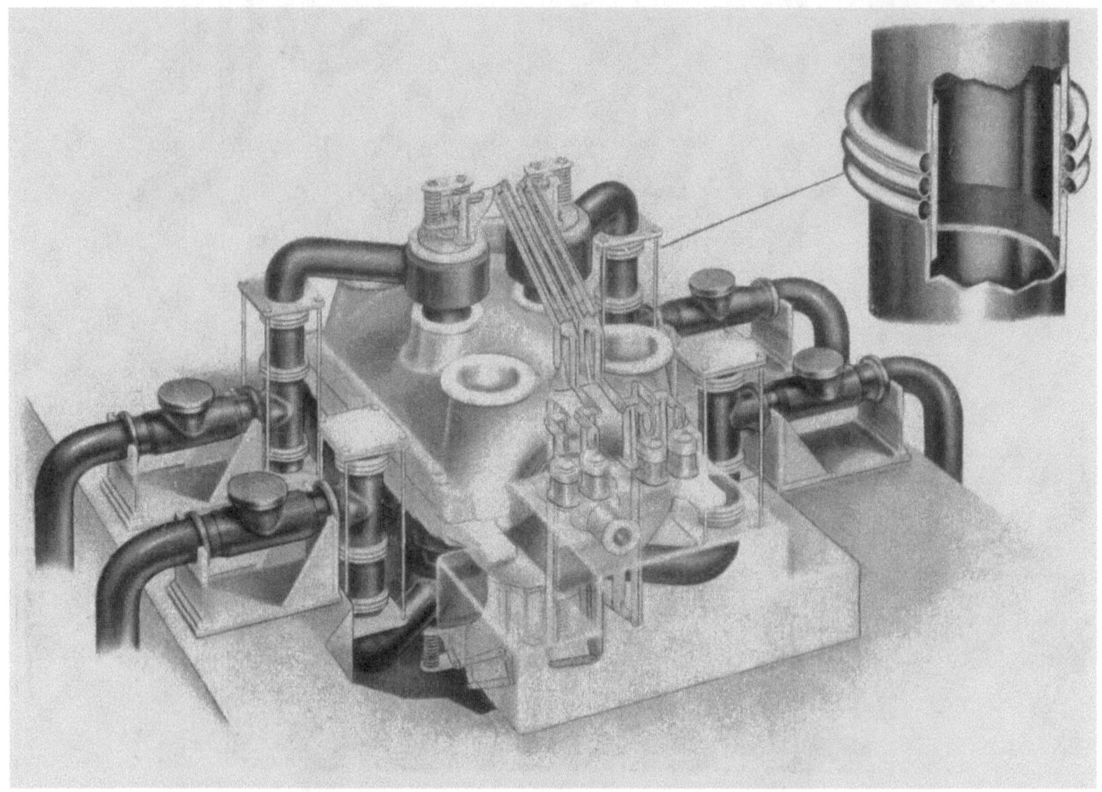

Abb. 38. Mitteldruckteil, Eddystone I, Modellfoto

Innengehäuses wird durch Entnahmedampf gekühlt, der durch einen außermittig angeordneten Stutzen abströmt, so daß die halbe Entnahmemenge am Innengehäuse entlangfließen muß. Durch je 2 Stutzen an jedem Ende des Gehäuseoberteiles strömt der Dampf den beiden Niederdruckteilen (Abb. 39) zu. Diese laufen ebenso wie der Mitteldruckteil mit 1800 U/min. Ein Doppelflußläufer normaler Bauart mit Abströmung nach den Außenenden hin und die Abmessungen der hier verwendeten Endstufe würde ein Stück ergeben, dessen Gewicht jenseits der Tragfähigkeit normaler Laufkrane liegt, und dessen Transport sowohl zur Anlage als auch innerhalb des Maschinenhauses kaum lösbare Probleme ergeben hätte. Die zur Ausführung bestimmte Lösung mit zwei gekuppelten Läufern in 4 Lagern und gemeinsamer Dampfabströmung zum Kondensator hätte wiederum zu Schwierigkeiten mit Rücksicht auf die Spannweiten der Fundamentlängsbalken geführt, wenn nicht der Raum zwischen den Lagern zur Durchführung eines Querriegels benutzt und zwischen den geteilten Wasserkammern des Kondensators, dessen Berohrung in 2 Bündel aufgelöst wurde, noch zusätzlich Platz für ein Paar Fundamentsäulen geschaffen worden wäre.

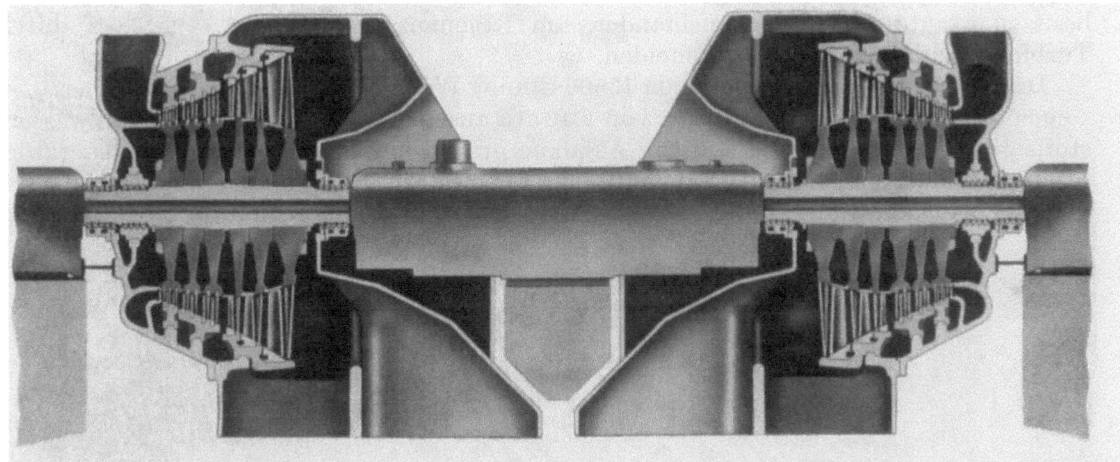

Abb. 39. Längsschnitt Niederdruckteil, Kondensationsturbine, Eddystone I

Der in den Abb. 40 und 41 gezeigte Oberflächenkondensator besitzt eine Kühlfläche von rund 14000 m² bei einer Auslegung für eine zu kondensierende Dampfmenge von 585 t/h. Bei einer Kühlwassermenge von 12,3 m³/sec und einer Kühlwassertemperatur

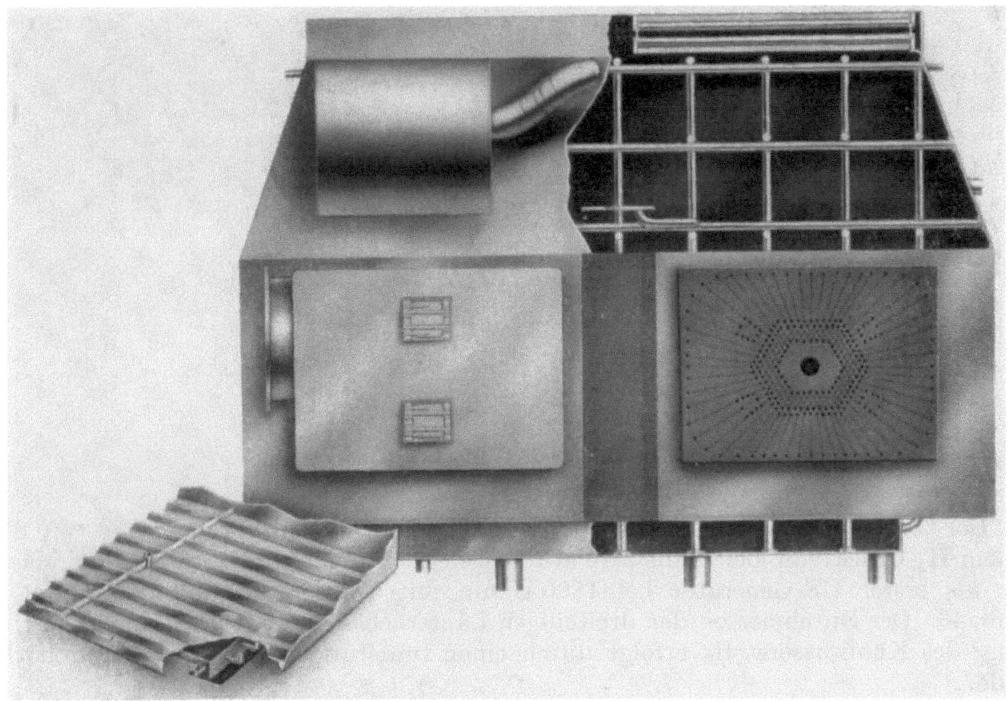

Abb. 40. Kondensator Block I (Längsrichtung)

von 15° C wird ein Vakuum von 0,035 ata erzielt. Die 9,14 m langen Kondensatorrohre bestehen aus 18-BWG Admirality Metall und besitzen einen Durchmesser von 19,1 mm. Die Wasserkammern sind unterteilt und innen mit Neopren verkleidet; die Doppelrohrbündel sind — wie bei Doppelabdampfstutzen üblich — in einem einzigen Mantel eingebaut. Die zur Verhinderung von Undichtigkeiten und zur Leckentdeckung getroffenen

Maßnahmen wurden bereits beschrieben. Die 9 Unterstützungsplatten für die Rohre besitzen exakte Abstände voneinander, um Resonanzschwingungen, ausgelöst durch Turbinendrehfrequenzen, zu vermeiden.

Der Generator der hochtourigen (3600 U/min) Welle ist für 184,32 kVA bei $\cos\varphi = 0{,}85$ bei einem Wasserstoffdruck von 2,46 atü ausgelegt. Der Umlauf des Kühlwasserstoffs wird durch einen vierstufigen Axialkompressor am Turbinenende des Generators bewirkt. Bei der vorgesehenen Innenkühlung benötigt die Rotorwelle einen Durchmesser von nur 940 mm. Einen Längsschnitt durch den 3600 U/min-Generator zeigt Abb. 42.

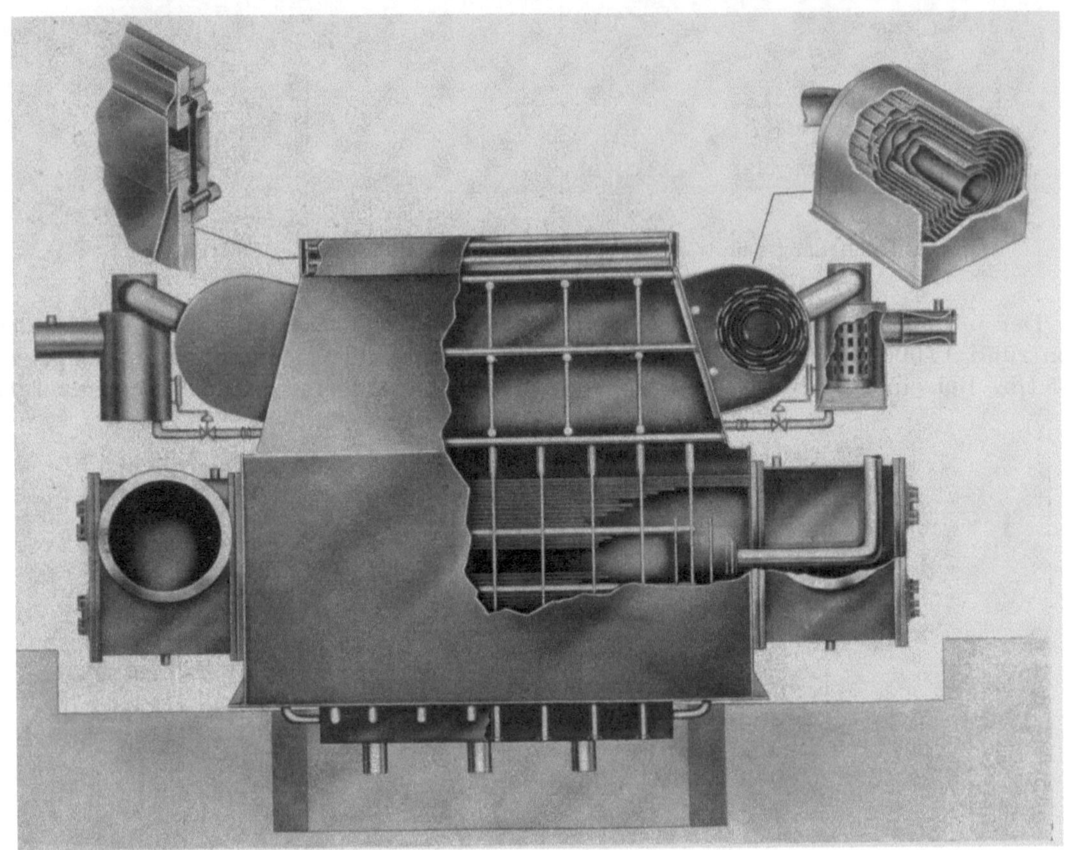

Abb. 41. Kondensator Block I (Querrichtung)

Der zweite Generator mit 1800 U/min ist für 231,68 kVA bei $\cos\varphi = 0{,}81$ und einem H_2-Druck von gleichfalls 2,46 atü ausgelegt. Einen Schnitt durch diese Maschine, die als erster US-Generator bei 1800 U/min mit Wasserstoffkühlung arbeitet, zeigt Abb. 43. Der Durchmesser der dreiteiligen Läuferachse beträgt 1397 mm. Die Umwälzung des Kühlwasserstoffs erfolgt durch einen fünfstufigen Kompressor am Turbinenende.

Der Turbosatz II ist im wärmetechnischen und konstruktiven Aufbau von dem Turbosatz I völlig verschieden. Der Frischdampf kommt mit 245 atü, 565 °C zur Turbine, die bei Vollast einen Dampfbedarf von rund 985 t/h hat. Es handelt sich zwar ebenfalls um einen Zweiwellensatz, aber beide Wellen laufen mit einer Drehzahl von 3600 U/min. Jede Welle hat mit 162,5 MW eine gleich große Leistungsabgabe an die beiden Generatoren gleicher Type. Wie Abb. 44 zeigt, hat die erste Welle einen Höchstdruckteil, einen Mitteldruckteil und einen Niederdruckteil. Die zweite Welle hat dagegen ein Hochdruckgehäuse und wiederum ein Mitteldruck- und ein Niederdruckgehäuse. Der Frischdampf strömt über 4 Absperrventile und 2 Regelventilsätze an beiden Seiten der Höchstdruckturbine ein. Der Dampf tritt mit 68 ata, 382 ° C aus dem ersten Gehäuse und strömt

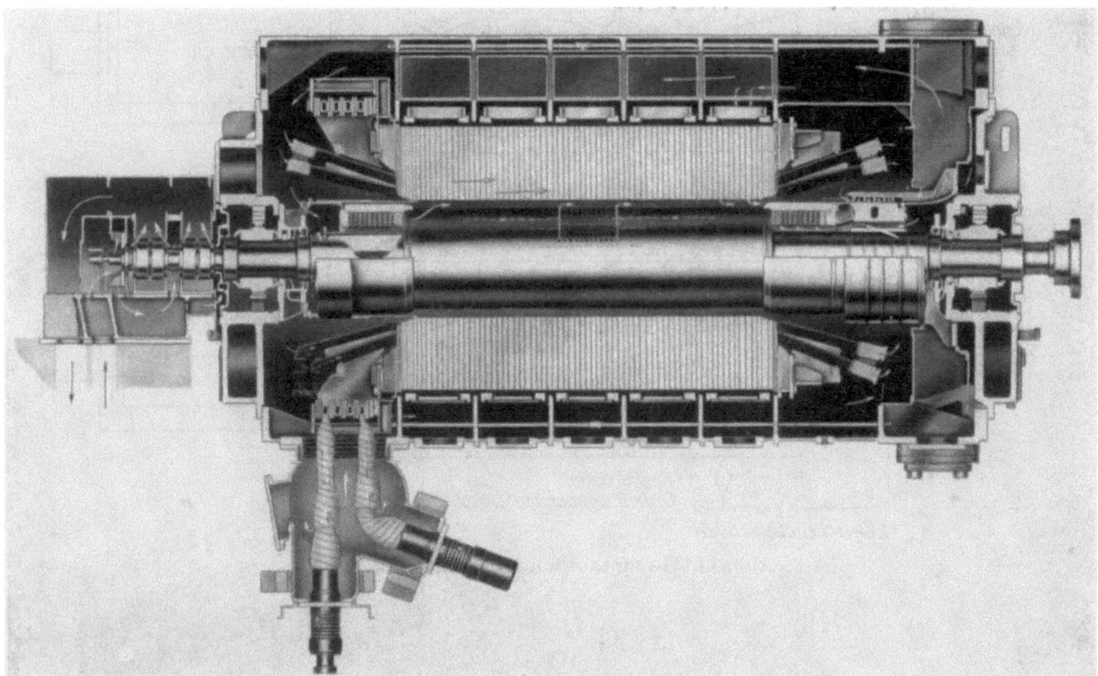

Abb. 42. Längsschnitt 3600 U/min-Generator Block I

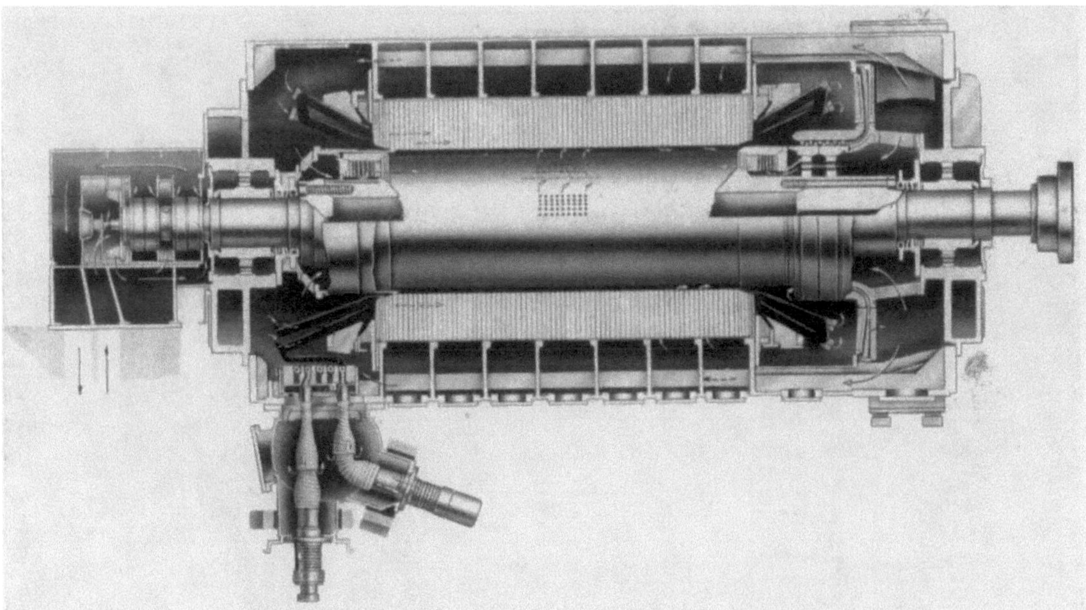

Abb. 43. Längsschnitt 1800 U/min-Generator Block I

zum ersten Zwischenüberhitzer. Nach Wiederaufheizung auf 565 ° C strömt er zum Hochdruckgehäuse auf der zweiten Welle über Interceptventile, die auf dem Turbinengehäuse sitzen. Er tritt mit 43 ata, 415 ° C aus und wird über die kalte Zwischenüberhitzerleitung

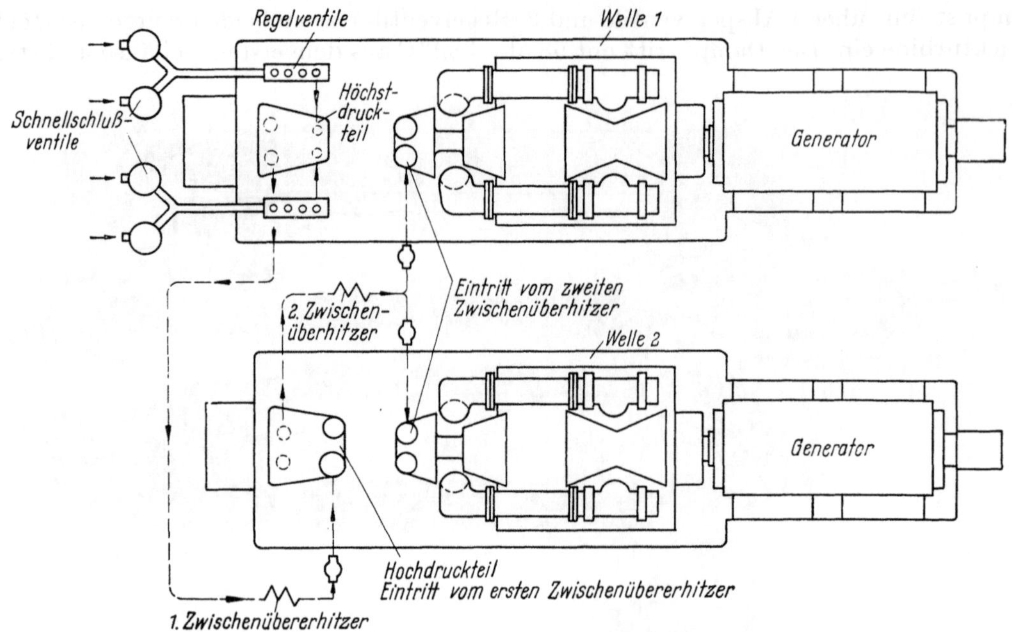

Abb. 44. Gesamtaufbau Turbosatz Block II

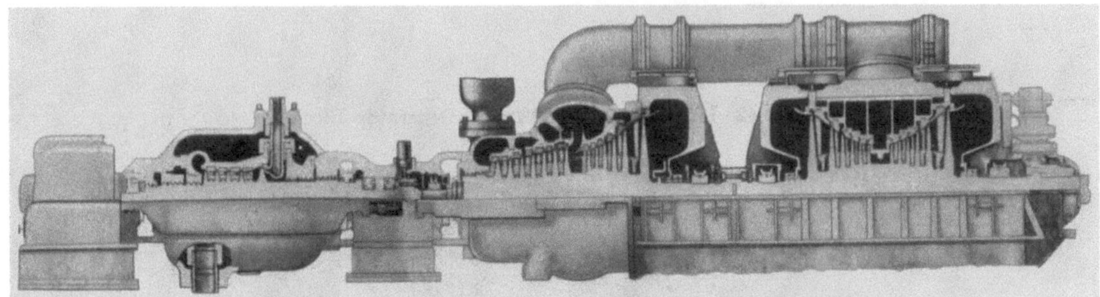

Abb. 45. Längsschnitt durch Welle I des Turbosatzes Eddystone II

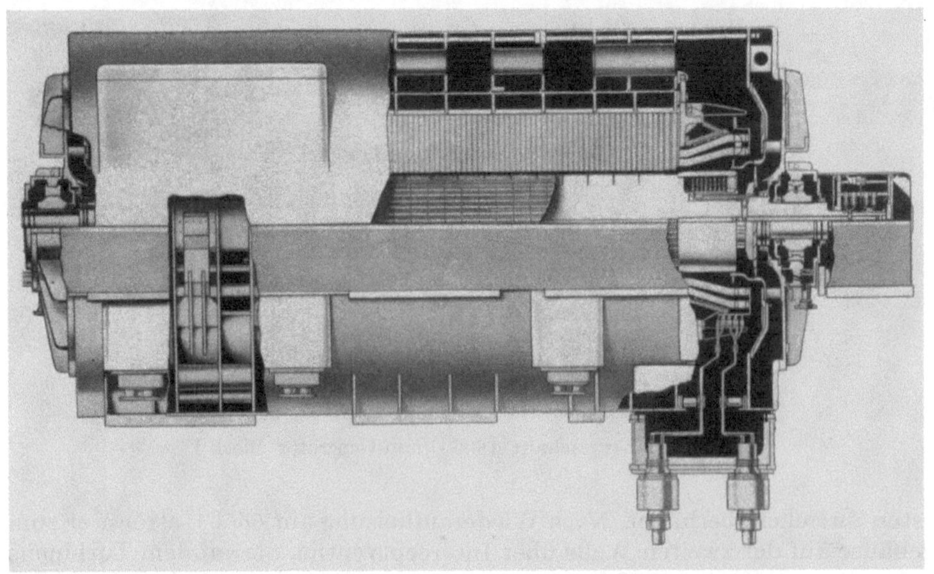

Abb. 46. Wasserstoffgekühlter 3600 U/min-Generator Eddystone II

zum zweiten Zwischenüberhitzer geleitet, in dem er ein drittes Mal auf 565° C aufgeheizt wird. Von dort aus teilt er sich je zur Hälfte auf die beiden Wellen auf, so daß die Mitteldruck- und die Niederdruckgehäuse parallel beaufschlagt sind.

Abb. 45 zeigt einen Längsschnitt durch die erste Welle des Blocks II mit dem Höchstdruckteil. Von den 8 Rohrleitungen, die von den 8 Regelventilen ausgehen, werden je zwei durch Y-Verbindungen zusammengeführt, so daß der Dampf durch 4 Rohre zu den 4 Düsenkästen der Höchstdruckturbine strömt. Es handelt sich um eine Maschine in der üblichen Gleichdruckbauart. Die verfügbare Dampfmenge ergibt bei dem vorhandenen Dampfzustand noch Schaufellängen, die einen guten Wirkungsgrad zulassen. Es werden für die Höchstdruckturbine nur konventionelle Materialien verwendet. Alle Teile des Turbosatzes, wie Ventile, Rohrleitungen und das innere und äußere Turbinengehäuse bestehen somit aus ferritischem Material. Auch der Mitteldruckteil und der dreiflutige Niederdruckteil haben die normale, vielfach bewährte Bauart. Die zweite Welle dieses Aggregates unterscheidet sich nur dadurch von dem ersten, daß an Stelle des Höchstdruckteiles der gleichartig aufgebaute Hochdruckteil vielfach bewährter Bauart sitzt. Es sind insgesamt 6 Endschaufelreihen mit Schaufeln von 660 mm Länge vorhanden. Hierdurch konnte ungefähr der gleiche Austrittsquerschnitt wie bei einem Zweiwellenaggregat mit 3600/1800 U/min erreicht werden. Bei der gleichen Drehzahl der beiden Wellen war es möglich, gleiche Mittel- und Niederdruckteile sowie gleiche Generatoren zu verwenden. Transformatoren, Schalter und elektrisches Zubehör, alles Standardausführungen, stimmen — wie sogar auch bei Block I — überein. Bei der gewählten Gehäuseaufteilung ließen sich Überströmrohre zwischen den Gehäusen beider Wellen vermeiden; außerdem soll die Rohrleitungsführung einfacher sein als bei den Aggregaten mit zwei Wellen verschiedener Drehzahl.

Auch die beiden Generatoren, von denen einer in Abb. 46 dargestellt ist, sind solche bewährter Bauart, wie sie vielfach geliefert wurden. Es handelt sich um 20000 V-Generatoren mit einer Leistung von je 208000 kVA und einem Leistungsfaktor von 0,85.

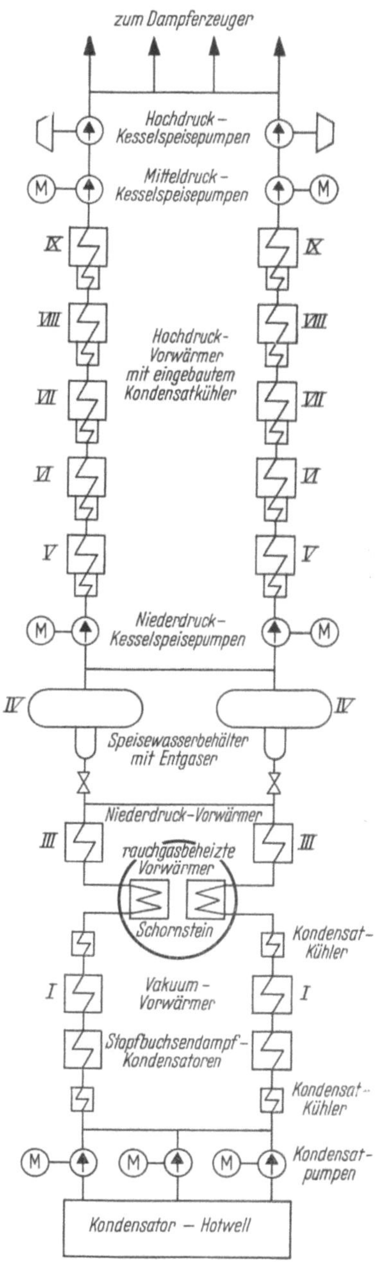

Abb. 47. Reihenschaltung der Vorwärmer und Kesselspeisepumpen bei Block I

c) Vorwärmer- und Speisepumpenanlage

Sämtliche Vorwärmer sind, wie die Abb. 47 für Block I und Abb. 6 für Block II zeigen, paarweise in 2 Strängen hintereinandergeschaltet. Die drei vierstufigen Kondensatpumpen fördern das Kondensat in eine Sammelleitung, von der diese beiden Vorwärmerreihen ausgehen. Es gelangt durch den Stopfbüchsendampfkondensator und die ersten 3 Vorwärmer in den Entgaser. Der zweite Vorwärmer ist bei Block I, wie vorher beschrieben, im Schornstein untergebracht. Konstruktiv weicht der Aufbau des ersten Vorwärmers von der üblichen Ausführung insofern ab, als zwei unabhängige Wassersysteme in einem einzigen Mantel untergebracht sind und von einer einzigen Entnahme

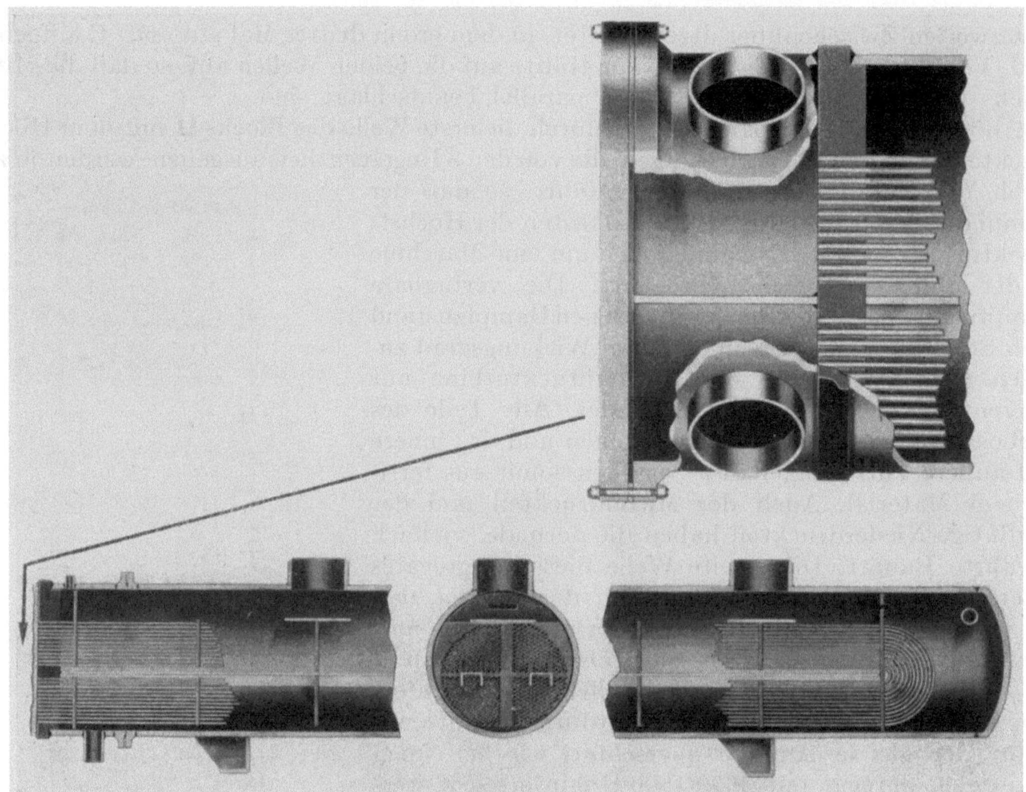

Abb. 48. Niederdruck-Speisewasservorwärmer Block I

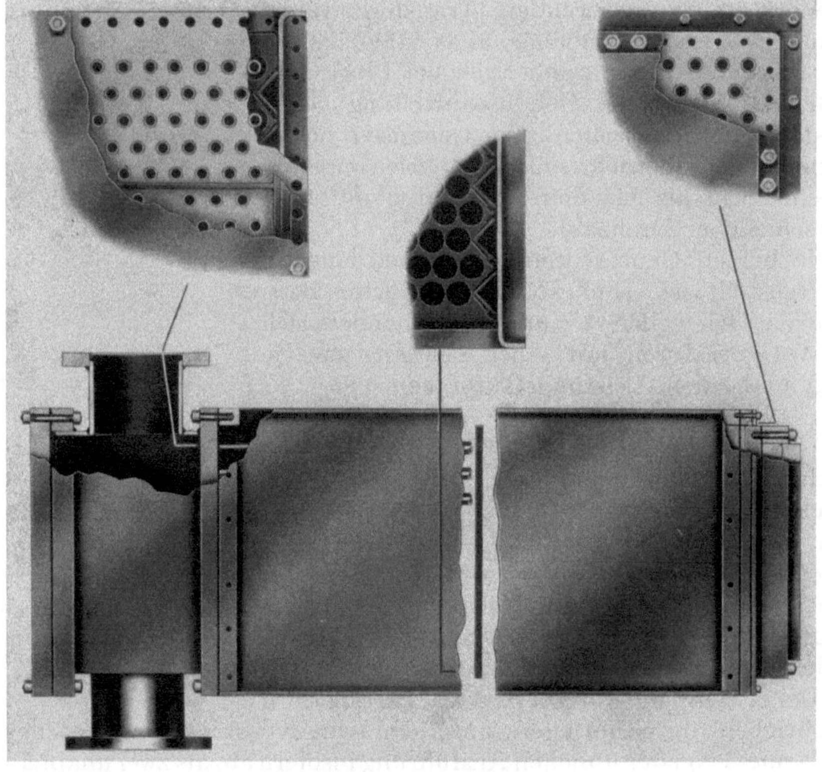

Abb. 49. Luftvorwärmer Block I

versorgt werden. Dieses zweite System gehört zu dem ebenfalls schon erwähnten Luftvorwärmer-Kreislauf. Der Aufbau dieses Apparates ist in Abb. 48 gezeigt. Die U-förmigen Austauscherrohre bestehen aus Monel-Metall. Die Wärme wird in einem Rippenrohraustauscher auf die Verbrennungsluft übertragen, die auf 52° C erwärmt wird. Dieser Luftvorwärmer ist in Abb. 49 dargestellt. Primärseitig wird dieser Austauscher durch das in dem Doppelvorwärmer aufgewärmte Wasser beheizt. Er besteht aus 8 Bauelementen, die paarweise in je einem der 4 Frischluftkanäle mit eigenem Lüfter eingebaut sind, und die zusammen eine Rippenrohrheizfläche von 7135 m² besitzen.

In den beiden Vorwärmerreihen, die 5 Hochdruck-Vorwärmerpaare enthalten, sind 3 Pumpen — jeweils doppelt vorhanden — hintereinandergeschaltet, von denen jede

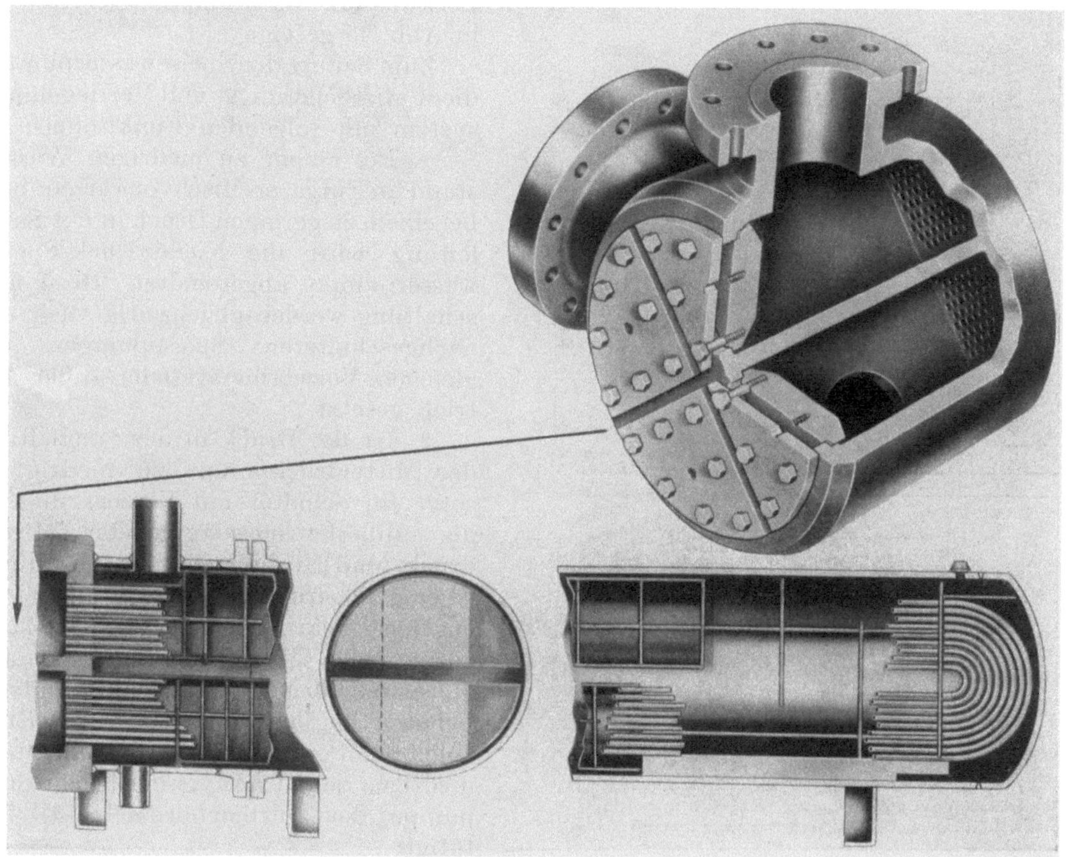

Abb. 50. Hochdruck-Speisewasservorwärmer Block I

bei Volleistung eine Druckerhöhung um 140 at bewirkt. Der konstruktive Aufbau der Hochdruckvorwärmer wird in Abb. 50 gezeigt. Die elektrisch angetriebenen Niederdruck- und Mitteldruck-Speisewasserpumpen laufen mit konstanter Geschwindigkeit. Sie sind so ausgelegt, daß sie bei $^1/_3$ Last bereits einen Druck von 387 ata erzeugen. Die Hochdruck-Speisewasserpumpe ist dampfangetrieben und somit in ihrer Drehzahl regelfähig; sie wird erst ab $^1/_3$ Last aufwärts eingesetzt. Die Hintereinanderschaltung der Speisepumpen zeigt Abb. 51. Jede Vorwärmer-Pumpenreihe bildet eine geschlossene Einheit. Beim Ausfall der einen Reihe bleibt immer noch ein Satz in Betrieb. Die beiden Sätze sind so ausgelegt, daß mit jedem von ihnen allein $^2/_3$ Last gefahren werden kann. Alle 6 Speisewasserpumpen haben zusammen einen Leistungsbedarf von 17,2 MW.

Die fünfstufigen Niederdruck-Speisewasserpumpen sind jeweils unter dem Entgaser aufgestellt. Bei Vollast beträgt der verfügbare Ansaugedruck 5,3 ata. Als Austrittsdruck werden 158 atü angegeben. Die sechsstufige Mitteldruckpumpe verstärkt den Druck von 151 auf 309 ata. Die Hochdruck-Speisewasserpumpe ist im Längsschnitt in Abb. 52 dargestellt. Einen Schnitt durch ihre Antriebsturbine, die zwischen der ersten und der zweiten kalten Zwischenüberhitzerschiene, also parallel zum Mitteldruckteil der Hauptturbine, geschaltet ist, zeigt Abb. 53. Proportional mit der steigenden Last des Turbosatzes steigen auch die Eintritts- und Austrittsdrücke der Antriebsturbine an, deren Geschwindigkeit so geregelt werden muß, daß der Differenzdruck zwischen dem von den beiden Motorpumpen gelieferten und dem erforderlichen Druck gemäß Abb. 54 erzeugt wird. Das Leckwasser der Pumpendichtungen wird einer Stelle entsprechend niedrigeren Druckes zugeführt. Die Abnahme und Weiterleitung des Leckwassers der Pumpensaugseiten ist in Abb. 55 gezeigt.

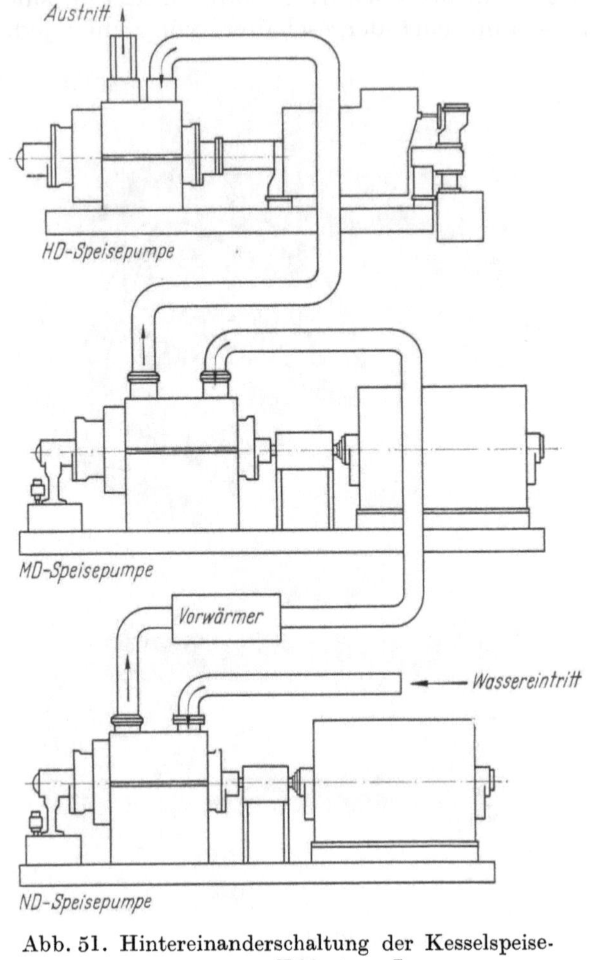

Abb. 51. Hintereinanderschaltung der Kesselspeisepumpen Eddystone I

Zum Schutz der Speisewasserpumpen dient ein Sicherungs- und Verriegelungssystem mit folgenden Funktionen:

1. Bei einem zu niedrigen Wasserstand im Entgaser-Mischvorwärmer bzw. bei einem zu geringen Druck in der Saugleitung wird die Niederdruck-Speisewasserpumpe abgeschaltet. In Folgeschaltung werden gleichzeitig auch alle nachgeschalteten Speisepumpen des gleichen Vorwärmersystems außer Betrieb gesetzt.

2. Ist der Druck in der Saugleitung der Mitteldruckpumpe zu niedrig, so sorgt ein Schalter mit Verzögerung für die Außerbetriebsetzung der Mitteldruck- und Hochdruckpumpe. Dadurch ist eine Sicherung gegen zu geringe Saugleitungsdrücke gegeben. Zum Schutz gegen einen Mitteldruckpumpen- oder Motorwellenbruch kann ein ähnlicher Schalter in der Hochdrucksaugleitung angebracht werden, der bei einem zu niedrigen Saugdruck vor der Hochdruckpumpe das Turbinendrosselventil betätigt.

3. Die Hochdruckpumpen besitzen in ihren Druckleitungen Rückschlagventile, die beim Ausfall oder Versagen eines Vorwärmerstranges den Rückfluß von Speisewasser verhindern und den Strang kesselseitig abtrennen.

4. Ein Mengenmesser auf der Druckseite der Niederdruckpumpe betätigt bei einer vorbestimmten Durchflußmindestmenge einen Quecksilberkippschalter, der ein Ventil auf der Hochdruck-Pumpendruckseite öffnet, das eine Wasserrückführung freigibt. Dadurch wird ein Mindestwasserdurchfluß durch die Pumpen sichergestellt.

5. Für die Niederdruckpumpe einerseits und für die Mitteldruck- und die Hochdruckpumpe andererseits ist je eine hilfsangetriebene Ölpumpe vorgesehen. Beim Anfahren muß zuerst die Niederdruck-Hilfsölpumpe eingeschaltet werden; eine Folgeschaltung setzt dann auch die Mitteldruck- und Hochdruck-Ölpumpen in Betrieb. Dadurch wird sichergestellt, daß die Niederdruckpumpe erst dann arbeiten kann, wenn auch alle anderen Pumpen geschmiert werden.

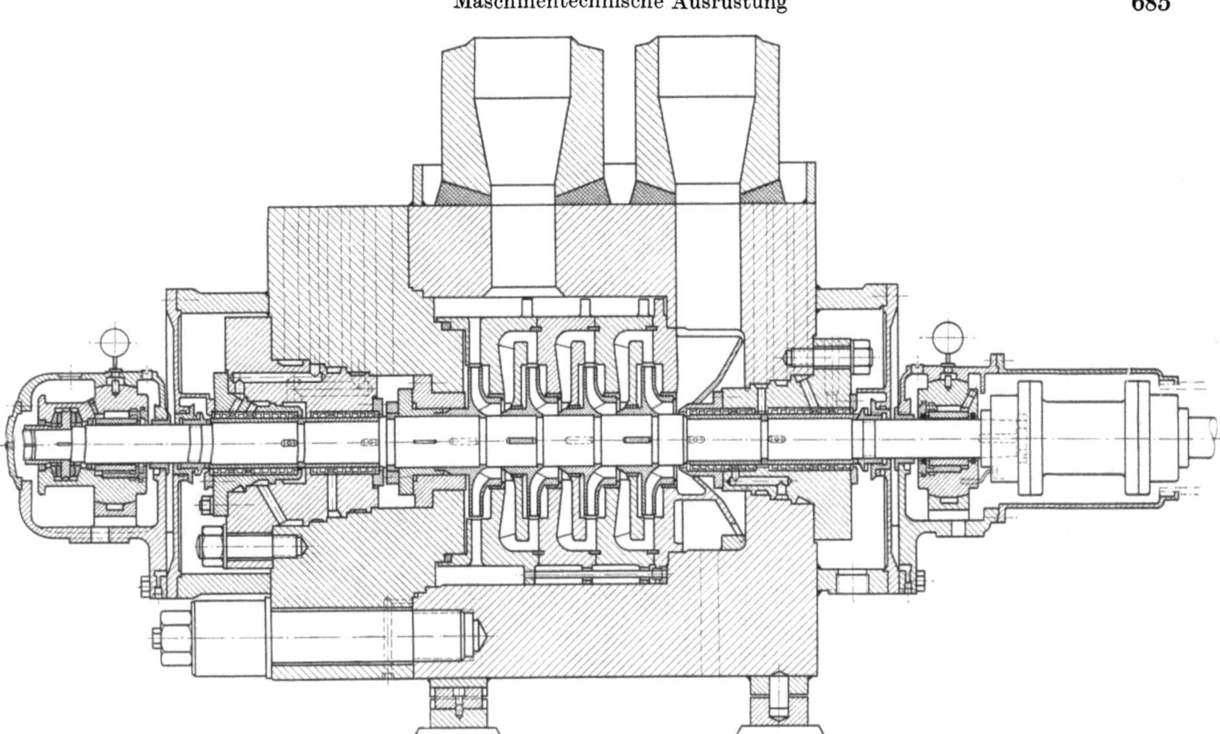

Abb. 52. Längsschnitt durch Hochdruck-Speisewasserpumpe Block I

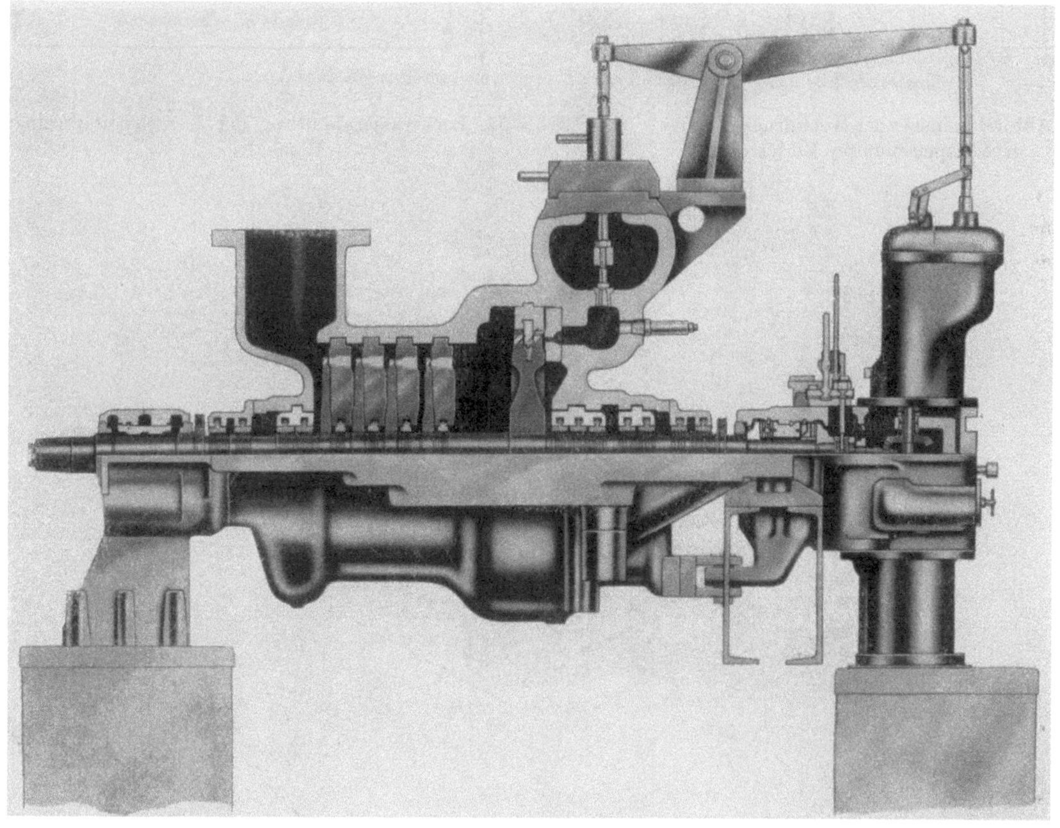

Abb. 53. Längsschnitt durch Hochdruck-Speisewasserpumpen-Antriebsturbine Block I

6. Diejenige Zeit, die beim Abschalten von der vollen Drehzahl bis zum Stillstand benötigt wird, beträgt etwa 10 bis 15 Sekunden. Die Lagerölversorgung bleibt während dieser Zeit sichergestellt.

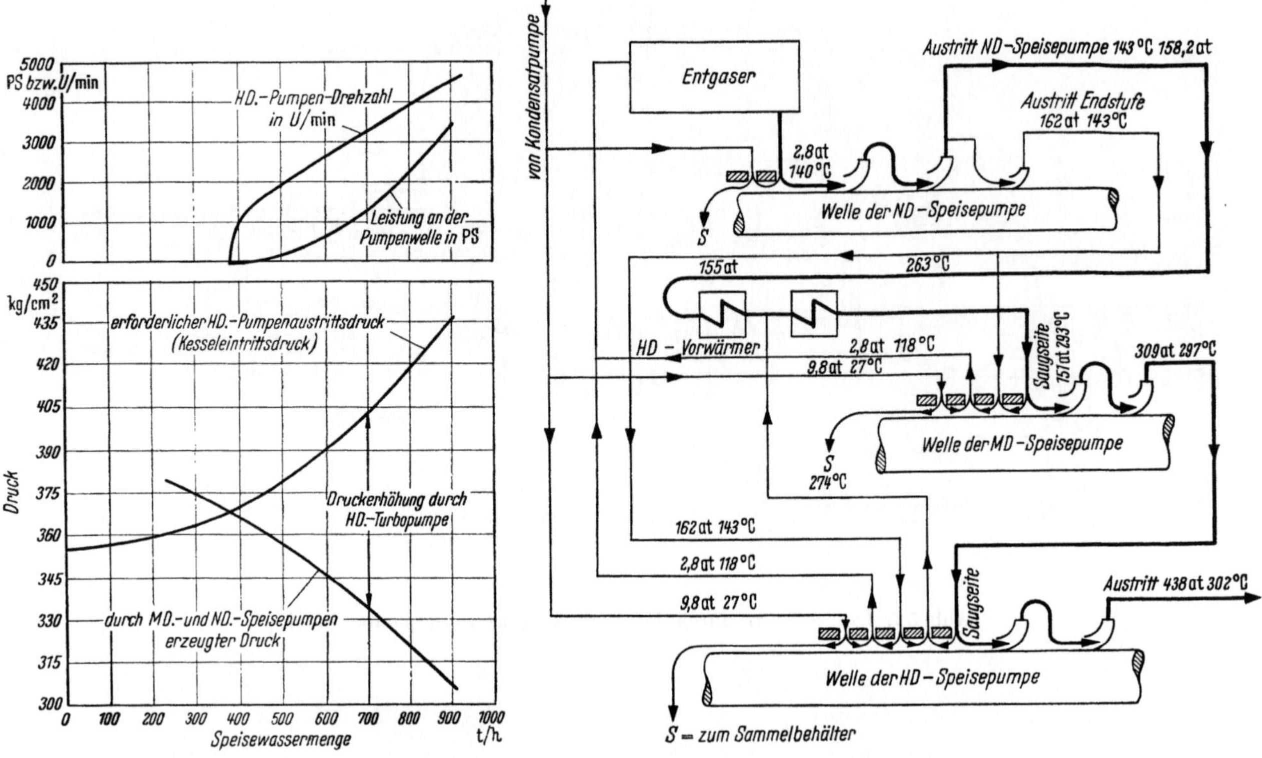

Abb. 54. Einsatz der Hochdruck-Turbo-Kesselspeisepumpe Eddystone I

Abb. 55. Leckwasserableitung der Kesselspeisepumpen Block I

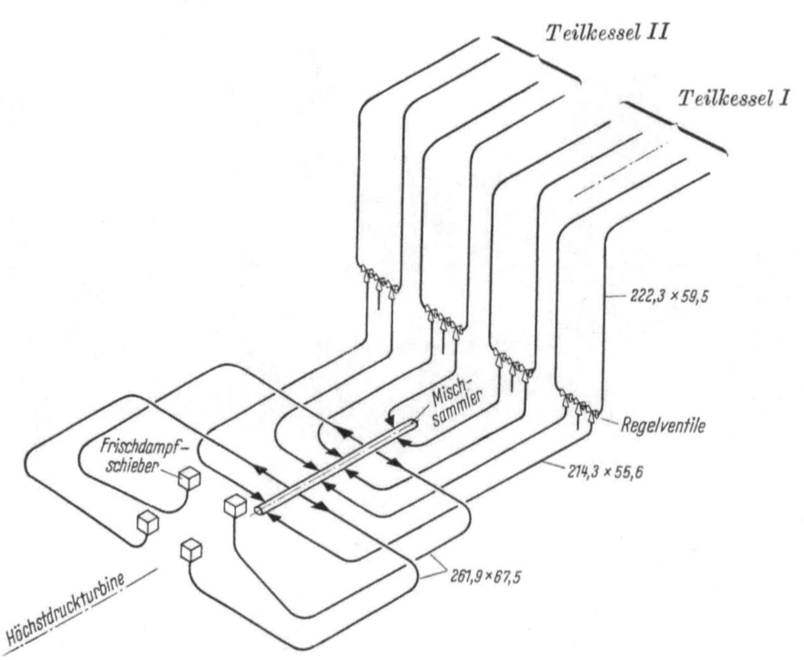

Abb. 56. System der Frischdampfleitungen Block I

d) Rohrleitungsanlage

Die Anzahl der Frischdampfleitungen bei Block I wurde weitgehend dadurch bestimmt, daß der Endüberhitzer acht parallele Rohrsysteme besitzt, von denen jedes einen eigenen Absperrschieber benötigt. Vom Überhitzeraustritt zu den Absperrschiebern sind daher gleichfalls 8 Leitungen erforderlich. Von jedem Absperrschieber führt eine weitere Rohrverbindung zu einem Mischsammler, in dem kleine Temperaturdifferenzen ausgeglichen werden. Vom Mischsammler führen 4 Dampfleitungen zur Turbine, die — wie bereits ausgeführt — gleichfalls 4 Eintrittsabsperrorgane besitzt. Der Druckabfall zwischen Überhitzeraustritt und Turbinenregelventil beträgt 21 at. Der Temperaturabfall wird mit 5,5° C angegeben. Das Frischdampfleitungssystem aus dem austenitischen Stahl AISI 316 ist in Abb. 56 gezeigt.

Die in den Rohren auftretenden Kräfte und Momente wurden mit Hilfe einer IBM-Rechenanlage ermittelt. Außerdem sind Modellversuche durchgeführt worden.

Für die Zwischenüberhitzerleitungen wurde ein Werkstoff mit 2,25% Chrom und 1% Molybdän verwendet. Es liegen jeweils 2 Leitungen parallel. Die Heißdampfleitungen des ersten Zwischenüberhitzers besitzen einen Außendurchmesser von 406 mm bei 39,5 mm Wandstärke. Für den zweiten Zwischenüberhitzer sind 711 mm Außendurchmesser und 22,2 mm Wandstärke vorgesehen.

e) Werkstofffragen

Auch an die Werkstoffseite werden beim Eddystone-Kraftwerk die zur Zeit höchsten Anforderungen gestellt, die sich bisher im Kraftwerksbau ergeben haben. Aus diesem Grunde wurden erhebliche Anstrengungen gemacht, die Auswahl nach dem derzeitigen Stand der Kenntnisse optimal zu treffen. Diese Frage wurde mit zahlreichen Fachleuten aus den USA, aus England und aus Deutschland besprochen. Außer den US-Stählen wurden auch englische, russische und deutsche Spezialwerkstoffe ins Auge gefaßt. Dabei zeigte es sich, daß alle europäischen

Tabelle 2. *Ausgewählte Legierungen*

Bezeichnung	Zusammensetzung in %										Zulässige Zugbeanspruchung in kg/mm² bei 650° C	
	C	Mn	Si	Cr	Ni	Mo	Co	W	Nb	andere (Eisen)	nach dem derzeitigen „Boiler-Code“	geschätzt auf Grund verfügbarer Angaben
Type 347	0,08 max	2,0 max	1,0 max	17 bis 19	9 bis 12	0	0	0	10XC min	(67 Fe)	3,5	—
Type 316	0,10 max	2,0 max	1,0 max	16 bis 18	10 bis 14	2 bis 3	0	0	0	(67 Fe)	4,8	—
15—15 N	0,15 max	2,0 max	0,75 max	14,8 bis 18	13,5 bis 16,5	1,25 bis 1,85	0	1,0 bis 1,9	0,8 bis 1,3	0,15 max N (60 Fe)	—	8,0
17—14 CuMo[1]	0,12	0,75	0,50	16	14	2,5	0	0	0,5	3 Cu 3 Ti (62 Fe)	—	8,4
G 18 B[1]	0,4	0,8	1	13	13	2	10	2,5	3	(53 Fe)		7,4
N 153[1]	0,3	1,5	0,5	17	15	3	12	2	1	(47 Fe)	—	—
N 155[1]	0,3	1,5	0,5	21	20	3	20	2,5	1	(30 Fe)		7,4

[1] Typische Zusammensetzung

Tabelle 3. *Werkstoffverwendung*[1]

Nr.	Stahl-Bezeichnung	Fe ungefähr %	C %	Co %	Cr %	Mo %	N %	Nb/Ta %	Ni %	V %	Verschiedenes %	Verwendung im Eddystone Kraftwerk[2]
1	21 CrMoV 5 11	96	0,21	—	1,3	1,1	—	—	—	0,3	—	Läufer Höchstdruck-Teil (S), Läufer Niederdruck-Teil (S)
2	Croloy 2 1/4 (+V)	95	0,15	—	2,3	1	—	—	—	(0,25)	—	Einführrohre zu Düsenkammern, Außengehäuse (G), Läufer Mitteldruck-Teil (S), Läufer Hochdruck-Teil (S)
3	BVT 85 Z	91	0,12	—	5	1,2	—	0,5	—	0,5	Si = 1,5	
4	X 22 CrMo(W)V 12 1	84	0,22	—	12	1	—	—	0,8	0,35	(W = 0,5)	Läufer Höchstdruck-Teil, Schaufeln (S), Läufer Mitteldruck-Teil (S), Läufer Niederdruck-Teil (S)
5	AISI 321 (V 2 AE)	70	0,07	—	18	—	—	—	10,5	—	Ti = 5×C	Welle
6	AISI 347	70	0,07	—	18	—	—	0,7	10,5	—	—	
7	X 8 CrNiNb 16 13	69	0,07	—	16	—	—	0,7	13	—	—	
8	AISI 316	67	0,06	—	16	2	—	—	14	—	—	Turbinenrohre (S), Ventilgehäuse (S), Düsenkammern (G), Innengehäuse (G), Düsen (S), Frischdampfrohre (S), Ventile (S)
9	X 8 CrNiMoNb 16 16	63	0,07	—	16,5	1,8	—	0,7	16,5	—	—	
10	V2A E D	69	0,12	—	18	—	—	Ti = 0,4	10	—	W = 1	
11	17/13 W	65	0,12	—	17	—	—	Ti = 0,5	13	—	W = 2,7	
12	E M E	63	0,15	—	19,3	—	0,15	1,1	12	—	W = 3,2	Schraubenbolzen (S), Schrauben (S)
13	X 8 CrNiMoVNb 16 13	67	0,07	—	16,5	1,3	0,12	0,7	13	0,7	—	
14	G 18 B	55	0,4	10	13	2	—	3	13	—	W = 2,5	Läufer Höchstdruck-Teil (S), Läufer Hochdruck-Teil (S)
15	Discaloy (Tinidur)	55	0,03	—	13,5	3	—	Ti = 1,6	26	—	Al = 0,1	Läufer Höchstdruck-Teil, Schaufeln (S)
16	K 42 B	15	0,03	22	18	—	—	Ti = 2,1	42	—	Al = 0,2	erste drei Schaufelreihen, Schrauben und Schraubenbolzen (S)
17	PMWC + Ti	13	0,06	25	15	4,8	—	Ti = 1,6	35	—	W = 4,8	
18	S 816	4	0,38	43	20	4	—	4	20	—	W = 4	

[1] Es sind z. T. Mittelanalysen von Stahlgruppen angeführt.
[2] Es bedeuten (S) Schmiedestahl und (G) Stahlguß.

Sonderlegierungen mit irgendwelchen amerikanischen Qualitäten äquivalent sind. Im Endeffekt wurden dann die in Tabelle 2 zusammengestellten Legierungen in die engere Auswahl gezogen. Alle Proben wurden in die in Abb. 57 gezeigte Form gebracht, die man durch Schmieden und Bohren herstellte.

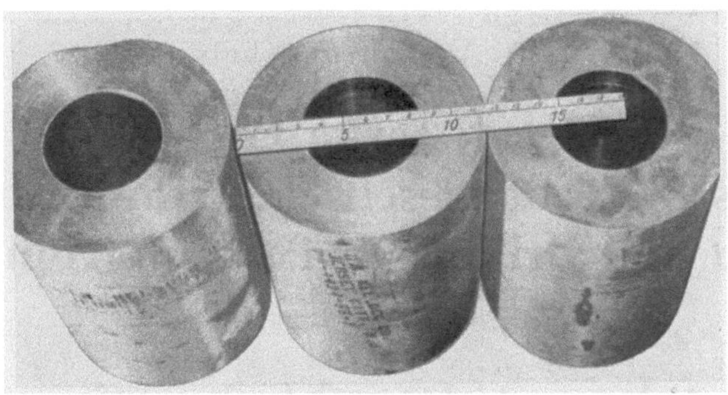

Abb. 57. Rohrproben
Maßstab in Zoll (1 Zoll = 25,4 mm)

Die umfangreichen Prüfungen, die durch ein eigens ins Leben gerufenes Eddystone-Metallurgical-Committee überwacht und ausgewertet wurden, führten dazu, daß AISI 316 (mit einer 16-8-2 Schweißelektrode) als Rohrmaterial für die Heißdampfleitungen verwendet wird. Ausschlaggebend hierfür war, neben der größeren Dauerstandfestigkeit — verglichen mit AISI 347 — und der dadurch ermöglichten geringeren Wandstärken, die gute Schweißbarkeit und der Umstand, daß fabrikations- und verhaltensmäßig keine Unklarheiten mehr bestehen, und daß sich dieser Werkstoff — wenn auch bei niedrigeren Temperaturen als in Eddystone vorgesehen — bereits bewährt hat. Über die weitere Werkstoffverwendung gibt Tab. 3 Auskunft, in der die wichtigsten Legierungen mit ihren Analysen zusammengestellt sind. Es sei noch vermerkt, daß die Werkstoffverwendung inzwischen festgelegt ist, daß jedoch über die Werkstoffauswahl für einige Kraftwerkselemente bisher noch nichts Näheres bekannt wurde.

Schrifttum

Electr. Wld. Bd. 142 (1954) Nr. 9, S. 6.
Kearney, J. J.: Electr. Wld. Bd. 146 (1956) Nr. 24, S. 103.
Harlow, J. H.: ASME Bericht 56–A–165. Electr. Wld. Bd. 146 (1956) Nr. 24, S. 105. – Trans ASME Bd. 79 (1957) Nr. 6, S. 1410.
Powell, E. M.: ASME Bericht 56–A–164. Electr. Wld. Bd. 146 (1956) Nr. 24, S. 111. – Trans ASME Bd. 79 (1957) Nr. 6, S. 1447. Energie. Bd. 9 (1957) S. 108.
Campbell, C. B., C. C. Frank sr. u. J. C. Spahr: Electr. Wld. Bd. 146 (1956) Nr. 24, S. 114.
ASME Bericht 56–A–156, Sonderdruck der Westinghouse Electric Corp: The Eddystone Superpressure Unit, Trans ASME Bd. 79 (1957) Nr. 6, S. 1431.
Meyer. F. W. A.: Electr. Wld. Bd. 146 (1956) Nr. 24, S. 118.
Rowand, W. H.: Electr. Wld. Bd. 146 (1956) Nr. 24, S. 120.
Schwabtach, C. u. C. W. Elstern: Electr. Wld. Bd. 146 (1956) Nr. 24, S. 120.
Blumberg, H. S.: Trans ASME. Bd. 79 (1957) Nr. 6, S. 1377. – The Engineer. Bd. 203 (1957) Nr. 5285, S. 736 u. Nr. 5286, S. 774.
Brennecke, C. u. R. Schinn: Z. VDI, Bd. 99 (1957) Nr. 24, S. 1165; Nr. 25, S. 1233 u. Nr. 32, S. 1611.
Power: Bd. 101 (1957) Nr. 1, S. 102.
Franck, C. C.: Westinghouse Engineer. Bd. 17 (1957) Nr. 5, S. 156.
Downs, J. E.: Design of the Eddystone Nr. 2 Steam Turbine-Generator Unit. Bericht zum Power Symposium der ASME-Philadelphia Gruppe vom 23. 4. 1957: Progreß Report of Eddystone Station.

Zweites Ausführungsbeispiel

Die Kraftwerke Fortuna[1] der Rheinische Aktiengesellschaft für Braunkohlenbergbau und Brikettfabrikation, Köln, BRD

Von HERBERT BACHL, München

A. Vorgeschichte und Ausbaustufen

Abb. 1 zeigt die Lage des rheinischen Braunkohlenreviers, das sich westlich des Rheines zwischen den Städten Köln, Düsseldorf und Aachen erstreckt. Ein Teil der geförderten Kohle wird zu Briketts verarbeitet, der größte Teil jedoch zur Erzeugung

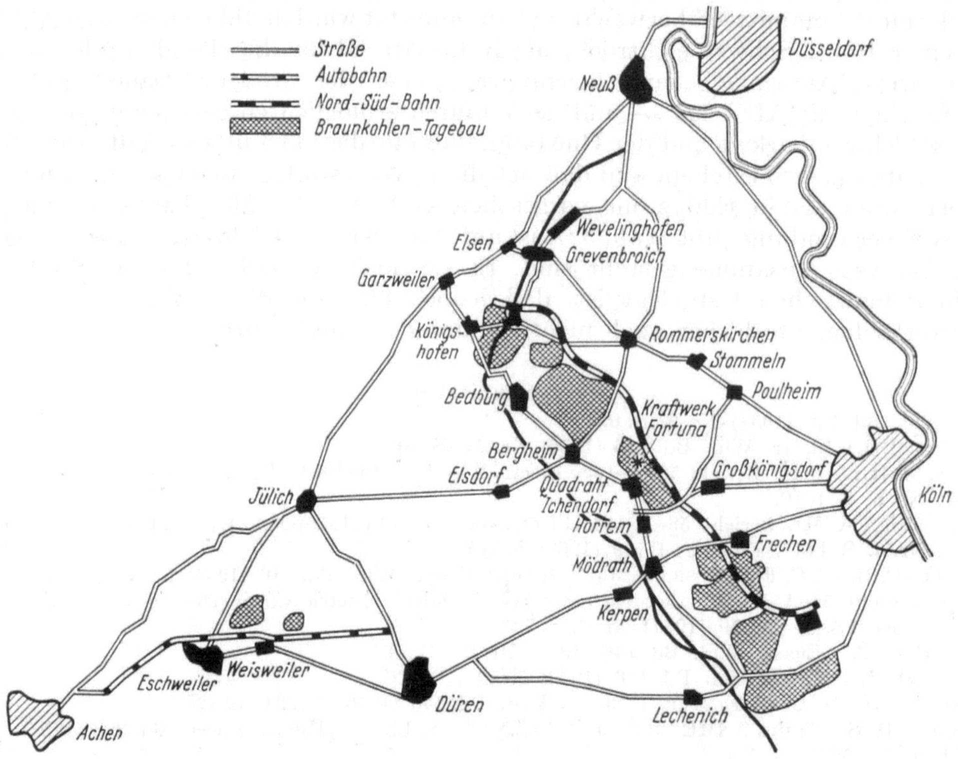

Abb. 1. Lageplan des rheinischen Braunkohlenreviers

von elektrischem Strom in Kraftwerken verfeuert, die in der nächsten Nähe der Vorkommen errichtet wurden. Im Jahre 1955 wurden 35,8% der Stromerzeugung der öffentlichen Stromversorgung der Bundesrepublik Deutschland auf Braunkohlenbasis erzeugt, davon der weitaus größte Teil im rheinischen Braunkohlengebiet.

[1] Unter teilweiser Verwendung des in der Siemens-Zeitschrift Juni 1956 — Heft 5 bis 7 — S. 214 bis 232 — erschienenen Aufsatzes „Dampfkraftwerk Fortuna bei Köln" von HERBERT BACHL und EBERHARD WEISE.

In diesem Gebiet liegen 4 Großkraftwerke, die sich im Besitz der Rheinisch-Westfälischen Elektrizitätswerk AG (RWE) und ihrer Tochtergesellschaften befinden und im Endausbau eine Leistung von je rund 1000 MW haben sollen. Die Kraftwerke Goldenberg und Fortuna haben diese Ausbaugrenze bereits erreicht, die Kraftwerke Weisweiler und Frimmersdorf befinden sich noch im Ausbau. (Die Beschreibung bezieht sich auf Stand 1. 1. 1957.) Die Geschichte des Kraftwerkes Fortuna ist kurz folgende:

Am 23. 5. 1898 wurde die „Gewerkschaft Fortuna" als Privatbesitz eines Kölner Industriellen gegründet. Das Unternehmen erhielt am 4. 1. 1908 den Namen „Rheinische Aktiengesellschaft für Braunkohlenbergbau und Brikettfabrikation". Nach dem zweiten Weltkrieg wurde die Aktienmehrheit dieser Firma vom Rheinisch-Westfälischen Elektrizitätswerk übernommen.

Bereits im Jahre 1902 bestanden Pläne, von der Grube Fortuna aus die ständig wachsende Weltstadt Köln mit Energie zu versorgen. Man konnte sich damals jedoch nicht

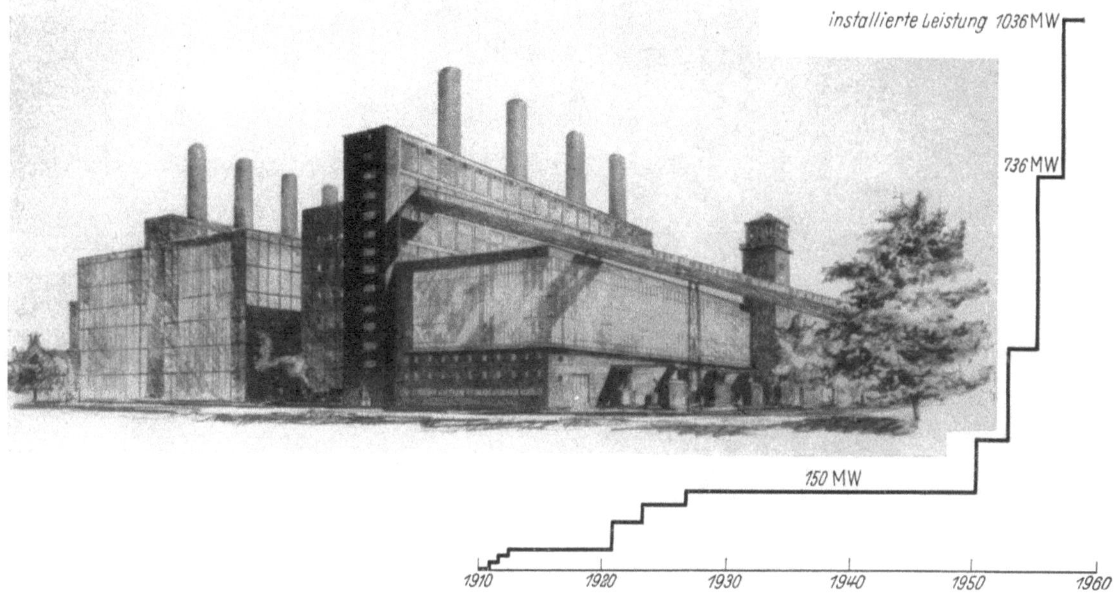

Abb. 2. Architekturskizze und Kurve der Ausbauleistungen

einigen, ob ein Gaswerk oder ein Elektrizitätswerk errichtet werden sollte. Einige Jahre später fiel die Entscheidung zugunsten eines Elektrizitätswerkes. 1910 wurden im Anschluß an die Grube Fortuna eine Brikettfabrik und ein kleines Kraftwerk errichtet, das die Brikettfabrik mit Dampf und gleichzeitig die Stadt Köln mit Strom versorgen sollte. Dieses Kraftwerk, Fortuna I genannt, wurde bis 1918 auf eine Leistung von 40000 kW ausgebaut. Später wurden die 16 at-Kessel durch 3 Kessel für 80 at/510° C mit einer praktisch erreichbaren Gesamtleistung von 240 t/h ersetzt und die installierte Maschinenleistung, die von 3 Vorschalt- bzw. Gegendruck- und 3 Kondensationsturbinen geliefert wird, auf ingesamt 83,3 MW erhöht.

1920 wurde auf dem nördlich anschließenden Gelände (vgl. unten Grundriß Abb. 12) mit dem Bau des Kraftwerkes Fortuna II begonnen, und zwar wurden insgesamt 28 Kessel mit einem Betriebsdruck von 16 atü aufgestellt, die Dampf für 4 Kondensationsturbinen von je 16 MW Leistung lieferten. Später kamen weitere Kondensationsturbinen von je 35 MW Leistung zur Aufstellung. Noch vor dem zweiten Weltkrieg wurde eine Erweiterung durch eine Vorschaltanlage geplant, die jedoch erst 1950 zur Ausführung kam.

Neben den beiden alten Kesselhäusern (vgl. unten Abb. 10) wurden in einem neuen Kesselhaus in 2 Ausbaustufen 10 Kessel, die Dampf von 117 ata/510 bzw. 530° C erzeugen, beiderseits eines Schwerbaues aufgestellt. Die Dampfleistung dieser Kessel beträgt 8 × 175 t/h und 2 × 250 t/h, insgesamt 1900 t/h (vgl. Tabelle 1). Dieser Dampf wird in einem anschließenden Vorschaltturbinenhaus in 5 Turbosätzen mit 4 × 35, 1 × 52, insgesamt also 192 MW installierter Maschinenleistung (Tabelle 5) auf 17 ata entspannt, dann in den Kesseln durch Rauchgase zwischenüberhitzt und in das alte, jetzt als Nachschaltmaschinenhaus bezeichnete Gebäude geleitet. Die alten 16 MW-Kondensationsturbinen wurden im Laufe der Jahre gegen größere ausgewechselt. Mitte 1955 standen in diesem Gebäude insgesamt 7 Kondensationsturbosätze mit einer installierten Maschinenleistung von 1 × 16, 1 × 30, 4 × 35, 1 × 90 = 276 MW. Der

Abb. 3. Ansicht von Süden

16 MW-Satz wurde inzwischen ausgebaut, ein weiterer 90 MW-Turbosatz wurde 1958 bestellt (Tabelle 4). Er ersetzt den Turbosatz 1 mit 16 MW, so daß aus der ursprünglichen Planung keine Kessel und Maschinen vorhanden sind.

Bald nach Inbetriebnahme dieser Vorschaltanlage machte die Steigerung des Strombedarfes eine neue Erweiterung erforderlich. Um den hierfür erforderlichen Platz zu schaffen, wurden im Jahre 1952 die alten 16-at-Kessel, die nach Errichtung der Vorschaltanlage nicht mehr benötigt wurden, abgerissen und auf dem gleichen Platz ein mit Fortuna III bezeichnetes Blockkraftwerk errichtet. Die beiden ersten Blocks, bestehend aus je einem Kessel von 360 t/h Dampfleistung für 125 atü/530° C mit je einem Turbosatz von 100 MW Leistung kamen 1955 in Betrieb. Im zweiten Ausbau wurden 2 × 150 MW-Turbosätze mit je einem Bensonkessel von 450 t/h Leistung aufgestellt, die für einen Frischdampfzustand von 185 atü/530° C mit Zwischenüberhitzung auf 530° C bei 35 atü (bezogen auf Vollast) ausgelegt sind. Fortuna III verfügt somit über eine Dampfleistung von 1620 t/h und eine Maschinenleistung von 500 MW (Tabelle 2 u. 6).

Abb. 2 zeigt eine Architekturskizze mit Ansicht des Kraftwerkes von Südosten und den zeitlichen Verlauf des Ausbaues. Abb. 3 stellt eine Ansicht des Kraftwerkes von Süden dar (vgl. auch Lageplan Abb. 12). Links ist das Vorschaltmaschinenhaus mit dem Kesselhaus Fortuna II, rechts das Blockkraftwerk Fortuna III zu sehen.

B. Kombinationstechnik

I. Innerer Aufbau

a) Größe und Anzahl der Einheiten

Abb. 4 zeigt eine Zusammenstellung der 1957 in Fortuna II und III installierten Einheiten, geordnet nach Ausbaustufen. In der Darstellung ist ersichtlich, daß im Zuge des Ausbaues die Zahl der einander zugeordneten Einheiten stetig ab- und die Einheitsleistung der Kessel und Turbosätze stetig zunahm. Die Vorschaltanlage Fortuna II wurde im ersten Ausbau noch als reines Sammelschienenkraftwerk projektiert, wobei die Zahl von 8 Kesseln und 4 Vorschaltturbinen unabhängig von der Zahl der damals vorhandenen alten Kondensationsturbinen gewählt wurde. Die 8 Trommelkessel wurden einheitlich für 116 atü/510° C und eine Endtemperatur der Zwischenüberhitzung von 410° C ausgelegt.

Die beiden Kessel des Endausbaues wurden für 116 atü, 530° C und eine Zwischenüberhitzungs-Endtemperatur von 480° C ausgelegt und mit einer 52 MW-Vorschaltturbine und einer 90 MW-Nachschaltturbine zu einer als Block V bezeichneten Einheit zusammengefaßt, obwohl der Blockcharakter dieser Gruppe hinsichtlich Auslegung und räumlicher Anordnung noch wenig ausgeprägt ist und zahlreiche Querverbindungen zu den Einheiten des ersten Ausbaues bestehen. Im ersten Ausbau von Fortuna III kam der Blockgedanke bereits stärker zum Ausdruck. Hier besteht jeder Block aus je einem Kessel und Turbosatz, jedoch sind noch Querverbindungen auf der Hochdruck- und Speisewasserdruckseite vorgesehen, so daß jeder Kessel auch wahlweise mit dem Turbosatz des Nachbarblockes fahren kann. Diese Anordnung war möglich, weil bei diesen beiden Blocks auf Zwischenüberhitzung verzichtet wurde. Bei den Blocks des Endausbaues wurde der Frischdampfzustand auf 185 at/530° C gesteigert, so daß wieder Zwischenüberhitzung erforderlich wurde und die Möglichkeit einer Querverbindung auf der Dampfseite mit Rücksicht auf den lastabhängig schwankenden Zwischendruck im Zwischenüberhitzer nicht mehr besteht.

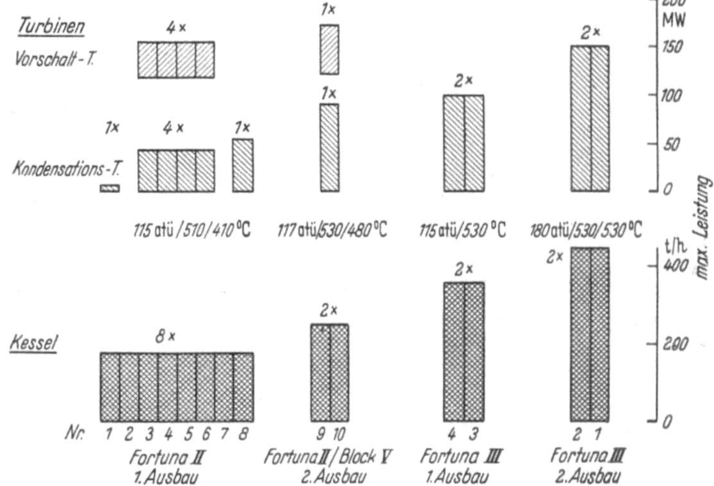

Abb. 4. Zahl und Größe der Kessel und Turbosätze

b) Wärmetechnische Schaltung und Auslegungsverhältnisse

Abb. 5 zeigt eine Zusammenstellung der wärmetechnischen Schaltungen der 3 Kraftwerke Fortuna. Abb. 6 veranschaulicht den Entspannungsverlauf in den Turbosätzen. Diese Schaltungen spiegeln den technischen Fortschritt wider, der in der Kraftwerkstechnik bis 1954 erzielt wurde. Die alten Kondensationsturbinen in Fortuna I und II hatten ursprünglich nur eine Entnahme zur Vorwärmung des Speisewassers. Bei der Erbauung der Vorschaltanlage wurde eine zentrale Dampfumformanlage zur Speisewasseraufbereitung aufgestellt und in die Niederdruckvorwärmung des Speisewassers eingeschaltet, die gleichzeitig durch Verwertung von an verschiedenen Stellen anfallenden Verlustwärmemengen verbessert wurde. Die Dampfversorgung der

Umformer und die Entgasung des Kesselspeisewassers erfolgen über eine Hilfsschiene von 5 ata, die durch eine Vorwärmturbine und den Abdampf einer Speisepumpenantriebsturbine sowie durch 2 Reduzierstationen und Entnahme 1 der Nachschaltmaschine 8 gespeist wird. Die übrigen Hilfsturbinen und 2 Reduzierstationen speisen ein 1,4 ata-Hilfsnetz, das zur Bedämpfung von Kondensatbehältern und zur Dampfversorgung der Niederdruckvorwärmer dient und auch die Entspannungsbrüden des Abschlammwassers der Kessel und der Dampfumformer aufnimmt.

Bei den älteren Nachschaltturbinen in Fortuna II sind jetzt folgende Vorwärmstufen für das Speisewasser hintereinandergeschaltet: Dampfstrahlkondensator, Vorwärmer mit

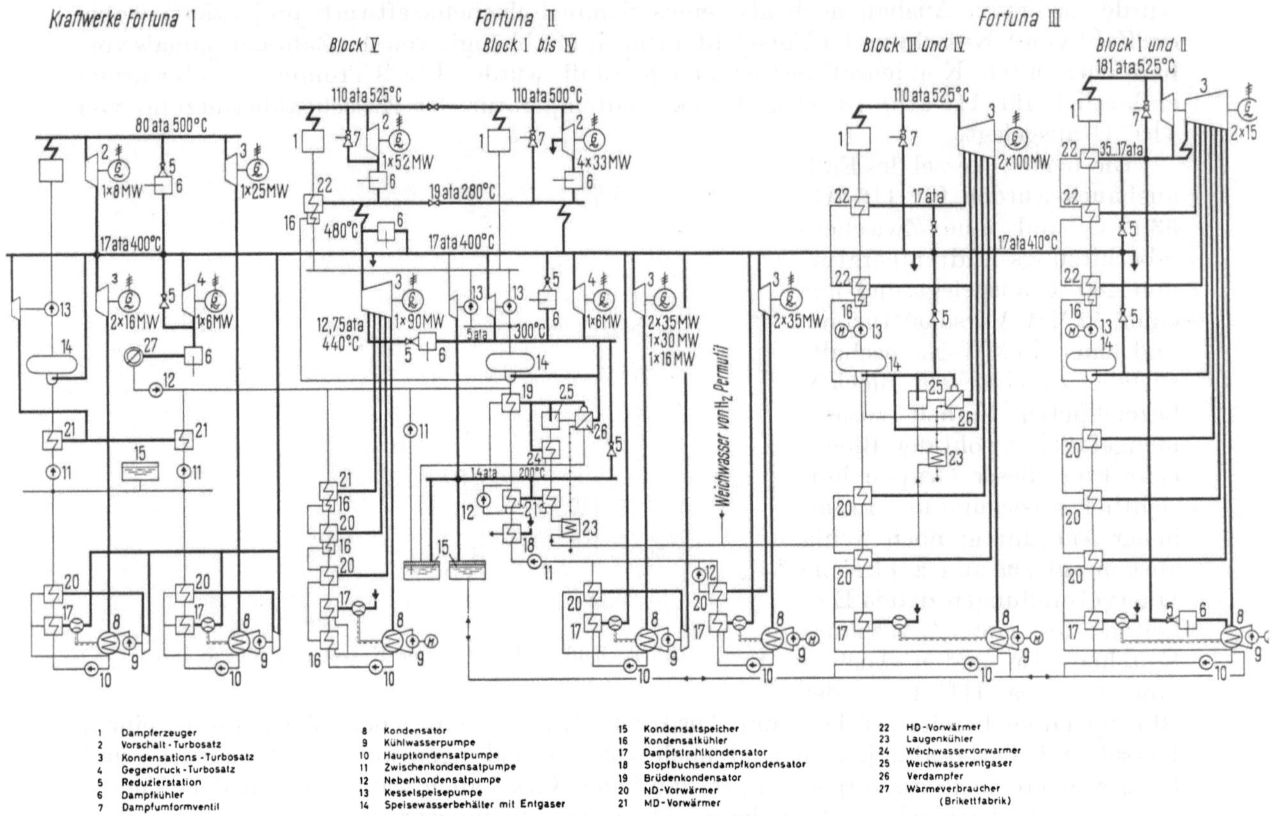

Abb. 5. Wärmegrundschaltplan (vereinfacht)

Beheizung durch Turbinenentnahmen und das 1,4 ata-Hilfsnetz, Kondensatoren für den Brüdendampf der Umformer und Entgaser mit Beheizung durch das 5 ata-Hilfsnetz. Das Speisewasser wird den Kesseln mit einer Temperatur von 150° C zugeführt. Die 90 MW-Nachschaltturbine des Endausbaues wurde mit einem Dampfstrahlkondensator, einem Kondensatkühler in der letzten Stufe und einer dreistufigen Speisewasservorwärmung ausgestattet, eine vierte Entnahme speist zusätzlich die erwähnte 5 ata-Hilfsschiene. Bei den beiden zugehörigen Kesseln wurde die Speisewassertemperatur durch Einschaltung von Hochdruckvorwärmern, die ihren Heizdampf von der kalten Schiene der Zwischenüberhitzung erhalten, auf 180° C erhöht und die Endtemperatur der Zwischenüberhitzung von 410 auf 480° C gesteigert.

Die Regelung der Endtemperatur der Zwischenüberhitzung erfolgt durch Einspritzkühler, die zwischen die Vorschaltturbinen und die kalte Sammelschiene Eintritt Zwischenüberhitzer geschaltet sind und ihren Impuls vom Austritt aus diesem in die heiße Sammelschiene erhalten. Parallel zu den Vorschaltmaschinen ist jedem Kessel ein

Dampfumformventil zugeordnet, das in die kalte Schiene einspeist, und zwar bei den vier 35 MW-Turbinen vor und bei der 52 MW-Vorschaltmaschine hinter den Einspritzkühlern der Kessel, wobei die Temperatur des Dampfes in dem Einspritzkühler so weit herabgesetzt wird, daß die Endtemperatur in den Zwischenüberhitzern 480° C erreicht. Es sind also im Vorschaltkraftwerk Fortuna II zwei heiße Sammelschienensysteme mit Temperaturen von 410 und 480° C vorhanden, von denen das erste durch die Zwischenüberhitzer der acht 175 t/h-Kessel, das zweite durch die Zwischenüberhitzer der beiden 250 t/h-Kessel gespeist wird. Bei Ausfall der beiden Kessel 9 und 10 erhält die 90 MW-Nachschaltmaschine Dampf von 400° C, bei einem Ausfall in der anderen Kesselgruppe kann Dampf von 480° C über einen Einspritzkühler in das 410° C-Netz eingespeist werden.

In Fortuna III kamen — wie bereits erwähnt — Blockschaltungen zur Anwendung. Jede Einheit des ersten Ausbaues erhielt einen Dampfstrahl-Dampfkondensator und eine fünfstufige Regenerativvorwärmung mit einer Schwebeentgasung in der mittleren

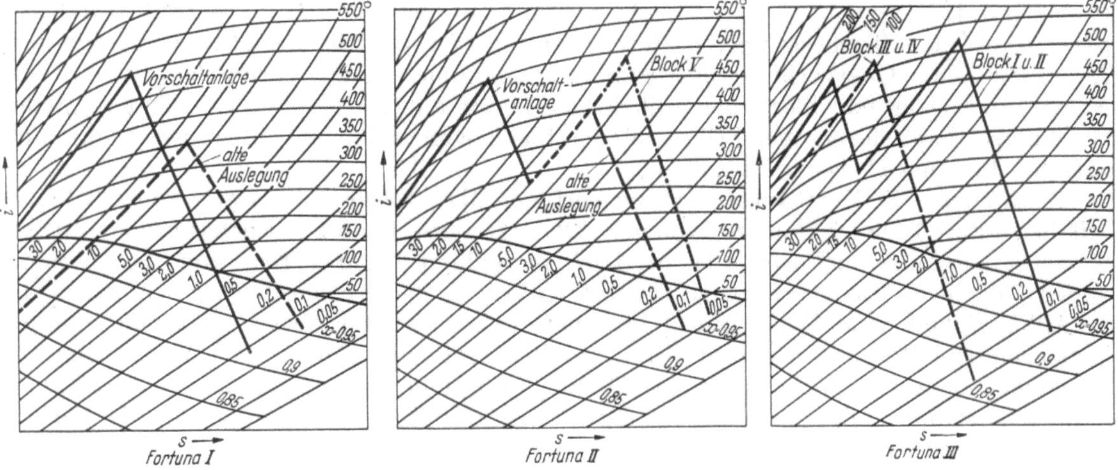

Abb. 6. Entspannungsverlauf im *is*-Diagramm

Stufe und eine blockeigene Verdampferanlage, die von der zweiten Entnahmestufe beheizt wird und ihren Brüdendampf direkt, also ohne Verwendung eines Brüdenkondensators, in die dritte Entnahmestufe abgibt. Die Schwebeentgasung, die sich im Betrieb bestens bewährt hat, arbeitet lastabhängig zwischen etwa 4 und 1,2 ata, der Mindestdruck wird durch eine Reduzierstation mit Grenzimpuls gehalten, die von der ersten Entnahmestufe gespeist wird, und zwar wird der Dampf aus dem Brüdenraum dieses Vorwärmers entnommen, um einen besonderen Heißdampfkühler einzusparen. Ein Kondensatkühler ist nur bei den Hochdruckvorwärmern der zweiten Stufe vorgesehen. Die Kondensate der Hochdruckvorwärmer werden in den Entgaser, die Kondensate der Niederdruckvorwärmer in den Hotwell des Kondensators entspannt, so daß keine Hilfspumpen benötigt werden.

Im zweiten Ausbau wurde die Zahl der Vorwärmstufen auf sieben erhöht, jedoch der Gesamtaufbau des Kraftwerkes noch weiter vereinfacht. Der Hochdruckdampf jedes Blockes strömt beim Anfahren bzw. bei Ausfall des Turbosatzes über 2 Dampfumformventile in die kalte Schiene der Zwischenüberhitzung, deren Druck bei diesen Einheiten bei Vollast auf 35 ata ansteigt, also erheblich höher liegt als der konstant gehaltene Druck der 17 ata-Sammelschiene. Es sind 4 Verbindungen zwischen diesen beiden Netzen vorgesehen, und zwar 2 Zuströmungen vom 17 ata-Netz über Rückschlagklappen zur eventuellen Kühlung des Zwischenüberhitzers und Beheizung des Vorwärmers der ersten Entnahmestufe beim Anfahren und 2 Dampfumformventile, über die Dampf von maximal 35 ata/530° C in das 17 ata/410° C-Netz eingespeist werden kann. Das beim Anfahren aus dem Kessel austretende Dampf/Wasser-Gemisch kann im Nebenschluß zum Turbosatz entspannt, gekühlt und in den Entgaser bzw. Kondensator abgeleitet werden. Diese Einrichtung dient auch zur Ableitung jener Dampfmengen, die bei plötzlichem Lastabfall des Turbosatzes so lange im Kessel überschüssig erzeugt werden, bis sich die Zurücknahme der Feuerung durch die automatische Kesselregelung auf die Dampfleistung ausgewirkt hat.

c) Die Verbindungen zwischen den Hauptkraftwerksteilen

Zwischen den einzelnen Kraftwerksteilen bestehen folgende Verbindungen, die zum Teil auch im Wärmeschaltbild Abb. 5 dargestellt sind.

Dampfseite. Die heiße 17 ata-Schiene von Fortuna II ist als Sammelnetz ausgebaut, das als Ringleitung auch das Kraftwerk Fortuna III erfaßt. Zur Versorgung der Dampfstrahler, zum Bedämpfen der Stopfbuchsen und zum Anwärmen der beiden Trommelkessel sind in Fortuna III blockeigene Hilfsschienen vorhanden, die bei Vollast über eine Reduzierstation von der ersten Turbinenentnahme und beim Anfahrbetrieb durch die parallel zu jedem Turbosatz geschalteten Dampfumformventile gespeist werden können. Außerdem sind Querverbindungen zur 17 ata-Sammelschiene vorhanden, so daß die Kessel und Dampfstrahler auch mit Fremddampf angefahren werden können. Jeder Blockkessel kann ferner bei Stillstand der blockeigenen Turbine über dieses Sammelnetz an Fortuna II Dampf abgeben.

Wasserseite. Die Kraftwerke Fortuna verfügen über 4 Reinkondensat-Reservebehälter mit insgesamt 1000 t Fassungsvermögen. Diese Reserve kann zur Sicherung der Speisewasserversorgung von Fortuna II mit Hilfe besonderer Pumpen bzw. zur Speisewasserversorgung jedes Blockes Fortuna III mit Hilfe von Reglern herangezogen werden, die in Abhängigkeit vom Wasserstand im Speisewasserbehälter betätigt werden und bei Wassermangel Reservekondensat direkt in den Hotwell zusetzen. Bei Volleistung der blockeigenen Verdampfer in Fortuna III bzw. Dampfeinspeisung aus der Sammelschiene kann auch Überschußwasser von der Druckseite der Kondensatpumpen in die Verbindungsleitungen zu den Reservespeichern abgegeben werden.

Kühlwasser. In Fortuna bestehen vier getrennte Kühlwassersysteme, die weiter unten ausführlich beschrieben werden. Es besteht die Möglichkeit, sowohl das zentral aufbereitete Zusatzwasser auf diese 3 Systeme getrennt zu verteilen als auch, wenn der Kühlwasserbedarf in den Kühlern den Zusatzwasserbedarf in einem Kühlturmkreislauf übersteigt, die überschüssigen Wassermengen aus dem Kühlturmsystem in die Weichwasserbecken rückzuführen.

Elektrischer Eigenbedarf. In Fortuna II und III ist je eine zentrale Anfahranlage vorhanden, deren Stromversorgung entweder von den blockeigenen Eigenbedarfsanlagen oder von einem benachbarten Sammelschienensystem erfolgt. Das Eigenbedarfssystem von Fortuna II (vgl. unten Abb. 9) wird entweder vom 25 kV-System oder vom 110 kV-System gespeist, ferner ist der Generator der 6 MW-Vorwärmturbine auf das Eigenbedarfsnetz geschaltet. Der Eigenbedarf der Nachschaltmaschine 8 und der Kessel 9 und 10 kann außerdem von der Eigenbedarfswicklung des Regeltrafos der Nachschaltmaschine 8 abgenommen werden. Die ebenfalls als Doppelschienensystem ausgebildete Anfahranlage Fortuna III bezieht ihren Strom entweder von den vier blockeigenen Eigenbedarfsanlagen (Abb. 10) oder von der 6 kV- bzw. der 25 kV-Sammelschiene Fortuna II und sichert bei Ausfall eines Turbosatzes auch die Stromversorgung der zu diesem Block gehörigen Eigenbedarfsanlage.

d) Deckung der Kondensatverluste und Schema der Wasserversorgung

Das in den Kraftwerken benötigte Zusatzwasser wird durch eine in der Nähe der Ortschaft Kenten (vgl. unter Abb. 11) errichtete Pumpenanlage gefördert und zur Aufbereitungsanlage des Kraftwerkes gepumpt. In Zukunft ist beabsichtigt, zur Versorgung des

Kraftwerkes mit Zusatzwasser einen Teil jener Wassermengen zu verwenden, die im Zuge der Erschließung neuer Tagebauten im Revier für Zwecke der Wasserhaltung ohnehin weggepumpt werden müssen.

Abb. 7 zeigt ein vereinfachtes Schema der Wasserversorgung. Das Kühlturm-Zusatzwasser wird durch Druckerhöhungspumpen über eine aus 14 Reaktoren und je einem nachgeschalteten Kiesfilter bestehende Schnellentkarbonisierungs- (Wirbos) -Anlage gefördert, in der die Karbonathärte zum größten Teil beseitigt wird. Das Wasser wird anschließend in Neutralaustauschern von der Resthärte befreit und über Sammelbecken und zwei aus je 3 Aggregaten bestehende Pumpengruppen den Kraftwerken Fortuna II und III zugeführt. Dieses im Jahresmittel mit etwa 11° C zur Verfügung stehende Reinwasser dient zunächst zur Kühlung der Generatoren und Umspanner und der verschiedenen Hilfsmaschinen. Ein Teilstrom wird durch Druckerhöhungspumpen zu den auf den oberen

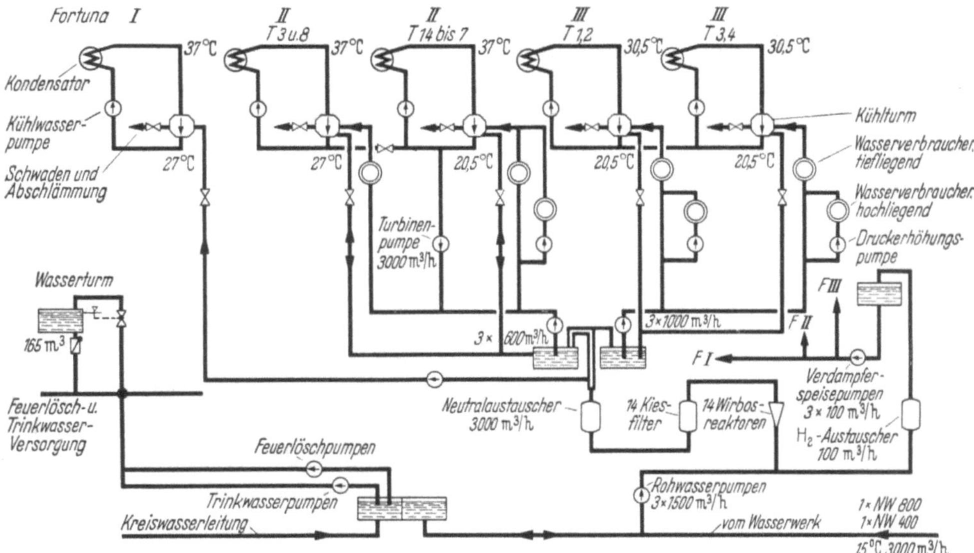

Abb. 7. Schema der Wasserversorgung

Bühnen der Kesselhäuser und Schwerbauten gelegenen Verbrauchsstellen gefördert und der einfacheren Schaltung wegen dem Hauptstrom wieder zugesetzt. Das Kühlwasser wird auf diesem Wege etwa auf die Kaltwassertemperatur der Kühltürme erwärmt und den Kühlungsturmkreisläufen als Ersatz für die durch Schwadenbildung durch Wassermitreißer und Abschlammung auftretenden Verluste zugesetzt.

In Fortuna sind insgesamt drei getrennte Kühlturmkreisläufe vorhanden. Die ältesten Kaminkühler in Fortuna II wurden für eine Leistung von je 6000 m³/h und eine Abkühlung von 37 auf 27° C ausgelegt und später durch 2 Naturzugtürme von je 8000 m³/h Leistung ergänzt. Beim Endausbau der Vorschaltanlage in Fortuna II wurden noch 3 Ventilatorkühler aufgestellt, die für eine Kaltwassertemperatur von 20,5° C und eine Leistung von je 7250 m³/h ausgelegt sind, so daß sie auch einen Teil der alten Anlage versorgen können. In Fortuna III wurden 6 Ventilatorkühler von je 10400³/h Leistung für eine Abkühlung von 30,5 auf 20,5° C entsprechend einem Vakuum von 0,055 ata in den Kondensatoren aufgestellt. Die Querverbindungen zwischen den beiden Weichwasserbehältern und den Rückkühlkreisläufen dienen vor allem dazu, das Weichwasser, das zur Versorgung des weitverzweigten Kühlwassernetzes (Transformatoren, wassergekühlte Motoren, Mühlenlager usw.) nicht ausreicht, durch Wasser aus dem Rückkühlkreislauf zu ergänzen. Das Speisewasser für die zentrale Verdampferanlage in Werk II und für die beiden Verdampfer in Block 3 und 4 Werk III wird wie folgt aufbereitet:

Rohwasser wird mit Hilfe von H-Austauschern mit Folgeregeneration auf einen m-Wert von etwa 0,05 entkarbonisiert und voll enthärtet. Über eine Sprühanlage zur Entfernung der beim Austauschvorgang entstandenen freien Kohlensäure fließt das Weichwasser in einen Sammelbehälter, aus dem es durch Speisepumpen den Verdampfern zugeführt wird.

In den Kondensatkreislauf der beiden 150 MW-Blocks sind Mischbettaustauscher eingeschaltet, um etwaige Einbrüche des stark eingedickten Rückkühlwassers (von hohem Salz- und Kieselsäuregehalt) in das Kondensat bei Kondensatorundichtigkeiten abzufangen.

Bei den beiden 150 MW-Blöcken Fortuna III wurde auf blockeigene Verdampferanlagen verzichtet, da sich die in Fortuna II aufgestellte zentrale Verdampferanlage als ausreichend zur Versorgung der gesamten Anlage erwiesen hat.

e) Anfahren und Abstellen eines Blocks

Jeder Trommelkessel für Block 3 und 4 besteht aus 2 Systemen, die in einen gemeinsamen Sammler einspeisen. Die Kesselsicherheitsventile und je eine Anfahrleitung münden in gemeinsame Ausblaseleitungen, die von den unter Heizerstand liegenden Armaturen entlang der Kesselhauswand über Dach führen (vgl. auch Abb. 60). Sobald der Dampf einen Zustand von 17 ata/410° C erreicht hat, kann der Kessel über das Dampfumformventil auf das Mitteldrucksammelnetz gefahren werden.

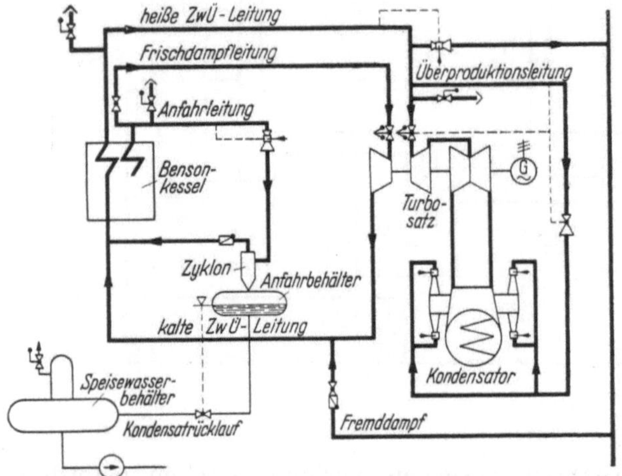

Abb. 8. Anfahrschema eines Blockes mit Bensonkessel

Die Anfahrschaltung der Bensonkessel des Endausbaues ist in Abb. 8 dargestellt. Diese Kessel werden wie die anderen durch Ölfeuerung vorgewärmt. Bei Anfahren im kalten Zustand werden nach etwa 15 Minuten 2 Mühlen zugeschaltet. Der Druck am Kesselaustritt beträgt zunächst 1 ata und steigt in etwa 15 Minuten auf 5 bis 10 ata an. In diesem Zeitraum wird das Wasser so weit erwärmt, daß der gebildete Dampf, der bei dem niedrigen Druck ein großes Volumen einnimmt, das überschüssige Wasser aus dem Kessel noch im kalten Zustand fast restlos ausstößt, wobei die maximale Spitze die Vollast des Kessels nicht überschreitet. Diese Wassermenge wird über die in Abb. 8 dargestellten Dampfumformventile in voll geöffnetem Zustand in die beiden Zyklonabscheider abgeleitet, in diesen entspannt und über kleine Zwischenbehälter in den räumlich etwa 15 m tiefer stehenden Speisewasserbehälter abgeleitet. Die gesamte, beim Anfahren ausgestoßene Wassermenge beträgt etwa 60 m³, das Fassungsvermögen des Speichers etwa 80,3 m³, so daß er vor Beginn des Anfahrens bis auf einen Restinhalt von etwa 10 m³ in die außerhalb des Gebäudes stehenden Reserve-Kalt-Kondensatbehälter entleert werden muß.

Der Wasserstand in den kleinen Zwischenbehältern wird durch Ablaufregler konstant gehalten, die unmittelbar vor dem Speisewasserbehälter sitzen und elektrisch geregelt werden. Nach Ausstoßen des Wasserpfropfens sinkt der Wasseranteil des durch Reduzierstation und Zyklon strömenden Wassergemisches sehr rasch auf 0, während sich die Dampfmenge auf etwa 120 t/h und der Druck auf 50 bis 60 at erhöht. Diese Dampfmenge durchströmt als Kühldampf den Zwischenüberhitzer und wird von der heißen Schiene über zwei in Abhängigkeit von der Turbinensteuerung geregelte Überströmventile in den Kondensator abgeleitet und in diesem niedergeschlagen (s. unten Abb. 46). Die Kondensatpumpe fördert diese Wassermenge in den Speisewasserbehälter zurück. Vor der Einführung in den Kondensator wird der Dampf durch Einspritzung von Kondensat gekühlt, das einer Zwischenstufe der Kondensatpumpe entnommen wird. Sobald der Druck in der heißen Schiene Austritt Zwischenüberhitzer 17 ata übersteigt und die Temperatur 410° C überschreitet, kann der im Kessel erzeugte Dampf auch über eine Reduzierstation (Dampfumformventil) mit Wassereinspritzung in das 17 atü/410° C-Sammelnetz des Werkes abgegeben werden.

Der Wirkungsgrad des Zyklons ist von der Durchsatzmenge und dem Verhältnis der durch Entspannung gebildeten Dampfmenge zur restlichen Wassermenge abhängig. Für einen einwandfreien Betrieb genügt es, wenn er die Hauptmenge des anfallenden Wassers abscheidet, da der Dampf, der in den Zwischenüberhitzer gelangt, in diesem ohnehin zuerst wieder kondensiert und es daher keine Rolle spielt, ob er noch geringe Wassermengen mitführt. Nach Beendigung des Wasserausstoßes kann der Kessel rasch auf etwa 110 atü/400° C hochgefahren und während dieses Vorganges die Frischdampfleitung zur Turbine angewärmt werden. Die Turbine wird mit Dampf von diesem Zustand angestoßen und mit der durch die Vorschriften der Turbinenfabrik bestimmten Geschwindigkeit zugleich mit dem Kessel auf den Betriebszustand von 180 ata/525° C hochgefahren.

Die Anfahrreduzierstation ist so ausgelegt, daß bei plötzlichem starkem Lastabwurf oder Abschaltung des Turbosatzes durch Schnellschluß eine Menge von 2×150 t/h Frischdampf so lange in den Zwischenüberhitzer abgeblasen werden kann, bis die Feuerung des Kessels zurückgenommen werden konnte. Etwa 150 t/h können aus der heißen Schiene Austritt Zwischenüberhitzer in den Kondensator entspannt werden. Wenn die anfallende Menge die Aufnahmefähigkeit des Kondensators überschreitet oder die Überströmventile durch die Sicherheitseinrichtungen des Turbosatzes schließen, kann eine bestimmte Dampfmenge über Sicherheitsventile, die lastabhängig ebenfalls durch die Turbinensteuerung geöffnet werden, über Dach geblasen werden.

Es ist auch die Möglichkeit vorgesehen, beim Anfahren aus warmem Zustand den Zwischenüberhitzer durch Fremddampf zu kühlen. Der Kessel muß bei dieser Betriebsweise gegen einen Mindestdruck von 17 ata angefahren werden. Bei der gewählten Lage des Zwischenüberhitzers im Kessel hat sich jedoch seine Kühlung in den ersten Minuten des Anfahrbetriebes nicht als notwendig erwiesen.

f) Die Blockregelung und -sicherung

Die Überwachung und Regelung der Blockeinheiten in Fortuna III erfolgt in üblicher Weise durch voneinander getrennte Regelkreise, wobei die elektrische Kesselregelung auf der einen und die ölhydraulische Turbinenregelung auf der anderen Seite je ein geschlossenes System bilden, denen zahlreiche selbständige Regelkreise zur Überwachung der Reduzierstationen, des Wasserzu- und -ablaufes, der Beheizung des Entgasers, der Kühltürme, Elektrofilter usw. angegliedert sind. Bei den beiden 150 MW-Blöcken wurde je eine Überwachungsanlage vorgesehen, die den gesamten Energiefluß von der Kohlezufuhr bis zur Stromabgabe von einem Pult aus zu regeln ermöglicht. Bei diesen Blocks ist auch eine Kopplung der Kessel- und der Turbinensteuerung in der Weise geplant, daß die gewünschte Last unmittelbar der Kesselregelung vorgeschrieben wird und die Änderungen der Turbinenbelastung der Kessellast angepaßt werden.

g) Elektrischer Eigenbedarf (Schaltung und Maßnahmen zur Sicherung der Stromversorgung)

Die Abb. 9 und 10 zeigen in vereinfachter Darstellung die elektrische Schaltung der Kraftwerke Fortuna II und III. Die Versorgung des Eigenbedarfes in Fortuna II erfolgt — wie bereits erwähnt — umschaltbar über je einen Umspanner von den 25 kV-

oder von den 100 kV-Sammelschienen. Der Eigenbedarf des aus der 52 MW-Vor- und der 90 MW-Nachschaltmaschine und den Kesseln 9 und 10 bestehenden sogenannten Blockes V kann auch von den Klemmen der Nachschaltmaschinen abgenommen werden. Die 25 kV-Sammelschienen werden von 2 Vor- und einer Nachschaltmaschine gespeist. Zwei weitere Nachschaltmaschinen Werk II und eine Kondensationsmaschine Werk I sind an zwei 110 kV-Sammelschienen angeschlossen, von denen über 2 Umspanner Querverbindungen zum 25 kV-Netz Werk I bestehen. Je eine weitere Vor- und Nach-

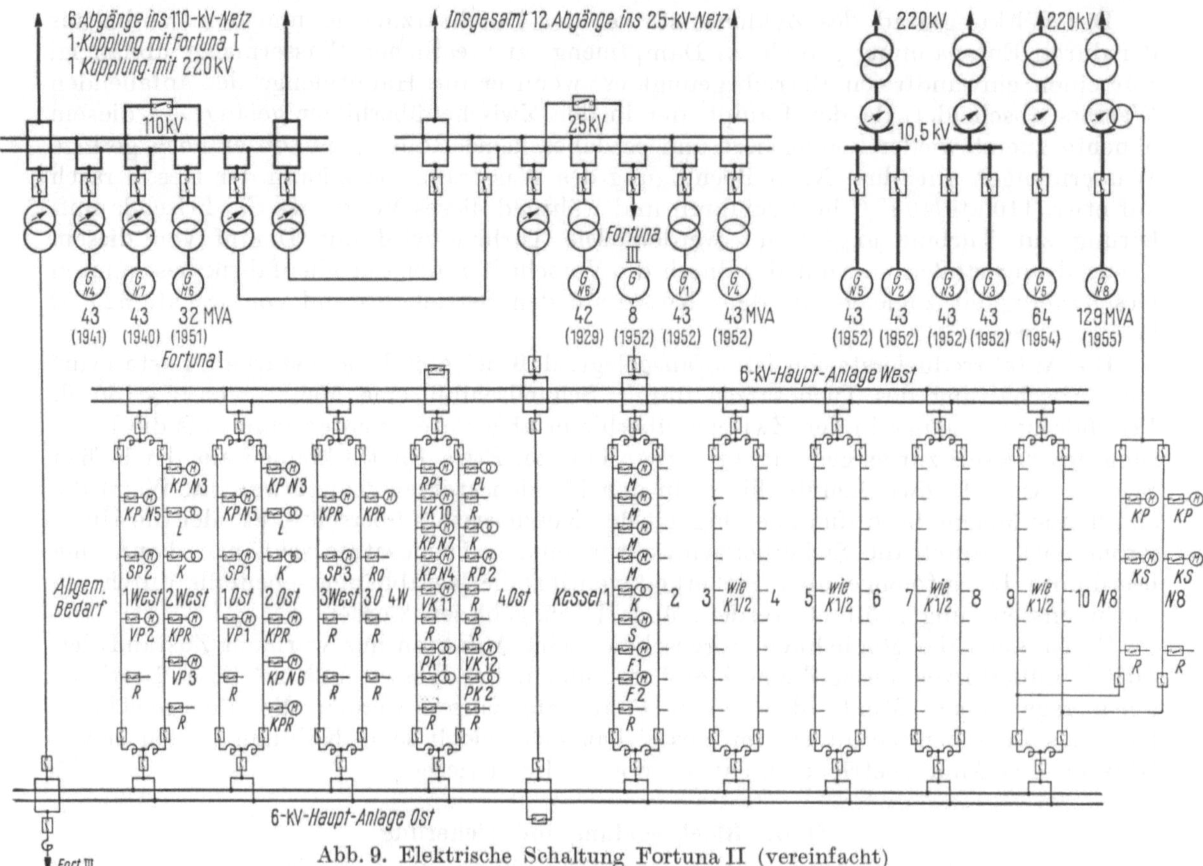

Abb. 9. Elektrische Schaltung Fortuna II (vereinfacht)

schaltmaschine sind oberspannungsseitig zusammengeschaltet und speisen über je einen Umspanner je eine 220 kV-Freileitung. Die zugehörigen Leistungsschalter stehen in den nahegelegenen Hauptschaltstationen Brauweiler und Rommerskirchen des RWE. Die 52 MW-Vorschaltmaschine und die bereits erwähnte 90 MW-Nachschaltmaschine (Block V) sind über Umspanner durch eigene Kabel- und Freileitungsverbindungen an diese Schaltstationen angeschlossen.

Den 4 Maschinen Fortuna III wurde je ein eigener 220 kV-Blockumspanner mit Kabelverbindungen zu einem 1 km entfernten Freileitungsportal zugeordnet. Die Umspanner des Blockes I und II werden hochspannungsseitig geregelt. An die Verbindungsschienen zwischen Generator und Hauptumspanner ist je ein Eigenbedarfsumspanner angeschlossen, dessen 6 kV-Abgang die auf 2 Parallelsysteme verteilten 6 kV-Eigenverbraucher jedes Blockes speist. Bei den 100 MW-Blocks ist zwischen Generator und Hauptumspanner je ein Regelumspanner geschaltet, der zusätzlich eine 6 kV-Wicklung zur Abnahme des Eigenbedarfes trägt. Bei Ausfall der blockeigenen Einspeisung, z. B. bei Schnellschlußabschaltung der Turbine, wird ein wesentlicher Teil des Eigenbedarfes automatisch auf die aus zwei 6 kV-Sammelschienen bestehende Anfahranlage umgeschaltet, die von der 6 kV-Hauptschaltanlage Fortuna II Ost bzw. über einen 16 MVA-Umspanner von den 25 kV-Sammelschienen Fortuna II gespeist wird.

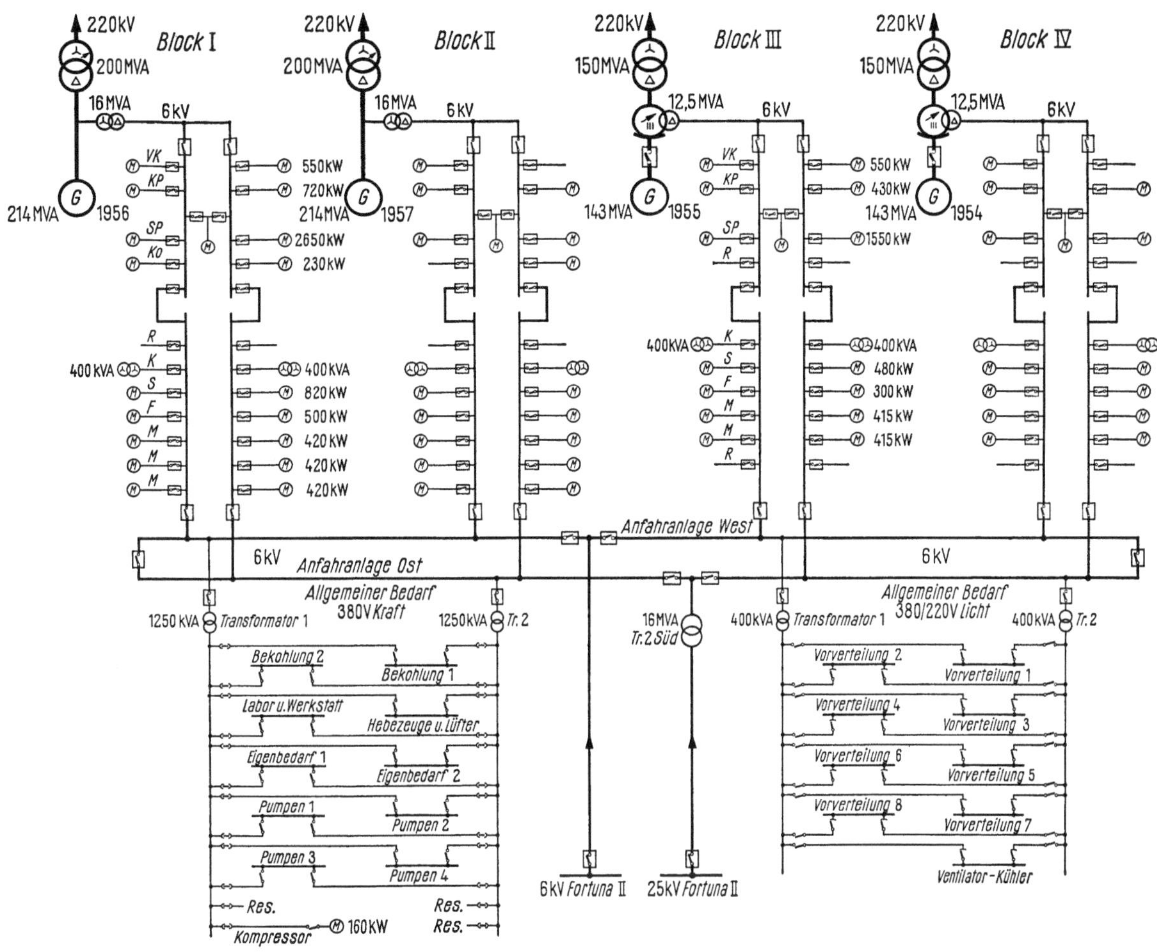

Abb. 10. Elektrische Schaltung Fortuna III (vereinfacht)

II. Äußerer Aufbau

a) Lageplan

Abb. 11 zeigt die Lage der Kraftwerke Fortuna inmitten der Schaltstationen und Hochspannungsnetze der RWE, an die der größte Teil der erzeugten Strommenge abgegeben wird. Im Gebiet ist kein ausreichender Flußlauf vorhanden, so daß die Abfuhr der Verlustwärme über die bereits beschriebenen Kühltürme erfolgen muß, die das äußere Bild der Anlage beherrschen (vgl. Abb. 68). Von der Straße Köln–Aachen zweigt die Zufahrt zum Kraftwerk Fortuna bei dem Dorfe Quadrath ab, verläuft am Rande des Tagebaues Fortuna vorbei bis zur Einmündung einer zweiten, von der Stadt Bergheim über die Werkssiedlung Fortuna kommenden Straße und führt zwischen den westlich gelegenen Gebäuden der Brikettfabrik und des alten Kraftwerkes Fortuna I und dem östlich anschließenden gleichnamigen Tagebau weiter nach Norden. Hier beginnt das Werksgelände, das in Abb. 11 durch einen Kreis markiert und dessen Grundriß in Abb. 12 in größerem Maßstab dargestellt wurde. An der Einfahrt zu den Kraftwerken Fortuna II und III erweitert sich das Gelände zu einem Autoparkplatz, der auf der Nordseite durch Kohlenbandstraßen und ein Brecherhaus, auf der Ostseite durch einen

Ascheturm und auf der Westseite durch ein Wohlfahrtsgebäude mit Pförtnerraum abgeschlossen ist.

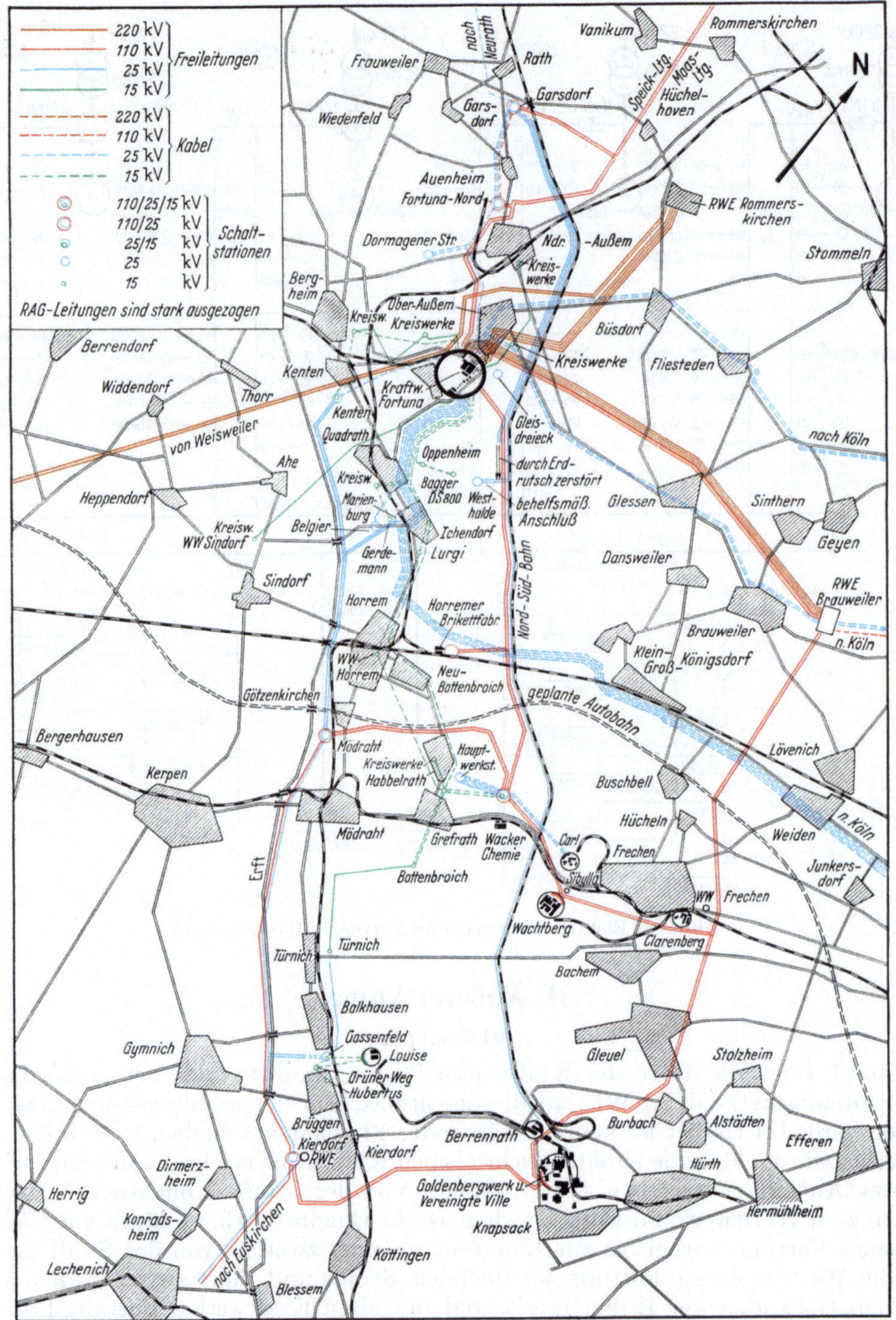

Abb. 11. Lageplan der Umgebung der Kraftwerke Fortuna

Vom Eingang führt eine Werkstraße in Nordrichtung zwischen dem Maschinenhaus Fortuna III und den sechs zu diesem gehörenden Kühltürmen zum Verwaltungsgebäude, das die Ostseite des 25 kV-Schalthauses abschließt, und an diesem vorbei zum Eingangstor des Permutithauses. Vom Haupteingang nach Westen führt eine Werkstraße zwischen den Türmen der Bekohlungsanlage auf der einen und den Werkstatt- und Magazingebäuden auf der anderen Seite zum Rangierbahnhof des Kraftwerkes, zu dem die Zufahrt von Westen her erfolgt. Ein Gleis zweigt von diesem Rangierbahnhof zur Brikettfabrik und zu dem Kraftwerk Fortuna I ab, 2 Montagegleise führen in das Vorschaltmaschinenhaus, je ein weiteres mit 2 Abzweigen in den Schwerbau und in das Maschinenhaus Fortuna III, ferner sind je ein Gleis unter den Aschetürmen und als Zufahrt zu Lager-und

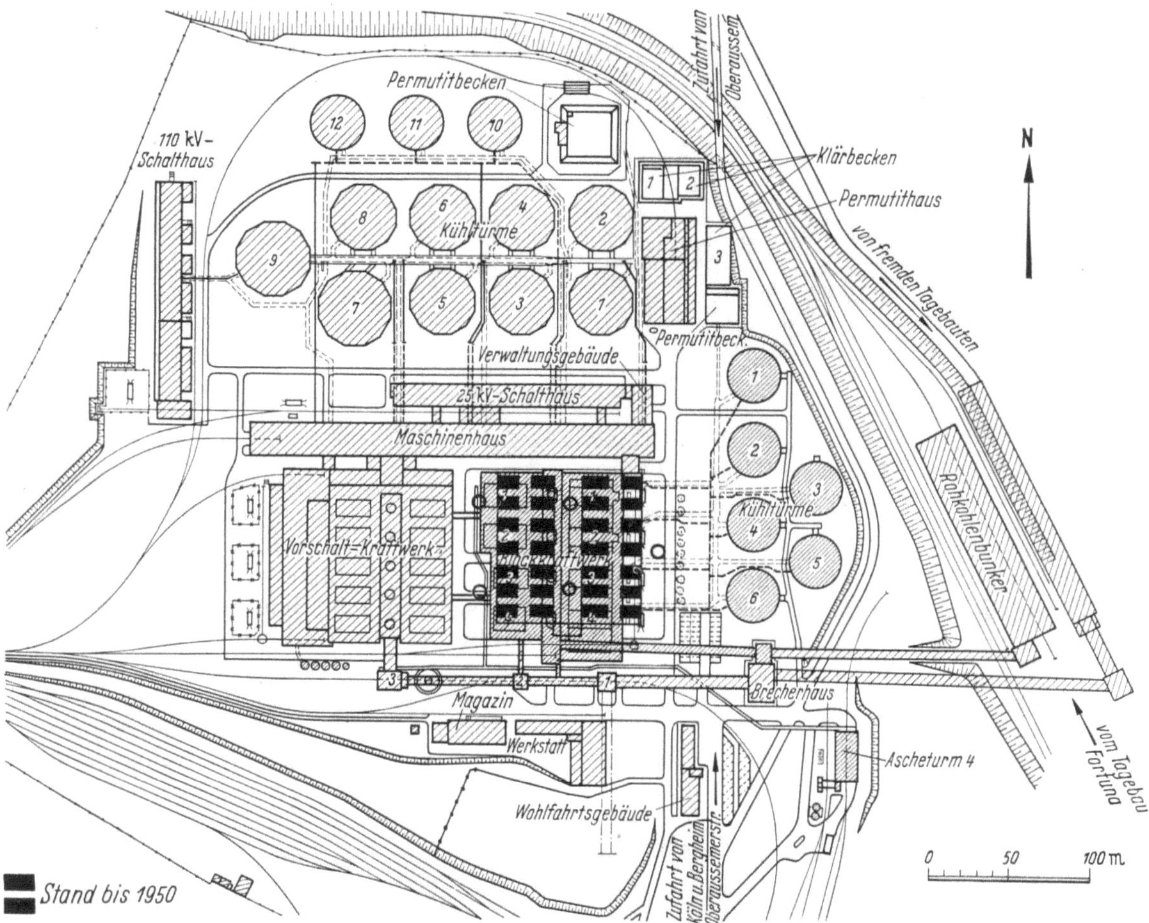

Abb. 12. Lageplan Fortuna II und III

Werkstatt vorhanden. Weitere Montagegleise sind in das Nachschaltmaschinenhaus, in das Permutithaus mit Abzweig zu einem Salzlösebecken, und zwischen Nachschaltmaschinenhaus und 25 kV-Schalthaus mit Stich zum 110 kV-Schalthaus verlegt. Zwei Drehscheiben ermöglichen ferner die Zufahrt zu je einem Montagegleis für die im Freien stehenden Blockumspanner Fortuna II und III.

Die zwölf zum Nachschaltmaschinenhaus Fortuna II gehörenden Kühltürme stehen auf dem nördlichen Geländeabschnitt zwischen Permutithaus und 110 kV-Schaltanlage. Im Norden und Osten ist das Kraftwerksgelände durch die in einem Geländeeinschnitt verlaufende Gleisanlage des Bergbaues begrenzt. Die von Quadrath bzw. Bergheim kommende Hauptzufahrtstraße verläuft vom Parkplatz aus nach Norden unter den Bekohlungsbändern hindurch und führt in einem Bogen um die Kühltürme Fortuna III herum entlang der Böschung des Geländeeinschnittes und auf einer Brücke über diesen hinweg zum Orte Oberaußem.

b) Kohle- und Wasserversorgung, Aschenabtransport bzw. -verwertung

In Fortuna wird eine Braunkohle verfeuert, deren Wassergehalt zwischen 50 und 60% schwankt. Ihr Heizwert betrug 1956 bei einem mittleren Aschegehalt von 5% etwa 1800 kcal/kg. Da die Kohle mit Großbaggern gefördert wird, gelangen gelegentlich auch unverbrennliche Einschlüsse im Kohlenflöz in das Kraftwerk, wobei ein kurzzeitiges starkes Ansteigen des Aschegehaltes nicht zu einer Betriebsstörung führen darf. Die Bekohlungsanlagen und die Kessel wurden daher so ausgelegt, daß auch Kohle mit einem maximalen Aschegehalt von 20% entsprechend einem unteren Heizwert von etwa 1450 kcal/kg und einem Wassergehalt von etwa 50% verfeuert werden kann. Die Kohlezufuhr zum Kraftwerk erfolgt mittels Großraumwagen teils vom Tagebau Fortuna, teils von benachbarten Tagebauten über Gleisanlagen, die östlich und nördlich des Werksgeländes in dem bereits erwähnten Geländeeinschnitt liegen. Sie wird aus den Großraumwagen in einen Grabenbunker bzw. in einen neben diesem liegenden Schlitzbunker entleert und von beiden Bunkern über 2 Schrägbandanlagen in ein Brecherhaus gefördert, in dem eine Vorzerkleinerung und Sichtung erfolgt (Abb. 77). Von diesem Brecherhaus aus wird die Kohle durch weitere Schrägbänder zu einem Übergangsturm und von diesem durch waagerechte Förderbänder über zwei weitere Türme, die zum Teil als Zwischenbunker für Asche verwendet werden, zur Vorschaltanlage Fortuna II geführt. Eine zweite Schrägbandanlage führt vom Brecherhaus zum Schwerbau des Kraftwerkes Fortuna III. Das Kraftwerk Fortuna I wird von dem Schlitzbunker aus durch eine eigene Bekohlungsanlage versorgt, die auch die Kohle für die benachbarte Brikettfabrik liefert.

Abb. 13. Rohkohlebunker

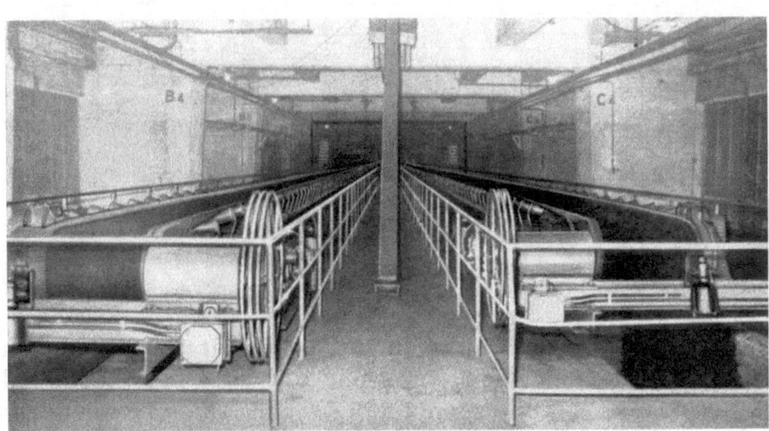

Abb. 14. Bunkerbekohlung Fortuna II

Abb. 13 zeigt den Rohkohlebunker im Grabengelände. Die beiden Schrägbänder vom Brecherhaus zu Fortuna II wurden für eine Leistung von je 750 t/h, die Schrägbänder zu Fortuna III für eine Leistung von ebenfalls je 750 t/h Rohkohle ausgelegt. Die Fördereinrichtungen über den Bunkern bestehen in Fortuna II und III aus je zwei feststehenden, bis zur Mitte der Bunkeranlage führenden Bändern, von denen die Kohle auf je ein fahrbares Band und von diesen in die Bunker abgeworfen wird (Abb. 14). Diese Bänder sind wie folgt ausgelegt:

Fortuna II und Fortuna II Erweiterung

Bandbreite	1200 mm	Förderleistung	750 t/h
Achsabstand	46 m		

Fortuna III und Fortuna III Erweiterung

Bandbreite	1200 mm	Förderleistung max. 750 t/h =	930 m^3/h
Achsabstand	54,5 m	Bandgeschwindigkeit	2,62 m/sec
Schüttgewicht	0,7 t/m^3	Umdrehung der Antriebswelle	80 U/min
max. Korngröße	80 mm	erforderliche Motorleistung N =	18 PS

Am Austritt der Schrägbänder aus dem Brecherhaus sind Kohlewagen und an den Übergabestellen auf die Schrägbänder Magnetwalzen eingebaut.

Die Ascheabfuhr erfolgt mit Waggons. Der Transport von der Anfallstelle zu den Waggons erfolgt teils naßmechanisch, teils pneumatisch über Förderleitungen, die entlang der Bekohlungsanlage bis zu dem erwähnten Ascheturm verlegt wurden, der in der Nähe der Brecheranlage errichtet wurde. Die Elektrofilterasche wird von der übrigen Asche getrennt gefördert und als Grundstoff eines in Fortuna hergestellten Baustoffbindemittels, Fortunit genannt, verwendet.

c) Nebenanlagen

Zur Versorgung von Fortuna II reichte die ursprünglich in Fortuna I vorhandene Wasseraufbereitungsanlage nicht mehr aus. Es wurde daher an der Nordostecke des Kraftwerksgeländes ein neues längsgeteiltes Wasseraufbereitungsgebäude errichtet, in dessen Keller Sammelbehälter für Rohwasser, Trinkwasser, Salzlösungen u. dgl. vorgesehen wurden. Im westlichen Teil wurden die bereits beschriebenen Basenaustauschfilter aufgestellt, im östlichen Teil wurde die — später erweiterte — Schnellentkarbonisierungs- (Wirbos-) Anlage und anschließend die Kalkmilchaufbereitung untergebracht. Wie der Lageplan Abb. 12 zeigt, liegen nördlich und östlich des Wasseraufbereitungsgebäudes 3 Klärbecken für das Spülwasser der Filter, nordwestlich und östlich anschließend die Reinwasserbecken für Fortuna II und III mit Anschlüssen an die beiden Kühlsysteme. Südlich der Bekohlungsanlage wurden bereits im ersten Ausbau ein Magazin und eine Werkstatt errichtet, später am Haupteingang ein Wohlfahrtsgebäude mit Garderoberäumen für die gesamte Belegschaft erbaut. Garagen für Autos und Motorräder waren 1956 noch im Bau.

Das Verwaltungsgebäude des Kraftwerkes liegt zentral am Ostende des Nachschaltmaschinenhauses. Büro und Meisterräume sind ferner im Schwerbau von Fortuna III, ein modernes Wasserlaboratorium an der südlichen Schmalseite des Maschinenhauses Fortuna III eingebaut. Der Aufbau der Schaltanlagen wird im Abschnitt „Elektrotechnische Ausrüstung" beschrieben.

d) Kraftwerk Fortuna II

Abb. 15 zeigt einen Querschnitt durch die Vorschaltanlage von Fortuna II mit einem Teil des Nachschaltmaschinenhauses und Abb. 16 einen Grundriß auf Höhe des Bedienungsflures +7,5 m. Der Schwerbau trägt in der Mitte zweiteilige Kohlenbunker, aus denen über Redler die 4 Mühlen jedes Kessels beschickt werden. Die Kessel sind mit hochliegendem Luvo und auf dem Kesselgerüst abgestützten Elektrofiltern ausgeführt, eine Anordnung, die grundsätzlich auch für das Blockkraftwerk Fortuna III beibehalten wurde. Oberhalb der Bekohlung stehen im Schwerbau die Gebläse, und zwar je Kessel ein Saugzug und 2 Frischlüfter, je 2 Kessel sind an einen *gemeinsamen* Schornstein angeschlossen.

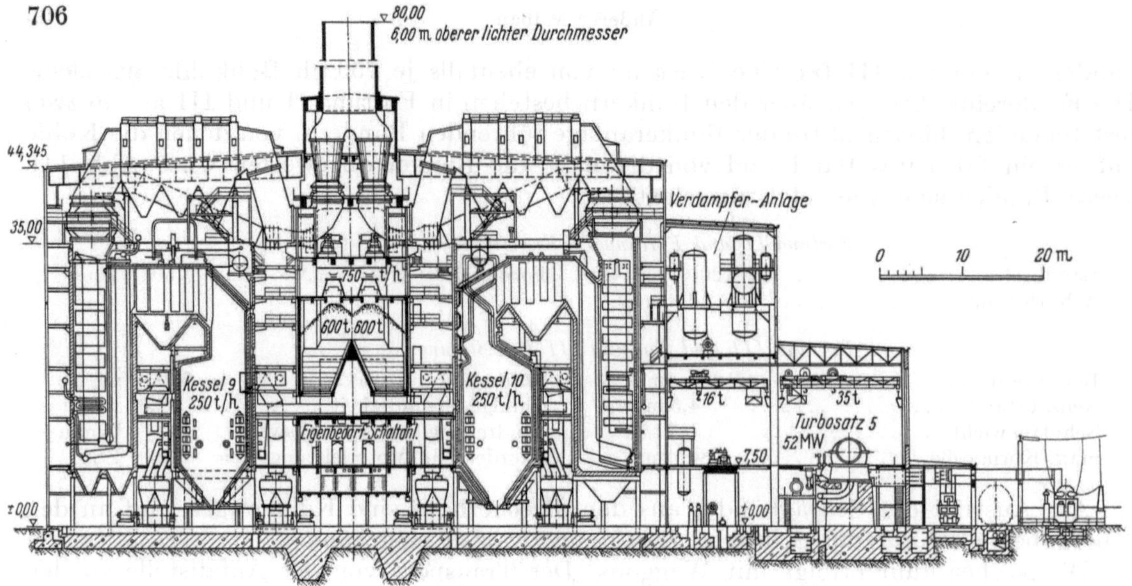

Abb. 15. Querschnitt Kesselhaus und Vorschaltanlage Fortuna II

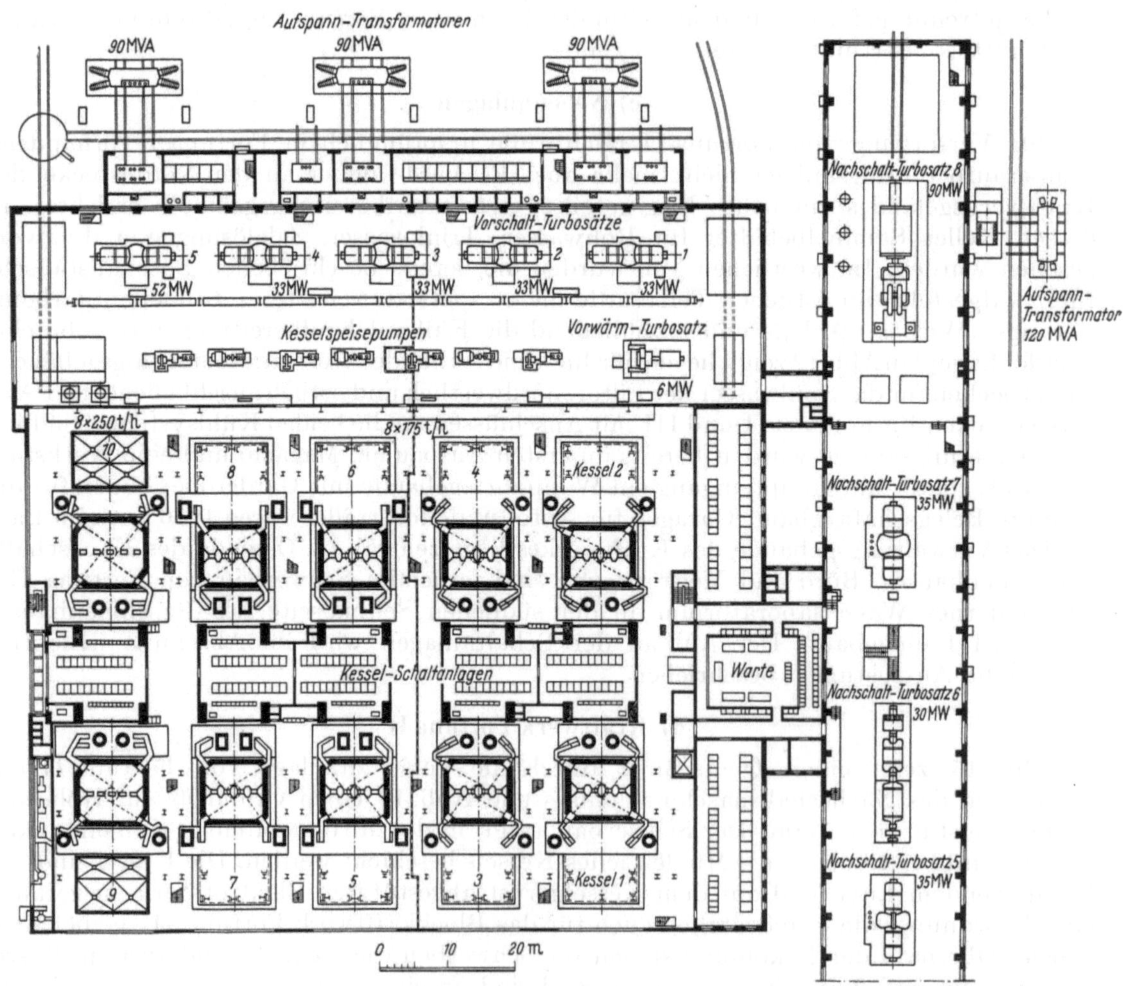

Abb. 16. Grundriß Fortuna II

Westlich an dieses Kesselhaus anschließend liegt ein zweireihiges Maschinenhaus, in dessen Ostteil die Speisepumpen und eine Vorwärmturbine und in dessen Westteil 5 Vorschaltturbinen mit gleichlaufender Achse aufgestellt wurden. Das Pumpenhaus erhielt einen, das Maschinenhaus zwei in Richtung der Maschinenachsen verfahrbare Krane. Es sind zwei von Westen her befahrbare Montageöffnungen vorhanden. Oberhalb der Speisepumpen wurden die Hochdruckspeicher und die zentrale Verdampferanlage und unter diesen ein Rohrboden angeordnet. Die Dampfsammelleitungen und die Dampfumformstationen liegen im Kesselhaus. Der zwischenüberhitzte Dampf strömt von den Kesseln zum Nachschaltmaschinenhaus. Dieses wurde mehrmals erweitert. Im Endausbau wurde am westlichen Ende dieses Gebäudes die größte Nachschaltmaschine mit 90 MW Leistung aufgestellt. Zur Unterbringung der Kondensationsanlage mußte der sonst in Fortuna II auf +7,5 m durchgehende Bedienungsflur an dieser Stelle auf +8,5 m gehoben werden. Die anschließende Montageöffnung des gesamten Nachschaltmaschinenhauses wird von Westen durch ein Gleis befahren.

e) Kraftwerk Fortuna III

Die fettgedruckte Darstellung in Abb. 12 zeigt, daß die 4 Blockeinheiten von Fortuna III mit insgesamt 500 MW Leistung auf der gleichen Grundfläche untergebracht

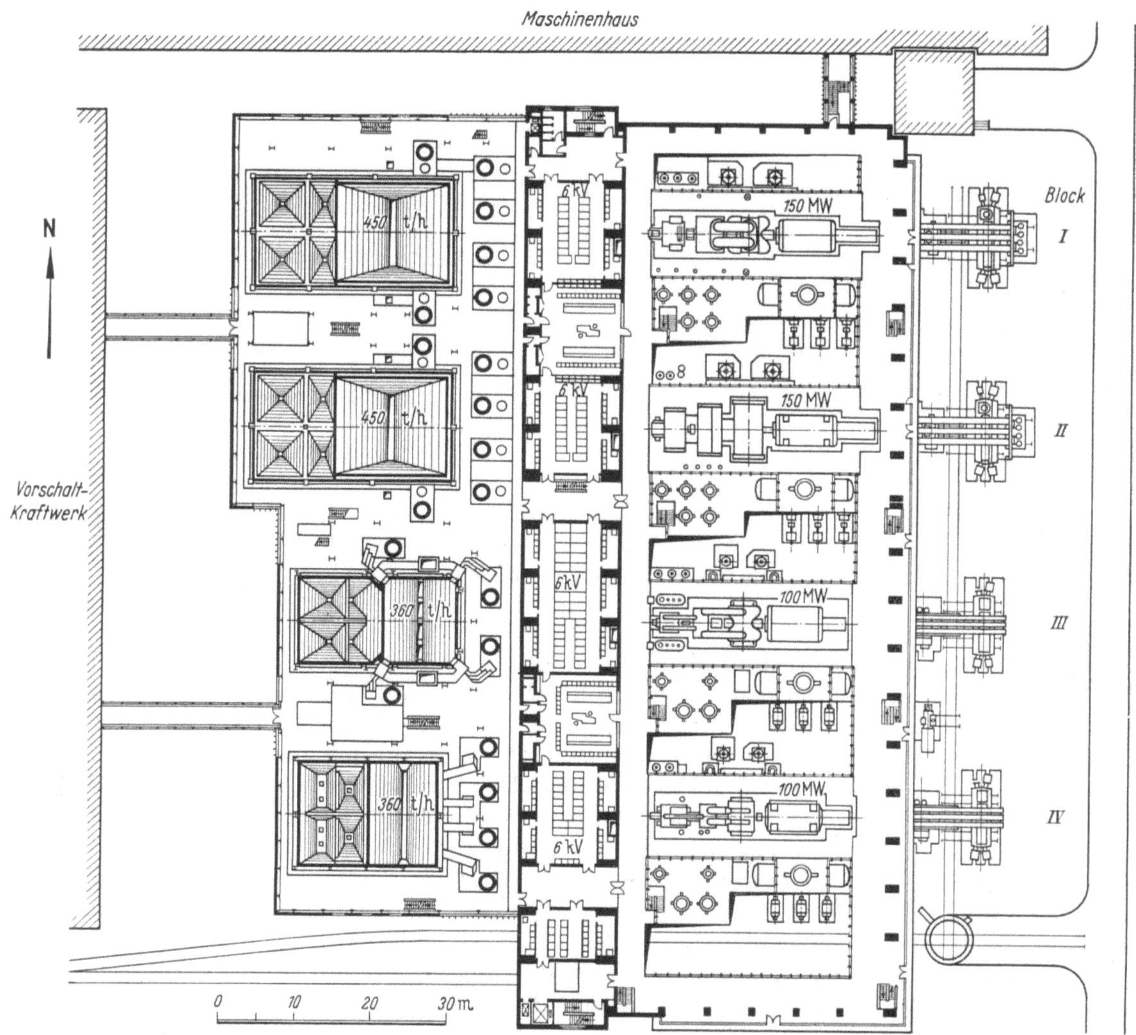

Abb. 17. Grundriß Fortuna III

werden konnten, auf der bis 1950 28 kleine Kessel mit 17 ata Betriebsdruck standen. Zur Aufstellung der Kühltürme für Fortuna III kam nur das westlich an die Kohlenbahn anschließende Gelände in Betracht. Es ergab sich daher, wie der Grundriß in Abb. 17 zeigt, bei der Planung dieses Kraftwerkes als zweckmäßigste Lösung, die Turbosätze auf der Ostseite und die Kessel auf der Westseite der verfügbaren Grundfläche mit gemeinsamen, in Ost-West-Richtung verlaufenden Achsen aufzustellen. Mit Rücksicht auf die vorhandene Bekohlungsanlage wurde die Anordnung des Schwerbaues zwischen Kessel- und Turbinenhaus beibehalten, zumal im ersten Ausbau keine Zwischenüberhitzung vorgesehen

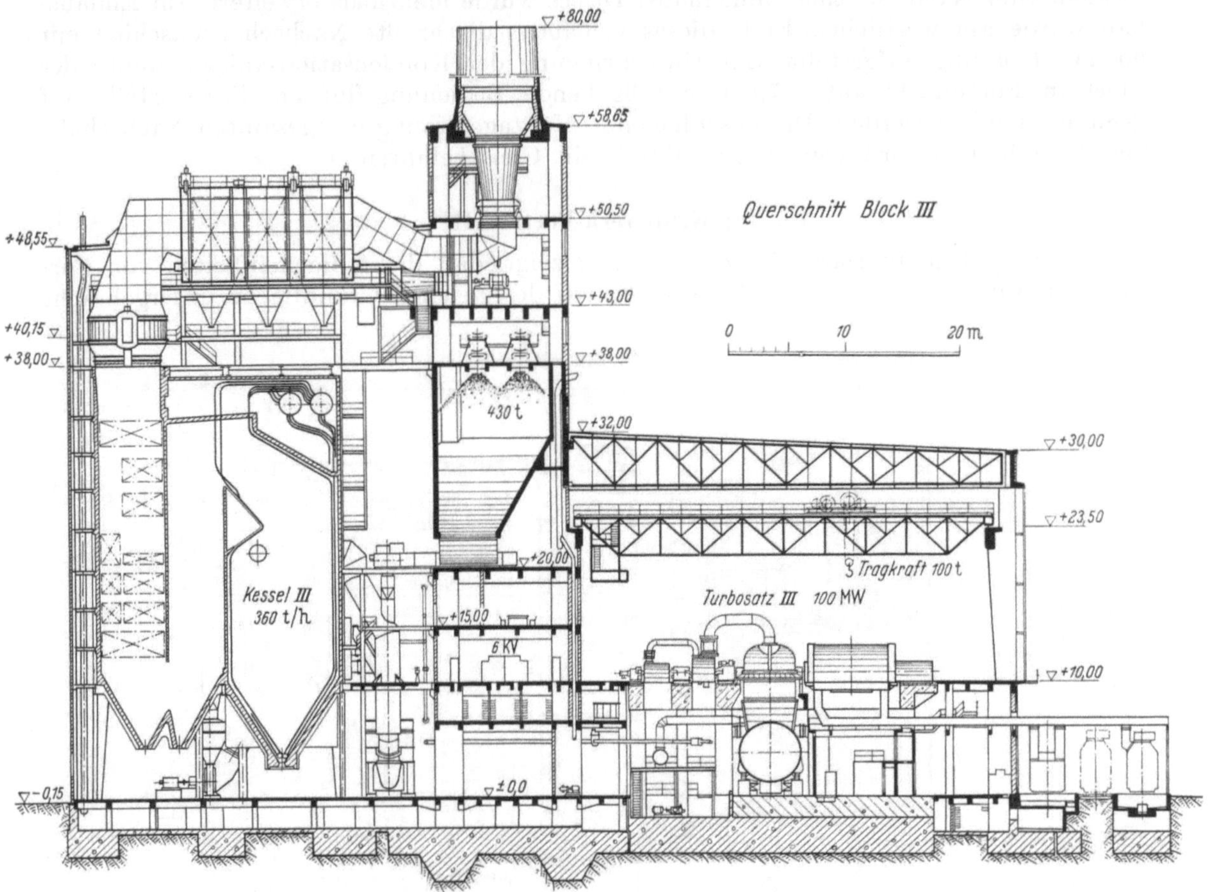

Abb. 18. Querschnitt Block 3 Fortuna III

war. Der Schwerbau Fortuna III zeigt grundsätzlich den gleichen Aufbau wie in Fortuna II, jedoch mit einseitigem Anschluß der Mühlenbekohlung und der Lüfter; es wurden ferner 2 Saugzüge je Kessel benötigt. Eine Montageöffnung führt über einem Gleis am Südende des Schwerbaues durch sämtliche Stockwerke bis zur Lüfterbühne und zu den Hochspannungsräumen der Elektrofilter. Das zweite Montagegleis durchfährt den Schwerbau und dient im Maschinenhaus zur Montage der Turbosätze und ihrer Hilfseinrichtungen. Im Schwerbau wurden am Nord- und Südende neben Treppenhäusern je ein Personen- und im Süden noch ein Lastenaufzug vorgesehen. Im Maschinenhaus sind 2 Krane mit je 100 t Tragfähigkeit vorhanden, die für die Generatormontage mit einem Joch verbunden werden können.

Im Gegensatz zu den Maschinenhäusern Fortuna II verläuft die Kranbahn senkrecht zur Achse der Maschinen. Die Fundamente der Turbosätze sind als Inseln ausgeführt; auf der einen Seite jedes Turbosatzes dient eine Zwischenbühne auf $+6{,}6$ m zur

Abstützung der Hochdruckvorwärmer des blockeigenen Verdampfers und eines Hochdruckspeichers, unter dem drei für Halblast ausgelegte Hochdruckspeisepumpen stehen (siehe auch Abb. 65). Dampfstrahler und Kondensatpumpen sind unter dem Turbinenfundament angeordnet. Auf der anderen Seite jedes Turbosatzes stehen zwei vertikale Kühlwasserpumpen, die das Kühlwasser unmittelbar aus den bis in den Keller des Gebäudes geführten Kühlwasserkanälen entnehmen (s. unten Abb. 64).

Abb. 18 zeigt den Querschnitt durch einen Block der ersten Ausbaustufe (100 MW) und Abb. 19 durch einen Block des Endausbaues mit einem Turbosatz von 150 MW

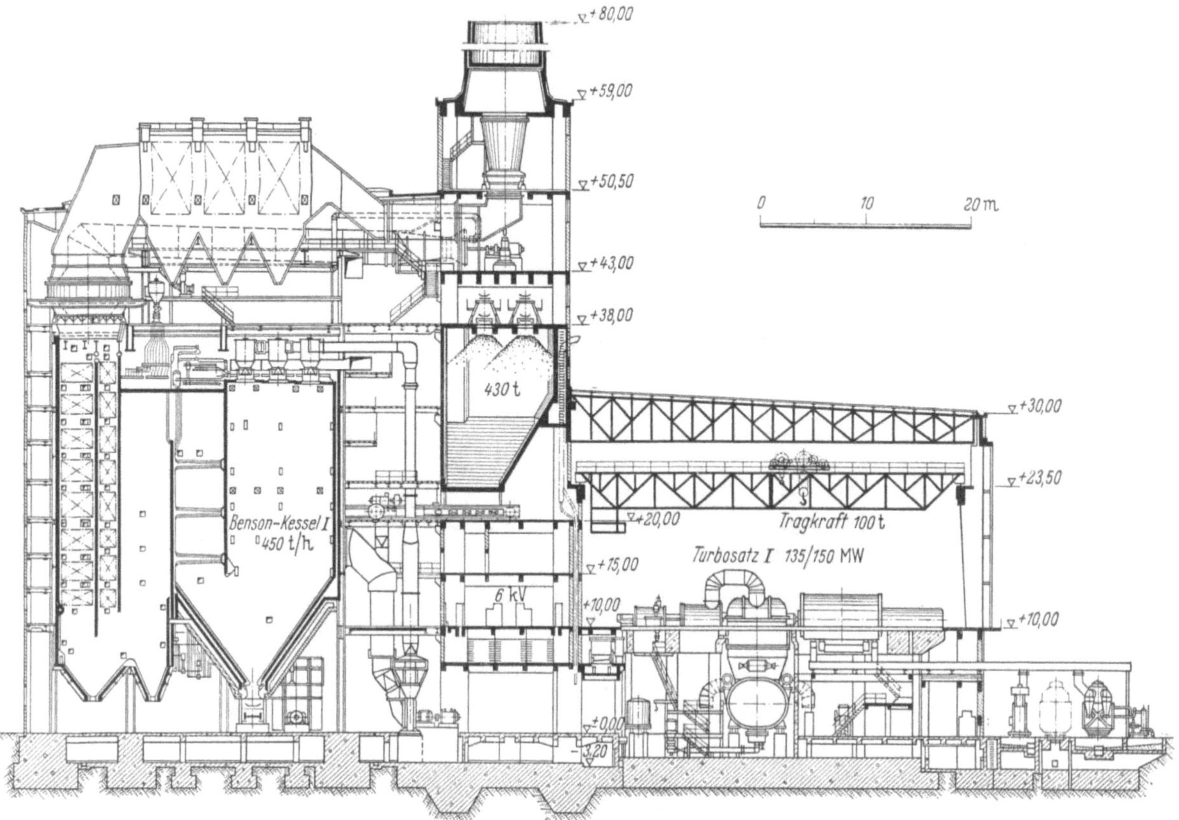

Abb. 19. Querschnitt Block 1 Fortuna III

Leistung und einem Bensonkessel von 450 t/h Dampferzeugung. Die Schornsteine wurden in Fortuna III mit der gleichen Höhe von +80,0 m wie in Fortuna II ausgeführt. Die Höhe des Kesselhausdaches des ersten Ausbaues konnte für den zweiten Ausbau beibehalten werden. Die Abmessungen der Mühlen und der Kondensatoren erforderten jedoch in Fortuna III eine Anordnung des Bedienungsflures auf +10,0 m über Flur. Im ersten Ausbau sind jedem Kessel 4, im zweiten 6 Mühlen zugeordnet. Die 150 MW-Turbosätze konnten — wie bereits erwähnt — trotz der Aufstellung von zusätzlichen Vorwärmern, Filtern und Überströmstationen im gleichen Raume untergebracht werden, der ursprünglich für Maschinen von 100 MW Leistung vorgesehen war.

C. Spezialtechnik

I. Bautechnische Ausführung

Durch die Anordnung je eines Betonschwerbaues zwischen 2 Kesselhäusern in Fortuna II bzw. zwischen Kessel- und Maschinenhaus in Fortuna III und dessen Ausnutzung durch Belastung mit den Kohlenbunkern, Schornsteinen und Lüftern, wurde eine statisch günstige Grundlage für die Abstützung der anschließenden Gebäudeteile geschaffen. Der Baugrund ist als gut tragfähig zu bezeichnen. Die Gründung aller Gebäude geschah

Abb. 20. Schwerbau Fortuna III im Bau

durch normale Betonfundamente. Nur die Schwerbauten wurden auf je einer durchgehenden Eisenbetonplatte mit Längs- und Querrippen errichtet.

Abb. 20 zeigt Betonierarbeiten am Schwerbau Fortuna III. Die Abmessungen der Bauten für Fortuna III sind folgende:

Der Schwerbau wurde 59,0 m hoch und 12,0 m breit ausgeführt, er ist bis zur Dilatationsfuge 73,1 m, anschließend 48,49 m lang. Er dient auf +6,6 zur Aufnahme des Kabelbodens (vgl. Abb. 18 u. 19), auf +10,0 der Warte und Eigenbedarfsschaltanlagen, auf 15,0 der Ingenieur- und Meisterzimmer, auf +20,0 der Redlerbühne, von +22,5 bis 38,0 der Kohlenbunker, auf +43,0 m der Kesselhilfsgebläse, auf +50,5 m der Schornsteinanschlüsse und Hochspannungsräume und auf +59,0 m der Schornsteine, deren Oberkante bei +80,0 m liegt. Auf +0,0 m ist ein breiter Transportweg frei gehalten. Auf +10,0 m führen 3 Durchgänge durch den Schwerbau vom Kessel zum

Maschinenhaus. Die Warten sind durch je 2 Türen von beiden Gebäudeteilen aus zugänglich. Die sanitären Anlagen liegen teils unmittelbar neben der Warte, teils auf +15,0 m, in Höhe der Redlerbühne +20,0 m und auf +38,0 m.

Das Maschinenhaus Fortuna III hat eine Länge von 68,25 + 49,79 m, eine Breite von 35,50 m zwischen den Kranbahnschienen (Gesamtbreite 37,74 m) und eine Höhe an der Traufe von +30,0 m. Das Kesselhaus ist gesamt 100,0 m lang, 32,0 bzw. im zweiten Bauabschnitt 38,5 m breit und 48,55 m bis zur Traufe hoch. Die lichte Kellerhöhe beträgt im Kesselhaus 1,90 m, im Maschinenhaus 2,30 m.

Alle Kesselhäuser wurden vom Fundament bis 0,0 in Stahlbeton, die gesamte Kesselhauskonstruktion einschließlich Bühnen und Dach in Stahlprofilen ausgeführt, die teils verglast, teils $^1/_2$ Stein stark ausgemauert wurden. In Fortuna III sind die Kesselbühnen auf 10,0 m, +20,0 m, +30,4 m und +38,0 m aus Stahl und als Hauptwindverbände zur Übertragung der horizontalen statischen Kräfte und Lasten auf den Schwerbau ausgeführt. Die Heizerstanddecke wurde in Fortuna II mit Stahlbeton ausgefacht, in Fortuna III zum größten Teil mit Lichtgitterrosten abgedeckt. Für die Belichtung des Kesselhauses wurden Stahlfenster aus Spezialprofilen vorgesehen und mit einer entsprechenden Zahl von Lüftungsflügeln ausgerüstet, in die punktgeschweißtes Drahtglas nahtlos eingesetzt wurde. In den Maschinenhäusern wurden Deckenstützen und Kranbahn, Turbinen- und Pumpenfundamente durchweg in Stahlbeton ausgeführt. Das Dach erhielt im Kesselhaus Fortuna II Vollwandbinder, in den übrigen Gebäuden Fachwerkbinder, sämtlich aus Stahl. Alle Bau- und Kesselkonstruktionen und die Stahlfenster wurden — soweit sichtbar — mit Alu- bzw. Ölfarbenanstrich versehen, desgleichen wurden Blechrohre, Fallschächte, Windkanäle u. dgl. mit Alufarbe gestrichen.

In Fortuna III wurde die gesamte Längswand auf der Ostseite nach außen vor die Kranstützen gelegt und durchgehend verglast. In den Maschinenhäusern wurde unterhalb der Binder zur Vermeidung von Schwitzwasserbildung eine Isolierdecke aus Leichtsteinen eingebaut. Die nicht vollständig verglaste Außenwand erhielt eine 51 bzw. 38 cm starke Ausmauerung. Die Heizerstanddecken und die Fußböden im Maschinenhaus auf +0,0 wurden mit Spaltklinkern belegt, der Bedienungsflur des Maschinenhauses und ein Teil der Maschinenhauswand bis über Kopfhöhe erhielten Fliesenbelag. Sozialräume, Labor und Chemikalienlager wurden ebenfalls mit Fliesen belegt. Die Wärmewarten und die in Fortuna III darüber befindlichen Ingenieurräume wurden schalldicht isoliert, die Instrumentenpulte und Tafeln außerdem gegen Schwingungen isoliert. Die Warten und in Fortuna III die benachbarten Büroräume sind an Klimaanlagen angeschlossen. Der Fußboden der Warten wurde mit Gummiplatten belegt, an der Decke ist eine künstliche Beleuchtung vorgesehen. Die Meister- und Ingenieurräume von Fortuna III erhielten Einbauschränke. Die Wände wurden tapeziert und die Fußböden mit Gummi belegt.

Die Außenwandflächen sämtlicher Gebäude wurden mit ausgesuchten Klinkern verblendet, nur bei den Schwerbauten blieben außen die Betonflächen sichtbar. Die Außenwände des Kesselhauses wurden innen gefugt und mit Kalk geschlämmt. Die Betonstützen des Bunkerschwerbaues wurden von ±0,0 bis +10,0 m entgratet und nach Ausfüllen der Nester geschlämmt. Die Dachdecken der Schwerbauten erhielten einen Korkbelag, darüber einen bewehrten Zementestrich. Alle Dächer wurden mit einer doppelten Bitumenpappe eingedeckt. Die Dachrinnen sind aus Beton ausgeführt. Sie erhielten Bitumenanstrich mit dreifacher Dachpappelage. Die in Fortuna III 20 m hohen Schornsteine wurden aus Stahlbeton in Gleitbauweise hergestellt. Die innere Mauerwerksauskleidung besteht aus Hartbrandsteinen. Der Zwischenraum zwischen dem Eisenbetonmantel und der inneren Schornsteinauskleidung ist mit Thermosit ausgefüllt. Für die Besteigung der Schornsteine sind innen und außen Steigeisen und Rückenschutz angeordnet. Die obere Abdeckung geschah mit gußeisernen Segmenten mit Cu-Zusatz. Die Schornsteine wurden mit einer Blitzschutzanlage ausgestattet. Tore und Türen sind außen glattwandig, innen mit Winkel ausgesteift aus Stahlblech ausgeführt. Die großen Tore werden durch obere Rollen geführt, die auf Schienen laufen. Teilweise wurden in die Tore bzw. Türen Oberlichter eingebaut.

Das Treppenhaus des Bunkerschwerbaues und die Treppen in der Nordostecke des Maschinenhauses erhielten Massivtreppen. Alle sonstigen Verbindungstreppen zu den einzelnen Geschossen und Bühnen wurden in Stahl angefertigt. Als Auftritt sind Gitterroste mit untergeschweißtem Verstärkungswinkeleisen vorgesehen. Die Treppen- und Brüstungsgeländer wurden aus schmiedeeisernen Gasrohren hergestellt.

II. Maschinentechnische Ausrüstung

a) Dampferzeugungsanlage

1. Kessel einschließlich Feuerung

Abb. 21 zeigt die Kohlezufuhr zu den Mühlen in Fortuna II. Die Förderung der Kohle zu den Mühlen erfolgt bei sämtlichen Kesseln durch Trogkettenförderer, die jedoch im Gegensatz zu der sonst gebräuchlichen Ausführung nicht unmittelbar unter den Bunkern,

Abb. 21. Kohleförderer zu den Mühlen Fortuna II

sondern seitlich von diesen liegen (Abb. 23). Die Kohle wird also nicht über die obere auf die untere Redlerkette aufgegeben, sondern sie fließt durch die eine Seitenwand direkt auf die untere Redlerkette, so daß die obere Kette völlig entlastet wird und die Möglichkeit besteht, senkrechte Bunkerabsperrschieber anzubringen. Abb. 22 zeigt die Anordnung der Bunkerabsperrschieber und Abb. 23 die Ausführung des seitlichen Einlaufes der Kohle zur unteren Redlerkette. Der Bunkerauslauf ist für jeden Redler in drei Abschnitte unterteilt, die in Förderrichtung der Kohle liegende Abschlußbunkerwand ist senkrecht ausgeführt, um eine Brückenbildung zu vermeiden.

In den Rauchgasschacht jeder Mühle wird die Kohle genau senkrecht aufgegeben. Um eine gleichmäßige Verteilung im Fallschacht zu erreichen, wurde der Redlertisch über dem Mühlenfallschacht als zugespitzte Zunge ausgeführt. In den Fallschacht ist noch eine besondere Klappe eingebaut, die mit den Motoren der Redler und der Mühlen elektrisch verriegelt ist und beim Stehenbleiben des Redlermotors selbsttätig schließt. Diese Maßnahme verhindert, daß beim Abstellen der Mühle heiße Gase in den Redler eintreten und örtliche Brände verursachen können.

In Fortuna I und II kamen Naturumlaufkessel, in Fortuna I auch 2 La Mont-Kessel, zur Aufstellung. Die Abb. 24 und 25 zeigen Schnitte durch die Kessel. Für Fortuna II

Abb. 22. Bunkerabzug und Absperrschieber

sind die Auslegungsdaten Tabelle 1 zu entnehmen. Diese Kessel sind in $1^2/_2$-Zugbauweise mit in einem Querzug hängenden Überhitzern ausgeführt. Beide Halbzüge enthalten Berührungsheizflächen. Jeder Kessel besitzt 4 Schlagradmühlen, die an je eine Eckenfeuerung angeschlossen sind. Im Endausbau wurden die Kessel 9 und 10 auf der gleichen Grundfläche, jedoch mit gegenüber 1 bis 8 erheblich gesteigerter Dampfleistung untergebracht, allerdings mußte die Kesseldecke um 3 m erhöht und der zweite und dritte Zug bis auf den Heizerstand heruntergezogen werden. Bei diesen Kesseln ist der Zwischenüberhitzer im zweiten Zug als Gardinenheizfläche untergebracht.

Tabelle 1. *Kesselanlage — Werk II*

Zehn staubgefeuerte Hochdruckkessel mit Zwischenüberhitzer

	Kessel 1 bis 8	Kessel 9 und 10
Baujahr	1950	1953
System	Naturumlauf	Naturumlauf
Leistung max. dauernd	175	250
Konzessionsdruck ... atü	134	136
Heißdampfdruck ... atü	117	117
Heißdampftemperatur ... °C	510	530
Speisewassertemperatur ... °C	150	180
Zwischenüberhitzerdruck ... atü	17/16	17/16
Zwischenüberhitzertemperatur ... °C	278/410	290/480
Zwischenüberhitzerleistung ... t/h	160	237,5
Heißlufttemperatur ... °C	30—268 (75 %)	30—275 (86%)
Abgastemperatur ... °C	180 (13% CO_2)	160 (14% CO_2)
Kesselwirkungsgrad ... %	82	84,5
Feuerung	Eckenfeuerung	Eckenfeuerung
Anzahl der Mühlen	4	4
Rohkohledurchsatz je Mühle ... t/h	27	35

In Fortuna III stand nur eine beschränkte Tiefe zur Unterbringung der Kessel zur Verfügung, es mußte daher auf Zwischengänge zwischen den Zügen verzichtet werden. Die Kessel lehnen sich statisch an den Schwerbau an. Ihre Daten sind in Tabelle 2, die Querschnitte in Abb. 26 zusammengestellt. In Fortuna III wurden ausschließlich Schlagradmühlen mit einer Durchsatzleistung von je 45 t/h aufgestellt (vgl. Abb. 27). Abb. 28 zeigt einen Schnitt durch die Mühle und den sehr einfach eingebauten Sichter, dessen Konstruktion einen geringen Druckverlust und eine grobe Ausmahlung verbürgt. Im ersten Ausbau wurde Kessel 3 mit Ecken- und Kessel 4 mit Frontalfeuerung ausgeführt. Diese Kessel haben ebenfalls Dreizuganordnung, der zweite Zug wurde jedoch als Leerzug, d. h. nur an den Wänden mit Kesselrohren verkleidet, ausgeführt, so daß die Rauchgastemperatur am Eintritt in die Berührungsheizflächen des dritten Zuges 750° C nicht überschreitet. Durch diese Maßnahme wurde eine Verringerung der Verschmutzung und eine Verlängerung der Reisezeit erreicht. Der dritte, aufsteigende Zug wurde zweiteilig ausgeführt und die Endstufe des Überhitzers in einem Teilzug untergebracht. Die Rauchgasmenge beider Teilzüge kann durch Regelklappen eingestellt und auf diese Weise die Frischdampf-Austrittstemperatur geregelt werden.

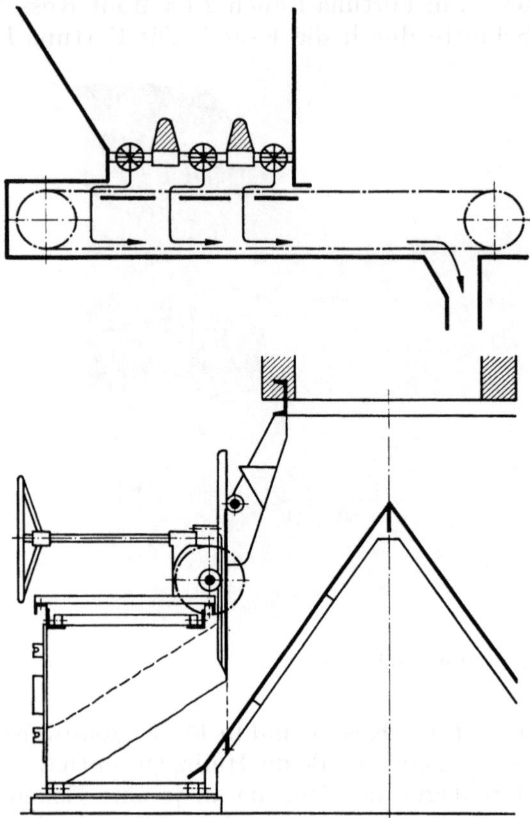

Abb. 23. Bunkerabzug, Schnitt und Schema

Bei den beiden Bensonkesseln des Endausbaues wurde eine Deckenfeuerung gewählt, und zwar speist jede Mühle zwei zu einer Gruppe zusammengefaßte Brenner. Diese Ausführung ergab eine Vierzuganordnung des Kessels. Die Breite und Höhe der Kessel des 1. Ausbaues wurde im

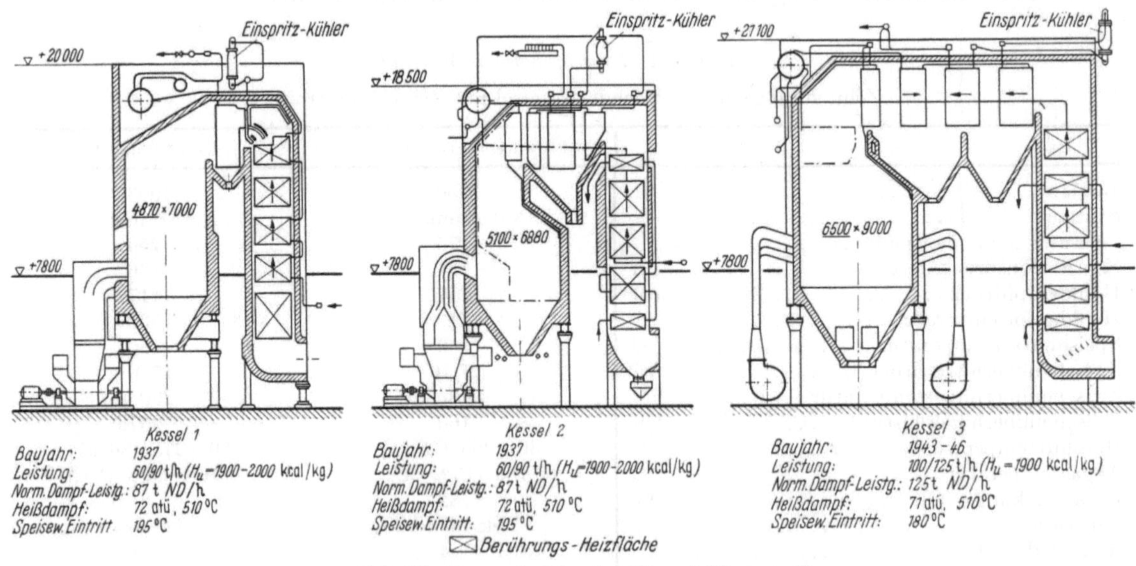

Abb. 24. Querschnitte der Kessel Fortuna I

wesentlichen beibehalten, jedoch die Kesseltiefe zur Unterbringung des vierten Zuges um 5 m vergrößert. Bei Kessel 1 und 2 sind der zweite und dritte Zug nur mit

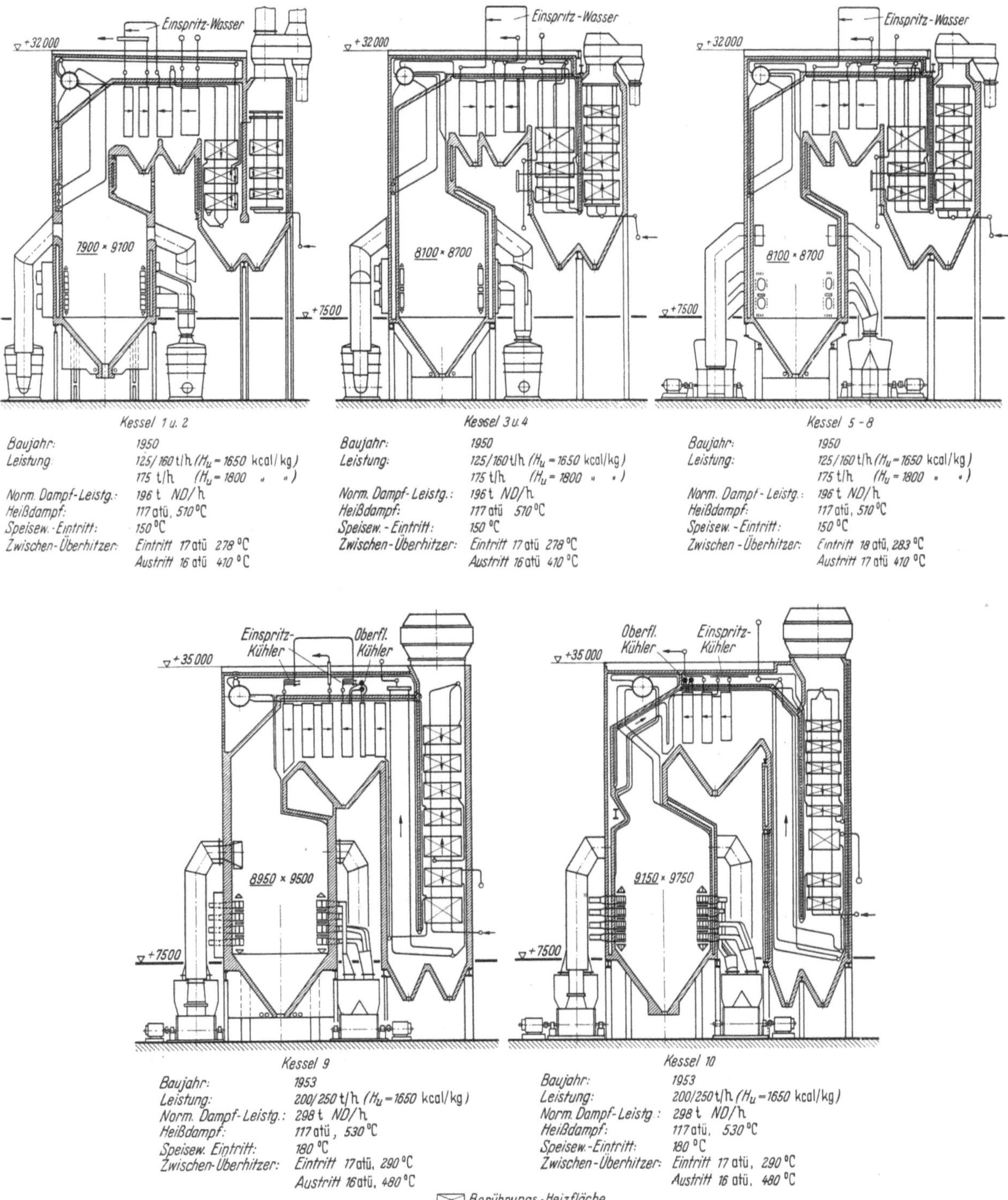

Abb. 25. Querschnitte der Kessel Fortuna II

Strahlungsheizflächen ausgekleidet. Die Klappenregulierung der Teilzüge des vierten (aufsteigenden) Rauchgaszuges dient hier zur Regelung der Dampftemperatur Austritt

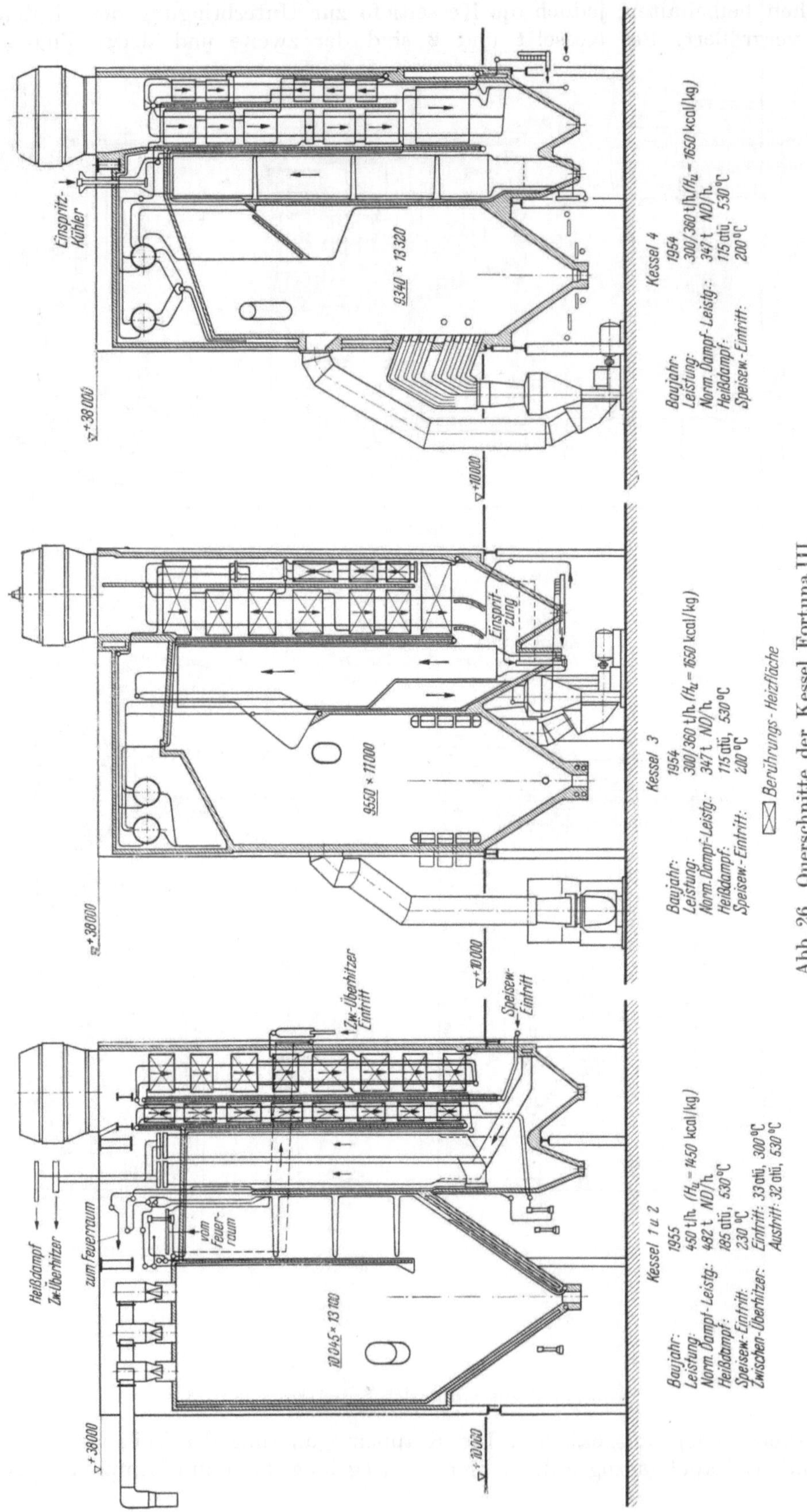

Abb. 26. Querschnitte der Kessel Fortuna III

Zwischenüberhitzer. Die Frischdampf-Austrittstemperatur wird durch die Kesselregelung bzw. durch Wassereinspritzung geregelt.

Die Luftvorwärmer sind durchwegs als Ljungström-Erhitzer ausgeführt und auf der Kesseldecke angeordnet, und zwar 2 Einheiten je Kessel. Der Antrieb der Luvos erfolgt in Fortuna II durch je einen Motor gemeinsam mit dem zugehörigen Schleusluftventilator. Beim Ausfall des Elektromotors wird der Luvo durch Preßluft aus dem Werksnetz angetrieben. Bei den 450 t/h-Kesseln des Endausbaues erfolgt der Antrieb der Luvos ölhydraulisch, wobei die Ölpumpe einen Reservemotor besitzt, der vom Gleichstromnetz gespeist wird.

Abb. 29 zeigt ein Schaltschema des Kessels 1. Beide 450 t/h-Kessel wurden mit Rücksicht auf ihre Größe mit zwei räumlich getrennten

Abb. 27. Schlagradmühlen Fortuna III, Ansicht

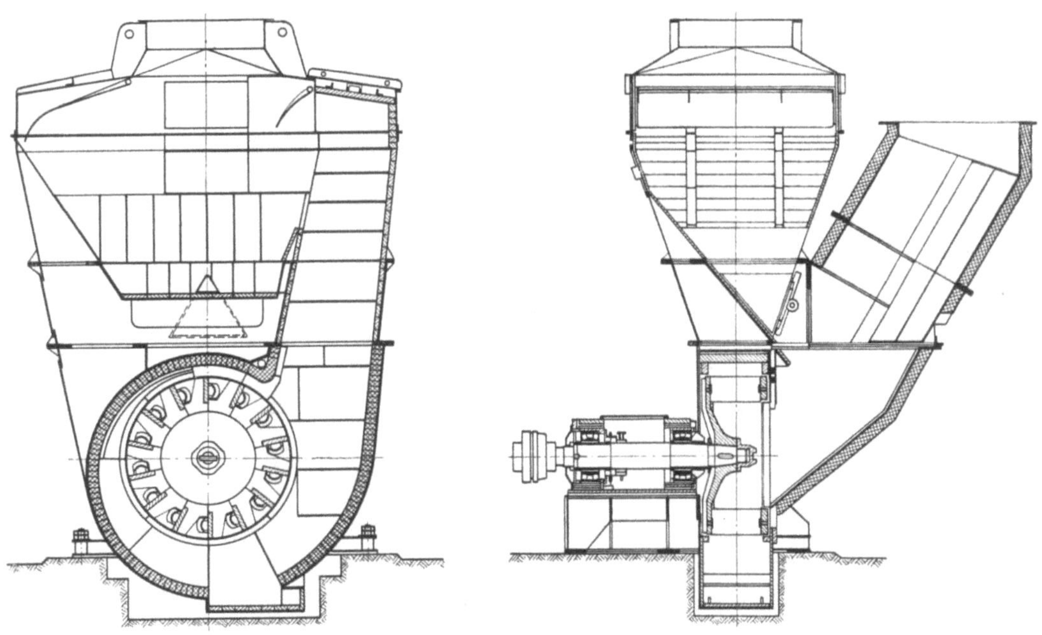

Abb. 28. Schlagradmühle Fortuna III, Schnitt

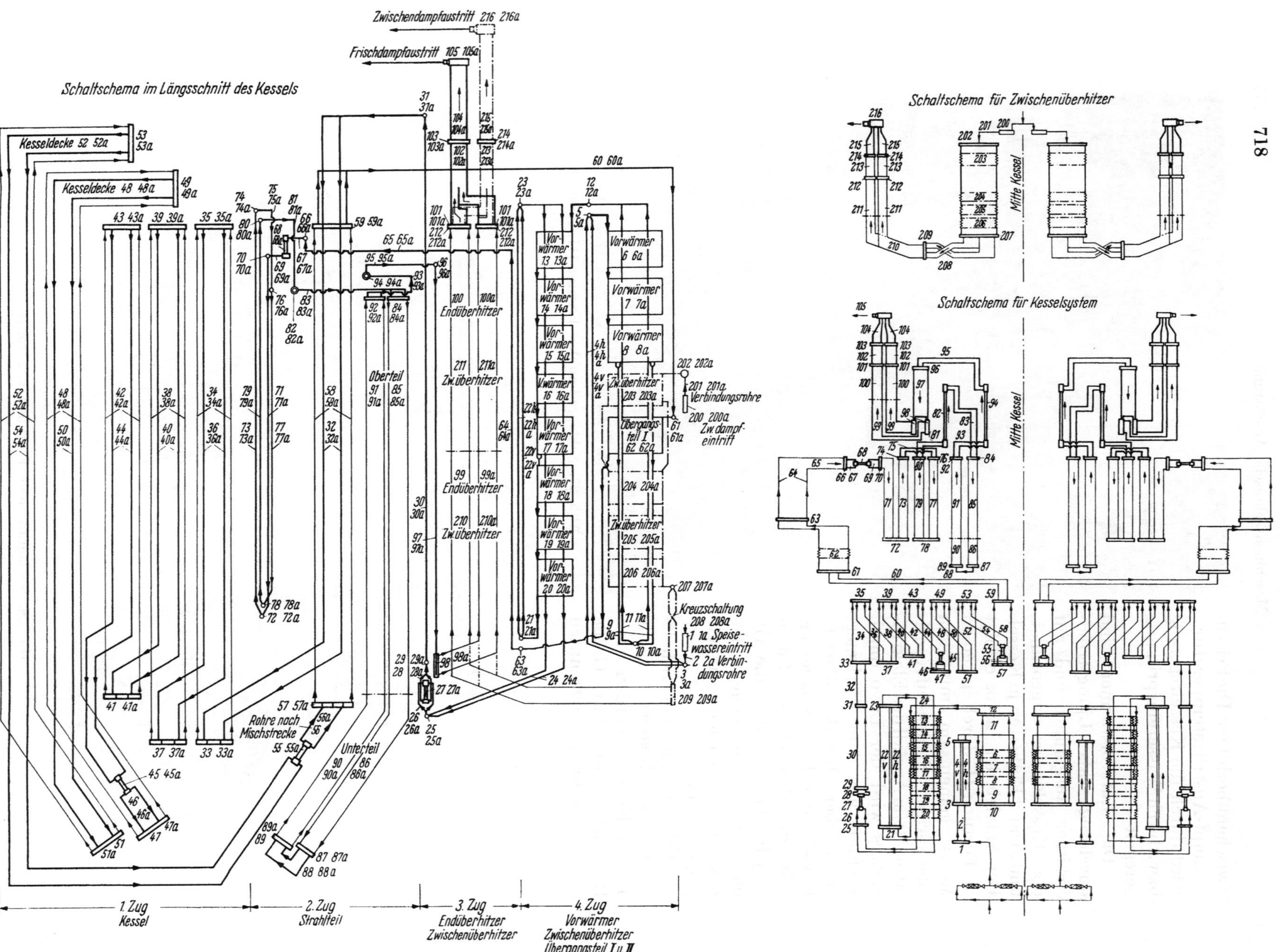

Abb. 29. Schaltschema Bensonkessel Fortuna III

Rohrsystemen ohne Zwischenwand im Feuerraum ausgeführt, wobei jedes System eine getrennte Speisung und eine besondere Anfahrvorrichtung besitzt. Die Lage der beiden Einspritzkühler, der Meßstellen und der Mischstellen des Benson-Systems sind im Schaltschema ersichtlich.

Tabelle 2. *Kesselanlage — Werk III*

Vier staubgefeuerte Hochdruckkessel im Block auf je eine Maschine geschaltet

	Kessel 1	Kessel 2	Kessel 3	Kessel 4
Baujahr	1955	1955	1954	1954
System	Benson	Benson	Naturumlauf	Naturumlauf
Leistung max. dauernd ...... t/h	450	450	360	360
Konzessionsdruck ...... atü	205	205	136	136
Heißdampfdruck ...... atü	185	185	115	115
Heißdampftemperatur ...... °C	530	530	530	530
Speisewassertemperatur ...... °C	230	230	200	200
Zwischenüberhitzerdruck ... atü	33/32	33/32	kein Zwischen-überhitzer	kein Zwischen-überhitzer
Zwischenüberhitzertemperatur °C	300/530	300/530		
Zwischenüberhitzerleistung .. t/h	415	415		
Heißlufttemperatur ...... °C	30—280 (85%)	30—280 (85%)	30—280 (85%)	30—280 (85%)
Abgastemperatur ...... °C	160	160	160	160
Kesselwirkungsgrad ...... %	(13,8% CO_2) 85 (Hu = 1450 kcal/kg)	(13,8% CO_2) 85 (Hu = 1450 kcal/kg)	13,5% CO_2) 84,5 (Hu = 1650 kcal/kg)	(13,5% CO_2) 84,5 (Hu = 1650 kcal/kg)
Feuerung	Decken	Decken	Ecken	Front
Anzahl der Mühlen	6	6	4	4
Rohkohledurchsatz je Mühle t/h	45	45	45	45

2. Lüfter, Entstaubung, Entaschung

Bei sämtlichen Kesseln kamen Axialgebläse zur Aufstellung, und zwar Frischlüfter mit waagerechter Welle und direkter Kupplung des Motors mit dem Gebläse und Saugzugventilatoren mit senkrechter Welle und Antrieb von einem waagerecht liegenden Motor über ein Kegelrad-Übersetzungsgetriebe. Jeder Kessel erhielt 2 Frischlüfter, den Kesseln Fortuna II wurden je ein, den Kesseln Fortuna III je 2 Saugzuggebläse zugeordnet.

Alle Lüfter werden durch Leitschaufelverstellung geregelt, die über Stellgetriebe von der Kesselregelung bzw. von Hand betätigt werden. Die Lüfter besitzen Gleitlager, die durch einen besonderen Ölkreislauf geschmiert werden. Die Frischlüfter saugen die warme Luft von der Kesseldecke an, die Saugzüge stoßen die Rauchgase in kurze Schlote aus, die unmittelbar auf dem Schwerbau sitzen. In Fortuna II sind je zwei gegenüberliegende Kessel, in Fortuna III ist jeder Kessel getrennt an einen Schornstein angeschlossen.

Abb. 30 zeigt die Lüfterbühne in Fortuna III, die als besonderes Maschinenhaus mit breitem seitlichem Transportweg zu der bereits beschriebenen Montageöffnung im Schwerbau oberhalb der Bekohlung ausgeführt wurde. In Tabelle 3 wurde die

Tabelle 3. *Auslegung der Lüfter*

Kessel Nr.	Fortuna II 1 bis 8	Fortuna II Erw. 9 bis 10	Fortuna III 4, 3	Fortuna III Erw. 2, 1
A. Frischluftgebläse (max. Bestelldaten)				
Anzahl je Kessel	2	2	2	2
Fördermenge ...... m^3/sec	40	55	65	90
Temperatur ...... °C	40	30	25	25
Wichte ...... kg/m^3	1,13	1,17	1,18	1,18
Stat. Druckerhöhung... mm WS	350	290	290	300
Ges. Druckerhöhung ... mm WS	375	311	309	323
Gebläse-Drehzahl ...... U/min	1475	980	855	82,5
Gebläsewirkungsgrad ...... %	75 (85,5)*	82 (84,5)*	82 (84,5)*	84 (84)*
Leistungsaufnahme Gebläse . kW	196	204	240	340

* Wirkungsgrade im Bestpunkt.

Tabelle 3. (Fortsetzung)

Kessel Nr.	Fortuna II 1 bis 8	Fortuna II Erw. 9 bis 10	Fortuna III 4, 3	Fortuna III Erw. 2, 1
A. Frischluftgebläse (max. Bestelldaten)				
Leistungsaufnahme Motor ... kW	—	—	247	355
Vorzusehende Motorleistung . kW	216	224	270	400
Motordrehzahl	1475	980	1480	1480
Regelungsart:	Drallreg.	Drallreg.	Drallreg.	Drallreg.
B. Saugzuggebläse (max. Bestelldaten)				
Anzahl je Kessel	1	1	2	2
Fördermenge .... m³/sec	200	240	150	198
Temperatur .... °C	220	190	190	190
Wichte .... kg/m³	0,72	0,75	0,75	0,767
Stat. Druckerhöhung .. mm WS	313	255	210	290
Ges. Druckerhöhung ... mm WS	328	267	216,5	301
Bez. auf $\gamma = 1{,}0$ ...... mm WS	—	356	289	394
Gebläsedrehzahl .... U/min	638	605	585	705
Motordrehzahl .... U/min	1480	1480	1480	1480
Gebläsewirkungsgrad .... %	81 (84,2)	82 (85,5)	81 (83,5)	81 (85,2)*
Leistungsaufnahme				
an der Gebläsewelle...... kW	805	765	392	722
an der Motorwelle .... kW	830	785	402	740
Vorzus. Motorleistung ...... kW	850	860	445	820
Regelungsart:	Drallreg.	Drallreg.	Drallreg.	Drallreg.

* Wirkungsgrade im Bestpunkt

Abb. 30
Lüfterbühne Fortuna III

Auslegung der Frischluft- und Saugzuggebläse für beide Ausbaustufen Fortuna II und Fortuna III zusammengestellt, wobei die garantierten Wirkungsgrade für den Bestpunkt und bei Normallast angeführt wurden. Die Motorleistung wurde zum Teil abweichend von dieser Tabelle gewählt.

Abb. 31 zeigt eine Schnittzeichnung eines Frischlüfters, Abb. 32 eine Schnittzeichnung eines Saugzugventilators, beide für den Endausbau Fortuna III. Auf der letztgenannten Zeichnung ist der Anschluß des waagerecht liegenden Motors nicht dargestellt. Auf beiden Zeichnungen sind konstruktive Einzelheiten über die Gestaltung der Lager und der Drallregler abgebildet.

Die Entstaubung der Rauchgase erfolgt durchweg durch liegende Elektrofilter, die über der Kesseldecke im Rauchgasweg zwischen Luvo und Saugzuggebläse angeordnet und auf dem Kesselgerüst abgestützt sind (vgl. Abb. 16, 18 u. 19). Der Entstaubungsgrad erreicht bei den Kesseln des Endausbaues 94%. Die Filter Fortuna III

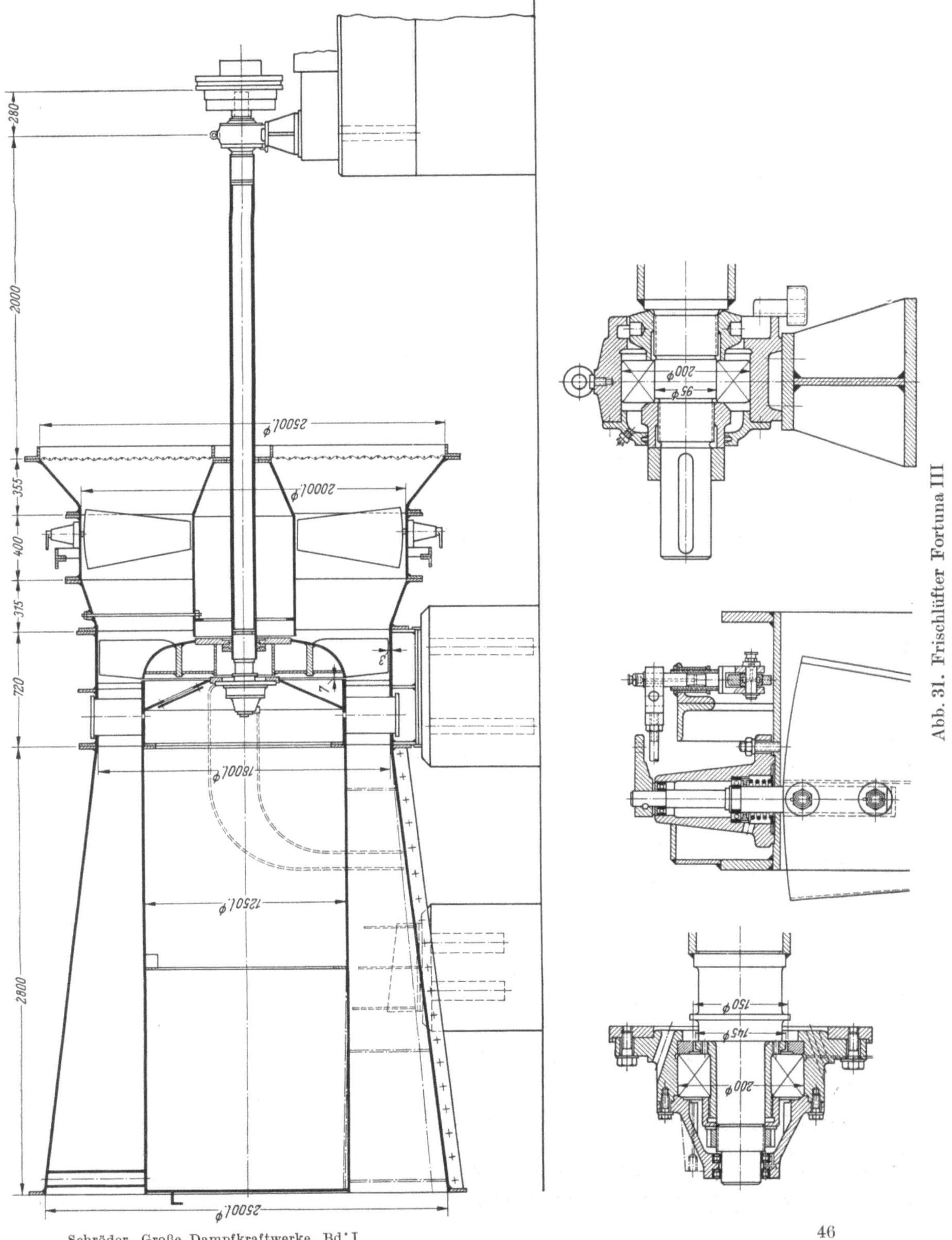

Abb. 31. Frischlüfter Fortuna III

sind so groß, daß sie zweiteilig ausgeführt und in je zwei bzw. drei hintereinandergeschaltete Gruppen unterteilt wurden. Die elektrischen Anlagen sind in Fortuna III im

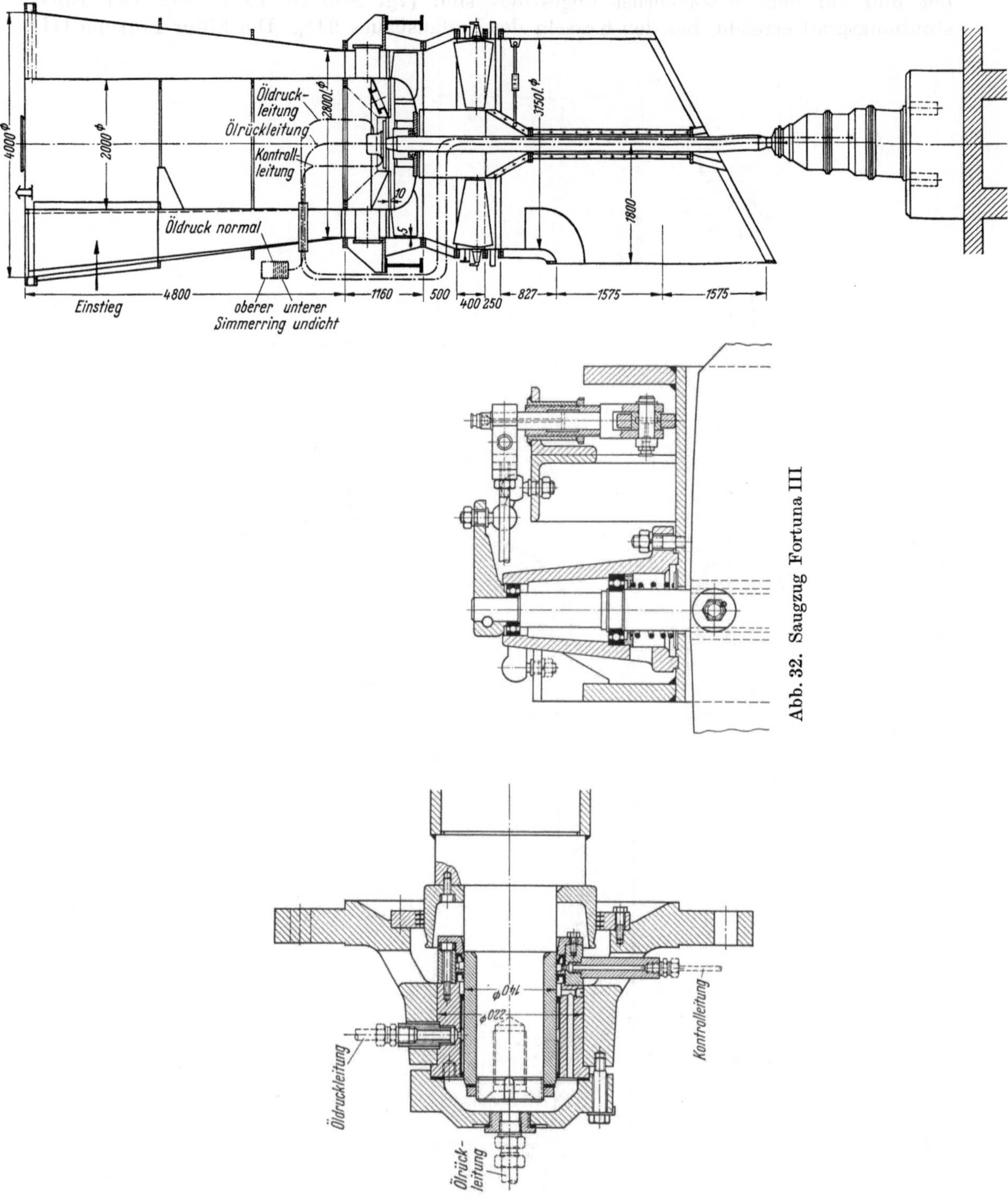

Abb. 32. Saugzug Fortuna III

obersten Geschoß des Schwerbaues zwischen den Diffusoren der Saugzüge untergebracht. In der ersten Ausbaustufe wurden mechanische Gleichrichter, später nur noch Selengleichrichter eingebaut, die sämtlich mit Schützensteuerungen und im Endausbau mit automatischer Regelung auf Spannungshöchstwert ausgerüstet sind. Abb. 33 zeigt einen der über das Kesselhausdach hinausragenden Elektrofilter des Endausbaues Fortuna III.

Die Entaschung sämtlicher Elektrofilter erfolgt pneumatisch (Abb. 34). Die Kompressoren zur Luftförderung sind in beiden Kraftwerken im Kesselhaus aufgestellt.

Abb. 33. Elektrofilter Fortuna III

Abb. 34. Aufgabe der Elektrofilterasche Fortuna III

Sämtliche Zubringer sind als Düsenförderer ausgeführt. Die Förderung erfolgt über die bereits beschriebenen, mit Basalt ausgekleideten Rohrleitungen von Fortuna III direkt, von Fortuna II über eine Zwischenstation zum Ascheturm (Abb. 12 u. 35), von dem aus die Verladung des erzeugten Fortunit-Bindemittels in Lastwagen bzw. in Eisenbahnwaggons erfolgt.

Die Entaschung der Kesselzüge erfolgte 1956 in Fortuna II zum Teil noch von Hand. In Fortuna III sind unter den Feuerraumtrichtern Nachbrennroste vorgesehen, über die die Asche zu Sammelbehältern ausgetragen wird. Im Endausbau soll die Entaschung sämtlicher Kesselzüge naßmechanisch erfolgen.

Abb. 35. Ascheturm und Fortunitanlage

b) Turbinenanlage

Die Abb. 36 bis 38 zeigen in Zusammenstellungen Längsschnitte der in Fortuna aufgestellten Turbinen. In der Nachschaltanlage Fortuna II waren 1957 eine Vorwärm- und 6 Kondensationsturbinen von je 25 bis 90 MW Leistung vorhanden, von denen drei als Ljungström-Maschinen ausgeführt sind (Tabelle 4). Abb. 39 zeigt die Montage einer Ljungström-Nachschaltmaschine mit 43 MW Höchstleistung. Der aus den Radialstufen austretende Dampf durchströmt zweiflutig je 2 Axialstufen, deren Einbau im Bild dargestellt ist. Bemerkenswert ist die 1955 in Betrieb genommene und für eine Durchsatzmenge von 400 t/h ausgelegte 90 MW-Nachschaltturbine (Abb. 40). In den zweiflutigen Niederdruckteil dieser Maschine, deren Mittel-

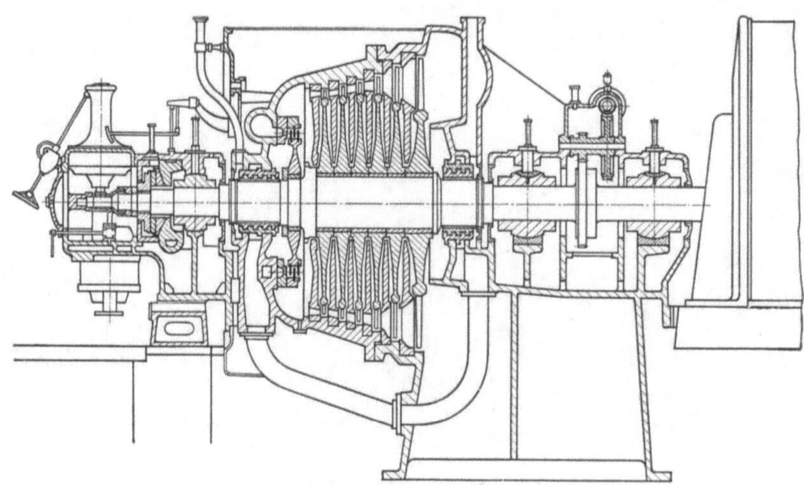

Abb. 36a. Nachschaltturbine 1

und Niederdruckteile bei Wahl eines Eintrittsdruckes von 180 at einer 150 MW-Maschine entsprechen, wurden Endschaufeln von 600 mm Länge verwendet, die ohne Bindung

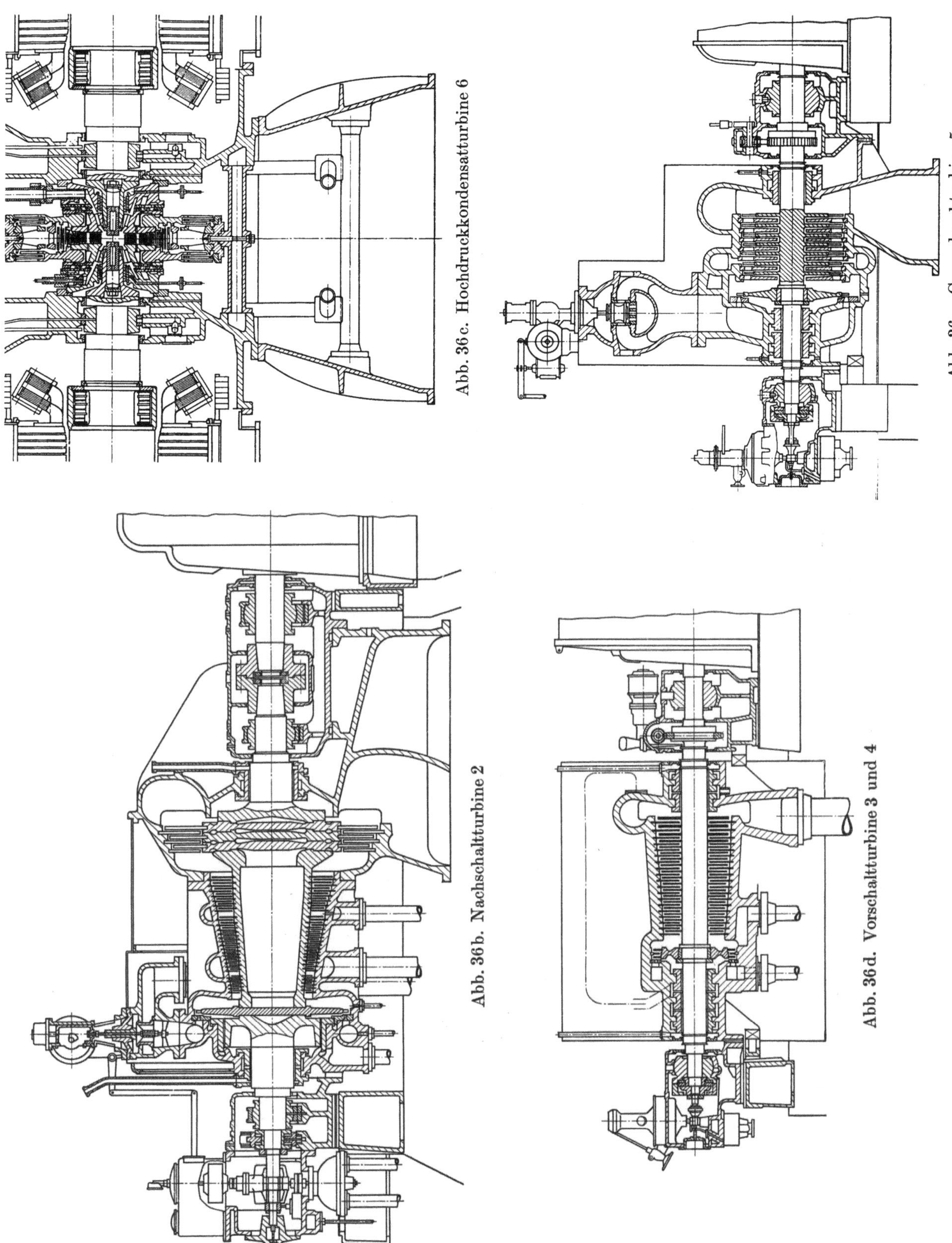

Abb. 36a—e. Längsschnitte der Turbinen Fortuna I

oder Deckband ausgeführt sind. In der Tabelle 4 ist noch eine 90 MW-Kondensationsmaschine angeführt, die mit dem gleichen Niederdruckteil ausgeführt wird und 1960 in Betrieb kommen soll.

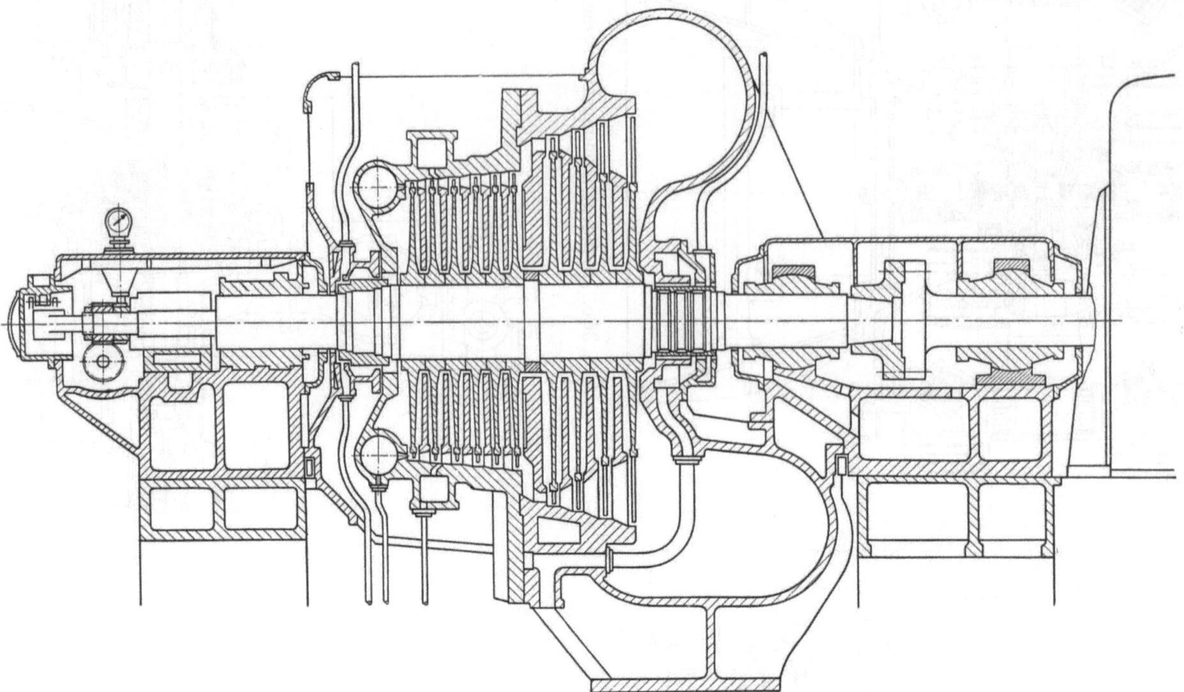

Abb. 37 a. Nachschaltturbine 2

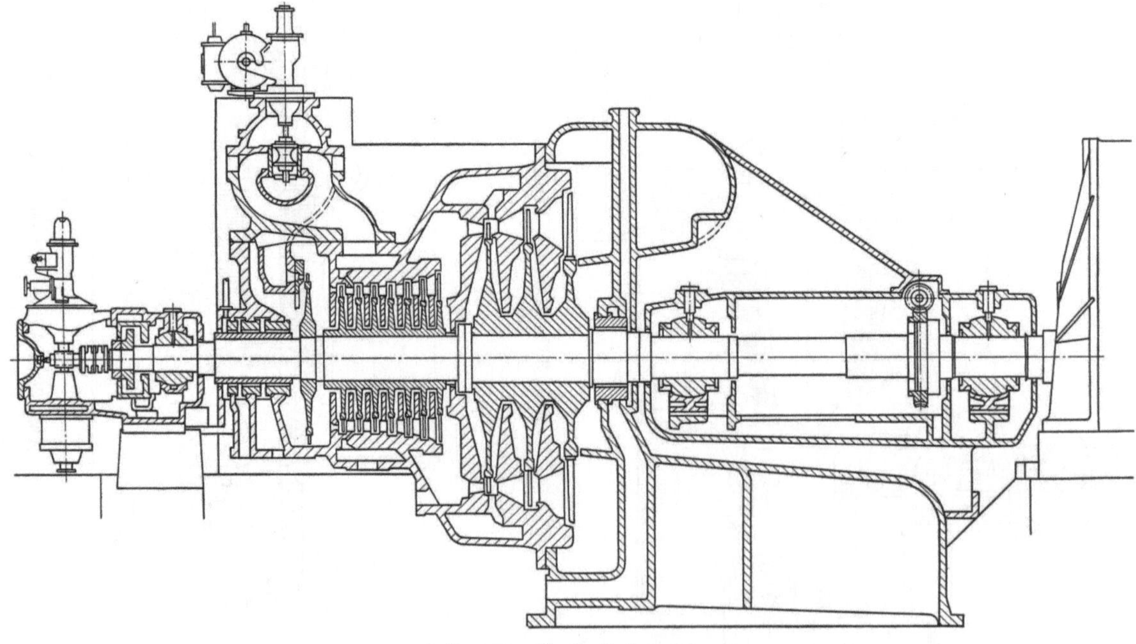

Abb. 37 b. Nachschaltturbine 3

Während die kleineren Nachschaltmaschinen nur einen Dampfstrahlkondensator und eine Niederdruckvorwärmstufe besitzen, die bei 2 Maschinen mit Entnahmedampf aus der Turbine und bei den übrigen vom Abdampf von Hilfsturbinen zum Antrieb von

Kühlwasserpumpen gespeist wird, ist die 90 MW-Maschine mit 4 Vorwärmstufen (einschließlich Dampfstrahlkondensator) und 3 Kondensatkühlern ausgestattet, die in der

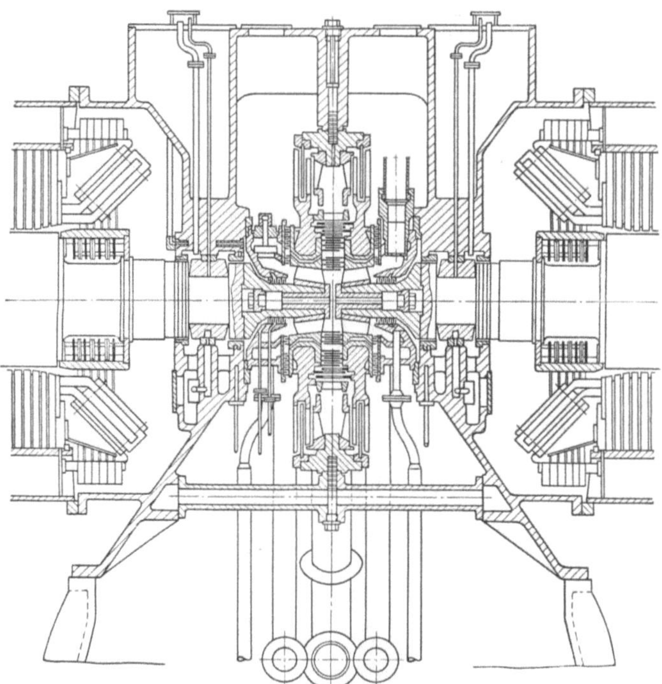

Abb. 37c. Nachschaltturbine 5, 4 und 7

Tabelle 4

Nachschaltanlage Fortuna II

	N 1	N 3	N 4 und 7	N 5	N 6	N 8	Vorw.-Turb.
Baujahr	*	1951	1939	1951	1928	1954	1951
Bauart	Axial 2-geh.	Axial	Ljungström	Ljungström	Thyssen-Röder 2-geh.	Axial-2-geh.	Axial
Nennleistung ... MW	90	31	35	35	25	90	6
Frischdampf ... atü/°C	15/400	14,5/400	14/400	14,5/400	14/400	15,5/470	15/400
Kühlwassereintritts-Temperatur ... °C	20,5	27	27	27	27	20	
Gegendruck ... ata							5
Scheinleistung ... MVA	120	44,3	43	43	42,8	129	8
Spannung ... kV	10,5±5%	10,5	11,7	10,5	6,3	10,5	6,3
cos phi	0,75	0,7	0,7	0,815	0,7	0,775	0,8

* Inbetriebnahme 1960

Tabelle 5. *Turbosätze*

Vorschaltanlage Fortuna II

	V 1 bis 4	V 5
Baujahr	1951	1954
Bauart	Ljungström	Ljungström
Nennleistung ... MW	35	52
Frischdampf ... atü/°C	114/500	115/521
Gegendruck ... ata	19	19
Scheinleistung ... MVA	43	64
Spannung ... kV	10,5	10,5
cos phi	0,815	0,7

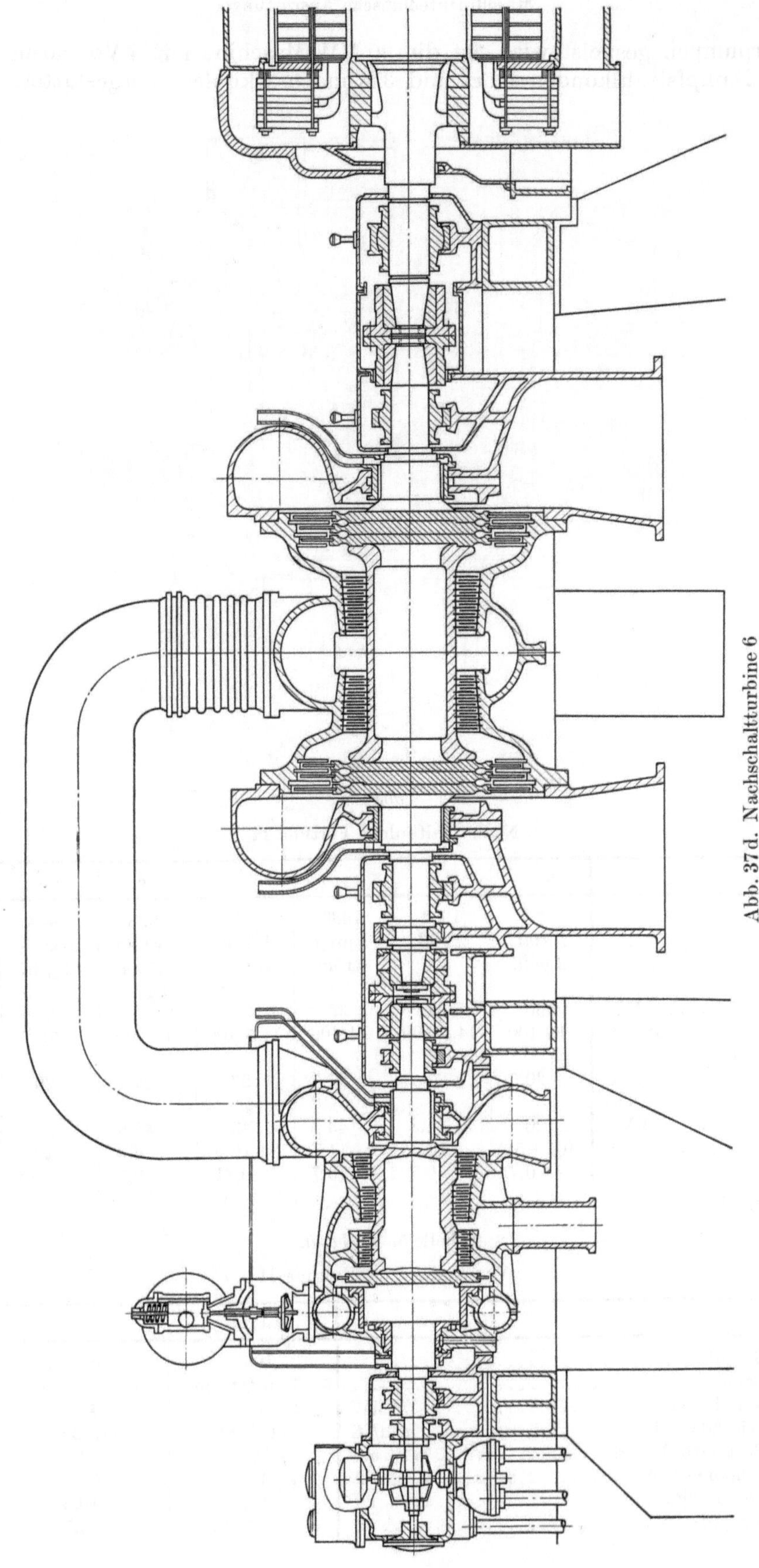

Abb. 37d. Nachschaltturbine 6

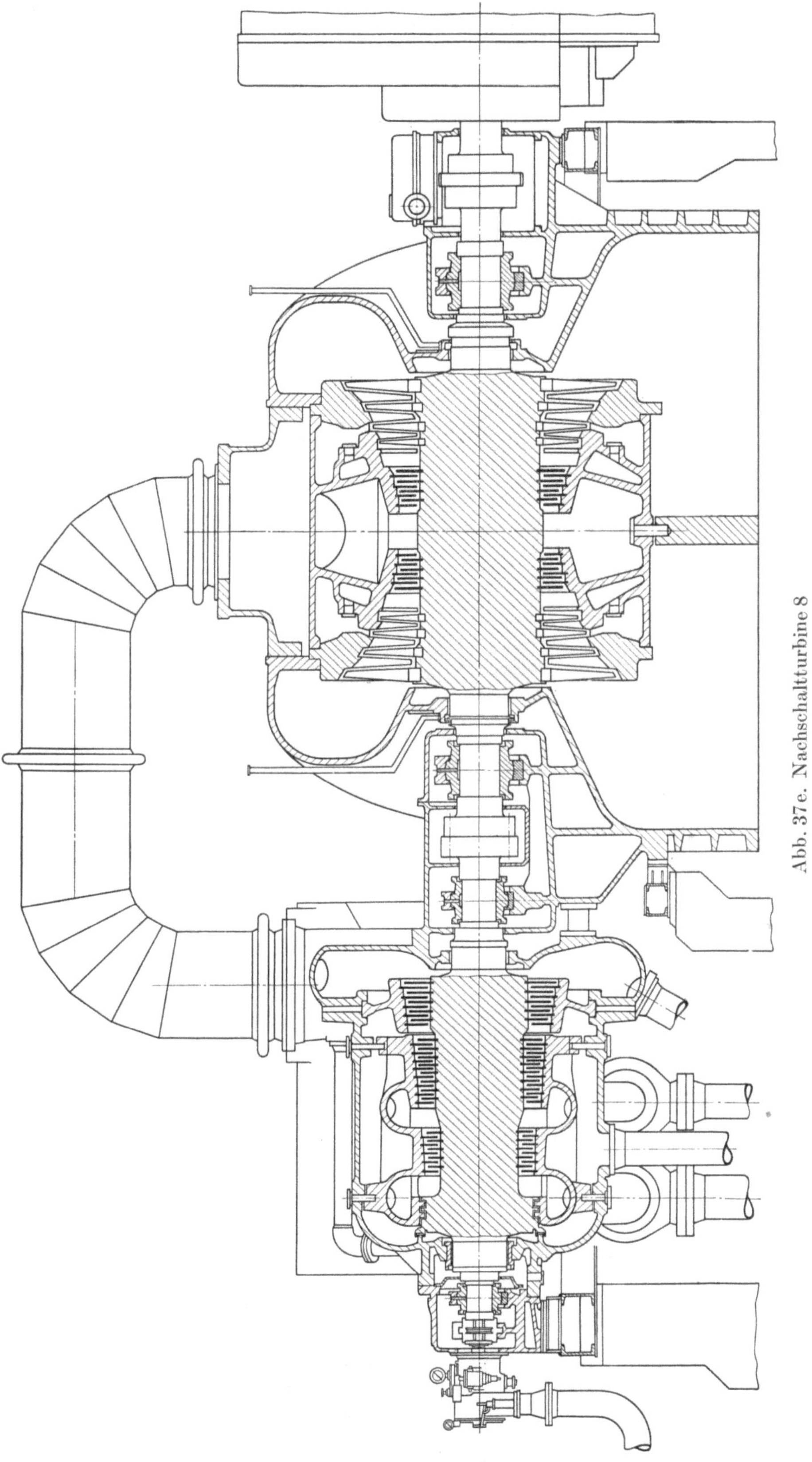

Abb. 37e. Nachschaltturbine 8

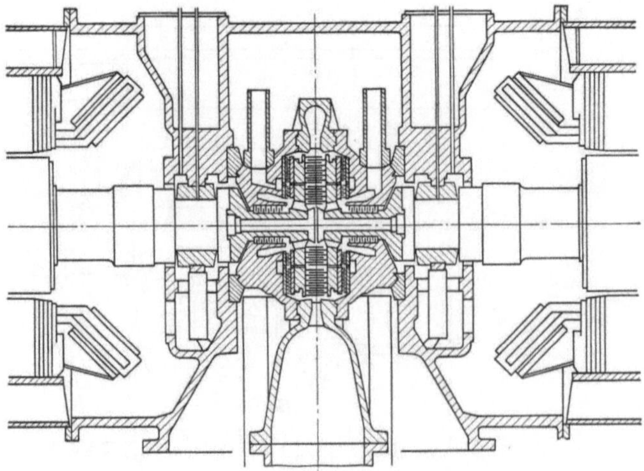

Abb. 37f. Vorschaltturbine 1 bis 4

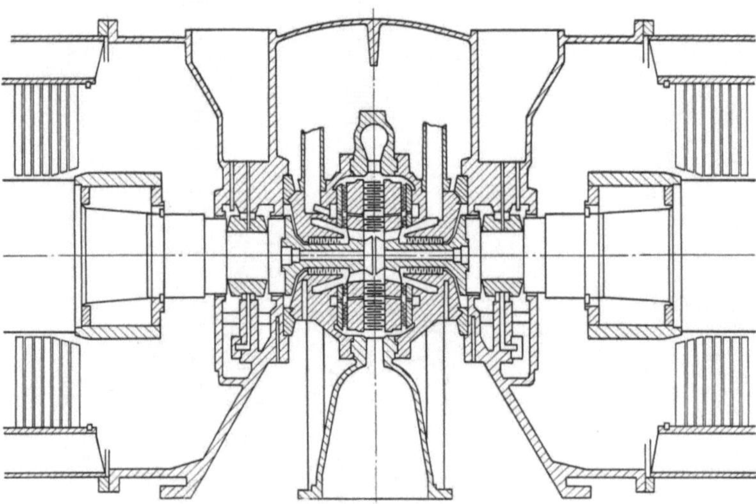

Abb. 37g. Vorschaltturbine 5

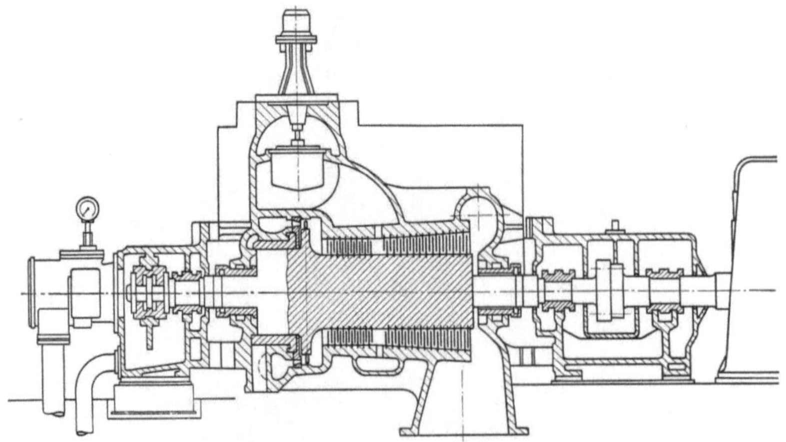

Abb. 37h. Vorwärmeturbine

Abb. 37a—h. Längsschnitt der Turbinen Fortuna II

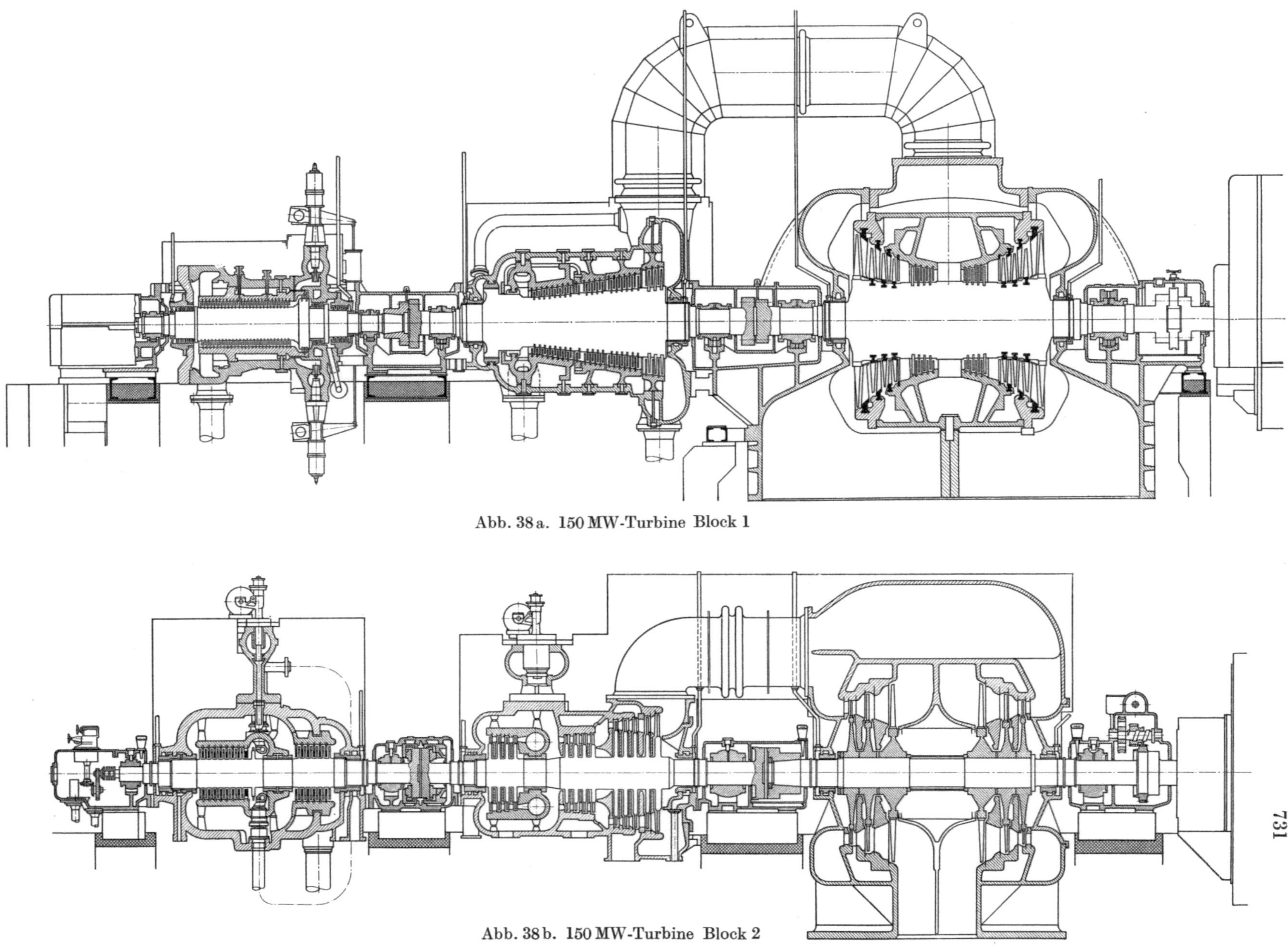

Abb. 38a. 150 MW-Turbine Block 1

Abb. 38b. 150 MW-Turbine Block 2

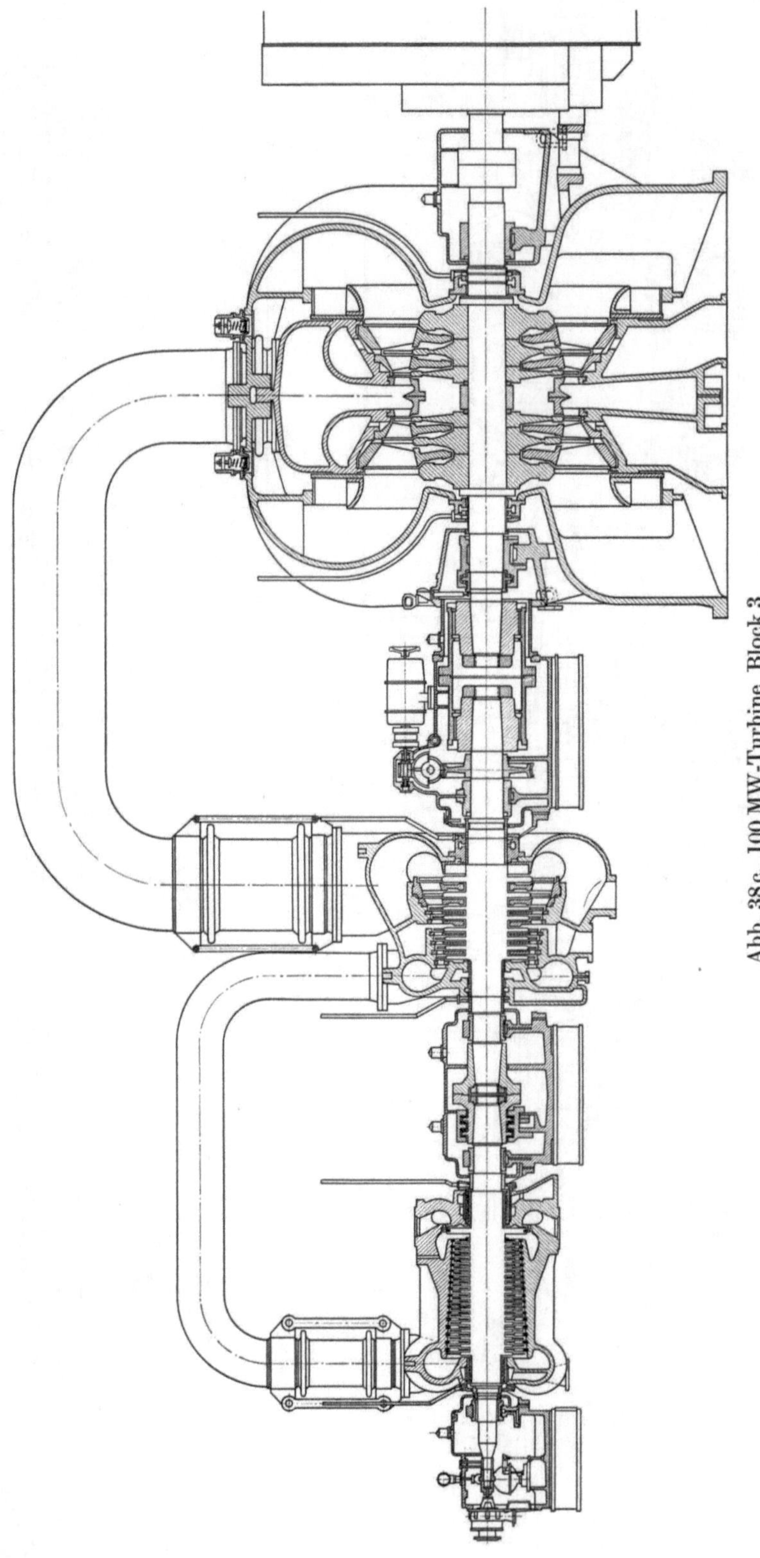

Abb. 38c. 100 MW-Turbine Block 3

Maschinenhausdecke neben dem Turbosatz hängen. Die 90 MW-Maschine ist für eine Kühlwassertemperatur von 21 ° C, die übrigen sind für 27 ° C ausgelegt.

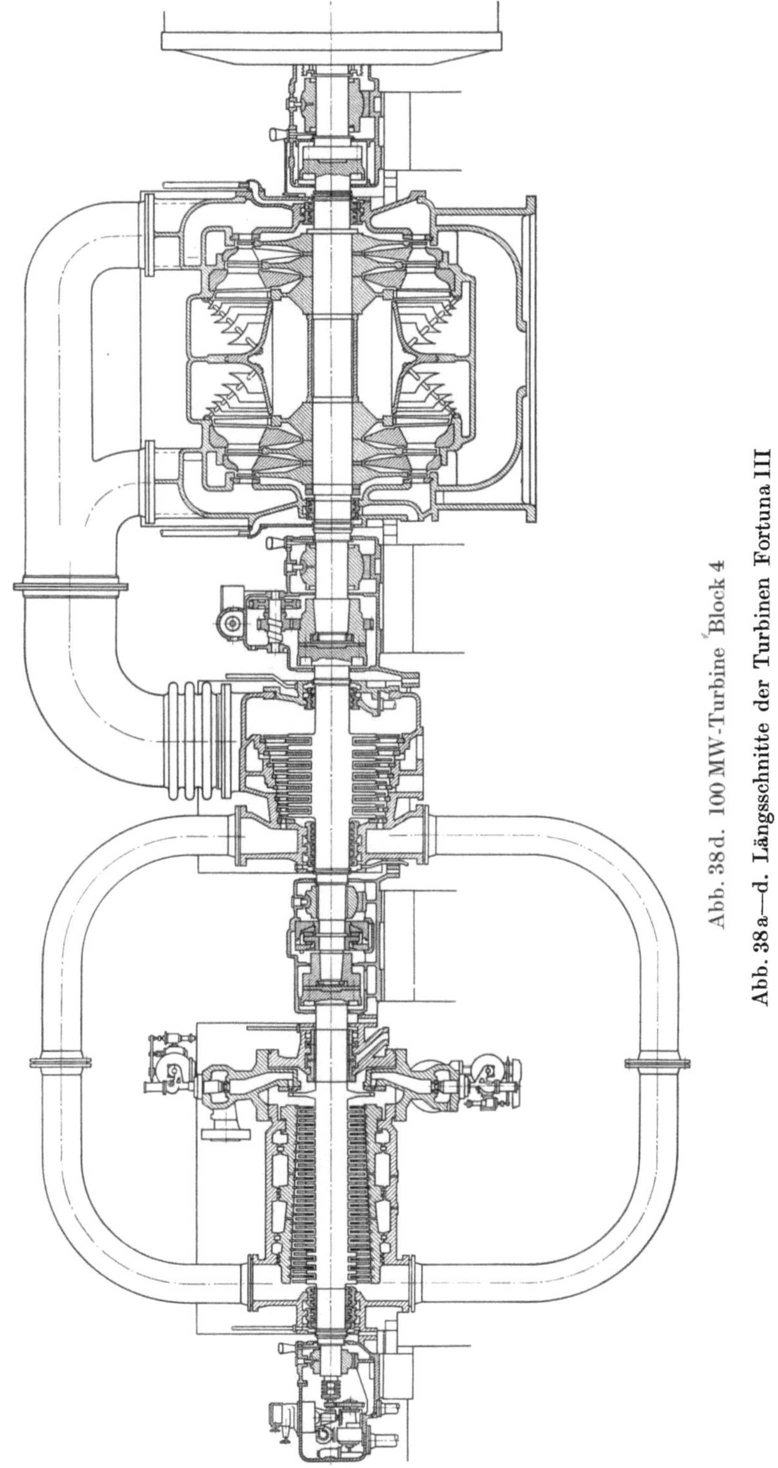

Abb. 38d. 100 MW-Turbine Block 4

Abb. 38a—d. Längsschnitte der Turbinen Fortuna III

Im Vorschaltmaschinenhaus Fortuna II sind 4 Ljungström-Vorschaltmaschinen und eine Axialvorwärmturbine aufgestellt (Tabelle 5) Im Keller sind die zugehörigen Stopfbüchsendampf-Kondensatoren und Kondensatsammler für die gesamte Vorschaltanlage untergebracht. Abb. 41 zeigt die Ansicht einiger 35 MW-Vorschaltturbinen, Abb. 42 den Stufenplan der größten bisher gebauten Ljungström-Vorschaltmaschine mit 52 MW Leistung.

In Fortuna III (Tabelle 6) sind sämtliche Turbosätze in axialer dreigehäusiger Ausführung mit zweiflutigem Niederdruckteil erstellt. Abb. 43 zeigt einen Läufer,

Abb. 39. Montage eines 43 MW-Ljungström-Kondensationsturbosatzes Fortuna II

Abb. 40. 90 MW-Kondensationsturbosatz Fortuna II

Abb. 44 die Ansicht eines der beiden 100 MW-Turbosätze. Bei den Maschinen des Endausbaues tritt zwischenüberhitzter Dampf in das Mitteldruckgehäuse ein. Diese Maschinen werden im Austrittsquerschnitt etwa von dem gleichen Dampfvolumen durch-

Abb. 41. 35 MW-Vorschaltturbinen Fortuna II

strömt wie die 90 MW-Nachschaltturbine in Fortuna II. Der Niederdruckteil der Turbine I, die Abb. 45 in Montage zeigt, wurde daher mit den gleichen Endschaufeln von

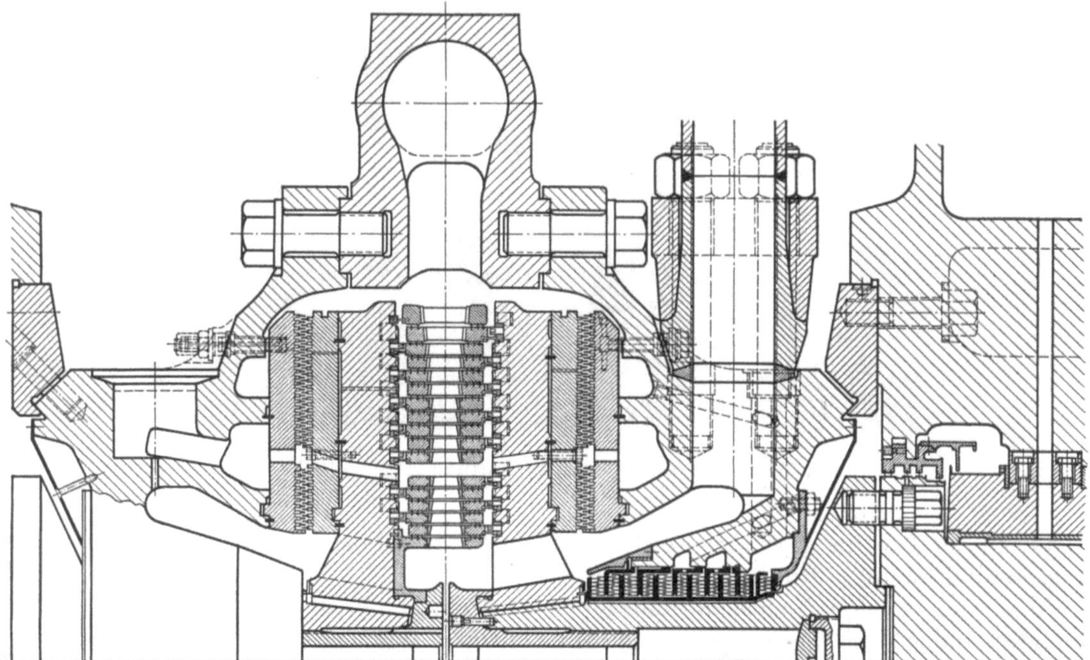

Abb. 42. Stufenplan 52 MW-Vorschaltturbine Fortuna II

600 mm Länge ausgeführt. Der Hochdruckteil liegt in einem Topfgehäuse. In allen drei Gehäusen wird durch besondere, im Außengehäuse wärmeelastisch aufgehängte Leitschaufelträger eine besonders gute Wärmebeweglichkeit aller Teile erreicht, ohne daß

sich ihre Symmetrie zueinander ändert. Die Steuerung dieser Turbosätze und der Kondensator sind so ausgelegt, daß der Block beliebig lang in Leerlauf gefahren und die vorübergehend in Überschuß im Kessel erzeugte Dampfmenge im Kondensator niedergeschlagen werden kann. Abb. 46 zeigt die Arbeitsweise der zwischen Zwischenüberhitzer und Kondensator geschalteten Überproduktions- und Absperrventile, die vom

Abb. 43. 100 MW-Turbine Fortuna III, geöffnet

Ölsystem der Turbine gesteuert werden. Die Turbosätze Fortuna III sind für eine Kühlwassereintrittstemperatur von 21° C ausgelegt.

Während bei den Nachschaltmaschinen Fortuna II der Bestpunkt bei 70 bis 80% der Maximallast liegt, wurden die 150 MW-Turbosätze für Bestpunkt bei Vollast ausgelegt. Die Erzeugung des Vakuums erfolgt bei allen Turbosätzen durch Dampfstrahler, die durch das 17 at-Sammelnetz des gesamten Werkes auch bei Stillstand eines Blockes mit Dampf versorgt werden können.

Im Nachschaltmaschinenhaus Fortuna II sind jeder Turbine 2 Vollastkondensatpumpen zugeordnet, die bei 4 Turbosätzen durch Dampfturbinen und bei drei durch

Elektromotoren angetrieben werden (vgl. Abb. 5). Die Kühlwasserpumpen stehen mit waagerechter Welle auf Kellerflur und saugen aus den Kühlbecken, deren Wasserspiegel

Abb. 44. 100 MW-Turbosatz Fortuna III

Abb. 45. 150 MW-Turbine Fortuna III in Montage

Tabelle 6
Turbogeneratoren Fortuna III

	1	2	3	4
Baujahr	1955	1955	1954	1954
Bauart	3 Gehäuse axial mit Zwischenüberhitzung		3 Gehäuse axial	
Nennleistung MW	150	150	100	100
Frischdampf atü/°C	180/525	180/525	109/525	109/525
Anzahl der Anzapfungen	7	7	5	5
Kühlwassereintrittstemperatur °C	21	21	21	21
Scheinleistung MVA	214	214	143	143
Spannung kV	10,5	10,5	10,5	10,5
cos phi	0,7	0,7	0,7	0,7

etwa 2 m tiefer liegt. In Fortuna III sind jedem Kondensator 2 Vollastkondensatpumpen und 2 Kühlwasserpumpen, die für je etwa 60% der Vollastleistung ausgelegt sind, zugeordnet alle mit elektrischem Antrieb. Die Kühlwasserpumpen sind mit senkrechter

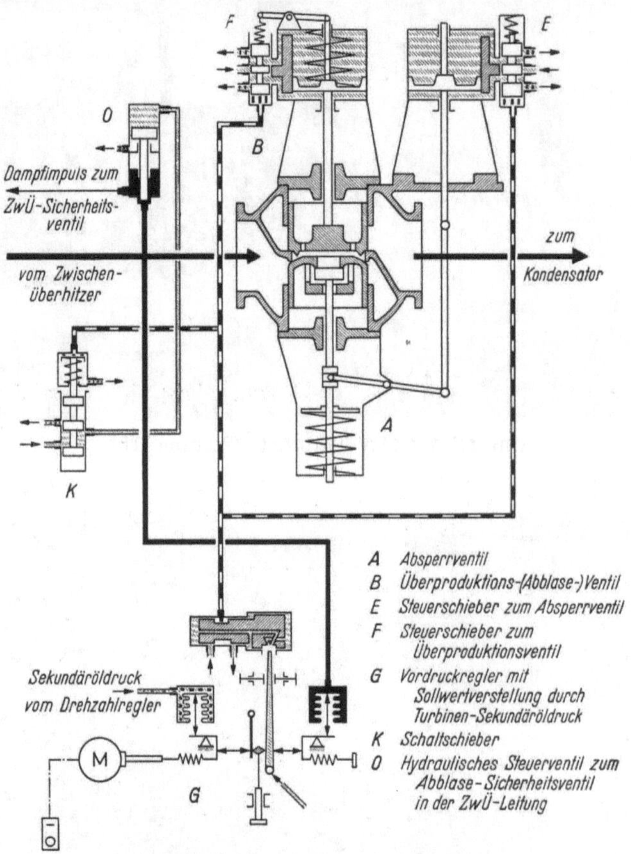

Abb. 46. Arbeitsschema der Bypaßarmaturen Block 1, Fortuna III

Welle ausgeführt und so tief im Keller aufgestellt, daß ihnen das Kühlwasser aus dem zu jeder Maschine führenden Stichkanal zuläuft (Abb. 18 und 19). Die Kondensatpumpen des ersten Ausbaues sind mit waagerechter, des zweiten Ausbaues mit senkrechter Welle ausgeführt und unterhalb des Maschinenfundamentes angeordnet. Bei den Turbosätzen Fortuna III sind je 3 Hilfsölpumpen (je einmal mit Drehstrom-, Gleichstrom- und Dampfantrieb) vorhanden, ferner bei dem 150 MW-Turbosatz I eine Druckölpumpe zum Anheben der Lager beim An- und Abfahren des Turbosatzes.

c) Vorwärmer- und Speisepumpenanlagen

Die gesamte installierte Verdampferleistung beträgt in Fortuna II 2 × 50, in Fortuna III 2 × 10, gesamt also 120 t/h, das sind 3,3% der gesamten installierten Dampfleistung von 3620 t/h. Ein Ausgleich der Lastschwankungen ist durch die bereits beschriebenen 4 Reservekondensatbehälter möglich, die unter einem Dampfpolster von 0,4 atü maximal 1000 m³ Reinkondensat zu speichern vermögen. Die Verdampfer in Fortuna II wurden mit Zykloneinbauten (Abb. 47) zur Reinigung des Dampfes versehen, dessen Destillat nach Entfernung der durch Spaltung gebildeten Kohlensäure eine Reinheit erreicht, die mit den optimalen in Vollentsalzungsanlagen erreichbaren Werten vergleichbar ist.

Abb. 48 zeigt die Speisewasserbehälter in Fortuna II. Die Größe der Behälter war in Fortuna III durch die räumlichen Verhältnisse begrenzt. Sie wurde mit 80 m³ Inhalt festgelegt, entsprechend einem

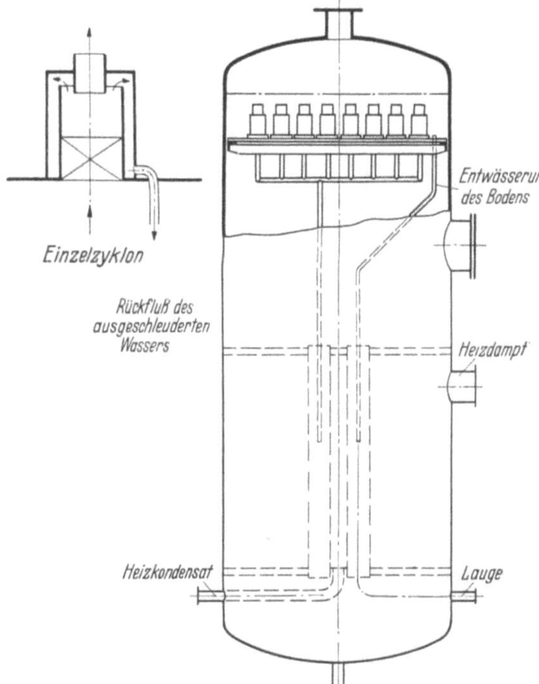

Abb. 47. Verdampfer mit Zykloneinbauten, Fortuna II

Abb. 48. Speisewasserbehälter und Entgaser Fortuna II

Abb. 49. Hochdruckvorwärmer Fortuna III

Maximalvorrat für rund 13 Minuten im ersten Ausbau bzw. für etwa 11 Minuten im zweiten Ausbau, bezogen auf Vollast. Die Vorwärmer des 90 MW-Nachschaltturbosatzes und die in Abb. 49 dargestellten Hochdruckvorwärmer der Blockmaschinen Fortuna III sind senkrecht in eine Bühne eingehängt, so daß die Ablaufarmaturen vom Bedienungsflur aus zugänglich sind. Jeder Hochdruckvorwärmer ist mit einem Niveauwächter ausgestattet, der bei Rohrbrüchen oder Versagen der Ablaufregler ein Signal in der Warte gibt. Wenn der Wasserstand trotzdem weitersteigt, lösen weiter oben angebrachte weitere Niveauregler, die auch in den Niederdruckvorwärmern vorgesehen sind, den Schnellschluß der Turbine aus. Auf Enthitzer wurde mit Rücksicht auf den niedrigen Wärmepreis der Braunkohle verzichtet. Den Hochdruckvorwärmern wurde jedoch in einem getrennten

Abb. 50. Vorwärmblock *i*, Fortuna III

Apparat ein Kondensatkühler nachgeschaltet. Abb. 50 zeigt eine Gesamtansicht eines Vorwärmblockes Fortuna III mit Speicher, Entgaser und Speisepumpe.

In Fortuna II sind in einem Nebentrakt des Vorschaltmaschinenhauses (vgl. Abb. 15 u. 16) 7 Speisepumpen aufgestellt, die für eine Fördermenge von je 400 t/h und eine Förderhöhe von 150 atü ausgelegt wurden. Das Speisewasser fließt den Pumpen aus den oberhalb des Pumpenhauses angeordneten Hochdruckspeichern zu. Vier Pumpen sind mit Dampfturbinen und drei mit elektrischem Antrieb versehen. Die Antriebsleistung jeder Pumpe beträgt 2650 kW. Die Pumpen stehen auf Heizerstandhöhe auf Betonfundamenten, die Ölbehälter und Ringlaufkühler sind unter Flur angeordnet. Abb. 51 zeigt eine Turbospeisepumpe mit den Anschlüssen an die Speisewassersammelleitungen, Abb. 52 eine Schnittzeichnung durch die Pumpe.

Abb. 51. Turbospeispumpe mit Anschlußleitungen, Fortuna II

In Fortuna III kamen je Block 3 Halblastspeisepumpen mit einer Fördermenge von je 225 t/h und elektrischem Antrieb zur Aufstellung. Die Fördermenge konnte für die 100- und 150 MW-Blöcke gleich groß gewählt werden, weil bei den Durchlaufkesseln des Endausbaues eine Überdimensionierung der Speisepumpenförderleistung nicht erforder-

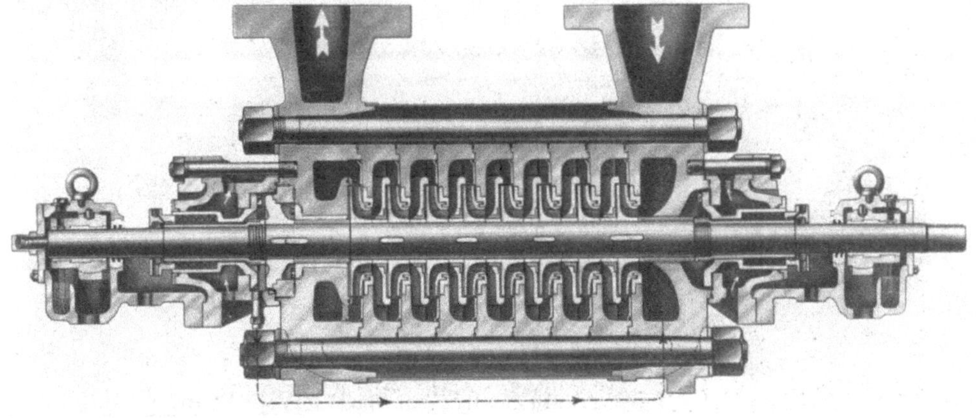

Abb. 52. Speisepumpe Fortuna II, Schnitt

lich ist. Der Enddruck dieser Pumpen beträgt im ersten Ausbau bei Vollast 152 atü bei 2900 U/min und im zweiten 260 atü bei 4700 U/min Drehzahl. Die Antriebsleistung

Abb. 53. Speisepumpengruppe 100 MW-Block, Fortuna III

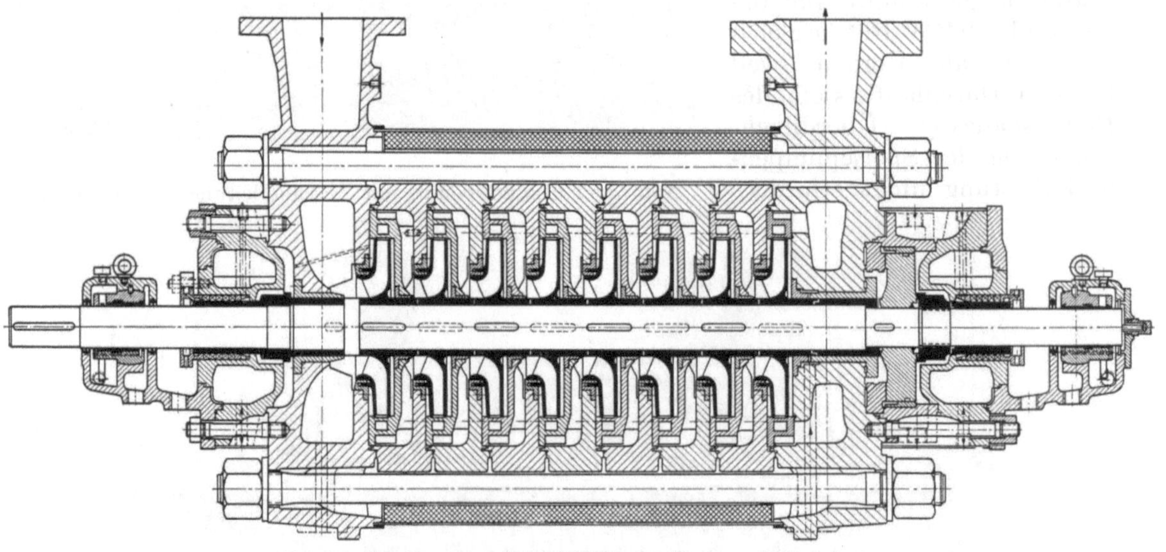

Abb. 54. Speisepumpe 150 MW-Block, Fortuna III, Schnitt

beträgt 1550 (erster Ausbau) bzw. 2650 (zweiter Ausbau) kW je Pumpe. Leider stand zum Einbau von regelbaren Getrieben auf +0,0 m kein Platz zur Verfügung, so daß für den Anfahrbetrieb zur Schonung der Speiseregler im 2. Ausbau dem Druckschieber der Pumpe eine Drosselstrecke zur Herabsetzung des hohen Pumpenenddruckes parallel geschaltet werden mußte. Sämtliche Speisepumpen werden in Fortuna III durch Elektromotoren angetrieben und stehen auf Kellerflur mit einer Zulaufhöhe von nur 6 m aus den unmittelbar

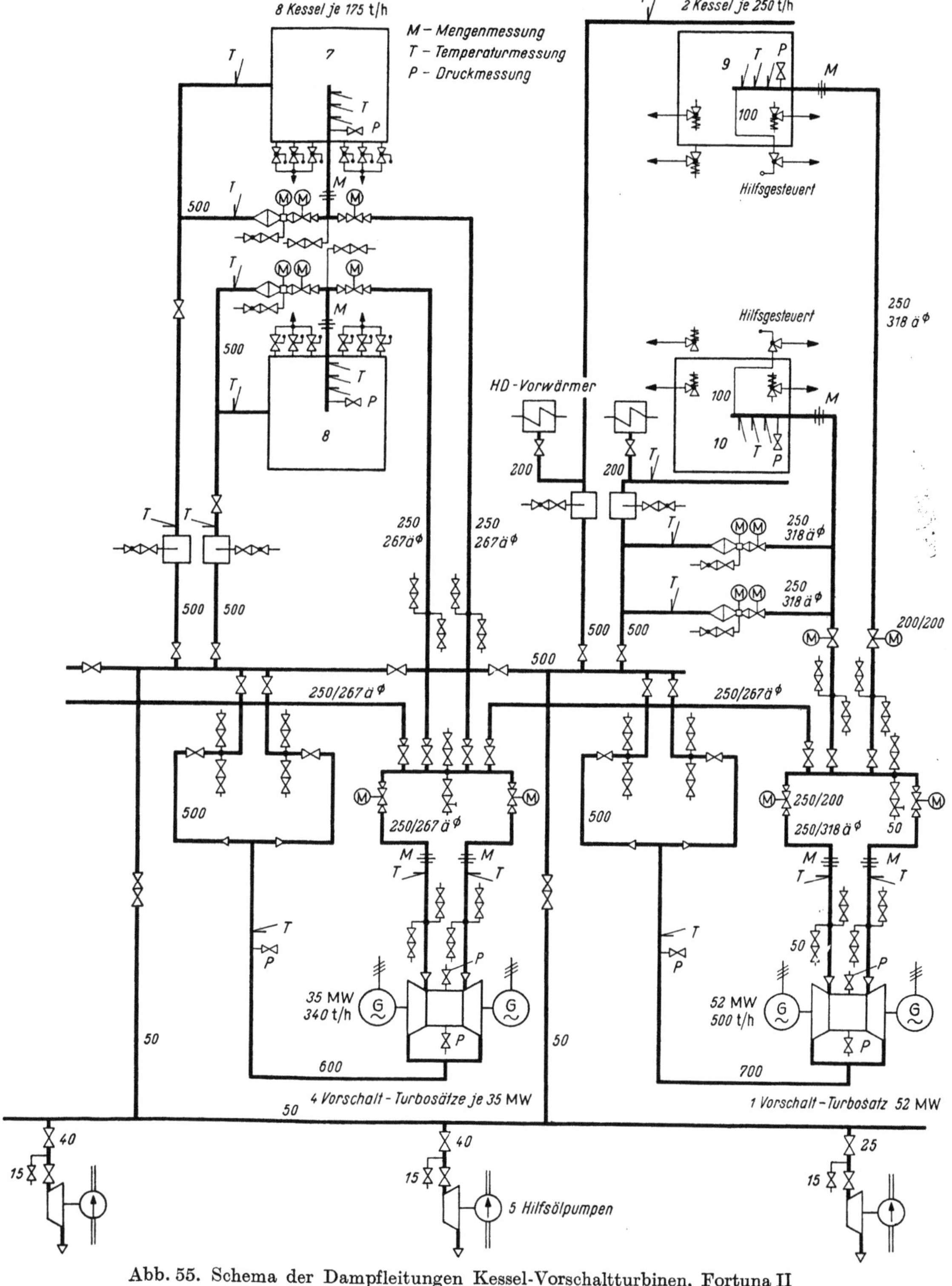

Abb. 55. Schema der Dampfleitungen Kessel-Vorschaltturbinen, Fortuna II

darüber angeordneten, mit Schwebeentgasung arbeitenden Hochdruckspeichern. Im ersten Ausbau fließt das Speisewasser direkt den Hochdruckpumpen zu, im zweiten Ausbau war mit Rücksicht auf den hohen Enddruck die Zwischenschaltung je einer Vorpumpe erforderlich, die von dem gleichen Elektromotor angetrieben wird und auf einen Zwischendruck von etwa 30 atü arbeitet. Die Ringlaufkühler und die Ölkühler sind in Fortuna III im Keller des Maschinenhauses untergebracht. Abb. 53 zeigt die elektrisch angetriebenen Speisepumpen eines Blockes des ersten Ausbaues Fortuna III, Abb. 54 die Schnittzeichnung. Die Pumpen sind durchweg aus chromlegiertem Material hergestellt.

d) Die verbindenden Rohrleitungen

Wie das Schema Abb. 55 zeigt, ist Fortuna II als Sammelschienenkraftwerk mit Ringleitungen für die heiße und kalte Schiene der Zwischenüberhitzer ausgeführt. Jede Vorschaltturbine erhält den Frischdampf über 2 Anschlüsse von einem Sammler,

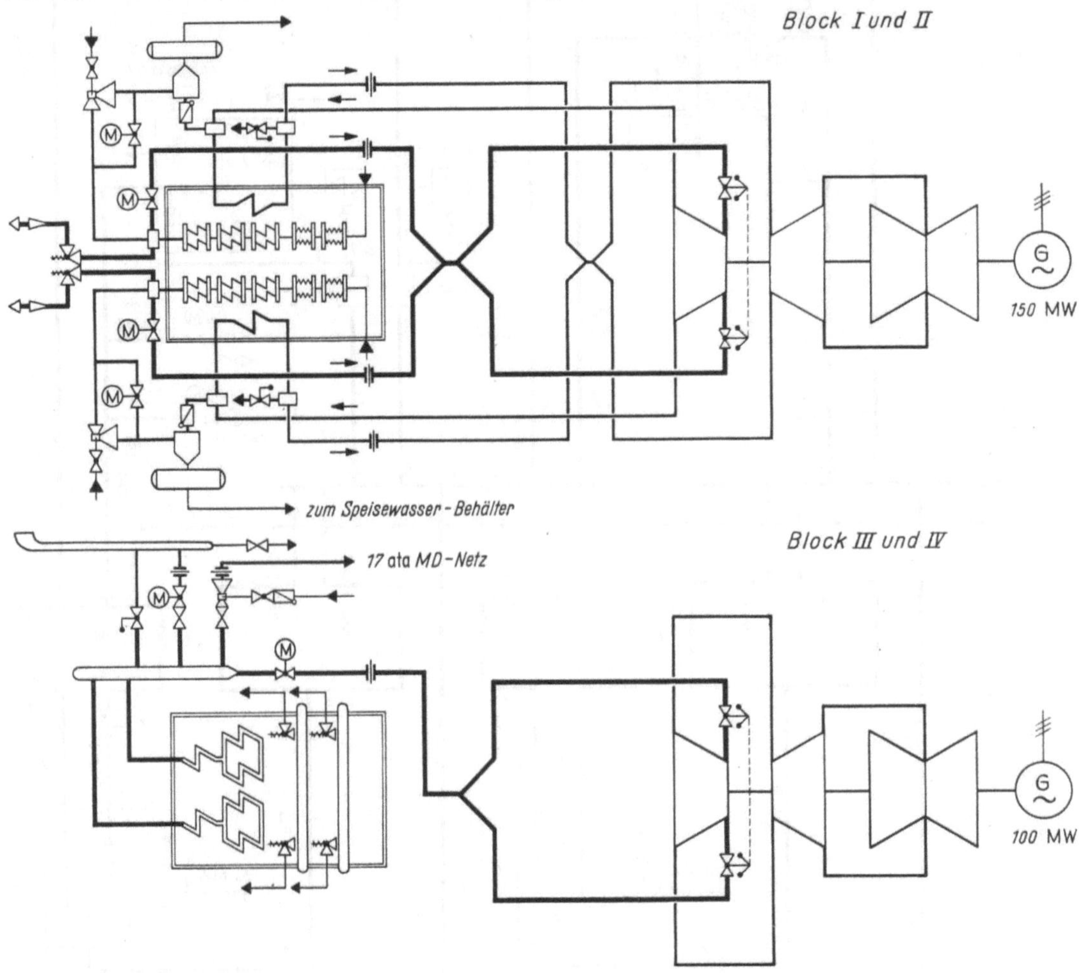

Abb. 56. Schema der Hochdruck- und Zwischenüberhitzer-Dampfleitungen, Fortuna III

der mit je einer Leitung von 2 Kesseln gespeist wird und 2 Verbindungsleitungen zu je einem Sammler einer Nachbarmaschine besitzt. Jeder Teil der Ringleitungen kann durch 2 Absperrschieber abgetrennt und nach dem Prinzip einer neutralen Zone drucklos gemacht werden, ohne daß der Betrieb der übrigen Anlagen beeinträchtigt wird. Die Mitteldruckdampfleitungen zum Nachschalthaus sind ebenfalls als 2 Doppelsammelschienen

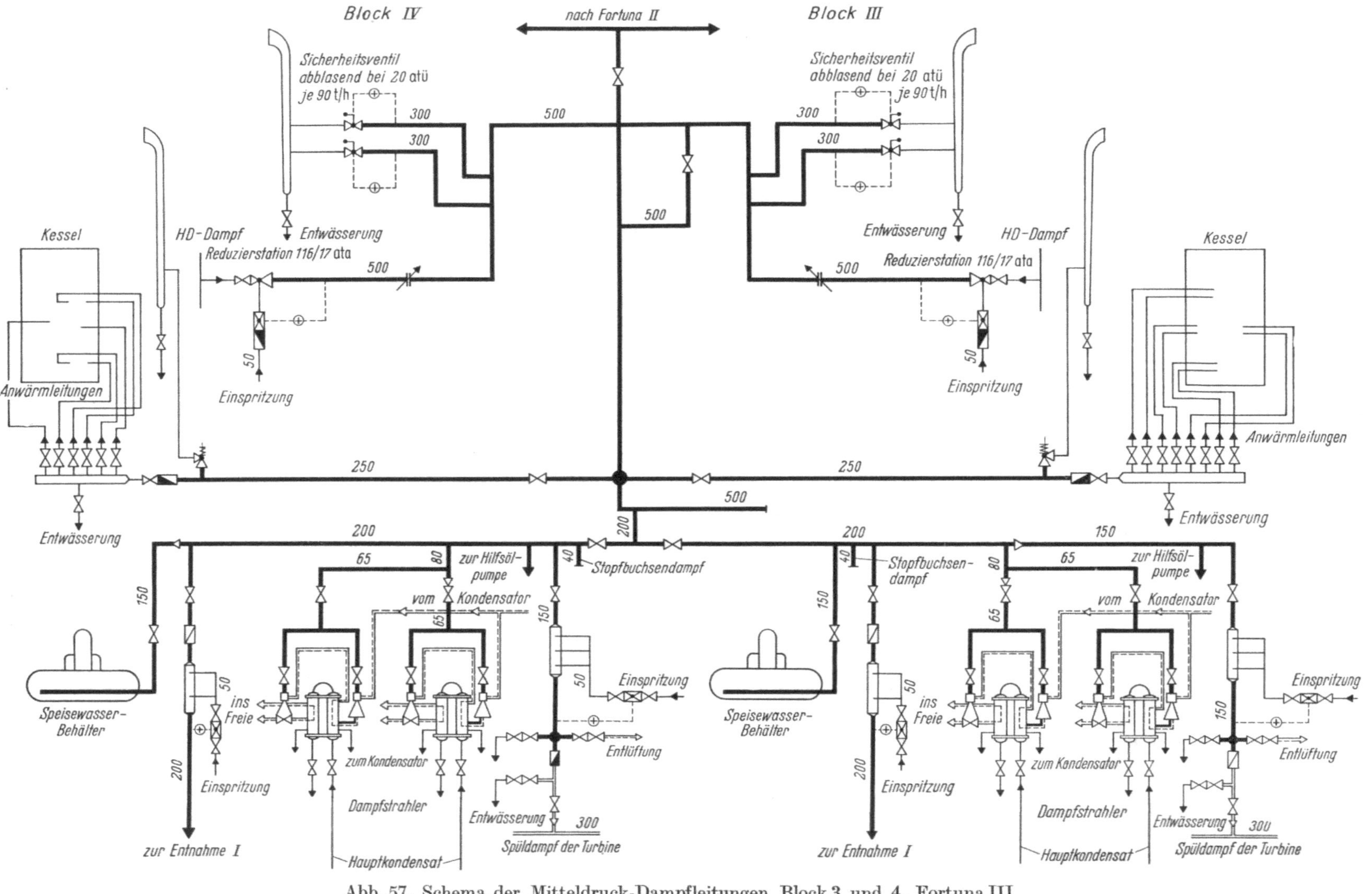

Abb. 57. Schema der Mitteldruck-Dampfleitungen Block 3 und 4, Fortuna III

von 700 bzw. 600 NW ausgeführt, die durch Stichleitungen von den Zwischenüberhitzern von je 4 Kesseln gespeist werden. Jede Nachschaltturbine kann an jedem der beiden Sammelstränge angeschlossen werden. Die 90 MW-Nachschaltmaschine, die im Normalbetrieb Dampf von höherer Temperatur erhält als die übrigen Kondensations-

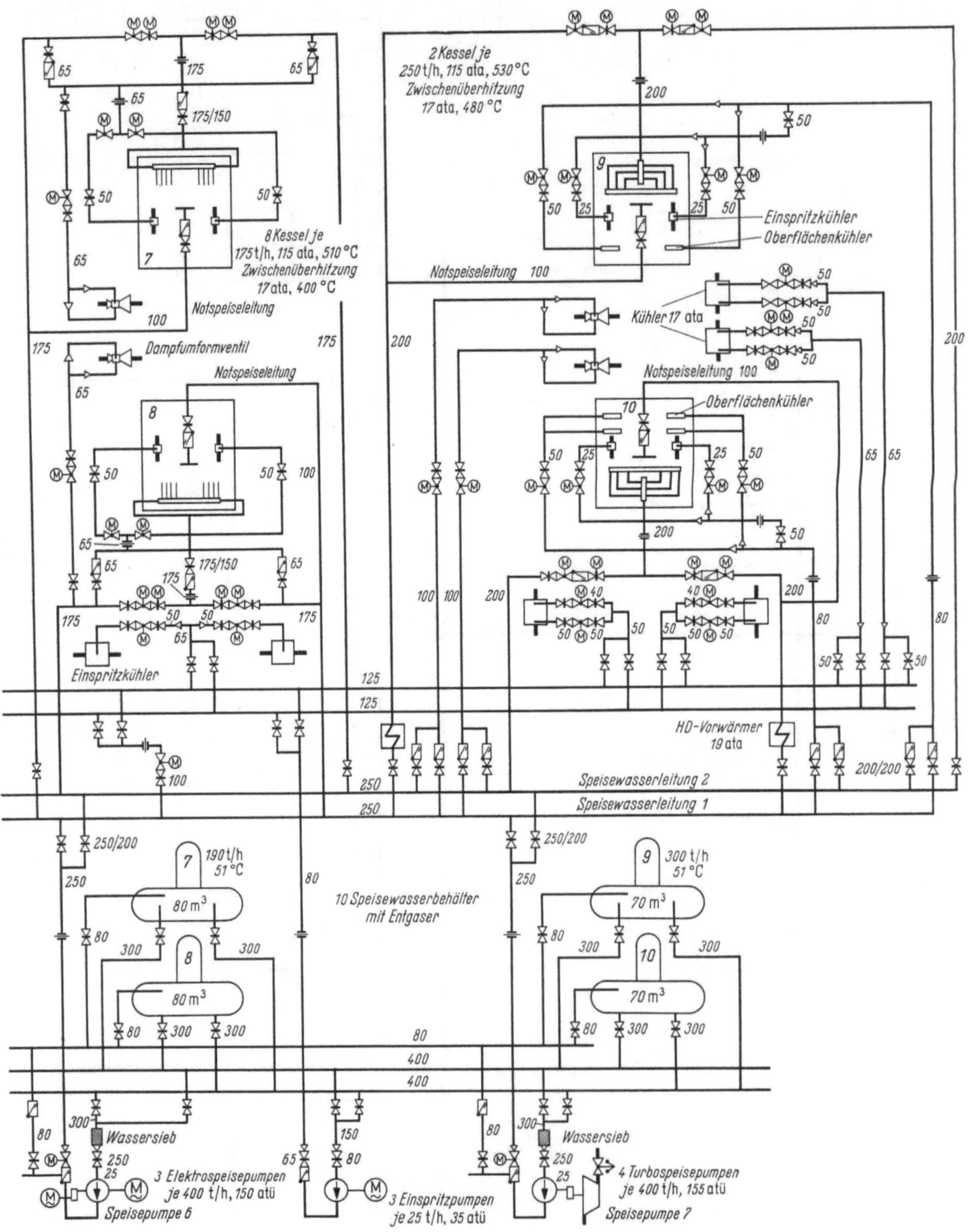

Abb. 58. Schema der Speiseleitungen Fortuna II

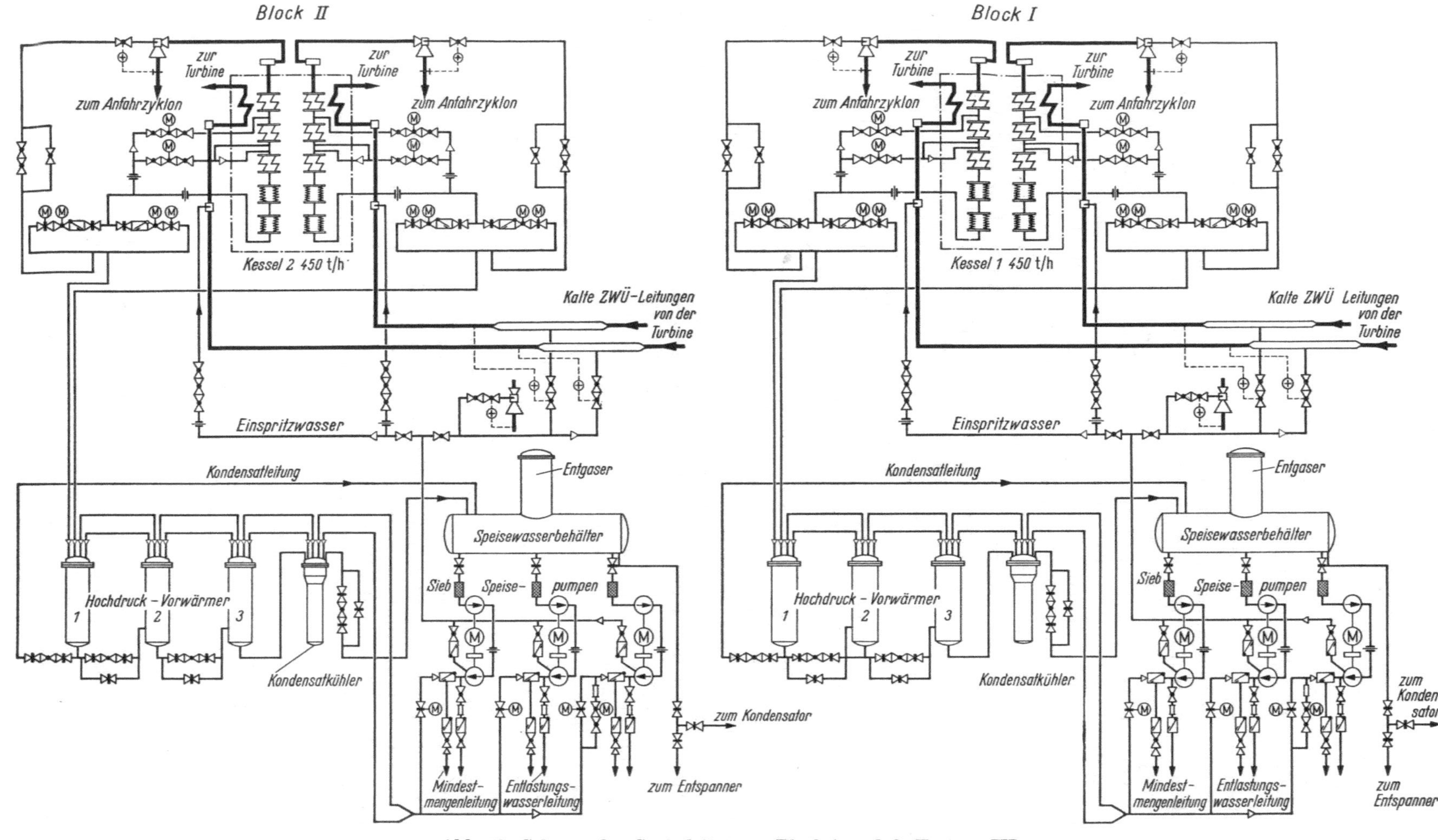

Abb. 59. Schema der Speiseleitungen Block 1 und 2, Fortuna III

turbinen, ist durch zwei getrennte Leitungen 600 NW mit den Zwischenüberhitzern der Kessel 9 und 10 verbunden.

Das 17 ata/410° C-Netz verbindet — wie bereits erwähnt — als Ringleitung die Kraftwerke Fortuna II und III und dient als Hilfsnetz für die gesamte Anlage. Die Niederdrucknetze zur Dampfversorgung der Entgaser und Vorwärmer sind als Einfachsammelschienen ausgeführt und durch Trennschieber in einzelne Abschnitte unterteilt. Die Hauptabmessungen der Rohrleitungen sind in den Schemata vermerkt.

Das Sammelschienenprinzip wurde beim Blockkraftwerk Fortuna III verlassen. Dieses Kraftwerk wurde mit einem erheblich geringeren Aufwand an Rohrleitungen und Armaturen erstellt, so daß große Einsparungen an Kosten für Armaturen und Rohrleitungen und an Raum zu ihrer Unterbringung möglich wurden. Das Schema der Hochdruck-Dampfleitungen in Fortuna III ist Abb. 56 zu entnehmen. Während bei den für 120 ata/530° C und je 360 t/h Durchsatz ausgelegten Blocks 3 und 4 je eine einzige Frischdampfleitung von 300 NW vom Kessel zur Turbine verwendet wurde, die sich erst knapp vor dem Turbineneintritt in zwei Leitungen aufgabelt, wurden bei den Blocks 1 und 2 des Endausbaues, die für 185 ata/520° C Frischdampfzustand und je 450 t/h Durchsatz ausgelegt sind, je zwei Hoch- und Mitteldruckleitungen zwischen Kessel und Turbine verlegt. In den heißen, zur Turbine führenden Leitungen sind zum Ausgleich von Temperaturschwankungen, die durch eine ungleichmäßige Beheizung im Kessel auftreten können, Mischstrecken eingeschaltet. Abb. 57 veranschaulicht die blockeigenen Mitteldrucknetze zur Eigenversorgung der Blocks 3 und 4 Fortuna III und ihre Verbindung mit der Hilfssammelschiene Fortuna II.

Die Speiseleitungen wurden in Fortuna II (Schema Abb. 58) ebenfalls als Doppelsammelschienen verlegt. In Fortuna III wurde die Speiseleitung bei Block 3 und 4 als Einfachsammelschiene von 250 NW ausgeführt, die sich beim Eintritt in den Kessel auf 2 Armaturengruppen zur Speisewasserregelung, die je für die volle Leistung ausgelegt sind, aufgabelt. Zwischen den Blocks 3 und 4 sind Querverbindungen bei den Speiseleitungen und den Hochdruck-Dampfleitungen vorhanden, um jeden Kessel auf den Turbosatz des Nachbarblockes oder auf beide Turbosätze fahren zu können, die dann mit etwa Halblast betrieben werden. Bei den Blocks 1 und 2 (Abb. 59) wurden zwei Speiseleitungen 200 NW zu jedem Kessel benötigt, die ohne Absperrschieber parallel geschaltet wurden, da die Vorwärmeranlage aus Raumgründen in jeder Stufe nur aus einem Apparat besteht und ein Fahren mit nur einer Speiseleitung daher Trennschieber vor und hinter jedem Vorwärmer erfordert hätte. Für jedes der beiden Kesselsysteme sind zwei für die Vollast jedes Systems, also für Halblast des Kessels, ausgelegte Speiseregelgruppen — gesamt also vier je Kessel — vorhanden. Bei den Blocks 1 und 2 konnten — wie bereits erwähnt — keine Querverbindungen zwischen den Kesseln auf der Dampfseite vorgesehen werden, da der Zwischendruck jedes Blockes lastabhängig schwankt und nicht den Anfahr- und Betriebsbedingungen einer zweiten, auf den gleichen Kessel geschalteten Maschine angepaßt werden kann.

Für die Rohrleitungen im Endausbau Fortuna III fanden folgende Werkstoffe Verwendung:

Frischdampfleitungen (über ND 320)	13 CrMo 44
Entnahme I (ND 100)	15 Mo 3
Speisewasserdruckleitung und Einspritzleitung (ND 320/400/200)	St 45.8
Kalte Leitung vor Zwischenüberhitzung hinter Einspritzung (ND 64)	St 35.8
Kondensatdruckleitung (ND 16)	St 35.29
Kühlwasserleitungen (ND 10)	St 00.29

In Fortuna III wurden fast sämtliche Hochdruck-Armaturen eingeschweißt. Die Aufnahme einer senkrecht durch mehrere Bühnen geführten Auspuffleitung im Kesselhaus Fortuna III zeigt (Abb. 60), welche Kompensationsprobleme auch bei sonst als nebensächlich behandelten Rohrleitungen in Kraftwerken solcher Größe auftreten können.

Abb. 61 zeigt ein Schema der Haupt- und Reservekondensatleitungen in Fortuna III vom Kondensator über Pumpen, Polizeifilter, Dampfstrahler und Niederdruckvorwärmer bis zum Speisewasserbehälter. Über Verbindungsleitungen mit den Kaltkondensatspeichern kann Zusatzspeisewasser mittels automatischer Regler direkt in den Hotwell des Kondensators zugesetzt oder überschüssiges, z. B. beim Anfahren des Kessels anfallendes Wasser hinter den Kondensatpumpen nach außen abgegeben werden.

Abb. 60. Senkrechte Auspuffleitung der Kesselsicherheitsventile, Fortuna III

Abb. 62 veranschaulicht ein Schema der Kühlwasserleitungen für Block 1 und 2. Eine gemeinsame Leitung von 600 NW führt das Zusatzwasser für beide Blocks vom Permutithaus zum Kraftwerk und verteilt es auf die dargestellten Kühler im Maschinenhaus und auf die Motoren und Kohlemühlen, während Druckerhöhungspumpen die hochgelegenen Verbraucher versorgen. Zwischen diesem Netz und dem Kühlwasserversorgungssystem der Kondensatoren bestehen Verbindungen, die zwischen Druckstutzen und Rückschlagklappe der Kondensatorkühlwasserpumpen abzweigen und nach beiden Seiten durch Rückschlagklappen abgesichert sind. Die Ölkühler werden im Normalbetrieb vom Kühlturmkreislaufwasser beaufschlagt. Bei Ausfall der Zusatzwasserversorgung öffnet sich automatisch eine Rückschlagklappe und ermöglicht eine Versorgung sämtlicher Kühlwasserverbraucher durch die Kühlwasserpumpen des Turbinenkondensators.

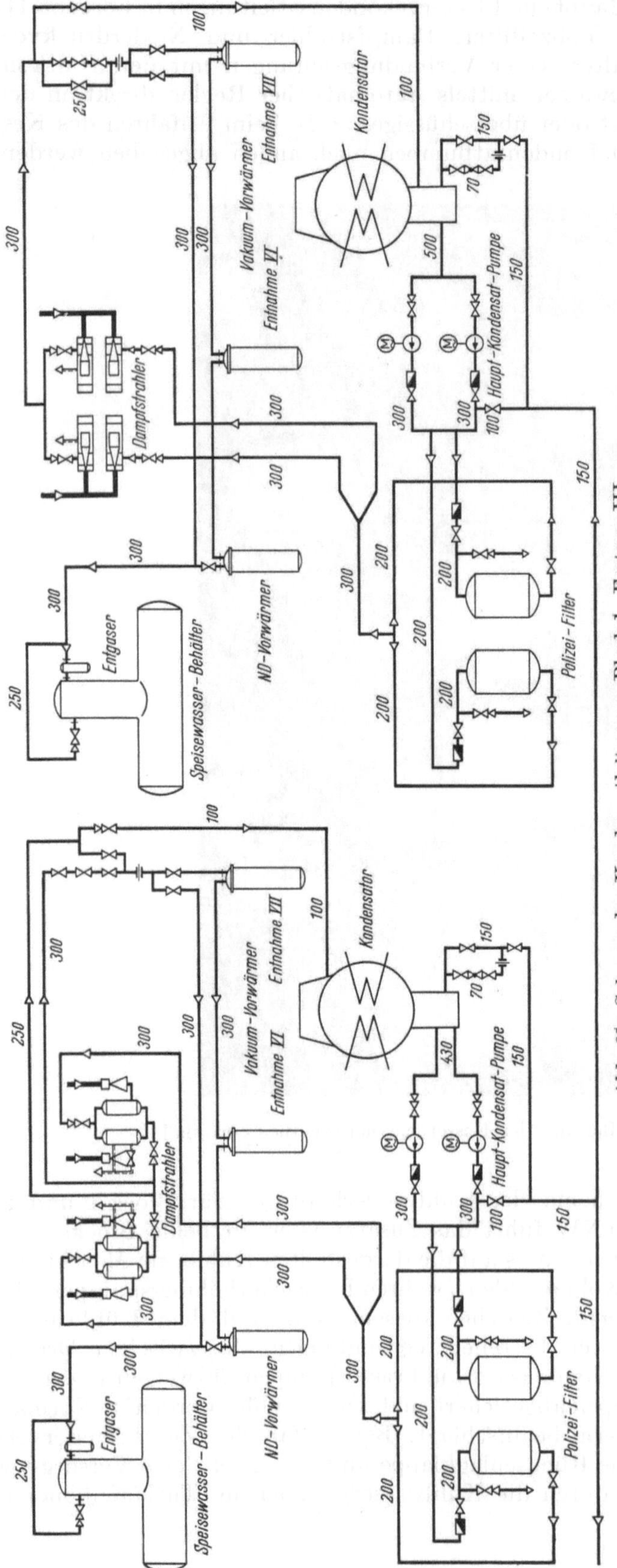

Abb. 61. Schema der Kondensatleitungen Block 1, Fortuna III

Abb. 63 zeigt ein Schema der Entwässerungen und Entlüftungen für die beiden 150 MW-Blocks, das im wesentlichen die Entwässerungs- und Entlüftungsarmaturen der Benson-Kessel und Turbosätze enthält. Sämtliche drucklosen Entwässerungen werden in einem im Schema nicht dargestellten Kondensatsammelbehälter zusammengeführt, das anfallende Kondensat kann in die Anlage zurückgepumpt werden. Die Entwässerungen der verschiedenen Druckstufen sind bei der Turbine voneinander getrennt in den Kondensator, beim Kessel und den Rohrleitungen meist ins Freie geführt, um Kurzschlüsse beim Anfahren und Abstellen zu vermeiden.

Die Abb. 64 bis 67 zeigen einige interessante Einzelheiten über die konstruktive Gestaltung der Rohrleitungen. In Abb. 64 ist die Aufstellung der beiden Kühlwasserpumpen neben dem Kondensator einer 150 MW-Maschine ersichtlich. Beide Pumpen stehen im Keller. Das Wasser läuft ihnen aus dem dargestellten Betonkanal unmittelbar zu. Die Motoren stehen über Flur in einem solchen Abstand vom Kondensator, daß ein Öffnen des Deckels und Auswechseln der Rohre möglich ist. In der Druckleitung jeder Pumpe sind eine sich zweiflügelig öffnende Schmetterlingsrückschlagklappe und ein Absperrdrehklappenschieber hintereinandergeschaltet. Der Wärmebeweglichkeit des Kondensators ist durch Linsen am Druckstutzen und in den beiderseits nach unten geführten Warmwasserablaufleitungen, die sich unter Flur zu einer gemeinsamen Druckleitung vereinigen, Rechnung getragen.

Abb. 65 zeigt die für Blockanlagen charakteristische zu

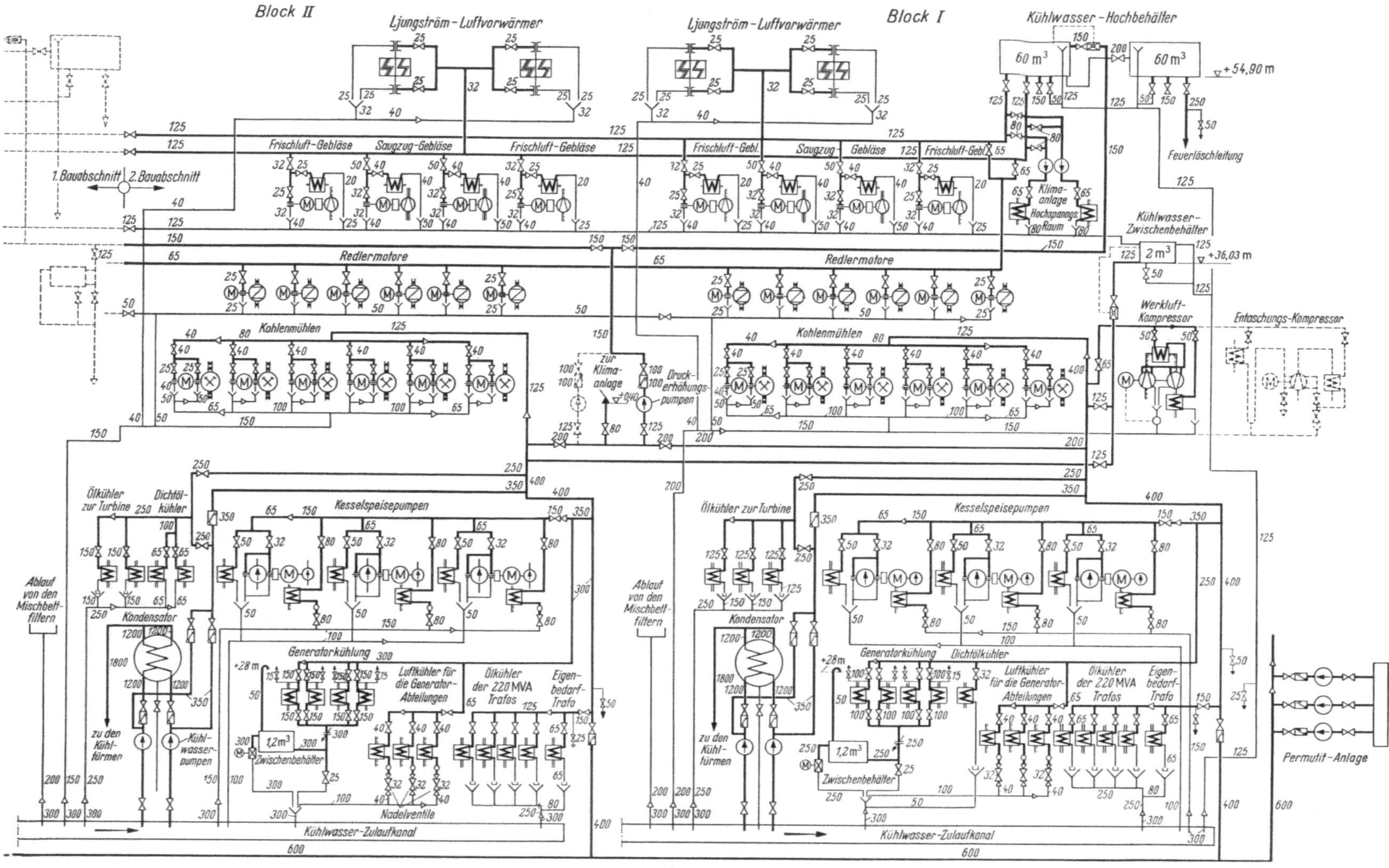

Abb. 62. Schema der Kühlwasserleitungen Block 1 und 2, Fortuna III

einer Gruppe zusammengefaßte Anordnung der Speisepumpen, Hochdruckvorwärmer und des Speisewasserbehälters. Speicher und Hochdruckvorwärmer sind auf einer Zwischenbühne +6,6 m abgestützt. Die Saugleitungen zu den unmittelbar unter dem Speicher stehenden Vorpumpen sind mit Kompensation verlegt; in die Überströmleitungen von den

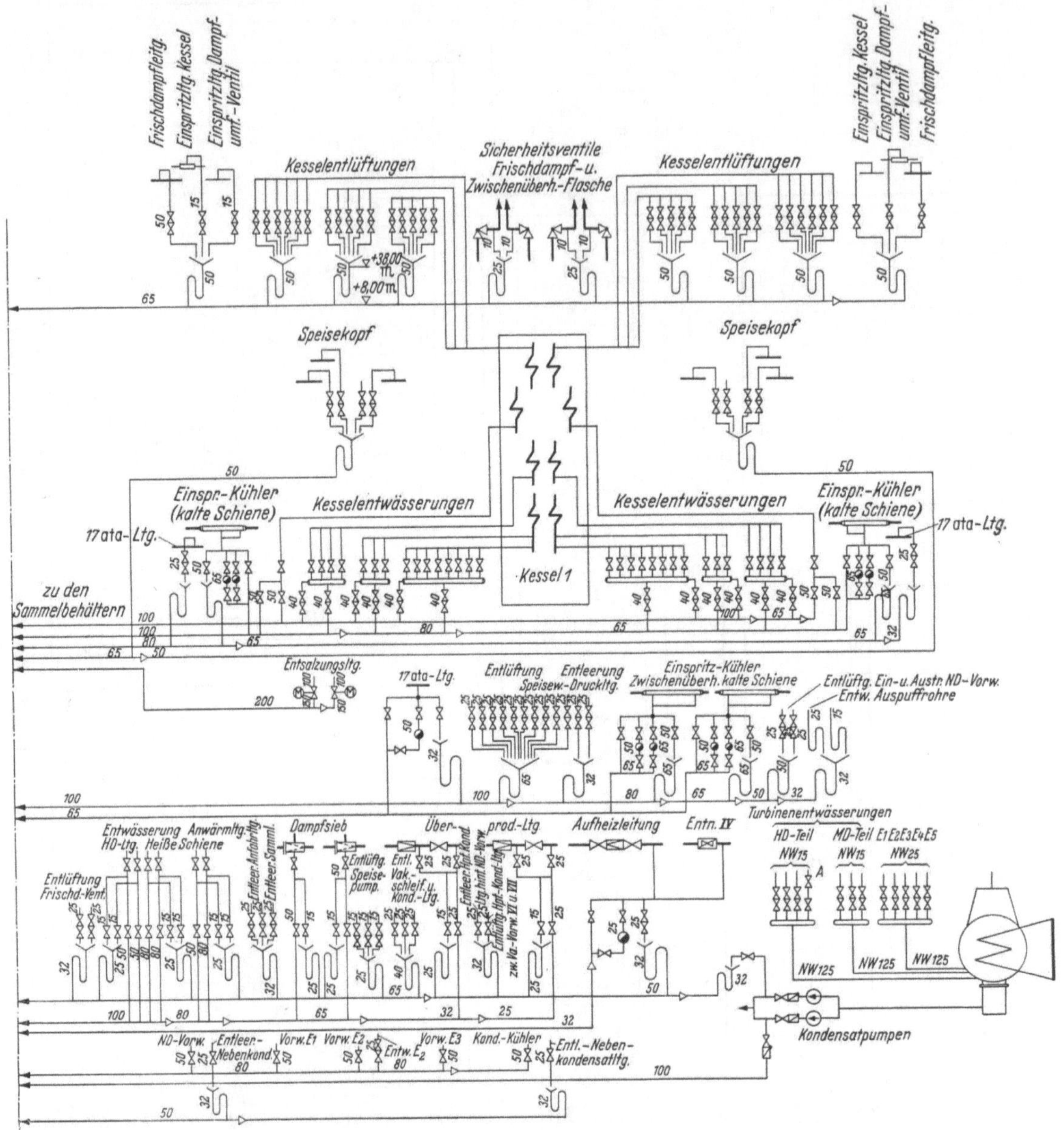

Abb. 63. Schema der Entwässerungen und Entlüftungen, Block 1/2, Fortuna III

Vor- zu den Hauptpumpen, die beiderseits an den Elektromotor angeschlossen sind, sind Mengenmeßblenden eingebaut. Die Druckleitungen sind ebenfalls mit Kompensation verlegt und unterhalb der Bühne +6,6 m zu einer Sammelleitung zusammengefaßt, so daß die Flursäulen der elektrisch betätigten Kesselabsperrschieber ebenfalls von dieser Bühne aus zugänglich sind. Vor den Vorwärmern gabelt sich diese Leitung dann in 2 Parallelstränge auf, so daß jeder der 3 Hochdruckvorwärmer einschließlich des in einem getrennten Apparat untergebrachten Kondensatkühlers mit je 2 Zu- und Ablaufstutzen ausgeführt werden mußte. In die Bühne ist auch der Niederdruckvorwärmer der Stufe 5 stehend eingehängt, während die beiden Vakuumvorwärmer in dieser Zeichnung nicht dargestellt sind und beiderseits des Abdampfstutzens über dem Kondensator liegen. Die

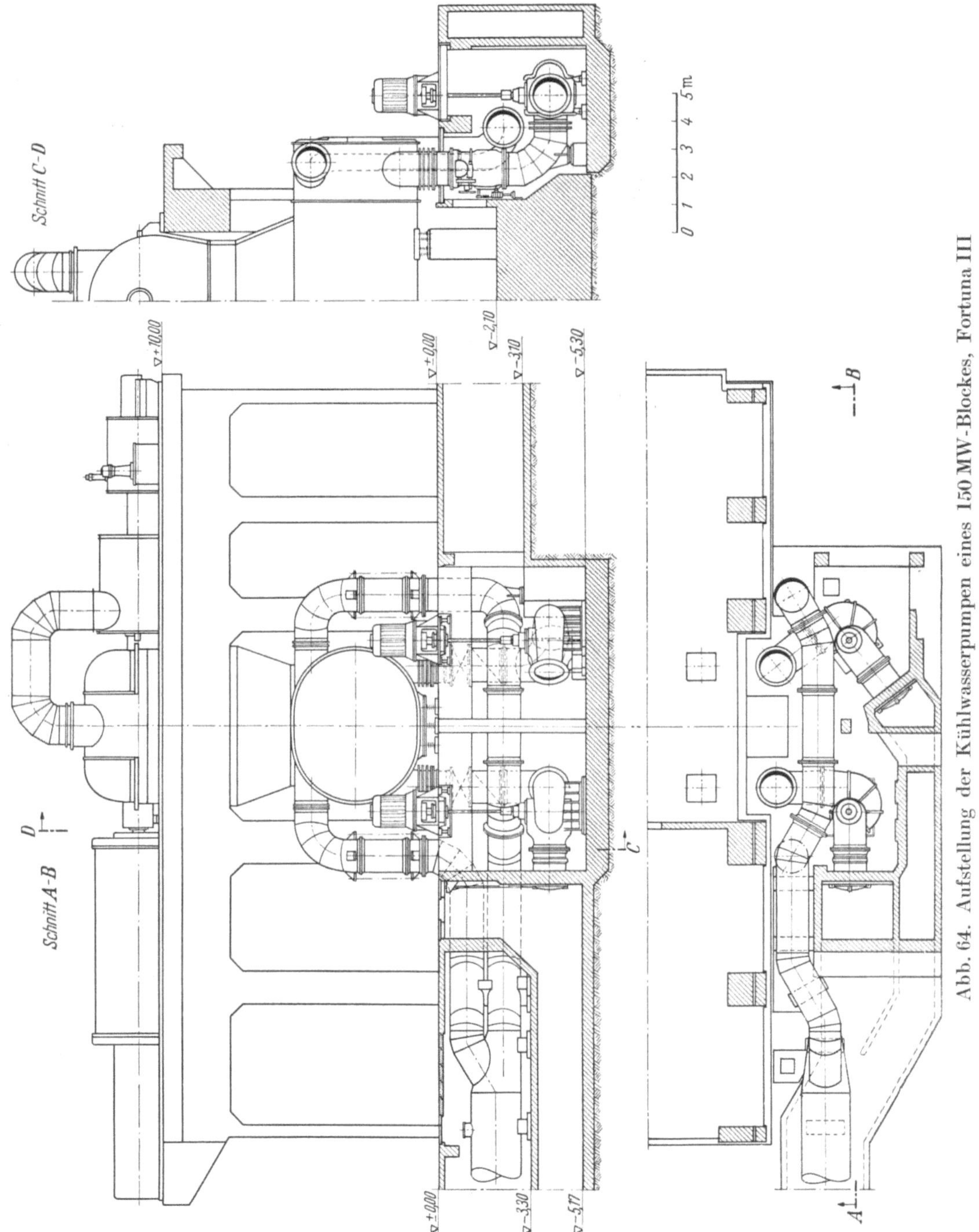

Abb. 64. Aufstellung der Kühlwasserpumpen eines 150 MW-Blockes, Fortuna III

Unterbringung der auf der Zeichnung mit n bis q bezeichneten einseitig angeordneten Entnahmeschnellschlußventile und der beiderseitig angeordneten Überströmventile in den Kondensator, von denen das auf der Seite der Speisepumpen gelegene mit b bezeichnet wurde, machte um so mehr konstruktive Schwierigkeiten, als die beiden 150 MW-Sätze mit ihrem umfangreichen Zubehör an Rohrleitungen und Armaturen in dem

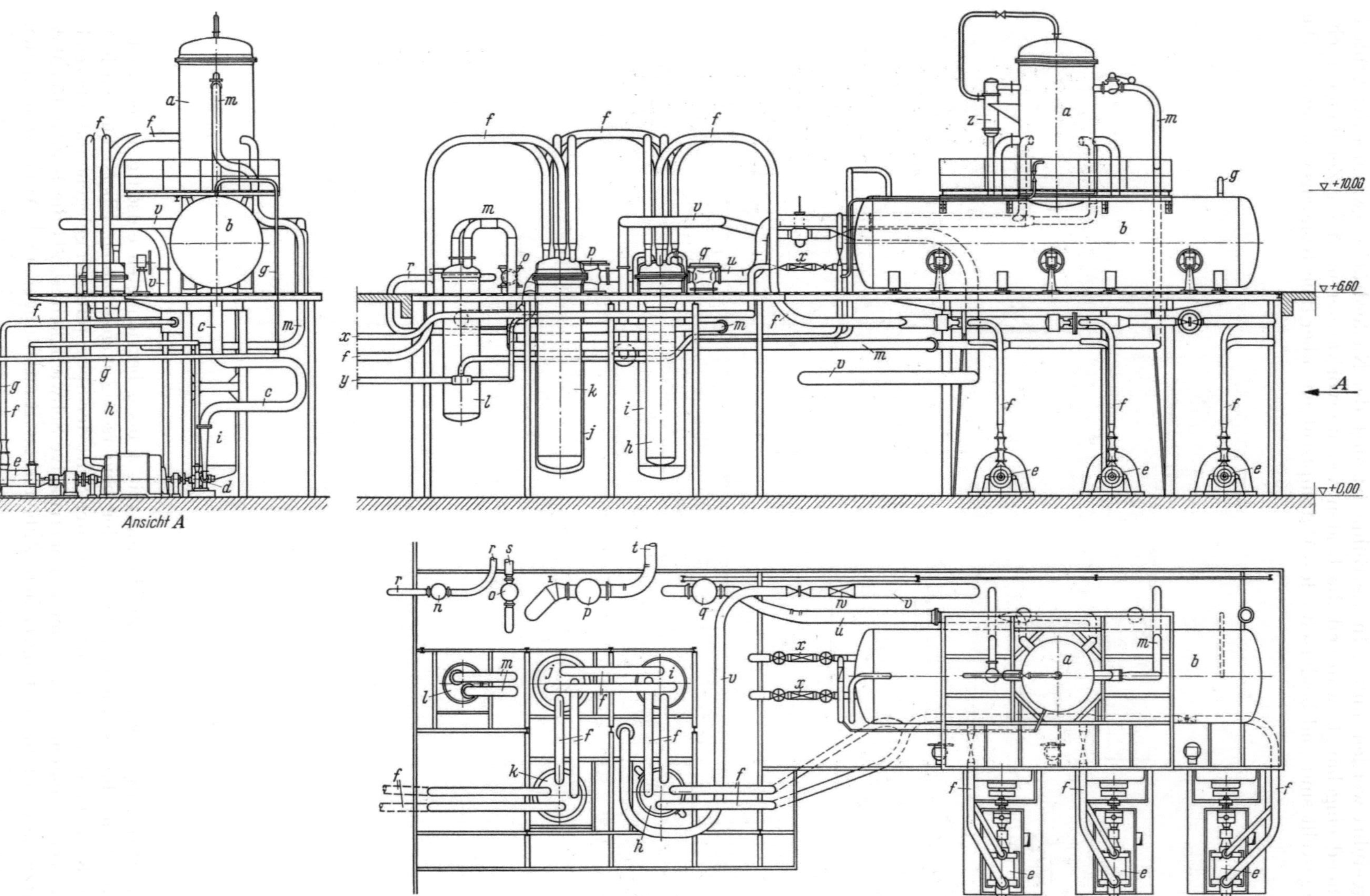

Abb. 65. Aufstellung der Hochdruckvorwärmer, Speicher und Speisepumpen eines 150 MW-Blockes, Fortuna III

gleichen Raum untergebracht werden mußten, der ursprünglich für 100 MW-Sätze vorgesehen war.

In Abb. 66 ist die bewegliche Halterung einer Frischdampfleitung zwischen Kessel und Turbosatz an der Durchführungsstelle im Schwerbau dargestellt.

Abb. 67 zeigt die konstruktive Gestaltung des Mischstückes für die beiden vom Kessel kommenden Frischdampfleitungen und die beiden um 90° versetzten Abgangsleitungen zum Turbosatz. Das Mischstück wurde im Gesenk geschmiedet mit Anschweißenden hergestellt. Die um 90° versetzte Anordnung wurde gewählt, um eine zuverlässige

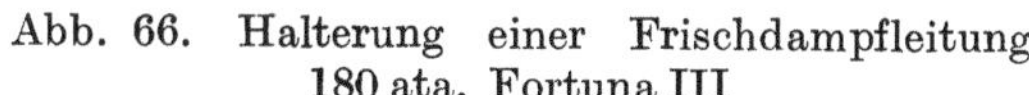

Abb. 66. Halterung einer Frischdampfleitung 180 ata, Fortuna III

Abb. 67. Mischstück von 170 ata-Frischdampfleitungen, Fortuna III

Mischung der beiden ankommenden Teilströme und einen Temperaturausgleich auch dann zu ermöglichen, wenn durch eine ungleichmäßige Beheizung oder einen Fehler bei der Kesselregelung die beiden vom Kessel abgehenden Frischdampfleitungen Dampf verschiedener Temperatur führen sollten.

Die Isolierung der Hochdruckrohrleitungen und der Mitteldruckleitungen über 400° C erfolgte in Fortuna II durch Schlackenwollstopfung hinter verzinktem Blechmantel mit Eisenabstandstäben mit Asbestunterlage, im weiteren Ausbau mit Steatitabstandshaltern und Blechring in Hülsen. Die Isolierungsstärke wurde mit 140 bis 180 mm je nach Rohrdurchmesser gewählt. Die Mitteldruck- und Niederdruck-Dampfleitungen bis 400° C wurden mit Glaswollmatten auf Wellpappe, im späteren Ausbau auf verzinktes Drahtgeflecht gesteppt ausgeführt. Die Halterung erfolgt durch Eisenabstandsstäbe mit Asbestzwischenlage. Die Isolierung ist durch einen Blechmantel außen geschützt. Die Isolierung von Leitungen niederer Temperatur zum Berührungsschutz bzw. gegen Schwitzwasserbildung erfolgte in üblicher Weise.

e) Messung, Steuerung, Regelung

Abb. 68 zeigt einen Blick auf ein Steuerpult der Kessel- und Eigenbedarfswarte Fortuna II, Abb. 69 eine Blockwarte Fortuna III und Abb. 70 deren Grundriß.

Abb. 68. Steuerpult der Kessel- und Eigenbedarfswarte Fortuna II

Abb. 69. Blick in die Warte für Block 3 und 4, Fortuna III

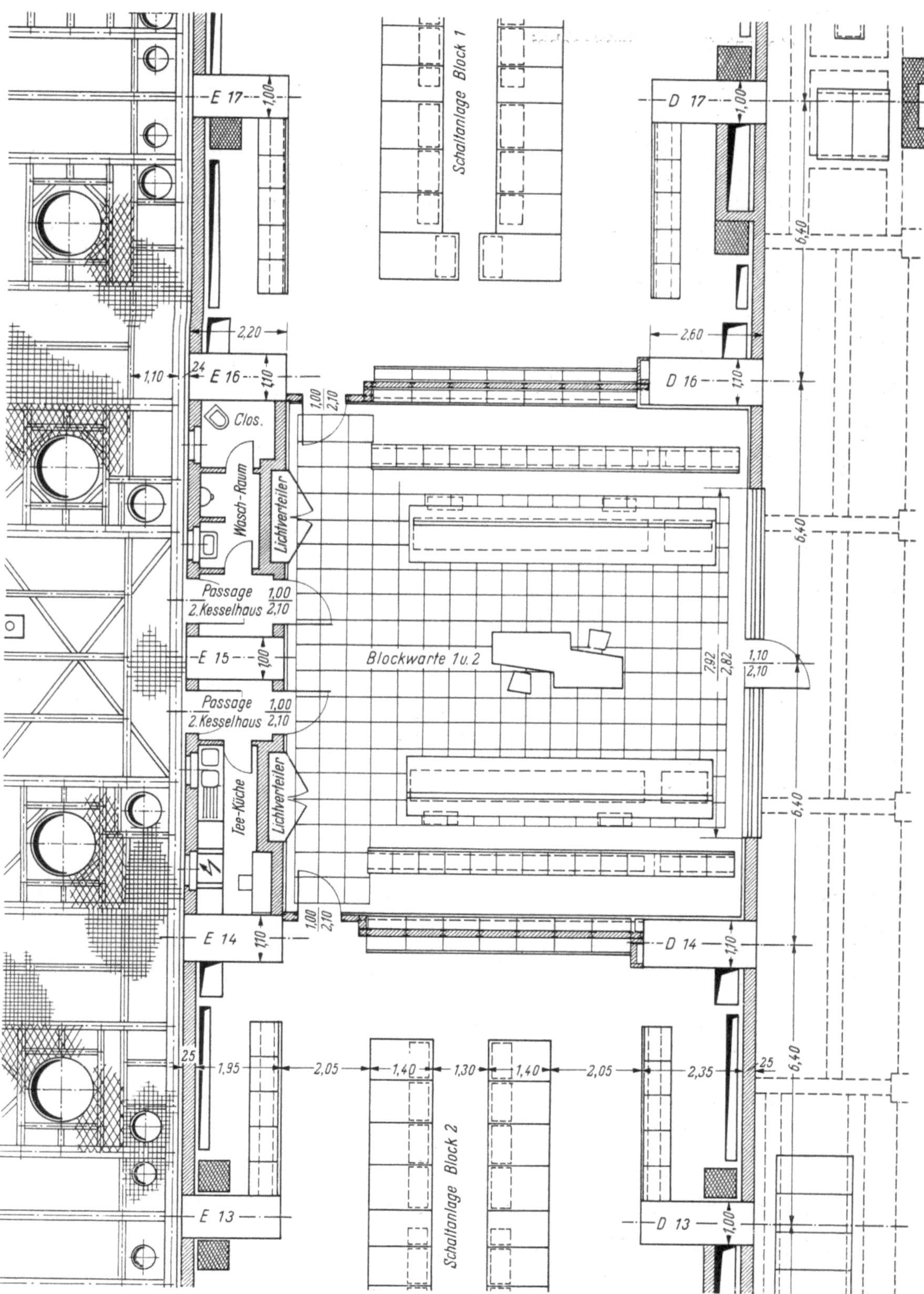

Abb. 70. Grundriß einer Blockwarte, Fortuna III

In Abb. 71 wurde das Regelschema des Kessels 10 Fortuna II vereinfacht dargestellt. Das Kolbenmanometer erhält seinen Impuls vom Frischdampfdruck Austritt Kessel und steuert über Kurvenscheiben die Kohle- und Luftmenge. Der Kohleregler verändert die Drehzahl von Nebenschlußmotoren, welche die einzelnen Kohleredler antreiben. Durch die Drehzahlmessung an den Zuteilern wird die Kohlemenge erfaßt, die als Rückmeldung dient. Die Verstellung des Kalt- und Heißluftzusatzes zu den Mühlen erfolgt im Bedarfsfall über elektrisch betätigte Stellklappen von Hand. Der Luftregler verstellt die Drallregler der beiden parallel geschalteten Frischlüfter, deren Fördermenge gemessen und rückgemeldet wird. Es sind ferner folgende Regelungen vorgesehen:

Ein Unterdruckregler verstellt die Drallregler des Saugzuges zur Einhaltung des lastunabhängigen Unterdruckes im Feuerraum. In den Leitungen für Frischluft und Rauchgase sind zusätzlich noch Drosselklappen eingebaut, die bei Teillast vom Pult aus in

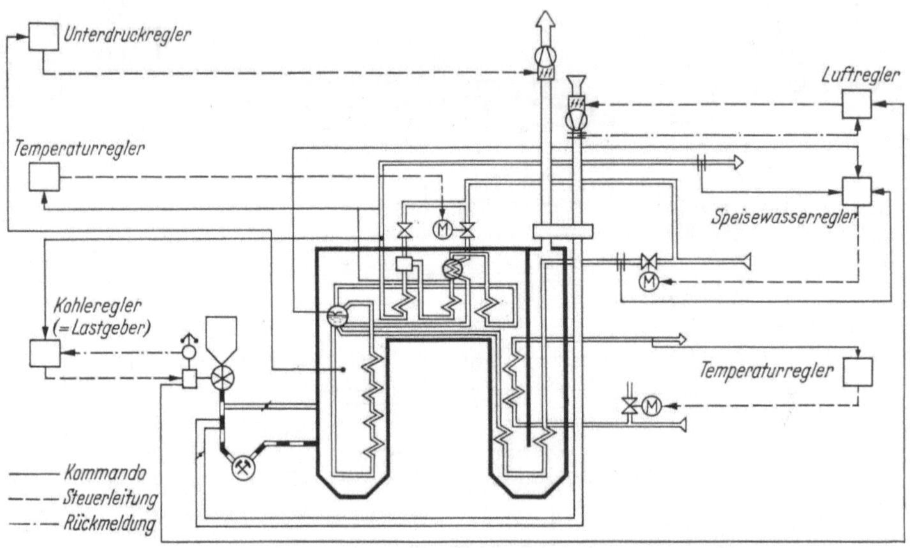

Abb. 71. Regelschema Kessel 10, Fortuna II (vereinfacht)

Drosselstellung gefahren werden können. Die Heißdampftemperaturregler verstellen in Abhängigkeit von der Heißdampftemperatur am Kesselaustritt die Kühlwassermengen. Es ist je Überhitzersystem ein Oberflächenkühler vorgesehen. Das Kühlwasser fließt in die Kesseltrommel. Als weitere Kühlstufe ist den Oberflächenkühlern je ein Einspritzkühler nachgeschaltet, der im Bedarfsfall von Hand gesteuert werden kann. Die Dampftemperatur am Austritt aus dem Zwischenüberhitzer wird durch Wassereinspritzung geregelt. Von dieser Regelung wird nur Gebrauch gemacht, wenn bei Verschmutzung des Kessels Gefahr besteht, daß die zulässige Temperatur überschritten wird.

Die Speisewasserzufuhr wird nach dem Prinzip der Dreipunktregelung gesteuert, d. h., die eingespeiste Wassermenge und die abgehende Dampfmenge werden in einem Regler aufeinander abgestimmt, wobei die Wasserstandsanzeige in der Trommel als Korrektur in die Regelung aufgegeben wird.

Gefahrenzustände werden durch optische und akustische Signale gemeldet, z. B. die Überschreitung der zulässigen Mühlentemperatur oder der Ausfall der Kohlezufuhr, der höchste und tiefste Wasserstand in der Trommel oder zu hohe Lagertemperaturen an Gebläsen.

Bei den 150 MW-Blocks des Endausbaues wird die Kesselregelung mit der Turbinenregelung kombiniert, so daß Kessel und Turbine als eine Einheit geregelt werden. Der Druck des Ölkreislaufes der Turbine, der der Sollast des Blockes proportional ist, wird mit einem empfindlichen Kohlenmanometer gemessen und auf den Lastregler elektrisch übertragen. Der Lastregler stellt die Kessellast automatisch ein. Für jede Maschine ist eine Vordruckregelung vorgesehen. Bei Laststeigerung wird der Sollwert der Vordruckregler vorübergehend abgesenkt und dadurch das Speichervermögen des Kessels zur Leistungssteigerung herangezogen. Die frischdampfseitige Druckänderung wird ferner vom Kessellastregler als Vorhaltimpuls aufgeschaltet. Diese Regelung wird so ausgeführt, daß die Änderungsgeschwindigkeiten der Belastung von Kessel und Turbine in den verschiedenen Lastbereichen aufeinander abgestimmt werden können und auf den Lastgeber auch ein Impuls direkt von der Frequenz aufgegeben werden kann.

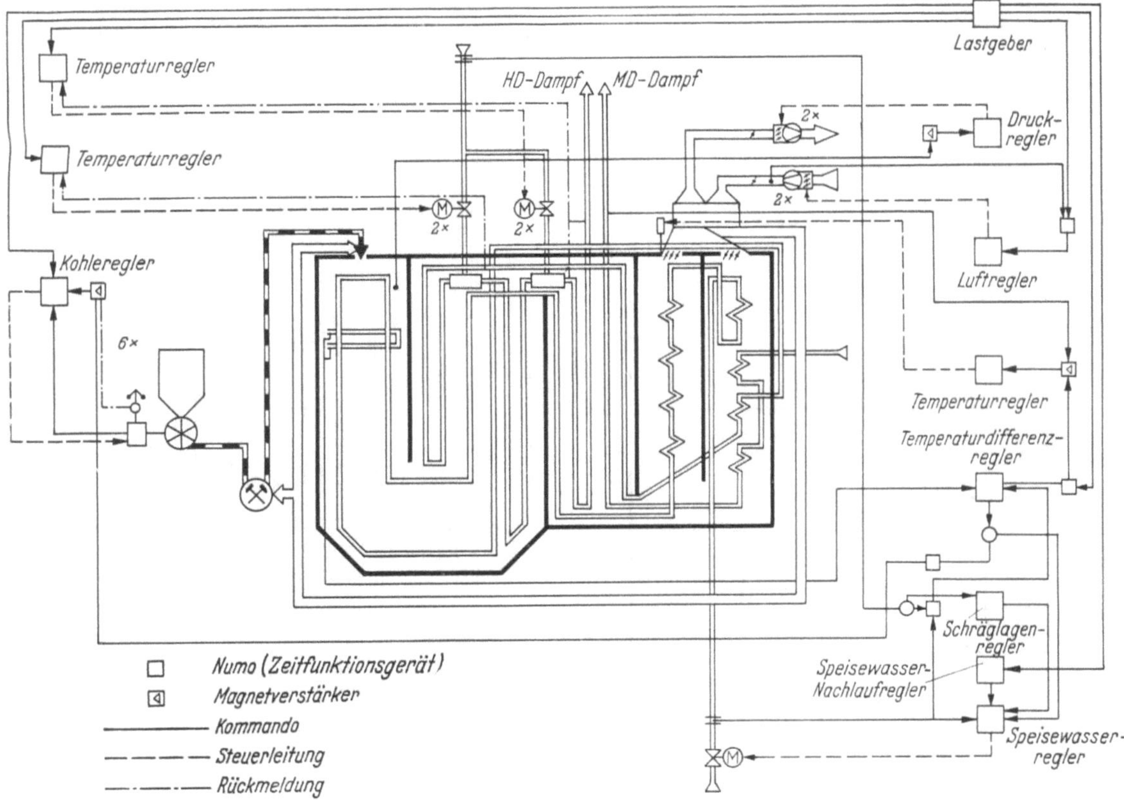

Abb. 72. Regelschema Kessel 1, Fortuna III (vereinfacht)

Abb. 72 zeigt ein vereinfachtes Regelschema der eigentlichen Bensonkessel-Regelung. Vom Lastgeber werden Kohle, Luft und Wasser gesteuert. Die Luftregelung erfolgt in gleicher Weise wie in Fortuna II. Bei der Kohleregelung besteht der Unterschied, daß der Regelimpuls vom Kohleregler gleichmäßig auf die 6 Redler der einzelnen Mühlen aufgegeben wird und jede praktisch vorkommende Belastung der Mühlen entsprechend einer zeitlich verschiedenen Abnutzung durch Anteilsteller gewählt werden kann. Die Verstellung der Speiseregelventile erfolgt bei Laständerungen verzögert über einen Nachlaufregler. Mit Rücksicht auf die besondere Konstruktion dieser Kessel, die aus zwei räumlich getrennten, aber durch einen gemeinsamen Rauchgasstrom beheizten Systemen bestehen, wurde noch zusätzlich ein Wasserverteilungsregler vorgesehen, der das Verhältnis der in die beiden Systeme eingespeisten Wassermengen verstellt, wenn die Beheizung ungleichmäßig erfolgen sollte. Der Impuls wird vom Vergleich der Einspritzwassermengen der beiden Systeme genommen und dem Regler aufgegeben. Die Unterdruckregelung erfolgt in gleicher Weise wie in Fortuna II.

Die Regelung der Frischdampf-Austrittstemperatur erfolgt getrennt für jedes der beiden Kesselsysteme durch eine zweistufige Wassereinspritzung, wobei die Einspritz-

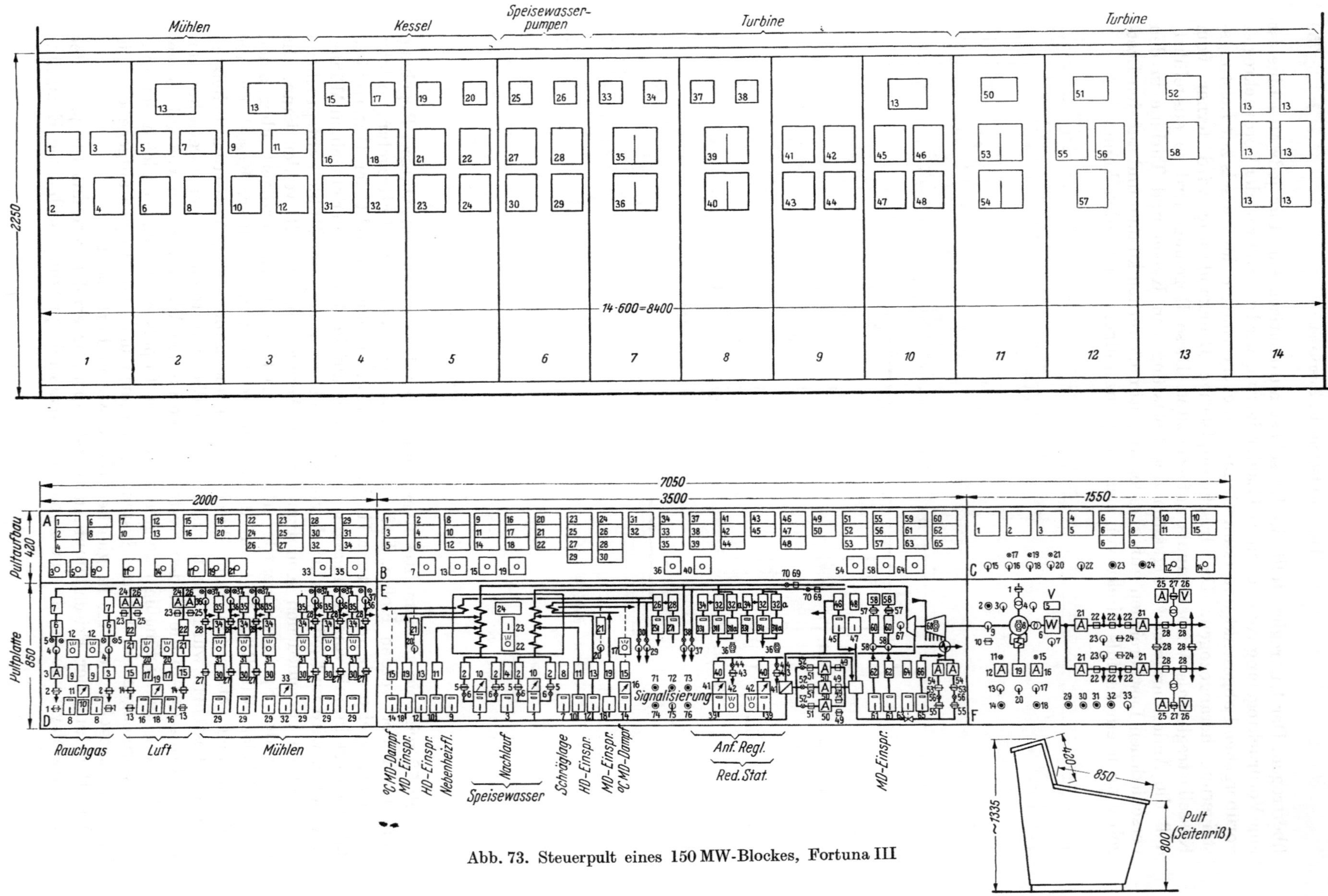

Abb. 73. Steuerpult eines 150 MW-Blockes, Fortuna III

Abb. 73. Verzeichnis der Anzeiger und Schreiber in der Überwachungstafel und der Geräte im Pult

1 Kleinregler für Sichtertemperatur Mühle 1
2 Linienschreiber als Stromschreiber für Mühle 1
3 Kleinregler für Sichtertemperatur Mühle 2
4 Linienschreiber als Stromschreiber für Mühle 2
5 Kleinregler für Sichtertemperatur Mühle 3
6 Linienschreiber als Stromschreiber für Mühle 3
7 Kleinregler für Sichtertemperatur Mühle 4
8 Linienschreiber als Stromschreiber für Mühle 4
9 Kleinregler für Sichtertemperatur Mühle 5
10 Linienschreiber als Stromschreiber für Mühle 5
11 Kleinregler für Sichtertemperatur Mühle 6
12 Linienschreiber als Stromschreiber für Mühle 6
13 Signaltafeln
15 Anzeiger für Frischdampfdruck Kesselaustritt links
16 Linienschreiber für Frischdampfdruck Kesselaustritt links
17 Anzeiger für Frischdampfdruck Kesselaustritt rechts
18 Linienschreiber für Frischdampfdruck Kesselaustritt rechts
19 Anzeiger für Frischdampftemperatur Kesselaustritt links
20 Anzeiger für Frischdampftemperatur Kesselaustritt rechts
21 Linienschreiber für Frischdampfmenge Kesselaustritt links
22 Linienschreiber für Frischdampfmenge Kesselaustritt rechts
23 Linienschreiber für Speisewassermenge Kesselaustritt links
24 Linienschreiber für Speisewassermenge Kesselaustritt rechts
25 Anzeiger für Gesamtspeisewassermenge
26 Anzeiger für Speisewasserdruck
27 Linienschreiber für Speisewassermenge hinter der Pumpe 1
28 Linienschreiber für Speisewassermenge hinter der Pumpe 2
29 Linienschreiber für Speisewasser hinter der Pumpe 3
30 Doppeltintenschreiber für Einspritzwassermenge in die Hochdrucküberhitzer links und rechts
31 Sechsfarbenpunktschreiber für Rauchgastemperatur und O_2-Gehalt
32 Zweifarbenpunktschreiber für Leitfähigkeit im Hochdruckdampf
33 Anzeiger für Frischdampftemperatur Turbineneintritt links
34 Anzeiger für Frischdampftemperatur Turbineneintritt rechts
35 Doppellinienschreiber für Frischdampf- und Gehäusetemperatur Turbineneintritt links
36 Doppellinienschreiber für Frischdampf- und Gehäusetemperatur Turbineneintritt rechts
37 Anzeiger für Abdampftemperatur 1. Gehäuse links
38 Anzeiger für Abdampftemperatur 1. Gehäuse rechts
39 Doppellinienschreiber für Zwischenüberhitzer-Dampf- und Gehäusetemperatur 2. Gehäuse links
40 Doppellinienschreiber für Zwischenüberhitzer-Dampf- und Gehäusetemperatur 2. Gehäuse rechts
41 Linienschreiber für Kondensatmenge
42 Linienschreiber für Vakuum
43 Linienschreiber für p_H-Wert im Turbinenkondensat
44 Sechsfarbenpunktschreiber für allgemeine p_H-Werte
45 Linienschreiber für Schwingung
46 Linienschreiber für Schwingung
47 Linienschreiber für Schwingung
48 Punktschreiber für Wellendehnung
50 Kleinregler für H_2-Druck in mm WS
51 Kleinregler für H_2-Druck bis zu 1 kg/cm²
52 Kleinregler für H_2-Reinheitsgrad
53 Doppellinienschreiber für Wirk- und Blindleistung
54 Doppellinienschreiber für Spannung und Frequenz
55 Schreiber für Kaltgastemperatur
56 Schreiber für Ständertemperatur
57 Störschreiber für Spannung
58 Schreiber für Läufertemperatur

Feld A
(im Pultaufsatz)

1 Zug-Druckanzeiger für Feuerraumunterdruck
2 Zuganzeiger für Rauchgase im Kessel
3 Meßstellenumschalter zu *2*
4 Zuganzeiger für Rauchgase Kesselende
5 Anzeiger für O_2 links
7 Anzeiger für O_2 rechts
8 Anzeiger für Rauchgastemperatur links
9 Meßstellenumschalter zu *8*
10 Anzeiger für Rauchgastemperatur rechts
11 Meßstellenumschalter zu *10*
12 Anzeiger für Gesamtluftmenge
13 Druckanzeiger für Gesamtluft
14 Meßstellenumschalter zu *13*
15 Anzeiger für Kohlenmenge
16 Anzeiger für Lufttemperatur
17 Meßstellenumschalter zu *16*
18 Anzeiger für Druck hinter den Mühlen
19 Meßstellenumschalter zu *18*
20 Anzeiger für Druck vor den Mühlen
21 Meßstellenumschalter zu *20*
22 Anzeiger für Speisewasserdruck links
23 Anzeiger für Speisewasserdruck rechts
24 Anzeiger für Speisewassermenge links
25 Anzeiger für Speisewassermenge rechts
26 Anzeiger für Einspritzwassermenge zum Zwischenüberhitzer links
27 Anzeiger für Einspritzwassermenge zum Zwischenüberhitzer rechts
28 Anzeiger für Druck vor Strahlungsüberhitzer links
29 Anzeiger für Druck vor Strahlungsüberhitzer rechts
30 Anzeiger für Dampftemperatur vor Strahlungsüberhitzer links
31 Anzeiger für Dampftemperatur vor Strahlungsüberhitzer rechts
32 Anzeiger für Dampftemperaturen im Kessel links
33 Meßstellenumschalter zu *32*
34 Anzeiger für Dampftemperaturen im Kessel rechts
35 Meßstellenumschalter zu *34*

Feld B
(im Pultaufsatz)

1 Anzeiger für Druck vor den äußeren Stirnwandpaketen links
2 Anzeiger für Druck vor den äußeren Stirnwandpaketen rechts
3 Anzeiger für Druck im Mischstück vor Seitenwand links
4 Anzeiger für Druck im Mischstück vor Seitenwand rechts
5 Anzeiger für Differenztemperatur in der Nebenheizfläche
6 Anzeiger für Speisewassertemperatur im Kessel
7 Meßstellenumschalter zu *6*
8 Anzeiger für Dampfdruck vor Zwischenüberhitzer links
9 Anzeiger für Dampfdruck vor Zwischenüberhitzer rechts
10 Anzeiger für Dampfdruck hinter Zwischenüberhitzer links
11 Anzeiger für Dampfdruck hinter Zwischenüberhitzer rechts
12 Anzeiger für Dampftemperatur im Zwischenüberhitzer links
13 Meßstellenumschalter zu *12*
14 Anzeiger für Dampftemperatur im Zwischenüberhitzer rechts
15 Meßstellenumschalter zu *14*
16 Anzeiger für Dampfmenge zum Zwischenüberhitzer links
17 Anzeiger für Dampfmenge zum Zwischenüberhitzer rechts
18 Anzeiger für Speisewasserdruck vor den Speisepumpen
19 Meßstellenumschalter zu *18*
20 Anzeiger für Speisewasserdruck hinter Speisepumpe 1
21 Anzeiger für Speisewasserdruck hinter Speisepumpe 2
22 Anzeiger für Speisewasserdruck hinter Speisepumpe 3
23 Anzeiger für Druck hinter Anfahrstation links
24 Anzeiger für Druck hinter Anfahrstation rechts
25 Anzeiger für Temperatur hinter Anfahrstation links
26 Anzeiger für Temperatur hinter Anfahrstation rechts
27 Anzeiger für Wasserstand im Anfahrbehälter links
28 Anzeiger für Wasserstand im Anfahrbehälter rechts
29 Anzeiger für Leitfähigkeit hinter Anfahrbehälter links
30 Anzeiger für Leitfähigkeit hinter Anfahrbehälter rechts
31 Anzeiger für Entgaserdruck
32 Anzeiger für Druck hinter Dampfumformventil im 17 ata-Netz
33 Anzeiger für Temperatur hinter Dampfumformventil im 17 ata-Netz
34 Anzeiger für Wasserstand im Speisewasserbehälter
35 Anzeiger für Speisewassertemperatur hinter Hochdruckvorwärmer
36 Meßstellenumschalter zu *35*

37 Anzeiger für Kondensatmenge von Fortuna II
38 Leerfeld
39 Anzeiger für Kondensattemperatur hinter Niederdruckvorwärmer
40 Meßstellenumschalter zu 39
41 Anzeiger für Druck vor Hauptabsperrventil
42 Anzeiger für Druck hinter Regelstufe
43 Anzeiger für Druck hinter 9. Stufe
44 Anzeiger für Druck hinter 18. Stufe
45 Anzeiger für Druck, Entnahme 1
46 Anzeiger für Druck, Eintritt 2. Gehäuse
47 Anzeiger für Druck, Entnahme 2
48 Anzeiger für Druck, Entnahme 3
49 Anzeiger für Druck, Entnahme 4
50 Anzeiger für Druck, Entnahme 5
51 Anzeiger für Druck, Entnahme 6
52 Anzeiger für Druck, Entnahme 7
53 Anzeiger für Entnahmedampftemperaturen
54 Meßstellenumschalter zu 53
55 Anzeiger für Druck im Abdampfstutzen 3. Gehäuse
56 Anzeiger für Abdampftemperatur
57 Anzeiger für Temperatur hinter Ölkühler
58 Meßstellenumschalter zu 57
59 Anzeiger für Steueröldruck
60 Anzeiger für Lageröldruck
61 und 62 Leerfelder
63 Anzeiger für Kondensat/Kühlwassertemperaturen
64 Meßstellenumschalter zu 63
65 Anzeiger für Öldruck zur Lagerentlastung

Feld C
(im Pultaufsatz)

1 Synchronoskop
2 Doppelfrequenzmesser
3 Doppelspannungsmesser
4 Stufenstellungsanzeiger für Transformator
5 cos φ-Anzeiger
6 Strommesser für Generator (R, S, T.)
7 Anzeiger, Hilfserregerstrom
8 Haupterregerstrom
9 Haupterregerspannung
10 Dichtöldruck
11 Temperatur Dichtölanlage
12 Meßstellenumschalter zu 11
13 Trafotemperaturen
14 Meßstellenumschalter zu 13
15 Spannungsumschalter
16 Synchronisierschalter
17 Kontrollampe
18 Schalter für Spannungsregler
19 Kontrollampe
20 Schalter für Nebenflußregler
21 Kontrollampe
22 Taster für Regeltrafo
23 Sollwerteinsteller
24 Statikausgleicher

Feld D
(Pultplatte)

1 Steuerquittungsschalter für Hilfsölpumpe am Saugzug
2 Steuerquittungsschalter für Saugzug
3 Strommesser für Saugzug
4 Steuertaster für Kesselabsperrklappe (Stoberklappe)
5 Stellungslampen „auf" „zu" für Kesselabsperrklappe
6 Steuertafel für Drosselklappe
7 Stellungsanzeiger für Drosselklappe
8 Steuertafel für Leitschaufelverstellung am Saugzug
9 Stellungsanzeiger für Leitschaufeln am Saugzug
10 Gemeinsame Steuertafel für Leitschaufelverstellung am Saugzug
11 Anzeiger für Regelabweichung, Saugzug
12 Sollwertsteller, Saugzug
13 Steuerquittungsschalter für Hilfsölpumpe am Frischluftgebläse
14 Steuerquittungsschalter für Frischluftgebläse
15 Strommesser für Frischluftgebläse
16 Steuertafel für Leitschaufelverstellung am Frischluftgebläse
17 Stellungsanzeiger für Leitschaufeln am Frischluftgebläse
18 Gemeinsame Steuertafel für Leitschaufelverstellung am Frischluftgebläse
19 Regelabweichungsanzeiger, Frischluftgebläse
20 Sollwertsteller, Frischluftgebläse
21 Steuertafel für Luftklappe im Luftkanal
22 Stellungsanzeiger für Luftklappe im Luftkanal
23 Steuerquittungsschalter für Schleusluftgebläse
24 Strommesser für Schleusluftgebläse
25 Steuerquittungsschalter für Ljungströmluvo
26 Strommesser für Ljungströmluvo
27 Steuerquittungsschalter für Kohlenzuteiler
28 Steuerquittungsschalter für Mühlenmotoren
29 Steuertafel zur Verstellung der Kohlenzuteiler
30 Stellungsanzeiger für Kohlenzuteilerdrehzahl
31 Sollwersteller für Kohlenzuteiler
32 Gemeinsame Steuertafel zur Verstellung der Kohlenzuteiler
33 Regelabweichungsanzeiger für Kohlenzuteiler
34 Steuertafel für Verstellung der Heißluftzusatzklappen
35 Stellungsanzeiger für Heißluftzusatzklappen
36 Steuertaster zur Steuerung der Brennerluftklappen
37 Stellungslampen für Brennerluftklappen

Feld E
(Pultplatte)

1 Steuertafel zur Verstellung des Speisewasser-Regelventils mit 2 Kippschaltern „Regler" „Hand" bzw. „Ventil 1" „Ventil 2"
1a Regelabweichungsanzeiger Speisewassernachlauf
2 Stellungsanzeiger für Speisewasserregelventil
3 Steuertafel für Nachlaufregler
4 Stellungsanzeiger für Nachlaufregler
5 Steuerquittungsschalter zur Steuerung des Speisewasserschiebers
6 Stellungsanzeige für Speisewasserschieber
7 Steuertafel für Schräglagenregelung
8 Stellungsanzeiger für Schräglagenregelung
9 Steuertafel für Nebenheizfläche
10 Steuertafel zur Verstellung des Einspritzregelventils 1. Einspritzung
11 Stellungsanzeiger für Einspritzregelventil 1. Einspritzung
12 Steuertafel zur Verstellung des Einspritzregelventils 2. Einspritzung
13 Stellungsanzeiger für Einspritzregelventil 2. Einspritzung
14 Steuertafel zur Verstellung der Rauchgasklappe zur Zwischenüberhitzer-Dampftemperaturregelung
15 Stellungsanzeiger der Rauchgasklappe zur Zwischenüberhitzer-Temperaturregelung
16 Regelabweichungsanzeiger für Zwischenüberhitzer-Dampftemperaturregelung mit Rauchgasklappe
17 Sollwersteller für Zwischenüberhitzer-Dampftemperaturregelung
18 Steuertafel zur Verstellung des Einspritzregelventils zum Zwischenüberhitzer
19 Stellungsanzeiger für Einspritzregelventil zum Zwischenüberhitzer
20 Steuertaster zur Verstellung der Rauchgasklappe im Regelzug
21 Stellungsanzeiger für Rauchgasklappe im Regelzug
22 Verhältnissteller Speisewasser/Einspritzwasser
23 Steuertafel zur Verstellung des Lastgebers
24 Stellungsanzeiger für Lastgeber
25 Steuertafel zur Verstellung des Druckreduzierventils 35/17 ata
26 Stellungsanzeiger für Druckreduzierventil 35/17 ata
27 Steuertafel zur Verstellung des Kühlwasserregelventils zum Reduzierventil 35/17 ata
28 Stellungsanzeiger für Kühlwasserregelventil zum Reduzierventil 35/17 ata
29 Steuertaster für hilfsgesteuertes Sicherheitsventil in der Zwischenüberhitzerleitung
30 Stellungslampe für hilfsgesteuertes Sicherheitsventil in der Zwischenüberhitzerleitung
31 Steuertafel zur Verstellung des Anfahrreduzierventils
31a Steuertafel zur Verstellung des Bypaß-Anfahrreduzierventiles
32 Stellungsanzeiger für Anfahrreduzierventil
32a Stellungsanzeiger für das Bypaß-Anfahrreduzierventil
33 Steuertafel zur Verstellung des Kühlwasserregelventils zum Anfahrreduzierventil
34 Stellungsanzeiger für Kühlwasserregelventil zum Anfahrreduzierventil
36 Druckknopf für Schnellantrieb des Anfahrreduzierventils

37 Steuertaster für hilfsgesteuertes Sicherheitsventil in der Hochdruckdampfleitung
38 Stellungslampe für hilfsgesteuertes Sicherheitsventil in der Hochdruckdampfleitung
39 Steuertafel zur Verstellung des Ablaufregelventils aus Anfahrbehälter
40 Stellungsanzeiger für Ablaufregelventil am Anfahrbehälter
41 Regelabweichungsanzeiger für Ablaufregelung aus Anfahrbehälter
42 Sollwertsteller für Ablaufregelung aus Anfahrbehälter
43 Steuerquittungsschalter für Abblaseventil ins Freie, aus Anfahrbehälter
44 Stellungslampe für Abblaseventil ins Freie aus Anfahrbehälter
45 Steuertafel zur Steuerung des Druckregelventils aus Entnahme 1 zur Entgaserbeheizung
46 Stellungsanzeiger für das Druckregelventil der Entnahme 1 zum Entgaser
47 Steuertafel zur Sollwertverstellung des Druckreglers, Entnahme 1 zum Entgaser
48 Stellungsanzeiger zur Sollwertverstellung
49 Steuerquittungsschalter für Speisepumpen
50 Strommesser für Speisepumpen
51 Steuerquittungsschalter für Speisewasserschieber hinter den Pumpen
52 Anzeigelampe für Speisewasserschieber hinter den Pumpen
53 Steuerquittungsschalter für Kondensatpumpe
54 Strommesser für Kondensatpumpe
55 Steuerquittungsschalter für Kondensatdruckschieber
56 Anzeigelampe für Kondensatdruckschieber
57 Steuerquittungsschalter für Kühlwasserpumpe
58 Strommesser für Kühlwasserpumpe
59 Steuertaster für Kühlwasserdruckschieber
60 Stellungsanzeiger für Kühlwasserdruckschieber
61 Steuertafel zur Verstellung des Einspritzventils zur Einspritzung in Zwischenüberhitzerdampfleitung am Turbinenaustritt
62 Stellungsanzeiger für das Einspritzventil zur Einspritzung in Zwischenüberhitzerdampfleitung am Turbinenaustritt
63 Steuertafel zur Verstellung des Kondensatablaufregelventiles
64 Stellungsanzeiger für das Kondensatablaufregelventil
65 Steuertafel zur Verstellung des Einspritzventils zur Kondensateinspritzung in Entspannungsdüsen am Kondensator
66 Stellungsanzeiger für das Einspritzventil zum Kondensator
67 Steuerschalter für das Öldunstgebläse
68 Druckknopf für das Schnellschlußventil
69 Steuerquittungsschalter für Hochdruckdampfschieber
70 Anzeigelampe für Hochdruckdampfschieber
71 Druckknopf zur Lampenlöschung
72 Druckknopf zur Hupenabstellung
73 Druckknopf zur Lampenprüfung
74 Quittungsschalter
75 Taster für Lampenprüfung in den Steuerquittungsschalter
76 Druckknopf

Feld F

1 Generatorleistungsschalter
2 Druckknopf für Lastschalter
3 Lüfter für Schienenkanäle
4 Kühlölpumpen für Trafo
5 Spannungsmesser Eigenbedarf
6 Leistung für Eigenbedarf
7 Spannungsmesserumschalter
8 Notdruckknopf (Entregung)
9 Schalter für Druckölentlastungspumpe
10 Steuerquittungsschalter als Einschalter für Entregungsschalter
11 Kontrollampe
12 Strommesser für Drehstromhilfsölpumpe
13 Schalter für Drehstromhilfsölpumpe
14 Druckknopf für Drehstromhilfsölpumpe „aus"
15 Kontrollampe
16 Strommesser für Gleichstromhilfsölpumpe
17 Schalter für Gleichstromhilfsölpumpe
18 Druckknopf für Gleichstromhilfsölpumpe „aus"
19 Kühlwassermengenanzeiger (H_2)
20 Schalter für Kühlwassermengenregelventil (H_2)
21 Strommesser für Eigenbedarf
22 Steuerschalter für Leistungsschalter, Eigenbedarfsanlage
23 Schalter für Umschaltautomatik
24 Steuerquittungsschalter für Umschaltautomatik
25 Strommesser für Anfahranlage
26 Spannungsmesser für Anfahranlage
28 Quittungsschalter für Leistungsschalter der Anfahranlage
29 Druckknopf zur Hupenabstellung
30 Quittungstaste
31 Druckknopf zur Lampenlöschung
32 Druckknöpfe zur Lampenprüfung
33 Lampenschalter

wassermengen lastabhängig und temperaturabhängig gesteuert werden. Die Dampfaustrittstemperaturen aus den beiden Systemen des Zwischenüberhitzers werden durch Einstellung der Rauchgasklappen am Austritt der zwei mit Vorwärmern belegten Teilzüge des letzten Zuges geregelt. Die Rauchgasklappen in den parallel geschalteten, vorwiegend mit Zwischenüberhitzungs-Heizflächen belegten Teilzügen können durch Elektroantriebe von Hand gesteuert werden. Da die Einstellung der Grundwerte Wasser-Kohle-Luft in einem bestimmten Verhältnis erfolgt, müssen Abweichungen von diesem Verhältnis korrigiert werden. Hierzu werden Korrekturregler verwendet. Änderungen der Feuerungsleistung — bedingt z. B. durch Schwankungen des Kohlenheizwertes — haben Temperaturänderungen am Kesselaustritt zur Folge, die von der Temperaturregelung zunächst ausgeregelt werden. Diese Änderungen der Beheizung wirken sich in einer Änderung der Temperaturdifferenz in der Nebenheizfläche aus, die vom „Nebenheizflächenregler" auf die Wasser- und Kohlezufuhr geschaltet werden. Die Änderung der Wassermenge wird nur vorübergehend zum Ausgleich des Zeitverhaltens der Feuerung durchgeführt. Sobald sich die Kohlekorrektur ausgewirkt hat, wird die Korrektur der Wassermenge wieder beseitigt. Als weiterer Korrekturimpuls wird das Verhältnis Speisewasser- zu Einspritzwassermenge auf den gleichen Regler geschaltet. Die Luftmenge wird durch O_2-Korrekturregelung berücksichtigt. In Fortuna III wird bei den meisten Reglern ein kontinuierlich wirksames elektrisches Regelsystem mit Magnetverstärkern verwendet.

Abb. 73 zeigt eine Ansicht des Pultes eines 150 MW-Blockes, der von der Mühlenregelung links bis zum Stromabgang rechts die Regelung sämtlicher Elemente

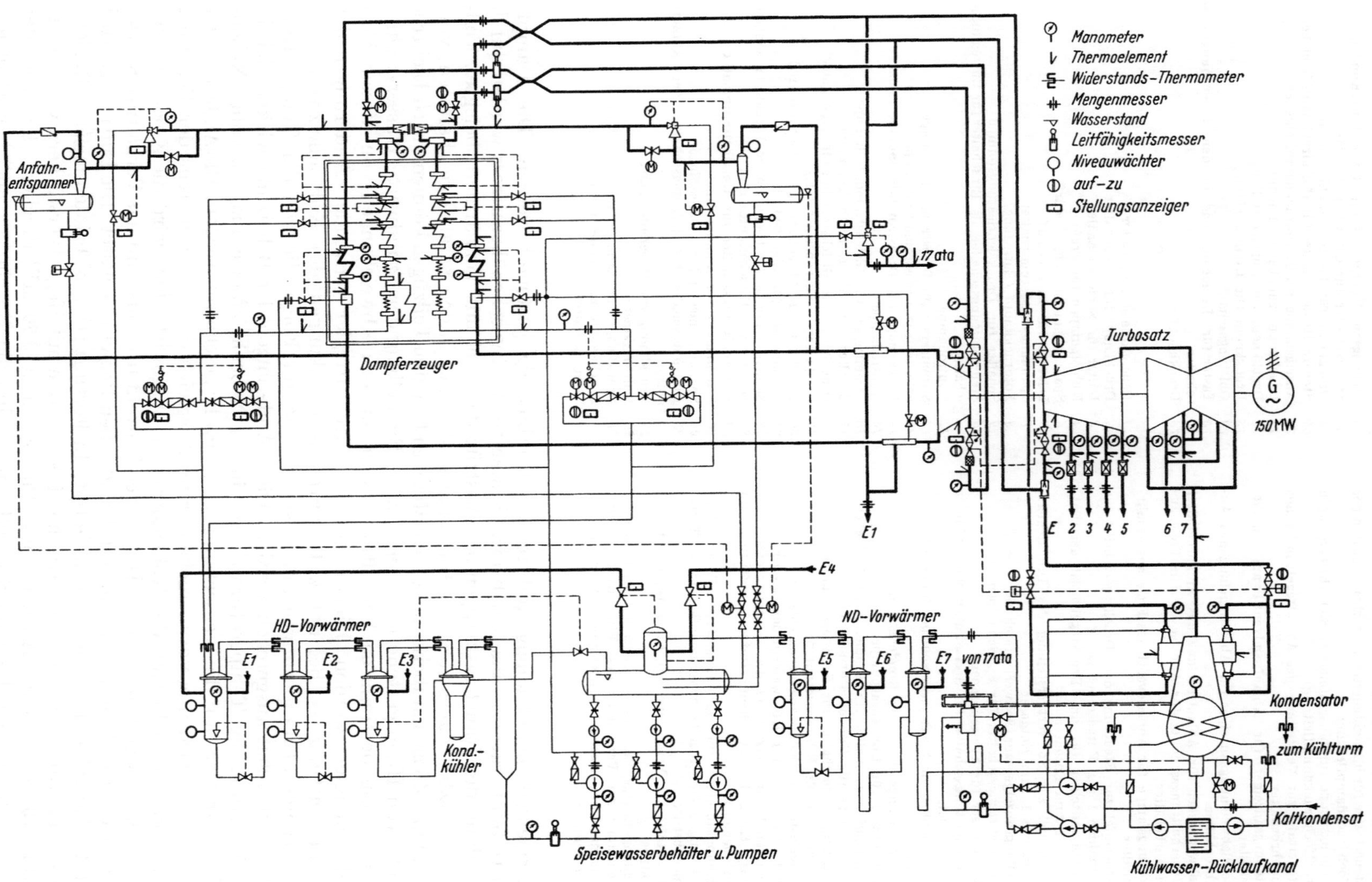

Abb. 74. Meßstellenplan eines 150 MW-Blockes, Fortuna III

des Blockes enthält. Abb. 74 zeigt einen Meßstellenplan, d. h. ein vereinfachtes Rohrschaltbild, in das die wichtigsten Meßstellen des Blockes eingetragen sind.

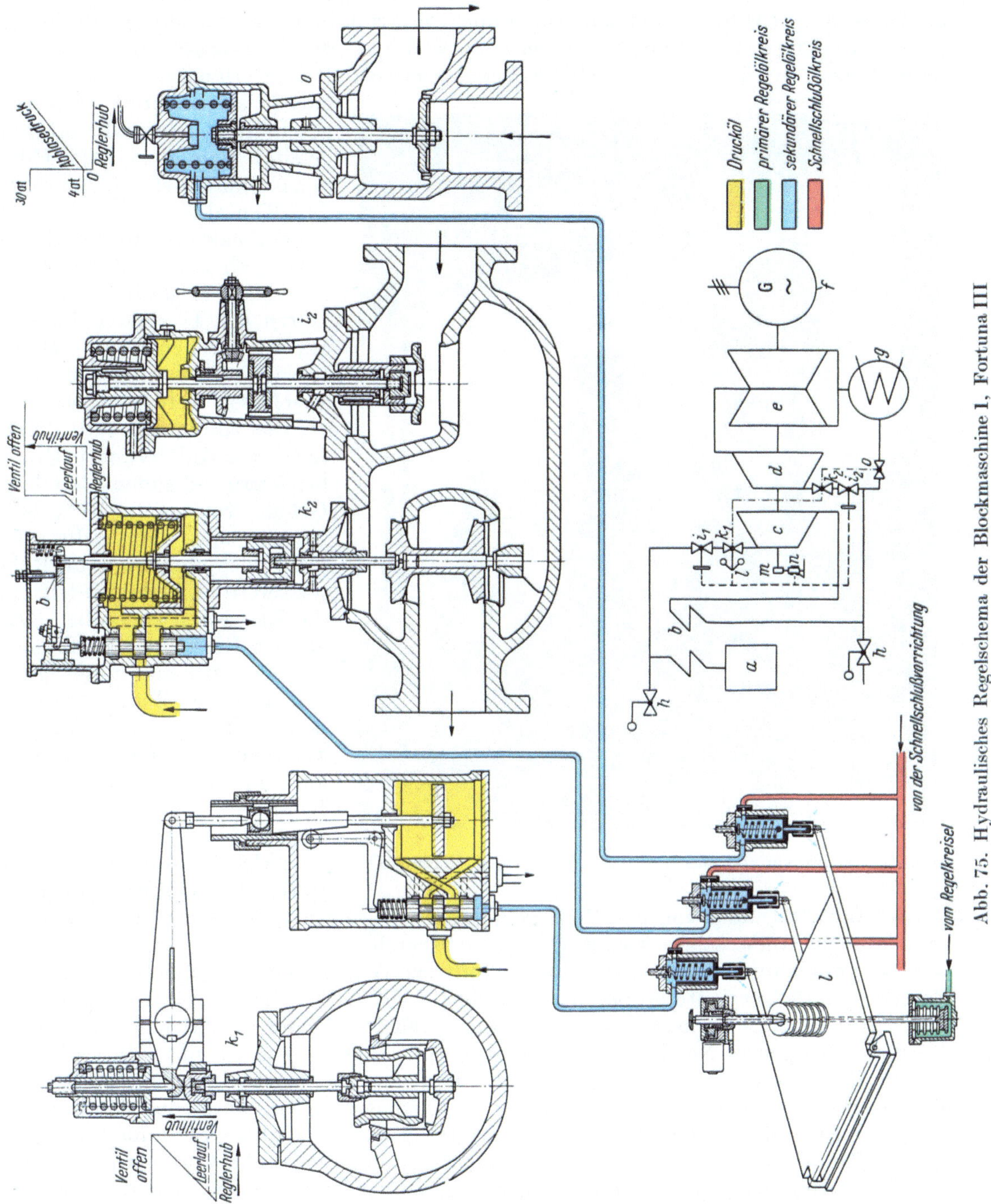

Abb. 75. Hydraulisches Regelschema der Blockmaschine 1, Fortuna III

Abb. 75 zeigt das grundsätzliche hydraulische Regelschema der 150 MW-Blockmaschine 1. Die Verbindungsglieder zur elektrischen Regelung des Kessels und zu anderen elektrischen Regelkreisen sind in diesem vereinfachten Schema allerdings nicht ersichtlich.

f) Neben- und Hilfsanlagen

1. Wasseraufbereitung und Kühlung

Von den Wasserversorgungsanlagen des alten Werkes besteht praktisch nur noch ein Wasserturm (Abb. 76), der zur Aufnahme von Trink- und Feuerlöschwasserreserven dient. Als Zusatzwasser steht — wie bereits erwähnt — Brunnenwasser zur Verfügung. Dieses Wasser wird — wie in Abb. 7 bereits dargestellt und erläutert wurde — zunächst in mehrere parallelgeschaltete Schnellreaktoren geleitet und dort mit Hilfe von Kalkmilch entkarbonisiert. Als Kontaktsubstanz in den Schnellreaktoren dienen Sandkörner, an denen sich Kalziumkarbonat kristallin ablagert. Durch die Bewegung im Reaktor entstehen runde $CaCO_3$-Körner, die von Zeit zu Zeit abgelassen werden müssen.

Abb. 76. Wasserturm und Maschinenhaus-Außenwand, Fortuna III

Die Kalkmilch wird durch Lösen von Kalkhydrat in Rührbehältern mit einem $Ca(OH)_2$-Gehalt von etwa 10% hergestellt und mit Hilfe von Kalkmilchpumpen dem Rohwasserstrom beim Eintritt in die Reaktoren zugegeben. Das aus den Reaktoren austretende Wasser wird zur Beseitigung der noch im Wasser vorhandenen Trübung ($CaCO_3$) und zur Vervollständigung der Entkarbonisierungsreaktion über Kiesfilter geleitet. Die Kiesfilter müssen nach Erreichung eines Druckverlustes von 5 m WS durch Rückspülen mit einer Wasser-Luft-Mischung von den Verunreinigungen wieder befreit werden und sind dann nach kurzem Auswaschen wieder voll betriebsbereit.

Das vollkommen klare und schwebestofffreie Wasser wird anschließend auf eine Batterie parallelgeschalteter Basenaustauscher geleitet. Die Basenaustauscher sind mit Kunstharz-Austauschermasse gefüllt, die die noch im Wasser vorhandenen Ionen der Härtebildner gegen Natriumionen austauschen. Nach Beladung mit Härtebildnern müssen die Austauscher zur Auflockerung gespült und mit Kochsalz regeneriert werden. Das Kochsalz wird als gesättigte Lösung in Einsumpfbecken (Beton mit keramischen Platten ausgekleidet) hergestellt und bevorratet. Die Sole wird unverdünnt durch elektrische Pumpen über Zumeßautomaten den zu regenerierenden Austauschern zugeführt. Durch die Regeneration geht die Austauschmasse wieder in den Na-Zustand über und ist nach kurzem Weichfahren wieder betriebsbereit. Das auf diese Art und Weise bis auf eine Resthärte von 0,1° d. H. enthärtete Weichwasser wird in die Reinwasserbehälter geleitet.

Die Lage und Auslegung der Kühltürme sind im Abschnitt I d, S. 60 beschrieben. Abb. 77 zeigt eine Ansicht der Kühltürme Fortuna III während der Montage der zweiten Ausbaustufe, Abb. 78 einen Schnitt durch einen der Ventilatorkühler, die für Endausbau Fortuna II und Fortuna III für eine Kaltwassertemperatur von 21° C

Abb. 77. Bekohlungsanlagen und Kühltürme Fortuna III (2. Ausbau in Montage)

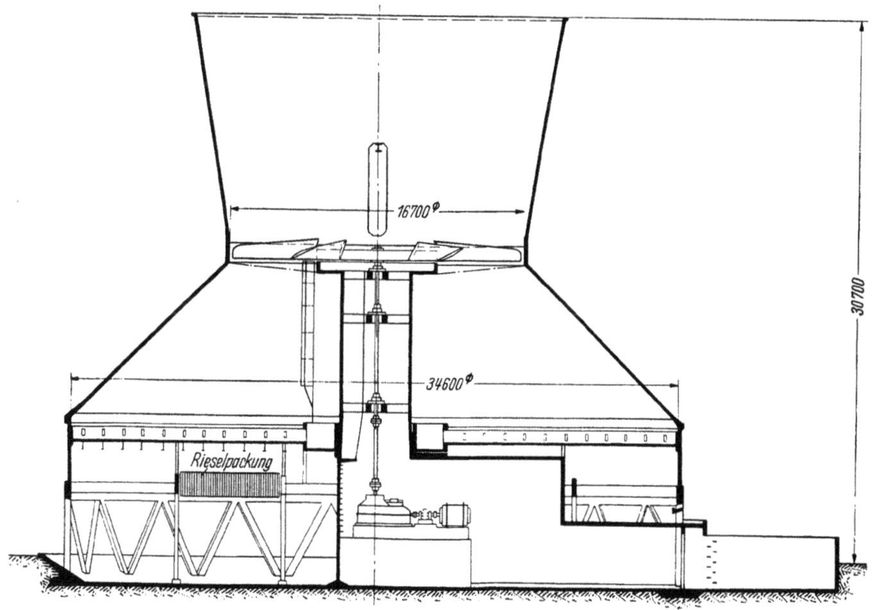

Abb. 78. Schnitt Ventilatorkühlturm Fortuna III

ausgelegt wurden. Sieben Naturzugkühler in Fortuna II sind aus Holz, alle übrigen aus Beton ausgeführt, nur ein Turm erhielt eine Verkleidung aus Welleternit. Die Einbauten bestehen bei den meisten Naturzugkühlern aus Holz, bei den Ventilatorkühlern aus senkrecht angeordneten Eternitplatten. Die Drehzahl der Ventilatoren ist über Flüssigkeitsgetriebe regelbar.

Die Aufbereitung des Weichwassers für die Verdampferanlage erfolgt nach dem Mischfolge-Regenerativ-Verfahren. Die benötigte Wassermenge wird der Rohwassermenge entnommen und 2 Austauschfiltern mit einer Leistung von je 50 m³/h zugeführt. Diese Filter enthalten ein Kohleaustauschmaterial mit schwach sauren Gruppen. Bei der Regeneration der Austauscher mit Säure entstehen mit H-Ionen beladene Gruppen, bei der folgenden Regeneration mit Kochsalzlösung mit Na-Ionen beladene Gruppen. An den mit H-Ionen beladenen schwach sauren Grup-

Rohwasser
Wirbos-Reakter
$H_2O + CaCO_3 + MgCO_3$
$Ca(OH)_2$
Klärbecken
Kiesfilter
Na-Austauscher
NaCl
$H_2O + MgCl_2 + CaCl_2$
Kühler
Kanal
Kühlturm-Zusatzwasser
Verdampfer-Speisewasser
H_2SO_4 NaCl
H/Na-Austauscher
$H_2CO_3, NaCl, Na_2SO_4$ $CaSO_4$ $MgSO_4$ $CaCl_2$ $MgCl_2$
Spülung
Luft $+CO_2$
Rieseler
Fortuna II
Verdampferanlagen
Zusatzkondens.
Fortuna III

① bis ⑦ = Analysen (Tabelle 6)

Abb. 79. Arbeitsschema der Wasseraufbereitung

Abb. 80. Luftbild der Wasseraufbereitung

pen wird die Karbonathärte unter Bindung der Härtebildner an das Austauschmaterial zu freier Kohlensäure aufgespalten, an den mit Na-Ionen beladenen Gruppen die Nichtkarbonathärte in neutrale Na-Salze übergeführt. Es entsteht ein Weichwasser, das praktisch keine gebundene Kohlensäure mehr enthält und gleichzeitig frei von Härtebildnern ist.

Das auf diese Art und Weise entkarbonisierte und enthärtete Wasser enthält die vorher gebundene Kohlensäure jetzt in freier Form. Diese wird durch eine Sprühanlage bis auf wenige Milligramm je Liter ausgetrieben. Die Beseitigung der Luft und der Restspuren von Kohlensäure erfolgt auf thermischem Wege vor Eintritt in die Verdampfer.

Die folgende Tabelle 7 gibt eine Übersicht über die Veränderung der Rohwasserzusammensetzung durch die mehrstufige Aufbereitung. Der Weg der chemischen Aufbereitung ist in Abb. 79 dargestellt. Abb. 80 zeigt eine Ansicht der gesamten Anlage, über deren Dach die Wirbos-Filter zum Teil hinausragen.

Tabelle 7. *Wasseranalysen*

		Rohwasser	hinter der Wirbos-Anlage	hinter den Basenaustauschern	Kühlwasser Fortuna II und III	Weichwasser nach H/Na-Filter
Leitfähigkeit	μS	600	350	350	4000	250
Gesamthärte	°d	14,5	6,0	<0,1	2,5	<0,1
Karbonathärte	°d	11,2	2,7			
Nichtkarbonathärte	°d	3,3	3,3			
p-Wert			0,4	0,4	2,0	
m-Wert		4,0	0,85	0,85	9,0	0,05
Kalziumhärte	°d	12,0	3,5			
Magnesiumhärte	°d	2,5	2,5			
Kalzium, Ca^{++}	mg/l	86,0	25,0			
Magnesium, Mg^{++}	mg/l	10,7	10,7			
Natrium, Na^{+} (berechn.)	mg/l	34,5	34,5	83,5		64,0
Chlorid, Cl^{-}	mg/l	35,5	35,5	35,5	450	35,5
Sulfat, SO_4^{--}	mg/l	70,0	70,0	70,0		70,0
Nitrat, NO_3^{-}	mg/l	16,0	16,0	16,0		16,0
Kieselsäure, SiO_2	mg/l	12,0	12,0	12,0	120	12,0
$KMnO_4$-Verbrauch	mg/l	5	5	5		5
Freie Kohlensäure	mg/l	44,0				10,0
Abdampfrückstand	mg/l	450				
Salzgehalt (berechn.)	mg/l	508				

Die Verdampfer liefern das Zusatzdestillat für den Speisewasserkreislauf. Dem Speisewasser für Fortuna II und die Trommelkessel 3 und 4 Fortuna III wird mit Hilfe von Dosierpumpen Trinatriumphosphat, Ätznatron und zur Alkalisierung des Kreislaufes mit Ammoniak in kleinen Mengen Diammonphosphat zugegeben. In den Kesseltrommeln findet durch die Ausdampfung eine Eindickung der mit dem Speisewasser eingetretenen Salze statt. Durch dauernde Abschlämmung wird die Eindickung so hoch gehalten, daß sich im Mittel folgende Zusammensetzungen bzw. Eigenschaften ergeben:

Leitfähigkeit	75 μS	m-Wert	0,34 $2 > $ pm
p_H-Wert	10,5	Alkalitätszahl	8,8 $2 > $ pm
Chlorid, Cl	2 mg/l	Phosphat, P_2O_5	6 mg/l
p-Wert	0,22 $2 > $ pm	Kieselsäure, SiO_2	0,2 bis 0,5 mg/l

Der aus dem Kessel austretende Sattdampf und das Turbinenkondensat haben im Mittel folgende Eigenschaften:

Leitfähigkeit	1,3 μS
p_H-Wert	8,5

Von dem Betrieb der beiden 150 MW-Blocks lagen 1956 noch keine Analysenwerte vor. Um den Salzgehalt des Speisewassers dieser Hochdruck-Bensonkessel möglichst niedrig

Tabelle 8. *Zusammenstellung der Hebezeuge Fortuna*

Art	Fortuna II					Fortuna III				
	Vorschalt-maschinenhaus-kran	Nachschalt-maschinenhaus-kran	Pumpen-haus-kran	Lasten-aufzug	Pers.-Aufzug	Maschinen-haus-kran	Pers.-Aufzug	Lasten-aufzug	Montage-kran	Hand-lauf-kran
Anzahl	2	2	1	1	1	2	2	1	1	1
Tragkraft: Haupthub . . . t	2×35	40	16	4	0,45	100	0,45	4	10	5
Hilfshub . . . t	5	—	—	—	—	10	—	—	—	—
Hubhöhe . . . m	16,5	18,5	16,5	33	33	23,5	50,5	53,2	54	6
Hubgeschwindigkeit: Haupthub m/min	1		4			1,4	—		10	Handantrieb
Haupthub m/sec				0,3/0,075	1,25/0,25		1,2	0,6		
Hilfshub . m/min	5		—	—	—	15	—	—	—	
Kranfahren: . . . m/min	30		35	—	—	35		—	35	
Katzfahren: . . . m/min	20		20	—	—	20	—	—	20	
Spannweite: . . . m	14,1	16	11,8	—	—	35,5	—	—	8,5	4,6
Haltestellen:	—	—	—	6	10	—	11	12	—	—
		Fachwerk-Konstruktion					Fachwerk-Konstruktion			

zu halten und eventuelle Kühlwassereinbrüche unschädlich zu machen, sind zwischen Kondensator und Kessel Mischbettfilter geschaltet. Diese Mischbettfilter enthalten eine innige Mischung von stark saurem Kationenmaterial und stark basischem Anionenmaterial und sind so reichlich ausgelegt, daß notfalls das gesamte Kondensat bis auf einen Salzgehalt von 0,1 mg/l entsalzt werden kann. Mischbettfilter haben im Normalbetrieb eine verhältnismäßig lange Laufzeit. In Abständen von etwa 1 bis 2 Monaten bzw. nach ihrer Erschöpfung werden sie nach Entmischung der Austauschmaterialien mit Natronlauge und Salzsäure regeneriert und damit wieder voll betriebsbereit.

Mit Hilfe von Dosierpumpen wird dem Speisewasser der Bensonkessel zwecks Alkalisierung des gesamten Dampf/Wasser-Kreislaufes Ammoniak und zur Beseitigung von Sauerstoffspuren Hydrazin (0,1 g N_2H_4/m^3) zugesetzt. Es beseitigt Restspuren von Sauerstoff aus dem Speisewasser nach der Gleichung

$$N_2H_4 + O_2 = 2H_2O + N_2.$$

Der im Speisewasser verbleibende Überschuß von Hydrazin zersetzt sich bei Temperaturen über 250° C zu Ammoniak und Stickstoff:

$$3N_2H_4 = 4NH_3 + N_2.$$

Es wird angestrebt, mit dieser Anlage folgende Anforderungen an das Speisewasser der Bensonkessel zu erfüllen:

Salzgehalt	$<$0,5 mg/l
Kieselsäure	$<$0,03 mg/l
Sauerstoff	$<$0,01 mg/l
Ammoniak bzw. Hydrazin	0,1 bis 0,2 mg/l
Eisen	$<$0,05 mg/l
Kupfer	$<$0,01 mg/l
p_H-Wert	8,5 bis 9,5

2. Hebezeuge und Transportanlagen

Tabelle 8 zeigt eine Zusammenstellung der in den Kraftwerken Fortuna II und III vorhandenen Krananlagen, Lasten- und Personenaufzüge. Die Maschinenhauskrane im Vorschaltmaschinenhaus Fortuna II und im Maschinenhaus Fortuna III sind mit je einem Hilfshubwerk von 5 bzw. 10 t Tragkraft ausgestattet. Die beiden Maschinenhauskrane Fortuna III können getrennt verfahren oder zum Zwecke der Generatormontage durch einen Balken verbunden und elektrisch so gekoppelt werden, daß die Höchstlast von rund 170 t gleichmäßig gehoben und verfahren wird.

Die Montagegleise und Kohlenförderanlagen wurden bereits in den Abschnitten II und III beschrieben.

3. Feuerlöschanlage

Abb. 81 zeigt ein Schema der gesamten Feuerlöschanlage des Werkes. Es sind zwei elektrisch angetriebene Feuerlöschpumpen vorhanden, die in der Permutitanlage

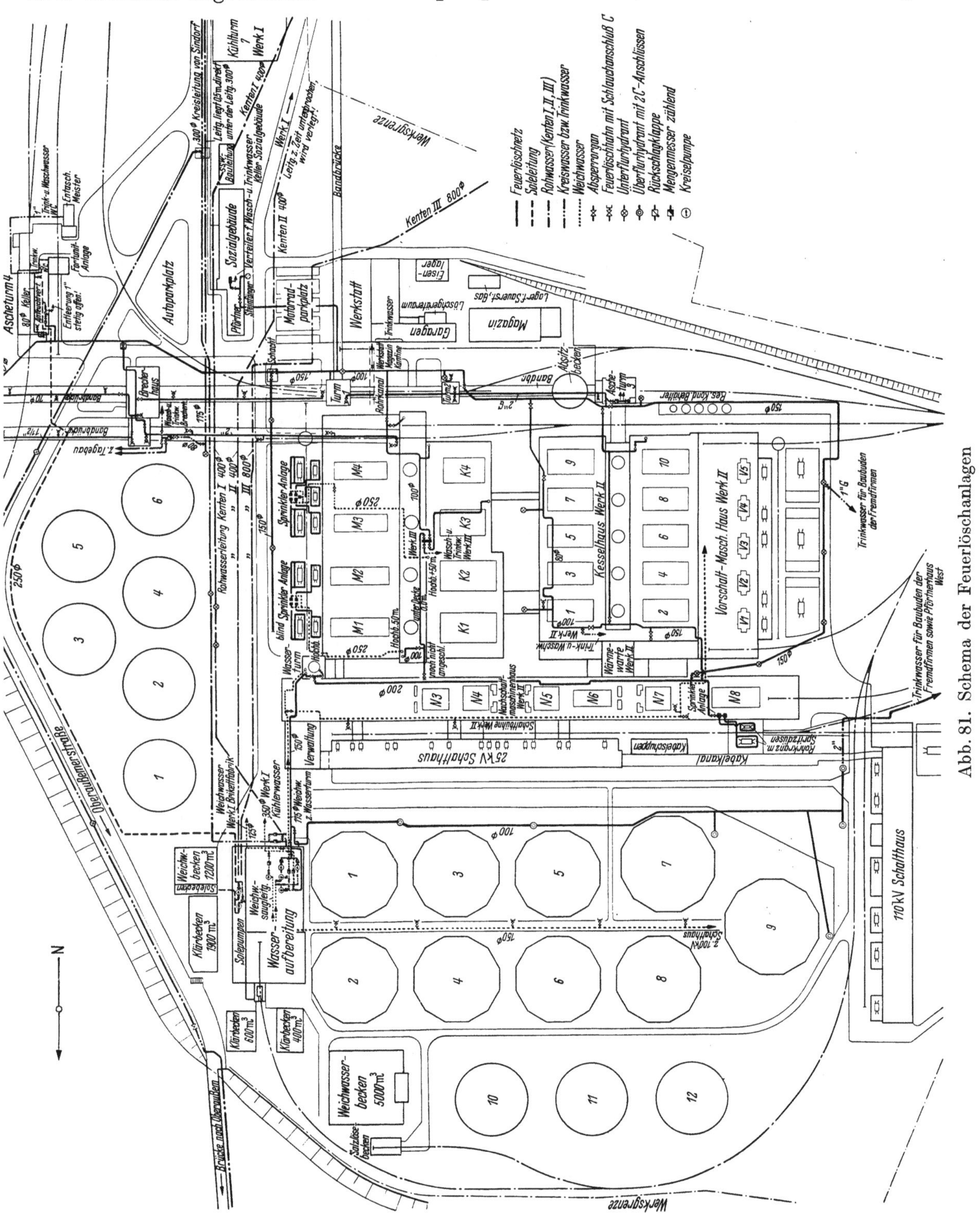

Abb. 81. Schema der Feuerlöschanlagen

aufgestellt sind und das Wasser einem unter Flur liegenden Sammelbecken entnehmen. Wie im Schema dargestellt, ist auch eine Wasserreserve in dem oben beschriebenen Wasserturm vorhanden. Die im Freien aufgestellten Umspanner werden durch eigene Sprinkleranlagen gesichert, die im Gefahrenfall automatisch in Tätigkeit treten.

4. Laboratoriums- und Werkstatteinrichtungen

Die Laborräume sind zentral an der südlichen Schmalseite des Maschinenhauses Fortuna III untergebracht. Die Lage der Werkstatt ist auf S. 59 beschrieben. Größere Reparaturen werden in einer Zentralwerkstätte des Unternehmens bzw. in den Werkstätten der Lieferfirmen durchgeführt, die fast sämtlich in der Nähe von Köln ihren Sitz haben.

III. Elektrotechnische Ausrüstung

a) Generatoren

Sämtliche neuen Fortuna-Generatoren sind 3000tourige Einheiten mit der VDE-Normspannung von 10,5 kV $\pm$ 5%. Abb. 41 zeigt die Ljungström-Generatoren des Vorschaltkraftwerkes, im Hintergrund die größte bisher gebaute 3000tourige Einheit mit 64 MVA, davor Einheiten mit je 43 MVA. Der Generator der 90 MW-Nachschaltturbine von Fortuna II (Abb. 40) sowie die Generatoren von Fortuna III (Abb. 44 u. 45) haben Wasserstoffkühlung. Die Ständerwicklung dieser Maschinen ist in Vierfach-Parallelschaltung ausgeführt. In der Tabelle 9 sind einige charakteristische Daten zusammengestellt. Abb. 82 zeigt eine Dichtölanlage für die Wasserstoffversorgung.

Abb. 82. Dichtölanlage für einen wasserstoffgekühlten 150 MW-Turbogenerator

Die Generatoren 1 und 2 haben direktgekoppelte Erregermaschinen, der Generator 3, der im Läufer mit Hohlleitern ausgeführt wurde, eine Getriebeerregermaschine. Alle Generatoren sind bahntransportfähig. Die Ständergehäuse werden dabei zur vollen Profilausnutzung auf einen durch die Generatorbohrung geführten Längsträger ausgesattelt, der auf jeder Seite von einem Drehgestell getragen wird. Zum Generatoranschluß dienen blanke Aluminiumschienen in Blechkanälen, die bis zu den Generatorklemmen geführt sind. Bei den größeren Einheiten ist jede Phase für sich gekapselt, um die Gefahr von Kurzschlüssen weitgehend einzuschränken. Die strommäßig am höchsten belasteten

Kanäle werden mit Innenbelüftung im geschlossenen Kreislauf und Wasserrückkühlung der Kühlluft ausgeführt. Von der Maschinenhauswand an sind sämtliche Kanäle freitragend und nur am Ende auf Portalen abgestützt. Die Umspanner können ohne Demontage der Kanäle aus- und eingefahren werden.

Tabelle 9. *Charakteristische Daten einiger H_2-gekühlter Generatoren*

H_2-Druck atü	Leistung MVA	Leistungs-faktor	Wirkungsgrad %	Leerlauf-Kurzschluß-Verhältnis	Größte Kranlast
1. 0,035	114	0,79	98,54	0,64	137
1,0	129	0,775	(Meßwert)		
2. 0,035	125	0,8	98,63	0,7	178
1,0	143	0,7	(Meßwert)		
3. 2,0	187,5	0,8	98,5	0,6	189
3,0	214,0	0,7	(Garantiewert)		

b) Umspanner und Schaltanlagen

Die 220 kV-Maschinentransformatoren sind mit Rücksicht auf die Spannungsschwankungen des Netzes regelbar. Bei den 150 MVA-Einheiten sind für diese Regelung getrennte Zusatzregelumspanner auf der 10,5 kV-Seite vorgesehen. Bei den 200 MVA-Umspannern war es möglich, die Regelung in den oberspannungsseitigen Sternpunkt

Abb. 83. Umspanner 225 MVA, 10,5/220 kV

zu verlegen, nachdem in der Zwischenzeit das 220 kV-Netz auf starre Sternpunkterdung umgestellt wurde und die neuen Transformatoren mit abgestufter Isolation ausgeführt werden konnten. Abb. 83 zeigt einen 225 MVA-Umspanner mit Schienenkanal auf der Unterspannungs- und Ölkabelanschluß an der Oberspannungsseite. Man sieht ferner das Rohrsystem der automatischen Feuerlöschanlage und links einen Zusatzregelumspanner. Diese Einheiten haben — wie bereits erwähnt — eine zusätzliche 6 kV-Wicklung zur

Speisung des Blockeigenbedarfes. Sämtliche Großumspanner erhielten wegen der ungünstigen atmosphärischen Verhältnisse Wasserkühlung. Zum Antransport der 220 kV-Umspanner dienen sogenannte Schnabelwagen. Hierbei bildet der Transformatorkessel das Mittelstück eines Trägers, der beiderseits auf Drehgestellen lagert. Die Transformatoren kommen betriebsfertig zusammengebaut zum Versand.

c) Motoren

Alle großen Motoren sind Käfigläufer für direktes Einschalten. In den Kesselhäusern fanden ausschließlich vollständig geschlossene Ausführungen Verwendung, in den Maschinenräumen zum Teil auch durchzugbelüftete spritzwassergekühlte Motoren.

Abb. 84. Wassergekühlter Abtriebsmotor einer Kohlenmühle

Die großen Speisepumpenmotoren sind mit geschlossenem Kühlkreislauf und Wasserrückkühlung ausgeführt. In Fortuna II wurde Anfang 1952 ein Mühlenmotor von 300 kW mit direkter Wasserkühlung des Ständers und Läufers in Betrieb genommen. Nachdem sich dieser Motor bewährt hat, wurden für sämtliche Mühlen, Saugzug- und Frischluftgebläse von Fortuna II, Block V, und von Fortuna III sowie eine Reihe weiterer Antriebe diese neuen wassergekühlten Motoren beschafft. Maßgebend hierfür waren die geringeren Kosten, Abmessungen und Gewichte, die Unempfindlichkeit gegen erhöhte Raumtemperaturen und die schwächere Geräuschbildung. Abb. 84 zeigt einen 10-poligen 420 kW-Motor direkt gekuppelt mit einer Kohlenmühle, deren Schwungmoment 25 tm^2 beträgt.

d) Eigenbedarfsschaltanlagen

Die 6 kV-Anlagen von Fortuna II wurden ebenso wie die 10,5 kV-Generatorschaltanlagen überwiegend in offener Bauweise erstellt, während die 6 kV-Anlagen von Fortuna III einheitlich stahlblechgekapselt sind. Ihre einzelnen Felder sind geschottet, die

Schalter ausfahrbar (Abb. 85). Durch Vermeiden von Doppelsammelschienensystemen konnte in diesen Anlagen auf Trennschalter verzichtet werden. Die Anwendung der gekapselten Einheiten ermöglichte eine erhebliche Raumersparnis sowie eine schnelle und schonende Montage. Sie konnten dort aufgestellt werden, wo dies betrieblich am zweckmäßigsten war. Die Niederspannungsanlagen haben, soweit sie in abgeschlossenen elektrischen Betriebsräumen Aufstellung finden, Stahlblechfelder, während an allen übrigen Stellen gußgekapselte Verteilungen verwendet wurden. Wie Abb. 86 zeigt, wurden in Fortuna III nur die Schaltanlagen für die Kessel und den allgemeinen Eigenbedarf

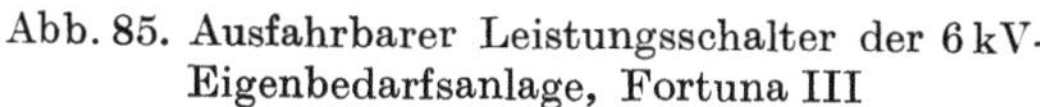

Abb. 85. Ausfahrbarer Leistungsschalter der 6 kV-Eigenbedarfsanlage, Fortuna III

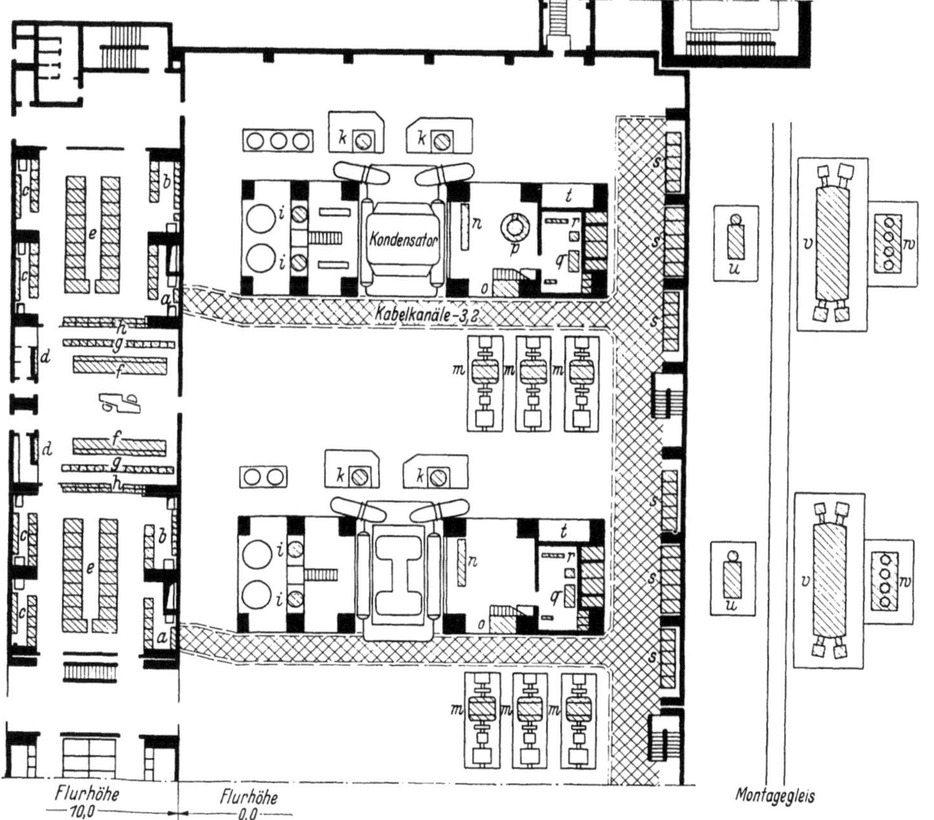

Abb. 86. Lageplan der elektrischen Eigenbedarfsanlagen Block 1/2, Fortuna III

a Schutz-, Meß- und Reglertafel; *b* Gefahrmelderelaistafel; *c* 380-V-Kesselschaltanlagen; *d* Lichtverteilung; *e* 6 kV-Kesselschaltanlagen; *f* Pult für Generator-, Turbinen- und Kesselsteuerung; *g* Überwachungstafel für Generator-, Turbinen- und Kesselsteuerung; *h* Magnetikregler; *i* Kondensatpumpen; *k* Kühlwasserpumpen; *m* Kesselspeisepumpen; *n* H_2-Überwachungstafel; *o* Fernsprecher; *p* H_2-Dichtölanlage; *q* Entregungszelle; *r* Gestelldrossel und Spannungswandler; *s* 6 kV-Schaltanlagen, Masch.-Haus; *t* H_2- und CO_2-Flaschen; *u* Eigenbedarfsumspanner; *v* Aufspanntransformatoren; *w* Kühlanlage

in geschlossenen Räumen im Schwerbau aufgestellt, die Anlage für die Turbosätze dagegen unmittelbar im Maschinenhaus. Die Transformatoren zur Versorgung der Niederspannungsnetze sind möglichst nahe an den Schaltanlagen angeordnet. Es sind vorwiegend Clophen- oder Trockentransformatoren, die frei im Raume stehen. Soweit Öltransformatoren verwendet werden, stehen sie in besonderen Kammern oder im Freien.

e) Kabel und Erdungsanlagen

Fortuna II ist überwiegend noch mit Papierbleikabeln installiert worden. Die Kabel wurden unter Trennung von Hoch- und Niederspannungskabeln weitgehend in Kanälen verlegt, die durch Längs- und Querschotten und teilweise durch Feuerlöschanlagen

Abb. 87. Kabelkanal Fortuna III

geschützt sind (Abb. 87). In Fortuna III sind ausschließlich Kunststoffkabel verwendet, die sich bei den kurzen Längen als wirtschaftlicher erwiesen haben und infolge ihrer Nichtbrennbarkeit eine wesentlich freizügigere Verlegung ermöglichen.

Die Erdungsanlagen von Fortuna II und III wurden zusammengeschlossen und — soweit zweckmäßig — mit den Eisenkonstruktionen, der Armierung des Eisenbetons sowie den Gleisanlagen und Rohrleitungen verbunden. Um die wichtigsten Bauteile des Kraftwerkes sind Erdungsringleitungen verlegt, in die auch das Kühlturmgelände mit einbezogen ist. Die Erdungsmessungen ergaben einen Gesamtausbreitungswiderstand von etwa 0,22 Ohm und eine so günstige Spannungsverteilung, daß keine besonderen Maßnahmen, wie z. B. Potentialsteuerung, notwendig waren.

f) Schutzeinrichtungen

Die großen Blockeinheiten sind mit folgenden Schutzeinrichtungen versehen: Generatordifferentialschutz, 100%igem Ständererdungsschlußschutz, Ständerwindungsschlußschutz, Läufererdschlußschutz, Rückleistungsschutz, Spannungssteigerungsschutz, Unsymmetrieschutz, Transformatordifferentialschutz, Buchholzschutz und überlagerter Impedanzschutz. Da es sich um größere Maschineneinheiten handelt, wurde eine neue Form von Schnellentregung verwendet, die in 1 bzw. 1,5 s die Maschine entregt, je nach-

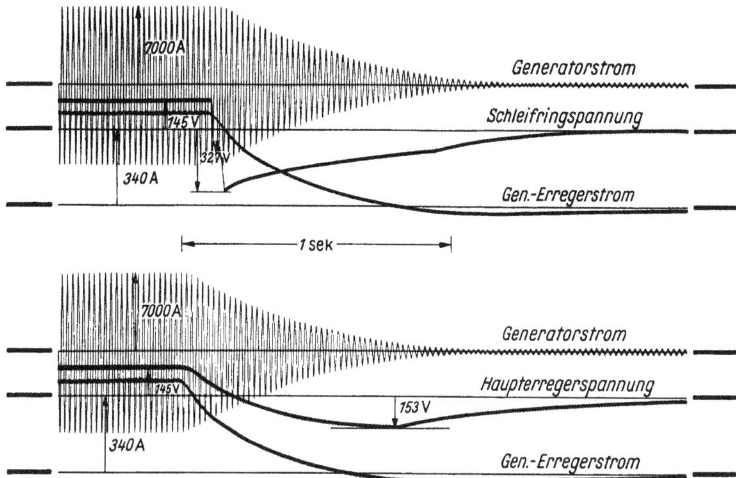

Abb. 88. Oszillogramm der Schnellentregung eines 143 MVA-Generators

dem es sich um drei- oder zweipoligen Kurzschluß handelt (Abb. 88). Die Wasserstoffkühlung der Generatoren und der ruhige Lauf der Turbosätze werden ebenso wie die Temperaturen automatisch überwacht. Der Schutz der Eigenbedarfsanlagen ist einfacher gestaltet und besteht im wesentlichen aus Differentialschutz mit überlagertem Überstromschutz für die Hauptverbindungen und einem Kurzschluß- und Überlastschutz für die Abgänge. Die großen Kesselspeisepumpenmotoren der neuesten Blocks haben außerdem einen selektiven Erdschlußschutz. Die Eigenbedarfsanlagen sind mit Umschaltautomatiken ausgerüstet, die alle erforderlichen Messungen und Schaltungen selbsttätig ausführen. Da die Stromversorgungsquellen für den Eigenbedarf nicht immer synchron bzw. in gleicher Phasenlage sind, wird mit kurzer Zwischenpause umgeschaltet. Abb. 89 zeigt die Relaistafel eines 100 MW-Blockes mit Umschaltautomatik, Generator- und Transformatorschutz, Fernsteuereinrichtung für den 220 kV-Leistungsschalter und den Summenzählern.

Abb. 89. Relaistafel eines 150 MW-Blockes, Fortuna III

Die 6000- und 380 V-Eigenbedarfsnetze werden normalerweise mit nichtgeerdetem Sternpunkt gefahren, um sofortige Betriebsunterbrechungen bei einem einpoligen Erdschluß zu vermeiden und diesen zu geeigneter Zeit beheben zu können. Nachteilige Spannungsbeanspruchungen sind bis 1956 nicht aufgetreten.

g) Nachrichtenanlagen

Die verschiedenen Gebäudeteile sind durch Telephonanlagen verbunden, die teils gußgekapselt ausgeführt, teils in aus Holz oder schallschluckendem Material hergestellten Telephonzellen untergebracht sind. Eine Lautsprecheranlage mit Gegensprecheinrichtung verbindet die Netzwarte mit der Wärmewarte Fortuna II. Eine Rufanlage für das Personal kann über Lautsprecher betätigt werden, deren Einschaltung über die Telephonvermittlungsstelle oder die Netzwarte erfolgt. Die Stromversorgung dieser Rufanlage erfolgt im allgemeinen vom Wechselstromnetz bzw. — wenn dieses ausfällt — über Umformer von der 220 V-Gleichstrombatterie. Ferner können Signalanlagen, bestehend aus Sirenen in den Maschinen- und Kesselhäusern und in den Außenanlagen und aus Hupen in den Büroräumen, von der Netzwarte der Wärmewarte Fortuna II und den Blockwarten Fortuna III aus betätigt werden. Zur Schaltanlage Rommerskirchen des RWE besteht eine Ortsbatterie-Sprechverbindung.

D. Kennwerte

Der Personalbedarf für die Montagen, die sich für die einzelnen Bauabschnitte zeitlich oft überschnitten haben, ist in Abb. 90 dargestellt. Die Inbetriebnahme des ersten 150 MW-Blockes erfolgte in der außerordentlich kurzen Zeit von zwei Jahren ab Erteilung der Bestellungen auf die Kessel und Turbinen.

Abb. 91 zeigt eine vereinfachte Energiebilanz unterteilt in 5 Gruppen: Fortuna I, Fortuna II — Kessel 1 bis 8, Fortuna II — Block V, Fortuna III — 1. Ausbau (2 × 100 MW) und Fortuna III — 2. Ausbau (2 × 150 MW). Die angegebenen Werte beziehen sich auf Vollast entsprechend der Auslegung (Garantiezahlen).

In Abb. 92 sind ferner einige spezifische Kennwerte der Kraftwerke Fortuna II und III zusammengestellt, Büroräume, Permutithaus und Kühltürme wurden in den Raum- und Grundflächenbedarf nicht mit einbezogen, jedoch bei der Kostenermittlung anteilig berücksichtigt. Für den Kostenvergleich wäre es naheliegend gewesen, den ersten Bauabschnitt Fortuna II als Vergleichsbasis zu wählen. Bezieht man jedoch den Kapitalbedarf eines Vorschaltkraftwerkes nur auf die zusätzlich gewonnene Vorschaltleistung, dann ergeben sich unverhältnismäßig hohe spezifische Kosten; für eine Einbeziehung der alten Kondensationsturbinen fehlt andererseits ein Vergleichsmaßstab, da man diese Maschinen bei einer Neuausführung anders ausgelegt hätte. Es wurden daher die voraussichtlich zu erwartenden Abrechnungskosten des Endausbaues Fortuna III als Vergleichsbasis (= 100%) gewählt und die übrigen Ausbaustufen hierauf bezogen. Abb. 92 zeigt, daß die steigenden Einheitsleistungen der Turbosätze, der Übergang zu reinem Blockbetrieb — in Fortuna III ist jedem Turbosatz nur noch ein Kessel zugeordnet — und die Steigerung des Betriebsdruckes ein Absinken des spezifischen Wärmeverbrauches, des Bedarfes an umbautem Raum und an Grundfläche und damit auch der spezifischen Kosten je installierte kW zur Folge hatten. Der Übergang von der im Endausbau Fortuna II gewählten Zweiwellenanordnung mit 2 Kesseln je Block auf Blockeinheiten mit nur einem Turbosatz und die Steigerung des Betriebsdruckes Eintritt Turbine von 110 auf 180 ata, die erst eine volle Ausnutzung der Vorteile einer Zwischenüberhitzung ermöglichte, hatten eine Verminderung der bezogenen Kosten von 155 auf 100%, d. h. um etwa ein Drittel zur Folge. Da gleichzeitig mit dem Kapitalanteil auch der Wärmeverbrauch und damit der Brennstoffanteil der Stromkosten verringert werden,

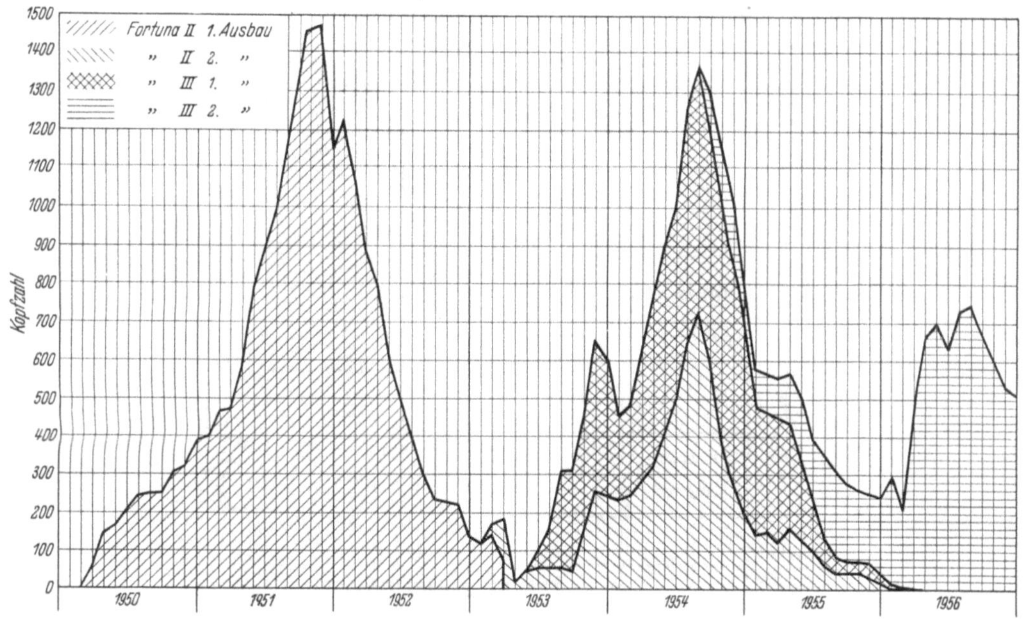

Abb. 90. Einsatz von Bau- und Montagepersonal

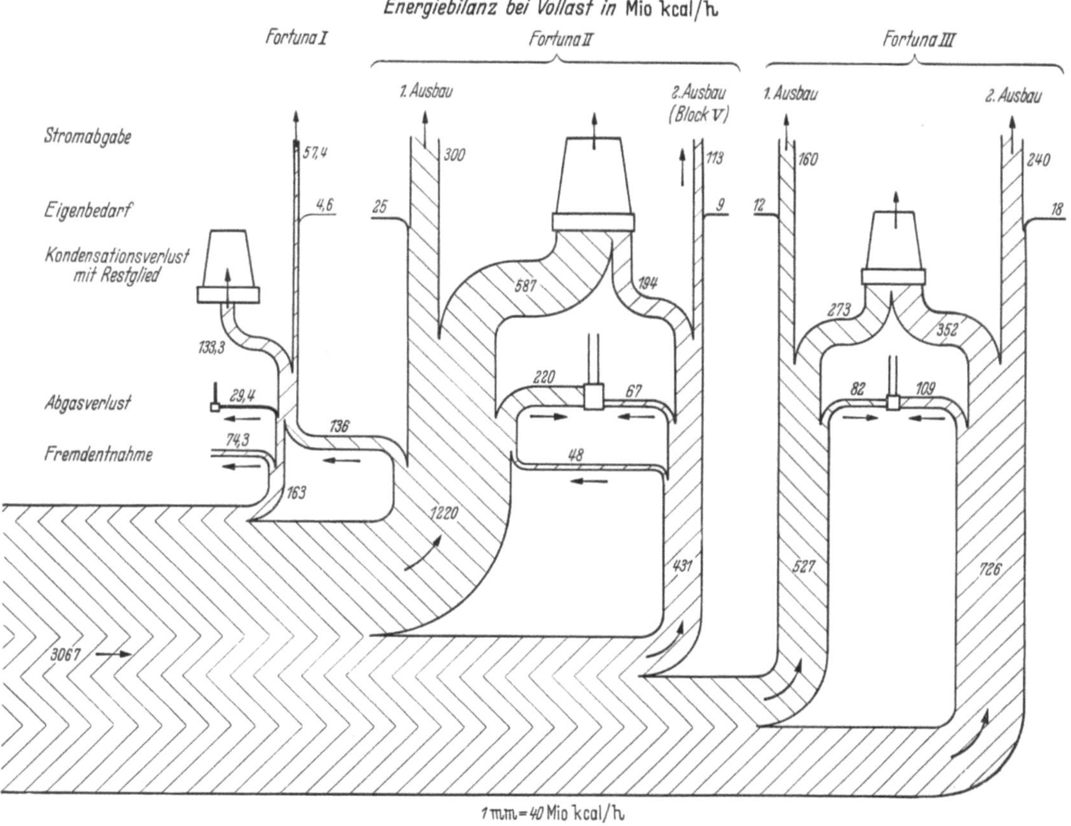

Abb. 91. Vereinfachte Energiebilanz (Sankeydiagramm)

konnte für die Blockeinheiten des Endausbaues mit einer erheblichen Senkung der Gestehungskosten des elektrischen Stromes gerechnet werden.

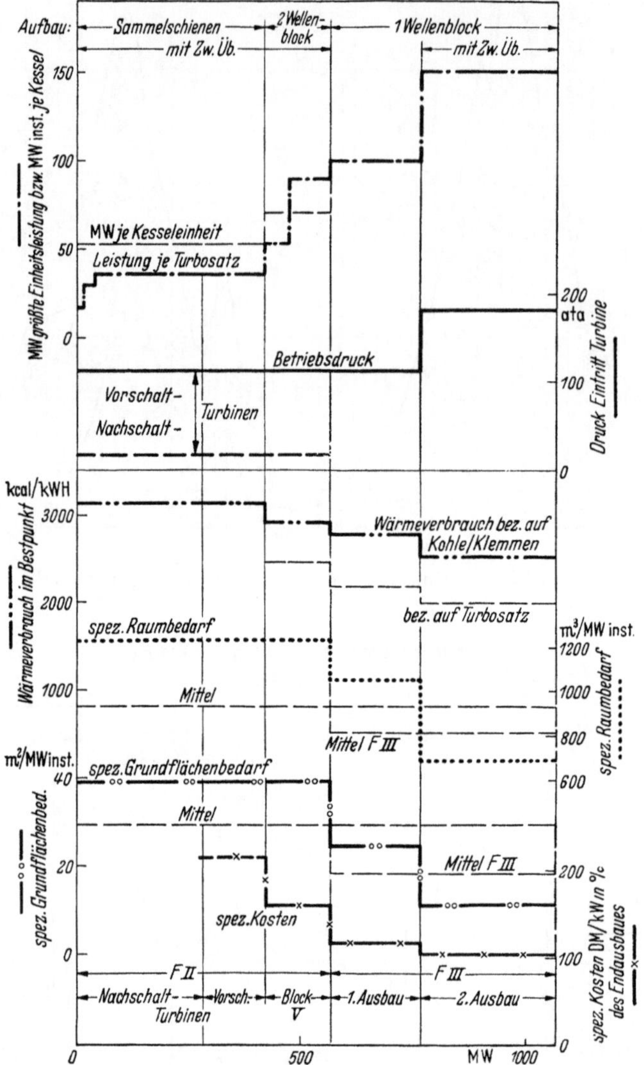

Abb. 92. Spezifische Kennwerte für Fortuna II und III

Drittes Ausführungsbeispiel

Kraftwerk Emden der Nordwestdeutsche Kraftwerke AG., Hamburg

Von HEINRICH ERNST, Erlangen

A. Vorgeschichte, Aufgabenstellung und Vorarbeiten

Abb. 1 zeigt das Interessengebiet der Nordwestdeutsche Kraftwerke AG. Die ersten Anlagen waren die Werke Wiesmoor, Harburg-Wilhelmsburg und Herrenwyk. 1924 kam Unterweser (Bremen-Farge) hinzu, das in der Folgezeit stark erweitert wurde.

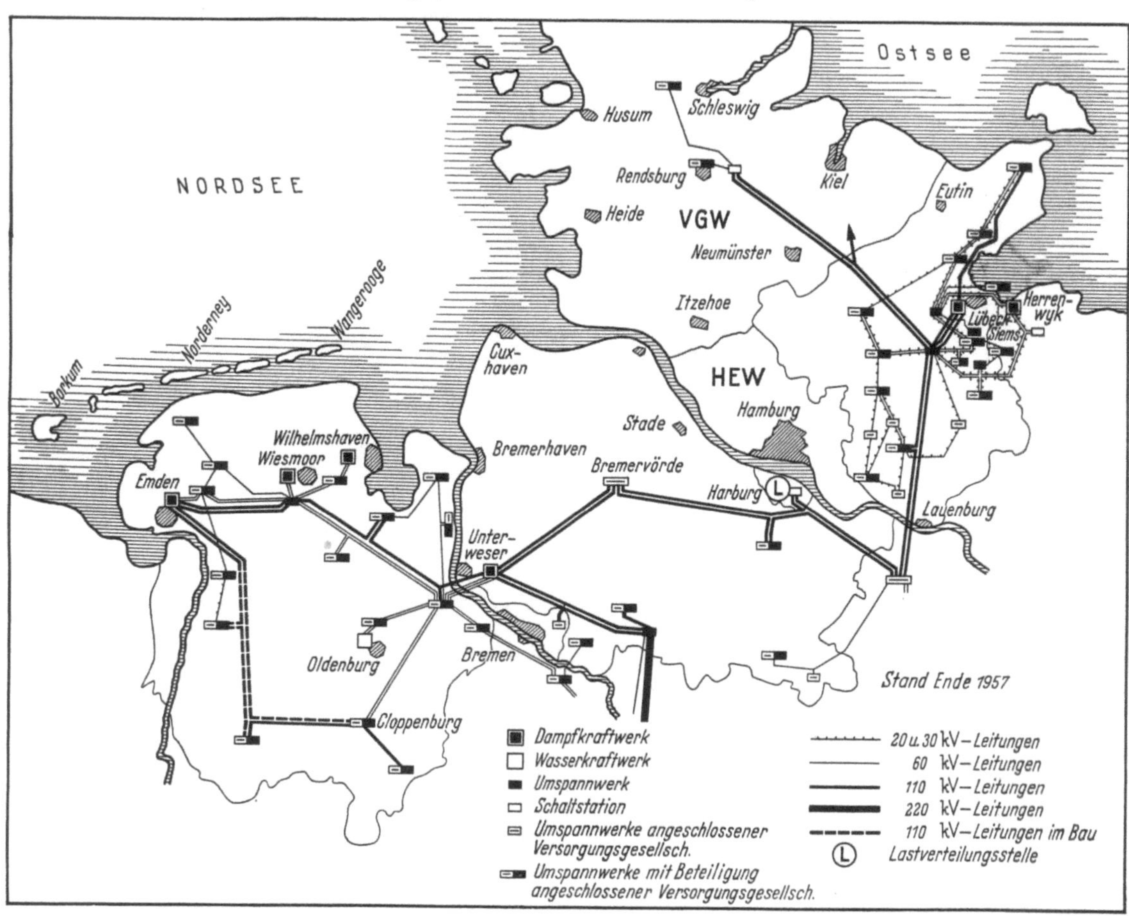

Abb. 1. Interessengebiet der Nordwestdeutschen Kraftwerke AG. Die Erzeugungsschwerpunkte liegen in Bremen-Farge (Unterweser), Emden und Lübeck. Ab 1961 kommt Stade hinzu

Harburg schied später als Kraftwerk aus. Mit dem steigenden Strombedarf wuchsen die Werke in ihrer Anzahl und ihrer Leistung. In Abb. 2 ist der Anstieg der Kraftwerkleistung sowie der Turbosatzeinzelleistung dargestellt. Von kleinen Wanderrostkesseln mit 14 atü/300 °C und kleinen Turbosätzen von 3 MW im Jahre 1910 ging die Entwicklung bis 1958 zu kohlenstaubgefeuerten Kesseln von 275 t/h (400 t/h)[1] und Turbosätzen von 80 MW (125 MW)[1], wobei die Fortschritte in Wärmetechnik und Kraftwerksausrüstung ständig berücksichtigt wurden. Abb. 3 zeigt die Steigerung der Dampfzustandsgrößen in den Werken der NWK. Die standortmäßig günstig gelegenen Werke Bremen-Farge und Lübeck-Siems hatten bis zum Bau des Kraftwerkes Emden den größten Anteil am Leistungszuwachs.

Nach Vollendung der zweiten Baustufe des Kraftwerkes Emden umfassen die Anlagen der NWK folgende Kraftwerke und Kraftwerksleistungen:

1. Bremen-Farge	214	MW
2. Emden	150	MW
3. Lübeck-Siems	120	MW
4. Herrenwyk	46	MW
5. Wiesmoor (Torfkraftwerk)	15	MW
6. Wilhelmshaven	13	MW
7. Wasserkraftwerk Oldenburg	0,7	MW
8. Stade (im Bau)	125	MW

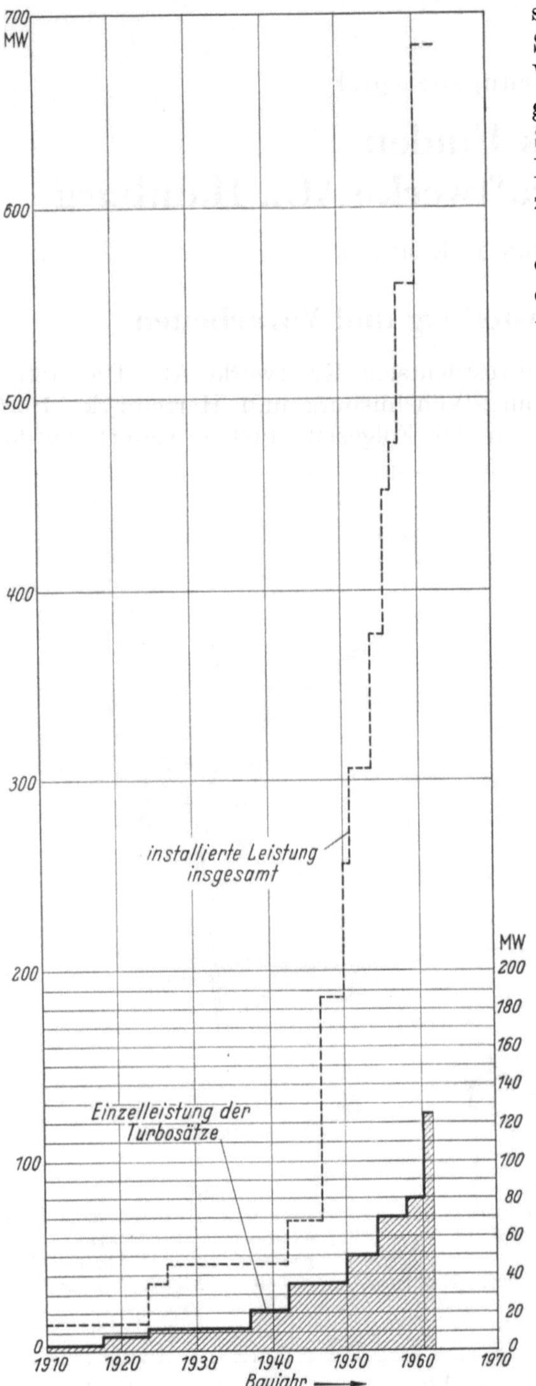

Abb. 2. Wachstum der Kraftwerksleistung und der Turbosatzeinzelleistung bis 1960

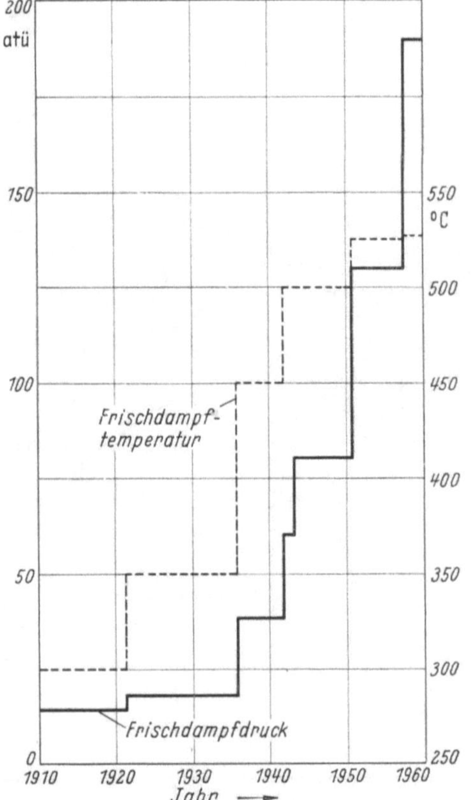

Abb. 3. Entwicklung von Frischdampfdruck und -temperatur am Kesselaustritt

Die Kraftwerke 5 bis 7 haben an der Gesamtleistung nur geringen Anteil. Die Stromerzeugungsschwerpunkte der NWK liegen an den norddeutschen Strömen Ems, Weser,

[1] Zahlen in Klammern gelten für die im Bau befindliche Anlage Stade.

Elbe und an der Ostsee, wo günstige Kühlwasserverhältnisse, Kohlenzufuhr auf dem Wasserwege und günstige Lage innerhalb des Versorgungsgebietes vorteilhafte Standortverhältnisse schaffen.

Bevor das Kraftwerk Emden entstand, fehlte im westlichen Teil des Versorgungsgebietes ein Spannungs- und Leistungsstützpunkt. Das Bestreben, diese Lücke im Zusammenhang mit der Verwertung der friesländischen Torflager auszufüllen, führte die NKW zu dem Entschluß, in Ostfriesland ein neues Dampfkraftwerk zu errichten. Ostfriesland ist im Verhältnis zum übrigen Bundesgebiet dünn besiedelt; der jährliche Verbrauch an elektrischer Arbeit je Einwohner liegt dort unter dem Bundesdurchschnitt. Mit der zu erwartenden Entwicklung des Emslandes und mit dem Wiederaufbau und der Erweiterung der Nordseehäfen wird der Verbrauch an elektrischer Energie in diesem Landesteil steigen. Belastungskurven der NWK-Werke im Winter 1956 zeigt Abb. 4.

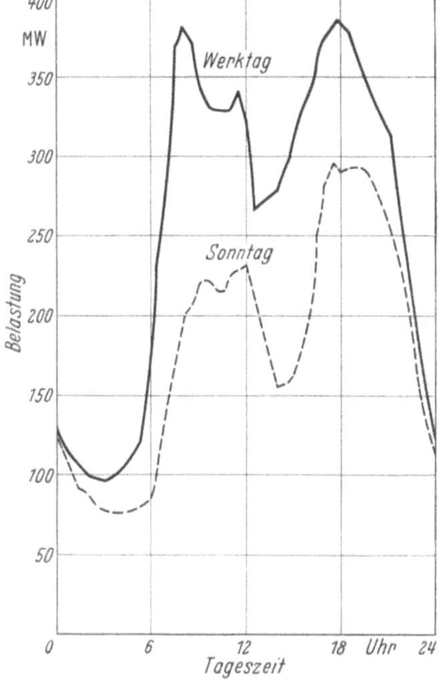

Abb. 4. Gesamt-Belastungskurven der NWK-Kraftwerke für Dezember 1956

Bei der Beurteilung der verfügbaren Bauplätze zur Wahl des am besten geeigneten Standortes mußten unter anderen folgende Forderungen berücksichtigt werden:

1. die Anfuhr des Brennstoffes (hauptsächlich Steinkohle) muß auf dem billigen Wasserweg durch Binnen- und Seeschiffahrt möglich sein,
2. es muß Kühlwasser mit niedriger Jahresmitteltemperatur in ausreichender Menge zur Verfügung stehen,
3. das Gelände muß mit tragbaren Kosten aufgeschlossen werden können (Straßen, Bahnanschluß, Hafen),
4. die Ascheabfuhr für die ersten Betriebsjahre muß befriedigend möglich sein, bis nach diesen ersten Jahren für die Aschebeseitigung andere Lösungen gefunden sind.

In gründlichen Vorarbeiten wurden 5 Standorte in Ostfriesland und zum Vergleich einer am Weserunterlauf untersucht. Die Wahl des Standortes an der Weser hätte die Forderung nach einem Leistungsstützpunkt am Rande des Versorgungsgebietes nicht erfüllt. Als günstigster Standort wurde der Emdener[1] Seeschiffs-Binnenhafen gefunden. Hier hatte man neben der Erfüllung der oben genannten Forderungen den Vorteil, daß der Wasserstand im Hafen unabhängig von den Gezeiten konstant ist. Ein wesentlicher Punkt war die frachtgünstige Lage für die Anfuhr der Ruhrkohle auf dem Wasserwege. Für die erste Ausbaustufe wurde ein Block von 70 MW gewählt, der Endausbau ist für vier große Blocks gedacht. Die Entwicklung ergab, daß der zweite Block 80 MW erhält. Die folgenden Ausbaustufen werden durch die zukünftige Entwicklung bestimmt.

Als Gelände standen Hafenpolder zur Verfügung (Abb. 5), deren Terrainhöhe tiefer als der Hafenwasserspiegel lag. Die bereits bestehenden Straßen und Bahngleise lagen etwa 3 m über Terrain, somit mußte die gesamte Fläche des Kraftwerksgrundstückes aufgespült bzw. aufgeschüttet werden. Der Kühlwasserkanal und die unteren Flure des Bauwerkes wurden auf dem vorhandenen Geländeniveau errichtet, die Auffüllung und Aufspülung geschah erst später.

Durch den Standort am Emdener Binnenhafen sind folgende Verhältnisse gegeben:

a) Meeresklima (hohe relative Luftfeuchte),

[1] Verfasser hält sich an den allgemeinen Sprachgebrauch, in Friesland schreibt man „Emder ...“

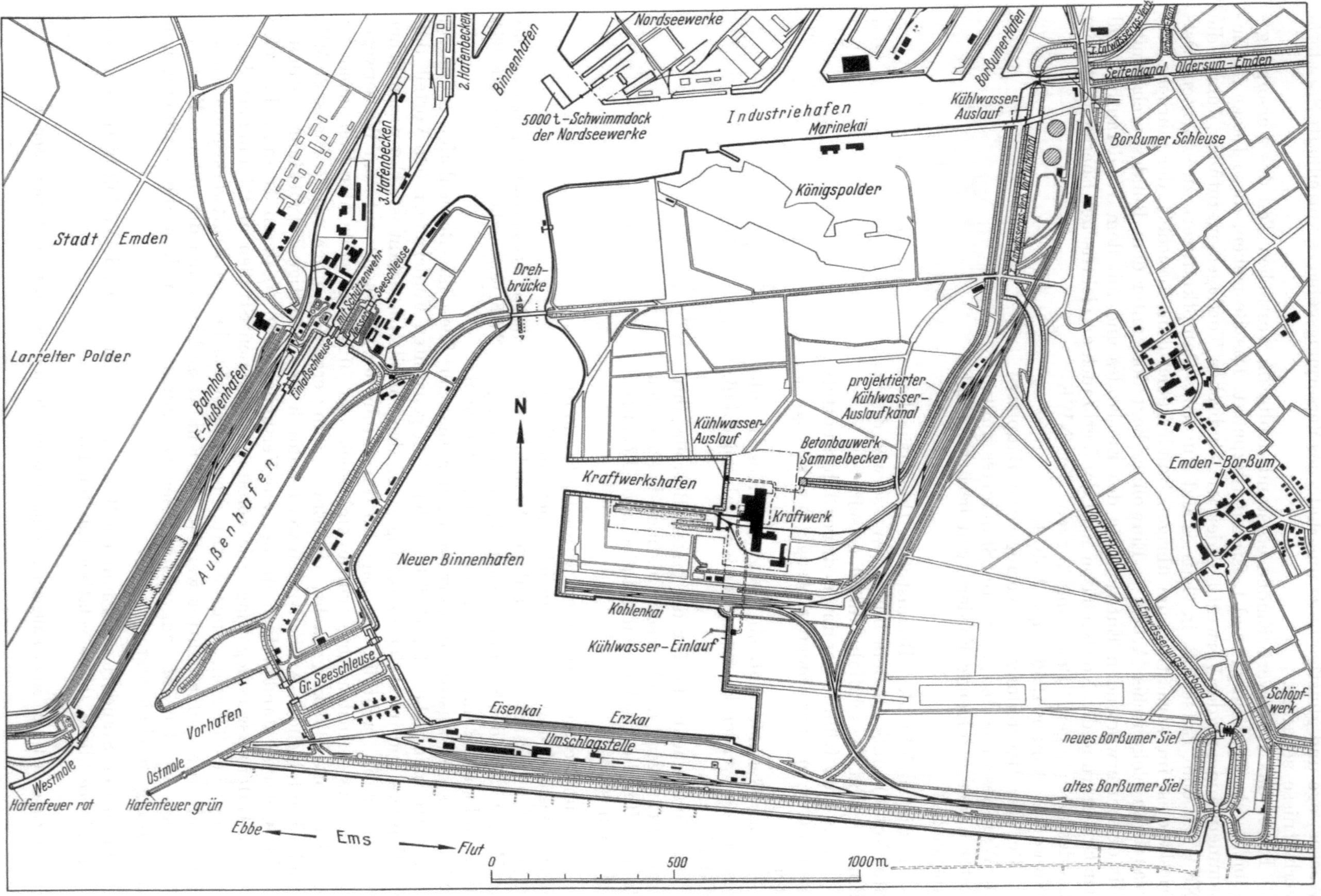

Abb. 5. Lageplan mit Hafengebiet

b) fast ständig starke Winde mit häufigen hohen Windstärken, die für die Bemessung der Bauten in bezug auf Winddruck berücksichtigt werden müssen,

c) Schlickboden (Klei) in den oberen Bodenschichten bis zu 12 m Tiefe, wodurch Pfahlgründung notwendig wurde,

d) Kühlwasserversorgung aus dem Hafenbecken, also Kühlwasserumwälzung (kein strömendes Frischwasser),

e) jahreszeitliche Änderung der Kühlwassertemperatur (Hafenwasser) von 3° C im Winter auf maximal 22° C im Sommer,

f) die Höhe des Wasserspiegels im Hafen ist meist konstant, kann aber geringfügig schwanken,

g) Aggressivität des Hafenwassers, das ein Gemisch aus See- und Süßwasser ist und außerdem Humate enthält, der Salzgehalt wechselt zwischen 4000 bis 20000 mg/l,

h) Lage am Stadtrand im Hafengebiet, nicht in unmittelbarer Nähe dicht besiedelter Wohngegend.

Tabelle 1 und 2 zeigen die Windstärken, Kühlwasser- und Lufttemperaturen im Emdener Binnenhafen.

Tabelle 1. *Windbeobachtungen in den Jahren 1947/53*

Windstärke, Jahresmittelwert	7,0 m/sec
Vorherrschende Richtung der Starkwinde über 10 m/sec	Südwest und West
Jährliche Starkwindtage Beaufort 6 (11 m/sec) und höher	159
Jährliche Sturmtage Beaufort 8 (15 m/sec) und höher	44

Tabelle 2. *Wasser- und Lufttemperaturen im Emdener Binnenhafen 1952/53 (Monats-Mittelwerte)*[1]

	Wassertemperatur °C	Lufttemperatur °C
Oktober 1952	8,9	8,0
November 1952	4,6	2,7
Dezember 1952	1,0	1,0
Januar 1953	1,3	1,4
Februar 1953	2,1	1,1
März 1953	5,8	4,4
April 1953	9,5	8,2
Mai 1953	14,1	12,5
Juni 1953	17,5	16,3
Juli 1953	19,4	17,1
August 1953	18,1	16,3
September 1953	15,0	13,7

Die Kaianlagen des Hafens sind für die Zwecke der Seeschiffahrt stark in Anspruch genommen. Somit mußte für das Kraftwerk ein eigener Hafen gebaut werden, um eine Entladungsstelle für Binnenschiffe (Kohlenkähne) zu schaffen. Für die Entladung der Seeschiffe dient der vorhandene Kohlenkai des Binnenhafens.

B. Kombinationstechnik

I. Innerer Aufbau

a) Größe und Anzahl der Einheiten

Das Kraftwerk kann auf vier große Blocks mit einer Gesamtleistung von etwa 350 MW ausgebaut werden. Das Gelände ist mit 75000 m² nicht allzu groß. Der Kohlenlagerplatz kann etwa 60000 t unter Ausschöpfung aller Möglichkeiten fassen.

[1] Diese Werte stimmen mit den langjährigen Mittelwerten gut überein

Wie bei fast allen stufenweise erstellten Kraftwerksbauten enthält die erste Ausbaustufe wesentliche Vorleistungen für die späteren Stufen. Diese umfassen hauptsächlich:

1. die Bekohlungsanlage, die Hauptbekohlungswege,
2. die Hafenanlage,
3. die Betriebsgebäude,
4. Werkstatt,
5. Lager (Reserveteile, Betriebs- und Reparaturmaterial),
6. Straßen und Wege, Umzäunungen, Gartengestaltung des Grundstückes,
7. Gleisanschlüsse und Straßenanschlüsse,
8. die Kühlwasserzuführung für Block 2,
9. die Aufbereitungsanlage für Kesselspeisewasser.

Bei Neubauten reiner Kondensationskraftwerke hat sich die auch für Emden angewandte Blockbauweise durchgesetzt. In Emden sollte während der Nacht der Turbosatz mit geringer Wirklast zur Spannungshaltung und Blindstromlieferung in Betrieb sein, wofür eine so geringe Dampfmenge nötig ist, daß sie von einem großen Dampfkessel gar nicht oder nur mit Schwierigkeiten erzeugt werden kann. Weiterhin will man bei Ausfall des Hauptkessels die Dampferzeugung für Raumheizung und eine kleine Turbinenleistung sichern. Der Block 1 ist für zwei Jahre auf sich allein gestellt, und der Ausfall des Kessels zur Frostzeit in einem Einblockkraftwerk hat unangenehme Folgen. Daher entschloß man sich, in Block 1 die Dampfmenge für den Turbosatz auf einen Hauptkessel mit 85% und einen Hilfskessel mit etwa 15% der gesamten Dampfleistung aufzuteilen. Hierin liegt eine Abweichung vom Blocksystem.

Die Auslegungswerte für Kessel und Turbosatz sind:

		Block 1	Block 2
Hauptkessel:			
Leistung max. dauernd	t/h	190	275
Austrittsdruck	atü	130	190
Austrittstemperatur	°C	525	525
Speisewasser-Eintrittstemperatur maximal	°C	220	300
Hilfskessel	t/h	30	—
Turbosatz:			
Leistung max. dauernd (Ausführliche Angaben s. Seite 830)	MW	70	80

b) Wärmetechnische Auslegung, spezifischer Wärmeverbrauch

Zur Erzielung hoher Betriebssicherheit wurden die Dampfdaten so gewählt, daß in allen heißdampfführenden Teilen ferritische Stähle verwendet werden konnten. Dies begrenzt die Frischdampftemperatur für deutsche Verhältnisse auf etwa 530° C.

Nach Durchrechnung verschiedener Alternativen wurden folgende Dampfzustände vor der 70 MW-Turbine für Block 1 festgelegt:

Frischdampfdruck	125 atü
Frischdampftemperatur	520° C (max 530° C)
Druck vor Mitteldruckteil (hinter Zwischenüberhitzer) bei max. Last	25 atü
Temperatur vor Mitteldruckteil	510° C (max 520° C)
Kühlwassertemperatur	12° C

Die Turbine hat 6 Anzapfstellen zur Vorwärmung des Speisewassers auf eine Endtemperatur von 220° C im Bestpunkt bei 61 MW.

Der Hilfskessel wurde zur Vereinfachung des Betriebes und der Kesselkonstruktion ohne Zwischenüberhitzer gebaut. Bei Betrieb von Haupt- und Hilfskessel zusammen übernimmt der Hauptkessel die Zwischenüberhitzung des Hilfskesseldampfes. Den Wärmeschaltplan zeigt die Abb. 46. Einzelheiten der Vorwärmeranlage werden im Abschnitt C/II/c (Seite 835 ff.) behandelt.

Für den Block 2 beträgt mit der in den Abmessungen gleichen Generatortype die höchste Turbinendauerleistung 80 MW. Um die ständig steigenden Kohlenkosten teilweise aufzufangen, wurde eine Verbesserung des spezifischen Wärmeverbrauches gegenüber Block 1 angestrebt. Nach umfangreichen Berechnungen wurden für die Turbine folgende Dampfdaten gewählt:

Frischdampfdruck	180 atü
Frischdampftemperatur	520° C (max 530° C)
Druck vor Mitteldruckteil (hinter Zwischenüberhitzer) bei max. Last	46 atü
Temperatur vor Mitteldruckteil	520° C (max 530° C)
Kühlwassertemperatur	12° C

Die Vorwärmeranlage ist für eine Endtemperatur des Speisewassers auf 282° C im Bestpunkt der Turbine ausgelegt. Abb. 54 zeigt den Wärmeschaltplan.

Spezifischer Wärmeverbrauch. Den Verlauf des spezifischen Wärmeverbrauches für Block 1 und 2 zeigt Abb. 6.

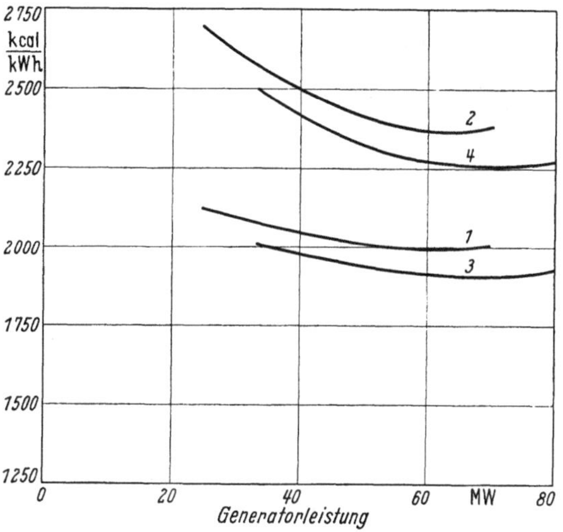

Abb. 6. Spezifischer Wärmeverbrauch

1 Block 1, Turbosatz allein *2* Block 1, Gesamtanlage *3* Block 2, Turbosatz allein *4* Block 2, Gesamtanlage

Mit dem Druck und der Temperatur des Frischdampfes, mit der Anzahl der Speisewasservorwärmungen und der Speisewasser-Endtemperatur ist man beim Aufbau des ersten Blockes bewußt nicht an die mögliche obere Grenze gegangen.

Der für Block 1 garantierte Kesselwirkungsgrad bei reiner Steinkohlenfeuerung beträgt 90,5% für die Dampfleistung zum Bestpunkt des Turbosatzes, der Eigenbedarf 6,0%, die restlichen Verluste (in erster Linie Wärmeabstrahlung aus Rohrleitungen und Behältern) 1%.

Der rechnerisch ermittelte spezifische Wärmeverbrauch bezogen auf Kohle und die an Generatorklemmen nutzbar abgegebene Leistung beträgt 2370 kcal je kWh im Bestpunkt des Blockes 1. Bei den Abnahmeversuchen wurde ein um etwa 1,5 Punkte besserer Kesselwirkungsgrad als gewährleistet festgestellt, womit der effektive Wärmeverbrauch entsprechend niedriger wird.

Für Block 2 ist der spezifische Wärmeverbrauch des Turbosatzes mit 1907 kcal kWh im Bestpunkt um etwa 90 kcal/kWh niedriger, der Kesselwirkungsgrad beträgt 92,0%, der Eigenbedarf ist höher. Der spezifische Wärmeverbrauch des Kraftweiksblockes 2, bezogen auf Kohle und Nutzleistung an den Generatorklemmen, liegt im Bestpunkt bei 2255 kcal/kWh, ist also rechnerisch um etwa 4,8% günstiger.

c) Kühlwasserbedingungen

Als Kühlwasser für Kondensatoren, Ölkühler und sonstige Zwecke dient das Wasser des Emdener Hafens. Das Wasser wird im wesentlichen durch die Kühlteichwirkung des Hafenbeckens rückgekühlt. Untersuchungen ergaben, daß man bei Ausbau auf z. B. 350 MW mit einer Temperaturerhöhung im Hafenbecken von etwa 2° C rechnen muß. Für den eigentlichen Kühlkreislauf ist in Ausbaustufe 1 und 2 eine Wasseroberfläche von 500000 m², für Stufe 3 und 4 (für die ein längerer Kühlwasserweg durch Bau eines zum

Industriehafen führenden Kühlwasserablaufkanals vorgesehen ist) eine Wasseroberfläche von 880000 m^2 vorhanden, siehe hierzu den Lageplan Abb. 5. Bei einer mittleren Wassertiefe von 9 m ist das Wasservolumen für den Kühlkreislauf der ersten beiden Ausbaustufen etwa 4,5 Mill m^3.

Ein bestimmter Wasserwechsel des Hafenbeckens ist durch Zuflüsse aus dem Binnenland und durch den Schleusenbetrieb des Emdener Hafens gegeben, womit die Rückkühlung unterstützt wird.

Empfindliche Kühlstellen (z. B. Lagerkühlmäntel, Kühlkammern von Pumpen und ähnliches) werden im Kreislauf mit Stadtwasser gekühlt, das in Oberflächenkühlern durch Hafenwasser zurückgekühlt wird. Das Stadtwasser ist so teuer, daß es für große Kühlleistungen als verlorengehendes Wasser nicht in Betracht kommt. Andererseits ist das Hafenwasser wegen seiner Aggressivität und seines Gehaltes an Schwebestoffen zur Kühlung empfindlicher Teile nicht verwendbar. Alle vom Hafenwasser berührten Teile fordern eine sorgfältige Werkstoffauswahl bzw. Oberflächenschutz.

d) Aufbereitung des Zusatzwassers

Als Rohwasser für das Kesselspeisezusatzwasser stehen zur Verfügung:

1. Trinkwasser aus dem städtischen Netz,
2. das in einem Betonbehälter von etwa 400 m^3 Inhalt von den Dächern aufgefangene Niederschlagwasser.

Die Aufbereitung geschieht durch Vollentsalzung mittels Austauschfiltern.

Durch die Verwendung von Regenwasser wird an Chemikalienkosten für die Aufbereitung gespart und die Laufzeit der Austauschfilter verlängert.

Weitere Angaben siehe Seite 885 ff.

e) Anfahrschaltung und Anfahrvorgang

Ein Teil der betriebsmäßig benutzten Rohrleitungen wird auch während des Anfahrvorganges beaufschlagt. Es sind aber, insbesondere bei Zwangdurchlaufkesseln wie in Emden, Rohrleitungen und Einrichtungen erforderlich, die im wesentlichen *nur* während des Anfahrens bzw. während des Abstellens der Anlage benutzt werden. Bei den Anfahrvorgängen sind drei wichtige Fälle zu unterscheiden:

1. Anfahren aus vollkommen kaltem Zustand,
2. Anfahren nach Nachtstillstand bzw. Feiertagsstillstand,
3. Anfahren nach kurzzeitigem Stillstand (unvorhergesehener Ausfall).

Die drei Fälle haben im einzelnen folgende Merkmale:

1. Bei kalter Anlage muß das ganze Rohrsystem einschließlich Speisewasserbehälter aufgewärmt werden. Es wurden Einrichtungen geschaffen, um den Wasserinhalt der Anlage vor dem Anfahren zu erwärmen und zu entgasen (Hilfskessel, zeitweilig Lokomotivkessel).

2. Beim Anfahren nach mehrstündigem Stillstand sind die Anlageteile merklich abgekühlt. Eine teilweise Wiederaufheizung ist erforderlich. Die Dampftemperaturen auf der Frischdampf- und Zwischenüberhitzerseite nach Anfahren des Kessels sollen etwa den Gehäusetemperaturen der Turbine entsprechen, ehe der Dampf auf die Turbine gegeben wird. Der Druck (bzw. die Temperatur) im Speisewasserbehälter wird im allgemeinen noch so hoch sein, daß Sauerstoffeinbrüche nicht zu befürchten sind.

3. Anfahren nach plötzlichem Ausfall. Hierbei ist die Anlage betriebswarm. Es ist wichtig, den Kesseldampf vor der Einleitung in die Turbine auf eine so hohe Temperatur zu bringen, daß keine unzulässige Abschreckung der heißen, starkwandigen Frischdampfleitungen und der heißen Turbinenteile stattfindet. Diese Bedingung ist im allgemeinen erfüllt, wenn der Kesseldampf eine um maximal 30° C niedrigere Temperatur als das Turbinengehäuse hat. Nach plötzlichem Ausfall muß das Werk meistens die verlorene Last so schnell wie möglich wieder übernehmen.

Die Anfahrvorgänge sind im Kraftwerk Emden deswegen nicht einfach, weil im ersten Block ein Hauptkessel mit Zwischenüberhitzer und ein Hilfskessel ohne Zwischenüberhitzer vorhanden sind. Nachstehend soll nur das Anfahren mit dem Hauptkessel erläutert

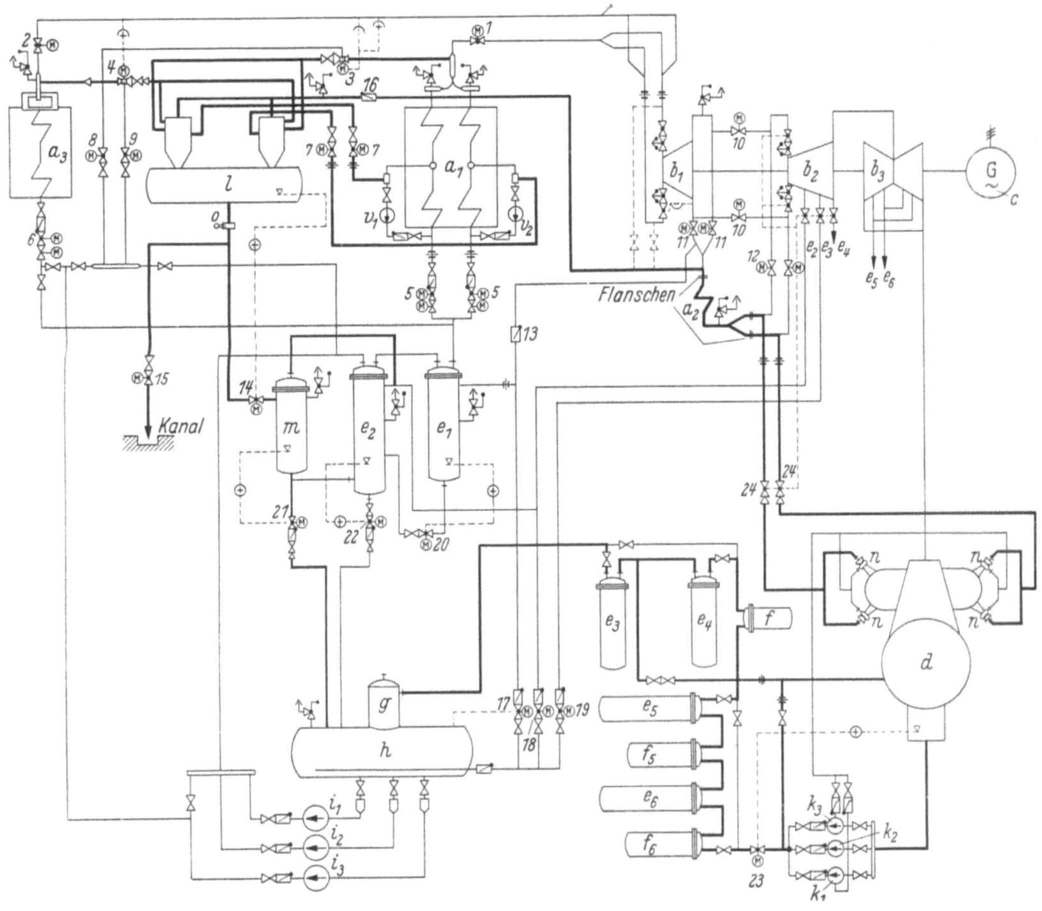

Abb. 7. Anfahrschaltplan

a_1 Bensonkessel 190 t/h
a_2 Zwischenüberhitzer
a_3 Bensonkessel 30 t/h
b_1 70 MW Turbine Hochdruckteil
b_2 70 MW Turbine Mitteldruckteil
b_3 70 MW Turbine Niederdruckteil
c Generator 85 MVA
d Turbinenkondensator
e_1 Vorwärmer Entnahme 1
e_2 Vorwärmer Entnahme 2
e_3 Vorwärmer Entnahme 3
e_4 Vorwärmer Entnahme 4
e_5 Vorwärmer Entnahme 5
e_6 Vorwärmer Entnahme 6
f Schwadenkondensator
f_5 Kondensatkühler zu e_5
f_6 Kondensatkühler zu e_6
g Entgaser
h Speisewasserbehälter
i_1 Kesselspeisepumpe 210 t/h
i_2 Kesselspeisepumpe 210 t/h
i_3 Kesselspeisepumpe 55 t/h
k_1 Hauptkondensatpumpe 200 t/h
k_2 Hauptkondensatpumpe 200 t/h
k_3 Schwachlastkondensatpumpe 30 t/h
l Anfahrentspanner mit Speicher
m Entspanner zum Vorwärmer e_2
n Anfahrdüsen
o Leitfähigkeitsmesser
1 Frischdampfschieber Hauptkessel
2 Frischdampfschieber Hilfskessel
3 Anfahrventil zum Hauptkessel
4 Anfahrventil zum Hilfskessel
5 Speisewasserregelventile Hauptkessel
6 Speiseregelventile Hilfskessel
7 Ventile in Hilfsabfahrleitungen
8 Einspritzventil zu 8
9 Einspritzventil zu 4
10 Brückenschieber zwischen Hochdruck- und Mitteldruck-Turbine
11 Schieber in kalter Zwischenüberhitzerleitung zwischen Hochdruck-Turbinen-Abdampf und Zwischenüberhitzer
12 Schieber vor Mitteldruckteil
13 Schwimmerrückschlagventil in Entnahmeleitung 1
14 Ablaufregler aus Anfahrentspanner l zum Entspanner m
15 Entsalzungsventil
16 Rückschlagklappe von Anfahrentspanner l zum Zwischenüberhitzer
17 Entgaserdruckregler aus E_1
18 Entgaserdruckregler aus E_2
19 Entgaserdruckregler aus E_3
20 Ablaufregler aus Vorwärmer e_1
21 Ablaufregler aus Entspanner m zum Speisewasserbehälter
22 Ablaufregler aus Vorwärmer e_2 zum Speisewasserbehälter
23 Ablaufregler aus Turbinenkondensator
24 Abblaseventile zum Kondensator

werden, und zwar das Wiederanfahren nach nächtlichem Stillstand. Dieser Vorgang wird am häufigsten durchgeführt. Der Anfahrschaltplan ist aus Abb. 7 zu ersehen.

Zum Anfahren eines Einzelblockes muß Fremdstrom vorhanden sein. Zuerst wird die Kondensationsanlage der Turbine in Betrieb gesetzt, weil der Anfahrdampf unter

Umgehung der Turbine im Turbinenkondensator niedergeschlagen wird. (Es gibt auch Werke, die zur Niederschlagung des Anfahrdampfes einen Hilfskondensator verwenden.) Der Turbinenläufer wird vor dem Anfahren und nach jedem Abstellen mittels der Drehvorrichtung mit etwa 80 U/min langsam gedreht. Im Speisewasserbehälter und im Turbinenkondensator muß ein genügender Wasservorrat vorhanden sein.

Während des Anfahrvorganges sind die ungesteuerten Entnahmen der Turbine abgestellt, die Vorwärmer sind mit Ausnahme des an der „kalten" Zwischenüberhitzerleitung liegenden Vorwärmers e_1 und des Vorwärmers e_2 nicht mit Dampf beaufschlagt. In dem Anfahrschaltplan (Abb. 7) sind daher die Entnahmedampfleitungen, soweit sie für den Anfahrvorgang uninteressant sind, nicht dargestellt. Die Anfahrvorgänge der Einzelanlageteile, d. h. für Turbine, Kessel, Kesselhilfsmaschinen, Hilfspumpen usw., werden hier übergangen, es soll nur das Ingangsetzen des Wasserdampfkreislaufes betrachtet werden.

Nach Einschaltung der Kesselspeisepumpe und Einstellung eines etwa 40 bis 50% der maximalen Kesselleistung betragenden Speisewasserflusses werden zunächst die Ölbrenner, danach eine Brennerlage Kohlenstaub gezündet. Der Druck vor dem Anfahrventil beträgt dabei etwa 100 atü. Dieser Druck kann je nach der Heizflächenschaltung des Kessels in anderen, mit ebenfalls 130 atü Betriebsdruck arbeitenden Anlagen kleiner oder auch größer sein. Zur Beschleunigung des Anfahrvorganges wird zeitweise eine zweite Steinkohlenmühle in Betrieb gesetzt, um das System der Zwischenüberhitzung (Mitteldrucksystem) möglichst schnell auf den Anfahrdruck von etwa 12 atü zu bringen.

Abb. 8. Behälter des Anfahrentspanners im Kesselhaus. Oben die beiden Entspanneraufsätze, in der Mitte geneigt der isolierte Mannlochstutzen

Der Kesselabsperrschieber *1* in der Frischdampfleitung (s. Abb. 7), die Schnellschlußventile an der Turbine sowie die Schieber *10*, *11* und *12* sind geschlossen.

Durch den Kessel strömt zunächst Wasser von stetig steigender Temperatur über das geöffnete Anfahrventil *3* (Dampfumformventil Abb. 60) in den Anfahrentspanner l, der aus einem Behälter von 14 m³ Inhalt mit Aufsätzen zur Trennung von Dampf und Wasser besteht (Abb. 8). Der Dampf geht aus dem Anfahrentspanner l über die Rückschlagklappe *16* zum Zwischenüberhitzer $a2$ und durch die Ventile *24* zu den Anfahrdüsen n des Kondensators. Die Anfahrdüsen n haben an der engsten Stelle eine Wasserzuführung, die von der Kondensatpumpe k_1 (bzw. k_2) gespeist wird. Der Dampf hinter den Anfahrdüsen hat vor seinem Eintritt in den Turbinenkondensator einen Druck von maximal 0,5 ata und eine Temperatur von 80 bis 100° C. Das im Behälter l anfallende Wasser wird über das Ablaufventil *14* in den Entspanner m geleitet, der dampfseitig mit dem Vorwärmer der Entnahme *2* verbunden ist. Der Entspannungsdampf dient zur Vorwärmung des Kesselspeisewassers im Vorwärmer e_2. Mit den Ablaufreglern *21* und *22* wird das in m und e_2 anfallende Wasser zum Speisewasserbehälter geführt.

Sobald der Anfahrdampf hinter Ventil *3* eine Temperatur von 300° C erreicht hat, wird er durch Einspritzen von Wasser auf dieser Temperatur gehalten. Das elektrisch betätigte Anfahrventil *3* wird von einem Druckregler gesteuert, der den Anfahrdruck am Kesselaustritt konstant hält. Es hat außer dem Regelantrieb einen Schnellantrieb, der bei Überschreitung des Kesselsolldruckes (z. B. bei Lastabwurf oder Schnellschluß der Turbine) um etwa 10 at das Ventil auffährt und den Überschußdampf zum Turbinenkondensator abführt. Damit soll das Abblasen der Kesselsicherheitsventile verhindert oder zumindest eingeschränkt werden.

Anfahrentspanner *l* und Entspanner *m* müssen bei Beginn des Anfahrens leer sein, damit der aus dem Kessel ausgestoßene „Wasserpfropfen" teilweise hierin aufgenommen werden kann. Falls ausnahmsweise einmal bei ungenügendem Druck im Anfahrentspanner *l* der Wasserstand in *l* vorübergehend zu hoch werden sollte, kann das Ventil *15*, hinter dem eine Rohrleitung zum Kühlwasserabflußkanal führt, kurzzeitig geöffnet werden. Wenn die Dampftemperatur am Kesselaustritt so weit gestiegen ist, daß sie nicht mehr als 30° C unter der Temperatur des Turbinengehäuses liegt, wird der Frischdampfschieber *1* geöffnet und die Frischdampfleitung zur Turbine entwässert bzw. angewärmt, soweit dies erforderlich ist. Danach wird die Turbine angestoßen. Die Leerlaufdampfmenge der Turbine ist wesentlich kleiner als die Anfahrdampfmenge des Kessels. Es geht daher zunächst nur ein Teil der Frischdampfmenge durch die Turbine. Von der gesamten Anfahrdampfmenge leitet man allmählich durch Öffnen der Turbinenregelventile einen immer größeren Teil durch das Hochdruckgehäuse der Turbine, der Rest geht durch das Anfahrventil *3* über den Zwischenüberhitzer in den Kondensator. Der Mitteldruck- und Niederdruckteil der Turbine werden durch eine kleine Dampfmenge gekühlt. Der Dampfdurchsatz durch den Hochdruckteil der Turbine wird jetzt so weit gesteigert, bis die Nenndrehzahl erreicht und der Generator mit dem Netz parallelgeschaltet ist. Die Belastung der Turbine kann nunmehr durch Öffnen der Mitteldruck-Steuerventile vorgenommen werden, bis zunächst die vorher durch das Hochdruckgehäuse geflossene Dampfmenge über den Mitteldruck-Turbinenteil zum Kondensator strömt und Wirkleistung erzeugt. Ein Teil der Anfahrdampfmenge geht immer noch über Anfahrventil *3*, Anfahrentspanner, Zwischenüberhitzer und Ventile *24* in den Kondensator. Die weitere Steigerung der Turbinenleistung geschieht durch das Schließen des Anfahrventils *3* und der Ventile *24*. Hierdurch hört der Nebenstrom zum Kondensator auf, und die gesamte Anfahrdampfmenge geht durch Hochdruckteil, Zwischenüberhitzer, Mitteldruck- und Niederdruckteil der Turbine. Erst in diesem Zeitpunkt ist der Anfahrvorgang beendet. Dampfdurchsatz und Wirkleistung werden durch Erhöhen der Kesselleistung weiter gesteigert.

Es sei noch bemerkt, daß die Turbine auch mit dem Mitteldruck- und Niederdruckteil angefahren werden kann, wobei der Hochdruckteil leer mitläuft. Dies Verfahren wird angewendet, wenn die Mitteldruckdampftemperatur schneller der Gehäusetemperatur angeglichen werden kann als die Frischdampftemperatur.

Die Anfahrschaltung ist bei Block 1 und 2 im Prinzip gleichartig, jedoch fehlt bei Block 2 der Entspanner *m*, das Anfahrwasser wird hier aus dem Entspanner *l* unmittelbar in den Speisewasserbehälter geführt.

Das Abstellen im Normalfall ist etwas einfacher als das Anfahren, weil das Abschalten von Hilfsantrieben (Gebläsen, Mühlen usw.) keine Überraschungen bringt und eine Abstimmung der Temperaturen nicht erforderlich ist. Die Kessel- und Turbinenlast werden zuerst so weit gesenkt, daß die Kesselkleinstlast erreicht wird, wozu eine bestimmte Turbinenleistung von etwa 35% der Normallast bei reinem Blockbetrieb gehört. Das langsame Absenken der Turbinenleistung auf Leerlauf kann nur so geschehen, daß die überschießende Dampfmenge durch die Ventile *3* und *24* an der Turbine vorbei zum Kondensator geführt wird.

Immer muß beim Anfahren und Abstellen die Differenz zwischen Kesseldampfmenge und Turbinendampfmenge untergebracht werden, und zwar entweder

a) im Kreislauf durch Speicherung (nur beim Anfahren begrenzt bei kalter Anlage möglich),

b) im Haupt- oder einem Hilfskondensator,

c) durch Abblasen ins Freie (fordert Ersatz der Abblasemenge durch aufbereitetes Zusatzwasser).

Das Verfahren nach c) wird nur in Notfällen oder ausnahmsweise bei Verunreinigung des Kreislaufes zu dessen Säuberung angewendet.

Mit den Hilfsabfahrventilen 7 kann beim Abfahren nach Abstellen des Feuers das eingespeiste Wasser *vor* dem Überhitzer abgeleitet werden. Überhitzer, Anfahrventile und Frischdampfschieber werden dann nicht abgeschreckt, ihre Temperatur kann beim Abfahren langsam gesenkt oder konstant gehalten werden. Die Ventile 7 können weiterhin als *Hilfsanfahrventile* zum „heißen" Anfahren des Kessels benützt werden. Nach Anstellen der Speisepumpe wird das überschüssige Wasser durch die Ventile 7 abgeleitet, der Kessel gibt am Austrittsende nur Dampf ab. Diese Anfahrmethode erfordert Aufmerksamkeit und Geschicklichkeit.

Die in Emden gewählte Anfahrschaltung ist nur eine der Möglichkeiten für Anfahrschaltungen mit Zwangdurchlaufkesseln. Sie wurde mit Rücksicht auf die durch den Einbau eines Hilfskessels gegebenen Verhältnisse nach eingehenden Überlegungen als die zweckmäßigste angesehen.

f) Die Blockregelung

Die regeltechnischen Ausrüstungen beider Kraftwerkblocks sind gleichartig aufgebaut. Die neuerlich auftretenden Bestrebungen, den Kraftwerkblock von einem Lastgeber aus als Ganzes auf die jeweils geforderte Leistung einzuregeln, sind in Emden nicht durchgeführt, obwohl hierzu vorbereitende Schritte unternommen wurden.

Zunächst soll das Kraftwerk Emden als das neueste Werk im Verband der NWK möglichst Grundlast im Bestpunkt von Kessel und Turbine fahren. Hierzu ist nötig, daß Frischdampfdruck und -temperatur konstant bleiben und die Bestlaststellung der Turbinensteuerventile eingehalten wird. Die selbsttätige Kesselregelung hält Frischdampfdruck und -temperatur sowie die einmal eingestellte Kessellast in t/h konstant, wobei natürlich vorübergehend geringe Abweichungen von den Sollwerten eintreten können, die aber von der Kesselregelung wieder beseitigt werden.

Laständerungen werden gemeinsam von Hand durch die Bedienung der Elektrowarte und der Wärmewarte gesteuert. Die Elektrowarte teilt der Wärmewarte mit, wie die Last geändert werden soll, worauf der Sollwert der Dampfleistung entsprechend verändert wird. Von der Elektrowarte wird die Stellung der Turbinensteuerventile der neuen Belastung angepaßt. Ein Instrument in der Elektrowarte zeigt den Frischdampfdruck an.

Die Drehzahlregelung der Turbine spricht selten an, da die Netzfrequenz praktisch konstant ist. Auch bei Frequenzänderungen wird der Leistungsfahrplan des Werkes im allgemeinen nicht geändert. Die Frequenz wird dann mittels der Drehzahlverstellung der Netzfrequenz angeglichen.

Für den einwandfreien Betriebsablauf ist das zuverlässige Arbeiten einer ganzen Anzahl von Einzelreglern, z. B. für Generatorspannung, Kondensatablauf aus den Vorwärmern, Heizdampfdruck usw., erforderlich. Diese Regler haben ihre eigenen, geschlossenen Regelkreise innerhalb der Gesamtanlage, von der Leistungsregelung werden diese Regler nicht direkt beeinflußt. Technische Einzelheiten der Regelung s. S. 866 bis 872.

g) Elektrische Schaltung, Eigenbedarf

Den elektrischen Schaltplan zeigt Abb. 9. Die Generatorleistung wird durch blanke Schienen auf die Umspanner übertragen. Die Generatorspannung ist 10,5 kV, die Eigenbedarfsspannungen 6 kV und 500 V. Einige Teile des Eigenbedarfes (elektrische Regler, Küche) benötigen 380 V Drehstrom, wofür kleine Umspanner aufgestellt wurden.

Die Versorgung des Eigenbedarfes ist gesichert durch:

1. Eigenbedarfsumspanner 10/6 kV an den Generatorklemmen,
2. Anfahrumspanner 110/6 kV von der Hochspannungsseite,
3. Hilfsanfahrumspanner 20/6 kV.

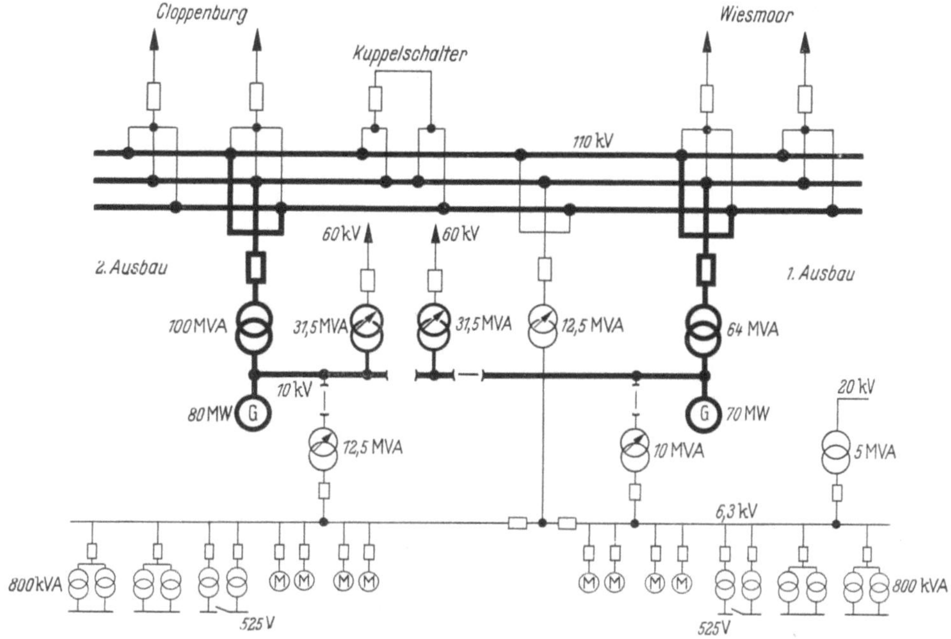

Abb. 9. Elektrischer Übersichtsschaltplan

Die gesamten Eigenbedarfsmaschinen werden durch Elektromotoren angetrieben. Im ganzen Kraftwerk ist kein Dampfantrieb für Hilfsmaschinen vorhanden.

Ausführliche Darstellung des elektrotechnischen Teiles s. S. 893.

II. Äußerer Aufbau

a) Hauptteile des Kraftwerkes, Aufteilung des Geländes

Das Kraftwerk liegt in einem Polder des Emdener Hafengebietes (Lageplan Abb. 5 u. 10), der allseitig von Kaianlagen (Kohlen-, Erz- und Industriekais) begrenzt ist. Direkt am Hafenkai liegendes Gelände stand nicht zur Verfügung. Um eine Verbindung mit dem Hafen zu schaffen, mußte ein neues Hafenbecken ausgebaggert werden. Das Kraftwerkgelände hat ohne dieses Hafenbecken eine Fläche von insgesamt 75000 m². Davon werden in Anspruch genommen:

1.	Für den eigentlichen Kraftwerkbau (bei Vollausbau mit 4 Turbosätzen) ...	10700 m²
2.	für Werkstatt, Betriebs- und Bürogebäude, Magazin, Garagen und Pförtnerhaus ...	3530 m²
3.	für Heizölbehälter einschließlich Schutzwall (1 Tank mit 1500 m³ Fassungsvermögen) ...	620 m²
4.	für Kohlen- und Torflager ...	12200 m²
5.	für die Freiluftschaltanlage ...	14800 m²
6.	Anteil der bebauten Fläche (Endausbau mit 4 Blöcken ohne Freiluftschaltanlage, ohne Kohlen- und Torflager) ...	18%
7.	Anteil des Kohlenlagerplatzes ...	16%
8.	Anteil der Freiluftschaltanlage ...	19%
9.	Anteil der Öltankanlage ...	etwa 1%
10.	freies Gelände, Wege, Straßen, Gleise ...	46%

Der Kraftwerkhauptbau (Lageplan Abb. 10) erstreckt sich in seiner Längsrichtung ziemlich genau von Süden nach Norden. Mit dem Bau wurde an der Südseite begonnen. Das durchgehende Maschinenhaus hat 24 m lichte Weite und eine Gesamtlänge im Endausbau von etwa 205 m. Die lichte Weite des Maschinenhauses wird je nach der Höhe über Bedienungsflur durch die Gebäude- und Kranstützen um 2,5 bis 3,5 m verringert.

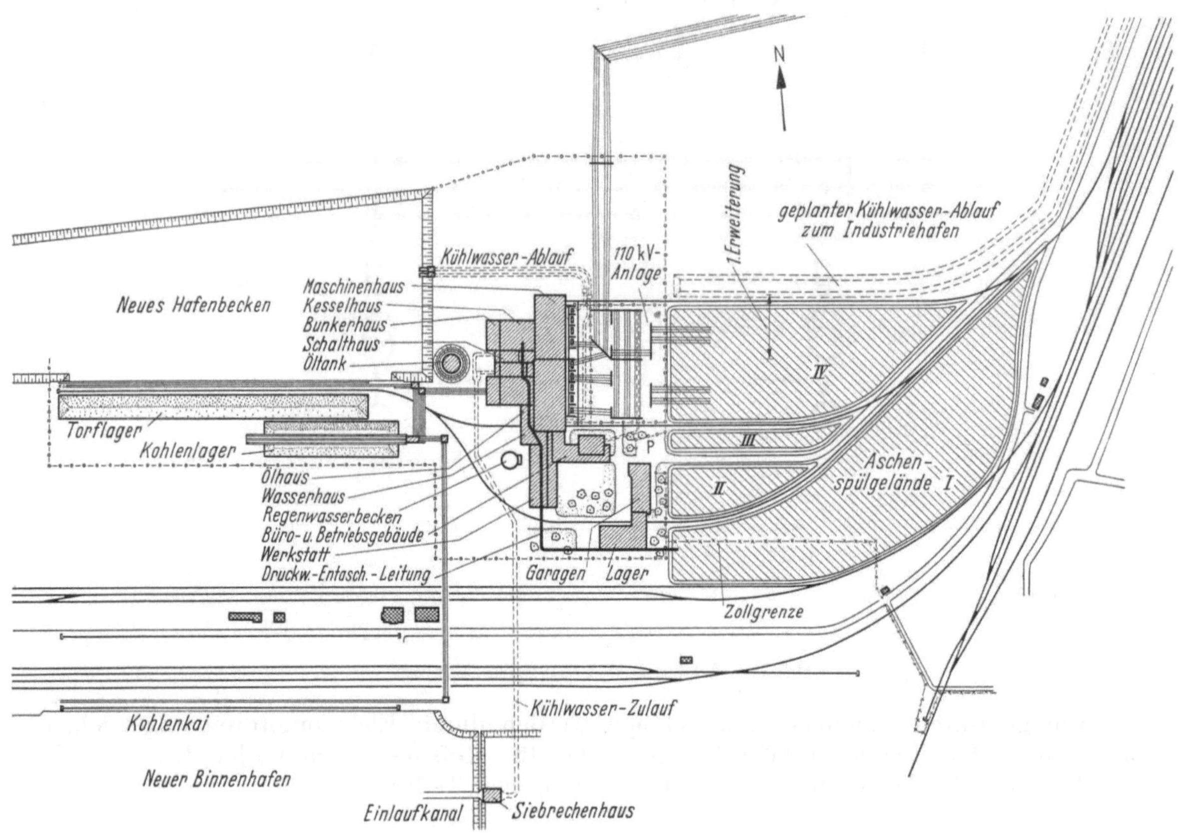

Abb. 10. Lageplan (Kraftwerkgrundstück)

An das Maschinenhaus sind die Kesselhäuser blockweise seitlich angebaut. Die Bunkerbauten, sogenannte „Schwerbauten" in Stahlbeton, bilden den äußeren Abschluß der Kesselhäuser.

Die Eigenbedarfsschalthäuser für je 2 Blöcke liegen im Endausbau jeweils zwischen den Kesselhäusern 1 und 2 sowie 3 und 4. Mit dieser Bauweise ist man bei den zeitlich aufeinanderfolgenden Ausbaustufen in den Abmessungen der Kessel und damit der Kesselhäuser nur wenig durch die Baumaße der vorhandenen Gebäude behindert; von der anfänglichen Bauflucht der Kessel- und Bunkerhäuser kann bei Änderung der Kesselabmessungen etwas abgewichen werden.

Von der Zufahrtsseite (Abb. 11 u. 16) sieht man die Freiluft-Hochspannungs-Schaltanlage, die Maschinenhauslängsfront und den Giebel des Büro- und Betriebsgebäudes sowie die getrennt liegenden Flachbauten für Garage und Lager. Die Fortsetzung des Maschinenhauses nach Süden bildet das flache, langgestreckte Werkstattgebäude, an welches sich nach Osten das mehrgeschossige Büro- und Betriebsgebäude mit der Elektroschaltwarte angliedert (Grundriß Abb. 19). Am Nordende der Werkstatt liegt die Wasseraufbereitungsanlage. Von dieser durch das Maschinenhausgleis getrennt — in der Ecke zwischen Maschinen- und Kesselhaus — liegt die Ölvorwärmer- und Pumpenanlage für das Heiz- und Zündöl der Kessel. Am südlichen Ende des Maschinenhauses steht der Generator des Turbosatzes. Es folgen Abdampfgehäuse, Mitteldruckgehäuse und

Hochdruckgehäuse der Turbine. Auf die Turbine folgt als Abschluß des ersten Ausbaues die Speisepumpenanlage. Neben der Turbine befinden sich der Speisewasserbehälter sowie einige Vorwärmer. An die Westseite des Maschinenhauses schließt das Kesselhaus an, das wiederum an seiner Westseite durch das Bunkerhaus begrenzt wird. In das Bunkerhaus führt die Schrägbandbrücke für die Bunkerbekohlung. Der an das Kesselhaus anschließende Bau für den elektrischen Eigenbedarf enthält im Erdgeschoß

Abb. 11. Gesamtansicht von Osten, Schwerbau Block 2 bis auf Schornstein fertig, Stahlskelett Kesselhaus und Kesselgerüst Block 2 im Bau

die Zellen der 6 kV- und im Obergeschoß die der 500 V-Verteilung. Abb. 11, 12, 13 und 14 zeigen Ansichten des Kraftwerkes, Abb. 15 und 16 Modellaufnahmen mit 2 Blöcken.

Im zweiten Ausbau wird das Maschinenhaus verlängert, wobei die Speisepumpenanlage der zweiten Ausbaustufe an die der ersten Ausbaustufe unmittelbar anschließt. Das Eigenbedarfsgebäude wird in seiner Breite etwa verdoppelt und nimmt darin die Anlageteile des zweiten Blockes auf. An das Eigenbedarfsgebäude schließt das neue Kesselhaus für Block 2 an.

Die Bekohlungsanlage erstreckt sich in Ost-West-Richtung parallel zum Kai des neuen Hafenbeckens. Dieser Kai hat eine Länge von etwa 280 m.

Das neue Hafenbecken kann auf 10 m Tiefe für seegehende Kohleschiffe ausgebaggert werden. Unmittelbar am Hafenkai läuft ein Greiferdrehkran (später 2 Krane) zur Entladung der Kohleschiffe und der Torfkähne. Das Torflager liegt parallel zur Uferkranbahn. Daneben befindet sich der Kohlenlagerplatz mit einer Kranhochbahn und Verteilerbandanlage.

Das Torflager faßt bei 9 m Stapelhöhe etwa 6500 t Torf, als Kohlenlager benutzt mit 7,5 m Stapelhöhe etwa 15 000 t Kohle. Das Fassungsvermögen des Zentralkohlenlagerplatzes im vollen Ausbau bei 7,5 m Stapelhöhe ist etwa 37 000 t. Die Lagerkapazität für Steinkohle, unter der Voraussetzung, daß der Platz einschließlich Torflager mit Steinkohlen belegt wird, beträgt bei normaler Stapelhöhe etwa 52 000 t. Diese Menge würde bei einem angenommenen Ausbau von 350 MW und 60% Ausnutzungsgrad etwa 30 Tage reichen. Weitere Einzelheiten über die Bekohlungsanlage werden weiter unten mitgeteilt.

Das Kühlwasser wird über einen durch Stahlspundwände gebildeten Zulauf, der am äußeren Ende etwa 6 m unterhalb der Wasseroberfläche auf etwa 17 m² ausgeschnitten ist, dem Einlaufbauwerk (Siebrechenhaus) zugeführt. Das Einlaufbauwerk ist für eine Kühlwassermenge von 28000 m³/h, d. h. etwa 8 m³/sec ausgelegt, und reicht für 2 Turbosätze (150 MW) aus. Bei weiterem Ausbau soll das Siebrechenhaus mit einem

Abb. 12. Ansicht von Südosten. Links die Giebelwand des Büro- und Betriebsgebäudes mit dem Haupteingang, anschließend der auf Säulen ruhende Vorbau der Elektrowarte, weiter die Glasfront des Maschinenhauses (davor die Umspanner und ein Teil der Freiluftschaltanlage). Hinter dem Maschinenhaus die Kesselblocks mit den Schornsteinen

zweiten Kühlwasserkanal auf die doppelte Größe erweitert werden. Die Zuleitung des Kühlwassers zum Kraftwerk geschieht durch einen auf Pfählen gegründeten, unterirdischen Betonkanal mit 7,5 m² rechteckigem Querschnitt. Das Einlaufbauwerk und ein Teil des Betonkanals liegen außerhalb des Kraftwerkgeländes im Zollbezirk. Der Kühlwasserkanal unterschneidet die Gleisanlagen des Kohle- und Erzkais im Zollbezirk. Auf dem Kraftwerksgelände zweigen von dem Kühlwasserkanal Stichkanäle für je einen Block zum Maschinenhaus ab.

Am Ostufer des Kraftwerkhafenbeckens steht ein Heizölbehälter von 1500 m³ Fassungsvermögen innerhalb einer Umwallung.

Pförtnerhaus und Garage liegen auf der Ostseite an der Südgrenze, das Magazin (etwa 850 m² Grundfläche) an der Südgrenze des Geländes.

Die tiefliegenden Polder an der Ostseite des Kraftwerksgeländes zwischen dem Gelände und den Bahn- und Straßendämmen dienen während der ersten Betriebsjahre als Aufspülgelände für die Feuerungsrückstände.

Abb. 13. Gesamtansicht von Südwesten. Längs der gelagerten Kohle verläuft die Grundstückgrenze des Kraftwerkes. Schwerbau Block 2 im Bau, verdeckt durch Gerüst. Das große Feld wird für Eisenerzumschlag vorbereitet, es gehört nicht zum Kraftwerk

Abb. 14. Gesamtansicht von Westen, in der Mitte Uferband. Heizöltank vor den beiden Blocks

Abb. 15. Modell Block 1 und 2, Kesselhausseite. Zwischen den Kesselhäusern die Eigenbedarfsanlage, darüber die Bekohlungsbandbrücke zwischen den Bunkerschwerbauten

Abb. 16. Modell Block 1 und 2, Maschinenhausseite. Verglasung ist hier entgegen der Ausführung Klarglas, um das Innere zu zeigen. Ganz links das Tor mit der Gleiseinführung

b) Die Anordnung der 4 Hauptteile des Kraftwerksblocks

Bevor auf die Anlageteile im einzelnen eingegangen wird, soll die für den Aufbau des Blockes 1 getroffene Lösung besprochen werden, die im Prinzip auch für die weiteren Blocks gilt.

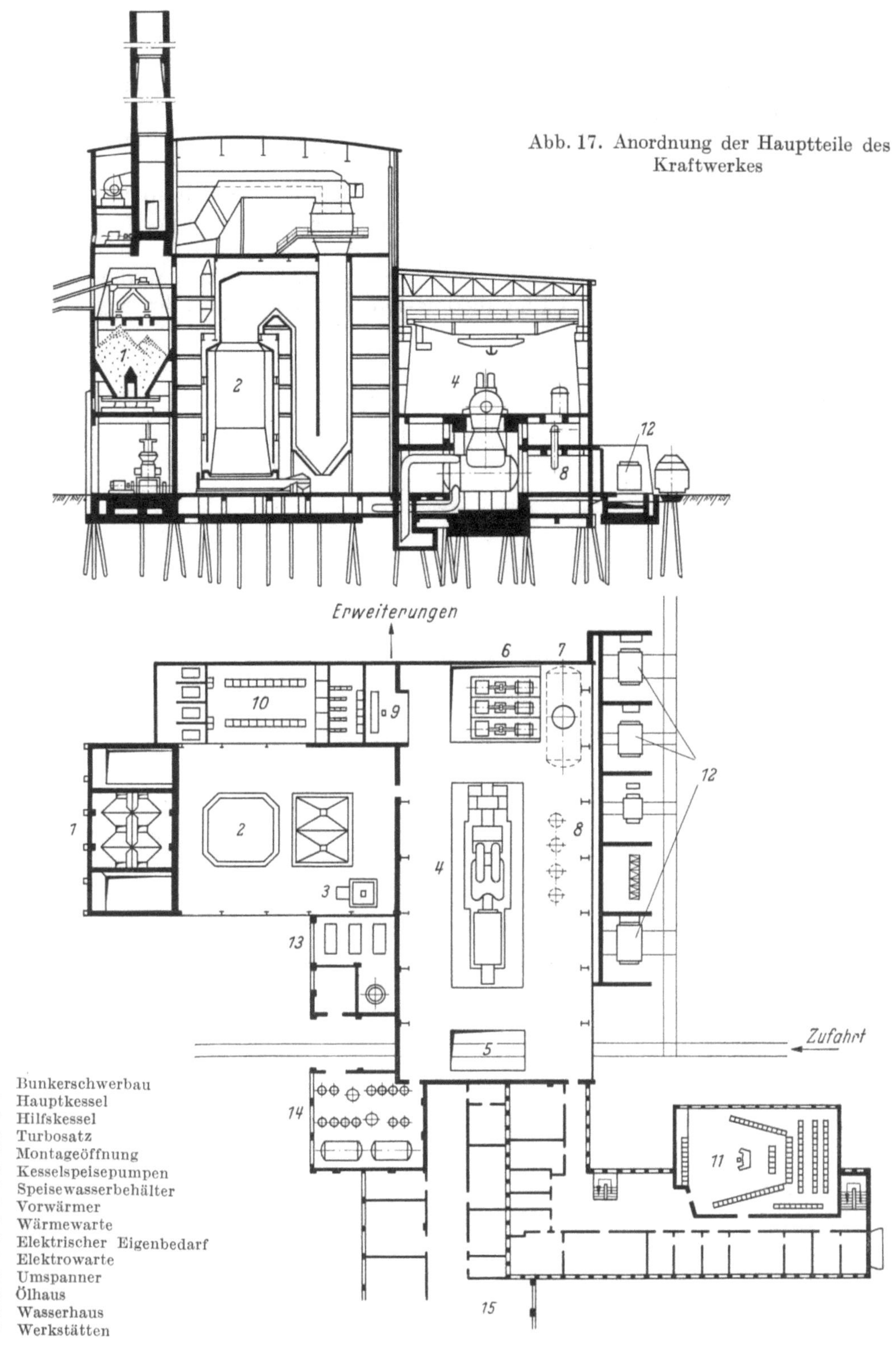

Abb. 17. Anordnung der Hauptteile des Kraftwerkes

1 Bunkerschwerbau
2 Hauptkessel
3 Hilfskessel
4 Turbosatz
5 Montageöffnung
6 Kesselspeisepumpen
7 Speisewasserbehälter
8 Vorwärmer
9 Wärmewarte
10 Elektrischer Eigenbedarf
11 Elektrowarte
12 Umspanner
13 Ölhaus
14 Wasserhaus
15 Werkstätten

Es gibt mehrere Möglichkeiten zur Anordnung der 4 Hauptteile

Dampferzeuger Vorwärmer und Speisepumpen,
Turbosatz, Wärmewarte, Elektrowarte und Schaltanlage.

Die Hauptgrundsätze, nach denen der Kraftwerksblock aufgebaut ist, sind folgende (s. Abb. 17):

1. Turbosätze in *Längs*richtung des für alle Blocks gemeinsamen Maschinenhauses aufgestellt,

2. Kesselhaus (für jeden Block einzeln) mit Kesselachse senkrecht zur Maschinenhausachse an das Maschinenhaus direkt angebaut,

3. Bunkerhaus für Kohlenbunker, Kessel, Gebläse, Kohlenmühlen und Schornstein liegt an der Außenseite jedes Kesselblockes,

4. Speisepumpen- und Vorwärmeranlage mit Speisewasserbehälter sind im Maschinenhaus vor und neben dem Turbosatz angeordnet. Eine Ausnahme hiervon machen die beiden Hochdruckvorwärmer des Blockes 1, die im Kesselhaus untergebracht sind.

5. Elektrische Eigenbedarfsanlagen für je 2 Blocks zwischen den beiden Kesselhäusern, dabei lehnt sich das Eigenbedarfshaus an eine Wand des zugehörigen Kesselhauses an.

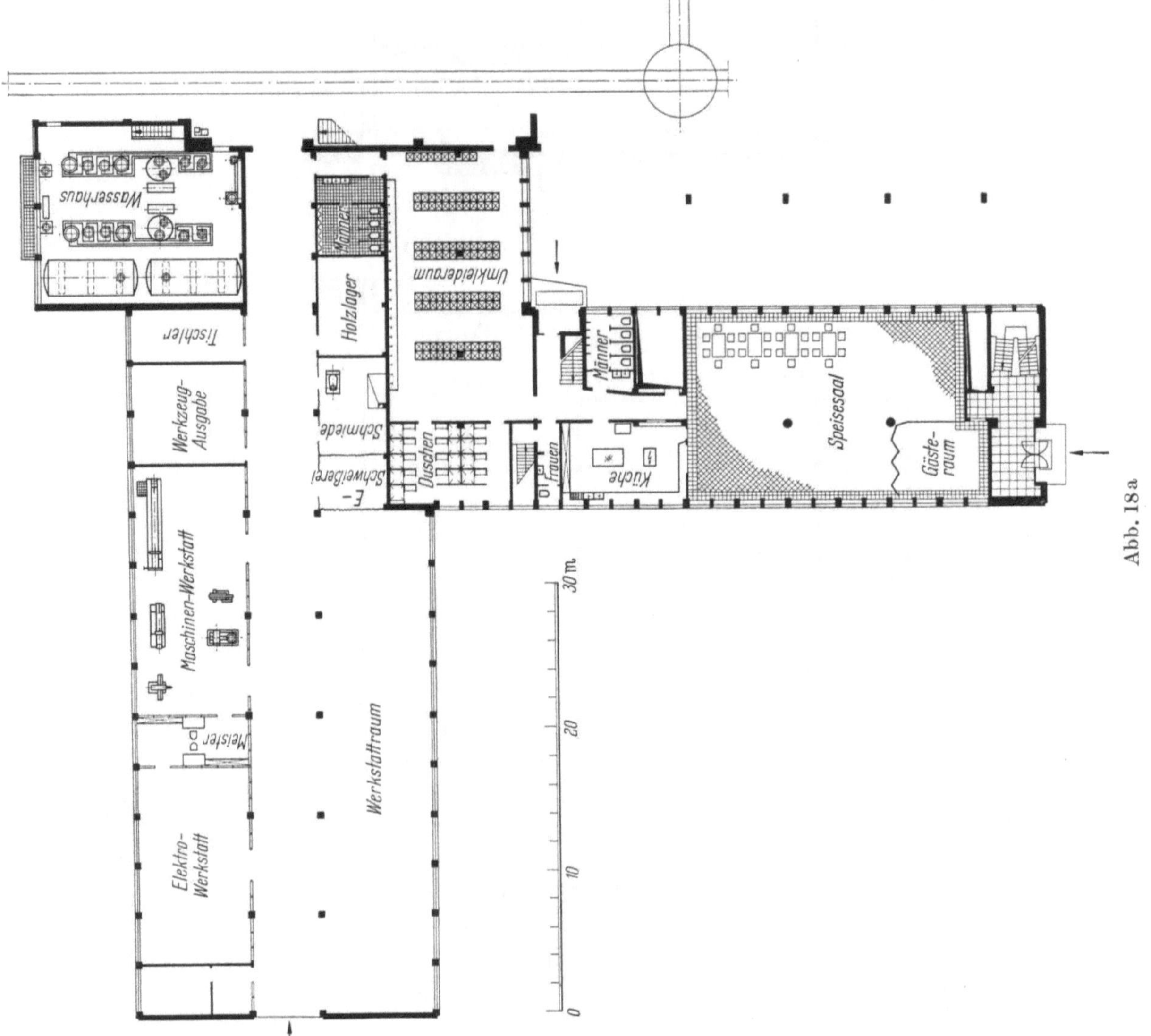

Abb. 18a

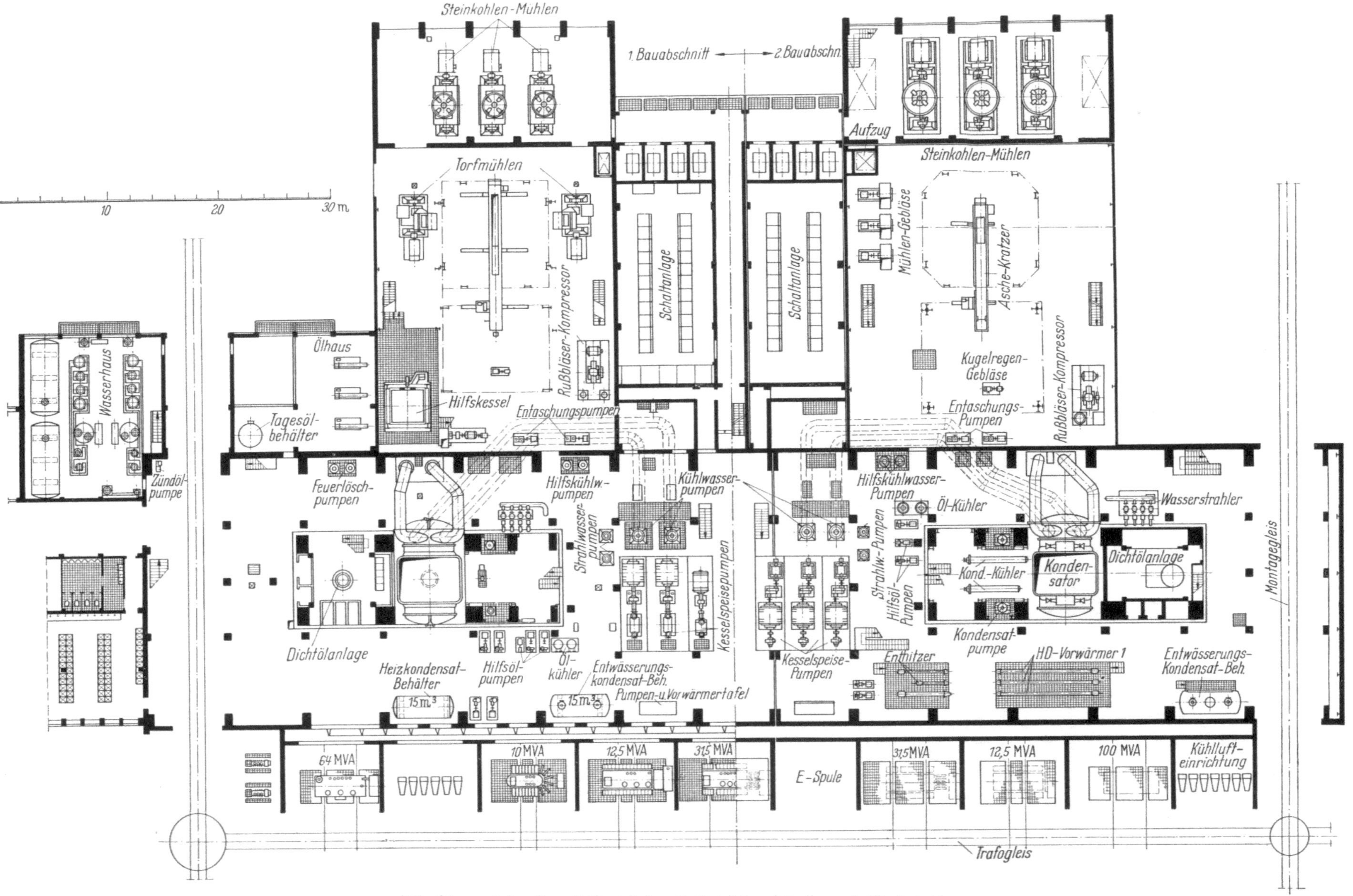

Abb. 18a und b. Grundriß ±0,0 mit Betriebsgebäude und Werkstatt

6. Wärmewarte im Eigenbedarftrakt mit den Leitständen für Kessel und Turbine in der Nähe der Hochdruckturbinensteuerung mit freiem Blick auf die Turbine. Diese Anordnung bedingt, daß die Turbosätze nicht hintereinander in Kiellinie, sondern mit den Reglerböcken paarweise einander zugekehrt aufgestellt werden.

7. Elektrowarte im Betriebsgebäude, gemeinsam für alle Blocks, aber getrennt von den eigentlichen Kraftwerksblocks.

Durch die vorstehend geschilderte Lösung sind große Freizügigkeit bei Erweiterungen und kurze Verbindungen für Dampf, Wasser und Strom zwischen den Kraftwerkshauptteilen erreicht. Die Forderungen an die Elektrowarte in einem Mehrblock-Verbundnetzkraftwerk, bei dessen Baubeginn die endgültige Größe nicht festliegt, rechtfertigen die gewählte Anordnung der Elektrowarte getrennt von den Blocks und den damit verbundenen Mehraufwand an Schwachstrom-Steuerkabeln und Meßleitungen zwischen Schaltanlagen und Elektrowarte.

Einzelheiten in der Anordnung der Anlagenteile zeigt die Abb. 18 im Grundriß $\pm 0{,}0$, weiter Abb. 19 den Hauptbedienungsflur $+10{,}0$.

Einen Querschnitt durch das Kesselhaus von Block 1 und 2 geben Abb. 20 und 21, Abb. 22 den Längsschnitt durch das Maschinenhaus. Auf diese Bilder kommen wir bei der Besprechung der Einzelteile noch zurück.

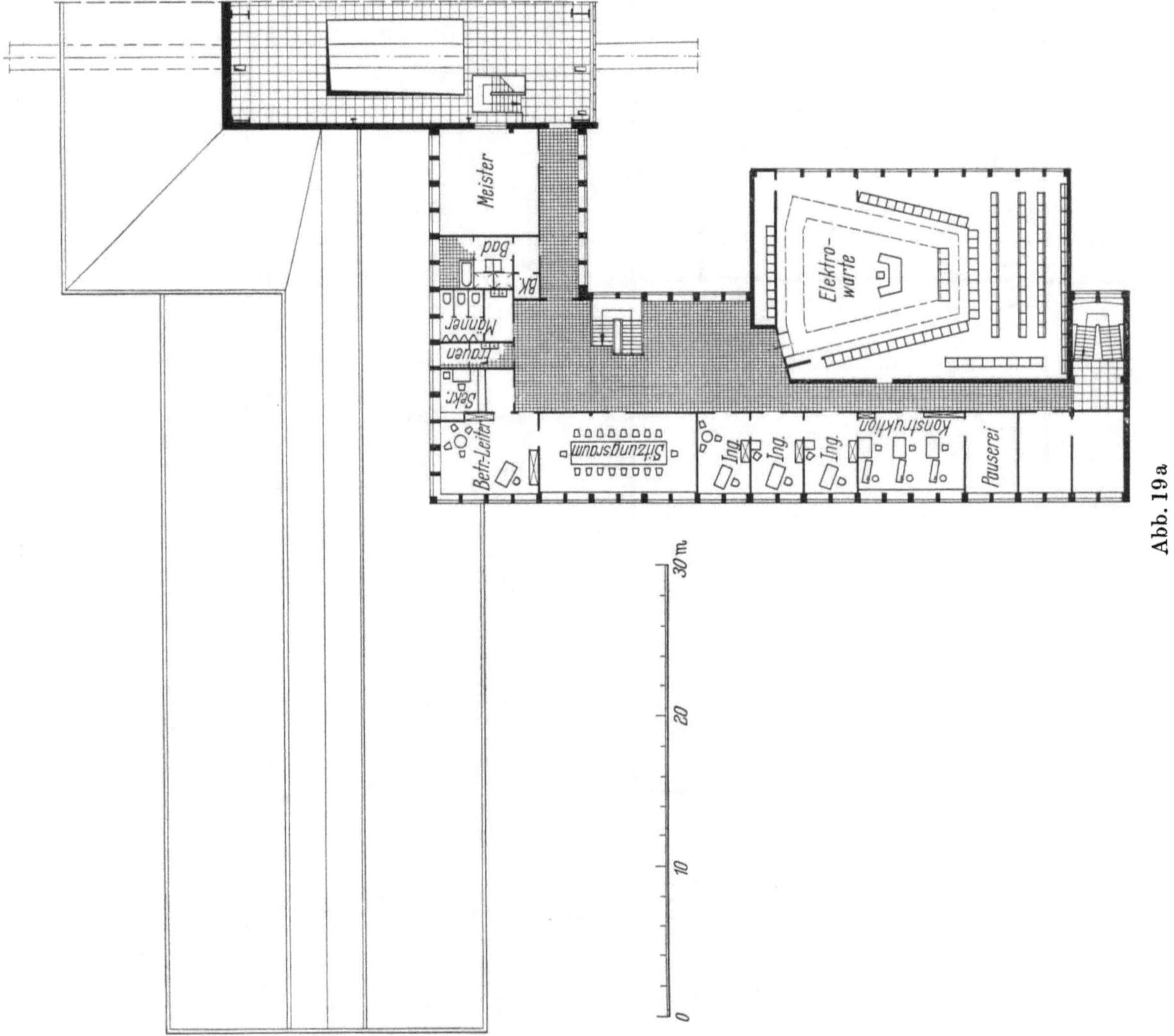

Abb. 19a

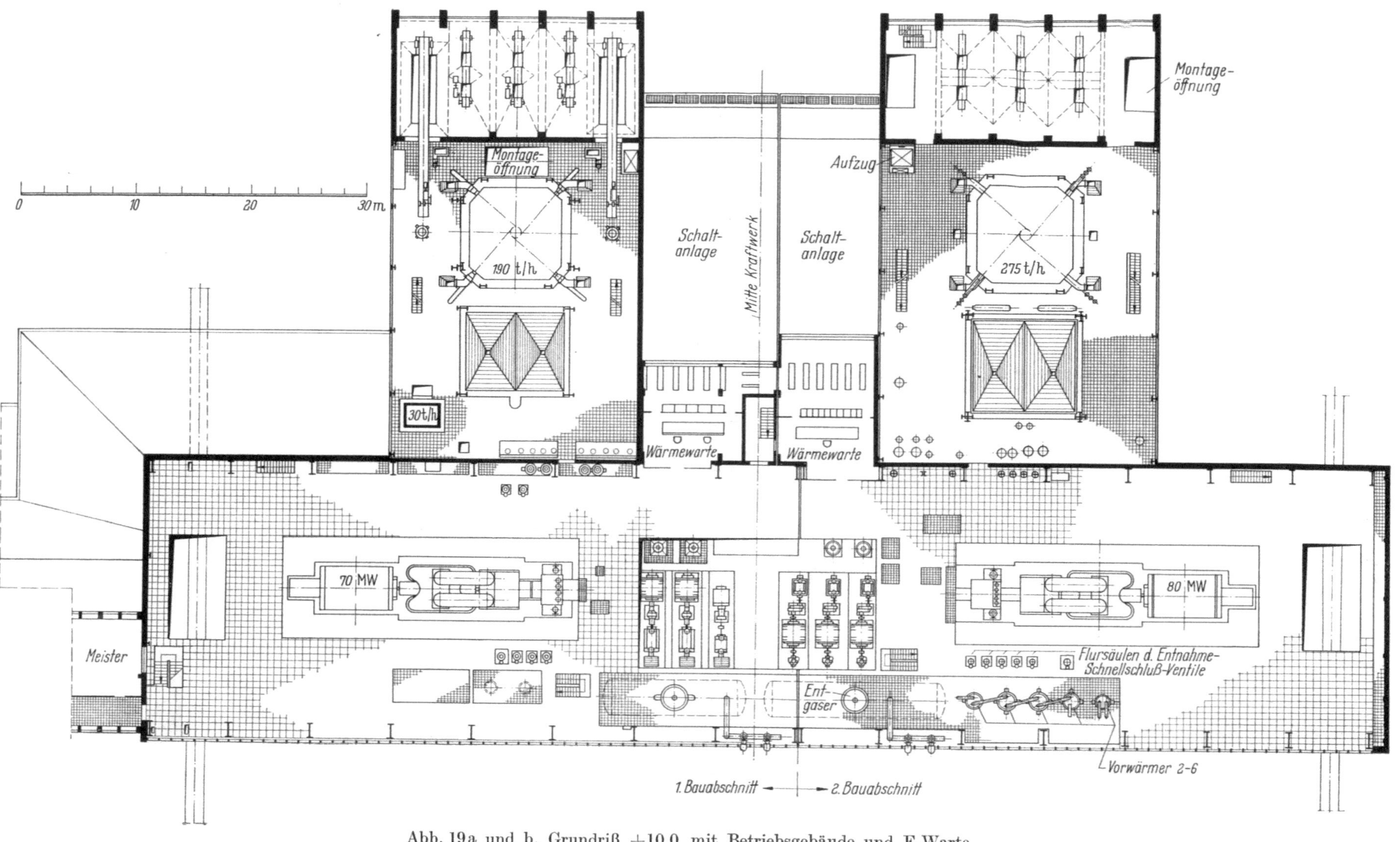

Abb. 19a und b. Grundriß +10,0 mit Betriebsgebäude und E-Warte

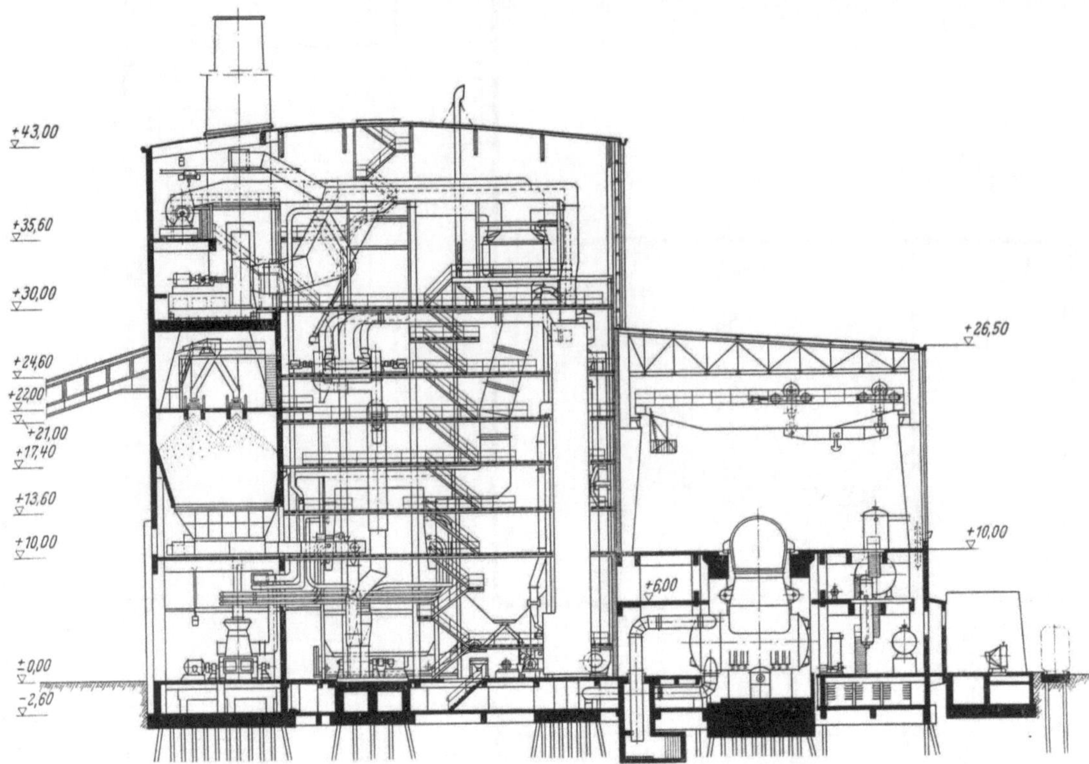

Abb. 20. Querschnitt Kesselhaus und Maschinenhaus Block 1
Kessel und Kesselhausbühnen in Ansicht; im Bunkerhaus ist der Torfbunker geschnitten

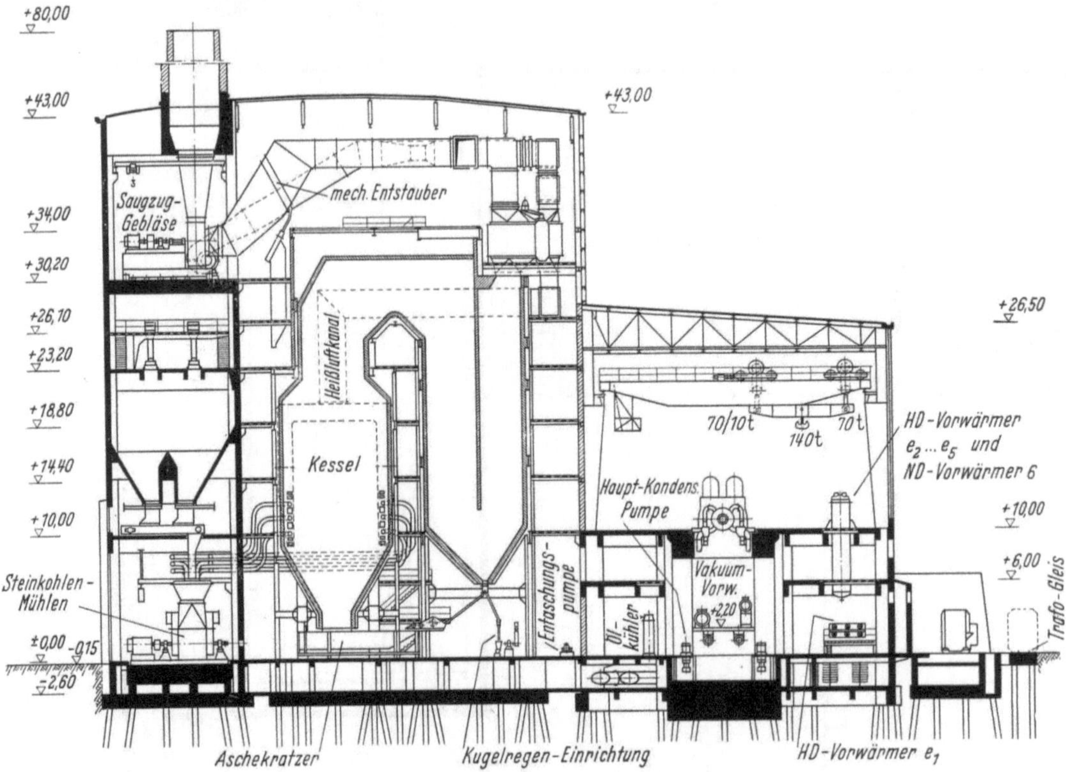

Abb. 21. Querschnitt Kesselhaus und Maschinenhaus Block 2
Kessel im Schnitt

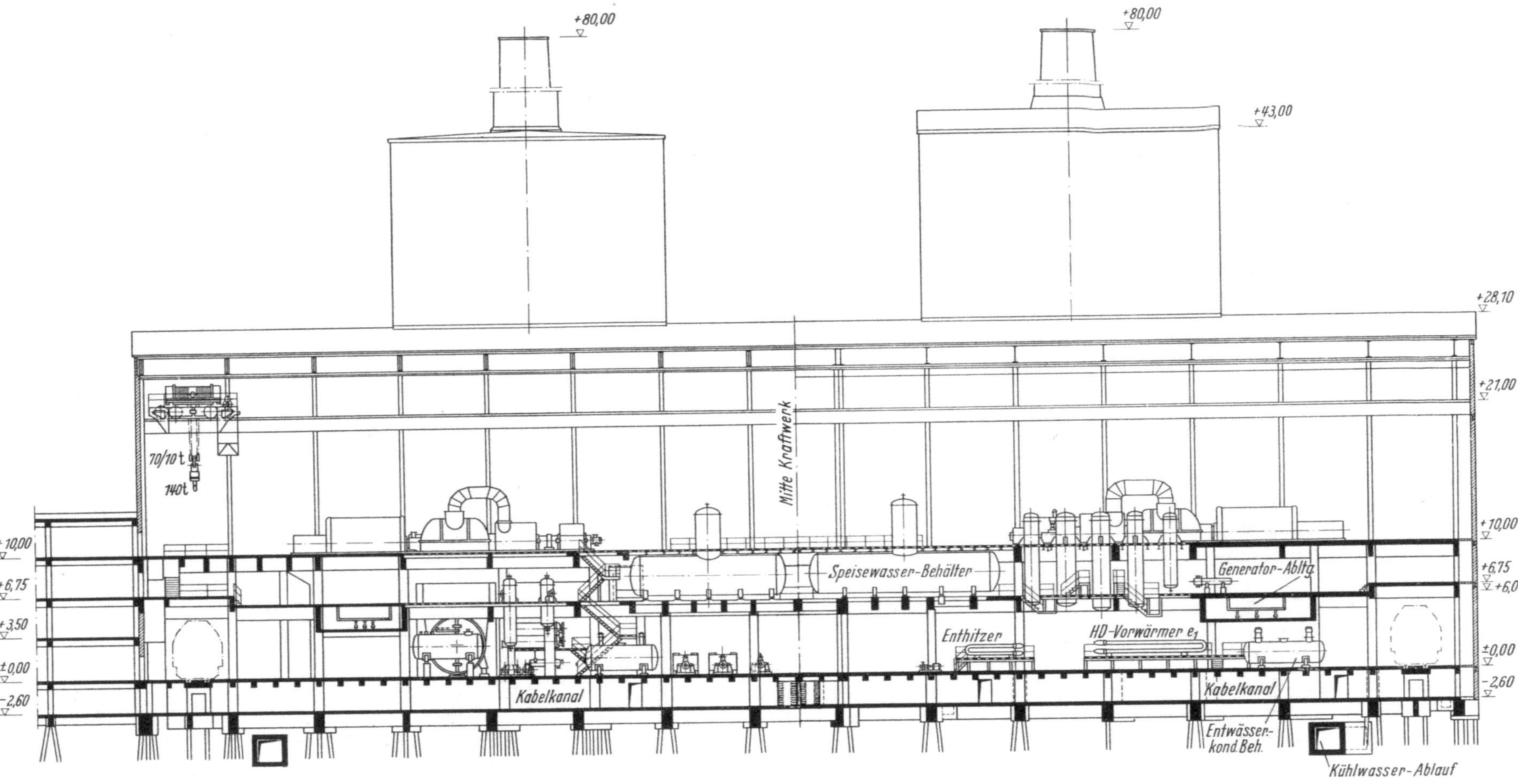

Abb. 22. Längsschnitt Maschinenhaus Block 1 und 2. Links der Turbosatz Block 1

C. Spezialtechnik

I. Bautechnische Ausführung

a) Gründung

Da tragfester Boden erst in einer Tiefe von 10 bis 14 m unterhalb des Polderniveaus (d. h. 13 bis 17 m unterhalb des späteren Kraftwerksgeländes) liegt, war man gezwungen, für alle Bauwerke eine Pfahlgründung vorzusehen. Die nachstehenden Angaben gelten mit einigen Abweichungen auch für den zweiten Block.

Für die erste Ausbaustufe wurden insgesamt 2920 Pfähle gerammt bzw. gebohrt. Dabei entfielen auf die Bohrpfähle etwa 2000 Stück mit einer Tragfähigkeit von 15 bis zu 90 t/Pfahl in Längen von 13 bis 21 m[1], und zwar insgesamt etwa 34000 lfd. m Pfähle. Die überwiegende Zahl der Pfähle hat eine Tragfähigkeit von 60 und 90 t.

Gerammt wurden etwa 720 Stahlbetonfertigpfähle mit 50 t Tragfähigkeit je Pfahl und einer Länge von 10 bis 21 m[1]. Ferner wurden für die Kaianlagen außerdem etwa 200 Stück Stahlpfähle mit einer mittleren Länge von 22 m benötigt.

Von den 2000 *Bohrpfählen* entfallen auf die wichtigsten Anlageteile:

Maschinenhaus	900
Turbinenfundament	56
Kesselhaus	40
Kesselfundament	72
Bunkerhaus	112
Freiluftschaltanlage	189
Büro- und Betriebsgebäude	102
Werkstatt mit Wasser- und Ölhaus	100
Bekohlung	73

Von den 920 *Rammpfählen* entfallen auf:

Kühlwassereinlauf	395
Bekohlung	129

Die Auffüllung des Geländes nach erfolgter Ramm- bzw. Bohrpfahlgründung mußte wegen des zähplastischen Auffüllbodens sorgfältig geschehen, damit durch einseitigen Erddruck die Pfähle nicht seitlich unzulässig belastet oder schiefgestellt wurden. Die Armierung der Pfähle ist mit dem Stahlbeton der Fundamentbalken bzw. -platten verbunden.

Die Gebäudekonstruktionen sind wie folgt ausgeführt:

Sämtliche Gebäudeteile sind auf —2,6 m unterkellert, mit Ausnahme von Werkstatt, Garage und Pförtnerhaus. Die Kellersohlen des Wasser- und Ölhauses liegen auf —3 m, die des Lagers (nur teilweise unterkellert) auf —1,1 m. Die Kellersohle —2,6 m liegt etwa auf der gleichen Höhe wie der mittlere Hafenwasserspiegel, um Überflutungen durch Hafenwasser zu vermeiden, da im Kraftwerk durch den Kühlwasserkanal eine Verbindung mit dem Hafen besteht. Die Höhenangabe $\pm 0{,}0$ m für den Kondensatoraufstellungsort, die für das Kraftwerk festgelegt wurde, entspricht 3,7 m über NN (Normal Null). *Die Hauptbühne* (Abb. 19) *liegt durchgehend auf der gleichen Höhe +10,0 m,* sie enthält Kohlenzuteiler, Brenner und Speisekopf im Kesselhaus, Bedienungsflur im Maschinenhaus, Wärmewarte, Elektroschaltwarte, Diensträume für Betriebsleiter, Ingenieure und Meister.

b) Maschinenhaus

Das Maschinenhaus ist bis +10,0 m in Stahlbeton ausgeführt, wobei die östliche Außenwand als Sichtbetonwand ausgebildet wurde. Die Giebel und die westliche Außenwand sind mit Klinkermauerwerk verkleidet.

---

[1] Die kurzen Pfähle wurden für Bauwerke verwendet, deren Sohlen unterhalb des Polderniveaus liegen (Kühlwasserkanäle, Einlaufbauwerk).

Oberhalb 10 m ist das Maschinenhaus als Stahlbau ausgeführt. Zweigelenkrahmen, bestehend aus den Kranbahnstützen und den mit ihnen biegesteif verbundenen Dachbindern bilden die tragende Konstruktion. Während das Mauerwerk der Nord-, Süd- und Westseite bis zum Dach reicht, ist die Ostseite (Abb. 11) über 10 m als kittlose Glasfläche ausgeführt. Hierfür wurde ein Verbundglas, bestehend aus 2 Glastafeln und einer dazwischenliegenden Schicht von Glaswollgespinst verwendet. Dieses Glas hat eine kleine Wärmeleitzahl (das ist bei großen Glasflächen von Bedeutung) und bewirkt eine Dämpfung bzw. Streuung des einfallenden Lichtes, wodurch die direkte Sonneneinstrahlung verhindert wird und das Maschinenhaus in seiner gesamten Tiefe vom Tageslicht gut ausgeleuchtet ist.

Das Dach des Maschinenhauses ist mit auf Stahlpfetten liegenden Bimsbetonplatten eingedeckt und mit einer doppelten Papplage gedichtet. Es ist ein Pultdach mit geringem Gefälle zur Ostseite hin. Außer der Hauptbedienungsbühne auf +10,0 m enthält das Maschinenhaus eine Zwischenbühne auf +6,0 m Höhe, die zum großen Teil aus Stahlbeton, teilweise aus Stahlkonstruktion mit Gitterrostabdeckung besteht. Auch die Decke +10,0 m am Aufstellungsort des Speisewasserbehälters ist in Stahlkonstruktion mit Gitterrostbelag ausgeführt. Unter den Dachbindern liegt eine sogenannte ,,Schwitzwasserdecke" zur Wärmeisolierung. In dem Boden zwischen Schwitzwasserdecke und Dachhaut sind Rohrleitungen für die Heizung und Ausgleichsgefäße sowie Regenwasser-Sammelleitungen untergebracht. An der Unterseite der Schwitzwasserdecke liegen zwei durchgehende Reihen Leuchtstoffröhren für die Beleuchtung des Maschinenhauses.

Der Boden des Maschinenhauses ist auf + 10,0 m mit Fliesen grau-porphyr, 10 × 10 cm, ausgelegt. Außerdem erhielten die Fußböden im Labor, Wasserhaus und Ölhaus Fliesenbelag. Die übrigen Böden, soweit sie in Beton ausgeführt sind, erhielten Zementhartestrich. Die Trennwände zum Kessel- und Schalthaus sowie die Innenseiten der Außenwände bestehen aus verputztem Mauerwerk mit Weißkalkanstrich.

Das Turbinenfundament besteht in beiden Blocks aus Stahlbeton, jedes hat eine Eigenschwingungszahl, die unterhalb der Eigenschwingungszahl des Turbosatzes liegt. Um eine spätere Umstimmung des Fundamentes zu ermöglichen, wurden die Stützen als Doppelstützen mit Trennfugen ausgebildet. Bei Bedarf kann der Querschnitt aller oder einzelner Turbinenfundamentstützen zur Abstimmung der Eigenschwingungszahl verringert werden. Öffnungsflügel in der Ostwand über +21,0 m und diesem gegenüberliegende, verschließbare Jalousien dienen zur Be- und Entlüftung.

c) Kesselhaus, Bunkerhaus, Schornstein

Im Kesselhaus sind alle Fundamente, d. h. für Gebäude, Kessel, Torfmühlen und Kompressor sowie die Decke ±0,0 aus Stahlbeton hergestellt. Das Kesselhaus besteht im wesentlichen aus den Stahlfachwerk-Außenwänden, welche teilweise mit Klinkermauerwerk und über +10,0 m meist mit Glas, teilweise mit Wellasbest-Zementplatten ausgekleidet sind, weiter aus den Stahlbindern und den Stahlbühnen mit Gitterrostbelag. Es hat in Block 1 22 m äußere Breite, 27 m Tiefe und eine Höhe von etwa 41 m bis Unterkante Dachbinder, von ±0,0 gerechnet. Auf einer Seite wird das Kesselhaus eingeschlossen durch das Bunkerhaus, auf der anderen Seite teilweise durch das Maschinenhaus. Die über das Maschinenhaus reichende Ostwand des Kesselhauses wurde mit Wellasbest-Zementplatten verkleidet, die an der Stahlkonstruktion befestigt sind. Die Verglasung wurde kittlos mittels Drahtglas hergestellt.

Das Kesselhausdach, welches gemeinsam mit dem Dach des Bunkerhauses leicht gewölbt ist, hat die gleiche Bauweise wie das Maschinenhausdach, jedoch keine Schwitzwasserdecke.

Von der Gesamtglasfläche des Kesselhauses Block 1 von etwa 1720 m² sind etwa 110 m² als Öffnungsflügel zur Lüftung ausgebildet.

Das Bunkerhaus enthält die Kohlenbunker, Kohlenzuteiler, Steinkohlenmühlen und die Gebläse. Im ersten Block befinden sich im Bunkerhaus außerdem die Torfbunker.

Die Steinkohlenbunker in Block 1 fassen 350 t; die Torfbunker 200 t. In Block 2 ist das Fassungsvermögen der Steinkohlenbunker 500 t. Die Bunker sind also reichlich ausgelegt, sie enthalten Steinkohle für etwa 13 Stunden Vollastbetrieb in Block 1, für etwa 18 Stunden in Block 2.

Das Bunkerhaus ist in seiner ganzen Höhe als Stahlbetonbau errichtet, d. h. als Betonbau aus bewehrten Stahlbetonwänden mit Aussteifung durch die einzelnen Geschoßdecken bzw. Bunkertrennwände. Für alle Außenschalungen wurden ausgesuchte Schalbretter verwendet. Abb. 20 und 21 zeigen die Bunkerhäuser im Schnitt.

Das Dach ist ein massives Stahlbetondach mit doppellagiger Bitumenpappe. Im Block 1 enthält das Bunkerhaus keine Treppen. Seine Bühnen sind nur von den Kesselbühnen aus zugänglich. Im zweiten Ausbau konnte durch den Wegfall der Torfbunker eine Stahlbetontreppe bis zur Gebläsebühne angeordnet werden.

Alle Fußböden des Bunkerhauses erhielten einen Hartestrichbelag. Die Kohlenmühlenfundamente wurden von der Decke $\pm 0{,}0$ m zur Vermeidung von Schwingungsübertragungen durch Bewegungsfugen getrennt.

Der Schornstein besteht aus Mauerwerk, er ist auf den Schwerbau aufgesetzt.

Die Stahlbetonabfangung des Schornsteines reicht bis $+44{,}65$. Die Abfangung wurde für den Anschluß der Rauchgaskanäle ausgebildet. Der Schornsteinaustritt liegt auf $+80{,}0$ m Höhe über 0,0 m. Die lichte Weite auf 80,0 m ist 3,20 m ∅ (maximale Rauchgasgeschwindigkeit am Austritt 14,0 m/sec), unten im Anschluß an die Betonkonstruktion 3,65 m ∅. Äußerer Durchmesser oben 4,17 m, unten 5,16 m. Der Schornstein erhielt in seiner ganzen Höhe innen 120 mm starkes Schutzmauerwerk, welches mit grobkörnigem Hüttenbims hinterfüllt wurde. Ferner erhielt er innen und außen je 2 Steigeisengänge und eine Blitzschutzanlage. Die Mündung des Schornsteines wurde mit einer zweiteiligen gußeisernen Abdeckplatte geschützt, die so ausgebildet ist, daß das Futter sich frei bewegen kann. Zum Schutze der Schornsteinsäule gegen Angriff durch Rauchgase wurden die oberen 10,0 m außen mit Fluatanstrich behandelt. Die Schornsteine sind in beiden Blocks gleich ausgeführt.

d) Schalthaus

Das Schalthaus enthält in 3 Geschossen die Eigenbedarfschaltanlage, es ist ein Stahlbetonskelettbau mit Mauerwerksausfachung. Das Dach ist aus Stahlbeton mit doppellagiger Bitumenpappe. Je nach Verwendung der Räume wurden als Fußbodenbelag Hartestrich oder Kunststoffplatten auf Asbestfaserbasis aufgebracht.

In den Anschluß des Schalthauses an das Maschinenhaus wurde ein Treppenhaus mit Stahlbetontreppen eingebaut, das zugleich für das Maschinenhaus und das Schalthaus dient.

Auf $+10{,}0$ m liegt im Schalthaustrakt — für jeden Block gesondert — die Wärmewarte, welche zum Maschinenhaus hin durch schräggestellte, stahlgraue Glasscheiben abgeschlossen wird.

Zur Schalldämmung wurden die Wände der Wärmewarte mit gelochten Aluminiumblechtafeln und die Decke mit gelochten Gipsplatten, welche mit Steinwolle hinterfüllt sind, ausgekleidet.

e) Kühlwassereinlauf und -auslauf

Der hinter dem Siebrechenhaus beginnende Kühlwasserzulaufkanal ist ein rechteckiger Stahlbetonkanal mit einer Breite von 3,0 m und einer Höhe von 2,5 m. Er wurde im Inneren geputzt, was nicht unbedingt nötig wäre, weil mit Muschel- und Algenbewuchs zu rechnen ist, und dieser Bewuchs die Wandrauhigkeit bestimmt.

Dieser Kanal dient für 2 Ausbaustufen. Im Kraftwerksgelände an einem Abzweigschacht nahe dem Schalthaus wurde beim ersten Ausbau der Anschluß für den zweiten Ausbau vorgesehen.

Das Siebrechenhaus (Abb. 70) dient zur Aufnahme der Feinrechen und Wasserschieber, es ist in seinen Tiefbauten als massive Stahlbetonkonstruktion ausgeführt.

Der aufgehende Teil dieses Siebrechenhauses wurde als Stahlbetonskelettbau mit Mauerwerksausfachung errichtet. Das Kühlwasser aus dem Hafen strömt durch einen etwa 43 m in das Hafenbecken hineinreichenden Spundwandkanal, der an seinem vorderen Ende an den Längsseiten durch 20 cm breite und 2 m hohe Öffnungen auf insgesamt 17 m² aufgeschnitten wurde. Die Oberkante dieser Öffnungen liegt auf NN —4,9 m, d. h. etwa 6 m unter dem Wasserspiegel.

Durch diese Maßnahme wird erreicht, daß stets kaltes Wasser aus großer Tiefe zuströmt und daß schwimmender Unrat nicht in den Kühlwasserkreislauf gelangen kann.

Der Kühlwasserauslauf besteht getrennt für jeden Block aus einem Stahlbetonkanal von 3,8 m² Querschnitt, der jeweils etwa am Nordende der zweiten Ausbaustufe endet und längs der Maschinenhausostwand verläuft. Am Ende dieses Kanals liegt ein Abzweigschacht, von dem zunächst das Kühlwasser durch Schleuderbetonrohre von 2 m ∅ in das Kraftwerkshafenbecken geleitet wird. Beim weiteren Ausbau soll das Kühlwasser vom Abzweigschacht (wieder durch Schleuderbetonrohre) zur östlichen Grundstücksgrenze geleitet und von dort in einen etwa 1,2 km langen offenen Ablaufgraben nach Norden zum sogenannten ,,Industriehafen" fließen, womit die Kühlteichfläche wesentlich vergrößert wird (s. Abb. 5).

Das derzeitige Auslaufbauwerk am Kraftwerkhafen ist eine einfache, offene Betonkonstruktion ohne Aufbauten über Terrain, es ermöglicht das Abschließen der Auslaufleitungen durch Dammbalken. Ein Überlaufwehr sichert den Kraftschluß der Kühlwasserablaufrohre hinter dem Turbinenkondensator.

f) Freiluftschaltanlage

Die Freiluftschaltanlage ist, wie alle Bauteile, auf Pfähle gegründet. Baulicherseits waren die Pfahlgründung und die Stahlbetonfundamente für Schalt- und Abspanngerüste zu erstellen.

Durch die Freiluftschaltanlage parallel zur Maschinenhausostwand verläuft ein unterirdischer Kabelkanal (er enthält Meß-, Steuer- und Signalkabel) zum Betriebsgebäude, wo er in einen senkrechten Kabelschacht mündet, der zum Kabelboden der Elektroschaltwarte führt.

Zur Schaltanlage gehören die Umspannerfundamente an der Maschinenhausostwand mit ihren Ölsammelgruben und Ölabscheideanlagen, die in Stahlbeton ausgeführt sind. Aus Sicherheitsgründen wurden die Umspanner voneinander durch 6 m hohe Betonwände getrennt.

g) Büro- und Betriebsgebäude

Das Büro- und Betriebsgebäude enthält im Keller —2,6 m die Batterieräume, Vorratskeller für die Küche und die Verlängerung des vom Maschinenhaus herankommenden Kabelkanals.

Im Erdgeschoß ±0,0 (Abb. 18) befinden sich die Speisesäle, die Küche, die Wasch- und Umkleideräume, Toilettenanlagen und Brausezellen.

Im ersten Obergeschoß +3,5 m befinden sich ebenfalls Umkleide-, Wasch- und Brauseräume, je ein Raum für erste Hilfe und Betriebsrat sowie Zimmer für Gastmonteure und Toiletten. Im zweiten Obergeschoß sind untergebracht: das Labor, die Räume für die kaufmännische Verwaltung des Werkes, das Lohnbüro und die Telephonzentrale. Nach Norden hin auskragend befindet sich über diesem Geschoß der Kabelboden zur Elektrowarte.

Im dritten Obergeschoß +10,0 m in gleicher Höhe wie der Hauptbedienungsflur des Kraftwerkes (Abb. 19) befinden sich die Räume für die Maschinenmeister (mit Fenster zum Maschinenhaus), ferner die Räume für die technische Leitung des Kraftwerkes und die Elektroschaltwarte.

Die Treppenaufgänge liegen am Haupteingang an der Ostseite des Gebäudes sowie in der Nähe des Einfahrttores zum Maschinenhaus.

Das Büro- und Betriebsgebäude ist ein Stahlskelettbau mit Mauerwerksausfachung. Für die Geschoßdecken wurden Stahlbetonrippendecken mit Fertigschalung gewählt. Die Treppen wurden aus Stahlbeton hergestellt und mit Kunststeinplatten verkleidet.

Das Stahlbetonmassivdach wurde mit Korkplatten isoliert und mit doppelter Papplage gedichtet.

Als Fußbodenbelag wurden für das Labor, die Küche, Wasch- und Umkleideräume, Brause- und Treppenräume Mosaikfliesen und in den übrigen Räumen Kunststoffplatten auf Asbestfaserbasis verlegt.

Die Elektroschaltwarte wurde schallschluckend ausgekleidet unter Verwendung von Holzsperrplatten mit aufgeklebter poröser Papierfaserdecke. Während die Büro- und sonstigen Räume durch Warmwasser beheizt werden, erhielt die Elektroschaltwarte eine Warmluftanlage.

Die Stahlfenster aus Wohnhausprofilen sind einfach verglast. Die an der Süd- und Westseite liegenden Fenster erhielten innen Leichtmetall-Lamellenjalousien. Die Konstruktionen des Gebäudes und der Wände zwischen den Büros sind so ausgeführt, daß bei Bedarf die Raumgrößen durch Versetzen der Trennwände ohne große Schwierigkeit geändert werden können.

h) Werkstatt und Nebenanlagen

Die Werkstatt (s. Abb. 18) mit dem Wasser- und Ölhaus wurde als etwa 7,5 m hoher Flachbau in Stahlskelettbauweise mit Mauerwerksausfachung und großen Glaswänden ausgebildet.

Sie schließt an das Maschinenhaus an, so daß Werkstücke vom Maschinenhaus über eine Laufkatze an die Werkbänke gebracht werden können. Die einzelnen Werkstatträume (Abb. 92) sind durch Glaswände getrennt.

Das *Lager* und die *Garage* sind als Stahlbetonskelett ausgeführt, sie erhielten wie alle Nebengebäude ein massives Dach mit Korkisolierung und doppelter Papplage. Im Lager wurde längs der +1,1 m liegenden Rampe die Geschoßdecke auf die gleiche Höhe gezogen und dieser Teil unterkellert.

Die *Garage* wurde in Firstlinie halbiert, wobei zum Innenhof hin die geschlossenen Garagen angeordnet wurden, während nach Osten eine offene Halle für Motorräder und Fahrräder entstand.

Am Nordende der Garage, an das sich das Einfahrttor zum Werkgelände anschließt, steht das in Leichtmetallbauweise ausgeführte *Pförtnerhaus.*

Die Fundamentplatte für den Öltank wurde auf Pfählen gegründet und der Tank mit einem Erdwall umgeben.

Die etwa 280 m lange *Kaianlage* am Kraftwerkshafen wurde in Stahlbeton mit Pfahlgründung erstellt und ist so ausgebildet, daß der Kraftwerkshafen bis auf 10 m Tiefe ausgebaggert werden kann. Die in diesem Falle notwendig werdende Stahlspundwand kann durch bereits vorgesehene Befestigungen an die Betonkonstruktion leicht angeschlossen werden.

Die Stahlbetonkonstruktion der Kaianlage ist zugleich Träger für das Bekohlungsgleis, die Fahrbahn für den Portalwippdrehkran und die Torfbandanlage.

Die Hafenböschungen erhielten Betonsteinpflaster.

Der Regenwasserbehälter dient zum Sammeln des von den Dächern anfallenden Niederschlagwassers. Es wurde als zylindrisches Stahlbetonbecken auf Bohrpfahlgründung ausgebildet und hat Vorkammern mit Schlackefüllung zur Filterung des Regenwassers. Die Oberkante dieses Beckens liegt auf Geländehöhe.

Die *Gleisanlagen* erhielten, soweit die Schienenoberkante für Anschluß an Gelände und Rampen genau gehalten werden mußten, ebenfalls Pfahlgründung. Die Anordnung der Gleisanlage, Straßen, Parkplätze usw. ist aus dem Lageplan (Abb. 10) ersichtlich.

i) Raumheizung

Die Raumheizung für das Büro- und Betriebsgebäude ist als Warmwasser-Umwälzheizung mit maximal 90° C Vorlauf- und 70° C Rücklauftemperatur ausgeführt. Vorhanden sind 3 Wärmeaustauscher für je $1{,}5 \times 10^6$ kcal/h, davon dient einer zur Bereitung des Warmwassers für Wasch- und Reinigungszwecke. Umwälzpumpen (Abb. 23) halten den Heißwasserumlauf aufrecht. Die Ausdehnungsgefäße für die Raumheizung sind über der Schwitzwasserdecke des Maschinenhauses untergebracht. Die Hauptwärmeverbraucher der Raumheizung sind:

a) Büroräume, Labor, Elektrowarte,
b) Speisesaal,
c) Umkleideräume,
d) Werkstatt,
e) Magazin.

Als Heizdampf für die Wärmeaustauscher dient Sattdampf von 3,0 ata Druck aus dem Speisewasserbehälter (s. Wärmeschaltplan Abb. 46). Das Kondensat aus den Heizvorwärmern läuft in den Heizkondensatbehälter ab und wird von dort durch Kreiselpumpen wieder in den Hauptkreislauf gefördert.

Abb. 23
Raumheizungsanlage. Rechts die dampfbeheizten Wasservorwärmer, links 3 Warmwasserumwälzpumpen

Büro- und Aufenthaltsräume werden durch Warmwasserradiatoren, die Werkstätten und das Magazin durch mit Dampf beschickte Lufterhitzer beheizt, denen die Raumluft durch mit den Erhitzern zusammengebaute Gebläse zugeführt wird. Eine Anzahl Heizapparate gleicher Bauart (d. h. Luftheizgeräte mit Gebläse) liegen ständig bereit, damit sie bei Bedarf (z. B. bei Reparaturen im Winter) schnell an den zu erwärmenden Stellen aufgebaut und an die Dampfleitung angeschlossen werden können. Im Kessel- und Maschinenhaus sind mehrere Luftheizgeräte fest eingebaut.

Die Elektrowarte und die Wärmewarten erhalten je eine Klimaanlage (Warmluftanlage mit Luftbefeuchter und Filter), die Wasch- und Umkleideräume werden künstlich belüftet durch Gebläse mit Luftheizanlage.

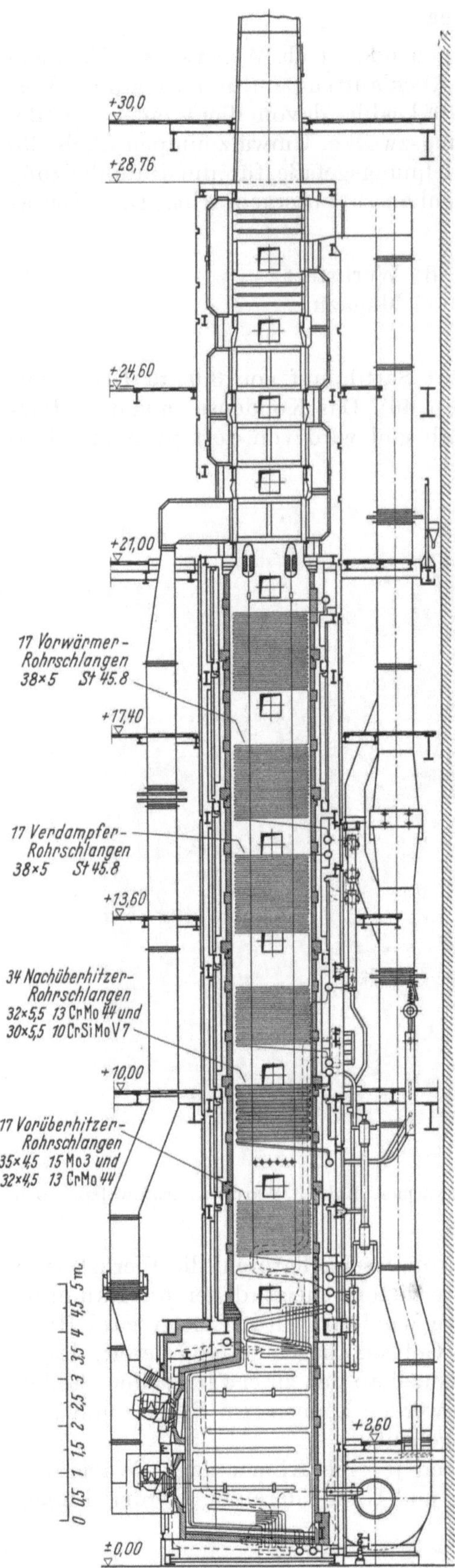

Abb. 24. Schnitt Hilfskessel Block 1

II. Maschinentechnische Ausrüstung

a) Dampferzeugungsanlage

1. Kessel einschließlich Feuerung

Ausgangspunkt für die Bemessung der Kesselleistung einer Blockanlage ist die für die maximale Dauerlast des Turbosatzes erforderliche Dampfmenge. Der Dampfbedarf des Turbosatzes Block 1 bei Maximallast von 70 MW beträgt 210 t/h, der Dampfbedarf im Bestpunkt etwa 180 t/h. Im Kraftwerk Emden ist etwa zwei Jahre lang nur ein Block in Betrieb. Das Kraftwerk kann sich also für eine Notversorgung mit Wärme (z. B. für Raumheizung) nicht auf eine bereits vorhandene Kesselanlage stützen, wie dies bei Erweiterungen oder bei Werken gegeben ist, die von Anfang an mit mehreren Blocks in Betrieb gehen.

Eingehende Überlegungen ergaben, daß für die Verhältnisse des Kraftwerkes Emden die Aufteilung der Kesselleistung in einen Hauptkessel und einen Hilfskessel zweckmäßig ist. Aufgestellt wurden ein Kessel von 190 t/h maximaler Dauerleistung für Feuerung mit Steinkohle und Torf sowie ein Hilfskessel von 30 t/h maximaler Dauerleistung für Feuerung mit Heizöl.

Der Hilfskessel ging früher in Betrieb als der Hauptkessel, um während der Wintermontagezeit das Kraftwerk zu heizen und um das Mauerwerk des großen Kessels mit Dampf zu trocknen. Für die reichliche Bemessung der Hilfskesselleistung war der Gedanke maßgebend, daß bei Ausfall des Hauptkessels oder zu Zeiten geringer Netzlast der Turbosatz noch als Spannungsstützpunkt und zur Verbesserung der Blindlastverhältnisse herangezogen werden sollte. Mit dem kleinen Kessel kann der Turbosatz eine Leistung von etwa 7 MW hergeben, unter Abzug des Dampfbedarfs für Winterraumheizung noch eine Leistung von etwa 6 MW, wovon allerdings ein erheblicher Teil durch den Eigenbedarf verbraucht wird. Der Hilfskessel wurde für Betrieb ohne Zwischenüberhitzung ausgelegt. Bei Alleinbetrieb des Hilfskessels geht der Dampf vom Abdampfstutzen des Hochdruck-Turbinengehäuses ohne Zwischenüberhitzung direkt zum Mitteldruckteil. Die Rohrleitungen im Mitteldruckteil wurden dadurch umfangreicher als bei einer Einkesselanlage. Bei Betrieb beider Kessel zusammen wird die gesamte Zwischenüberhitzung vom Hauptkessel übernommen. Für beide Dampferzeuger des ersten Blockes wurden Durchlaufkessel (Bensonkessel) gewählt.

Den Hilfskessel zeigt im Schnitt die Abb. 24. Es ist ein Einzugkessel von etwa 4×4 m Grundfläche und etwa 29 m Höhe. Für die Speisung wurde eine Pumpe aufgestellt, die bei Alleinbetrieb des kleinen Kessels oder bei Schwachlastbetrieb des großen Kessels die Speisung übernehmen kann. Deshalb wurde die Fördermenge dieser Speisepumpe verhältnismäßig reichlich bemessen. Die Feuerung besteht aus 2 Ölbrennern für je maximal 1800 kg/h Heizöl, dessen Druck vor Brenner etwa 0,5 atü ist. Die Brenner stehen senkrecht übereinander, sie können beliebig einzeln betrieben werden (Abb. 25).

Abb. 25. Ein Ölbrenner des Hilfskessels Block 1, Brennerkopf ausgefahren

Für die Kessellast von 30 t/h sind beide Brenner erforderlich. Der Kessel besitzt einen dampfbeheizten Luftvorwärmer für Vorwärmung auf 65° C bei Vollast und 110° C bei Halblast.

Die Auslegungsdaten des Hilfskessels sind:

Dampfleistung	max. 30 t/h
Dampfzustand am Kesselaustritt	135 atü/530° C
Speisewassereintrittstemperatur	135—220° C
Wirkungsgrad (gewährleistet)	90,5%

Der Hilfskessel hat während der Montagearbeiten im Winter gute Dienste geleistet.

Hauptkessel Block 1

Regellast (entspricht dem Bestlastpunkt der Turbine)	180 t/h
maximale Dauerlast	190 t/h
Dampfzustand am Hochdruckaustritt	135 atü/530° C
Genehmigungsdruck	160 atü

Der Zwischenüberhitzer soll bei Maximallast der Turbine 196 t/h (*einschließlich* Hilfskesseldampf) von 320° C auf 515° C überhitzen.

Vorwärmung der Verbrennungsluft auf	etwa 320° C
maximale Speisewasser-Eintrittstemperatur	228° C
Wirkungsgrad des Kessels bei 100% Steinkohlefeuerung (gewährleistet)	90,5%
Wirkungsgrad bei Feuerung mit 60% Steinkohle und 40% Torf (gewährleistet)	90 %

Beide Wirkungsgrade gelten für die Regellast von 180 t/h.

Der Hauptkessel (Abb. 26a und b) ist ein Dreizugkessel mit 10 × 18 m Grundfläche und 30 m Höhe. Der Kessel besitzt 2 Heizflächensysteme, d. h. der Wasser- und Dampffluß wird am Eintritt in zwei Hälften aufgeteilt, die erst am Austritt wieder zusammengeführt

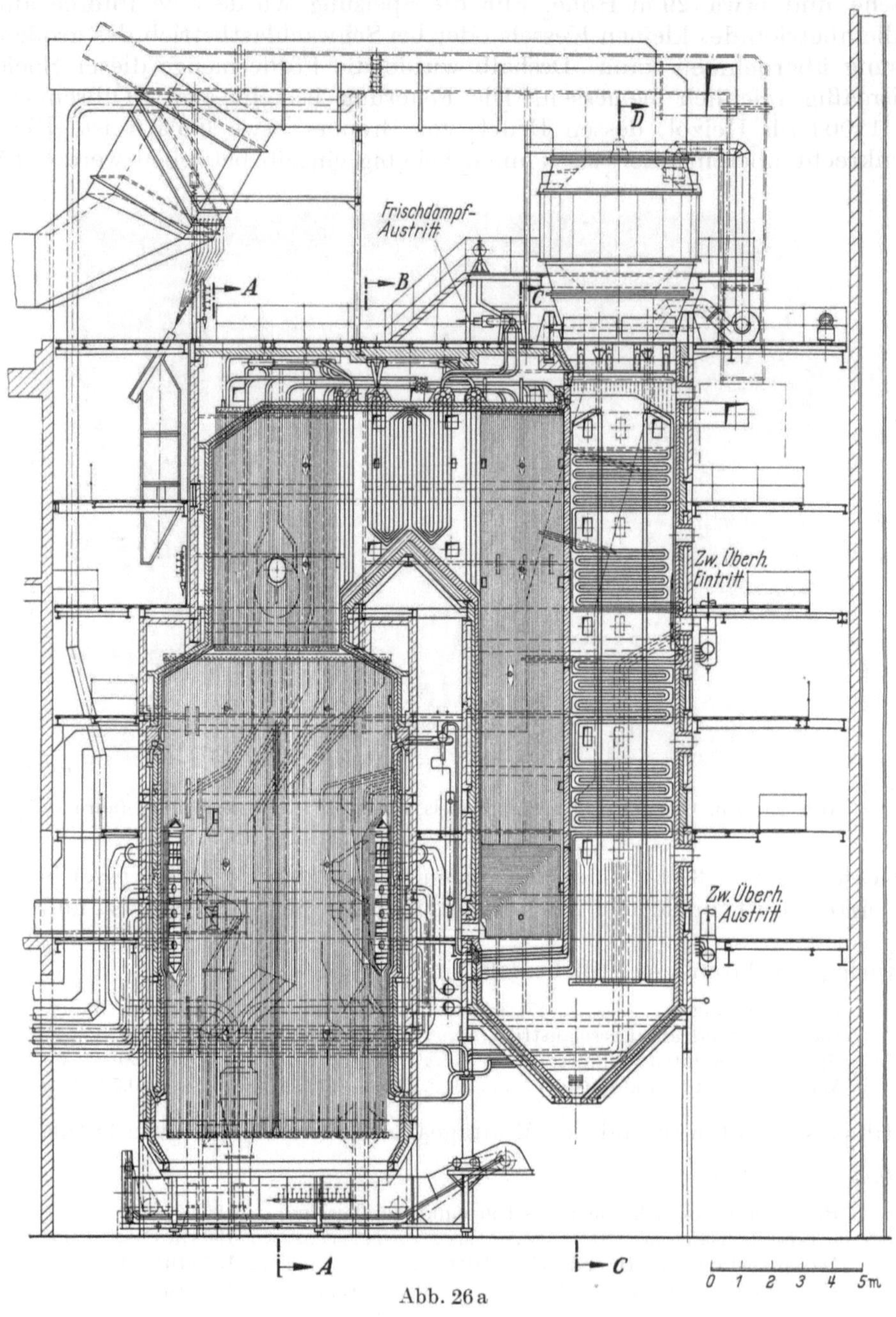

Abb. 26a

werden s. Abb. 78. Die Heizflächen bestehen aus Rohren mit vorwiegend 38 mm äußerem Durchmesser. Der Hauptüberhitzer hat teilweise Rohre mit 32 mm äußerem Durchmesser, der Zwischenüberhitzer durchgehend 44,5 mm. Die Wandstärken der Rohre betragen überwiegend 4 und 4,5 mm, zum kleineren Teil 5 und 6 mm. Der Rohrwerkstoff im Wasser- und Naßdampfteil ist St 45.8, in den ersten Überhitzerteilen 15 Mo 3 sowie 13 Cr Mo 44, in den Endstufen des Haupt- und Zwischenüberhitzers 10 Cr Si Mo V 7. Der erste Zug

(Brennkammer) enthält den Verdampferteil und im oberen Teil die Erstüberhitzer. An der Übergangsstelle vom ersten in den zweiten Zug sind die Schotten-Endüberhitzerheizflächen untergebracht. Der zweite abwärts gehende Zug ist nur an den Wänden mit Heiz-

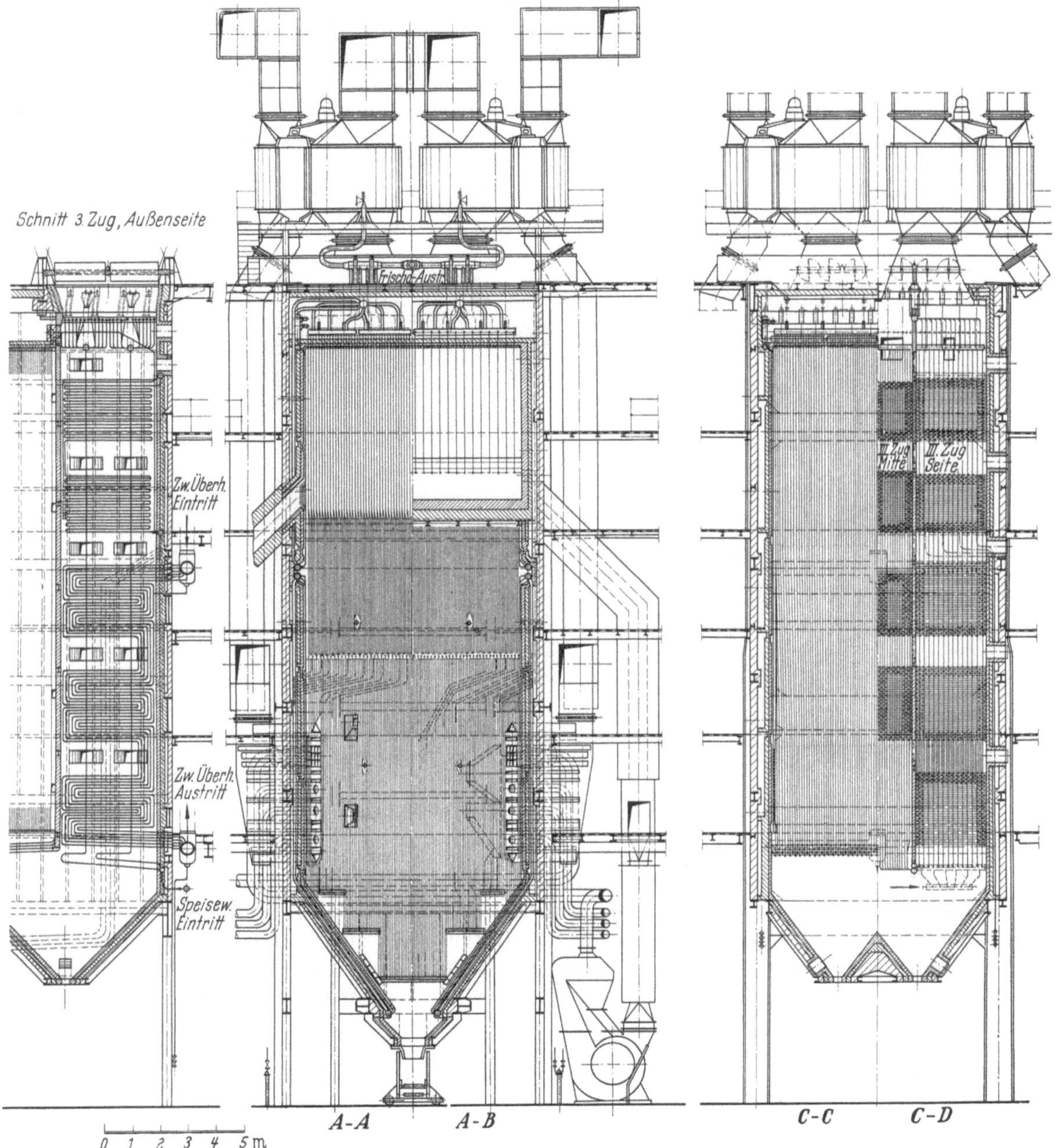

Abb. 26a u. b. Schnitt Hauptkessel Block 1, 190 t/h, Genehmigungsdruck 160 atü, Frischdampftemperatur 525° C. Auf der Kesseldecke über dem dritten Zug die Luvos mit Schleusluftgebläsen

rohren ausgekleidet, er enthält den ersten Teil des Frischdampfüberhitzers und den ersten Teil des Restverdampfers. Der dritte aufwärts gehende Zug ist in 3 Parallelzüge unterteilt, wobei die außenliegenden Züge den Zwischenüberhitzer und einen Teil des Speisewasservorwärmers, der mittlere Zug den Speisewasservorwärmer und den zweiten Teil des Restverdampfers enthalten.

Die Verbrennungsluft wird auf max. 320° C durch 2 Ljungström-Luftvorwärmer (Abb. 26) mit senkrechter Welle von zusammen 16600 m² Heizfläche erhitzt. Die Umdrehungszahl der Rotoren beträgt 3,5 pro Minute. Die Rotoren werden über Elektromotor, Ölpumpe und Ölmotor hydraulisch angetrieben.

Zur Trocknung des Torfes sowie zur Erhöhung der Heizflächenleistung bei reinem Steinkohlenbetrieb wurden 2 Rauchgas-Rücksaugegebläse für je 40000 m³/h Fördermenge aufgestellt, davon eines zur Reserve. Diese Gebläse sollen bei Steinkohlenbetrieb die umgewälzte Rauchgasmenge erhöhen und den dritten Zug rauchgasseitig besser beaufschlagen, um die Zwischenüberhitzer-Austrittstemperatur, insbesondere bei Teillasten, anzuheben.

Der Kessel besitzt an den 4 Feuerraumecken je einen Zündbrenner für 500 kg/h Heizöl. Die Ölbrenner werden bei Schwachlast des Kessels als Stützfeuer eingesetzt.

Abb. 27. Mühlenraum im Schwerbau Block 1 mit Steinkohlenschlägermühlen

Die Zündbrenner arbeiten mit Druckölzerstäubung, das Heizöl hat vor den Brennern einen Druck von 15 bis 20 atü. Die Ölbrenner werden an allen Kesseln mit elektrisch gezündeten Magnesiumpatronen, die in die Spitze eines Zündstabes eingesetzt werden, in Betrieb gesetzt. Die Zündpatrone hat eine Brenndauer von etwa 15 Sekunden und entwickelt eine hohe Zündtemperatur von 1900° C. Jede Brennerecke hat einen Zündstab, der nach geschehener Zündung aus dem Feuerraum herausgezogen wird.

Die lichten Abmessungen der Brennkammer sind 8000 × 8000 mm. Die Blockabmessungen (Außenabmessungen ohne Luftkanäle und Luftvorwärmer) des Kessels sind

Breite	9,5 m
Tiefe	18,7 m
Höhe	30,0 m (ohne Luvo)

Der Dampfaustrittsammler liegt auf der Kesseldecke.

Die Feuerung ist ausgerüstet mit 3 Steinkohlen-Schlägermühlen (Motoren je 210 kW, 735 U/min) für je 8,5 t/h und 2 Torfschlägermühlen für je 11,5 t/h Leistung (Motoren je 315 kW, 990 U/min).

Die 3 Steinkohlenmühlen reichen für die maximale Dauerlast des Kessels gut aus. Eine Reserve-Steinkohlenmühle ist nicht vorhanden. Die Steinkohlenmühlen stehen unterhalb der Bunker im Betonschwerbau auf Decke ±0,0 (Abb. 18 u. 27). Zur Verfeuerung kommt nur hochwertige Steinkohle mit 6500 bis 7400 kcal/kg unterem Heizwert, maximal 10% Asche, höchstens 12% Wasser und 15 bis 36% flüchtigen Bestandteilen. Die in die Mühlen gegebene Korngröße darf 30 mm nicht wesentlich überschreiten. Einen Längsschnitt der Mühle zeigt Abb. 28, eine Ansicht des Kohlenzuteilers Abb. 29.

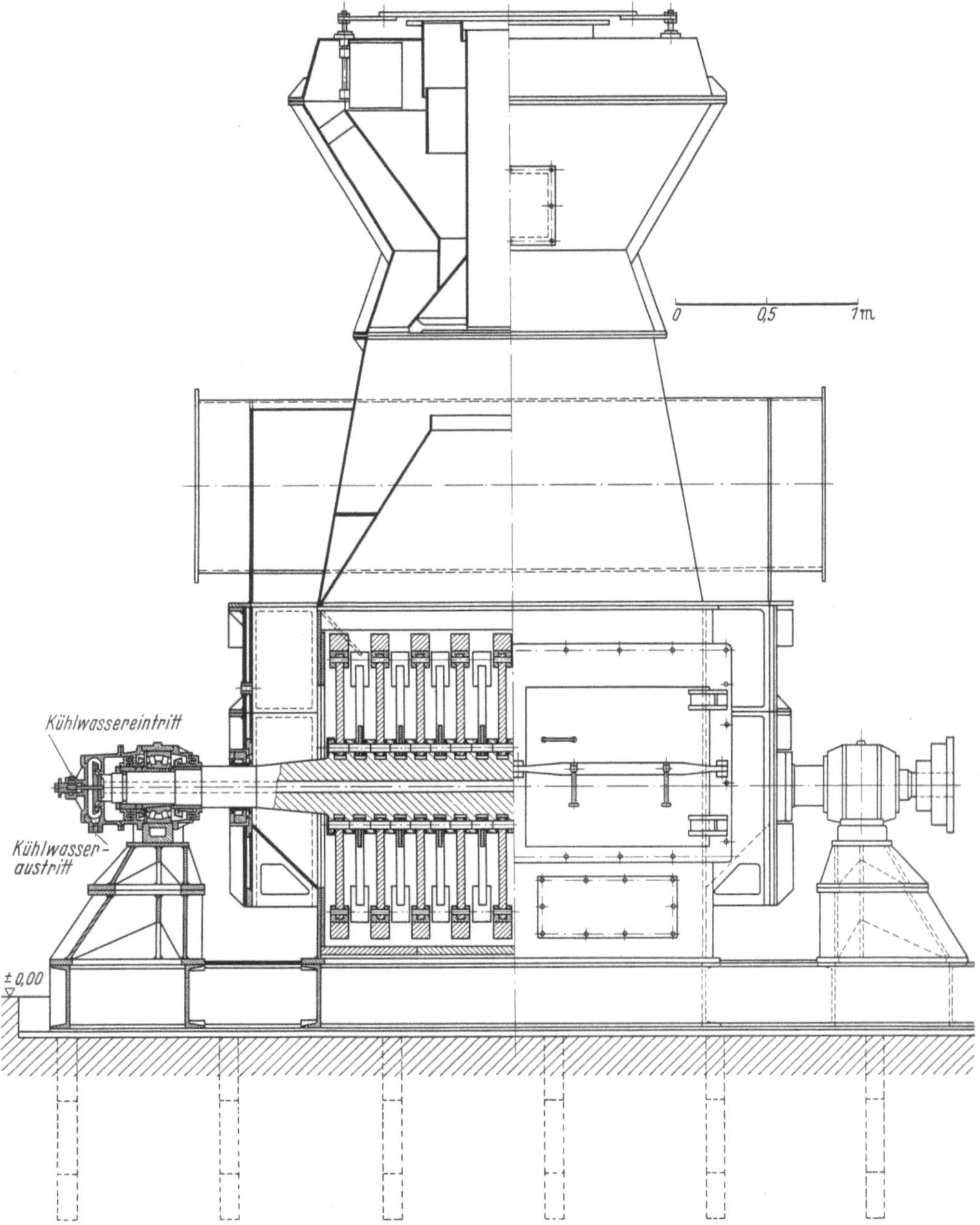

Abb. 28. Längsschnitt Steinkohlenschlägermühle für Bensonkessel Block 1, Mahlleistung 8,5 t/h

Die 2 Torfmühlen stehen im Kesselhaus auf ±0,0. Sie erhalten den Torf aus den Bunkern durch lange Zuteiler. Der Torf wird durch Rauchgase getrocknet, die von einem in der Mühle eingebauten Lüfterrad (zum Teil über Inertgasgebläse) aus den Kesselzügen angesaugt werden. Beide Mühlen zusammen liefern bei Maximallast Torfstaub für 40% der Dampfmenge, d. h. für etwa 76 t/h Dampf. Schnitt und Ansicht einer Torfmühle sehen wir in Abb. 30 und 31.

Abb. 29. Steinkohlentrogkettenzuteiler, rechts der Antrieb, links davor (dicht über dem Fußboden) das Bürstenverstellgetriebe für den Drehstromnebenschlußmotor. Am rechten Bunkerauslauf ein Rüttler, die Rüttelplatte liegt im Innern des Bunkers

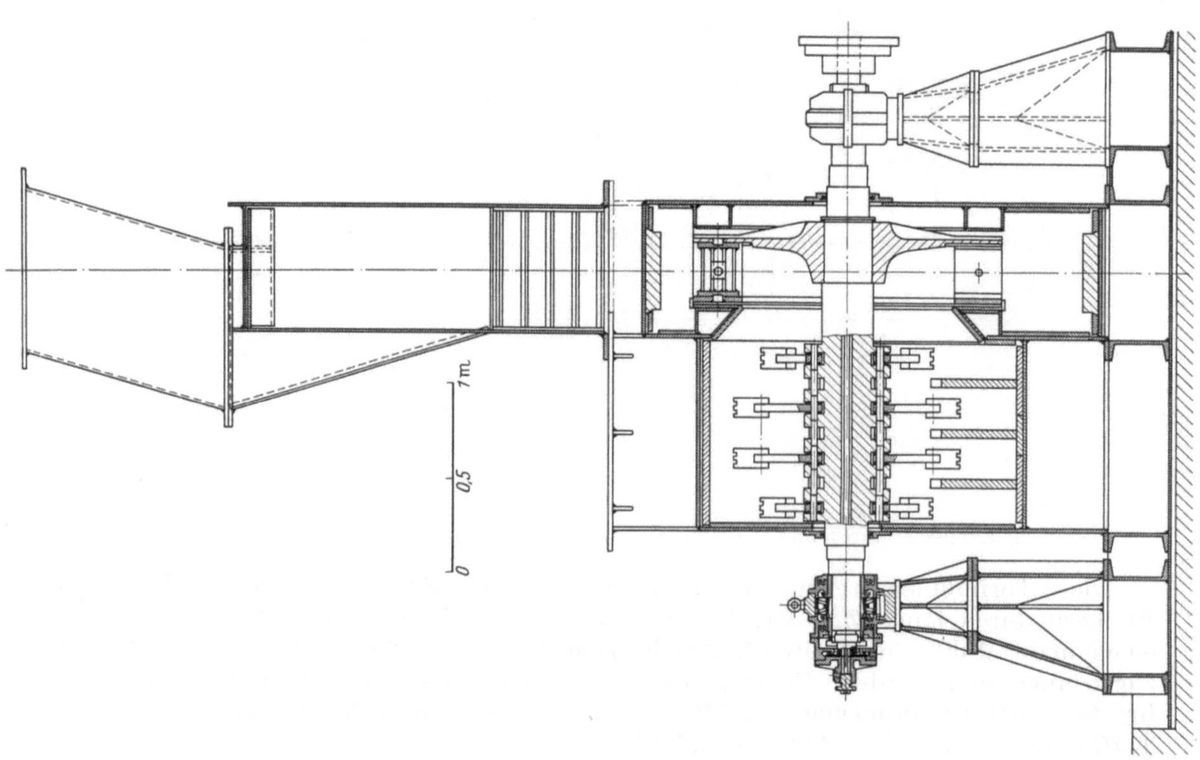

Abb. 30. Längsschnitt Torfschlägermühle für Bensonkessel Block 1, Mahlleistung 11,5 t/h

Die Feuerung besitzt insgesamt 16 Brenner, davon 12 für Steinkohle und 4 für Torf. Die Brenner liegen in den Feuerraumecken, davon sind 3 Ebenen (je Mühle eine Brennerebene) mit je 4 Brennern für die 3 Steinkohlenmühlen vorgesehen, die vierte Ebene mit 4 Torfbrennern für die beiden Torfmühlen. Jede Torfmühle beaufschlagt zwei diagonal liegende Brenner.

Abb. 31. Torfmühle im Kesselhaus, Ansicht von der Motorseite

Der Kessel für Block 2 hat eine wesentlich größere stündliche Dampfleistung als der erste Kessel. Dies hat folgende Gründe:

1. Höhere Speisewassertemperatur, dadurch größere Vorwärmdampfmengen und infolgedessen größere Frischdampfmenge,
2. erhöhte Turbinenleistung,
3. Wegfall des Hilfskessels.

Auch dieser Kessel hat 2 Heizflächensysteme.

Er besitzt reine Steinkohlenfeuerung (ohne Torfzusatz) mit 3 Kohlenmühlen. Eine Mühle beaufschlagt 4 Eckenbrenner in einer Brennerebene. Für den Austrittsdruck von 190 atü kam nur ein Durchlaufkessel in Frage, man entschied sich wieder für einen Bensonkessel. Einen Schnitt durch den Kessel sieht man in Abb. 32. Das Rohrsystem im Strahlteil ist teilweise waagerecht gewickelt. Im Aufbau ist der zweite Kessel dem ersten sehr ähnlich, in der Konstruktion und Heizflächenanordnung sind Abweichungen vorhanden. Die beiden Ljungström-Luftvorwärmer haben zusammen 21700 m² Heizfläche.

Breite und Tiefe des Kessels sind in Block 2 10,8 bzw. 20,7 m; die Kesselhöhe stieg von 30 m in Block 1 auf 34 m in Block 2.

Die Auslegungsdaten sind:

Dampfleistung (max. dauernd)	275 t/h
Dampfzustand am Hochdruckaustritt	190 atü/530° C
Genehmigungsdruck	210 atü
Zwischenüberhitzung bei Maximallast	225 t/h
	von 320 auf 525° C
Vorwärmung der Verbrennungsluft	350° C
max. Speisewasser-Eintrittstemperatur	etwa 300° C
Wirkungsgrad	92,0%

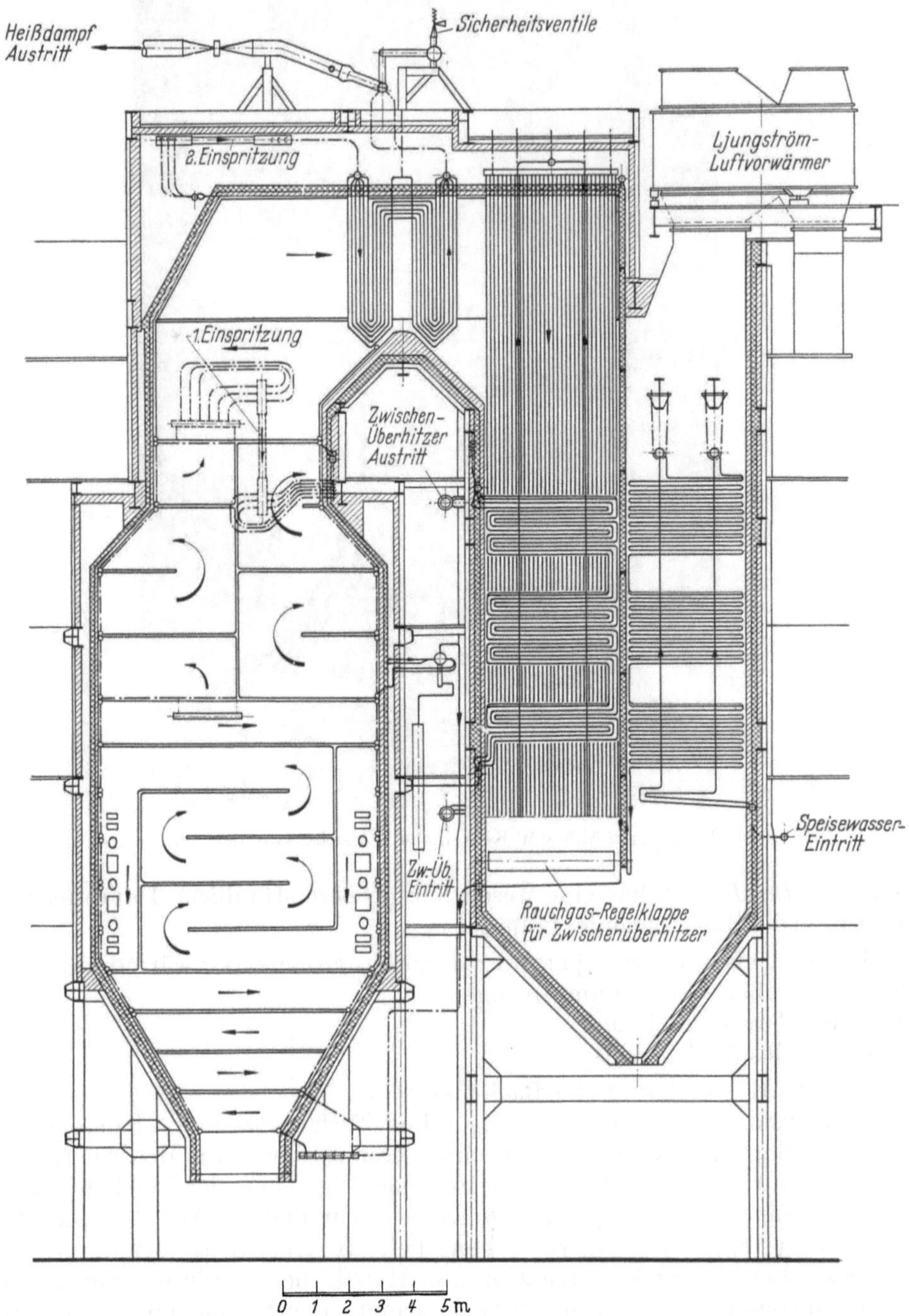

Abb. 32. Längsschnitt Bensonkessel Block 2, 275 t/h, Genehmigungsdruck 210 atü, Frischdampftemperatur maximal 530° C

Die Mühlenleistung gegenüber Block 1 ist höher, da mit 2 Mühlen Vollast des Kessels gezogen wird, jede Mühle verarbeitet maximal 13,2 t/h Kohle. Die Antriebsmotoren haben je 350 kW, Drehzahl 595 U/min. Die Feuerraumbelastung bis zur Einschnürung im Strahlteil beträgt einschließlich Luftwärme 158000 kcal/m³h, im gesamten ersten Zug 117000 kcal/m³h. Die Feuerraumbelastung ist also recht niedrig. Um später ohne großen Umbau einen Teil der Feuerleistung durch Heizöl decken zu können, erhielt der Kessel einen dampfbeheizten Vorwärmer für die Verbrennungsluft (Luftvorwärmung maximal 100° C).

2. Frischluft- und Saugzuggebläse, sonstige Gebläse

Frischluftgebläse. Betriebssichere Konstruktion, gute Regelfähigkeit zur Anpassung an wechselnde Kesselleistungen, guter Wirkungsgrad und geräuscharmer Lauf sind die Forderungen, die an Kesselgebläse gestellt werden.

Im Kraftwerk Emden sind für beide Hauptkessel zur Förderung der Verbrennungsluft und der Rauchgase je 2 doppelseitig ansaugende Radialgebläse verwendet worden. Die Auslegungsdaten sind:

		Hauptkessel Block 1	Hauptkessel Block 2
Fördermenge je Gebläse bei 35° C, 760 mm Hg	m³/sec	33	39,5
Förderhöhe (statisch)	mm WS	420	340
Motorleistung	kW	200	200
Motordrehzahl = Gebläsedrehzahl.................	U/min	1470	1470

Die Aufstellung der Gebläse in Block 1 und der zugehörigen Frischluft- und Rauchgaskanäle zeigt Abb. 33, Abb. 34 ein Frischluftgebläse. Die Gebläse stehen bei Block 1 im Schwerbau auf den Bühnen +35,6 (Frischluft) und +30,0 (Saugzug), bei Block 2 stehen Frischluft- und Saugzuggebläse auf einer Bühne +30,2 m. Die Frischluft wird somit oben aus dem Kesselhaus angesaugt. Die Hauptluftmenge geht zum Luftvorwärmer und von dort zu den Brennern, ein Teil der Luft geht als Kaltluft für die Regelung der Mühlenaustrittstemperatur zu den Kohlenstaubmühlen, ein weiterer Teil als Heißluft zur Kohlentrocknung und Staubförderung ebenfalls zu den Kohlenmühlen.

Die Frischluftgebläse werden durch direkt gekuppelte Kurzschlußläufermotoren angetrieben. Zur Frischluftmengenregelung dienen die in den Ansaugöffnungen der Frischlüfter angeordneten sogenannten „Drallreglerschaufeln“ (Abb. 34), die durch Elektroantriebe verstellt werden. Die Druckluftkanäle zu den Luftvorwärmern haben eine Querverbindung, so daß der Kesselbetrieb mit einem Gebläse bis zu etwa 60% der Maximalleistung weitergehen kann, falls ein Gebläse einmal ausfällt. Bei Ausfall eines Gebläses fährt die zugehörige druckseitige Luftklappe automatisch innerhalb kurzer Zeit zu, damit die Frischluft aus dem zweiten Gebläse nicht durch das ausgefallene Gebläse in das Kesselhaus entweichen kann.

Der Hilfskessel Block 1 besitzt ein einseitig ansaugendes Frischluft-Radialgebläse. Hierfür ist Zweimotorenantrieb mit zwei verschiedenen Drehzahlen und einfache Klappenregelung vorgesehen. Die Auslegungsdaten des Gebläses (Abb. 35) sind:

Drehzahl	U/min	1470	960
Fördermenge bei 35° C, 760 mm Hg	m³/sec	8,8	5,0
Förderhöhe (statisch)	mm WS	560	275
Motorleistung	kW	85	30

Der Motor mit der niedrigen Drehzahl reicht für etwa 20 t/h-Dampfleistung, also für die Bereitstellung der Leerlaufdampfmenge des Turbosatzes (etwa 12 t/h) aus.

Der Hilfskessel ist ein Überdruckkessel, er besitzt nur ein Frischluftgebläse, aber kein Saugzuggebläse. Die Abgase des Hilfskessels brauchen (Ölfeuerung) nicht durch die Entstauber zu gehen, sie werden unmittelbar in den Schornstein geführt.

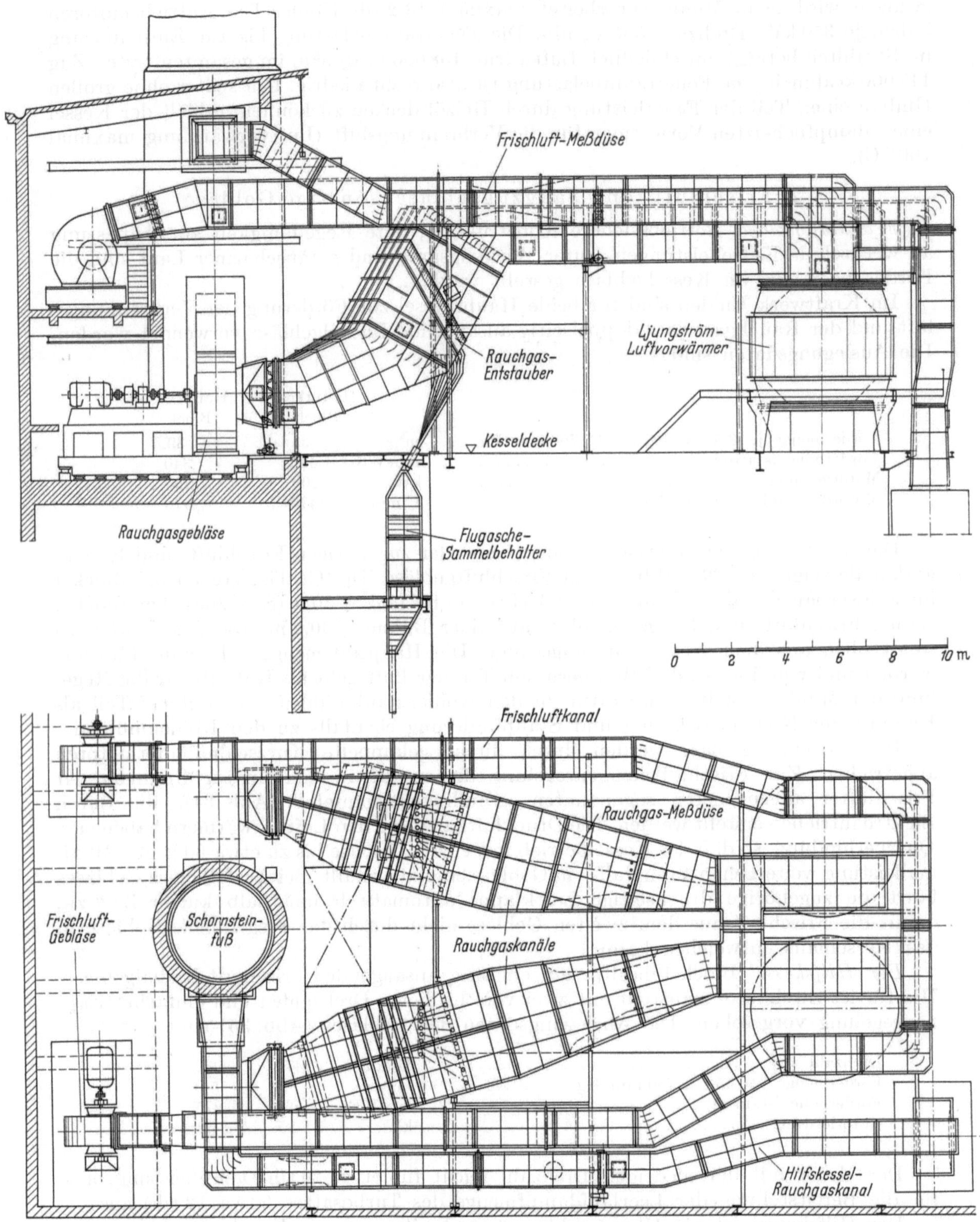

Abb. 33. Anordnung der Frischluft- und Rauchgaskanäle und der Kesselgebläse. Im Grundriß sind die Rauchgasgebläse nicht vollständig dargestellt

Rauchgasgebläse (Saugzuggebläse). In jedem Block stehen zwei einseitig ansaugende Radialgebläse. Die Auslegungsdaten dieser Gebläse sind:

		Hauptkessel Block 1	Hauptkessel Block 2
Fördermenge (je Gebläse)	m^3/sec	54	60,5
Höchste Rauchgastemperatur	°C	160	135
Förderhöhe (statisch)	mm WS	240	247
Motorleistung (je Gebläse)	kW	200	215
Motordrehzahl	U/min	1470	1470
Gebläsedrehzahl	U/min	810	780

Alle Rauchgasgebläse besitzen Flüssigkeitskupplungen zur Drehzahlregelung. Die Motordrehzahl von 1470 U/min wird durch je ein Zahnradgetriebe auf die Gebläsedrehzahl herabgesetzt (Abb. 36).

Auch die Rauchgaskanäle haben wie die Frischluftkanäle eine Querverbindung. Bei Ausfall eines Rauchgasgebläses kann der Kessel mit 60% seiner Nennlast weiterbetrieben werden. Der automatische Abschluß der Rauchgasklappen bei Gebläseausfall ist wie bei den Frischluftgebläsen vorgesehen.

Zur Erzielung kleiner Regelzeiten wird zunächst mit der Klappe geregelt. Danach wird die Gebläsedrehzahl unter Zurücknahme der Klappenverstellung nachgesteuert.

Da an den Rauchgasgebläsen durch Laufradverschleiß oder Ansetzen von Flugasche Unwuchten entstehen können, sind die Gebläseaggregate auf einer mit Schraubenfedern unterstützten Betonplatte montiert. Flugaschenansätze im Laufrad können durch Preßluft von 20 bis 30 atü aus der Rußbläseranlage bei laufendem Gebläse entfernt werden.

Abb. 34. Frischluftgebläse mit Antriebsmotor für Bensonkessel Block 1. Vorn links am Gebläse das Verstellgetriebe für die deutlich sichtbaren Leitschaufeln am („Drallreglerschaufeln“) Gebläseeintritt

Rauchgasrücksaugung. Die Rauchgasrücksaugung am Hauptkessel des ersten Blockes soll bei Steinkohlenbetrieb mit dessen geringerer Rauchgasmenge, die durch den Unterschied im Wassergehalt von Steinkohle und Torf bedingt ist, höhere Rauchgasgeschwindigkeiten und damit bessere Wärmeübergänge in den nachgeschalteten Kesselzügen erzielen. Die Rücksauggebläse ziehen die Rauchgase vor den Luftvorwärmern ab und geben sie in den Feuerraum im oberen Drittel der Brennkammer wieder ein. Die Rücksauggebläse werden auch zur Förderung von Trocknungsgasen für den Torf verwendet, ihre Auslegungsdaten sind:

Fördermenge je Gebläse	11 m^3/sec
Förderhöhe (statisch) bei 350° C	100 mm WS
„ „ bei 150° C	150 mm WS
Motorleistung	50 kW
Motordrehzahl = Gebläsedrehzahl	1460 U/min

Die beiden Ljungström-Luftvorwärmer haben je ein Schleusluftgebläse von 2900 U/min mit direktem Antrieb durch je einen 20 kW-Motor.

Abb. 35. Frischluftgebläse des Hilfskessels Block 1, Zweimotorenantrieb, ein Motor läuft jeweils leer mit und ist dann gegen Einschalten gesperrt

Als weitere Kesselhilfsgebläse sind noch die Gebläse für die Kugelregenreinigungsanlage zu erwähnen, die aber mit dem eigentlichen Feuerungsbetrieb nichts zu tun haben.

Abb. 36. Saugzuggebläse Block 1 mit Flüssigkeitsregelkupplung und Zahnradgetriebe

Mühlenluft. Die Kessel des Blockes 1 und des Blockes 2 haben eine unterschiedliche Art der Bereitstellung der Mühlenluft, d. h. der Tragluft für den Kohlenstaub bzw. Torfstaub. Bei Kessel 1 wird die Tragluft dem Hauptluftkanal entnommen, womit der Nachteil verbunden ist, daß die Frischluftgebläse unter einen bestimmten Förderdruck niemals heruntergeregelt werden können, weil für die Brennstofförderung in den Staubleitungen eine konstante Luftmenge bei einem bestimmten statischen Druck erforderlich ist, der nicht unterschritten werden darf. Die Frischluftgebläse können daher bei Block 1 nicht wirtschaftlich geregelt werden. Zu dieser Ausführung hat man sich wegen des einfachen Aufbaues der Gebläseanlage entschlossen.

Für den Kessel Block 2 sind keine Torfmühlen, sondern allein 3 Steinkohlenmühlen vorgesehen, die räumlichen Verhältnisse im Kesselhaus werden durch den Wegfall der Torfmühlen besser, so daß man Mühlenluftgebläse gut unterbringen konnte. Diese Mühlenluftgebläse fördern die Luftmenge, die zum Transport des Kohlenstaubes aus den Mühlen zu den Brennern dient. Für jede Kohlenmühle ist wegen der einfacheren Regelung ein Mühlenluftgebläse vorgesehen, so daß die Kesselanlage 3 Mühlenluftgebläse enthält. Jedes Mühlenluftgebläse hat folgende Auslegung:

Fördermenge	12 m³/sec
von 320° C bei 100 bis 300 mm WS Überdruck über Atmosphäre	
Förderhöhe	155 mm WS
Motorleistung	34 kW
Motordrehzahl = Gebläsedrehzahl	1450 U/min

Die Regelung der Mühlenluftmenge geschieht durch Klappen. Den Wirkungsgradverlust der Klappenregelung nimmt man bei der kleinen Luftmenge in Kauf.

3. Rauchgasentstaubung

Das Kraftwerk liegt in einem Hafengebiet, in dem eine erhebliche Ruß- und Rauchgasentwicklung durch die Schiffe eine gewohnte Erscheinung ist. Damit soll nicht gesagt werden, daß eine weitgehende Entstaubung der Rauchgase nicht erforderlich sei. Auch im Emdener Hafengebiet müssen hohe Anforderungen an die Rauchgasreinheit gestellt werden.

Abb. 37. Staubablaufrohre an den Rauchgas-Zellenentstaubern über der Kesseldecke Block 1

In beiden Kesselanlagen wurden für die Rauchgasreinigung Fliehkraft-Zellenentstauber vorgesehen. Die gewährleisteten Fraktionsentstaubungsgrade sind für Fliehkraftabscheider recht hoch, sie betragen

für Staubkorngrößen	von 0 bis 5 μ	20%
	von 5 bis 10 μ	80%
	von 10 bis 15 μ	90%
	von 15 bis 20 μ	95%
	über 20	98%

Gesamtentstaubungsgrade wurden nicht garantiert, bei einem Staubgehalt im Reingas $\leqq 0{,}4$ g/m³ gilt die Garantie in jedem Fall als erfüllt. Unter normalen Verhältnissen ist der Staubgehalt der ungereinigten Rauchgase etwa 5 bis 6 g/m³. Jeder Block besitzt 2 Vielzellenentstauber. Die Anströmungsgeschwindigkeit für die Rauchgase liegt bei 3,5 bis 4 m/sec, d. h., vor dem Entstauber muß ein großer Kanalquerschnitt vorhanden sein. Der Rauchgasentstauber wird daher zur Erzielung dieser geringen

Rauchgasgeschwindigkeit unter Einfügung von Übergangsstücken schräg in den Kanal eingebaut. Raumbedarf und Anschaffungskosten von Vielzellenentstaubern sind günstig, sie haben aber einen erheblichen Zugverlust. Der Strömungswiderstand eines Rauchgasentstaubers beträgt bei Vollast für Block 1 etwa 40 mm WS, für Block 2 etwa 60 mm WS, wodurch der Kraftbedarf der Saugzuggebläse entsprechend höher wird. Die Anzahl der Zellen (Wirbelsichter) ist hoch, sie beträgt bei Block 2 etwa 1500 je Entstauber, so daß für die gesamte Rauchgasmenge rund 3000 Wirbelsichter eingebaut sind.

Die aus den Wirbelsichtern (Abb. 37) anfallende Flugasche läuft in zwei senkrechte, an der Stirnseite des Kessels angeordnete Bunkertaschen von je 1,2 × 2,5 m mittlerem Querschnitt und 6 m Höhe (etwa 18 m^3 Inhalt), von wo aus Fallrohre mit 300 mm ∅ in den Kesselhauskeller zur hydraulischen Spülentaschung führen. In jeder Schicht einmal wird die abgezogene Flugasche auf das Poldergelände außerhalb des Kraftwerkes gespült.

Bei der Auslegung der Entstaubungsanlage wurde die Möglichkeit berücksichtigt, eine Verbesserung der Staubabscheidung durch Rauchgasabsaugung aus dem Staubbunker durchführen zu können[1].

Die Entstauber sind für beide Kessel praktisch gleich gebaut, die Rauchgasmenge ist nahezu dieselbe, da wegen der Torfzusatzfeuerung für den Kessel des ersten Blockes mit einer spezifisch höheren Rauchgasmenge zu rechnen war, obwohl der Kessel 1 für 62 MW und der Kessel 2 für 80 MW, also für eine 30% größere Leistung, gebaut ist. Dabei ist für die Betrachtung der Rauchgasmengen der bessere spezifische Wärmeverbrauch des Blockes 2 zu beachten, der die Rauchgasmenge verringert.

4. Entaschung, Rußbläser, Preßluft

Entaschung. Der Aschegehalt der verfeuerten hochwertigen Kohle beträgt höchstens 10%, er ist meist niedriger. Bei einem angenommenen Aschegehalt von 10% und maximaler Kessellast sind die stündlich maximal anfallenden Aschenmengen für

	Block 1	Block 2
im Feuerraumtrichter	0,3 t/h	0,36 t/h
in den Flugaschenbunkern hinter den Staubabscheidern	1,6 t/h	1,9 t/h

Der Torf hat einen sehr geringen Aschegehalt von 1 bis 2%, so daß dieser Brennstoff auf die Auslegung der Entaschungsanlage wenig Einfluß hat. Die Aschegehalte der verfeuerten Steinkohle liegen zwischen 6 und 10%.

Beide Hauptkessel sind für „trockenen" Aschenabzug vorgesehen. Die Feuerraumschlacke wird in einer Wasserwanne abgeschreckt und mittels Unterwasserkratzer (Abb. 38) über einen Trichter zum Förderapparat geführt. Die weitaus überwiegende Menge der Feuerungsrückstände fällt als Flugasche an.

Für die Entaschung sind 5 Förderstellen vorgesehen, und zwar:

2 Förderstellen für die Hauptmenge aus den Flugaschenbunkern mit je 10 t/h Förderleistung,
2 Förderstellen für Flugasche aus den Trichtern zwischen dem zweiten und dritten Kesselzug, je 6 t/h Förderleistung,
1 Förderstelle für die Rückstände aus der Brennkammer, hinter dem Kratzerband, für 3 t/h Förderleistung.

Da die Aschenmengen für Block 1 und 2 nicht sehr verschieden sind, wurden die Fördereinrichtungen in ihrer Leistung nahezu gleich groß bemessen.

Die Aschenförderung geschieht mittels Druckwassers, das durch eine Kreiselpumpe geliefert wird, eine zweite Pumpe steht in Reserve. Jede Pumpe hat in Block 1 eine Förderleistung von 60 m^3/h und eine Förderhöhe von 170 m WS. Zur Verkürzung der Entaschungsdauer können beide Pumpen parallel auf die Druckwasserleitung fahren. Die Förderapparate stehen sämtlich auf dem Flur ±0,0, die Wasser- und Aschenbreileitungen sind über Flur — nicht in Kanälen — verlegt (Abb. 39). Das aschenhaltige Spül-

[1] Diese Änderung mußte an beiden Kesseln wegen des unerwartet hohen Anteils an Feinkorn in der Flugasche (etwa 40% unter 5 μ) durchgeführt werden.

Abb. 38. Unterwasserkratzer zur Austragung der Verbrennungsrückstände aus dem Feuerraum. Oben vorn der Antrieb und Abwurfstelle mit darunterliegendem Trichter

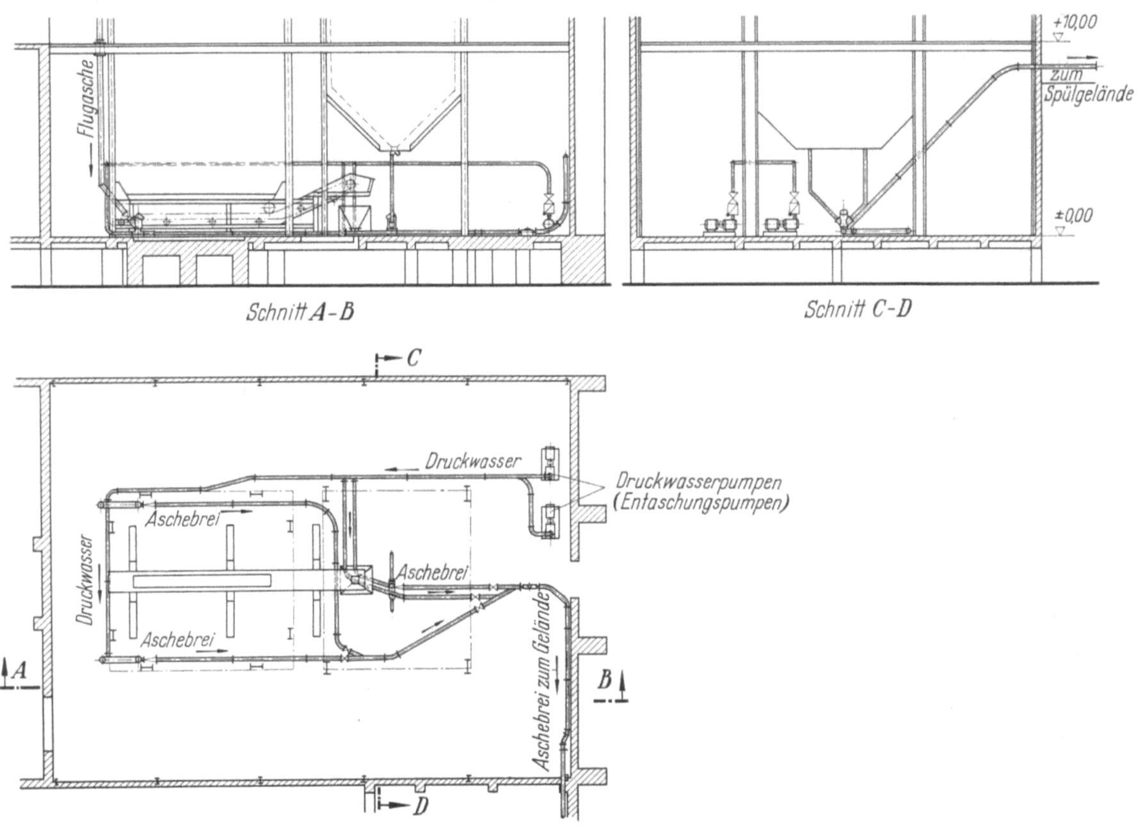

Abb. 39. Druckwasser-Entaschungsanlage (Ausrüstung innerhalb des Kesselhauses)

wasser wird über mit Basalt ausgekleidete, verzinkte Stahlrohre von 196 mm Außendurchmesser, 3 mm Stahlwand und 125 mm lichtem Durchmesser (25 mm Basaltstärke[1]) über das Kraftwerksgelände zu den als auf Aufspülfläche dienenden Poldern geführt (s. Lageplan Abb. 6). Dort setzt sich die Asche ab, und das Wasser fließt klar in den Hafen zurück.

Innerhalb des Geländes werden die Aschenbreileitungen auf 6 m hohen Gittermasten verlegt. Die Rohre sind durch Spannwerke gegen Durchhang versteift, der mittlere Abstand zwischen zwei Gittermasten ist 12 m.

Die aufzuspülenden Flächen reichen für mehrere Jahre aus. Über die Verwendung bzw. Abfuhr der Aschenmengen zu dem Zeitpunkt, an dem die Polder voll aufgespült sind, ist eine Entscheidung noch nicht getroffen.

Die bei Kugelregenreinigung im dritten Zug anfallende Asche wird aus den Trichtern mittels der hydraulischen Entaschung abgezogen, soweit sie nicht durch die Rauchgase zu den Entstaubern getragen und dort abgeschieden wird.

Der Kugelreiniger fördert Stahlschrot von etwa 5 mm ∅ mittels Druckluftstroms über den dritten Zug. Dort werden die Stahlkugeln mittels Rohrleitungen auf die 3 Rauchgaswege verteilt und klopfen beim Herunterfallen die auf den Rohren sitzende Asche ab. In Trichtern werden die Kugeln von der Asche getrennt und laufen zu den Förderapparaten zurück.

Rußbläseranlage, Preßluftversorgung. Für jeden der beiden Hauptkessel ist eine Rußbläsereinrichtung mit Preßluft vorgesehen. Die Verwendung von Preßluft zum Rußblasen gegenüber Dampf hat folgende Vorteile:

1. Keine Vergrößerung des Wasserdampfgehaltes in den Rauchgasen,

2. kein Verlust von Kreislaufwasser (bei Dampfrußbläsern muß der abgeblasene Dampf durch aufbereitetes Zusatzwasser ersetzt werden).

3. einfachere Wartung, da Entwässerungen in den Rußbläserleitungen entfallen, geringere Korrosionsanfälligkeit der Leitungen zu den Rußbläsern,

Dem Wärmeverlust bei Dampfbläsern stehen der Arbeitsaufwand für die Preßlufterzeugung und die höheren Anschaffungskosten für die Preßlufteinrichtungen gegenüber.

Der Nachteil einer Preßluftanlage ist die geringere Blaswirkung der Preßluft, weil die Austrittsgeschwindigkeiten der Luft infolge des geringeren, in Geschwindigkeit umsetzbaren Wärmegefälles wesentlich niedriger sind als bei Dampf. Der für die Blaswirkung günstige Einfluß der hohen Dampfgeschwindigkeit überwiegt den Einfluß der höheren Luftdichte bei kleiner Blasgeschwindigkeit.

Rußbläserausrüstung des Hauptkessels Block 1:

4 Langrohr-Schraubrußbläser in der Übergangsstrecke von der Brennkammer zum zweiten Zug, d. h. im Überhitzerteil. Diese Bläser arbeiten mit einem Luftdruck von 15 atü.

15 Eindüsen-Stoßrußbläser an den Brennkammerwänden. Diese Bläser arbeiten mit etwa 28 atü Luftdruck.

Alle Rußbläser werden durch Fernsteuerung einzeln von Hand betätigt.

Reserveeinbaustellen für spätere Anbringung weiterer Rußbläser sind vorgesehen.

Der Hilfskessel des Blockes 1 hat als ölgefeuerter Kessel keine Rußbläser.

Rußbläser für Block 2. Der 275 t/h-Benson-Kessel hat wiederum 4 Langrohr-Schraubrußbläser im Übergang vom ersten in den zweiten Zug, in ähnlicher Ausführung wie für Block 1.

In der Brennkammer sind 20 Eindüsen-Stoßrußbläser vorgesehen.

Erzeugung der Druckluft für Rußbläseranlage und Preßluftbedarf. Jeder der beiden Blöcke hat einen Rußbläserkompressor. Der Kompressor für Block 1 hat folgende Auslegungsdaten:

Ansaugenvolumen	900 m³/h von 20° C, 760 mm Hg
Enddruck	20 bis 30 atü, je nach dem Druck im Preßluftspeicher
Drehzahl	600 U/min
Antriebsmotor	160 kW

[1] Der verbleibende Ringspalt ist mit Zement ausgegossen.

Der Kompressor ist dreistufig mit V-Anordnung der beiden Zylindergruppen. Die eine Gruppe enthält den Zylinder für die erste Druckstufe von 1 auf 4 atü, die zweite Gruppe auf der zweiten Kolbenstange die beiden nächsten Druckstufen bis auf 30 atü Enddruck (Abb. 40).

Hinter dem ersten und zweiten Zylinder sind Zwischenkühler angeordnet. Die Preßluftspeicher haben einen Inhalt von 15 m³ bei 30 atü. Wenn beim Blasvorgang der Förderdruck von 30 auf 20 atü sinkt, wird die Förderung automatisch wieder aufgenommen,

Abb. 40. Rußbläserkompressor, Ansaugleistung 900 m³/h, Enddruck 30 atü

bis ein Enddruck von 30 atü im Speicher erreicht ist. Danach geht der Kompressor durch selbsttätige Regelung in Leerlauf. Während des Blasvorganges mit Langrohrbläser läuft der Kompressor im Vollast-Dauerbetrieb, wobei der Luftdruck zeitweise langsam absinkt, weil die Förderleistung des Kompressors nicht ausreicht, um einen Langrohrbläser dauernd mit Druckluft zu versorgen. Soll ein Langrohrbläser einmal länger als vorgesehen laufen, so muß eine Pause eingelegt werden, bis der Druck im Preßluftspeicher wieder gestiegen ist.

Der Antrieb des Kompressors geschieht durch Kurzschlußläufermotor von 1470 U/min mittels Flachriemen (Kunststoff-Chromleder-Doppelriemen). Das Übersetzungsverhältnis zwischen Motor und Kompressor ist so, daß der Kompressor seine Auslegungsdrehzahl von 600 U/min erhält.

Die Zwischenkühler des Rußbläserkompressors werden durch Hafenwasser, Zylinder und Lager durch im Kreislauf rückgekühltes Stadtwasser gekühlt.

Der Rußbläserkompressor übernimmt gleichzeitig die Versorgung des Kraftwerkes mit 7 atü Preßluft für Preßluftwerkzeuge, zum Ausblasen von Maschinen bei Reinigungsarbeiten und ähnlichen Zwecken. Hierfür sind ein Druckminderventil für 20 bis 30 auf 7 atü und ein Preßluftspeicher von 7 m³ Inhalt vorhanden.

Ein stationärer Werkluftkompressor von 7 atü wurde vorerst nicht beschafft. Man will abwarten, ob der Werkluftverbrauch so hoch ist, daß sich die Aufstellung eines Verdichters für 7 atü Enddruck lohnt. Der Verlust bei der Drosselung von Preßluft von

20 bis 30 auf 7 atü, der bei dem normalerweise geringen 7 atü-Preßluftbedarf des Kraftwerkes unbedeutend ist, wird in Kauf genommen.

Der Antriebsmotor des Rußbläserkompressors wird nur von Hand ein- und ausgeschaltet. Eine selbsttätige Einschaltung in dem Falle, daß im Werkluftbehälter der Druck unter 7 atü sinkt, ist nicht vorgesehen.

Ein fahrbarer zweizylindriger Kolbenkompressor für 240 m³/h Ansaugvolumen mit 7 atü Enddruck und 30 kW-Motor mit Kraftsteckdosenanschluß wurde angeschafft.

b) Turbosätze

Beide Turbosätze haben dreigehäusige Überdruckturbinen mit einer Aktionsstufe im Hochdruckteil. Der zum Mitteldruckteil strömende Abdampf des Hochdruckteiles wird im Kessel durch Rauchgase zwischenüberhitzt. Der Turbosatz im Block 1 besitzt auch im Mitteldruckteil als erste Stufe ein Aktionsrad. Der Niederdruckteil beider Sätze ist doppelflutig, die Endstufe hat Laufschaufeln von 600 mm Länge, der Schaufelaustrittsquerschnitt zum Kondensator ist $2 \times 2{,}24\,m^2$. Die Auslegungsdaten sind in Tabelle 3 enthalten:

Tabelle 3. Auslegungsdaten der Turbosätze

	Block 1	Block 2
Leistung:		
Bestlast	62 MW	67 MW
max. Dauerlast	70 MW	80 MW
Bauart:		
Hochdruckteil	Aktionsrad und Radial-Überdruckteil in 4 Schaufelebenen	Aktionsrad, Überdrucktrommelstufen mit Außentopfgehäuse und horizontal geteiltem Innengehäuse
Mitteldruckteil	Aktionsrad und Trommelteil	Trommelteil ohne Aktionsrad
Niederdruckteil	doppelflutig Endschaufel 600 mm lang	doppelflutig Endschaufel 600 mm lang
Anzahl der Steuerventile	4 auf dem Hochdruckgehäuse oben	10 auf dem Hochdruckgehäuse (je 5 oben und unten)
Anzahl der ungesteuerten Entnahmestellen	6	8
Frischdampfzustand (vor Schnellschlußventil)	125 atü/520° C	180 atü/520° C
Dampfzustand vor Turbine nach Zwischenüberhitzung bei Maximallast	28 ata/510° C	48 ata/520° C
Kühlwassertemperatur (Auslegungswert)	12° C	12° C
Kühlwasserverhältnis (Kühlwassermenge zu niedergeschlagener Dampfmenge im Bestpunkt)	etwa 100	etwa 100
Abdampfmenge bei Bestlast	130 t/h	131 t/h
Speisewasser-Endtemperatur hinter der Vorwärmanlage bei maximaler Last	228° C	299° C
Frischdampfmenge bei maximaler Last	210 t/h	273 t/h
Drehzahl	3000 U/min	3000 U/min

Der zweite Turbosatz unterscheidet sich von dem ersten in folgendem:

1. um 10 MW höhere Leistung, bei gleicher Generatortype mit höherem Wasserstoffdruck,
2. andere Bauart des Hochdruckteiles,
3. andere Bauart des Mitteldruckteiles, höherer Zwischendruck, Innengehäuse für alle Mitteldruckstufen als Leitschaufelträger ausgebildet,
4. höherer Frischdampfdruck, etwas höhere Eintrittstemperatur vor Mitteldruckteil,
5. größere Anzahl von Anzapfstellen.

Der spezifische Wärmeverbrauch des zweiten Turbosatzes ist im Bestpunkt um etwa 4,5 % besser als der des ersten Satzes. Das Turbinenmodell für den zweiten Satz wurde zwischen dem ersten und zweiten Bauabschnitt neu entwickelt.

Einen Längsschnitt durch die 80 MW-Turbine zeigt die Abb. 41. Der Verlauf des spezifischen Wärmeverbrauches (ohne motorisch getriebenen Eigenbedarf) für die beiden Turbosätze ist aus Abb. 6 ersichtlich. Eine Ansicht auf den Turbosatz des ersten Blockes gibt Abb. 42, den Turbosatz des zweiten Blockes in der Montage zeigt Abb. 43.

Die Entnahmen 2 bis 4 des 70 MW-Turbosatzes (beim 80 MW-Turbosatz die Entnahmen 1 und 3 bis 6) haben ölgesteuerte Entnahme-Schnellschlußventile, in deren Ventilgehäuse außer dem Schnellschlußventil ein Schwimmer-Rückschlagventil eingebaut ist.

Beide Turbosätze haben eine hydraulische Drehzahlregelung. Eine kleine Kreiselpumpe mit stabiler Kennlinie erzeugt einen Primär-Regelöldruck, der verstärkt wird und dann als Sekundäröldruck die federbelasteten Steuerschieber der Ventilgruppen-Kraftkolben betätigt. Der Drehzahlmesser an der Turbine ist ein in U/min geeichtes Manometer.

Die Schnellschlußauslösung kann durch folgende Impulse geschehen:

1. Überdrehzahl (spricht an bei etwa 10% über Nenndrehzahl),
2. zu hoher Druck im Kondensator (spricht an bei etwa 0,4 ata),
3. axiale Läuferverschiebung (Drucklagerschaden),
4. zu niedriger Steuer- bzw. Schmieröldruck,
5. Temperatursturz vor Schnellschlußventilen,
6. unzulässig hoher Druck im Abdampfstutzen des Hochdruckteiles.

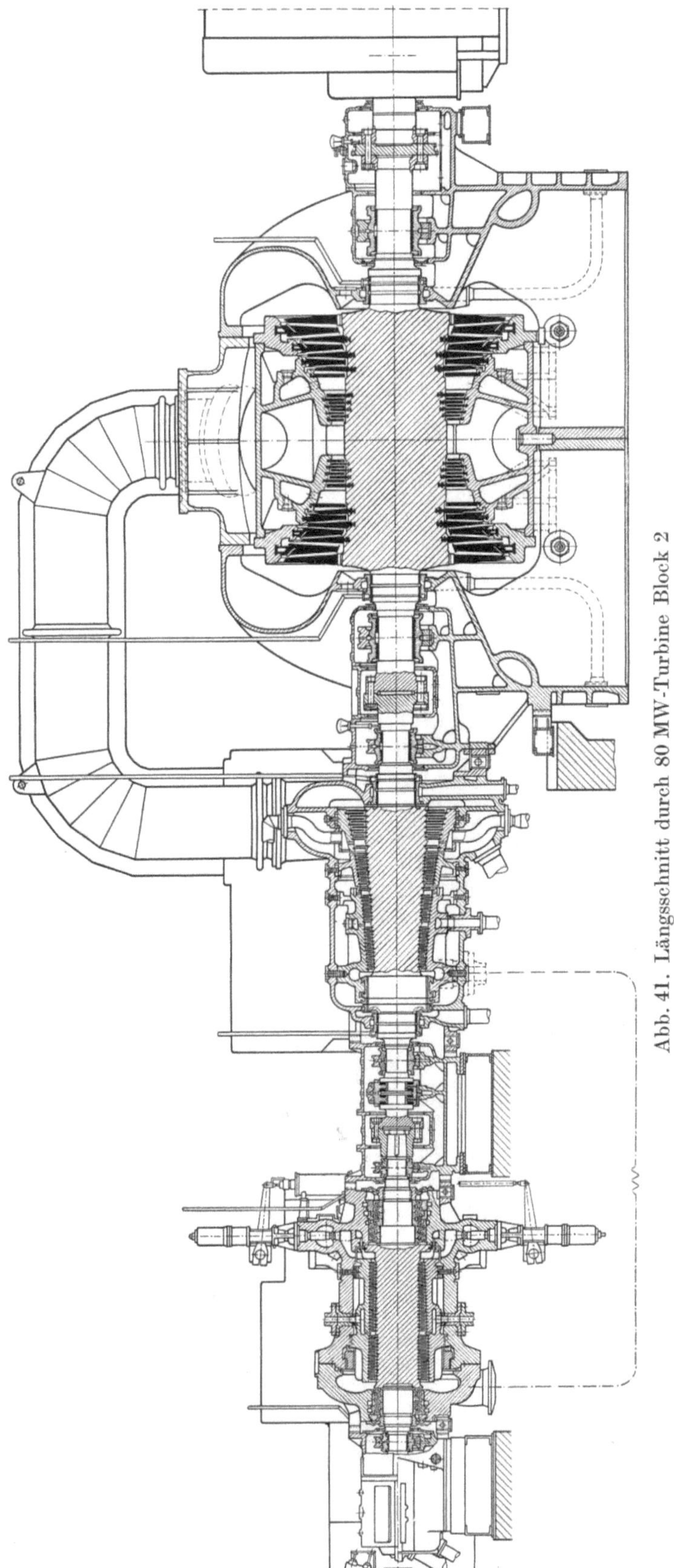

Abb. 41. Längsschnitt durch 80 MW-Turbine Block 2

Abb. 42. 70 MW-Turbosatz Block 1

Abb. 43. Turbosatz Block 2 in Montage. Rechts die bereits isolierten Hochdruckvorwärmer an der Maschinenhaus-Außenwand, im Vordergrund die Öffnung, in der auf ±0,0 die Speisepumpensätze liegen

Der „Drehbetrieb“ nach dem Abstellen zur gleichmäßigen Abkühlung des Läufers der Turbine geschieht hydraulisch: Drucköl aus der Hilfsölpumpe beaufschlagt ein auf der Kupplung im generatorseitigen Lagerbock sitzendes Turbinenrad. Die Umlaufzahl im „Drehbetrieb“ beträgt 80 bis 90 U/min. Beim Anwurf durch die Drehvorrichtung werden die Turbinen- und Generatorlager durch eine kleine Hochdruckölpumpe in den Zustand flüssiger Reibung gebracht, wonach das Ölturbinenrad die Welle anwerfen kann. Im Drehbetrieb kann diese Hochdruckölpumpe abgeschaltet werden.

Abb. 44. Wasserkammer des Turbinenkondensators mit aufklappbaren Deckelhälften und Mannlochverschlüssen für jeden Wasserweg. Links und rechts unten die Kühlwasser-Eintrittsstutzen mit elastischer Flanschverbindung nach Bild 72

Die für beide Turbosätze gleichartig gebaute Kondensationsanlage besteht aus einem Doppelkondensator, dessen Kühlrohre in *einem* zylindrischen, aus Stahlblech geschweißten Mantel untergebracht sind. Der Kondensator ist fest mit dem Turbinenabdampfstutzen verbunden. Das Kondensatorgewicht wird durch auf dem Fundament abgestützte Schraubenfedern aufgenommen, welche die Vertikalwärmedehnungen von Kondensator und Abdampfstutzen kompensieren. Jede der beiden Kondensatorhälften hat 2 Wasserwege. Normalerweise wird jede Kondensatorhälfte getrennt durch eine Pumpe mit Kühlwasser versorgt. Bei Teillast ist eine Kondensatorhälfte kühlwasserseitig (zur Reinigung) abschaltbar, es können auch beide Hälften kühlwasserseitig parallel geschaltet werden. Die Kühlwassermenge für einen Teilkondensator beträgt 6400 m³/h, die gesamte Menge 12800 m³/h. Die Rohrböden sind durch in Scharnieren aufgehängte, halbkreisförmige Deckel zugänglich (Abb. 44). Die Kühlrohre sind beiderseits in Rohrböden eingewalzt. Zur Kühlwasserversorgung dienen 2 Propeller-Kühlwasserpumpen mit verstellbaren Laufschaufeln. Die Schaltung der Kühlwasserleitung geht aus dem Kühlwasser-Rohrschaltplan Abb. 72 hervor. Eine der mit senkrechter Welle ausgebildeten Kondensatpumpen (200 m³/h auf 100 m WS) zeigt die Abb. 45.

Der Kondensator wird durch eine Strahlwasserpumpe und 2 Wasserstrahlsauger mit Diffusoren entlüftet. Eine weitere Pumpe und 2 Strahlsauger stehen in Reserve, sie können beim Anfahren zur schnellen Evakuierung des Kondensators benutzt werden. Eine

Abb. 45. Senkrechte Turbinenkondensatpumpe für 200 t/h auf 100 m WS, 1450 U/min. Rechts unten der Zulaufschieber, links darüber Druckschieber und Rückschlagklappe

Strahlwasserpumpe fördert etwa 1000 m³/h Hafenwasser auf 30 m WS. Bei der Werkstoffauswahl für Kondensator und Strahlwasserpumpen war die Aggressivität des Hafenwassers bestimmend.

Die Generatorläufer sind starr mit den Turbinenläufern gekuppelt. Die Auslegungsdaten der Generatoren siehe Tabelle 4:

Tabelle 4

	Block 1	Block 2
Leistung	93,5 MVA	100 MVA
Spannung	10,5 kV	10,5 kV
Kurzschlußverhältnis	0,55	0,55
Anzahl der Stromabführungen ausgeführt als blanke Schienen	4× 3	4× 3
Wirkungsgrad bei Vollast und cos 0,8	98,2%	98,4%
Haupterregermaschine Leistung	195 kW	205 kW
Spannung	350 V	310 V

Die Generatoren werden durch umlaufendes Wasserstoffgas gekühlt. Bei Maximalleistung beträgt der Wasserstoffdruck in beiden Generatoren 1 atü.

Für die Kühlung des Wasserstoffes dienen in Längsrichtung des Ständergehäuses eingebaute Kühler, die mit Hafenwasser beaufschlagt werden. Der Kühlwasserablauf ist so ausgeführt, daß die Kühler ständig mit Wasser gefüllt sind.

c) Vorwärmeranlage, Speisepumpen und Hilfspumpen

Die Anlage zur Vorwärmung des Kesselspeisewassers durch Entnahmedampf aus der Turbine zeigt in Block 2 wesentliche Unterschiede gegenüber Block 1. Zunächst hat das für Block 2 entwickelte Turbinenmodell eine achtstufige Vorwärmung gegenüber der sechsstufigen für Block 1. Weiterhin entschloß man sich für Block 2 zur Aufstellung von Enthitzern, wodurch die Speisewasserendtemperatur höher getrieben werden kann, als es in Vorwärmern (auch wenn die Vorwärmer eingebaute Enthitzer erhalten) möglich ist. Die Summe der Entnahmedampfmengen in Prozent der Frischdampfmenge bei Maximallast beträgt 30,4% für Block 1 und 41% für Block 2.

Die höhere Speisewasservorwärmung ist neben dem höheren Frischdampfdruck der Grund für den besseren spezifischen Wärmeverbrauch in Block 2 gegenüber Block 1.

Nachstehend sind die Vorwärmeranlagen näher beschrieben:

1. Block 1 — 70 MW-Turbosatz

Wir haben hier insgesamt sechs ungesteuerte Entnahmestellen. Auf dem Weg des Turbinenkondensates zum Kessel sind 4 Vorwärmer vor dem Entgaser angeordnet (s. Wärmeschaltplan Abb. 46). Diese Vorwärmer sind wasserseitig durch den Förderdruck der Turbinenkondensatpumpe von etwa 10 atü nur mäßig beansprucht. Zwei Vorwärmer sind sogenannte „Hochdruckvorwärmer", deren Heizrohre dem Druck der Kesselspeisepumpen von maximal 198 atü ausgesetzt sind.

Die Vorwärmeranlage von Block 1 ist teilweise im Maschinenhaus, teilweise im Kesselhaus untergebracht. Im Maschinenhaus liegen die beiden Vakuumvorwärmer innerhalb des Turbinenfundamentes auf Bühnen in Stahlkonstruktion. Zu jedem der Vakuumvorwärmer gehört ein Kondensatkühler. Der Nieder- und der Mitteldruckvorwärmer liegen auf der Betonbühne +6,0 m in der Nähe des Speisewasserbehälters (Abb. 47). Der Speisewasserbehälter mit dem aufgebauten Mischvorwärmerentgaser liegt im Maschinenhaus (Abb. 48). Die beiden Hochdruckvorwärmer sind senkrecht in die Kesselhausbühnen auf +21,0 m eingehängt.

Der Speisewasserbehälter ist im Maschinenhaus parallel zur Außenwand auf einer Betonbühne +6,0 m angeordnet (Abb. 19a u. 48). Der aufgebaute Entgaser reicht durch einen Gitterrost in das Maschinenhaus hinein. Die Speisewassertemperatur im Behälter wird auf 135° C konstant gehalten, die Entgasung geschieht bei dem konstanten Druck von etwa 3,2 ata. Der Behälter hat 100 m³ Gesamtinhalt, der Nutzinhalt ist etwa 85 m³. Abb. 49 zeigt den Speisewasserbehälter mit Entgaser im Schnitt. Das „kalte" Turbinenkondensat und das Zusatzwasser werden oben in den Entgaser eingeleitet, durch die Rieseleinbauten verteilt, versprüht und durch Dampf aufgewärmt. Das aufgewärmte Kondensat fließt durch eine Öffnung im Mantel in ein Leitrohr zum Ende des Behälters und durch den ganzen Behälter zu dem an der Unterseite angebrachten Ablaufrohr, von dem zu den Speisepumpen führende Stutzen abzweigen. Der Heizdampf wird über ein unten im Wasserraum liegendes Verteilerrohr durch den Wasserraum des Behälters zum Entgaseraufsatz geführt. Der Entgaser hat die Erwartungen in bezug auf geringen O_2-Gehalt des Speisewassers erfüllt, der O_2-Gehalt liegt bei etwa 5 μg/l.

Die Heizflächen der Vakuum- und Niederdruckvorwärmer (Abb. 50 u. 51) bestehen aus Haarnadelrohren, die in einem Rohrboden eingewalzt sind. Von gleicher Konstruktion sind die zugehörigen Kondensatkühler. Die senkrecht stehenden Hochdruckvorwärmer sind vollkommen geschweißt. Ihre Heizflächen bestehen aus mehrfach auf- und abgehenden Rohrschlangen, die in einen Eintrittsverteiler und einen Austrittssammler

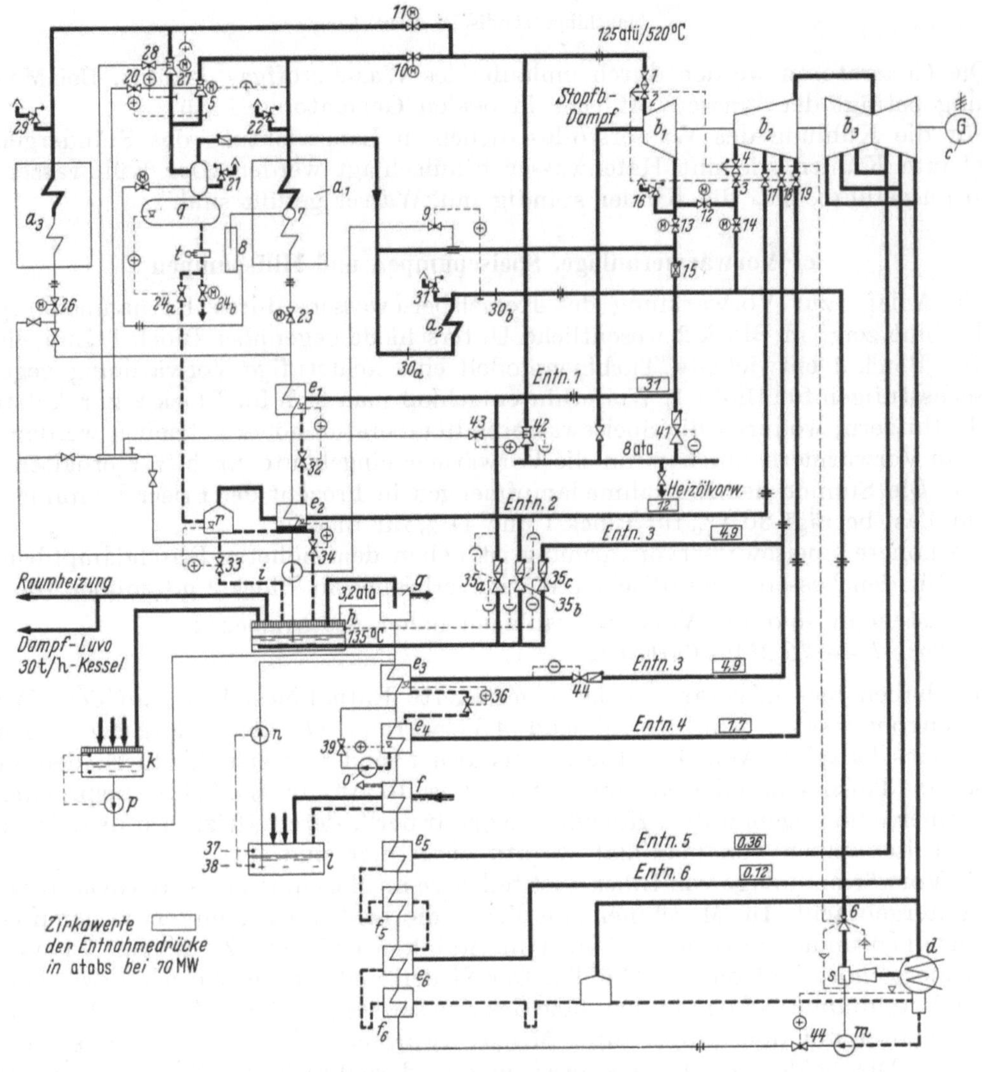

Abb. 46. Wärmeschaltplan Block 1

- a_2 Bensonkessel 190 t/h
- a_1 Zwischenüberhitzer zu a_1
- a_3 Bensonkessel 30 t/h
- b_1 70 MW-Turbine Hochdruckteil
- b_2 70 MW-Turbine Mitteldruckteil
- b_3 70 MW-Turbine Niederdruckteil
- c Generator
- d Kondensator
- e_1 Hochdruckvorwärmer Entnahme 1
- e_2 Hochdruckvorwärmer Entnahme 2 mit Kondensatkühler
- e_3 Mitteldruckvorwärmer Entnahme 3
- e_4 Niederdruckvorwärmer Entnahme 4
- e_5 Vakuumvorwärmer Entnahme 5
- e_6 Vakuumvorwärmer Entnahme 6
- f Schwadenkühler
- f_5 Kondensatkühler zu e_5
- f_6 Kondensatkühler zu e_6
- g Entgaser
- h Speisewasserbehälter 100 m³
- i Kesselspeisepumpe
- k Heizkondensatbehälter
- l Entwässerungskondensatbehälter
- m Hauptkondensatpumpe
- n Rückspeisepumpe zu l
- o Nebenkondensatpumpe zu e_4
- p Heizkondensatpumpe
- q Anfahrentspanner
- r Entspanner zu e_2
- s Anfahrdampfdüsen
- t Leitfähigkeitsmesser

1. Turbinen-Hochdruckschnellschlußventile
2. Turbinen-Hochdrucksteuerventile
3. Turbinen-Mitteldruckschnellschlußventile
4. Turbinen-Mitteldrucksteuerventile
5. Hauptkesselanfahrventil
6. Überström- (Abblase-) Ventile zum Kondensator
7. Zyklonabscheider
8. Sammelflasche
9. Einspritzventil zum Zwischenüberhitzer
10. Frischdampfschieber für Hauptkessel
11. Frischdampfschieber für Hilfskessel
12. Verbindungsschieber Hochdruck-Mitteldruck-Teil der Turbine
13. Schieber hinter Hochdruckteil (vor Zwischenüberhitzer)
14. Schieber vor Mitteldruckteil (hinter Zwischenüberhitzer)
15. Entnahme-Rückschlagventil e_1
16. Sicherheitsventil hinter Hochdruckteil
17. Entnahmeschnellschlußventil e_2
18. Entnahmeschnellschlußventil e_3
19. Entnahmeschnellschlußventil e_4
20. Enspritzventil zu 5
21. Sicherheitsventil für Anfahrentspanner
22. Sicherheitsventile Hauptkessel
23. Speisewasserregelventil Hauptkessel
24. a, b, Wasserablaßventile für Entspanner t
25. Hilfsabfahrventil
26. Speisewasserregelventil Hilfskessel
27. Anfahrventil Hilfskessel
28. Einspritzventil zu 27
29. Sicherheitsventil Hilfskessel
30. a, b, Flanschverbindung
31. Sicherheitsventil Zwischenüberhitzer
32. Ablaufregler Hochdruckvorwärmer e_1
33. Ablaufregler zum Entspanner u
34. Ablaufregler zum Hochdruckvorwärmer e_2
35. a, b, c, Druckregler für Entgaser
36. Ablaufregler für e_3
37. Schwimmerschalter für Pumpe p_3
38. Schwimmerschalter für Pumpe p_3
39. Ablaufregler für Pumpe p_4
40. Ablaufregler für Hauptkondensatpumpe
41. Druckregler von e_1 zum 8 ata-Verteiler
42. Druckregler Frischdampf — 8 ata-Verteiler
43. Einspritzventil zu 42
44. Druckregler zum Schwachlastvorwärmer e_3

eingeschweißt sind (Abb. 52). Der Vorwärmer an Entnahme 2 besitzt einen eingebauten Kondensatkühler (Abb. 53).

Abb. 47. Vorwärmer und Entnahme-Schnellschlußventile mit isolierten Rohrleitungen auf der Bühne + 6,0 Beachtenswert sind die schweren Betonunterzüge des darüberliegenden Maschinenhausflures +10,0 m

Abb. 48. Speisewasserbehälter mit Entgaser. Der Behälter steht auf Bühne + 6,0 m, er ist 5fach gelagert

Die Heizkondensate der Vorwärmer werden durch Ablaufregler dem zunächst liegenden Vorwärmer geringeren Dampfdruckes zugeführt. Das Heizkondensat der Vorwärmer Entnahme 3 und Entnahme 4 wird aus dem Vorwärmer e_4 mit Nebenkondensatpumpen *o* zum Speisewasserbehälter gefördert (s. Abb. 46, Wärmeschaltplan). Das Heizkondensat aus den Vorwärmern Entnahme 5 und Entnahme 6 fließt über Ablaufschleifen ohne Ablaufregler zum Turbinenkondensator. Die Heizkondensate der Raumheizung, Ölvorwärmer usw. gehen in einen unter Entgaserdruck stehenden Behälter *k* mit 15 m³

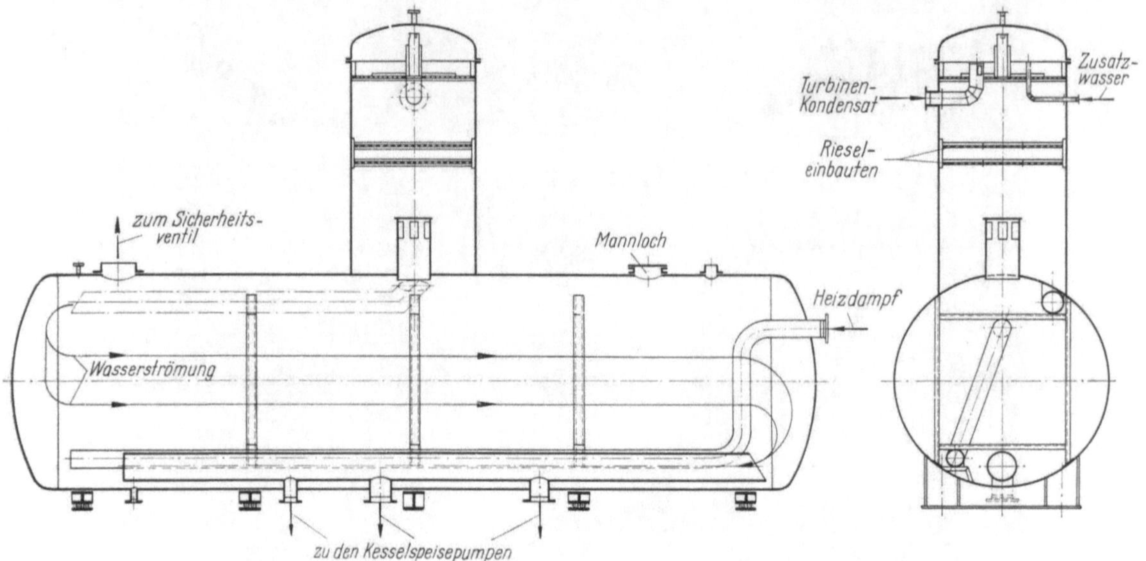

Abb. 49. Längs- und Querschnitt durch Speisewasserbehälter Block 1 mit aufgesetztem Entgaser

Fassungsvermögen, die Entwässerungen in einen „offenen" Behälter *l* gleicher Größe; die Kondensate werden durch Kreiselpumpen *n* und *p* dem Hauptentgaser zugeführt.

2. *Block 2 — 80 MW-Turbosatz* (siehe Wärmeschaltplan Abb. 54).

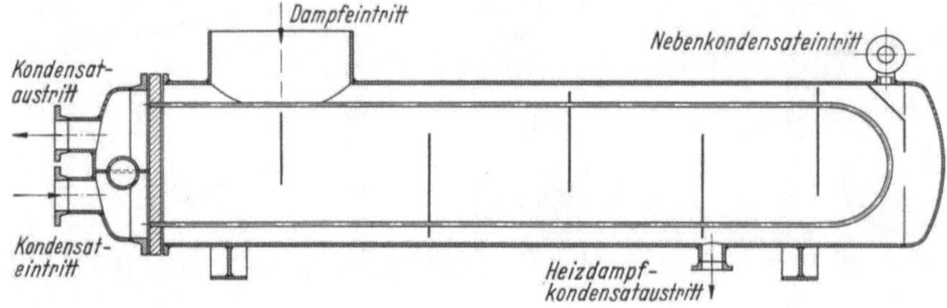

Abb. 50. Längsschnitt durch Vakuumvorwärmer (waagerecht aufgestellt)

Die Vorwärmeranlage in Block 2 unterscheidet sich gegenüber der Anlage in Block 1 durch:

1. die Anzahl der Entnahmestufen (8 gegen 6 in Block 1),
2. die Anwendung von Enthitzern,
3. die Einordnung des Entgasers in den Speisewasserkreislauf.

Auf dem Wege vom Kondensator bis zum Entgaser liegen 3 Vorwärmer. Der Entgaserdruck ist mit 2,5 ata, die konstant gehaltene Entgasungstemperatur mit 125° C niedriger als in Block 1. Der Speisewasserbehälter hat bei 3,2 m ∅ und 13,5 m zylindrischer Länge einen Rauminhalt von 115 m³ und einen Nutzinhalt von etwa 100 m³. Der Kondensatfluß innerhalb Entgaser und Behälter ist mit einigen Abwandlungen ähnlich wie in Block 1 (Abb. 49). Der Heizdampf wird jedoch nicht in den Behälter, sondern in den Wasserraum des unteren Entgaserteils geleitet.

Das Heizkondensat vom Vorwärmer e_6 fließt durch einen Ablaufregler in den Vorwärmer e_7. Es mischt sich mit dessen Kondensat und fließt aus Vorwärmer e_7 über e_8 nebst zugehörigem Kondensatkühler gesammelt durch Rohrschleifen in den Kondensator.

Die Vorwärmer der Entnahmestufen 1 bis 5 sind Hochdruckvorwärmer, deren Rohre dem Druck der Kesselspeisepumpe (bei maximaler Last etwa 240 atü, höchster Druck 280 atü) unterworfen sind. Im Speisewasserfluß sind hinter dem Vorwärmer e_1 3 Enthitzer für die Entnahmestufen 1 bis 3 angeordnet. Entsprechend der in den 3 Entnahmestellen verschieden hohen Überhitzung sind die 3 Enthitzer verschieden groß und werden in wasserseitiger Parallelschaltung mit unterschiedlichen Speisewassermengen beaufschlagt. Die wasserseitigen Strömungswiderstände der 3 Enthitzer

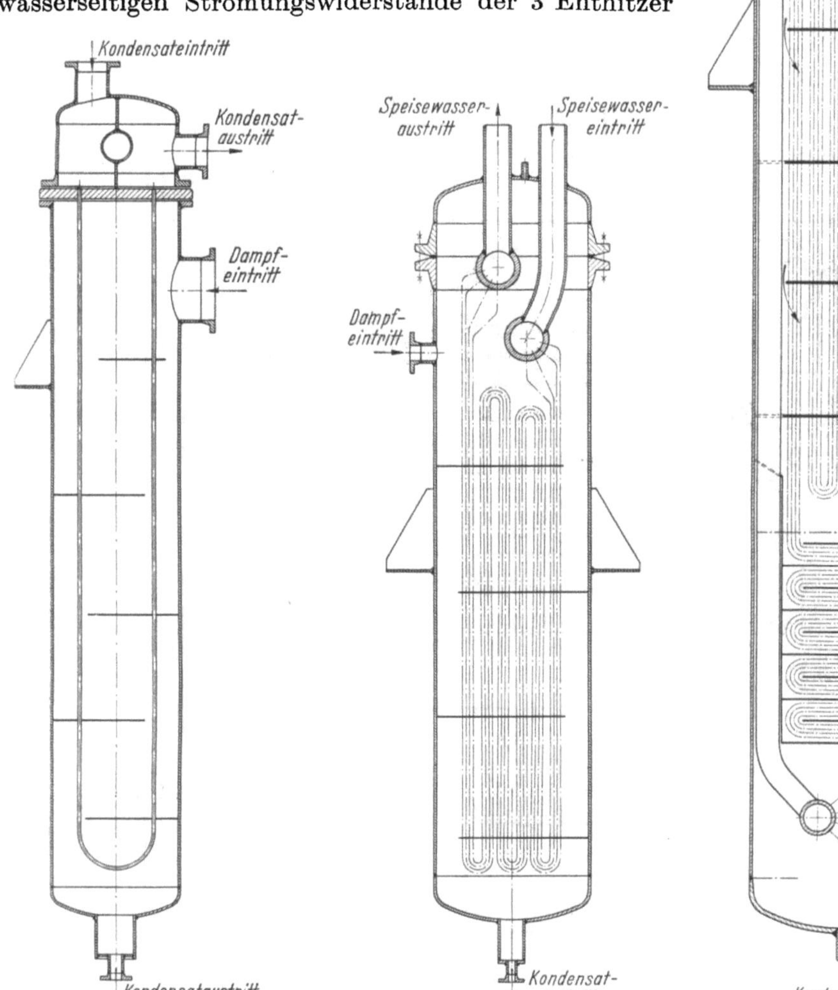

Abb. 51. Längsschnitt durch Niederdruckvorwärmer

Abb. 52. Längsschnitt durch Hochdruckvorwärmer

Abb. 53. Längsschnitt durch Hochdruckvorwärmer mit Kondensatkühler

sind bei den zugehörigen Wassermengen gleich, so daß sich die Speisewassermenge selbsttätig in der gewünschten Weise auf die 3 Enthitzer verteilt. Vorsichtshalber sind Schieber vor den Enthitzern angeordnet worden, um Unterschiede in den Widerständen ausgleichen und jedem Vorwärmer die zur Entziehung der Überhitzungswärme benötigte Speisewassermenge genau zuteilen zu können. Die Enthitzung beträgt im Vorwärmer der Entnahme 1 im Auslegungspunkt 378° C auf 300° C, bei Entnahme 2

320° C auf 300° C, bei Entnahme 3 452° C auf 300° C. Im Prinzip entspricht die Konstruktion der Enthitzer einem Element des Hochdruckvorwärmers e_1 (Abb. 55).

Die Enthitzung in der Entnahme 2 mit 20° C liegt an der Grenze, wo die Kosten des Enthitzers einschließlich Rohrleitungen und Zubehör durch die erzielte Brennstoffersparnis noch amortisiert werden. Bei Anlagen mit niedrigeren Wärmepreisen als Kraftwerk Emden würde der Einbau dieses Enthitzers nicht mehr lohnen.

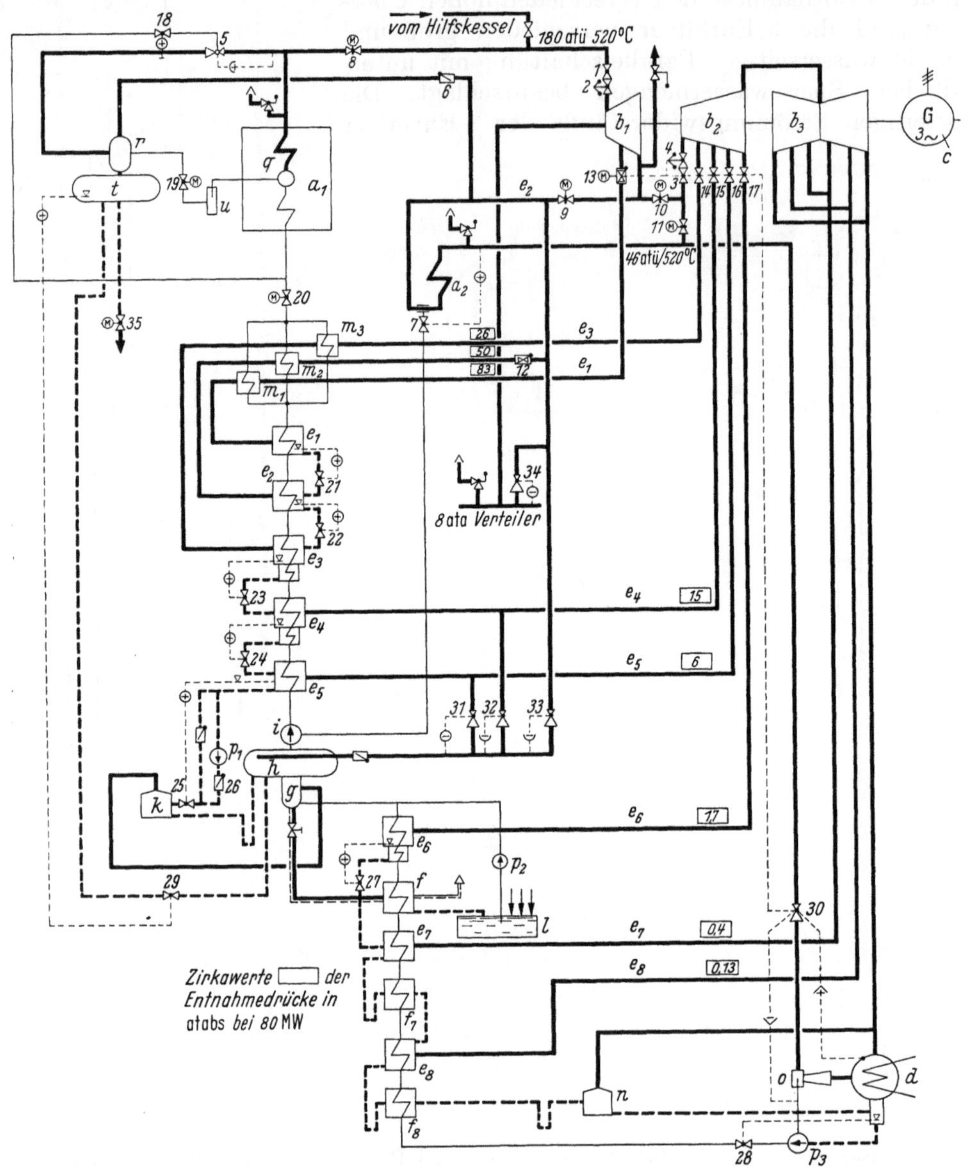

Abb. 54. Wärmeschaltplan Block 2

(Legende zu Abb. 54 siehe gegenüberliegende Seite)

Die Vorwärmer im Block 2 sind mit Ausnahme des Hochdruckvorwärmers der Entnahme 1 in der Konstruktion ähnlich wie für Block 1. Die Heizkondensate werden durch Ablaufregler stufenweise vom Vorwärmer e_1 bis zum Vorwärmer e_5 geleitet und fließen von e_5 gesammelt in den Speisewasserbehälter. Der Hochdruckvorwärmer Entnahme 1 hat wegen des hohen Entnahmedruckes (maximal 83 ata) eine abweichende Konstruktion. Er besteht aus drei gleich großen U-förmig gebogenen Elementen (Abb. 55

a_1 Bensonkessel 275 t/h
a_2 Zwischenüberhitzer zu a_1
b_1 80 MW-Turbine Hochdruckteil
b_2 80 MW-Turbine Mitteldruckteil
b_3 80 MW-Turbine Niederdruckteil
c Generator
d Kondensator
e_1 Hochdruckvorwärmer Entnahme 1
e_2 Hochdruckvorwärmer Entnahme 2
e_3 Hochdruckvorwärmer Entnahme 3
e_4 Hochdruckvorwärmer Entnahme 4
e_5 Hochdruckvorwärmer Entnahme 5
e_6 Niederdruckvorwärmer Entnahme 6
e_7 Vakuumvorwärmer Entnahme 7
e_8 Vakuumvorwärmer Entnahme 8
f Schwadenkühler
f_7 Kondensatkühler zu e_7
f_8 Kondensatkühler zu e_8
g Entgaser
h Speisewasserbehälter (120 m³)
i Kesselspeisepumpe
k Vorwärmerkondensatentspanner
l Entwässerungskondensatbehälter
m_1 Enthitzer zu e_1
m_2 Enthitzer zu e_2
m_3 Enthitzer zu e_3
n Ausgleichgefäß für Wasserschleife
o Anfahrdampfdüsen
p_1 Nebenkondensatpumpe
p_2 Entwässerungskondensatpumpe
p_3 Turbinenkondensatpumpe
q Abscheidezyklone (hinter Strahlteil)
r Wasserabscheider zu „t"
t Anfahrentspanner-Behälter
u Entsalzungsflasche
1 Turbinen-Hochdruckschnellschlußventile
2 Turbinen-Hochdruckregelventile
3 Turbinen-Mitteldruckschnellschlußventile
4 Mitteldruckregelventile
5 Anfahrventil
6 Rückschlagventil hinter Anfahrentspanner
7 Einspritzventil vor Zwischenüberhitzer
8 Schieber Kesselaustritt Frischdampf
9 Schieber hinter Hochdruckteil (vor Zwischenüberhitzer)
10 Schieber Hochdruck-Mitteldruck-Teil („Brücke")
11 Schieber vor Mitteldruckteil (hinter Zwischenüberhitzer)
12 Entnahmerückschlagventil e_2
13 Entnahme-Schnellschlußrückschlagventil e_1
14 Entnahme-Schnellschlußrückschlagventil e_3
15 Entnahme-Schnellschlußrückschlagventil e_4
16 Entnahme-Schnellschlußrückschlagventil e_5
17 Entnahme-Schnellschlußrückschlagventil e_6
18 Einspritzventil zu 5
19 Hilfsan- und -abfahrventil
20 Speisewasserregelventil
21 Ablaufregler zu e_1
22 Ablaufregler zu e_2
23 Ablaufregler zu e_3
24 Ablaufregler zu e_4
25 Ablaufregler zu e_5
26 Belastetes Rückschlagventil
27 Ablaufregler zu e_6
28 Ablaufregler für Turbinenkondensat
29 Ablaufregler aus Anfahrentspanner t
30 Abblaseventile zum Kondensator
31 Druckminderventil für Entgaser aus e_5
32 Druckminderventil für Entgaser aus e_4
33 Druckminderventil für Entgaser aus e_2
34 Druckminderventil e_2 — 8 ata-Verteiler
35 Entsalzungsventil

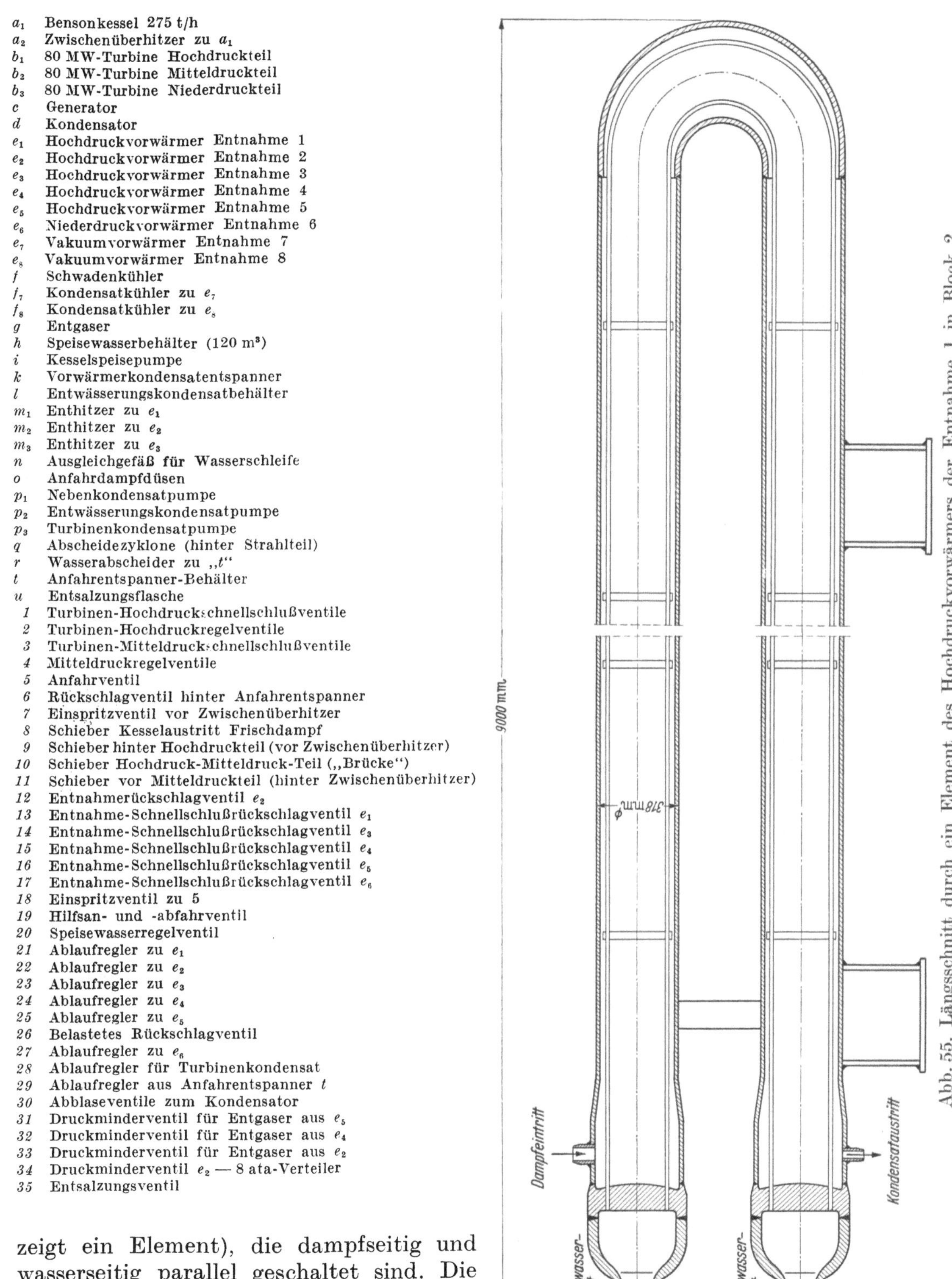

Abb. 55. Längsschnitt durch ein Element des Hochdruckvorwärmers der Entnahme 1 in Block 2

zeigt ein Element), die dampfseitig und wasserseitig parallel geschaltet sind. Die Wasserein- und -austrittsstutzen an sämtlichen Hochdruckvorwärmern werden mit den Speisewasserdruckleitungen verschweißt. Ebenso werden die Dampfzuleitungen an den Hochdruckvorwärmern geschweißt. Die Kondensatabläufe erhalten wegen der Regelarmaturen (leichterer Ausbau bei Überholungen) Flanschen.

Sämtliche Vorwärmer, sowohl bei Block 1 als auch bei Block 2, haben Mäntel, Rohrböden und Heizrohre aus Stahl. Nur der Schwadenkühler zur Niederschlagung der Entgaserschwaden besitzt wegen der Korrosionsgefahr Rohre aus Sicromal.

Bei Leistungen unterhalb etwa 45 MW reicht der Druck im Hochdruckvorwärmer e_5 nicht mehr aus, um die in diesem Vorwärmer anfallenden aus e_1 bis e_5 gesammelten Heizkondensate in den Speisewasserbehälter abzuführen. Bei etwa 45 MW wird eine Nebenkondensatpumpe p_1 (s. Schaltplan Abb. 54) von einem Kontaktmanometer selbsttätig eingeschaltet und bei steigender Last vom steigenden Entnahmedruck wieder ausgeschaltet. Bei Lasten über 45 MW geschieht der Ablauf nur über den Ablaufregler, der Weg über die Pumpe wird dann durch eine gewichtsbelastete Rückschlagklappe gesperrt.

Hochdruckvorwärmer erfordern Sicherheitsvorrichtungen zum Schutz vor Wassereinbruch in die Turbine bei Heizrohrschäden. Es liegt zwar in den Dampfleitungen zwischen Turbine und Hochdruckvorwärmern und auch der Mitteldruckvorwärmer (bis auf die beiden letzten Entnahmestufen 7 und 8 bei Block 2, Entnahme 5 und 6 bei Block 1) ein Schwimmerrückschlagventil, jedoch ist dieses Schwimmerrückschlagventil meist nicht vollkommen dicht. Der große Umfang der Vorwärmeranlage in Block 2 macht zudem eine Sicherung gegen Wassereinbruch in die Turbine besonders notwendig. Mit den 5 Hochdruckvorwärmern (wobei der Hochdruckvorwärmer Entnahme 1 aus 3 Elementen besteht) und den 3 Enthitzern sind insgesamt 10 Hochdruckwärmeaustauscher in der Vorwärmeranlage des Blockes 2 vorhanden.

Zur Sicherung erhalten die Hochdruckvorwärmer etwa 300 mm über dem normalen Ablaufwasserstand einen Niveauwächter, der bei Überschreiten der 300 mm Grenze Signal gibt. Ein zweiter Niveauwächter ist etwa 500 mm über dem ersten angeordnet. Der zweite Niveauwächter sperrt nach Überschreiten des Normalwasserstandes um 800 mm selbsttätig durch Betätigung von 3 Schiebern den Kesselspeisewasserstrom durch die Hochdruckvorwärmer ab und führt das Kesselspeisewasser außen um die Vorwärmer herum. Allerdings muß danach der Kessel mit einer Speisewassertemperatur entsprechend der Entgasungstemperatur von 125° C betrieben werden, womit die Kesselleistung um 20 bis 25% zurückgeht. Der Turbosatz kann dabei noch 60 bis 65 MW erzeugen.

Die „Grädigkeiten" der Vorwärmer, d. h. die Temperaturdifferenzen zwischen der Sattdampftemperatur des Heizdampfes und der Speisewasser-Austrittstemperatur, liegen zur Erzielung günstigen Wärmeverbrauches niedrig, je nach den Verhältnissen bei 2 bis 3° C.

Die Vorwärmer sind so bemessen, daß die wasserseitig zulässigen Drücke etwa 10% höher als der maximale Pumpenenddruck sind. Die mantelseitigen Konzessionsdrücke liegen etwa 10% über dem rechnerischen maximalen Entnahmedampfdruck. Die Betriebsüberwachung der Vorwärmeranlage umfaßt außer der geschilderten Überwachung der Wasserstände u. a. die laufende Beobachtung der Entnahmedrücke und der Wasseraufwärmung für jeden Vorwärmer, die durch umschaltbare Widerstandsthermometer auf einem elektrischen Anzeigeinstrument in der Speisepumpentafel (Abb. 77) abgelesen werden kann.

Die Heizkondensatspiegel der Vorwärmer Block 2 werden in der Wärmewarte angezeigt. Alle Ablaufventile für Heizkondensat haben neben ihrer automatischen Regelung eine Fernbetätigung von Hand in der Wärmewarte.

Kesselspeisepumpen

Alle Speisepumpen stehen auf ±0,0 im Maschinenhaus.

Block 1. Die Auslegung der Speisepumpenanlage erforderte wegen der Aufteilung der Dampferzeugung auf Haupt- und Hilfskessel eingehende Überlegungen.

Vorgesehen wurden:

2 Hauptpumpen für je 220 t/h Fördermenge (Zulaufmenge),
1 Hilfspumpe für 60 t/h Fördermenge.

Tabelle 5

Kenndaten der Speisepumpen Block 1:

	Hauptpumpen	Hilfspumpe
Stufenzahl	15	15
Drehzahl maximal	2910 U/min	4300 U/min
Zulaufdruck	3 ata	3 ata
Enddruck maximal	198 atü	198 atü
Zulaufhöhe (bei tiefstem Wasserstand im Speisewasserbehälter)	5,5 m geodätisch	5,5 m geodätisch
Zulauftemperatur	135° C	135° C
Wirkungsgrad	76,5%	65,5%
Motorleistung	1750 kW	600 kW
Motordrehzahl	2970 U/min	2960 U/min

Gehäuse, Laufringe, Lauf- und Leiträder und Wellenbüchsen bestehen aus korrosionsfestem Chromnickelstahl, Dichtungsringe und Dichtungsbüchsen aus Nicroguß. Die Pumpen sind Gliederpumpen mit außerhalb der Gehäuse liegenden Ankern. Die Pumpengehäuse sind in Höhe der Wellenmitten gelagert. Nach der dritten Stufe haben die Hauptpumpen eine Anzapfung von 10 t/h bei etwa 40 atü für Zwischenüberhitzer-Einspritzung.

Alle 3 Pumpen haben hydraulische Schlupfkupplungen zur Drehzahlregelung. Die Pumpen werden durch direkt einschaltbare Kurzschlußläufermotoren angetrieben. Die Pumpendrehzahl wird mittels Verstellung des Schöpfrohres der hydraulischen Schlupfkupplung, womit der Füllungsgrad und der Schlupf der Kupplung geändert werden, so geregelt, daß die bei der jeweiligen Kessellast erforderliche Speisewassermenge und der zugehörige Pumpendruck erreicht werden. Die Drehzahl kann fast beliebig weit nach unten geregelt werden, eine Verstellung von mehr als 30 % abwärts wird jedoch nicht benötigt. Mit den hydraulischen Kupplungen können die Pumpen sanft hochgefahren werden, womit die Lebensdauer und der Verfügbarkeitsgrad der Pumpensätze sich erhöhen.

Beim Anfahren wird die Pumpendrehzahl so gesteuert, daß etwa 100 atü Austrittsdruck am Kessel vorhanden sind.

Im Schnellschlußfall der Turbine und dem dabei zu erwartenden Abblasen der Sicherheitsventile kann die Speisewassermenge kurzzeitig fast auf Null zurückgehen, und die Pumpe muß durch Öffnen der sogenannten ,,Mindestmengenventile" auf einer bestimmten Mindestförderung gehalten werden. Diese Mindestmengen werden im Kraftwerk Emden in Abhängigkeit von der Nutzfördermenge der Speisepumpen selbsttätig durch elektrisch betätigte Ventile geregelt, s. Abb. 56.

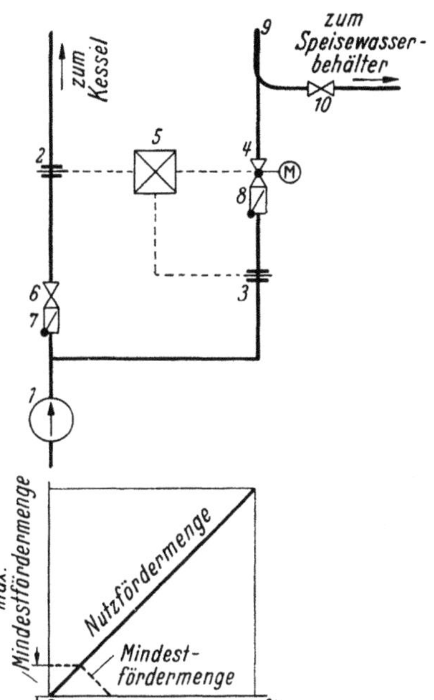

Abb. 56. Schema der Mindestmengenregelung für Kesselspeisepumpen

1 Kesselspeisepumpe
2 Meßblende für Pumpenfördermenge
3 Meßblende für Mindestfördermenge
4 Mindestmengen-Regelventil
5 Mindestmengenregler
6 Pumpenschieber
7 Pumpenrückschlagklappe
8 Mindestmengen-Rückschlagventil
9 Drosselstrecke (Umkehrrohr)
10 Schieber

Nutz- und Mindestmengenfördermenge im Diagramm haben gleichen Maßstab. Das Verhältnis beider Mengen und der Beginn der Mindestmengenförderung ist einstellbar. Ventil *4* kann nach Abschaltung des Reglers *5* von Hand gesteuert werden. Die Mindestmenge wird am Pumpenbedienungsstand angezeigt

Die Überwachung und Schaltung der Speisepumpen geschieht vorwiegend an der Pumpentafel im Maschinenhaus. Die Pumpenmotoren können auch am Kesselpult in der Wärmewarte eingeschaltet und ausgeschaltet werden, die Einschaltung ist nur möglich, wenn der Pumpenwärter den Freigabeschalter für die Wartenschaltung eingelegt hat. Vor dem Einschalten der Pumpenmotoren werden Hilfsölpumpen angelassen, die das für die Anlaufschmierung erforderliche Drucköl fördern. Es sind Öldruckwächter vorgesehen, die den Pumpenmotor abschalten, wenn der Öldruck unter den zulässigen Wert sinkt. Abb. 57 zeigt eine Hauptpumpe mit der hydraulischen Kupplung.

Abb. 57. Block 1, Kesselspeisepumpe 220 t/h bei 135° C auf 198 atü bei 2910 U/min, mit hydraulischer Regelkupplung, rechts daneben die zweite Pumpe. Im Vordergrund die Regelkupplung der Schwachlastpumpe

In *Block 2* unterscheidet sich die Auslegung der Speisepumpenanlage gegenüber Block 1 durch folgende Hauptmerkmale:

a) Es sind 3 Halblastpumpen (an Stelle von 2 Vollastpumpen) vorgesehen. Da ein Hilfskessel in Block 2 nicht vorhanden ist, entfällt die Hilfsspeisepumpe.

b) Die Fördermenge je Pumpe ist statt 220 nur 150 t/h.

c) Der Pumpenenddruck ist statt 198 maximal 280 atü.

Durch diese Auslegung konnte für die Speisepumpen-Antriebsmotoren unter geringfügiger Erhöhung der Motorleistung die gleiche Motortype wie in Block 1 verwendet werden.

Wegen der stark vergrößerten Förderhöhe bei gleichzeitiger Verringerung der Fördermenge konnte man die Speisepumpen für den zweiten Ausbau nicht mehr für 2910 U/min auslegen. Sie sind über Zahnradgetriebe und hydraulische Schlupfkupplungen mit ihren Antriebsmotoren verbunden. Die hohe Drehzahl der Pumpen bedingte weiterhin, daß

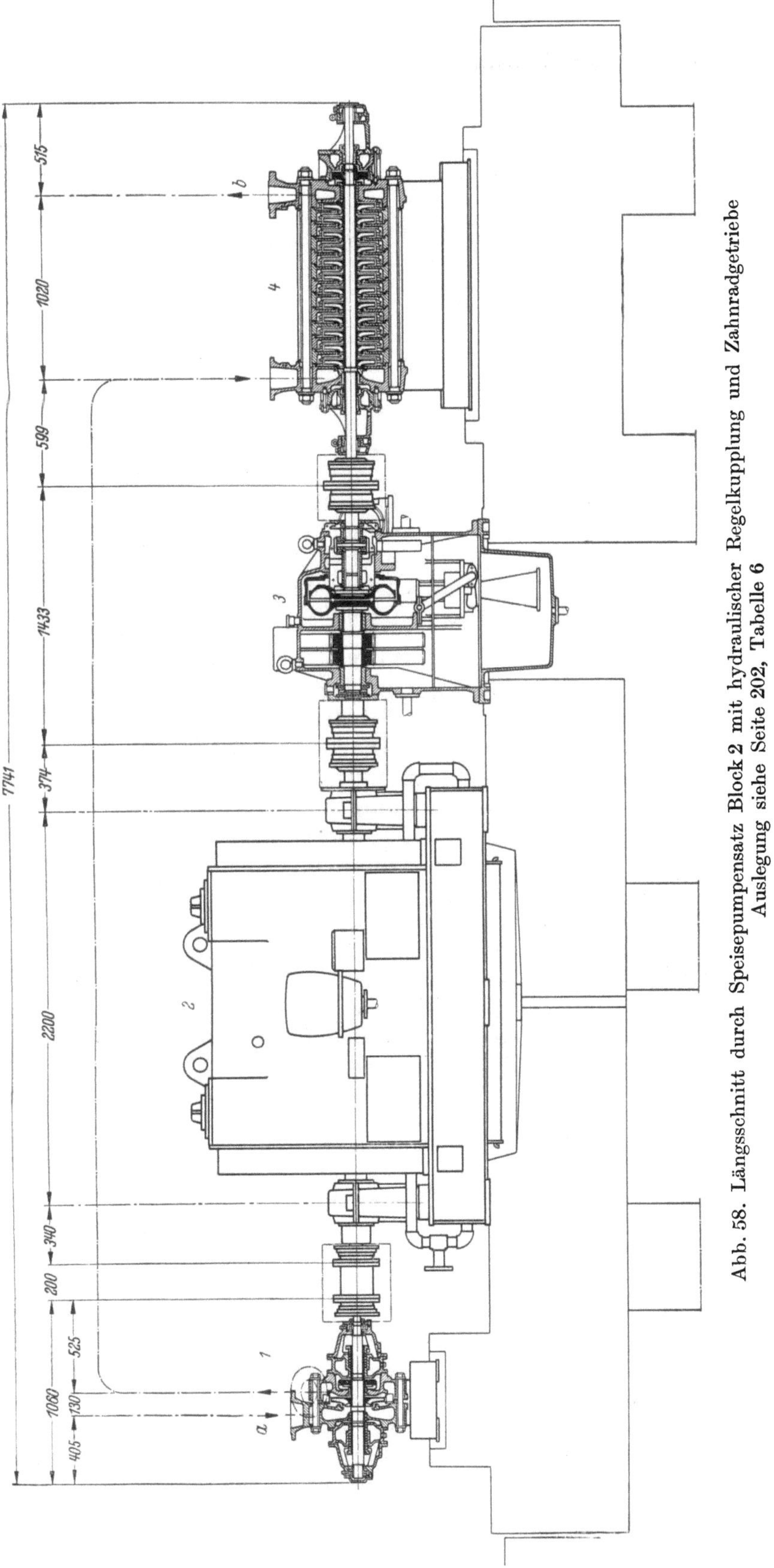

Abb. 58. Längsschnitt durch Speisepumpensatz Block 2 mit hydraulischer Regelkupplung und Zahnradgetriebe
Auslegung siehe Seite 202, Tabelle 6

1 Vorpumpe; *2* Antriebsmotor; *3* Regelkupplung mit Zahnradgetriebe; *4* Hauptpumpe
a vom Speisewasserbehälter; *b* zum Kessel

direkt gekuppelte Vorpumpen mit 2980 U/min verwendet werden mußten, die der ersten Stufe der Hauptpumpe das Speisewasser zudrücken. Die manometrische Zulaufhöhe von 4 m WS reicht für die hochtourige Pumpe mit direktem Zulauf nicht mehr aus. Den Pumpensatz im Schnitt sehen wir in Abb. 58 (s. Tabelle 6).

Die Auslegungsdaten (Tabelle 6) sind für alle 3 Pumpen gleich.

Tabelle 6. *Auslegungsdaten der Speisepumpen Block 2*

Fördermenge (Zulaufmenge)	150 t/h
Pumpenenddruck	max. 280 atü
Stufenzahl Vorpumpe	1
Enddruck Vorpumpe	etwa 10 atü
Stufenzahl Hauptpumpe	12
Drehzahl Vorpumpe	2980 U/min
Drehzahl Hauptpumpe	4550 U/min
Zulaufhöhe (bei tiefstem Wasserstand im Speisewasserbehälter)	5 m geodätisch
Zulauftemperatur	125° C
Wirkungsgrad	75%
Motorstärke	1800 kW
Motordrehzahl	2980 U/min

Jeder Pumpensatz hat eine Flüssigkeitsregelkupplung, die mit dem Zahnradgetriebe in einem Aggregat zusammengebaut ist. Die Motordrehzahl wird durch das Zahnradgetriebe erhöht und auf das Antriebsrad der hochtourigen Flüssigkeitskupplung übertragen. Der Kupplungsschlupf bei Vollast ist etwa 2,5%. Jede Pumpe hat eine Anzapfung nach der dritten Stufe von 5 t/h bei etwa 70 atü für Zwischenüberhitzereinspritzung. Motorschaltung und Regelung der Pumpen sind ähnlich wie im Block 1.

Hilfspumpen

Unter „Hilfspumpen" werden alle Pumpen verstanden, die außer den Kesselspeisepumpen, den Pumpen für den Turbosatz und den Kühlwasserpumpen des Turbinenkondensators im Kraftwerk vorhanden sind. Die kleinen Pumpen in der Vollentsalzungsanlage rechnen wir nicht zu diesen Hilfspumpen.

Die Hilfspumpen, je Block etwa 20 Pumpen, wovon die Hälfte jeweils Reservepumpen sind, dienen zur Förderung von Kesselspeise-Zusatzwasser, Heizdampfkondensat aus Vorwärmern, Hilfs- und Lagerkühlwasser, Entwässerungskondensat, Feuerlöschwasser usw.

Besonderheiten zeigen diese Hilfspumpen nicht. Es sind teils Tauchpumpen mit senkrechter Welle und unter dem Wasserspiegel liegenden Laufrädern, teils horizontale Kreiselpumpen. Bei der Werkstoffwahl für die Hafenwasserpumpen mußte auf die Aggressivität dieses Wassers Rücksicht genommen werden.

Einige Hilfspumpen, die Kondensate aus Behältern fördern, werden durch Niveauwächter (Schwimmerschalter) aus- und eingeschaltet. Hierdurch wird Strom gespart, und die Pumpen werden trotz des häufigen An- und Abstellens geschont, weil sie nicht mit niedrigen Fördermengen arbeiten müssen, sondern ungedrosselt mit ihrer Auslegungsmenge laufen können.

d) Rohrleitungen, Isolierung

Wegen des großen Umfanges der Rohrleitungen können hier nur die Hauptmerkmale der wichtigsten Rohrleitungen besprochen werden. Bei der Projektierung wird außer dem Einzelschaltbild jeder Rohrleitungsgruppe ein Gesamt-Rohrschaltplan angefertigt, der alle Rohrleitungen des Wasser-Dampf-Kreislaufes enthält, womit die Wasser- und Dampfwege lückenlos verfolgt werden können. Für die Wiedergabe im Rahmen dieses Buches eignet sich ein solcher Schaltplan wegen seines Umfanges nicht, daher werden nur Einzeldarstellungen gebracht.

Die Dampfleitungen zwischen Kessel und Turbine sind kurz, weil das Kesselhaus unmittelbar an das Maschinenhaus anschließt. Eine der Aufgaben des Rohrleitungskonstrukteurs besteht darin, die Wärmedehnungen zwischen kaltem und betriebswarmem Zustand der Rohrleitungen so auszugleichen und Halterungen sowie Festpunkte so anzuordnen, daß in den Rohren selbst und an den Anschlußstellen, z. B. am Kessel und an der Turbine, keine unzulässigen Beanspruchungen auftreten, daß aber andererseits nicht zu große Rohrlängen und zu viele Bögen zum Dehnungsausgleich eingebaut werden, weil sich Herstellungskosten und Strömungsdruckverluste dadurch erhöhen. Außerdem müssen die Armaturen gut zugänglich und leicht ein- und ausbaubar angeordnet sein. Weiterhin sollen Durchgänge und Montagewege nicht eingeengt werden und Raum für die Wärmeisolierung bleiben. Auch müssen bei Dampfleitungen einwandfreie Entwässerungen vorgesehen sein. Diese Forderungen sind zusammengenommen nicht leicht erfüllbar.

Frischdampfleitung Block 1. Der Dampfzustand für die festigkeitsmäßige Berechnung der Frischdampfleitung ist 160 atü/530° C. Für diesen Dampfzustand können

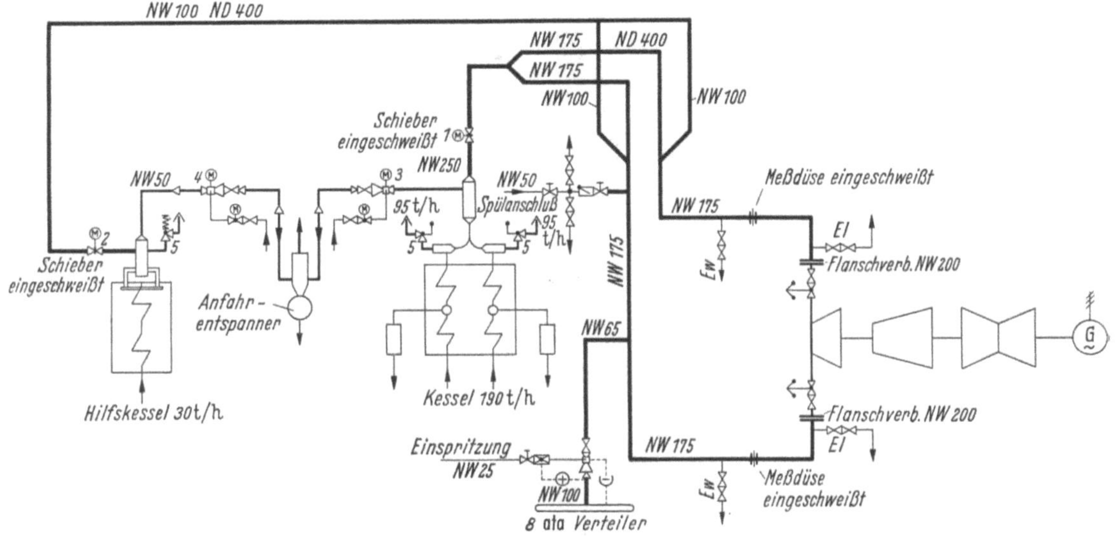

Abb. 59. Rohrschaltplan Hochdruckdampf Block 1

1 Absperrschieber Hauptkessel
2 Absperrschieber Hilfskessel
3 Anfahrventil Hauptkessel
4 Anfahrventil Hilfskessel
5 Sicherheitsventil
EW = Entwässerung
EL = Entlüftung (dient auch zum Anwärmen)

Flanschen nach Nenndruck 400 verwendet werden. Von Flanschverbindungen wird auf der Frischdampfseite so wenig wie möglich Gebrauch gemacht, lösbare Verbindungen mit Membranschweißdichtung sind nur an Regel- und Anfahrarmaturen und am Turbinenanschluß vorgesehen. Den Schaltplan der Frischdampfleitung zeigt Abb. 59. Der Frischdampf strömt aus den beiden Kesselaustrittsstutzen über ein Formstück und ein anschließendes kurzes Rohr von 238 mm lichter Weite zum Kesselabsperrschieber mit 200 mm lichter Weite. Vor dem Absperrschieber zweigt die Anfahrleitung des Kessels von 120 mm lichter Weite mit dem Anfahrventil (Abb. 60) ab. Der Kesselaustrittsschieber ist eingeschweißt, die Anfahrarmaturen sind eingeflanscht. Hinter dem Kesselschieber liegt wiederum ein kurzes Einzelrohr mit 238 mm lichter Weite, das sich über ein Formstück in 2 Rohrstränge von 165 mm lichter Weite teilt, die im Kesselhaus von +31,0 m auf etwa +4,25 m fallen und von dieser Höhe im Maschinenhaus zu den beiden Anschlußstutzen der Turbine ansteigen.

Die Dampfgeschwindigkeit in allen Rohrabschnitten der Frischdampfleitung liegt bei maximaler Dauerleistung etwas unter 40 m/sec. Diese mäßige Dampfgeschwindigkeit läßt sich bei den gegebenen Dampfzuständen unter Verwendung ferritischer Werkstoffe ohne Schwierigkeiten erreichen, da ferritische Rohre im Gegensatz zu Rohren aus austenitischem Werkstoff in verhältnismäßig großen Durchmessern lieferbar sind.

Vom Austrittssammler des *Hilfskessels* geht eine Leitung NW 100 zum Maschinenhaus. Sie teilt sich dort in zwei Stränge von ebenfalls NW 100, die an die Hauptleitung anschließen. Bei der Nennweite 100 ist insbesondere in den beiden Teilleitungen NW 100 die Dampfgeschwindigkeit niedrig. Die lichte Weite der Hilfskesselleitung wurde so groß

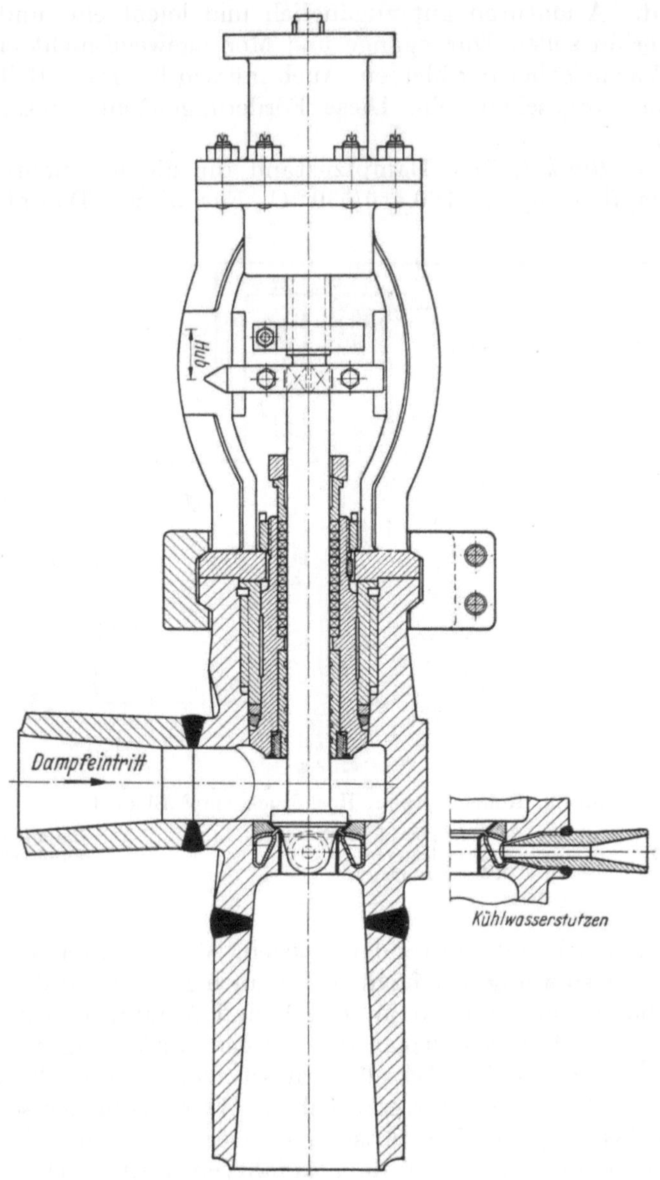

Abb. 60. Anfahrventil (Dampfumformventil)

gewählt, um den Hilfskesselbetrieb mit etwa halbem Normaldruck durchführen zu können. Auch der Hilfskessel hat ein Dampfumform-Anfahrventil.

Von der Frischdampfleitung geht ein Abzweig mit Dampfumformventil (d. h. ein Ventil mit Kühleinrichtung ähnlich Abb. 60) zu dem „8 ata-Verteiler", aus dem Stopfbüchsensperrdampf beim Anfahren und Heizdampf für die Ölvorwärmung entnommen wird.

Wie Abb. 59 zeigt, sind die Frischdampfleitungen in einem Blockkraftwerk einfach und übersichtlich. Die Hauptabmessungen für die wichtigsten Rohrstrecken sind:

Tabelle 7

Äußerer ∅	Wandstärke	lichte Weite	Rohrstrecke	NW
318	40	238	hinter Kesselaustritt mit eingeschweißtem Frischdampfschieber	250
217	26	165	Einzelleitungen zur Turbine	175
159	22	115	Anfahrleitung zum Anfahrventil	125
137	16	105	vom Hilfskessel zur Hauptdampfleitung	100
89	12	65	von Frischdampfleitung zum 8 ata-Verteiler	65
63,5	8	47,5	Spülanschluß für Turbine	50

Frischdampfleitung Block 2. Der Dampfzustand für die Festigkeitsberechnung dieser Leitung ist 210 atü/530° C. Genormte Flanschverbindungen gibt es für diesen Dampfzustand nicht. Bei der einzigen, in die Frischdampfleitung lösbar eingebauten Armatur, dem Anfahrventil, ähnlich Abb. 60, wurde eine Klammerverbindung verwendet. Die Schaltung der Leitungen ist im wesentlichen die gleiche wie bei Block 1. Die Dampfgeschwindigkeiten liegen etwas höher. Trotz des höheren stündlichen Dampfgewichtes konnten die lichten Rohrleitungsdurchmesser kleiner gehalten werden, weil das geringe spezifische Dampfvolumen die Verwendung kleiner Leitungsdurchmesser erlaubt. Die verwendeten Rohrabmessungen sind:

Tabelle 8

Äußerer ∅	Wandstärke	lichte Weite	Rohrstrecke
293	44	205	Kesselaustritt
223	34	155	Leitungen zur Turbine
176	28	120	Anfahrleitung

Der Werkstoff für die Frischdampfleitungen in beiden Blocks ist 13 CrMo 44, ein ferritischer Chrom-Molybdän-Stahl mit einem Chromgehalt von etwa 1% und einem Molybdängehalt von 0,5%, der für die gegebenen Dampfzustände gut geeignet ist.

Aus Kessel und Rohrleitungen stammende Fremdkörper (Schweißperlen, Hammerschlag u. a.) dürfen nicht in die Turbine gelangen, daher sind in die Schnellschlußventilgehäuse vor der Turbine starkwandige Dampfsiebe eingebaut. Die Frischdampfleitungen haben sorgfältig gewählte Anschlußstellen für die Entwässerung und Anwärmung während des Anfahrens.

Zwischenüberhitzer-Dampfleitungen Block 1. Den Schaltplan dieser Leitungen zeigt Abb. 61. Die Zwischenüberhitzer-Dampfleitung hat zwei Hauptabschnitte. Der erste Abschnitt umfaßt die Leitungen vom Hochdruckturbinengehäuse-Austritt zum Zwischenüberhitzereintritt, der zweite Abschnitt die Leitungen vom Zwischenüberhitzeraustritt zum zweiten Gehäuse des Turbosatzes.

Der erste Rohrabschnitt — vom Turbinenaustritt zum Zwischenüberhitzereintritt — wird in der Kraftwerkssprache als „kalte" Zwischenüberhitzungsleitung, der zweite Abschnitt als „heiße" Zwischenüberhitzungsleitung bezeichnet. Mit diesen Bezeichnungen kann man die beiden Leitungsstränge eindeutig auseinanderhalten. Von den beiden Abdampfstutzen am Austritt des Hochdruckteiles der Turbine führen über Schieber zwei Leitungen NW 350 zum Kesselhaus. Sie werden dort zu einer Sammelleitung NW 500 zusammengefaßt, die zum Eintritt des Zwischenüberhitzers geht. An eine der beiden Leitungen NW 350 ist der Vorwärmer der Entnahme 1, weiter der sogenannte „8 ata-Verteiler" (zur Versorgung der Stopfbüchsen und der Ölvorwärmer), ferner eine Heizdampfleitung zum Entgaser und Speisewasserbehälter angeschlossen. Diese letzte Leitung ist nur während des Anfahrens und bei Schwachlast der Turbine beaufschlagt.

Vor dem Eintrittssammler zum Zwischenüberhitzer hat die „kalte" Zwischenüberhitzerleitung eine Einspritzstrecke (Abb. 62), die zur Kühlung des Zwischenüberhitzungsdampfes bei unvorhergesehenen Temperaturüberschreitungen und beim Anfahrbetrieb benutzt wird, aber nicht zur Regelung der Zwischenüberhitzungstemperatur dienen soll. Diese Einspritzung ist durch Handbedienung vom Kesselpult aus fernsteuerbar. In die ,,kalte" Zwischenüberhitzungsleitung mündet die vom Anfahrentspanner kommende

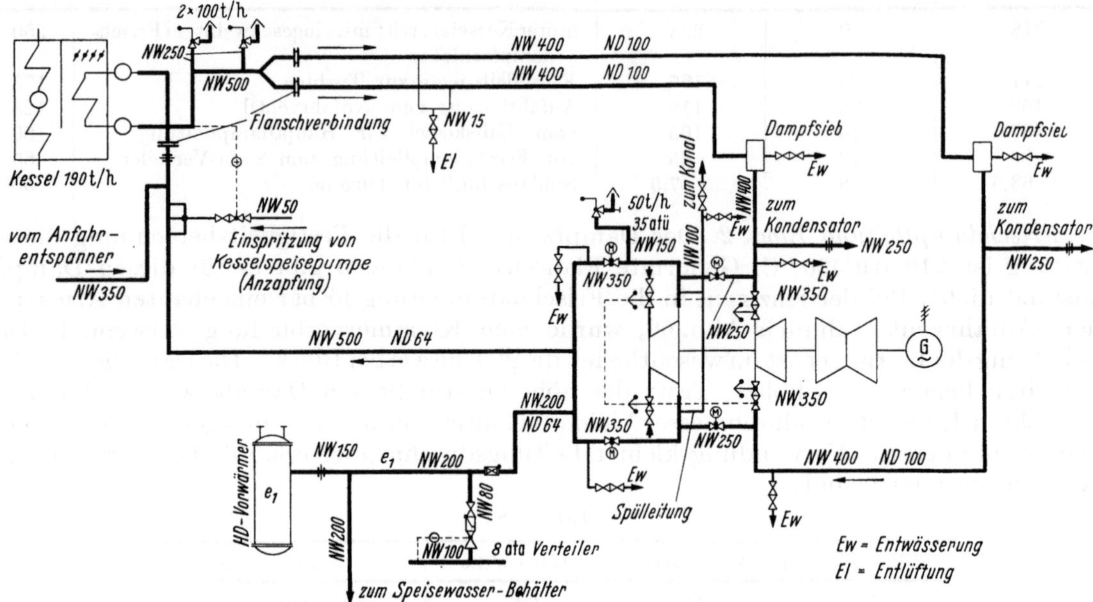

Abb. 61. Rohrschaltplan Mitteldruckdampf (Zwischenüberhitzung) Block 1

Dampfleitung ein, deren Zusammenhang mit dem Rohrsystem aus dem weiter vorn beschriebenen Anfahrschaltplan (Abb. 7) hervorgeht.

Der zweite Abschnitt, die ,,heiße" Zwischenüberhitzerleitung, beginnt mit dem Austrittssammler NW 500 am Kessel, die Einzelrohrstrecke NW 500 wird noch im Kessel-

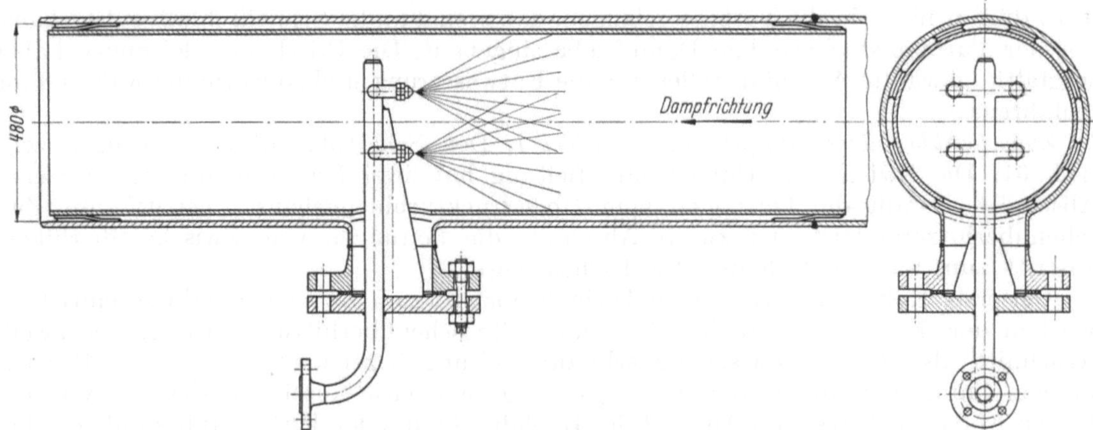

Abb. 62. Einspritzvorrichtung in Dampfleitung vor Zwischenüberhitzer

haus in 2 Rohrstränge NW 400 aufgeteilt. An dem Rohrstrang NW 500 liegen die hilfsgesteuerten Sicherheitsventile des Zwischenüberhitzers. Die Abblaseleistung je Ventil ist 100 t/h. Zusammen mit dem Sicherheitsventil hinter der Turbine auf der ,,kalten" Zwischenüberhitzerleitung können 250 t/h aus dem Zwischenüberhitzer abgeblasen werden, das sind etwa 10% mehr als die maximale Leistung von Hilfs- und Hauptkessel zusammen.

Die Leitungen NW 400 gehen über Dampfsiebe und 2 Absperrschieber zum Mitteldruckteil der Turbine. Vor den Absperrschiebern zweigen die ,,Überproduktions"- bzw. Anfahrleitungen NW 250 zum Kondensator ab.

Sowohl in der ,,kalten" wie auch in der ,,heißen" Zwischenüberhitzerleitung sind Flanschen zur Abtrennung des Hauptkessels bei Reparaturen angebracht. Der Block muß zur Durchführung der Abtrennung stillgesetzt werden. Der Hilfskessel kann dann entweder nur über die ,,Brückenleitung" zum Kondensator oder über die Leitung der Entnahme 1 zum Speisewasserbehälter angefahren werden. Die zweite Methode über die Entnahme 1 ist vorzuziehen, weil der Hilfskessel damit angefahren werden kann, ohne daß der Turbinenhochdruckteil vom Abdampfstutzen her rückwärts Dampf erhält.

Zwischenüberhitzer-Dampfleitungen Block 2. Die Zwischenüberhitzerleitungen für Block 2 sind im Prinzip ähnlich wie in Block 1. Der Kessel hat bei Block 2 jedoch 2 Ein- und Austrittsammler, so daß sowohl die ,,kalte" wie auch die ,,heiße" Zwischenüberhitzerleitung durchgehend in 2 Strängen von der Turbine zum Kessel und vom Kessel zur Turbine führen. In der ,,heißen" Zwischenüberhitzerleitung ist vor dem Abzweig der ,,Überproduktionsleitung" zum Kondensator und vor den Trennschiebern, hinter denen die Leitungen zur Turbine führen, ein Mischstück eingebaut, womit Ungleichheiten in der Austrittstemperatur aus dem Zwischenüberhitzer beider Kesselhälften ausgeglichen werden. Die Dampfsiebe bei Block 2 liegen nicht mehr in der ,,heißen" Zwischenüberhitzerleitung, sondern in den Turbinenventilgehäusen vor dem Mitteldruckteil. Die Rohrdurchmesser bei Block 2 sind trotz größerer stündlicher Dampfmenge infolge des höheren Zwischendruckes kleiner als bei Block 1. Sie betragen für die ,,kalte" Zwischenüberhitzerleitung 2 × NW 300, für die ,,heiße" Zwischenüberhitzerleitung 2 × NW 350. Die Dampfgeschwindigkeiten in den Zwischenüberhitzerleitungen liegen in Block 2 ebenso wie in Block 1 bei etwa 25 m/sec. Man war bestrebt, den Druckverlust in den Zwischenüberhitzerleitungen mit Rücksicht auf die Erzielung eines niedrigen spezifischen Wärmeverbrauches klein zu halten.

Die Werkstoffe sind für die ,,kalte" Zwischenüberhitzerleitung in Block 1 Stahl St 35.8, in Block 2 der Stahl 15 Mo 3, für die ,,heiße" Zwischenüberhitzerleitung in beiden Blöcken 13 CrMo 44.

Speisewasserleitungen. In der Kraftwerkstechnik bezeichnet man als ,,Speisewasserleitungen" die Leitungen vom Speisewasserbehälter bis zur Kesselspeisepumpe und von dort bis zum Kessel. Die Leitungen vom Turbinenkondensator bis zum Speisewasserbehälter, der in den meisten Anlagen einen Mischvorwärmer-Entgaser als Aufbau erhält, werden ,,Hauptkondensatleitungen" (zum Unterschied zu den sogenannten ,,Nebenkondensatleitungen" für Vorwärmerkondensate, Heiz- und Entwässerungskondensate) genannt.

Schaltplan Abb. 63 zeigt die Speisewasserzulauf- und die Speisewasserdruckleitung für Block 1; an Hand dieses Schaltplanes werden die Leitungen nachstehend beschrieben.

Im Block 1 sind an der Unterseite des Speisewasserbehälters 3 Zulaufleitungen, und zwar zwei mit 300 mm lichter Weite für je 220 t/h Zulaufmenge und eine mit 150 mm lichter Weite für 60 t/h Zulaufmenge vorhanden. In jeder Zulaufleitung liegt ein Sieb, das aus einem starken Stützsieb und einem darübergespannten Feinmaschendrahtsieb besteht. Die Siebe sind herausnehmbar in der Zulaufleitung angeordnet. Die Zulaufgeschwindigkeit in den Rohrleitungen bei Vollast ist etwa 0,9 m/sec. Auf den Speisewasserzulaufleitungen sitzen zwischen den Pumpenzulaufstutzen und den Absperrschiebern am Speisewasserbehälter kleine Sicherheitsventile, die verhindern, daß bei undichter Pumpenrückschlagklappe und geschlossenem Behälterschieber der Druck aus der Speisewasserdruckleitung sich rückwärts bis in die Zulaufleitung fortpflanzt und dort Schäden verursacht. Die lichten Weiten der Zulaufstutzen an den Speisewasserpumpen sind wesentlich kleiner als die der Speisewasserzulaufleitungen. Sie betragen für die beiden großen Pumpen 200 mm, für die kleine Pumpe 80 mm. Zum Wärmedehnungsausgleich der verhältnismäßig kurzen und steifen Zulaufleitungen mußten Kompensatoren eingebaut

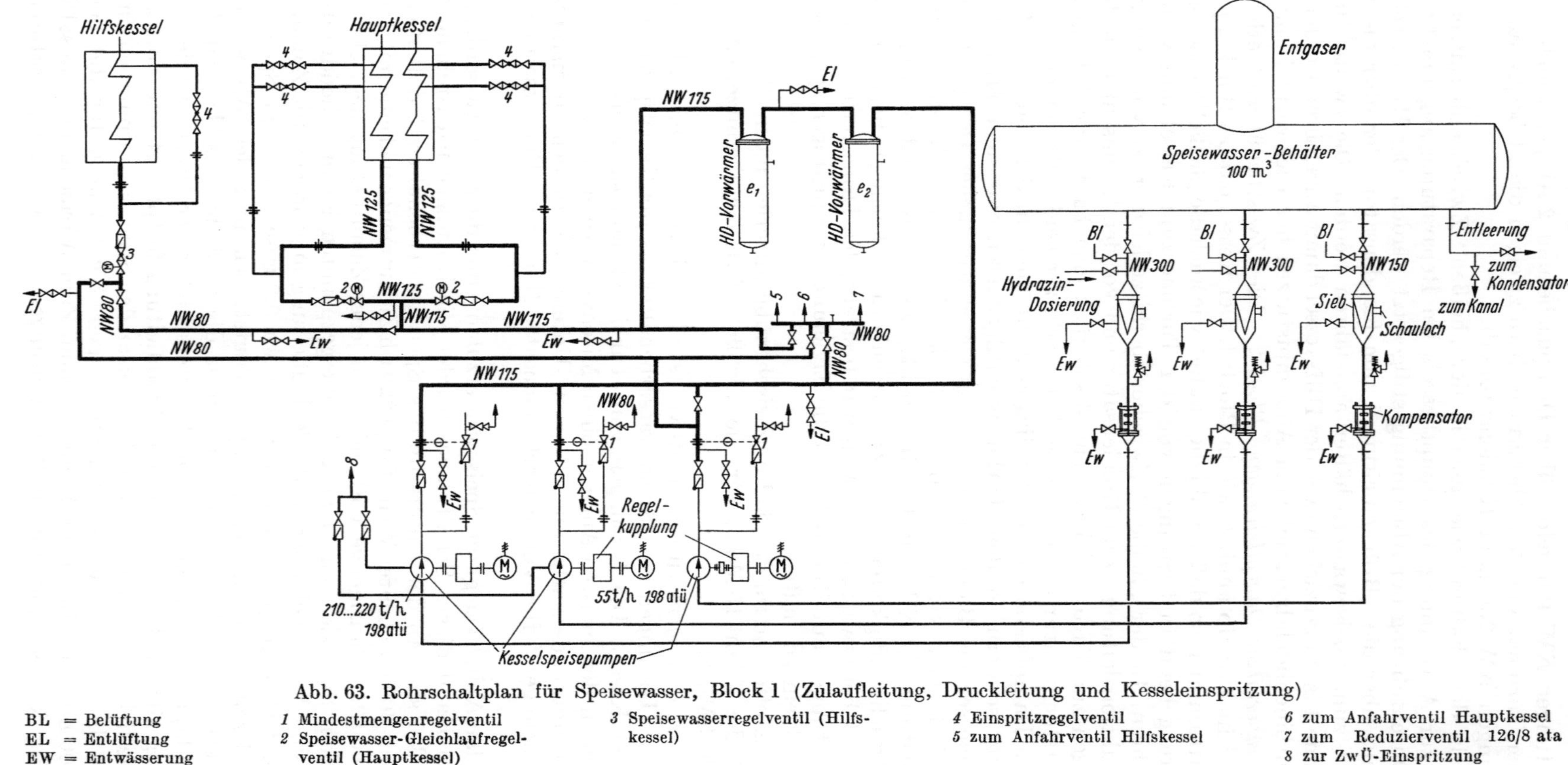

Abb. 63. Rohrschaltplan für Speisewasser, Block 1 (Zulaufleitung, Druckleitung und Kesseleinspritzung)

BL = Belüftung
EL = Entlüftung
EW = Entwässerung

1 Mindestmengenregelventil
2 Speisewasser-Gleichlaufregelventil (Hauptkessel)
3 Speisewasserregelventil (Hilfskessel)
4 Einspritzregelventil
5 zum Anfahrventil Hilfskessel
6 zum Anfahrventil Hauptkessel
7 zum Reduzierventil 126/8 ata
8 zur ZwÜ-Einspritzung

werden. Infolge der Aufstellung des Speisewasserbehälters unterhalb des Hauptbedienungsflures ergeben sich kleine Zulaufhöhen zu den Speisepumpen. Die Strömungsdruckverluste in den Zulaufleitungen müssen daher durch niedrige Zulaufgeschwindigkeiten so klein wie möglich gehalten werden.

In den Druckleitungen, die für die großen Pumpen mit 172 mm lichter Weite, für die kleine Pumpe mit 75 mm lichter Weite vorgesehen sind, herrschen maximale Geschwindigkeiten von etwa 3 m/sec, zum Teil noch etwas darüber.

Die Druckleitungen sämtlicher Speisepumpen gehen in einen gemeinsamen Strang mit 172 mm lichter Weite, der über die beiden Hochdruckvorwärmer der Entnahme 1 und Entnahme 2, dann über den Speisekopf (Abb. 64) zu den Eintrittsstutzen am Kessel führt. Die Speiseleitung zum Hilfskessel hat 75 mm lichte Weite. Um den Betrieb von Haupt- und Hilfskessel unabhängig voneinander durchführen zu können, wobei der Hilfskessel mit der kleinen Pumpe betrieben wird, ist zum Speisekopf des Hilfskessels eine zweite Leitung mit 75 mm lichter Weite geführt. Von dieser Leitung und vom Hauptstrang der Speisewasserdruckleitung geht ein Strang zum sogenannten „Einspritzverteiler". Von diesem Verteiler aus gehen die Leitungen für das Einspritzwasser zu den Anfahrventilen und zum Dampfumformventil am 8 ata-Verteiler.

Abb. 64. „Speisekopf" des 190 t/h Bensonkessels Block 1 mit den Speisewasser-Regel- und Absperrarmaturen

Die Speisewasserregelventile in Block 1 sind als sogenannte „Kolbenschieberventile" ausgeführt, die eine verhältnismäßig große Lässigkeit haben. Die Speisewasserregelventile sind normalerweise voll geöffnet, sie dienen nur zum Anfahren und zur Ausregelung von Schieflast, d. h. ungleichmäßiger Beheizung der 2 Kesselsysteme. Geregelt wird die Speisewassermenge durch Drehzahländerung der Speisepumpen. Um die Regelventile zur Überholung und Reinigung ausbauen zu können, sind vor und hinter jedem Regelventil Schieber eingebaut. Zwischen Regelventil und dem kesselseitigen Schieber befindet sich die (laut Kesselgesetz erforderliche) Speisewasser-Rückschlagklappe.

Die für die Kesselregelung erforderlichen Mengenmeßdüsen liegen jeweils hinter den Speisewasserregelventilen, und zwar noch *hinter* den Abzweigungen für die Wassereinspritzungen zur Heißdampftemperaturregelung, weil die Hauptspeisewassermenge durch Änderungen der Einspritzwassermenge nicht beeinflußt werden darf.

Der maximale Speisepumpenenddruck beträgt 198 atü, die maximale Wassertemperatur vor Kessel etwa 230° C. Für die Speisewasserdruckleitung wurden Flanschverbindungen nach ND 250 mit Membranschweißdichtung gewählt. Die Geber für die

Mengenmeßgeräte sind eingeschweißte Kurzventuridüsen, bei kleinen Rohrlichtweiten (unter 80 mm) Meßblenden. Eine Umführung der Hochdruckvorwärmer ist in der Speisewasserdruckleitung des Blockes 1 nicht vorhanden. Bei einem Vorwärmerschaden könnte ein Notbetrieb nur mit dem Hilfskessel weitergeführt werden.

Für Block 2 sind die Auslegungsgrundsätze ähnlich wie in Block 1. Die Speisewasserdruckleitung in Block 2 ist wegen der großen Zahl der Hochdruckwärmeaustauscher,

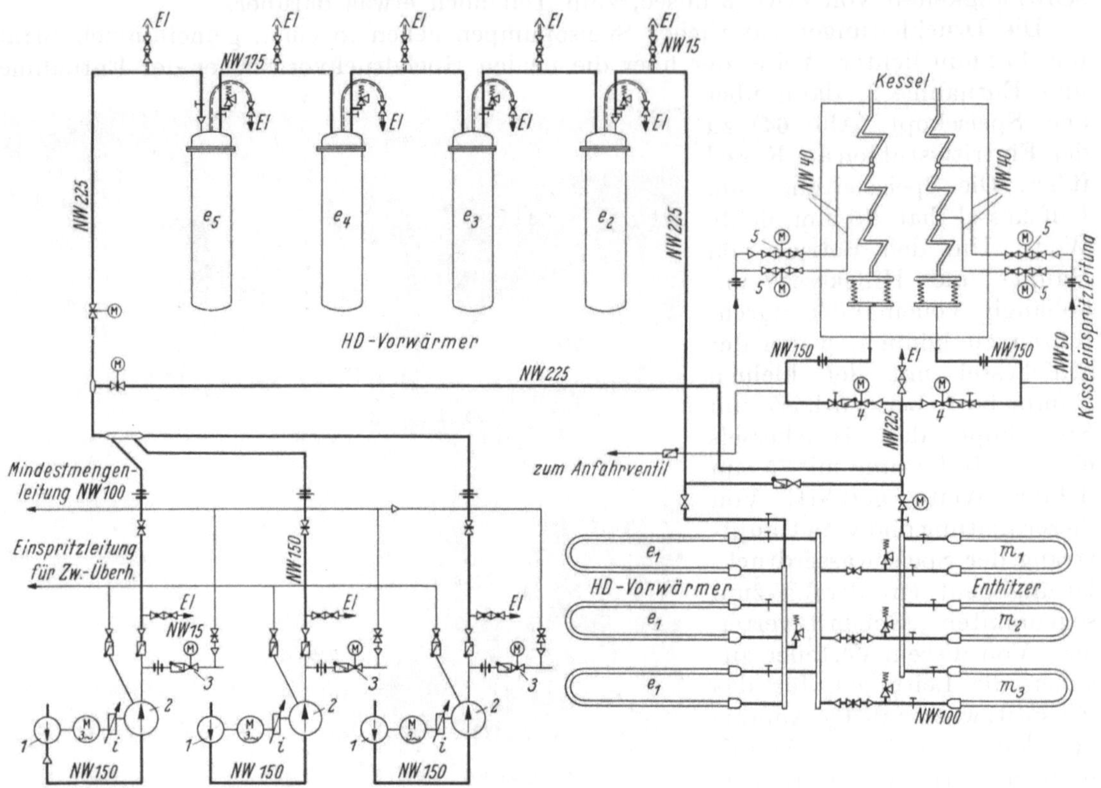

Abb. 65. Rohrschaltplan für Speisewasser Block 2 (nur Druckleitung)

EL = Entlüftung
1 Vorpumpen
2 Kesselspeisepumpen
3 Mindestmengenregelventil
4 Speisewasser-Gleichlaufregelventil
5 Einspritzregelventil

der größeren Speisewassermenge und des höheren Pumpendruckes wesentlich umfangreicher als in Block 1. Die wichtigsten Rohrabmessungen sind:

Tabelle 9

Äußerer ∅	Wandstärke	lichte Weite	Rohrstrecke
182	16	150	hinter Speisepumpen
273	24	225	Sammelstränge
218	19	180	zwischen den Hochdruckvorwärmern

Mit den Strömungsgeschwindigkeiten ist man in Block 2 in einzelnen Rohrabschnitten, bedingt durch die Vorwärmeranschlüsse, bis an 4,5 m/sec gegangen, in den langen Rohrstrecken beträgt sie etwa 2,5 m/sec. Den Rohrschaltplan der Speisewasserdruckleitungen zeigt Abb. 65.

Der Rohrwerkstoff für die Speisewasserleitungen Block 1 ist St 45.8, für Block 2 15 Mo 3, da in Block 2 Drücke bis 280 atü und Speisewassertemperaturen bis 300° C auftreten.

Entwässerungen. Die Entwässerungen und Entlüftungen im Kessel- und Rohrleitungssystem wurden sorgfältig ausgelegt, da von ihnen die Betriebssicherheit wesentlich abhängt. Einen Begriff von dem Umfang der Entwässerungen gibt Abb. 66, die den Mittel- und Niederdruck-Entwässerungssammler und den zugehörigen Entwässerungskondensatbehälter in Block 1 zeigt. Alle Hochdruckentwässerungen haben doppelte Absperrarmaturen. Kondenstöpfe wurden nur in Ausnahmefällen verwendet.

Hauptkondensatleitung. Den Schaltplan der Kondensatleitung vom Turbinenkondensator bis zum Entgaser des Speisewasserbehälters Block 1 zeigt die Abb. 67. Vom Sammeltopf des Turbinenkondensators geht das Kondensat über 3 Kondensatpumpen

Abb. 66. Entwässerungskondensatbehälter mit Wasserstand und oben aufgebauten Kondensatpumpen mit senkrechter Welle. Links der Entwässerungssammler mit Armaturen und Bedienungspodest

(2 für Vollast, davon eine zur Reserve, eine für Schwachlast bei Hilfskesselbetrieb) zu einer gemeinsamen Druckleitung von 200 mm lichter Weite. Hinter den Kondensatpumpen liegt ein elektrisch gesteuertes Ventil, das den Wasserstand im Kondensator konstant hält, damit stets die der Leistung entsprechende Kondensatmenge gefördert wird, die Kondensatpumpen am Einlauf ständig mit Wasser gefüllt bleiben und Erosionen der Beschaufelung verhindert werden. Das Kondensat geht über 2 Vakuumvorwärmer mit zugehörigen Kondensatkühlern, den Schwadenkühler, Niederdruckvorwärmer und Schwachlastvorwärmer zum Entgaseraufsatz auf dem Speisewasserbehälter. Die dem Entgaser vorgeschalteten Vorwärmer sind in zwei einzeln umführbare Gruppen aufgeteilt. Eine Mindestmengenleitung wird zum Kondensator geführt.

Die Rohrführung ist für Block 2 ähnlich, die Schwachlastkondensatpumpe entfällt hier.

Die Kondensatdruckleitung besteht bei Block 1 und 2 aus Kohlenstoffstahl, die Flanschverbindungen haben Nenndruck 25. Die Spindeln der an Vakuum liegenden Armaturen sind zur Vermeidung von Lufteinbrüchen mit Sperrwasser abgedichtet.

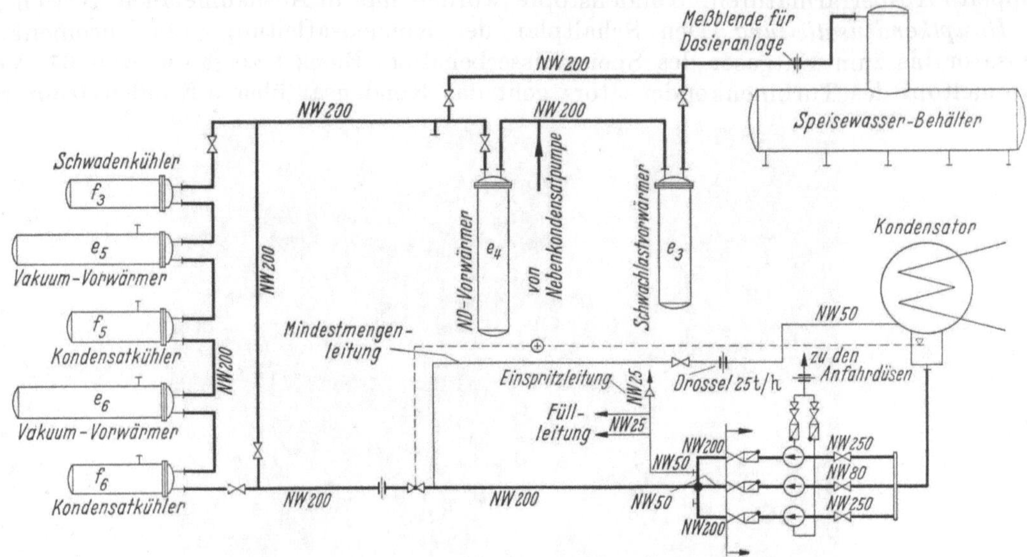

Abb. 67. Rohrschaltplan Turbinenkondensat, Block 1

Armaturen — Regelventile. Für Nennweite 80 und darüber wurden Schieber, für kleinere Nennweiten wurden Ventile gewählt. Die Schieber für Nenndruck 10 bis 40 sind teilweise aus Stahl geschweißt, teilweise aus Stahlguß. Schieber von Nenndruck 64 sind aus Schmiedestahl oder Stahlguß, über Nenndruck 64 aus Schmiedestahl. Die Ventile für Heißwasser und Dampf sind geschmiedet. Gußeisen als Armaturenwerkstoff (bei Hafenwasser korrosionsfest) wurde nur für Kühlwasserarmaturen verwendet.

Von der Einschweißung der Armaturen ab Nenndruck 64 und darüber wurde weitgehend Gebrauch gemacht. Armaturen bis Nenndruck 40 erhielten Flanschen.

Die Entwässerungsventile mit kleinen Nennweiten wurden meist eingeschweißt, auch bei niedrigen Nenndrücken.

Für die Ausführung wurden genaue Vorschriften für Armaturen, Manometer und Thermometer gegeben, es ergaben sich trotzdem kleine Unstimmigkeiten. In den Nennweiten und Druckstufen wurde Einschränkung angestrebt, um die Zahl der Armaturentypen klein zu halten.

Die Ablaufregler und sonstigen Regelventile für Dampf und Wasser haben fast

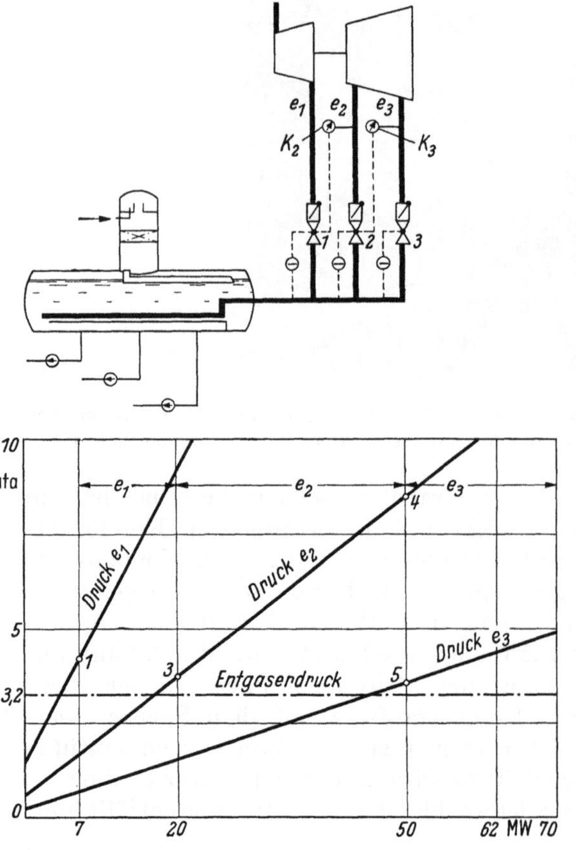

Abb. 68. Versorgung des Entgasers mit Heizdampf

sämtlich elektrische Stellantriebe für 380 Volt Drehstrom, die von Ferngebern für Druck, Temperatur, Wasserstand usw. gesteuert werden. Nur die Stopfbüchsendampfregelung und die Abblaseregelung an der Turbine arbeiten mit hydraulischen Kraftverstärkern. Die während des Anfahr- und Abstellvorganges vom Kesselpult aus zu betätigenden Schieber und Ventile besitzen elektrische Antriebe für 500 Volt Drehstrom.

In den vorstehenden Abschnitten wurden die wichtigsten Rohrleitungen besprochen. Die Kühlwasserleitungen sind auf Seite 216 im Abschnitt e) erläutert. Nachstehend sind

Abb. 69. Elektrisch betätigte Druckminderventile für die Dampfversorgung des Entgasers mit konstantem Druck von 3,2 ata. Rechts der zugehörige Reglerschrank mit drei elektrischen Reglern

weitere Rohrleitungen aufgezählt, die im einzelnen zwar nicht behandelt wurden, die aber für die Gesamtanlage ebenso wichtig sind wie die Hochdruckrohrleitungen, wenn auch die thermischen und mechanischen Anforderungen niedriger als bei den Hochdruckleitungen sind:

ungesteuerte Entnahmeleitungen von der Turbine zu den Vorwärmern,
Mindestmengenleitungen der Kesselspeisepumpen,
Nebenkondensatleitungen,
Entlüftungen, Entwässerungen,
Entleerungen für Rohrleitungen und Behälter,
Heizölleitungen mit Dampfbegleitheizung,
Turbinenspülung,
Druckluftleitungen.

Die chemische Wasseraufbereitungsanlage besitzt umfangreiche Rohrleitungen, weil hier für den Betrieb sowie für das Regenerieren und Spülen der Austauscher viele Strömungswege nötig sind und außerdem Erschwerungen durch die aggressiven Flüssigkeiten (Säure und Lauge) hinzukommen. Die thermische und festigkeitsmäßige Beanspruchung dieser Rohrleitungen ist niedrig. Es wurden innen gummierte Stahlrohre,

Rohre aus Kunststoffen, Armaturen und Pumpen aus Kunststoffen und säurefesten Werkstoffen verwendet.

Es muß betont werden, daß die Konstruktion der Rohrleitungen und ihres Zubehöres, wie Armaturen, Aufhängungen, Kompensatoren usw., nicht sorgfältig genug bei der Planung und beim Bau des Kraftwerkes behandelt werden kann. Die Rohrleitungen bestimmen zu einem erheblichen Teil das „Gesicht" und die Betriebszuverlässigkeit des Kraftwerkes.

Die Schaltung der Regelventile für die Versorgung des Mischvorwärmer-Entgasers mit Heizdampf annähernd konstanten Druckes zeigt Abb. 68. Die Turbinenentnahmestellen e_1, e_2 und e_3 haben je ein elektrisch gesteuertes Druckminderventil mit zugehörigem Druckregler, deren Ansprechdrücke um 0,1 at gestaffelt sind. Die Temperaturabweichung bei 0,1 at Druckabweichung beträgt etwa 1 °C. Für einen bestimmten Lastbereich der Turbine wird die geeignete Entnahmestelle selbsttätig für die Dampfversorgung herangezogen.

Die Kontaktmanometer (Druckwächter) k_3 und k_2 geben die Ventile *2* bzw. *1* für den Dampfdurchfluß frei, sobald der Druck in e_3 bzw. e_2 unter 3,3 ata sinkt. Rückschlagventile verhindern die Rückströmung von Dampf bzw. Wasser aus dem Behälter oder einer höheren Entnahmestelle. Bei höheren Drücken als 3,3 ata in e_3, d. h. bei dem meistgefahrenen Lastbereich zwischen 50 und 70 MW, bleiben die Ventile *1* und *2* geschlossen.

Das Diagramm in Abb. 68 zeigt die Arbeitsbereiche der einzelnen Regelventile über der Turbinenleistung. Die kleinste mit dem Hilfskessel gefahrene Turbinenleistung beträgt etwa 7 MW, wobei der Druck der Entnahme 1 noch ausreicht, um den Entgaserdruck auf 3,2 ata zu halten. Die Kontaktmanometer k_2 und k_3 schließen in Verbindung mit den Ventilhubstellungen die Ventile *3* bzw. *2* selbsttätig, wenn das Ventil *2* (oder *1*) die Druckhaltung übernimmt.

Abb. 69 zeigt eine Ansicht auf die Entgaser-Druckminderventile.

Isolierung

Als Isolierstoff wurden fast ausschließlich Steinwollematten verwendet. Wo große Isolierstärken nötig sind, wurde eine entsprechende Anzahl Matten von geeigneter Stärke übereinandergelegt. Die Dichte der Matten wurde mit 120 kg/m³ vorgeschrieben. Die Sollstärke und -dichte der Matten muß bei einer Flächenbelastung von 100 kg/m² vorhanden sein. Bei Einhaltung dieser Vorschrift, die während der Arbeiten gut überwacht werden kann, erhält man eine gleichmäßige Dichte der Isolierung, die bei Stopfisolierungen nicht immer gesichert ist, weil die Güte der Stopfisolierung in hohem Maße von der Geschicklichkeit und Zuverlässigkeit des ausführenden Arbeiters abhängig ist.

Die isolierten Rohrleitungen des Kraftwerkes wurden fast sämtlich mit Blechmantel verkleidet. Bei allen Rohrleitungen, die waagerecht verlaufen und mehr als 1 m unterhalb einer Decke liegen, wurden die Abstandshalter so dicht angeordnet, daß die Rohrleitung mit Vorsicht begehbar ist. Es läßt sich bei den Montagearbeiten an der Isolierung, bei den Anstreicharbeiten und bei der Verlegung von wärmetechnischen Meß- und Impulsleitungen nicht verhindern, daß die Monteure die isolierten Rohrleitungen als Gehstege benutzen. Auch bei den in Emden ausgeführten kleinen Abständen der Halter traten an einigen Stellen noch kleine Einbeulungen in der Isolierverkleidung durch Unachtsamkeit der Monteure auf.

Das für den Blechmantel verwendete Blech ist beiderseits feuerverzinkt. An Rohrleitungen, bei denen mit Schwitzwasser auf der Innenseite zu rechnen ist, wurden die Bleche auf der Innenseite mit einem Bitumenanstrich versehen.

Die Mantelblechstärken wurden wie folgt vorgeschrieben:

unter 0,5 m Umfang	0,62 mm
von 0,5 bis 0,75 m Umfang	0,72 mm
von 0,75 bis 1,2 m Umfang	0,82 mm
über 1,2 m Umfang	1,00 mm
für Behälter, Apparate (Vorwärmer) und Kanäle	1,00 mm

Hartmantelisolierungen wurden nur für Rohrleitungen der Raumheizungsanlage verwendet. Im Maschinen- und Kesselhaus eines Kraftwerkes sind Hartmantelisolierungen nicht zu empfehlen, weil bei der Montage und Überholung von Armaturen und nachträglicher Verlegung von zusätzlichen Rohrleitungen grob hantiert wird und die Hartmäntel dabei beschädigt werden, Blechmäntel sind wesentlich stabiler.

Für die Isolierungen wurden Wirtschaftlichkeitsberechnungen zur Bestimmung der günstigsten Isolierstärke vorgenommen, andererseits wurde gefordert, daß die Oberflächentemperaturen der Blechmäntel nicht höher als etwa 25° C über Raumtemperatur liegen sollen. Die letztgenannte Forderung hat Vorrang, wenn die wirtschaftliche Isolierstärke eine höhere Oberflächentemperatur als 25° C über Raumtemperatur zuläßt.

Die gewählten Isolierstärken für einige Rohrleitungen sind nachstehend zusammengefaßt:

Tabelle 10. *Frischdampfleitung und „heiße" Zwischenüberhitzerleitung Dampftemperatur 520 bis 530° C*

äußerer Rohrdurchmesser	Isolierstärke
137 mm	140 mm
217 mm	200 mm
318 mm	220 mm
432 mm	220 mm
532 mm	220 mm

Die Isolierstärken der Armaturen betragen je nach Größe der Armatur zwischen 140 und 220 mm.

Tabelle 11. *„Kalte" Zwischenüberhitzerleitung Dampftemperatur 320° C*

äußerer Rohrdurchmesser	Isolierstärke
532 mm	160 mm
381 mm	150 mm
350 mm	140 mm
241 mm	130 mm

Isolierstärke der Armaturen 150 mm.

Tabelle 12. *Speisewasserdruckleitungen Temperaturen 135 bis 230° C (Block 1)*

äußerer Rohrdurchmesser	Isolierstärke
216 mm	70 mm
159 mm	60 mm
95 mm	50 mm

Für die Entnahmedampfleitungen wurden je nach den auftretenden Temperaturen Isolierstärken von 40 bis 150 mm verwendet.

Der Anfahrentspanner mit Aufsatz (Betriebstemperatur maximal 350° C) erhielt eine Isolierstärke von 220 mm. Der Speisewasserbehälter mit Entgaser (Betriebstemperatur 135° C) wurde 110 mm stark isoliert.

Auf den Vorwärmern wurden, je nach den Betriebstemperaturen, Isolierstärken zwischen 40 und 150 mm angebracht.

Der im Freien stehende Heizöltank, dessen Innentemperatur bei Aufheizung maximal 80° C beträgt, erhielt eine 60 mm starke Isolierung. Bei allen Behältern wurden Steinwollematten der eingangs genannten Dichte verwendet.

Die Wärmeisolierung wird im Kraftwerksbau oft als Stiefkind behandelt. Eine sorgfältige Bestimmung der Isolierstärken, Berücksichtigung der Wärmedehnungen und Erschütterungen und insbesondere eine genaue Überwachung der Montagearbeiten ist unerläßlich, da durch mangelhafte Isolierung unangenehme Erscheinungen ausgelöst werden (Brandwunden des Bedienungspersonals, Wärmeverluste, zu hohe Temperaturen in einzelnen Abschnitten des Kraftwerkes).

Die Rauchgas- und Heißluftkanäle erhielten Isolierstärken von 50 mm und 1 mm starke Blechverkleidung.

Eine Reihe von Isolierungen, z. B. des Kessels, der Turbine, der Speisewasserpumpen, liegen im Rahmen des Lieferumfanges der Maschinenfirmen. Bei diesen Wärmeisolierungen müssen den Lieferfirmen genügende Isolierstärken ausdrücklich vorgeschrieben werden. Gefordert wurde, daß die Außentemperatur der isolierten Kessel- und Maschinenteile nicht höher als 25° C über der Raumtemperatur liegen soll. An allen Stellen läßt sich diese Bedingung nicht ganz einhalten. Der überwiegende Anteil der Flächen ist aber gemäß dieser Bedingung isoliert.

e) Kühlwasserversorgung und Kühlwasserleitungen

Das Wasser des Emdener Hafenbeckens ist die Grundlage für die Kühlwasserversorgung des Kraftwerkes. Das Schema für die Kühlwasserversorgung ist aus Abb. 70 zu ersehen.

Der Kühlwassereinlauf liegt am Kohlenkai des neuen Emdener Binnenhafens (s. Lageplan Abb. 5 und 10). Die Konstruktion des Einlaufbauwerkes zeigt Abb. 71. Das Hafenwasser wird unterhalb des Wasserspiegels durch Öffnungen in einem stählernen Spundwandkasten dem Einlaufbauwerk zugeführt. Das Siebrechenhaus (Einlaufbauwerk) besitzt 2 Kammern, von denen jede für die Kühlwasserversorgung eines Blockes bemessen ist. Im Notfall ist die Kühlwasserversorgung beider Blöcke (mit verringerter Gesamtmenge) über eine Kammer allein durchführbar. Jede Kammer enthält einen Feinrechen mit 4 mm Schlitzweite und eine selbsttätige Rechenreinigungsmaschine. Platz für den Einbau eines weiteren Rechens je Kammer ist vorgesehen. Die von dem Feinrechen abgestreiften Verunreinigungen werden in eine Spülrinne geworfen und daraus von Zeit zu Zeit durch Druckwasser entfernt.

Beide Rechenkammern sind durch von Hand bedienbare große Flachschieber mit je 4,8 m² Querschnitt (lichte Abmessungen 2200 × 2200 mm) an der Ein- und Auslaufseite absperrbar. Die Kammer kann dann entleert und der Rechen überholt werden. Hinter den beiden Rechenkammern verläuft der Kühlwasserkanal unterirdisch durch das Zollgelände zum Kraftwerksgrundstück. Dieser Kanal hat 3 m Breite bei 2,5 m Höhe. Die Wassergeschwindigkeit im Kanal bei voller Beaufschlagung liegt etwas über 1 m/sec. Der Kanal hat am Ende eine Fanggrube für Sinkstoffe. In den zu den beiden Blocks führenden Seitenkanälen sind Öffnungen für das Einbringen von Dammbalken untergebracht. Am Ende jedes Seitenkanals befindet sich die durch einen Flachschieber absperrbare Wasserkammer für die senkrecht angeordneten Propellerkühlwasserpumpen. Die Hauptmenge des Wassers wird von den Kühlwasserpumpen zum Turbinenkondensator gefördert, aus dem das Wasser von der Oberseite mit Kraftschluß abfließt. Der Ablaufkanal führt zu einer Verteilkammer und von dort strömt das Wasser in 2 Betonrohren zum Auslaufbecken. In diesem ist eine Schwelle für die Einhaltung eines bestimmten Mindestwasserstandes im Ablaufkanal (Kraftschlußsicherung) angebracht. Der Auslauf geht in die Ostseite des Kraftwerkshafens, vor dem Auslauf sind hölzerne Pfähle in den Hafengrund gerammt, die zur Verteilung des Kühlwassers und zur Brechung der lebendigen Energie des ausfließenden Wasserstromes dienen.

Vom Einlaufbauwerk bis zur Pumpenkammer ist durch die Reibungsverluste bei voller Wassermenge für einen Block eine Absenkung des Wasserspiegels von etwa 0,20 m vorhanden. Eine etwas geringere Absenkung besteht auf der Auslaufseite. Die Wassermenge in dem gesamten System für 2 Blocks beträgt etwa 8 m³/sec.

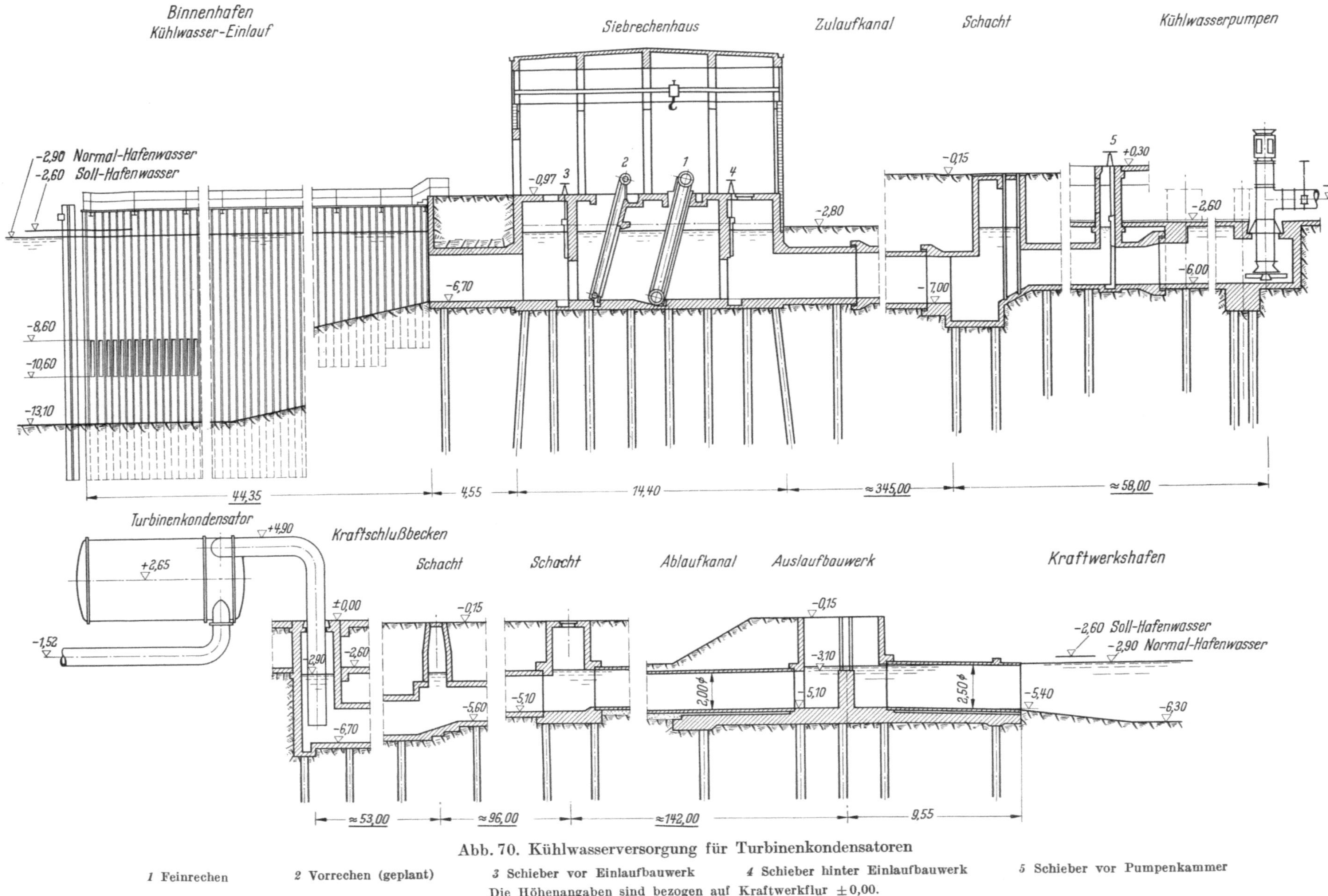

Abb. 70. Kühlwasserversorgung für Turbinenkondensatoren

1 Feinrechen *2* Vorrechen (geplant) *3* Schieber vor Einlaufbauwerk *4* Schieber hinter Einlaufbauwerk *5* Schieber vor Pumpenkammer

Die Höhenangaben sind bezogen auf Kraftwerkflur ±0,00.

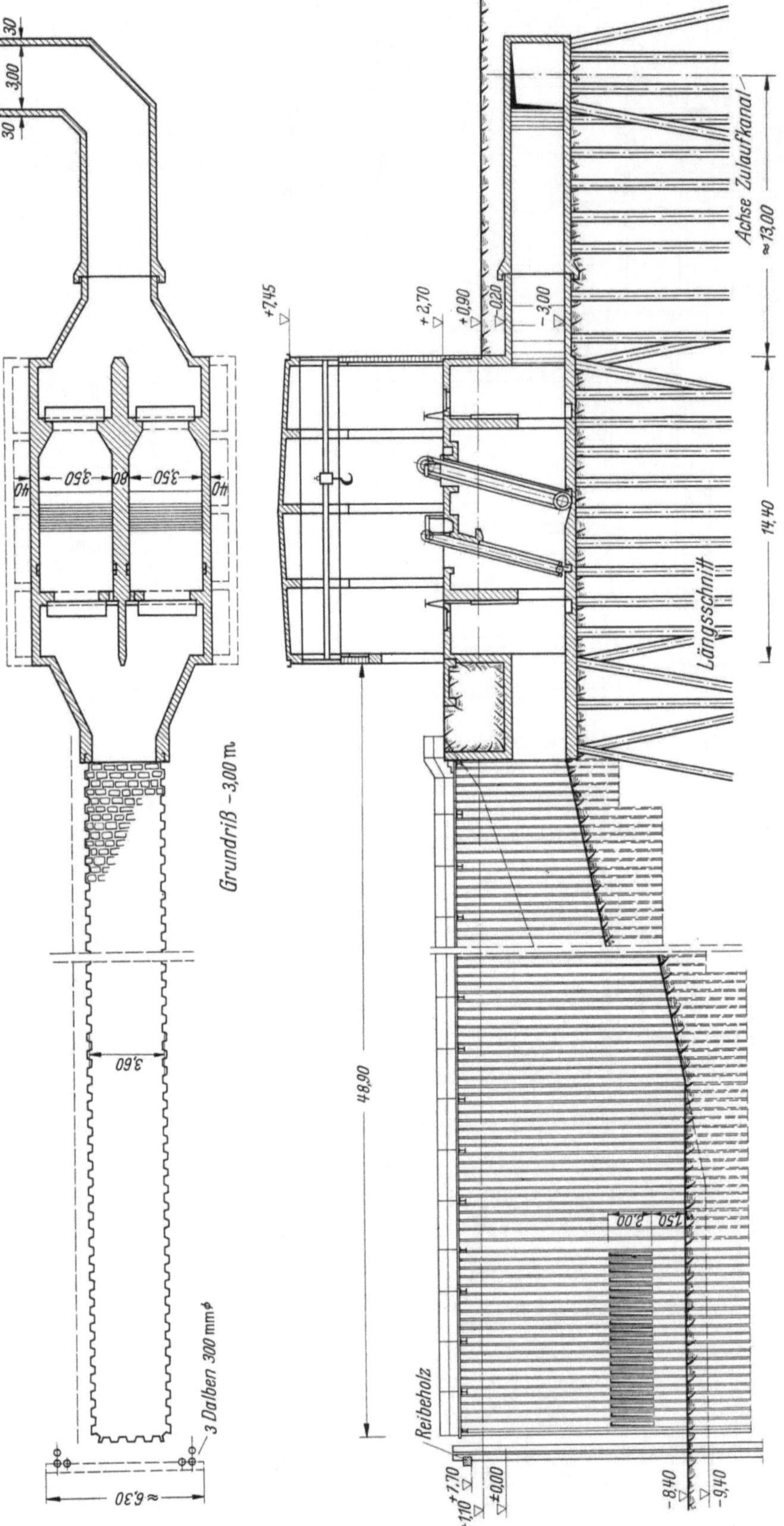

Abb. 71. Einlaufbauwerk Grundriß und Längsschnitt. Die Höhenangaben sind bezogen auf NN-Hafen; NN +3,7 ist ±0,0 des Kraftwerkes

Die beiden Kühlwasserpumpen in Block 1, jede für 6500 m³/h Fördermenge bei 6 m WS Förderhöhe, sind Vertikalpumpen, deren Propeller etwa 1,5 m Wasserüberdeckung haben. Bei Schwachlastbetrieb des Kraftwerkes mit Hilfskessel soll nur eine Kühlwasserpumpe laufen. Normalerweise sind beide Pumpen für alle Turbinenlasten von etwa 25 MW (Kleinstlast des Hauptkessels) bis zu 70 MW Turbinenleistung in Betrieb. Der bei voller Kühlwassermenge mit niedrigem Abdampfdruck, d. h. vergrößertem Wärmegefälle bei Teillasten erzielte Leistungsgewinn übersteigt die zusätzlich erforderliche Pumpenantriebsleistung, so daß es wirtschaftlich und zur Eindämmung von Kondensatorrohrkorrosion auch zweckmäßig ist, mit voller Wassermenge zu fahren, die Grenze ist durch Auslaßverlust und Endnässe in der letzten Turbinenstufe gegeben.

Die Laufschaufeln der Kühlwasserpumpen sind während des Betriebes verstellbar. Diese Verstellbarkeit ergibt neben der Anpassungsfähigkeit an veränderte Betriebsverhältnisse den Vorteil, daß beim Einschalten der Pumpen zur Herstellung des Kraftanschlusses (der Rohrleitungs-Scheitelpunkt liegt und auf +4,9 m) mit höheren Förderdruck (ca. 9 m WS) und verringerter Fördermenge gefahren werden kann, ohne daß der Antriebsmotor eine größere als die übliche Leistungsreserve von 8—10 v. H. benötigt. Weiterhin ist die Schaufelverstellung auch bei intaktem Kraftschluß vorteilhaft, da der Motor mit flach gestellten Schaufeln praktisch im Leerlauf hochfahren kann und erst mit vergrößertem Anstellwinkel der Schaufeln allmählich die volle Wirkleistung übernimmt. Die Verstellung der Schaufeln geschieht am Turbinenpult in der Wärmewarte durch Fernsteuerung eines Verstellmotors. Der eingestellte Schaufelwinkel der Propeller wird durch Instrumente auf dem Turbinenpult angezeigt.

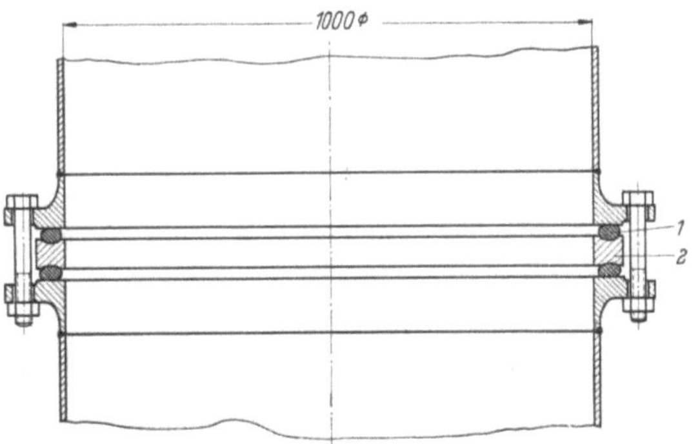

Abb. 72. Elastische Flanschverbindung NW 1000 ND 10 in der Kühlwasserleitung für Turbinenkondensator

1 Rundgummi 35 mm ⌀; *2* korrosionsbeständiges Gußeisen

Zur Unterstützung bei der Herstellung des Kraftschlusses und zur Entlüftung der Kühlwasserleitung im Normalbetrieb sind 2 Luftpumpen (Wasserringpumpen) vorhanden, die automatisch in Abhängigkeit vom fallenden Unterdruck am höchsten Punkt in der Kühlwasserablaufleitung ein- und ausgeschaltet werden. Das hierzu erforderliche Vakuum-Schaltgefäß (Abb. 73) liegt im Kesselhaus auf Höhe +13,6 m.

Wie bereits im Abschnitt b 2) über den Turbosatz (S. 833) erwähnt, besteht der Kondensator aus zwei Hälften, die normalerweise unabhängig voneinander durch je eine Kühlwasserpumpe mit Wasser beaufschlagt werden. Die beiden Kühlwasserleitungen haben auf der Einlauf- und auf der Auslaufseite des Kondensators einen lichten Durchmesser von 1000 mm, womit bei voller Wassermenge eine mittlere Geschwindigkeit von etwa 2,3 m/sec im Rohr herrscht. Die Leitungen sind feuerverzinkt, sie bestehen aus Einzelstücken, die durch Flanschen miteinander verbunden sind. Die Schlußanpaßstücke wurden bei der Montage auf der Baustelle fertig geschweißt und dann zum Verzinken gegeben. Zum Ausgleich der Wärmedehnungen sind mehrere elastische Flanschverbindungen vorgesehen. Eine solche Flanschverbindung zeigt Abb. 72.

Die Feuerverzinkung der Kühlwasserleitung ist wegen der Aggressivität des Hafenwassers unbedingt nötig. Sämtliche im Kraftwerk vorhandenen hafenwasserführenden Rohrleitungen sind feuerverzinkt, u. a. die Leitungen für Hilfskühlwasser, Strahlwasser der Luftpumpen und Feuerlöschwasser.

Bei der Erweiterung des Kraftwerkes über den zweiten Turbosatz hinaus soll das ablaufende Kühlwasser durch einen offenen Kanal zum Industriehafenbecken geführt werden (s. Lageplan Abb. 5).

Die Rohrschaltung der Hauptkühlwasserleitung ist aus Abb. 73 ersichtlich.

Am Austrittsstutzen jeder Kühlwasserpumpe liegt eine Dehnungsstopfbüchse, womit der Ausbau der Kühlwasserpumpen oder der hinter den Kühlwasserpumpen befindlichen

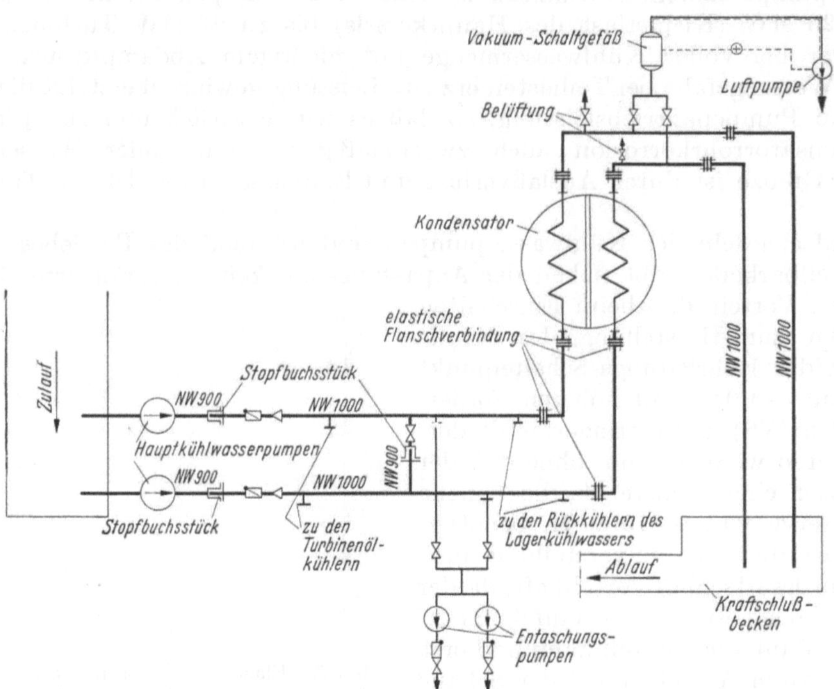

Abb. 73. Rohrschaltplan Hauptkühlwasser

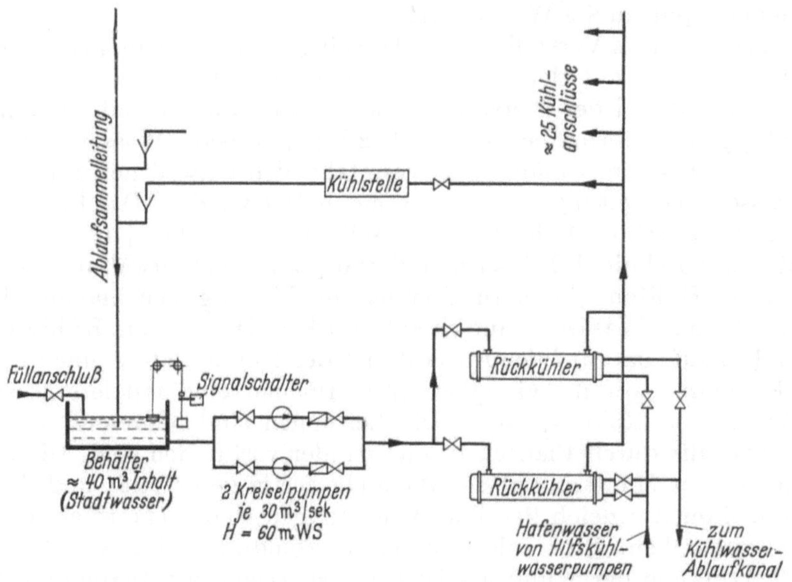

Abb. 74. Rohrschaltplan Lagerkühlwasser

Armaturen erleichtert wird, da sich die starren Kühlwasserleitungen zur Erzielung von Montagespiel nur schwer bewegen lassen.

Die Kühlwasserdruckleitungen haben Anschlüsse zu den Turbinenölkühlern und zu den Pumpen für die hydraulische Entaschungsanlage.

Mittels des vor dem Ansaugbecken der Hauptkühlwasser- und Strahlwasserpumpe liegenden Flachschiebers kann das Zulaufbecken der Kühlwasserpumpen vom Kühlwasserkanal getrennt und dann (z. B. bei Pumpenüberholungen) entleert werden.

Die Hilfskühlwasserleitungen des Kraftwerkes sind in 2 Systeme aufgeteilt, und zwar:

ein System (Abb. 74) zur Versorgung empfindlicher Lager- und Kühlstellen mit Stadtwasser,
ein weiteres System (Abb. 75) zur Versorgung nicht empfindlicher, aber großer Wassermengen verbrauchender Kühlstellen mit Hafenwasser.

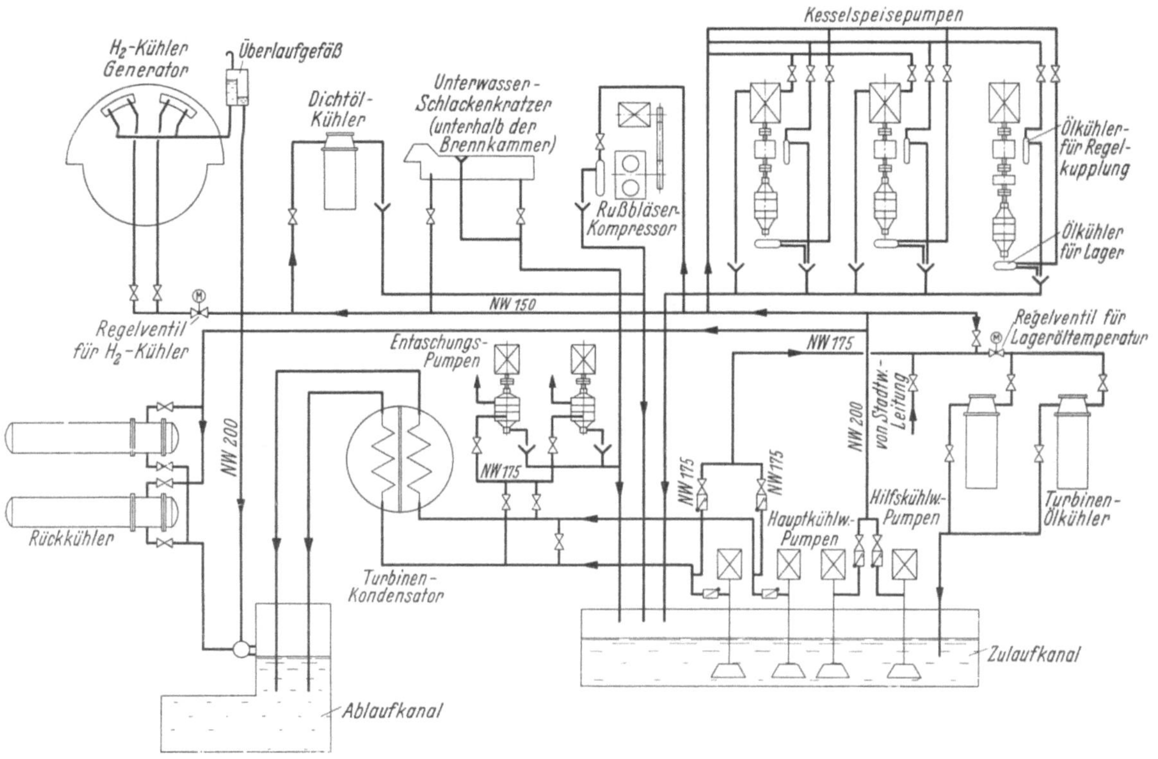

Abb. 75. Rohrschaltplan Hilfskühlwasser (Hafenwasser)

Zu den Stellen für die Versorgung mit Stadtwasser gehören:

1. die Lager für die Kesselhilfsmaschinen, wie z. B. Steinkohlenmühlen, Torfmühlen und Saugzuggebläse,
2. die gekühlten Stopfbüchsenkammern für Kesselspeisepumpen und andere Heißwasserpumpen,
3. die Lagerkühlstellen des Rußbläserkompressors,
4. die Wasserringpumpen für die Evakuierung,
5. die wassergeschmierten Lager der Hauptkühlwasser- und Strahlwasserpumpen.

Da in den unter Punkt 5 genannten Lagerstellen das Kühlwasser verlorengeht, sollen diese Kühlstellen auf die Versorgung mit Hafenwasser umgestellt werden, das durch umschaltbare kleine Feinfilter gereinigt wird.

Das Stadtwasser wird aus einem Behälter durch Kreiselpumpen über einen Rückkühler den Kühlstellen zugedrückt und fließt von den Kühlstellen zum Behälter zurück. Ein zweiter Kühler steht in Reserve. Die Rückkühler sind Oberflächenkühler, die auf der Mantelseite durch das umgewälzte Stadtwasser, auf der inneren Kühlrohrseite (leichte

Reinigung) durch Hafenwasser beaufschlagt werden. Das umlaufende Stadtwasser wird auf eine Temperatur gekühlt, die nicht mehr als 5° C über der höchsten Hafenwassertemperatur liegt.

Die Rückkühler haben gerade, in Messingböden eingewalzte Kühlrohre, die leicht gereinigt werden können.

Jeder Kühler ist für eine Austauschleistung von 3×10^5 kcal/h bei 30 m³/h Stadtwasser ausgelegt.

Die Rückkühler wurden beschafft, um die hohen Kosten für Stadtwasser zu sparen und das hochwertige Wasser nicht zu verschwenden, das andernfalls größtenteils zum Hafen abgeleitet werden müßte.

Das *Hilfskühlwassersystem* für Hafenwasser wird durch eine senkrecht stehende Schraubenpumpe mit etwa 300 m³/h Fördermenge versorgt. Eine zweite Pumpe steht in Reserve. Das System steht unter einem Druck von etwa 20 m WS und bedient folgende Kühlstellen:

1. die Wasserstoffkreislaufkühler des Generators. Diese Kühler liegen etwa 12,5 m über ±0,0 und können durch die Hauptkühlwasserpumpe wegen deren geringer Förderhöhe nicht versorgt werden,
2. die Zwischenkühler der Rußbläserkompressoren,
3. die Ölkühler der Kesselspeisepumpen und der zugehörigen hydraulischen Regelkupplungen,
4. den Turbinenölkühler im Notfall, wenn der Kondensator mit nur einer Kühlwasserpumpe betrieben wird. In diesem Falle ist der Kondensatorwiderstand so gering, daß der dem Kondensator parallelgeschaltete Turbinenölkühler nicht mehr genügend Kühlwasser bekommen würde.

Wegen der Aggressivität des Hafenwassers mußten die Leitungen mit Flanschen verlegt und sorgfältig verzinkt werden, wobei für die Schlußstücke wie bei den großen Kühlwasserleitungen verfahren wurde.

f) Messung, Steuerung, Regelung

Die Kesselregelung und die wärmetechnische Überwachung jedes Blockes sind an 2 Stellen örtlich zusammengefaßt:

1. in der Wärmewarte auf dem Hauptbedienungsflur +10,0 m, hier liegt der Schwerpunkt der Regelung und Überwachung,
2. in der Pumpentafel in der Nähe der Speisepumpen auf Flur ±0,0, für Speisepumpen und Vorwärmeranlage.

Die Wärmewarten für Block 1 und 2 sind etwa gleichartig aufgebaut. Die Lage der Wärmewarten ist aus dem Grundriß +10,0 m, Abb. 19, zu ersehen. Sie liegen im Eigenbedarfs-Gebäudetrakt, anschließend an das Maschinenhaus mit einer Seitenwand zum Kesselhaus. Durch die Lage der Wärmewarten ist ihre Breite zwischen 2 Gebäudestützen mit etwa 7 m gegeben. Die Tiefe für die dahinter anschließenden Hilfstafelräume ist beliebig und durch die Abstimmung zwischen dem Platzbedarf für die Schaltanlage einerseits und für die Wärmewarte andererseits bedingt. Der eigentliche Bedienungsraum der Warten hat eine Grundfläche von etwa $8{,}5 \times 4$ m, der Hilfstafelraum hat eine Grundfläche von 36 m².

Unterhalb der Wärmewarte liegt ein Kabelboden, hinter der Wärmewarte liegt der Hilfstafelraum mit den Gerüsten für die Relais, Regler, Widerstände, Hilfstrafos für Meßstromversorgung usw.

Zur Erleichterung der Verdrahtung von Pult und Standtafel befindet sich im Kabelboden ein sogenannter „Rangierverteiler", mit dem der Vorteil erreicht wird, daß die Kabelklemmen nicht in dem engen Pult und in Tafeln liegen müssen, sondern frei zugänglich angeordnet werden können. Schaltungsänderungen sind damit leichter durchführbar, außerdem kann die Montage beschleunigt werden, da an einem Rangierverteiler mehr Leute als in dem engen Pult und in engen Tafeln gleichzeitig arbeiten können.

Die Verbindung zwischen Maschinenhaus und Wärmewarte wurde zunächst offengelassen. Während der Montagezeit war somit ein freier Durchgang vorhanden. Man wollte außerdem abwarten, ob eine Trennung der Warte vom Maschinenhaus zur Abdämmung der Geräusche erforderlich sein werde. Es hat sich herausgestellt, daß die

Abb. 76. Wärmewarte Block 1, im Hintergrund Fenster zum Kesselhaus

Geräusche vom Maschinenhaus so stark sind, daß der Einbau einer Trennwand zweckmäßig ist. Die Trennwand ist als Glaswand im Metallrahmen hergestellt. Als Glas wird graugrünes sogenanntes „Rauchglas“ verwendet, um die Spiegelung in den Instrumentenscheiben der Standtafeln von der glasverkleideten Maschinenhausaußenwand her einzudämmen. Vollkommen ist die Vermeidung der Spiegelung damit noch nicht gelungen. Eine nahezu vollständige Unterdrückung der Spiegelung wird durch leichtes Mattieren der Instrumentenscheiben mittels Ätzung erreicht.

Den Abschluß der Wärmewarte bildet eine 2,5 m hohe Standtafel, in 0,8 m Abstand davor steht das Bedienungspult. Das Pult ist etwa 1 m breit und 5,3 m lang.

Die Felder für Block 1 sind in der Reihenfolge von links nach rechts wie folgt angeordnet:

Hilfskessel — Hauptkessel — Anfahrfeld — Turbine.

Standtafel und Pult stehen auf Schwingungsdämpfern, sie enthalten sämtliche Mengen-, Druck-, Temperatur- und sonstigen Anzeiger, Steuertaster und Steuerschalter, die für den Anfahrvorgang und zur laufenden Betriebsführung erforderlich sind.

In der obersten Reihe enthält die Standtafel Großinstrumente für folgende Meßwerte:

1. Frischdampftemperatur,
2. Frischdampfdruck,
3. Frischdampfmenge,
4. Generatorleistung,
5. Druck im Mitteldrucknetz,
6. Mitteldruckdampfmenge (vor Zwischenüberhitzer),
7. Temperatur hinter Zwischenüberhitzer.

Der Abstand vom Reglerkopf (d. h. den Hauptabsperrventilen) der Turbine bis zum Wartenpult bei beiden Blöcken ist etwa 16 m. Eine Verständigung zwischen dem Maschinenwärter und dem Bedienungsmann am Pult während des Anfahrens ist damit durch Zeichengebung möglich.

Die Standtafel enthält außer Anzeigern und Schreibern die Lichtsignalfelder für Meldung außergewöhnlicher Verhältnisse oder Gefahren in der Kessel-, Vorwärmer- und Turbinenanlage.

Die Standtafel enthält Profilinstrumente mit 96×196 mm Außenabmessung und 130 mm Skalenlänge. Im Pult liegen Kleininstrumente mit 70 mm Skalenlänge bzw. quadratische Instrumente mit etwa 50 mm langer Kreisbogenskala.

Einen Blick in die Wärmewarte gibt Abb. 76.

Im Pult liegen die Steuertaster für Handeingriff in die Kesselregler und die Steuerschalter für die Betätigung aller Ventile, Klappen und der zum Anfahren erforderlichen Armaturen. Ferner enthält das Pult die Betätigungsschalter für sämtliche Kesseleigenbedarfsmotoren, für die Kühlwasserpumpen und die Kesselspeisepumpen. Auf dem Turbinenfeld befindet sich ein Notdruckknopf (plombiert) für die Auslösung des Turbinenschnellschlusses. Ferner liegen auf dem Pult die Telephone.

Erwähnenswert sind folgende Instrumente für Anzeige und Registrierung der Temperaturdifferenz:

1. des Frischdampfes gegen das Hochdruckturbinengehäuse sowie
2. des Mitteldruckdampfes gegen das Mitteldruckturbinengehäuse.

Registriert werden außerdem das Vakuum im Kondensator, die Speisewassermenge und die Leitfähigkeit (Salzgehalt), letztere an mehreren Stellen. Ein Sechsfarbenschreiber mit 120 sec Punktfolge für jeden Meßwert registriert einige wichtige Betriebsdaten des Kessels. Schreiber sind sparsam angewandt worden.

In der Seitenwand zwischen Wärmewarte und Kesselhaus ist ein kleines Fenster (Abb. 76) angebracht, um die Verständigung zwischen Wärmewarte und der Zündbedienungsmannschaft durch Zeichengabe zu ermöglichen. Die Wärmewarte erhält nach dem Einbau der maschinenhausseitigen Glaswand eine Klimaanlage.

Pumpentafel. Das zweite Überwachungszentrum, die Speisepumpentafel (Abb. 77), ist einfach gehalten. Auf der Pumpentafel liegen die Schalter und Strommesser für die Speisepumpenmotoren und deren Hilfseinrichtungen, die Signale zur Überwachung der Pumpenanlage und der Vorwärmeranlage sowie des Speisewasserbehälters und Entgasers. Die Drehzahl der Speisepumpen wird durch einen Geberdynamo auf je ein örtlich an der Pumpentafel und je ein in der Wärmewarte ablesbares Instrument übertragen.

Lastregelung. Alle bei der Kesselregelung verwendeten Regler sind elektrisch. Die Meßwerte und Impulse werden in elektrische Meß- und Regelgrößen umgeformt. Das Regelschema (Grundschaltplan der Kesselregelung) ist in Abb. 78 dargestellt.

Der Kessel kann durch 2 Methoden gesteuert werden, und zwar

1. vom Druck in der Frischdampfleitung durch ein Kolbenmanometer (selbsttätige Kesselregelung),
2. durch Handsteuerung vom Kesselpult.

Im Lastgeber (s. Abb. 78) sind die Fernsender der Sollwertkommandos für die 3 Medien Speisewasser, Brennstoff und Luft untergebracht. Jeder Stellung des Lastgebers entspricht eine bestimmte Kesselleistung.

Der Lastregler regelt stetig. Der Lastgeber kann durch einen Umschalter wahlweise auf die Automatik oder auf Handbetrieb gelegt werden.

Das Zeitverhalten der Regler wird durch die Rückführungen bestimmt, wobei je nach den Erfordernissen entweder die Vorhaltwirkung oder der integrierende Anteil

Abb. 77. Schalt- und Überwachungsschrank für 3 Kesselspeisepumpen. Unmittelbar daneben die Ventilkombination für die Sprinkleranlage eines Umspanners. (Die drei schwarzen Gehäuse enthalten die elektrischen Mindestmengenregler)

bevorzugt herangezogen wird. Kohle- und Luftmenge ändern sich bei Laständerungen zwar sofort, doch wirken sich die Änderungen infolge der Trägheit der Feuerung verzögert aus.

Speisewassermenge. Die Speisewassermenge wird durch Drehzahlregelung der Speisepumpe (Schöpfrohrverstellung der hydraulischen Schlupfkupplung am Pumpenaggregat) automatisch geregelt. Die Wasserverteilung auf beide Systeme des Kessels ist durch Regelventile veränderbar, was bei ungleicher Wärmeaufnahme in den Systemen erforderlich werden kann. Normalerweise sind beide Systeme mit gleichen Wassermengen beaufschlagt und mindestens ein Regelventil voll geöffnet.

Im Beharrungszustand werden Schwankungen in der Wassermenge ohne Verzögerung ausgeregelt. Bei Laständerungen folgt das Wasser der Feuerung (Kohle/Luft) mit Verzögerung. Dies wird durch einen Verzögerungsregler erreicht, der seinen Impuls vom Lastgeber erhält und diesen nach einem einstellbaren zeitlichen Verhalten an den eigentlichen Wassermengenregler weitergibt. Die Rückmeldung geschieht durch die gemessene Wassermenge (Durchflußmesser mit Fernsender).

Brennstoff. Die Brennstoffmenge (Kohle bzw. Torf) wird durch einen stetigen Regler beeinflußt, der die Drehzahl der Antriebsmotoren für die Brennstoffzuteiler („Redler")

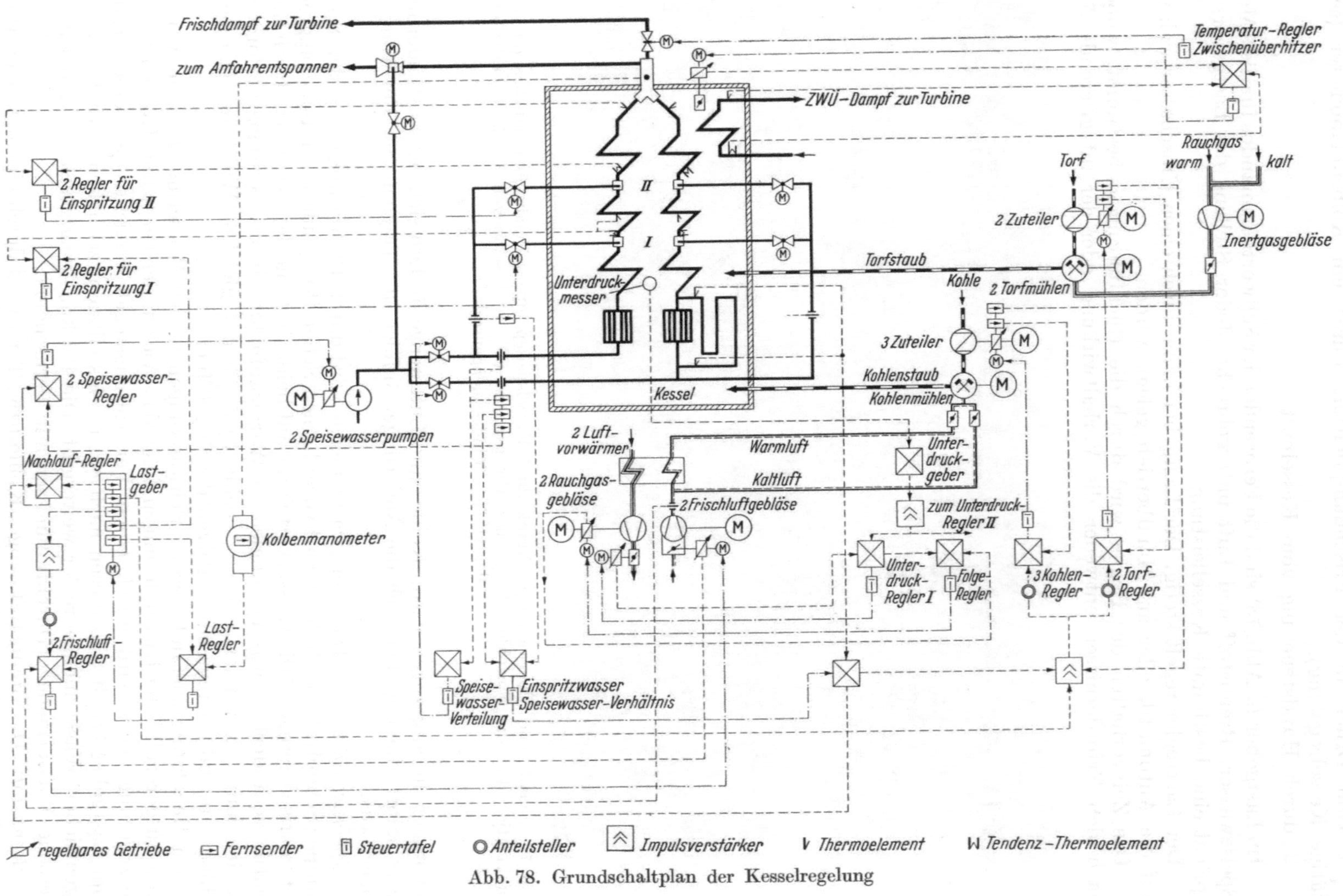

Abb. 78. Grundschaltplan der Kesselregelung

verstellt. Das Kommando hierzu gibt der Fernsender des Lastgebers, für die Rückmeldung wird die Drehzahl der Zuteilerantriebsmotoren benutzt.

Es sind im Block 1 insgesamt 5 Brennstoffzuteiler (3 für Steinkohle und 2 für Torf) vorhanden. Jeder dieser Zuteiler besitzt einen von Hand verstellbaren „Anteilsteller". Dieser Anteilsteller ermöglicht:

a) die gesamte Brennstoffmenge entweder gleichmäßig oder unterschiedlich verteilt den Mühlen zuzuführen,

b) den Ausgleich von Unterschieden in den Heizwerten der Kohle bzw. des Torfes.

Jeder Zuteiler kann einzeln von der Regelung abgeschaltet und dann von Hand gesteuert werden. Zur selbsttätigen Korrektur schwankender Heizwerte dient ein Ausgleichsregler, der auf das Brennstoff-Lastverhältnis einwirkt und seine Impulse erhält:

a) von der Nebenheizflächen-Temperaturdifferenz,

b) vom Verhältnis Speisewasser zu Einspritzwasser.

In Block 2 sind 3 Steinkohlenzuteiler zu regeln. Torf kann in Block 2 nicht verfeuert werden.

Verbrennungsluft. Der Sollwert für die Verbrennungsluftmenge kommt vom Lastgeber, die Rückführung von der Stellung der Drallreglerklappen, die den Luftstrom an der Saugseite der Frischluftgebläse vermindern oder erhöhen, wobei die erhöhte Luftgeschwindigkeit, die durch die Querschnittsverengung entsteht, für die Luftförderung zum Teil ausgenutzt wird.

Das Verbrennungsluft-Lastverhältnis kann von Hand den Erfordernissen entsprechend (Einhaltung kleineren oder größeren Luftüberschusses) geändert werden.

Frischdampftemperatur. Die Regelung der Frischdampftemperatur geschieht zunächst durch Änderung der Einspritzwassermenge in den Überhitzer. Je System sind 2 Einspritzstellen vorhanden, die getrennt durch stetige Regler bedient werden, wobei die Regler ihre Impulse von folgenden Stellen erhalten:

1. vom Sollwertgeber,
2. vom Regelthermoelement am Frischdampfaustritt,
3. vom Tendenzelement innerhalb des Hochdrucküberhitzers (mit Verzögerung) hinter der Einspritzstelle,
4. Störwerte von den Kohlezuteilern, die auf den Sollwertgeber geschaltet sind.

Die Rückführung gibt der Stellantrieb des Einspritzwasser-Regelventils. Das Ventil wird nach erfolgtem Eingriff stets in eine Stellung zurückgebracht, die der ständigen Einspritzwassermenge (etwa 5% der Dampfleistung) entspricht, und zwar dadurch, daß das (abweichende) Verhältnis Speisewasser zu Einspritzwasser auf die Kohleregelung als Korrektur geschaltet ist.

Dampftemperatur hinter Zwischenüberhitzer. Der Regler erhält seine Impulse von einem Tendenzelement an der Eintrittsseite und einem Korrekturelement an der Austrittsseite des Zwischenüberhitzers. Der stetig arbeitende Regler verstellt die Rauchgasklappen am Ende des Rauchgasweges, der die Rohrpakete des Vorwärmers (Ekos) enthält. Je nach der Austrittstemperatur des Zwischenüberhitzers werden diese Rauchgasklappen mehr oder weniger geöffnet bzw. geschlossen. Die Rauchgasklappen hinter den Zwischenüberhitzern werden einmalig eingestellt. Sie können in Grenzfällen ebenfalls durch den Temperaturregler in Folgeschaltung betätigt werden.

Feuerraumdruck. Der Unterdruck im Feuerraum ist nicht in die allgemeine Kesselregelung einbezogen. Er wird durch mehr oder weniger große Förderleistung der Saugzuggebläse auf etwa 5 mm WS lastunabhängig konstant gehalten. Die Antriebe der Saugzuggebläse bekommen ihren Impuls von einer Anschlußstelle im oberen Drittel des Feuerraumes. Der stetige Regler verstellt zunächst eine Klappe in der Rauchgasleitung vor dem Saugzuggebläse. Hiermit wird die Anpassung an die neue Kessellast ohne wesentliche Verzögerung hergestellt. Anschließend wird die Drehzahl durch Verstellung des Schöpfrohres in der Flüssigkeitskupplung selbsttätig dem neuen Belastungszustand angepaßt und die Rauchgasklappe in die Ausgangsstellung zurückgeführt.

Korrekturregler. Um die Abweichungen vom Sollwert der Frischdampftemperatur klein zu halten, ist ein Korrekturregler vorgesehen, der von der ,,Nebenheizfläche" beeinflußt wird. Dieser Korrekturregler verändert das Kohle-Wasser-Verhältnis in Abhängigkeit von der Temperaturtendenz der Nebenheizfläche. Die Nebenheizfläche ist ein von den Rauchgasen beheiztes dünnes Rohr mit kurzer Durchlaufzeit für eine kleine, der Kessellast proportionale Wassermenge. Die Temperaturdifferenz zwischen Ein- und Austritt der Nebenheizfläche zeigt an, ob das Brennstoff-Wasser-Verhältnis bei gegebener Kessellast richtig ist. Dieser Temperaturimpuls wird auch auf den Brennstoff-Last-Verhältnissteller des Kohlereglers geschaltet.

Eine die Brennstoffmenge ändernde Korrektur wird vom Mengenverhältnis Einspritzwasser zu Speisewasser entnommen und auf den Kohleregler gegeben, so daß bei jeder Kessellast die Regelmöglichkeit der Heißdampftemperatur nach oben und unten durch vorübergehende Verminderung bzw. Vergrößerung der Einspritzwassermenge gegeben ist.

Mühlentemperatur, Mühlenluftmenge. Die Sichtertemperatur (Austrittstemperatur des Fördergases) der Steinkohlen- bzw. Torfmühlen wird durch Änderung der zugeführten kalten Tragluft- bzw. ,,kalten" Rauchgasmengen auf dem für die Trocknung erforderlichen Wert (etwa 110 °C) gehalten. Die Mühlenluftmenge bzw. Rauchgas-Luftmenge (als Traggas für den Brennstaub) wird durch Regler konstant gehalten. Die Regler für Sichtertemperatur und Tragluftmenge sind im Regelschema Abb. 78 nicht dargestellt, um die Übersichtlichkeit zu verbessern.

Die verwendeten stetigen Regler sind sogenannte ,,Magnetikregler" mit kontinuierlicher Wirkungsweise. Der eingehende Impuls wird vom Diagonalzweig einer WHEATSTONEschen Brückenschaltung als Gleichstrom entnommen. Die Meßwerte sind als Widerstände (Fernsender) in die Brückenzweige eingeschaltet. Der Gleichstromimpuls ist nach Größe und Richtung entsprechend der Meßwertabweichung vom Sollwert bestimmt. Der Impuls wird im Magnetverstärker verstärkt und als Spannung mit 220 Volt, 50 Hz auf den Induktionsmotor des Stellantriebes übertragen. Die Rückmeldung wird vom Stellantrieb durch einen Fernsender auf den Verstärker zurückgeschaltet und die Verstellung dadurch beendet, bis ein neuer Impuls ankommt.

Die Regelung des Hilfskessels ist im Prinzip ähnlich, sie wird durch den Wegfall des Saugzuggebläses und die Verfeuerung von Heizöl einfacher. Die Regelung des Kessels für Block 2 geschieht in der gleichen Weise, jedoch entfallen bei Block 2 die Torfmühlen.

Die Ölbrenner für das Zünd- bzw. Stützfeuer sind in die Kesselregelung nicht einbezogen.

Zur Zeit der Drucklegung dieser Zeilen wird an der Verbesserung und Vereinfachung der Kesselregelung gearbeitet.

g) Neben- und Hilfsanlagen

1. Bekohlungsanlage und Heizölversorgung

Die Bekohlungsanlage des Kraftwerkes Emden ist umfangreich, weil eine erhebliche Anzahl von Forderungen erfüllt werden müssen, die sich aus den örtlichen Verhältnissen ergeben. Abb. 79 zeigt eine schematische Darstellung der Anlage im Grundriß, Abb. 80 die isometrische Darstellung.

Die Anfuhr der Kohle geschieht praktisch nur mit Seeschiffen oder großen Lastkähnen. Es ist zwar auch ein Bahngleis vorhanden, so daß notfalls Kohlenzüge mittels Greiferdrehkran entladen werden können, doch könnte hiermit nur ein kleiner Teil der bei Seeschiffsanfuhr erreichbaren Kohlenmengen umgeschlagen werden. Die Platzbekohlung ist schon im ersten Ausbau teilweise für Vollausbau bemessen, womit Vorleistungen für die späteren Ausbaustufen im ersten Bauabschnitt gestellt wurden.

Die Bekohlungsanlage hat 2 Haupteingangsstellen, und zwar:

1. den Seeschiffshafen (neuer Binnenhafen mit Kohlenkai),
2. den Kraftwerkshafen.

Am Seeschiffshafen werden in Zusammenarbeit mit der Emdener Hafenumschlagsgesellschaft (EHUG), die ihre Anlagen durch ein Hafenlängsband mit Aufgabewagen und Umlenkturm erweitert hat, bis zu 400 t/h entladen. An den Umlenkturm der EHUG schließt die Bandanlage der NKW an, mit der die Kohle auf den Lagerplatz bzw. ins Kesselhaus gebracht wird, wobei der Förderweg Zollgelände überquert.

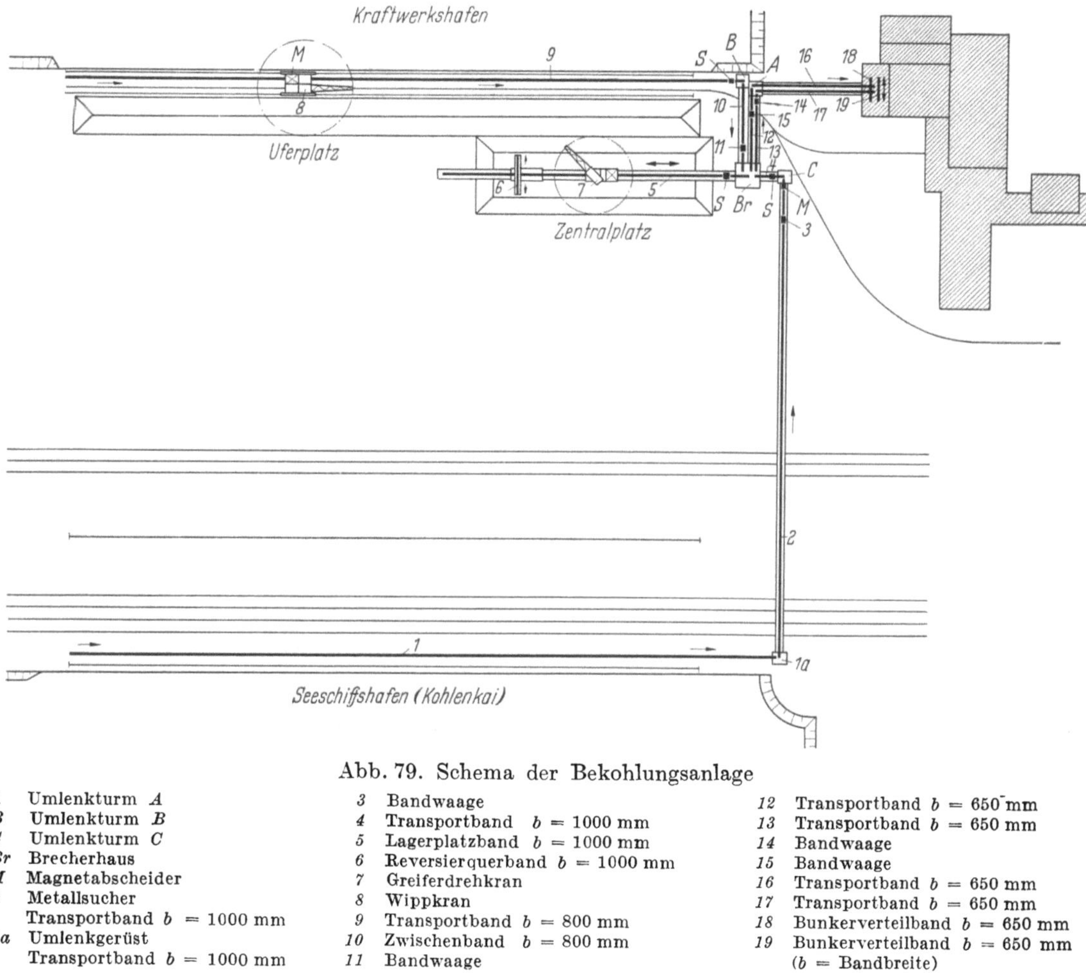

Abb. 79. Schema der Bekohlungsanlage

A	Umlenkturm *A*	*3*	Bandwaage	*12*	Transportband b = 650 mm
B	Umlenkturm *B*	*4*	Transportband b = 1000 mm	*13*	Transportband b = 650 mm
C	Umlenkturm *C*	*5*	Lagerplatzband b = 1000 mm	*14*	Bandwaage
Br	Brecherhaus	*6*	Reversierquerband b = 1000 mm	*15*	Bandwaage
M	Magnetabscheider	*7*	Greiferdrehkran	*16*	Transportband b = 650 mm
S	Metallsucher	*8*	Wippkran	*17*	Transportband b = 650 mm
1	Transportband b = 1000 mm	*9*	Transportband b = 800 mm	*18*	Bunkerverteilband b = 650 mm
1a	Umlenkgerüst	*10*	Zwischenband b = 800 mm	*19*	Bunkerverteilband b = 650 mm
2	Transportband b = 1000 mm	*11*	Bandwaage		(b = Bandbreite)

Der Kraftwerkshafen kann später für Seeschifftiefgang ausgebaggert werden; zur Zeit ist eine Wassertiefe von etwa 3,5 m vorhanden, die für Kohlenkähne ausreicht.

Die Fördereinrichtungen am Kraftwerkshafen sind für 150 t/h Umschlagleistung vorgesehen, doch kann diese Leistung durch Aufstellung eines zweiten Kranes verdoppelt werden. Das Längsband am Kraftwerkshafen reicht aus, um die Umschlagmenge von 2 Kohlenkränen mit zusammen 300 t/h aufzunehmen.

Am Kraftwerkshafen soll außer Steinkohle auch Torf entladen werden. Die Torfsoden werden vor der Aufgabe auf das Band gebrochen. Zu diesem Zweck ist im Drehkran am Kraftwerkshafen ein Torfbrecher eingebaut. Das Brechen der Steinkohle geschieht, soweit nötig, in dem sogenannten „Brecherturm", wobei der Brechvorgang nur bei Förderung in die Kesselhausbunker, aber nicht bei Förderung von den Schiffen auf Lagerplatz durchgeführt wird. Bei der Planung wurde ein Schüttgewicht für Steinkohle von 0,8 t/m³, für Torf von 0,32 t/m³ angenommen.

Die verschiedenen Förderwege zeigt die nachstehende Tabelle.

Tabelle 13. *Förderwege der Bekohlungsanlage*

I

Vom Kraftwerkshafen

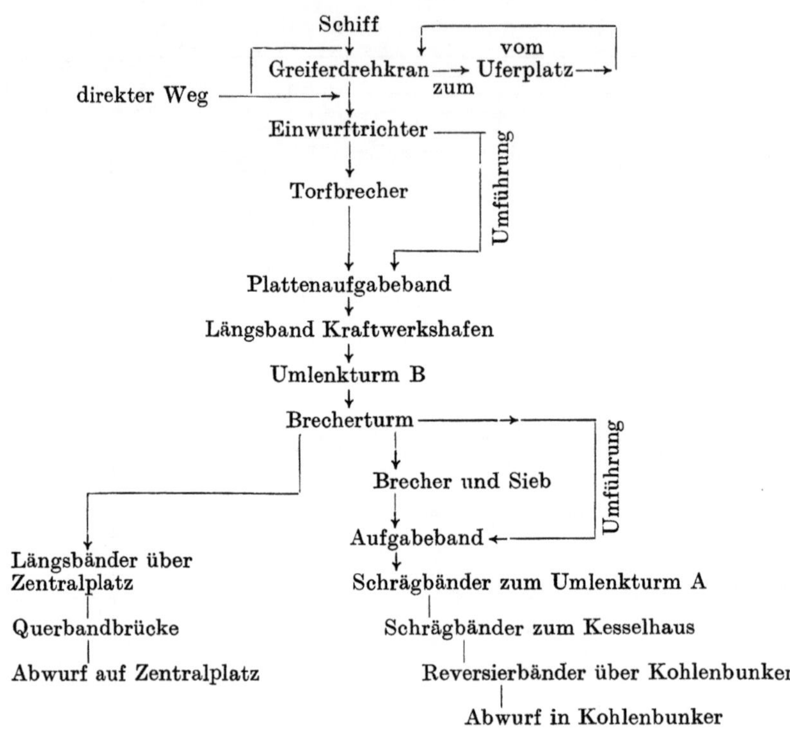

II

Vom Seeschiffhafen

(Greiferdrehkran und Kai-Längsband bis Umlenkgerüst durch Hafenumschlagsgesellschaft)

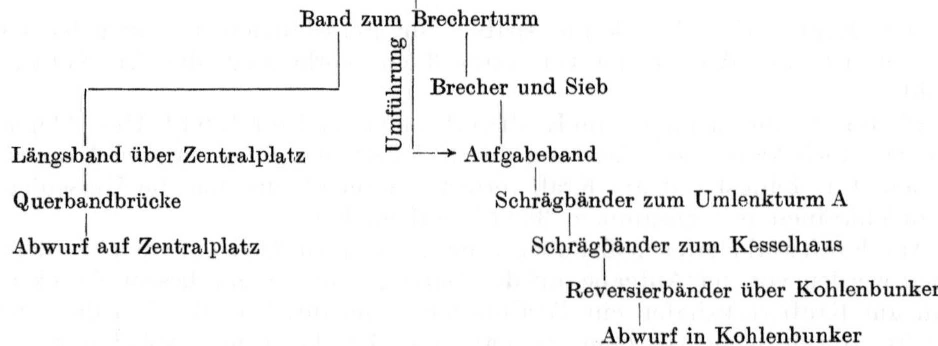

Tabelle 13. (Fortsetzung)

III

Vom Zentralplatz

Schrägbänder zum Umlenkturm A

Schrägbänder zum Kesselhaus

Reversierbänder über Kohlenbunker

Abwurf in Kohlenbunker

Die Bekohlungsanlage besteht aus folgenden Teilen:

1. *Förderband vom Seeschiffshafen (Kohlenkai) zum Kraftwerksgelände* (Abb. 79 u. 80).

Auslegung:

Förderleistung (Steinkohle) ..	400	t/h
Achsabstand	202	m
Bandbreite	1000	mm
Bandgeschwindigkeit	etwa 1,7	m/sec
Motorleistung	28	kW

Der Motor ist durch eine hydraulische Anlaufkupplung mit dem Bandantrieb verbunden, um die Anlaufverhältnisse (festgefrorene Kohlenschicht bzw. Anlauf bei beladenem Band) beherrschen zu können. Die Bandbrücke mit Laufsteg ist offen (nicht abgedeckt), dagegen hat das Förderband eine aufklappbare Abdeckung (Windschutz).

Der Endpunkt des eben geschilderten Seehafenbandes ist der Umlenkturm *C* (siehe Abb. 79 u. 83). Von hier aus kann die Kohle entweder zum Brecherturm *Br*, von dort über ein Schurrensystem innerhalb des Turmes über Brecher mit Vibrationssieb auf die Bändergruppe zum Umlenkturm *A* und zum Kesselhausbunker oder ungebrochen zum Zentrallagerplatz gefördert werden. Beim Weg zum Kesselhaus ist es möglich — soweit Kohle geeigneter Körnung vorhanden ist — den Brecher zu umgehen. Für den Weg zum Lagerplatz wird die Kohle nicht gebrochen.

2. *Das Band vom Umlenkturm C zum Brecherturm* hat dieselbe Förderleistung wie das Seeschiffskaiband, es ist aber wesentlich kürzer:

Achsabstand	22 m
Motorleistung	14 kW (keine Anlaufkupplung)

3. Zur Verteilung der Kohle ist über dem Zentrallager ein etwa 8 m über Terrain auf Betonstützen innerhalb einer Hochbahn liegendes reversierbares *Längsband* mit folgenden Daten vorgesehen:

Förderleistung (Steinkohle) ..	400/150	t/h
Achsabstand (vorläufig)	130	m
Bandbreite	1000	mm
Fördergeschwindigkeit	etwa 1,7	m/sec/0,9 m/sec
Motorleistung	max. 36	kW

Motor polumschaltbar 1 : 2 mit hydraulischer Anlaufkupplung

Eine Verlängerung von Hochbahn und Längsband auf 290 m bis zur Geländegrenze soll bei Vergrößerung der Kraftwerksleistung über 150 WM hinaus durchgeführt werden.

4. Außer dem Lagerplatzlängsband trägt die Hochbahn (Abb. 81) eine *verfahrbare Querbrücke* mit Abwurfwagen und mit seitlichen Auslegern. Der Abwurfwagen bringt die Kohle vom Längsband auf ein verfahrbares, quer zum Längsband liegendes Reversierband. Die Ausladung der Querbrücke von der Längsbandmitte beträgt nach jeder Seite etwa 10 m. Durch das verfahrbare Reversierband mit 10 m Achsabstand kann die Kohle (bis zu 400 t/h) an beliebiger Stelle des Lagerplatzes abgeworfen und bis zu 7,5 m Höhe gestapelt werden.

Trommelmotor für Reversierband .... (1000 mm breit, 1,7 m/sec)	4,5 kW
Fahrantrieb der Querbrücke	2 × 3,6 kW
Fahrmotor für Reversierband in Querbrücke	1,1 kW

5. Außer dem Längsband und der Querbandbrücke trägt die Hochbahn *einen fahrbaren Greifer-Wippdrehkran*, der zur Kohlenabnahme vom Zentralplatz dient. An diesen Drehkran ist ein Aufgabewagen mit Einwurftricher gekuppelt. Die Umschlagleistung des Wippdrehkranes beträgt 150 t/h, die Auslegungsdaten gibt Tabelle 14:

Tabelle 14. *Greifer-Wippdrehkran über Kohlen-Zentralplatz*

Tragkraft (Greifer + Inhalt)	6 t		
Inhalt	3 m³ (~ 2,4 t Steinkohle)		
Größte Ausladung von Drehmitte	16 m		
Kleinste Ausladung von Drehmitte	7 m		
Hub über Kranschienenoberkante	7,5 m		
Hub unter Kranschienenoberkante	7,5 m		
Gesamthubhöhe	15 m		
Spurweite	5,0 m		
		Motor kW	% ED
Hubgeschwindigkeit	60 m/min	80	40
Schließgeschwindigkeit	60 m/min	40	40
Drehgeschwindigkeit	2×360°/min	20	40
Wippgeschwindigkeit	60 m/min	9	25
Portalfahrgeschwindigkeit	30 m/min	7,5	25

Der Kran ist bei starkem Wind mit Schienenzangen von Hand feststellbar. Ein Windmesser zeigt dem Kranführer an, wenn die Windstärke (im allgemeinen Windstärke 7) so hoch wird, daß ein einwandfreier Betrieb nicht mehr möglich ist. Zur Erzielung der Kranumschlagleistung von 150 t/h sind etwa 60 Spiele je Stunde nötig, womit an den Kranführer hohe Anforderungen gestellt werden.

Die insgesamt für den Hochbahnkranbetrieb eingebaute Motorleistung ist etwa 160 kW.

6. Der mit dem Drehkran gekuppelte *Bunkerwagen* hat 22 m³ Inhalt und eine Einwurföffnung von 4 × 5 m. Er besitzt einen Schubaufgeber, der die Kohle aus dem Einwurftrichter gleichmäßig auf das Band aufgibt.

Der Lagerplatz wird durch das Längsband mit Abwurfwagen, Querbrücke und Abwurfquerband beschickt und durch den Wippdrehkran, Einwurfwagen, Schubaufgeber und Längsband geleert.

Vom Lagerplatz läuft die Kohle zunächst zum Brecherhaus, von dort entweder über ein Schurrensystem direkt oder über Brecher und Sieb zu den über Umlenkturm *A* zum Kesselhaus führenden Bandpaaren.

Bevor der Weg zum Kesselhaus weiter verfolgt wird, soll zunächst die zweite Eingangsstelle für die Kohle, der Kraftwerkshafen und dessen Fördereinrichtungen, betrachtet werden. Der Kraftwerkshafenkai hat eine Länge von etwa 280 m. Am Kraftwerkskai liegen die Umschlags- und Fördereinrichtungen sowie der für die Torflagerung vorgesehene Platz. Parallel mit dem Kraftwerkskai verläuft die Fahrbahn für den Uferkran (Torflagerkran) und ein Längsband.

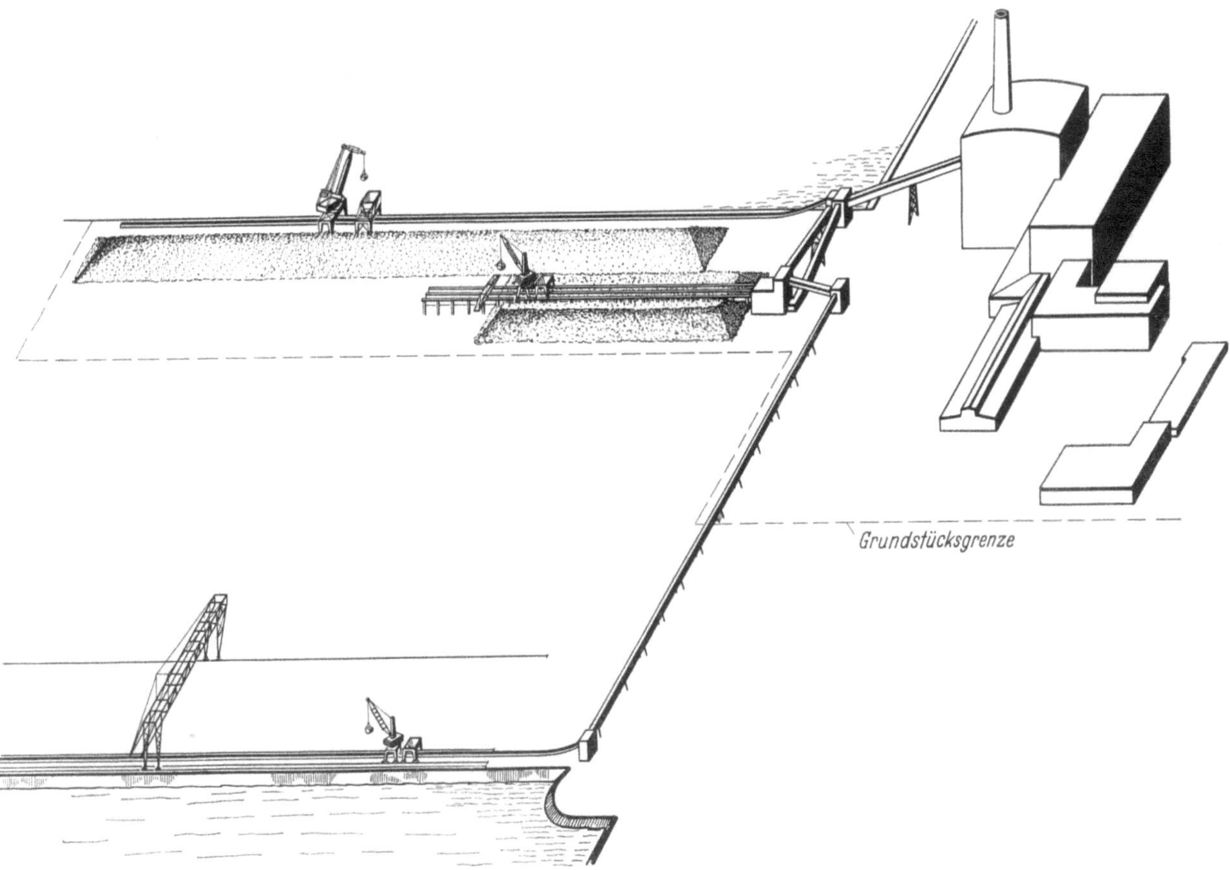

Abb. 80. Bekohlungsanlage, isometrische Darstellung

7. *Das Längsband am Kraftwerkshafen* liegt offen mit seitlichen Windschutzwänden, es hat folgende Auslegungsdaten:

Förderleistung (Steinkohle)	150/300 t/h	Bandgeschwindigkeit	1,0/1,9 m/sec
Förderleistung (Torf)	60 t/h	Motorleistung	27 kW
Achsabstand	276 m	(Motor polumschaltbar mit hydraulischer Anlaufkupplung)	
Bandbreite	800 mm		

8. Das Hafenlängsband läuft innerhalb der Schienen eines verfahrbaren *Portal-Wippdrehkranes* (Abb. 82). Dieser Kran ist für Schiffsentladung mittels Greiferbetrieb bestimmt, er hat folgende Auslegungsdaten:

Förderleistung (Steinkohle) max.	150 t/h	größte Ausladung von Kranmitte	20 m
Förderleistung (Torf)	60 t/h	kleinste Ausladung von Kranmitte	7,5 m
Fahrbahnlänge	260 m	Greiferhub: über Schienenoberkante	18 m
installierte Motorleistung ... insgesamt	205 kW	unter Schienenoberkante	14 m
Gewicht für Greifer und Inhalt	6 t	Spurweite des Portals	9 m
Greiferinhalt	3 m³	lichte Portalhöhe	5,2 m

Der Greiferdrehkran läuft auf 8 Rädern, die paarweise in Tragschwingen gelagert sind. Die Arbeitsgeschwindigkeiten des Torflagerkranes sind ähnlich wie die des Drehkranes auf dem Zentrallagerplatz, Hub- und Schließgeschwindigkeit sind beim Hafenkran etwas höher. Die installierte Motorleistung im Hafenkran ist 205 kW (40% ED) ohne Abzugsplattenband und ohne Torfbrecher (s. Absatz 9).

9. Mit dem Hafenkran gekuppelt ist ein Bunkerwagen von etwa 20 m³ Fassungsvermögen und einer Einwurfsöffnung von 4 × 5 m. Der Bunkerwagen enthält ein

Abb. 81. Hochbahn des Kohlenlagerplatzes mit Greiferdrehkran. Bandbrücken und Umlenktürme vor dem Schwerbau Block 1

Abzugsplattenband für 150 t/h Steinkohle bzw. 60 t/h Torf. Das Plattenband hat eine Geschwindigkeit von 0,3 m/sec. Außerdem ist im Bunkerwagen eine magnetische Walze zur Eisenabscheidung, ferner ein Torfbrecher eingebaut. Der Torfbrecher zerkleinert 60 t/h Torfsoden mit Anfangsabmessungen von etwa 250 × 120 × 60 mm. Der Motor für den Torfbrecher hat 40 kW, der Plattenbandmotor 5,5 kW.

Am Ende des Kraftwerkshafen-Längsbandes befindet sich ein Umlenkturm *B*. Von diesem Umlenkturm wird die Kohle dem Lagerplatz oder dem Kesselhaus zugeführt, der Torf wird nur zum Kesselhaus geleitet.

10. Zunächst übernimmt das *Band vom Umlenkturm B zum Brecherturm* die Förderung. Dieses Band ist ausgelegt für:

Förderleistung (Steinkohle)	150/300 t/h	Bandgeschwindigkeit	1,0/1,9 m/sec
Förderleistung (Torf)	60 t/h	Motor polumschaltbar	20 kW
Achsabstand	40 m	(ohne hydraulische Anlaufkupplung) ..	
Bandbreite	800 mm		

Abb. 82. Blick durch das Fahrgerüst des Greifer-Wippdrehkranes am Kraftwerkshafen. Kohlen- und Torfförderband mit Windschutz zum Umlenkturm „*B*“. Bandbrücken und Türme mit Verkleidung aus Wellplatten-Asbestzement. Die dunkel erscheinenden Streifen der Verkleidung bestehen aus durchsichtigen Wellplatten

Die vom Kraftwerkshafen kommende Kohle kann vom Brecherturm zwei Wege nehmen: entweder auf den Zentrallagerplatz oder über den Umlenkturm *A* und die daran anschließenden Schrägbänder zum Kesselhaus. Der zweite Weg wird auch für den Torftransport benutzt. Für diese Zwecke dient als erstes Glied die Bandbrücke vom *Brecherturm zum Umlenkturm A*.

In dieser Bandbrücke kann die Kohle auf 2 Förderbänder aufgegeben werden, die zum Umlenkturm *A* führen. Die beiden Bänder werden wahlweise von folgenden Stellen beschickt:

a) vom Kraftwerkshafen,
b) vom Zentrallagerplatz,
c) vom Seeschiffhafen.

Die Bandbrücke zum Umlenkturm *A* enthält

2 Bänder, Förderleistung für Steinkohle	je 150 t/h
wahlweise Förderleistung für Torf	je 60 t/h
Achsabstand	40 m
Bandbreite	650 mm
Bandgeschwindigkeit	1,7 m/sec
Motorleistung	2× je 11 kW

Im Umlenkturm *A* wird der Brennstoff rechtwinklig auf zwei zum Kesselhaus führende, mit 18° 30′ ansteigende Schrägbänder umgelenkt. Diese Förderbänder unterscheiden sich von den vorhergehenden durch den Achsabstand, der hier 60 bzw. 63 m ist, und die Motorleistung, die je Band 15 kW beträgt. Die mit Wellasbest-Zementplatten verkleideten Bandbrücken zeigt Abb. 83.

Auf der Bühne über den Kesselhausbunkern befinden sich 2 Aufgabesysteme, welche die Kohle von den beiden, vom Umlenkturm *A* kommenden Schrägbändern auf zwei

Abb. 83. Bekohlungsanlage, Bandbrücken, Umlenktürme, in der Mitte der Brecherturm, anschließend die Hochbahn mit Greiferdrehkran und Längsband. Die Kranbrücke im Hintergrund gehört zum Erzumschlagplatz des Emdener Hafens

verfahrbare Reversierbänder übergeben. Dabei kann von jedem der beiden ankommenden Schrägbänder die Kohle (bzw. der Torf) wahlweise auf jedes der beiden Reversierbänder gegeben werden. Breite und Leistungsfähigkeit (je 150 t/h Kohle) der Reversierbänder über den Bunkern sind die gleichen wie in der ansteigenden Schrägbrücke von *A* zum Kesselhaus, jedoch ist der Achsabstand der Reversierbänder nur 9 m. Die beiden Trommelmotoren haben je 1,5 kW, die Fahrmotoren je 1,1 kW.

Durch die über Kopf abwerfenden reversierbaren Bänder auf der Bunkerbühne (+23,0 m) werden die Kesselhausbunker gefüllt. In Block 1 liegen die Torfbunker an den Außenseiten des Bunkergebäudes, die Steinkohlenbunker in der Mitte. Diese Lage der Bunker ist bedingt durch die Anordnung der Steinkohlen- und Torfmühlen. Das Fassungsvermögen der Kesselhausbunker ist auf S. 808 angegeben.

Für die Bunkerbekohlung des Blockes 2 geben die vorgenannten Reversierbänder die Kohle auf 2 Längsbänder mit 36 m Achsabstand, die von 7 kW-Trommelmotoren getrieben werden. Diese Verbindungslängsbänder sind in einer Brücke[1] untergebracht, welche die Bunkerbauten von Block 1 und 2 miteinander verbindet. Die Längsbänder geben die

[1] Die Bänder und die Brücke sind in Abb. 79 nicht dargestellt, die Brücke ist in Abb. 15 zu sehen.

Kohle auf 2 Reversierbänder von je 6 m Länge, die wie in Block 1 über den Bunkern verfahrbar sind und die Kohle dorthin abwerfen. Für die nachfolgenden Erweiterungen sind wiederum Bandbrücken zwischen den Bunkerbauten geplant.

Nachstehend sollen an Hand von Abb. 84 die Einrichtungen des Brecherturmes betrachtet werden. Der Brecherturm hat eine Grundfläche von 13×5,3 m und ist etwa 13 m hoch. Äußere Abkleidung und Dach sind aus Wellasbest-Zementplatten. Der Turm enthält ein Schurrensystem für Kohle und Torf mit folgenden Führungsmöglichkeiten:

a) Vom Zentralplatz in die Sieb- und Brecheinrichtung (oder deren Umgehung), dann auf die Bänder zum Umlenkturm *A* und von dort zum Kesselhaus,

b) vom Umlenkturm *B* am Kraftwerkshafen über Umlenkturm *A* zum Kesselhaus, über Sieb- und Brecheinrichtung oder Umgehung,

c) vom Seeschiffshafenband über Sieb- und Brechanlage (oder Umgehung der Sieb- und Brechanlage) zum Kesselhaus,

d) vom Seeschiffshafen zum Zentralplatz (nur ohne Brechung).

Die Vibratorsiebmaschine sortiert bis zu 75 t/h Kleingut aus 150 t/h Steinkohle mit 150 mm Größtkorn aus. Das Profildrahtnetz des Schwingsiebes hat 40 mm Maschenweite, der Antriebsmotor der Siebmaschine 10 kW. Durch die gewählte Maschenweite wird die für die Kohlenmühlen maximal zulässige Korngröße von etwa 35 mm eingehalten.

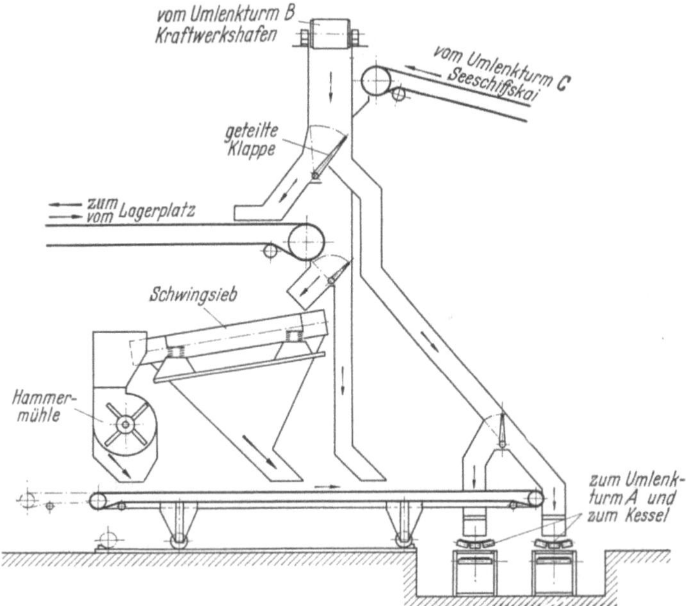

Abb. 84. Schema des Brecherturmes

Weiterhin enthält der Brecherturm eine Hammermühle für 75 t/h Kohle von 150 mm Größtkorn. Der Antriebsmotor der Hammermühle hat 38 kW. Hinter der Siebmaschine und der Hammermühle liegt das Zubringerband für 150 t/h Förderleistung, das die aus Siebmaschine und Hammermühle kommende Kohle auf die zum Kesselhaus führenden Bänder leitet. Der Achsabstand des Zubringerbandes ist 9,6 m, die Breite 650 m, die Bandgeschwindigkeit etwa 1,7 m/sec. Der Antriebsmotor hat 2,5 kW.

Brecherturm, Umlenktürme und Bandbrücken bestehen aus Stahlkonstruktion mit Abkleidung durch dünne Platten aus gewelltem Asbestzement. Die Schrägbrücken und Türme erhalten Tageslicht durch schmale, durchsichtige Kunststoffplatten von gleicher Form wie die Abkleidung.

Für die Abrechnung der angelieferten Kohlenmengen und zur Kontrolle des spezifischen Wärmeverbrauches ist die genaue Wägung der Kohlenmengen wichtig. An den geeigneten Stellen der Bekohlungsanlage sind automatische, genau arbeitende Bandwaagen eingebaut, und zwar an folgenden Stellen (s. auch Kennzeichnung in der schematischen Darstellung, Abb. 79):

1. Eine Bandwaage für maximal 400 t/h Kohlenmenge im Förderband vom Seeschiffskai zum Umlenkturm *C*. Die Wägung in dieser Bandstrecke ist besonders wichtig.

2. Zwei Bandwaagen, jede für 150 t/h Steinkohle bzw. 60 t/h Torf in den Bändern vom Brecherturm zum Umlenkturm *A*, die zum Kesselhaus führen.

3. Eine Bandwaage zur Erfassung der vom Kraftwerkshafen kommenden Brennstoffmengen in der Bandbrücke vom Umlenkturm *B* zum Brecherturm. Diese Waage arbeitet mit einer Bandgeschwindigkeit von 1 m/sec, d. h., es können vorerst nur 150 t/h Kohle bzw. 60 t/h Torf gewogen werden. Man rechnet vorerst nicht damit, daß die Umschlagsleistung vom Kraftwerkshafen her größer als 150 t/h ist. Eine Vergrößerung des Wiegebereiches auf 300 t/h durch Änderung des Zählwerkes ist möglich.

Für die Eisenabscheidung und die Aufspürung von NE-Metallen in der Kohle sind geeignete Geräte eingebaut, und zwar: je ein Eisenabscheider

a) unter dem Abwurf des Bandes vom Seeschiffshafen in den Umlenkturm *C*,

b) im Portal des Wippdrehkranes am Kraftwerkshafen.

Diese Eisenabscheider arbeiten mit Permanentmagneten.

Zur Aufspürung von NE-Metallen und von durch die Magnetkontrolle nicht erfaßten Eisenteilen sind drei elektrische Metallsuchgeräte in den Bändern 1000 mm Breite am Brecherturm und am Torflager vorgesehen. Die örtliche Anordnung dieser Geräte ist aus dem Schema Abb. 79 zu ersehen.

Für die Stromzuführung (500 V Drehstrom) zum Uferkran am Kraftwerkshafen, zum Drehkran und zur Querbrücke auf der Hochbahn dienen abgedeckte blanke Stromschienen.

Die Schalteinrichtung zur Steuerung und Überwachung der Bekohlungsanlage ist im Umlenkturm „*C*" (s. Abb. 79) untergebracht. Zur Bedienung und Überwachung dient eine Tafel mit Leuchtschaubild und Hell-Dunkel-Blink-Schaltung. ‚Hell' bedeutet: „Antrieb läuft", ‚Dunkel': „außer Betrieb", ‚Blinken': „Störung". Jeder Antrieb und jede Förderstrecke können auf dem Leuchtschaubild einzeln erkannt werden.

Die Antriebe sind gegenseitig elektrisch so verriegelt, daß erst nach der vorbereitenden Einstellung des gewünschten Förderweges eingeschaltet werden kann. Die Stellung aller Wendeklappen in den Schurren wird durch Lichtzeichen angezeigt. Jeder fördernde Anlageteil kann erst dann eingeschaltet werden, wenn der in Förderrichtung dahinterliegende Teil läuft. Bei großen Antrieben (z. B. Brecher) sind Zeitrelais eingebaut, um das Hochlaufen zu erleichtern und Stromspitzen zu vermeiden.

Mittels Entriegelungsschaltern kann jeder Teil der Transportanlage zur Kontrolle durch örtlich angebrachte Schalter eingeschaltet werden. Notschalter und Notzugseile zur Stillsetzung bei Gefahr sind in ausreichender Anzahl vorgesehen.

Heizölversorgung. Die Ölfeuerung des Hilfskessels und die Zündbrenner des Hauptkessels werden mit schwerem Heizöl betrieben, das für die Förderung auf 60 bis 80° C (Pumpfähigkeit) und für die Zerstäubung auf 120 bis 140° C vorgewärmt werden muß.

Die Vorwärmung auf Pumpfähigkeit geschieht durch Dampf von 3 ata aus dem Dampfraum des Speisewasserbehälters. Die weitere Vorwärmung bis auf Zerstäubungsfähigkeit geschieht durch Heizdampf aus dem 8 ata-Verteiler (s. Wärmeschaltplan Abb. 46). Die für die Vorwärmung des Heizöles erforderlichen Dampfmengen sind klein.

Sämtliche Schweröl führenden Leitungen werden durch eine Begleitheizung erwärmt. Diese Begleitheizung hat die Aufgabe, das bei Stillstand in den Leitungen zäh gewordene Öl wieder leichtflüssig zu machen. Während der Ölförderung könnte man, zumindest in den Sommermonaten, die Begleitheizung der Rohre abstellen, weil die Einsteck-Vorwärmer in den Behältern das Öl genügend hoch vorwärmen und die Abkühlung in den Leitungen gering ist.

Beim Anfahren des Kraftwerkes aus kaltem Zustand wird leichtes Heizöl verwendet, das auch bei niedriger Temperatur dünnflüssig ist und ohne Vorwärmung gepumpt und zerstäubt werden kann.

Für die Lagerung des schweren Heizöles dient ein Tank von 1500 m³ Fassungsvermögen, der an der Schmalseite des Kraftwerkhafens aufgestellt ist (s. Lageplan Abb. 10). Dieser Tank hat 15 m ∅ und etwa 9 m Höhe. Er besitzt vom Boden bis auf 1 m Höhe eine Außenwandheizung und eine Bodenheizung. Am Abzugstutzen des Tanks ist ein Einsteckvorwärmer vorgesehen. Normalerweise reicht die Beheizung dieses Einsteckvorwärmers aus, um das Öl aus dem Tank abziehen zu können.

Durch beheizte Zulaufleitungen fließt das Öl aus dem Tank zu 2 Ölpumpen im Unterkeller des Bunkerschwerbaues, die das Öl in einen stehenden, 20 m³ fassenden Tagesbehälter im Ölhaus fördern (Abb. 18, 85 u. 86). Dieser Tagesbehälter hat am unteren Ende einen Einsteckvorwärmer. Das Öl wird aus dem Tagesbehälter durch Heizölpumpen

Abb. 85. Ölvorwärmer, Heizölpumpen im Ölhaus

abgezogen und über die Endvorwärmer den Brennern des Hilfskessels bzw. den Zündbrennern des Hauptkessels zugedrückt (s. Schaltplan Abb. 86).

Für die Füllung des 1500 m³-Tanks dient eine Leitung von 150 mm ∅ am Kraftwerkskai, die an ihrem Eingangsende einen Sammler mit mehreren Stutzen verschiedener Nennweiten für den Anschluß der Ölleitungen von den Tankschiffen hat.

Die Ölpumpen sind sämtlich Schraubenspindelpumpen, die je nach den Erfordernissen wahlweise auf den Druck zur Tagesbehälterfüllung, auf den für den Hilfskessel erforderlichen Druck von etwa 4 atü oder auf den für die Druckzerstäuber des Hauptkessels erforderlichen Druck von 20 atü fördern können. Die Antriebsmotoren der 3 Ölpumpen im Ölhaus (Abb. 85) sind so groß bemessen, daß mit allen Pumpen der höchste Förderdruck erzielt werden kann.

Eine der drei Ölhauspumpen ist normalerweise an den Behälter für leichtes Zündöl angeschlossen. Die Leitungen für das leichte Zündöl haben Begleitheizung, weil durch diese Leitungen notfalls auch schweres Heizöl gefördert werden soll.

Den Vorrat an Leichtöl speichert ein Behälter von 40 m³ Fassungsvermögen, der im Maschinenhaus über der Gleisdurchfahrt aufgestellt ist. Dicht neben dem Gleis steht eine Tankwagenentleerungspumpe, die das Öl aus dem Tankwagen in den Behälter pumpt.

Bei der Rückleitung des Heizkondensates aus den Ölvorwärmern in den Hauptkreislauf muß das Kondensat auf seinen Ölgehalt geprüft werden, um Undichtheiten in den

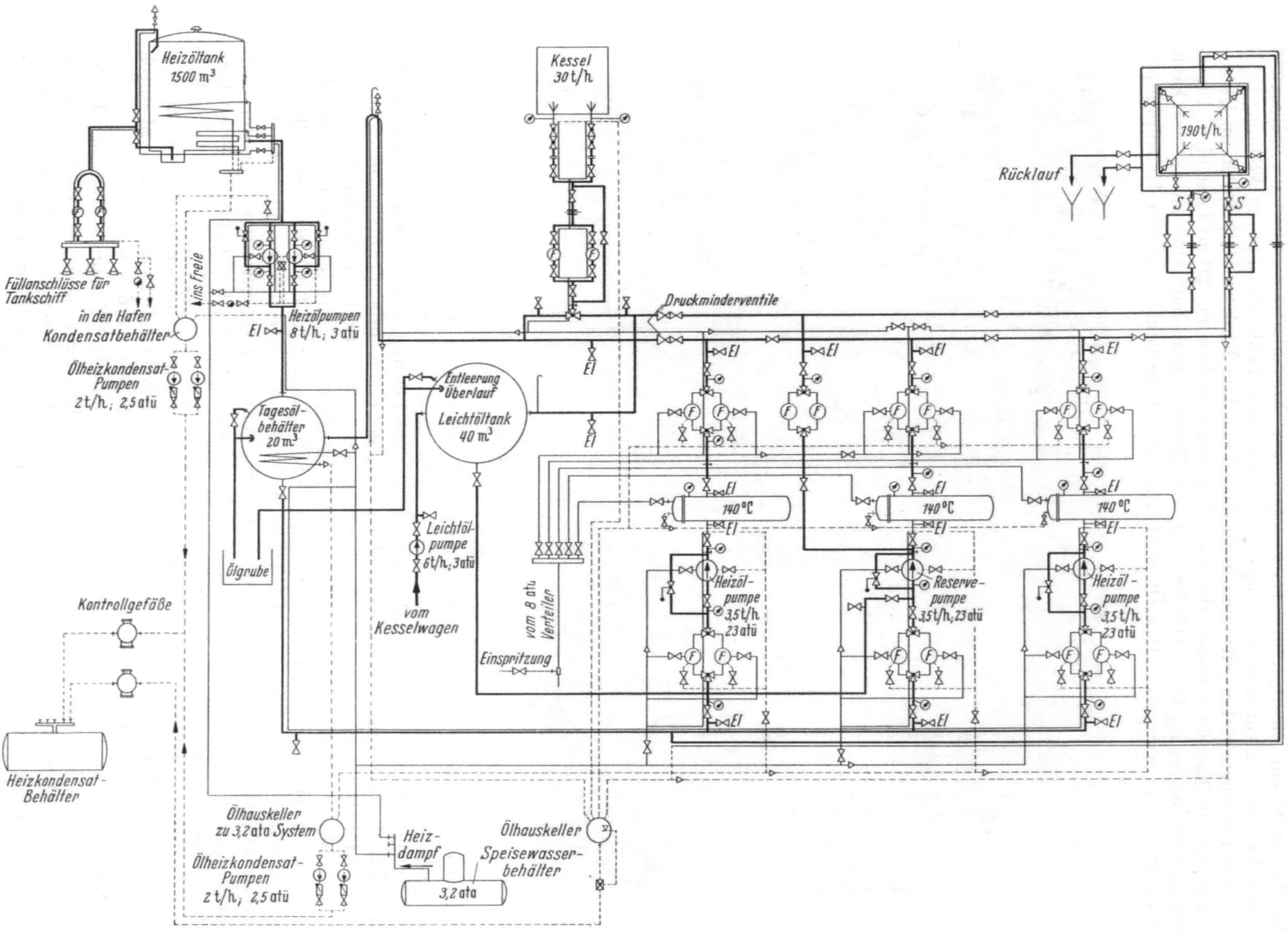

Abb. 86. Rohrschaltplan Heizöl und Begleitheizung

Ölvorwärmern schon im Anfangsstadium zu erkennen. Die hierfür getroffene Einrichtung zeigt Abb. 87. Das Kondensat wird vor der Einleitung in den Heizkondensatbehälter durch unter 3 ata stehende Schautöpfe von etwa 500 mm ∅ und 1300 mm Höhe geführt. In der Höhe der Überlaufkante liegen zwei gegenüberstehende große Schaugläser von

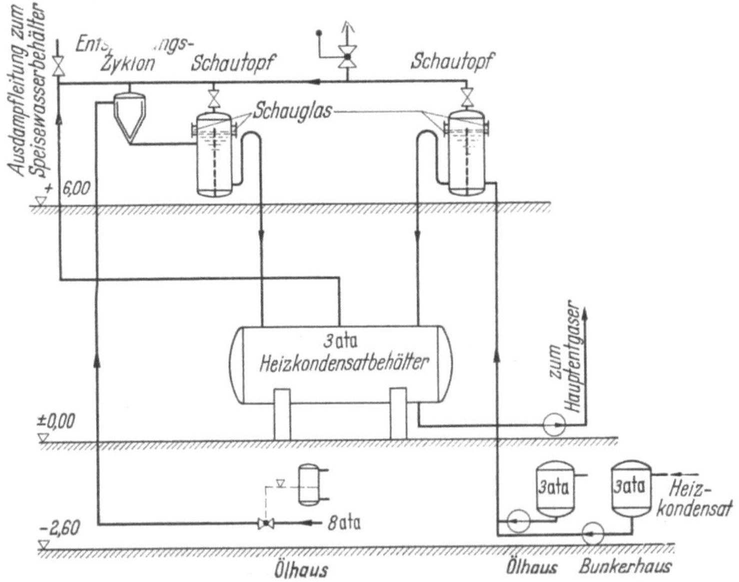

Abb. 87. Ableitung des Heizdampfkondensates aus den Heizölvorwärmern

200 mm ∅, durch die bereits Spuren von Öl auf der Oberfläche im Behälterinneren erkennbar sind. Eingedrungenes Heizöl kann durch Ablassen und Reinigen des 3 ata-Heizkondensatbehälters entfernt werden.

2. Wasseraufbereitung

Für die Erzeugung des Zusatzwassers zur Kesselspeisung war eine einfache Enthärtungsanlage mit Verdampfern geplant. Durch die in anderen Anlagen erzielten günstigen Ergebnisse mit Austauschern zur Vollentsalzung wurde im Laufe der Projektierung beschlossen, eine Vollentsalzungsanlage unter Wegfall der Verdampferanlage aufzustellen.

Die Anforderungen an das Speisewasser für die im Kraftwerk Emden vorhandenen Durchlaufkessel sind hoch. Das Zusatzwasser muß so salzfrei und so frei von gelösten aggressiven Gasen (Sauerstoff und Kohlendioxyd) wie irgend möglich sein. Die Entsalzungsanlage für die ersten beiden Blöcke wurde bereits in der ersten Ausbaustufe voll erstellt. Zugrunde gelegt wurde eine Gesamtdampfmenge von etwa 450 t/h und eine Leistung der Zusatzwasseranlage von 2,5% des Dampfdurchsatzes. Gebaut wurde zunächst eine, später eine zweite genau gleiche Entsalzungsanlage für eine Leistung von je 6 m^3/h, d. h. 144 m^3 je Anlage innerhalb 24 Stunden zwischen 2 Regenerierungen. Als Rohwasser dient Trinkwasser aus dem städtischen Versorgungsnetz. Probebohrungen hatten gezeigt, daß das Grundwasser in der Umgebung des Kraftwerkes sehr hohe Salzgehalte hat, so daß es als Rohwasser für die Entsalzungsanlage wirtschaftlich nicht verwendet werden konnte. Das Emdener Trinkwasser wird in beträchtlicher Entfernung von der Stadt gewonnen, es hat folgende Analyse:

Aussehen: farblos und klar		Sulfate, SO_3	41 mg/l
p_H-Wert	7,0	Kieselsäure, SiO_2	14,0 mg/l
Gesamthärte	11,9° dH	Ammoniak	0,3 mg/l
Karbonathärte	8,1° dH	Nitrate	5 mg/l
Nichtkarbonathärte	3,8° dH	Eisen	0,1 mg/l
Magnesiahärte	2,0° dH	$KMnO_4$-Verbrauch	21,2 mg/l
Kalziumhärte	9,9° dH	Salz (berechnet)	403 mg/l
Chloride, Cl	114 mg/l	Abdampfrückstand bei 110° C	370 mg/l

Für die Auslegung der Anlage wurden folgende Werte zugrunde gelegt:

Gesamthärte	12,0° dH	Sulfate, SO_4	23,0 mg/l
Karbonathärte	9,0° dH	Nitrate, NO_3	6,0 mg/l
Nichtkarbonathärte	3,0° dH	Kieselsäure, SiO_2	20,0 mg/l
Chloride, Cl	128,0 mg/l	$KMnO_4$-Verbrauch	20,0 mg/l

Zur Einsparung von Chemikalien und demnach zur Erhöhung der Effektivleistung wird das auf den Dächern der Kraftwerksgebäude anfallende Regenwasser in einem auf

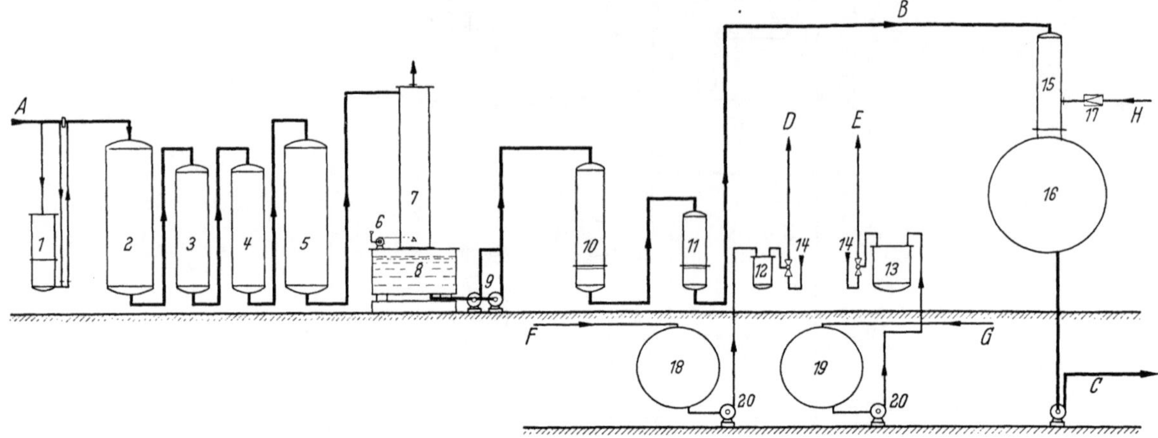

Abb. 88. Schema der Vollentsalzungsanlage für Zusatzwasser zur Kesselspeisung

1 Aluminiumsulfat-Dosierung
2 Kiesfilter
3 Kationenfilter 1
4 Kationenfilter 2
5 Anionenfilter
6 Gebläse
7 Rieseler
8 Wasserauffangbehälter
9 Förder- und Umwälzpumpen
10 Vollentsalzungs- und Entkieselungsfilter 1
11 Vollentsalzungs- und Entkieselungsfilter 2
12 Regenerierbehälter für Natronlauge
13 Regenerierbehälter für Salzsäure
14 Strahlapparate
15 Entgaser
16 Speicher für vollentsalztes und entkieseltes Wasser
17 Dampfdruckregler
18 Speicher für Natronlauge
19 Speicher für Salzsäure
20 Förderpumpen für Lauge und Säure
A Rohwasser
B Vollentsalztes und entkieseltes Wasser
C Entgastes Wasser zum Betrieb
D Verdünnte Natronlauge zu den Austauschern
E Verdünnte Salzsäure zu den Austauschern
F Konzentrierte Natronlauge-Zulaufleitung
G Konzentrierte Salzsäure-Zuflußleitung
H Entgaser-Heizdampf

Pfählen gegründeten, unterirdisch angelegten Betonbehälter von etwa 400 m³ Fassungsvermögen gesammelt. Das Regenwasser wird vor Eintritt in diesen Behälter über abschaltbare Koksfilter geleitet.

Das Schema der Entsalzungsanlage zeigt Abb. 88. Dem Rohwasser wird zur Flockung Aluminiumsulfat zugesetzt, es fließt dann über ein Kiesfilter, danach über das Kationenfilter 1, durch das Kationenfilter 2 und weiter durch das Anionenfilter. Hinter dem Anionenfilter ist die Enthärtung und Entsalzung weitgehend vorgeschritten, das Wasser ist mit Kohlendioxyd angereichert. Zur Entfernung des Kohlendioxydes wird das entsalzte Wasser über einen Rieselerturm geleitet, der mit einem kleinen Gebläse belüftet wird. Unterhalb des Rieselerturmes liegt ein Auffangbecken. Durch Pumpen wird das Wasser aus diesem Becken über ein Mischbettfilter zur Vollentsalzung und Entkieselung und danach über ein zweites Mischbettfilter („Polizeifilter" zur Entfernung der letzten Salzreste) zu dem Entgaser (oberhalb des Wasserspeichers von 30 m³ Gesamtinhalt) geführt. Der Entgaser ist ein dampfbeheizter thermischer Überdruckentgaser für 103° C Wassertemperatur entsprechend 1.05 atabs. Unterhalb des Speichers liegen die Zusatzwasserpumpen, die das vollentsalzte und entgaste Wasser über den im Maschinenhaus gelegenen Hauptentgaser dem Hochdruckkreislauf zuführen. Der Heizdampf für den Zusatzwasserentgaser wird durch eine Leitung aus dem 3,5 ata-Sattdampfraum des Hauptentgasers im Maschinenhaus entnommen und auf 1,1 at abs gedrosselt.

Die Kationenfilter werden durch Salzsäure, die Anionenfilter durch Natronlauge, die Mischbettfilter durch beide Chemikalien regeneriert. In Lösegefäßen werden die verdünnten Regenerierlösungen der erforderlichen Konzentration angesetzt. Die Regenerierlösungen werden mittels Wasserstrahlapparaten den Austauschern zugedrückt. Die verdünnte Natronlauge wird dabei in einem kleinen Vorwärmer auf etwa 40° C erwärmt. Vor der Ableitung in den Hafen werden die Regenerier- und Spülwässer in ein Neutralisationsbecken geleitet, aus dem die Wässer erst nach Prüfung auf chemische Neutralität in den Hafen zurückfließen.

Zwei Chemikalienvorratsspeicher mit je 16 m³ Nutzinhalt, davon einer für Natronlauge (50% NaOH), der zweite für Salzsäure (33% HCl) sind im Unterkeller des Wasserhauses untergebracht. Das Wasserhaus liegt zwischen Kraftwerk und Werkstatt auf ±0,0 (s. Grundriß Abb. 18). Die lichte Höhe des Wasserhauses beträgt etwa 7 m, die Grundfläche ist 10,5 × 14 m. Eine eingehende Beschreibung der Vollentsalzungsanlage würde im Rahmen dieses Beitrages zu weit führen.

Die Erwartungen hinsichtlich der Qualität des Zusatzwassers haben sich erfüllt. Das Wasser verläßt die Anlage praktisch frei von Kieselsäure mit einem Salzgehalt von unter 0,3 mg/l und einem Sauerstoffgehalt von 40 μg/l.

Dem Hochdruckkreislauf wird ständig eine geringe Menge Hydrazinhydrat in verdünnter Lösung, entsprechend einer Zugabe von 0,1 bis 0,15 mg NH_4 je kg zum Kessel geförderten Speisewassers zugesetzt. Damit wird neben der Entfernung von Sauerstoffresten der p_H-Wert des Speisewassers auf 8,5 bis 9,0 gehalten.

Alle Behälter, Apparate, Austauscher und Rohrleitungen der Entsalzungsanlage, die mit aggressiven Medien in Berührung kommen, sind innen gummiert oder durch Kunststoffolien bzw.

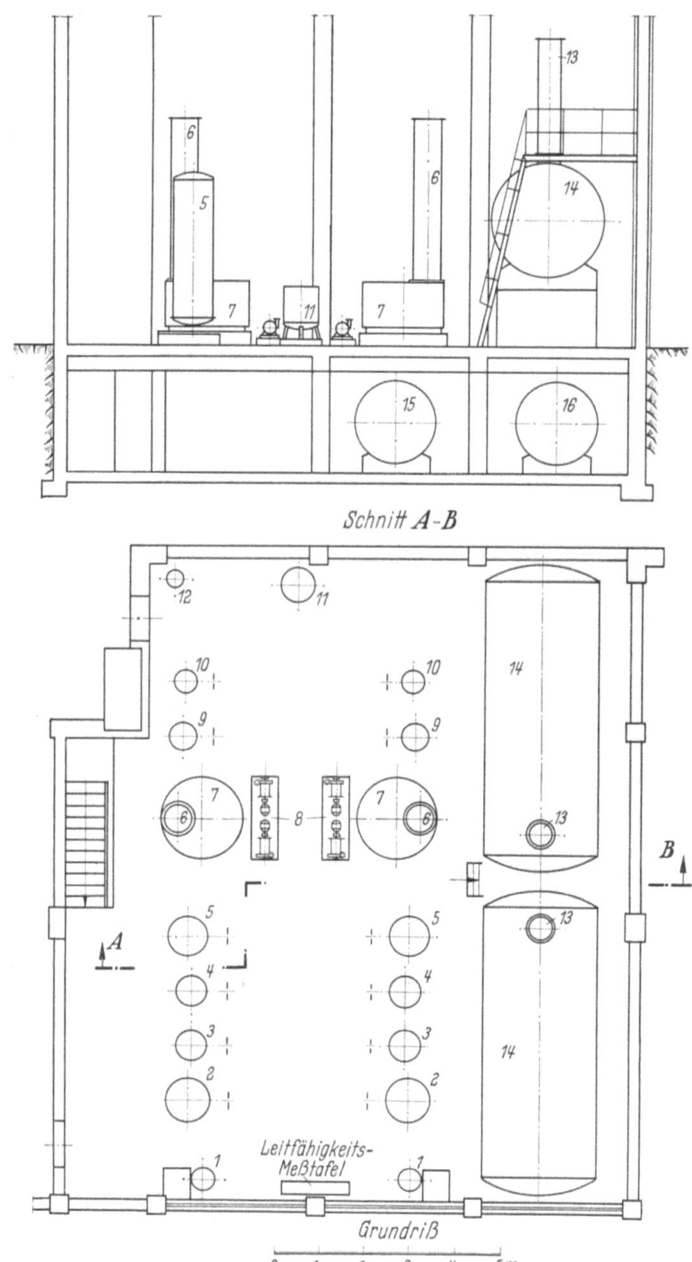

Abb. 89. Anordnung der Vollentsalzungsanlage

1 Aluminiumsulfat-Dosierung
2 Kiesfilter
3 Kationenfilter 1
4 Kationenfilter 2
5 Anionenfilter
6 Rieseler
7 Wasserauffangbehälter
8 Förder- und Umwälzpumpen
9 Vollentsalzungs- und Entkieselungsfilter 1
10 Vollentsalzungs- und Entkieselungsfilter 2
11 Regeneriergefäß für Salzsäure
12 Regeneriergefäß für Natronlauge
13 Entgaser
14 Speicher für vollentsalztes und entkieseltes Wasser
15 Speicher für Salzsäure
16 Speicher für Natronlauge

geeignete Anstriche geschützt. Armaturen und Pumpen bestehen aus korrosionsfesten Werkstoffen, zum Teil, wie auch Rohrleitungen kleinen Durchmessers, ganz aus Kunststoff.

Die Disposition der Anlage zeigt die Abb. 89. Einen Eindruck über den Innenraum der Entsalzungsanlage vermittelt Abb. 90.

Die reinen Chemikalienkosten für die Entsalzung von 1 m³ Rohwasser betragen etwa 0,40 DM. Die Gesamtkosten des Wassers werden unter Berücksichtigung der Anlagekosten, Stromverbrauch, Unterhaltung und Bedienung, der Amortisation für Apparate

Abb. 90. Vollentsalzungsanlage. Das große Gefäß rechts ist der Weichwasserbehälter mit Rieselaufbau, davor die Rieselerpumpen, die das Wasser über Entkieselungs- und Mischbettfilter in den Entgaser fördern

und Gebäude entsprechend höher. Das Rohwasser ist in Emden mit 0,40 DM/m³ sehr teuer. An Chemikalien- und Rohwasserkosten entstehen 0,80 DM für 1 m³ Zusatzwasser, für den Kapitaldienst muß man mit weiteren 0,45 DM/m³ rechnen.

Im Zuge des zweiten Ausbaues wurde zur Deckung vorübergehenden hohen Zusatzwasserbedarfes ein Speicherraum für 160 m³ kaltes, vollentsalztes Zusatzwasser bereitgestellt. Dieser Behälter wird durch die Betonwände des Unterkellers im Kesselhaus Block 2 gebildet, die sorgfältig ausgekleidet wurden.

Bei Verwendung von Regenwasser entfallen die Rohwasserkosten ganz, die Chemikalienkosten werden niedrig. Die eingebauten Überwachungseinrichtungen mit Signalgabe bei ansteigenden Gehalten an Salz und Kieselsäure im Reinwasser sowie Signalisierung zu hohen und zu niedrigen p_H-Wertes erleichtern die Bedienung und erhöhen die Sicherheit. Die Leitfähigkeit und der SiO_2-Gehalt des aufbereiteten Wassers werden selbsttätig registriert.

Die Ansprüche an die Speisewasserqualität werden mit der Anlage voll befriedigt. Gefordert wurde von den Kesselherstellern für Block 1:

Salzgehalt	$\leqq$ 0,5 mg/l	freie CO_2	nicht nachweisbar
SiO_2-Gehalt	$\leqq$ 0,05 mg/l	$KMnO_4$-Verbrauch	$\leqq$ 2,0 mg/l
O_2-Gehalt	$<$ 0,02 mg/l	p_H-Wert	zwischen 8,0 bis 9,0

Diese von den Kesselherstellern als zulässig genannten Höchstgehalte an Salz und Kieselsäure werden, wie die Betriebsergebnisse gezeigt haben, unterschritten. Der Sauerstoffgehalt des Speisewassers vor Kessel liegt unter 0,01 mg/l. Für Block 2 wurden die Forderungen erweitert und etwas verschärft.

3. Hebezeuge und Transportvorrichtungen

Maschinenhauslaufkran. Die Tragkraft des Kranes beträgt mit Rücksicht auf die Erweiterungen 140 t. Damit können Ständer von Generatoren für 100 MW Nutzleistung bei cos φ 0,8 montiert werden. Die Kranbrücke des Maschinenhauslaufkranes besteht aus Vollwand-Stahlblechträgern, die 2 Laufkatzen tragen. Jede der beiden Laufkatzen besitzt ein Hubwerk für etwa 75 t, eine Laufkatze hat außerdem ein Hilfshubwerk für 10 t Tragkraft. Bei Lasten über 75 t werden die Haken der beiden Hubwerke durch eine Traverse verbunden, an der ein Lasthaken für 140 t Tragkraft befestigt ist. Der Kran ist ausgerüstet mit 5 Drehstrommotoren von zusammen 118 kW Nennleistung bei 25% Einschaltdauer. Der Laufkran zeigt im übrigen keine Besonderheiten, Tab. 15 enthält die Ausführungsdaten.

Tabelle 15. *Ausführungsdaten des Maschinenhauskrans*

Tragfähigkeit der 2 Laufkatzen mit Traverse	140	t
Hilfshubwerk Tragfähigkeit	10	t
Spannweite (Mittenabstand der Kranbahnschienen)	20570	mm
Oberkante Fahrbahnhöhe über Maschinenhausflur +10,0	11	m
Hubhöhe über Maschinenhausflur (bei 140 t)	8,5	m
Gesamte Hubhöhe	18,5	m
Zahl der Laufräder an der Kranbrücke	8	
Radstand der Kranbrücke, außen	4,3	m
Radstand der Kranbrücke, innen	2,9	m
maximaler Raddruck auf der Kranbahn	40	t
Katzbahnspurweite	4,0	m
Arbeitsgeschwindigkeiten:		
Hauptheben 140 t/75 t	1,0	m/min
Feinheben Haupthubwerk	0,1	m/min
Hilfsheben 10 t	12,5	m/min
Hilfsheben Feinhub	1,25	m/min
Katzfahren	10,0	m/min
Kranfahren über 45 t	20,0	m/min
Kranfahren unter 45 t	55,0	m/min
Die 7 m lange Traverse wiegt etwa 11 t		

Der Höhenabstand zwischen den Katzwerkhaken und dem Traversenhaken beträgt 1,5 m, so daß die Hubhöhe der Katzhaken (ohne Traverse) über Maschinenhausflur 10 m, unter Maschinenhausflur 8,5 m beträgt.

Beim Feinheben werden die Hubmotoren über Frequenzwandler gespeist. Die Stromzuführung geschieht über blanke Stromschienen, die an den Gebäudestützen des Maschinenhauses auf Isolatoren liegen. Die Katzen haben Stromzuführung durch Schleppkabel innerhalb der Kranbrücke. Die Probebelastung wurde mit einem Sandkasten von etwa 25 t Gewicht durchgeführt, der 150 t Sandfüllung erhielt. Bei den Erweiterungen des Kraftwerkes werden die Kranbahnschienen und Stromschienen verlängert. Einen Blick in das Maschinenhaus mit dem Kran zeigt Abb. 91.

Aufzug. Im Kesselhaus des ersten Blockes befindet sich ein Personen- und Lastenaufzug. Der Fahrkorb wird durch eine Treibscheibe bewegt. Die Auslegungsdaten des Aufzuges sind:

Tragkraft	2000	kg
Fahrhöhe	30	m (±0,0 bis +30,0)
Zahl der Haltestellen	8	
Fahrgeschwindigkeit	0,8	m/sec mit Verzögerungsschaltung bei den Haltestellen
Fahrkorbgrundfläche	1,0 × 1,8	m
Antriebsmotorleistung (für 90 Fahrten/min)	42	kW mit 40% Einschaltdauer

Der Aufzug ist für Selbstfahrer mit Druckknopfsteuerung eingerichtet. Jede Haltestelle hat einen Druckknopf für das Heranholen des Fahrkorbes und 2 Meldelampen mit der Bezeichnung „Aufzug besetzt" und „Aufzug frei". Stockwerksanzeiger an den Zugangstüren sind nicht vorhanden.

In Block 2 und den folgenden Erweiterungen des Kraftwerkes erhält jedes Kesselhaus wiederum einen Aufzug, jedoch mit 50% höherer Tragkraft und größerer Fahrkorb-

Abb. 91. Maschinenhaus mit Turbosatz und Laufkran. Kranbrücke als Vollwandträger ausgeführt, Kranbahnstützen und Kranbahn in Stahlkonstruktion

fläche als in Block 1, wo man aus räumlichen Gründen die Fahrkorbabmessungen klein halten mußte. Weitere Aufzüge sind im Kraftwerk nicht vorhanden, auch nicht im Bürogebäude, das einschließlich Keller immerhin 5 Geschosse enthält.

Hilfshebezeuge, Transportgeräte. Elektrisch betriebene Hilfshebezeuge sind im Kesselhaus, in der Werkstatt, im Lager und einigen weiteren Stellen eingebaut. Diese Hilfshebezeuge sind sogenannte „Elektrozüge", die immer mit elektrischem Hubwerk, teilweise auch mit elektrischem Fahrwerk ausgerüstet sind. Besonders bewährt hat sich ein Elektrozug mit Hub- und Fahrwerk im Kesselhaus, der um den Schornstein mit einer Ringfahrbahn angebracht ist und dessen Hubschacht an der Grenze von Schwerbau und Kesselhaus innerhalb des Kesselhauses durch sämtliche Bühnen geht. Die Hubhöhe dieses Hebezeuges beträgt 40 m, seine Tragkraft 5 t. Die Größe der zugehörigen Montageöffnungen, die in den Kesselhausbühnen aufklappbar ausgebildet sind, beträgt 3 × 5 m. Das Hebezeug wurde für die Montagearbeiten im Kesselhaus ausgiebig benutzt, es soll später vorwiegend für Überholungsarbeiten an den Kesselgebläsen dienen.

An Hilfshebezeugen sind weiterhin Handlaufkrane in der Werkstatt und im Einlaufbauwerk sowie Kettenzüge über Mühlen, Gebläsen und wichtigen Armaturen vorgesehen, die Tragkraft dieser Hebezeuge liegt zwischen 1 und 5 t.

An Transport- und Hilfsgeräten sind vorhanden:

1 Diesellokomotive als Verschiebefahrzeug mit 75 PS-Motor für 3 Geschwindigkeiten (5, 10 und 23 km/h) und 16 t Dienstgewicht,
1 Dieselkleinraupe, die als Schleppfahrzeug im Gelände und als Kraftschaufel für die Bekohlungsanlage verwendet wird,
einige Elektrokarren mit Anhängern und ein Lastkraftwagen.

4. Feuerlöschanlage

Die Feuerlöschleitung ist in den Gebäuden und im Außengelände mit ausreichender Zahl von Hydranten so verlegt, daß jeder denkbare Brandherd erreichbar ist. Außerdem ist eine große Anzahl Handfeuerlöscher vorgesehen, um kleine Brände schon im Entstehen zu bekämpfen. Für die Bekohlungsanlage am Hafenkai ist eine fahrbare Feuerlöschpumpe mit Benzinmotorantrieb beschafft worden, weil das Bekohlungsgelände weitgehend betoniert ist und dort keine Rohrleitungen frostfrei unterirdisch verlegt werden konnten.

Von Interesse ist die selbsttätige Druckhaltung im Feuerlöschnetz. Das Feuerlöschnetz soll ständig einen Wasserdruck von 8 bis 10 atü haben. Es sind 2 Feuerlöschpumpen von je 100 m³/h Fördermenge und 12 atü Enddruck vorhanden. Die Steuerung der Pumpen geschieht durch die in Abb. 92 dargestellte Einrichtung. Die zur Steuerung erforderlichen Impulse gibt ein Kontaktmanometer an einem zylindrischen Behälter von 1,2 m ∅ und etwa 2,5 m Höhe, der etwa zur Hälfte mit Wasser und zur Hälfte mit Preßluft gefüllt ist. Ein Schauglas zeigt den Wasserinhalt im Behälter an. Bei Entnahme von Wasser aus dem Feuerlöschnetz vergrößert sich das Luftpolster, das sich unter Druckminderung ausdehnt. Danach wird zunächst eine und bei großem Wasserverbrauch auch die zweite Feuerlöschpumpe durch das Kontaktmanometer selbsttätig eingeschaltet. Bei Nachlassen der Wasserentnahme fördern die Pumpen entsprechend ihrer Charakteristik auf einen höheren Enddruck, das Luftpolster im Behälter wird zusammengedrückt und das Kontaktmanometer schaltet die Antriebsmotoren der Pumpen aus. Von Zeit zu Zeit müssen Wasserstand und Luftdruck im Steuergefäß geprüft und die verlorengegangene Preßluft nachgefüllt werden. Eine Signalisierung von Wasserstand und Luftdruck bei Unter- bzw. Überschreitung der zulässigen Werte ist geplant, aber noch nicht ausgeführt.

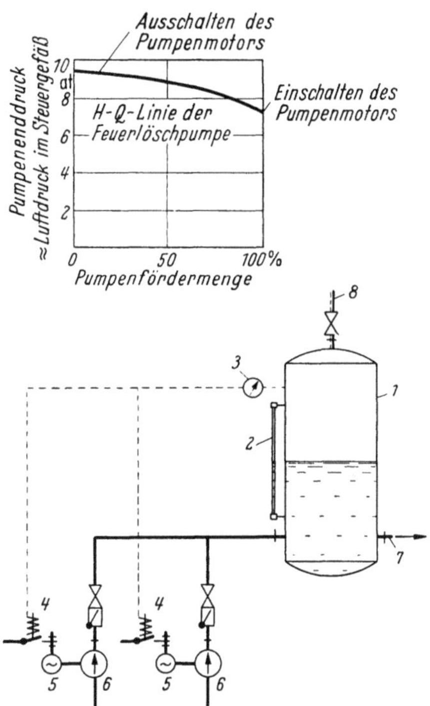

Abb. 92. Steuergefäß und Pumpenschaltung für Feuerlöschnetz

1 Steuergefäß
2 Wasserstandglas
3 Kontaktmanometer
4 Motorschalter
5 Motor
6 Feuerlöschpumpe
7 zum Feuerlöschnetz
8 Luftfülleitung

Aus dem Feuerlöschnetz sollen nur große stündliche Wassermengen entnommen werden, da sonst die Schalthäufigkeit der Pumpen zu hoch wird.

An das Feuerlöschnetz ist die Löschanlage (Sprinkleranlage) für die Umspanner angeschlossen. Die Betätigungsventile für diese Anlage liegen frostfrei innerhalb des Maschinenhauses. Die außenliegenden Löschleitungen sind normalerweise leer und werden bei Ansprechen der Sicherheitseinrichtungen in einigen Sekunden mit Wasser gefüllt, worauf die Beregnung des betroffenen Umspanners einsetzt. Die Löschleitungen können auch zum Säubern der Umspanner benutzt werden.

5. Werkstatt- und Laboratoriumseinrichtungen

Ein Dampfkraftwerk muß eigene Werkstätteneinrichtungen und eine Anzahl von Handwerkern verschiedener Fachrichtungen zur Verfügung haben. Man kann nicht bei jeder kleinen Überholung oder Reparatur, die oftmals schnell ausgeführt werden muß, fremde Firmen oder Hilfskräfte heranholen.

Über den Umfang der erforderlichen Werkstatteinrichtungen gehen die Meinungen auseinander. Die eine Werkleitung will eine große Werkstatt haben, eine andere begnügt

Abb. 93. Mechanische Werkstatt mit Handlaufkran

sich mit einem mittleren Umfang, die dritte beschränkt sich auf das äußerst Notwendige. Die Entscheidung darüber, welche der 3 Möglichkeiten gewählt wird, hängt zum Teil davon ab, ob in der Nähe des Kraftwerkes Reparaturwerkstätten mit ausreichenden Einrichtungen ständig und schnell erreichbar sind.

Großreparaturen müssen den Lieferfirmen überlassen bleiben, insbesondere dann, wenn hierfür Spezialmaschinen erforderlich sind.

Die Werkstatt (s. Grundriß Abb. 18, ein Innenraum Abb. 93) in Emden ist für mittlere Verhältnisse, aber recht großzügig ausgelegt. Das Werkstattgebäude hat eine Grundfläche von etwa 1000 m^2. Es ist in der Längsrichtung durch eine Glaswand geteilt, hinter der die Einzelwerkstätten für Metall- und Holzbearbeitung untergebracht sind.

Der übrige Werkstattraum ist nicht fest unterteilt, er enthält die Schmiede und einen großen Arbeitsraum, in dem Platz erfordernde Arbeiten, wie z. B. das Biegen großer Rohre, Schweißarbeiten an sperrigen Teilen und ähnliches, durchgeführt werden und der auch die Schlosserarbeitsplätze enthält.

Die mechanische Ausrüstung der Werkstatt enthält im wesentlichen:

1 Drehbank 125 mm Spitzenhöhe, 800 mm Drehlänge
1 Drehbank 405 mm Spitzenhöhe, 3500 mm Drehlänge
1 Mechanikerdrehbank 100 mm Spitzenhöhe, 600 mm Drehlänge
mehrere kleine Tischbohrmaschinen
1 Säulenbohrmaschine für Bohrer bis 26 mm Durchmesser
1 Säulenbohrmaschine für Bohrer bis 45 mm Durchmesser
1 Radialbohrmaschine für Bohrer bis 80 mm Durchmesser
1 Universalfräsmaschine, Tischfläche 330 × 1250 mm
1 Schnellhobler (Shapingmaschine)
2 Bügelsägen
1 Federhammer mit 50 kg Bärgewicht
Schmiedewerkzeuge und Schmiedefeuer
verschiedene Blechbearbeitungsmaschinen (Tafelschere, Blechschere, Abkantmaschine usw.)
mehrere Schleifmaschinen für Werkzeuge
1 Universal-Holzbearbeitungsmaschine

Besonderer Wert wurde auf die Anschaffung von Spezialgeräten für die Überholung von Armaturen, Ventilsitzen und Dichtungsringen in Schiebergehäusen gelegt.

Eine gut eingerichtete Werkzeugausgabe mit Präzisions-Werkzeugschleifmaschinen ist vorhanden.

Es sind ferner zwei elektrische Schweißumformer für je 14 kW Anschlußwert, daneben auch Autogenschweißeinrichtungen, die mit Flaschengas arbeiten, beschafft worden.

Selbstverständlich ist eine ausreichende Anzahl von Werkbänken und Schraubstöcken sowie Werkzeuge für Schlosser, Klempner, Mechaniker, Schweißer, Tischler und Maler vorhanden.

Der gesamte elektrische Anschlußwert aller Werkzeugmaschinen beträgt etwa 60 kW bei 500 V Drehstrom ohne die Schweißumformer, die zusätzlich 28 kW Anschlußwert haben.

Laboratorium. Das Laboratorium ist im zweiten Stockwerk des Betriebsgebäudes (Höhe +6,75 m) untergebracht und enthält alle für die betriebsmäßig anfallenden Untersuchungen erforderlichen Chemikalien, Geräte und sonstigen Einrichtungen. Der Analyse und den Untersuchungsmethoden für das Betriebswasser und den Dampf ist breiter Raum gegeben. Die Wasserproben werden im Betrieb gesammelt und zur Untersuchung in das Labor gebracht. Unabhängig davon sind Anzeigen für Leitfähigkeit (Salzgehalt und p_H-Wert) an den verschiedenen „kritischen" Stellen des Wasser- und Dampfkreislaufes innerhalb des Betriebes eingebaut. Diese Instrumente werden durch das Betriebspersonal beobachtet, worauf bei Störungen die Untersuchungsarbeit des Laboratoriums einsetzt. Die Anzeigegenauigkeit der Leitfähigkeitsmesser und Rauchgasprüfer wird laufend durch Analysen des Labors überwacht.

Einrichtungen zur Heizwertbestimmung der verfeuerten Brennstoffe schaffen die Grundlage zur Kontrolle des spezifischen Wärmeverbrauches der Anlage.

III. Elektrotechnische Ausrüstung

a) Generatoren

Angaben über die Turbogeneratoren sind auf S. 834/35 zu finden. Ergänzend zeigt Abb. 94 die zum Generator Block 1 gehörende Wasserstoffanlage, Abb. 95 die Dichtölanlage.

Die mit den Generatorklemmen verbundenen Umspanner stehen längs der Maschinenhausaußenwand im Freien, sie sind durch Schutzwände voneinander getrennt (s. Abb. 12, 16 u. 18). Die Stromabführung von den Generatoren geht über blanke Aluminiumschienen zu den unterspannungsseitigen Klemmen der 110 kV-Maschinenumspanner. Die 60 kV-Umspanner und die Eigenbedarfsumspanner sind an Schienen angeschlossen, die in einem schmalen, langen Anbau zwischen Maschinenhauswand und Umspannern untergebracht sind, der bis etwa 6 m Höhe anschließend an das Maschinenhaus verläuft. Über Wanddurchführungen gehen diese Schienen zu den Umspannern.

b) Umspanner

In Abb. 9 ist das elektrische Gesamtschaltbild für die beiden ersten Ausbaustufen in vereinfachter Form dargestellt. Die rechte Hälfte des Schaltbildes zeigt den ersten Ausbau mit 70 MW. Der Generator von 85 MVA Scheinleistung[1] ist über einen Umspanner von 64 MVA 10,5/110 kV und einen zweiten Umspanner von 31,5 MVA 10,5/60 kV an die Freileitungen angeschlossen.

Abb. 94. Wasserstoff- und CO_2-Anlage mit Bedienungs- und Überwachungstafel unterhalb des Generatorfundamentes auf $\pm 0{,}0$. Rechts Ölkühler und Ölpumpen für Dichtöl

Vom 110 kV-System versorgt ein Anfahrumspanner 110/6 kV mit 12,5 MVA das 6 kV-Eigenbedarfsnetz mit der benötigten Anfahrleistung. Mit diesem Umspanner wird das Kraftwerk aus dem 110 kV-Netz durch Fremdstrom angefahren.

An die Klemmen des 85 MVA-Generators Block 1 ist unmittelbar ein Umspanner von 10 MVA für 10,5/6,3 kV angeschlossen, der normalerweise den Eigenbedarf des Blockes speist. Die Verlustwärme der Maschinenumspanner wird durch Umwälzung der Ölfüllung zwischen Umspanner und luftgekühlten Ölkühlern abgeführt. Die Ölkühler werden durch Ventilatoren mit Kühlluft beaufschlagt.

An einer 20 kV-Leitung, die bereits vor dem Bau des Kraftwerkes vorhanden war, liegt ein Hilfsanfahrumspanner von 5 MVA für die Notversorgung des Eigenbedarfes zum Anfahren. Mit diesem Umspanner wurde der Block 1 zum ersten Male angefahren.

[1] Bei 0,035 atü Wasserstoffdruck. Bei 1 atü Wasserstoffdruck leistet der Generator 93,5 MVA.

Im Block 2 ist der 100 MVA-Generator über einen 10/110 kV-Umspanner von 100 MVA an die 110 kV-Freileitungen und über einen zweiten 10/60 kV-Umspanner von 31,5 MVA an die 60 kV-Freileitung angeschlossen. Der Generator ist wiederum direkt über einen Eigenbedarfsumspanner 10/6 kV, aber von 12,5 MVA-Leistung mit der 6 kV-Eigenbedarfsschiene verbunden.

Die Versorgung des 500 V-Eigenbedarfes in Block 1 wird von insgesamt 6 Umspannern 6/0,5 kV, je 800 kVA übernommen. Davon befinden sich vier ölgefüllte Umspanner in der Eigenbedarfs-Schaltanlage auf ±0,0. Zwei mit Chlophen gefüllte Umspanner 800 kVA stehen auf der Bühne +30,0 m im Bunkerschwerbau. Die Umspanner wurden hier aufgestellt, weil der Schwerpunkt des Kesseleigenbedarfes, insbesondere für die

Abb. 95. Vakuumölentgasungsanlage für Generatordichtöl mit Ölkühlern und Ölpumpen

Rauchgas- und Frischluftgebläse, auf dieser Bühne liegt, wobei kurze Strecken für die 500 V-Leistungskabel erreichbar waren.

In Block 2 sind wiederum 6 Umspanner je 800 kVA für die Versorgung des Eigenbedarfes auf der 500 V-Seite vorgesehen. Davon stehen 4 Ölumspanner in der Eigenbedarfs-Schaltanlage, die beiden weiteren haben Chlophenfüllung. Sie wurden für Block 2 nicht im Bunkerschwerbau, sondern in der Verbindungsbrücke zwischen den beiden Kesselhäusern aufgestellt, durch welche das Bekohlungsband über die Bunkerbühne von Block 1 nach Block 2 führt.

c) Eigenbedarf

Abb. 96 gibt das Übersichtsschaltbild der 6 kV-Eigenbedarfsanlage Block 1, Abb. 97 das Schaltbild der 500 V-Anlage Block 2. Für den Hauptteil der Eigenversorgung sind die 2 Spannungen 6 kV und 500 V gewählt worden. Die 6 kV-Anlage hat 2 Sammelschienen. An der 6 kV-Seite liegen bei Block 1 die Motoren für die Speisepumpen und für 2 Torfmühlen, ferner die Eigenbedarfsumspanner für die 500 V-Anlage. Einen Blick in die 6 kV-Schaltanlage vermittelt Abb. 98, die 500 V-Anlage zeigt Abb. 99.

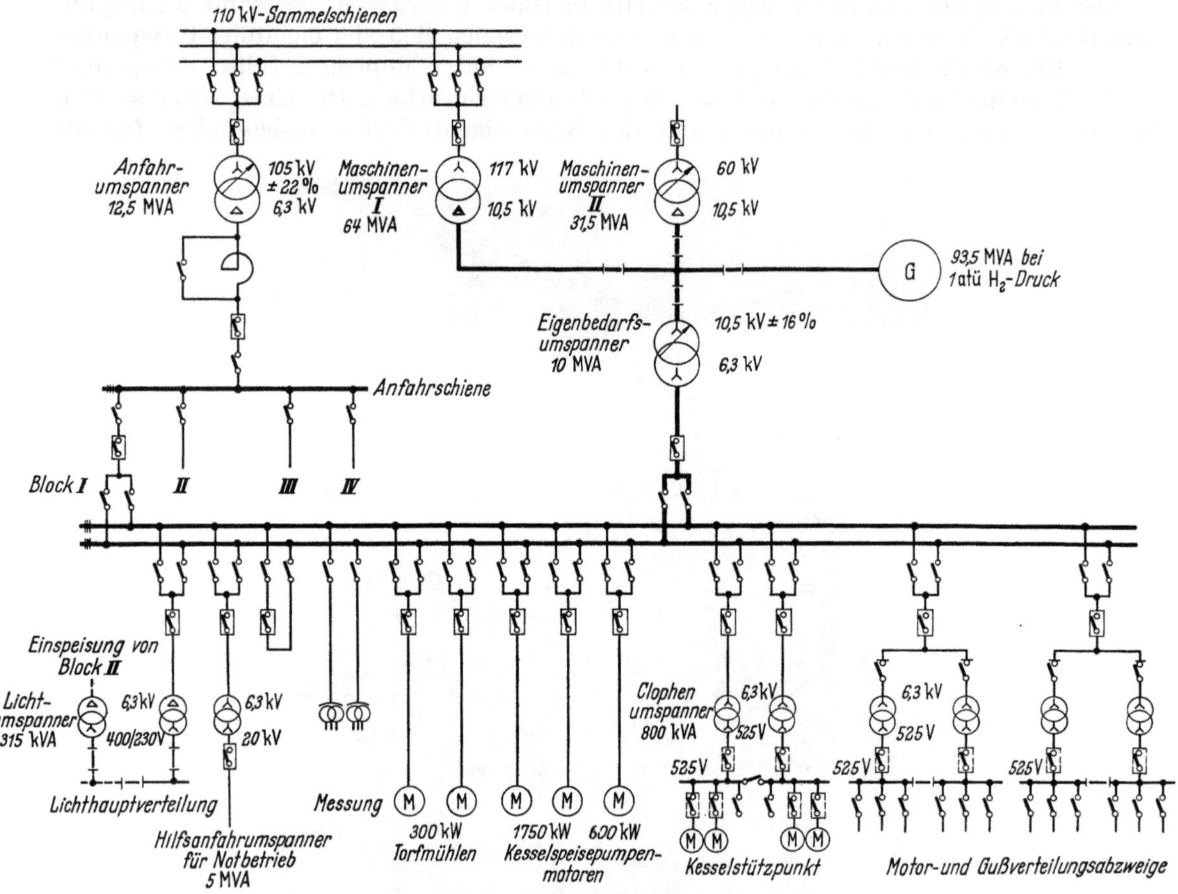

Abb. 96. Schaltplan der 6 kV-Eigenbedarfsanlage Block 1

Einige Antriebe für die Regelung, ferner die Werkküche benötigen 380 V Drehstrom. Für die Regelantriebe war es aus Gründen der Schaltung und Steuerspannung nicht günstig, 500 V zu verwenden. Der Leistungsbedarf dieser Antriebe ist klein, der Anschlußwert liegt unter 100 kVA. Die größten 500 V-Eigenbedarfsmotoren haben etwa 200 kW bzw. nur wenig darüber, womit eine wirtschaftlich vertretbare Versorgung der Eigenbedarfsmotoren mit der Spannung von 500 V möglich wurde.

In Tab. 16 sind Anzahl und Summenleistung der Motoren neben den zugehörigen Stromarten und Spannungen angegeben.

Tabelle 16. *Zuordnung der Spannung, Anzahl und Summenleistung der Eigenbedarfsmotoren (erste Ausbaustufe)*

Spannung	Anzahl der Motoren	Installierte Leistung der Motoren kW
Drehstrom 6 kV	5	4750
Drehstrom bzw. Wechselstrom 500/380/220 V	440	4180
Gleichstrom 220 V	3	14

Die in 5 Leistungsbereiche aufgeteilte Stückzahl der Niederspannungs-Drehstrom- und Wechselstrommotoren zeigt Tab. 17.

Tabelle 17. *Aufteilung der Niederspannungsmotoren in 5 Leistungsbereiche (erste Ausbaustufe)*

Leistung kW	Stückzahl	Bemerkungen
bis 1	250	meist 380 V Drehstrom und 220 V Wechselstrom
über 1 bis 5	107	überwiegend 500 V Drehstrom teilweise 380 V Drehstrom
über 5 bis 20	36	nur 500 V Drehstrom
über 20 bis 125	33	nur 500 V Drehstrom
über 125 bis 220	14	nur 500 V Drehstrom

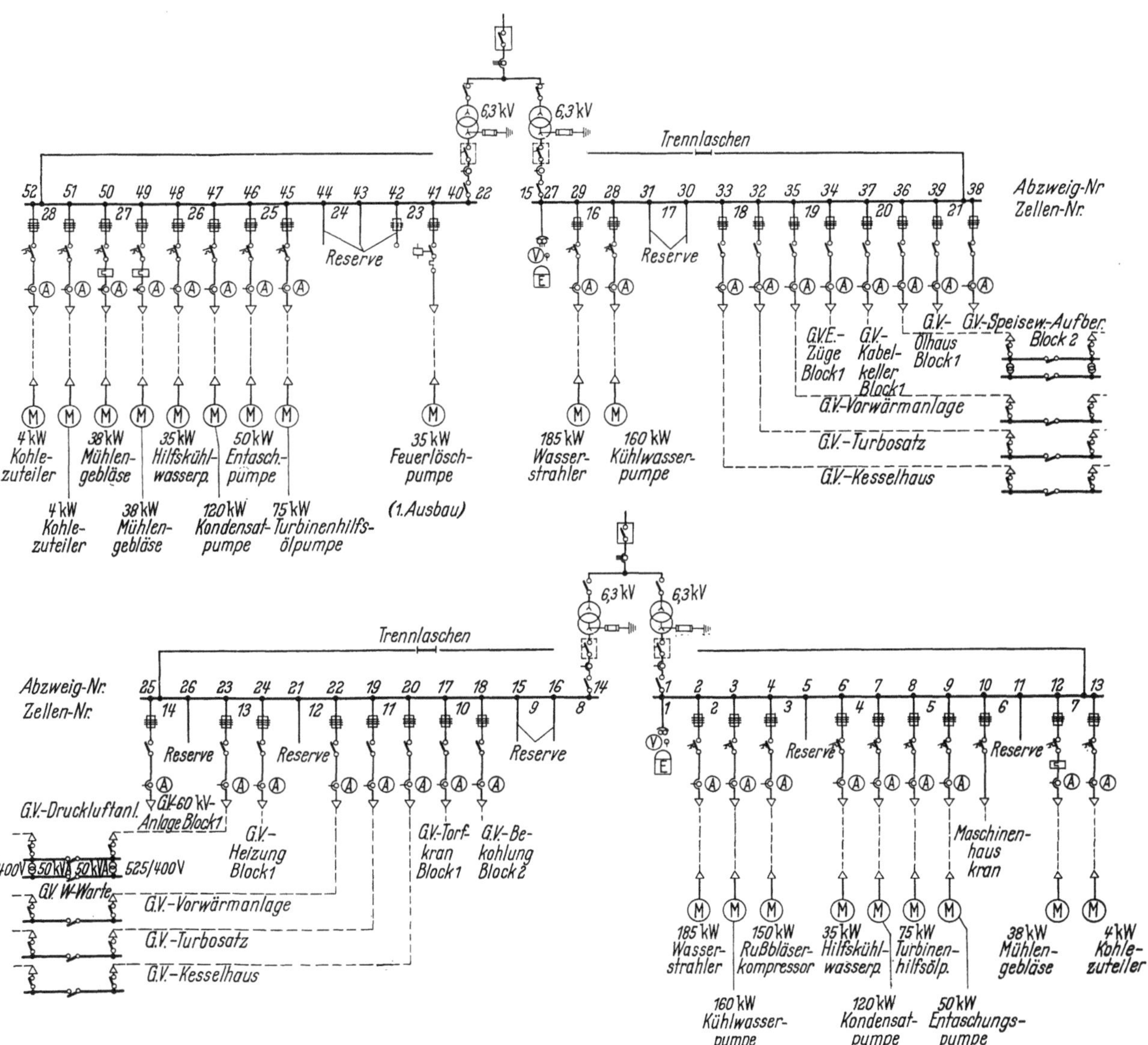

Abb. 97. Schaltplan der 500 V-Eigenbedarfsanlage Block 2

GV Gußverteilung

Die installierte Eigenbedarfs-Motorleistung beträgt 8950 kW. Das sind etwa 12,8 % der Wirkleistung des Generators. Davon sind bei Vollast des Turbosatzes im Normalfall

Abb. 98. Blick in die 6 kV-Eigenbedarfsschaltanlage Block 1. Die Raumbeleuchtung ist eingeschaltet

Abb. 99. Blick in die 500 V-Eigenbedarfsschaltanlage

etwa 3600 kW mit 4100 kW Aufnahme in Betrieb, d. h. etwa 5,8 % der Vollast werden für den Eigenbedarf benötigt. Die installierte Leistung der Eigenbedarfsmotoren ist hoch, was zum größten Teil durch die Vollastspeisepumpen mit der Hilfsspeisepumpe, die Torffeuerung und die Bekohlungsanlage bedingt ist.

Schaltungstechnisch ist die Eigenbedarfsanlage für Block 2 ganz ähnlich wie Block 1 aufgebaut.

In der zweiten Ausbaustufe beträgt die neu installierte motorische Eigenbedarfsleistung etwa 9300 kW, sie teilt sich auf, wie in Tab. 18 angegeben.

Tabelle 18. *Eigenbedarfsmotoren im zweiten Ausbau (Block 2)*

Spannung	Anzahl der Motoren	Installierte Leistung der Motoren
6 kV	6	6450
500, 380 und 220 V	180	2850
Gleichstrom	4	20

Die Regelantriebe werden wiederum mit 380 V Drehstrom versorgt. Die Anzahl der (überwiegend im Betriebsgebäude, in der Werkstatt und im Wasserhaus) eingebauten Kleinmotoren unter 1 kW ist in der zweiten Ausbaustufe wesentlich kleiner als in der ersten Ausbaustufe.

An 6 kV liegen in Block 2 3 Speisepumpenmotoren je 1800 kW und 3 Kohlenmühlenmotoren mit je 350 kW, diese 6 Motoren nehmen 70% der installierten Eigenbedarfsleistung in Anspruch.

Die Eigenbedarfs-Schaltanlagen 6 kV und 500 V sind in offener Ausführung in den Geschossen der Eigenbedarfsgebäude untergebracht.

Abb. 100. 500 V-Gußverteilung an der Maschinenhauswand zur Freiluftschaltanlage. Rechts eine Ventilkombination für die Sprinkleranlage eines Umspanners

Für die Versorgung der kleinen 500 V-Motoren innerhalb des Kraftwerkes sind die üblichen Gußverteilungen (Abb. 100) an den Gebäudewänden oder auf Stahlgerüsten vorgesehen.

d) Steuerung und Schaltung

Die Steuerung und Überwachung der Schaltgeräte geschieht über Druckluft als Arbeitsmittel mit 220 V Gleichstrom aus 2 Batterien mit je 504 Ah. An die Batterie sind außer den Steuerstromkreisen nur die Notbeleuchtung und einige kleine Notantriebe für Gleichstrom angeschlossen.

Die Stromversorgung der Meßtafeln und Hilfsgeräte ist durch kleine Transformatoren, teilweise mit angeschlossenen Gleichrichtern sichergestellt.

e) Motorische Antriebe

Die Eigenbedarfs-Antriebsmotoren sind fast durchweg Drehstrom-Kurzschlußläufermotoren für direkte Einschaltung. Ausnahmen hiervon bilden nur die kleinen regelbaren Drehstrom-Nebenschlußmotoren für die Brennstoffzuteiler, die Einphasenmotoren in den Regelgetrieben, ferner die in den Hebezeugen und teilweise in der Bekohlungsanlage eingebauten Drehstrom-Schleifringläufermotoren sowie kleine Notantriebe für Gleichstrom.

Im Kesselhaus und in der Bekohlungsanlage sind geschlossene Motoren mit Schutzart P 33, im Maschinenhaus und den sonstigen Anlageteilen tropfwassergeschützte Motoren mit Schutzart P 11 eingebaut.

Die Erstellung der raumsparenden und betriebssicheren Tauchpumpen führte zu einer häufigen Anwendung von Vertikalmotoren.

f) Beleuchtung

Für die Beleuchtung ist ein Drehstromnetz 380/220 V vorhanden, das durch 2 Lichtumspanner je 315 kVA gespeist wird. Die Lichtumspanner können wahlweise vom 6 kV-Eigenbedarf des Blockes 1 oder 2 gespeist werden.

Die Beleuchtung des Kraftwerkes in den Betriebsgebäuden und Büros geschieht vorwiegend durch Leuchtstoffröhren. Nur in den Kellerräumen sind teilweise wassergeschützte Beleuchtungskörper mit Glühlampen vorhanden. Die Beleuchtung des Außengeländes geschieht durch Tiefstrahler mit Hochleistungsglühlampen, in der Bekohlungsanlage sind weitgehend geschützte Leuchtstoffröhren eingebaut. Die Leuchtstoffröhren in der Wärme- und der Elektrowarte liegen unterhalb der Decke, das Licht wird durch unter den Leuchtkörpern in einer Metallkonstruktion liegende weiße Plastikplatten zerstreut.

g) Elektrowarte

Der Grundriß der Elektrowarte ist in Abb. 19 enthalten, eine Innenansicht zeigt Abb. 101.

Die Warte hat im Grundriß offene U-Form, sie enthält hinter den Standtafeln ausreichende Flächen für Hilfstafeln. Die Warte hat einige Fenster zum Kraftwerks-

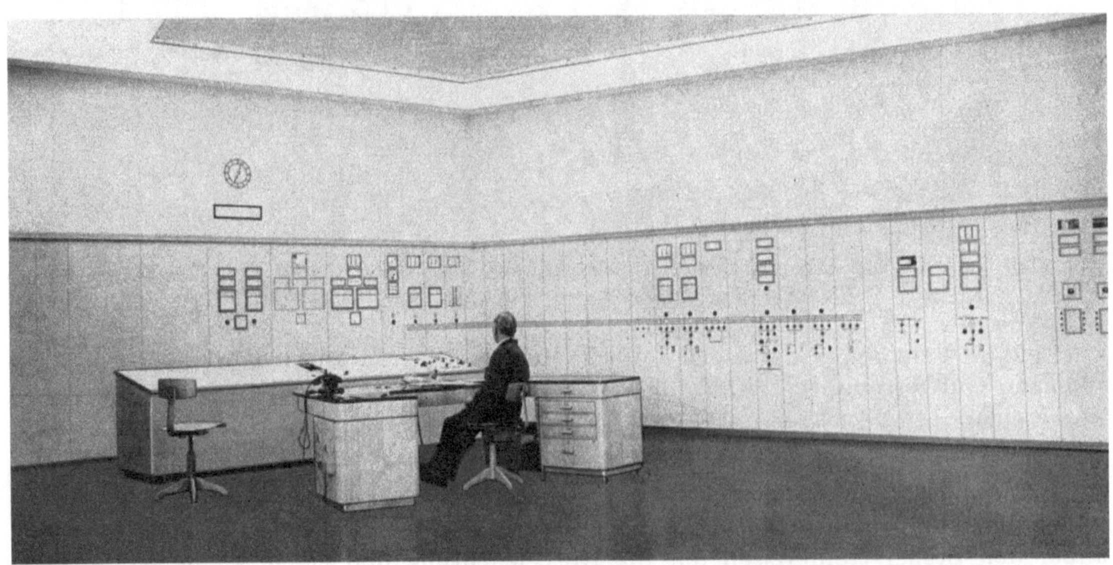

Abb. 101. Elektrowarte, Ausbaustufe für Block 1

gelände hin, die Bedienung ist somit von der „Außenwelt" nicht abgeschlossen. In den Standtafeln sind die Überwachungsinstrumente und die Signaleinrichtungen, in den davorliegenden Pulten die Steuerschalter für Turbogeneratoren, Fernleitungs-Abzweigschalter und Eigenbedarfs-Netzschalter untergebracht.

Frischdampfdruck und Ventilstellungen der Turbinen-Hochdruckregelventile werden in die Elektrowarte übertragen. Die Anzeige des Frischdampfdruckes gibt dem Schaltwärter einen Anhaltspunkt, wieweit die Dampferzeugung mit der abgegebenen Leistung übereinstimmt. Die Ventilstellungsanzeige soll es ermöglichen, die Turbosätze möglichst im Bestpunkt bzw. einem „ausgesteuerten" Ventilpunkt zu fahren, soweit die Netzverhältnisse dies zulassen.

h) Freiluftschaltanlage

Die Freiluftschaltanlage dient zur Einleitung der Anfahrleistung und zur Schaltung und Messung der aus dem Kraftwerk abgehenden Hochspannungsleistung. Für Block 1 und 2 sind vier abgehende Freileitungen mit 110 kV und eine Freileitung mit 60 kV vorgesehen, wobei die Anschlußmöglichkeit einer weiteren 60 kV-Leitung vorhanden ist. Die Leistungsschalter für 60 und 110 kV sind dreipolige Expansionsschalter mit Druckluftantrieb. Einen Eindruck von der Anlage gibt Abb. 12.

i) Schutzeinrichtungen

Generatoren, Transformatoren und große Hochspannungsmotoren haben weitgehende Schutzeinrichtungen gegen Fehler. Für die Generatoren ist die Schutzeinrichtung am umfangreichsten, sie enthält

1. Differential- und Erdschlußschutz,
2. Überstromschutz,
3. Läufererdschlußschutz,
4. Rückleistungsschutz,
5. Unsymmetrieschutz,
6. Schwingungsentregung.

Die Hochspannungsmotoren erhielten außer Überstromschutz und Kurzschlußschnellausschaltung noch Erdschlußschutz und Differentialschutz.

k) Fernsprechanlage

Die Fernsprechanlage hat eine Betriebsspannung von 60 V, die durch eine eigene Batterie gestellt wird. Es sind 40 (100) Anschlüsse für Nebenstellen, 20 (30) Amtsstellen, 40 (80) Betriebsstellen und 2 (3) Amtleitungen vorgesehen. Die Zahlen in Klammern bedeuten die Stellen, auf welche die Anlage erweitert werden kann. Innerhalb der Werke der NWK erfolgt der Fernsprechverkehr durch leitungsgerichtete Hochfrequenzübertragung. Eine Personenrufanlage im Kraftwerk ist vorhanden.

Die Wärmewarten sind mit der Elektrowarte durch Lautsprecheranlagen verbunden

D. Kennwerte

Umbauter Raum, Personaleinsatz, Herstellungskosten

Tabelle 19. *Spezifische Werte für umbauten Raum und bebaute Fläche*

	$\frac{m^3}{kW}$	$\frac{m^3}{kW}$
a) Spezifischer umbauter Raum (bzw. bebaute Fläche) für den Kraftwerksblock 1 (70 MW), bestehend aus Kessel- und Maschinenhaus mit Eigenbedarfsschaltanlage, einschließlich Unterkeller	1,24	0,037
b) desgl. berichtigt für angenommenen Endausbau auf 350 MW	0,98	0,028
c) Nebengebäude und Nebenanlagen, bezogen auf angenommenen Endausbau	0,09	0,012
b + c	1,07	0,040

Die Nebengebäude, bezogen auf den ersten Ausbau, würden etwa 0,36 m³/kW beanspruchen, wodurch mit dem Wert unter a) eine Gesamtzahl von 1,6 m³/kW entsteht. Diese Zahl gibt aber ein unrichtiges Bild, während die Zahlen 1,24 m³/kW für den 70 MW-Block und 1,07 m³/kW für den angenommenen Endausbau die Verhältnisse etwa richtig darstellen.

Die gegenüber a) kleineren Werte der Spalte b) kennzeichnen den geringeren spezifischen Raum- und Flächenbedarf für Kraftwerksblocks größerer Leistung.

Schornsteine und unterirdisch liegende Kanäle sind in den Werten nicht berücksichtigt.

Die Bauzeit von der Baustelleneinrichtung bis zum ersten Anstoßen der Turbine betrug für Block 1 etwa zwei Jahre. Den Personaleinsatz während der Bau- und Montagezeit auf der Baustelle zeigt Abb. 102.

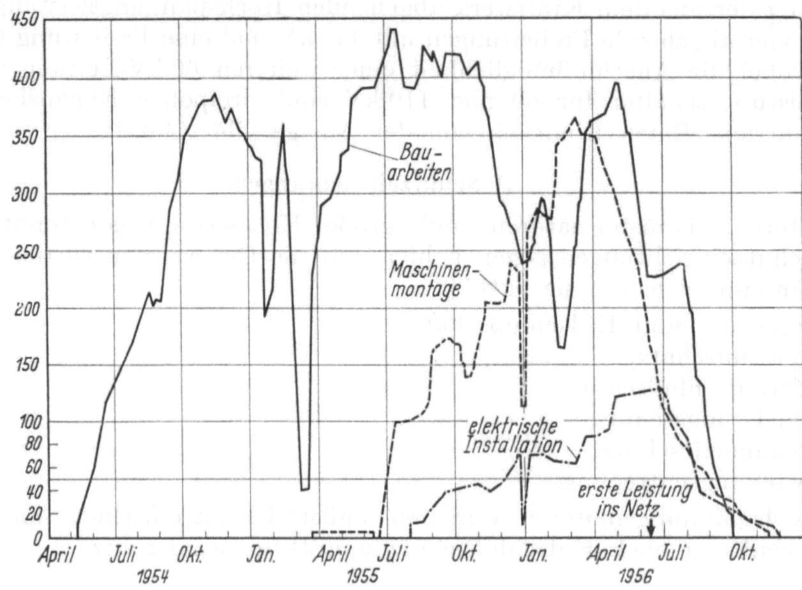

Abb. 102. Arbeitseinsatz bei Bau und Montage

Auf 70 MW bezogen, erforderte die Baustelle folgenden spezifischen Arbeitsaufwand:

Bau	2,7	Tagewerke je kW
Kessel- und Maschinenmontage	1,3	Tagewerke je kW
Elektromontage	0,45	Tagewerke je kW
Gesamt	4,45	Tagewerke je kW

Das Zahlenverhältnis Fach- zu Hilfsarbeiter war beim Bau sehr unterschiedlich von 1 : 1 bis 2 : 1, für den maschinentechnischen Teil zwischen 1 : 1 bis 1,5 : 1, für die Elektromontage war die Anzahl der Helfer unbedeutend, mit Ausnahme der Kabelverlegungsarbeiten, die einen großen Anteil an Helfern erforderte. Die Spitze der Gesamt-Baustellenbelegschaft lag im April 1956, sie betrug 800 Mann, die Spitzen der Einzelsparten sind aus Abb. 102 zu ersehen. Beim Block 2 war die aufgewendete Arbeitsleistung für den Bau 1,35, für die Kessel- und Maschinenmontage 0,75, für die Elektromontage 0,25 Tagewerke je kW. Der Gesamtwert betrug 2,35 Tagewerke je kW. Hierin wird der große Einfluß der Vorleistungen in der ersten Ausbaustufe sichtbar.

Das *Bedienungspersonal* für den ersten Block ist im eigentlichen Kraftwerksbetrieb mit 4 × 11 Mann vierschichtig, in der Bekohlungsanlage mit 2 × 7 Mann zweischichtig eingesetzt. Die gesamte Belegschaftsstärke im ersten Block umfaßt 138 Lohnempfänger und 33 Angestellte. Davon sind in der Maschinen- und Kesselreparatur, Elektro- und Maschinenwerkstatt etwa 50 Mann tätig. Für beide Blocks mit zusammen 150 MW wird man mit 150 Lohnempfängern und 34 Angestellten auskommen, durch Zusammenfassung von Bedienungsaufgaben für beide Blocks braucht das Schichtpersonal nur wenig vermehrt zu werden. Der Personalstand der gut besetzten Werkstatt wird nicht erhöht.

Der *Zusatzwasserverbrauch* je Block beträgt etwa 0,7% der von ihm erzeugten Dampfmenge bei wöchentlich einmaligem Anfahren und Abstellen.

Herstellungskosten

In den nachstehend angegebenen Kosten sind nicht enthalten:

Grundstückerwerb,
Kraftwerkshafen mit Uferbefestigung,
Zufahrtstraßen und Gleise außerhalb des Kraftwerkgrundstückes.

Die spezifischen Herstellungskosten des Kraftwerkes nach Preisstand 1955 betragen:

a) für Block 1 bezogen auf 70 MW einschließlich Nebenanlagen .... 536 DM/kW
b) für Block 2 bezogen auf 80 MW Zusatzleistung ohne Nebenanlagen ... 382 DM/kW
c) Mittelwert für Block 1 und 2 zusammen .... 454 DM/kW

Der Wert unter a) enthält erhebliche Vorleistungen für die weiteren Ausbaustufen, er gibt daher keinen Maßstab für den wahren spezifischen Kostenaufwand.

Der Wert unter b) enthält die Kosten des zweiten Kraftwerkblockes ohne Nebenanlagen, wie Werkstatt, Lager, Bürogebäude, Platzbekohlung, Kühlwassereinlauf usw.

Der Mittelwert unter c) für Block 1 und 2 enthält einige Vorleistungen für Block 3 und 4, die wahren spezifischen Kosten für Vollausbau würden etwa 5% niedriger sein.

Den Vergleich der Kostenanteile für Block 1 einschließlich Nebenanlagen und Block 2 ohne Nebenanlagen zeigt Tab. 20.

Tabelle 20. *Anteile der Herstellungskosten für Block 1 und 2*

	Block 1 %	Block 2 %
Bautechnischer Teil	33	23,5
Maschinentechnischer Teil	51	61,8
Elektrotechnischer Teil (einschl. Umspannern und Freiluftschaltanlage)	13,8	12,1
Allgemeines (Bauleitung, TÜV, Beratung)	2,2	2,6

Die Anteilzahlen für Block 2 sind auf den oben genannten Wert von 382 DM/kW bezogen.

Die Aufteilung der Kosten des maschinentechnischen Teiles in Block 1 und 2 zeigt Tab. 21.

Tabelle 21. *Kostenanteile innerhalb des maschinentechnischen Teils in Block 1 und 2*

	Block 1 %	Block 2 %
Kessel, Feuerung, Kesselgebläse, Entaschung, Entstaubung, Frischluft- und Rauchgaskanäle	34,4	38,4
Turbosatz und Vorwärmanlage	29,2	33
Rohrleitungen, Armaturen, Regelventile	9,1	10,8
Bekohlungsanlage	9,2	0,6
Regelung und Überwachung	4,4	4,1
Sonstige Teile	13,7	13,1
	100,0	100,0

Unter Berücksichtigung der kostensteigernden Verhältnisse (Gründung, Kühlwasserversorgung, umfangreiche Nebenanlagen) sind die Herstellungskosten als günstig zu bezeichnen.

Viertes Ausführungsbeispiel

Die Dampfkraftwerke der Tennessee Valley Authority (TVA), Knoxville, Tenn., USA — Kraftwerk Gallatin —

Von KARL SCHRÖDER, Erlangen

A. Überblick über die Entwicklung der TVA

Die TVA wurde am 18. 5. 1933 durch einen Kongreßbeschluß der Vereinigten Staaten konstituiert. Zweck des Unternehmens war und ist die Errichtung von Staudämmen für die Wasserwirtschaft, die Kultivierung des Tennessee-Tales und die Errichtung von Wasser- und Dampfkraftwerken zur Energieversorgung eines Gebietes von rund 205000 km² mit einer Bevölkerung von rund 5 Millionen Menschen. Während des zweiten Weltkrieges kam die Aufgabe hinzu, die Werke der Atomic Energy Commission (AEC) und die Verteidigungsindustrie mit Energie zu beliefern.

Die Entwicklung des Unternehmens wird durch folgende Angaben deutlich: Bei der Gründung übernahm die TVA das Wasserkraftwerk Wilson Dam mit 184 MW und das Dampfkraftwerk Muscle Shoals mit 64 MW. In dem gesamten jetzt zur TVA gehörenden Versorgungsgebiet waren damals 800 MW installiert. Die installierte Leistung der TVA wuchs bis zum 1. 9. 1957 auf 9930 MW; hiervon entfielen rund 63% auf Dampf- und rund 37% auf Wasserkraftwerke. Die zu diesem Zeitpunkt laufenden Erweiterungsaufträge brachten bis zum 1. 7. 1958 eine Leistungserhöhung auf rund 10000 MW. Bis zum Jahr 1960 sollen die Kraftwerke eine installierte Gesamtleistung von mehr als 13000 MW aufweisen. Der Anstieg an Strombedarf und Kraftwerksleistung seit Kriegsende ist aus Abb. 1 zu ersehen.

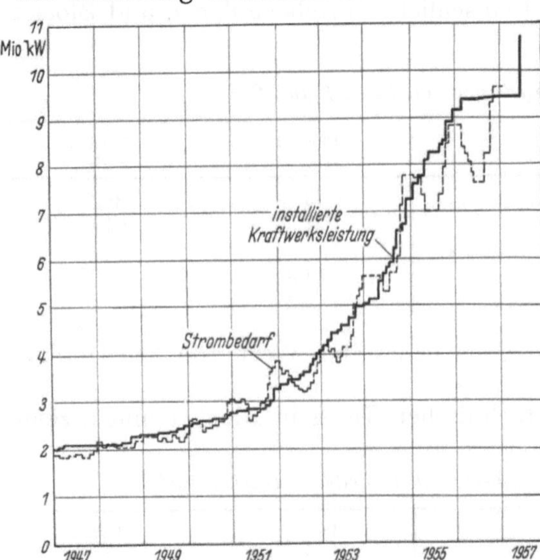

Abb. 1. Strombedarf und Kraftwerksleistung im Versorgungsgebiet der TVA

Im Jahr 1933 wurden im jetzigen Versorgungsgebiet der TVA 1,5 Milliarden kWh erzeugt, im Jahr 1956 rund 60 Milliarden kWh, d. h. also die 40fache Energiemenge. Das Verbundsystem der TVA war der gleichen Entwicklung unterworfen wie andere, die allmählich vom reinen oder fast ausschließlichen Wasserkraftbetrieb auf einen überwiegenden Dampfkraftbetrieb übergingen.

Bei einem Vergleich mit der Bundesrepublik stellt man fest, daß 1956 in Deutschland eine Bruttoerzeugung von rund 52 Milliarden kWh bei den öffentlichen Energieerzeugungs-Unternehmungen vorlag (85 Milliarden kWh insgesamt bei den EVU und der Industrie). Die installierte Leistung (Engpaßleistung) betrug 1956 bei den EVU 11945 MW. Im Bundesgebiet wurde diese Energiemenge durch rund 2700 in der öffentlichen Elektrizitätsversorgung tätige Unternehmungen sowie durch rund 1300 an das öffentliche Netz abgebende Industriewerke erzeugt. Mit einer um ungefähr 20 % größeren Kraftwerksleistung wurden somit in Deutschland ungefähr 13% weniger kWh erzeugt als in dem Verbundnetz der TVA. Die höhere Benutzungsstundenzahl bei der TVA ist auf den großen Industriebedarf zurückzuführen, insbesondere auf den der AEC-Werke (Diffusionstrennanlagen[1] zur Anreicherung von U^{235}), die rund 50% der gesamten erzeugten Strommenge verbrauchen. Immerhin ist auch der sonstige Bedarf stetig gewachsen, z. B. benötigten die vor der Gründung der TVA in deren jetzigem Gebiet ansässigen 225000 Verbraucher 1933 im Mittel 600 kWh, denen 1954 bereits 1200000 Abnehmer mit einem mittleren Bedarf von rund 5000 kWh gegenüberstanden. Im Jahre 1958 lag der mittlere Verbrauch bei 7200 kWh pro Abnehmer.

Die sieben von 1951 bis 1956 gebauten Dampfkraftwerke haben eine Leistung von 5850 MW. In ihnen sind 40 Blocks, bestehend aus je einem Kessel, einem Turbosatz und einem Transformator, vorhanden. Die mittlere Blockleistung liegt somit bei rund 150 MW. Die weiteren im Bau befindlichen Turbosätze (Ende 1958 betrug die gesamte in Dampfkraftwerken installierte Kapazität 6495 MW) mit Leistungen bis zu 500 MW erhöhen diese Durchschnittsleistung noch beträchtlich.

Nach dem 64 MW-Kraftwerk Muscle Shoals wurde während des zweiten Weltkrieges das Kraftwerk Watts Bar mit vier 60 MW-Turbosätzen errichtet. Das nächste war dann

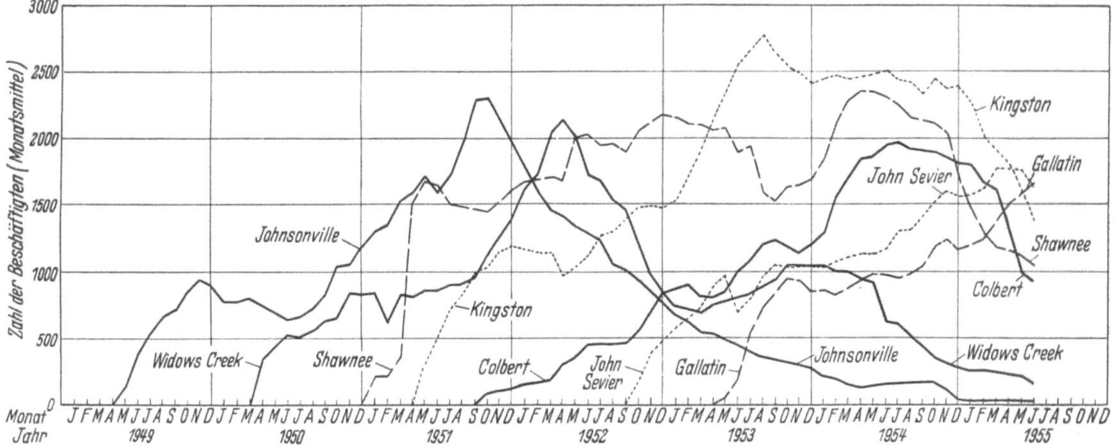

Abb. 2. Vergleich der bei der Planung und beim Bau der verschiedenen Dampfkraftwerke eingesetzten Arbeitskräfte der TVA (1949—1955)

Aufgetragen ist die Anzahl der im Monatsmittel täglich eingesetzten Angestellten und Arbeiter der TVA. Die Zahlen umfassen den Arbeitsaufwand für den maschinen- und bautechnischen Teil sowie für die Bauleitung und für allgemeine Verrichtungen

das Kraftwerk Johnsonville, dessen erste Einheit im Oktober 1951 in Betrieb gesetzt wurde. Seitdem folgten rasch hintereinander die großen Kraftwerke Widows Creek, Shawnee, Kingston, Colbert, John Sevier und Gallatin. Abb. 2 zeigt, in welcher Reihenfolge

Tabelle 1. *Arbeitsaufwand und Unfälle beim Bau der TVA-Kraftwerke*

Projekt	Montagezeit		Arbeitsaufwand in Stunden	Anzahl der Unfälle				
	von	bis		tödlich	dauernd voll arbeitsunfähig	dauernd teilweise arbeitsunfähig	zeitweise voll arbeitsunfähig	insgesamt
Johnsonville....	Mai 1949	Dez. 1954	12276725	2	0	14	32	48
Widows Creek..	Mai 1950	März 1955	11865398	4	0	14	31	49
Shawnee	Jan. 1951	März 1955	21836179	3	0	11	46	60
Kingston	März 1951	März 1955	16970448	4	0	7	39	50
Colbert	Sept. 1951	März 1955	7904592	2	2	7	34	45
John Sevier ...	Okt. 1952	März 1955	5550227	1	0	4	18	23
Gallatin	Mai 1953	März 1955	3399634	2	0	5	12	19

[1] (Oak Ridge und Paducah)

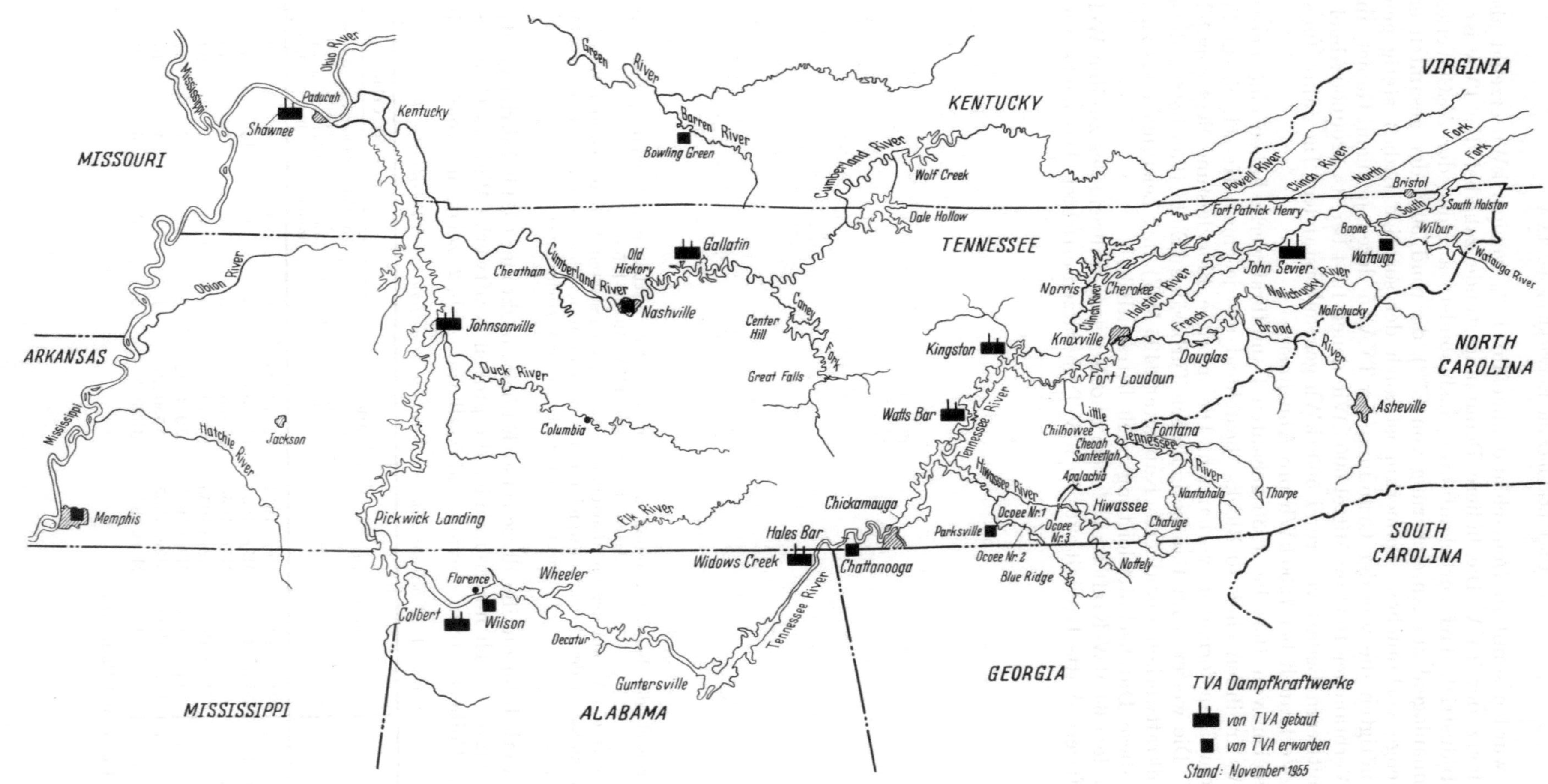

Abb. 3. Dampfkraftwerke der TVA (Stand: November 1955)

diese Werke in Arbeit genommen wurden, und welcher tägliche Einsatz von Arbeitskräften (in Büros und auf der Baustelle) im Monatsmittel für die Planung und den Bau vorlag. In der Tabelle 1 ist zusammengestellt, wie viele Arbeitsstunden insgesamt aufgewendet wurden, und wie viele Unfälle während der Bauzeit vorgekommen sind. Die örtliche Lage dieser Kraftwerke im Tennessee-Gebiet geht aus Abb. 3 hervor. Ausführliche technische Auslegungsdaten über diese sieben großen Kraftwerke, die von 1951 bis jetzt gebaut wurden, sind in der Tabelle 2 zusammengestellt. Außerdem enthält diese Tabelle Angaben über den spezifischen Wärmeverbrauch, die spezifischen Herstellungskosten und den Betriebsbeginn der einzelnen Aggregate. Der Tabelle 3 können weitgehend unterteilte technische Einzelheiten über die Turbosätze entnommen werden. Aus diesen Tabellen ergeben sich u. a. folgende bemerkenswerte Daten:

Die Blockleistung der Einwellensätze wurde von 1951 bis 1957 in mehreren Stufen von 125 MW (hierunter in Johnsonville vier Sätze mit noch 1800 U/min) auf 275 MW (Gallatin Block III und IV) gesteigert. Für das Kraftwerk Widows Creek wurde 1957 ein Zweiwellensatz für 500 MW mit 3600/1800 U/min in Auftrag gegeben; der zugehörige Kessel leistet 1750 t/h. Er soll im Jahre 1960 in Betrieb gehen. Ein weiterer Zweiwellensatz von gleichfalls 500 MW, jedoch mit 3600/3600 U/min, wurde Anfang Februar 1959 für das Kraftwerk Colbert bestellt.

In der Vierjahresperiode von 1951 bis 1955 wurde der Druck von 102 auf 141 ata und die Temperatur von 537° C auf 565° C heraufgesetzt. Im Jahr 1957 hat man sich entschlossen, den Druck auf 170 ata zu erhöhen. Der spezifische Wärmeverbrauch fiel im gleichen Zeitraum von rund 2580 kcal/kWh auf rund 2330 kcal/kWh. Im Jahr 1942 betrug er bei den 60 MW-Sätzen noch rund 2900 kcal/kWh.

Die TVA hat sich bewußt nicht in die Reihe derjenigen Kraftwerksbetreiber gestellt, die bei der ersten sich ergebenden Möglichkeit auf die höchsten Drücke und Temperaturen im Kreisprozeß hinstrebten. Der Grund für diese etwas abwartende Haltung liegt in dem ungewöhnlich geringen Wärmepreis des verfügbaren Brennstoffes; dennoch gehören diese Kraftwerke, wärmewirtschaftlich gesehen, zu den besten der Welt.

Die Entwicklung der absoluten und der spezifischen Kraftwerkskosten kann aus Tabelle 4 entnommen werden. Die spezifischen Herstellungskosten liegen zwischen 500 und 700 DM/kW, wenn man 1 $ gleich 4,2 DM setzt. Die Unterteilung auf die einzelnen Betriebsteile und das Kraftwerkszubehör bringt interessante Vergleichsmöglichkeiten. Eine eindeutige Abhängigkeit der spezifischen Herstellungskosten von der installierten Leistung ist nicht zu erkennen. Der Grund hierfür dürfte darin liegen, daß die in den letzten Jahren aufgetretene Verteuerung einen stärkeren Einfluß ausgeübt hat als die Verbilligungstendenz, die durch den Übergang auf größere Aggregate gegeben ist. Auch die jeweiligen örtlichen Bedingungen haben sich in einem unbekannten Maße ausgewirkt.

Von größter Bedeutung für Stromerzeugungsanlagen sind billige Brennstoff- und große Kühlwassermengen. Beide stehen im Tennessee-Gebiet reichlich zur Verfügung, da die Kraftwerke an den Ufern der Flüsse bzw. der Stauseen gebaut wurden und sehr große Kohlevorkommen in der unmittelbaren Nachbarschaft erschlossen werden konnten.

Der Gesamtkohleverbrauch aller Kraftwerke des TVA-Verbundnetzes im Jahr 1956 wird mit rund 18 Mill. t angegeben. Auf den Kohlenlagerplätzen der Kraftwerke waren 1956 rund $4^1/_2$ Mill. t Kohle gespeichert, allein im Kraftwerk Kingston $1^1/_3$ Mill. t. Der Durchschnittspreis der verfeuerten Kohle entsprach im Jahr 1955 knapp 18 DM/t und im Jahresmittel von 1935/55 ungefähr 18,50 DM/t. Der Heizwert schwankt zwischen 6400 und 7300 kcal/kg.

Der spezifische Wärmepreis lag im Jahr 1955 bei rund 2,80 DM je 1 Mill. kcal. Das bedeutet, daß die Brennstoffkosten ungefähr 0,65 Dpf/kWh entsprechen. Die Ausgaben für den Brennstoff sollen einen Anteil von rund 80% der gesamten Betriebskosten ausmachen, so daß sich die letzteren auf rund 0,82 Dpf/kWh belaufen.

Ein Vergleich mit deutschen Verhältnissen läßt die Bedeutung dieser Zahlen erkennen. Das Verhältnis der spezifischen Kosten in DM/kW zu dem Steinkohlenpreis

Tabelle 2. *Auslegungsdaten und Kennzahlen*

Kraftwerk	Anzahl der Turbosätze	Maximale Dauerleistung je Turbosatz	Gesamte installierte Leistung	Dampfdruck	Dampftemp.	Generatorspannung	Kesselleistung	Kohleverbrauch je Kessel	Spez. Wärmeverbrauch[1] netto
				am Eintrittsstutzen					
		kW	kW	ata	°C	kV	t/h	t/h	kcal/kWh
Johnsonville[3] ..	6	125000	750000	102	537	4×13,8	454	54	4×2575
						2×18,0			2×2558
Widows Creek[4]	6	125000	750000	4×102	537	18,0	4×454	4×51	4×2594
				2×127	537/537		2×385	2×49	2×2374
Shawnee	10	150000	1500000	127	537/537	18,0	454	58	2368
Kingston......	9	4×150000	1600000	127	4×537/537	4×18,0	4×454	4×58	4×2364
		5×200000			5×565/565	5×20,0	5×580	5×76,5	5×2340
Colbert[5].......	4	200000	800000	127	565/565	20,0	580	76	2343
John Sevier ..	3	200000	600000	127	565/565	20,0	580	70	2342
	1	(500000)	(1100000)						
Gallatin	2	250000	1050000	141	565/565	24,0	750	99,5	2333
	2	275000							

[1] Bei maximaler Dauerlast und 0,069 ata Gegendruck. [2] 1 $ = 4,2 DM gerechnet. [3] Nach neueren vier Sätze zu je 150 MW in Betrieb sein. [4] Ein weiterer 500 MW Satz soll bis Oktober 1960 fertiggestellt werden.

Tabelle 3. *Auslegungsdaten der Turbosätze*

Kraftwerk	Block Nr.	MW	Bei maximaler Dauerleistung des Turbosatzes: MVA	cos φ	H_2-Druck	Amp.	U/min	Frischdampfdruck ata	Temp. Turb. Eintritt °C
Johnsonville.......	1—3	125	143,75	0,87	1,05	6014	1800	103	537
	4	125	143,75	0,87	1,05	6014	1800	103	537
	5—6	125	143,75	0,87	1,05	4612	3600	103	537
Widows Creek.....	1—2	125	143,75	0,87	1,05	4612	3600	103	537
	3—4	125	143,75	0,87	1,05	4612	3600	103	537
	5—6	125	143,75	0,87	1,05	4612	3600	127	537/537
Shawnee	1—6	150	168,54	0,89	1,05	5400	3600	127	537/537
	7—10	150	168,54	0,89	1,05	5400	3600	127	537/537
Kingston..........	1—4	150	168,54	0,89	1,05	5400	3600	127	537/537
	5—8	200	217,4	0,92	2,1	6275	3600	127	565/565
	9	200	217,4	0,92	2,1	6275	3600	127	565/565
Colbert	1—2	200	217,4	0,92	2,1	6275	3600	127	565/565
	3—4	200	217,4	0,92	2,1	6275	3600	127	565/565
John Sevier	1—2	200	217,4	0,92	2,1	6275	3600	127	565/565
	3	200	217,4	0,92	2,1	6275	3600	127	565/565
Gallatin	1—2	250	277,8	0,9	2,1	6682	3600	141	565/565

Tabelle 4. *Herstellkosten*

	Johnsonville	Widows Creek	Shawnee
Planungsbeginn	12. 5. 49	29. 3. 50	6. 1. 51
Anzahl der Einheiten	6	6	10
Installierte Kraftwerksleistung in kW	750000	750000	1500000
			Geschätzte spez.
Landerwerb	0,4	0,2	1,3
Gebäude- und Geländeregulierung	110,0	110,0	125,5
Kesselanlage	152,5	162,0	216,5
Bekohlung und Kohlenlagerplatz	33,0	34,0	30,0
Turbosätze	139,5	127,0	136,7
Kühlwasseranlage	22,0	17,2	31,6
Elektrische Ausrüstung	28,2	34,0	32,7
Verschiedenes Zubehör	8,4	8,6	6,5
Umspannanlage	35,0	28,0	24,2
	529,0	521,0	605,0
Kosten des bautechnischen Teiles in DM/kW	85,0	87,5	106,5
Spez. Flächenbedarf in m^2/kW	0,019	0,0175	0,0175
Spez. Raumbedarf in m^3/kW	0,62	0,58	0,55

[1] 1 $ = 4,2 DM gerechnet

von TVA-Kraftwerken

Planungsbeginn	Betriebsbeginn der ersten Einheit	Betriebsbeginn der letzten Einheit	Herstellungskosten in DM/kW[2] Kraftwerk	Freiluftschaltanlage	Gesamtanlage
12. 5. 49	27. 10. 51	22. 2. 53	496	33	529
29. 3. 50	1. 7. 52	17. 7. 54	492	29	521
6. 1. 51	9. 4. 53	April 56	580	25	605
30. 4. 51	8. 2. 54	Dez. 55	500	25	525
14. 10. 51	18. 1. 55	4. 11. 55	521	29	550
15. 10. 52	12. 7. 55	März 56	567	46	613
11. 5. 53	Febr. 56	April 56	647	38	685

Angaben sollen bis Mitte 1959 sechs Sätze zu je 125 MW und
[5] Am 6. 2. 1959 wurde ein weiterer 500 MW-Satz bestellt.

von TVA-Kraftwerken

Erregermaschine kW	Erregermaschine Volt	Hilfserregermaschine kW	Hilfserregermaschine Volt	Bestelltag	Inbetriebsetzung der ersten Einheit
340	250	5	250	12. 5. 49	27. 10. 51
340	250	5	250	29. 3. 50	8. 4. 52
325	375	3	250	10. 8. 50	10. 11. 52
340	375	6	250	29. 3. 50	1. 7. 52
340	375	6	250	17. 8. 50	7. 11. 52
350	375	6	250	11. 7. 51	3. 6. 54
350	375	3	250	8. 1. 51	9. 4. 53
350	375	3	125	24. 7. 52	23. 12. 54
350	375	3	250	7. 2. 51	8. 2. 54
550	375	5	250	24. 7. 52	18. 1. 55
550	375	5	250	21. 8. 53	Dez. 55
550	375	5	250	12. 9. 51	18. 1. 55
550	375	5	250	7. 7. 52	29. 7. 55
550	375	5	250	28. 7. 52	12. 7. 55
550	375	5	250	14. 8. 53	März 56
900	375	13	125	5. 8. 52	Febr. 56

von TVA-Kraftwerken

Kingston	Colbert	John Sevier	Gallatin
30. 4. 51	15. 10. 51	14. 10. 52	11. 5. 533
9	4	3	2
1600000	800000	600000	500000
Herstellkosten in DM/kW[1]			
3,1	1,5	7,7	5,0
93,7	99,0	121,0	138,0
189,0	191,0	197,0	229,0
25,9	32,2	34,3	53,0
137,5	134,4	140,0	142,0
14,9	17,3	22,6	18,0
31,0	36,5	36,7	47,0
5,2	9,1	11,7	14,0
24,7	29,0	42,0	39,0
525,0	550,0	613,0	685,0
83,0	79,0	89,5	100,0
0,0166	0,0495	0,0236	0,0223
0,54	0,60	0,64	0,67

in DM/t liegt bei den TVA-Kraftwerken bei ungefähr 30, in Deutschland aber im Mittel bei etwa 5. Trotz dieses geringen Brennstoffpreises hat die TVA das Bestreben gehabt, von den wärmewirtschaftlichen Ersparnismöglichkeiten wegen der weiteren hiermit verbundenen Vorteile (z. B. Leistungssteigerung der Turbosätze und Schrumpfung des Raum- und Baustoffaufwandes) so weitgehend wie möglich Gebrauch zu machen.

Die 7 Kraftwerke mit einer mittleren Leistung von je 1600 MW bringen ein solch einmaliges Anschauungsmaterial, daß sich ein näheres Eingehen auf die Konstruktionsgrundsätze lohnt. Die Abb. 4 bis 10 zeigen an Hand von Photos einen Überblick über die Raumwirkung und die Fassadengestaltung dieser Kraftwerke (mit Ausnahme von Widows Creek). Die Anlagen wurden von verschiedenen Seiten aufgenommen, so daß sich ein guter Überblick über die Gestaltungsrichtlinien ergibt.

In Abb. 4 sieht man das Kraftwerk Johnsonville mit anschließendem Kohlenplatz am Ostufer des Kentucky Lake. Es ist das einzige Kraftwerk mit auf dem Zwischentrakt (Pumpen- und Wartengebäude) zwischen Kessel- und Maschinenhaus aufgesetzten Blechschloten. Der Bunkerbau steht an der Außenseite des Kraftwerkes. Zusammen mit den vier 150 MW-Turbosätzen, die 1959 in Betrieb kommen, wird es über eine gesamte installierte Leistung von 1350 MW verfügen.

Abb. 5 zeigt das 1,5 Mill. kW-Kraftwerk Shawnee am Ohio mit 10 Turbosätzen von je 150 MW in einem Blick auf die Fensterfront des Maschinenhauses und auf die Freiluftschaltanlage. Die 10 Schornsteine stehen hinter dem Kraftwerk. Sie sind zur Zeit der Aufnahme sämtlich in Betrieb. Einen eindrucksvollen Blick über die zehn großen Aggregate vermittelt Abb. 6, die vom Besucherbalkon des Maschinenhauses aufgenommen wurde.

Abb. 4. Kraftwerk Johnsonville

Abb. 5. Maschinenhaus und Schaltanlage des Kraftwerkes Shawnee

Das Kraftwerk Kingston, Abb. 7, besitzt 4 Turbosätze mit je 150 MW und 5 Turbosätze mit je 200 MW, insgesamt also eine Leistung von 1,6 Mill. kW. Die Aufnahme zeigt das Kraftwerk mit seinen 9 Schornsteinen nebst Saugzugventilatoren und den großen Kesselblocks. Im Anschluß an die Längsachse des Kraftwerkes sieht man das Bürogebäude und im Vordergrund den großen Autoparkplatz.

Abb. 8 bringt ein Photo des Kraftwerkes Colbert, das am Picknick Lake liegt. Es ist ebenfalls so aufgenommen, daß das Kesselhaus mit seinen 4 Schornsteinen und dem Bürogebäude zu sehen ist. In der Architektur zeigen sich Abweichungen von den bei Kingston wirksamen Gedanken. Das Kraftwerk enthält 4 Turbosätze von je 200 MW; im Endausbau sind 2000 MW beabsichtigt.

Das Kraftwerk John Sevier am Holston River ist in Abb. 9 dargestellt. Die Photographie vermittelt ein aufschlußreiches Bild von dem ausgedehnten Kohlenlager, das ohne Einsatz von großen Transportmitteln, wie Kohlenplatzbrücken usw., geschaffen ist. Bisher ist die Hälfte der geplanten Endleistung von 1200 MW ausgebaut.

In Abb. 10 ist das Kraftwerk Gallatin von der Eingangsseite her aufgenommen. Man sieht Kessel- und Maschinenhaus mit vorgebautem Büro- und Betriebsgebäude sowie die Freiluftschaltanlage.

Allgemein ist zu der bautechnischen und architektonischen Gestaltung dieser Kraftwerke zu sagen, daß die Baumassen durch die Betonung der großen Flächen bei ver-

Abb. 6. Blick vom Besucherbalkon in das Maschinenhaus des Kraftwerkes Shawnee

Abb. 7. Kraftwerk Kingston

hältnismäßig geringer Höhe allein schon aus den Proportionen der Baukörper heraus ruhig und harmonisch wirken. Der Eindruck wird noch verstärkt durch das Fehlen von Dachgesimsen, Dachvorsprüngen usw., ferner durch das sparsame Anordnen von Fensterflächen. Nur für das Maschinenhaus wurden große Glasflächen (hauptsächlich in Leichtmetallkonstruktion) geschaffen. Sonst sind nur wenige Einzelfenster bzw. schmale Lichtbänder vorhanden.

Abb. 8. Kraftwerk Colbert

Für die Außenwände werden im allgemeinen profilierte, isolierende Aluminiumplatten bzw. mit Isolierstoffen gefüllte Aluminiumblechkästen verwendet, wodurch die Großflächigkeit der Fassaden noch unterstrichen wird.

Abb. 9. Kraftwerk John Sevier

Auch die Nebengebäude, wie Werkstätten, Lager, Büros, Belegschaftsgebäude, die zum Teil zu gemeinsamen Baukörpern zusammengefaßt sind, harmonieren mit dem eigentlichen Kraftwerksblock in ihren Proportionen.

Das Kraftwerksäußere offenbart sinnfällig eine gute Zusammenarbeit von Ingenieuren und Architekten:

1. Es wurden ausschließlich Kraftwerksblocks, bestehend aus einem Dampferzeuger, einem Turbosatz und einem Transformator sowie dem üblichen maschinen- und elektrotechnischen Blockzubehör, errichtet.

2. Bei allen neueren Blocks erfolgt eine Zwischenüberhitzung; nur bei den ältesten Anlagen, d. h. den Blocks des Kraftwerkes Johnsonville und des ersten von Widows Creek, wird der Dampf nicht zwischenüberhitzt.

3. Bis auf die ersten Sätze von Johnsonville wurden nur Einwellensätze aufgestellt.

4. Mit Ausnahme der 250 MW-Sätze des Kraftwerkes Gallatin stehen alle Turbinen senkrecht zur Maschinenhausachse.

5. Alle Kraftwerke wurden so gebaut, daß ein durchlaufender Bedienungsflur für Kessel- und Maschinenhaus sowie Warte usw. auf Terrainhöhe liegt. Die Kohlenmühlen, Kesselspeisepumpen, Kondensatoren usw. wurden auf Kellerflurhöhe untergebracht.

Abb. 10. Kraftwerk Gallatin, Eingangsseite

6. Mit Ausnahme von Johnsonville sind der Bunkertrakt und ein Trakt für Hilfsanlagen verschiedener Art zwischen Kessel- und Maschinenhaus eingeschoben.

7. Der Hilfsanlagentrakt enthält (von unten nach oben) einen im Kraftwerksfundament vorgesehenen Kondensatbehälter, die Kesselspeisepumpen in Kellerflurhöhe, die 440 und 4000 V-Schaltanlagen in mittlerer Höhe des Kondensatorkellers, die kombinierte Warte und Büros für die Ingenieure auf Maschinenhausflur und im oberen Teil Speisewasserbehälter und Entgaser.

8. Alle Kessel stehen auf der gleichen Querachse wie die zugehörigen Maschinen.

9. Die mechanischen Fliehkraftentstauber liegen unter Terrainhöhe. Die eingeplanten aber noch nicht eingebauten Elektrofilter sowie Saugzüge und Schornsteine stehen außerhalb des Kraftwerkes auf Terrainhöhe. Im Kraftwerk Johnsonville mußte aus örtlichen Gründen der Schornstein auf dem Bunkertrakt errichtet werden, da die Lage zwischen Hafen und Bergen wohl keine andere Lösung gestattete.

10. Die Kondensatoren sind fast alle etwas abgesenkt aufgestellt, so daß an Kühlwasserpumpenarbeit gespart wird. Die Kühlwasserleitungen werden von unten senkrecht zu- bzw. abgeführt.

11. Alle Kessel wurden in Zweizugbauart mit je einer einzigen Brennkammer errichtet. Nur im Kraftwerk Gallatin haben die Kessel Zwillingsfeuerungen erhalten.

12. Die Kessel sind sämtlich in außenliegenden Gerüsten aufgehängt. Ein besonderes Kesselhaus, in dem die Kessel stehen, ist nicht vorhanden.

Anlageteil	Arbeitsabschnitt	Nr.	Spezifizierung	wahrscheinliche Menge
Aufschluß des Geländes und Allgemeines	Erdbewegungen	1	Baugleisanlage	
		2	Werksgleisanlage	
		3	Zufahrtsstraße (Erdarbeiten, ——, Pflasterung - - -)	
		4	Kraftwerksgebäude	
		5	Kohlenlagerplatz	
	Gleisverlegung	6	Baugleisanlage	
		7	Werksgleisanlage	
	Rohrleitungen	8	Baustellenrohrleitungen	
		9	Entwässerungsrohrleitungen und Gräben	560 m³
	Kabelkanäle	10	Schaltanlage u. v. Kraftwerksbau z. Schaltanlage	5 500 m³
	Elektr. Teil	11	Erdungen, Kraft- und Lichtstrominstallation	
	Restarbeiten	12	Straßen, Fußwege und Wasserabflüsse	
		13	gärtnerische Anlagen, Rasenflächen, Bäume u. Büsche	
		14	Steinschüttung	
Kühlwasserversorgung	Einlaufkanal (offen)	15	Erdaushub, ausgenommen Hinterfüllung	218 000 m³
		16	Steinschüttung	
		17	Hinterfüllung	61 000 m³
	Rechenwand	18	Beton und Betonfertigbalken	
	Einlaufkanal (geschl.)	19	Aushub (Felsen) f. 3 Kanäle	4 350 m³
		20	Beton, Kanalausmauerung und Verfugung	1 150 m³
		21	Beton, Anschluß an offenen Einlaufkanal	340 m³
		22	Beton, Anschluß am Kraftwerk	
	Auslaufkanal (offen)	23	Erdaushub und Felsen	295 000 m³
		24	Steinschüttung	
	Auslaufkanal (geschl.)	25	Aushub (Felsen) f. 3 Kanäle	13 000 m³
		26	Beton, Kanalausmauerung und Verfugung	1 850 m³
		27	Beton, Anschluß am Kraftwerk	
		28	Betonarbeiten Auslaufbauwerk	1 450 m³
		29	Einbau von Dammbalken	
	Einlaufbauwerk	30	Aushub	
		31	Betonarbeiten	3 680 m³
		32	Hinterfüllung	
		33	Einbau von Dammbalken, Grob- u. bewegl. Rechen	
		34	Einbau von Absperrorganen	
		35	Einbau von Pumpen, Rückschlagklappen u.s.w.	
		36	Rohrleitungen und Regelungen	
		37	Heizung und Lüftung	
		38	Portalkran	
		39	Elektr. Anschluß und Erdung	
		40	Kabelverlegungsarbeiten	
Wasseraufbereitungsanlage	Bauteil	41	Erdaushub	
		42	Betonarbeiten	980 m³
		43	Stahlkonstruktion	74 t
		44	aufgehende Wände, Dach, architekton. Ausbau	
	Maschinentechn. Teil	45	Wasseraufbereitungsanlage, Pumpen u. Rohrleitungen	
		46	Installationsarbeiten	
		47	Heizung und Lüftung	
	Elektr. Teil	48	Erdung und Kabelanschlüsse	
		49	Schalttafeln, Regelungen u. Kabelverlegung	
Bekohlungsanlage	Brecher- u. Schaltanlagengebäude	50	Gründung	
		51	Stahlkonstruktion	
		52	Montage einschl. Brecher und Zubehör	
		53	elektr. Installation	
		54	architekt. Restarbeiten	
	Übergabebunker	55	Erdaushub	
		56	Betonarbeiten	
		57	Stahlkonstruktion	
		58	mech. Ausrüstung, Rohrleitung, Heizung u. Lüftung	
		59	Elektr. Anschlüsse und Erdungen	
		60	Kabelverlegungsarbeiten und Regelungen	
		61	Waggonkipper	
		62	Mauerwerk, Seitenwände, Dach u. architekt. Restarbeit.	
	Förderanlagen	63	Gründung und Kanäle	
		64	Förderbrücken, Stahlkonstruktion	
		65	Förderausrüstung	
		66	Mauerwerk, Seitenwände, Dach	
	Wiege- u. Prüfeinrichtungen	67	Aushub, Gründung	
		68	Betonarbeiten	
		69	Montage der Einrichtungen	
	Übergabetürme	70	Erdaushub	
		71	Betonarbeiten	
		72	Stahlkonstruktion	
		73	Anlagen-Montage, einschl. architekt. u. elektr. Restarbeiten	
	Fahrzeugpark	74	Lokomotiven, Traktoren und Loren	
	Gebäude für Regelung der Bekohlungsanlage	75	Erdaushub	
		76	Betonarbeiten	
		77	Stahlkonstruktion	
		78	Bautechn., maschinentechn. u. elektrotechn. Restarbeiten	

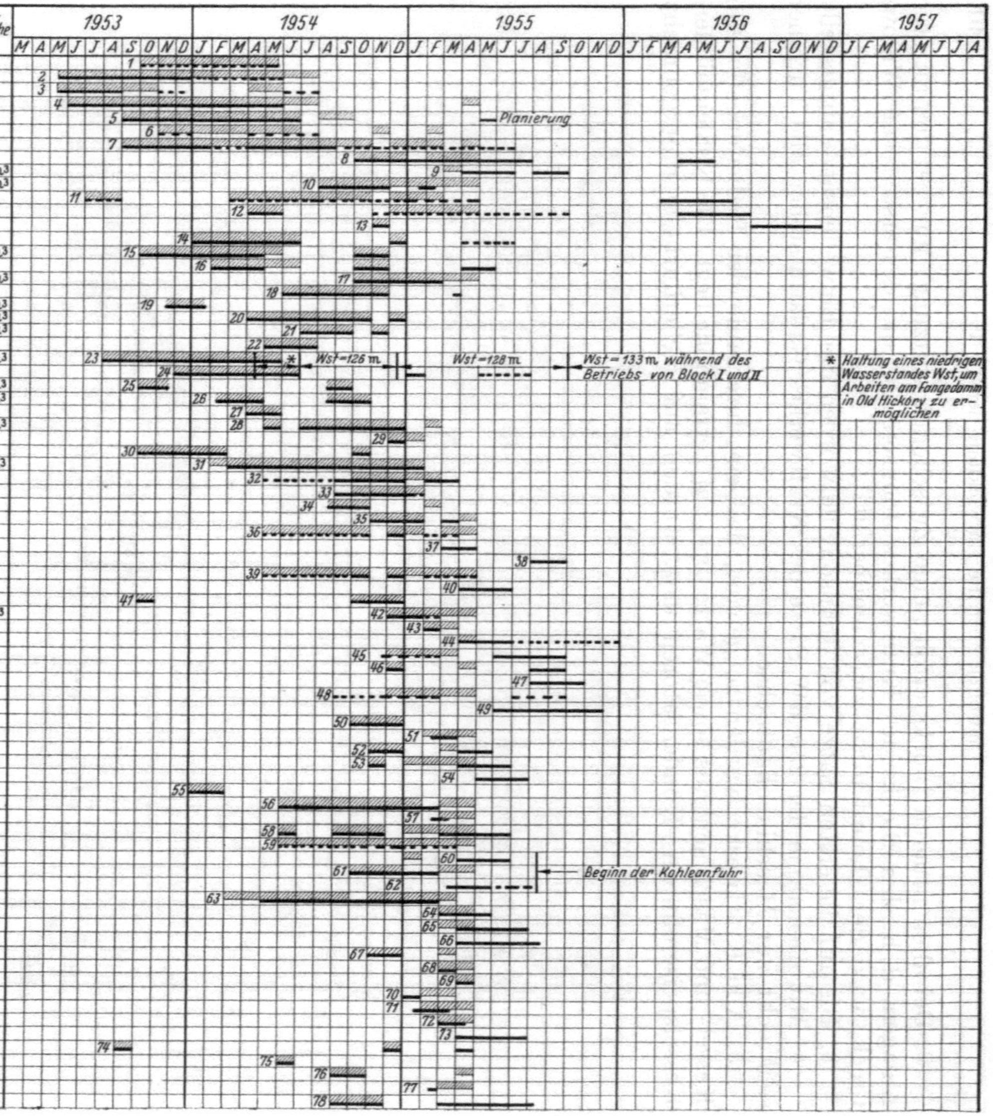

Zeitachse: 1953 (M A M J J A S O N D), 1954 (J F M A M J J A S O N D), 1955 (J F M A M J J A S O N D), 1956 (J F M A M J J A S O N D), 1957 (J F M A M J J A)

Planierung

Wst = 126 m · Wst = 128 m · Wst = 133 m während des Betriebs von Block I und II

* Haltung eines niedrigen Wasserstandes Wst, um Arbeiten am Fangedamm in Old Hickory zu ermöglichen

Beginn der Kohleanfuhr

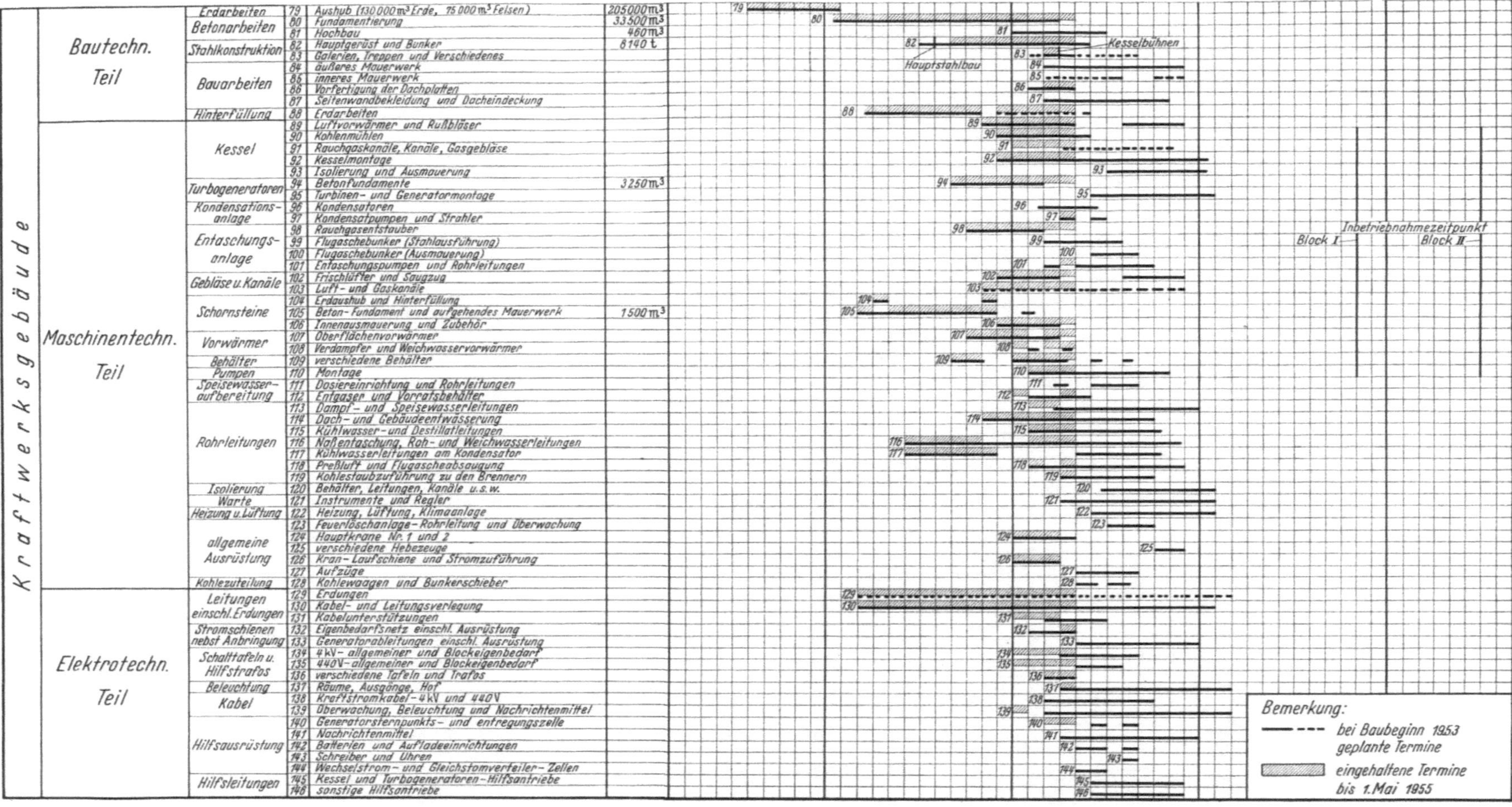

Abb. 11. Terminplan für Block 1 und Block 2, Kraftwerk Gallatin

Anlageteil	Arbeitsabschnitt	Nr.	Spezifizierung	wahrscheinliche Menge
Zwischenbau	Bautechn. Teil	147	Erdaushub	
		148	Betonarbeiten	
		149	Hinterfüllung	
		150	Stahlkonstruktion	1020 t
		151	Mauerwerk, Seitenwände und Dach	
		152	architektonische Restarbeiten	
	Maschinentechn. Teil	153	Rohrleitungen, Verlegung und Befestigung	
		154	Heizung, Lüftung und Klimaanlage	
		155	Werkstattausrüstung	
		156	Aufzug	
	Elektr. Teil	157	Leitungen und Erdung	
		158	Schalttafeln	
		159	Nachrichtenmittel, Verdrahtung u. Befestigung	
Büroflügel	Bautechn. Teil	160	Erdaushub	
		161	Betonarbeiten	
		162	Hinterfüllung	
		163	Stahlkonstruktion	
		164	Mauerwerk, Seitenwände und Dach	
		165	architektonische Restarbeiten	
	Maschinentechn. Teil	166	Rohrleitungen, Verlegung und Befestigung	
		167	Heizung, Lüftung und Klimaanlage	
		168	Laborausstattung	
	Elektr. Teil	169	Leitungen und Erdung	
		170	Schalttafeln	
		171	Nachrichtenmittel, Verdrahtung und Befestigung	
Aufspannanlage und Freiluftschaltanlage	Fundamente	172	Erdaushub und Unterfüllung	
		173	Betonfundamente der Schaltanlage	580 m³
		174	Betonfundamente der Außentrafos	305 m³
		175	Estrich	
	Stahlbau	176	Schaltanlagengerüst	
		177	Trafohilfsgerüste	
		178	Generatorabkapselung, Trafoschienen u. Schutzgeländer	
	Maschinentechn. Teil	179	Rohwasserrohrleitungen	
		180	Trafofeuerlöschanlage	
		181	Isolierölleitungen und sonstige	
	Elektr. Teil	182	Trafos	
		183	Verbindungsleitungen und Erdung	
		184	Kabelpritschen	
		185	Leistungs- und Steuerkabel	
		186	Beleuchtung	
		187	Sammelschienen und -träger	
		188	Blitzableiter, Drosseln, Widerstände u. Trennschalter	
		189	Ölleistungsschalter	
		190	Trägerfrequenzanlage, Seilüberspannungen, Blitzschutzseile	
Wartengebäude	Bautechn. Teil	191	Erdaushub	6100 m³
		192	Betonarbeiten	950 m³
		193	Hinterfüllung	3450 m³
		194	Stahlkonstruktion	80 t
		195	Mauerwerk, Seitenwände, Dach u. architekt. Restarbeiten	
	Maschinentechn. Teil	196	Rohrleitungen	
		197	Heizung, Lüftung und Klimaanlage	
	Elektr. Teil	198	Leitungen und Erdung	
		199	Regel- und Hilfstafeln	
		200	Nachrichtenmittel und Meldetafeln	
		201	Schalttafelverdrahtung	
Betriebsgebäude	Bautechn. Teil	202	Erdaushub	
		203	Betonarbeiten	765 m³
		204	Hinterfüllung	
		205	Stahlkonstruktion	
		206	Mauerwerk, Seitenwände, Dach u. architekt. Restarbeiten	
	Maschinentechn. Teil	207	Rohrleitungen, Verlegung und Befestigung	
		208	Ausrüstungsmontage	
		209	Heizung und Lüftung	
	Elektr. Teil	210	Leitungen und Erdung	
Lagergebäude	Bautechn. Teil	211	Aushub und Hinterfüllung	
		212	Betonarbeiten	325 m³
		213	Stahlkonstruktion	120 t
		214	Mauerwerk, Seitenwände, Dach u. architekt. Restarbeiten	
	Maschinentechn. Teil	215	Rohrleitungen, Verlegung und Befestigung	
		216	Heizung und Lüftung	
	Elektr. Teil	217	Leitungen und Erdung	
		218	Leistungsverteilerschrank, Einbau und Verdrahtung	

Zeitraum: 1953 (M A M J J A S O N D), 1954, 1955, 1956 (J F M A M J J A S O N D), 1957 (J F M A M J J A)

Schaltanlage in Betrieb

Bemerkung:
——— – – – bei Baubeginn 1953 geplante Termine
▨ eingehaltene Termine bis 1. Mai 1955

Abb. 11 (Fortsetzung)

13. Zwischen Bunker und Kohlenmühlen sind Kohlenwaagen vorhanden.

14. Gemeinschaftswarten sind jeweils im Schwerpunkt von je 2 Blocks im Hilfsanlagentrakt untergebracht.

15. In keinem Fall ist eine Freiluftausführung gewählt worden. Nur Lufterhitzer und Entstauber sowie Ventilatoren sind im Freien aufgestellt.

16. Der Maschinenhauskran läuft in verhältnismäßig geringer Höhe über den Maschinensätzen und dem Maschinenhausflur.

17. Großflächige Räume werden bevorzugt.

18. Auf große Kohlenvorräte wird Wert gelegt. Die Kohle wird in allen Kraftwerken vom Lagerplatz mit je 2 Bändern den Bunkern zugeführt.

Von den 7 Kraftwerken sind die Anlagen Shawnee mit 150 MW, Colbert mit 200 und 500 MW sowie Gallatin mit 250 und 275 MW-Sätzen im II. Teil (Kraftwerksbeschreibungen) dieses Buches besprochen[1]. Das Kraftwerk Gallatin soll als neuestes und größtes Kraftwerk (jetzt 1050, später 2500 MW) außerdem so eingehend behandelt werden, wie es nach den aus dem Schrifttum und den von der TVA zur Verfügung stehenden Unterlagen möglich ist. Es kann als Prototyp für alle von dem gleichen Personenkreis nach den gleichen Aufbaurichtlinien und gleichartigen Konstruktionsprinzipien in stetiger, elastischer Anpassung an die neuen Erkenntnisse und Erfordernisse gebauten Kraftwerke gelten. Unterschiede bestehen hauptsächlich darin, daß trotz der verhältnismäßig kurzen Gesamtbauzeit und zeitlich ineinander übergehenden Planungs- und Montagezeit aller Kraftwerke die dynamische Entwicklung eine Anpassung in Leistung und Wirtschaftlichkeit verlangte. Betriebserfahrungen aus älteren Kraftwerken konnten in den letztbestellten Anlagen sicher nur zum Teil Berücksichtigung finden.

Die Baubewilligung für den ersten und zweiten Block des Kraftwerkes Gallatin erfolgte am 15. 7. 1952. Anfang 1956 sind die ersten beiden Blocks mit je 225/250 MW in Betrieb gekommen. Die beiden weiteren Blocks mit einer Leistung von je 247,5/275 MW sollen im Dezember 1958 und im September 1959 den Betrieb aufnehmen. Ein detaillierter Bauplan für die ersten beiden Blocks ist in Abb. 11 für die gesamte Bauzeit mit allen bau-, maschinen- und elektrotechnischen Einzelheiten wiedergegeben.

B. Kombinationstechnik des Kraftwerkes Gallatin

I. Innerer Aufbau des Kraftwerkes Gallatin

Die beiden ersten Turboaggregate I und II des Kraftwerkes Gallatin mit einer Auslegungsleistung von je 225 MW und einer maximalen Dauerleistung von je 250 MW haben den gleichen Dampfaustrittsquerschnitt wie die in den anderen Kraftwerken schon vorhandenen 200 MW-Sätze. Der Druck hinter den letzten Turbinenschaufeln liegt dementsprechend höher. Nach den Berechnungen lohnte es sich, diese 50000 kW aus dem gleichen Satz mehr herauszuholen, weil die spezifischen Betriebs- und Herstellungskosten dadurch geringer werden. Die beiden Turbosätze III und IV mit einer Leistung von je 247,5/275 MW sind zur Zeit die größten Einwellensätze der Welt mit 3600 U/min.

Ursprünglich war geplant, in dem 2,5 Mill. kW-Kraftwerk 10 Turbosätze aufzustellen. Es besteht jedoch die Möglichkeit, daß 500 MW-Zweiwellenblocks auch im Kraftwerk Gallatin zur Aufstellung kommen. Die endgültige Zahl der Turbosätze und die Endleistung werden also voraussichtlich von den ursprünglichen Planungsgedanken abweichen.

Der Dampfzustand am Eintrittsstutzen der beiden ersten Dampfturbinen liegt bei 141,7 ata, 565° C. Bei den eventuell neu aufzustellenden Zweiwellensätzen will man gegebenenfalls auf 170 ata und doppelte Zwischenüberhitzung sowie Dampftemperaturen von 565/537° C gehen. Überkritische Drücke lohnen sich bei dem geringen Brennstoffpreis von etwa 18 DM/t wahrscheinlich nicht. Die früheren Berechnungen hatten gezeigt,

[1] Shawne: Nr. 144, S. 380; Colbert: Nr. 145, S. 384; Gallatin: Nr. 111, S. 314.

daß auch ein Heraufsetzen der Dampftemperatur auf 593° C wegen der teueren austenitischen Stähle unwirtschaftlich wäre.

Wiederholt angestellte Vergleiche haben erwiesen, daß das Ein-Kessel — Ein-Turbinen-System ohne gegenseitige Verbindung der Blocks besonders günstig ist. Im Bereich bis zu Blockleistungen von 275 MW sind Zweiwellensätze — wegen der bedeutend höheren Herstellungskosten — trotz des besseren Wärmeverbrauches in Anbetracht des niedrigen Wärmepreises nicht wirtschaftlich. Dagegen bringt der Zwischenüberhitzungsprozeß mit einer Wärmeverbrauchsersparnis von 4,5% immer noch Vorteile. Bei den angestellten Überlegungen wurde auch berücksichtigt, daß die Kondensatoren, die Speise- und Kühlwasserpumpen sowie die Kondensat- und Kühlwassermengen kleiner werden.

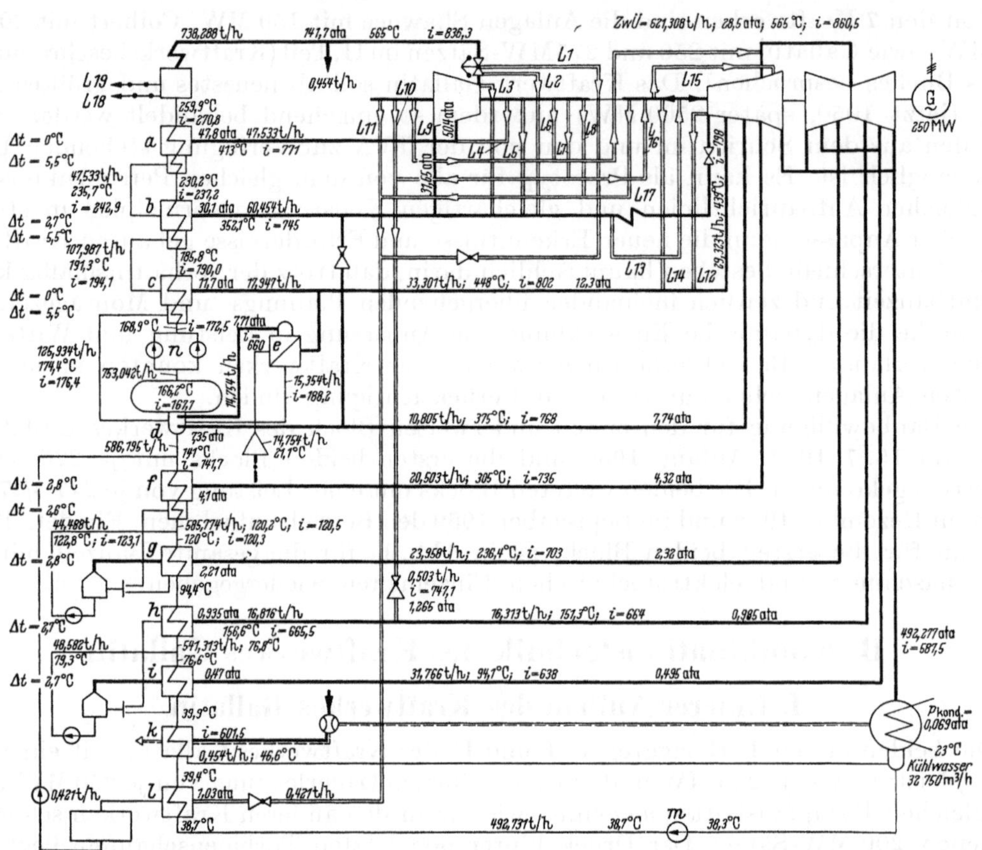

Abb. 12. Kraftwerk Gallatin, Wärmeschaltplan mit eingetragenen Leckstellen (═══ Stopfbüchsendampf; –·–·–· Kesselablaugung; Mengen und Enthalpien in Tabelle 6) Angaben der einzelnen Wasser- und Dampfmengen mit einer Rechengenauigkeit auf drei Dezimalstellen, um Absolut- und Relativvergleiche — z. B. mit Leckdampfmengen — zu ermöglichen

a, b, c	Hochdruckvorwärmer mit eingebautem Kühler	*k*	Dampfstrahlkondensator
d	Mischvorwärmer-Entgaser (darüber Speisewasserbehälter)	*l*	Stopfbüchsendampfkondensator
e	Zusatzwasserverdampfer	*m*	Hauptkondensatpumpe
f	Mitteldruckvorwärmer mit eingebautem Kühler	*n*	Speisepumpen
g	Niederdruckvorwärmer	*L 1 ··· 17*	Stopfbüchsendampf-Leckstellen
h, i	Vakuumvorwärmer	*L 18, 19*	Ablaugung

Der wärmewirtschaftliche Aufbau der Anlage geht aus dem Wärmeschaltbild Abb. 12 hervor. Es wurde eine achtfache Anzapfvorwärmung des Kesselspeisewassers auf 260° C gewählt. Die Dampfzustände an der Turbine und die einzelnen Dampfmengen bei einer Leistung von rund 250 MW sind in Tabelle 5 eingetragen. Tabelle 6 enthält die Leckdampfmengen und deren Wärmeinhalt. Aus Tabelle 7 erkennt man, welche Wärmeumsetzungen und Temperaturveränderungen in den Vorwärmstufen erfolgen.

Tabelle 5. *Dampfeintritts- und -austrittszustände an der Turbine* (Hinweis auf Abb. 12)

	ata	°C	kcal/kg	t/h
Frischdampf	141,7	565	836,3	738,288
Entnahme *E 1*	50,4	413	771	45,840
E 2	31,65	352,1	745	60,454
Zwischenüberhitzerdampf	28,5	565	860,5	621,308
Entnahme *E 3*	12,3	439	798	29,323
E 4	7,74	375	768	10,805
E 5	4,32	305	735	20,503
E 6	2,32	236,4	703	23,958
E 7	0,985	151,3	664	16,313
E 8	0,495	94,1	638	31,766
Abdampf	0,069	38,3	587,5	492,277

Tabelle 6. *Leckdampf- und Ablaugemengen*

Leckstellen gemäß Abb. 12	t/h	kcal/kg	Leckstellen gemäß Abb. 12	t/h	kcal/kg	Leckstellen gemäß Abb. 12	t/h	kcal/kg
L 1	0,254	836,5	*L 7*	0,258	743,7	*L 13*	4,626	745,0
L 2	0,562	836,5	*L 8*	0,054	743,7	*L 14*	0,860	745,0
L 3	7,405	836,5	*L 9*	1,530	744,4	*L 15*	2,288	745,0
L 4	1,693	817,3	*L 10*	0,258	744,4	*L 16*	0,012	743,7
L 5	2,406	817,3	*L 11*	0,054	744,4	*L 17*	0,059	743,7
L 6	1,530	743,7	*L 12*	3,118	860,5	(*L 18*)	(7,377)	(383,5)
						(*L 19*)	(7,377)	(623,5)

Tabelle 7. *Stufen der Regenerativvorwärmung*

Schaltelement gemäß Abb. 12 (Apparat bzw. Pumpe)	Dampfzustand vor dem Wärmeaustauscher			Dampfmenge	Grädigkeit		Kond.-Ablauftemp.	Speisewasser				
								Eintritt		Austritt		Menge
	ata	°C	kcal/kg	t/h	Vorw. °C	Kühl. °C	°C	°C	kcal/kg	°C	kcal/kg	t/h
a	47,8	413	771	47,533	0	5,5	235,7	230,2	237,2	259,9	270,8	753,042
b	30,1	352,1	745	60,454	2,7	5,5	191,3	185,8	190	230,2	237,2	753,042
c	11,7	448	802	17,947	0	5,5	174,4	168,9	172,5	185,8	190	753,042
d	7,35[1]	375[1]	768[1]	10,805[1]	—	—	166,2	141	141,7	166,2	167,7	586,195
	7,71	168,1	660	14,754	—	—	—	—	—	—	—	—
e	11,7	448	802	15,345	17,7	—	185,7	21,1	21,1	168,1[2]	660[2]	14,754[2]
f	4,1	305	735	20,503	2,8	2,6	122,8	120,2	120,5	141	141,7	585,774
g	2,21	236,4	703	23,958	2,8	—	122,8	94,4	94,4	120	120,3	541,313
h	0,935	156,6	665,5	16,816	2,7	—	97,3	76,8	76,8	94,4	94,4	541,313
i	0,47	94,1	638	31,766	2,7	—	79,3	39,9	39,9	76,6	76,6	492,731
k	—	—	601,5	0,454	—	—	46,6	39,4	39,4	39,9	39,9	492,731
l	1,03	—	744	0,421	—	—	—	38,7	38,7	39,4	39,4	492,731
m [3]	—	—	—	—	—	—	—	38,3	38,3	38,7	38,7	492,731

[1] Zusatzdampf vom Verdampfer *e*. [2] Sattdampf (Zusatzwasser).
[3] Enthalpieerhöhung durch Kondensatpumpe

Die Wärmebilanz der Gesamtanlage wurde nachgerechnet. Hieraus ergaben sich folgende Wirkungsgrade:

Hochdruckteil der Turbine:
effektiver Wirkungsgrad ..... $\approx 82{,}8\%$.

Niederdruckteil der Turbine:
effektiver Wirkungsgrad ..... $\approx 88{,}1\%$.

Die Leistungsbilanz mit den aufgeführten Wirkungsgraden bringt eine Kupplungsleistung von 252773 kW. Es ergibt sich eine Minderleistung von 1675 kW gegenüber der angegebenen Kupplungsleistung von 254448 kW. Diese Differenz ist gering in Anbetracht der aus den Ablesegenauigkeiten der Gefälle, aus der Verschiedenheit der benutzten IS-Tafeln und aus den kleinen Unstimmigkeiten bei der Umrechnung der amerikanischen in deutsche Einheiten sich ergebenden Fehlermöglichkeiten.

Die Leistung der Hilfsantriebe wird mit rund 12500 kW angegeben. Der bei Maximallast garantierte spezifische Wärmeverbrauch der Turbine bei 0,069 ata Abdampfdruck beträgt 1958 kcal/kWh, entsprechend einem Nettowärmeverbrauch der Gesamtanlage von 2330 kcal/kWh. Die Dampf- und Wasserverluste werden durch eine Verdampferanlage gedeckt mit der rund 15 t/h Zusatzkondensat erzeugt werden können.

II. Äußerer Aufbau des Kraftwerkes Gallatin

Bodenverhältnisse, Kühlwasser- und Brennstoffversorgung sowie die guten Transportmöglichkeiten waren dafür entscheidend, daß das Kraftwerk für einen Endausbau von 2,5 Mill. kW vorgesehen wurde. Die Anlage liegt am Nordostufer des Cumberland River (Old Hickory Lake), etwa 8 km südlich des Ortes Gallatin, Tennessee. Zum Erschließen des Geländes mußten, abzweigend von der Tennessee-Hauptstraße, eine etwa 10 km lange Straße und, abzweigend von der Lousville & Nashville Railroad, eine etwa 9 km lange Bahnlinie gebaut werden. Außerdem wurde das Kraftwerksgelände durch einen 2,75 m tiefen Kanal an das Inlandskanalsystem angeschlossen.

Die Lage des Kraftwerkes auf dem Gelände und die Anordnung der einzelnen Nebengebäude, Zufuhrwege, Bekohlungsanlagen usw. gehen aus Abb. 13 hervor.

a) Bekohlungsanlage

Für den Doppelblock von zusammen 500 MW wird mit einem stündlichen Kohlenverbrauch von rund 180 t Steinkohle gerechnet. Der jährliche Verbrauch dieser ersten Ausbaustufe liegt bei 1,27 Mill. t, wobei 7000 Vollastbetriebsstunden, entsprechend einem Ausnutzungsfaktor von 80%, angenommen wurden. Die Speicherfähigkeit des Kohlelagerplatzes beträgt 478000 t bei einer Grundfläche von rund 81000 m². Die Kohle wird unter diesen Voraussetzungen 7,6 m hoch gestapelt. Die Einstapelungshöhe ist von der Materialart abhängig.

In den ersten Betriebsjahren wird der gesamte Brennstoff mit der Bahn antransportiert. Zu diesem Zweck wurden einschließlich Rangiergleisen 27 km Schienen verlegt. Die Abstellgleise gestatten, vor der Entladungsstelle 203 gefüllte Kohlenwaggons bzw. hinter ihr 238 leere Waggons abzustellen. Die Rangiergleise sind für 335 Güterwagen vorgesehen. Die entleerten Wagen bewegen sich von der Rangierrampe zu den Abstellgleisen durch freies Gefälle.

Der Weg des Kohlenumschlags und die Anordnung der Kohlelagerplätze für den ersten Doppelblock und die weiteren Ausbaustufen sind in dem Lageplan Abb. 13 bzw. aus der Abb. 14 zu erkennen. Der Kohlelagerplatz kann in südwestlicher Richtung fast unbeschränkt erweitert werden.

Die mit dieselelektrischen Lokomotiven auf dem Zufahrtsgleis (*1*) angefahrenen Kohlenwaggons mit einer Ladefähigkeit von 70 t werden wechselweise mit einem doppelseitigen Waggonkipper (*3*) entleert. Jeder Kipper kann 25 Wagen je Stunde entladen. Über ein Abzugsorgan (Schnitt *J-K*) wird die Kohle auf einen Schrägförderer (*4*) aufgegeben, in den Bandwaage und Eisenabscheider eingebaut sind. In den Hammermühlen der nun folgenden Brecheranlage (*5*) wird das grobe Korn gebrochen. Ein anschließendes Schrägband führt zu einer Übergabestation (*10d*), von welcher aus folgende Wege weiterführen:

1. zum Lagerplatz (Schnitt *E-F*): Ein austragendes Förderband (*11*) ist etwa halbkreisförmig schwenkbar angeordnet. Die Kohle wird am Drehpunkt aufgegeben und über Kopf mittels einer drehbaren Schurre auf den Lagerplatz (*13*) abgeworfen, auf welchem sie von Bulldozern verteilt wird.

2. zum Kesselhaus: Die ankommende Kohle kann wahlweise auf jedes der beiden Längsbänder (*4*) mit einer Leistung von je 1400 t/h bei einer Bandbreite von 1,37 m aufgegeben werden und überquert in offener Bandbrücke mit Wetterschutz für die

Bänder das Gelände (Schnitt *A-B*). In der Übergabestation (*10d*) setzt eine offene Schrägbrücke mit zwei wettergeschützten Bandstraßen (Schnitt *C-D*) an, welche zur Übergabestation (*10a*) im Kesselhaus führt. In beide Förderer sind Bandwaagen eingebaut.

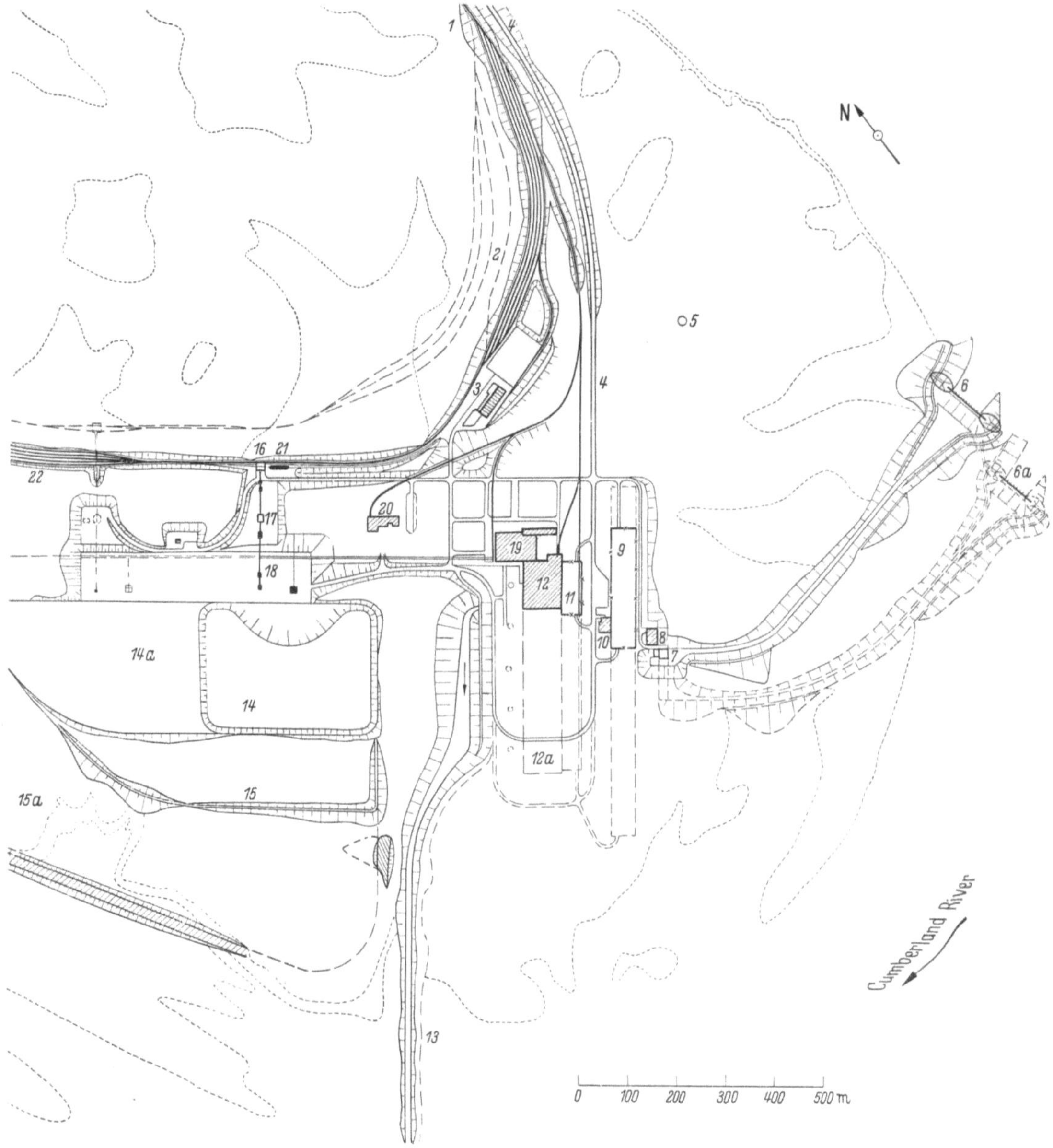

Abb. 13. Lageplan, Kraftwerk Gallatin

1 Zufahrtsgleis
2 Abstellgleise für beladene Wagen
3 Lagerhaus
4 Zufahrtsstraße
5 Wasserhochbehälter
6 Grobrechen und Kühlwassereinlauf
6a Erweiterungsraum
7 Einlaufbauwerk
8 Wasseraufbereitung
9 Freiluftschaltanlage
10 Wartengebäude
11 Aufspannanlage
12 Kraftwerk
12a Erweiterungsraum
13 Kühlwasserauslauf
14 Kohlelagerplatz
14a Erweiterungsraum
15 Aschelagerplatz
15a Erweiterungsraum
16 Kohleentladung
17 Brecher
18 Schrägbandbrücke mit Kohleübergabestation
19 Verwaltungs- und Betriebsgebäude
20 Werkstatt und Lager
21 Waage
22 Abstellgleise für entladene Wagen

An der Übergabestation kann jedes der Schrägbänder mittels Hosenschurren wahlweise jedes der beiden Bunkerbänder beschicken. Zwei selbsttätig verfahrbare Bandabwurfwagen füllen dann die einzelnen Bunkertaschen (Schnitt *L-M*).

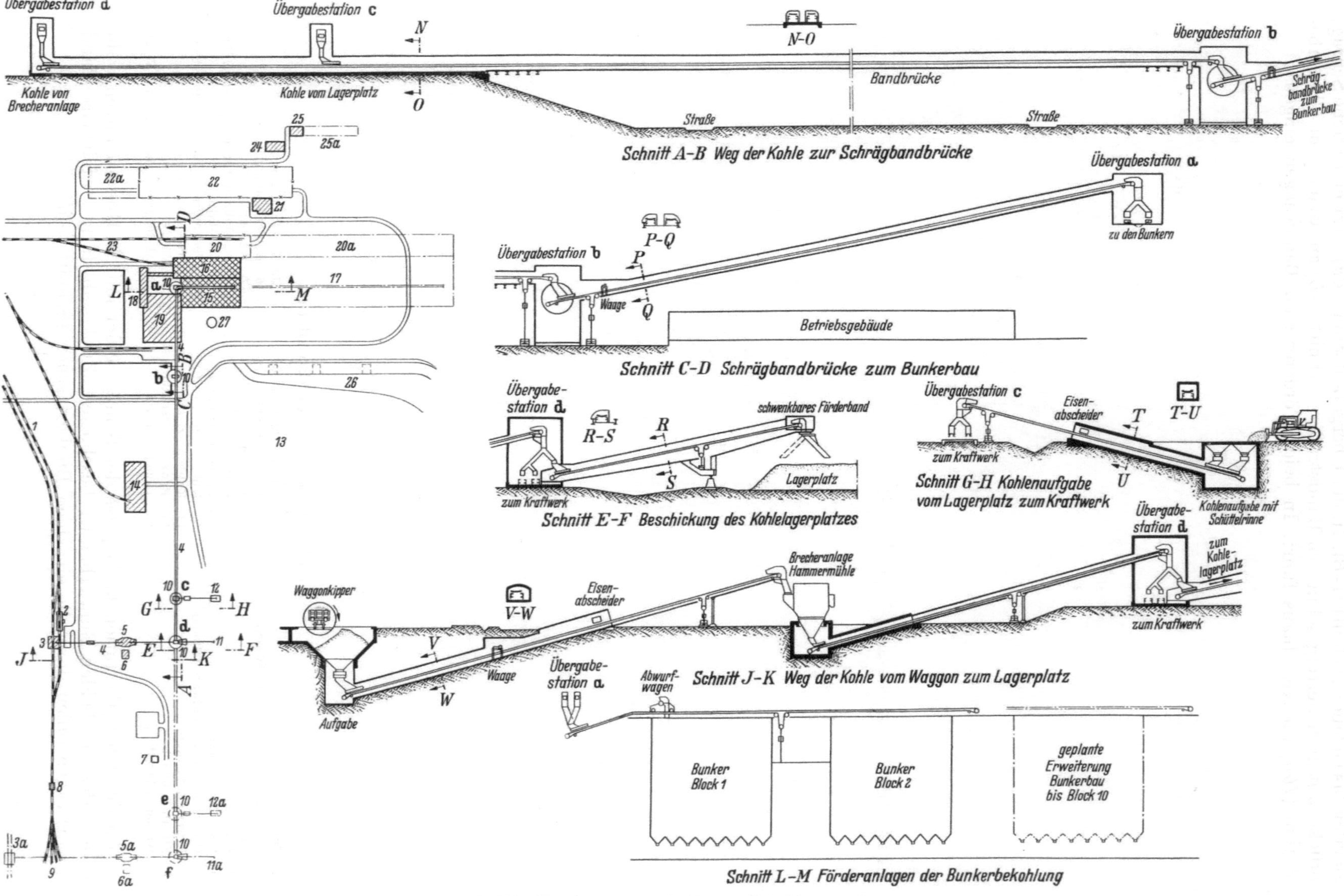

Abb. 14. TVA-Kraftwerk Gallatin, Bekohlungsanlage

Ein weiterer Weg führt vom Kohlelagerplatz zum Kesselhaus (Schnitt *G-H*). Für diesen Weg ist ein Fahrzeugpark eingesetzt, der aus acht gummibereiften Fahrzeugen (Bulldozer, Planierraupen bzw. Räumgeräte) besteht. Die Bulldozer schieben die Kohle in ebenerdige Trichter (*12*). Über Abzugsorgane und ein Schrägband erreicht die Kohle an der Übergabestation (*10c*) die beiden Längsbänder (*4*) und damit das Kesselhaus.

Die gesamte Bekohlungsanlage wird von der Warte (*7*) aus gesteuert. Erweiterungsmöglichkeiten sind durch den Kipper (*3a*), Brecher (*5a*), Schwenkband (*11a*) und die Rücklaufeinrichtung gegeben. Eine Waggon-Rücklaufeinrichtung (*8*) und eine Gleisharfe (*9*) dienen der Beschleunigung des Kohlenumschlages.

Die Kohle kann später auch auf dem Wasserweg zugeführt werden.

b) Entaschungsanlage

Die Asche wird in den ersten Jahren auf dem Kraftwerksgelände abgelagert, das als Kohlelagerplatz für die zukünftigen Blocks 5 und 6 verwendet werden soll. Die hierfür verfügbare Fläche hat eine Größe von rund 68800 m². Für den Endausbau ist eine Ablagerungsfläche von 1620000 m² westlich der Eisenbahnschleife vorgesehen.

c) Kühlwasseranlage

Die Kühlwasserkanäle liegen etwa 22 m unter Geländeniveau. Sie sind alle in Fels gehauen. Es handelt sich sowohl beim Ein- als auch beim Auslauf um je zwei betonausgekleidete Tunnel mit einem Durchmesser von je 2,44 m und einer Länge von 211 m auf der Einlauf- und von 131 m auf der Auslaufseite. Außerdem ist ein nicht ausgekleideter, ebenfalls in Fels getriebener Tunnel von 2,9 m Durchmesser und 190 m Länge auf der Einlauf- und 130 m Länge auf der Auslaufseite vorhanden. Das erwärmte Kühlwasser fließt durch einen etwa 100 m langen, offenen Kanal zum Old Hickory Reservoir.

d) Kraftwerksgebäude

Das Kraftwerk ist in Grund- und Aufriß in den Abb. 15 und 16 dargestellt. Die Turbosätze sind parallel zur Maschinenhausachse angeordnet. Der Grund für diese Aufstellung liegt darin, daß die Kessel in ihrer Achsentfernung die Länge des Kraftwerkes bestimmen. Durch die Zwillingsfeuerungen überschreitet die Kesselbreite die Maschinenaggregatlänge. Man konnte auf diese Weise das Maschinenhaus ungefähr 9 m schmaler bauen als bei senkrechter Aufstellung. Das führte zu Ersparnissen im bautechnischen Teil des Maschinenhauses und beim Maschinenhauskran.

Zwischen Kessel- und Maschinenhaus liegt ein besonderer Hilfsanlagentrakt, der (von unten nach oben) den Kondensatreservetank, die Kesselspeisepumpenanlage, die Eigenbedarfs-Schaltanlage, die Wärmewarte und die Büros für die Betriebs- und Schichtingenieure, die Speisewasserbehälter mit Mischvorwärmer-Entgasern und die Mischwasserbehälter aufnimmt.

Die Kohlenbunker mit den Kohlemühlen stehen zwischen diesem Hilfsanlagentrakt und den Kesseln. Die Entstaubungsanlage sowie die Saugzug- und Rauchgaskanäle sind außerhalb des Gebäudes im Freien untergebracht. Die Wirtschaftlichkeit einer vollkommenen Freiluftanlage wurde ebenfalls untersucht. Es wurde aber mit Rücksicht auf die zu erwartenden Betriebserschwernisse hiervon Abstand genommen.

Legende zu Abb. 14

1 Gleise für Kohleanlieferung
2 Waggonwaage
3 Kohleentladestation mit Waggonkipper
3a Kohleentladestation, Erweiterung
4 Förderbänder
5 Brecheranlage
5a Brecheranlage, Erweiterung
6 Schalthaus für Brecheranlage
6a Schalthaus für Brecheranlage, Erweiterung
7 Warte für Bekohlungsanlage
8 Waggon-Rücklaufeinrichtung
9 Abstellgleise für entladene Wagen
10 Übergabestation
11 Schwenkbares Band zur Lagerplatzbeschickung
11a Schwenkbares Band zur Lagerplatzbeschickung, Erweiterung
12 Kohlenaufgabe vom Lagerplatz zum Kraftwerk
12a Kohlenaufgabe vom Lagerplatz zum Kraftwerk, Erweiterung
13 Kohlelagerplatz
14 Werkstätten
15 Kesselhaus
16 Maschinenhaus
17 geplante Erweiterung bis Block 10
18 Bürogebäude
19 Betriebsgebäude
20 Aufspannanlage
20a Aufspannanlage, Erweiterung
21 Wartengebäude
22 Freiluftschaltanlage
22a Freiluftschaltanlage, Erweiterung
23 Montagegleise
24 Wasseraufbereitungsanlage
25 Einlaufbauwerk
25a Einlaufbauwerk, Erweiterung
26 Kühlwasser-Auslaufkanal
27 Schornstein

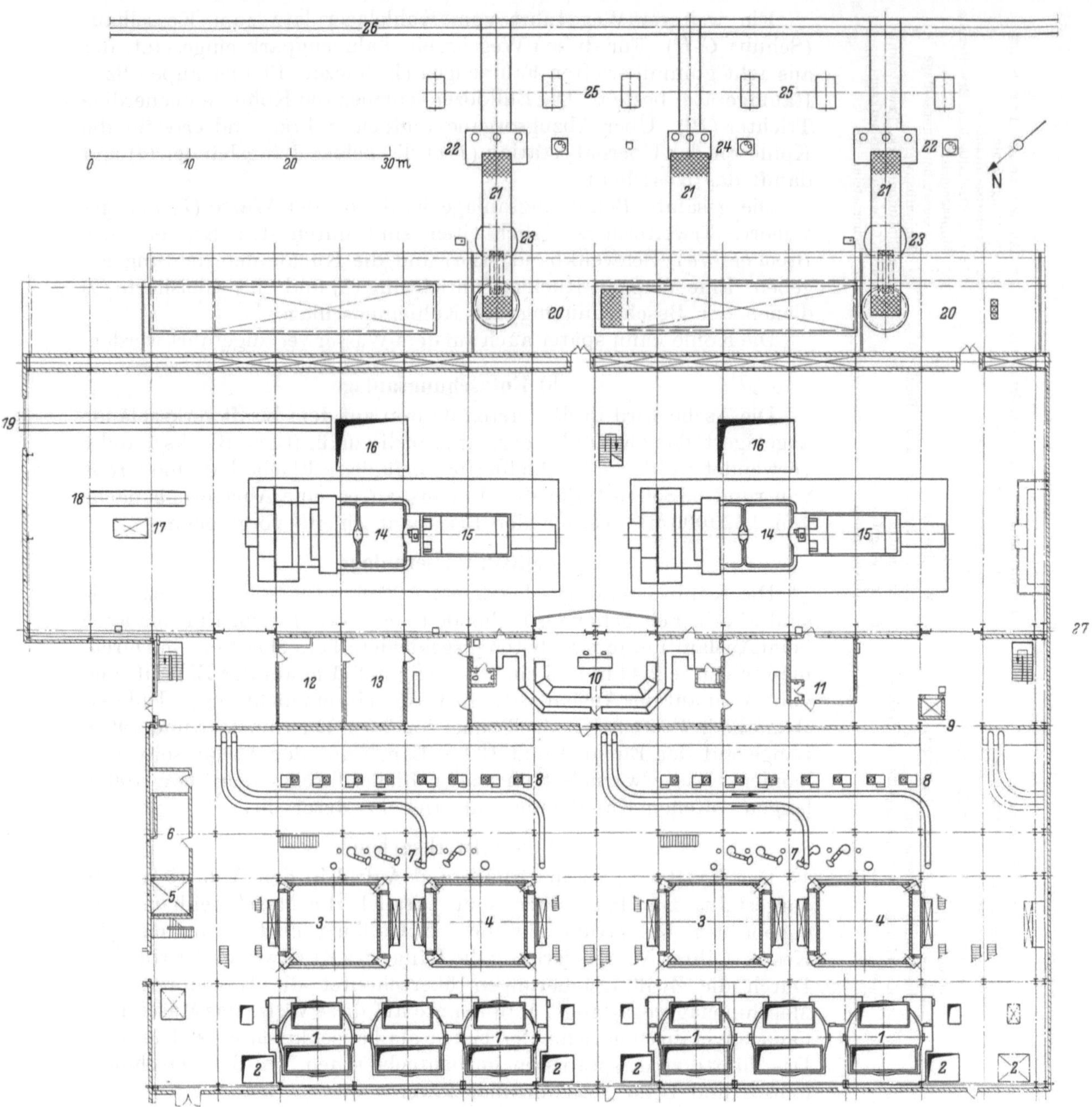

Abb. 15. Grundrißplan des Kraftwerkes Gallatin

1 Luftvorwärmer
2 Luftansaugeschächte zum Frischluftgebläse
3 Brennkammer mit Hochdruckteil des Frischdampfüberhitzers
4 Brennkammer mit Zwischenüberhitzer
5 Lastenaufzug
6 Lagerraum
7 Umwälzpumpen
8 Kohlezuteiler
9 Personenaufzug
10 Wärmewarte
11 Büro des Schichtingenieurs
12 Batterieraum
13 Nebenraum
14 Turbine
15 Generator
16 Offene Montageöffnung
17 Abgedeckte Montageöffnung
18 Absetzgleis für Transformatoren
19 Montagegleis
20 Eigenbedarfs-Schaltanlage
21 Stromschienenkanal
22 Maschinenumspanner
23 Block-Eigenbedarfumspanner
24 Umspanner für allgemeinen Eigenbedarf
25 Abspannmaste
26 Trafogleis
27 Erweiterungsseite

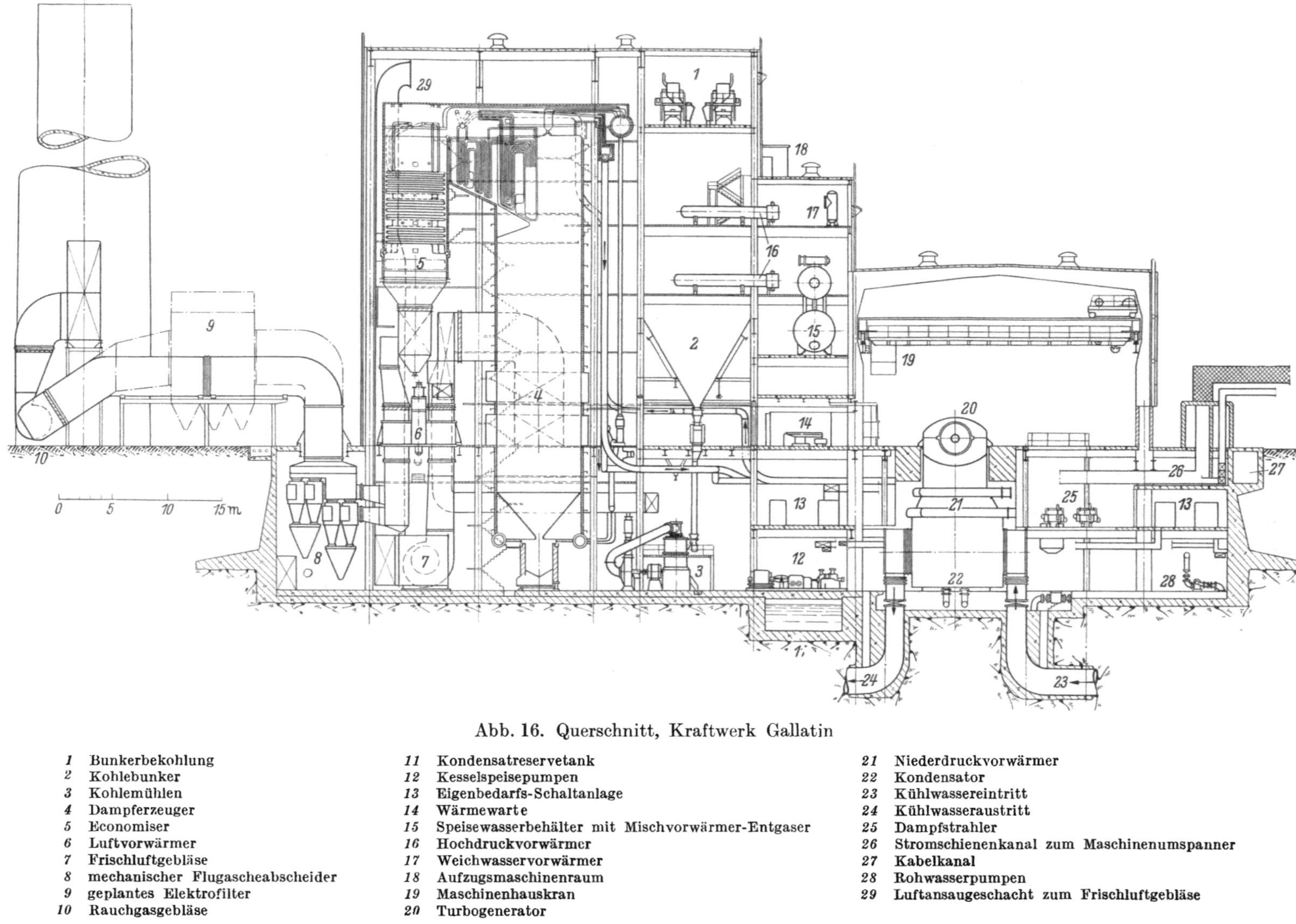

Abb. 16. Querschnitt, Kraftwerk Gallatin

1 Bunkerbekohlung
2 Kohlebunker
3 Kohlemühlen
4 Dampferzeuger
5 Economiser
6 Luftvorwärmer
7 Frischluftgebläse
8 mechanischer Flugascheabscheider
9 geplantes Elektrofilter
10 Rauchgasgebläse

11 Kondensatreservetank
12 Kesselspeisepumpen
13 Eigenbedarfs-Schaltanlage
14 Wärmewarte
15 Speisewasserbehälter mit Mischvorwärmer-Entgaser
16 Hochdruckvorwärmer
17 Weichwasservorwärmer
18 Aufzugsmaschinenraum
19 Maschinenhauskran
20 Turbogenerator

21 Niederdruckvorwärmer
22 Kondensator
23 Kühlwassereintritt
24 Kühlwasseraustritt
25 Dampfstrahler
26 Stromschienenkanal zum Maschinenumspanner
27 Kabelkanal
28 Rohwasserpumpen
29 Luftansaugeschacht zum Frischluftgebläse

Abb. 17. Gesamtansicht des Bauplatzes

Abb. 18. Bauplatz mit halbfertigem Kraftwerksgebäude sowie Transformatoren und Schaltanlage; gleiche Blickrichtung wie bei Abb. 17

Für das Betriebspersonal und die Besucher wurde ein Parkplatz für 206 Kraftfahrzeuge geschaffen.

Abb. 19. Ostseite des Kraftwerksgebäudes

Abb. 20. Nordost-Ansicht des Kraftwerkes

In Abb. 17 ist eine Aufnahme des Kraftwerksgeländes, während der Ausschachtungsarbeiten von der Spitze der Betonmischanlage aus aufgenommen, wiedergegeben. Abb. 18 zeigt das Kraftwerk mit Schornstein, Kessel- und Maschinenhaus im Rohbauzustand von der gleichen Blickrichtung aus. Die Stahlkonstruktionen sind nahezu vollendet. Rechts auf dem Bild erkennt man die weit fortgeschrittene Freiluftschaltanlage, dahinter die Baubaracken und den Autoparkplatz wie auch bei Abb. 17. In Abb. 19 ist das fast fertige Kraftwerk von der Hochspannungsschaltanlage aus, mit Blick auf das Maschinenhaus, zu sehen. Abb. 20 vermittelt einen Eindruck von der geschlossenen Wirkung, die das Kraftwerk auf den Ankommenden ausübt. Rechts sieht man das noch im Bau befindliche Bürogebäude. Das Kraftwerk im ersten Betriebszustand wurde schon in Abb. 10 gezeigt.

C. Spezialtechnik des Kraftwerkes Gallatin

I. Bautechnische Ausführung des Kraftwerkes Gallatin

Das Kraftwerksgebäude wurde auf Kalkstein, mit einer zulässigen Bodenpressung von 3,5 kg/cm², gegründet. Die Fundamente wurden in Stahlbeton und das aufgehende Gebäude in Stahlkonstruktion und Mauerwerk ausgeführt. Die Hauptabmessungen des eigentlichen Kraftwerksbaues sind 26,2 × 100 m für das Maschinenhaus und 44,2 × 87,8 m für das Kesselhaus und den Hilfsanlagentrakt. Die größte Höhe des Kesselhauses beträgt 48,8 m über Kellerflur und 38,4 m über Geländeniveau. Der Aschenkeller und der Maschinenhauskeller liegen also unter Geländeniveau. Das an das Kraftwerk angebaute Werkstatt- und Bürogebäude hat für den Werkstättenteil eine Grundrißfläche von 73,2 × 45,8 m und für den Büroflügel eine Grundrißfläche von 61 × 12,2 m.

Die Rauchgase der beiden Kessel werden durch einen einzigen Schornstein aus Eisenbeton mit Ziegelsteinausmauerung abgeführt. Die obere lichte Weite beträgt 7,26 m bei einer Höhe von 152,5 m über Geländeniveau.

Für die Außenwände wurde Stahlfachwerk mit einem grauen Klinkersockel gewählt. Die Wände sind mit isolierten Aluminiumkästen verkleidet. Am Maschinenhaus wurde eine Leichtmetall-Fensterwand mit wärmeabsorbierender Glas- und Aluminiumplattenverkleidung vorgesehen. Für den Büroflügel wählte man emaillierte Platten und Aluminiumschiebefenster. Die Innenwände des Maschinenhauses wurden mit glasierten Kacheln und perforierten, schallschluckenden Stahlplatten belegt. In den Toiletten und Garderoberäumen wurden glasierte Kacheln, in den Fluren und Treppenhäusern Marmor und graue Ziegel vorgesehen. Die Büroräume wurden verputzt; alle anderen Wände erhielten glasierte Kacheln. Das Dach wurde mit asphaltierter Filzpappe aus Hartasphalt auf vorgefertigten Betonplatten eingedeckt.

Im Maschinenhaus wählte man rote Werksteinfliesen für den Fußboden. In den Toiletten und anderen Räumen entschied man sich ebenfalls für Fliesen, in den Fluren und Büros für einen Gummibelag. Alle anderen Fußböden erhielten gefärbten Hartestrich. Allgemein wurden Aluminiumschiebefenster bzw. Spezialaluminiumfenster und -türen vorgesehen.

Für die einzelnen Gebäude der Bekohlungsanlage wurden mit Ausnahme der Übergabebunker, die in Stahlbeton ausgeführt sind, nur Stahlkonstruktionen gewählt. Das Aufbereitungsgebäude hat die Abmessungen 5,8 × 21 × 3,7 m, das Brecherhaus 13 × 14 × 13,5 m, das Steuerhaus für die Förderanlage 7,6 × 7,6 × 6,4 m, die Schaltanlage für die Förderanlage 5,5 × 11 × 3,7 m. Die Außenwände dieser Gebäude sind in grauen Ziegelsteinen ausgeführt. Zum Teil wurden Aluminiumfenster mit emaillierten Platten, zum Teil Leichtmetallglaswände vorgesehen.

Die Kohlenbandbrücke ist halb offen und mit Stahlblechhauben abgedeckt. Das Schaltwartengebäude, das an die Freiluftschaltanlage anschließt, ist im Unter- und Oberbau in Stahlkonstruktion mit den Abmessungen 29,6 × 19,8 × 7,6 m ausgeführt. Die Wände sind aus Ziegelsteinen gemauert und besitzen eine Aluminiumverkleidung im oberen Teil des Wartenraumes.

Das Lager ist ebenfalls auf einem Betonfundament mit Stahlgerüstaufbau aus Profileisen errichtet. Es hat die Abmessungen 61 × 18,6 × 7,6 m; im Lager ist ein fahrbarer gummibereifter 4 t-Kran vorhanden.

Der Heizungsbedarf des Kraftwerksgebäudes liegt bei 7,9 t/h Dampf. Die Luftvorwärmung für eine umgewälzte Luftmenge von 48850 m³/min zugeführter und 24550 m³/min abgeführter Luft verbraucht rund 4,5 t/h Dampf. Eine Klimaanlage ist für die zentrale Wärmewarte und die anschließenden Büros eingebaut. Für das Werkstatt- und Bürogebäude werden 1,03 t/h bzw. 1,26 t/h Dampf benötigt. Die zugeführte Luftmenge für die Luftheizung beträgt 4060 m³/min bzw. 1624 m³/min. Auch hier sind Klimaanlagen installiert. Die einzelnen Gebäude der Bekohlungsanlage sind elektrisch beheizt. Sie beanspruchen 230 kW, die Schaltwarte erfordert 218 kW. Außerdem sind für Lager und

Nebengebäude noch elektrische Heizungen vorhanden, die 292 kW benötigen. Die Bauvolumina und der Baustoffverbrauch sind in Tabelle 8 aufgeführt. Der spezifische Grundflächenbedarf beträgt 0,0223 m^2/kW und der spezifische Raumbedarf 0,67 m^3/kW.

Tabelle 8. *Bauvolumina und Baustoffverbrauch*

Ausschachtungen	2091000 m^3
Aufschüttungen	1755000 m^3
Beton	66200 m^2
Armierungseisen	3540 t
Verschalungsfläche	48500 m^2
Baustahl (Hauptbauten):	
Kraftwerksbau	7850 t
Zwischenbau	903 t
Schaltanlage und Transformatorenanlage	258 t
Mauerwerk	1080000 Steine
Aluminiumabdeckung (Kraftwerksbau)	7050 m^2

II. Maschinentechnische Ausrüstung des Kraftwerkes Gallatin

a) Dampferzeugungsanlage

Jeder Dampferzeuger ist für eine Leistung von 750 t/h ausgelegt. Die maximale Last für 4 Stunden beträgt 808 t/h. Der Dampf wird mit 143 atü, 565° C am Überhitzeraustritt erzeugt; der Genehmigungsdruck in der Trommel beträgt 160 atü. Der Dampf wird auf 565° C zwischenüberhitzt.

Der Wirkungsgrad bei 750 t/h beträgt 88,5%, bezogen, wie in den USA üblich, auf den oberen Heizwert H_0 bei einer Abgastemperatur von 150° C; bei der Höchstlast von 808 t/h werden 88,3% bei einer Abgastemperatur von 154° C und bei 500 t/h werden 88,86% bei einer Abgastemperatur von 140° C erreicht.

Den vertikalen Aufbau des Kesselaggregates mit Schnitt durch die Brennkammer den Strahlungs- und Berührungsteil, Bunker, Mahlanlage sowie Lufterhitzer und Frischluftventilatoren zeigt Abb. 21. Es handelt sich um einen Anderthalbzugkessel mit Zwangumlauf.

Jeder Kessel hat auf der Stirnseite eine Trommel mit einem Innendurchmesser von 1,53 m, einer Länge von 17,76 m und einer Wandstärke von 124 mm. Das Gewicht beträgt 101,3 t.

Abb. 22 zeigt eine Aufnahme aus der Montagezeit. Man erkennt links die aufgehängte Kesseltrommel mit den kaltliegenden Rücklaufrohren und den Überhitzeraustrittssammler mit einem Teil der Überhitzerheizflächen. In Abb. 23 sieht man die hängenden Rohrelemente des Überhitzers mit den in die Brennkammer hineingebogenen Strahlungsrohren.

Die Heizfläche in der Brennkammer besitzt eine Größe von 7637 m^2, der Überhitzer eine solche von 6250 m^2; die äußeren Rohrdurchmesser betragen 50,8 mm. Die Vorwärmerheizfläche umfaßt 3948 m^2. Der Zwischenüberhitzer ist für 631 t/h bei 38,7 atü mit einer Endtemperatur von 567° C ausgelegt.

Jeder Kessel hat 4 Umwälzpumpen mit einer Förderleistung von 1522 t/h und einer Förderhöhe von 2,85 at.

Die Dampferzeuger haben Doppelbrennkammern. Jeder Kessel besitzt zwei völlig gleiche Feuerräume mit tangential in 4 Ecken angeordneten Brennern. Als besonderer Vorteil dieser Doppelfeuerung wird angesehen, daß der Zwischenüberhitzer in einer der Brennkammern und der Endüberhitzer für den Frischdampf in der anderen Brennkammer eingebaut und dadurch die Regelmöglichkeit verbessert werden kann. Abb. 24 zeigt ein Prinzipbild der Brennkammer- und Heizflächenanordnung sowie der rauchgasseitig nachgeschalteten Kesselteile. In jedem der beiden Feuerräume sind die Speisewasservorwärmer und die ersten Überhitzerstufen untergebracht. Da die Strahlungsflächen in jeder Hälfte für eine gleich große Wärmeaufnahme ausgelegt sind, beschränkt sich die Aufgabe der Regelung darauf, in diese beiden Feuerräume stets die gleichen Brennstoff- und Luftmengen einzuführen. Die Neigung der beiden Brennergruppen wird automatisch den wechselnden, sich aus den Lastschwankungen ergebenden Anforderungen

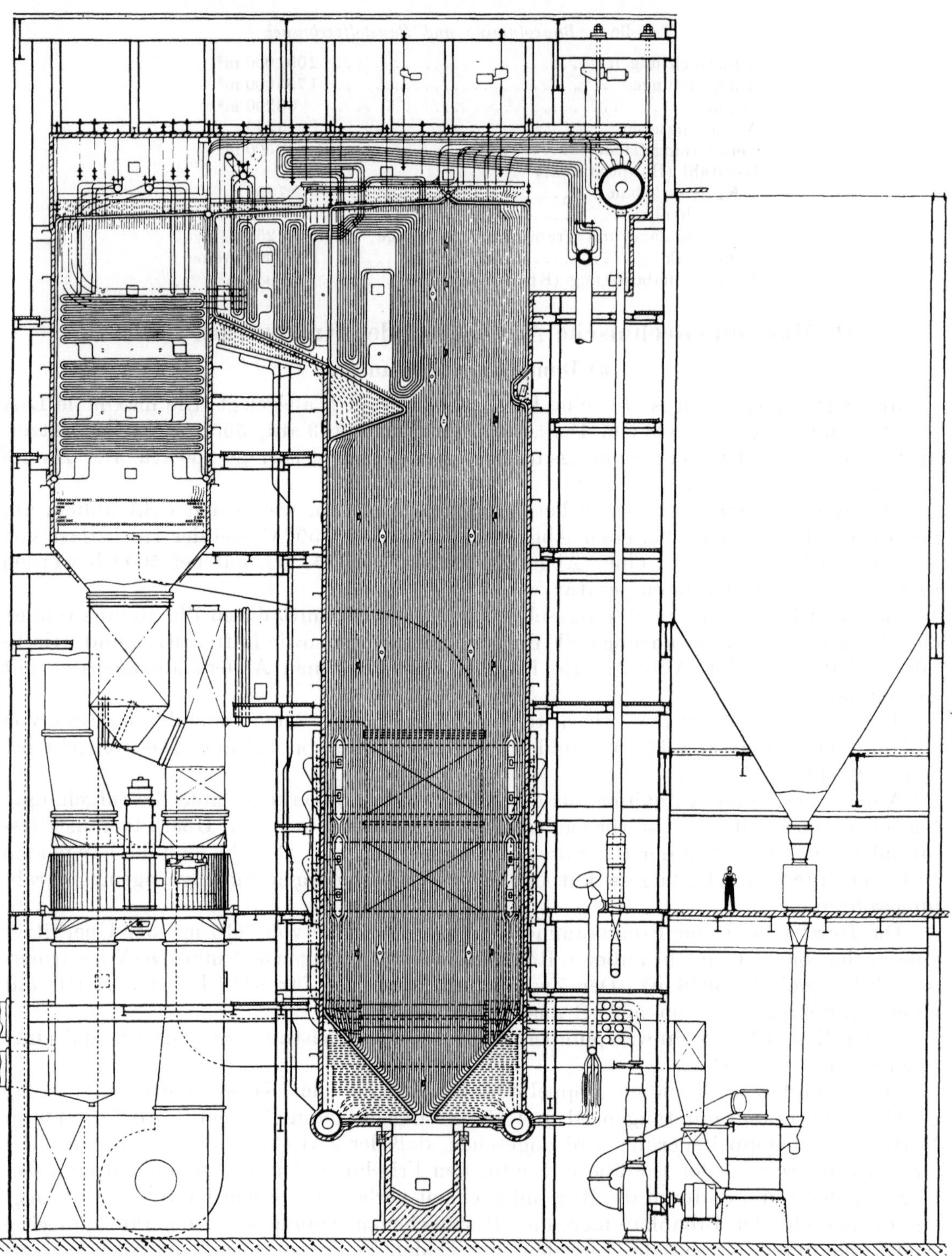

Abb. 21. Vertikalschnitt durch einen der beiden zu den Blocks I und II gehörenden Zwangumlauf-Zwillingskessel für 750 t/h, 143 atü, 565° C mit Zwischenüberhitzung auf 565° C

angepaßt. Hierdurch kann der Bereich einer konstanten Überhitzungstemperatur ohne Rückgriff auf die Einspritzkühler sehr weit ausgedehnt werden.

In den Rauchgas- und Luftleitungen sind Querverbindungen vorgesehen, die einen Kesselbetrieb auch bei Ausfall eines der 3 Luftvorwärmer oder eines der 3 Saugzuggebläse ermöglichen. Drei Frischlüfter drücken die Verbrennungsluft durch die Luftvorwärmer in die beiden Feuerräume.

Die Doppelfeuerung gestattet, das Kesselgerüst zu vereinfachen und zu verbilligen, weil man zwischen den beiden Brennkammern eine tragende Säule errichten kann.

Abb. 22. Kesseltrommel (links) und Austrittssammler (Mitte) mit Rücklaufrohren und einem Teil der Überhitzerheizflächen

Abb. 23 Hängende Überhitzerheizflächen

Bei der Brennkammerauslegung war zu berücksichtigen, daß die TVA in der Lage sein mußte, bei den riesigen Kohlenmengen, die verfeuert werden, jede Art Brennstoff, die gerade zur Verfügung steht, zu verwenden. Um das zu ermöglichen, wurden die Wärmeentbindung in der Brennkammer und die Gasgeschwindigkeit möglichst niedrig, die wassergekühlte, Strahlung aufnehmende Heizfläche der Brennkammer dagegen möglichst groß gewählt. Durch die Verwendung des Zwillingsfeuerraumes werden die Kühlflächen der beiden Mittelwände für die Wärmeanstrahlung zusätzlich gewonnen. Alle Wände sind für die Reinigung durch Rußbläser bequem zugänglich.

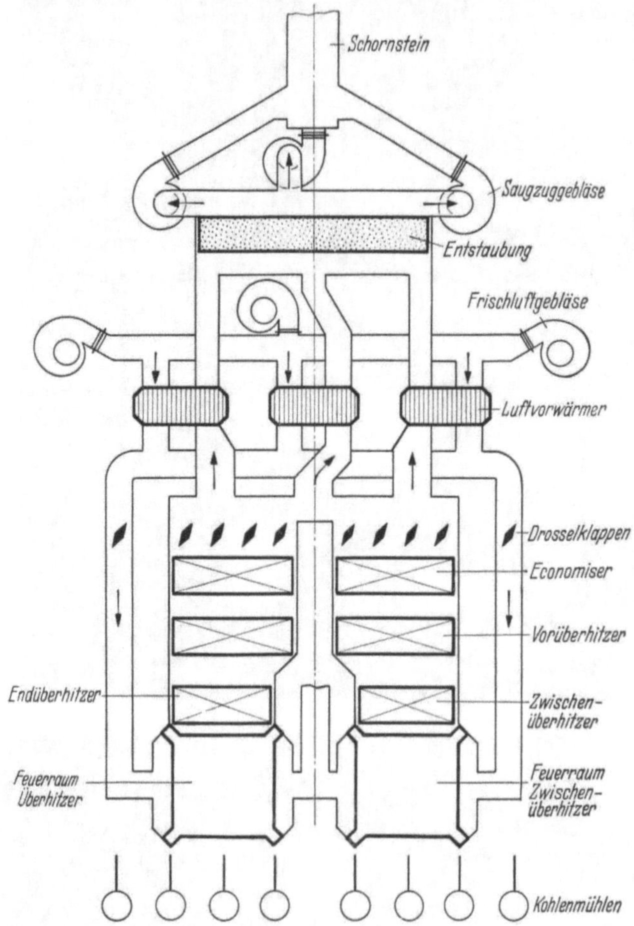

Abb. 24. Vereinfachtes Kesselschema: Luft- und Rauchgasführung

Der Feuerraum ist gut abgedichtet, um Luftverluste zu vermeiden. Er besitzt 8,84 m Breite, 7,62 m Tiefe und 36,58 m Höhe. Das Gesamtvolumen des Kessels beträgt 4190 m^3. Jede Brennkammer ist mit 32 tangential einstellbaren Brennern sowie mit 32 Zündvorrichtungen und 8 Ölbrennern ausgerüstet.

Acht Kugelmühlen sind für jedes Kesselaggregat vorhanden, so daß jeder Feuerraum von 4 Mühlen mit Kohlenstaub versorgt wird, von denen drei für die Normallast ausreichen.

Jeder der 2 Ljungström-Luftvorwärmer hat eine Heizfläche von 7516 m^2. Die Höhe des Luftvorwärmers beträgt 1420 mm. Es sind 2 Blechpakete mit einer Höhe von 920 und 300 mm übereinander eingebaut. Wegen des Taupunktes der Kohle und der Korrosionsgefahr der Lufterhitzer hat man darauf verzichtet, die Abgastemperatur noch weiter abzusenken. Es ist aber Vorsorge getroffen, daß man zusätzliche Heizflächen in die Ljungström-Lufterhitzer einbauen kann, wenn der Betrieb zeigt, daß eine Absenkung der Abgastemperatur keine zu großen Betriebserschwernisse bringt.

Ein Wirtschaftlichkeitsvergleich zeigt, daß die Aufteilung auf 3 Saugzüge und 3 Frischlüfter zweckmäßiger und wirtschaftlicher ist als auf zwei. Bei 3 Saugzügen wird die Dampferzeugung bei Ausfall eines Ventilators um 20% abgesenkt, bei nur zweien jedoch um 40%. Die Frischluft- und Saugzugventilatoren sind drehzahlgeregelt. Jeder Frischluftventilator hat eine Förderleistung von 6230 m^3/min bei einem statischen Förderdruck von 350 mm WS. Die Motorleistung beträgt 608 PS bei 708 U/min. Jeder Saugzugventilator hat eine Förderleistung von 9260 m^3/min bei einer statischen Förderhöhe von 476 mm WS. Die Motorleistung beträgt 1267 PS bei 592 U/min.

Die Steinkohle hat bei einem unteren Heizwert von 6200 kcal/kg einen Wassergehalt von 10% bei einem Aschegehalt von 12,6%. Der Ascheerweichungspunkt liegt bei 1038° C, der Schmelzpunkt bei 1177° C. In der Brennkammer wird eine Wärmemenge von rund 500 Mill. kcal/h frei gemacht.

Abb. 25 zeigt schematisch die Heizflächenaufteilung mit dem Temperaturabbau der Rauchgase. In dem t-Q-Diagramm Abb. 26 sind der Verlauf der Rauchgasabkühlung sowie die Temperaturerhöhung des Wassers und des Dampfes in den Vorwärmer-, Verdampfungs- und Überhitzerheizflächen aufgetragen.

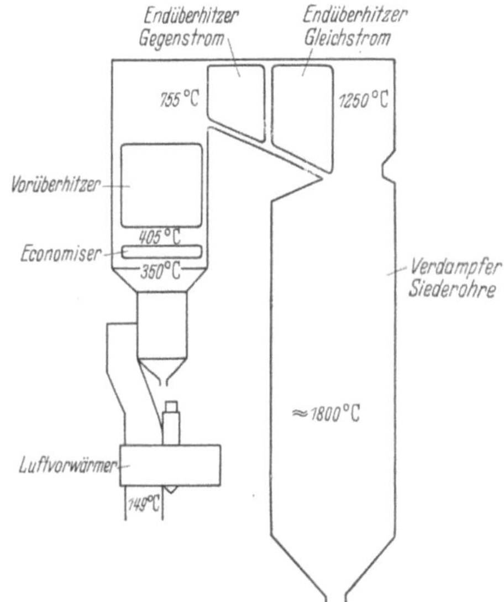

Abb. 25. Rauchgas-Temperaturverlauf. Kessel Gallatin

Die Volumenbelastung der Brennkammer beträgt rund 150000 kcal/m³ h und die Querschnittsbelastung rund 4700000 kcal/m² h. Der Rauchgas-Speisewasservorwärmer hat nur eine verhältnismäßig kleine Aufwärmspanne von rund 15° C. Die Endvorwärmung geschieht also in der Strahlungsheizfläche der Brennkammer. Die spezifische Flächenbelastung der Heizfläche in der Brennkammer liegt bei rund 106000 kcal/m² h.

Die Rauchgasreinigung geschieht durch Zyklonentstauber, die für eine Durchsetzmenge von 7335 m³/min bei 157° C ausgelegt sind. Der garantierte Abscheidegrad beträgt 84 % bei einem Druckabfall von 76 mm WS bei Auslegungsleistung. Der abgeschiedene Staub wird durch 4 Entaschungspumpen mit 11,4 m³/min Auslegungsleistung und 35 m Förderhöhe weggepumpt. Die Schlacke fällt in der Brennkammer trocken

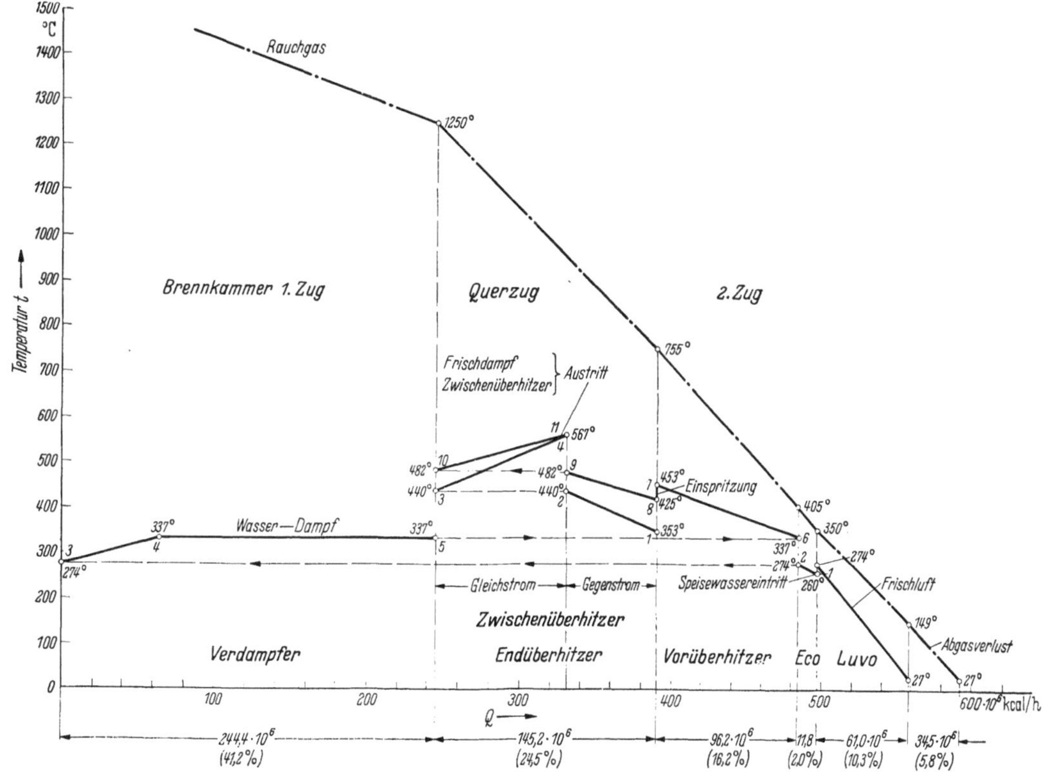

Abb. 26. t-Q-Diagramm für Kessel Gallatin

an. Die 2 Entaschungs-Wasserpumpen mit einer Auslegungsleistung von je 12 m³/min bei 122 m Förderhöhe fördern die abgekühlte Schlacke auf den Lagerplatz.

Beide Kessel sind mit einem einzigen Schornstein von 152,5 m Höhe verbunden. Die große Schornsteinhöhe wurde gewählt, um die Abgase besser zerstreuen zu können. Man mußte — erschwerend zu der sehr großen Konzentration von Kraftwerksleistung (2,5 Mill. kW) — mit einem verhältnismäßig hohen Schwefelgehalt der Kohle rechnen, so daß mit den Rauchgasen beträchtliche Mengen von Schwefelsäure und schwefliger Säure abgeführt werden. Es hat sich gezeigt, daß die Abführung der Rauchgase in möglichst großer Höhe der wirtschaftlichste Weg für ihre Beseitigung ist. Abb. 27 zeigt die 6 Saugzugventilatoren (drei je Kessel) mit den zugehörigen Rauchgaskanälen und Motoren sowie den in der Mitte stehenden Schornstein.

Die Dampferzeuger für die beiden 275 MW-Turbosätze haben eine Höchstleistung von je 890 t/h. Die Verdampfungsheizfläche beträgt 3550 m², die Überhitzerheizfläche

Abb. 27. Saugzugventilatoren mit Rauchgaskanälen

11200 m² und die Zwischenüberhitzerheizfläche 3100 m². Der Speisewasservorwärmer besitzt eine Heizfläche von 8900 m² und der Lufterhitzer eine solche von 31500 m².

b) Dampfturbinenanlage

Die Einwellenturbine jeder Einheit ist dreigehäusig mit einem dreiflutigen Niederdruckteil ausgeführt. Die Auslegungsleistung beträgt bei einer Drehzahl von 3600 U/min 225 MW die maximale Dauerleistung 250 MW. Die Turbosätze III und IV haben eine Leistung von je 247,5/275 MW.

Der Auslegungszustand des Dampfes am Turbineneintritt ist 141 atü, 565° C, die Zwischenüberhitzung erfolgt auf ebenfalls 565° C. Der Abdampfdruck beträgt bei den Auslegungsverhältnissen 0,069 ata. Der Frischdampfdruck soll im Jahresdurchschnitt nicht über 148 atü liegen, wobei eine obere Grenze von 154,5 atü nicht überstiegen werden soll. Momentane Druckspitzen bis 183 atü sind zulässig, jedoch soll die Gesamtdauer dieser Spitzen im Jahr 12 Stunden nicht überschreiten. Da der Druck des zwischenüberhitzten Dampfes beim Eintritt in die Turbine nicht geregelt werden kann, ist auch eine Begrenzung für abweichende Betriebszustände nicht gefordert. Die Sicherheitsventile in der Zwischenüberhitzerleitung werden auf 120% des Druckes bei Nennleistung eingestellt.

Die Eintrittstemperatur an der Turbine soll im Jahresdurchschnitt nicht mehr als 565° C betragen, wobei als obere Grenze 574° C zugelassen werden. Darüber hinaus sind kurzzeitige Temperaturspitzen bis 580° C auf insgesamt 400 Stunden im Jahr, Spitzen bis zu 593° C auf insgesamt 80 Stunden im Jahr beschränkt, wenn diese 15 Minuten oder weniger andauern. Die Zwischenüberhitzungstemperatur soll im Jahresdurchschnitt nicht mehr als 565° C betragen bei einer oberen Grenze von 574° C.

Der Aufbau der Turbine geht aus den Längsschnitten, Abb. 28 und 29, hervor. Die Turbine hat insgesamt 32 Stufen, die sich wie folgt aufteilen:

Hochdruckteil:

1 zweikränzige Gleichdruckstufe (als Regelstufe) und 14 Überdruckstufen,

Mitteldruckteil:

1 Gleichdruckstufe und 9 Überdruckstufen.

Der aus dem Mitteldruckteil austretende Dampf wird den 3 Niederdruckfluten zugeführt, wobei einer dieser aus je 7 Überdruckstufen bestehenden Niederdruckteile im Mitteldruckgehäuse untergebracht ist und die beiden anderen in dem doppelflutigen Niederdruckgehäuse liegen.

Die 8 Entnahmestellen liegen hinter der 10., 15., 21., 23., 25., 27., 29. und 30. Stufe.

Der Hochdruck-Turbinenläufer wiegt 5897 kg, der Mitteldruck-Turbinenläufer 23587 kg, der Niederdruck-Turbinenläufer 24948 kg und der Generatorläufer 39463 kg. Für den Transport im Maschinenhaus sind 2 Maschinenhauskrane mit einer Tragfähigkeit von je 113,5 t vorhanden.

Auf jeder Seite des Hochdruckgehäuses ist ein Dampfeinströmkasten angeordnet, der 4 Regelventile trägt. Von diesem führen je 4 Leitungen zu den Düsenkammern des Hochdruck-

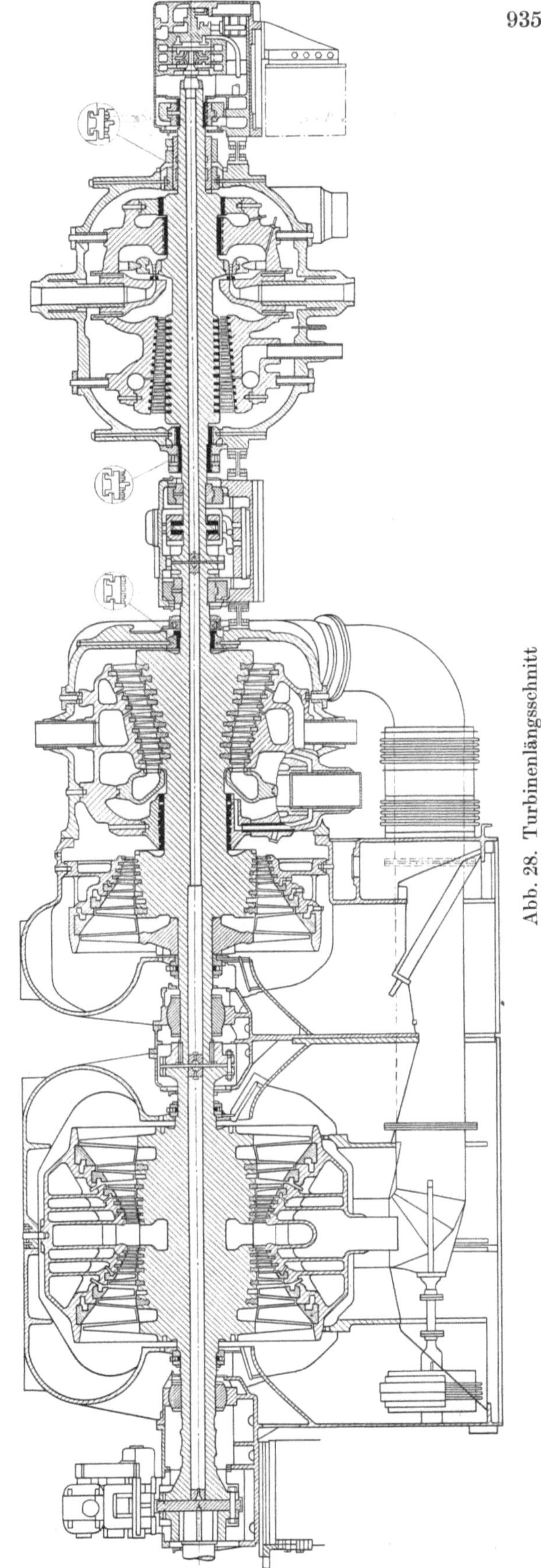

Abb. 28. Turbinenlängsschnitt

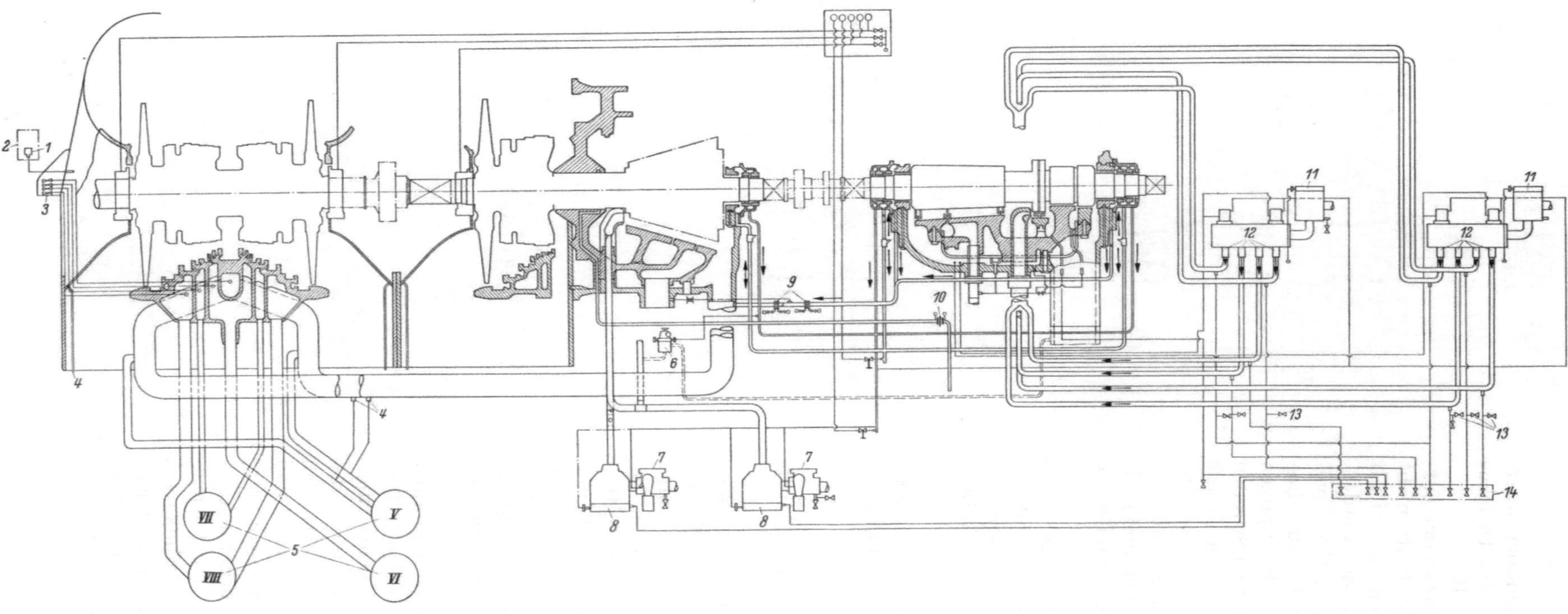

Abb. 29. Entwässerungen und Stopfbuchsenbedampfung der Turbine

1 Abdampfstutzen, Temperaturalarmschalter
2 Klemmenkasten
3 Prüfleitungen der Entnahmen
4 Stopfbuchsenentwässerungen in Kondensator
5 Niederdruckvorwärmer
6 Bypaßventil
7 rechtes bzw. linkes Schnellschlußventil vor Mitteldruckteil
8 Steuerventil Mitteldruckteil
9 Flansche für Durchflußmengenmesser und Manometeranschlüsse
10 Durchflußmeßstelle
11 Durchflußventil
12 Regelventile links bzw. rechts
13 Prüfleitungen
14 Entwässerungskontrolle

gehäuses (Abb. 30). Die Regelventile werden durch hydraulische Servomotoren betätigt, die auf der Seite des Reglerbocks angeordnet sind. Eine elastische Verbindung ermöglicht die radiale Verschiebung der Dampfzuführungsrohre in den Düsenkammern bei gleichzeitiger Abdichtung gegen den Innenraum des Gehäuses.

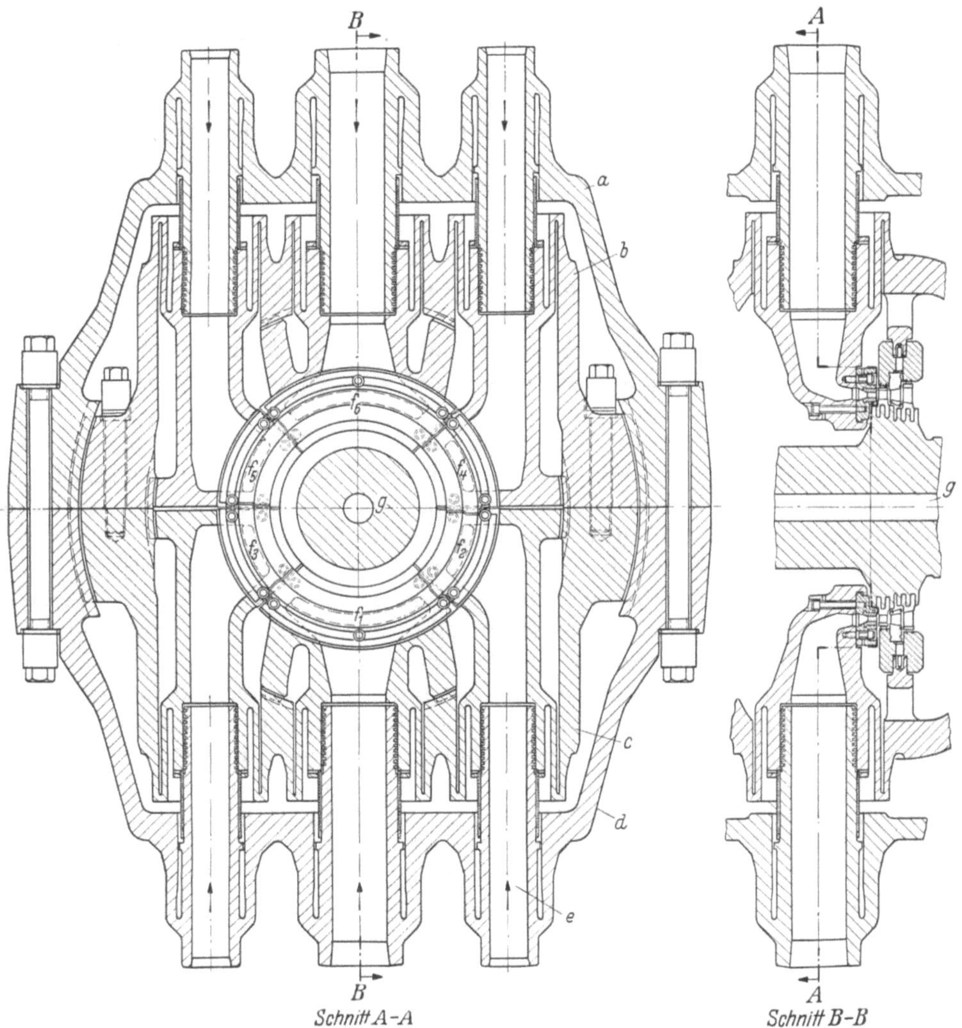

Abb. 30. Querschnitt durch Hochdruckteil

a	äußeres Turbinengehäuse (Oberteil)	*e*	Dampfzuführung von den Regelventilen
b	Düsenkammer und Innengehäuse (Oberteil)	f_{1-6}	Düsengruppen
c	Düsenkammer und Innengehäuse (Unterteil)	*g*	Läufer
d	äußeres Turbinengehäuse (Unterteil)		

Der Abdampf des ersten Gehäuses wird durch zwei untenliegende Stutzen zum Zwischenüberhitzer geführt. Von dort strömt der Dampf zur Mitteldruckturbine. Er tritt in diese durch je 2 Stutzen in Gehäuseober- und -unterteil ein.

Die Überströmung des Dampfes zu den 2 Niederdruckfluten des dritten Gehäuses geschieht unter Flur. Aus den drei parallel geschalteten Endstufen strömt der Dampf durch einen gemeinsamen Stutzen zum Kondensator. Alle Gehäuseteile können sich frei und symmetrisch ausdehnen.

Die massiven Läufer der 3 Turbinenteile sind aus legiertem Material geschmiedet und starr miteinander gekuppelt. Der so gebildete Läuferstrang wird durch das Drucklager im Hochdruckteil axial festgelegt.

Der von der Überdruckbeschaufelung herrührende Schub wird durch einen zweistufigen Ausgleichkolben des Hochdruckturbinenläufers und durch einen einstufigen Ausgleichkolben des Mitteldruckläufers ausgeglichen.

Die Radialspiele in der Beschaufelung sind verhältnismäßig groß gehalten. Deckbänder geringer Stärke von besonders hoher Verschleißfähigkeit verringern das Spiel und damit die Leckverluste in der Beschaufelung. Der Leckdampf hinter den Dichtungen der Ausgleichkolben wird zu Stufen niedrigeren Druckes geführt.

Hochdruck- und Mitteldruckteil sind in Zweischalenbauweise ausgeführt. Das Außengehäuse des Hochdruckteiles ist in Chrom-Molybdän-Stahl abgegossen und axial geteilt. Das Innengehäuse wird in der Horizontalebene vom Außengehäuse getragen und ist oben und unten von Bolzen geführt, so daß es sich bei Temperaturänderungen frei bewegen kann, wobei die Mittellage erhalten bleibt.

Die Verbindungsrohrleitungen vom zweiten zum dritten Gehäuse durchstoßen die Wände des Niederdruckgehäuse-Unterteiles mit Hilfe von Dehnungsverbindungsstücken.

Der Fixpunkt der Turbine liegt in der Mitte des Abdampfstutzens. Von hier aus können sich die Gehäuse in beiden Richtungen auf den Fundamentplatten ungehindert ausdehnen.

Das Hochdruckgehäuse ist auf den Lagerböcken durch Pratzen gelagert, die genau in der horizontalen Mittelebene abgestützt sind. Die Gehäuse sind mit den anschließenden Lagerböcken durch Doppel-T-Stücke verbunden, welche das Gehäuse bei radialer Dehnungsmöglichkeit axial und in der Querrichtung festlegen.

Unter- und Oberteil sowohl der Hochdruck- als auch der Mitteldruckturbine sind verschraubt. Um die richtige Anpressung sicherzustellen, müssen die Schrauben mit Vorspannung angezogen werden. Die Gehäuseflansche sind so fein bearbeitet, daß sie bei trockenen Flächen Metall gegen Metall dichten.

Eines der größten Probleme bei Grenzleistungs-Stromerzeugern ist die Abführung der Verlustwärme. Bei den Generatoren für das Kraftwerk Gallatin hat man sich entschlossen, sowohl bei den Ständern als auch bei den Läuferwicklungen H_2-Innenkühlung anzuwenden. Diese gestattet, mit einem gegebenen Generatormodell eine höchstmögliche Leistung zu erreichen. So wurde der Generator um 2,8 m kürzer und um 120 t leichter als ein in der Leistung vergleichbarer Stromerzeuger herkömmlicher Bauart. Dementsprechend groß sind auch die Ersparnisse beim bautechnischen Teil, bei den Fundamenten und dem Maschinenhauskran. Bei späteren Aggregaten ist der Übergang zur Flüssigkeitskühlung vorgesehen.

Jeder Generator hat eine Leistung von 278 MVA, 250000 kW bei $\cos\varphi = 0{,}9$ und 6680 A. Die Frequenz beträgt 60 Hz bei 3600 U/min. Das Leerlaufkurzschlußverhältnis ist 0,78. Die Nennleistung steigt auf 320 MVA, 272000 kW bei $\cos\varphi = 0{,}85$, wenn der Wasserstoffdruck von 2,1 ata auf 3,2 ata heraufgesetzt wird. Die Generatorspannung beträgt 24 kV. Der Wasserstoffdruck kann auf 9,2 ata gesteigert werden. Abb. 31 bringt einen Längsschnitt durch Generator und Erregermaschine. Der Läuferdurchmesser beträgt 915 mm, das Statorgewicht 250 t. Die Haupterregermaschine ist mit der Generatorwelle über Zahnradgetriebe gekuppelt. Ihre Leistung beträgt 900 kW bei 375 V und 897 U/min, die der Hilfserregermaschine 13 kW bei 1745 U/min.

Abb. 32 zeigt den Turbosatz in der Montage. Der Mitteldruckläufer liegt bereits mit seinem Abdampfteil in dem Gehäuse. Der Turbosatz im hinteren Teil des Gebäudes ist nahezu fertiggestellt. Das fast fertigmontierte Aggregat mit dem isolierten Hochdruckgehäuse und den inneren Verbindungsleitungen ist in Abb. 33 von der Dampfeinströmseite und in Abb. 34 zum ungefähr gleichen Zeitpunkt von der Erregerseite her aufgenommen. Man erkennt hinter der umkleideten Erregermaschine und dem Generator den dreiflutigen Abdampfteil und die isolierten Verbindungsrohrleitungen zwischen den Gehäusen. Abb. 35 zeigt das betriebsfertige Aggregat von der Hochdruckseite aus und dahinter die auch nahezu vollendete zweite Maschine.

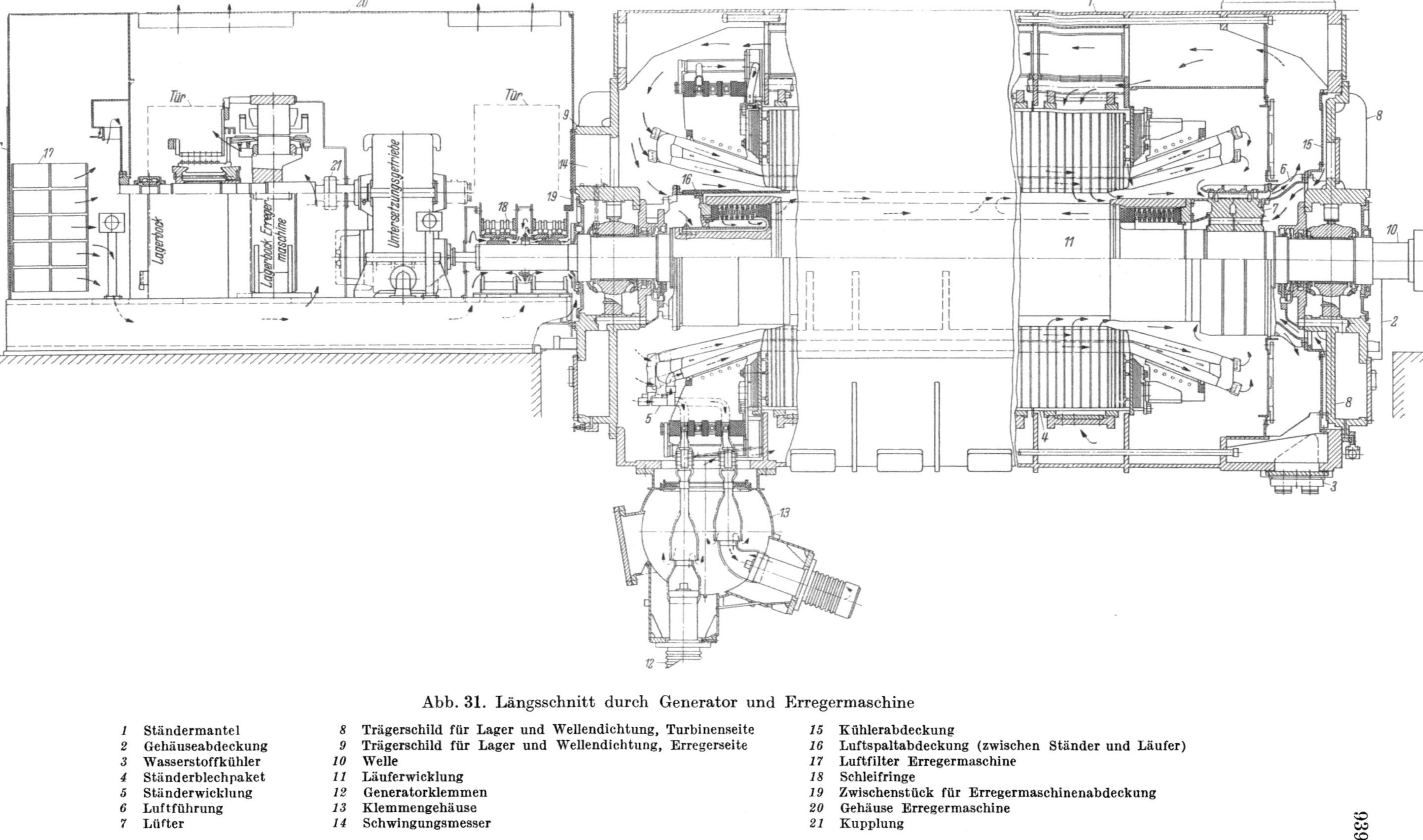

Abb. 31. Längsschnitt durch Generator und Erregermaschine

1 Ständermantel
2 Gehäuseabdeckung
3 Wasserstoffkühler
4 Ständerblechpaket
5 Ständerwicklung
6 Luftführung
7 Lüfter
8 Trägerschild für Lager und Wellendichtung, Turbinenseite
9 Trägerschild für Lager und Wellendichtung, Erregerseite
10 Welle
11 Läuferwicklung
12 Generatorklemmen
13 Klemmengehäuse
14 Schwingungsmesser
15 Kühlerabdeckung
16 Luftspaltabdeckung (zwischen Ständer und Läufer)
17 Luftfilter Erregermaschine
18 Schleifringe
19 Zwischenstück für Erregermaschinenabdeckung
20 Gehäuse Erregermaschine
21 Kupplung

Abb. 33. Blick von der Niederdruckteil-Seite auf den fast fertigmontierten Turbosatz von Block II

Abb. 32. Turbosatz von Block II während der Montage

Abb. 34. Blick von der Erregerseite auf den fast fertigmontierten Turbosatz, Block I

Abb. 35. Blick von der Hochdruckseite auf den Turbosatz von Block I; im Hintergrund sieht man die Maschine von Block II

Durch die Lage am Cumberland River stehen sehr große Kühlwassermengen zur Verfügung. Aus diesem Grund konnte ein Einwegkondensator gewählt werden. Im Kühlwasserpumpenhaus am Flußufer sind je Turbosatz zwei vertikale Kühlwasserpumpen aufgestellt. Bei Vollast müssen beide Pumpen laufen, wenn man mit höheren

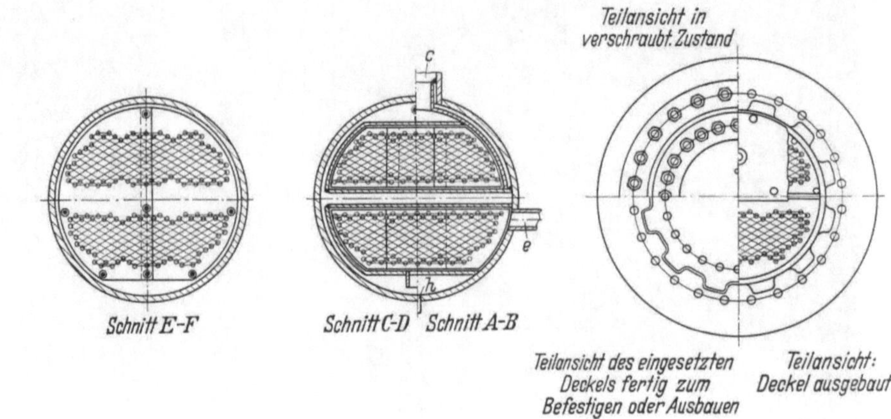

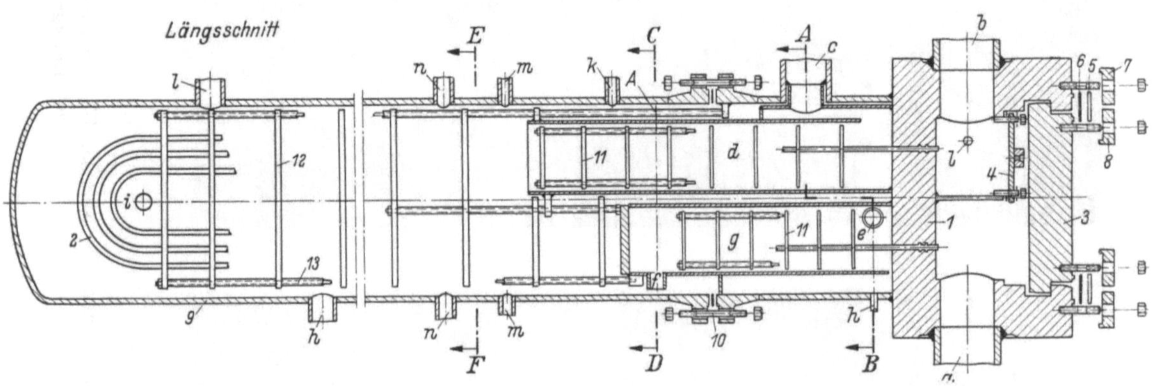

Abb. 36. Schnitte durch liegenden Hochdruck-Speisewasservorwärmer mit Enthitzungs- und Unterkühlungszone

Anschlüsse:

a Speisewassereintritt
b Speisewasseraustritt
c Heizdampfeintritt
d Enthitzungszone
e Kondensataustritt
f Kondensateintritt in Unterkühlungszone
g Unterkühlungszone
h Entleerung
i Entlüftung
k Stutzen für Manometer
l Stutzen für Sicherheitsventil
m Stutzen für Wasserstandsglas
n Stutzen für Wasserstandsfernanzeige

Bauteile:

1 Vorwärmerkopf mit Rohrboden
2 Rohrbündel
3 Abschlußdeckel
4 Dichtplatte
5 Dichtring
6 Dichtung
7 äußerer Flanschring
8 innerer Flanschring
9 Mantel
10 Mantelflansch mit Dichtung
11 Leitbleche
12 Stützbleche
13 Anker und Distanzbüchsen

Wassertemperaturen das Vakuum auch bei Vollast aufrechterhalten will. Wenn nur eine Pumpe in Betrieb ist, steigt der Abdampfdruck im Kondensator bis auf 0,075 ata. Die Wasserkammer des Kondensators ist geteilt. Die Oberfläche ist 8826 m^2 groß. Bei einem Abdampfdruck von 0,069 ata werden rund 493 t/h Dampf niedergeschlagen. Bei 23 °C Kühlwassertemperatur fließen hierbei 32748 m^3/h Kühlwasser mit einer Geschwindigkeit von 2,1 m/sec durch die Rohre. Das garantierte Vakuum kann bei einem Sauberkeitsgrad von 85% in der Kühlfläche noch aufrechterhalten werden. In jedem Kondensator sind 13952 Rohre aus korrosionsbeständiger Marinelegierung mit einem äußeren Durchmesser von 22 mm und einer Gesamtlänge von 9,15 m eingewalzt.

c) Vorwärmer- und Pumpengruppe

Die Schaltung der achtstufigen Vorwärmeranlage ist in dem Schaltbild Abb. 12 wiedergegeben. Es sind 4 Niederdruckvorwärmer vorhanden, durch welche 2 Kondensatpumpen das Wasser vom Kondensatorhotwell über den Entgaser in den Speisewasserbehälter fördern. Aus diesem läuft das Wasser den Kesselspeisewasserpumpen zu, die es durch 3 Hochdruckvorwärmer in den Kessel fördern. Die TVA hat den Oberflächenvorwärmern wegen der einfacheren Rohrleitungsführung und Betriebsweise den Vorzug gegenüber den Mischvorwärmern gegeben. Nach ausführlichen Verhandlungen mit den Lieferfirmen haben diese die Garantie übernommen, daß die Wärmeleistung in jeweils

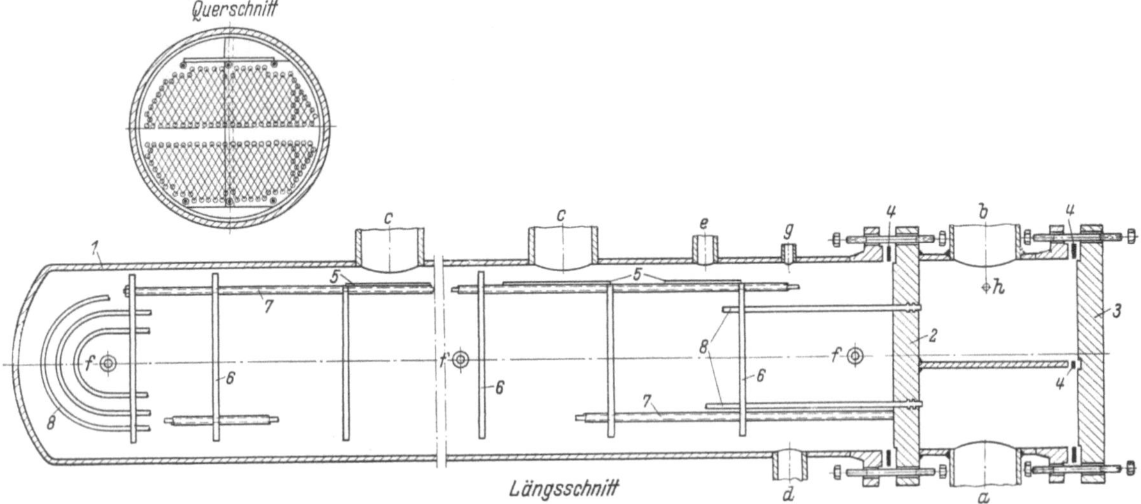

Abb. 37. Schnitte durch liegenden Niederdruck-Speisewasservorwärmer

Anschlüsse:

a	Speisewassereintritt	*e*	Brüdeneintritt
b	Speisewasseraustritt	*f*	Entlüftung
c	Heizdampfeintritt	*g*	Stutzen für Manometer
d	Kondensataustritt	*h*	Stutzen für Sicherheitsventil

Bauteile:

1	Mantel	*5*	Prallbleche
2	Rohrboden	*6*	Stützbleche
3	Anschlußdeckel	*7*	Anker und Distanzbüchsen
4	Dichtung	*8*	Rohrbündel

einem einzigen Vorwärmerkörper je Stufe untergebracht werden kann. Man beschloß darum, kein zweiflutiges Vorwärmersystem zu wählen, sondern jeweils nur einen Vorwärmer für jede Stufe zu nehmen.

Alle 3 Hochdruckvorwärmer sind nach dem gleichen Schema, das in Abb. 36 dargestellt ist, konstruiert. Sie besitzen eingebaute Enthitzungs- und Unterkühlungszonen. Die einzelnen Speisewasser-, Dampf- und Kondensatmengen und ihre Drücke und Temperaturen, für die die Vorwärmer wärmewirtschaftlich ausgelegt wurden, sind in den Tabellen 5 bis 7 aufgeführt.

Der Genehmigungsdruck auf der Wasserseite beträgt für alle 3 Hochdruckvorwärmer 216 atü, auf der Dampfseite für den 1. Vorwärmer 50,7 atü, für die beiden anderen 33 bzw. 15 atü.

Die Niederdruckvorwärmer 5 bis 8 haben ebenfalls einen gleichartigen Aufbau, der dem Schema Abb. 37 entspricht. Sie unterscheiden sich im wesentlichen nur durch den Zuströmquerschnitt für den Vorwärmerdampf. Sie haben bis auf den Vorwärmer 5 keine Unterkühlungszonen. Alle sind wasserseitig für 19 atü konzessioniert, mantelseitig für 4,2 atü bei Vorwärmer 5, bei den drei letzten Vorwärmern für 2,5 atü.

In Tabelle 9 sind die Heizflächen sowie die inneren Manteldurchmesser und die mittleren Rohrlängen angegeben.

Tabelle 9. *Kenndaten der Vorwärmer*

	Heizflächen	innerer Durchmesser	mittlere Rohrlänge
Vorwärmer 1	613,44 m²	1090 mm	7800 mm
Vorwärmer 2	652,18 m²	1090 mm	8400 mm
Vorwärmer 3	559,28 m²	1060 mm	7700 mm
Vorwärmer 5	299,33 m²	790 mm	7600 mm
Vorwärmer 6	312,15 m²	760 mm	8000 mm
Vorwärmer 7	288,00 m²	760 mm	7500 mm
Vorwärmer 8	455,22 m²	940 mm	8500 mm

Sämtliche Hochdruckvorwärmer haben Rohre mit einem äußeren Durchmesser von 16 mm bei 1,58 mm Wandstärke. Sie sind aus Monel-Metall gefertigt. Die Niederdruckvorwärmer haben Rohre mit 19 mm äußerem Durchmesser bei 1,83 mm Wandstärke. Sie bestehen aus Marinelegierung.

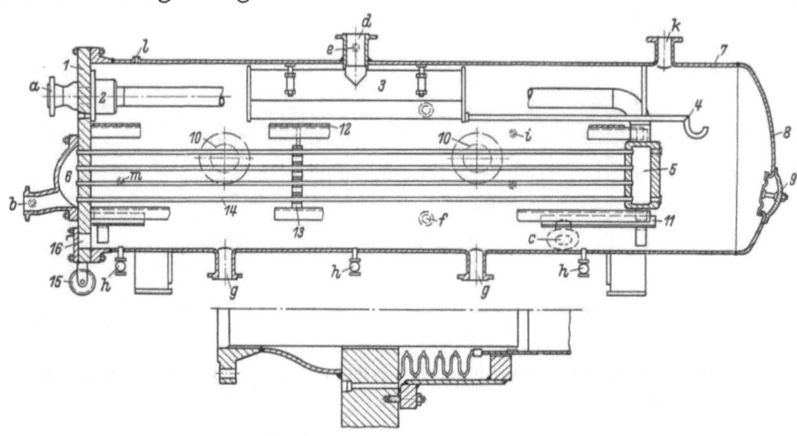

Abb. 38. Längsschnitt durch Verdampfer mit eingebautem Fliehkraft-Wasserabscheider

Anschlüsse:

a Heizdampfeintritt
b Kondensataustritt
c Speisewassereintritt
d Brüdendampfaustritt
e Mantelentlüftung
f Ausgleichleitung
g Entwässerung
h Druckausgleich
i Wasserstandsanzeige
k Stutzen für Sicherheitsventil
l Stutzen für Manometer
m Probe- oder Abblaseleitung

Bauteile:

1 Rohrboden
2 Dehnungskompensator
3 auswechselbarer Wasserabscheider
4 Kondensatablauf mit Wasserschleife
5 hinterer Sammler
6 Dampfkammer
7 Mantel
8 gewölbter Boden
9 Mannloch
10 Handloch
11 Führungsschiene
12 Spritzblech
13 Stützblech
14 Rohrbündel mit waagerechter Durchbiegung
15 Rollen zum Ausziehen des Rohrbündels
16 Ablaßöffnung

Der Speisewasserbehälter hat einen inneren Durchmesser von 3,87 m bei einer Gesamtlänge von 19,43 m.

Der Verdampfer jeder Einheit ist für 15,1 ata rohrseitig und 8,8 ata mantelseitig konzessioniert. Jeder Verdampfer besitzt eine Leistung von 14,75 t/h Netto-Destillat bei einem Brüdendruck von 7,71 ata. Der Heizdampf hat einen Druck von 11,7 ata bei 803 kcal/kg. Die Heizfläche ist 252 m² groß bei einer mittleren Rohrlänge von 6,7 m und einem inneren Durchmesser von 2235 mm. Dem Verdampfer sind Vorwärmentgaser für das Speisewasser vorgeschaltet. Der hierfür benötigte Dampf wird dem Verdampfer zusätzlich entnommen. Für die Verdampfer wird eine Reinheit des entgasten Destillates von 0,001 cm^3/l bei einem Salzgehalt im Verdampfer von 3 cm^3/l vollständig gelöster Stoffe garantiert. Der Verdampfer ist schematisch in Abb. 38 dargestellt. Der in den Verdampfer eingebaute Wasserabscheider entspricht der Darstellung in Abb. 39.

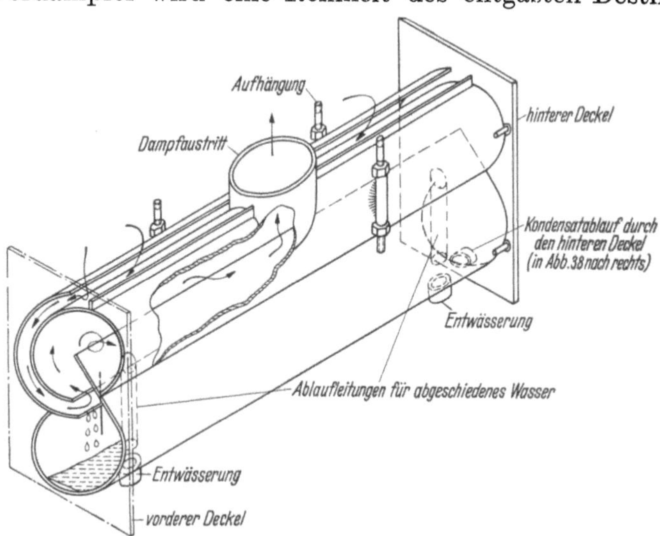

Abb. 39. Fliehkraft-Wasserabscheider für Verdampfer

Für jeden Block sind 3 Kesselspeisepumpen vorhanden, von denen eine in Reserve steht. Alle Pumpen sind mit hydraulischen Kupplungen zur Drehzahlregelung ausgerüstet, deren Wirtschaftlichkeit sich schon in früheren Anlagen erwiesen hat. Die Drehzahl wird nach der Speisewassermenge, der Dampfmenge und dem Wasserstand in der Trommel geregelt. Jede Speisepumpe hat 10 Stufen. Die Auslegungsleistung beträgt 418 m^3/h bei einer Förderhöhe von 218 at. Die Antriebsmotoren besitzen eine Leistung von rund 3000 kW bei 3572 U/min.

Die 3 sechsstufigen Kondensatpumpen senkrechter Bauart können je 318 m^3/h Wasser auf 159 m WS fördern. Die Motoren haben eine Leistung von rund 190 kW bei 1180 U/min.

d) Chemische Wasseraufbereitung

Das zu verdampfende Wasser strömt zuerst in 2 Absatzbecken von je 229 m^3 Rauminhalt, ausgelegt für 5 Stunden Absetzzeit. Dann fließt es über 2 Zeolithfilter in Vorratsbecken. Es sind für das gefilterte Wasser je ein Behälter von 188,3 m^3, für das enthärtete Wasser von 162 m^3 und für das Werkswasser von 42 m^3 vorhanden. In der Wasseraufbereitungsanlage stehen die in Tabelle 10 aufgenommenen Pumpen:

Tabelle 10. *Pumpen in der Wasseraufbereitungsanlage*

Rohwasserversorgung	1 für 90,8 m^3/h und 1 für 50 m^3/h Förderleistung, Förderhöhe etwa 33,5 m, horizontal
Spülwasser für Filter	1 für 329,3 m^3/h Förderleistung, Förderhöhe etwa 13,7 m, vertikal
Versorgung für Aufbereitungsanlage	3 Stück; 1 für 37,5 m^3/h und 2 für 75 m^3/h Förderleistung, Förderhöhe etwa 18,3 m, horizontal
Weichwasserbetrieb	1 für 36,3 m^3/h und 1 für 72,7 m^3/h Förderleistung, Förderhöhe etwa 153 m, horizontal
Eigenversorgung	2 für 11,4 m^3/h Förderleistung, Förderhöhe etwa 15,3 m, vertikal
Eigenbetrieb	2 für 34,1 m^3/h Förderleistung, Förderhöhe etwa 64 m, horizontal

e) Rohrleitungen

Die Rohrleitungsführung ist in dem Rohrleitungsschaltplan Abb. 40 dargestellt.

Die Frischdampfleitungen sind für einen Druck von 151 atü und eine Temperatur von 575° C ausgelegt. Die Rohre sind geschmiedet und ausgebohrt. Das Material, ASTM Standard A 335/B 22, ist ein Stahl mit $2^1/_4$ % Chrom- und 1 % Molybdängehalt. Die Rohrleitungen für die gesamte Dampfmenge haben einen äußeren Durchmesser von 646 mm bei 86 mm Wandstärke, diejenigen für die halbe Dampfmenge einen solchen

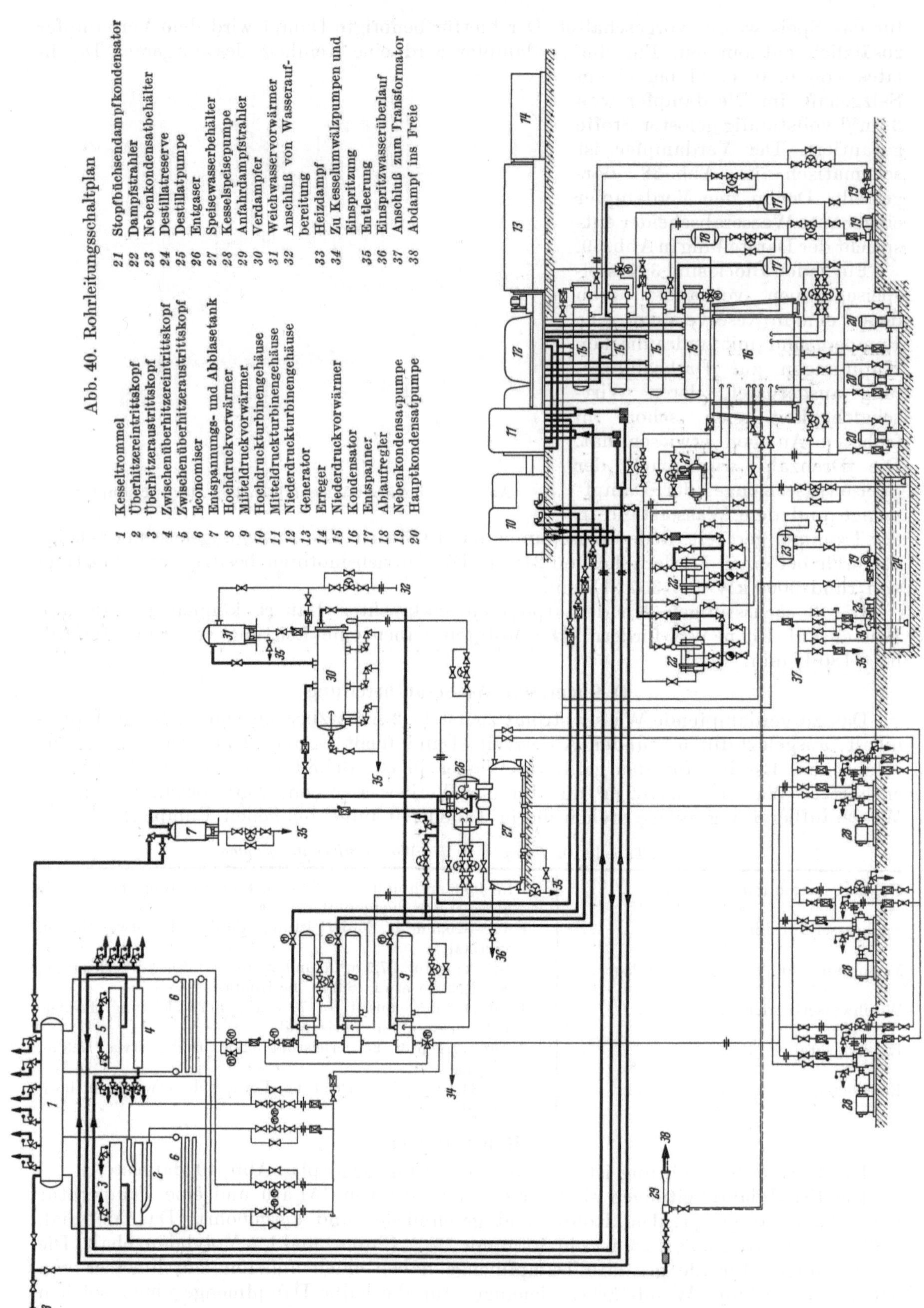

Abb. 40. Rohrleitungsschaltplan

1 Kesseltrommel
2 Überhitzereintrittskopf
3 Überhitzeraustrittskopf
4 Zwischenüberhitzereintrittskopf
5 Zwischenüberhitzeraustrittskopf
6 Economiser
7 Entspannungs- und Abblasetank
8 Hochdruckvorwärmer
9 Mitteldruckvorwärmer
10 Hochdruckturbinengehäuse
11 Mitteldruckturbinengehäuse
12 Niederdruckturbinengehäuse
13 Generator
14 Erreger
15 Niederdruckvorwärmer
16 Kondensator
17 Entspanner
18 Ablaufregler
19 Nebenkondensatpumpe
20 Hauptkondensatpumpe
21 Stopfbüchsendampfkondensator
22 Dampfstrahler
23 Nebenkondensatbehälter
24 Destillatreserve
25 Destillatpumpe
26 Entgaser
27 Speisewasserbehälter
28 Kesselspeisepumpe
29 Anfahrdampfstrahler
30 Verdampfer
31 Weichwasservorwärmer
32 Anschluß von Wasseraufbereitung
33 Heizdampf
34 Zu Kesselumwälzpumpen und Einspritzung
35 Entleerung
36 Einspritzwasserüberlauf
37 Anschluß zum Transformator
38 Abdampf ins Freie

von 400 mm bei 63 mm Wandstärke. Die Dampfleitungen von der Turbine zum Zwischenüberhitzer sind für 35,2 atü und 363° C ausgelegt. Sie bestehen aus normalem Kohlenstoffstahl in 2 Rohrleitungssträngen. Die Außendurchmesser betragen 508 mm bei 12,5 mm Wandstärke. Die Rohre sind nahtlos gezogen. Die Dampfleitungen vom Zwischenüberhitzer zur Turbine haben einen Auslegungsdruck von 32,4 atü bei 575° C. Es handelt sich um gewalztes und geschweißtes Rohrleitungsmaterial mit $2^1/_4$% Chrom und 1% Molybdän wie bei den Frischdampfleitungen. Die Rohrleitungen, durch die die gesamte Dampfmenge strömen kann, haben einen äußeren Durchmesser von 698 mm bei 32 mm Wandstärke, und diejenigen für die halbe Durchflußdampfmenge besitzen einen äußeren Durchmesser von 508 mm bei 32 mm Wandstärke.

Abb. 41. Blick in die Warte des Kraftwerkes Gallatin kurz vor der Fertigstellung

f) Kombinierte Warte

Die zentrale Warte und die Eigenbedarfswarte liegen im Schwerpunkt von je 2 Blocks innerhalb des Zwischentraktes im Kreuzungspunkt der Diagonalen. Alle wichtigen mechanischen und elektrischen Kontrollfunktionen sind hier zentralisiert. Nur die Hauptinstrumente sind an der Vorderseite angebracht. Es wurden Miniaturinstrumente gewählt. Hierdurch war es möglich, die Abmessungen der Wärmewarte klein zu halten. Einen Blick in die noch nicht ganz fertiggestellte Warte zeigt Abb. 41.

Drei Bedienungsleute in jeder Warte fahren den gesamten Betrieb. Einer von diesen hat die Verantwortung und Führung; er kann sich zeitweise auch außerhalb der Warte aufhalten, ohne daß der normale Betrieb hierdurch beeinflußt wird. Im Kraftwerk selbst sind noch 3 Assistenten und 4 Hilfsbedienungsleute in jeder Schicht für die 2 Einheiten eingesetzt. Insgesamt sind also 10 Bedienungsleute je Schicht für die beiden ersten Blocks von insgesamt 500 MW vorhanden.

III. Elektrotechnische Ausrüstung des Kraftwerkes Gallatin

a) Generatoren[1] und Transformatoren

Der Generator eines jeden Kraftwerksblockes ist mit dem zugehörigen Drehstrom-Hauptumspanner durch Stromschienen verbunden. Diese Schienen aus Aluminium sind für 7800 A bei 35° C Erwärmungs- und 40° C Umgebungstemperatur ausgelegt. Die

[1] Siehe auch S. 938.

Nennleistung der Hauptumspanner beträgt 300 MVA, das Übersetzungsverhältnis 13,8/161 kV. Ihre Kühlung erfolgt durch Fremdlüftung mit Ölumlauf (Kühlart FU). Eine Stufenschaltung unter Last ist nicht vorgesehen.

Jede Generator-Transformator-Einheit ist über Hochspannungs-Sammelschienen mit jeweils 3 Freileitungen für 161 kV verbunden. Durch Kupplungsschalter können die den einzelnen Kraftwerksblöcken zugehörigen Abschnitte des Doppel-Sammelschienensystems miteinander verbunden werden.

b) Eigenbedarfsanlagen

Die Eigenbedarfsversorgung (s. Abb. 42) für Anfahr- und Notbetrieb des Kraftwerkes wird durch 2 Gesamteigenbedarfs-Umspanner sichergestellt, von denen jeder einzeln mit 2 Sammelschienenabschnitten gekuppelt werden kann. Diese Eigenbedarfsumspanner sind

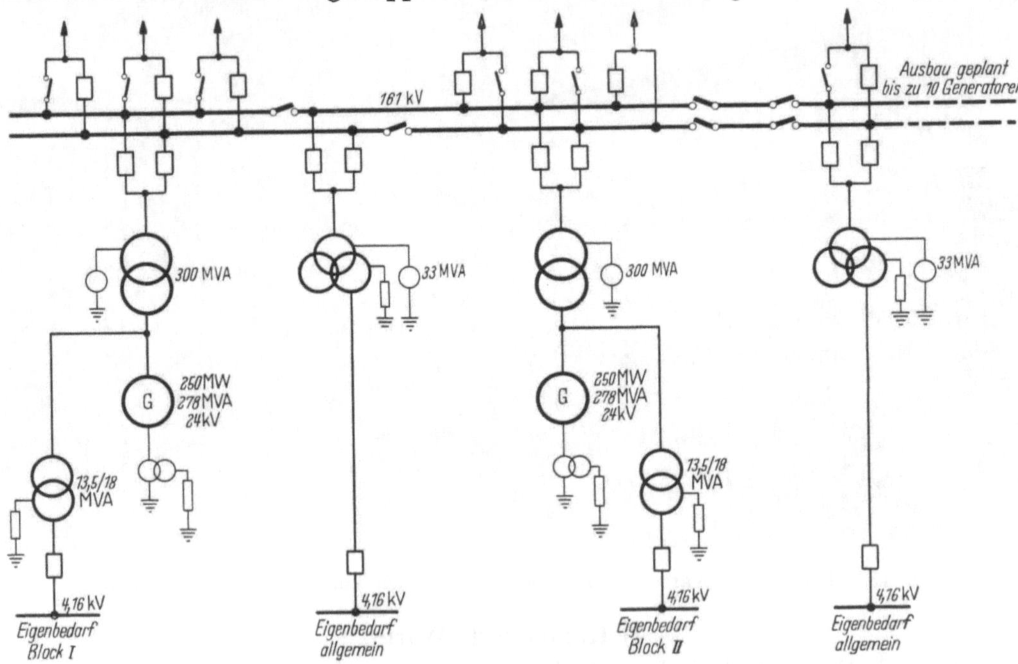

Abb. 42. Elektrischer Übersichtsschaltplan

als Dreiwicklungstransformatoren mit einer Primärwicklung für 161 kV und 2 Sekundärwicklungen für 4160 V ausgebildet. Sie haben eine Leistung von 25/33 MVA. Als Kühlart ist Ölselbstkühlung mit oder ohne Fremdbelüftung vorgesehen.

Der normale Blockeigenbedarf wird von je einem Blockeigenbedarfsumspanner von 13,5/18 MVA-Leistung gedeckt, der primärseitig an die Blockverbindung angeschlossen ist. Er setzt die Generatorspannung von 23,5 kV auf die Eigenbedarfsspannung von 4160 V herab. Die Kühlart ist die gleiche wie bei den Gesamteigenbedarfsumspannern.

Die Generatorsteuerpulte und Schalttafeln mit anzeigenden und schreibenden Meßgeräten für die elektrischen Einrichtungen der Kraftwerksblocks — einschließlich automatischer Leistungsregelung — sowie die Fernbedienung für die 161 kV-Schaltanlage sind in der Elektrowarte vereinigt, die in einem besonderen Gebäude zwischen Maschinenhaus und Freiluftschaltanlage untergebracht ist. Die Relaistafeln und Batterien sind in Nebenräumen der Warte aufgestellt.

Für den Eigenbedarf werden Spannungen von 4160 und 480 V verwendet. Die zugehörigen Hoch- und Niederspannungs-Schaltanlagen sind — wie in den USA ausschließlich üblich — in stahlblechgekapselter Bauart mit einer Abschaltleistung bis zu 250 MVA bei 4160 V bzw. 25000 A bei 480 V ausgeführt. Die wichtigsten Eigenbedarfsverbraucher, welche Einfluß auf die Kraftwerksleistung haben, wie Saugzuggebläse, Kesselspeisepumpen, Kühlwasserpumpen, Kondensatpumpen und Kohlenmühlen, sind mit hohem Sicherheitszuschlag ausgelegt. Es ist Vorsorge getroffen, daß jedes Aggregat noch mit Nennlast fahren kann, wenn die Frequenz auf 55,2 Hz bei 100% bzw. auf 56,3 Hz bei 83% der Nennspannung absinkt.

Die 161 kV-Freiluftschaltanlage besteht aus einem Doppelsammelschienensystem mit 12 Feldern. Außer 7 Freileitungsfeldern sind 4 Umspannerfelder und 1 Sammelschienen-Kupplungsfeld ausgebaut. Die Anlage ist in der typisch amerikanischen Hochbauweise mit einem geschweißten Gitterträgergerüst errichtet. Das Gerüst dient daher nicht nur zum Abspannen der Stahl-Aluminium-Sammelschienen und der abgehenden Freileitungen, sondern trägt auch die hoch über dem Boden angeordneten Trennschalter. Als Leistungsschalter werden 15 Ölschalter von 10000 MVA-Abschaltleistung (asymmetrisch) für 1600 A Nennstrom und Kurzunterbrechung verwendet.

Für die Kabelverbindungen werden als 5 kV-Leistungskabel sowohl asbest- und lackbandisolierte Einleiterkabel mit Asbestgewebemantel als auch ozonbeständige, gummiisolierte Einleiterkabel mit Gummimantel verwendet. Beide Kabelarten sind mit Armierung versehen. Auch als 600 V-Leistungskabel wurden Einleiterkabel mit Asbest- oder Gummimantel gewählt, aber auch Mehrleiterkabel mit Kunststoffisolierung. Die 600 V-Steuerkabel sind als Mehrleiterkabel mit Gummiisolierung, Gummimantel und einem Außenmantel ausgeführt.

Die Beleuchtungskörper werden aus dem 220/110 V-Netz gespeist. Das Maschinenhaus ist durch Tiefstrahler, das Kesselhaus durch Leuchtstoffröhren bzw. Glühlampen beleuchtet. In der Warte sind ebenfalls Leuchtröhren über einer Rasterdecke angebracht. In dem Werkstatt- und Bürogebäude sind hauptsächlich Leuchtstoffröhren installiert. Für die Bekohlungsanlage und die Straßen wurde Glühlampenbeleuchtung, für letztere Flutlichtleuchten vorgesehen. Für den Kohlenlagerplatz und das sonstige Gelände wurden 6 Flutlichttürme mit einer Höhe von 30,5 m aufgestellt, auf denen insgesamt 30 Leuchten mit 45 kW-Gesamtanschlußleistung installiert sind.

Schrifttum

"Engineering Data TVA Steam Plants", TVA Technical Monograph. Vol. 2, Nr. 55, Knoxville, Tenn., Nov. (1955).

"Progress of the Tennessee Valley Authority", The Engineer S. 398, 437 und 474 (1959).

Fünftes Ausführungsbeispiel

Kraftwerk Città di Roma der Società Mineraria del Trasimeno, Mailand, Italien

Von Karl Schröder und Hans Heinrich Pohl, Erlangen

A. Vorgeschichte, Aufgabenstellung und Standortbedingungen

Das Kraftwerk Città di Roma verdankt seine Entstehung einer Reihe von Umständen, die etwa zum gleichen Zeitpunkt zusammentrafen.

In erster Linie ging es dabei um die allgemeine Energiesituation in Italien. In diesem Lande, das 1956 rund 78% seines Energiebedarfes durch Wasserkraftwerke und nur etwa 22% durch Wärmekraftwerke deckte, sind die wirtschaftlich nutzbaren Wasserkräfte überwiegend ausgebaut, so daß nunmehr der Bau von Wärmekraftwerken in den Vordergrund rückt. Diese Kraftwerke, die auch als Reserve für die Wasserkraft in trockenen Jahreszeiten dienen müssen, können verhältnismäßig schnell errichtet werden, was bei dem rasch steigenden Strombedarf Italiens besonders wichtig ist. Da Italien andererseits nur über verhältnismäßig wenig eigene Brennstoffquellen verfügt, besteht die Gefahr, daß das Land immer stärker von der Einfuhr von Brennstoffen abhängig wird. Darum versucht man, auch kleinere Brennstoffquellen im Lande auszunutzen, wobei man hofft, damit den Zeitraum bis zum gesicherten Betrieb großer Kernkraftwerke überbrücken zu können.

Auf Grund derartiger Erwägungen hielt es die Società Mineraria del Trasimeno (SMT) für richtig, das ihr gehörende, etwa 160 km nördlich von Rom in Pietrafitta/Val Nestore/Provinz Perugia gelegene Braunkohlevorkommen verstärkt auszunutzen. Die dort befindliche ballastreiche Braunkohle mit einem Heizwert von rund 1300 kcal/kg wurde bisher nur für die Beheizung der Öfen einer Glasfabrik und für den Betrieb einer Ziegelei verwertet, wobei gleichzeitig der Ton aus dem Abraum Verwendung fand.

In den Jahren 1924/27 wurde auch ein kleines Kraftwerk mit dieser Kohle betrieben, das mit nur geringem und schwankendem wirtschaftlichem Erfolg gearbeitet hat, da die Feuerungsanlage nicht auf die speziellen Eigenschaften der Pietrafittakohle mit geringem Heizwert abgestellt war, weshalb der Betrieb später wegen Unwirtschaftlichkeit eingestellt wurde.

Das Braunkohlevorkommen liegt in einem verhältnismäßig flachen Tal, das im nördlichen Teil von einem Bach, dem Nestore, durchflossen und von Hügeln eingerahmt wird, die sich etwa 100 m über die Talsohle erheben. Die abbauwürdige Braunkohle liegt größtenteils südlich dieses Baches, teilweise aber auch nördlich, weshalb in etwa zehn Jahren der Bach verlegt werden muß.

1953 und weiter 1957 wurde das gesamte Braunkohlefeld nochmals exakt untersucht, um sicher zu sein, daß sich ein Aufschluß unter Einsatz moderner Tagebaugeräte für die Versorgung eines Kraftwerkes lohnt. Die Bohrergebnisse führten zu der Feststellung eines Braunkohlevorrates von etwa 40 Millionen Tonnen, was auch unter Abzug einiger nicht abbauwürdiger Flözteile für eine Gesamtenergieerzeugung von mindestens 15 Milliarden kWh netto ausreichend ist.

Im gleichen Zeitpunkt stand die Azienda Comunale di Elettricità ed Acque (ACEA) in Rom vor der Aufgabe, den ständig stark steigenden Energiebedarf der Hauptstadt

Italiens zu decken. Die ACEA verfügt über ein kleineres Dampfkraftwerk und eine Reihe von Wasserkraftwerken. Nach einer Fühlungnahme zwischen der SMT und der ACEA wurde der Beschluß, das Braunkohlevorkommen in größerem Stil abzubauen und ein Kraftwerk mit einer Anfangsleistung von $2 \times 29/36$ MW zu errichten, schnell gefaßt.

Die Entscheidung wurde dadurch erleichtert, daß in Deutschland ein gleich großes Kraftwerk mit zwei 32 MW-Blocks unter gleichartigen Voraussetzungen erfolgreich in Betrieb war (Kraftwerk Wölfersheim der Preag, siehe auch Beschreibung Nr. 118, S. 344). Hier war der Doppelbeweis erbracht worden, daß sich auch ein schwieriger Brennstoff, wie Braunkohle mit hohem Wasser- und Aschegehalt, also mit sehr niedrigem Heizwert, betriebssicher verfeuern läßt und daß auch für verhältnismäßig kleine Blockeinheiten hohe Dampfzustände und Zwischenüberhitzung wirtschaftlich sind.

Erschwerend war jedoch die Feststellung, daß das Gebiet, in dem die Braunkohle von Pietrafitta/Val Nestore liegt, überaus wasserarm ist, zumal der Bach Nestore im allgemeinen sehr wenig Wasser führt und nur selten nach starken Regenfällen anschwillt. Eine Wasserentnahme aus dem 8 km entfernten Trasimenischen See, in dem der Wasserspiegel ständig absinkt, war andererseits nicht zulässig. Es konnte demnach nicht einmal das für einen Rückkühlbetrieb erforderliche Zusatzwasser für die Kühlwasserversorgung der Turbinenkondensatoren bereitgestellt werden. Dieses Problem konnte dadurch gelöst werden, daß für die Kondensationsanlage Kühlung mittels Luft vorgesehen wurde.

Da die auf dem Gelände befindliche Ziegelei und die Glasfabrik beim Aufschluß der Grube abgerissen werden mußten, wird die Grubenanlage also nur noch das mit ihr verbundene Kraftwerk versorgen, von dem sie wiederum die elektrische Energie für die Bergbaugeräte bezieht. Diese ausschließliche Kupplung mit einem Dampfkraftwerk entspricht der allgemeinen Entwicklungstendenz auf diesem Sektor.

Einige hundert Meter vom Aufstellungsort des Kraftwerkes entfernt liegt die eingleisige Nebenstrecke der Staatsbahnen Ellera-Tavernelle und dahinter die Landstraße Perugia-Chiusi. Auf einen Gleisanschluß für das Kraftwerk wurde verzichtet, weil auf die kurze Distanz ein zu hoher Niveauunterschied hätte überbrückt werden müssen, und weil andererseits die wenig befahrene Nebenstrecke in absehbarer Zeit stillgelegt werden dürfte. Das Material für die Ausrüstung der Grube und des Kraftwerkes konnte demnach nur bis zu dem vom Kraftwerk 4 km entfernten Bahnhof Tavernelle auf dem Schienenweg angeliefert werden. Das Abladen erfolgte mittels provisorisch erstellter Hebezeuge, der Weitertransport zum Kraftwerk mittels Straßenfahrzeugen. Nach Auflassung der Bahnstrecke wird man später einen längeren Transportweg über die Straße mit Lastwagen bzw. Spezialfahrzeugen in Kauf nehmen müssen.

Die Braunkohle weist den sehr niedrigen Heizwert von 1300 kcal/kg auf. Sie hat einen Gehalt an Wasser in der Größenordnung von 58 bis 60% und einen Aschegehalt von mindestens 8,5%, der an schlechten Flözstellen bis zu 30% ansteigen kann. Weiter enthält sie 17 bis 18% flüchtige Bestandteile, rund 1,1% Schwefel und rund 13% Kohlenstoff. Es handelt sich um ein typisches Lignit, das verhältnismäßig schnell austrocknet und dabei in plattenförmige Einzelstücke zerspringt.

Wenn es auch durch die Luftkondensationsanlage möglich ist, Luft statt Wasser als Kühlmittel zu verwenden, so konnte doch für die Deckung der Kreislaufverluste und für andere Kühlstellen (Ölkühler, Luftkühler, Lager usw.) auf Wasser aus besonders erbohrten Brunnen nicht verzichtet werden. Um bei der vorliegenden Wasserknappheit den Zusatzwasserbedarf so gering wie möglich zu halten, wird das Kühlwasser für die obigen Verbraucher im Kreislauf über einen Kühlturm geführt.

Der Brunnenwasserspiegel liegt in etwa 65 m Tiefe. Um in der Wasserbeschaffung ganz sicher zu gehen, wurde als besondere Vorsorgemaßnahme ein kleiner See in dem schon ausgekohlten Teil der Grube angelegt, der die Möglichkeit gibt, alle erreichbaren Wassermengen zu erfassen und zu speichern. Auch innerhalb des Kraftwerkes wurden teils in Betonbecken, teils in Stahlbehältern größere Wasserreserven geschaffen.

Die Gründungsverhältnisse für das Kraftwerk, das an der Nordwestecke des Kohlevorkommens liegt, waren verhältnismäßig schlecht, da der Boden sich aus Sand und Ton zusammensetzt. Das gesamte Kraftwerk mit allen seinen Nebenanlagen wurde deshalb auf Pfählen gegründet.

Die erzeugte Energie wird über eine 150 kV-Doppelfreileitung an eine 80 km entfernte Station der ACEA geleitet und von dort aus über weitere 100 km nach Rom.

Die klimatischen Bedingungen am Aufstellungsort des Kraftwerkes sind für Mittelitalien normal. Im Sommer steigt die Temperatur maximal auf 40° C. Im Winter kommen Temperaturen unter Null Grad nur verhältnismäßig kurzzeitig vor. In besonders kalten Wintern wurden allerdings auch Temperaturen bis —20° C für längere Dauer erreicht. Anlageteile, die Wasser führen und im Freien liegen, mußten deshalb zur Verhütung von Frostschäden isoliert werden.

Das Kraftwerk wird voraussichtlich praktisch mit Vollast fahren und rund 400 Millionen kWh/Jahr erzeugen. Die Anlage ist so geplant, daß sie auf rund 140 MW mit einer Jahresbruttoerzeugung von rund 800 Millionen kWh/Jahr erweitert werden kann.

Es wird damit gerechnet, daß mit der Braunkohle auch Öl, wenigstens für Stützfeuer bei kleineren Lasten, zusätzlich verfeuert wird, so daß sich der Braunkohlevorrat hierdurch noch etwas strecken läßt.

Bemerkenswert ist noch, daß die Landschaft Umbrien, in der die Grube und das Kraftwerk liegen, bisher nur wenig industrialisiert ist. Durch die Errichtung dieser Anlage wurde zunächst für die Bau- und Montagearbeiten vorübergehend eine nicht unbedeutende Verbesserung der Arbeitsmarktlage erzielt.

Der Kraftwerks- und Grubenbetrieb wird eine zusätzliche ständige Beschäftigungsmöglichkeit bieten. Man rechnet damit, daß sich, wie meist in solchen Fällen, weitere Industrien in Umbrien ansiedeln und daß noch andere Braunkohlevorkommen in dieser Größe in ähnlicher Weise erschlossen werden, so daß hierdurch eine weitere allgemeine Hebung des Lebensstandards ermöglicht wird.

B. Das Braunkohlenvorkommen, die Kohlegewinnung und -förderung

Die Braunkohlegewinnung und -förderung sowie die Energieerzeugung bilden ein organisches, aufeinander abgestimmtes betriebliches Ganzes, so daß auch die mit der Kohlegewinnung zusammenhängenden Probleme näher behandelt werden sollen.

Die Abbaumethoden in dem früheren Tagebau waren veraltet und unrentabel. Während die Abraumgewinnung mittels $^3/_4$ m³-Dragline erfolgte, standen für den Abraumtransport zur Kippe 1 m³-Wagen und Dieselloks zur Verfügung. Die Kohlegewinnung wurde im Handbetrieb vorgenommen. Mit Holzkeilen wurden große Kohlenblöcke abgetrieben, zerkleinert und dann verladen. Aus sozialwirtschaftlichen Gründen stand das Bestreben im Vordergrund, eine möglichst große Zahl von Arbeitslosen im Tagebau zu beschäftigen. Der Betrieb war deshalb immer lohnintensiv und die erzielten Kopfleistungen im Tagebau lagen bei etwa 2,7 t Braunkohle je Mann und Schicht bei achtstündiger Arbeitszeit.

Das abbauwürdige Braunkohlevorkommen erstreckt sich bei einer Ostwestlänge von etwa 4 km und einer Nordsüdbreite von etwa 2 km über eine Fläche von 8 km². Es wird im Norden durch die Bahnlinie Tavernelle–Ellera begrenzt. Seine südliche Grenze befindet sich auf Höhe der Ortschaft Pietrafitta; etwa 4 km vom Westrand entfernt liegt die Ortschaft Tavernelle (Abb. 1).

Vereinzelt über das Gesamtfeld verstreute Gehöfte sowie die in der Einführung erwähnten Gebäude der Ziegelei und Glashütte werden abgebrochen. Größere Ortschaften befinden sich im Abbaugebiet nicht. Die wenigen, das Feld durchschneidenden Straßen sind Verkehrswege untergeordneter Bedeutung, deren Abbau bzw. Verlegung keine wesentlichen Schwierigkeiten erwarten läßt. Die kleinen, meist ausgetrockneten Bachläufe müssen im Zuge des Abbaues abgeriegelt bzw. verlegt werden. Das Terrain des Tagebaugeländes ist verhältnismäßig eben. Bei annähernd söhligem Verlauf von Westen nach Osten steigt es in seiner Gesamtheit gleichmäßig geringfügig von Norden nach Süden an.

Die Mächtigkeit des leicht gemuldeten, sonst sehr gleichmäßig verlaufenden pliozänen Flözes bewegt sich zwischen 2 und 10 m. Die Maximalmächtigkeiten befinden sich

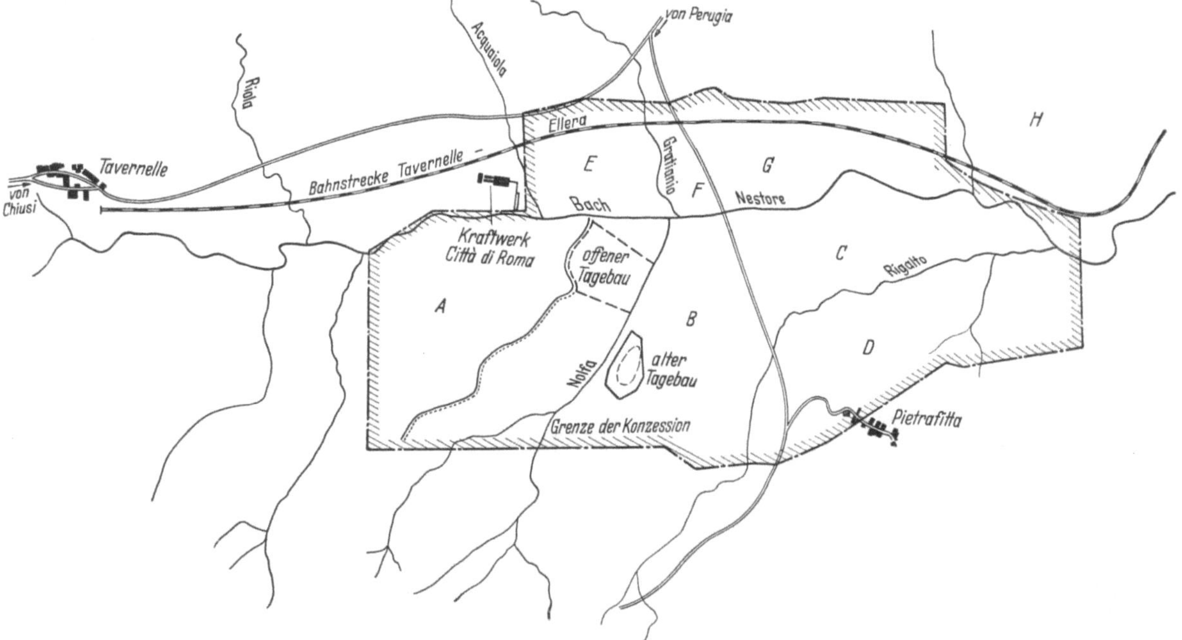

Abb. 1. Plan des Braunkohlen-Abbaugebietes

in der Mitte der Mulde, während zu den vereinzelt erodierten Muldenrändern hin ein Abnehmen der Mächtigkeiten festzustellen ist (Abb. 2).

Mit den insgesamt 248 Untersuchungsbohrungen konnte die Grenze der kohleführenden Fläche im Norden, Osten und Süden genau ermittelt werden.

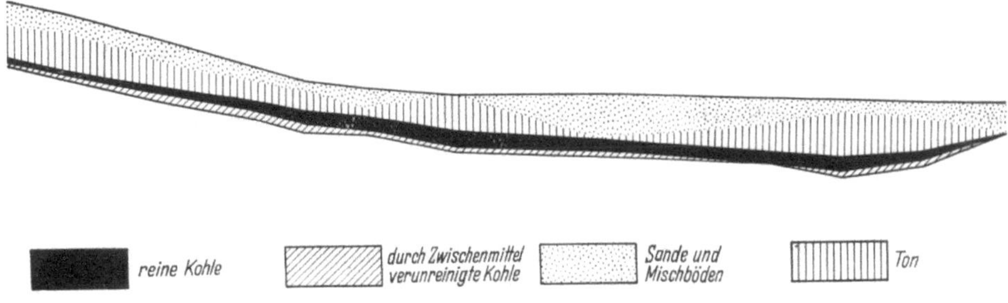

Abb. 2. Querschnitt des Braunkohlenflözes

Bei den Bohrarbeiten zeigten sich keinerlei geologische Störungen, die sich erschwerend auf den Abbau auswirken könnten. Lediglich im Grubenfeld A wurde eine quer durch das Feld laufende verbrannte Zone, deren Ursprung unklar ist, festgestellt. Das Braunkohlenflöz besteht aus einer relativ mächtigen, fast reinen Oberbank und einer Unterbank, die durch Zwischenlagerungen von Kohleton mehr oder weniger verunreinigt ist, so daß sich der Aschegehalt mit zunehmender Teufe erhöht. Während er in der reinen Oberbank etwa 8,5% beträgt, steigt er infolge der Flözverunreinigungen in der Unterbank auf 30% und mehr.

Das die Braunkohlenschicht überlagernde Deckgebirge ist 10 bis 20 m, in kleineren Teilgebieten 25 m mächtig und erreicht an einem Punkt des Feldes eine maximale Mächtigkeit von 32 m. Die Beschaffenheit des Abraumes ist unterschiedlicher Art. Während in den oberen Partien Sande und Mischböden vielfach wechsellagern, liegt über dem Kohlenhangenden eine Tonschicht, deren Mächtigkeit in den einzelnen Feldesteilen schwankt und im Erosionsgebiet des Baches Nestore zusammen mit einem Teil des Braunkohlenflözes ausgewaschen ist. Insgesamt gesehen handelt es sich um Abraumböden, die für die Gewinnung durch stetig arbeitende Abbaugeräte günstige Voraussetzungen bieten. Das Verhältnis Deckgebirge: Kohle beträgt im Feldesmittel 3 : 1 (Abb. 3).

Abb. 3. Ansicht des aufgeschlossenen Tagebaues

Zur Feststellung der Grundwasserverhältnisse wurden im alten Tagebau, der die Basis für den Aufschluß und späteren Abbau des Feldes bildet, Messungen der anfallenden Wassermengen vorgenommen. Nach den Ergebnissen dieser Messungen kann auf der Gewinnungsseite mit einem Wasseranfall von etwa 0,26 m^3 je Tonne geförderte Kohle gerechnet werden. Ob dieses Wasser für die Zwecke des Kraftwerkes eingesetzt werden kann, ist allerdings fraglich, da seine Analyse und auch die anfallende Menge unterschiedlich ist.

Für den Abbau der Kohle sind die Grundwasserverhältnisse als günstig anzusprechen. Eine mit geringen Mitteln zu betreibende, planmäßige Entwässerung wird nicht nur eine gute Standfestigkeit der Abraum- und Kippenböschungen zur Folge haben, sondern auch den unteren Heizwert der Kohle entsprechend verbessern. Berechnungen haben ergeben, daß die Senkung des Wassergehaltes um 1% den unteren Heizwert der Kohle um etwa 50 kcal/kg steigert. Horizontalbohrungen, die bei Beginn der Aufschlußarbeiten im Flöz gestoßen wurden, zeigen schon jetzt, daß die bankige und zerklüftete Kohle gut zu entwässern ist und lassen das Auffahren von Entwässerungsstrecken als nicht erforderlich erscheinen.

Bei der Geräteauswahl wurden neben den geologischen und hydrologischen Gesichtspunkten betriebstechnische und wirtschaftliche Fragen, wie Längen der Förderwege, Wahl der Abraumtransportmittel und die beabsichtigte Aufschluß- und Straßenführung in verschiedenen Alternativen einander gegenübergestellt. Der Vergleich führte zu der in Abb. 4 dargestellten Gerätekombination.

Die Gewinnung des Abraumes erfolgt mittels eines Schaufelradbaggers (Abb. 5). Der Bagger übergibt seine Massen auf einen auf Raupen laufenden, schwenkbaren Bandwagen. Dieses Gerät überführt die Abraummassen auf dem kürzesten Wege über das

Kohlenhangende hinweg zur Kippe. Die Hauptdaten des Schaufelradbaggers der mit einem Vorschub von 6 m ausgerüstet ist, sind in Tabelle 1 enthalten.

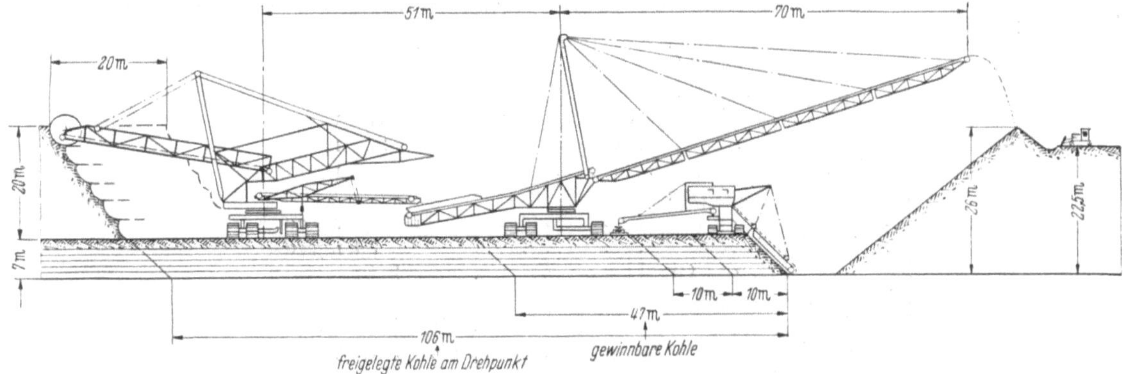

Abb. 4. Plan für den Einsatz der Bergbaugeräte

Abb. 5. Schaufelradbagger im Betrieb

Tabelle 1. *Auslegungsdaten des Schaufelradbaggers*

Abbauhöhe über der Fahrsohle	21 m
Unterplanumschnitt	5 m
Schaufelraddurchmesser	5,4 m
Eimerinhalt	300 l
Anzahl der Eimer	8 Stück
Schüttungen	38/49/60/min
theoretische Leistung	680/880/1080 m^3/h
Schwenkbarkeit des Oberbaues	360°
Schwenkwinkel des Verladebandes nach jeder Seite zum Schaufelradträger	105°
mittlerer Bodendruck	etwa 1,1 kg/cm^2
installierte Leistung	etwa 900 kW
Dienstgewicht	etwa 930 t

Der Bandwagen besitzt eine Ausladung von 70 m und ist so konstruiert, daß sein Ausleger auf 90 m verlängert werden kann, wenn der erforderliche Kippraum infolge mächtiger werdenden Abraumes vergrößert werden muß. Seine Hauptdaten sind in Tabelle 2 enthalten.

Tabelle 2. *Auslegungsdaten des Bandwagens*

Ausladung des Abwurfbandes von Mitte Schwenkwerk bis Mitte Umlenktrommel	70	m
Ausladung des Aufgabebandes	26	m
Gurtbreite der Bänder	1	m
Bandgeschwindigkeiten:		
Abwurfband	5	m/sec
Aufgabeband	3,5	m/sec
Schwenkbarkeit des Oberbaues	360°	
mittlerer Bodendruck	1	kg/cm²
installierte Leistung	etwa 500	kW
Dienstgewicht	etwa 585	t

Die Gewinnung der Kohle erfolgt durch einen auf Raupen laufenden Eimerkettenbagger im Tiefschnitt (Hauptdaten s. Tabelle 3).

Tabelle 3. *Auslegungsdaten des Eimerkettenbaggers*

Eimerinhalt	150 l
Anzahl der Eimer	29 Stück
Schüttungen	39/min
theoretische Leistung	350 m³/h
Länge des Verladebandes	15 m
mittlerer Bodendruck	1 kg/cm²
installierte Leistung	etwa 170 kW
Dienstgewicht	etwa 120 t

Die Geräteausstattung des Tagebaues wird vervollständigt durch zwei 160 PS-Planierraupen; außerdem stehen zwei alte Schürfkübelbagger mit $^3/_4$ m³ Kübelinhalt zur Verfügung. Das Rücken der Transportbänder in der Grube (Strossenbänder) erfolgt durch die beiden Planierraupen, die zu diesem Zweck mit Rückeinrichtungen ausgestattet sind.

Die Geräteleistungen sind entsprechend dem ersten Bauabschnitt des Kraftwerkes mit 2 × 36 MW für eine Jahresförderung von rund 1 Million t Kohle ausgelegt. Der Kohlenbagger arbeitet durchgehend in zweischichtigem Betrieb, während sich die Abraumanlage in ihrer Schichtzahl den jeweiligen Überlagerungsverhältnissen anpassen kann. Bei Erweiterung des Kraftwerkes kann die Jahresförderung durch Einsatz weiterer Geräte auf das Doppelte gesteigert werden.

Der Transportweg der Kohle von der Grube her ist aus Abb. 6 ersichtlich. Die Aufgabe vom Kohlenbagger erfolgt über Trichterwagen auf zwei hintereinandergeschaltete, rückbare Bänder von 800 mm Breite und je 700 m Länge. Vom Tagebaudrehpunkt aus geht der Transport der Kohle über ein parallel zu dem Bach Nestore fest verlegtes Verbindungsband von etwa 850 m Länge und ein 100 m langes Steigband, das den Nestore überbrückt, zur ersten Brecheranlage, die die Kohle auf eine Stückgröße von 0 bis 150 mm vorbricht. Dann wird sie von dem Zufuhrband des Grabenbunkers übernommen und durch einen Bandabwurfwagen in den Bunker abgeworfen, der etwa 5 m tief ist und bei 100 m Länge ein Fassungsvermögen von rund 6500 m³ aufweist. Das bedeutet für das Kraftwerk bei 2 × 36 MW installierter Leistung einen Vorrat von etwa zwei Tagen und erlaubt damit eine Unterbrechung des Grubenbetriebes für diese Zeit (z. B. über das Wochenende).

Aus dem Grabenbunker wird die Braunkohle mit einem kleinen Aufnahmegerät (Abb. 7) auf ein Abzugsband aufgegeben, von dem aus sie über ein kurzes Schrägband zu einer zweiten Brecheranlage (Korngröße 0 bis 30 mm) und über ein längeres Schrägband auf die Bühne +30 m des Bunkerbaues gefördert und schließlich mit einer weiteren Bandanlage in die dort befindlichen Kesselbunker verteilt wird. Zur Verringerung der

Förder- und Umschlagskosten kann die Kohle auch mittels eines Zwischenbandes unter Umgehung des Grabenbunkers von der Grube direkt zum Kraftwerk gefördert werden.

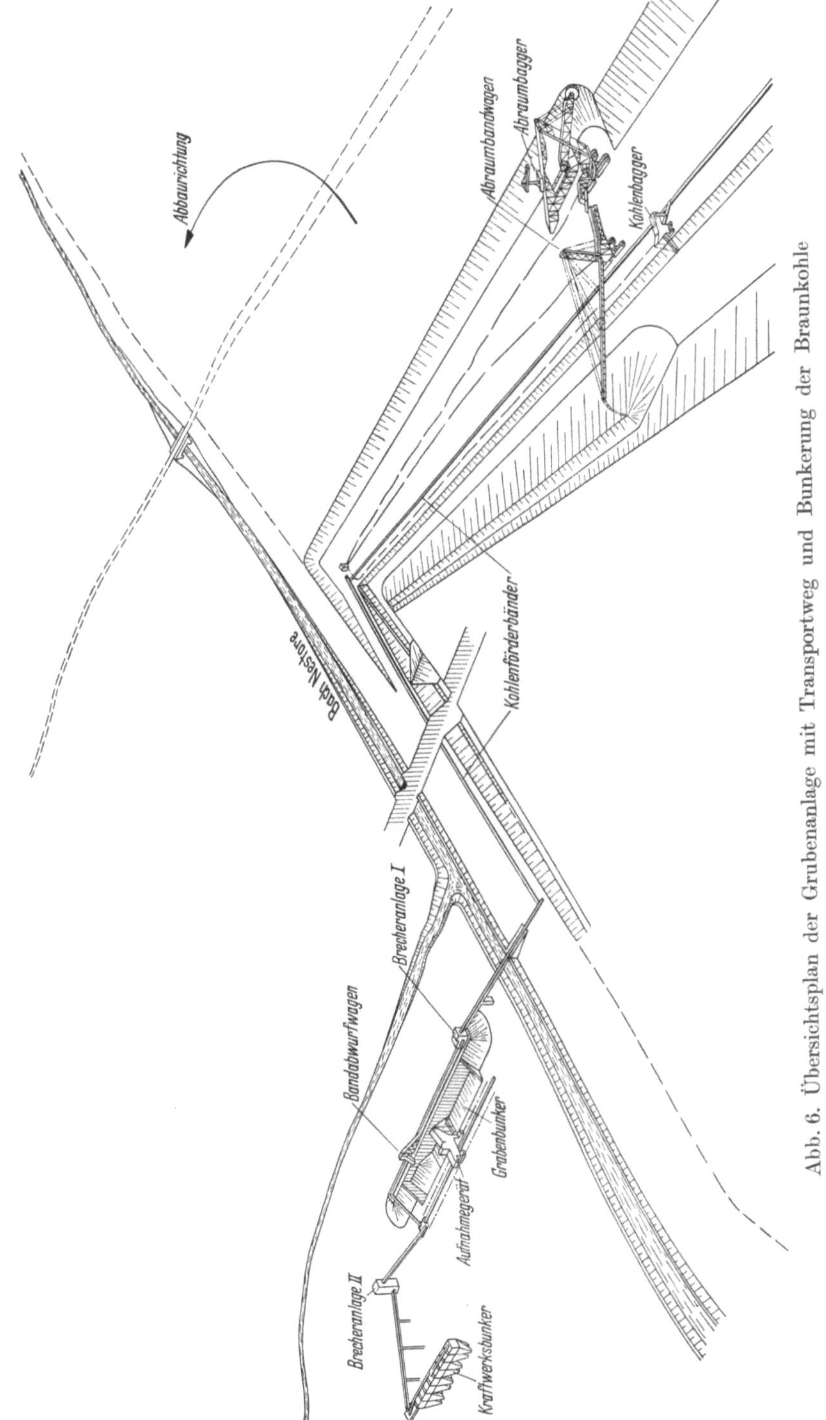

Abb. 6. Übersichtsplan der Grubenanlage mit Transportweg und Bunkerung der Braunkohle

Die Energieversorgung der Grabenbunkeranlage und der Tagebaugeräte erfolgt vom Kraftwerk aus. Die Energie wird mittels Erdkabel zu einer Bunkerkraftstation und von dort aus weiter über eine Freileitung zu einer Station am Tagebaudrehpunkt gebracht.

Die Bunkerkraftstation versorgt neben den Bunkergeräten die im Bereich des Bunkers befindlichen Bänder sowie das vom Tagebaudrehpunkt kommende 850 m lange Verbindungsband und das anschließende Steigband.

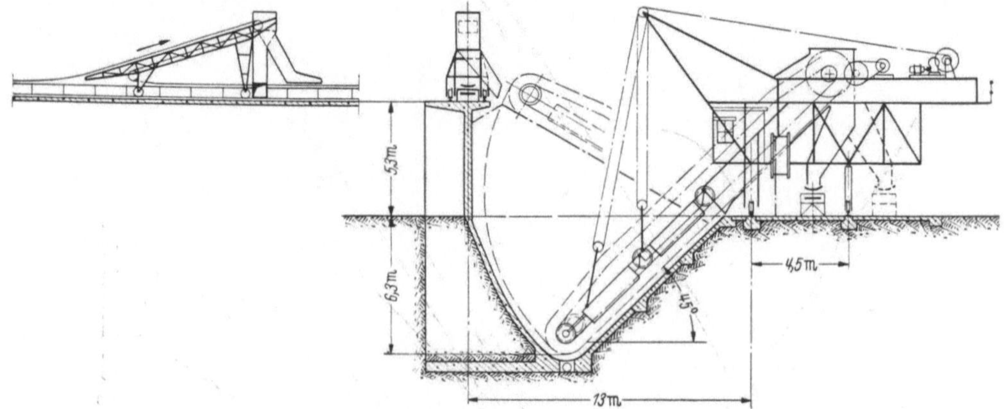

Abb. 7. Plan des Bunkeraufnahmegerätes

An die Kraftstation am Drehpunkt wurden die Tagebaugeräte mittels Schleppkabel sowie die beiden rückbaren Bänder einschließlich der Beleuchtungsanlage elektrisch angeschlossen.

Zur Erhöhung der Betriebssicherheit wurde eine Hochspannungsringverbindung hergestellt.

C. Kombinationstechnik

I. Innerer Aufbau

a) Wärmetechnische Schaltung und Auslegung

Das Kraftwerk besteht aus zwei voneinander unabhängigen Blocks mit je einem Kessel von 120 t/h Dampfleistung und je einem Turbosatz, der bezogen auf die Auslegungstemperatur der Luftkondensationsanlage von 14° C eine Leistung von 29/36 MW (50 MVA) an den Klemmen liefert. Bei 32° C Lufttemperatur wird bei der maximalen Kesselleistung noch eine Turbinenleistung von 33 MW erreicht.

Die Brennstoffgrundlage gestattet den Ausbau des Kraftwerkes um einen dritten Satz mit rund 70 MW Leistung, also eine Leistungsverdoppelung. Alle erforderlichen Maßnahmen wurden bei der Planung getroffen, um diese Erweiterung mit geringsten Kosten und in kürzester Zeit durchführen zu können.

Die wärmetechnische Blockschaltung geht aus Abb. 8 hervor.

Der in den Kesseln erzeugte Dampf steht vor den Turbosätzen mit 140 atü, 525° C zur Verfügung. Hinter dem Hochdruckteil der Maschine erfolgt eine Zwischenüberhitzung mit Rauchgasen bei etwa 30 ata auf 520° C, bezogen auf die Maximallast 36 MW. Jede der beiden Turbinen erhält fünf ungesteuerte Entnahmen für die Vorwärmung des eigenen Kondensates und des erforderlichen Zusatzwassers. Im Kondensator wird im Bestpunkt bei der Auslegungstemperatur von 14° C der Umgebungsluft ein Vakuum von etwa 0,06 ata erreicht.

Zur Vorwärmung des Kondensates, das in der Luftkondensationsanlage anfällt, sind zwischen den Turbinenkondensatpumpen und dem Speisewasserbehälter je Block Oberflächenvorwärmer und ein Mischvorwärmerentgaser eingeschaltet. In der Druckleitung der Kesselspeisepumpen sind ein Hochdruckvorwärmer mit eingebautem Kondensatkühler und ein Hochdruckvorwärmer ohne Kondensatkühler vorgesehen.

Der Vakuumvorwärmer wird von der fünften Anzapfung der Turbine, der Niederdruckvorwärmer von der vierten und der Mischvorwärmerentgaser von der dritten mit

Heizdampf versorgt. Der maximale Dampfdruck der fünften Anzapfung beträgt 0,49 ata, die zugehörige Heizdampfmenge 4,3 t/h. Die entsprechenden Werte der vierten Anzapfung liegen bei 1,97 ata bzw. 6,4 t/h.

Die Entgasung wird bei konstantem Druck von 3,7 ata durchgeführt. Zur Innehaltung dieses Druckes ist in der Heizdampfleitung von der dritten Entnahme zum Mischvorwärmerentgaser ein Reduzierventil eingeschaltet und ein weiteres zwischen der ersten Entnahme und der Rohrleitung zum Entgaser, das bei kleinen Teillasten die Dampfversorgung übernimmt, wenn der Dampfdruck in der dritten Entnahme niedriger wird als 3,7 ata. Bei Maximallast ergibt sich hier eine Entnahmemenge von 4,1 t/h. An der zugehörigen Entnahmestelle der Turbine tritt dabei ein Druck von 6,6 ata auf.

1 Dampferzeuger
2 Überhitzer
3 Turbine
3a Hochdruckteil der Turbine
3b Mittel- und Niederdruckteil der Turbine
4 Generator
5 Zwischenüberhitzer
6 Luftkondensator
6a Kondensatsammelbehälter
7 Wasserstrahlanlage
8 Kondensatpumpe
9 Vakuumkondensatkühler
10 Vakuumvorwärmer
11 Niederdruckvorwärmer
12 Brüdenkondensator
13 Hauptentgaser
14 Speisewasserbehälter
15 Kesselspeisepumpe
16 Kondensatsammler im Hochdruckvorwärmer II
17 Hochdruckvorwärmer II
18 Hochdruckvorwärmer I
19 Zusatzwasserpumpe
20 Verdampferlaugenkühler
21 Weichwasservorwärmer
22 Weichwasserentgaser
23 Verdampfer
24 Destillatsammelbehälter
25 Destillatpumpe
26 Hochdruckregelventile der Turbine
27 Mitteldruckregelventile der Turbine
28 Entnahmerückschlagventile
29 Rückschlagklappe
30 Dampfdruckreduzierventil
31 Handabsperrventil
32 Ablaufregelventil
33 Zulaufregelventil

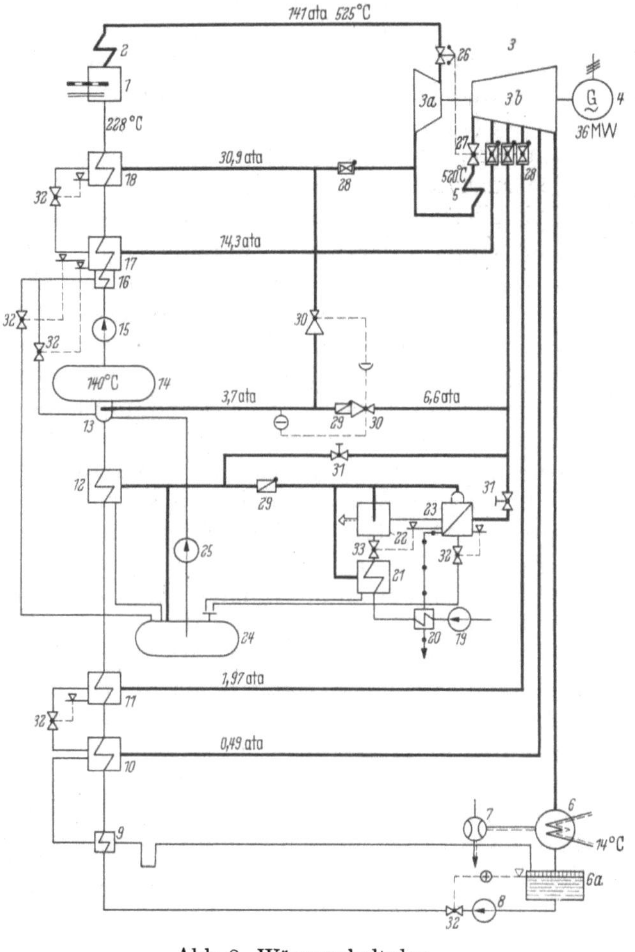

Abb. 8. Wärmeschaltplan

Das Heizdampfkondensat des Niederdruckvorwärmers wird zunächst geregelt dem Vakuumvorwärmer zugeleitet und fließt dann zusammen mit dessen Heizdampfkondensat über eine Schleife zum Vakuumkondensatkühler und schließlich in den Sammelbehälter für das Turbinenkondensat.

Der Brüdenkondensator dient zur Niederschlagung des Sekundärdampfes, der in der Verdampferanlage erzeugt wird, die weiter unten beschrieben wird.

Bei Teillasten kann der Brüdenkondensator auch als Schwachlastvorwärmer gefahren werden. Zu diesem Zweck ist eine direkte Verbindung mit der dritten Entnahme im Bypaß zur Verdampferanlage vorgesehen. Diese Leitung ist bei Betrieb der Verdampferanlage abgesperrt.

Der Speisewasserbehälter hat ein Fassungsvermögen von 60 m³, was einer halbstündigen Reserve für die Vollastversorgung des Kessels mit Speisewasser entspricht. Aus diesem Behälter läuft das Speisewasser einer der beiden Vollastkesselspeisepumpen zu. Jede Kesselspeisepumpe hat eine Gesamtförderleistung von 130 t/h und eine Gesamtförderhöhe von 220 at. Die Kupplungsleistung beträgt 1575 PS, die Drehzahl 2970 U/min, die Zulaufhöhe für das Speisewasser rund 5 m. Die Pumpen werden über hydraulische Regelkupplungen mit veränderlicher Drehzahl betrieben. Die Hochdruckvorwärmer erhalten von der zweiten bzw. ersten Entnahme ihren Heizdampf. An der zweiten Entnahme herrscht ein Dampfdruck von 14,3 ata; die zugehörige Dampfmenge beträgt 7,1 t/h. An der Entnahme 1 tritt ein Druck von 30,9 ata und eine Vorwärmdampfmenge von 10,35 t/h auf. Alle Werte beziehen sich auf Maximallast des Turbosatzes.

Die Endtemperatur der Speisewasservorwärmung beträgt 228° C. Das Heizdampfkondensat des zweiten Hochdruckvorwärmers (erste Entnahme) wird geregelt in den ersten Hochdruckvorwärmer geführt, von wo es zusammen mit dem Heizdampfkondensat dieser Stufe (zweite Entnahme) und ebenfalls geregelt über den in dem Vorwärmer eingebauten Kondensatkühler zum Hauptentgaser geleitet wird. Sollten bei geringerer Last die Druckverhältnisse die Abführung des Kondensates zu dem mit konstantem Druck arbeitenden Entgaser nicht gestatten, werden die Hochdruckkondensate in dem Sammelgefäß der Verdampferanlage entspannt.

Die Verdampferanlage ist für die Erzeugung von 3% Zusatzwasser ausgelegt. Das Zusatzwasser wird aus der chemischen Wasseraufbereitungsanlage über ein Wasserstandsregelventil in den Verdampfer gefördert. Der Verdampfer erhält seinen Heizdampf von der dritten Entnahme. Der Weichwasserentgaser und der Weichwasservorwärmer werden mit Brüdendampf beheizt. Die Heizdampfkondensate des Verdampfers, des Brüdenkondensators und des Weichwasservorwärmers — bei Teillast auch die Kondensate der Hochdruckvorwärmer — gelangen in den Sammelbehälter, entspannen sich dort erforderlichenfalls auf den Brüdendruck und werden schließlich von da in den Hauptentgaser gepumpt. Die Abschlämmung des Verdampfers sekundärseitig führt über einen Laugenkühler in die Kanalisation.

Da neben der Verdampferanlage im Kraftwerk auch eine Vollentsalzungsanlage vorhanden ist, sind für die direkte Zuführung von vollentsalztem Wasser als Zusatz zum Speisewasserkreislauf ein Reinwasservorwärmer und ein Reinwasserentgaser vorgesehen. Der Heizdampf für diese beiden Apparate ist der gleiche wie für den Hauptentgaser. Ein freier Abfluß des hier anfallenden Kondensates bzw. des vorentgasten Reinwassers zum Hauptentgaser ist unter Einschaltung einer Rohrschleife gewährleistet.

Als Kondensatreserve ist neben dem Speisewasserbehälter je Block ein Kaltkondensatbehälter mit einem Fassungsvermögen von 60 m³ vorgesehen.

Da das Kraftwerk mit Luftkondensation arbeitet, ist der bei einem Wasserkondensator übliche Hotwell zur Sammlung des im Kondensator anfallenden Kondensates nicht vorhanden. Als Ersatz wurde je Block ein eigener Kondensatsammelbehälter unter der Turbine vorgesehen. Dieser Behälter, aus dem die Turbinenkondensatpumpen saugen, ist dampfseitig mit der Luftkondensationsanlage verbunden, um einen freien Zulauf des Kondensates von den Kondensatorelementen zum Kondensatsammelbehälter zu ermöglichen. Die Luftkondensationsanlage wird mittels Wasserstrahlern evakuiert.

Im Bestpunkt der Anlage ergibt sich bei dieser Schaltung und dem bei Auslegungsverhältnissen durch die Luftkondensation erzielbaren Vakuum ein Gesamtwärmeverbrauch des Kraftwerkes von 2850 kcal/kWh. Bei Maximallast liegt der entsprechende Wert bei 2970 kcal/kWh. Hierzu kommen die üblichen betrieblichen Zuschläge, z. B. für Anfahren, Abstellen, Leistungsschwankungen und Änderungen in der Luftleere bei unterschiedlicher Außentemperatur.

b) Aufbereitung des Zusatzwassers

Die Aufbereitungsanlage für das Zusatzwasser (Abb. 9) wurde gemäß Rohwasseranalyse auf eine Gesamthärte von 9° dH abgestellt. Das Rohwasser wird mit Aluminiumsulfat ausgeflockt und fließt dann über Kiesfilter, Ionenaustauscher und Rieseler, die das

CO_2 aus dem Wasser austreiben. Das enthärtete Wasser wird in einem unterirdischen Betonbehälter von 1000 m³ Fassungsvermögen gespeichert. Von da wird ein Teil (etwa 25 m³/h) dem Kühlwasserkreislauf zugesetzt, und zwar entweder auf dem Umweg über 2 Hochbehälter im Kraftwerk, von denen aus die Lagerkühlstellen versorgt werden, oder auch direkt.

Ein weiterer Teilstrom (maximal 8 t/h) kann durch die gleichen Pumpen in die Verdampfer bzw. durch besondere Pumpen in die Vollentsalzungsanlage gefördert werden. Das vollentsalzte Zusatzwasser für den Dampf-Wasser-Kreislauf wird in 2 Hochbehältern mit je 150 m³ Fassungsvermögen gespeichert.

Diese Wasservorräte, die noch durch die beiden Kaltkondensatbehälter mit je 60 m³ Fassungsvermögen ergänzt wurden, sollen das Kraftwerk in die Lage versetzen, Störungen in der Brunnenwasserversorgung zu überbrücken. Ähnliche Sicherungsmaßnahmen wurden bei der Rohwasserversorgung durchgeführt. Neben einem 300 m³ fassenden unterirdischen Rohwasserbehälter in der Wasserreinigungsanlage (für Gebrauchswasser und Feuerlöschwasser) dient der schon erwähnte Vorratssee in der Grube zur Bedarfsdeckung in Notfällen.

c) Anfahren und Abstellen eines Blocks

Für das Anfahren (Abb. 10) sind in der Anfahrleitung eines jeden Kessels (1) ein Anfahrregelventil (2), ein Anfahrentspanner (3) und ein Anfahrbehälter (4) mit 12 m³ Inhalt vorgesehen. Von diesem Behälter aus wird das anfallende Wasser geregelt in einen Rückspeisebehälter (5) mit 15 m³ Fassungsvermögen geführt, der

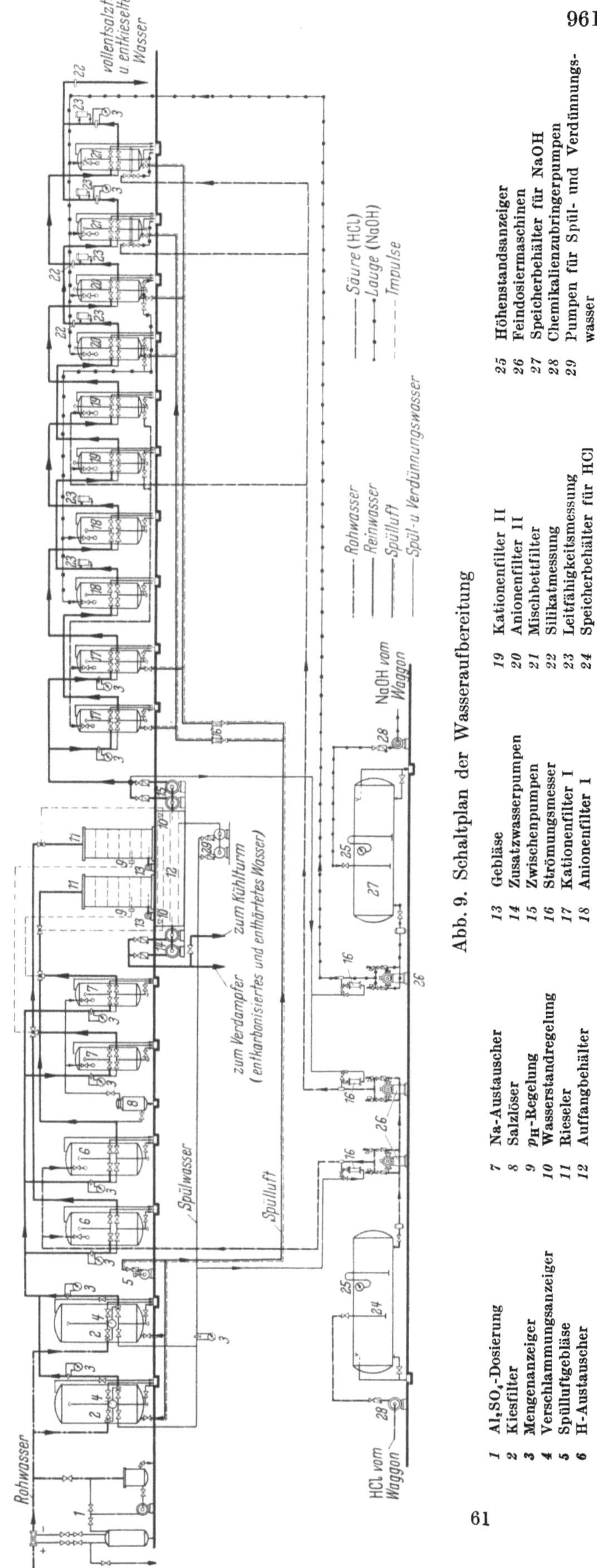

Abb. 9. Schaltplan der Wasseraufbereitung

1 Al_2SO_4-Dosierung
2 Kiesfilter
3 Mengenanzeiger
4 Verschlammungsanzeiger
5 Spülluftgebläse
6 H-Austauscher
7 Na-Austauscher
8 Salzlöser
9 p_H-Regelung
10 Wasserstandregelung
11 Rieseler
12 Auffangbehälter
13 Gebläse
14 Zusatzwasserpumpen
15 Zwischenpumpen
16 Strömungsmesser
17 Kationenfilter I
18 Anionenfilter I
19 Kationenfilter II
20 Anionenfilter II
21 Mischbettfilter
22 Silikatmessung
23 Leitfähigkeitsmessung
24 Speicherbehälter für HCl
25 Höhenstandsanzeiger
26 Feindosiermaschinen
27 Speicherbehälter für NaOH
28 Chemikalienzubringerpumpen
29 Pumpen für Spül- und Verdünnungswasser

im Turbinenkeller, 15 m unter dem Anfahrbehälter, angeordnet ist. Während des Entsalzungsvorganges wird das anfallende Wasser über eine Abzweigung mit einem elektrisch fernbetätigtem Ventil zu einem mit Kies gefüllten Becken (7) und weiter in einen freien Ablauf geleitet. Sonst wird das Anfahrwasser vom Rückspeisebehälter (5) durch eine Rückspeisepumpe (6) in den Hauptentgaser (18) des Blockes zurückgepumpt. Der Anfahrrückspeisebehälter (5) steht unter dem Druck des Speisewasserbehälters (19), mit

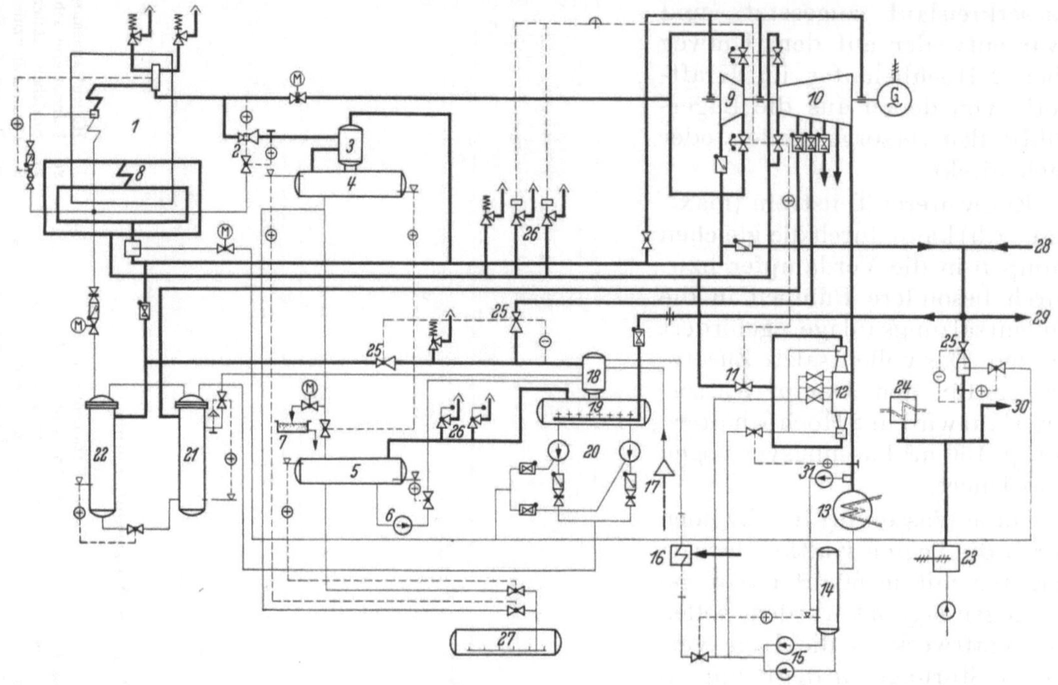

Abb. 10. Anfahrschaltplan

1 Dampferzeuger
2 Anfahrventil
3 Anfahrentspanner
4 Anfahrbehälter
5 Anfahrrückspeisebehälter
6 Anfahrrückspeisepumpe
7 Kiesbecken
8 Zwischenüberhitzer
9 Turbine, Hochdruckteil
10 Turbine, Mittel- und Niederdruckteil
11 Abblaseventil
12 Kühlstation für Abblasedampf
13 Luftkondensationsanlage
14 Hauptkondensatsammelbehälter
15 Hauptkondensatpumpen
16 Niederdruckvorwärmeranlage
17 Zusatzwasseraufbereitung
18 Hauptentgaser
19 Speisewasserbehälter
20 Kesselspeisepumpen
21 Hochdruckvorwärmer 1. Stufe
22 Hochdruckvorwärmer 2. Stufe
23 Elektrokesselanlage
24 Dampfluftvorwärmer
25 Reduzierstation
26 Sicherheitsventile
27 Kaltkondensatbehälter

dem er durch eine Ausgleichsleitung verbunden ist. In dieser Leitung sind Sicherheitsventile (26) vorgesehen, die beim Versagen der Ablaufregeleinrichtungen des Anfahrbehälters (4) etwa durchschlagenden Mitteldruckdampf abblasen. Sollte durch andere Störungen die zeitgerechte Ableitung des anfallenden Wassers verhindert werden, so treten besondere Ablaufeinrichtungen automatisch in Funktion, die das Wasser dann zu dem Kaltkondensatbehälter (27) ableiten.

Der im Anfahrentspanner (3) entstehende Dampf wird in die Leitung vor dem Zwischenüberhitzer (8) des Kessels eingeführt und ermöglicht beim Anfahren dessen Kühlung. Gleichzeitig kann mit diesem Dampf im Hauptentgaser (18) das umlaufende Wasser vorgewärmt werden. Er dient in dieser Betriebsperiode ferner auch dem Anwärmen der Rohrleitungen und der Turbine (9/10). Das hierbei anfallende Kondensat wird über freie Entwässerungen direkt in die Kanalisation oder über geschlossene Entwässerungen in einen besonderen Rückspeisebehälter, der im Schema nicht angedeutet ist, abgeleitet und weiter in den Speisewasserbehälter (19) zurückgeführt. Überschüssiger Dampf wird aus dem Mitteldrucknetz über ein Abblaseventil (11) und eine Kühlstation (12) in die Kondensationsanlage (13) gegeben. Das danach im Kondensatsammelbehälter (14) anfallende Kondensat wird durch die Kondensatpumpen (15) über die Niederdruckvorwärmeranlage (16) zum Hauptentgaser (18) zurückgepumpt. In diesem Entgaser wird auch das Zusatzwasser aus der Wasseraufbereitungsanlage (17) zugesetzt. Das sich im Speisewasserbehälter (19) ansammelnde Wasser wird dann von den Kesselspeisepumpen (20) über die Hochdruckvorwärmer (21/22) in den Kessel (1) zurückgepumpt.

Während des Anfahrvorganges kann mittels des Elektrokessels (23) ein Dampf-Luft-Vorwärmer (24) und die Heizölvorwärmanlage (25) direkt beheizt werden.

Das Abstellen eines Blockes, vor allem auch nach dem Ansprechen der Turbinenschnellschlußventile, erfolgt über die gleiche Anlage. Der in dem Kessel (1) erzeugte Dampf strömt dann über das Anfahrregelventil (2) und den Anfahrentspanner (3) direkt in die Mitteldruckleitung und wird dort teils über das Abblaseventil (11) zur Kondensationsanlage, teils über die Sicherheitsventile (26) auf dieser Leitung in die Atmosphäre abgeblasen. Diese Sicherheitsventile und das Abblaseventil mit seiner Kühleinrichtung werden auch in Abhängigkeit von der Turbinensteuerung betätigt. Durch eine besondere Regelung wird in einem solchen Falle der Abblasedruck der Sicherheitsventile auf 12 ata herabgesetzt.

Bei Ansprechen des Schnellschlusses wird auch die Feuerung des Kessels außer Betrieb gesetzt.

d) Blockregelung

Das Kraftwerk fährt nach einem Programm, das der Lastverteiler der ACEA von Tag zu Tag vorschreibt. Das Wartenpersonal stellt danach die Dampfleistung des Kessels

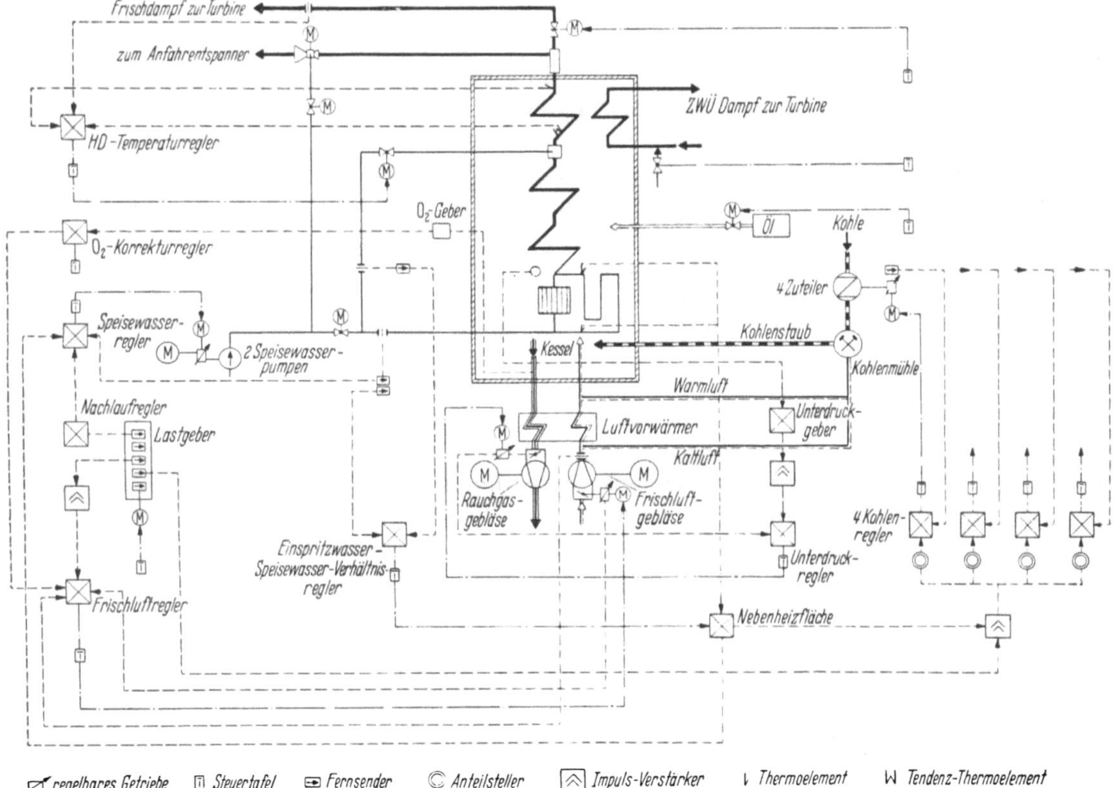

Abb. 11. Grundschaltplan der Kesselregelung

an seinem Lastgeber ein (Abb. 11). Durch einen Vordruckregler wird die jeweils erzeugte Dampfmenge der Turbine unmittelbar zugeteilt und so die gewünschte Leistungsänderung bewirkt. Die Turbosätze werden überwiegend mit Grundlast betrieben.

61*

Die Ausregelung von Leistungsspitzen und die Innehaltung der Frequenz sollen die Wasserkraftwerke der ACEA übernehmen. Die Regeleinrichtungen des Kraftwerkes Città di Roma sind jedoch so ausgeführt, daß später auch auf Leistungs- bzw. Frequenzregelung übergegangen werden kann.

Die Regelung umfaßt folgende Einrichtungen:

Vordruckregelung an der Turbine. Der Druck im Frischdampfnetz wird konstant gehalten. Bei Änderungen in der Frischdampfmenge, die zu einer Druckänderung führen könnten, werden die Turbinenventile mehr oder weniger geöffnet und der Dampfdurchsatz geändert. Der dies bewirkende Vordruckregler erhält seinen Impuls von einem empfindlichen Kolbenmanometer, einem Druckmesser mit unterdrücktem Meßbereich, der auf sehr geringe Druckänderungen anspricht. Der Sollwert des Druckes ist im Vordruckregler einstellbar. Der Eingriff der Vordruckregelung in die Turbinensteuerung erfolgt auf einen Folgekolben der Ölhydraulik.

Lastgeber und Lasteinstellung am Kessel. Das Lastkommando wird durch ein Gerät vorgenommen, das die Grundwerte (Sollwerte) für Wasser, Brennstoff und Luft gemeinsam einstellt. Diese Werte müssen so aufeinander abgestimmt sein, daß ihr Verhältnis zur Kessellast bei jedem Beharrungszustand stimmt. Die Regelstrecken für Wasser, Brennstoff und Luft haben ein sehr unterschiedliches Zeitverhalten, das die Regelung stark beeinflußt. Der Lastgeber wird deshalb mit Kurvenscheiben ausgestattet, mit denen die jeweils richtige Zuordnung der Grundwerte zur Last erreicht wird. Die Kurvenscheiben werden nach den Charakteristiken des in Betrieb gegangenen Kessels hergestellt und in den Lastgeber eingebaut. Die Stellung des Lastgebers ist ein Maß für die Kesselbelastung. Sie wird auf dem Kesselpult angezeigt. Der Lastgeber wird mit einer Fernsteuerungseinrichtung von Hand verstellt.

Speisewassermengenregelung. Diese Regelung wirkt auf die hydraulische Kupplung zwischen Kesselspeisepumpe und ihrem Antriebsmotor. Durch die Änderung der Stellung des Schöpfrohres wird die Ölfüllung der Kupplung geändert. Je nach der Füllung ändert sich die Drehzahl der Speisepumpe bzw. ihre Fördermenge.

Grundsätzlich ist die Speisewassermengenregelung so aufgebaut worden, daß die geforderte Speisewassermenge ohne Verzögerung in den Kessel gespeist wird. Schwankungen der Wassermenge, die aus irgendeinem Grunde, z. B. durch Druckabsenkung hinter der Pumpe, entstehen können, werden sofort ausgeregelt. Die in den Kessel eingespeiste Wassermenge wird allein, also ohne die Einspritzwassermenge, gemessen und in die Regelung einbezogen.

Bei Laständerungen muß die angeforderte Wassermenge immer verzögert eingespeist werden, weil durch die Trägheit der Feuerung die Auswirkung des Kommandos auf die Brennstoffe viel später wirksam wird als auf die Einspeisung des Wassers. Die zeitliche Differenz wird dadurch überbrückt, daß das Wasser durch einen Nachlaufregler, der zwischen dem Lastkommandogeber und dem eigentlichen Speisewasserregler eingeschaltet ist, gesteuert wird. Der Nachlaufregler betätigt über einen motorisierten Sollwertsteller den Kommandowiderstand des eigentlichen Speisewasserreglers und wird durch einen weiteren Widerstand des Sollwertstellers wieder abgeglichen. Das Zeitverhalten kann im Nachlaufregler eingestellt werden. Die Regelungseinrichtungen sind auf die Reservespeisepumpe umschaltbar.

Brennstoffregelung. Der Brennstoff wird ebenfalls in Abhängigkeit von der Last kommandiert. Es sind 4 Brennstoffzuteiler (einer je Mühle) vorgesehen, die mit PIV-Getrieben ausgestattet sind und in der Drehzahl verändert werden können. Je nach Abnutzung der Mühlenschläger kann eine beliebig wählbare Verschiebung der Beaufschlagung der Mühlen eingestellt werden. Jeder Zuteiler ist daher mit einem eigenen Regler versehen worden, der seinen Kommandoimpuls über einen Anteilsteller erhält. Die Einzelregelung des Zuteilers bildet einen Regelkreis für sich. Die Stellung des PIV-Getriebes ist ein Maß für die Drehzahl des Zuteilers und wird als Rückmeldung in den Einzelregelkreis einbezogen. Die gesamte Brennstoffmenge wird in der Summe mit

Wirbelstromtachometern, die an den einzelnen Zuteilern angebracht sind, gemessen. Die elektrische Summe geht in die Meßschaltung vor den Reglern ein und ist dem Gesamtkommando für den Brennstoff entgegengeschaltet.

Luftregelung. Das Frischluftgebläse ist mit Leitschaufeln ausgestattet, die von einem 100 mkg-Getriebe betätigt werden. Die Gesamtluftmenge wird mit einer Ringwaage gemessen, die den Durchfluß durch die Luftvorwärmer erfaßt. Die Luftmenge wird ebenfalls vom Lastgeber kommandiert.

Der Regler verstellt die Leitschaufeln des Gebläses. Die eingespeiste Luftmenge wird zum Teil als Tragluft für die Mühlen benützt. Die vorgesehenen Mühlen sind selbstansaugend und nehmen sich ihre Luftmenge ungeregelt. Durch Klappen werden die Luftströme in den Zweitluftleitungen bzw. zum Nachverbrennungsrost so eingestellt, daß gleichmäßige Beströmung erreicht wird.

Heißdampftemperaturregelung. Die Heißdampftemperatur wird durch die Einstellung der Grundwerte Wasser, Brennstoff und Luft im Beharrungszustand weitgehend konstant gehalten. Um jedoch Schwankungen der Temperatur am Heißdampfaustritt zu beherrschen, wird eine Einspritzung im Bereich des Überhitzers vorgenommen, die etwa 4 bis 5% der Speisewassermenge entspricht. Die Temperatur wird sowohl am Kesselaustritt als auch hinter der Einspritzstelle gemessen. Am Kesselaustritt liegt das Hauptelement, hinter der Einspritzstelle zwei gegeneinandergeschaltete Thermoelemente mit isolierter Spitze. Die Elemente werden in die Kompensationsschaltung des Reglers einbezogen. Eine Temperaturänderung, die hinter der Einspritzstelle gemessen wird, macht sich sofort im Meßwerk des Reglers bemerkbar; bevor sich die Temperaturänderung am Kesselende durchgesetzt hat, wird ein Regelungsvorgang eingeleitet. Ein lastabhängiger Impuls von der Dampfmenge wird ebenfalls aufgeschaltet, der bei Auswirkungen von Laständerungen die Einspritzwassermenge beeinflußt.

Die Einspritzwasserleitung ist an die Hauptspeiseleitung angeschlossen. Die Anschluß stelle liegt vor der Speisewassermengenmessung. Die Einspritzwassermenge wird getrennt gemessen.

Korrekturregelungseinrichtungen. Im Beharrungszustand des Kessels ist es notwendig, daß bei Abweichungen in den Grundwerten Wasser, Brennstoff und Luft, die in einem bestimmten Verhältnis zur Last und damit auch zueinander stehen, Berichtigungen dieses Verhältnisses durchgeführt werden.

Falsche Beheizung, z. B. hervorgerufen durch Abweichungen des Heizwertes der Braunkohle usw., führt zu Temperaturschwankungen. Um solche Änderungen schnell feststellen zu können, wird die Temperaturdifferenz zwischen Ein- und Austritt einer Nebenheizfläche laufend gemessen. Die Nebenheizfläche ist ein Rohr mit kleinem Querschnitt, das parallel zu einem Eco-Paket geschaltet ist. Stellt sich an dieser Meßstelle ein anderer Temperaturwert ein als der betreffenden Last normalerweise entspricht, so wird eine Berichtigung des Wasser/Brennstoff-Verhältnisses notwendig.

Auf die Einbeziehung der lastabhängigen Temperaturdifferenz an der Nebenheizfläche in die Regelung wurde bei dem vorliegenden Brennstoff verzichtet, zumal sich etwaige Abweichungen von den Grundwerten bedingt durch die Kesselkonstruktion schnell genug in einer Dampftemperaturänderung auswirken. Der Heißdampftemperaturregler wird also in einem solchen Falle eingreifen.

Normalerweise steht die Speisewassermenge zur Einspritzwassermenge in einem bestimmten Verhältnis. In einem Korrektur-Brückenregler wird das gemessene Speisewasser/Einspritzwasser-Verhältnis mit dem Sollwert verglichen. Bei Nichtübereinstimmung dieser Werte greift der Regler in die Brennstoffregelung ein, indem er den Sollwert verstellt und die Kohlezufuhränderung veranlaßt. Außerdem werden vom Heißdampftemperaturregler Tendenzimpulse direkt auf den Kohleregler gegeben, wenn die Einspritzung verändert wird.

Unterdruckregelung. Die Regelung des Unterdruckes erfolgt lastunabhängig. Die Leitschaufeln des Rauchgasgebläses werden durch ein 100 mkg-Getriebe verstellt. Der

Unterdruckregler erhält den Impuls durch die Unterdruckmessung an der Übergangsstelle zwischen dem ersten und dem zweiten Zug des Kessels.

Sichtertemperaturregelung in den Mühlen. Die Sichtertemperatur kann in einem großen Bereich konstant gehalten werden. Eine automatische Verstellung der Kaltluftklappen ist vorgesehen. Die kalte Luft wird hinter dem Gebläse abgezweigt, die Luftklappe entsprechend der gewünschten Sichtertemperatur verstellt.

Zwischenüberhitzertemperatur. Die Temperatur hinter dem Zwischenüberhitzer unterliegt keiner automatischen Regelung. Falls die Temperatur abgesenkt werden muß, wird von der Warte aus ein Einspritzventil durch eine Fernsteuerungseinrichtung von Hand betätigt.

Ölleistungsfeuerung. Für den Fall, daß man an Stelle des normalen Brennstoffes mit Heizöl fahren will oder muß, bleibt die obige Automatik bestehen bis auf die Steuerung der Brennstoffzufuhr, die dann von Hand betätigt wird. Die Betätigung wirkt sich auf ein Ventil aus, das die Ölmenge steuert, die den 4 Zündölbrennern an den Ecken des Feuerraumes zugeführt wird.

Sonstige Regelanlagen. Die verschiedenen Regelstationen für Druck, Temperatur und Wasserstand in der Rohrleitungsanlage bzw. bei den Behältern, Vorwärmern und Verdampfern werden, wie schon oben erwähnt, auch elektrisch unter Einschaltung von Zeigerreglern betätigt. Im Bereich der Wasseraufbereitung konnte wegen der großen gespeicherten Wasservorräte auf eine automatische Regelung weitgehend verzichtet werden.

e) Elektrotechnische Schaltung und Auslegung

Jeder Generator mit einer Leistung von 50 MVA ist für eine Nennspannung von 10,5 kV und einen Regelbereich von ±5% ausgelegt. Er speist in Blockschaltung auf den zugehörigen 50 MVA-Aufspanntransformator mit einem Vollastübersetzungsverhältnis von 10,5 kV/158 kV, das in spannungslosem Zustand in 4 Stufen um ±2,5% bzw. ±5% geändert werden kann. Die Aufspanntransformatoren arbeiten auf eine 150 kV-Freiluftschaltanlage mit Doppelsammelschienensystem. Von hier wird die Energie über eine 150 kV-Doppelfreileitung weitergeleitet.

Der Eigenbedarf eines jeden Blockes wird unmittelbar an der Generatorableitung abgenommen und über einen Eigenbedarfstransformator mit einer Leistung von 8 MVA und einem Übersetzungsverhältnis von 9,8 kV/6 kV der Eigenbedarfsschaltanlage zugeführt (s. Abb. 12). Der Eigenbedarfstransformator ist mit einem eingebauten Lastregler ±10% ausgerüstet, so daß der Eigenbedarfsschaltanlage auch bei schwankender Generatorspannung eine konstante Spannung zugeführt werden kann. Die Leistung des Eigenbedarfstransformators mußte verhältnismäßig reichlich ausgelegt werden, da er in der Lage sein muß, außer dem blockgebundenen Eigenbedarf auch den allgemeinen Eigenbedarf des Kraftwerkes, an den auch die Grube mit einem Leistungsbedarf von 1,7 MVA angeschlossen ist, zu decken.

Der Blockeigenbedarfstransformator arbeitet auf die zugehörige 6 kV-Blockgruppe. Die 6 kV-Blockgruppe ist mit Einfachsammelschienensystem und für 200 MVA-Kurzschlußleistung ausgelegt. An die Blockgruppe werden alle zu diesem Block gehörenden Motoren, deren Leistung über 130 kW liegt, unmittelbar angeschlossen. Zur Versorgung der kleineren Motoren des Blockes dient jeweils ein Niederspannungstransformator 6 kV/0,4 kV mit einer Leistung von 630 kVA. Ein zweiter Niederspannungstransformator mit einer Leistung von 1 MVA versorgt getrennt die sechzehn 50 kW-Lüftermotoren der Luftkondensationsanlage.

Die 630 kVA-Niederspannungstransformatoren arbeiten auf eine 380 V-Hauptverteilung mit Einfachsammelschienensystem, an welche die wichtigsten kleineren Motoren angeschlossen sind. Je Block ist ferner eine Turbinen- und eine Kesselunterverteilung vorgesehen, über die die sonstigen kleineren Motoren versorgt werden. Die Unterverteilungen sind gußgekapselt ausgeführt und jeweils im Schwerpunkt der Verbraucher aufgestellt.

Die allgemeinen Verbraucher wie: Grube, Bekohlung, Entaschung, Wasseraufbereitung, Hebezeuge, Werkstatt und Beleuchtung werden über die „allgemeine“ 6 kV-Schaltanlage versorgt, die ebenfalls mit Einfachsammelschienensystem für 200 MVA ausgelegt ist. Diese „allgemeine“ 6 kV-Gruppe kann wahlweise mit der 6 kV-Blockgruppe 1 oder mit der 6 kV-Blockgruppe 2 gekuppelt werden. Auch hier werden die kleineren Verbraucher an Niederspannung 380 V angeschlossen, und zwar unter Zwischenschaltung eines weiteren 1 MVA-Niederspannungstransformators. Zwei 200 kVA-Niederspannungstransformatoren versorgen die Beleuchtungskreise.

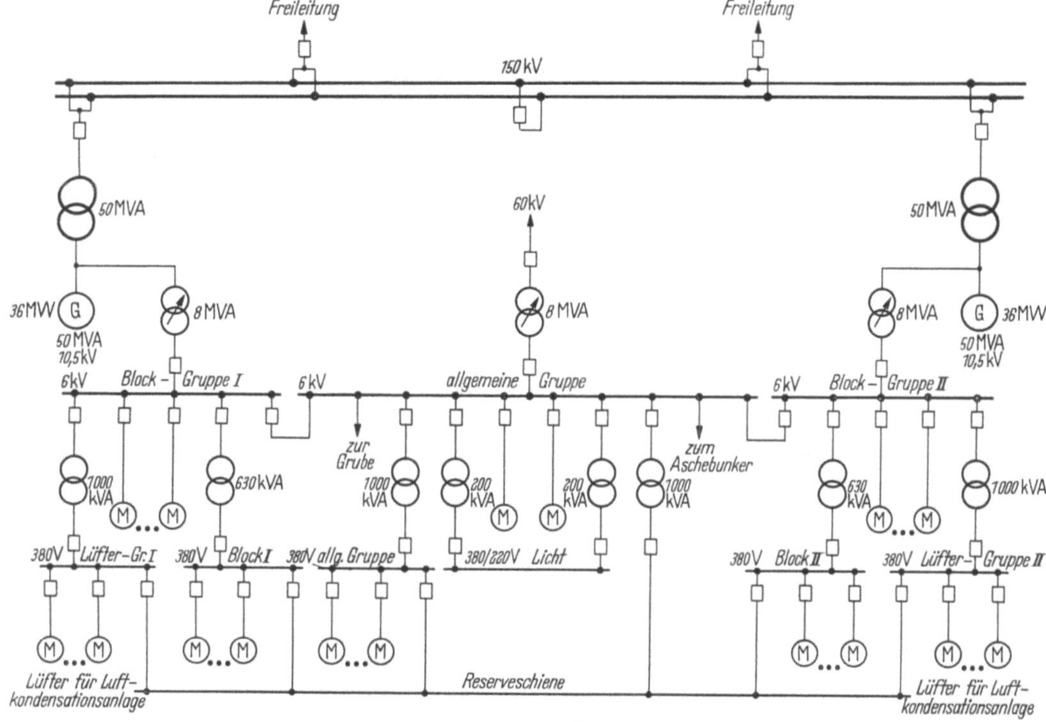

Abb. 12. Elektrischer Übersichtsplan

Als Reserve wurde ein besonderer Niederspannungstransformator mit einer Leistung von 1 MVA vorgesehen, der wahlweise mit jeder 380 V-Blockverteilung sowie mit der allgemeinen 380 V-Hauptverteilung verbunden werden kann.

Zum Anfahren des Kraftwerkes aus dem Stillstand dient ein Anfahrtransformator mit einer Leistung von 8 MVA, der über eine Freileitung an ein unabhängiges 60 kV-Netz angeschlossen ist. Der Anfahrtransformator speist auf die „allgemeine“ 6 kV-Schaltanlage. Zur Versorgung des anzufahrenden Blockes wird der zugehörige 6 kV-Längskuppelschalter zwischen der „allgemeinen“ und der Blockschaltanlage angeschlossen. Steht genügend Dampf zur Verfügung und hat der Generator des Blockes Spannung, so wird der Eigenbedarf automatisch vom Anfahrtransformator auf den Generator umgeschaltet, wobei die beiden Stromquellen kurzzeitig für etwa 0,3 sec parallelgeschaltet sind.

Bei einem Fehler innerhalb des Blockes muß der Eigenbedarf auf den Anfahrtransformator zurückgeschaltet werden. Um dabei das 60 kV-Netz nicht mit einem unzulässigen Stromstoß zu belasten, werden nur die wichtigsten Verbraucher wie: Kesselspeisepumpe, Kühlwasserpumpe, Kondensatpumpe, Saugzug usw. umgeschaltet. Auch für diesen Vorgang ist eine Automatik vorgesehen.

Für die Steuerung und Überwachung des Kraftwerkes sowie für die Notbeleuchtung und einige besonders wichtige Antriebe sind 2 Gleichstrombatterien mit einer Kapazität von je 216 Ah und einer Spannung von 220 V bereitgestellt. Zwei selbstregelnde Gleichrichter für Dauerladung, umschaltbar auf Schnelladung, sorgen im Normalbetrieb für die Erhaltung eines guten Ladezustandes der Batterie. Die Gleichstromhauptverteilung ist so ausgeführt, daß jeder Gleichrichter mit jeder Batterie zusammengeschaltet und außerdem jede Batterie einzeln zur Versorgung der Steuerung und Überwachung oder für Notlicht herangezogen werden kann.

Für die Versorgung einiger besonders wichtiger Antriebe von Regelstationen sowie für wichtige Meßverbraucher wird auch in Störungsfällen Drehstrom 380/220 V, 50 Hz benötigt. Dieser Notstrom wird durch einen Umformersatz, der dauernd in Betrieb ist, sichergestellt. Bei Ausfall des Notstromumformers wird automatisch auf das Normalnetz zurückgeschaltet. Zur Reserve ist ein zweiter Notstromumformer vorhanden.

II. Äußerer Aufbau

a) Lageplan und Bebauung des Geländes

Das Kraftwerk (Abb. 13) liegt an der Nordwestecke des Braunkohlenflözes, und zwar an einer Stelle, wo das Flöz allmählich ausläuft, ein Abbau sich also nicht mehr lohnt. Die Geländehöhe war hier +224 m über NN. Um zu vermeiden, daß bei den Erdarbeiten

Abb. 13. Kraftwerk, Ansicht von NW

wegen des anstehenden Grundwassers größere Pump- und Dichtungsarbeiten erforderlich wurden, wurde die Hauptbezugskote ($\pm 0{,}0$ m) des Kraftwerkes 2 m höher, also auf rund +226 m über NN, festgelegt.

Wegen der günstigen klimatischen Bedingungen konnten die Kessel einschließlich Gebläsen, Elektrofiltern und sonstigem Zubehör im Freien aufgestellt werden. Das Kraftwerksgebäude besteht daher nur aus dem Maschinenhaus und dem Bunkerbau, der in seinen unteren Geschossen eine Reihe von Nebenräumen aufnimmt. Die Freiluftkesselanlage einerseits und die Luftkondensationsanlage andererseits sind praktisch unmittelbar an dieses Hauptgebäude angegliedert. Das Kraftwerk kann demnach als ein Flachbau in Halbfreiluft-Bauweise charakterisiert werden.

An der Einfahrt in das Kraftwerksgelände (Abb. 14) wurde linker Hand ein Pförtnergebäude mit einem Abstellplatz für Fahrräder und Kraftfahrzeuge errichtet. Anschließend steht das Verwaltungsgebäude, das außer den Büroräumen, der Telephonzentrale, der Wohnung des Pförtners, den Umkleide- und Aufenthaltsräumen für die Belegschaft auch ein Magazin für schwerere Teile enthält. In U-Form gebaut, umschließt es eine kleine Grünanlage. Hinter dem Verwaltungsgebäude, vom Eingang gesehen immer links, stehen die Wasseraufbereitungsanlage mit einem dahinterliegenden Neutralisationsbecken, der Kühlturm für das im Kreislauf geführte Nebenkühlwasser, ein 5000 m³ fassender Heizöltank und die Werkstatt.

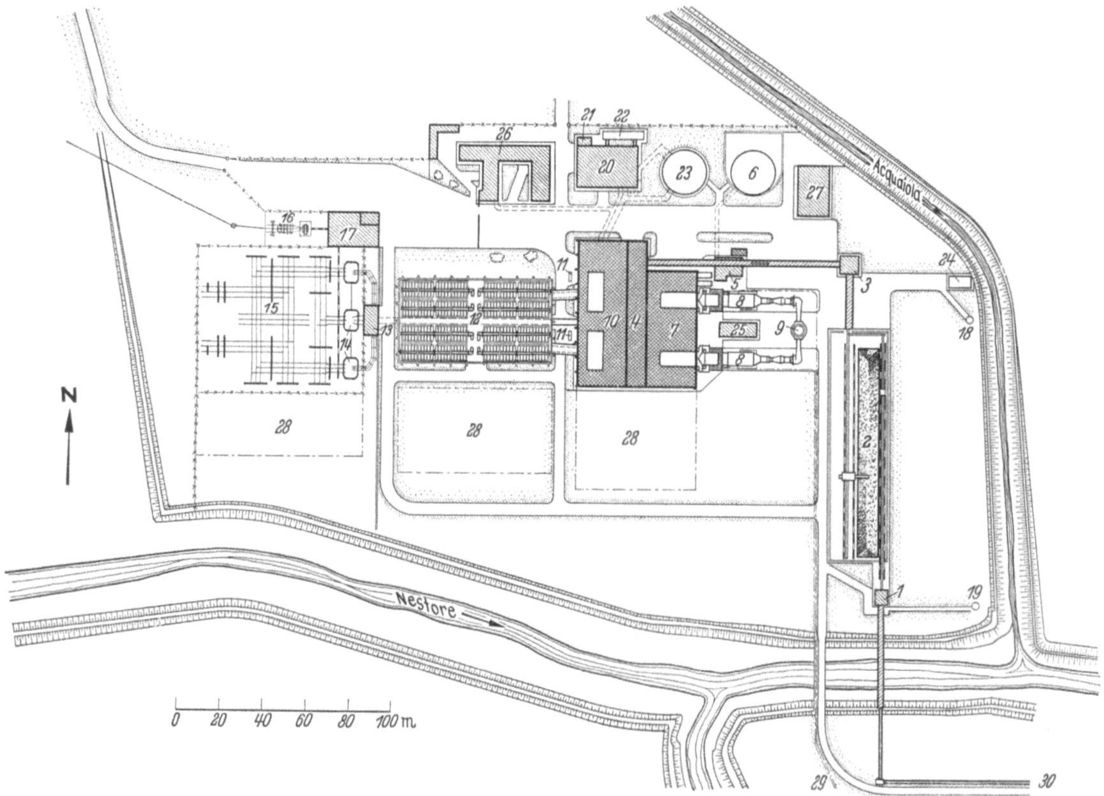

Abb. 14. Lageplan des Kraftwerks

1 Brecherhaus I
2 Braunkohlenübergabebunker
3 Brecherhaus II
4 Bunkergebäude
5 Heizölübergabestation
6 Heizöltank
7 Kesselanlage
8 Elektrofilter
9 Schornstein
10 Maschinenhaus
11 Eigenbedarfstransformatoren
12 Luftkondensationsanlage
13 10 kV-Verteilstation
14 Aufspanntransformatoren
15 150 kV-Schaltanlage
16 60 kV-Station (Reserveanschluß)
17 Transformatoren-Montagehaus
18 Brunnen I
19 Brunnen II
20 Chemische Wasseraufbereitungsanlage
21 Heizungsanlage
22 Neutralisationsbecken
23 Kühlturm
24 Kiesbecken
25 Kompressorgebäude
26 Verwaltungsgebäude
27 Werkstatt
28 Erweiterung
29 zum Aschenbunker

Am Eingang rechts befinden sich die 60/6 kV-Umspannstation mit dem Reserveanschluß an ein unabhängiges Netz zur Sicherstellung der Anfahrenergie, ein Krangebäude für die Transformatoren zum Abladen und für die Montagearbeiten sowie die Hochspannungsschaltanlage 150 kV mit den 50 MVA-Aufspanntransformatoren. In östlicher Richtung fortschreitend, gelangt man dann zu dem Kern der Gesamtanlage, und zwar nacheinander zur Luftkondensationsanlage, zum Maschinenhaus mit anschließendem Bunkergebäude und zur Kesselanlage mit Elektrofilter und Schornstein.

Noch weiter östlich sind die Brecher-, Bunker- und Transportanlagen für die Bekohlung des Kraftwerkes vorgesehen.

Unter der längeren Schrägbandbrücke der Bekohlungsanlage befindet sich eine Übergabestation für Leichtöl und Schweröl, die fast ganz in den Boden eingelassen ist. Von hier aus wird durch entsprechende Rohrkanäle der vorerwähnte 5000 m³-Tank und die Heizölpumpstation an den Kesseln mit Öl versorgt. In der Übergabestation selbst befinden sich 2 Zwischenbehälter für je 50 m³ Fassungsvermögen und die erforderlichen Filter- und Pumpanlagen.

In dem Hofraum, der von den Kesseln, Elektrofiltern, Rauchgaskanälen und dem Schornstein gebildet wird, sind in einem besonderen Gebäude die Hochspannungsanlage für die Elektrofilter und die Kompressorenstation für die Entaschungsanlage untergebracht.

Das Kraftwerk kann nach Süden hin erweitert werden. Die verschiedenen Nebeneinrichtungen lassen sich entsprechend vergrößern.

b) Die Anordnung der 4 Hauptteile des Kraftwerks

Die beiden im Freien stehenden *Dampferzeuger* (Abb. 15) sind auf +8,45 m durch eine geschlossene Betondecke mit dem Heizerstand verbunden. Die darunterliegenden Anlageteile sind also gegen Regen geschützt.

Abb. 15. Ansicht Kesselanlage

Die 4 Mühlen stehen an den 4 Ecken des Feuerraumes auf ±0,0 m. Ihre Kohlenzuteiler befinden sich auf der Bühne +14,2 m.

Zwischen den beiden Kesseln befindet sich die gemeinsame Heizölpumpstation mit den Betriebsbehältern für Leichtöl und Schweröl. An der Bunkerhausaußenwand ist ein

Aufzug für Personen- und Lastenbeförderung angeordnet, von dem aus man über die Bühnenanlage die verschiedenen Bedienungsstellen am Kessel erreichen kann. Neben dem Aufzug ist auf Kote +8,45 m ein direkter Zugang von der Kesselanlage in die Warte möglich.

Die *Turbosätze* stehen parallel zur Maschinenhausachse (Abb. 16) in gleichgerichteter Anordnung, so daß u. a. die Rohrleitungsführung und die Bedienung der Aggregate einfacher als bei einer spiegelbildlichen Lösung sind. Die Abdampfleitung NW 2600 eines jeden Turbosatzes wird vom Abdampfstutzen aus zunächst nach unten geführt und läuft dann unter Kote ±0,0 m in einem Kanal zur Luftkondensationsanlage. Unter der Turbine befinden sich einige Bühnen, auf denen 2 Niederdruckvorwärmer angeordnet sind. Ölbehälter und Ölkühler stehen vor Kopf der Maschine und können durch abgedeckte Öffnungen in der Decke +8,5 m vom Kran bedient werden. Ein Behälter zur Sammlung

Abb. 16. Ansicht Maschinenhaus

der in der Luftkondensationsanlage anfallenden Kondensate ist jeweils unter dem Hochdruckteil der Maschine in unmittelbarer Nähe der Kondensatpumpen untergebracht.

Die Generatorableitungen gehen in einem geschlossenen Kanal an der Außenwand des Maschinenhauses bis zu dessen Mitte und dann in einem für beide Blocks gemeinsamen Kanal quer durch die Luftkondensationsanlage bis zu der 150 kV-Schaltanlage.

Auf +8,5 m stehen jeweils in der Nähe der Turbine die Überwachungstafeln mit den Manometern und der Stopfbüchsen-Bedampfungseinrichtung.

Die Speisepumpen- und Vorwärmeranlage ist als geschlossene Betriebseinheit im Maschinenhaus jeweils zwischen der Turbine und der Wand des Bunkerbaues so angeordnet, daß die Pumpen und Vorwärmer vom Maschinenhauskran erfaßt werden können. Diese Anlage besteht u. a. aus dem Speisewasserbehälter mit Entgaser, den beiden Hochdruckvorwärmern, dem Verdampfer, dem Weichwasserentgaser und dem Brüdenkondensator sowie weiteren Behältern. Die zu jedem Block gehörenden Anfahrentspanner und Anfahrbehälter liegen auf Bühne +14,2 m zwischen den Taschen

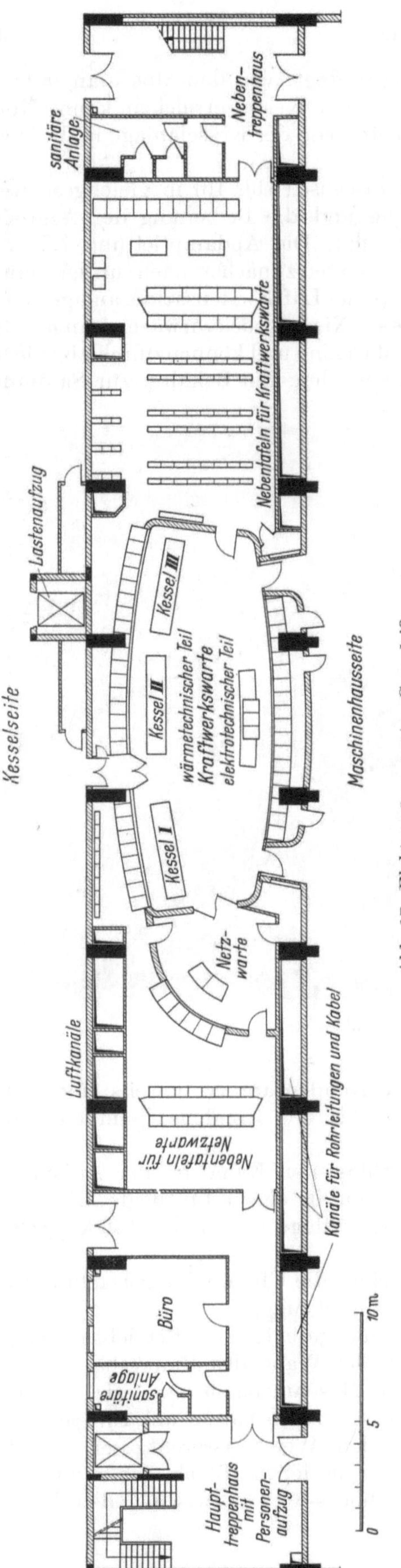

Abb. 17. Elektrowärmewarte, Grundriß

der Braunkohlenbunker. Auf der gleichen Bühne sind die Vorwärmer und Vorentgaser für das vollentsalzte Zusatzwasser angeordnet.

In der Nähe der Kesselanlage sind im Freien 2 Kaltkondensatbehälter mit je 60 m³ Fassungsvermögen aufgestellt. Erwähnenswert ist noch ein kleiner Elektrokessel für 1,2 t/h Dampfleistung bei 8 atü, der die verschiedenen Ölvorwärmer und einen Dampfluvo für die Verbrennungsluft des Kessels während des Anfahrvorganges beheizen kann und in der Nähe von Kessel II angeordnet wurde.

Auf der Bühne +8,5 m im Bunkerbau ist in der Mitte die kombinierte *Elektro-Wärmewarte* (Abb. 17 u. 18) vorgesehen. Sie ist in der Lage, auch die für die geplante dritte Maschine benötigten Überwachungs- und Steuergeräte aufzunehmen. Auf der einen Seite schließt sich an diese Warte noch eine kleine Netzwarte und ein Nebenraum mit den zugehörigen Hilfstafeln an. Auf der anderen Seite befindet sich ein größerer Nebenraum mit den für die *Elektro-Wärmewarte* benötigten Hilfstafeln. Alle diese zusammenhängenden Räume haben im darunterliegenden Geschoß einen Kabelkeller. Die Eigenbedarfsschaltanlagen 6 kV und 380 V stehen zusammengefaßt auf Kote ±0,0 m im Bunkerbau. Auch unter diesem Raum befindet sich ein durchgehender Kabelkeller. In besonderen kleinen Kammern stehen auf Kote ±0,0 m die Eigenbedarfstransformatoren 6 kV/380 V. Die Eigenbedarfstransformatoren 10 kV/6 kV sind außen am Maschinenhaus angeordnet und an die dort zu der Aufspannanlage führenden blanken Generatorableitungen angeschlossen. Hinter den Aufspanntransformatoren liegt dann die 150 kV-Schaltanlage.

Eine kleine Schaltanlage im Zentrum der Luftkondensationsanlage versorgt die Motoren der 32 Lüfter dieser Anlage. In einem Nebenraum stehen die Strahlwasserpumpen für die Kondensationsanlage.

Für die Bekohlungsanlage ist auf Bühne +30 m eine zentrale Kommandostelle vorgesehen.

Im Gelände der Grube und auch am Aschenbunker befinden sich versetzbare Unterverteilstationen für die dortigen Energieverbraucher.

Abb. 18. Ansicht Elektrowärmewarte

D. Spezialtechnik

I. Bautechnische Ausführung

Das Terrain besteht in der Hauptsache aus Sand und Ton (Abb. 19). Auf Grund der ungleichmäßigen Bodenschichten wurde eine Pfahlgründung bis auf den kompakten blauen Ton in einer Tiefe von 25 bis 30 m durchgeführt. Es wurden insgesamt etwa

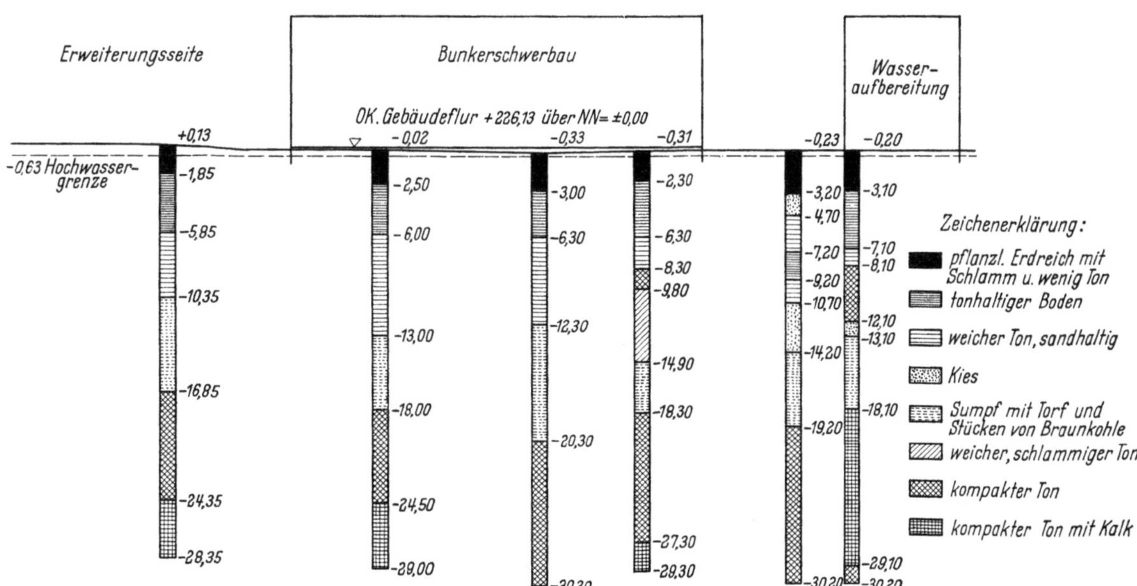

Abb. 19. Bohrproben im Kraftwerksbereich

3400 Betonbohrpfähle mit einem Durchmesser von 42 cm bzw. 52 cm und mit einer Tragfähigkeit von 60 t bzw. 75 t in den erforderlichen Längen eingebracht.

Alle Kraftwerksgebäude einschließlich Nebenanlagen wurden in Stahlbetonskelettbauweise ausgeführt. Die Außenwände erhielten eine Auskleidung mit 12 bzw. 25 cm starkem Ziegelmauerwerk, die inneren Wandflächen wurden mit glattem Wandputz versehen. Die Verkleidung der Fassaden erfolgte teils mit rötlichen Spaltklinkerplatten, teils mit Travertin-Marmor, der auch für die Einfassung der Fenster verwendet wurde.

Die Fußböden wurden, wenn nachstehend nicht anders beschrieben, in Zementestrich ausgeführt. Für die Fenster und größtenteils auch die Türen wurden Konstruktionen in Stahl gewählt.

a) Maschinenhaus

Das Maschinenhaus (Abb. 20, 21 u. 22) ist rund 70 m lang, 23 m breit und bis zur Dachtraufe 22 m hoch. Der im Maschinenhaus laufende Kran hat 19,7 m Spannweite und Kranbahnträger in Stahlbeton. Bei der Berechnung der Kranbahnstützen und der Festlegung der Höhe der Fahrschiene über Maschinenhausflur wurde berücksichtigt, daß bei der späteren Erweiterung um einen Turbosatz von 70 MW die dann auftretenden Lasten durch 2 Kräne gleicher Ausführung mittels Traverse transportiert werden können. Das Maschinenhaus besitzt eine Unterkellerung bis —2,6 m, die zur Unterbringung von Rohrleitungen und Kabeln dient. An der Erweiterungsseite wurde eine herausnehmbare Fachwerkswand vorgesehen. Die Stahlbetonfundamente für die beiden Turbinen und die 4 Speisepumpen sind nach statischen und schwingungstechnischen Gesichtspunkten gesondert auf Pfähle gegründet und mit den erforderlichen Bewegungsfugen an den Grund- und Tischplatten ausgeführt. Im nördlichen Endfeld des Maschinenhauses wurden auf ±0,0 m und auf +4,25 m Lagerräume eingerichtet.

Das Dach hat ein Gefälle von etwa 3%. Die Dachbinder aus Stahlbeton tragen eine Leichtsteindecke, auf die zwecks Isolierung gegen Schwitzwasser ein Estrich mit Korkisolierung und zwei Lagen Dachpappe verlegt wurden. Für die Belichtung des gesamten Maschinenraumes wurden an der westlichen Längsseite große durchgehende Stahlfenster mit kittloser Verglasung angeordnet. Der Maschinenhausflur auf +8,5 m einschließlich der beiden Turbinentischplatten hat einen Terrazzofußboden erhalten. Das Dach wird über eine breite aufgelegte Regenrinne und entsprechende Abfallrohre entwässert. Unter dem Maschinenhausdach auf der Bunkerbauseite sind mehrere Öffnungen zur Entlüftung des Maschinenhauses angeordnet.

Die Verbindungstreppen zwischen den verschiedenen Bedienungsbühnen sind teils in Beton, teils in Stahl mit Gitterrosten bzw. Riffelblech ausgeführt.

An das Maschinenhaus schließen in westlicher Richtung zwei unterirdische Stahlbetonkanäle von 4 × 4 m lichter Weite zur Aufnahme der Abdampfleitung der Turbosätze, außerdem auf +5,0 m je ein Kanal für Kabel bzw. Stromschienen, ebenfalls in Stahlbeton, an.

b) Bunkerschwerbau

Der Bunkerschwerbau (Abb. 20, 21 u. 22) schließt an das Maschinenhaus östlich an. Er enthält 8 Kohlenbunker aus Stahlbeton mit je 300 t Fassungsvermögen.

Er ist ebenfalls rund 70 m lang und hat eine Breite von 10,5 m sowie eine Höhe von 34,8 m bis zum Dach. Für die Hauptstützen des Bunkerbaues wurden zwei 5,5 m breite Streifenfundamente gewählt, die auf den Pfählen ruhen. Der unterkellerte Teil des Bunkerbaues bis —2,6 m ist vom benachbarten Maschinenhauskeller durch eine Längswand getrennt und dient als Kabelkeller für die elektrischen Anlageteile, die auf Kote 0,0 m stehen. Im nördlichen Endfeld dieses Gebäudeteiles befindet sich der Haupteingang des Kraftwerkes mit einer 1,20 m breiten Stahlbetontreppe für alle Geschosse bis auf +30,0 m und einem Personenaufzug für eine Tragfähigkeit von 1,5 t mit mehreren Haltestellen, deren letzte auf +26,85 m liegt. Die Entlüftungsschächte für die Trans-

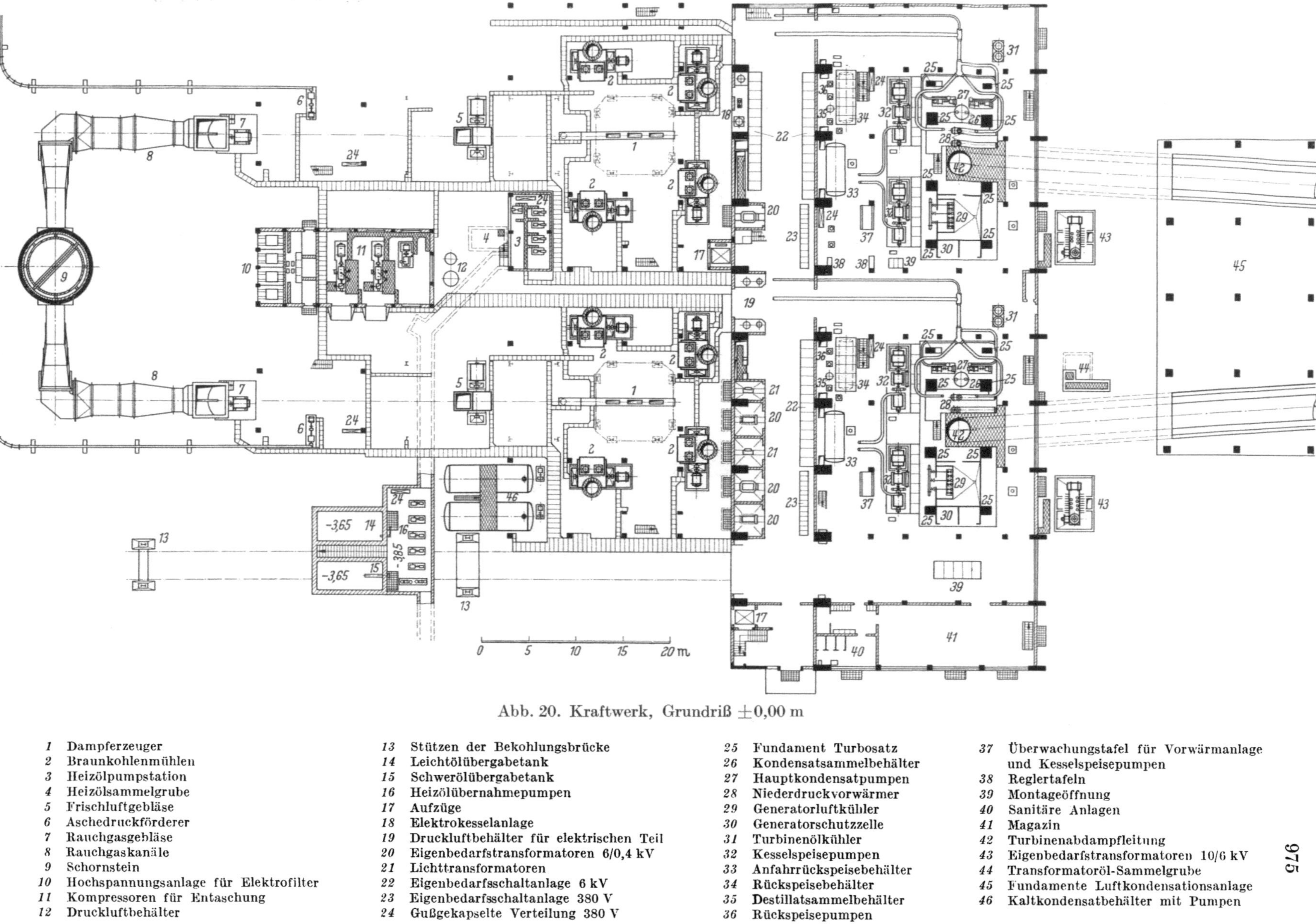

Abb. 20. Kraftwerk, Grundriß $\pm 0{,}00$ m

1 Dampferzeuger
2 Braunkohlenmühlen
3 Heizölpumpstation
4 Heizölsammelgrube
5 Frischluftgebläse
6 Aschedruckförderer
7 Rauchgasgebläse
8 Rauchgaskanäle
9 Schornstein
10 Hochspannungsanlage für Elektrofilter
11 Kompressoren für Entaschung
12 Druckluftbehälter
13 Stützen der Bekohlungsbrücke
14 Leichtölübergabetank
15 Schwerölübergabetank
16 Heizölübernahmepumpen
17 Aufzüge
18 Elektrokesselanlage
19 Druckluftbehälter für elektrischen Teil
20 Eigenbedarfstransformatoren 6/0,4 kV
21 Lichttransformatoren
22 Eigenbedarfsschaltanlage 6 kV
23 Eigenbedarfsschaltanlage 380 V
24 Gußgekapselte Verteilung 380 V
25 Fundament Turbosatz
26 Kondensatsammelbehälter
27 Hauptkondensatpumpen
28 Niederdruckvorwärmer
29 Generatorluftkühler
30 Generatorschutzzelle
31 Turbinenölkühler
32 Kesselspeisepumpen
33 Anfahrrückspeisebehälter
34 Rückspeisebehälter
35 Destillatsammelbehälter
36 Rückspeisepumpen
37 Überwachungstafel für Vorwärmanlage und Kesselspeisepumpen
38 Reglertafeln
39 Montageöffnung
40 Sanitäre Anlagen
41 Magazin
42 Turbinenabdampfleitung
43 Eigenbedarfstransformatoren 10/6 kV
44 Transformatoröl-Sammelgrube
45 Fundamente Luftkondensationsanlage
46 Kaltkondensatbehälter mit Pumpen

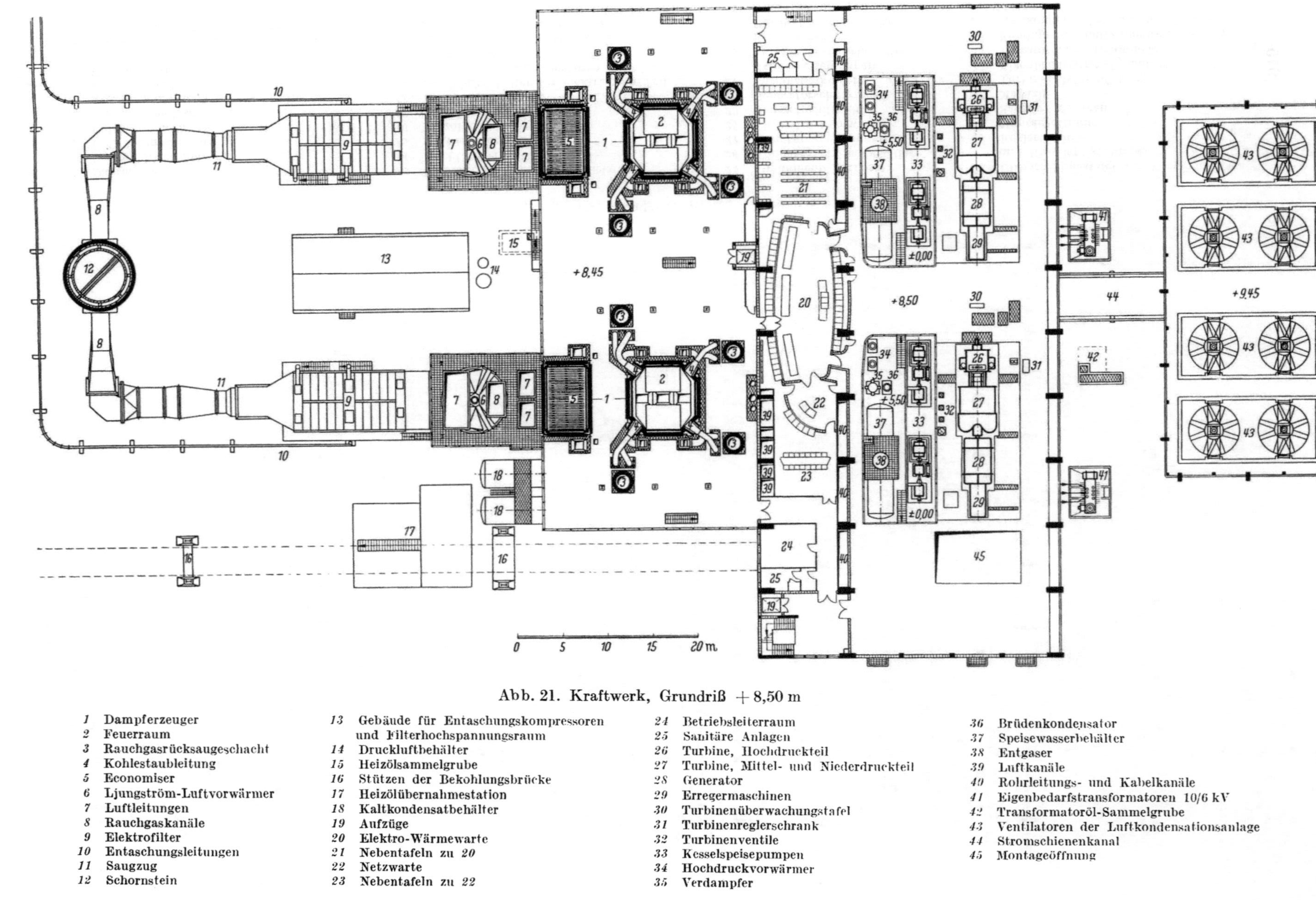

Abb. 21. Kraftwerk, Grundriß + 8,50 m

1 Dampferzeuger
2 Feuerraum
3 Rauchgasrücksaugeschacht
4 Kohlestaubleitung
5 Economiser
6 Ljungström-Luftvorwärmer
7 Luftleitungen
8 Rauchgaskanäle
9 Elektrofilter
10 Entaschungsleitungen
11 Saugzug
12 Schornstein
13 Gebäude für Entaschungskompressoren und Filterhochspannungsraum
14 Druckluftbehälter
15 Heizölsammelgrube
16 Stützen der Bekohlungsbrücke
17 Heizölübernahmestation
18 Kaltkondensatbehälter
19 Aufzüge
20 Elektro-Wärmewarte
21 Nebentafeln zu *20*
22 Netzwarte
23 Nebentafeln zu *22*
24 Betriebsleiterraum
25 Sanitäre Anlagen
26 Turbine, Hochdruckteil
27 Turbine, Mittel- und Niederdruckteil
28 Generator
29 Erregermaschinen
30 Turbinenüberwachungstafel
31 Turbinenreglerschrank
32 Turbinenventile
33 Kesselspeisepumpen
34 Hochdruckvorwärmer
35 Verdampfer
36 Brüdenkondensator
37 Speisewasserbehälter
38 Entgaser
39 Luftkanäle
40 Rohrleitungs- und Kabelkanäle
41 Eigenbedarfstransformatoren 10/6 kV
42 Transformatoröl-Sammelgrube
43 Ventilatoren der Luftkondensationsanlage
44 Stromschienenkanal
45 Montageöffnung

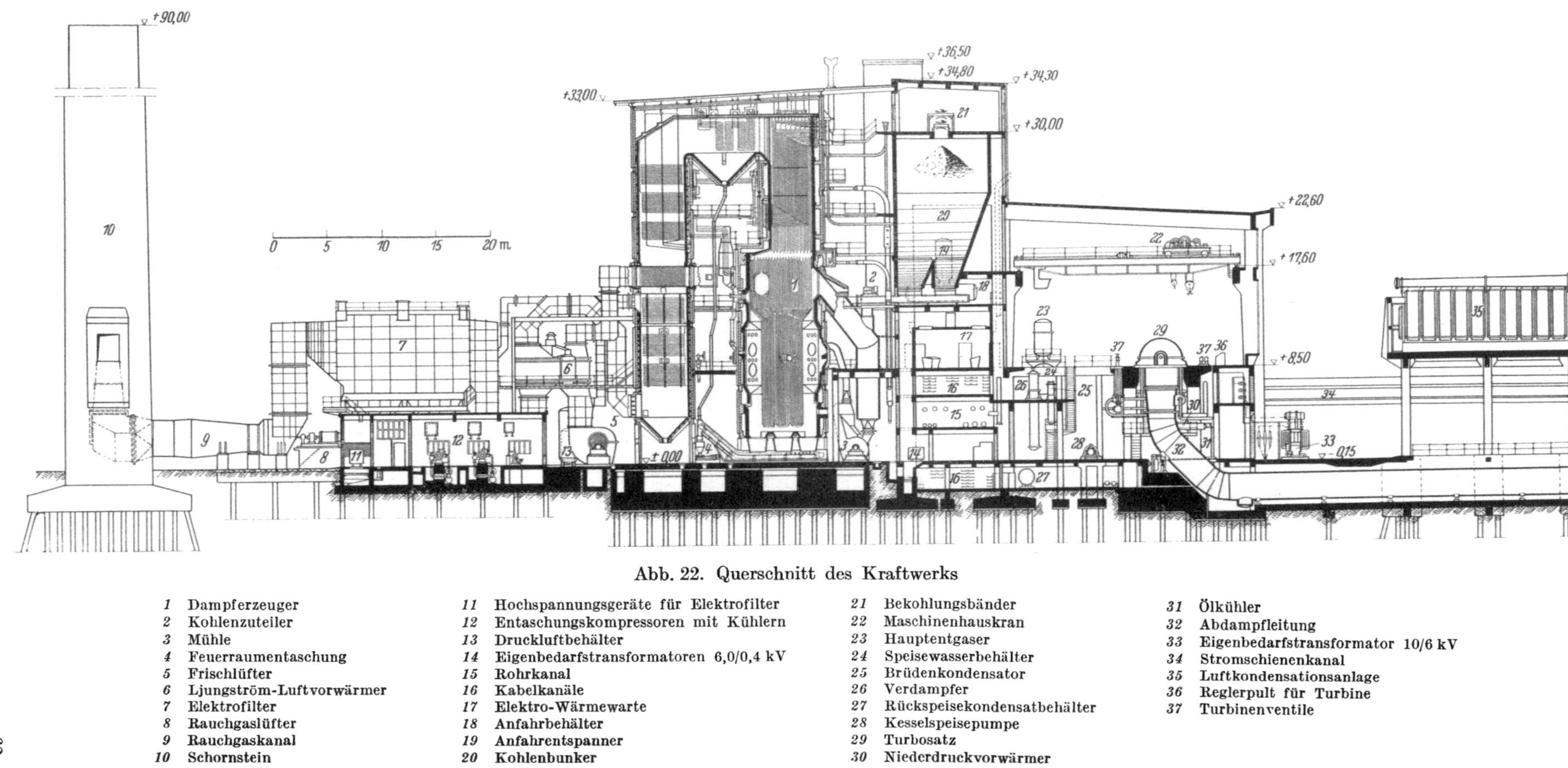

Abb. 22. Querschnitt des Kraftwerks

1 Dampferzeuger
2 Kohlenzuteiler
3 Mühle
4 Feuerraumentaschung
5 Frischlüfter
6 Ljungström-Luftvorwärmer
7 Elektrofilter
8 Rauchgaslüfter
9 Rauchgaskanal
10 Schornstein
11 Hochspannungsgeräte für Elektrofilter
12 Entaschungskompressoren mit Kühlern
13 Druckluftbehälter
14 Eigenbedarfstransformatoren 6,0/0,4 kV
15 Rohrkanal
16 Kabelkanäle
17 Elektro-Wärmewarte
18 Anfahrbehälter
19 Anfahrentspanner
20 Kohlenbunker
21 Bekohlungsbänder
22 Maschinenhauskran
23 Hauptentgaser
24 Speisewasserbehälter
25 Brüdenkondensator
26 Verdampfer
27 Rückspeisekondensatbehälter
28 Kesselspeisepumpe
29 Turbosatz
30 Niederdruckvorwärmer
31 Ölkühler
32 Abdampfleitung
33 Eigenbedarfstransformator 10/6 kV
34 Stromschienenkanal
35 Luftkondensationsanlage
36 Reglerpult für Turbine
37 Turbinenventile

formatoren auf ±0,0 m wurden an der Innenseite der östlichen Außenwand des Bunkerbaues bis zu ihrem Austritt ins Freie unter der Decke +14,2 m hochgezogen.

Das Geschoß +3,0 m dient als Rohrboden. Sein Fußboden ist gegen eventuelle Wassereinbrüche besonders isoliert und mit Entwässerungen und den notwendigen Aufkantungen versehen. Die westliche Längsseite des Rohrbodens zum Maschinenhaus hin wurde offengelassen und nur mit einem Schutzgeländer ausgerüstet. Zwischen der Decke ±0,0 m und dem Rohrboden auf +3,0 m befinden sich 2 Stahltreppen.

Das Geschoß +6,0 m dient als Kabelboden für die darüberliegenden Wartenräume und hat drei besondere Zugänge. Von der Kote +6,0 m bis auf +30,0 m sind an der Stützenreihe zwischen Maschinenhaus und Bunkerbau mehrere durchgehende Rohr- und Kabelschächte vorhanden.

Im Mittelteil des Geschosses +8,50 m sind die Elektro- und Wärmewarte sowie die Netzwarte untergebracht. Von den Warten führen mehrere Verbindungstüren zum Maschinenhaus, zur Kesselbedienungsbühne auf +8,45 m und zu den Nebenräumen der Warten. An der Haupttreppe neben dem Personenaufzug ist ein Raum für die Schichtingenieure vorgesehen. Toiletten und Waschanlagen sind im südlichen Endfeld ausreichend vorhanden. Dort befindet sich auch zwischen +8,5 m und +17,38 m eine Nebentreppe.

Die Elektro- und Wärmewarte sowie die anschließende Netzwarte sind klimatisiert. Die Fußböden, die Wände und die Decken der Warten sind gegen Erschütterungen und Schall isoliert. Der Fußboden wurde außerdem mit Gummiplatten belegt, die Zwischendecke mit einer künstlichen Beleuchtung aus verschiedenen Lichtbändern versehen. Der Fußboden des Aufenthaltsraumes für die Schichtingenieure erhielt ebenfalls einen Gummibelag, während in den Wasch- und Toilettenräumen Fußboden und Wände mit Fliesen ausgelegt sind.

Die Zwischendecken der Warten liegen auf +12,2 m. Seitlich davon, aber auf der Höhe +11,6 m, wurde einerseits der Batterieraum, andererseits die Klimaanlage untergebracht. Fußboden und Wände des Batterieraumes sind mit säurebeständigen Fliesen ausgelegt. Seine Decken, Türen und Fenster erhielten einen säurefesten Anstrich. Dem Batterieraum wurde ein Schleusenraum vorgelegt, der ebenfalls säurebeständig ausgeführt ist.

Die Bühne mit den Kohlenzuteilern befindet sich auf der Höhe +14,2 m. Zwei je 40 t schwere Anfahrbehälter und einige weitere Apparate kamen ebenfalls auf dieser Decke zur Aufstellung. Der Fußboden der Redlerbühne sowie auch der Fußboden des Batterieraumes auf +11,6 m mußten wegen der darunterliegenden elektrischen Schaltanlagenräume und Warten besonders gegen Wasser isoliert und abgedichtet werden.

Auf der Höhe +17,38 m wurden im zweiten Feld neben dem Personenaufzug zwei runde betonierte Wasserreservebehälter (3,20 m Durchmesser, 10,5 m hoch) mit einem Fassungsvermögen von je 85 m^3 untergebracht. Die darunterliegende Decke +14,2 m mußte ebenfalls gegen eventuellen Wassereinbruch isoliert und mit Fußbodenentwässerungen versehen werden. Unter den 8 Braunkohlebunkern ist eine durchgehende Stocherbühne auf +17,38 m ausgeführt, die durch die Bunkerausläufe unterbrochen wird.

Die Bekohlungsbühne befindet sich auf Kote +30,0 m und ist in Stahlbeton ausgeführt. Der Maschinenraum für den Personenaufzug befindet sich auf der Höhe +30,0 m neben der Haupttreppe, der für den Lastenaufzug an der Kesselanlage über dem Bunkerdach auf etwa +35 m.

Die östliche Bunkerbaulängswand wurde von der Kote +14,2 m bis 30,0 m als sichtbare Stahlbetonwand ausgeführt. Das Dach des Bunkerbaues erhielt Binder in Stahlbeton und wurde mit einer doppelten Bitumendachpappe eingedeckt. Tageslicht erhalten die verschiedenen Räume im Bunkerbau unterhalb +30,0 m durch einzelne Stahlfenster in der östlichen Längswand. Für die Bekohlungsbühne auf +30,0 m wurden in den beiden Längswänden Stahlfenster angeordnet.

Das Haupttreppenhaus wurde mit einem durchgehenden senkrechten Lichtband versehen. Die Haupttreppe selbst ist mit Kunststeinstufen und der Fußboden im Treppenhaus mit Kunststeinplatten ausgeführt. Als Treppenschutz wurde ein schmiedeeisernes Geländer gewählt.

c) Kesselanlage

Die beiden Kessel (Abb. 20, 21 u. 22) stehen über +8,45 m vollkommen frei und sind nur durch Bedienungsbühnen, Laufstege und Treppen aus Stahlkonstruktion miteinander und mit dem Bunkerschwerbau verbunden.

Die Hauptbedienungsbühne auf +8,45 m wurde annähernd auf der gleichen Höhe wie der Flur für das Maschinenhaus und die Warten, und zwar in Stahlbeton auf Stahlbetonstützen ausgeführt. Die beiden Kessel einschließlich der 8 Kohlenmühlen wurden auf je einer schweren, auf Pfählen ruhenden Grundplatte gegründet. Oberhalb dieser Grundplatte sind die Kohlenmühlenfundamente getrennt von den übrigen Kesselfundamenten ausgeführt worden.

Kabel- und Rohrleitungskanäle wurden im Aufbeton von —0,55 m bis ±0,0 m untergebracht. Sie sind mit bewehrten Betonplatten abgedeckt. Der Fußboden auf ±0,0 m ist als Betonfußboden mit Estrich ausgeführt und an mehreren Stellen ausreichend mit Entwässerungsschächten versehen. Als Verbindung zur Heizerstandsdecke wurden 3 Stahlbetontreppen von ±0,0 m bis auf +8,45 m geführt. Die verschiedenen Öffnungen in der Decke +8,45 m wurden mit Riffelblechabdeckungen versehen. Die Kessel erhielten auf +34,0 m ein nach allen Seiten überkragendes Dach, das zum Schutz der darunterliegenden Rohrleitungsarmaturen bis zum Bunkerschwerbau weitergeführt wurde. Die beiden Ljungström-Luftvorwärmer der Kessel liegen auf der Kote +7,5 m. Ihre Unterkonstruktion steht mit dem Kesselgerüst in Verbindung und ist ganz in Stahl ausgeführt. Die Fundamente der Frischlüfter wurden vollkommen getrennt von den übrigen Kesselfundamenten hergestellt. Neben Kessel I nördlich stehen ferner noch 2 Kaltkondensatbehälter auf besonderem Fundament und zwischen den beiden Kesseln die Heizölpumpstation mit den Betriebsölbehältern.

d) Luftkondensationsanlage

Die Luftkondensationsanlage (Abb. 23) an der Westseite des Maschinenhauses hat eine Länge von 70 m, eine Breite von 40 m und eine Gesamthöhe von 14,5 m. Sie ist durch die schon genannten Stahlbetonkanäle mit dem Maschinenhaus verbunden. Die Tragkonstruktion der Luftkondensationsanlage nimmt auf der Bühne +9,45 m ihre 32 Lüfter und die 320 Kondensatorelemente auf. Im Mittelfeld der beiden Längsseiten wurden 2 Stahlbetontreppen von ±0,0 m bis +9,45 m angeordnet. In der Längsachse der Luftkondensationsanlage wurden die oben erwähnten Kanäle für Kabel- und Stromschienen mit insgesamt 2 × 3,5 m im Lichten durch die Anlage hindurchgeführt, und zwar bis zu dem dahinterliegenden zweigeschossigen 10 kV-Schalthaus.

Die äußeren Umfassungswände der Luftkondensationsanlage erhielten in der Höhe von +9,45 m bis 14,5 m eine leichte Welleternitverkleidung. Im Mittelpunkt der Luftkondensationsanlage wurden unter +0,15 m die Strahlwasserbecken und darüber das Strahlwasserpumpenhaus sowie die für die Anlage erforderliche elektrische Schaltanlage mit Transformatoren untergebracht. Eine ausreichende Entwässerung ist auf allen Bühnen vorhanden.

e) Bekohlungsanlage

Zur Bekohlungsanlage gehören das Brecherhaus I, die Grabenbunkeranlage, das Brecherhaus II und die Schrägbandbrücken vom Grabenbunker zum Brecherhaus II bzw. von diesem zum Bunkerbau auf die Höhe +30,8 m.

Das Brecherhaus I hat eine Grundfläche von 7 × 8 m und eine Höhe von 12 m. Eine Bedienungsbühne auf +3,35 m wurde aus Stahlbeton, die anderen auf +6,23 m

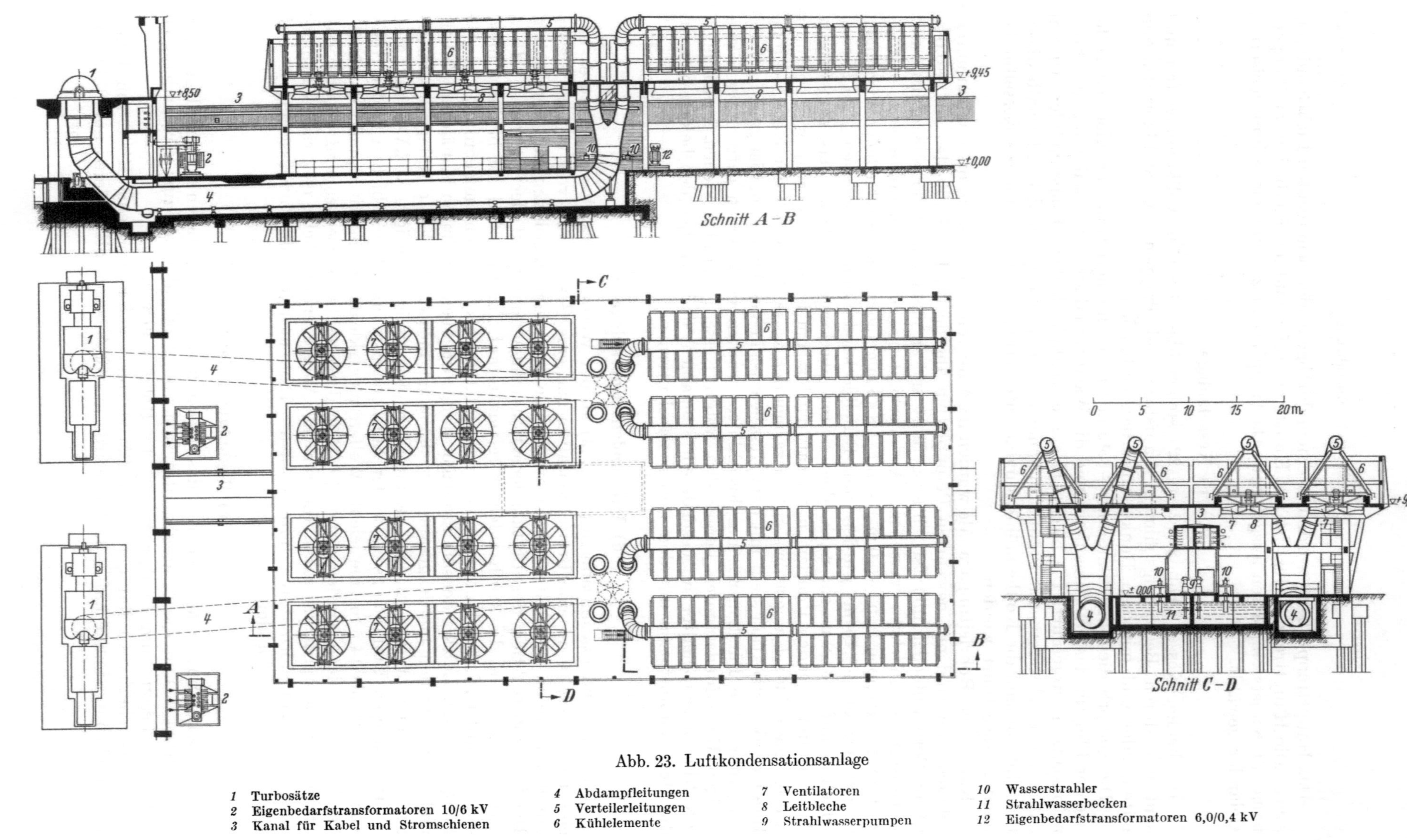

Abb. 23. Luftkondensationsanlage

1 Turbosätze
2 Eigenbedarfstransformatoren 10/6 kV
3 Kanal für Kabel und Stromschienen
4 Abdampfleitungen
5 Verteilerleitungen
6 Kühlelemente
7 Ventilatoren
8 Leitbleche
9 Strahlwasserpumpen
10 Wasserstrahler
11 Strahlwasserbecken
12 Eigenbedarfstransformatoren 6,0/0,4 kV

und +8,57 m in Stahlkonstruktion mit Lichtgitterrost-Abdeckung ausgeführt. Die Verbindungstreppen der Bühnen sind durchweg in Stahlkonstruktion hergestellt.

Der Grabenbunker hat eine Länge von 100 m, eine Breite von Zubringerband bis Abförderband von 16 m und eine Tiefe von 7 m. Um den Bunkerinhalt nicht dem Regen auszusetzen, erhielt der Bunker eine leichte Überdachung in Stahlkonstruktion mit Welleternit.

Das Brecherhaus II hat eine Grundfläche von 9,5 × 9,5 m und eine Höhe von 15 m. Die beiden Bedienungsbühnen auf +5,4 m und auf +9,18 m sind als Stahlträgerdecken mit Lichtgitterrost-Abdeckungen ausgeführt.

Die Innen- und Außenwände dieses Gebäudes wurden verputzt. In beiden Brecherhäusern wurden Montageträger zur Aufnahme der benötigten Montagehebezeuge angeordnet.

Die Schrägbandbrücken vom Grabenbunker zum Brecherhaus II bzw. vom Brecherhaus II bis zum Bunkerbau sind mit ihren Unterstützungsportalen vollständig in Stahlkonstruktion ausgeführt. Als Außenverkleidung der Wände und für die Dacheindeckung kam Welleternit zur Anwendung.

f) Wasseraufbereitung, Laboratorium und Kühlturm

Das Wasseraufbereitungsgebäude hat eine Länge von 28,5 m, eine Breite von 19 m und eine Höhe von 6,5 m bzw. 11 m. Im unterkellerten Teil (bis −3,5 m) wurden ein Rohwasserbehälter von 300 m³ und ein Behälter von 1000 m³ für enthärtetes Wasser untergebracht. Die Wasseraufbereitung ist durch begehbare Kabel- und Kühlwasserleitungskanäle mit dem Maschinenhaus, dem Verwaltungsgebäude und dem Kühlturm verbunden. Auf der Höhe ±0,0 m wurden sämtliche Apparate der Anlage, eine größere Anzahl von Pumpen sowie ein Chemikalienlager untergebracht. Auf dem Dach befinden sich zwei große Behälter für vollentsalztes Wasser von je 150 m³ Inhalt. Die Laboratoriumsräume und alle notwendigen Nebenräume liegen auf der Höhe von 6,5 m im zweiten Geschoß. Das Gebäude wurde außen verputzt. Im Bereich der Wasseraufbereitung ist der Fußboden mit Fliesen, zum Teil in säurebeständigem oder auch laugefestem Material ausgeführt.

Neben dem Wasseraufbereitungsgebäude steht der 30 m hohe Naturzugkühlturm mit einer Leistung von 1000 m³/h für das Nebenkühlwasser des Kraftwerkes. Sein Auffangbecken hat 25 m Durchmesser und ist durch einen Kanal mit den in dem Wasserreinigungsgebäude stehenden Kühlwasserpumpen verbunden. Der hyperbolische Kühlturm ist ganz in Stahlbeton ausgeführt, die Rieseleinbauten bestehen aus Holz.

g) Heizölversorgung

Die Hauptölpumpstation mit den Betriebsölbehältern in der Nähe von Kessel II ist durch einen unterirdischen begehbaren Leitungskanal in Beton mit der Heizölübergabestation unter der großen Schrägbandbrücke und dem 5000 m³ großen Öltank zwischen dem Kühlturm und dem Werkstattgebäude verbunden.

Die Hauptpumpstation hat eine Grundfläche von 7 × 4 m und reicht zweigeschossig bis unter die Heizerstanddecke. Die Übergabestation ist 13 m lang und 11 m breit. Ihre Sohle liegt auf −3,85 m. Die beiden betonierten unterirdischen Ölübergabebehälter haben ein Fassungsvermögen von je 50 m³. Die zugehörigen Ölpumpen wurden daneben auf −3,85 m in einem Raum untergebracht, der in Verbindung mit den Ölleitungskanälen steht. Der 5000 m³ große Öltank ist als runder Stahlblechbehälter ausgeführt und hat eine betonierte Ölauffangwanne.

h) Elektrofilterfundamente, Saugzuganlage und Schornstein

Die beiden Elektrofilter für Kessel I und II sind auf besonderen Stahlbetonkonstruktionen mit den erforderlichen Bedienungsbühnen und Treppen aufgestellt worden. Die Bühnen liegen auf +4,58 m.

Die Saugzuggebläse und die Rauchgaskanäle zwischen den Filtern und dem gemeinsamen Schornstein stehen ebenfalls auf besonderen Stahlbetonfundamenten. Der Schornstein ist freistehend gegründet und hat eine Höhe von 90 m. Sein äußerer Durchmesser beträgt unten 8,50 m und oben 5 m, der lichte Durchmesser 5,2 m bzw. 4 m. Der äußere Mantel des Schornsteines ist in Stahlbeton ausgeführt. Die innere Mauerwerksauskleidung besteht aus Hartbrandsteinen und feuerbeständigen Schamottesteinen. Für die Besteigung sind außen und innen Steigeisen mit Rückenschutz angeordnet. Der Schornstein wurde mit einer Blitzschutzanlage ausgestattet.

i) Verwaltungsgebäude

Das Verwaltungsgebäude mit allen erforderlichen Büro- und Wirtschaftsräumen ist getrennt von der Kraftwerksanlage am Haupteingang zum Kraftwerksgelände errichtet worden. Das Gebäude hat im Grundriß eine U-Form und ist bis auf einen Anbau durchweg 8 m hoch. Der Haupteingangsflügel ist 19 m lang und 7 m breit und zweigeschossig ausgeführt. Der nördliche Querflügel mit Wirtschaftsräumen, Wasch- und Garderobenräumen im Erdgeschoß und Büroräumen im Obergeschoß ist 32 m lang und 7,5 m breit. Ein kleinerer Anbau auf der Westseite ist eingeschossig und 7,5 × 11 m groß. Er dient als Speiseraum. Der östliche Flügel hat eine Länge von 26 m und eine Breite von 8,5 m. Er ist zum größten Teil als Lagerraum für Reserveteile ausgenutzt und erhielt einen Laufkran mit einer Spannweite von etwa 8 m und einer Tragfähigkeit von 10 t. Die Mauerflächen und Stahlbetonstützen dieses Gebäudes wurden außen verputzt. Das begehbare Dach aus Stahlbeton hat eine Neigung von etwa 3% nach beiden Seiten. Die Türen der Büroräume sind in Holz, zum Teil mit Verglasung ausgeführt.

k) Werkstattgebäude

Das Werkstattgebäude hat eine Länge von 24 m, eine Breite von 15,5 m und eine Höhe von 7,5 m bis zum Dach. Zwei Laufkräne mit einer Spannweite von je 6,5 m und einer Tragfähigkeit von 10 t überstreichen die beiden getrennten Hallen der Werkstatt. Auch dieses Gebäude wurde innen und außen mit Putz versehen.

II. Maschinentechnische Ausrüstung

a) Dampferzeugungsanlage

Es wurden 2 Durchlauf-Dampferzeuger Bauart Benson (Abb. 24) mit Mühlenfeuerung für Braunkohle aufgestellt, jeder für eine Normallast von 90 t/h und eine maximale Dauerlast von 120 t/h, bei 145 atü Dampfdruck, 530° C Dampftemperatur. 160 atü Genehmigungsdruck und einfacher Zwischenüberhitzung für eine maximale Dampfmenge von 108 t/h (Zwischenüberhitzereintritt 29,2 atü, 330° C, Zwischenüberhitzeraustritt 28,2 atü, 525° C).

Bei einer Speisewassertemperatur von 228° C und einer Abgastemperatur von 150° C erreicht der Kessel einen Wirkungsgrad von 85%.

Der Kessel hat 4 Einblasemühlen und trockenen Ascheabzug. Mit Rücksicht auf den hohen Feuchtigkeitsgehalt der Kohle wurde eine Rauchgasrücksaugung zur Mahltrocknung erforderlich.

Die Verbrennungseigenschaften der Kohle wurden im Großversuch ermittelt. Etwa 1000 t Kohle wurden in einer Anlage mit ähnlichem Aufbau verfeuert. Es zeigte sich, daß sich die Kohle mit Schlägermühlen einwandfrei vermahlen läßt, wegen der geringen Zündwilligkeit jedoch eine gute Zündstütze erforderlich ist.

Die Heizflächen sind in 2 Rauchgaszügen untergebracht.

Der Kessel ist 8,2 m breit, 17,5 m tief und 33 m hoch.

Die in jedem Dampferzeuger eingebauten Heizflächen gehen aus Tabelle 4 hervor.

Tabelle 4. *Aufteilung der Kesselheizflächen*

Kessel:		*Zwischenüberhitzer:*	
Vorwärmer	2760 m²	Vorderwand	365 m²
Strahlteil	675 m²	Schlangen	285 m²
Verdampfer	655 m²	Insgesamt	650 m²
Vorüberhitzer	513 m²		
Strahlungsüberhitzer	262 m²	*Lufterhitzer:*	
Endüberhitzer	155 m²	Dampfluvo	330 m²
Insgesamt	5020 m²	Ljungströmluvo	10600 m²
		Röhrenluvo	1430 m²
		Insgesamt	12360 m²

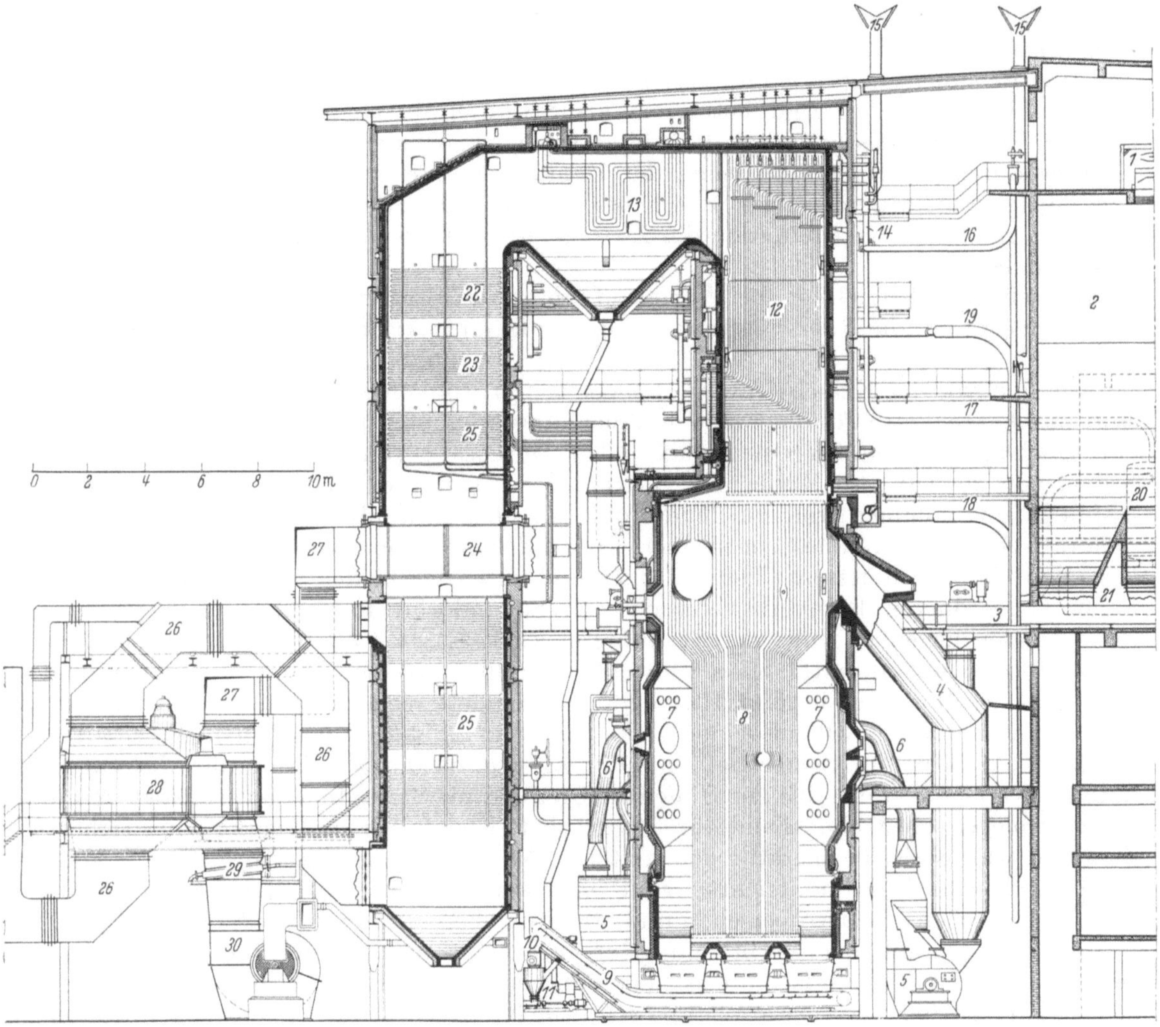

Abb. 24. Kessel, Querschnitt

1 Kohlenförderbänder
2 Kohlenbunker
3 Kohlenzuteiler
4 Rauchgasrücksaugeleitung
5 Mühle
6 Kohlenstaubleitung
7 Brenner
8 Feuerraum
9 Schlackenaustragsband
10 Brecher
11 Pneumatischer Druckförderer
12 Hauptüberhitzer
13 Zwischenüberhitzer
14 Frischdampfaustritt
15 Abblaserohre, Sicherheitsventile
16 Frischdampfaustritt
17 Anfahrleitung
18 Mitteldruckleitung zum Zwischenüberhitzer
19 Mitteldruckleitung vom Zwischenüberhitzer
20 Anfahrentspanner
21 Anfahrbehälter
22 Vorüberhitzer
23 Verdampfungsteil
24 Röhrenluftvorwärmer
25 Speisewasservorwärmer
26 Rauchgaskanäle
27 Luftkanal
28 Ljungström-Luftvorwärmer
29 Dampfluftvorwärmer
30 Frischlüfter

Die Kühlung des Feuerraumes erfolgt durch 11 Strahlteilpakete (Rohre mit 38 mm ä. ∅, 5,5 mm stark aus St 45.8). Die Wände des oberen Strahlungsraumes des ersten Zuges sind mit Strahlungsüberhitzerheizfläche (35 mm ä. ∅, 4 mm stark aus 15 Mo 3) und mit Zwischenüberhitzerheizfläche (44,5 mm ä. ∅, 4 mm stark aus St 45.8) ausgekleidet. Im gleichen Raum ist ferner der Endüberhitzer als Schottenheizfläche (32 mm ä. ∅, 6 mm stark aus 13 CrMo 44 bzw. 30 mm ä. ∅, 6 mm stark aus 10 CrSiMo V 7) untergebracht. Im horizontalen Verbindungsstück der beiden Kesselzüge ist der zweite Teil des Zwischenüberhitzers aus Rohrschlangen (44,5 mm ä. ∅, 3,5 mm stark aus 15 Mo 3 bzw. 13 CrMo 44 und 10 CrSiMo V 7) angeordnet. Im Oberteil des zweiten Kesselzuges sind an wassergekühlten Tragrohren der Vorüberhitzer (35 mm ä. ∅, 4 mm stark aus 15 Mo 3), der Verdampfer (38 mm ä. ∅, 5 mm stark aus St 45,8) und der zweite Teil des Economisers (41,5 mm ä. ∅, 5 mm stark aus St 45,8) aufgehängt. Daran anschließend ist der Röhrenluvo angeordnet; der untere Teil des zweiten Zuges wird durch den ersten Teil des Economisers (41,5 mm ä. ∅, 4 mm stark aus St 45.8) ausgefüllt.

Die Anordnung des Endüberhitzers als Strahlungsheizfläche bringt den Vorteil, daß die Kennlinie des gesamten Überhitzers bei verschiedenen Lasten sehr flach verläuft, wodurch die Konstanthaltung der Dampftemperatur erleichtert wird und durch eine einzige Einspritzung (etwa 5,5 t/h bei 120 t/h Dampf) sichergestellt werden kann. Dasselbe gilt für die Kombination des Zwischenüberhitzers aus Berührungs- und Strahlungsheizflächen.

Bei reinem Ölbetrieb ist die Wärmeaufnahme des Strahlteiles größer, so daß dann mit Rücksicht auf die Rohrwandtemperatur der Dampf nur auf 500° C überhitzt werden kann.

Aus den vor der Kesselstirnwand angeordneten Rohkohlenbunkern wird der Brennstoff durch Trogkettenförderer zu den Trocknungsschächten transportiert. Jeder Kessel hat 4 Schlägermühlen für einen maximalen Durchsatz von 24 t/h und einen Kraftbedarf von 204 kW pro Mühle. Die maximale Leistung von 120 t/h Dampf kann von 3 Mühlen übernommen werden. Jede Mühle ist über 2 Staubleitungen einer Ecke des quadratischen Feuerraumes zugeordnet. Die 8 Eckenbrenner blasen auf einen Brennkreis von 1 m Durchmesser. Über, zwischen und unter den beiden in jeder Ecke übereinander angeordneten Brennern befinden sich Sekundärluftdüsen. In den Feuerraumseitenwänden liegen in Höhe der Staubbrenner insgesamt 4 Zünd- bzw. Stützbrenner, die wahlweise mit Leichtöl oder Schweröl betrieben werden können. Der maximale Durchsatz je Ölbrenner beträgt 1200 kg/h. Es handelt sich um Rücklaufbrenner mit Druckzerstäubung für Öl mit einer Viskosität von 2 bis 4° E und einem Arbeitsdruck von 12 bis 15 atü. Zur Sicherung der Zündung wurden die Wandkühlrohre im unteren Bereich des Feuerraumes bis zur Höhe der Brenner mit Stampfmasse verkleidet und die Brennerspiegel selbst ohne Kühlrohre ausgeführt. Ebenfalls zum Zwecke einer sicheren Zündung wurde die Temperatur der Heißluft (85 bis 90% der Gesamtluft) mit 350° C gewählt. Die 3 Feuerraumtrichter sind mit ausfahrbaren, als Nachbrennrost ausgebildeten Aschenschiebern versehen und erhielten ebenfalls einen Heißluftanschluß.

Die Aufwärmung der Verbrennungsluft geschieht durch den unmittelbar hinter dem Druckstutzen des Frischlüfters angeordneten Dampfluftvorwärmer, den anschließenden Ljungström-Luftvorwärmer und schließlich durch den rauchgasbeheizten Röhrenluftvorwärmer. Wegen des relativ hohen Schwefelgehaltes der Kohle und in verstärktem Maße wegen des geplanten zeitweisen Betriebes mit ausschließlicher Verfeuerung von Heizöl, bestand die Notwendigkeit, besondere Vorkehrungen gegen die Gefahr von Korrosionen bei Taupunktsunterschreitungen zu treffen. Zu diesem Zwecke wurde ein besonderer Umführungskanal vorgesehen, der es erlaubt, den gesamten Rauchgasstrom hinter dem Röhrenluftvorwärmer abzuzweigen und unter Umgehung des ersten Teiles des Economisers direkt in den Drehluftvorwärmer zu leiten. Der Dampfluftvorwärmer ermöglicht darüber hinaus eine Vorwärmung der Außenluft auf 95° C. Durch diese Maßnahmen wird erreicht, daß die Abgastemperatur unabhängig von der Belastung bei Kohlebetrieb auf 150° C, bei Ölbetrieb auf 200° C abgesenkt werden kann.

Zur Sauberhaltung der Heizflächen sind im Strahlungsteil 18 Eindüsenbläser, im Berührungsteil 16 Mehrdüsenbläser, jeweils mit Dampf von etwa 20 atü als Arbeitsmedium, angeordnet. Die Abfuhr der in den Feuerraumtrichtern anfallenden Asche bzw. Schlacke erfolgt durch einen mechanischen Trockenentascher, der über einen Brecher mit der pneumatischen Entaschungsanlage verbunden ist. Diese Anlage erfaßt auch die Flugasche, die an anderen Stellen des Kessels anfällt.

Für die Förderung der Frischluft ist je Kessel ein Radialgebläse vorgesehen, das mit 985 U/min läuft und als Antrieb einen 440 kW-Motor aufweist. Bei dem Saugzug handelt es sich jeweils um einen Axiallüfter, der über ein Getriebe 1480/685 U/min von einem 430 kW-Motor angetrieben wird. In den Rauchgaskanälen der Kessel befindet sich vor dem gemeinsamen Schornstein je ein Absperrorgan, um bei Instandsetzungen an einem Kessel mit dem anderen ungestört weiterfahren zu können.

b) Turbinenanlage

Die maximale Dauerleistung jedes Turbosatzes beträgt 36 MW, bezogen auf die Klemmen des Generators. Bei einer Außentemperatur von 32° C wird noch eine Dauerleistung von 33 MW erreicht.

Die Turbinen sind in zweigehäusiger Bauart ausgeführt (Abb. 25). Der vom Kessel kommende Dampf tritt mit einem Druck von 140 atü und einer Temperatur von 525° C in das Hochdruckgehäuse der Turbine ein, wird vor Eintritt in das zweite Gehäuse im Kessel auf 520° C zwischenüberhitzt und verläßt die Turbine bei einem mittleren Abdampfdruck von 0,06 ata, um in der Luftkondensation niedergeschlagen zu werden.

Das Hochdruckgehäuse ist in axialer Topfbauart, d. h. ohne horizontalen Teilflansch, ausgeführt. Es ist durch seinen kreisförmigen Querschnitt, die im Verhältnis zum Durchmesser geringe Baulänge sowie durch die Aufhängung der Leitschaufelträger im Außengehäuse besonders wärmeelastisch und besteht aus ferritischem Chrommolybdänstahl.

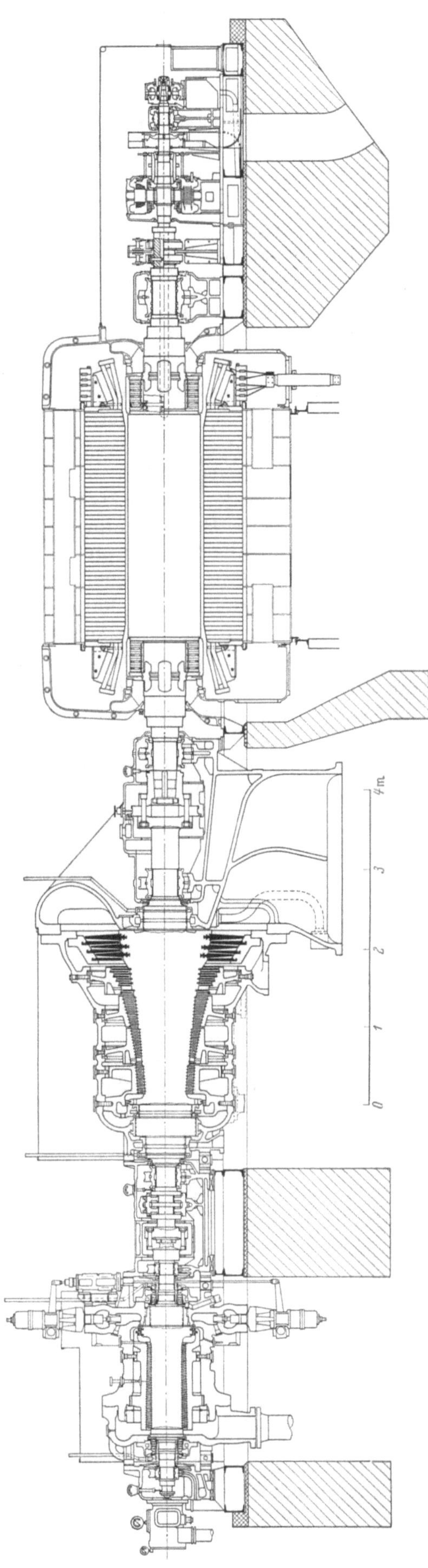

Abb. 25. Turbine und Generator, Längsschnitt

Das zweite Gehäuse, ebenfalls aus hochlegiertem Stahl, ist axial geteilt, erhält jedoch mit Rücksicht auf die Zwischenüberhitzungstemperaturen im vorderen Teil wärmeelastisch aufgehängte Leitschaufelträger. An das zweite Gehäuse schließt sich unmittelbar das einflutige Niederdruckgehäuse aus Stahlguß an, dessen Leitschaufeln ebenfalls in einer wärmebeweglichen Tragkonstruktion eingesetzt sind.

Die Länge der letzten Niederdruckschaufel beträgt 440 mm. Alle Schaufeln bestehen aus rostfreiem Stahl. Die Beschaufelung arbeitet nach dem Überdruckprinzip.

Die Turbinenläufer haben kritische Drehzahlen, die weit über der Betriebsdrehzahl liegen, so daß beim An- und Abstellen kein Durchfahren der kritischen Drehzahl stattfindet. Sie wurden in einem Stück aus Chrommolybdänstahl geschmiedet.

Die Turbinen erhielten fünf ungesteuerte Entnahmen zur Speisewasservorwärmung. Die erste Entnahme liegt am Austritt des ersten Gehäuses. Der Druck ist mit dem des Zwischenüberhitzers identisch. Die Vorwärmstufen 2 bis 5 werden aus den Anzapfstellen des zweiten Gehäuses versorgt.

Die Ölversorgung der Turbosätze erfolgt im Normalbetrieb durch die mit der Turbinenwelle gekuppelte Hauptölpumpe im vorderen Lagerbock. Für das Anfahren und Abstellen stehen 2 Vollasthilfsölpumpen für 6 atü mit Drehstromantrieb zur Verfügung, die bei sinkendem Öldruck selbsttätig eingeschaltet werden.

Bei Ausfall des Drehstromes kann eine durch einen Gleichstrommotor angetriebene Ölpumpe für 1 atü die für das Auslaufen der Maschine notwendige Schmierölmenge liefern und darüber hinaus noch genügend Kühlöl, um die aus den Lagerzapfen ausströmende Wärme bei einem noch zulässigen Temperaturniveau abzuführen.

Die Wellendrehvorrichtung der Turbine wird mit Drucköl betrieben und gibt dem Läufer eine Drehzahl von etwa 80 bis 100 U/min. Zur Überwindung der Lagerreibung beim Anstoßen der Turbine ist eine besondere Druckölentlastungspumpe mit Drehstrommotor vorgesehen, die Öl von 80 atü unter die Lagerzapfen drückt.

Der im vorderen Turbinenlagerbock eingebaute Drehzahlregler arbeitet ölhydraulisch. Als Regelimpuls werden Druckänderungen eines kleinen Ölkreisels benutzt, die über einen hydraulischen Kraftverstärker auf die Regelventile übertragen werden. Die oben beschriebene Vordruckregelung der Turbinen wirkt ebenfalls auf das ölhydraulische System und überlagert im normalen Betrieb den Drehzahlregler, der erst bei Erreichen einer unzulässig hohen Drehzahl wieder eingreift.

Vor dem zweiten Gehäuse sind zwei besondere parallelgeschaltete Mitteldrucksteuerventile vorgesehen, die im Normalbetrieb voll geöffnet sind. Bei einer Lastabsenkung bis in den Leerlaufbereich oder bei einem plötzlichen Lastabwurf werden diese Mitteldrucksteuerventile vom Drehzahlregler in Schließrichtung betätigt. Ein unzulässiges Ansteigen des Druckes im Zwischenüberhitzernetz wird durch besondere Abblaseventile, die gleichfalls unter dem Einfluß des Drehzahlreglers stehen, verhindert. Die Regelcharakteristik der Mitteldrucksteuerventile ist so gehalten, daß im Leerlauf ein bestimmter Zwischenüberhitzerdruck angesteuert wird. Dabei strömt durch einen Ringspalt im Ventil die für den Niederdruckteil notwendige Kühldampfmenge.

Alle Schnellschluß-, Regel- und Entnahmeschnellschluß-Ventile sind an den Schnellschluß-Ölkreislauf angeschlossen und schließen beim Ansprechen der Sicherheitsvorrichtungen.

Die Turbine ist mit zwei voneinander unabhängigen Sicherheitsreglern, die auf etwas unterschiedliche Auslösedrehzahlen eingestellt werden, ausgerüstet. Eine besondere Vorrichtung gestattet die Prüfung der Sicherheitsregler während des Betriebes.

Für die Evakuierung der Luftkondensationsanlage sind je Block 3 Wasserstrahler mit je einer zugehörigen Pumpe vorgesehen. Für den normalen Betrieb genügt ein Wasserstrahler mit Pumpe, beim Anfahren müssen zwei oder gar drei solcher Aggregate in Betrieb genommen werden, um das große Luftvolumen aus der Luftkondensationsanlage in etwa 20 Minuten zu entfernen.

Jede der beiden 3000-tourigen Kondensationsturbinen ist direkt mit einem Drehstromsynchrongenerator gekuppelt, dessen Scheinleistung 50 MVA beträgt.

Das Ständergehäuse ist aus starken Walzstahlblechen geschweißt. Es ist den bei Betrieb und Kurzschluß auftretenden elektrischen und magnetischen Kräften mit Sicherheit gewachsen.

Das Ständerblechpaket ist aus 0,5 mm starkem Dynamoblech geschichtet und mit Kühlschlitzen versehen. Zur Überwachung der Erwärmung in der Ständerwicklung sind in 6 Nuten zwischen den Spulenseiten Widerstandsthermometer angeordnet. Ihre Anschlüsse werden zu einem am Generator angebrachten Klemmenbrett geführt, von dem aus die Verbindung zu dem in der Warte angeordneten Temperaturmeßgerät erfolgt.

Der Generatorläufer wurde einschließlich der beiden Wellenenden aus einem Schmiedestück in Chromnickelstahl hergestellt. Die einzelnen Läuferzähne sind auf der ganzen Länge hohl gebohrt. Die axialen Bohrungen bilden zusammen mit radialen Löchern einen besonderen Innenventilator und führen eine intensive Kühlung der Erregerwicklung durch.

Die Turbogeneratoren sind luftgekühlt. Die Kühlluft bildet einen geschlossenen Kreislauf unter Zwischenschaltung eines unterhalb des Generators aufgestellten wasserdurchflossenen Rückkühlers. Sie wird von Radialventilatoren angesaugt und teilt sich in mehrere Einzelströme, von denen einer längs der Welle unter den Kappen durch die axialen Bohrungen in den Läuferzähnen strömt und in der Mitte der Maschine durch radiale Löcher austritt. Der zweite Kühlluftstrom nimmt seinen Weg in axialer Richtung über die Läuferkappen und die Läuferoberfläche und fließt durch die Kühlschlitze im Ständerblechpaket in die Abluftkammern des Gehäuses.

Als Klemmenspannung wurde die REM-mäßige Nennspannung von 10500 V mit einem Regelbereich von $\pm 5\%$ gewählt.

Tabelle 5. *Auslegungsdaten des Generators*

Nenn-scheinleistung	Nennleistungs-faktor	Nennlast-wirkungsgrad	Leerlaufkurz-schlußverhältnis	Max. Krangewicht (Ständergehäuse)
50 MVA	0,75	97,5%	0,58	54 t

Die Erregung des Generators erfolgt mittels direkt gekuppelter Haupt- und Hilfserregermaschinen. Sie sind mit einer Stahlblech-Abdeckhaube ganz gekapselt. Die Kühlluft für die Erregermaschinen wird von einem auf der Erregerankerwelle zwischen Haupt- und Hilfserregermaschine sitzenden Lüfter über Filter aus dem Maschinenhaus angesaugt. Die Erregerabluft wird nach unten in den Fundamentraum abgeblasen.

Die Schmierung der Gleitlager erfolgt mittels Drucköl, das von der Ölpumpe der Turbine geliefert wird.

c) Luftkondensationsanlage

Beim Luftkondensator wird die Kondensationswärme des Abdampfes ausschließlich durch Konvektion an die Kühlluft übertragen. Dadurch ergibt sich eine ähnliche Abhängigkeit des Turbinenabdampfdruckes von der Kühllufteintrittstemperatur wie bei der Frischwasserkühlung (Abb. 26).

Die Abhängigkeit des Abdampfdruckes von den klimatischen Vorbedingungen läßt sich nur zum Teil theoretisch im voraus bestimmen, da er von einer Reihe von Faktoren, wie z. B. von der Veränderung der Druckverluste bei der Zuströmung und Dampfverteilung, der Änderung der Kondensationswärme und den Wärmeübergangszahlen bei unterschiedlichem Vakuum und veränderlicher Last, abhängig ist. Die in der Abb. 26 dargestellten Auslegungskurven beruhen im wesentlichen auf Betriebsmessungen von anderen ausgeführten Anlagen und sind über die Meßpunkte hinaus durch Näherungsrechnung extrapoliert worden.

Im Vergleich zur Kühlturmkondensation verläuft die Charakteristik des Luftkondensators steiler, bedingt durch die fehlende Abhängigkeit des Vakuums von der relativen Luftfeuchtigkeit, so daß sich bei tiefen Außentemperaturen ein besseres und bei hohen Außentemperaturen ein schlechteres Vakuum einstellt.

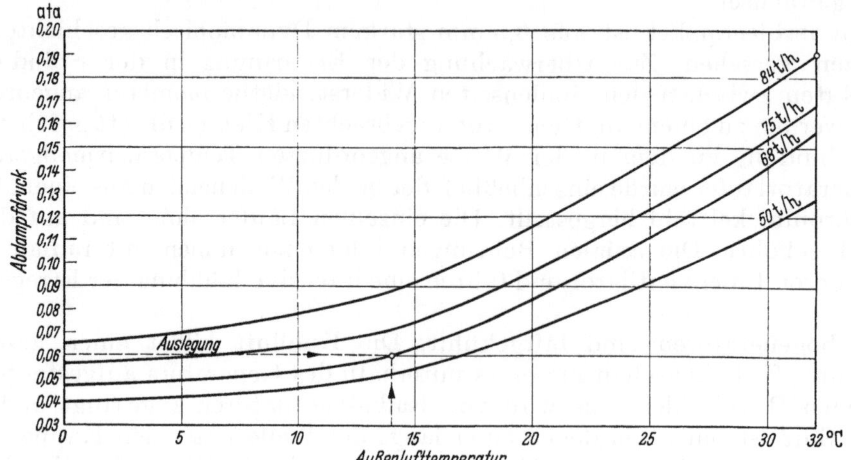

Abb. 26. Absoluter Druck am Flansch des Turbinenabdampfstutzens in Abhängigkeit von der mittleren Außenlufttemperatur und von der Abdampfmenge, bezogen im Auslegungspunkt auf 4% Dampffeuchte, 16 × 210 m³/sec Luftleistung und 9,5 mm WS Widerstand des Rippenrohrbündels

Andererseits liegen die Kurven für verschiedene Kondensatorbelastungen weiter auseinander, weil ein Wärmeaustausch nur direkt zwischen kondensierendem Dampf und kühlender Luft stattfindet, während beim Kühlturmbetrieb die Wärme zunächst an das Kühlwasser und dann vom Kühlwasser an die Luft übertragen wird. Dadurch stellt sich auch bei Teillast im Luftkondensator ein günstigeres Vakuum ein.

Die beiden Kondensatoren wurden für Normallast von 68 t/h und für eine mittlere Jahrestemperatur am Aufstellungsort von +14° C ausgelegt.

Als Garantiewerte wurden festgelegt:

Für eine Außenlufttemperatur von 14° C

a) Bei 87 t/h niederzuschlagender Dampfmenge .... 0,0960 ata
b) bei 68 t/h niederzuschlagender Dampfmenge .... 0,0600 ata
c) bei 25 t/h niederzuschlagender Dampfmenge .... 0,0525 ata

Für eine Außenlufttemperatur von 32° C

d) bei 84 t/h niederzuschlagender Dampfmenge .... 0,1900 ata

Bei besonderen Betriebszuständen (Anfahren, Lastabwurf des Turbosatzes usw.) ist der Luftkondensator in der Lage, kurzfristig eine Dampfmenge von etwa 100 t/h bei entsprechendem Kondensatordruck und einer Temperatur von 100° C aufzunehmen. Die Wärmedehnungen sind so berechnet, daß diese Temperaturänderung ohne Beeinträchtigung der Betriebssicherheit aufgenommen werden kann.

Die Luftkondensationsanlage beginnt in jedem Block mit der Leitung NW 2600, die von der Turbine zu den Kühlelementen führt. Der Turbinenaustrittsstutzen geht über ein konisches Erweiterungsstück zur Reduzierung der Dampfgeschwindigkeit in diese Leitung über. An einem kurzen vertikalen Teil der Leitung sind Kompensatoren zur Aufnahme der Dehnungskräfte untergebracht, so daß durch die Abdampfleitung keine Schubkräfte auf die Turbine übertragen werden können. Dann folgt ein 45°-Krümmer und ein gerades Stück, das im Fundament fest verankert ist. Von hier aus verläuft die Abdampfleitung nach einem zweiten Krümmer 45° auf einer Länge von etwa 50 m horizontal in einem Kanal unterhalb des Flures ±0,0 m. Sie ist an Federn aufgehängt und dehnt sich bei Erwärmung in Richtung des Luftkondensators aus. Der 90°-Krümmer, mit dem die Abdampfleitung den Kanal nach oben verläßt, endet in einem Verteilerstück, von dem aus 4 Stränge zu den einzelnen Gruppen des Kondensators führen.

Diese Rohrleitungen mit 1300 mm Durchmesser schließen an die Dampfverteilungsleitungen oberhalb der Elemente an, die sich dann allmählich von 1300 auf 900 mm Durchmesser verjüngen, um eine gleichmäßige Beaufschlagung aller Elemente der einzelnen Gruppen zu gewährleisten. Darüber hinaus sind zur Erreichung einer gleichmäßigen Beaufschlagung Leitbleche in die konischen Rohrleitungen eingebaut.

Die Abdampfleitung wird an ihrer tiefsten Stelle in unmittelbarer Nähe des Turbinenfundamentes mittels besonderer Pumpen entwässert.

Die Abdampfleitung, die Krümmer und das Verteilerstück sind so bemessen, daß bei Vollast zwischen Turbine und Kondensator ein Druckabfall von etwa 50 mm WS entsteht.

Die Auflagerung der Kondensatorelemente und der Verteilungsleitungen auf einem dachförmigen Eisengerüst gestattet eine freie Beweglichkeit bei Wärmedehnung.

Die Kühlelemente sind so angeordnet, daß die Dampfzuführung am Scheitel der Dachkonstruktion, die Kondensat- und Luftabführung jeweils unterhalb der einzelnen Elemente erfolgt.

Für jede Turbine sind 160 Elemente mit 16 Ventilatoren vorgesehen. Sie sind in 4 Gruppen aufgegliedert, die einzeln dampfseitig abgeflanscht und auf der Luft- und Kondensatseite durch Schieber abgesperrt werden können, um an einer Gruppe Reparaturen durchzuführen und mit den drei anderen weiter Betrieb fahren zu können. Jede Gruppe erhält 2 Nachkühler, welche die bei der Kondensation anfallende Luft vor dem Absaugen durch die Strahler unterkühlen und den darin befindlichen Dampf niederschlagen.

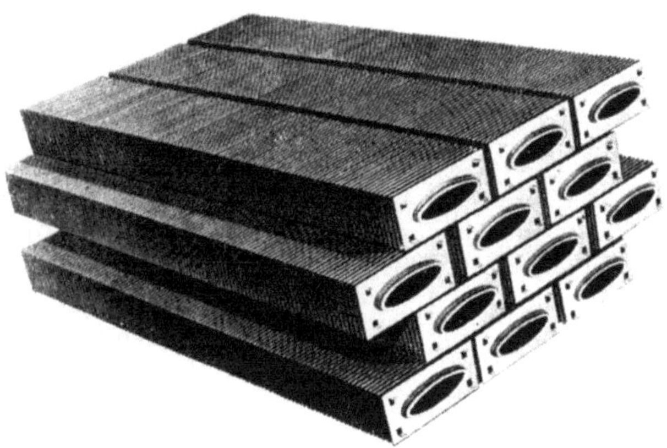

Abb. 27. Rippenrohrbündel eines Luftkondensatorelementes

Die einzelnen Elemente bestehen aus elliptischen Stahlrohren mit aufgeschobenen rechteckigen Lamellen, die durch Verzinkung mit dem Kernrohr verbunden sind (Abb. 27). Die Rohre werden in die mit elliptischen Ausstanzungen versehenen Böden eingeschweißt. Der obere Boden wird mit einer Anschlußkammer zur Dampfverteilerleitung verschweißt, der untere mit einer Kondensatsammelkammer, die an der tiefsten Stelle mit der abgehenden Kondensatleitung, an der höchsten Stelle mit einer Luftsammelleitung verbunden ist. Die Luftleitung wird über die Nachkühler zu den Strahlapparaten geführt, die Kondensatleitung zum Kondensatsammelbehälter im Maschinenhaus.

Die Anordnung der Rohre innerhalb der Elemente erfolgte in 3 Reihen hintereinander, wobei die einzelnen Rohre immer auf Lücke stehen.

Die Rippenrohrbündel sind durch Seitenwände aus Stahlblech, durch Zuganker und Tragkämme so versteift, daß sich stabile Bauelemente ergeben, die leicht transportiert und montiert werden können.

Der Luftkondensator ist auf dem oben beschriebenen Betonpodest aufgestellt. Er ist so ausgeführt, daß einerseits für die Ansaugung der Kühlluft keine nennenswerten Widerstände auftreten und andererseits kein Kurzschluß zwischen der abströmenden Warmluft und der angesaugten Kaltluft entsteht. Besondere Begrenzungswände, die rings um die Luftkondensationsanlage hochgeführt wurden, verhindern darüber hinaus eine Beeinflussung der Luftströmung bei Windeinfall.

Die Kühlluft, die zur Niederschlagung des Dampfes in den Kühlelementen benötigt wird, wird von Ventilatoren von unten durch die Elemente gedrückt. Die Ventilatoren haben einen Durchmesser von 5,5 m und fördern bei einer Außenlufttemperatur von 14 °C je 210 m³/sec mit einer Pressung von 14,25 mm WS. Die Drehzahl der Lüfter beträgt 123 U/min. Der Antrieb erfolgt jeweils über ein Getriebe durch einen Elektromotor, wobei Getriebe und Motor im Luftstrom des Ventilators liegen. Das Ventilatorrad hängt unten am Getriebe.

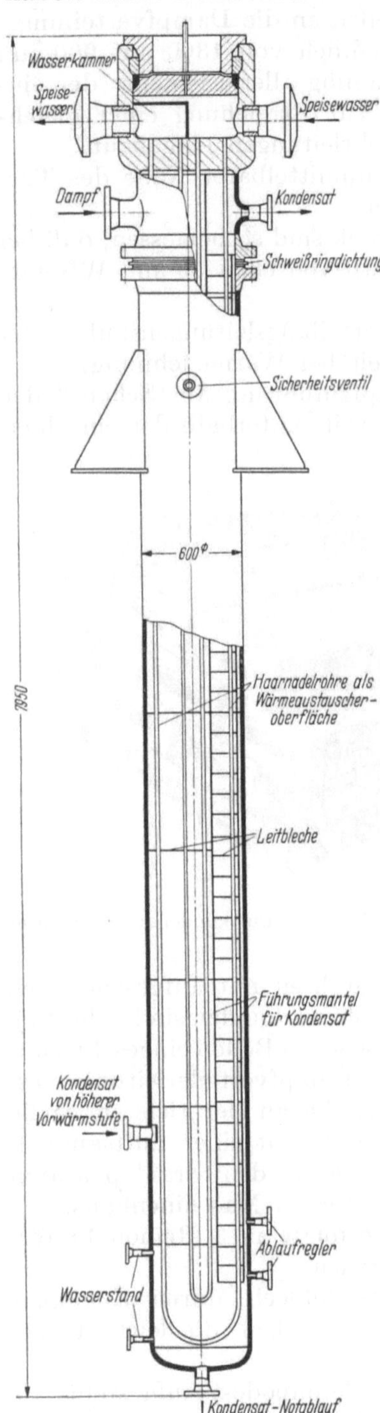

Abb. 28. Hochdruckvorwärmer

d) Vorwärmer- und Speisepumpenanlage

Die *Vorwärmeranlage,* die auch die verschiedenen Behälter und die zugehörigen Hilfspumpen umfaßt, gliedert sich in 4 Gruppen auf, und zwar

1. die Hochdruckvorwärmeranlage,
2. die Niederdruckvorwärmeranlage,
3. die Verdampferanlage,
4. die Anfahranlage.

Die Hochdruckvorwärmeranlage besteht in jedem Block aus zwei einzelnen Vorwärmern, die in der Druckleitung der Kesselspeisepumpen eingebaut sind. Wasserseitig sind sie für 250 atü ausgelegt. Auf der Dampfseite ist der eine Vorwärmer für 37 atü, 370 ° C, der andere für 17 atü, 470 ° C konzessioniert. Der erstere wird aus der ersten Entnahme der Turbine, also aus dem Netz vor dem Zwischenüberhitzer, mit Dampf versorgt, der andere aus der zweiten Entnahme, die am zweiten Turbinengehäuse angebracht ist und demnach hinter der Zwischenüberhitzung liegt.

Die wesentlichsten Abmessungen der Apparate sind aus der Tabelle 6 ersichtlich.

Tabelle 6. *Auslegungsdaten der Hochdruckvorwärmer*

	Heizfläche m²	Mantel-durchmesser mm	Länge mm
Hochdruckvorwärmer:			
1. Entnahme	95	620	6900
2. Entnahme	115	600	7950

Die Vorwärmer sind mit haarnadelförmigen Rohren aus St 45.8 ausgerüstet, die in einen Rohrboden eingewalzt und dann dichtgeschweißt sind. Der Mantel des Vorwärmers besteht aus Stahl entsprechend Kesselblech H III. Die prinzipielle Bauart beider Vorwärmer geht aus Abb. 28 hervor.

Der als Endstufe vorgesehene Hochdruckvorwärmer gibt sein Kondensat über einen Regler an den anderen Hochdruckvorwärmer ab. In diesem ist wegen der hohen Temperatur des Heizdampfes eine Enthitzungszone eingebaut und außerdem eine Kühlzone für das Kondensat. Beide Vorwärmer wurden in stehender Bauart ausgeführt. Die durch diese Vorwärmer fließende Speisewassermenge beträgt im Maximalpunkt rund 120 t/h. Die benötigten Heizdampfmengen sind an anderer Stelle genannt.

Die Niederdruckvorwärmanlage umfaßt in jedem Block einen Kondensatkühler, einen Vakuumvorwärmer, einen Niederdruckvorwärmer, einen Brüdenkondensator, den Hauptentgaser und den mit ihm verbundenen Speisewasserbehälter für 60 m³ Fassungsvermögen.

Die Vorwärmer sind wasserseitig für 12 atü konzessioniert. Dampfseitig richtet sich der Konzessionsdruck nach den an den Vorwärmern auftretenden unterschiedlichen Heizdampfzuständen.

Die wesentlichsten Abmessungen der Niederdruckvorwärmer sind aus der Tabelle 7 ersichtlich.

Tabelle 7. *Auslegungsdaten der Niederdruckvorwärmer*

	Heizfläche m²	Mantel-durchmesser mm	Länge mm
Vakuumkondensatkühler...	35	420	4500
Vakuumvorwärmer	90	650	5000
Niederdruckvorwärmer	90	650	5000
Brüdenkondensator	42	600	3500

Alle diese Vorwärmer sind mit haarnadelförmig gebogenen Stahlrohren aus St 35.8 ausgerüstet, die in einen Rohrboden eingewalzt wurden. Der Mantel besteht aus einem Stahl entsprechend Kesselblech H II. Die prinzipielle Bauart dieser Vorwärmer geht aus Abb. 29 hervor.

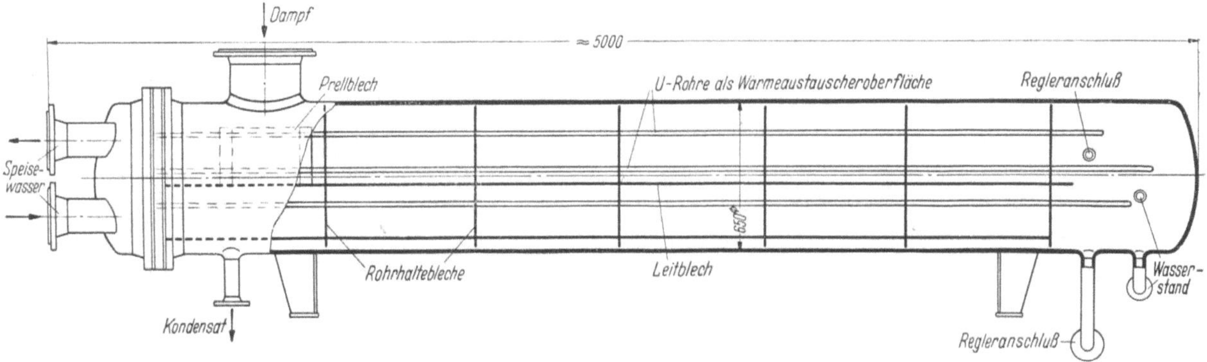

Abb. 29. Niederdruckvorwärmer

Der Brüdenkondensator, der an sich ein Teil der Verdampferanlage ist, wurde in stehender Bauart ausgeführt, alle anderen Vorwärmer in liegender. Die durch die Vorwärmer fließende Speisewassermenge beträgt im Maximalpunkt 100 t/h. Die Heizdampfmengen sind wieder an anderer Stelle genannt.

Der Hauptentgaser in stehender Bauart (Abb. 30) ist unmittelbar auf dem zugehörigen Speisewasserbehälter aufgebaut und besteht wie dieser aus Stahl entsprechend Kesselblech H II. Beide Apparate sind für 5 atü konzessioniert.

Die Verdampferanlage eines jeden Blocks umfaßt den Verdampfer selbst (Abb. 31), den schon oben beschriebenen Brüdenkondensator, einen Laugenkühler, einen Weichwasservorwärmer, ein Kondensatsammelgefäß und die zugehörigen Destillatpumpen. Auf der Heizdampfseite des Verdampfers erfolgt die Konzessionierung nach einem Druck von 7,5 atü und einer Temperatur von 350 °C. Auf der Sekundärdampfseite wird mit dem gleichen Druck, aber nur mit 170 °C gerechnet.

Die Abmessungen der wesentlichsten Apparate sind aus Tabelle 8 ersichtlich.

Tabelle 8. *Auslegungsdaten der Verdampferanlage*

	Heizfläche m²	Mantel-durchmesser mm	Länge mm
Verdampfer	45	800	6500
Laugekühler	3	270	2000
Weichwasservorwärmer	8	320	2800

Die Heizrohre dieser Vorwärmer und des Verdampfers sind beidseitig in Rohrböden eingewalzt und bestehen aus St 35.8, die Mäntel aller vorgenannten Apparate aus Stahl gemäß Kesselblech H II.

Der Weichwasserentgaser ähnelt in seinem Aufbau dem Hauptentgaser. Der Destillatsammelbehälter hat einen Durchmesser von 1000 mm und eine Höhe von insgesamt 2400 mm. Die Destillatpumpen fördern das in der Verdampferanlage anfallende Destillat und Kondensat in den Hauptentgaser. Da der Verdampfer und die zugehörigen Apparate für eine Nettodampferzeugung von 3,6 t/h ausgelegt wurden, erhielten die Destillatpumpen eine Fördermenge von 10 t/h bei einer Förderhöhe von 45 m WS.

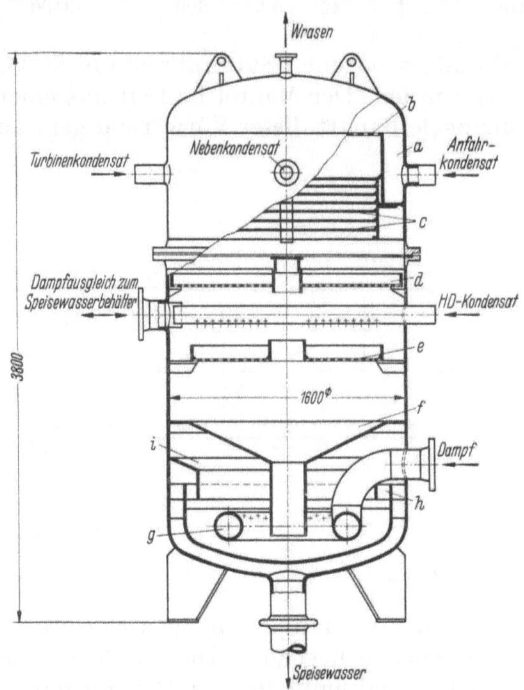

Abb. 30. Hauptentgaser

a Überlauftasse; *b* oberer Siebboden; *c* Streckmetall-Einbauten; *d* mittlerer Siebboden; *e* unterer Siebboden; *f* Sammeltrichter; *g* Dampfsprührohr; *h* Überlauftasse; *i* Leitring

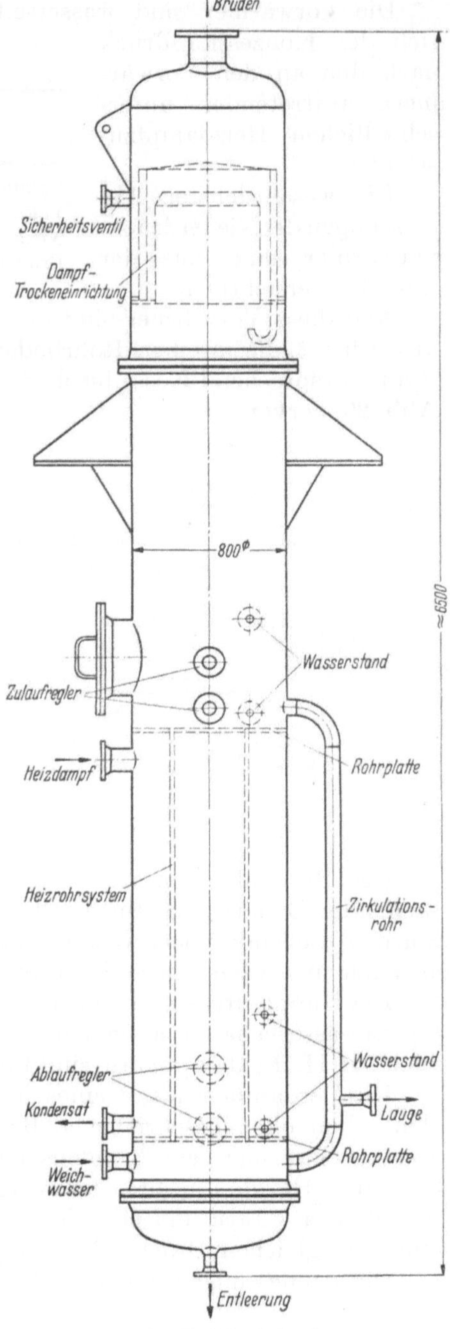

Abb. 31. Verdampfer

Wie schon oben erwähnt, kann vollentsalztes Zusatzwasser auch unter Umgehung der Verdampferanlage direkt dem Dampfkreislauf zugesetzt werden. Hierfür sind in jedem Block ein Reinwasservorwärmer und ein Reinwasserentgaser vorhanden, die ebenso wie die Verdampferanlage konzessioniert wurden.

Der Reinwasservorwärmer hat eine Heizfläche von 6 m², einen Durchmesser von 270 mm und eine Länge von 2700 mm. Sein Mantel besteht aus Kesselblech N I, die Rohrböden aus H II (V2A-plattiert). Die Rohre aus V2A sind beiderseits in die Böden eingewalzt und mit diesen verschweißt.

Der Entgaser ähnelt wiederum in seinem Aufbau dem Hauptentgaser und hat einen Durchmesser von 600 mm sowie eine Länge von 1900 mm. Der Mantel besteht aus Kesselblech H II und ist im oberen Teil mit V2A plattiert. Die oberen Einbauten bestehen auch aus V2A. Dieses Material mußte hier wegen des aggressiven vollentsalzten Speisewassers angewandt werden.

Die Anfahranlage setzt sich in jedem Block aus einem Anfahrregelventil, dem Anfahrentspanner, dem Anfahrbehälter, dem Anfahrrückspeisebehälter und einer Anfahrrückspeisepumpe zusammen. Das Anfahrregelventil hat elektrischen Antrieb und kann mittels eines Zeigerreglers in bestimmten Betriebsfällen zur Konstanthaltung des Frischdampfdruckes eingesetzt werden. Bei plötzlichen Lastabwürfen wirkt es wie ein Sicherheitsventil für die Hochdruckdampfleitung und öffnet dann mittels eines besonderen Schnellantriebes. In seiner Funktion als Anfahrregelventil kann es darüber hinaus von Hand beliebig fernbetätigt werden. Es handelt sich um ein Dampfumformventil, das also in seinem Sitz eine Einspritzstelle aufweist, durch die zu heißer Dampf mittels einer Temperaturregelanlage abgekühlt werden kann. Das Ventil ist aus Chrom-Molybdän-Stahl geschmiedet.

Der Anfahrentspanner (Abb. 32) ist für 37 atü, 350° C konzessioniert. Er hat einen Durchmesser von 1400 mm und eine Länge von 3800 mm. Der Mantel besteht aus Stahl, entsprechend Kesselblech H III, und ist besonders starkwandig. Der untere Teil des Mantels ist durch ein Schleißblech gegen Erosion geschützt. Die eintretende Dampf- bzw. Wassermenge wird durch ein Ringrohr, das zwölf nach unten gerichtete Düsen aus V2A trägt, verteilt. Während der im Entspanner anfallende Dampf oben abgeführt wird, gelangt die abgeschiedene Wassermenge durch einen unten liegenden Austrittsstutzen direkt in den Anfahrbehälter, der aus dem gleichen Material besteht und 1700 mm Durchmesser sowie 6400 mm Länge aufweist.

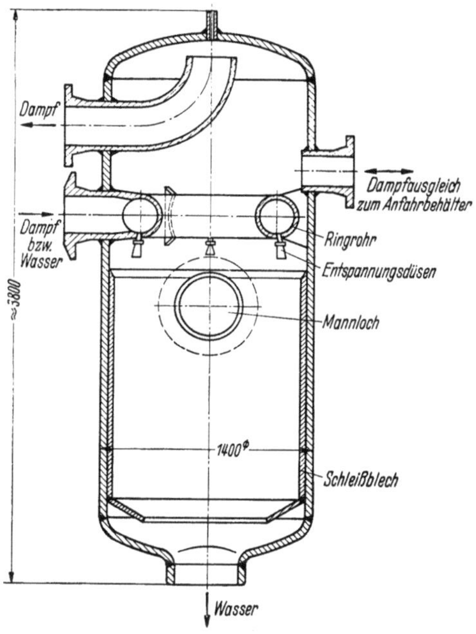

Der Anfahrrückspeisebehälter, in den das Wasser aus dem Anfahrbehälter abgeleitet wird, hat 2000 mm Durchmesser und 5200 mm Länge. Er besteht aus Stahl, entsprechend Kesselblech H II, und ist für 6,5 atü, 200° C konzessioniert.

Abb. 32. Anfahrentspanner

Das hier anfallende Wasser wird durch die Anfahrrückspeisepumpe in den Speisewasserbehälter zurückbefördert, die für 100 m³/h Fördermenge und 25 m Förderhöhe ausgelegt ist. Die Pumpe ist eingehäusiger Bauart, einstufig und läuft mit 1450 U/min.

Zu der Vorwärmeranlage gehören auch noch in jedem Block ein Rückspeisebehälter für die Sammlung von Entwässerungskondensaten aus Stahl, entsprechend Kesselblech H II, mit 1300 mm Durchmesser und 5100 mm Länge sowie ein Kaltkondensatbehälter aus dem gleichen Material mit 3000 mm Durchmesser und 9000 mm Länge. Diese beiden Behälter stehen unter atmosphärischem Druck. Die Hochdruckentwässerungen werden erst in einen atmosphärischen Entspanner aus Stahl, entsprechend Kesselblech I, mit 1400 mm Durchmesser und 2500 mm Länge geführt und dann in den Rückspeisebehälter. Die verschiedenen anderen unter Druck stehenden Behälter und Apparate sind mit den erforderlichen Sicherheitsvorrichtungen, Wasserständen, Zu- und Ablaufreglern, Manometern und Thermometern ausgerüstet.

Die *Speisepumpenanlage* besteht in jedem Block aus 2 Vollastpumpen, die mit ihrer Fördermenge von je 130 t/h etwa 10% mehr liefern können, als der Nennleistung des zugehörigen Kessels entspricht. Die Förderhöhe beträgt 220 at. Es handelt sich um eingehäusige Pumpen in Gliederbauart mit 17 Stufen. Die Drehzahl beträgt 2900 U/min, die Mindestzulaufhöhe 5 m, die Speisewassertemperatur 140° C.

Die Gehäuseteile, die Lauf- und Leiträder und die Wellenschutzhülsen bestehen aus Chrom-Stahlguß, die Welle aus geschmiedetem Spezialstahl in Chrom-Nickel-Legierung.

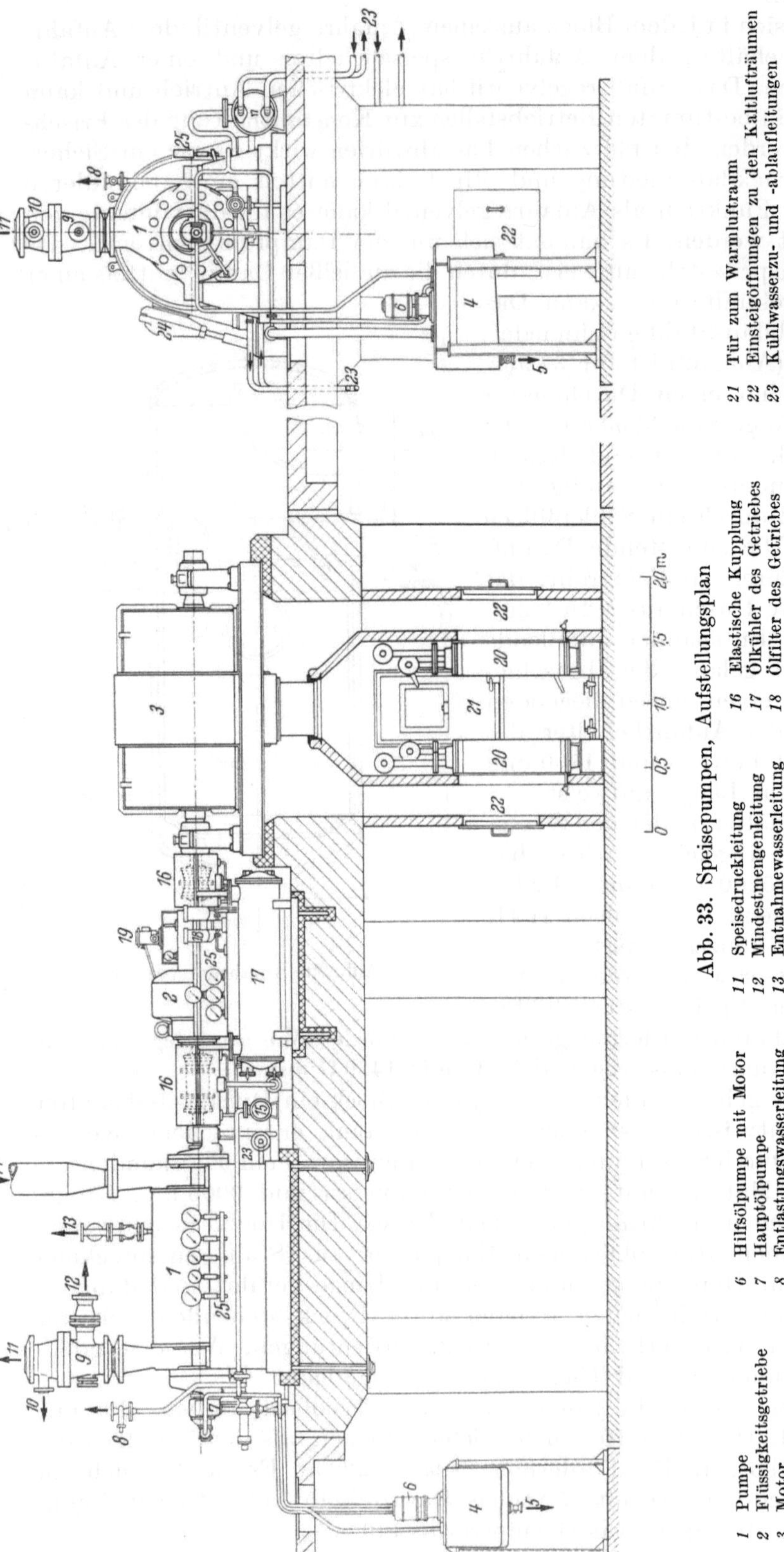

Abb. 33. Speisepumpen, Aufstellungsplan

1 Pumpe
2 Flüssigkeitsgetriebe
3 Motor
4 Ölbehälter
5 Ölablaß
6 Hilfsölpumpe mit Motor
7 Hauptölpumpe
8 Entlastungswasserleitung
9 Freilauf-Rückschlag-Ventil
10 Anfahrleitung
11 Speisedruckleitung
12 Mindestmengenleitung
13 Entnahmewasserleitung
14 Saugleitung
15 Ölkühler der Pumpe
16 Elastische Kupplung
17 Ölkühler des Getriebes
18 Ölfilter des Getriebes
19 Regelantrieb des Getriebes
20 Luftkühler des Motors
21 Tür zum Warmluftraum
22 Einsteigöffnungen zu den Kalträumen
23 Kühlwasserzu- und -ablaufleitungen
24 Kabelanschluß
25 Manometer

Jede Pumpe hat bei etwa 60 atü eine Anzapfung, von der aus, wenn erforderlich, Einspritzwasser für eine Kühlstelle vor dem Zwischenüberhitzer zur Verfügung gestellt werden kann. Zwischen dem Antriebsmotor mit 1250 kW Nennleistung und der Pumpe ist ein regelbares Flüssigkeitsgetriebe eingeschaltet. Zur Verbindung der Wellen dieser 3 Aggregate dienen Bogenzahnkupplungen mit Öldurchflußschmierung.

Die gesamte Pumpengruppe (Abb. 33) wird von einer Preßölanlage an der Pumpe mit Öl versorgt. Für das Anfahren steht eine besondere elektrisch angetriebene Hilfsölpumpe zur Verfügung.

Das hydraulische Regelgetriebe arbeitet mit einer Antriebsdrehzahl von 2970 U/min und einer Abtriebsdrehzahl von max. 2900 U/min. Das Öl des Getriebes wird in einem eigenen Kreislauf geführt und in einem besonderen wasserdurchflossenen Wärmeaustauscher gekühlt. Für die Lagerölversorgung ist ein gleichartiger Ölkühler vorgesehen und für die Kühlung der Umluft des Motors ein dementsprechender Luftkühler.

e) Rohrleitungsanlage

Auf der Grundlage des Wärmeschaltplanes (Abb. 8), das den inneren Aufbau des Kraftwerkes charakterisiert, wurden die Rohrleitungen entwickelt. Abb. 34 zeigt die Schaltung der Leitungen des Hauptkreislaufes.

Für die Werkstoffkennwerte der einzeln verwendeten Materialien wurden die auf Grund jahrelanger Erprobungen ermittelten Werte der Walzwerke sowie übergeordneter Zentralstellen und für die Berechnung der Wandstärken die Vorschriften nach dem DIN-Blatt 2413 zugrunde gelegt.

Die Prüfungen und sonstigen Materialkontrollen (und zwar sowohl der Vormaterialien als auch der fertigen Rohre und Armaturen) wurden nach den Vorschriften der Vereinigung der Großkesselbesitzer (Ausgabe vom Jahre 1953) sowie nach der letzten Fassung des DIN-Blattes 17175 durchgeführt.

Für die einzelnen Rohrleitungsgruppen ergaben sich unter Berücksichtigung der vorstehenden Gesichtspunkte folgende Ausführungseinzelheiten:

Frischdampfleitungen: Für maximal 145 atü, 530° C als Betriebszustand; festigkeitsmäßig ausgelegt für die Konzessionsverhältnisse des Kessels mit 160 atü, 530° C.

Verwendet wurden:

Nahtlose, warmgewalzte Stahlrohre aus dem legierten Material 13 Cr Mo 44 nach Gütestufe III gemäß DIN 17175.

Für die geforderte Durchsatzmenge von maximal 120 t/h ergibt sich ein notwendiger lichter Durchmesser von 177 mm für die Hauptleitung und entsprechend 2 × 148 mm lichter Durchmesser für die Turbinenanschlüsse sowie 125 mm lichter Durchmesser für die Anfahrleitung.

Die Wandstärken sind:

30 mm für die Hauptleitung,
25 mm für die Turbinenanschlüsse und
20 mm für die Anfahrleitung.

Die Frischdampfleitungen sind grundsätzlich geschweißt; mit Ausnahme der Turbinenanschlüsse sind also keinerlei Flanschverbindungen vorhanden.

Die Gehäuse der mit Einschweißenden versehenen Armaturen sind aus Stahl geschmiedet.

Heiße Zwischenüberhitzerleitung: Für 28,3 atü, 525° C als Betriebszustand; festigkeitsmäßig ausgelegt für 39 atü, 525° C.

Verwendet wurden:

Nahtlose, warmgewalzte Stahlrohre aus dem legierten Material 13 Cr Mo 44, Gütestufe III nach DIN 17175.

Während die Rohre der Frischdampfleitung nach einem Spezialverfahren abgewalzt wurden, kam für die Rohre der Zwischenüberhitzerleitung das normale Walzverfahren in Betracht.

Es ergaben sich folgende Abmessungen:

Hauptleitung: 1 × NW 400 mit 419 mm äußerem Durchmesser × 14 mm Wandstärke.
Kesselanschlüsse: 2 × NW 300 mit 318 mm äußerem Durchmesser × 12 mm Wandstärke.
Turbinenanschlüsse: 2 × NW 250 mit 267 mm äußerem Durchmesser × 9 mm Wandstärke.

Mit Ausnahme der Anschlüsse an der Turbine, am Kessel und an den Überströmventilen zum Kondensator enthält auch die heiße Zwischenüberhitzerleitung keinerlei Flansche. Absperrarmaturen sind hier nicht erforderlich.

Kalte Zwischenüberhitzerleitung: Für 29,9 atü, 335° C als Betriebszustand; festigkeitsmäßig ausgelegt für 39 atü, 420° C.

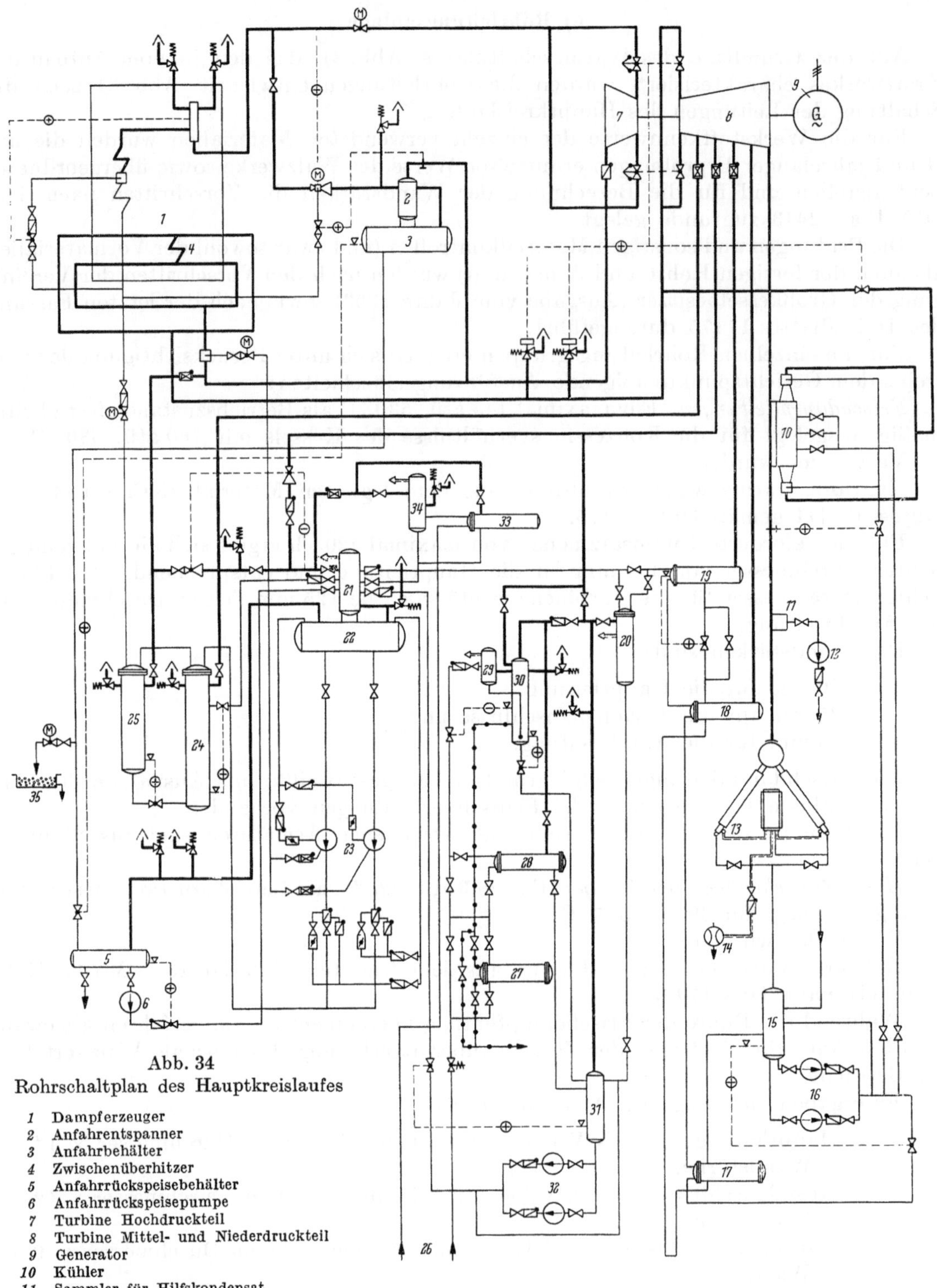

Abb. 34
Rohrschaltplan des Hauptkreislaufes

1 Dampferzeuger
2 Anfahrentspanner
3 Anfahrbehälter
4 Zwischenüberhitzer
5 Anfahrrückspeisebehälter
6 Anfahrrückspeisepumpe
7 Turbine Hochdruckteil
8 Turbine Mittel- und Niederdruckteil
9 Generator
10 Kühler
11 Sammler für Hilfskondensat
12 Hilfskondensatpumpe
13 Luftkondensationsanlage
14 Wasserstrahler
15 Hauptkondensatsammler
16 Hauptkondensatpumpe
17 Kondensatkühler
18 Vakuumvorwärmer
19 Niederdruckvorwärmer
20 Brüdenkondensator
21 Hauptentgaser
22 Speisewasserbehälter
23 Kesselspeisepumpen
24 Hochdruckvorwärmer II
25 Hochdruckvorwärmer I
26 Anschluß von Wasseraufbereitung
27 Laugenkühler
28 Weichwasservorwärmer
29 Weichwasserentgaser
30 Verdampfer
31 Destillatsammler
32 Destillatpumpen
33 Reinwasservorwärmer
34 Reinwasservorentgaser
35 Kiesbecken

Verwendet wurden:

Nach dem Normalverfahren nahtlose, warmgewalzte Stahlrohre aus dem legierten Material 15 Mo 3, Gütestufe III, entsprechend DIN 17175. Die Dimensionen stellen sich wie folgt:

Hauptableitung: NW 350 mit 368 mm äußerem Durchmesser × 8 mm Wandstärke.

Kessel- und Turbinenanschlüsse: 2 × NW 250 mit 267 mm äußerem Durchmesser × 6,5 mm Wandstärke.

Geflanscht sind in dieser Leitung die Anschlüsse an Turbine und Kessel sowie das am Austritt aus dem Hochdruckteil der Turbine eingebaute Rückschlagorgan.

Speisewasserdruckleitungen: Für 223 atü, 140/228° C als Betriebszustand; festigkeitsmäßig ausgelegt für 240 atü, 228° C.

Verwendet wurden:

Nach dem Normalverfahren warmgewalzte Stahlrohre aus dem legierten Material 15 Mo 3, Gütestufe III, entsprechend DIN 17175.

Die Rohre sind in NW 125 mit einem äußeren Durchmesser von 146 mm und einer Wandstärke von 12 mm ausgeführt.

In dieser Leitung sind nur die Pumpen- und Vorwärmeranschlüsse geflanscht; alle anderen Verbindungen einschließlich der Armaturen sind geschweißt.

Die normalen Armaturen wurden in geschmiedeter Ausführung geliefert, lediglich die Freilaufrückschlagventile hinter den Kesselspeisepumpen sind aus Stahlguß.

Entnahmedampfleitung I: Entspricht der Ausführung der kalten Zwischenüberhitzerleitung, jedoch mit den Abmessungen NW 100 bei einem äußeren Durchmesser von 108 mm und 3,75 mm Wandstärke.

Entnahmedampfleitung II: Für 13,3 atü, 429° C als Betriebszustand; festigkeitsmäßig ausgelegt für 16 atü, 440° C.

Verwendet wurden:

Nach dem Normalverfahren warmgewalzte Stahlrohre aus dem legierten Material 15 Mo 3 der NW 125 mit einem äußeren Durchmesser von 133 mm und einer Wandstärke von 4 mm.

Sonstige Leitungen: Alle übrigen Leitungen wurden, je nach den Betriebsverhältnissen, aus den Kohlenstoffstählen St 00.29, St 35.29, St 35.8 hergestellt. Mit Ausnahme der Rohre mit besonders großen Dimensionen, wie z. B. für die Vakuumleitung zwischen Turbine und Luftkondensationsanlage NW 2600/NW 1300, wurden grundsätzlich überall gewalzte Stahlrohre mit Normalwandstärken verwendet. Die größeren Dimensionen mit geringeren Auslegungsdrücken wurden in geschweißter Konstruktion hergestellt.

Das Material St 00.29, für das keine Gewährleistungen gegeben werden, wurde nur für Kaltwasserleitungen und untergeordnete Niederdruck-Warmwasserleitungen verwendet.

Für die Dampf- und Warmwasserleitungen der unteren Druckbereiche wurden weitestgehend stahlgeschmiedete oder stahlgeschweißte Armaturen eingesetzt. Gußeiserne Armaturen sind nur in die Kaltwasserleitungen, d. h. für Kühlwasser, Werkswasser usw., eingebaut worden.

f) Neben- und Hilfsanlagen

Bekohlungsanlage. Die aus der Grube kommenden Gummiförderbänder mit 800 mm Breite laufen mit 2,5 m/sec Geschwindigkeit und fördern 250 t/h. Die Förderbänder im Kraftwerk sind dagegen zunächst für eine Geschwindigkeit von 1,68 m/sec und eine Bandbreite von 1000 mm vorgesehen. Sie fördern dabei ebenfalls 250 t/h, können aber später durch Übergang auf eine Bandgeschwindigkeit von etwa 3 m/sec in ihrer Leistung auf 500 bis 600 t/h gesteigert werden. Im Bereich der Grube rechnet man damit, daß bei einer Leistungsverdoppelung der Anlage die Geschwindigkeit der Bänder auf etwa 4 m/sec gesteigert wird, um diese vergrößerte Leistung zu erreichen.

Der Vorbrecher (Korngröße maximal 100 mm), das Grubenbunkerräumgerät und jeder der beiden parallel arbeitenden Brecher in der zweiten Brecherstation (Korngröße maximal 30 mm) sind für eine Leistung von 250 t/h vorgesehen.

Die Grubenbänder sind bis zu 700 m lang, die Bänder im Kraftwerk maximal 110 m. Bei letzteren handelt es sich um das Abzugsband am Grabenbunker, ein Schrägband zur zweiten Brecherstation, ein weiteres Schrägband bis zur Bühne +30,0 m im Bunkerbau und ein feststehendes sowie ein fahrbares und reversierbares Band auf dieser Bühne. Der Antrieb des ersten Schrägbandes erfolgt unter Einschaltung einer Magnettrommel, die etwa mitgeführte Eisenteile abscheidet und somit die Brecher vor Beschädigungen schützt. Im feststehenden Band ist eine Bandwaage und ein Metallsuchgerät eingebaut.

Der Grabenbunker faßt etwa 5000 t (Vorrat für zwei Tage Vollastbetrieb). Die Bunker im Kraftwerk können einen Kohlenvorrat für 16 Vollastbetriebsstunden aufnehmen.

Entaschungsanlage. Die Entaschungsanlage besitzt 3 Kompressoren, von denen zwei mit einem Druck von 4,0 atü für die Fernförderung der Asche in die Grube vorgesehen sind und der dritte mit nur 1,5 atü Druck für die Nahförderung der anfallenden Asche bis zu den Druckförderern, von denen aus der Ferntransport beginnt. Bei Ausfall dieses Kompressors kann über ein Reduzierventil von den Kompressoren höheren Druckes die notwendige Luft zur Verfügung gestellt werden.

Die in dem Feuerraum eines jeden Kessels anfallende Asche und Schlacke wird mechanisch ausgetragen und dann erforderlichenfalls durch einen kleinen Brecher so weit zerkleinert, daß sie pneumatisch abgefördert werden kann. Mit der zerkleinerten Schlacke sammelt sich an dieser Stelle die Flugasche aus dem waagerechten Zwischenzug eines jeden Kessels. Die im 2. Kesselzug, an den Rauchgaskanälen und vor allem im Elektrofilter anfallende Asche wird ebenso wie das zuvor erwähnte Asche-Schlacke-Gemisch zu dem Hauptdruckförderer unter dem Elektrofilter geführt. Dorthin gelangt auch die am Schornsteinfuß anfallende Asche.

Die doppelte Fernförderleitung ist im Kraftwerksgelände auf Stützen in etwa 5 m Höhe verlegt, überquert den Bach Nestore auf Auslegern einer Straßenbrücke und läuft dann im Grubengelände auf Betonsockeln unmittelbar über dem Erdboden. Die Asche gelangt so in einen zweigeteilten Blechbunker mit 2×150 m³ Fassungsvermögen, der etwa 400 m südlich des Nestore steht, und aus dem sie dann angefeuchtet mittels einer Schnecke abgezogen und anschließend mechanisch in eine Geländesenke gefördert wird. Der Bunker kann im Bedarfsfalle an eine andere Stelle verlagert werden.

Brunnenwasserversorgung. Zwecks Beschaffung des für das Kraftwerk benötigten Zusatzwassers wurden im Gelände von Kraftwerk und Grube 5 Brunnen erbohrt, die eine Ergiebigkeit zwischen 8 und 40 m³/h aufweisen. Die im Kraftwerksgelände liegenden Brunnen sind unmittelbar mit der Trinkwasserversorgung und dem Strahlwasserbecken unter der Luftkondensationsanlage verbunden, in dem für den Betrieb der Strahler eine möglichst niedrige Temperatur eingehalten werden muß. Die im Grubengelände erbohrten Brunnen speisen zunächst in ein kleines Becken, das mit einem größeren Vorratssee in der Grube verbunden ist. Aus dem Becken fördern weitere Pumpen das Brunnenwasser ebenfalls zum Strahlwasserbecken. Ist die verfügbare Brunnenwassermenge größer als der Bedarf des Kraftwerkes, so wird damit der See aufgefüllt. Andernfalls wird ein Fehlbedarf aus dem Vorrat des Sees gedeckt. In den See soll außerdem Wasser aus dem Bach Nestore und aus einer Entwässerungsstelle am Grabenbunker gepumpt werden, ferner auch das im Tagebau der Grube anfallende Wasser, wenn seine Härte das zuläßt.

Aus dem Strahlwasserbecken fördern die Rohwasserpumpen (je 35 m³/h $\times$ 25 m) das benötigte Wasser zur Speisewasseraufbereitung und zur Klimaanlage, während die Strahlwasserpumpen (je 360 m³/h $\times$ 35 m) die Strahlapparate der Turbosätze versorgen. Das Wasser für die Klimaanlage und das für die Strahler kehrt im Kreislauf in das Strahlwasserbecken zurück.

Wasseraufbereitung. Die Wasseraufbereitungsanlage besteht aus einer Enthärtungsanlage, Leistung 2 × 40 m³/h, die mit einer Aluminiumsulfatflockung, Kiesfiltern, H-Ionenaustauschern, Na-Ionenaustauschern und Rieselern ausgerüstet ist. Sie liefert ein nahezu neutrales Wasser, dessen Ca- und Mg-Härte praktisch Null ist. Die Natriumbikarbonathärte liegt unter 1° dH, der Restkohlensäuregehalt unter 8 mg/l. Das enthärtete Wasser wird dem Kühlwasserkreislauf am Kühlturm (Durchsatzmenge 1000 m³/h bei 5° C Kühlzone) und über Verdampfer dem Dampf-/Kondensat-Kreislauf zugesetzt. Darüber hinaus ist eine Vollentsalzungsanlage (2 × 8 m³/h) vorgesehen, die mit dem enthärteten Wasser betrieben wird und es erlaubt, unter Umgehung der Verdampferanlage das Zusatzwasser direkt dem Dampf-/Kondensat-Kreislauf zuzugeben. Die Vollentsalzungsanlage setzt sich aus einem Kationenfilter, einem schwachbasischen Anionenfilter, einem weiteren Kationenfilter, einem starkbasischen Anionenfilter und einem Mischbettfilter zusammen.

Das enthärtete Wasser wird in einem 1000 m³ fassenden Betonbehälter unter der Wasseraufbereitungsanlage gesammelt, das vollentsalzte Wasser in 2 Stahlbehältern mit je 150 m³ Fassungsvermögen, die innen eine Schutzauskleidung erhielten und auf dem Dach des Wasserreinigungsgebäudes stehen.

Alle zur Wasseraufbereitungsanlage gehörenden Pumpen, ferner auch die Feuerlöschpumpen, die Gebrauchswasserpumpen und die Kühlwasserpumpen für den Kühlturmkreislauf wurden in dieses Gebäude mit aufgenommen.

In einem Nebenraum befinden sich die Chemikalienlager, die verschiedenen Dosiereinrichtungen und ein Vorratsbehälter für 20 m³ Salzsäure. Ein weiterer Vorratsbehälter, ebenfalls 20 m³, für Natronlauge ist in einem Obergeschoß untergebracht, in dem auch das chemische Laboratorium für Untersuchungen von Wasser, Brennstoffen und Ölen angeordnet ist. Von dem Laboratorium aus kann man das Dach des sonst eingeschossigen Gebäudes betreten und die oben erwähnten Behälter für vollentsalztes Wasser bedienen. Neben dem Gebäude liegt unterirdisch noch ein zweiter Vorratsbehälter für HCL mit 40 m³ Inhalt.

Die Abwässer der Spül- und Regenerationsprozesse werden in einem Neutralisationsbecken gesammelt und von da über ein kleines Becken, das zwecks Neutralisation von Säuren mit Marmorstücken gefüllt ist, in einen kleineren Bach abgeleitet.

Die Feuerlöschpumpen und die Gebrauchswasserpumpen saugen aus einem ebenfalls unterirdischen Rohwasserbecken mit etwa 300 m³ Fassungsvermögen.

Hebezeuge. Der Maschinenhauskran besitzt ein Haupthubwerk für 65 t Tragkraft und ein Hilfshubwerk für 10 t. Die Hubhöhe beträgt 17 m, die Hubgeschwindigkeit des Haupthubwerkes 2 m/min bzw. 0,2 m/min, die des Hilfshubwerkes 5 m/min. Kran und Katze laufen mit einer Geschwindigkeit von 10 m/min.

Für den Transport von Apparaten, Pumpen, Kompressoren u. dgl., die nicht unter Kranbereich liegen, wurde eine Reihe von transportablen Hebezeugen beschafft, die in Träger über diesen Apparaten eingehängt werden können.

Im Kraftwerk befindet sich ein Personenaufzug für 1,5 t Tragfähigkeit, der bis auf Kote +26,85 m fährt, außerdem im Bereich der Kessel ein Lastenaufzug gleicher Tragkraft, der bis zur Bühne +30,0 m fahren kann.

Im Pumpenraum der Wasseraufbereitungsanlage ist ein handbetätigter Laufkran für 5 t Tragkraft eingesetzt.

Elektrofilter. Jedem Kessel ist ein Elektrofilter horizontaler Bauart zugeordnet. Die Hochspannungserzeugungsanlagen für beide Filter sind in einem Raum zusammengefaßt. Der benötigte hochgespannte Gleichstrom 20000 V wird mittels Transformatoren und Selengleichrichtern aus Drehstrom 380 V erzeugt.

Der Gesamtentstaubungsgrad eines jeden Elektrofilters beträgt, bezogen auf einen Rohgasstaubgehalt von 16,2 g/m³ und einen Höchstgehalt an Brennbarem von 10% im abzuscheidenden Staub, bei einer maximalen Rauchgasmenge von 460000 m³/h und einer Temperatur von 165° C (entsprechend einer Dampfleistung des Kessels von 120 t/h), 94%.

Heizölversorgungseinrichtung. Für die Zündfeuerung und unter Umständen auch für eine Leistungsfeuerung wird leichtes und schweres Heizöl benötigt. Diese Öle werden mit Tankwagen angefahren, die in Übergabebehälter — für jede Ölsorte ein getrennter Ölbehälter von 50 m³ Fassungsvermögen — entleert werden. Von da aus wird das leichte Öl direkt dem zugehörigen Betriebsbehälter der Kesselanlage zugepumpt. Das schwere Öl kann dagegen entweder in den 5000 m³-Vorratstank oder ebenfalls zu den entsprechenden Betriebsbehältern der Kesselanlage gefördert werden. Die dafür in der Nähe der Übergabebehälter angeordnete Pumpstation kann das Schweröl außerdem auch vom Vorratstank zur Kesselanlage pumpen. Die Anlage enthält die erforderlichen Filter und Vorwärmer. Die Beheizung dieser und auch aller anderen Ölvorwärmer erfolgt mit reduziertem Dampf von 8 atü aus der Leitung von der Turbine zum Zwischenüberhitzer. Beim Anfahren des Kraftwerkes übernimmt ein kleiner Elektrokessel diese Dampflieferung. Die Schwerölleitungen haben eine Begleitheizung erhalten.

Die beiden Betriebsölbehälter für Schweröl haben je 8 m³ Fassungsvermögen, der für Leichtöl 2 m³. Die zu diesen Behältern gehörige Pumpstation fördert das Öl mit 32 atü direkt zu den Brennern am Kessel. Auch diese Anlage enthält alle für einen einwandfreien Betrieb erforderlichen Filter, Vorwärmer und die notwendigen Regel- und Sicherungseinrichtungen.

Alle Pumpen sind reichlich dimensioniert und bis zu 100% überlastbar.

An den Übergabebehältern ist eine Waage für Lastwagen angeordnet, mit der auch die Tankwagen in vollem bzw. leerem Zustand gewogen werden können.

III. Elektrotechnische Ausrüstung

a) Generatorableitung

Die im Kraftwerk erzeugte elektrische Energie wird vor den Unterspannungsklemmen der Aufspanntransformatoren von der S. M. T. an die ACEA verkauft. Der Energieabnehmer legte aus juristischen Gründen größten Wert darauf, daß die Aufspanntransformatoren, die sein Eigentum sind, auf seinem eigenen Grund und Boden aufgestellt werden, und daß an dieser Stelle eine klare Trennung der beiden Anlagen durchgeführt wird. Die Energie wird deshalb von den Generatorklemmen über zwei 150 m lange 10 kV-Stromschienenverbindungen abgeleitet. Die dabei entstehenden Verluste an Wirk- und Blindleistung wurden in Kauf genommen. Die 10 kV-Stromschienenverbindung besteht aus offenen Aluminiumschienen aus Doppel-U-Profil NP 10. Sie ist für eine Stromstärke von 2900 A bemessen.

Die Stromschienen werden durch Rillenporzellanstützer mit einer Umbruchskraft von 1250 kg getragen, die in einem Abstand von 2 m angeordnet sind. Die Stromschienen beider Blocks sind in einem gemeinsamen Stromschienenkanal verlegt, der quer durch die Luftkondensationsanlage bis zur 150 kV-Schaltanlage mit den Aufspanntransformatoren verläuft.

Unmittelbar vor der 150 kV-Anlage ist eine 10 kV-Schaltstation angeordnet, in der für die Übergabezählung ein umfangreicher Zählersatz untergebracht ist. Außerdem ist aus den erwähnten juristischen Gründen an dieser Stelle je Block ein 10 kV-Schalter eingefügt, der als Trennstelle zwischen der Anlage der Kraftwerksgesellschaft und der Anlage des Energieversorgungsunternehmens gedacht ist.

b) 6 kV-Eigenbedarfsschaltanlagen

Bedingt durch die Ausführung der Kessel in Zweizugbauart ergab sich, daß alle größeren 6 kV- und 380 V-Motoren auf der Kote ±0,0 m angeordnet werden konnten. Es lag daher nahe, auch die Eigenbedarfs-Schaltanlagen auf dieser Kote aufzustellen. Im Bunkerbau war auf dieser Höhe ein breiter durchgehender Raum verfügbar, der u. a. als Hauptverbindungsweg des Kraftwerkes in Längsrichtung in Betracht kam. Durch

Verwendung von stahlblechgekapselten Schaltzellen war es möglich, die Eigenbedarfs-Schaltanlagen an den beiden Wänden dieses Durchganges aufzustellen, wobei für den Durchgang noch eine lichte Weite von 4 m verblieb. Hierdurch ergaben sich kurze Bedienungs- und Kabelwege sowie die beste Ausnutzung des Raumes.

Auf der Kesselhausseite des Durchganges wurden insgesamt 6 Niederspannungstransformatoren untergebracht, wofür die Nischen, die sich durch die tiefen Stützen des Bunkerbaues ergaben, ausgenützt wurden. Da die Kessel im Freien stehen, bereitete die Versorgung der Transformatorkammern mit Frischluft keine Schwierigkeiten. Die Transformatoren wurden gekapselt ausgeführt, so daß die verhältnismäßig staubhaltige Luft der Kesselumgebung ohne weiteres für die Lüftung verwendet werden konnte.

c) Warten

Oberhalb der Eigenbedarfs-Schaltanlagen sind im Schwerbau auf der Kote +8,5 m die Wartenräume untergebracht. Auf der Kesselhausseite der Elektrowärmewarte stehen die Schalttafeln und die zugehörigen Pulte für die wärmetechnischen Einrichtungen der beiden Blocks. Eine weitere Schalttafel sowie ein weiteres Pult sind für den später hinzukommenden dritten Block gedacht. Auf der Maschinenhausseite der Warte steht die Schalttafel für die Generatoren und den elektrischen Eigenbedarf, davor das Generatorenpult. An dieses sind seitlich 2 Schreibtischflächen angebaut, so daß hier schriftliche Arbeiten des Wartenpersonals erledigt werden können.

Da sich das Bedienungspersonal für den wärmetechnischen und elektrischen Teil in dem gleichen Raum aufhält, bestehen beste Verständigungsmöglichkeiten zwischen beiden. Um den Kontakt mit der Netzseite zu erleichtern, wurde direkt neben der Elektrowärmewarte des Kraftwerkes eine Warte für die 150 kV-Anlage der ACEA untergebracht. Die beiden Wartenräume sind lediglich durch eine breite Glastür voneinander getrennt.

Neben der Netzwarte liegt ein kleinerer Relaisraum, der die Schutzeinrichtungen für die 150 kV-Anlage und die HF-Telephonieeinrichtungen sowie die Zählersätze für die Verrechnungszählung aufnimmt. Auf der anderen Seite der Wartenräume liegt ein zweiter größerer Relaisraum, in welchem alle Hilfseinrichtungen für den Kraftwerksbetrieb untergebracht sind. Da der zur Verfügung stehende Platz verhältnismäßig reichlich ist, konnten dort alle benötigten Einrichtungen, wie Gleichstromtafel und Gleichrichter, Notumformertafel, Generatorschutz, Gefahrmeldeeinrichtungen, übrige Schutz- und Umschalteinrichtungen, die Steuerkopftafeln für die Kesselantriebe, die Reglertafeln für die Zeigerregler sowie die Reglertafel für die Kesselregelung, übersichtlich zusammengefaßt werden. Die Bedienung ist dadurch wesentlich erleichtert.

Die Warten- und Relaisräume der beiden Gesellschaften wurden bewußt voneinander getrennt, um auch hier klare Verhältnisse zu schaffen.

Für die beiden Blockeinheiten sind die folgenden Schutzeinrichtungen vorgesehen: Generatordifferentialschutz, überlagerter Impedanzschutz, 100 %iger Ständererdschlußschutz, Läufererdschlußschutz, Rückleistungsschutz, Transformatordifferentialschutz und Buchholzschutz. Für die Entregung der Generatoren in Störungsfällen wurde eine moderne Schnellstentregung verwandt. Zur Unterstützung der Turbinenregelung im Falle eines Lastabwurfes von der Netzseite her wurde ein Leistungs-Differentialquotientenrelais eingebaut, das bei größeren Lastabwürfen ein Magnetventil betätigt und somit die Dampfzufuhr zur Turbine drosselt, bis die Turbinenregelung eingegriffen hat.

Das Doppelsammelschienensystem der 150 kV-Schaltanlage ist mit einem Sammelschienendifferentialschutz ausgestattet. Für die beiden 150 kV-Freileitungen wurden Impedanzschutzeinrichtungen eingebaut.

d) Kabel und Erdungsanlagen

Im Kraftwerk Città di Roma wurden grundsätzlich Kunststoffkabel eingesetzt, die bei den verhältnismäßig kurzen Längen besonders wirtschaftlich sind und infolge ihrer schweren Entflammbarkeit eine freizügige Verlegung ermöglichen. Unter den

Warten- und Relaisräumen und unter der Eigenbedarfs-Schaltanlage ist jeweils ein eigener Kabelboden vorgesehen. Da das Maschinenhaus unterkellert ist, bereitete dort die Kabelverlegung keine Schwierigkeiten.

Zu den Verbrauchern im Kesselhaus wurden einige Kabelkanäle im Stich verlegt.

Da damit gerechnet werden muß, daß das 150 kV-Netz zu einem späteren Zeitpunkt starr geerdet wird, mußten besondere Erdungsmaßnahmen getroffen werden. Zur Potentialsteuerung wurden in allen Gebäudefundamenten Bewehrungseisen zu Maschennetzen mit etwa 10 m Maschenweite miteinander verschweißt und mit der Erdungsanlage des Kraftwerkes verbunden.

An jedem Gebäude wurde im Abstand von 1 m ein Potentialsteuerring verlegt. Durch die vorgesehenen Maßnahmen werden Potentialverschleppungen sowie unzulässige Schritt- und Berührungsspannungen vermieden.

Das 6 kV-Eigenbedarfsnetz wird mit nicht geerdetem Sternpunkt gefahren, das 380 V-Eigenbedarfsnetz ist der einfacheren Betriebsführung wegen genullt.

e) Nachrichtenanlagen

An den wichtigsten Bedienungsstellen sind Telephonapparate aufgestellt, die an eine automatische Hauszentrale angeschlossen sind. Außerdem ist eine Lichtrufanlage für 30 Personen vorgesehen. Die Lichtrufanlage ist mit der Haustelephonanlage verbunden.

Von jedem Telephonapparat kann durch Wahl einer bestimmten Kennziffer die Lichtrufanlage angewählt werden. Anschließend wird das Kennzeichen der gewünschten Person gewählt, woraufhin auf allen Lichtruftafeln die Kennziffer der gesuchten Person erscheint.

Die gesuchte Person geht dann zum nächsten Telephonapparat, wählt ebenfalls die Kennziffer der Lichtrufanlage und ist dann mit der suchenden Person verbunden.

Außerdem ist eine Uhrenanlage sowie eine Feuermeldeanlage vorgesehen.

f) Beleuchtungsanlage

Für die Beleuchtung der einzelnen Räume wurden Leuchten und Lampen ausgesucht, die dem jeweiligen Verwendungszweck der Räume am besten entsprechen. Für die Warte, die Schaltanlagenräume und für das Maschinenhaus wurden Niederspannungs-Leuchtstoffröhren verwendet, wodurch bei niedrigem Leistungsverbrauch in allen Fällen eine der Arbeit angepaßte Beleuchtungsstärke erreicht wird.

Die Büroräume werden durch hierfür besonders geeignete Rasterleuchten, Gänge, Treppenhäuser und Nebenräume im Verwaltungsgebäude durch freistrahlende Leuchtstoffröhren beleuchtet.

In den Decken der Warten sind Beleuchtungsflächen in Plexiglas vorgesehen, über denen freistrahlende Leuchtstofflampen angebracht sind. Die Anzahl der eingebauten Leuchtröhren ist vollauf ausreichend, um einerseits eine vollkommen schattenfreie Ausleuchtung der Plexiglasdeckenflächen und andererseits eine gleichmäßige Beleuchtungsstärke in einer Arbeitshöhe von etwa 80 cm über dem Wartenfußboden zu erhalten, so daß also alle Instrumente blendungsfrei abgelesen werden können.

Über der Wartendecke befindet sich ein etwa 2 m hoher Zwischenboden, in dem ein Laufwagen Platz findet, mit dessen Hilfe die Leuchtstofflampen ohne Störung des Betriebes in der Warte ausgewechselt werden können.

Zur Beleuchtung der Maschinenhalle wurden zwei dreilampige Leuchtstoffröhren-Lichtbänder verwendet, die unter der Kranbahn freistrahlend angebracht sind.

Die Kesselanlage, die Bekohlungsanlage innerhalb des Kraftwerkes sowie die Kabelkanäle, Kabelböden und Rohrböden sind ausschließlich mit Leuchten für Glühlampenbestückung ausgerüstet.

E. Kennwerte

Spezifischer Wärmeverbrauch

in $\frac{\text{kcal}}{\text{kWh}}$ $\frac{\text{Brennstoffwärme}}{\text{an den Unterspannungsklemmen der Aufspanntransformatoren}}$

(ohne Berücksichtigung des Eigenbedarfes der Grube)

bei 29 MW: 2850 kcal/kWh

bei 36 MW: 2970 kcal/kWh

Umbauter Raum[1]

Bunkergebäude	22000 m³
Maschinenhaus	38000 m³
Wasseraufbereitung	4000 m³
Ölversorgungsanlage	1000 m³
Werkstatt	3000 m³
Verwaltungsgebäude	3000 m³
Grabenbunker, Brecher, Bandbrücken, Aschenbunker	32600 m³
	103600 m³

d. h. zusammen etwa 1,43 m³/installiertes kW

Grundflächen

Bunkerbau, Maschinenhaus	2500 m²
Sonstige bebaute Flächen mit Hochspannungsschaltanlage	20000 m²
Unbebaute Grundfläche	49500 m²
Insgesamt eingefriedetes Kraftwerksgelände	72000 m²
Spezifische Grundfläche	
Hauptgebäude allein	0,035 m²/inst. kW
Hauptgebäude und Nebengebäude	0,31 m²/inst. kW

Erdbewegungen, Baustoffe

Erdbewegungen	190000 m³
Bohrpfähle von 25 bis 30 m Länge	3400 Stück
Stahlbeton	25000 m³
Zementverbrauch	16000 t
Betonstahlverbrauch	2500 t
Mauerwerk	6000 m³

Gewicht der Kraftwerksausrüstung

Insgesamt verladen	7800 t

Arbeitseinsatz bei Bau und Montage in der Spitze

Bauarbeiter	1200 Mann
Deutsche Montagekräfte	90 Mann
Italienische Montagekräfte	450 Mann

[1] Nicht gerechnet: Freiluftkessel, Elektrofilter, Kesselventilatoren, Tagesölbehälter, Öl- und Kühlwasserkanäle, Kühlturm, Luftkondensationsanlage.

Bau- und Montagezeit

Auftragserteilung für Kraftwerksausrüstung	Dezember	1955
Beginn der Gründungsarbeiten	August	1956
Beginn der Fundamentarbeiten	September	1956
Beginn der Kesselmontage	Februar	1957
Beginn der Turbinenmontage	Oktober	1957
Erstes Kesselzünden	April	1958
Erster Block betriebsklar	Juni	1958
Zweiter Block betriebsklar	September	1958

In der Winterspitze vom 1. 11. 1958 bis 31. 1. 1959 betrug die Energieabgabe des Kraftwerkes 100,833 Mio kWh.

Schrifttum

RAESFELD A. u. F. SCHULENBERG: Luftkühlung bei Kondensation in Dampfkraftwerken und in der Verfahrenstechnik, Siemens-Zeitschrift 33 (1959), S. 126/137.

Sechstes Ausführungsbeispiel

Kraftwerk San Nicolás der Agua y Energía Eléctrica, Buenos Aires, Argentinien

Von Herbert Queisser, Erlangen

A. Aufgabenstellung und Vorarbeiten

Im Jahre 1951 beschloß die argentinische Staatsbehörde „Agua y Energía Eléctrica", in der Provinz Buenos Aires ein Dampfkraftwerk mit einer installierten Leistung von zunächst 300 MW zu errichten. Eine spätere Erweiterung auf 450 MW sollte bei der

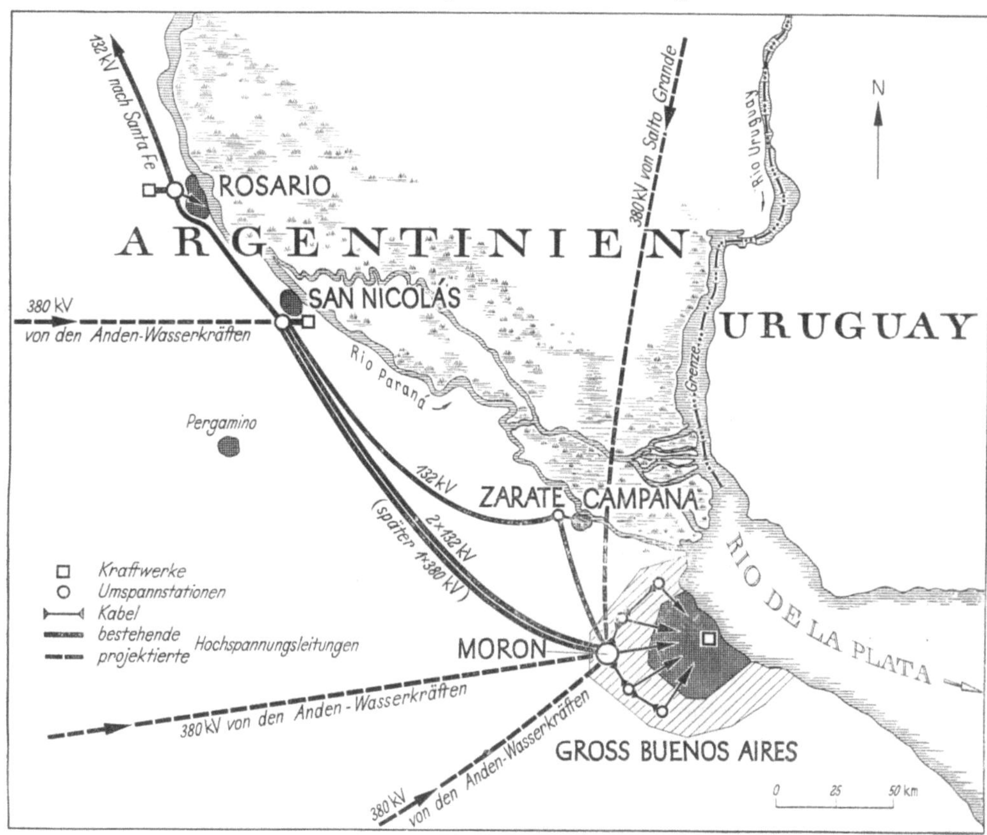

Abb. 1. Die Stromversorgung des Raumes Buenos Aires — Rosario

Planung berücksichtigt werden. Als Standort für das neue Kraftwerk wurde San Nicolás am Rio Paraná, etwa 250 km oberhalb der Flußmündung, bestimmt, obwohl der Schwerpunkt des zu erwartenden Stromverbrauches in der Landeshauptstadt Buenos Aires lag (Abb. 1). Für die Wahl von San Nicolás sprach u. a., daß man im dortigen Raum neue Industrien ansiedeln wollte. In unmittelbarer Nähe des Kraftwerkes wird z. B. ein Hüttenwerk errichtet, und es war daran gedacht, bei der späteren Erweiterung des

Kraftwerkes einen Teil des Hochofengases zu verbrennen. Auch die Verlegung einer Ferngasleitung aus dem Inneren Argentiniens in das Gebiet von San Nicolás wurde für später erwogen. Daher sollen die Kessel, die zunächst nur für Steinkohle- und Ölfeuerung gebaut wurden, gegebenenfalls auch für Gasfeuerung umgebaut werden können.

Die elektrische Leistung des ersten Ausbaues wird zum größten Teil über eine 132 kV-Doppelleitung und eine 132 kV-Einfachleitung nach Morón bei Buenos Aires abgeführt;

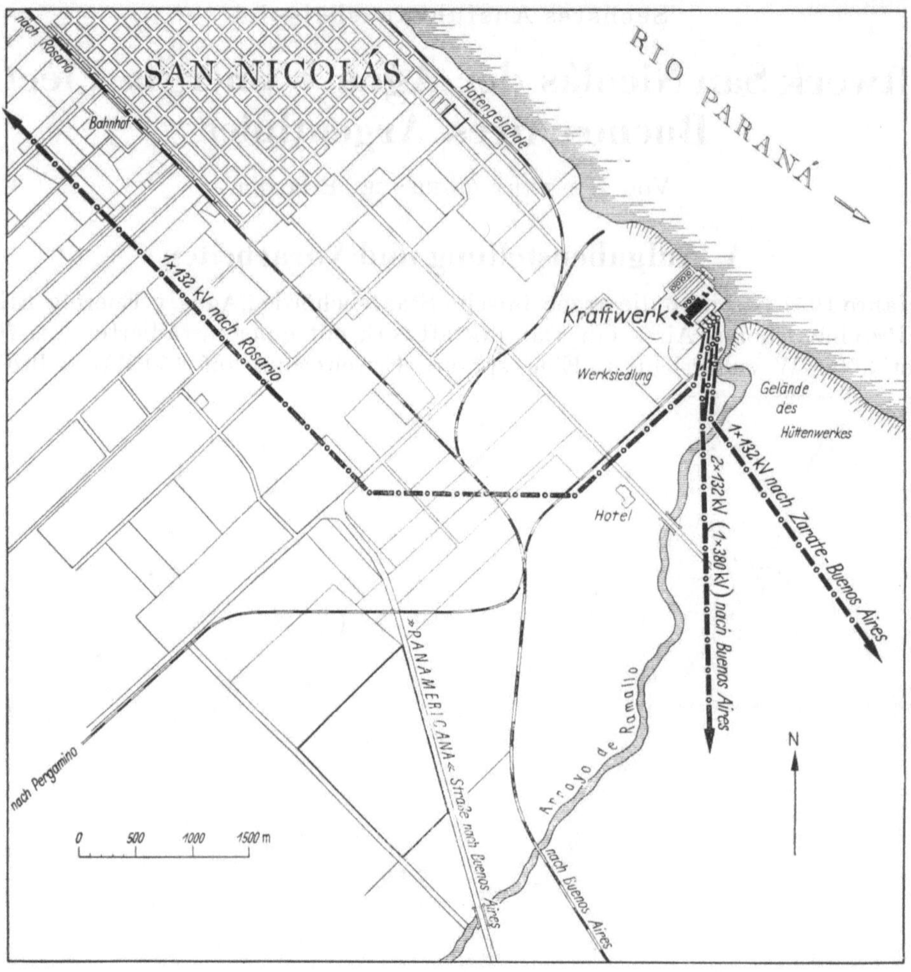

Abb. 2. Lage des Kraftwerkes im Hafen- und Industriegelände der Stadt San Nicolás

der Rest geht über eine 132 kV-Einfachleitung nach Rosario. Die Doppelleitung nach Morón soll später auf eine 380 kV-Einfachleitung umgestellt werden. Sie wird damit das erste Teilstück eines großen 380 kV-Netzes Argentiniens, das von den Wasserkräften der Kordilleren und den Gebieten um Córdoba und Salto Grande bis zu den Hauptverbrauchszentren im Osten des Landes reichen soll.

Als Bauplatz für das Kraftwerk San Nicolás wurde ein Gelände nahe dem südöstlichen Rand der Stadt am rechten Ufer des Paraná gewählt (Abb. 2). Hier mündet ein Bach in den Fluß, und das sonst steile Ufer flacht sich zu einer Niederung. An dieser Stelle war schon einige Jahre vorher von der „Agua y Energía Eléctrica" die Errichtung eines 150 MW-Dampfkraftwerkes geplant worden. Aus jener Zeit lagen noch Entwürfe für ein Kühlwassereinlaufbauwerk und für einen Kai zum Anlegen von Hochseeschiffen vor. Drei 40 at-Sektionalkessel und 2 Turbosätze zu je 10 MW sowie 2 Heizölvorratstanks mit je 7500 m³ Fassungsvermögen waren bereits im Bau, als der Auftrag auf das 300 MW-Kraftwerk an deutsche Firmen erteilt wurde. Auf diese Vorarbeiten war bei der Planung des neuen Großkraftwerkes Rücksicht zu nehmen. Beim Einlaufbauwerk, dem Kai und der Heizöltankanlage konnten die ursprünglichen Entwürfe weitgehend beibehalten werden. Die Anlagen wurden lediglich entsprechend der Leistung vergrößert.

Das kleine 40 at-Kraftwerk wurde unabhängig von dem Großkraftwerk zu Ende gebaut. Berührungspunkte mit dem 300 MW-Kraftwerk ergaben sich zunächst insofern, als die beiden 10 MW-Maschinen als zweite Energiequelle für die elektrische Eigenversorgung des Großkraftwerkes herangezogen werden konnten. Infolgedessen erhielt das kleine Kraftwerk bald die Bezeichnung „Hilfskraftwerk". Im Laufe der Planung erwies sich dieses Hilfskraftwerk auch auf der Dampfseite als willkommene betriebliche Stütze für das Hauptkraftwerk, da die 10 atü-Sammelleitung für die Heizölvorwärmung, die durch Reduzierstationen wahlweise von jedem der Blocks des Hauptkraftwerkes gespeist werden kann, über eine weitere Reduzierstation an den 40 at-Sammler des Hilfskraftwerkes angeschlossen und damit unabhängig von der Blockschaltung gemacht werden konnte.

B. Kombinationstechnik

I. Innerer Aufbau

a) Größe und Anzahl der Einheiten

Die vorgeschriebene installierte Leistung von 300 MW im ersten Ausbau konnte entweder durch 3 Sätze je 100 MW oder durch 4 Sätze je 75 MW erreicht werden. Größere oder kleinere Einheiten standen bei der Projektierung nicht zur Diskussion. Im Hinblick auf die Netzgröße und Belastungsverhältnisse — soweit sich diese im Jahre 1951 für Argentinien übersehen ließen — fiel die Entscheidung zugunsten der 75 MW-Einheiten.

Der Bestpunkt der Turbinen wurde auf 80% der maximalen Dauerleistung, d. h. auf 60 MW, festgelegt. Die Generatoren sind für 100 MVA (bei 0,035 atü Wasserstoffdruck) ausgelegt. Jeder Generator arbeitet in Blockschaltung über einen 100 MVA-Transformator auf die 132 kV-Sammelschiene (Abb. 3). Zwischen Generator und

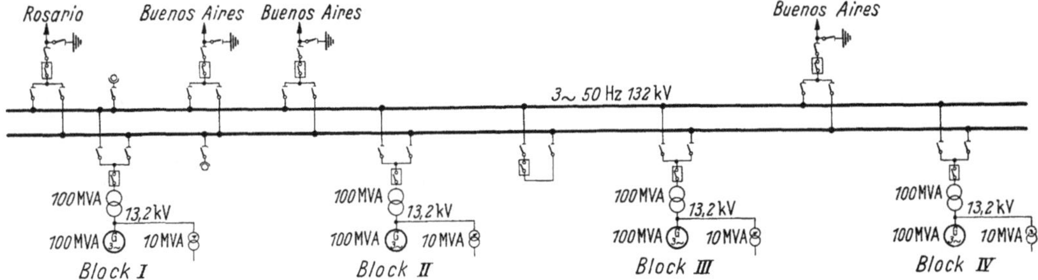

Abb. 3. Schaltplan der 132 kV-Anlage

Transformator befinden sich keinerlei Schaltgeräte. Jede Turbine wird in Blockschaltung von einem Kessel mit maximal 300 t/h Dampfleistung ohne Querverbindungen und ohne Zwischenschaltung von Absperrschiebern versorgt. Somit bilden ein Kessel, ein Turbosatz und ein Transformator jeweils eine Einheit.

Die geraden Zahlen von zunächst 4, später 6 Einheiten erlauben trotz der Blockschaltung gewisse symmetrische Zusammenfassungen im äußeren Aufbau, z. B. von jeweils 2 Kesseln zu einem gemeinsamen Schornstein und von Blockwarten jeweils in der Mitte zwischen 2 Blöcken. Von diesen Möglichkeiten wurde im Falle San Nicolás Gebrauch gemacht.

Für die spätere Erweiterung des Kraftwerkes war zunächst anzunehmen, daß ein 5. und 6. Block von gleicher Leistung wie die Blöcke 1 bis 4 aufgestellt werden. Hierbei würde für den äußeren Aufbau kein neuer Gesichtspunkt auftreten. Dem Baukörper wären lediglich zwei weitere ,,Scheiben“ wie bisher anzufügen. Bei Blockkraftwerken werden jedoch zum Zeitpunkt von Erweiterungen meist größere Einheiten und höhere Dampfdrücke und -temperaturen aus wirtschaftlichen Gründen erforderlich. Infolgedessen ist auch in San Nicolás vorauszusehen, daß entgegen der ursprünglichen Annahme eines Tages größere Einheiten als 75 MW mit höheren Drücken und Zwischenüberhitzung aufgestellt werden, was ohne Schwierigkeiten ausführbar ist.

b) Wärmetechnische Schaltung und Auslegung

Die Wahl des Frischdampfzustandes ist bei jeder Kraftwerksplanung unter dem Gesichtswinkel der zeitlichen und örtlichen Bedingtheiten zu beurteilen. Im Jahre 1951 wollte man bei einer Exportlieferung von Deutschland nach Südamerika bewußt nicht an dieselben Grenzwerte von Druck und Temperatur herangehen, wie sie in den hochentwickelten Industrieländern damals bereits üblich waren. Man beschränkte sich vielmehr auf Werte, bei denen ohne austenitische Werkstoffe und ohne Zwischenüberhitzung auszukommen war. Gewählt wurde ein Dampfzustand von 100 atü/530 °C am Überhitzeraustritt entsprechend 95 atü/525 °C vor der Turbine. Die mittlere Kühlwassertemperatur beträgt 21,7 °C. Die Turbinen wurden so ausgelegt, daß sie auch bei dem Höchstwert von 29 °C Kühlwassertemperatur die volle Leistung von 75 MW hergeben.

Tabelle 1 zeigt die Endvorwärmtemperaturen und den spezifischen Wärmeverbrauch für die Turbine allein und für das Kraftwerk, bezogen auf die an den Generatorklemmen abgegebene elektrische Leistung.

Tabelle 1. *Speisewassertemperaturen und spezifischer Wärmeverbrauch*

Leistung	MW	60	75
Speisewassertemperatur	°C	220	233
Wärmeverbrauch Turbine	kcal/kWh	2217	2287
Wärmeverbrauch Kraftwerk bei Ölfeuerung	kcal/kWh	2413	2502
Wärmeverbrauch Kraftwerk bei Kohlefeuerung	kcal/kWh	2491	2599

Abb. 4 zeigt den Wärmegrundschaltplan, Abb. 5 das Schema der Dampf- und Kondensatleitungen für einen Block. Die Turbinen sind für fünfstufige Anzapfung zur Regenerativvorwärmung des Speisewassers ausgelegt. Obwohl zwei verschiedene Turbinenfabrikate aufgestellt wurden, gelang es, die Entnahmedrücke beider so weitgehend einander anzugleichen, daß die Vorwärmer für alle 4 Blöcke genau gleich ausgelegt werden konnten. Ebenso sind die Durchmesser der Entnahmeleitungen einander gleich, mit Ausnahme von Entnahme IV, bei der sich infolge eines größeren Unterschiedes der spezifischen Volumina verschiedene Durchmesser nicht vermeiden ließen.

Das wesentliche Merkmal des Wärmeschaltbildes ist die Festdruckentgasung und Speicherung des Kondensates bei 135 °C mit drei nachgeschalteten Hochdruckvorwärmern. Das Turbinenkondensat wird zunächst durch den Vakuumkondensatkühler, Vakuumvorwärmer, Niederdruckvorwärmer und Brüdenkondensator in den Entgaser gedrückt, der mit dem Speisewasserbehälter zusammengebaut ist. Von dort drücken es die Speisepumpen durch die drei hintereinandergeschalteten Hochdruckvorwärmer in den Kessel.

Das Kondensat der Hochdruckvorwärmer fließt kaskadenartig in den Speisewasserbehälter. Bei Teillasten, wenn die Entnahmedrücke nicht ausreichen, wird das Kondensat in den Destillatbehälter geleitet. Der Hochdruckvorwärmer der 3. Entnahmestufe ist mit einem Kondensatkühler ausgerüstet. Das Kondensat des Niederdruckvorwärmers wird umgepumpt, das Kondensat des Vakuumvorwärmers fließt über den Kondensatkühler in den Kondensator.

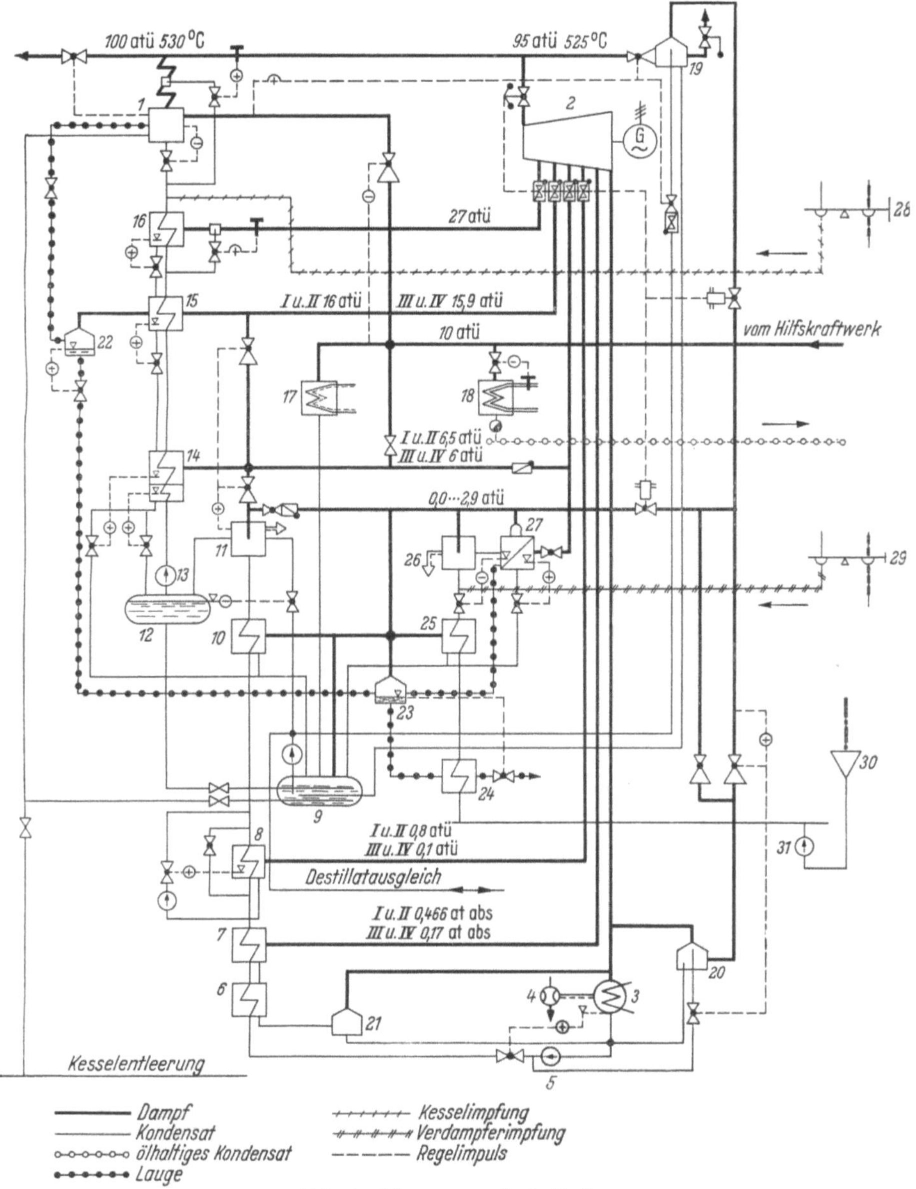

Abb. 4. Wärmegrundschaltplan

1 Kessel
2 Turbosatz
3 Kondensator
4 Wasserstrahler
5 Kondensatpumpe
6 Kondensatkühler
7 Vakuumvorwärmer
8 Niederdruckvorwärmer
9 Destillatsammelbehälter
10 Brüdenkondensator
11 Mischvorwärmerentgaser
12 Speisewasserbehälter
13 Kesselspeisepumpe
14 Hochdruckvorwärmer mit Kondensatkühler (Entnahme III)
15 Hochdruckvorwärmer (Entnahme II)
16 Hochdruckvorwärmer (Entnahme I)
17 Dampfbeheizter Luftvorwärmer
18 Heizölvorwärmer
19 Anfahrentspanner I
20 Anfahrentspanner II
21 Kondensatentspanner
22 Kessellaugeentspanner
23 Verdampferlaugeentspanner
24 Laugekühler
25 Weichwasservorwärmer
26 Weichwasserentgaser
27 Verdampfer
28 Dosiereinrichtung für Kesselimpfung
29 Dosiereinrichtung für Verdampferimpfung
30 Zusatzwasseraufbereitung
31 Verdampferspeisepumpe

Anm.: Die eingetragenen Entnahmedrücke beziehen sich auf den Bestpunkt 60 MW. Sie sind für die Blocks I u. II bzw. III u. IV geringfügig verschieden.

Auf eine Umgehung der Hochdruckvorwärmer wurde verzichtet, um die Rohrleitungsführung möglichst einfach zu halten und die Störanfälligkeit, die Armaturen mit sich

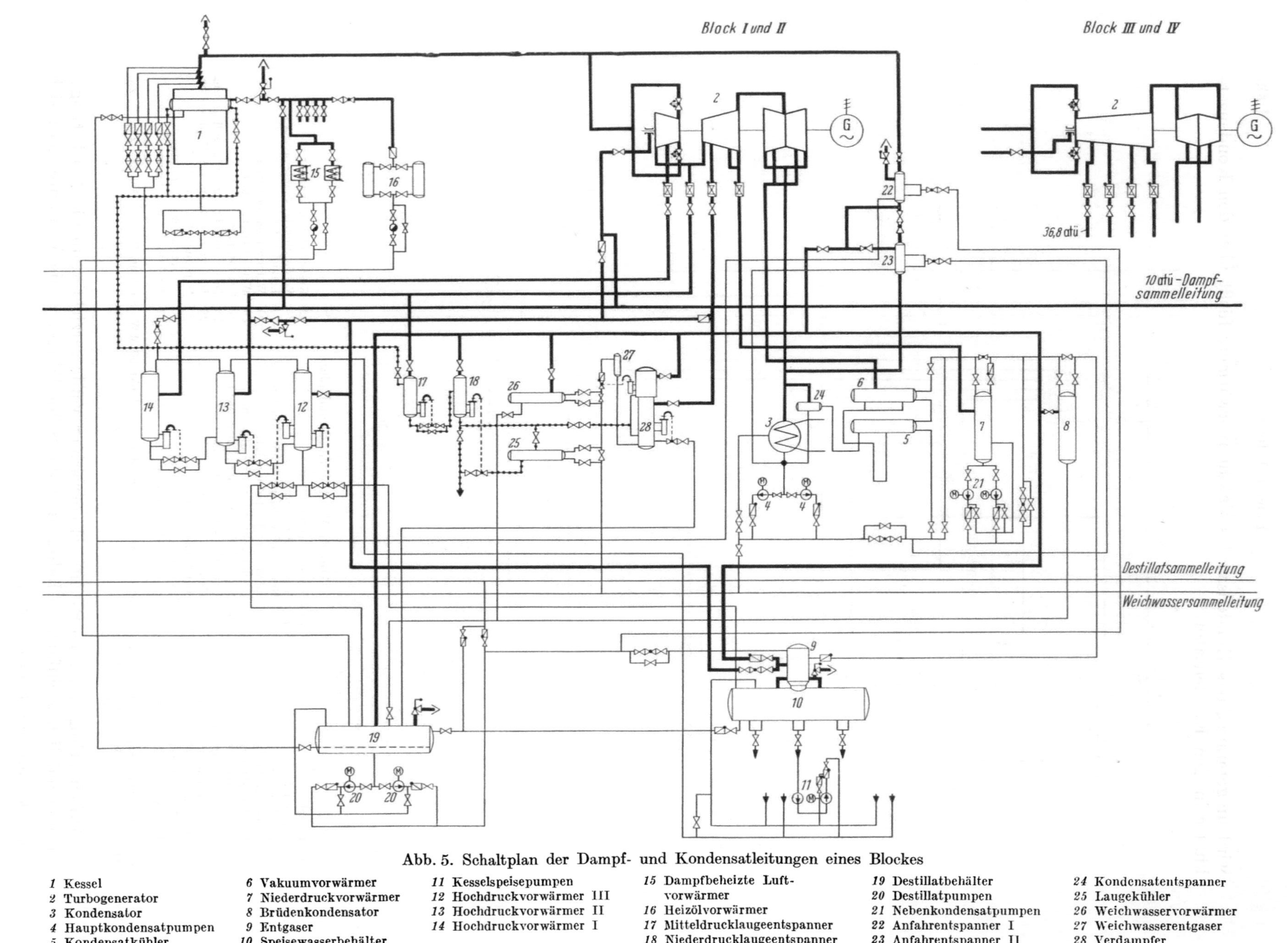

Abb. 5. Schaltplan der Dampf- und Kondensatleitungen eines Blockes

1 Kessel
2 Turbogenerator
3 Kondensator
4 Hauptkondensatpumpen
5 Kondensatkühler
6 Vakuumvorwärmer
7 Niederdruckvorwärmer
8 Brüdenkondensator
9 Entgaser
10 Speisewasserbehälter
11 Kesselspeisepumpen
12 Hochdruckvorwärmer III
13 Hochdruckvorwärmer II
14 Hochdruckvorwärmer I
15 Dampfbeheizte Luftvorwärmer
16 Heizölvorwärmer
17 Mitteldrucklaugeentspanner
18 Niederdrucklaugeentspanner
19 Destillatbehälter
20 Destillatpumpen
21 Nebenkondensatpumpen
22 Anfahrentspanner I
23 Anfahrentspanner II
24 Kondensatentspanner
25 Laugekühler
26 Weichwasservorwärmer
27 Weichwasserentgaser
28 Verdampfer

bringen könnten, zu verringern. Der Niederdruckvorwärmer hat eine Umführung die Regelzwecken dient, damit bei hohen Belastungen des nachgeschalteten Brüdenkondensators die notwendige Aufwärmspanne im Entgaser nicht unterschritten wird.

Jedem Turbosatz ist ein Verdampfer zugeordnet, der seinen Heizdampf mit lastabhängigem Druck aus der 3. Entnahme erhält. Der Brüdendampf wird teils in dem mit Turbinenkondensat gekühlten Brüdenkondensator, teils im Weichwasservorwärmer bzw. Weichwasserentgaser niedergeschlagen. Das Brüdendestillat wird im Destillatbehälter gesammelt und durch eine Hilfspumpe in den Hauptentgaser gedrückt. Es besteht auch die Möglichkeit, zusätzlich Brüden in die Anfahrleitung zu entspannen und im Hauptkondensator niederzuschlagen.

Der Verdampfer jedes Blockes ist für 15 t/h = 5% Nettodestillat bemessen, obwohl bei einwandfreiem Betrieb die Kreislaufverluste unter 1% liegen. Eine weitere Reserve zur Deckung außergewöhnlicher Verluste liegt darin, daß die Druckleitungen aller Blocks hinter den Destillatpumpen durch eine Sammelleitung verbunden sind, so daß nach Bedarf Verdampferdestillat aus jedem Destillatbehälter in jeden anderen Block gepumpt werden kann. Die Verdampferspeisung mit enthärtetem Zusatzwasser erfolgt von einer durch das ganze Kraftwerk gehenden Weichwassersammelleitung, die von einer zentralen Verdampferspeisepumpenanlage gespeist wird.

Ein Blick auf das Wärmeschaltbild zeigt noch weitere Querverbindungen, durch welche die einzelnen Blocks untereinander bzw. mit zentralen Versorgungsstellen verbunden sind. Dazu gehören die Chemikalienleitungen von den zentralen Dosierpumpen zu den Impfstellen für Verdampfer- und Kesselspeisewasser, ferner die Abflußsammelleitung für das (möglicherweise ölhaltige) Heizdampfkondensat aus den Ölvorwärmern und die Kesselablaßleitungen.

Auf der Dampfseite ist eine 10 atü-Sammelleitung vorgesehen, die als Querverbindung durch das ganze Kraftwerk geht und von der sowohl die blockweise an Sammlern angeschlossenen Dampf-Luft-Vorwärmer und Heizölvorwärmer der Kessel versorgt werden als auch die Heizung der großen Lagertanks und die Begleitheizung der Heizölleitungen. Die 10 atü-Sammelleitung wird über Reduzierstationen von der Kesseltrommel jedes Blocks und außerdem über eine Reduzierstation vom 40 at-Frischdampfnetz des Hilfskraftwerkes gespeist. Diese Leitung diente insbesondere beim ersten Anfahren des 300 MW-Werkes zur Beheizung der Verdampfer, womit für jeden Block zunächst einmal der nötige Vorrat an Destillat aus Weichwasser gewonnen werden konnte.

Im Kesselhausflur $\pm 0{,}0$ m liegt ein für alle Blocks gemeinsamer Reservekondensatbehälter mit 100 m^3 Rauminhalt. Er dient vor allem zur Aufnahme des Kesselwassers beim Entleeren der Kessel und zur Aufnahme des Überschußwassers während des Anfahrens. Außerdem ist er mit den Destillatbehältern aller 4 Blocks verbunden, so daß ein Kondensatausgleich zwischen allen Behältern vorgenommen werden kann. Ferner besteht eine Verbindung mit einem tiefer danebenliegenden 10 m^3-Behälter, der die frei abfließenden Entwässerungskondensate aufnimmt.

c) Anfahren und Abstellen eines Blocks

Die Tatsache, daß Kessel und Turbosatz eine betriebliche Einheit bilden, kommt am deutlichsten beim Anfahren und Abstellen zum Ausdruck. Beim Hochheizen des Kessels steigen Dampfdruck und Überhitzungstemperatur allmählich an. Die Turbine wird während dieser Zeit mit gleitenden Drücken und Temperaturen vorgewärmt und hochgefahren.

Aus feuerungstechnischen Gründen und wegen der Überhitzerkühlung darf der Kessel nicht unter einer gewissen Mindestleistung gefahren werden. Bei Kohlenstaubfeuerung mit Ölstützfeuer und 450 °C Dampftemperatur am Überhitzeraustritt müssen mindestens 75 t/h Dampf erzeugt werden.

Bevor der Dampfzustand von etwa 25 at/300° C, der für das erste Anstoßen der Turbine nötig ist, erreicht wird, muß der gesamte im Kessel erzeugte Dampf an der Turbine vorbei über eine Anfahrleitung abgeführt werden. Sobald die Turbine Leerlaufdampf oder Dampf für kleine Belastung aufnimmt, ist nur noch der Überschußdampf über die Anfahrleitung abzuführen.

In manchen Kraftwerken wird der Anfahrdampf von allen Einheiten in einen gemeinsamen Hilfskondensator niedergeschlagen. Dem Blockgedanken entspricht es jedoch besser, wenn der Anfahrdampf jeweils in den Kondensator des betreffenden Blocks geleitet wird. Die letztere Lösung wurde deshalb in San Nicolás gewählt.

Aus dem Wärmeschaltplan und dem Rohrleitungsschema ist die Schaltung der Anfahrleitung ersichtlich: von der Frischdampfleitung NW 250 zweigt vor der Turbine die Anfahrleitung NW 100 ab, die sich in 2 Stufen hinter Reduzier- und Kühlstationen zunächst auf NW 350 und dann auf NW 800 erweitert und an einem Stutzen NW 800 am Hauptkondensator endet. Das Einspritzwasser für den Kühler hinter der ersten Reduzierstation wird aus der Druckleitung hinter der Destillatpumpe entnommen. Als Einspritzwasser für den Kühler hinter der zweiten Reduzierstation dient Turbinenkondensat. Das erste Reduzierventil wird während des Anfahrvorganges von der Blockwarte aus so gesteuert, daß der Kesseldruck während des Hochheizens in dem gewünschten Maß ansteigt. Das zweite Reduzierventil wird durch einen Überströmregler gesteuert, der den Druck zwischen den beiden Reduzierstationen auf 3,2 atü konstant hält.

Etwa 65 Minuten nach dem Zünden des Kessels kann die Maschine synchronisiert und belastet werden. Sobald kein Überschußdampf mehr abzuführen ist, schließt automatisch das erste Überströmventil die Anfahrleitung ab.

Beim planmäßigen Abstellen eines Blocks wird der Kessel gleichzeitig mit der Turbine heruntergefahren. Sobald der Dampfbedarf der Turbine unter die Kesselleistung herabsinkt, öffnet automatisch das Überströmventil zur Anfahrleitung und der Überschußdampf wird in den Kondensator geleitet. Bei Ausfall der Turbine durch Schnellschluß wird der Dampf über die Anfahrleitung in den Kondensator, der Rest über ein elektrisch betriebenes Notabblaseventil ins Freie geleitet. Bleibt in einem solchen Fall die automatische Umschaltung des elektrischen Eigenbedarfes auf die Anfahrschiene aus, schließen ölgesteuerte Schnellschlußventile in der Anfahrleitung, wodurch der Kondensator vor Beaufschlagung durch zu heißen Dampf geschützt wird. Der Überschußdampf bläst dann über ein hilfsgesteuertes Sicherheitsventil ab (s. S. 1057).

d) Schema der Wasserversorgung

Normalerweise fördern in einem Kraftwerk mit Frischwasserkühlung die Pumpen im Einlaufbauwerk das Wasser über Druckrohrleitungen direkt durch die Kondensa-

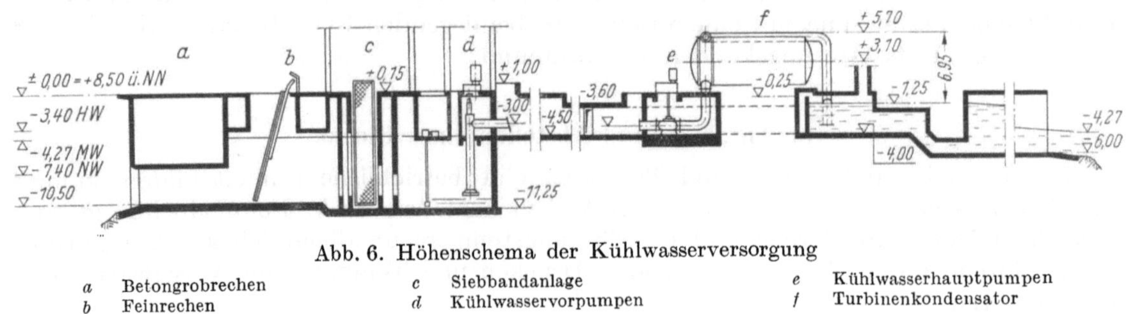

Abb. 6. Höhenschema der Kühlwasserversorgung

a Betongrobrechen
b Feinrechen
c Siebbandanlage
d Kühlwasservorpumpen
e Kühlwasserhauptpumpen
f Turbinenkondensator

toren. Im Falle San Nicolás machten jedoch die starken Schwankungen des Flußwasserspiegels die Unterteilung in Vorpumpen und Hauptpumpen erforderlich (Abb. 6). Die Vorpumpen sind im Einlaufbauwerk aufgestellt, während die Hauptpumpen — blockweise

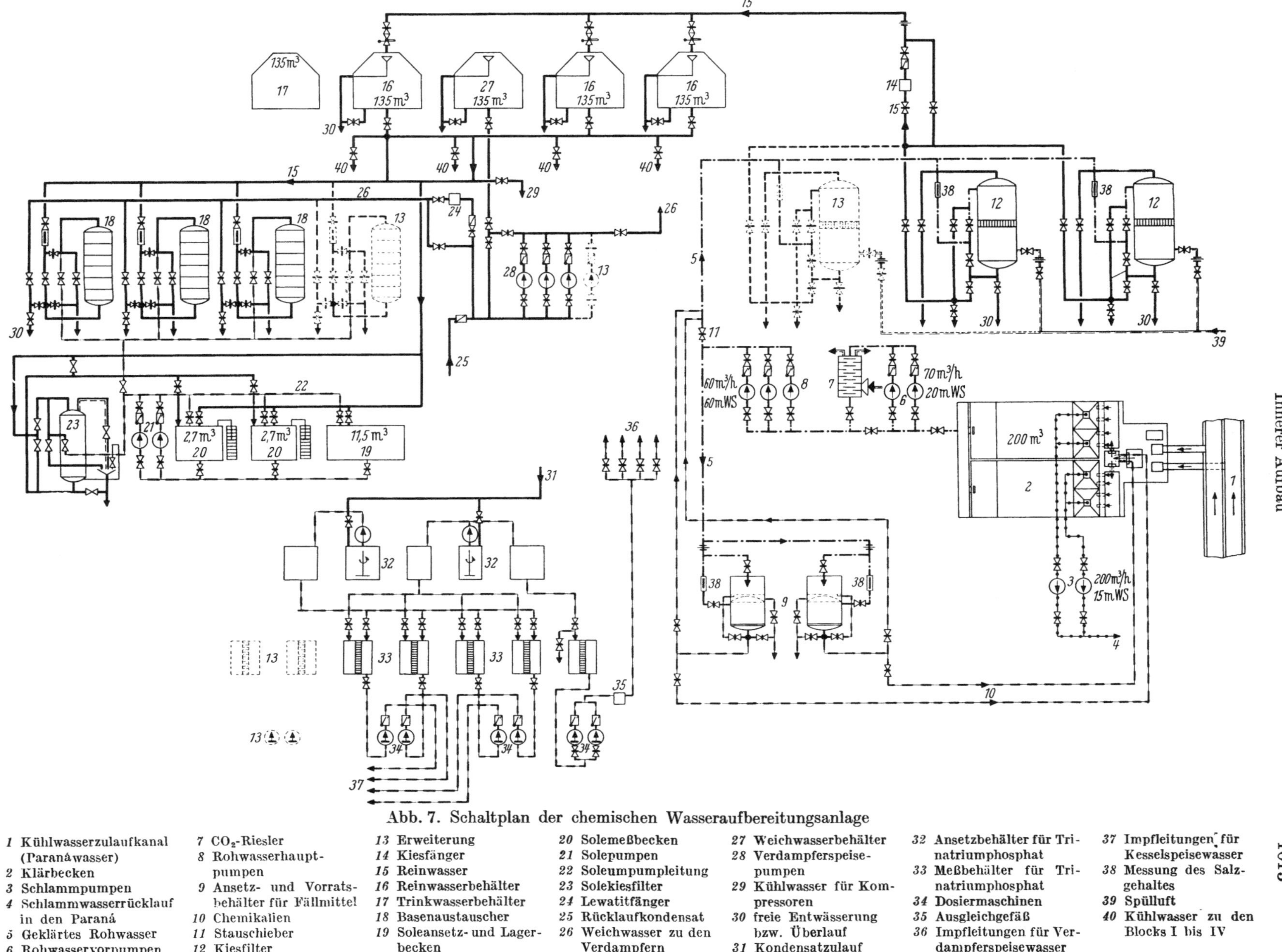

Abb. 7. Schaltplan der chemischen Wasseraufbereitungsanlage

1 Kühlwasserzulaufkanal (Paranáwasser)
2 Klärbecken
3 Schlammpumpen
4 Schlammwasserrücklauf in den Paraná
5 Geklärtes Rohwasser
6 Rohwasservorpumpen
7 CO_2-Riesler
8 Rohwasserhauptpumpen
9 Ansetz- und Vorratsbehälter für Fällmittel
10 Chemikalien
11 Stauschieber
12 Kiesfilter
13 Erweiterung
14 Kiesfänger
15 Reinwasser
16 Reinwasserbehälter
17 Trinkwasserbehälter
18 Basenaustauscher
19 Soleansetz- und Lagerbecken
20 Solemeßbecken
21 Solepumpen
22 Soleumpumpleitung
23 Solekiesfilter
24 Lewatitfänger
25 Rücklaufkondensat
26 Weichwasser zu den Verdampfern
27 Weichwasserbehälter
28 Verdampferspeisepumpen
29 Kühlwasser für Kompressoren
30 freie Entwässerung bzw. Überlauf
31 Kondensatzulauf
32 Ansetzbehälter für Trinatriumphosphat
33 Meßbehälter für Trinatriumphosphat
34 Dosiermaschinen
35 Ausgleichgefäß
36 Impfleitungen für Verdampferspeisewasser
37 Impfleitungen für Kesselspeisewasser
38 Messung des Salzgehaltes
39 Spülluft
40 Kühlwasser zu den Blocks I bis IV

den Turbinen zugeordnet — im Kondensatorkeller stehen. Die Vorpumpen sind den einzelnen Blocks hydraulisch nicht zugeordnet; elektrisch hängen sie jeweils an einem Block. Die Pumpen drücken das Wasser in einen großen Sammelkanal aus Beton, in welchem es mit Gefälle zum Maschinenhaus fließt. Vom Sammelkanal aus läuft das Kühlwasser in Stichkanälen den Kühlwasserhauptpumpen, die jeweils neben den Kondensatoren stehen, zu. Die Kühlwasserabflußleitungen hinter den Kondensatoren münden jeweils in Kraftschlußbecken. Von dort aus fließt das Wasser über Wehrkanten in den gemeinsamen Abflußkanal, der etwa 200 m unterhalb des Einlaufbauwerkes in den Fluß mündet.

Jeder 75 MW-Turbosatz benötigt 14300 m^3/h Kühlwasser; die beiden 10 MW-Sätze des Hilfskraftwerkes zusammen 4000 m^3/h. Für diese Verbraucher ebenso wie für die Wasserstrahler, die H_2-Kühler, Luftkühler der Erregermaschinen und Ölkühler der Transformatoren genügt die mechanische Reinigung durch die Rechen- und Siebbandanlagen im Einlaufbauwerk. Es gibt aber eine Reihe weiterer Verbraucher, die höhere Ansprüche an die Reinheit des Wassers stellen. Hierzu gehören die Lagerkühlung der großen Motoren, die Ölkühler der Speisepumpen und Saugzuggebläse. Für diese Verbraucher ist das Wasser zu klären und zu filtern.

Abb. 7 zeigt das Schema der Wasserreinigung. Rechts im Bild ist der Kühlwasserkanal dargestellt, in dem das mechanisch im Einlaufbauwerk vorgereinigte Wasser zu den Kondensatoren fließt. Aus diesem Kanal wird ein Teilstrom durch einen Stichkanal zu einem Klärbecken geführt. Am Eintritt in das Becken werden dem Wasser Fällmittel zugesetzt, die das Absetzen der schwebenden Schmutzteilchen beim langsamen Durchlaufen des Beckens fördern. Das vorgeklärte Wasser läuft am Ende des Beckens über ein Wehr in die Reinwasserkammern. Von hier aus drücken es Vorpumpen über einen CO_2-Riesler, in dem durch Belüftung die freie Kohlensäure ausgetrieben wird, in ein zweites Betonbecken. Von dort wird das belüftete Wasser von den Reinwasserpumpen durch 2 Kiesfilter hindurch in 3 Reinwasserhochbehälter von je 135 m^3 Inhalt gedrückt, die auf Kote +24,5 m im Bunkerbau angeordnet sind. Von dort läuft das Reinwasser den Verbrauchern mit freiem Gefälle zu.

Zum Speisen der Verdampfer wird enthärtetes Wasser benötigt. Hierzu wird ein Teilstrom des Reinwassers zusätzlich in einer Basenaustauschanlage enthärtet. Aus den vorerwähnten Hochbehältern läuft das Reinwasser den Basenaustauschern zu. Hinter den Austauschern wird das Weichwasser durch Verdampferspeisepumpen in eine Sammelleitung gedrückt, von denen jeweils Stichleitungen zu den einzelnen Blocks abzweigen. Wahlweise mit der Saug- oder Druckleitung der Verdampferspeisepumpen verbunden ist ein Weichwasservorratsbehälter von 135 m^3 Inhalt, der auf gleicher Höhe wie die Reinwasserhochbehälter im Bunkerbau angeordnet ist.

Das Trinkwasser und das Wasser für die sanitären Anlagen des Kraftwerkes wird aus 2 Tiefbrunnen gewonnen. Ein Trinkwasserhochbehälter mit einem Fassungsvermögen von 125 m^3 steht auf der Bühne +24,5 m im Bunkerbau.

e) Elektrischer Eigenbedarf

Selbstverständlich muß sich auch die Versorgung des Eigenbedarfes dem Blockgedanken unterordnen. Infolgedessen ist der Eigenbedarf blockweise aufgeteilt und wird jeweils über einen 10 MVA-Regeltransformator 13,2/6,6 kV versorgt. Der Regeltransformator ist zwischen Generator und 100 MVA-Transformator angeschlossen. Außerdem kann jeder „Blockeigenbedarf“ über die noch näher zu beschreibende „Anfahrschiene“ gespeist werden (Abb. 8). Vom Blockeigenbedarf zu unterscheiden ist der allgemeine Eigenbedarf, der alle diejenigen Verbraucher umfaßt, die nicht blockgebunden sind und die in Störungsfällen ausfallen dürfen, ohne daß der Blockbetrieb davon berührt wird. Dieser allgemeine Eigenbedarf ist an eine vom Hilfskraftwerk über zwei 6,3 MVA-Transformatoren gespeiste Betriebsschiene angeschlossen.

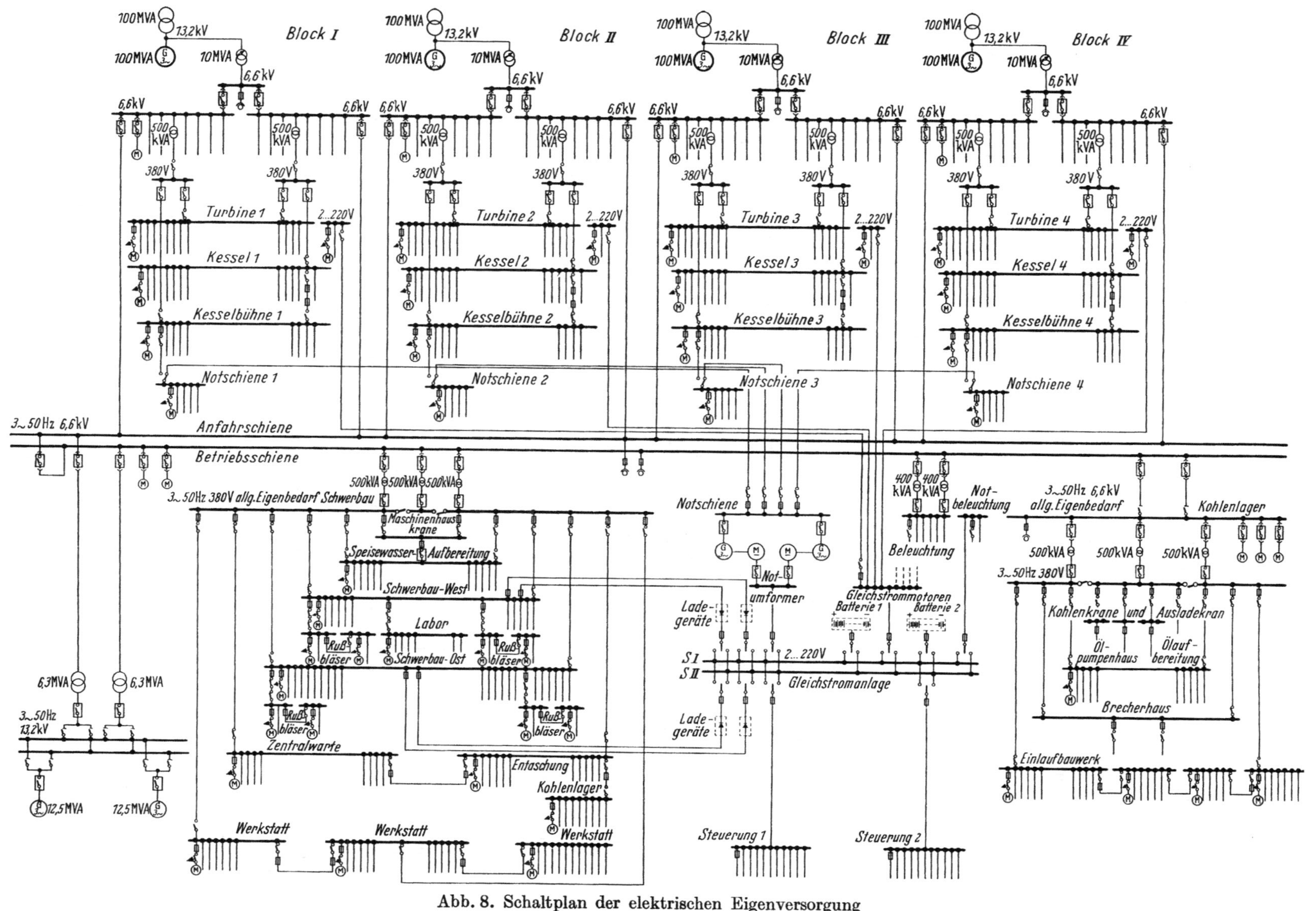

Abb. 8. Schaltplan der elektrischen Eigenversorgung

Einzelheiten der Schaltung zeigt das Schaltbild. Die 6,6 kV-Schiene jedes Blockes ist in zwei Abschnitte unterteilt, damit man beim Umschalten vom Anfahrbetrieb auf Normalbetrieb den Blockeigenbedarf in Abschnitten umschalten kann, wobei sich günstigere Spannungsverhältnisse ergeben. Die Abzweige für die 6,6 kV-Motoren sind gleichmäßig auf die beiden Schienenabschnitte verteilt. An jeden Abschnitt ist außerdem ein Transformator von 500 kVA für die Versorgung der 380 V-Verbraucher des Blockes angeschlossen.

Einige wichtige Verbraucher, wie z. B. Notabblaseventil in der Frischdampfleitung, Anfahrventile, Kesselmessung und andere, die auch dann noch in Betrieb gehalten werden müssen, wenn infolge einer Störung der gesamte Blockeigenbedarf ausfällt, sind an eine Notschiene angeschlossen, die über einen Gleichstrom-Drehstrom-Umformersatz aus der Batterie gespeist wird.

Für das Anfahren eines Blockes wird die erforderliche Energie vom Hilfskraftwerk über einen der 6,3 MVA-Transformatoren des allgemeinen Eigenbedarfes bezogen. Dieser Transformator ist an die 6,6 kV-Anfahrschiene angeschlossen, auf die von der Blockwarte aus der Eigenbedarf jedes Blockes geschaltet werden kann. Die speisenden Schalter für die 6,6 kV-Anlage eines Blockes sind so gegeneinander verriegelt, daß die Energie entweder nur aus den Blockeigenbedarfstransformatoren oder nur vom Hilfskraftwerk bezogen werden kann. Damit wird vermieden, daß zwei nicht synchronisierte Generatoren über die Anfahrschiene zusammengeschaltet werden.

An der Betriebsschiene für den allgemeinen Eigenbedarf hängen über 500 kVA-Transformatoren 6,6 kV/380 V, der Maschinenhauskran, die Speisewasseraufbereitung, Entaschung, Werkstatt usw. Für die Verbraucher im Kohlenlager, in der Ölpumpstation und im Kühlwassereinlaufbauwerk wurde mit Rücksicht auf die großen Entfernungen dieser Anlagen vom Kraftwerk eine besondere Hochspannungsschaltanlage mit Transformatoren 6,6 kV/380 V in der Nähe des Kohlenlagers vorgesehen.

Die 6,6 kV-Betriebsschiene für den allgemeinen Eigenbedarf und die 6,6 kV-Anfahrschiene für die Blocks bilden eigentlich eine gemeinsame Sammelschiene, die durch einen Leistungsschalter in zwei kuppelbare Schienenabschnitte unterteilt ist. Die beiden 6,3 MVA-Transformatoren, die die genannten Schienenabschnitte speisen, können also gegenseitig als Reserve eingesetzt werden.

f) Blockregelung und -sicherung, Warten

Das Kraftwerk San Nicolás ist ein typisches Beispiel für die Trennung der Funktionen einer „Zentralwarte" einerseits und der den Blöcken zugeordneten „Blockwarten" andererseits. Dabei ist die Anzahl der Blockwarten ohne Belang. In San Nicolás sind jeweils 2 Blöcke in einer Blockwarte zusammengefaßt. Dies ist aber nur eine Frage der örtlichen Zweckmäßigkeit. Man hätte ebenso jedem Block eine eigene Blockwarte geben oder z. B. im Endausbau jeweils 3 Blöcke zusammenfassen können. Entscheidend ist, daß in den Blockwarten die Pulte und Tafeln für die Überwachung des Kessels und des zugehörigen Generators jeweils nahe nebeneinanderstehen.

Dem elektrischen Schaltwärter in der Blockwarte obliegt neben der laufenden Überwachung, Spannungs-, Leistungs- und $\cos\varphi$-Regelung des Generators auch das Parallelschalten auf die 132 kV-Anlage und die Umschaltung der elektrischen Eigenversorgung von der Anfahrschiene auf den Block und umgekehrt. Von der Zentralwarte erhalten die Schaltwärter in den Blockwarten lediglich die Befehle für die Schaltung auf die 132 kV-Anlage und die Lastanforderungen, sofern nach Fahrplan gefahren wird.

Entsprechend den Lastanforderungen von der elektrischen Seite holt sich die Dampfturbine über den Drehzahlregler die erforderliche Dampfmenge automatisch. Der Turbinenwärter ist in dieser Beziehung passiv; er überwacht nur den ordnungsgemäßen Lauf seiner Maschine. Dagegen muß der Kessel den Lastanforderungen durch mehr oder weniger

Brennstoff- und Luftaufgabe und Änderung der Kesselspeisung nachkommen. Dazu dient die selbsttätige Kesselregelung. Der Kesselwärter in der Blockwarte überwacht die von der Kesselregelung vorzunehmenden Steuervorgänge. Da es sich hierbei um vielseitige, voneinander abhängige Vorgänge handelt, muß der Kesselwärter trotz der selbsttätigen Regelung die Anlage mit überwachen und notfalls von Hand eingreifen. Dies gilt im besonderen Maß für das Anfahren und Abstellen eines Blocks. Ein enges Zusammenarbeiten des Kesselwärters und des elektrischen Schaltwärters in der Blockwarte ist hier unerläßlich; denn diese beiden „fahren" den Block als betriebliche Einheit. Das übrige Bedienungspersonal steht an den in der Anlage verteilten örtlichen Überwachungstafeln bzw. vor den Maschinen oder Apparaten. Es erhält seine Einsatzbefehle von der Blockwarte und gibt seine Rückmeldungen dorthin.

Die Zentralwarte fungiert als Lastverteiler. Sie erteilt den einzelnen Blocks die Einsatzbefehle, trifft die Sammelschienenauswahl in der 132 kV-Anlage und steuert die Sammelschienentrennschalter der Generatorabzweige sowie die zum Kraftwerk gehörigen umfangreichen Verteilungsanlagen für 132 kV, 33 kV und 13,2 kV.

II. Äußerer Aufbau

a) Anordnung der Hauptteile des Blocks

Die vier Hauptteile, die wesentlich den äußeren Aufbau des Kraftwerkes bestimmen, sind:

Dampferzeuger mit Zubehör,
Turbosatz mit Zubehör,
Vorwärmer- und Speisepumpenanlage,
Blockwarte und Eigenbedarfsanlagen.

Bevor auf den Zusammenbau dieser Teile zu einem organischen Ganzen eingegangen wird, woraus sich Grundriß und Aufriß des gesamten Kraftwerkes entwickeln, sei zunächst jeder der vier Hauptteile für sich betrachtet:

1. Dampferzeuger mit Zubehör

Die klimatischen Verhältnisse in Argentinien gestatteten es, die Kessel in Halbfreiluftbauweise zu errichten (Abb. 9). Das Kesselgerüst bildet eine windsteife Rahmenkonstruktion. Bis +9,0 m stehen die Kessel in einem Gebäude. Darüber hinaus ragen sie ins Freie und sind allseitig wasserdicht mit Blech verkleidet. Ein wetterfestes Pultdach bildet nach oben den Abschluß. Die Kessel stehen in einer Reihe mit den Brennkammern zu den Bunkern hingekehrt. Die Rauchgase verlassen den Kessel unten, so daß sich eine gute Einströmung in die ebenerdig dahinter aufgestellten Elektrofilter ergibt. Die Frischluftgebläse sind in dem umbauten Gebäudeteil unter den Ljungström-Luftvorwärmern aufgestellt. Die Saugzuggebläse stehen im Freien hinter den Elektrofiltern. Die Rauchgase von je 2 Kesseln werden von einem Schornstein abgeführt. Die Schornsteine sind aus Stahlbeton und 90 m hoch.

2. Turbosatz mit Zubehör

Im Hinblick auf den Endausbau mit 6 Turbosätzen kam nur eine Queraufstellung der Maschinen in Frage, da bei Längsaufstellung das Maschinenhaus zu lang geworden wäre (Abb. 10 und 11).

Vom Reglerkopf der Turbine aus gesehen sind links die Drucköl- und rechts die Dampfleitungen verlegt, so daß Kreuzungen beider vermieden sind. Die Höhe des Maschinenhausflures ergab sich aus den Abmessungen des Kondensators zu 9,0 m über Kondensatorkellerflur. Zu jedem Turbosatz gehören eine Kühlwasser- und zwei Strahlwasserpumpen. Die Kühlwasserpumpe steht in einem 4,5 m tiefen Schacht, die Strahlwasserpumpen hängen in der Kellerdecke $\pm 0{,}0$ m und tauchen in den Kühlwasserkanal ein. Unmittelbar unter den Generatoren sind die Stromanschlüsse mit den Verbindungs-

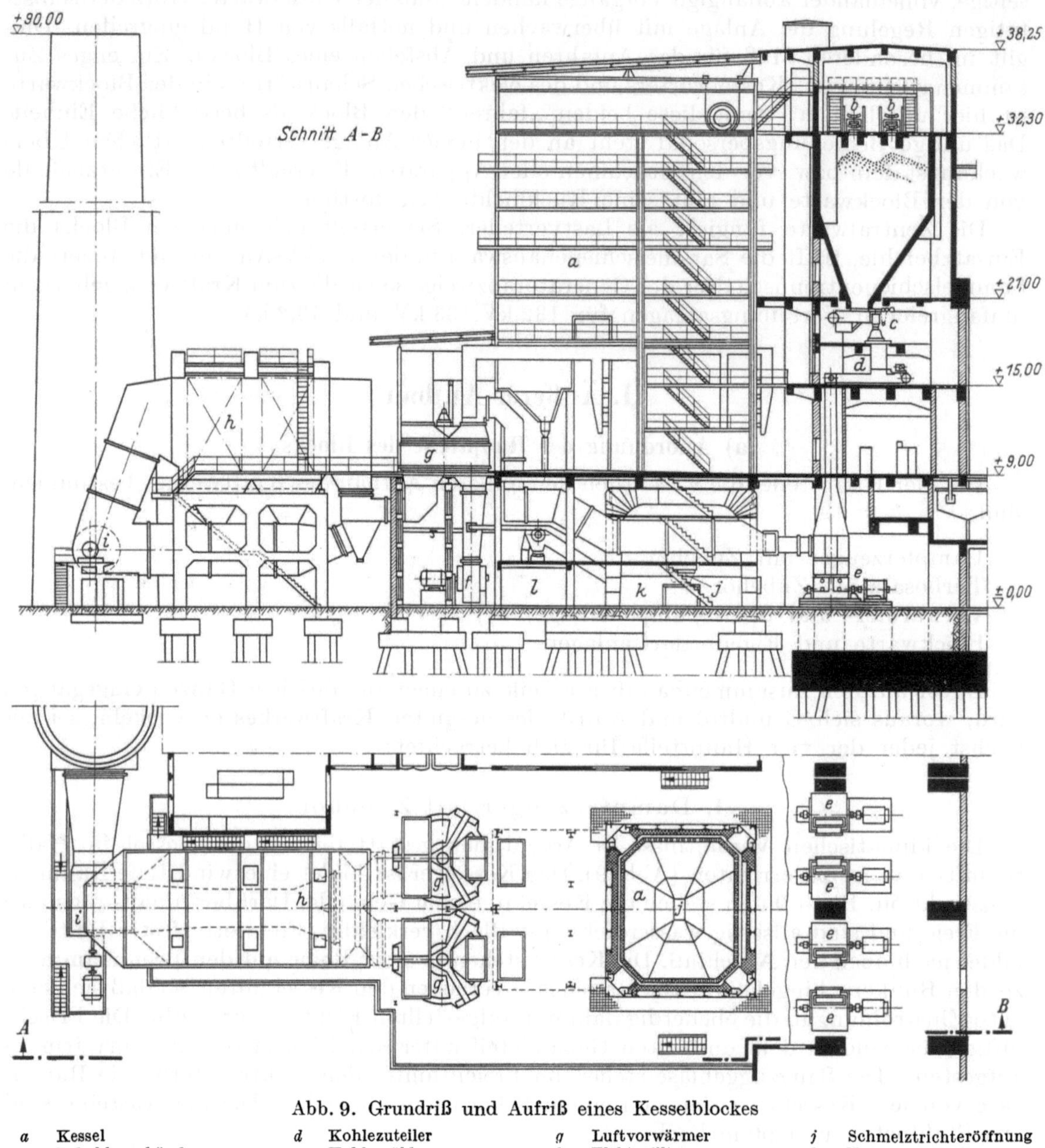

Abb. 9. Grundriß und Aufriß eines Kesselblockes

a	Kessel	*d*	Kohlezuteiler	*g*	Luftvorwärmer	*j*	Schmelztrichteröffnung
b	Bekohlungsbänder	*e*	Kohlemühle	*h*	Elektrofilter	*k*	Naßentschlacker
c	Kohlewaage	*f*	Frischluftgebläse	*i*	Saugzuggebläse	*l*	Entaschungsband

leitungen zu den Transformatoren angeordnet. Darunter sind die Dichtölanlage mit Kühleinrichtung, die H_2- und CO_2-Flaschenbatterien sowie die Entregungs- und Gestelldrosselzellen untergebracht.

3. Vorwärmer- und Speisepumpenanlage

Bei der Planung wurde die Aufgabe gestellt, keinerlei Vorwärmer und Pumpen, nicht einmal die Speisewasserbehälter mit den Entgasern im Bunkerschwerbau unterzubringen. Vielmehr sollten alle diese zum Turbosatz gehörigen Apparate, Pumpen und Behälter im Maschinenhaus in nächster Nähe des Turbosatzes angeordnet werden. Zusätzlich wurde die Forderung gestellt, daß die Oberkante des Entgasers nicht höher in

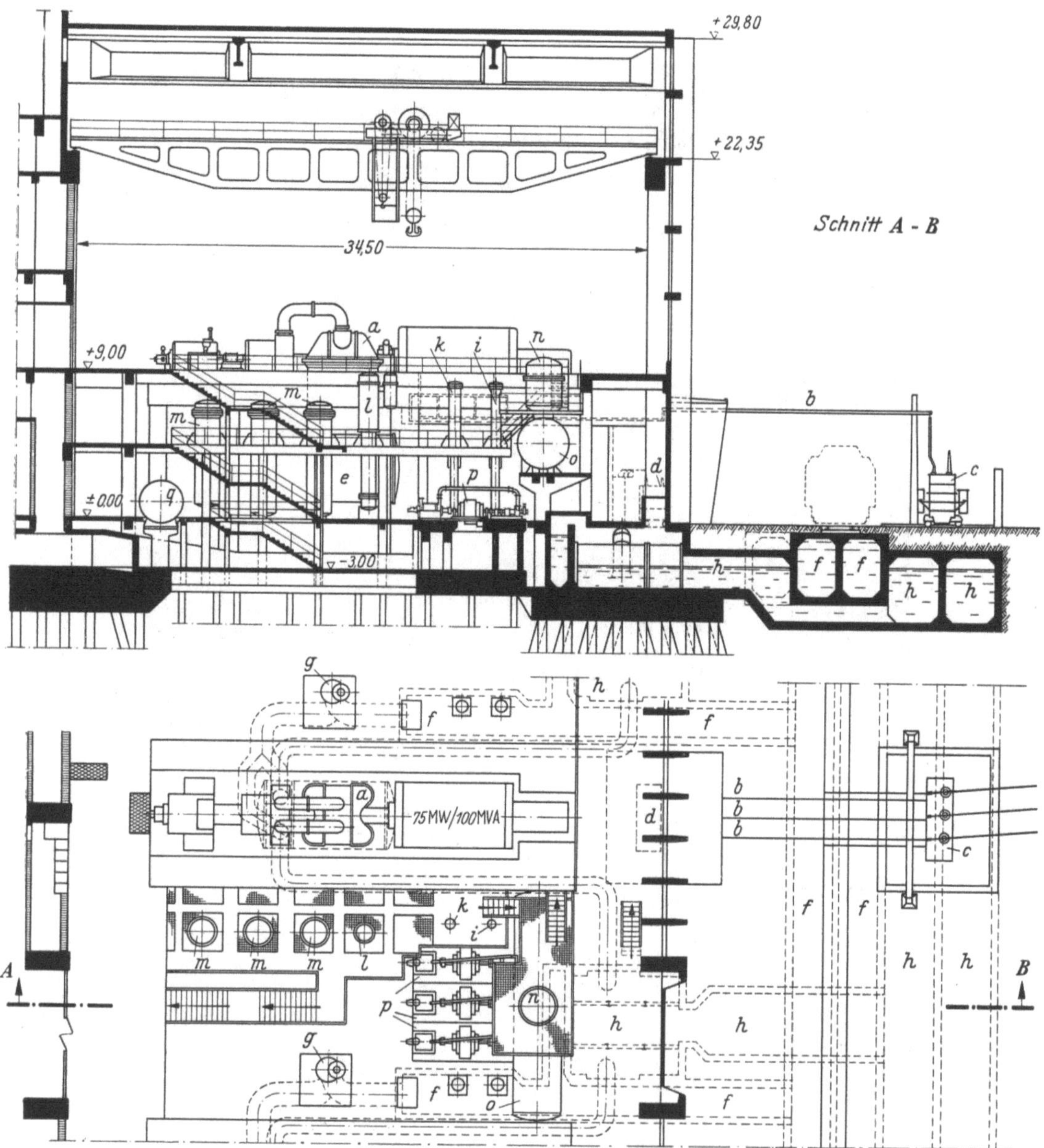

Abb. 10. Grundriß und Aufriß eines Turbinen- und Vorwärmerblockes

a Turbosatz
b Generatorableitung
c 100 MVA-Maschinenumspanner
d 10 MVA-Eigenbedarfsumspanner
e Kondensator
f Kühlwassereinlauf
g Kühlwasserpumpe
h Kühlwasserauslauf
i Brüdenkondensator
k Niederdruckvorwärmer
l Verdampfer
m Hochdruckvorwärmer
n Entgaser
o Speisewasserbehälter
p Kesselspeisepumpen
q Destillatbehälter

den Raum hineinragen sollte als die Oberkante des Generatorgehäuses. Aus dieser Forderung ergab sich eine relativ niedrige Aufstellung des Speisewasserbehälters, die zur Folge hatte, daß die Kesselspeisepumpen mit niedrigtourigen Vorpumpen ausgerüstet werden mußten.

Als Folge der Blockschaltung sind die Rohrleitungen jedes Blockes von den anderen unabhängig. Ihre Anordnung ist bei allen Einheiten die gleiche. Ebenso sind die

Abmessungen bis auf einige Ausnahmen bei den Niederdruckentnahmeleitungen übereinstimmend. Die gedrängte Anordnung der Speisewasserbehälter, Speisepumpen, Vorwärmer- und Verdampferanlagen unmittelbar neben den Turbinen ermöglichte jeweils kürzeste Verbindungen.

Abb. 11. Blick in das Maschinenhaus

Abb. 12. Blick auf Verdampfer und Hochdruckvorwärmer

Die Öffnungen im Maschinenhausflur zwischen den Turbosätzen ermöglichen den Ein- und Ausbau schwerer Stücke mit den Maschinenhauskränen und geben vom Bedienungsflur aus einen freien Blick auf alle Apparate, Pumpen und Behälter (Abb. 12). Zum Teil sind die Tragkonstruktionen der Vorwärmer und Verdampfer als Bedienungsbühnen ausgebildet. Die Speisewasserbehälter stehen in Längsachse des Maschinenhauses auf Betonsockeln 3 m über den Speisepumpen. Die Destillatbehälter liegen parallel zu den Speisewasserbehältern auf der gegenüberliegenden Seite im Maschinenhauskeller.

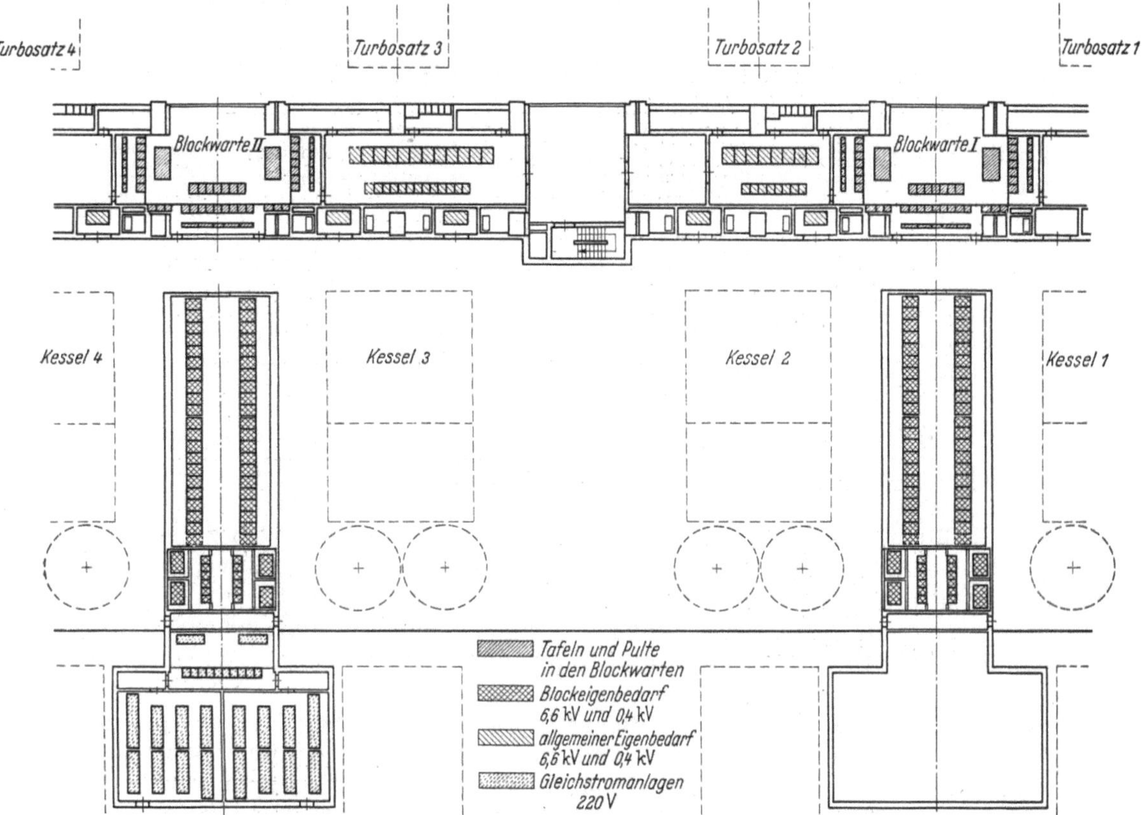

Abb. 13. Grundriß der Blockwarten und Eigenbedarfsanlagen

Abb. 14. Blick in eine Blockwarte

4. Blockwarte und Eigenbedarfsanlagen

Als Bindeglied zwischen Kessel und Turbosatz gehört die Blockwarte räumlich zu beiden. In San Nicolás bot sich der beste Platz hierfür im Bunkerbau unter den Kohlebunkern auf der Höhe des Maschinenhausflures +9,0 m an. Im gleichen Trakt und auf gleicher Höhe fiel auch Raum für die Unterbringung der Anlagen des allgemeinen elektrischen Eigenbedarfes an. Der blockgebundene Eigenbedarf, dessen größter Teil zur Kesselanlage gehört, wurde in Anbauten gelegt, die jeweils zwischen 2 Kesseln in der Achse der Blockwarte liegen (Abb. 13).

Für die Anordnung der Blockwarten boten, wie bereits erwähnt, die geraden Zahlen von zunächst 4, später 6 Blöcken den Anlaß zur paarweisen Zusammenfassung von je 2 Blöcken in einer gemeinsamen Warte. Die Unabhängigkeit der einzelnen Blocks wird hiervon nicht berührt. Es entstehen aber infolge der Zusammenfassung zweckmäßigere Räume. Außerdem bietet die zentrale Lage zwischen 2 Blocks einen ungehinderten Ausblick und Austritt nach dem Maschinenhaus zu (Abb. 14). In der Mitte jeder Blockwarte sind die Pulte und Tafeln für 2 Generatoren untergebracht. Rechts und links stehen die Pulte und Tafeln für die Kessel.

b) Zusammenbau der Teile zu einem organischen Kraftwerksblock

Wie sich die vorstehend beschriebenen Hauptteile im ersten Ausbau mit 4 Einheiten zu einem organischen Kraftwerksblock zusammenfügen, zeigt Abb. 15 im Querschnitt und Grundriß der Gesamtanlage. Daraus sind folgende Leitgedanken zu erkennen:

Die zu einem Block gehörenden Hauptteile: Kessel mit Elektrofilter, Turbosatz und Aufspanntransformator liegen in der gleichen Mittelachse. Dasselbe gilt für die (in der Abbildung nicht gezeigte) Erweiterung um einen 5. und 6. Block.

Maschinenhausflur, Wartenflur und Dach des Kesselhauses liegen einheitlich auf Kote +9,0 m.

Der Mittenabstand der einzelnen Blöcke beträgt 27 m. Dieses Maß entspricht sowohl den Erfordernissen des Kesselhauses und Bunkerbaues mit 4 Mühlen als auch denen des Maschinenhauses, ohne daß bei einem dieser Teile mit Rücksicht auf den anderen etwa Raum verschwendet wurde.

In den Mittelfeldern zwischen den Blöcken 1 und 2 und zwischen 3 und 4 befinden sich im Bunkerbau die Blockwarten. In der Flucht der Mittelachsen der Blockwarten auf die Schornsteine hin sind zunächst die Räume für den Blockeigenbedarf angeordnet, anschließend weitere Räume, in denen das Labor bzw. die Gleichstrombatterie untergebracht sind.

Umfangreiche Untersuchungen waren nötig, um die Stützenteilung des Bunkerbaues und der Maschinenhausaußenwand aufeinander abzustimmen. Im Bunkerbau war die Stützenteilung von 9 m durch die Bunkeranordnung und Mühlenaufstellung bedingt. Hierdurch kamen die Stützen u. a. genau auf die Mittelachsen der Kessel und Turbosätze. In der Maschinenhausaußenwand durften jedoch in diesen Mittelachsen keine Hauptgebäudestützen stehen, da hier die Generatorableitungen die Wand durchbrechen und die Blockeigenbedarfstransformatoren stehen. Die Lösung, die allen Forderungen gerecht wurde, ergab sich schließlich dadurch, daß die Maschinenhausdachbinder in regelmäßigen Abständen von 18 m und 9 m wechseln. Die 18 m-Felder in der Maschinenhausaußenwand wurden durch leichte Zwischenstützen in schmale Einzelfelder aufgelöst und die Zwischenstützen über den Transformatoren abgefangen.

c) Lage des Kraftwerksblocks und der Außenanlagen innerhalb des Kraftwerksgrundstücks

Bei der Gruppierung des Hauptgebäudes, der Nebengebäude und der verschiedenen Außenanlagen des neuen Kraftwerkes war auf das bereits im Bau befindliche 2 × 10 MW-Hilfskraftwerk und die zwei im Bau befindlichen Heizöltanks sowie auf die vorhandenen

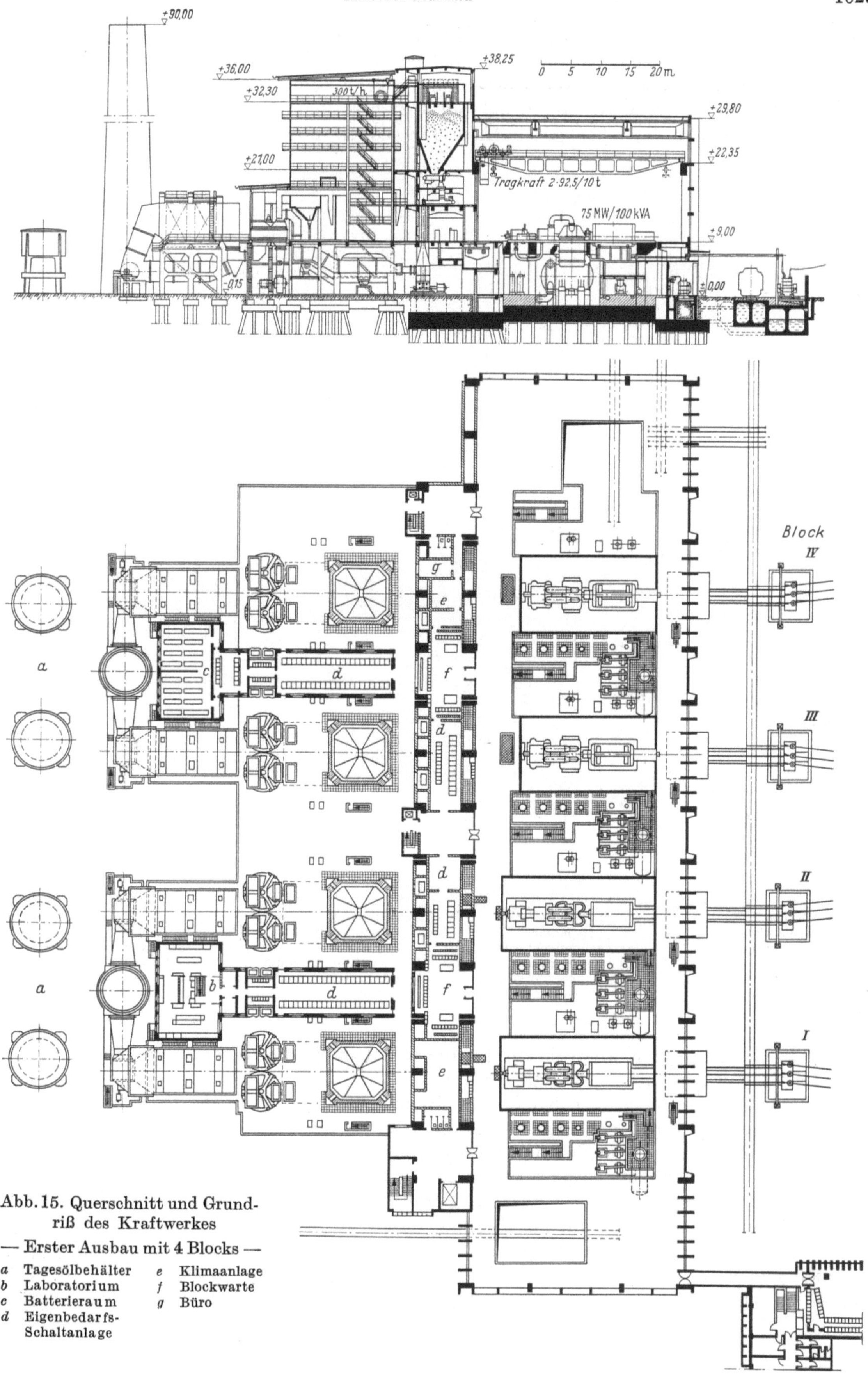

Abb. 15. Querschnitt und Grundriß des Kraftwerkes
— Erster Ausbau mit 4 Blocks —

a Tagesölbehälter
b Laboratorium
c Batterieraum
d Eigenbedarfs-Schaltanlage
e Klimaanlage
f Blockwarte
g Büro

Planungen für das Einlaufbauwerk und für den Kai Rücksicht zu nehmen. Ein Bahnanschluß war für das neue Kraftwerk nicht vorgesehen. Die auf dem Lageplan (Abb. 16) ersichtlichen Gleise dienen nur dem internen Verkehr vom Entladekai zum Kraftwerk. Während der Montage wurde allerdings ein provisorischer Gleisanschluß von einer benachbarten Fabrikanlage her geschaffen, der jedoch nur untergeordnete Bedeutung

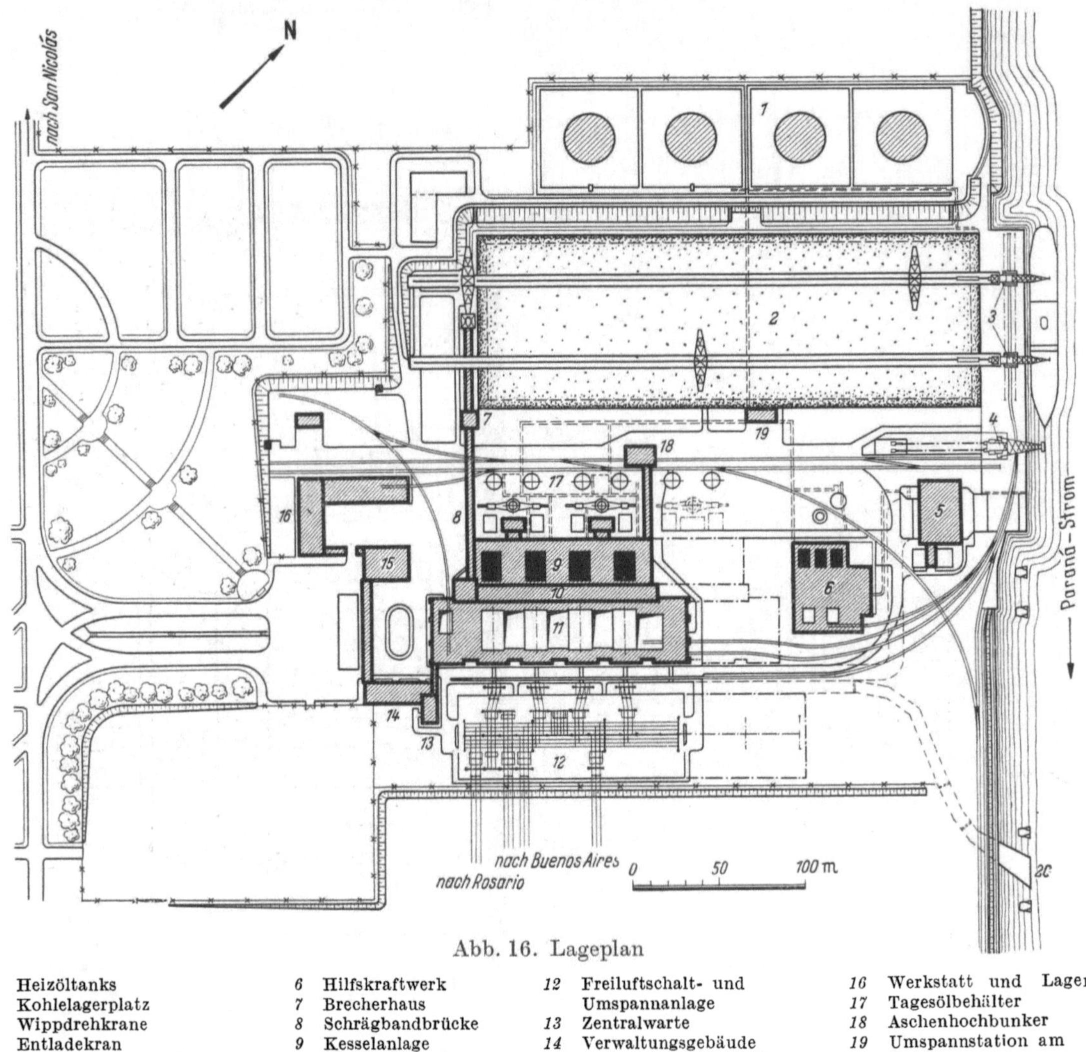

Abb. 16. Lageplan

1 Heizöltanks
2 Kohlelagerplatz
3 Wippdrehkrane
4 Entladekran
5 Einlaufbauwerk mit Wasserreinigungsanlage
6 Hilfskraftwerk
7 Brecherhaus
8 Schrägbandbrücke
9 Kesselanlage
10 Bunkerschwerbau
11 Maschinenhaus
12 Freiluftschalt- und Umspannanlage
13 Zentralwarte
14 Verwaltungsgebäude
15 Garagen und Umkleideräume
16 Werkstatt und Lager
17 Tagesölbehälter
18 Aschenhochbunker
19 Umspannstation am Kohlelagerplatz
20 Kühlwasserauslauf

hatte, da die gesamte Kraftwerksausrüstung auf dem Wasserweg und das Baumaterial mit Lastkraftwagen herangeschafft wurden.

Im Hinblick auf die großen Kohle- und Heizölmengen, die für den Betrieb des Kraftwerkes laufend am Kai entladen werden müssen, wurde dieser mit einer Länge von 150 m für das Anlegen von Schiffen bis zu 10000 BRT ausgeführt. Senkrecht zum Kai erstreckt sich der Kohlenlagerplatz mit ungefähr 100 m Breite und etwa 300 m Länge landeinwärts. Da zwei von den Heizöltanks bereits im Bau waren, während der Kohlenlagerplatz gegenüber der früheren Planung näher an die Tanks herangerückt werden mußte, entstand eine steile Böschung vom höher gelegenen Heizöltankgelände zum Kohlenlagerplatz. In diese Böschung hinein wurde das Ölpumpenhaus gebaut. Der Abstand zwischen Tank 2 und 3 ist so groß, daß dort weitere Leitungen verlegt werden können, falls später eine zweite Reihe von Tanks hinter den ersten vier aufgestellt werden sollte.

Das Einlaufbauwerk, das ursprünglich für 150 MW geplant war, wurde für den Endausbau von 450 MW erweitert, wobei die Größen der Einzelkammern für Grobrechen, Mittelrechen und Siebmaschinen beibehalten werden konnten. Flußabwärts, anschließend an das Einlaufbauwerk, ist das Fällbecken und die Kiesfilteranlage zur Reinigung des Zusatzwassers angeordnet. Etwa 200 m unterhalb des Einlaufbauwerkes mündet der Kühlwasserauslaufkanal in den Fluß.

Nachdem so die Außenanlagen für die Brennstoff- und Wasserversorgung festlagen, blieb für die Anordnung des Hauptgebäudes praktisch keine andere Wahl mehr, als daß

Abb. 17. Gesamtansicht des Kraftwerkes
Endausbau mit 6 Blocks

die Kessel nach dem Kohlenlagerplatz hin und das Maschinenhaus mit der Freiluftschaltanlage nach der flußabwärtigen Seite zugekehrt angeordnet wurden. Dabei war es naheliegend, die Achse des Bunkerschwerbaues mit der Bunkerachse des Hilfskraftwerkes zusammenfallen zu lassen. Frei zu entscheiden war lediglich, an welchem Giebelende das 300 MW-Werk zu beginnen sei, d. h. ob die Erweiterung zweckmäßigerweise in Richtung auf das Hilfskraftwerk hin oder nach der Landseite hin vorgenommen werden sollte. Man entschied sich für die erstere Lösung, weil diese die Möglichkeit bot, an der Landseite das Verwaltungsgebäude mit einem repräsentativen Eingang von der Hauptzufahrtstraße her zu entwickeln. Der Abstand des Hauptkraftwerkes vom Hilfskraftwerk wurde dadurch festgelegt, daß der Eckturm, der die Schrägbrücke der Bekohlung aufnimmt, in einer Flucht mit dem Ende des Kohlenlagerplatzes gelegt wurde. Hierdurch wird die Giebelwand des Maschinenhauses im Endausbau mit 6 Blöcken zwar recht nahe an das Maschinenhaus des Hilfskraftwerkes heranrücken, die Fundamente stören jedoch einander nicht.

Die Zentralwarte liegt am Ende des Verwaltungsgebäudes an der Stirnseite der Freiluftschaltanlage auf der Kote des Maschinenhausflures +9,0 m. Ein brückenartiger

Gang bildet die Verbindung von der Warte zum Maschinenhausflur. Zur Freiluftschaltanlage hin bietet ein großes Glasfenster freie Sicht, so daß alle Schaltvorgänge von der Zentralwarte aus gut beobachtet werden können.

Pförtnerraum, Umkleideräume und Garagen sind in einem besonderen Gebäude am Eingang zum Kraftwerksgelände untergebracht. Daneben stehen die Gebäude für Werkstatt und Lager.

C. Spezialtechnik

I. Bautechnische Ausführung

a) Geländeregulierung, Gründung, Tiefbauten

Die gesamte Fläche des eingefriedeten Kraftwerksgrundstückes beträgt 168000 m². Der größte Teil des Baugeländes lag ursprünglich auf +5,5 m über Normal-Null (NN). Nur ein Teil des Kohlenlagerplatzes befand sich im Bereich des auf etwa +16,0 m über NN ansteigenden Höhenrückens, auf dem die Heizöltankanlage steht. Da das höchste Hoch-

Abb. 18. Pfahlgründung

wasser bis auf +8,03 m über NN ansteigen kann, wurde das Kraftwerksgelände auf ein Niveau von +8,35 m über NN planiert und das Maß +8,5 m über NN als Kote ±0,0 für alle Bauten einheitlich festgelegt. Zwischen dem regulierten Kraftwerksgelände und dem Höhenrücken der Heizöltankanlage verbleibt somit eine Höhendifferenz von etwa 8 m, die durch eine unter 30° geneigte Böschung ausgeglichen wurde. Das durch die Abtragung eines Teiles des Höhenrückens zur Planierung des Kohlenlagerplatzes gewonnene Erdreich und der Aushub für die Fundamente reichten zusammen nicht aus, um das gesamte Baugelände auf +8,35 m über NN aufzufüllen. Es mußten daher zusätzliche Bodenmassen herangeführt werden. Insgesamt wurden rund 385000 m³ Boden bewegt.

Der Baugrund im Bereich des Kraftwerkes zeigte Schlickschichten und Flußablagerungen, die eine flache Gründung ausschlossen. Daher war bei allen Bauwerken mit Ausnahme eines Teiles des Kohlenlagerplatzes und einiger Nebengebäude, die auf gutem Grund liegen, eine Pfahlgründung notwendig (Abb. 18). Insgesamt wurden 7500 Stahlbetonhohlpfähle mit einer Tragkraft von 40, 70 bzw. 100 t, Durchmesser bis zu 60 cm und

Längen von 8 bis 22 m gerammt. Die Pfähle wurden durch Stahlbetonfundamente zu Pfahlgruppen zusammengefaßt. Auch die Kühlwasserkanäle und die begehbaren Kabelkanäle mit ihren großen Querschnitten erforderten eine Pfahlgründung.

Besonders schwere Bauteile, wie Bunkerbau und Maschinenhausaußenwand, ruhen auf durchgehenden, nur durch Trennfugen unterbrochenen Fundamentplatten. Die Oberkanten aller Fundamente wurden auf —0,9 m gelegt, um darüber Raum für kleinere Kanäle freizuhalten. Der nicht für derartige Kanäle benützte Raum zwischen —0,9 m und $\pm$0,0 m wurde später mit Erdreich verfüllt, und auf dem gestampften Boden wurde eine Betonschicht mit Glattstrich aufgebracht.

Abb. 19. Blick auf den Kai

Für den Kai (Abb. 19) waren umfangreiche Pfahlgründungen unter Wasser durchzuführen. Die Betonbauten wurden jeweils zu Zeiten des Niedrigwassers durchgeführt. Für das Einlaufbauwerk, dessen Sohle bis auf —11,25 m herunterreicht, waren Spundwände sowie ein in den Fluß hineingebauter Fangedamm aus Erdreich und eine umfangreiche Wasserhaltung erforderlich, um die Baugrube trocken zu halten.

Die großen Kühlwasserkanäle zwischen Einlaufbauwerk und Kraftwerk und vom Kraftwerk zum Auslaufkanal wurden in Stahlbeton ausgeführt. Sie haben in Abständen von etwa 50 m Dehnungsfugen, die mit Kupferblech abgedichtet sind. Um Reparaturen und Reinigungen an den Kanälen vornehmen zu können, ist die Möglichkeit vorgesehen, verschiedene Teilstücke bzw. Stichkanäle jeweils durch Dammbalkenverschlüsse trockenzulegen.

b) Hochbauten

1. Baukonstruktion und Architektur

Alle Bauten außer geringfügigen Nebenbauten wurden in Stahlbeton-Skelettbauweise errichtet (Abb. 20). Insgesamt, d. h. einschließlich der Fundamente, wurden 96000 m^3 Stahlbetonbauten ausgeführt. Der Zementverbrauch betrug 29000 t, der Betonstahlverbrauch 10200 t. Dabei wurde die Betongüte H 185 für die tragenden Konstruktionen zugrunde gelegt. Soweit vorgefertigte Teile verwendet wurden, z. B. beim Maschinenhausdach, wurden sie in H 240 ausgeführt. Für die Bewehrung wurde im allgemeinen der hochwertige Baustahl SIMA, bei den überwiegend auf Druck beanspruchten Bauteilen normaler Stahl verwendet. Für die sichtbaren Betonkonstruktionen wurde gehobelte und senkrecht profilierte Schalung verwendet. Die Ausmauerung erfolgte in Ziegelmauerwerk. Die gesamten Mauerwerksteile wurden verputzt.

Der gesamte *Bunkerbau* ruht auf einer Fundamentplatte. Die Stahlbetonkonstruktion trägt zwischen den Koten +24,5 und 32,3 m die Kohlenbunker für die 4 Kessel sowie 5 Betontanks für Trink- und Betriebswasser (Abb. 21). Auf +15,0, +21,0 und 32,3 m wurden balkonartige Auskragungen für die Verbindung dieser Geschosse mit den Kesselbühnen vorgesehen. Der gesamte Bunkerbau ist alle 27 m durch eine senkrechte Dehnungsfuge von 3 cm unterteilt, um Deformationen durch Temperaturunterschiede und

Schwinden des Betons zu vermeiden. Das Dach besteht aus Balken und Platten in Stahlbeton. Landseitig ist der Bunkerbau durch einen Turm von 43,5 m Höhe abgeschlossen, in dem sich das Treppenhaus, ein Lastenaufzug für 2,5 t Tragfähigkeit und eine Montageöffnung mit einer 4 t-Winde befinden. Außer dem Haupttreppenhaus im Turm befinden sich im Bunkerbau zwei weitere Treppenhäuser in der Mitte und am anderen Ende mit je einem Personenaufzug.

Die Kesselgerüste ruhen auf der Kote $-0{,}9$ m auf Betonfundamenten. Bis zur Höhe $+9{,}0$ m sind die Kessel in ein *Kesselhaus* eingebaut. Zwischen Kessel 1 und 2 einerseits und 3 und 4 andererseits ist auf die 9,0 m-Decke je ein Haus für den Blockeigenbedarf

Abb. 20. Kraftwerk im Bauzustand

bis zur Höhe $+12{,}5$ m aufgesetzt. Diese Häuser leiten in Richtung auf die Schornsteine mit je einer 4 m weiten Brücke auf die Hochspannungshäuser der Elektrofilter über.

Im Inneren des Kesselhauses befindet sich eine unter den Kesseln durchgehende Bühne für die Entaschungsbänder auf Kote $+3{,}0$ m. Zwischen den Kesseln 2 und 3 ist ein Raum für die chemische Wasseraufbereitung abgetrennt. Zur Deckung des Frischluftbedarfes sind im Bereich eines jeden Kessels in der Umfassungsmauer Jalousien mit je 30 m² Lufteintrittsfläche vorgesehen.

Die *Schornsteine* haben eine Höhe von 90,0 m über Terrain. Die Fundamentplatten auf $-4{,}0$ m sind durch Pfähle gestützt. Der obere äußere Durchmesser beträgt 5,8 m, während der Durchmesser auf $\pm 0{,}0 = 8{,}55$ m ist. Die Stärke der Stahlbetonwände im oberen Teil beträgt 15 cm, auf $+6{,}0$ m $= 31$ cm. Der äußere Betonmantel hat in Abständen von 15 m Betonkränze, auf die sich die innere Ausmauerung stützt. Der Raum zwischen den beiden Mänteln von 10 cm Breite ist mit Isoliermaterial ausgefüllt. Der obere Schutz auf $+90{,}0$ m besteht aus einem Ring von Gußeisenplatten.

Von den Bauten für die *Bekohlungsanlage* sind die zwei Hochbahnen für die Verschiebebrücken bzw. Wippdrehkräne bemerkenswert. Jede Hochbahn hat eine Länge von 360 m und besteht aus einer Stahlbeton-Stützenkonstruktion. Die Stützen haben einen Abstand von 9,0 m. Alle 45 m sind Dehnungsfugen angeordnet. Die Schrägbrücke für den Kohlentransport hat eine Länge von etwa 97 m. Die Brücke wird von 3 Betonstützen im Abstand von je etwa 20,0 m getragen. Die Stützen sind 9,0, 15,5 bzw. 22,5 m hoch.

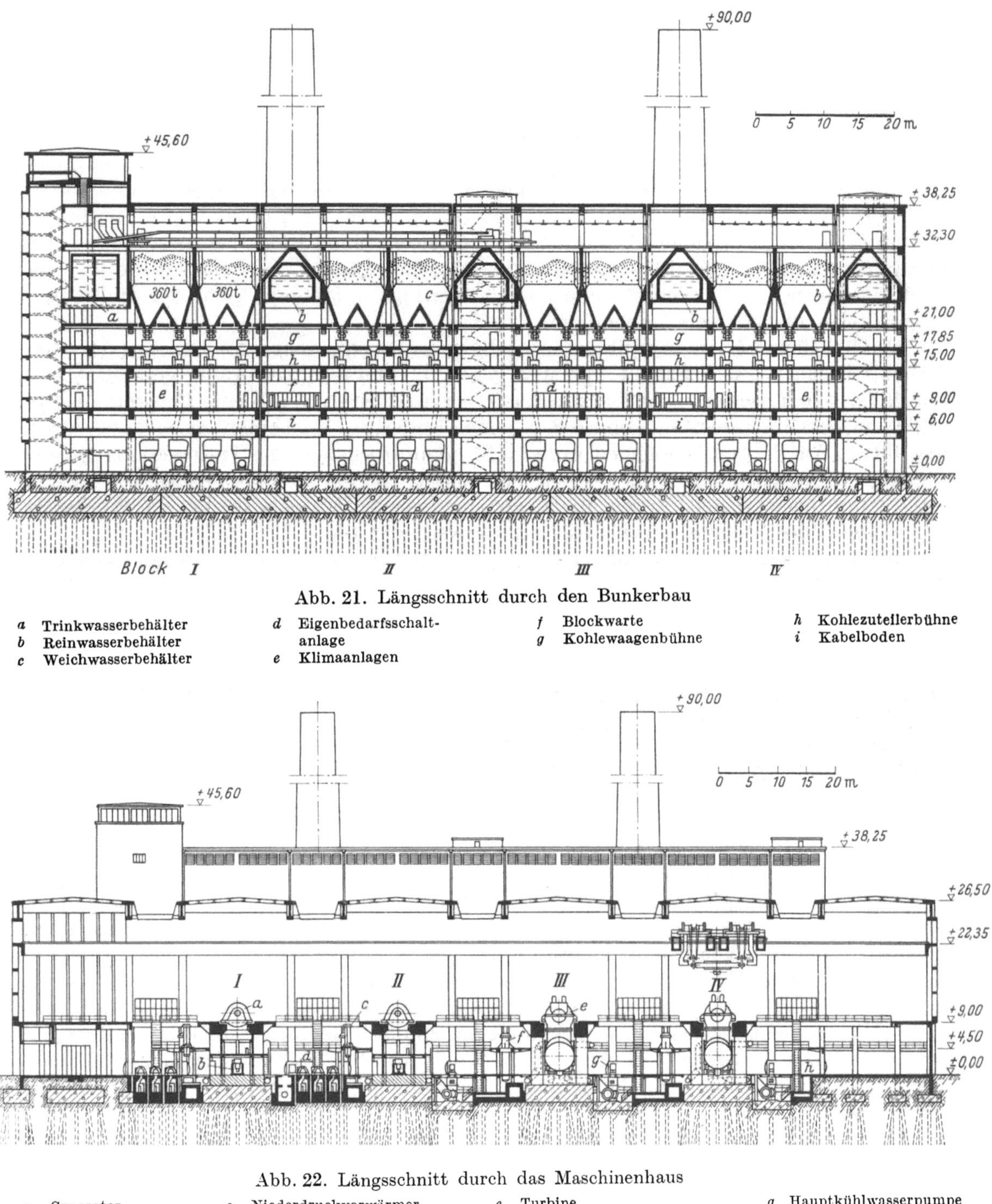

Abb. 21. Längsschnitt durch den Bunkerbau

a Trinkwasserbehälter
b Reinwasserbehälter
c Weichwasserbehälter
d Eigenbedarfsschaltanlage
e Klimaanlagen
f Blockwarte
g Kohlewaagenbühne
h Kohlezuteilerbühne
i Kabelboden

Abb. 22. Längsschnitt durch das Maschinenhaus

a Generator
b Dichtölanlage
c Niederdruckvorwärmer
d Kesselspeisepumpen
e Turbine
f Hochdruckvorwärmer
g Hauptkühlwasserpumpe
h Destillatbehälter

Das *Maschinenhaus* hat eine Länge von etwa 155 m, eine Breite von etwa 38 m und eine Höhe von etwa 30 m. Es ist unterteilt in Felder von abwechselnd 18,0 und 9,0 m (Abb. 22). Über den 18 m-Feldern, in deren Mittelachse jeweils die Maschinen stehen, ist das Dach 30,4 m hoch und entwässert nach den beiderseitigen 9 m-Feldern mit einem Gefälle von 4%. Im 9 m-Feld erhält das Dach eine Neigung vom Schwerbau zur Maschinenhausaußenwand, so daß hier die Gesamtentwässerung des Maschinenhausdaches aufgefangen wird. Die äußere Maschinenhauslängswand wird durch ein System von Stahlbetonstützen gebildet. Die Zwischenräume zwischen den Stützen der 18 m-Felder werden durch Fenster ausgefüllt. Die Aufgabe der Architekten lag in erster Linie in der Auflockerung der Baumassen des großen Maschinenhauses unter Berücksichtigung der klimatischen Verhältnisse des Landes, insbesondere der Sonneneinstrahlung. Die Stützen des Maschinenhauses stehen als tiefe sonnenbrechende Scheiben senkrecht zur Flucht. Die hohen Dachbinder ermöglichten die abwechselnde obere und untere Auflagerung der zwischen ihnen liegenden Dachflächen. Auf diese Weise entstanden weithin sichtbar vorspringende Baukörper, die jeweils einen Block betonen. Dazwischen liegen zurückspringende Einschnitte (Abb. 17). Von innen gesehen wird durch das Zurückspringen der Zwischenflächen und das seitlich einfallende Licht der Stahlbetonkonstruktion die Schwere genommen.

Die Giebelfassade am Haupteingang erhielt große repräsentative Fenster, die ebenfalls mit Blenden aus Fertigbetonplatten gegen die Sonneneinstrahlung geschützt sind. Die flußseitige Erweiterungsgiebelwand wurde provisorisch durch eine Fensterwand geschlossen. Die Montageöffnungen an den beiden Enden des Maschinenhauses haben Gleisanschlüsse. Am flußseitigen Ende wurde im Kondensatorkeller eine Trafowerkstatt durch feuersichere Betonwände vom übrigen Raum abgetrennt. Die Decke dieser Werkstatt auf +9,0 m besteht aus Platten, die abgehoben werden können, so daß die Werkstattgrube vom Maschinenhauskran aus bedient werden kann.

Das Maschinenhaus wird von 11 Stahlbetonbindern mit einer Spannweite von etwa 38 m und einem Stückgewicht von 156 t überspannt. Die Binder wurden an Ort betoniert. Zur Unterstützung der Schalung wurde ein transportables Gerüst verwendet, außerdem einer der beiden Maschinenhauskräne. Auf diese Weise konnten gleichzeitig 2 Binder eingeschalt werden. In den 18 m-Feldern spannen sich zwischen den Bindern je 2 Nebenträger, die auch an Ort betoniert wurden. Zwischen diesen wurden Fertigbetonträger verlegt und mit Bimsbetondielen abgedeckt. In gleicher Weise wurde das Dach in den 9 m-Feldern mit Fertigbetonteilen hergestellt.

Die Turbinenfundamente sind tief abgestimmt. Sie sind aus Stahlbeton hergestellt und haben auf Kote +9,0 m eine Tischplatte von 26 × 11,6 m.

Die Nebengebäude, die sich um die landseitige Giebelfront des Kraftwerkes gruppieren (Abb. 17), sind das Verwaltungsgebäude mit Zentralwarte, das Garderobengebäude mit Pförtnerräumen und Garagen sowie die Werkstatt und das Lager.

Das Verwaltungsgebäude und die Zentralwarte sind zwar zusammengebaut, jeder Teil bildet jedoch für sich einen selbständigen Baukörper. Unter dem auf Maschinenhausflur +9,0 m liegenden Wartenraum ist ein Kabelgeschoß angeordnet. Darunter liegen die Räume für die Klimaanlage und die Druckluftanlage der Freiluftschaltanlage sowie die Kammern für die 6,3 MVA-Trafos. Im rechten Winkel schließt sich an den Wartentrakt das Verwaltungsgebäude an. Es hat 3 Geschosse sowie einen Treppenturm mit Personenaufzug. Der Bau ist in Stahlbeton-Skelettbauweise mit windsteifen Stirnwänden ausgeführt. Die Felder der Fensterbrüstungen sind mit Fassadenplatten ausgefacht.

Durch eine Pergola ist das Verwaltungsgebäude mit dem Pförtner-, Garderoben- und Garagengebäude verbunden. Im Erdgeschoß befinden sich die Pförtnerräume, bestehend aus einer Pförtnerloge und einem Warteraum, ferner die offenen Garagen, ein Platz für den Feuerwehrwagen, ein Einstellplatz für die Reparaturfahrzeuge des Netzpersonals, ein Raum für Fahrräder, eine Kraftfahrzeugwerkstatt mit Tankstelle und ein Heizungsraum, ferner Toiletten- und ein Batterieraum. Im Obergeschoß sind die Garderoben für die Arbeiter untergebracht. Der Weg dahin führt unmittelbar an der Pförtnerloge vorbei. Im Vorraum der Garderoben sind Steckuhren und Kontrollkartentafeln des Personals aufgestellt. In der Mitte des Obergeschosses befinden sich Duschräume mit einem schalenförmig abgedeckten Dachaufbau, durch den die Luft ins Freie austreten kann.

Mit dem Garderobengebäude durch eine Wand verbunden, durch die eine Einfahrt in den Werkshof führt, schließt das Werkstatt- und Lagergebäude an. Es liegt in Winkelform in der Westecke des Kraftwerksgeländes. Ein Werksgleis fährt in die Achse des Lagers, während die verlängerten Entaschungsgleise an der Nordwestseite des Gebäudes entlanglaufen. Hier befindet sich eine Entladerampe mit Schutzvordach und ein Wandkran. Werkstatt und Lager sind ebenfalls in Stahlbetonkonstruktion mit windsteifen Stirnwänden und Ausfachung durch Fassadenplatten errichtet. Die Fenster der Nordwest- und Südwestfassade sind durch bewegliche senkrechte Sonnenblenden aus Stahlblech geschützt. Über 3 Treppenhäuser kann man in das auf Kote +5,0 m liegende Obergeschoß gelangen, in welchem die leichten Werkstätten untergebracht sind. Nordöstlich vom Werkstattgebäude auf der anderen Seite der Gleise ist das *Öllager* ebenfalls in Stahlbetonkonstruktion errichtet.

2. Innenausstattung der Gebäude

Im Bunkerbau ist das Mauerwerk innen verputzt. Stufen und Podeste des Haupttreppenhauses sind mit Kunststeinen belegt. Die Schaltanlagen haben Fußböden aus Kunststeinplatten, die Blockwarten sind mit Kunststoffplatten ausgelegt. Türen und Fenster sind aus Stahl, die Tragkonstruktionen der Glastrennwände der Blockwarte und Treppenhäuser zum Maschinenhaus auf +9,0 m aus Duraluminium.

Im Kesselhaus sind alle Fenster und Türen sowie die Tore aus Stahlkonstruktion. Die Fußböden in den Elektrobetriebsräumen sind aus Kunststeinplatten, im Labor und im Batterieraum aus säurefesten Fliesen. In den übrigen Räumen sind sie aus Zementestrich.

Im Maschinenhaus sind lediglich die Mauerwerksteile verputzt, während alle Betonoberflächen sichtbar sind. Sie sind bis zur Höhe der Kranbahn gestockt, darüber mit gehobelter Schalung betoniert. Auf Kote +9,0 m ist die Wand bis zur Höhe der Oberkante der Überwachungstafeln für die Turbinen mit grünen Fliesen verkleidet. Die Fußböden auf +9,0 m und +4,5 m sind mit roten Keramikplatten belegt. Fenster, Tore und Türen sind aus Stahlkonstruktion.

Im Verwaltungsgebäude sind alle Innenräume verputzt. Die Räume der Direktion sind zusätzlich mit Holz verkleidet, Fußböden aus Parkett, die Haupttreppe mit Marmor ausgekleidet und belegt, die Nebentreppen mit Kunststeinstufen hergestellt. Die Fenster sind Stahlschiebefenster.

3. Lüftung, Klimaanlagen

Zur Belüftung des Maschinenhauses tritt Frischluft unter +9,0 m und unmittelbar über +9,0 m durch Öffnungsflügel der Fenster ein. Im Bunkerbau werden die Zwischenräume zwischen den maschinenhausseitigen Stützen zur Entlüftung des Maschinenhauses benützt, da sie wegen der Höhe des Schwerbaues eine günstige Kaminwirkung besitzen. Der Luftaustritt aus dem Schwerbau erfolgt durch dicht unter dem Dach angeordnete Jalousienöffnungen nach beiden Seiten. Ein Teil der Luft kann das Maschinenhaus auch durch die oberen Öffnungsflügel der Fenster verlassen.

Zur Klimatisierung der Blockwarten und Luftüberdruckerzeugung in den Eigenbedarfsanlagen sind auf Kote +9,0 m zwei Klimaanlagen aufgestellt, Leistung je 15000 m^3/h. In diesen Räumen befinden sich auch Ventilatoren, die die Schaltanlage unter Überdruck setzen. Eine dritte Klimaanlage steht unter der Zentralwarte für das Verwaltungsgebäude, Leistung 41000 m^3/h. Für die verschiedenen Schalträume, Batterieräume und Lurgiräume ist eine Entlüftungsanlage für zusammen 26000 m^3/h vorgesehen. Im Kellergeschoß des Garderobengebäudes ist eine ölgefeuerte Heißwasserheizung für die Duschen eingebaut, daneben liegt außerhalb des Gebäudes unter Terrain ein 10 m^3 großer Heizölbehälter aus Beton.

4. Aufzüge

Die technischen Daten der im Kraftwerk eingebauten Lasten- und Personenaufzüge zeigt Tabelle 2.

Tabelle 2

Aufzug	Anzahl	Tragfähigkeit kg	Haltestellen	Hubhöhe m	Geschwindigkeit m/min
Lastenaufzug im Hauptturm	1	2500	9	38	18 bis 22
Personenaufzug in den Zwischentreppenhäusern	2	450	8	34	42 bis 45
Personenaufzug im Verwaltungsgebäude	1	450	3	10	42 bis 45

5. Beleuchtung

Zur Versorgung der Hauptbeleuchtung stehen zwei Transformatoren mit je 400 kVA, 380/220 V zur Verfügung, die im Bunkerbau auf +9,0 m aufgestellt sind. Einer der beiden Transformatoren wird für den Notfall immer in Reserve gehalten. Für die Stromverteilung sind 1 Generalverteilung, 8 Hauptverteilungen, 2 Zwischenverteilungen und 71 Unterverteilungen vorgesehen. Die Generalverteilung stellt das Zentrum der Stromversorgung der Haupt- und Notbeleuchtung dar.

Zur Versorgung der Notbeleuchtung dienen die Gleichstrombatterien. Es wurde darauf geachtet, daß mit Ausnahme der Schaltwarten und des Verwaltungsgebäudes die Notbeleuchtung bei eingeschalteter Hauptbeleuchtung immer mit brennt.

Die Ausleuchtung der einzelnen Gebäudeteile wurde wie folgt vorgesehen:

Maschinenhaus: Leuchtstofflampen in Lichtbandanordnung unterhalb und oberhalb der Kranbahn sowie in den Deckenlängsbindern. Notbeleuchtung mittels Glühlampenleuchten in den heruntergezogenen Deckenteilen.

Blockwarten: Beleuchtung mittels bandförmig angeordneten Plexiglaskassetten für Leuchtstofflampen. Für Notlicht sind Glühlampen in die Kassetten eingebaut.

Die übrigen Betriebsanlagen sind zum größten Teil mit Leuchtstofflampen ausgerüstet, für Nebenräume ist Glühlampenbeleuchtung vorgesehen.

II. Maschinentechnische Ausrüstung

a) Dampferzeugungsanlage

1. Kessel, Feuerung, Mühlen, Luftvorwärmer

Die Kessel sind Strahlungskessel mit natürlichem Wasserumlauf (Abb. 23). Der Genehmigungsdruck beträgt 117 atü, die normale Leistung 220 t/h, die maximale Dauerleistung 300 t/h. Die Kessel können sowohl mit Öl als auch mit Steinkohle gefeuert werden, und zwar mit jedem der beiden Brennstoffe allein bis zur maximalen Dauerleistung, außerdem in jedem beliebigen Mischungsverhältnis. Die niedrigste Dauerlast bei Ölfeuerung ist 60 t/h, bei Kohlenfeuerung 100 t/h. Bei Kohlenbetrieb ist flüssiger Schlackeabzug aus einem Schmelztrichter vorgesehen. Die Kesselwirkungsgrade zeigt Tabelle 3.

Tabelle 3. *Kesselwirkungsgrade*

Kesselleistung	Öl	Kohle
220 t/h	92%	89%
300 t/h	91,5%	88%

Der Feuerraum ist allseitig mit Strahlungsheizflächen ausgekleidet. Die Fallrohre sind unbeheizt, so daß ein eindeutiger Wasserumlauf sichergestellt ist. Sämtliche Siederohre ergießen sich in die Obertrommel. Sie sind über die ganze Trommelbreite verteilt, wodurch ein ruhiger Wasserstand und eine gleichmäßige Dampfverteilung in der Trommel erzielt werden. Besondere Einbauten zur Dampftrocknung sind nicht vorhanden.

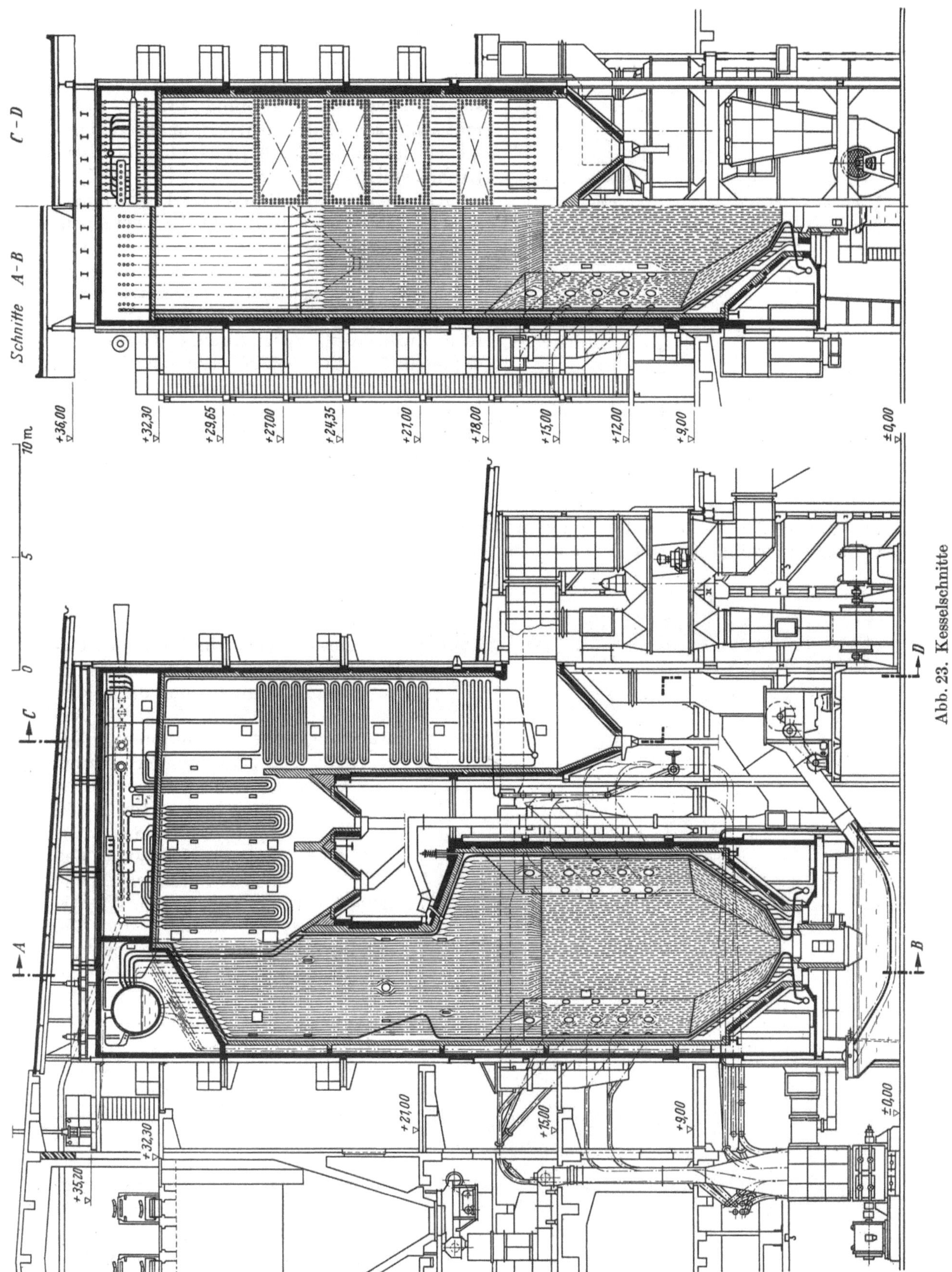

Abb. 23. Kesselschnitte

Die Überhitzerheizfläche ist für eine Dampftemperatur von 530° C bei einer Dampfleistung von 220 t/h ausgelegt. Zur Konstanthaltung dieser Temperatur bei höherer Leistung sind je Kessel 2 Einspritzkühler vorgesehen. Als Einspritzwasser dient Kesselspeisewasser, die Regelung erfolgt automatisch. Den Temperaturverlauf im Teillastgebiet zeigt die Überhitzercharakteristik (Abb. 24).

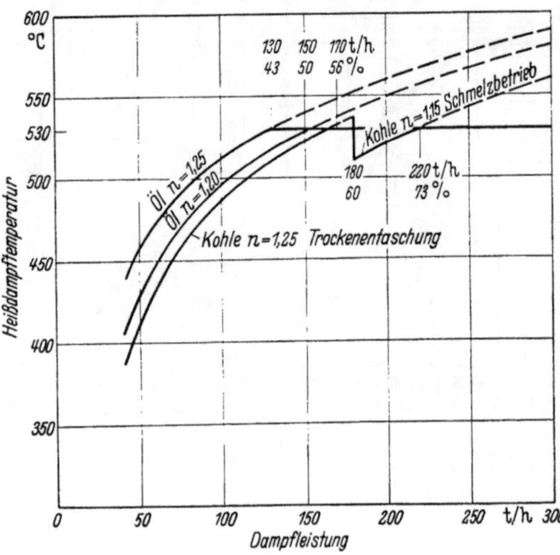

Abb. 24. Überhitzercharakteristik

Als *Heizöl* wird Bunker C-Öl mit einem unteren Heizwert von 9700 kcal/kg bei einem Schwefelgehalt von 2% verwendet. Die Viskosität bei 50° C beträgt 50 bis 60° Engler (1700 bis 2200 Sekunden Saybolt-Fourol). Für die Verfeuerung dieses Öles sind 18 waagerecht ausblasende Spezialbrenner vorhanden, davon je 5 in den beiden vorderen und je 4 in den hinteren Feuerraumecken. Die Ölbrennerebenen liegen zwischen bzw. über den Ebenen der Staubbrenner (Abb. 25). Zur Erreichung der maximalen Last genügt der Einsatz von 16 Brennern. Die Brennerleistungen können bis auf $^1/_8$ der Maximallast heruntergeregelt werden. Das nichtverbrauchte Öl fließt in die Zulaufleitung zurück. Jeder Kessel hat seine eigene vollständige Heizölpump- und Vorwärmstation. Das Öl wird auf 80 bis 125° C erwärmt und unter einem Druck von 30 atü im Brenner zerstäubt.

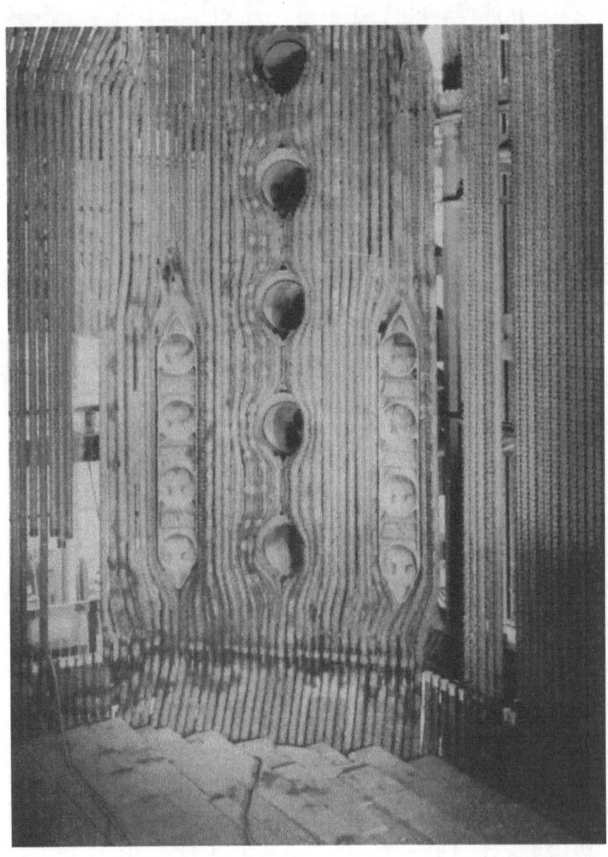

Abb. 25. Blick in eine Brennerecke

Unter den hinteren Hauptbrennern liegen 2 Zündölbrenner. Um bei Kohlenstaubbetrieb schneller anfahren zu können, sind die beiden unteren Hauptbrenner der Vorderwand ebenfalls als Zündbrenner benutzbar. Die Zündbrenner werden mit Gasöl betrieben und erhalten ihr Öl aus einem besonderen Tank.

Die zu verfeuernde *Steinkohle* hat einen unteren Heizwert von 6700 bis 7500 kcal/kg, einen Aschegehalt von 6 bis 11%; der Wassergehalt liegt zwischen 0,5 und 5%, die flüchtigen Bestandteile betragen zwischen 18 bis 34%, der Schwefelgehalt beträgt bis 1,5%. Der Schlackenschmelzpunkt liegt maximal bei 1450° C.

Zu jedem Kessel gehören 4 *Schlägermühlen* mit einer Mahlleistung von je 8 t/h (Abb. 26). Die Kohle gelangt aus den Bunkern über Aufgabevorrichtungen und Kippwagen in die Mühlen. Der Kohlenstaub wird von heißer Druckluft über Sichter und Brenner in den Feuerraum geblasen. Im Sichter werden nicht genügend fein gemahlene Kohlenteilchen ausgeschieden und in die Mühle zurückgeführt.

Jeder Kessel hat 32 Kohlenstaubbrenner, in jeder Ecke 8, die paarweise in zwei Reihen von je 4 zu beiden Seiten der Ölbrenner untergebracht sind. Zu jeder Ebene von 4 × 2 Brennern in gleicher Höhe gehört eine Mühle. Bei Teillastbetrieb und Abschaltung einzelner Mühlen ist somit eine gleichmäßige Beaufschlagung des Feuerraumquerschnittes gewährleistet.

Da bei Kohlenstaubbetrieb der Schlackenabzug über weite Belastungsstufen flüssig erfolgen soll, sind die Aschentrichter der Kessel als Schmelztrichter ausgebildet, d. h., die im Aschentrichter liegenden Kesselrohre sind nach der Feuerraumseite bestiftet und mit einer feuerfesten Masse verkleidet. Die bei hoher Temperatur flüssige Schlacke fließt in ein Wasserbad und zerfällt durch das plötzliche Abschrecken in kleine Teilchen.

Die Brennerachsen jeder Ebene sind an einen gedachten Kreis in der Mitte des Feuerraumes gerichtet, um eine gute Durchwirbelung einzuleiten und den Feuerraumquerschnitt mit der sich entwickelnden Flamme auszufüllen. Außerdem sind sie nach unten geneigt, um die Wärmekonzentration im Schmelztrichter zu erzielen, die zur Verflüssigung der Rückstände notwendig ist.

Abb. 26. Blick auf Kohlemühlen

Der flüssige Schlackenabzug ist nur bis herab zu 60% der maximalen Kesselleistung möglich. Hierbei werden primär 70% der Asche eingebunden. Die in den Kesselzügen und im Elektrofilter anfallende Flugasche wird pneumatisch in den Schmelztrichter eingeblasen und dort mit eingeschmolzen. Für die Flugaschenrückführung steht bei jedem Kessel ein Rotationskompressor, der 7700 m³/h Preßluft von 2,5 atü erzeugt. Bei Kesselbelastung unter 60% der Höchstleistung fällt die Asche im Feuerraum trocken an. Die Flugasche wird in diesem Falle mittels Preßluft in die im Abschnitt Aschenabtransport näher beschriebenen Aschenhochbunker abgeführt.

Jeder Kessel ist mit 2 *Ljungström-Luftvorwärmern* je 8000 m² Heizfläche ausgerüstet. Bei der Grenzlast des Kessels von 300 t/h wird die Verbrennungsluft von 30° C auf 350° C aufgewärmt. Die Rauchgase werden von 430° C bei Ölfeuerung bzw. 408° C bei Kohlenfeuerung auf 150° C abgekühlt.

2. Gebläse, Schornsteine

Jedem Kessel sind 2 *Frischluftgebläse* radialer Bauart zugeordnet. Die Luftmenge wird durch Verstellen der Einströmschaufeln automatisch geregelt. Jedes Gebläse fördert 3050 m³/min, bezogen auf 30° C, bei einem statischen Druck von 440 mm WS. Die Drehzahl beträgt 993 Upm. Der Antrieb erfolgt direkt durch 340 kW-Motoren.

Die Abgase eines jeden Kessels werden von je einem axialen *Saugzuggebläse* Bauart Schicht abgesaugt und in die Schornsteine gedrückt (Abb. 27). Die Gebläse haben verstellbare Einströmschaufeln, die entsprechend den Rauchgasmengen auf konstanten Unterdruck im Feuerraum automatisch geregelt werden. Die Förderleistung beträgt 8600 m³/min bei einer Rauchgastemperatur von 150° C und einer statischen Druckerhöhung von 166 mm WS. Der Antrieb erfolgt über ein Getriebe. Das Gebläse läuft mit 510 Upm. Der Antriebsmotor hat eine Leistung von 320 kW und eine Drehzahl von 1490 Upm.

Die Schornsteine sind innen mit einer wärmeisolierenden Ausmauerung versehen. Bei Ölfeuerung fallen bei der Grenzlast am Schornsteinaustritt 250 m³/sec Rauchgas an, bei Kohlenfeuerung 242 m³/sec. Die Rauchgasgeschwindigkeit ist hierbei 12,75 m/sec bzw. 12,35 m/sec, die Zugstärke am Luvo-Austritt 150 mm WS bzw. 112 mm WS.

Abb. 27
Blick auf Elektrofilter, Rauchgaskanal und Saugzuggebläse

3. Elektrofilter

Bei Kohlenfeuerung werden die Rauchgase zwecks Reinigung durch Elektrofilter geleitet, die jeweils zwischen Luftvorwärmer und Saugzuggebläse außerhalb des Kesselhauses angeordnet sind. Bei Ölfeuerung ist eine Rauchgasreinigung nicht erforderlich. In diesem Falle werden die Rauchgase über Umführungskanäle an den Elektrofiltern vorbeigeführt. Die Filter sind mit Elektroden ausgerüstet, die unter einer Gleichspannung von 60 kV stehen. Der hierfür nötige Gleichstrom wird in einer Anlage erzeugt, die für je 2 Blocks in einem Gebäude zwischen den Elektrofiltern untergebracht ist. Klopfvorrichtungen sorgen für kontinuierlichen Abfluß des ausgeschiedenen Staubes. Der Gesamtentstaubungsgrad der Elektrofilter beträgt bei der Normallast des Kessels (220 t/h) 95% ± 2%, bei der Grenzlast (300 t/h) 90% ± 2%. Bei Grenzlast entsteht ein Zugverlust von 5 mm WS.

4. Heizölversorgung, Lagertanks

Die am Kai ankommenden Öltanker werden durch bewegliche Schläuche mit den Fülleitungen der vier großen Lageröltanks verbunden. Mit Hilfe der Schiffspumpen wird das Öl in die Lagertanks befördert. Insgesamt sind 4 Tanks von je 7500 m³ Fassungsvermögen vorhanden. Sind alle gefüllt, so reicht der Vorrat für den Betrieb des Kraftwerkes während eines Monats aus. Nach Bedarf wird das Öl aus den großen Lagertanks in die Tagesölbehälter gepumpt. Die hierfür nötigen Pumpen stehen im Ölpumpenhaus, das in der Böschung zwischen Tank 2 und 3 errichtet ist. Die Schaltung der Pumpen und Führung der Rohrleitung sind aus dem Schaltschema (Abb. 28) ersichtlich.

Im Ölpumpenhaus sind außer den Ölpumpen noch die Kondensatpumpen, Kondensatsammelbehälter und Überwachungsanlagen für die Heizölversorgung untergebracht. Das Ölpumpenhaus ist so bemessen, daß bei einer späteren Erweiterung der Tankanlage um 4 Tanks gleicher Größe die erforderlichen maschinellen Ausrüstungen untergebracht werden können.

Die Tanks haben 30 m Durchmesser und 10,75 m Mantelhöhe. Die Tankdächer sind flach gewölbt und werden von einem frei tragenden Gespärre gestützt. Entsprechend

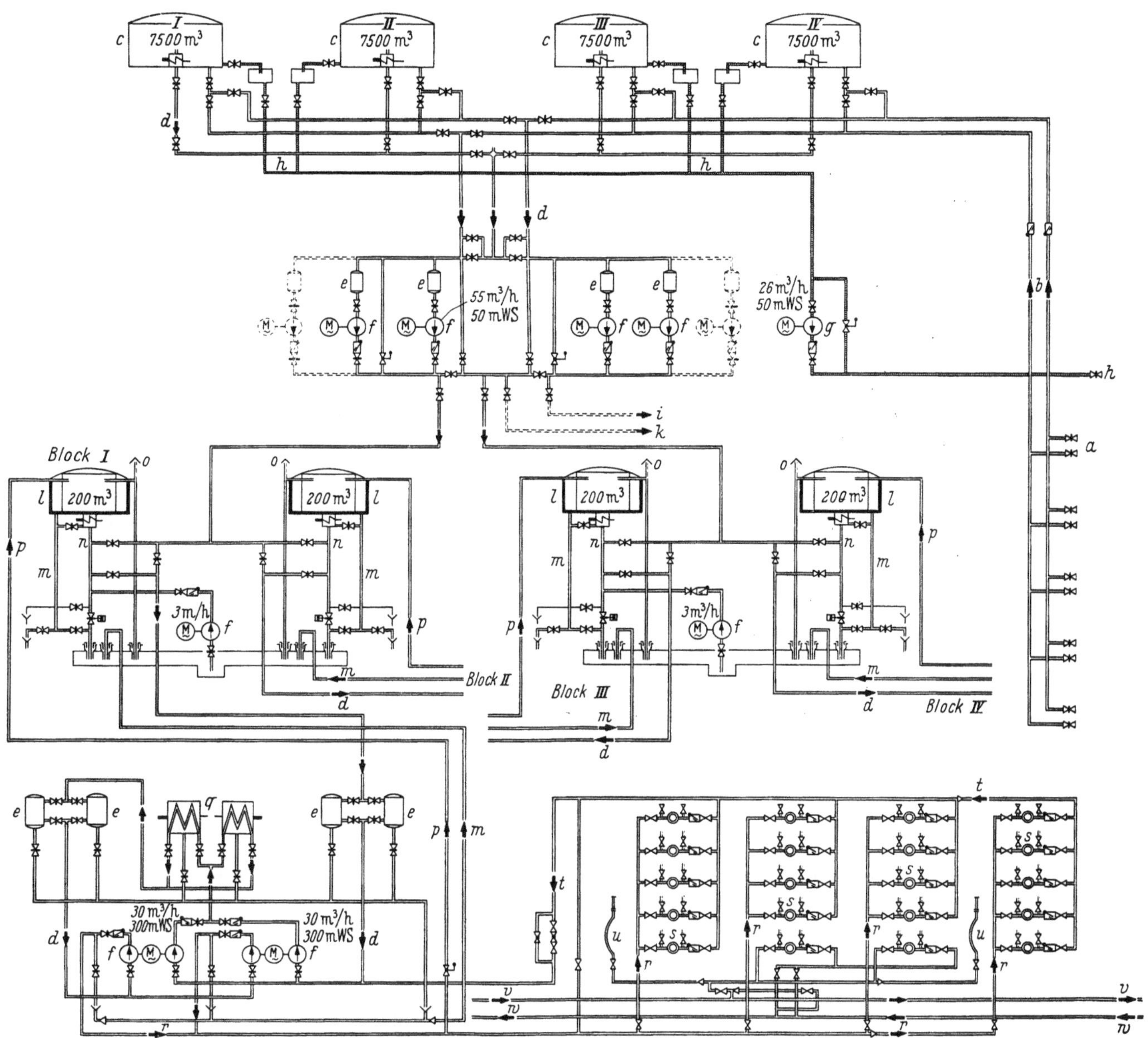

Abb. 28. Schaltplan der Heizölleitungen

a Tankerentladestation an der Mole
b Fülleitungen
c Heizöllagertanks
d Zulaufleitungen
e Heizölfilter
f Heizölpumpen
g Ölschlammpumpe
h Ölschlammleitung
i Heizöldruckleitung zur Kraftwerkserweiterung (Kessel V u. VI)
k Heizöldruckleitung zur Hilfszentrale
l Tagesölbehälter
m Entleerungsleitung
n Schnellentleerung
o Belüftung — Entlüftung
p Überschußrückführleitung
q Heizölvorwärmer
r Heizöldruckleitung zu den Ölbrennern
s Ölbrenner Kessel I
t Heizölrücklaufleitung
u Zündlanze mit Schlauchanschluß
v Zündöldruckleitung zu den Kesseln II, III u. IV
w Zündölrücklaufleitung von den Kesseln II, III u. IV

den behördlichen Feuerschutzbestimmungen sind die Tanks von Schutzmauern von etwa 3,5 m Höhe umgeben, wobei jeder Tank in einem abgeschlossenen Raum von 60 × 60 m Grundfläche steht, in dem die gesamte Ölfüllung im Katastrophenfall aufgefangen werden kann. Über dem Dach eines jeden Lagertanks ist eine Berieselungsanlage angebaut, die eine unzulässige Gasentwicklung bei Sonneneinstrahlung oder bei Brand eines Nachbarbehälters verhindert. Das Dach und der letzte Schuß des Mantels sind mit Alu-Bronze gestrichen, um die Sonnenstrahlen zu reflektieren. Für den Brandfall ist eine Schaumlöscheinrichtung eingebaut.

Füllung und Entleerung der Behälter werden zentral im Ölpumpenhaus gesteuert und überwacht. Um das Öl pumpfähig zu machen, wird es mit einer Bodenheizschlange auf 40° C und mit einem dampfbeheizten Einsteckvorwärmer über der Absaugöffnung auf etwa 70° C aufgeheizt. Sämtliche Rohrleitungen sind von Dampfheizleitungen begleitet und mit diesen gemeinsam isoliert. Für die Heizung wird Dampf aus dem 10 atü-Netz verwendet.

Zu jedem Kessel gehört ein „Tagesölbehälter". Die Behälter stehen in einer Flucht hinter den Schornsteinen. Jeder Behälter faßt etwa 180 t Öl, entsprechend ungefähr 10 Stunden Vollastbetrieb. Im Boden der Tagesölbehälter sind Heizhauben eingebaut, die das Öl auf einer Temperatur von 40° C konstant halten. Die Tagesölbehälter sind als Hochbehälter ausgeführt und ruhen auf Stahlbetonkonstruktionen. Zwischen je zwei dieser Behälter ist eine unterirdische Zisterne aus Stahlbeton für den Notablaß eingebaut. Die Tagesölbehälter haben ebenso wie die großen Lageröltanks eine Dachberieselung und eine Schaumlöscheinrichtung. Für alle Kessel gemeinsam ist ein Gasöltank für die Zündbrenner vorgesehen. Er hat ein Fassungsvermögen von 80 m³ und ist feuersicher unter Terrain angeordnet.

5. Kohlentransport und Lagerung

Das Fassungsvermögen des Kohlenlagerplatzes beträgt 185000 t bei einer Schütthöhe von 8 m. Diese Kohlenmenge reicht für den Vollastbetrieb von 4 Blocks etwa 3 Monate. Ein Kesselbunker faßt etwa 715 t Kohle, entsprechend 25 Stunden Vollastbetrieb.

Der Kohlenlagerplatz wird in seiner ganzen Länge von zwei 8 m hohen Hochbahnen durchzogen, auf denen je eine Verteilerbrücke mit 50 m Spannweite verfahrbar ist. Auf jeder Hochbahn liegt ein Kohlenförderband, von dem aus die Kohle den Querbändern in den Verteilerbrücken zugeführt wird (Abb. 29). An den kaiseitigen Enden der Hochbahnen steht je ein verfahrbares Portal mit Wippdrehkranen, die von dem Portal auf die Hochbahnen fahren können. Die Krane entnehmen die Kohle mit Greifern aus dem Schiff und geben sie über verfahrbare Aufgabebunker auf die Längsbänder. Die Portale fahren bei der Schiffsentladung längs der Mole jeweils so, daß die Krane die günstigste Stelle zu den Schiffsluken einnehmen können. Infolge der Verfahrbarkeit der Portale kann jeder der beiden Krane für jede der beiden Hochbahnen eingesetzt werden. Bei Entladung eines Schiffes kann die Kohle je nach Stellung der Verteilerbrücken auf jede beliebige Stelle des Lagerplatzes abgeworfen werden.

Soll Kohle vom Schiff direkt in das Kraftwerk gefördert werden, so fährt man eine oder beide Verteilerbrücken an das landseitige Ende des Lagerplatzes, wo die Brücken die Kohle in einen Aufgabebunker aus Beton abwerfen, von wo aus die Kohle in einer Schrägbrücke über das Brecherhaus zur Bekohlungsbühne auf +32,3 m über den Kesselbunkern gefördert wird.

Wenn die Kohle vom Lagerplatz in das Kraftwerk gefördert werden soll, fahren die Wippdrehkrane von ihren Portalen weg auf die Hochbahnen. Auf diese Weise können sie von jeder beliebigen Stelle des Lagerplatzes Kohle greifen, um sie dann in gleicher Weise wie beim Entladen eines Schiffes auf die Förderbänder aufzugeben.

Entsprechend den 2 Wippdrehkranen, 2 Förderbändern und 2 Verteilerbrücken auf dem Lagerplatz sind auch die Förderbänder vom Lagerendbunker, die Hammermühlen, die Bänder in der Schrägbrücke und die Bänder über den Kesselbunkern doppelt ausgeführt. Jeder der beiden parallelen Förderwege vom Kai bis zu den Kesselbunkern ist für eine Leistung von 165 t/h ausgelegt. Am Aufgabebunker aus Beton am Ende des Kohlenlagerplatzes besteht die Möglichkeit, die beiden Förderwege zu kreuzen.

Die zentrale Stelle für die Steuerung der gesamten Bekohlungsanlage befindet sich in einem Raum im Brecherhaus mit Aussicht auf den Kohlenlagerplatz. Ein Leuchtschaltbild unterrichtet das Personal über den jeweiligen Betriebszustand der Anlage. In das Leuchtschaltbild eingefügt sind die für die Steuerung erforderlichen Schalter.

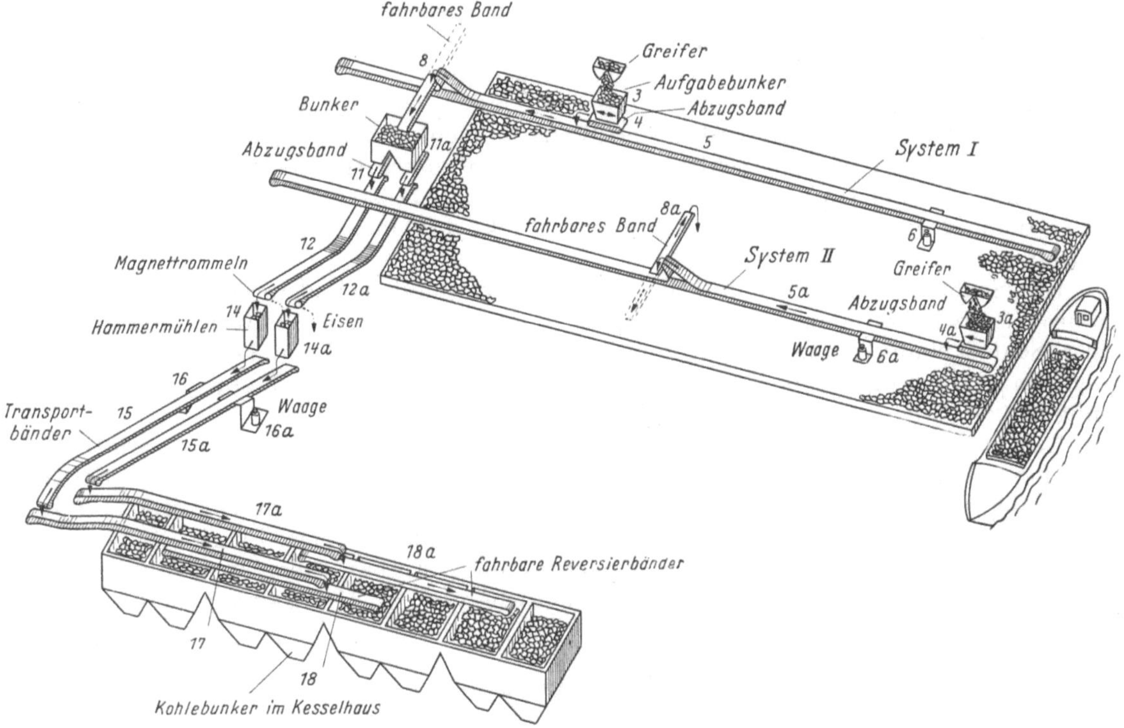

Abb. 29. Schema der Bekohlungsanlage

Transportwege

Die beiden Systeme I und II arbeiten unabhängig voneinander, jedoch kann im Umschaltbunker von einem System auf das andere umgeschaltet werden.

Beispiele:

1) Vom Schiff auf den Kohlelagerplatz: Schiff-Greifer-3*a*-4*a*-5*a* über 6*a*-8*a*-Kohlelagerplatz
2) Vom Schiff in das Kraftwerk: Schiff-Greifer-3*a*-4*a*-5*a* über 6*a*-8*a* in Endstellung über Umschaltbunker-11*a*-12*a*-14*a*-15*a* über 16*a*-17*a* über 18*a*-Kohlebunker ins Kesselhaus
3) Vom Kohlelagerplatz in das Kraftwerk
   Kohlelagerplatz-Greifer-3-4-5-8-Umschaltbunker-11-12-14-15 über 16-17-18-Kohlebunker ins Kesselhaus

System I		System II	
3		*3a*	Aufgabebunker
4		*4a*	Abzugsbänder
5		*5a*	Transportbänder
6		*6a*	Waagen
8 ↘		↙ *8a*	fahrbare Bänder
	Umschaltbunker		
11 ↙		↘ *11a*	Abzugsbänder
12		*12a*	Transportbänder
14		*14a*	Hammermühlen
15		*15a*	Transportbänder
16		*16a*	Waagen
17		*17a*	Transportbänder
18		*18a*	fahrbare Reversierbänder

Bei Kohleförderung in die Kesselbunker erfolgt die Bedienung der hieran beteiligten Antriebe von der Bunkerbühne aus, da nur hier die Füllung der Kesselbunker überwacht werden kann. Je ein Steuerkasten ist in den beiden Enden der reversierbaren Bänder untergebracht.

6. Schlacke- und Flugstaubabtransport

Bei Höchstlast des Kessels fällt unter dem Schmelztrichter stündlich eine Schlackenmenge von etwa 3,6 t an, wobei die gesamte Flugasche mit eingeschmolzen ist. Die Schlacke fällt in das Wasserbad eines Kratzernaßentaschers. Sie wird dort gelöscht, von der umlaufenden Kratzerkette im angefeuchteten Zustand auf ein hinter allen 4 Kesseln entlanglaufendes Förderband geworfen und auf diesem Band und über ein anschließendes Schrägband in einen zentralen Hochbunker gefördert.

Bei Kesselbetrieb mit trockener Entaschung fallen nur etwa 20 % der Asche im Feuerraumtrichter an. Die Asche wird in den Kratzernaßentaschern befeuchtet und auf demselben Förderband wie die Schlacke in den Hochbunker transportiert. Der Hauptteil der Asche wird bei trockener Entaschung von den Anfallstellen unter den Kesselzügen bzw. dem Elektrofilter mittels Druckluft direkt in einen Flugaschehochbunker geblasen.

Der Schlackehochbunker und der Flugaschehochbunker sind in einem gemeinsamen Bauwerk zwischen dem Kohlenlagerplatz und den Tagesölbehältern untergebracht. Der Schlackebunker hat einen Rauminhalt von 850 m³ und kann 1175 t Schlacke aufnehmen. Der Flugaschebunker hat 650 m³ Inhalt, entsprechend einem Fassungsvermögen von 910 t trockener Flugasche.

Aus dem Hochbunker wird die Schlacke bzw. Flugasche in Waggons verladen und abgefahren. Die Errichtung einer Anlage zur Herstellung von Bausteinen aus Schlacke und Flugasche wurde untersucht. Da jedoch zunächst die Kessel vorwiegend mit Öl gefeuert werden, wurde die Entscheidung über die Schlacke- bzw. Flugascheverwertung zurückgestellt. Notfalls ist auch der nachträgliche Einbau einer hydraulischen Einrichtung möglich, um die Schlacke bzw. Flugasche von den Hochbunkern in die benachbarte Flußniederung zu spülen.

b) Maschinenanlage

1. Dampfturbinen

Die Blocks I und II haben dreigehäusige Kondensationsturbinen mit zweiflutigem Niederdruckteil (Abb. 30). Die Turbinen der Blocks III und IV sind zweigehäusig mit ebenfalls zweiflutigem Niederdruckteil (Abb. 31). Jede Turbine kann 75 MW im Dauerbetrieb erzeugen, ihr Bestpunkt liegt bei 60 MW. Der Frischdampf wird in 2 Leitungen zu den Eintrittsstutzen am Hochdruckgehäuse geführt. Die Turbinen haben je fünf ungesteuerte Entnahmen zur Speisewasservorwärmung. Die sich bei der Bestlast von 60 MW einstellenden Entnahmedrücke zeigt Tabelle 4.

Tabelle 4. *Entnahmedrücke*

Entnahme	dreigehäusige Bauart	zweigehäusige Bauart
1	27 atü	27 atü
2	16 atü Trenndruck	15,9 atü
3	6,5 atü	6 atü
4	0,8 atü Trenndruck	0,1 atü Trenndruck
5	0,446 ata	0,17 ata

Während die zweigehäusige Bauart das Wärmegefälle vom Frischdampfzustand 95 atü, 525° C bis etwa Atmosphärendruck im ersten Gehäuse verarbeitet, ist bei der dreigehäusigen dieses Gefälle auf das Hochdruck- und Mitteldruckgehäuse aufgeteilt.

Die erste Stufe ist bei beiden Bauarten als Gleichdruckstufe ausgeführt. Die folgenden Stufen arbeiten bei den Maschinen III und IV ebenfalls nach dem Gleichdruckprinzip, bei den Maschinen I und II nach dem Überdruckprinzip. Beide Bauarten führen den Dampf bis zu 60 MW durch die Düsen der ersten Stufe, während bei höherer Leistung die zusätzliche Dampfmenge durch besondere Überlastventile hinter der ersten Stufe eingeführt wird.

Der aus dem Mitteldruckteil austretende Dampf wird bei beiden Bauarten durch zwei Überströmrohre von oben in den Niederdruckteil eingeleitet. Die Niederdruckteile aller Turbinen sind der großen Abdampfvolumina wegen zweiflutig ausgebildet. Der Abdampf wird jeweils hinter dem Niederdruckteil durch einen einzigen Abdampfstutzen zum Kondensator geführt.

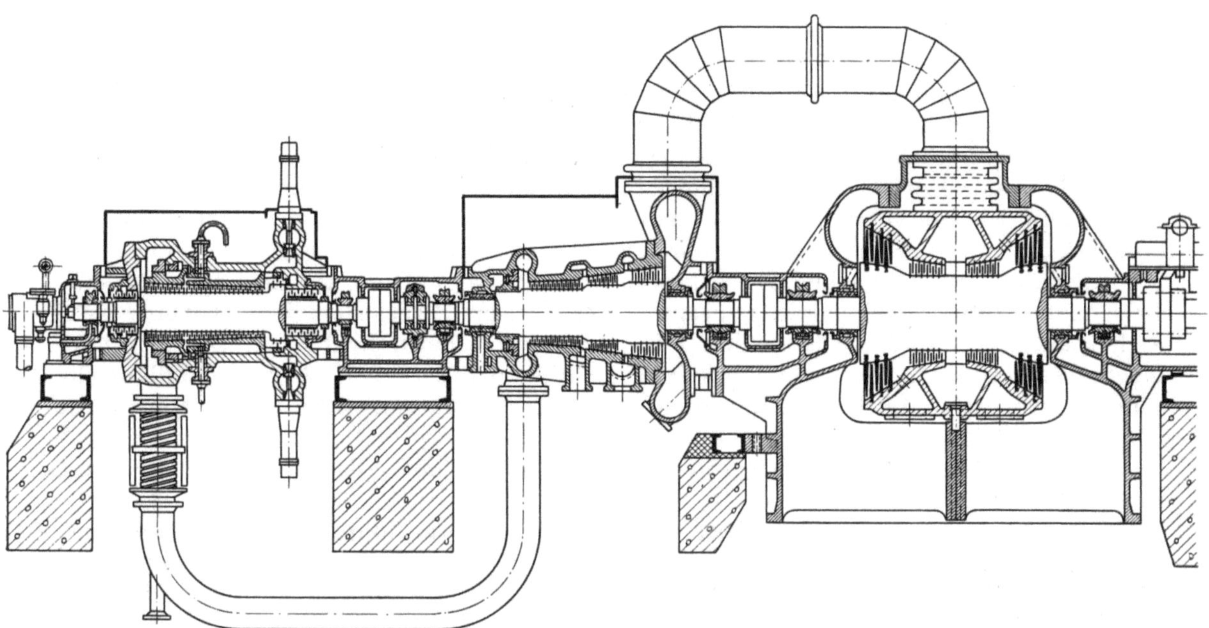

Abb. 30. Längsschnitt durch die Turbine (dreigehäusige Bauart, Block I und II)

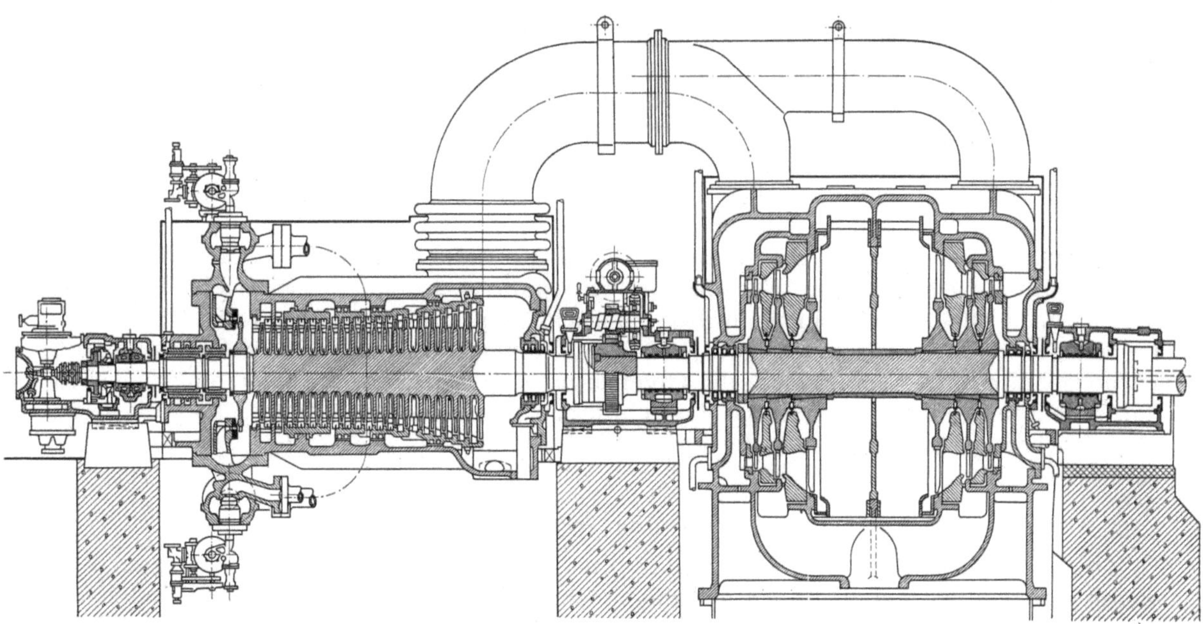

Abb. 31. Längsschnitt durch die Turbine (zweigehäusige Bauart, Block III und IV)

Um eine gleichmäßige Erwärmung bzw. Abkühlung beim An- und Abstellen zu ermöglichen, haben die Turbosätze elektrische Läuferdrehvorrichtungen. Zur Entlastung der Lager während des Wellendrehens sind bei den Turbosätzen I und II noch besondere Druckölentlastungspumpen für rd. 40 atü vorgesehen.

Als Baustoff für die Hochdruck- und Mitteldruckgehäuse und für die Leitschaufelträger wurde legierter Stahlguß, für die Niederdruckgehäuse Gußeisen verwendet. Die geschmiedeten Läufer bestehen aus legiertem Stahl. Die Leit- und Laufschaufeln und die Düsen aller Turbinen wurden aus rostsicherem Stahl hergestellt. Die Zwischenböden der zweigehäusigen Bauart bestehen im ersten Gehäuse für die Stufen 1 bis 13 aus legiertem Stahl, für die Stufen 14 bis 20 und für das zweite Gehäuse aus Gußeisen.

Als Impuls für die *Drehzahlregelung* der Turbinen werden Fliehkraftänderungen in rotierenden Ölringen bzw. in Fliehgewichten ausgenutzt, die über einen ölhydraulischen Kraftverstärker Ventilverstellungen bewirken.

Die Grunddrehzahl jeder Maschine kann sowohl von Hand als auch elektrisch von der Blockwarte aus verstellt werden. Der Ungleichförmigkeitsgrad des Drehzahlreglers läßt sich ebenfalls verstellen. Unabhängig von den Drehzahlreglern wird durch die Schnellschlußvorrichtung bei Überschreiten der normalen Drehzahl um etwa 10% die Frischdampfzufuhr schlagartig abgesperrt. Zu diesem Zweck hat jede Turbine zwei Sicherheitsregler, die bei Erreichen der genannten Überdrehzahl den Schnellschluß mechanisch auslösen. Hierdurch werden nicht nur die beiden Schnellschlußventile, sondern gleichzeitig auch die Frischdampfregelventile und sämtliche Rückschlagventile der Entnahmeleitungen zum Schließen gebracht.

Der Schnellschluß kann auch von Hand an der Turbine oder durch Fernsteuerung in der Warte ausgelöst werden.

Während des normalen Betriebes versorgen die Hauptölpumpen die *Steueröl- und Schmierölkreisläufe*. Die Hauptölpumpen sind bei der zweigehäusigen Bauart Zahnradölpumpen, bei der dreigehäusigen direkt mit dem Turbinenläufer gekuppelte Kreiselpumpen. Das Öl wird aus den unter der 9 m-Bühne hängenden Ölbehältern gesaugt, der Steuerung bzw. den Lagern der Turbosätze zugeführt und fließt dann in die Behälter zurück. Die Turbosätze können erst angefahren werden, wenn der vorgeschriebene Öldruck zur Verfügung steht. Nach Ausfall der Hauptölpumpe wird in jedem Fall der Schnellschluß ausgelöst. Für das Anfahren und Abstellen sowie für die Versorgung der Lager über mehrere Stunden nach dem Stillsetzen der Turbosätze sind zwei mit Drehstrom angetriebene Hilfsölpumpen vorhanden. Eine Automatikschaltung sorgt dafür, daß bei Ausfall der direktgekuppelten Hauptölpumpe zunächst eine der beiden mit Drehstrom angetriebenen Hilfsölpumpe selbsttätig eingeschaltet wird. Sollten die Drehstromölpumpen aus irgendwelchen Gründen die Ölversorgung nicht aufrechterhalten können, so wird selbsttätig eine von der Gleichstrombatterie gespeiste Hilfsölpumpe kleinerer Leistung zugeschaltet, um unter allen Umständen die Lager mit Öl zu versorgen.

Die Ölfüllung eines jeden Turbosatzes wird laufend gereinigt, indem ein Teilstrom des warmen Öles durch ein Feinfilter gedrückt wird. Mechanische Fremdstoffe, öl-unlösliche Oxydationsprodukte und Schlammbildungen werden von den Filterpapieren zurückgehalten. Bei Störungen in der Ölversorgungsanlage oder bei Wassereinbrüchen in das Öl würde eine Reinigung durch die Feinfilter zu lange dauern. Für solche Fälle steht eine fahrbare Ölzentrifuge zur Verfügung. In regelmäßigen Abständen werden die gesamten Ölfüllungen zentrifugiert.

2. Kondensationsanlagen

Der Kondensator ist mit dem Abdampfstutzen der Turbine verflanscht. Sein Gewicht wird von federnden Füßen aufgenommen. Das Kühlwasser durchfließt den Kondensator in zwei Wegen hin und zurück. Durch die senkrechte Teilung beider Wege in der Mitte ist es möglich, während des Betriebes eine Kondensatorhälfte zu reinigen (Abb. 32). Die Kühlfläche eines Kondensators beträgt 4000 m². Die Kühlrohre sind aus hochwertigem Messing. Jeder Kondensator enthält 9850 Rohre, 23 mm Durchmesser, die beiderseits in die Rohrböden eingewalzt sind. Die normale Kühlwassermenge für einen Kondensator beträgt 12500 m³/h bei 21,7° C Wassertemperatur. Bei warmem Flußwasser kann sie bis auf 15000 m³/h gesteigert werden.

Das Absaugen der Luft aus dem Kondensator geschieht durch Wasserstrahler, die von den Werkwasserpumpen versorgt werden. Die abzusaugende Luftmenge für 2 Strahler beträgt bei einem Vakuum von 95% und 20° C warmem Wasser 50 kg/h. Je Turbosatz werden 4 Wasserstrahler aufgestellt, von denen je zwei für den normalen Betrieb ausreichen. Einer steht als Reserve bereit, der vierte dient beim Anfahren zur Evakuierung der Kühlwasserleitungen, um den Kraftschluß herzustellen. Die Werkwasserpumpen werden gleichzeitig für die Versorgung einer ganzen Reihe von Wasserverbrauchern des Blockes herangezogen.

Abb. 32. Blick auf Kondensatordeckel

3. Mechanische Kühlwasserreinigung

Das Einlaufbauwerk (Abb. 33) ist in seinen baulichen Abmessungen und der Ausrüstung mit Grobrechen, Mittelrechen und Siebbändern bereits für den Endausbau des Kraftwerkes mit 6 Blöcken und für das Hilfskraftwerk ausreichend bemessen. Das Wasser passiert zunächst 6 Grobrechen aus Beton, danach 6 Mittelrechen, bestehend aus schrägstehenden Eisenstäben, die mechanisch abgekämmt werden. Bei niedrigstem Wasserstand können durch einen Rechen 20000 m³/h fließen. Die Stäbe der Mittelrechen sind 5 m lang und haben ein Spezialprofil mit einem Querschnitt von 8 × 42 mm. Die Spaltweite beträgt 30 mm.

Abb. 33. Blick auf die Siebbandanlage

Die Nachreinigung des Wassers geschieht durch acht langsam umlaufende Siebbänder (Abb. 33). Das Wasser tritt von innen nach außen durch die Siebe. Das

66*

Siebband reicht über den Bedienungsflur, wo die Siebe von außen bespritzt werden. Die Schmutzstoffe werden vom Schlammfang im Inneren des Bandes aufgenommen und nach

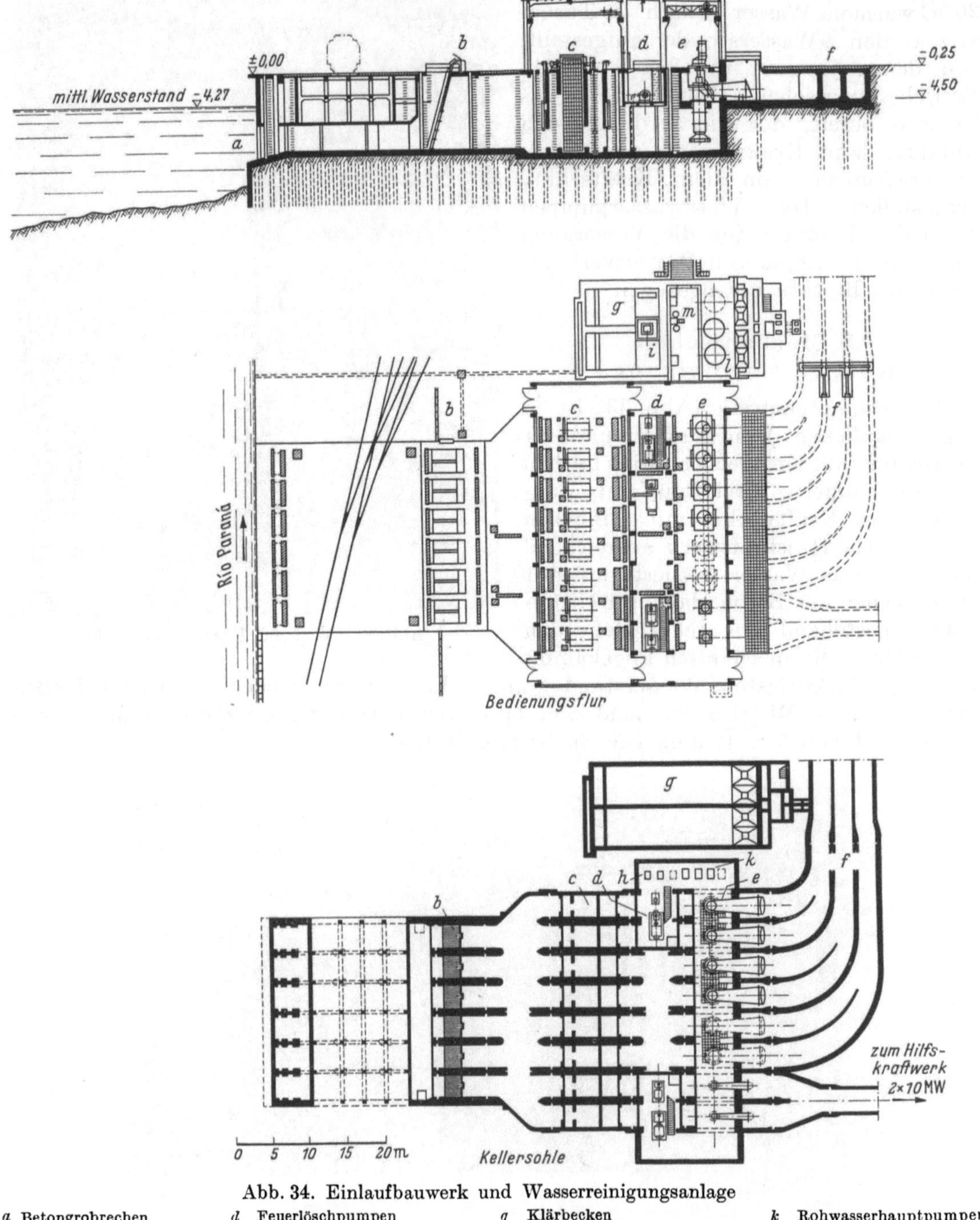

Abb. 34. Einlaufbauwerk und Wasserreinigungsanlage

a Betongrobrechen, *b* Feinrechen, *c* Siebbandanlage, *d* Feuerlöschpumpen, *e* Kühlwasservorpumpen, *f* Kühlwasserkanäle, *g* Klärbecken, *h* Rohwasservorpumpen, *i* CO_2-Rieselentgaser, *k* Rohwasserhauptpumpen, *l* Kiesfilter, *m* Fällmitteldosieranlage

außen abgeleitet. Der Antrieb ist auf 2 Bandgeschwindigkeiten umstellbar, so daß bei sauberem Rohwasser mit der kleinsten Drehzahl die geringste Abnutzung der umlaufenden Teile erreicht werden kann. Bei niedrigstem Wasserstand ist die Leistung eines Siebbandes 15000 m³/h. Die Breite des Bandes beträgt 3 m. Jedes Band besteht aus 52 Siebfeldern, die mit einem Phosphorbronzegewebe mit 0,8 mm Maschenweite und 0,4 mm Drahtstärke bespannt sind. Die Wassergeschwindigkeit beim Durchtritt durch die Siebe liegt zwischen 0,3 und 0,5 m/sec.

Das aus der Siebbandanlage austretende gereinigte Wasser tritt in eine Ausgleichkammer, von wo aus es den einzelnen Pumpenkammern zufließt. Jede Pumpenkammer ist einzeln absperrbar. Der Pumpentrakt ist mit dem Siebbandtrakt zu einem gemeinsamen Gebäude vereinigt.

4. Kühlwasservor- und -hauptpumpen

Die *Kühlwasservorpumpen* sind einstufige vertikale Propellerpumpen mit einem Laufraddurchmesser von 1300 mm (Abb. 35). Sie sind im Pumpentrakt des Einlauf-

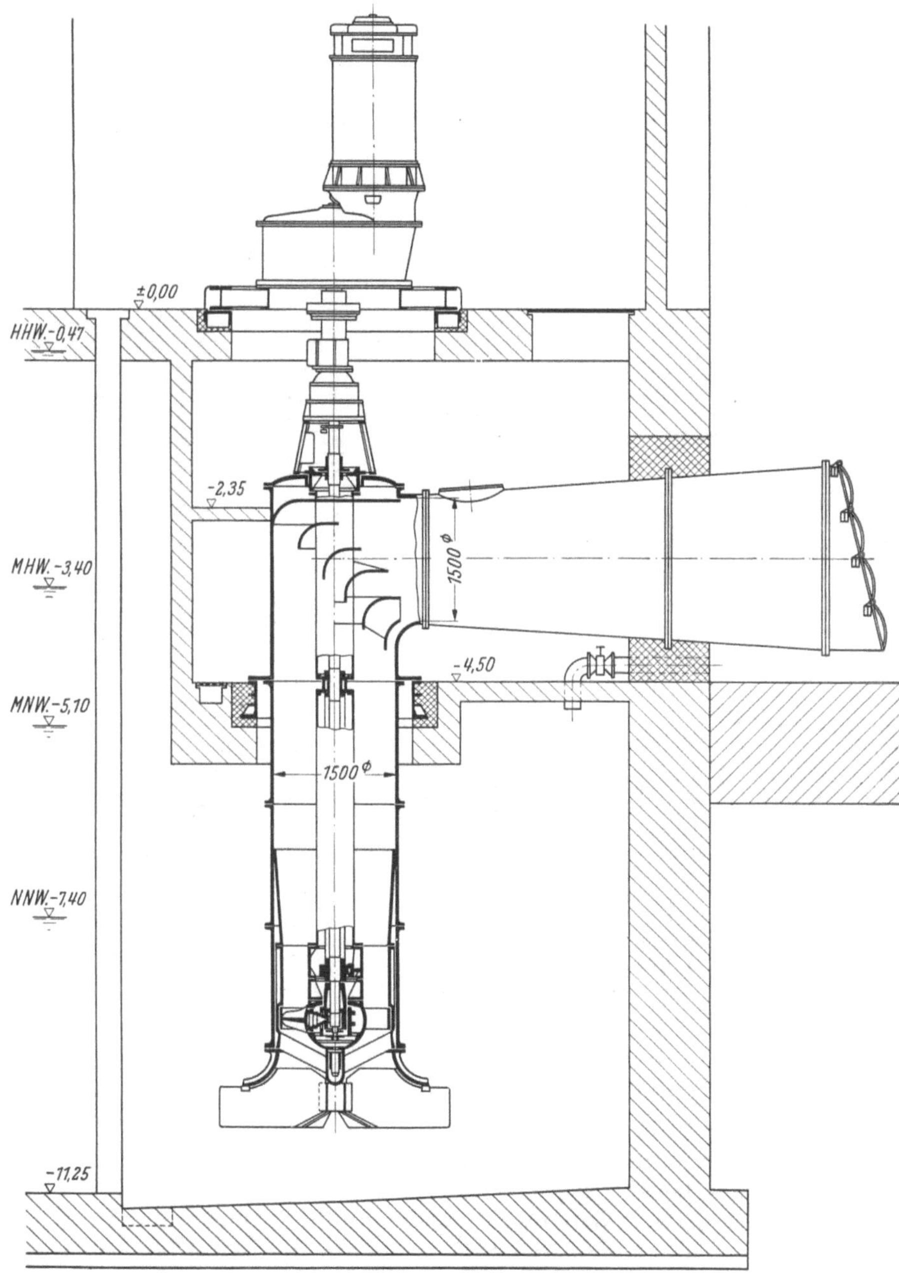

Abb. 35. Kühlwasservorpumpe

bauwerkes auf Fundamentringe, die in der Decke —4,5 m einbetoniert sind, aufgeschraubt. Der Antrieb erfolgt durch vertikale 510 kW-Drehstrommotoren unter Zwischenschaltung von Präzisionspfeilradgetrieben (Abb. 37). Die Drehzahl der Pumpen beträgt 310 UpM, die der Motoren 980 UpM.

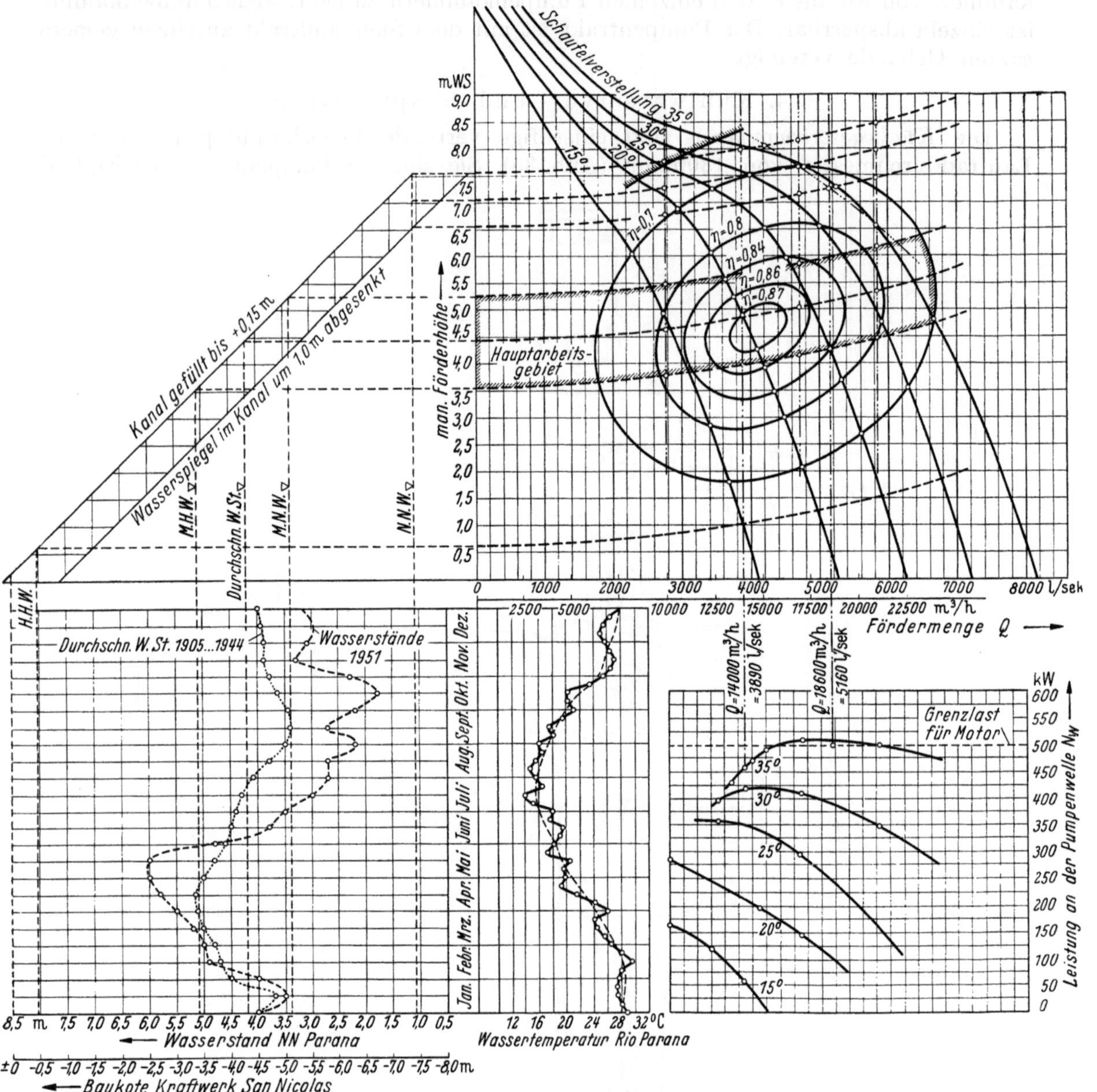

Abb. 36. QH-Diagramm für die Kühlwasservorpumpen

Die Vorpumpen fördern das Wasser durch Diffusorrohre in die Kühlwasserkanäle. Am Austritt der Diffusorrohre befinden sich mehrteilige Jalousieklappen, die sich bei Betrieb der Pumpen öffnen und schlagfrei schließen, sobald die Pumpen ausgeschaltet werden. Ein Zurückfließen des Wassers ist dadurch unmöglich. Die Laufschaufeln sind in Betrieb von 5° bis 40° Winkelstellung verstellbar. Die Regulierung der Vorpumpen ist von den Wasserständen in den Saugkammern der Kühlwasserhauptpumpen unter dem Kellerflur im Maschinenhaus abhängig. Der Wasserstand wird von einem Schwimmer angezeigt und nach dem Einlaufbauwerk übertragen, so daß der Maschinist im Einlaufbauwerk die Leistung der Vorpumpen dem Wasserbedarf der Hauptpumpen angleichen kann. Zur Verständigung zwischen den Pumpenwärtern im Maschinenhaus und im Einlaufbauwerk besteht außerdem eine Fernsprechverbindung.

Aus dem QH-Diagramm (Abb. 36) ist ersichtlich, in welchen Winkeln die Propeller zu verstellen sind, um in Abhängigkeit von den Wasserständen im Unterwasser und im Oberwasser die gewünschte Fördermenge zu erzielen. Auch die Pumpenwirkungsgrade sind aus dem Diagramm abzulesen. Vor dem Anfahren der Pumpen müssen die Schaufeln mit dem Verstellantrieb auf den kleinstmöglichen Einstellwinkel gedreht werden. Elektrische Verriegelungen lassen die Einschaltung der Antriebsmotoren bei anderen Schaufelstellungen nicht zu. Auf diese Weise werden die Motoren und die Pumpen vor unzulässig hohen Anfahrbelastungen geschützt.

Abb. 37. Blick auf die Kühlwasservorpumpen im Einlaufbauwerk

Danach können die Schaufelwinkel entsprechend der angeforderten Wassermenge innerhalb des Verstellbereiches beliebig eingestellt werden. Die Vorpumpen sind so reichlich bemessen, daß auf eine Reserve verzichtet werden konnte. Zunächst sind 4 Vorpumpen aufgestellt und Platz für zwei weitere gleicher Leistung frei gelassen, entsprechend dem Endausbau von 6×75 MW. Außerdem stehen im Pumpentrakt des Einlaufbauwerkes zwei kleinere Vorpumpen für die Versorgung der 2×10 MW-Turbinen des Hilfskraftwerkes.

Die *Kühlwasserhauptpumpen*, die jeweils direkt neben den Kondensatoren stehen, sind einstufige Kreiselpumpen mit einer Fördermenge von 14300 m³/h bei einer Förderhöhe von 8,75 m WS. Jede Pumpe stellt mit dem dazugehörigen Stirnradgetriebe und dem senkrecht stehenden Motor ein geschlossenes Aggregat dar. Das Getriebe ist mittels eines großen Zentrierflansches mit dem Pumpengehäuse verbunden. Auf dem Getriebe ist der Motor aufgeflanscht. Im Schadensfall kann das gesamte Aggregat leicht aus der Pumpengrube herausgehoben und gegen ein Reserveaggregat ausgewechselt werden. Der Antriebsmotor hat eine Leistung von 520 kW. Das Stirnradgetriebe setzt die Drehzahl des Antriebsmotors von 980 Upm auf 430 Upm des Pumpenlaufrades herab. Den besten Wirkungsgrad hat die Pumpe bei der Fördermenge von 14000 m³/h mit 87%.

Die Pumpe besitzt ein zweiseitig ansaugendes Laufrad. Die Umlenkung des Kühlwassers aus der axialen in die radiale Strömungsrichtung erfolgt in räumlich gekrümmten Schaufelkanälen. Hinter dem Laufrad wird das Wasser von einem spiralförmig ausgebildeten Gehäuse mit konisch erweitertem Druckstutzen aufgefangen. Ein hydraulischer Axialschub entsteht infolge der Symmetrie des Laufrades nicht. Die Pumpenwelle läuft oben in einem Segmentdrucklager, das nur das Gewicht des Pumpenläufers aufzunehmen hat; unten in einem wassergeschmierten Gummilager, das gut zugänglich und austauschbar ist. Pumpe, Getriebe und Motor sind mit elastischen Kupplungen verbunden.

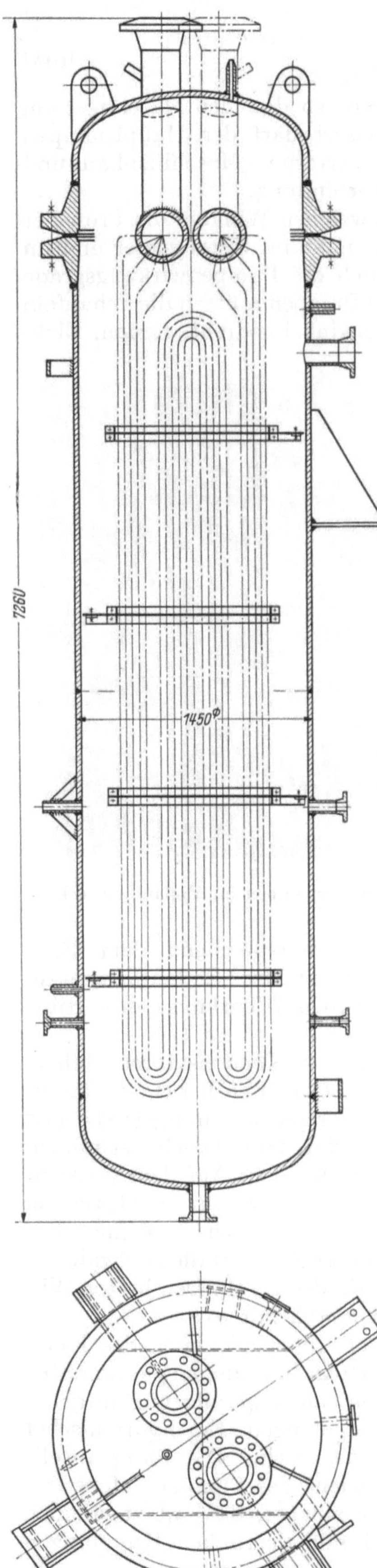

c) Speisewasseranlagen

1. Vorwärmer, Verdampfer, Entgaser, Behälter

Die Hauptdaten der *Vorwärmer* sind in Tabelle 5 zusammengestellt. Die Kondensatkühler, Vakuum- und Niederdruckvorwärmer haben als Heizflächen Haarnadelrohre aus Stahl. Die Enden der Rohre sind in den Rohrböden eingewalzt. Die Weichwasservorwärmer, Laugenkühler und Brüdenkondensatoren haben gerade bzw. haarnadelförmig gebogene Rohre aus Kupfer, um etwaigen Korrosionen durch Sauerstoffreste im Zusatzwasser vorzubeugen. Die Heizflächen der Hochdruckvorwärmer bestehen aus mehrfach gebogenen, nahtlos gezogenen Stahlrohren, deren Enden in 2 Sammeltrommeln zusammengefaßt sind (Abb. 38). Das Rohrbündel hat also keinerlei Walzstellen; sämtliche Verbindungen sind geschweißt. Im Hochdruckvorwärmer III sind im unteren Teil Kühlflächen zur Unterkühlung des Heizdampfkondensates eingebaut. Der Kondensatabfluß wird bei allen Vorwärmern mit Hannemann-Reglern gesteuert.

Die *Verdampfer* bestehen aus jeweils einem Unterteil, einem Heizkörper und einem darüberliegenden Trennraum. Die Heizflächen werden durch die beiderseits in Böden eingewalzten Stahlrohre gebildet. Der Trennbehälter und das Unterteil sind außen durch ein Fallrohr miteinander verbunden. Das Weichwasser tritt in die Mischkammer des mit dem Verdampfer zusammengebauten Weichwasserentgasers ein. In diesem wird es durch Brüdendampf erwärmt und bis zu einem Restsauerstoffgehalt von maximal 0,05 mg/l entgast. Es fließt dann mit eigenem Gefälle in das Unterteil des Verdampfers. Hier vermischt es sich mit dessen Wasserinhalt und tritt in die vom Heizdampf umspülten Rohre ein. Ein Teil des Wassers verdampft im Heizkörper und entweicht als Brüdendampf. Um ein sehr gutes Destillat zu erhalten, ist im Trennraum ein Dampffilter eingebaut, in dem der Dampfstrom dauernd umgelenkt wird und seine mitgeführte Feuchtigkeit abgibt. Das ausgeschiedene Wasser wird in das Verdampferunterteil zurückgeführt. Die sich dort sammelnde, mit Salzen angereicherte Lauge wird über einen Laugenentspanner und einen Laugenkühler auf etwa 23° C abgekühlt und ins Freie abgeführt.

Die *Mischvorwärmerentgaser* sind für je maximal 300 t/h ausgelegt. Sie bestehen aus einem Unterteil, einer Druck- und einer Mischkammer, haben einen Durchmesser von 2200 mm und sind 3500 mm lang.

Abb. 38. Schnitt durch einen Hochdruckvorwärmer

Das zu entgasende Wasser tritt seitlich in die Mischkammer ein und wird hier fein verteilt. Durch entgegenströmenden Dampf wird es auf annähernd Siedetemperatur aufgewärmt und kräftig durchgespült. Der größte Teil der Gase wird hierbei ausgeschieden, so daß im Wasser nur noch ein Restsauerstoffgehalt von 0,01 mg/l verbleibt. Anschließend fließt das Wasser durch eine Füllkörperschicht mit einer großen Oberfläche, wird durch den entgegenströmenden Dampf ausgewaschen und von den letzten Gasresten befreit. Das entgaste Wasser sammelt sich im Entgaserunterteil und fließt in den darunterliegenden Speisewasserbehälter. Im Behälter herrscht ein Druck von 2,19 atü, entsprechend der Sättigungstemperatur von 135° C. Alle ausgeschiedenen Gase werden vom Dampfstrom nach oben mitgeführt. In den Mischrohren kondensiert der restliche Heizdampf, die Gase sammeln sich in dem oberhalb der Mischkammer gelegenen Raum und ziehen durch den Entlüftungsstutzen ab.

Tabelle 5. *Hauptdaten der Vorwärmer*

Apparat	Anordnung	Manteldurchmesser mm	Gesamtlänge mm	Heizfläche[1] m²	spezifische Wärmeleistung[2] kcal/h °C	wasserseitiger Druckverlust[2] m WS
Kondensatkühler	liegend	600	4560	63	23000	1,5
Vakuumvorwärmer	liegend	800	6765	200	425000	5,1
Niederdruckvorwärmer	stehend	800	5550	160	346000	4,3
Hochdruckvorwärmer I	stehend	1500	7260	160	370000	6
Hochdruckvorwärmer II	stehend	1500	8300	195	475000	6
Hochdruckvorwärmer III	stehend	1550	8940	270	370000	8
Brüdenkondensator	stehend	600	5600	80	198000	2,0

[1] Bezogen auf den mittleren Rohrdurchmesser.
[2] Bezogen auf die Bestlast von 60 MW.

Die *Speisewasserbehälter* sind aus schmiedeeisernen Blechen hergestellt. Sie haben einen Durchmesser von 3100 mm und eine Länge von 14900 mm, entsprechend einem Gesamtinhalt von je 108 m³.

Die *Destillatbehälter*, in denen das aus den Brüden des Verdampfers stammende Destillat gesammelt wird, haben 2500 mm Manteldurchmesser und sind 11100 mm lang, entsprechend 50 m³ Inhalt.

2. Kesselspeisepumpen

Zu jedem Kessel gehören 3 Speisepumpensätze. Da nach den deutschen gesetzlichen Vorschriften, die der Lieferung nach Argentinien zugrunde gelegt wurden, bei Ausfall einer Pumpe die verbleibenden mindestens das 1,25fache der maximalen Kesselleistung ($1{,}25 \times 300 = 375$ t/h) fördern müssen, wurde jedes Aggregat für 190 t/h ausgelegt. Sämtliche Speisepumpen haben elektrischen Antrieb, was zulässig war, weil zwei unabhängige Stromquellen für den Eigenbedarf zur Verfügung stehen. Normalerweise sind 2 Kesselspeisepumpen in Betrieb, die dritte steht in Reserve.

Ausgehend von dem Kesselgenehmigungsdruck von 117 atü ergab sich unter Berücksichtigung des Druckverlustes in den Hochdruckvorwärmern und in der Speisedruckleitung ein Pumpenenddruck von 146 atü. Das Speisewasser läuft den Pumpen mit der konstanten Temperatur von 135° C aus dem Speisewasserbehälter zu. Infolge der geringen geodätischen Zulaufhöhe von nur 2,5 m mußte eine langsamlaufende Vorpumpe vorgesehen werden, die das Wasser der Hochdruckpumpe zuführt. Beide Pumpen haben einen gemeinsamen Antriebsmotor (Abb. 39). Die Drehzahl des Motors und der Hochdruckpumpe ist 2950 Upm, die der Vorpumpe 1450 Upm. Zwischen Vorpumpe und Motor ist ein Planetengetriebe geschaltet.

Die *Vorpumpe* ist einstufig und hat ein Spiralgehäuse, an das ein kräftiger Lagerstuhl angeflanscht ist. Das Laufrad ist fliegend angeordnet und läuft in Kugellagern. Der Längsschub wird ebenfalls von Kugellagern aufgenommen. Der Eintrittsdruck

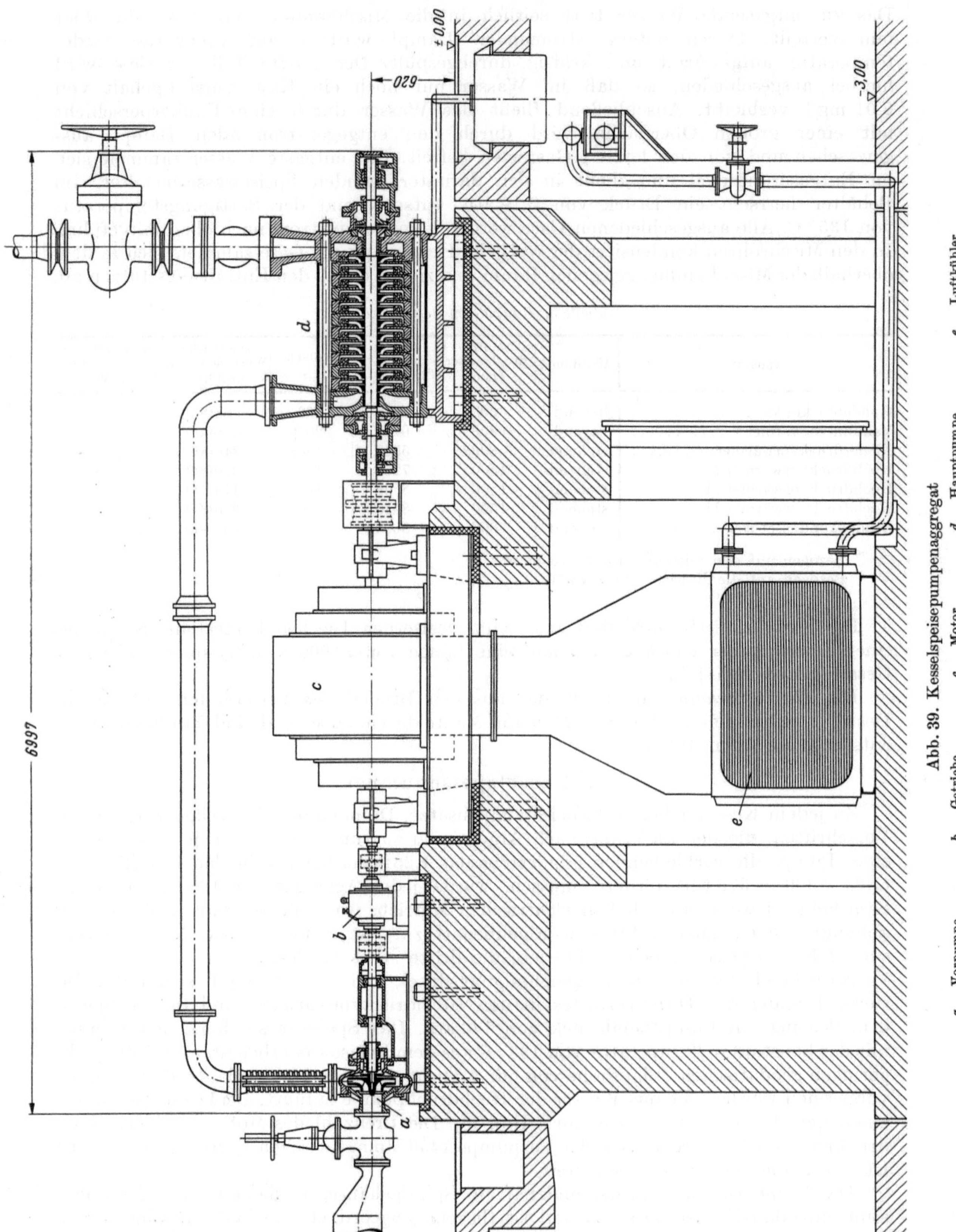

Abb. 39. Kesselspeisepumpenaggregat

a Vorpumpe *b* Getriebe *c* Motor *d* Hauptpumpe *e* Luftkühler

beträgt 2,42 atü bei einer manometrischen Zulaufhöhe von 2,5 m WS; der Pumpenenddruck ist 5,40 atü. Die Vorpumpe hat einen Leistungsbedarf von 31 PS.

Die *Hauptpumpe* ist elfstufig, in Gliederbauart mit vertikal geteiltem Gehäuse. Der Längsschub wird von einer Entlastungsscheibe aufgenommen. Vor beiden Stopfbüchsen herrscht der Zulaufdruck. Der Leistungsbedarf der Hauptpumpe beträgt 1450 PS.

Vor den Stopfbüchsen der Vor- und Hauptpumpen sind gekühlte Drosselstrecken angeordnet, wodurch das Speisewasser vor den Stopfbüchsenpackungen auf eine unschädliche Temperatur herabgekühlt wird. Die Ölpumpe ist an das freie Wellenende der Hauptpumpe angebaut. Unter der Decke $\pm 0{,}0$ m sind die dazugehörigen Ölbehälter, -kühler und -filter zusammen mit den wassergekühlten Luftkühlern der Antriebsmotoren untergebracht.

Die Kupplungen vom Motor zum Getriebe und zur Vorpumpe sind als elastische Bogenzahnkupplungen ausgeführt. Motor und Hauptpumpe sind durch eine ölgefüllte Ganzmetall-Bogenzahnkupplung verbunden. Um bei der geringen Zulaufhöhe die Widerstände in der Zulaufleitung zwischen Speisewasserbehälter und Vorpumpe gering zu halten, wurde die Zulaufleitung in 2 Stränge NW 250 aufgeteilt. Die Verbindungsleitung zwischen Vor- und Hauptpumpe ist mit NW 200 ausgeführt. In diese Leitung sind eine Meßblende und ein Hutsieb eingebaut. Bei kleinen Lasten oder Nullförderung der Pumpe sorgt ein Freilaufrückschlagventil für die Abführung der nötigen Mindestmenge, die zur Kühlung der Pumpe notwendig ist.

3. Chemische Wasseraufbereitung

Die Enthärtungsanlage für das Verdampferspeisewasser besteht aus 2 Basenaustauschern. Jeder enthält 1500 Liter „Lewatit PN“ und ist imstande, 30 m^3/h Wasser von 2,1° dH zu enthärten. Garantiert wurde eine Resthärte von 0,1° dH. Die Laufzeit eines Austauschers für diesen Fall beträgt 28 Stunden. Nach den vorliegenden Rohwasseranalysen (Tab. 6) kann die Gesamthärte bis auf 1,45° dH sinken. Dann verlängert sich die Laufzeit der Basenaustauscher auf 41 Stunden. Aus Sicherheitsgründen wird die Regenerierung in allen Fällen früher vorgenommen.

„Lewatit PN“ ist ein auf Kunstharzbasis hergestellter Austauschstoff, der sich durch eine hohe Reaktionsgeschwindigkeit und Austauschfähigkeit auszeichnet. Die Regenerierung der Austauscher geschieht mit Kochsalzlösung. Für das Ansetzen und Überpumpen der Sole ist eine besondere Station an der Kesselhausrückwand zwischen Kessel II und III vorgesehen. Das Ansetzbecken für Salzsole kann einen doppelten Monatsbedarf (9000 kg) Kochsalz aufnehmen. Die konzentrierte Sole wird von den Solepumpen über

Tabelle 6. *Rohwasser- (Flußwasser-) Analysen*

Trübung nach Absetzen der Schwebestoffe	mg/l	40 bis 300
Trübung nach Filtration	mg/l	8 bis 50
Abdampfrückstand bei 180° C	mg/l	172 bis 260
p_H-Wert	—	6,3 bis 7,0
Gesamthärte	° dH	1,45 bis 2,1
Karbonathärte	° dH	1,45 bis 2,1
Nichtkarbonathärte	° dH	0
Gesamtalkalität	° dH	2,0 bis 3,1
Bikarbonatalkalität	° dH	2,0 bis 3,1
Karbonatalkalität	° dH	0
Hydroxylalkalität	° dH	0
Chlorid, Cl	mg/l	10 bis 21
Nitrat, NO_3	mg/l	0,1 bis 2,5
Nitrit, NO_2	mg/l	0 bis Spuren
Sulfat, SO_4	mg/l	17 bis 29
Kieselsäure, SiO_2	mg/l	10 bis 15
Freie Kohlensäure, CO_2	mg/l	9 bis 38
Aggressive Kohlensäure	mg/l	8,7 bis 37,3
Kalziumoxyd, CaO	mg/l	7,8 bis 10
Magnesiumoxyd, MgO	mg/l	3,6 bis 7,0
Sauerstoffverbrauch	mg/l	2,3 bis 10,6
Permanganatverbrauch	mg/l	5,7 bis 26,2
Filtrationsrückstand	mg/l	101 bis 144
Teilchen in Suspension	mg/l	46 bis 240

ein Kiesfilter in ein Betonmeßbecken gepumpt, dort auf die richtige Konzentration abgestimmt und in die Austauscher gefördert. Nach einer kurzen Reaktionszeit wird die Sole aus den Austauschern wieder ausgewaschen. Die Austauscher sind nun regeneriert und wieder betriebsbereit.

Im Raum der Basenaustauscher sind auch die Trinatriumphosphat-Dosierstationen für die Impfung des Kessel- und Verdampferspeisewassers aufgestellt. Das bei der Flockung nicht verbrauchte Bikarbonat wird durch die Erwärmung in den nachgeschalteten Weichwasservorwärmern und Verdampfern in Soda bzw. Natronlauge und Kohlensäure aufgespalten.

d) Rohrleitungen

Die *Hochdruckdampfleitung* ND 320 ist aus Chrommolybdänstahl 13 Cr Mo 44 hergestellt. Sie beginnt mit NW 250 am Überhitzeraustritt des Kessels über der Bühne +32,3 m, führt über die Kohlenbandanlage hinweg bis an die maschinenhausseitige Wand des Schwerbaues und weiter durch einen Rohrschacht in den Maschinenhauskeller. Dort teilt sie sich in 2 Stränge NW 200, die an die Turbineneintrittsstutzen mit Flanschen und geschliffenen Membranschweißdichtungen angeschlossen sind. Die Frischdampfleitung ist durchweg mit Schweißverbindungen ausgeführt. Sämtliche Schweißnähte wurden ausgeglüht und einer Röntgenprüfung unterzogen. Da bei Blockbetrieb Kessel und Turbine eine Einheit bilden, wurde nach reiflicher Überlegung kein Absperrschieber in der Frischdampfleitung vorgesehen. Im senkrechten Strang ist eine Meßblende eingebaut. Die Kompensation wird von den Rohrschenkeln aufgenommen. Die Unterstützungskonstruktionen sind so gebaut, daß die Rohrleitungen allen Wärmedehnungen folgen können.

Abb. 40. Blick auf die Anfahrleitung

Die *Anfahrleitung* zweigt von der Frischdampfleitung kurz vor dem Turbineneintritt mit NW 100, ND 320 ab und führt zur ersten Reduzier- und Kühlstation (Abb. 40), wo der Dampf auf 3,2 atü entspannt und mit Einspritzwasser von den Destillatpumpen auf Sattdampf gekühlt wird. Bis hierhin sind Anfahrleitung, Armaturen und Entspanner aus Chrommolybdänstahl hergestellt. Nach dem ersten Kühler ist die Leitung auf NW 350 ND 25 erweitert. Sie leitet den Dampf in die zweite Reduzier- und Kühlstation, wo er auf 0,2 ata entspannt und wiederum auf Sattdampftemperatur gekühlt wird. Die anschließende Leitung NW 800, ND 10 führt bis zum Abdampfstutzen des Kondensators.

Die von den 3 Kesselspeisepumpen jedes Blockes kommenden *Speisewasserdruckleitungen* NW 150 münden in eine Sammelleitung NW 200, die über die Hochdruckvorwärmer zum Kessel führt. Vor dem Kesselanschluß teilt sich die Speiseleitung in

2 Stränge NW 200 auf. In jeden dieser Stränge ist ein Regler eingebaut, so daß bei Ausfall des einen der andere sofort in Betrieb genommen werden kann. Die Speisewasserdruckleitungen sind aus nahtlosen Stahlrohren St 45.25, Gütestufe III, geschweißt; die Schieber haben Flanschverbindungen mit Membrandichtungen.

Die *Hauptkondensatleitung* ND 10 von den Kondensatpumpen zum Entgaser ist mit NW 200 ausgeführt. Sie besteht aus nahtlos gezogenem Stahlrohr St 35.29 und ist geschweißt. Die Armaturen sind mit Flanschen verbunden. Der Vakuumvorwärmer

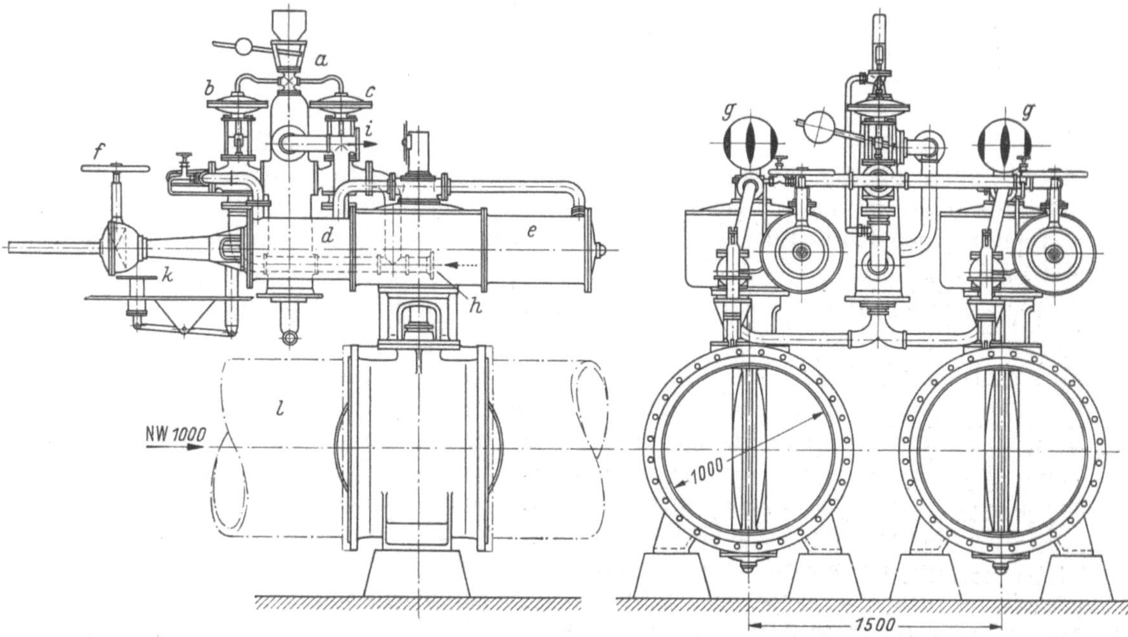

Abb. 41. Regelbare Abdichtklappen in der Kühlwasserleitung

a Hauptsteuerventil
b Schließventil
c Öffnungsventil
d Schließzylinder
e Öffnungszylinder
f mechanische Klappenverstellung
g Stellungsanzeiger
h Zulauf des Steuerwassers
i Ablauf des Steuerwassers
k Fußhebel zum Unterbrechen der hydraulischen Steuerung
l Hauptkühlwasserleitung

bildet mit seinem Kondensatkühler für den Fluß des Hauptkondensators eine Einheit. Beide können nur miteinander abgeschaltet und durch eine Leitung umgangen werden. Der Niederdruckvorwärmer hat eine Umgehungsleitung mit einem eingebauten Regelventil, das eine Beeinflussung der Kondensattemperatur vor Eintritt in den Mischvorwärmerentgaser ermöglicht. Wenn die Verdampferanlage nicht in Betrieb ist, kann auch der Brüdenkondensator umführt werden.

Die *Kühlwasserleitungen* bestehen aus geschweißten Stahlrohren, die innen und außen bituminiert sind. Neben jedem Kondensator entnimmt die Kühlwasserhauptpumpe mit einer kurzen Saugleitung NW 1400 das Kühlwasser aus dem jeweiligen Stichkanal. Die Druckleitung gleichen Durchmessers gabelt sich kurz hinter der Pumpe in 2 Stränge NW 1000, entsprechend den beiden Kondensatoreintritten.

Als einzige Armaturen in den Druckleitungen NW 1000 sind Abdichtklappen eingebaut, die zum Drosseln und zum Absperren dienen (Abb. 41). Bei Wegbleiben der Strömung schließen die Klappen automatisch. Hierdurch wird bei Ausfall der Hauptkühlwasserpumpe das Rückströmen des im Kondensator befindlichen Kühlwassers verhindert. Die Abdichtklappen können auch mechanisch in die Schließstellung bzw. in eine Drosselstellung gebracht werden. Der Antrieb erfolgt durch hydraulische Kraftzylinder, die mit Druckwasser aus den Reinwasserhochbehältern versorgt werden.

Die 2 Abflußleitungen NW 1000 hinter dem Kondensator führen in ein Überlaufbecken, das dauernd mit Wasser gefüllt bleibt. Der Austritt liegt unterhalb des Wasserspiegels, um die Kraftschlußwirkung im Kühlwassersystem zu ermöglichen. Die durch Temperaturänderungen oder Verschiebung des Kondensators hervorgerufenen Längenänderungen der Kühlwasserleitungen werden von Stopfbuchsen aufgenommen.

e) Isolierungen

Zur Wärmeisolierung von Apparaten, Rohrleitungen und Behältern wurde einheitlich Glaswatte verwendet. Sie wurde in Mattenform auf die zu isolierenden Teile aufgebracht und dann mit einem Blechmantel versehen. Sämtliche Flanschen, Armaturen und Kondensatoren haben abnehmbare Blechkappen, in die Glasfasermatten eingearbeitet sind. Die Blechabdeckungen sind innen mit Inertol gestrichen. Die Rohrleitungen in den Kanälen haben auf den Glasfasermatten an Stelle der Blechverkleidung einen Schutzmantel aus teerfreier Pappe. Im Freien verlegte Wasserleitungen wurden nicht isoliert; sie erhielten einen Rostschutz aus bitumengetränkten Jutebandagen und Bitumendeckanstrich.

f) Wärmetechnische Überwachungs- und Regelanlagen

Jeder Kessel ist mit einer vollautomatischen elektrischen Regelung ausgerüstet (Abb. 42). Die Regelung hat die Aufgabe, dem Kessel Brennstoff, Luft und Speisewasser entsprechend seiner Dampfleistung zuzuteilen und die Frischdampftemperatur konstant zu halten. Da die Brennstoffmenge proportional der Dampfabgabe des Kessels ist und je nach der Dampfabgabe sich verschiedene Frischdampfdrücke einstellen, wird ein Druckimpuls von einem hochempfindlichen Kolbenmanometer abgenommen und auf den Brennstoffregler übertragen. Von diesem wird bei Ölfeuerung das Ölmengenregelventil im Rücklauf bzw. bei Kohlenfeuerung die Drehzahl der Kohlenzuteiler über PIV-Getriebe verstellt. Die Rückmeldung des vollzogenen Kommandos an den Regler kommt von der Ölmengenmessung bzw. Drehzahlmessung des Kohlenzuteilers. Die Temperatur in den Sichtern der Kohlenmühlen darf 120° C nicht überschreiten. Aus diesem Grunde ist bei jeder Mühle ein Regler vorgesehen, der dem Warmluftstrom vom Luvo zur Mühle eine entsprechende Kaltluftmenge zumischt.

Die Luftmenge ist proportional der Brennstoffmenge. Aus diesem Grunde überträgt das Kolbenmanometer einen zweiten Regelimpuls an den Luftregler. Dieser verstellt durch einen Elektroantrieb die Leitschaufeln an den Frischluftgebläsen. Das vollzogene Kommando wird von der Luftmengenmessung an den Regler zurückgemeldet. Außerdem wird durch einen weiteren Regler der Unterdruck im Feuerraum konstant gehalten, indem die Leitschaufeln am Saugzuggebläse entsprechend verstellt werden.

Die Speisewasserregelung erfolgt derart, daß in der Brückenschaltung die Werte der Frischdampfmenge und die der Speisewassermenge zur Übereinstimmung gebracht werden. Als Korrekturimpuls wirkt eine elektrische Anzeige des Wasserstandes in der Kesseltrommel, so daß bei allen Belastungen der Wasserspiegel konstant gehalten wird.

Der Dampftemperaturregelung fällt die Aufgabe zu, die Temperatur am Austritt aus dem Überhitzer konstant zu halten. Über einen zweistufigen Einspritzkühler zwischen dem ersten und zweiten Überhitzerteil wird durch Verstellen von Regelventilen Wasser eingespritzt. Das Einspritzwasser wird der Hauptspeiseleitung vor dem Speisewasserregelventil entnommen. Um eine schnelle Regelung zu gewährleisten, erhält der Temperaturregler einen Doppelimpuls derart, daß der eigentliche Temperaturfühler — ein Thermoelement mit geringer Anzeigeverzögerung — am Kesselaustritt eingebaut ist, daß aber auf den Regler ein zusätzlicher Impuls durch ein sogenanntes „Tendenzthermoelement" erfolgt, das die Temperaturschwankungen unmittelbar hinter der Kühlstelle erfaßt. Das Tendenzthermoelement ist elektrisch in Reihe mit dem eigentlichen Meßelement geschaltet. Auf diesem Wege ist es möglich, daß der Regler eine Temperaturänderung berücksichtigt, bevor diese an der eigentlichen Meßstelle auftritt.

Die Einrichtungen für die Steuerung der Kessel sind an den beiden Seitenwänden der Blockwarte untergebracht. Auf jeder Seite steht eine Kesselüberwachungstafel, in der die Regler und die Registrierinstrumente eingebaut sind. Ein Feld enthält die Gefahrmeldung für den kesseltechnischen Teil. Vor jeder Kesseltafel steht ein Kesselsteuerpult mit einem Pultaufsatz, der die wichtigsten Instrumente für die Überwachung des Kessels

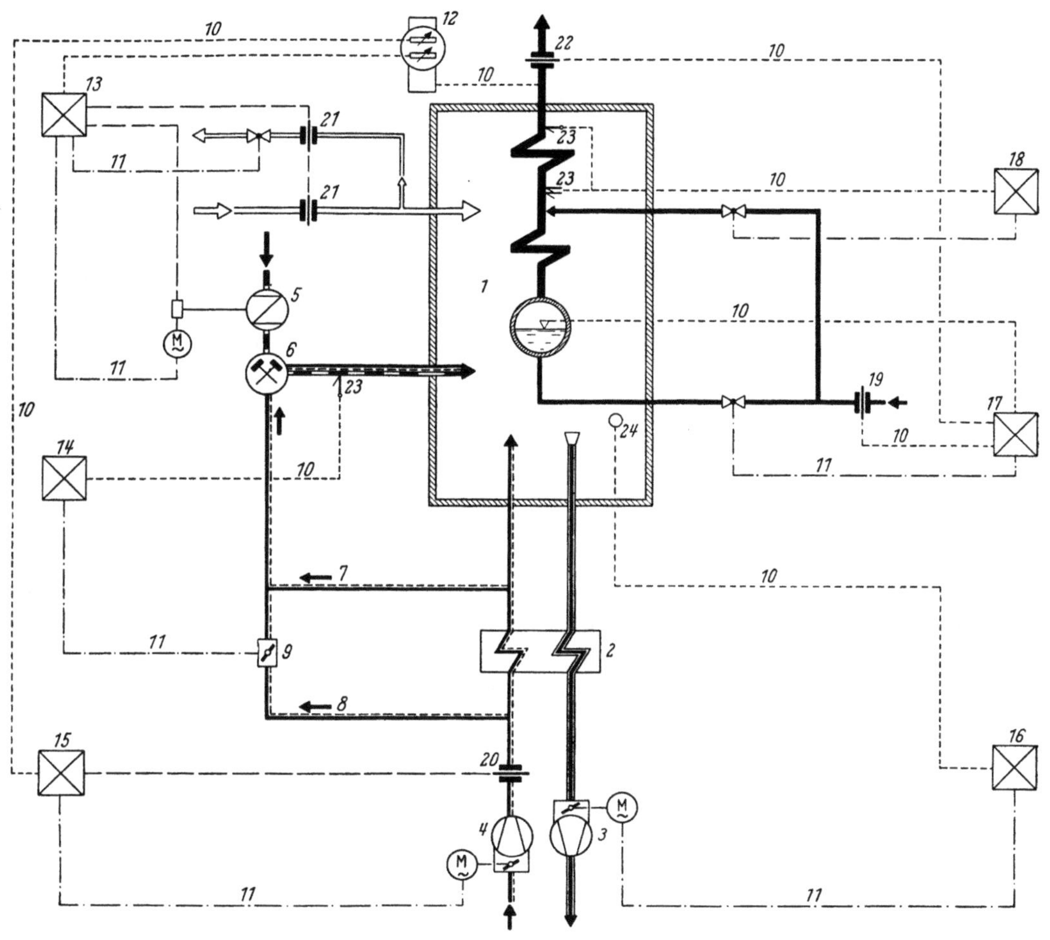

Abb. 42. Grundschaltplan der Kesselregelung

1 Kessel
2 Luftvorwärmer
3 Rauchgasgebläse
4 Frischluftgebläse
5 Kohlenzuteiler
6 Kohlenmühlen
7 Warmluft
8 Kaltluft
9 Regelklappe
10 Impulsleitung
11 Steuerleitung
12 Kolbenmanometer
13 Brennstoffregler
14 Temperaturregler für Kohlenmühlen
15 Luftregler
16 Unterdruckregler
17 Wasserstandsregler
18 Dampftemperaturregler
19 Messung der Speisewassermenge
20 Messung der Luftmenge
21 Messung der Heizölmenge
22 Messung der Dampfmenge
23 Temperaturmessung
24 mechanischer Unterdruckmesser

enthält. Auf der Pultplatte befinden sich Betätigungsorgane für die einzelnen Hilfsantriebe, Klappen und Ventile sowie die unmittelbar hierzu gehörigen Instrumente. Diese Teile sind in ein Blindschaltbild eingefügt, das die einzelnen Kreise für Speisewasser, Luft, Brennstoff usw. darstellt. Ferner sind auf dem Pult die Umschalter für die Einstellung der Handregelung oder Automatik.

Für die Steuerung der Kohlenmühlen ist neben den Mühlen eine besondere Tafel aufgestellt. Um beim Ausräumen einer Mühle das Personal nicht zu gefährden, kann das Einschalten der Mühlenmotoren nur von der Mühlentafel und nicht von der Blockwarte aus geschehen. Das Personal in der Blockwarte kann nur mit Hilfe einer Kommandoanlage die Einschaltung fordern. Die Mühlenmotoren können jedoch von der Blockwarte ausgeschaltet werden. Da bei Mühlenbränden die Kohlenzufuhr schnell unterbrochen werden muß, können die Zuteilermotoren an der Mühlentafel abgeschaltet werden. Normalerweise geschieht ihre Ein- und Ausschaltung jedoch von der Blockwarte aus. Im Maschinenhaus befindet sich vor jedem Turbosatz eine Turbinentafel mit den wichtigsten Meßinstrumenten und Schreibern für die Überwachung der Turbine (Abb. 43). Eine Kommandoanlage zwischen Blockwarte und Turbinentafel dient zur eindeutigen Verständigung für den Maschinenbetrieb. Auf dieser Tafel sind außerdem die Steuerschalter für die elektrisch angetriebenen Hilfsölpumpen und für die Wellendrehvorrichtung untergebracht. In unmittelbarer Nähe der Vorwärmeranlage und Speisepumpen eines jeden Blockes ist eine Überwachungstafel für die Vorwärmeranlage aufgestellt. Von hier aus wird der gesamte Speisewasserfluß vom Austritt aus dem Kondensator bis zum Eintritt in den Kessel zentral überwacht.

Abb. 43. Blick auf die Turbinentafel

Abb. 44. Blick auf das Notabblaseventil (Pos. 101) am Überhitzeraustritt

Hier sind auch die Steuerschalter für das Ein- und Ausschalten der 3 Speisepumpenmotoren und der 2 Kondensatpumpen eines Blockes. Auf der gegenüberliegenden Seite des Turbinenfundamentes im Kondensatorkeller befindet sich eine Tafel für die

Steuerung und Überwachung der Kühlwasserhauptpumpen und Werkswasserpumpen des betreffenden Blockes.

Solange die vom Kessel erzeugte Dampfmenge von der Turbine — entsprechend ihrer Leistungserzeugung — aufgenommen wird, ist der Wasser-Dampf-Kreislauf im Gleichgewicht. Dieser Zustand ist die Voraussetzung für einen ungestörten Dauerbetrieb. Bei einem plötzlichen Lastabwurf und bei einer Störung nimmt die Turbine plötzlich nur noch einen Teil der erzeugten Dampfmenge auf, wenn nicht sogar durch die Schnellschlußauslösung die Dampfzufuhr zur Turbine völlig unterbrochen wird. Die Folge wäre

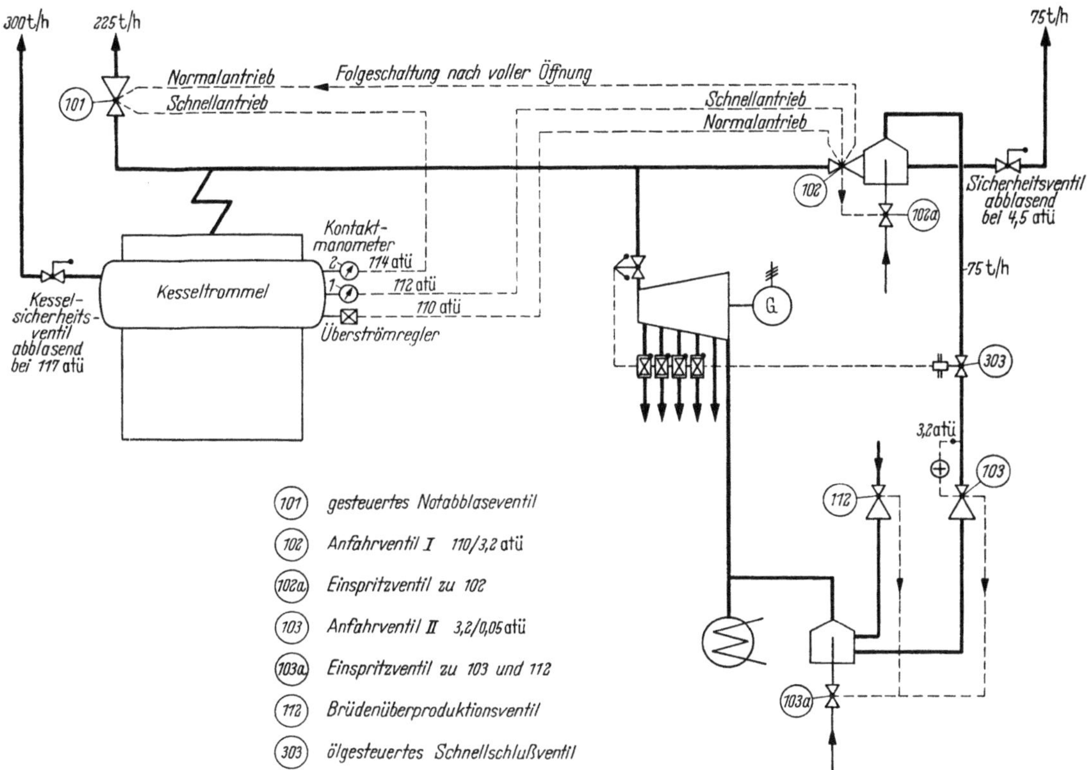

Abb. 45. Ansprech- und Regelimpulse für Anfahr- und Abblaseventile

ein sehr schnelles Ansteigen des Frischdampfdruckes und ein Ansprechen der Sicherheitsventile des Kessels. Das soll aber verhindert werden, da nach dem Ansprechen der Sicherheitsventile die Sitzflächen erfahrungsgemäß nicht mehr dicht sind und neu eingeschliffen werden müssen.

Aus diesen Gründen wurden die Regelventile Pos. 102 und 103 in der Anfahrleitung und das Notabblaseventil Pos. 101 so geschaltet, daß sie den überschüssigen Dampf in den Kondensator führen bzw. ins Freie abblasen (Abb. 45), so daß der Druck, bei dem die Kesselsicherheitsventile ansprechen würden, gar nicht erst erreicht wird. Die Anfahrleitung ist imstande, eine Frischdampfmenge bis zu 75 t/h abzuführen; das Notabblaseventil Pos. 101 (Abb. 44) ist für eine Durchsatzmenge bis zu 225 t/h ausgelegt. Im Schnellschlußfall kann demnach die gesamte Kesselleistung (300 t/h) abgeführt werden.

Das Zusammenwirken der Anfahrventile 102 und 103 mit dem Notabblaseventil 101 und den dazugehörigen Einspritzventilen ist in Abb. 45a schematisch dargestellt:

Beim Ansteigen des Druckes in der Kesseltrommel auf 110 atü beginnt das Anfahrventil 102 mittels Normalantrieb aufzufahren. Gleichzeitig wird das Einspritzventil 102a in die volle Öffnungsstellung gefahren. Erreicht das Anfahrventil 102 den vollen Öffnungszustand, ohne diesen Druckanstieg zum Abklingen gebracht zu haben, öffnet zusätzlich in Folgeschaltung das Notabblaseventil 101 soweit notwendig. Bei Zurückgehen des Trommeldruckes unter 110 atü spielt sich der beschriebene Vorgang in umgekehrter Richtung ab. Erst nach völligem Schließen des Ventils 102 schließt auch das Einspritzventil 102a. Den Impuls erhält der Regler von der an die Kesseltrommel angeschlossenen Impulsleitung.

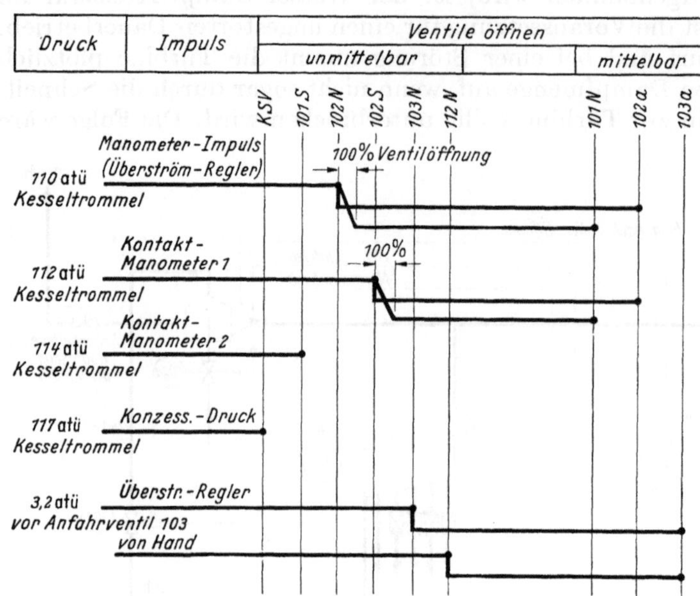

Abb. 45a. Auslöseschema für Anfahr- und Abblaseventile

KSV	Kesselsicherheitsventil	*103a*	Einspritzventil zu *103* und *112*
101	Notabblaseventil	*112*	Brüdenüberproduktionsventil
102	Anfahrventil I	*S*	Schnellantrieb
103	Anfahrventil II	*N*	Normalantrieb
102a	Einspritzventil zu *102*		

Steigt der Trommeldruck über 110 atü hinaus bis auf 112 atü, so spricht das Kontaktmanometer 1 an und öffnet das Ventil 102 mit Schnellantrieb vollständig. Erreicht das Ventil 102 den vollen Öffnungszustand, öffnet zusätzlich in Folgeschaltung das Notabblaseventil 101 soweit als notwendig mit Normalantrieb. Das Einspritzventil 102a wurde, wie oben erwähnt, bereits beim ersten Ansprechen des Anfahrventils 102 in die volle Öffnungsstellung gefahren.

Erreicht der Trommeldruck trotz der vorstehend beschriebenen Gegenmaßnahmen den Wert von 114 atü, so wird über das Kontaktmanometer 2 der Schnellantrieb des Notabblaseventils 101 ausgelöst, der das Ventil 101 ganz öffnet. Die Auslösung des Schnellantriebes für das Ventil 101 ist unabhängig vom Öffnungszustand des Ventils 102. Es kann übrigens auch der Fall eintreten, daß das Ventil 101 bereits mit Normalantrieb mehr oder weniger angelüftet war, bevor der Schnellantrieb eingreift.

Steigt der Druck in der Anfahrleitung vor dem Ventil 103 durch ankommenden Überschußdampf vom Anfahrventil 102 her, so öffnet der Regler das Ventil 103 so weit, daß der Vordruck von 3,2 atü konstant gehalten wird. Das Einspritzventil 103a wird bereits beim ersten Ansprechen des Anfahrventils 103 in die volle Öffnungsstellung gefahren. Das Einspritzventil 103a wird ebenfalls automatisch geöffnet, sobald das Brüdenüberproduktionsventil (Pos. 112) durch Fernsteuerung von Hand geöffnet wird.

Sobald im Schnellschlußfall beim Versagen der Umschaltung des elektrischen Eigenbedarfes (s. S. 1012) das ölgesteuerte Schnellschlußventil Pos. 303 die Anfahrleitung zum Kondensator hin völlig absperrt, wird der durch das Anfahrventil Pos. 102 strömende Dampf durch das Sicherheitsventil hinter dem Anfahrventil ins Freie geleitet.

g) Neben- und Hilfsanlagen

1. Krane

Die zwei im *Maschinenhaus* befindlichen elektrisch betriebenen Laufkrane haben eine Tragfähigkeit von je 92,5 t. Mit einer Lastentraverse sind sie gemeinsam imstande, Schwerteile bis 170 t zu heben. Dies geschieht, indem die beiden Krane dicht aneinander gefahren und mechanisch und elektrisch miteinander gekuppelt werden. Die Steuerung beider Krane erfolgt dann von einem Kran, dem Steuerkran, aus. Jeder der beiden Krane hat ein Hilfshubwerk, mit dem Lasten bis zu 10 t gehoben werden können. Die Spannweite beträgt 35 m. Der Führerkorb ist offen und mit der Katze verfahrbar angeordnet.

Für die am Kai auf dem Schiffswege ankommenden Schwerstteile mußte vor Beginn der Montage ein *Entladekran* mit einer maximalen Tragkraft von 180 t errichtet werden. Er besteht im wesentlichen aus zwei schwenkbaren, im Kreuzverband verschweißten, 40 m langen Rohrmasten von 1400 mm Außendurchmesser bei 12 mm Wandstärke und 40 m Höhe (Abb. 46). Beim Heben von 180 t schweren Teilen beträgt die größtzulässige Ausladung 25,8 m. Sie reicht aus, um bei allen in Frage kommenden Schiffen mit genügender Sicherheit bis zur Mitte der Ladeluke zu reichen. Bei Lasten bis zu 110 t kann die Ausladung des Kranes bis 30 m betragen. Der Kran hat einen Hilfshub für Lasten bis 20 t. Der Führerkorb ist vollkommen geschlossen und im oberen Teil des A-Mastes beweglich aufgehängt.

Abb. 46. Blick auf den 180 t-Entladekran

Im *Werkstattgebäude* befindet sich ein elektrisch angetriebener Laufkran mit 10 t Tragkraft und 9,5 m Spannweite. Er steht für den Transport einzelner Teile zwischen den ankommenden Waggons, den schweren Werkzeugmaschinen und dem Lager zur Verfügung. Sein Hubwerk besitzt eine Feinregulierung, um die schweren Werkstücke unmittelbar auf die Maschinen aufsetzen zu können. Die Steuerung erfolgt mittels Druckknöpfen vom Flur aus.

Im Einlaufbauwerk über den *Kühlwasservorpumpen* ist ein elektrisch angetriebener 10 t-Laufkran eingebaut. Die Spannweite beträgt 6,50 m. Die Steuerung geschieht vom Flur aus. Über den *Siebbändern* im Einlaufbauwerk steht ein Handlaufkran mit 7 t Tragkraft zur Verfügung. Der Antrieb erfolgt durch Haspelräder über endlose Handketten.

Kleinhebezeuge. Im Obergeschoß des Werkstattgebäudes ist ein fahrbarer Elektrozug mit 2 t Tragkraft eingebaut. Im Kohlenbrecherhaus und im Keller des Einlaufbauwerkes ist je eine Unterflanschkatze mit je 5 t Tragkraft angeordnet. Im Ölpumpenhaus steht eine Unterflanschkatze für Lasten bis 2 t zur Verfügung. Die Bedienung geschieht in allen drei Fällen von Hand mittels endloser Kette. Ferner gehören zur Kraftwerksausrüstung ein verfahrbarer Rollenbock für Lasten bis 5 t und 4 m Spannweite sowie mehrere 4,5 m hohe Dreibeine für Lasten bis 2,5 t, Handflaschenzüge mit Tragfähigkeiten von 500 bis 5000 kg, Handmontagewinden von 2000 bis 10000 kg sowie hydraulische Hebeböcke für Schwerstlasten.

2. Feuerlöscheinrichtungen

Die gesamte Kraftwerksanlage, insbesondere die feuergefährlichen Stellen, sind durch ein Feuerlöschnetz gegen Brandgefahr geschützt. Das Feuerlöschnetz wird aus fünf im Einlaufbauwerk aufgestellten Pumpen verschiedener Leistung und Antriebsart gespeist und unter einem gleichmäßigen Druck von 10 atü gehalten. Das Netz besteht aus geschlossenen Ringen und entsprechenden Stichleitungen, die die Anordnung von Unterflurhydranten in jeweils 50 m Abstand ermöglichen. Ein Ring umschließt die Heizöltankanlage, der zweite den Kohlenlagerplatz, der dritte das Kraftwerkhauptgebäude. In die drei Treppenhäuser des Schwerbaues sind Steigleitungen abgezweigt, an die in jedem Geschoß ein Wandhydrant mit 30 m Schlauch angeschlossen ist.

Die gesamte Heizöltankanlage einschließlich der Tagesölbehälter hat eine zentral steuerbare Schaumlöschanlage. Eine Berieselungsanlage ist über den Kohlenbunkern angeordnet. Ferner sind unter den Kohlenbunkern stationäre Schaumlöschanlagen aufgestellt. Die Kohlenmühlen haben ortsfeste Kohlensäureanlagen, zwei fahrbare Kohlen-

Tabelle 7. *Dampf- und Kondensatprobeentnahmen mit direkten Leitungen ins Laboratorium*

Probe	Anzahl der Entnahmestellen	wichtigste Prüfungen	Ort der Zapfstellen	Anzahl der Probenkühler	Material der Probenentnahmeleitungen
Frischdampf	4	Sauerstoffgehalt Leitfähigkeit SO_2-Gehalt	im Laboratorium	4	Sicromal 18/8 S
Sattdampf	4	Sauerstoffgehalt Leitfähigkeit SO_2-Gehalt	im Laboratorium	4	Sicromal 18/8 S
Kessellauge	4	Alkalität Phosphatgehalt Leitfähigkeit Dichte SO_2-Gehalt Kieselsäuregehalt	im Laboratorium	4	C-Stahl
Speisewasser	4	Sauerstoffgehalt Leitfähigkeit SO_2-Gehalt Phosphatgehalt p_H-Wert	im Laboratorium	4	Sicromal 18/8 S
Verdampferlauge	4	Leitfähigkeit Dichtemessung p_H-Wert Phosphatgehalt Kieselsäuregehalt	im Laboratorium	4	C-Stahl
Destillat hinter Brüdenkondensator	4	Sauerstoffgehalt Leitfähigkeit Kohlensäuregehalt	im Labor und örtliche Kontrollstutzen	4	Sicromal 18/8 S
Kondensat aus Hauptkondensatleitung	4	Sauerstoffgehalt Leitfähigkeit Kohlensäuregehalt Chloridgehalt p_H-Wert	im Laboratorium	—	Sicromal 18/8 S
Reinwasser	1	p_H-Wert Härte Aluminium- und $KMnO_4$-Gehalt	im Laboratorium	—	C-Stahl
Weichwasser	1	Kohlensäuregehalt Härte	im Laboratorium	—	C-Stahl
Destillat hinter Destillatbehälter	4	Sauerstoffgehalt Leitfähigkeit Kohlensäure Kieselsäure	im Maschinenhaus und örtliche Kontrollstutzen	4	Sicromal 18/8 S
Kondensat hinter Ölvorwärmer	4	Ölgehalt	örtliche Kontrollstutzen	—	—
Kondensat hinter Weichwasservorwärmer	4	Leitfähigkeit	im Maschinenhaus und örtliche Kontrollstutzen	4	C-Stahl
Speisewasser am Austritt Speisewasserbehälter	4	Sauerstoffgehalt Leitfähigkeit p_H-Wert	im Maschinenhaus und örtliche Kontrollstutzen	4	Sicromal 18/8 S
Kondensat hinter 10 m^3-Behälter	1	Ölgehalt	im Laboratorium	1	C-Stahl
Kondensat im Ölpumpenhaus	1	Ölgehalt	örtliche Kontrollstutzen	—	—

säurebatterien sind im Erdgeschoß untergebracht. Außerdem ist im ganzen Kraftwerk eine größere Anzahl Handfeuerlöscher verteilt. Neben den Pförtnerräumen ist ein modernes Feuerlöschgerätefahrzeug mit mechanischer Leiter stationiert.

3. Laboratoriumseinrichtung

Das chemische Laboratorium dient zur laufenden Kontrolle von Heizöl, Kohle, Speisewasser und Dampf sowie zur Untersuchung von Werkstoffen und Korrosionsprodukten. Räumlich teilt sich das Laboratorium in einen Brennstoffuntersuchungsraum, einen Wasseruntersuchungsraum, ein Wägezimmer und eine Dunkelkammer. Die beiden letztgenannten Räume liegen zwischen dem Brennstoff- und dem Wasseruntersuchungsraum und sind von beiden Seiten aus zugänglich.

Der Brennstoffuntersuchungsraum ist mit sämtlichen Geräten ausgestattet, die nötig sind, um Kohle, Asche und Heizöl zu untersuchen. Dabei kann bei den Brennstoffen der Heizwert bestimmt werden, während bei der Asche das Schmelzverfahren mikroskopisch untersucht und photometrisch festgehalten wird. Außerdem ist es möglich, die Zusammensetzung der Brennstoffe, deren Verbrennungsrückstände und Ablagerungen zu untersuchen.

Im Wasseruntersuchungsraum werden Analysen von Rohwasser, Weichwasser, Speisewasser, Frischdampf, Kondensat und Lauge vorgenommen. Die Probezapfstellen sind durch dünne Leitungen mit dem Labor verbunden (Tab. 7). Die Entnahmeleitungen enden an einem hierfür besonders ausgerüsteten Tisch, an dem die zur Unter-

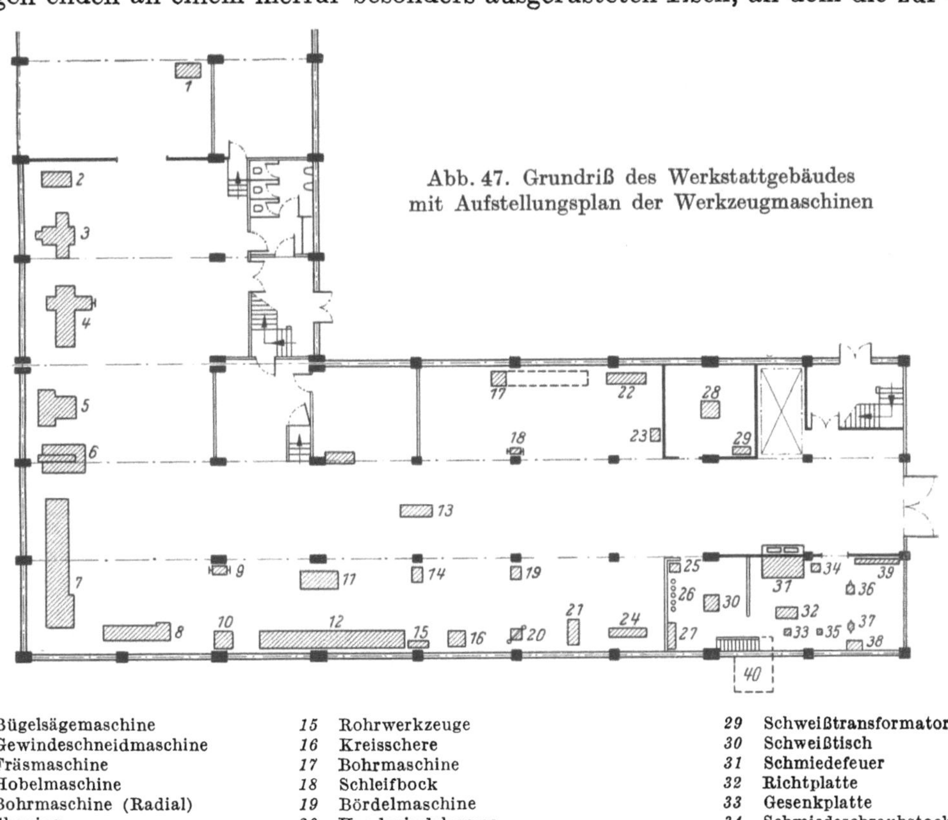

Abb. 47. Grundriß des Werkstattgebäudes mit Aufstellungsplan der Werkzeugmaschinen

1 Bügelsägemaschine
2 Gewindeschneidmaschine
3 Fräsmaschine
4 Hobelmaschine
5 Bohrmaschine (Radial)
6 Shaping
7 Drehbank
8 Drehbank
9 Schleifbock
10 Bohrmaschine
11 Richtplatte
12 Werkbänke
13 Elektrozug
14 Blechschere
15 Rohrwerkzeuge
16 Kreisschere
17 Bohrmaschine
18 Schleifbock
19 Bördelmaschine
20 Handspindelpresse
21 Hebeltafelblechschere
22 Drehbank
23 Elektroschmiedeofen
24 Rundmaschine
25 Flaschenwagen
26 Sauerstoff-Flaschen
27 Schweiß- und Schneideeinrichtung
28 Schweißtisch
29 Schweißtransformator
30 Schweißtisch
31 Schmiedefeuer
32 Richtplatte
33 Gesenkplatte
34 Schmiedeschraubstock
35 Ringrichthorn
36 Amboß
37 Amboß
38 Schmiedeherd
39 Werkzeug
40 Azetylenentwickler

suchung gewünschten Proben entnommen werden. Die heißen Medien werden in Kühlern, die im Zwischengeschoß +6,0 m stehen, auf etwa 20 bis 35° C abgekühlt. Ausnahmen bilden lediglich die wenigen wichtigen Probeentnahmen, die an Ort und Stelle an Einzelständen zusammengefaßt sind. Diese Proben werden von Laboranten nach dem Laboratorium gebracht. Für genaue Leitfähigkeits- und Sauerstoffmessungen, bei denen Durchflußverzögerungen ausgeschaltet sein müssen, sind an den Dampf- bzw. Kondensatentnahmestellen örtliche Kontrollanschlüsse vorgesehen. Transportable Kühler können dort ebenfalls angeschlossen werden. Für Proben, die der Leitfähigkeits-, Sauerstoff- und p_H-Prüfung unterzogen werden, sind die Leitungen aus korrosionsbeständigem Material hergestellt, so daß die chemische Zusammensetzung der Probewässer durch das Rohrmaterial nicht beeinflußt wird.

4. Werkstatteinrichtung

Abb. 47 zeigt die Aufstellung der Werkzeugmaschinen im Erdgeschoß des Werkstattgebäudes. In der Verlängerung des Lagergebäudes unter dem Kranbereich des 10 t-Laufkranes befinden sich die schweren Werkzeugmaschinen, wie Drehbänke, Fräs-, Shaping-, Hobel- und Radialbohrmaschinen. Auf der anderen Seite sind die leichten Werkzeugmaschinen sowie die Schmiede, Schlosserei und Schweißerei untergebracht.

III. Elektrotechnische Ausrüstung

a) Hauptanlage

1. Generatoren

Die Generatoren haben Wasserstoffkühlung für einen normalen Betriebsdruck von 0,035 atü. Die Scheinleistung beträgt hierbei 100 MVA. Erhöht man den Wasserstoffdruck auf 1,0 atü, kann der Generator mit 110 MVA belastet werden. Die Nennspannung von 13,2 kV ist bei einer Nennleistung im Bereich von ±5% regelbar. Die Generatoren

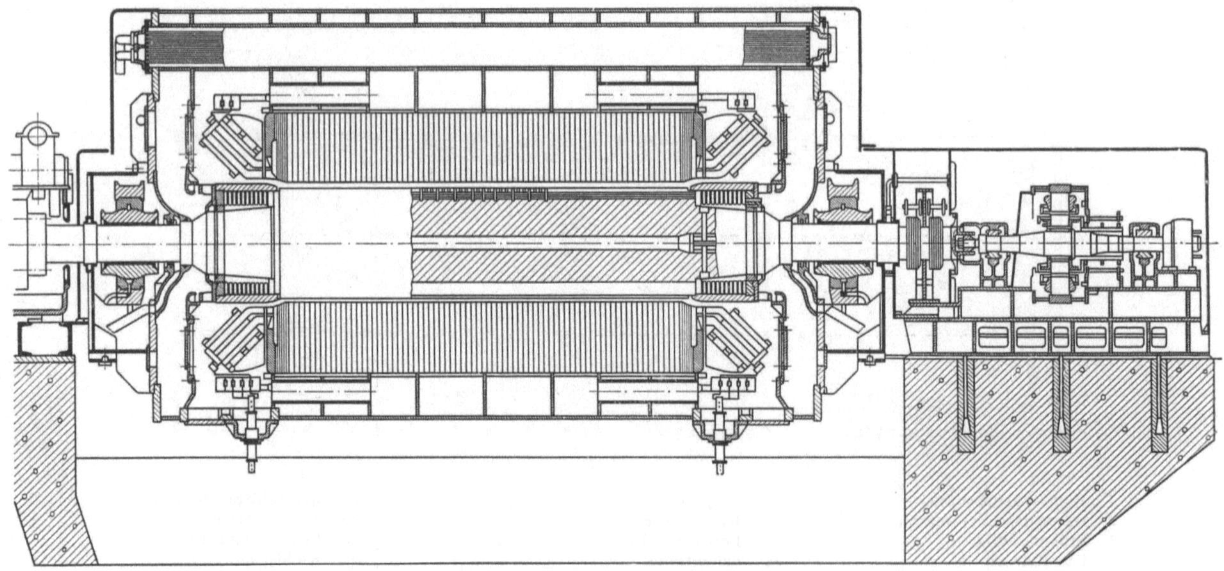

Abb. 48. Generatorlängsschnitt

sind, obgleich sie von zwei verschiedenen Herstellern stammen, in ihren technischen Daten und in den äußeren Formen weitgehend einander angeglichen (Abb. 48). Die Läufer und die Erregermaschinen sind untereinander austauschbar. Alle Überwachungs- und Bedienungsgeräte für Dichtölanlage, Wasserstoffeinrichtungen usw. sind in gleicher

Art und gleicher räumlicher Lage ausgeführt. Zur Rückkühlung des Wasserstoffgases sind 4 Ringlaufkühler bei der einen Bauart waagerecht, bei der anderen senkrecht in das druckfeste Generatorgehäuse eingebaut.

Die Rotoren sind aus hochwertigem legiertem Stahl geschmiedet. Die Läuferwicklung besteht aus silberlegiertem Elektrolytkupfer mit hoher Wärmestandfestigkeit. Die Erregung des Rotors geschieht durch eine direkt angebaute Haupt- und Hilfserregermaschine, deren Kühlung durch Luft erfolgt, die durch einen im Grundrahmen eingebauten Luftkühler rückgekühlt wird.

Die Dichtölanlage für die Versorgung der Wellendichtungen mit Drucköl befindet sich zwischen den Stützen des Generatorfundamentes auf $\pm 0{,}0$ m. Jede Dichtölanlage hat 2 Ölpumpen, eine mit einem Drehstrommotor als Betriebspumpe, die andere mit einem Gleichstrommotor als Notpumpe. Am Generatorfundament stehen auf $\pm 0{,}0$ m auch die Wasserstoff- und Kohlensäurebatterien. In einer Zelle zwischen den Stützen ist der Entregungsschalter mit den zugehörigen Widerständen für die Schnellentregung untergebracht.

2. Generatorableitungen

Jeder Generator hat an der einen Längsseite 6 Stromausführungsklemmen, an der anderen 6 Sternpunktklemmen. Die Stromausführungsklemmen werden zu den 3 Phasen der Generatorableitungen, die Sternpunktklemmen zum Generatorsternpunkt zusammengefaßt. Die Verbindung zwischen Generatorklemmen und 100 MVA-Transformator ist für eine maximale Leistung von 110 MVA, entsprechend einem Strom von 4800 A

Abb. 49. Blick auf die 100 MVA-Transformatoren und Zentralwarte

bei einer Umgebungstemperatur von 41° C ausgelegt. Innerhalb des Maschinenhauses besteht die Ableitung aus Kupferprofilschienen 2 × UNP 10, zwischen Maschinenhausfront und Abspanngerüst an den Transformatoren aus freitragenden Kupferrohren von 4 mm Wandstärke und 200 mm Außendurchmesser. Mit diesen Rohren wird ein Abstand von 14,5 m im Freien überbrückt (Abb. 49). Der Mittenabstand zwischen den Phasen beträgt 1200 mm. Die Durchführungen durch die Maschinenhauswand erlauben radiale Bewegungen des Leiters infolge Durchbiegung. Für axiale Bewegungen ist die Durchführung als Fixpunkt, der Stützpunkt am Transformatorportal als gleitende Auflage eingerichtet.

3. 100 MVA-Transformatoren

Die 100 MVA-Transformatoren haben eine Nennübersetzung bei Leerlauf von 13,2/142,8 kV ± 5%. Die Sekundärspannung bei Vollast und $\cos\varphi = 0{,}75$ ist 132 kV. Die Oberspannungswicklung ist in Sternschaltung für Betrieb mit fest geerdetem Sternpunkt, die Unterspannungswicklung in Dreieckschaltung ausgeführt.

Die Transformatoren haben dreischenkelige Eisenkerne. Die Wicklung ist als Röhrenwicklung mit Rundspulen ausgeführt. An den Glattblechkesseln sind 4 Fahrgestelle mit je zwei für Quer- und Längsfahrt einstellbaren Rädern angebaut. Entsprechend den argentinischen Bahnen beträgt die Spurweite bei Längsfahrt 1676 mm, bei Querfahrt 2 × 1676 mm. Das Ölausdehnungsgefäß wurde aus Transportgründen nicht mit dem Transformator zusammengebaut, sondern an dem Abspannportal für die 132 kV-seitigen und 13,2 kV-seitigen Zuleitungen befestigt. Die Verlustwärme wird in vier angebauten, aus Ölpumpen und Wasserkühlern bestehenden Kühleinheiten abgeführt. Die Transformatoren sind mit den üblichen Überwachungseinrichtungen, wie Buchholz-Relais, Wärmewächtern usw., ausgerüstet.

4. 132 kV-Freiluftschaltanlage

Die 132 kV-Freiluftschaltanlage enthält folgende 11 Felder:

4 Einspeisungen von den 100 MVA-Transformatoren,
4 abgehende Freileitungen,
1 Querkuppelfeld,
2 Sammelschienenmeßfelder.

Die Schaltanlage ist mit Doppelsammelschienen in halbhoher Bauform und Mittelmastbauweise mit Vollwandträgern ausgeführt (Abb. 50). Die Trennschalter sind auf

Abb. 50. Blick auf die Freiluftschaltanlage

2 m hohen Tischen in Eisenkonstruktion, die Leistungsschalter und Wandler auf Betonfundamenten mit Fahrschienen aufgestellt. Alle Fundamente sind so hoch, daß die unter Spannung befindliche Anlage gefahrlos betreten werden kann. Die gesamte Anlage ist durch parallel zu den Sammelschienen laufende und auf den Mastspitzen befestigte Erdseile gegen Blitzschlag geschützt.

Die Sammelschienen bestehen aus Kupferhohlseilen mit 400 mm² Querschnitt, die Abzweige aus Kupfervollseilen von 185 mm² Querschnitt. Die Leistungsschalter sind dreipolige Freistrahldruckgasschalter für eine Betriebsspannung von 132 kV bei starr geerdetem Nullpunkt. Die Trennschalter sind dreipolige Gemeinschaftstrennschalter mit gemeinsamem Druckluftantrieb für alle 3 Schalterpole. Überspannungsableiter wurden nicht nur in den Freileitungsabgängen, sondern auch in nächster Nähe der 100 MVA-Transformatoren eingebaut. In jedem Feld befindet sich ein Steuerschrank. Die erforderliche Druckluft für die Steuerung wird in einer gemeinsamen Druckluftanlage erzeugt, die in einem Raum unterhalb der Zentralwarte untergebracht ist. Der Kompressordruck beträgt 34 atü, der Betriebsdruck 23 atü.

b) Eigenbedarfsanlagen

1. Schaltanlagen

Die 6 kV-Schaltanlagen sind durchweg in Form von stahlgekapselten, geschotteten Einheiten mit ausfahrbaren Schaltwagen ausgeführt. Die Schalteinheiten haben eine Breite von 900 mm und eine Höhe von 2200 mm. Sie sind so unterteilt, daß sich getrennte Kammern für die Sammelschiene, für die Kabelanschlüsse, für Instrumente und Relais und schließlich für Schalter und Wandler ergeben. Die Einfachsammelschienen sind für 1000 A, die Abzweige für 600 A ausgeführt. Die Schaltleistung der Leistungsschalter beträgt 200 MVA.

Die 380 V-Vorverteilungen sind in Form von Stahlbinderschalttafeln ausgeführt. Die hier untergebrachten Abzweige zu den einzelnen Gußgruppen enthalten, soweit keine Fernsteuerung erforderlich ist, Sicherungen und Hebelschalter. Wo Fernsteuerung erwünscht bzw. Verriegelungen erforderlich sind, wie z. B. bei den Vorverteilungen des Blockeigenbedarfes, wurden verklinkte Selbstschalter für 1000 A mit Druckluftantrieb eingebaut. Als Endverteilungen vor den Niederspannungsmotoren sind gußgekapselte Verteilungen eingebaut, die auch die Sicherungen und Motorschutzschalter der Motoren enthalten.

Für die Betätigung der Eigenbedarfs-Schaltanlagen sind Druckluft-Erzeugungsanlagen für 5 atü bei jedem Block und bei den Schaltanlagen für den allgemeinen Eigenbedarf im Schwerbau sowie in der Transformatorstation am Kohlenlager eingebaut.

2. Elektromotoren

Im Kraftwerk San Nicolás sind mehr als 700 Drehstrommotoren mit einer Gesamtleistung von etwa 32000 kW installiert. Hiervon sind 60 Motoren mit insgesamt rund 27000 kW an 6,6 kV und mehr als 640 Motoren mit zusammen rund 5000 kW an 380 V angeschlossen. Außerdem sind noch einige Gleichstrommotoren kleinerer Leistung eingebaut. Die wichtigsten elektromotorischen Antriebe sind in Tab. 8, S. 1066, zusammengestellt.

Mit Ausnahme der regelbaren Hebezeugmotoren wurden ausschließlich Käfigläufermotoren für direkte Einschaltung verwendet. Damit ist es möglich, daß nach kurzzeitigen Spannungseinbrüchen bei Wiederkehr der Spannung alle Motoren wieder hochlaufen, ohne daß das Personal einzugreifen braucht. Bei den Kohlenmühlen und den Vorbrechern muß jedoch damit gerechnet werden, daß infolge von größeren Fremdkörpern oder bei vollgelaufener Mühle der Antriebsmotor nicht in der Lage ist, die Mühle hochzuziehen. Durch einen an den Motor angebauten Anlaufwächter und ein Sperr-Relais wird verhindert, daß nach einem mißglückten Anlauf der Motor mehrmals zugeschaltet werden kann. Erst nach Aufhebung der Verriegelung durch einen verantwortlichen Elektromeister kann der betreffende Motor erneut zugeschaltet werden.

Mit Rücksicht auf den rauhen Betrieb im Kraftwerk wurden mit Ausnahme der Vorpumpenmotoren im Einlaufbauwerk alle Motoren in geschlossener Bauart ausgeführt. Elektrisch sind alle Motoren so bemessen, daß sie bei einer Umgebungstemperatur von 41 ° C noch mit voller Nennleistung belastet werden können und daß bei Spannungs-

Tabelle 8. *Wichtigste elektromotorische Antriebe*

Antrieb	Stück	Leistung je Motor kW	Spannung V	Drehzahl U/min
Speisewasserpumpen	12	1200	6600	2983
Frischluftgebläse	8	340	6600	993
Saugzuggebläse	4	320	6600	1490
Kohlenmühlen	16	130	6600	745
Kühlwasserhauptpumpen	4	520	6600	988
Kühlwasservorpumpen	4	510	6600	990
Werkwasserpumpen	8	210	6600	1487
Hammermühlen	2	135	6600	985
Feuerlöschpumpe	1	260	6600	1485
Kompressoren für Rußbläser	2	130	6600	745
Kohlenaufgabeförderer	16	4	380	980
Kohlenzuteiler	16	4,7	380	955
Ljungström-Luvos	8	7,5	380	1460
Heizölpumpen	8	62,5	380	2965
Kratzerentascher	4	6,6	380	955
Flugkoksdruckförderer	4	4,7	380	955
Flugkokskompressoren	4	42	380	980
Kondensatpumpen	8	90	380	1480
Reglerölpumpen Turbine I/II	4	62,5	380	2965
Reglerölpumpen Turbine III und IV	4	38	380	2940

absenkungen bis zu 25% ein Anlauf noch möglich ist. Einige Antriebe, wie die Lagerölpumpe der Turbosätze und die Notdichtölpumpe der wasserstoffgekühlten Transformatoren, erhielten Gleichstrommotoren und wurden an die Gleichstromanlage für Betätigung und Notstrom angeschlossen.

3. Gleichstromanlagen

Die Versorgung der Stromkreise für Betätigung und Notbeleuchtung geschieht durch eine zentrale Gleichstromanlage. Auf eine Doppelsammelschiene arbeiten 4 Ladegeräte mit Selengleichrichtern für einen Puffernennstrom von je 100 A bei einer Spannung von 220 V. Weiterhin sind an diese Schiene 2 Bleibatterien mit je 106 Zellen und 972 Ah bei dreistündiger Entladung angeschlossen. Die Verbraucher sind in verschiedene Gruppen unterteilt. Die Gruppenschienen können über Umschalter an jedes der beiden Sammelschienensysteme angeschlossen werden. Für die reinen Steuerstromverbraucher wurden 2 Gruppenschienen geschaffen, an die jeder Verbraucher wahlweise angeschlossen werden kann. An die dritte Gruppenschiene sind 2 Notumformer angeschlossen, von denen einer dauernd in Betrieb ist. Jeder Umformer besteht aus einem regelbaren Gleichstromnebenschlußmotor und einem Drehstromsynchrongenerator, der die 380 V-Drehstromnotschiene speist.

c) Erdungsanlagen

Durchgeführte Erdungsmessungen ergaben bei Eisenrohren von 10 cm Durchmesser. die bis in Tiefen von 10 bis 12 m eingerammt wurden, einen mittleren spezifischen Widerstand im Gelände von etwa 10 bis 20 Ohmmeter. Wegen der großen räumlichen Ausdehnung der Anlage und der zahllosen metallischen Konstruktionsteile ist eine einwandfreie Trennung verschiedener Anlagen nicht möglich. Daher wurden sämtliche Betriebs- und Schutzerdeanlagen aller Anlagenteile, Geräte und Maschinen zu einer umfangreichen Gesamterdungsanlage zusammengefaßt, wobei mit einpoligen Erdkurzschlußströmen von etwa 18000 A gerechnet wurde.

d) Schutzanlagen

Die Generatoren wurden mit folgenden Schutzeinrichtungen ausgerüstet:

stabilisierter Differentialschutz,
Ständererdschlußschutz mit Zusatz für Erdschlüsse am Sternpunkt,
Spannungssteigerungsschutz,
impedanzabhängiger Überstromzeitschutz,
Rückleitungsschutz,
Unsymmetrieschutz,
Läufererdschlußschutz,
Schnellentregung.

Die zu einem Generatorabzweig gehörenden Transformatoren erhielten folgende Schutzeinrichtungen:

stabilisierter Differentialschutz,
gemeinsam für 100 MVA- und 10 MVA-Transformator,
Buchholz-Schutz für 100 MVA-Transformator,
Buchholz-Schutz für 10 MVA-Transformator,
Überstromschutz für 10 MVA-Transformator.

Die Hochspannungsmotoren sind durch Bimetallsekundärrelais mit eingebauter Kurzschlußschnellauslösung geschützt, die Niederspannungsmotoren durch Motorschutzschalter mit eingebauten Bimetallauslösern.

e) Warten, Nachrichtenanlagen

In der *Zentralwarte* (Abb. 51) sind die wichtigsten der in den Blockwarten angeordneten Meßinstrumente für jede Maschine wiederholt. Die Schalttafeln bestehen aus einem Mittelteil und zwei Seitenflügeln, die ein nach vorn offenes Trapez bilden. Der

Abb. 51. Blick in die Zentralwarte

Mittelteil ist die Bedienungstafel für die 132 kV-Anlage. Der linke Seitenflügel enthält die Instrumente und Steuerschalter für die 13,2 kV-Anlage im Hilfskraftwerk. Der rechte Flügel ist für den späteren Einbau der Steuerschalter und Instrumente der geplanten 33 kV-Anlage vorgesehen. In dem Raum hinter den Bedienungstafeln sind die Nebentafeln für die Aufnahme der Zähler und Schutzeinrichtungen untergebracht. Auf allen Tafeln ist genügend Platz für eine spätere Erweiterung des Kraftwerkes und der Netzschaltanlagen frei gelassen.

In den *Blockwarten* (s. Abb. 14) stehen außer den bereits beschriebenen Pulten und Tafeln für die Kesselsteuerung das Steuerpult und die Schalttafeln für die elektrische Überwachung. Das Steuerpult enthält ein Blindschaltbild für den gesamten Block vom Generator bis zur 132 kV-Sammelschiene, einschließlich der zugehörigen Eigenbedarfsanlage. In dieses Blindschaltbild sind sämtliche für die Steuerung des Blockes erforderlichen Betätigungsorgane eingefügt. Auf der Schalttafel sind im Mittelfeld die Wirk- und Blindleistungsanzeiger auch der anderen Generatoren, die nicht zum Steuerbereich der betreffenden Blockwarte gehören, angebracht. Dadurch ist es dem Personal der Blockwarten und dem Betriebsleiter — gleichgültig, in welcher Warte er sich gerade befindet — möglich, sich über den Betriebszustand aller Generatoren des Kraftwerkes zu informieren. Die äußeren Felder der Schalttafel enthalten die zentralen Gefahrmeldeanlagen für den elektrischen Teil jedes Blockes. Hinter den Schalttafeln befinden sich die Nebentafeln für Zähler und die Schutzeinrichtungen für die Generatoren und für den Eigenbedarf sowie das gemeinsame selbsttätige Parallelschaltgerät für die beiden Generatoren einer jeden Blockwarte.

Die Größe des Kraftwerkes und die Weiträumigkeit des Kraftwerksgeländes erfordern umfangreiche *Nachrichtenanlagen* für die Betriebsleitung, Verwaltung, Warten und Bedienungsstände. Dem allgemeinen Fernsprechverkehr innerhalb des Kraftwerkes dient eine vollautomatische Wählanlage, die zunächst für den Anschluß von 100 Teilnehmern errichtet wurde, jedoch erweiterungsfähig ist. Für die schnelle und unabhängige Verbindung von bestimmten Teilnehmern oder Gruppen, wie z. B. Warten und Steuerständen, ist diese normale Telephonanlage jedoch nicht ausreichend. Deshalb wurde zusätzlich eine Betriebsfernsprechanlage eingebaut, die durch Niederdrücken von Ruftasten direkt die einzelnen Warten untereinander, die Blockwarten mit den wichtigen Bedienungsständen der zugehörigen Blöcke und die einzelnen Bedienungsstände der Blöcke untereinander verbindet. In lauten Betriebsräumen sind an den Bedienungsständen Telephonzellen angebracht.

Die Personenrufanlage, die in manchen Kraftwerken als Lichtrufanlage mit aufleuchtenden Ziffern oder farbigen Lampenkombinationen ausgeführt ist, wurde in San Nicolás als Lautsprecheranlage ausgeführt, weil hierbei beliebig viele Personen gesucht und auch allgemeine Durchsagen und Anordnungen übertragen werden können. Um nicht bei jedem Suchvorgang den gesamten Personenkreis im Kraftwerk ansprechen zu müssen, sind die an den verschiedenen Stellen aufgestellten Lautsprecher auf verschiedene Gruppen aufgeteilt, die wahlweise einzeln oder zu mehreren zusammengefaßt über das Mikrophon der Verstärkeranlage besprochen werden können. Die Nachrichtenverbindungen im Kraftwerk werden durch eine umfangreiche elektrische Feuermeldeanlage und eine elektrische Uhrenanlage ergänzt.

Die Feuermeldezentrale und die Zentraluhrenanlage sind im Pförtnerhaus untergebracht, während die automatische Wählerzentrale der Telephonanlage und die Verstärkeranlage der Lautsprecheranlage im Verwaltungsgebäude aufgestellt sind. Die Unterbringung von Wählerzentrale und Verstärkerzentrale in einem Raum, der dauernd von einer Bedienungsperson besetzt ist, ermöglicht es, jederzeit von jedem Telephonapparat aus das Herbeirufen einer Person oder die Durchsage einer Anordnung über die Lautsprecheranlage zu veranlassen.

D. Kennwerte

Spezifischer Wärmeverbrauch bei abgeschaltetem Verdampfer bezogen auf Brennstoffwärme und Generatorklemmen

	60 MW	75 MW
bei Ölfeuerung (ohne Ölvorwärmung) ...	2413	2502 kcal/kWh
bei Kohlefeuerung	2491	2599 kcal/kWh

Umbauter Raum

Kraftwerkshauptgebäude

Block I	62685 m^3	
Block II	62685 m^3	
Block III	62685 m^3	
Block IV	62685 m^3	
Montagefeld I	40900 m^3	
Montagefeld II	40900 m^3	
Treppentürme	14895 m^3	347435 m^3 = 1,16 m^3/kW

Nebengebäude

Einlaufbauwerk (mit Tiefbau)	38000 m^3	
Werkstatt und Lager	18700 m^3	
Verwaltungsgebäude	12630 m^3	
Garderobengebäude	8850 m^3	
Aschehochbunker	3600 m^3	
Schrägbrücken	3200 m^3	
Brecherhaus	1800 m^3	
Trafohaus	1200 m^3	
Öllager	800 m^3	
Lagerplatzbunker	500 m^3	89280 m^3 = 0,30 m^3/kW
Insgesamt		436715 m^3 = 1,46 m^3/kW

Grundflächen

Kraftwerkshauptgebäude	10250 m^2 = 0,034 m^2/kW
Nebengebäude zusammen	4950 m^2 = 0,017 m^2/kW
Kohlenlagerplatz	31800 m^2
sonstige Grundfläche	121000 m^2
insgesamt eingefriedetes Kraftwerksgelände	168000 m^2

Erdbewegungen, Baustoffe

Erdbewegungen	385000 m^3
gerammte Pfähle von 8 bis 22 m Länge	7500 Stück
Stahlbeton	96000 m^3
Zementverbrauch	29000 t
Betonstahlverbrauch	10200 t
Mauerwerk	6900 m^3
Glasflächen	7800 m^2

Gewicht der Kraftwerksausrüstung für 4 × 75 MW

Insgesamt verschifft: 22000 Gewichtstonnen = 37650 Frachttonnen

Arbeitseinsatz bei Bau und Montage in der Spitze

Bauarbeitereinsatz	1200 Mann
Deutsche Montagekräfte	150 Mann
Argentinische Montagekräfte	530 Mann

Bau- und Montagezeit

Auftragserteilung für Kraftwerksausrüstung	Oktober	1951
Beginn der Pfahlgründungen	Februar	1952
Beginn der Fundamentarbeiten	Oktober	1953
Beginn der Kesselmontage	Februar	1954
Beginn der Turbinenmontage	Dezember	1954
Erstes Kesselzünden	September	1955
Erster Block betriebsklar	November	1955
Vierter Block betriebsklar	Mai	1956

Sachverzeichnis

Vorbemerkung

Die Kraftwerksliste mit Auslegungskennwerten von 200 Kraftwerken findet man in alphabetischer Ordnung auf den S. 60 und 61. Die Namen dieser Kraftwerke werden in dem nachstehenden Sachverzeichnis nicht aufgeführt.

In der gleichen Liste sind die 98 Kraftwerke des II. Teils, die auf den S. 69 bis 643 näher beschrieben sind, mit Angabe der jeweiligen Seitenzahl enthalten.

Diese 98 Kraftwerksbeschreibungen umfassen mit wenigen Ausnahmen eine Tabelle mit Kennwerten und sechs zeichnerischen Darstellungen. Es handelt sich um folgende Abbildungen:

1. Perspektivisches Schaubild
2. Lageplan
3. Wärmegrundschaltplan
4. Elektrischer Übersichtsschaltplan
5. Grundriß
6. Querschnitt.

Aus diesen Abbildungen kann jeder Kraftwerksbauer die wichtigsten charakteristischen Eigenschaften des jeweiligen Kraftwerks erkennen. Es wird empfohlen, je nach dem Bedarfszweck einen Vergleich der einzelnen Abbildungen, z. B. der Wärmegrundschaltpläne, miteinander durchzuführen und entsprechend auszuwerten. Auf diese verschiedenen Abbildungen wird in dem nachfolgenden Sachverzeichnis nicht mehr hingewiesen. Hinweise auf einzelne Kraftwerkselemente sind nur dann im Sachverzeichnis enthalten, wenn besondere Kennzeichen vorliegen.

Die als Ausführungsbeispiele aufgenommenen 6 Kraftwerke werden ab S. 645 behandelt. Es sind dies in alphabetischer Reihenfolge die Kraftwerke:

Città di Roma . . . . ab S. 950
Eddystone . . . . ab S. 648
Emden . . . . ab S. 781
Fortuna . . . . ab S. 690
Gallatin (mit Überblick über die Dampfkraftwerke der Tennessee Valey Authority) . . . . ab S. 904
San Nicolás . . . . ab S. 1005

Diese 6 Ausführungsbeispiele bringen wesentlich mehr Ausführungs-Einzelangaben als die 98 Kraftwerksbeschreibungen.

Berichtigung

S. 151, 12. Zeile v. u.: statt 200 kVA lies 150 bzw. 200 MVA
S. 311, 15. Zeile v. u.: statt 16 /$_3$ Hz lies 16$^2/_3$ Hz
S. 389, Legende hinter *d*: statt Kühlemühle lies Kohlemühle
S. 542, 9. Zeile v. u.: statt Erdnässe lies Endnässe
S. 570, 2. Zeile v. o.: statt Fuercas lies Fuerzas
S. 600, Tabelle, rechte Spalte, 3. Zeile v. u.: statt kcal/kWh 2350 lies 2335
S. 612, Tabelle, rechte Spalte, 3. Zeile v. u.: statt kcal/kWh 2250 lies 2290
S. 624, Tabelle, rechte Spalte, 3. Zeile v. u.: kcal/kWh füge ein 2320
S. 649, 6. Zeile v. o.: Während der Drucklegung wurde bekannt, daß die maximale Dauerleistung jedes Blocks des Kraftwerks Eddystone 358 MW beträgt. (GUBLER, J.: Technische Rundschau Sulzer Bd. 41 (1959), Heft 1, S. 3/20)
S. 674, 2. Zeile v. u.: statt Anordnung lies Anwendung
S. 961, Abb. 9, Legendenziffern: statt 97 lies 27
statt 22 lies 29
S. 963, 7. Zeile v. o.: statt (25) lies (30)
S. 1053, 1. Zeile unter Abb. 41: statt Hauptkondensators lies Hauptkondensats

SCHRÖDER, Große Dampfkraftwerke, Bd. 1

MIX
Papier aus verantwortungsvollen Quellen
Paper from responsible sources
FSC® C105338

If you have any concerns about our products,
you can contact us on
ProductSafety@springernature.com

In case Publisher is established outside the EU,
the EU authorized representative is:
Springer Nature Customer Service Center GmbH
Europaplatz 3, 69115 Heidelberg, Germany

Printed by Libri Plureos GmbH
in Hamburg, Germany